Fisiologia das plantas

Tradução da 4ª edição norte-americana

Dados Internacionais de Catalogação na Publicação (CIP)
(Câmara Brasileira do Livro, SP, Brasil)

Salisbury, Frank B.
　　Fisiologia das plantas / Frank B. Salisbury, Cleon W. Ross ; [tradução Patricia Lia Santarosa].-- São Paulo : Cengage Learning, 2012.

　　Título original: Plant physiology.
　　4. ed. norte-americana.
　　Bibliografia
　　ISBN 978-85-221-1153-4

　　1. Fisiologia vegetal I. Ross, Cleon W., 1934-. II. Título.

12-01545　　　　　　　　　　　　　　　　CDD-581.1

Índices para catálogo sistemático:

1. Fisiologia das plantas : Botânica　　581.1

Fisiologia das plantas

Tradução da 4ª edição norte-americana

Frank B. Salisbury
Utah State University

Cleon W. Ross
Colorado State University

Tradução
Ez2translate

Revisão técnica
Patricia Lia Santarosa
Bióloga formada pela Unicamp

CENGAGE Learning

Austrália • Brasil • Japão • Coreia • México • Cingapura • Espanha • Reino Unido • Estados Unidos

CENGAGE Learning

Fisiologia das plantas
Frank B. Salisbury e Cleon W. Ross

Gerente editorial: Patricia La Rosa

Supervisora de produção editorial: Noelma Brocanelli

Supervisora de produção gráfica: Fabiana Alencar Albuquerque

Editora de desenvolvimento e produção editorial: Gisele Gonçalves Bueno Quirino de Souza

Tradução de "Plant Physiology" (ISBN: 978-0-534-15162-1)

Tradução: Ezztranslate

Revisão técnica: Patricia Lia Santarosa

Copidesque e revisão: Rosângela Santos

Revisão: Ricardo Franzin

Crédito da capa: Ale Gustavo | Blenderhead Ideias Visuais

Diagramação: SGuerra Design

© 2013 Cengage Learning Ltda.

© 1992 Wadsworth, Inc.

Todos os direitos reservados. Nenhuma parte deste livro poderá ser reproduzida, sejam quais forem os meios empregados, sem a permissão, por escrito, da Editora.
Aos infratores aplicam-se as sanções previstas nos artigos 102, 104, 106 e 107 da Lei nº 9.610, de 19 de fevereiro de 1998.

Esta editora empenhou-se em contatar os responsáveis pelos direitos autorais de todas as imagens e de outros materiais utilizados neste livro. Se porventura for constatada a omissão involuntária na identificação de algum deles, dispomo-nos a efetuar, futuramente, os possíveis acertos.

Para informações sobre nossos produtos, entre em contato pelo telefone **0800 11 19 39**

Para permissão de uso de material desta obra, envie seu pedido para **direitosautorais@cengage.com**

© 2013 Cengage Learning. Todos os direitos reservados.

ISBN-13: 978.85.221-1153-4

ISBN-10: 85-221-1153-7

Cengage Learning
Condomínio E-Business Park
Rua Werner Siemens, 111 — Prédio 20 — Espaço 04
Lapa de Baixo — CEP 05069-900 — São Paulo-SP
Tel.: (11) 3665-9900 — Fax: (11) 3665-9901
SAC: 0800 11 19 39

Para suas soluções de curso e aprendizado, visite
www.cengage.com.br

Impresso no Brasil.
Printed in Brazil.
1 2 3 4 15 14 13 12

SUMÁRIO

Prefácio	XI

SEÇÃO UM

Células: Água, soluções e superfícies 1

1 Fisiologia vegetal e células vegetais 3
1.1 Algumas postulações básicas 3
1.2 Células procariontes: bactérias e algas azuis 5
1.3 Células eucariontes: protistas, fungos e plantas 7
1.4 A parede celular 9
1.5 Protoplastos eucariontes 12
1.6 Os componentes do citoplasma 13
1.7 O núcleo 24
1.8 O vacúolo 25
1.9 Flagelos e cílios 27
1.10 A célula vegetal 27
1.11 Uma definição da vida 27

2 Difusão, termodinâmica e potencial hídrico 29
2.1 As plantas e a água 29
2.2 Difusão versus fluxo de massa 34
2.3 Teoria cinética 34
2.4 Um modelo da difusão 36
2.5 Termodinâmica 37
2.6 Potencial químico e potencial hídrico 40
2.7 Gradientes do potencial químico e do potencial hídrico 41
2.8 Densidade, pressão do vapor e potencial hídrico 43
2.9 A taxa de difusão: a primeira lei de Fick 45
2.10 Advertência 46

3 Osmose 47
3.1 Um sistema osmótico 47
3.2 Os componentes do potencial hídrico 48
3.3 Unidades para o potencial hídrico 50
Ensaio: Pesquisando as relações da água no solo, planta e atmosfera, Ralph O. Slatyer 51
3.4 Diluição 53
3.5 A membrana 54
3.6 Medição dos componentes do potencial hídrico 55
Em destaque: Coloides: componentes característicos do protoplasma 65

4 A fotossíntese – o compromisso da transpiração 70
4.1 Medição da transpiração 71
4.2 O paradoxo dos poros 75
4.3 Anatomia dos estômatos 75
4.4 Efeitos ambientais nos estômatos 77
Ensaio: Devemos escrever? Page W. Morgan 80
4.5 Mecânica estomatal 82
4.6 Mecanismos de controle estomatal 83
4.7 A função da transpiração: "Para que serve a transpiração?" 86
4.8 A função da transpiração: troca de energia 87
4.9 Trocas de energia das plantas nos ecossistemas 92
4.10 As equações de equilíbrio do calor 94
Ensaio: Ventilação nos lírios aquáticos: um motor a vapor biológico, John Dacey 95

5 A ascensão da seiva 98
5.1 O problema 98
5.2 O mecanismo de coesão da ascensão da seiva 101
5.3 A anatomia do trajeto 102

5.4 A força motriz: um gradiente do potencial hídrico ... 109
5.5 Tensão no xilema: coesão ... 113
5.6 Anatomia do xilema: um sistema à prova de falhas ... 120
Ensaio: Estudando a água, os minerais e as raízes, Paul J. Kramer ... 120

6 Nutrição mineral ... 123
6.1 Os elementos na matéria seca da planta ... 123
6.2 Métodos para estudar a nutrição vegetal: culturas de solução ... 124
6.3 Os elementos essenciais ... 127
Ensaio: A função do sódio como um micronutriente da planta, Peter F. Brownell ... 130
6.4 Requisitos quantitativos e análise do tecido ... 132
Em destaque: Selênio ... 132
Em destaque: Toxicidade do metal e resistência ... 133
6.5 Agentes quelantes ... 134
6.6 Funções dos elementos essenciais: alguns princípios ... 136
6.7 Deficiência de nutrientes: sintomas e funções dos elementos ... 136

7 Absorção de sais minerais ... 144
7.1 Raízes e superfícies absorventes ... 144
7.2 Micorrizas ... 146
7.3 Tráfego de íons para a raiz ... 148
7.4 A natureza das membranas ... 150
7.5 Primeiras observações sobre a absorção de soluto ... 154
7.6 Princípios da absorção de soluto ... 156
Ensaio: Raízes – mineração em busca de minerais, Emanuel Epstein ... 160
7.7 Transporte passivo e ativo: a energética ... 162
7.8 Como a ATPase bombeia os prótons de transporte e o cálcio ... 164
7.9 Como os transportadores e canais aceleram o transporte passivo ... 166
7.10 Como as membranas aproveitam a vantagem das bombas de prótons para o transporte de íons ... 167
7.11 Absorção de moléculas muito grandes, até mesmo proteínas, pelas organelas ... 168
7.12 Correlações entre as funções da raiz e do broto na absorção mineral ... 169

8 Transporte no floema ... 170
8.1 Transporte dos solutos orgânicos ... 170
8.2 O mecanismo do fluxo de pressão ... 173
8.3 Testando a hipótese ... 175
Em destaque: Uma revisão da química do carboidrato ... 181
8.4 Particionamento e mecanismos de controle ... 193
Ensaio: Descoberta da técnica do óvulo vazio, John H. Thorne ... 198

SEÇÃO DOIS

Bioquímica vegetal ... 201

9 Enzimas, proteínas e aminoácidos ... 203
9.1 A distribuição das enzimas nas células ... 204
9.2 Propriedades e estrutura das enzimas ... 204
Em destaque: Proteínas vegetais e nutrição humana ... 211
9.3 Mecanismos de ação da enzima ... 212
9.4 Desnaturação ... 214
9.5 Fatores que influenciam as taxas de reações enzimáticas ... 215
9.6 Enzimas alostéricas e controle do feedback ... 218

10 Fotossíntese: cloroplastos e luz ... 220
10.1 Resumo histórico das primeiras pesquisas sobre a fotossíntese ... 220
10.2 Cloroplastos: estruturas e pigmentos fotossintéticos ... 222
10.3 Alguns princípios da absorção da luz pelas plantas ... 223
10.4 O efeito de intensificação de Emerson: fotossistemas cooperativos ... 227
10.5 Os quatro principais complexos de tilacoides ... 227
10.6 Oxidação da H_2O pelo fotossistema II: o suprimento de elétrons a partir do complexo de evolução do oxigênio ... 230
10.7 Transporte de elétrons da H_2O para o $NADP^+$ por meio dos tilacoides ... 232
Em destaque: Herbicidas e transporte de elétron fotossintético ... 233
10.8 Fotofosforilação ... 235
Ensaio: Função da clorofila a na fotossíntese, Govindjee ... 236
10.9 Distribuição da energia luminosa entre PS I e PS II ... 238

11 Fixação do dióxido de carbono e síntese dos carboidratos ... 239
11.1 Produtos de fixação do dióxido de carbono ... 239
11.2 O ciclo de Calvin ... 241
11.3 O trajeto do ácido dicarboxílico C-4: algumas espécies fixam o CO_2 diferentemente ... 243
Ensaio: Explorando o trajeto do carbono na fotossíntese (I), James A. Bassham ... 246

Ensaio: Explorando o trajeto do carbono na fotossíntese (II), Melvin Calvin — *250*
11.4 Fotorrespiração — 252
11.5 Controle das enzimas fotossintéticas pela luz nas plantas C-3 e C-4 — 255
11.6 Fixação do CO_2 em espécies suculentas (metabolismo do ácido crassuláceo) — 257
11.7 Formação de sacarose, amido e frutanos — 259

12 FOTOSSÍNTESE: ASPECTOS AMBIENTAIS E AGRÍCOLAS — **264**
12.1 O ciclo do carbono — 264
12.2 Taxas fotossintéticas das várias espécies — 268
12.3 Fatores que afetam a fotossíntese — 269
12.4 Taxas fotossintéticas, eficiências e produção da safra — 279

13 RESPIRAÇÃO — **282**
13.1 O quociente respiratório — 282
13.2 Formação dos açúcares de hexose a partir dos carboidratos de reserva — 283
13.3 Glicólise — 287
13.4 Fermentação — 289
13.5 Estruturas das mitocôndrias e respiração — 289
13.6 O ciclo de Krebs — 290
13.7 O sistema de transporte de elétrons e a fosforilação oxidativa — 291
13.8 Energética da glicólise, ciclo de Krebs e sistema de transporte de elétrons — 295
13.9 Respiração resistente ao cianeto — 295
13.10 O trajeto da pentose fosfato — 296
13.11 Produção respiratória das moléculas usadas em processos sintéticos — 297
13.12 Controle bioquímico da respiração — 298
13.13 Fatores que afetam a respiração — 301

14 ASSIMILAÇÃO DE NITROGÊNIO E ENXOFRE — **307**
14.1 O ciclo do nitrogênio — 307
14.2 Fixação de nitrogênio — 309
Em destaque: Muitas gramíneas também sustentam a fixação do nitrogênio — *313*
14.3 Assimilação dos íons de nitrato e amônio — 314
14.4 O ciclo fotorrespiratório do nitrogênio — 320
14.5 Transformações do nitrogênio durante o desenvolvimento vegetal — 320
14.6 Assimilação de sulfato — 324

15 LIPÍDIOS E OUTROS PRODUTOS NATURAIS — **327**
15.1 Óleos e gorduras — 327
15.2 Ceras, cutina e suberina: camadas protetoras das plantas — 333
15.3 Os compostos isoprenoides — 334
15.4 Compostos fenólicos e relacionados — 338
15.5 Fitoalexinas, elicitores e proteção fitopatológica — 341
15.6 Lignina — 342
15.7 Flavonoides — 344
15.8 Betalaínas — 346
15.9 Alcaloides — 346

SEÇÃO TRÊS

Desenvolvimento vegetal — 349

16 CRESCIMENTO E DESENVOLVIMENTO — **351**
16.1 O que significa crescimento? — 352
16.2 Padrões de crescimento e desenvolvimento — 353
Ensaio: A importância especial da parede celular primária no desenvolvimento vegetal, Nicholas C. Carpita — *356*
16.3 Cinética do crescimento: crescimento ao longo do tempo — 363
16.4 Órgãos vegetais: como eles crescem — 368
16.5 Morfogênese: juvenilidade — 376
16.6 Morfogênese: totipotência — 377
16.7 Alguns princípios da diferenciação — 380

17 HORMÔNIOS E REGULADORES DE CRESCIMENTO: AUXINAS E GIBERELINAS — **381**
17.1 Conceitos dos hormônios, sua ação e definição — 381
17.2 As auxinas — 385
17.3 As giberelinas — 397
Ensaio: Por que ser um biólogo? Algumas reflexões, Frits W. Went — *404*

18 HORMÔNIOS E REGULADORES DE CRESCIMENTO: CITOCININAS, ETILENO, ÁCIDO ABSCÍSICO E OUTROS COMPOSTOS — **408**
18.1 As citocininas — 408
18.2 Etileno, um hormônio volátil — 420
18.3 Triacontanol, brassinas, ácido salicílico e turgorinas — 427
18.4 As poliaminas — 428
18.5 Ácido abscísico (ABA) — 428
18.6 Outros reguladores e inibidores de crescimento — 434
18.7 Hormônios na senescência e abscisão — 434

19 O PODER DO MOVIMENTO NAS PLANTAS — **437**
19.1 Alguns princípios básicos — 437
19.2 Movimentos násticos — 438
19.3 Tropismos: crescimento diferencial direcional — 445
19.4 Fototropismo — 446
19.5 Gravitropismo — 454

19.6 Outros tropismos e fenômenos relacionados 465
Ensaio: Estudando as respostas gravitrópicas de gramíneas cereais, Peter B. Kaufman 466

20 FOTOMORFOGÊNESE 469
20.1 A descoberta do fitocromo 470
Ensaio: A descoberta do fitocromo, Sterling B. Hendricks 471
20.2 Propriedades físicas e químicas do fitocromo 472
Ensaio: Os anticorpos e o estudo do fitocromo, Lee H. Pratt 474
20.3 Distribuição do fitocromo entre espécies, tecidos e células 476
20.4 Criptocromo, o fotorreceptor UV-A/azul 478
20.5 Relações dose-resposta em fotomorfogênese 479
Ensaio: Genes de fitocromo e sua expressão: trabalhando no escuro, James T. Colbert 480
20.6 O papel da luz na germinação de sementes 483
20.7 O papel da luz no estabelecimento de mudas e posterior crescimento vegetativo 488
20.8 Efeitos fotoperiódicos da luz 492
20.9 Síntese melhorada pela luz nas antocianinas e outros flavonoides 492
20.10 Efeitos de luz em arranjos de cloroplastos 494
20.11 Como os fotorreceptores causam a fotomorfogênese 494

21 O RELÓGIO BIOLÓGICO: RITMOS DA VIDA 497
21.1 Endógeno ou exógeno? 498
21.2 Ritmos circadianos 499
Ensaio: Depósitos de batata, trens e sonhos para descobrir o relógio biológico, Erwin Bünning 500
21.3 O espectro dos ritmos biológicos 502
Ensaio: As mulheres na ciência, Beatrice M. Sweeney 505
21.4 Conceitos básicos e terminologia 507
21.5 Respostas do ritmo ao ambiente 508
21.6 Mecanismos de relógio 511
21.7 Fotoperiodismo 513
21.8 Interações fotoperíodo/ritmo 514
21.9 Como os relógios são usados 515
21.10 Algumas implicações importantes do relógio biológico 516
Em destaque: Biorritmo e outras pseudociências 517

22 RESPOSTAS DO CRESCIMENTO À TEMPERATURA 519
22.1 O dilema da temperatura/enzima 519
22.2 Vernalização 522
22.3 Dormência 526
22.4 Longevidade da semente e germinação 528
22.5 Dormência da semente 530
22.6 Dormência do broto 532
22.7 Órgãos de armazenamento subterrâneos 534

22.8 Termoperiodismo 537
22.9 Mecanismos da resposta à baixa temperatura 538

23 FOTOPERIODISMO 540
23.1 Detecção do tempo sazonal pela medição da duração do dia 540
23.2 Alguns princípios gerais do fotoperiodismo 544
23.3 Fotoperíodo durante o ciclo de vida de uma planta 545
Em destaque: Um pouco de história 547
23.4 Os tipos de resposta 548
23.5 Maturidade para responder (competência) 551
23.6 Fitocromo e o papel do período de escuridão 551
23.7 Medição do tempo no fotoperiodismo 554
23.8 Detecção do anoitecer e do amanhecer 558
23.9 O conceito do florígeno: hormônios do florescimento e inibidores 560
23.10 Respostas a hormônios vegetais e reguladores do crescimento aplicados 563
Ensaio: Giberelinas, uma classe fascinante e altamente diversificada de hormônios vegetais, Richard P. Pharis **563**
23.11 O estado induzido 564
23.12 Desenvolvimento floral 567
23.13 Para onde vamos a partir de agora? 567

24 GENÉTICA MOLECULAR E O FISIOLOGIA VEGETAL 569
24.1 Clonagem do gene 570
24.2 Análise da expressão genética nas plantas 577
24.3 Modificação genética das plantas usando a tecnologia do DNA recombinante 580
24.4 Mecanismos controladores da expressão dos genes 582
24.5 Exemplos de genes isolados que afetam os processos fisiológicos 585

SEÇÃO QUATRO

Fisiologia ambiental 589

25 TÓPICOS EM FISIOLOGIA AMBIENTAL 591
Ensaio: O desafio de um novo campo: ecologia fisiológica vegetal, Park S. Nobel 592
25.1 Os problemas da fisiologia ambiental 592
25.2 O que é o ambiente? 595
25.3 Alguns princípios da resposta da planta ao ambiente 596
Ensaio: Fatores limitadores e produções máximas no Sistema Ecológico Controlado de Suporte à Vida (CELSS), Frank B. Salisbury 600

25.4 Ecótipos: a função da genética 605
25.5 Adaptações da planta ao ambiente de radiação ... 606

26 Fisiologia do estresse **616**
26.1 O que é estresse? 616
26.2 Ambientes estressantes 618
26.3 Estresse hídrico: seca, frio e sal 622
26.4 Mecanismos de resposta da planta ao estresse hídrico e outros relacionados 633
26.5 Lesão por resfriamento 640
26.6 Estresse de alta temperatura 640
26.7 Solos ácidos 642
26.8 Outros tipos de estresse e tensão 643

Apêndices

A O Système Internationale: o uso das unidades SI na fisiologia vegetal **645**

B Energia radiante: algumas definições **652**
B.1 Conceitos básicos e termos 652
B.2 Fenômeno de onda 653
B.3 Fenômenos de partículas 653
B.4 O espectro e as fontes de luz 655
B.5 Quantidades de radiação 657
B.6 Mecanismos de absorção e emissão 658
B.7 Quantificação de absorção, transmissão e reflexão 659
B.8 Radiação térmica 660

C Replicação dos genes e síntese de proteína: termos e conceitos **661**
C.1 O dogma central da biologia molecular 661
C.2 A dupla hélice 661
C.3 Transcrição: cópia do DNA para fazer o RNA 662
C.4 Tradução: síntese de proteína no citoplasma ... 662
C.5 O código genético 662
C.6 As etapas da síntese de proteína 663

Referências **665**
Índice remissivo – Índice de espécies e tópicos **733**

PREFÁCIO

Frank B. Salisbury   Cleon W. Ross

Enquanto trabalhávamos na quarta edição desta obra, ficamos impressionados com os avanços na fisiologia vegetal que ocorreram desde 1984, quando terminamos sua terceira edição. É maravilhoso perceber quantas pessoas contribuíram para esses avanços. Particularmente em algumas áreas (como a fotossíntese), a profundidade do nosso conhecimento atinge proporções fantásticas. Outras áreas são menos conhecidas e frequentemente enfatizamos o quanto resta a aprender. Ao mesmo tempo, os princípios básicos da ciência permanecem os mesmos: fundamentais para uma compreensão de suas fronteiras. Por causa disso, e apesar de nossos esforços para escolher apenas os tópicos mais relevantes, o nosso livro cresceu significativamente desde a última edição. Percebemos que isso trará problemas para professores como nós, que precisam apresentar os alunos à ciência em um curso de um trimestre ou semestre. Ainda assim, queremos que esses alunos tenham uma sensação da extensão da ciência, e esperamos que pelo menos os mais interessados examinem os tópicos que não forem apresentados em sala de aula.

Objetivo do livro

Nosso objetivo é fornecer uma explicação ampla da fisiologia das plantas (suas funções) desde a germinação até o crescimento vegetativo, amadurecimento e florescimento. Apresentamos os princípios e resultados da pesquisa prévia e atual em todo o mundo. Em parte pelas limitações de espaço, nos concentramos nas plantas de semente e normalmente demos pouca ênfase a outros organismos (exceto no Capítulo 21, sobre o relógio biológico). *Fisiologia das plantas* é destinado aos estudantes curiosos sobre o que as plantas fazem e sobre quais fatores físicos e químicos geram suas respostas. Muitos alunos usarão essas informações em carreiras na agronomia, horticultura, silvicultura, ciência dos cultivos e sementes e patologia vegetal. Esperamos que o livro motive muitos outros a obter uma formação avançada em fisiologia vegetal e a fazer pesquisas que resolvam problemas atuais e futuros.

Organização e revisões recentes

Os primeiros oito capítulos (Seção Um) tratam principalmente dos processos físicos que ocorrem nas plantas, e esse tópico é introduzido com um capítulo que resume as estruturas das células vegetais. Esperamos que você já conheça os destaques do tópico. Os próximos sete capítulos (Seção Dois) tratam dos processos bioquímicos que ocorrem nas plantas, incluindo três capítulos sobre fotossíntese. Esses processos bioquímicos dependem, em parte, de alguns dos processos físicos cobertos na Seção Um. A Seção Três descreve o crescimento e desenvolvimento das plantas e, nesta edição, apresentamos um capítulo sobre biologia molecular e engenharia genética, pois esses tópicos se relacionam com as pesquisas e descobertas em fisiologia vegetal. Tal capítulo foi preparado por dois autores convidados, os Drs. Ray Bressan e Avtar Handa, especialistas no campo. Os últimos dois capítulos do livro (Seção Quatro), sobre fisiologia ambiental e fisiologia do estresse, descrevem fatores ambientais importantes, como as limitações ao crescimento de várias espécies e como algumas delas se adaptaram fisiologicamente para sobreviver em ambientes rigorosos.

Finalmente, adicionamos três apêndices. O Apêndice A descreve as unidades métricas do Sistema Internacional, cada vez mais usadas em todos os campos científicos. Esperamos que ele ajude os alunos a se familiarizarem com essas unidades e que sirva como uma fonte de referência confiável para autores que estejam preparando documentos técnicos para publicação. Alterações relativamente secundárias foram feitas no Apêndice B, que cobre as propriedades de alguns tipos de radiação, incluindo a luz solar e várias fontes de iluminação artificial comumente usadas pelos pesquisadores das plantas. O Apêndice C resume a transcrição e a tradução. Você pode ter memorizado esses princípios em um curso introdutório de biologia, mas este apêndice serve como uma referência conveniente.

Os revisores foram de uma ajuda imensurável. Nossa ciência se tornou tão ampla que é impossível que dois autores consigam se manter atualizados em tudo. Praticamente todos os capítulos foram examinados em seu rascunho preliminar por pelo menos três especialistas (e muitos por uma dúzia) nos respectivos campos, e a versão final representa uma destilação de suas sugestões, além dos frutos de nossos próprios esforços para assimilar a literatura. Somos extremamente gratos por essa ajuda, mas, obviamente, aceitamos a completa responsabilidade pelo presente texto.

Formato e características

A fisiologia vegetal consiste em uma rede complexa de informações que podem ser abordadas por muitos pontos de vista e discutidas em vários capítulos. Quando discutimos o mesmo assunto de um ponto diferente em mais de um capítulo, normalmente incluímos uma referência cruzada a uma Seção ou Capítulo no qual ele já foi discutido. Novos termos ou conceitos são listados em **negrito** quando são definidos; muitos desses têm definições em mais de um local do livro e sempre aparecem em **negrito**. Os nomes dos compostos bioquímicos, enzimas e outros nomes ou termos normalmente são listados em *itálico* quando são apresentados pela primeira vez para lhe ajudar a encontrá-los enquanto lê e revisa.

Quase todas as pessoas que comentaram sobre nosso livro elogiaram os ensaios dos convidados, portanto, eles foram mantidos das edições prévias e outros foram adicionados. Alguns deles tratam de lembranças pessoais de épocas emocionantes na vida científica de seus autores; outros explicam detalhadamente tópicos atuais e importantes, que pareciam necessários ao texto. Também existem ensaios menores destacados sobre tópicos especiais.

Citações da literatura e nomes de pessoas e plantas

Adicionamos muitas referências (nomes de autores e ano de publicação), principalmente a partir do Capítulo 6. Elas se destinam aos alunos que desejam aprender mais sobre um assunto e servem para documentar nossas fontes de informações para assuntos que consideramos polêmicos. Com frequência, adicionamos uma lista de revisões ou artigos recentes que expandem um determinado tópico e apresentam aos alunos a literatura prévia. Além disso, alguns documentos clássicos das últimas décadas e do começo do século passado também são incluídos; muitos deles não são fáceis de encontrar em outras fontes. Queremos que os alunos pensem nos fisiologistas das plantas como pessoas, portanto, ocasional e arbitrariamente listamos os seus primeiros nomes e os lugares em que trabalharam ou trabalham. As referências para cada capítulo são listadas por autor e ano de publicação nas Referências do final do livro.

Os nomes das plantas são outro problema. Citamos as espécies principalmente pelos seus nomes comuns, como também fizeram as pessoas que trabalharam com elas, enquanto identificamos outras espécies pelo seu nome científico (mas sem o autor que as descreveu pela primeira vez). Normalmente, fornecemos ambos pelo menos uma vez no texto.

Alguns pensamentos

Apesar da agonia de preparar um livro extenso como este – também pode ser agonizante estudar um argumento minúsculo na biblioteca por uma hora para atualizar uma frase ou reler provas que parecem intermináveis –, o desenvolvimento desta edição foi uma experiência agradável de aprendizagem. Algumas questões colocadas na nossa última edição foram respondidas por ex-alunos, e nosso conhecimento pessoal de como as plantas funcionam cresceu substancialmente. Ainda há muito a aprender e as respostas virão rápido, à medida que as técnicas da biotecnologia são aplicadas em um número crescente de problemas.

Esperamos que nosso entusiasmo e nosso amor pela ciência da fisiologia vegetal seja aparente, e que o leitor acabe compartilhando esses sentimentos conosco. É esse amor que motiva os rápidos avanços que ocorrem em praticamente todas as disciplinas científicas.

Lista de responsabilidades

Frank B. Salisbury escreveu os capítulos 1, 2, 3, 4, 5, 8, 12, 16, 19, 21, 22, 23, 25, 26 e os apêndices. Cleon W. Ross escreveu os capítulos 6, 7, 9, 10, 11, 13, 14, 15, 17, 18 e 20; Ray Bresson e Avtar Handa escreveram o Capítulo 24.

Agradecimentos

Agradecemos enormemente pelos esforços dos seguintes digitadores e seus competentes assistentes: Dawn D. Ross, Sharon Goalen, Nancy Phillips, Glenda Nesbit, Laura Wheelright e Trish Cozart.

Revisores

Os revisores desta quarta edição incluem: Tobias Baskin, University of California, Berkeley; J. Clair Batty, Utah State University; Wade L. Berry, University of California, Los Angeles; J. Derek Bewley, University of Guelph, Canadá; Robert Allan Black, Washington State University; Peter Brownell, James Cook University; Bruce G. Bugbee, Utah State University; Michael J. Burke, Oregon State University; Martyn Caldwell, Utah State University; William F. Campbell, Utah State University; John G. Carman, Utah State University; James T. Colbert, Iowa State University; Michael Evans, Ohio State University; Donald R. Geiger, University of Dayton; Dr. Govindjee, University of Illinois; Ronald John Hanks, Utah State University; Wolfgang Haupt, Institut fur Botanik und Pharmazeutische Biologie der Universitat Erlangen, Nürnberg, Alemanha; John E. Hendrix, Colorado State University; Mordecai J. Jaffe, Wake Forest University; Peter B. Kaufman, University of Michigan; Dov Koller, Hebrew University, Israel; Willard L. Koukkari, University of Minnesota; G. Heinriche Krause, Universitat Dusseldorf, Alemanha; Walter Larcher, Universitat Innsbruck, Áustria; Wolfram Meier-Augenstein, Universiteit Van Stellenbosch, África do Sul; Anastasios Melis, University of California, Berkeley; Angel Mingo-Castel, Universidat Publica Navarra, Espanha; Cary A. Mitchell, Purdue University; Keith Mott, Utah State University; Richard Mueller, Utah State University; Park S. Nobel, University of California, Los Angeles; William H. Outlaw, Florida State University; Robert Pearcy, University of California, Davis; Richard Pharis, University of Calgary; Gregory J. Podgorski, Utah State University; Iffat Rahim, Iowa State University; Fred D. Sack, Ohio State University; John Sager, NASA Kennedy Space Center; Kurt A. Santarius, Universitat Dusseldorf, Alemanha; Ruth Satter, University of Connecticut; Herman Schildknecht, Heidelberg Universitat, Alemanha; Thomas D. Sharkey, University of Wisconsin; Louis F. Sokol, U.S. Metric Association, Inc.; Thomas K. Soulen, University of Minnesota; Daphne VincePrue, GoringonThames, Inglaterra; George W. Welkie, Utah State University; Rosemary White, University of Sydney, Austrália; Stephen E. Williams, Lebanon Valley College; Jan A. D. Zeevaart, Michigan State University.

Frank B. Salisbury, Logan, Utah
Cleon W. Ross, Fort Collins, Colorado
Fevereiro de 1991

UM 1

Células: água, soluções e superfícies

UM
Fisiologia vegetal e células vegetais

Fisiologia vegetal é a ciência que estuda a função da planta: o que acontece nas plantas e é responsável por sua vitalidade. As plantas não são tão inanimadas quanto às vezes parecem. (Pode ser difícil diferenciar uma planta artificial de sua equivalente real.) Estudar a fisiologia vegetal o fará apreciar mais ainda muitas coisas que acontecem dentro delas. A água e materiais dissolvidos se movem por vias de transporte especiais: a água do solo pelas raízes, caules e folhas até a atmosfera, e os sais inorgânicos e moléculas orgânicas por muitas direções dentro da planta. Milhares de tipos de reações químicas ocorrem em cada célula viva, transformando água, sais minerais e gases do ambiente em tecidos e órgãos vegetais organizados. Desde o momento da concepção, quando uma nova planta começa como um zigoto, até sua morte – que pode ocorrer milhares de anos depois –, processos organizados de desenvolvimento aumentam o tamanho e a complexidade da planta e iniciam mudanças qualitativas em seu crescimento, como a formação das flores na época certa e a perda das folhas no outono.

A fisiologia vegetal estuda todos esses fenômenos.

1.1 Algumas postulações básicas

A fisiologia vegetal, como outros ramos da ciência biológica, estuda processos da vida que são semelhantes ou idênticos em muitos organismos. Neste capítulo introdutório, apresentamos dez postulações ou generalizações sobre a ciência em geral e sobre a fisiologia vegetal em particular. Em seguida, como a biologia celular é tão fundamental para a fisiologia vegetal, fornecemos uma revisão das células vegetais no corpo principal deste capítulo. A seguir estão as postulações:

1. *A função vegetal pode ser compreendida com base nos princípios da física e da química.* Na verdade, a fisiologia vegetal moderna em particular e a biologia em geral dependem das ciências físicas que, por sua vez, se baseiam na matemática. A fisiologia vegetal é, essencialmente, a aplicação da física e da química moderna na compreensão das plantas. Nesse aspecto, o progresso da fisiologia vegetal foi quase completamente dependente do progresso das ciências físicas. Hoje, a tecnologia da ciência física aplicada fornece tanto a instrumentação da qual depende a pesquisa da fisiologia vegetal quanto o conhecimento fundamental que é aplicado na interpretação dos resultados.

Além disso, os fisiologistas das plantas aceitam a declaração filosófica, chamada de Lei da Uniformidade da Natureza, que afirma que as mesmas circunstâncias ou causas produzirão os mesmos efeitos ou respostas. Esse conceito de causa e efeito deve ser aceito como uma hipótese operacional (isto é, aceito com a fé). Embora não haja uma maneira de provar que o princípio sempre se aplica em todas as partes do universo, não há motivos para duvidar disso. É possível que a vida dependa de um espírito ou *entequia*[1] que não esteja sujeito à investigação científica; porém, se assumirmos isso, por definição não podemos usar a ciência para estudar a vida. A suposição de que as plantas são mecânicas leva a uma pesquisa frutífera; a suposição contrária, chamada de **vitalismo**, é completamente improdutiva na ciência. Por exemplo, as convicções (as suas ou as nossas) sobre a existência de um Criador podem ajudar ou atrapalhar a sua apreciação da fisiologia vegetal, mas não podem cumprir uma função direta na ciência propriamente dita.

2. *Os botânicos e fisiologistas vegetais estudam os membros de quatro dos cinco reinos de organismos atualmente reconhecidos por muitos biólogos (Tabela 1-1), mas muitas discussões deste livro envolvem as plantas banais e, na realidade, um número relativamente pequeno de espécies de gimnospermas e angiospermas.* Os biólogos modernos consideram a abordagem de cinco reinos na classificação dos organismos

---

[1] Um princípio vital hipotético que é considerado inerente à substância viva, dirigindo seus processos vitais, mas que não pode ser descoberto pela investigação científica.

vivos como muito superior às tentativas prévias de classificar todos os organismos como plantas ou animais, mas ainda há controvérsias sobre o posicionamento de determinados grupos, como os mixomicetos e algumas algas. É suficiente afirmar que os fisiologistas estudam as algas azuis (ou cianobactérias) e outros procariontes estudados pelos bacteriologistas, vários grupos de algas, mixomicetos, fungos verdadeiros e representantes de todos os principais grupos do reino vegetal. Todavia, aqui, a nossa discussão enfatiza fortemente as gimnospermas e as plantas que florescem, com referências apenas ocasionais aos outros grupos.

TABELA 1-1 Um resumo simplificado dos cinco reinos da classificação dos organismos.

VÍRUS: Mostram propriedades de vida apenas quando estão presentes nas células de outros organismos; são considerados pela maioria dos biólogos como não vivos quando isolados das células vivas.

I. MONERA:[a] organismos procariontes (sem núcleos ou organelas celulares organizados), incluindo bactérias, algas azuis (cianobactérias) e micoplasmas. (As ARQUEOBACTÉRIAS podem formar um reino separado.)
II. PROTISTA: Organismos eucariontes (organelas e núcleos verdadeiros), principalmente os unicelulares, incluindo protozoários ("animais" de uma única célula), algumas algas[a] e os mixomicetos[a] (alguns autores incluem todas as algas eucariontes, mesmo as formas multicelulares).
III. FUNGOS:[a] Os fungos verdadeiros.
IV. PLANTAS:[a] a maioria das algas e todas as plantas verdes; as plantas verdadeiras incluem as seguintes, além de alguns grupos secundários que não são mencionados:
    Algas marrons[a]
    Algas vermelhas[a]
    Algas verdes[b]
    Musgos e hepáticas[a]
    Plantas vasculares (plantas superiores)
        Samambaias e parentes[a]
        Cicadáceas e gimnospermas raras[a]
        Coníferas (gimnospermas comuns)[b]
        Plantas que florescem (angiospermas)[b]
            Monocotiledôneas (monocots)
            Dicotiledôneas (dicots)
V. ANIMALIA: Animais multicelulares

[a] Estudado por fisiologistas vegetais.
[b] Enfatizado por fisiologistas vegetais.

3. A **célula** é a unidade fundamental da vida; todos os organismos vivos consistem em células, que contêm núcleos cercados por membranas ou estruturas comparáveis sem membranas. A vida não existe em unidades menores que as células. As células surgem apenas da divisão de células preexistentes. Coletivamente, essas três afirmações são conhecidas como a **teoria da célula**. Os **organismos cenocíticos** (algumas algas, fungos e mixomicetos) não têm suas organelas (mitocôndrias, núcleos e assim por diante) divididas por membranas em unidades chamadas de células. Eles são exceções à teoria – ou são organismos multinucleares, com células únicas ou poucas células? Você decide.

4. *As células eucariontes contêm organelas membranosas como cloroplastos, mitocôndrias, núcleos e vacúolos, enquanto células procariontes não contêm organelas membranosas.*

5. *As células são caracterizadas por macromoléculas especiais, como o amido e a celulose, formadas por centenas a milhares de moléculas idênticas de açúcar ou outras; em algumas macromoléculas, como a lignina, grupos de moléculas podem ser repetidos, ou a distribuição das moléculas componentes pode ser aleatória.*

6. *As células também são caracterizadas por macromoléculas, como as proteínas e os ácidos nucleicos (RNA e DNA), que consistem em cadeias de centenas a milhares de moléculas mais simples de vários tipos (20 ou mais aminoácidos na proteína e quatro a cinco nucleotídeos nos ácidos nucleicos). Essas cadeias incluem longos segmentos de sequências não repetitivas que são preservadas e duplicadas (copiadas) quando as moléculas são reproduzidas. Essas moléculas, importantes para a vida, contêm informações,* da mesma forma que a sequência de letras nesta frase representa uma mensagem. As informações são transferidas de uma geração de células para a outra pelo DNA, e do DNA para a proteína pelo RNA. As informações em uma proteína lhe conferem determinadas características físicas e a capacidade de catalisar (acelerar) as reações químicas nas células; as proteínas que catalisam as reações são chamadas de **enzimas** e são fundamentais para a função vital.

7. *Nos organismos multicelulares, as células são organizadas em tecidos e órgãos; as diferentes células de um tecido multicelular possuem estruturas e funções distintas.* Esse conceito de tecido-órgão é muito mais difícil de aplicar às plantas do que aos animais, porém os tecidos típicos das plantas incluem, por exemplo, epiderme, córtex, tecidos vasculares e medula. Os principais órgãos de uma planta vascular são as raízes, caules e folhas, que podem ser modificados para várias funções (por exemplo, flores).

8. *Os organismos vivos são estruturas autogeradoras.* Por intermédio do processo chamado de **desenvolvimento**, que inclui as divisões, o aumento (principalmente o alongamento dos caules e raízes) e a especialização ou **diferenciação** da célula, a planta começa como uma única célula (óvulo fertilizado ou **zigoto**) e, futuramente, torna-se um organismo multicelular. Diferentemente da maioria dos animais, grande parte das plantas continua crescendo e se desenvolvendo por toda a vida, por meio de regiões

compostas de células perpetuamente embrionárias (em divisão) chamadas de **meristemas**. Embora muitas informações descritivas estejam disponíveis, o desenvolvimento é provavelmente o fenômeno menos compreendido da biologia contemporânea (quase tão misterioso quanto o funcionamento do cérebro humano).

9. *Os organismos crescem e se desenvolvem dentro dos ambientes, e interagem com esses ambientes e uns com os outros de muitas maneiras.* Por exemplo, o desenvolvimento da planta é influenciado por temperatura, luz, gravidade, vento e umidade.

10. *Nos organismos vivos, como em outras máquinas, a estrutura e a função são intimamente interligadas.* Obviamente, não pode haver funções vitais sem as estruturas dos genes, enzimas, outras moléculas, organelas, células, tecidos e órgãos. Ainda assim, as funções do crescimento e do desenvolvimento criam as estruturas. Os estudos da fisiologia vegetal dependem fortemente da anatomia vegetal, da **biologia celular** e da química estrutural e funcional. Ao mesmo tempo, as ciências estruturais da anatomia vegetal e biologia celular tornam-se mais significativas por causa da fisiologia vegetal.[2]

1.2 Células procariontes: bactérias e algas azuis

As **membranas** são camadas extremamente finas de um material que consiste principalmente em lipídios e proteínas, que separam as células e suas partes das adjacências. Discutiremos sua natureza a seguir e principalmente no Capítulo 7. As **células procariontes**, que são as das bactérias, algas azuis (cianobactérias) e micoplasmas, têm apenas a membrana superficial que cerca cada célula. Qualquer material membranoso encontrado dentro dessas células provavelmente é uma extensão interna da membrana. As **células eucariontes**, por outro lado, possuem vários tipos de **organelas** ("pequenos órgãos"), cada qual cercado por um sistema de membranas simples ou duplas (ou meia unidade de membrana ao redor dos glóbulos de lipídios). As **Arqueobactérias** são pouco estudadas e diferem tão radicalmente das outras células procariontes (e também das eucariontes) que foi sugerido que elas constituem um reino de vida separado (consulte a Seção 26.6).

O **núcleo** da célula eucarionte é cercado por uma membrana dupla, mas as procariontes têm apenas um corpo central chamado de **nucleoide**, que é cercado pelo **citoplasma** e não por uma membrana. Nas bactérias, o nucleoide consiste em um único pedaço de DNA com cerca de 1 mm de comprimento[3], fechado em um círculo e estreitamente espiralado e acondicionado. Este é o material genético essencial.

O termo *procarionte* significa "*antes* de um núcleo" (do grego), não *sem* um núcleo. São conhecidos fósseis de procariontes de até 3,3 bilhões de anos, enquanto os fósseis eucariontes mais antigos têm menos de 1 bilhão de anos. (*Eucarionte* também vem do grego e quer dizer "núcleo verdadeiro".)

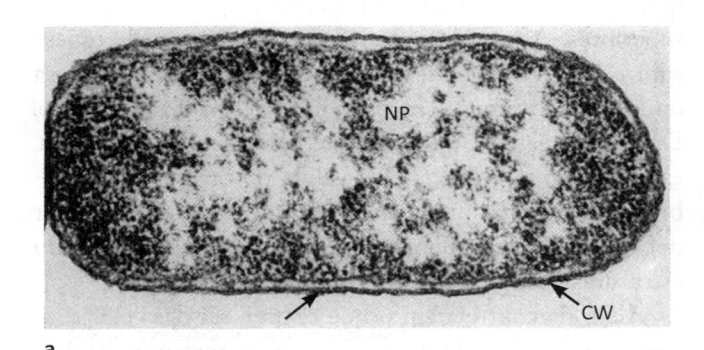

célula procarionte (bacteriana)

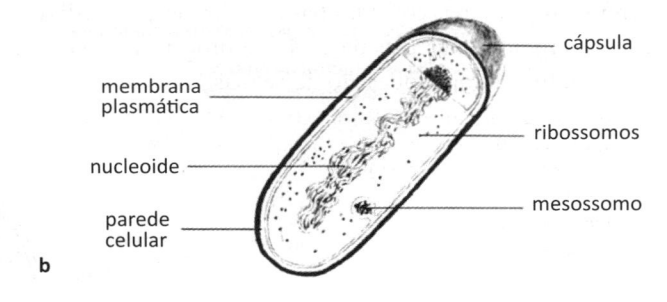

FIGURA 1-1 (a) Uma célula procarionte, a bactéria *Escherichia coli*, aumentada 21.500 vezes. O nucleoide (NP), o equivalente procarionte de um núcleo, ocupa o centro da célula e o citoplasma que cerca o núcleo é repleto de ribossomos. A célula é cercada por uma parede celular (CW) e a membrana plasmática (seta) fica sob essa parede. (Micrografia cortesia de William A. Jensen.) **(b)** Uma interpretação de uma célula procarionte generalizada. (W. A. Jensen e F. B. Salisbury, 1984.)

---

[2] A *biologia das células* deveria ser chamada de *citologia*, mas a citologia se envolveu no estudo dos cromossomos; ela agora deve ser chamada de *citogenética*.

[3] As unidades dos sistemas métrico e internacional são resumidas no Apêndice A. Neste capítulo, é importante lembrar os prefixos que indicam diminuição de três ordens de magnitude no tamanho:

1 *mili*metro (mm) = 0,001 metro (m) = 10^{-3} m
1 *micrô*metro (μm) = 0,000001 m = 10^{-6} m
1 *nano*metro (nm) = 0,000000001 m = 10^{-9} m

Objetos menores que cerca de 200 nm (metade do comprimento de onda da luz azul, que tem o comprimento mais curto da luz visível) são invisíveis no microscópio óptico convencional (eles podem ser *visualizados*, mas não *analisados* nos microscópios ópticos de interferência aprimorados por vídeo), porém os objetos de apenas 1 a 4 nm podem ser analisados nas eletromicrografias.

As células procariontes são comparativamente pequenas, raramente têm mais de alguns micrômetros de comprimento e apenas 1 de espessura (Figura 1-1). As células das algas azuis são muito maiores que as das bactérias. Em comum, as algas azuis realizam fotossíntese com a clorofila *a*, não encontrada nas bactérias, e por meio de vias metabólicas comuns para as plantas e as algas, mas não para as bactérias. Esse é o motivo para o termo *cianobactéria*, que implica que as algas azuis são apenas outra forma de bactéria. Talvez esse termo seja infeliz, mas é amplamente usado.

A maioria das células procariontes é cercada por **paredes celulares**. Como não possuem celulose, elas são quimicamente diferentes das paredes típicas das plantas superiores. A parede pode ter de 10 a 20 nm de espessura e às vezes é revestida por uma **cápsula** gelatinosa ou lodo relativamente espesso, feito de material proteico. Dentro da parede, e fortemente comprimida contra ela, está a membrana externa da célula procarionte, a **membrana plasmática** ou **plasmalema**, que pode ser lisa ou ter dobras que se estendem ao interior da célula, formando estruturas chamadas de **mesossomo**.

Além de controlarem o que entra e sai das células, as membranas cumprem outras funções importantes. Muitas reações enzimáticas, incluindo a fotossíntese e a respiração, ocorrem nas proteínas contidas nas membranas, e acredita-se que as membranas plasmáticas dos procariontes cumpram uma função na replicação de células.

TABELA 1-2 Os componentes das células procariontes[a]

I. PAREDE CELULAR (com ou sem uma cápsula)

II. MEMBRANA PLASMÁTICA ou PLASMALEMA (às vezes com dobras chamadas de mesossomos)

III. NUCLEOIDE (um único filamento circular de DNA – o material genético)

IV. CITOPLASMA (toda a substância cercada pela membrana plasmática, exceto o nucleoide)
  A. Ribossomos (locais da síntese de proteína; cerca de 15 nm de diâmetro, menores que nas células eucariontes)
  B. Vacúolos (estruturas semelhantes a sacos, *muito* menores que nas células vegetais)
  C. Vesículas (pequenos vacúolos)
  D. Depósitos de reserva (açúcares complexos e outros materiais)

V. FLAGELOS (estruturas filamentosas que se prolongam das superfícies das células; capazes de batimentos para causar o movimento celular; formados por várias cadeias espirais e interligadas de subunidades de uma proteína chamada *flagelina*; cerca de 15 a 20 nm de diâmetro, menores que um único microtúbulo)

[a] Nem todas as células procariontes possuem todas as estruturas.
Fonte: Modificado a partir de W. A. Jensen e F. B. Salisbury, 1984.

Corpos esféricos pequenos, os **ribossomos**, aglomeram-se no citoplasma e são os locais da síntese de proteína. Eles possuem cerca de 15 nm de diâmetro e são menores que nos eucariontes. O citoplasma dos procariontes mais complexos também pode conter **vacúolos** (estruturas semelhantes a

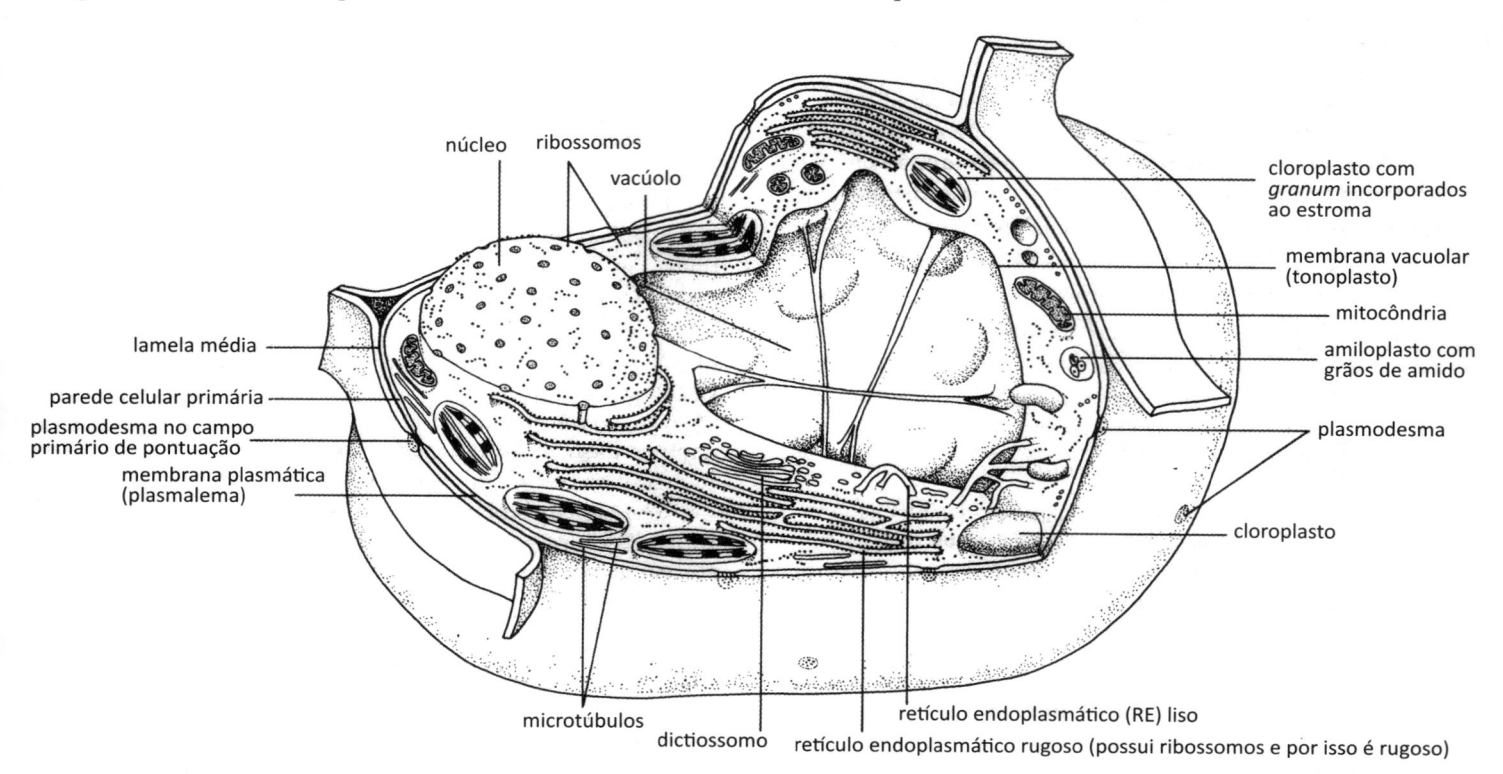

FIGURA 1-2 Uma célula vegetal. O desenho é fundamentado na aparência das organelas celulares nas eletromicrografias. (Desenho de Cecile Duray Bito.)

Tabela 1-3 Os componentes das células vegetais eucariontes.

I. PAREDE CELULAR[a]
   A. Parede primária (celulose ¼); cerca de 1 a 3 μm de espessura
   B. Parede secundária (celulose ½ + lignina ¼); pode ter 4 μm de espessura ou mais
   C. Lamela média (camada entre as células que as une, formada principalmente por pectina)
   D. Plasmodesmas (filamentos de membrana plasmática penetrando na parede); 30 a 100 nm de diâmetro
   E. Pontuações simples e com bordas

II. PROTOPLASTO (conteúdo da célula, exclusivo da parede); 10 a 100 μm de diâmetro
   A. Citoplasma (citoplasma + núcleo = protoplasma)
     1. Membrana plasmática (plasmalema); 0,01 μm (10 nm) de espessura
     2. Sistema da endomembrana
        a. Retículo endoplasmático (RE); 7,5 nm de espessura (cada membrana; as cisternas com duas membranas variam em espessura)
        b. Complexo de Golgi (consiste em dictiossomos; 0,5 a 2,0 μm de diâmetro; membranas de 7,5 nm de espessura)
        c. Envelope nuclear (membranas de duas unidades); 25 a 57 nm de espessura
        d. Membrana vacuolar (tonoplasto); 7,5 nm de espessura (consulte Vacúolos, abaixo)
        e. Microcorpos; 0,3 a 1,5 μm de diâmetro
        f. Esferossomos e corpos de proteína; 0,5 a 2,0 μm de diâmetro (cercados por meia unidade de membrana)
     3. Citoesqueleto
        a. Microtúbulos; 24 a 25 nm de espessura; centro de 12 nm
        b. Microfilamentos; 5 a 7 nm de espessura
        c. Outros materiais proteicos
     4. Ribossomos; 15 a 25 nm de diâmetro (maiores que nos procariontes)
     5. Mitocôndrias (limitadas por membrana); 0,5 a 1,0 μm × 1 a 4 μm
     6. Plastídeos[b] (organelas limitadas por membranas)
        a. Proplastídeos (plastídeos imaturos)
        b. Leucoplastos (plastídeos incolores); amiloplastos (contêm grãos de amido, às vezes proteína: *proteinoplastos);* oleoplastos (contêm gorduras); etioplastos; outros plastídeos de armazenamento de alimento
        c. Cloroplastos; 2 a 4 μm de espessura × 5 a 10 μm de diâmetro (podem conter grãos de amido)
        d. Cromoplastos (frequentemente vermelhos, laranjas, amarelos e de outras cores)
     7. Citosol (líquido no qual a maioria das estruturas acima está suspensa)
   B. Núcleo (citoplasma + núcleo = protoplasma); 5 a 15 μm ou mais de diâmetro (consulte Envelope nuclear, acima)
     1. Nucleoplasma (substância granular e fibrilar do núcleo)
     2. Cromatina (os cromossomos tornam-se aparentes durante a divisão celular)
     3. Nucléolo; 3 a 5 μm de diâmetro
   C. Vacúolos (de inexistentes a 95% do volume celular; às vezes ainda mais)
   D. Substâncias ergásticas (inclusões de materiais relativamente puros nos plastídeos ou vacúolos)[a]
     1. Cristais (como oxalato de cálcio)
     2. Taninas[b]
     3. Gorduras e óleos (nos oleoplastos e glóbulos de lipídios)
     4. Grãos de amido (nos amiloplastos e cloroplastos; consulte acima)[b]
     5. Corpos de proteína
   E. Flagelos e cílios; 0,2 μm de espessura, 2 a 150 μm de comprimento

[a] Ocorrem nas células de fungos, plantas e alguns protistas, mas raramente nos animais.
[b] Ocorrem apenas nas células vegetais e em alguns protistas.

sacos), **vesículas** (vacúolos pequenos) e depósitos de reserva de açúcares complexos ou materiais inorgânicos. Em algumas algas azuis raras, os vacúolos são preenchidos de gás nitrogênio.

Muitas bactérias são capazes de movimentos relativamente rápidos, gerados pela ação de estruturas filamentosas, os **flagelos**, que se prolongam da superfície da célula. Os flagelos procariontes são quimicamente muito diferentes dos flagelos eucariontes. A Tabela 1-2 resume as estruturas das células procariontes.

1.3 Células eucariontes: protistas, fungos e plantas

As principais estruturas das células procariontes também estão presentes nas eucariontes, mas estas últimas possuem outras estruturas adicionais, sendo a maioria delas limitada por membranas. Uma imagem útil para estudar as células vegetais eucariontes é a "típica" célula vegetal, ilustrada na Figura 1-2 e resumida na Tabela 1-3. Obviamente, não

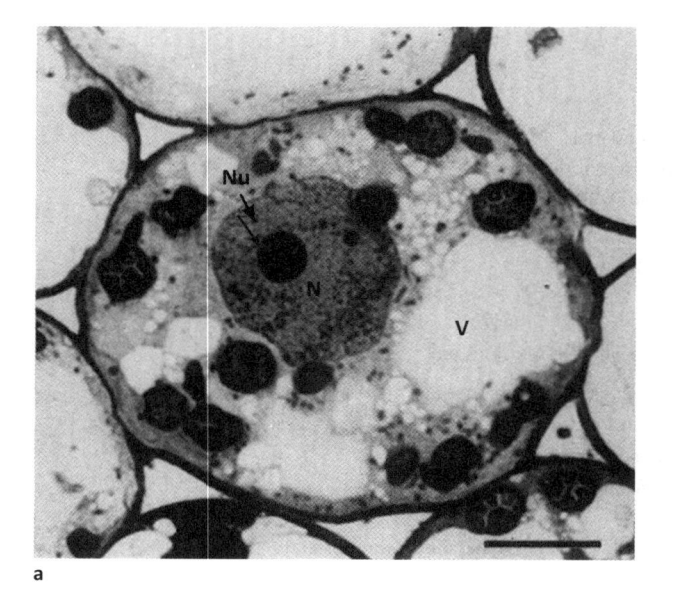

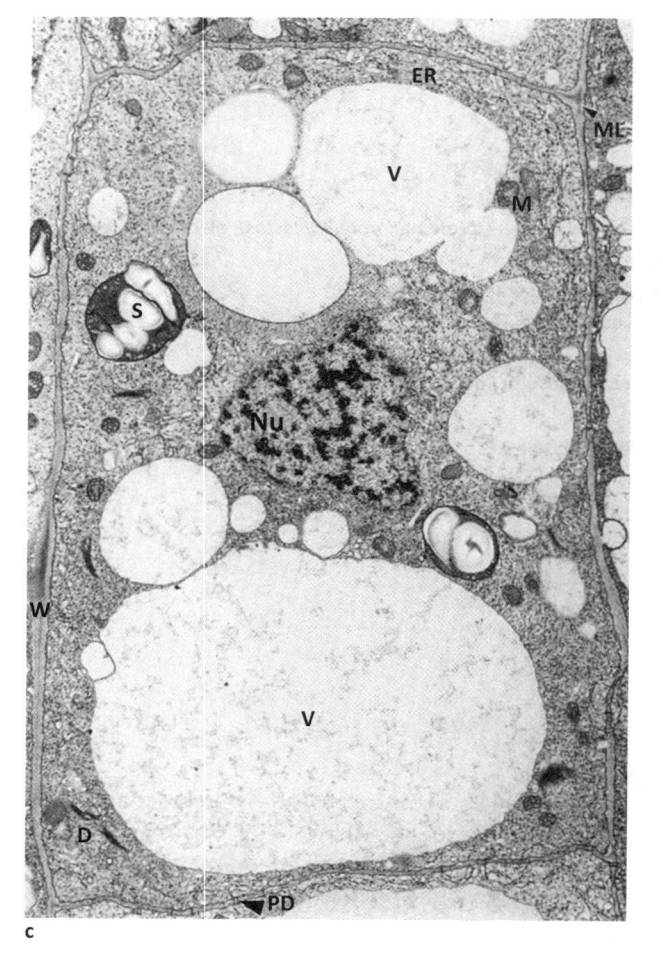

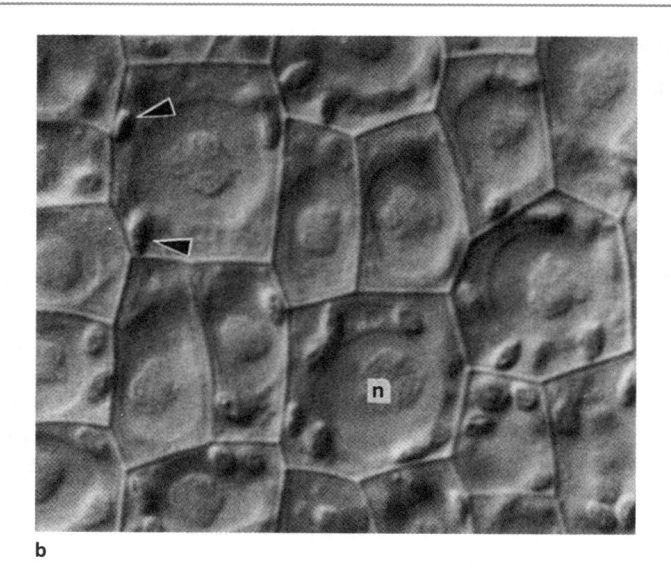

FIGURA 1-3 Fotomicrografias de células, mostrando como as técnicas da microscopia podem influenciar nossas imagens visuais e, portanto, mentais das células; **(a)** micrografia feita em microscópio óptico de uma célula de parênquima de um coleóptilo de milho (a bainha que cobre a primeira folha nascida da semente). O tecido foi fixado com glutaraldeído, seccionado a uma espessura de 1 μm e colorido com azul de toluidina. O nucléolo (Nu) é proeminente no núcleo (N). Numerosos amiloplastos (contendo amido) de coloração escura estão presentes no citoplasma, e o vacúolo em desenvolvimento (V) também está proeminente. Bar = 5 μm. **(b)** Micrografia óptica de contraste por interferência diferencial (Nomarski) de células epidérmicas vivas do musgo *Funaria*. Os vacúolos ainda não se formaram nas células, mas a estrutura esférica transparente em cada célula é o núcleo, que contém vários nucléolos (n). Os plastídeos imaturos também são visíveis (pontas de seta). 900 x. **(c)** Eletromicrografia de transmissão de uma célula em crescimento em um caule de ervilha. Os vacúolos (V) ocupam grande parte do volume desta célula, que ainda está em expansão. As regiões mais escuras no núcleo (Nu) são a cromatina condensada (heterocromatina). O retículo endoplasmático (ER), mitocôndrias (M), dictiossomos (D) e plastídeos que contêm amido (A) estão presentes em todo o citoplasma. Nesta ampliação baixa, as membranas quase não são visíveis e aparecem como linhas escuras cercando as células e suas várias organelas e vacúolos. Os plasmodesmas (PD) na parede celular (P) conectam os protoplastos das células adjacentes. A lamela média (LI) é particularmente perceptível onde os espaços intercelulares se formarão. 10.000 x. (Cortesia de Fred Sack).

existe uma "célula típica" ou um "adolescente convencional". Ambos são criações estatísticas, compostas de características típicas de uma classe que raramente são encontradas todas juntas em um indivíduo. Todavia, as **células do parênquima** são células vivas de paredes finas, isodiamétricas (aproximadamente esféricas, mas com faces quase planas), que possuem a maioria das características de uma célula vegetal típica. Elas são encontradas na medula, córtex, mesofilo e outros tecidos.

O nosso conhecimento das células foi fundamentado em grande parte nas ferramentas que tínhamos para investigá-las. A Figura 1-3 mostra dois tipos de

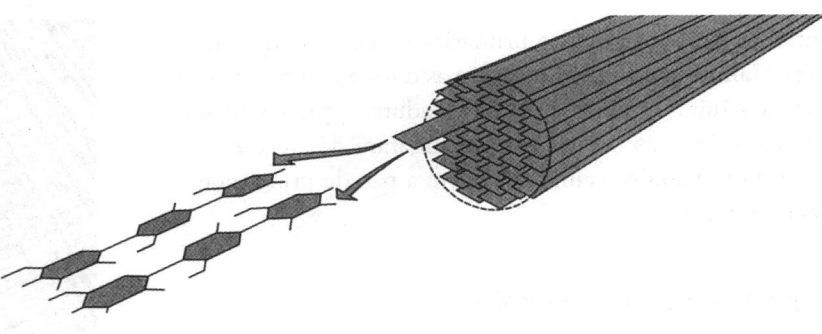

FIGURA 1-4 Desenho esquemático de como as moléculas de celulose são organizadas para formar uma microfibrila de celulose. Pares de moléculas são mantidos juntos por uma ponte de hidrogênio para formar tiras semelhantes a bainhas, das quais existem cerca de 40 em cada microfibrila. Cada tira é unida com as que estão acima dela, abaixo e nas laterais, pela ponte de hidrogênio (discutida no Capítulo 2). Os hexágonos representam as moléculas de glicose nas moléculas de celulose de cadeia longa. (De Jensen e Salisbury, 1984.)

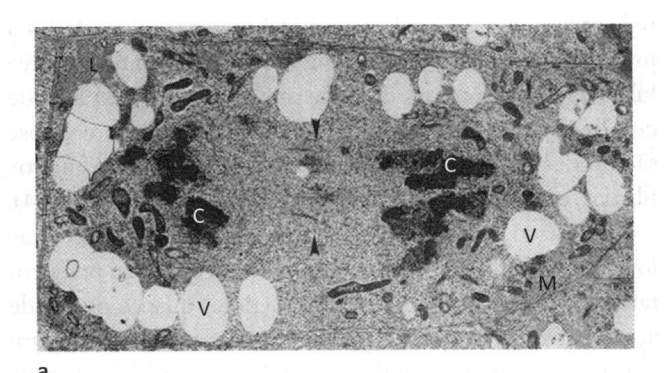

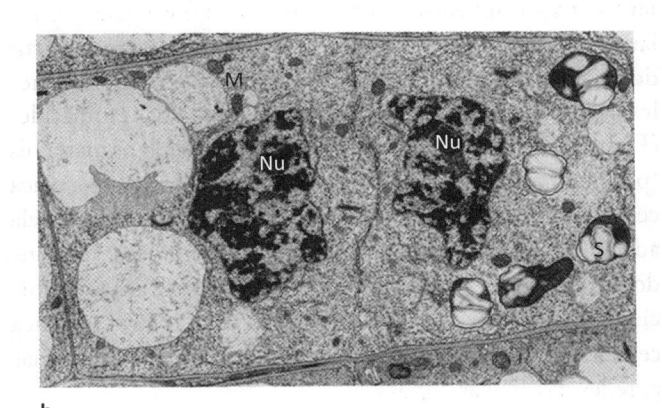

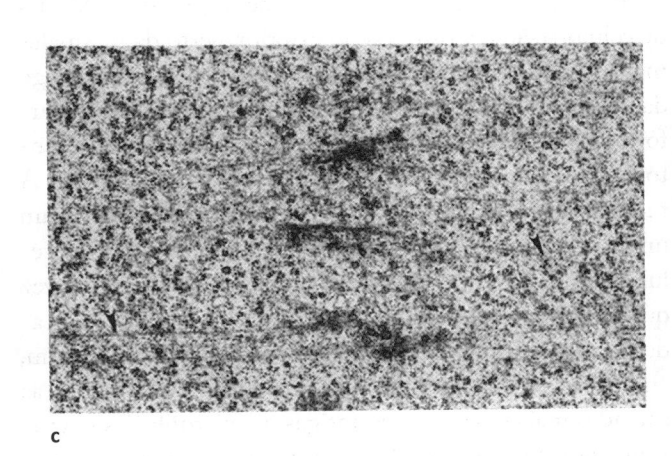

FIGURA 1-5 Formação da placa celular (fragmoplasto) durante a citocinese (divisão do protoplasto depois da **mitose**, que é a divisão do núcleo); **(a)** Telófase inicial em uma célula radicular de milho. Uma placa celular está começando a se formar (pontas das setas) entre dois grupos de cromossomos (C) no equador do fuso. A maioria dos outros componentes do protoplasto é distribuída ao redor da periferia da célula. Os vacúolos são aparentes (V), assim como as mitocôndrias (M). 10.000 x. **(b)** Final da telófase, com a citocinese quase concluída na célula do caule de ervilha. O envelope nuclear formou-se novamente ao redor dos núcleos das células-filhas (Nu) e a placa celular quase chegou às paredes da célula-mãe. Os cromossomos se transformaram em cromatina nos dois núcleos. 9.000 x. **(c)** Exibição com a ampliação maior da formação inicial da placa celular. Os microtúbulos (pontas de seta) orientam as numerosas vesículas formadoras de parede até a zona intermediária, onde coalescem para formar a placa celular. 36.000 x. (Cortesia de Fred Sack.)

micrografias de células, um obtido com microscópio óptico e outro obtido com microscópio eletrônico de transmissão. Muitas características discutidas no restante deste capítulo podem ser observadas na Figura 1-3. Vamos começar com o exterior da célula vegetal típica e progredir de fora para dentro. O exercício fornece uma ideia de como as plantas, protistas e fungos diferem (no nível celular) uns dos outros e dos animais, porém as células vegetais são enfatizadas.

1.4 A parede celular

Muitos protistas e a maioria das células de fungos e plantas são cercados por uma **parede celular** (as células de esperma e endosperma das plantas são exceções). Na verdade, nenhuma outra característica é mais típica das células de fungos e plantas que a parede. Todas as células possuem membranas que cercam seu conteúdo, mas as de animais e de alguns protistas não têm paredes – *apenas* membranas, às vezes bastante especializadas. As células em crescimento, algumas células de armazenamento, as células de fotossíntese das folhas, todas as células do parênquima e alguns outros tipos possuem apenas uma **parede primária**, que é caracterizada pela espessura fina e pela formação enquanto a célula está em crescimento. A parede cerca o **protoplasto**, que inclui a membrana plasmática e tudo o que ela cerca. Geralmente, essa membrana está fortemente pressionada contra a parede, por causa da pressão dos líquidos em seu interior. Entre as paredes primárias de células adjacentes está a **lamela média**, que mantém as duas paredes celulares juntas. Muitas células de plantas maduras, principalmente as dos tecidos do xilema, que terminaram de crescer, formam uma **parede secundária** entre a parede primária e a membrana celular.

A parede celular primária

Comparada a uma célula inteira, ou até mesmo com a parede secundária, a parede primária é fina, na ordem de 1 a 3 μm de espessura (aproximadamente a espessura de uma célula bacteriana inteira). Ela consiste em cerca de 9 a 25% de **celulose**. Moléculas longas e não ramificadas de celulose são unidas em fibras cilíndricas longas chamadas de microfibrilas, que têm de 4,5 a 8,5 nm de espessura (Figura 1-4).

Em razão da disposição paralela das moléculas de celulose, as microfibrilas se comportam como cristais e possuem tanta força de tensão (em relação ao peso) quanto os fios de aço em um cabo. A parede primária começa a se formar entre as células que estão completando a divisão; uma **placa celular** (ou **fragmoplasto**) se forma onde uma nova parede celular dividirá as duas células-filhas. Essa placa se forma a partir dos microtúbulos (observe abaixo), que são separados daqueles que formaram o fuso durante a separação das cromátides (Figura 1-5). Esses microtúbulos podem orientar os materiais (por meio das vesículas de Golgi; observe abaixo) até a placa celular, que cresce desde o centro na direção do exterior pela adição de pectinas e outros materiais, futuramente juntando-se à parede celular que cercava a célula-mãe antes do início da divisão. Grande parte do material que forma a placa celular torna-se a lamela média rica em pectina entre as duas paredes das células-filhas.

Em muitas células em alongamento, as microfibrilas de celulose são depositadas no exterior, perto da plasmalema, aproximadamente em ângulos retos com o eixo longo da célula, mas anguladas para a direita ou esquerda para formar uma hélice de eixo baixo. Elas são como filamentos curtos enrolados em um cilindro (o protoplasto). À medida que a célula se alonga, as microfibrilas deslizam umas pelas outras e são puxadas para o eixo longo da célula (como discutido a seguir e no Capítulo 16). Uma vez que as microfibrilas recém-depositadas ainda são colocadas predominantemente paralelas à circunferência (porém, anguladas na direção oposta às previamente dispostas), as camadas mais novas e mais antigas de microfibrilas se cruzam quase como os fios de um tecido (mas não passam por cima e por baixo das outras como em uma trama de tecido).

As microfibrilas de celulose são incorporadas em uma matriz de outros materiais, que quimicamente são muito mais complexos (Fry, 1986, 1988). O principal desses

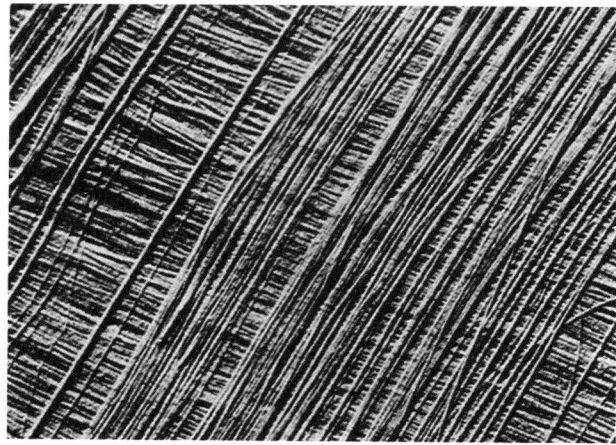

FIGURA 1-6 Padrão ordenado da deposição de microfibrilas de celulose na parede celular madura de uma alga verde. 21.000 x. (Cortesia de E. Frei e R. D. Preston, consulte Frei e Preston, 1961.)

materiais é a hemicelulose, que forma uma rede molecular ramificada cheia de água. Uma parede primária típica pode conter de 25 a 50% de hemicelulose. As substâncias pécticas são estreitamente relacionadas, constituindo 10 a 35% de uma parede primária, e altamente hidratadas. Normalmente, as paredes primárias também possuem 10% de proteína, a qual cumpre funções importantes no crescimento das células (proteínas chamadas de extensinas) e no reconhecimento de moléculas estranhas (proteínas chamadas de lectinas). Os materiais da matriz da parede primária não são cristalinos como a celulose, portanto, a matriz não pode ser vista na Figura 1-6; ela foi dissolvida para tornar as microfibrilas mais visíveis no microscópio de varredura eletrônica (observe também a Figura 7-10).

A parede primária é admiravelmente adaptada ao crescimento. Em resposta às moléculas reguladoras do crescimento, ela "amolece" de maneira tal que as microfibrilas se separam na direção longitudinal e deslizam umas pelas outras na matriz cheia de água (Capítulo 16). Isso ocorre à medida que o protoplasto absorve a água, expandindo-se como um balão e criando pressão contra a parede. Portanto, a parede se estende *plasticamente* (irreversivelmente, como uma goma de mascar) e não *elasticamente* (como uma bexiga de borracha) à medida que a célula cresce. Algumas paredes primárias aumentam sua área em até 20 vezes durante o crescimento. Muitos materiais novos são adicionados, portanto, elas não se tornam mais finas.

Quando a célula não está crescendo, até mesmo a parede primária resiste ao alongamento, devido à alta força de tensão de suas microfibrilas de celulose e à ligação cruzada com as moléculas da matriz e de dentro da rede de proteínas. Ainda assim, a parede é porosa o suficiente para permitir a passagem livre de água e dos materiais nela dissolvidos. Os poros (aberturas entre as fibrilas) têm de 3,5 a 5,2 nm de diâmetro (Carpita et al., 1979; Carpita, 1982), comparados com o 0,3 nm de diâmetro da molécula de água e o 1 nm da molécula de açúcar. Podemos pensar na parede celular como o meio em que o protoplasto funciona. De fato, a água e os solutos podem se mover pela planta nesse meio de parede celular chamado de apoplasto.

Imagine um saco de algodão (principalmente celulose) com um balão cheio de água dentro. O tecido é poroso, permitindo livremente a passagem de água e dos solutos nela dissolvidos. Ele também possui força de tensão, resistindo ao alongamento à medida que tentamos forçar mais água para dentro do balão. Ainda assim, ele entra em colapso quando a água é liberada do balão. Da mesma forma, se a célula perder água e, portanto, sua pressão hidráulica, a parede primária entra em colapso (embora não tanto quanto o saco de algodão; além disso, a parede com suas enzimas não é tão inerte quanto o tecido). As folhas e os caules jovens são feitos de células que têm principalmente paredes primárias. Elas são rígidas enquanto o líquido de suas células empurrar suas paredes, mas murcham quando uma quantidade de água suficiente para diminuir a pressão interna é perdida (Figura 1-7).

A parede celular secundária

Em muitas células vegetais, principalmente nas do tecido xilema – que, quando amadurecem, fornecem suporte para a planta ou transportam os líquidos sob tensão (pressão negativa) –, o protoplasto secreta uma parede secundária depois que a célula para de aumentar. Em todas as células, exceto em uma pequena parte delas na madeira e na cortiça, depois que a parede secundária é secretada, o protoplasto morre e seu conteúdo é removido da célula, de maneira que apenas a parede permanece.

Nas células do xilema, que transportam os líquidos sob tensão (e, às vezes, em outras células), a deposição da parede secundária produz anéis, redes ou espirais (observe a Figura 5-6). Essas belas estruturas impedem o colapso resultante de pressões produzidas pelas células adjacentes, que estão cheias de líquido pressurizado.

Normalmente, as paredes secundárias são muito mais grossas que as primárias; algumas têm vários micrômetros de espessura. As paredes secundárias consistem em cerca de 41 a 45% de celulose, 30% de hemicelulose e, em alguns casos, 22 a 28% de lignina (Capítulo 15), que não é facilmente compactada e resiste às mudanças de formato; isto é, a lignina é muito mais rígida que a celulose. Porém, a combinação das microfibrilas de celulose esticadas incorporadas na lignina, como as hastes de aço sob tensão incorporadas ao concreto para formar o concreto protendido, dá

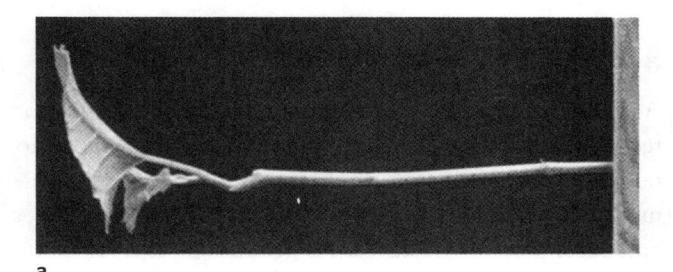

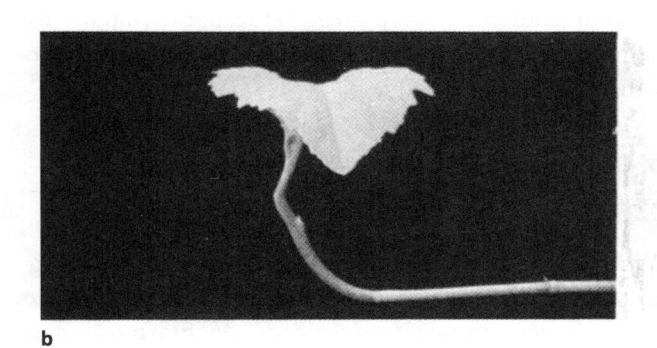

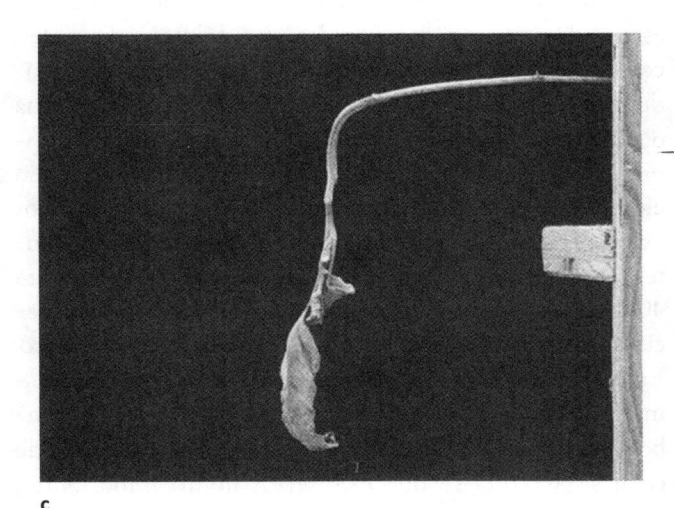

FIGURA 1-7 Como a pressão de turgor nas células determina a forma dos tecidos não lignificados. **(a)** Um cardo que foi colocado de lado recentemente. **(b)** A mesma planta 18 horas depois. A curvatura para cima ocorreu na parte ativamente crescente do caule, onde a lignina ainda não foi depositada nas paredes celulares. **(c)** A mesma planta, 8 dias mais tarde, depois que secou e murchou. Observe que a parte lignificada do caule que não se curvou para cima em resposta à gravidade também não murchou quando a planta secou. (Fotos de F. B. Salisbury.)

força à madeira. Em comparação ao seu peso, a madeira é um dos materiais mais fortes conhecidos. Ela certamente não murcha quando perde água!

Quando uma célula que deve ter uma parede secundária deixa de crescer, a lignina é depositada primeiro na lamela média já formada, depois na parede primária existente e, finalmente, na parede secundária, enquanto ela se forma.

A lamela média

As substâncias pécticas que "cimentam" as células adjacentes formam a lamela média e são ideais para sua função, porque existem na forma de gel. Na verdade, nós as extraímos de frutas verdes, nas quais são abundantes, e as usamos para fazer geleias e gelatinas. As pectinas podem ser metabolizadas por certas enzimas, como ocorre quando muitas frutas amadurecem. Um pêssego verde, por exemplo, é extremamente duro, mas, à medida que amadurece, os tecidos tornam-se macios e polpudos.

Pontuações, plasmodesmas e outras características da parede celular

As paredes primárias normalmente possuem áreas delgadas chamadas de **campos primários de pontuação**. Eles possuem uma alta densidade de **plasmodesmas**, que são filamentos extremamente finos de citoplasma estendidos através das paredes das células adjacentes, conectando seus protoplastos (Figura 1-8). Os plasmodesmas (discutidos na Seção 7.3) são visualizados há décadas, mas sua estrutura detalhada só pôde ser compreendida após o desenvolvimento do microscópio eletrônico. Eles aparecem como canais alinhados por extensões de membrana plasmática das células adjacentes e preenchidos por um tubo, de aproximadamente 40 nm de diâmetro, de um sistema de membrana especial que discutiremos a seguir: o retículo endoplasmático. Esse tubo é chamado de **desmotúbulo**. Os plasmodesmas podem constituir 1% da área da parede celular, embora isso varie consideravelmente nos diferentes tipos de células. Acredita-se que eles sejam muito importantes, porque unem os diversos protoplastos de um tecido ou planta em um todo funcional (chamado de **simplasto**). Calcula-se que substâncias como a glicose podem passar de uma célula para outra através dos plasmodesmas algumas milhares de vezes mais rápido que se atravessassem apenas pelas membranas e paredes celulares; porém, partículas maiores que cerca de 10 nm não podem passar pelos plasmodesmas e ainda não sabemos com certeza se as substâncias passam pelos desmotúbulos (isto é, dentro do retículo endoplasmático) ou através do espaço entre o desmotúbulo e a plasmalema. Seja como for, os plasmodesmas agem como canais de condução para os solutos de uma célula para a outra.

O material da parede secundária não é depositado nos campos primários de pontuação, portanto, essa parede inclui aberturas características chamadas de **pontuações** (Figura 1-9). Uma pontuação em uma parede celular normalmente ocorre oposta a uma pontuação na parede da célula adjacente, constituindo um **par de pontuações**, e as duas paredes primárias e lamelas médias entre as pontuações formam a **"membrana" de pontuação**. Existem dois tipos de pontuações: simples e com bordas (Figura 1-9). Nas pontuações com bordas, a parede secundária arqueia-se sobre a cavidade da pontuação. A aparência de rede de algumas células com paredes secundárias (observe a Figura 5-6) é causada pela presença de numerosas pontuações.

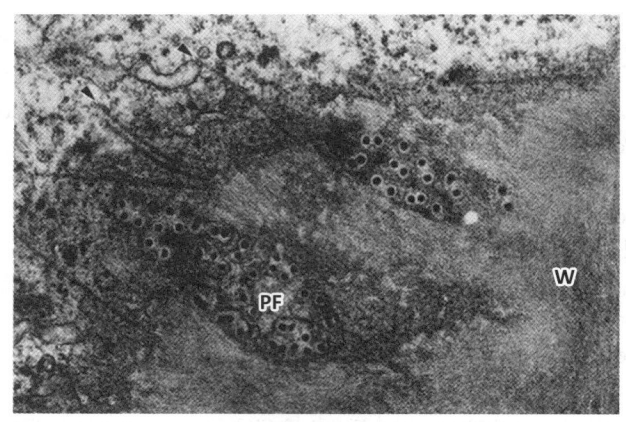

FIGURA 1-8 Corte vislumbrando através da parede celular (W) e protoplasto subjacente da célula de caule de ervilha. Existem dois campos primários de pontuação (PF) que contêm numerosos plasmodesmas. Os microtúbulos (pontas de seta) são estreitamente associados à plasmalema. 40.000 x. (Cortesia de Fred Sack.)

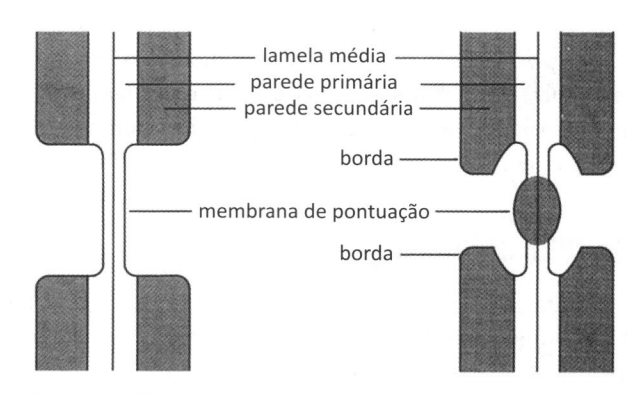

FIGURA 1-9 As principais características das pontuações simples (a) e com borda (b). (Jensen e Salisbury, 1984.)

1.5 Protoplastos eucariontes

Como demonstra a Tabela 1-3, podemos dividir o conteúdo dos protoplastos em três partes principais: citoplasma, núcleo e vacúolos (também existem as substâncias ergásticas e os órgãos de locomoção). Todas as células eucariontes possuem citoplasma e, quando jovens, pelo menos um núcleo; porém, esse núcleo desaparece nos elementos de transporte e em outras células de plantas à medida que amadurecem. O protoplasto inteiro está ausente dos elementos do xilema maduro (traqueídes e vasos). A presença de um vacúolo grande (e de substâncias ergásticas) é exclusiva das células de plantas e fungos.

Como ocorre nos procariontes, o **citoplasma dos eucariontes** é uma matriz complexa e aquosa, que contém muitas substâncias moleculares, algumas em suspensão coloidal; porém, as organelas limitadas por membranas também são prevalecentes. Originalmente, o termo *citoplasma* era usado para designar a matriz que cerca o núcleo. Devido aos avanços na microscopia eletrônica e à descoberta das organelas, no entanto, o conceito do citoplasma está evoluindo e é impreciso. Depois de um uso bastante disseminado, utilizamos o termo **citosol**[4] para a matriz na qual as organelas citoplasmáticas estão suspensas, percebendo que ela contém o citoesqueleto, que será discutido a seguir, e que é muito mais organizada que a "sopa rala" que pode vir à mente.

Seja como for, a combinação entre citoplasma, plasmalema e núcleo pode ser chamada de **protoplasma**, um termo usado com menos frequência atualmente. Uma vez que a maioria das partes quimicamente funcionais da célula ocorre no protoplasma, podemos pensar nele como a parte "viva" da célula, mas as alterações químicas também ocorrem nas paredes celulares (por exemplo, o amolecimento que permite o crescimento) e até mesmo no vacúolo.

O **vacúolo**, que é um volume de água e materiais dissolvidos cercado por uma membrana, ocupa de 80 a 90% ou mais de uma célula vegetal madura. A maioria das células maduras e vivas de plantas e fungos possui um vacúolo grande e central. Os vacúolos pequenos (1,0 µm de diâmetro) estão presentes nas células de alguns animais e protistas, mas raramente se assemelham aos vacúolos típicos das células de plantas e fungos. Algumas células vegetais também possuem acúmulos de substâncias não vivas relativamente puras, como oxalato de cálcio, corpos proteicos, gomas, óleos e resina, coletivamente chamados de **substâncias ergásticas**. Elas podem se localizar nos vacúolos, paredes ou outras partes da célula.

Cada tipo de organela no citoplasma é o local onde ocorrem processos químicos específicos, conforme aprendemos ao separá-las pela ultracentrifugação e estudar suas atividades bioquímicas. Essa segregação e organização dos processos, normalmente através das membranas, torna a química complexa das células parcialmente possível pelo aumento na eficiência, como uma linha de montagem na produção industrial. Também permite que atividades aparentemente incompatíveis, como a síntese e o metabolismo dos mesmos tipos de moléculas, ocorram dentro da mesma célula ao mesmo tempo. As células são altamente compartimentadas.

A ação dinâmica é a condição normal de uma célula viva. Algumas organelas crescem, se dividem, mudam de formato, contêm as enzimas que catalisam milhares de reações metabólicas e secretam substâncias através da membrana para a parede externa ou o mundo externo. Elas participam do crescimento e da especialização das células e estão envolvidas em uma grande diversidade de atividades vitais. Na verdade, em muitas células vegetais, o citoplasma pode ser visto no microscópio óptico em um fluxo ao redor da periferia da célula e através do seu interior (**fluxo citoplasmático**). A célula é a unidade da vida e, como todas as coisas vivas, é uma entidade mutável e vibrante.

1.6 Os componentes do citoplasma

Pode não ser possível construir um resumo completamente lógico dos componentes do citoplasma, mas o apresentado na Tabela 1-3 chega perto. Um conceito desenvolvido na década de 1980 é o do **sistema da endomembrana**, que inclui o retículo endoplasmático, o complexo de Golgi, o envelope nuclear e outras organelas e membranas celulares (como microcorpos, esferossomos e membranas vacuolares) que têm suas origens no retículo endoplasmático ou no complexo de Golgi. A membrana plasmática é normalmente considerada uma entidade separada, embora cresça pela adição de vesículas do complexo de Golgi. As mitocôndrias e plastídeos são cercados por uma membrana simples e lisa e por outra interna e convoluta; as duas parecem semelhantes às do sistema da endomembrana, mas aparentemente são autorreprodutoras e, portanto, não são relacionadas a ele. Os ribossomos não fazem parte do sistema da endomembrana, nem são microtúbulos e microfilamentos que formam o citoesqueleto. A seguir, consideraremos cada componente do citoplasma.

A membrana plasmática ou plasmalema

As membranas plasmáticas das células eucariontes e procariontes são basicamente semelhantes por natureza. Nos dois casos, elas regulam o fluxo de substâncias dissolvidas para dentro e para fora das células. A osmose, que funciona porque a água passa pelas membranas mais rapidamente que os solutos, regula o fluxo da água.

No microscópio eletrônico, a plasmalema de cortes adequadamente preparados aparece como duas linhas escuras

---

[4] Originalmente, o termo *citosol* foi definido como "a parte da célula que é encontrada na fração sobrenadante depois de centrifugação do homogenado a 105.000 × g por 1 hora". (Consulte a discussão em Clegg, 1983.) Agora, tornou-se uma prática comum usar o termo com referência às células intactas.

separadas por uma área clara. As linhas escuras têm cerca de 2,5 a 3,5 nm de espessura e a área clara tem cerca de 3,5 nm de largura, apresentando uma estrutura de espessura total de uns 10 nm. Esta é a unidade de **membrana**, interpretada de acordo com o **modelo do mosaico fluido**, que discutiremos na Seção 7.4.

Resumidamente, considere que a membrana é uma bicamada de lipídios, com as partes **hidrofílicas** (que tem afinidade pela água) das moléculas de lipídios nas superfícies sendo responsáveis pelas linhas escuras nas eletromicrografias, e as partes **lipofílicas** (que tem afinidade por gordura) das moléculas voltadas para o interior da bicamada representando o espaço claro. As moléculas de proteínas, que constituem até 50% do material da membrana (porém, pode ser muito menos que isso), flutuam na bicamada de lipídios, com uma ou mais extremidades hidrofílicas penetrando uma ou as duas superfícies da membrana. As duas superfícies da membrana geralmente são diferentes, e existe uma grande variedade entre as membranas plasmáticas de diferentes células e, particularmente, entre os outros sistemas de membranas nas células: aquelas que cercam várias organelas e aquelas que constituem o sistema da endomembrana.

O sistema da endomembrana

O conceito da endomembrana foi apresentado por D. James Morré e H. H. Mollenhauer (1974). Desde então, ele foi discutido e ponderado por muitos estudiosos e considerado um conceito valioso para o nosso conhecimento das células (revisado por Harris, 1986). Um aspecto importante do sistema de endomembrana é que ele cumpre uma função fundamental na produção de organelas citoplasmáticas, na deposição de materiais dentro delas e na biossíntese e transporte do material destinado a ser secretado para fora da célula.

Retículo endoplasmático (RE). Em cortes muito finos preparados para a microscopia eletrônica de transmissão, todo o citoplasma de muitas células eucariontes parece repleto de um sistema que consiste em duas membranas paralelas: o **retículo endoplasmático** ou **RE** (Figura 1-10). Eletromicrografias de transmissão de alta tensão de cortes grossos esclareceram o aspecto tridimensional do RE. Em muitas células, o RE se assemelha a um saco em colapso com camadas chamadas de **cisternas**; em outras, existem milhares de tubos minúsculos denominados **túbulos**. Os túbulos são ligados às cisternas; centenas de túbulos se estendem para fora a partir de cada cisterna. O RE que possui muitos ribossomos anexados é chamado de **RE rugoso**. Normalmente, ele ocorre em camadas paralelas (cisternas).

O **RE liso** não possui ribossomos e forma túbulos, mas algumas dessas características talvez sejam artefatos de fixação. As formas tubulares são particularmente prevalecentes nas células que transportam ou secretam lipídios e açúcares, enquanto as formas cisternais com seus ribossomos estão envolvidas na síntese de proteínas. Na verdade, foi mostrado que uma forma pode se transformar na outra dentro de alguns minutos. A função de transporte pode ocorrer entre e também dentro das células, por meio dos plasmodesmas, e foi sugerido que uma camada de RE perto da plasmalema pode ajudar a regular o que entra e sai das células. O RE é um componente altamente dinâmico do citoplasma e pode cumprir várias funções que ainda não são totalmente compreendidas. Por exemplo, as organelas celulares, às vezes associadas aos filamentos de actina (veja a seguir), foram observadas movendo-se apenas ao longo de vias paralelas ao eixo dos túbulos do RE (Allen e Brown, 1988).

Muitas atividades químicas, além da síntese de proteínas, são associadas ao RE, e o metabolismo poderia ser a sua função mais importante. O RE rugoso torna-se mais extenso nas células especialmente ativas na síntese de proteínas, mas as células que sintetizam os óleos ativamente têm um extenso RE liso, sugerindo que os óleos são sintetizados pelas membranas do RE. O RE sintetiza grande parte de si mesmo, incluindo os esteróis e fosfolipídios que são partes essenciais de todas as membranas. Uma vez que o RE é a fonte da maioria das membranas sintetizadas dentro das células, esta deve ser uma de suas funções mais importantes. O RE proporciona uma ampla área de superfície dentro de cada célula; podemos calcular que cada centímetro cúbico de células contém cerca de um metro quadrado de superfície de RE.

Outra função do RE é transportar certas enzimas e outras proteínas através da membrana plasmática e para fora do citoplasma, no processo da **secreção**. Algumas proteínas secretadas permitem que a parede celular se estenda plasticamente durante o crescimento, por exemplo. Esta função de secreção é realizada principalmente à medida que o RE contribui para a formação de dictiossomos, como será discutido a seguir.

Envelope nuclear. Ao redor do núcleo existem duas unidades de membranas paralelas, que, juntas, são chamadas de **envelope nuclear** (Figura 1-11). A membrana externa tem de 7,5 a 10 nm de espessura e às vezes é ligeiramente mais grossa que a membrana interna de 7,5 nm, separada da externa pelo **espaço perinuclear** (espessura de 10 a 40 nm), constituindo uma espessura total de 25 a 57 nm para o envelope nuclear. Observa-se que o RE está frequentemente conectado ao envelope nuclear, e o espaço

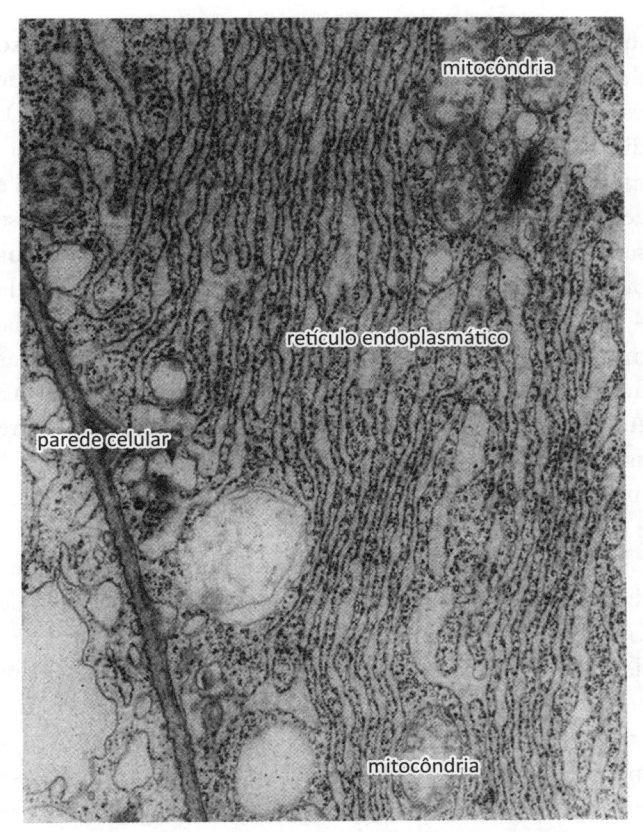

FIGURA 1-10 Um corte através de duas células adjacentes do fruto em desenvolvimento da bolsa de pastor (*Capsella*), mostrando um extenso retículo endoplasmático (RE) rugoso na célula superior. (Cortesia de Patricia Schulz.)

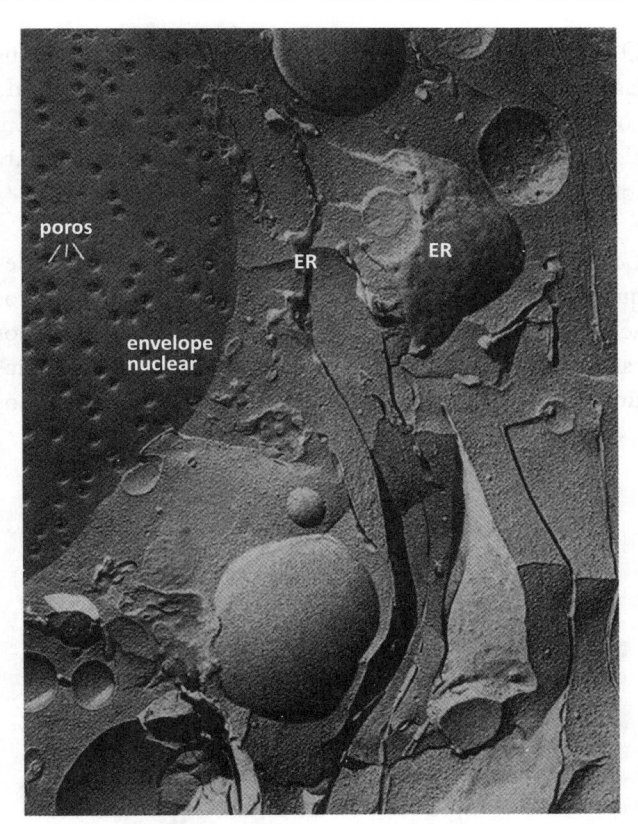

FIGURA 1-11 Uma réplica de uma célula da ponta da raiz de cebola fraturada, preparada congelando-se o tecido, causando sua fratura e, em seguida, depositando-se metal nas superfícies fraturadas para se fazer uma réplica. As linhas de fratura dividem bicamadas lipídicas das membranas. Nesta foto esplêndida, o envelope nuclear está exposto, mostrando diversos poros. As fraturas no retículo endoplasmático são visíveis no citoplasma fora do núcleo. 40.000 x. (Micrografia de Daniel Branton.)

perinuclear é contínuo dentro do espaço (**lúmen**) entre as membranas paralelas do RE e, por meio dos plasmodesmas, talvez de uma célula para a outra. Quando o núcleo se divide, o envelope nuclear quebra e desaparece; existem evidências de que suas partes sejam mantidas dentro de membranas semelhantes ao RE. Diferente de outras membranas, o envelope nuclear (pelo menos a sua membrana interna) possui um alto nível de ácidos nucleicos fortemente ligados.

O envelope nuclear é perfurado por muitos **poros**. Na exibição da superfície, os poros são octogonais e têm cerca de 70 nm de diâmetro (Figura 1-11). As membranas interna e externa são unidas para formar as margens dos poros, que aparecem revestidas de material, dando origem a uma estrutura conhecida como **ânulo** (em latim, "anel"), que preenche o poro com a exceção de um estreito canal central. Às vezes, esses canais parecem repletos de partículas com o tamanho certo para serem subunidades de ribossomos capturadas no trânsito do núcleo para o citoplasma. Embora se acredite que os poros permitam a comunicação entre o núcleo e o citoplasma, eles não são completamente abertos. Existem evidências de que partículas maiores que cerca de 10 nm não consigam passar por eles. Os poros são bem próximos e podem constituir até 20% da área de superfície do núcleo. Um único núcleo pode ter até 10.000 poros regularmente espaçados.

A membrana vacuolar ou tonoplasto Uma membrana única de grande importância nas células de plantas e fungos é aquela que cerca o vacúolo, conhecida como **membrana vacuolar** ou **tonoplasto**. Ela é semelhante à plasmalema, mas sua função é diferente e sua espessura, um pouco mais fina (7,5 nm). Enquanto a plasmalema controla a entrada e saída de solutos para o citoplasma, o tonoplasto transporta os solutos para dentro e para fora do vacúolo e, assim, controla o potencial hídrico (discutido no Capítulo 2 e em outros capítulos) da célula. Isso é particularmente importante, por exemplo, nas células-guarda do aparelho estomatal. O potássio e outros íons são bombeados para dentro e para fora dos vacúolos da célula-guarda; a água segue osmoticamente, fazendo as células incharem ou encolherem, abrindo ou fechando os estômatos (Capítulo 4).

O tonoplasto é finalmente derivado do RE, mas evidências recentes sugerem que isso pode ocorrer através do complexo de Golgi, como é o caso da plasmalema. Em alguns casos, o RE pode inchar (dilatar) diretamente para formar vacúolos.

Complexo de Golgi Eletromicrografias de tecidos adequadamente preparados mostram pilhas de discos ocos achatados com margens convolutas e cercados por corpos esféricos (Figura 1-12). Cada pilha é chamada de **dictiossomo,** ou **corpo de Golgi**, e um a vários dictiossomos de uma célula são coletivamente chamados de **complexo de Golgi** em homenagem ao italiano Camillo Golgi, que os descobriu com um microscópio óptico em 1898. Os discos ocos achatados são chamados de **cisternas**, um termo que também é aplicado às bainhas achatadas do RE e aos corpos esféricos ao redor delas, que aparentemente se separaram e são chamados de **vesículas de dictiossomos** ou **de Golgi**. Normalmente, cada dictiossomo possui de 4 a 6 cisternas localizadas a cerca de 10 nm de distância, mas raramente um dictiossomo pode consistir em apenas uma cisterna – ou até 20 a 30 em muitas células de algas. Às vezes, é possível ver as fibrilas finas se ligando entre as cisternas. Os dictiossomos mudam constantemente, à medida que algumas cisternas crescem e outras encolhem e desaparecem.

O crescimento e desaparecimento das cisternas ajudam a explicar a origem e a principal função dos corpos de Golgi. Os dictiossomos são altamente polares e a espessura de sua membrana e as características de coloração mudam entre uma ponta e a outra. Um lado cresce na face de formação (chamada de *cis*) quando vesículas minúsculas com membranas finas e que se colorem levemente do RE se fundem com a cisterna dessa face (embora alguns estudiosos ainda não estejam convencidos de que os dictiossomos das plantas se formem *exclusivamente* a partir da membrana de RE). Essa fusão aumenta o tamanho de cada cisterna e seu conteúdo é levemente alterado porque as membranas do RE não são idênticas às dos corpos de Golgi. Dentro da cavidade da cisterna, componentes recém-absorvidos ou transportados podem ser transformados. No lado oposto de um dictiossomo (a face de amadurecimento ou liberação, chamada de *trans*), outras vesículas com novas propriedades químicas são liberadas.

Algumas dessas vesículas ficam perto da membrana plasmática adjacente à parede celular e a fusão das vesículas de Golgi com a membrana plasmática aumenta sua área de superfície durante o crescimento. Cada vesícula contém polissacarídeos e proteínas da matriz que contribuem para o crescimento da parede, mas a celulose não está presente nos corpos de Golgi, provavelmente sendo formada na membrana plasmática antes de se mover para a parede (leia a discussão a seguir).

Os corpos de Golgi têm outras funções além de contribuir para o crescimento da plasmalema (ou modificar as membranas em geral) e transportar os materiais para a parede celular. Por exemplo, o material viscoso na parte externa de uma coifa de raiz, que lubrifica a ponta da raiz à medida que ela cresce no solo, é aparentemente secretado quando as vesículas de Golgi se fundem com a membrana plasmática, conforme descrito (Figura 1-13). É provável que cisternas individuais atuem como unidades

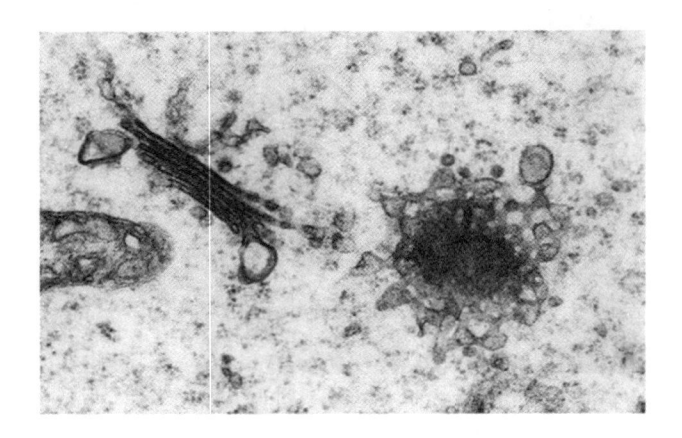

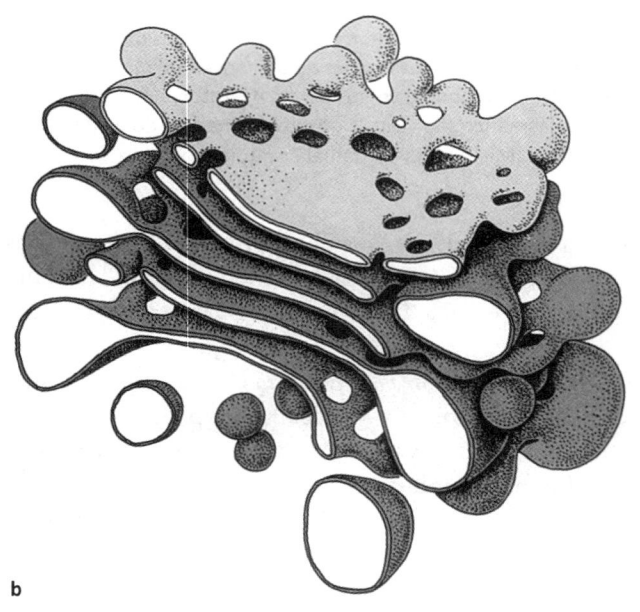

FIGURA 1-12 Dictiossomos ou corpos de Golgi. Os dictiossomos de uma célula formam coletivamente o complexo de Golgi; **(a)** eletromicrografia de transmissão de dois dictiossomos de uma célula da coifa da raiz da *Arabidopsis*. O dictiossomo da esquerda é visto de lado; o da direita é visto de sua ponta. Vesículas grandes parecem brotar a partir da cisterna. 55.000 x. (Micrografia cortesia de Fred Sack.) **(b)** Um desenho tridimensional de um dictiossomo generalizado de uma célula vegetal. (De Jensen e Salisbury, 1984.)

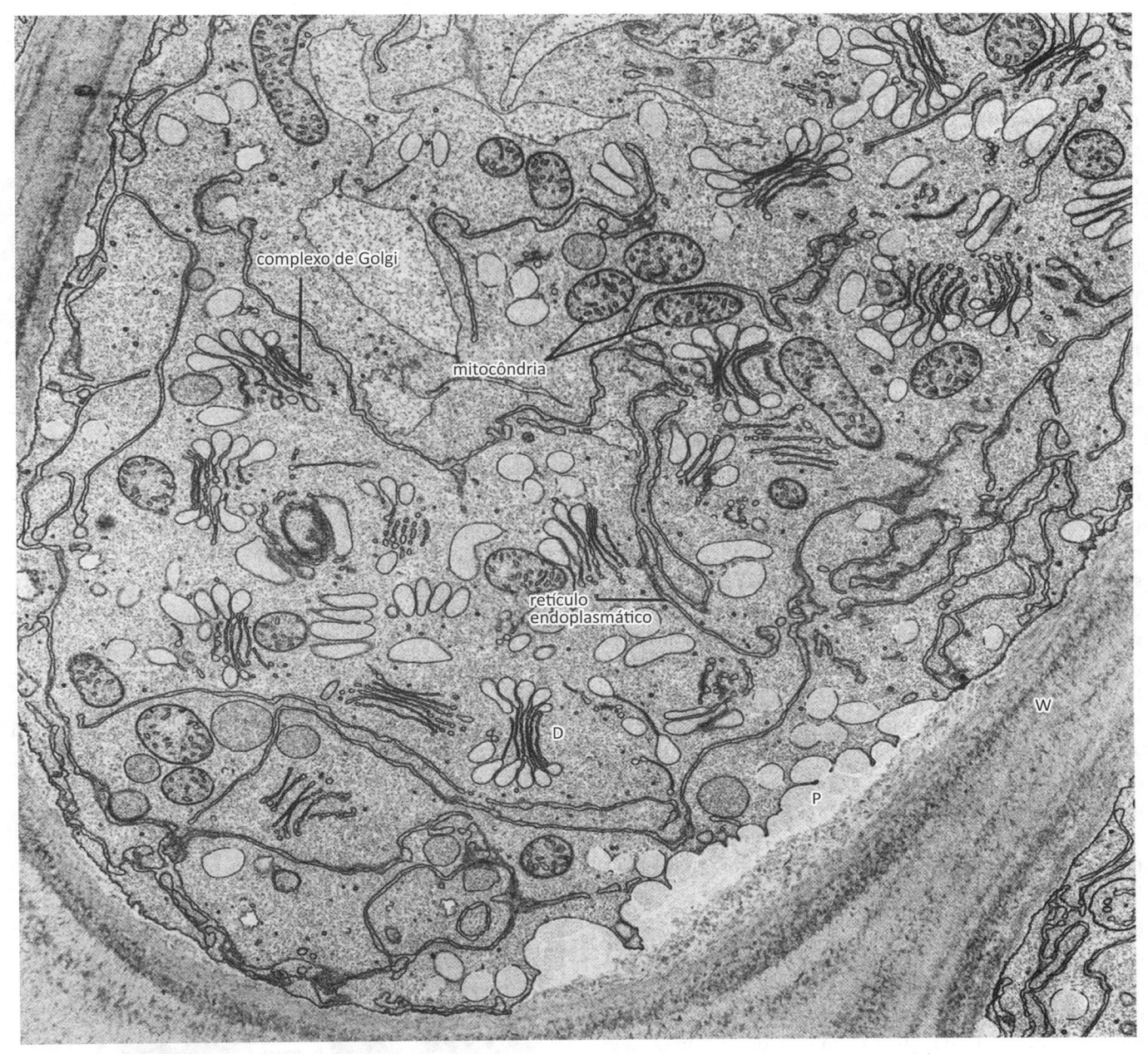

FIGURA 1-13 Eletromicrografia da célula de coifa da raiz do milho, mostrando fusão dos produtos secretórios (P) e dictiossomos comprimidos (D). A membrana plasmática e a parede celular (W) também são visíveis. (De D. J. Morré et al.,1967.)

sintetizadoras, embora, em alguns casos, o material possa passar de uma cisterna para outra à medida, que a síntese ocorre. Os corpos de Golgi são abundantes na maioria das células secretoras.

Microcorpos **Microcorpos** são organelas esféricas limitadas apenas por uma membrana única. Seu diâmetro varia de 0,5 a 1,5 um e eles têm um interior granular, às vezes com inclusões cristalinas de proteína. Eles também têm sua origem no RE e, portanto, fazem parte do sistema de endomembrana. Dois tipos importantes são os **peroxissomos** e os **glioxissomos**; cada um cumpre uma função especial nas atividades químicas das células vegetais. Os peroxissomos metabolizam o ácido glicólico produzido na fotossíntese, reciclando outras moléculas de volta ao cloroplasto, como discutimos no Capítulo 11. Os glioxissomos metabolizam as gorduras à medida que são convertidas em carboidratos durante e depois da germinação da semente. O peróxido de hidrogênio é um produto dessa reação, metabolizado nos glioxissomos (Capítulo 15).

Oleossomos e corpos proteicos Os **oleossomos** são esféricos (como seu nome anterior, **esferossomos**, implicava) e limitados por meia unidade de membrana que provavelmente é derivada do RE. O seu diâmetro varia de 0,5 a 2,0 µm. Muitos esferossomos contêm principalmente materiais gordurosos e podem ser os centros da síntese e armazenamento de gordura. Alguns autores distinguem os pequenos esferossomos presentes nos tecidos que não são de armazenamento dos **corpos lipídicos** ou **oleossomos** (*ole* significa "óleo"), mas outros dizem que essa distinção é artificial e usam os termos *corpo lipídico* ou *oleossomo* (dependendo do autor) exclusivamente. É sugerido que os corpos lipídicos se formam enquanto os lipídios se acumulam na parte lipídica da bicamada de uma membrana do RE, representando a membrana de "meia unidade" ao redor dos corpos lipídicos. Os corpos lipídicos ou gotículas sem membrana ao redor também podem ocorrer.

Particularmente nas células de armazenamento das sementes em desenvolvimento, a proteína é acumulada em organelas limitadas por membranas chamadas de **corpos proteicos**, que também são cercadas por unidades de membranas provavelmente derivadas do RE; elas podem ser consideradas vacúolos especializados. Nos grãos de cereais em desenvolvimento, os corpos proteicos praticamente podem preencher as células das camadas subaleurona e externa do endosperma de amido. Nas sementes leguminosas, que também foram amplamente estudadas, os corpos proteicos se formam no parênquima de armazenamento do cotilédone. Os mecanismos de formação do corpo proteico diferem nos dois sistemas, mas não os discutiremos em detalhes.

O sistema de endomembrana revisitado Observamos que o RE, a membrana externa do envelope nuclear e o tonoplasto são vistos nas eletromicrografias como sendo parte do mesmo sistema de membrana, embora este sistema seja quase certamente diferente em suas fases distintas. Além disso, os microcorpos e os corpos lipídicos e proteicos se formam a partir do RE, assim como os dictiossomos, que por sua vez formam a membrana plasmática e, provavelmente, o tonoplasto. Portanto, todos são relacionados por conexão ou origem. A membrana externa do envelope nuclear aparentemente forma as partes imaturas do RE, que cresce sozinho enquanto sintetiza seus próprios lipídios e proteínas, contribuindo com as cisternas do corpo de Golgi e, portanto, com o crescimento da plasmalema. As estruturas das membranas e algumas de suas funções serão discutidas em detalhes no Capítulo 7.

O citoesqueleto

Já na década de 1960, graças às técnicas em desenvolvimento com o microscópio eletrônico, foi identificado que microtúbulos e microfilamentos proteicos ocorrem em praticamente todas (se não todas) as células eucarionte. Muito foi aprendido sobre a química e a estrutura desses componentes celulares, e suas funções na motilidade e na formação da parede celular foram postuladas. Mostrou-se que os microtúbulos, microfilamentos de actina e filamentos intermediários formam três **sistemas citoesqueléticos** diferentes, porém estreitamente interligados, cada qual com uma distribuição característica na célula e ajudando a determinar a forma da célula. Nos últimos anos, houve um estudo intenso sobre o **citoesqueleto** filamentoso das plantas. A parede celular sustenta os protoplastos das plantas; portanto, a necessidade de haver um citoesqueleto foi questionada e as paredes celulares comprometeram sua pesquisa. Porém, foram encontradas estruturas semelhantes aos citoesqueletos em protoplastos isolados de várias espécies de dicotiledôneas e monocotiledôneas (consulte Lloyd, 1982; Powell et al., 1982; Seagull, 1989); o processo usado envolveu a dissolução das paredes celulares com enzimas, deixando o protoplasto, seguido pelo uso de soluções detergentes fortes para remover as membranas e outros materiais citoplasmáticos, deixando o citoesqueleto fibrilar (Figura 1-14).

Agora, depois de décadas de dependência do microscópio eletrônico para estudar microtúbulos e microfilamentos, uma nova técnica com o microscópio óptico foi

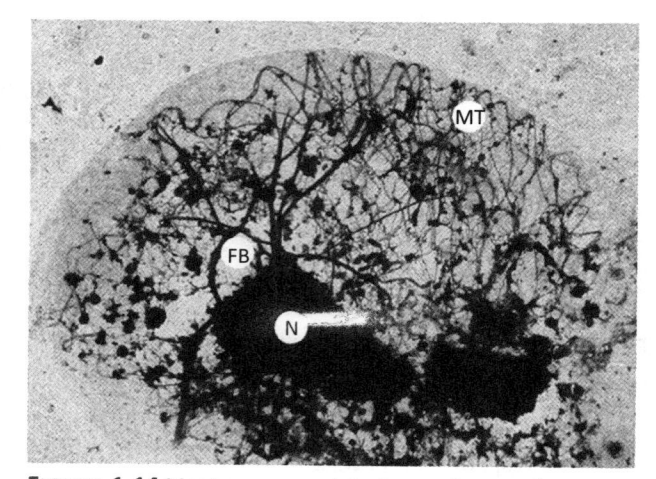

FIGURA 1-14 Montagem completa de um citoesqueleto com coloração negativa de um protoplasto de célula de cenoura cultivado em uma cultura de suspensão. Quando as células são extraídas em um tampão iso-osmótico estabilizador de microtúbulos que contenha detergente, os citoesqueletos insolúveis no detergente permanecem. Quando negativamente coloridos, é observado que consistem em microtúbulos (MT) corticais vistos como alças abaixo da periferia da célula e feixes de fibrilas (FB) de 7 nm que parecem vincular o núcleo (N) ao córtex da célula. Foi observado que esses últimos elementos do citoesqueleto não consistem na proteína *actina*. (Micrografia cortesia de Clive Lloyd; consulte Powell et al., 1982.)

responsável pela maioria dos avanços. Essa técnica é a **microscopia de fluorescência**. Uma substância que reage especificamente com as proteínas dos microtúbulos e microfilamentos é combinada com um componente fluorescente. Isso possibilita a visualização dessas estruturas – e do citoesqueleto da planta – nas células intactas. Talvez as mais importantes dessas substâncias sejam os anticorpos produzidos contra proteínas específicas de microtúbulos e microfilamentos (usando as técnicas descritas mais adiante), mas outras substâncias fluorescentes além dos anticorpos também são importantes, e o citoesqueleto foi estudado em uma considerável variedade de células vegetais. Esse processo foi facilitado por várias técnicas novas de fixação. Como disse Clive W. Lloyd (1987), a microscopia de fluorescência permitiu "que as células de plantas fossem vistas – literal e metaforicamente – sob uma nova luz". Antes de examinar o citoesqueleto em detalhes, precisamos considerar a natureza dos microtúbulos e microfilamentos.

Microtúbulos **Microtúbulos** são cilindros longos e ocos com um diâmetro externo de cerca de 25 nm e núcleo central com aproximadamente 12 nm de diâmetro. Eles variam em comprimento, de alguns nanômetros a muitos micrômetros. Consistem em moléculas esféricas de uma proteína chamada **tubulina**, que se agregam espontaneamente sob certas condições para formar cilindros ocos e longos (Figura 1-15; observe também as figuras 1-5 e 1-8). Em cortes transversais, os microtúbulos consistem em 13 subunidades em arranjo helicoidal. Estas subunidades são parte de 13 filamentos de tubulina, cada qual organizada para formar uma hélice que é parte da parede do microtúbulo. Cada molécula de tubulina tem um peso molecular de 110.000 Daltons (110 kDa) e é um dímero de duas proteínas diferentes, chamadas de alfa (α) e beta (β)-tubulina, organizadas alternadamente ao longo do comprimento de cada filamento. Assim, o microtúbulo tem uma polaridade cujas consequências são importantes para a sua formação e ação. Os microtúbulos são visualizados com o microscópio de fluorescência, primeiramente reagindo-os com anticorpos antitubulina e, então, com anticorpos secundários que foram unidos a moléculas fluorescentes como a fluoresceína. Muitos dos anticorpos usados até então eram preparados contra moléculas de tubulina obtidas de animais ou leveduras, mas também há anticorpos contra a tubulina dos mixomicetos, dos fungos e das plantas.

Os microtúbulos aparecem nas eletromicrografias cercados por uma zona transparente e estreita de espaço aberto. Isso pode ser um artefato de preparação ou representar uma zona na qual os microtúbulos interagem com outros componentes da célula. Às vezes, existem pontes evidentes entre os microtúbulos adjacentes e entre as unidades da plasmalema; elas devem ser importantes para manter a estrutura do citoesqueleto e podem conferir certa rigidez à célula. Um bom exemplo é a célula geradora de um grão de pólen, que não tem nenhuma parede celular para manter sua estrutura.

O crescimento e a retração do microtúbulo dependem de vários fatores, como a concentração das moléculas de tubulina e a presença de Ca^{2+} e Mg^{2+}. A retração é favorecida por concentrações altas de Ca^{2+}, temperaturas baixas, pressões hidrostáticas altas e a presença de vários fármacos, especialmente a colchicina. A água pesada (óxido de deutério) favorece a formação do microtúbulo. Tais tratamentos podem ser usados para investigar a função dos microtúbulos em vários processos, como a divisão celular, para a qual a colchicina foi usada durante muitas décadas visando impedir a formação do fuso durante a mitose. Claro que tais tratamentos poderiam afetar outros processos além da formação ou desaparecimento de microtúbulos. Em experiências com a tubulina isolada, altas concentrações da proteína produzem o crescimento do microtúbulo em ambas as extremidades; concentrações mais baixas causam mais crescimento em uma extremidade que na outra, e concentrações ainda mais baixas levam a uma diminuição geral dos microtúbulos já presentes. Em uma concentração estável, o crescimento em uma extremidade é compensado pela perda de subunidades na outra. Esse "efeito de esteira" significa que uma determinada subunidade se move ao longo do microtúbulo, sendo futuramente perdida na extremidade que se dissolve.

Seja como for, tais observações nos permitem imaginar como a célula poderia exercer um controle considerável sobre a formação e a dissolução do microtúbulo. Em células animais, os microtúbulos surgem de áreas reconhecíveis do citoplasma chamadas de **centros organizadores de microtúbulos (MTOCs)**. Um bom exemplo é o corpo basal que inicia o crescimento de flagelos, os quais consistem em microtúbulos. Nas plantas, tais centros diferem dos MTOCs e aparecem como material amorfo nos polos do fuso, no fragmoplasto depois da divisão celular e nas extremidades das células em crescimento. Suas funções ainda não são bem compreendidas.

As funções mais importantes dos microtúbulos provavelmente envolvem o movimento direcionado, principalmente dos cromossomos na divisão celular e das organelas dentro das células, o controle da direção das microfibrilas de celulose nas paredes celulares, o movimento celular propriamente dito e o movimento flagelar.

Microfilamentos **Microfilamentos** são estruturas menores e sólidas de 5 a 7 nm de diâmetro (Figura 1-16), que agem sozinhas ou em coordenação com os microtúbulos para

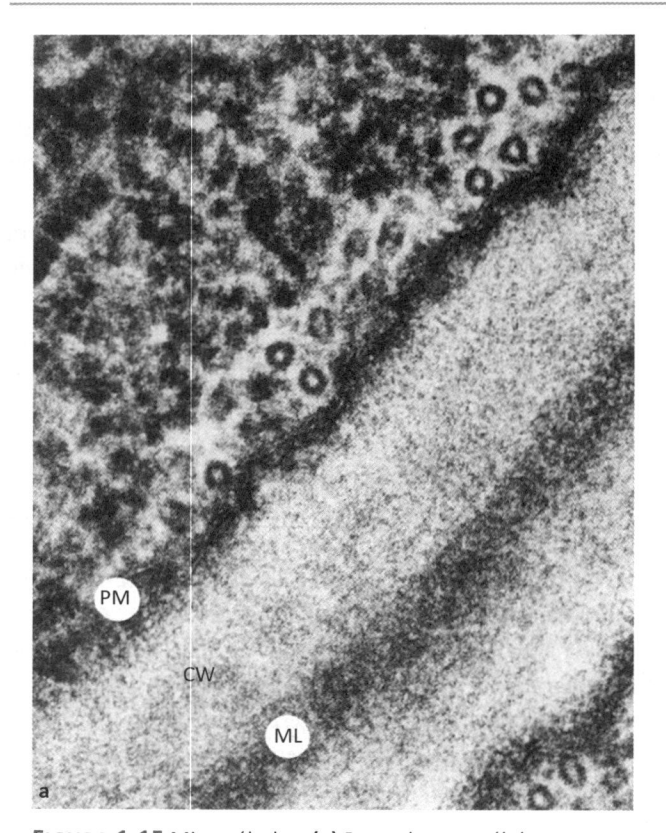

FIGURA 1-15 Microtúbulos. **(a)** Parte de uma célula da ponta da raiz do *Juniperus chinensis*, que mostra microtúbulos em corte transversal (círculos pequenos) próximo à membrana plasmática (PM). A parede celular primária (CW) e a lamela média (ML) são particularmente proeminentes. O microtúbulos são mais abundantes em uma zona de aproximadamente 0,1 µm de espessura adjacente à plasmalema e organizados circunferencialmente ao redor de células meristemáticas, como aros na parte interna de um barril. Ao longo da lateral e das paredes das células, a disposição dos microtúbulos é muito semelhante à de microfibrilas de celulose (figuras 1-4 e 1-6) na parede adjacente. 51.000 x. **(b)** Ampliação maior (650,000 x) de um microtúbulo da célula da raiz de junípero. Observe as 13 subunidades que compõem o microtúbulo, que tem aproximadamente 25 nm de diâmetro. **(c)** A reunião e separação de subunidades de microtúbulos em concentrações altas e baixas de íons de cálcio. (Micrografias cortesia de Myron C. Ledbetter; consulte Ledbetter, 1965. Usado com permissão.)

produzir movimentos celulares. Eles também consistem em proteína, especificamente a **actina,** que, além disso, é um componente significativo do tecido muscular animal. As atividades dos microfilamentos aparentemente causam movimentos como a contração muscular, o fluxo citoplasmático e os **movimentos ameboides** (movimentos de células únicas de protistas, fungos e animais, pelos quais o protoplasma precipita-se para fora da célula, formando um tipo de "falso pé" ou **pseudópode**, seguido pelo resto da célula fluindo na direção do pseudópode e resultando no movimento da

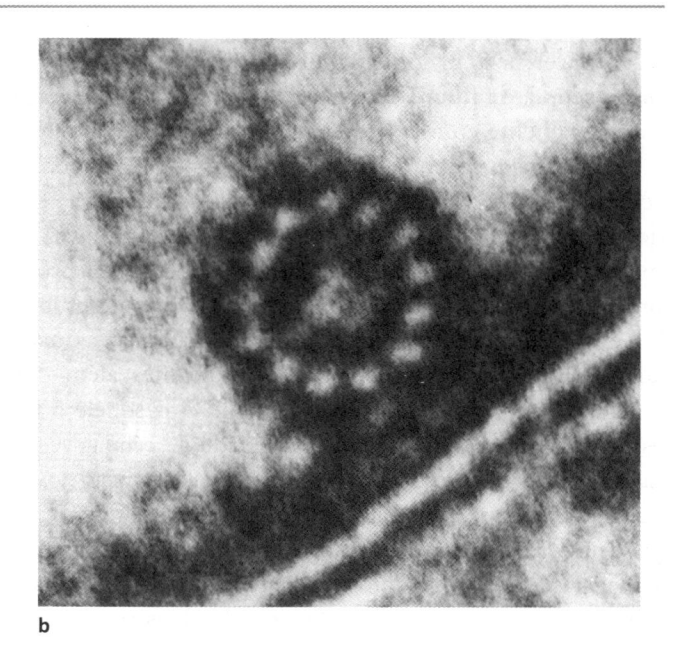

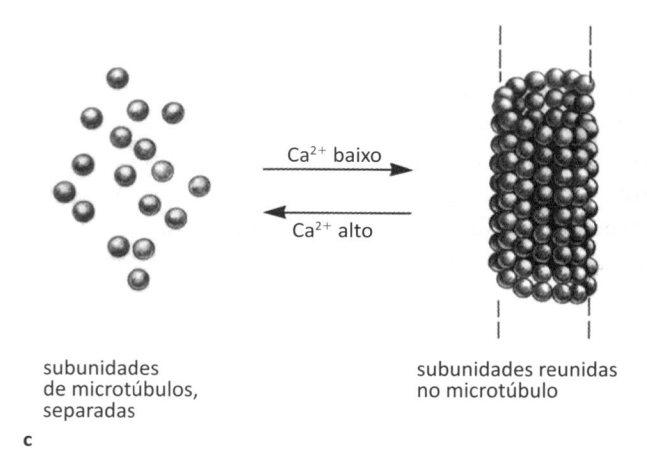

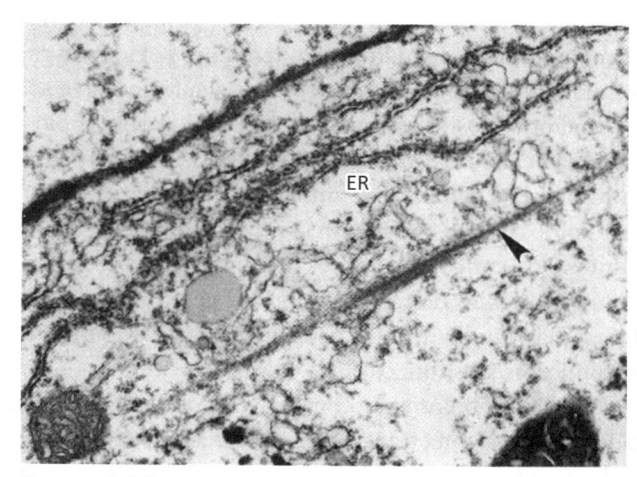

FIGURA 1-16 Eletromicrografia da transmissão de microfilamentos de actina (ponta da seta) e retículo endoplasmático (ER) em uma célula de parênquima vascular de caule de ervilha. 23.000 x. (Cortesia de Fred Sack.)

célula ao longo de uma superfície). Os mixomicetos, particularmente, exibem esse tipo de movimento.

Os microfilamentos são visualizados no microscópio de fluorescência com anticorpos de actina (preparados contra a actina de animais) ou análogos fluorescentes de **falotoxinas** (do fungo *Amanita phalloides*), que se ligam especificamente com as moléculas de actina (ou semelhantes). As falotoxinas foram especialmente valiosas nos estudos dos microfilamentos.

Dinâmica do citoesqueleto na divisão celular Mudanças profundas são observadas nos componentes do sistema citoesquelético durante o **ciclo celular**, que inclui as várias etapas da divisão celular e também a interfase celular.

Antes da **mitose** (divisão do núcleo) e da **citocinese** (divisão da célula), os microtúbulos e microfilamentos sofrem alterações radicais. O microtúbulos se condensam no córtex ao redor do equador da célula para formar uma faixa, que se torna cada vez mais compactada durante a prófase (Figura 1-17). Esta faixa tem microfilamentos associados, conforme indicado pela coloração com faloidina. O fuso pode se formar a partir dos microtúbulos e uma rede de microfilamentos citoplasmáticos está presente ao longo da divisão. Perto do fim da mitose, o fragmoplasto se forma a partir de dois anéis opostos de feixes de microtúbulos, no que era o equador do fuso (observe a Figura 1-5). Estes anéis se expandem para fora (centrifugamente) e podem orientar o depósito vesicular na parede celular, formando a placa celular em sua linha média até que se encontrem com as paredes da célula-mãe. Novamente, os microfilamentos são associados a estas estruturas. Nas células de animais, os microfilamentos formam um anel ao redor do equador da célula divisora, contraindo-se para dividir a célula pela metade.

Os investigadores procuraram centros organizadores de microtúbulos como aqueles encontrados em células de animais. Está claro que os microtúbulos se formam novamente após a divisão da célula e parecem irradiar do núcleo; portanto, o envelope nuclear deve abrigar **sítios de nucleação**, embora não sejam *centros organizadores* no mesmo sentido que aqueles encontrados nas células de animais, porque não *organizam* a disposição dos microtúbulos que se desenvolvem. Tais sítios de nucleação também ajudam a iniciar a formação do **fuso** durante a mitose, que move os cromossomos para polos opostos. Os sítios também ajudam a iniciar o desenvolvimento do fragmoplasto, que é onde

a nova parede celular entre as células-filhas irá se formar. Tudo isso ocorre apesar de o envelope nuclear se decompor durante a prófase tardia, antes da formação do fuso, e formar-se novamente na telófase.

Conforme os microtúbulos irradiam do núcleo após a divisão celular, eles formam um arranjo ao redor das camadas externas de citoplasma, perto da plasmalema; essa parte da célula é chamada de **córtex**. Os microtúbulos também formam filamentos entre o córtex e o núcleo, e às vezes através de filamentos de citoplasma que passam pelo vacúolo.

Dinâmica do citoesqueleto na formação da parede celular O arranjo cortical de microtúbulos nas células em interfase uniformemente alongadas forma inicialmente uma hélice estreitamente compactada (como uma mola comprimida), na qual os microtúbulos dispõem-se principalmente em ângulos retos em relação ao eixo longo da célula (mas não formando arcos fechados). A hélice pode ser voltada para a direita ou para a esquerda, e a direção pode trocar de lado. À medida que a célula se alonga, a hélice se expande até que os microtúbulos possam formar ângulos de 45° em relação ao eixo longo.

Foi observado há algum tempo, em eletromicrografias, que a orientação dos microtúbulos corticais é estreitamente relacionada à orientação das microfibrilas de celulose das paredes primária e secundária. Como mencionado, as microfibrilas estão inicialmente em ângulos retos com o eixo principal de crescimento. A orientação das microfibrilas de celulose provavelmente controla a direção do crescimento, pois elas não se estiram, mas tendem a se afastar umas das outras à medida que a célula se expande; a expansão ocorre em ângulos retos à direção primária da organização da microfibrila (principalmente das que tenham sido depositadas mais recentemente). Há outras correlações notáveis entre a distribuição dos microtúbulos e as estruturas da parede celular. Os microtúbulos são especialmente

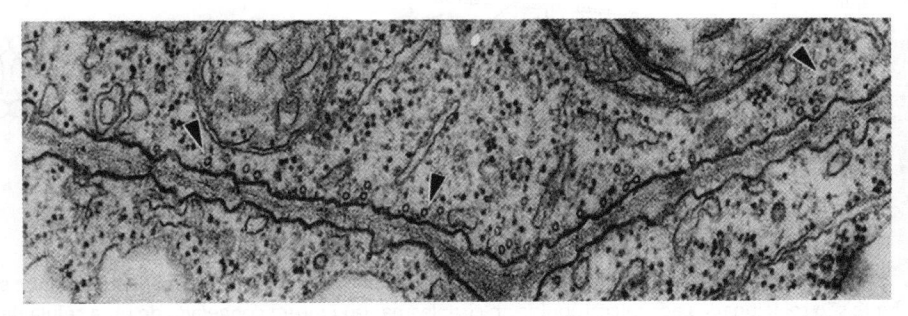

FIGURA 1-17 Parte de uma faixa pré-prófase de microtúbulos em uma célula epidérmica do esporófito *Funaria*. Os microtúbulos estão seccionados transversalmente e aparecem como círculos pequenos (pontas da seta) perto da plasmalema. Esta faixa corresponde, em posição, às regiões em que a futura placa celular se fundirá com as paredes da célula-mãe, como na Figura 1-5b. Menor número de microtúbulos são encontrados perto da plasmalema das outras duas células na micrografia. 47.000 x. (Cortesia de Fred Sack.)

prevalecentes perto de regiões isoladas do espessamento da parede secundária, como nos elementos do xilema, e a direção da espiral das microfibrilas e microtúbulos pode mudar. O etileno (um hormônio vegetal gasoso discutido no Capítulo 18) faz os microtúbulos se tornarem mais longitudinais e as microfibrilas os seguem, fazendo a célula se expandir em vez de alongar-se. As giberelinas, por outro lado, promovendo o alongamento da célula, causam uma disposição mais ordenada e transversal dos microtúbulos e microfibrilas. Com base nessas correlações, foi sugerido que os microtúbulos estão envolvidos na formação ou organização da parede. Embora muitos aspectos da formação da celulose ainda não sejam compreendidos, muito foi apreendido durante os últimos anos sobre a formação deste que é o material mais abundante da Terra (revisado por Bacic et al., 1988; Delmer, 1987; Delmer e Stone, 1988).

As informações sobre como as microfibrilas de celulose são sintetizadas vieram de estudos da plasmalema com técnicas de fratura por congelamento, nas quais o tecido é congelado e depois fraturado (revisado por Delmer, 1987). Com frequência, a fratura ocorre entre as camadas interna e externa da plasmalema. As réplicas são feitas depositando-se uma fina camada de metal nas faces dessa membrana (evaporando-se a a partir de uma fonte pontual), dissolvendo-se o tecido, sombreando-se o metal com outro metal e observando-se a preparação com o microscópio eletrônico de transmissão. As duas faces internas da plasmalema (e outras membranas) podem ser diferenciadas nessas micrografias, e a face da membrana interna (adjacente ao citoplasma) é chamada de **PF (interna)**; a face adjacente à parede é a **EF (externa)** (Figura 1-18). Nos estudos com algas, e depois com plantas inferiores e superiores, foi possível ver **glóbulos** na face EF e **rosetas** na face PF. Agora, uma hipótese sustenta que esses complexos representam as enzimas que sintetizam as microfibrilas de celulose e, de alguma maneira, são guiados pela orientação dos microtúbulos, com quem frequentemente aparecem em estreita associação. Os microtúbulos subjacentes podem servir de trajetos nos quais os complexos de rosetas/glóbulos se movem enquanto sintetizam as microfibrilas de celulose na parede externa da plasmalema (Figura 1-18). Evidências acumuladas (por exemplo, leia Rudolph e Schnepf, 1988) sustentam o modelo da participação das rosetas na síntese de celulose e também sugerem que as rosetas são fornecidas à plasmalema pelas vesículas de Golgi, e que seu tempo de vida é de apenas cerca de 20 minutos.

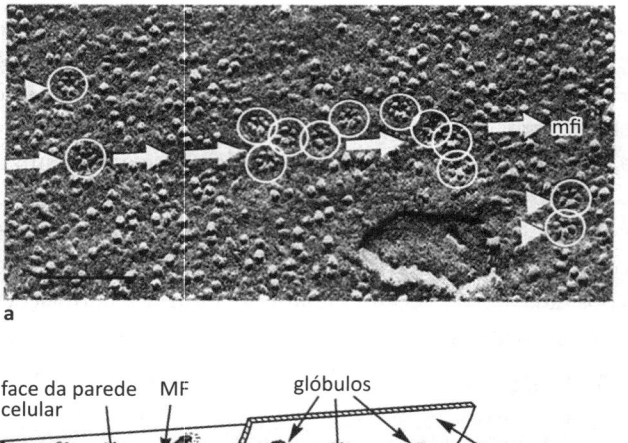

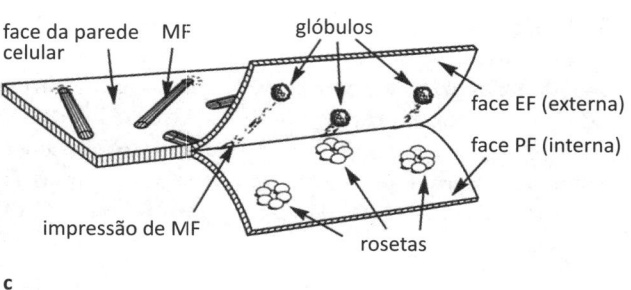

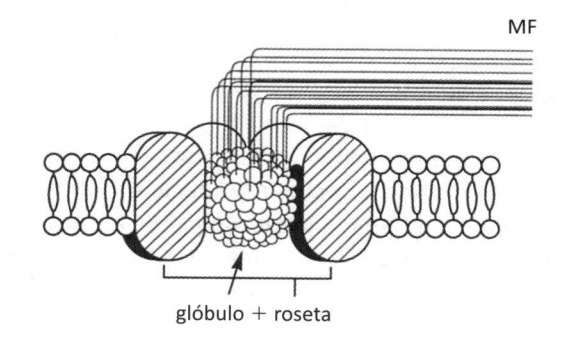

FIGURA 1-18 Rosetas e glóbulos nas faces EF e PF da plasmalema, porque foi postulado que sintetizam as microfibrilas de celulose e também que são relacionados aos microtúbulos no citoplasma. **(a)** Fratura congelada de uma célula de hipocótilo de *Vigna radiata*, face de fratura plasmática (PF) da plasmalema. As rosetas estão circuladas e as setas indicam a direção da impressão da microfibrila (mfi). Algumas rosetas não estão na direção. (Bar = 0,1 μm) **(b)** Ampliação maior das rosetas alinhadas (setas). (Ambas as fotos cortesia de Werner Herth, leia Herth, 1985.) **(c)** Desenho de rosetas e glóbulos encontrados em algumas algas celulósicas e em plantas superiores e inferiores. Os complexos lineares normalmente fraturam com a face EF, mas às vezes com a PF; as rosetas fraturam com a face PF e os glóbulos com a EF. Na fratura de réplica dupla, os glóbulos às vezes são encontrados em um local complementar das rosetas, levando à especulação de que rosetas e glóbulos podem fazer parte do mesmo complexo, como mostrado em **(d)**. MF = microfibrila. (Desenhos de Delmer, 1987; usado com permissão.)

Outras funções dos microfilamentos Além dos componentes de microtúbulo do citoesqueleto, há uma extensa rede de cabos semelhantes à actina (grupos de microfilamentos) em uma variedade de tipos de células vegetais em interfase. Esta parte do citoesqueleto é demonstrada principalmente com as falotoxinas (Seagull et al., 1987). Na interfase, os microfilamentos são organizados em três arranjos distintos, mas interligados: (1) uma fina rede cortical perto da plasmalema; (2) cabos grandes axialmente orientados no citoplasma, um pouco mais distantes da plasmalema (a região subcortical); e (3) uma "cesta" de microfilamentos cercando o núcleo e estendendo-se para os filamentos de citoplasma que atravessam o vacúolo. Começando na plasmalema, estes arranjos desaparecem quando a mitose começa e reaparecem em ordem inversa (começando com o núcleo) depois que a divisão celular é concluída. Como ocorre com os microtúbulos, o núcleo parece ser o centro para a nucleação dos microfilamentos e talvez, neste caso, também para a organização. Diferente dos microtúbulos, os microfilamentos tendem a ser paralelos com o eixo de alongamento à medida que as células começam a se alongar, mas, enquanto o alongamento continua, eles tornam-se cada vez mais transversos até que fiquem quase paralelos aos microtúbulos.

Outra função sugerida dos microfilamentos, com base nas orientações observadas, é o controle da direção do fluxo citoplasmático. À medida que a orientação do microfilamento muda, o mesmo ocorre com a direção do fluxo. Os microfilamentos também podem fornecer a força motriz para o fluxo, e microfilamentos e microtúbulos estão igualmente envolvidos no movimento e posicionamento de organelas como cloroplastos, mitocôndrias, amiloplastos e núcleos.

Em resumo, as células vegetais possuem duas ou mais redes de citoesqueletos extensas e interativas, profundamente envolvidas na dinâmica do seu comportamento, e o conhecimento sobre elas está se acumulando rapidamente.

Ribossomos

A síntese de proteína é uma função celular vital que ocorre nos milhares de ribossomos (cada um com aproximadamente 15 a 25 nm de diâmetro) dispersos no citoplasma ou associados ao RE rugoso em cada célula, sempre no lado do citosol da membrana dupla do ER. Ribossomos idênticos também estão conectados no lado do citosol da membrana externa do envelope nuclear. Eles são os pontos pretos (um pouco maiores que um ponto final) tão aparentes em muitas eletromicrografias de grande ampliação (por exemplo, figuras 1-5c, 1-10 e 1-17). Frequentemente, os ribossomos formam uma cadeia parecida com um colar de contas, mas tipicamente seguem um padrão espiral; essas estruturas são chamadas de **polirribossomos** ou **polissomos**, e cada uma delas é unida por um filamento do **RNA mensageiro** (**mRNA**; discutido no Apêndice C). Em um polirribossomo, as informações genéticas do mRNA são traduzidas em proteína.

Ribossomos menores (15 nm, seu tamanho nos procariontes) estão presentes nas mitocôndrias e cloroplastos, onde sintetizam parte da proteína encontrada nestas organelas; outras proteínas de mitocôndrias e cloroplastos são formadas nos ribossomos citoplasmáticos e transportadas para as organelas (Seção 7.11). Os núcleos não contêm ribossomos verdadeiros e os estudos bioquímicos modernos indicam que os núcleos importam toda a sua proteína do citoplasma.

No início da microscopia eletrônica, os pesquisadores tentaram relacionar as organelas celulares com as frações que eram obtidas quando as células eram quebradas e centrifugadas em diversas velocidades altas. Uma destas frações continha partículas pequenas e vesículas limitadas por membrana que se originavam do RE rugoso. Os corpos receberam o nome de **microssomos**, mas foi provado que a maioria deles são vesículas formadas do RE durante a homogeneização (e associados com os ribossomos se o RE fosse rugoso), portanto, o termo *microssomo* é hoje usado com menos frequência. Não obstante, ainda é encontrado na literatura moderna (consulte, por exemplo, Boiler e Wiemken, 1986).

Mitocôndrias

No microscópio óptico, as **mitocôndrias** aparecem como pequenas esferas, hastes ou filamentos que variam em forma e tamanho, normalmente entre 0,5 e 1,0 μm de diâmetro e 1 e 4 μm de comprimento. Elas foram vistas pela primeira vez em 1900. O microscópio eletrônico mostra que elas possuem uma estrutura interna muito elaborada e formato oval (consulte as figuras 1-2, 1-3c, 1-5a e 1-5b). A maioria das células tem centenas a milhares de mitocôndrias, mas várias algas, incluindo a *Chlorella*, podem ter apenas uma grande mitocôndria de formato ramificado e torcido. As mitocôndrias se dividem por fissão (como uma bactéria), e todas surgem das mitocôndrias no zigoto; consequentemente, suas membranas não são derivadas do sistema de endomembrana. Como observamos, elas contêm DNA e pequenos ribossomos (15 nm) na matriz, e assim sintetizam parte da própria proteína; no entanto, elas também são dependentes da proteína sintetizada no citoplasma sob controle nuclear. Os ribossomos mitocondriais mostram o mesmo padrão de sensibilidade aos inibidores da proteína apresentados pelos ribossomos bacterianos: a cicloeximida inibe a síntese de proteína pelos ribossomos citoplasmáticos, mas não por mitocôndrias isoladas ou células bacterianas, enquanto o cloranfenicol tem um efeito oposto. Consequentemente, as mitocôndrias são reminiscentes dos procariontes; foi sugerido que se originaram há muito tempo como procariontes que invadiram células eucariontes. No entanto, como foi observado, agora as mitocôndrias dependem parcialmente de proteínas sintetizadas no citosol. As mitocôndrias têm um sistema de membranas internas altamente dobradas, cercadas por uma membrana externa lisa. As membranas internas e externas são muito diferentes e, na maioria das preparações para o microscópio eletrônico, nenhuma das membranas pode ser vista com boa resolução na estrutura dupla (a unidade de membrana) típica da maioria das outras membranas. A membrana externa lisa tem uma grande proporção de lipídios e é altamente permeável aos vários compostos que entram e saem das mitocôndrias. A membrana interna intrincadamente dobrada tem várias formas, incluindo prateleiras ou protuberâncias tubulares chamadas de **cristas**. As formas tubulares são comuns nas mitocôndrias de plantas. A membrana interna cerca uma **matriz**, e muitas das enzimas que controlam várias etapas da respiração celular em particular e do metabolismo em geral ocorrem na membrana interna ou na matriz. É provável que mais da metade do metabolismo da célula ocorra nas mitocôndrias. As mitocôndrias são discutidas em detalhes no Capítulo 13.

Plastídeos

Plastídeos são estruturas especiais limitadas por sistemas de membranas duplas, que ocorrem apenas nas plantas e em alguns protistas. A membrana interna não é dobrada como nas mitocôndrias, mas outras membranas organizadas de várias maneiras ocorrem com frequência nos plastídeos. Eles contêm DNA e ribossomos, embutidos (com as membranas) em uma matriz fluida chamada de **estroma**. Os plastídeos também se autorreproduzem e, portanto, são independentes do sistema de endomembrana.

A terminologia dos plastídeos é confusa, mas nós podemos classificá-los como na Tabela 1-3: todos os plastídeos se desenvolvem a partir dos **pró-plastídeos**, que são pequenos corpos encontrados nas plantas que crescem tanto no escuro como na luz. Eles se dividem por fissão como as mitocôndrias (e procariontes). Em geral, os plastídeos incolores são chamados de **leucoplastos** (do grego *leucos*, "branco", e *plastos*, "formado"). Os leucoplastos mais conhecidos são os **amiloplastos**, que contêm dois ou mais grãos de amido. Outros leucoplastos podem conter proteínas de armazenamento (**proteinoplastos**).

Há dois tipos de plastídeos coloridos: **cloroplastos**, que contêm clorofila e os pigmentos associados (observe a Figura 1-2), e **cromoplastos**, que possuem outros pigmentos (por exemplo, os pigmentos vermelhos da pele do tomate). Alguns autores consideram que todos os plastídeos coloridos, incluindo os cloroplastos, são cromoplastos.

Os cloroplastos contêm um sistema de membranas chamado **tilacoides**, conectados para formar pilhas de membranas chamadas de **granos**, que são incorporados ao **estroma**. As enzimas que controlam a fotossíntese estão localizadas nas membranas dos ticaloides e no estroma, como discutimos no Capítulo 10.

1.7 O núcleo

Em muitos aspectos, o **núcleo** é o centro de controle da célula eucarionte; ainda assim, vimos que ele não é uma organela independente, mas deve obter sua proteína do citoplasma. Trata-se da organela mais distinta da célula, sendo esférico ou alongado, medindo 5 a 15 µm ou mais de diâmetro. Ele exerce o controle das funções celulares determinando (pelo mRNA) muitos dos tipos de enzimas produzidas na célula; estas, por sua vez, determinam as reações químicas ocorridas e, portanto, as estruturas e funções celulares. O controle está na mesma estrutura das informações genéticas ou hereditárias e contido em fibras longas de DNA combinadas com proteína, que formam um material chamado **cromatina** (observe as Figuras 1-3c e 1-5b). Este material é duplicado por meio de processos químicos durante a interfase. As fibras de cromatina nas células vegetais podem ter um comprimento total de 1 a 10 m, e devem caber em um núcleo de somente 10 µm de diâmetro – ou seja, apenas um milionésimo do comprimento da cromatina! Partes da cromatina, os genes ativos devem ser funcionais apesar do acondicionamento da longa fita dentro do pequeno núcleo.

Durante a divisão do núcleo, as fibras de cromatina se condensam, enrolando-se em corpos alongados e intensamente corados chamados de **cromossomos**; eles são visíveis no microscópio óptico. Aparentemente, a ordenação inicial do DNA para formar os cromossomos envolve a formação de uma estrutura de "colar de contas", com as "contas" sendo as moléculas de proteína básica, ou **histona**, que fazem parte da cromatina. Isso forma um filamento com cerca de 10 nm de diâmetro, que então pode ser condensado dobrando-se repetidas vezes para formar os cromossomos. Entre as divisões, a condensação relaxa e os cromossomos não podem ser observados no núcleo. O núcleo também contém uma solução aquosa e cheia de enzimas conhecida como **nucleoplasma**, na qual a cromatina ou cromossomo e os nucléolos são suspensos. O nucleoplasma é provavelmente tão estruturado quanto o citosol, contendo uma estrutura citoesquelética que pode organizar a cromatina e os nucléolos.

O núcleo contém um ou mais (até aproximadamente quatro) corpos mais ou menos esféricos, os **nucléolos,** com cerca de 3 a 5 μm (até 10 μm) de diâmetro. Os nucléolos são massas de fibras e grânulos densos, intensamente corados e de formato irregular, que ficam suspensos no nucleoplasma. Também pode haver áreas de coloração mais clara chamadas de **vacúolos nucleolares,** que aparentemente indicam um nucléolo altamente ativo. As células não diferenciadas, como as do meristema, normalmente possuem nucléolos maiores que as células maduras ou dormentes.

A semelhança dos grânulos nucleolares com os ribossomos citoplasmáticos é mais que uma coincidência, porque as subunidades de ribossomos, compostas principalmente de RNA e proteína, são produzidas no nucléolo. O RNA ribossômico é produzido no nucléolo, mas a proteína é sintetizada no citoplasma e transportada para o núcleo, onde é combinada nos nucléolos com o RNA para formar uma subunidade que é então transportada novamente ao citoplasma para a montagem final dos ribossomos. Acredita-se que as partículas sub-ribossômicas se movam para dentro e para fora através dos poros nucleares. Os experimentos de marcação com marcadores radioativos sugerem que a parte fibrilar do nucléolo é o RNA; a parte granular forma as subunidades de ribossomos. O RNA ribossômico é codificado por regiões especiais dos cromossomos, chamadas de **regiões organizadoras do nucléolo.** O nucléolo desaparece durante a mitose, mas reaparece durante a telófase como nucléolos pequenos, em número igual ao de cromossomos com organizadores nucleolares. Os nucléolos pequenos podem se condensar para formar um único nucléolo durante a interfase.

1.8 O vacúolo

O vacúolo é tão característico das células vegetais quanto a parede celular e os plastídeos (revisado por Boller e Wiemken, 1986). Podemos considerar o vacúolo uma parte do sistema de endomembrana, e já discutimos a membrana vacuolar ou tonoplasto como parte desse sistema; porém, o vacúolo é tão importante que merece uma consideração à parte. Os vacúolos realizam várias funções, e muitas delas foram reveladas com a torrente de informações que somente se tornaram disponíveis na década de 1970. Esses dados vieram dos estudos sobre vacúolos isolados nas células de plantas superiores.

Função na turgidez e no formato

O formato e a rigidez dos tecidos feitos de células que têm apenas paredes primárias (por exemplo, folhas e caules jovens; observe a Figura 1-7) são causados pela água e seus materiais dissolvidos que exercem pressão no vacúolo. A pressão aumenta pela osmose, que discutimos no Capítulo 3.

Há outro aspecto importante dos vacúolos, que torna as plantas o que elas são (Wiebe, 1978a, 1978b). Para sobreviver, uma planta tem de absorver quantidades relativamente grandes de água, elementos minerais, dióxido de carbono e luz solar. Cada um desses itens, mesmo a luz solar, pode ser, e frequentemente é, relativamente escasso ou diluído no ambiente. Áreas de superfícies grandes facilitam muito a sua absorção pelas plantas. As superfícies das raízes, com suas divisões finas, penetram em grandes volumes de solo, e as superfícies das folhas capturam a luz solar e absorvem o dióxido de carbono da atmosfera. A forma pela qual um organismo atinge uma superfície grande é começando com volumes relativamente grandes e se disseminando em camadas finas, como a maioria das folhas, ou em estruturas estreitas, como as raízes e as agulhas das coníferas. As plantas têm volumes relativamente grandes porque seus vacúolos estão cheios de água, que é muito mais abundante no ambiente do que qualquer outro componente do protoplasma. Se as células vegetais contivessem somente protoplasma sem vacúolos, como a maioria das células animais, elas poderiam expor somente uma fração de sua atual área de superfície. Para os animais, é importante ter um volume compacto com superfície limitada e protoplasma concentrado, a fim de produzir energia e reduzir a inércia para o movimento. Essas duas funções dos vacúolos da planta – manter o turgor e fornecer um volume grande – são estáticas.

Vacúolos no armazenamento e na acumulação

A concentração de materiais dissolvidos nos vacúolos é alta, aproximadamente tão alta quanto a concentração do sal na água do mar e a do citosol (comumente, 0,4 a 0,6 M). Há centenas de materiais dissolvidos, incluindo sais, pequenas moléculas orgânicas, como açúcares e aminoácidos, e algumas proteínas e outras moléculas. Alguns vacúolos têm altas concentrações de pigmentos, que produzem as cores de muitas flores ou o vermelho das folhas do cardo (tão concentrado nas células epidérmicas que mascaram o verde dos cloroplastos). Em algumas partes da planta, os vacúolos contêm materiais que seriam prejudiciais ao citoplasma. Isso inclui muitos dos produtos secundários do metabolismo, discutidos no Capítulo 15 (por exemplo, alcaloides, vários compostos com moléculas de açúcar conectadas, e assim por diante). Às vezes, os vacúolos também contêm cristais; os de oxalato de cálcio são particularmente comuns em algumas espécies. Outras substâncias encontradas nos vacúolos são citadas nos próximos parágrafos.

Em vista de todas as substâncias presentes nos vacúolos, há muito tempo ele é considerado um tipo de área de descarte de produtos residuais celulares e do excesso de íons minerais capturados pela planta. Sabemos que muitas dessas substâncias cumprem funções muito mais dinâmicas no vacúolo do que o simples fato de estarem armazenadas ali, embora o armazenamento, incluindo o de produtos residuais, deva ser uma função válida do vacúolo. Algumas dessas substâncias são aprisionadas no vacúolo porque sua natureza muda quando elas entram no novo ambiente dentro dele, que é muito mais ácido que o citosol. Por exemplo, o vermelho neutro pode atravessar o tonoplasto como a base livre lipofílica, mas torna-se ionizado pela aceitação de um próton no vacúolo e, nesta condição, não pode mais atravessar o tonoplasto. O Ca^{2+} pode ser aprisionado pela precipitação com oxalato, fosfato ou sulfato para formar cristais, mas o vacúolo normalmente contém concentrações milimolares de Ca^{2+}.

Vacúolos como lisossomos

As enzimas nos vacúolos digerem vários materiais absorvidos neles, bem como grande parte do citoplasma, quando a célula morre e o tonoplasto se decompõe. Isto provavelmente acontece quando os protoplastos das células da madeira se decompõem e morrem, por exemplo. Nesse sentido, o vacúolo é como um **lisossomo**, uma organela celular comum nas células animais e em alguns fungos e protistas. Os lisossomos contêm enzimas digestivas (hidrolíticas) que decompõem os materiais absorvidos por eles ou que digerem grande parte do protoplasma após a morte da célula e a decomposição das membranas do lisossomo. A importância desta função para os vacúolos ainda está sendo investigada, porque nem todas as enzimas que decompõem proteínas em células, talvez somente 10% nas plantas superiores, estão presentes nos vacúolos. Nas células de levedura, 90% destas enzimas estão localizadas nos vacúolos.

Função na homeostasia

Homeostasia é a tendência que vários parâmetros fisiológicos têm de serem mantidos em um nível relativamente constante. A maioria dos estudos sobre a homeostasia envolveu animais, e a temperatura corporal nos pássaros e mamíferos é um excelente exemplo desse fenômeno. Porém, um bom exemplo nas plantas é a concentração relativamente constante de várias substâncias no citosol. A concentração de íons de hidrogênio (pH) fornece um excelente exemplo, e o vacúolo cumpre uma função importante na conservação do pH citosólico constante. O excesso de íons de hidrogênio no citosol pode ser bombeado para o vacúolo. O sabor ácido da laranja e do limão, que origina-se da alta concentração de ácido cítrico nos seus vacúolos, é um exemplo admirável. Esses vacúolos podem ter um pH de apenas 3,0, enquanto o pH do citoplasma ao seu redor situa-se entre 7,0 e 7,5. Outros ácidos orgânicos estão presentes nos vacúolos das plantas suculentas (plantas com metabolismo do ácido crassuláceo [CAM]; consulte o Capítulo 11), que produzem os ácidos à noite e depois os processam de maneira fotossintética durante o dia. A maioria dos vacúolos é ligeiramente ácida (pH entre 5 e 6). Foi mostrado experimentalmente que quando o pH de várias células de plantas é alterado drasticamente, essa alteração é refletida no pH do vacúolo, enquanto o do citosol permanece constante.

Os íons de Ca^{2+} e fosfato seriam tóxicos para o citoplasma se suas concentrações se tornassem muito altas. O vacúolo absorve esses íons e, assim, mantém sua concentração no citosol dentro dos limites adequados – às vezes até 1.000 vezes mais baixa no citosol que no vacúolo. Como observamos, às vezes o Ca^{2+} é aprisionado no vacúolo pela formação de cristais de cálcio (o RE pode cumprir uma função na regulação do Ca^{2+} citosólico). O fosfato e o nitrato são excelentes exemplos de íons essenciais armazenados nos vacúolos. Se os níveis citosólicos de fosfato ou nitrato ficarem muito baixos, esses íons podem passar do vacúolo para o citosol. O mesmo se aplica aos açúcares, aminoácidos e muitos outros materiais armazenados. Portanto, o vacúolo pode servir como área de descarte, mas também como depósito.

Os solutos totais (substâncias dissolvidas) no vacúolo determinam suas propriedades osmóticas (potencial osmótico, discutido no Capítulo 3) e, portanto, também as propriedades osmóticas do citosol adjacente (citosol e vacúolo estão em equilíbrio), outro exemplo da função do vacúolo na homeostasia. Há algumas exceções, no entanto. Certos compostos, como a prolina (um aminoácido), se acumulam nos tecidos sob estresse hídrico ou de sal (Capítulo 26), mas as altas concentrações aumentam no citosol. Sua função é proteger as enzimas do estresse hídrico ou de sal, portanto, é apropriado que fiquem localizados aqui.

Processos metabólicos nos vacúolos

Algumas das reações químicas das células vivas ocorrem no vacúolo. Por exemplo, a última etapa da síntese de etileno (um regulador de crescimento gasoso das plantas) ocorre predominantemente no tonoplasto do vacúolo e várias transformações de açúcar também ocorrem aqui. Alguns dos metabólitos secundários armazenados nos vacúolos também sofrem alterações químicas aqui, outro achado que ilustra algumas das muitas coisas que aprendemos nos últimos anos com o estudo de vacúolos isolados.

A origem dos vacúolos

As células jovens em divisão nas pontas de caules e raízes em crescimento possuem vacúolos reduzidos, muitos em cada célula, provavelmente formados no RE. Eles crescem com a célula, capturando água por osmose e coalescendo entre si até uma célula madura, que tem um vacúolo que ocupa de 80 a 90%, ou mais, de seu volume, com o protoplasma disseminado em uma fina camada entre o tonoplasto e a plasmalema.

No entanto, algumas células em divisão possuem vacúolos grandes. As células cambiais entre a casca e a madeira de um caule em crescimento possuem vacúolos grandes e se dividem ao longo de seus eixos longitudinais para produzirem as células do floema e xilema, também com vacúolos grandes. O vacúolo é uma das características mais diversificadas das células vegetais, variando de quase inexistentes até a ocupação de quase todo o volume da maioria das células vegetais maduras e vivas. Até mesmo os vacúolos maduros podem mudar sua forma drasticamente. Os vacúolos nas células-guarda do aparato estomatal mudam de uma forma esférica a uma rede tubular antes da divisão, retornando depois disso ao formato esférico. A variedade nas formas vacuolares significa que as células "típicas" das figuras 1-2 e 1-3 não são de fato típicas. Na verdade, considerando-se as enormes quantidades de madeira na Terra, a célula vegetal "típica" é um elemento de xilema morto!

1.9 Flagelos e cílios

Os flagelos e cílios são encontrados principalmente nas algas, fungos, protozoários, outros animais pequenos (microscópicos), células especializadas de outros animais e células sexuais de certas plantas inferiores e gimnospermas. Essas estruturas, semelhantes a fios de cabelos, se projetam das superfícies celulares e são capazes de bater de um lado para o outro em altas velocidades. Elas quase sempre têm cerca de 0,2 μm de diâmetro, mas o comprimento varia de 2 a 150 μm. Os longos normalmente são chamados de **flagelos** e os curtos, de **cílios**; no entanto, não há nenhuma linha divisória nítida entre eles. Os flagelos e cílios são as fontes de locomoção para as células às quais são ligados (um ou poucos flagelos por célula). Os cílios podem cobrir as superfícies das células adjacentes, todos batendo de uma só vez na mesma direção para empurrar os líquidos em sua superfície coletiva (como no trato respiratório superior humano).

Eletromicrografias revelam que os flagelos e cílios possuem uma organização interna precisa, que consiste em nove pares de microtúbulos cercando dois microtúbulos adicionais. (Flagelos e cílios bacterianos não contêm microtúbulos.) Os flagelos e cílios crescem a partir dos **corpos basais** no citoplasma. Eles têm estruturas internas semelhantes às dos flagelos, mas há nove grupos *trigêmeos* e não gêmeos de microtúbulos, não havendo nenhum no centro.

Quando uma célula com flagelos se divide, estes são perdidos e outros novos são regenerados a partir dos corpos basais. O mecanismo de movimento não é conhecido, mas flagelos isolados podem bater sozinhos; portanto, o movimento não é causado pelos corpos basais.

1.10 A célula vegetal

Vale lembrar que três características são particulares das células vegetais, na comparação com as de animais: a parede celular com a celulose, o vacúolo (que fornece a pressão, um grande volume e ampla área de superfície com um mínimo de protoplasma) e os plastídeos, principalmente os cloroplastos. As células animais nunca têm paredes, assim como muitas células de protistas, e as paredes dos procariontes e fungos diferem de maneira significativa das vegetais. Os vacúolos podem ser encontrados em todos os cinco reinos, mas os grandes e centrais que foram discutidos estão presentes em praticamente todas as células de plantas, fungos e alguns protistas. Os cloroplastos ocorrem somente nas plantas e em alguns protistas (dependendo de como são classificados); de certo modo, as algas azuis (cianobactérias) são estruturas comparáveis aos cloroplastos, e é possível que os cloroplastos tenham se originado quando um procarionte fotossintetizador invadiu uma célula eucarionte. Animais e fungos nunca produzem cloroplastos.

Para não incorrer no erro de terminar nossa discussão sobre as células vegetais supervalorizando suas singularidades, devemos apontar que, no final das contas, as células vegetais e animais têm muito mais características em comum do que diferenças. A maioria dos sistemas de endomembrana e plasmalema ocorre nas células vegetais e animais (com a exceção do vacúolo da planta), e mitocôndrias, microtúbulos, microfilamentos, ribossomos e especialmente o núcleo, são semelhantes ou idênticos em todos os quatro reinos eucariontes. A diversidade e a semelhança são características da vida.

1.11 Uma definição da vida

Com base nas postulações do início e na nossa discussão sobre as células, podemos concluir este capítulo tentando definir a vida. Claro que há dificuldades. Estruturas macromoleculares especiais existem depois que um organismo morreu e podem até mesmo existir na superfície de um mundo morto em alguma parte do universo, portanto, nesse sentido, elas não são características de vida. Os vírus (que não são células) mostram muitas propriedades da vida, mas apenas quando são associados aos organismos vivos. Todavia, considere a seguinte afirmação:

A vida na Terra é uma série distinta de funções associadas a uma série única de estruturas organizadas, nas quais certas macromoléculas (proteínas, DNA, RNA), tendo blocos de construção organizados em sequências não repetitivas, porém replicáveis, são capazes de reprodução, transferência e utilização de informações e catálise de reações metabólicas. Tudo isso é organizado pelo menos no nível de uma célula cercada por uma membrana, e permite que ocorram as funções de crescimento, metabolismo, resposta ao ambiente (às vezes chamada de irritabilidade) e reprodução.

DOIS
Difusão, termodinâmica e potencial hídrico

Como podemos organizar os tópicos da fisiologia vegetal? Planejamos nosso texto com base em cinco questões básicas, principalmente sobre as células:
1. Quais são os componentes das células vegetais e quais são suas funções?
2. Como os íons e moléculas, principalmente a água, entram e saem das células e se movem pela planta?
3. O que acontece com os íons e moléculas dentro da célula?
4. Como as células se reproduzem, crescem e se especializam para formar os tecidos de um organismo multicelular?
5. Como as células vegetais – e as plantas – interagem com os seus ambientes?

Este livro resume, de maneira introdutória, as respostas atuais para essas perguntas. Depois de discutir os componentes e as funções das células, os próximos capítulos da primeira seção tratam da segunda questão, que se refere ao movimento da água e de outras substâncias através das membranas, por toda a planta e entre a planta e seu ambiente, um tópico chamado de **relações hídricas das plantas**. Esse assunto coincide com o dos processos celulares, pois a química celular influencia as relações hídricas de muitas maneiras interessantes. O crescimento também depende da captura da água, e muitas das relações hídricas das plantas dependem da interação das células com o seu ambiente. As plantas são sistemas intrincadamente complexos e dinâmicos, nos quais cada função interage com todas as outras. Colocando de outra maneira, as plantas são sistemas multidimensionais. No entanto, como os livros são apenas unidimensionais, seguindo de um início a um fim, sua organização deve ser, até certo ponto, artificial. Tentaremos integrar as várias partes do livro por meio de referências ao que foi discutido e ao que virá em seguida, mas o leitor precisará criar uma imagem multidimensional em sua mente.

Ao longo dos últimos 25 anos, a tendência foi substituir termos formais como *hipótese*, *teoria* e *lei* pelo termo genérico **modelo**, que realmente é uma excelente palavra para descrever os produtos do pensamento criativo de um cientista. Em grande parte, este livro é uma descrição dos modelos desenvolvidos para explicar e prever as funções da planta. Por exemplo, como a água "corre para cima", movendo-se até o topo de uma árvore alta? Um análogo físico e um modelo conceitual, que são continuamente modificados por novas informações e ideias, existem para nos ajudar a entender esse fenômeno.

2.1 As plantas e a água

A fisiologia vegetal é, até um grau surpreendente, o estudo da água. Muitas atividades das plantas são determinadas pelas propriedades da água e das substâncias nela dissolvidas. Portanto, uma breve revisão dessas propriedades é uma boa maneira de começar o nosso estudo da fisiologia vegetal.

A ponte de hidrogênio, essencial para as propriedades da água

A maioria das propriedades exclusivas da água pode ser atribuída ao interessante fato de que os segmentos lineares que conectam os centros de dois átomos de hidrogênio ao centro de um átomo de oxigênio não formam uma linha reta. Em vez disso, eles formam um ângulo de cerca de 105°, mais próximo de um ângulo reto que de uma linha reta (Figura 2-1). O ângulo é exato no gelo, mas apenas médio na água líquida. Os dois elétrons que formam a ligação covalente entre os átomos de hidrogênio e oxigênio são mais próximos do núcleo do oxigênio, deixando os dois núcleos de hidrogênio (prótons) com suas cargas positivas na superfície do átomo de oxigênio e afastadas por 105° em um lado. Isso fornece uma carga ligeiramente positiva nesse lado da molécula e uma carga negativa equivalente

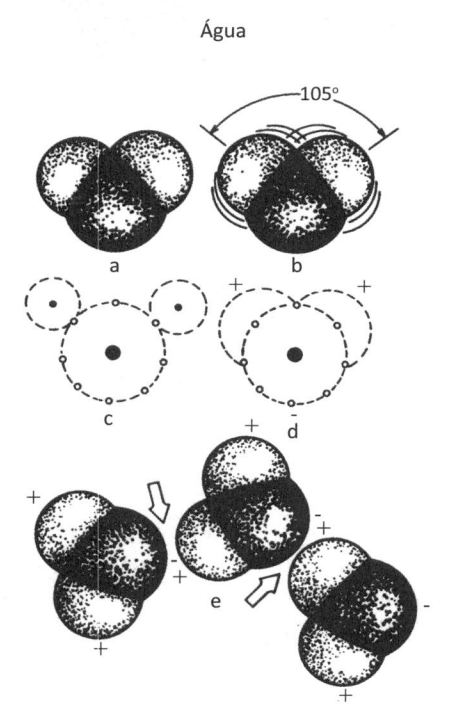

FIGURA 2-1 Moléculas de água. O ângulo entre dois átomos de hidrogênio (mais claros) ligados ao átomo de oxigênio (mais escuro) tem em média 105° **(a e b)**. O ângulo não é absolutamente estável **(b)**, mas representa o compartilhamento médio dos elétrons e a distribuição da carga **(c e d)**. A atração do lado negativo de uma molécula de água pelo lado positivo da outra produz uma ponte de hidrogênio **(e)**. As setas indicam as pontes de hidrogênio.

no outro lado, com a carga total da molécula sendo neutra. Essa molécula é descrita como **polar**. O resultado é que o lado positivo de uma molécula de água é atraído para o lado negativo de outra molécula (Figura 2-1), formando uma ligação relativamente fraca entre as moléculas polares. Essa é a chamada ponte de hidrogênio.

As pontes de hidrogênio ocorrem em muitas substâncias além da água, e as ligações com o oxigênio e com o nitrogênio são particularmente importantes nas plantas. A energia (força) da ligação entre um átomo de hidrogênio em uma molécula e alguma parte negativa de outra molécula varia de 8 a 42 kilojoules/mol das ligações (kj mol^{-1}), dependendo da outra molécula. As **ligações iônicas**, nas quais os elétrons se movem de um átomo e entram na camada externa de outro, têm energias que variam entre 582 kj mol^{-1} para o CsI e 1.004 kj mol^{-1} para o LiF, com o NaCl sendo intermediário em 766 kj mol^{-1}. As energias das **ligações covalentes**, nas quais os elétrons são compartilhados por dois átomos, coincidem com as forças da ligação iônica, mas geralmente são mais fracas. Os exemplos importantes incluem (todos fornecidos em kj mol^{-1}) 138 para O—O, 293 para C—N, 347 para C—C, 351 para C—O, 414 para C—H, 460 para O—H (como na água), 607 para C=C e 828 para C≡C.

As **forças atrativas de Van der Waals** são ainda mais fracas que as forças da ponte de hidrogênio, tendo energias de ligação de cerca de 4,2 kj mol^{-1}. Nas moléculas neutras e não polares, essas forças resultam do fato de os elétrons estarem continuamente em movimento e o centro de cargas negativas da molécula nem sempre corresponder ao seu centro de cargas positivas. Portanto, à medida que duas moléculas semelhantes se aproximam, elas podem induzir leves polarizações entre si, com as regiões de cargas opostas atraindo uma à outra. Essas forças mantêm as moléculas juntas nos hidrocarbonetos líquidos, por exemplo, mas também nas membranas e nas partes internas das proteínas. Todas essas ligações moleculares são eletrônicas por natureza.

Líquido em temperaturas fisiológicas

Quanto mais alta a massa molecular de um elemento ou composto, maior a probabilidade de que ele seja um sólido ou líquido em uma determinada temperatura, como a ambiente (cerca de 20 °C). Quanto mais baixa a massa molecular, maior a probabilidade de que ele seja um líquido ou gás. Para mudar de sólido para líquido ou de líquido para gás — isto é, quebrar as forças que ligam as moléculas entre si —, as moléculas mais pesadas requerem mais energia (calor) que as mais leves. Por exemplo, os hidrocarbonetos de massa molecular baixa (metano, etano, propano e n-butano) são todos gases sob temperatura ambiente. Suas respectivas massas moleculares (MM) são 16, 30, 44 e 58 gramas por mol. O n-pentano (MM = 72) ferve a 36 °C. O n-hexano, o n-heptano e o n-octano, com respectivas massas moleculares de 86, 100 e 114, são líquidos em temperatura ambiente e o nonadecano (MM = 268) é um sólido (funde-se a 32 °C). A amônia (MM = 17) e o dióxido de carbono (MM = 44) são gases em temperatura ambiente, mas a água (MM = 18) tem forma líquida. A explicação é que as pontes de hidrogênio fornecem uma força atrativa desproporcionalmente alta entre as moléculas de água, inibindo sua separação e escape como vapor. Os hidrocarbonetos, por outro lado, têm apenas as forças de van der Waals relativamente fracas entre suas moléculas no estado líquido. Pouca energia (baixa temperatura) é necessária para levá-los à fase gasosa.

Outros líquidos com massa molecular baixa também são moléculas polares com pontes de hidrogênio entre si. Bons exemplos são os álcoois inferiores (metil = CH_3OH, MM = 32) ou os ácidos orgânicos inferiores (fórmico = CHOOH, MM = 46; acético = CH_3COOH, MM = 60). A presença dos átomos de oxigênio e hidrogênio torna a ponte de hidrogênio possível nesses compostos.

A vida como a conhecemos seria impensável sem a água em sua forma líquida. Isso se torna cada vez mais evidente quando examinamos outras propriedades dessa molécula vital.

FIGURA 2-2 Plantas *Coleus* normal (esquerda) e murcha (direita). A aparência normal da planta depende da quantidade suficiente de água nas células, para fornecer a turgidez. A planta murcha recuperou-se completamente depois de regada. Observe que as folhas mais jovens da planta murcha ainda são bastante túrgidas.

Um líquido incompressível

Para todos os objetivos práticos, os líquidos são incompressíveis. Isso significa que as leis da hidráulica se aplicam aos organismos porque eles consistem principalmente em água. O fato de uma planta jovem em crescimento ser um sistema hidráulico torna-se surpreendentemente evidente quando ela murcha (Figura 2-2). A forma normal de uma planta é mantida pela pressão que a água exerce em seus protoplastos contra suas paredes celulares. Além disso, as plantas crescem à medida que absorvem a água que faz suas células expandirem. Algumas pétalas e folhas, como as da *Mimosa pudica* (a planta sensível), se movimentam ou dobram à medida que a água entra ou sai de células especiais em sua base. Os estômatos nas superfícies das folhas se abrem à medida que a água entra em suas células-guarda, e fecham-se quando ela sai dessas células. As substâncias são transportadas nos líquidos em movimento nas plantas e animais.

Calor específico

Quase exatamente 1 **caloria**[1] (cal) é exigida para aumentar 1 grama da água pura em 1 °C. A unidade SI da energia, incluindo a energia do calor, é o **joule** (abreviado como J; consulte o Apêndice A) e a caloria é agora definida como equivalente a 4.184 joules (exatamente). A quantidade de energia necessária para aumentar a temperatura de uma unidade de massa de uma substância em 1 °C é chamada de **calor específico**. O calor específico da água varia apenas ligeiramente em toda a faixa de temperaturas nas quais ela é líquida e é mais alto que a de qualquer outra substância, exceto a amônia líquida. O alto calor específico da água líquida é causado pela organização de suas moléculas, que permite que os átomos de hidrogênio e oxigênio movimentem-se livremente, quase como se fossem íons livres. Logo, eles podem absorver grandes quantidades de energia sem grandes aumentos na temperatura. As plantas (pense em um grande cacto suculento) e animais consistem principalmente em água e, portanto, têm uma estabilidade de temperatura relativamente alta mesmo quando ganham ou perdem energia de calor.

Calores latentes de vaporização e fusão

Cerca de 2.452 joules (586 calorias) são necessários para converter 1 g de água a 20 °C em vapor. Esse **calor latente de vaporização** anormalmente alto pode, novamente, ser atribuído à tenacidade da ponte de hidrogênio e à grande quantidade de energia necessária para que uma molécula de água se liberte das outras no líquido. Uma consequência é que as folhas esfriam à medida que perdem água pela transpiração.

---
[1] Kilocaloria, ou Caloria grande (com C maiúsculo), equivale a 1.000 calorias pequenas, e é contada por quem faz dieta.

Para derreter 1 g de gelo a 0 °C, são necessários 335 J (80 cal). É um **calor latente de fusão** alto, novamente causado pelas pontes de hidrogênio, embora o gelo tenha menos pontes por molécula que a água. Cada molécula de H_2O no gelo é cercada por outras *quatro*, formando uma estrutura tetraédrica. (Cada átomo de oxigênio atrai dois átomos de hidrogênio adicionais.) Os tetraedros são dispostos de maneira que o cristal de gelo é basicamente hexagonal, como demonstrado no padrão dos flocos de neve. Normalmente, durante a conversão do estado sólido para o líquido, as moléculas de água se distanciam um pouco mais enquanto derretem. Assim, a água é extremamente incomum porque o seu volume total *diminui* enquanto derrete. Isso ocorre porque as moléculas são acondicionadas com mais eficiência no líquido do que no sólido. Cada molécula do líquido é cercada por outras *cinco ou mais*.

Tabela 2-1 Viscosidade dos líquidos.

Líquido	Temperatura (°C)	Coeficiente da viscosidade[a] (centipoises)	Percentual de viscosidade de H_2O a 20°C
Água	0	1,787	177
	10	1,307	130
	20	1,002	100
	30	0,7975	80
	40	0,6529	65
	60	0,4665	47
	80	0,3547	35
	100	0,2818	28
Álcool etílico	20	1,20	120
Benzeno	20	0,65	65
Glicerina	20	830,0	83.000
Mercúrio	20	1,60	160
Óleo de máquina	19	120,0	12.000

[a] Um centipoise = um poise multiplicado por 100. Um poise é definido como a força de 1 dyne por cm^2 exigida para deslocar uma superfície plana grande, em contato com a superfície superior de uma camada de líquido com 1 cm de espessura, por uma distância de 1 cm em 1 segundo (essas não são unidades SI, mas mostram as viscosidades relativas). Um método mais conveniente de medição registra o tempo necessário para que um determinado volume de líquido flua por gravidade através de um tubo de determinadas dimensões, e depois aplica-se uma equação adequada.

O resultado dessa diferença no acondicionamento é que a água se expande ao congelar, portanto, o gelo tem menor densidade que a forma líquida. Por isso o gelo flutua nos lagos no inverno em vez de ir para o fundo, onde poderia ficar sem descongelar até o próximo verão. A expansão também é uma possível fonte de danos aos tecidos de plantas e animais nos climas congelantes, como discutimos no Capítulo 26. Uma vez que a água se expande ao congelar, a pressão elevada fará o gelo derreter em uma temperatura abaixo da normal; isto é, a pressão elevada abaixa o ponto de fusão. A pressão da lâmina do patim derrete e, assim, lubrifica o gelo. Em outras substâncias, a pressão elevada normalmente aumenta o ponto de fusão.

Viscosidade

Uma vez que as pontes de hidrogênio devem ser quebradas para que a água possa fluir, seria esperado que a **viscosidade** ou resistência da água ao fluxo fosse consideravelmente mais alta do que é. No entanto, na água líquida, cada ponte de hidrogênio é compartilhada em média por duas outras moléculas, portanto, as ligações individuais são um tanto enfraquecidas e facilmente quebradas. A água flui rapidamente através das plantas. No gelo, existem menos ligações por átomo de hidrogênio e, por isso, cada uma delas é mais forte. A viscosidade da água diminui nitidamente com o aumento na temperatura (Tabela 2-1), mas isso pode ser fisiologicamente irrelevante, porque essa viscosidade é irrisória mesmo em temperaturas baixas.

Forças adesiva e coesiva da água

Em razão de sua natureza polar, a água é atraída por muitas outras substâncias; isto é, ela as umedece. As moléculas de proteína e os polissacarídeos da parede celular, também altamente polares, são excelentes exemplos. Essa atração entre moléculas diferentes é chamada de **adesão**. A água umedece essas substâncias à medida que suas moléculas formam pontes de hidrogênio com outras. A atração entre moléculas semelhantes (novamente por causa da ponte de hidrogênio) é chamada de **coesão**. A coesão confere à água uma **força de tensão** extraordinariamente alta, que é a capacidade de resistir ao estiramento (tensão) sem romper-se. Em uma coluna de água fina e confinada, como nos elementos de xilema de um caule, essa força de tensão pode atingir valores tão elevados que a água é *empurrada* até o topo das árvores altas sem sofrer nenhuma quebra (Capítulo 5).

A coesão entre as moléculas de água também é responsável pela **tensão superficial**: as moléculas na superfície de um líquido são empurradas continuamente para dentro dele pelas forças coesivas (pontes de hidrogênio), enquanto as da fase de vapor são poucas e muito distantes para exercer qualquer força. Como resultado, uma gota de água parece coberta por uma pele elástica apertada; a tensão superficial é o que torna a gota esférica durante sua queda. A tensão superficial da água é mais alta que a da maioria dos outros líquidos.[2]

Essa força cumpre muitas funções na fisiologia vegetal. Por exemplo, sob pressões normais, a tensão superficial impede a passagem de bolhas de ar pelos minúsculos poros e pontuações nas paredes celulares. A superfície da água das bolhas não pode se deformar o suficiente para passar pelas pequenas aberturas.

Água como solvente

A água dissolve mais substâncias que qualquer outro líquido comum. Isso ocorre parcialmente porque ela possui uma das mais altas **constantes dielétricas** conhecidas. Constante dielétrica é uma medição da capacidade de neutralizar a atração entre cargas elétricas. Graças a essa propriedade, a água é um solvente particularmente potente para os eletrólitos e as moléculas polares, como açúcares. O lado positivo da molécula de água é atraído pelo íon ou superfície molecular negativa de uma molécula polar e, da mesma maneira, o lado negativo pelo íon ou superfície positiva. As moléculas de água, portanto, formam uma "gaiola" ao redor dos íons ou moléculas polares, de forma que os íons são praticamente incapazes de se unir e cristalizar em um precipitado.

Se a água contiver eletrólitos dissolvidos, eles terão uma carga, e a água se torna um bom condutor elétrico. Se a água for absolutamente pura, no entanto (e a água pura é extremamente difícil de obter), ela será má condutora. As pontes de hidrogênio a tornam muito rígida para conduzir uma carga rapidamente.

A importância da água como solvente em organismos vivos torna-se bastante evidente na primeira parte deste livro. A osmose, por exemplo, que logo será assunto de nossa discussão (consulte a Figura 2-4 e o Capítulo 3), depende da presença de materiais dissolvidos na água da célula. Também trataremos do movimento de materiais dissolvidos pela difusão e do fluxo de massa nas plantas.

O protoplasma propriamente dito é uma expressão das propriedades da água. Seus componentes de proteína e ácido nucleico devem suas estruturas moleculares e, consequentemente, suas atividades biológicas à sua estreita associação com as moléculas de água. Na verdade, quase todas as moléculas do protoplasma devem suas atividades químicas específicas ao meio aquoso no qual existem. As exceções são as moléculas contidas nos corpos oleosos celulares (oleossomos) ou nas porções lipídicas (gordurosas) das membranas; porém, oleossomos e membranas são fortemente influenciados pela água que os cerca.

As moléculas de água entram ativamente na química, que é a base da vida. Para começar, a água e o dióxido de carbono são matérias-primas para a fotossíntese. Na verdade, poucos processos metabólicos ocorrem sem a utilização ou produção de moléculas de água. Todavia, a água é relativamente inerte do ponto de vista químico. De modo geral, ela pode ser mais importante como o ambiente para que ocorram reações químicas que como um reagente ou produto químico.

Dissociação da água e a escala de pH

Algumas das moléculas da água se separam em íons de hidrogênio [H^+] e hidroxila [OH^-], em um processo chamado de **dissociação** ou **ionização**. A tendência desses íons de se recombinarem é uma função das chances de haver colisões entre eles, que por sua vez dependem do número relativo de íons presentes na solução. Essa **lei da ação das massas** pode ser expressa matematicamente, dizendo-se que o produto das **concentrações molais** (m = mols por kg de H_2O) é igual a uma constante: [H^+] • [OH^-] = K. Nas soluções diluídas, as *concentrações molais* são praticamente iguais às **concentrações molares** (M = mols por litro da solução final), mais convenientes. Perto da temperatura ambiente, K = 10^{-14}, portanto, na água pura, cada [OH^-] e [H^+] = 10^{-7} M. (Para multiplicar 10^{-7} por 10^{-7}, os expoentes são adicionados para chegar a 10^{-14}.)

A concentração dos íons de hidrogênio é expressa pela escala de pH, na qual pH = –log [H^+]. Em outras palavras, o pH equivale ao valor absoluto da concentração de íons de hidrogênio, expresso como expoente negativo de 10. Por exemplo, quando [H^+] = 10^{-4} M, o pH = 4. A neutralidade é expressa por pH = 7 ([H^+] = [OH^-]); reduzir os valores abaixo de 7 indica o aumento da acidez, aumentar acima de 7 indica aumento da alcalinidade. As unidades de pH são múltiplos de 10 em uma escala logarítmica e, portanto, nunca devem ser adicionadas ou ter a média calculada. Apenas um décimo da quantidade de H^+ necessária para alterar o pH de 6 para 5 precisa ser adicionado a uma solução não tamponada para alterá-lo de 7 para 6.

Raramente a água é pura o suficiente para permitir quantidades iguais de íons de hidrogênio e hidroxilas (isto é, neutralidade). A presença do dióxido de carbono dissolvido, como na água destilada, pode aumentar de tal maneira a concentração dos íons de hidrogênio que ela chega a 10^{-4} M (pH = 4). Então, a concentração dos íons de hidroxila é 10^{-10}. Se a água da torneira contiver essa mesma quantidade de pedra calcária dissolvida (carbonato de cálcio), a concentração de íons de hidrogênio pode ser próxima de neutra ou até ligeiramente básica.

---

[2] A hidrazina e a maioria dos metais (incluindo o mercúrio) no estado líquido possuem tensões superficiais mais altas.

Com a discussão da água em segundo plano, chega a hora de retornar à questão de como ela e outros materiais se movem para dentro e para fora das células. A difusão é um dos processos de transferência mais simples dos organismos vivos, porém tem implicações interessantes o suficiente para nos ocupar pelo restante deste capítulo.

2.2 Difusão *versus* fluxo de massa

O conteúdo das células vegetais está sob uma pressão considerável, quase tão grande quanto a da água em um sistema de encanamento: de 0,4 a 0,5 MPa (megapascais, equivalente a 60 a 75 psi-libras por polegada quadrada). Se fizermos um pequeno orifício através da membrana e da parede celular, o conteúdo fluirá para fora por este orifício, até que a pressão dentro da célula seja igual à pressão fora dela (provavelmente, a pressão atmosférica). **Fluidos** são substâncias, como líquidos ou gases, que fluem ou se adaptam ao formato de seu recipiente. Quando o fluxo ocorre em resposta às diferenças de pressão, e envolve grupos de átomos ou moléculas movendo-se juntos, isso é chamado de **fluxo de massa**. Às vezes, as diferenças na pressão são estabelecidas pela gravidade (o peso dos fluidos); essas são as **pressões hidrostáticas**. Noutras, a pressão é produzida por uma força mecânica aplicada a todo o sistema, ou parte dele. Nos animais, a bomba que é chamada de coração aplica essa força. Nas plantas, os líquidos fluem nos tecidos vasculares pelo fluxo de massa, em resposta às diferenças de pressão que são criadas pela difusão de maneiras que serão discutidas nos próximos capítulos.

Normalmente, a água e as substâncias nela dissolvidas se movem para dentro e para fora das células, não pelo fluxo de massa, mas uma molécula de cada vez. O movimento global de um ponto para outro, por causa das atividades cinéticas aleatórias ou dos movimentos térmicos das moléculas e íons, é chamado de **difusão**. Como a difusão dos líquidos é lenta por distâncias macroscópicas e o fluxo de massa dos gases e líquidos é tão comum, a difusão não é algo que percebemos imediatamente. Todavia, é fácil observá-la. Coloque com cuidado um cristal de corante em um béquer de água imóvel (sem corrente de mistura ou convecção). Enquanto o corante dissolve, você o observa se espalhando (difundindo) lentamente a partir de sua fonte e por todo o líquido. A difusão no ar é muito mais rápida que na água, como você pode observar quando uma garrafa de uma substância de odor forte como a amônia é aberta a 1 ou 2 m de distância. Porém, a transferência difusiva do odor do frasco para o seu nariz é frequentemente auxiliada pelas correntes de ar (fluxo de massa).

Como explicamos abaixo, frequentemente a difusão ocorre em resposta a diferenças na concentração das substâncias entre um ponto e outro. (À medida que o corante começa a se dissolver, ele é altamente concentrado na água perto do cristal, porém ausente a alguma distância.) As diferenças na concentração são extremamente comuns nas células vivas em particular e nos organismos em geral. Por exemplo, à medida que certos compostos orgânicos no citosol são capturados e metabolizados por uma mitocôndria, suas concentrações perto dela são mais baixas que perto de um cloroplasto fotossintetizador (produtor de açúcar) na mesma célula. No micronível das células, a difusão de muitas substâncias, incluindo a água, ocorre constantemente e praticamente em todos os lugares. Portanto, para entender as células é imperativo entendermos a difusão.

O ponto de partida é entender um dos princípios mais fundamentais da física: a teoria cinética. As ideias básicas dessa teoria são ensinadas precocemente e frequentemente revisadas, mas os detalhes são facilmente esquecidos. Pode ser que você nunca tenha aprendido alguns dos aspectos quantitativos da teoria. Consequentemente, apresentamos aqui uma breve revisão.

TABELA 2-2 Alguns valores moleculares de três gases

	H_2	O_2	CO_2
Massa molecular do gás (Da)	2,01	32,0	44,0
Velocidade média a 0°C, metros/segundo (m s^{-1})	1.696	425	362
Velocidade média a 30°C, (ms^{-1})	1.787	448	382
Velocidade média a 100°C, (ms^{-1})	1.982	497	424
Trajeto livre médio (nm) entre as colisões com outras moléculas, 0°C, pressão 1 atmosfera (atm)	112	63	39
Número de colisões de cada molécula por segundo, em bilhões (1×10^9), 0°C, 1 atm	15,1	6,8	9,4
Diâmetro de cada molécula (nm)	0,272	0,364	0,462
Número de moléculas ($\times 10^{-19}$), pressão 1 atm, em 1 cm^3, 0°C	2,70	2,71	2,72

2.3 Teoria cinética

A **teoria cinética** afirma que as partículas elementares (átomos, íons e moléculas) estão em constante movimento em temperaturas acima do zero absoluto. A energia média de uma partícula em uma substância homogênea aumenta conforme a temperatura, mas é constante para diferentes substâncias em uma determinada temperatura. É instrutivo, ao usar este modelo, considerar algumas das velocidades e massas reais das partículas em movimento. As velocidades podem ser calculadas facilmente para as partículas nos gases, mas é muito mais difícil obter valores para os líquidos e sólidos. A velocidade média (V_m) das partículas em um gás é calculada pela seguinte fórmula (consulte os textos modernos sobre a termodinâmica estatística):

$$V_{ave} = \left(\frac{8RT}{\pi M}\right)^{1/2} \quad (2.1)$$

onde

V_m = velocidade média em metros/segundo (m s^{-1})
R = constante universal dos gases (8.3144 J mol^{-1} K^{-1}; J = m^2 · kgs^{-2})
T = temperatura absoluta em kelvins (K)
M = massa molecular em gramas/mol (g mol^{-1}; também chamado de **daltons, Da**)
π = 3,1416

Essa equação mostra que a velocidade média é proporcional à raiz quadrada da temperatura absoluta; isto é, quanto mais alta a temperatura, mais rápido o movimento das partículas. Porém, a velocidade média é inversamente proporcional à raiz quadrada da massa, portanto, quanto menor a partícula, mais rápido ela se move em uma determinada temperatura.

Aplicar a Equação 2.1 e outras produz alguns números impressionantes, conforme ilustrado na Tabela 2.2. As velocidades médias são surpreendentemente altas. Uma molécula de hidrogênio próxima da temperatura ambiente se move perto dos 2 km s^{-1}, que são 6.433 km h^{-1}! Mesmo uma molécula de CO_2, que é muito mais pesada, tem uma velocidade média de 1.372 km h^{-1}. Em pressão atmosférica, no entanto, o **trajeto livre médio** (distância entre as colisões) é curto: apenas de 150 a 400 vezes o diâmetro das partículas. Com velocidades tão altas e trajetos tão curtos entre as colisões, o número de colisões de cada molécula é enorme: na ordem de bilhões por segundo. Nos líquidos, para os quais ninguém escreveu equações satisfatórias (isto é, modelos), as velocidades estão na mesma ordem de magnitude nas temperaturas ambientes, mas, como seria de se esperar, os trajetos livres médios são muitos mais curtos; logo, o número de colisões é ainda maior. Nos sólidos, as partículas são mais ou menos mantidas no lugar, mas ainda vibram entre si. Perceber o número astronômico de colisões possíveis em intervalos tão curtos nos ajuda a entender como as reações químicas podem ser tão rápidas.

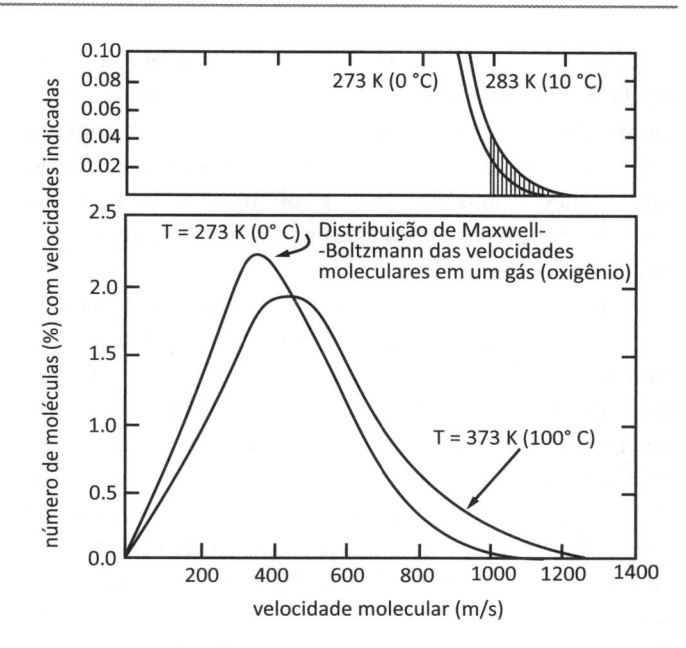

FIGURA 2-3 Distribuição de Maxwell-Boltzmann das velocidades moleculares em um gás em duas temperaturas com uma diferença de 100 °C. As curvas no topo mostram a porção de alta velocidade para um gás em duas temperaturas com uma diferença de 10 °C. A área abaixo das curvas, indicada pelas linhas verticais, representa o número de partículas altamente energéticas e aproximadamente dobra da temperatura mais baixa para a mais alta.

A Tabela 2-2 mostra que mudar a temperatura de 0 para 30 °C, que é uma grande parte do intervalo de temperaturas para as funções vitais, aumenta as velocidades médias da partícula apenas em cerca de 5%.

É importante perceber que as velocidades reais das partículas individuais em uma substância homogênea variam amplamente em relação à velocidade média. As velocidades são distribuídas de acordo com a função de probabilidade de Maxwell-Boltzmann, que produz curvas como as mostradas na Figura 2-3, para o oxigênio gasoso. Suspeitamos que essa distribuição seria semelhante para os líquidos e solutos dissolvidos neles. É fácil entender por que as velocidades das partículas variam tanto, se pensarmos na natureza aleatória das colisões de partículas. A menos que uma colisão seja perfeitamente simétrica, um dos participantes ganha energia e o outro perde; portanto, a velocidade de uma partícula provavelmente muda bilhões de vezes por segundo, praticamente em cada colisão. Ainda assim, estatisticamente, as velocidades da partícula serão distribuídas em qualquer instante como na Figura 2-3.

As partículas de alta velocidade (alta energia) são as mais propensas a causar fusão, evaporação e reações químicas. À medida que as moléculas de água com velocidades mais altas entram no estado de vapor durante a evaporação, a energia cinética média das demais moléculas é reduzida, o que equivale a dizer que a água líquida remanescente é esfriada. É por isso que a evaporação é um processo de esfriamento. Partículas com energias mais baixas (lado esquerdo das curvas na Figura 2-3) são as primeiras a condensar do vapor para o estado líquido ou a solidificar do líquido para o sólido (congelar). Todos esses processos são importantes nas plantas vivas.

Observe que, na Figura 2-3 e na Tabela 2-2, as velocidades *médias* da partícula não mudam muito, mesmo com um aumento de 100 K (equivalente a 100 °C), embora o número de partículas de *alta velocidade* (sob as pontas das curvas no lado direito) aumente consideravelmente, mesmo com um crescimento de até 10 K na temperatura. Essa é uma característica dos formatos das curvas. Se o número dessas partículas de *alta energia* dobrar com um pequeno aumento na temperatura – e são essas partículas que participam das reações químicas –, podemos entender por que as reações dobram com um aumento de apenas alguns graus. O fator pelo qual uma reação aumenta com um crescimento de 10 °C na temperatura é chamado de Q_{10}.[3] Se a reação dobrar, $Q_{10} = 2$.

2.4 Um modelo da difusão

Vamos aplicar o conceito dos movimentos moleculares aleatórios (teoria cinética) para entender a difusão. Imagine duas salas conectadas por um corredor. Uma sala contém bolas brancas de pingue-pongue em movimento livre e a outra contém bolas pretas, também em movimento. As bolas imaginárias não perdem energia quando quicam nas paredes ou umas nas outras; as colisões são perfeitamente elásticas. As chances de que uma bola preta passe pela porta e entre na outra sala em um intervalo de tempo depende da velocidade e concentração (número por volume de unidade) das bolas pretas e do tamanho da porta. No início, a concentração das bolas pretas é mais alta em uma sala que na outra, mas à medida que algumas bolas pretas passam pela abertura da porta, a concentração se acumula na outra sala. A direção da difusão antes do equilíbrio de cada tipo de bola será independente da outra, desde que os dois tipos de bola não fiquem grudados (isto é, interajam quimicamente). Gradualmente, uma condição de **equilíbrio dinâmico** se aproxima, na qual a concentração das bolas pretas é a mesma nas duas salas. Quando o equilíbrio dinâmico é atingido, as bolas ainda passam pela abertura, mas a chance de que uma bola preta siga uma direção através da abertura é a mesma que uma bola preta da outra sala passe na direção oposta. O mesmo se aplica às bolas brancas. Quando não existe um movimento global, não existe difusão, apenas um movimento cinético ou molecular. Por causa desse movimento, o equilíbrio é *dinâmico*.

O modelo descrito acima nada mais é que uma expansão no tamanho do que realmente acontece em, digamos, dois compartimentos conectados por uma abertura, cada qual contendo um gás diferente. O valor do modelo, nesse caso, é demonstrar que o tamanho e as velocidades das "bolas quicando à perfeição" podem ser mais fáceis de visualizar que nas partículas de tamanho molecular real. Com as bolas pretas e brancas em mente, não é difícil acelerar mentalmente suas velocidades e encolher seus tamanhos para os das moléculas dadas na Tabela 2-2.

A difusão (movimento global das partículas ou bolas) descrita ocorre em resposta a um gradiente de concentração. **Concentração** é a quantidade de uma substância ou número de partículas por volume de unidade. Um **gradiente** ocorre quando um parâmetro como a concentração muda gradualmente de um espaço para outro. (Um gradiente de temperatura é fácil de visualizar; ele pode ser expresso como uma mudança na temperatura com mudança na distância: $\Delta T \Delta x^{-1}$.)

Os gradientes em propriedades diferentes da concentração também podem levar à difusão. Isso é particularmente importante quando consideramos a difusão da água. Como observado na discussão anterior, a água líquida é praticamente incompressível. Como uma determinada quantidade de água líquida sempre ocupa essencialmente o mesmo volume, sua concentração permanece quase constante, de 55,2 a 55,5 M (mol L^{-1}). Leves alterações ocorrem quando as substâncias são dissolvidas na água e quando a temperatura da água muda, mas essas alterações na concentração causam pouco efeito na sua difusão. A adição de muitas substâncias, como vários açúcares e sais, causa a expansão do volume da água (assim como o aumento na temperatura), portanto, a concentração é ligeiramente reduzida. A adição de outras substâncias faz o volume da água encolher ligeiramente, aumentando sua concentração. Em nenhum caso essas mudanças na concentração da água são responsáveis, de maneira quantitativa, pela sua difusão observada e tão importante nas plantas. É por esse motivo que o nosso modelo de difusão com base nos gradientes de concentração é tão simples.

---

[3] Valores de Q_{10} podem ser calculados quando as taxas de reação são conhecidas em quaisquer duas temperaturas:

$$Q_{10} = \left(\frac{k_2}{k_1}\right)^{10/(T_2 - T_1)}$$

ou

$$\log Q_{10} = \left(\frac{10}{T_2 - T_1}\right) \log \frac{k_2}{k_1}$$

onde

T_1 = temperatura inferior (em K ou °C)

T_2 = temperatura superior (em K ou °C)

k_1 = taxa em T_1 = alteração no parâmetro medido por unidade de tempo em T_1.

k_2 = taxa em T_2 = alteração no parâmetro medido por unidade de tempo em T_2.

A ciência da termodinâmica fornece conceitos que possibilitam refinar o modelo, de forma que ele explique o fenômeno observado com muito mais precisão. Não podemos ensinar termodinâmica em poucos parágrafos, mas uma visão geral de alguns de seus princípios importantes pode fornecer um senso intuitivo do que acontece.

2.5 Termodinâmica[4]

A **matéria** tem massa e ocupa espaço, mas o que é energia? A **energia** não ocupa espaço e não tem massa, mas pode transformar a matéria ou agir sobre ela. Observamos a energia apenas pelos seus efeitos sobre a matéria. A **termodinâmica** (a ciência que estuda o calor e outras formas de energia) é uma estrutura conceitual criada no século passado para nos ajudar a entender o calor e as máquinas, principalmente os motores a vapor. Agora, os princípios da termodinâmica se aplicam a todas as formas de energia e são amplamente usados em quase todos os campos da ciência.

Em termodinâmica, a palavra **sistema** significa a região do espaço ou a quantidade de matéria na qual concentramos nosso interesse e atenção. Um sistema pode ser uma molécula de clorofila, um béquer com uma solução de açúcar, uma folha fotossintetizadora, as Montanhas Rochosas do Canadá ou a Via Láctea. Tudo o que não esteja no sistema é chamado de **ambiente** (adjacências). O sistema é separado do **ambiente** por uma **fronteira**, que nós geralmente devemos imaginar. A termodinâmica trata das transferências de energia ou **interações** que ocorrem através dessa fronteira. Todavia, é importante perceber que a termodinâmica sempre opera dentro dos limites de uma parte conhecida específica do universo; isto é, o sistema e seu ambiente constituem um sistema ainda maior, que não tem interações com o *seu* ambiente. Nesse sentido, a termodinâmica trata apenas de sistemas fechados. (Abordagens especiais, que não consideramos aqui, são necessárias para descrever a área dos sistemas abertos.)

Fisiologia é o estudo dos processos nos organismos. Alguns deles (por exemplo, a difusão) são físicos; outros são químicos. Fazemos aqui duas perguntas fundamentais sobre os processos: *Os processos ocorrerão? Em que velocidade?* Talvez seja surpreendente o fato de as duas questões terem pouco a ver uma com a outra. A tendência de um processo ocorrer não influencia o ritmo em que ele ocorre e vice-versa.

Entalpia (*H*) e a Primeira Lei da Termodinâmica

A **Primeira Lei da Termodinâmica** pode ser apresentada de muitas maneiras: *Em todas as alterações químicas e físicas, a energia não é criada nem destruída, mas apenas transformada de uma forma para outra.* Ou então, *em qualquer processo a energia total do sistema mais seu ambiente permanece constante.* Ou, *você não pode obter algo por nada.* Ou, *o melhor que você pode fazer é terminar sem ganhar ou perder.*

A Primeira Lei impõe algumas limitações importantes ao que pode ou não ser feito. Por exemplo, a energia aprisionada nas moléculas orgânicas pela fotossíntese não pode exceder a energia da luz absorvida.

Para estudar as transformações da energia e investigar se um processo ocorrerá, usaremos a **termodinâmica do equilíbrio**, que fornece informações sobre o nível de energia de um sistema em um estado inicial (antes que o processo ocorra) e em um estado final (depois do processo ocorrido). Se o estado final tiver um nível de energia mais baixo que o inicial, então o processo é energeticamente factível e pode ser espontâneo (isto é, fornece mais energia do que absorve). Observe que a termodinâmica do equilíbrio não diz nada sobre o ritmo em que um processo ocorrerá, apenas se ele pode ocorrer espontaneamente ou não. Um processo pode ser energeticamente factível, como a oxidação (queima) da madeira, mas pode não ocorrer na pressão e temperatura ambientes porque não tem uma energia de ativação (digamos, o fósforo). Por outro lado, uma reação com uma grande diferença de energia favorável pode ocorrer de maneira extremamente lenta. A vida resolve o problema das reações lentas, porém factíveis, com enzimas (catalisadores) que aceleram as reações (Capítulo 9).

Uma medida da energia associada a um estado particular é a **entalpia** (*H*):

$$H = E + PV \qquad (2.2)$$

onde

E = energia interna
P = pressão
V = volume (consequentemente, PV é chamado de **produto pressão-volume**)

A energia interna (E) inclui a velocidade ou os movimentos cinéticos de translação das partículas discutidos previamente, bem como suas rotações e vibrações. A energia interna também inclui a energia dos elétrons (discutida no Apêndice B), que envolve os níveis de energia dos elétrons, nas moléculas e os efeitos da absorção da energia radiante, bem como as configurações de moléculas/elétrons, às quais nos referimos coletivamente como ligações químicas. Parte da energia interna da gasolina, por exemplo, é a energia presa nas ligações que mantêm unidos os átomos de carbono e hidrogênio.

---

[4] Agradecemos a Keith Mott pelas sugestões sobre o conteúdo e a organização da Seção 2.5.

Podemos pensar que a energia interna existe em duas formas. Por exemplo, a energia de ligação química na gasolina é a **energia potencial**. Quando a gasolina queima, algumas ligações se quebram e se formam novamente, liberando a energia que causa a translação, rotação e vibração dos átomos e moléculas (que observamos como um aumento na temperatura); esse movimento atômico e molecular é chamado de **energia cinética**. Em um motor, parte dessa energia aleatória e desorganizada é organizada e transmitida para o ambiente como **trabalho**, por meio do movimento dos pistões. Podemos pensar na energia potencial como uma função da posição ou condição e na energia cinética como uma função do movimento (de objetos, moléculas, fótons, elétrons e assim por diante).

É impossível quantificar a energia interna absoluta de uma substância, portanto, também é impossível quantificar a entalpia absoluta. No entanto, as *diferenças* na entalpia entre os dois estados (ΔH) podem ser quantificadas medindo-se o calor liberado ou ganho pelo sistema à medida que ele se move entre os dois estados. Processos que liberam calor são chamados de **exotérmicos** quando se movem de uma entalpia mais alta para outra mais baixa; estes têm uma diferença de entalpia negativa ($-\Delta H$). Os processos que ganham calor do ambiente são denominados **endotérmicos**. Eles ocorrem quando o sistema se move de uma entalpia mais baixa para outra mais alta e, portanto, têm uma diferença de entalpia positiva ($+\Delta H$).

Uma vez que a entalpia é uma medida da energia, os processos que tenham uma $-\Delta H$ devem ser espontâneos porque se movem de um estado de energia superior para outro inferior (a energia extra é liberada como calor), mas alguns processos espontâneos têm $+\Delta H$. Quando se movem de uma entalpia inferior para outra superior, eles removem o calor do ambiente. Deve haver algo além da entalpia contribuindo para o estado geral de energia de um sistema. Esse "algo a mais" é a entropia.

Entropia (S) e a Segunda Lei da Termodinâmica

A **Segunda Lei da Termodinâmica** é difícil de colocar em palavras porque é muito abstrata. Todavia, ela foi postulada de várias maneiras: *Qualquer sistema, mais o seu ambiente, tende espontaneamente a uma desordem crescente.* Ou então, *o calor não pode ser completamente convertido em trabalho sem alterar alguma parte do sistema.* Ou, *em qualquer conversão de energia, parte dela é transferida para o ambiente como calor.* Ou, *nenhum processo real pode ser 100% eficiente.* Ou, *nunca poderá haver uma máquina de movimento perpétuo.* Ou, *você não pode terminar sem ganhar ou perder.*

As consequências da Segunda Lei são extremamente importantes. Por exemplo, a fotossíntese nunca será 100% eficiente, porque uma parte da energia da luz que movimenta o processo será convertida em calor. Uma vez que parte da energia que movimenta *qualquer* processo será convertida ou permanecerá como calor, nunca haverá uma máquina de movimento perpétuo. A afirmação de que a aleatoriedade ou a desordem deve sempre aumentar para o sistema e seu ambiente é especialmente significativa. A medição dessa aleatoriedade é chamada de **entropia** (S).

A Segunda Lei afirma que a entropia ou a aleatoriedade do universo está sempre aumentando. Portanto, qualquer processo deve resultar em um aumento na entropia em algum lugar, seja no sistema ou em seu ambiente. Se o processo resultar em um aumento na entropia do sistema, dizemos que ele tem uma diferença de entropia positiva ($+\Delta S$). Esse tipo de alteração tende a tornar espontâneo um processo. Como na entalpia; no entanto, haverá processos espontâneos que têm uma diferença de entropia desfavorável ($-\Delta S$) para o sistema; nesse caso, a ΔS do ambiente é, então, positiva. Muitos dos processos da vida se encaixam nessa categoria.

A entropia é um conceito valioso, que nos leva a pensar no grau de ordenação no universo e em como muitas mudanças ao nosso redor são espontaneamente movimentadas pelo aumento geral na desordem. O conceito se aplica muito bem, por exemplo, ao nosso modelo da difusão. Pense na energia (e na inteligência) exigida para criar o alto grau de ordenação das bolas brancas e pretas no início do nosso experimento. Depois, pense em como a ordem foi destruída – e convertida em desordem aleatória – pela mistura espontânea à medida que as bolas passavam pelo corredor. O equilíbrio foi atingido no máximo da desordem (entropia) e essa é uma maneira de definir o equilíbrio.

As propriedades dos dois sistemas que definimos – entalpia e entropia – determinam a alteração geral na energia à medida que o sistema muda de um estado para outro. Os processos com $-\Delta H$ e $+\Delta S$ serão espontâneos, mas nunca os processos com $+\Delta H$ e $-\Delta S$. Apesar disso, o que dizer de um processo com $-\Delta H$ e $-\Delta S$ ou $+\Delta H$ e $+\Delta S$? O fato de esse processo ser ou não espontâneo dependerá dos valores relativos de ΔH e ΔS. O que é necessário é uma maneira de relacionar ΔH e ΔS.

A energia livre de Gibbs (G)

J. Willard Gibbs, trabalhando na Yale University em 1870, desenvolveu uma medida termodinâmica que nos permite pensar na energia disponível para executar o trabalho à medida que ela atravessa a fronteira entre um sistema e seu ambiente. Essa medida é agora chamada de **energia**

livre de Gibbs (G); ela é *uma medida da energia máxima disponível dentro do sistema para a conversão em trabalho (em temperatura e pressão constantes)*. Como o espaço é limitado, temos que nos contentar com uma descrição textual da energia livre, uma equação que a defina e as aplicações de seu conceito que, no futuro, nos levem a uma definição do potencial hídrico. O conceito do potencial hídrico é fundamental para os primeiros capítulos deste livro e aparecerá ocasionalmente nos capítulos futuros.

Sem a derivação, definimos a energia livre de Gibbs (G) combinando a entalpia (H) e a entropia (S) junto com a temperatura (T) em kelvin na seguinte equação:

$$G = H - TS \quad (2.3)$$

Lembrando que a entalpia (H) equivale à energia interna (E) mais o produto de pressão-volume (PV), podemos escrever a Equação 2.3 como:

$$G = E + PV - TS \quad (2.4)$$

Como ocorre com a entalpia e a entropia, podemos quantificar apenas as diferenças na energia livre (ΔG):

$$\Delta G = \Delta H - T\Delta S \quad (2.5)$$

ΔG é a quantidade que usamos para decidir se um processo é espontâneo ou não. Os processos com uma diferença de energia livre negativa ($-\Delta G$) são energeticamente factíveis e passíveis de ocorrer espontaneamente. (Lembre-se de que a termodinâmica de equilíbrio não contém informações sobre o ritmo e muitos processos espontâneos não ocorrem em ritmos mensuráveis sob condições normais.) Os processos com $+\Delta G$ não são energeticamente factíveis e não acontecerão sem uma entrada de energia.

A definição da energia livre é útil como conceito, mas, na prática, é frequentemente difícil medir as alterações na entalpia e na entropia. Para quantificar o ΔG para as reações químicas, definimos outro termo, ΔG^O, a **diferença da energia livre sob condições padrão**. Nesse caso, condições padrão significam uma unidade de atividade de cada um dos componentes da reação, os reagentes e os produtos. Para as soluções diluídas, a **atividade** (um tipo de "concentração corrigida") de um componente específico é aproximadamente igual à sua concentração molar, portanto, o ΔG^O mostra a tendência de uma reação acontecer se o reagente e o produto tiverem uma concentração de aproximadamente 1M.

Considere uma reação na qual certos reagentes formam certos produtos:

$$A + B \rightleftharpoons C + D \quad (2.6)$$

A **constante de equilíbrio** para essa reação equivale ao produto das concentrações (na verdade, as atividades) dos produtos, dividido pelo produto das concentrações do reagente (atividades):

$$K_{eq} = \frac{[C][D]}{[A][B]} \quad (2.7)$$

Observe que K_{eq} será maior que 1 se a reação ocorrer da esquerda para a direita e menor que 1 se a reação ocorrer da direita para a esquerda. Agora, podemos relacionar ΔG^O a K_{eq} com a seguinte equação:

$$\Delta G^O = -RT \ln K_{eq} \quad (2.8)$$

em que

ΔG^O = alteração padrão na energia livre em joules (J) ou calorias (cal)

R = a constante universal dos gases (8.314 J mol^{-1} K^{-1}; ou 1.987 cal mol^{-1} K^{-1})

T = temperatura absoluta (em kelvins, K)

ln = logaritmo natural

K_{eq} = constante do equilíbrio

Os resultados do cálculo são os mesmos que seriam obtidos se fosse possível subtrair as energias livres absolutas dos produtos daquelas dos reagentes. Essa mudança padrão na energia livre é o trabalho útil máximo que pode ser obtido quando 1 mol de cada reagente é convertido em 1 mol de cada produto. Milhares de experimentos mostraram que a energia livre diminui para as reações espontâneas ($-\Delta G^O$) e aumenta para as não espontâneas ($+\Delta G^O$). Consequentemente, para os processos espontâneos, K_{eq} é maior que 1 (atividades dos produtos maiores que dos reagentes), portanto, o ΔG^O é negativo, que é outra forma de definir esses processos. Se a concentração dos reagentes em equilíbrio exceder a dos produtos, o K_{eq} é menor que 1, portanto, seu logaritmo é negativo e o ΔG é positivo;

a reação não é espontânea. Quanto mais longe a reação ocorrer em qualquer direção para atingir o equilíbrio, mais negativo ou positivo o ΔG^O se torna.

Os produtos e reagentes raramente atingem concentrações molares nas células, portanto, precisamos de uma maneira para determinar o ΔG real sob condições que não sejam padrão, para determinar se uma reação é favorecida ou não na célula. A equação dos reagentes [R] e produtos [P] reais é (outros termos definidos acima):

$$\Delta G = \Delta G^0 + RT \ln \frac{[P]}{[R]} \quad (2.9)$$

Se houver uma alta concentração de reagentes em relação aos produtos, a fração será menor que 1, tornando todo o segundo termo negativo. Se esse termo for um número negativo grande o suficiente, o ΔG será negativo apesar do ΔG^O positivo. Portanto, uma reação poderia ser energeticamente desfavorável sob condições padrão (produtos e reagentes 1M), mas energeticamente favorável quando os reagentes forem altos em comparação com os produtos. Por outro lado, uma reação que prossegue para a direita (é favorável) sob condições padrão pode, na verdade, prosseguir para a esquerda quando os produtos são altos em comparação com os reagentes.

Um conceito importante da termodinâmica do equilíbrio é que ΔG, ΔH e ΔS, para a transição entre os dois estados, são independentes do trajeto ou da rota usados para passar entre esses estados. Como corolário, os valores desses parâmetros são aditivos para processos que ocorrem em série ou ao mesmo tempo. Em outras palavras, se o processo puder ser dividido em várias etapas que ocorrem em série ou simultaneamente, o ΔG do processo geral é igual à soma dos valores de ΔG das etapas individuais.

Isso é importante no processo metabólico das células vivas. Muitos desses processos possuem grandes valores de ΔG positivos e podem ser forçados a ocorrer apenas quando combinados com reações que tenham valores de ΔG negativos ainda maiores, de forma que o processo em geral tenha um ΔG negativo ($-\Delta G$).

2.6 Potencial químico e potencial hídrico

Podemos falar na diferença da energia livre no sistema total, ou em qualquer um de seus componentes. Observamos, no entanto, que um volume grande de água tem mais energia livre que um pequeno, em condições que nos demais aspectos são idênticas. Portanto, é conveniente considerar a energia livre de uma substância em relação a uma quantidade de sua unidade. A diferença da energia livre com a adição de uma quantidade de unidade, especificamente o peso da molécula em gramas da substância i, é chamado de **potencial químico** (μ_i). Então, poderíamos falar da energia livre por mol da substância. O potencial químico, como a concentração do soluto e a temperatura, é independente da quantidade da substância que está sendo considerada.

Para um **soluto** (material dissolvido) em um **solvente** (o líquido no qual o soluto é dissolvido; nas plantas, principalmente a água), o potencial químico é aproximadamente proporcional à concentração do soluto. Na verdade, a concentração é normalmente corrigida por um fator que depende da concentração e de outros parâmetros para produzir uma concentração corrigida chamada de **atividade** (a_i). O potencial químico de uma substância pode ser calculado com a seguinte relação:

$$\mu_i = RT \ln a_i \quad (2.10)$$

em que

μ_i = potencial químico da substância i
R = constante universal dos gases (8.314 J mol^{-1} K^{-1})
T = temperatura em kelvins
a_i = atividade da substância i

Um soluto em difusão tende a se mover das regiões de alto potencial químico (energia livre por mol) para as de baixo.

O potencial químico da água é um conceito extremamente valioso na fisiologia vegetal. Em 1960, Ralph O. Slatyer (consulte o ensaio dele no Capítulo 3), em Canberra, Austrália, e Sterling A. Taylor, na Utah State University, propuseram que o potencial químico da água fosse usado como base para uma importante propriedade da água no sistema planta/solo/ar. Eles definiram o **potencial hídrico** (Ψ)[5], para qualquer sistema ou parte de um sistema que contém (ou poderia conter) água, como sendo equivalente ao potencial químico da água nesse sistema ou parte, em comparação com o potencial químico da água sob pressão atmosférica e na mesma temperatura; também sugeriram que o potencial hídrico da água pura de referência deve ser considerado zero. No próximo capítulo, aplicaremos esses conceitos, mas, por enquanto, é suficiente dizer que o potencial hídrico é negativo se o potencial químico da água no sistema sob consideração for inferior ao da água pura de referência e positivo se o potencial químico da água no sistema for maior que o da água de referência.

---

[5] O símbolo do potencial hídrico é a letra grega psi *maiúscula*, Ψ. Psi *minúsculo* (ψ) é frequentemente usado, mas deveria ser reservado para o potencial elétrico.

Na termodinâmica, o potencial químico de qualquer substância, incluindo a água, tem unidades de energia por quantidade da unidade, como na Equação 2.10. As unidades SI adequadas são joules por quilograma (J kg^{-1}) ou joules por mol (J mol^{-1}), embora as calorias por mol ou por kg tenham sido frequentemente usadas no passado. (Se estivermos falando de substâncias puras, o mol é a unidade correta; nas misturas, o kg deve ser usado.) Em 1962, Taylor e Slatyer recomendaram que os termos de energia do potencial químico fossem divididos pelo volume molar parcial da água, o que daria o potencial hídrico em unidades de pressão (o cálculo é fornecido no rodapé 4 do Capítulo 3). Há muito tempo os fisiologistas vegetais discutem os movimentos da água, incluindo a difusão, em termos de pressão – portanto, essa sugestão foi aceita e agora é quase universalmente aplicada. Ainda é válido usar as unidades de energia quando falamos do potencial hídrico (consulte, por exemplo, Campbell, 1977), mas a maioria dos fisiologistas vegetais e cientistas do solo utiliza agora a seguinte definição do potencial hídrico: o **potencial hídrico** (Ψ) *é o potencial químico da água em um sistema ou parte de um sistema, expressado em unidades de pressão e comparado com o potencial químico (também unidades de pressão) da água pura na pressão atmosférica e na mesma temperatura e altura*[6], *com o potencial químico da água de referência definido como zero.* Essa definição pode ser expressa com a seguinte relação:

$$\Psi = (\mu_w - \mu_w^*)/V_w \quad (2.11)$$

em que

Ψ = potencial hídrico

μ_w = potencial químico da água no sistema sob consideração

μ_w^* = potencial químico da água pura na pressão atmosférica e na mesma temperatura que o sistema sob consideração

V_w = volume molar parcial da água (18 cm^3 mol^{-1})

Com a Equação 2.11, é evidente que, se estivermos calculando o potencial hídrico da água pura, o resultado será zero porque o potencial químico da água pura será comparado consigo mesmo. Se o potencial químico da água considerada for menor que o da água pura (mesma temperatura e pressão atmosférica), seu potencial hídrico terá um valor negativo.

À medida que o soluto se difunde em resposta às diferenças no potencial químico do soluto, a água também se difunde em resposta às diferenças no potencial hídrico. Quando o potencial hídrico é mais alto em uma parte (região) do sistema do que em outra, e nenhuma barreira impermeável impede a difusão da água, ela se difunde da região alta do potencial hídrico para a baixa. O processo é espontâneo; a energia livre é liberada para o ambiente e a energia livre do sistema diminui. Essa energia liberada tem o potencial de executar o trabalho, como a elevação osmótica da água nos caules no fenômeno conhecido como pressão da raiz. O trabalho máximo possível é equivalente à energia livre liberada, mas, às vezes, nenhum trabalho é feito. Então, a energia livre simplesmente aparece no sistema e em seu ambiente como calor ou entropia elevada. Em qualquer caso, é importante lembrar que o equilíbrio é atingido quando a diferença de energia livre (ΔG) ou a diferença de potencial hídrico ($\Delta \Psi$) é igual a zero. Nesse ponto, a entropia do sistema e seu ambiente será máxima, mas a alteração na entropia (ΔS) será igual a zero.

2.7 Gradientes do potencial químico e do potencial hídrico

Uma vez que os gradientes no potencial químico ou hídrico produzem a **força motriz** para a difusão, é importante entender os cinco fatores que, mais comumente, produzem esses gradientes no continuum solo/planta/ar.

Concentração ou atividade

Para as partículas de soluto nas plantas (íons minerais, açúcares e assim por diante), a atividade (concentração efetiva) é o fator mais comum e importante para estabelecer os gradientes do potencial químico que motivam a difusão. Neste texto, quando discutimos o movimento das partículas de soluto para dentro e fora das células e por toda a planta, pensaremos quase exclusivamente nas diferenças da atividade: as partículas se difundem das regiões de alta atividade para as de baixa, o que significa do potencial químico mais alto para o mais baixo.

A água é o solvente mais comum nas plantas. Como vimos (Seção 2.1), ela é quase incompressível, portanto, sua concentração permanece quase constante, mudando apenas ligeiramente com a adição de solutos e as alterações na temperatura. Sendo assim, um modelo com base estritamente na concentração da água não explicará sua difusão

---

[6] A altura é especificada para contabilizar o efeito da gravidade na produção da pressão em uma coluna vertical de líquido. Normalmente ignoramos essa complicação, assumindo que a água de referência está na mesma altura, mas ela se torna importante nos solos e nas árvores altas, nos quais a água pode se mover em resposta à gravidade.

nas plantas. Na verdade, as diferenças na concentração da água podem ser prontamente ignoradas.

Temperatura

O vapor da água se difunde da comida para a serpentina, que é mais fria, em uma geladeira. Pelo mesmo processo, a *água líquida* ou o *vapor de água* frequentemente se difundem das profundezas do solo para a superfície quando esta torna-se mais fria à noite, e retorna às profundezas durante o dia. (Com frequência, esses processos envolvem evaporação, condensação ou congelamento e descongelamento.) Porém, considere um gás em duas temperaturas diferentes, separado por uma barreira que permita a difusão: o gás mais frio se difunde para o mais quente, em oposição à difusão nos exemplos mencionados acima. Isso ocorre porque o gás mais frio é mais concentrado, quando as pressões são iguais, e a diferença na concentração é mais importante para a difusão que as velocidades ligeiramente mais altas das moléculas no gás mais quente. (No Capítulo 4, John Dacey explica a difusão dos gases nos lírios aquáticos.) Portanto, os efeitos da temperatura na difusão são complexos.

Na verdade, as diferenças na temperatura são normalmente ignoradas nas discussões das relações planta/solo/água por um motivo muito bom: *as equações termodinâmicas que temos considerado assumem uma temperatura constante em todo o sistema e seu ambiente.* Porém, existem maneiras de estimar os efeitos das alterações na temperatura, como veremos no próximo capítulo. É importante considerar os efeitos da temperatura, porque gradientes fortes de temperatura podem existir nas plantas. Considere, por exemplo, as plantas da tundra ártica ou alpina que às vezes têm apenas alguns centímetros de altura, cujas raízes estão no solo perto de congelar, enquanto as folhas são aquecidas pelo sol acima de 20 °C.

Pressão

O aumento na pressão eleva a energia livre e, consequentemente, o potencial químico em um sistema. Imagine um recipiente fechado (Figura 2-4b) separado em duas partes por uma membrana semipermeável, que permita a passagem apenas de moléculas individuais de solvente (água, supomos). O fluxo de massa não ocorre, e as partículas do soluto não podem passar pela membrana. Se a pressão for aplicada à solução em um lado da membrana, mas não no outro, o potencial hídrico no lado pressurizado será elevado (o termo P na Equação 2.4); então, haverá um movimento global das moléculas de água pela difusão através da membrana, entrando no compartimento com pressão inferior. Esse efeito da pressão é uma consideração extremamente importante para estudar as plantas, porque o conteúdo da maioria das células vegetais está sob pressão em comparação com o ambiente e porque os líquidos no xilema podem estar sob tensão (pressão negativa).

Efeitos dos solutos no potencial químico do solvente

Foi observado que as partículas do soluto diminuem o potencial químico das moléculas do solvente. Essa redução é independente de qualquer efeito na concentração do solvente (água), que pode ser reduzida, elevada ou não mudar, de acordo com o tipo de soluto e sua concentração.[7] Na verdade, ela é uma função da **fração molar**, que é o número de partículas do solvente (íons ou moléculas) comparado com o número total de partículas:

$$\text{fração molar do solvente} = \frac{\text{mols de solvente}}{\text{mols de soluto + mols de solvente}} \quad (2.12)$$

Considere novamente o recipiente fechado da Figura 2-4c. Se houver água pura em um lado da membrana e uma solução no outro, um gradiente do potencial hídrico existirá, e o potencial será mais baixo no lado da solução. A água se difunde através da membrana desde o lado da água pura para a solução. Esse caso especial da difusão é a **osmose**, que frequentemente é o processo pelo qual a água se move do solo para a planta e de uma célula vegetal viva para outra, quando as membranas são atravessadas.

Obviamente, existe um gradiente íngreme de potencial químico para as partículas de soluto no nosso recipiente. Se elas puderem penetrar na membrana, irão do lado da solução (no qual o potencial químico é alto) para o outro, em que inicialmente o potencial químico é infinitamente baixo. Quando elas se tornam igualmente concentradas nos dois lados, não haverá mais um movimento global. As diferenças no potencial químico dos solutos através das

---

[7] Examine esses conceitos por si mesmo nas várias tabelas intituladas "Concentrative properties of aqueous solutions: conversion tables" em: Wolf, A. V.; Brown; Morden G.; Prentiss, Phoebe G. *Handbook of chemistry and physics*. Boca Raton: CRC Press, 1989-1990. Nessa edição, elas estão nas páginas D-221 a D-271. Para uma variedade de concentrações molares e outras das 99 soluções, incluindo as de muitos sais e compostos orgânicos – sem falar na água marinha, plasma humano e urina de seres humanos e outros animais –, as tabelas mostram parâmetros como densidade, concentração total da água, depressão do ponto de congelamento, osmolalidade, viscosidade e condutância. A osmolalidade permite que se faça o cálculo de potenciais osmóticos em qualquer temperatura com a equação de van't Hoff. (Esses conceitos são discutidos no Capítulo 3; a equação de van't Hoff é a 3.2.) É importante entender que as alterações na concentração da água são bastante insignificantes, porque muitos textos explicam incorretamente a osmose em termos de concentração da água.

membranas celulares é um fator importante no movimento dos íons do solo para a planta e no transporte dos íons e solutos não ionizados para dentro e fora das células vegetais. Veremos que os solutos também podem se mover através das membranas *contra* os gradientes do potencial químico, mas, para isso, a energia metabólica deve ser usada.

É fundamental que o potencial químico dos solutos não seja confundido com o potencial químico da água ou o potencial hídrico.

Matriz

Muitas superfícies carregadas, como as de partículas de argila no solo, proteínas ou polissacarídeos da parede celular, possuem uma grande afinidade com as moléculas de água. Essas superfícies normalmente têm uma carga negativa global que atrai os lados ligeiramente positivos das moléculas de água polares. Em razão da existência da ponte de hidrogênio, no entanto, até mesmo as superfícies que não têm carga global, como o amido, também se ligam com a água. O material com superfícies que se ligam à água é chamado de **matriz** (um dos vários usos desse termo). A ligação é um processo espontâneo que libera a energia livre (ΔG é negativo). No nosso compartimento duplo imaginário (Figura 2-4d), podemos ter água pura em um lado da membrana e proteína seca ou partículas de argila no outro. Essa condição estabelece um gradiente íngreme no potencial hídrico, sendo ele alto na água e extremamente baixo na proteína seca ou solo. As moléculas de água se difundem pelo gradiente do potencial hídrico para o outro compartimento e são ligadas à proteína ou argila. (Nesse caso, a membrana é necessária apenas para impedir que a água flua para a proteína ou argila através do fluxo de massa.) O processo de adsorção da água em uma matriz é chamado de **hidratação**. Ele é responsável principalmente pela primeira fase da captura da água por uma semente, antes da germinação. Isso e a gravidade são as principais causas do fluxo da água nos solos; consequentemente, discutiremos o potencial de matriz do Capítulo 3.

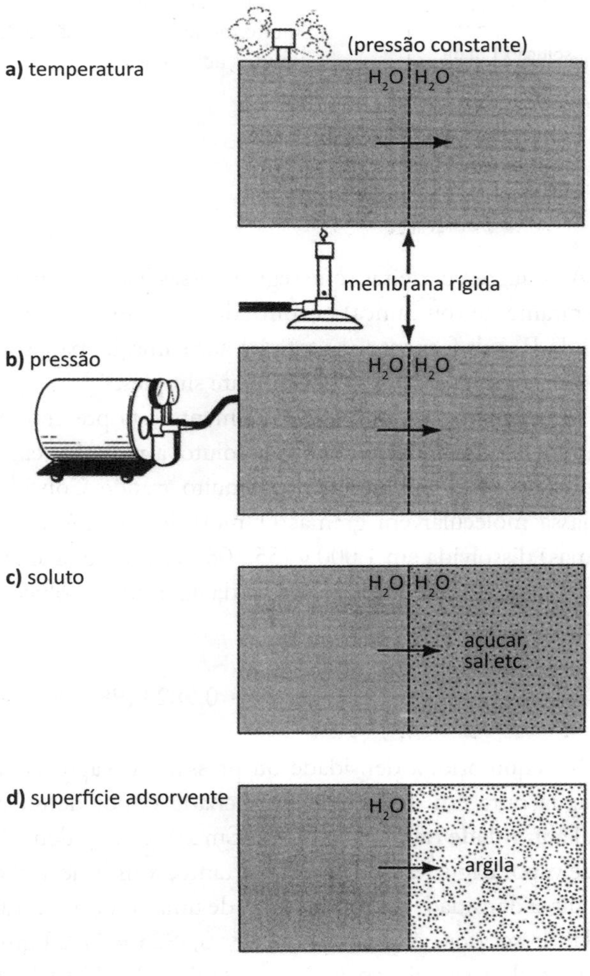

2.8 Densidade, pressão do vapor e potencial hídrico

Se uma amostra de água ou uma solução forem expostas a um volume fechado de vácuo ou gás (como na Figura 2-5), as moléculas de água irão evaporar para o espaço até que atinjam uma concentração de vapor em equilíbrio. No equilíbrio, as moléculas de água se condensam novamente para a fase líquida no mesmo ritmo em que estão evaporando para a fase gasosa. Uma maneira conveniente de expressar a concentração das moléculas de água na **fase do vapor** (fase do gás) é em gramas por metro cúbico (g m^{-3}). Essa expressão é chamada de **densidade do vapor**. Obviamente, as moléculas de vapor, colidindo com a superfície líquida e as paredes do recipiente, exercem uma pressão. Isso é chamado de **pressão do vapor**. Observe que a densidade e a pressão do vapor são duas maneiras diferentes de expressar a quantidade de vapor em equilíbrio com o líquido. Essa quantidade é independente da presença de outros gases. Ela será a mesma se o volume acima do líquido contiver ar na pressão atmosférica ou se o volume era originalmente um vácuo; nesse caso, o líquido ferveria até atingir a **densidade de saturação do vapor** ou a **pressão de saturação do vapor**.

Aplicando a nossa regra de que os potenciais hídricos são iguais em todas as partes do sistema quando o sistema está em equilíbrio (o que equivale a dizer que o gradiente do potencial hídrico é igual a zero; $\Delta\Psi = 0$), torna-se aparente

FIGURA 2-4 Modelos dos sistemas de difusão

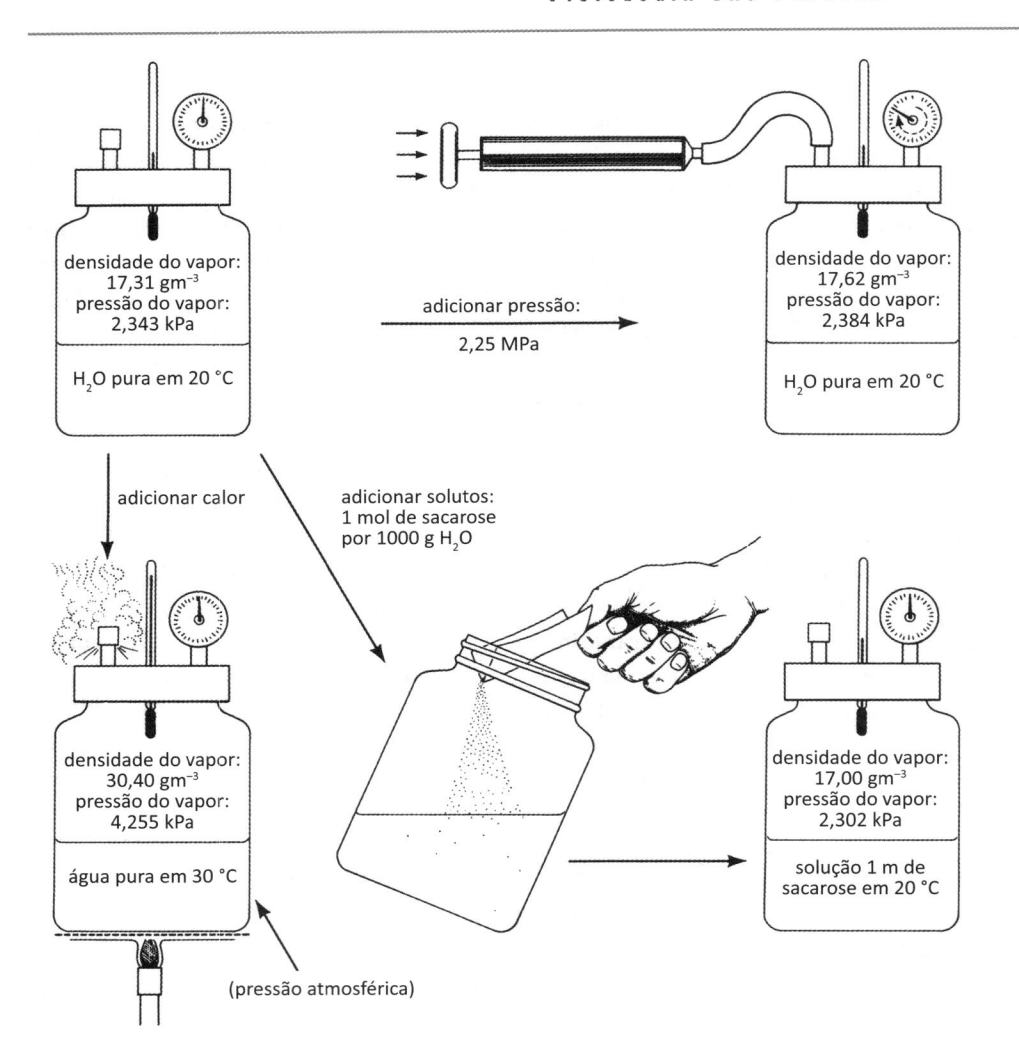

FIGURA 2-5 Ilustrando os efeitos da pressão, temperatura e solutos na densidade e pressão do vapor (e, portanto, indiretamente, no potencial hídrico). As unidades de densidade de vapor são gramas por metro cúbico (g m^{-3}); as de pressão são kilopascais (kPa). As duas maneiras de expressar a quantidade de vapor são interconversíveis com uma equação adequada. A equação para calcular os potenciais hídricos a partir da pressão do vapor é dada no Capítulo 3 (Equações 3.5 e 3.6). Os valores para a densidade e a pressão do vapor da água pura em um volume fechado, em diferentes temperaturas, são fornecidos nas tabelas padrão. Observe o efeito relativamente grande da temperatura na densidade ou pressão do vapor, em comparação com os efeitos muito menores da pressão e dos solutos adicionados.

que os fatores que afetam o potencial hídrico na fase líquida também afetarão a densidade (ou pressão) de saturação do vapor. A Figura 2-5 ilustra os três efeitos mais importantes, e os números para a densidade e a pressão do vapor ilustram as magnitudes dos três fatores. Observe que a densidade do vapor quase dobra quando a temperatura muda de 20 para 30 °C. Esse efeito é muito maior que o da adição de solutos (que diminui ligeiramente a densidade do vapor) ou da adição de pressão (que a aumenta ligeiramente).

O efeito da adição de solutos pode ser calculado pela **lei de Raoult**, formulada em 1855. Essa lei afirma que a pressão do vapor em soluções perfeitas é proporcional à fração molar do solvente:

$$p = X_i p^0 \quad (2.13)$$

em que

p = densidade ou pressão do vapor da solução
X_i = a fração molar do solvente conforme definição na Equação 2.12
p^0 = densidade ou pressão de saturação do vapor do solvente puro

As soluções perfeitas (que seguem essas leis exatamente) são raramente (ou nunca) encontradas na natureza; porém, a lei de Raoult fornece uma estreita aproximação para soluções reais. Além disso, ela é belamente simples.

Uma vez que o solvente normalmente está presente em quantidades muito maiores que o soluto, a redução real na pressão do vapor geralmente não é muito grande. Considere a massa molecular em gramas (1 mol) de sacarose (342,3 gramas) dissolvida em 1.000 g (55,508 mol) de água. Usando a Equação 2.12, a fração molar da água nessa solução é calculada conforme segue:

$$X_{H_2O} = \frac{55.508}{55.508 + 1.000} = 0{,}9823 \; (98{,}23\%)$$

No equilíbrio, a densidade ou pressão do vapor acima da água pura em um recipiente fechado é, por definição, igual à **umidade relativa** de 100%. Em 20 °C, essa densidade de vapor é igual a 17,31 gm^{-3}, portanto, conforme a lei de Raoult, a densidade do vapor acima de uma solução de 1,00 molal de sacarose é igual a 17,31 × 0,9823 = 17,00 gm^{-3}. Revertendo o cálculo, você vê que 17,00 é 98,23% de 17,31 e, portanto, a umidade relativa acima de uma solução de sacarose de 1,00 molar é 98,23%. Portanto, a umidade relativa acima de uma solução (em equilíbrio) é igual à fração molar do solvente, expresso como porcentagem.

Com os métodos modernos discutidos no Capítulo 3, é possível medir a umidade relativa em uma pequena fração de 1%, portanto, a pressão de vapor acima de uma solução em um recipiente fechado pode ser determinada precisamente. A partir disso, como veremos, o potencial hídrico pode ser calculado. O potencial hídrico das folhas ou de outros materiais vegetais ou solos colocados em recipientes fechados pode ser determinado dessa maneira.

2.9 A taxa de difusão: a Primeira Lei de Fick

Examinamos a tendência das substâncias de se difundirem de regiões de alta concentração (potencial químico) na direção das de baixa. Porém, qual é a velocidade dessa difusão?

Em 1855, o fisiologista veterinário alemão Adolf Eugen Fick aplicou os conceitos da transferência do calor condutivo à questão da difusão. Isso foi apropriado porque a condução e a difusão são causadas pelo movimento térmico aleatório das moléculas. Considere uma espécie j que possui uma concentração C_j mais alta em um ponto do sistema do que em outro. Usaremos o símbolo J_j para o **fluxo difusivo** da espécie j. J_j é a quantidade de j que atravessa uma certa área em uma unidade de tempo (que é uma boa definição para qualquer **fluxo** de partículas, incluindo os fótons em um raio de luz). Usando as convenções do cálculo, podemos expressar o gradiente na concentração de j como $\partial C_j / \partial x$, onde x é uma distância.[8] Fick sugeriu (e as experimentações confirmaram) que o fluxo difusivo é igual ao gradiente multiplicado por uma constante de proporcionalidade chamada de **coeficiente de difusão** da espécie j, D_j:

$$J_j = -D_j \frac{\partial C_j}{\partial x} \quad (2.14)$$

O sinal negativo indica que a difusão na direção do x crescente ocorre dos valores altos para os baixos de C_j. A Equação 2.14 é conhecida como a **Primeira Lei de difusão de Fick**. O gradiente de concentração pode ser expresso (usando unidades SI) em mol m^{-3} m^{-1} (mol m^{-3} indica a concentração e m^{-1} indica por metro de distância), e o coeficiente de difusão teria então unidades de m^2 s^{-1}, produzindo o fluxo difusivo em unidades de mol m^{-2} s^{-1}, ou a quantidade da substância se difundindo em uma unidade de área em uma unidade de intervalo de tempo.

Observamos que o potencial químico e o potencial hídrico descrevem melhor a tendência da difusão que a concentração. Porém, os potenciais são expressos como unidades de energia ou de pressão, portanto, seu uso na Equação 2.14 não fornece as taxas de difusão diretamente em unidades de *quantidade* da substância difundida.

Embora isso envolva certas suposições (por exemplo, fluxo em estado estável sem armazenamento na distância x) que não discutiremos aqui, é possível integrar (procedimento usado no cálculo) a Equação 2.14 de um ponto no sistema para outro (digamos, do ponto 1 para o ponto 2):

$$J_j = \frac{(C_{j1} - C_{j2})D_j}{x} \quad (2.15)$$

em que

J_j = fluxo difusivo ou fluxo da espécie j (mol m^{-2} s^{-1})

C_{j1} = concentração (mol m^{-3}) no seu ponto mais alto, o ponto 1

C_{j2} = concentração (mol m^{-3}) no seu ponto mais baixo, o ponto 2

x = distância (m) do ponto 1 para o ponto 2

D_j = coeficiente de difusão (m^2 s^{-1})

A diferença nas concentrações $(C_{j1} - C_{j2})$ pode ser expressa simplesmente como ΔC_j. Esta é a força motriz da difusão. A distância (x) pode ser combinada com o coeficiente de difusão para fornecer um termo chamado de resistência (r), e a Equação 2.15 pode então ser expressa como:

$$J_j = \Delta C_j / r \quad (2.16)$$

Nesta forma simples, torna-se imediatamente aparente que o fluxo difusivo é proporcional à magnitude da força motriz (ΔC_j) e inversamente proporcional à resistência (r) encontrada entre o ponto 1 e o ponto 2 quando as concentrações são consideradas. A resistência tem as unidades de tempo por unidade de distância (por exemplo, s m^{-1}). A Equação 2.16 é análoga à **lei de Ohm**, pela qual o fluxo de uma corrente

---

[8] O símbolo ∂ é usado em cálculo para indicar uma derivada parcial, e a expressão $\partial C_j/\partial x$ significa que o gradiente é expressado como uma mudança infinitesimal (uma mudança que seja infinitesimalmente menor) na concentração de j em alguma distância infinitesimal (infinitesimalmente curta), x. Essa expressão de uma mudança infinitesimal é chamada de **diferencial**, e é normalmente expressada com d em vez de ∂ (ou seja, dC_j ou dx). A expressão dC_j/dx é chamada de **derivada**, e expressada em palavras como a derivada de C_j com respeito a x. No caso descrito, o símbolo ∂ é usado ao invés de d para mostrar que estamos lidando com uma *derivada parcial*, porque o gradiente em C_j muda com o tempo e com outros fatores além da distância, como a temperatura. Portanto, estamos considerando o gradiente em apenas um ponto no tempo e a uma temperatura.

elétrica em um cabo é proporcional à força motriz (diferença de tensão entre dois pontos) e inversamente proporcional à resistência encontrada no cabo. Veremos que o movimento (fluxo) de muitas coisas segue uma lei equivalente ou semelhante a isso.

Alguns estudiosos preferem pensar em permeabilidade para uma substância difundida, e não em resistência. A permeabilidade (P_j) é simplesmente o inverso da resistência:

$$P_j = \frac{1}{r} \qquad (2.17)$$

As unidades de permeabilidade são distância por unidade de tempo (por exemplo, m s^{-1}). Um meio (por exemplo, uma membrana) que tenha uma alta resistência à difusão do soluto ou solvente tem uma baixa permeabilidade. Podemos escrever:

$$J_j = P_j \Delta C_j \qquad (2.18)$$

Discutiremos as taxas de difusão nos próximos capítulos. Em geral, a difusão é muito mais lenta que o fluxo de massa. O aumento na temperatura aumenta a velocidade média de todas as partículas de tamanho molecular e, portanto, aumenta a taxa de difusão. Como vemos na Tabela 2-2, esse efeito não é grande na faixa relativamente estreita das temperaturas Kelvin em que os organismos são normalmente ativos. O Q_{10} da difusão de muitos gases é de aproximadamente 1,03 (o que significa que o gás se difunde apenas 1,03 vez mais rápido quando a temperatura aumenta 10 °C; leia o rodapé 3 deste capítulo). Os solutos na água, no entanto, possuem valores de Q_{10} de 1,2 a 1,4 para a difusão. Isso acontece porque a temperatura crescente quebra as pontes de hidrogênio da água, portanto, os solutos podem se difundir mais rapidamente; a viscosidade da água (Tabela 2-1) é reduzida, enquanto a sua permeabilidade para os solutos é elevada. Uma vez que partículas menores têm velocidades médias mais altas em uma determinada temperatura, elas se difundem mais rapidamente que as partículas maiores (Equação 2.1) se todos os outros fatores forem iguais.

2.10 Advertência

Neste capítulo, destacamos os princípios básicos da termodinâmica que servem como base dos conceitos relacionados ao potencial hídrico. Essas ideias foram desenvolvidas na década de 1960. Agora, no entanto, tornaram-se amplamente aceitas; elas são essenciais para qualquer estudo moderno da fisiologia vegetal. A lista de referências (consulte as Referências no final do livro) inclui muitas citações que não são mencionadas no capítulo; a maioria dessas referências não citadas envolve discussões gerais de relações da água nas plantas, e serve como fontes de informação para estudos adicionais.

Nos últimos anos, alguns autores questionaram o valor do conceito do potencial hídrico. Por exemplo, Sinclair e Ludlow (1985) argumentam que as respostas fisiológicas das plantas são mais altamente correlacionadas ao conteúdo de água relativo[9] do que com o potencial hídrico. Eles e outros (por exemplo, Passioura, 1988) observam que o movimento da água pode não ser governado pelo potencial hídrico, exceto em certas situações nas quais a difusão é essencial; em outros casos, principalmente no solo, a gravidade é mais importante e a pressão determina a direção do fluxo quando os solutos se movem com a água, como no flema. Em resumo, a situação é mais complexa do que insinuamos neste capítulo introdutório. Obviamente, isso é típico da maioria dos assuntos na fisiologia vegetal. Nesse meio tempo, Kramer (1988) defende o uso do conceito do potencial hídrico, e até mesmo seus críticos mais radicais admitem que esse é o nosso melhor ponto de partida (consulte, por exemplo, Schulze et al., 1988).

---

[9] O **teor relativo de água (RWC)** é medido obtendo-se uma amostra de massa fresca do tecido (W_f), permitindo que o tecido absorva água (normalmente, deixando-o boiar) até que fique saturado, pesando-o para obter uma massa túrgida (W_t) e pesando-o novamente depois de secá-lo em um forno a 85 a 90 °C para obter uma massa seca (W_d). O teor relativo de água expressa a água na amostra original como uma porcentagem da água no tecido totalmente hidratado:

$$\text{RWC} = 100\left(\frac{W_f - W_d}{W_t - W_d}\right) \qquad (2.19)$$

TRÊS
Osmose

Abrir uma torneira ou dar a descarga é uma experiência cotidiana. Estamos familiarizados com o movimento da água como um fenômeno de fluxo de massa – nossos sistemas de encanamento permitem isso! Porém, no mundo que nos cerca, grandes quantidades de água estão se movendo de maneira invisível, pela difusão. Neste e nos próximos capítulos veremos como a difusão pode estabelecer gradientes de pressão que resultem no fluxo de massa.

É necessário um esforço mental para visualizar esse aspecto mais desconhecido do mundo real. Mentalmente (não há outra forma), devemos enxergar as moléculas de água voando e quicando bilhões de vezes por segundo no estado de vapor, unidas umas às outras no estado líquido com suas pontes de hidrogênio – lado positivo de uma com o lado negativo da outra – mesmo enquanto seus movimentos cinéticos fazem algumas delas se separarem. Devemos, de alguma forma, conceitualizar a entropia, a energia livre, os potenciais químicos e como essas propriedades podem motivar as moléculas a se difundirem por um gradiente. Devemos perceber que a pressão aumenta as energias livres e os potenciais químicos, enquanto as partículas de solutos e superfícies matriciais as diminuem.

Com esses modelos em mente, estamos prontos para estender nossos conceitos para as células vegetais, discutir a osmose e outros assuntos relacionados.

3.1 Um sistema osmótico

O aparelho que mede a osmose é o **osmômetro**. Trata-se de um equipamento de laboratório, mas uma célula viva pode ser considerada um sistema osmótico (Figura 3-1). Nos dois casos, dois fatores estão presentes: primeiro, dois ou mais volumes de soluções ou de água pura são isolados entre si por uma membrana que restringe o movimento das partículas de soluto mais do que o movimento das moléculas do solvente. Em segundo lugar, normalmente existe algum meio de permitir que a pressão se acumule pelo menos em um dos volumes. No osmômetro do laboratório, as pressões se acumulam hidrostaticamente, elevando a solução no tubo contra a gravidade, mas outros meios podem ser usados, como um detector de volume (por exemplo, um raio de luz e uma fotocélula), que pode aumentar a pressão no sistema (por exemplo, com um pistão) assim que o volume de líquido começar a se expandir pelo primeiro pequeno incremento. Na célula, a rigidez da parede celular vegetal é responsável pelo aumento na pressão.

É importante enfatizar as diferenças estruturais entre a membrana e a parede celular. A membrana permite que as moléculas de água passem mais rapidamente que as partículas de soluto; a parede celular primária, em geral, é altamente permeável a ambas. É a membrana celular da planta que torna a osmose possível, mas é a parede celular que fornece rigidez para permitir o acúmulo na pressão. As células animais não têm paredes, portanto, quando as pressões se acumulam dentro delas, elas frequentemente estouram – como acontece quando os glóbulos vermelhos são colocados na água. As células túrgidas fornecem grande parte da rigidez de partes da planta que não são de madeira.

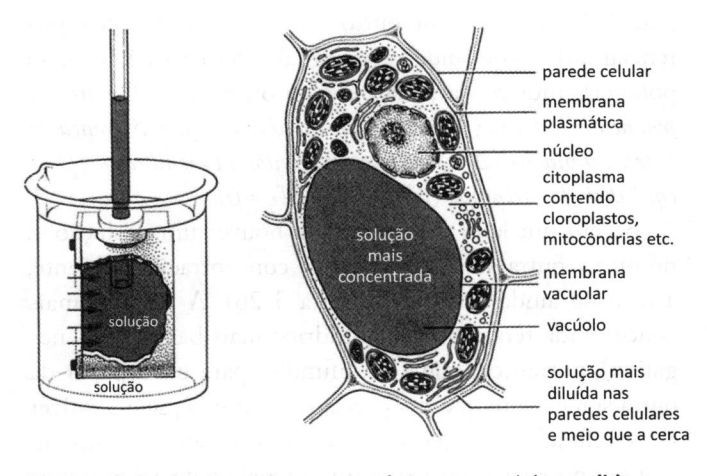

FIGURA 3-1 (a) Um osmômetro mecânico em um béquer, **(b)** uma célula como um sistema osmótico.

Considere primeiro um **osmômetro perfeito**. Nesse aparelho, a membrana é **semipermeável**, permitindo a passagem imediata do solvente (água), mas nenhuma passagem do soluto, e a solução é tão fortemente confinada que o movimento da água para dentro do osmômetro não causa um aumento significativo no volume da solução. Um osmômetro quase perfeito pode ser construído no laboratório, mas uma célula nunca é um sistema osmótico perfeito.

Como vimos no capítulo anterior, a restrição da difusão das partículas de soluto, em comparação com as moléculas do solvente, pode resultar no estabelecimento de um gradiente de potencial hídrico. Se houver água pura em um lado da membrana e uma solução no outro (dentro do osmômetro de laboratório ou da célula), o potencial hídrico da solução será mais baixo que o da água pura. Por convenção, o potencial hídrico da água pura na pressão atmosférica e na mesma temperatura que a solução que está sendo considerada é definido como igual a zero, portanto, *o potencial hídrico de uma solução aquosa em pressão atmosférica será um número negativo* (inferior a zero). Consequentemente, as moléculas de água se difundirão do potencial hídrico mais alto no exterior para o mais baixo na solução celular; isto é, a água se difunde "descendo" pelo gradiente de potencial hídrico para entrar na solução. O resultado será um acúmulo de pressão dentro do sistema, elevando o líquido no tubo do osmômetro do laboratório ou a pressão contra a parede celular. *O aumento na pressão aumenta o potencial hídrico* e, portanto, o potencial hídrico dentro do sistema osmótico começará a aumentar na direção do zero. Isso é ilustrado nas Figuras 3-2a e b.

A situação é semelhante à escala de um termômetro, mas, neste caso, estamos lidando com valores quase exclusivamente abaixo de zero. A adição do soluto diminui o potencial hídrico para algum nível abaixo de zero, e a adição da pressão o aumenta na direção do zero.

Se a água pura estiver em um lado da membrana (Figura 3-2b), a pressão no outro lado aumenta até que o potencial hídrico da solução seja igual a zero, isto é, igual ao potencial hídrico da água pura no outro lado. *Quando os potenciais hídricos (Ψ) são iguais nos dois lados, a diferença no potencial hídrico ($\Delta\Psi$) entre os dois lados da membrana é 0 e o equilíbrio foi atingido ($\Delta\Psi = \Psi_1 - \Psi_2 = 0$).*

Se em um lado da membrana houver uma solução e, no outro, outra solução com uma concentração diferente, a osmose ainda ocorrerá (Figura 3-2b). A solução mais concentrada terá o potencial hídrico mais baixo (mais negativo), portanto, a água se difundirá para ela a partir da outra solução até que sua pressão se acumule, se ela estiver tão confinada para que isso seja possível, até o ponto em que seu potencial hídrico se torne igual ao da solução menos concentrada, já que o aumento da pressão aumenta o potencial hídrico. Se a difusão ocorrer para uma solução que não está confinada, ela continuará até que a solução mais concentrada tenha sido diluída até o ponto em que o seu potencial hídrico se torne igual ao da solução no outro lado da membrana. Seja como for, ambas as soluções terão um potencial hídrico de valor negativo, porém igual, e o equilíbrio terá sido atingido.

Na verdade, esse processo é geral. Pode haver pressão nas duas soluções, ou a pressão fora do osmômetro pode ser mais concentrada (a água se move para fora), mas *quando o equilíbrio é atingido, o potencial da água será igual em todas as partes do sistema.* ($\Psi_1 = \Psi_2 = \Psi_i$, consequentemente, $\Delta\Psi = 0$.) Isso não quer dizer que $\Psi = 0$ em todas as partes do sistema; duas soluções em equilíbrio através de uma membrana teriam o mesmo potencial hídrico de valor negativo.

3.2 Os componentes do potencial hídrico

Nos parágrafos anteriores, consideramos o potencial hídrico e dois de seus componentes: potencial de pressão, como é chamado, que é causado pela adição de pressão e é igual à pressão real na parte do sistema que está sendo considerada, e potencial osmótico (também chamado de potencial do soluto), que é causado pela presença das partículas de soluto. Uma vez que o potencial de pressão é uma pressão real, simplesmente o chamamos de pressão.[1] O símbolo adequado do potencial de pressão é Ψ_p, mas P também pode ser usado. O símbolo do potencial osmótico ou do soluto é Ψ_s, mas, para as discussões do painel, o símbolo P pode ser usado para a pressão e s para potencial de soluto. (Os símbolos π ou Ψ_π não devem ser usados para o potencial osmótico; em vez disso, π deve ser reservado para a pressão osmótica – veja a Seção 3.6.)

Em sistemas simples sob temperaturas constantes, o potencial hídrico resulta de ações combinadas, porém opostas, dos potenciais de pressão e osmótico (Figura 3-2):

$$\Psi = \Psi_p + \Psi_s$$

$$(\Psi = P + s) \qquad (3.1)$$

---

[1] Alguns autores acham que o termo *potencial de pressão* deve ser abandonado (consulte, por exemplo, Passioura, 1982, que disse que o uso do termo é "particularmente grotesco"), mas se definimos **potencial** (como faremos no Capítulo 26) como a condição de um parâmetro ambiental em uma parte de um sistema que, quando comparada com o potencial em outra parte do sistema, estabelece a tendência (o potencial) de transferência do parâmetro de uma parte do sistema para a outra, então parece perfeitamente lógico e coerente considerar o potencial de pressão e o potencial osmótico componentes do potencial hídrico (que mede o potencial de transferência da água).

OSMOSE

FIGURA 3-2 Uma ilustração esquemática dos vários efeitos sobre o potencial hídrico. Os retângulos pretos mostram o potencial hídrico (escala à esquerda). As linhas onduladas indicam a depressão no potencial hídrico, causada pelos solutos (o componente osmótico ou do soluto do potencial hídrico). As linhas contínuas sugerem o efeito da pressão no potencial hídrico. (Setas para cima indicam pressão positiva, para baixo indicam tensão.) As linhas em ziguezague indicam os efeitos da umidade relativa abaixo de 100% no potencial hídrico da atmosfera (discutido mais adiante neste capítulo e também nos Capítulos 4 e 5). **(a)** Os efeitos básicos dos solutos e pressões, sozinhos e em combinação, no potencial hídrico. **(b)** A difusão da água líquida em resposta aos gradientes no potencial hídrico, mostrando como o potencial hídrico muda à medida que a difusão ocorre para dentro de um osmômetro. **(c)** Difusão da água descendo pelo gradiente do potencial hídrico do solo, passando pela planta para a atmosfera, e da água marinha passando pela planta para a atmosfera. O exemplo da água marinha (observe a tensão na seiva do xilema) é discutido no Capítulo 5 (consulte a Figura 5-17).

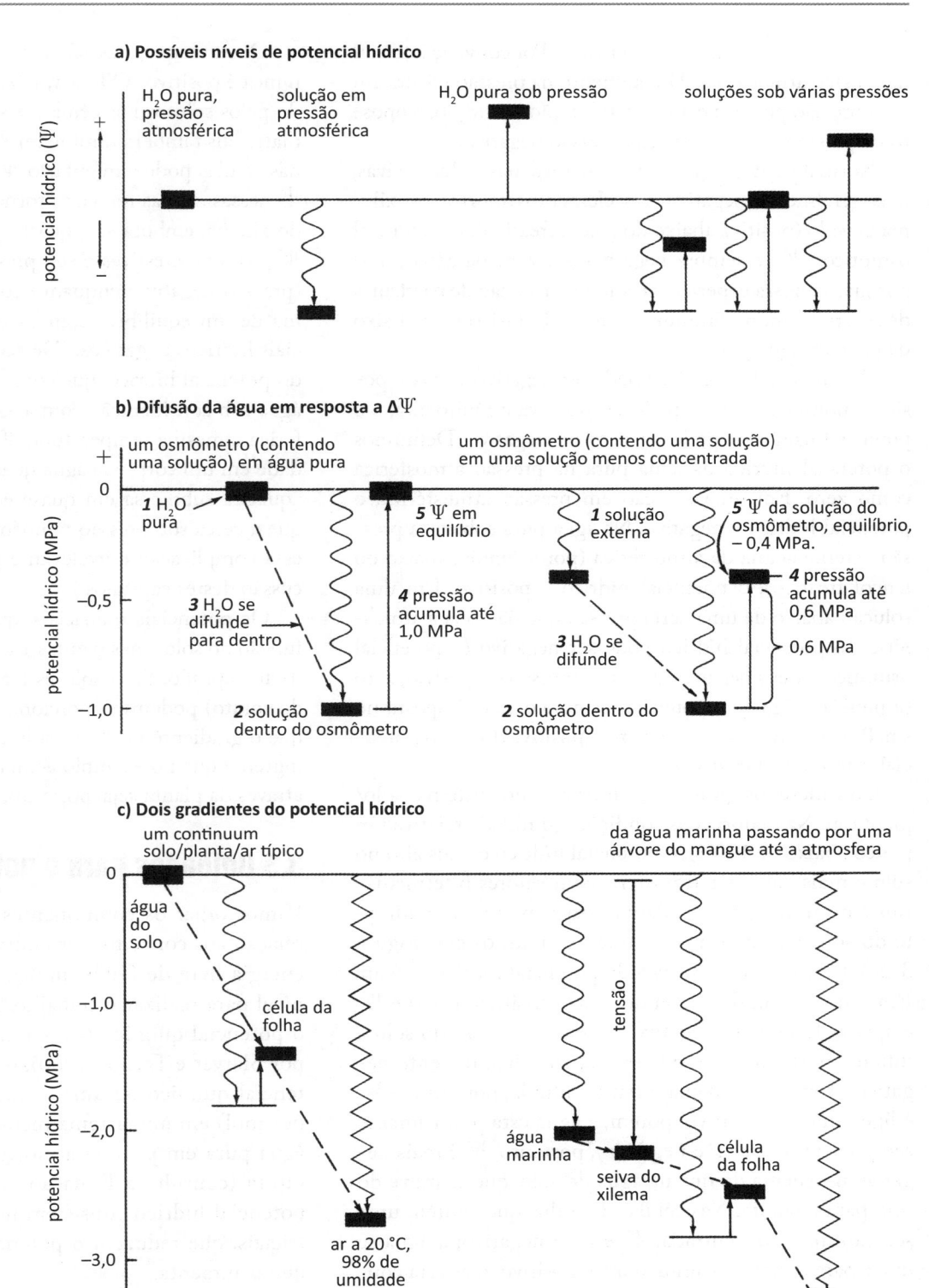

a) Possíveis níveis de potencial hídrico

b) Difusão da água em resposta a $\Delta\Psi$

c) Dois gradientes do potencial hídrico

A pressão pode ter qualquer valor. Por convenção, $P = 0$ na pressão atmosférica. Um aumento na pressão resulta em uma pressão positiva e a **tensão**[2] (sucção ou tração, o oposto da pressão) resulta em uma pressão negativa.

Normalmente, a pressão é positiva nas células vivas, mas geralmente negativa nos elementos mortos do xilema ou solo (positiva abaixo do lençol freático). O potencial osmótico (Ψ_s) é sempre negativo (ou zero na água pura) porque, na nossa experiência coletiva, a adição de partículas de solutos sempre diminui o potencial hídrico para abaixo daquele da água pura.

O potencial hídrico (Ψ) pode ser negativo, zero ou positivo, porque a pressão pode ser positiva e muito alta, e o potencial osmótico pode ser zero ou negativo. Definimos o potencial hídrico da água pura na pressão atmosférica como zero. Em uma solução em pressão atmosférica, o potencial hídrico é negativo. Na água pura sob certa pressão externa acima da atmosférica (por exemplo, abaixo do lençol freático), o potencial hídrico é positivo. Em uma solução abaixo de uma certa pressão que não seja a atmosférica, o potencial hídrico pode ser negativo (o potencial osmótico é mais negativo do que a pressão é positiva), zero (a pressão é igual ao potencial osmótico, mas é oposta no sinal) ou positiva (a pressão é mais positiva do que o potencial osmótico é negativo).

Considere os potenciais hídricos no sistema solo/planta/ar. Na maioria das condições (umidade relativa um pouco abaixo de 100%), o potencial hídrico é mais alto no solo e mais baixo na atmosfera, com valores intermediários em várias partes da planta; isto é, existe um gradiente do solo, passando pela planta até a atmosfera (Figura 3-2c). Porém, os *componentes* do potencial hídrico variam. Em um solo úmido acima do lençol freático, $P = 0$ e Ψ_s é apenas levemente negativo, porque a solução do solo é diluída, portanto, Ψ também é apenas ligeiramente negativo. A seiva do xilema é muito diluída, portanto, o Ψ_s é ligeiramente negativo; porém, a água está praticamente sempre sob *tensão* (P é negativo), portanto, Ψ é mais negativo no xilema do que na água do solo, que se move do solo para a planta. Nas células da folha, que contêm uma solução mais concentrada, Ψ_s é bem negativo; a água se move para dentro e acumula um P positivo, mas está continuamente evaporando dessas células, portanto, o P não aumenta tanto quanto deveria (isto é, o equilíbrio não é atingido) e o Ψ nas células permanece mais negativo do que no xilema. O Ψ atmosférico (ainda não discutido) é ainda mais negativo, portanto, a água tende a evaporar e se mover para fora das folhas, indo para a atmosfera.

Observe que, nas *plantas terrestres*, o Ψ praticamente nunca é positivo (O'Leary, 1970). Isso porque o Ψ_s, causado pelos solutos nas células, é sempre negativo e as forças matriciais também diminuem Ψ abaixo do zero. A pressão nas células pode aumentar o Ψ para perto do zero, mas o Ψ nessas células nunca se torna positivo. Portanto, a seiva do xilema, embora seja quase água pura e pudesse ter um Ψ positivo se estivesse sob pressão, permanece sob tensão (pressão negativa) enquanto continuar pelo menos próxima de um equilíbrio com os tecidos vivos e seus potenciais hídricos negativos. (De acordo com a nossa definição do potencial hídrico, que compara o potencial químico da água sob consideração com a água pura na pressão atmosférica e mesma temperatura, Ψ aumenta com a profundidade em um corpo de água quase pura. Assim, uma planta aquática submersa em quase equilíbrio com a água pura que a cerca sob pressão também teria um Ψ positivo, mas essa complicação é irrelevante para a maior parte da discussão destes capítulos.)

Os potenciais matriciais, que também cumprem uma função no solo e nas plantas, são discutidos na última parte deste capítulo. Se o solo estiver seco, forças matriciais (e do soluto) podem proporcionar um Ψ negativo, de forma que o gradiente no Ψ do solo para o ar seja muito menos íngreme que no exemplo acima – e o movimento da água através da planta seja, portanto, muito mais lento.

3.3 Unidades para o potencial hídrico

Vamos olhar os componentes do potencial hídrico em relação aos conceitos termodinâmicos do Capítulo 2. A energia livre de Gibbs indica a energia máxima disponível para realizar o trabalho. A energia livre por mol é o potencial químico (μ). Como originalmente definido por Slatyer e Taylor (1960), o potencial hídrico é o potencial químico de uma solução de água (energia livre por mol) em um sistema menos o potencial químico da água pura em pressão atmosférica e na mesma temperatura (consulte a Equação 2.11). Os componentes do potencial hídrico consistem no soluto e nas forças matriciais, que reduzem o potencial hídrico, e na pressão, que o aumenta.

O potencial hídrico de um sistema expressa sua capacidade de realizar o trabalho em comparação com esta capacidade em uma quantidade comparável de água pura em pressão atmosférica e na mesma temperatura. O potencial osmótico de uma solução é negativo porque a água do solvente na solução pode realizar menos trabalho que a água pura. À medida que a pressão na solução aumenta, a capacidade do solvente de realizar o trabalho (e, portanto, o potencial hídrico da solução) também aumenta.

---

[2] Um uso arcaico do termo *tensão*, que significa pressão, o oposto de seu significado correto. Isso sobrevive em *hipertensão*, que significa pressão arterial alta.

Pesquisando as questões das relações da água no solo, plantas e atmosfera

Ralph O. Slatyer

Ralph O. Slatyer estudou na Austrália na década de 1950. Ele é professor de biologia na Australian National University, na cidade de Canberra, desde 1967. Seu ensaio ilustra bem a natureza internacional da fisiologia vegetal; ele também reforça e expande vários tópicos que estamos considerando.

Para mim, a parte mais emocionante e estimulante da investigação científica ocorre quando você faz uma observação ou gera uma hipótese que pensava ser original e que pode, além disso, divergir dos fenômenos ou atitudes aceitos.

Obviamente, na maioria dos casos, uma observação mais cuidadosa, uma análise mais exaustiva da literatura ou uma discussão crítica com os colegas o convence de que suas ideias ou observações não são sustentáveis, ou que outra pessoa se antecipou a você. Porém, ocasionalmente, trata-se de uma inovação, e isso avança o conhecimento e o entendimento científico.

No meu caso, o primeiro desses momentos ocorreu em meados da década de 1950, quando estava pesquisando os efeitos do estresse hídrico progressivo e prolongado sobre as respostas fisiológicas dos vegetais. Na época, era amplamente aceito que a porcentagem permanente de murchamento (consulte a Seção 5.4) era uma constante expressa como o teor da água no solo, abaixo do qual nenhum crescimento vegetal ocorreria e a transpiração adicional cessaria. Esse conceito tinha um forte suporte empírico, principalmente em razão de experimentos do penoso trabalho de Veihmeyer e Hendrickson da University of California, em Davis, sobre cultivos de pomares irrigados, mas datava dos antigos trabalhos de Briggs e Shantz na primeira parte do século. Associada a esse conceito havia a noção de que a água do solo estava livremente disponível para a planta até o teor da água alcançar a porcentagem de murchamento permanente, embora isso tenha sido contestado, principalmente pelos cientistas do United States Salinity Laboratory em Riverside, Califórnia. Minha pesquisa inicial, relacionada aos meus estudos de mestrado e doutorado, referia-se às respostas das espécies cultivadas e nativas em regiões áridas e semiáridas, e várias vezes encontrei evidências que contradiziam de forma consistente o dogma estabelecido. Por consequência, comecei um período de pós-doutorado com o Professor Paul Kramer da Duke University. Ele foi receptivo às minhas ideias e me deu muito incentivo.

Basicamente, o que eu fiz foi propor que, à medida que o estresse da água era progressivamente imposto pelo esgotamento da água no solo, a pressão de turgor das células da folha diminuía até atingir zero, quando o potencial hídrico da folha se tornava igual ao potencial osmótico. Eu argumentei que, nesse ponto, as folhas ficariam permanentemente murchas e que era razoável esperar que o crescimento tivesse cessado. Mesmo com o fechamento estomatal, no entanto, era esperado que a transpiração continuasse a esgotar a água do solo até que a dissecação da planta propriamente dita atingisse níveis letais. A partir desse argumento, seguiu-se que a porcentagem de murchamento permanente não deve ser uma constante do solo, mas apenas o teor de água no solo no qual o potencial hídrico tanto do solo quanto da planta estavam equilibrados, em um nível igual ao potencial osmótico nas células da folha, de forma que a pressão de turgor zero existisse.

O surpreendente é que essas opiniões, publicadas em documentos experimentais e de revisão, foram rapidamente aceitas pela comunidade científica e, desde então, foram reconfirmadas em seus aspectos gerais por numerosos pesquisadores. No processo, obviamente, algumas das afirmações mais específicas exigiram uma qualificação, mas, em geral, a natureza dinâmica da interação solo/planta/água e a porcentagem do murchamento permanente foram claramente estabelecidas.

Essa abordagem também pareceu fornecer uma base melhor para a interação entre cientistas de plantas e solos interessados nas interações entre a planta e o ambiente, e levou à exigência de um termo mais integrado para descrever o estado da água nas plantas e solos. Na década de 1950, os termos "déficit na pressão de difusão", "estresse de umidade total do solo" e outros relacionados eram usados por esses dois grupos de cientistas, que basicamente falavam sobre a mesma coisa. Essa questão finalmente chegou ao fim, informalmente, em um jantar em Madri durante uma conferência sobre as relações hídricas nas plantas da Unesco, em que estavam presentes, entre outros, Sterling Taylor, Wilford Gardner, Robert Hagan, Fred Milthorpe e eu. Propusemos o termo "potencial hídrico" (sugerido muitos anos antes por cientistas do solo), fundamentado termodinamicamente no potencial químico da água, como um termo comum para os cientistas do solo e das plantas, para ser dividido em potenciais de componentes conforme apropriado. Na reunião, foi pedido a mim e a Sterling Taylor que escrevêssemos uma carta para a *Nature* e um documento mais definitivo sobre o assunto, e a partir desse início informal e pessoal, a nova terminologia foi lançada. Até onde eu sei, ela é agora usada quase universalmente, embora também tenha passado por modificações e qualificações.

Comecei este breve ensaio referindo-me à emoção da descoberta científica e termino referindo-me ao espírito de cooperação que existia na parte da comunidade científica à qual eu estava associado. Embora tenha sido um desafio poder contribuir com um trabalho original, minha vida foi enriquecida pelas relações fraternas que desenvolvi com meus colegas imediatos e com outros relacionados ao campo, que conheci por correspondência ou em conferências e com quem depois compartilhei espaços e instalações em laboratórios.

O trabalho é realizado pelo movimento da água pura para dentro da solução. Em um osmômetro, uma solução de açúcar ideal a 1,0 molal[3] (por exemplo, a glicose) a 28 °C tem um potencial osmótico de –2,5 kilojoules/kg ou –45 J mol^{-1} (–10,75 cal mol^{-1}), que significa que o trabalho máximo que pode ser feito, à medida que a água pura entra em equilíbrio com a solução no osmômetro, é 2,5 kj kg^{-1} ou 45 J mol^{-1} da solução (observe a Equação 3.2 a seguir).

O uso dos termos da energia é lógico quando o trabalho é considerado, mas muitos fisiologistas vegetais expressaram tradicionalmente o conceito de potencial hídrico (usando vários nomes durante o século XIX) em unidades de pressão. É mais simples medir a pressão na membrana do osmômetro do laboratório (ou calculá-la, sabendo a densidade da solução) do que medir a quantidade de energia necessária para elevar a água no tubo. Para a solução 1.0 molar, essa pressão em um osmômetro perfeito é igual a 2,5 **megapascais** (**MPa**; 2,5 MPa = 25 bars, 24,67 atmosferas, 18,75 metros de mercúrio ou 25,49 kg cm^{-2}; o pascal é definido como a força de um newton por metro quadrado). Na célula, o trabalho é executado pelo estiramento da parede celular. Lembre-se de que o trabalho real é executado pela água pura, que possui o potencial hídrico mais alto. Isso é indicado pelo fato de que o potencial hídrico da solução possui um sinal negativo.

As unidades de energia e pressão para o potencial hídrico são fáceis de relacionar, conforme sugerido por Taylor e Slatyer em seu documento de 1962 (consulte também Kramer, 1983; Slatyer, 1967). Quando as unidades de energia são divididas pelo volume molar parcial (o volume de 1 mol de H$_2$O, que é 18.000 mm^3 mol^{-1}) ou pelo volume específico da água (10^6 mm^3 kg^{-1} = 1 cm^3 g^{-1}), as unidades de pressão são obtidas.[4] Portanto, o potencial osmótico de uma solução de glicose 1,0 molal a 28 °C (ou o potencial hídrico da mesma solução em pressão atmosférica) pode ser expresso em termos de energia como –2,5 kj kg^{-1} e em termos de pressão como –2,5 MPa. Com as unidades do SI, kilojoules por kg têm os mesmos valores numéricos que megapascais.

Em 1887, J. H. van't Hoff descobriu uma relação empírica que permite o cálculo de um potencial osmótico aproximado a partir da concentração molal de uma solução. Ele plotou os potenciais osmóticos a partir das leituras diretas do osmômetro como funções da concentração molal, obtendo a seguinte relação, cuja forma é idêntica à da lei dos gases perfeitos.

$$\Psi_s = -CiRT \quad (3.2)$$

em que

$\Psi_s = s$ = potencial osmótico
C = concentração da solução expressa como molalidade (mols de soluto por kg de H$_2$O)
i = uma constante que contabiliza a ionização do soluto e/ou outros desvios das soluções perfeitas
R = a constante universal dos gases (0,00831 kg·MPa mol^{-1} K^{-1}, ou 0,00831 kg·kj mol^{-1} K^{-1}, ou 0,0831 kg·bars mol^{-1} K^{-1}, ou 0,080205 kg·atm mol^{-1} K^{-1}, ou 0,0357 kg·cal mol^{-1} K^{-1})
T = temperatura absoluta (K) = graus C + 273

Se C, i e T forem conhecidos para uma solução, o potencial osmótico (Ψ_s) pode ser calculado facilmente. Para as moléculas não ionizadas, como a glicose e o manitol nas soluções diluídas, i é 1,0, mas, em outros casos, ele varia conforme a concentração. Isso ocorre parcialmente porque a atividade varia conforme a concentração e parcialmente porque a extensão em que um sal ou ácido ioniza depende de sua concentração. O Ψ_s total para uma solução complexa como a seiva é a soma de todos os potenciais osmóticos causados por todos os solutos. Isso é chamado de **osmolalidade**.

Considere alguns exemplos de soluções simples. Para uma solução de glicose 1,0 molal a 30 °C:

---

[3] **Molalidade**: mols de soluto por kg de H$_2$O. Como observado no Capítulo 2, isso expressa as relações osmóticas com um pouco mais de precisão que a **molaridade** = **M** = mols do soluto por litro da solução final. O símbolo de molal é **m**, mas esse também é o símbolo do *metro*; portanto, usaremos *molal* por extenso. *Molar* e *molal* não são unidades SI, mas mol kg^{-1} (molal) é uma combinação SI válida. Litro não é uma unidade SI, mas pode ser usado com esse tipo de unidade. O símbolo recomendado para o litro é L (não l). Observe que os símbolos das unidades são escritos em tipo romano normal; os símbolos das quantidades (por exemplo, comprimento = *l*, concentração = *C*) são escritos em *itálico* (inclinado).

[4] Com as unidades do SI, a transformação é simples e direta:
Unidades de energia: J mol^{-1}
Definição no SI do joule: J = newton·metro = N·m
Portanto: J mol^{-1} = N·m mol^{-1}
Unidades para o volume molar parcial da água: m^{3}mol^{-1}
Unidades para o volume específico da água: m^3 kg^{-1}
Consequentemente:
N·m mol^{-1}/m^{3}mol^{-1} ou N·m kg^{-1}/m^{3}kg^{-1} = Nm^{-2} = pascal = Pa (unidade SI de pressão)
Especificamente, para converter –2,5 kJ mol^{-1} (Ψ_s de uma solução de açúcar 1,0 molal) usando o volume específico de água (10^6 mm^{3}kg^{-1} = 10^{-3} m^{3}kg^{-1}):
–2.500 J kg^{-1}/10^{-3}m^{3}kg^{-1} = 2,5 × 10^{6}N m^{-2} ou Pa = –2,5 MPa
Ou, para fazer a conversão usando o volume molar parcial da água (18 cm^3 mol^{-1} = 18 × 10^{-6}m^{3}mol^{-1})
Para a água: 1 kg = 1.000 g; massa molecular = 18,015 g mol^{-1}
Portanto: 1 kg = 55,5 mol
–2,5 kJ kg^{-1} / 55,5 mol kg^{-1} = –0,045 kJ mol^{-1} = –45 J mol^{-1} = –45 N·m mol^{-1}
–45 N·m mol^{-1} / 18 × 10^{-6}m^{3}mol^{-1} = –2,5 × 10^6 N m^{-2} ou Pa = –2,5 MPa

$\Psi_s = -$ (1,0 mol/kg) (1,0) (0,00831 kg·MPa/mol K) (303K)
$\Psi_s = -2{,}518$ MPa (a 30 °C = 303 K)

A mesma solução a 0 °C:

$\Psi_s = -$ (1,0 molal) (1,0) (0,00831 kg·MPa/mol K) (273K)
$\Psi_s = -2{,}269$ MPa (a 0 °C = 273 K)

Observe que o potencial osmótico é menos negativo a 0 °C que a 30 °C, o que parece implicar que a água se difundiria do líquido frio para o quente. Isso é contrário à nossa experiência (e à discussão no Capítulo 2) e somos incrédulos apenas se esquecermos que os potenciais osmóticos calculados são comparados com a água pura na pressão atmosférica e *na mesma temperatura*. O fato de que a solução mais quente tem um potencial osmótico mais negativo que a mais fria significa que a água pura quente, em uma pressão atmosférica e *na mesma temperatura que a solução no osmômetro*, produziria uma pressão em equilíbrio mais alta que a água fria produziria em uma solução mais fria.

Uma vez que as equações termodinâmicas que apresentamos são válidas apenas em uma temperatura constante, elas não podem ser usadas diretamente para calcular as forças que poderiam se desenvolver pela **termo-osmose**, uma situação em que a água quente pode ser separada da fria por uma membrana que permita o acúmulo da pressão na água fria, à medida que a água quente começa a se difundir para dentro (consulte a Figura 2-4). No entanto, os efeitos dos solutos, da pressão e da temperatura sobre a pressão dos vapores sugerem que as pressões altas poderiam estar acumuladas no lado frio se um termo-osmômetro perfeito pudesse ser construído. A Figura 2-5 mostra as magnitudes relativas da pressão do soluto e os efeitos da temperatura na pressão do vapor e, assim, por implicação, sobre outras propriedades das soluções relacionadas ao potencial hídrico. O efeito de temperatura é muito maior que os efeitos do soluto ou da pressão.

Para uma aplicação da equação de van't Hoff (Equação 3.2) a um exemplo no qual a ionização faz com que i tenha um valor diferente de 1,0, considere uma solução de NaCl 1,0 molal a 20 °C. O cloreto de sódio ioniza 100% nas soluções diluídas, mas o valor de i não é o que poderíamos prever. Dois íons para cada fórmula (NaCl) sugeririam que $i = 2$; as medições reais mostram que $i = 1{,}8$:

$\Psi_s = -$ (1,0 molal) (1,8) (0,00831 kg·MPa/mol K)(293 K)
$\Psi_s = -4{,}38$ MPa

Uma vez que a equação de van't Hoff tem a mesma forma que a equação para os gases perfeitos, a **pressão osmótica** (a pressão real desenvolvida no osmômetro, e não o potencial osmótico) é a mesma que seria exercida na parede do recipiente se as partículas de soluto existissem como um gás em um volume equivalente. A 0 °C, a pressão de 1 mol de um gás perfeito em um volume de 1 L é 2,27 MPa (2,52 MPa a 30 °C), e 2,27 MPa é a pressão osmótica desenvolvida por uma solução 1 molal de um soluto não ionizante a 0 °C em um osmômetro perfeito. Essa relação interessante, que antes causava uma confusão considerável, agora é considerada coincidente; certamente é incorreto pensar que as partículas de soluto exercem pressão nas paredes de um recipiente como se fossem um gás. As pressões nas paredes de um béquer aberto de solução ou um osmômetro comum em equilíbrio são apenas pressões hidrostáticas, causadas pelo peso da solução. Incidentalmente, a lei dos gases se aplica apenas aos gases "perfeitos" e a equação de van't Hoff é, na melhor das hipóteses, apenas uma aproximação para as soluções ideais.

A equação de van't Hoff não é simples coincidência, no entanto, porque pode ser derivada da equação de Raoult (Equação 2.13) e de outras considerações termodinâmicas. Sua derivação era uma antiga confirmação dos princípios termodinâmicos em desenvolvimento.

Embora os fisiologistas vegetais e muitos cientistas do solo tenham aceitado as convenções do potencial hídrico descritas aqui, os fisicoquímicos e a maioria dos biólogos nos campos não relacionados à fisiologia vegetal não o fizeram. Em vez disso, eles consideram a pressão osmótica (π) um número positivo igual à pressão real que se desenvolve em um osmômetro (conforme descrito acima). Eles não falam em potencial osmótico. Sendo esse o caso, a equação do potencial hídrico (que leva diferentes nomes) é a seguinte:

$$\Psi = P - \pi \qquad (3.3)$$

Observe que, com essa convenção, o potencial hídrico de uma solução em pressão atmosférica ainda é um número negativo. Alguns fisiologistas vegetais e cientistas do solo também usam essa convenção, portanto, é necessário tomar cuidado ao ler a bibliografia.

3.4 Diluição

Negligenciamos um fator que é importante em um sistema osmótico real, comparado a um osmômetro perfeito. À medida que a água se difunde através da membrana em um sistema real, ela não apenas causa um aumento na pressão, mas também dilui a solução. Isso aumenta o potencial osmótico da solução (torna-o menos negativo), portanto, a pressão exigida para atingir o equilíbrio seria menor do que o previsto a partir do potencial osmótico original.

A relação entre o potencial hídrico e seus dois componentes primários durante a diluição é bem ilustrado pelo **diagrama de Höfler** (Figura 3-3). O conceito desse diagrama foi criado por K. Höfler, na Áustria, em 1920. Ele descreve a alteração nas magnitudes do potencial hídrico, de pressão e osmótico como alterações de volume, presumindo que o sistema se expande apenas pela captura da água e que nenhum soluto se move para dentro ou para fora. A curva do potencial osmótico é derivada da relação da diluição simples, que é uma estreita aproximação das soluções molais diluídas:

$$\Psi_{s1} V_1 = \Psi_{s2} V_2 \quad (3.4)$$

em que

Ψ_{s1} = potencial osmótico antes da diluição
V_1 = volume antes da diluição
Ψ_{s2} = potencial osmótico depois da diluição
V_2 = volume depois da diluição

A curva do potencial de pressão, por outro lado, é mais hipotética. Seu formato depende do diâmetro do tubo do osmômetro ou das propriedades de alongamento da parede celular; ela é íngreme se o tubo for estreito ou se a parede for rígida e menos íngreme se o tubo for largo ou a parede menos rígida. Na verdade, as paredes celulares se estendem facilmente no começo; sua resistência aumenta conforme a pressão e se torna relativamente constante (McClendon, 1982). Isso é sugerido pela linha da pressão na Figura 3-3. A curva do potencial hídrico é a soma algébrica do potencial de pressão com o potencial osmótico (Equação 3.1).

O diagrama de Höfler é uma boa maneira de visualizar os princípios da Equação 3.1, junto com as complicações da diluição. Ele descreve o que aconteceria se as células maduras fossem colocadas em soluções de diferentes potenciais osmóticos, de maneira que a água é ganha ou perdida das células, mas a quantidade total dos solutos permanece constante. Discutiremos algumas dessas abordagens mais adiante neste capítulo. O diagrama de Höfler também pode descrever o que acontece em algumas células vegetais sob condições normais, pelo menos em intervalos curtos, mas as células em crescimento não agem conforme sugerido pelo diagrama. Por um lado, o potencial osmótico sempre permanece constante nas células em crescimento, à medida que elas absorvem e/ou produzem solutos (Capítulo 16). Além disso, enquanto as células crescem, suas

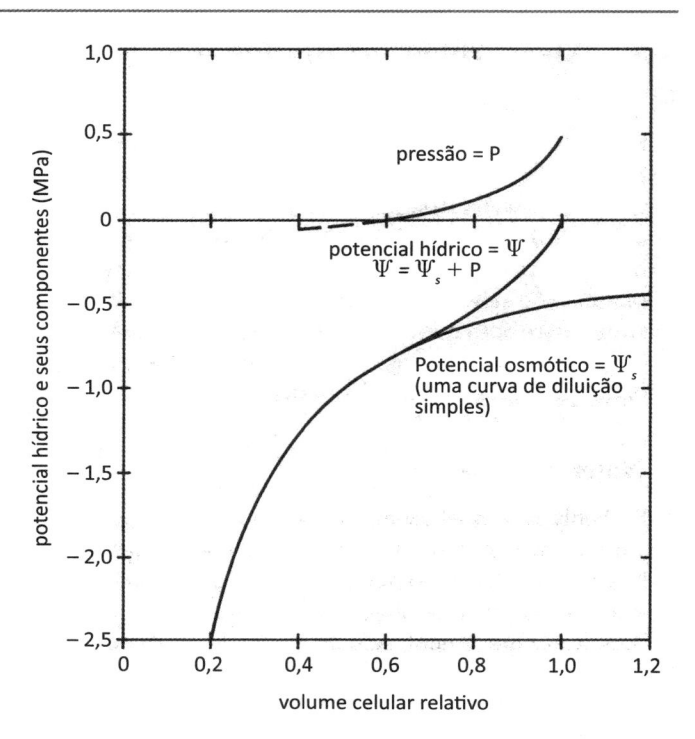

FIGURA 3-3 Diagrama de Höfler. Os componentes do potencial hídrico são mostrados à medida que mudam com o volume do osmômetro (às vezes, o celular). O potencial osmótico é uma curva de diluição calculada pela relação $\Psi_{s1} V_1 = \Psi_{s2} V_2$ conforme descrito no texto. A curva de pressão é arbitrária, mas expressa o fato de que, à medida que as células com pressão zero capturam a água, a pressão aumenta lentamente no início e, depois, mais rapidamente (exponencialmente). A curva do potencial hídrico é a soma algébrica das curvas de pressão e do potencial osmótico, de acordo com a Equação 3.1.

paredes amolecem (Capítulos 16 e 17), elas se esticam irreversivelmente (plasticamente) e suas pressões diminuem em vez de aumentar (Rayle et al., 1982).

3.5 A membrana

Existe uma ampla variedade de membranas, mas a osmose ocorre independente de como funcionam, desde que o movimento dos solutos seja restrito em comparação ao da água (Figura 3-4). A membrana pode consistir em uma camada de material na qual o solvente é mais solúvel que o soluto, o que permite que mais moléculas de solvente que partículas de soluto a atravessem. Uma camada de ar entre as duas soluções de água serve como uma barreira que restringe completamente o movimento de solutos não voláteis, enquanto permite a passagem do vapor da água. Um terceiro modelo de membrana pode ser visualizado como uma peneira com orifícios de tamanho tal que as moléculas da água possam atravessar, mas não as partículas maiores de soluto. Veremos no Capítulo 7 que a água passa rapidamente pelas membranas celulares e, portanto, pode ser ligeiramente solúvel nelas, e que as membranas celulares também agem como se tivessem poros. Foi sugerido que, às vezes, a água passa no estado de vapor das partículas do solo para a raiz, nos solos secos.

Em 1960, Peter Ray levantou um problema interessante para os fisiologistas vegetais. Os cálculos da espessura de certas membranas e as taxas de movimento osmótico da água através delas mostrava que esse movimento não poderia ocorrer apenas pela difusão; as taxas eram muito altas. Ele sugeriu que a zona de difusão deveria ser muito fina: uma interface, digamos, entre a água que está nos poros da membrana e a solução que está dentro do sistema osmótico. Nessa interface, o gradiente do potencial hídrico seria extremamente íngreme, resultando em uma difusão rápida. Esse movimento rápido da água através da interface para dentro da solução criaria uma tensão na água restante no poro, puxando-a junto em um fluxo de massa (Figura 3-4d). Novamente, esse quarto mecanismo da membrana ilustra as complexidades da natureza. Observe que as relações termodinâmicas (direção e equilíbrio) ainda são mantidas.

O modelo do vapor/membrana é um bom exemplo de uma membrana verdadeiramente semipermeável, mas todas as membranas que ocorrem nas plantas devem permitir a passagem de algum soluto. Essas membranas são **diferencialmente permeáveis**, e não verdadeiramente semipermeáveis. Embora as membranas vivas sejam permeáveis ao solvente e ao soluto, elas são muito mais permeáveis ao solvente. A permeabilidade das membranas aos solutos introduz uma complicação no nosso modelo da osmose: ela determina a taxa em que um equilíbrio, estabelecido pela concentração e a pressão do soluto, muda gradualmente à medida que os potenciais osmóticos nos dois lados da membrana se modificam em resposta à passagem das partículas de soluto.

3.6 Medição dos componentes do potencial hídrico

Logo depois que o conceito do potencial hídrico foi formulado por Otto Renner, em 1915, foram desenvolvidos métodos para medir o potencial hídrico e seus componentes. Desde então, métodos mais novos foram introduzidos, mas os antigos podem nos ajudar a entender as relações de água das plantas. Os métodos novos são mais úteis. Resumiremos ambos, não como um "livro de receitas" de técnicas úteis, mas sim com uma ilustração e aplicação dos princípios que discutimos.

Potencial hídrico

Provavelmente a propriedade mais significativa que podemos medir nos sistemas de solo/planta/água é o potencial hídrico. Ele não é apenas o determinante final dos movimentos de difusão da água, mas é o determinante indireto do movimento de massa da água que ocorre em resposta aos gradientes de pressão definidos por esse movimento de difusão. Além disso, em princípio e prática, o potencial

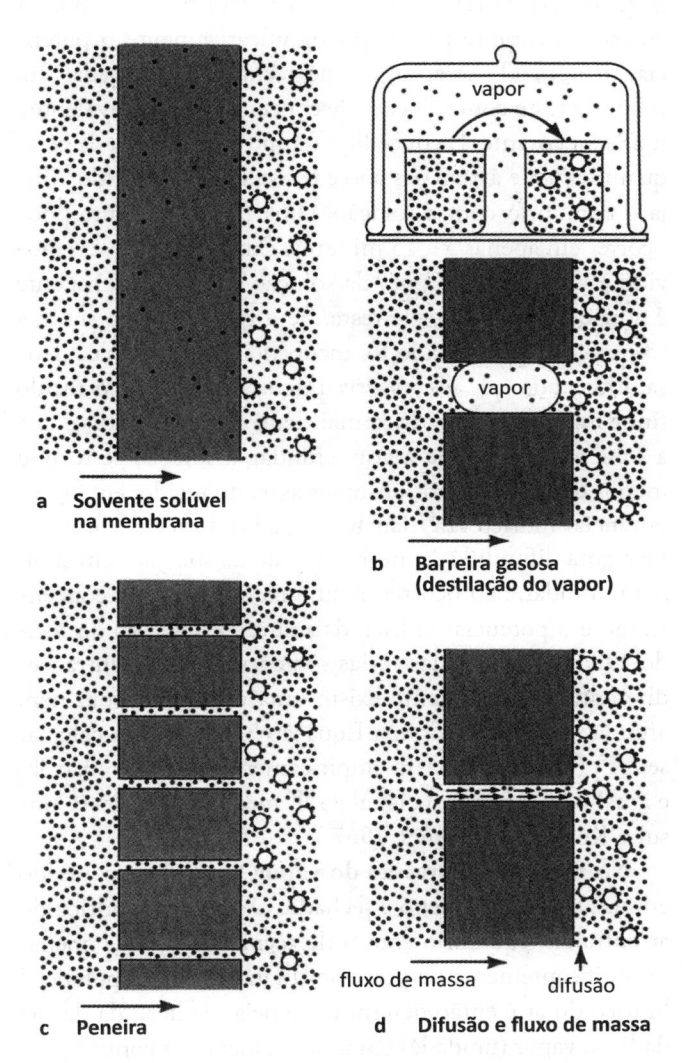

FIGURA 3-4 Diagrama esquemático de quatro mecanismos de membrana concebíveis. Os pontos pretos representam moléculas de água com 0,3 nm de diâmetro, os círculos abertos são moléculas de sacarose de 1,0 nm de diâmetro e as membranas são desenhadas na escala da maioria das membranas celulares, em uma espessura de 7,5 nm. Observe que a concentração da água é aproximadamente a mesma nos dois lados das membranas. As moléculas de água se movem rapidamente atravessando as membranas nas células, possivelmente por mecanismos semelhantes aos representados pelos modelos **a** e **c**. Isso é discutido no Capítulo 7. O modelo **d** é um aperfeiçoamento do modelo **c**, conforme discutido no texto. O modelo de vapor **b** pode se aplicar às plantas e solos em várias situações, mas não se conhece nenhuma membrana que tenha poros cheios de gás.

a **Solvente solúvel na membrana**
b **Barreira gasosa (destilação do vapor)**
c **Peneira**
d **Difusão e fluxo de massa**

hídrico é, provavelmente, o componente mais simples de um sistema osmótico para se medir.

Lembre-se de que, no equilíbrio, $\Delta\Psi = 0$, isto é, Ψ é igual em todas as partes do sistema. Portanto, uma parte da planta pode ser introduzida em um sistema fechado e, depois que o equilíbrio for atingido, Ψ pode ser conhecido ou determinado para qualquer outra parte do sistema e, portanto, para outra parte da planta. Existem várias possibilidades de aplicação desse princípio, das quais três abordagens gerais são mostradas na Figura 3-5.

No **método do volume do tecido** (Figura 3-5b), uma amostra do tecido em questão é colocada em cada item de uma série de soluções de concentrações variáveis, porém conhecidas (normalmente, sacarose, sorbitol, manitol, ou, na melhor das hipóteses, polietilenoglicol, PEG; consulte a Figura 3-6). O melhor soluto para essas medições é aquele que não passa facilmente pelas membranas nem prejudica o tecido. O objetivo é descobrir a solução na qual o volume do tecido não muda, não indicando qualquer ganho ou perda na água, o que significa que o tecido e a solução estavam em equilíbrio no início – o potencial hídrico do tecido era e é igual ao da solução. Na pressão atmosférica, quando $P = 0$, $\Psi = \Psi_s$. O Ψ_s para a solução, com a sua concentração conhecida, pode então ser calculado a partir da Equação 3.2.

Na prática, existem várias maneiras de determinar as alterações no volume. Uma delas é medir o volume do tecido antes de colocá-lo na solução (normalmente, são cortados volumes padrão) e medir o volume (ou apenas o comprimento) depois de um tempo suficiente para a troca de água (Figura 3-5b). A alteração no volume pode ser plotada como uma função da concentração da solução, que indica um aumento no volume em soluções relativamente diluídas e uma redução nas relativamente concentradas. Em tal representação (Figura 3-7), o ponto em que a curva do volume atravessa a linha zero indica a solução que tinha o mesmo potencial hídrico do tecido no início do experimento.

Em outra abordagem (não ilustrada), foi permitido que amostras de tecido em recipientes fechados pequenos se equilibrassem com o vapor em soluções de concentração conhecida, e não com as próprias soluções. Portanto, as soluções não são contaminadas com os solutos do tecido. A massa, em vez do volume, é normalmente medida nesse método.

Em vez de medir as alterações no tecido, pode-se medir a concentração da solução de teste. Se a concentração diminuir, o tecido terá perdido água. Essa abordagem mais rápida é melhor do que medir os volumes de tecido, que frequentemente fornecem valores Ψ muito negativos, porque os solutos são absorvidos da solução de teste pelas amostras de tecido.

Em 1948, o cientista russo V. S. Chardakov criou uma maneira simples e eficiente de encontrar uma solução de teste em que não ocorre nenhuma alteração na concentração (Figura 3-5a). Mais métodos práticos estão disponíveis agora para o trabalho de campo, mas o **método de Chardakov** ilustra muito bem os princípios que estamos discutindo. Tubos de teste com soluções de concentrações graduadas são levemente coloridos pela dissolução de um pequeno cristal de corante como o azul de metileno. (A adição do corante não altera significativamente o potencial osmótico.) As amostras de tecido são colocadas em tubos de teste com soluções de concentrações equivalentes, mas sem corante. É concedido tempo para a troca de certa quantidade de água, mas não é essencial que o tecido atinja o equilíbrio com a solução. Uma troca suficiente pode ocorrer em apenas 5 a 15 minutos. Então, o tecido é removido e uma pequena gota da solução colorida equivalente é adicionada ao tubo de teste. Se a gota colorida subir, a solução em que o tecido foi incubado se tornou mais densa, indicando que ele absorveu água; nesse caso, o tecido tinha um potencial hídrico mais baixo (mais negativo) que a solução original. Se a gota afundar, a solução se tornou menos densa depois de absorver água do tecido; então, seu potencial hídrico era mais baixo que o do tecido original. Se a gota difundir-se uniformemente na solução sem subir nem afundar, não ocorreu nenhuma alteração na concentração e o potencial hídrico da solução é igual ao do tecido. Quando são usadas várias soluções com concentrações diferentes, normalmente existe uma em que a gota nem afunda nem flutua. Com a Equação 3.2, podemos calcular seu Ψ_s (ou determiná-lo empiricamente). Em $P = 0$, o Ψ_s é igual a Ψ e, portanto, igual ao Ψ médio do tecido. (Consulte Knipling e Kramer, 1967.)

No **método de pressão do vapor**, o tecido é colocado em um volume pequeno e fechado. O potencial hídrico do ar entra em equilíbrio com o do tecido, que muda apenas insignificantemente no processo (Figura 3-5c). O potencial hídrico do ar é então determinado pela medição da densidade do vapor (unidade) em uma temperatura conhecida.

A pressão e a densidade do vapor foram definidas no Capítulo 2. **Umidade relativa (UR)** é a quantidade do vapor de água no ar em uma temperatura específica, comparada com a quantidade do vapor de água que o ar poderia reter nessa temperatura (a **densidade** ou **pressão de saturação do vapor**). A densidade de saturação do vapor aproximadamente dobra a cada aumento de 10 °C (ou 20 °F) na temperatura. Se um volume de ar saturado com vapor de água (UR de 100%) for aquecido em 10 °C, ele pode reter quase o dobro de água que antes, portanto, sua umidade relativa é de aproximadamente 50%. Essa relação é ilustrada na Figura 3-8.

OSMOSE

a Método de Chardakov

tempo →

0,05 molal
$\Psi'_\pi = -0,122$ MPa

0,10 molal
$\Psi'_\pi = -0,243$ MPa

0,15 molal
$\Psi'_\pi = -0,365$ MPa

0,20 molal
$\Psi'_\pi = -0,486$ MPa

0,25 molal
$\Psi'_\pi = -0,609$ MPa

0,30 molal
$\Psi'_\pi = -0,730$ MPa

Na série de concentração graduada: amostras de tecido na linha frontal, azul de metileno na posterior

0,15 molal
$\Psi'_\pi = -0,365$ MPa gota: sobe

0,20 molal
$\Psi'_\pi = -0,486$ MPa se difunde

0,25 molal
$\Psi'_\pi = -0,609$ MPa afunda

b Método do volume constante

furadeira de cortiça

cortado em um comprimento padrão

(peso)

0,10 molal
$\Psi'_\pi = -0,24$ MPa

0,15 molal
$\Psi'_\pi = -0,36$ MPa

0,20 molal
$\Psi'_\pi = -0,49$ MPa

0,25 molal
$\Psi'_\pi = -0,61$ MPa

0,30 molal
$\Psi'_\pi = -0,73$ MPa

permite tempo de equilíbrio na série de concentração graduada

medir

(resultados na Figura 2-7.)

e/ou pesar:

secar com cuidado antes de pesar

c Método da pressão de vapor

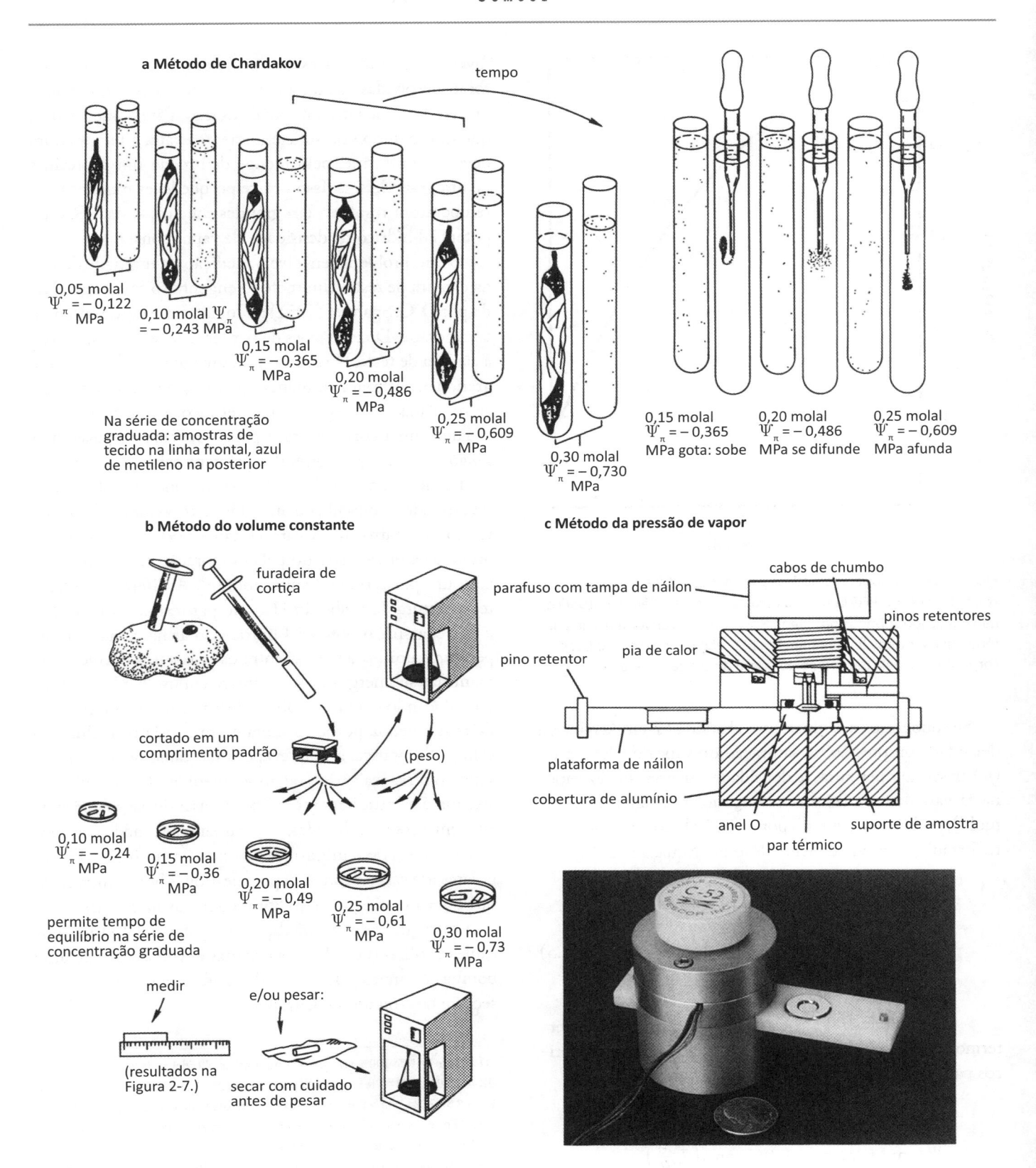

cabos de chumbo
parafuso com tampa de náilon
pinos retentores
pino retentor
pia de calor
plataforma de náilon
cobertura de alumínio
anel O
par térmico
suporte de amostra

FIGURA 3-5 Três maneiras diferentes de medir o potencial hídrico. Os potenciais osmóticos são calculados em 20 °C pela Equação 3.2. O aparelho de pressão do vapor é feito pela Wescor, Inc., Logan, Utah. (Desenhos e foto usados com permissão.)

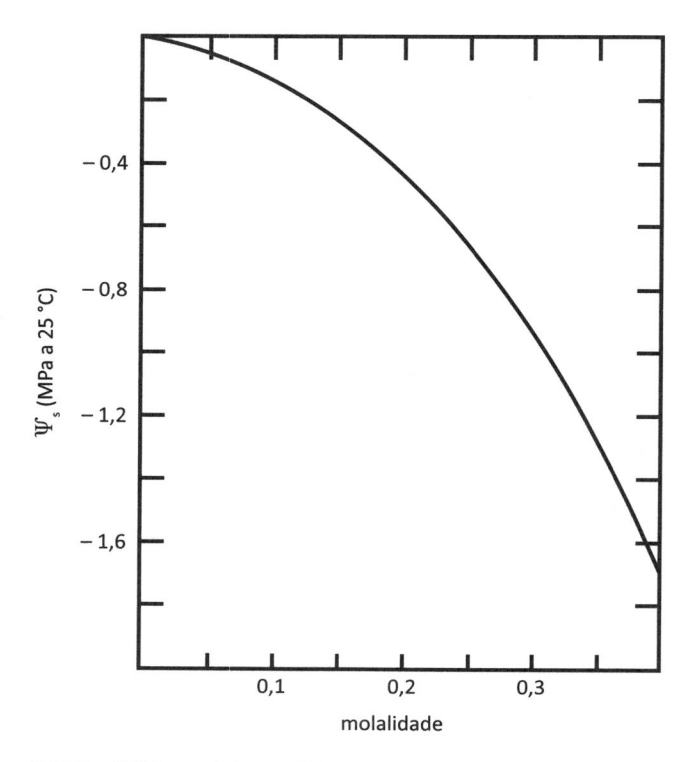

FIGURA 3-6 Potenciais osmóticos para o PEG 4000 em várias concentrações. O PEG 6000 deu resultados quase idênticos. (Dados não publicados obtidos por Cleon Ross com um psicrômetro de par térmico; os valores Ψ_s das soluções PEG não podem ser medidos corretamente pela depressão do ponto de congelamento.)

Se soubermos a temperatura absoluta (T em kelvins), a densidade ou pressão de saturação do vapor da água pura (p^o) nessa temperatura, a densidade ou pressão do vapor na câmara de teste (p) e o volume molar da água (V_1 em L mol^{-1}), podemos calcular o potencial hídrico com a seguinte fórmula, derivada da lei de Raoult (Equação 2.13):

$$\Psi = -\frac{RT}{V_1} \ln \frac{p^o}{p} \qquad (3.5)$$

A relação 100 p/p^o é a umidade relativa. Se convertermos para logaritmos comuns e usarmos valores numéricos para R e V_1, a Equação 3.5 é simplificada para:

$$\Psi \text{ (em MPa)} = -1,06 T \log_{10}\left(\frac{100}{UR}\right) \qquad (3.6)$$

A equação fornece o potencial hídrico do ar quando a temperatura e a umidade relativa são conhecidas.

A medição da potencial hídrico nas amostras de tecido por esse método é simples em princípio, porém, na prática, diversas dificuldades estão envolvidas. Essas dificuldades foram resolvidas apenas a partir da década de 1950 e, agora, esse é um dos métodos mais usados. Para começar, para que um método seja suficientemente exato, a temperatura deve ser uniforme, pelo menos dentro de um centésimo de um grau Celsius. Isso ocorre porque leves mudanças na temperatura resultam em grandes mudanças na UR e no potencial hídrico na densidade de vapor constante.[5]

Outro problema envolve a medição da umidade dentro da câmara de teste. Um método engenhoso foi desenvolvido por D. C. Spanner (1951) na Inglaterra, e desde então foi aprimorado. Duas junções de par térmico são incorporadas à câmara de teste. Uma delas tem uma massa relativamente grande e, portanto, permanece próxima da temperatura do ar na câmara. O segundo par térmico é muito pequeno. Quando uma corrente fraca passa brevemente pelas duas junções (na direção correta), a pequena esfria rapidamente, conforme o efeito Peltier.[6] À medida que ela esfria, uma quantidade minúscula de umidade se condensa nela, a partir do ar dentro da câmara (Figura 3-9). Esse ponto de umidade é então esfriado pela evaporação e, portanto, age com um par térmico "bulbo úmido". A diferença entre a temperatura do bulbo úmido e do par térmico seco indica a UR e, assim, o potencial hídrico do ar na câmara. Temperaturas uniformes do ar entre os dois pares térmicos são mantidas submergindo-se a câmara em um banho de água ou colocando-a em um bloco de alumínio (ou um bloco de prata menor, porque a prata é um condutor melhor do calor). Na prática, a gota evapora tão rapidamente que as temperaturas reais não podem ser medidas. Em vez disso, o sistema é arbitrariamente calibrado usando-se soluções de concentrações conhecidas. Tipicamente, as medições (que levam menos de 1 minuto) são efetuadas em intervalos regulares até estabilizarem depois de 1 ou 2 horas, indicando que o tecido atingiu o equilíbrio com o ar na câmara.

Outro método de medição do potencial hídrico nos caules e folhas (pecíolos) das plantas envolve o uso de uma bomba de pressão. Isso será discutido mais adiante nesta seção e novamente no Capítulo 5.

---

[5] O ar com UR de 100% sempre tem um potencial hídrico de zero. Se o ar com UR de 100% e 20 °C for aquecido para apenas 21 °C, sua UR cai para 94,02% e $\Psi = -8,34$ MPa, um valor mais negativo que o encontrado em quase qualquer célula! Por consequência, a faixa de umidade relativa em que as plantas "crescem bem" (em T constante) é de 99 a 100%!

[6] O par térmico opera conforme o princípio do **efeito termelétrico**. Quando um circuito consiste em dois cabos de metais diferentes (por exemplo, cobre e a liga constantan), e as junções entre ambos estão em temperaturas diferentes, uma corrente flui ao redor do circuito. Quando a temperatura de uma junção é conhecida e a corrente é medida, a temperatura da outra junção (o **par térmico**) pode ser calculada. O **efeito de Peltier** é o oposto do efeito termelétrico. Quando uma corrente passa por um circuito de dois metais diferentes, as duas junções possuem temperaturas diferentes. Uma esfria e a outra esquenta, dependendo da direção da corrente.

Potencial osmótico

Uma vez que o valor absoluto do potencial osmótico (que é negativo) é equivalente à pressão real (positiva) em um osmômetro perfeito na água pura em equilíbrio, o potencial osmótico de uma solução pode ser medido diretamente. Muitas medições dessa propriedade foram efetuadas, particularmente no final do século XIX, por Wilhelm F. P. Pfeffer (1877), que fez membranas quase perfeitas, rígidas e semipermeáveis mergulhando um copo de argila porosa em ferrocianeto de potássio e, depois, em sulfato de cobre, precipitando o ferrocianeto de cobre nos poros. Colunas de mercúrio foram usadas para determinar as pressões. Van't Hoff usou os dados de Pfeffer para formular a Equação 3.2. Com o maior conhecimento das propriedades das soluções, tornou-se aparente que outras medições mais simples poderiam ser feitas e os dados, convertidos no potencial osmótico. Maneiras excelentes de fazer isso com líquidos livres foram desenvolvidas, mas nenhum método completamente satisfatório está disponível para medir o potencial osmótico do líquido nas células vegetais. As tentativas de medi-lo quase invariavelmente o alteram.

O método do valor da pressão de vapor descrito anteriormente para a medição do potencial hídrico se aplica igualmente bem à medição do potencial osmótico de um líquido livre (porque em $P = 0$, $\Psi = \Psi_s$). Hoje, em muitos hospitais, isso é realizado rotineiramente nos fluidos corporais humanos, com um instrumento como o mostrado na Figura 3-5c. Porém, para usar esse método nas plantas,

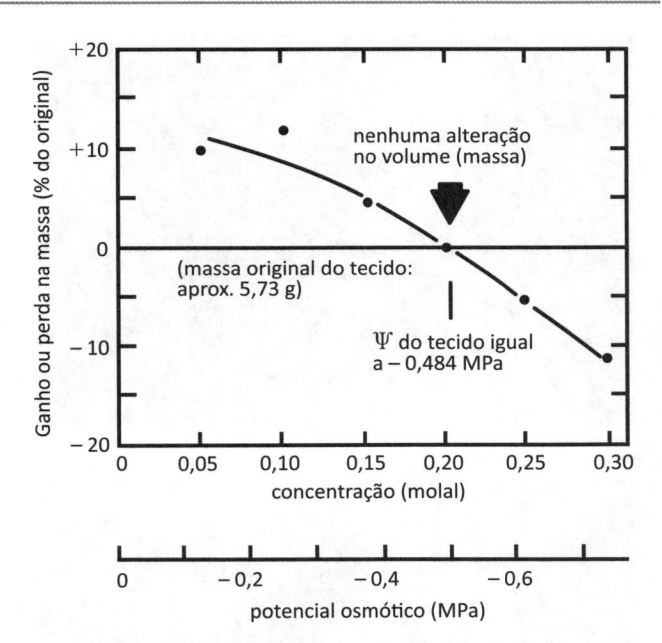

FIGURA 3-7 Massa das amostras do tecido vegetal como função da concentração dos solutos com os quais as amostras entraram em equilíbrio. (Dados do relatório de um aluno do laboratório de fisiologia vegetal, Colorado State University.)

FIGURA 3-8 Relação entre a umidade na atmosfera (expressa como a pressão e densidade do vapor) e a temperatura do ar saturado e do ar com umidade relativa de 50 e 25%. As linhas pontilhadas são exemplos que mostram que o ar em 10 °C e UR de 100% tem a mesma quantidade de umidade que o ar em 21 °C e UR de 50% ou em 33 °C e UR de 25%.

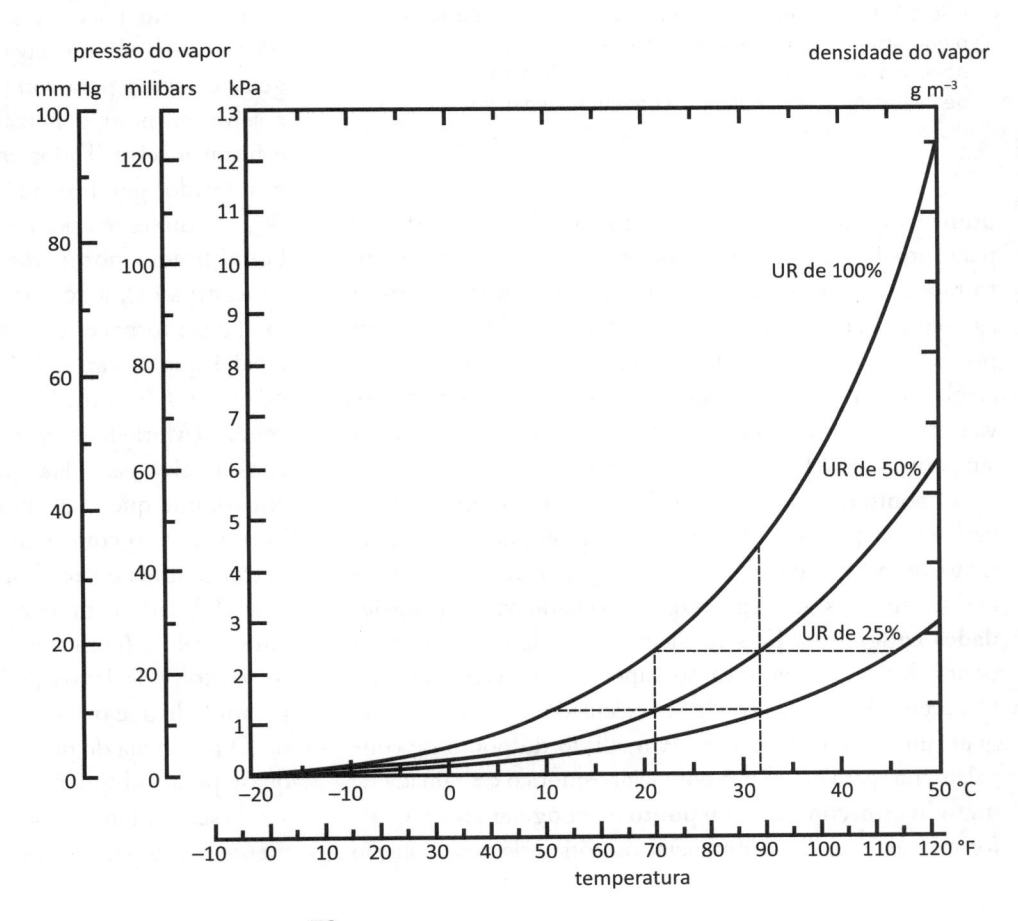

molal não ionizada a 0 °C é idealmente −2,27 MPa. Foi provado que o seu ponto de congelamento (Δ_f) é −1,86 °C. O efeito do potencial osmótico nos pontos de congelamento se mantém mesmo para soluções não ideais como as seivas vegetais, portanto, o potencial osmótico (osmolalidade) de uma solução diluída desconhecida pode ser estimado a partir do seu ponto de congelamento pela relação:

$$\frac{\Psi_s}{\Delta_f} = \frac{-2,27\ \text{MPa}}{-1,86\ °\text{C}} \quad (3.7)$$

ou

$$\Psi_s \text{ (em MPa)} = (1,22\ \text{MPa graus}^{-1})\ \Delta_f\ (\Delta_f \text{ em graus C}) \quad (3.8)$$

Foi provado que a determinação do ponto de congelamento é relativamente simples: termômetros de mercúrio altamente precisos (até 0,01 °C) e pares térmicos estão disponíveis no mercado para este propósito, assim como instrumentos completos para determinar precisamente os pontos de congelamento das soluções. Uma curva de tempo/temperatura (Figura 3-10) é determinada para contabilizar o superesfriamento e o subsequente aquecimento no congelamento, que é causado pela liberação de calor da fusão. Os resultados são comparados com os da água pura.

Obter uma seiva vegetal pura é muito mais difícil. É possível espremer a seiva para fora com uma prensa, congelar o tecido para romper as células e depois espremer a seiva, ou homogeneizar o tecido em um liquidificador e filtrar a seiva. Todos esses métodos, aplicados ao mesmo tecido, geralmente fornecem valores diferentes de Ψ_s, e a diferença pode chegar a até 50%. Os valores do liquidificador normalmente são os mais negativos (mais concentrados); a compressão manual da seiva através de uma gaze fornece os menos negativos. O problema principal é que os vários métodos envolvem diferentes graus de mistura do conteúdo citoplasmático da água da parede celular (Mark-hart et al., 1980) e de outras substâncias com a seiva vacuolar, que normalmente é muito maior em volume que o citoplasma. O vacúolo está em equilíbrio osmótico com o citoplasma, porque não existe uma barreira rígida entre eles, mas um vacúolo grande fornece a estabilidade osmótica (capacidade de tamponamento) para a célula (como observamos no Capítulo 1). Agora, os vacúolos isolados podem ser usados, mas não existe garantia de que o processo de isolamento não altera o Ψ_s.

O problema de pressionar células vivas é que uma água quase pura é obtida por causa da filtragem osmótica. Apesar de sua suas limitações, o método crioscópico foi amplamente usado por muitas décadas.

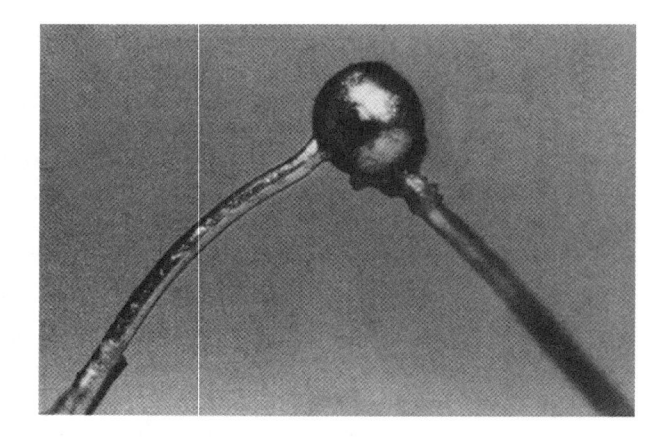

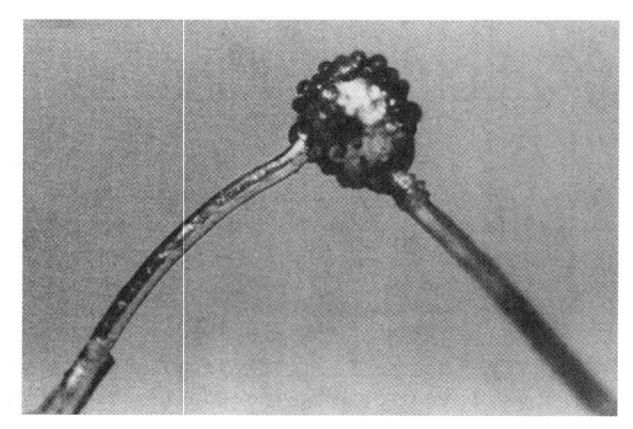

FIGURA 3-9 A junção do par térmico (objeto esférico de metal com cerca de 100 nm de diâmetro) em um psicrômetro para medir a umidade atmosférica e, portanto, o potencial hídrico. Acima: a junção seca antes do teste. Abaixo: a junção úmida um pouco depois do esfriamento de Peltier. As gotas de água se condensam a partir do ar. (Fotomicrografias cortesia de Herman Wiebe.)

primeiro a pressão das células vegetais deve ser reduzida para zero. Isso é realizado no laboratório pelo congelamento rápido, que produz cristais de gelo que rompem todas as membranas. O tratamento resulta na mistura do citoplasma, da seiva vacuolar e da água contidos nas paredes celulares. Em geral, isso altera o potencial osmótico e os valores diferem daqueles da célula intacta, mas, ainda assim, o método é frequentemente usado.

O ponto de congelamento (e também a pressão de vapor) é uma função da fração molar (Equação 2.12) e, portanto, do potencial osmótico. As propriedades das soluções que são funções da fração molar são chamadas de **propriedades coligativas**. Elas incluem ponto de congelamento, ponto de fervura, pressão do vapor e potencial osmótico. O potencial osmótico pode ser calculado a partir de qualquer um dos outros valores. A medição do ponto de congelamento para calcular o potencial osmótico é chamada de **método crioscópico** ou **do ponto de congelamento**. Conforme mencionado, o potencial osmótico de uma solução

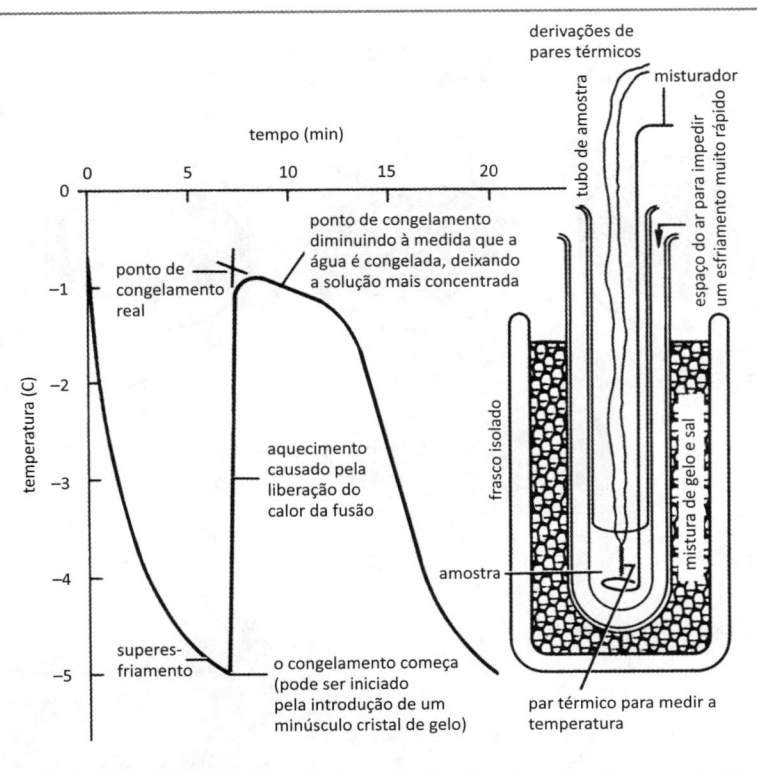

FIGURA 3-10 Determinação do ponto de congelamento de uma solução.

Se a seiva em qualquer tecido vegetal estiver em equilíbrio osmótico com uma solução externa que a cerca em pressão atmosférica ($\Delta\Psi = 0$; $P = 0$) e não existir tensão ou pressão dentro do tecido, o potencial osmótico da seiva seria igual ao da solução que a cerca. O problema dessa medição é obter a pressão zero dentro do tecido sem alterar as outras propriedades osmóticas além do necessário (o que pode ser um excesso). Esse é um método de medição do potencial osmótico pela observação da **plasmólise incipiente**. As amostras de tecido são colocadas em uma série de soluções graduadas com potenciais osmóticos conhecidos. (As soluções de sacarose ou manitol podem ser usadas, porém, substâncias como o PEG têm a vantagem de não penetrarem no tecido ou de não serem metabolicamente alteradas pelo tecido com tanta facilidade.) Depois de um período de equilíbrio (geralmente de 30 a 60 minutos), o tecido é examinado no microscópio. Foi suposto pelos fisiologistas vegetais que a plasmólise incipiente ocorre no tecido em que metade das células que estão iniciando a **plasmólise** (os protoplastos estão começando a se separar da parede celular) e que isso representa uma pressão interna de zero. Se essa suposição for verdadeira, o potencial osmótico da solução que produz a plasmólise incipiente é equivalente ao potencial osmótico dentro das células, depois que estiverem em equilíbrio com a solução.

Se isso for verdadeiro para o tecido em equilíbrio (e esse fato depende totalmente da suposição de que a plasmólise incipiente representa uma pressão zero), devemos perguntar como o tecido modificou-se à medida que a plasmólise incipiente se desenvolveu. O afastamento dos protoplastos da parede é causado pelo encolhimento ou redução no volume, então a solução de seiva dentro dos protoplastos se tornou mais concentrada e, portanto, desenvolveu um potencial osmótico mais negativo. (Lembre-se do diagrama de Höfler, Figura 3-3.) Se medições cuidadosas do volume do tecido original e do tecido em plasmólise incipiente forem feitas (o volume geral do tecido, ou melhor, as dimensões de uma amostra relativamente grande dos protoplastos), por isso, a alteração no potencial osmótico causada pela alteração no volume poderá ser calculada (Equação 3.4). Quando essa correção não é feita, os valores do potencial osmótico obtidos pelo método plasmolítico são muito negativos, por um valor de 0,1 ou mais MPa (5 a 10% ou mais).

A Figura 3-11 ilustra outra maneira pela qual a plasmólise incipiente em um tecido como um caule jovem pode ser estimada. Os caules são colocados em uma série graduada de soluções como no método que acabamos de discutir e, depois de um tempo para a troca de água, a elasticidade e a plasticidade do tecido são medidas da maneira simples ilustrada na figura. No início da plasmólise incipiente, a flexão plástica (irreversível) do caule torna-se perceptível; ela aumenta à medida que mais água é perdida das células nas soluções com potencial osmótico negativo crescente. Esse método ilustra muito bem o argumento que

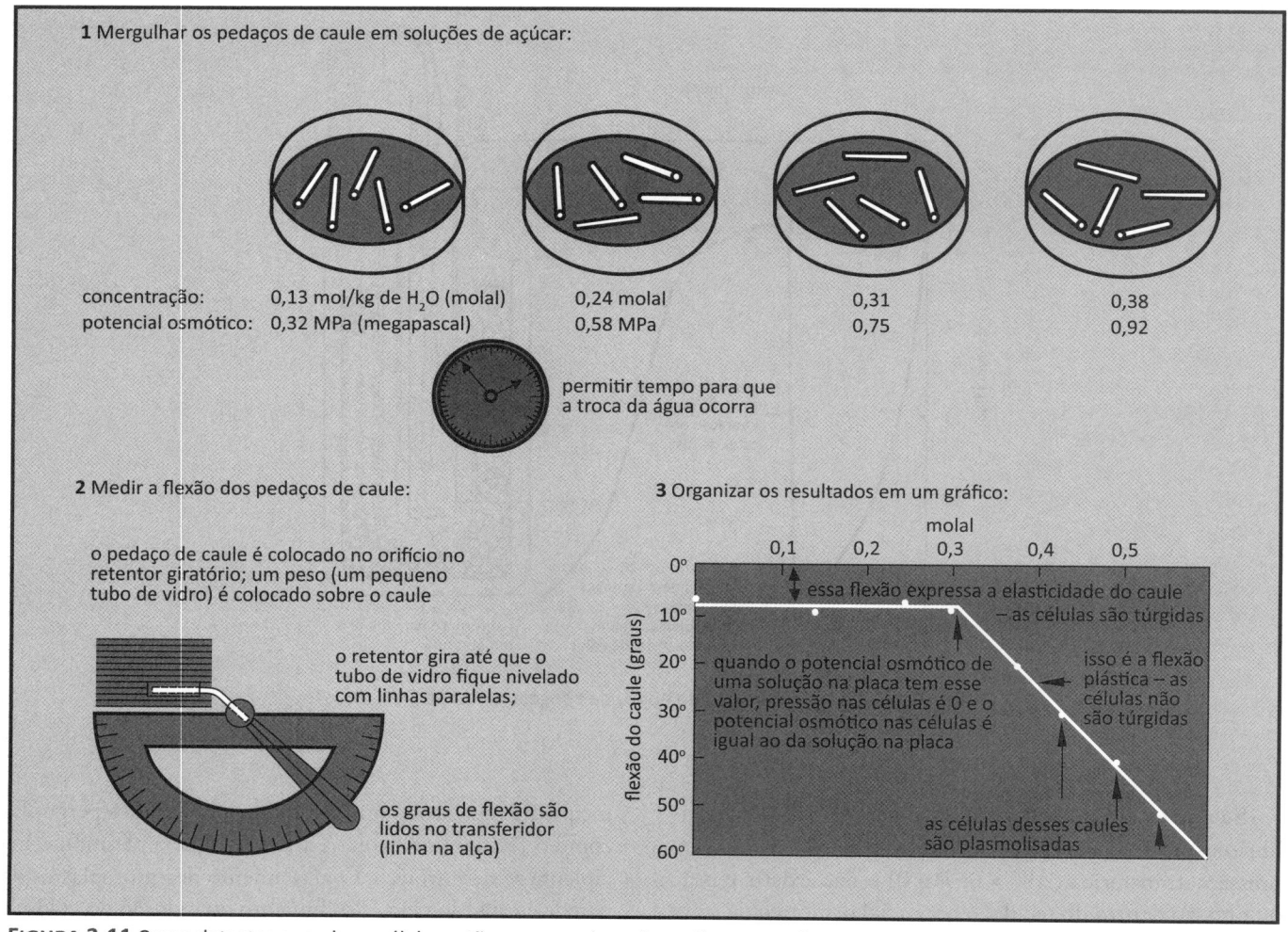

1 Mergulhar os pedaços de caule em soluções de açúcar:

concentração:	0,13 mol/kg de H₂O (molal)	0,24 molal	0,31	0,38
potencial osmótico:	0,32 MPa (megapascal)	0,58 MPa	0,75	0,92

permitir tempo para que a troca da água ocorra

2 Medir a flexão dos pedaços de caule:

o pedaço de caule é colocado no orifício no retentor giratório; um peso (um pequeno tubo de vidro) é colocado sobre o caule

o retentor gira até que o tubo de vidro fique nivelado com linhas paralelas;

os graus de flexão são lidos no transferidor (linha na alça)

3 Organizar os resultados em um gráfico:

essa flexão expressa a elasticidade do caule — as células são túrgidas

quando o potencial osmótico de uma solução na placa tem esse valor, pressão nas células é 0 e o potencial osmótico nas células é igual ao da solução na placa

isso é a flexão plástica — as células não são túrgidas

as células desses caules são plasmolisadas

FIGURA 3-11 Como detectar quando as células estão começando a plasmolisar, sem olhar para elas. No momento em que a pressão de turgor das células atinge o zero, os tecidos (caule jovem, nesse caso) tornam-se muito mais flexíveis e muito menos elásticos. (De Jensen e Salisbury, 1984; consulte Lockhart, 1959.)

já usamos várias vezes: a rigidez e a forma dos tecidos jovens que consistem em células com paredes primárias não lignificadas dependem completamente das pressões nas células, produzidas pela captura osmótica da água (consulte também a Figura 2-2).

Outra abordagem utiliza uma **bomba de pressão** que pode fornecer vários tipos de dados relacionados ao status de água de uma planta (Scholander et al., 1965). Para medir o potencial osmótico, uma folha ou ramo removido é normalmente hidratado (dependendo da espécie), colocando-se a ponta cortada em água pura por várias horas ou da noite para o dia, e depois cobrindo-o com saco plástico para garantir a UR de 100%. Os estudos indicam que, em geral, o potencial osmótico muda apenas ligeiramente durante esse período (mais uma vez, dependendo da espécie). O ramo hidratado é colocado na bomba de pressão (Figura 3-12) com a ponta cortada para fora. A pressão é aplicada e a seiva começa a sair da ponta cortada. Essa seiva é quase água pura, porque transpira pela osmose reversa. (As pressões na bomba são aumentadas para valores positivos mais altos que os potenciais osmóticos negativos, portanto a água se difunde para fora das células.)

A recíproca da pressão de equilíbrio ($1/P$) é plotada como uma função do volume da seiva exsudada (V) para se obter uma curva característica, como mostra a Figura 3-12. No início, à medida que a pressão aumenta, uma linha curvada aparece, porém, mais tarde (no ponto B), ela se torna linear. As células nesse ponto de inflexão (B) estão no **ponto de perda de turgor** (pressão interna é igual a zero; essencialmente, equivalente à plasmólise incipiente) e o valor negativo da pressão na bomba é igual ao potencial osmótico nas células (consulte os documentos de Grant et al., 1981; Hellkvist et al, 1974; Millar, 1982; Pierce e Raschke, 1980; Tyree e Dainty, 1973; Tyree e Hammel, 1972; Tyree e Jarvis, 1982; Waring e Cleary, 1967). Extrapolar a linha de volta a um volume expresso de zero (ponto A) fornece a recíproca do potencial osmótico das células do tecido hidratado original, e um diagrama de Höfler pode ser

TABELA 3-1 Alguns exemplos de potenciais osmóticos de folhas empiricamente determinados.

Espécie	Potencial osmótico[a] Ψ_s (MPa)
Erva-sal (*Atriplex confertifolia*)[b]	–2,4 a –20,5
Allenrolfea (*Allenrolfea occidentalis*)[c]	–8,9
Sálvia grande (*Artemisia tridentata*)[b]	–1,4 a –7,4
Salicórnia (*Salicornia rubra*)[b]	–3,2 a –7,3
Pinheiro azul (*Picea pungens*)[c]	–5,2
Tangerina (*Citrus reticulata*)[c]	–4,8
Salgueiro-chorão (*Salix babylonica*)[c]	–3,6
Álamo (*Populus deltoides*)[d]	–2,1
Carvalho branco (*Quercus alba*)[d]	–2,0
Girassol (*Helianthus annuus*)[d]	–1,9
Bordo vermelho (*Acer rubrum*)[d]	–1,7
Lírio aquático (*Nymphaea odorata*)[d]	–1,5
Grama azul (*Poa pratensis*)[d]	–1,4
Dente-de-leão (*Taraxacum officinale*)[d]	–1,4
Arzola (*Xanthium* spp.)[d]	–1,2
Morugem (*Stellaria media*)[d]	–0,74
Tradescantia ou Lambari (*Zebrina pendula*)[d]	–0,49
Pinheiro branco (*Pinus monticola*),[e] local seco, verão, exposto ao sol	–2,5
Pinheiro branco (*Pinus monticola*),[e] local úmido, primavera, mais sombreado	–2,0
Sálvia grande (*Artemisia tridentata*),[e] da primavera ao verão de 1973	–1,4 a –2,3
Sálvia grande (*Artemisia tridentata*),[e] verão de 1973	–3,8 a –5,9
Ervas de florestas úmidas[f]	–0,6 a –1,4
Ervas de florestas secas[f]	–1,1 a –3,0
Árvores e arbustos decíduos[f]	–1,4 a –2,5
Coníferas perenes e plantas ericáceas[f]	–1,6 a –3,1
Ervas da zona alpina[e]	–0,7 a –1,7

[a] Em razão da ampla variedade de valores observados para algumas espécies (erva-sal, sálvia grande, salicórnia), existe pouca certeza nos valores específicos mostrados para qualquer espécie individual. Além disso, a presença de cristais de sal nas superfícies da folha pode ser responsável por parte dos valores extremamente negativos, principalmente na erva-sal.
[b] Harris, 1934, p. 65, 70,110. Harris fez milhares de medições observando as depressões do ponto de congelamento da seiva expressada. As faixas mostram a variabilidade que ele encontrou em uma única espécie, em um único estado (Utah) e em um único ano.
[c] Relatório de alunos, aula de fisiologia vegetal, Colorado State University, Fort Collins.
[d] Meyer e Anderson, 1952.
[e] Cline e Campbell, 1976; Campbell e Harris, 1975.
[f] Pisek, 1956.

construído para calcular o volume da água no tecido nessa pressão ou em qualquer outra. Extrapolar a linha para além da pressão infinita (ponto C) fornece o volume do líquido originalmente presente nas células. A água que permanece na amostra depois que a pressão mais alta foi aplicada pode ser medida pela pesagem da amostra antes e depois da secagem em um forno (ponto D). Supõe-se que o excesso acima dessa quantidade calculada no ponto C seja a **água ligada**, retida com grande força às superfícies hidrófilas, mas pode incluir também um pouco de água apoplástica.

As medições dos potenciais osmóticos por esses métodos (principalmente o uso de pontos de congelamento) produziram resultados que variam de valores de cerca de –0,1 MPa nas plantas aquáticas até valores extremamente negativos, –20 ou MPa menos, nas **halófitas** (plantas que crescem em solos salgados). Os valores estão sujeitos a todos os problemas que acabamos de descrever, além de outros. Os valores extremos das halófitas, por exemplo, podem se tornar muito negativos pelos cristais de sal na superfície das folhas. Os verdadeiros potenciais osmóticos das células das halófitas são provavelmente de –5,0 a –8,0 MPa e os da seiva da maioria das outras plantas ficam entre –0,4 e –2,0 MPa (Tabela 3-1). Como era de se esperar, os valores do potencial osmótico variam dentro da mesma planta. Os das folhas mais jovens são os mais negativos, os das células da raiz mudam em resposta à secagem do solo e os de muitas outras células vegetais mudam em resposta a alterações nas condições ambientais (por exemplo, estresse hídrico ou de sal). Esse processo de osmorregulação em resposta ao estresse é discutido no Capítulo 26.

Pressão

Em um osmômetro de laboratório, a pressão é medida diretamente, porém, a medição direta da pressão nas células vegetais é difícil. Normalmente, a pressão é calculada depois que o potencial hídrico e o potencial osmótico foram determinados:

$$P = \Psi - \Psi_s \tag{3.9}$$

Paul B. Green e Frederick W. Stanton (1967) descreveram um método para a medição direta da **pressão do turgor** (pressão celular, igual à pressão nas células: o protoplasto empurrando contra a parede). Eles usaram as células grandes da alga *Nitella axillaris*. Desde então, o método foi elaborado com equipamentos sofisticados e aplicado em células muito menores de plantas superiores (consulte, por exemplo, os documentos de Nonami et al., 1987 e Shackel, 1987; e a revisão de Ortega, 1990). As aplicações do método nos estudos modernos são mencionadas nos próximos capítulos.

Green e Stanton criaram um manômetro minúsculo, fundindo a extremidade de um tubo capilar, fechando-a (diâmetro de 40 μm) e configurando a outra extremidade em uma ponta como a de uma agulha de seringa. Se a extremidade aberta desse tubo for colocada na água e

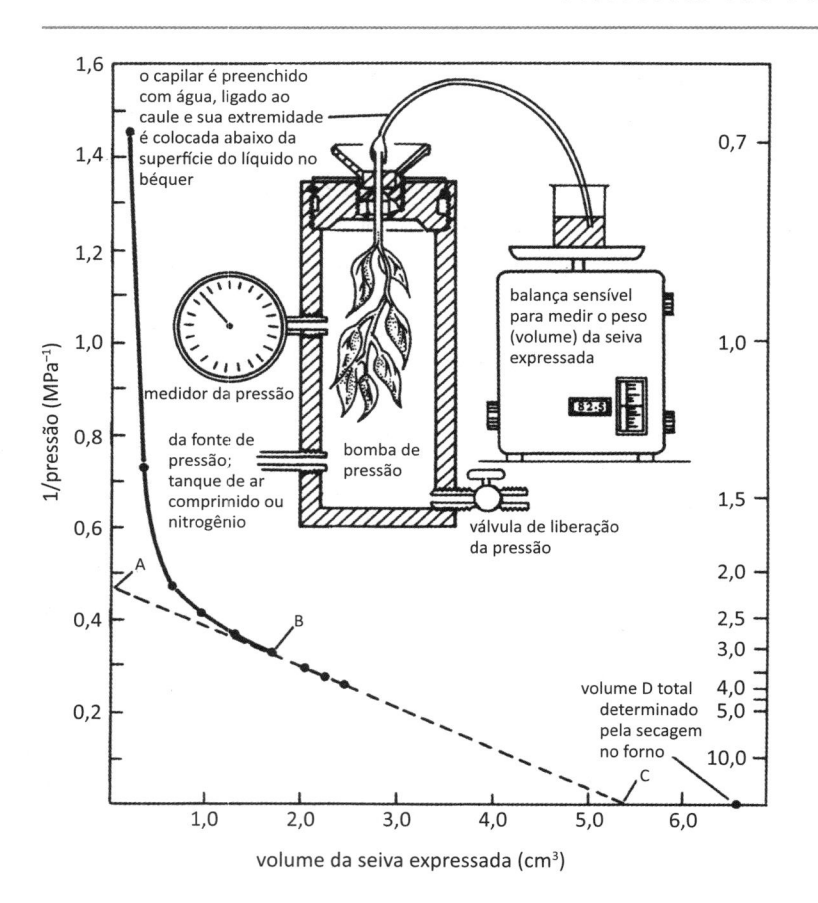

Figura 3-12 Ilustração da bomba de pressão como método para medir vários parâmetros importantes para as relações de água das plantas. Ponto A: o valor negativo da pressão nesse ponto equivale à média do volume do potencial osmótico do tecido hidratado, cerca de –2,1 MPa. Ponto B: o ponto de perda de turgor (comparável à plasmólise incipiente), indicando um potencial osmótico de –3,1 MPa. Ponto C: volume de água livre nos tecidos hidratados, cerca de 5,35 cm³. Ponto D: volume total da água do tecido, cerca de 6,72 cm³. A água ligada (incluindo uma parte de água apoplástica) é igual a D – C, ou 1,37 cm³ (consulte Tyree e Hammel, 1972).

Figura 3-13 Experimento de Green e Stanton. Depois do equilíbrio em soluções de açúcar de vários potenciais osmóticos, as células de *Nitella* foram penetradas por tubos capilares (fechados em uma extremidade) conforme ilustrado. No experimento original, as atmosferas eram a unidade métrica; elas foram mantidas aqui (1 atm = 0,1013 MPa). (Dados de Green e Stanton, 1967.)

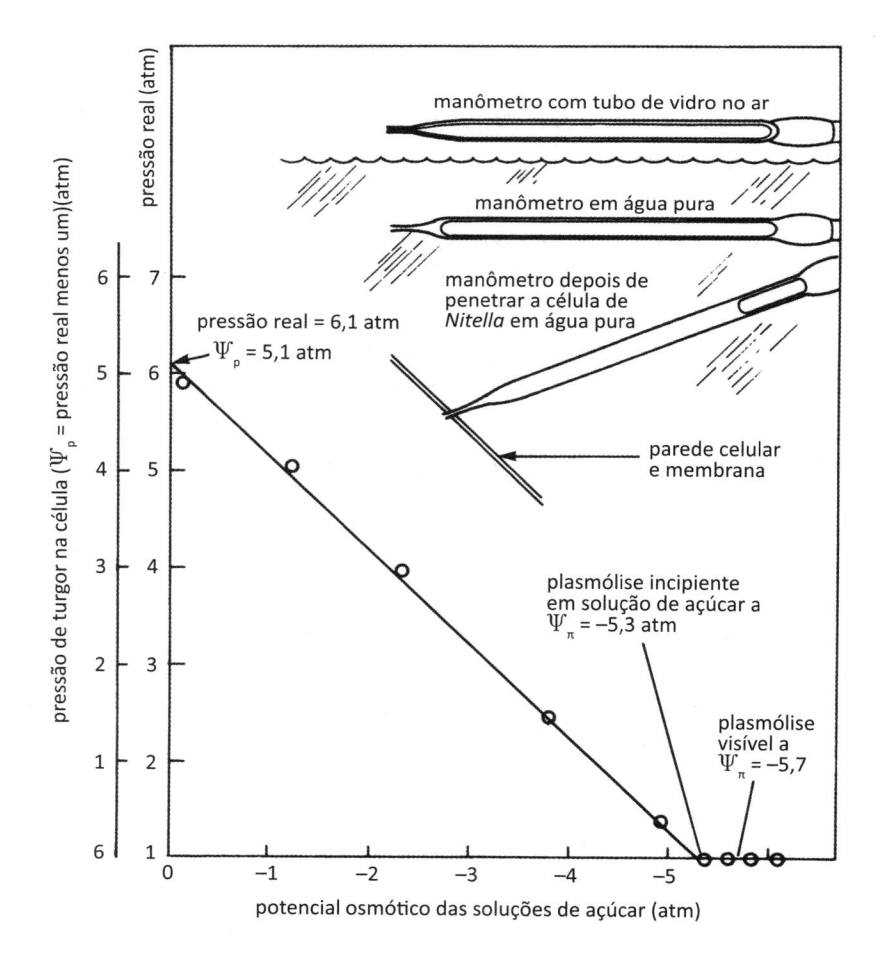

Coloides: componentes característicos do protoplasma

O protoplasma é exclusivo não apenas porque consiste em moléculas altamente complexas e especiais, mas também em decorrência de sua natureza física. Graças à sua alta viscosidade, o protoplasma é como um pudim gelatinoso ou, às vezes, como uma cola. A natureza física do protoplasma é determinada por vastas áreas de interface entre algumas dessas moléculas especiais, principalmente as proteínas, e as soluções protoplásmicas nas quais são suspensas. As reações da vida são catalisadas nessas interfaces de enzimas. Os solos também são caracterizados pelas enormes interfaces entre a argila (e, em menor grau, entre o limo e a areia) ou partículas de húmus e suas adjacências. A tecnologia aproveita as vantagens desses sistemas nos amaciantes à base de água, conversores catalíticos e numerosas outras aplicações. Itens fundamentais para a natureza física do protoplasma são as membranas e partículas, muito pequenas para se depositarem no fundo pela gravidade, porém maiores que os átomos, moléculas pequenas e íons que formam as verdadeiras partículas do soluto. Quando essas partículas maiores são suspensas na água, elas às vezes formam uma cola e, por isso, são chamadas de **coloides**, da palavra grega *kolla* (cola).

Por que os coloides não se depositam no fundo? Porque são constantemente golpeadas pelo ambiente – moléculas muito menores de água em movimento rápido (Capítulo 2), e elas são pequenas o suficiente para que as velocidades aleatórias das moléculas de água que as golpeiam não atinjam uma média. Em qualquer dado momento, existe uma alta probabilidade de que a partícula coloidal seja bombardeada mais fortemente em um lado do que no lado oposto. Quando as partículas coloidais são observadas na microscopia óptica pela forte iluminação de um lado, elas parecem pontos de luz (o **efeito de Tyndall**, observado pela primeira vez por John Tyndall, 1820-1893). Elas parecem dançar, com vários saltos aleatórios por segundo. As partículas maiores (mais claras) dançam menos que as menores (mais escuras).

Esse é o **movimento Browniano**, descoberto pelo botânico escocês Robert Brown, em 1827. Ele é uma confirmação bela e até mesmo espetacular da teoria cinética. (Consulte o excelente resumo de Bernard H. Lavenda, 1985.) Esse movimento errático e contínuo impede que os coloides se depositem no fundo. Na verdade, podemos definir uma partícula coloidal como aquela que não é um verdadeiro soluto, mas pequena o suficiente para permanecer em suspensão por causa do seu movimento Browniano. Com partículas ligeiramente maiores, existe muito mais chance de que o bombardeio aleatório em um lado se aproxime de um valor médio para toda a partícula. Na disputa entre o bombardeio cinético e a gravidade, a gravidade vence, e assim a partícula se deposita no fundo.

As maiores partículas que exibem o movimento Browniano têm cerca de 100 a 2.000 nm de diâmetro, dependendo de seus formatos e densidades. Uma vez que as ondas de luz têm de 385 a 776 nm de comprimento (Apêndice B), apenas as partículas coloidais maiores podem fazer sombra. As menores *refratam* as ondas de luz, causando o efeito de Tyndall, mas elas próprias não são visíveis na microscopia óptica. O microscópio eletrônico, com feixes de elétrons com comprimentos de onda menores que 0,1 nm, definem facilmente até mesmo as menores partículas coloidais, com diâmetro de cerca de 10 nm. (As partículas menores são solutos verdadeiros, mas a distinção não é precisa.) Muitas partículas de uma célula, incluindo os ribossomos e todas as moléculas de proteínas únicas que são enzimas, estão na faixa do tamanho coloidal.

A maioria das partículas coloidais passa pelo papel do filtro, mas não pode passar pelo celofane, como passam as partículas de soluto verdadeiro. As partículas em suspensão são muito grandes para passarem pelo papel do filtro.

Embora as partículas coloidais sejam pequenas, cada uma delas é grande o suficiente para apresentar uma superfície (uma camada de átomos) para as moléculas de água e as partículas de soluto que as cercam. Em razão do tamanho reduzido das partículas coloidais, a superfície total em um dado volume é relativamente imensa. Imagine um cubo sólido de material com 1 cm em cada uma de suas bordas. Existem seis faces, portanto, sua área de superfície é de 6 cm^2. Corte uma vez. Você expõe 2 cm^2 a mais de superfície. Continue cortando o cubo até ter reduzido cada parte ao comprimento de 10 nm em suas bordas. Agora, a área de superfície total é de 6.000.000 cm^2 (600 m^2). Um único cubo com a mesma área de superfície teria 10 m de altura com um volume de 1.000 m^3! As partículas coloidais raramente são cubos, mas seu tamanho é comparável.

As reações da vida ocorrem nas superfícies e é fácil ver como superfícies relativamente imensas podem existir em uma única célula. Também é fácil ver como a hidratação (forças matriciais) podem influenciar o meio de água das células e solos.

---

observada no microscópio, veremos que a água entra na extremidade aberta pela capilaridade, comprimindo o ar dentro do tubo. A posição do menisco dentro da extremidade aberta do tubo é observada e o volume do ar é calculado. Quando a extremidade aberta do tubo perfura uma célula, a pressão da célula é transferida para o ar, comprimindo-o ainda mais, até o ponto indicado pelo movimento do menisco (Figura 3-13). A pressão final no tubo é sempre igual à pressão antes da penetração da célula, multiplicada pela razão entre o volume original e o final (de acordo com a lei de Boyle). A pressão na célula antes da penetração pode ser aproximada multiplicando-se a pressão atmosférica pela razão entre o volume original no tubo e o volume depois da entrada da água pela capilaridade. Haverá uma leve alteração na pressão dentro da célula após a penetração pelo tubo, mas até mesmo isso pode ser determinado pela penetração da célula com um segundo tubo, enquanto se observa a alteração na pressão do primeiro. O método mede a pressão real na célula, mas, de acordo com as convenções, dizemos que a pressão em uma solução aberta em pressão atmosférica equivale a zero. Consequentemente, a pressão real da célula medida pelo método de Green e Stanton será cerca de 1 atm (aproximadamente 0,1 MPa) mais alto que a *pressão de turgor* convencional.

Potencial matricial

As superfícies hidrofílicas (por exemplo, as de coloides como proteína, amido e argila; observe o ensaio da caixa) adsorvem água, e a tenacidade com a qual as moléculas de água são adsorvidas não é apenas uma função da natureza da superfície, mas também da distância entre a superfície e as moléculas de água adsorvidas: aquelas localizadas diretamente na superfície adsorvente serão mantidas extremamente juntas, as que estão a uma certa distância da superfície serão mantidas muito menos "apertadas". A adsorção da água pela superfície hidrófila é chamada de **hidratação** ou **embebimento**.

O **potencial matricial** (τ) é uma medição, na pressão atmosférica, da tendência da matriz para adsorver moléculas de água adicionais. Essa tendência equivale à tenacidade média com a qual a camada menos apertada (mais distante) das moléculas de água é adsorvida. O potencial matricial é expressado nas mesmas unidades de energia ou pressão que o potencial hídrico e pode contribuir com o Ψ. Uma superfície coloide ou hidrofílica seca, como papel de filtro, madeira, solo, gelatina ou a haste da alga marrom, possui um potencial matricial extremamente negativo (tão baixo como -300 MPa), enquanto o mesmo coloide em um volume grande de água pura na pressão atmosférica tem um potencial matricial de zero (porque está saturado e, portanto, em equilíbrio com a água). Em geral, quando qualquer coloide em pressão atmosférica está em equilíbrio com o seu ambiente, as moléculas de água menos apertadas têm a mesma energia livre que aquelas que as cercam, portanto, o potencial matricial do coloide é igual ao potencial hídrico do ambiente.

Nas discussões modernas, o raio de curvatura das superfícies da água entre as partículas coloidais (os **meniscos**) é frequentemente mencionado. O menisco é a base do fenômeno da capilaridade discutido no Capítulo 5 (consulte a Figura 5-3). Quanto menor o raio de curvatura do menisco, mais apertada a ligação da água à superfície coloidal ou outra superfície hidrofílica pela hidratação, e mais negativo o potencial matricial.

Uma forma moderna e comumente usada de medir o potencial matricial é instrutiva. Um coloide hidratado é encerrado em uma câmara de pressão com um filtro de membrana sustentado por uma tela para suportar a pressão alta (Figura 3-14). Os poros da membrana têm de 2 a 5 nm de diâmetro, grandes o suficiente para permitir a passagem de solutos e água, mas não do coloide. A tensão de superfície impede a passagem do ar pela membrana úmida. Suponha (no caso mais simples) que o coloide é úmido apenas com água pura (sem solutos). O ar comprimido é introduzido na câmara de pressão. O aumento da pressão eleva o Ψ da água que é adsorvida no coloide na

FIGURA 3-14 Um aparelho de placa de pressão (ou membrana de pressão) usado para medir os potenciais matriciais do solo e de outros materiais. As amostras úmidas são colocadas nos suportes circulares da placa de pressão, uma placa porosa que permite a difusão da água. Depois que a parte superior é fixada no lugar com porcas borboletas e contra um anel O de borracha, a pressão é introduzida e a água começa a se difundir pela placa e sair pelo pequeno tubo para o béquer (centro da foto). Quando a água parar de sair pelo tubo (muitas vezes, depois de 24 horas), o potencial matricial (um valor negativo) da amostra é numericamente igual à pressão (um valor positivo) no aparelho, lido nos medidores na parte inferior da imagem. Uma pressão mais alta poderia então ser introduzida para expelir mais água, produzindo-se uma curva de liberação da umidade como a da Figura 3-15 (placa de pressão no laboratório de Ray W. Brown, Forestry Sciences Laboratory, Logan, Utah; foto de Frank B. Salisbury).

direção do zero. Quando o Ψ das moléculas mais distantes da superfície do coloide atinge o zero, essas moléculas começam a se difundir para fora, através da membrana. (Você também pode pensar no ar comprimindo os meniscos e diminuindo o seu raio de curvatura.) Aumentos adicionais da pressão do coloide resultam em incrementos adicionais, porém menores, no movimento da água do coloide passando pela membrana.

Quando todo o movimento da água é interrompido, a água no coloide sob pressão estará em equilíbrio, através da membrana, com a água pura em pressão atmosférica e a mesma temperatura que o exterior (Ψ = 0; isto é, o Ψ das moléculas de água adsorvidas menos apertadas no coloide sob pressão = 0). Se Ψ = 0 e se o potencial de pressão e o matricial forem os únicos componentes que influenciam o potencial hídrico no lado coloide da membrana:

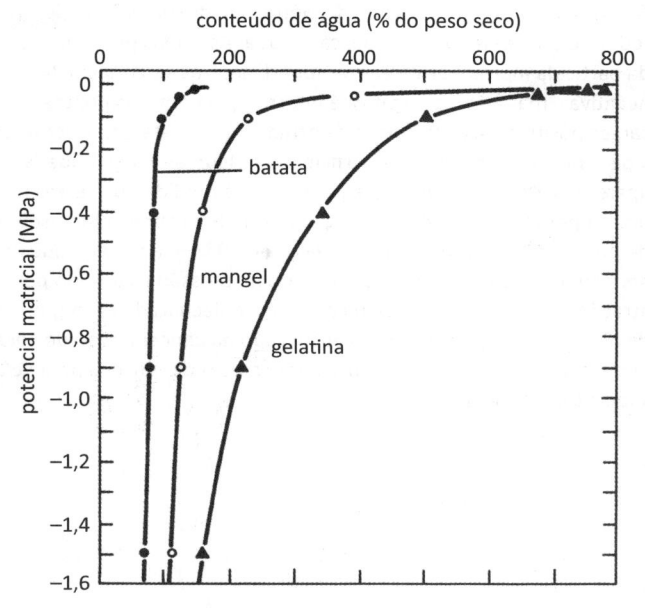

$$\Psi = P + \tau \qquad (3.10)$$

FIGURA 3-15 Curvas de liberação da umidade para dois materiais vegetais e gelatina. (De Wiebe, 1966.)

Então, o potencial matricial negativo equivalerá ao potencial de pressão positiva produzido pelo ar comprimido ($-\tau = P$). Como a pressão é conhecida, o potencial matricial negativo também é conhecido.

Normalmente, depois que o equilíbrio foi atingido em uma determinada pressão, o conteúdo de água do coloide é determinado por meio de pesagens antes e depois da secagem em um forno. O potencial matricial do coloide, plotado como função de seu conteúdo de água, fornece a **curva de liberação da umidade** (Figura 3-15). Essas curvas são fundamentais para calcular o fluxo de água do solo e sua capacidade de retenção de água.

Um teste da suposição de que a pressão final no aparelho da membrana pressurizada é uma medição do potencial matricial pode ser feito medindo-se o potencial hídrico do coloide em pressão atmosférica pelo método do vapor, descrito no título "Potencial hídrico" acima. As duas medições concordam estreitamente, indicando a validez da abordagem da câmara de pressão.

O potencial matricial é considerado um *componente* do potencial hídrico (Ψ = P + Ψ$_s$ + τ). Não achamos que isso seja válido, porque τ entra em equilíbrio com Ψ conforme estabelecido por P e Ψ$_s$ e, portanto, não pode ser adicionado algebricamente a P e Ψ$_s$. Todavia, os efeitos matriciais contribuem claramente com o Ψ geral. Em um sistema complexo – como uma célula contendo moléculas de proteína coloidal e outras superfícies hidrofílicas, bem como íons e moléculas de solutos simples –, o potencial hídrico final será determinado não apenas pelas partículas de soluto e a pressão, mas também pelas proteínas e outras superfícies. Não entendemos suficientemente as complexidades desses sistemas para representá-los com um modelo matemático.

Todavia, podemos imaginar algumas interações. Alguns solutos polares, particularmente os íons, são adsorvidos nas superfícies hidrofílicas, influenciando o seu potencial hídrico. Além disso, a adsorção das moléculas de água nessas superfícies diminui a quantidade de água na parte do sistema que não é influenciada pela matriz; portanto, a solução nessa parte é mais concentrada do que seria de outra maneira. É possível que nenhuma molécula de água do sistema esteja longe o suficiente de uma superfície hidratante (por exemplo, cada molécula de proteína) para que não seja afetada em nada por ela. Isso é improvável no citosol, como observamos (Passioura, 1980, 1982), mas é verdadeiro na água do solo, com os seus solutos dissolvidos, ou na água na parede celular.

Alguns autores modernos (por exemplo, Passioura, 1980, 1982; Tyree e Jarvis, 1982) sugerem que os efeitos matriciais podem ser discutidos apenas em termos de efeitos do soluto e da pressão. Considere o que acontece no ambiente molecular quando uma superfície hidrofílica adsorve água. No caso mais simples, a adsorção pode ser apenas uma questão das forças de van der Waals ou da ponte de hidrogênio, que provavelmente se estende por apenas um ou dois diâmetros da molécula de água (0,3 a 0,6 nm). Porém, muitas superfícies hidrofílicas na natureza, principalmente as da argila, proteínas e microestruturas das paredes das células, têm uma grande carga negativa desequilibrada. Os lados positivos das

FIGURA 3-16 (a) A dupla camada elétrica de distribuição iônica ao redor de uma partícula coloidal carregada. As cargas perto da superfície da partícula indicam as cargas da superfície. Elas são principalmente negativas, mas a carga negativa é interrompida em três pontos pelas cargas positivas. A distribuição da carga iônica é estatisticamente oposta à distribuição da carga na superfície, mas algumas irregularidades estão aparentes. **(b)** A pressão aumenta na água à medida que se aproxima de uma superfície hidratada e carregada. As linhas representam isóbaros de pressão aumentando em intervalos de 30 MPa à medida que nos aproximamos da superfície. O aumento na pressão é causado pela atração entre a superfície carregada e as moléculas de água (pela ponte de hidrogênio) e pelo aumento acentuado na concentração do soluto, que é causado pela atração mútua dos solutos dissolvidos (íons) e a superfície carregada.

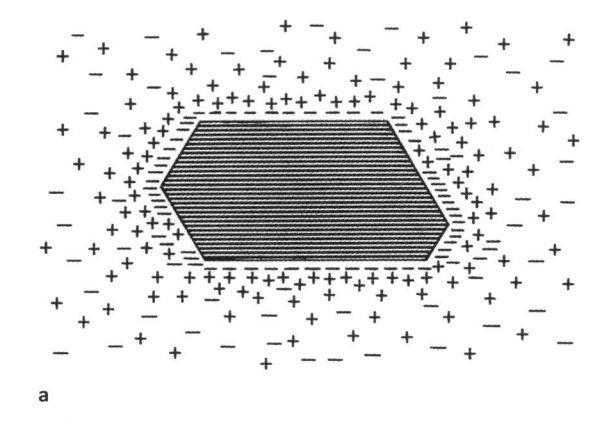

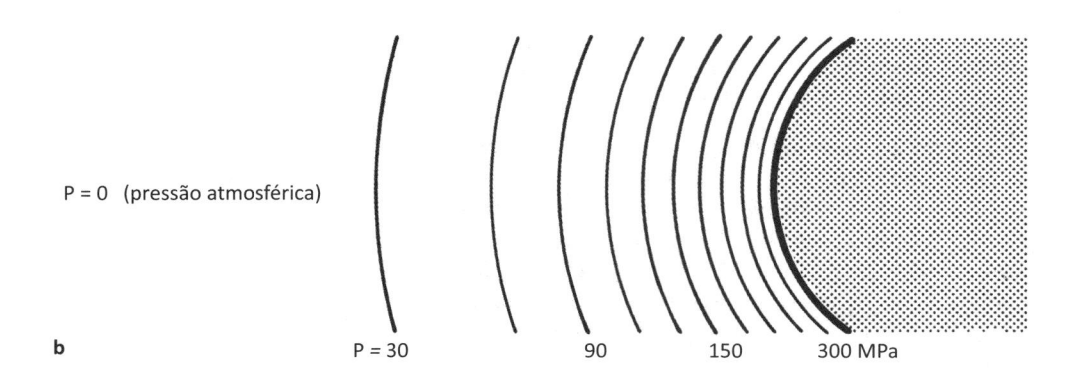

moléculas de água (consulte a Seção 2.1) são fortemente conectados a essas superfícies de carga negativa, e várias camadas de moléculas de água podem se acumular nessa superfície (Figura 3-16). Essas forças são grandes o suficiente para produzir pressões de dezenas a centenas de megapascais nas moléculas mais próximas da superfície. Esse efeito é parecido com o da pressão hidrostática produzida pela gravidade na água profunda, com a exceção de que o gradiente de pressão ocorre em nanômetros e não em centenas de metros.

Tudo isso faz mais sentido em termos de efeitos do soluto e da pressão, porque as moléculas de água conectadas à superfície hidrofílica perdem grande parte de sua energia. Isto é, estendendo a nossa discussão termodinâmica a uma microescala (que pode não ser completamente válida), diríamos que as forças matriciais, agindo como solutos, produziriam um potencial hídrico extremamente negativo perto das superfícies adsorventes, se esse efeito não fosse equilibrado pelas pressões positivas muito altas existentes ali. O potencial hídrico ao longo da camada de moléculas de água adsorvidas é constante, portanto, deve estar em equilíbrio.

Se os solutos estiverem presentes, principalmente os cátions, são fortemente atraídos pela superfície hidrofílica, onde a sua concentração é extremamente alta (calculada como sendo, no mínimo, 2 M). Isso produz um potencial osmótico negativo que forma um gradiente que vai do extremamente negativo perto da superfície carregada até muito menos negativo a uma certa distância. Novamente, as moléculas de água se difundem fortemente na direção da superfície carregada onde as concentrações dos solutos são muito altas, produzindo um gradiente na pressão oposto ao gradiente no potencial osmótico e mantendo o potencial hídrico constante ao longo de todo o processo (Figura 3-16).

Claramente, os efeitos das superfícies hidrofílicas nas moléculas de água cumprem uma função importante nas plantas. Membranas, proteínas, ribossomos e vários componentes da parede celular podem se tornar hidratados e, portanto, são parte do componente matricial que se combina com o componente osmótico e com a pressão para determinar o potencial hídrico. Também é importante lembrar, no entanto, que, em pesos equivalentes, pequenos íons inorgânicos reduzem a energia livre (e, portanto, o potencial hídrico) de uma quantidade de água muito mais (centenas a milhões de vezes) que uma substância hidrofílica como a proteína (porque o efeito é proporcional à fração de mol e independente da massa molecular). Assim, no citosol, a contribuição do componente matricial para o potencial hídrico final é provavelmente pequena e pode ser insignificante quando comparada com a de íons de solutos e moléculas. Ainda assim, o componente matricial é muito significativo na parede celular.

Nas sementes secas e no solo, os efeitos matriciais são particularmente importantes. A captura da água pelas sementes é, em primeira instância, principalmente uma função de forças matriciais; as superfícies das proteínas e alguns polissacarídeos da parede celular devem se tornar hidratados antes que a germinação possa começar. A madeira seca também é hidrofílica, e por séculos as rochas vêm sendo divididas por uma técnica que utiliza essa propriedade: lacunas são perfuradas ao longo de uma linha de fratura na rocha, lascas de madeira seca vão sendo colocadas nessas lacunas e a água corre sobre as lascas, que então hidratam, se expandem e provocam rachaduras na rocha. Os fungos e talvez as raízes e outros sistemas também desenvolvem poderosas forças de expansão que dependem da hidratação (e da osmose).

Talvez um dia nosso conhecimento avance até o ponto em que poderemos calcular as contribuições relativas dos solutos (potencial osmótico), da pressão e da adsorção da água nas superfícies hidrofílicas (efeitos matriciais) para o verdadeiro status de água das plantas. Nesse meio tempo, é importante perceber que esses três fatores cumprem uma função, mas que não é válido (por causa das complicações discutidas) considerar o potencial matricial um componente do potencial hídrico no mesmo sentido que o potencial osmótico e a pressão. Todavia, esse cálculo aplicado ao solo normalmente fornece resultados coerentes, porque as forças matriciais dominam o potencial hídrico nos solos.

QU4TRO

A fotossíntese – o compromisso da transpiração

No verão de 1980, John Hanks, um cientista do solo na Utah State University, fez um registro detalhado da quantidade de água necessária para cultivar uma safra de beterrabas na fazenda da faculdade em Greenville. Para a safra amadurecer, uma quantidade de água equivalente a 620 mm de chuva foi adicionada ao campo. Cerca de um quarto dessa quantidade evaporou diretamente do solo, mas a maior parte dos 465 mm restantes passou pelas plantas, entrando na atmosfera. Essa evaporação da água a partir das plantas (e de animais, de acordo com a maioria dos dicionários) é chamada de **transpiração**. Nas plantas, ela se refere à perda da água interna através de estômatos, cutículas ou lenticelas. Continuando seus cálculos, Hanks mostrou que 465 kg de água eram transpirados pelos pés de beterrabas para cada 1 kg de sacarose produzido; 230 kg de água eram transpirados para produzir 1 kg de **massa** seca, incluindo folhas, caules e raízes (Davidoff e Hanks, 1988).

Em um estudo de 1974, Hanks observou que 600 kg de água eram transpirados para produzir 1 kg de milho seco e 225 kg eram transpirados para produzir 1 kg de biomassa seca. Portanto, da água que se movia através da planta desde o solo até a atmosfera, nesses exemplos, apenas uma pequena fração de 1% se tornava parte da biomassa. Esses números são típicos, embora existam algumas diferenças substanciais entre as espécies. (Consulte as revisões em Hanks, 1982, 1983.)

Por que tanta água é perdida pela transpiração para cultivar uma safra? Porque o esqueleto molecular de praticamente toda a matéria orgânica nas plantas consiste em átomos de carbono que devem vir da atmosfera. Eles entram na planta como dióxido de carbono (CO_2) pelos poros dos estômatos, principalmente nas superfícies das folhas, e a água sai pela difusão através desses mesmos poros, desde que estejam abertos. Poderíamos dizer que a planta enfrenta um dilema: como obter o máximo possível de CO_2 de uma atmosfera em que ele está extremamente diluído (cerca de 0,035% do volume) e, ao mesmo tempo, reter o máximo possível de água. O agricultor enfrenta um desafio semelhante: como obter uma produtividade máxima na safra com um mínimo de irrigação ou chuva, um recurso natural crítico (Sinclair et al., 1984).

Entender os fatores ambientais e sua influência na transpiração e na absorção do CO_2 pela folha no campo, em várias épocas, é uma tarefa difícil, pois os fatores interagem de muitas maneiras. Os fatores ambientais influenciam não apenas os processos físicos de evaporação e difusão, mas também a abertura e fechamento dos estômatos na superfície das folhas, através dos quais passam mais de 90% da água transpirada e do CO_2. O aumento na temperatura da folha, por exemplo, promove consideravelmente a evaporação e ligeiramente a difusão, mas pode fazer com que os estômatos fechem ou abram ainda mais, dependendo da espécie e de outros fatores. Ao amanhecer, os estômatos se abrem em resposta ao aumento na luz, e a luz aumenta a temperatura da folha, o que faz a água evaporar mais rápido. A temperatura mais alta do ar permite que ele retenha mais umidade, portanto, a transpiração é promovida e talvez a abertura dos estômatos seja afetada. O vento traz mais CO_2 e sopra para longe o vapor da água, causando um aumento na evaporação e na captura do CO_2, mas um pouco menos que o esperado, porque o aumento no CO_2 faz com que os estômatos fechem parcialmente. Se a luz solar aumentar a temperatura da folha acima da temperatura do ar, no entanto, o vento irá diminuir essa temperatura, causando uma diminuição na transpiração. Quando a umidade do solo torna-se limitadora, a transpiração e a captura do CO_2 são inibidas porque os estômatos fecham. Se visitássemos a fazenda de Greenville esperando aprender sobre a extensão da transpiração ou da captura do CO_2 em qualquer momento, teríamos que nos armar com uma formidável série de dispositivos de medição ambiental, preferivelmente conectados a um catalogador de dados e um computador.

4.1 Medição da transpiração

Neste capítulo, enfatizamos a transpiração e não a captura do CO_2. O primeiro processo talvez seja o mais difícil, pois o CO_2 atmosférico é bastante constante, enquanto a umidade varia, e os estudos de transpiração devem considerar, além da evaporação, a difusão. Seja como for, o entendimento da transpiração forma a base para o entendimento da captura do CO_2. Porém, observe que as moléculas de vapor de água se difundem 1,6 vez mais rápido que as moléculas de CO_2 (por causa do peso molecular inferior) e que a atmosfera normalmente contém de 10 a 100 vezes mais vapor de água que CO_2 (a 25 °C, H_2O = 3,2 a 32 mmol mol^{-1}; CO_2 = 0,351 mmol mol^{-1}), de forma que as moléculas de H_2O que se difundem para fora dos estômatos influenciam as moléculas de CO_2 que estão entrando (von Caemmerer e Farquhar, 1981).

Como poderíamos medir a transpiração na fazenda de Greenville para saber se nossos modelos e cálculos em desenvolvimento são válidos? Existem muitos métodos; discutiremos aqui as três principais abordagens: métodos do lisímetro, troca gasosa e fluxo do caule.

Métodos do lisímetro ou gravimétrico

Há dois séculos, Stephen Hales preparou uma planta em um vaso, vedando-o e ao solo contra a perda de água, deixando o broto livre para transpirar. A planta era pesada em intervalos regulares, e uma vez que a quantidade de água usada no seu crescimento (por exemplo, convertida em carboidratos) é apenas uma fração de 1% da água transpirada, praticamente toda a mudança no peso pôde ser atribuída à transpiração. Esse é o método do **lisímetro**. O único problema é ter a certeza de que a planta realmente representa outras plantas no campo, depois de ter sido movida do seu local na natureza para a balança e de volta, e de ter suas raízes confinadas ao vaso.

Hanks e outros expandiram consideravelmente essa abordagem simples. Seus lisímetros na fazenda de Greenville eram recipientes grandes (vários metros cúbicos) cheios de solo e enterrados para que a superfície superior ficasse nivelada à superfície do campo. O recipiente era colocado sobre um enorme saco de borracha enterrado e cheio de água e fluido anticongelamento, que se estendia até um cano vertical acima da superfície (Figura 4-1). O nível de líquido na tubulação é uma medição do peso do lisímetro, portanto, ele muda conforme o teor de água do solo no lisímetro e nas plantas em crescimento, mas seu peso é pequeno se comparado com o do solo. A quantidade de água do solo é determinada pela irrigação e pela chuva, menos a **evapotranspiração**, que é a combinação entre a evaporação do solo e a transpiração das plantas. A evaporação do solo pode ser estimada de várias maneiras. O lisímetro é o método de campo mais confiável para estudar a evapotranspiração, mas é caro e não pode ser movido quando se deseja. Embora não sejam universalmente disponíveis, os lisímetros são amplamente usados. Uma técnica mais comum aplica a equação do equilíbrio da água para calcular a evapotranspiração como uma diferença entre as entradas e saídas:

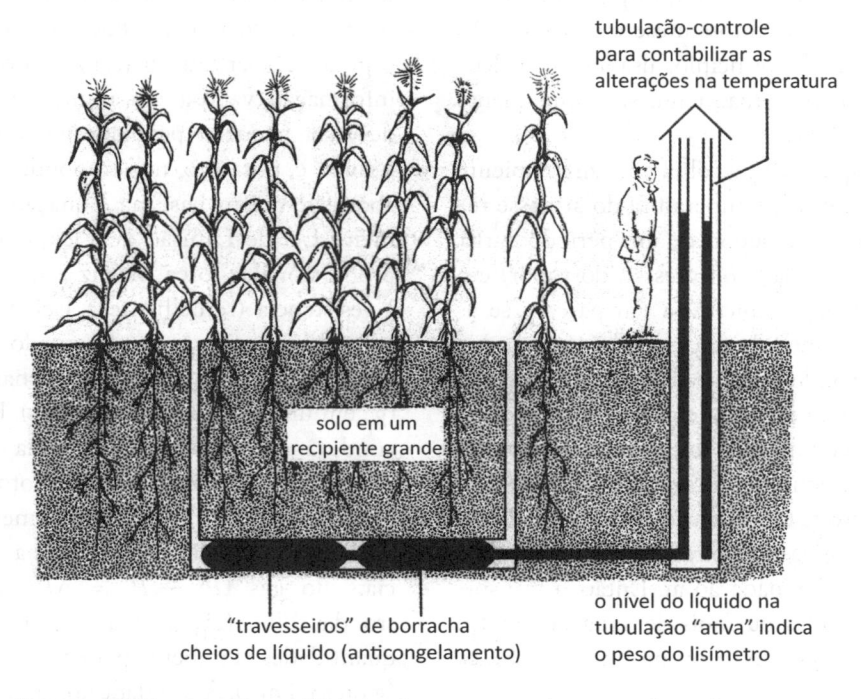

FIGURA 4-1 Diagrama de um lisímetro de campo grande, operando conforme o princípio hidráulico.

E_t = irrigação + chuva + depleção − drenagem
− água da chuva não absorvida   (4.1)

em que E_t = evapotranspiração e depleção é a perda do armazenamento de água no solo. As medições do armazenamento de água no solo no início e no final de um determinado período fornecem a depleção.

Um método relacionado usado nos laboratórios de ensino consiste em mergulhar as raízes da planta ou um caule cortado em um reservatório de água fechado, ligado a um dispositivo de medição. Às vezes, o caule é diretamente encaixado em uma bureta, ou a perda da água pode ser medida enquanto uma bolha de ar se move por um tubo capilar conectado ao reservatório; esse aparelho é chamado de **potômetro**. Pode ser útil estudar as taxas de transpiração relativas por intervalos breves, mas o corte do caule influencia a taxa de transpiração, e as raízes submersas tipicamente se tornam deficientes em oxigênio, reduzindo a captura da água (Sheriff e McGruddy, 1976).

Métodos de troca de gás ou da cuveta[1]

Nessa abordagem, a transpiração é calculada medindo-se o vapor de água em uma atmosfera vedada que cerca a folha. A folha pode estar encerrada em uma **cuveta** transparente (Figura 4-2), por exemplo, e a umidade, a temperatura e o volume de gás que entra e sai da cuveta podem ser medidos. As informações obtidas dependem dos parâmetros medidos. É possível calcular a taxa de transpiração, condutância dos estômatos, taxa de fotossíntese e concentração do CO_2 dentro da folha. Os princípios usados nos cálculos são simples e instrutivos. Atualmente, são amplamente aplicados em muitos estudos.

A técnica mais simples veda a folha em um recipiente e mede a umidade relativa e a temperatura do ar nesse recipiente no momento zero e depois de um período curto. A umidade absoluta (densidade ou pressão do vapor) em mols ou gramas por metro cúbico (ou em pascais, se as pressões forem usadas) é medida diretamente com um higrômetro de ponto de condensação ou calculada a partir da umidade relativa e da temperatura, tendo como referência um **gráfico psicométrico** (semelhante à Figura 3–8), tabelas padrão ou cálculos e equações apropriadas. Conhecendo o volume do ar na cuveta e as alterações na densidade do vapor, a quantidade de água transpirada da folha equivale à quantidade de água adicionada ao ar. Então, a transpiração é expressa em gramas ou mols de água por metro quadrado da folha por segundo (g ou mol m^{-2} s^{-1}). Se os dados forem comparados com as medições da fotossíntese, é lógico usar os mols em vez dos gramas de água. O problema dessa abordagem simples é que a transpiração é afetada pela umidade, que se modifica na cuveta durante a medição. O primeiro aprimoramento é passar o ar pela cuveta, medindo seu volume cuidadosamente e calculando sua densidade de vapor à medida que ele entra e sai, com base nas medições da umidade relativa e da temperatura. Novamente, o aumento na quantidade de vapor à medida que o ar passa pela cuveta representa a água transpirada da planta e pode ser expresso como g ou mol m^{-2} s^{-1}.

FIGURA 4-2 Uma cuveta de laboratório para medir a transpiração.

Adicionar um minúsculo par térmico ao sistema para medir a temperatura da folha (com uma precisão de 0,1 °C) permite o cálculo da condutância estomatal, que indica o grau de abertura ou fechamento dos estômatos – uma informação valiosa em muitos estudos. O par térmico deve ser pequeno para que possa ser pressionado contra a folha e, portanto, não responde à temperatura do ar. A abordagem tem base na Equação 2.16, derivada da Primeira Lei de Difusão de Fick, que afirma que o fluxo é proporcional à força motriz e inversamente proporcional à resistência (semelhante à Lei de Ohm). O inverso da resistência à difusão era chamado de permeabilidade; no contexto da difusão do gás, é chamado de **condutância** (g_j, em unidades de μmol m^{-2} s^{-1}). Um motivo para usar a condutância em vez da resistência é que ela é diretamente proporcional à transpiração (ou fotossíntese, se o CO_2 estiver sendo medido) e não inversamente proporcional.

A força motriz é a diferença entre as pressões parciais do gás ($P_{ji} - P_{jo} = \Delta P_j$; unidades de Pa) dentro da folha ($\boldsymbol{P_{ji}}$) e a atmosfera externa ($\boldsymbol{P_{jo}}$), mas as quantidades também podem ser usadas nos cálculos (g ou mol m^{-3}). A umidade absoluta fora da folha (ambiente = P_a) é calculada, e presume-se que a umidade relativa

---
[1] Bruce G. Bugbee sugeriu o esboço desta seção.

seja de 100% dentro da folha (embora seja ligeiramente menor, talvez apenas 98%). Sabendo a temperatura da folha e a umidade relativa dentro dela, podemos calcular a umidade absoluta (densidade do vapor; P_i), conforme observada acima. A transpiração (E) ou o fluxo difusivo (J_j; unidade de µmol m^{-2} s^{-1}) é então expressa como:

$$J_{H_2O} = E = g_{H_2O} \cdot \Delta P_{H_2O} = g_{H_2O} (P_a - P_i) \quad (4.2)$$

A Equação 4.2 é então resolvida para a condutividade:

$$g_{H_2O} = E / \Delta P_{H_2O} \quad (4.3)$$

No próximo aprimoramento, um analisador do CO_2 é adicionado ao sistema, medindo o CO_2 à medida que este entra e sai da cuveta pela sua absorção de comprimentos de onda específicos da radiação na porção infravermelha (IR) do espectro (Janac et al., 1971; Long, 1982). Os avanços recentes nos analisadores de gases IR (que também medem o vapor de água) permitem que os fisiologistas vegetais meçam as alterações no CO_2 em alguns segundos, e futuros avanços talvez permitam medições em menos de 1 segundo.

A fotossíntese é a primeira informação obtida dessas medições. O CO_2 reduzido no ar que sai da cuveta representa o CO_2 removido na fotossíntese, que (como na medição da transpiração) pode ser expresso em g ou mol m^{-2} s^{-1}. Nos últimos anos, houve um grande interesse em expressar a fotossíntese (A, que significa **assimilação**) como função da concentração do CO_2 *dentro* da folha (C_i). Porém, como a concentração do CO_2 interno pode ser medida ou calculada?

Novamente, usamos a equação do fluxo (Equação 2.10), mas desta vez a aplicamos ao CO_2, e não à H_2O. Medimos o CO_2 no ar que cerca a folha (CO_2 *ambiente* = C_a) e queremos saber o CO_2 interno (C_i). Como na Equação 4.1, o delta (Δ) significa a diferença nas pressões ou densidades parciais do gás ($\Delta P_{CO_2} = C_a - C_i$):

$$J_{CO_2} = A = g_{CO_2} \cdot \Delta P_{CO_2} = g_{CO_2} (C_a - C_i) \quad (4.4)$$

Já calculamos A, a taxa da fotossíntese. Também medimos C_a, portanto, ficamos com duas desconhecidas: C_i e g_{CO_2}, mas calculamos g_{H_2O} e sabemos, a partir dos princípios fundamentais na teoria cinética (Equação 2.1) que as moléculas de CO_2 se difundem cerca de 0,625 vez mais rápido que as de H_2O (por causa do peso molecular maior). Assim, podemos calcular g_{CO_2} multiplicando g_{H_2O} por 0,625 e resolver a Equação 4.4 para C_i:

$$C_i = C_a - A/g_{CO_2} \quad (4.5)$$

A aplicação da Equação 4.5 é imensamente simplificada se as quantidades forem expressas como mols e as unidades SI forem usadas. Observe como as unidades se cancelam na seguinte equação se presumirmos que C_a = 340 µmol mol^{-1} (micromols de CO_2 por mol de ar), A = 20 µmol m^{-2} s^{-1} (micromols de CO_2 absorvidos por cada metro quadrado da superfície da folha a cada segundo) e g_{CO_2} = 0,312 mol m^{-2} s^{-1} (mols de CO_2 que se difundem em um metro quadrado a cada segundo):

$C_i = C_a - A/g_{CO_2}$
C_i = 340 µmol/mol – 20 µmol m^{-2}s^{-1} / 0,312 mol m^{-2}s^{-1}
C_i = 340 µmol/mol – 64 µmol/mol
C_i = 276 µmol mol^{-1}

Estudos detalhados mostraram que uma correção deve ser feita neste cálculo. O fluxo do vapor de água saindo dos estômatos é muito maior que o número de moléculas de CO_2 que entram (até 1.000 vezes maior). Isso cria um minúsculo gradiente de pressão contra o qual o CO_2 deve se difundir para entrar na folha. Se medirmos a transpiração, podemos corrigir esse fator, mas a derivação do fator de correção é bastante complicada (von Caemmerer e Farquhar, 1981). Normalmente, o C_i é 15% mais baixo que o indicado pela Equação 4.5.

Os métodos da cuveta se tornaram importantes nos últimos anos à medida que a instrumentação melhorou e os microprocessadores se tornaram disponíveis para calcular rapidamente os parâmetros fisiológicos a partir das saídas do sensor.

Os **porômetros** começaram a ser amplamente usados para as medições da transpiração no campo e no laboratório, novamente graças à instrumentação refinada e aos cálculos do microprocessador. Uma pequena câmara (cuveta), com apenas 1 ou 2 cm de diâmetro, é grampeada por um período curto na superfície da folha (geralmente, a superfície inferior, onde a maioria dos estômatos está localizada) e a umidade dentro da câmara é monitorada. Nas versões iniciais do equipamento, a taxa de alterações na umidade era usada para calcular a taxa de transpiração, mas isso era sujeito a erros porque a umidade elevada reduzia o ritmo da transpiração. Recentemente, os **porômetros de estado estável** se tornaram disponíveis no mercado. O ar passa por uma coluna de secagem e é introduzido na câmara em um ritmo exatamente suficiente para manter a umidade na câmara em seu valor inicial. Um microprocessador calcula a transpiração a partir da umidade absoluta (umidade relativa e temperatura do ar) e o ritmo em que o ar seco deve ser introduzido para manter a umidade constante. Os dados resultantes são confiáveis, mas o instrumento é caro.

O método da cuveta pode ser aplicado em grande escala no campo. Uma tenda de plástico transparente é colocada sobre várias plantas e serve como cuveta. Porém, como podemos ter certeza de que o ambiente que cerca as plantas não é influenciado pela tenda (ou a cuveta)? Com a instrumentação elaborada, é possível controlar as temperaturas, umidades e concentrações do gás no interior, embora a radiação dentro da tenda seja sempre menor do que fora. Isso não é uma tarefa fácil e adequada para um laboratório de alunos de fisiologia vegetal básica; grandes investimentos devem ser realizados para a aquisição desse equipamento.

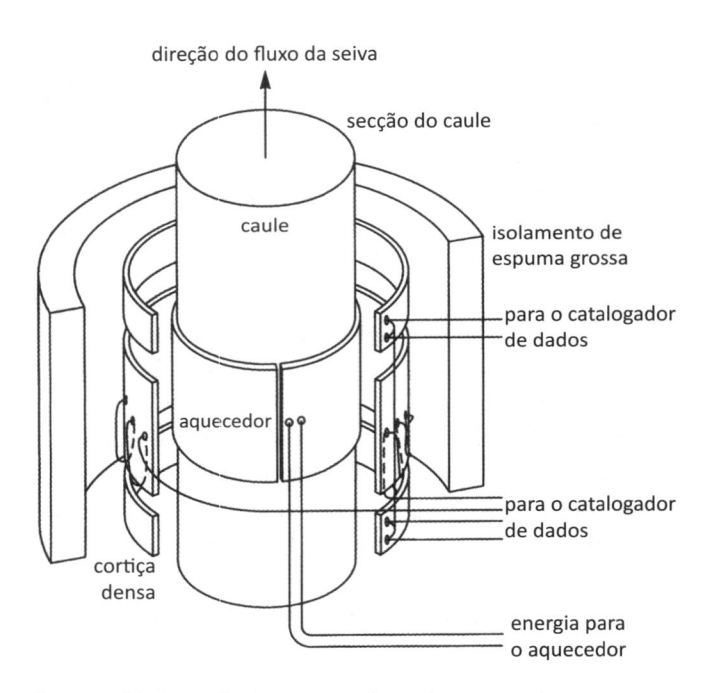

FIGURA 4-3 Um método do fluxo do caule para medir a transpiração, conforme discutido no texto. O sistema mostrado aqui é fundamentado em desenhos esquemáticos de medidores construídos por Baker e van Bavel (1987). Em seus medidores, o aquecedor, as três faixas de cortiça densa com termojuntas ou termopilhas conectadas e o isolamento de espuma são todos colados; eles são mostrados aqui expandidos. O medidor finalizado é enrolado no caule firmemente, para que as junções inferior e superior de detecção da temperatura fiquem encostadas nele. As junções da termopilha são coladas no aquecedor. Consulte o documento de Baker e van Bavel (1987) para conhecer os detalhes da teoria, construção e funcionamento.

Métodos do fluxo do caule

Se pudéssemos medir a quantidade de água que flui pelo caule, teríamos uma boa aproximação da quantidade de transpiração, principalmente em uma planta herbácea pequena. Em uma árvore grande, a transpiração pode ser mais rápida que o fluxo da seiva pelo tronco por causa da resistência ao fluxo, mas quando a transpiração torna-se mais lenta ou cessa (por exemplo, à noite ou durante a chuva), a água continua fluindo pelo caule para compensar o déficit (consulte o Capítulo 5). Conforme observado, a quantidade de água usada na fotossíntese é insignificante, portanto, a maioria da seiva que está fluindo é transpirada. Porém, como podemos medi-la?

Em 1932, B. Huber desenvolveu uma técnica em que um pulso de calor era adicionado em um ponto do caule e a temperatura era medida em algum ponto acima do outro. O tempo exigido para que a temperatura elevada chegasse ao ponto acima do aquecedor indicava a velocidade do fluxo da seiva. Conhecendo-se o diâmetro do caule e outras constantes, uma estimativa da transpiração pode ser feita e comparada com as medições pelas técnicas do lisímetro ou da cuveta.

Uma técnica alternativa mais direta mede o equilíbrio do calor, e não a velocidade do pulso de calor. Cermak et al. (1976), por exemplo, desenvolveram uma técnica em que o calor era aplicado por todo o tronco de uma árvore, com pares térmicos colocados no aquecedor e abaixo dele no tronco. O aquecedor e os pares térmicos eram completamente isolados (por exemplo, com isopor). A entrada do calor era automática e continuamente ajustada, para que houvesse uma diferença de temperatura constante entre o segmento aquecido e o tronco não aquecido abaixo. À medida que o fluxo do caule mudava, a entrada de calor exigida também mudava e a corrente elétrica necessária para manter o gradiente de temperatura constante era registrada. Conhecendo-se o calor específico da água e o calor adicionado, era possível usar equações adequadas para calcular o ritmo do fluxo da seiva. Um catalogador de dados digital pode ser usado para registrar os dados, portanto, um registro contínuo da transpiração pode ser obtido. As equações são fundamentais o suficiente para que o método não exija calibração, e o tempo da resposta é essencialmente instantâneo. Os componentes eletrônicos exigidos não são simples, no entanto, e devem ser fornecidos separadamente para cada medidor.

Em uma leve modificação com as plantas herbáceas (Figura 4-3), um aquecedor de resistência plana (folha Inconel de 0,25 mm em Kapton de 0,05 mm envernizado) é enrolado no caule e os pares térmicos contatam o caule abaixo do aquecedor, nele e acima (Sakuratani, 1984; Baker e van Bavel, 1987). A entrada do calor é mantida constante e os fluxos do calor para fora do sistema são calculados pelos gradientes de temperatura medidos, portanto, a taxa de fluxo de massa da água no caule pode ser calculada diretamente. O caule não é danificado nem penetrado, e nenhuma calibração é necessária. As medições simultâneas feitas com esse método e o uso do lisímetro ou cuveta concordaram estreitamente (dentro de 10%).

Outros métodos têm sido usados, mas não os discutiremos em detalhes aqui. Por exemplo, é possível combinar as medições da radiação global (energia radiante de entrada menos a de saída; consulte a Seção 4.8), o fluxo de calor do solo e os gradientes de temperatura e umidade acima das plantas para calcular a evapotranspiração.

4.2 O paradoxo dos poros

Com frequência, a natureza se prova mais complexa do que esperamos. Suponha que iremos comparar a taxa de evaporação de um béquer de água e um béquer idêntico que esteja coberto pela metade, digamos, com tiras de metal. Seria de esperar que a evaporação do segundo béquer seja equivalente à metade do primeiro. Agora, vamos cobrir quase todo o segundo béquer, deixando de fora apenas 1%. Usaremos um pedaço de folha de alumínio com orifícios pequenos que constituem 1% da área total. Mediremos cerca de 1% da evaporação? Não se os orifícios tiverem aproximadamente o mesmo tamanho e espaçamento dos estômatos encontrados na epiderme de uma folha. Na verdade, mediremos cerca da metade da evaporação (50%) da superfície aberta.

Como isso pode ocorrer? Por que a evaporação não é diretamente proporcional à área de superfície? Certamente, parece paradoxal que as aberturas estomatais das folhas constituam apenas 1% da área de superfície, enquanto a folha às vezes transpira metade da água que evaporaria de uma área equivalente de um papel filtro úmido. Resolvemos esse aparente paradoxo percebendo que a evaporação é um processo de difusão da superfície da água para a atmosfera e aplicando a Equação 4.2. Em termos simples, a difusão é proporcional à força motriz e à condutividade. No nosso exemplo, a força motriz é a mesma para os dois béqueres: a diferença na pressão do vapor (ou densidade) entre a superfície de água (onde a atmosfera está saturada com vapor) e a atmosfera a uma certa distância (onde ela deve estar abaixo da saturação, se a evaporação ocorrer).

As diferentes taxas de evaporação dependem de diferentes condutividades para a difusão. Parte da condutividade é uma função da área e esse valor é muito mais baixo acima do béquer coberto com a folha porosa, que é o esperado. Porém, a outra parte da condutividade depende da distância na atmosfera pela qual as moléculas de água devem se difundir antes que sua concentração atinja a da atmosfera como um todo. Quanto mais curta a distância, mais alta a condutividade. Essa distância pode ser chamada de **camada limite**, e é muito mais curta acima dos poros na folha de alumínio que acima da superfície livre da água. As moléculas que evaporam da água livre farão parte de uma coluna relativamente densa de moléculas que se estendem a uma certa distância acima da superfície, enquanto as moléculas que se difundem através de um poro podem seguir em qualquer direção dentro de um hemisfério imaginário, centralizado acima do poro. No hemisfério, a concentração cai rapidamente com a distância do poro, o que quer dizer que o gradiente de concentração é muito íngreme porque a camada limite é muito fina. Obviamente, se os poros forem mais próximos que a espessura de suas camadas limiares, esses hemisférios se sobrepõem e se fundem em uma camada limite.

Muitos estudos empíricos foram feitos várias décadas atrás para determinar os efeitos do tamanho, formato e distribuição dos poros nas taxas de difusão (consulte, por exemplo, Brown e Escombe, 1900; Sayre, 1926; e a revisão de Meyer e Anderson, 1939). Foi provado que os estômatos das plantas comuns são quase ideais para a difusão máxima do gás ou vapor. Portanto, as plantas são adaptadas para a absorção do CO_2 da atmosfera – e também para a perda de água pela transpiração. Os estômatos podem fechar, no entanto, e na maioria das plantas são adaptados para fechar quando a fotossíntese e a absorção do CO_2 param (por exemplo, no escuro).

4.3 Anatomia dos estômatos

Os estômatos existem em uma variedade considerável (Wilkinson, 1979). A Figura 4-4 mostra desenhos de cortes transversais em quatro tipos de folhas. A **cutícula** cerosa das superfícies das folhas restringe a difusão, portanto, a maior parte do vapor da água e outros gases deve passar pelas aberturas entre as **células-guarda**. Alguns anatomistas insistem que o termo **estômato** se refere apenas a essa abertura, mas outros (Esau, 1965; Mauseth, 1988) aplicam o termo a todo o **aparelho estomatal**, que inclui as células-guarda. A abertura é então chamada de **poro estomatal**. Adjacente a cada célula-guarda, normalmente há uma ou várias outras células epidérmicas modificadas chamadas de acessórias ou subsidiárias (consulte a Figura 4-10), cujo número e organização dependem da família da planta (embora tipos diferentes possam ocorrer em uma única folha). A água evapora de dentro da folha a partir das paredes celulares do **parênquima**

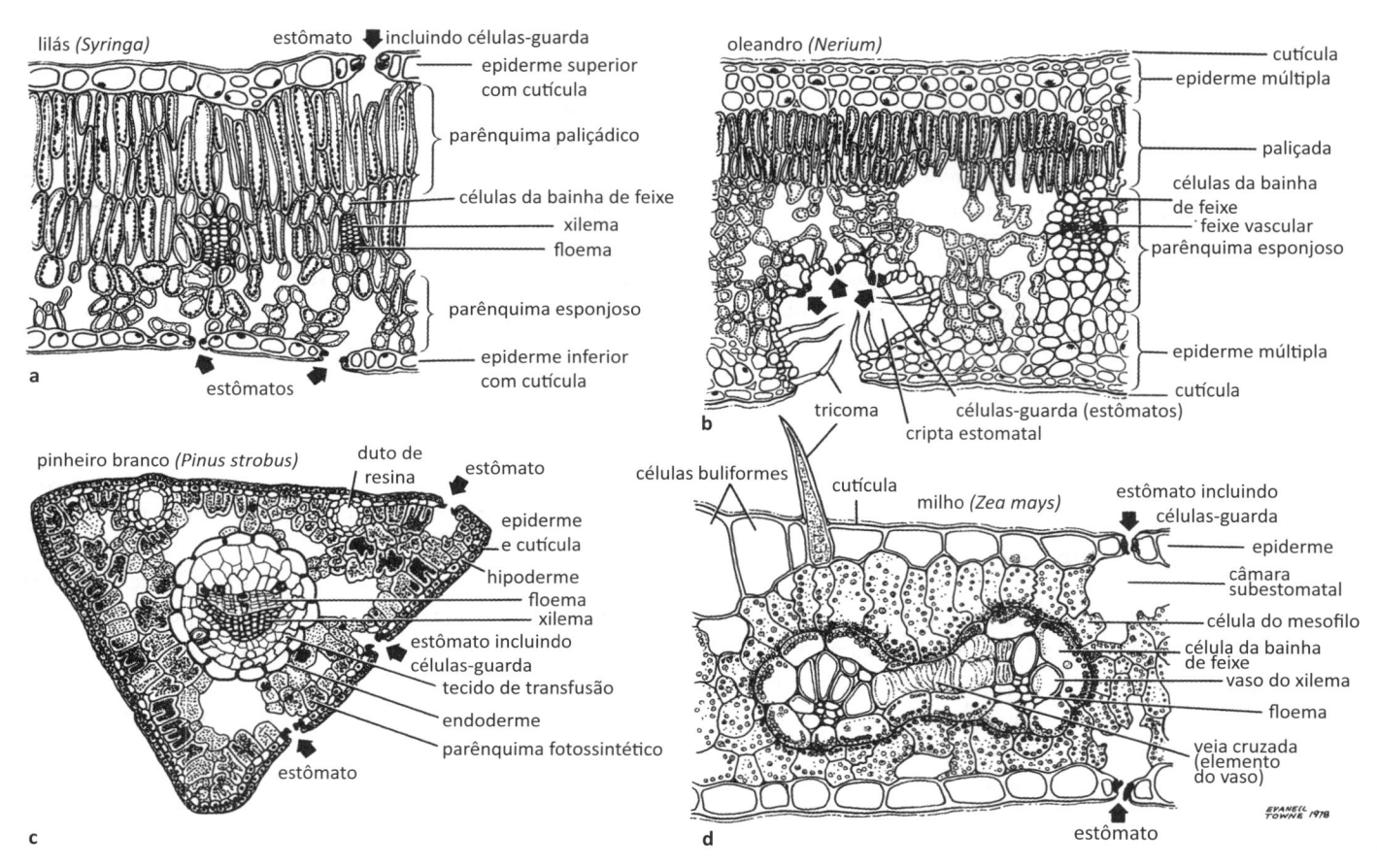

FIGURA 4-4 Cortes transversais de quatro folhas representativas, uma com estômatos "normais" (a), uma com estômatos profundamente afundados na cavidade estomatal (b), uma folha de pinheiro com estômatos ligeiramente afundados (c) e uma folha de grama com números iguais de estômatos em ambas as superfícies (d). As setas apontam para os poros estomatais, mas os estômatos incluem as células-guarda. O parênquima esponjoso e o paliçádico (como em A e B) formam coletivamente o mesofilo. Observe os detalhes da anatomia diferenciada das folhas; as folhas de pinheiro e grama não possuem uma camada de paliçada, por exemplo. As células buliformes do milho (d) encolhem em resposta ao estresse hídrico, fazendo a folha se enrolar em um formato cilíndrico.

paliçádico e do **parênquima esponjoso**, coletivamente chamados de **mesofilo**, para os **espaços intercelulares**, que são contíguos ao ar externo quando os estômatos estão abertos. O dióxido de carbono segue o trajeto inverso da difusão para dentro da folha. Muitas das paredes celulares das células do mesofilo são expostas à atmosfera interna da folha, embora isso seja raramente evidente para as células paliçádicas nos desenhos e fotomicrografias de cortes transversais da folha. Essa organização torna-se muito mais aparente nos cortes através da paliçada, paralelas à superfície foliar, e também é nitidamente aparente nas eletromicrografias de varredura como as da Figura 4-5.

Como você pode ver na Figura 4-4, existe uma grande variabilidade na anatomia das folhas. No Capítulo 11 discutimos um tipo especial de fotossíntese, chamada de fotossíntese C_4, que é particularmente prevalecente nas gramíneas tropicais, como o milho (Figura 4-4d). As folhas com a fotossíntese C_4 têm uma anatomia especial chamada de **anatomia de Kranz** (a palavra em alemão que significa *coroa*), na qual a camada de células ao redor dos feixes vasculares é particularmente proeminente, com um grande número de cloroplastos. A maioria das plantas possui as **células da bainha do feixe**, mas elas são facilmente omitidas nas espécies que não possuem a anatomia de Kranz. Veremos no Capítulo 11 que elas cumprem uma função especial na fotossíntese C_4.

Às vezes, os estômatos ocorrem apenas na superfície inferior das folhas, mas são encontrados em ambas as superfícies e mais numerosos na inferior. As folhas de lírio aquático possuem estômatos apenas na superfície superior, e as plantas submersas não os possuem. Geralmente, as gramíneas possuem números iguais nos dois lados. Às vezes, como no oleandro ou pinheiro (Figura 4-4b e c), os estômatos ocorrem em uma **cripta estomatal**. Esses **estômatos afundados** são aparentemente uma adaptação que reduz a transpiração.

FIGURA 4-5 (a) Exibição transversal da folha de fava (*Vicia faba*). A organização interna das células nessa folha é característica de muitas plantas, consistindo em uma camada de células de paliçada (P) na metade superior, células do mesofilo esponjoso (M) na metade inferior (a paliçada e o mesofilo esponjoso são coletivamente chamados de mesofilo) e ligada nos dois lados pela epiderme (E). Observe as grandes lacunas de ar entre as células de paliçada e as do mesofilo esponjoso. A maioria das superfícies das células é exposta ao ar; a área da parede celular exposta é 10 a 40 vezes a área de superfície da folha (Nobel, 1980). A proporção do volume do ar em relação ao volume da célula em uma folha pode variar de 10 a 80% entre os diferentes tipos de plantas. 420 x. (Eletromicrografia de varredura cortesia de John Troughton; consulte Troughton e Donaldson, 1972.) **(b)** Micrografia óptica de corte transversal de uma folha de *Populus*. Observe as veias (V) e as camadas da paliçada (P) e das células do mesofilo esponjoso (M) contendo cloroplastos. O estômato é indicado com a ponta da seta. 900 x. (Cortesia de Fred Sack).

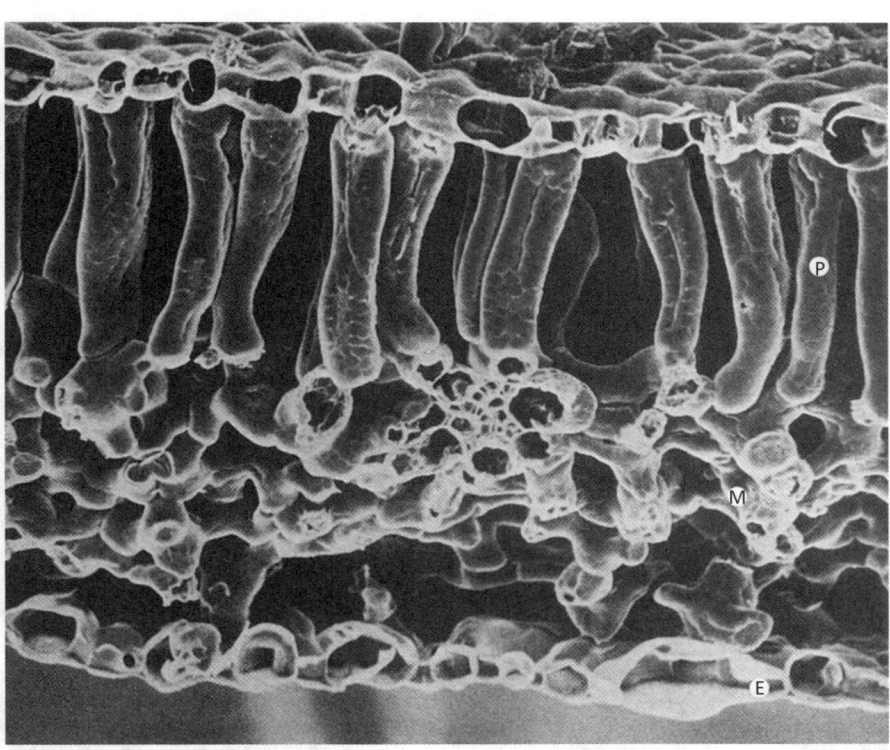

A Figura 4-6 mostra eletromicrografias de varredura dos estômatos de quatro espécies. Os estômatos típicos das dicotiledôneas consistem em duas células-guarda em formato de rim; as células-guarda das gramíneas e da junça tendem a ser mais alongadas (em formato de haltere). As células-guarda contêm alguns cloroplastos, enquanto as células epidérmicas vizinhas não os possuem (exceto nas pteridófitas e algumas angiospermas aquáticas). Normalmente, não existem plasmodesmas (ou eles são incompletos) para conectar os protoplastos das células-guarda e células acessórias, mas pode haver plasmodesmas entre as células-guarda e as células do mesofilo abaixo.

Geralmente, cada milímetro quadrado da superfície da folha possui 100 estômatos, mas o número pode ser dez vezes maior – o máximo registrado até o momento é 2.230 (Howard, 1969). Estudos recentes (por exemplo, Woodward, 1987) sugerem que as densidades dos estômatos são sensíveis à concentração do CO_2, com menos estômatos por área de unidade à medida que o CO_2 aumenta. Isso foi mostrado por estudos em laboratórios e por contagens dos estômatos de uma determinada espécie em função de uma elevação crescente. (As pressões parciais do CO_2 diminuem, junto com os outros gases na atmosfera, com elevação crescente.) Também foi observado, examinando-se as amostras de um herbário, que as densidades dos estômatos diminuíram em 40% nos últimos dois séculos à medida que o CO_2 na atmosfera aumentou de 280 para mais de 350 $\mu mol\ mol^{-1}$.

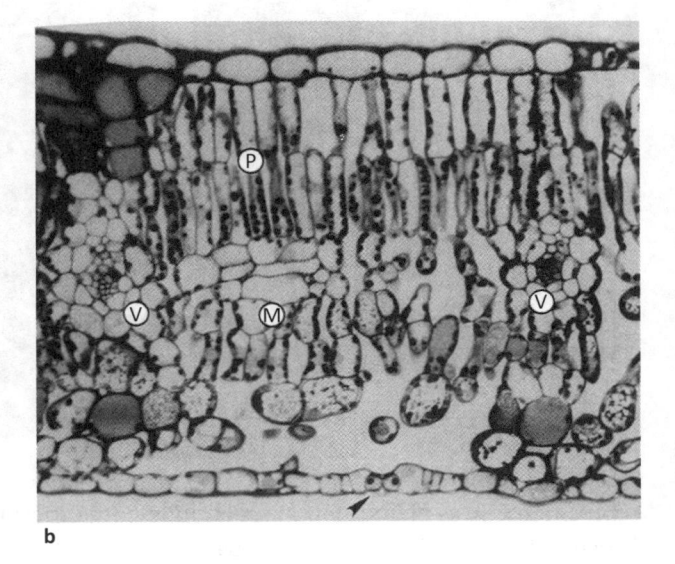

4.4 Efeitos ambientais nos estômatos

Muitos fatores influenciam as aberturas estomatais e qualquer teoria que tente explicar a ação da célula-guarda deve levar esses efeitos em consideração. (Para ter acesso a revisões recentes da fisiologia estomatal, consulte os livros editados por Biggins, 1987 e Zeiger et al., 1987.)

Os estômatos da maioria das plantas abrem-se ao nascer do sol e fecham na escuridão, permitindo a entrada do CO_2 usado na fotossíntese durante o dia. Geralmente, a abertura exige uma hora e o fechamento é gradual durante a tarde (Figura 4-7). Os estômatos fecham mais

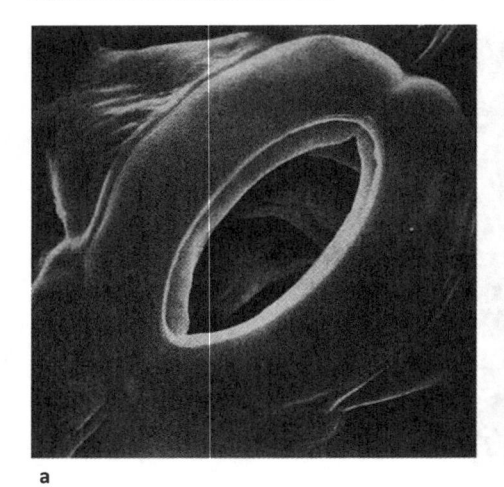

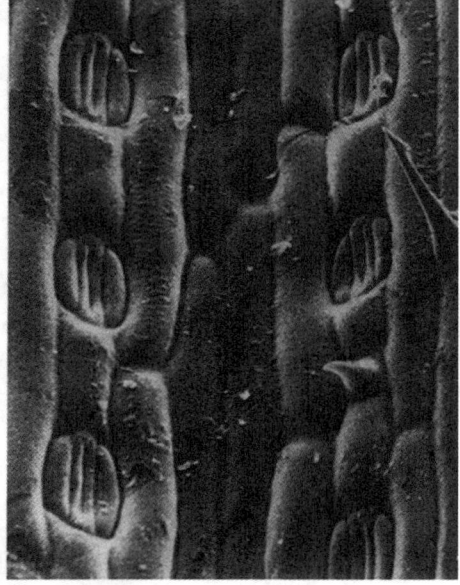

FIGURE 4-6 Estômatos. **(a)** Células do mesofilo esponjoso, observadas através do estômato na superfície inferior de uma folha de pepino. 7.900 x. (Cortesia de John Troughton; consulte Troughton e Donaldson, 1972.) **(b)** Superfície superior do trigo (*Triticum* sp.) Observe os estômatos característicos das monocotiledôneas. **(c)** Superfície superior do catassol (*Chenopodium rubrum*). **(d)** Superfície superior da folha de mureré (*Limnocharis flava*). Observe os pelos. (Eletromicrografia de varredura cortesia de Dan Hess.)

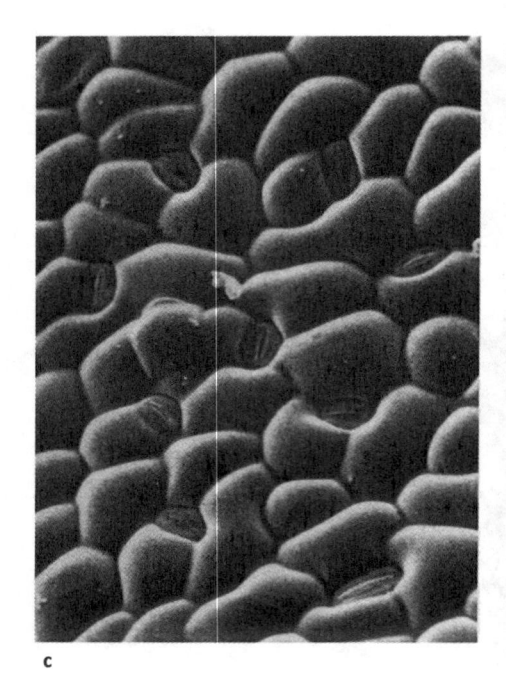

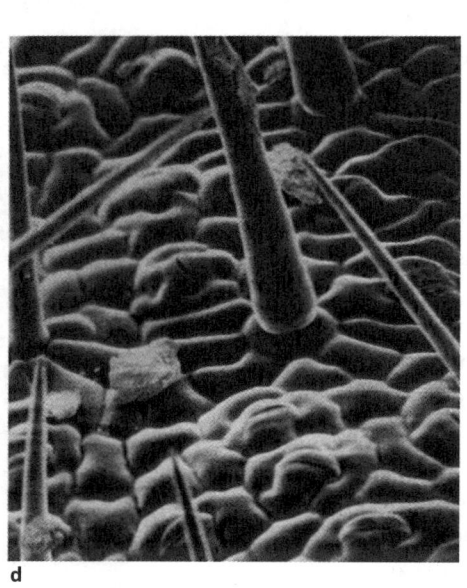

rapidamente se as plantas forem repentinamente expostas à escuridão. O nível mínimo de luz para a abertura dos estômatos na maioria das plantas é cerca de 1/1000 a 1/30 da luz solar total, o suficiente para causar uma fotossíntese global. Os altos níveis de irradiação causam aberturas estomatais mais amplas.

Certas suculentas nativas de condições quentes e secas (por exemplo, cactos, *Kalanchoe* e *Bryophyllum*) agem da maneira oposta: elas abrem seus estômatos à noite, fixam o dióxido de carbono em ácidos orgânicos no escuro e fecham seus estômatos durante o dia (consulte a fotossíntese CAM na Seção 11.6). Essa é uma maneira apropriada de absorver o CO_2 pelos estômatos abertos à noite (quando a tensão de transpiração é baixa) e conservar a água durante o calor do dia.

Na maioria das plantas, as baixas concentrações de CO_2 nas folhas também causam a abertura dos estômatos. Se o ar livre de CO_2 for soprado nas folhas mesmo na escuridão, seus estômatos ligeiramente abertos abrem-se ainda mais. Por outro lado, a alta concentração de CO_2 nas folhas pode fazer os estômatos fecharem parcialmente e isso ocorre na luz e também na escuridão. Quando os estômatos estão completamente fechados, o que é incomum, o ar externo livre de CO_2 não produz efeito. Em resumo, os estômatos respondem aos níveis intercelulares de CO_2, mas não à concentração de CO_2 na superfície da folha e no poro estomatal (Mott, 1988). As suculentas fixam o CO_2 em ácidos orgânicos à noite, diminuindo assim a concentração de CO_2 interno, o que causa a abertura dos estômatos.

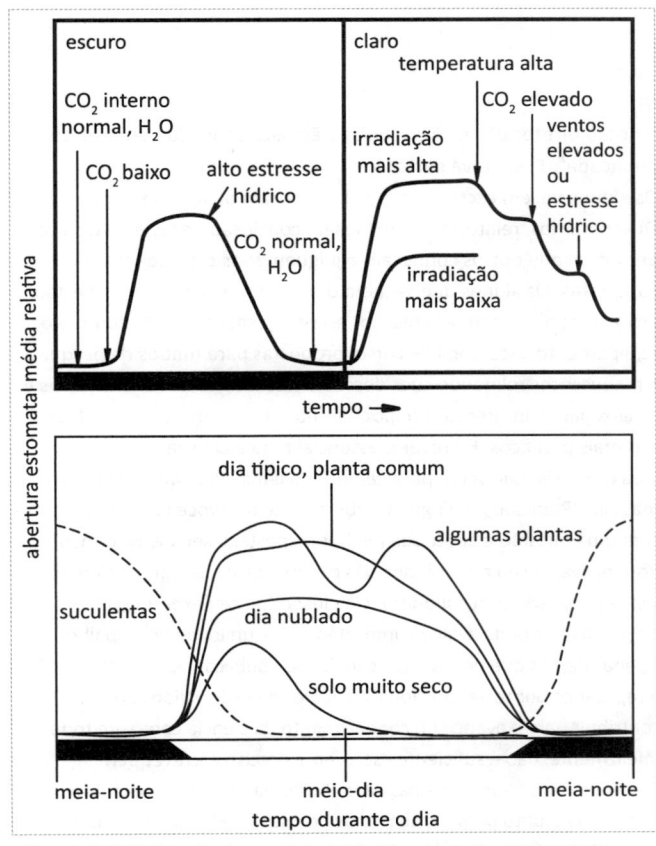

FIGURA 4-7 Um diagrama resumido da resposta estomatal a várias condições ambientais. No gráfico superior, as setas apontam para os momentos em que algum parâmetro ambiental foi alterado, conforme indicado pela legenda.

Efeitos da qualidade da luz sobre os estômatos

Por muitos anos, os fisiologistas vegetais consideraram várias respostas estomatais como reações à concentração de CO_2 dentro da folha (Raschke, 1975). Assim, o efeito da luz era explicado como um efeito indireto da diminuição da concentração de CO_2 pela fotossíntese. Mais recentemente, no entanto, vários estudos mostraram que a luz tem um forte efeito sobre os estômatos, independentemente da fotossíntese. Possivelmente, a luz poderia agir nas células do mesofilo, que então enviariam uma mensagem às células-guarda. Ou então, o fotorreceptor da luz poderia estar nas próprias células-guarda.

Thomas D. Sharkey e Klaus Raschke (1981a) estudaram a ação estomatal nas folhas de cinco espécies (arzola, algodão, feijão comum, *Perilla frutescens* e milho). Eles puderam variar a irradiação mantendo uma concentração constante do CO_2 intracelular (C_i) e variar a concentração do CO_2 em uma irradiação constante. A condutância estomatal indicou a abertura estomatal. Os resultados com as quatro primeiras espécies mostraram claramente que a resposta estomatal à luz era principalmente direta e, apenas em pequeno grau, uma resposta às mudanças na concentração do CO_2 intercelular. Em irradiações altas, os estômatos do milho responderam principalmente às concentrações reduzidas do CO_2 intercelular. Os estômatos responderam à luz mesmo nas folhas em que a fotossíntese havia sido reduzida a zero pela aplicação de um inibidor (cianazina). Sharkey e Raschke concluíram: "Em níveis baixos de luz, a concentração do CO_2 intercelular pode se tornar o principal fator controlador; em níveis altos, a resposta direta à luz pode supercompensar a exigência de CO_2 na fotossíntese e causar um aumento na concentração do CO_2 intercelular". Foi possível observar as concentrações crescentes do CO_2 intercelular à medida que a luz aumentava (porque os estômatos estavam abrindo), o que era exatamente o oposto do que poderíamos esperar se os estômatos respondessem à luz apenas pelos efeitos fotossintéticos sobre a concentração do CO_2.

Sharkey e Raschke também sugeriram que a luz absorvida nas células-guarda, e não nas células do mesofilo, é primeiramente responsável pelo efeito. Por um lado, 10 a 20 vezes a energia de luz eram necessárias para produzir uma determinada resposta de abertura estomatal se a folha fosse invertida, de forma que o raio de luz teria que passar através da folha antes de atingir as células-guarda. Se a resposta ocorresse nas células do mesofilo, isso não seria esperado.

Sharkey e Raschke (1981b) também mediram os comprimentos de ondas da luz que eram mais eficazes para causar a abertura dos estômatos. A luz azul (comprimentos de onda entre 430 e 460 nm) era quase dez vezes mais eficiente que a vermelha (comprimento entre 630 e 680 nm) para produzir uma determinada abertura estomatal. Houve apenas uma leve resposta à luz verde. Os comprimentos de onda eficientes na parte vermelha do espectro eram os mesmos comprimentos eficientes na fotossíntese, e os inibidores da fotossíntese eliminavam a resposta à luz vermelha. Portanto, a resposta à luz vermelha é aparentemente causada pela luz absorvida pela clorofila, porém, o efeito da luz azul é independente da fotossíntese. Na verdade, já em 1977, Edwardo Zeiger e Peter Hepler mostraram que a luz azul fazia com que protoplastos isolados da célula-guarda absorvessem íons de K^+ e inchassem, o que, nos estômatos intactos (como discutiremos adiante), causa a abertura estomatal.

A fotossíntese ocorre nas células-guarda?

Se o efeito da luz vermelha na abertura estomatal ocorre através da absorção pela clorofila e a fotossíntese, onde essa resposta acontece? As células-guarda fazem fotossíntese? Os fisiologistas vegetais investigaram essas questões por décadas. A fotossíntese poderia ser uma maneira pela qual as células-guarda detectam o CO_2.

Devemos escrever?

Page W. Morgan

A maioria das novas descobertas apresentadas neste livro, bem como muitas das antigas descobertas, é documentada com referência à literatura científica (indicada pelos nomes dos autores e o ano da publicação). A publicação, conforme observado, é uma parte absolutamente essencial do processo científico, como Page Morgan explica neste ensaio. O dr. Morgan é professor de fisiologia vegetal no Department of Soil and Crop Sciences da Texas A&M University. Há muitos anos ele é o editor associado (para o desenvolvimento vegetal e os reguladores do crescimento) da revista Plant Physiology, na qual as descobertas descritas neste livro foram publicadas. O professor Morgan nos diz como o sistema funciona e fornece algumas sugestões sobre a preparação de um manuscrito para a literatura científica.

Os cientistas devem escrever! O conhecimento não comunicado é efetivamente não conhecido; a descoberta é apenas um passo no caminho da compreensão. Embora você possa concordar com essas declarações, pode não estar ciente de como cientistas e alunos de ciências são mal preparados para escrever. Os genes de bloqueio do escritor são vinculados aos do talento investigativo? Provavelmente não, mas enquanto um aluno estuda os conceitos da ciência, pratica suas técnicas e aprende a literatura, pode ser difícil encontrar tempo para desenvolver boas habilidades de comunicação. Essas habilidades exigem prática para se desenvolverem. Os educadores observam cedo que muitos alunos detestam escrever. Dada a minha experiência no ensino, aconselhando alunos de graduação e trabalhando como editor decisivo para uma revista científica, eu gostaria de discutir a redação com os leitores deste texto. O primeiro argumento é: escrever é necessário. Logo que comecei a dar aulas, lembro que o nosso diretor dizia: "A pesquisa não está concluída até que seja publicada". Ele estava certo.

Os alunos devem escrever o que descobriram ou aprenderam. Questionários, relatórios, trabalhos de conclusão, teses e dissertações permitem que outros conheçam e julguem suas capacidades e conquistas. Os alunos que seguem uma carreira científica logo estão envolvidos nas comunicações por escrito: justificativas de compra de equipamentos, resumos de curso, propostas para fundos de pesquisa e manuscritos relatando suas descobertas. Artigos de revisão, livros e artigos para a imprensa semipopular fluem das canetas (ou teclados) dos mais prolíficos. Escrever é essencial para a ciência!

Essa discussão não serve para defender o lema "Publique ou morrerá", mas sim "Publique ou ninguém saberá". Até que você lute mentalmente com uma questão e anote sua melhor resposta, o seu instrutor não poderá avaliar seu aprendizado. Da mesma forma, até que o cientista tenha publicado os resultados e conclusões de seu experimento, ninguém mais pode avaliar a importância e a utilidade do trabalho. Apenas depois que novos fatos e ideias são publicados, discutidos e replicados por testes adicionais, aqueles que são válidos podem contribuir para o avanço do conhecimento da ciência como um todo. Infelizmente, não é suficiente escrever; é preciso escrever bem. Considere dois alunos que passaram horas na biblioteca pesquisando o mesmo assunto para o trabalho de conclusão. Eles são igualmente bem versados nos fatos. Um deles escreve uma lista nada inspirada, semelhante a um catálogo, de quem fez o quê e quando. O segundo aluno identifica as questões relevantes, reúne os fatos para sustentar as deduções lógicas e traz o tópico até uma conclusão bem concentrada. Um escreveu e o outro escreveu bem. No nível profissional, o objetivo de escrever um documento científico não é que ele seja publicado, mas sim comunicado para outros cientistas. Todo mundo tem restrições de tempo. Os escritores literalmente competem pelo tempo e a atenção dos possíveis leitores. Independente da importância de uma descoberta, normalmente ela é aceita mais rapidamente se for apresentada em um documento bem escrito. Por outro lado, se a redação for ruim e a mensagem for obscura, o leitor desiste antes de terminar o documento.

Alguns pesquisadores estavam convencidos de que as células-guarda são capazes de realizar fotossíntese e que essa fotossíntese cumpre uma função importante no controle da abertura e fechamento dos estômatos. A fotossíntese foi detectada nos protoplastos isolados da célula-guarda (Gotow et al., 1988), mas a taxa máxima estava abaixo da taxa da respiração no escuro! Três outros grupos de pesquisa não puderam detectar nenhuma fotossíntese nas células-guarda. Os traços da enzima chamada *rubisco*, que fixa o dióxido de carbono na primeira etapa da fotossíntese (consulte o Capítulo 11), foram demonstrados imunologicamente nos cloroplastos das células-guarda (Vaughn, 1987; Zemel e Gepstein, 1985), mas outras pesquisas cuidadosas sobre as enzimas que ocorrem na fotossíntese tiveram resultados negativos.

Aqueles que argumentam contra a participação da fotossíntese nas células-guarda apontam para os aspectos quantitativos das medições relatadas (Outlaw, 1989; Tarczynski et al., 1989). As células-guarda contêm apenas 3% da clorofila do mesofilo, portanto, uma minúscula contaminação das células do mesofilo nas preparações de células-guarda poderia ser responsável pelas respostas positivas observadas. Seja qual for o caso, aparentemente os níveis de CO_2 não são detectados apenas pela fotossíntese das células-guarda, porque os estômatos são extremamente sensíveis ao CO_2 na escuridão, quando não há fotossíntese. Em um estudo detalhado, Udo Reckmann, Renate Scheibe e Klaus Raschke (1990) mostraram que apenas 2% dos solutos necessários (que discutiremos adiante) puderam ser produzidos nas células-guarda da *Pisum sativum* (ervilha)

Talvez seja útil dar algumas dicas sobre o que fazer ou não. A maioria dos instrutores já leu muitos trabalhos mal escritos; portanto, é fácil citar o que não fazer. Conforme a minha experiência, o erro mais comum é que o escritor deixa de comunicar sua mensagem claramente. O leitor se pergunta: o que aprendemos sobre a fisiologia vegetal com esse experimento? Ele é novo ou único? Ele é útil? O aluno que escreve um relatório de laboratório ou o cientista que escreve para uma revista têm a responsabilidade de responder a essas perguntas. Outro erro comum ocorre quando o manuscrito parece uma tese parcialmente condensada. A mensagem é perdida no texto excessivo e nos assuntos secundários, e uma história de 10 páginas é contada em 25. Além disso, a linguagem técnica de projetos experimentais e a estatística são usadas com frequência como uma "muleta"; como resultado, a clareza sofre. Geralmente, o leitor está interessado em qual foi a resposta, e sua magnitude, variabilidade e reprodutibilidade. Os jargões sobre as "interações triplas significativas em termos fatoriais completos" causam sonolência.

Outro erro comum é uma preparação descuidada. A maioria das tarefas de redação, seja simples como o exame de um ensaio ou tão complicada quanto um manuscrito revisado para uma revista, inclui instruções. Mesmo assim, os escritores parecem ignorar repetidamente as instruções e submetem um material preparado com descuido. O axioma "você nunca tem uma segunda chance de causar uma boa primeira impressão" certamente se aplica à redação. Embora os aspectos técnicos da composição estejam fora do objetivo deste ensaio, os alunos poderiam desenvolver o hábito de revisar a ortografia, pontuação e estrutura das frases antes de submeterem seu trabalho para os outros. Os manuais de redação listam erros comuns. Compre um bom manual de redação, um dicionário e use-os!

As sugestões positivas para a redação científica devem iniciar com o método científico. Não há substituto para expressar o tópico como uma pergunta que pode ser respondida. Pesquisar o que já é conhecido é igualmente indispensável. Se um escritor se senta para escrever, por exemplo, sobre um assunto amplo como "estudos de cultura de tecido com soja" ou se ele dispensa o conhecimento relevante com palavras como "pouco se sabe sobre este assunto", o documento pode não ter mais salvação. O escritor deve ter em mente a mensagem principal do seu documento antes de escrever a primeira palavra. Essa mensagem, na verdade, deve ser uma resposta a uma pergunta claramente formulada e deve dar forma ao título, à introdução e ao corpo do trabalho. Assim, os leitores podem reconhecer um tema coerente por todo o texto.

A finalidade da redação científica é comunicar descobertas, análises, conclusões e teorias. Comunicar é a palavra-chave. A menos que o leitor entenda, o escritor falhou. As implicações são óbvias: identificar o público e escrever conforme o seu nível de conhecimento. Geralmente, a clareza é inversamente proporcional ao comprimento da frase. Uma barreira de palavras com significado obscuro torna a leitura uma tarefa árdua, e não um prazer. As palavras escolhidas devem ajudar na comunicação, e não atestar a riqueza do vocabulário do escritor. As frases que podem ser mal compreendidas geralmente o são. O laconismo é uma virtude, quando combinado com a clareza. O escritor deve redigir com um estilo direto, simples e lógico; a recompensa é ser lido e entendido.

O escritor deve dar séria atenção às ilustrações gráficas. As que não são boas parecem redundantes. Ilustrações excelentes das descobertas ou oclusões são a maneira mais efetiva de se comunicar. O ditado "uma imagem vale mil palavras" é uma prova disso. As boas ilustrações não apenas acontecem, elas exigem ponderação, pensamento e trabalho. Treinamos os alunos de graduação para dar seminários com ênfase em bons slides. Essa ênfase deve ser transmitida para as comunicações por escrito. Os gráficos de computador facilitam o trabalho, mas o que é realmente necessário ainda é a iniciativa pessoal.

Em conclusão, a capacidade de escrever bem é uma necessidade dos alunos de ciências e também dos cientistas. Ela pode ser adquirida e cultivada se a meta básica da comunicação for mantida como foco. Aqueles que conseguem pensar e falar de maneira lógica podem aprender a escrever de maneira lógica, e até mesmo interessante e divertida. A ciência será melhor com esse tipo de redação!

---

pela fotossíntese, e que isso foi insignificante. (A polêmica sobre a fotossíntese ocorrer ou não significativamente nas células-guarda ocorreu principalmente na literatura científica publicada, o que nos lembra que uma investigação científica não é realmente parte da ciência a menos que seja *publicada* para que outros cientistas possam avaliá-la. Esse fato e alguns argumentos sobre a boa redação científica são discutidos no ensaio de Page W. Morgan neste capítulo.)

Outros efeitos do ambiente nos estômatos

Os estômatos de muitas espécies (mas nem todas) são altamente sensíveis à umidade atmosférica (Tibbitts, 1979). Eles fecham quando a diferença entre o conteúdo de vapor do ar e dos espaços intercelulares excede um nível crítico. Um gradiente grande tende a induzir oscilações na abertura e fechamento, com uma periodicidade de 30 minutos. Isso provavelmente ocorre porque, à medida que o gradiente íngreme do vapor induz ao fechamento, o CO_2 na folha é esgotado e isso, por sua vez, causa a abertura. As respostas mais rápidas à umidade reduzida ocorrem sob irradiações baixas.

O potencial hídrico dentro da folha também tem um efeito potente sobre a abertura e o fechamento dos estômatos. À medida que o potencial hídrico diminui (o estresse hídrico aumenta), os estômatos fecham. Esse efeito pode superar os baixos níveis de CO_2 e a luz forte. O seu valor protetor durante a seca é óbvio.

Temperaturas altas (30 a 35 °C) geralmente causam o fechamento dos estômatos. Isso pode ser uma resposta indireta ao estresse hídrico, ou um aumento na taxa de respiração

FISIOLOGIA DAS PLANTAS

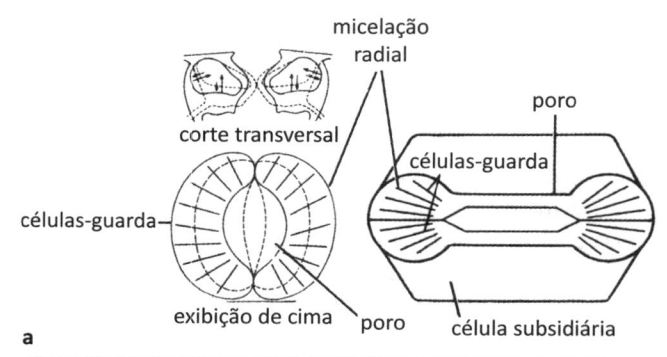

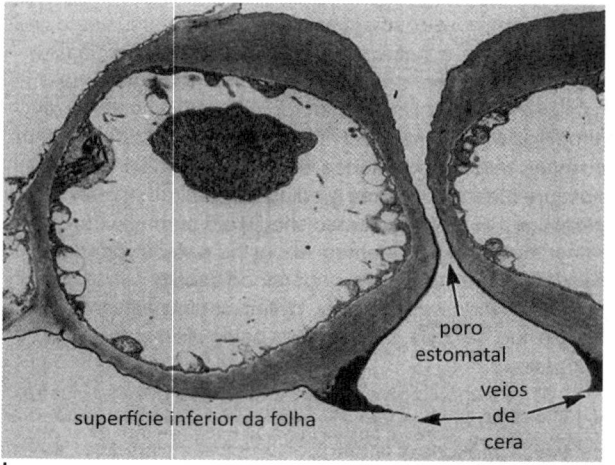

FIGURA 4-8 Estruturas estomatais. **(a)** Desenho esquemático de dois estômatos, mostrando micelação radial. Esquerda, uma folha de dicotiledônea (as linhas pontilhadas mostram as células-guarda depois da perda de água, consequentemente, fechando); direita, um estômato de monocotiledônea (gramínea). **(b)** Eletromicrografia de transmissão de um corte transversal de células-guarda de tabaco que mostram o poro estomatal, veios de cera no lado externo da folha e espessura diferencial das paredes da célula-guarda. 9.000 x. (Cortesia de Fred Sack.)

Poderíamos imaginar que as células-guarda que estão inchando forçariam suas paredes internas a se juntar. Os estômatos funcionam à sua maneira por causa de características especiais na anatomia submicroscópica da parede. As microfibrilas de celulose, ou micelas, que constituem as paredes celulares das plantas, são organizadas ao redor da circunferência das células-guarda alongadas, como se estivessem irradiando a partir de uma região no centro do estômato (Figura 4-8a). O resultado dessa organização das microfibrilas, chamada de **micelação radial**, é que, quando uma célula-guarda se expande absorvendo água, ela não pode aumentar muito de diâmetro, pois as microfibrilas não se estendem muito ao longo do comprimento. Porém, as células-guarda podem aumentar de comprimento, principalmente ao longo das paredes externas, e enquanto isso elas incham de dentro para fora. Em seguida, as microfibrilas puxam a parede interna com elas, o que abre o estômato (Mauseth, 1988).

pode causar um aumento no CO_2 dentro da folha. A alta concentração de CO_2 na folha é provavelmente a explicação correta do fechamento estomatal por alta temperatura em algumas espécies, porque ela pode ser evitada quando a folha é continuamente irrigada por ar livre de CO_2. No entanto, em algumas plantas, as temperaturas altas causam a abertura dos estômatos, e não o fechamento. Isso leva ao aumento na transpiração, que remove o calor da folha.

Às vezes, os estômatos fecham parcialmente quando a folha é exposta a uma brisa suave, possivelmente porque mais CO_2 é trazido para perto dos estômatos, aumentando sua difusão para a folha. O vento também pode aumentar a transpiração, levando ao estresse hídrico e ao fechamento estomatal.

4.5 Mecânica estomatal

Os estômatos se abrem porque as células-guarda absorvem água e incham. No começo, isso é confuso.

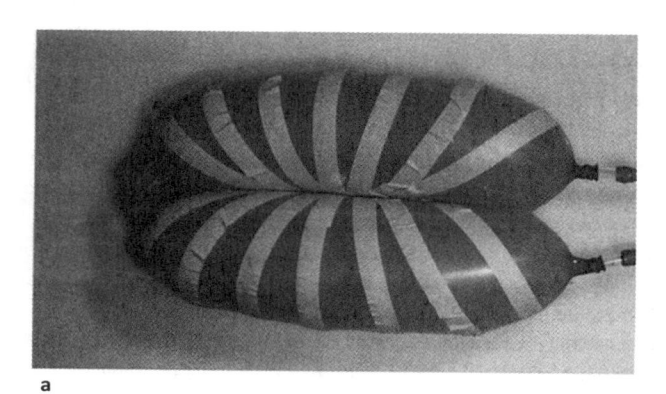

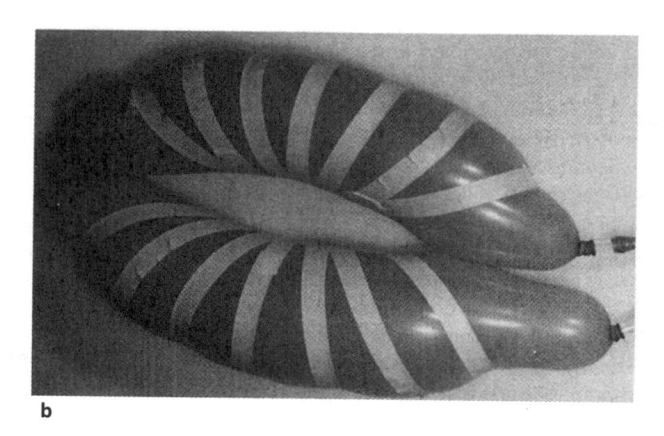

FIGURE 4-9 Dois balões que representam um par de células-guarda. **(a)** Balões no estado "relaxado" com fita adesiva aplicada para representar a "micelação radial" e o engrossamento ao longo de parte das paredes ventrais. **(b)** O par de balões em um estado inflado. Os balões foram colados nas pontas com cimento de borracha antes de inflar (o que debilitou a borracha e fez oito pares estourarem quando inflados, antes de atingirem o sucesso com o par mostrado!).

Foi percebido há muito tempo, em 1856, que as células-guarda de algumas espécies eram ligeiramente mais grossas ao longo da parede côncava adjacente à abertura estomatal (Figura 4-8b). Desde então, muitos autores sugeriram que o engrossamento era responsável pela abertura quando as células-guarda capturam a água. Donald E. Aylor, Jean-Yves Parlange e Abraham D. Krikorian (1973), da Connecticut Agricultural Experiment Station, reinvestigaram uma descoberta de 1938 feita por H. Ziegenspeck (consulte Ziegenspeck, 1955). Eles mostraram com modelos de balão (Figura 4-9) e a modelagem matemática que a micelação radial é muito mais importante na abertura dos estômatos que o engrossamento das paredes internas, e que é tão importante nas células-guarda das gramíneas como nas das dicotiledôneas. Nos estômatos das gramíneas, no entanto, as pontas incham enquanto o meio continua estreito. Isso empurra as regiões médias das duas células-guarda, separando-as. A forma de haltere resultante está presente apenas quando as células-guarda estão túrgidas. Na verdade, quando a célula-guarda mãe nas gramíneas sofre a citocinese para formar as duas células-guarda, a divisão está incompleta e o dois protoplastos estão conectados – e, portanto, contínuos em suas pontas (Mauseth, 1988).

4.6 Mecanismos de controle estomatal

O que faz as células-guarda absorverem água para os estômatos abrirem? Por muitas décadas, o principal suspeito era alguma relação osmótica. Há pelo menos três possibilidades: se os potenciais osmóticos dos protoplastos da célula-guarda se tornarem mais negativos que os das células adjacentes, a água deve passar às células-guarda por osmose, causando um aumento na pressão e inchaço. Ou então, uma diminuição na resistência da parede da célula-guarda ao estiramento, que diminuiria a pressão interna e permitiria a captura de mais água, poderia causar o inchaço. Ou ainda, as células subsidiárias adjacentes poderiam encolher, novamente liberando a pressão nas células-guarda.

Inserindo agulhas micro-hipodérmicas cheias de óleo de silicone em células individuais, Mary Edwards e Hans Meidner (1979) mediram diretamente as pressões nas células epidérmicas, subsidiárias e guarda. Quando eles perfuraram uma célula de uma maneira que não causou vazamento, a pressão interna forçou um pouco de seiva da célula a entrar na agulha, empurrando o óleo de silicone para trás. Isso ativou um transdutor de pressão altamente sensível, que aplicou a pressão no óleo até que o menisco entre ele e a seiva de célula foi empurrado para trás, até a superfície da célula (conforme revelado em um microscópio). O transdutor de pressão deu um sinal elétrico que foi calibrado em termos das pressões reais. Edwards e Meidner descobriram que essa queda na pressão das células subsidiárias realmente contribuía para o inchaço das células-guarda e a abertura dos estômatos.

Esse é somente um efeito colaborador, no entanto, porque muitas outras medições mostraram que o potencial osmótico das células-guarda se torna mais negativo quando os estômatos abrem. Por exemplo, G. D. Humble e Klaus Raschke (1971) mediram valores de −1,9 MPa para o potencial osmótico das células-guarda da fava (*Vicia faba*) com estômatos fechados e −3,5 MPa quando os estômatos estavam abertos. Uma vez que as células-guarda quase dobraram de volume durante a abertura, esse aumento na concentração do soluto ocorre apesar da diluição. A concentração elevada do soluto resulta em uma transferência osmótica da água das células acessórias para as células-guarda. Podemos agora reformular a pergunta mais precisamente: *o que causa a alteração no potencial osmótico nas células-guarda, que resulta na abertura estomatal?*

Absorção de íons de potássio pela célula-guarda

Os estômatos se abrem porque as células-guarda absorvem a água, e a captura da água é causada por mais solutos e, consequentemente, por um potencial osmótico mais negativo – mas, o que é o soluto e de onde vem? Desde aproximadamente 1968 (embora os primeiros relatos tenham surgido já em 1943), a evidência experimental acumulada deixou claro que os íons de potássio (K^+) se movem das células adjacentes para células-guarda, à medida que os estômatos abrem. Os dados representativos são mostrados na Figura 4-10.

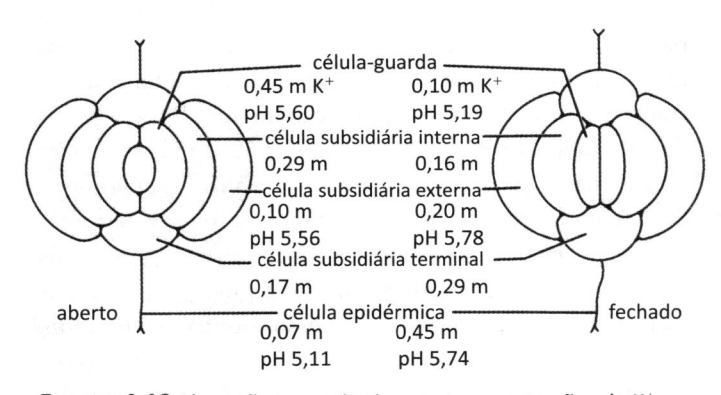

FIGURA 4-10 Alterações quantitativas nas concentrações de K^+ e os valores de pH dos vacúolos em várias células que compõem o complexo estomatal da *Commelina communis*. Os valores são determinados para as condições aberta e fechada do poro estomatal. O m minúsculo representa as concentrações em mol. Observe o acúmulo de K^+ e o aumento no pH (menos íons de H^+) nas células-guarda à medida que o estômato abre; células subsidiárias externas e terminais e células epidérmicas mostram respostas opostas. (Dados de Penny e Bowling, 1974, 1975.)

As quantidades de K^+ que se acumulam nos vacúolos das células-guarda durante a abertura estomatal são suficientes para causar a abertura, assumindo-se que cada íon de K^+ esteja associado a um ânion adequado para manter a neutralidade elétrica. Aumentos de até 0,5 M são observados na concentração do K^+, o suficiente para diminuir o potencial osmótico em aproximadamente 2,0 MPa. A abertura estomatal e o movimento de K^+ para dentro das células-guarda são estreitamente correlacionados em quase todos os casos investigados. A luz causa um acúmulo de K^+ nas células-guarda e em protoplastos de célula-guarda isolados, como observamos acima (Zeiger e Hepler, 1977). O mesmo ocorre com o ar livre de CO_2. Quando as folhas são transferidas para a escuridão, o K^+ se move para fora das células-guarda, entra nas células adjacentes e os estômatos fecham. Isso foi observado em numerosas espécies de todos os níveis do reino vegetal que possuem estômatos (briófitas, pteridófitas, coníferas, monocotiledôneas e dicotiledôneas) e nos estômatos que ocorrem em vários órgãos vegetais (folhas, talos, sépalas e esporófitos nas briófitas; por exemplo, consulte Willmer et al, 1983).

Quando tiras de tecido epidérmico são removidas das folhas da *Vicia*, a maioria das células epidérmicas está quebrada, mas as células-guarda permanecem intactas. Quando essas tiras são flutuadas em soluções e mantidas na luz, os estômatos não se abrirão a menos que as soluções contenham K^+. Assim, as células-guarda normalmente devem obter íons de K^+ das células epidérmicas adjacentes. Os estômatos também fecham em resposta à aplicação de ácido abscísico, um regulador do crescimento vegetal (observe abaixo) que causa a perda de K^+ das células-guarda. Consequentemente, quase todas as evidências concordam que o transporte de K^+ das células acessórias para as células-guarda é a causa de potenciais osmóticos mais negativos e, portanto, da abertura estomatal, e que o transporte inverso é a causa do fechamento.

Tendo aprendido sobre o fluxo de K^+, podemos fazer a próxima pergunta: *qual é o mecanismo do movimento do K^+?* A consideração desta questão nos força a perceber que a ciência da fisiologia vegetal tornou-se cada vez mais dependente da bioquímica. Agora, temos que adicionar considerações bioquímicas aos nossos conceitos termodinâmicos das relações da água.

Para começar, a abertura estomatal não é um simples bombeamento de K^+ para as células-guarda com a energia fornecida pela luz. Esse mecanismo não é responsável pelas respostas ao CO_2 reduzido, mesmo no escuro. Além disso, foi observado que o aumento no pH das células-guarda, expondo as folhas ao vapor de amônia, também causa a abertura, e às vezes os estômatos se abrem em resposta aos níveis baixos de oxigênio. Nenhuma dessas observações é responsável pela captura de K^+ motivada pela luz para as células-guarda. Obviamente, esse mecanismo também falha nas suculentas, que abrem seus estômatos à noite.

Em algumas espécies, os íons de Cl^- ou outros ânions acompanham o K^+ para dentro e fora das células-guarda, mas Raschke e Humble (1973) observaram que nenhum ânion acompanha o movimento do K^+ para as células-guarda das folhas de *Vicia*. Em vez disso, os íons de potássio se movem para dentro das células-guarda e um número igual de íons de hidrogênio se move para fora (consulte na Figura 4-10 resultados semelhantes). De onde vem o H^+? Os ácidos orgânicos são sintetizados nas células-guarda em resposta aos fatores que causam a abertura estomatal. (À medida que o CO_2 é usado na fotossíntese, o pH aumenta; esse pode ser um fator que desencadeia as alterações que levam à abertura.) O ácido málico é o produto mais comum sob condições normais. Uma vez que os íons de hidrogênio são fornecidos pelos ácidos orgânicos, o pH nas células-guarda cairia (elas se tornariam mais ácidas) se o H^+ não fosse trocado pelo K^+ que entra. Os íons elevados (ânions de ácido orgânico e K^+) tornam o potencial osmótico mais negativo.

Os ácidos orgânicos são feitos principalmente de amido ou outros carboidratos armazenados nas células-guarda. Há muito tempo se sabe que o amido desaparece nas células-guarda de muitas plantas quando os estômatos se abrem, mas medições cuidadosas nunca puderam demonstrar que açúcar aparecia em seu lugar. Portanto, o potencial osmótico cada vez mais negativo é causado por uma captura de K^+, às vezes de Cl^- e/ou um acúmulo de sais de potássio de ácidos orgânicos, principalmente o malato. Qual dos dois processos predominará? Depende, aparentemente, da espécie e talvez da disponibilidade do Cl^-. Mas como? Muito foi aprendido e postulado sobre as etapas bioquímicas envolvidas, etapas que discutiremos nos próximos capítulos. Aparentemente, o amido é quebrado para produzir um composto de três carbonos (piruvato de fosfoenol ou PEP); essa etapa é promovida pela luz azul. Então, o PEP se combina com o CO_2, produzindo o ácido oxaloacético, de quatro carbonos, que é convertido em ácido málico. Por fim, os íons de H^+ do ácido málico saem da célula, equilibrando os íons de K^+ que estão entrando.

À primeira vista, parece que um equilíbrio entre a perda do H^+ e a absorção do K^+ não tornaria o potencial osmótico mais negativo. Os íons de H^+ aparecem apenas de maneira transitória, no entanto, à medida que os ácidos orgânicos são produzidos do amido. Portanto, existe uma perda global de substâncias osmoticamente inativas e um aumento nas substâncias ativas à medida que o amido desaparece e os íons de K^+ são absorvidos. (Consulte revisões em Biggins, 1987; Outlaw, 1983; Permadasa, 1981; Zeiger, 1983; e Zeiger et al, 1987.)

Nas suculentas com estômatos que se abrem à noite, o CO_2 é combinado com o PEP, produzindo ácido málico no escuro em muitas células além das células-guarda. Novamente, vemos que uma diminuição na concentração do CO_2 dentro da folha é refletida em um CO_2 menos dissolvido nas células-guarda, na absorção do K^+ e na abertura estomatal.

O efeito do ácido abscísico nos estômatos

Outra observação do início da década de 1970 foi quase tão revolucionária quanto a da captura do K^+. Quando o regulador de crescimento ácido abscísico (ABA; consulte o Capítulo 18) é aplicado em concentrações micromolares (µM; 10^{-6} M), ele faz os estômatos fecharem. Além disso, quando as folhas são sujeitas ao estresse hídrico, o ABA se acumula nos tecidos. Quando as folhas secam em ritmos normalmente lentos, o ABA se acumula antes de os estômatos fecharem, sugerindo que o fechamento estomatal em resposta ao estresse hídrico da folha seja mediado pelo ABA.

A qual fator as células de uma folha sob estresse hídrico estão respondendo? Lembre-se da Equação 3.1, que inclui os três fatores de suma importância para a relação de água das plantas: potencial do soluto, pressão e potencial hídrico. As alterações em qualquer um desses fatores podem controlar a produção do ABA. Margaret Pierce e Klaus Raschke (1980) relataram que o *turgor da célula* (pressão) parecia estar no controle da produção de ABA em várias espécies que eles estudaram; as alterações no potencial do soluto e no potencial hídrico causavam pouco efeito.

Nos últimos anos, houve relatos de que os estômatos fecham mesmo quando as folhas não sofrem estresse hídrico, desde que as raízes estejam submetidas à tensão (por exemplo, consulte Davies et al, 1986; e Schulze, 1986). Em um dos experimentos mais convincentes, o sistema da raiz é dividido em duas partes: a uma delas, é fornecida uma ampla quantidade de água (para que os brotos permaneçam túrgidos), enquanto a outra parte é deixada para secar. Os estômatos frequentemente fecham em resposta a esse tratamento, sugerindo que estão recebendo algum sinal das raízes. Existem cada vez mais evidências de que esse sinal é o ABA. Por exemplo, Zhang e Davies (1990) encontraram uma correlação estreita entre a secagem do solo, a condutância estomatal reduzida e o ABA na seiva do xilema; o ABA da folha não era tão estreitamente correlacionado com a condutância estomatal. Embora os resultados experimentais não sejam questionados, existe uma controvérsia sobre a importância do fenômeno na natureza ou nos campos agrícolas (Kramer, 1988; Passioura, 1988; e Schulze et al, 1988).

À primeira vista, parece que as folhas praticamente sempre sofreriam o estresse hídrico antes das raízes, mas, em uma reflexão mais profunda, percebe-se que as camadas de superfície do solo podem secar, causando a tensão das raízes nesse local, enquanto as raízes mais profundas ainda estão no solo úmido – semelhante ao experimento com os sistemas de raízes divididas. Em qualquer hipótese, esta é atualmente uma área de pesquisa ativa.

Uma observação pareceu combater a imagem simples do estresse hídrico levando à produção de ABA, que por sua vez causa o fechamento estomatal. Quando o estresse hídrico se desenvolve rapidamente (por exemplo, se a folha é removida e submetida ao ar seco em temperaturas quentes), os estômatos se fecham antes que o ABA comece a se acumular no tecido da folha. Há pelo menos três explicações possíveis: primeiro, quando o estresse hídrico se desenvolve rapidamente, a água pode evaporar das células-guarda, fazendo com que percam o turgor e, assim, causando o fechamento dos estômatos. Em segundo lugar, o ABA provavelmente ocorre pelo menos em três **conjuntos** (um termo usado quando as evidências sugerem que uma substância que ocorre em diferentes partes de um tecido ou célula afeta um certo processo de maneira diferente, dependendo de sua localização). Os três conjuntos de ABA no tecido da folha podem ser o citosol das células, onde o ABA é aparentemente sintetizado; os cloroplastos, onde ele se acumula; e as paredes celulares fora dos protoplastos. O ABA pode se mover de um conjunto para outro (e, eventualmente, para as células-guarda) antes que o ABA total na folha tenha a chance de se acumular. (Documentos e revisões incluem Cowan et al, 1982; Outlaw, 1983; Permadasa, 1981; Zeiger, 1983; e Zeiger et al., 1987.)

Em terceiro lugar, Harris et al. (1988) mostraram que o ABA nas células-guarda representa apenas 0,15% do ABA total na folha. Obviamente, as alterações no ABA da célula-guarda poderiam facilmente não ser detectadas se apenas o ABA total da folha fosse medido. O método usado nesse estudo foi um imunoensaio amplificado por enzimas; foi alegado que ele era 100 vezes mais sensível que outros imunoensaios publicados para o ABA. Foi possível medir o ABA nas células individuais. Os pesquisadores encontraram um teor baixo, porém detectável, de ABA nas células-guarda de folhas sem tensão (totalmente hidratadas). Quando a massa fresca de folhas destacadas diminuiu em 10% por transpiração, o ABA da célula-guarda aumentou aproximadamente vinte vezes. O teor de ABA de todas as células da folha aumentou em resposta a esse estresse hídrico. As concentrações de ABA nas folhas por causa das células com tensão variaram de 7 a 13 µM. Os autores apontam que o ABA nas células-guarda provavelmente não estava restrito às paredes celulares, porque não foi removido em

30 minutos de imersão na água. Ainda assim, o ABA foi removido das células deixadas na água por 4 horas, indicando que essas perdas poderiam ser responsáveis pelas concentrações inferiores relatadas por outros investigadores.

Antes de concluir o assunto dos efeitos do ABA nos estômatos, vale notar que outros compostos também podem causar o seu fechamento ou abertura. As citocininas, por exemplo, são reguladores do crescimento vegetal que, entre outros fatores, causam divisões das células vegetais. Elas podem causar a abertura estomatal (consulte as revisões de Permadasa, 1981; Zeiger, 1983; e Zeiger et al., 1987). Além disso, a síntese da proteína pode ser essencial para manter os estômatos fechados (Thimann e Tan, 1988), novamente ilustrando a complexa bioquímica envolvida na ação estomatal.

Loops de feedback

Discutimos o potente efeito direto da luz elevada na abertura estomatal. Além disso, parecem existir pelo menos dois **loops de feedback** que controlam a abertura e o fechamento estomatal. Quando o CO_2 diminui nos espaços intercelulares e, portanto, nas células-guarda, o K^+ se move para dentro das células-guarda e os estômatos abrem, permitindo que o CO_2 se difunda para dentro, concluindo o primeiro loop. Isto e o efeito da luz atendem às necessidades da fotossíntese, mas, nas plantas que não são suculentas, também leva à transpiração. Se o estresse hídrico se desenvolver, o ABA aparece e os estômatos fecham, concluindo o segundo loop. Os dois loops interagem: o grau de resposta estomatal ao ABA depende da concentração de CO_2 nas células-guarda e a resposta ao CO_2 depende do ABA. Um loop de feedback fornece CO_2 para a fotossíntese; o outro protege contra a perda excessiva de água (Figura 4-11). Como disse Raschke (1976), aos estômatos foi "delegada a tarefa de fornecer comida e impedir a sede".

4.7 A função da transpiração: "Para que serve a transpiração?"

Muitos filósofos da ciência fariam objeções a essa questão, rotulando-a como **teleológica**. Essa questão presume que todas as coisas no universo têm uma finalidade, uma suposição que não pode ser cientificamente demonstrada. O biólogo evita a teleologia reformulando a questão: *qual é a vantagem seletiva da transpiração?* A teoria evolucionária afirma que uma característica prejudicial será eliminada pela seleção natural se houver alguma característica menos prejudicial que possa ser selecionada em seu lugar. Portanto, qual é a vantagem da transpiração para uma planta?

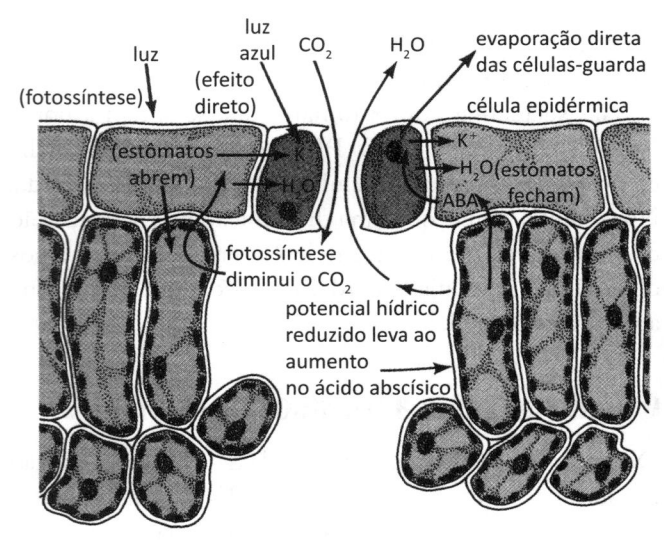

FIGURA 4-11 Dois importantes loops de feedback, um para o CO_2 e outro para a H_2O, que controlam a ação estomatal. A parte esquerda do desenho ilustra um efeito da luz: a luz promove a fotossíntese, que diminui os níveis de CO_2 na folha; a resposta da folha é fazer com que mais K^+ se mova para dentro das células-guarda e a água segue osmoticamente, fazendo os estômatos abrirem. Também existe um efeito diferente da luz azul nas células-guarda, que causa a abertura estomatal independentemente dos níveis de CO_2. O lado direito mostra os efeitos do estresse hídrico: quanto mais água sai pela transpiração do que pode entrar pelas raízes, o ácido abscísico (ABA) é liberado ou produzido pelas células do mesofilo (ou transportado das raízes), o que leva ao movimento do K^+ para fora das células-guarda; a água segue osmoticamente e assim os estômatos fecham. Se o ritmo da secagem for extremamente rápido, a água é perdida das células-guarda diretamente, ignorando-se a etapa do ABA, mas ainda levando ao fechamento. (Modificado de Jensen e Salisbury, 1984.)

A vantagem pode ser um tipo de "vitória por padrão". Para a vida de uma planta terrestre, é essencial absorver dióxido de carbono da atmosfera; parece que o mecanismo estomatal evoluiu por causa dessa exigência e a consequência desvantajosa é a transpiração. E quanto ao oxigênio? Uma vez que os estômatos estão normalmente fechados à noite, obviamente eles não precisam estar abertos para que a planta absorva o oxigênio usado na respiração. Isso ocorre porque há 590 vezes mais O_2 na atmosfera que CO_2, portanto, o O_2 chega às células mesmo que os estômatos estejam fechados. Durante o dia, quando as folhas estão fazendo a fotossíntese e os estômatos estão abertos, o oxigênio se difunde por elas. Porém, o verdadeiro motivo da existência dos estômatos é a absorção do CO_2. (As raízes imersas na água, obviamente, não podem absorver oxigênio suficiente sempre.)

Foi argumentado que a transpiração não é essencial nem vantajosa para a planta, porque muitas podem passar todo o seu ciclo de vida em terrários com UR de 100%, em que a transpiração é quase zero. Na verdade, é uma observação comum que muitas plantas crescem melhor em atmosferas com uma umidade relativa alta. Um de nós (F. B. S.) observou que algumas plantas alpinas terrestres (por exemplo, *Caltha leptosepala*) crescem por dias a semanas completamente submersas na água. Obviamente, nenhuma planta submersa pode transpirar.

Todavia, a investigação cuidadosa e a reflexão revelaram várias situações em que a transpiração propriamente dita parece benéfica para a planta. Um subproduto inevitável da necessidade pode ter sido transformado em uma vantagem. Na maioria dos casos, é possível que a planta cresça sem transpiração, mas, quando ela ocorre, parece conferir certo benefício, possivelmente no transporte de minerais, na manutenção de uma "turgidez ideal" e certamente na remoção de grandes quantidades de calor das folhas (Seção 4.8, abaixo).

Transporte de minerais

Os minerais que são absorvidos pelas raízes normalmente se movem subindo pela planta no **fluxo da transpiração**, o fluxo da água através do xilema causado pela transpiração. Porém, o fluxo da transpiração não é essencial para esse movimento porque os minerais se movem para cima nos caules de madeira na primavera, antes que as folhas apareçam. Os caules jovens podem transpirar ligeiramente, mas não muito em comparação com a transpiração depois que as folhas se expandem. Existe uma circulação nas plantas (consulte o Capítulo 8): as soluções se movem através do tecido do floema desde os órgãos assimiladores até os órgãos usuários. Mesmo na ausência da transpiração, a água nessas soluções retornará aos órgãos assimiladores através do tecido do xilema. Essa circulação foi demonstrada com marcadores radioativos. Portanto, a transpiração não é essencial para o movimento dos minerais dentro da planta. Na verdade, o ritmo em que os minerais chegam às folhas é uma função apenas do ritmo em que eles se movem para o tecido do xilema, desde que haja algum fluxo do xilema. O ritmo em que as mercadorias são transportadas por uma esteira infinita é uma função apenas do ritmo do carregamento.

Todavia, quando a transpiração ocorre, pode ajudar na absorção do mineral do solo e no seu transporte na planta. O cálcio e o boro nos tecidos parecem particularmente sensíveis à taxa da respiração (revisado por Tibbitts, 1979). As plantas cultivadas em estufas com alta umidade e ar enriquecido com CO_2 (que tende a fechar os estômatos) podem exibir deficiência de cálcio em certos tecidos. Por outro lado, uma transpiração muito rápida (como nas casas com aquecimento central no inverno, em que o ar é particularmente seco) pode levar ao acúmulo tóxico de certos elementos.

Turgidez ideal versus estresse hídrico

Outro motivo pelo qual algumas plantas podem não crescer tão bem quando a transpiração é muito reduzida pode decorrer do fato de as células funcionarem melhor com um déficit de água. Pode haver uma turgidez ideal ou potencial hídrico para as células, com certas funções menos eficientes acima e abaixo desse nível. Há pouca evidência para essa hipótese, no entanto.

A principal preocupação dos fisiologistas das plantas e agricultores é a água insuficiente: **estresse hídrico**, ou um potencial hídrico muito negativo. As respostas da planta ao estresse hídrico são estudadas amplamente, em grande parte em razão dos efeitos inibidores no rendimento da planta em ecossistemas naturais e agrícolas. Discutiremos os efeitos do estresse hídrico nas plantas no Capítulo 26. Talvez o argumento mais importante seja que o crescimento celular, que depende da absorção de água pelas células, é um dos primeiros processos a serem afetados pelo estresse hídrico. Isso reduz o rendimento. Outros processos, como a fotossíntese, a síntese das proteínas e das paredes celulares, também são adversamente afetados pelo estresse hídrico.

4.8 A função da transpiração: troca de energia

Por anos, os fisiologistas vegetais discutiram se a transpiração era necessária para esfriar uma folha aquecida pelo sol. Sim, a transpiração é um processo de esfriamento, mas, como demonstrado, se ela não esfriar a folha, outros processos físicos o farão – apesar de que, na ausência da transpiração, as folhas podem ficar alguns graus mais quentes. O crescimento das plantas em atmosferas de UR de 100% foi citado para sustentar essa visão. Agora que entendemos como a folha troca a energia com o seu ambiente, essas discussões parecem menos importantes. Elas obscurecem o importante fato de que a transpiração cumpre uma função muito significativa no esfriamento da folha.

A evaporação da água é um poderoso processo de esfriamento. Lembre-se da distribuição das velocidades moleculares proposta por Maxwell-Boltzmann (consulte a Figura 2-3). São as moléculas de água com velocidades altas que evaporam e, à medida que saem do líquido, a velocidade média das demais moléculas é reduzida, o que equivale a dizer que o líquido está mais frio. As estufas em climas secos são refrescadas pelo esfriamento com evaporação; o ar é passado por uma placa fibrosa úmida. Quando 1 kg de água a 20 °C evapora, ela absorve 2,45 MJ (586 kcal) de seu ambiente; a 30 °C, o **calor latente de vaporização** é de 2,43 MJ kg^{-1} (580 kcal kg^{-1}). Vastas quantidades de

FIGURA 4-12 Palmeiras (*Washingtonia fillifera*) crescendo perto de Palm Springs, Califórnia. (Fotos de F. B. Salisbury.)

água evaporam das plantas e cada kg de água transpirada absorve 2,4 a 2,5 MJ da folha e de seu ambiente.

Às vezes, a transpiração é o único meio de transferência global do calor para o ambiente. Considere a grande folha em formato de leque de uma palmeira (*Washingtonia fillifera*) crescendo em um oásis no sul da Califórnia (Figura 4-12). Essa folha, mesmo sob luz solar total, é mais fria que o ar que a cerca e, nesse caso, ela absorve calor do ar. E ela absorve mais energia radiante da luz solar do que a irradia para seu ambiente. Ela é mais fria que o ar apenas porque está evaporando grandes quantidades de água.

As investigações da troca de energia entre uma planta e seu ambiente fornecem um exemplo interessante da biofísica vegetal. No restante deste capítulo, consideraremos alguns dos princípios envolvidos, sem aplicar a matemática na discussão, mas as equações são fornecidas no final do capítulo para referência. (Consulte as revisões de Gates, 1968, 1971; Nobel, 1983; e Salisbury, 1979.)

Temperatura da folha

Considere os vários fatores que influenciam a temperatura de uma folha. Enquanto a transpiração a esfria, a condensação da umidade ou gelo na folha (orvalho ou geada) libera o **calor latente de condensação** da água para a folha e seu ambiente. A radiação que entra esquenta a folha, mas ela está irradiando energia para o seu ambiente. Se a temperatura da folha for diferente da temperatura do ar, o calor é trocado primeiro pela **condução** (na qual as energias das moléculas na superfície da folha são trocadas com as das moléculas do ar em contato) e depois pela **convecção** (em que uma quantidade do ar aquecido se expande, torna-se mais leve e sobe – ou desce, se for resfriado). Iremos nos referir à combinação entre condução e convecção apenas como convecção.

Se a temperatura da folha estiver mudando, como normalmente ocorre, a folha está armazenando ou perdendo calor. Se uma folha fina armazena uma determinada quantidade de calor, sua temperatura sobe rapidamente. A mesma quantidade armazenada em um cacto aumenta muito menos a temperatura, mas o cacto permanece quente por mais tempo. Por simplicidade, consideremos apenas uma folha em equilíbrio com o seu ambiente, isto é, em temperatura constante. A ordem de 1 a 2% da luz é convertida para energia química pela fotossíntese, mas podemos ignorar essa pequena quantidade. A energia produzida pela respiração e outros processos metabólicos também é pequena o suficiente para ser ignorada. Em condições estáveis, existem três fatores principais que influenciam a temperatura da folha: radiação, convecção e transpiração. Cada um deles vale uma consideração.

Radiação O Apêndice B discute os princípios da energia radiante, incluindo os que se aplicam aos estudos de transferência do calor. Do ponto de vista da temperatura da folha, a **radiação global** é importante. Uma folha absorve a radiação visível (luz) e invisível (infravermelha) de seu ambiente e irradia a energia infravermelha. Se a folha absorver mais energia radiante do que irradia, o excesso deve ser dissipado por convecção, transpiração ou ambas (ou a temperatura subirá). À noite, as folhas irradiam mais energia do que absorvem. Se elas esfriarem abaixo da temperatura do ar, absorverão o calor do ar e possivelmente da água que condensa como orvalho ou geada em suas superfícies. Existem três fatores importantes para recordar quando discutimos a radiação global de uma folha: os comprimentos de onda absorvidos, o espectro total da radiação de entrada e a quantidade de energia irradiada pela folha.

O primeiro é o **espectro de absorção** da folha. Parte da energia incidente em uma folha é transmitida, parte é refletida e parte é absorvida. A energia absorvida depende do seu espectro. As folhas irradiadas com a luz branca absorvem a maioria dos comprimentos de onda azuis e vermelhos e grande parte dos verdes. Parte do verde é refletido e transmitido, no entanto, e é por isso que as folhas são verdes. As folhas absorvem muito pouco da parte infravermelha próxima do espectro; a maioria é transmitida ou refletida. Portanto, se pudéssemos ver essa

FIGURA 4-13 Plantas mostrando alta refletividade na porção infravermelha do espectro. **(a)** Foto tirada com um filme pancromático comum, que fornece tons de cinza semelhantes à intensidade das cores observadas pelo olho humano. **(b)** Foto tirada com um filme sensível ao infravermelho através de um filtro vermelho escuro, que exclui a maior parte da radiação visível. Observe a aparência branca brilhante da vegetação e compare, especificamente, com os tufos de grama. (Logan Canyon, Utah; fotos de F. B. Salisbury.)

parte do espectro, as plantas pareceriam muito brilhantes, como quando a vegetação é fotografada com um filme sensível ao infravermelho (Figura 4-13). Praticamente toda a parte infravermelha remota ou térmica do espectro é absorvida. Se os nossos olhos fossem sensíveis a essa parte do espectro, a vegetação pareceria tão preta quanto um veludo preto – embora as folhas emitam radiação térmica nesses comprimentos de onda e, assim, pareceriam brilhar. O espectro de absorção da folha na Figura 4-14 apresenta essas ideias quantitativamente.

Em segundo lugar, as fontes de radiação variam consideravelmente. A Figura B-3 no Apêndice B mostra os espectros de emissão de várias fontes. O sol e o filamento de uma lâmpada incandescente emitem **luz** (a porção visível do espectro eletromagnético) por causa de sua temperatura alta. Quanto mais alta a temperatura, mais o pico do espectro da emissão desvia na direção do azul (consulte a lei de Wien no Apêndice B). A temperatura da superfície do sol é consideravelmente mais alta que a do filamento incandescente de uma lâmpada, portanto, a luz solar é mais rica em comprimentos de onda azuis e verdes que a luz de uma lâmpada incandescente.

A radiação solar é ainda mais modificada quando passa pela atmosfera. Grande parte do ultravioleta é removida, e a energia radiante também é absorvida pela atmosfera em vários comprimentos de onda discretos na parte em **vermelho-distante** (mais longa que 700 nm, porém visível) e na parte infravermelha do espectro. A maior parte do ultravioleta é absorvida pelo ozônio na atmosfera superior, e as faixas de absorção infravermelha são causadas principalmente pela água e pelo dióxido de carbono.

Hoje, muitas plantas usadas na pesquisa fisiológica são cultivadas sob fontes de iluminação artificial, incluindo lâmpadas fluorescentes, incandescentes e de descarga de alta intensidade (HID), como vapor de mercúrio, sódio de alta e baixa pressão e haleto de metal. Cada uma delas possui espectros de emissão individuais (consulte a Figura B-3) que são absorvidos diferentemente pelas plantas.

Todos os objetos em temperaturas acima do zero absoluto emitem radiação (veja a seguir). Os objetos em

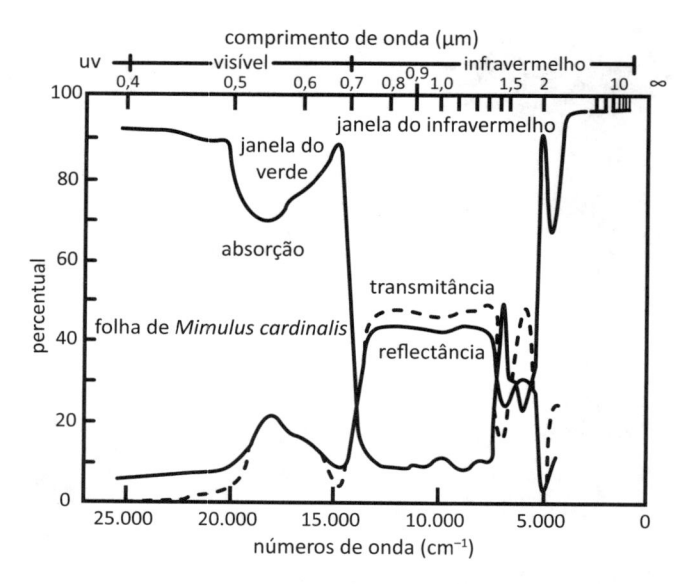

FIGURA 4-14 Espectros de absorção, transmissão e reflexão de uma folha. Observe especialmente as "janelas" nas porções verde e infravermelha próximas dos espectros. As folhas são finas e verdes claras. (De Gates et al., 1965; usado com permissão.)

temperaturas habituais emitem a maioria desses comprimentos de onda como infravermelhos remotos, portanto, as plantas recebem essa radiação de todo o seu ambiente, incluindo as moléculas de ar. A quantidade pode ser uma porção significativa (por exemplo, 50%) do ambiente de radiação total.

A radiação absorvida por uma planta é uma função do espectro de absorção da folha e do espectro de radiação incidente sobre ela. Assim, o percentual real da radiação absorvida varia consideravelmente (porque tanto o espectro de absorção quanto o de emissão variam), mas cerca de 44 a 88% podem ser absorvidos em situações comuns. A absorção é alta quando as plantas são irradiadas com a luz fluorescente, porque a folha absorve fortemente a maioria dos comprimentos de onda emitidos pelos tubos fluorescentes (luz visível). A absorção é muito menor quando as plantas são irradiadas com a luz incandescente da energia total equivalente, porque essa luz é rica na parte infravermelha próxima do espectro que é menos absorvida pelas plantas (Mellor et al., 1964).

Em terceiro lugar, as plantas e todos os objetos emitem energia radiante na parte infravermelha remota do espectro. A quantidade de energia emitida pode ser calculada pela aplicação da **lei de Stefan-Boltzmann** (Apêndice B), que afirma que a energia emitida é uma função de quarta potência da temperatura em kelvin (absoluta). Portanto, à medida que a temperatura da folha aumenta na luz solar, a energia radiante que ela emite também aumenta. Embora na escala kelvin a faixa de temperatura normal das plantas seja pequena (de cerca de 273 a 310 K), a energia emitida nessa faixa varia em 50%, o que pode ser significativo. Mesmo quando uma planta é iluminada pela luz solar e também está recebendo a radiação infravermelha remota do seu ambiente (por exemplo, da atmosfera, nuvens, árvores, rochas e solo), a energia radiante emitida a partir da folha é superior a 50% da absorvida e pode chegar a 80% ou mais.

Convecção O calor é conduzido/convectado da folha para a atmosfera em resposta à diferença de temperatura entre ambas. Se a radiação de entrada fizer a folha esquentar, o calor se moverá da folha para a atmosfera. A diferença de temperatura é a força motriz; quanto maior a diferença, maior a força motriz para a convecção.

Com uma determinada diferença de temperatura, a taxa de transferência do calor convectivo é inversamente proporcional à resistência à convecção. Essa situação é exatamente semelhante à forma integrada da lei de Fick (Equações 2.16, 3.1 e 3.3) e à lei de Ohm, como observamos. Com a transferência do calor convectivo, o fluxo do calor é proporcional à diferença de temperatura entre a folha e a atmosfera e inversamente proporcional à resistência ao fluxo do calor encontrado na atmosfera.

A resistência à transferência do calor convectivo é expressa pela espessura da **camada limite** (também chamada de **camada não misturada**), que foi apresentada anteriormente neste capítulo. Essa camada é a zona de transferência do fluido (gás ou líquido) em contato com um objeto (nesse caso, a folha) em que a temperatura, densidade do vapor ou velocidade do fluido é influenciada pelo objeto (Figura 4-15). Para uma determinada diferença de temperatura entre a folha e o ar além da camada limite (a uma determinada força motriz), a transferência convectiva do calor é mais rápida quando a camada limite é fina (gradiente de temperatura íngreme) e mais lenta quando é mais grossa (gradiente menos íngreme).

Normalmente, existe movimento do ar ao redor de uma folha: quanto mais rápido o movimento do ar, mais fina a camada limite. A camada limite é mais fina perto da **borda dianteira** da folha (a borda voltada para o vento). Se a superfície da folha for paralela à direção do movimento do vento, a camada limite engrossa desde a borda dianteira até a **borda posterior** da folha. As folhas pequenas, principalmente as das coníferas, possuem as camadas limites mais finas e são as mais afetadas pela convecção. As folhas grandes, como as das palmeiras do deserto, possuem as camadas limites mais grossas.

Para resumir: a camada limite é mais fina e oferece menos resistência à transferência do calor convectivo em folhas pequenas e velocidades de vento altas. A transferência do calor convectivo é mais eficiente nessas condições,

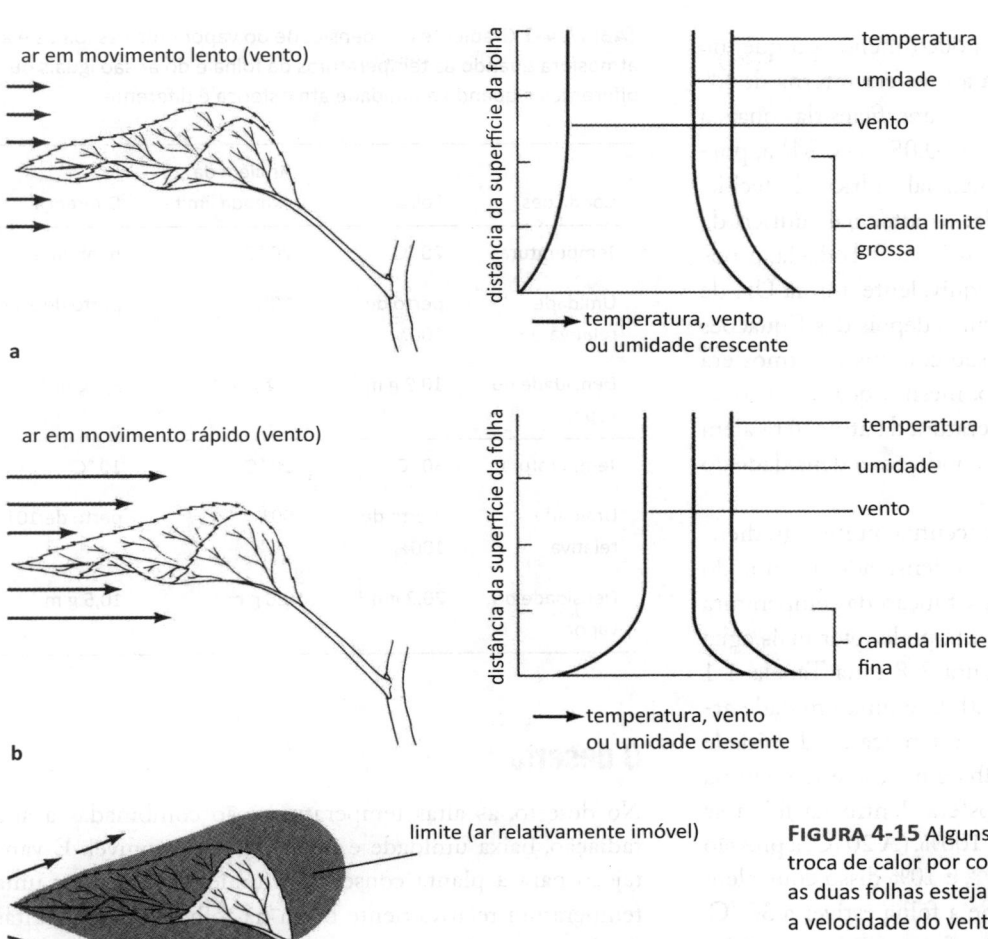

FIGURA 4-15 Alguns princípios da camada limite e da troca de calor por convecção **(a)** e **(b)**. Presume-se que as duas folhas estejam na mesma temperatura; apenas a velocidade do vento é diferente. A camada limite – a camada do ar na qual a temperatura, o vento e a umidade são influenciados pela folha – é representada pelas partes curvadas das linhas nos gráficos. A camada limite torna-se mais fina com o aumento na velocidade do vento. **(c)** Ela se torna mais grossa com a distância desde a borda dianteira da folha. A área sombreada representa uma camada de ar relativamente imóvel. (De Salisbury, 1979.)

portanto, as folhas menores têm temperaturas mais próximas da do ar que as folhas grandes, principalmente se houver vento.

Transpiração Em alguns aspectos, a transpiração é muito semelhante à transferência do calor convectivo; em outros, ela é diferente. A força motriz da transpiração é o gradiente na densidade do vapor de água[2] de dentro da folha para a atmosfera, além da camada limite. A resistência é parcialmente a resistência da camada limite. Até esse ponto, a convecção e a transpiração são semelhantes, mas os estômatos oferecem uma resistência adicional e geralmente muito maior à transpiração. Se os estômatos estiverem fechados ou quase fechados, a resistência pode ser muito alta; se estiverem abertos, a resistência é relativamente baixa. Existem outras resistências dentro das folhas além da dos estômatos, mas, normalmente, elas permanecem regularmente constantes. A resistência da cutícula à passagem da água depende da umidade atmosférica, da temperatura e talvez da luz e outros fatores. Uma vez que ela sempre é relativamente alta, raramente é considerada. Observe que sempre existe alguma resistência da folha; ou seja, a folha nunca é apenas como um pedaço de papel úmido. A resistência da folha à transpiração pode variar muito, à medida que os fatores ambientais influenciam as aberturas estomatais.

Além da espessura da camada limite, o gradiente da densidade do vapor é determinado por dois fatores: umidade absoluta e temperatura da folha. Normalmente, supomos que a UR dos espaços internos da folha se aproxima

---

[2] A densidade do vapor (expressa em gramas ou mols por metro cúbico), discutida no Capítulo 2, também pode ser chamada de concentração do vapor. Também mencionamos a pressão do vapor, que possui unidades de pressão.

de 100%. Na verdade, ela é um pouco menor porque, no equilíbrio, o potencial hídrico da atmosfera interna da folha é igual ao potencial hídrico das superfícies das quais a água evapora, que geralmente é de –0,05 a 3,0 MPa, porque está em equilíbrio com o potencial hídrico do tecido. (Se o equilíbrio não for atingido, o potencial hídrico da atmosfera da folha será ainda mais baixo.) Todavia, o potencial hídrico da folha interna equivalente a uma UR de pelo menos 98% (observe os cálculos depois das Equações 3.5 e 3.6). Essas URs altas não são comuns na atmosfera além da camada limite, portanto, mesmo quando a folha está exatamente na mesma temperatura da atmosfera além da camada limite, na maioria das condições a densidade do vapor é mais alta dentro da folha.

Um gradiente de temperatura acentua muito o gradiente da densidade do vapor, porque a densidade máxima do vapor do ar é principalmente uma função da temperatura (consulte a Figura 3-8). O ar quente pode reter mais água que o ar frio. Um exame da Figura 3-8 e da Tabela 4-1 mostra, por exemplo, que o ar a 20 °C e uma umidade atmosférica de 10% estabelece uma diferença de densidade do vapor de 9,8 g m^{-3} entre a folha e o ar, se estiverem na mesma temperatura e se a atmosfera dentro da folha se aproximar da umidade relativa de 100%. (A 20 °C, a pressão do vapor saturado é de 10,9 g m^{-3}, e 10% disso equivalem a aproximadamente 1,1 g m^{-3}.) Se a folha estiver a 30 °C, no entanto, e a umidade atmosférica for tão alta quanto 90% (a 20 °C), ainda existe uma diferença na densidade do vapor de aproximadamente 10,5 g m^{-3}. (A 30 °C, a densidade do vapor é de 20,3 g m^{-3}; 90% de 10,9 g m^{-3} são 9,8 g m^{-3}, que, quando subtraídos de 20,3 g m^{-3}, deixam um gradiente de 10,5 g m^{-3}.) Portanto, se a folha estiver mais quente que o ar (um fenômeno comum na luz solar), a transpiração pode ocorrer em uma atmosfera com UR de 100%. À medida que o vapor vai além da camada limite, ele pode condensar para formar as gotículas minúsculas que vemos como vapor, como na floresta sob o sol depois de uma tempestade, mas isso não traz consequências para a planta que perdeu água. Lembre-se de que, via de regra, a fonte de energia (a força motriz) da transpiração é a radiação de entrada.

4.9 Trocas de energia das plantas nos ecossistemas

A aplicação dos princípios da transferência do calor às situações de campo forneceu ideias consideráveis sobre a função das comunidades vegetais. Para ilustrar esse fato, consideraremos alguns princípios discutidos nas seções anteriores conforme se aplicam às plantas no deserto, na tundra alpina e em outras situações.

TABELA 4-1 Gradientes de densidade do vapor entre as folhas e a atmosfera quando as temperaturas da folha e do ar são iguais ou diferentes e quando a umidade atmosférica é diferente.

Condições	Folha	Ar além da camada limite	Diferença
Temperatura	20 °C	20 °C	nenhuma
Umidade relativa	perto de 100%	10%	perto de 90%
Densidade do vapor	10,9 g m^{-3}	1,1 g m^{-3}	9,8 g m^{-3}
Temperatura	30 °C	20 °C	10 °C
Umidade relativa	perto de 100%	90%	perto de 10%
Densidade do vapor	20,3 g m^{-3}	9,8 g m^{-3}	10,5 g m^{-3}

O deserto

No deserto, as altas temperaturas são combinadas a alta radiação, baixa umidade e pouca água disponível. É vantajoso para a planta conservar a umidade e manter uma temperatura relativamente baixa na folha. Muitas plantas do deserto – talvez a maioria – possuem folhas pequenas, proporcionando camadas limites finas e resultando em uma transferência eficiente do calor convectivo. Assim, suas temperaturas são estreitamente combinadas com a temperatura do ar, para que pelo menos não sejam aquecidas muito acima da temperatura do ar pela luz solar. Porém, essa situação também pode produzir uma alta taxa de transpiração, a menos que a resistência da folha seja alta. Algumas plantas do deserto possuem estômatos afundados e outras características que resultam em uma alta resistência da folha e na transpiração retardada. Algumas têm também uma cor cinza claro e refletem grande parte da radiação do sol. Vimos que as suculentas do deserto conservam a água fechando seus estômatos durante o dia e fixando o CO_2 em ácidos orgânicos à noite. Porém, as folhas das suculentas são grandes e tornam-se muito mais quentes que o ar. Evidentemente, o seu protoplasma pode tolerar as temperaturas altas.

O deserto é quente, portanto, uma solução ideal pode ser o condicionamento do ar pelo esfriamento evaporativo, uma técnica amplamente aplicada pelas pessoas que moram em cidades localizadas no deserto. Em algumas espécies do deserto, raízes que chegam ao lençol freático garantem o esfriamento evaporativo. Normalmente, elas possuem folhas grandes, como a palmeiras do oásis, e suas altas taxas

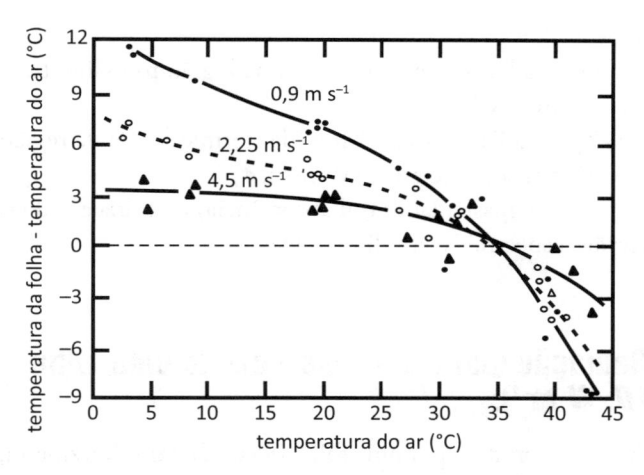

FIGURA 4-16 A diferença entre a temperatura da folha e do ar como função da temperatura do ar para três velocidades de vento. A irradiância total era de 906 watts por metro quadrado (W m^{-2}). As curvas são polinômios de terceiro grau derivados pelo computador para corresponder aos dados. (Dados de Drake et al., 1970.)

A água é raramente limitadora, mas um esfriamento evaporativo não tem vantagens em uma situação na qual as temperaturas ambientes estão muito abaixo da faixa considerada ideal para os processos metabólicos. Centenas de medições de temperatura da folha na tundra alpina, feitas por Salisbury e George Spomer (1964), mostraram que, quando o sol está irradiando as folhas, suas temperaturas podem chegar a 30 °C, o que pode representar até 20 °C acima da temperatura do ar que está a apenas alguns centímetros das plantas. As plantas alpinas normalmente possuem folhas pequenas ou finamente divididas, mas elas crescem em uma camada de aproximadamente 10 cm acima do solo, onde as velocidades do vento são muito reduzidas. Muitas possuem forma de travesseiro ou roseta, que resulta em uma camada limite fina, determinada por toda a planta e o solo adjacente, e não pelas folhas individuais. As temperaturas altas da folha indicam claramente que a transpiração não proporciona muito esfriamento nessas condições. Nem todos os motivos desse fato são evidentes, portanto, a pesquisa integrada entre campo e laboratório é necessária.

de transpiração resultam em temperaturas foliares vários graus abaixo da temperatura do ar. Isso é possível porque a umidade baixa do ambiente proporciona uma ampla diferença na densidade do vapor, mesmo quando a folha é 10 °C mais fria que o ar, e porque a folha grande tem uma camada limite grossa, resultando em uma taxa baixa de aquecimento convectivo a partir do ar quente que a cerca. As temperaturas das folhas de um cardo grande (*Xanthium strumariun*, que não é nativa do deserto), crescendo ao longo da margem de uma vala no sul do Arizona, eram de 9 a 11 °C mais frias que a do ar ao redor, que era de 36 °C sob um céu claro no alto verão. Por outro lado, as temperaturas das folhas dessa mesma espécie medidas no Oregon em uma manhã fresca de verão estavam muitos graus acima da temperatura do ar. Os estudos no túnel de vento (Figura 4-16) mostraram que, até uma extensão considerável, essas plantas regulam a temperatura de suas folhas controlando a transpiração e permanecendo mais quentes que o ar frio e mais frias que o ar quente.

Em um oásis ou um campo irrigado em clima seco, a transpiração é mais alta que nas áreas úmidas, não apenas porque as folhas são aquecidas pela alta radiação, mas também porque são aquecidas pela convecção. Nas áreas úmidas, as folhas perdem mais calor pela radiação do que pela transpiração; em um oásis, o caso é oposto.

A tundra alpina

As plantas alpinas enfrentam uma situação diferente. O ar frio, relativamente úmido e em rajadas se combina com níveis de radiação solar que podem ser extremamente altos.

Os efeitos do vento

Os problemas ecológicos da transpiração e da transferência do calor são menos desafiadores nos ambientes menos extremos, mas um estudo cuidadoso da transferência de calor pode fornecer algumas ideias interessantes. A grande variedade dos formatos de folhas nos ambientes moderados é sugestiva por si mesma.

Os dados obtidos durante a primeira metade do século XX pareciam contraditórios. Alguns indicavam que o vento aumentava a transpiração (já que sempre aumenta a evaporação de uma superfície livre); outros indicavam que ele a diminuía. Quando as cargas de radiação são relativamente baixas e a resistência da folha também é baixa, a transpiração é certamente aumentada pelo vento; quando a temperatura da folha está abaixo da temperatura do ar, a velocidade crescente do vento tende a aumentar a transpiração. Porém, agora está claro que a transpiração pode ser reduzida pelo vento quando a carga do calor de radiação é alta, particularmente se a resistência da folha também for alta (isto é, os estômatos estão fechados). Nessas condições, a temperatura da folha pode estar muito acima da temperatura do ar, o que causaria uma alta taxa de transpiração se os estômatos estivessem abertos; porém, o vento esfria a folha pela convecção e esse esfriamento é muito mais efetivo para reduzir a transpiração do que o vento para reduzir a camada limite e assim aumentar a evaporação.

Discutimos a transpiração e a troca de energia como são normalmente discutidas em uma aula básica, mas existem outras situações interessantes na natureza. Uma delas é o sistema de ventilação do lírio aquático, que move os gases no fluxo de massa através dos caules em resposta aos gradientes de pressão (forças motrizes) definidos por processos de difusão especiais. Em um ensaio pessoal apresentado neste capítulo, John Dacey conta como descobriu esse sistema fascinante.

4.10 As equações de equilíbrio do calor

Para sua referência, aqui estão as equações de equilíbrio do calor que expressam matematicamente os conceitos descritos na Seção 4.8 (Nobel, 1983; Salisbury, 1979):

A equação do equilíbrio de energia para a superfície de uma folha (todos os valores podem ser expressos como watts por metro quadrado: W m⁻²):

$$Q + H + V + B + M = 0 \quad (4.6)$$

em que

Q = radiação global (positiva se a folha estiver irradiando menos energia que a energia radiante absorvida de seu ambiente)

H = transferência de energia do calor sensível (inclui condução e convecção; positiva se a folha ganhar mais energia de calor do que perder)

V = fluxo de energia do calor latente; o termo da transpiração (negativo quando a água está evaporando, positivo na condensação ou congelamento)

B = armazenamento da energia do calor (positivo quando a temperatura da folha está aumentando), e

M = metabolismo e outros fatores (positivo quando o calor é produzido)

Na temperatura constante da folha e ignorando o metabolismo:

$$Q + H + V = 0 \quad (4.7)$$

Fluxo de energia radiante *absorvido* pela superfície de uma folha (Q_{abs}; W m⁻²):

$$Q_{abs} = eQ_v + e'Q_{th} \quad (4.8)$$

onde

eQ_v = radiação total absorvida na região fotossinteticamente ativa (W m⁻²)

$e'Q_{th}$ = radiação total absorvida (térmica) fora da região fotossinteticamente ativa (W m⁻²), e

e e e' = emissividades (ou absortância) da folha em duas regiões espectrais (sem dimensão)

Radiação global na superfície de uma folha (Q; W m⁻²):

A energia emitida por uma folha (lei de Stefan-Boltzmann; consulte o Apêndice B) é subtraída da energia radiante absorvida (Q_{abs}):

$$Q = Q_{abs} - e'\sigma T^4 \quad (4.9)$$

onde

e' = emissividade ou absortância da folha para a radiação (térmica) de onda longa; normalmente 0,95 para as folhas vivas em temperaturas normais

σ = constante de Stefan-Boltzmann (5,673 × 10⁻⁸ W m⁻²K⁻⁴), e

T = temperatura absoluta da folha (K). Frequentemente, a equação acima é escrita (consulte Monteith, 1973):

$$Q = I_s - rI_s + L_{env} - e'\sigma T^4 \quad (4.10)$$

em que

I_s = a irradiação solar incidente na superfície da folha (W m⁻²)

r = o coeficiente de reflexão na superfície da folha (fração decimal), e

L_{env} = a radiação de onda longa ambiental na superfície (W m⁻²)

Transferência da energia sensível por convecção na superfície da folha (H; W m⁻²):

$$H = \frac{(T_a - T_l)c_p\rho}{r_a} = \frac{\Delta T c_p \rho}{r_a} = \Delta T c_p \rho . g_a \quad (4.11)$$

em que

T_a = temperatura do ar (K ou °C)

T_l = temperatura da folha (K ou °C)
$\Delta T = T_a - T_l$
c_p = capacidade de calor do ar seco (não saturado) (~ 1,000 J kg^{-1} K^{-1}; capacidade do calor volumétrico a 20 °C, 1 atm = 4,175 MJ m^{-3} K^{-1})
ρ = densidade do ar seco (1,205 kg m^{-3} a 20 °C e 1 atm)
r_a = resistência da camada limite (s m^{-1}), e
g_a = condutância da camada limite (m s^{-1})

O **coeficiente de transferência convectiva** (h_c; W m^{-2} K^{-1}), também chamado de **coeficiente da transferência de calor** (proporcional à recíproca da resistência da camada limite) pode ser usado para calcular a transferência da energia sensível:

$$h_c = \frac{C_p \rho}{r_a} \quad (4.12)$$

$$H = \frac{\Delta T c_p \rho}{r_a} = \Delta T c_p \rho \cdot g_a \quad (4.13)$$

$$H = h_c \Delta T \quad (4.14)$$

Fluxo da energia latente do vapor da água na superfície da folha (V; W m^{-2}); o termo da transpiração

$$V = \frac{(e_l - e_a) c_p \rho}{\gamma (r_l + r_a)} = \frac{\Delta p c_p \rho}{\gamma (r_l + r_a)} = \frac{\Delta p c_p \rho (g_l + g_a)}{\gamma} \quad (4.15)$$

em que
e_l = pressão do vapor na folha, isto é, dentro da cavidade subestomatal (Pa)
e_a = pressão do vapor do ar (Pa)
r_a = resistência da camada limite (no ar) (s m^{-1})
r_l = resistência difusiva dentro da folha (s m^{-1})
γ = constante psicrométrica (66,6 Pa K^{-1}), e
g_l e g_a = condutividade da folha e da camada limite, respectivamente (m s^{-1})

Ventilação nos lírios aquáticos: um motor a vapor biológico

John Dacey

Os estudos de graduação podem representar a época mais emocionante da vida de uma pessoa. Este foi o caso de John Dacey, ao revelar os segredos da ventilação nos lírios aquáticos, como descreve neste ensaio pessoal. Na época, ele trabalhava em seu doutorado no departamento de zoologia da Michigan State University (concluído em 1979). Antes disso, ele foi criado em Kingston, Ontario, e se formou em biologia e química na University of King's College. Ele continua seu trabalho sobre a produção de gases residuais em terrenos úmidos e sistemas marinhos, agora no novo Woods Hole Oceanographic Institution em Massachusetts. (Para obter informações adicionais sobre esse trabalho, consulte Dacey, 1980, 1981, 1987; Dacey e Klug, 1982a, 1982b.)

A pesquisa científica como processo evolucionário pode ser extremamente emocionante quando leva a questões que divergem do caminho esperado. Nesse ensaio, eu conto como minha pesquisa se desenvolveu; é um esforço para mostrar como o sucesso da pesquisa depende de uma combinação entre trabalho, lógica e sorte. O que começou como um estudo da função dos gases sedimentares para gerar fluxos de gás nas plantas aquáticas acabou levando à descoberta de um sistema de ventilação de fluxo de passagem.

O oxigênio é um requisito básico no metabolismo de todas as plantas. Sua ausência ao redor das raízes de plantas aquáticas inibe a respiração aeróbia nas raízes e permite que materiais potencialmente prejudiciais se acumulem. Geralmente, é aceito que a extensa rede de espaços internos do gás (**lacunas**) dessas plantas representa uma adaptação a esse ambiente, servindo principalmente para transportar o O_2 para as raízes e rizomas enterrados.

Nos estudos antigos, os botânicos mediam os gradientes nas concentrações de O_2 e CO_2 nas lacunas. Eles encontraram os níveis mais altos de O_2 nas folhas em fotossíntese e os níveis mais baixos nas raízes; vice-versa para o CO_2. Eles concluíram que o O_2 se difundia para as raízes a partir das folhas em fotossíntese, e o CO_2 das raízes na direção das folhas.

Essa ideia não é irracional, mas está incompleta. Uma mistura de gás não é apenas uma mistura de moléculas que se movem aleatoriamente; ela também é um fluido. Assim como o gradiente na pressão parcial orienta a difusão global de um componente individual em uma mistura de gases, o gradiente na pressão total orienta o fluxo de massa de toda a mistura de gases (isto é, produzindo o vento). Sob um gradiente em pressão total, os movimentos dos gases individuais não são independentes.

Na minha pesquisa, eu estava interessado nas contribuições relativas da difusão e do fluxo de massa para o transporte dos gases nas plantas. Minha abordagem era diferente da pesquisa prévia em dois pontos importantes: eu medi a pressão total dos gases da lacuna com o manômetro e medi as concentrações de todos os gases principais com a cromatografia gasosa. Essa perspectiva física me tornou especialmente consciente dos possíveis mecanismos de geração dos gradientes de pressão.

Eu estudava uma planta diferente quando vi o gás fluindo de uma folha submersa de um lírio aquático no começo da primavera. A conveniência de trabalhar com os lírios aquáticos tornou-se rapidamente aparente. Eles são plantas grandes, com pecíolos de até 2 m de comprimento que vão desde o sedimento até a superfície do lago. O gás ocupa pelo menos metade do volume total da planta e eu pude retirar amostras com a seringa. Minhas primeiras amostras do lírio aquático mostraram que o metano (CH_4) era um componente significativo do gás da lacuna, e as primeiras medições confirmaram que a pressão podia se desenvolver nas lacunas das raízes pelo metano dos sedimentos. Isso confirmava a minha hipótese original, mas logo se tornou evidente que havia um processo mais importante para investigar. O metano podia ser usado como marcador para o movimento do gás!

O metano é produzido nos sedimentos pelas bactérias anaeróbias e se difunde para as lacunas nas raízes e rizomas enterrados. À medida que estudei sua distribuição nos lírios aquáticos, percebi alguns padrões surpreendentes. Por exemplo, nas noites dos meses de verão, o CH_4 ocorria em toda a planta em concentrações esperadas se os gases se movessem principalmente pela difusão. No entanto, durante o dia, o CH_4 estava presente nos pecíolos das folhas mais velhas, mas ausente das folhas jovens e flutuantes. Eu não podia explicar seu desaparecimento com base na difusão, portanto, usei marcadores experimentais para investigar a possibilidade do fluxo de massa. Injetando pequenas quantidades de um gás marcador, monitorei o fluxo de massa na planta e descobri que, durante o dia, o gás se move das folhas jovens flutuantes, descendo pelo pecíolo até o rizoma. Em seguida, ele se move a partir do rizoma subindo pelos pecíolos das folhas mais velhas até a atmosfera (observe a figura deste quadro). O fluxo de massa descendo pelos pecíolos jovens carregava qualquer CH_4 tendendo a se difundir a partir do rizoma. Quando a ventilação parava à noite, o CH_4 podia se acumular nos pecíolos pela difusão a partir do rizoma.

O fluxo de massa requer um gradiente na pressão total do gás. Usando um manômetro sensível, descobri que as pressões nas folhas jovens eram ligeiramente mais altas que na atmosfera adjacente (em menos de 0,2 kPa). Esses pequenos diferenciais de pressão eram suficientes para mover o ar descendo pelos pecíolos em velocidades de até 50 cm/minuto.

O próximo problema era determinar o que causava as pressões elevadas nas folhas jovens. A ventilação parava na escuridão, portanto, parecia que o fenômeno era dependente da luz. Eu confirmei isso mostrando que as pressões nas lacunas das folhas de influxo eram diretamente relacionadas aos níveis da luz incidente.

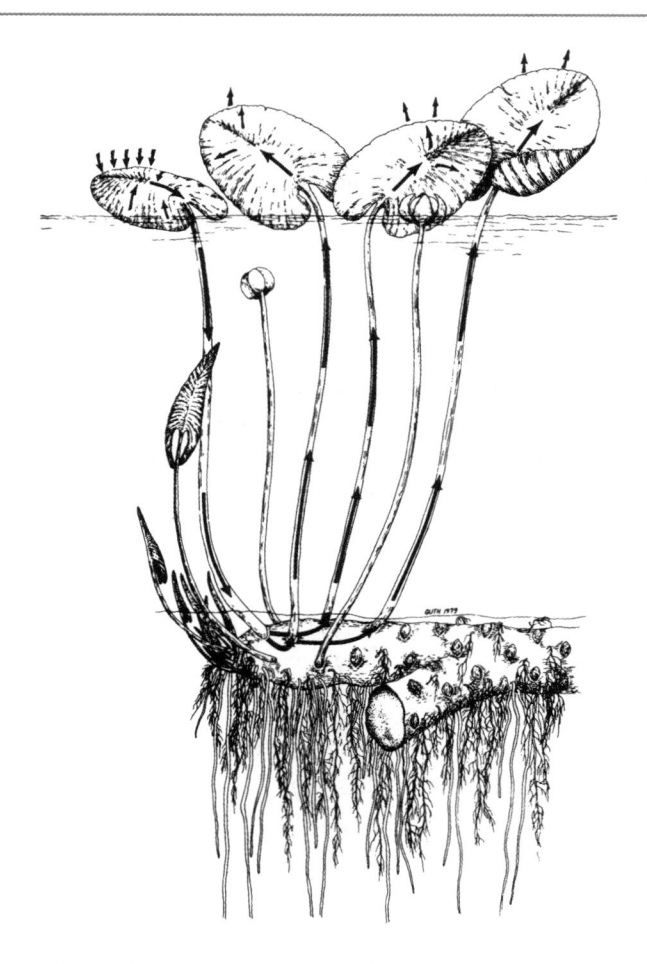

O sistema de ventilação no lírio aquático.

Quando sombreei uma folha pressurizada, sua pressão do gás na lacuna caiu imediatamente.

Eu logo descobri que a fotossíntese não cumpria uma função na pressurização. As pressões não eram decorrentes da produção de gás novo pela planta, mas resultavam do movimento do ar do ambiente para as lacunas. Quando encerrei uma folha pressurizada em um saco transparente, o saco tendia a colapsar, mostrando que as folhas atraíam o ar da atmosfera contra um gradiente de pressão.

Então, comecei a investigar o mecanismo dessa "bomba". Esquecendo temporariamente a perspectiva física, que eu havia usado até esse ponto, formulei a hipótese de que a pressurização deve ser um processo metabólico, que usa a energia da luz de alguma maneira para bombear o O_2 para a folha. Qualquer bomba metabólica deve ser influenciada pela composição do gás ambiente. Variando a composição dos gases do saco plástico, descobri que a pressurização ocorria independentemente da composição do gás.

Em um esforço para entender o mecanismo, eu procurei as diferenças na composição do gás dentro e fora das folhas que bombeavam. Não foi surpresa observar que a pressão do vapor de H_2O era mais alta dentro da folha. Mais significativamente, as quantidades absolutas de N_2 e O_2 eram mais baixas que o ambiente dentro da folha. Portanto, havia um gradiente de difusão para o N_2 e o O_2 entrarem na folha, embora a pressão total do gás presente nela excedesse a do ambiente!

Outra descoberta importante surgiu a partir dessa observação. Observei que os gases da lacuna pressurizavam na escuridão quando a folha era mantida perto de um objeto quente. A pressurização não era dependente da luz propriamente dita, mas do calor.

Era evidente que a resposta está na física, não na bioquímica – portanto, voltei aos princípios físicos. A teoria física do fluxo do gás através de poros prevê que o fluxo ocorre apenas pela difusão quando os poros são muito pequenos (menos de 0,1 μm na pressão atmosférica). Poros maiores permitem o fluxo de difusão e de massa. O fato de as pressões do gás na lacuna serem mais altas que a ambiente significa que não havia um fluxo de massa significativo entre as lacunas e a atmosfera. Os poros que separavam as lacunas da atmosfera deviam ser muito pequenos e a difusão devia ser a forma dominante de troca gasosa.

No equilíbrio difusivo, as pressões parciais de todos os gases seriam idênticas dentro e fora de uma folha com poros muito pequenos. Também não haveria gradiente na pressão total do gás (a soma das pressões parciais). Uma folha, no entanto, não está em equilíbrio com a atmosfera ambiente, uma vez que a sua pressão do vapor de H_2O quase sempre excede a do ambiente. Haveria difusão global da H_2O da folha. Se seus poros fossem pequenos o suficiente para proibir o fluxo de massa, a pressão parcial elevada da H_2O dentro da folha aumentaria a pressão total do gás na folha, sem influenciar as pressões parciais do N_2 e do O_2. A pressão total permaneceria elevada desde que a água estivesse disponível dentro da folha para manter sua pressão de vapor mais alta que a do ambiente. Durante o dia, a pressão dentro da folha aumentava à medida que as folhas eram aquecidas pelo sol. O aquecimento causava mais evaporação dentro e, portanto, uma pressão de vapor de H_2O elevada. Esse fenômeno é conhecido na física como pressurização higrométrica.

Como já descrevi, os gases pressurizados nas folhas jovens forçam um fluxo de massa descendo pelos pecíolos até o rizoma. Quando o fluxo ocorre, ele tende a diminuir a pressão total nas lacunas das folhas pressurizadas. Como resultado, as pressões parciais de todos os gases diminuem proporcionalmente. As pressões parciais do N_2 e O_2 ficam abaixo de seus respectivos níveis na atmosfera, definindo um gradiente que faz esses gases se difundirem para a folha. Essa difusão do N_2 e O_2 se move ao longo de um gradiente na pressão parcial (e, incidentalmente, contra um gradiente na pressão total). Simultaneamente, a água continua evaporando para as lacunas, mantendo sua pressão parcial próxima da saturação. A entrada contínua do ar na folha sustenta a pressurização, permitindo assim que ela oriente um fluxo de massa contínuo.

Existe outro mecanismo de pressurização relevante, que tem sua base nas diferenças de temperatura entre o gás das lacunas e a atmosfera. Resumidamente, a teoria física prevê que os gases se difundem através de poros pequenos em uma partição mais rapidamente a partir do lado frio (no qual os gases são mais comprimidos e, portanto, concentrados) que do lado quente (em que a expansão causa uma concentração mais baixa). O resultado é que o lado quente tende a ser ligeiramente pressurizado em relação ao frio (transpiração térmica). Esse mecanismo, junto com a pressurização higrométrica, tende a elevar a pressão nas folhas jovens quentes.

O fluxo de passagem nos lírios aquáticos depende de dois outros fatores. Primeiro, os poros nas folhas mais velhas são maiores que nas mais jovens, portanto, as mais velhas permitem que haja fluxo de massa para a atmosfera. Em segundo lugar, o sistema de lacunas entre as folhas jovens e velhas é contínuo, de modo que o gás pressurizado nas folhas jovens se move livremente pelo fluxo de massa através das lacunas para as folhas mais velhas, das quais escapa para a atmosfera.

Esse é o sistema de ventilação com fluxo de passagem. Até 22 litros de ar por dia entram em uma única folha flutuante e fluem para o rizoma. Isso acelera significativamente o transporte do O_2 para as raízes, em comparação com o que ocorreria apenas pela difusão. O sistema tem a vantagem adicional de também transportar o CO_2 do rizoma para as folhas mais velhas para ser usado na fotossíntese.

Permanecem questões sobre o sistema: por exemplo, os poros limitadores do fluxo estão nas aberturas estomatais ou no tecido paliçádico abaixo dos estômatos? Mecanismos semelhantes operam em outras plantas?

Uma característica essencial da natureza é ser econômica. A ventilação do lírio aquático é um bom exemplo de design simples, que usa calor e a física do comportamento do gás para operar um "motor a vapor biológico".

CI5CO
A ascensão da seiva

De acordo com o *Guinness, o livro dos recordes* (Mc-Farlan et al., 1990), "A árvore mais alta do mundo é, possivelmente, a 'Harry Cole', no município de Humboldt, na Califórnia". Em julho de 1988, essa árvore – que é uma sequoia (*Sequoia sempervirens*), media 113,1 m de altura. Por um tempo, muitas pessoas no norte da Califórnia acreditavam que a Dyerville Giant (Figura 5-1, uma "árvore campeã"), no Humboldt Redwood State Park, outra sequoia, era a árvore mais alta do mundo – mas uma medição preliminar recente definiu sua altura em 110,4 m. Examinadas em grupo, as sequoias são a espécie de árvore mais alta conhecida. Porém, o *Guinness* também diz que a árvore mais alta já medida foi a Ferguson Tree, um eucalipto australiano (*Eucalyptus regnans*) em Watts River, Victoria, na Austrália. Ele media 132,6 m de altura e tinha quase 6 m de diâmetro a 1,5 m acima do nível do solo. É quase certo que ele media de 143 a 146 m originalmente. Acredita-se que um *Eucalyptus amygdalina* em Mount Baw Baw, Victoria, Austrália, media de 143 m em 1885, e várias árvores pseudotsuga[1] (*Pseudotsuga menziesii*) atingiram alturas imensas (por exemplo, a pseudotsuga mineral de Washington media 119,8 m de altura em 1905).

Seja como for, a água deve subir por essas árvores, desde a raiz até as folhas mais altas, uma distância vertical de mais de 120 m. Os fisiologistas vegetais se perguntam qual é o mecanismo deste movimento.

5.1 O problema

Embora nossa tendência seja não dar muito valor às árvores altas, quanto mais pensamos em como a água sobe rapidamente pelo seu tronco, mais consideramos o desafio desse problema. Uma bomba de sucção pode elevar a água até a **altura barométrica**, que é a altura sustentada pela pressão atmosférica de baixo para cima (10,3 m em uma **atmosfera**, a pressão do ar normal no nível do mar). Se um cano longo, vedado em uma ponta, for enchido de água e depois colocado na posição vertical com a ponta aberta dentro da água, a pressão atmosférica sustentará a coluna de água em 10,3 m. Nessa altura, a pressão equivale à pressão do vapor da água nessa temperatura (17,5 mm de Hg ou 2,3 kPa = 0,0023 MPa a 20 °C); acima disso, a água se transforma em vapor. Em pressão zero, a água normalmente **ferve a vácuo**, mesmo em 0 °C. (Na verdade, ela ferve a 0,61 kPa, sua pressão de vapor a 0 °C.) Quando a pressão é reduzida em uma coluna de água, de maneira que o vapor se forme ou as bolhas de ar apareçam (o ar saindo da solução), dizemos que a coluna **cavita** ou é submetida à **cavitação**. Um barômetro de laboratório (Figura 5-2) é como o nosso cano cheio de água, mas contém mercúrio no lugar da água. Uma atmosfera de pressão sustenta uma coluna de mercúrio com 760 mm de altura; 0,1 MPa ou 1.0 bar sustenta 10,2 m de água ou 750 mm de mercúrio.

Para elevar a água desde o nível do solo até o topo da árvore Harry Cole, uma pressão na base de 10,9 atm (1,11 MPa) seria necessária, além da pressão adicional para superar a resistência ao trajeto da água e manter um fluxo. Se superar a resistência requer uma pressão aproximadamente igual à exigida para elevar a água, é necessário um total de 2,2 MPa (1,1 mais 1,1). Para elevar a água até o topo da árvore mais alta que já existiu (digamos, 150 m), um total de aproximadamente 3,0 MPa (1,5 mais 1,5) poderia ser necessário. Obviamente, a água não é empurrada até o topo das árvores altas pela pressão atmosférica (0,1 MPa).

A **pressão radicular** foi observada em várias espécies. Se o caule de uma videira for cortado, por exemplo, e um tubo com um manômetro de mercúrio for acoplado a ele, vemos que a água é às vezes forçada a partir das raízes sob uma pressão considerável. Foram registradas pressões de

---

[1] Temos uma carta de J. S. Matthews, enviada por John Worrall da University of British Columbia, documentando que a árvore do Lynn Valley (British Columbia), que segundo o *Guinness Book* tinha 126,5 m de altura, era um logro perpetrado por George Cary, do clube de lenhadores Hoo Hoo Club.

aproximadamente 0,5 a 0,6 MPa, embora, na maioria das espécies, os valores não ultrapassem 0,1 MPa. A pressão radicular aparece na maioria das plantas, mas apenas quando há muita umidade no solo e o grau de umidade do ar é alto; isto é, quando a transpiração é excepcionalmente baixa. É possível ver gotículas de água saindo das aberturas (**hidátodos**) nas pontas ou bordas das folhas da grama ou do morango, por exemplo, um fenômeno chamado de **gutação**. Quando as plantas são expostas a atmosferas relativamente secas, solos com baixa umidade ou ambos, a pressão radicular não ocorre porque o caule está sob tensão em vez de pressão. As pressões radiculares não são encontradas nas coníferas (incluindo as sequoias e pseudotsugas) em qualquer condição, embora leves pressões tenham sido observadas nas raízes de coníferas cortadas. Além disso, as taxas de movimento pela pressão radicular são muito lentas para serem responsáveis pelo movimento total da água nas árvores. Portanto, precisamos rejeitar a pressão radicular como a forma de movimentação da água até o topo das árvores altas, embora às vezes isso ocorra em algumas plantas.

FIGURA 5-1 A Dyerville Giant (*Sequoia sempervirens*) localizada no Humboldt Redwood State Park, Califórnia. A árvore é tão alta e cercada por tantas outras que foi necessário combinar duas fotos para mostrá-la. (Fotos de Frank B. Salisbury.)

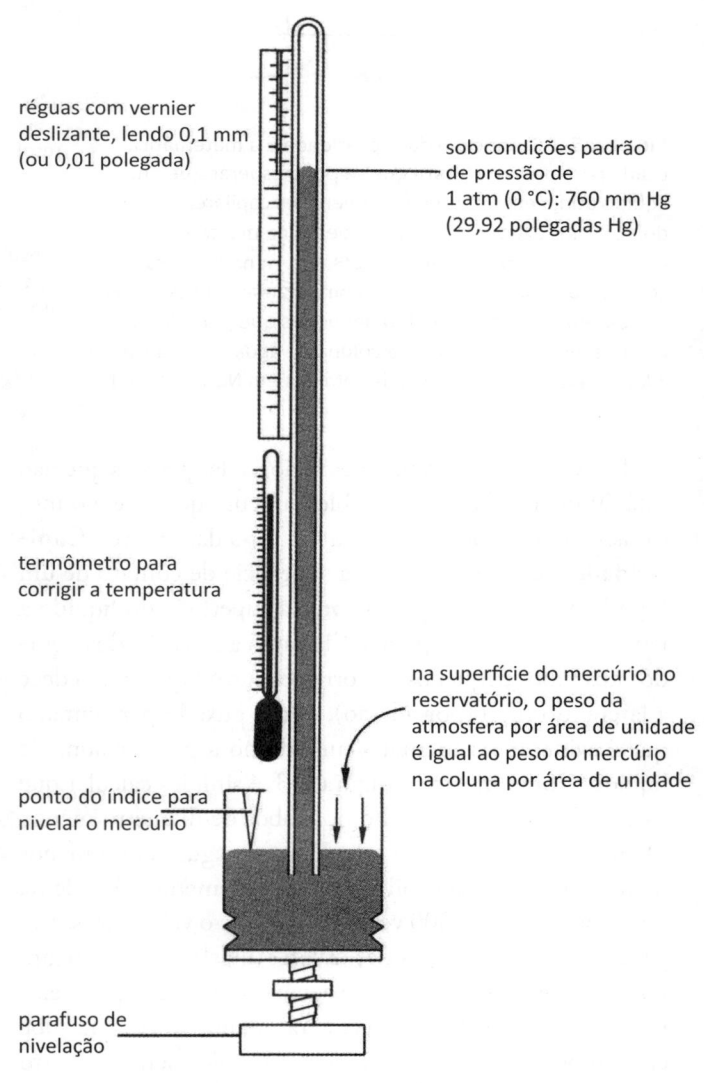

FIGURA 5-2 Um barômetro de mercúrio.

T = tensão de superfície   força de elevação = $T \cos \alpha$

Exemplos:

raio do tubo (r) micrômetros (µm)	altura (h) metros (m)
1,0	14,87
10	1,487
100	0,1487
1.000	0,01487
40	0,3719
0,005	2975

tamanho aproximado do poro de uma traqueíde comum nas paredes celulares (altura = quase 3 km)

força total de elevação = $T \cos \alpha \, 2 r \pi$
peso do líquido = $\pi r^2 h d g$
assim,
$T \cos \alpha \, 2r\pi = \pi r^2 h d g$

consulte o desenho para T, α, h e r
para a água em um copo ou uma superfície com grupos polares:

$\alpha = 0$, $\cos \alpha = 1,0$

$\pi = 3,1416$

d = densidade do líquido
998,2 kg m^{-3} (H$_2$O a 20 °C)

T = 0,072 kg s^{-2} (H$_2$O a 20 °C)

g = aceleração da gravidade
(9,806 m s^{-2} a latitude de 45°)

resolva a equação para h:

$$h = \frac{T \cos \alpha \, 2 r \pi}{\pi r^2 d g} = \frac{2 T \cos \alpha}{r d g}$$

substitua os valores acima para a água no copo ou os elementos do xilema; forneça o raio em µm, a altura em metros:

$h = 14,87/r$

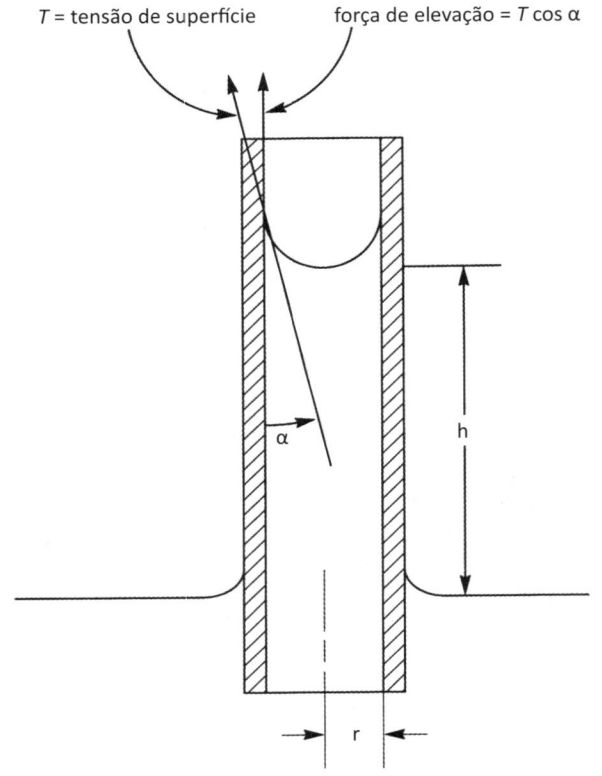

FIGURA 5-3 O princípio da capilaridade e a matemática usada para prever a altura que se pode esperar que um líquido atinja em um tubo de dimensões capilares. Os dois últimos exemplos na tabela pequena mostram que a água subiria apenas cerca de 1/3 de 1 m na madeira com as traqueídes de tamanho comum, mas que os poros nas paredes celulares são tão pequenos que poderiam, teoricamente, sustentar uma coluna de água com quase 3 km de altura. (Consulte mais detalhes em Nobel, 1983.)

E quanto à capilaridade? A maioria das pessoas que não está familiarizada com o problema pensa que esse é o mecanismo que empurra a água até o topo das árvores. **Capilaridade** é a interação entre a superfície de contato de um líquido e um sólido, que distorce a superfície do líquido a partir de um formato planar. Ela causa a elevação dos líquidos nos tubos pequenos e ocorre porque o líquido umedece a lateral do tubo (por adesão), sendo puxado para cima, o que é evidente no **menisco** curvado no topo da coluna de líquido. Como mostra a Figura 5-3, é simples calcular que os líquidos sobem mais alto nos tubos de diâmetro menor. Da mesma forma, é fácil calcular que a água subirá menos de meio metro pela capilaridade nos elementos do xilema dos caules vegetais, 300 vezes menos que o valor necessário para a ascensão da seiva nas árvores altas! Além disso, um pouco de reflexão mostra que a capilaridade não pode elevar a água nas plantas de maneira nenhuma. A água sobe em um pequeno tubo capilar por causa do menisco aberto no topo da superfície da água, mas as células do xilema nos vegetais são repletas de água; elas não possuem meniscos abertos. Existem meniscos submicroscópicos nas paredes celulares das folhas e de outros tecidos vegetais; eles são os pontos de retenção da água do xilema, mas não são a origem do movimento.

Durante o século XIX foi sugerido que a água subia pelo tronco da árvore em resposta a alguma função viva ou à ação de bomba das células do caule. Podemos elevar a água em qualquer altura, bombeando-a por intervalos sucessivos abaixo da altura barométrica. Porém, um estudo anatômico detalhado não revelou qualquer célula de bombeamento. Na verdade, a maior parte da água se move para dentro dos elementos mortos do xilema, um fato que foi claramente demonstrado pelo uso da água radioativa (titulada) como marcador. Além disso, em um documento publicado em 1893, Eduard A. Strasburger (um investigador pioneiro da mitose e da meiose nas plantas) contou como serrou árvores de 20 m de altura, mas as deixou suspensas na vertical em baldes de sulfato de cobre, ácido pícrico e outros venenos. O líquido subia o caminho todo até as folhas, matando a casca e também as células vivas disseminadas (raios) pela madeira. A água continuava se movendo para cima ao longo do tronco, até que as folhas morriam e a transpiração parava. Ele também escaldou longas secções de uma glicínia, mas a seiva continuou subindo acima de 10 m.

Nunca é demais enfatizar a importância das células vivas para o fluxo da seiva na madeira, no entanto. O xilema morto de uma planta foi criado pelas células vivas, e a nova madeira é depositada a cada ano pelas células cambiais vivas e cheias de água. Ainda assim, a ideia de que a água é bombeada pelas células ao longo do caminho do tronco deve ser rejeitada. Portanto, como a água "flui para cima" até o topo das árvores altas?

5.2 O mecanismo de coesão da ascensão da seiva

Perto do final do século XIX foi formulado um modelo para descrever a ascensão da seiva nas árvores altas. Um desses elementos, a coesão da água, não era conhecido a partir da experiência cotidiana, portanto, o modelo era bastante controverso. Como uma boa hipótese, no entanto, ele sugeriu várias consequências pelas quais poderia ser testado. Agora, depois de um século, os numerosos dados que se acumularam sustentam o modelo. A maioria das dificuldades e críticas foi deixada de lado, mas ainda devemos aceitar uma visualização da realidade que não é uma ocorrência familiar da experiência cotidiana – embora seja totalmente coerente com a física (consulte as revisões de Pickard, 1981; Zimmermann, 1983).

Existem três elementos básicos na **teoria de coesão** para a ascensão da seiva: *força motriz, hidratação* (adesão) e *coesão da água*. A força motriz é o gradiente dos potenciais hídricos decrescentes (mais negativos) desde o solo, passando pela planta até a atmosfera. A água se move no trajeto desde o solo, passando por epiderme, córtex e endoderme, entrando nos tecidos vasculares da raiz, subindo pelos elementos do xilema na madeira, indo até as folhas e, finalmente, transpira dos estômatos para a atmosfera. O que faz o sistema funcionar é a estrutura especial desse trajeto (os diâmetros relativamente pequenos e as paredes grossas que impedem o colapso dos tubos), os potenciais osmóticos baixos da folha viva e das células do caule e as propriedades de hidratação das paredes celulares, principalmente nas folhas. A força de hidratação entre as moléculas de água e as paredes celulares é causada pela ponte de hidrogênio e é chamada de **adesão**, que é uma força de atração entre moléculas diferentes.

A **coesão**, a atração entre moléculas semelhantes, é o segredo. Essa é a força de atração (também causada pela ponte de hidrogênio; consulte o Capítulo 2) entre as moléculas de água no trajeto. Nesse ambiente especial, as forças coesivas são tão intensas (a água possui uma força de tensão muito alta) que, quando a água é puxada, pela osmose e pela evaporação, desde seus pontos de retenção nas paredes celulares até o topo de uma árvore alta, essa tração se estende descendo por todo o tronco e as raízes, entrando no solo. Enquanto uma coluna de água em um cano vertical de dimensões macro cavitaria normalmente conforme descrito,

Figura 5-4 Um corte paralelo à superfície da folha de uma dicotiledônea, mostrando a estreita proximidade entre os tecidos vasculares e as células do mesofilo. Os corpos escuros são cloroplastos. (Foto de William A. Jensen.)

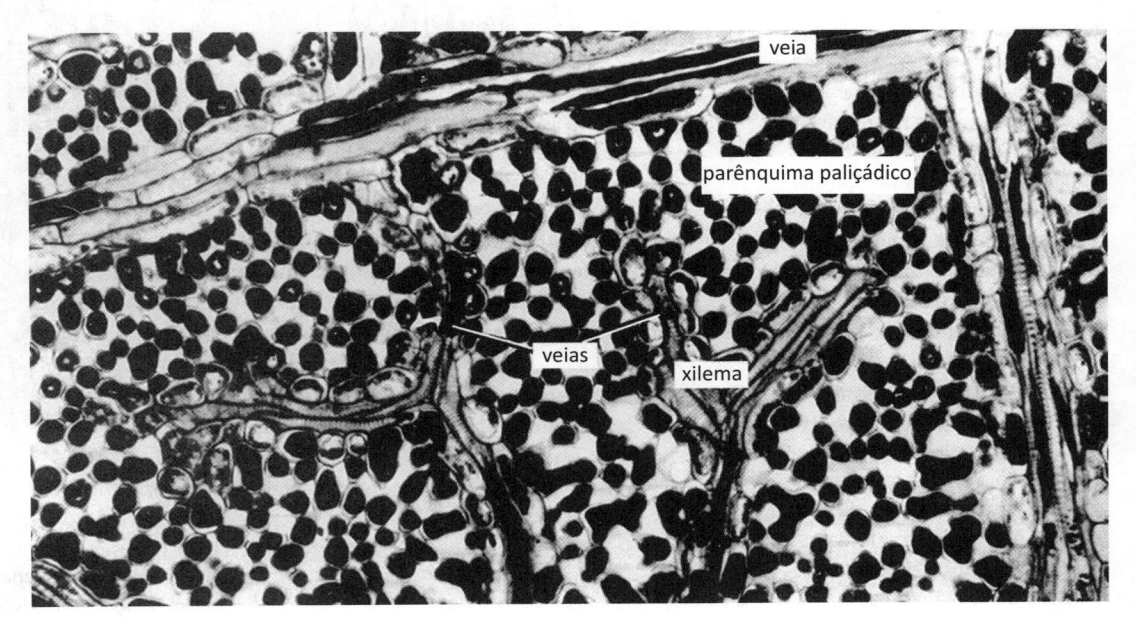

a cavitação não interrompe o fluxo da seiva na planta por causa da sua anatomia altamente especializada.

Com essa breve visão geral em mente, examinaremos agora cada um dos pontos-chave, começando com o trajeto e continuando com a natureza da força motriz e o papel da coesão. (Um livro sobre esse assunto, muito bem escrito e com várias ideias originais, é de autoria do saudoso Martin H. Zimmermann, de Harvard Forest, Petersham, Massachusetts, em 1983.)

5.3 A anatomia do trajeto

No capítulo anterior sobre a transpiração, consideramos a anatomia da folha (figuras 4-4 e 4-5). As características importantes incluem a cutícula, o aparelho estomatal e o considerável espaço intercelular com as superfícies celulares úmidas expostas (as células do mesofilo). A Figura 5-4 mostra a relação entre as células da folha e os elementos vasculares adjacentes. É óbvio que nenhuma célula da folha está

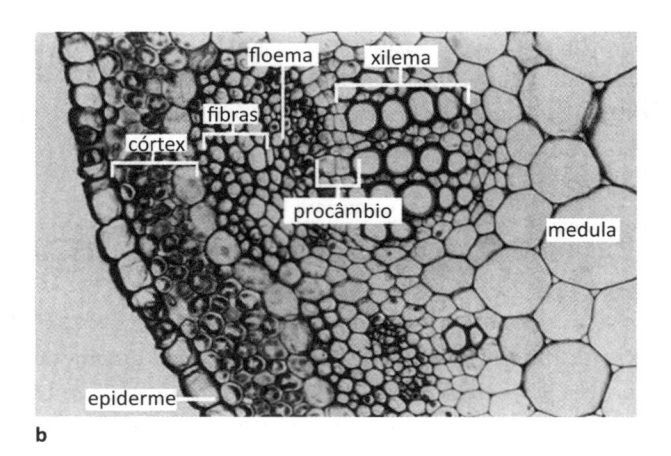

FIGURA 5-5 (a) Um corte transversal através de um caule típico de monocotiledônea. Observe os feixes vasculares disseminados no tecido fundamental da medula. Cada um deles é cercado por uma bainha de células. **(b)** Um corte transversal em um caule típico de uma dicotiledônea herbácea. Os feixes vasculares formam um anel com a medula no interior e o córtex (normalmente com células do **colênquima** – cantos grossos no corte transversal) no exterior, abaixo da epiderme. Nos caules de monocotiledôneas e dicotiledôneas, o xilema está normalmente (mas nem sempre) ao lado do floema, internamente. **(c)** Um desenho tridimensional de um caule de dicotiledônea lenhosa, mostrando o xilema (madeira) no interior de uma camada do câmbio e o floema (parte da casca) no exterior. (Micrografias cortesia de William Jensen.)

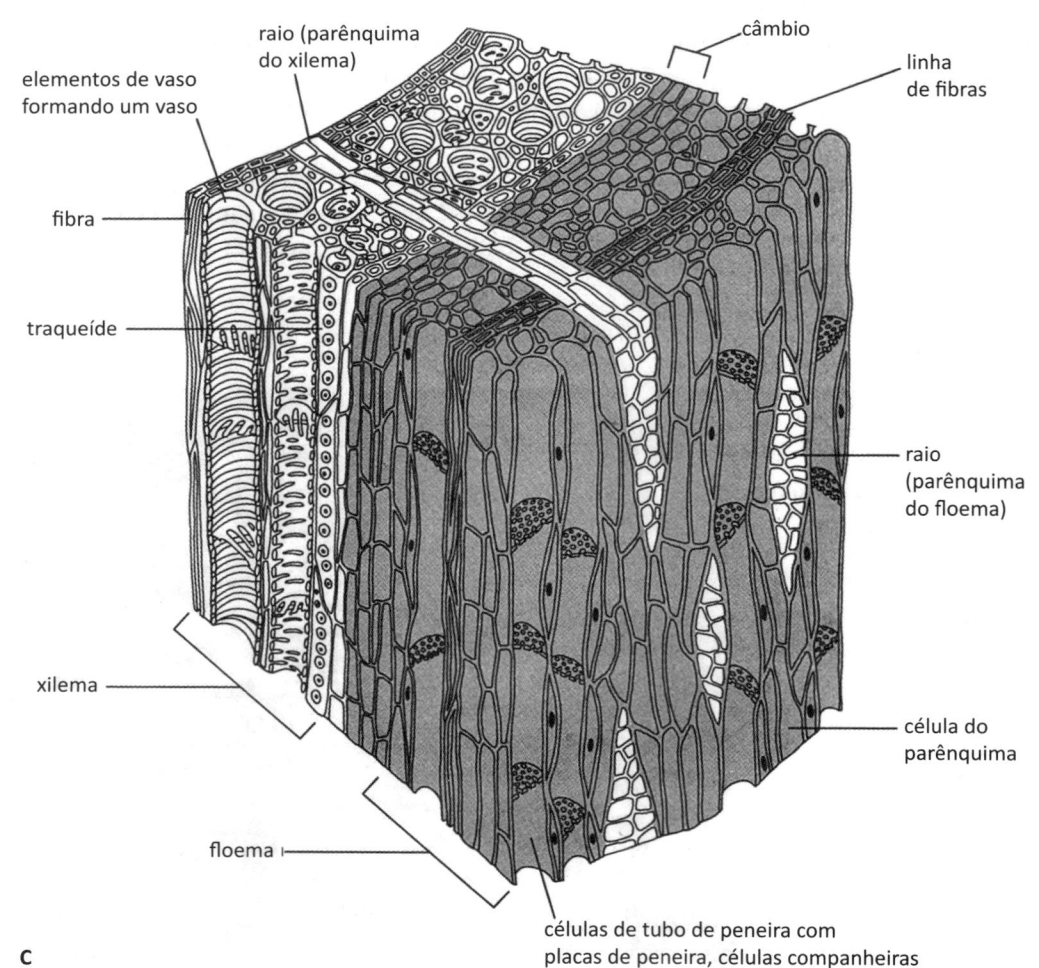

distante de um elemento vascular. A discussão e as figuras dos próximos itens fornecem uma revisão da anatomia do caule e da raiz. Mais detalhes estão em livros elementares sobre botânica ou anatomia vegetal (por exemplo, Mauseth, 1988).

Os tecidos vasculares: anatomia do caule

Neste capítulo, estamos envolvidos principalmente com o movimento da água e solutos diluídos ao longo do xilema dos caules e raízes. Estude os tecidos chamados xilema, floema e câmbio nas secções transversais de caules e no desenho tridimensional de um caule de madeira na Figura 5-5. Nos caules herbáceos, os **feixes vasculares**, com o seu xilema e floema, são "abertos" nas dicotiledôneas e frequentemente "fechados" nas monocotiledôneas. Os feixes vasculares abertos são "abertos ao crescimento" porque possuem uma camada de células cambiais que produzem o xilema e o floema secundário; os feixes vasculares fechados não possuem essa camada cambial e também são "fechados" no sentido de que são cercados por uma **bainha de feixe** de células de fibras de paredes grossas. Os feixes das monocotiledôneas são geralmente disseminados quase aleatoriamente na medula (como no milho), mas, às vezes (nos caules ocos do trigo e outras gramíneas), eles formam um anel, como nos caules típicos das dicotiledôneas. Nas plantas lenhosas, o xilema constitui a madeira, que é separada da casca por uma camada de células de câmbio. A casca inclui o floema e outros tecidos, como o córtex e a cortiça. O floema é o local de transporte de açúcares e outros produtos da assimilação, que são altamente concentrados na seiva do floema. (O transporte do floema é o assunto do Capítulo 8.) A seiva do xilema é uma solução diluída, quase uma água pura. (A composição das seivas do xilema e do floema é discutida no Capítulo 8; consulte a Tabela 8-1.)

O **xilema** consiste em quatro tipos de células: **traqueídes, elementos do vaso, fibras** e o **parênquima do xilema**. As fibras e as células do parênquima também ocorrem no floema. No xilema, principalmente nas plantas lenhosas, apenas as células do parênquima estão vivas. Elas ocorrem mais abundantemente nos raios que percorrem radialmente a madeira da árvore, mas as células do parênquima estão disseminadas por todo o xilema. As traqueídes verticalmente organizadas e os elementos do vaso estão envolvidos no transporte da seiva do xilema. Via de regra, as gimnospermas (incluindo coníferas e seus parentes) têm apenas traqueídes, ao passo que quase todas as angiospermas (plantas que florescem) possuem os elementos do vaso e traqueídes. (O *Gnetum*, tradicionalmente considerado uma gimnosperma, possui vasos totalmente desenvolvidos.) Os elementos do vaso e as traqueídes são células alongadas, porém as traqueídes são mais longas e estreitas que os elementos do vaso (Figura 5-6). Ambos funcionam como elementos mortos; isto é, depois de produzidos pelo crescimento e diferenciação das células meristemáticas, eles morrem e seus protoplastos são absorvidos por outras células. Antes da morte, no entanto, ocorrem algumas mudanças nas paredes que são importantes para o fluxo da água através delas. Uma mudança é a formação de uma **parede secundária**, que consiste principalmente em celulose, lignina e hemicelulose, e que cobre a maior parte da **parede primária** (consulte a discussão no Capítulo 1). Essa parede confere uma considerável força de compressão nas células e impede seu colapso sob as extremas tensões existentes. As paredes secundárias lignificadas não são tão permeáveis à água quanto as paredes primárias, mas, na sua formação, elas deixam as **cavidades**, que são locais finos e redondos em que as células são separadas apenas pelas paredes primárias. Com frequência, as cavidades são **simples** (um pequeno buraco redondo nas paredes secundárias), mas, às vezes, nos elementos do vaso e nas traqueídes, elas são estruturas mais complexas chamadas de **cavidades areoladas**, nas quais as paredes secundárias se estendem sobre o centro da cavidade e as primárias ficam inchadas no centro da cavidade para formar um **toro** (Figura 5-7). Nas eletromicrografias, a parede primária ao redor do toro parece porosa. A figura mostra que o toro pode agir como uma válvula, fechando-se quando a pressão em um lado é maior que a pressão no outro.

As células das traqueídes têm pontas afuniladas que são sobrepostas, como mostram as Figuras 5-5c, 5-6d e 5-6f. As cavidades na parte afunilada permitem que a água se mova para cima de uma traqueíde para a próxima; assim, as traqueídes formam filas de células. Numerosas cavidades ao longo das laterais das traqueídes também permitem a passagem da água entre as células adjacentes; às vezes, elas mostram engrossamentos espirais (Figura 5-6f), como aqueles que resistem à compressão nas mangueiras de aspiradores de pó. Os elementos do vaso são geralmente fortalecidos por esses anéis, espirais ou outros engrossamentos, e também possuem **placas de perfuração** em suas extremidades. Essas placas têm aberturas em que a parede secundária não consegue se formar, e a parede primária e a lamela média se dissolvem. Essas aberturas permitem o movimento rápido da água. Os **elementos do vaso** (cada um, uma célula única) são alinhados e formam longos tubos chamados de **vasos** (muitas células), que se estendem desde alguns centímetros até vários metros em algumas árvores altas. Em parte por causa das placas de perfuração, mas principalmente porque os vasos possuem diâmetros mais largos que as traqueídes, a resistência ao fluxo da água é, em geral, consideravelmente menor nas angiospermas do que nas gimnospermas.

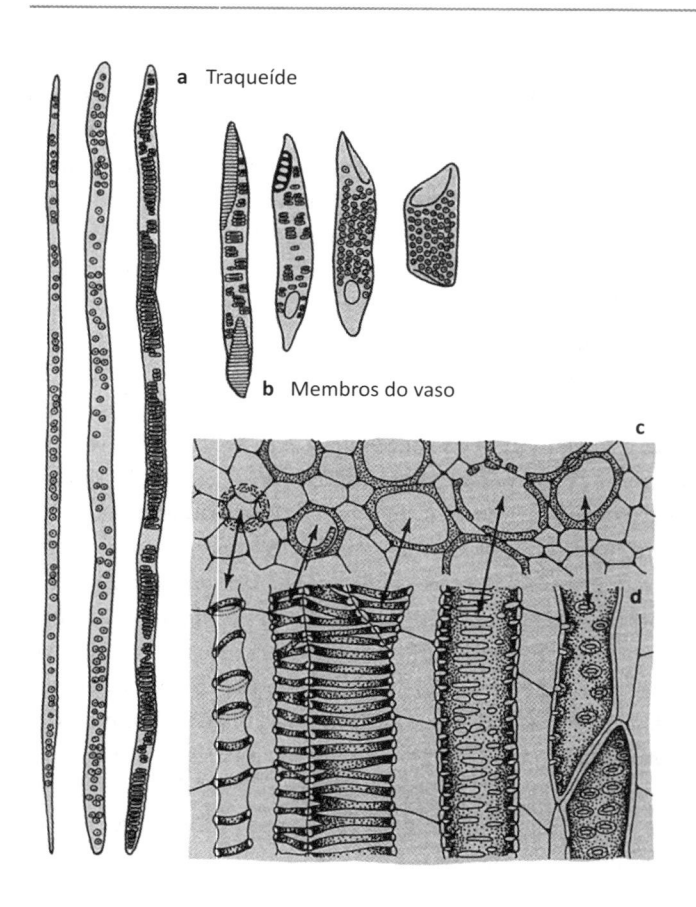

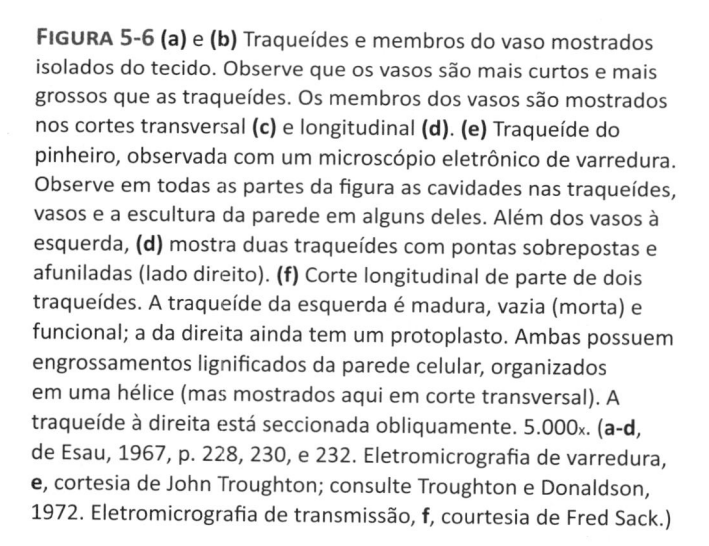

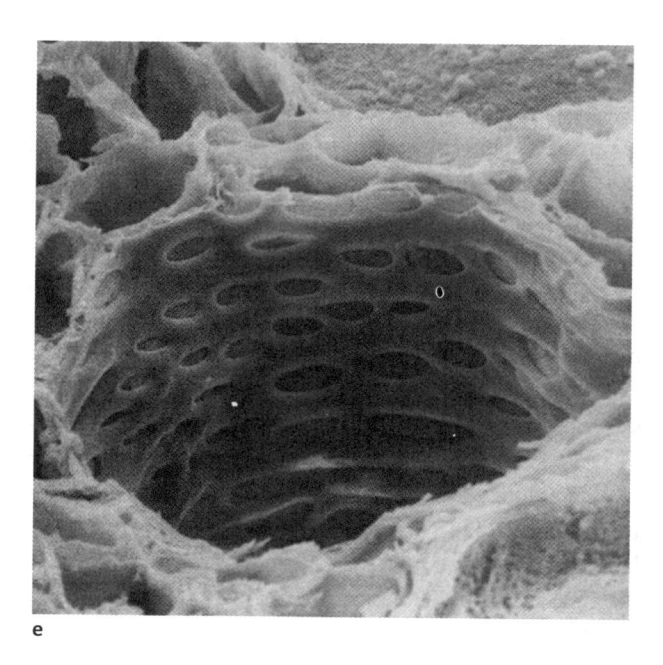

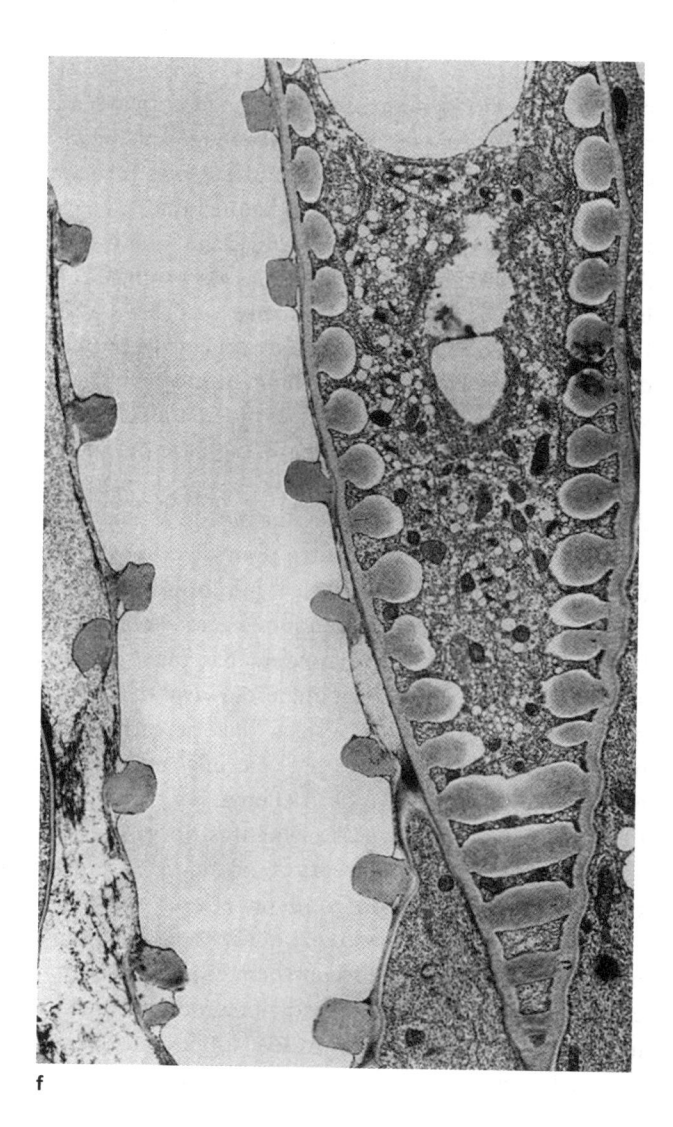

Figura 5-6 (a) e **(b)** Traqueídes e membros do vaso mostrados isolados do tecido. Observe que os vasos são mais curtos e mais grossos que as traqueídes. Os membros dos vasos são mostrados nos cortes transversal **(c)** e longitudinal **(d)**. **(e)** Traqueíde do pinheiro, observada com um microscópio eletrônico de varredura. Observe em todas as partes da figura as cavidades nas traqueídes, vasos e a escultura da parede em alguns deles. Além dos vasos à esquerda, **(d)** mostra duas traqueídes com pontas sobrepostas e afuniladas (lado direito). **(f)** Corte longitudinal de parte de dois traqueídes. A traqueíde da esquerda é madura, vazia (morta) e funcional; a da direita ainda tem um protoplasto. Ambas possuem engrossamentos lignificados da parede celular, organizados em uma hélice (mas mostrados aqui em corte transversal). A traqueíde à direita está seccionada obliquamente. 5.000x. (**a-d**, de Esau, 1967, p. 228, 230, e 232. Eletromicrografia de varredura, **e**, cortesia de John Troughton; consulte Troughton e Donaldson, 1972. Eletromicrografia de transmissão, **f**, courtesia de Fred Sack.)

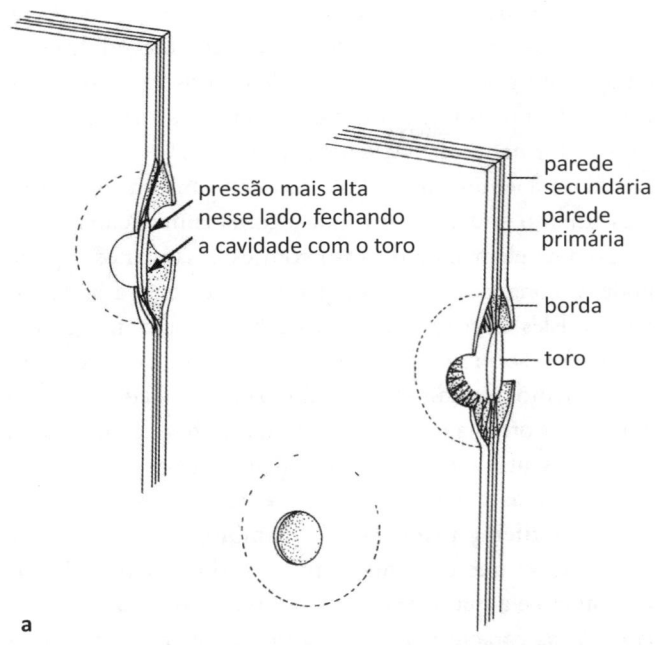

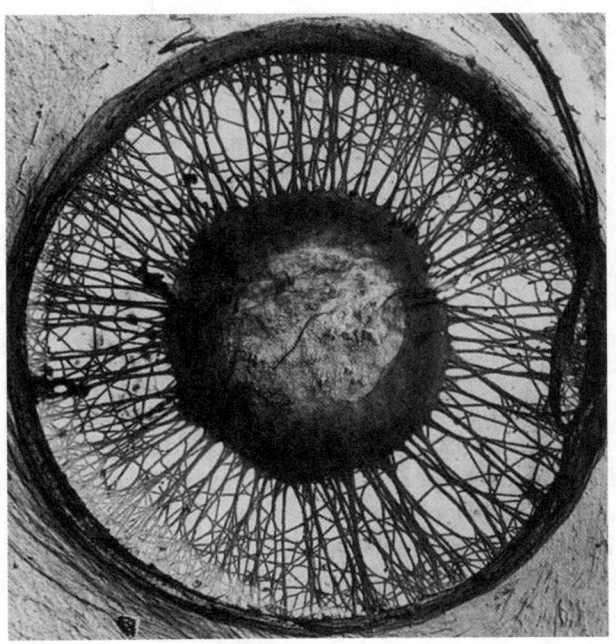

Os diâmetros das traqueídes frequentemente variam de 10 a 25 μm, enquanto os elementos do vaso normalmente têm de 40 a 80 μm de diâmetro e podem ser muito mais largos (até 500 μm = 0,5 mm, provavelmente o limite superior). As taxas do fluxo não turbulento através de pequenos capilares foram estudadas independentemente em 1839 e 1840 por Gottfried H. L. Hagen, na Alemanha, e por Jean L. M. Poiseuille, na França. A taxa de fluxo é reduzida pela fricção (adesão) entre o fluido e as laterais do tubo capilar; as moléculas de fluido que encostam na parede capilar não se movem, e as moléculas no centro do tubo se movem até o ponto mais distante em um determinado tempo. Portanto, se, no momento zero, todas as moléculas em um corte transversal plano do capilar pudessem ser marcadas, e suas posições ao longo de um corte longitudinal pudessem ser registradas em um momento posterior, observaríamos que elas formam um cone parabólico (parábola no corte longitudinal) com o pico no centro (Figura 5-8). As moléculas mais distantes das paredes do tubo apresentam o fluxo mais rápido. Na verdade, Hagen e Poiseuille trabalharam uma equação empírica para a taxa do fluxo através dos capilares como função do tamanho do capilar, e descobriram que a taxa é proporcional à quarta potência do raio do capilar (detalhes em Zimmermann, 1983).

A aplicação da equação de Hagen-Poiseuille às traqueídes e vasos produz alguns resultados extremamente significativos. Considere uma traqueíde com 20 μm de diâmetro e dois vasos, um com 40 μm e outro com 80 μm de diâmetro. Os diâmetros relativos dos três tubos são 1, 2 e 4, mas as taxas de fluxo relativas serão 1, 16 e 256 (por causa da função da quarta potência). Isso significa que, se todos os outros fatores forem iguais, 256 vezes mais seiva fluiria através do vaso de 80 μm do que através da traqueíde de 20 μm.

Claro que os outros fatores não são todos iguais. A aplicação da equação de Hagen-Poiseuille a essas duas situações presume que a fricção entre a seiva e as paredes internas das traqueídes e vasos é semelhante, mas isso é influenciado pelas cavidades e a escultura da parede interna dos dois tipos de elementos de transporte e pelas placas de perfuração dos vasos. A resistência, à medida que a seiva passa de uma traqueíde para outra ou de um vaso ou elementos de vaso para outro, também influencia fortemente as taxas de fluxo. As traqueídes têm uma resistência mais alta ao fluxo da água porque a transferência ocorre apenas através das cavidades nas pontas sobrepostas, enquanto a transferência de um vaso para outro ocorre por uma distância considerável das paredes laterais com cavidades, uma vez que os dois vasos ficam em contato, um ao lado do outro. (A transferência não ocorre através das pontas do vaso, que não são alinhadas.) Os vasos são muito

FIGURA 5-7 (a) Diagrama da cavidade areolada da traqueíde de um pinheiro. Se a pressão de um lado exceder a do outro, a pressão alta empurra o toro e ele entope o orifício, interrompendo o fluxo. **(b)** Eletromicrografia de transmissão de uma cavidade da pseudotsuga (*Pseudotsuga*). A amostra da madeira foi desidratada pela troca com um solvente orgânico de baixo ponto de fervura, que evaporou, de maneira que as pressões nos lados opostos da cavidade permaneceram iguais. O toro é a estrutura redonda no centro, e a membrana da cavidade é vista como altamente porosa e fibrosa. A grande área clara circular no toro é a área da abertura da cavidade da borda atrás do toro; a área escura é causada pela borda, que fica além do plano do foco. 7.800 x. (Micrografia fornecida por Wilfred A. Cote, Jr. Consulte em Comstock e Cote, 1968, uma descrição dos métodos usados.)

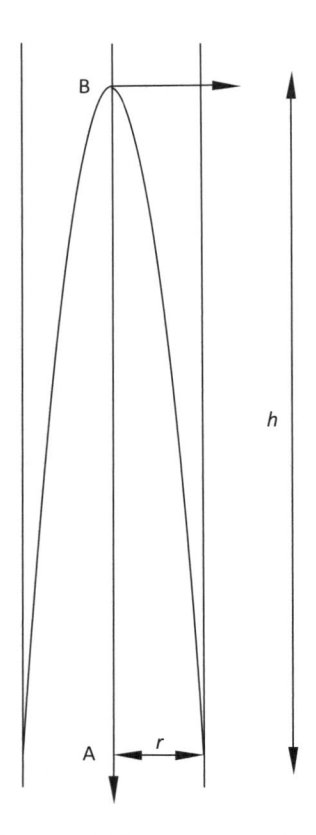

FIGURA 5-8 O fluxo parabólico em um corte longitudinal de um capilar do raio *r*, conforme calculado por Hagen e Poiseuille em meados de 1800. Se, no momento zero, pudéssemos rotular todas as moléculas de água em uma secção transversa do tubo em A, as encontraríamos alinhadas na superfície de uma parabólica no momento *t*. As mais rápidas, no centro do capilar, teriam coberto a distância *h* e atingido o ponto B. (De Zimmerman, 1983. Usado com permissão.)

mais longos, portanto, a água precisa passar através das cavidades com menos frequência enquanto se move para cima. Apesar das complicações, as medições mostraram que o fluxo nos vasos grandes é muito mais rápido, para um determinado gradiente de pressão, do que nas traqueídes e nos pequenos vasos. Na verdade, na **madeira de anel poroso** com vasos grandes depositados durante o começo da primavera, antes da formação das folhas, praticamente todo o fluxo da seiva ocorre através desses vasos e apenas uma pequena quantidade através de traqueídes e vasos menores. (*Anel* se refere ao círculo de "poros" – o termo da silvicultura para vasos grandes em corte transversal – na parte interna do anel anual.)

O fluxo rápido dos vasos grandes tem seu preço, no entanto, e esse preço é a segurança. Existe uma chance muito maior de a cavitação ocorrer em um vaso grande do que em um pequeno ou em uma traqueíde, produzindo-se um **embolismo** (célula cheia de vapor). Na verdade, em muitas árvores de anel poroso (por exemplo, *Castanea*, *Fraxinus*, *Quercus* e *Ulmus*), a cavitação ocorre nos vasos grandes no final do ano em que são formados, portanto, o transporte da água é principalmente dependente dos vasos que têm menos de um ano de idade e das traqueídes e vasos menores que formam um sistema de segurança. Os vasos largos são tão eficientes que os que possuem um único anel de crescimento podem suprir toda a coroa com água.

Alguns elementos do vaso com espessamentos espirais podem alongar e crescer enquanto conduzem a água sob tensão. Eles crescem quando as células adjacentes (com o conteúdo sob pressão) crescem e os puxam, com seus engrossamentos espirais se expandindo como molas. Esse crescimento ocorre na base da maioria das folhas de gramíneas.

Ao discutir a anatomia do trajeto, também precisamos mencionar as células nos **meristemas apicais**, que produzem o **xilema primário**, e o **câmbio**, que consiste em células vivas que se dividem para produzir a **madeira da primavera** e a **madeira do verão** (ambas, **xilema secundário**). Essas características são importantes porque os meristemas apicais e o câmbio produzem traqueídes e vasos cheios de seiva.

Tecidos vasculares: anatomia da raiz

A água entra na planta através de suas raízes (Figura 5-9). O xilema no centro da raiz é uma continuação do xilema no caule; ele também está estreitamente associado ao floema. As células entre o xilema e o floema formam um câmbio vascular que produz xilema no interior e floema no exterior, levando ao crescimento da raiz em diâmetro.

Os elementos do xilema e do floema são cercados por uma camada de células vivas chamada de **periciclo**. Os tecidos vasculares e o periciclo formam um tubo de células condutoras chamado de **estelo**. Logo no exterior do estelo há uma camada de células chamada de **endoderme**. As células endodérmicas são particularmente interessantes e importantes do ponto de vista do movimento da água (e dos íons) na planta, porque suas paredes celulares radiais e transversas incluem espessamentos chamados de **faixas** ou **tiras casparianas**, que são impregnados com **suberina** que, como a lignina nas paredes secundárias e a cutina na cutícula, é bastante impermeável à água. (Algumas faixas casparianas também possuem lignina.) As paredes endodérmicas tangenciais (as paredes internas e externas paralelas à superfície da raiz) geralmente não são impregnadas com essas substâncias, embora a parede tangencial interna às vezes contenha uma camada fina de suberina (uma **lamela de suberina**).

Fora da endoderme, existem diversas camadas de células vivas relativamente grandes e de paredes finas, com espaços de ar intercelular fora de seus cantos. Esse é o **córtex**.

A ASCENSÃO DA SEIVA

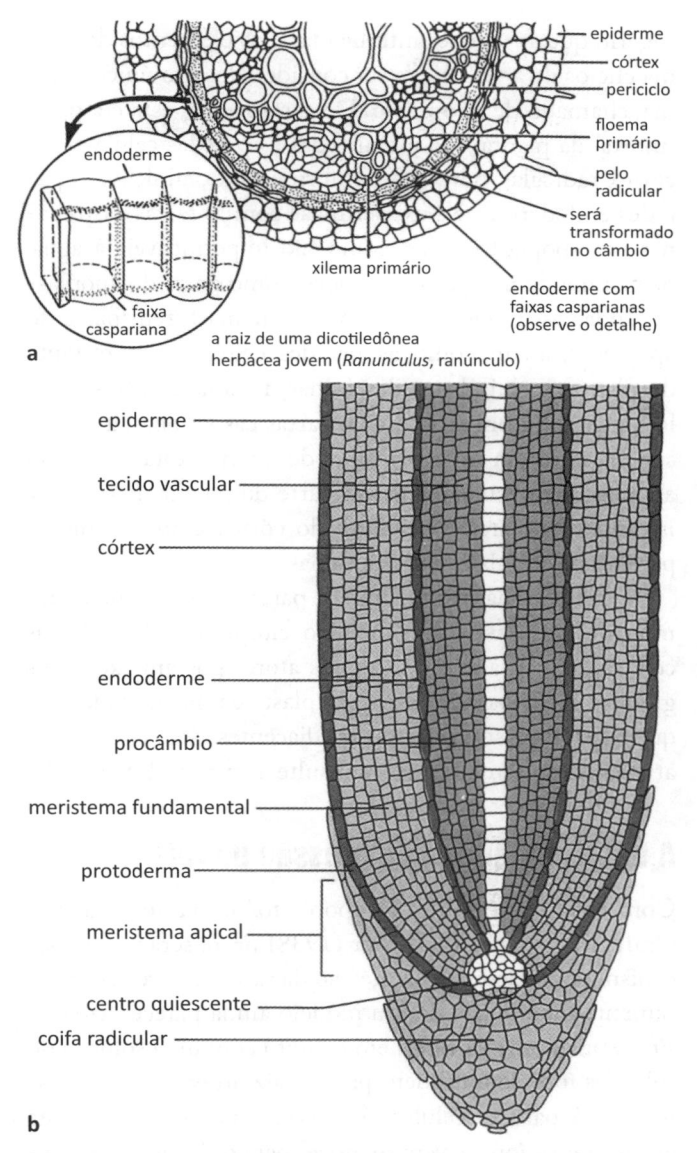

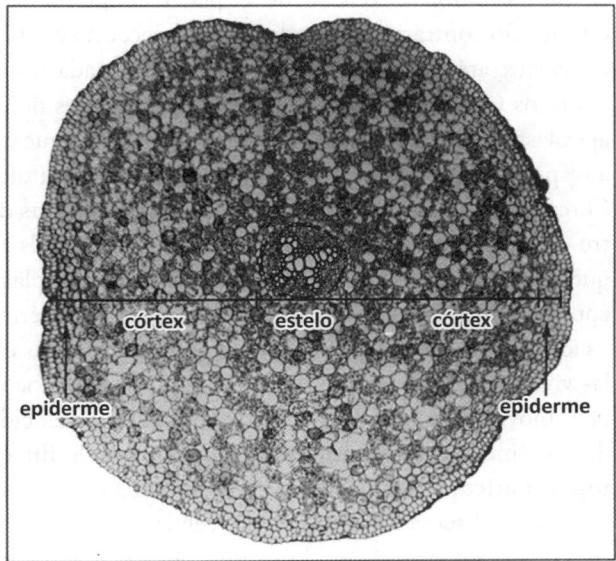

Os espaços de ar formam canais interligados que parecem essenciais para a aeração interna. Uma camada de células relativamente achatadas no exterior do córtex forma a **epiderme**. Algumas células epidérmicas desenvolvem longas projeções chamadas de **pelos radiculares** (consulte as figuras 7-3 e 7-5), que se estendem para fora entre as partículas do solo que cercam a raiz, aumentando imensamente o contato solo/raiz e elevando a absorção da água e o volume do solo penetrado.

Os anatomistas e fisiologistas das plantas presumiram há muito tempo que a água, com suas substâncias dissolvidas, entra pela epiderme e depois se move livremente através das células corticais, protoplastos (simplasto; observe abaixo) e paredes celulares (apoplasto; observe abaixo), mas não pode passar através das faixas casparianas ao redor das células endodérmicas. Em vez disso, a água deve passar diretamente pelas próprias células e entrar no simplasto (através dos protoplastos); caso a lamela de suberina esteja presente, a água pode passar para dentro apenas através dos plasmodesmas na parede interna. Carol A. Peterson, Mary E. Emanuel e G. B. Humphreys (1981) usaram corantes especiais que se movem apenas através do apoplasto para mostrar que esse modelo está essencialmente correto para algumas espécies. A endoderme impediu a entrada do corante no estelo na maioria das regiões das raízes, mas ele pôde penetrar no estelo ao longo das margens das raízes secundárias que recentemente haviam emergido da epiderme de uma raiz primária.

Nos últimos anos, esse quadro tornou-se um pouco mais complexo pela descoberta, dentro da epiderme, de uma camada celular chamada de **exoderme**, que também possui células com faixas casparianas e, normalmente, uma lamela de suberina. Em uma breve revisão deste trabalho, Peterson (1988) destacou o uso de técnicas de fluorescência sensível

FIGURA 5-9 Anatomia de raízes primárias jovens. **(a)** Uma raiz de uma dicotiledônea jovem em corte transversal. O detalhe mostra a camada endodérmica e a posição das faixas casparianas nas paredes radiais. A camada exodérmica (ou hipodérmica) não é mostrada, mas seria a camada imediatamente dentro da epiderme. **(b)** Um corte longitudinal de uma raiz comum. As células ao redor do centro quiescente se dividem para formar os tecidos radiculares. **(c)** Uma micrografia óptica da raiz de um ranúnculo maduro (*Ranunculus*) em baixa ampliação, para mostrar os padrões básicos do tecido. Pode haver muitas variações. Por exemplo, pode haver mais ou menos córtex comparado com o estelo (compare **a** e **c**), uma medula no centro em vez de um xilema (em muitas monocotiledôneas, como o milho), diferentes organizações do xilema e assim por diante. (Micrografia cortesia de William A. Jensen; consulte Jensen e Salisbury, 1984.)

que utilizam vários corantes clareadores de tecido como marcadores. Esses corantes se ligam com a celulose, mas não passam através das membranas saudáveis ou das faixas casparianas. Outras técnicas envolvem a coloração das faixas com outros corantes especiais que colorem a suberina. A lamela de suberina obscureceu as faixas casparianas em trabalhos anteriores, mas agora é possível superar esse problema pré-tratando-se as raízes com álcalis ou usando-se outras técnicas. Com essas abordagens, foi possível mostrar que apenas 6% das 213 espécies de 52 famílias (por exemplo, leguminosas) não possuíam exoderme, 3% tinham uma **hipoderme** (uma camada de células abaixo da epiderme) sem modificações na parede (gramíneas como aveia, cevada e trigo) e 88% tinham exoderme (hipoderme com faixas casparianas). Essas faixas amadurecem um pouco mais longe da ponta do que as faixas da endoderme, cerca de 5 a 120 mm, dependendo da espécie e das condições; as condições mais estressantes produzem faixas mais próximas da ponta. Existem complicações, mas, atualmente, parece que a maior parte da captura dos íons e provavelmente da água ocorre na epiderme, mesmo nas raízes sem exoderme. O movimento dos íons pelo córtex pode ocorrer principalmente de protoplasto para protoplasto (simplástico), embora a água possa se mover livremente através das membranas e, portanto, possa entrar também nas paredes celulares (apoplasto). Futuras pesquisas serão necessárias para determinar a importância da exoderme na captação da água e seus solutos.

As pontas da raiz crescem pelo solo, encontrando novas regiões de umidade. A **coifa radicular** protege as células meristemáticas em divisão e é continuamente descamada na parte dianteira, sendo substituída pelas divisões dessas células. Uma vez que os tecidos do estelo e da endoderme são formados conforme as células do meristema se dividem, aumentam, alongam e diferenciam, o estelo estará aberto na ponta em que é formado. A água poderia entrar por essa ponta, atravessando a camada endodérmica? Os estudos com corantes (por exemplo, Peterson et al., 1981) e água radioativa (titulada) indicam que esse movimento é insignificante. Talvez as células na região meristemática sejam tão pequenas e densas, e suas paredes tão finas, que a resistência ao movimento da água é muito alta. Muita água entra através dos pelos radiculares e pelas suas células epidérmicas associadas na região de uma raiz jovem, onde os vasos do xilema são maduros e a resistência é baixa.

O conceito do apoplasto/simplasto

Em 1930, E. Munch apresentou, na Alemanha, o conceito e a terminologia que são valiosos para a nossa discussão do trajeto da água e o movimento do soluto nas plantas. Ele sugeriu que as paredes interligadas e os elementos do xilema cheios de água devem ser considerados um único sistema, chamado de **apoplasto**. De certa forma, esta é a parte "morta" da planta. Ela inclui todas as paredes celulares no córtex radicular, portanto, conforme essa definição, as paredes endodérmicas e exodérmicas com as faixas casparianas são apoplastos, mas, como são impermeáveis à água, normalmente não pensamos nelas como parte do apoplasto. Todas as traqueídes e vasos do xilema fazem parte do apoplasto, assim como as paredes celulares no restante da planta, incluindo as das folhas, floema e outras células da casca. Com exceção das faixas casparianas, a ascensão da seiva em uma planta pode ocorrer totalmente no apoplasto, especificamente na parte do xilema, mas talvez incluindo as paredes celulares do córtex e até mesmo as paredes das células vivas nas folhas.

O restante da planta, que é a parte "viva", Munch chamou de **simplasto**. Ele inclui o citoplasma de todas as células da planta, embora alguns atores possam excluir os grandes vacúolos centrais. O simplasto é uma unidade porque os protoplastos das células adjacentes estão conectados através dos plasmodesmas (consulte as figuras 1-8 e 7-8).

A base anatômica da pressão da raiz

Com base no conceito do apoplasto/simplasto, Alden S. Crafts e Theodore C. Broyer (1938) propuseram um mecanismo para descrever a pressão da raiz. Uma versão ligeiramente modificada do seu modelo ainda parece razoável. Presuma que a raiz esteja em contato com uma solução do solo. Os íons se difundem para a raiz através do apoplasto (isto é, paredes celulares) da epiderme. Se houver uma exoderme, os íons devem se mover para o simplasto da epiderme. Do contrário, eles podem permanecer no apoplasto do córtex até atingirem a endoderme. Em cada um dos casos, os íons atravessam as membranas celulares desde o apoplasto para o simplasto em um processo ativo que exige a respiração (presença de oxigênio; consulte o Capítulo 7). O resultado é um aumento na concentração dos íons dentro das células (dentro do simplasto) para níveis mais altos que os externos (no apoplasto). Uma vez que o simplasto é contínuo através das camadas endodérmica e exodérmica, os íons se movem livremente para o periciclo e outras células vivas dentro do estelo (Figura 5-9a). Isso pode ocorrer pelo movimento através dos plasmodesmas e a velocidade do movimento para dentro pode ser elevada pelo **fluxo citoplasmático**, o fluxo circular do citoplasma que frequentemente é observado dentro dessas células.

Uma vez dentro do estelo, os íons são ativamente bombeados para fora do simplasto e para dentro do apoplasto (o que era desconhecido para Crafts e Broyer). O resultado é um acúmulo na concentração de solutos dentro do apoplasto no estelo para um nível mais alto que o da solução do solo (porém, ainda bem abaixo do citoplasma e vacúolos), de forma que o potencial osmótico (Ψ_s) no estelo é mais negativo que o Ψ_s no solo. Uma vez que a água deve passar pelos protoplastos das camadas endodérmica e exodérmica, essas camadas agem como membranas diferencialmente permeáveis, e a raiz torna-se um sistema osmótico. O acúmulo da pressão nesse sistema osmótico deve ser a causa da pressão da raiz. (Lembre-se de que a pressão da raiz não ocorre na maioria das plantas ou quando elas estão transpirando ativamente.)

5.4 A força motriz: um gradiente do potencial hídrico

Tendo em mente essa imagem da anatomia do trajeto, voltamos ao mecanismo de ascensão da seiva. A primeira questão envolve a força motriz: existe um gradiente do potencial hídrico do solo atravessando a planta até a atmosfera que seja suficiente para puxar a água ao longo do trajeto?

Potencial hídrico atmosférico

O segredo da compreensão é perceber a grande capacidade que o ar seco tem para o vapor de água. À medida que a UR do ar fica abaixo de 100%, a afinidade do ar com a água aumenta drasticamente. Isso é demonstrado pela queda rápida no potencial hídrico[2] (Ψ) do ar cada vez mais seco (Figura 5-10 e Equações 3.5 e 3.6). Na UR de 100% (em todas as temperaturas), o Ψ do ar é igual a zero. A 20 °C, o Ψ do ar na UR de 98% cai para $-2,72$ MPa (suficiente para mover uma coluna de água até uma altura de 277 m); na UR de 90%, $\Psi = -14,2$ MPa; a 50%, $\Psi = -93,5$ MPa e a 10%, $\Psi = -311$ MPa. Uma vez que a água do solo disponível para as plantas raramente tem um potencial hídrico mais negativo que 1,5 MPa, o ar não precisa estar muito seco para estabelecer um gradiente íngreme do potencial hídrico a partir do solo, atravessando a planta e entrando na atmosfera. Se o solo estiver relativamente úmido, a UR de 99% estabelecerá o gradiente do potencial hídrico.

Lembre-se de que a temperatura causa um efeito acentuado na umidade relativa (consulte a Figura 3-8). Por conta desse efeito, a temperatura influencia fortemente o potencial hídrico do ar, mas o efeito direto da temperatura no potencial hídrico atmosférico é proporcional à temperatura kelvin, e esse efeito é bastante pequeno, conforme indicado pelas linhas finas na Figura 5-10.

A função da osmose nas células vivas

Para crescerem, e até mesmo permanecerem vivas, as células vivas das plantas precisam ser capazes de obter água do apoplasto. Isso significa que o potencial hídrico nos protoplastos deve ser ligeiramente mais negativo que o das paredes adjacentes e das traqueídes e vasos do xilema. Como vimos no Capítulo 3 (Tabela 3-1), os potenciais osmóticos das células vegetais normalmente estão na ordem de $-0,5$ a $-3,0$ MPa, embora possam ser mais negativos que isso: de $-4,0$ a $-8,0$ MPa nos halófitos. As pressões dentro das células vivas normalmente ocorrem na ordem de 0,1 a 1,0 MPa, o que significa que os potenciais hídricos da célula variam talvez de $-0,4$ MPa para mais negativo que $-4,0$ MPa. Como já foi observado, a seiva no apoplasto, incluindo as traqueídes e vasos, normalmente é bem diluída, tendo um potencial osmótico na ordem de $-0,1$ MPa ou ainda menos negativo. Porém, a teoria da coesão afirma que a água no apoplasto, particularmente no xilema, está sob tensão ou pressão negativa. Uma vez que concluímos que o potencial osmótico da água no apoplasto deve ser menos negativo (mais alto) que o da água nas células vivas, podemos deduzir que as tensões no apoplasto terão valores não mais negativos que $-0,3$ a, talvez, $-3,5$ MPa – o que é uma faixa consideravelmente ampla.

Essa linha de raciocínio leva a outra conclusão importante: pensando em como a seiva chega às folhas e caules das plantas jovens e ao topo das árvores altas, podemos começar ignorando os potenciais hídricos atmosféricos extremamente negativos que acabamos de discutir. Mesmo que a atmosfera estivesse sempre com UR de 100% em toda a camada limite ao redor da folha para que a transpiração não ocorresse, a seiva ainda assim poderia ser elevada até o topo das plantas pequenas e árvores altas. A força motriz seria os potenciais hídricos negativos dentro das células vivas, que são estabelecidos pelos potenciais osmóticos muito negativos e pelas pressões positivas relativamente baixas nas células. Se a planta pudesse crescer sem nenhuma perda de água pela transpiração, a água ainda entraria osmoticamente nas células em divisão e alongamento nos meristemas e caules e nas células em expansão das folhas, e esse movimento para as células vivas então puxaria as colunas de água para cima ao longo do trajeto na planta. As

---

[2] No Capítulo 4 observamos que a taxa da transpiração é uma função linear da diferença da densidade do vapor entre o interior da folha e a atmosfera além da camada limite, quando todo o resto é constante. Frequentemente, isso tem sido determinado experimentalmente (consulte, por exemplo, Wiebe, 1981). Uma vez que o potencial hídrico do ar é uma função *logarítmica* da umidade relativa, a taxa da transpiração não é uma função linear da diferença do potencial hídrico entre a folha e o ar, e é mais difícil calcular as taxas de transpiração com base no $\Delta\Psi$. Todavia, é conveniente usar o $\Delta\Psi$ ao se discutir a força motriz do movimento da água desde o solo, passando pela planta até a atmosfera.

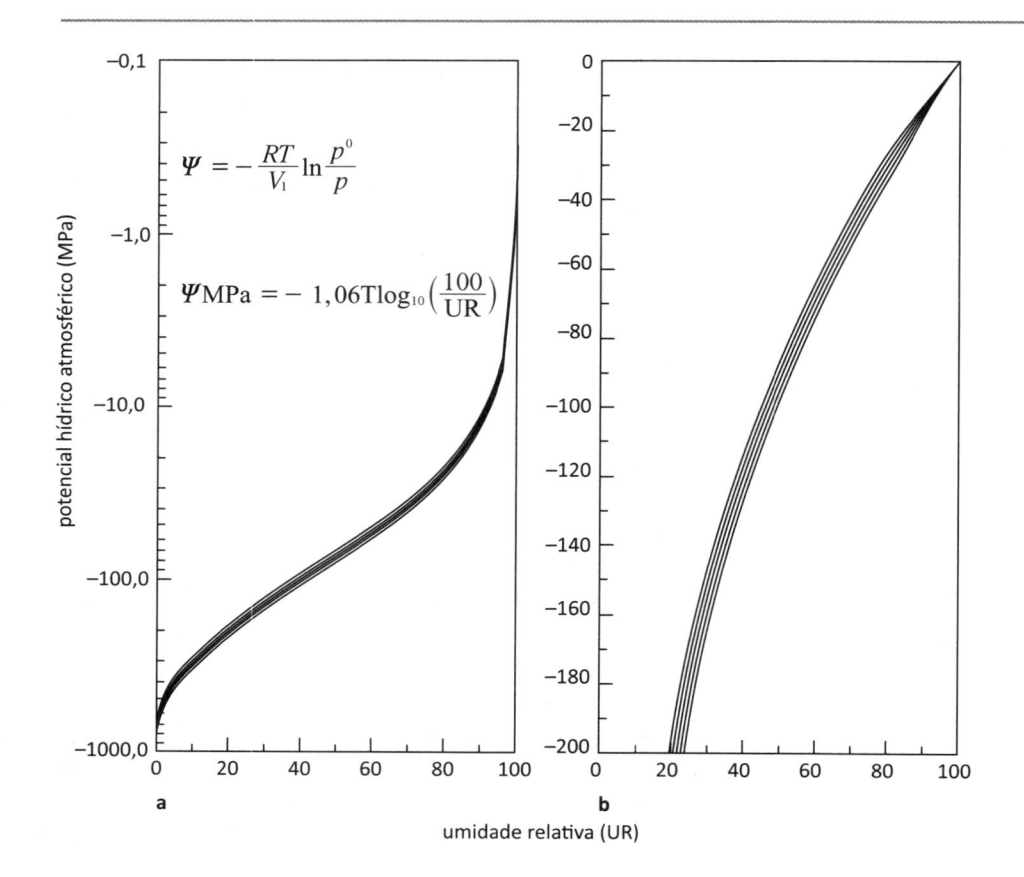

Figura 5-10 A relação do potencial hídrico atmosférico (20 °C) com a umidade relativa, representada em uma escala logarítmica **(a)** e em uma escala linear **(b)**. As cinco linhas se referem às diferentes temperaturas: 0 °C (linha inferior), 10 °C, 20 °C, 30 °C e 40 °C (linha superior). As curvas foram calculadas com as equações mostradas, que são as Equações 3.5 e 3.6.

$$\Psi = -\frac{RT}{V_1} \ln \frac{p^0}{p}$$

$$\Psi \text{MPa} = -1,06 \, T \log_{10}\left(\frac{100}{\text{UR}}\right)$$

células em crescimento devem competir com a transpiração pela água obtida. E o fluxo da transpiração traz consigo amplas quantidades de nutrientes minerais, se estiverem disponíveis no solo.

A função da hidratação da parede celular

Suponha que a atmosfera esteja bem seca e que a água do solo comece a se esgotar. Suponha também que a transpiração faz com que o Ψ apoplástico seja muito mais negativo que o Ψ nas células vivas. Então, a água se difunde para fora das células, elas perdem pressão e os tecidos moles da planta murcham. As colunas de água nos elementos do xilema cairiam então de volta ao solo, deixando traqueídes e vasos vazios? Não, porque, além do poder de retenção dos potenciais hídricos negativos nas células vivas, existe um poder de retenção muito maior de hidratação dentro das paredes celulares do apoplasto.

Podemos chegar a essa conclusão de duas maneiras. Primeiro, podemos visualizar que, à medida que a quantidade de água diminui nas paredes celulares ou nos elementos do xilema das folhas, os meniscos curvados começam a se formar entre os polissacarídeos da parede celular e os espaços intercelulares. Os números na tabela da Figura 5-3 mostram que os raios da curvatura nesses poros microcapilares seriam tão pequenos que a água seria retida com uma força imensa, forte o suficiente para reter uma coluna de água com vários quilômetros de altura contra a gravidade. Em segundo lugar, discutimos o potencial matricial (Seções 2.7 e 3.6) e as forças de hidratação e atração das moléculas de água às superfícies hidrófilas. Expressada em unidades de pressão comparáveis com a que discutimos, a água pode ser retida pelas superfícies hidrófilas com tensões na ordem de −100 a −300 MPa, independentemente de os meniscos curvados estarem presentes ou não. Obviamente, a gravidade (o peso da água nas colunas do xilema) não poderia remover a água contra forças tão potentes, a menos que as colunas de água fossem tão altas quanto montanhas. Ainda assim, uma atmosfera seca pode remover a água mesmo contra as forças da hidratação: se a UR for de 1% a 20 °C, o potencial hídrico do ar é −621 MPa.

Na verdade, essas tensões extremas não se desenvolvem nas plantas. Quando o potencial hídrico em uma planta que está secando cai e atinge um nível crítico, a cavitação e o embolismo resultantes ocorrem nos elementos de transporte. Em 1966, John A. Milburn e R. P. C. Johnson publicaram um método de estudo dessas cavitações. Eles ligaram um microfone extremamente sensível ao pecíolo de uma folha destacada da mamona (*Ricinus communis*). À medida que a folha secava, a cavitação da água em um único vaso causava um estalido distinto, que foi gravado. Os estalidos podiam ser interrompidos quando uma gota de água era adicionada à ponta cortada do pecíolo, ou colocando-se a folha em um saco de polietileno. Colocar a folha na água por 24 horas ou (particularmente) na infiltração a vácuo causava sua recuperação, e a partir disso podemos inferir que os vasos eram novamente cheios de água. O número total de estalidos para uma folha (3.000) era reduzido em 10% se a folha pudesse se recuperar e depois murchar novamente, e a partir disso podemos inferir que 10% dos vasos eram permanentemente bloqueados pelo vapor, provavelmente com ar. As aplicações comerciais desse método apareceram no mercado; o instrumento indica para o fazendeiro o status hídrico de suas safras. Weiser e Wallner (1988) gravaram os estalidos (**emissões acústicas**) em caules de madeira que foram congelados; eles sugeriram que os estalidos eram causados pela cavitação nos elementos do xilema à medida que as bolhas de ar eram forçadas para fora da solução na água que congelava. (Veja Tyree e Dixon, 1986, para consultar referências sobre os aprimoramentos na técnica acústica ultrassônica.)

Zimmerman (1983) sugeriu que as plantas são idealizadas para que a cavitação ocorra quando o potencial hídrico chega a um nível baixo crítico, de modo que permita a reposição das traqueídes ou vasos se as condições forem propícias. Zimmerman chama esse fenômeno de vazamento projetado, provocado pela propagação do ar. Com base no tamanho dos poros na parte porosa das membranas da cavidade, é possível calcular, começando com a equação da Figura 5-3, a força de tração (equivalente à força de elevação da Figura 5-3) exigida para puxar um menisco através de um poro; isto é, para puxar uma bolha de ar através do poro. Quando a pressão nos espaços aéreos no exterior da membrana da cavidade (provavelmente, a pressão atmosférica) excede a tensão interior nessa quantidade, o menisco será puxado pelo poro (**vazamento projetado**), permitindo a entrada de uma quantidade minúscula de ar (**propagação do ar**). O ar levaria à fervura pelo vácuo, e o ar e o vapor d'água seriam imediata e explosivamente expandidos para preencher a traqueíde ou vaso (provocando os estalidos de cavitação relatados por Milburn e Johnson, 1966).

Observe que o vaso não seria enchido de ar, mas principalmente de vapor de água em sua pressão de vapor para a temperatura prevalecente. A pressão na célula seria então positiva, mas muito baixa (cerca de 2 a 3% da pressão atmosférica em temperatura ambiente). Essas pressões vedariam imediatamente todos os poros, incluindo aquele através do qual a propagação do ar ocorreu, porque o menisco de água nunca poderia ser puxado por esse poro por uma diferença de pressão tão pequena através da parede celular. O toro nas cavidades areoladas também poderia contribuir com a vedação. Além disso, quando as condições permitirem que a pressão do vapor do xilema aumente acima da pressão do vapor da água nessa temperatura específica (como durante a chuva ou pela pressão da raiz à noite), as células podem se encher novamente pela condensação do vapor e a solução da quantidade minúscula de ar. Isso seria semelhante à restauração da condução, com a aplicação da água nos experimentos de Milburn e Johnson.

Melvin T. Tyree e John S. Sperry (1988, 1989; Sperry e Tyree, 1988) apresentam dados que sustentam fortemente esse modelo do vazamento projetado com embolismos reversíveis. A equação da capilaridade da Figura 5-3 (equação de h) é simplificada para a seguinte forma, que fornece a diferença da pressão máxima (ΔP, em MPa) do diâmetro do poro (D em μm) e a tensão superficial da seiva do xilema (T, em N m^{-1}, próxima da água pura: 0,072 N m^{-1} a 25 °C):

$$\Delta P = 4\,(T/D) \tag{5.1}$$

Tyree e Sperry observaram que a maioria dos vasos nos segmentos de caules desidratados do bordo de açúcar (*Acer saccharum*) embolizava quando a diferença na pressão dentro e fora dos vasos (ΔP) era de 3 MPa (isto é, tensões < −3 MPa). Essa mesma pressão positiva poderia forçar o ar a atravessar as membranas de cavidade dos caules hidratados. O diâmetro dos poros das membranas de cavidade, medido com a microscopia eletrônica de varredura, estava dentro da faixa prevista pela hipótese (≥ 0,4 μm; consulte também Carpita, 1982).

Água do solo

Considere um solo, originalmente bastante seco, que foi recentemente umedecido por causa da chuva ou da irrigação. Imediatamente depois de umedecido, o solo é quase saturado na zona úmida, e dizemos que ele está em **saturação**. Grande parte da água (chamada de **água gravitacional**) desce pelos espaços dos poros entre as partículas de solo. Se a concentração dos íons for diluída (o que é verdade na maioria dos solos), o potencial hídrico dessa água é bastante alto, geralmente de −0,03 MPa. Depois de várias horas, ou mesmo um dia aproximadamente, a única água que sobra no solo é aquela que pode ser retida contra a força da gravidade pela adesão entre as moléculas de água e as partículas do solo. Essa água restante existe nos poros capilares, que têm formato de cunha e raramente são cilíndricos (Figura 5-11). Dizemos que o solo que contém toda a **água capilar** que ele pode reter contra a gravidade está úmido até **capacidade do campo**.

À medida que a água é removida do solo pela drenagem, pela evaporação e pelas raízes de plantas, a água restante é

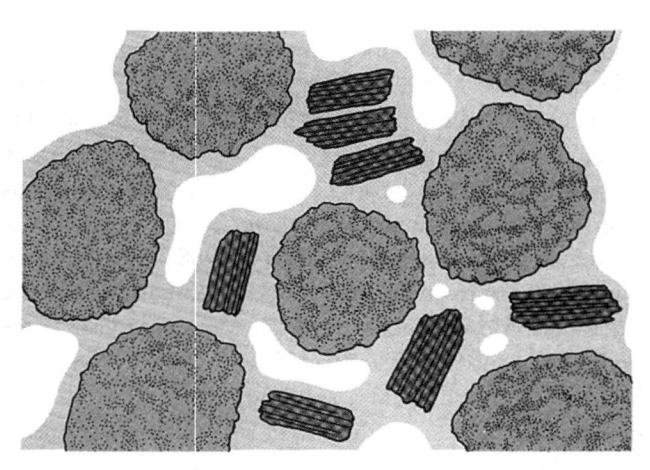

FIGURA 5-11 Diagrama ilustrando o conceito da água capilar no solo, no qual as partículas grandes representam o silte ou areia e as menores representam a argila. A água é adsorvida nas superfícies das partículas pelas pontes de hidrogênio, hidratando as partículas. As forças da hidratação se estendem para além das superfícies de argila que possuem carga mais alta. As superfícies curvadas são os meniscos que aparecem nos poros capilares do solo; eles resultam da tensão superficial na água (compare com a Figura 5-3). (De Jensen e Salisbury, 1984.)

A quantidade de água no solo, na capacidade de campo e na porcentagem de murchamento permanente depende muito da textura e estrutura do solo e da quantidade e tipo de matéria orgânica presente nele. A fração de **argila** do solo consiste em partículas extremamente pequenas, na faixa do tamanho coloidal e com uma superfície muito hidrofílica. Elas são agregadas em uma matriz complexa com tamanhos de poros variados. A água abaixo da capacidade de campo é, portanto, retida principalmente pelas forças atrativas entre as moléculas de água e as superfícies das partículas de argila e o **húmus** (matéria orgânica do solo, deteriorada até o ponto em que as estruturas da planta não são reconhecíveis). Portanto, pela hidratação, as moléculas de água podem ser retidas contra as forças de dezenas a centenas de megapascais no solo e nos apoplastos das plantas. Os apoplastos podem competir com o solo seco pela água, mas para a planta viver e crescer, a água deve se mover para as células vivas. Seus potenciais hídricos nunca podem ser tão negativos quanto os do solo, que é muito mais seco que a porcentagem de murchamento permanente, portanto esses solos não apenas fazem as plantas murcharem, mas também limitam seu crescimento e, em último caso, levam à morte de suas células.

Embora a água em um solo que esteja abaixo da porcentagem de murchamento permanente tenha uma tendência

mantida em películas ainda mais finas, portanto, o seu potencial hídrico torna-se cada vez mais negativo. Quando os potenciais hídricos do solo e da raiz são iguais, as raízes deixam de remover a água do solo, mas ela continua transpirando a partir dos brotos, e assim a planta murcha. Mesmo que a transpiração seja interrompida quando encerramos o broto em uma atmosfera com UR de quase 100%, ele ainda não é capaz de obter água suficiente para superar o murchamento; dizemos então que a quantidade de água no solo está na **porcentagem de murchamento permanente**. Arbitrariamente, os cientistas consideram que um solo com potencial hídrico de −1,5 MPa está na porcentagem de murchamento permanente, embora a maioria das plantas, principalmente as do deserto e as que podem crescer em solos salgados, possam remover a água quando o potencial hídrico do solo é mais negativo que −1,5 MPa (consulte o ensaio pessoal de Ralph Slatyer no Capítulo 3). Como discutimos previamente, o potencial hídrico mínimo na planta é aparentemente determinado pelo potencial osmótico das células vegetais e o vazamento projetado no xilema. Esse Ψ mínimo da planta determina o ponto de murchamento permanente.

Nesses potenciais de água tão baixos, a água se move lentamente nos solos (milhares de vezes mais lentamente que a capacidade de campo), portanto, a maioria das plantas não é capaz de absorver água com rapidez suficiente para manter o ritmo da transpiração. Suas raízes devem crescer até a água — mas não existe água suficiente para sustentar o crescimento da raiz! Pouca água é retida no solo abaixo do ponto de murchamento permanente.

TABELA 5-1 Limites de tamanho das partículas do solo usadas na classificação da textura do solo.

Esquema do Ministério de Agricultura dos Estados Unidos		Esquema internacional*	
Nome da Amostra	Diâmetro (faixa em mm)	Fração	Diâmetro (faixa em mm)
Areia muito grossa (calhaus)	2,0 – 1,0 (> 20)	I	2,0 – 0,2
Areia grossa (cascalho)	1,0 – 0,5 (20 – 2)		
Areia média (terra fina)	0,5 – 0,25 (2)		
Areia fina (areia grossa)	0,25 – 0,10 (2 – 0,2)	II	0,2 – 0,02
Areia muito fina (areia fina)	0,10 – 0,05 (0,2 – 0,05)		
Silte	0,05 – 0,002	III	0,02 – 0,002
Argila	< 0,002	IV	< 0,002

Consulte os livros convencionais sobre os solos.
* O esquema internacional apresenta dados aceitos no Brasil. Para mais informações, consulte http://www.cnps.embrapa.br/sibcs/ (N.R.T.)

extremamente baixa de se difundir, ela pode ser evaporada para uma atmosfera seca na superfície do solo. Ela também pode ser removida pelas temperaturas altas, isto é, suprindo muita energia. Medimos a água no solo pesando uma amostra, mantendo-a acima do ponto de fervura por várias horas e, finalmente, pesando-a novamente. A diferença no peso é a água removida em temperatura alta.

Textura do solo se refere ao tamanho das partículas primárias que constituem o solo. Um solo com uma determinada textura tem uma distribuição específica de tamanhos de partículas. Os vários tamanhos são nomeados de acordo com dois sistemas, como mostra a Tabela 5-1. Praticamente todos os solos são misturas de areia, silte e argila. Solos com cerca de 10 a 25% de argila e o restante com partes aproximadamente iguais de areia e silte são chamados de **francos**.

A estrutura do solo é tão importante quanto a sua textura. A **estrutura do solo** é a organização de partículas ou agregados secundários. Se não fosse por essa agregação, a maior parte dos solos não teria poros grandes o suficiente para um bom fluxo da água ou para a penetração da raiz. A estrutura pode ser alterada pela compactação do solo, que pode ser um problema grave quando máquinas de cultivo pesadas são usadas.

A Figura 5-12 mostra o potencial hídrico do solo como função da quantidade de água nos solos argilosos, francos e arenosos. Ela mostra que os solos com muita argila conseguem reter mais água do que a disponível para as plantas. Os solos ricos em argila e húmus (ou solos de textura intermediária) podem reter o máximo de água, mas se a estrutura não for boa, pode haver menos espaço de ar entre as partículas. Uma vez que as plantas precisam do oxigênio para sustentar a respiração da raiz, esses solos podem não ser ideais para o crescimento vegetal. A penetração da raiz pode ser restrita nos solos densos de argila. Os solos francos, franco-arenosos, franco-siltosos e franco-argilosos que constituem muitos de nossos bons solos agrícolas, retêm água adequadamente, possuem espaço amplo para o ar e são facilmente penetrados pelas raízes.

5.5 Tensão no xilema: coesão

A segunda questão se refere à coesão: ela manterá as colunas de água juntas? Um botânico irlandês, Henry H.

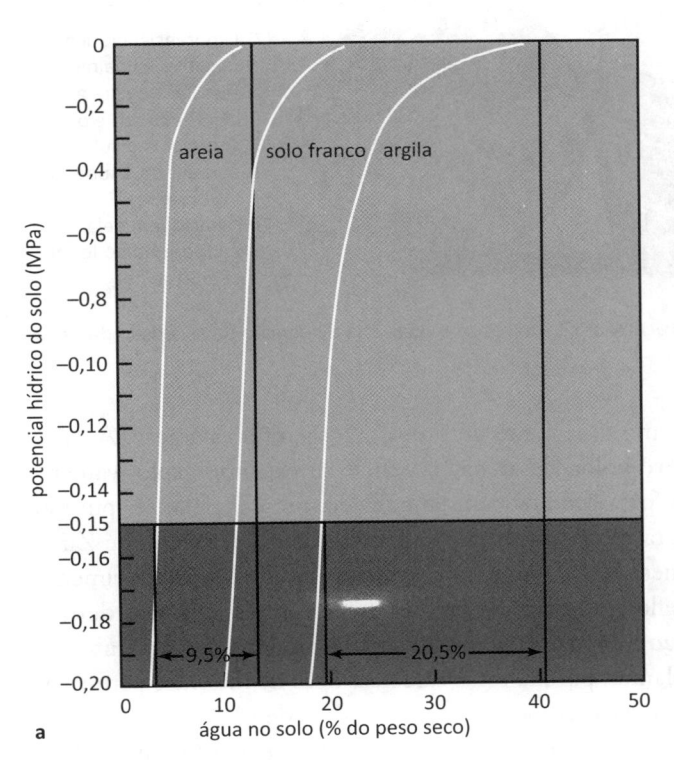

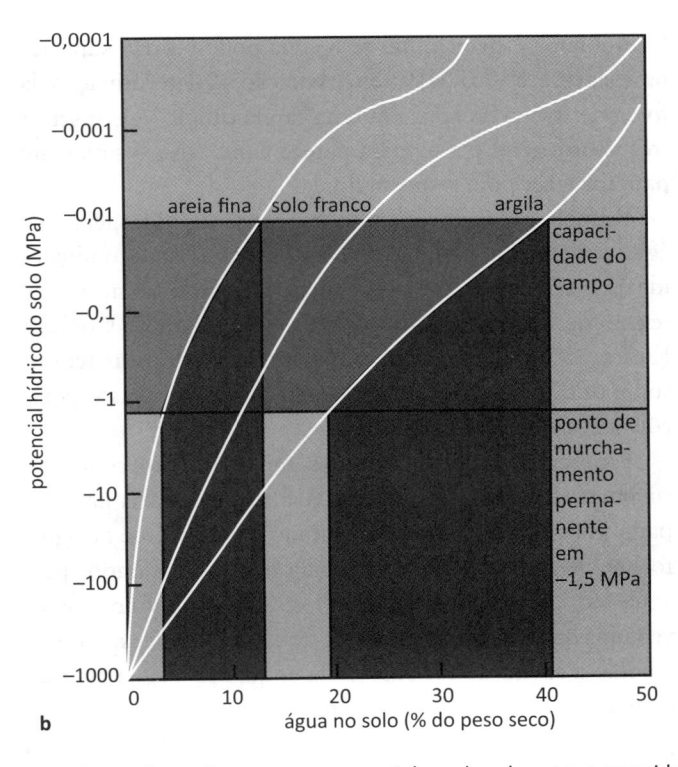

FIGURA 5-12 Potencial hídrico do solo como função da quantidade de água nos solos argilosos, francos e arenosos. A água do solo entre a capacidade do campo ($\Psi = -0,001$ MPa) e o ponto de murchamento permanente ($\Psi = -1,5$ MPa, arbitrariamente) é considerada disponível para as plantas. **(a)** Curvas representadas em uma escala linear. À medida que o potencial de água se torna mais negativo (decrescente no eixo das ordenadas), a água é retida mais estreitamente pelas partículas do solo; isto é, ela se torna menos disponível para as plantas. Observe que a água disponível para as plantas na areia fina equivale a apenas cerca de 9,5% do peso seco da areia, enquanto a água disponível na argila equivale a aproximadamente 20,5% do peso seco da argila. **(b)** Curvas representadas em uma escala logarítmica. As curvas representam exatamente os mesmos dados de **(a)**, mas a escala logarítmica permite que uma faixa muito mais ampla de potenciais hídricos sejam mostrados. (De Jensen e Salisbury, 1984.)

Dixon (1914), formulou a hipótese de que as tensões criadas pela transpiração, a captura osmótica da água pelas células vivas e a hidratação das paredes celulares (tudo isso atraindo a água do trajeto dentro da planta) eram aliviadas pelo movimento da água de baixo para cima, e as colunas de água eram mantidas juntas pela coesão. Dixon e John Joly (1895), um colega físico, começaram a desenvolver a ideia já em 1894, assim como E. Askenasy, em 1895 (consulte Askenasy, 1897), e Otto R. Renner (1911). Dixon (1914, p. 103) chegou até a citar o trabalho de Berlhelot, publicado em 1850. Porém, como o conceito foi resumido por Dixon em um livro com um amplo corpo de dados de apoio em 1940, ele é frequentemente chamado de **teoria da coesão de Dixon**.

A questão da coesão se divide em subquestões, cinco delas formando os subtítulos da discussão a seguir. Uma vez que essas subquestões da hipótese da coesão sugeriram várias abordagens experimentais, dados suficientes se acumularam para se posicionar o modelo em uma base sólida.

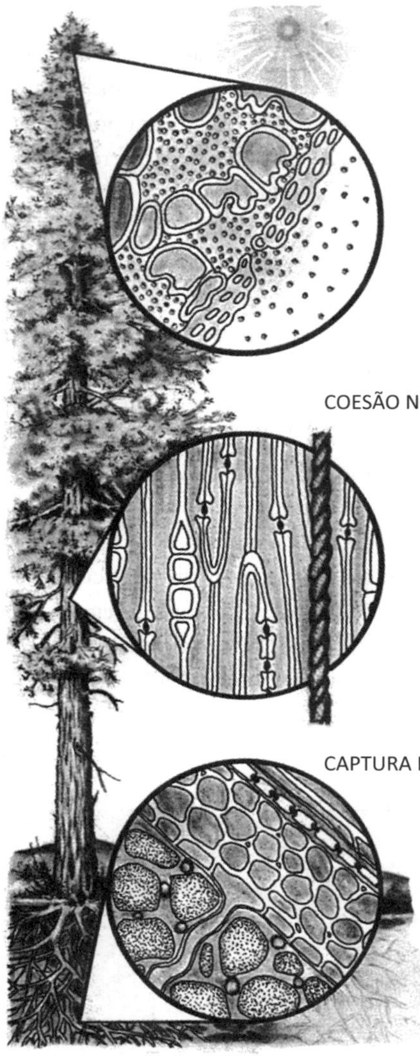

A água possui uma força de tração alta o suficiente?

O problema é determinar se a água pode ou não suportar tensões de até −3,0 MPa sem cavitação. A determinação da força de tração da água era uma tarefa difícil. Vale discutir três abordagens, e a terceira parece conclusiva o suficiente para fornecer uma resposta final.

Primeiro, o conhecimento da ponte de hidrogênio na água sugere que a força coesiva potencial sob condições ideais é extremamente alta, suficiente para resistir a uma tensão de várias centenas de MPas (Apfel, 1972; Cooke e Kuntz, 1974; Oertli, 1971). No entanto, as nossas teorias sobre os líquidos continuam imperfeitas e algumas suposições devem ser colocadas.

Em segundo lugar, algumas medições experimentais sugerem altas forças de tração. A força necessária para separar placas de aço, mantidas juntas por um filme de água, foi medida. Ânulos de samambaia que são separados pela água sob tensão foram estudados. Tubos de vidro foram vedados quando estavam cheios de água quente expandida, e então a cavitação foi observada enquanto a água esfriava e contraía-se. Esses e outros métodos produziram valores para a força de tração da água e até mesmo para a seiva da árvore com solutos e gases dissolvidos, na ordem de −10 a −30 MPa, embora alguns pesquisadores tenham medido apenas valores inferiores, na ordem de −0,1 a −3,0 MPa. Esses métodos, projetados para medir a força de tração da água, também são necessários para medir a capacidade que a superfície sólida em contato com a água tem de agir

A FORÇA MOTRIZ: EVAPORAÇÃO
(1) Evaporação das paredes celulares, em razão do potencial hídrico do ar muito mais baixo;
(2) cria um potencial hídrico mais baixo em:
  (a) paredes celulares
  (b) protoplastos celulares.
(3) Por fim, a energia veio do sol (ar aquecido, água).

COESÃO NO XILEMA
(4) Colunas de água sob tensão, mantidas juntas pela *coesão*
(5) em razão das dimensões capilares dos elementos do xilema.
(6) Se a cavitação ocorrer, a bolha não passará para o outro elemento (verifique as válvulas).

CAPTURA DE ÁGUA DO SOLO
(7) O potencial hídrico negativo é finalmente transferido para as células da raiz e o solo.
(8) Os pelos radiculares aumentam a superfície absorvente.
(9) A passagem pela endoderme pode ser osmótica.

FIGURA 5-13 Um resumo da teoria de coesão da ascensão da seiva.

como uma fonte de propagação para a cavitação. A mais leve bolha de ar na superfície se expande explosivamente para produzir um embolismo, ou o ar pode ser puxado através dos poros como no vazamento projetado de Zimmerman. Consequentemente, os resultados provavelmente refletem as condições da interface e não as forças de tração da água. O sistema deve funcionar tão bem quanto nas plantas, porque essas características de interface permitem que haja tensões de água na ordem de −1,5 a −3,0 MPa.

Em terceiro lugar, Lyman Briggs, ex-diretor do National Bureau of Standards, publicou alguns resultados experimentais particularmente impressionantes em 1950. Ele usou tubos de vidro capilar curvados na forma de um Z (Figura 5-14). A centrifugação desses tubos causa uma tensão na água do centro, e a tensão presente quando a coluna de água se quebra pode ser facilmente calculada.

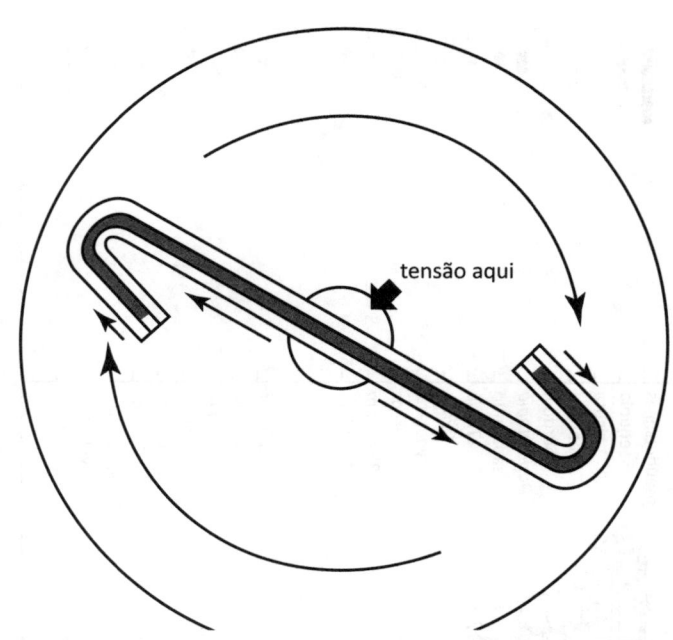

FIGURA 5-14 Método para medir as propriedades coesivas da água com um tubo Z centrifugado. As setas pequenas indicam a direção da força centrífuga e o princípio do equilíbrio. O formato do tubo em Z impede que a água saia por uma das extremidades.

Briggs descobriu que as tensões maiores apareciam nos tubos de diâmetro menor. Com capilares bem finos, valores tão negativos quanto –26,4 MPa foram medidos, mas mesmo com tubos capilares de 0,5 mm de diâmetro (o tamanho dos vasos maiores), a água de torneira saturada com ar não cavitou sob tensões de –2,0 MPa. A cavitação ocorreu quando o centro do tubo em Z foi congelado com ar seco; uma vez que o ar é praticamente insolúvel no gelo, o congelamento expeliu o ar dissolvido.

Não é óbvio por que essas pressões mais negativas apareceram nos tubos mais estreitos, mas pode ser simplesmente porque os tubos mais largos tinham mais superfície e volume e, portanto, eram estatisticamente mais propensos a ter pontos nos quais a cavitação poderia começar. Motivos mais sutis podem envolver o grau de curvatura das superfícies internas do tubo; seria mais provável que superfícies mais planas pudessem acomodar pontos de cavitação? Essas possibilidades exigem investigação, mas os resultados de Briggs sustentam a observação de que a cavitação é mais propensa a ocorrer nos vasos grandes do que nas traqueídes pequenas.

Quais são as velocidade do fluxo? As colunas de água são realmente contínuas?

Os resultados de experimentos melhores e mais recentes indicam claramente que as colunas de água no xilema são contínuas e que as velocidades de fluxo observadas nos caules coincidem. O método mais elegante para medir as velocidades de fluxo é a técnica do pulso de calor (Seção 4.1), apresentada por H. Rein (1928) para a medição das velocidades do fluxo de sangue nos animais. B. Huber e E. Schmidt (1936) fizeram muitas medições das velocidades da seiva com esse método, que consiste em aquecer brevemente o líquido em um ponto ao longo do caule e depois medir (com um termopar sensível) o momento da chegada do pulso de calor alguns centímetros a jusante. Existem muitos problemas. Vimos (Figura 5-8) que as velocidades dependem da distância da parede do capilar, por exemplo, mas que os métodos de pulso de calor podem pelo menos fornecer informações comparativas. Como esperado, as velocidades em árvores de vasos grandes, como o eucalipto, são muito maiores do que nas de vasos estreitos como a bétula. Quando as velocidades são medidas em diferentes pontos do tronco, pode-se ver que elas aumentam primeiro nos pontos mais altos ao longo do tronco pela manhã à medida que a transpiração começa, sugerindo fortemente que a transpiração puxa a seiva para cima pelo tronco. Algumas velocidades de pico relatadas (ao meio-dia) variam de 1 a 6 m h^{-1}, para as árvores de vasos estreitos, a 16 a 45 m h^1, para as de vasos largos. As velocidades mais lentas ocorrem nas coníferas.

As colunas realmente estão sob tensão?

Em 1965, Per Scholander e seus colegas do Scripps Institute of Oceanography, na Califórnia, publicaram o **método de bomba de pressão**, elegantemente simples e satisfatório (consulte a Figura 3-12), que forneceu uma maneira de medir a tensão nos caules.[3] Scholander concluiu que, se a água no xilema de um caule está sob tensão, a pressão externa comprime as paredes celulares do xilema. Portanto, quando o caule é cortado, permitindo que a pressão interna seja igual à externa, as paredes celulares devem se expandir e as colunas de água nos elementos do xilema, se retrair a partir da superfície do corte. Se a diferença de pressão for restabelecida aumentando-se a pressão na parte externa do caule até que a diferença de pressão seja a mesma de antes do corte, a água deve se mover de volta, exatamente até o corte. O método de teste consiste em cortar um galho de uma árvore ou caule com folhas de uma planta herbácea, colocá-lo em uma bomba de pressão e aumentar a pressão do gás no ramo até que a água do xilema possa ser observada com uma lente manual retornando à superfície de corte. A pressão da bomba

---

[3] Uma nota histórica interessante: Henry Dixon, que desenvolveu a teoria da coesão, entendeu o princípio da bomba de pressão e construiu modelos de vidro (consulte p. 142-154 em Dixon, 1914). Depois de duas explosões um tanto graves, ele abandonou essa abordagem!

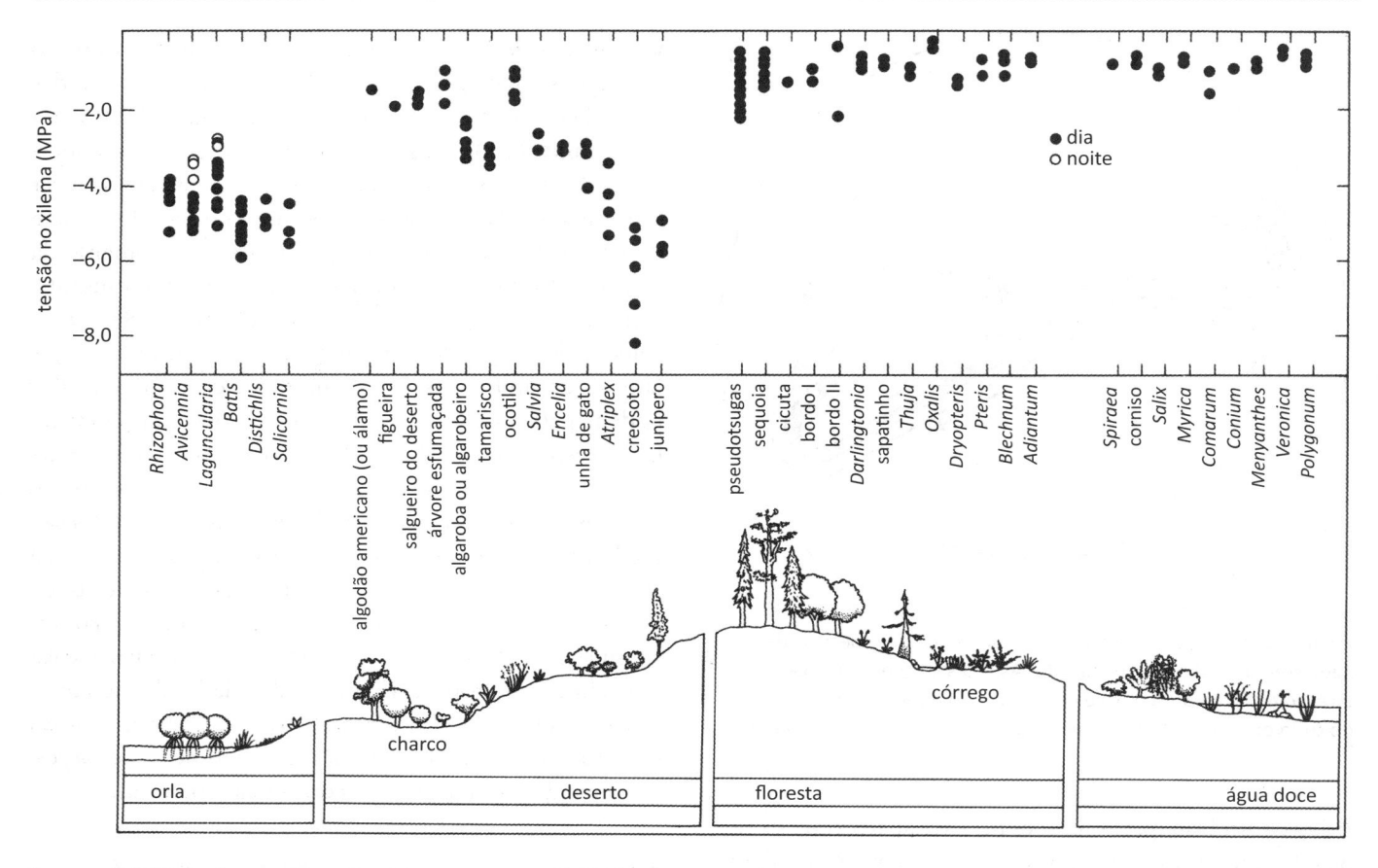

FIGURA 5-15 Pressões negativas da seiva em uma variedade de plantas que florescem, coníferas e pteridófitas. A maioria das medições foi obtida com uma bomba de pressão durante o dia, sob forte luz solar. Os valores noturnos em todos os casos são provavelmente vários décimos de um megapascal mais altos (menos negativos). (De Scholander et al., 1965; usado com permissão.)

deve então ser equivalente ao valor absoluto da tensão no caule antes do corte.

Scholander e seus colegas mediram as tensões nos caules sob uma variedade de condições. Os resultados para diferentes ambientes são mostrados na Figura 5-15. As tensões foram sempre observadas e variaram de alguns décimos de megapascal abaixo de zero até valores mais negativos que −8,0 MPa, o limite do instrumento. (As tensões mais altas ocorreram no creosoto, um arbusto do deserto que mede menos de 2 ou 3 m de altura.) As medições variaram consideravelmente para cada planta, mas as tendências são claras: as espécies de floresta e água doce possuem tensões com os valores menos negativos e as plantas do deserto e da orla marítima, crescendo em solos provavelmente salgados, apresentam valores mais negativos. Como era esperado, os valores das tensões são menos negativos à noite (menos transpiração). As pressões radiculares nunca foram observadas sob essas condições, nem mesmo à noite.

Em outro estudo interessante (Figura 5-16), um rifle de alta potência foi usado para atirar em galhos de uma árvore pseudotsuga a 27 e 79 m acima do solo. Os galhos foram rapidamente colocados em uma bomba de pressão. Como era esperado, as tensões variavam conforme o horário do dia, sendo mais negativas perto do meio-dia, quando os níveis de luz eram mais altos e a umidade, mais baixa. A diferença na altura entre as duas amostras era de aproximadamente 52 m. A diferença da pressão hidrostática para 52 m seria 0,51 MPa, muito próximo do valor observado de aproximadamente 0,5 MPa. Para a água fluir, o gradiente deve ser maior que o estabelecido pela gravidade, portanto, é surpreendente que o gradiente medido estivesse tão próximo do gradiente hidrostático. Zimmerman (1983) sugere que a explicação pode ser que os galhos tiveram que ser usados, e (de acordo com muitos estudos citados por Zimmerman) provavelmente tinham potenciais hídricos muito mais negativos que o xilema no tronco. Às vezes, principalmente nas plantas herbáceas pequenas, os gradientes de pressão são muito mais íngremes (por exemplo, 0,08 MPa m^{-1} no tabaco; Begg e Turner, 1970). Os gradientes inversos nos eucaliptos altos durante a chuva, indicando o fluxo da água para baixo no xilema, foram relatados por Daum (1967) e Legge (1980).

Você pode observar as tensões nos caules vegetais simplesmente mergulhando o caule de uma planta transpirante

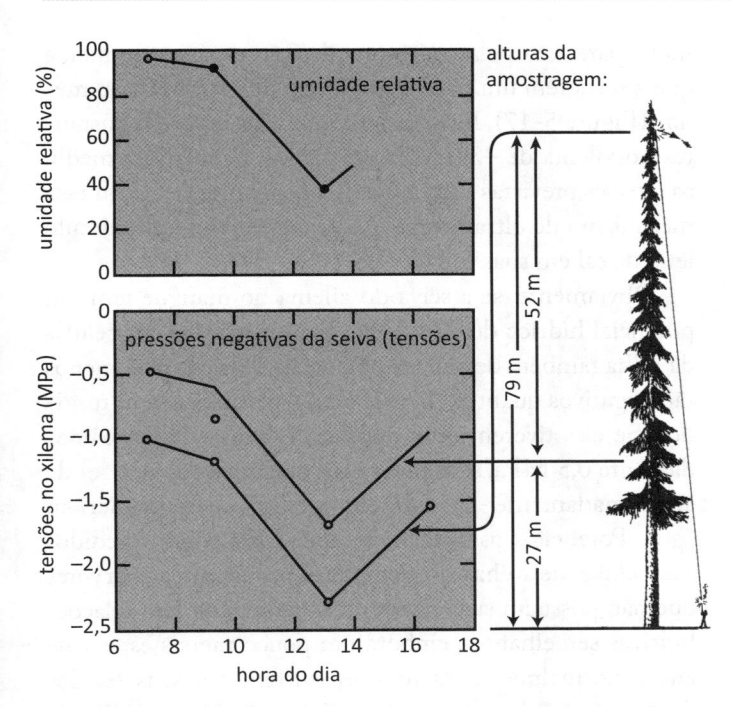

FIGURA 5-16 Pressões negativas da seiva (tensões) mostrando gradientes hidrostáticos em uma pseudotsuga alta como função da hora do dia e da altura. As pressões foram medidas atirando-se em galhos e colocando-os em uma bomba de pressão (consulte a Figura 3-12). Os círculos representam os valores medidos. A altura de uma coluna de água de 52 m (a distância entre as duas alturas de amostragem) produz uma pressão na base de 0,503 MPa. Esse é o gradiente hidrostático esperado. Portanto, os pontos tirados do nível de amostragem mais alto são conectados (representação inferior no gráfico inferior), e a representação acima (para o nível de amostragem inferior) é desenhada paralela e 0,5 MPa acima (0,5 MPa menos negativo). Dois dos três pontos estão quase nessa curva calculada e o terceiro ponto não está distante, demonstrando que o gradiente hidrostático calculado realmente existia na árvore. No entanto, por que nenhum componente de resistência está aparente? Consulte a discussão no texto. Observe que as pressões tornam-se mais negativas à medida que a umidade relativa diminui (gráfico superior). (Dados de Scholander et al., 1965; usado com permissão. Os dados são típicos de várias medições efetuadas. Figura de Jensen e Salisbury, 1984.)

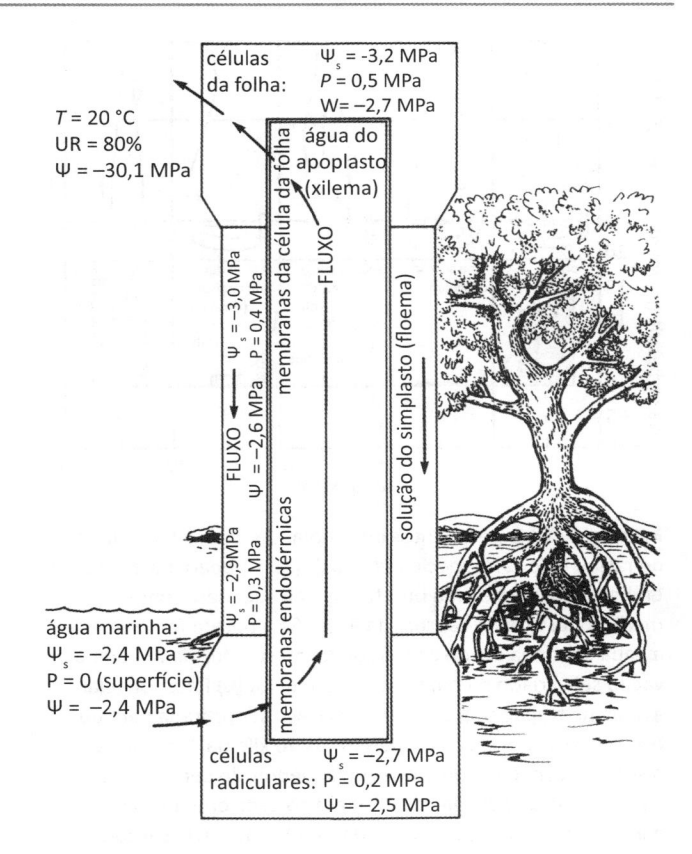

FIGURA 5-17 Relações de água de uma árvore do mangue, crescendo com suas raízes imersas na água do mar. O diagrama indica as partes "essenciais" da árvore do mangue nesse contexto. As membranas endodérmicas (e exodérmicas?) mantêm todas as quantidades de sal, exceto as insignificantes, fora do xilema e as membranas das células da folha mantêm uma alta concentração de solutos nas células. O resultado é que a água no xilema deve estar sob uma tensão considerável tanto durante o dia quanto à noite, para ficar em equilíbrio com a água do mar; e as células da folha têm um potencial osmótico tão negativo que elas absorvem a água do xilema apesar de sua tensão e do baixo potencial hídrico. Apenas a osmose impede o colapso das células da folha. (Dados fundamentados em Scholander et al., 1965, mas seus números hipotéticos foram modificados para corresponder melhor às discussões neste capítulo e no Capítulo 8).

em uma solução de corante e cortando o caule. O corante se move instantaneamente por uma distância considerável para cima e para baixo do caule, dentro dos elementos do xilema – e então para. Como nos experimentos com a bomba de pressão, o corte repentinamente libera a tensão nas paredes dos tubos do xilema, permitindo que eles se expandam e puxem a solução de corante para dentro. (Ele também aumenta o Ψ da água do xilema para quase zero, permitindo que a água se difunda osmoticamente para as células adjacentes.)

Renner (1911) executou um experimento elegantemente simples (consulte Renner, 1915). Ele conectou um ramo com folhas a uma bureta para medir a captura da água e comprimiu o caule com um grampo para produzir uma alta resistência. Depois de medir a captura sob essas condições, ele cortou a extremidade com folhas e aplicou sucção com uma bomba que produzia uma medição de tensão de aproximadamente –0,1 MPa. Apenas um décimo de água se moveu em resposta à bomba, em comparação à resposta do ramo com folhas. Somos compelidos a concluir que as folhas exercem uma tração de aproximadamente –1,0 MPa.

Com exceção das plantas que mostram água de gutação, sugerindo que as pressões da raiz estão produzindo pressões positivas no xilema, a água no xilema de plantas

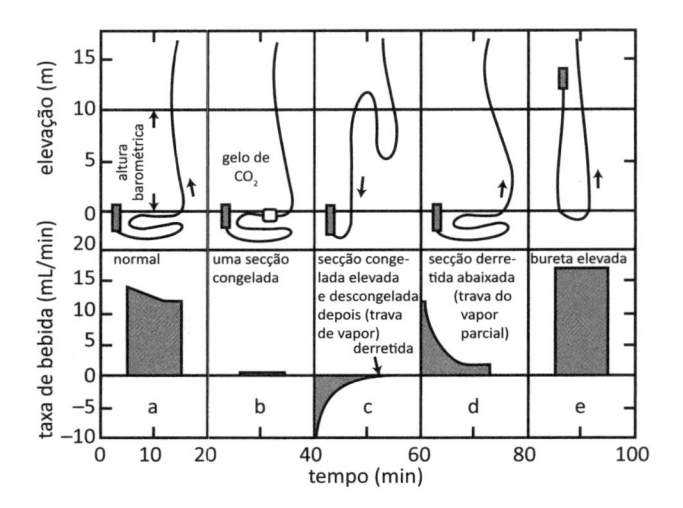

FIGURA 5-18 Experimentos de Scholander com a trepadeira de rattan tropical (espécie *Calamus*). **(a)** A trepadeira é cortada embaixo da água e uma bureta é encaixada, permitindo a medição da taxa de captura da água. Se a bureta for tampada, a água continua sendo capturada da mesma forma até que um vácuo seja criado na bureta e a água ferva. **(b)** Para congelar a água na trepadeira, a bureta precisava ser retirada para que o ar entrasse em todos os elementos do xilema, travando-se o sistema com o vapor. Em seguida, depois do congelamento, a parte travada pelo vapor (2 m) era cortada embaixo da água e a bureta, novamente encaixada. Ainda não havia captura da água, indicando que o congelamento havia realmente bloqueado o sistema. **(c)** Se a parte travada pelo vapor fosse elevada acima da altura barométrica e descongelasse, um pouco de água escorria para fora, mas não havia captura, indicando que o sistema agora estava travado pelo vapor. **(d)** Se a parte descongelada e travada pelo vapor fosse abaixada até o chão, havia uma captura inicial rápida à medida que o vapor se condensava em água, quebrando a trava de vapor, mas então a captura era mais lenta que a original, porque parte do ar havia sido excluída pelo congelamento. **(e)** Quando a bureta era elevada a 11 m, a taxa de captura da água retornava ao nível original, indicando que a trava de vapor havia sido agora completamente eliminada. (De Scholander et al., 1961.)

terrestres, no verão, deve estar quase sempre sob tensão. Certamente foi isso que as medições da bomba de pressão mostraram (como na Figura 5-15). Scholander (1968) estudou uma situação na qual as tensões no xilema devem sempre, dia e noite e sob todas as condições climáticas, ter valores pelo menos tão negativos quanto −3,0 MPa. As árvores de mangues tropicais crescem com suas raízes banhadas na água do mar, que possui um potencial osmótico de aproximadamente −3,0 MPa. À medida que a água entra na árvore pelas raízes, os sais são excluídos, provavelmente pela camada endodérmica (ou exodérmica?), de forma que a seiva do xilema é quase água pura com um potencial osmótico de quase zero. (Vários outros halófitos também possuem a capacidade de excluir o sal.) O motivo pelo qual a água na seiva do xilema permanece na árvore e não se move para fora pelas raízes, na direção da água do mar, é que a seiva tem um potencial hídrico de −3,0 MPa ou menor (Figura 5-17). Isso é alcançado pelas tensões constantes no xilema de −3,0 MPa ou menos. Scholander mediu as tensões previstas com a sua bomba de pressão. Com esse mecanismo de ultrafiltragem, o mangue evita um acúmulo letal de sal em suas folhas.

Obviamente, se a seiva do xilema no mangue tem um potencial hídrico de −3,0 MPa, os protoplastos das células da folha também devem ter potenciais hídricos pelo menos tão negativos quanto −3,0 MPa para permanecerem túrgidos. Se eles tiverem uma pressão de turgor de aproximadamente 0,5 MPa, seus potenciais osmóticos devem ser de aproximadamente −3,5 MPa ou menos, ou eles perderiam água. Potenciais osmóticos de −3,5 MPa foram medidos nas células de folhas do mangue. Comumente, as árvores que não possuem suas raízes na água salgada têm relações hídricas semelhantes, embora um pouco menos espetaculares. Normalmente, as tensões existem em seus tecidos do xilema condutores, mas as células túrgidas da folha (e outras células vivas) possuem potenciais osmóticos ainda mais negativos que os da seiva do xilema com suas pressões negativas. Seja qual for o caso, a importância da osmose na planta é claramente demonstrada. Sem as membranas diferencialmente permeáveis ao redor das células vivas e os potenciais osmóticos altamente negativos da seiva e do citosol no interior, as altas tensões no sistema do xilema levariam ao colapso (murchamento) do tecido vivo. Sem a osmose, as plantas sofreriam colapso.

E se as colunas cavitarem?

Talvez a questão mais importante levantada pelos fisiologistas vegetais sobre a hipótese da coesão se refira ao que aconteceria se colunas contínuas de água pudessem ser quebradas de alguma maneira. Digamos, por exemplo, que o vento flexione o caule, estendendo ainda mais as colunas de água e causando sua cavitação, ou que a água no tronco da árvore congele, formando bolhas de gás. Ou então, o que aconteceria se algumas colunas fossem quebradas serrando-se parte do tronco? Os investigadores usaram muitas abordagens para resolver esses e outros problemas. A Figura 5-18 ilustra outros experimentos elegantes de Scholander e seus colegas. Eles sustentam muito bem a teoria da coesão.

Algumas respostas para as nossas questões são encontradas na anatomia do xilema. Os caminhos da água foram estudados com o uso dos corantes. Um orifício pode ser perfurado no tronco de uma árvore, por exemplo, e o corante inserido (resumido por Zimmermann, 1983). Embora seja necessário cuidado para descrever os movimentos laterais causados pelo alívio da pressão quando o orifício é perfurado, podemos aprender muito sobre os padrões dos vasos seguindo o corante acima e abaixo de sua inserção.

Outra abordagem para entender a anatomia é fazer micrografias em um filme de cortes transversais consecutivos ao longo do caule. Na projeção, a dimensão longitudinal do caule é representada pelo tempo e os movimentos dos vasos individuais ou feixes vasculares (principalmente nas monocotiledôneas) podem ser seguidos. Suas posições em vários quadros também podem ser medidas, para que os vasos individuais sejam representados em desenhos tridimensionais. A conclusão desse e dos estudos com corantes é que os vasos raramente (ou nunca) são simplesmente paralelos. Quando o corante é inserido em um ponto do tronco, por exemplo, ele se dissemina circunferencialmente ao redor do tronco enquanto se move para cima e para baixo, quase sempre dentro de um único anel de crescimento (exceto nas complicações do transporte radial nos raios). A disseminação é de aproximadamente 1 ou 2°, o que equivale a 17 a 35 mm por metro do tronco. Os estudos de vasos individuais ou feixes vasculares mostram a mesma coisa: uma torção e uma separação com progressão para cima (ou para baixo) no caule. Normalmente, a anatomia é muito complexa. A conclusão é que a água que entra no xilema de qualquer raiz se dissemina por todo o tronco até atingir praticamente todos os ramos que formam a coroa. Portanto, se uma determinada raiz for danificada, nenhuma parte da coroa sofre com a falta de água. (Esse não é o caso das ervas pequenas.)

Com essa informação sobre a torção e a disseminação dos vasos no xilema, os resultados dos experimentos com o corte de serra parecem menos misteriosos. Pelo menos desde 1806 (Cotta, citado em Hartig, 1878, e Zimmermann, 1983), os pesquisadores fizeram cortes com serra até a metade do tronco da árvore em diferentes alturas, mas partindo de lados opostos. Frequentemente observamos que o transporte da água não é interrompido e que ela sobrevive (consulte os experimentos mais recentes de Greenridge, 1958; MacKay e Weatherby, 1973; Preston, 1952; e Scholander et al., 1961), embora a taxa de captura da água diminua, e exista um gradiente de tensão muito mais íngreme na secção do caule com os cortes.

Tendo em mente a anatomia do xilema, não é difícil imaginar como o caminho da água pode continuar ininterrupto nesses cortes de serra. Na madeira de anéis porosos com vasos longos e largos, é necessário considerar o restante do sistema de transporte, porque todos os vasos longos e largos são interrompidos pelos cortes da serra. Lembre-se de que sempre existem vasos muito mais curtos nas árvores e que também existem as traqueídes, que são mais curtas ainda. A água pode se mover circunferencialmente na parte do tronco entre os cortes, fazendo um ziguezague para cima e para baixo de um vaso para outro ou de uma traqueíde para outra.

E quanto ao ar excluído da solução no caule pelo congelamento?

Os estudos de observação microscópica mostram que o bloqueio pelo ar ocorre quando algumas árvores são congeladas, assim como quando a água foi congelada no tubo em Z giratório. A incapacidade de restaurar as colunas de água nos vasos grandes na primavera pode ser um fator que exclui determinadas árvores e principalmente as trepadeiras dos climas frios. Como fazem as árvores que crescem nessas regiões? As observações mostraram que os trajetos bloqueados são substituídos ou restaurados nessas árvores. Mas como?

Várias explicações foram propostas. As árvores de anel poroso aparentemente usam o método de "descarte". Essas espécies possuem vasos tão grandes e eficientes que um único incremento de crescimento do tronco é suficiente para fornecer água para a coroa. Neste caso, os vasos são formados antes que as folhas surjam na primavera e os vasos dos anos prévios não são usados. Um segundo método envolve o novo preenchimento por meio da pressão da raiz na primavera, o que é claramente observado nas videiras.

Uma explicação engenhosa foi proposta por E. Sucoff (1969), que estudou a matemática das bolhas no líquido. Ele mostrou que as bolhas grandes se expandem mais facilmente que as pequenas, principalmente se o líquido estiver sob tensão. Imagine uma árvore do hemisfério norte descongelando na primavera. À medida que o gelo derrete, as traqueídes ficam cheias de um líquido que contém as diversas bolhas de ar forçadas a sair pelo congelamento. À medida que o derretimento continua e a transpiração se inicia, a tensão começa a se desenvolver no xilema. Sucoff mostrou que uma bolha grande chega a um ponto crítico no qual ela se expande explosivamente sob tensão, à medida que a água se transforma em vapor em uma fração de segundo (semelhante aos estalidos da cavitação, já mencionados). Isso é confinado às traqueídes em que o processo ocorre por causa da sua anatomia, mas envia uma onda de choque para as traqueídes adjacentes, orientando suas pequenas bolhas de ar de volta para a solução. E quanto à traqueíde na qual a expansão da bolha ocorreu? Ela estaria travada pelo vapor e para sempre perdida para o movimento da seiva. O estudo da madeira na primavera indicou que 10% das traqueídes eram realmente preenchidas de vapor, mas os outros 90% eram capazes de lidar com o movimento da seiva.

Estudando a água, os minerais e as raízes

Paul J. Kramer

Paul J. Kramer, um dos peritos nas relações de água das plantas, ponderou as funções da água e dos minerais nos vegetais desde 1931 em seu laboratório na Duke University, onde foi professor de botânica, produzindo muitos dados e ideias significativos – sem mencionar os seus alunos, que agora propagam seu trabalho por todo o mundo.

Meu ingresso no campo das relações de água das plantas foi relativamente acidental. Em 1928, quando eu era um jovem aluno de graduação na Ohio State University e procurava um assunto para uma tese, o professor E. N. Transeau me mostrou um documento de Burton E. Livingston, no qual ele dizia que a osmose cumpre uma função insignificante na absorção da água. Transeau sugeriu que, como Livingston apresentou pouca evidência para sua visão, eu deveria investigar o problema – e tenho trabalhado nesse campo desde então. Na época, a maioria dos escritores de livros presumia que a osmose estava envolvida de alguma maneira na absorção da água, mas suas discussões eram tão vagas que era quase impossível entender como a absorção realmente ocorria. A minha pesquisa inicial era muito simples, com tubos T, pipetas, tubulação de borracha, uma bomba a vácuo, uma câmara de pressão construída com encaixes de canos, sistemas de raízes de tomate e girassol e pecíolos de papaia. A intenção era testar as ideias de Atkins, Renner e outros pesquisadores. Os resultados indicaram que os sistemas radiculares podem funcionar como osmômetros e que os brotos transpirantes podem absorver a água através dos sistemas radiculares mortos. A pesquisa me levou a apoiar a visão negligenciada de Renner, de que dois mecanismos estão envolvidos na absorção da água. De acordo com a sua visão, os sistemas radiculares das plantas que crescem no solo úmido e bem aerado funcionam como osmômetros quando a transpiração é lenta, resultando no desenvolvimento da pressão da raiz e na ocorrência da gutação. Quando a transpiração rápida abaixa a pressão ou produz tensão na seiva do xilema, no entanto, a água é puxada através das raízes e o movimento osmótico é insignificante. Portanto, nas plantas transpirantes, a maior parte da água (ou toda) entra passivamente e as raízes agem apenas como superfícies absorventes. Pesquisas adicionais mostraram que fatores como o solo frio e a aeração deficiente reduzem a absorção, aumentando a resistência ao fluxo da água através das raízes, e não inibindo algum tipo misterioso de mecanismo ativo de absorção. Essa pesquisa inicial contribuiu com o desenvolvimento de uma explicação relativamente clara de como a água é absorvida e como certos fatores ambientais afetam a taxa de absorção. Olhando para trás, alguns desses experimentos parecem prosaicos, mas na época eram muito emocionantes.

Na década de 1950, comecei a perceber que muitos dos relatórios contraditórios na literatura sobre a relação entre a umidade do solo e o crescimento da planta resultavam do fato de que não se pode prever precisamente o estresse hídrico da planta a partir da medição do

5.6 Anatomia do xilema: um sistema à prova de falhas

Vimos que o transporte da água ocorre em resposta aos gradiente negativos do potencial hídrico do solo atravessando a planta até a atmosfera, e que isso depende da anatomia e das características físicas do tecido do xilema. As plantas, principalmente as árvores altas, foram aparentemente projetadas para permitir um fluxo suficiente em resposta aos gradientes de pressão, para impedir (ou, normalmente, pelo menos para evitar) a cavitação dos elementos de transporte (mas a permitindo sob certas circunstâncias, como no "vazamento projetado" de Zimmermann), para ignorar as células que se tornam travadas pelo vapor e, às vezes, até mesmo para restaurar (e frequentemente substituir) essas células. Zimmermann (1983) discutiu outros recursos de segurança do sistema; aqui estão alguns exemplos:

A escultura da parede nos elementos do vaso e os vários tipos de placas de perfuração podem impedir a coalescência das bolhas formadas (como no congelamento no inverno); as bolhas pequenas são muito mais fáceis de se desfazer que as grandes. Além disso, pode ser demonstrado que em muitas plantas a resistência mais alta ao fluxo da água ocorre no desenho da folha ou na base do pecíolo. Isso significa que, à medida que o estresse hídrico se acumula durante a seca, a cavitação ocorre primeiro nas folhas, portanto, elas podem murchar e morrer; porém, o sistema de água no tronco permanece relativamente intacto. Pode ser possível produzir novas folhas, mas não um novo tronco, principalmente nas palmeiras, por exemplo, em que não há crescimento secundário do xilema.

Algumas espécies possuem células especiais chamadas de **tiloses**, que crescem nas traqueídes e vasos travados pelo vapor. Elas agem como vedações particularmente eficientes contra a perda da água e a invasão de patógenos. Às vezes, as gomas ou resinas são secretadas para as células não funcionais do xilema. Em muitas árvores, essas alterações são responsáveis pelo durame que frequentemente se desenvolve no centro do tronco. Normalmente, o durame contém muitas células cheias de ar ou vapor, mas às vezes os solutos se acumulam nele e atraem a água osmoticamente, de forma que a solução no durame (chamado de estresse hídrico do solo. Holger Brix, John Boyer e outros começaram a trabalhar como alunos no meu laboratório com os psicrômetros de termopar, recém-introduzidos na época, e eu comecei uma campanha para ensinar aos cientistas das plantas a necessidade de medir o potencial hídrico da planta. Quando estavam finalmente começando a perceber a importância da água em relação ao crescimento da planta, essa ideia foi amplamente aceita; observei, no entanto, que até mesmo hoje os pesquisadores das relações da água às vezes reduzem o valor da sua pesquisa porque deixam de medir o grau de estresse hídrico ao qual suas plantas são submetidas.

Meu trabalho sobre a absorção da água levou naturalmente a um interesse nas raízes como órgãos absorventes. Com a ajuda de Karl Wilbur, um colega zoólogo, medi a captura do fósforo pelas raízes micorrizais. Então, Herman Wiebe, aluno de graduação no meu laboratório, fez alguns experimentos interessantes com marcadores radioativos, que mostraram que a região da absorção mais rápida do sal e a translocação para os brotos frequentemente ocorre vários centímetros antes da ponta da raiz, e não perto dela, como previamente afirmado. Essa conclusão foi vista com um ceticismo considerável em princípio, mas tivemos o prazer de tê-la verificada por uma pesquisa mais recente, incluindo o trabalho no laboratório de R. Scott Russell em Letcombe, na Inglaterra. Eu conclui que uma quantidade considerável de sal e água é absorvida pelo fluxo de massa através das raízes suberizadas. Essa visão ainda não foi amplamente aceita, embora existam evidências de sustentação há mais de 30 anos. Talvez isso ilustre a dificuldade de substituir ideias antigas e bem estabelecidas por outras novas. Recentemente, o Dr. Edwin Fiscus e outros investigadores do laboratório estudaram várias anomalias na condução da água, principalmente os relatórios da diminuição na resistência com o aumento na taxa de fluxo. A maioria desses relatórios envolve a aplicação rigorosa da lei de Ohm (o fluxo é proporcional à força motriz e inversamente proporcional à resistência) sem levar em consideração fatos anatômicos e fisiológicos, como a função da filotaxia (disposição das folhas no caule), para controlar o suprimento de água para as folhas individuais, ou o fato de que, à medida que a taxa do fluxo da água pelas raízes aumenta, a força motriz muda de predominantemente osmótica para um fluxo de massa. Portanto, uma aplicação simples da lei de Ohm é inadequada para explicar a absorção da água sem considerar as forças motrizes envolvidas.

Estou feliz por ter entrado na fisiologia vegetal em uma época em que ainda era possível ser um generalista. Assim, além do meu trabalho sobre as relações da água, absorção do sal e sistemas radiculares, também pude continuar as pesquisas sobre a fisiologia das plantas lenhosas. Para mim, a pesquisa sobre a fisiologia vegetal na fronteira entre a fisiologia e a ecologia, no que talvez possa ser chamado de fisiologia ambiental, foi extremamente interessante por causa da variedade de problemas apresentados. Também acredito que tudo isso me permitiu contribuir para a compreensão geral de como as plantas vivem e crescem do que eu poderia ter contribuído se me concentrasse em uma área mais reduzida de pesquisa. Seja como for, nunca houve o menor risco de tédio!

---

cerne) está sob pressão ao mesmo tempo em que a seiva do xilema está sob tensão no restante do tronco.

Um pouco de água é armazenada no tronco de uma árvore por causa da elasticidade das células do xilema. Quando a transpiração é reduzida à noite ou durante uma chuva, a tensão no xilema é relaxada, mas a água pode continuar sendo absorvida, aliviando-se a tensão à medida que as células se expandem elasticamente. Com frequência, isso foi observado experimentalmente. Por exemplo, Schulze et al. (1985) mediram o fluxo da água no tronco de árvores lariço (*Larix*) e abeto (*Picea*) com uma técnica de equilíbrio do calor e, simultaneamente, mediram a transpiração do dossel com porômetros e cuvetas (métodos descritos na Seção 4.1). A transpiração começou 2 a 3 horas mais cedo que o fluxo de água no xilema pela manhã, diminuiu ao meio-dia antes que o fluxo máximo da seiva fosse observado e parou à noite, 2 a 3 horas antes do fluxo da seiva. Eles atribuíram as taxas diferentes à água armazenada. Cerca de 24% da água transpirada por dia pelo lariço e 14% da perdida pelo abeto eram armazenados na madeira, a maior parte na coroa e não no tronco. Um método clássico é medir a circunferência (do raio) de uma árvore; a circunferência contrai-se ligeiramente durante períodos de alta transpiração (alta tensão do xilema) e se expande à noite ou durante a chuva (Daum, 1967).

Zimmermann (1983) discutiu a função da capilaridade no armazenamento da água. Lembre-se de que grande parte do tronco está cheia de gás (talvez 10 a 15% na madeira de condução ativa e mais no durame). Embora grande parte disso possa ser vapor de água, o ar (oxigênio) deve estar presente para sustentar a respiração das células vivas do raio e outras do parênquima na madeira. Vimos que, em decorrência dos tamanhos pequenos do poro das paredes celulares, o ar não penetra nos vasos ou traqueídes, mas os espaços de ar devem conter a água capilar com um potencial hídrico que esteja em equilíbrio ao longo dos poros cheios de água nas paredes com a água nas células condutoras. Quando a água no sistema de condução está sob uma tensão considerável (digamos, $P = -1,5$ a $-3,0$ MPa), os meniscos da água nos espaços do ar possuem raios de curvatura pequenos; ou seja, um mínimo dessa água está presente. À medida que a tensão nos elementos de condução relaxa, no entanto, a água pode se difundir para os espaços do ar, onde os meniscos terão

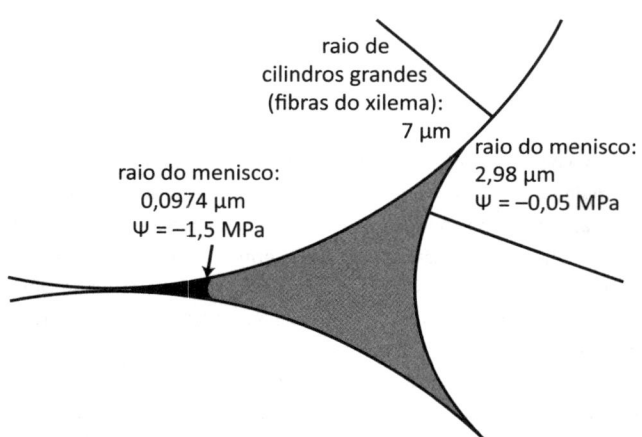

FIGURA 5-19 Armazenamento capilar da água nos espaços de ar entre as células. As partes grandes dos círculos representam as fibras de madeira ou outros elementos do xilema. Se esses círculos tiverem raios de 7 μm, a área em preto representa a água armazenada quando o potencial hídrico no xilema é de aproximadamente −1,5 MPa e a área sombreada representa a água armazenada quando o potencial hídrico do xilema é de aproximadamente −0,05 MPa. Os meniscos possuem curvaturas em equilíbrio com os potenciais hídricos (Ψ), conforme mostrado.

raios de curvatura maiores (Figura 5-19). Assim, ainda mais água pode ser armazenada na madeira do que sua elasticidade poderia sugerir.

Basicamente, o nosso conhecimento da anatomia do xilema, combinado à nossa aplicação da teoria de coesão para a ascensão da seiva, aumentou o nosso entendimento das plantas terrestres como sistemas condutores de água. No Capítulo 8 veremos que isso é apenas uma parte da história: as plantas também são anatomicamente construídas para realizar um transporte altamente eficiente dos solutos produzidos na fotossíntese e outros processos metabólicos (nesse caso, sob pressão positiva). Porém, primeiro devemos aprender mais sobre os minerais exigidos pelas plantas e as membranas que influenciam tão fortemente seu movimento.

---

* Nota: estamos cientes de que expressar as tensões como um número negativo pode ser interpretado como um duplo negativo: "tensão negativa" = pressão positiva. Seria confuso, no entanto, alterar o sinal dos valores numéricos dependendo do uso do termo tensão ou pressão negativa. Assim, pensaremos nesses dois termos como sendo completamente sinônimos e intercambiáveis, e usaremos o sinal negativo antes dos valores numéricos para expressar qualquer um deles.

6
Nutrição mineral

Quais elementos uma planta deve absorver para viver e crescer? Uma planta pode crescer quando recebe apenas os elementos em forma inorgânica (sais minerais)? Ou as plantas, como os animais, precisam de vitaminas? Se apenas os minerais são necessários, quais deles, em quais formas e quais quantidades? Como podemos saber quando uma planta está privada de algum elemento essencial? Qual é a melhor forma de fornecer o elemento limitador para superar sua deficiência? O que os elementos essenciais fazem dentro da planta que os torna essenciais? Essas são algumas questões da **nutrição mineral**, uma subciência importante da fisiologia vegetal. Uma vez que devemos "alimentar" as plantas corretamente antes que possamos nos alimentar delas, essas questões são importantes. As respostas obtidas até agora melhoraram muito a agricultura nos últimos 150 anos, mas outros aprimoramentos ainda são necessários. As respostas às questões da nutrição mineral também aumentam o nosso conhecimento básico sobre as plantas, porque o seu crescimento requer a incorporação dos elementos nos materiais dos quais as plantas são feitas, e 15 a 20% das plantas não lenhosas são feitas desses elementos; o restante é água.

6.1 Os elementos na matéria seca da planta

Uma abordagem para determinar quais elementos são essenciais, e qual é a quantidade necessária de cada um deles, é analisar quimicamente as plantas saudáveis para determinar sua constituição. Quando as plantas recém-colhidas ou partes de plantas são aquecidas entre 70 e 80 °C por um dia ou dois, quase toda a água é retirada; o material restante é chamado de **matéria seca**. Os principais componentes da matéria seca são os polissacarídeos da parede celular e a lignina, além dos componentes protoplásmicos, incluindo proteínas, lipídios, aminoácidos, ácidos orgânicos e elementos como o potássio, que existem como íons, mas não são uma parte essencial de qualquer composto orgânico.

Os principais elementos do sistema de um broto seco de milho (relatado em 1924) são listados na Tabela 6-1. O oxigênio e o carbono foram os elementos mais abundantes com base no peso (cerca de 44% para cada um) e o hidrogênio ficou em terceiro lugar. Essa é aproximadamente a mesma distribuição dos elementos nos carboidratos – incluindo a celulose, o componente mais abundante da madeira. Em outras espécies, o teor de carbono chega aos 51% e o do oxigênio atinge apenas 35%, valores menos semelhantes aos da composição de um carboidrato (Williams et al., 1987). Quantidades menores de nitrogênio foram encontradas no milho, seguidas por vários outros elementos em concentrações ainda mais baixas. Também estão incluídos dois elementos, alumínio e silício, que são considerados não essenciais para a maioria das plantas superiores. Discutiremos mais sobre esses elementos adiante, mas observe que as plantas absorvem e acumulam muitos elementos não essenciais das soluções do solo. Pelo menos 60 elementos foram encontrados nas plantas, incluindo ouro, chumbo, mercúrio, arsênio e urânio. Se uma análise elementar completa do milho fosse efetuada, quantidades residuais de numerosos outros elementos seriam encontradas – alguns deles essenciais para o milho e outras espécies.

Uma análise atual da folha mais próxima da jovem espiga de milho (a "folha de sinalização") mostra concentrações de três elementos essenciais adicionais: zinco, cobre e boro (Tabela 6-1). Os resultados foram obtidos das folhas de um campo de milho bem fertilizado e altamente produtivo. Eles enfatizam que as folhas geralmente contêm uma quantidade significativamente maior de nitrogênio, fósforo e potássio do que os sistemas dos brotos inteiros. Por fim, a Tabela 6-1 também lista os dados de 11 elementos que aparecem nas folhas crescentes da cereja doce. Observe que, embora o teor de nitrogênio e enxofre sejam semelhantes aos da folha de milho, existem diferenças substanciais no fósforo, potássio e cálcio. Essas diferenças mostram que as várias espécies absorvem os solutos em quantidades variadas, principalmente quando cultivadas em solos diferentes. Os solos são compostos principalmente de alumínio, oxigênio, silício e ferro, embora as plantas não reflitam essa composição absolutamente, em parte porque absorvem o carbono e grande parte do seu oxigênio do ar. Além disso, a maioria desses elementos do solo mencionados está presente como minerais insolúveis, e as raízes mostram uma seleção considerável da taxa de absorção desses elementos (consulte o Capítulo 7).

6.2 Métodos para estudar a nutrição vegetal: culturas de solução

A partir de aproximadamente 1804, os cientistas começaram a entender que as plantas precisam de cálcio, potássio, enxofre, fósforo e ferro. Então, perto de 1860, três fisiologistas das plantas na Alemanha (W. Pfeffer, Julius von Sachs, W. Knop) reconheceram como é difícil determinar os tipos e quantidades dos elementos essenciais para as plantas crescerem em um meio tão complexo como o solo. Portanto, eles cultivaram plantas com suas raízes em uma solução de sais minerais (uma **solução nutriente**), cuja composição química era controlada e limitada apenas pela pureza das substâncias químicas disponíveis na época. Esse tipo de cultivo é denominado **cultura hidropônica, sem solo** ou **de solução** (Figura 6-1). Mais tarde, outros pesquisadores mostraram que diversas plantas cresciam muito melhor se as raízes fossem aeradas, como mostra a Figura 6-1a (um histórico da hidroponia é fornecido por Jones, 1982, e uma avaliação do seu possível futuro comercial é descrita por Wilcox, 1982, e Jones, 1983).

À medida que foram desenvolvidas técnicas para purificar os sais e a água para as culturas hidropônicas, um controle mais exato dos elementos disponibilizados para as plantas tornou-se possível. Isso se provou particularmente importante para vários elementos necessários apenas em quantidades muito pequenas (residuais). Além disso, é muito difícil demonstrar a necessidade de molibdênio, níquel, cobre, zinco e boro nas espécies com sementes grandes, porque essas sementes normalmente contêm uma quantidade suficiente desses elementos para o crescimento de plantas maduras. Nesses casos, os sintomas de deficiência são mais facilmente observados na segunda geração, cultivada a partir de sementes tiradas de pais que cresceram sem os elementos adicionados. Para demonstrar a importância do níquel, por exemplo, as sementes de cevada foram tiradas de plantas cultivadas por três gerações

TABELA 6-1 Análise elementar de partes selecionadas da planta.

Elemento	Broto de milho[a] (% do peso seco)	Folha de milho[b] (% do peso seco)	Folhas de cereja[c] (% do peso seco)
Oxigênio	44,4	-	-
Carbono	43,6	-	-
Hidrogênio	6,2	-	-
Nitrogênio	1,5	3,2	2,4
Potássio	0,92	2,1	0,73
Cálcio	0,23	0,52	1,7
Fósforo	0,20	0,31	0,15
Magnésio	0,18	0,32	0,61
Enxofre	0,17	0,17	0,15
Cloro	0,14	-	-
Ferro	0,08	0,012	0,0058
Manganês	0,04	0,009	0,0044
Cobre	-	0,0009	0,0006
Boro	-	0,0016	0,006
Zinco	-	0,003	0,001
Silício	1,2	-	-
Alumínio	0,89	-	-
Indeterminado	7,8	-	-

[a] Dados de Latshaw e Miller, 1924. O sistema do broto incluiu folhas, caule, espiga e grãos.
[b] Dados não publicados de 1982 de P. Soltanpour, F. Moore, R. Cuany e J. Olson, Colorado State University Soil Testing Laboratory.
[c] Dados de Sanchez-Alonso e Lachica, 1987. Os valores se referem às folhas médias de novos ramos, amostrados em 14 de junho.

sem níquel (Brown et al., 1987). As técnicas para medir as concentrações dos elementos nas plantas, solos e soluções de nutrientes também melhoraram muito nas últimas décadas. Os **espectrômetros de absorção atômica** são agora usados para medir os metais e alguns não metais. Ainda mais valiosos (e caros) são os **espectrômetros de emissão óptica**, nos quais os elementos são vaporizados em temperaturas acima de 5.000 K. Essas temperaturas altas excitam temporariamente os elétrons de suas órbitas de estado fundamental para órbitas superiores, e à medida que esses elétrons retornam aos seus estados fundamentais originais, a energia eletromagnética é emitida em comprimentos de onda diferentes para cada elemento. Esses comprimentos de onda são medidos e a energia é quantificada pelo

FIGURA 6-1 Três métodos para cultivar plantas com as soluções de nutrientes: **(a)** cultura hidropônica (observe as raízes aeradas), **(b)** cultura úmida usando areia e **(c)** técnica da película de nutrientes. O reservatório A contém uma solução de nutrientes que é drenada pelo canal que contém as plantas B. As plantas podem ser apoiadas de várias maneiras. A solução não absorvida flui para o recipiente C, que tem uma bomba para forçar a solução a passar pelo tubo D de volta para o reservatório. (Método c de M. W. Nabors, 1983; para o uso prático da técnica de película de nutrientes, consulte Cooper, 1979.)

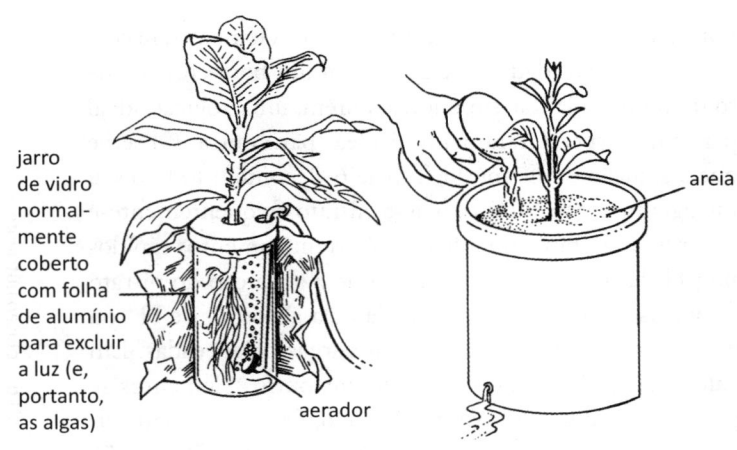

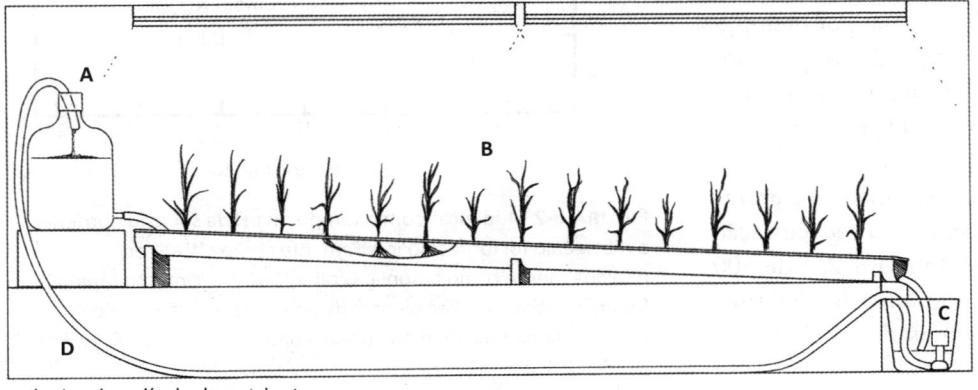

espectrômetro. Concentrações de mais de 20 elementos em uma única solução podem ser medidas com grande sensibilidade em menos de 1 minuto (Soltanpour et al., 1982; Alexander e McAnulty, 1983).

Apesar das vantagens dos estudos da nutrição mineral, a técnica da cultura de solução possui desvantagens. Uma delas é a necessidade de aeração da raiz. Outra é a necessidade de se trocar ou suplementar a solução depois de alguns dias, quando desejamos obter o crescimento máximo; isso ocorre porque a composição da solução muda continuamente, à medida que alguns íons são absorvidos mais rapidamente que outros. Essa captura seletiva não apenas esgota determinados íons, mas também causa alterações indesejáveis no pH. Os proprietários de estufas comerciais às vezes usam soluções recirculantes que fluem em uma camada fina atravessando canais ao redor das raízes de safras valiosas, como alface e tomate (Jensen e Collins, 1985). Essas soluções são bombeadas de tanques nos quais o pH e a composição da solução podem ser monitorados e ajustados automaticamente (Figura 6-1c). A bomba força a solução a atravessar as raízes; então, quando a bomba é temporariamente desligada, a solução é drenada para baixo, deixando uma película bem aerada de solução nutriente nas superfícies radiculares (a **técnica de película nutriente** – consulte

Cooper, 1979; Graves, 1983; Jones, 1983; Resh, 1989).

Para evitar alguns problemas das culturas líquidas, muitos fisiologistas usam a areia de quartzo branco lavada ou um mineral chamado de perlita (pedra-pomes expandida) como meio para as raízes. As soluções nutrientes são simplesmente derramadas ou escorridas sobre esses meios em intervalos adequados e em quantidades excessivas, para garantir a filtração da solução velha pelos orifícios de cada recipiente (Figura 6-1b). A técnica é conveniente, porém inadequada para estudos detalhados de certos elementos necessários apenas em quantidades residuais, porque a areia e a perlita contribuem com quantidades desconhecidas de certos elementos essenciais. Para alguns estudos nos quais são necessárias as medições da captação dos íons pelas raízes, as culturas de solução são o único método adequado. Esse método é descrito no Capítulo 7 (consulte a Figura 7-13). Além das culturas de solução aplicadas nas raízes, as árvores frutíferas e outras culturas de horticultura são frequentemente fertilizadas com sprays foliares (Swietlik e Faust, 1984).

Numerosas formulações úteis de soluções nutrientes foram criadas a partir dos estudos da composição das plantas e de outras pesquisas, nas quais várias concentrações dos elementos foram fornecidas para as plantas em crescimento. Hewitt (1966) e Jones (1983) descreveram muitas dessas formulações e as maneiras de prepará-las e usá-las eficientemente. Duas dessas receitas de pioneiros da nutrição mineral nos Estados Unidos são listadas na Tabela 6-2; uma é de Dennis R. Hoagland e Daniel I. Arnon, a segunda é uma modificação da receita de John Shive (modificada por Harold J. Evans). Ambas possuem os elementos necessários em quantidades que permitem um bom crescimento de muitas plantas superiores, porém, uma solução ideal para uma espécie raramente é ideal para outra. Observe que a solução de Evans, na Tabela 6-2, contém todo o seu nitrogênio como nitrato, mas o nitrato frequentemente é absorvido tão rapidamente que ocorrem aumentos rápidos no pH da solução nutriente, porque a absorção do nitrato (e outros ânions) é acompanhada pela absorção de H^+ ou excreção de OH^- para manter as cargas balanceadas. Em valores de pH altos, o ferro e alguns outros elementos se precipitam como hidróxidos e, então, ficam indisponíveis para as raízes (para mais informações, consulte a Seção 6.5). O problema do pH pode ser minimizado fornecendo-se parte do nitrogênio como um sal de amônia (por exemplo, $NH_4H_2PO_4$, como na solução de Hoagland) porque a absorção de NH_4^+ e outros cátions ocorre simultaneamente à absorção de OH^- ou à transferência de H^+ da raiz para a solução adjacente (Figura 6-2).

Quase todas as soluções nutrientes são mais concentradas que as soluções do solo. Por exemplo, a concentração de fósforo na solução de Evans, na Tabela 6-2, é de 500 µm, enquanto aproximadamente três quartos das determinações em 149 soluções de solo pesquisadas (Reisenauer,

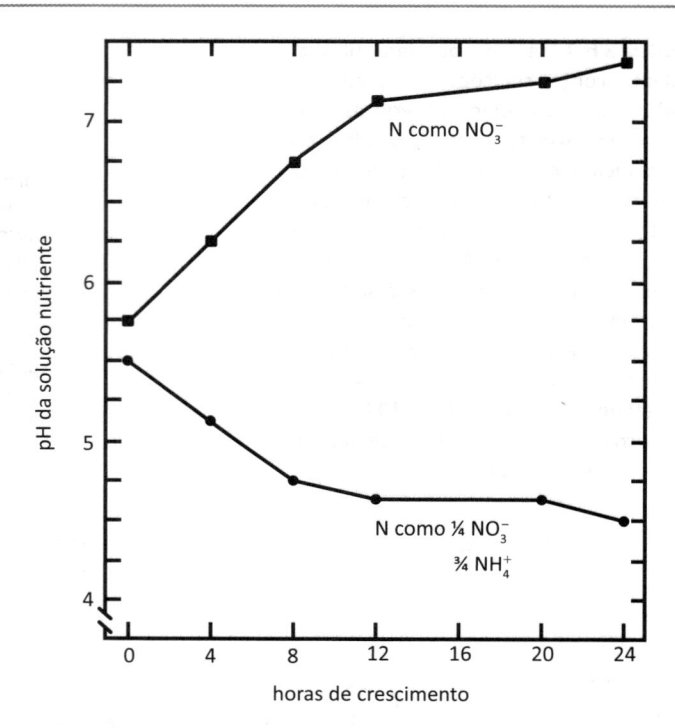

FIGURA 6-2 Mudanças com o tempo no pH da solução nutriente; o nitrogênio foi fornecido inteiramente como nitrato ou principalmente como amônia. Girassóis de crescimento rápido foram mantidos em recipientes de 1 litro de solução nutriente em uma estufa no final de maio. (Dados não publicados de C. W. Ross.)

TABELA 6-2 Duas soluções nutrientes para a cultura hidropônica.

Solução número 2 de Hoagland e Arnon[a]			Solução de Shive modificada por Evans[b]		
Sal	mM	mg/L (ppm)	Sal	mM	mg/L(ppm)
KNO_3	6,0	235 K 196 N como NO_3	$Ca(NO_3)_2 \cdot 4H_2O$	5,0	140 N como NO_3 200 Ca
$Ca(NO_3)_2 \cdot 4H_2O$	4,0	14N como NH_4^+ 160 Ca	K_2SO_4	2,5	216 K 160 S
$NH_4H_2PO_4$	1,0	31 P 49 Mg	KH_2PO_4	0,5	49 Mg 16 P
$MgSO_4 \cdot 7H_2O$	2,0	64 S	$MgSO_4 \cdot 7H_2O$	2,0	
Quelato de Fe[c]			Versenato de Fe		0,5 Fe
$MnCl_2 \cdot 4H_2O$	0,009	0,5 Mn; 6,5 Cl	KCl $MnSO_4$		9,0 Cl 0.25 Mn
H_3BO_3	0,046	0,5 B	H_3BO_3		0,25 B
$ZnSO_4 \cdot 7H_2O$	0,0008	0,05 Zn	$ZnSO_4 \cdot 7H_2O$		0,25 Zn
$CuSO_4 \cdot 5H_2O$	0,0003	0,02 Cu	$CuSO_4 \cdot 5H_2O$		0,02 Cu
$H_2MoO_4 \cdot H_2O$	0,0001	0,01 Mo	Na_2MoO_4		0,02 Mo

[a] De Hoagland e Arnon, 1950.
[b] De Evans e Nason, 1953.
[c] Eles fizeram uma solução-estoque de quelato de ferro em uma concentração final de 5 g/litro e depois acrescentaram 2 mL a cada litro da solução nutriente duas vezes por semana.

TABELA 6-3 Elementos essenciais para a maioria das plantas superiores e concentrações internas consideradas adequadas.

Elemento	Símbolo químico	Forma disponível para as plantas[a]	Peso atômico	Concentração no tecido seco mg/kg	Concentração no tecido seco (%)	Número relativo de átomos comparado com o molibdênio
Molibdênio	Mo	MoO_4^{2-}	95,95	0,1	0,00001	1
Níquel[b]	Ni	Ni^{2+}	58,71	?	?	?
Cobre	Cu	Cu^+, **Cu^{2+}**	63,54	6	0,0006	100
Zinco	Zn	Zn^{2+}	65,38	20	0,0020	300
Manganês	Mn	Mn^{2+}	54,94	50	0,0050	1.000
Boro	B	H_3BO_3	10,82	20	0,002	2.000
Ferro	Fe	Fe^{3+}, **Fe^{2+}**	55,85	100	0,010	2.000
Cloro	Cl	Cl^-	35,46	100	0,010	3.000
Enxofre	S	SO_4^{2-}	32,07	1.000	0,1	30.000
Fósforo	P	**$H_2PO_4^-$**, HPO_4^{2-}	30,98	2.000	0,2	60.000
Magnésio	Mg	Mg^{2+}	24,32	2.000	0,2	80.000
Cálcio	Ca	Ca^{2+}	40,08	5.000	0,5	125.000
Potássio	K	K^+	39,10	10.000	1,0	250.000
Nitrogênio	N	**NO_3^-**, NH_4^+	14,01	15.000	1,5	1.000.000
Oxigênio	O	O_2, H_2O, CO_2	16,00	450.000	45	30.000.000
Carbono	C	CO_2	12,01	450.000	45	35.000.000
Hidrogênio	H	H_2O	1,01	60.000	6	60.000.000

[a] A mais comum das duas formas é indicada em negrito.
[b] De Brown et al., 1987.
Fonte: Modificado a partir de Stout, 1961.

1966) forneceram níveis de fósforo abaixo de 1,5 μM. Mais da metade dessas soluções de solo possuem concentrações de potássio abaixo de 1,25 mM, enquanto na solução de Evans ela apresenta um valor de 5,5 mM de K^+. Muitos minerais no solo não estão em solução, mas são adsorvidos em superfícies negativamente carregadas de argila e matéria orgânica, ou precipitados como sais insolúveis. Eles se dissolvem muito lentamente conforme são removidos da solução pelas plantas ou perdidos durante o processo de filtração. As plantas podem crescer em soluções que possuem concentrações de elementos essenciais tão baixas quanto aquelas dissolvidas na solução do solo na qual crescem normalmente, desde que as soluções sejam repostas com frequência suficiente para manter essas concentrações ou que as soluções diluídas em volumes grandes fluam por suas raízes a partir de um tanque recirculante (Asher e Edwards, 1983; Wild et al., 1987). As concentrações mais altas geralmente usadas nas soluções sem fluxo evitam a necessidade de se trocar a solução mais de uma vez por dia ou uma vez depois de alguns dias, dependendo das taxas de crescimento. Obviamente, a concentração deve ser baixa o suficiente para evitar a plasmólise das células da raiz. A maioria das soluções possui potenciais osmóticos que não são mais negativos que –0,1 MPa, portanto, isso não é um problema.

6.3 Os elementos essenciais

As soluções nutrientes da Tabela 6-2 incluem 13 elementos considerados essenciais para todas as angiospermas e gimnospermas, embora, na verdade, os requisitos de nutrientes de apenas aproximadamente 100 espécies (na maioria cultivadas) tenham sido pesquisados. A adição de O, H e C (de O_2, H_2O e CO_2) atinge o total de 16 elementos. O 17º, o níquel, não era considerado essencial quando essas e outras receitas de soluções nutrientes foram preparadas, mas o níquel sempre esteve presente o suficiente para ser considerado um contaminante de um ou mais sais usados para fazer essas soluções. Com esses 17 elementos e a luz solar, a maioria das plantas pode sintetizar todos os componentes de que precisam. Porém, é possível que as plantas precisem de algumas moléculas orgânicas como as vitaminas sintetizadas pelos microorganismos que normalmente crescem nas raízes, caules ou folhas? Existem várias alegações de plantas que crescem mais rapidamente ou produzem mais se receberem vitaminas exógenas, principalmente as vitaminas B, pulverizando ou mergulhando a vegetação nela, ou ocasionalmente a partir do solo (revisado por Oertli, 1987; Buchala e Pythoud, 1988; Samiullah et al., 1988), mas a maioria dessas alegações ainda não foi substanciada. Além disso, algumas plantas cresceram bem sob condições estéreis em invólucros de plástico ou vidro, dos quais todos os microorganismos foram excluídos. As plantas são realmente **autotróficas** e fabricam todas as moléculas orgânicas de que precisam, embora alguns dos micróbios associados sejam benéficos (por exemplo: micorrizas no Capítulo 7 e nódulos radiculares no Capítulo 14). Frequentemente, esses micróbios são essenciais para as plantas na natureza, mas não o são nas culturas de solução, porque cumprem funções que permitem a sobrevivência da planta em face da concorrência e de condições ambientais difíceis (Rovira et al., 1983; Quispel, 1983).

Existem dois critérios principais pelos quais um elemento pode ser considerado essencial ou não essencial para qualquer planta (Epstein, 1972): *primeiro, um elemento é essencial se a planta não puder completar seu ciclo de vida (isto é, formar sementes viáveis) na sua ausência. Em segundo lugar, um elemento é essencial se fizer parte de qualquer molécula ou componente que seja essencial para a planta* (por exemplo, o nitrogênio nas proteínas e o magnésio na clorofila). Um desses critérios é suficiente para demonstrar a essencialidade, e a maioria dos nossos 17 elementos da lista cumprem ambos. Historicamente, o primeiro critério era o principal usado, mas as análises químicas aprimoradas geralmente levaram-nos a concordar com ambos.

Embora esses dois critérios sejam amplamente aceitos pelos especialistas em nutrição mineral, outros são frequentemente considerados. Daniel Arnon e Perry Stout (1939) sugeriram que um terceiro critério também deve ser usado: se um elemento é essencial, ele deve agir diretamente dentro da planta e não fazer com que outro elemento esteja mais prontamente disponível nem antagonizar o efeito de outro elemento. Esse critério não é tão útil quanto os outros dois, mas tem sido aplicado em alguns casos. Um deles envolve a conclusão inicial de que o selênio é essencial para as plantas. Mais tarde, foi observado que os efeitos do selênio para promover o crescimento resultavam da capacidade dos íons de selenato de inibirem a absorção do fosfato, que de outra forma seria absorvido pelas plantas em quantidades tóxicas.

Também devemos enfatizar que muitos investigadores consideram um elemento essencial quando os sintomas de deficiência aparecem nas plantas cultivadas sem que ele seja adicionado à solução nutriente, embora essas plantas formem sementes viáveis. A suposição parece razoável: as plantas que não continham o elemento (isto é, ele estava ausente nas sementes, no ar e nas soluções nutrientes) desenvolveriam sintomas de deficiência tão graves que morreriam antes de terem formado sementes viáveis. O uso desse critério levou a evidências (mencionadas adiante) de que o sódio e o silício são essenciais para certas espécies.

Normalmente, é mais fácil mostrar que um elemento é essencial do que não essencial. Portanto, frequentemente os pesquisadores afirmam que, se o elemento em questão for necessário, ele deve ser exigido em concentrações mais baixas que os limites de sensibilidade de seus instrumentos detectores. Por exemplo, foi relatado que, se o vanádio realmente for essencial para as alfaces e tomates, a quantidade necessária é menor que 20 μg/kg do tecido seco (20 ppb por peso). Devido a esses problemas, é provável que mais alguns elementos nutrientes, necessários em quantidades quase indetectáveis, serão futuramente adicionados à nossa lista.

A Tabela 6-3 lista os 17 elementos atualmente considerados essenciais para todas as plantas superiores, a forma molecular ou iônica no solo ou ar mais rapidamente absorvida pelas plantas, a concentração adequada aproximada na planta e o número aproximado de átomos de cada elemento necessário em relação ao molibdênio. São necessários aproximadamente 60 milhões de vezes mais átomos de hidrogênio do que de molibdênio – uma diferença drástica. Essa diferença reflete a importância do hidrogênio em milhares de compostos essenciais, enquanto o molibdênio age de maneira catalítica apenas em alguns compostos (enzimas). Os oito primeiros elementos listados são frequentemente chamados de **elementos residuais** ou **micronutrientes** (necessários em concentrações iguais ou menores que 100 mg/kg de matéria seca) e os outros nove são os **macronutrientes** (necessários em concentrações de 1.000 mg/kg da matéria seca). As concentrações internas definidas como "adequadas" devem ser consideradas apenas como diretrizes, devido à variedade entre as espécies e idades das plantas. Muitos tipos de dados semelhantes são fornecidos por Shear e Faust (1980), para as frutas de horticultura e as safras de oleaginosas, e por Joiner et al. (1983), para as plantas ornamentais de estufa.

Além desses elementos essenciais, algumas espécies precisam de outros. Por muitos anos, as evidências sugeriram que o sódio é exigido por numerosas espécies do deserto, como a *Atriplex vesicaria*, comum nas regiões secas

FIGURA 6-3 Crescimento do *Amaranthus tricolor*, espécie que possui a via fotossintética C-4, sem (−Na) ou com (+Na) sódio adicionado em níveis atmosféricos (normal) ou elevados (altos) de CO_2 (−Na, <0,08 μM Na; +Na, 0,01 mM Na; CO_2 alto, 1.500 μL CO_2 L^{-1}). (Foto cortesia de Peter Brownell, Mark Johnston e Christopher Grof; consulte também Johnston et al., 1984.)

do continente da Austrália, e a *Halogeton glomeratus*, uma erva comum introduzida nos solos áridos salgados do oeste dos Estados Unidos. Peter F. Brownell e Christopher J. Crossland (consulte Brownell e Crossland, 1972, e Brownell, 1979) pesquisaram e revisaram a nutrição com sódio de 32 espécies e concluíram que aquelas que possuem a via fotossintética C-4 (Seção 11.3) provavelmente precisam do Na^+ como micronutriente. (O ensaio do Dr. Brownell, incluído neste capítulo, exemplifica melhor tal conclusão.) Numerosas espécies C-4 desenvolveram **clorose** grave (falta de clorofila) nas folhas e, às vezes, **necrose** (tecidos mortos) nas bordas e pontas das folhas. A suposição racional é de que, se os níveis de tecido fossem reduzidos ainda mais pela eliminação de todas as fontes contaminantes de sódio, essas plantas mostrariam sintomas de deficiência mais pronunciados e a morte ocorreria logo. Com base nisso, poderíamos dizer que o sódio é quase certamente essencial para as espécies C-4, principalmente quando cultivadas sob as concentrações relativamente baixas de CO_2 que existem no ar. A Figura 6-3 ilustra a importância do sódio em concentrações baixas (mas não altas) de CO_2 em *Amaranthus tricolor*. Além disso, certas espécies que fixam o CO_2 na fotossíntese por meio da via metabólica do ácido crassuláceo, comum nas suculentas (Seção 11.6), também crescem mais rápido com o sódio, e para elas provavelmente o Na^+ também é essencial.

O silício é outro elemento que aumenta o crescimento de algumas plantas, e a possibilidade de ele ser essencial foi estudada por muitos pesquisadores (revisado por Lewis e Reimann, 1969, e Werner e Roth, 1983; e Marschner, 1986). O milho acumula silício até 1 a 4% de seu peso seco (Tabela 6-1), como numerosas outras gramíneas, enquanto o arroz e o *Equisetum arvense* (cavalinha) contém até 16% de silício. O teor na maioria das dicotiledôneas é muito mais baixo que o das gramíneas ou da *E. arvense*.

Como normalmente ocorre nos estudos da essencialidade, é difícil remover completamente o elemento do ambiente da planta para determinar se ela pode ou não crescer sem ele. Porém, com o silício, os problemas são particularmente graves, porque ele está presente no vidro e em muitos sais nutrientes e também existe como SiO_2 particulado na atmosfera. Em várias espécies (arroz, cevada, cana-de-açúcar, tomate e pepino), a quantidade de silício foi reduzida o suficiente para criar sintomas de deficiência (Miyake e Takahashi, 1985). No arroz, por exemplo, o crescimento geral foi retardado, a transpiração aumentou em cerca de 30% e as folhas mais velhas morreram. Nos tomates, as taxas de crescimento diminuíram cerca de 50%, as folhas novas de plantas quase maduras foram deformadas e muitas plantas deixaram de dar frutos. Werner e Roth (1983) e outros indicaram que o silício é geralmente um elemento essencial. Até onde sabemos, no entanto, nenhuma dicotiledônea cultivada com o silício limitado deixou de produzir sementes viáveis e nenhuma função essencial desse componente foi demonstrada nas plantas. Além disso, a soja cultivada sem o silício acumulou concentrações anormalmente altas de fósforo (Miyake e Takahashi, 1985), portanto, parece possível que os sintomas da deficiência de silício algumas vezes representem a toxicidade do fosfato. Em certas algas (diatomáceas e alguns *Chrysophyceae* flagelados) cercadas por uma bainha rica em sílica, o silício é certamente essencial.

O silício existe nas soluções de solo como ácido silícico, H_4SiO_4 [ou $Si(OH)_4$], e é absorvido nessa forma. Ele se acumula principalmente como polímeros de sílica amorfa hidratada ($SiO_2 \cdot nH_2O$), mais abundantemente nas paredes das células epidérmicas, mas também nas paredes primárias e secundárias de outras células de raízes, caules e folhas e nas inflorescências das gramíneas (Kaufman et al., 1985; Sangster e Hodson, 1986). Ele também se acumula intracelularmente nas células epidérmicas especializadas chamadas de células de sílica.

Foram sugeridas várias funções do silício nas plantas. Quando ele se acumula nas paredes das células epidérmicas, parece causar menos transpiração e menos infecções por fungos. Existem evidências de que, nas células do xilema, o silício fornece rigidez e limita a compressão, como a causada pela flexão no vento. Na verdade, sabe-se que as safras de grãos e cereais deficientes em silício são mais facilmente **derrubadas** (flexionadas pelo vento ou chuva) que aquelas que possuem uma quantidade adequada de silício. Também foi alegado que os silicatos presentes nas folhas e nas inflorescências de gramíneas reduzem a pastagem (herbivorismo) por animais e insetos. A prevenção da derrubada ou do herbivorismo, portanto, representaria uma **necessidade ecológica** do silício e não uma necessidade

A função do sódio como um micronutriente da planta

Peter F. Brownell

Peter Brownell nasceu na Austrália e se aposentou da James Cook University of North Queensland, em Townsville, onde, desde 1971, ensinava fisiologia vegetal para os alunos no curso de mestrado das ciências de agricultura tropical. Como ele nos conta nesse ensaio, sempre esteve interessado na função do sódio na nutrição vegetal e foram alguns de seus primeiros estudos que convenceram os outros fisiologistas das plantas de que o sódio é realmente um elemento necessário – pelo menos para algumas plantas. Essas plantas são as que usam a fotossíntese C-4 (discutida no Capítulo 11). O professor Brownell estudou também as etapas bioquímicas do processo em que o sódio cumpre sua função.

Em 1954, quando o Professor J. G. Wood do Departamento de Botânica da University of Adelaide sugeriu um projeto de PhD para determinar se o sódio e/ou o cloro eram micronutrientes essenciais para as plantas, eu jamais pensaria que ainda trabalharia nesse campo com os meus alunos 35 anos depois.

Há muito tempo o sódio era considerado um possível macronutriente. Em 1945, Harmer e Benne organizaram as espécies em grupos dependendo das suas respostas ao sódio com um suprimento suficiente ou insuficiente de potássio. Ficou claro que uma quantidade de potássio não substituível pelo sódio era necessária para todas as espécies, mas não havia evidência de que o sódio fosse um elemento essencial. Sua principal função era a sua capacidade de substituir parte do potássio necessário para o crescimento máximo.

A primeira sugestão da necessidade do sódio como um elemento micronutriente foi provavelmente feita por Pfeffer no final do século XIX. Essa possibilidade recebeu pouca atenção até o começo da década de 1950, quando o professor Wood sugeriu que o sódio e/ou o cloro poderiam ser essenciais para as plantas em quantidades muito pequenas. Na época, não havia relatos de qualquer experimento em que esses elementos tenham sido cuidadosamente excluídos do ambiente da planta. Logo depois do início do nosso estudo, Clarence Johnson e Perry Stout visitaram Adelaide com a notícia de que sua equipe na University of California, em Berkeley, havia descoberto que o cloro era um micronutriente essencial para os tomates. No mesmo ano, também em Berkeley, Allen e Arnon descobriram que o sódio era um elemento micronutriente essencial para a cianobactéria *Anabaena cylindrica*. Esta foi a primeira vez em que foi demonstrado que o sódio é essencial para a vida vegetal. Nesta fase, decidimos investir todos os nossos esforços para determinar se as plantas superiores também precisavam do sódio.

Dois desenvolvimentos ajudaram muito na pesquisa. O primeiro foi a introdução do fotômetro de chama, acompanhado pela invenção do espectrofotômetro de absorção atômica por Alan Walsh. Isso nos permitiu medir o sódio em concentrações baixas com rapidez e exatidão. O segundo foi a disponibilidade de materiais plásticos praticamente isentos de sódio.

Uma espécie escolhida para esse trabalho foi a *Atriplex vesicaria*, que cresce nas regiões áridas do sul da Austrália. A *Atriplex* acumula sódio e cloro em altas concentrações (até 23% de NaCl com base no peso seco) em comparação com outras plantas que crescem em habitats semelhantes. Também possui a anatomia da bainha de feixe, que hoje é reconhecida como uma característica das plantas C-4 [consulte uma descrição dessas plantas no Capítulo 11]. Tivemos muita sorte em escolher uma espécie C-4, acidentalmente, para o nosso trabalho inicial. Tomamos um grande cuidado para excluir o sódio do ambiente das plantas. Nos primeiros experimentos, realizados em uma estufa de vidro convencional, as quantidades de sódio recuperadas no material vegetal mais aquelas no restante das soluções de cultura foram várias vezes maiores que as quantidades de sódio conhecidas, fornecidas como impurezas da água, meio de cultura e sementes. Por outro lado, não houve um aumento detectável do sódio nos experimentos posteriores realizados em uma pequena estufa suprida continuamente com ar filtrado, para excluir a poeira que pudesse conter sódio. A água – que foi destilada duas vezes, a fase final com destilação de sílica – tem uma concentração de sódio abaixo de 0,0002 mg L^{-1}. Os sais das soluções de cultura eram geralmente purificados por até seis recristalizações nos recipientes de platina ou sílica. Alguns componentes da solução de cultura eram preparados a partir de reagentes redestilados em sílica. Por exemplo, o cloreto de amônia era constituído de amônia destilada com sílica e ácido clorídrico. A concentração final do sódio em uma solução de cultura completa preparada a partir desses sais era inferior a 0,0016 mg L^{-1}, que é apenas um centésimo do sódio que seria derivado de sais de reagentes analíticos não tratados. Quando as plantas eram cultivadas sob essas condições, mostravam um crescimento enormemente reduzido, clorose e necrose das folhas. As plantas que recebiam 1 mg L^{-1} de sódio em suas culturas, independentemente do sal (o ânion), mostravam crescimento normal. Em alguns casos, o crescimento de plantas com 45 dias de idade tratadas com sódio era mais de 20 vezes maior que o das plantas não tratadas. A resposta era específica ao sódio, porque nenhum outro elemento do grupo 1 foi eficiente.

Duas questões importantes surgiram desses resultados: qual é a função do sódio na *Atriplex vesicaria*?; outras espécies vegetais precisam do sódio como elemento micronutriente?

As funções dos elementos de transição essenciais, incluindo ferro, cobre, zinco, manganês e molibdênio, que podem participar das reações de oxidação/redução, foram geralmente descobertas incidentalmente durante outros estudos metabólicos. Por exemplo, a partir da pesquisa sobre a fotossíntese, uma função do cobre tornou-se óbvia quando foi demonstrado que ele é um componente da plastocianina. Da mesma forma, uma função do molibdênio tornou-se aparente com os estudos sobre o metabolismo do nitrogênio; foi observado que ele é um componente das enzimas reductase de nitrato e nitrogenase. O nosso conhecimento das funções de outros elementos micronutrientes essenciais – boro, cloro e sódio – ficou atrasado, porque nenhum efeito direto nos sistemas de enzima foi observado. As informações sobre as suas funções precisaram ser adquiridas por outros meios, frequentemente com poucos dados iniciais.

Ficamos confusos quando tentamos responder a segunda pergunta, sobre a existência de uma necessidade geral de sódio nas plantas superiores. A partir do padrão observado com outros elementos essenciais, era esperado que o sódio fosse necessário para todas as plantas superiores. Surpreendentemente, das 30 espécies examinadas, incluindo halófitos, outros chenópodes e algumas espécies não endêmicas de *Atriplex*, foi observado que apenas as dez espécies australianas de *Atriplex* precisavam do sódio. Nesse momento, as diferenças na resposta não puderam ser correlacionadas com qualquer diferença óbvia entre as espécies estudadas. Ainda parecia possível que todas as plantas superiores pudessem precisar do sódio, mas aquelas que haviam crescido normalmente sem a adição do sódio poderiam exigir quantidades extremamente pequenas em comparação com as espécies australianas. No entanto, depois da descoberta da via fotosssintética C-4 por Hal Hatch e Roger Slack, em 1966, parecia provável que apenas as plantas que possuíam a via C-4 precisavam do sódio. Chris Crossland e eu testamos essa possibilidade nas plantas C-4 de diferentes famílias e observamos que todas respondiam a pequenas quantidades de sódio, assim como as espécies australianas de *Atriplex*. Ficamos animados com essa descoberta, porque ela nos deu a dica de uma possível função do sódio nessas plantas. Ela sugeriu que o sódio era necessário para a operação do apêndice C-4 no transporte do CO_2 para as células da bainha do feixe, onde era reduzido para carboidratos [conforme descrito no Capítulo 11]. Em apoio a essa hipótese, observamos que os sinais da deficiência do sódio eram aliviados nas plantas crescidas em atmosferas com concentrações elevadas de CO_2. No entanto, as plantas que haviam recebido o tratamento com sódio mostravam pouca ou nenhuma resposta aos tratamentos ricos em CO_2, o que sugeria que, sob condições de deficiência do sódio, o transporte do CO_2 para as células da bainha do feixe é reduzido, limitando-se assim a taxa da fotossíntese. Quando a concentração atmosférica do CO_2 em que as plantas crescem é elevada em cerca de 1.500 µl L^{-1}, o CO_2 entra nas células da bainha do feixe por difusão, ignorando assim o sistema C-4.

Chris Crossland e eu também encontramos respostas a pequenas quantidades de sódio em uma planta com metabolismo do ácido crassuláceo (CAM), a *Bryophyllum tubiflorum*, quando cultivada sob certas condições que incentivam a atividade da via do CAM [consulte no Capítulo 11 uma descrição do CAM]. Existem fortes semelhanças no metabolismo fotossintético dessas plantas e das C-4.

Ross Nable e Mark Johnston descobriram altos níveis de alanina e piruvato e níveis baixos de fosfoenolpiruvato nas plantas C-4 deficientes em sódio. O piruvato formado a partir dos componentes C-3 que retornam da bainha de feixe é convertido em fosfoenolpiruvato. As principais etapas do processo envolvem o transporte do piruvato para o cloroplasto do mesofilo, a conversão enzimática do piruvato em fosfoenolpiruvato dentro do estroma e o fornecimento da energia necessária para a reação de conversão. Nenhum efeito da nutrição do sódio sobre a atividade do piruvato quinase, enzima que catalisa a conversão do piruvato em fosfoenolpiruvato, foi encontrado.

Recentemente, Jun-ichi Ohnishi e Ryuzi Kanai descobriram a captura do piruvato induzida pelo sódio nos cloroplastos do mesofilo do *Panicum miliaceum*. Isso sugeriu imediatamente uma função do sódio nas plantas C-4. No entanto, Mark Johnston e Chris Grof obtiveram evidências de danos no fotossistema de colheita da luz, a fonte de energia para o transporte do piruvato e/ou da regeneração do fosfoenolpiruvato. Na deficiência do sódio, eles encontraram relações de clorofila a/b mais baixas e uma atividade do fotossistema II reduzida, com a ultraestrutura dos cloroplastos do mesofilo alterada. Com as descobertas do sistema translocador da membrana ativada pela luz e pelo sódio e dos danos ao maquinário produtor de energia nos cloroplastos do mesofilo, as pesquisas sobre o estudo da função real do sódio chegaram a uma fase emocionante. Ainda temos uma pergunta difícil para responder: qual é a função principal do sódio? Ele é necessário para manter a integridade dos sistemas de transmissão de energia e de colheita da luz nos cloroplastos do mesofilo ou para o transporte do piruvato para os cloroplastos do mesofilo? Se o caso for esse último, o dano no sistema de colheita da luz observado nos cloroplastos do mesofilo em plantas com deficiência de sódio poderia ter sido causado pelo excesso de energia, que normalmente teria sido usada para converter piruvato em fosfoenolpiruvato.

Uma característica intrigante da hipótese do envolvimento do sódio no transporte do piruvato através de uma membrana é que um sistema semelhante, exigindo o sódio, foi demonstrado em espécies de cianobactérias para a captura dos íons de bicarbonato. Em 1967, o Professor Don Nicholas e eu descobrimos que a atividade da nitrato reductase é muitas vezes maior nas células da *Anabaena cylindrica* com deficiência de sódio, em comparação às normais. Não pudemos obter um efeito semelhante da deficiência do sódio sobre a nitrato reductase nas plantas C-4. O efeito da nutrição com sódio na atividade da nitrato reductase em *Anabaena* pode ter sido uma consequência de alguns efeitos anteriores do tratamento de sódio, talvez aqueles relacionados ao transporte do carbono inorgânico.

É improvável que a falta do sódio limite o crescimento da planta na natureza. No entanto, como o sódio cumpre uma função importante na fotossíntese C-4, este continua sendo um projeto emocionante e desafiador. Foi extremamente recompensador ter sido capaz de demonstrar a essencialidade de outro elemento, mostrar que sua necessidade é restrita às plantas C-4 e ter evidências que nos levam a concentrar nossa atenção no metabolismo do cloroplasto do mesofilo. Também tivemos um pouco de sorte (que é necessária para o sucesso nesse tipo de trabalho), incluindo a escolha de uma planta C-4 como nosso material experimental muito antes de sabermos o que era uma planta C-4, e também a descoberta oportuna da via fotosssintética C-4 durante o projeto. Talvez a maior sorte tenha sido a presença de excelentes colegas, que foram generosos com sua ajuda e seu interesse. Outro fator fundamental foram os alunos entusiasmados, que compartilharam as decepções e os períodos de animação que fazem parte de um projeto desse tipo.

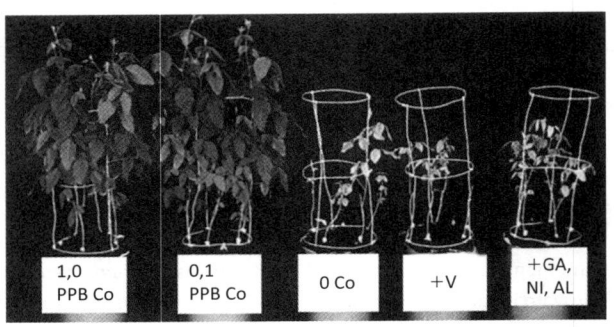

FIGURA 6-4 Necessidade específica do cobalto para a fixação do nitrogênio na soja. (De AHMED, S.; EVANS, H. J. *Soil Science*, v. 90, p. 205, 1960, com a permissão do editor. Copyright © 1960 de Williams & Wilkins Company, Baltimore, Maryland.)

fisiológica ou bioquímica incluída nos dois critérios de essencialidade mencionados anteriormente.

Quando as ovelhas e o gado comem gramíneas abundantes em sílica, eles excretam a maior parte dela na urina, mas às vezes ela forma cálculos renais. A sílica também é culpada por causar desgaste excessivo nos dentes das ovelhas e está associada ao câncer de garganta de pessoas no norte da China e do Irã, que comem brácteas de inflorescências do capim de cabra (*Setaria italica*) e do *Phalaris minor*, respectivamente.

O cobalto é essencial para muitas bactérias, incluindo as cianobactérias (algas azuis). Ele é necessário para a fixação do nitrogênio pelas bactérias nos nódulos radiculares de legumes (Seção 14.2). A Figura 6-4 ilustra o crescimento da soja com e sem cobalto e apenas com o nitrogênio atmosférico, que foi fixado nos nódulos radiculares. Concentrações de cobalto de apenas 0,1 µg L^{-1} na solução nutriente foram altas o suficiente para o crescimento rápido, e nem o vanádio, germânio, níquel ou alumínio puderam substitui-lo. Bactérias vivas livres que fixam o nitrogênio em separado de qualquer relação simbiótica com as plantas também precisam do cobalto. Os organismos que precisam do cobalto, incluindo muitos animais, têm essa exigência principalmente porque ele é um componente da vitamina B_{12}. Geralmente se acredita que as plantas superiores e algas não contêm vitamina B_{12} e não precisam do cobalto.

Além dos 17 elementos essenciais para as plantas, os animais superiores precisam de sódio, iodo, cobalto, selênio e, aparentemente, silício, cromo, estanho, vanádio e flúor, mas aparentemente não precisam de boro (Miller e Neathery, 1977; Mertz, 1981). Outro elemento que antigamente era considerado essencial para algumas espécies vegetais era o selênio (veja o ensaio no quadro com o título "Selênio"). Futuramente, ele também pode se provar essencial.

6.4 Requisitos quantitativos e análise do tecido

A Tabela 6-3 lista os elementos essenciais e suas concentrações no tecido que parecem necessárias para promover

---

Selênio

O selênio é absorvido e acumulado em concentrações relativamente altas (pelo menos até 0,5%; isto é, 5 g por kg de peso seco) por certas "espécies acumuladoras" de *Astragalus*. É interessante notar que, embora esse gênero contenha cerca de 500 espécies norte-americanas, quase 475 delas não são acumuladoras. Certas espécies dos gêneros *Stanleya*, *Haplopappus* e *Xylorhiza* também são notórias acumuladoras de selênio.

Uma vez que os *Astragalus* acumuladores vivem apenas em solos seleníferos, na década de 1930 os pesquisadores tentaram determinar se essas plantas precisam de selênio. Embora tenha sido observado que elas cresciam muito melhor em soluções nutrientes com a adição de quase 300 mg L^{-1} de selenato (SeO$_4^{2-}$), estudos mais recentes indicaram que esse aprimoramento no crescimento ocorria porque o selenato reduzia os efeitos tóxicos do fosfato; essas espécies são excepcionalmente sensíveis ao fosfato (Bollard, 1983). A diferença drástica na capacidade de acumular selênio é ilustrada pelos resultados de *A. racemosus* e *A. missouriensis* crescendo lado a lado em um solo em Nebraska que continha 5 mg de selênio/kg de solo. O *Astragalus racemosus* continha 5,56 mg Se/kg de peso seco, enquanto o *A. missouriensis* continha apenas 0,025 mg/kg. Aparentemente, esse gênero evoluiu em direções diferentes no que se refere ao acúmulo de selênio.

Esses acumuladores de selênio frequentemente envenenam o gado com uma doença fatal, chamada de doença álcali ou cambaleio cego. Essa doença é ocasionalmente observada em algumas regiões do oeste das Grandes Planícies da América do Norte, embora o solo selenífero e os acumuladores de selênio sejam muito mais disseminados geograficamente (Brown e Shrift, 1982). As formas tóxicas de selênio são determinados aminoácidos nos quais o enxofre normalmente presente foi substituído pelo Se, principalmente na selenometionina. Por que o selênio nos acumuladores não envenena as plantas em que ele substitui o enxofre? Não sabemos todas as respostas, mas uma das principais é o que os acumuladores formam principalmente os aminoácidos de selênio que não são tóxicos nem incorporados a certas proteínas funcionalmente ativas ou até mesmo tóxicas (Brown e Shrift, 1982; Bollard, 1983; Anderson e Scarf, 1983).

Nas bactérias e nos animais (ambos precisam do selênio), algumas proteínas essenciais contendo selênio foram encontradas (Stadtman, 1990). Muitas dessas proteínas são enzimas que catalisam as reações de oxi-redução e o selênio presente é essencial para suas atividades. Talvez enzimas semelhantes ocorram nas plantas acumuladoras de selênio, mas, até o momento, não existem evidências de que isso seja verdade. Bollard (1983) concluiu que, se o selênio é essencial para as espécies de *Astragalus*, ele teria que funcionar em concentrações no tecido iguais ou menores que 0,008 mg/kg de matéria seca, níveis *in vivo* que são ligeiramente menores que os do molibdênio.

o bom crescimento. Esses valores são orientações úteis para fisiologistas, silvicultores, cultivadores de pomares e fazendeiros, porque as concentrações dos elementos nos tecidos (principalmente em folhas selecionadas) indicam mais confiavelmente que as análises do solo se as plantas crescerão mais rapidamente se um determinado elemento for fornecido (Wolf, 1982; Bouma, 1983; Moraghan, 1985; Marschner, 1986; Walworth e Sumner, 1988). A Figura 6-5 mostra uma representação idealizada da taxa de crescimento como função da concentração de qualquer determinado elemento na planta (consulte também a Figura 25-1). No intervalo de concentrações baixas chamado de **zona deficiente**, o crescimento aumenta drasticamente à medida que uma quantidade maior do elemento é fornecida e sua concentração na planta aumenta. Acima da **concentração crítica** (concentração mínima no tecido que permite quase o crescimento máximo, alguns dizem 90% do máximo), os aumentos na concentração (fertilizações) não afetam o crescimento consideravelmente (**zona adequada**). A zona adequada representa o **consumo de luxo** do elemento, durante o qual ocorre o armazenamento nos vacúolos. Essa zona é relativamente ampla para os macronutrientes, porém muito mais estreita para os micronutrientes. O aumento continuado de qualquer elemento leva à toxicidade e ao crescimento reduzido (**zona tóxica**).

O aumento na poluição ambiental está trazendo mais atenção para os efeitos tóxicos de elementos essenciais e não essenciais (consulte o ensaio "Toxicidade do metal e resistência"). O acúmulo elevado de sais também é um problema em muitos solos, e muitas abordagens, incluindo a tolerância genética, estão sendo procuradas para aliviar a

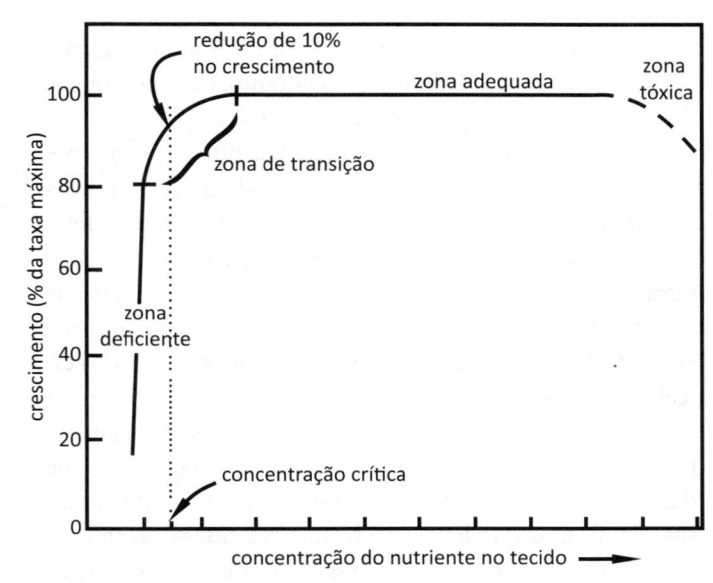

FIGURA 6-5 Representação generalizada do crescimento como função da concentração de um nutriente no tecido da planta. (Segundo Epstein, 1972.)

toxicidade (Gabelman e Loughman, 1987; Hasegawa et al, 1987; Cheeseman, 1988).

A Figura 6-6 mostra as respostas médias do crescimento em várias concentrações de cálcio para 18 dicotiledôneas e 11 monocotiledôneas. As curvas separadas para esses dois grupos mostram que os níveis críticos de cálcio para as dicotiledôneas (cerca de 0,2%, base do peso seco) são mais altos que os das monocotiledôneas (menos de 0,1%) e enfatizam a natureza aproximada das concentrações de tecido consideradas "adequadas" na Tabela 6-3. Em geral, as gramíneas absorvem mais potássio e menos cálcio que os

Toxicidade do metal e resistência

Existe uma variação genética considerável na capacidade de várias espécies para tolerar quantidades de chumbo, cádmio, prata, alumínio, mercúrio, estanho e outros metais não essenciais que, de outra maneira, seriam tóxicas (Woolhouse, 1983). Em algumas espécies, os elementos são absorvidos apenas até certo ponto, portanto, isso representa mais precisamente o ato de evitar do que realmente uma tolerância (Taylor, 1987). Em outros casos, os elementos se acumulam nas raízes com pouco transporte para os brotos. Em outros ainda, as raízes e brotos contêm quantidades muito mais altas desses elementos do que aquelas com que as espécies ou variedades intolerantes podem conviver. Isso representa a verdadeira tolerância.

Recentemente, um mecanismo de tolerância importante e filogeneticamente disseminado foi descoberto (revisado por Gekeler et al., 1989; Steffens, 1990; e Rauser, 1990). Os metais são desintoxicados pela quelação com as **fitoquelatinas**, pequenos peptídeos ricos em cisteína, que é um aminoácido que contém enxofre. Geralmente, esses peptídeos possuem de dois a oito aminoácidos de cisteína no centro da molécula e um ácido glutâmico e uma glicina em extremidades opostas. Os átomos de enxofre da cisteína são quase certamente essenciais para a ligação aos metais, mas outros átomos, como o nitrogênio ou oxigênio, provavelmente também participam.

As fitoquelatinas são produzidas em numerosas espécies, mas até o momento foram encontradas apenas quando quantidades tóxicas de um metal estão presentes. Elas também são produzidas quando quantidades excessivas de zinco e cobre estão presentes, de forma que podem desintoxicar até mesmo os metais essenciais. Portanto, essa formação representa uma verdadeira resposta adaptativa a uma tensão ambiental. Elas agem de forma semelhante às proteínas muito maiores de metalotioneína, que desintoxicam os metais nos seres humanos e outros animais; por outro lado, as fitoquelatinas não representam produtos genéticos diretos. Ainda assim, não há dúvida de que o controle genético da sua produção se provará essencial para entendermos como várias espécies vivem em detritos das indústrias mineiras e outros solos. Os estudos de biologia molecular sobre a tolerância das plantas ao metal já começaram e foram revisados por Tomsett e Thurman (1988).

membros da família de legumes (leguminosas ou faváceas) e certas outras dicotiledôneas. No entanto, existem poucos dados comparativos para as árvores e arbustos.

Os dados da Figura 6-6 enfatizam as diferenças nos requisitos de nutrientes entre as espécies. Além disso, gráficos semelhantes aos das Figuras 6-5 e 6-6 foram usados efetivamente para planejar o uso eficiente de fertilizantes para safras comerciais e árvores de florestas. No passado, apenas o custo impedia que os solos fossem fertilizados com nitrogênio, fósforo ou potássio além das concentrações críticas do tecido vegetal, mas agora sabemos que o excesso de nitrato e parte do fosfato que não são absorvidos pelas plantas é filtrado pelos solos e finalmente aparece nos lagos e cursos d'água. Nesses ambientes eles causam o crescimento excessivo de algas, o que leva a problemas de **eutroficação** (enriquecimento com nutrientes responsável pelo crescimento de algas e outras plantas; após a sua morte, a decomposição dessas plantas pelos microorganismos utiliza tanto oxigênio dissolvido que os peixes e outros animais morrem). Além disso, a fabricação de fertilizantes de nitrogênio é um dos aspectos que mais consomem energia na agricultura moderna. Portanto, os usuários de fertilizantes devem considerar não apenas a alta produtividade, mas também a poluição da água e a demanda mundial de energia.

A capacidade de as plantas obterem os nutrientes essenciais do solo é importante para determinar onde elas crescem. Embora saibamos muito sobre a nutrição mineral das plantas de safra, pouco sabemos sobre as espécies selvagens, incluindo as árvores das florestas (Chapin, 1987,1988; *Plant and soil*, 1983; e Gabelman e Loughman, 1987). Com exceção dos pomares cuidadosamente fertilizados, a maioria das árvores e gramíneas nativas cresce em solos inférteis, e seus requisitos de nutrientes do solo são mais baixos que os das safras criadas para responder aos fertilizantes. Esses requisitos mais baixos de nutrientes resultam principalmente na capacidade das árvores, gramíneas e dicotiledôneas herbáceas nativas de absorver os nutrientes mais rapidamente que as safras em concentrações baixas (mas não em altas concentrações). Portanto, essas espécies são boas competidoras nos seus ambientes naturais, nos quais o crescimento é geralmente lento, mas não poderiam competir na agricultura moderna. Todavia, centenas de hectares de florestas de árvores geneticamente selecionadas no noroeste dos Estados Unidos são agora fertilizados com nitrogênio. Obviamente, as folhas que caem das árvores decíduas no outono retornam parte dos nutrientes absorvidos para o solo. Além disso, quantidades significativas de nitrogênio, fósforo, potássio e magnésio saem das folhas das árvores e se movem para os ramos e galhos, antes da queda das folhas (Ryan e Bormann, 1982; Titus e Kang, 1982). Esses nutrientes são usados no novo crescimento da próxima estação. De forma semelhante, as gramíneas perenes conservam os minerais com a translocação para as raízes e os tecidos do caule inferior, que constituem a coroa no final do verão.

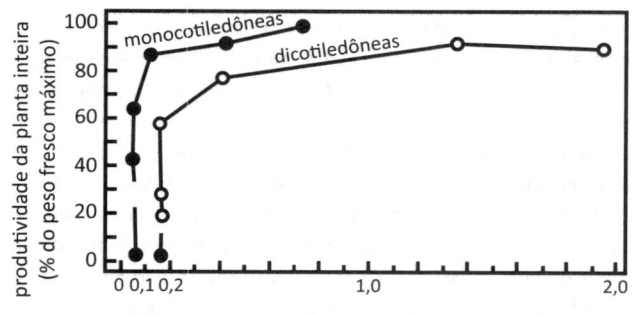

6.5 Agentes quelantes

Os cátions micronutrientes ferro e, em menor extensão, zinco, manganês e cobre, são relativamente insolúveis nas soluções nutrientes quando fornecidos como sais inorgânicos comuns, e também são bastante insolúveis na maioria dos solos. Essa insolubilidade é particularmente acentuada se o pH for superior a 5, como em quase todos os solos do oeste dos Estados Unidos e em muitas outras regiões com pouca chuva. Sob essas condições, os cátions micronutrientes reagem com os íons hidroxila, mais tarde precipitando óxidos de metais hidratados insolúveis. Um exemplo em que a forma ferrosa do ferro produz o óxido marrom avermelhado (ferrugem) é mostrado na Reação 6.1:

$$2Fe^{3} + 6OH^- \longrightarrow 2Fe(OH)_3 \longrightarrow Fe_2O_3 \cdot 3H_2O \quad (6.1)$$

Uma vez que essa e outras reações contribuem com a insolubilidade, esses micronutrientes devem ser mantidos na solução por outros agentes. Um tipo importante de agente é chamado de **ligante** (ou então, **agente quelante** ou **quelador**). A reação de um íon de metal divalente ou trivalente com um ligante forma um **quelato** (do grego "semelhante a uma garra"). O quelato é o produto solúvel formado quantos certos átomos de um ligante orgânico doam elétrons para o cátion. Os grupos de carboxil e os átomos de nitrogênio

FIGURA 6-6 A relação entre a concentração do cálcio no topo e produtividades relativas de 18 dicotiledôneas e 11 monocotiledôneas depois de 17 a 19 dias de crescimento em concentrações de cálcio constantes na solução. Cada ponto representa os valores médios para todas as espécies em cada grupo de plantas que receberam um único tratamento de Ca^{2+} (0,3, 0,8, 2,5, 10, 100 ou 1000 μM). (De J. F. Loneragan, 1968.)

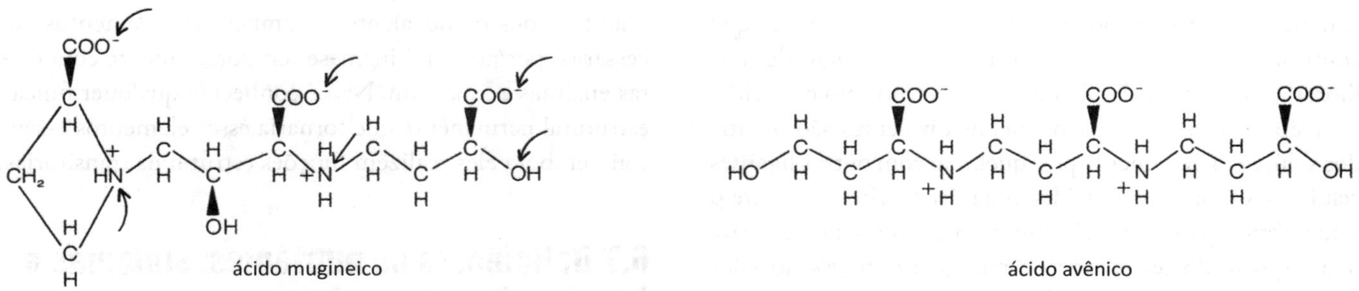

FIGURA 6-7 Estrutura dos ácidos mugineico e avênico, que são ligantes fotossideróforos. Os quatro átomos de oxigênio e os dois de nitrogênio do ácido mugineico que se combinam com o Fe^{3+} são indicados por setas. Os átomos do ácido avênico que se combinam com o Fe^{3+} ainda não foram determinados, mas observe as semelhanças estruturais nos dois ácidos.

negativamente carregados possuem elétrons que podem ser compartilhados dessa maneira. Nos solos calcários (ricos em Ca^{2+} e geralmente com pH 7 ou superior), mais de 90% do cobre e do manganês e metade ou mais do zinco provavelmente são quelados com componentes orgânicos microbianamente produzidos, mas não se sabe quais são os ligantes.

A deficiência de ferro caracterizada pela falta de clorofila (clorose) é um problema disseminado e mundial nos solos calcários, observado nas monocotiledôneas (principalmente nas gramíneas) e nas dicotiledôneas. Ela pode ser eliminada ou reduzida com a adição de ferro aos solos ou folhas de um quelato comercial chamado de Fe-EDDHA – ácido acético Fe-etilenediamina di(o-hidroxifenil), vendido sob o nome comercial Sequestrene. Outro quelato de ferro é o Fe-EDTA, ácido Fe-etileno-diaminatetraacético (nome comercial Versenate), mas ele também quela o Ca^{2+} fortemente e não é tão eficaz nos solos calcários.

Uma vez que as deficiências de ferro são tão disseminadas, houve um interesse especial em saber quais ligantes mantêm o ferro dissolvido nos solos e por que eles às vezes falham. Primeiro, perceba que o Fe^{3+} é muito menos solúvel que Fe^{2+} e, portanto, quando o solo está bem aerado, o Fe^{2+} não quelado é oxidado como Fe^{3+}, que então se precipita como na Reação 6.1. Das duas formas do ferro não quelado, o Fe^{2+} é muito mais facilmente absorvido pelas raízes, portanto, a oxidação remove fortemente a forma disponível de Fe^{2+} (Lindsay, 1979). Parece haver dois principais tipos de ligantes que formam quelatos com o ferro e o impedem de se precipitar totalmente: os ligantes sintetizados pelos micróbios e aqueles sintetizados pelas raízes. Os que são produzidos pelas raízes são eliminados no solo adjacente (a **rizosfera**). Até certo ponto, a síntese do ligante pelas raízes representa um sistema de defesa ou uma estratégia contra a deficiência de ferro, conforme descrito adiante.

Parece haver duas estratégias gerais de aquisição do ferro pelas angiospermas (revisado por Marschner et al., 1986; Romheld, 1987; Chaney, 1988; Brown e Jolley, 1988; Bienfait, 1988; Longnecker, 1988). As gimnospermas ainda não foram estudadas. A estratégia I, presente nas dicotiledôneas e em algumas monocotiledôneas, envolve a liberação de ligantes semelhantes ao fenol, como o ácido cafeico (estrutura fornecida na Figura 15-11). Esses ligantes quelam principalmente o Fe^{3+}; então, esse ferro quelado se move para a superfície radicular, onde é reduzido para Fe^{2+} enquanto ainda está quelado. Simultaneamente, as raízes das plantas da estratégia I, submetidas à tensão do ferro, formam mais rapidamente os agentes redutores (como o NADPH) que executam o processo de redução. A redução causa a perda de Fe^{2+} do ligante e o Fe^{2+} é imediatamente absorvido. Além disso, as plantas sob tensão da estratégia I liberam mais rapidamente os íons de H^+ que favorecem a solubilidade das duas formas de ferro, principalmente o Fe^{3+}. Esse mecanismo de defesa frequentemente falha no solo calcário, porque o pH do solo é muito alto e bem tamponado com os íons de bicarbonato (HCO_3^-). Essa falha contribui com a doença fisiológica chamada de **clorose induzida pelo cal** (Korcak, 1987; Mengel e Geurtzen, 1988).

As plantas da estratégia II são representadas apenas pelas gramíneas, incluindo os grãos de cereais, até onde sabemos no momento. Elas respondem à tensão da deficiência de ferro formando e liberando potentes ligantes que quelam o Fe^{3+} de maneira forte e específica. Esses ligantes são chamados de **sideróforos** (em grego, "transportadores de ferro") ou, mais especificamente, **fitossideróforos** (Sugiura e Nomoto, 1984; Neilands e Leong, 1986). As estruturas dos dois fitossideróforos mais estudados (ácido avênico e ácido mugineico) estão na Figura 6-7. Ambos são ácidos imunocarboxílicos que se ligam ao Fe^{3+} pelos átomos de oxigênio e nitrogênio, conforme descrito na Figura 6-7. Esses e outros sideróforos são absorvidos com o ferro ainda presente, portanto, as raízes devem absorvê-los e depois reduzir o ferro que eles contêm para Fe^{2+}. Supostamente, o Fe^{2+} é imediatamente liberado e usado pela planta, enquanto o sideróforo pode ser degradado quimicamente ou liberado pela raiz para transportar mais ferro para dentro. As futuras técnicas de criação ou engenharia genética com cereais podem se concentrar nos genes que controlam a formação de sideróforos como meio de melhorar a capacidade da planta de crescer no solo calcário.

Depois de absorvidos, os metais divalentes são mantidos solúveis parcialmente pela quelação com outros ligantes celulares. Os ânions de ácidos orgânicos, principalmente o ácido cítrico, parecem mais importantes como ligantes para o transporte do ferro, zinco e manganês através do xilema, enquanto os aminoácidos parecem mais importantes para o transporte do cobre (White et al., 1981; Mullins et al., 1986). Por fim, grande parte do ferro, zinco, manganês, níquel e cobre é ligada às proteínas. Nessa forma, eles aceleram o processo de transporte de elétrons da fotossíntese e da respiração e aumentam a atividade catalítica das enzimas. Os cátions monovalentes, como K^+ e Na^+, não formam quelatos estáveis, mas até mesmo eles são associados levemente por atrações iônicas com ânions de ácidos orgânicos e inorgânicos, incluindo as proteínas.

6.6 Funções dos elementos essenciais: alguns princípios

Às vezes, os elementos essenciais são classificados funcionalmente em dois grupos: aqueles que têm um papel na estrutura de um componente importante e os que possuem uma função de ativação da enzima. Não existe uma distinção nítida entre essas funções, porque vários elementos formam partes estruturais das enzimas essenciais e ajudam a catalisar a reação química da qual a enzima participa. Carbono, oxigênio e hidrogênio são os elementos mais óbvios que realizam ambas as funções, embora o nitrogênio e o enxofre, também encontrados nas enzimas, sejam igualmente importantes. Outro exemplo de um elemento com funções estrutural e de ativação da enzima é o magnésio; ele é uma parte estrutural das moléculas de clorofila e também ativa muitas enzimas. A maioria dos micronutrientes é essencial principalmente porque ativa as enzimas (Robb e Peirpont, 1983).

Todos os elementos na forma solúvel, sejam livres ou estruturalmente ligados aos componentes essenciais, realizam outra função contribuindo com os potenciais osmóticos, ajudando assim no acúmulo da pressão de turgor necessária para manter a forma, acelerar o crescimento e permitir certos movimentos dependentes da pressão (por exemplo, abertura estomatal, vista no Capítulo 4, e os movimentos de "dormência" das folhas, abordada no Capítulo 19). Os íons de potássio abundantes e não ligados são dominantes nesse aspecto, mas todos os íons contribuem de alguma forma para os potenciais osmóticos e, portanto, para a pressão de turgor. O potássio e talvez o cloro – ambos íons monovalentes – também são elementos necessários porque combinam-se temporariamente com certas enzimas e as ativam. Não é conhecida qualquer função estrutural permanente que tornaria esses elementos essenciais, embora eles realizem funções estruturais transitórias.

6.7 Deficiência de nutrientes: sintomas e funções dos elementos

As plantas respondem a um suprimento inadequado de um elemento essencial formando **sintomas de deficiência** característicos. Esses sintomas visualmente observáveis incluem o crescimento atrofiado das raízes, caules ou folhas e a clorose ou necrose de vários órgãos. Os sintomas característicos ajudam a determinar as funções necessárias do elemento na planta, e seu conhecimento possibilita que os agricultores e silvicultores determinem como e quando fertilizar as safras. Vários sintomas são descritos a seguir e ilustrados nos livros de Gauch (1972), Hewitt e Smith (1975), Grundon (1987), Mengel e Kirkby (1987), Bould et al. (1984), Scaife e Turner (1984), e Robinson (1987) e, para as árvores de horticultura, em um artigo de Shear e Faust (1980).

A maioria dos sintomas descritos aparece no sistema de brotos da planta e é facilmente observada. A menos que as plantas sejam cultivadas hidroponicamente, os sintomas da raiz não podem ser vistos sem que ela seja removida do solo e, portanto, foram menos descritos. Além disso, todos os sintomas diferem até certo ponto de acordo com a espécie, a gravidade do problema, a fase do crescimento e (como poderia-se suspeitar) as complexidades resultantes das deficiências de dois ou mais elementos.

Os sintomas de deficiência de qualquer elemento dependem principalmente de dois fatores:
1. A função ou as funções desse elemento;
2. Se o elemento é ou não imediatamente transportado das folhas velhas para as jovens.

Um bom exemplo que enfatiza esses dois fatores é a clorose resultante da deficiência do magnésio. O magnésio é uma parte essencial das moléculas de clorofila, que não é formada na sua ausência e apenas quantidades limitadas são formadas quando ele está presente em uma concentração muito baixa. Além disso, a clorose das folhas inferiores e mais velhas torna-se mais grave que a das mais jovens. Essa diferença ilustra um importante princípio: as partes jovens de uma planta têm uma capacidade pronunciada de retirar nutrientes móveis das partes mais velhas, e os órgãos reprodutivos, flores e sementes, são particularmente bons para isso – como mencionado no Capítulo 8 e previsto para a perpetuação da espécie. Ainda não entendemos esse poder de retirada, mas as relações hormonais estão envolvidas (e serão abordadas no capítulos 17 e 18).

O sucesso da retirada de um elemento da folha, como ocorre com o magnésio, depende da mobilidade do elemento no floema dos tecidos vasculares. Essa mobilidade é determinada em parte pela solubilidade da forma química do elemento no tecido e em parte por sua capacidade de penetrar nos tubos da peneira do floema. Como discutiremos no Capítulo 8, alguns elementos se movem imediatamente pelo floema das folhas velhas para as jovens e depois para os órgãos de armazenamento. Esses elementos incluem nitrogênio, fósforo, potássio, magnésio e cloro. Outros, como o boro, ferro e cálcio, são menos móveis, e a mobilidade do enxofre, zinco, manganês, cobre e molibdênio é geralmente intermediária. Se o elemento for solúvel e também puder ser carregado nas células do floema de translocação, seus sintomas de deficiência aparecem mais cedo e são mais pronunciados nas folhas mais velhas, enquanto os sintomas resultantes da falta de um elemento relativamente imóvel, como o cálcio ou o ferro, aparecem primeiro nas folhas mais jovens. Uma orientação geral para os sintomas de deficiência, que enfatiza parcialmente o princípio da mobilidade do floema, é fornecida na Tabela 6-4. No entanto, ela não inclui os sintomas de deficiência de níquel e uma atenção especial será prestada a esse elemento no final da próxima seção.

Nitrogênio

Os solos são mais comumente deficientes em nitrogênio que em qualquer outro elemento, embora a deficiência de fósforo também seja disseminada. As duas principais formas iônicas de nitrogênio absorvidas dos solos são: nitrato (NO_3^-) e amônia (NH_4^+), conforme descrito no Capítulo 14. Uma vez que o nitrogênio está presente em tantos componentes essenciais, não é surpresa que o crescimento sem ele seja lento. As plantas que contêm nitrogênio suficiente para conquistar um crescimento limitado exibem sintomas de deficiência que consistem em clorose geral, principalmente nas folhas mais antigas. Nos casos graves, essas folhas se tornam completamente amarelas e depois marrons, conforme morrem. Frequentemente, elas caem da planta na fase amarela ou marrom. As folhas mais jovens permanecem verdes por mais tempo, porque recebem formas solúveis de nitrogênio transportado das folhas mais antigas. Algumas plantas, incluindo o tomate e certos cultivares de milho, exibem uma coloração roxa nos caules, pecíolos e nas superfícies inferiores da folha, causada pelo acúmulo dos pigmentos de antocianina.

As plantas que crescem com excesso de nitrogênio com frequência possuem folhas verdes escuras e mostram uma abundância de folhagem, normalmente com um sistema radicular de tamanho mínimo e, portanto, uma alta relação broto/raiz. (Uma relação inversa frequentemente ocorre quando existe deficiência de nitrogênio.) O pé de batata cultivado com nitrogênio superabundante mostra um crescimento excessivo do broto, mas com tubérculos pequenos sob o solo. Os motivos desse crescimento relativamente alto do broto são desconhecidos, mas indubitavelmente a translocação do açúcar para as raízes ou tubérculos é afetada de alguma maneira, talvez por causa de um desequilíbrio hormonal. O excesso de nitrogênio também faz os tomates se partirem quando amadurecem. As flores e a formação de sementes de várias safras agrícolas são retardadas pelo excesso de nitrogênio.

Fósforo

Depois do nitrogênio, o fósforo é o elemento mais limitante nos solos. Ele é absorvido principalmente como um ânion fosfato monovalente ($H_2PO_4^-$) e menos rapidamente como um ânion divalente (HPO_4^{2-}). O pH do solo controla a abundância relativa dessas duas formas, o $H_2PO_4^-$ sendo favorecido abaixo do pH 7 e o HPO_4^{2-}, acima do pH 7. Grande parte do fosfato é convertida em formas orgânicas ao entrar na raiz ou depois do transporte através do xilema para o broto. Em comparação com o nitrogênio e o enxofre, o fósforo nunca é submetido à redução nas plantas e permanece como fosfato, que pode ser livre ou ligado às formas orgânicas como ésteres. As plantas deficientes em fósforo são atrofiadas, e em comparação com as que não têm nitrogênio, normalmente apresentam uma coloração verde-escuro. Os pigmentos antocianina podem se acumular. As folhas mais antigas adquirem uma coloração marrom-escuro conforme morrem.

A maturidade é atrasada, em comparação com as plantas que contêm fosfato abundante. Em muitas espécies, o fósforo e o nitrogênio interagem estreitamente para afetar a maturidade: o excesso de nitrogênio causa atraso e o fósforo abundante causa aceleração. Se o excesso de fósforo ocorrer, o crescimento da raiz pode ser elevado em relação ao crescimento do broto. Isso, ao contrário dos efeitos do excesso de nitrogênio, causa relações baixas de broto/raiz.

O fosfato é facilmente redistribuído na maioria das plantas de um órgão para outro e é perdido pelas folhas mais velhas, se acumulando nas folhas jovens e nas flores e sementes em desenvolvimento. Como resultado, os sintomas de deficiência ocorrem primeiro nas folhas mais maduras.

O fósforo é uma parte essencial de muitos fosfatos de açúcar envolvidos na fotossíntese, respiração e outros

TABELA 6-4 Guia dos sintomas da deficiência dos nutrientes vegetais.

Sintomas	Elemento deficiente
Folhas mais velhas ou inferiores da planta são as mais afetadas; efeitos localizados ou generalizados.	
Efeitos mais generalizados na planta inteira; mais ou menos secagem e queda das folhas inferiores; planta verde-clara ou escura.	
Planta verde-clara; folhas inferiores amarelas, secando até o marrom-claro; talos curtos e finos se o elemento for deficiente nas fases posteriores do crescimento.	Nitrogênio
Planta verde-escura, frequentemente desenvolvendo cores vermelhas e roxas; talos curtos e finos se o elemento for deficiente nas fases posteriores do crescimento.	Fósforo
Efeitos principalmente localizados; manchas ou clorose com ou sem pontos de tecido morto nas folhas inferiores; pouca ou nenhuma secagem das folhas inferiores.	
Folhas manchadas ou com clorose; podem ser geralmente avermelhadas, como na paineira; às vezes, existem pontos mortos; pontas e margens viradas ou curvadas para cima; talos finos.	Magnésio
Folhas manchadas ou com clorose, com pontos pequenos ou grandes de tecido morto.	
Pontos pequenos de tecido morto, geralmente nas pontas e entre os veios, mais acentuados nas margens das folhas; talos finos.	Potássio
Pontos generalizados que aumentam rapidamente e envolvem primeiro as áreas entre os veios e depois os veios secundários e primários; folhas grossas; talos com internodos encurtados.	Zinco
Folhas mais novas ou botões afetados; sintomas localizados.	
O botão terminal morre, então ocorre o aparecimento de distorções nas pontas ou bases das folhas jovens.	
Folhas jovens do botão terminal em formato de gancho no começo, depois morrendo a partir das pontas e margens, de modo que o crescimento posterior é caracterizado por uma aparência cortada nesses locais; o talo finalmente morre no botão terminal.	Cálcio
As folhas jovens do botão terminal tornam-se verde-claros nas bases, com uma deterioração final aqui; no crescimento posterior, as folhas são torcidas; o talo finalmente morre no botão terminal.	Boro
É comum o botão terminal permanecer vivo; murchamento ou clorose das folhas mais jovens ou do botão com ou sem pontos de tecido morto; veios verde-claros ou escuros.	
Folhas jovens permanentemente murchas (efeito da ponta definhada) sem manchas ou clorose acentuada; o talo logo abaixo da ponta e a cabeça da semente não ficam erguidos nas fases posteriores, quando a deficiência é aguda.	Cobre
As folhas jovens não murcham; clorose presente com ou sem pontos de tecido morto espalhados pela folha.	
Pontos de tecido morto espalhados pela folha; os veios menores tendem a permanecer verdes, produzindo um efeito de xadrez ou reticulado.	Manganês
Os pontos mortos comumente não estão presentes; a clorose pode ou não envolver os veios, tornando-os verde-claros ou escuros.	
Folhas jovens com veios e tecidos entre os veios verde-claros.	Enxofre
Folhas jovens com clorose, veios principais tipicamente verdes; talos curtos e finos.	Ferro

Fonte: Baseado nos dados de McMurtrey (1938) e Grundon (1987).

processos metabólicos, e também faz parte dos nucleotídeos (como no RNA e DNA) e dos fosfolipídios presentes nas membranas. Ele também cumpre uma função essencial no metabolismo energético por causa de sua presença no ATP, ADP, AMP e pirofosfato (PPi).

Potássio

Depois do nitrogênio e do fósforo, os solos são normalmente mais deficientes em potássio. Devido à importância desses três elementos, os fertilizantes comerciais listam as porcentagens de seu teor de nitrogênio, fósforo e potássio (porém, os últimos dois são na verdade expressos como percentuais equivalentes de P_2O_5 e K_2O). Como ocorre com o nitrogênio e o fósforo, o K^+ é facilmente redistribuído dos órgãos maduros para os mais jovens, portanto, os sintomas de deficiência aparecem primeiro nas folhas mais velhas. Nas dicotiledôneas, essas folhas se tornam levemente cloróticas, principalmente perto das lesões necróticas escuras (pontos mortos ou morrendo) que logo se desenvolvem. Em muitas monocotiledôneas, como nas safras de cereais, as células nas pontas e margens das folhas morrem primeiro, e a necrose se dissemina basipetalmente ao longo das margens na direção das partes mais jovens e inferiores da base das folhas. O milho e outros grãos de cereais deficientes em potássio desenvolvem caules fracos e suas raízes são mais facilmente infectadas com organismos que levam ao seu apodrecimento. Esses dois fatores fazem com que as plantas sejam facilmente dobradas até o chão (derrubadas) pelo vento, pela chuva ou pelas primeiras tempestades de neve.

O potássio é um ativador de muitas enzimas essenciais para a fotossíntese e para a respiração, e também ativa as enzimas necessárias para formar amido e proteínas (Bhandal e Malik, 1988). Esse elemento também é tão abundante que é o principal colaborador do potencial osmótico das células e, portanto, da sua pressão de turgor. (Consulte a discussão sobre o potássio e a ação estomatal na Seção 4.6.)

Enxofre

O enxofre é absorvido dos solos como ânions sulfato bivalentes (SO_4^{2-}). Ele aparece metabolizado pelas raízes apenas até o ponto em que é necessário, e grande parte do sulfato é translocado inalterado para os brotos no xilema. Uma vez que uma quantidade suficiente de sulfato está presente na maioria dos solos, as plantas deficientes em enxofre são relativamente incomuns. Todavia, elas foram observadas em várias partes da Austrália e da Escandinávia, regiões produtoras de grãos do sudoeste do Canadá e em partes disseminadas no noroeste dos Estados Unidos. Os sintomas de deficiência consistem na clorose generalizada de toda a folha, incluindo os feixes vasculares (veios). O enxofre não é facilmente redistribuído a partir dos tecidos maduros em algumas espécies, portanto, as deficiências normalmente são primeiro observadas nas folhas mais novas. Em outras espécies, no entanto, a maioria das folhas torna-se clorótica aproximadamente na mesma época, ou primeiro nas folhas mais velhas. Muitas plantas de safra, incluindo as raízes, contêm 1/15 de enxofre total em relação ao nitrogênio (com base no peso), e isso parece ser uma diretriz útil para avaliar as necessidades nutricionais (Duke e Reisenauer, 1986).

Nos vegetais, a maior parte do enxofre está nas proteínas, principalmente nos aminoácidos cisteína e metionina, que são os blocos de construção das proteínas. Outros compostos essenciais que possuem enxofre são as vitaminas tiamina e biotina, bem como a coenzima A, um composto essencial para a respiração e a síntese e metabolização dos ácidos graxos.

O enxofre também pode ser absorvido pelas folhas por meio dos estômatos na forma do dióxido de enxofre gasoso (SO_2), um poluente ambiental liberado principalmente pela queima de carvão, madeira e petróleo. O SO_2 é convertido em bissulfito (HSO_3^-) quando reage com a água nas células, e nessa forma ele inibe a fotossíntese e causa a destruição da clorofila. O bissulfito é ainda mais oxidado e se torna o H_2SO_4; esse ácido foi culpado pelos efeitos tóxicos da chuva ácida no nordeste dos Estados Unidos e regiões vizinhas do Canadá e em muitas áreas da Escandinávia.

Magnésio

O magnésio é absorvido como Mg^{2+} divalente. Na sua ausência, a clorose das folhas mais velhas é o primeiro sintoma, como já foi mencionado. Essa clorose geralmente é intervenal porque, por motivos desconhecidos, as células do mesofilo próximas dos feixes vasculares retêm a clorofila por períodos mais longos do que as células do parênquima entre elas. O magnésio poucas vezes é limitador do crescimento da planta nos solos. Além de sua presença na clorofila, o magnésio é essencial porque se combina com o ATP (permitindo assim que o ATP funcione em muitas reações) e porque ativa muitas enzimas necessárias na fotossíntese, respiração e formação de DNA e RNA.

Cálcio

O cálcio é absorvido como Ca^{2+} bivalente. A maioria dos solos contém Ca^{2+} suficiente para o crescimento adequado das plantas, mas os solos ácidos que recebem muita chuva são frequentemente fertilizados com cal (uma mistura de CaO e $CaCO_3$) para aumentar o seu pH. Diferente do Mg^{2+}, o Ca^{2+} aparentemente não pode ser carregado nas células de floema de translocação; como resultado, os sintomas de deficiência são sempre mais pronunciados nos tecidos jovens (Kirkby e Pilbeam, 1984). As zonas meristemáticas das raízes, caules e folhas (nas quais ocorrem as divisões celulares) são mais suscetíveis, talvez porque o cálcio seja necessário para formar uma nova lamela média na placa celular que surge entre as células-filhas. Os tecidos torcidos e deformados resultam da deficiência do cálcio e as zonas meristemáticas morrem precocemente. Nos tomates, a degeneração dos frutos jovens perto da floração ("podridão do final da floração") é causada pela deficiência do cálcio. O cálcio é essencial para as funções normais da membrana em todas as células, provavelmente como uma ligação dos fosfolipídios entre si ou com as proteínas de membrana (Seção 7.4).

O cálcio está recebendo uma atenção renovada, porque agora é reconhecido que todos os organismos mantêm concentrações inesperadamente baixas de Ca^{2+} livre no citosol, normalmente abaixo de 1 μM (revisado por Hanson, 1984; Hepler e Wayne, 1985; Trewavas, 1986; Leonard e Hepler, 1990). Isso é correto, embora o cálcio seja tão abundante em muitas plantas, principalmente nos legumes, quanto o fósforo, o enxofre e o magnésio. A maior parte do cálcio nas plantas está nos vacúolos centrais e é ligada nas paredes celulares aos polissacarídeos de pectato (Kinzel, 1989). Nos vacúolos, o cálcio é precipitado como cristais insolúveis de oxalato e, em algumas espécies, como fosfato, sulfato ou carbonato insolúvel. As concentrações baixas, quase micromolares, do Ca^{2+} no citosol aparentemente devem ser mantidas em parte para impedir a formação de sais de cálcio insolúveis de ATP e outros fosfatos orgânicos. Além disso, as concentrações de Ca^{2+} acima da faixa micromolar inibem o fluxo citoplasmático (Williamson, 1984). Embora algumas enzimas sejam ativadas pelo Ca^{2+}, muitas são inibidas, e a inibição promove uma necessidade ainda maior de que as células mantenham concentrações incomumente baixas de Ca^{2+} no citosol, onde existem muitas enzimas.

Uma grande parte do cálcio dentro do citosol se torna reversivelmente ligada a uma pequena proteína chamada de **calmodulina** (Cheung, 1982; Roberts et al., 1986). Essa ligação altera a estrutura da calmodulina de maneira que ela, então, ativa várias enzimas (Capítulo 17). A relação do cálcio e da calmodulina com a atividade enzimática nas plantas está sendo pesquisada vigorosamente (revisado por Roberts et al., 1986; Allan e Trewavas, 1987; Poovaiah e Reddy, 1987; Ferguson e Drobak, 1988; Gilroy et al., 1987; Marmé, 1989). Comentaremos mais sobre as prováveis funções do cálcio e da calmodulina no desenvolvimento vegetal nos próximos capítulos. Por enquanto, enfatizamos que uma função ativadora das enzimas para o Ca^{2+} provavelmente exista, sobretudo quando o íon está ligado à calmodulina ou a proteínas estreitamente relacionadas.

Ferro

As plantas deficientes em ferro são caracterizadas pelo desenvolvimento de uma clorose intervenal pronunciada, semelhante à causada pela deficiência de magnésio, mas que ocorre primeiro nas folhas mais novas. A clorose intervenal é às vezes seguida pela clorose das veias, de modo que toda a folha fica amarela. Nos casos graves, as folhas jovens chegam a se tornar brancas com lesões necróticas. O motivo pelo qual a deficiência do ferro resulta em uma inibição rápida da formação de clorofila não é completamente conhecido, mas duas ou três enzimas que catalisam certas reações da síntese da clorofila parecem exigir o Fe^{2+}.

O ferro que se acumulou nas folhas mais velhas é relativamente imóvel no floema, como no solo, talvez porque seja internamente precipitado nas células da folha como um óxido insolúvel ou na forma de compostos fosfato-férrico orgânicos ou inorgânicos. A evidência direta de que esses precipitados são formados é fraca, e talvez outros compostos desconhecidos, porém similarmente insolúveis,

FIGURA 6-8 Deficiência de ferro nas folhas de maçã: O, normal; A-D, vários níveis de deficiência, sendo D o mais grave. (Cortesia de M. Faust.)

sejam formados. Uma forma abundante e estável do ferro nas folhas é armazenada nos cloroplastos como um complexo de ferro e proteína chamado de *fitoferritina* (Seckback, 1982). A entrada do ferro na corrente de transporte do floema é provavelmente minimizada pela formação desses compostos insolúveis, embora a fitoferritina pareça representar um depósito de ferro.

As deficiências de ferro são encontradas frequentemente em espécies particularmente sensíveis da família das rosas, incluindo os arbustos e árvores frutíferas (Figura 6-8), no milho e no sorgo. Nos solos do oeste dos Estados Unidos, o pH alto e a presença de bicarbonatos contribuem com a deficiência de ferro, enquanto nos solos ácidos o alumínio solúvel é mais abundante e restringe a absorção do ferro.

O ferro é essencial porque forma parte de algumas enzimas e numerosas proteínas que transportam os elétrons durante a fotossíntese e a respiração. Ele é submetido a uma oxidação alternativa e redução entre os estados de Fe^{2+} e Fe^{3+} enquanto age como um transportador dos elétrons nas proteínas. A importância do ferro, do zinco, do cobre e do manganês nos processos de transporte de elétrons nos vegetais foi revisada por Sandman e Boger (1983).

Cloro

O cloro é absorvido dos solos como íon de cloro (Cl^-) e sua maior parte permanece nessa forma, embora mais de 130 compostos orgânicos com cloro tenham sido detectados no reino vegetal em quantidades residuais (Engvild, 1986). Um dos mais interessantes é o ácido 4-cloro indolacético, que parece ser um hormônio de auxina natural. A maioria das espécies absorve 10 a 100 vezes mais cloro do que precisam, por isso, ele representa um exemplo comum de consumo de luxo. Uma função do cloro é estimular a quebra (oxidação) da H_2O durante a fotossíntese (Capítulo 10), mas ele também é essencial para as raízes, para a divisão celular nas folhas e como um importante soluto osmoticamente ativo (Terry, 1977; Flowers, 1988).

Os sintomas de deficiência do cloro nas folhas consistem em crescimento reduzido, murchamento e desenvolvimento de pontos clorótico e necróticos. Com frequência, as folhas acabam assumindo uma cor de bronze. As raízes tornam-se comprometidas no comprimento, mas são engrossadas, ou assumem formato de taco, perto das pontas. O cloro é raramente (ou nunca) deficiente na natureza, por causa de sua alta solubilidade e disponibilidade nos solos e também porque é transportado na poeira ou em minúsculas gotículas de umidade pela chuva e o vento para as folhas, onde ocorre a absorção. Devido à sua presença na pele humana, foi necessário que os pesquisadores que investigavam sua essencialidade usassem luvas de borracha.

Manganês

O manganês existe em três estados de oxidação (Mn^{2+}, Mn^{3+} e Mn^{4+}) como óxidos insolúveis no solo, e também existe na forma quelada. Ele é absorvido principalmente como o cátion de manganês bivalente (Mn^{2+}) depois da liberação pelos quelatos ou da redução dos óxidos de valência mais alta na superfície radicular (Uren, 1981). As deficiências do manganês não são comuns, embora vários distúrbios, como as manchas cinzas na aveia, os pontos de charco na ervilhas e as manchas amarelas na beterraba, apareçam quando quantidades inadequadas estão presentes. O sintoma inicial é frequentemente a clorose intervenal nas folhas mais jovens ou velhas, dependendo da espécie, seguida ou associada às lesões necróticas. A microscopia eletrônica dos cloroplastos de folhas de espinafre mostra que a ausência do manganês causa a desorganização das membranas tilacoides, mas tem pouco efeito na estrutura dos núcleos e mitocôndrias. Isto, e muitos trabalhos bioquímicos, indicam que o elemento cumpre uma função estrutural no sistema da membrana do cloroplasto e que uma de suas funções importantes, como a do cloro, é a quebra fotossintética da H_2O (Seção 10.6). O íon de Mn^{2+} também ativa numerosas enzimas.

Boro

O boro é quase totalmente absorvido pelos solos como ácido bórico indissociado (H_3BO_3, mais precisamente representado como $B(OH)_3$). Ele é translocado lentamente para fora dos órgãos pelo floema de muitas espécies, assim que chega pelo xilema (Raven, 1980). No entanto, em algumas espécies, ele se move para fora do floema muito mais efetivamente (Welch, 1986; Shelp, 1988). As deficiências não são comuns na maioria das áreas, embora vários distúrbios relacionados à desintegração dos tecidos internos, como a podridão do miolo na beterraba, a rachadura no caule do aipo, o miolo aguado no nabo e a mancha seca na maçã, resultem de um suprimento inadequado de boro. As plantas deficientes em boro mostram uma ampla variedade de sintomas, dependendo da espécie e da idade, mas o primeiro deles é a falha das pontas da raiz em se alongarem normalmente, acompanhada pela inibição da síntese de DNA e RNA. A divisão celular no ápice do broto também é inibida, como nas folhas jovens. O boro cumpre uma função indeterminada, porém essencial, no alongamento dos tubos do pólen. Muitas evidências indicam que ele é necessário apenas para dois grupos taxonômicos principais, as plantas vasculares e as diatomáceas (Lovatt, 1985). Nas diatomáceas, ele faz parte da parede celular rica em silício.

As funções bioquímicas do boro nas plantas vasculares permanecem obscuras apesar da grande quantidade de estudos, em parte porque não sabemos até que ponto o $B(OH)_3$ é modificado nas células e porque pode haver várias funções. Provavelmente, grande parte desse ácido fraco é ligada como complexos de borato de *cis*-diol com grupamentos adjacentes de hidroxila de manose e certos outros açúcares nos polissacarídeos da parede celular (mas não com a glicose, a frutose, a galactose e a sacarose, que não possuem as organizações de *cis*-diol nos grupamentos de hidroxila). As funções bioquímicas e fisiológicas propostas para o boro foram revisadas por Dugger (1983), Pilbeam e Kirkby (1983) e Lovatt (1985). Nenhuma função específica está certa, mas a evidência favorece um envolvimento especial do boro na síntese do ácido nucleico que é tão essencial para a divisão celular nos meristemas apicais.

Zinco

O zinco é absorvido como Zn^{2+} bivalente, provavelmente dos quelatos de zinco. Os distúrbios causados pela deficiência de zinco incluem a baixa quantidade de folhas e as rosetas em maçãs, pêssegos e pecãs, resultando na redução do crescimento das folhas jovens e dos internodos do caule. As margens da folha geralmente são distorcidas e enrugadas. A clorose intervenal frequentemente ocorre nas folhas de milho, sorgo, feijão e de árvores frutíferas, sugerindo que o zinco participa da formação da clorofila ou impede sua destruição. O retardo do crescimento do caule em sua ausência pode resultar parcialmente de sua aparente necessidade para a produção de um hormônio de crescimento, o ácido indolacético (auxina). Muitas enzimas contêm o zinco estreitamente ligado que é essencial para sua função; considerando-se todos os organismos, mais de 80 dessas enzimas são conhecidas. (Vallee, 1976).

Cobre

As plantas são raramente deficientes em cobre, em parte porque precisam de uma baixa quantidade (Tabela 6-3). Todavia, muitos solos australianos são extremamente deficientes em cobre (e outros micronutrientes, como zinco e molibdênio). Esses solos são amplamente fertilizados com o cobre e outros micronutrientes (Donald e Prescott, 1975). Sem o cobre, as folhas jovens ficam escuras e são torcidas ou comprometidas de outras formas, exibindo pontos necróticos. Os pomares cítricos são ocasionalmente deficientes, e, nesse caso, as folhas jovens morrem (doença vírica). O cobre é absorvido como o íon cúprico bivalente (Cu^{2+}) nos solos aerados ou como o íon monovalente cuproso nos solos úmidos com pouco oxigênio. O Cu^{2+} bivalente é quelado em vários compostos do solo (geralmente não identificados), que provavelmente fornecem mais cobre para as superfícies radiculares. Em parte porque quantidades tão pequenas são necessárias para as plantas, o cobre logo se torna tóxico na cultura de solução, a menos que suas quantidades sejam cuidadosamente controladas.

O cobre está presente em várias enzimas ou proteínas envolvidas na oxidação e redução. Dois exemplos notáveis são a citocromo oxidase, enzima respiratória nas mitocôndrias (Seção 13.7), e a plastocianina, uma proteína do cloroplasto (Seção 10.5).

Molibdênio

O molibdênio existe em grande extensão nos solos como sais de molibdato (MoO_4^{2-}) e como MoS_2. Nos primeiros, o molibdênio existe no estado de redox (valência) do Mo^{6+}, mas nos sais de sulfeto ele ocorre como Mo^{4+}. Provavelmente porque apenas quantidades residuais são exigidas pelas plantas, quase nada se sabe sobre as formas como ele é absorvido ou alterado nas células vegetais. A maioria das plantas precisa de menos molibdênio do que qualquer outro elemento, portanto, sua deficiência é rara. Todavia, ela é geograficamente disseminada, principalmente na Austrália. Os exemplos de distúrbios causados pela quantidade inadequada de molibdênio incluem o definhamento da couve-flor e do brócolis, por exemplo. Os sintomas consistem na clorose intervenal, que ocorre a primeiro nas folhas mais velhas ou do meio do caule e depois progride para as mais jovens. Às vezes, como na doença do definhamento, as plantas não se tornam cloróticas, mas desenvolvem folhas jovens severamente torcidas, que futuramente morrem. Nos solos ácidos, o acréscimo de cal aumenta a disponibilidade do molibdênio e elimina ou reduz a gravidade de sua deficiência. A função mais documentada do molibdênio nas plantas é como parte da enzima *nitrato redutase*, que reduz os íons de nitrato em íons de nitrito (Capítulo 14), mas ele também pode cumprir uma função no metabolismo de purinas como adenina e guanina, por causa de sua essencialidade como parte da enzima *xantina desidrogenase* (Mendel e Muller, 1976; Perez-Vicente et al., 1988). Uma terceira provável função do molibdênio é formar uma parte essencial de uma oxidase que converte o aldeído do ácido abscísico no hormônio ABA (Walker-Simmons et al., 1989).

Níquel

Atualmente, existe uma boa evidência de que o níquel (Ni^{2+}) seja um elemento essencial para as plantas (Dalton et al., 1988). Sabe-se há vários anos que o níquel é uma parte essencial de uma enzima chamada de *urease*, que catalisa a hidrólise (quebra usando H_2O) da ureia em CO_2 e NH_4^+. Se a urease for essencial para as plantas, o níquel seria considerado essencial de acordo com o segundo critério da essencialidade mencionado no início deste capítulo. Porém, não se sabia se a urease é essencial, porque não estava claro se a maioria ou todas as plantas formam a ureia e precisam da urease para hidrolisá-la. Em geral, as plantas aparentemente formam a ureia e precisam da urease. Embora os mamíferos possam eliminar o excesso de ureia pelos rins, eles também precisam de níquel e urease.

Os legumes de origem tropical, incluindo feijão-fradinho (*Vigna unguiculata*) e soja (*Glycine max*), formam ureídes nos nódulos radiculares durante a fixação do nitrogênio; em seguida, eles são transportados pelo xilema para a folhas (Seção 13.2). Eles também transferem os ureídes das folhas velhas e senescentes para as sementes em desenvolvimento e as folhas mais jovens pelo floema. A utilização do nitrogênio nesses ureídes pelo feijão-fradinho e a soja aparentemente envolve sua quebra para a ureia e depois sua hidrólise, porque sem o níquel, quantidades tóxicas de ureia se acumulam nas pontas das folhas quando a planta começa a florir (Eskew et al., 1984; Walker et al., 1985). Quando o níquel foi cuidadosamente reduzido das soluções nutrientes, as plantas acumulavam tanta ureia nas pontas de suas folhas que os pontos necróticos (mortos) apareciam. Portanto, o metabolismo dos ureídes produz a ureia, e sem o níquel a urease não pode ser formada para remover a ureia tóxica.

O metabolismo das bases de purina (adenina e guanina) ocorre via ureídes em todas as plantas, portanto, parecia provável que elas precisassem de urease e níquel. Agora, uma boa evidência de que o níquel é essencial para a cevada foi fornecida por Brown et al. (1987). Eles obtiveram sementes das plantas cultivadas por três gerações em soluções nutrientes nas quais o níquel havia sido cuidadosamente removido com um agente quelante. Eles observaram que sementes de três gerações eram frequentemente incapazes de germinar (eram inviáveis) e mostravam várias anormalidades anatômicas. Portanto, o primeiro critério da essencialidade foi demonstrado para o níquel na cevada. Os efeitos benéficos do níquel no crescimento da aveia, do trigo e do tomate também são conhecidos e tal substância parece essencial para algumas algas (Welch, 1981; Rees e Bekheet, 1982). Portanto, provavelmente o níquel é essencial para todas as plantas e ele é o primeiro elemento a ser acrescentado à lista de essenciais desde a adição do cloro, em 1954. Presumimos que o níquel seja essencial principalmente por causa de sua presença na urease, mas outras funções podem ser descobertas.

SETE
Absorção de sais minerais

Nos capítulos anteriores, explicamos como a água se move para dentro da planta, ao longo dela e para fora, e como a osmose é essencial para esse movimento. Observamos que, geralmente, é vantajoso ignorar o movimento muito mais lento dos solutos através das membranas, um ponto de vista que permite uma explicação simplificada da osmose. Na verdade, a osmose não poderia ocorrer a menos que o movimento da água fosse muito mais rápido que o dos solutos.

Ainda assim, os solutos se movem de uma célula para outra e de uma organela celular para outra, e esse movimento é essencial para a vida. Carbono, oxigênio e hidrogênio são fornecidos pela H_2O, pelo CO_2 e pelo O_2 atmosférico, mas os outros 14 elementos essenciais para as plantas são absorvidos como íons do solo por um processo convenientemente chamado de "mineração da solução". Assim como as folhas devem absorver carbono de uma baixa concentração de CO_2 na atmosfera, as raízes devem absorver sais minerais essenciais de concentrações baixas na solução do solo. Este capítulo envolve as propriedades morfológicas e anatômicas das raízes, que permitem a absorção eficiente desses sais minerais. As propriedades das membranas, que controlam as taxas de absorção, também são descritas. Por fim, algumas teorias e hipóteses de como os solutos se movem por meio das membranas são discutidas.

7.1 Raízes e superfícies absorventes

As plantas resolvem o problema da absorção de elementos minerais e água (frequentemente escassos) do solo produzindo sistemas radiculares surpreendentemente grandes. Embora a maioria das plantas invista apenas 20 a 50% do seu peso total nas raízes, em alguns casos (principalmente quando sofrem a pressão da água ou do nitrogênio mineral insuficiente), até 90% da biomassa total da planta estão nas raízes (Figura 7-1). Por outro lado, quando o trigo foi cultivado hidroponicamente com água adequada e nitrogênio alto, apenas 3 a 5% da biomassa da planta estavam nas raízes (Bugbee e Salisbury, 1988).

Os formatos gerais dos sistemas radiculares são controlados principalmente pela genética e não por mecanismos ambientais. Assim, as gramíneas possuem sistemas radiculares fibrosos e altamente ramificados perto da superfície do solo, embora as raízes de gramíneas perenes se estendam mais profundamente do que as de espécies anuais relacionadas. Muitas dicotiledôneas herbáceas perenes (não lenhosas) possuem uma raiz mestra dominante que pode se estender por vários metros para baixo (por exemplo, alfafa), embora ela seja mais curta na maioria das espécies (por exemplo, cenoura, beterraba, dente de leão e cardo canadense). Outras dicotiledôneas herbáceas comuns, como a soja e o tomate, possuem sistemas radiculares com uma raiz mestra que é difícil de distinguir das raízes secundárias. O mesmo se aplica a muitas árvores e arbustos, tanto angiospermas quanto gimnospermas, embora a morfologia da raiz de uma árvore possa ser complexa, principalmente nos pinheiros (Kramer e Kozlowski, 1979). Comumente, as raízes se estendem para fora a partir do tronco da árvore por uma distância muito mais longa que os ramos acima do solo.

Embora a morfologia radicular seja geneticamente controlada, os ambientes do solo exercem influência (Klepper, 1987). Por exemplo, quando o solo é seco, muitas espécies investem relativamente mais biomassa nas raízes, portanto, a razão raiz/broto é maior do que quando o solo é úmido. Além disso, os padrões de ramificação das raízes são mais variados que os dos brotos. Se o solo superficial for apenas uma fina camada cobrindo um subsolo de argila ou rocha, as raízes não podem crescer profundamente, mas se espalham lateralmente perto da superfície Essencialmente, as raízes crescem para onde podem, e os obstáculos mecânicos, temperatura, aeração e disponibilidade de água e sais minerais são fatores importantes. Nas regiões úmidas e férteis, as raízes se proliferam extensamente (Figura 7-2) até que a água

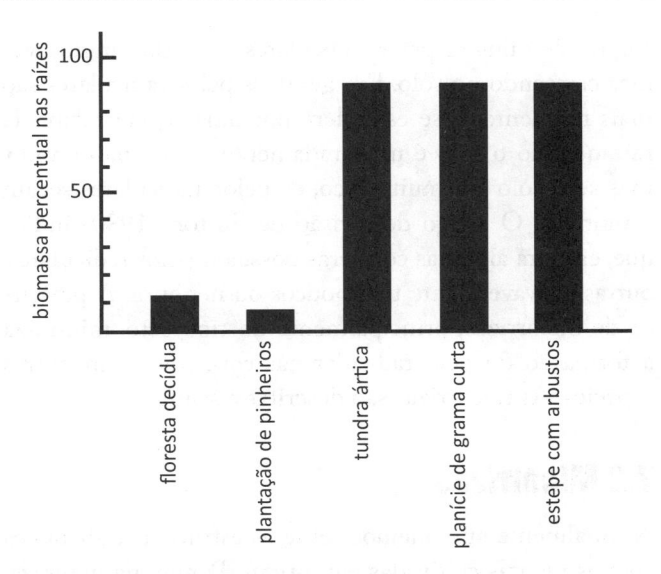

FIGURA 7-1 O percentual de biomassa nos sistemas radiculares de plantas perenes em vários ecossistemas. A floresta decídua foi dominada pelo *Liriodendron tulipifera* (choupo-tulipa), a plantação de pinheiros pelo *Pinus sylvesths* (pinheiro silvestre) e a estepe com arbustos (deserto frio) pelo *Atriplex confertifolia* (erva-sal). A tundra ártica ficava no Alasca e a planície com grama curta ficava em Pawnee Grassland, a noroeste do Colorado, EUA. (Redesenhado a partir de Caldwell, 1987.)

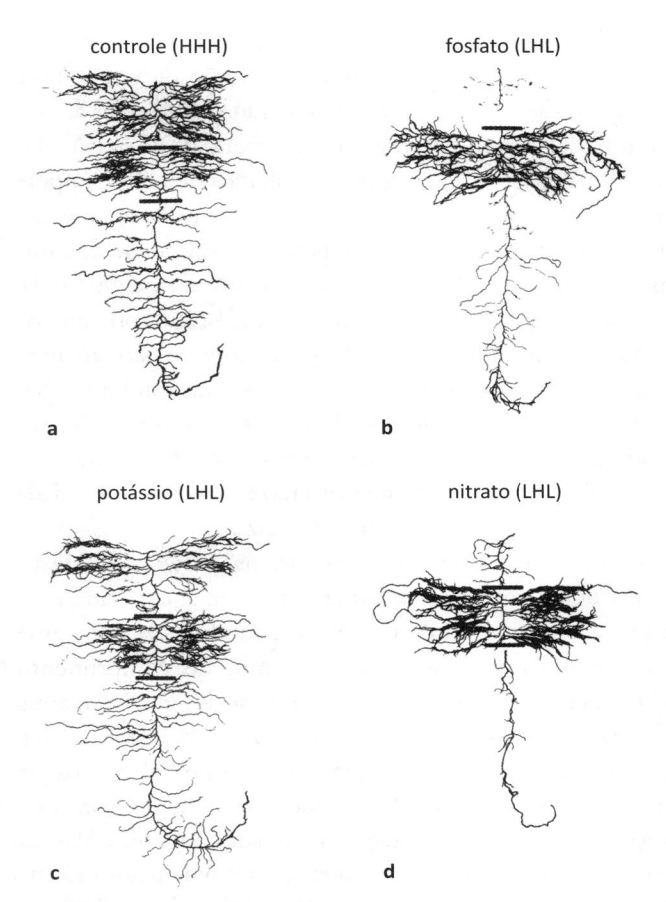

FIGURA 7-2 Proliferação da raiz da cevada em zonas localizadas de areia fertilizada com fosfato, potássio ou nitrato. Partes de sistemas radiculares (mostradas separadas por barras lineares) que foram cultivadas por 21 dias em compartimentos de areia separados em três camadas por barreiras de cera, por meio das quais as raízes podiam crescer, mas não havia fluxo da solução. As camadas foram fertilizadas com uma solução nutriente contendo níveis altos (H) ou baixos (L) do elemento específico. Os controles (HHH) receberam níveis altos dos elementos em todas as três camadas. As plantas expostas a quantidades variáveis de potássio mostraram pouca proliferação na camada central bem fertilizada, mas foi observado que a areia irrigada com ácido contribuiu com o K^+. (De Drew, 1975.)

ou os nutrientes estejam esgotados (Drew, 1975,1987; Granato e Raper, 1989). Após o esgotamento da água e dos nutrientes, as raízes crescem para regiões de solo novo, por meio da formação de ramos ou raízes alimentadoras adicionais. Se a água estiver mais disponível nas profundezas do solo, as raízes geralmente crescem muito abaixo da superfície. Todavia, as plantas adaptadas às regiões secas não possuem necessariamente raízes profundas, porque sistemas radiculares rasos aproveitam melhor as vantagens das chuvas intermitentes e breves. Na verdade, os sistemas radiculares de algumas espécies proliferam-se perto das superfícies do solo e em profundidades substanciais, com algumas conexões longas e relativamente não ramificadas; provavelmente, eles representam adaptações a vários climas.

Pouco se sabe sobre as propriedades das raízes no solo porque é difícil observá-las. Ainda assim, estudos criteriosos mostraram que raízes ramificadas de safras anuais se alongam apenas por alguns dias e que as de espécies perenes vivem por um ano ou mais antes que a deterioração ocorra. Alguns arbustos do deserto substituem até um quarto de seus sistemas radiculares a cada ano, absorvendo água e sais minerais de novos locais por meio de novas raízes. A perda anual de raiz pelas gramíneas perenes ocorre em ritmos mais lentos que pelos arbustos perenes, e a retenção de raízes velhas por vários anos contribui com a nítida capacidade da grama de impedir a erosão do solo. Não se sabe muito sobre a morte e a substituição das raízes de árvores, mas relatórios resumidos por Sutton (1980), que indicaram que um pinheiro silvestre (*Pinus sylvestris*) de 100 anos tinha 5 milhões de pontas de raízes e um carvalho vermelho (*Quercus rubrumi*) tinha 500 milhões de pontas vivas, mostram a vastidão desses sistemas radiculares.

A forma cilíndrica e filamentosa das raízes é inesperadamente importante para a absorção da água e dos solutos do solo. Um cilindro tem mais força por unidade da área de um corte transversal que qualquer outro formato, e essa forma (com a coifa radicular protetora) ajuda a raiz em crescimento a afastar as partículas do solo sem se quebrar. A forma filamentosa das raízes permite a exploração de um volume muito maior de solo por volume da unidade radicular do que se as raízes fossem esféricas ou em formato de disco (Wiebe, 1978). A exploração de grandes volumes de solo é importante para que as raízes cresçam na direção da água e dos íons. Quando o solo é úmido (perto da capacidade de campo), a difusão na direção das raízes é relativamente rápida, mas quando o solo seca até um potencial hídrico próximo de 1,5 MPa (um ponto de murchamento comum permanente), a difusão da água e dos íons dissolvidos pode diminuir 1000 vezes (consulte a Seção 5.4). Então, as plantas têm dificuldade para obter água e íons minerais por dois motivos: a exploração limitada do solo pelas raízes e a difusão limitada da água e dos íons para dentro das raízes.

Além das raízes filamentosas, os **pelos radiculares** contribuem com a absorção de íons e da água. Cada pelo radicular é uma célula epidérmica modificada com uma extensão filamentosa de até 1,5 mm de comprimento (Dittmer, 1949). Os pelos radiculares se desenvolvem atrás da região curta de alongamento da raiz perto da ponta e a região que os contém frequentemente possui menos de 1 cm de comprimento. Na ausência do solo, mas sob condições de umidade e aeração adequadas, algumas plantas formam um sistema incomumente amplo de pelos radiculares. Todavia, a extensão da formação de pelos radiculares no solo depende da espécie da planta e frequentemente é minimizada pelos micróbios e outras condições do solo. A Figura 7-3 ilustra pelos radiculares de várias angiospermas crescendo no solo. Em geral, os pelos radiculares são mais frequentes e se estendem por uma região maior da raiz quando o solo é moderadamente seco e não úmido, mas se o solo for muito seco, os pelos radiculares secam e morrem. O artigo de revisão de Sutton (1980) indica que, embora algumas coníferas possuam pelos radiculares, outras provavelmente têm poucos ou nenhum. A presença de micorrizas, principalmente do tipo ecto, minimiza a formação do pelo radicular nas coníferas e em outras espécies. As micorrizas são descritas a seguir.

7.2 Micorrizas

Normalmente aprendemos sobre as estruturas radiculares com as plantas cultivadas em estufas. Porém, na natureza, as raízes jovens da maioria das espécies (talvez 97%) são relativamente diferentes, porque os fungos presentes no solo nativo as infectam e formam micorrizas. Uma **micorriza** (raiz fúngica) é uma associação **simbiótica** (íntima) e **mutualística** (mutuamente benéfica) entre um fungo não patogênico ou fracamente patogênico e as células vivas da raiz, principalmente as corticais e epidérmicas. Os fungos recebem nutrientes orgânicos da planta, mas aumentam as propriedades da raiz de absorver minerais e água. Geralmente, apenas as raízes tenras e jovens tornam-se infectadas pelos fungos. A produção do pelo radicular torna-se mais lenta ou cessa com a infecção, portanto, as micorrizas possuem poucos pelos. Isso poderia diminuir imensamente a superfície de absorção se o volume do solo não penetrado não aumentasse com as hifas delgadas dos fungos que se estendem das micorrizas. As hifas assumem as funções absorventes dos pelos radiculares.

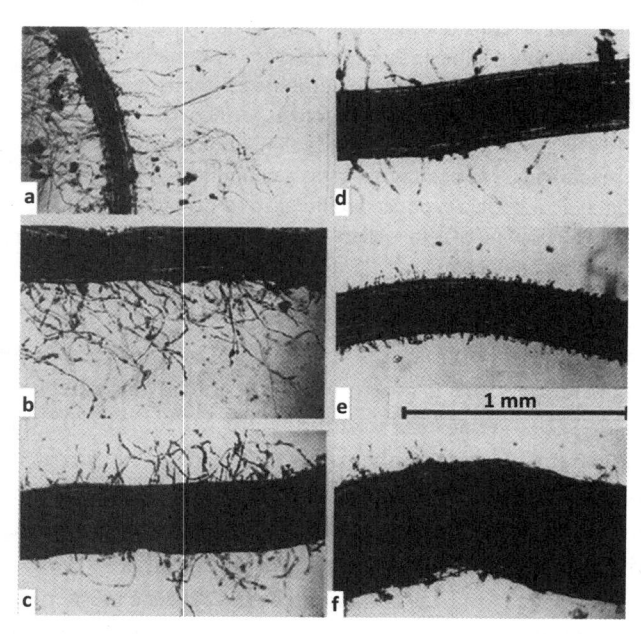

FIGURA 7-3 Pelos radiculares do **(a)** cardo da Rússia, **(b)** tomate, **(c)** alface, **(d)** trigo, **(e)** cenoura e sua ausência na cebola **(f)**. (De S. Itoh e S. A. Barber, *Agronomy Journal,* 1983, com a permissão da American Society of Agronomy.)

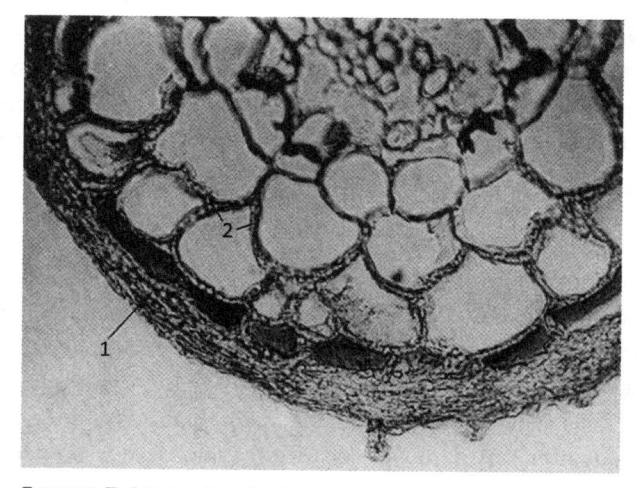

FIGURA 7-4 Ectomicorriza formada entre o *Pinus taeda* e o fungo *Thelephora terrestris.* Observe o manto externo (1) e a rede de Hartig (2) entre as células. (Cortesia de C. P. P. Reid.)

FIGURA 7-5 (a) Eletromicrografia de varredura de raízes dicotômicas e os pelos radiculares do *Pinus contorta*. Observe a ausência do manto fúngico. **(b)** Eletromicrografia de varredura da ectomicorriza do *Pinus contorta* inoculada com *Cenococcum graniforme*. (Cortesia de John G. Mexal, Edwin L. Burke e C. P. P. Reid.)

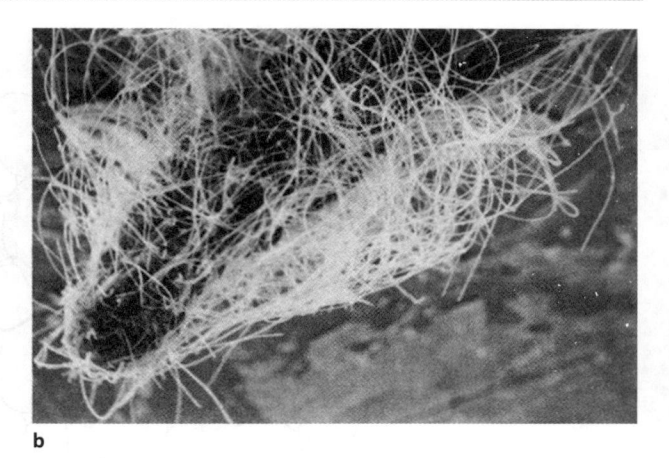

Dois grupos principais de micorrizas são reconhecidos: as **ectomicorrizas** e as **endomicorrizas**, embora um grupo mais raro com propriedades intermediárias, as **micorrizas ectendotróficas**, às vezes seja encontrado. Nas ectomicorrizas, as hifas dos fungos formam um manto fora e dentro da raiz, nos espaços intercelulares da epiderme e do córtex. Não ocorre penetração intracelular nas células epidérmicas ou corticais, mas a ampla **rede de Hartig** é formada entre elas (Figura 7-4). As ectomicorrizas são comuns nas árvores, incluindo os membros das famílias Pinaceae (pinheiro, pseudotsuga, abeto, lariço, cicuta), Fagaceae (carvalho, faia, castanha), Betulaceae (bétula, amieiro), Salicaceae (salgueiro, álamo) e algumas outras. A Figura 7-5 mostra eletromicrografias de varredura de duas raízes de *Pinus contorta*, uma não infectada e com pelos radiculares e a outra infectada com um fungo ectomicorriza.

As endomicorrizas consistem em três subgrupos, porém, o mais comum é o das **micorrizas vesiculares arbusculares (MVA)**. Os fungos presentes nas MVAs são membros da família Endogonacae, e produzem uma rede interna de hifas entre as células corticais que se estende para fora e entra no solo, onde as hifas absorvem os sais minerais e água (revisado por Safir, 1987; Hadley, 1988; e Smith e Gianinazzi-Pearson, 1988). Embora os fungos da MVA pareçam penetrar diretamente no citosol das células corticais (no qual formam estruturas chamadas de vesículas e arbúsculos, de onde recebem seu nome), as hifas são cercadas pela membrana plasmática invaginada da célula do córtex. As MVAs estão presentes na maioria das espécies de angiospermas herbáceas, sejam elas monocotiledôneas ou dicotiledôneas, safras anuais ou perenes ou espécies nativas ou introduzidas; elas também ocorrem nos gêneros de gimnospermas *Cupressus*, *Thuja*, *Taxodium*, *Juniperus* e *Sequoia* e nas samambaias, licopódios e briófitas.

O parceiro fúngico desses dois tipos de micorrizas recebe açúcares da planta hospedeira, e as plantas que crescem na sombra e são deficientes em açúcares terão um desenvolvimento previsivelmente baixo de micorrizas. Além disso, as plantas que crescem em solos férteis frequentemente possuem micorrizas menos desenvolvidas que as plantas selvagens que crescem em solos inférteis. A vantagem mais bem documentada das micorrizas para as plantas é a absorção elevada de fosfato, embora a absorção de outros nutrientes e de água seja frequentemente elevada. O maior

FIGURA 7-6 Promoção de crescimento de juníperos (*Juniperus osteosperma*) de seis meses pela formação de micorrizas. As plantas foram cultivadas sob condições idênticas em uma câmara de crescimento. Apenas as três plantas da direita tinham micorrizas. (Cortesia de F. B. Reeves).

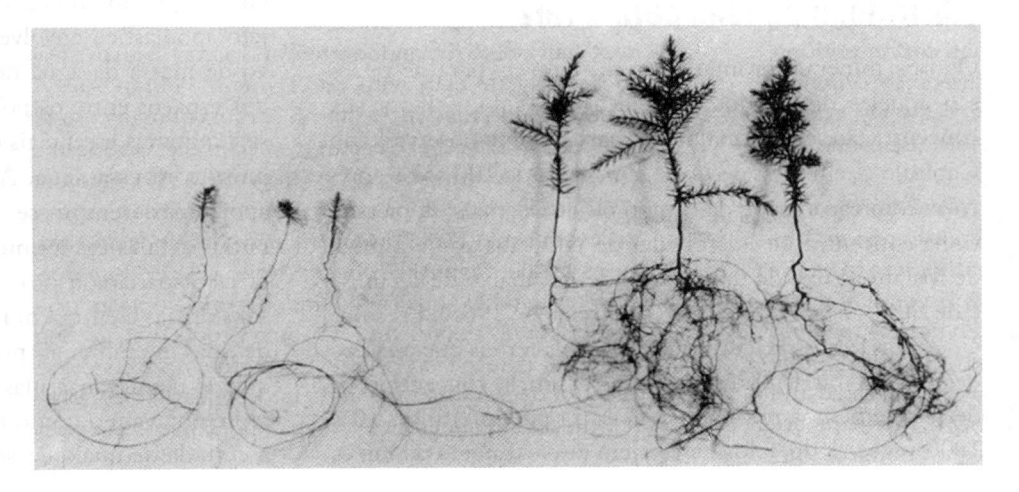

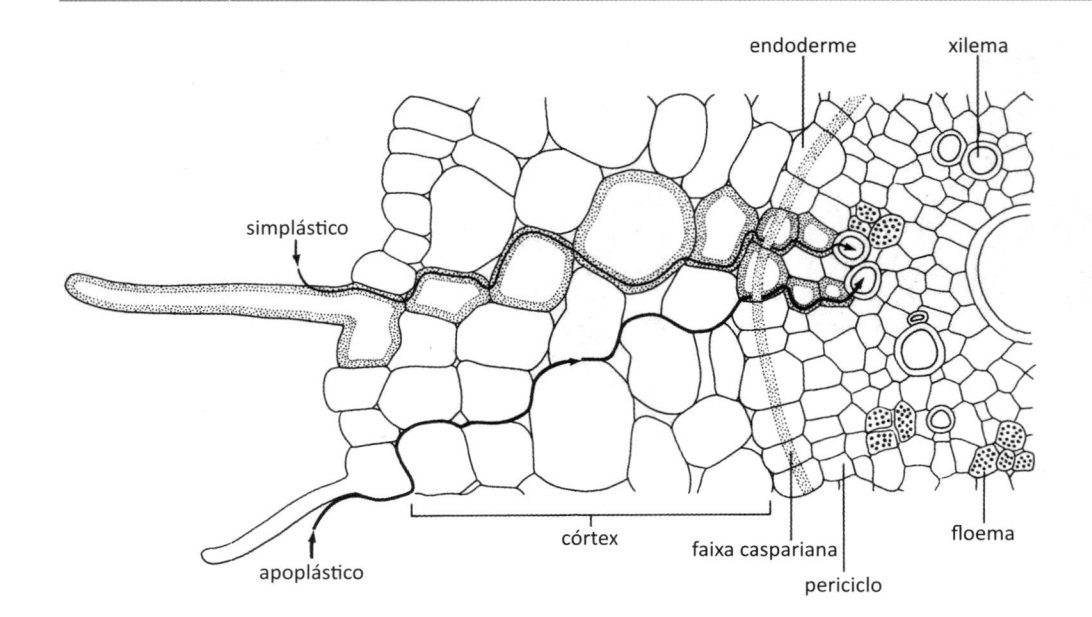

FIGURA 7-7 Aspectos anatômicos das vias simplástica e apoplástica da absorção do íon na região do pelo radicular. A via simplástica envolve o transporte por meio do citosol de cada célula (pontilhado), por todo o caminho até o xilema não vivo. A via apoplástica envolve o movimento por meio da rede da parede celular até a faixa caspariana, e depois por meio do simplasma. A faixa caspariana da endoderme é mostrada apenas como apareceria nas paredes finais (acima ou abaixo do plano de corte). (Redesenhado a partir de K. Esau, 1977.)

benefício das micorrizas é provavelmente o aumento na absorção de íons que normalmente se difundem lentamente na direção das raízes ou estão em alta demanda, principalmente fosfato, NH_4^+, K^+ e NO_3^-. As micorrizas oferecem grandes vantagens para as árvores que crescem em solos inférteis (Figura 7-6). Na verdade, sem as propriedades de absorção de nutrientes das micorrizas, muitas comunidades de árvores não poderiam existir. Por exemplo, alguns pinheiros europeus introduzidos nos Estados Unidos não cresceram bem até que foram inoculados com fungos de micorrizas de seu solo nativo. Existe um potencial considerável para popular certas áreas como resíduos de minas, aterros sanitários, beiras de estradas e outros solos inférteis introduzindo plantas inoculadas com fungos capazes de formar micorrizas (Marx e Schenck, 1983). Contribuições maiores das micorrizas para a agricultura e a silvicultura devem ocorrer quando as entendermos melhor, e esse conhecimento está se desenvolvendo rapidamente.

7.3 Tráfego de íons para a raiz

Os sais minerais prontamente disponíveis para as raízes são aqueles dissolvidos na solução do solo, embora sua concentração seja normalmente baixa. Como observado no Capítulo 6, em uma pesquisa com mais de 100 solos agrícolas com capacidade de campo ou quase, mais da metade tinha concentrações dissolvidas de NO_3^- abaixo de 2 mM, de fosfato abaixo de 0,001 mM, de K^+ abaixo de 1,2 mM e de SO_4^{2-} abaixo de 0,5 mM (Reisenauer, 1966). Os solos em que as safras são cultivadas são mais férteis que os solos de intervalo ou de floresta. Mesmo assim, as concentrações desses elementos nas plantas de safra podem atingir 10 a 1000 vezes as do solo. Esses elementos atingem as raízes de três maneiras: pela difusão por meio da solução do solo, pelo transporte passivo junto com a água que se move pelo fluxo de massa para as raízes e pelo crescimento das raízes na direção deles.

Os sais minerais podem ser absorvidos e transportados de baixo para cima tanto das regiões das raízes que contêm os pelos quanto de regiões muito mais velhas a muitos centímetros da ponta da raiz (Clarkson e Hanson, 1980; Drew, 1987). As micorrizas não foram tão investigadas quanto as raízes sem micorrizas, mas elas absorvem os nutrientes rapidamente perto das pontas em que as hifas dos fungos estão concentradas e com menos velocidade nas regiões mais velhas. As pontas das raízes são mais frequentemente expostas a concentrações mais altas de sais minerais dissolvidos do que as regiões mais velhas, porque estas existem nas partes do solo que já foram exploradas pelas pontas da raiz em crescimento.

Na Seção 5.3 examinamos o trajeto do movimento da água para as regiões jovens de raízes sem micorrizas em relação aos trajetos apoplástico e simplástico. O trajeto apoplástico envolve essencialmente a difusão e o fluxo de massa da água de uma célula para outra por meio dos espaços entre os polissacarídeos da parede celular. Os sais minerais essenciais e não essenciais são transportados junto com essa água. Antes, acreditávamos que o trajeto apoplástico sempre se estendia dos pelos radiculares ou outras células epidérmicas para a endoderme, enquanto a faixa caspariana à prova d'água da endoderme forçava as substâncias a entrarem nas células endodérmicas por meio de suas membranas plasmáticas. Essa teoria significava que as membranas plasmáticas das células endodérmicas representavam o ponto final em que raiz poderia controlar a entrada de qualquer soluto dissolvido. Essa teoria ainda parece correta no sentido do *controle final* para muitas espécies (talvez todas). A Figura 7-7 mostra a via apoplástica até a endoderme e a via simplástica de uma célula do pelo capilar até a endoderme, atravessando-a até as células mortas do xilema sem membrana plasmática. No entanto, como foi mencionado na Seção 5.3, as raízes de muitas angiospermas têm outra faixa caspariana na hipoderme (revisado por Peterson, 1988; Shishkoff, 1987). Peterson (1988) definiu uma hipoderme com uma faixa caspariana como uma **exoderme**. Essa faixa caspariana se desenvolve e amadurece mais longe da ponta da raiz (até 12 cm) do que a faixa comparável na endoderme, portanto, ela pode existir em regiões moderadamente velhas das raízes primárias que não perderam suas células externas. Essa exoderme restringe o movimento de corantes e íons de sulfato para o córtex, portanto, quando ela está presente, deve representar um ponto de controle importante que força os solutos externos a serem absorvidos pela membrana plasmática seletiva das células exodérmicas. Uma vez dentro do citosol da exoderme, os íons podem se mover para o xilema de uma célula para outra por meio da via simplástica.

Um íon que é absorvido por uma célula epidérmica e se move na direção do xilema no trajeto simplástico deve primeiro atravessar a epiderme, depois provavelmente uma exoderme, várias células corticais, a endoderme e, por fim, o periciclo. Esse movimento de uma célula viva para outra poderia envolver o transporte direto por meio das duas paredes primárias, da lamela média compartilhada e das duas membranas plasmáticas das células adjacentes. Como alternativa, o íon poderia se mover por meio dos **plasmodesmas**, que são estruturas tubulares que se estendem por meio das paredes celulares adjacentes e da lamela média de quase todas as células das plantas vivas (revisado por Robards, 1975; Gunning e Overall, 1983; Robards e Lucas, 1990; consulte também a Seção 1.4). As densidades dos plasmodesmas são comumente maiores que 1 milhão por milímetro quadrado! Três eletromicrografias dos plasmodesmas são mostradas na Figura 7-8.

No seu exterior, cada plasmodesma consiste em um tubo de membrana plasmática contínuo entre as duas células adjacentes. Dentro do tubo da membrana está outro tubo, chamado de **desmotúbulo**, que é uma parte compactada do retículo endoplasmático que se estende

FIGURA 7-8 A estrutura dos plasmodesmas. **(a)** Centenas de plasmodesmas (pequenos pontos pretos) no campo da cavidade primária na parede da célula endodérmica jovem da cevada. **(b)** Alta ampliação de dois desses plasmodesmas, mostrando sua natureza tubular. **(c)** Exibição longitudinal dos plasmodesmas através de duas células endodérmicas adjacentes jovens. PM, membranas plasmaticas; DT, desmotúbulo. (Cortesia de A. W. Robards.)

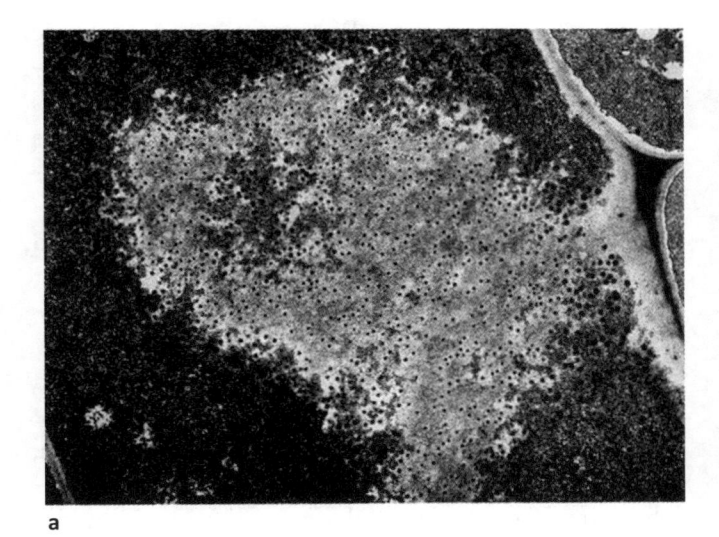

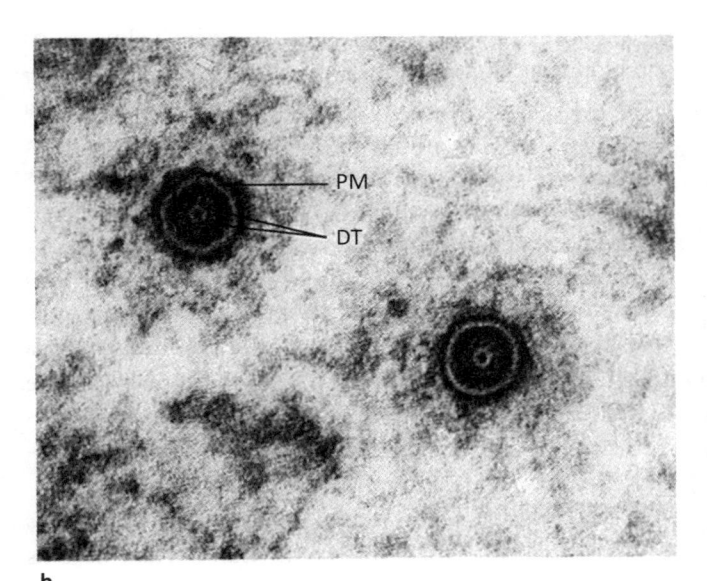

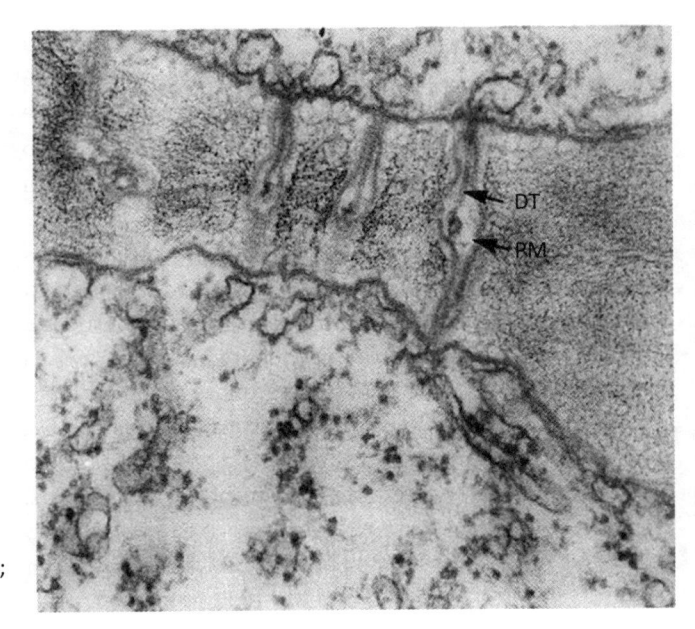

de uma célula para a outra. Portanto, temos um tubo de membrana inserido dentro de outro tubo. A pesquisa indica que o desmotúbulo central é fechado, portanto, os solutos não podem passar diretamente através dele, mas apenas entre ele e a membrana plasmática; isto é, os solutos se movem entre um tubo e outro. Embora os plasmodesmas provavelmente contribuam com o movimento do soluto por meio das células, o movimento direto por meio de outras regiões da membrana também está envolvido; voltaremos a ele mais adiante.

Independente do trajeto do solo até o xilema, passando pela raiz, os íons transportados até o broto deve entrar de alguma maneira nas células mortas condutoras do xilema, principalmente os elementos do vaso e traqueídes. Isso envolve a transferência das células vivas do periciclo ou das células do xilema que ainda estão vivas. As evidências obtidas com os inibidores da respiração (principalmente os que bloqueiam a formação da ATP) indicam que a transferência para o xilema condutor exige a energia metabólica e a formação de ATP. Aparentemente, isso significa que as células do periciclo ou do xilema vivo podem absorver íons de outras células vivas em um lado e eliminá-los nas células mortas do xilema do outro lado.

A maioria dos estudos sobre as vias da absorção de íons pelas raízes envolveu raízes jovens e sem micorrizas, mas as nossas considerações das vias apoplástica e simplástica para essas raízes devem ser alteradas para as raízes mais velhas e para as micorrizas. Para as raízes mais velhas e sem micorrizas, as informações indicando a importância dos dois trajetos estão se acumulando (Clarkson, 1985; Drew, 1987).

Recentemente, foi dada atenção a como os filamentos de hifas dos fungos das micorrizas transportam os íons para as raízes de micorrizas e como essas hifas obtêm os solutos orgânicos da planta. Para aprender como os solutos se movem do solo para as células da raiz, Ashford et al. (1989) estudaram as ectomicorrizas do *Eucalyptus pilularis*, nas quais uma rede de Hartig distinta está presente. Eles concluíram que o soluto entra primeiro pelo citoplasma fúngico e o percorre na direção da raiz por um trajeto simplástico. Então, uma vez que não há plasmodesmas ou outras conexões citoplasmáticas entre as hifas do fungo na rede de Hartig e as células da raiz, o fungo deve liberar o soluto dentro do espaço apoplástico, de onde as células da raiz possam absorvê-lo. Acredita-se que as camadas suberinas nas células exodérmicas da raiz forcem a entrada precoce do soluto no citoplasma dessas células, com pouca ou nenhuma penetração do soluto por meio das paredes celulares do córtex até a endoderme da raiz. Portanto, existe uma primeira absorção para o simplasto do fungo e depois a liberação para o espaço apoplástico, em seguida a absorção para o simplasto da raiz e, finalmente,

o transporte simplástico atravessando as células do córtex da raiz até o xilema. Ashford et al. (1989) também concluíram que os solutos (como a sacarose) transferidos da raiz para o parceiro fúngico devem entrar no mesmo espaço apoplástico restrito, que é praticamente vedado para outros organismos. Essa organização impede que outros micróbios do solo absorvam os íons minerais que estão sendo transferidos do fungo para a raiz ou os componentes orgânicos transferidos da raiz para o fungo.

Embora os trajetos do tráfego de íons para as raízes possam variar, eles sempre penetram nas membranas plasmáticas das células radiculares vivas, mesmo quando são absorvidos primeiro pelas hifas dos fungos. Portanto, a membrana plasmática representa uma barreira importante para a absorção de íons. Na verdade, a função mais importante de uma membrana ao redor de qualquer célula ou das organelas dentro de uma célula é controlar a composição interna, de modo que os processos vitais possam ocorrer normalmente quando há alterações no ambiente ao seu redor. Para entender esse controle, precisamos entender as membranas.

7.4 A natureza das membranas

Conforme observado no Capítulo 1, as eletromicrografias mostram que a maioria das membranas biológicas são semelhantes, independente do tipo de célula ou organela que elas cercam (consulte a Seção 1.6). Geralmente, elas medem de 7,5 a mais de 10 nm de espessura e normalmente

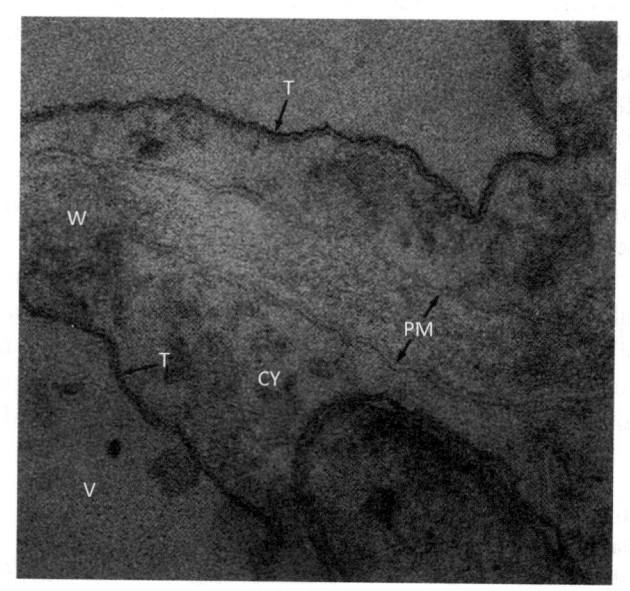

FIGURA 7-9 A aparência de três camadas do tonoplasto (T) e plasmalema (PM) nas células da ponta da raiz da batata. A parede celular (W), o citosol (CY) e parte do vacúolo (V) também são mostrados. (Cortesia de Paul Grun.)

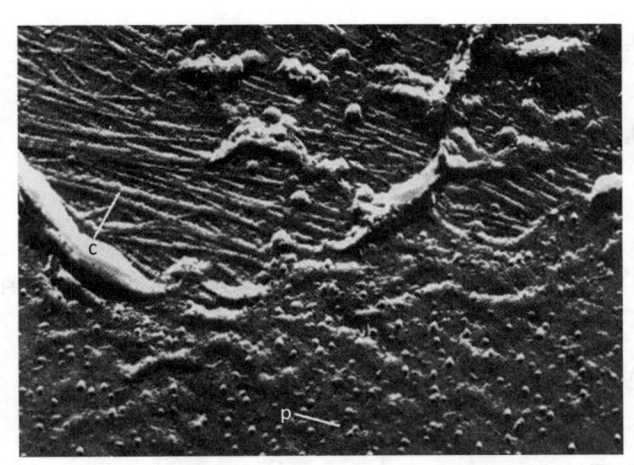

FIGURA 7-10 Eletromicrografia de varredura mostrando parte de uma membrana plasmática da célula radicular da ervilha, na visão da superfície. O corte radicular foi rapidamente congelado e depois seccionado por uma técnica de fratura por congelamento que divide a membrana entre as bicamadas. Como resultado, a metade da bicamada que fica voltada para o citosol está ausente e apenas a porção adjacente à parede celular é visível. As minúsculas protuberâncias na metade da membrana representam as moléculas de proteína (p). Na parte superior da foto, as microfibrilas de celulose (c) na parede primária são visíveis (cortesia de Dan Hess.)

aparecem nas eletromicrografias de transmissão de alta resolução em cortes transversais como duas linhas escuras (elétrons densos) separadas por uma camada mais clara (elétrons transparentes). A Figura 7-9 ilustra essa aparência de três camadas da membrana plasmática e o tonoplasto em duas células na ponta da raiz da batata.

Cada membrana consiste principalmente em proteínas e lipídios. Normalmente, as proteínas representam de metade a dois terços do peso seco da membrana. A Figura 7-10 mostra uma eletromicrografia de varredura de uma membrana da célula radicular da ervilha, em uma visão da superfície. Quando o tecido foi fatiado para a microscopia eletrônica, a faca rasgou parte da membrana e expôs nitidamente as microfibrilas de celulose na parede atrás dela (dois terços superiores da Figura 7-10). As minúsculas protuberâncias na membrana (terço inferior da Figura 7-10) representam as moléculas de proteína que se estendem para fora da membrana na direção da lamela média e da parede celular adjacente.

Existem algumas diferenças no teor de proteína e lipídios entre o plasmalema, o tonoplasto, o retículo endoplasmático e as membranas dos dictiossomos, cloroplastos, núcleos, mitocôndrias e microcorpos (peroxissomos e glioxissomos). A composição das membranas também depende da espécie e do ambiente em que ela vive. Todavia, os principais lipídios de todas as membranas vegetais são **fosfolipídios**, **glicolipídios** (lipídios de açúcar) e **esteróis**.

Existem quatro fosfolipídios abundantes: *fosfatidil colina*, *fosfatidil etanolamina*, *fosfatidil glicerol* e *fosfatidil inositol*. Existem dois glicolipídios abundantes: *monogalactosildiglicerídeo*, com um açúcar galactose, e *digalactosildiglicerídeo*, com duas galactoses (Figura 7-11). (Os glicolipídios existem principalmente nas membranas do cloroplasto, nas quais os fosfolipídios são menos abundantes.) As estruturas de todos esses lipídios possuem algumas características em comum que são importantes para a estrutura da membrana.

Primeiro, esses lipídios possuem uma coluna de glicerol de três carbonos (mostrada à esquerda de cada estrutura na Figura 7-11) para a qual dois ácidos graxos de cadeia longa (normalmente com 16 ou 18 átomos de carbono de comprimento) são esterificados. A maioria desses ácidos graxos possui uma, duas ou três ligações duplas, comumente na configuração *cis*. O ponto de derretimento dos ácidos graxos aumenta com o comprimento da cadeia, mas diminui substancialmente com o número das ligações duplas presentes; portanto, as membranas com ácidos graxos que contêm duas ou três ligações duplas são muito mais líquidas que aquelas que possuem uma ligação dupla ou nenhuma. Os aspectos ecológicos dessa característica são descritos no Capítulo 26.

Todo ácido graxo é **hidrofóbico** (teme a água), enquanto a coluna de glicerol (com os seus átomos de hidrogênio) é mais **hidrofílica** (afinidade com a água), porque os oxigênios podem formar pontes de hidrogênio com a água. A parte final desses lipídios (mostrada na parte inferior de cada estrutura na Figura 7-11) também é uma porção hidrofílica. Essa porção é hidrofílica porque é eletricamente carregada ou possui um ou mais oxigênios atraídos para a água pela ponte de hidrogênio. As moléculas com regiões hidrofóbicas e hidrofílicas distintas são chamadas de **moléculas anfipáticas**.

Em todas as membranas, as partes hidrofílicas de cada lipídio se dissolvem na água em uma superfície da membrana ou na outra, mas as partes de ácido graxo hidrofóbicas repelidas pela água são forçadas na direção da parte interna da membrana. Nesse interior hidrofóbico, elas se associam umas com as outras por meio das forças de van der Waals. As forças hidrofílicas e hidrofóbicas nos fosfolipídios e glicolipídios fazem com que a membrana se transforme em uma bicamada, como enfatizado no **modelo de mosaico fluído** da estrutura da membrana mostrado na Figura 7-12. Os esteróis também são anfipáticos porque possuem uma parte hidrofóbica longa rica em carbono e oxigênio e outra parte hidrofílica pequena (um grupamento hidroxila mostrado como círculos na Figura 7-12). As estruturas dos principais esteróis e ácidos graxos são mostradas no Capítulo 15 (Figura 15-7 e Tabela 15-1), mas a

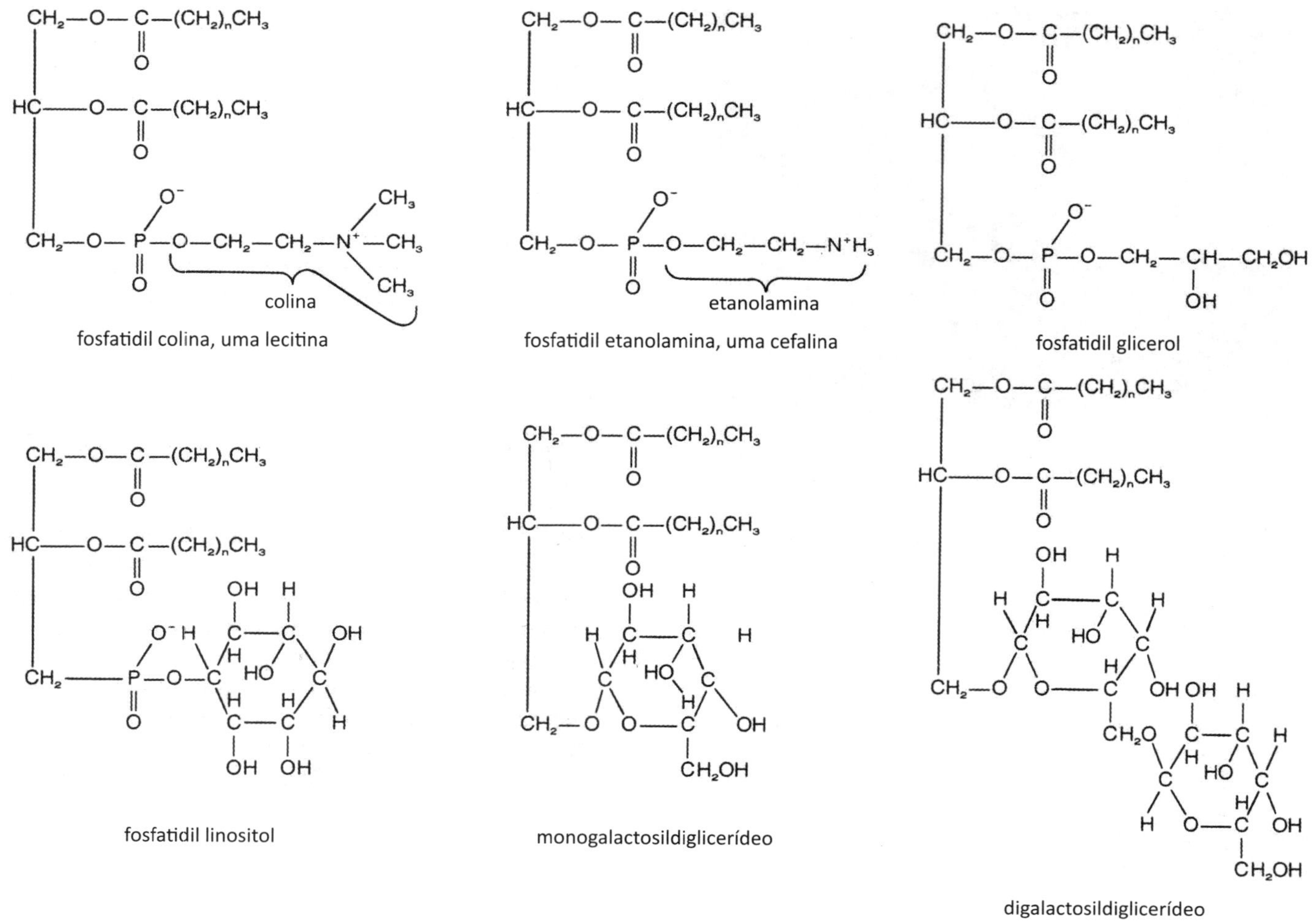

FIGURA 7-11 Estruturas de fosfolipídios e glicolipídios abundantes na membrana. O n subscrito nos ácidos graxos representa um número variável de grupos de CH_2 ou que contêm carbono insaturados (normalmente 14 ou 16).

Figura 7-12 mostra de que maneira eles provavelmente se encaixam na estrutura da membrana.

A quantidade de esterol nas membranas varia enormemente entre as espécies. Por exemplo, considerando-se apenas a membrana plasmática, a relação de esteróis e fosfolipídios nas raízes da cevada foi relatada como 2,2, mas nas folhas de espinafre ela é de apenas 0,1 (Rochester et al., 1987). Aparentemente, a principal função dos esterois na membrana é estabilizar o interior hidrofóbico e impedir que ele se torne muito líquido quando a temperatura aumenta.

As proteínas nas membranas são de três tipos conhecidos: proteínas catalíticas, proteínas que constituem os canais de soluto e transportadores proteicos. As proteínas catalíticas (enzimas) usam a energia para bombear prótons (H^+) por meio das membranas; as mais abundantes são as enzimas que catalisam a hidrólise do ATP rico em energia para o ADP menos rico em energia e o $H_2PO_4^-$. Essas enzimas hidrolisantes do ATP são chamadas de **ATPases**. Cada membrana de cada organismo aparentemente possui pelo menos um tipo de ATPase, cuja principal função nas membranas é liberar energia no ATP para transportar íons e outros solutos por meio da membrana contra um gradiente de energia livre. As proteínas nas membranas que bombeiam íons contra esse gradiente são chamadas de **bombas iônicas**.

Vários tipos de proteínas constituem os **canais iônicos**. Cada canal possui um orifício entre as moléculas de proteína pelo qual os solutos se difundem para atravessar a membrana. Alguns canais permitem que apenas um íon, digamos o K^+, se difunda para atravessar, enquanto outros são menos específicos e permitem que o íon K^+ e o malato atravessem simultaneamente; outros ainda são permeáveis a diversos solutos. Uma propriedade importante dos canais iônicos é que eles possuem portões, de forma que os orifícios podem ser abertos, fechados ou parcialmente abertos conforme as condições celulares.

Existem muitas evidências indiretas dos **transportadores proteicos** nas membranas vegetais; provavelmente, eles funcionam primeiro pela combinação com um soluto específico em um lado da membrana e depois pela rotação e liberação do soluto no outro lado. Até o momento, apenas um transportador de sacarose foi identificado nas membranas vegetais (Lemoine et al., 1989); portanto, pouco podemos dizer sobre como os transportadores proteicos funcionam nas plantas.

Uma vez que normalmente as plantas absorvem os solutos de maneira seletiva e os transportadores devem fornecer muito mais seletividade do que é aparente em alguns dos canais indiscriminados encontrados até agora, tanto os transportadores quanto os canais provavelmente existem nas membranas vegetais. Coletivamente, as bombas, canais e transportadores são chamados de **proteínas de transporte** (Sussman e Harper, 1989).

Outro componente essencial das membranas é o Ca^{2+}, sem o qual elas perdem sua capacidade de transportar os solutos para dentro e também apresentam vazamento dos solutos que possuem. A função do Ca^{2+} não é bem compreendida, mas ele provavelmente liga as partes hidrofílicas dos fosfolipídios entre si e com as partes negativamente carregadas das proteínas dentro da membrana.

A disposição das proteínas, lipídios e Ca^{2+} nas membranas é um problema contínuo, que recebe muita atenção de biólogos, químicos e físicos. O modelo do mosaico fluído retratado na Figura 7-12 recebeu muito apoio, embora ele seja genérico e não tente descrever precisamente qualquer membrana em particular. Esse modelo indica que certas moléculas de proteínas estão incorporadas em vários locais da bicamada líquida de lipídios, como "proteínas flutuando em um mar de lipídios". Realmente, os lipídios são muito líquidos; na verdade, uma molécula de fosfolipídio pode se mover lateralmente em metade da bicamada de uma membrana bacteriana, de uma ponta da célula até a outra, em 1 segundo. A alternação dos fosfolipídios entre as metades opostas da bicamada é rara, embora os esteróis se alternem frequentemente (Stein, 1986).

Os dois lados (faces) das membranas são diferentes porque as proteínas e lipídios nos dois lados também são. Algumas proteínas se estendem por todo o caminho por meio da bicamada, como mostra a Figura 7-12. Elas são chamadas de **proteínas integrais** ou **intrínsecas** e estão estreitamente unidas dentro da membrana, podendo ser removidas apenas com certas soluções detergentes que quebram as pontes de hidrogênio entre todos os componentes da membrana. Outras, que são as **proteínas periféricas** ou **extrínsecas**, são ligadas de uma forma mais livre a um dos lados da superfície da membrana e podem ser removidas com soluções salinas diluídas ou com detergentes. Nenhuma proteína parece estar apenas parcialmente embutida na bicamada de lipídios; isto é, todas

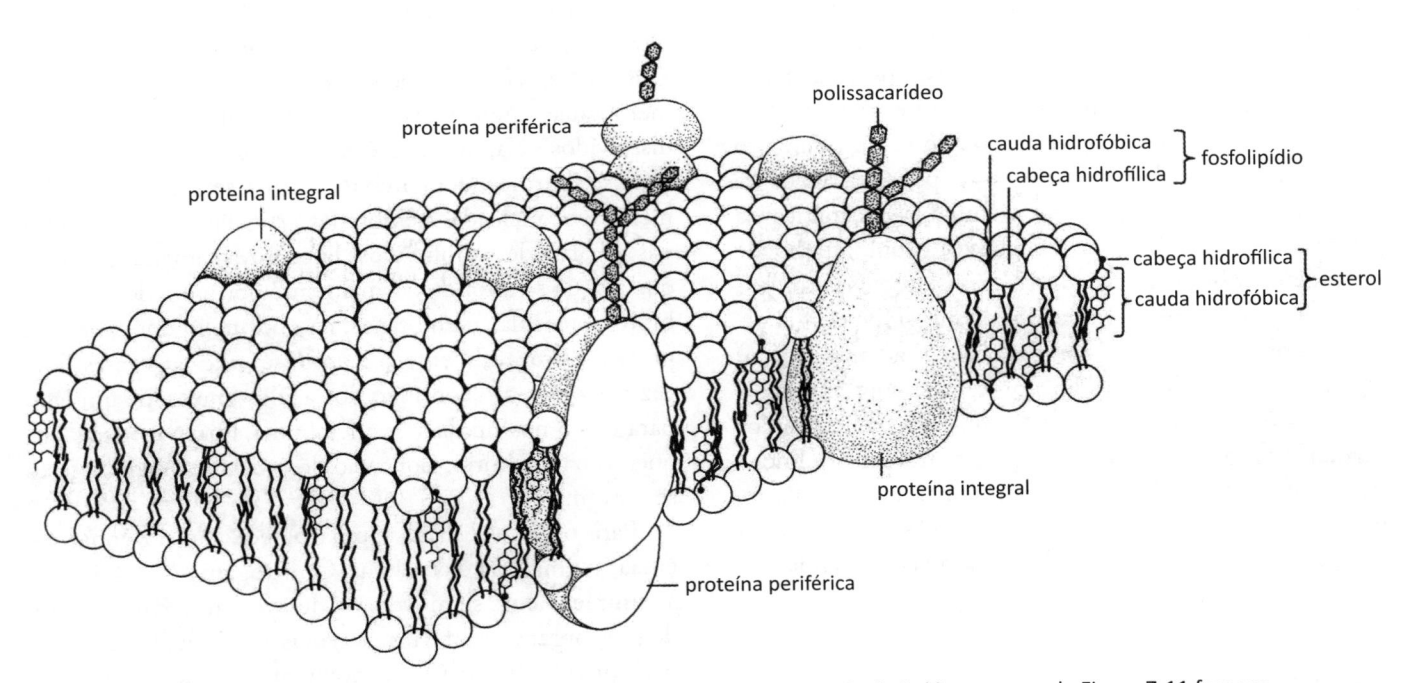

FIGURA 7-12 O modelo de mosaico fluído da estrutura da membrana. Uma bicamada de lipídios como a da Figura 7-11 fornece estabilidade para a membrana por meio da associação das cabeças hidrofílicas dos lipídios com H_2O em um dos lados e a associação de ácidos graxos hidrofóbicos no interior da membrana. Os esteróis também possuem uma cabeça hidrofílica relativamente pequena (feitas de um grupamento hidroxila) e uma parte hidrofóbica mais longa. As proteínas podem ser contínuas atravessando a membrana ou localizadas a cada lado. A maioria das membranas contém substancialmente mais proteína do que esse desenho sugere. Algumas são glicoproteínas com pequenos polissacarídeos acoplados, como mostrado na parte superior do modelo.

passam completamente ou ficam grudadas na superfície (Chabre, 1987).

Algumas das proteínas periféricas da membrana plasmática, do tonoplasto, do retículo endoplasmático e dos dictiossomos contêm polissacarídeos curtos e frequentemente ramificados, acoplados à superfície externa da membrana (LaFayette et al., 1987; Grimes e Breidenbach, 1987). Elas são chamadas de **glicoproteínas**. Os polissacarídeos das glicoproteínas são mostrados na Figura 7-12 como projeções ramificadas que se estendem para fora. Normalmente, esses polissacarídeos consistem em açúcares hexoses unidos ou açúcares modificados, principalmente manose, fucose (6-desoxigalactose) e glucosamina. A principal função desses polissacarídeos na membrana plasmática é fornecer propriedades de reconhecimento.

Especificamente, os polissacarídeos reconhecem as proteínas externas e outros polissacarídeos de vários tipos. Por exemplo, certas bactérias patogênicas e fungos devem penetrar no citoplasma das células vegetais para causar doenças, e antes da penetração eles primeiro se aproximam da membrana plasmática hospedeira e enviam sinais de proteína (enzimas) ou de polissacarídeos para ela (revisado por Boiler, 1989; Stone, 1989; e Dixon e Lamb, 1990). A inserção desses sinais provavelmente depende de um processo de chave e fechadura que envolve os polissacarídeos da membrana. Se a correspondência for correta para o patógeno, a inserção pode ocorrer e a doença pode resultar. Do contrário, a planta será resistente. Outro exemplo envolve a infecção das raízes de leguminosas pelas bactérias *Rhizobium* que fixam o nitrogênio (consulte a Seção 14.2). Mais uma vez, aparentemente ocorre um reconhecimento entre as proteínas da superfície ou os polissacarídeos da bactéria e as glicoproteínas da membrana plasmática da planta. Outros exemplos incluem ainda a compatibilidade e a incompatibilidade do enxerto e as interações do pólen/estigma durante a polinização da flor (Hodgkin et al., 1988). Por fim, é possível (embora não seja comprovado) que os polissacarídeos das glicoproteínas representem sítios receptores ou de reconhecimento para os hormônios vegetais entregues de uma célula para outra. Provavelmente, a principal função das glicoproteínas no tonoplasto, no retículo endoplasmático e nos dictiossomos também é garantir o reconhecimento das moléculas envolvidas no tráfego subcelular.

7.5 Primeiras observações sobre a absorção do soluto

Um objetivo importante do estudo das membranas com um microscópio eletrônico ou por métodos químicos é entender como elas controlam o movimento dos solutos que as atravessam. Muito antes do desenvolvimento dos microscópios eletrônicos, e antes que alguém soubesse como isolar as membranas para uma análise química, suas propriedades de absorção já podiam ser estudadas. Algumas propriedades observadas forneciam dicas importantes sobre a natureza das membranas. Mencionaremos quatro observações sobre a absorção do soluto descobertas pelos pioneiros do campo, mas lembre-se de que elas não dizem nada sobre o *mecanismo* de absorção. Por fim, distinguiremos os mecanismos passivos e ativos, mas, por enquanto, reconheça que o transporte total (a soma desses dois mecanismos) estava sendo medido e que, na maioria dos casos, a absorção era principal ou totalmente passiva.

1. *Se as células não estiverem vivas e metabolizando, suas membranas tornam-se muito mais permeáveis aos solutos.* Se uma célula for morta por temperaturas altas ou venenos, ou se o seu metabolismo for inibido por temperaturas baixas, temperaturas altas não letais ou por inibidores específicos, muitos solutos na célula vazam para fora e os que estão fora se difundem para dentro. Essa é uma medição da morte e representa apenas o transporte passivo pela livre difusão descendo um gradiente de energia livre para todos os solutos envolvidos.

2. *As moléculas de água e gases dissolvidos, como N_2, O_2, e CO_2, se difundem passivamente através de todas as membranas rapidamente.* Não se sabe como a água pode penetrar nas membranas muito mais rápido que a maioria dos solutos dissolvidos nela, mas isso é essencial para a ocorrência da osmose. Surpreendentemente, a água se difunde rapidamente por meio de membranas artificiais formadas apenas a partir de fosfolipídios. Isso provavelmente significa que a água se difunde normalmente por meio dos lipídios hidrofóbicos das membranas, não por meio dos canais de proteína. Provavelmente, o mesmo se aplica aos gases. Talvez o movimento contínuo dos ácidos graxos, de um lado para outro nos lipídios da membrana, forme orifícios pequenos e transitórios por meio dos quais a água e os gases se movem.

Para o N_2, a difusão rápida parece não ter consequências na maioria das células. O nitrogênio dissolvido do ar simplesmente se move para dentro e fora das células e de suas organelas em ritmos iguais e sem qualquer efeito perceptível. Para o O_2, o movimento rápido para dentro permite que a respiração ocorra e é importante para todas as células aeróbias durante o dia e à noite. Para as células fotossintéticas, o movimento global do O_2 para o ar que o cerca é um processo normal durante a luz do dia, quando a fotossíntese excede a respiração. Para o CO_2, o movimento rápido para dentro das células fotossintéticas é crucial durante a luz do dia, mas, à noite, ele se move para fora, sejam as células fotossintéticas ou não, e entra no ar que as cerca. Para todos esses gases, a difusão por meio de qualquer membrana é apenas um movimento passivo descendo por um gradiente de energia livre.

3. *Os solutos hidrofóbicos penetram em uma taxa positivamente relacionada à sua solubilidade nos lipídios.* Solutos mais hidrofóbicos e menos hidrofílicos se movem atravessando as membranas mais rapidamente que aqueles com propriedades opostas. Considere alguns exemplos. O álcool metil (CH_3OH) não é muito menor que a ureia (H_2N—CO—NH_2), mas é aproximadamente 30 vezes mais solúvel nos lipídios e se move para dentro das células gigantes da alga *Chara ceratophylla* cerca de 300 vezes mais rápido que a ureia. Em comparação com a lactamida (três carbonos), a valeramida (cinco carbonos) é maior, cerca de 40 vezes mais solúvel nos lipídios e se move para as células da *Chara* cerca de 35 vezes mais rápido. Supõe-se que ureia, álcool metil, valeramida e lactamida atravessem a membrana plasmática para entrar nas células apenas pela difusão passiva por meio da bicamada de lipídios na direção de uma região de concentração mais baixa. Essas observações forneceram evidências iniciais de que as membranas são ricas em lipídios, mesmo antes de sabermos que uma bicamada existia.

Um problema prático da solubilidade dos lipídios é o fato de um soluto poder ou não possuir carga quando dissolvido na água, porque essa carga (positiva ou negativa) diminui muito a solubilidade do soluto, aumenta a solubilidade da água e diminui a permeabilidade das células ao soluto. Um exemplo importante envolve o CO_2 dissolvido, sua forma hidratada H_2CO_3, a principal espécie iônica HCO_3^- e a espécie ainda mais ionizada CO_3^{2-} formada *reversivelmente* em valores de pH acima de 8:

$$CO_2 + H_2O \rightleftharpoons H_2CO_3 \leftrightarrow HCO_3^- \leftrightarrow CO_3^{2-}$$
$$\qquad\qquad\qquad\qquad\quad H^+ \qquad\quad H^+ \qquad (7.1)$$

Em valores baixos de pH, muito mais carbono é absorvido do CO_2 dissolvido do que em valores altos, nos quais predominam o HCO_3^- e o CO_3^{2-}, negativamente carregados e insolúveis em lipídios.

Um exemplo relacionado envolve a absorção do **herbicida** (mata-mato) 2,4-D (*ácido 2,4-diclorofenoxiacético*). Este herbicida possui um grupamento de ácido acético que libera um H^+ para formar o 2,4-D negativamente carregado em pH neutro ou alto, mas em pH baixo pouca ionização ocorre e a molécula não carregada de 2,4-D permanece muito mais solúvel nos lipídios que sua forma aniônica. As folhas absorvem o herbicida muito mais efetivamente no pH 5 do que no pH 8. As cargas positivas também são importantes. Contrário ao comportamento de componentes ácidos, como H_2CO_3 e 2,4-D, as bases nitrogenosas (nas quais o nitrogênio atrai um H^+ e se torna positivamente carregado em pH baixo) são normalmente absorvidas mais rapidamente de soluções neutras ou ligeiramente básicas em que não existe carga. Novamente, um motivo importante é a solubilidade maior nos lipídios da membrana quando não há carga. (Como explicaremos na Seção 7.7, outro motivo da lenta absorção dos ânions é que o citosol é negativamente carregado em relação à parede celular e à solução externa, e essa carga repele os ânions.)

4. *As moléculas hidrofílicas e íons com solubilidades semelhantes aos lipídios penetram em taxas inversamente relacionadas a seu tamanho.* Para os íons, o tamanho relevante para a taxa de penetração é aquele atingido depois que a água da hidratação é acoplada (Clarkson, 1974). Cada íon atrai para si um número diferente (médio) de moléculas de água firmemente ligadas, dependendo da densidade da carga geral em sua superfície. Por exemplo, o Li^+ (massa atômica 6,9), que tem apenas uma camada cheia de elétrons ao redor de seu núcleo, tem 0,12 nm de diâmetro quando não está hidratado e liga cerca de cinco moléculas de H_2O. Por outro lado, o K^+ (massa atômica 39,1) possui várias camadas de elétrons e um diâmetro não hidratado de 0,27 nm, mas liga apenas cerca de 4 moléculas de H_2O. Portanto, o Li^+ hidratado é ligeiramente maior que o K^+ hidratado e se difunde por meio das membranas com menos rapidez que o K^+. Os cátions bivalentes, como Mg^{2+} e Ca^{2+}, possuem densidades de carga mais altos que Li^+ ou K^+, ligam cerca de uma dúzia de moléculas de H_2O e são absorvidos mais lentamente que os cátions monovalentes. Todavia, os cátions bivalentes, como o Fe^{2+}, são absorvidos mais rapidamente que os trivalentes, como o Fe^{3+}. O mesmo princípio ocorre com os ânions; assim, o Cl^- e o NO_3^- monovalentes são absorvidos mais rapidamente que o SO_4^{2-} bivalente. Além disso, o monovalente $H_2PO_4^-$ é absorvido mais rápido que o HPO_4^{2-} bivalente e muito mais rápido que o PO_4^{3-} trivalente. No pH 7 (o pH aproximado do citosol), a ionização do $H_2PO_4^-$ em HPO_4^{2-} e H^+ é apenas meio completa, portanto, existem quantidades quase iguais das formas monovalente e bivalente dos íons fosfato, essencialmente sem nenhum PO_4^{3-}. No pH abaixo de 6 (como em paredes celulares, vacúolos e solos ácidos), o $H_2PO_4^-$ monovalente é dominante.

TABELA 7-1 Concentrações dos principais íons na água do mar, em comparação às suas concentrações nos vacúolos das algas que a habitam.

	Nitella obtusa[a] — Mar Báltico		*Halicystis ovalis*[b]	
Íon	Concentração nos vacúolos	Concentração na água do mar	Concentração nos vacúolos	Concentração na água do mar
Na^+	54 mM	30 mM	257 mM	488 mM
K^+	113 mM	0,65 mM	337 mM	12 mM
Cl^-	206 mM	35 mM	543 mM	523 mM

[a] Os dados do *Nitella* são de Dainty, 1962.
[b] Os dados do *Halicystis* são de Blount e Levedahl, 1960.

Considerando-se que o pH de muitas paredes celulares é aproximadamente 5 (mesmo nos solos neutros ou ligeiramente alcalinos), em geral o transporte do fosfato para o citosol atravessando a membrana plasmática envolve principalmente o $H_2PO_4^-$. A ionização reversível do $H_2PO_4^-$ é mostrada abaixo:

$$H_2PO_4^- \leftrightarrow H_2PO_4^{2-} \leftrightarrow PO_4^{3-}$$
$$ \; H^+ \quad\quad H^+ \quad\quad (7.2)$$

7.6 Princípios da absorção do soluto

A seguir, discutimos os quatro princípios importantes da absorção do soluto, que se aplicam a quase todos os solutos dissolvidos que as plantas devem adquirir de seu ambiente ou transportar internamente de uma célula para outra. Esses princípios levaram à teoria de que as proteínas de transporte, chamadas especificamente de *transportadoras*, controlam a absorção. Na verdade, todos os princípios mencionados são coerentes com essa teoria. Mais adiante, sugerimos que os canais proteicos têm mais probabilidade de representar alguns dos resultados do que os transportadores verdadeiros, mas, ao contrário, parece válida a teoria de que as proteínas específicas de transporte nas membranas controlam a absorção da maioria dos solutos essenciais.

Muitos solutos são acumulados dentro das células

Um fato notável sobre todas as células é que elas podem absorver certos solutos essenciais tão rapidamente e por períodos tão longos que as concentrações desses solutos se tornam muito mais altas dentro das células do que na solução externa. Essa absorção é chamada de **acúmulo**. **Taxa de acúmulo** é até que ponto a concentração é maior internamente que externamente. Por exemplo, as fatias de tecidos de armazenamento como tubérculos de batata colocados em soluções nutrientes frequentemente esgotam a concentração dos íons externos para quase zero dentro de um dia ou dois. Durante esse período, alguns íons (principalmente o K^+) atingem concentrações internas mais de 1.000 vezes superiores àquelas finalmente presentes na solução que os cerca. Os tecidos vegetais normalmente contêm pelo menos 1% de K^+ com base no peso seco. Quando estão vivos, esses tecidos normalmente contêm de 80 a 90% de água, de forma que a planta viva contém 0,1% ou 25 mM de K^+. Ainda assim, o K^+ dissolvido mesmo em solos férteis frequentemente não é mais que 0,1 mM, indicando taxas gerais de acúmulo na planta inteira de aproximadamente 250 para 1. Numerosos dados sobre as taxas de acúmulo do potássio nas raízes e brotos de 5 espécies são fornecidos por Asher e Ozanne (1967). As leis da termodinâmica explicadas no Capítulo 2 mostram que a difusão livre que não envolve o gasto de energia metabólica não pode ser responsabilizada por um acúmulo tão grande. Portanto, concluímos que as células vegetais utilizam a energia para o acúmulo e sabemos, a partir de outros estudos, que o principal composto rico em energia é o ATP.

O acúmulo de certos solutos é um fenômeno universal das células vivas. Como explicamos no Capítulo 8, certas células do floema dos feixes vasculares acumulam a sacarose ou outros carboidratos em concentrações altas e depois os translocam para outros lugares. Esse transporte é essencial para que as células fotossintéticas supram outras partes da planta. As algas que vivem na água salgada devem acumular solutos para impedir a plasmólise e um de seus mecanismos de adaptação ao ambiente salino é aumentar suas concentrações internas de sal. A Tabela 7-1 lista os dados do acúmulo para duas espécies de algas que habitam águas de mares diferentes. As células das duas espécies possuem grandes vacúolos centrais, dos quais a solução foi obtida para a análise. Observe que as duas algas acumularam o K^+; a *Nitella* também acumulou Cl^- e Na^+ em menor escala,

FIGURA 7-13 (a) e **(b)**: Um equipamento usado para os estudos da absorção do soluto pelos segmentos da raiz. Os tecidos radiculares foram colocados em frascos de Plexiglas **(a)** e depois em cavidades de absorção aeradas, como mostra **b**. Para concluir o experimento, a válvula de Teflon é girada e a solução é retirada por vácuo para a câmara abaixo dos frascos. (De Kochian e Lucas, 1982.)

enquanto a *Halicystis* pareceu em equilíbrio com respeito ao Cl^- e, na verdade, restringiu a entrada de Na^+. Concluímos, a partir desses e outros dados, que o fato de os solutos se acumularem ou não depende do soluto e da espécie da planta. Além disso, enfatizamos que a restrição do sódio é comum na maioria das angiospermas e gimnospermas. Voltaremos a esse assunto mais tarde, nos termos dos mecanismos pelos quais a restrição ocorre. (Ela não ocorre por meio de uma bomba de sódio-potássio que, segundo o que alguns livros gerais de biologia dizem erroneamente, ocorre em todas as células eucariontes.)

A absorção dos solutos é específica e seletiva

O fato de os solutos serem absorvidos e acumulados por processos seletivos foi adicionalmente indicado por estudos em que as raízes foram excisadas dos brotos e se permitiu que acumulassem íons. Emanuel Epstein foi o pioneiro de muitos estudos com a excisão de raízes de cevada nas décadas de 1950 e 1960. O seu ensaio neste capítulo descreve parte dessa pesquisa e seu excelente livro (Epstein, 1972) fornece muitos detalhes sobre como as raízes absorvem os sais minerais. Com frequência, os brotos são cultivados a partir de sementes em uma solução diluída de sulfato de cálcio, portanto, a maioria dos sais minerais foi fornecida a partir de reservas das sementes. Essas raízes "pobres em sal" têm uma alta capacidade para a subsequente absorção de vários íons, e essa capacidade é mantida por várias horas mesmo que as raízes sejam cortadas dos brotos. A Figura 7-13 mostra um método no qual as raízes excisadas podem ser usadas nos estudos de captura dos íons. A aeração das raízes excisadas e daquelas acopladas aos brotos é necessária para permitir a respiração, que é essencial para o acúmulo normal de íons na maioria das espécies (observe o tubo na Figura 7-13b para forçar o ar por meio das soluções).

Se fornecermos a essas raízes uma solução que contenha KCl diluído (cerca de 0,2 mM) e Ca^{2+} em 0,2 mM para manter as funções normais da membrana, a taxa de absorção do K^+ não é afetada por concentrações semelhantes de sais de Na^+. Isso é verdadeiro, ainda que o Na^+ seja quimicamente semelhante ao K^+. O processo do acúmulo de K^+ é, portanto, seletivo e não é influenciado por um íon relacionado sob essas condições. Como esperado, vários outros íons monovalentes e bivalentes não têm influência sobre a captura do K^+. Em estudos semelhantes, a absorção do cloro não é afetada pelos haletos relacionados de fluoreto e iodeto, bem como pelo NO_3^-, o SO_4^{2-} ou o $H_2PO_4^-$. Os íons de cálcio são essenciais para essa seletividade porque, sem eles, a absorção do K^+, por exemplo, se torna inibida por concentrações baixas de Na^+.

Apesar dessa seletividade aparentemente alta, os mecanismos de captura podem às vezes ser "enganados". A absorção de potássio é competitivamente inibida pelo Rb^+ e a penetração das membranas por esses dois íons é aparentemente governada pelos mesmos mecanismos. Resultados competitivos semelhantes são frequentemente obtidos com o Cl^- e o Br^- monovalentes, o Ca^{2+} bivalente, o Sr^{2+} e, às vezes, o Mg^{2+}, com o SO_4^{2-} bivalente e o selenato (SeO_4^{2-}). Essa seletividade do transporte iônico pelas raízes também se aplica aos compostos orgânicos, como aminoácidos e açúcares, e ocorre em todas as partes da planta. A seletividade sustenta a teoria de que os transportadores proteicos nas membranas ajudam a mover os solutos para as células, porque se sabe que as enzimas (que são proteínas) reconhecem seletivamente e são ativadas ou desativadas por certos íons ou moléculas.

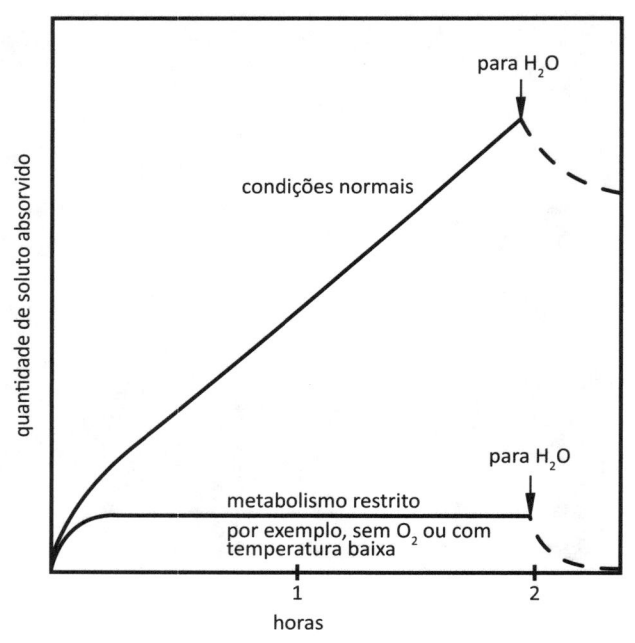

FIGURA 7-14 Progresso da captura de íons e efluxo com o tempo sob várias condições. Veja a explicação no texto.

Frequentemente, os solutos absorvidos só vazam lentamente

Uma vez que os íons ou as moléculas orgânicas são absorvidos para o citoplasma ou vacúolos das células, eles não vazam para fora imediatamente (isto é, o **efluxo**, ou movimento para fora, é frequentemente lento). O vazamento rápido pode ser induzido pelo dano às membranas com o calor, venenos ou falta de O_2 e, até certo ponto, pela remoção do Ca^{2+}, embora essas situações anormais eventualmente causem a morte celular. O vazamento lento mostra que a absorção, principalmente nas raízes com pouco sal, é principalmente um **influxo** unidirecional.

Se a concentração de um íon em um tecido pobre em sal for medida enquanto as células são expostas a esse íon, gráficos como os da Figura 7-14 são normalmente obtidos. Sob condições normais de temperatura e aeração (curva superior), ocorre um rápido influxo inicial dos íons, embora a maior parte desse influxo simplesmente represente a difusão para as paredes celulares e não o movimento real atravessando a membrana plasmática. Subsequentemente, a taxa de absorção se torna essencialmente constante, muitas vezes durante várias horas.

Agora, suponha que esses tecidos sejam removidos da solução no momento indicado pelas setas na Figura 7-14 e depois colocados na água em temperatura ambiente, e que a quantidade do íon retido no interior é medida em vários momentos. Apenas uma pequena fração dos íons presentes vaza para fora rapidamente, dentro de alguns minutos (linha pontilhada superior na Figura 7-14). Essas perdas iônicas ocorrem principalmente a partir das paredes celulares, não de dentro das células. Os íons presentes no citoplasma e nos vacúolos permanecem ali por mais tempo e representam, de longe, a maioria dos íons absorvidos. Apenas se os experimentos de vazamento continuassem por vários minutos ou horas é que o efluxo do citoplasma e depois dos vacúolos seria detectado, principalmente nas raízes pobres em sal.

O principal argumento aqui é que a maioria dos íons pode ser transportada através das membranas para dentro das células muito mais rápido que o seu movimento para fora. Isso é uma evidência adicional de que os transportadores de membrana ou canais unidirecionais aceleram apenas a sua absorção para dentro. (Explicaremos mais tarde, no entanto, que alguns íons, principalmente Na^+, Ca^{2+} e Mg^{2-}, se difundem para dentro por um gradiente de concentração e são transportados para fora com a ajuda de bombas dependentes do ATP.) Além disso, o efluxo de vários íons se torna significativo quando suas concentrações internas tornam-se altas (raízes que não são pobres em sal). Para as plantas intactas, o efluxo é particularmente ativo durante a escuridão e, em alguns casos, pode até exceder o influxo (Glass, 1989). Uma possível explicação é que, durante os períodos de escuridão, as raízes não recebem carboidratos suficientes das folhas para produzir a energia de que precisam para o influxo rápido.

A Figura 7-14 (curva inferior) também mostra o curso do tempo do acúmulo quando a respiração é inibida pela falta de O_2, temperaturas baixas ou numerosos venenos respiratórios. A fase inicial da absorção rápida não é muito alterada, mas a taxa de absorção cai rapidamente para quase zero (isto é, a curva torna-se quase horizontal). Quando essas raízes pobres em sal são transferidas para a água, quase todos os íons aparentemente absorvidos se difundem rapidamente para fora, entrando na água. Esse efluxo tem a mesma magnitude nos tecidos saudáveis e o efluxo tanto do tipo saudável quanto do patológico ocorre principalmente a partir das paredes celulares (apoplasto) pela difusão simples. Tais resultados ilustram a inibição da absorção e o acúmulo pelas condições que impedem a respiração normal. A respiração e a absorção do soluto provavelmente possuem uma relação forte, porque a respiração fornece o ATP necessário para a absorção do soluto.

A taxa de absorção do soluto varia conforme sua concentração

Para aprender os mecanismos da absorção do solo e entender as relações entre a absorção do fertilizante e suas taxas de aplicação, houve centenas de estudos relacionando as

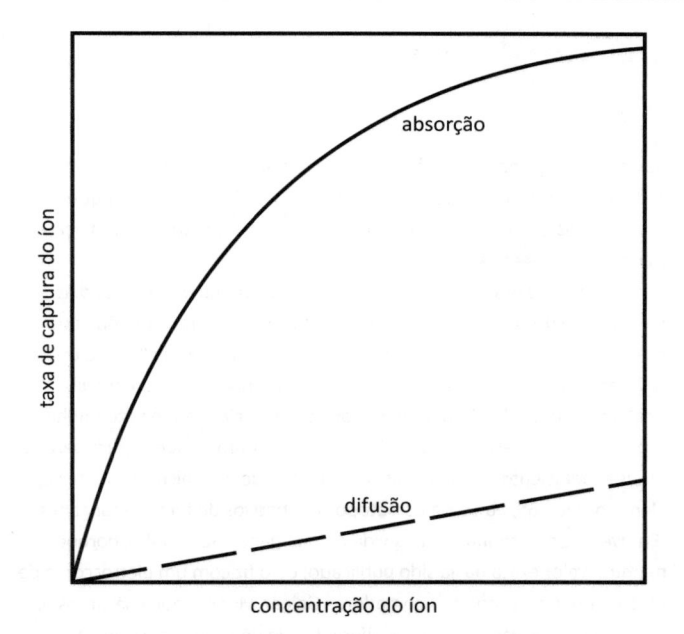

FIGURA 7-15 Influência da concentração do íon que cerca as células vegetais na taxa de captura do íon. Se a difusão livre fosse responsável pela captura, a taxa seria baixa e essencialmente proporcional à concentração, porém, as taxas reais são consideravelmente mais altas e refletem a cinética da saturação.

e potássio, e para outros solutos essenciais e células, exceto as das raízes, a absorção pelas membranas frequentemente limita a taxa. Os fisiologistas das plantas interessados em como os solutos atravessam as membranas estudaram o problema por muitos anos, usando técnicas numerosas. Emanuel Epstein e seus alunos estudaram a absorção de íons específicos pelas raízes excisadas como função da concentração externa e do tempo. Eles desenvolveram a ideia de que as proteínas nas membranas podem agir como enzimas, para as quais a cinética de Michaelis-Menten geralmente se aplica (Capítulo 9). Em grande parte, essa ideia se provou verdadeira, o que significa que as membranas possuem várias proteínas que reconhecem especificamente certos solutos, se combinam com eles e aceleram seu transporte para dentro. Epstein e muitos outros chamaram essas proteínas de **transportadoras**. Vamos investigar os estudos cinéticos nos quais a taxa de absorção é medida como função da ampla variedade de concentrações do soluto externo às quais as raízes excisadas e outras partes da planta são expostas. Nesses estudos, um equipamento semelhante ao mostrado na Figura 7-13 é frequentemente usado.

Existem dois mecanismos gerais possíveis para a absorção do soluto. Em primeiro lugar, a difusão simples e unidirecional atravessando a membrana faria com que a taxa de absorção fosse diretamente proporcional à concentração do soluto externo. O gráfico hipotético ilustrando esse mecanismo é mostrado na linha inferior da Figura 7-15. Os resultados com alguns dos solutos orgânicos aos quais as células nunca foram expostas na natureza mostram essa cinética. Esse é um exemplo da absorção passiva (descrita na Seção 7.5) e se aplica a solutos como metanol, etanol, ureia,

taxas de absorção e as concentrações externas. Uma conclusão importante para a maioria das plantas da natureza é que, para os nutrientes usados em abundância (nitrato, amônia, fosfato e potássio), a difusão para a superfície radicular é o fator limitador e, portanto, as propriedades de absorção das raízes têm uma importância limitada para a nutrição vegetal (Nye e Tinker, 1977). No entanto, para plantas de safra bem fertilizadas com nitrogênio, fósforo

FIGURA 7-16 Absorção multifásica do fosfato por partes da raiz do milho. Nesse experimento, cinco curvas separadas e quase saturáveis foram obtidas em uma variedade de concentrações do fosfato na solução nutriente, que variava 25.000 vezes (de 3 μM a 75 mM). Devido à ampla variedade de concentrações do fosfato, os dados são representados logaritmicamente. A absorção se refere a períodos de 1 hora. (Redesenhado a partir de Nandi et. al., 1987.)

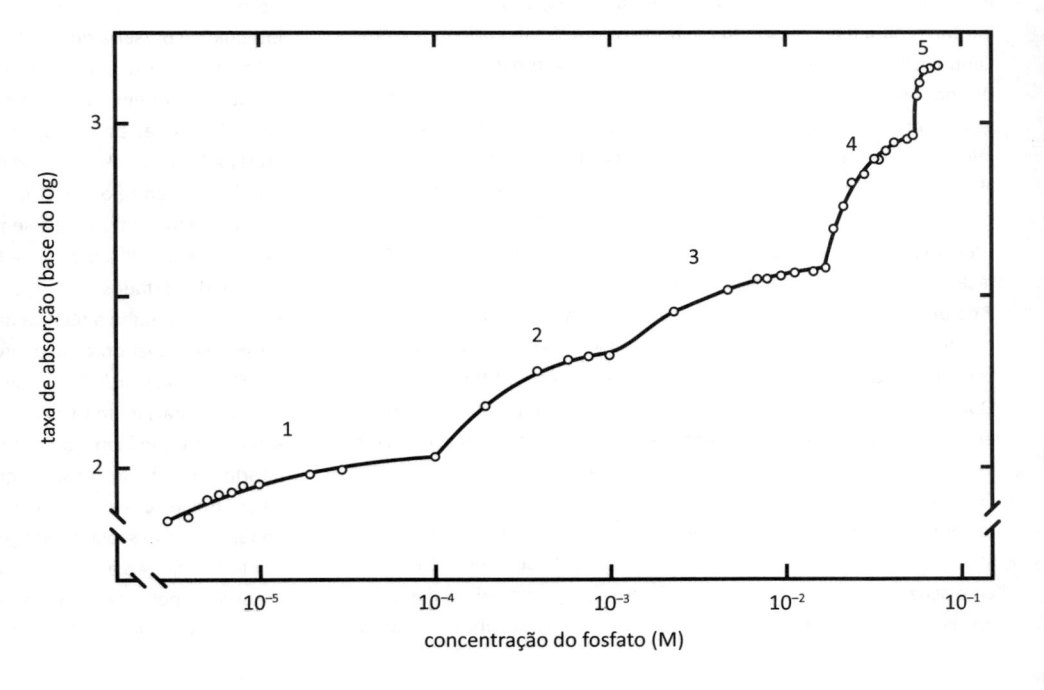

Raízes – mineração em busca de minerais

Emanuel Epstein

Emanuel Epstein nasceu na Alemanha, mas todos os seus diplomas de graduação eram dos campi *Davis e Berkeley da University of California. Depois, ele passou oito anos (1950-1958) no Ministério da Agricultura dos Estados Unidos em Beltsville, Maryland; desde então, trabalha na U.C. Davis. Ele é especialista nos processos pelos quais os íons se movem por meio das membranas e na tolerância das safras ao sal. Grande parte de sua pesquisa é direcionada a partes das plantas que raramente vemos: as raízes. O seu trabalho sobre o transporte dos íons no começo da década de 1960, descrito neste ensaio, lhe trouxe consagração mundial. A sua aplicação da cinética enzimática de Michaelis-Menten (descrito no Capítulo 9) nos estudos do transporte de íons enfatizou o conceito do transportador por meio das membranas. Hoje, ele usa técnicas de fisiologia comparativa e biologia molecular para entender a tolerância ao sal.*

Meus interesses científicos sempre combinaram uma curiosidade livre sobre o funcionamento da natureza com um desejo de que o conhecimento científico ofereça uma contribuição útil – isto é, tenha o potencial de uma aplicação prática. A agronomia combinava com essa minha tendência e, particularmente, o meu puro amor emocional pelas árvores canalizou esse interesse para a pomologia (o estudo das árvores frutíferas), que é um aspecto do amplo campo da horticultura. Naquela época – final da década de 1930 –, os estudos sobre agricultura na University of California começaram no campo de Berkeley, onde os futuros "agrônomos" faziam cursos básicos de química, física, matemática e biologia. Depois, eles iam para o campus de Davis para seus estudos agrícolas específicos. Eu também segui esse caminho e, ao terminar o meu trabalho de graduação, fiquei em Davis para fazer mestrado em horticultura. O meu orientador era Omund Lilleland. Ele observou uma clorose característica nas árvores dos pomares aos pés das montanhas de Sierra Nevada; descobrimos que a clorose era decorrente da deficiência do manganês e isso deu início ao meu eterno interesse pela nutrição mineral das plantas.

Na época (1941), o mestrado era o ponto final de um estudante no campus de Davis. Por isso, voltei para Berkeley e comecei a árdua preparação do meu Ph.D. em fisiologia vegetal. As coisas não foram fáceis. A Segunda Guerra Mundial estava destruindo a Europa; em 7 de dezembro de 1941, os japoneses atacaram Pearl Harbor e logo depois eu me apaixonei. Nenhum desses eventos induzia a uma concentração solitária e profunda no trabalho que eu tinha em mãos. Quando a poeira assentou, no começo de 1946, eu já estava casado e era pai de um menino, havia saído do exército e voltara ao início (bem longe do fim) dos estudos para o meu Ph.D.!

Entrei como aluno de graduação na famosa Divisão de Nutrição Vegetal em Berkeley, chefiada por Dennis R. Hoagland. Perry R. Stout era o meu principal orientador. Eu o escolhi por três motivos: eu o achava um pensador original, ele era direto, sem falsidades e pretensões e uma das poucas pessoas do mundo que, antes da guerra, havia feito algumas experiências com as plantas em que os isótopos radioativos dos elementos nutrientes tinham sido usados. Eu queria aprender essa maravilhosa ferramenta nova para estudar a nutrição mineral dos vegetais.

Isso foi antes da era dos radioisótopos sob encomenda. Naqueles dias, eles vinham do cíclotron de 60" de Ernest Lawrence, na montanha que ficava atrás do campus de Berkeley. Não havia unidades de "Saúde e segurança ambiental" – se houvesse, eu nunca poderia ter subido lá, pego um pedaço de placa defletora de cobre do cíclotron e feito minha própria química para separar o zinco-65 e obter uma solução pura para os meus experimentos. Eu ainda estava interessado nos micronutrientes e, além do zinco-65, eu usava os isótopos radioativos do ferro e manganês. (Eu tive que determinar a meia-vida do manganês-52 sozinho, porque nenhum valor exato havia sido publicado; eu o fiz com um eletroscópio de fibra de quartzo, porque os contadores Geiger-Mueller que usávamos na época apresentavam resultados diferentes de um dia para o outro.)

Fazer cursos era importante, além de continuar a pesquisa. Provavelmente, não havia outro lugar no mundo tão bom quanto a Divisão de Nutrição Vegetal de Hoagland para quem quisesse estudar essa parte da fisiologia vegetal. Além disso, dois cursos foram fundamentais para o que eu queria fazer: o curso de bioquímica de D. M. Greenberg incluía uma discussão profunda da cinética das enzimas e as palestras de G. Ledyard Stebbins sobre evolução orgânica abriram meus olhos para as origens e a diversidade genética da vida vegetal. Um dia, o Dr. Stout me apresentou a um visitante, Cecil H. Wadleigh, do Ministério de Agricultura dos Estados Unidos. Ele era um caça-talentos em busca de uma equipe para o novo laboratório de nutrição vegetal na principal estação de experimentos do Ministério em Beltsville, Maryland. O novo laboratório era especializado na aplicação de radioisótopos nos estudos da nutrição mineral e das plantas. Aceitei o emprego. Parecia uma oportunidade ideal de fazer o tipo de pesquisa que eu queria e continuar o desenvolvimento das técnicas isotópicas para isso. Além disso, a renda da nossa família (já éramos em quatro) passaria de US$2.280 por ano (parte vinha de um fundo para veteranos de guerra; outra parte, da minha bolsa de estudos para pesquisadores em meio período) para US$4.600!

Em Beltsville, eu podia fazer o que quisesse – principalmente graças a Sterling B. Hendricks, que me deu grande autonomia. Decidi estudar a seletividade entre o potássio e o sódio na sua absorção pelas raízes. A seletividade entre esses elementos, conforme o que eu sabia, estava presente em toda a biologia e tinha uma importância agrícola para o oeste dos Estados Unidos, com os seus vários solos afetados pelo sal. Eu aprendi sozinho a técnica da excisão da raiz, que nunca havia observado no laboratório de Berkeley, onde havia sido desenvolvida por D. R. Hoagland e T. C. Broyer; eu usei as raízes de cevada como eles haviam feito. O potássio e o rubídio, que são elementos semelhantes, inibiam coerentemente a absorção um do outro, mas a interferência na absorção de qualquer um deles pelo sódio era menor e bem menos coerente. Ao mesmo tempo, confirmei um dogma importante da escola de Hoagland: a permeabilidade das membranas celulares vegetais a esses íons era bem baixa. Os radioíons, uma vez absorvidos pelas raízes, eram muito lentos na sua troca com os íons não marcados do mesmo elemento na solução externa. Em primeiro lugar, como eles entravam? E como a seletividade podia ser explicada? Havia referências na literatura aos "compostos de ligação" ou "bombas de íons", mas não havia uma explicação racional clara, muito menos qualquer tratamento quantitativo, dessas ideias.

Mas a minha mente já estava preparada quando C. E. Hagen, outro recém-chegado a Beltsville, me perguntou se eu achava que a interferência do sódio na absorção do potássio, que eu estava observando, era ou não competitiva. Eu não sabia, mas a pergunta desencadeou aqueles *insights* repentinos citados tão frequentemente pelos cientistas, mas que na verdade são muito raros. A entrada dos íons nas células por meio de uma membrana impermeável sugeria a necessidade de que algum agente na membrana efetuasse o transporte – a formação de um complexo enzima/substrato na catálise enzimática – e a especificidade desse processo. Se o íon fosse o "substrato" e se a sua combinação específica (seletiva) com um transportador na membrana – a "enzima" – resultasse em um complexo de transportador/íon, a cinética do transporte por meio da membrana poderia seguir a cinética conhecida da catálise enzimática, que era a cinética de "Michaelis-Menten". A diferença estaria no processo provocado: não a transformação química do substrato em produto, mas o transporte do íon do lado externo para o interno da membrana. Isso explicaria o paradoxo de um íon atravessando uma membrana que é impermeável a ele: não seria o íon livre que atravessaria a membrana, mas sim o complexo do transportador/íon; uma vez liberado no lado interno da membrana, o íon não estaria livre para se difundir para fora. A evidência de uma membrana impermeável ao íon era totalmente coerente com esse esquema. A questão da seletividade também poderia ser explicada: assim como as enzimas possuem "sítios ativos" aos quais o substrato é especificamente ligado, poderíamos esperar que os transportadores tivessem sítios aos quais, digamos, o potássio e o seu semelhante rubídio se ligariam, mas não o sódio.

Comecei o trabalho com muita vontade, usando a técnica da raiz de cevada excisada, e eureka! Funcionou! A cinética enzimática poderia ser aplicada ao transporte do íon. Depois de publicar essas descobertas sobre o transporte do potássio em 1952, estendi a abordagem para outros íons, mas o trabalho definitivo foi executado no começo da década de 1960, depois que me mudei para o (extinto) Departamento de Solos e Nutrição Vegetal da University of California, em Davis – de volta ao meu antigo ponto de partida, e onde estou até hoje.

O segredo do progresso em Davis foi a minha descoberta de que a alta seletividade do processo de transporte para o potássio, na presença do sódio, dependia absolutamente da presença de íons de cálcio na solução externa. Além disso, ampliei a variedade de concentrações do íon cujo transporte eu estava estudando – de início, o potássio – para cobrir uma faixa muito ampla: de 0,002 mM a 50 mM. A taxa de absorção de potássio pelas raízes de cevada seguia muito bem a cinética de Michaelis-Menten, desde a concentração mais baixa até cerca de 0,2 ou 0,5 mM. Nessas concentrações, a taxa era nivelada; isto é, ela se tornava quase independente da concentração externa. Todavia, em concentrações ainda mais altas, a taxa de captura subia para níveis muito mais altos do que o máximo teórico para o mecanismo de concentração baixa (alta afinidade). Além disso, este segundo mecanismo de alta concentração (baixa afinidade) era drasticamente diferente do primeiro na seletividade e em outras características. Apelidei o primeiro de "mecanismo 1" e o segundo de "mecanismo 2" e tive a satisfação de ver todo um corpo de pesquisas e publicações – às vezes bem polêmicas! – surgindo dessas descobertas. Muitos fisiologistas foram convencidos, pela evidência cinética do funcionamento dos transportadores, de que uma pesquisa direta de sua identidade bioquímica valia a pena.

Existe uma lição a aprender com essa experiência. Certamente a especialização é uma necessidade na pesquisa científica, em uma época em que aprendemos cada vez mais sobre cada aspecto da ciência. Porém, também é importante manter contato com os campos relacionados da ciência, porque ideias inesperadas e úteis podem surgir quando as informações e modos de pensamento de diferentes especialidades são conceitualmente conectados. Foi isso que aconteceu quando eu, e não um enzimologista, conhecia o suficiente sobre a cinética das enzimas para trazer seus conceitos para a solução do problema do transporte dos íons por meio das membranas celulares vegetais. A lição é deixar que seu pensamento vá além do foco imediato e estreitamente definido, para determinar que outros conhecimentos e pontos de vista poderiam contribuir com a solução de um problema. A especialização restrita é o principal risco ocupacional na pesquisa científica; devemos combatê-la deliberadamente.

Desde então, quando fiz o excepcional curso de Ledyard Stebbins sobre a evolução orgânica, fiquei fascinado com a diversidade dos seres vivos e particularmente com a diferenciação genotípica intra-específica e entre as espécies estreitamente relacionadas. Por muitos anos, meu interesse concentrou-se na seletividade iônica, principalmente na seleção entre os íons de potássio e sódio e na função do cálcio nesse processo. Como eu trabalhava e morava no oeste dos Estados Unidos, estava profundamente ciente da salinidade dos solos e da água – "salinidade" se refere, quase sem exceção, a altas concentrações de sais de sódio –, tão alta que chega a ser prejudicial para o crescimento da maioria das espécies cultivadas. Ainda assim, as plantas selvagens habitam meios altamente salinos: as provas são o fitoplâncton marinho e, em terra, os habitantes vegetais das orlas marítimas, pântanos salgados e desertos salinos. Mesmo nas espécies cultivadas havia uma considerável variação na tolerância ao sal. Aqui, tive outra oportunidade de reunir o conhecimento com as abordagens de duas disciplinas diferentes: a nutrição mineral das plantas por um lado e a genética por outro. Portanto, no começo da década de 1960, comecei a estudar o controle genético do transporte seletivo de íons com ênfase no sódio, no potássio e no cloro, e as respostas diferenciais ao sal. Também promovi a necessidade dessa abordagem genética, publicando as descobertas e as revisões da pesquisa e as enfatizando em um livro.

Meus alunos de graduação e outros colaboradores fizeram triagens de larga escala das linhas genéticas da cevada *Hordeum vulgare* e do trigo *Triticum aestivum,* encontrando em ambos uma variação considerável na tolerância ao sal. Não conseguimos encontrar grande variabilidade desse tipo no tomate *Lycopersicon esculentum,* principalmente, eu suspeito agora, porque não tínhamos uma triagem grande o suficiente. Porém, o fracasso nos forçou a considerar o germoplasma exótico. Recorri a Charles M. Rick, que trabalhava no Departamento de Safras Vegetais – ele era a autoridade máxima mundial em genética do tomate e do germoplasma. Ele nos deu as sementes de uma espécie exótica de tomate, que ele havia coletado perto da orla marítima em uma das Ilhas Galápagos, onde supostamente a planta era exposta ao sal. Os seus frutos eram minúsculos, amarelos e amargos, mas, na cultura da solução, as plantas se provaram, de fato, tolerantes ao sal. Felizmente, essa espécie e a da safra eram fáceis de hibridizar e, portanto, começamos a desenvolver tomates tolerantes ao sal. Cultivamos parte das nossas melhores seleções de cevada, trigo e tomate nas dunas do Bodega Marine Laboratory na costa do Pacífico, ao norte de São Francisco. Usamos água marinha e suas diluições para irrigar as plantas e assim fornecemos evidências espetaculares para a nossa tese de que uma dimensão genética deveria ser adicionada às técnicas convencionais de irrigação e drenagem para lidar com o problema da salinidade. Na verdade, nossa esperança e expectativa são que o imenso reservatório de água e nutrientes minerais dos oceanos mundiais um dia sejam colocados em uso junto com os desertos litorâneos para cultivar safras especificamente desenvolvidas para a cultura em água marinha.

Na nossa pesquisa atual, nos concentramos principalmente nos mecanismos da tolerância ao sal, atacando o problema com as ferramentas da fisiologia comparativa – uma combinação entre genética e fisiologia vegetal – e com a biologia molecular quase no mesmo patamar. Essa jornada foi e é fascinante. Para mim, ser professor e cientista pesquisador é o trabalho mais desafiador e recompensador que uma pessoa pode ter. Uma alegação extravagante? Acho que não. Em toda sociedade, existem apenas dois pontos de crescimento: as pessoas jovens, que são os nossos estudantes, e o novo conhecimento obtido por meio das pesquisas. E é nessas duas fontes de renovação e crescimento que um professor de uma universidade de pesquisa trabalha: vocês, leitores – nossos jovens –, e o novo conhecimento que nós geramos por meio da pesquisa. Nada é mais importante para o avanço da sociedade e nenhum cargo é mais satisfatório do que trabalhar com essas duas fontes maravilhosas de futuro.

valeramida e até mesmo ao gás nitrogênio atmosférico. Porém, para os solutos (orgânicos e inorgânicos) que as células devem acumular, as taxas reais de absorção são muito mais rápidas e raramente se observa um componente linear da difusão simples. A linha superior da Figura 7-15 ilustra o que é normalmente encontrado. A taxa de absorção (jargão: "captura") aumenta rapidamente conforme aumenta a concentração dos solutos nos intervalos baixos de concentração, geralmente semelhantes aos que existem no solo (até cerca de 0,1 mM), mas, nas concentrações mais altas, a taxa de absorção começa a se nivelar. Essas descobertas sugerem que um transportador na membrana transfere cada soluto o mais rápido que pode até que ele se torne essencialmente sobrecarregado pelo excesso de solutos nas concentrações altas.

Outros pesquisadores (principalmente Per Nissen na Noruega) realizaram experimentos semelhantes e fizeram análises computadorizadas detalhadas dos dados cinéticos de Epstein e seus colegas, bem como de outros. É surpreendente notar que Nissen e seus colegas observaram que a curva geral de absorção da Figura 7-15 consiste, na realidade, em numerosas fases de aumento e nivelação (Nissen, 1986, 1991; Nissen e Nissen, 1983). Previamente, Epstein e seus colegas haviam descoberto evidências distintas de duas dessas fases cinéticas (e para o cloro, até três) (revisado por Epstein, 1972). Os dados sobre as taxas de absorção do fosfato em uma ampla variedade de concentrações estão na Figura 7-16. Uma vez que a variedade de concentrações era tão grande (3 μm a 7 mM), os dados são apresentados de maneira logarítmica. Os resultados mostram uma série de curvas, cada uma delas aumentando e depois se nivelando antes que a próxima curva faça o mesmo. Esses resultados gerais foram obtidos com raízes e caules de camadas multicelulares, com organismos unicelulares e até mesmo em plastídeos isolados. Além disso, eles se aplicam a vários cátions e ânions que as células vegetais normalmente absorvem, além de aminoácidos e glicose. Aparentemente, os resultados se aplicam a todas as membranas vegetais e a todos os solutos a que as plantas se adaptaram durante a evolução. Esses resultados são chamados de **cinética multifásica**. Ainda não sabemos explicá-la, mas está claro que a difusão simples por meio dos lipídios ou proteínas na membrana não é a resposta. Em vez disso, as proteínas de transporte (transportadores, canais ou bombas) devem estar envolvidas.

7.7 Transporte passivo e ativo: a energética

Enfatizamos previamente que muitos solutos absorvidos pelas células são acumulados dentro delas em concentrações mais altas do que fora. Por exemplo, a maioria das células acumula o potássio e os tubos de peneira do floema acumulam a sacarose antes de sua translocação (consulte a Seção 8.3). Porém, alguns solutos absorvidos rapidamente pelas células nunca atingem concentrações mais altas dentro. Um bom exemplo é o N_2 gasoso, mas ele provavelmente se move para dentro e para fora apenas pela difusão por meio da bicamada de lipídios. A Tabela 7-1 mostra que as algas (isso também é verdadeiro na maioria das plantas), na verdade, restringem o movimento do sódio de forma que as taxas de acúmulo desse íon são comumente inferiores a 1,0. Ignorando os mecanismos e qualquer proteína de transporte, o que as considerações termodinâmicas do Capítulo 2 nos dizem sobre a viabilidade do acúmulo, não acúmulo e restrição do soluto?

Para qualquer soluto que não seja carregado (principalmente gases e açúcares), a diferença na concentração nos dois lados de uma membrana é essencialmente o único fator que determina o gradiente no **potencial químico**. Porém, para solutos carregados (íons), outro fator importante está envolvido: o gradiente no **eletropotencial**. Resumidamente, esse gradiente simplesmente envolve a

TABELA 7-2 Uso da equação de Nernst para prever se os íons foram absorvidos ativamente ou passivamente pelas raízes de ervilha.[a]

Íon	Concentração da solução	Concentração medida no tecido	Relação de acúmulo	C_i previsto	Concentração med. no tecido / C_i previsto
K^+	1,0 mM	75 mM	75	72 mM	1,04
Na^+	1,0	8,0	8,0	72	0,111
Mg^{2+}	0,25	1,5	6,0	1.310	0,00115
Ca^{2+}	1,0	0,80	0,80	5.250	0,000152
NO_3^-	2,0	27	14	0,0276	978
Cl^-	1,0	5,3	5,3	0,0138	384
$H_2PO_4^-$	1,0	25	25	0,0138	1.810
SO_4^{2-}	0,25	9,5	38	0,000048	198.000

[a] Vários segmentos radiculares de 1 a 2 cm de comprimento (0,20 g de peso fresco total de todos os segmentos) foram agitados em 50 ml de solução nutriente a 25 °C por 48 horas. A diferença do eletropotencial entre a solução e as células radiculares foi em média de 110 mV. Os segmentos foram enxaguados, congelados e depois extraídos duas vezes na água fervente para determinar a concentração de cada íon nos tecidos (coluna 3 acima). A relação de acúmulo (coluna 4) é a relação entre a concentração medida no tecido e a concentração da solução nutriente. O C_i previsto (coluna 5) foi calculado a partir da equação de Nernst, e dois exemplos são dados a seguir. A última coluna indica a distância do equilíbrio eletroquímico em que cada íon estava dentro dos tecidos. (Dados de N. Higinbotham et al.,1967.)

Cálculos de C_i das amostras:

1. Para o K^+:

$$\log C_i/C_o = \frac{(1,0)\ (96.400\ J/V\ mol)\ (0.110\ V)}{(2,3)\ (8,31\ J/mol\ K)\ (298\ K)} = 1,86$$

$C_i/C_o = 10^{1,86} = 72$. Como C_o era 1,0 mM, C_i= 72 mM

2. Para o Ca^{2+}:

$$\log C_i/C_o = \frac{(2,0)\ (96.400\ J/V\ mol)\ (0,110\ V)}{(2,3)\ (8,31\ J/mole\ K)\ (298\ K)} = 3,72$$

$C_i/C_o = 10^{3,72} = 5.250$. Como C_o era 1,0 mM, C_i= 5.250 mM

atração ou repulsa dos íons, resultante de uma diferença na carga elétrica por meio da membrana. Estamos acostumados a pensar que as cargas positivas e negativas de qualquer solução de sais devem ser exatamente equilibradas, e isso em geral é verdadeiro para as soluções em que a vida não existe. Porém, as células usam a energia para bombear os prótons Na^+ e Ca^{2+} para fora, contra a parede celular (conforme descrito na próxima seção), e essa perda de cátions faz com que o seu citosol assuma uma carga negativa. Essa carga elétrica pode ser medida por eletrodos colocados simultaneamente dentro e fora da célula. Milhares dessas medições mostram que a tensão é pequena, embora o citosol seja negativamente carregado em cerca de 100 a 150 millivolts (mV).[1] Além disso, o citosol também é negativo em relação ao grande vacúolo central nas células do parênquima, por aproximadamente 30 mV (Sze, 1985). Uma vez que a carga no citosol relativa às células fora da solução atrai os cátions e repele os ânions, o efeito da carga deve ser adicionado às diferenças na concentração para determinar o gradiente do potencial químico total para os íons. Esse gradiente que atravessa as membranas é chamado de **gradiente eletroquímico**.

Uma equação matemática que adiciona o gradiente da concentração química através de uma membrana ao gradiente elétrico (diferença na tensão) por meio dela é a **equação de Nernst**, simplificada da seguinte maneira:

$$\Delta\mu = \Delta(RT\ln C) + \Delta(zF\Psi) \qquad (7.3)$$

Aqui, $\Delta\mu$ representa a diferença no potencial químico total (gradiente eletroquímico) através da membrana em joules/mol; $RT\ln C$ é a contribuição química para o gradiente eletroquímico para o soluto, resultando apenas do log natural da diferença da concentração, e $zF\Psi$ é a contribuição elétrica. R é a constante universal dos gases (8,314 J mol^{-1} K^{-1}) e T é a temperatura absoluta em kelvins. C é a concentração iônica em mols por litro e o sinal Δ antes de $(RT\ln C)$ significa que a diferença na concentração por meio da membrana deve ser medida; z é o número de cargas no íon (por exemplo, +1 para K^+ e –2 para SO_4^{2-}), F é a **constante de Faraday** (96.400 joules por volt por mol) e $\Delta\Psi$ é a diferença de carga do eletropotencial na membrana em volts.

---

[1] A quantidade de carga por meio da membrana, necessária para tornar o citosol 100 mV negativo, é minúscula – menos que um íon não equilibrado em um milhão de ânions e cátions (Clarkson, 1984).

Se presumirmos que a temperatura é a mesma nos dois lados da membrana (como normalmente ocorre) e depois convertermos os valores a log na base 10, a Equação 7.3 pode ser simplificada para facilitar o uso, produzindo-se a Equação 7.4:

$$\log \frac{C_i}{C_o} = \frac{-zF\Delta\psi}{2,3RT} \quad (7.4)$$

Aqui, C_i/C_o é a taxa prevista das concentrações iônicas dentro e fora da membrana em equilíbrio quando $\Delta\mu$ = zero. Se $\Delta\mu$ for zero ou menos, o gradiente na energia livre (gradiente do potencial eletroquímico) permite a absorção pelo **transporte passivo**, mas se ele for positivo, a célula deve usar energia para transportar o íon para dentro por meio do **transporte ativo**. Portanto, a absorção passiva e ativa são definidas pela equação de Nernst, que considera as diferenças na concentração e na carga elétrica.

A Tabela 7-2 lista dados representativos para os cortes excisados da raiz de ervilha, que foram deixadas para absorver íons de uma solução nutriente equilibrada por 24 horas. As concentrações tissulares de vários íons nas células, que eram previstas se nenhuma absorção ativa ocorresse (valores C_i), foram calculadas a partir da Equação 7.4 e as concentrações medidas nas células representam os dados reais. Depois da absorção, o $\Delta\Psi$ nas células da raiz era de –110 mV. Quase todos os íons foram acumulados, de forma que a relação de acúmulo (C_i/C_o) era quase sempre maior que 1 (coluna 4), mas as comparações interessantes ocorreram entre as concentrações previstas e as medidas (última coluna). Para o K^+, as concentrações previstas e medidas eram semelhantes, indicando que o íon estava quase em equilíbrio e provavelmente era absorvido passivamente. Para Na^+, Ca^{2+} e Mg^{2+}, a concentração medida no tecido era quase sempre menor que a prevista, portanto, esses íons poderiam ter se movido para dentro passivamente pela difusão, talvez com a ajuda de uma proteína de transporte. (Na verdade, eles devem ter sido até mesmo transportados para fora ativamente, um assunto ao qual retornaremos adiante.) O argumento é que, energeticamente falando, o movimento para dentro era passivo.

Resultados semelhantes de outros experimentos com Mn^{2+}, Fe^{2+}, Zn^{2+}, Cu^{2+} e o boro como H_3BO_3 indicam que sua absorção também é passiva, embora o processo passivo dependa da produção dependente da energia do ATP e sua hidrólise para causar uma carga negativa dentro do citosol. Para todos os ânions, as concentrações internas medidas eram muito mais altas que as previstas, mostrando que eles eram absorvidos. Provavelmente, as células sempre usam energia para acumular ânions porque a carga negativa dentro da membrana sempre os repele. Esse fator de repulsão também ajuda a explicar por que o CO_2 e o H_2CO_3 são absorvidos mais rápido que o HCO_3^- e o CO_3^{2-}, e por que o $H_2PO_4^-$ é absorvido mais rápido que o HPO_4^{2-}, conforme mencionado na Seção 7.5. A próxima seção discute como as células usam a energia para manter uma carga negativa no seu citosol.

7.8 Como a ATPase bombeia os prótons de transporte e o cálcio

Conforme indicado acima, as células usam a energia armazenada no ATP para absorver os solutos ativamente. Como elas obtêm energia do ATP para fazer isso? Primeiro, vamos considerar o ATP e sua hidrólise.

O ATP fornece energia quando o seu fosfato terminal é hidrolisado para liberar o ADP e o fosfato inorgânico ($H_2PO_4^-$ ou HPO_4^{2-}, coletivamente abreviados como Pi), conforme segue:

$$ATP(Mg) + H_2O \leftrightarrow ADP(Mg) + Pi \quad (7.5)$$

Essa reação é catalisada por uma enzima que aparentemente está presente em cada membrana de cada célula viva. Ela é chamada de **ATP fosfohidrolase** e universalmente abreviada como **ATPase**. Essa é uma das proteínas de transporte mencionadas previamente. Cada molécula de ATP e ADP é quelada com um Mg^{2+}, que enfatiza uma função essencial do magnésio para a vida. A reação é fortemente exergônica na direção de avanço, com a liberação de aproximadamente 32 kJ (7,6 kcal) para cada mol de ATP hidrolisado. Se misturarmos quantidades iguais de ATP, ADP, Pi e Mg^{2+} na água e depois adicionarmos uma ATPase para acelerar a reação, ela continuará quase até a conclusão com essencialmente nenhuma sobra de ATP no equilíbrio. Quase toda a energia será liberada como calor.

No entanto, nas membranas, a maioria das ATPases garante que grande parte dessa energia seja usada para transportar os prótons de um lado da membrana para o outro contra um gradiente eletroquímico. Esse transporte de H^+ fornece a energia que então é usada para transportar os sais minerais essenciais. Outra ATPase geralmente muito menos ativa, que bombeia o Ca^{2+} para fora do citosol ao mesmo tempo em que bombeia o H^+ para dentro, provavelmente existe nas plantas (como existe nos animais), mas estamos apenas começando a aprender sobre ela. Acredita-se que essa **ATPase de Ca^{2+}/H^+** bombeie o cálcio para fora do citosol até a parede celular por meio da membrana plasmática ou para dentro até o vacúolo por meio do tonoplasto (Hepler e Wayne, 1985; Giannini et al, 1987). Além disso, existem evidências de outra bomba de cálcio na membrana plasmática de algumas espécies (Graf e Weiler, 1989; Kasai e Muto, 1990). Ela é chamada de **(Ca + Mg)-ATPase**, porque depende de um quelato de Mg^{2+} e ATP para mover o Ca^{2+} para fora da célula. Essa bomba não move o H^+ para dentro enquanto o Ca^{2+} se move para fora, e provavelmente depende da calmodulina para sua atividade (consulte as discussões sobre a calmodulina nas Seções 6.6 e 17.1).

O mecanismo pelo qual as ATPases bombeiam o H^+ e o Ca^{2+} de um lado da membrana para o outro não é totalmente entendido, embora vários fatos sejam conhecidos. Todas as ATPases são grandes o suficiente para cobrir qualquer membrana (com frequência, mais de uma vez) e, portanto, elas representam as proteínas integrais mencionadas na Seção 7.4. Além disso, parte de cada molécula de ATPase se estende para fora da membrana e entra no citosol aquoso, no qual essa parte reage com o ATP e a água. É provável que a ATPase contenha um orifício potencial que se estende por meio da membrana, mas esse orifício se abre apenas quando o ATP está sendo hidrolisado. Além disso, apenas quando o ATP está sendo hidrolisado é que a ATPase pode se combinar com um próton para movê-lo por meio da membrana, passando pelo orifício.

Existem três tipos principais de classes conhecidas de ATPase de transporte do H^+ existentes nas membranas de vários organismos eucariontes e procariontes (revisado por Blumwald, 1987; Rea e Sanders, 1987; Nelson, 1988; Poole, 1988; Serrano, 1989). Elas transportam apenas o H^+. Primeiro, resumimos algumas propriedades da ATPase de transporte do H^+ nas membranas plasmáticas das plantas e fungos, porque essa ATPase controla fortemente o que entra em qualquer célula e com que velocidade. Essa ATPase torna-se energizada pela catálise de uma transferência de vida curta do fosfato terminal do ATP para a sua parte que se estende para o citosol, no qual o ATP está disponível. A combinação do fosfato terminal do ATP com a ATPase faz com que a ATPase se torne rica em energia e o ADP é liberado. Durante a formação do estado rico em energia, a ATPase muda de formato, combina-se com um próton e supostamente abre o orifício em si mesma, por meio do qual o próton pode se mover através da membrana. Imediatamente depois, a H_2O é usada para hidrolisar o fosfato da ATPase; o próton se move por meio do orifício e é liberado no exterior da membrana plasmática (região da parede celular). Em seguida, a ATPase volta a assumir seu formato original de baixa energia e está pronta para funcionar novamente. Ainda não entendemos quais são as alterações no formato da ATPase durante esses processos, e como essas alterações causam o transporte do próton de um lado da membrana para o outro; o progresso e os problemas que ainda devem ser resolvidos foram revisados sucintamente por Pedersen e Carafoli (1987) e por Serrano (1989). Um ponto importante dessa ATPase é que ela exige K^+ para a sua atividade, embora provavelmente não o transporte diretamente por meio da membrana.

Acredita-se que a H^+-ATPase da membrana plasmática transporte, para fora do citosol e para dentro da parede celular, apenas um próton para cada ATP hidrolisado. Essa ATPase é a que mais desperdiça energia entre as três principais classes de ATPase conhecidas (grande parte da energia do ATP é perdida na forma de calor), embora ela cause três efeitos importantes:

1. *Ela aumenta o pH do citosol.* Normalmente, essa mudança no pH é pequena, porque o citosol tem um tamponamento próprio contra a perda do H^+. Normalmente, o pH do citosol situa-se entre 7 e 7,5.
2. *Ela diminui o pH da parede celular.* A parede celular tem uma capacidade de tamponamento muito menor que o citosol e, portanto, o seu pH frequentemente cai para 5,5 ou 5,0. Esse fenômeno também ajuda e influencia a capacidade das raízes para acidificar o solo, embora sua liberação de CO_2 na respiração também cause a acidificação pela formação de ácido carbônico, como mostra a Reação 7.1.
3. *Ela faz com que o citosol se torne eletronegativo em relação à parede celular, à medida que ele perde H^+ e retém OH^-.* A perda de um cátion do citosol e a retenção de um ânion é responsável pela diferença de tensão do eletropotencial negativo por meio da membrana plasmática, descrita anteriormente.

Embora a membrana plasmática seja a primeira barreira para a absorção, a maioria dos solutos entra no vacúolo e, assim, deve também penetrar a membrana do tonoplasto. O tonoplasto possui uma ATPase que bombeia os prótons para dentro do vacúolo, o que o torna ácido (perto do pH 5, porém ainda mais baixo nos frutos cítricos e em outras partes da planta). Essa ATPase é diferente, em vários aspectos, da encontrada na membrana plasmática. Uma diferença importante é que ela transporta o H^+ sem combiná-lo com o fosfato do ATP. Uma segunda diferença é que ela transporta dois H^+ para dentro do vacúolo para cada ATP hidrolisado, portanto, é mais energeticamente eficiente que a ATPase da membrana plasmática. Uma terceira diferença é que ela não depende do K^+. Não se sabe como ela transporta o H^+, mas a energia liberada quando o ATP é hidrolisado provavelmente muda a sua estrutura, de forma que um orifício se abre e os prótons são forçados a se mover através dele. As membranas do retículo endoplasmático e dos dictiossomos também possuem uma bomba de prótons de ATPase, muito parecida com a do tonoplasto; essa bomba transporta o H$^+$ para o interior das organelas e as torna ligeiramente ácidas.

Além da bomba de ATPase, o tonoplasto possui uma **pirofosfatase de bombeamento de prótons**, que usa a energia na pirofosfatase inorgânica (Rea e Sanders, 1987). Como ocorre no ATP, a hidrólise de um éster de pirofosfato está envolvida:

$$HO-\underset{\underset{O}{\parallel}}{\overset{\overset{O^-}{|}}{P}}-O-\underset{\underset{O}{\parallel}}{\overset{\overset{O^-}{|}}{P}}-OH + H_2O \longrightarrow 2\ H_2PO_4^- \qquad (7.6)$$

Na verdade, o pirofosfato existe como um quelato com Mg^{2+}, assim como o ATP e o ADP. É provável que a bomba de pirofosfatase transporte apenas um H$^+$ para o vacúolo para cada pirofosfato hidrolisado, mas isso ainda não foi comprovado. Aparentemente, essa bomba contribui menos com a absorção do soluto pelos vacúolos que a ATPase, em parte porque a concentração de PPi no citosol é inferior à de ATP.

Por fim, existe outro tipo de ATPase que transporta os prótons por meio das membranas das mitocôndrias e cloroplastos. Conforme descrito nos Capítulos 10 e 13, ela sintetiza o ATP, em vez de hidrolisá-lo.

7.9 Como os transportadores e canais aceleram o transporte passivo

Nesta seção, especulamos como os transportadores e canais poderiam acelerar passivamente o movimento dos solutos por meio das membranas, aproveitando as vantagens do gradiente do eletropotencial estabelecido por uma ATPase ou bomba de pirofosfatase. Acredita-se que os transportadores liguem especificamente um ou alguns solutos relacionados (da mesma forma que uma enzima se conecta ao seu substrato). Também acredita-se que os transportadores sejam proteínas integrais que atravessam completamente a membrana. O termo *transportador* implica que essas proteínas coletam os solutos e se movem através da membrana com eles, mas quase certamente isso não é verdade. Provavelmente, elas passam por uma mudança conformacional (estrutural) reversível que facilita a transferência do soluto. A Figura 7-17 fornece uma explicação altamente esquemática de como um transportador pode funcionar para mover um soluto descendo pelo gradiente de energia livre para dentro de uma célula.

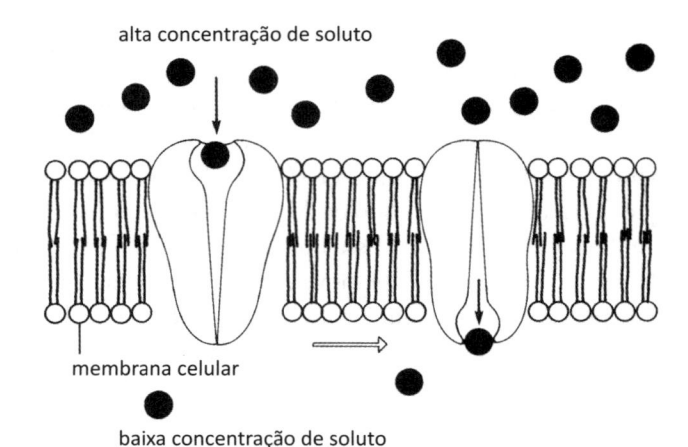

FIGURA 7-17 Modelo simplificado da difusão facilitada ou uniporte. Aqui, presumimos que uma proteína integral na membrana, um transportador, consiste em duas metades iguais (um dímero) com um orifício no centro, por meio do qual um soluto pode se mover descendo pelo gradiente eletroquímico. Para simplificar, este exemplo implica que apenas a diferença na concentração é importante para o estabelecimento do gradiente eletroquímico.

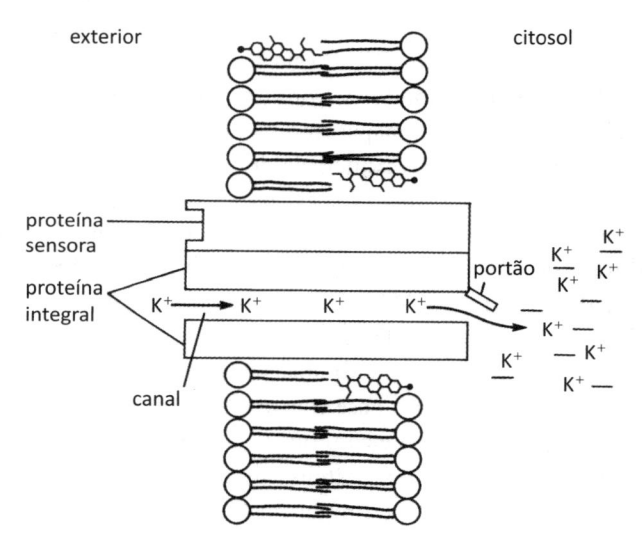

FIGURA 7-18 Modelo hipotético de um canal iônico. As proteínas integrais que atravessam a membrana possuem um orifício central por meio do qual íons como o potássio podem se mover descendo pelos gradientes eletroquímicos. Neste modelo, os íons de potássio podem se mover da esquerda para a direita para o citosol descendo por um gradiente eletroquímico (observe as cargas negativas excessivas à direita do canal), mas subindo por um gradiente de concentração do potássio. A proteína sensora incorporada em uma proteína integral ou próxima a ela responde tanto do exterior da célula como do citosol aos estímulos químicos que resultam da luz, de hormônios ou até mesmo de íons de cálcio. A proteína de canal possui um portão acoplado (direita do centro) que se abre ou fecha de maneira desconhecida em resposta ao gradiente de tensão por meio da membrana ou a substâncias químicas produzidas pelos estímulos ambientais.

Sabemos muito mais sobre as proteínas de canal do que sobre os transportadores, principalmente nas células de animais. O trabalho sobre as proteínas de canal nas plantas só começou em 1984, portanto, ainda temos muito a aprender sobre elas (consulte as revisões de Hedrich et al. 1987; Satter e Moran, 1988; Hedrich e Schroeder, 1989; Schroeder e Hedrich, 1989; e Tester, 1989). As proteínas de canal são proteínas integrais. Como ocorre em todas as proteínas, elas existem em apenas uma estrutura conformacional da menor energia livre especificada pelo ambiente celular específico, em qualquer dado momento; a conformação varia junto com o ambiente celular. Algumas dessas conformações possuem um orifício central, por meio do qual os solutos podem passar em taxas muito altas. Satter e Moran (1988) afirmaram que íons específicos podem se mover por meio de canais abertos com a velocidade de até 10^8 íons por segundo, que eles sugeriram ser três a quatro ordens de magnitude mais rápido que o movimento por meio dos transportadores.

O fato de os canais estarem abertos, fechados ou parcialmente abertos depende do ambiente. Foram descobertos dois tipos principais de canais: um possui um sistema de portão que responde ao gradiente de tensão que atravessa a membrana e o outro responde a estímulos moduladores externos como a luz ou os hormônios. A Figura 7-18 fornece um modelo de um canal iônico e mostra como ele poderia permitir o movimento dos íons K^+ para dentro da célula.

7.10 Como as membranas aproveitam as bombas de prótons para o transporte de íons

Como sugerido pela primeira vez por Peter Mitchell em 1961 (consulte sua revisão em Mitchell, 1985), as bombas de prótons descritas acima (basicamente desconhecidas por ele em 1961) fornecem às células duas fontes utilizáveis de energia: o gradiente do pH e o eletropotencial. (Essa pesquisa levou Mitchell a ganhar o Prêmio Nobel de Química em 1978.) Uma dessas duas fontes de energia normalmente é usada para transportar ânions, cátions ou moléculas neutras através das membranas. (Evidências adicionais sugerem que a membrana plasmática pode oxidar certos compostos do citosol e usar a energia liberada para orientar a absorção de alguns solutos. Não discutiremos esse tópico, mas ele foi revisado por Bienfait e Lüttge, 1988 e por Crane e Barr, 1989.)

Primeiro, vamos considerar a membrana plasmática. A absorção do cátion é favorecida pelo gradiente eletropotencial (o eletropotencial é negativo dentro do citosol). Para K^+, NH_4^+, Mg^{2+} e Ca^{2+}, essa absorção normalmente ocorre com a ajuda de um transportador ou de um canal.

A difusão por meio da bicamada de lipídios é muito mais lenta e não pode ser responsabilizada pela inibição dos íons relacionados ou pela cinética multifásica desses íons. Apenas o envolvimento de uma proteína de transporte pode explicar o que sabemos sobre a absorção do cátion. Os pesquisadores buscaram especificamente a evidência de uma verdadeira bomba de potássio nas plantas, mas não a encontraram (consulte as revisões de Kochian e Lucas, 1988 e de Lüttge e Clarkson, 1989). Geralmente, o bombeamento direto do K^+ para dentro por uma ATPase ocorre apenas nos animais que possuem uma bomba de sódio/potássio. A explicação mais simples para a absorção do cátion para dentro das células vegetais é um processo chamado de **uniporte** ou **difusão facilitada**. Esse processo envolve proteínas de transporte específicas, que aceleram muito o movimento do cátion para dentro da célula, descendo pelo seu gradiente geral de energia livre (eletroquímico). Para o K^+ e o NH_4^+, a relação das concentrações medidas dentro e fora das células indica os gradientes de concentração aproximados na membrana plasmática, porque esses dois cátions monovalentes não são estreitamente acoplados a nenhum ânion. A quelação do Mg^{2+} e do Ca^{2+} pela clorofila, proteínas, ATP ou outros ligantes no citoplasma torna muito mais difícil de medir suas concentrações não ligadas dentro das células. Todavia, a difusão facilitada para dentro das células, por meio da membrana plasmática por um executor do uniporte, poderia funcionar de maneira mecânica como mostrado no modelo simples do transportador na Figura 7-17.

O gradiente eletropotencial não favorecerá a absorção das moléculas neutras como açúcares e também repelirá os ânions como bicarbonato, nitrato, cloreto, fosfato e sulfato (Dunlop, 1989). Para os açúcares e ânions, as células se aproveitam do gradiente de pH entre a parede celular e o citosol (digamos, valores de pH de 5 e 7 ou uma diferença de 100 vezes na concentração do H^+). Esse gradiente do pH e o gradiente do eletropotencial favorecem a reabsorção passiva do H^+, porém, os íons de H^+ se movem para dentro muito lentamente, a menos que se combinem a um transportador ou se movam por um canal. É muito importante que esses transportadores permitam o movimento do H^+ para dentro apenas se puderem se combinar simultaneamente com um ânion e ajudar a transportá-lo para a célula. Isso é um exemplo de **cotransporte** ou **simporte** (Figura 7-19). Acredita-se que existam transportadores separados para diferentes ânions, o que explica a especificidade da absorção do ânion mencionada na Seção 7.6. Outros transportadores movimentam açúcares e aminoácidos para dentro das células pelo cotransporte com H^+ (Giaquinta, 1983; Reinhold e Kaplan, 1984; Lemoine et al., 1989). Em todos

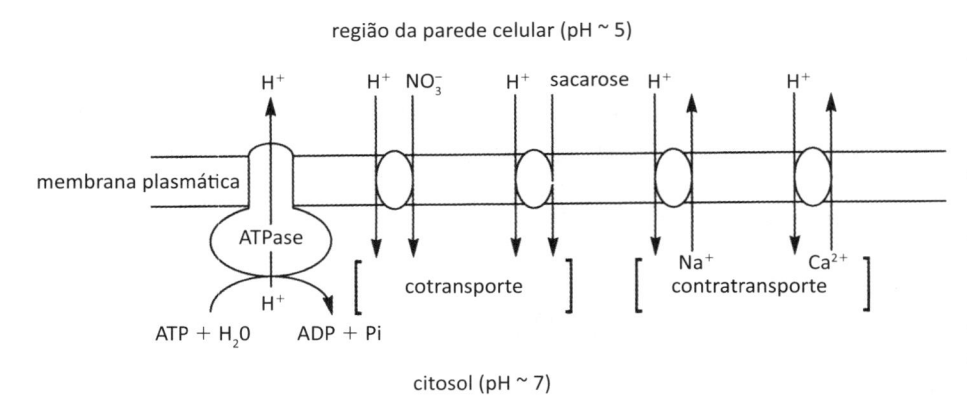

FIGURA 7-19 Cotransporte e contratransporte de solutos através da membrana plasmática, orientados pela energia no ATP. A ATPase de translocação de prótons mostrada à esquerda move o H^+ para fora do citosol. Esses prótons podem retornar para o citosol no cotransporte por meio de transportadores que simultaneamente movem para dentro os ânions, como o nitrato, ou os açúcares, como a sacarose. O contratransporte (antiporte) também envolve o retorno dos prótons para o citosol, porém um ou mais prótons são trocados por um cátion de saída como o Na^+, o Mg^{2+} ou o Ca^{2+}

esses exemplos de cotransporte, o H^+ se move para dentro descendo pelo seu gradiente do potencial eletroquímico, enquanto um ânion ou molécula neutra é transportado ativamente; isto é, um processo de liberação de energia orienta um processo que consome energia.

A absorção passiva do H^+ também pode ser usada para transportar os cátions simultaneamente para fora das células, como também mostra a Figura 7-19. Aqui, acredita-se que um transportador se combine com o H^+ no exterior e, por exemplo, com o Na^+ no interior; depois, de alguma maneira, ele os transporta em direções opostas. Isso é um exemplo de **contratransporte** ou **antiporte**. (Parece impossível que um canal realize o contratransporte.) O contratransporte de Na^+ é uma maneira importante pela qual as células radiculares eliminam esse íon do seu citosol quando crescem em solos salgados (Briskin e Thornley, 1985). Além disso, como mencionamos no Capítulo 6, a concentração de Ca^{2+} é mantida extremamente diluída (frequentemente 0,1 a 1,0 µM) no citosol dos eucariontes. A energética descrita na equação de Nernst favorece fortemente a difusão livre do Ca^{2+} no citosol, portanto, a energia deve ser usada para removê-lo (por meio das bombas de Ca^{2+} mencionadas na Seção 7.8).

O transporte dos solutos por meio do tonoplasto para o vacúolo central predominante utiliza a energia da ATPase ou da bomba de pirofosfatase. Esse processo permite o armazenamento de íons e moléculas que podem ser recuperados pelo citosol quando necessário. Para o Na^+, o contratransporte para o vacúolo impede o acúmulo desse íon em níveis prejudiciais no citosol. (Algumas plantas acumulam e toleram o Na^+, um assunto descrito no Capítulo 26.) O cálcio também é transportado para o vacúolo pelo contratransporte com o H^+ (Blumwald e Poole, 1986; Bush e Sze, 1986; Kasai e Muto, 1990). Ainda não foram muito estudados os mecanismos pelos quais os ânions são absorvidos pelo vacúolo. Parece provável que os ânions se movam para dentro por um processo de uniporte, porque o vacúolo tem uma carga levemente positiva em relação ao citosol. No entanto, os ânions também podem se mover por um antiporte com os prótons.

7.11 Absorção de moléculas muito grandes, até mesmo proteínas, pelas organelas

Um tipo final de transporte que gostaríamos de mencionar envolve o movimento das proteínas de uma organela para outra dentro de uma única célula. Estamos acostumados a pensar que essas moléculas grandes simplesmente não podem penetrar nas membranas, embora o façam. Até onde sabemos, todas as centenas ou milhares de tipos diferentes de proteínas no núcleo devem ser absorvidos por ele depois que são fabricados nos ribossomos no citosol. Além disso, a maioria das proteínas nos cloroplastos e mitocôndrias é sintetizada não dentro dessas organelas, mas também nos ribossomos no citosol. As proteínas também são transportadas para os vacúolos, paredes celulares e retículo endoplasmático, glioxissomos e peroxissomos. Como essas proteínas podem ser absorvidas por qualquer organela e como são absorvidas apenas pela organela adequada?

As respostas para essas perguntas são amplamente desconhecidas, mas as informações estão se acumulando rapidamente (Dingwall e Laskey, 1986; della-Cioppa et al., 1987; Jones e Robinson, 1989; Keegstra et al., 1989). O que aprendemos e suspeitamos pode ser resumido por algumas conclusões principais:

1. O ATP é normalmente, ou sempre, necessário para fornecer a energia para o transporte, mas não é provável que essa energia seja usada principalmente para fornecer um gradiente de pH ou de eletropotencial. Uma hipótese popular é que o ATP fornece a energia necessária para revelar a estrutura globular da proteína (para tornar a cadeia ou as cadeias de polipeptídeos mais estreitas e lineares), facilitando assim a penetração (Hurt, 1987).

2. Existe uma grande especificidade no que diz respeito a qual organela absorve qual proteína. Essa especificidade resulta da correspondência entre os sítios de reconhecimento em uma proteína da membrana na superfície da organela e na proteína que será absorvida. Aparentemente, os cloroplastos e mitocôndrias não possuem glicoproteínas em suas membranas externas, portanto, os polissacarídeos que fornecem as propriedades de reconhecimento para a maioria das outras membranas (Seção 7.4) provavelmente não estão envolvidos.

3. A especificidade na proteína é confinada apenas a uma parte relativamente pequena, com frequência cerca de 20 a 50 aminoácidos conectados em uma extremidade da molécula. Essa sequência de aminoácidos é frequentemente denominada nos cloroplastos como **sequência de trânsito**, nas mitocôndrias como **sequência líder** e no retículo endoplasmático e no núcleo como **sequência de sinal**. (Supostamente, novos nomes serão criados para todas as organelas celulares, ou será definido um único termo abrangente para representar o que parece ser o mesmo processo geral de reconhecimento.)

4. Depois que a proteína é absorvida pela organela adequada, a sequência de reconhecimento é quebrada (hidrolisada) e a proteína funcional madura, liberada. A sequência de reconhecimento é provavelmente hidrolisada adicionalmente em seus 20 a 50 aminoácidos separados. De alguma forma, a proteína madura encontra o local da organela em que cumprirá sua função para ajudar a manter a vida.

7.12 Correlações entre as funções da raiz e do broto na absorção mineral

Com exceção de certas espécies do deserto com sistemas radiculares incomumente grandes, a maioria das espécies investe a maior parte de sua biomassa nos brotos (Seção 7.1). Portanto, parece razoável que a absorção dos sais minerais seja controlada em parte pelas atividades do broto. Existem duas maneiras de examinar esse controle. No sentido da demanda, o broto pode aumentar a absorção radicular dos sais minerais, usando-os rapidamente nos produtos de crescimento (por exemplo, proteínas, ácidos nucléicos e clorofila). No sentido do suprimento, o broto fornece carboidratos por meio do floema, que a raiz deve respirar para produzir o ATP que orienta a absorção do sal mineral (consulte, por exemplo, Gastal e Saugier, 1989). Provavelmente, o broto também fornece certos hormônios para as raízes que afetam sua absorção. Na verdade, existem muitas evidências de uma interdependência entre as atividades dos brotos e raízes (revisado por Wild et al., 1987; Ingestad e Agren, 1988; Cooper e Clarkson, 1989; e Glass, 1989). Por exemplo, foram obtidas correlações excelentes entre a taxa de crescimento do broto e a taxa de absorção de nitrogênio, fósforo e potássio. As taxas de respiração das raízes com o passar do tempo são às vezes altamente correlacionadas com as taxas de fotossíntese (máximas perto do meio-dia). A respiração da raiz também foi correlacionada com a taxa de translocação do açúcar para as raízes. A absorção máxima dos íons de nitrato e de amônia é correlacionada com as taxas fotossintéticas máximas, embora a absorção tenha um atraso de aproximadamente 5 horas, sugerindo a necessidade da translocação do carboidrato e da respiração da raiz durante esse período de atraso. Essas correlações não fornecem causa e efeito, mas, em uma planta em crescimento, a interdependência das atividades da raiz e do broto parece óbvia. A Figura 7-20 resume esse conceito de uma maneira simples.

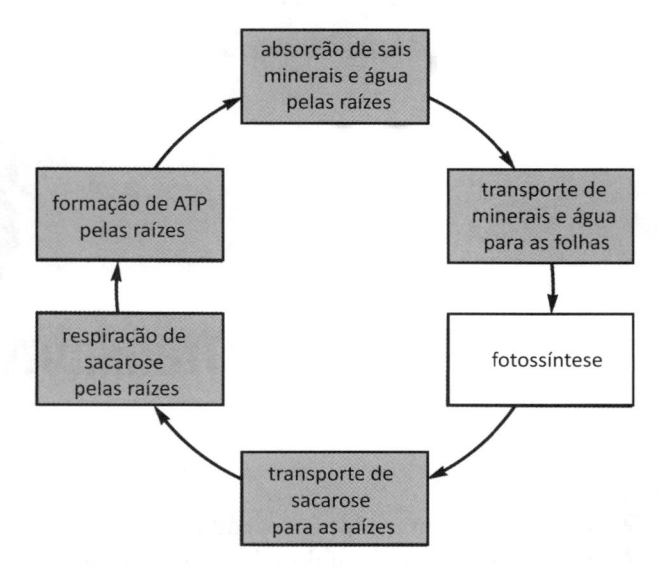

FIGURA 7-20 Inter-relações dos processos fisiológicos nas raízes e brotos, que afetam a absorção dos sais minerais do solo. (De Starr e Taggart, 1989.)

OITO

Transporte no floema

A maioria das plantas superiores não precisa apenas do ar e do sol, mas também do solo e da água. As estruturas complexas das raízes e brotos atendem a essa necessidade, mas deve haver uma transferência ordenada e integrada de materiais dentro da planta. Nos capítulos 4 e 5, examinamos o movimento da água com seus minerais dissolvidos do solo ao longo do xilema e, finalmente, por meio da transpiração, para fora, passando pelas folhas. Agora, examinamos o movimento das moléculas orgânicas – fabricadas na fotossíntese e em outros processos – desde seus pontos de origem até outras partes da planta.

Os fisiologistas vegetais dedicaram um esforço considerável ao estudo desse movimento ou **translocação** dos materiais dissolvidos, principalmente moléculas orgânicas. Para começar, precisamos de informações descritivas. Em que tecidos o movimento ocorre? Com que velocidade? Em qual forma? Depois, podemos perguntar: quais são os mecanismos, o que coordena o suprimento com a demanda e o que determina para quais tecidos e órgãos as substâncias são translocadas?

O conceito da circulação sanguínea raramente foi colocado em dúvida desde que William Harvey fez uma palestra sobre ele em 1600, mas os mecanismos da translocação do soluto nas plantas só começaram a resultar de nossas sondagens nas últimas décadas, embora o problema venha sendo estudado por métodos científicos modernos por mais de um século. Por que o esclarecimento dos mecanismos de transporte nas plantas tem sido tão difícil? Em parte, porque o transporte ocorre dentro de tubos que consistem em fileiras de células microscópicas. Nos animais, o sistema vascular faz parte do espaço extracelular: tubos com paredes feitas de células. O coração, com suas válvulas macroscópicas e tubulação associada, é fácil de entender. (O obstáculo ao entendimento dos sistemas circulatórios em animais era o microscópico sistema capilar que retorna o sangue arterial para as veias.)

Mais sutil, mas talvez mais importante que as dimensões do sistema vascular das plantas, é o fato de os líquidos nos tubos de peneira do floema estarem sob alta pressão, muitas vezes mais alta que nos sistemas circulatórios de animais. Quando as células do floema são cortadas, a pressão é liberada e o efeito de onda (aumento) repentina e instantânea do conteúdo do floema altera ou destrói as estruturas celulares que existiam antes do corte. Somente nos últimos anos é que o congelamento rápido, seguido pela secagem por congelamento e outras técnicas, forneceram ajuda para esse problema.

No final da década de 1970 e início da de 1980, a maioria dos fisiologistas estava convencida de que o mecanismo de transporte do floema, sugerido pela primeira vez em 1926, estava basicamente correto. Obviamente, o modelo foi modificado desde sua apresentação inicial, mas, na sua forma contemporânea, ele é sustentado por um corpo de evidência grande e convincente. Praticamente todas as contraevidências, outrora perturbadoras, foram agora satisfatoriamente explicadas e deixadas de lado.

8.1 Transporte dos solutos orgânicos

Em 1675, o anatomista e microscopista italiano Marcello Malphighi recortou um cinturão em uma árvore removendo uma tira de casca ao redor do tronco (Figura 8-1). Stephen Hales repetiu o experimento em 1727. A casca acima do cinturão inchou, e a que estava abaixo encolheu. Embora a árvore tenha morrido, os brotos cresceram e continuaaram transpirando por um tempo. Obviamente, o fluxo da transpiração não foi afetado pelo cinturão e deve ocorrer na madeira, mas os nutrientes essenciais para a vida da casca (e supostamente das raízes) devem se mover pela casca.

Embora este tenha sido um dos primeiros experimentos na fisiologia vegetal, ainda é uma demonstração interessante. No seu desenvolvimento mais sofisticado, ele foi combinado com os marcadores radioativos. A casca pode

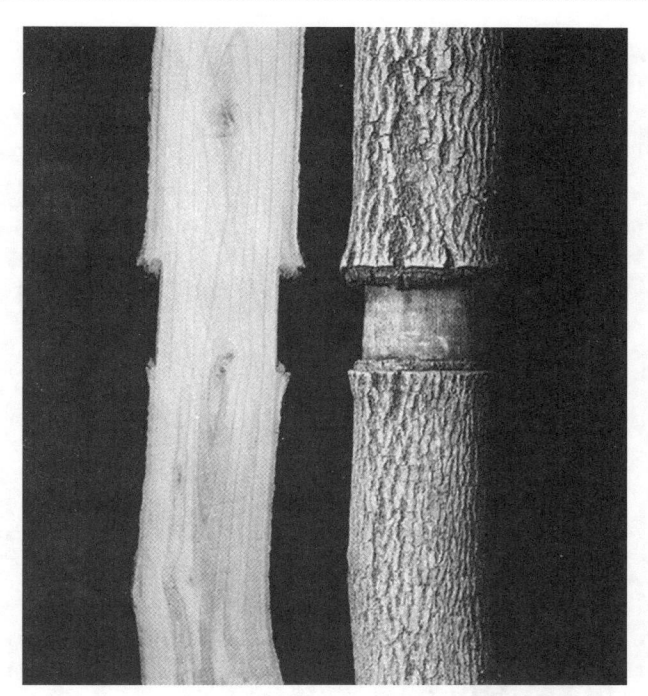

FIGURA 8-1 Os efeitos da remoção de um cinturão do tronco de árvore, removendo-se a casca ao redor da circunferência. Observe a casca inchada acima do cinturão, comparada com a que está abaixo. O tronco foi cortado para revelar os anéis anuais de crescimento. Observe que o crescimento de um ano todo foi depositado acima do cinturão, mas não abaixo. (Amostra cortesia de Herman Wiebe.)

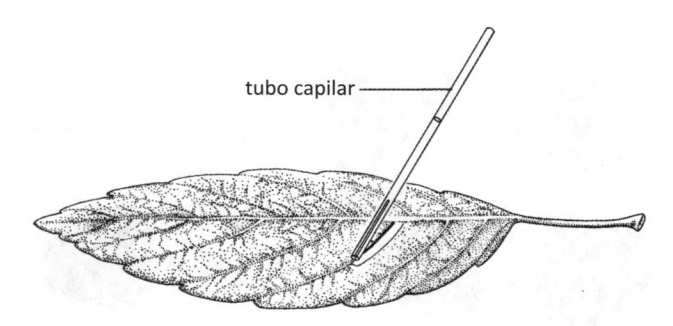

FIGURA 8-2 A técnica de retalho invertido para aplicar soluções nas folhas. Observe como a característica invertida torna improvável que a solução seja empurrada da folha para aliviar a tensão no xilema, porque não há uma conexão direta entre o retalho e o xilema no caule. (Cortesia de John Hendrix.)

ser cirurgicamente separada da madeira, ou a madeira pode ser removida, deixando-se a casca praticamente intacta. As células vivas na casca também podem ser mortas com um tratamento a base de calor.

Antigamente, o objetivo dos fisiologistas era medir a translocação diretamente, acompanhando o movimento dos materiais marcados no sistema de transporte. Os antigos investigadores usaram corantes; na verdade, o corante fluoresceína se move imediatamente nas células do floema e ainda é um marcador eficiente. Os vírus e herbicidas também foram usados, mas, de longe, os marcadores mais importantes são os nucleídeos radioativos que se tornaram disponíveis depois da Segunda Guerra Mundial. Fósforo, enxofre, cloro, cálcio, estrôncio, rubídio, potássio, hidrogênio (trítio) e carbono radioativo foram usados nesses estudos. Isótopos pesados e estáveis como os do oxigênio (^{18}O), nitrogênio (^{15}N) ou carbono (^{13}C) também são usados.

Os marcadores podem ser aplicados pela técnica do retalho invertido, na qual um retalho que inclui um veio é cortado de uma folha, como mostra a Figura 8-2. Outra abordagem amplamente usada é remover parte da cutícula de uma folha por abrasão (que, em algumas espécies, quebra e abre as células epidérmicas). As soluções aplicadas a uma folha submetida à abrasão penetram nas células do mesofilo e veios aproximadamente três vezes mais rápido do que fariam de outra forma. Frequentemente, uma folha em um recipiente fechado é exposta ao dióxido de carbono marcado com carbono-14 (^{14}C) ou, nos últimos anos, carbono-11 (^{11}C), que tem meia-vida curta, mas emite um raio mais potente que o ^{14}C.[1] O CO_2 marcado é incorporado aos assimilados (produtos de assimilação e metabolismo) pela fotossíntese e, nessa forma, é exportado da folha no fluxo da translocação. É importante saber o que acontece quimicamente com o marcador na planta. Via de regra, os íons inorgânicos como fosfato, sulfato, potássio ou rubídio permanecem quimicamente inalterados e a maior parte do ^{14}C no $^{14}CO_2$ é incorporada à sacarose ou a algum outro açúcar; porém, o carbono radioativo é futuramente incorporado a cada composto orgânico da planta. Às vezes, o fosfato e o sulfato são incorporados aos nucleotídeos e aminoácidos.

O marcador radiativo pode ser detectado durante o transporte tocando-se no caule da planta ou outra parte com um detector de radiação. Outro método comum é a **autorradiografia** (Figura 8-3). A planta é colocada em contato com uma folha de filme de raio X por vários dias a meses, e o filme é então revelado para mostrar a localização da radioatividade. O problema imediato é imobilizar a radioatividade na planta depois da colheita. As plantas podem ser colocadas entre blocos de gelo seco e depois, enquanto ainda estão congeladas, submetidas a um vácuo, permitindo-se a sublimação da água (**secagem por congelamento** ou **liofilização**). Outra maneira de interromper o movimento é desmembrar a planta antes de fazer o **autorradiograma**.

---

[1] O ^{14}C possui meia vida de 5.730 anos; o ^{11}C, de 20,3 minutos. O pósitron emitido pelo ^{11}C tem uma energia cerca de 6,3 vezes mais forte que a partícula beta emitida pelo ^{14}C; a energia de deterioração do ^{11}C é 12,69 vezes mais forte que a do ^{14}C. O ^{11}C deve ser preparado imediatamente antes do uso, por exemplo, pelo bombardeio de óxido bórico com um feixe de deuterônios acelerados em um acelerador de Van de Graaff (Troughton et al., 1974).

FIGURA 8-3 Resultados de um experimento em que a autorradiografia é usada. O objetivo do experimento era observar o efeito do murchamento na translocação. A primeira folha verdadeira à direita de cada pé de soja foi mantida por 1 hora em uma câmara iluminada contendo $^{14}CO_2$, que foi convertido pela fotossíntese em assimilados radioativamente marcados. Depois de 6 horas, as plantas foram colhidas, secas, prensadas (esquerda, em cada par) e colocadas em estreito contato com o filme de radiografia. Depois de duas semanas de exposição, o filme foi revelado (direita, em cada par). As áreas escuras mostram onde a maior parte do ^{14}C foi localizada. Nos dois casos, a folha exposta ao $^{14}CO_2$ tinha mais marcador, mas uma quantidade maior foi movida da planta túrgida (esquerda) que da murcha (direita), o que era previsto pela hipótese de Munch discutida neste capítulo. (Amostras e filmes cortesia de Herman Wiebe; consulte Wiebe, 1962.)

Os experimentos do cinturão e os que empregaram o uso de marcadores levaram a três conclusões gerais e a muitas outras específicas. Conforme observado, a remoção da casca (contendo o floema) do caule ou do tronco (xilema) não teve efeito imediato no crescimento do broto ou na transpiração das folhas. Em experimentos mais recentes, a água tritiada (^3H_2O) ou água com algum soluto radiativo é seguida por toda a madeira no fluxo da transpiração, embora o cinturão tenha sido removido do tronco. A análise da seiva do xilema revela que ela contém principalmente materiais dissolvidos do solo, além de pequenas quantidades de vários compostos orgânicos, incluindo açúcares e aminoácidos (Lauchli, 1972; Ziegler, 1975). Sendo assim, nossa primeira conclusão sobre a translocação é: *a água com seus minerais dissolvidos se move principalmente de baixo para cima na planta, através dos tecidos do xilema.*

Ficou claro, com os experimentos de Malphighi e Hales, que os assimilados das folhas, incluindo os produtos da fotossíntese (**fotossintatos**), são necessários para o crescimento das partes da planta que não podem fazer a fotossíntese, e mesmo para algumas partes que podem, mas apenas em níveis baixos – como alguns caules e frutos. Esses materiais se movem pela casca e entram no floema. Na verdade, é possível matar uma árvore cortando-se um cinturão no tronco e tornando as raízes dependentes do alimento armazenado, que se esgota entre algumas semanas e alguns anos, dependendo da espécie.

Discutiremos a anatomia do tecido do floema em uma seção adiante. Aqui, é importante observar que os estudos detalhados, principalmente com marcadores radioativos, mostraram que os assimilados se movem pelos elementos de peneira que formam tubos no tecido do floema (Figura 8-4). Sendo assim, a segunda conclusão: *os assimilados, incluindo os fotossintatos, se movem por distâncias relativamente longas principalmente ao longo dos tubos de peneira no floema. Este é o transporte do floema.*

O cinturão pode ser cortado em várias partes da planta, além do caule principal. Por exemplo, a casca entre um ramo cheio de folhas e um fruto em desenvolvimento pode ser removida. Novamente, os açúcares se acumulam na casca no lado do ramo cheio de folhas. Ou, então, o cinturão pode ser aberto sobre as folhas no caule, mas abaixo

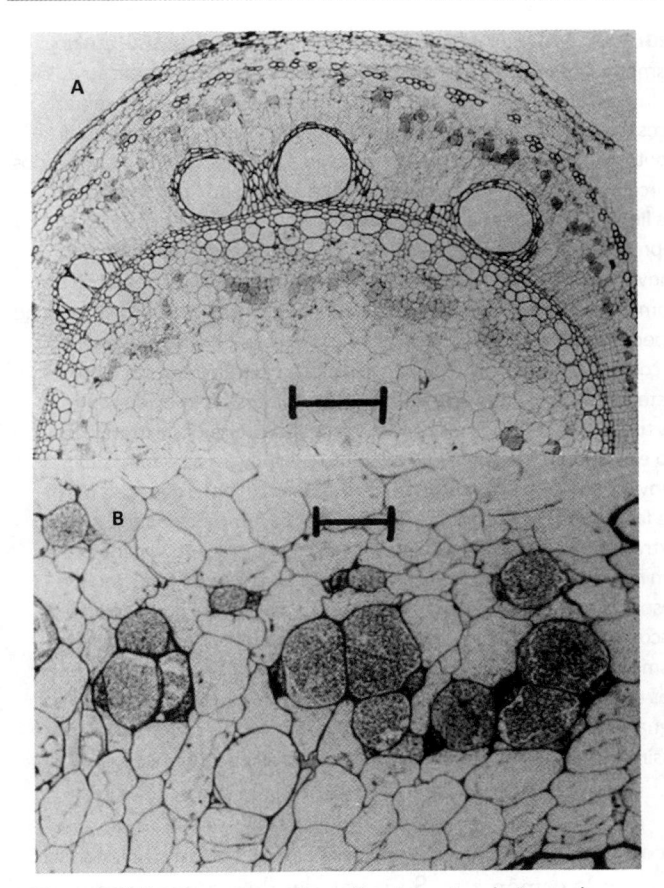

FIGURA 8-4 Microautorradiografias de cortes de 2-μm de Epon de uma ipomeia obtida no tecido internodal, 100 mm abaixo de uma folha cuja fotossíntese foi permitida por 6 horas na presença de $^{14}CO_2$. Esses cortes foram coloridos com violeta de metila. As manchas pretas são grãos de prata que aparecem na emulsão fotográfica revelada, previamente derramada sobre as seções e deixadas para fixar. Portanto, as manchas indicam a localização de moléculas marcadas com o ^{14}C; elas são principalmente confinadas aos elementos da peneira. **(A)** Baixa ampliação; a barra indica 200 μm. **(A)** Alta ampliação; a barra indica 20 μm. (Microautorradiografias cortesia de Donald B. Fisher; consulte Christy e Fisher, 1978.)

TABELA 8-1 Comparação da composição das seivas do xilema e do floema do tremoceiro comum (*Lupinus albus*).

	Seiva do xilema (traqueia) mg L^{-1}	Seiva do floema (fruto sangrando) mgL^{-1}
Sacarose	ND[a]	154.000
Aminoácidos	700	13.000
Potássio	90	1.540
Sódio	60	120
Magnésio	27	85
Cálcio	17	21
Ferro	1,8	9,8
Manganês	0,6	1,4
Zinco	0,4	5,8
Cobre	Tr[b]	0,4
Nitrato	10	ND[a]
pH	6,3	7,9

[a] ND = Não está presente em uma quantidade detectável.
[b] Tr = Presente em quantidades residuais.
Fonte: Pate (1975).

da ponta do broto em desenvolvimento, e nesse caso os açúcares ainda se acumulam no lado das folhas, abaixo do cinturão. A gravidade não governa o transporte do floema; a relação controladora são as posições relativas da fonte e do escoadouro. As folhas, com sua capacidade fotossintética, constituem normalmente a **fonte**, mas um órgão de armazenamento exportador, como uma raiz de beterraba ou cenoura na primavera de seu segundo ano, também é uma fonte. Os cotilédones e as células do endosperma das sementes são fontes para a germinação das plântulas. Qualquer tecido de crescimento, armazenamento ou metabolismo pode ser um **escoadouro**. Caules, raízes, rizomas, tubérculos, flores, frutos em crescimento ou folhas jovens são exemplos. Sendo assim, o terceiro ponto importante: *os assimilados se movem da fonte para o escoadouro.*

As duas primeiras conclusões, embora corretas, podem obscurecer os fatos de que materiais orgânicos importantes são transportados no xilema e de que minerais essenciais para o crescimento de muitos escoadouros são transportados no floema (Tabela 8-1). Existem nutrientes orgânicos e inorgânicos suficientes na seiva para satisfazer os requisitos de alguns insetos sugadores por todo o seu ciclo de vida. As seivas do xilema e do floema não fornecem uma nutrição equilibrada para os insetos. Isso é refletido no melado produzido pelos insetos. Insetos que se alimentam do xilema (por exemplo, cigarras e cigarrinhas) produzem um melado muito mais aquoso (várias gotas por minuto) e alto em inorgânicos. Eles removem os compostos orgânicos disponíveis e secretam os materiais inorgânicos no seu melado. Os insetos que se alimentam do floema (pulgões, cochonilhas, insetos-escama, cochonilhas de escama) produzem quantidades menores de melado com altas concentrações de orgânicos, principalmente açúcares aderentes – e eles se acumulam nos carros e nas calçadas.

8.2 O mecanismo do fluxo de pressão

O modelo do transporte de floema atualmente favorecido pela maioria dos fisiologistas foi proposto em sua forma elementar por E. Münch, na Alemanha, em 1926

FIGURA 8-5 Abaixo: um modelo de laboratório que consiste em dois osmômetros ilustra a teoria do fluxo de pressão da translocação do soluto proposta por Münch. Observe que a concentração do soluto presente na maior quantidade (representada pelos círculos pretos) controlará a taxa e a direção do fluxo, enquanto os solutos mais diluídos (círculos abertos) se moverão simultaneamente no fluxo resultante. As linhas pontilhadas à esquerda implicam que o fluxo ocorrerá se a pressão for aliviada pela expansão do osmômetro e também pelo movimento da água para fora. Acima: uma sugestão esquemática de como o modelo pode se aplicar às soluções concentradas no sistema do floema (simplasto) cercado pelas soluções mais diluídas do apoplasto. A concentração do soluto é mantida alta na extremidade da fonte do sistema à medida que açúcares e outros solutos são movidos para os tubos de peneira ali; as concentrações são baixas na extremidade do escoadouro à medida que os solutos se movem para fora; seu movimento também ocorre até certo ponto ao longo da rota a partir da fonte para o escoadouro. A concentração reduzida dos solutos na extremidade do escoadouro permite que a água se mova para fora em resposta à pressão transmitida da extremidade da fonte (ou em resposta a concentrações ainda mais altas de solutos no apoplasto do escoadouro). Os tubos de peneira não se expandem em analogia ao osmômetro em expansão do modelo do laboratório, mas o crescimento das células de armazenamento no escoadouro causará a absorção da água desde o apoplasto, diminuindo seu potencial hídrico e facilitando assim a saída da água dos tubos de peneira ali encontrados.

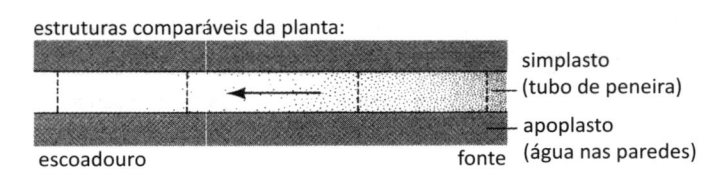

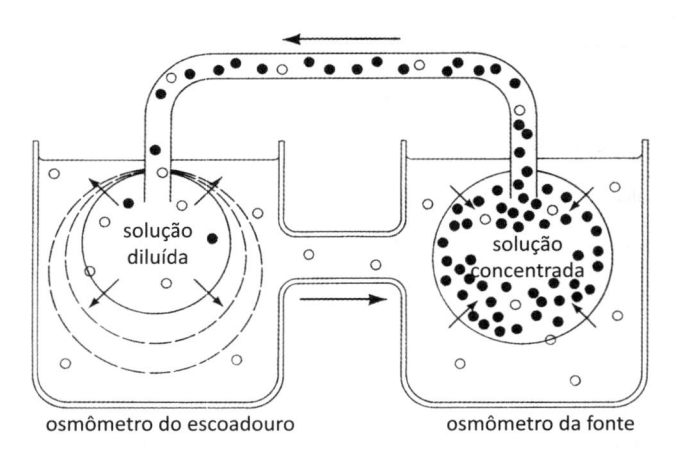

(consulte Münch, 1927,1930). Grande parte do que sabemos sobre a translocação foi aprendida no processo de testes do modelo de Münch. A maioria dos testes foi positiva e os negativos foram reconciliados, como veremos. A história desse modelo é um ótimo exemplo da abordagem científica: criação do modelo, teste, modificação do modelo e teste adicional.

O **modelo do fluxo de pressão de Münch** é simples, direto e baseado em um modelo real que pode ser construído no laboratório: dois osmômetros ligados por um tubo (Figura 8-5). Os osmômetros podem estar imersos na mesma solução ou em soluções diferentes, que podem ou não estar conectadas, mas que possuem aproximadamente o mesmo potencial hídrico. O primeiro osmômetro contém uma solução mais concentrada que a solução que o cerca; o segundo contém uma solução menos concentrada que o primeiro, porém, mais ou menos concentrada que o meio que o cerca. A água se move osmoticamente para o primeiro osmômetro e a pressão se acumula. Uma vez que os osmômetros estão conectados, a pressão é transferida do primeiro para o segundo (com a velocidade do som, que é basicamente um fenômeno de transferência da pressão). Logo a pressão crescente no segundo osmômetro leva a um potencial hídrico mais positivo do que o existente no meio que o cerca, portanto, a água se difunde para fora, passando pela membrana. Isso alivia a pressão no sistema e mais água se difunde para o primeiro osmômetro a partir da solução que o cerca. Isso resulta no fluxo de massa da solução (água com os seus solutos) atravessando o tubo para entrar no segundo osmômetro. Se as paredes do segundo osmômetro se estenderem, a pressão é aliviada mesmo que nenhuma água se mova para fora; se o segundo osmômetro for cercado por uma solução mais concentrada do que a interna, a água se difunde para fora, entrando no meio, mesmo sem o aumento na pressão.

No modelo do laboratório de Münch, o fluxo de massa é interrompido quando soluto suficiente se moveu do primeiro osmômetro para o segundo, a fim de equalizar seus potenciais de pressão. Münch sugeriu que a planta viva contém um sistema comparável, porém com vantagens. Os elementos de peneira perto das células da fonte (normalmente com fotossíntese das células do mesofilo da folha) são semelhantes ao primeiro osmômetro, mas a concentração dos assimilados é mantida alta nas células de peneira pelos açúcares produzidos fotossinteticamente nas células do mesofilo próximo. A concentração do assimilado na extremidade do escoadouro do sistema do floema é mantida baixa enquanto os assimilados são transferidos para outras células, nas quais são metabolizados, incorporados ao protoplasma (crescimento) ou armazenados, algumas vezes como amido. O canal de conexão entre a fonte e o escoadouro é o sistema do floema com os seus tubos de peneira (parte do simplasto); as soluções adjacentes são as do apoplasto (nas paredes celulares e no xilema). Münch propôs os conceitos do simplasto e do apoplasto como parte da sua hipótese do fluxo de massa.

Observe que o fluxo ao longo dos tubos de peneira é passivo, ocorrendo em resposta a um gradiente de pressão causado pela difusão osmótica da água para os tubos de peneira na extremidade da fonte do sistema e saindo deles na extremidade do escoadouro. Não existe um bombeamento ativo da solução pelas células de peneira ao longo da rota, embora o metabolismo seja necessário para mantê-las em uma condição que permita o fluxo, impeça o vazamento e recupere os assimilados que vazam para fora (consulte, por exemplo, Giaquinta e Geiger, 1972).

O **fluxo citoplasmático** é um exemplo de transporte ativo dos solutos, conforme proposto há mais de um século pelo botânico holandês Hugo de Vries (1885), um dos descobridores do artigo de genética de Mendel. O citoplasma flui ao redor da periferia de muitas células e qualquer soluto que passe de uma célula para outra será acelerado no seu transporte através da célula pelo citoplasma que flui nela. Este deve ser um mecanismo de transporte ativo importante em muitos tecidos vegetais; ele pode ser importante para mover os açúcares das células do mesofilo da folha para os tubos de peneira do floema, por exemplo, ou dos tubos de peneira nos órgãos de armazenamento para as células de armazenamento. Porém, uma vez que o citoplasma não flui em elementos de peneira maduros, o fluxo citoplasmático não pode cumprir uma função no transporte do floema. E também será muito mais lento do que o transporte do tubo de peneira.

8.3 Testando a hipótese

A hipótese de Münch sugere várias maneiras de ser testada, como ocorre em qualquer bom modelo. Consideraremos as seguintes abordagens: anatomia do floema, taxas de transporte do floema, solutos transportados, carga e descarga de assimilados do floema, pressão no floema e algumas complicações.

Anatomia do floema

Muitas vezes, podemos entender uma função se compreendermos a estrutura em que ela ocorre. Observamos que o exame das válvulas e câmaras do coração faz com que seu funcionamento como uma bomba se torne claro para qualquer pessoa que entenda um pouco de mecânica. Podemos descobrir o mecanismo de transporte do floema estudando a estrutura do tecido do floema? Talvez – se pudermos entender a sua estrutura suficientemente bem. Certamente, não podemos esperar entender o transporte do floema sem entender sua anatomia.

Tecido do floema Primeiro, existem os **elementos de tubo crivado** ou **membros do tubo crivado**, que são células vivas

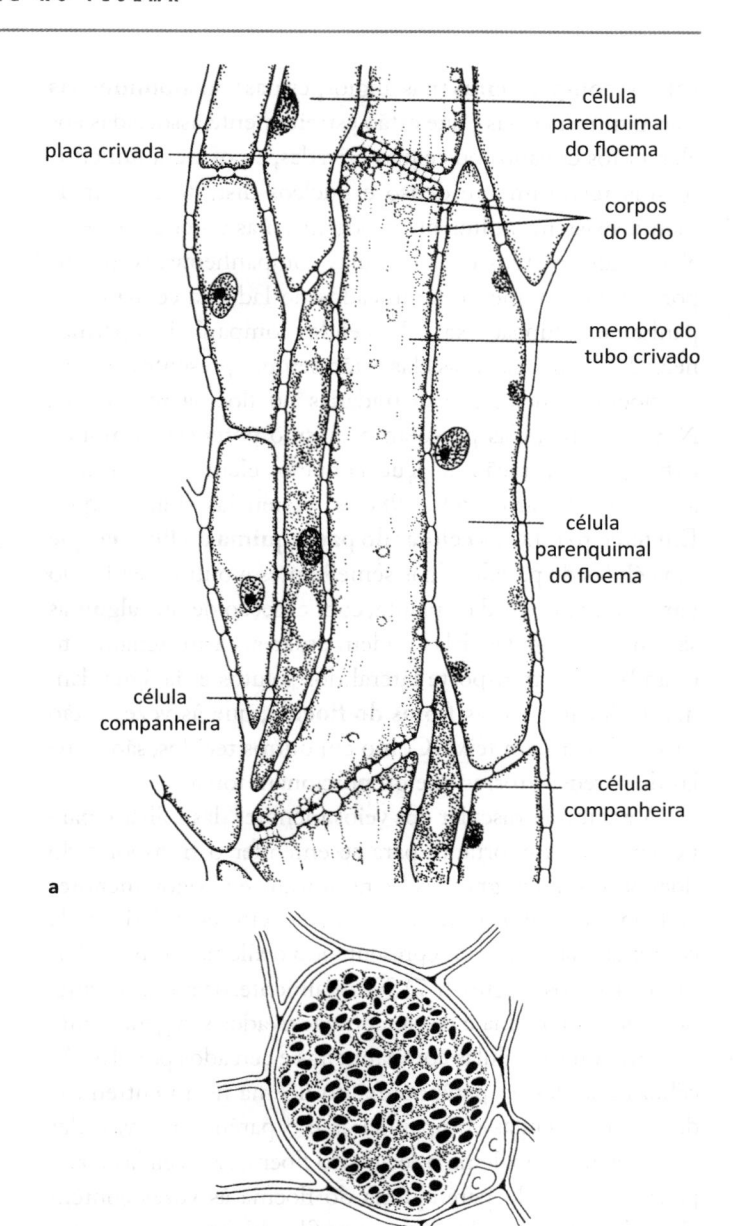

FIGURA 8-6 (a) Visão longitudinal de um elemento crivado maduro, com as células companheiras e as células parenquimais do floema. **(b)** Uma visão da face de uma placa crivada; as áreas pretas representam um orifício na parede (de Jensen e Salisbury, 1972).

alongadas, geralmente sem núcleos, nas quais o transporte ocorre (Esau, 1977; Fahn, 1982; Mauseth, 1988). Nas angiospermas, essas células são conectadas nas extremidades, com **placas** crivadas cheias de poros entre elas, formando longas agregações celulares chamadas de **tubos crivados** (Figura 8-6; consulte a Figura 5-5c). Nas gimnospermas e plantas vasculares inferiores, as placas crivadas não são exibidas com tanta clareza. Existem áreas crivadas com poros menores nas paredes laterais e paredes finais inclinadas, de forma que as unidades são chamadas de **células** crivadas em vez de elementos crivados. Em segundo lugar estão as

células companheiras (nas angiospermas) ou **albuminosas** (nas gimnospermas), que estão estreitamente associadas aos elementos crivados ou células crivadas, e possuem um citoplasma relativamente denso e núcleos distintos. Normalmente, existem muitos plasmodesmas nas paredes entre os elementos crivados e suas células companheiras, com seus poros frequentemente ramificados no lado da célula companheira. A função exata das células companheiras permanece desconhecida, mas elas estão sempre presentes, viáveis no floema funcional e degradadas no floema senescente. Normalmente, elas possuem o mesmo potencial osmótico (isto é, concentração de açúcar) que os elementos crivados associados (Warmbrodt, 1986, e referências citadas aqui). Em terceiro estão as **células do parênquima do floema**, que são células de paredes finas semelhantes a outras células do parênquima por toda a planta, com exceção de que algumas são mais alongadas. Elas podem atuar no armazenamento e também no transporte lateral dos solutos e da água. Em quarto lugar estão as **fibras do floema**, que às vezes estão agrupadas em um feixe. Como em outros tecidos, são células de paredes grossas que proporcionam força.

A anatomia vascular dos veios menores das folhas é particularmente importante para se entender o transporte do floema. Os veios grandes se ramificam em veios menores e, depois, em veios minúsculos. Cada veio secundário pode conter apenas um vaso representando o xilema e um ou dois tubos crivados (Figura 8-7). Normalmente, o vaso fica acima do tecido do floema e os elementos crivados são geralmente menores que as células companheiras e cercados por elas. As células grandes do parênquima do floema ficam entremeadas com as células companheiras e o parênquima vascular pode separar do xilema o tecido do floema. As células companheiras e as do parênquima do floema às vezes contêm cloroplastos, e as células do mesofilo de fotossíntese ativa (que geralmente consistem em uma paliçada e nos tecidos do parênquima esponjoso) normalmente estão em estreito contato com o veio secundário. Na verdade, geralmente nenhuma célula do mesofilo na folha está separada de um veio secundário por mais de duas ou três outras células do mesofilo (consulte a Figura 5-4).

Em algumas espécies, as células companheiras possuem numerosas invaginações na parede celular, que amplificam enormemente a área de superfície da membrana da célula (Figura 8-8). As células com essas invaginações e superfícies de membrana expandidas são chamadas de **células de transferência**. Embora a maioria das espécies não tenha as células de transferência nos veios secundários de suas folhas, elas podem contribuir significativamente para a transferência de assimilados das células do mesofilo para os tubos crivados nas que as possuem, que incluem muitas leguminosas e asteráceas (duas das maiores famílias). Brian

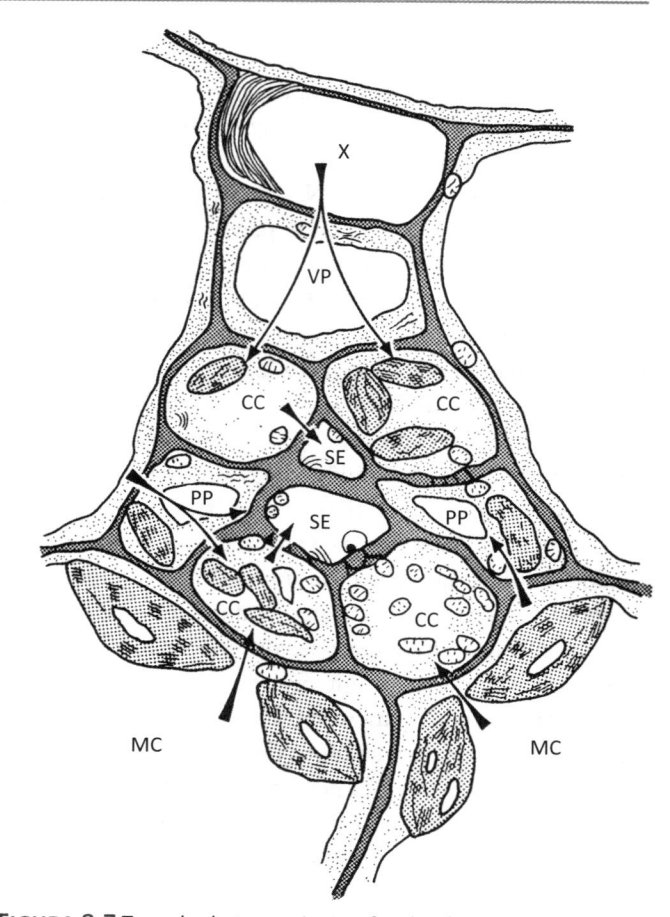

FIGURA 8-7 Traçado de uma micrografia eletrônica de um corte transversal de um veio secundário de uma folha de tabaco. As setas ilustram as possíveis rotas de entrada do assimilado no complexo elemento crivado/célula companheira. X = xilema; VP = parênquima vascular; CC = célula companheira; SE = elemento crivado; PP = parênquima do floema e MC = célula do mesofilo. Observe que os elementos crivados são muito menores que as células companheiras, uma situação inversa à encontrada nos caules e raízes. Os solutos que se movem das células do mesofilo para os elementos crivados poderiam permanecer no citoplasma (simplasto), passando através dos plasmodesmas (não mostrados) ou então poderiam passar pelo plasmalema e entrar nas paredes celulares (trajeto apoplástico). (De Giaquinta, 1983.)

E. S. Gunning e colaboradores (1974) calcularam que as invaginações da parede nas células companheiras dos veios das folhas de *Vicia faba* expandem a área de superfície para a absorção em até três vezes a área que estaria disponível sem as invaginações.

As células de transferência não são restritas ao floema, mas ocorrem em toda a planta. Elas são formadas no parênquima do xilema e do floema dos nodos da folha (onde são comuns) e nas estruturas reprodutoras, como a interface entre o gametófito e o esporófito das plantas inferiores e superiores. Em todas as plantas vasculares estudadas, elas são correlacionadas com os processos de transporte ativo que ocorrem em distâncias curtas, como nas glândulas de

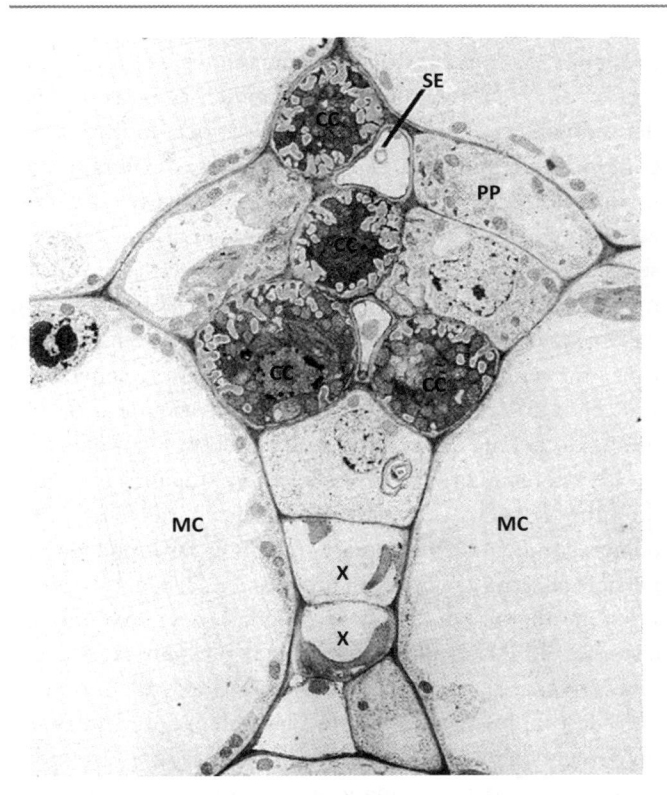

FIGURA 8-8 Células de transferência em um corte transversal de um veio secundário da folha da tasneirinha (*Senecio vulgaris*). Na metade superior da foto, dois elementos crivados (SE, células pequenas e de aparência relativamente vazia) estão em contato com quatro células companheiras (CC; citoplasma denso, invaginações na parede; essas são as *células de transferência*) e três células parenquimais do floema (PP, mais vacuoladas, citoplasma menos denso, invaginações das paredes das faces mais próximas dos elementos crivados; também células de transferência). Outra célula do parênquima separa a região do floema dos dois elementos do xilema (X) no centro inferior. Ampliações maiores mostram que as células de transferência das células companheiras estão conectadas com os elementos crivados pelos plasmodesmas. As células maiores que as cercam (MC) são as do mesofilo da folha. Elas são intensamente vacuoladas. (Microgafia eletrônica de transmissão cortesia de Brian E. S. Gunning; consulte Gunning, 1977.)

sal, nectários e conexões (**haustório**) entre um parasita e o seu hospedeiro. No outro lado, a extremidade de descarga do sistema do floema, as células de transferência estão claramente envolvidas no movimento dos açúcares descarregados para o endosperma das sementes de milho em desenvolvimento (Porter et al., 1985; Shannon et al., 1986). Porém, elas cumprem uma função no carregamento do floema? Apenas em certas espécies, aparentemente, e isso ainda precisa ser confirmado. Em uma pesquisa com mais de 1000 espécies, foi observado que as células de transferência do floema associadas aos elementos crivados nos veios secundários das folhas eram relativamente raras, ocorrendo apenas em certas famílias de dicotiledôneas herbáceas. Elas foram relatadas (Barnabas et al., 1986) nas células parenquimais do floema da erva marinha (*Zostera capensis*), uma monocotiledônea da família das ervas de lagos (Zosteraceae). As gramíneas marinhas são as únicas angiospermas adaptadas ao ambiente do mar.

Desenvolvimento do floema Considere o desenvolvimento típico de um elemento crivado secundário e sua célula companheira (Figura 8-9). Uma única célula cambial se divide duas vezes para produzir um elemento crivado e sua célula companheira. A célula companheira pode se dividir pelo menos mais uma vez. O elemento crivado se expande rapidamente e torna-se altamente vacuolado, com uma fina camada de citoplasma pressionada contra a parede celular. Corpos minúsculos aparecem nesse citoplasma. Geralmente, eles possuem um formato oval, alguns parecendo bastante amorfos, enquanto outros têm uma aparência mais fibrilar ou filamentosa. Tradicionalmente, são chamados de **corpos viscosos**, mas aparentemente consistem na proteína do floema (*proteína P*, discutida adiante). À medida que eles crescem, seus limites tornam-se menos definidos e eles acabam se fundindo em uma única massa difusa que se dispersa por toda a célula. Aproximadamente nesse momento, o núcleo começa a degenerar. Finalmente, ele desaparece completamente na maioria dos elementos crivados, embora existam algumas exceções nas quais o núcleo degenerado (ou até mesmo inteiro) permanece. O tonoplasto (membrana do vacúolo) também desaparece nessa fase, mas o plasmalema permanece intacto. O fluxo citoplasmático foi observado em alguns elementos crivados em desenvolvimento, mas quando os elementos estão maduros, essa atividade cessa.

Enquanto esses eventos estão ocorrendo, a placa crivada se desenvolve. Esse processo começa com pequenos depósitos de um polímero de glicose especial, chamado de **calose**, geralmente ao redor dos plasmodesmas. (O ensaio compilado no quadro "Uma revisão da química do carboidrato" descreve a calose em detalhes.) Os depósitos aumentam de tamanho até assumirem o formato do poro final. A lamela média desaparece primeiro no centro do depósito, e depois os depósitos nos dois lados da parede se fundem à medida que a parede entre eles desaparece, de forma que o poro revestido pela calose se assemelha a um anel isolante. O plasmalema se estende através do poro e, portanto, continua de uma célula para outra. Geralmente, os poros possuem de 0,1 a 5,0 μm de diâmetro, muito maiores que qualquer íon do soluto ou molécula, ou até mesmo uma partícula de vírus. Os elementos crivados geralmente medem de 20 a 40 μm de diâmetro e de 100 a 500 μm (0,1 a 0,5 mm) de comprimento. Obviamente, existe uma grande variação, dependendo da espécie, na maioria das

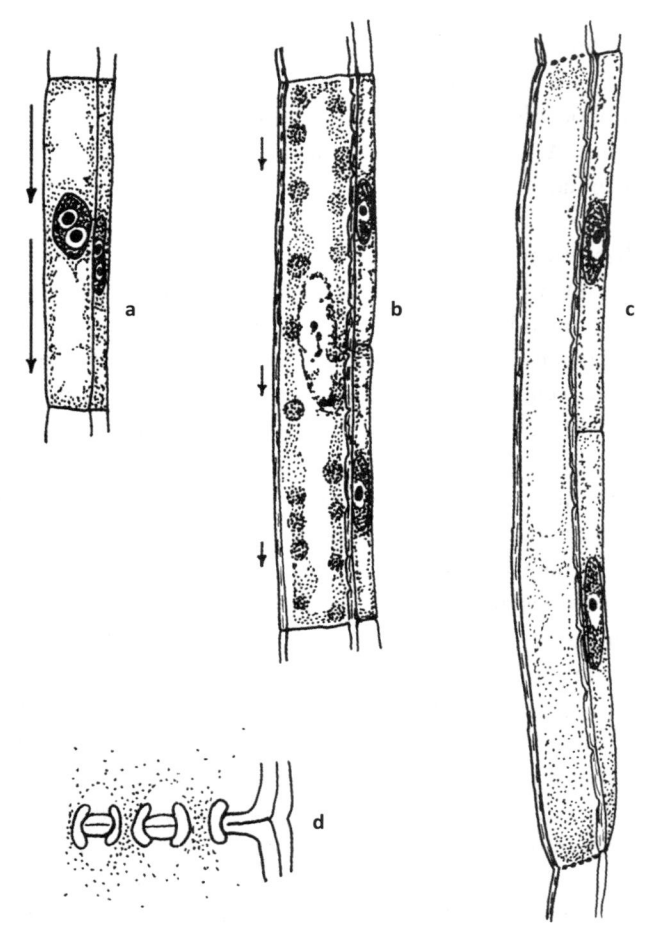

FIGURA 8-9 Elementos crivados em desenvolvimento. **(a)** Elemento jovem com células companheiras. As setas longas sugerem um fluxo citoplasmático considerável. **(b)** Elemento crivado de maturidade intermediária. Os corpos viscosos (proteína P) são evidentes, o núcleo está começando a desaparecer e o fluxo citoplasmático está praticamente parado. **(c)** Elemento crivado maduro. O núcleo e o tonoplasto não são mais evidentes. **(d)** Corte longitudinal do tubo crivado ao longo de uma placa crivada, mostrando as conexões citoplasmáticas através dos poros.

informações que acabam de ser resumidas. Por exemplo, nas gimnospermas, as células albuminosas e as células crivadas não surgem de uma única célula cambial.

Alguns tubos crivados permanecem funcionais por vários anos. Provavelmente, isso é mais notável nas monocotiledôneas perenes como as palmeiras, que possuem pouco tecido cambial capaz de produzir o floema secundário. Alguns elementos crivados depositados na base de uma palmeira aparentemente devem permanecer funcionais durante toda a vida da árvore (que pode chegar a muito mais de 100 anos), embora novos elementos crivados sejam formados por um **meristema de engrossamento primário**.

Ultraestrutura do floema As células companheiras possuem um citoplasma anormalmente denso, com vacúolos pequenos. As mitocôndrias são abundantes, assim como os dictiossomos e o retículo endoplasmático. O núcleo é bem definido até que o elemento crivado associado finalmente comece a se tornar não funcional As células parenquimais do floema, diferente das células companheiras, possuem vacúolos grandes e talvez menos organelas (embora isso possa ser aparente apenas por causa da quantidade relativamente menor de citoplasma). Frequentemente, os cloroplastos são conspícuos nessas células e os plastídeos ocorrem nos dois tipos; na verdade, se o vacúolo não for bem desenvolvido nas células do parênquima, não é fácil distinguir o parênquima do floema das células companheiras.

O interesse imediato desta seção é a ultraestrutura do tubo crivado. O retículo endoplasmático (RE) liso ocorre como uma rede quase contínua ao longo da superfície interna e relativamente paralela ao plasmalema. Existem regiões de pilhas achatadas ou convolutas de cisternas do RE, perto da membrana plasmática. Nas células crivadas das gimnospermas, o RE existe como uma rede de túbulos lisos perto do plasmalema, mas formando agregados massivos nas áreas crivadas. Aparentemente, as mitocôndrias permanecem inalteradas ao longo de toda a diferenciação do elemento crivado e são capazes de executar a respiração celular e outras atividades metabólicas (discutido no Capítulo 13). Os plastídeos, que às vezes possuem amido, proteína ou ambos, ocorrem nos elementos crivados maduros e jovens, mas seus sistemas da membrana interna continuam mal desenvolvidos. Os microtúbulos são abundantes no citoplasma dos elementos crivados jovens, mas desaparecem nas fases intermediárias de diferenciação. Os feixes de microfilamentos são frequentemente encontrados nos elementos crivados em diferenciação e foram relatados também nos maduros. As paredes dos elementos maduros não são lignificadas, mas ricas em celulose e frequentemente grossas. A água e os minerais dissolvidos se movem livremente por eles entre as células adjacentes, dependendo da permeabilidade de suas membranas e da velocidade do fluxo dentro dos membros do tubo crivado.

Além dos corpos viscosos nos elementos crivados, os primeiros investigadores observaram um material amorfo no **lúmen** (a parte que era originalmente o vacúolo, antes da desintegração do tonoplasto). A maior parte desse material viscoso, se não todo, se provou um material fibrilar e proteico (Lucas e Madore, 1988). O diâmetro das fibras está na ordem de 7 a 24 nm e os pesos moleculares variam (pelo menos nas cucurbitáceas) de 14.000 a 158.000. Existem vários tipos diferentes dessa proteína e alguns deles podem ser interconversíveis. Ela é chamada de **proteína P** (que significa a proteína do floema), e os corpos viscosos podem ser chamados de **corpos de proteína P**.

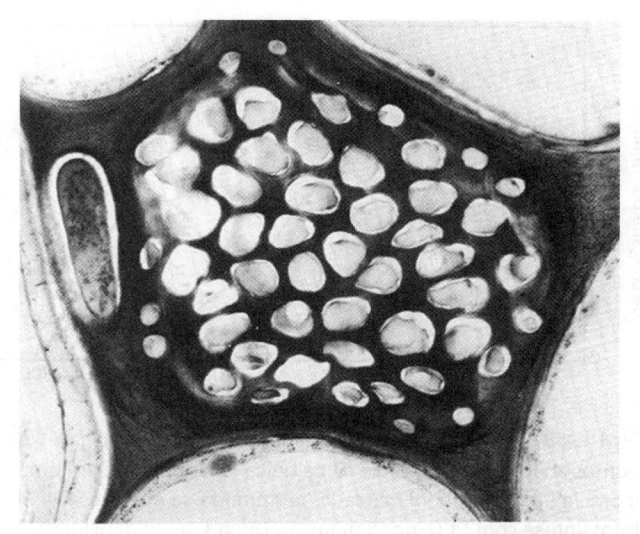

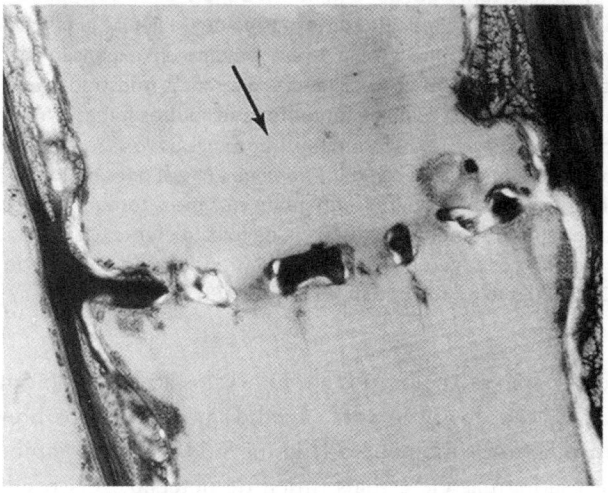

FIGURA 8-10 Eletromicrografias da placa crivada na soja (*Glycine max*), mostrando poros bem abertos com quantidades relativamente pequenas de fibras de proteína P. (Acima, corte transversal; abaixo, corte longitudinal; ambas 14.000 x.) O tecido do pecíolo que contém a sacarose ^{14}C foi congelado rapidamente, substituído por congelamento na acetona ou no óxido de propileno e incluído no Epon. A presença da sacarose ^{14}C permitiu a verificação da direção do fluxo nos tubos crivados. A seta indica a provável direção do fluxo. (Micrografias cortesia de Donald B. Fisher; consulte Fisher, 1975.)

Desde a descoberta da proteína P, os anatomistas têm considerado se os poros das placas crivadas são cheios dessa substância. Obviamente, as próprias placas crivadas oferecem uma resistência considerável ao fluxo de massa passivo do material, conforme postulado no modelo de Münch. Se os poros forem parcial ou completamente bloqueados com a proteína P, a resistência pode ser aumentada. A possível evidência acumulada com as eletromicrografias, que sugeriu que os poros eram realmente bloqueados, levou, na década de 1960, ao sério questionamento da hipótese do fluxo de pressão e à formulação de modelos alternativos. Muitas dessas hipóteses sugeriam que a proteína P cumpria algum tipo de função ativa no bombeamento da solução através dos poros (por exemplo, consulte Fensom, 1972; Peel, 1974). Os poros da placa crivada estão abertos ao fluxo de massa da solução ou são ocluídos pela proteína P?

Os primeiros estudos da microscopia eletrônica eram equivocados por causa das técnicas primitivas de fixação. Mesmo nessa época, no entanto, algumas micrografias mostravam poros ocluídos, enquanto outras mostravam poros abertos. Com o aprimoramento das técnicas de fixação, as eletromicrografias continuaram mostrando poros predominantemente ocluídos, mas sempre se pode sugerir que a liberação da pressão causada pelo corte do floema para a coleta de amostras pode causar o efeito de onda e a movimentação da proteína P da periferia da célula para os poros.

As tentativas de fixar o material de formas projetadas para reduzir os artefatos de onda levaram a mais observações de poros abertos. As seguintes técnicas foram usadas: uso de um fixador de penetração rápida (acroleína), congelamento rápido de plantas inteiras com nitrogênio líquido e depois transferência para o fixador químico (Figura 8-10), fixação dos tubos crivados isolados das culturas de tecido e cultivados em laboratório (supostamente, possuem baixa pressão interna) e inanição e murchamento das plantas para reduzir a pressão nos tubos crivados antes da amostragem e da fixação. Além disso, algumas plantas como milho (*Zea mays*), lentilha d'água (*Lemna*) e algumas palmeiras, sempre possuem poros não entupidos, mesmo na ausência de medidas especiais para impedir o efeito de onda. As partículas de negrito de carbono e corpos semelhantes aos micoplasmas passam pelos poros crivados e as partículas de vírus podem substituir os tampões de proteína P nos poros, em algumas amostras (improvável se a proteína P fosse essencial para o transporte ativo). (Para mais informações, consulte em Hull, 1989, uma revisão do movimento do vírus nas plantas.)

Com essas e outras evidências, podemos gerar um forte argumento de que os poros dos tubos crivados estão abertos nas plantas de crescimento normal. A controvérsia parece ter desaparecido; um livro de 1986 (Cronshaw et al.), intitulado *Phloem transport,* cita 82 pesquisas, nenhuma delas dedicada à proteína P nas placas crivadas. "A maioria dos pesquisadores concorda que existe um fluxo de massa da solução passando pelos poros da placa crivada não entupidos" (Cronshaw, 1981).

Sem algum mecanismo de proteção, as plantas podem "sangrar até a morte" quando machucadas por escoriações ou outros meios. O efeito de onda que ocorre quando um elemento crivado é cortado faz com que a proteína P flua para a placa crivada, bloqueando assim os poros, e existem evidências de que a proteína P coagula quando exposta ao ar. Em alguns casos, as células crivadas entram em colapso depois do ferimento. (Elas possuem paredes relativamente moles; seu formato original é mantido apenas pela pressão de turgor.) Esses mecanismos também podem impedir que os possíveis patógenos obtenham os nutrientes. Ainda assim, eles tornam extremamente difícil estudar e entender os elementos crivados não machucados.

As taxas de transporte do floema

Em 1944, Alden S. Crafts e O. Lorenz, da University of California, em Davis, pesaram 39 abóboras durante o período de 5 de agosto a 7 de setembro, estimando que os frutos individuais ganhavam em média 482 g de material seco durante 792 horas de crescimento. Portanto, os compostos que aumentam a massa seca geral se moveram para cada fruto por meio de seu pedúnculo, em uma taxa média de 0,61 g h^{-1}. Com base nos estudos anatômicos do caule, estimaram que o corte transversal médio do tecido do floema nos pedúnculos era 18,6 mm^2; deste total, cerca de 20% consistiam em tubos crivados (3,72 mm^2). Sendo assim, o material se movia pelos tubos crivados com uma taxa de transferência da massa de 0,61 g h^{-1} × 3,72 mm^2 = 0,164 g mm^{-2} h^{-1}. A **taxa de transferência da massa** é a quantidade de material que atravessa uma determinada secção transversal dos tubos crivados por unidade de tempo.

E quanto à **velocidade** do movimento, que é uma medição da distância linear atravessada por uma molécula de assimilado por unidade de tempo? Supondo uma gravidade específica ou densidade para o material seco de aproximadamente 1,5 g cm^{-3} (1.500 kg m^{-3}) e dividindo esse número para a taxa, temos uma velocidade de cerca de 110 mm h^{-1}. Obviamente, o material não se move na forma seca, mas como um soluto na água. Se a concentração for de 10%, sua velocidade será cerca de 10 vezes (100/10) a calculada para o material seco, ou 1.100 mm h^{-1}. Embora os exsudatos do floema consistam em soluções de 10%, normalmente são mais diluídos que a seiva. Potenciais osmóticos de –2 a –3 MPa são comuns nos tubos crivados intactos, e esses valores são aproximadamente equivalentes às soluções de sacarose de 20 a 30%. Se os assimilados estiverem se movendo em uma solução de 20%, eles se movem cinco vezes (100/20) mais rápido do que o número calculado para o material seco, ou cerca de 550 mm h^{-1}.

Esses resultados são típicos de muitos estudos semelhantes, porém, dados mais significativos foram agora obtidos com o ^{11}C energético de meia vida curta. O isótopo incorporado ao CO$_2$ é introduzido ao fluxo de translocação por meio da fotossíntese na folha, e dois ou mais detectores

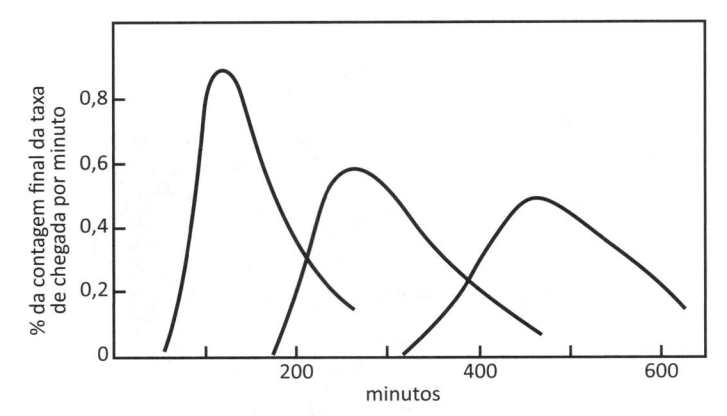

FIGURA 8-11 Perfis do tempo da radioatividade que chega a três pontos ao longo de um caule. Uma única folha de fonte em uma ipomeia (*Ipomea nil*) foi marcada, permitindo-se que fizesse a fotossíntese com ^{14}CO$_2$ por 5 minutos. Depois, a radioatividade foi continuamente medida com um tubo de Geiger de janela fina pressionado-se contra a folha de escoamento em expansão nas pontas dos ramos, em três distâncias diferentes (mostradas em metros) a partir da folha de fonte. Todas as outras folhas e o caule acima da folha de fonte foram removidos. Os dados são expressos como a quantidade de radioatividade que chega por minuto. Observe como esses perfis aumentam e os picos tornam-se mais baixos com o aumento na distância da folha de fonte. Os tempos entre os picos sugerem velocidades de translocação de cerca de 300 a 320 mm h^{-1} (de Christy e Fisher, 1978).

de radiação são colocados em intervalos ao longo do caule. A radiação do ^{11}C é então medida por intervalos breves em diferentes momentos (Figura 8-11). (O ^{14}C também foi usado, mas ele é mais difícil de detectar.) Os resultados podem ser expressos como perfis de radioatividade que atravessam cada ponto do caule como função do tempo, e esses perfis também podem ser determinados, principalmente se vários detectores forem usados. Os modelos matemáticos foram desenvolvidos a partir desses dados, e os dados e modelos podem ser usados para testar a hipótese de Münch e outras (Minchin e Troughton, 1980). Embora exista uma variação entre as espécies, estudos como esses geralmente concordam com trabalhos mais antigos. Na maioria das espécies, a velocidade máxima do transporte é de 500 a 1.500 mm h^{-1}.

É difícil avaliar essas velocidades. Se um único elemento crivado em uma angiosperma tiver 0,5 mm de comprimento (como observado, as células crivadas das gimnospermas são mais longas, cerca de 1,4 mm), então, em velocidades de translocação de 900 mm h^{-1} (0,25 mm h^{-1}) um elemento inteiro seria esvaziado e novamente preenchido em 2 segundos. Na ampliação de 300 x, um elemento inteiro do floema não poderia ser visto de uma vez em um campo do microscópio, portanto se quiséssemos observar os movimentos das partículas ao microscópio nos elementos crivados, as velocidades seriam muito rápidas

(*texto continua na página 185*)

Uma revisão da química do carboidrato

Para entender os estudos modernos sobre o transporte do floema, é essencial saber algo sobre a química dos carboidratos transportados. Aqui está uma breve revisão da química do carboidrato, incluindo até mesmo os compostos que não têm nada a ver com o transporte do floema, mas são mencionados para tornar a revisão completa. Oito tópicos são discutidos.

Primeiro, a fórmula geral dos **carboidratos** é $(CH_2O)_n$; isto é, para cada C existe um H_2O (água, embora ela não exista nessa forma), sugerindo assim o nome carboidrato. O *n* na fórmula significa que o CH_2O é repetido um certo número de vezes.

Em *segundo* lugar, os blocos de construção básicos dos carboidratos são chamados de **monossacarídeos** ou **açúcares simples**, porque não são facilmente divididos em açúcares ainda mais simples. Eles possuem números variados de átomos de carbono (Figura 8-12) e são nomeados de maneira correspondente:

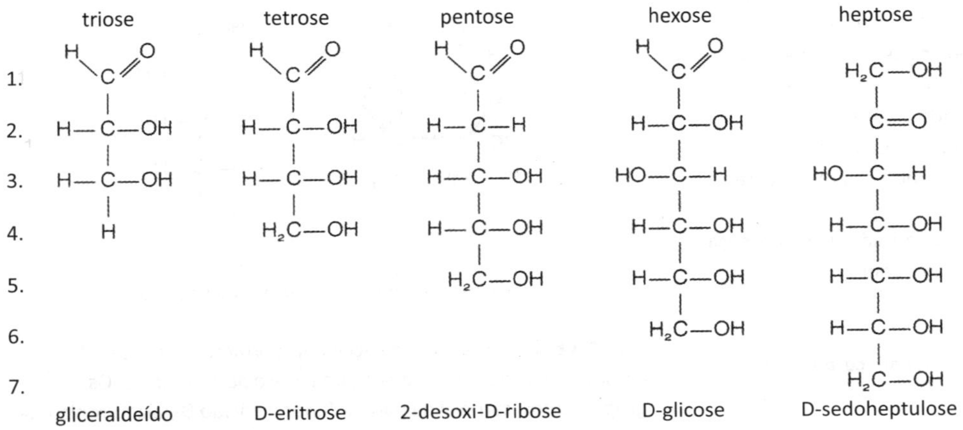

FIGURA 8-12 Exemplos de monossacarídeos que possuem de três a sete átomos de carbono.

Açúcares com três carbonos (trioses): esses e os compostos semelhantes são intermediários importantes nas vias metabólicas da fotossíntese e da respiração celular.

Açúcares com quatro carbonos (tetroses): não existem muitos desses açúcares, embora um deles participe da fotossíntese e da respiração.

Açúcares com cinco carbonos (pentoses): esses compostos são críticos para a fotossíntese e a respiração. Duas pentoses (ribose e desoxirribose) também formam componentes estruturais fundamentais dos ácidos nucleicos, que são essenciais para toda a vida. As gomas peculiares de plantas específicas (algas e plantas superiores) consistem principalmente em pentoses, e as hemiceluloses encontradas em todas as paredes celulares vegetais são ricas em pentose.

Açúcares com seis carbonos (hexoses): esses açúcares são discutidos frequentemente e participam de muitas etapas da respiração e da fotossíntese, além de constituírem os blocos de construção de muitos outros carboidratos, incluindo o amido e a celulose. A glicose e a frutose são hexoses importantes, mas existem várias outras que ocorrem naturalmente (Figura 8-13). Apesar de todas as menções à glicose nos livros de biologia, nas plantas a maioria é ligada a polímeros e outros compostos.

Açúcares com sete carbonos (heptoses): uma das heptoses é um intermediário na fotossíntese e na respiração. Do contrário, raramente são encontradas.

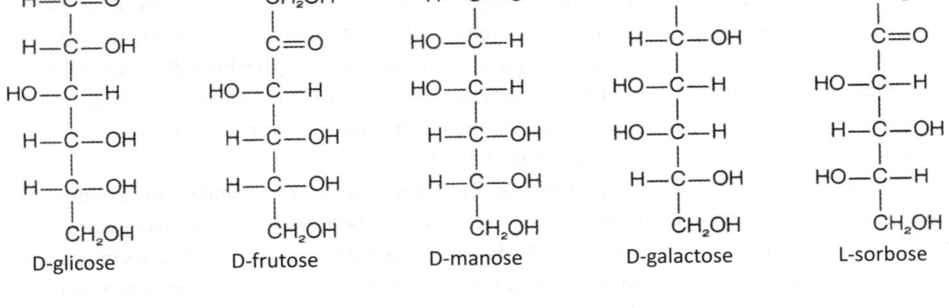

FIGURA 8-13 Cinco açúcares hexose importantes. Os grupamentos de aldeídos (no topo de todos, exceto D-frutose e L-sorbose) são normalmente representados por —CHO, porém foram expandidos aqui para melhor vizualização.

Em *terceiro* lugar, os carboidratos apresentam **estereoisomerismo**. Se quatro átomos ou grupos de átomos diferentes forem unidos a um único átomo de carbono, formando uma estrutura tetraédrica, existem duas maneiras de fazer essa união, que resultam em imagens espelhadas. Portanto, um átomo de carbono com quatro coisas *diferentes* unidas a ele pode existir como dois **estereoisômeros**, e dizemos que as moléculas com esses átomos mostram estereoisomerismo. Dois isômeros espelhados de um determinado composto giram no plano da luz polarizada do plano em direções opostas.

Estude o açúcar hexose glicose mostrado na Figura 8-13. O carbono superior (número 1) possui apenas três coisas unidas a ele: um hidrogênio, um oxigênio (pela ligação dupla) e o restante da molécula. O carbono inferior (número 6) tem apenas três *tipos* de coisas unidas a ele: dois hidrogênios, um –OH e o restante da molécula. Cada um dos quatro carbonos entre eles possui *quatro tipos diferentes* de coisas unidas, portanto, cada um deles e os átomos ou grupos unidos poderiam existir como dois estereoisômeros (duas imagens espelhadas). Observe na Figura 8-13 que os nomes dos açúcares levam como prefixo a letra D (escrita como uma pequena maiúscula). Essa designação indica sua estrutura estereoisométrica e se refere à posição do –OH no carbono mais perto da parte inferior. Se ele estiver no outro lado, usamos a letra L. (Se apenas esse –OH mudar de um lado para outro, um novo açúcar é produzido com um novo nome; se o nome permanecer o mesmo, como na D-glicose e L-glicose, todos os carbonos assimétricos nas duas moléculas são as imagens espelhadas um do outro.) A cadeia de carbonos em uma molécula de açúcar forma um ziguezague, mas esse padrão tridimensional não pode ser representado convenientemente em uma folha de papel bidimensional, portanto, a cadeia do carbono é normalmente mostrada como se fosse reta.

Em *quarto* lugar, os monossacarídeos são caracterizados pela presença de um grupamento **aldeído** (—C—H; os açúcares com o aldeído são chamados **aldoses**) ou um grupamento **cetona** (—C—; os açúcares cetonas são chamados de **cetoses**). O grupo de cetonas ou aldeídos é altamente reativo na solução alcalina; um dos dois é um agente redutor. Em uma solução contendo um ou mais íons oxidantes, o grupamento de aldeídos ou cetonas torna-se oxidado para um grupo de ácidos (—C—OH; chamado de **carboxil**).

O íon oxidante, obviamente, se torna reduzido. Esta reação serve como base para vários reagentes padrão que medem os chamados **açúcares redutores**. Nesses reagentes, um íon cúprico oxidante (Cu^{2+}) é mantido na solução por algum agente quelante (Seção 6.5), como o ácido tartárico ou o ácido cítrico, e a solução é tornada alcalina com o hidróxido de potássio ou o hidróxido de sódio. Quando um açúcar redutor (qualquer um dos monossacarídeos ou seus parentes mostrados nas Figuras 8-12 ou 8-13) é adicionado ao reagente, os açúcares são oxidados para formar misturas complexas de ácidos de açúcar e os íons cúpricos são reduzidos para íons cuprosos (Cu^+), que, por sua vez, formam um hidróxido cuproso (um precipitado amarelo) e depois se tornam desidratados para produzir o óxido cuproso (um precipitado vermelho-tijolo).

Em *quinto* lugar, o grupamento aldeído ou cetona dos monossacarídeos pode ser reduzido e também oxidado. Quando ele é reduzido, produz outro grupamento –OH no qual o aldeído ou cetona estava localizado. Nesse caso, todos os carbonos possuem um grupo de –OH unido. Eles são chamados **álcoois de açúcar** e são importantes como solutos transportados no floema de certas espécies (Figura 8-14). Observe que a glicose, frutose e sorbose podem ser reduzidas para produzir o sorbitol do álcool de açúcar. Observe também que, quando a frutose é reduzida, o –OH pode ir para um dos lados do carbono número 2; se ela se unir ao lado direito, o produto é o sorbitol – se for ao lado esquerdo, é o manitol.

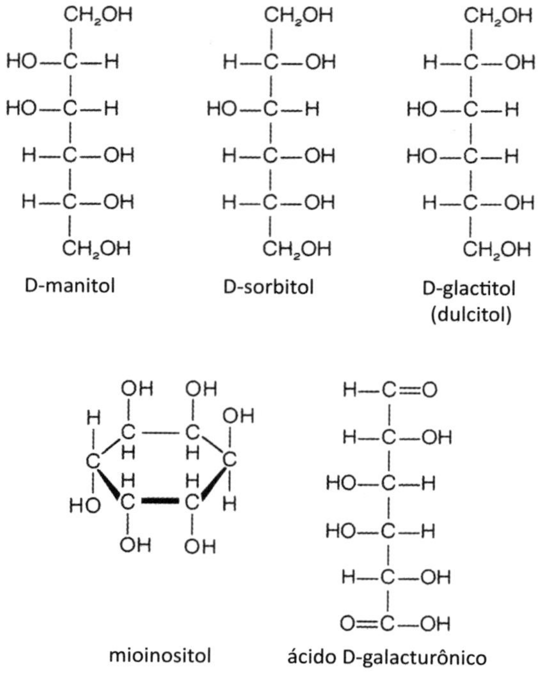

FIGURA 8-14 Três álcoois de açúcar importantes, um inositol carbocíclico estreitamente relacionado e o ácido urônico. Os grupamentos carboxil na parte inferior do ácido D-galacturônico são geralmente escritos como —COOH; eles são expandidos aqui a título de clareza. A linha grossa na estrutura de anel do mioinositol significa que essa ligação está mais próxima do observador, como se o anel estivesse inclinado, com o seu topo mais afastado do observador.

Alguns dos ácidos de açúcar (produzidos pela oxidação do aldeído) ocorrem naturalmente nas plantas (por exemplo, o ácido galacturônico nas pectinas encontradas na lamela média entre as paredes de células adjacentes). Vários grupos também podem ser unidos aos açúcares pelas ligações acetais (por exemplo, a ligação que conecta a glicose e a frutose na sacarose; consulte abaixo), produzido **glicosídeos** (por exemplo, os **glucosídeos** a partir da glicose).

Em *sexto* lugar, a maioria dos açúcares na solução forma anéis e não cadeias retas. Existem duas maneiras possíveis de formação do anel. Como mostra a Figura 8-15, o grupamento =O do carbono 1 se torna um –OH depois que o anel se forma. Com o anel desenhado conforme mostrado, o –OH pode apontar para cima ou para baixo. As duas formas são chamadas de alfa (α) e beta (β). A forma de anel dos monossacarídeos não ocupa um plano único (isto é, não é plana); em vez disso, ela assume a forma de um "barco" ou uma "cadeira" (Figura 8-15).

Em *sétimo* lugar, esses detalhes sugerem como os anéis podem se unir uns aos outros de muitas maneiras. Essa união ocorre pela remoção de uma molécula de água entre duas das moléculas de açúcar (Figura 8-16). Se duas moléculas de monossacarídeos (frequentemente, chamadas simplesmente de unidades ou metades) se encadearem, elas formam um **dissacarídeo**. Duas moléculas de glicose formam o dissacarídeo maltose – ou a celobiose, dependendo de a unidade formadora da vinculação estar na forma α ou β. Uma molécula de glicose e uma de frutose formam o dissacarídeo sacarose (de longe, o açúcar mais abundante no para formar uma ligação de glicosídeos entre os monossacarídeos. No caso da sacarose, o aldeído da glicose e a cetona da frutose participam da formação da ligação entre os dois monossacarídeos. Consequentemente, a sacarose é um **açúcar não redutor**. Observe que a unidade de glicose forma um anel de seis membros (chamado de **piranose**) e a frutose forma um anel de cinco membros (**furanose**). Uma série de oligossacarídeos não redutores que podem ser considerados adições de diferentes números de moléculas de galactose à sacarose inclui os solutos transportados no floema de várias espécies. Essa série de oligossacarídeos é chamada de **grupo de rafinose** (Figura 8-17). Outro grupo de oligossacarídeos e polímeros superiores, coletivamente chamados de **dextrinas**, são os produtos de degradação do amido (Seção 13.2). Eles consistem em moléculas de glicose unidas entre si de ponta a ponta. Uma vez que o grupo de aldeídos em uma glicose é sempre livre em uma das extremidades, as dextrinas são açúcares redutores. Normalmente, as dextrinas são misturas de moléculas, cada qual com três a várias dúzias de **resíduos** de glicose, como às vezes são chamadas.

Em *oitavo* lugar, quando muitas unidades se encadeiam, elas formam **polissacarídeos**, como amido, frutano, celulose, calose, hemicelulose ou pectinas. Quando esses **açúcares complexos** e polissacarídeos são degradados para **açúcares simples**, o processo ocorre pela adição de uma molécula de água no local de onde a original havia sido removida. Essa degradação é chamada de **hidrólise**. Ela ocorre durante a germinação da semente, por exemplo, quando o amido (que é insolúvel) é hidrolisado para glicose solúvel, que pode ser metabolizada e transportada para dentro do broto. As moléculas de **celulose** consistem em unidades de glicose na forma do anel β (Figura 8-18). Uma única molécula de celulose contém de 3.000 a 10.000 unidades de glicose em uma cadeia não ramificada.

Quando os anéis da β-glicose são encadeados para formar uma cadeia longa, é provado que essa cadeia é quase perfeitamente reta (consulte a Figura 1-4). As unidades de glicose são os componentes básicos do **amido**, mas nesse caso elas possuem a ligação α, que produz cadeias espirais e não retas (Figura 8-18). Como podemos explicar a **síntese** (reunião) de duas moléculas tão diferentes como o amido e a celulose a partir das mesmas unidades, fundamentalmente as cadeias abertas de glicose? A resposta está na natureza altamente específica e no formato das enzimas responsáveis pela síntese desses polissacarídeos. A enzima que sintetiza a celulose é mecanicamente configurada para formar apenas ligações β a partir das moléculas do substrato, enquanto as enzimas do amido combinam as mesmas moléculas para formar ligações α. (As enzimas serão discutidas no Capítulo 9.)

Outra série de polissacarídeos é o **frutano**, que pode ser visualizado como adições de diferentes números de moléculas de frutose à

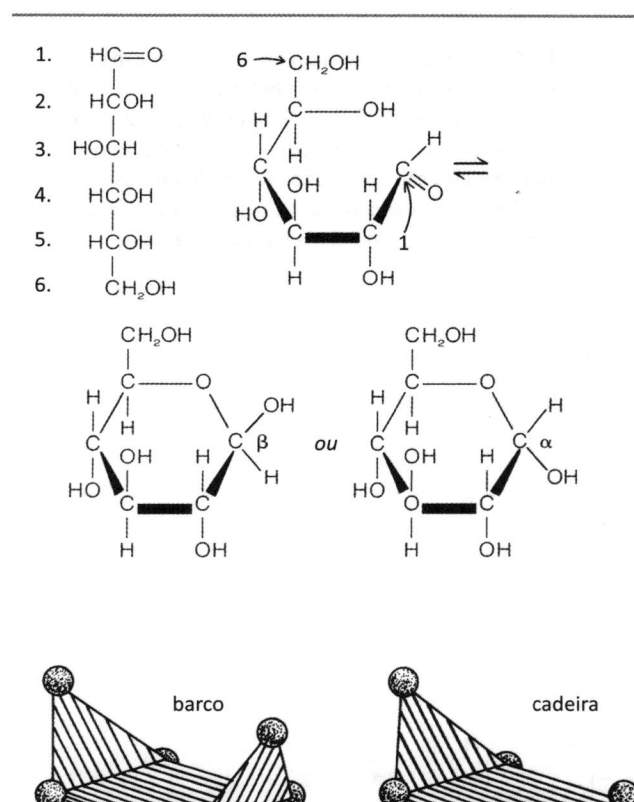

FIGURA 8-15 Formação das estruturas de anel dos açúcares, especificamente a D-glicose. Observe as formas α e β e a linha grossa nos anéis, indicando que o anel está inclinado, com o seu topo mais afastado do observador. A figura também mostra que os anéis de seis membros assumem naturalmente uma de duas configurações: um "barco" ou uma "cadeira".

reino vegetal). Três unidades de monossacarídeos formam um **trissacarídeo** e quatro formam um **tetrassacarídeo.** Os di-, tri- e tetrassacarídeos são chamados coletivamente de **oligossacarídeos**. Em alguns casos, os grupamentos aldeídos ou cetonas permanecem potencialmente expostos no oligossacarídeo, de forma que o composto possui as propriedades redutoras de um monossacarídeo. (Os exemplos são a maltose e a celobiose.) Em outros casos, o exemplo clássico sendo a sacarose, os dois grupos redutores são utilizados

FIGURA 8-16 Formação do dissacarídeo sacarose pela remoção de uma molécula de água entre dois monossacarídeos. Presume-se que os ângulos nos anéis representem os átomos de carbono, cada qual com suas quatro ligações. A forma de anel da D-glicose é chamada de glucopiranose, enquanto a da D-frutose é a frutofuranose.

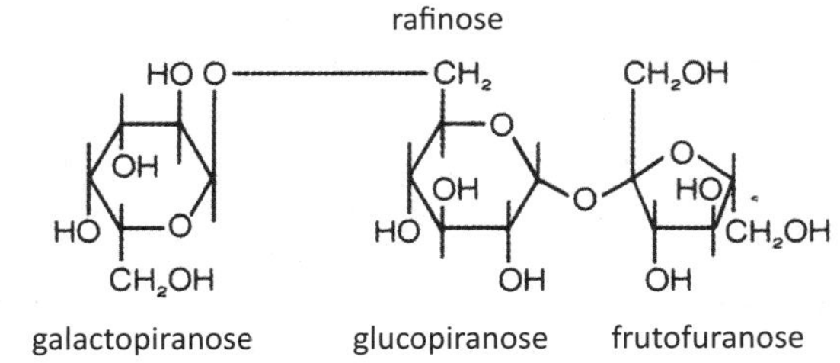

FIGURA 8-17 Três oligossacarídeos do grupo de **rafinose** dos açúcares não redutores. O quarto membro é a sacarose, mostrado na Figura 8-16. O grupamento frutano é uma série de compostos estreitamente relacionados, encontrados principalmente nas monocotiledôneas. Eles são como os açúcares de rafinose mostrados aqui, mas as moléculas de frutose (e não galactose) são unidas à parte da frutose da molécula básica de sacarose.

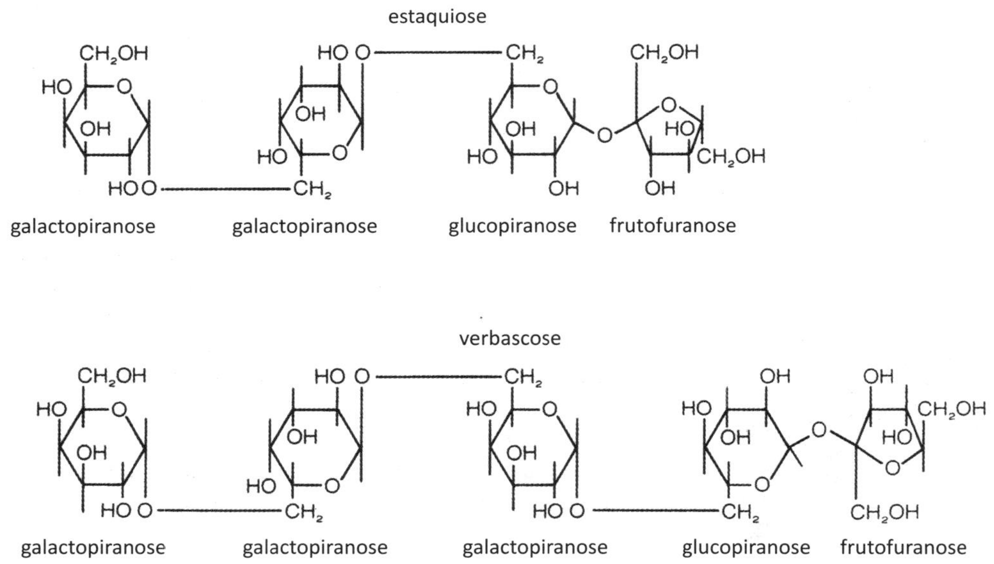

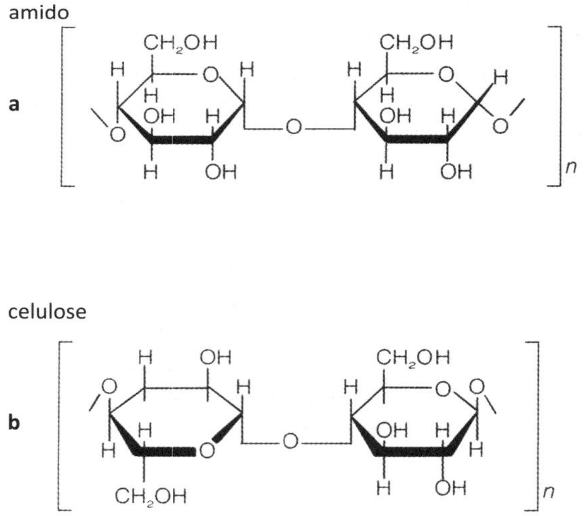

FIGURA 8-18 (a) A ligação α entre resíduos de glicose, como no amido. **(b)** A ligação β entre resíduos de glicose, como na celulose. Observe que o resíduo à esquerda no segmento da celulose está virado de cabeça para baixo em relação ao que está acima dele, no amido.

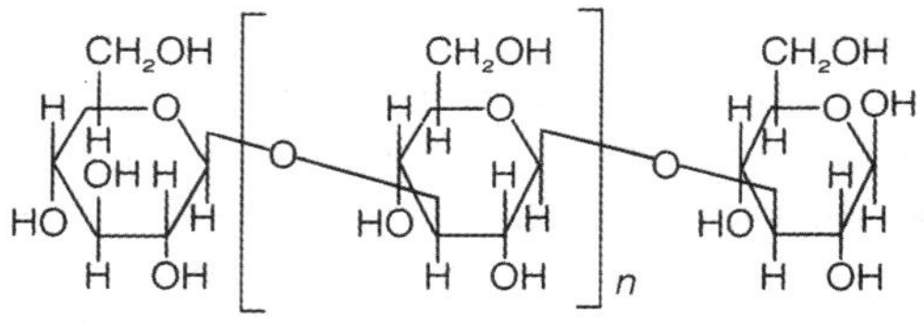

FIGURA 8-19 A estrutura molecular da calose. Observe a interessante 1,3-ligação entre os resíduos de β-D-glucopiranose, que causa um espiralamento estreito na cadeia molecular da calose.

extremidade de frutose da sacarose. Eles são importantes em muitas gramíneas (Chatterton et al., 1986; Hendrix et al., 1986). O frutano com **ligações β (2-1)-glicosídicas** (ligações entre monossacarídeos) é chamado de **inulina** (mais comum nas dicotiledôneas, mas também encontrado na cebola), enquanto o frutano que possui ligações β (2-6)-glicosídica é chamado de **levano**. O terceiro grupamento frutano contém cadeias ramificadas com os dois tipos de ligação (Seção 11.7). Outro polissacarídeo importante é a **calose**, que é constituída de resíduos de β-D-glucopiranose unidos por ligações β,1-3-glicosídicas, conforme ilustra a Figura 8-19. Ele é outro **glicano**, um composto formado de resíduos da glicose. Essa interessante ligação produz cadeias estreitamente espiraladas. A calose é importante na formação da placa crivada e também aparece quase instantaneamente em várias partes da planta que são submetidas à tensão mecânica (por exemplo, após a agitação). Ela parece cumprir uma função na cicatrização do tecido danificado. Sua estrutura química é muito semelhante à dos glicanos de armazenamento de diversas algas.

para que pudéssemos acompanhar facilmente com os olhos; imagens em câmera lenta seriam necessárias. Sem ampliação, o movimento a 1.000 mm h^{-1} é equivalente ao movimento da ponta de um ponteiro dos minutos de 160 mm em um relógio. Esse movimento seria facilmente detectado pelos olhos.

Geiger e Shieh (1988) desenvolveram outro método para estudar quantidades de assimilados fixados e transportados por toda a planta. Pés de feijão inteiros (*Phaseolus vulgaris*) receberam $^{14}CO_2$ em radioatividade específica e constante por todo o fotoperíodo. Geiger e Shieh puderam então medir o ganho do marcador de carbono em cada parte da planta e deduzir o acúmulo geral do carbono recém-fixado a partir da fixação direta, da importação ou de ambas. A partir desses dados, foi possível calcular e projetar as taxas de crescimento atuais e futuras. Esperando períodos variados depois da marcação (vários **períodos de perseguição** durante os quais as plantas podiam fazer a fotossíntese com o CO_2 não marcado, que *perseguia* o $^{14}CO_2$), foi possível determinar a quantidade de carbono fixado perdido pela respiração.

A próxima seção discute os compostos, principalmente os carboidratos, que são transportados no floema. Se você precisar de uma revisão da química do carboidrato, sugerimos a leitura do quadro intitulado "Uma revisão da química do carboidrato" antes de prosseguir para a próxima seção.

Os solutos transportados

A abordagem mais simples para determinar quais solutos estão contidos na seiva do floema é simplesmente cortá-lo e deixar a seiva exsudar, formando gotículas que podem então ser coletadas e analisadas. Embora muitas vezes o sangramento pare rapidamente assim que a proteína P e outras matérias particuladas coagulem nos poros crivados, as gotículas se formam antes dessa interrupção. Ainda assim, essas gotículas não devem ser típicas da seiva do floema; certamente, elas possuem parte da proteína P e talvez de outros materiais não transportados dos tubos crivados. Na verdade, Crafts e Lorenz (1944) encontraram uma porcentagem mais alta de nitrogênio (provavelmente na proteína) no exsudato de floema dos pedúnculos (caules de flores) indo para os frutos da abóbora do que nas abóboras desenvolvidas. Além disso, normalmente todos os solutos são mais diluídos no exsudato do floema que na seiva do floema intacta. O alívio da pressão do floema pelo corte diminui o potencial hídrico, e então a água se move por osmose. Esses efeitos do corte na composição e concentração são mais perceptíveis em algumas espécies (pouco efeito na composição de muitas árvores, por exemplo), mas são complicações que devem ser identificadas.

Se pudéssemos ter uma agulha hipodérmica em miniatura para inserir em um único tubo crivado, extraindo cuidadosamente uma parte do conteúdo sem liberação repentina da pressão... Em 1953, dois fisiologistas dos insetos em Cambridge, J. S. Kennedy e T. E. Mittler, sugeriram que, na verdade, temos esse instrumento. Eles se perguntaram se o pulgão suga a seiva do floema que o nutre usando parte de sua boca que é hipodérmica (**estilete**) ou se a seiva é simplesmente forçada a entrar em seu corpo pela pressão do floema. Quando eles cortaram com uma lâmina afiada o estilete de um pulgão que estava se alimentando (depois de administrar um fluxo anestésico de CO_2), deixando o estilete no lugar, cerca de 1 mm^3 de material exsudou do estilete cortado a cada hora por até quatro dias. Eles disseram: "Este método de obtenção da seiva do floema está agora em uso rotineiro em um estudo da nutrição dos pulgões e também pode ser usado pelos fisiologistas vegetais." Desde então, o método tem sido usado na fisiologia vegetal.

Em muitos experimentos, nem é necessário cortar o inseto. Normalmente, a seiva do floema passa por ele e formas gotículas chamadas de **melado** no corpo do pulgão (Figura 8-20; a secreção do melado para quando o inseto é anestesiado com CO_2). Os marcadores radioativos ou corantes podem ser observados no melado, embora sua composição não seja mais a mesma que era na planta, como já observamos.

Como mostra a Tabela 8-1, 90% ou mais do material translocado no floema consiste em carboidratos. Existem espécies em que isso não é necessariamente verdadeiro, com a seiva do floema contendo até 45% de compostos de nitrogênio, mas os açúcares constituem a grande massa dos solutos translocados nas seivas do floema da maioria das espécies. Além disso, praticamente todos os açúcares transportados no floema são não redutores. Entre eles, a sacarose (açúcar de mesa comum) é o mais abundante. Outros açúcares, quando ocorrem, estão presentes apenas em quantidades residuais. Os açúcares redutores, incluindo glicose e frutose, frequentemente são encontrados junto com a sacarose nas frutas e às vezes nos exsudatos do floema, mas são produtos de hidrólise da sacarose e eles próprios não são translocados.

Os principais (se não os únicos) carboidratos não redutores transportados nas plantas superiores pertencem à série de rafinose dos açúcares – sacarose, rafinose, estaquiose e verbascose (Figura 8-17) – ou aos álcoois de açúcar: manitol, sorbitol, galactitol e mioinositol (Figura 8-14). Zimmermann e Ziegler (1975) listaram a composição da seiva do floema para mais de 500 espécies que pertencem a cerca de 100 famílias e subfamílias de dicotiledôneas. As amostras da seiva do floema foram

FIGURA 8-20 Estudo da translocação no floema com o uso de pulgões. **(a)** Um pulgão com uma gotícula de melado, dependurado de cabeça para baixo no ramo de uma árvore. **(b)** Um corte transversal da árvore, mostrando um estilete do pulgão que penetrou no elemento crivado. (Fotos cortesia de Martin H. Zimmermann; consulte Zimmermann, 1961. Para ver uma série de micrografias dos estiletes do pulgão penetrando nos elementos da peneira, consulte Botha et al. 1975.)

colocadas em folhas de papel filtro no campo e, depois, cromatografadas e coloridas para identificar os vários açúcares e fornecer alguma indicação das quantidades relativas (tamanho e intensidade dos pontos manchados coloridos no cromatograma). Essa abordagem primitiva poderia produzir alguns erros, mas ela forneceu um quadro amplo dos solutos translocados.

A lista confirma que a sacarose é de longe o açúcar mais comum transportado, embora a rafinose e a estaquiose (e às vezes a verbascose) também apareçam. O mioinositol ocorre em quantias residuais ou muito pequenas em várias espécies, embora os outros álcoois de açúcar às vezes ocorram em quantidades consideráveis, mas apenas em certas famílias. Uma vez que as espécies na lista são quase todas árvores ou às vezes vinhas lenhosas, elas podem não ser representativas das plantas floridas como um todo, porém, a lista fornece alguns fatos interessantes sobre certas famílias. Muitas famílias transportam apenas a sacarose, com resíduos de outros compostos aparecendo apenas raramente; outras transportam menos sacarose que outros açúcares (Tabela 8-2), mas isso não é comum.

Houve um interesse considerável na família das rosas (Rosaceae; uma das maiores famílias) porque ela inclui muitas árvores frutíferas e outras espécies de importância comercial e porque grande parte do sorbitol (Reid e Bielenski, 1974) é transportada com um pouco menos de sacarose e apenas resíduos de rafinose, estaquiose e mioinositol (em alguns casos, com resíduos de verbascose). A família consiste em várias subfamílias e é interessante observar que a maioria delas possui esse padrão de carboidratos translocados, exceto as Rosoideae, que incluem o gênero *Rosa* (do qual a família leva seu nome). Os membros dessa subfamília não transportam sorbitol, mas principalmente sacarose com resíduos de rafinose, estaquiose e mioinositol (verbascose em algumas espécies). Alguns gêneros de subfamílias que transportam principalmente o sorbitol incluem *Cotoneaster* (piracanto), *Crataegus* (espinheiro), *Malus* (maçã), *Prunus* (damasco, cereja e assim por diante), *Pyrus* (pêra), *Sorbus* (eucalipto), *Sorbaria* (falsa espireia) e *Spiraea* (espireia). (Para mais informações consulte a revisão de Oliveira e Priestley, 1988.)

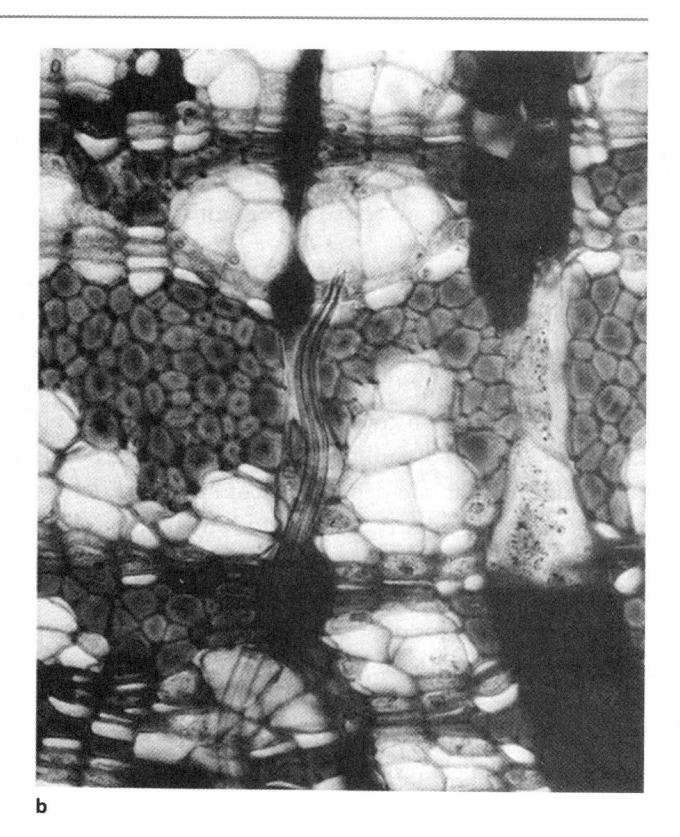

Os frutanos, que consistem em uma molécula de glicose mais 2 a 260 unidades de frutose, ocorrem em várias centenas de espécies, mas provavelmente não são transportados no floema (Chatterton et al., 1986; Hendrix et al, 1986). Eles também são açúcares não redutores.

O fato de que apenas os açúcares não redutores são translocados, enquanto os açúcares redutores e seus derivados de fosfato não o são, é altamente significativo. Embora os motivos não sejam claros, os açúcares não redutores são menos reativos e menos vulneráveis à destruição enzimática nos elementos crivados (Arnold, 1968). Na verdade, talvez pelo mesmo motivo, os açúcares redutores raramente são abundantes nas células vegetais. A glicose e a frutose,

TABELA 8-2 Alguns exemplos de açúcares menos comuns encontrados nas seivas do floema de várias famílias lenhosas.

	S	R	St	V	Aj	M	So	Du	I
Maioria das famílias	++++	+	+	+					Tr
Aceraceae (bordo)	++++	Tr	Tr						Tr
Anacardiaceae (caju)	+++	Tr	Tr						Tr
Asteraceae (carduáceas)	+	Tr	Tr						Tr
Betulaceae (bétula)	++++	++	++	+					Tr
Buddleiaceae (budleia)	++	+++	++++	+	Tr				+
Caprifoliaceae (madressilva)	+++	++	Tr						Tr
Celastraceae (magnólia)	+++	++	+++	Tr				+++	Tr
Combretaceae (mangue branco)	+++	++	+	Tr		+++			
Fabaceae (leguminosas)	++++	Tr	Tr						Tr
Fagaceae (faia e carvalho)	++++	Tr	Tr	Tr	Tr (?)				+
Moraceae (figueira)	++++	+	++	Tr					+
Oleaceae (oliveira)	++	++	+++	+		+++			Tr
Rosaceae (rosa)	++++	Tr	Tr				++++		Tr
Verbenaceae (verbena)	++	+	+++	Tr					Tr

Legenda

S = sacarose M = D-manitol
R = rafinose So = sorbitol
St = estaquiose Du = dulcitol
V = verbascose I = mioinositol
Aj = ajugose Tr = residual (podem ser artefatos)

Fonte: Baseado em Zimmermann e Ziegler, 1975.

por exemplo, ocorrem com mais abundância nas células como seus derivados de fosfato, embora pareçam açúcares de armazenamento em muitas frutas doces, provável e principalmente nos vacúolos.

Além dos carboidratos da seiva do floema, também sabemos muito sobre os componentes nitrogenosos translocados do floema e do xilema (Pate, 1980, 1986). Como ocorre nos carboidratos, os componentes de nitrogênio são altamente espécie-específicos. Em algumas espécies, muito nitrogênio inorgânico é transportado no xilema como nitrato (NO_3^-), que praticamente nunca está presente na seiva do floema. Em outras espécies, o nitrogênio é transportado no xilema como ureídes, amidos ou outras moléculas ricas em nitrogênio. O mesmo grupo de moléculas de nitrogênio orgânico deve transportar a maior parte do nitrogênio nos canais do xilema e do floema, porém, diferenças na composição do soluto entre a seiva do xilema e do floema foram observadas em algumas espécies. Os alcaloides transportam quantidades significativas de nitrogênio no xilema de certas espécies, assim como certos aminoácidos que normalmente não são encontrados na proteína. Os aminoácidos, outros compostos de nitrogênio orgânico e a redução e incorporação do nitrato em compostos orgânicos são discutidos nos Capítulos 9 e 14, mas as estruturas dos componentes orgânicos mais importantes envolvidos no transporte do nitrogênio são mostradas na Figura 8-21. Observe que esses compostos frequentemente possuem mais que um átomo de nitrogênio por molécula.

É importante observar a relativa integralidade nutricional da seiva do tubo crivado (mencionada acima, na nossa referência à nutrição dos insetos que sugam a seiva). Muitas partes da planta com transpiração ausente ou mínima (por exemplo, meristemas, tubérculos, raízes e algumas frutas) são quase completamente dependentes do floema para os nutrientes orgânicos e inorgânicos durante parte do seu crescimento ou todo.

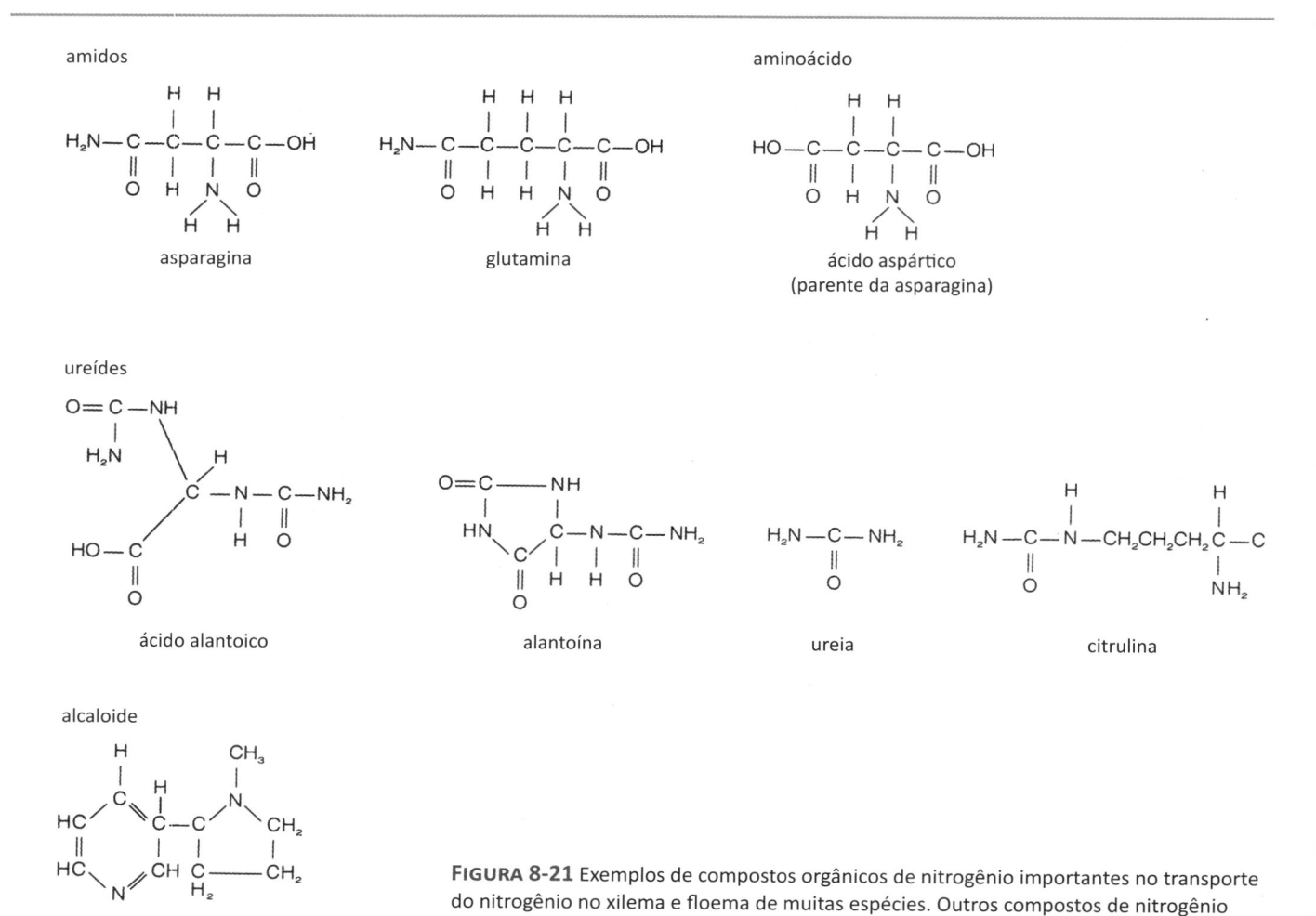

FIGURA 8-21 Exemplos de compostos orgânicos de nitrogênio importantes no transporte do nitrogênio no xilema e floema de muitas espécies. Outros compostos de nitrogênio importantes no transporte são discutidos nos Capítulos 9 e 14.

Carregamento do floema

Em 1949, Brunhild Roeckl determinou os potenciais osmóticos das células fotossintéticas e a seiva do floema da *Robinia pseudoacacia* (falsa acácia) usando plasmólise, refratometria e técnicas crioscópicas (Seção 3.6). Essas medições foras repetidas desde então por outros e muitos estudos usaram os marcadores radioativos. Tipicamente, as células do mesofilo das árvores possuem um potencial osmótico de −1,3 a −1,8 MPa, enquanto os elementos crivados nas folhas têm o potencial de −2,0 a −3,0 MPa. As plantas herbáceas possuem potenciais osmóticos menos negativos nas células do mesofilo. A beterraba, por exemplo, possui potencial osmótico de −0,8 a −1,3 MPa nas células do parênquima do floema e mesofilo e de cerca de −3,0 MPa no complexo de células companheiras do elemento crivado (Geiger et al., 1973). Uma vez que a maior parte do potencial osmótico é causada pela presença de açúcares nos dois tipos de células, está claro que a concentração de açúcar é aproximadamente 1,5 a 3 vezes mais alta nos elementos crivados que nas células do mesofilo que os cercam. O processo em que os açúcares são elevados a concentrações altas nas células do floema, perto de uma fonte como as células fotossintetizadoras da folha, é chamado de **carregamento do floema**. Nos últimos anos, houve um grande interesse no carregamento do floema (Baker e Milburn, 1990; Geiger e Fondy, 1980; Giaquinta, 1983; Lucas e Madore, 1988). A seguir, consideraremos alguns dos pontos mais importantes.

Via de transporte Como a sacarose vai das células do mesofilo da folha, nas quais é sintetizada, para os tubos crivados nos veios secundários da folha? Frequentemente ela se move diretamente para um veio secundário, ou deve passar apenas por duas ou três células. Ela se move através do apoplasto (paredes celulares fora do protoplasto) ou através do simplasto (célula a célula através dos plasmodesmas, permanecendo no citoplasma)? Muitas plantas possuem plasmodesmas numerosos entre as células do mesofilo e, aparentemente, o movimento de uma célula do mesofilo para outra ocorre através do simplasto porque o $^{14}CO_2$ assimilado em carboidratos nas células do mesofilo não aparece em suas paredes celulares.

Em muitas espécies (por exemplo, fava, milho e beterraba), os plasmodesmas são menos comuns entre as células do mesofilo e as células companheiras e elementos crivados adjacentes, mas existem outras espécies com uma continuidade simplástica direta entre o mesofilo ou **células da bainha do feixe** (células que formam uma bainha ao redor dos feixes vasculares de muitas espécies; consulte Figura 5.5a) e as células companheiras e elementos crivados adjacentes (por exemplo, *Cucurbita pepo* e *Fraxinus*). Parecia, no final da década de 1970 e início da de 1980, que o açúcar era ativamente secretado das células do mesofilo no apoplasto dos veios secundários (por exemplo, consulte Geiger et al., 1974; Giaquinta, 1976, 1983). Do apoplasto, o açúcar poderia então ser absorvido ativamente, provavelmente nas células companheiras grandes dos vasos secundários, dos quais ele então passava de maneira simplástica para os elementos crivados (Figura 8-7). Várias linhas de evidências sustentam esse modelo (Delrot, 1987). Por exemplo, era difícil imaginar como o movimento através dos plasmodesmas poderia especificar as moléculas carregadas no floema ou como os gradientes íngremes de concentração poderiam ser gerados. Porém, obviamente, os plasmodesmas são estruturas complexas e ainda não totalmente entendidas; eles não são apenas orifícios revestidos de membranas nas paredes celulares. A nossa incapacidade de entender a mecânica dos plasmodesmas não prova que eles são incapazes de realizar o transporte seletivo e ativo.

Evidências mais recentes sugerem que o carregamento do floema pode às vezes ocorrer através do simplasto (revisado por Lucas e Madore, 1988; van Bel, 1987). Está claro que a sacarose e outros açúcares vazam imediatamente do mesofilo, assim como as células do floema para o apoplasto, mas essas células possuem uma capacidade poderosa de recuperar as moléculas de sacarose. Lucas e Madore (1988) sugerem que vários experimentos, que antes se acreditava demonstrarem o carregamento do floema a partir do apoplasto, podem ser interpretados com base na recuperação pelas células do mesofilo. Em uma série de experimentos que mostram uma possível via simplástica para o carregamento do floema, foi injetado um corante fluorescente, o amarelo de lúcifer, no citosol de uma célula do mesofilo da folha. Embora o corante não atravesse as membranas, foi fácil acompanhar o seu movimento de uma célula para outra e até mesmo para os tubos crivados do floema (Madore et al., 1986).

Aparentemente, um trajeto simplástico ocorre em alguns tecidos, enquanto outros usam a etapa apoplástica. Técnicas semelhantes demonstraram trajetos diferentes em espécies distintas (Turgeon, 1989; Turgeon e Wimmers, 1988). Algumas espécies podem usar os elementos dos dois trajetos. Também está claro que ainda falta aprender muito sobre o carregamento do floema.

O carregamento ativo da sacarose para as células companheiras poderia produzir um potencial osmótico fortemente negativo nas células, levando a uma entrada osmótica da água, que então passaria no fluxo de massa através das conexões de plasmodesmas entre as células companheiras e os elementos crivados, transportando consigo a sacarose. Independente de como a alta concentração de sacarose nos tubos crivados é produzida, ela leva à captura osmótica da água, que produz as pressões altas e o fluxo de massa. Münch desconhecia o carregamento do floema e supôs que as pressões poderiam se acumular diretamente nas células do mesofilo, porém, o carregamento do floema é uma modificação altamente adequada do seu modelo.

O carregamento seletivo de açúcares O carregamento do floema foi estudado pela abrasão da superfície da folha, que destrói a cutícula, mas rompe apenas algumas células epidérmicas; a seguir, soluções de açúcares radioativamente marcadas são aplicadas. Um autorradiograma das folhas, obtido em momentos diferentes depois da aplicação das soluções, mostra o progresso do processo de carregamento. Quando o carregamento está completo, os veios primários e secundários são altamente radioativos em comparação com o tecido intervenal que os cerca (Figura 8-22). Usando essa e outras abordagens, Donald R. Geiger e seus colegas

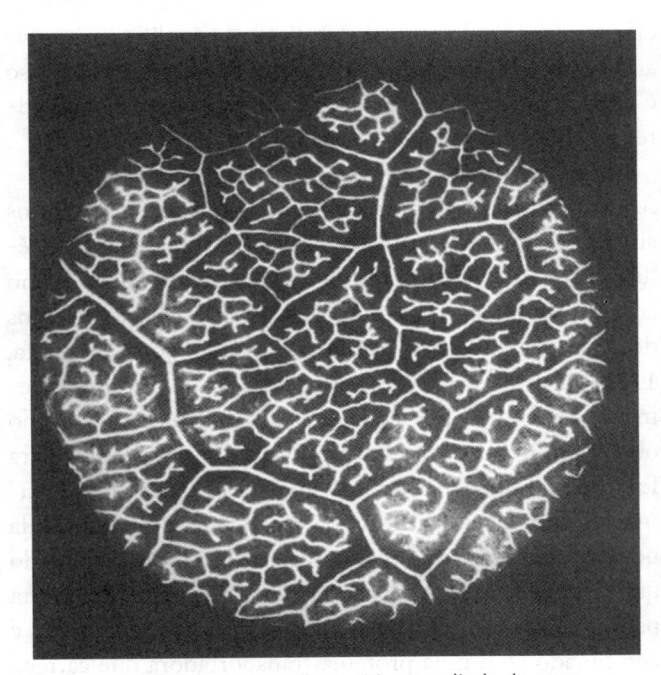

FIGURA 8-22 Uma impressão positiva ampliada de uma autorradiografia que mostra o carregamento do floema nas folhas da beterraba. As áreas claras são os veios secundários que acumularam a sacarose radioativa. (Cortesia de Donald Geiger; consulte Geiger et al., 1974.)

(1973, 1974) aplicaram vários açúcares marcados em folhas de beterraba submetidas à abrasão e estudaram sua absorção pelos veios secundários. Nesses e em outros estudos, tornou-se aparente que apenas os açúcares transportados no floema são acumulados nos veios secundários, independentemente do trajeto. Como vimos, isso inclui (em várias espécies) a série de rafinose dos açúcares, principalmente a sacarose, e também os álcoois de açúcar. Açúcares redutores como glicose e frutose são capturados pelas células do mesofilo, mas apenas quantidades pequenas são transferidas para o floema. Supostamente, a seletividade do carregamento do floema é baseada no reconhecimento mútuo pelos açúcares e um transportador no plasmalema que carrega os açúcares para o citoplasma.

Estudos comparáveis com aminoácidos mostraram que certos tipos são preferencialmente carregados. Novamente, foi provado que esses são os compostos transportados imediatamente no floema. Isso também se aplica aos minerais; aqueles que são prontamente transportados no floema (fósforo, potássio) são carregados imediatamente, mas não aqueles que normalmente não são transportados (cálcio, boro e às vezes o ferro) (Capítulo 6). Isso pode ser verdadeiro até mesmo para compostos sintéticos, como os herbicidas 2,4,5-T (relativamente imóvel no floema), 2,4-D (intermediário) e hidrazida maleico (o mais móvel; Field e Peel, 1971; Kleier, 1988; McReady, 1966). Porém, ao enfatizar a seletividade do processo de carregamento, não podemos perder de vista o fato de que muitas substâncias também podem entrar no floema por difusão passiva ao longo de seus próprios gradientes de concentração. Isso é aparentemente correto para vários reguladores do crescimento, por exemplo.

Mecanismo de contransporte da sacarose/prótons Em muitos sistemas, incluindo bactérias, algas, leveduras, fungos e células animais, o transporte das moléculas orgânicas como açúcares e aminoácidos é vinculado ao transporte dos íons de hidrogênio. Vários estudos (revisado por Giaquinta, 1983) sugeriram que o carregamento da sacarose no floema pode ocorrer por esse *sistema de cotransporte*. Como observado no Capítulo 7, os prótons são bombeados para fora pelo plasmalema usando energia do ATP e da enzima transportadora ATPase, portanto, o pH fora da célula no apoplasto torna-se muito mais baixo (mais ácido) do que dentro. Em seguida os prótons se difundem de volta para a célula e o seu movimento através da membrana é combinado com uma proteína transportadora que carrega a sacarose ou outros açúcares para dentro da célula, junto com os íons de hidrogênio.

Foram relatadas várias evidências desse mecanismo de cotransporte do apoplasto para as células do floema, mas, nos últimos anos, foi mostrado que esses resultados se aplicam igualmente à captura do açúcar pelas células do mesofilo (revisado por Lucas e Madore, 1988). Considere um exemplo: W. Heyser (1980) usou faixas de folhas excisadas de *Zea mays* (milho) montadas de forma que as soluções artificiais poderiam fluir através dos vasos do xilema. O pH da solução foi medido quando ela entrou e saiu dos elementos condutores do xilema. Com o acréscimo de sacarose, a solução aumentou o pH em 0,75 unidade à medida que se movia pela faixa da folha. Outros açúcares, especificamente aqueles que não são carregados no floema, não causaram essa resposta do pH. A hipótese do cotransporte preveria o seguinte: os íons H^+ entrando nas células com moléculas de sacarose deixariam a solução mais alcalina (pH mais alto). Porém, quando Fritz et al. (1983) repetiram o experimento com a sacarose ^{14}C e determinaram sua localização no tecido pela microautorradiografia de alta resolução, eles observaram que a maior parte da sacarose marcada estava no parênquima do xilema e não no floema. Portanto, as células vivas do xilema podem recuperar a sacarose por um mecanismo de cotransporte, mas isso tem pouco ou nada a ver com o carregamento do floema.

O papel do metabolismo no transporte O modelo de Münch sugere que o fluxo da seiva pelos tubos crivados é um fenômeno passivo, gerado apenas pelas altas pressões nos veios secundários da folha (ou outras fontes) em pressões mais baixas no escoadouro. Portanto, o modelo não sugere imediatamente que a energia metabólica possa ser exigida ao longo do trajeto para manter o fluxo. Obviamente, o metabolismo poderia ser necessário para manter os tecidos do floema em uma condição adequada para o transporte, a fim de reduzir o vazamento de açúcares pelas membranas plasmáticas dos elementos crivados e recuperar os açúcares que vazam para fora.

Os primeiros estudos sugeriram que qualquer inibição do metabolismo (por exemplo, pelas temperaturas baixas ou pelos inibidores da respiração) ao longo do trajeto inibia o transporte. Essa exigência metabólica foi muito citada por aqueles que apresentaram teorias alternativas ao fluxo de pressão. Na verdade, foi sugerido que a energia metabólica era exigida ao longo do trajeto para mover os solutos por meio das placas crivadas (por exemplo, pelo bombeamento ou pela contração peristáltica da proteína P nos poros crivados). Sendo assim, essas ideias alternativas eram chamadas de teorias ativas, em contraste ao mecanismo passivo do fluxo de pressão.

Os estudos mostraram que os aparentes efeitos inibidores da temperatura baixa ou anoxia (falta de oxigênio) em certas espécies eram apenas transitórios, e que o transporte do floema continuava depois de um período de ajuste de 60 a 90 minutos (Geiger e Sovonick, 1975; Watson, 1975; Sij e Swanson, 1973). Portanto, a conservação do sistema do transporte de floema para o fluxo de massa da seiva requer aparentemente apenas uma energia metabólica mínima. Obviamente, a energia metabólica é necessária para o carregamento do floema, como vimos.

O desenvolvimento da capacidade de carregamento As folhas jovens normalmente atuam como escoadouros e não como fontes. Isso é verdadeiro mesmo depois que elas desenvolvem alguma capacidade fotossintética. Em dado momento, no entanto, elas começam a exportar os carboidratos pelo floema, embora a importação do carboidrato possa continuar por um certo período em diferentes filamentos vasculares. O que é responsável pela troca do modo de importação para o de exportação do transporte do floema? O desenvolvimento da capacidade de carregamento do floema nos veios secundários poderia explicar essa troca da importação para a exportação (Giaquinta, 1983). Assim que a sacarose começa a ser ativamente carregada nos elementos crivados, a água entra por osmose e o fluxo começa a sair dos vasos secundários; a folha torna-se uma fonte em vez de um escoadouro. Robert Turgeon (1989) revisou recentemente a transição fonte/escoadouro nas folhas.

Descarregamento do floema

A remoção da sacarose e outros solutos dos elementos crivados na extremidade do escoadouro do sistema cumpre uma função importante no transporte do floema, determinando os escoadouros em que a maior parte da translocação ocorre. Esse descarregamento do soluto, que é outra modificação altamente apropriada da hipótese original de Münch, mantém baixas pressões de turgor do floema no escoadouro (para mais informações, consulte a Figura 8-5). O soluto descarregado no escoadouro pode então ser absorvido pelo fruto em desenvolvimento ou outras células, nas quais as concentrações podem atingir valores tão altos quanto (ou mais altos que) nos tubos crivados na fonte. Adiaremos nossa discussão sobre o descarregamento para a Seção 8.4 (Particionamento e mecanismos de controle).

Pressão no floema

Os tubos crivados contêm soluções sob pressão, conforme indicado pelos hábitos alimentares dos pulgões. Em algumas espécies vegetais, a exsudação continua por várias horas ou muitos dias depois que o floema é cortado. Quando o topo do tronco de uma palmeira ou sua flor é talhado, por exemplo, até 10 litros de seiva açucarada podem gotejar dos tubos crivados cortados por dia, e a palmeira Palmyra, da Índia, produz até 11 litros de seiva por dia se seu floema for cortado (revisado por Crafts, 1961). Essa seiva consiste em cerca de 10% de sacarose e 0,25% de sais minerais, e provavelmente foi diluída pela água que se move osmoticamente do apoplasto para o floema depois que a pressão é liberada. A pressão existe nos tubos crivados, como um mecanismo de fluxo de pressão requer.

Münch formulou a hipótese de que um gradiente de pressão deve ocorrer no floema, e ser suficiente para explicar o fluxo da fonte para o escoadouro. Por muitos anos, as pressões no floema não puderam ser medidas diretamente, portanto foram calculadas pela comparação dos potenciais osmóticos no floema com os potenciais hídricos do apoplasto que o cerca. No equilíbrio (raramente atingido, provavelmente), o potencial hídrico nos tubos crivados seria igual ao potencial hídrico do apoplasto ($\Psi_i = \Psi_e$, $\Delta\Psi = 0$), portanto, as pressões nos tubos crivados (P_i) seriam iguais ao potencial hídrico do apoplasto (Ψ_e) menos o potencial do soluto no tubo crivado (Ψ_{si}). ($P_i = \Psi_e - \Psi_{si}$ quando $\Delta\Psi = 0$). Os gradientes do potencial osmótico nos tubos crivados da fonte para o escoadouro foram medidos com frequência, com os valores mais negativos sendo encontrados na fonte (consulte, por exemplo, Housley e Fisher, 1977; Rogers e Peel, 1975; Warmbrodt, 1986). Porém, vimos no Capítulo 5 que também existe um gradiente no potencial hídrico do xilema (apoplasto), com valores mais negativos nas folhas que executam a transpiração e a fotossíntese; isto é, na fonte para grande parte do transporte do floema. Portanto, a existência de um gradiente de pressão da fonte para o escoadouro no floema dependerá da intensidade relativa do gradiente osmótico nos tubos crivados em comparação ao do potencial hídrico no apoplasto. A maioria dos cálculos que leva esses fatores em consideração sugere que existe um gradiente de pressão nos tubos crivados da fonte para o escoadouro (Figura 8-23.)

Todavia, seria satisfatório medir as pressões diretamente e vários pesquisadores já fizeram isso. Uma abordagem foi ligar um medidor de pressão a um broto de palmeira cortado; outra foi aplicar um manguito de pressão semelhante ao usado para medir a pressão arterial, aumentando a pressão do manguito até que o exsudato do corte fosse interrompido. Pressões tão altas como 2,4 MPa foram medidas. (A pressão arterial normal nos humanos é de aproximadamente 0,016 MPa.)

H. T. Hammel (1968) inseriu uma agulha oca de microdimensões especialmente preparada na casca de carvalhos (*Quercus rubrum*). Um capilar de vidro parcialmente cheio de água com corante e vedado em uma das pontas foi encaixado na agulha. Quando a agulha penetrou no floema, a seiva entrou na agulha e no capilar, comprimindo o gás no tubo de vidro (como no método ilustrado na Figura

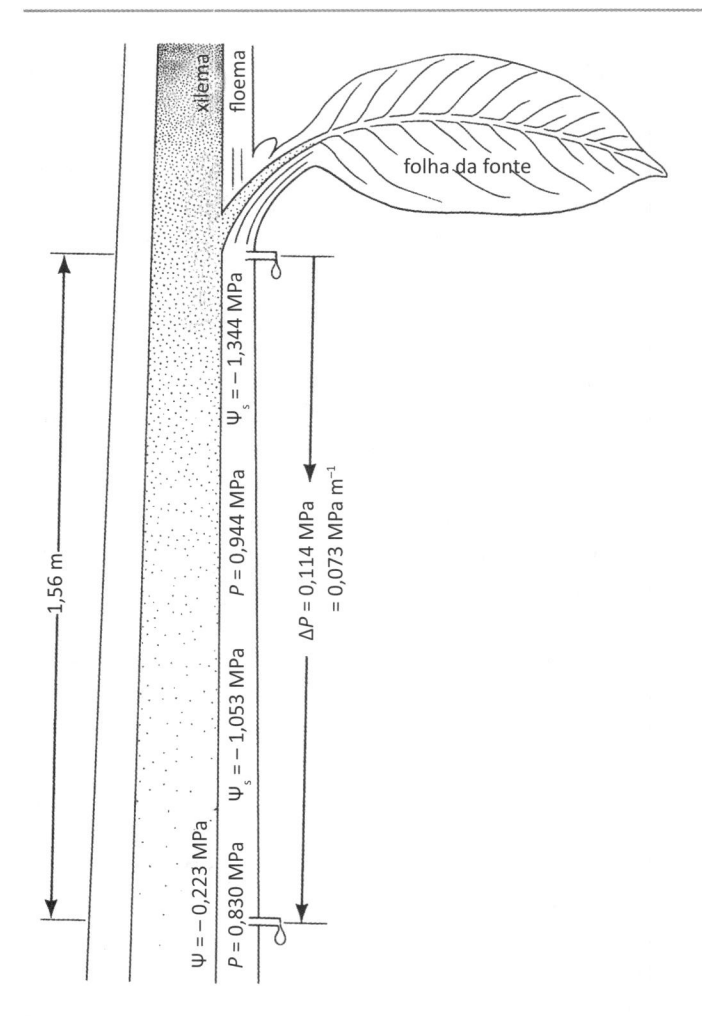

FIGURA 8-23 As quantidades osmóticas nos tubos crivados de floema e xilema (apoplasto) de uma amostra de um salgueiro jovem (*Salix viminalis*). Os potenciais osmóticos (Ψ_s) foram determinados a partir da seiva de floema exsudada dos estiletes do pulgão, os potenciais hídricos (Ψ) do apoplasto (amostras de cascas) foram determinados com um sistema de psicrômetro de vapor (consulte as Figuras 3-5 e 3-9) e as pressões (*P*) nos tubos crivados foram calculadas presumindo-se que o potencial hídrico da seiva do floema estava em equilíbrio com o dos tecidos que o cercam ($P = \Psi - \Psi_s$), incluindo o xilema. Observe que existe um gradiente de pressão positiva (ΔP) nos tubos crivados desde o ápice na direção da base, embora exista um gradiente oposto no potencial hídrico do apoplasto (causado pela tensão no xilema além das forças mátricas). O gradiente de pressão de aproximadamente 0,07 MPa m^{-1} é amplo para acionar um fluxo de pressão da seiva através dos tubos crivados. (Os dados são médias de vários experimentos de S. Rogers e A. J. Peel, 1975.)

3-13). Hammel mediu as pressões em dois pontos do tronco, um deles 4,8 m acima do outro, com valores médios de 0 a 0,3 MPa superiores para o ponto de amostragem mais alto. Embora tenha havido uma variação considerável, os resultados foram aqueles previstos pelo modelo de Münch.

John P. Wright e Donald B. Fisher (1980) colaram tubos de capilares de vidro, vedados em uma das pontas, em estiletes cortados de pulgões que se alimentavam da seiva de floema do salgueiro chorão (*Salix babylonica*). As pressões foram calculadas medindo-se a compressão do gás nos tubos capilares, como nos experimentos de Hammel. Valores estáveis de até 1,0 MPa (precisão ±0,03 MPa) foram medidos. Eles também calcularam as pressões medindo a sacarose no exsudato do floema (*refractometria*) e o potencial hídrico da folha pelo método psicrométrico. Os dois métodos concordaram quando foram considerados os aminoácidos e os íons de K$^+$ no exsudato do floema (não medido pela refractometria).

Dois problemas do fluxo de pressão

A visão mais simplista do modelo do fluxo de massa sugere que as substâncias devem se mover no floema não apenas na mesma direção, mas também à mesma velocidade. Portanto, vários pesquisadores (por exemplo, Biddulph e Cory 1957; Fensom, 1972) mediram a velocidade do fluxo de diferentes substâncias rastreadoras (por exemplo, ^{14}C, sacarose, ^{32}P e ^{3}H$_2$O). As velocidades entre os dois pontos ao longo do sistema de transporte normalmente eram mais altas para os açúcares ^{14}C, com os fosfatos marcados com ^{32}P se movendo mais lentamente e aqueles marcados com ^{3}H$_2$O apresentando o movimento mais lento entre todos. À primeira vista, pareceria que, se a água se movesse mais lentamente que os solutos que ela supostamente está carregando, o fluxo de massa teria que ser rejeitado.

Existem duas complicações importantes, no entanto. Primeiro, a troca de água ocorre rapidamente ao longo do trajeto. Uma vez que a água se move facilmente através das membranas, grande parte dela se difunde para fora a partir dos tubos crivados para os tecidos que os cercam, enquanto muita água se move desses tecidos para os tubos crivados. A sacarose e o fosfato não passam tão rapidamente pelas membranas ao longo do caminho, portanto, pode parecer que eles se movem muito mais rápido que as moléculas da água transportadora. Em segundo lugar, é simplista imaginar que o sistema de transporte do floema consiste apenas em tubos inertes. Os elementos crivados estão vivos e contêm citoplasmas com mitocôndrias, proteína P e outras substâncias. Esses solutos podem ser metabolizados ou, por outro lado, interagir (por exemplo, pela adsorção) em diferentes graus ao longo da rota de transporte.

Outro possível obstáculo muito discutido à hipótese do fluxo de pressão é que ele é incompatível com o movimento de duas substâncias diferentes em direções opostas no mesmo tubo crivado ao mesmo tempo. O **transporte bidirecional** verdadeiro ocorre? Entre as décadas de 30 e 70, os pesquisadores tentaram responder essa pergunta. Numerosos experimentos sugeriram que o transporte ocorre, mas, até o momento, sempre foi possível criar explicações alternativas (revisado por Peel, 1974).

Nos melhores experimentos, dois marcadores diferentes são aplicados em pontos distintos e o seu movimento é acompanhado. Não existe dúvida de que o movimento bidirecional realmente ocorre. Os marcadores aplicados nas folhas jovens podem se mover **basipetalmente** (na direção da base), enquanto os que são aplicados em folhas mais velhas abaixo se movem **acropetalmente** (na direção da ponta), de forma que ambos passam um pelo outro no caule, se movendo em direções opostas. Esse movimento bidirecional pode ocorrer até mesmo no pecíolo da folha. Porém, os dois marcadores se movem no mesmo feixe vascular ou no mesmo tubo crivado? Muitos estudos indicaram que não. Carol A. Peterson e Herbert B. Currier (1969) fizeram a abrasão da superfície do caule de várias espécies e aplicaram a fluoresceína, que foi absorvida no tecido intacto do floema. Depois de vários períodos, eles cortaram secções acima e abaixo do ponto da aplicação do corante. O marcador se moveu para cima e para baixo, mas, depois de curtos intervalos, ele nunca estava presente no mesmo feixe acima e abaixo da área tratada; cada feixe de tubo crivado translocava o corante em apenas uma direção. Com períodos mais longos, o corante poderia se mover para um nodo em um feixe, passar lateralmente para outro feixe e se mover de volta descendo pelo caule na direção oposta.

Os estudos com pulgões podem resolver a questão de os marcadores se moverem ou não em direções opostas em uma única célula do floema. Por exemplo, a fluoresceína foi aplicada em uma folha em um nodo e o $^{14}CO_2$ em outra folha de outro nodo; o melado dos pulgões no caule entre ambos foi coletado em um disco de celofane de rotação lenta (Eschrich, 1967; Ho e Peel, 1969). Grande parte do melado continha os dois marcadores.

Esses experimentos são conclusivos? Não, por vários motivos. Por um lado, um estilete inserido no tubo crivado pode ele mesmo transformar-se em um escoadouro de baixa pressão; as substâncias podem fluir de ambas as direções no sentido do estilete. A direção do fluxo também pode mudar com o tempo em um determinado tubo crivado, talvez à medida que os papéis da fonte e do escoadouro mudam ou talvez em resposta a mecanismos hormonais mais sutis. Portanto, se o experimento durar uma hora ou mais (como é usual), o fluxo pode ser invertido durante o período experimental, de forma que uma parte do melado é produzida de uma fonte e o restante de outra. Além disso, existe um transporte lateral considerável entre os tubos crivados e até mesmo entre o floema e o xilema, principalmente nos nodos, mas também nos internodos; em algumas espécies, os elementos crivados possuem poros laterais.

A evidência do movimento bidirecional contribuiu fortemente com o ímpeto de se encontrar uma alternativa ao modelo do fluxo de pressão. Até agora, no entanto, outras evidências do fluxo de massa são tão fortes que a maioria dos investigadores de campo aceita as explicações recém-apresentadas, que conciliam o transporte bidirecional aparente com o fluxo de pressão. Além disso, os experimentos de marcação do pulso com o $^{11}CO_2$ mostram claramente um pico distinto de carbono radioativo de uma fonte se movendo em apenas uma direção ao longo do trajeto do transporte (consulte, por exemplo, Troughton et al., 1974; veja também Christy e Fisher, 1978, que trabalharam com o ^{14}C).

Fluxo de pressão: um resumo

Vamos voltar ao modelo de laboratório do sistema de Münch (Figura 8-5). É fácil fazê-lo funcionar e listar os requisitos da função adequada: (1) um gradiente osmótico entre os dois osmômetros, (2) membranas que permitam o estabelecimento de um gradiente de pressão em resposta ao gradiente osmótico estabelecido, (3) um trajeto de baixa resistência (tubo) entre os dois osmômetros que permita o fluxo e (4) o osmômetro com o potencial osmótico mais negativo imerso em uma solução com potencial hídrico mais alto que o do osmômetro. Se esses requisitos forem cumpridos na planta, o sistema deve funcionar como no modelo. Obviamente, o sistema osmótico (simplasto) com as membranas que o cercam existe na planta e as pressões são observadas no sistema de transporte, embora devam ser medidas de maneira ampla e precisa, para determinar se o gradiente é suficiente para orientar o fluxo por longas distâncias, como nas árvores. O meio com o potencial hídrico alto ao redor dos tecidos do floema da fonte é o apoplasto hidratado.

As placas crivadas ofereceram o maior problema até o momento. Elas permitem um fluxo rápido o suficiente para explicar as taxas de transporte observadas? Ou elas fornecem muita resistência? Vários investigadores calcularam a resistência com base nas suposições de que os poros estão abertos (como as melhores evidências sugerem atualmente) ou parcialmente ocluídos. A comparação entre as resistências calculadas e os gradientes de pressão medidos ou calculados sugere que a resistência não é tão alta; os gradientes de pressão conhecidos são grandes o suficiente para produzir o fluxo (consulte, por exemplo, Passioura e Ashford, 1974).

8.4 Particionamento e mecanismos de controle

O que controla as quantidades e direções do transporte do floema? Há muito tempo se sabe, por exemplo, que as folhas inferiores transportam relativamente mais para as raízes do que para as folhas jovens, frutas ou sementes, e que as folhas de sinalização das gramíneas (por exemplo, no trigo) e outras folhas superiores transportam preferencialmente para cima até os caules jovens ou as frutas e sementes em desenvolvimento (Figura 8-24). Por quê? O que exerce o controle?

Essas questões são de grande interesse, porque a produção agrícola depende da quantidade de assimilado transportado para o órgão colhido, em comparação com a quantidade transportada para outros órgãos. A produção de muitas espécies melhorou durante as últimas décadas à medida que o **índice de colheita** (a relação da produção da colheita com a produção total de brotos) aumentou, principalmente por causa dos enxertos. Isso é verdadeiro para a aveia, cevada, trigo, algodão, soja e amendoim, por exemplo (revisado por Gifford e Evans, 1981; Gifford, 1986). As tentativas de aumentar a eficiência fotossintética das folhas obtiveram pouco ou nenhum sucesso, mas os esforços de enxerto aumentaram acidentalmente a porção de assimilados distribuídos para os órgãos de armazenamento colhidos.

Fotossíntese e demanda do escoadouro

Conhecemos vários casos em que a fotossíntese das folhas é fortemente influenciada pelas demandas do escoadouro (Gifford e Evans, 1981). Por exemplo, se os tubérculos de batata forem removidos durante o seu desenvolvimento, a fotossíntese diminui acentuadamente. As respostas de curto prazo poderiam ser causadas pelos efeitos sobre a abertura dos estômatos, mas essa explicação não se aplica aos efeitos mais duradouros que frequentemente são observados. Existem casos em que as folhas senescentes (em envelhecimento) podem ser rejuvenescidas até a capacidade fotossintética total, quando a relação escoadouro/fonte aumenta substancialmente. Por outro lado, o crescimento rápido do escoadouro às vezes pode competir com as folhas pelo nitrogênio remobilizável, levando ao envelhecimento da folha e a uma queda em sua capacidade fotossintética.

Como a demanda do escoadouro pode regular a fotossíntese nas folhas? A explicação mais simples é que, quando a demanda do escoadouro é baixa, a sacarose se acumula nas folhas, causando uma inibição do produto de reações fotossintéticas. Essa inibição da produção tem sido relatada com frequência (consulte, por exemplo, Blechschmidt-Schneider, 1986; Wardlaw e Eckhardt, 1987), mas a situação é mais complexa. Foyer (1987) e Stitt (1986) propuseram que, quando a sacarose se acumula nas células do mesofilo, ela leva à síntese de **frutose-2,6-bifosfato**, que sabemos ser um importante regulador da síntese da

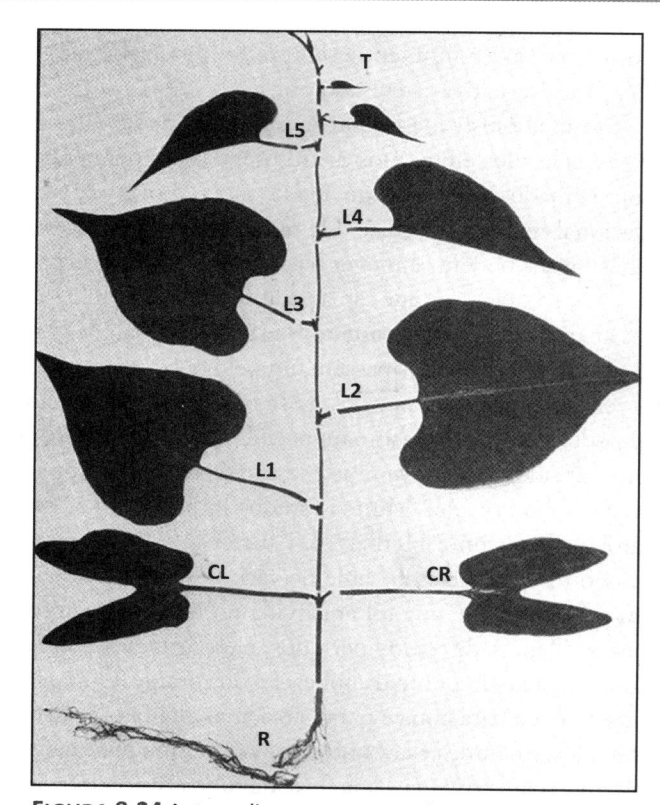

FIGURA 8-24 Autorradiograma mostrando como as folhas diferentes de uma planta alta de ipomeia exportam assimilados para escoadouros diferentes. A fotossíntese da folha ou cotilédone marcada **a** em cada radiograma foi permitida na presença de $^{14}CO_2$ por 24 horas antes da colheita. Na colheita, as plantas foram dissecadas em várias partes (raízes, folhas cotiledonárias, folhas verdadeiras, nodos, internodos e ponta do broto) para impedir o movimento de assimilados entre as partes (consulte acima). As partes foram montadas, desidratadas e mantidas em contato com o filme de raios X por 24 dias. Os resultados mostram que a folha cotiledonária (**A**) e as folhas inferiores verdadeiras (**B** e **C**) exportam para as raízes (menos em **C**) e para o resto da planta, mas que as folhas superiores (**D, E** e **F**) exportam apenas para a ponta do broto, enquanto agem como escoadouros (**A, B** e **C**). A folha pequena em (**F**) não exporta nada; ela apenas atua como escoadouro. (Autorradiogramas cortesia de Steven A. Dewey, não publicados previamente; consulte Dewey e Appleby, 1983, para obter a descrição dos métodos.)

sacarose e da fotossíntese – mas isso está além da nossa presente discussão. Adiaremos uma consideração mais detalhada para a Seção 13.12.

Gradientes metabolicamente orientados

Em muitos casos, o gradiente de sacarose que orienta o transporte do floema é produzido pelo metabolismo da sacarose nos tecidos do escoadouro. Isso é verdadeiro para os tecidos de crescimento ativo nos quais a sacarose é usada como fonte de energia para orientar o crescimento. Mesmo nos tecidos de armazenamento, a sacarose pode ser transformada em amido ou algum outro produto menos solúvel que tenha um efeito inferior ao da sacarose na osmose.

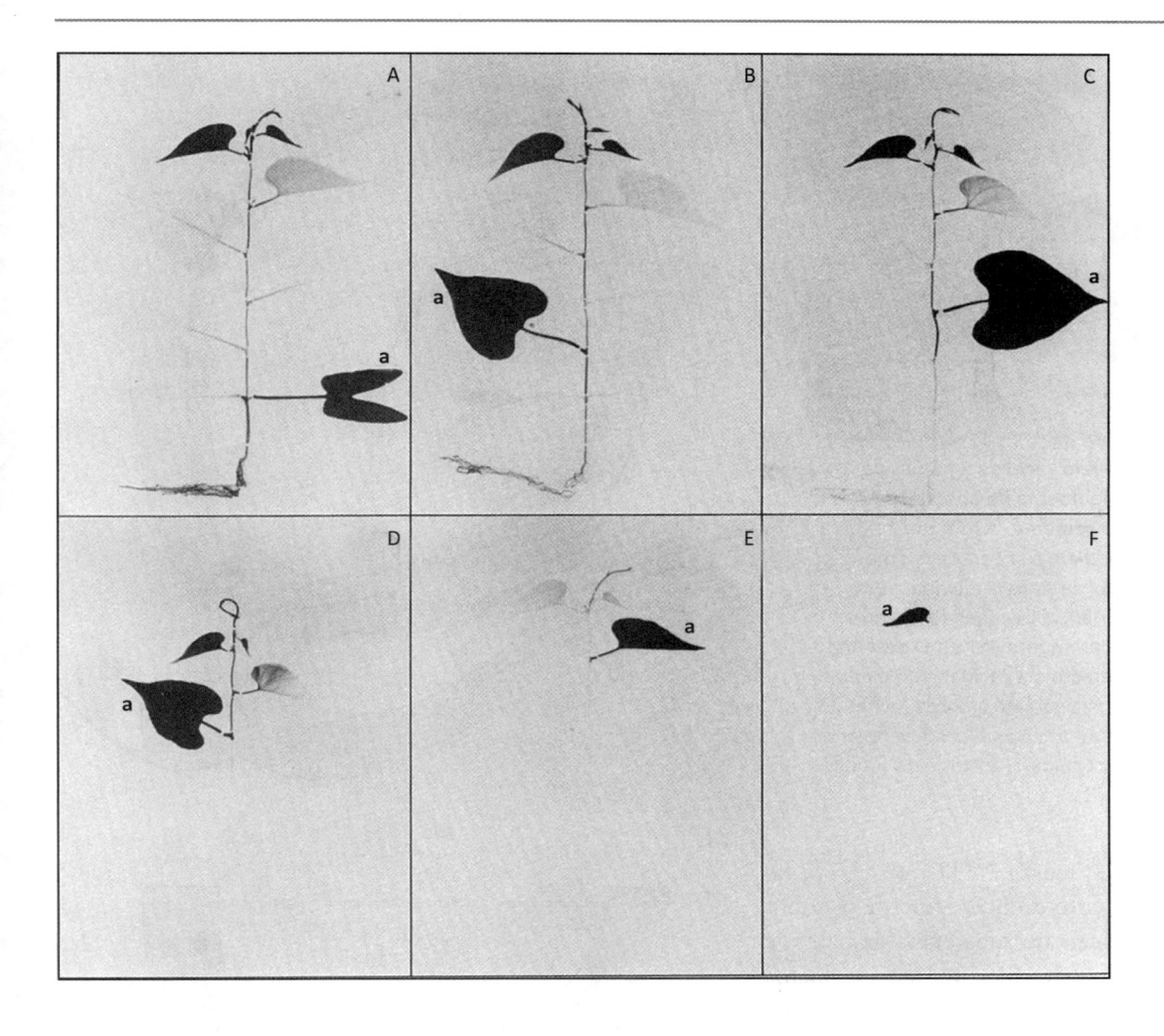

Descarregamento do floema

Já observamos que o descarregamento ocorre a partir dos tubos crivados nas regiões do escoadouro. De acordo com o modelo do fluxo de pressão, isso direciona fortemente o fluxo da seiva do floema na direção dessas regiões (Ho, 1988). A remoção de sacarose ou outros solutos das células crivadas torna o potencial osmótico nessas células menos negativo, portanto, a pressão transmitida das áreas da fonte aumenta o potencial hídrico ainda mais, e a água se difunde para fora e entra no apoplasto (consulte a Figura 8-5). A diminuição da pressão na extremidade do escoadouro dos tubos crivados aumenta o gradiente de pressão entre a fonte e o escoadouro e leva a um fluxo adicional na direção da região do escoadouro. Nos escoadouros, a sacarose ou os outros solutos são metabolizados (usados na respiração, convertidos em amido e assim por diante) ou ativamente carregados nos vacúolos das células de armazenamento. O processo de descarregamento deve ser um mecanismo de controle crítico no particionamento do carbono, e é por isso que ele tem sido objeto de pesquisa tão intensa (Eschrich, 1986; Geiger, 1986; Lucas e Madore, 1988; Thorne, 1985; Turgeon, 1989; Wolswinkel, 1985a; Wyse, 1986; e vários outros artigos citados em Cronshaw et al., 1986).

Como no processo de carregamento, o descarregamento da sacarose ocorre para o apoplasto e também através dos plasmodesmas, de maneira simplástica, para as células do escoadouro. Nos escoadouros em crescimento e de respiração, como os meristemas, raízes e folhas jovens, nos quais a sacarose pode ser metabolizada rapidamente conforme observado acima, o descarregamento é tipicamente simplástico. Por exemplo, as folhas jovens de beterraba agem como escoadouros até que seu aparato fotossintético esteja totalmente desenvolvido e, nesse ponto, eles se tornam fontes; o descarregamento do escoadouro ocorre através do simplasto (Schmalstig e Geiger, 1985, 1987). Geralmente, os órgãos de armazenamento, como as frutas (por exemplo, uva e laranja), raízes (beterraba; Lemoine et al., 1988) e até mesmo os caules (cana-de-açúcar), têm a sacarose

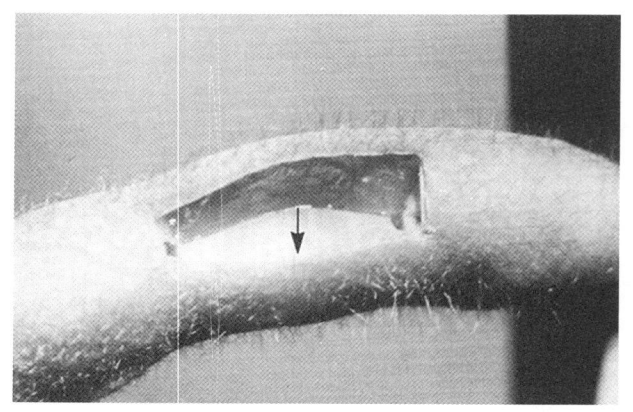

FIGURA 8-25 O método do óvulo vazio de legumes para estudar o descarregamento do floema no apoplasto do endotélio do revestimento da semente. A foto mostra uma vagem com uma janela cortada em sua parede e a metade distal da semente em desenvolvimento removida, junto com a parte restante do embrião. A cavidade (seta) que permanece para o estudo é claramente visível. O desenho ilustra a anatomia do óvulo intacto e a cavidade do óvulo, que é preenchida com ágar (mas não até a borda, evitando-se a contaminação do ágar com a seiva que está sangrando do revestimento da semente cortada). (Cortesia de John H. Thorne; Thorne e Rainbird, 1983.)

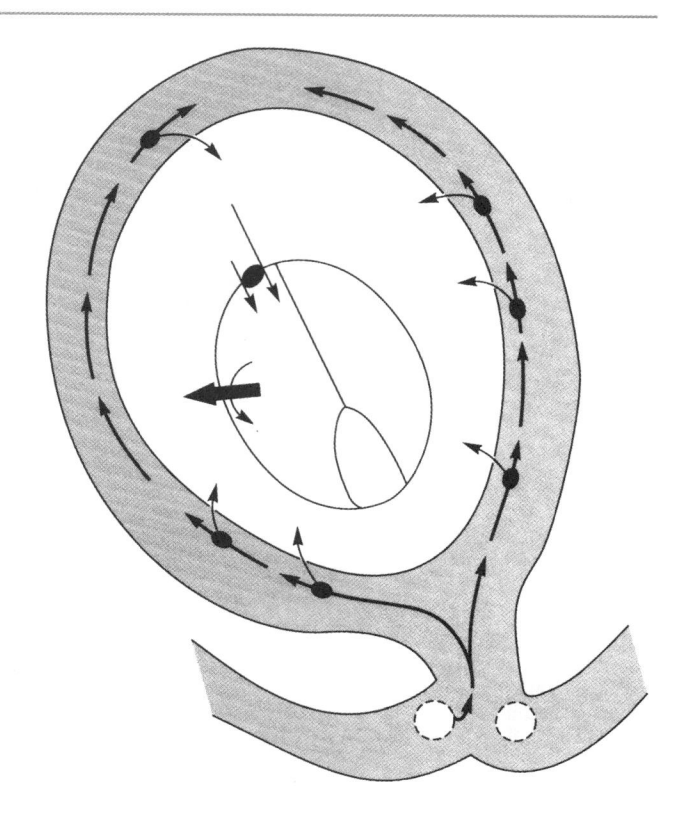

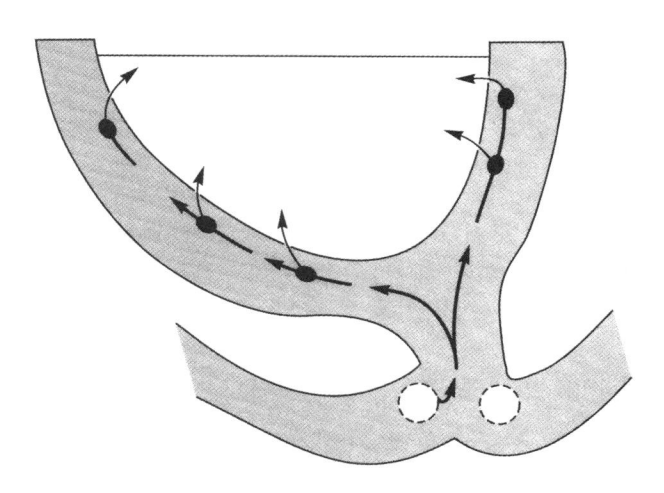

descarregada no apoplasto. Oparka (1986) observou, no entanto, que o descarregamento do floema desde os tubos crivados até as células corticais no tubérculos da batata é um processo simplástico e passivo. Por um lado, o floema é cercado por uma endoderme com faixas casparianas, de forma que a sacarose deve se mover através dos plasmodesmas e não das paredes celulares. A sacarose é convertida em amido nas células de armazenamento corticais.

O descarregamento, na maioria das sementes em desenvolvimento, ocorre no apoplasto, porque não existe conexão simplástica entre o floema da planta-mãe e do embrião em desenvolvimento. O estudo do descarregamento do assimilado foi transformado pelo uso dos **óvulos de legumes vazios** (Gifford e Thorne, 1986; revisões de Thorne, 1986, e Wolswinkel, 1985a). A técnica foi desenvolvida independente e simultaneamente nos Estados Unidos (Thorne e Rainbird, 1983), Países Baixos (Wolswinkel e Ammerlaan, 1983) e Austrália (Patrick, 1983). Ela também pode ser aplicada em sementes não leguminosas como o milho (Shannon et al., 1986). Em seu ensaio pessoal neste capítulo, John H. Thorne conta a descoberta da técnica do óvulo vazio.

As incisões são feitas na vagem, expondo-se uma semente em desenvolvimento por uma janela (Figura 8-25). A semente é então cortada na metade: a metade superior (distal) é removida e descartada e o embrião dentro dela é cuidadosamente removido com uma espátula pequena. A cavidade de revestimento da semente que sobra pode então ser preenchida com um ágar quente (4%) que solidifique rapidamente ou com uma solução de tamponamento. O descarregamento dos assimilados do floema ocorre sem diminuição no apoplasto do revestimento da cavidade das sementes (**endotélio**), e os assimilados, que normalmente seriam absorvidos pelo embrião em desenvolvimento, se difundem para a armadilha de ágar ou para o tampão.

O endotélio pode ser pré-tratado com várias soluções antes que o ágar ou o tampão sejam adicionados. Normalmente é permitido que as plantas fotossintetizem no $^{14}CO_2$ por algum período e, em seguida, a radioatividade na armadilha pode ser analisada após vários intervalos.

O descarregamento na armadilha é enormemente promovido pelo EGTA e compostos semelhantes, que formam

quelatos com cátions bivalentes, principalmente Ca^{2+}. Aparentemente, a remoção desses cátions das membranas dos tecidos do floema permite o vazamento dos assimilados. Inibidores metabólicos como o azeto, o cianeto e a baixa temperatura inibem o descarregamento para a armadilha (Wolswinkel, 1985b). O composto PCMBS, que modifica os grupamentos sulfidrila, inibe o transporte da sacarose através das membranas, aparentemente porque torna o transportador de sacarose ineficaz (Madore e Lucas, 1987). Se a cavidade for pré-tratada com esse composto antes que o ágar seja adicionado, a liberação da sacarose é enormemente inibida. Essas linhas de evidência indicam que o descarregamento do assimilado está sob o controle metabólico e pode envolver transportadores localizados nas membranas.

Transporte direcionado pelo hormônio

Acumulam-se evidências de que os reguladores do crescimento (consulte os Capítulo 17 e 18) ajudam na translocação direta (consulte, por exemplo, Aloni et al., 1986; Courdeau et al, 1986; Patrick, 1979; Pereto e Beltran, 1987; e uma breve revisão em Lucas e Madore, 1988). Os casos mais estudados envolvem a remobilização das reservas armazenadas em órgãos como a raiz mestra ou o parênquima do talo da cana-de-açúcar. Os assimilados armazenados são frequentemente direcionados para tecidos de escoadouro novos e tipicamente reprodutores, e a formação desses novos escoadouros é geralmente controlada pelos reguladores de crescimento. Existem evidências de que os novos escoadouros dependem não apenas dos hormônios, mas também de concentrações elevadas de sacarose. Esse parece ser o caso para a formação da flor, por exemplo, em algumas espécies (Bodson e Bernier, 1985).

Na maioria dos casos, os reguladores do crescimento podem não apenas induzir a formação de novas regiões de crescimento (escoadouros), mas também são liberados dos novos escoadouros e agem como fortes agentes de mobilização. A aplicação das citocininas em uma folha, por exemplo, às vezes faz com que ela se torne um escoadouro – especificamente no ponto de aplicação. Observações semelhantes foram relatadas para a auxina, o etileno e os ácidos giberélico e abscísico. A combinação entre os reguladores de crescimento pode ter efeitos aditivos, sinérgicos ou inibidores (Gifford e Evans, 1981). Ainda temos muito a aprender sobre os efeitos do regulador do crescimento na translocação e principalmente no particionamento.

Detecção de turgor no transporte do açúcar

Como observamos na discussão do modelo de laboratório de Münch, se a solução que cerca o osmômetro do escoadouro possui uma concentração de soluto mais alta (Ψ_s mais negativo), isso acentua o fluxo para fora do osmômetro e, portanto, o transporte de um osmômetro para o outro. Agora, muitas evidências indicam que a maioria, se não todos, dos escoadouros fortes possui altas concentrações de solutos (normalmente a sacarose) em seus apoplastos (Lang et al., 1986; revisões de Wolswinkel, 1985a; Lucas e Madore, 1988). Nos óvulos vazios, por exemplo, o descarregamento ocorre em taxas comparáveis às do óvulo intacto apenas se a cavidade for preenchida com uma solução de concentração relativamente alta (por exemplo, 400 mM de sacarose ou manitol). O Ψ_s mais fortemente negativo resulta na difusão da água para fora das células do floema e na consequente redução do turgor do floema (P), que torna o gradiente de pressão da fonte para o escoadouro mais íngreme e, assim, aumenta o fluxo. O turgor reduzido nas células do floema na fonte promove o carregamento mais rápido do floema, o que também aumenta a taxa de transporte.

O controle da composição das frutas e legumes

Aprendemos muito sobre como a composição das frutas e legumes é controlada pelo transporte do floema, pelo intercâmbio do xilema com o floema e pela importação da seiva do xilema (Pate, 1980). Uma vez que muitas sementes, frutas e outros órgãos de armazenamento de alimentos em desenvolvimento transpiram em uma frequência baixa ou inexistente, eles sobrevivem essencialmente de uma dieta constituída da seiva de floema. Um tubérculo de batata em desenvolvimento, por exemplo, provavelmente não transpira e pode até absorver água diretamente do solo, mas uma cabeça de trigo ou uma vagem de ervilha transpira, ganhando assim parte de seus nutrientes do fluxo do xilema. Um modelo para o crescimento das frutas com base em amplas medições efetuadas por John S. Pate e seus colegas na University of Western Australia foi desenvolvido para o tremoço branco (*Lupinus albus;* Pate et al., 1977; Pate, 1986). A seiva do floema fornece cerca de 98% do carbono, 89% de nitrogênio e 40% da água que entram na fruta a partir da planta-mãe. O restante do nitrogênio e da água é fornecido pela seiva do xilema; o restante do carbono vem da seiva do xilema (como parte dos compostos de nitrogênio orgânico) e também da fotossíntese nas vagens em desenvolvimento. Coletivamente, a asparagina e a glutamina transportam de 75 a 85% do nitrogênio das seivas do xilema e do floema e a sacarose transporta 90% do carbono do floema. O nitrogênio dos amidos (asparagina e glutamina) é usado para sintetizar uma ampla variedade de proteínas da semente, como mostram os estudos com ^{15}N. Grande

Descoberta da técnica do óvulo vazio

John H. Thorne

John H. Thorne foi o líder de um dos três grupos de pessoas que, independentemente e quase simultaneamente, descobriram a técnica do óvulo vazio para estudar o descarregamento do floema. Em sua carta aceitando nosso convite para contar sobre sua experiência, ele diz: "Aqueles anos (1980-83) representam um dos meus períodos profissionais mais produtivos." Ele não está mais envolvido na pesquisa, mas trata dos desafios do mundo comercial na E. I. du Pont de Nemours and Company, em Wilmington, Delaware (Estados Unidos). Aqui está a sua história:

Por muitos anos, os esforços para estudar os mecanismos de descarregamento do floema foram comprometidos por sua natureza frágil e inacessível. No entanto, hoje, os cientistas das plantas podem estudar mais rapidamente o descarregamento do floema com a técnica do "óvulo vazio". A maneira como ela foi desenvolvida em três laboratórios em países diferentes é quase tão interessante quanto a técnica propriamente dita. Depois de uma breve introdução da técnica, fornecerei minha perspectiva sobre seu desenvolvimento.

Para obter acesso aos locais de descarregamento, os tecidos maternos das sementes unidas são cortados e o embrião em desenvolvimento é removido do óvulo materno (revestimento da semente). Isso expõe os tecidos maternos e os locais de descarregamento do floema responsáveis pela nutrição do embrião. Eles podem ser desafiados com tampões, soluções, inibidores e assim por diante, para caracterizar os processos de importação do fotossintato. A técnica foi desenvolvida pela primeira vez com legumes (Thorne e Rainbird, 1983), mas os estudos foram depois realizados com o milho e outras espécies (Thorne, 1985).

O meu interesse na translocação do fotossintato para as sementes começou em 1971, quando eu era bom aluno de Ph.D. em Purdue, e continuou em vários cargos de pesquisa em uma empresa de sementes e na Connecticut Agricultural Experiment Station. Foi ali que concluí meus estudos sobre a ultraestrutura dos tecidos vasculares da soja e os controles cinéticos, bioquímicos e ambientais da importação dos fotossintatos. Ao fazer estudos de lavagem com ^{14}C nos revestimentos de sementes destacadas de soja em 1979, pensei pela primeira vez em examinar a descarga em sementes cirurgicamente abertas e ligadas. Quando comecei a publicar e falar sobre meu trabalho, recebi várias cartas de John Patrick (Austrália) e Pieter Wolswinkel (Países Baixos). Os dois são pessoas ótimas, e estavam ansiosos por comparar as filosofias sobre a translocação e as interações entre a fonte e o escoadouro. Pieter havia trabalhado por vários anos com segmentos de caule de *Vicia faba* (feijão largo) parasitados com *Cuscuta* (cuscuta). Suas cartas descreviam sua frustração, porque muitos de seus colegas não compartilhavam de seu entusiasmo pela técnica de *Cuscuta* nem concordavam com suas conclusões de que o descarregamento era um componente dependente da energia. Eu o incentivei a pensar em trabalhar com o fruto de *Vicia* não parasitado, porque as descobertas poderiam avançar os esforços para aumentar as produções da colheita e os dados seriam atrativos para um público mais amplo.
John Patrick havia trabalhado por vários anos para demonstrar o transporte dos metabólitos direcionado pelos hormônios e desistira;

parte do nitrogênio dos dois amidos passa pelo aminoácido arginina, um composto que está quase ausente na seiva do floema nesta planta.

A seiva do floema muda significativamente sua composição quando está no caminho das folhas para os escoadouros, como frutas ou tubérculos em desenvolvimento. No tremoço, Pate e seus colaboradores (1979) descobriram que a seiva do floema que entra nas frutas em desenvolvimento é mais diluída na sacarose e muito mais rica em certos aminoácidos que a seiva exportada das folhas. Aparentemente, à medida que a seiva passa pelo caule, a sacarose é perdida pela transferência para o tecido adjacente (descarregada) e os aminoácidos são carregados no floema. Os aminoácidos devem vir de depósitos armazenados nos caules, mas originalmente obtidos da seiva do xilema. A relação da sacarose com os aminoácidos também muda com o passar do tempo. Esses breves exemplos sugerem as vastas possibilidades das pesquisas realizadas e das futuras para esclarecer como a composição de frutas, sementes e outros órgãos de armazenamento é determinada pelo particionamento dos solutos nas seivas do floema e do xilema. Esperamos que essas pesquisas levem ao aumento das produções agrícolas, e ao conhecimento mais profundo sobre a fisiologia vegetal como um todo.

agora, ele trabalhava com a translocação nos caules e frutos do *Phaseolus vulgaris* (feijão comum). Como os meus documentos sobre a cinética e o metabolismo do movimento dos fotossintatos dentro das sementes de soja em desenvolvimento (1980) e a ultraestrutura vascular do revestimento da semente (1981) estavam sendo revisados e publicados, John publicou um documento sobre o movimento do ^{14}C dentro dos óvulos em desenvolvimento do feijão comum. Ele foi publicado no *Australian Journal of Plant Physiology* e eu o li pela primeira vez muitos meses mais tarde, quando o pacote com todo o volume de 1980 chegou à nossa biblioteca. Ele teve o mesmo problema com as nossas revistas. Era óbvio que estávamos atrás do mesmo objetivo.

John me escreveu novamente. Preocupado com a duplicação do esforço, ele solicitou que escolhêssemos diferentes áreas de estudo. Eu indiquei que deixaria o transporte direcionado pelo hormônio para ele, mas que não revelaria a direção do meu trabalho a partir de então. Eu estava no processo de montar um novo laboratório nas instalações de pesquisa da du Pont, e a política deles sobre o sigilo da pesquisa estava gravada na minha mente.

Com Ross Rainbird, que fez pós-doutorado no laboratório de John Pate, na Austrália, fiz experimentos sobre a liberação de fotossintatos de investimentos de semente vazias e ligadas e sobre a captura ativa para embriões isolados. Documentos sobre os dois assuntos foram submetidos em 1982, mas o trabalho sobre o revestimento da semente vazia foi publicado no *Plant Physiology* no começo do próximo ano (Thorne e Rainbird, 1983), como um documento técnico, com uma ampla discussão sobre o procedimento cirúrgico envolvido e o impacto dos vários desafios químicos no descarregamento. Um mês depois, submetemos o volume do nosso trabalho caracterizando o fotossintato liberado pelos tecidos maternos. A chegada de Roger Gifford da Austrália ajudou consideravelmente em nossa caracterização da cinética do estado estável e do descarregamento e das concentrações de soluto nos tecidos.

John Patrick e Pieter Wolswinkel publicaram seus documentos sobre a liberação de fotossintato dos revestimentos da semente alguns meses mais tarde. Apenas algumas semanas separaram suas datas de submissão. O trabalho de John, publicado no *Zeitschrift fur Pflanzenphysiologie,* caracterizava a cinética de lavagem de revestimentos de semente destacados e pré-carregados (Patrick, 1973), mas o trabalho de Pieter era mais semelhante ao meu. O documento dele, publicado no *Planta*, foi o primeiro de vários que utilizavam o fruto ligado (Wolswinkel e Ammer-laan, 1983). Obviamente, todos tínhamos usado legumes diferentes em nossos estudos. Portanto, nossas cartas nos próximos anos foram cheias de discussões sobre as semelhanças e diferenças que vimos em nossos sistemas.

Como são adoráveis as lembranças que tenho daqueles anos. O clímax desse período de cinco anos de intensa competição aconteceu em agosto de 1985. Todos fomos convidados para a Conferência Internacional do Transporte do Floema em Asilomar, Califórnia. Localizado nas areias da Pebble Beach, esse belíssimo centro de conferências é ideal para longas discussões filosóficas. Grande parte da noite foi dedicada a conversas ao redor de uma fogueira ou em caminhadas, com uma garrafa de vinho na mão, ao longo da praia. Os organizadores da conferência nos colocaram na mesma cabana por toda a semana, para garantir que nós três resolvêssemos nossas diferenças filosóficas. E acho que conseguimos.

DOIS 2

Bioquímica vegetal

NOVE
Enzimas, proteínas e aminoácidos

As células vivas são fábricas químicas dependentes da energia que devem seguir as leis da química. As reações químicas que tornam a vida possível são coletivamente chamadas de **metabolismo**. Milhares dessas reações ocorrem constantemente em cada célula, portanto o metabolismo é um processo impressionante. As células vegetais são particularmente incríveis no que se refere aos tipos de compostos que elas podem sintetizar. Milhares de compostos devem ser formados para produzir as organelas e outras estruturas presentes nos organismos vivos. As plantas também produzem toda uma série de substâncias complexas chamadas de metabólitos secundários, que provavelmente as protegem contra insetos, bactérias, fungos e outros patógenos. Além disso, as plantas produzem tanto as vitaminas necessárias para si (e incidentalmente para os seres humanos) quanto os hormônios usados pelas células em diferentes partes da planta para controlar e coordenar os processos de desenvolvimento.

Algumas reações formam moléculas grandes, como amido, celulose, proteínas, gorduras e ácidos nucleicos. Chamamos a formação de moléculas grandes a partir de moléculas pequenas de **anabolismo** (dos gregos *ana*, "para cima", e *ballein*, "arremessar"). O anabolismo exige uma entrada de energia. O **catabolismo** (do grego *kata*, "para baixo") é a degradação ou decomposição de moléculas grandes em moléculas pequenas, e esse processo libera energia. A respiração é o principal processo catabólico que libera energia em todas as células; ela envolve a decomposição oxidativa dos açúcares em CO_2 e H_2O.

O anabolismo e o catabolismo consistem em **trajetos metabólicos**, nos quais o composto inicial A é convertido em outro composto, B; em seguida, B é convertido em C, C em D e assim por diante, até que um produto final é formado. Na respiração, a glicose é o composto inicial e CO_2 e H_2O são os produtos finais de um trajeto metabólico que envolve 50 reações distintas. A maioria dos trajetos metabólicos tem um número menor de reações.

Como uma célula pode controlar se a maioria de seus trajetos metabólicos será anabólica ou catabólica e quais trajetos específicos irão funcionar? Por exemplo, todas as células possuem glicose, que pode se submeter à respiração ou ser convertida pelo anabolismo em amido nos plastídeos ou em celulose nas paredes celulares. Para que uma célula funcione e se desenvolva corretamente, os trajetos metabólicos devem ser cuidadosamente controlados. *O primeiro controle é relacionado com a energia.* Apenas algumas reações nos trajetos metabólicos podem ocorrer sem a entrada de energia, enquanto outras reações em potencial exigem tanta energia adicionada que elas não ocorrem, sendo consideradas essencialmente impossíveis. Assim, as plantas podem formar a celulose e o amido de que precisam a partir da glicose (com a ajuda da energia solar), mas não conseguem converter essa glicose na energia luminosa que permitiria a fotossíntese.

A ciência da termodinâmica nos ajuda a entender o controle do metabolismo por meio da entrada ou saída de energia (consulte o Capítulo 2). No entanto, as leis da termodinâmica não dizem nada sobre a *velocidade* com que as possíveis reações químicas podem ocorrer. Por exemplo, essas leis afirmam que, quando H_2 e O_2 se combinam para formar H_2O, muita energia será liberada, mas elas não podem prever com que velocidade a reação ocorrerá. Na verdade, se um catalisador inorgânico como a platina em grãos finos estiver presente, H_2 e O_2 reagem tão rápido que uma explosão ocorre! *Portanto, o segundo tipo de controle dos trajetos metabólicos deve ser uma das frequências.* Uma quantidade limitada de liberação (ou absorção) de calor em qualquer reação é tolerável e comum, mas as explosões são inaceitáveis.

As células controlam quais trajetos metabólicos funcionam e com que velocidade, produzindo os catalisadores adequados, chamados de **enzimas**, nas quantidades certas e nos momentos em que são necessários. Quase todas as reações químicas da vida são muito lentas sem os catalisadores, e as enzimas são muito mais específicas e potentes que qualquer íon de metal ou outras substâncias inorgânicas que as plantas podem absorver do solo. Portanto, as enzimas geralmente aceleram as frequências da reação em fatores entre 10^8 e 10^{20}. Comparadas com os catalistas artificiais, as enzimas normalmente são 10^6 vezes mais eficientes. As enzimas também são muito mais específicas que os catalistas inorgânicos ou até mesmo orgânicos sintéticos nos tipos de reações que catalisam, portanto, milhares de reações podem ser controladas pela formação dos compostos adequados e necessários para a vida (sem a formação de subprodutos tóxicos). Por fim, as enzimas respondem às mudanças no meio ambiente, de forma que o controle é possível para as plantas que vivem em uma variedade de climas. Essas vantagens das enzimas são acompanhadas por uma desvantagem: as enzimas são moléculas grandes de proteína que o organismo forma pelo anabolismo, à custa de uma energia considerável. Vamos investigar em mais detalhes a natureza das enzimas e como funcionam de maneira tão efetiva.

9.1 A distribuição das enzimas nas células

As enzimas não são uniformemente misturadas em todas as células. As enzimas responsáveis pela fotossíntese estão localizadas nos cloroplastos; muitas das enzimas essenciais para a respiração aeróbia ocorrem exclusivamente nas mitocôndrias, enquanto outras enzimas respiratórias existem no citosol. A maioria das enzimas essenciais para a síntese de DNA e RNA e para a mitose ocorre nos núcleos. As enzimas que governam as etapas dos trajetos metabólicos são às vezes organizadas de forma que ocorre um tipo de processo de produção em linha de montagem (Srere, 1987; Gontero et al, 1988). Nesse caso, o produto de uma reação é liberado em um local em que ele possa ser imediatamente convertido em um composto relacionado pela próxima enzima envolvida no trajeto e assim por diante, até que o trajeto metabólico seja concluído e um composto bem diferente seja formado.

É quase certo que essa compartimentalização aumente a eficiência de numerosos processos celulares, por dois motivos: primeiro, ela ajuda a garantir que as concentrações dos reagentes sejam adequadas nos locais em que as enzimas que agem sobre eles estão localizadas. Em segundo lugar, ela ajudar a garantir que um composto seja direcionado a um produto necessário e não desviado em algum outro trajeto pela ação de uma enzima competidora, que também pode agir sobre ele em outras partes da célula. No entanto, essa compartimentalização frequentemente não é absoluta, e aparentemente não deveria ser. Por exemplo, as membranas que cercam os cloroplastos permitem a saída de certos fosfatos de açúcar que são produzidos pela fotossíntese; em seguida, fora dos plastídeos, esses fosfatos sofrem uma ação de numerosas enzimas que estão envolvidas na síntese e na respiração da parede celular, essenciais para o crescimento e para a conservação da planta.

9.2 Propriedades e estrutura das enzimas

Especificidade e nomenclatura

Uma das propriedades mais importantes das enzimas é sua especificidade. Cada enzima atua em um único substrato (reagente) ou em um pequeno grupo de substratos estreitamente relacionados, que possuem grupos funcionais praticamente idênticos e capazes de reagir. Em algumas enzimas a especificidade parece absoluta, mas em outras existe uma gradação em sua habilidade de converter os compostos relacionados em produtos. Conforme explicado adiante, a especificidade resulta das combinações entre enzimas e substratos, que podem ser vinculadas a uma organização do tipo chave e fechadura.

Mais de 5.000 enzimas diferentes foram descobertas nos organismos vivos, e esse número cresce à medida que as pesquisas continuam. Cada enzima é nomeada de acordo com um sistema padronizado, e cada uma delas também possui um nome comum mais simples ou trivial. Nos dois sistemas, em geral o nome termina com o sufixo *-ase* e caracteriza os substratos afetados e o tipo de reação catalisada. Por exemplo, *citocromo oxidase*, uma importante enzima respiratória, oxida (remove um elétron de) uma molécula de citocromo. *Ácido málico desidrogenase* remove dois átomos de hidrogênio (desidrogenisa) do ácido málico. Esses nomes comuns, embora convenientemente curtos, não fornecem informações suficientes sobre a reação catalisada. Por exemplo, nenhum deles identifica o aceitador do elétron ou dos átomos de hidrogênio removidos.

A União Internacional de Bioquímica lista nomes padronizados mais longos, porém mais descritivos, para todas as enzimas bem caracterizadas. Por exemplo, a citocromo oxidase leva o nome *citocromo c:O_2 oxidorredutase*, indicando que o citocromo específico do qual os elétrons são removidos é do tipo c e que as moléculas de oxigênio são os aceitadores do elétron. *Ácido málico desidrogenase* é chamada de *L-malato: NAD oxidorredutase*, indicando que a enzima é específica para a forma L ionizada do ácido málico (malato) e que uma molécula abreviada como NAD é o aceitador do átomo de hidrogênio. A Tabela 9-1 lista as seis classes principais de enzimas com base nos tipos de reações que elas catalisam e inclui alguns exemplos.

Reversibilidade

As enzimas aumentam a taxa em que o equilíbrio químico é estabelecido entre produtos e reagentes. No equilíbrio, os termos *reagentes* e *produtos* são arbitrários e dependem do nosso ponto de vista. Sob condições fisiológicas normais, uma enzima não tem influência nas quantidades relativas de produtos e reagentes que futuramente seriam atingidos em sua ausência. Portanto, uma enzima não pode afetar se o estado de equilíbrio é favorável ou desfavorável para a formação de um composto.

A constante de equilíbrio depende dos potenciais químicos (concentrações, aproximadamente) de todos os compostos envolvidos na reação (consulte a Equação 2.7). Se o potencial químico dos reagentes for muito alto em comparação com o dos produtos, a reação pode prosseguir apenas na direção da formação do produto, por causa da lei química da ação de massa. A maioria das **descarboxilações**, em que o dióxido de carbono é dividido a partir de uma molécula, é exemplo dessas reações, porque o CO_2 pode escapar; sua concentração (e, portanto, seu potencial químico) permanece baixa. As **reações hidrolíticas**, que envolvem a clivagem das uniões entre dois átomos e a adição de elementos de H_2O a esses átomos, também são essencialmente irreversíveis. Por exemplo, a hidrólise de amido em glicose pelas *amilases*, do fosfato a partir de várias moléculas pelas *fosfatases* e das proteínas em aminoácidos pelas *proteases* são processos essencialmente irreversíveis. Outras enzimas que utilizam substratos diferentes executam a síntese do amido e das proteínas e a adição do fosfato a várias moléculas. Na verdade, moléculas grandes, como gorduras, proteínas, amido, ácidos nucleicos e até mesmo certos açúcares, são sintetizadas por uma série de enzimas e degradadas por outras. As enzimas sintéticas e degradantes frequentemente são mantidas separadas pelas membranas, ou formadas em momentos diferentes para que a competição entre a degradação e a síntese seja minimizada.

Composição química

Quase todas as enzimas conhecidas possuem uma proteína como a principal parte de sua estrutura, e muitas não contêm nada além dessa proteína. (Existem pelo menos duas exceções recém-descobertas, uma vez que as moléculas de RNA têm capacidade catalítica, conforme revisado por Cech e Bass, 1986, mas, do contrário, todas as outras milhares de enzimas conhecidas são proteínas.) Entretanto, algumas proteínas não parecem ter função catalítica e não são classificadas como enzimas. Por exemplo, as proteínas dos microtúbulos (**tubulina**), microfilamentos (**actina**) e

Tabela 9-1 Principais classes e subclasses de enzimas.

Classe e subclasse	Tipos de reação geral
Oxidorredutases Oxidases Redutases Desidrogenases	Removem e adicionam elétrons, ou elétrons e hidrogênio. As oxidases transferem elétrons ou hidrogênio apenas para o O_2
Transferases	Transferem grupos químicos
Cinases	Transferem grupos de fosfato, principalmente do ATP
Hidrolases	Quebram ligações químicas (por exemplo, amidos, ésteres, glicosídeos) adicionando os elementos de água
Proteinases	Hidrolisam as proteínas (ligações de peptídios)
Ribonucleases	Hidrolisam o RNA (ésteres de fosfato)
Desoxirribonucleases	Hidrolisam o DNA (ésteres de fosfato)
Lipases	Hidrolisam as gorduras (ésteres)
Liases	Formam ligações duplas pela eliminação de um grupo químico
Isomerases	Reorganizam os átomos de uma molécula para formar um isômero estrutural
Ligases ou sintetases	Reúnem duas moléculas combinadas com a hidrólise do ATP ou outro trifosfato de nucleosídeo
Polimerases	Vinculam subunidades (monômeros) em um polímero como RNA ou DNA

Fonte: Modificado de S. Wolfe. *Biology of the celt*. 2. ed. 1981. p. 45.

algumas das proteínas nos ribossomos parecem executar uma função estrutural, e não catalítica. Outras proteínas, como os **citocromos** que transportam elétrons durante a fotossíntese e a respiração, não são enzimas, mas sim transportadoras de elétrons. Além disso, diversas proteínas de armazenamento nas sementes também não possuem função enzimática conhecida. A função da maioria das proteínas de armazenamento das sementes é servir como reservatório de aminoácidos para o broto depois da germinação, não como enzimas.

As proteínas consistem em uma ou mais cadeias (cadeias de polipeptídeos), cada uma delas normalmente constituída de centenas de aminoácidos. A composição e o tamanho de cada proteína dependem do tipo e número de suas subunidades de aminoácidos. Em geral, de 18 a 20 tipos diferentes de aminoácidos estão presentes e a maioria das proteínas completa-se com um total de 20. O número total de subunidades de aminoácido varia muito nas diferentes proteínas e, portanto, o peso molecular da proteína também varia. A maioria das proteínas vegetais caracterizadas até o momento possui pesos moleculares de pelo menos 40.000 gramas de mol^{-1} [também chamadas de unidades de **Dalton** (abreviadas como Da), ou Daltons, em que 1 Da é a massa de um átomo de hidrogênio], embora o da *ferredoxina*, uma proteína envolvida na fotossíntese, seja apenas cerca de 11,5 kDa, e o da *ribulose bifosfato carboxilase*, outra enzima fotossintética, seja de mais de 500 kDa. Essa última é constituída de 8 cadeias pequenas e idênticas de polipeptídeos e outras 8 que são maiores. As cadeias dessas enzimas complexas são mantidas unidas por ligações não covalentes, frequentemente iônicas e de hidrogênio, que podem ser separadas *in vitro*. Todavia, se tomássemos cuidado para impedir a separação da cadeia durante a extração, até mesmo enzimas complexas como a ribulose bifosfato carboxilase poderiam ser isoladas como cristais homogêneos (Figura 9-1).

Os blocos de construção dos aminoácidos nas proteínas podem ser representados pela fórmula geral:

$$R-\underset{\underset{NH_2}{|}}{\overset{\overset{H}{|}}{C}}-\underset{OH}{\overset{O}{\overset{\|}{C}}} \quad \text{ou} \quad RCHNH_2COOH$$

O —NH$_2$ é o **grupamento amino** e o —COOH é o **grupamento carboxila**. Esses dois grupamentos são comuns para todos os aminoácidos, com uma leve modificação do grupamento amino em prolina. O "R" denota o restante da molécula, que é diferente para cada aminoácido. A Figura 9-2 mostra as estruturas de 20 aminoácidos comumente encontrados nas proteínas. Os grupos R fazem com que os aminoácidos variem muito em suas propriedades físicas, como a solubilidade na água. Os tipos alifáticos no canto esquerdo superior da figura e os tipos aromáticos no direito inferior são muito menos solúveis em água (mais hidrófóbicos) que os tipos hidrófílicos básicos, ácidos e hidroxilados (serina e treonina).

As estruturas de dois amidos, glutamina e asparagina, que ocorrem na maioria das proteínas estão incluídas na Figura 9-2. (Tecnicamente, as amidas são aminoácidos porque possuem a estrutura geral dos aminoácidos fornecida acima. Elas são amidas porque a parte R do aminoácido possui um grupo de amina conectado a uma carbonila.) Essas amidas são formadas a partir dos ácidos glutâmico e aspártico, os dois aminoácidos que possuem

FIGURA 9-1 Cristais de ribulose bifosfato carboxilase pura. Observe o formato de dodecaedro, os cristais maiores têm mais de 0,2 mm de diâmetro. (Cortesia de S. G. Wildman.)

um grupamento carboxila adicional como parte do R. As amidas são partes estruturais da maioria das proteínas. Elas também representam formas especialmente importantes nas quais o nitrogênio é transportado de uma parte da planta para outra, e o excesso de nitrogênio pode ser armazenado (Seções 8.3 e 14.5).

A união de aminoácidos e amidas em cadeias de polipeptídeos de proteínas ocorre pelas **ligações peptídicas** que envolvem o grupamento carboxila de um aminoácido e o grupamento amina do próximo, como resume a forma bastante simplificada na Reação 9.1. A seta vertical indica a ligação peptídica:

$$\text{HOOC}-CH_2-\underset{\underset{H}{|}}{\overset{\overset{NH_2}{|}}{C}}-\underset{\underset{H_2O}{\downarrow}}{\overset{\overset{O}{\|}}{C}}\boxed{OH + H}N-\underset{\underset{H}{|}}{\overset{\overset{H}{|}}{C}}-COOH \longrightarrow$$

$$\text{HOOC}-CH_2-\underset{\underset{H}{|}}{\overset{\overset{NH_2}{|}}{C}}-\underset{\overset{O}{\|}}{C}-\overset{\downarrow H}{N}-CH_2-COHH \quad (9.1)$$

Quando os ácidos aspártico e glutâmico, cada qual com dois grupamentos carboxila, formam ligações peptídicas com outros aminoácidos, apenas o grupamento carboxila adjacente ao grupamento amina participa. O outro grupamento carboxila permanece livre e fornece propriedades ácidas para a proteína. Quando a lisina e a arginina, ambas possuindo dois grupamentos amina, formam ligações peptídicas, o grupamento amina mais distante do grupamento

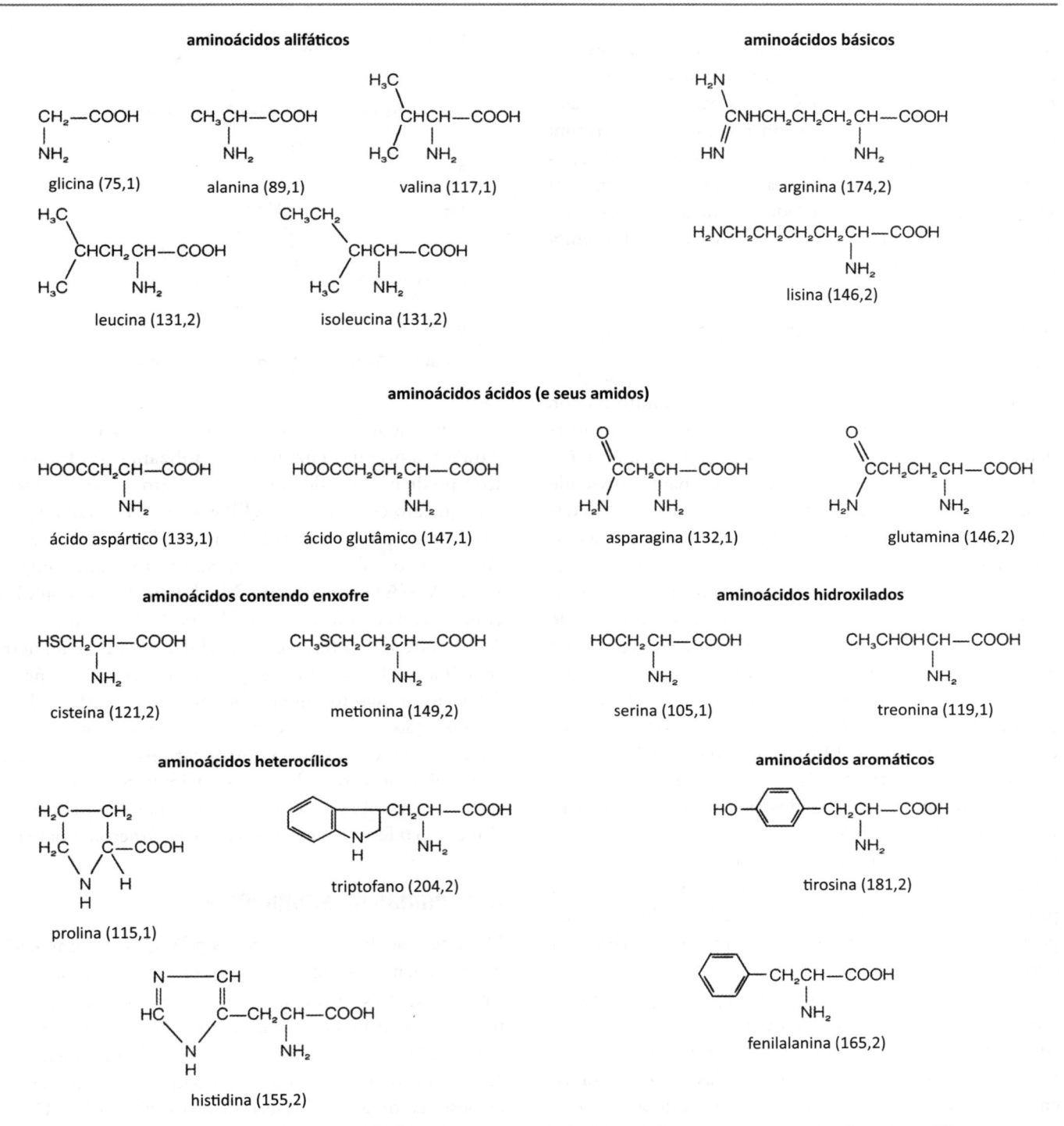

FIGURA 9-2 Estruturas moleculares de 20 aminoácidos presentes na maioria das proteínas e seus pesos moleculares (g mol⁻¹).

carboxila é sempre livre. O átomo de nitrogênio de cada um desses grupos possui dois elétrons que podem ser compartilhados pelo H^+ nas células; como resultado, o H^+ é atraído para esses átomos básicos de nitrogênio, fornecendo-lhes uma carga positiva.

As proteínas ricas nos ácidos aspártico e glutâmico geralmente possuem cargas negativas gerais nas células, porque esses aminoácidos perdem um íon de H^+ durante a dissociação do grupamento carboxila que não está envolvido em uma ligação peptídica. Por outro lado, as proteínas ricas em lisina e arginina possuem cargas gerais positivas. Essas cargas são importantes, porque o fato de uma enzima ser cataliticamente ativa ou inativa, e ligada ou não a outro componente celular, depende de um de seus grupamentos livres amina ou carboxila ser carregado ou descarregado. Por exemplo, os cromossomos possuem cinco tipos principais de proteínas positivamente carregadas chamadas de **histonas**, que são ricas em lisina ou arginina. Essas histonas estão unidas ao DNA negativamente carregado por ligações iônicas, que ajudam a controlar a estrutura e a atividade genética dos cromossomos. Além disso, as diferentes cargas gerais nas várias enzimas nos permitem separá-las pelas suas propriedades químicas e físicas. Suas funções e propriedades podem então ser estudadas sem a interferência de outras enzimas.

Grupos prostéticos, coenzimas e vitaminas

Além das partes de proteína das enzimas, algumas possuem uma porção não proteica e orgânica muito menor, chamada de **grupamento prostético**. Em geral, os grupamentos prostéticos são estritamente unidos à proteína pelas ligações covalentes e são essenciais para a atividade catalítica. Um exemplo é encontrado entre algumas das desidrogenases envolvidas na respiração e na degradação dos ácidos graxos. Neste caso, um pigmento amarelo chamado de flavina é ligado à proteína. A flavina é essencial para a atividade das enzimas em razão da sua capacidade de aceitar e depois transferir os átomos de hidrogênio no decorrer da reação catalisada. Algumas enzimas possuem grupamentos prostéticos aos quais um íon de metal é ligado (por exemplo, ferro e cobre na citocromo oxidase; consulte o Capítulo 13). Outras proteínas, as **glicoproteínas** (do grego *glykys*, que significa "doce"), possuem um grupamento de açúcares ligados às suas partes proteicas. Esses carboidratos unidos podem contribuir com a ação enzimática ou para a proteção da enzima contra temperaturas extremas e agentes internos destruidores, como proteases, patógenos e herbívoros (Paulson, 1989). A importância das glicoproteínas na membrana plasmática foi descrita na Seção 7.4.

Muitas enzimas que não possuem grupamentos prostéticos exigem, para sua atividade, a participação de outro composto orgânico, um íon de metal ou ambos. Geralmente, essas substâncias são chamadas de **coenzimas**, embora os íons de metal sejam chamados de **ativadores de metal**. Em geral, as coenzimas e os ativadores de metal não são estreitamente ligados às enzimas, mas nem sempre é possível fazer uma distinção nítida entre as coenzimas e os grupamentos prostéticos. *Diversas vitaminas sintetizadas pelas plantas formam parte das coenzimas ou grupamentos prostéticos necessários às enzimas das plantas e animais, e isso explica em grande parte o motivo pelo qual as vitaminas são essenciais para a vida.* Vários elementos minerais essenciais também atuam como ativadores das enzimas, mas a maioria deles possui uma variedade de funções (consulte a Seção 6.7).

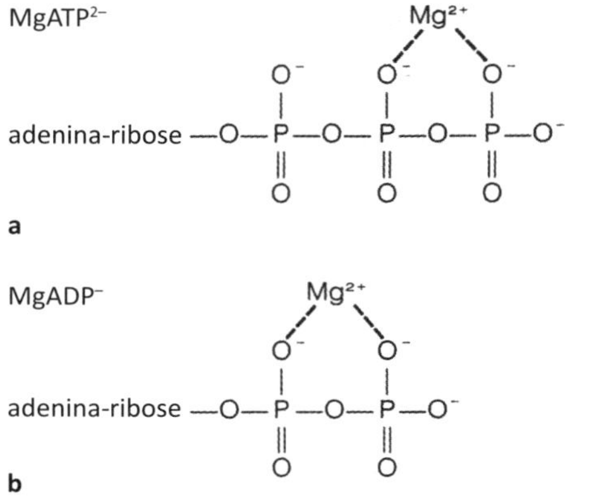

FIGURA 9-3 O quelato Mg^{2+} do **(a)** ATP e **(b)** ADP.

O íon de magnésio atua como um ativador de metal para a maioria das enzimas que utilizam o ATP ou outro tipo de nucleosídeo di- ou trifosfato como substrato. Um quelato estável entre ATP e Mg^{2+} é formado e provavelmente possui a estrutura mostrada na Figura 9-3a. Assim, o complexo de enzima/substrato é um complexo de Mg/ATP/enzima. O Mg^{2+} também se combina com o ADP, como mostra a Figura 9-3b. Além disso, o Mn^{2+} pode se combinar com o ADP ou ATP de maneira semelhante, formando um quelato que frequentemente é tão ativo quanto aquele formado com o Mg^{2+}. Essa combinação de cátions com um substrato e não com a enzima é importante para outros cátions divalentes, mas a combinação direta de certas enzimas com manganês, ferro, zinco, cobre, cálcio e potássio também ocorre, assim como o ferro e o cobre no caso da citocromo oxidase.

Sequências de aminoácidos

O número de diferentes maneiras pelas quais os aminoácidos poderiam teoricamente ser organizados nas proteínas é surpreendente. Considere como um exemplo simples uma pequena enzima com peso molecular de 13 kDa, que consiste em 100 aminoácidos com peso molecular médio de 130. Com os 20 diferentes aminoácidos usuais, o número de possíveis organizações seria de quase 20^{100} (10^{130}). O número de diferentes proteínas de todos os tamanhos e tipos na natureza nem começa a se aproximar desse valor[1], embora estimativas da existência de até 40.000 proteínas exclusivas nas plantas tenham sido feitas. Considerando esses fatos, já não é confuso entender como todas as várias formas de vida com diferentes genes podem ser tão diferentes umas das outras. *Sabemos que as disposições dos nucleotídeos*

---

[1] Se cada um dos 10^{130} tipos possíveis de proteínas com 100 aminoácidos ocupasse 10^3 nanômetros cúbicos, todos os 10^{130} reunidos preencheriam o Universo conhecido 10^{27} vezes!

ENZIMAS, PROTEÍNAS E AMINOÁCIDOS

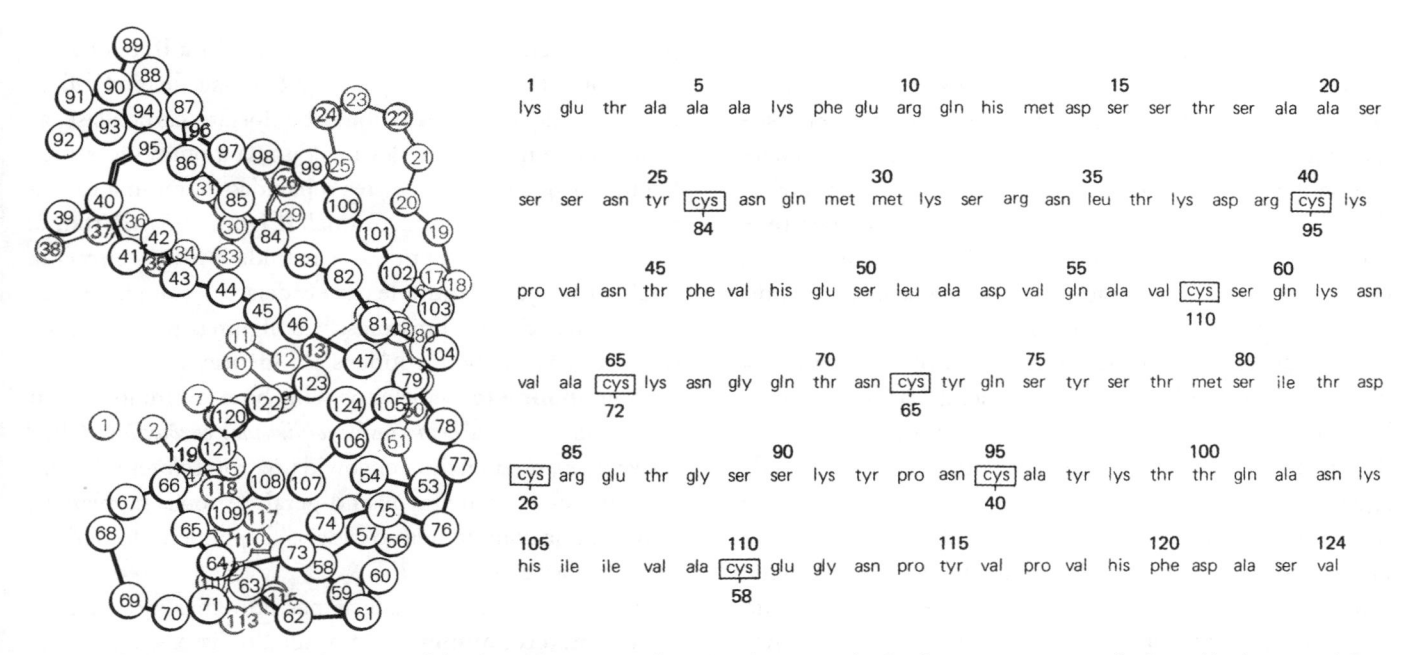

	1			5				10				15				20	
	lys	glu	thr	ala	ala	ala	lys	phe	glu	arg	gln	his	met	asp	ser	ser	thr	ser	ala	ala	ser

				25				30				35				40	
ser	ser	asn	tyr	cys	asn	gln	met	met	lys	ser	arg	asn	leu	thr	lys	asp	arg	cys	lys
				84														95	

	45				50				55				60			
pro	val	asn	thr	phe	val	his	glu	ser	leu	ala	asp	val	gln	ala	val	cys	ser	gln	lys	asn
																110

	65				70				75				80			
val	ala	cys	lys	asn	gly	gln	thr	asn	cys	tyr	gln	ser	tyr	ser	thr	met	ile	thr	asp
		72							65

	85				90				95				100			
cys	arg	glu	thr	gly	ser	ser	lys	tyr	pro	asn	cys	ala	tyr	lys	thr	thr	gln	ala	asn	lys
26											40

	105				110				115				120			124
his	ile	ile	val	ala	cys	glu	gly	asn	pro	tyr	val	pro	val	his	phe	asp	ala	ser	val
					58

FIGURA 9-4 Configuração tridimensional da ribonuclease A. O sítio ativo da enzima é a fenda no centro esquerdo da molécula. As posições dos resíduos de aminoácidos individuais são marcadas por círculos numerados, que correspondem à lista da sequência acima. Gln e asn representam glutamina e asparagina. As pontes dissulfeto são indicadas pela linha grossa dobrada. Os resíduos de cisteína unidos pelas ligações dissulfeto são colocados em caixas na lista da sequência. O número exibido abaixo de cada caixa indica o resíduo de aminoácido ao qual a ligação dissulfeto é unida. (De Dickerson, R. E.; Geis, I. *The structure and action of proteins.* Menlo Park: W. A. Benjamin, Inc., 1969.)

nos genes que codificam essas proteínas determinam suas sequências de aminoácidos e, portanto, suas funções, conforme descrito nos livros básicos de biologia e no Apêndice C.

Os métodos usados para determinar a sequência de aminoácidos nas proteínas, primeiro hidrolisando-as em seus aminoácidos componentes, são tediosos e exigem a disponibilidade de uma proteína pura. Como resultado, atualmente conhecemos as sequências completas de relativamente poucas proteínas distintas (provavelmente, menos de 100).[2] Esses estudos são importantes, no entanto, porque os resultados são necessários se quisermos aprender como as enzimas catalisam as reações. Além disso, a comparação das sequências nas proteínas que possuem a mesma função em diferentes organismos é uma ferramenta poderosa nos estudos evolucionários. Por exemplo, 38 ferredoxinas das angiospermas, uma hepática, alguns rabos-de-cavalo, samambaias, algas verdes e certas bactérias fotossintéticas e não fotossintéticas foram sequenciadas. As semelhanças e diferenças foram usadas, com a ajuda dos computadores, para construir modelos de árvores de famílias (Minami et al., 1985; Schmitter et al., 1988). Os mesmos tipos de comparações foram feitas com as moléculas do citocromo c de muitos organismos, incluindo plantas e animais primitivos e avançados. As sequências na hemoglobina já forneceram várias dicas sobre a evolução animal. A comparação de uma das moléculas de histona encontrada nos núcleos das células do gado e da ervilha mostrou que os mesmos aminoácidos ocorrem em 100 das 102 posições presentes em cada uma. Esses resultados sugerem que muitas mutações nos genes que controlam essa proteína foram eliminadas pela seleção natural durante os últimos 1,5 bilhão de anos, mais ou menos; portanto, essa proteína e cada aminoácido que ela possui cumprem uma função importante na vida de vários organismos.

Estruturas tridimensionais das enzimas e outras proteínas

As proteínas mais simples consistem apenas em uma cadeia longa de polipeptídeos, mas cada uma dessas cadeias geralmente é espiralada e torcida para formar moléculas relativamente esféricas ou globulares. Um exemplo de uma proteína globular bem simples, com 124 resíduos de aminoácidos em uma única cadeia, é a enzima *ribonuclease* (que hidrolisa o RNA), como mostra a Figura 9-4. *A estrutura tridimensional de qualquer cadeia de polipeptídeos ou qualquer*

---

[2] No passado, a determinação da sequência de aminoácidos nas proteínas foi quase inteiramente executada pela hidrolização da proteína em um procedimento gradual. Agora que entendemos o código genético, é mais fácil *deduzir* a sequência de aminoácidos a partir da sequência de bases em um RNA mensageiro ou um DNA (gene) que codifica a proteína. As sequências de bases nos ácidos nucleicos são mais fáceis de determinar diretamente que as de aminoácidos (consulte o Capítulo 24). Usando a técnica da sequência básica, vários milhares a mais de proteínas foram sequenciadas indiretamente.

proteína com várias cadeias de polipeptídeos é determinada pelos tipos de aminoácidos presentes e a sequência em que são organizados. Então, cada cadeia e a proteína inteira assume uma configuração (formato) de mais baixa energia livre coerente com a sua composição e sequência de aminoácidos nas condições celulares existentes de pH, temperatura, força iônica e presença de outras moléculas próximas. Para cada cadeia, essa configuração é estabilizada apenas depois que todas as suas cadeias se reúnem.

No citosol, os aminoácidos mais hidrofóbicos em uma proteína (como valina, leucina, isoleucina, metionina, fenilalanina e a tirosina) tornam-se concentrados no interior da estrutura dobrada da proteína, na qual são protegidos da água, enquanto os aminoácidos mais hidrófílicos (como serina, ácido glutâmico, glutamina, ácido aspártico, asparagina, lisina, histidina e arginina) são mais comumente expostos à superfície da proteína, na qual estão em contato com a água do citosol. Dentro das membranas, os aminoácidos hidrofóbicos das proteínas integrais normalmente se associam com os ácidos graxos de cadeia longa hidrofóbicos, enquanto os aminoácidos hidrofílicos das proteínas integrais se agregam em ambos os lados da membrana perto da água. A dobra ou o espiralamento de uma cadeia de polipeptídeos em uma proteína (de forma que algumas partes aderem a outras) ocorre parcialmente por causa da estabilização das forças atrativas entre certos grupos R que encostam uns nos outros em uma cadeia longa.

Outro fator que afeta o formato dobrado ou espiral é a repulsão dos grupamentos R hidrofóobicos pela água, que torna esses grupos mais próximos, fazendo com que eles encostem uns nos outros, e não na água. Alguns tipos importantes de união dentro da cadeia, que resultam dessas forças, são mostrados na Figura 9-5. Observe

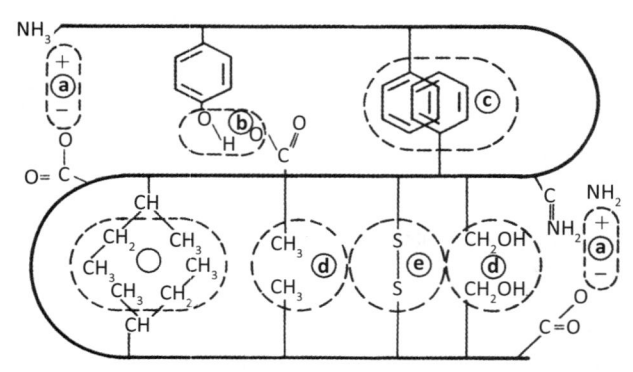

FIGURA 9-5 Tipos prováveis de ligação, responsáveis por manter uma cadeia de polipeptídeos perto da outra. **(a)** Atração eletrostática. **(b)** Ligação de hidrogênio. **(c)** Interação de grupos de cadeias laterais não polares causada pela repulsa de cada uma delas pela água. **(d)** Atrações de van der Waals. **(e)** Ponte dissulfeto entre grupamentos prévios de —SH nas moléculas de cisteína. (Modificado de C. B. Anfinsen, 1959.)

particularmente a presença de **pontes dissulfetos (S-S)**. Nas proteínas complexas que possuem mais de uma cadeia de polipeptídeos, como a ribulose bifosfato carboxilase, as ligações que mantêm uma cadeia unida à outra são semelhantes às que unem as partes separadas da mesma cadeia em sua estrutura tridimensional (Figura 9-5). Portanto, cada cadeia de polipeptídeos é reunida em uma proteína final por ligações dentro de cada cadeia, que contata outras ligações nas cadeias próximas. Em algumas proteínas, todas as cadeias de polipeptídeos são idênticas e, nesse caso, os **homopolímeros** são feitos. Um bom exemplo de um homopolímero é a *ácido fosfoenolpirúvico carboxilase (PEP carboxilase)*, uma enzima envolvida na fotossíntese de certas espécies e no metabolismo geral de todas as plantas. Esta enzima contém quatro cadeias de polipeptídeos idênticas (Huber et al., 1986).

Frequentemente, as cadeias nas proteínas são diferentes, e os **heteropolímeros** são resultado disso. Cada cadeia de polipeptídeos em um heteropolímero é codificada por um gene diferente. Portanto, os heteropolímeros com duas ou mais cadeias de polipeptídeos diferentes exigem a presença de dois ou mais genes correspondentes diferentes na célula. A ribulose bifosfato carboxilase, mencionada anteriormente, é um bom exemplo de um heteropolímero. Para ela, o gene que codifica a cadeia de polipeptídeos menor é um gene nuclear, enquanto o gene que codifica a cadeia maior está no cloroplasto.

Isoenzimas

Na década de 1940, uma técnica chamada de **eletroforese** foi desenvolvida para separar as proteínas e levou a uma descoberta importante sobre muitas enzimas. Essencialmente, a eletroforese é a separação das proteínas dissolvidas ou outras moléculas carregadas em um campo elétrico. Uma mistura de enzimas é colocada em uma solução tamponada ou em um meio inerte como uma camada de gel de amido ou uma coluna ou placa de gel de polacrilamida umedecido com um tampão em pH controlado. Os vários grupamentos R de cada enzima ionizam até um ponto controlado pela sua natureza química e o pH do tampão escolhido. Por exemplo, se o pH for 7, as enzimas ricas em ácido aspártico e glutâmico possuem uma carga negativa geral, por causa dos seus grupamentos carboxila dissociados. Como alternativa, as enzimas ricas em lisina ou arginina têm mais probabilidade de ser positivamente carregadas nesse pH. Cada enzima da mistura atinge uma carga diferente; se essas diferenças forem grandes o suficiente, as enzimas podem ser separadas por uma corrente elétrica que flui do eletrodo negativo inserido em uma ponta da solução ou gel para um eletrodo positivo

Proteínas vegetais e nutrição humana

Os seres humanos e outros animais dependem das plantas para obter muitos de seus aminoácidos, portanto, a composição das proteínas da semente, folhas e caule é importante na dieta. Nós e outros animais usamos esses aminoácidos para construir nossas próprias proteínas e como fonte de comida (energia). Embora os adultos humanos possam sintetizar a maioria dos aminoácidos necessários a partir dos carboidratos e vários compostos de nitrogênio orgânico, oito aminoácidos devem ser consumidos na dieta. Eles são leucina, isoleucina, valina, lisina, metionina, triptofano, fenilalanina e treonina. Além disso, quantidades adequadas de cisteína, um aminoácido que contém enxofre, podem aparentemente ser formadas apenas quando uma quantidade suficiente de metionina é fornecida (outro aminoácido S) e usamos a fenilalanina para sintetizar a tirosina, que, do contrário, seria essencial.

A maioria das proteínas na dieta humana vem das proteínas de sementes, principalmente de grãos de cereais como arroz, trigo e milho. Aproximadamente dois terços da população mundial dependem do trigo ou do arroz como a principal fonte de calorias e proteína. O milho é importante em muitas partes tropicais e subtropicais das Américas Central e do Sul. Uma contribuição menor, mas ainda importante, é feita por sementes de legumes como feijão, ervilha e soja. A soja é uma fonte de proteína extraordinariamente rica e relativamente bem equilibrada; cerca de 40% do seu peso seco é proteína, comparado aos 12% para a maioria dos grãos de cereais (Tabela 9-2).

Comparadas com a maioria das proteínas animais, as de grãos de cereais são pobres em lisina, enquanto as sementes de leguminosas têm pouca metionina. Por exemplo, o teor de lisina da proteína total de sementes de 12.561 cultivares de trigo apresentou uma média de 3,14% com base no peso, comparado com 6,4% da proteína do ovo inteiro (Tabela 9-2). As proteínas nas sementes de feijão tinham em média apenas 1,0% de metionina em comparação com 3,1% nas proteínas do ovo. Os geneticistas têm progredido para introduzir novas espécies híbridas ou cultivares com teor elevado de proteína e porcentagens elevadas de aminoácidos essenciais. Os exemplos incluem os cultivares opaco-2 e fluori-2 de milho, ambos consideravelmente mais ricos em lisina e triptofano que os cultivares comumente usados (Harpstead, 1971; Larkins, 1981; Payne e Rhodes, 1982; Doll, 1984).

TABELA 9-2 Teor de proteína e composição de aminoácidos de legumes e cereais alimentícios selecionados.

Alimento	Percentual de proteína	Composição do aminoácido (percentual da proteína total)								
		Lisina	Metionina	Treonina	Triptofano	Isoleucina	Leucina	Tirosina	Fenilalanina	Valina
Soja	40,5	6,9	1,5	4,3	1,5	5,9	8,4	3,5	5,4	5,7
Ervilha	23,8	7,3	1,2	3,9	1,1	5,6	8,3	4,0	5,0	5,6
Feijão	21,4	7,4	1,0	4,3	0,9	5,7	8,6	3,9	5,5	6,1
Aveia	14,2	3,7	1,5	3,3	1,3	5,2	7,5	3,7	5,3	6,0
Cevada	12,8	3,4	1,4	3,4	1,3	4,3	6,9	3,6	5,2	5,0
Trigo	12,3	3,1	1,5	2,9	1,2	4,3	6,7	3,7	4,9	4,6
Centeio	12,1	4,1	1,6	3,7	1,1	4,3	6,7	3,2	4,7	5,2
Sorgo	11,0	2,7	1,7	3,6	1,1	5,4	16,1	2,8	5,0	5,7
Milho	10,0	2,9	1,9	4,0	0,6	4,6	13,0	6,1	4,5	5,1
Arroz	7,5	4,0	1,8	3,9	1,1	4,7	8,6	4,6	5,0	7,0
Ovo inteiro	12,8	6,4	3,1	5,0	1,7	6,6	8,8	4,3	5,8	7,4

Fonte: Dados de Orr e Watt, 1957 e Johnson e Lay, 1974.

colocado na outra ponta. As enzimas migram no campo elétrico e a distância que percorrem depende de sua carga e tamanho geral. Depois da migração, suas posições no gel podem ser detectadas, por exemplo, incubando-se o gel com o substrato adequado e depois colorindo-se quimicamente o produto de reação.

Quando uma enzima específica é investigada pela eletroforese, frequentemente se observa que mais de uma zona colorida aparece no gel, indicando a presença de mais de uma enzima que pode atuar no mesmo substrato e convertê-lo no mesmo produto. Essas enzimas são chamadas de **isozimas** ou **isoenzimas**. Frequentemente, as diferenças entre as isoenzimas resultam da presença, em um organismo, de mais de um gene que codifica cada isoenzima; todavia, a sequência de aminoácidos difere apenas ligeiramente entre uma isoenzima e outra.

Comumente, isso se aplica às isoenzimas que possuem apenas um tipo de cadeia de polipeptídeos. Se apenas uma cadeia estiver presente, duas isoenzimas poderiam resultar do código genético proveniente de cada um dos dois genes alélicos derivados de um pai diferente. Ou então, as isoenzimas que são heteropolímeros também podem diferir nos tipos de cadeias de polipeptídeos que elas possuem. Existem várias outras possibilidades genéticas que resultam nas isoenzimas.

Uma consequência para um organismo de haver diferentes isoenzimas capazes de catalisar a mesma reação é que elas são relativamente diferentes em suas respostas a vários fatores ambientais. Isso significa que, se o ambiente mudar, a isoenzima mais ativa nesse ambiente executa sua função e ajuda o organismo a sobreviver. Além disso, frequentemente existe uma isoenzima em um tecido ou órgão e outra em um tecido ou órgão diferente, com uma função diferente. Diferentes isoenzimas às vezes podem ser encontradas até mesmo dentro da mesma célula. A Figura 9-6 ilustra a separação de três isoenzimas da malato desidrogenases a partir de várias organelas nas células do mesofilo da folha de espinafre: uma da mitocôndria, outra dos peroxissomos e a última do citosol. Cada isoenzima é exposta a um ambiente químico diferente dentro da célula e cada uma participa de uma sequência de reações diferentes (via metabólica). *Portanto, dentro de organelas, de células ou de tecidos individuais de qualquer organismo, a presença de mais de uma isoenzima geralmente confere vantagens para se lidar com as mudanças ambientais.*

Isoformas das enzimas: Modificações pós-translacionais

Depois que as enzimas são sintetizadas durante a tradução (Apêndice C), elas são submetidas a mudanças químicas secundárias que podem afetar profundamente sua capacidade catalítica. Essas alterações causam a produção de **isoformas**. As isoformas são diferentes das isoenzimas porque são codificadas pelo mesmo gene e possuem a mesma sequência de aminoácidos. Elas diferem apenas sutilmente das isoenzimas. Vários tipos de modificações fazem com que as isoformas sejam produzidas, incluindo a **fosforilação** (em que um fosfato é esterificado ao grupamento hidroxila de uma ou mais serinas ou treoninas presentes), a **glicosilação** (em que um ou mais açúcares são ligados) e a **metilação** ou **acetilação** (em que um ou mais grupamentos metil ou acetil são adicionados). Essas modificações podem ocorrer até mesmo na mesma célula em diferentes fases de seu desenvolvimento. Elas permitem outro tipo de controle sobre o tipo de reações que ocorrem em uma determinada célula ou parte de uma célula em uma fase particular do seu ciclo de vida – ou na mesma fase, porém em ambiente diferente. Listas de enzimas fosforiladas e desfosforiladas (e como essas modificações afetam suas atividades) são fornecidas por Ranjeva e Boudet (1987) e por Budde e Chollet (1988). Nas plantas, um sinal ambiental, como a luz, frequentemente causa a fosforilação ou desfosforilação de certas proteínas, de forma que a planta responde modificando uma enzima pré-formada, o que altera a atividade da enzima e faz a planta responder melhor ao ambiente (Capítulos 11, 13, 17 e 20).

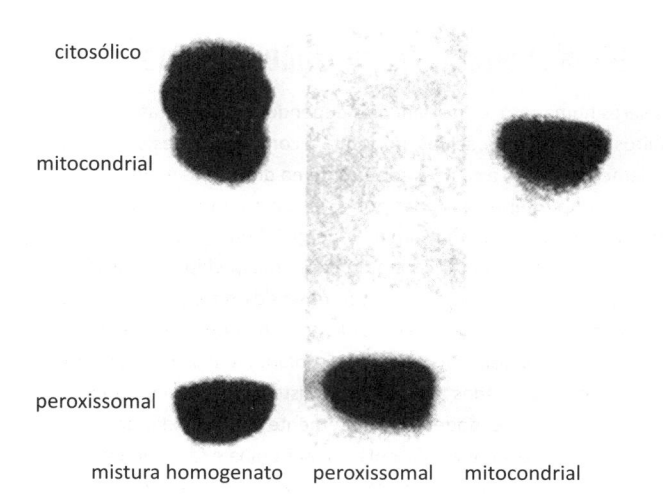

FIGURA 9-6 Separação das isoenzimas NAD^+-malato desidrogenase das folhas de espinafre pela eletroforese do gel de amido. Na mistura de homogenato à esquerda, três isoenzimas são detectadas. Duas dessas correspondem às isoenzimas extraídas de peroxissomos e mitocôndrias isolados; a terceira reside no citosol. (De Ting et al., 1975.)

9.3 Mecanismos de ação da enzima

Normalmente, apenas as moléculas mais energéticas são capazes de passar por reações químicas. Elas se tornam temporariamente mais energéticas que outras do mesmo tipo ao serem submetidas a diferentes números e tipos de colisões. Se pudéssemos analisar as energias em uma população dessas moléculas, as previsões estatísticas indicariam que uma distribuição semelhante aos valores hipotéticos retratados na Figura 2-3 seria encontrada. As curvas dessa figura mostram que uma elevação de 10 °C na temperatura aumenta muito o número de moléculas que possuem energias relativamente altas. Observe que a curva da temperatura superior é ligeiramente mais inclinada para a direita que a curva inferior. Suponha que apenas essas poucas moléculas que ocorrem dentro das áreas sombreadas da figura são energéticas o suficiente para reagir na ausência de enzimas. As moléculas que possuem energia igual ou maior que

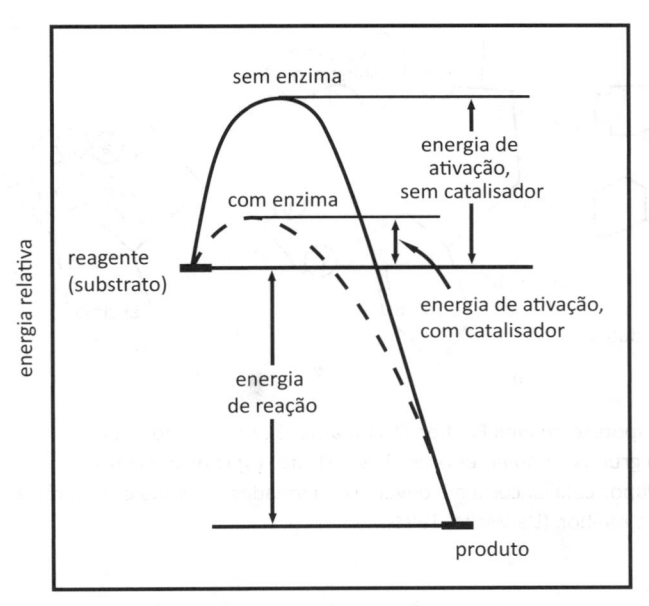

FIGURA 9-7 Diagrama de energia para uma reação metabólica que ocorre na presença e na ausência de uma enzima. As moléculas reagentes do substrato devem passar por uma "corcova de energia" (acumular energia de ativação) para permitir a formação de novas ligações químicas presentes no produto, embora o produto possa estar em um nível de energia livre inferior ao do substrato. Um catalisador, como uma enzima, diminui a energia de ativação exigida, aumentando assim a fração de moléculas que podem reagir em um determinado momento.

a indicada pela seta atingiram o que chamamos de **energia de ativação**. Observe que, nesse exemplo, a área da curva de temperatura superior tem quase o dobro de largura que a inferior. Portanto, o dobro de moléculas irá reagir em um determinado período na temperatura mais alta. Como resultado, uma elevação na temperatura dobra as taxas de reação, a menos que ela seja muito grande e cause a morte celular. Se essa duplicação ocorrer, o valor Q_{10} é 2.0. (Os valores Q_{10} são explicados na Seção 2.3.)

Mas como as enzimas aumentam as taxas de reação? Elas causam uma mudança na distribuição da frequência, semelhante à que é causada por um aumento na temperatura? A resposta é não, mas para entender como elas agem, precisamos considerar outro aspecto do problema. A Figura 9-7 mostra as mudanças na energia durante a conversão do substrato em produtos. Aqui, a energia é apresentada na ordenada e a energia máxima que deve ser obtida novamente representa a energia de ativação. Esse máximo representa uma barreira de energia que deve ser superada. Observe que as enzimas diminuem a energia de ativação, de forma que uma fração muito maior das moléculas de um substrato possui energia suficiente para reagir sem o aumento na temperatura. Em outras palavras, as enzimas não mudam as curvas da Figura 2-3, mas na sua presença a área sombreada da figura é deslocada muito mais à esquerda.

Para que uma enzima diminua a energia de ativação no decorrer da reação, ela deve se combinar temporariamente com um substrato para formar o **complexo enzima/substrato**. As forças elétricas dentro desse complexo mudam a forma de substrato, fazendo com que algumas ligações de substrato se quebrem; em seguida, as ligações se reorganizam para formar produtos muito mais rapidamente que na ausência da enzima.

O complexo enzima/substrato, conforme a primeira hipótese do grande químico orgânico Emil Fischer, por volta de 1884, presumia uma rígida união de chave e fechadura entre a enzima e o substrato (Figura 9-8a). A parte da enzima à qual o substrato se combina, à medida que passa pela conversão em um produto, é chamada de **sítio ativo**. Se o sítio ativo fosse rígido e específico para um determinado substrato, a reversibilidade da reação não ocorreria, porque a estrutura do produto é diferente da do substrato e não se ajustaria bem à enzima. Em contraste com um sítio ativo rigidamente organizado, Daniel E. Koshland, Jr. (1973) descobriu evidências de que o sítio ativo das enzimas pode ser induzido por uma aproximação estreita dos substratos (ou produtos, quando a reação se inverte) para se submeter a uma mudança na conformação (formato) que permita uma combinação melhor. Agora, essa ideia é amplamente conhecida como a **hipótese do ajuste induzido** e é ilustrada nas Figuras 9-8b e 9-9 para uma enzima com apenas um substrato. Se dois ou mais substratos estiverem envolvidos, o princípio é o mesmo, e cada substrato contribui. Aparentemente, a estrutura do substrato também é modificada durante muitos casos de ajuste induzido, permitindo que ocorra um complexo enzima/substrato mais funcional.

Os tipos de ligações entre enzimas e substratos podem ser covalentes, iônicas, de hidrogênio e de van der Waals. As ligações covalentes e iônicas são mais importantes no que se refere à energia de ativação para uma reação, porém, as mais numerosas pontes de hidrogênio e ligações de van der Waals contribuem com a orientação estrutural do complexo enzima/substrato. Mesmo quando ligações covalentes fortes são formadas, são rapidamente quebradas para liberar novas moléculas de produtos. As ligações covalentes e não covalentes entre a enzima e o substrato são formadas entre partes das porções R dos resíduos de aminoácido na enzima, não entre os átomos de carbono e nitrogênio envolvidos nas ligações peptídicas. Portanto, as enzimas devem ter os aminoácidos corretos (composição) e eles devem estar nos lugares certos (sequência).

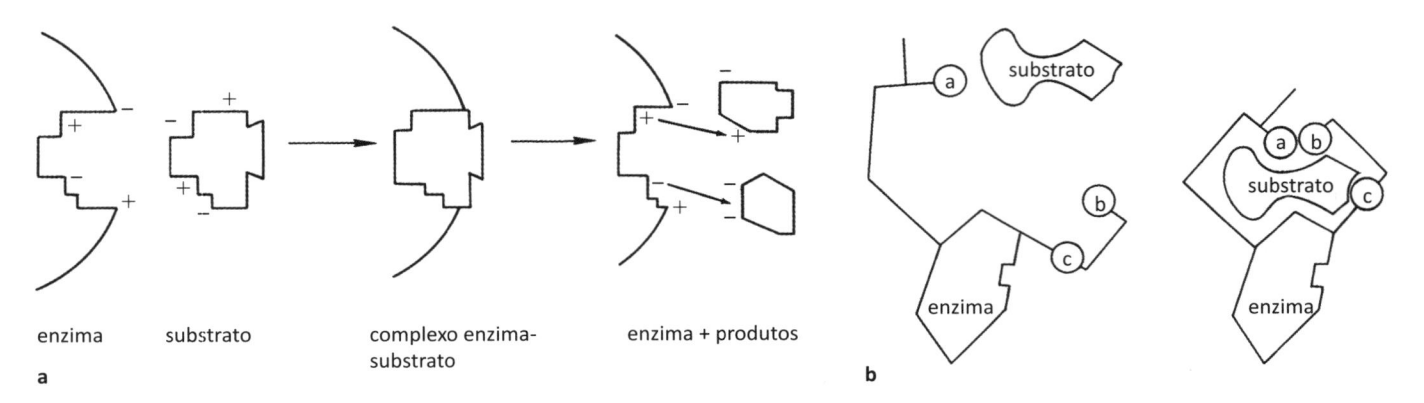

FIGURA 9-8 (a) O modelo de chave-fechadura do sítio ativo, conforme a hipótese de Emil Fischer. O sítio ativo é considerado uma organização rígida de grupos carregados que corresponde precisamente a grupos complementares do substrato. **(b)** Uma concepção modificada do sítio ativo, conforme avanços de D. E. Koshland. Aqui, os grupos catalísticos a e b devem ser alinhados, mas sua orientação é alterada pelo substrato que está se aproximando, resultando em um ajuste melhor. (De Wolfe, 1981.)

9.4 Desnaturação

A discussão prévia sobre os complexos de enzima/substrato e as estruturas tridimensionais das proteínas implica em que, se a estrutura da enzima for alterada de forma que o substrato não possa mais se ligar a ela, a atividade catalítica será eliminada. Numerosos fatores causam essas alterações e dizemos que eles causam a **desnaturação** da enzima. Em muitos casos, a desnaturação é irreversível. Temperaturas altas quebram facilmente as pontes de hidrogênio e frequentemente causam a desnaturação irreversível; não é possível "descozinhar" um ovo! O calor extremo causa a formação de novas ligações covalentes entre diferentes cadeias de polipeptídeos ou entre partes da mesma cadeia, e essas ligações são tão estáveis que se quebram em taxas insignificantes.

Temperaturas frias são quase sempre mantidas durante a extração e purificação das enzimas para impedir a desnaturação pelo calor. Isso é verdade, embora as enzimas normalmente permaneçam desnaturadas nas células em temperaturas mais altas. Não entendemos totalmente por que a purificação das enzimas em temperaturas idênticas àquelas nas quais as células normalmente existem causa a desnaturação, mas suspeitamos que os procedimentos de extração e purificação removam ou diluam as substâncias que normalmente protegem as enzimas. Como alternativa, a homogeneização das células frequentemente libera e permite a exposição das enzimas às substâncias desnaturantes de compartimentos subcelulares (por exemplo, vacúolos) que, *in vivo*, são impedidas pelas membranas de encostar nessas enzimas. Sabemos que algumas enzimas são desativadas pelas baixas temperaturas durante a purificação. Novamente, a mudança na estrutura é a causa.

O oxigênio e outros agentes oxidantes também desnaturam numerosas enzimas, frequentemente fazendo com que pontes de dissulfeto sejam formadas em cadeias nas quais

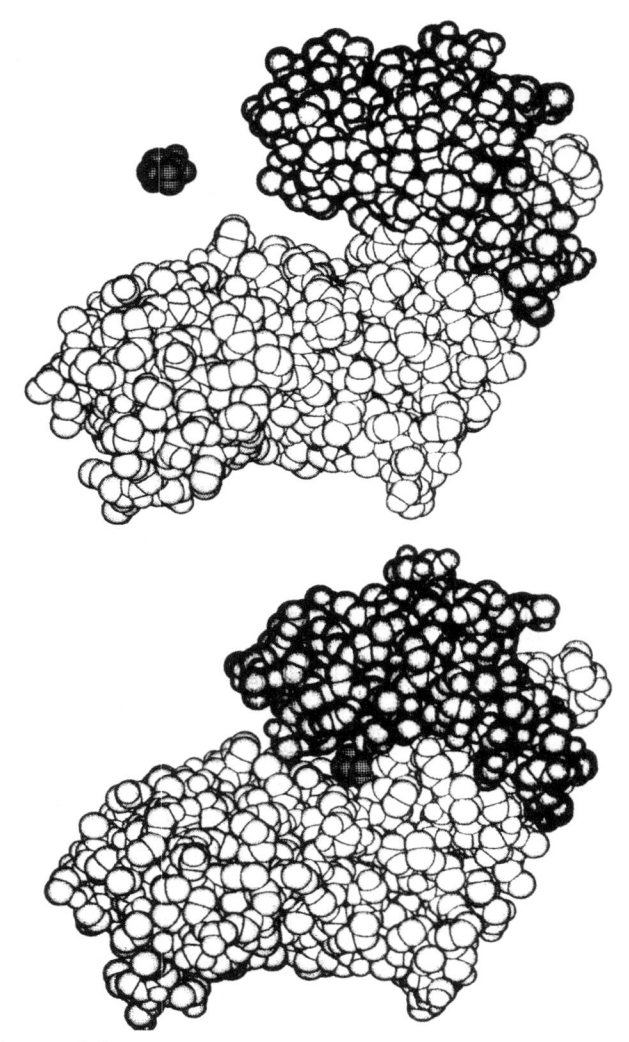

FIGURA 9-9 Ajuste induzido da hexoquinase da levedura e da glicose, um de seus substratos. Sem a glicose (acima), a hexoquinase possui uma fenda aberta que se fecha parcialmente quando a glicose é ligada (abaixo). (De Bennett e Steitz, 1980, p. 211-230. Com a permissão do *Journal of Molecular Biology*, copyright 1980, da Academic Press Inc. [Londres] Limited.)

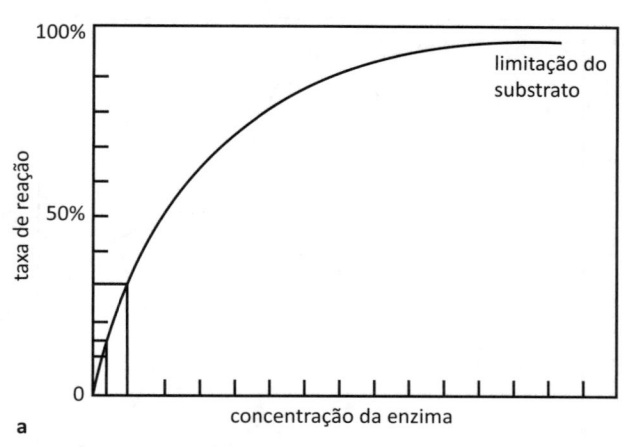

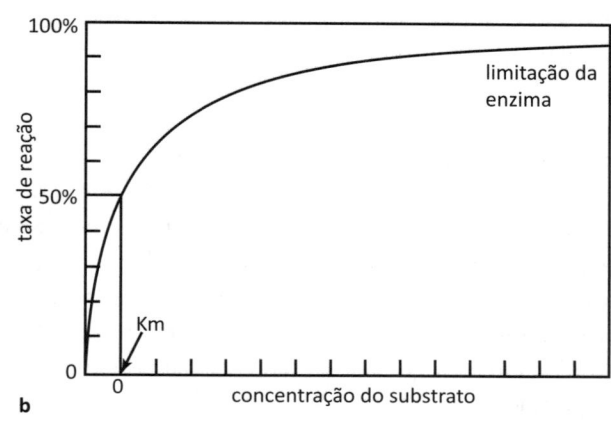

FIGURE 9-10 (a) Efeitos da concentração da enzima na taxa de reação quando a concentração do substrato é mantida constante. **(b)** Efeito da concentração do substrato na taxa de reação quando a concentração da enzima é mantida constante.

os grupamentos —SH de cisteína estão normalmente presentes. Os agentes redutores podem desnaturar da maneira oposta, quebrando as pontes de dissulfeto para formar dois grupamentos —SH. Cátions de metais pesados como Ag^+, Hg^{2+} ou Pb^{2+} podem desnaturar as enzimas, frequentemente substituindo o H no grupamento —SH; é por esse motivo que uma grande preocupação se desenvolveu sobre a presença de metais pesados no ambiente. A maioria dos solventes orgânicos também desnatura as enzimas.

Quando as enzimas estão desidratadas, são muito menos suscetíveis à desnaturação pelo calor do que quando estão hidratadas. Esse é o principal motivo pelo qual as sementes secas e os fungos ou esporos de bactérias secos podem resistir a altas temperaturas e para a presença do vapor na autoclave causar a esterilização mais rapidamente que um forno seco na mesma temperatura. O estado seco também impede a desnaturação da enzima causada pelo congelamento durante o inverno nas sementes, brotos e outras partes de arbustos e árvores perenes.

9.5 Fatores que influenciam as taxas de reações enzimáticas

Concentrações de enzimas e substratos: ambos podem ser limitadores

A catálise ocorre apenas se a enzima e o substrato formarem um complexo transitório. A taxa de reação depende do número de colisões bem-sucedidas entre eles, que, por sua vez, dependem de suas concentrações. Se uma quantidade suficiente de substrato estiver presente, a duplicação da concentração da enzima normalmente causa uma duplicação na taxa (Figura 9-10a). Com a adição de ainda mais enzima, a taxa começa a se tornar constante porque o substrato se torna limitador.

A Figura 9-10b mostra o efeito da concentração do substrato na taxa de reação quando a concentração da enzima é mantida constante. Normalmente, existe uma proporcionalidade aproximadamente direta entre a taxa e a concentração do substrato, até que a concentração da enzima se torne limitadora. Nessa concentração de substrato, a adição de mais substrato não causa uma elevação adicional na taxa de reação, porque quase todas as moléculas de enzima se combinaram com o substrato. Quando isso ocorre, nenhum sítio ativo da enzima está disponível para causar a catálise. Para aumentar a velocidade da reação, a adição de mais enzima é necessária.

A Figura 9-10b também ilustra outro fato útil sobre as enzimas: a concentração de substrato necessária para causar metade da taxa de reação máxima, um valor denominado **constante de Michaelis-Menten (K_m)**.[3] Os valores K_m são mais ou menos constantes independente da quantidade de enzimas presentes, pelo menos dentro de limites razoáveis. Os valores variam relativamente conforme o pH, a temperatura e a força iônica, e também com os tipos ou quantidades de coenzimas presentes quando

---

[3] Na prática, os valores de K_m raramente ou nunca podem ser determinados exatamente pela extrapolação da taxa de reação para o seu máximo, porque a taxa se aproxima do máximo assintoticamente. Existem métodos para aplicar os dados de maneiras diferentes para superar esse problema. O mais popular é a técnica de Lineweaver-Burk, descrita em muitos textos de bioquímica. Nessa técnica, uma linha reta resulta quando conferimos a recíproca da taxa de reação como função da concentração do substrato; a linha cruza a ordenada e é extrapolada para baixo à esquerda da ordenada, até que encontre a abscissa em uma concentração negativa recíproca do substrato. Essa interseção fornece a recíproca do K_m. Naqui (1986) apontou que a equação de Michaelis-Menten (consulte a Figura 19-17) é uma hipérbole retangular, portanto, a geometria analítica pode ser usada para determinar o K_m e a taxa de reação máxima (V_{max}). Gannon (1986) mostrou que uma combinação de semi-log dos dados (em que as concentrações do substrato são representadas logaritmamente) permite determinar facilmente o K_m e o V_{max}. Esse método é usado na Figura 19-17.

elas são exigidas. A maioria das enzimas estudadas até o momento possui valores entre 10^{-3} e 10^{-7} molar (1 mM e 0,1 μM), embora existam exceções. Se a enzima catalisar uma reação entre dois ou mais substratos diferentes, ela terá um valor K_m diferente para cada um.

Certas vantagens existem quando conhecemos o valor K_m da enzima de interesse. Primeiro, se pudermos medir a concentração do substrato na parte da célula em que a enzima ocorre, podemos prever se a célula precisa de mais enzima ou mais substrato para acelerar a reação. Alguns estudos indicam que a maioria das enzimas envolvidas na respiração normalmente não é saturada pelos seus substratos. O mesmo provavelmente é verdadeiro para muitas enzimas fotossintéticas nas folhas expostas à luz forte, porque a fixação do CO_2 pode ser elevada quando aumentamos a concentração desse gás ao redor de tais folhas. Em segundo lugar, os valores K_m representam aproximadamente as medições inversas da afinidade da enzima por um determinado substrato; portanto, quanto mais baixo o K_m, mais estável o complexo enzima/substrato. Nos casos em que uma enzima pode catalisar reações com dois substratos semelhantes (por exemplo, glicose e frutose), o substrato para o qual a enzima possui K_m inferior é o mais frequentemente afetado na célula. E, em terceiro lugar, o K_m fornece uma medição aproximada da concentração do substrato da enzima na parte da célula em que a reação ocorre. Por exemplo, as enzimas que catalisam reações com substratos relativamente concentrados, como a sacarose, possuem valores de K_m relativamente altos para esses substratos, e as enzimas que reagem com hormônios ou outros substratos que estão presentes em concentrações muito baixas possuem valores de K_m muito mais baixos para seus substratos. Os conceitos da constante de Michaelis-Menten e as equações referentes são aplicados no ensaio de Emanuel Epstein no Capítulo 7 e também na Seção 19.5, Figura 19-17.

pH

O pH do meio influencia a atividade da enzima de várias maneiras. Normalmente, existe um pH ideal em que cada enzima funciona, com atividade reduzida nos valores inferiores ou superiores de pH. Às vezes, confrontar a atividade da enzima versus o pH, como as da Figura 9-11, assumem um formato de sino, enquanto para outras enzimas as curvas podem ser quase planas. O pH ideal situa-se quase sempre entre 6 e 8, mas pode ser superior ou inferior para algumas enzimas. Os extremos de pH também podem causar a desnaturação. Muitas enzimas provavelmente nunca funcionam *in vivo* no seu pH ideal.

Além dos efeitos de desnaturação, o pH pode influenciar as taxas de reação pelo menos de duas maneiras.

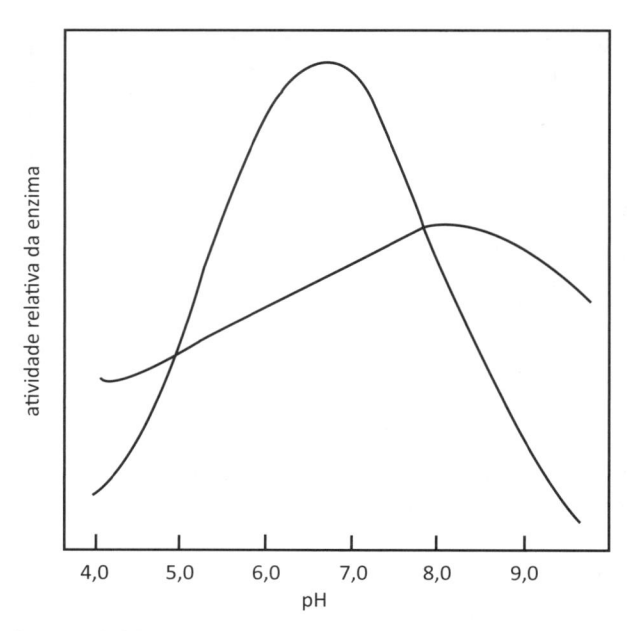

FIGURA 9-11 Influência do pH na atividade de duas enzimas diferentes. O pH ideal e o formato da curva variam muito entre as enzimas e dependem das condições de reação.

Primeiro, a atividade da enzima depende da presença de grupamentos amina ou carboxila livres. Eles podem ser carregados ou não, dependendo da enzima, mas apenas uma forma é considerada eficiente em um determinado caso. Se o grupamento amina não carregado for essencial, o pH ideal será relativamente alto, enquanto um grupamento carboxila neutro exige um pH baixo. Em segundo lugar, o pH controla a ionização de muitos substratos, alguns dos quais precisam ser ionizados para que a reação ocorra.

Temperatura

Diferente dos mamíferos e pássaros, as plantas não podem regular sua temperatura. Como resultado, todas as suas reações são fortemente influenciadas pelas temperaturas externas. Em geral, as reações catalisadas pelas enzimas aumentam com a temperatura de 0 a 35 ou 40 °C. Os valores Q_{10} são comumente de 2 a 3 na faixa de 0 a 30 °C, em parte porque o calor aumenta o número de moléculas que possuem energia igual ou maior que a energia de ativação já discutida. Ainda assim, uma vez que a taxa da reação depende tão fortemente da catálise pela enzima, a temperatura também afeta as reações modificando o formato da enzima. Esse formato determina sua capacidade de se combinar com o substrato (efeitos no K_m) e causar a catálise (efeitos na taxa de reação máxima). Várias enzimas, até mesmo de uma única espécie, diferem muito em sua resposta à temperatura (Figura 9-12). Isso significa que, em qualquer temperatura determinada, algumas enzimas

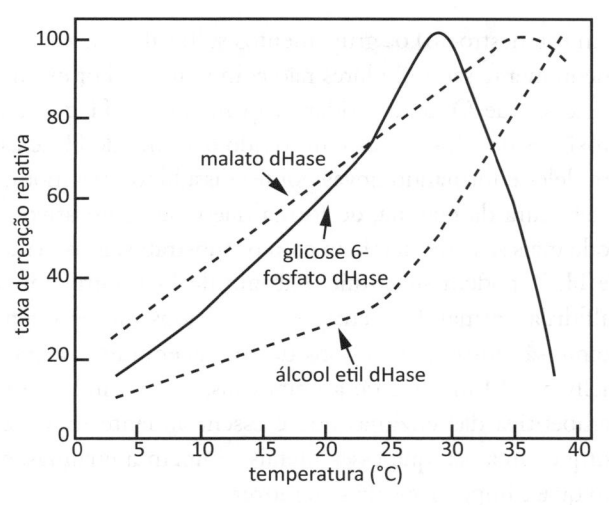

FIGURA 9-12 Efeitos da temperatura nas taxas das reações catalisadas por três desidrogenases (dHase) extraídas dos hipocótilos de sementes de soja. Observe os efeitos variáveis da temperatura na atividade de cada enzima e que a desidrogenase do álcool etil funcionou continuamente melhor à medida que a temperatura aumentou para 38 °C. Em temperaturas altas, até mesmo essa enzima é rapidamente desnaturada. (Desenhado a partir dos dados de Duke et al., 1977.)

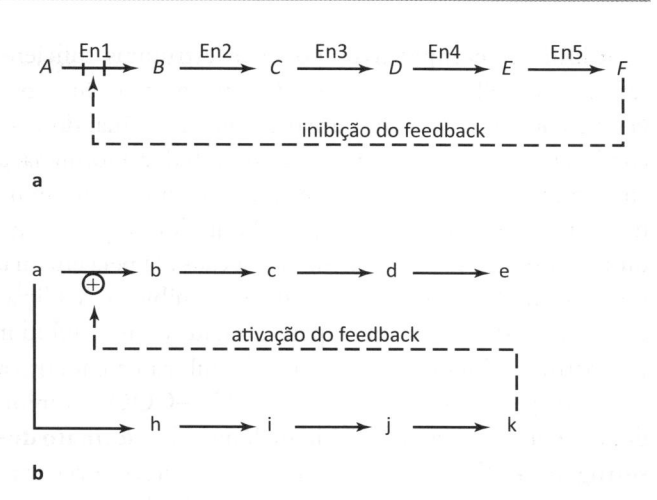

FIGURA 9-13 (a) Inibição do feedback; **(b)** ativação do feedback.

funcionam idealmente ou quase, enquanto muitas outras funcionam bem abaixo do ideal. O crescimento e a reprodução de um organismo variam muito conforme a temperatura, e para qualquer espécie isso pode depender da temperatura ideal para a ação de certas enzimas que controlam reações limitantes da taxa (Burke et al., 1988).

Os dados da Figura 9-13 para a malato desidrogenase e a glicose-6-fosfato desidrogenase ilustram outra observação comum. Se a temperatura aumentar acima de um certo valor (que varia conforme enzima), a taxa de reação começa a diminuir. Por que isso acontece? Afinal, em temperaturas mais altas, mais moléculas do substrato serão excitadas que em temperaturas próximas a 25 ou 30 °C. A resposta é a desnaturação da enzima. Acima de 35 ou 40 °C, a desnaturação da maioria das enzimas vegetais ocorre rapidamente, portanto, em temperaturas altas, não existe um catalisador efetivo para diminuir a energia de ativação nem moléculas de substrato suficientes com energia bastante para reagir sem um catalisador.

As temperaturas baixas também podem desnaturar certas enzimas, como menciona a Seção 9.4. Esse fenômeno parece particularmente importante nas espécies sensíveis ao frio, um assunto discutido na Seção 26.5. Também parece razoável imaginar se as diferenças no ideal de temperatura para as enzimas determinam o ambiente em que as diferentes espécies vivem. Por exemplo, o ideal de temperatura geral para o processo da fotossíntese (catalisada por muitas enzimas) nas plantas alpinas e árticas é frequentemente de 10 a 15 °C, enquanto o ideal para os pés de milho é perto de 30 °C. Até o momento, existem poucos dados que mostram diferenças distintas nos ideais de temperatura para as enzimas extraídas de plantas cultivadas em diferentes temperaturas (Patterson e Graham, 1987), o que provavelmente significa que a extração e a purificação das enzimas as separam de outros componentes celulares que, na natureza (mas não *in vitro*), modificam fortemente sua resposta à temperatura.

Produtos da reação

A taxa de reação enzimática pode ser determinada medindo-se a taxa de desaparecimento do substrato, a taxa de aparecimento do produto ou ambos. Por qualquer um desses métodos, normalmente se observa que a reação ocorre mais lentamente à medida que o tempo passa. Essa diminuição na taxa é às vezes causada pela desnaturação da enzima enquanto a reação está sendo medida, mas outros fatores também estão envolvidos. Um dos fatores mais importantes é a redução contínua na concentração dos substratos e o acúmulo de produtos. À medida que os produtos se acumulam, suas concentrações às vezes se tornam altas o suficiente para causar uma reversibilidade apreciável da reação, desde que os potenciais químicos relativos dos produtos e reagentes o permitam. Em alguns casos, os produtos podem inibir a reação de avanço pela combinação com a enzima, de forma que a formação adicional do complexo enzima/substrato seja inibida.

Inibidores

Muitas substâncias "estranhas" podem bloquear os efeitos catalíticos das enzimas. Algumas são inorgânicas, como diversos cátions de metal, e outras são orgânicas. Normalmente, os dois tipos são classificados de acordo com o seu efeito – competitivo ou não com o substrato. Geralmente, os **inibidores competitivos** possuem estruturas suficientemente semelhantes ao substrato com o qual são capazes de competir pelo sítio ativo da enzima. Quando essa combinação de uma enzima com um inibidor é formada, a concentração das moléculas efetivas da enzima é diminuída, reduzindo-se a taxa de reação. O inibidor propriamente dito às vezes passa por uma mudança causada pela enzima, mas essa mudança não é essencial para a inibição. A adição de mais substrato natural supera o efeito de um inibidor competitivo. Um exemplo clássico da inibição competitiva é causada pelo **malonato** ($^-OOC-CH_2-COO^-$), o ânion duplamente carregado do ácido malônico da **succinato desidrogenase**. Essa enzima funciona na mitocôndria para realizar uma reação essencial do ciclo de Krebs (consulte o Capítulo 13). Ela remove dois átomos de H do succinato e os adiciona ao seu grupamento prostético covalentemente ligado, a flavina adenina dinucleotídeo (FAD), formando fumarato e o $FADH_2$ ligado à enzima:

$$\begin{array}{ccc} COO^- & & COO^- \\ | & & | \\ CH_2 + \text{enzima}-FAD & \rightleftharpoons & CH + \text{enzima}-FADH_2 \\ | & & \| \\ CH_2 & & HC \\ | & & | \\ COO^- & & COO^- \\ \text{succinato} & & \text{fumarato} \end{array} \quad (9.2)$$

O malonato se combina reversivelmente com a enzima em lugar do succinato, mas, uma vez que a remoção do hidrogênio não pode ocorrer, nenhuma reação acontece. Assim, as moléculas de succinato desidrogenase ligadas ao malonato são incapazes de capitalizar a desidrogenação normal do succinato e a respiração é envenenada. É interessante notar que os feijões e outros legumes contêm concentrações incomumente altas de malonato, provavelmente no vacúolo central, de onde não pode afetar a respiração. Outro inibidor muito mais potente da succinato desidrogenase é o oxaloacetato ($^-OOC-CH_2-CO-COO^-$), um intermediário normal no ciclo de Krebs (Burke et al. 1982). O envenenamento da succinato desidrogenase com o oxaloacetato é provavelmente impedido por causa da concentração incomumente baixa de oxaloacetato existente nas mitocôndrias.

Os **inibidores não competitivos** também se combinam com as enzimas, mas em locais diferentes do sítio ativo. Esse efeito não é superado pela simples elevação da concentração do substrato, e sim apenas pela remoção do inibidor. Geralmente, os inibidores não competitivos mostram menos semelhança estrutural com o substrato que os competitivos. Os íons de metais tóxicos e compostos que se combinam com (ou destroem) os grupamentos sulfidrila essenciais frequentemente são inibidores não competitivos. Por exemplo, o excesso de O_2 pode oxidar grupamentos $-SH$ que estão próximos uns dos outros removendo o átomo de H de cada um deles e formando novas pontes dissulfeto. Isso modifica a estrutura da enzima, de forma que o seu sítio ativo não pode mais se combinar bem com os substratos. Íons pesados de Hg^{2+} podem substituir o átomo de H no grupamento sulfidrila, formando mercaptídeos pesados que frequentemente são insolúveis; os íons de Ag^+ agem de maneira semelhante. O mercúrio e a prata causam uma inibição não competitiva das enzimas que é essencialmente irreversível porque, uma vez que esses metais se unem a enzimas, eles são quase impossíveis de se remover.

A maioria dos venenos afeta as plantas e animais inibindo as enzimas. Alguns deles serão discutidos mais adiante, em relação aos processos específicos afetados. As enzimas também são inibidas não competitivamente por qualquer desnaturante da proteína, como ácidos e bases fortes ou por concentrações altas de ureia ou detergentes, que quebram as pontes de hidrogênio. Um tratamento relativamente simples desses e de outros aspectos da cinética e da inibição das enzimas é fornecido por Engel (1977).

9.6 Enzimas alostéricas e controle do feedback

Mencionamos que numerosos íons ou moléculas estranhos podem inibir a ação enzimática, na maioria dos casos alterando a configuração da enzima de maneira que ela não possa formar efetivamente um complexo com o substrato. No entanto, várias enzimas também podem ser alteradas pelos componentes celulares normais, resultando em aumentos ou diminuições em suas funções. Esses efeitos são mecanismos importantes para o controle homeostático no nível metabólico; isto é, eles ajudam os organismos a produzir apenas a quantidade adequada dos compostos de que eles precisam. O caso mais comum é a inibição de uma determinada reação por um metabólito quimicamente não relacionado ao substrato com o qual a enzima reage.

Para entender isso, pense no exemplo de um componente A que é convertido por uma série de reações enzimáticas por meio dos intermediários B, C, D e E em um produto essencial F (Figura 9-13a). Depois desse número de reações, o componente F deixa de possuir grande parte de sua semelhança estrutural com o componente A. Todavia, F pode às vezes se combinar reversivelmente com a primeira enzima para inibir sua combinação com A. Isso é um exemplo da **inibição por feedback** ou **inibição do produto final**. A vantagem é que esse é um mecanismo

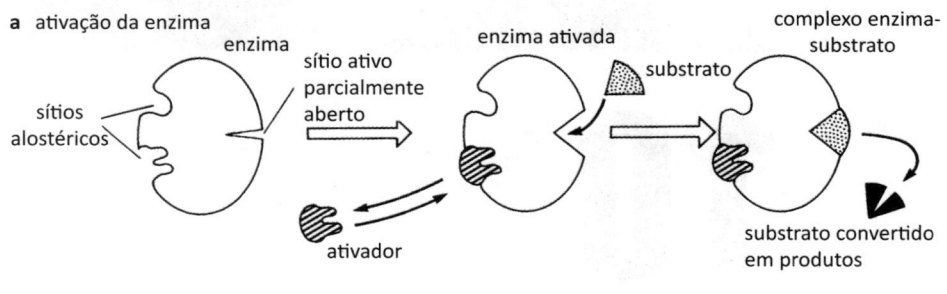

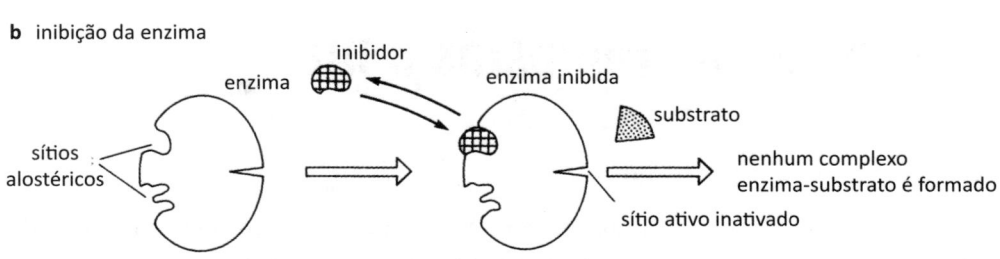

FIGURA 9-14 Um modelo hipotético que ilustra como a presença de ativadores e repressores pode influenciar as enzimas alostéricas, afetando assim as taxas de reação. Em **(a)**, a união do ativador com a enzima abre o sítio ativo, permitindo que ele se combine com o substrato. Em **(b)**, a união do inibidor fecha o sítio ativo, impedindo a união do substrato.

rápido e sensível para impedir a síntese excessiva do componente F, porque a inibição de feedback ocorre apenas depois que F foi produzido até um nível suficiente para as necessidades celulares. Mais tarde, quando a quantidade de F na célula foi reduzida (digamos, pela incorporação em um componente estrutural da célula), as moléculas de F se dissociam da enzima número 1 e permitem que ela se torne ativa novamente. Os casos de inibição por feedback quase sempre envolvem a ação de um produto de um trajeto metabólico sobre a primeira enzima desse trajeto. Um exemplo bem estudado da inibição do feedback nas plantas ocorre na formação do nucleotídeo *uridina monofosfato (UMP)*, que começa com o ácido aspártico e o carbamil fosfato. O trajeto requer cinco etapas catalisadas por enzima, mas apenas a primeira, *transcarbamilase aspártica*, é suscetível ao controle do feedback pelo UMP; nenhuma outra reação é bloqueada de maneira semelhante pelos reagentes e produtos no trajeto (Ross, 1981).

Para entender os casos em que um processo metabólico aumenta a atividade de uma enzima, considere a situação em que outro composto A é convertido por uma enzima em um composto B em uma série de reações que acabam levando a E; todavia, A ainda sofre a ação de uma enzima competidora para iniciar uma segunda reação que leva ao produto K (Figura 9-13b). Aqui, os níveis celulares de E e K dependem das atividades relativas das primeiras enzimas em seus trajetos separados de formação. A síntese excessiva de K é impedida pela sua ativação da enzima competidora, que converte A em B. Outros tipos mais complicados de *loops* de feedback são conhecidos, principalmente nas bactérias (Ricard, 1980, 1987).

As enzimas que se combinam com pequenas moléculas F ou K (negativa ou positivamente) e respondem a elas são chamadas de **enzimas alostéricas**. Os locais em que a combinação com as moléculas menores ocorre são chamados de **sítios alostéricos** (*allo* significa "outro", isto é, diferente do local ativo). Às vezes, o sítio alostérico está em uma cadeia de polipeptídeos diferente da cadeia que contém o sítio ativo. As pequenas moléculas que passam pela ligação reversível aos sítios alostéricos são chamadas de **efetores alostéricos**. Um resultado da ligação alostérica é bloquear a enzima em uma configuração diferente, de forma que o seu K_m para o substrato normal é elevado ou reduzido. Outro resultado é uma alteração na taxa de reação máxima sem uma alteração no K_m. A Figura 9-14 mostra um diagrama de como uma única enzima com dois sítios alostéricos diferentes pode ser ativada por um efetor alostérico e inibida por outro. O caso da ativação é outro exemplo do ajuste induzido, mas aqui usamos um efetor alostérico em vez do substrato, que altera a forma da enzima para que agora ela se combine mais imediatamente com o substrato.

Fotossíntese: cloroplastos e luz

A fotossíntese é essencialmente o único mecanismo de entrada de energia para o mundo vivo. As únicas exceções ocorrem em bactérias quimiossintéticas que obtêm energia oxidando substratos inorgânicos, como íons ferrosos e enxofre dissolvidos da crosta terrestre, ou oxidando o H_2S liberado da atividade vulcânica. Além disso, as aberturas térmicas no solo do oceano introduzem a energia nos sistemas biológicos sob a forma de calor. Por causa de sua importância para a vida, dedicaremos três capítulos à fotossíntese.

Como as reações de oxidação produtoras de energia das quais a vida depende, a fotossíntese envolve a oxidação e a redução. O processo geral é uma oxidação da água (remoção dos elétrons com liberação do O_2 como subproduto) e uma redução do CO_2 para formar compostos orgânicos como os carboidratos. (O reverso desse processo – a combustão ou oxidação da gasolina ou carboidratos da madeira para formar CO_2 e H_2O – é um processo espontâneo que libera energia.) O processo oxidante da respiração, que é semelhante, embora efetivamente controlado, mantém todos os organismos vivos (consulte o Capítulo 13). Durante a combustão e a respiração, os elétrons são removidos dos compostos de carbono e passados para baixo (energeticamente falando) e, então, eles e o H^+ se combinam com um forte aceitador de elétrons, o O_2, para tornar a H_2O estável. Considerada dessa maneira, a fotossíntese usa a energia luminosa para orientar os elétrons "para cima" e afastá-los da H_2O com um aceitador de elétrons mais fraco, o CO_2. Essas relações são resumidas na Figura 10-1. Neste capítulo, enfatizamos o aparato das plantas para capturar a luz – a membrana tilacoide nos cloroplastos – e a maneira como se realiza esse transporte dos elétrons "para cima".

10.1 Resumo histórico das primeiras pesquisas sobre a fotossíntese

Antes do início do século XVIII, os cientistas acreditavam que as plantas obtinham todos os seus elementos do solo. Em 1727, Stephen Hales sugeriu que parte dessa nutrição vinha da atmosfera e que a luz participava desse processo de alguma maneira. Na época, não se sabia que o ar contém diferentes elementos gasosos.

Em 1771, Joseph Priestly, clérigo e químico inglês, implicou o O_2 (embora não fosse conhecido que este "ar deflogisticado", como ele o chamou, era uma molécula) quando descobriu que as plantas verdes podiam renovar o ar que se tornava "ruim" com a respiração dos animais. Em seguida, o médico holandês Jan Ingenhousz demonstrou que a luz era necessária para essa purificação do ar. Ele observou que as plantas também faziam o "ar ruim" na escuridão. Surpreendentemente (para nós), isso fez com que ele recomendasse que as plantas fossem removidas das casas durante a noite para eliminar a possibilidade de envenenar os ocupantes! Este e os experimentos pioneiros de Stephen Hales no começo de 1700 foram revisados por Gest (1988).

Em 1782, Jean Senebier mostrou que a presença do gás nocivo produzido pelos animais e pelas plantas no escuro

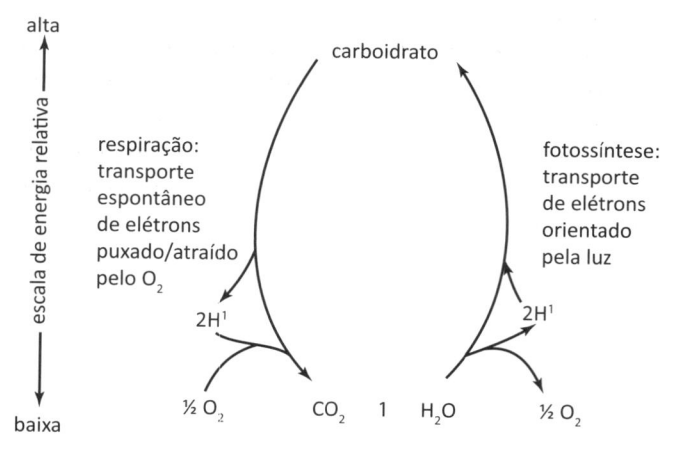

FIGURA 10-1 Contraste das relações de energia da fotossíntese e da respiração.

(CO_2) estimulava a produção do "ar purificado" (O_2) na claridade. Portanto, nessa época, a participação dos dois gases na fotossíntese havia sido demonstrada. O trabalho de Lavoisier e outros tornou aparente que esses gases eram realmente o CO_2 e o O_2. A água foi relacionada por N. T. de Saussure quando, em 1804, ele fez as primeiras medições quantitativas da fotossíntese. Ele observou que as plantas ganhavam mais peso seco durante a fotossíntese do que poderia ser atribuído à quantidade em que o peso do CO_2 absorvido excedia o peso do O_2 liberado. Ele atribuiu corretamente a diferença à captura da H_2O e também observou que volumes aproximadamente iguais de CO_2 e O_2 eram trocados durante a fotossíntese.

A natureza do outro produto químico da fotossíntese – a matéria orgânica – foi demonstrada por Julius von Sachs em 1864, quando ele observou o crescimento de grãos de amido em cloroplastos iluminados. O amido é detectado apenas nas áreas da folha expostas à luz. Portanto, a reação geral da fotossíntese foi demonstrada como sendo a seguinte:

$$n CO_2 + n H_2O + \text{luz} \longrightarrow (CH_2O)_n + n O_2 \quad (10.1)$$

Nessa reação, $(CH_2O)_n$ é apenas uma abreviação para o amido e outros carboidratos com uma fórmula empírica próxima à dele. O amido é o produto fotossintético mais abundante do mundo, formado pelos cloroplastos.

Outra descoberta importante foi a de C. B. van Niel no começo da década de 1930, que apontou a semelhança entre o processo fotossintético geral nas plantas verdes e em certas bactérias. Na época, sabia-se que várias bactérias reduziam o CO_2 usando a energia luminosa e uma fonte de elétrons diferente da água. Algumas dessas bactérias usam ácidos orgânicos, como o ácido acético ou succínico, como fontes de elétrons, enquanto as que foram estudadas por van Niel utilizam H_2S e depositam o enxofre como subproduto. Acreditava-se que a equação fotossintética geral para essas bactérias fosse a seguinte:

$$n CO_2 + 2n H_2S + \text{luz} \longrightarrow (CH_2O)_n + n H_2O + 2n S \quad (10.2)$$

Quando a Reação 10.2 é comparada com a Reação 10.1, podemos ver uma analogia entre as funções de H_2S e H_2O e entre as do O_2 e o enxofre. Isso sugeriu a van Niel que o O_2 liberado pelas plantas é derivado da água e não do CO_2. Essa ideia foi apoiada na Inglaterra no final da década de 1930 por Robin Hill e R. Scarisbrick, cujo trabalho mostrou que os cloroplastos isolados e os fragmentos de cloroplastos poderiam liberar O_2 na luz se tivessem um aceitador adequado para os elétrons que eram removidos da H_2O. Certos sais férricos (Fe^{3+}) foram os primeiros aceitadores de elétrons fornecidos para os cloroplastos e se tornaram reduzidos para a forma ferrosa (Fe^{2+}). Essa divisão orientada pela luz (uma **fotólise**) da água na ausência da fixação com CO_2 tornou-se conhecida como **reação de Hill**. O trabalho de Hill e Scarisbrick demonstrou que células inteiras não eram necessárias pelo menos para algumas das reações da fotossíntese e que a liberação de O_2 orientada pela luz não é obrigatoriamente vinculada a uma redução no CO_2.

Evidências mais convincentes de que o O_2 liberado é derivado da H_2O vieram em 1941 com o trabalho de Samuel Ruben e Martin Kamen (consulte a revisão histórica de Kamen, 1989). Eles forneceram à alga verde *Chlorella* uma H_2O que continha ^{18}O, um isótopo de oxigênio pesado e não radiativo que pode ser detectado com o espectrômetro de massa. O O_2 liberado na fotossíntese tornou-se marcado com ^{18}O, o que sustenta a hipótese de van Niel. Por motivos técnicos, os experimentos de Ruben não puderam provar que o O_2 vinha inteiramente da H_2O, mas o trabalho subsequente de Alan Stemler e Richard Radmer (1975) parece fornecer essa prova. Portanto, devemos modificar a equação resumida para a fotossíntese dada na Reação 10.1 para incluir duas moléculas de H_2O como reagentes:

$$n CO_2 + 2n H_2O + \text{luz} \xrightarrow{\text{cloroplastos}} (CH_2O)_n + n O_2 + n H_2O \quad (10.3)$$

Em 1951 foi descoberto que um componente natural da planta – uma coenzima que contém vitaminas B (niacina ou nicotinamida) e é chamada de **nicotinamida adenina dinucleotídeo fosfato** (comumente abreviado como **$NADP^+$**) – também poderia agir como um reagente de Hill aceitando os elétrons da água em reações que ocorrem em membranas de tilacoides isolados ou nos cloroplastos quebrados. Novamente, essa descoberta estimulou a pesquisa da fotossíntese; uma vez que já era conhecido que a forma reduzida do $NADP^+$, **NADPH**, poderia transferir elétrons para vários componentes da planta, surgiu a suspeita correta de que sua função normal nos cloroplastos era a redução do CO_2. Portanto, *uma das duas funções essenciais da luz na fotossíntese é orientar os elétrons da H_2O para reduzir o $NADP^+$ para NADPH; a outra é fornecer energia para formar ATP a partir do ADP e do Pi*, conforme descrevemos a seguir.

A conversão do ADP e do Pi em ATP nos cloroplastos foi descoberta no laboratório de Daniel Arnon na University of California, Berkeley, em 1954 (revisado por Arnon, 1984). Antes disso, o único mecanismo importante conhecido para formar o ATP era a respiração, principalmente as reações chamadas de fosforilação oxidativa (consulte o Capítulo 13) que ocorrem nas mitocôndrias. Arnon descobriu que o ATP era sintetizado nos cloroplastos isolados apenas na luz, e o processo tornou-se conhecido como **fosforilação fotossintética** ou apenas **fotofosforilação**. Esse processo de formação do ATP pela fotofosforilação pode ser resumido da seguinte maneira:

$$ADP + Pi + \text{luz} \xrightarrow{\text{cloroplastos}} ATP + H_2O \qquad (10.4)$$

A fotofosforilação nos cloroplastos explica a formação muito maior de ATP nas folhas durante a luz do dia do que a fosforilação oxidativa nas mitocôndrias das suas folhas, portanto, é claramente de grande importância quantitativa. Observe, no entanto, que a nossa equação resumida para a fotossíntese (Reação 10.3) não diz nada sobre ATP, NADPH ou NADP$^+$. O motivo é que, uma vez que ATP e NADPH são formados, sua energia é usada no processo da redução do CO_2 e da síntese do carboidrato, e ADP, Pi e NADP$^+$ são novamente liberados. Portanto, ADP e Pi são rapidamente convertidos em ATP pela energia luminosa e o ATP é decomposto rapidamente apenas quando a fotossíntese está ocorrendo em uma taxa constante. A maneira como o ATP e o NADPH são usados para ajudar a fixar o CO_2 é assunto do Capítulo 11, mas, no restante deste capítulo, trataremos das membranas dos tilacoides nos cloroplastos e como aprisionam a energia luminosa e a utilizam para formar ATP e NADPH.

10.2 Cloroplastos: estruturas e pigmentos fotossintéticos

Cloroplastos de muitos formatos e tamanhos são encontrados em vários tipos de plantas (Kirk e Tilney-Bassett, 1978; Possingham, 1980; Wellburn, 1987). Eles surgem a partir de minúsculos **proplastídeos** (plastídeos imaturos, pequenos e quase incolores com pouca ou nenhuma membrana interna). Comumente, os proplastídeos são derivados apenas da célula do óvulo não fertilizado; o esperma não contribui. Os proplastídeos se dividem à medida que o embrião se desenvolve e, então, se desenvolvem cloroplastos quando as folhas e caules são formados. Os cloroplastos jovens também se dividem ativamente, principalmente quando o órgão que os contém é exposto à luz, portanto, cada célula da folha madura frequentemente contém algumas centenas de cloroplastos. A maioria dos cloroplastos é facilmente visualizada no microscópio óptico, mas sua estrutura fina foi descoberta apenas pela microscopia eletrônica.

Presumindo-se que os organismos podem ser logicamente separados em cinco reinos, os cloroplastos ocorrem em quase todos os membros do Reino Vegetal e em certas algas ou membros semelhantes às algas do Reino Protista. Apenas as angiospermas incolores e parasitárias são exceções conhecidas. As cianobactérias e outros membros bacterianos fotossintéticos do Reino Monera não possuem cloroplastos, mas ainda têm pigmentos fotossintéticos incorporados em membranas especializadas, assim como os cloroplastos. Nenhum cloroplasto ocorre no Reino dos Fungos ou no Reino dos Animais. Discutimos aqui apenas os cloroplastos típicos das plantas vasculares, briófitas e de muitas algas verdes no Reino Vegetal.

A estrutura do cloroplasto de uma folha de aveia é mostrada na Figura 10-2. Cada cloroplasto é cercado por um sistema de membranas duplas ou em envelope que controla o tráfego molecular para dentro e para fora. Dentro do cloroplasto, encontramos um material amorfo, semelhante a um gel e rico em enzimas que é chamado de **estroma**, que contém as enzimas que convertem o CO_2 em carboidratos, principalmente amido. Incorporados em todo o estroma estão os **tilacoides** (do grego *thylakos* ou "bolsa") contendo pigmentos nos quais a energia luminosa é usada para oxidar a H_2O e formar o ATP e o NADPH ricos em

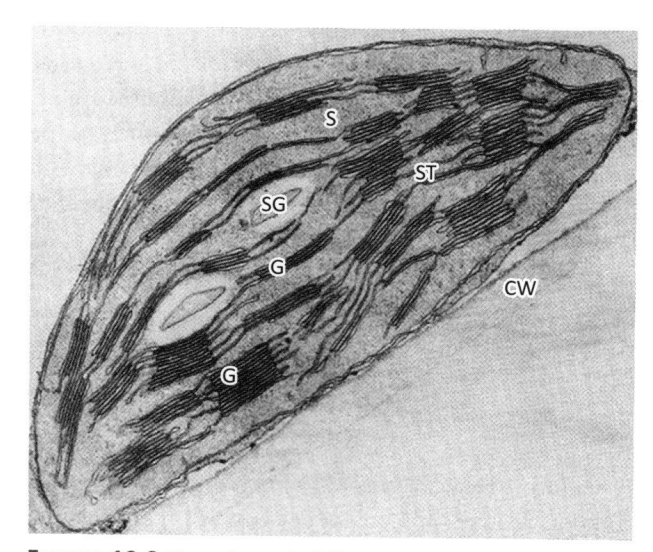

FIGURA 10-2 Cloroplasto da folha da aveia. S, estroma; ST, tilacoide do estroma; G, grana; SG, grão de amido; CW, parede celular. (Cortesia P. Hanchey-Bauer.)

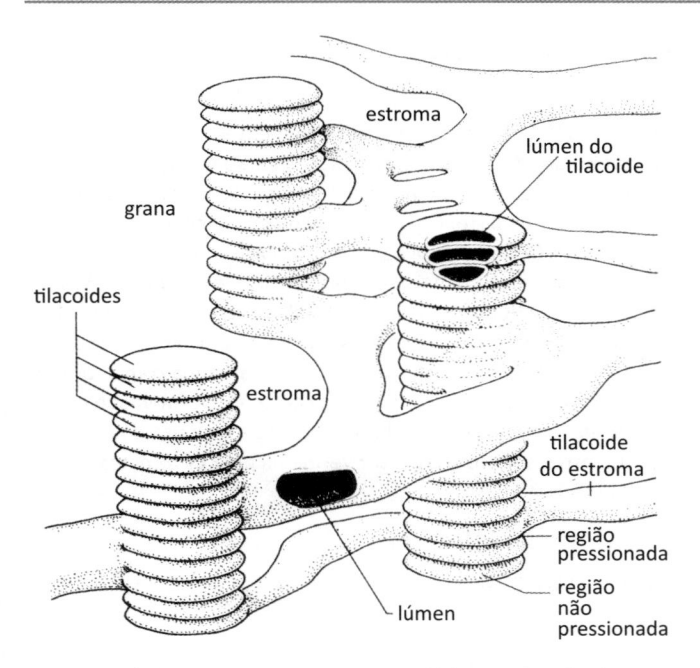

FIGURA 10-3 Interpretação tridimensional da organização das membranas internas de um cloroplasto, enfatizando a relação entre os tilacoides do estroma e os grana. Observe o lúmen nos dois tipos de tilacoides. (Redesenhado a partir do original de T. E. Weir.)

energia, dos quais o estroma precisa para converter o CO_2 em carboidratos. Em certas partes do cloroplasto estão pilhas de tilacoide chamadas de **grana** (uma única pilha é chamada **granum**). A região em que um granum do tilacoide contata o outro é chamada de **região pressionada**, e, como explicaremos mais tarde, essas regiões dos grana executam fotorreações diferentes das de regiões do grana não pressionado e dos tilacoides do estroma (ambos contatam o estroma diretamente). Os **tilacoides do estroma** são mais longos, conectam um granum ao outro e se estendem por todo o estroma. Com frequência, eles se estendem para dentro de um ou mais grana e se tornam parte deles, e nesses locais não existe uma distinção aparente entre eles e os tilacoides do grana. A Figura 10-3 retrata uma interpretação tridimensional da relação entre os tilacoides do grana e do estroma. Observe que existe uma cavidade, geralmente chamada de **lúmen**, entre as duas membranas de cada tilacoide. Esse lúmen é cheio de água e sais dissolvidos e cumpre uma função especial na fotossíntese.

Os pigmentos presentes nas membranas do tilacoide consistem principalmente em dois tipos de *clorofilas* verdes, a **clorofila *a*** e a **clorofila *b***. Também estão presentes os pigmentos amarelos alaranjados classificados como carotenoides. Existem dois tipos de **carotenoides**: os **carotenos** de hidrocarbono puro e as **xantofilas** que contêm oxigênio. Certos carotenoides (principalmente a *violaxantina*, uma xantofila) também existem no envelope do cloroplasto e lhe dão uma cor amarelada, enquanto as clorofilas não ocorrem nos envelopes. As estruturas das clorofilas *a* e *b* e de alguns carotenoides são mostradas na Figura 10-4. Na maioria das plantas, incluindo algas verdes, o β-caroteno e a xantofila luteína são os carotenoides mais abundantes nos tilacoides.

A microscopia eletrônica não fornece informações sobre como as clorofilas e carotenoides são organizados nos tilacoides, mas outras técnicas mostram que todas as clorofilas e a maioria ou todos os carotenoides são incorporados nos tilacoides e unidos por ligações não covalentes às moléculas de proteína. Juntos, os pigmentos do cloroplasto representam cerca da metade do teor de lipídios das membranas tilacoides, enquanto a outra metade é constituída principalmente de galactolipídios com pequenas quantidades de fosfolipídios (consulte as estruturas na Figura 7-13). Poucos esteroides estão presentes (ou nenhum) em comparação com outras membranas vegetais. Os galactolipídios e fosfolipídios constituem uma bicamada típica das membranas descritas nos Capítulos 1 e 7. As partes de ácido graxo dos lipídios dos tilacoides são ricas em ácido linolênico (com três ligações duplas) e ácido linoleico (com duas ligações duplas). Esses ácidos graxos insaturados fazem com que as membranas tilacoides sejam incomumente fluidas, e certos compostos dentro delas são bastante móveis.

Também estão presentes nos cloroplastos o DNA, o RNA, ribossomos e, obviamente, muitas enzimas. Todas essas moléculas estão presentes principalmente no estroma, no qual a transcrição e a tradução ocorrem (consulte o Apêndice C). O DNA do cloroplasto (o genoma) existe em 50 ou mais círculos superespirais de filamentos duplos por plastídeo. Numerosos genes de plastídeos codificam aparentemente todas as moléculas de RNA de transferência (cerca de 30) e as moléculas do RNA ribossômico (4) usadas pelos plastídeos para a tradução. Aproximadamente outros 85 desses genes codificam as proteínas envolvidas na transcrição, tradução e fotossíntese, mas a maioria das proteínas nos plastídeos é codificada por genes nucleares (Steinback et al., 1985; Murphy e Thompson, 1988).

10.3 Alguns princípios da absorção da luz pelas plantas

Para aprender como a luz causa a fotossíntese, devemos aprender algo sobre suas propriedades. Primeiro, a luz possui uma natureza de onda e uma natureza de partícula. A luz representa apenas a parte da energia radiante com comprimentos de onda visíveis para o olho humano (aproximadamente 390 a 760 nanômetros, nm). Esta é uma região muito estreita do espectro eletromagnético.

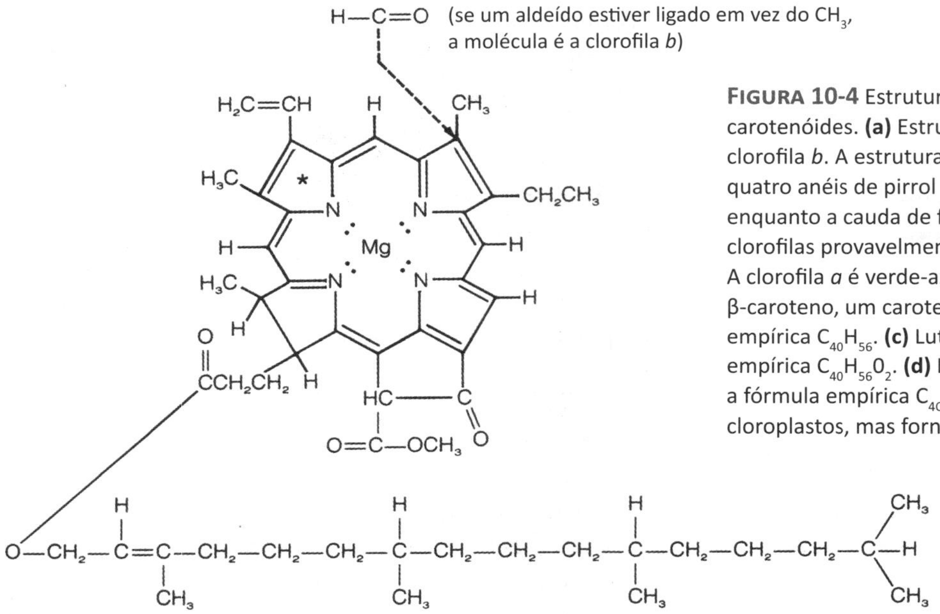

a cauda de fitol ($C_{20}H_{39}$)

FIGURA 10-4 Estruturas de alguns pigmentos de clorofila e carotenóides. **(a)** Estrutura da clorofila *a* e sua relação com a clorofila *b*. A estrutura em anel de tetrapirrol acima é feita de quatro anéis de pirrol (veja o asterisco) e fornece a cor verde, enquanto a cauda de fitol $C_{20}H_{39}$ hidrofóbica comum às duas clorofilas provavelmente se estende até o interior da membrana. A clorofila *a* é verde-azulada; a clorofila *b*, verde-amarelada. **(b)** β-caroteno, um carotenoide amarelo a vermelho com a fórmula empírica $C_{40}H_{56}$. **(c)** Luteína, uma xantofila amarela com a fórmula empírica $C_{40}H_{56}O_2$. **(d)** Licopeno, um caroteno avermelhado com a fórmula empírica $C_{40}H_{56}$. O licopeno não é encontrado nos cloroplastos, mas fornece a cor vermelha para os tomates.

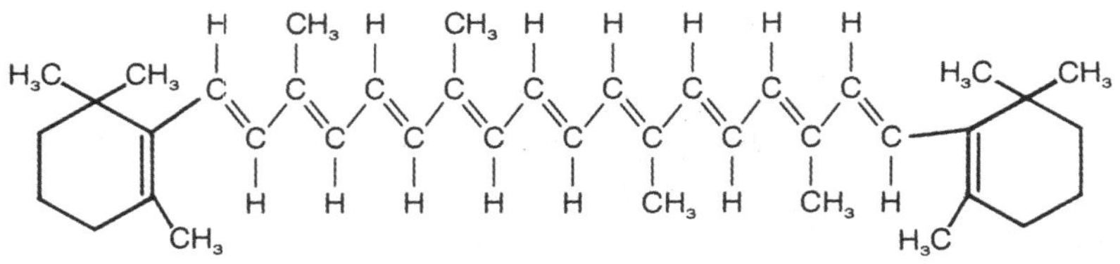

b β-caroteno

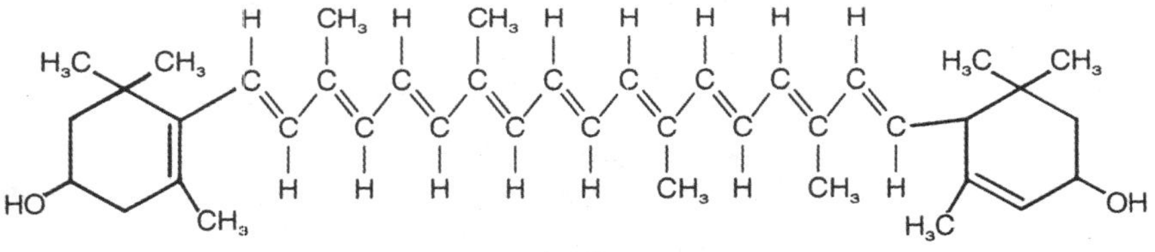

c luteína

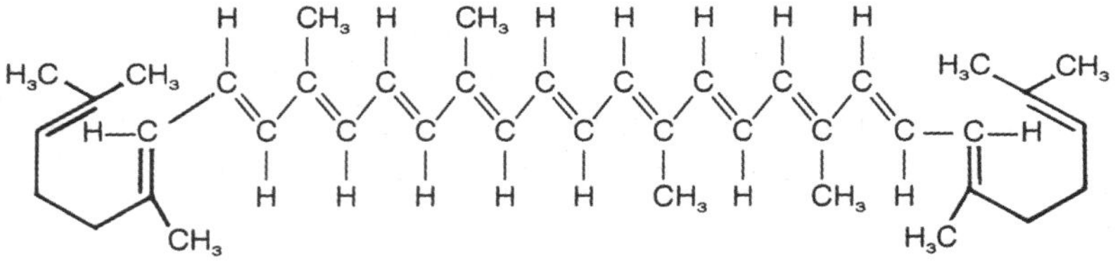

d licopeno

A natureza particulada da luz é geralmente expressa em afirmações de que a luz vem em **quanta** ou **fótons**: pacotes diferenciados de energia, cada qual com um comprimento de onda associado específico. A energia em cada fóton é inversamente proporcional ao comprimento de onda, de forma que os comprimentos violeta e azul possuem fótons mais energéticos que os comprimentos laranja e vermelho, que são mais longos. Um mol de fótons (6,02 x 10^{23}) era antigamente chamado de *einstein*, mas esse termo é agora desencorajado porque o mol é uma unidade SI e o *einstein* não é. Os aspectos quantitativos e outros das relações da luz são discutidos no Apêndice B.

Um princípio fundamental da absorção da luz, frequentemente chamado de **Lei de Stark-Einstein**, determina que qualquer molécula pode absorver apenas um fóton de cada vez e que esse fóton causa a excitação de apenas um

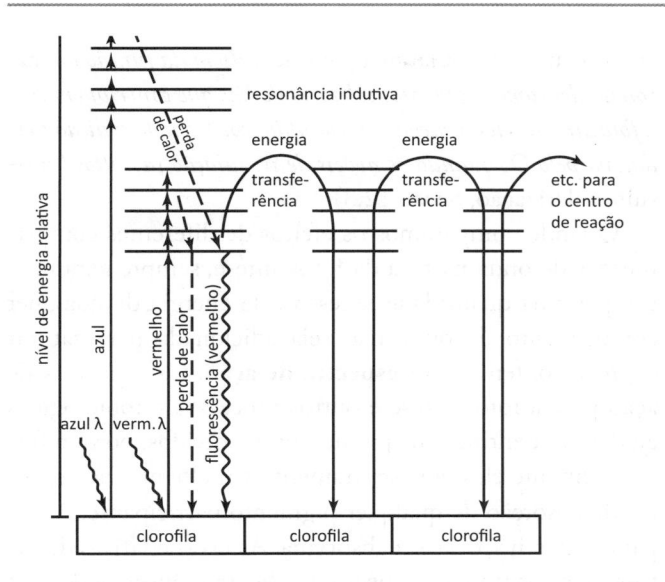

FIGURA 10-5 Modelo simplificado para explicar como a energia luminosa é descartada ao atingir uma molécula de clorofila. Observe que a excitação pela luz azul ou vermelha leva ao mesmo nível final de energia (frequentemente chamado de primeiro singleto excitado). Daqui, a energia pode ser perdida pela deterioração de volta para o estado fundamental (perda do calor ou fluorescência da luz vermelha) ou pode ser transferida para um pigmento adjacente pela ressonância indutiva. Cada vez que um pigmento transfere sua energia de excitação para um pigmento adjacente, o elétron excitado no primeiro pigmento volta ao estado fundamental.

elétron. Os elétrons específicos de valência (ligação) em orbitais estáveis no estado fundamental são aqueles normalmente excitados, e cada elétron pode ser afastado de seu estado fundamental no núcleo positivamente carregado a uma distância correspondente a uma energia exatamente igual à energia do fóton absorvido (Figura 10-5). A molécula do pigmento fica então no estado excitado, e essa energia de excitação é usada na fotossíntese.

As clorofilas e outros pigmentos podem permanecer no estado excitado apenas por períodos muito curtos, geralmente um bilionésimo de segundo (1 nanosegundo) ou ainda menos. Como mostra a Figura 10-5, a energia de excitação pode ser totalmente perdida pela liberação do calor à medida que o elétron se move de volta para seu estado fundamental. É isso que está acontecendo agora, com os elétrons da tinta das palavras que você está lendo. Uma segunda forma pela qual alguns pigmentos, incluindo a clorofila, podem perder a energia de excitação é a combinação entre a perda de calor e a fluorescência. (**Fluorescência** é a produção da luz que acompanha uma deterioração rápida dos elétrons no estado excitado.) A fluorescência da clorofila produz apenas a luz vermelha-distante e esses comprimentos de onda longos são facilmente vistos quando uma solução suficientemente concentrada de clorofila *a* ou *b* ou uma mistura de pigmentos de cloroplasto é iluminada, principalmente com a radiação azul ou ultravioleta. Na folha, a fluorescência é fraca porque a energia de excitação é usada na fotossíntese.

A Figura 10-5 ajuda a explicar por que a luz azul é sempre menos eficiente, com base na energia da fotossíntese, do que a vermelha. Depois da excitação com um fóton azul, o elétron em uma clorofila sempre se deteriora com extrema velocidade pela liberação do calor para um nível energético inferior, um nível que a luz vermelha de energia inferior produz sem essa perda do calor quando um fóton vermelho é absorvido. A partir desse nível inferior, a perda de calor adicional, a fluorescência ou a fotossíntese podem ocorrer.

A fotossíntese exige que a energia dos elétrons excitados de vários pigmentos seja transferida para um pigmento coletor de energia, um **centro de reação**. Explicaremos mais tarde que existem dois tipos de centro de reação nos tilacoides, ambos consistindo em moléculas de clorofila *a* que são tornadas especiais pela sua associação com proteínas específicas e outros componentes da membrana. A Figura 10-5 ilustra que a energia em um pigmento excitado pode ser transferida para o pigmento adjacente, dele para ainda outro pigmento e assim por diante, até que a energia finalmente chegue ao centro de reação. Existem várias teorias para explicar a migração da energia dentro de um grupo de moléculas de pigmentos vizinhas; a mais popular afirma que a energia migra pela **transferência do éxciton** por meio da **ressonância indutiva**. Não discutiremos essa teoria, mas enfatizamos que a excitação de qualquer uma das muitas moléculas de pigmento em um tilacoide permite a coleta momentânea da energia luminosa no centro de reação de uma clorofila *a*.

As folhas da maioria das espécies vegetais absorvem mais de 90% dos comprimentos de onda violeta e azul que as atingem e uma porcentagem quase tão alta dos comprimentos de onda laranja e vermelho (consulte a Figura 4-14). Quase toda essa absorção ocorre pelos pigmentos do cloroplasto. Nos tilacoides, cada fóton pode excitar um elétron em um carotenoide ou clorofila. As clorofilas são verdes porque absorvem os comprimentos de onda verdes de maneira ineficiente e os refletem ou transmitem. Podemos usar o espectrofotômetro para medir a absorbância relativa de vários comprimentos de onda de luz por um pigmento purificado. Um gráfico dessa absorção como função do comprimento de onda é chamado de **espectro de absorção**. Os espectros de absorção das clorofilas *a* e *b* são fornecidos na Figura 10-6a. Esses espectros mostram que pouca luz verde e amarela esverdeada entre 500 e 600 nm é absorvida *in vitro* e que as duas clorofilas absorvem fortemente os comprimentos de onda violeta, azul, laranja e vermelho.

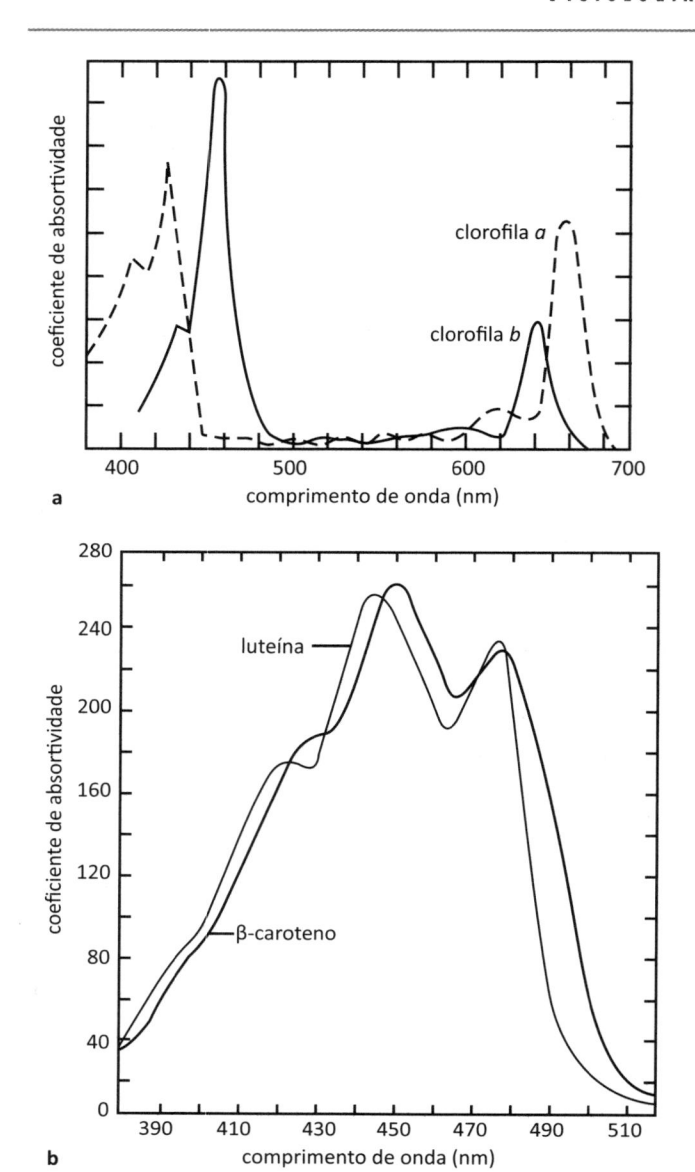

FIGURA 10-6 (a) Espectros de absorção das clorofilas *a* e *b* dissolvidas no éter dietil. O coeficiente de absortividade usado aqui é igual à absorbância (densidade óptica) dada por uma solução em uma concentração de 1 g/L com uma espessura (comprimento do trajeto da luz) de 1 cm (de Zscheile e Comar, 1941). **(b)** Espectros de absorção do β-caroteno no hexano e da luteína (uma xantofila) no etanol. O coeficiente de absortividade usado é o mesmo que o descrito na Figura 10-6a. (Dados de Zscheile et al., 1942.)

A maioria dos carotenoides (β-caroteno e xantofilas) nos tilacoides transfere eficientemente sua energia de excitação aos mesmos centros de reação das clorofilas, e assim contribuem com a fotossíntese (Siefermann-Harms, 1985, 1987). Os espectros de absorção do β-caroteno e da luteína (uma xantofila) estão na Figura 10-6b. Esses pigmentos absorvem apenas os comprimentos de onda azul e violeta *in vitro*. Eles refletem e transmitem os comprimentos de onda verde, amarelo, laranja e vermelho, e essa combinação aparece amarela ou laranja para nós. *Além da função dos carotenoides como pigmentos coletores de luz que contribuem com a fotossíntese, eles protegem as clorofilas contra a destruição oxidativa pelo O_2 quando os níveis de irradiação são altos* (consulte solarização, Seção 12.3).

Quando comparamos os efeitos de diferentes comprimentos de onda na taxa da fotossíntese, sempre garantindo que uma quantidade excessiva de energia de qualquer comprimento de onda não seja adicionada para saturar o processo, temos um **espectro de ação**. Os espectros de ação para a fotossíntese e outros processos fotobiológicos ajudam a identificar os pigmentos envolvidos, porque frequentemente eles são estreitamente semelhantes ao espectro de absorção de qualquer pigmento participante. A luz, para ser efetiva, deve ser absorvida. As taxas relativas de fotossíntese para várias espécies de dicotiledôneas herbáceas e de gramíneas podem ser representadas como uma função do comprimento de onda que atinge uma área de unidade da folha (Figura 10-7). Resultados semelhantes foram obtidos por Inada (1976). Todas as espécies mostram um grande pico na região da luz vermelha e um pico inferior distinto na da luz azul, ambos resultando da absorção da luz pelas clorofilas e carotenoides.[1] Resultados semelhantes ocorrem nas árvores decíduas. No entanto, as coníferas mostram menos resposta à luz azul porque suas agulhas cerosas refletem mais desta luz e porque contêm altas quantidades de carotenoides, alguns dos quais absorvem a luz azul, mas não transferem a energia para as clorofilas para a fotossíntese (Clark e Lister, 1975). Em particular, as espécies de abeto azul e verde azulado do Colorado fazem pouca fotossíntese na luz azul ou violeta.

Comparada com os espectros de absorção das clorofilas e carotenoides purificados, a ação das luzes verde e amarela para motivar a fotossíntese das plantas com sementes e a absorção desses comprimentos de onda pelas folhas é surpreendentemente alta. Todavia, aparentemente os carotenoides e clorofilas são os únicos pigmentos que absorvem essa luz. O principal motivo pelo qual os espectros de ação são mais altos que os de absorção para os comprimentos de onda verde e amarelo é que, embora a chance de qualquer um desses comprimentos ser

---

[1] Espectros de ação ligeiramente diferentes com picos azuis inferiores são obtidos quando organizamos os dados como função da *energia* em cada comprimento de onda aplicado. Isso ocorre porque, embora um fóton azul absorvido por um pigmento fotossinteticamente ativo seja tão efetivo quanto qualquer outro fóton, ele contém mais energia que os outros e uma parte maior da sua energia é desperdiçada como calor. Portanto, a luz azul pode ser tão *efetiva* na fotossíntese quanto a vermelha, mas nunca tão *eficiente*. Em muitas algas, os carotenoides e os pigmentos de ficobilina (ficoeritrinas vermelhas ou ficocianinas azuis) absorvem a luz, causando a fotossíntese. Os espectros de ação dessas algas são bem diferentes dos espectros de plantas com semente.

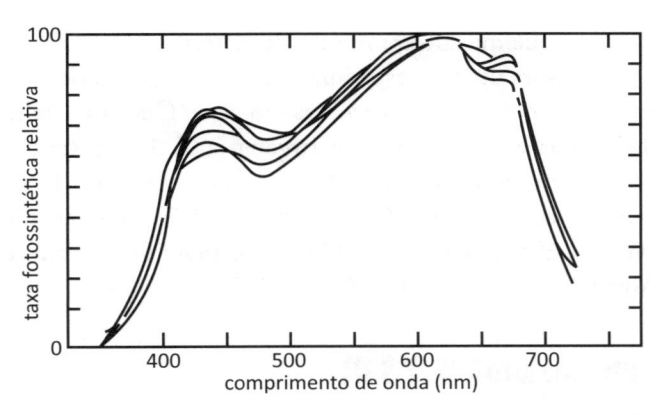

FIGURA 10-7 Espectros de ação de 22 espécies de plantas de safra (de McCree, 1972).

absorvido seja pequena, aqueles que não são absorvidos são repetidamente refletidos de cloroplasto para cloroplasto na complexa rede de células fotossintéticas. A cada reflexão, uma pequena porcentagem adicional desses comprimentos de onda é absorvida, até que finalmente metade ou mais seja absorvida pela maioria das folhas e cause a fotossíntese. Essa reflexão interna não ocorre em uma cuveta do espectrofotômetro que contenha clorofila dissolvida, por isso, a absorbância dos comprimentos de onda verdes é muito baixa (Figura 10-6a). Além disso, a absorção *in vitro* por esses pigmentos em um solvente orgânico ocorre em comprimento de onda mais curto do que quando estão presentes nos tilacoides de cloroplasto.

Nas folhas vivas, a absorção dos carotenoides muda da parte azul do espectro para a verde, e alguma fotossíntese na parte verde a cerca de 500 nm resulta da absorção pelos carotenoides ativos. As duas clorofilas mostram apenas pequenos deslocamentos *in vivo* na região azul, mas a clorofila *a* mostra vários deslocamentos na região vermelha. A associação da clorofila *a* com as proteínas de tilacoide causa picos adicionais na região vermelha. Estamos interessados em dois desses picos secundários que estão em cerca de 680 e 700 nm, porque eles resultam de moléculas da clorofila *a* em ambientes químicos especiais que agem como pigmentos do centro de reação. Esses pigmentos são abreviados como **P680** e **P700**. Suas funções serão discutidas em mais detalhes na Seção 10.5.

10.4 O efeito de intensificação de Emerson: fotossistemas cooperativos

Na década de 1950, Robert Emerson, da University of Illinois, estava interessado no motivo pelo qual a luz vermelha de comprimentos de onda mais longos que 690 nm é tão ineficaz para causar a fotossíntese (Figura 10-7), embora grande parte dela seja absorvida pela clorofila *a in vivo*. O seu grupo de pesquisa descobriu que, se a luz de comprimentos de onda mais curtos fosse fornecida ao mesmo tempo em que os cumprimentos vermelhos mais longos, a fotossíntese era ainda mais rápida que a soma das duas taxas com uma das cores sozinha. Esse sinergismo ou intensificação tornou-se conhecido como o **efeito de intensificação de Emerson**.

Podemos pensar na intensificação como os comprimentos de onda vermelhos longos ajudando os mais curtos, ou o grupo curto ajudando os vermelhos longos. Agora, sabemos que os dois grupos separados de pigmentos ou fotossistemas cooperam na fotossíntese e que esses comprimentos de onda vermelhos longos são absorvidos apenas pelo **fotossistema I (PS I)**. O segundo, **fotossistema II (PS II)**, absorve comprimentos de onda mais curtos que 690 nm e, para a fotossíntese máxima, os comprimentos de onda absorvidos pelos dois sistemas devem funcionar juntos. Na verdade, os dois fotossistemas normalmente cooperam para causar a fotossíntese em todos os comprimentos de onda mais curtos que 690 nm, incluindo vermelho, laranja, amarelo, verde, azul e violeta, porque os dois fotossistemas absorvem esses comprimentos de onda. A importância do trabalho de Emerson é que ele sugeriu a presença de dois fotossistemas distintos. Todavia, foram R. Hill e F. Bendall (1960) que propuseram claramente pela primeira vez como os dois fotossistemas podem cooperar, e essa ideia foi substanciada pelo extenso trabalho de L. N. M. Duysens e seus colegas nos Países Baixos. (Consulte, neste capítulo, o ensaio de Govindjee, "O papel da clorofila *a* na fotossíntese".) A Reação 10.5 resume como PS I e PS II usam a energia luminosa para oxidar a H_2O e transferir cooperativamente dois elétrons disponíveis para o $NADP^+$, formando assim o NADPH:

$$PS\ II \xrightarrow{+luz} PS\ I \xrightarrow{+luz} 2NADPH + 2H^+$$
$$2H_2O \quad O_2 + 4H^+ \quad 2NADP^+ \quad (10.5)$$

10.5 Os quatro principais complexos de tilacoides

Quando os tilacoides são separados de cloroplastos isolados e depois tratados com os detergentes neutros adequados e outras soluções, é possível dissolver quatro complexos principais de proteínas. Esses complexos podem ser purificados pela ultracentrifugação, que aproveita a vantagem de suas densidades diferentes. Suas proteínas podem ser determinadas em várias subunidades de polipeptídeos pela eletroforese em gel de poliacrilamida (consulte a Seção 9.2) se antes forem aquecidas em um detergente chamado de *dodecil sulfato de sódio* (*SDS*). Esse tratamento com SDS causa a desnaturação da proteína, envolvendo a quebra das ligações de hidrogênio e iônicas que normalmente unem um polipeptídeo ao outro. O gel de poliacrilamida usado para separar os polipeptídeos resultantes do tratamento de SDS é chamado de **gel de SDS**. Nesse gel, os polipeptídeos grandes se movem de maneira relativamente lenta e permanecem perto do topo, enquanto os menores se movem progressivamente para baixo na direção do ânodo. A separação de vários polipeptídeos do fotossistema I por essa técnica poderosa é mostrada na Figura 10-8. Usando a ultracentrifugação e o gel de SDS, a maior parte dos polipeptídeos dos quatros principais complexos de proteínas foi separada e seus pesos moleculares foram determinados (em kilodaltons, kDa). Na maioria dos casos, as sequências de aminoácidos parciais dos polipeptídeos foram determinadas e comparadas com sequências básicas nos genes do núcleo ou do cloroplasto; esse processo permitiu a identificação dos genes que codificam esses polipeptídeos.

Descrevemos primeiro o complexo do fotossistema II, porque ele está mais profundamente envolvido na oxidação da água, que inicia o transporte de elétrons na fotossíntese. (Revisões úteis da estrutura, funções e localizações dos quatro complexos nos tilacoides são as de Glazer e Melis, 1987; Barber, 1987a, 1987b; Irrgang et al, 1988; Renger, 1988; Chitnis e Thornber, 1988; Reilly e Nelson, 1988; Mattoo et al, 1989; Marder e Barber, 1989; Lagoutte e Mathis, 1989; Govindjee e Coleman, 1990; Ghanotakis e Yocum, 1990; e Scheller e Moller, 1990.)

Fotossistema II (PS II)

Esse fotossistema consiste em um complexo central de seis polipeptídeos integrais (intrínsecos), conectados não covalentemente uns aos outros, e contém o centro de reação P680. Todos esses polipeptídeos são codificados pelo genoma do cloroplasto. Dois desses polipeptídeos com pesos moleculares perto de 33 kDa e 31 kDa são comumente chamados respectivamente de D1 e D2, e eles se unem diretamente ao P680 em certas quinonas necessárias para a oxidação da água. (A terminologia D é usada porque D1 e D2 são coloridos difusamente quando separados nos géis de SDS.) Ao complexo central PS II e à interface membrana/lúmen também estão associados três polipeptídeos periféricos (extrínsecos) codificados por genes nucleares; acredita-se que eles ajudem na ligação de Ca^{2+} e Cl^-, ambos essenciais para a fotólise da água. Além desses polipeptídeos, o complexo central contém aproximadamente 40 moléculas de clorofila *a*, várias moléculas de β-caroteno, alguns lipídios de membrana (principalmente galactolipídios), 4 íons de manganês, um ferro não covalentemente ligado, um ou mais Ca^{2+}, vários Cl^-, duas moléculas de plastoquinona e duas moléculas de feofitina. As **plastoquinonas** são quinonas especiais nos plastídeos; como explicaremos adiante, elas transportam dois elétrons do PS II na direção do fotossistema I e também transportam o H^+ do estroma para o lúmen do tilacoide. A **feofitina** é uma molécula modificada de clorofila *a* na qual dois átomos de H substituíram o Mg^{2+} central. Agora, é aceito que a maioria do PS II está presente apenas nas regiões pressionadas dos tilacoides dos grana (consulte a Figura 10-3). As regiões não pressionadas dos grana e dos tilacoides do estroma possuem muito menos PS II.

O P680 no complexo central PS II recebe a energia luminosa pela ressonância indutiva de um total de 250 moléculas das clorofilas *a* e *b* (presentes em números aproximadamente iguais) e numerosas xantofilas. Esses pigmentos estão presentes no **complexo de coleta da luz PS II**, frequentemente chamado de **LHCII**. Cada pigmento é associado a uma proteína integral, cerca de 10 clorofilas e 2 ou 3 xantofilas por molécula de proteína. Sua função é agir como um **sistema de antena**, absorvendo a luz e passando

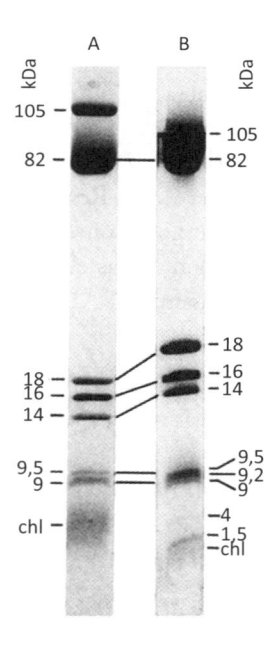

FIGURA 10-8 Separação dos polipeptídeos do PS I das folhas de cevada (*Hordeum vulgare* L.) pela eletroforese em gel de poliacrilamida SDS. Dois géis diferentes foram usados em A e B, o que fez os polipeptídeos migrarem de maneiras diferentes. Observe que os pequenos polipeptídeos se distanciam mais de cima para baixo, de acordo com seus pesos moleculares em unidades kDa. Os polipeptídeos foram tingidos com o corante Coomassie azul brilhante. (Cortesia de Henrik V. Scheller; consulte também Scheller et al., 1989.)

a energia do éxciton para o P680. Provavelmente, toda a proteína no LHCII é codificada pelo DNA nuclear e sintetizada nos ribossomos citoplasmáticos, portanto, cada proteína deve ser transportada para o cloroplasto e para os tilacoides (conforme descrito na Seção 7.11 e revisado por Smeekens et al., 1990). A função geral do PS II é usar a energia luminosa para reduzir a plastoquinona oxidada (abreviada como **PQ**) para sua forma totalmente reduzida (**PQH$_2$**) usando os elétrons da água.

Uma vez que duas moléculas de H_2O (quatro elétrons) são necessárias para reduzir cada CO_2 (consulte a Reação 10.3), e porque dois fótons de luz são necessários para oxidar cada H_2O, podemos resumir a função do PS II conforme segue:

$$2H_2O + 4\text{ fótons} + 2PQ + 4H^+ \longrightarrow O_2 + 4H^+ + 2PQH_2 \quad (10.6)$$

É útil mostrar o H^+ nos dois lados da equação porque (como explicamos mais tarde) a oxidação da água resulta na liberação do H^+ no lúmen do tilacoide e a redução do PQ requer o H^+ tirado do lado oposto (estroma) do tilacoide.

O complexo citocromo b$_6$-citocromo f

Esse complexo, abreviado como **cyt b$_6$-f**, consiste em quatro polipeptídeos integrais diferentes, três dos quais contendo ferro, que é submetido à redução para Fe^{2+} e depois sofre uma oxidação e volta para Fe^{3+} durante o fluxo de elétrons. Os dois primeiros são *cyt b$_6$* (também chamados de *cyt b563*) e *citocromo f* (de *frons*, que significa "folha"). Cada citocromo contém ferro em um grupo prostético heme. Em terceiro lugar está uma proteína com dois átomos de ferro não heme, nos quais cada um dos dois ferros está conectado a dois átomos de enxofre não proteína e a dois átomos de enxofre dos resíduos de cisteína na proteína. Essa é uma **proteína de ferro/enxofre (2Fe-2S)**, uma das várias envolvidas no transporte de elétrons fotossintéticos. O quarto polipeptídeo, o componente IV, não possui ferro nem uma função conhecida. O gene do polipeptídeo 2Fe-2S está no núcleo, enquanto os genes dos outros três estão no cloroplasto propriamente dito.

O complexo cyt b$_6$-f existe em concentrações aproximadamente iguais nos tilacoides de grana e estromas. Sua principal função é passar elétrons do PS II para o PS I. Isso ocorre por meio da oxidação do PQH_2 e a redução de uma proteína pequena, incomumente móvel e que contém cobre, chamada de *plastocianina*. Ele também causa o transporte do H^+ do estroma para o lúmen do tilacoide e isso ajuda na separação de elétrons e prótons na H_2O iniciada pelo PS II. A estequiometria das relações parciais catalisadas pelo complexo não é clara, por causa da presença provável de uma quinona ou *ciclo Q*, que aumenta o número de moléculas de PQH_2 envolvidas e dobra a quantidade de H^+ transferido para o lúmen do tilacoide. Não discutiremos o ciclo Q, mas as evidências de sua função nos cloroplastos são fornecidas, por exemplo, por Hope e Matthews (1988), e as ideias de suas funções gerais nas bactérias fotossintéticas, mitocôndrias e cloroplastos são revisadas por Malkin (1988), O'Keefe (1988) e Marder e Barber (1989). Presumindo de maneira conservadora (e a título de simplicidade) que o ciclo Q não está funcionando e usando duas moléculas de PQH_2 do PS II, podemos escrever o seguinte resumo da função do complexo cyt b$_6$f, no qual PC representa a plastocianina com o cobre oxidado ou reduzido:

$$2PQH_2 + 4PC(Cu^{2+}) \longrightarrow 2PQ + 4PC(Cu^+) + 4H^+ \text{ (lúmen)} \quad (10.7)$$

Fotossistema I (PS I)

Esse fotossistema absorve energia luminosa independentemente do PS II, mas contém um complexo central separável que recebe os elétrons originalmente obtidos da H_2O pelo complexo central PS II. Ele foi revisado por Lagoutte e Mathis (1989), Evans e Bredenkamp (1990) e Scheller e Møller (1990). O complexo central PS I da cevada contém onze polipeptídeos diferentes que variam em tamanho de 1,5 a 82 kDa (Figura 10-8; consulte também Scheller e Moller, 1990); seis são codificados por genes nucleares e cinco pelos genes do cloroplasto. Provavelmente, existe um de cada polipeptídeo presente por centro de reação P700. Os dois maiores polipeptídeos (cerca de 82 kDa cada) são chamados de Ia e Ib porque são semelhantes, seus genes são reconhecidos como um único óperon no genoma do cloroplasto e são ligados estreitamente nos tilacoides (provavelmente para fazer uma proteína de heterodímero). Esses dois polipeptídeos ligam o centro de reação P700 e com outro polipeptídeo eles também ligam cerca de 50 a 100 moléculas de clorofila *a*, um pouco de β-caroteno e três transportadores de elétrons que ajudam a carregar os elétrons na direção do $NADP^+$.

Os transportadores de elétrons associados aos polipeptídeos Ia e Ib no complexo central, frequentemente chamados de A_0, A_1 e X, foram agora experimentalmente identificados da seguinte forma: A_0 é uma molécula da clorofila *a*, A_1 é provavelmente outro tipo de quinona chamada de **filoquinona** (vitamina K_1) e X é um grupo de ferro/enxofre semelhante ao do complexo cyt b_6f, com exceção de que X possui um centro de 4Fe-4S e não 2Fe-2S no complexo cyt b_6f. Dois outros grupos de ferro/enxofre, cada qual com um centro de 4Fe-4S, são ligados a um polipeptídeo de 9 kDa identificado como uma banda na Figura 10-8. Todos esses centros de Fe-S podem coletar (via um Fe^{3+}) e transferir (via Fe^{2+}) apenas um elétron por vez, embora até quatro ferros estejam presentes. O complexo central PS I recebe energia luminosa pela ressonância indutiva de aproximadamente 100 moléculas de clorofila *a* e *b* (em uma razão de aproximadamente 4:1), que existem ligadas às proteínas nucleares codificadas em um sistema de coleta de luz dos pigmentos de antena que cercam o complexo central. Esse sistema de antena é chamado de **LHCI**.

O fotossistema I está localizado exclusivamente nos tilacoides do estroma e nas regiões não pressionadas dos grana voltadas para o estroma. Ele funciona como sistema dependente da luz para oxidar a plastocianina reduzida e transferir os elétrons para uma forma solúvel de uma proteína de Fe-S chamada de ferredoxina. A **ferredoxina** é uma proteína de baixo peso molecular presente como proteína periférica unida livremente ao lado do estoma dos tilacoides. Ela contém um agrupamento 2Fe-2S, mas coleta e transfere apenas um elétron, porque um de seus ferros é primeiro reduzido para Fe^{2+} e depois oxidado para Fe^{3+}. (Consulte em Arnon, 1988, a história e o envolvimento da ferredoxina neste e em outros processos bioquímicos.) Uma reação geral para a função do PS I pode ser descrita conforme segue, usando-se as quatro plastocianinas reduzidas (por duas H_2O submetidas à oxidação) fornecidas pelo complexo cyt b_6f e abreviando-se a ferredoxina como Fd:

$$\text{Luz} + 4PC(Cu^+) + 4Fd(Fe^{3+}) \longrightarrow \\ 4PC(Cu^{2+}) + 4Fe(Fd^{2+}) \quad (10.8)$$

Os elétrons da ferredoxina móvel são então comumente usados na etapa final do transporte de elétrons para reduzir o $NADP^+$ e formar (com o H^+) o NADPH. Essa reação é catalisada no estroma por uma enzima chamada de *ferredoxina-$NADP^+$ reductase* (revisado por Pschorn et al., 1988). A reação a seguir mostra a transferência dos quatro elétrons originalmente retirados de duas moléculas de água:

$$4Fd(Fe^{2+}) + 2NADP^+ + 2H^+ \longrightarrow \\ 4Fd(Fe^{3+}) + 2NADPH \quad (10.9)$$

ATP sintetase ou fator de acoplamento

O complexo final conhecido nos tilacoides é um grupo de polipeptídeos que converte o ATP e o fosfato inorgânico (P*i*) em ATP e H_2O. Ele é chamado de **ATP sintetase** ou, por acoplar a formação do ATP ao transporte de elétrons e H^+ por meio da membrana tilacoide, um **fator de acoplamento**. Devemos chamá-lo pelo primeiro nome, porque ele descreve melhor sua função. Ele existe, junto com o fotossistema I, apenas nos tilacoides do estroma e nas regiões não pressionadas dos tilacoides dos grana (Anderson e Andersson, 1988), contendo duas partes principais: uma porção chamada de CF_0, que se estende desde o lúmen por meio da membrana tilacoide até o estroma, e a parte esférica (cabeça) chamada de CF_1, que se localiza no estroma. Existem no total nove polipeptídeos na ATP sintetase, alguns deles codificados pelo DNA do cloroplasto e outros pelo DNA nuclear. A estrutura da ATP sintetase do cloroplasto é muito semelhante à das mitocôndrias (consulte a Seção 13.7) e das bactérias *Escherichia coli*. Sua função na fotofosforilação será descrita na Seção 10.8.

10.6 Oxidação da H_2O pelo fotossistema II: o suprimento de elétrons a partir do complexo de evolução do oxigênio

Enfatizamos que, durante a fotossíntese, os elétrons são transportados da H_2O para o $NADP^+$ e temporariamente armazenados nas moléculas de NADPH antes da redução do CO_2. A energia luminosa é exigida porque a H_2O é termodinamicamente difícil de oxidar e o $NADP^+$ é moderadamente difícil de reduzir. A transferência gradual dos elétrons dos componentes de H_2O, primeiro no centro do PS II para os que estão no centro do cyt b_6-f, então para os que estão no PS I e, finalmente, para a ferredoxina e o $NADP^+$, atravessando completamente uma membrana de tilacoide, ajuda a interromper as reações de retrocesso que impediriam a oxidação da água. A questão de como os elétrons são realmente removidos da H_2O por um **complexo de evolução do oxigênio (CEO)** é parcialmente respondida pelas informações recentes sobre a estrutura do complexo PS II e pelos dados obtidos no final da década de 1960.

Em 1969, Pierre Joliot mostrou em Paris que os cloroplastos que primeiro eram mantidos na escuridão e depois recebiam flashes rápidos de luz liberavam O_2 da H_2O em quatro picos de flashes distintos. Uma vez que a liberação de uma molécula de oxigênio requer a oxidação de duas moléculas de H_2O e sua remoção de quatro elétrons, a periodicidade de quatro flashes sugeriu para Bessel Kok que algumas moléculas deveriam estar acumulando uma carga positiva depois de cada flash, até que tivessem acumulado quatro cargas positivas e pudessem obter quatro elétrons de volta em uma oxidação de uma etapa de duas moléculas de H_2O. Ele chamou esses vários estados de S_0, S_1, S_2, S_3 e S_4, e sua ideia importante era que a conversão de S_0 em S_1 envolve a perda de um elétron, de S_1 em S_2 envolve a perda de outro e assim por diante, até que S_4 tenha quatro cargas positivas adicionais; então, S_4 obtém de volta todos os quatro elétrons de duas H_2O e retorna para S_0 com quatro cargas a menos que S_4. Essas alterações são retratadas no modelo apresentado na Figura 10-9. Às vezes, esse modelo é chamado de relógio da oxidação da água.

Porém, qual é a natureza química dos estados S no relógio? Aprendemos que o P680 torna-se oxidado pela perda de um elétron depois de um flash de luz, mas ele não pode ser S porque perde apenas um elétron e pode acumular apenas uma carga positiva. Um estudo adicional levou à presente compreensão de que os vários estados S representam diversos estados de oxidação do manganês, incluindo Mn^{2+}, Mn^{3+} e Mn^{4+}. Sabemos que quatro átomos de Mn estão associados a cada sistema central PS II e que todos os quatro são essenciais para a liberação do O_2. Suspeitamos que, de alguma maneira, eles são ligados uns aos outros e aos polipeptídeos D1 e D2 na parte do lúmen do tilacoide do PS II em que o O_2 é liberado. No entanto, ainda não está claro como eles funcionam ou a valência de cada um deles nos estados S mutáveis. As revisões úteis desse tópico

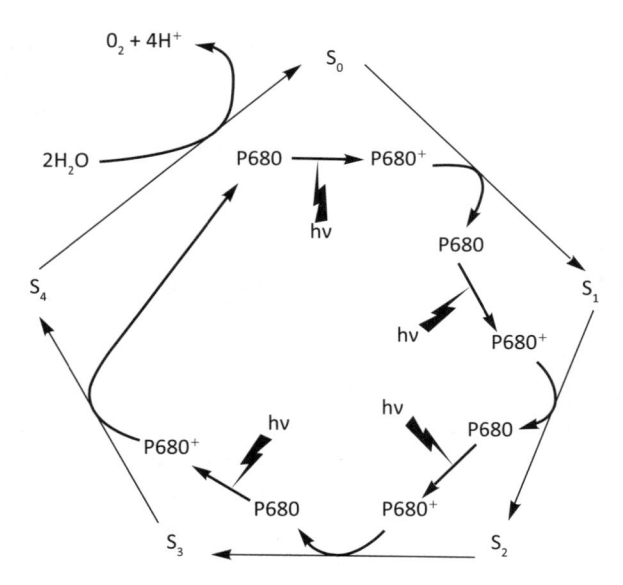

FIGURA 10-9 O relógio de oxidação da água. S_0 a S_4 provavelmente representam estados de oxidação crescente de dois ou mais íons de manganês, como explicado no texto. Quando a energia luminosa é transferida para o P680, ele é oxidado para P680$^+$ e este último (provavelmente indiretamente, por meio de uma tirosina no polipeptídeo D1) aceita um elétron de S_0, S_1, S_2 ou S_3 para retornar para o P680 não carregado. Conforme mostrado, quatro fótons (representados por hν) são usados, cada um deles causando um avanço do relógio. Por fim, S_4 absorve quatro elétrons de duas moléculas de H_2O e retorna para o S_0 não carregado. (Adaptado de várias fontes.)

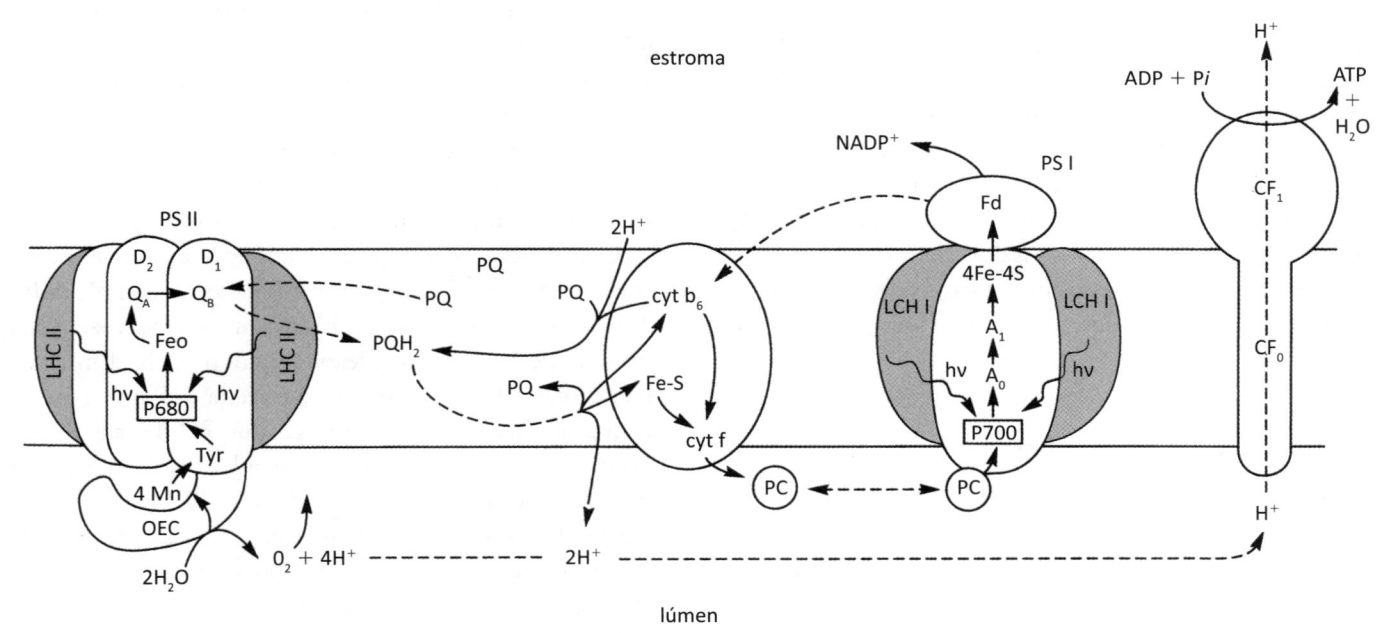

FIGURA 10-10 Cooperação do PS II (esquerda), complexo cyt b_6f e PS I no transporte dos elétrons da H_2O (esquerda inferior) em um lúmen por meio da membrana de tilacoide para o NADP$^+$ no estroma. Esses complexos também cooperam para depositar o H$^+$ no lúmen e removê-lo do estroma. A ATP sintetase (extrema direita, mostrada como CF$_0$ e CF$_1$) transporta o H$^+$ de volta do lúmen para o estroma e converte ADP e P*i* em ATP e H_2O. Para clareza visual, os lipídios das membranas foram omitidos, bem como a maioria dos polipeptídeos em cada um dos quatro principais complexos. Plastoquinona (PQ), plastocianina (PC) e ferredoxina (Fd) são móveis e carregam os elétrons conforme indicado pelas linhas pontilhadas. A função do cyt b_3 no PS II ainda é incerta.

são as de Renger (1988), Rutherford (1989), Ghanotakis e Yocum (1990) e Govindjee e Coleman (1990). Essas revisões também apresentam várias hipóteses sobre as funções essenciais do Cl^- e Ca^{2+} durante a oxidação da H_2O.

10.7 Transporte de elétrons da H_2O para o $NADP^+$ por meio dos tilacoides

A Figura 10-10 apresenta um modelo em que três complexos principais de transporte do elétron (PS II, cyt b_6f e PS I) cooperam para transportar elétrons da H_2O para $NADP^+$. Devemos traçar a maioria das reações individuais de transporte do elétron dentro do modelo. Observe que PS II e o complexo cyt b_6f estão em uma região pressionada do tilacoide, enquanto PS I e o complexo CF estão no tilacoide do estoma ou na região não pressionada.

À medida que a H_2O é oxidada no CEO, dois elétrons são liberados para o transporte. O primeiro composto que os recebe, um de cada vez, é o aminoácido tirosina no polipeptídeo D1, e essa tirosina em seguida os passa para o P680. No entanto, o P680 pode aceitar um elétron apenas se ele acaba de perder um dos seus, e isso ocorre quando ele foi excitado pela energia luminosa transferida por um pigmento absorvente da luz no LHCII. Portanto, a luz causa a oxidação do P680 e, em seguida, o $P680^+$ atua como um atrativo de elétron (oxidante) que tem potência suficiente para puxar um elétron da tirosina do D1, que por sua vez puxa um elétron de um íon de Mn do CEO. O P680 fornece seu elétron para a feofitina (Pheo) e Pheo o passa para uma plastoquinona especializada chamada de Q_A, que é fortemente unida ao D2. Q_A passa o elétron para outra plastoquinona, chamada de Q_B, que fica próxima e é fracamente unida ao polipeptídeo D1. A redução total de cada Q_A e Q_B requer dois elétrons, portanto, os dois elétrons da H_2O chegam, um de cada vez, a essas moléculas. Na verdade, sua redução também exige a adição de dois H^+, conforme segue:

$$\text{PQA} \underset{-2e, -2H^+}{\overset{+2e, +2H^+}{\rightleftharpoons}} \text{PQAH}_2 \quad (10.7)$$

A necessidade de dois elétrons e dois H^+ para reduzir a plastoquinona (PQ) é importante para a fosforilação fotossintética porque o H^+ usado vem do estroma, mas quando a PQ é oxidada mais tarde, o H^+ é transferido por ela para o lúmen do tilacoide. O resultado geral da redução da PQ no PS II, seguida da oxidação no complexo cyt b_6f, portanto, é o transporte de dois H^+ do estroma para o lúmen do tilacoide. Subsequentemente, esses H^+ são transportados de volta pela ATP sintetase em um processo que orienta a formação de ATP. Embora a PQ chamada de Q_A seja estreitamente unida ao D2, a PQ chamada de Q_B vem do D1 quando Q_B recebe dois elétrons de Q_A e dois H^+ do estroma. Em seguida, uma plastoquinona oxidada diferente ocupa o local de Q_B em D1 ao qual outra PQ era anteriormente ligada. Existem várias dessas quinonas dissolvidas na membrana tilacoide, e elas são altamente móveis para que essa substituição continuada seja suficientemente rápida. (Certos herbicidas matam as ervas daninhas ocupando o sítio da ligação do Q_B no D1, o que impede a ligação de PQ e interrompe o transporte dos elétrons, bloqueando assim a fotossíntese; consulte o ensaio do quadro intitulado "Herbicidas e transporte do elétron fotossintético" neste capítulo.) Para cada par de moléculas de H_2O oxidadas pelo CEO, quatro elétrons são transportados por meio das quinonas; portanto, duas moléculas de Q_B devem ser reduzidas, sair de D1 e ser substituídas. Cada uma dessas Q_B reduzidas (que agora são PQH_2 móveis) transporta os dois elétrons até o complexo cyt b_6f, no qual ocorrem processos subsequentes de transporte de elétrons. É necessário observar que a PQ transportadora móvel pode interagir com vários PS II e complexos cyt b_6f diferentes em uma membrana de tilacoide. Até o momento, descrevemos as reações individuais resumidas anteriormente na Reação 10.6.

O complexo cyt b_6f pode aceitar apenas um elétron de cada vez de cada PQH_2 móvel formado no complexo PS II. Esses elétrons são transmitidos, um de cada vez, para a proteína Fe-S nesse complexo ou para o cyt b_6. Em qualquer caso, é o Fe^{3+} na proteína que aceita o elétron à medida que ele é reduzido para Fe^{2+}. Os dois H^+ de cada PQH_2 são depositados no lúmen do tilacoide. Portanto, a partir de cada molécula de H_2O oxidada pelo CEO, um total de quatro H^+ são depositados no lúmen: dois da oxidação da água e dois do PQH_2. A oxidação das duas H_2O (para a liberação de um O_2 ou a fixação de um CO_2) leva ao acúmulo de oito prótons no lúmen.

Cada elétron no ferro de cada cyt b_6 ou da proteína Fe-S é aceito pelo cyt f, que reduz o ferro presente para Fe^{2+}. O cyt f doa um elétron para o Cu^{2+} na plastocianina, reduzindo-o para Cu^+. Quando o cyt f reduz quatro plastocianinas, a Reação 10.7 ocorreu.

Herbicidas e transporte do elétron fotossintético

Você pode suspeitar que uma das maneiras pelas quais os herbicidas matam as ervas daninhas é a inibição da fotossíntese, e em alguns casos isso é verdade. Os que o fazem, geralmente interferem em alguma reação do transporte de elétrons. Vários derivados da ureia, principalmente monuron ou CMU (3-p-clorofenil-1,1-dimetilureia) e diuron ou DCMU [3-(3,4-diclorofenil)-1,1-dimetilureia], são aplicados no solo, se movem no xilema até as folhas e bloqueiam o transporte de elétrons substituindo o Q_B no polipeptídeo D1 do PS II. Certos herbicidas de triazina, como simazina e atrazina, e certos herbicidas de uracil substituídos, incluindo bromacil e isocil, parecem efetuar o bloqueio na mesma etapa (revisado por Schulz et al., 1990). O milho e o sorgo são tolerantes às triazinas (mas não aos derivados da ureia ou uracil) porque possuem enzimas que desintoxicam esses compostos. Nos últimos 20 anos, mais de 40 espécies de ervas daninhas se tornaram resistentes às triazinas e isso ocorre principalmente por causa da mutação de um gene do cloroplasto que codifica o aminoácido serina na posição 264 do D1 (Mazur e Falco, 1989). Nos não mutantes, esse polipeptídeo liga o Q_B e as triazinas; o D1 mutante ainda se liga ao Q_B para que o transporte do elétron possa prosseguir, mas ele não liga mais as triazinas, o monuron, o diuron ou o uracil substituído. Há várias tentativas de se incorporar o gene para a resistência das ervas daninhas nas plantas das safras para que elas sejam resistentes e para que as ervas não resistentes possam ser mortas pelos herbicidas. Em um exemplo moderadamente bem-sucedido, cruzamentos sexuais da erva resistente *Brassica campestris* com as plantas não resistentes *Brassica napus* foram feitos, de forma que nabos, o repolho chinês e sementes oleaginosas comercialmente importantes logo serão resistentes (revisado por Mazur e Falco, 1989). A revisão de Schulz et al. (1990) também descreve o progresso nos experimentos de engenharia genética voltados à produção de plantas resistentes a herbicidas diferentes dos que agem no fotossistema II.

Cada PC móvel transporta um elétron ao longo do lúmen do tilacoide para o PS I. A primeira molécula a aceitar um elétron do Cu^+ no PC é a P700. No entanto, assim como ocorre no P680 do PS II, o P700 no PS I não pode aceitar um elétron a menos que tenha perdido um. A perda de um elétron pelo P700 para formar o $P700^+$ ocorre quando a energia luminosa é transferida dos pigmentos coletores de luz no LHCI para o P700, excitando-se assim um elétron suficientemente no P700 para que ele possa ser removido. Portanto, um fóton de luz absorvido por um pigmento de antena do PS I causa a formação de $P700^+$, que captura um elétron do PC reduzido, formando o PC oxidado e o P700 reduzido. Cada elétron do P700 se move para o A_0 (provavelmente, outra clorofila *a* tornada especial pelo seu ambiente químico), que, em seguida, passa o elétron primeiro para A_1 (provavelmente na vitamina K1 da filoquinona mencionada anteriormente) e, depois, para um ferro em várias proteínas 4Fe-4S no complexo central PS I mencionado anteriormente. Essas reações do PS I foram resumidas como a Reação 10.8. Por fim, as ferredoxinas móveis (Fd no modelo) aceitam um elétron cada e transferem-no para o $NADP^+$ para formar o NADPH no estroma (Reação 10.9). A estrutura do $NADP^+$ mostrado na Figura 10-11 indica como sua redução exige dois elétrons e um H^+.

As reações orientadas pela luz, por meio das quais os elétrons são transferidos das membranas do tilacoide para formar o NADPH, são chamadas de **transporte não cíclico de elétrons** porque esses elétrons não fazem um ciclo de volta para a H_2O. Entanto, muitos pesquisadores acreditam que, por meio de um trajeto ligeiramente modificado, a luz pode causar o ciclo dos elétrons desde o P700 por meio da ferredoxina de volta para certos componentes do sistema de transporte de elétrons que acabamos de descrever e, depois, de volta para o P700. Esse processo é chamado de **transporte cíclico de elétrons**. Os elétrons que não são doados para o $NADP^+$ pela ferredoxina podem ser transportados para o complexo cyt b6-f, provavelmente para o cyt b_6 diretamente. Deste local, eles podem se mover para uma plastoquinona, cuja redução total (você se lembra) captura dois elétrons e também dois H^+; esses dois H^+ vêm do lado do estroma do tilacoide. Quando os elétrons se movem então para a proteína Fe-S, cada PQH_2 libera seus dois H^+ para o lúmen do tilacoide. Esses H^+ também contribuem para o gradiente do pH que orienta a fotofosforilação. A partir da proteína Fe-S, os elétrons se movem pelo trajeto não cíclico principal por meio do cyt f e da plastocianina e, depois, voltam para o P700. Obviamente, o transporte cíclico de elétrons no PS I requer energia: um fóton para cada elétron transferido.

Em resumo, o nosso modelo (Figura 10-10) mostra que a transferência de um elétron da H_2O para o $NADP^+$ requer dois fótons porque a excitação de ambos os sistemas é essencial. Isso explica o efeito de intensificação de Emerson, o primeiro a indicar a cooperação entre os dois fotossistemas. As funções de vários outros componentes do transporte de elétrons e suas relações físicas nos tilacoides também são sugeridas no modelo.

Vamos agora relacionar este modelo à equação resumida da fotossíntese (Reação 10.3). Essa equação mostra que, para cada molécula de CO_2 fixada, um O_2 é liberado e duas moléculas de H_2O são usadas. O número de fótons

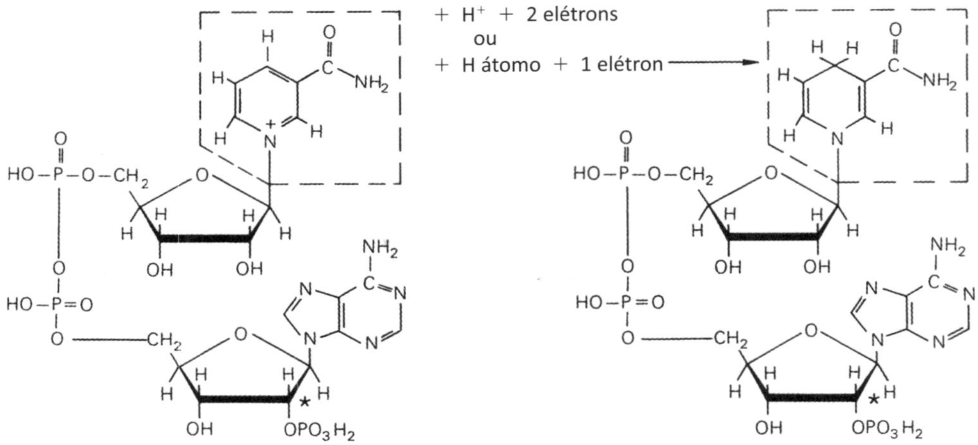

FIGURA 10-11 Estruturas do NADP⁺ (esquerda) e NADPH (direita). A parte da molécula de NADP⁺ submetida à redução, o anel de nicotinamida, é cercada por uma linha pontilhada. Um elétron é adicionado ao átomo de nitrogênio da nicotinamida, neutralizando sua carga positiva, e o segundo elétron é adicionado como parte de um átomo de H ao seu átomo de carbono mais superior. O NADP⁺ relativamente complexo é uma combinação de dois nucleotídeos, adenosina monofosfato (AMP; metade inferior da estrutura) e nicotinamida mononucleotídeo (metade superior). Todos os **nucleotídeos** são constituídos de três partes principais: (1) um anel heterocíclico, neste caso a nicotinamida, mas em outros nucleotídeos uma base de purina ou pirimidina, (2) o açúcar pentose ribose e (3) fosfato. O fosfato é esterificado para a posição C-5 da unidade de ribose. Os dois nucleotídeos no NADP⁺ são conectados em uma ligação anídrica entre o grupo de fosfato C-5 de cada metade de ribose. Observe também que o NADP⁺ contém outro grupo de fosfato esterificado para o grupo de OH na posição C-2 (veja o asterisco) dessa metade de ribose que pertence ao AMP. A presença desse fosfato adicional é a única maneira pela qual o NADP⁺ e o NADPH diferem de outra importante coenzima de transporte de elétrons chamada **NAD⁺ (nicotinamida adeninadinucleotídeo)**. A NAD⁺ e sua forma reduzida **NADH** são muito menos abundantes que o NADP⁺ e o NADPH nos cloroplastos, mas estão envolvidas no transporte de elétrons durante várias reações da respiração (Capítulo 13), no metabolismo do nitrogênio (Capítulo 14), na decomposição da gordura (Capítulo 15) e até mesmo em algumas reações de fotossíntese (Capítulo 11).

de luz não é especificado, mas ele é importante se quisermos calcular a eficiência fotossintética. O nosso modelo requer dois fótons para cada elétron transportado. Cada H_2O fornece dois elétrons e duas moléculas de H_2O são necessárias, portanto, o nosso modelo prevê que no mínimo oito fótons seriam exigidos para oxidar duas moléculas de H_2O, liberar um O_2 e fornecer quatro elétrons. Esses quatro elétrons poderiam reduzir dois NADPH⁺, e dois NADPH são realmente essenciais para reduzir um CO_2 (consulte a Seção 11.1). Portanto, com base apenas na formação de NADPH, o nosso modelo mostra uma exigência de oito fótons para se realizar a redução de uma molécula de CO_2. Para as folhas de muitos tipos de plantas, de 15 a 20 fótons por molécula de CO_2 são necessários (Ehleringer e Pearcy, 1983; Osborne e Garrett, 1983), mas provavelmente, sob condições mais ideais, apenas 12 fótons são exigidos (Ehleringer e Bjorkman, 1977). Todavia, no mínimo 9 ou 10 fótons são necessários para as folhas de espinafre e ervilha (Evans, 1987), e existem declarações repetidas de que a alga verde *Chlorella* exige apenas cerca de 6 fótons, conforme revisado por Pirt (1986) e Osborne e Geider (1987). Nenhum modelo conhecido pode explicar adequadamente a exigência de 6 fótons e as revisões citadas se referem aos resultados obtidos há muitos anos.

Para entender a aparente discrepância entre o nosso modelo de oito fótons e a exigência de 9 a 12 fótons obtida por experimentadores cuidadosos, devemos perguntar quanto ATP é necessário para causar a fotossíntese e quanto o nosso modelo indica que é fornecido. Como mostra a Seção 11.2, três ATPs são necessários para reduzir um CO_2 a um carboidrato simples; mais ATP (uma quantidade incerta) é necessário para orientar o acúmulo dos solutos (Seção 7.8) e o fluxo citoplasmático e ainda mais é necessário para formar polissacarídeos complexos, proteínas e ácidos nucleicos a partir de cada CO_2 reduzido. Portanto, o nosso modelo deveria explicar o excesso de três ATPs produzidos por duas moléculas de H_2O oxidadas e por dois NADPH formados. Quanto ATP é realmente produzido durante a fotofosforilação e como esse processo ocorre? A seção a seguir trata dessas questões.

10.8 Fotofosforilação

A formação de ATP a partir do ADP e do Pi é altamente desfavorável, de um ponto de vista termodinâmico. A fotofosforilação só pode ocorrer porque a energia luminosa a direciona de alguma maneira. Para entender como isso ocorre, observe que o ATP sintetase ou o fator de acoplamento (CF$_0$ + CF$_1$) na Figura 10-10 causa a formação do ATP no estroma e o transporte do H$^+$ do lúmen do tilacoide para o estroma. Cada processo é favorecido pelo outro, mas a formação de ATP exige necessariamente o transporte de H$^+$. Os íons de H$^+$ no lúmen do tilacoide surgem a partir da oxidação de H$_2$O e PQH$_2$. Essas oxidações fazem a concentração de H$^+$ no lúmen (pH 5) se tornar quase 1000 vezes maior que no estroma (pH 8) quando a fotossíntese está ocorrendo. Portanto, existe um forte gradiente de concentração do H$^+$ na direção do estroma, mas os tilacoides são impermeáveis ao H$^+$ e outros íons, exceto quando transportados pela ATP sintetase. Esse gradiente do pH ao longo da membrana é uma forma poderosa de energia de potencial químico, responsável principalmente pela orientação da fotofosforilação.

A ideia de que os gradientes de pH podem fornecer energia para a formação do ATP nos cloroplastos, nas mitocôndrias e nas bactérias foi proposta pela primeira vez em 1961 por Peter Mitchell, na Inglaterra, mas suas ideias não foram aceitas pela maioria dos bioquímicos por muitos anos. (Mitchell acabou recebendo um prêmio Nobel de Química em 1978; consulte suas revisões de 1966 e 1985). Sua hipótese é chamada de **teoria quimiosmótica**, embora não tenha uma relação clara com a osmose, que descrevemos nos capítulos anteriores. Evidências diretas da teoria quimiosmótica foram obtidas pela primeira vez pelos pesquisadores da fotossíntese G. Hind e Andre Jagendorf, da Cornell University, perto de 1963 (consulte Jagendorf, 1967). Seu trabalho e a perseverança de Mitchell desencadearam milhares de outros estudos, e agora a teoria é amplamente aceita. A teoria explica até como funcionam os **desacopladores** da fotofosforilação. Os desacopladores levam esse nome porque removem a interdependência (**acoplamento**) do transporte de elétrons e a fosforilação. Muitos são conhecidos, incluindo o relativamente simples NH$_3$ e o dinitrofenol. A maioria deles age como "balsas", entrando nos canais de tilacoides, coletando um próton e o carregando de volta ao estroma, onde o pH é mais alto e o próton é liberado e reage com o OH$^-$ para formar H$_2$O. Outros compostos, como gramicidina e carbonilcianida p-trifluorometoxifenilidrazona, podem bloquear a fotofosforilação impedindo a saída do H$^+$ por meio do CF$_0$. A ação repetida dos desacopladores destrói o gradiente do pH ao longo da membrana do tilacoide e impede a formação de ATP, porém o transporte de elétrons frequentemente é acelerado porque, então, é termodinamicamente mais fácil que o transporte de elétrons cause uma separação do H$^+$ ao longo da membrana.

Um problema constante é que não entendemos o mecanismo pelo qual a ATP sintetase utiliza a energia liberada do movimento do H$^+$ "para baixo" desde o canal até o estroma para converter o ADP e o Pi em ATP. Todavia, está claro que o movimento do H$^+$ por meio da ATP sintetase causa alterações estruturais em alguns de seus polipeptídeos, de forma que eles liguem o ADP e Pi de forma suficientemente estreita para permitir que reajam e formem ATP e H$_2$O. Mesmo sem o conhecimento do mecanismo, o número de H$^+$ que deve ser transportado para formar um ATP pode ser medido, e esse número parece ser três.

Agora, considere que a oxidação de duas moléculas de H$_2$O libere diretamente quatro H$^+$ e que quatro outros H surgem de duas moléculas de H$_2$O durante o transporte não cíclico de elétrons na etapa de oxidação do PQH$_2$. Portanto, uma vez que oito fótons são exigidos pelo nosso modelo para oxidar duas moléculas de H$_2$O, esses oito fótons também fornecem oito H$^+$, quase o suficiente para formar três ATP, mas não para formar mais de três, que são exigidos para converter um CO$_2$ em compostos complexos e manter outros processos celulares. O processo da formação de ATP pelas reações nas quais os elétrons da H$_2$O são transportados para o NADP$^+$, acompanhadas pelo transporte de H$^+$, é chamado de **fotofosforilação não cíclica**. A maioria dos especialistas acredita que a formação do ATP adicional surge do trajeto cítrico descrito anteriormente. A absorção de dois desses fótons causa o ciclo de dois elétrons e deposita dois H$^+$ no canal do tilacoide quando o PQH$_2$ é oxidado. A H$_2$O não é dividida porque o PS II não está envolvido e, portanto, o NADPH não é formado. Porém, o ATP é produzido pela ATP sintetase em resposta ao pH reduzido no lúmen do tilacoide; a formação de ATP por esse trajeto de transporte cíclico de elétrons é chamada de **fotofosforilação cíclica**.

Se oito fótons envolvendo os dois fotossistemas produzirem oito H$^+$ pelo transporte não cíclico de elétrons e se quatro fótons adicionais absorvidos apenas pelo PS I produzirem mais quatro H$^+$, o total de 12 fótons levaria a quatro moléculas de ATP. Mencionamos anteriormente que mais de três ATP eram necessários para converter um CO$_2$ em compostos complexos e que as medições nas folhas mostraram que no mínimo nove (ou 12) fótons eram necessários para cada CO$_2$ usado. No transporte cíclico ou não cíclico de elétrons, o nosso modelo é coerente com os resultados experimentais; portanto, podemos reescrever a Reação 10.3 para mostrar aproximadamente quantos fótons de luz são necessários para converter um CO$_2$ em um

Função da clorofila a na fotossíntese

Govindjee

Govindjee, que usa apenas um nome (o sobrenome foi removido pelo seu pai como protesto contra o sistema de castas na Índia) obteve seu Ph.D. em Biofísica em 1960, na University of Illinois, em Urbana-Champaign (UIUC). Desde 1961 ele trabalha no corpo docente do Departamento de Fisiologia e Biofísica e Biologia Vegetal na UIUC. Seus méritos incluem: ex-presidente da American Society for Photobiology, palestrante distinto da School of Life Sciences, UIUC e membro da American Association of Advancement of Science e da National Academy of Science (Índia). Seus interesses de pesquisa são a fotoquímica primária, o uso da fluorescência da clorofila a como sonda da fotossíntese e o mecanismo de reações do fotossistema II.

Meu interesse pela fotossíntese data de 1953, quando eu era aluno de mestrado de Shri Ranjan na Universidade de Allahabad, na Índia. Fiz a inscrição para um documento especial sobre fisiologia vegetal avançada e optei por escrever um texto sobre a "Função da clorofila na fotossíntese". Uma pesquisa na biblioteca me levou aos documentos pioneiros de Robert Emerson sobre os espectros de ação da fotossíntese, completo com suas extensões interessantíssimas, como a controvérsia entre Emerson e Otto Warburg sobre o requisito de quantum mínimo para a evolução do O_2 na fotossíntese (oito quanta para Emerson e quatro para Warburg) e a existência incomum da "queda vermelha" – a ineficiência da luz absorvida pela clorofila na região vermelha do espectro ($>$ 680 nm).

Quando terminei o meu mestrado em Botânica, em 1954, e já trabalhava há algum tempo em um projeto muito emocionante sobre os efeitos da infecção por vírus no metabolismo do aminoácido com a equipe de Ranjan (M. M. Laloraya, T. Rajarao e Rajni Varma), comecei a me corresponder com Emerson. As cartas entusiasmadas e emocionadas de Emerson, uma concessão de viagem para Fulbright e uma bolsa de biologia físico-química na University of Illinois me levaram ao laboratório de Emerson no porão do antigo edifício de história natural em Urbana. Ali, meus passos se cruzaram com os de Warburg, que viera de Berlim fazer uma visita, e com os de Eugene Rabinowitch, o físico-químico e profeta da fotossíntese e da Paz Mundial, que me recebeu e me ensinou a biofísica da fotossíntese. Sob o olhar vigilante, porém simpático, de Emerson, lutei para aprender técnicas sofisticadas, mas extraordinariamente tediosas, de manometria (as leituras eram feitas com um catetômetro em manômetros em constante agitação, até uma precisão de centésimos de mm de alteração na pressão) e bolometria para medir a produção do quantum absoluto da evolução do O_2 e os espectros de ação da fotossíntese. O monocromator de dispersão que eu usei nesses estudos era um "mamute" e foi construído pelo próprio Emerson. Emerson nos dava responsabilidade e independência e fomos contagiados por seu entusiasmo e por sua emoção com a descoberta do Efeito de intensificação. O trágico acidente aéreo perto do aeroporto de La Guardia em Nova York, em 4 de fevereiro de 1959, tirou a vida de Emerson e forçou minha esposa Rajni e eu a terminarmos nosso Ph.D. sem o benefício de sua orientação. Terminamos nossos estudos com Rabinowitch, que foi muito generoso e nos aceitou como seus alunos. Na diatomácea *Navicula minima* descobri uma nova banda no espectro de ação do Efeito de Intensificação de Emerson, que apresentava um pico a 670 nm na região da absorção da clorofila *a*. Fiquei muito animado com essa descoberta, porque ela fornecia uma solução para a discrepância entre (a) a visão de Emerson de que os pigmentos acessórios (como a clorofila *b* nas plantas verdes, fucoxantol e clorofila *c* nas diatomáceas e ficobilinas nas algas vermelhas e azuis) realizavam uma reação luminosa, que a clorofila *a* realizava outra e que as duas cooperavam para fazer a fotossíntese; e (b) os primeiros trabalhos de L. N. M. Duysen nos Países Baixos, que mostravam que a energia luminosa absorvida pelos pigmentos acessórios era eficientemente transferida para a clorofila *a*. A partir dos meus resultados, tornou-se claro que a clorofila *a* cumpria uma função importante nesses dois fotossistemas. A ideia de duas reações luminosas (nós as chamávamos de fotorreações de onda curta e onda longa) em série para explicar o requisito mínimo de oito fótons ou quanta já estava no livro de Rabinowitch de 1945, e a ideia de que uma reação luminosa pode reduzir uma molécula de citocromo e a outra pode oxidá-la enquanto reduz o $NADP^+$ também já havia sido citada no livro de Rabinowitch de 1956; isto é, as noções básicas do chamado esquema de R. Hill e F. Bendall (1960) já existiam em Urbana (consulte as discussões de L. N. M. Duysens, Photosynthesis Research 21:61-69, 1989).

Em 1957, Bessel Kok já havia descoberto a existência da clorofila *a* especial, que ele chamava de P700, e propôs que essa era a clorofila *a* do centro de reação da fotossíntese. Em 1965, no nosso artigo da Scientific American, "Role of Chlorophyll in Photosynthesis" (213, 1, p. 74-83), Rabinowitch e eu especulamos a existência de outra clorofila *a* especial, o centro de reação P680 do sistema de onda curta. Esse centro de reação foi realmente descoberto em 1968 no laboratório de H. T. Witt, em Berlim. A maioria das moléculas da clorofila *a* nos dois sistemas de pigmento serve para a coleta (ou captura) de energia luminosa, então essas moléculas pertencem ao que é chamado de sistema de "antena". Elas funcionam para absorver e transferir a energia de excitação das moléculas da clorofila *a* especial do centro de reação conhecidas como P680 e P700. Em princípio, sua função não é diferente da de vários pigmentos acessórios, como os carotenoides. P680 e P700, que estão presentes em uma das várias centenas de moléculas de clorofila *a*, são os locais de início da conversão da energia luminosa em energia química. (Para ver uma discussão geral, consulte meu artigo de 1974 com Rajni, "The primary events of photosynthesis", *Scientific American*, 231, 6, p. 68-82.)

As principais reações da fotossíntese são:

$$P680 + \text{feofitina } a + h\nu \xrightarrow{3ps} P680^+ + \text{feofitina } a^-$$

$$P700 + \text{clorofila } a + h\nu \xrightarrow{<10ps} P700^+ + \text{clorofilas } a^-$$

Aqui, P680 e P700 são os principais doadores de elétrons e a feofitina *a* (essencialmente clorofila *a* sem Mg, mas com H^+ no centro) e a clorofila *a* (também chamada de Ao) são os principais aceitadores.

Ao receber a energia luminosa, ocorrem as reações de separação de carga primária acima. Essas são as verdadeiras reações luminosas da fotossíntese, em que a energia luminosa é realmente convertida em energia química. As transferências de elétrons do P680 para a feofitina e do P700 para a clorofila *a* são processos energeticamente "para cima" que exigem a entrada de energia luminosa.

Em 1977, V. Klimov e A. A. Krasnovsky, e seus colaboradores na URSS, descobriram que a feofitina era o principal aceitador de elétrons do fotossistema II, o sistema que contém P680. Foi apenas em 1989 que nós, em colaboração com Mike Wasielewski e Doug Johnson, do Argonne National Laboratory, em Illinois, e Mike Seibert, do Solar Energy Research Institute, no Colorado, pudemos medir a transferência incrivelmente rápida de elétrons entre o P680 e a feofitina. Em 4 °C, ela ocorre em 3 picossegundos (ou 3.000 fentossegundos; lembre-se de que existem mais fentossegundos em um segundo do que existem segundos em 30 milhões de anos). A natureza do aceitador primário de elétrons no fotossistema I, o sistema que contém o P700, foi proposta por vários pesquisadores como sendo uma molécula da clorofila *a* especial. Em colaboração com James Fenton e trabalhando em dois laboratórios diferentes, mostramos que o aceitador primário do fotossistema I é, na verdade, uma forma de clorofila *a* reduzida dentro de 10 picossegundos.

A seguir, tratamos do assunto da fluorescência da clorofila *a*. Na absorção da luz, as moléculas excitadas da antena da clorofila *a* possuem vários trajetos potenciais para a anulação da excitação: transferência de energia para outras moléculas de clorofila *a*, processos sem radiação (calor) e emissão da luz (fluorescência imediata). Sou fascinado e intrigado com a emissão de luz pelas plantas e animais desde que era aluno na Universidade de Allahabad (1950-1954). Quando eu cheguei a Urbana, o grupo de pesquisa de Rabinowitch estava envolvido nos estudos da fluorescência da clorofila *a*, e o potencial dessa técnica para aprender novas coisas sobre a fotossíntese parecia ilimitado.

Em 1958, Steve Brody não apenas havia descoberto a nova banda de emissão de fluorescência do comprimento de onda longo (hoje chamada de F730) a 77 K (temperatura de nitrogênio líquido), que agora sabemos emergir do fotossistema I, mas também havia feito as primeiras medições sobre o tempo de vida da fluorescência da clorofila *a in vivo*. Eu aproveitei a primeira oportunidade de testar se a fluorescência da clorofila *a* poderia ser usada como sonda para verificar a existência de duas reações luminosas da fotossíntese. Excitamos células de algas com as luzes azul e vermelha-distante separadamente e juntas, e em 1960 descobrimos o efeito de supressão/dissipação da luz vermelha-distante na fluorescência vermelha da clorofila *a* produzida pela luz azul; esses dados eram coerentes com o sistema de reação de duas luzes da fotossíntese. A minha fascinação por usar a fluorescência da clorofila *a* como sonda das reações fotossintéticas continua até hoje. Existe uma longa lista de nossas observações, que forneceram novas informações sobre a estrutura e a função do fotossistema II e sua interação com o fotossistema I. Eu devo fornecer alguns exemplos.

Fiquei particularmente animado com a descoberta, em 1963, de uma banda de emissão de fluorescência a 696 nm (F696), sob 77 K, que se originava no fotossistema II; agora, ela é usada para monitorar o fotossistema II "ativo". Entre 1966 e 1970, a dependência dessas bandas de emissão da temperatura (F730 e F695) e da conhecida banda F685 a 4 K forneceu informações sobre o mecanismo da transferência de energia de excitação na fotossíntese; isto é, esses fatos mostraram a validade do mecanismo de transferência de ressonância indutiva de Forster.

As alterações na produção de fluorescência da clorofila *a* depois de um flash actínico brilhante de giro único constituem uma sonda extremamente potente da reação do fotossistema II. Entre um nanossegundo e menos de um microssegundo, o aumento na fluorescência da clorofila *a* monitora a doação de elétrons do doador Z (agora identificado como a tirosina) para o P680 oxidado, ou P680$^+$, enquanto durante microssegundos a milissegundos, a deterioração na fluorescência da clorofila *a* monitora o fluxo de elétrons do aceitador de quinona primário do fotossistema II para o secundário, Q_B. O aumento na fluorescência ocorre porque o P680$^+$ é um supressor da fluorescência da clorofila *a*, e o fluxo de elétrons de Z para P680$^+$ diminui a concentração do P680$^+$. No entanto, a deterioração da fluorescência ocorre porque o Q_A^-, formado pelo flash brilhante, torna-se reoxidado e um supressor da fluorescência da clorofila *a* (Q_A) é formado à medida que os elétrons são transferidos para Q_B. Exploramos esse método de deterioração da fluorescência para entender o local de ação do bicarbonato/CO_2 nas reações do cloroplasto nas membranas do tilacoide.

Warburg descobriu em 1958 que a reação de Hill é drasticamente reduzida se o CO_2 for removido dos sistemas fotossintéticos. Ele interpretou essa observação como uma sustentação para a sua hipótese de que o O_2 na fotossíntese se origina no CO_2, não na H_2O! Em 1970, Alan Stemler levantou esse problema na sua tese de Ph.D. depois de ouvir minha palestra sobre a fonte do O_2 na fotossíntese. A partir de 1975, usamos com sucesso o método da deterioração da fluorescência para estabelecer, com outras pessoas, que um dos principais efeitos da remoção dos íons de bicarbonato da membrana de tilacoide é desacelerar drasticamente (ou bloquear) o fluxo de elétrons do Q_A para o *pool* de plastoquinona, um processo semelhante ao que acontece quando herbicidas como diuron e atrazina são adicionados às plantas [consulte o ensaio da caixa intitulado "Herbicidas e transporte do elétron fotossintético", neste capítulo]. Esse local do efeito do bicarbonato entre o Q_A e o *pool* de plastoquinona foi totalmente confirmado por outras medições bioquímicas e biofísicas. Até o momento, não foi encontrada nenhuma evidência para sustentar a imagem do envolvimento do CO_2 na evolução do O_2 proposta por Warburg. A nossa pesquisa atual envolve o uso da fluorescência da clorofila *a* como sonda das reações que envolvem Q_A em mutantes sítio-específicos de cianobactérias transformáveis, resistentes ao herbicida, para decifrar o sítio de ligação de bicarbonato/CO_2.

Em conclusão, a clorofila *a* não apenas cumpre uma função na coleta da energia luminosa, convertendo-a em energia química e agindo como doador primário (P680, P700) e também como receptor primário de elétrons (Ao; a feofitina é derivada da clorofila pela substituição de Mg com o H$^+$ no centro), mas a sua fluorescência pode ser usada como uma sonda sensível e não destrutiva da estrutura e da função da fotossíntese.

produto que iremos chamar de (CH$_2$O), como abreviação dos carboidratos como sacarose e amido. Na realidade, esse (CH$_2$O) representa todas as formas orgânicas do carbono na planta. As proteínas e ácidos nucleicos que exigem (com base no peso) mais ATP para que sejam produzidos que os polissacarídeos são mais abundantes nas células de crescimento ativo do que nas células maduras, nas quais os polissacarídeos predominam. A nossa nova equação (Reação 10.11), portanto, mostra o requisito mínimo de 12 fótons, dependendo do status fisiológico das células e permitindo certa incerteza na fotofosforilação:

$$CO_2 + 2H_2O + 12 \text{ fótons} \longrightarrow (CH_2O) + O_2 + H_2O \qquad (10.11)$$

ATP e NADPH não aparecem nesse resumo porque sua produção é balanceada pelo uso na redução do CO$_2$. Também observamos que, se o ciclo Q funcionar (consulte a Seção 10.5), o número de H$^+$ movido do estroma para o lúmen durante o transporte de elétrons é dobrado, portanto, isso poderia intensificar a quantidade de fotofosforilação (sem alterar a produção de NADPH), diminuindo assim os fótons exigidos para aproximadamente oito.

10.9 Distribuição da energia luminosa entre PS I e PS II

A conservação da eficiência máxima de energia exige que cada fotossistema receba a entrada do mesmo número de fótons por unidade de tempo, de forma que a ativação de P680 e P700 possa, cooperativamente, orientar os elétrons na direção do NADP$^+$ (Figura 10-10). Até perto de 1980, os cientistas presumiam que os dois fotossistemas existiam em razões aproximadamente iguais em cada cloroplasto, mas o trabalho com várias espécies de angiospermas cultivadas na sombra ou sob o sol (e até mesmo de cianobactérias) mostrou que as razões de PS II/PS I variavam de 0,43 até 4,1; as razões mais altas foram obtidas nas plantas cultivadas na sombra profunda. A razão esperada de 1,0 raramente ocorria (Melis e Brown, 1980). Como a fotossíntese eficiente pode ocorrer nas plantas que possuem mais de um sistema que do outro?

A resposta envolve a adaptação à luz, tanto em escala de curto quanto de longo prazo. Em curto prazo (30 segundos ou menos), os fotossistemas se adaptam de forma que a redistribuição da energia ocorre entre PS II e PS I. Para essa redistribuição, existe um movimento real de parte dos pigmentos e proteínas LHCII, de forma que agora eles se associam ao PS I nos tilacoides do estroma (Barber, 1987b; Anderson, 1986; Anderson e Andersson, 1988). Ali, os pigmentos de LHCII transferem mais energia luminosa ao PS I e nenhuma ao PS II. O movimento ocorre porque as proteínas de LHCII tornam-se mais negativamente carregadas, já que são fosforiladas pelas ações do ATP e de uma proteína quinase específica que transfere o fosfato do ATP para essas proteínas. Os grupos de fosfato se ionizam (perdem H$^+$) para criar as cargas negativas adicionais dessas proteínas. Essas cargas negativas em excesso forçam algumas das proteínas do LHCII com os pigmentos associados a se separar e, então, são atraídas na direção de proteínas específicas e positivamente carregadas do PS I nos tilacoides do estroma.

O papel da luz no movimento do LHCII parece ser o seguinte: a absorção preferencial da luz pelo PS II causa a redução de numerosas moléculas de PQ para PQH$_2$ (consulte Figura 10-10); em seguida, esse PQH$_2$ ativa a proteína quinase. A luz absorvida preferencialmente pelo PS I causa a oxidação das moléculas de PQH$_2$, interrompe a fosforilação e permite a remoção do fosfato por uma fosfatase que hidrolisa os grupos de fosfato longe das proteínas móveis de LHCII. A perda do fosfato reduz sua carga negativa, de forma que elas se movem de volta para as regiões pressionadas do tilacoide e doam energia luminosa para o PS II. Ainda não está claro como as plastoquinonas controlam a atividade da proteína quinase e como as mudanças resultantes na carga das proteínas de LHCII fazem com que elas se ajustem melhor a um fotossistema que ao outro. Todavia, esse mecanismo certamente aumenta a cooperação entre os dois fotossistemas e representa uma adaptação importante para maximizar a eficiência fotossintética. As adaptações de longo prazo dos cloroplastos a várias condições do meio ambiente são descritas no Capítulo 12.

ONZE

Fixação do dióxido de carbono e síntese dos carboidratos

No Capítulo 10 explicamos como os cloroplastos capturam a energia luminosa para produzir NADPH e ATP. Alguns autores dizem que essas duas moléculas têm potência redutora, porque elas ajudam a reduzir o CO_2 depois que ele é fixado no grupo carboxila de um ácido de três carbonos, como explicaremos neste capítulo. Em termos estritos, no entanto, o redutor é o NADPH; o ATP apenas facilita a redução. Embora as plantas variem em seu método de fixação do CO_2 em ácidos orgânicos, o NADPH e o ATP estão sempre envolvidos na redução, de forma que os carboidratos são formados a partir das moléculas fixadas de CO_2.

A sequência de reações que envolvem a fixação de CO_2 e a formação dos carboidratos pela fotossíntese foi identificada apenas depois que o carbono-14 tornou-se disponível, aproximadamente em 1945. O dióxido de carbono contendo ^{14}C foi então preparado, e todas as moléculas vegetais produzidas a partir dele durante os experimentos fotossintéticos foram, portanto, marcadas com esse isótopo. A cromatografia do papel foi desenvolvida aproximadamente na mesma época, tornando possível a separação dos produtos fotossintéticos.

As moléculas marcadas nos cromatogramas de papel preparados a partir de extratos de álcool de plantas que haviam fixado o $^{14}CO_2$ foram detectadas pela autorradiografia (consulte a Seção 8.1). Nesta técnica, o filme de raios X é colocado em estreito contato com os cromatogramas na escuridão por alguns dias a algumas semanas (dependendo da quantidade de radioatividade presente); durante esse período, a radioatividade expõe o filme. Quando o filme é revelado, as manchas escuras indicam a localização dos compostos radioativos. As identidades dos compostos e a radioatividade em cada um podem ser determinadas depois de cortadas as áreas do papel que correspondem a cada mancha escura no filme. No início, os tubos de Geiger-Muller eram usados para medir a radioatividade, mas, agora, contadores de cintilação líquida, muito mais sensíveis, são usados. As análises químicas diretas e a recromatografia de substâncias desconhecidas no papel com compostos conhecidos (cocromatografia) foram usadas no começo para identificar produtos fotossintéticos radioativos, mas a ressonância magnética nuclear (NMR) e a espectrometria de massa fornecem, na verdade, ferramentas muito mais potentes para a análise. A cromatografia líquida de alto desempenho (HPLC) é agora uma técnica de separação muito melhor e mais rápida que a de papel. Essas técnicas nos forneceram uma compreensão relativamente completa dos trajetos da fixação do CO_2 e da síntese de carboidratos.

11.1 Produtos da fixação do dióxido de carbono

O primeiro produto

Os procedimentos de cromatografia de papel em combinação com o uso do $^{14}CO_2$ foram aplicados ao problema da fotossíntese por Melvin Calvin, Andrew A. Benson, James A. Bassham e outros na University of California, em Berkeley, de 1946 a 1953 (consulte os ensaios, neste capítulo, dos Drs. Calvin e Bassham e a perspectiva pessoal do primeiro em Calvin, 1989). Esses pesquisadores permitiram que algas unicelulares verdes como a *Chlorella* atingissem uma taxa constante de fotossíntese e, depois, introduziram o $^{14}CO_2$ em soluções nas quais as algas estavam crescendo. Em vários momentos depois da introdução do ^{14}C, as algas foram mergulhadas em etanol a 80% fervente, para matá-las rapidamente e extrair qualquer composto radioativo. Cada extrato foi cromatografado no papel e os autorradiogramas foram obtidos.

Depois da fotossíntese por 60 segundos no $^{14}CO_2$, as algas haviam formado muitos compostos, como mostram as diversas manchas escuras no filme da Figura 11-1 (acima).

Os aminoácidos e outros ácidos orgânicos se tornaram radioativos, porém, os compostos contendo a maior parte do ^{14}C eram os açúcares fosforilados, mostrados no canto inferior direito desse autorradiograma. Para identificar o primeiro produto formado a partir do CO_2, os períodos foram reduzidos para 7 segundos e, no final, para apenas 2 segundos (Figura 11-1, meio e abaixo). Após essa etapa, a maior parte do ^{14}C foi encontrada no ácido de três carbonos fosforilado chamado de **ácido 3-fosfo-glicérico (3-PGA)**. Esse ácido foi o primeiro produto detectável da fixação do CO_2 fotossintético nas algas e nas folhas de todas as plantas investigadas na época. (Observe que o 3-PGA e a maioria dos ácidos vegetais existem principalmente na forma ionizada, sem o H^+ existente nos grupos carboxila dos ácidos verdadeiros. Os ácidos ionizados existem como sais com um cátion contador, geralmente o K^+; consequentemente, o 3-PGA existe como o 3-fosfoglicerato negativamente carregado.) Era esperado que o composto com o qual o $^{14}CO_2$ normalmente se combina acumulasse se o $^{14}CO_2$ fosse fornecido para as algas por um curto período e, depois, fosse repentinamente removido. Nenhum composto de dois carbonos foi encontrado. A substância que se acumulou foi um açúcar de cinco carbonos, fosforilado em cada extremidade, chamado de **ribulose-1,5-bifosfato (RuBP)**.[1] Ao mesmo tempo, houve uma queda rápida no nível do 3-PGA marcado, o que sugeriu que a ribulose bifosfato é o substrato normal ao qual o CO_2 é adicionado para formar o PGA.

A reação da fixação do CO_2

Aproximadamente um ano mais tarde (1954), foi descoberta uma enzima que catalisava irreversivelmente a combinação de CO_2 com RuBP para formar duas moléculas de 3–PGA. Essa era uma reação incomumente importante. Um produto intermediário instável é formado (mostrado entre colchetes na Reação 11.1) e, com a adição da água, ele se divide em dois 3-PGAs. Portanto, se o $^{14}CO_2$ estiver envolvido (consulte os asteriscos * na Reação 11.1), um dos dois produtos de 3-PGA torna-se marcado com ^{14}C e o outro permanece não marcado:

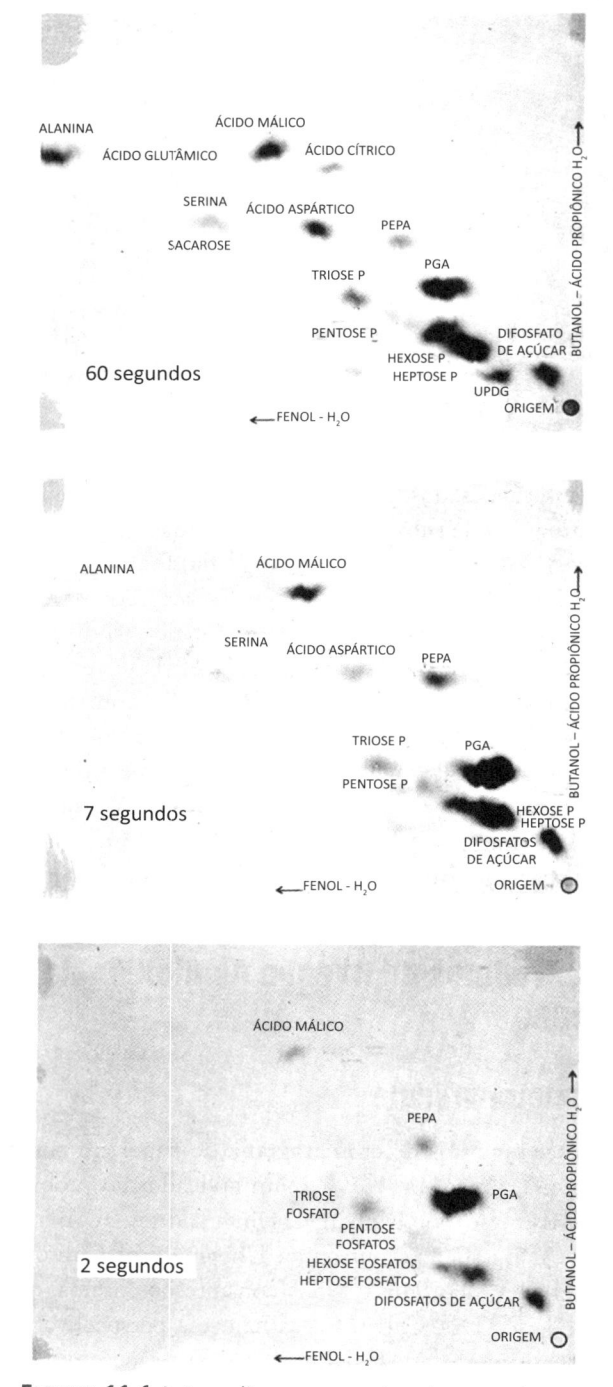

FIGURA 11-1 Autorradiogramas mostrando os produtos da fotossíntese na alga *Chlorella pyrenoidosa* depois de vários períodos de exposição ao $^{14}CO_2$. (Acima) 60 segundos, (meio) 7 segundos, (abaixo) 2 segundos. Observe a importância crescente do 3-PGA e dos outros fosfatos de açúcar à medida que o tempo de exposição é reduzido. (De Bassham, 1965.)

---

[1] Esse composto e outros com os grupos de fosfato em átomos separados de carbono de uma molécula foram primeiramente chamados de difosfatos (portanto, ribulose-1,5-difosfato), mas agora o termo bifosfato os diferencia dos difosfatos verdadeiros como o ADP, em que os dois fosfatos de um grupo de pirofosfato são ligados apenas a um carbono.

$$\begin{array}{c}
CH_2OPO_3H^- \\
| \\
C=O \\
| \\
C^*O_2 \quad H-C-OH \\
| \\
H-C-OH \\
| \\
CH_2OPO_3H^-
\end{array} \xrightarrow{Mg^{2+}}$$

$$\left[\begin{array}{c}
\quad\quad CH_2OPO_3H^- \\
O \quad\quad | \\
\diagdown C^*-C-OH \\
OH \quad | \\
C=O \\
| \\
H-C-OH \\
| \\
CH_2OPO_3H^-
\end{array}\right] \xrightarrow{+H_2O}$$

$$\begin{array}{c}
CH_2OPO_3H^- \\
| \\
H-C-OH \\
| \\
C^*OOH \\
\text{3-PGA}
\end{array} \quad + \quad \begin{array}{c}
COOH \\
| \\
H-C-OH \\
| \\
CH_2OPO_3H^- \\
\text{3-PGA}
\end{array} \quad (11.1)$$

A enzima que catalisa essa reação é comumente chamada de **ribulose bifosfato carboxilase**, que abreviamos como **rubisco**. A rubisco é funcional em todos os organismos fotossintéticos, com exceção de algumas bactérias fotossintetizantes. Ela é importante não apenas por causa da reação essencial que catalisa, mas também porque parece ser a proteína mais abundante na Terra (Ellis, 1979). Os cloroplastos possuem aproximadamente metade da proteína total nas folhas e cerca de 1/4 ou até metade de sua proteína é a rubisco; portanto, essa enzima constitui de 1/8 a 1/4 de toda a proteína nas folhas e é importante na dieta dos animais, incluindo os seres humanos. Andrews e Lorimer (1987) estimaram que uma pessoa comum exige a atividade constante de 44 kg de rubisco apenas para obter o alimento por meio da fotossíntese.

11.2 O ciclo de Calvin

As investigações de compostos radioativos adicionais que são formados rapidamente a partir do $^{14}CO_2$ identificaram outros fosfatos de açúcar que possuem quatro, cinco, seis e sete átomos de carbono. Eles incluem os fosfatos tetrose (quatro carbonos) *eritrose-4-fosfato;* pentose (cinco carbonos) *ribose-5-fosfato, xilulose-5-fosfato* e *ribulose-5-fosfato;* hexose (seis carbonos) *frutose-6-fosfato, frutose-1,6-bifosfato* e *glicose-6-fosfato;* e heptose (sete carbonos) *sedoheptulose-7-fosfato* e *sedoheptulose-1,7-bifosfato*. Observando as sequências de tempo em que cada fosfato de açúcar se tornava marcado a partir do $^{14}CO_2$ e depois degradando cada um deles para determinar quais átomos continham ^{14}C, foi possível prever um trajeto metabólico que relacionava os compostos uns aos outros (Bassham, 1965, 1979).

Quando o 3-PGA marcado com ^{14}C era degradado, a maioria de ^{14}C estava no carbono carboxila, como mostram os asteriscos da Reação 11.1, mas os outros dois carbonos também eram marcados. Esse padrão de marcação sugeriu que os dois últimos carbonos de 3-PGA não eram derivados diretamente do $^{14}CO_2$, mas sim formados pela transferência do carbono a partir do átomo do carbono carboxila do 3-PGA por algum processo cíclico. Um trajeto cíclico que usa o 3-PGA para formar os outros fosfatos de açúcar previamente mencionados e que também converte parte de seus carbonos de volta em RuBP logo foi estabelecido. Essas reações foram chamadas coletivamente de **ciclo de Calvin**, **ciclo de redução do carbono fotossintético** ou **trajeto fotossintético C-3** (porque o primeiro produto, 3-PGA, contém três carbonos). Calvin recebeu o Nobel de Química em 1961 pelo seu trabalho.

O ciclo de Calvin ocorre no estroma dos cloroplastos e consiste em três partes principais: **carboxilação**, **redução** e **regeneração**, como explicado abaixo e resumido na Figura 11-2. A carboxilação envolve a adição de CO_2 e H_2O ao RuBP para formar duas moléculas do 3-PGA (Reação 11.1). Na fase de redução, o grupamento carboxila no

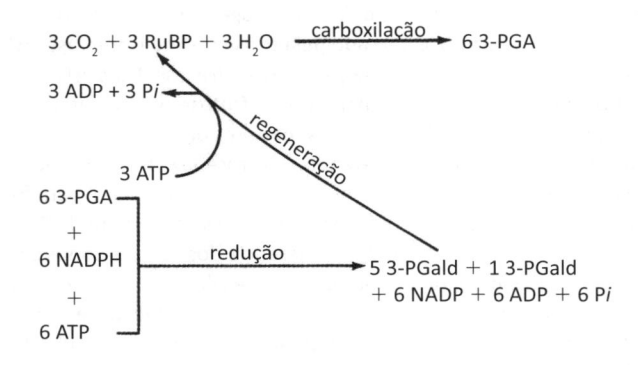

$$3\ CO_2 + 3\ RuBP + 3\ H_2O \xrightarrow{\text{carboxilação}} 6\ \text{3-PGA}$$

$$3\ ADP + 3\ Pi \xleftarrow{\quad\quad\quad}$$

$$3\ ATP \xrightarrow{\quad\quad\quad}$$ regeneração

$$\begin{array}{l}
6\ \text{3-PGA} \\
+ \\
6\ NADPH \\
+ \\
6\ ATP
\end{array} \xrightarrow{\text{redução}} \begin{array}{l}
5\ \text{3-PGald} + 1\ \text{3-PGald} \\
+ 6\ NADP + 6\ ADP + 6\ Pi
\end{array}$$

resumo:

$$3\ CO_2 + 5\ H_2O + 9\ ATP + 6\ NADPH + 6H^+ \longrightarrow 1\ \text{3-PGald} + 6\ NADP^+ + 9\ ADP + 8\ Pi$$

FIGURA 11-2 Um resumo do ciclo de Calvin, enfatizando as fases de carboxilação, redução e regeneração.

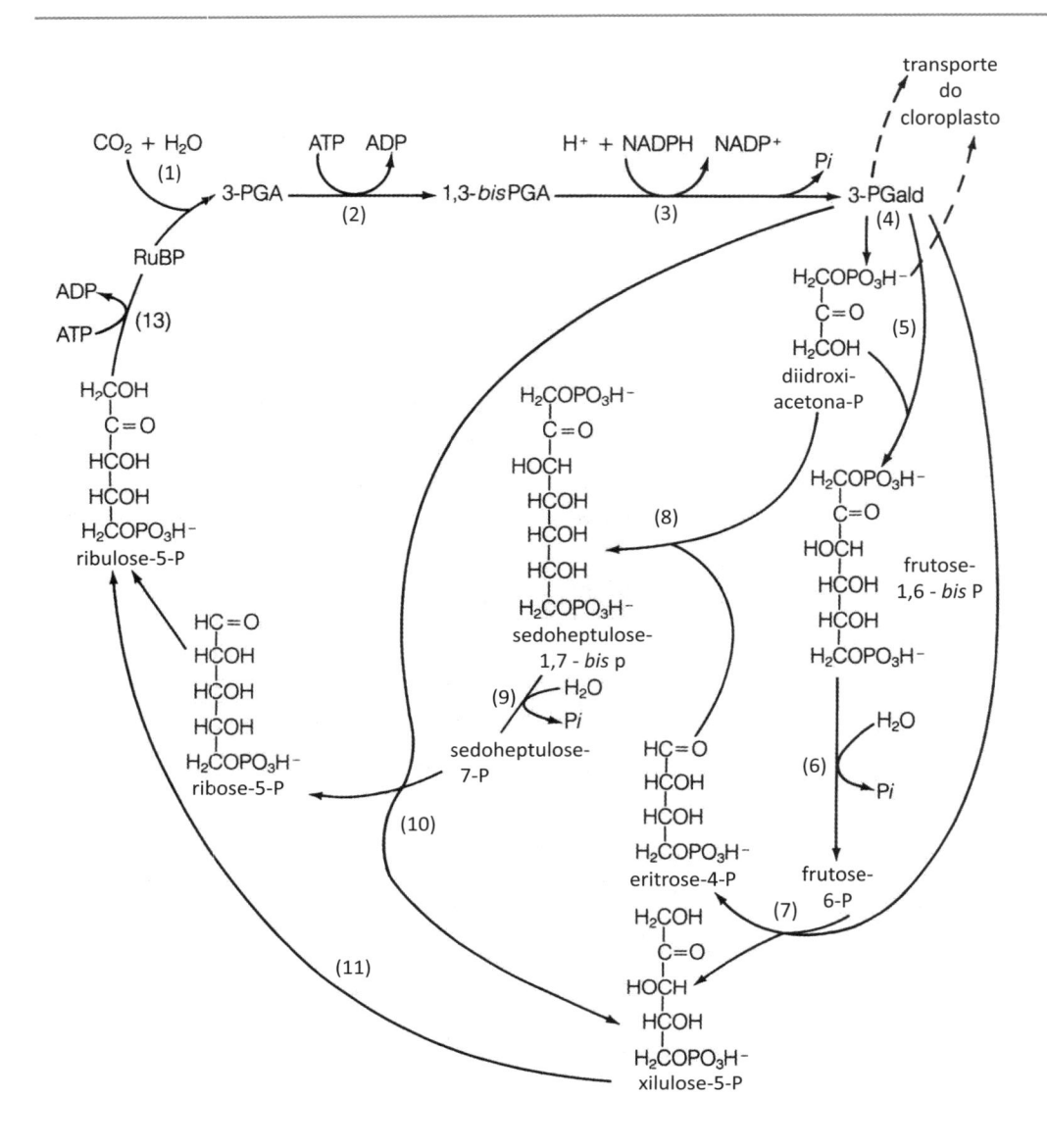

FIGURA 11-3 Reações do ciclo de Calvin. As reações detalhadas incluem **(1)**, superior esquerdo, fixação do CO_2 no 3-PGA catalisado pelo rubisco, **(2)** fosforilação do 3-PGA pelo ATP para formar 1,3-bisPGA, catalisado pela fosfogliceroquinase, **(3)** redução do 1,3-bisPGA para 3-PGaldeído, catalisado pelo 3-fosfogliceraldeído desidrogenase, **(4)** isomerização do 3-PGaldeído para formar diidroxiacetona fosfato, catalisado pela triose fosfato isomerase, **(5)** combinação de aldol do 3-PGaldeído e diidroxiacetona-P para formar frutose-1,6-bi/sP, catalisado por aldolase, **(6)** hidrólise do fosfato do C-1 da frutose-bisP para formar frutose-6-P, catalisado por frutose-1,6-bisfosfato fosfatase, **(7)** transferência dos dois carbonos superiores da frutose-6-P para o 3-PGaldeído para formar a xilulose-5-P de 5 carbonos, liberando a eritrose-4-P de 4 carbonos, catalisada pela transcetolase, **(8)** combinação de aldol da eritrose-4-P e diidroxiacetona-P para formar sedoheptulose-1,7-bisP, catalisada novamente pela aldolase, **(9)** hidrólise do fosfato do C-1 da sedoheptulose-1,7-bisP para formar sedoheptulose-7-P, **(10)** transferência dos dois carbonos superiores da sedoheptulose-7-P para o 3-PGaldeído para formar ribose-5-P e xilulose-5-P, catalisada novamente pela transcetolase. (Observe que essa é a quarta reação à qual o 3-PGaldeído se submete dentro do cloroplasto, e que ele também pode ser transportado para fora do cloroplasto, direita superior.) Na reação **(11)**, a xilulose-5-P é isomerisada por uma epimerase para formar outra pentose fosfato, a ribulose-5-P. Essa ribulose-5-P também pode ser formada na reação **(12)** por uma isomerase diferente, que usa como substrato a ribose-5-P. Na reação **(13)**, a ribulose-5-P é convertida em RuBP pela ribulose-5-P quinase, permitindo que a fixação do CO_2 ocorra novamente.

3-PGA é reduzido para um grupamento aldeído no *3-fosfogliceraldeído* (*3-PGaldeído*), conforme segue:

$$\text{3-PGA} \xrightarrow[ADP]{ATP} \text{ácido 1,3-bifosfoglicérico}$$

$$\text{ácido 1,3-bifosfoglicérico} \xrightarrow[H_2PO_4^- (Pi)]{NADPH+H^+ \rightarrow NADP^+} \text{3-fosfogliceraldeído} \quad (11.2)$$

Observe que a redução não ocorre diretamente; o grupamento carboxila do 3-PGA é primeiro convertido em um tipo de ácido anídrico do éster em *ácido 1,3-bifosfoglicérico* (*1,3-bisPGA*) pela adição do grupamento do fosfato terminal do ATP. Esse ATP se origina na fotofosforilação (descrita no Capítulo 10) e o ADP liberado quando o 1,3-bisPGA é formado é rapidamente convertido de volta em ATP por reações adicionais de fotofosforilação. O verdadeiro agente redutor na Reação 11.2 é o NADPH, que doa dois elétrons para o átomo de carbono superior envolvido no grupamento anídrico do éster. Simultaneamente, o Pi é liberado desse grupo para ser usado novamente na conversão de ADP em ATP. O NADP$^+$ é reduzido novamente para NADPH nas reações orientadas pela luz descritas no Capítulo 10 (consulte a Figura 10-10).

A Reação 11.2 representa a única etapa de redução em todo o ciclo de Calvin; uma vez que as duas moléculas de 3-PGA produzidas na Reação 11.1 são reduzidas da mesma forma, essa etapa envolve o uso de dois dos três ATPs necessários para converter uma molécula de CO_2 em parte de um carboidrato. Portanto, para cada CO_2 fixado, são exigidos dois NADPHs e dois ATPs. Um terceiro ATP é usado na fase de regeneração, tornando a exigência total de três ATPs e dois NADPHs para cada molécula de CO_2 fixado e reduzido.

O fator regenerado nessa fase é o RuBP, que é necessário para reagir com o CO_2 adicional que se difunde constantemente para as folhas através dos estômatos. Esta fase é complexa e envolve açúcares fosforilados com quatro, cinco, seis e sete carbonos, conforme mostrado em detalhes na Figura 11-3. Na reação final do ciclo de Calvin (Reação 13), o terceiro ATP exigido para cada molécula de CO_2 fixado é usado para converter a ribulose-5-fosfato em RuBP; o ciclo então recomeça.

Enfatizamos que três giros do ciclo fixam três moléculas de CO_2 e há uma produção geral de um 3-PGaldeído. Algumas moléculas de 3-PGaldeído são usadas nos cloroplastos para formar amido, o principal produto fotossintético na maioria das espécies quando a fotossíntese ocorre rapidamente. Outras são transportadas para fora dos cloroplastos por um sistema de antiporte (consulte a Seção 7.10) em troca do Pi ou do 3-PGA do citosol (Heldt e Flugge, 1987; Heldt et al., 1990). Outras ainda são convertidas em diidroxiacetona fosfato, uma triose fosfato de três carbonos semelhante, que pode ser transferida para fora dos cloroplastos pelo mesmo sistema de antiporte. Esse sistema ajuda a manter constante a quantidade total de fosfato no cloroplasto, mas leva ao surgimento geral de triose fosfatos no citosol. Estes triose fosfatos são usados no citosol para formar a sacarose, os polissacarídeos da parede celular e centenas de outros compostos dos quais a planta é feita. O seu transporte é particularmente importante porque os numerosos outros fosfatos de açúcar do ciclo de Calvin são mantidos principalmente dentro do cloroplasto.

11.3 O trajeto do ácido dicarboxílico C-4: algumas espécies fixam o CO_2 diferentemente

Considerava-se que a descoberta das reações do ciclo de Calvin esclarecera a fixação do CO_2 e a redução nas plantas, mas uma nova era na pesquisa sobre a fotossíntese chegou em 1965, com uma descoberta feita no Havaí por H. P. Kortschak, C. E. Hartt e G. O. Burr. Eles observaram que as folhas da cana-de-açúcar, nas quais a fotossíntese é incomumente rápida e eficiente, fixam inicialmente a maior parte do CO_2 no carbono 4 dos ácidos málico e aspártico. Depois de aproximadamente 1 segundo de fotossíntese no $^{14}CO_2$, 80% do ^{14}C fixado estavam nesses dois ácidos e apenas 10% no PGA, indicando que, nessa planta, o 3-PGA não é o primeiro produto da fotossíntese. Esses resultados foram rapidamente confirmados na Austrália por M. D. Hatch e C. R. Slack, que observaram que algumas espécies de gramíneas de origem tropical, incluindo o milho, mostravam padrões semelhantes de marcação depois da fixação do $^{14}CO_2$ (Hatch, 1977). Outras gramíneas, como trigo, aveia, arroz e bambu, que não eram estreitamente relacionadas de ponto de vista taxonômico com as gramíneas tropicais, produziam o 3-PGA como o produto de fixação predominante.

Os novos resultados de Kortschak et al. (1965) e de Hatch e Slack mostraram que a reação primária de carboxilação de algumas espécies é diferente daquela que envolve a ribulose bifosfato. As espécies que produzem os ácidos de quatro carbonos como seus produtos primários iniciais de fixação do CO_2 são agora comumente chamadas de **espécies C-4**; as que fixam o CO_2 inicialmente no 3-PGA são chamadas de **espécies C-3**. No entanto, existem algumas espécies com propriedades intermediárias e acredita-se que elas representem transições evolucionárias das espécies C-3 para C-4 (Edwards e Ku, 1987; Monson e Moore, 1989; Brown e Hattersley, 1989).

A maioria das espécies C-4 são monocotiledôneas (principalmente gramíneas e ciperáceas), embora mais de 300 sejam dicotiledôneas. Entre as gramíneas, a cana-de-açúcar, o milho e o sorgo são culturas agrícolas importantes, e numerosas gramíneas (principalmente nas latitudes sul) também são plantas C-4. Sabemos que o trajeto C-4 ocorre em mais de 1000 espécies de angiospermas, distribuídas entre pelo menos 19 famílias. Pelo menos 11 gêneros incluem espécies C-3 e C-4. Listas amplas de espécies C-4 são fornecidas nas referências de Krenzer et al. (1975), Downton (1975), Winter e Troughton (1978) e (para as gramíneas da América do Norte) por Waller e Lewis (1979). Numerosas ciperáceas C-4 são listadas por Hesla et al. (1982). Todas as gimnospermas, briófitas e algas e a maioria das pteridófitas que foram estudadas são plantas C-3, assim como quase todas as árvores e arbustos. Algumas espécies de árvores ou arbustos de *Euphorbia* do Havaí apresentam o trajeto C-4 (Pearcy, 1983).

Considerando-se que existam 285.000 espécies de plantas que florescem (monocotiledôneas e dicotiledôneas), a presença do trajeto C-4 em cerca de 0,4% daquelas investigadas pode parecer que não valha a pena mencioná-las. A grande atenção que elas receberam surgiu principalmente por causa da importância econômica de algumas delas e porque, sob irradiação alta e temperaturas quentes, elas podem fotossintetizar mais rapidamente e produzir substancialmente mais biomassa que as plantas C-3. As investigações do trajeto C-4 também nos ensinaram muito sobre as limitações para a fotossíntese nas plantas C-3 e ampliaram o conhecimento ecológico geral sobre os fatores que controlam a produtividade em vários climas (assuntos cobertos nos Capítulos 12 e 25).

A reação pela qual o CO_2 (na verdade, HCO_3^-) é convertido no carbono 4 do malato e do aspartato ocorre por meio de sua combinação inicial com o **fosfoenolpiruvato (PEP)** para formar **oxaloacetato** e Pi:

$$H^*CO_3^- + \underset{\underset{CH_2}{|}}{\overset{\overset{COOH}{|}}{C-OPO_3H^-}} \longrightarrow \underset{\underset{\underset{*COOH}{|}}{\underset{CH_2}{|}}}{\overset{\overset{COOH}{|}}{C=O}} + Pi$$

PEP   ácido oxaloacético   (11.3)

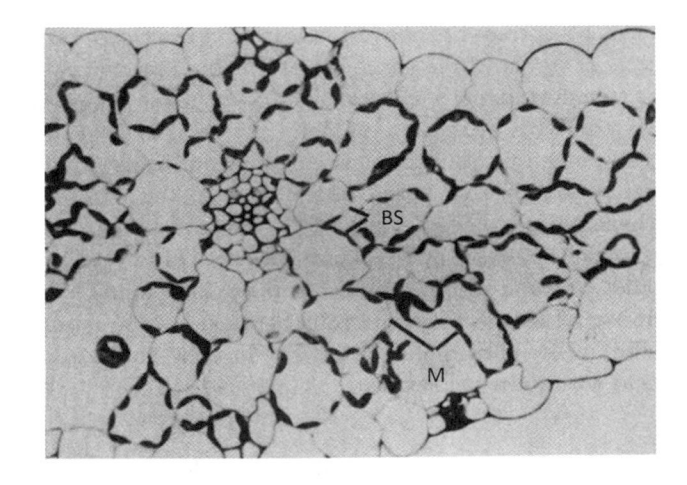

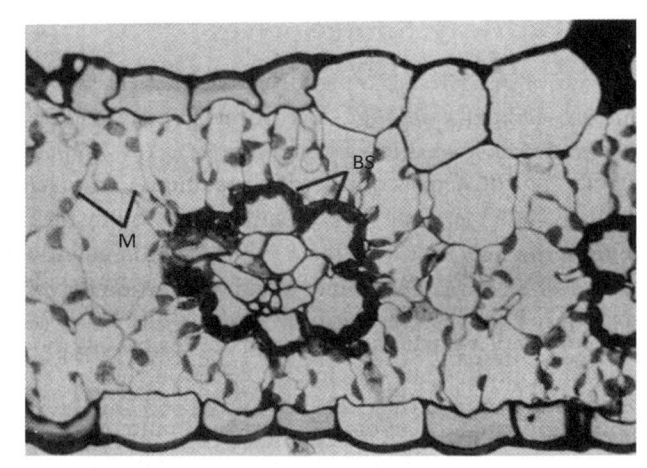

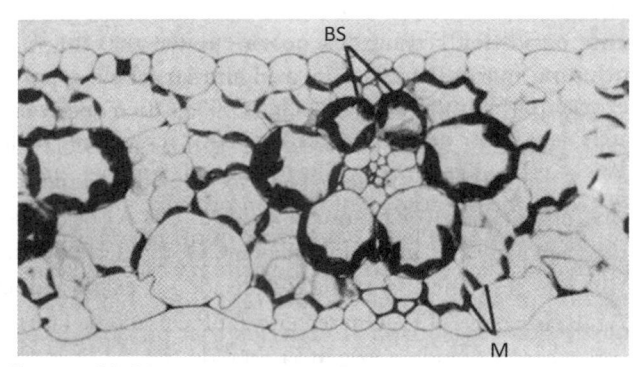

FIGURA 11-14 Cortes transversais da folha de uma monocotiledônea C-3 (carvalho, acima) e monocotiledôneas C-4 (milho no centro e capim de Rodes abaixo). BS = bainha de feixe; M = células do mesofilo. (De Frederick e Newcomb, 1971.)

Essa é uma reação irreversível. O oxaloacetato não é normalmente um produto detectável da fotossíntese, mas pode ser encontrado quando são tomadas precauções para impedir sua conversão rápida nos ácidos málico e aspártico e sua susceptibilidade anormalmente alta à destruição nos procedimentos de isolamento e cromatografia.

A **fosfoenolpiruvato carboxilase (PEP carboxilase)**, uma enzima que exige o Mg^{2+} e que aparentemente está presente em todas as células dos vegetais vivos, é o catalisador envolvido (consulte as revisões de Andreo et al., 1987; Stiborova, 1988). Sua importância é especial porque, nas folhas das espécies C-4, uma de suas isoenzimas ativas é atipicamente abundante nessas espécies (10 a 15% da proteína total da folha) e um trajeto cíclico que mantém um suprimento constante e relativamente abundante de PEP também está presente. Nas folhas das espécies C-3 e nas raízes, frutas e outras células (independentemente da espécie) que não possuem clorofila, outras isoenzimas da PEP carboxilase estão presentes. Aqui, a principal função da enzima parece ser ajudar a repor os ácidos do ciclo de Krebs usados nas reações sintéticas (consulte o Capítulo 13) e ajudar a formar o malato necessário para as funções de equilíbrio da carga. Em todos os casos, a PEP carboxilase existe no citosol fora de qualquer organela (incluindo o cloroplasto).

As reações que convertem o oxaloacetato em malato e aspartato nas plantas C-4 são as seguintes:

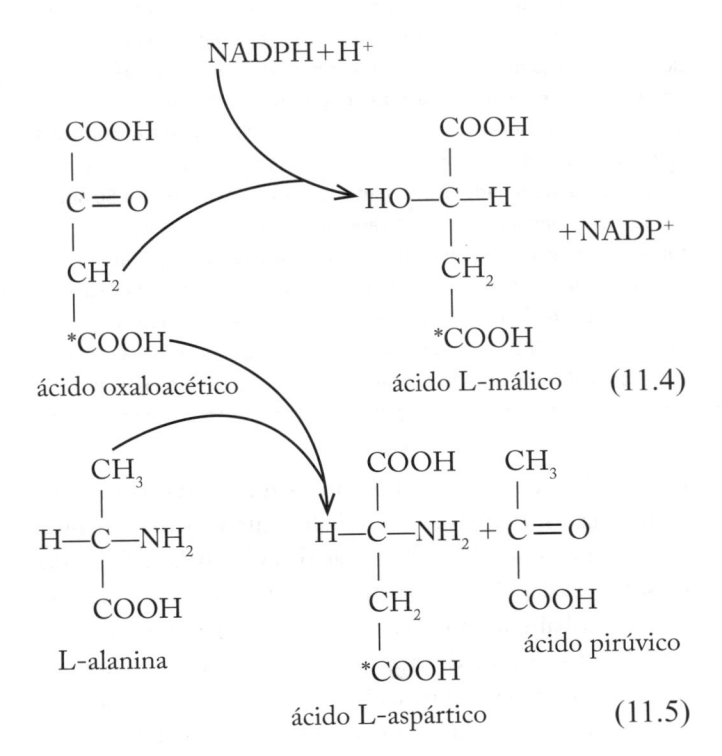

$$\begin{array}{c} \text{COOH} \\ | \\ \text{C}=\text{O} \\ | \\ \text{CH}_2 \\ | \\ \text{*COOH} \end{array} \xrightarrow{\text{NADPH}+\text{H}^+} \begin{array}{c} \text{COOH} \\ | \\ \text{HO}-\text{C}-\text{H} \\ | \\ \text{CH}_2 \\ | \\ \text{*COOH} \end{array} + \text{NADP}^+$$

ácido oxaloacético → ácido L-málico (11.4)

$$\begin{array}{c} \text{CH}_3 \\ | \\ \text{H}-\text{C}-\text{NH}_2 \\ | \\ \text{COOH} \end{array} \longrightarrow \begin{array}{c} \text{COOH} \\ | \\ \text{H}-\text{C}-\text{NH}_2 \\ | \\ \text{CH}_2 \\ | \\ \text{*COOH} \end{array} + \begin{array}{c} \text{CH}_3 \\ | \\ \text{C}=\text{O} \\ | \\ \text{COOH} \end{array}$$

L-alanina → ácido L-aspártico + ácido pirúvico (11.5)

A formação do malato na Reação 11.4 é catalisada pela malato desidrogenase, com os elétrons necessários fornecidos pelo NADPH. É interessante notar que a malato desidrogenase é uma enzima do cloroplasto, o que significa que o oxaloacetato (formado no citosol) deve se mover para dentro do cloroplasto para a redução em malato. Esse movimento ocorre por outro sistema de antiporte do cloroplasto, no qual o oxaloacetato é transportado para dentro em um transportador que também move o malato para fora. A formação do aspartato a partir do oxaloacetato ocorre no citosol e requer outro aminoácido, como a alanina, como fonte de um grupamento amino. Esse tipo de reação é chamada de **transaminação**, porque a transferência de um grupamento amino está envolvida (consulte a Seção 14.3).

Tornou-se evidente que, nas espécies C-4, existe uma divisão do trabalho entre dois tipos diferentes de células fotossintéticas: as células do mesofilo e da bainha do feixe (Campbell e Black, 1982). Os dois tipos de células são necessários para produzir sacarose, amido e outros produtos vegetais. Uma camada distinta (ocasionalmente, duas) de **células da bainha de feixe** estreitamente acondicionadas, com paredes grossas e bastante impermeáveis ao gás, quase sempre cerca os feixes vasculares da folha e os separa das células do mesofilo predominante. Essa disposição concêntrica das células da bainha de feixe é descrita como **anatomia de Kranz** (em alemão, "halo" ou "guirlanda"). Em comparação com as plantas C-3, nas quais uma bainha de feixe muito menos distinta também está presente, as células da bainha de feixe de muitas plantas C-4 possuem paredes mais grossas, muito mais cloroplastos, mitocôndrias e outras organelas e vacúolos centrais menores. A Figura 11-4 mostra uma comparação da anatomia da folha em corte transversal em gramíneas C-3 e C-4 representativas.

Os cloroplastos das células da bainha de feixe possuem quase todo o amido da folha, e pouco está presente nos cloroplastos das células mais livremente organizadas do mesofilo que o cercam, embora essa distribuição do amido dependa da espécie (Huber et al., 1990). Os estudos com células isoladas da bainha de feixe e do mesofilo confirmaram as suposições prévias de que o malato e o aspartato são formados nas células do mesofilo e que o 3-PGA, a sacarose e o amido são produzidos principalmente nas da bainha de feixe. A rubisco existe apenas nas células da bainha de feixe, assim como a maioria das enzimas do ciclo de Calvin; portanto, o ciclo de Calvin completo ocorre apenas nas células da bainha de feixe. Por outro lado, a PEP carboxilase ocorre principalmente nas células do mesofilo. *Portanto, as espécies C-4 realmente usam os dois tipos de mecanismos de fixação do CO_2.*

Os principais motivos pelos quais o CO_2 aparece primeiro no malato e no aspartato são que, depois da entrada no estômato, o CO_2 penetra primeiro nas células do mesofilo, pois as atividades da PEP carboxilase são altas ali e a

Explorando o trajeto do carbono na fotossíntese (I)

James A. Bassham

James A. Bassham, a quem a maioria dos amigos chama de "Al", participou como aluno de graduação do esclarecimento do trajeto do carbono na fotossíntese, e hoje é professor de química na University of California, em Berkeley. Em 1977 ele nos contou sua história:

Quando me lembro da minha época como aluno de graduação, há 30 anos, minhas duas primeiras impressões são de boa sorte e empolgação. A boa sorte proporcionou meu envolvimento naquela pesquisa específica, naquela hora e lugar.

A cadeia de eventos que me levou até ali começou quando preenchi um formulário de inscrição na University of California, em Berkeley, e decidi escrever "química" no espaço em branco porque havia recebido um prêmio de química no ensino secundário. Então, em uma aula de química no meu primeiro ano, em uma manhã de primavera, o nosso instrutor, o Professor Sam Rubem, decidiu deixar de lado suas notas e palestras de laboratório e nos contar um pouco sobre sua pesquisa. Ele e outros cientistas haviam descoberto um novo radioisótopo de carbono (chamado de carbono-14), e o estavam aplicando em vários usos. Para mim, o mais interessante era um marcador para mapear o trajeto da fixação do carbono nas plantas verdes produtoras de açúcar e usuárias da luz solar. Certamente, aquilo era mais interessante do que precipitar vários sulfatos com o sulfato de hidrogênio na bancada do laboratório de química do primeiro ano, como parte do meu treinamento em análise qualitativa. A chegada da Segunda Guerra Mundial, no entanto, e três anos a serviço da Marinha dos Estados Unidos adiaram esses meus pensamentos.

O terceiro elo dessa cadeia de circunstâncias acompanhou meu retorno para Berkeley como aluno de graduação em química, após o final da guerra. Como eu era um aluno não formado de Berkeley, o Departamento de Química estava relutante em me aceitar na graduação, porque a sua sábia política era de encorajar ex-alunos a estudarem em outro lugar para conseguir sua graduação. Depois de muita discussão, deixaram-me fazer apenas os trabalhos do curso. Por algum milagre, no final do primeiro semestre, o reitor me convidou a ficar e trabalhar no meu doutorado.

Como é comum nesses casos, fui instruído a entrevistar vários professores de química orgânica para (eles esperavam) encontrar alguém disposto a me aceitar para fazer pesquisas em um projeto para a minha tese. A primeira pessoa com quem conversei foi um jovem professor chamado Melvin Calvin. Por coincidência, o primeiro tópico que ele mencionou foi o mapeamento do trajeto da redução do carbono durante a fotossíntese, usando o carbono-14 como marcador. Logo eu soube que o Dr. Ruben havia perdido sua vida em um terrível acidente no laboratório durante a guerra, e que agora o trabalho com o carbono-14 era realizado no recém-formado BioOrganic Chemistry Group da University of California. O Professor Ernest Lawrence, diretor do laboratório de radiação (que atualmente se chama Lawrence Berkeley Laboratory), convidou Melvin Calvin para formar uma divisão a fim de explorar os usos do carbono-14 nas investigações de bioquímica e de mecanismos de reação orgânica. O trabalho já estava em andamento.

O Professor Calvin começou a me contar sobre vários projetos que envolviam a síntese orgânica e os mecanismos de reação usando esse radioisótopo, mas ele nem precisava ter tido esse trabalho, porque eu já havia tomado minha decisão. Se fosse possível e aceitável para ele, eu estava ansioso para começar a trabalhar usando o carbono-14 para estudar a fotossíntese. Ele concordou e logo me acompanhou do edifício de química de tijolos vermelhos, atravessando o pátio, até um edifício de madeira ainda mais antigo e decadente, que havia sido construído como local temporário há meio século. Como a maioria dos colegas universitários sabe, os edifícios temporários construídos em campus de universidades geralmente servem pelo menos por 50 anos. Nesse local, chamado de Antigo Laboratório de Radiação, logo fui apresentado ao pequeno grupo de pessoas que se provaram instrumentais no trabalho que levou ao mapeamento do trajeto do carbono na fotossíntese. Um dos mais importantes foi Andrew A. Benson, um jovem cientista de pós-doutorado que trabalhava com o Professor Calvin no projeto de fotossíntese. Andy era um excelente

---

rubisco não está presente nesse local. A maior parte do CO_2 que foi recentemente fixada nos grupamentos carboxila do malato e do aspartato é rapidamente transferida, talvez pelos plasmodesmas abundantes (consulte as setas na Figura 11-5), para as células da bainha de feixe. Nesse local, os compostos passam pela descarboxilação com a liberação do CO_2, que é então fixado pela rubisco no 3-PGA. A principal fonte do CO_2 para as células da bainha de feixe são, portanto, os ácidos C-4 formados no mesofilo.

A sacarose e o amido são finalmente formados a partir do 3-PGA nas células da bainha do feixe, usando-se as reações do ciclo de Calvin e outras que ainda não foram mencionadas. A divisão do trabalho citada acima envolve o aprisionamento do CO_2 nos ácidos C-4 pelas células do mesofilo e, depois da transferência desses ácidos para as células da bainha de feixe, a descarboxilação e a refixação do CO_2. Os ácidos de três carbonos (piruvato e alanina) resultantes da descarboxilação dos ácidos C-4 então retornam às células do mesofilo, onde são convertidos em PEP e carboxilados com a PEP carboxilase para manter o ciclo em andamento. Os ácidos C-4 formados nas células do mesofilo parecem apenas ser os transportadores do CO_2

experimentador e me ensinou muito sobre como criar aparelhos e técnicas para resolver os novos tipos de problemas no laboratório. Obviamente, como sabem todos os que conhecem o mapeamento do trajeto do carbono na fotossíntese, ele cumpriu uma função muito importante na identificação de vários intermediários do fosfato de açúcar, que acabaram sendo estabelecidos como componentes essenciais no trajeto fotossintético. Outras pessoas tiveram papéis importantes, como cientistas visitantes, equipes de cientistas e alunos, mas o espaço não me permite descrever todas.

Pensando naqueles antigos colegas e no laboratório, lembro-me da segunda impressão mais importante que ficou daquela época: uma sensação de enorme empolgação. Esse antigo laboratório de radiação era um ótimo local para trabalhar, o projeto de pesquisa era fascinante e todas as pessoas, sem exceção, estavam entusiasmadas com o trabalho. Eu suponho que, até certo ponto, o motivo é que tínhamos uma técnica nova, (na época) quase exclusiva, e um problema importante ao qual aplicá-la. No entanto, era muito mais do que isso, principalmente devido à influência da personalidade de Melvin Calvin. Ele estava no laboratório todas as manhãs ou assim que conseguisse se liberar de suas tarefas de professor, fazendo perguntas sobre os últimos experimentos e estabelecendo o programa das novas experiências para fazer. Não importava que no dia anterior ele houvesse esboçado um experimento que, na nossa opinião, demoraria um mês; na manhã seguinte, ele já estava perguntando sobre nosso progresso nele. Como todos sabemos, esse é um procedimento excelente para estimular os alunos de graduação. Não estou dizendo que ele nos sobrecarregava; ele era simplesmente motivado por um enorme entusiasmo pelo projeto e pelos resultados que conseguíamos. Quando tínhamos a sorte de obter um novo resultado, isso sempre tinha uma importância nova e maior depois que ele o examinava.

Essa sensação de conquista era ainda mais intensificada quando desenvolvíamos técnicas para analisar os produtos radioativos da fotossíntese usando a cromatografia de papel bidimensional e a radioautografia. Essa era uma bela ferramenta analítica, mas sofria com uma desvantagem: eram necessárias duas semanas após o experimento original, até que os filmes fossem revelados, para localizarmos e contarmos o ^{14}C nas manchas radioativas. Obviamente, tínhamos que aprender a continuar fazendo outros experimentos sem esperar pelos resultados do anterior. Portanto, havia uma sensação considerável de suspense quando os filmes dos raios X estavam se revelando na sala escura e as manchas começavam a aparecer diante de nossos olhos. Algumas das fases da pesquisa eram ainda mais dolorosas e exaustivas. Por exemplo, a degradação das moléculas depois de períodos curtos de fotossíntese para localizar o radiocarbono dentro delas poderia demorar algumas semanas, ou até meses, antes que o produto final fosse obtido.

Levados pelo nosso entusiasmo para superar essas dificuldades, trabalhávamos horas e semanas a fio. Quando isso chegava a um ponto intolerável e tínhamos a necessidade de rejuvenescimento mental, Andy Benson organizava uma expedição ao alto da Sierra, e vários de nós saíamos para um rigoroso fim de semana escalando picos de 4.200 m de altura. Depois dessas excursões, voltávamos ao laboratório fisicamente exaustos, mas mentalmente revigorados. Suspeito que Melvin Calvin sempre ficava aliviado ao nos ver voltando para o laboratório depois dessas expedições de alpinismo sem enfermidades mais graves do que músculos doloridos ou bolhas nos pés.

No meio do trabalho de mapeamento do trajeto do carbono na fotossíntese, eu já havia feito pesquisas suficientes na minha parte do projeto para justificar sua redação como tese de doutorado. Minha principal relutância era pensar que, então, eu teria que sair desse interessante projeto e encontrar um emprego, fazendo algo que certamente seria muito menos emocionante. Felizmente para mim, fui convidado a permanecer no pós-doutorado e pude continuar fazendo parte da equipe enquanto o caminho do carbono na fotossíntese era totalmente mapeado.

As técnicas que desenvolvemos durante esse período se provaram extremamente valiosas para os estudos da regulação metabólica nas células vegetais (e até mesmo nas animais) e definiram minha carreira científica. Mantivemos a empolgação e a cooperação no laboratório com o passar dos anos, apesar das duas mudanças e do aumento de uma dúzia de pessoas para mais de 100. O principal responsável por manter essa atmosfera de animação e determinação foi Melvin Calvin.

---

para as células da bainha de feixe. Essa ideia é ilustrada no modelo do trajeto C-4 e sua relação com o ciclo de Calvin apresentado na Figura 11-6.

Dois aspectos adicionais desse modelo exigem uma explicação. O primeiro envolve os mecanismos pelos quais o aspartato e o malato são descarboxilados nas células da bainha de feixe. Surpreendentemente, três desses mecanismos ocorrem (dependendo da espécie) e algumas espécies utilizam mais de um (Kelly et al., 1989). Dois desses mecanismos são mostrados na Figura 11-6. Nos chamados **formadores de aspartato** (espécies que formam mais aspartato do que malato), o aspartato que se move para a bainha de feixe é alterado de volta para oxaloacetato pela transaminação. Em seguida, esse oxaloacetato é reduzido para malato pela *malato desidrogenase dependente do NADH*. (**NADH** é uma enzima capaz de transferir dois elétrons e sua estrutura é quase idêntica à do NADPH, como explica a Figura 10-11. A forma oxidada do NADH é NAD^+.) O malato é descarboxilado de maneira oxidativa por uma enzima málica que utiliza o NAD^+ como aceptor do elétron. Piruvato, CO_2 e NADH são os produtos. O piruvato é então convertido em alanina por outra transaminação. À medida

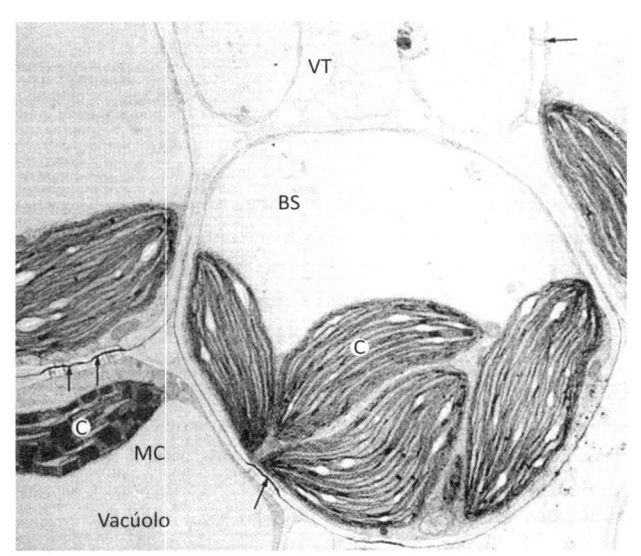

FIGURA 11-5 Eletromicrografia das células do mesofilo adjacente (MC) e células da bainha de feixe (BS) no capim colchão (*Digitaria sanguinalis*), que é uma planta C-4. Observe os grana abundantes e a falta de amido no cloroplasto das células do mesofilo, mas a ausência de grana e a presença de vários grânulos pequenos de amido nos cloroplastos da bainha de feixe (C). As setas marcam os plasmodesmas em que se suspeita que a passagem dos ácidos orgânicos ocorra. O tecido vascular (VT) é mostrado no topo. (De Black et al., 1973.)

que a alanina se move de volta para as células do mesofilo, o nitrogênio contido nela substitui aquela perda quando o aspartato foi transportado para as células da bainha de feixe.

Os **formadores de malato** (espécies que formam principalmente o malato) transferem o malato para as bainhas de feixe, onde ele também é descarboxilado de maneira oxidativa para CO_2 e piruvato, mas com uma enzima málica que utiliza o $NADP^+$ em forte preferência ao NAD^+ (Figura 11-6, centro à esquerda). O NADPH formado por essa enzima ajuda a reduzir o 3-PGA para 3-PGaldeído (consulte a Reação 11.2), como indicado no modelo.

O terceiro sistema de descarboxilação, que não é mostrado na Figura 11-6, opera principalmente nos formadores de aspartato e envolve o oxaloacetato formado a partir do aspartato na bainha de feixe. Nesse sistema, o oxaloacetato reage com ATP (catalisado pela *PEP carboxiquinase*) para liberar CO_2, PEP e ADP. O CO_2 é fixado pela rubisco e convertido em carboidratos pelo ciclo de Calvin, e o ADP é convertido de volta em ATP pela fotofosforilação.

O segundo aspecto do nosso modelo que exige uma explicação envolve a maneira como os ácidos de três carbonos, que são transportados de volta para as células do mesofilo, regeneram o PEP necessário para a fixação continuada do CO_2 ali. Se o piruvato for transportado de volta, ele é absorvido pelos cloroplastos do mesofilo. Se a alanina for transportada de volta, ela é convertida em piruvato por outra transaminação, e o piruvato é absorvido pelos cloroplastos do mesofilo. Então, seja qual for o caso, a enzima de cloroplasto incomum chamada de *piruvato fosfato diquinase* usa o ATP para converter o piruvato em PEP e PPi:

$$\begin{array}{c} \text{COOH} \\ | \\ \text{C}=\text{O} \\ | \\ \text{CH}_3 \end{array} + \text{ATP} + \text{P}i \rightleftharpoons \begin{array}{c} \text{C}-\text{OPO}_3\text{H}^- \\ \| \\ \text{CH}_2 \end{array} + \text{AMP}$$

ácido pirúvico   PEP

$$+ \text{HO}-\overset{\overset{\displaystyle O^-}{|}}{\underset{\underset{\displaystyle O}{\|}}{P}}-\text{O}-\overset{\overset{\displaystyle O^-}{|}}{\underset{\underset{\displaystyle O}{\|}}{P}}-\text{OH}$$

pirofosfato (11.6)

Os cálculos da energia necessária para operar o trajeto C-4, com o seu ciclo de Calvin adicional, indicam que para cada CO_2 fixado, dois ATPs, além dos três necessários no ciclo de Calvin, são necessários. Esses dois ATPs adicionais são necessários para que a síntese de PEP possa ser mantida para a fixação continuada de CO_2. Não existe uma necessidade adicional de NADPH porque para cada NADPH usado para reduzir o oxaloacetato nas células do mesofilo, uma também é reconquistada durante a ação da enzima málica nas células da bainha de feixe.

Apesar da aparente ineficiência com respeito à utilização de ATP nas espécies C-4, essas plantas quase sempre mostram taxas mais rápidas de fotossíntese por unidade de área de superfície foliar do que as espécies C-3 quando ambas são expostas a níveis altos de luz e a temperaturas quentes nos níveis do CO_2 ambiente. As espécies C-4 são adaptadas às espécies C-3 e evoluem a partir delas nas regiões de seca periódica, como as savanas tropicais. Quando as temperaturas atingem de 25 a 35 °C e os níveis de irradiação são altos, as plantas C-4 têm quase o dobro da eficiência das plantas C-3 para converter a energia solar em matéria seca.

Frequentemente, a fotossíntese nas plantas C-3 é limitada pelos níveis de CO_2 atmosférico, mas as plantas C-4 são muito menos limitadas pelo CO_2 porque bombeiam efetivamente o CO_2 para as células da bainha de feixe quanto transportam o ácido málico ou aspártico para elas. Essa ação de bombeamento concentra o CO_2 nas células

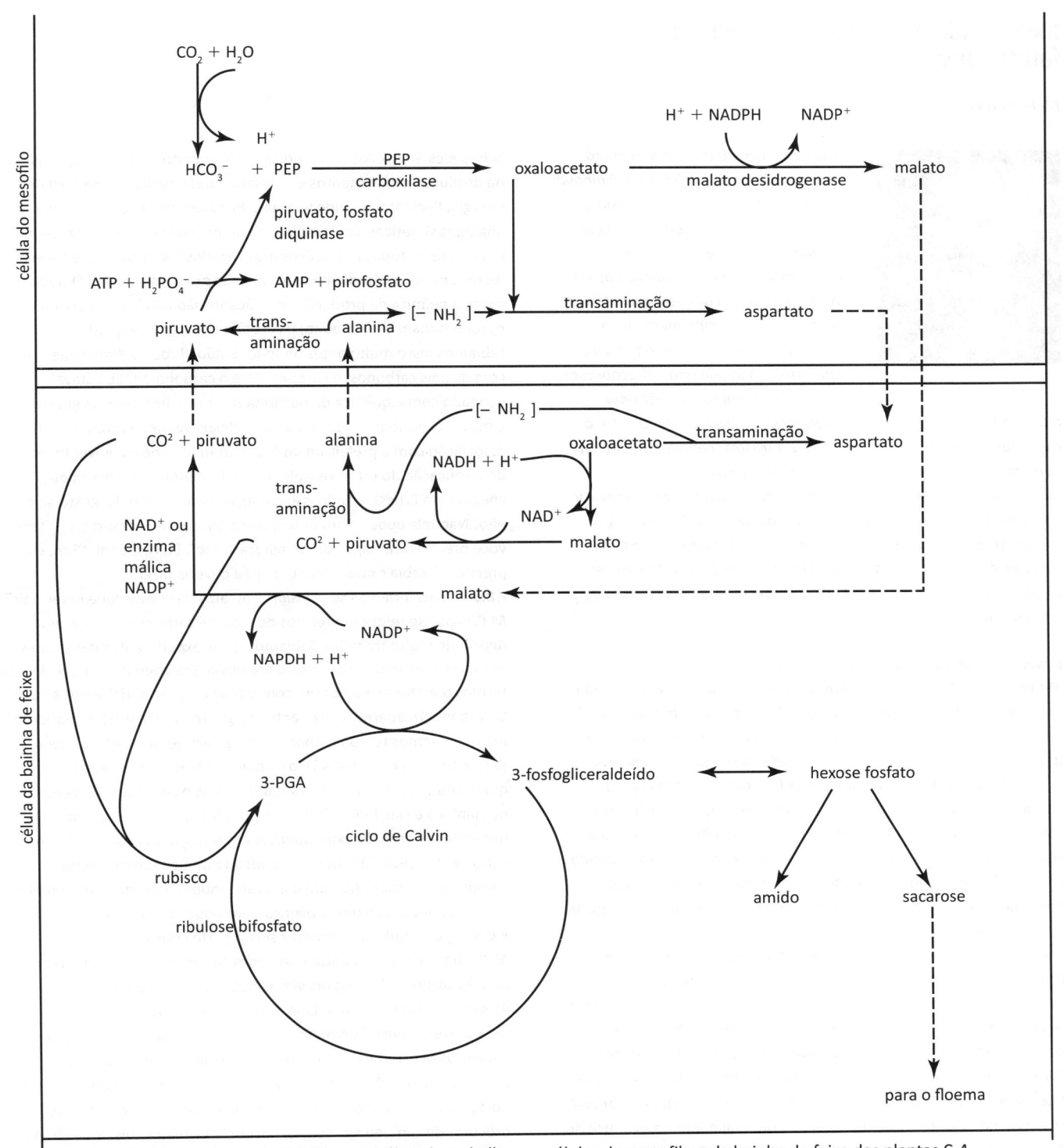

FIXAÇÃO DO DIÓXIDO DE CARBONO E SÍNTESE DOS CARBOIDRATOS

FIGURA 11-6 Um resumo da divisão metabólica do trabalho nas células do mesofilo e da bainha de feixe das plantas C-4. Inicialmente, o CO_2 é fixado nos ácidos C-4 no mesofilo; então, esses ácidos se movem para a bainha de feixe (provavelmente como sais de K^+), onde são descarboxilados. O CO_2 liberado dessa maneira é fixado pelo ciclo de Calvin nos cloroplastos da bainha de feixe. A sacarose e o amido são produtos comuns, conforme mostrado. Depois da descarboxilação dos ácidos C-4, as moléculas de três carbonos, como piruvato e alanina, se movem de volta para as células do mesofilo, nas quais são convertidas em PEP para que a fixação de CO_2 possa continuar ali.

Explorando o trajeto do carbono na fotossíntese (II)

Melvin Calvin

Melvin Calvin era um homem muito ocupado. Quando eu [F.B.S.] trabalhava no AEC (Atomic Energy Commission, atual DOE [Ministério de Energia dos Estados Unidos]), em 1974, visitei o laboratório que ele dirigia duas ou três vezes, porque era um dos laboratórios patrocinados principalmente pelo AEC. Fizemos uma inspeção formal do laboratório naquele ano – descobrimos que ele era administrado de uma maneira exclusiva, com base na confiança e na cooperação entre os cientistas diretores, mas projetado para frustrar completamente um burocrata de Washington (o que eu era na época)!

Eu disse aos professores Calvin e Bassham que planejávamos revisar nosso texto e perguntei se eles escreveriam um ensaio para nós, contando sobre o trabalho que é agora chamado de ciclo de Calvin. Eles concordaram, mas Calvin não conseguiu encontrar tempo. No entanto, em 4 de janeiro de 1977, eu gravei a seguinte conversa pelo telefone com ele:

Frank B. Salisbury: Como o senhor escolheu a ciência?

Melvin Calvin: Bem, foi uma consideração prática. Quando eu ainda estava na escola, tinha a preocupação de saber como me sustentaria no futuro. Comecei a observar e vi que quase tudo o que me cercava (por exemplo, em um mercado, as comidas e seu processamento, as latas e sua fabricação, o papel e sua fabricação, as tintas para imprimir as embalagens) tinha a ver com química. Isso me levou a dizer: "Vou tentar entender como o alimento é feito, processado e acaba chegando ao mercado". Percebi que a maneira como a comida chegava até ali era uma atividade essencial para a sobrevivência humana e que eu teria uma boa chance de encontrar um emprego se eu soubesse qualquer coisa sobre aquilo.

F.B.S.: Então, realmente foi uma consideração prática. Mas o que o levou para a biologia, principalmente à fisiologia vegetal?

M.C.: Bem, em parte foi o estudo dos alimentos, e em parte (muito mais tarde), à medida que eu aprendia mais sobre química, foi o mistério de como a planta pode usar a luz solar para fabricar os seus alimentos.

F.B.S.: Então, a abordagem prática se tornou um desafio intelectual?

M.C.: Sim, exatamente. Temos que ganhar a vida, mas é bom fazer algo interessante; se você conseguir fazer os dois, realmente obteve sucesso.

F.B.S.: Como o senhor foi da loja de alimentos até Ernest Lawrence?

M.C.: Realmente, foi uma viagem muito, muito longa! Estudei na Michigan Tech, depois fiz graduação em Minnesota e o meu pós-doutorado na Inglaterra, com Michael Polanyi. Foi ali que o interesse real pela fotossíntese, que eu tinha há muito tempo, começou a ser executado. Foi então que comecei a trabalhar com a clorofila e seus análogos. Como eles funcionam eletronicamente? Que tipos de coisas eles eram? Assim, começou o casamento entre o pragmatismo da produção dos alimentos e o desafio intelectual da conversão de energia. Portanto, quando vim para Berkeley, comecei a trabalhar em análogos sintéticos da clorofila e da heme. Eu vivia em um ambiente em que os isótopos radioativos eram ligados todos os dias, e a ideia de ter um isótopo radioativo de carbono era bem comum. O trabalho sobre a química da produção de açúcares não foi algo que aconteceu porque tínhamos o carbono; o carbono era algo que queríamos e sabíamos disso muito antes de tê-lo. Então, Ruben e Kamen vieram com os dois carbonos, o carbono-11 e o carbono-14. Eu estava ocupado com a química da porfirina nos primeiros anos da guerra, e minha experiência nisso e nos complexos de metal levou à minha associação com a prefeitura de Manhattan para desenvolver métodos de purificação do urânio e isolamento do plutônio. Foi assim que cheguei em Ernest. E tudo isso começou com a clorofila, goste-se ou não! Naquela época, Sam Ruben havia falecido e Ernest disse: "Bom, você precisa fazer algo com o radiocarbono". Eu respondi: "Sim, eu preciso". E sabia exatamente o que eu deveria fazer.

F.B.S.: Quais foram os seus *insights* ou atos de criatividade essenciais?

M.C.: Você se refere em termos do ciclo de carbono? Eles vieram depois de muito trabalho. Sabíamos quais experimentos deveriam ser feitos e a mecânica da execução era óbvia. Era apenas uma questão de termos o material e o tempo; com o final da guerra, tínhamos ambos. O carbono-14 apareceu logo antes da guerra, portanto, no momento em que tivemos tempo e oportunidade para gerar o radiocarbono (o que fizemos em 1944-45), o trabalho começou imediatamente, quero dizer, de uma maneira séria! Fizemos o carbono-14 nos reatores de Hanford e Oak Ridge. Todo mundo o fazia, tínhamos grandes quantidades dele. Os experimentos eram fáceis de projetar. Fizemos vários e, até 1951, já havíamos mapeado muitos dos primeiros compostos do caminho para o açúcar, embora o delineamento real da sequência inteira só tenha ocorrido um pouco mais tarde.

F.B.S.: Reunir tudo isso deve ter sido a parte criativa.

M.C.: Sim. A primeira coisa que vimos foram os 3s [intermediários de três carbonos], e depois vimos os 5s, 6s e 7s. Só vimos os 4s perto do final da linha. Quanto os encontramos, eles foram uma parte essencial do quebra-cabeça. A reunião de todos esses conceitos ocorreu na década de 1950. Fomos reunindo pedaços, inícios e ajustes. O primeiro passo importante foi o reconhecimento do ácido fosfoglicérico como o primeiro produto. Continuamos procurando um pedaço de 2-C, porque a primeira coisa que vimos foi o 3 e era óbvio que o CO_2 deveria se adicionar a um 2. Porém, nunca encontramos o 2. Como você sabe, ele não existe! A reação era um 5 +1 que produz dois 3s. Eu vi isso. Eu me lembro de estar em casa lendo alguns documentos no JACS sobre o mecanismo da descarboxilação dos ácidos β-ceto e dos ácidos dicarboxílico (malônico e acetoacético), estudos completamente mecânicos sobre química orgânica. Então, percebi como um CO_2 poderia se adicionar a um açúcar β-ceto. O reconhecimento de que a ribulose fosfato era o aceitador do CO_2 foi o que me permitiu finalmente entender a coisa toda. Tudo aconteceu mais ou menos de uma vez, porque os pedaços foram se acumulando por vários anos.

F.B.S.: Esse foi o calor da criação?

M.C.: Sim. O desencadeador da reação foi um pedaço de papel que estava ao meu lado, onde eu estava lendo. O artigo me levou a pensar na reação da descarboxilação inversa e no que eu deveria fazer com ela. A ribulose difosfato era a única coisa que eu tinha de trabalhar. Eu experimentei com a frutose difosfato, mas um carbono fica sobrando. Então, tinha de ser um açúcar ceto de cinco e não de seis carbonos. Já tínhamos encontrado o açúcar de cinco carbonos, mas eu não sabia o que ele estava fazendo lá. Eu me lembro da cadeira em que estava sentado quando a coisa toda fez sentido! Quando você encontra a solução, sabe que está certa. Tudo se encaixa quando você pressiona o botão certo. E eu sabia quando isso aconteceu! Foram minutos emocionantes. A próxima etapa era voltar ao laboratório e juntar os pedaços que faltavam, que foi o que fizemos.

F.B.S.: O senhor era diretor do laboratório e trabalhava com vários alunos de graduação e pós-doutorado. Como essa interação funcionava?

M.C.: Ah, era maravilhoso! Eu adorava aquilo imensamente. Aquilo era a melhor parte. Todo dia eu chegava e perguntava: "Quais são as novidades?". Fazíamos uma análise e depois víamos qual deveria ser o próximo experimento. Normalmente, 1 a 6 pessoas estavam envolvidas em cada projeto.

F.B.S.: O senhor estava envolvido na parte laboratorial do trabalho?

M.C.: Ah, sim! Era um esforço conjunto, o projeto dos experimentos. Parte deles, eu fazia sozinho. Uma parte era fácil! Por exemplo, a identificação do ácido fosfoglicérico, eu fiz pessoalmente. E eu consegui isso observando a maneira como a coisa se comportava em uma coluna de troca iônica um ano ou dois antes de termos a cromatografia de papel. Um dos alunos de graduação projetou um experimento transitório com o CO_2. Alec Wilson era um garoto da Nova Zelândia que fez um trabalho maravilhoso! O experimento apontava a ribulose porque, quando você corta o CO_2, a ribulose difosfato aumenta. Acender ou apagar a luz era um experimento fácil. Porém, acender ou apagar o CO_2 radioativo não era tão fácil assim. Tínhamos de criar um aparelho muito especial, e ele o fez. Foi uma belíssima vitória técnica.

F.B.S.: Duas questões finais: qual é a natureza da criatividade na ciência? Qual preço você tem que pagar e quais são as recompensas?

M.C.: Tenho uma frase em resposta a isso, que digo para os meus alunos. Digo a eles que não é difícil obter a resposta certa quando você tem todos os dados. Um computador pode fazer isso. A verdadeira dificuldade para se obter a resposta certa ocorre quando você tem apenas metade dos dados suficientes, a metade do que você tem está errada – e você não sabe qual metade é qual. Quando você consegue a resposta certa nessas circunstâncias, está fazendo algo criativo! Os alunos aprendem, depois de um tempo, que isso não é uma piada. Você precisa saber destacar os pontos críticos e reunir todos os dados da maneira certa, ignorando o que não parece se encaixar. Se você ignorar as coisas certas, chegará à resposta certa! Porém, se prestar atenção às coisas erradas, não chegará.

F.B.S.: Não é uma coisa mecânica: se você tem apenas metade dos dados, precisa sentir ou identificar o seu caminho para a resposta certa.

M.C.: Isso deve se encaixar no seu conceito do mundo físico. O processo envolve a intuição. Obviamente, você não pode fazê-lo apenas em meio período. É um trabalho para o dia e a noite, verão e inverno, sob todas as circunstâncias, em qualquer momento. Você não pode saber onde você estará quando estiver fazendo esse trabalho. Ele invade o que as pessoas chamam de vida privada. Na verdade, não sei como isso pode funcionar de outra maneira. Bem, você quer saber o preço. O preço geralmente é pago pela família da pessoa, na forma de negligência e concorrência. Não vejo como solucionar isso.

F.B.S.: E quais são as recompensas? Vale a pena?

M.C.: A satisfação de adivinhar corretamente e depois mostrar que isso está correto é realmente ótima! Normalmente, você sabe quando está certo, mesmo antes de ter provado; é aí que a satisfação é maior. Quando você cria algo que sabe que está certo, precisa passar os próximos dez anos tentando provar isso. Parece que você está fazendo as descobertas em um período de dez anos, mas realmente não está. A coisa acontece de uma vez, e depois você passa um longo período mostrando que aquilo é da maneira como é. Ainda hoje, tenho algumas ideias sobre como ocorre a separação da carga fotoelétrica – uma conversão da energia solar – e estou começando a ver fisicamente como fazê-lo. Simularemos essa coisa em um sistema sintético dentro de uma década, eu diria, provavelmente menos. Em quanto tempo ela se tornará econômica, em termos da criação de acessórios úteis, é outra questão. Mas está em andamento. O jogo é assim.

F.B.S.: Agora, por último, o seu prêmio Nobel (1961) é o único que qualifica a fisiologia vegetal. Como ele afetou sua vida?

M.C.: Nossa! Ele a facilitou em alguns aspectos e dificultou em outros. Facilitou porque eu não tenho que passar tanto tempo provando que o que eu queria fazer valia a pena. Por outro lado, as responsabilidades que ele trouxe em termos dos alunos que vieram para cá e suas expectativas, em termos de alunos em todo lugar e suas expectativas do que você pode ou não fazer, às vezes é um ônus. Estou começando a sentir isso agora. É um privilégio e uma responsabilidade.

F.B.S.: A maioria das coisas de valor termina assim, não é?

M.C.: Sim. Quase sempre. Você não consegue alguma coisa por nada. Alguns dos nossos alunos modernos não entendem isso. Eles acham que alguém deve sustentá-los. É difícil fazê-los entender que você paga por tudo. O preço é intelectual, físico e emocional. Porém, tem suas compensações.

da bainha de feixe nas quais ele é usado no ciclo de Calvin, portanto, o CO_2 limita a fotossíntese com menos frequência nas plantas C-4 que nas C-3. Em temperaturas altas, o CO_2 é menos solúvel na água dos cloroplastos, um efeito que diminui a fotossíntese das plantas C-3 mais do que a das C-4. Além disso, o estresse causado pela seca e o fechamento estomatal que o acompanha diminuem a entrada de CO_2 nas folhas, novamente dando às plantas C-4 uma vantagem em relação às C-3. Deixaremos outros aspectos ecológicos e ambientais da fotossíntese para o próximo capítulo, mas é bom mencionar aqui que a eficiência fotossintética comparativamente baixa da maioria das espécies C-3 resulta principalmente da perda (intensificada pela luz) de parte do CO_2 que elas fixam; essa perda ocorre como resultado de um fenômeno chamado de fotorrespiração. Pouca ou nenhuma perda ocorre nas plantas C-4 que mantêm níveis mais altos de CO_2 nos cloroplastos da bainha de feixe.

11.4 Fotorrespiração

Otto Warburg, famoso bioquímico alemão que dedicou grande parte de sua atenção à fotossíntese das algas, observou em 1920 que a fotossíntese é inibida pelo O_2. Essa inibição ocorre em todas as espécies C-3 estudadas desde então e é chamada de **efeito de Warburg**. A Figura 11-7 ilustra esse efeito nas folhas de soja C-3 expostas a duas concentrações diferentes de CO_2, uma quase normal e outra muito reduzida. Observe que mesmo a concentração de O_2 normal de 21% é inibidora em comparação com o O_2 zero nos dois níveis de CO_2. Além disso, a inibição pelo O_2 é maior na concentração menor de CO_2. *Esses e muitos estudos semelhantes mostram que os níveis atmosféricos existentes de O_2 inibem a fotossíntese nas plantas C-3*. Por outro lado, a fotossíntese nas espécies C-4 não é significativamente afetada por concentrações variadas de O_2.

Para entender os diferentes efeitos do O_2 nas espécies C-3 e C-4, lembre-se de que a fixação geral de CO_2 é a quantidade em que a fotossíntese excede a respiração, porque a respiração libera continuamente o CO_2. Na escuridão, as folhas de C-3 respiram com uma frequência que equivale aproximadamente a 1/6 da taxa fotossintética, mas, na claridade, elas respiram muito mais rápido que na escuridão. Os dados que indicam frequências respiratórias mais altas para as plantas C-3 na claridade do que na escuridão foram obtidos com o analisador infravermelho do CO_2 e publicados pela primeira vez por John P. Decker, na década de 1950, mas os fisiologistas demoraram para aceitar suas conclusões. Agora, sabemos que a respiração total nas folhas das espécies C-3 é duas ou três vezes mais rápida na claridade que na escuridão

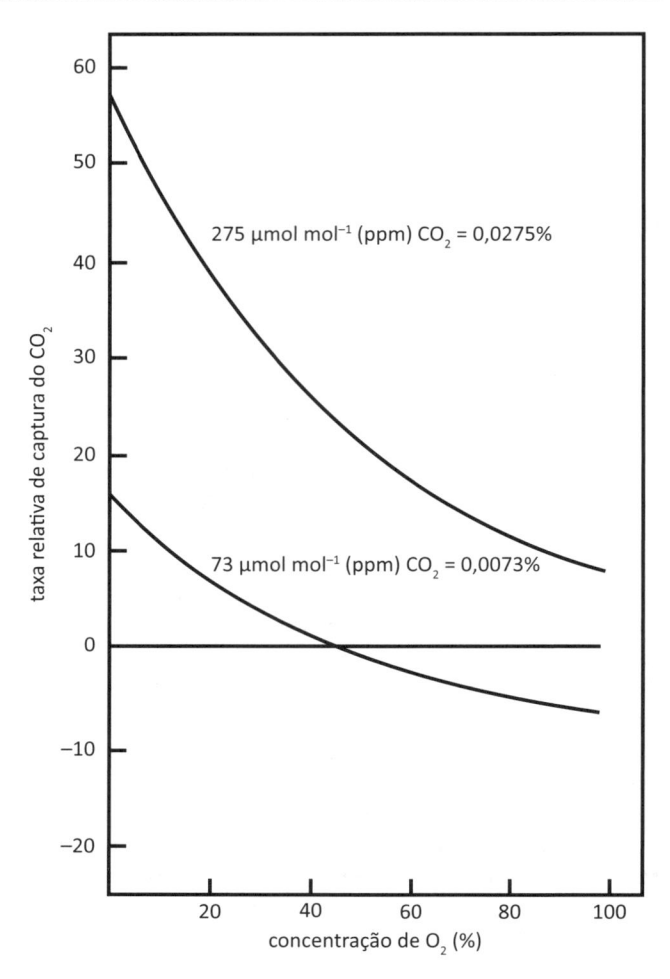

FIGURA 11-7 O efeito de Warburg: inibição da fotossíntese nos pés de soja (C-3) pelo O_2. O ar normal contém 20,9% de O_2 e 0,035% de CO_2 (350 µmol mol^{-1}). O nível de irradiação era igual a 1/6 da luz solar máxima; a temperatura era de 22,5 °C. Os valores negativos representam uma perda geral do CO_2 pela respiração. (De Forrester et al., 1966.)

e, em condições de campo, a respiração causa a liberação de 1/4 a 1/3 do CO_2 simultaneamente fixado pela fotossíntese (Gerbaud e Andre, 1987; Sharkey, 1988). A respiração nos órgãos fotossintéticos iluminados ocorre por dois processos: um que ocorre em todas as partes da planta, mesmo durante a escuridão (consulte o Capítulo 13), e outro muito mais rápido, estritamente dependente da luz, conhecido como **fotorrespiração**. Esses dois processos são separados espacialmente dentro das células: a respiração normal ocorre no citosol e nas mitocôndrias e a fotorrespiração ocorre por meio de um processo que envolve a cooperação entre cloroplastos, peroxissomos e mitocôndrias (Ogren, 1984; Husic et al., 1987).

A perda do CO_2 pela fotorrespiração nas espécies C-4 é quase indetectável, e esse é o principal motivo pelo qual essas espécies mostram taxas fotossintéticas gerais muito mais altas em níveis altos de irradiação e temperaturas quentes do que as espécies C-3. Para entender por que a fotorrespiração é muito mais alta nas plantas C-3 do que nas C-4, devemos primeiro entender suas reações químicas.

Em 1971, W. L. Ogren e George Bowes, da University of Illinois, criaram a teoria, a partir de vários dados, de que os carbonos 1 e 2 do RuBP eram os precursores do ácido glicólico, um ácido de dois carbonos. Eles mostraram experimentalmente que o O_2 poderia inibir a fixação do CO_2 pela rubisco, assim explicando, aparentemente, o efeito de Warburg. Eles também mostraram que a rubisco catalisa a oxidação do RuBP pelo O_2. *Portanto, a rubisco também é uma oxigenase.* Os detalhes de como ela fixa o O_2 e o CO_2 competitivamente são fornecidos por Andrews e Lorimer (1987), Gutteridge (1990) e Keys (1990).

Os dois produtos da ação da rubisco sobre o RuBP e o O_2 são o 3-PGA e o ácido fosfoglicólico, um ácido fosforilado de dois carbonos. Usando-se o oxigênio pesado ($^{18}O_2$), foi mostrado que apenas um dos átomos de O_2 é incorporado ao fosfoglicolato; o outro é convertido em água (como um íon de OH^-), conforme segue:

$$^{18}O_2 + \begin{array}{c} CH_2OPO_3H^- \\ | \\ C=O \\ | \\ H-C-OH \\ | \\ H-C-OH \\ | \\ CH_2OPO_3H^- \end{array} \longrightarrow \left[\begin{array}{c} CH_2OPO_3H^- \\ | \\ {}^{18}O-C-OH \\ {}^{18}OH \quad | \\ C=O \\ | \\ H-C-OH \\ | \\ CH_2OPO_3H^- \end{array} \right] \longrightarrow$$

ribulose bifosfato

$$\xrightarrow{OH^-} \begin{array}{c} CH_2OPO_3H^- \\ | \\ C \\ {}^{18}O \quad OH \end{array} \quad + \quad \begin{array}{c} COOH \\ | \\ H-C-OH \\ | \\ CH_2OPO_3H^- \end{array} \quad + \; {}^{18}OH^-$$

ácido fosfoglicólico   3-PGA   (11.7)

Portanto, o O_2 e o CO_2 molecular competem pela mesma enzima rubisco e o mesmo substrato RuBP. A fixação de oxigênio representa dois terços do O_2 total absorvido durante a fotorrespiração e o restante vem (como mostraremos) da oxidação do fosfoglicolato. A competição entre O_2 e CO_2 pela rubisco explica a inibição maior da fotossíntese das plantas C-3 em níveis mais baixos de CO_2 (Figura 11-7). A afinidade da rubisco com o CO_2 é muito maior que sua afinidade com o O_2, mas a fixação do O_2 em todas as plantas C-3 pode ocorrer porque a concentração de O_2 nas folhas ou células das algas é muito mais alta que a de CO_2. (As concentrações atmosféricas de O_2 têm em média 20,9% por volume e as de CO_2, em média, 0,0352%; consulte a Seção 12.1.) Em qualquer dado momento, as enzimas rubisco estão fixando cerca de 1/4 a 1/3 mais O_2 que CO_2. Quando as temperaturas estão quentes, a razão de O_2/CO_2 cloroplástico dissolvido é mais alta do que quando as temperaturas estão baixas, portanto, a fixação do O_2 pela rubisco ocorre mais rápido e a fotorrespiração desacelera o crescimento indiretamente nas espécies C-3, mas não nas C-4.

A fotorrespiração é dependente da luz por vários motivos. Primeiro, a formação de RuBP ocorre muito mais rápido na claridade do que na escuridão porque a operação do ciclo de Calvin, necessário para formar o RuBP, requer ATP e NADPH, os dois produtos dependentes da luz, como explicamos anteriormente. Além disso, a luz causa diretamente a liberação do O_2 da H_2O nos cloroplastos, portanto, o O_2 cloroplástico é muito mais abundante na luz que na escuridão, quando deve se difundir para dentro através das superfícies das folhas com estômatos fechados. Por fim, como explicaremos adiante, a rubisco é ativada pela luz e inativa na escuridão, portanto, não pode fixar O_2 (ou CO_2) na escuridão. Assim, *a fotorrespiração é essencialmente ausente nas plantas C-4 por dois motivos principais: a rubisco e as outras enzimas do ciclo de Calvin estão presentes apenas nas células da bainha de feixe, e a concentração de CO_2 nessas células é mantida em um nível tão alto que o O_2 não pode competir com ele com sucesso.* As concentrações altas de CO_2 nas células da bainha de feixe são mantidas pela descarboxilação rápida do malato e do aspartato transferidos a partir das células do mesofilo. Se as células da bainha de feixe estiverem separadas das do mesofilo, sua fonte de CO_2 dos ácidos C-4 é removida; elas farão a fotorrespiração, mas não quando estiverem em uma folha intacta, com a bomba de CO_2 em funcionamento.

O fosfoglicolato formado na Reação 11.7 representa a fonte do CO_2 liberado na fotorrespiração. O trajeto pelo qual o fosfoglicolato é formado pela rubisco e depois metabolizado para liberar o CO_2 durante a fotorrespiração é chamado de **ciclo de carbono fotossintéticos oxidativo** ou **ciclo C-2** (Husic et al., 1987; Oliver e Kim, 1990). Esse trajeto é chamado de "ciclo" porque alguns dos carbonos nas moléculas de fosfoglicolato são convertidos de volta em RuBP via 3-PGA e ciclo de Calvin. O grupamento fosfato do fosfoglicolato é hidrolisado primeiro por uma fosfatase específica encontrada nos cloroplastos das plantas C-3, que libera Pi e ácido glicólico. Então, o glicolato se move para fora dos cloroplastos e entra nos peroxissomos adjacentes.

Os **peroxissomos** são pequenas organelas que possuem várias enzimas oxidativas; elas e os glioxissomos das sementes ricas em gordura (consulte o Capítulo 15) são os dois tipos de microcorpos vegetais (Huang et al., 1983; consulte o Capítulo 1). Os peroxissomos existem quase exclusivamente nos tecidos fotossintéticos, e nas eletromicrografias eles parecem estar em contato direto com os cloroplastos (Figura 11-8). Nos peroxissomos, o glicolato é oxidado em *ácido glioxílico* pela *ácido glicólico oxidase*, uma enzima que contém a riboflavina como parte de seu grupo prostético especial:

$$\begin{array}{c} CH_2\text{—}COOH \\ | \\ OH \\ \text{ácido glicólico} \end{array} + O_2 \longrightarrow \begin{array}{c} HC\text{—}COOH \\ \| \\ O \\ \text{ácido glioxílico} \end{array} + H_2O_2 \quad (11.8)$$

Aqui, a ácido glicólico oxidase transfere os elétrons (presentes nos átomos de H) do glicolato para o O_2, reduzindo o O_2 para H_2O_2 (*peróxido de hidrogênio*). Quase todo esse H_2O_2 é decomposto pela *catalase* (outra enzima dos peroxissomos) para H_2O e O_2:

$$2H_2O_2 \longrightarrow 2H_2O + O_2 \quad (11.9)$$

Em seguida, o glioxilato é convertido em glicina (um aminoácido de dois carbonos) por uma reação de transaminação com um aminoácido diferente, ainda nos peroxissomos. Em seguida, depois do transporte para as mitocôndrias, duas moléculas de glicina são convertidas em uma molécula de serina (um aminoácido de três carbonos), uma molécula de CO_2 e um íon de NH_4^+ (Walker e Oliver, 1986). Essa reação mitocondrial é a fonte do CO_2 liberado na fotorrespiração. Ela também é importante porque o NH_4^+ liberado deve ser reincorporado aos aminoácidos, de maneira que a formação de glicina possa continuar, e esse processo requer ATP e ferredoxina reduzida (consulte a Seção 14.4 e a Figura 14-9). Então, a serina é convertida em 3-PGA por uma série de reações que envolvem a perda de seu grupamento amino e o ganho do grupamento fosfato do ATP. Parte do 3-PGA é convertida em RuBP e parte em sacarose e amido nos cloroplastos. A equação geral para a fotorrespiração (interrompendo-se o fluxo de carbono em 3-PGA e abreviando-se a ribulose bifosfato como RuBP e ferredoxina como Fd) é:

$$2RuBP + 3O_2 + 2ATP + H_2O + 2Fd(Fe^{2+}) \longrightarrow \\ CO_2 + 3\,3\text{-PGA} + 2ADP + 3Pi + 2Fd(Fe^{3+}) \quad (11.10)$$

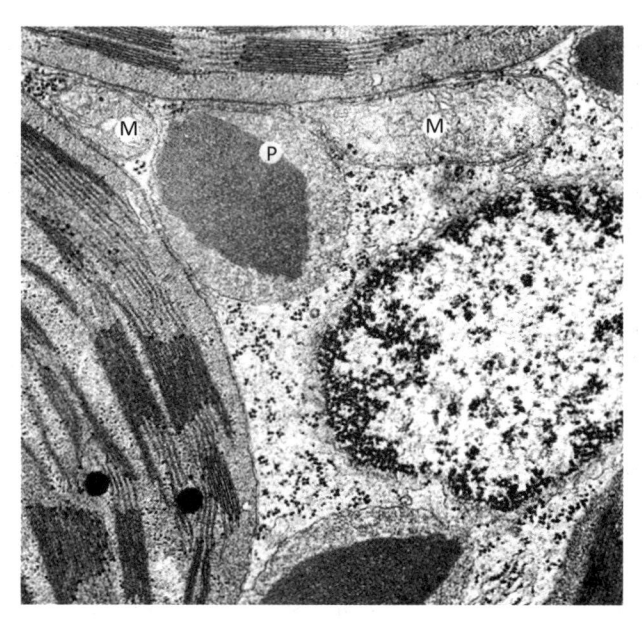

FIGURA 11-8 Associação estreita dos cloroplastos, peroxissomos (P) e mitocôndrias (M) na célula de uma folha. A matriz cristalina desses peroxissomos se deve à enzima catalase, mas muitos peroxissomos que possuem catalase não apresentam essa matriz. (Cortesia de Eugene Vigil.)

Portanto, a fotorrespiração conserva em média três quartos dos carbonos divididos da RuBP (como fosfoglicolato) quando o O_2 reage com ele (um CO_2 perdido para cada dois ácidos de dois carbonos formados e para cada três O_2 absorvidos). Observe também, a partir da Reação 11.10, que a fotorrespiração utiliza, e não produz, ATP e H_2O, e que ela requer um redutor (ferredoxina reduzida). A luz é necessária para produzir o ATP e a ferredoxina reduzida (consulte o Capítulo 10).

Porém, como a fotorrespiração persiste nas plantas C-3 em vez de ser eliminada por pressões da seleção evolucionária? Certamente, ela reduz a fixação geral do CO_2 e as taxas de crescimento nessas plantas. A resposta não é clara, mas alguns especialistas sugeriram que a fotorrespiração é um meio de se remover o excesso de ATP e NADPH (ou a ferredoxina reduzida) produzido em níveis de radiação excessivamente altos (consulte Ogren, 1984). Uma vez que o ATP e o NADPH são necessários para regenerar o RuBP a partir do 3-PGA formado durante a fixação do O_2, as duas moléculas certamente seriam usadas na fotorrespiração sem a fixação do CO_2. Esse uso da "energia redutora" excessiva pode impedir que os níveis altos de irradiação causem danos aos pigmentos do cloroplasto (consulte solarização, Capítulo 12).

Outros especialistas sugeriram que a fotorrespiração é uma consequência necessária da estrutura da enzima rubisco, uma estrutura que evoluiu para fixar o CO_2 nas bactérias fotossintéticas antigas quando as concentrações

FIGURA 11-9 Ativação das enzimas pela luz, pelo sistema de ferredoxina-tiorredoxina.

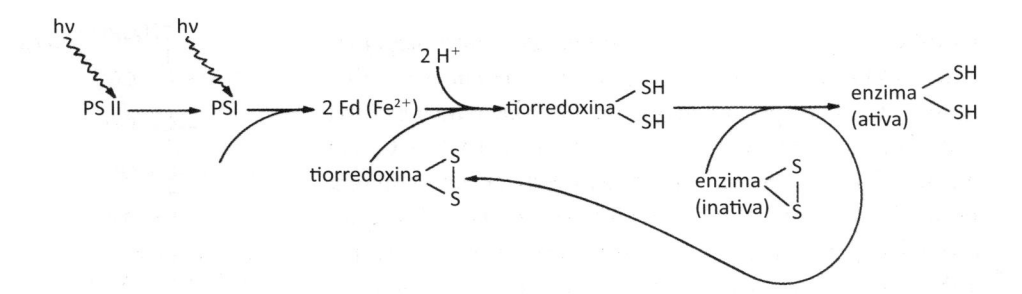

atmosféricas de CO_2 eram altas e as de O_2 eram baixas. De acordo com essa hipótese, à medida que o O_2 se acumulava na atmosfera pela fotólise da H_2O pelas algas e as antigas plantas terrestres, a rubisco necessariamente começou a fixar O_2 simplesmente porque o seu sítio ativo para o CO_2 não podia discriminar efetivamente entre os dois gases semelhantes. Uma questão interessante e importante é se a seleção natural ou os métodos de engenharia genética poderão futuramente forçar a modificação da rubisco para favorecer ainda mais o CO_2. As evidências sobre a seletividade da rubisco para o CO_2 e não para O_2 indicam que a evolução a partir das bactérias anaeróbias e cianobactérias para as plantas superiores está realmente favorecendo a fixação do CO_2 (Andrews e Lorimer, 1987; Pierce, 1988).

11.5 Controle das enzimas fotossintéticas pela luz nas plantas C-3 e C-4

Enfatizamos o papel da luz em fornecer o ATP e o NADPH necessários para a fixação e a redução do CO_2. Além disso, a luz regula as atividades de várias enzimas fotossintéticas do cloroplasto. Essas enzimas existem em uma forma ativa na claridade e em outra forma inativa ou muito menos ativa na escuridão. A produção de carboidrato a partir do CO_2, portanto, é desativada à noite por causa da inatividade da enzima, dos estômatos fechados e de uma deficiência de ATP e NADPH.

Nas espécies C-3, cinco enzimas do ciclo de Calvin são ativadas na claridade: rubisco, 3-fosfogliceraldeído desidrogenase, frutose-1,6-bifosfato fosfatase, sedoheptulose-1,7-bifosfato fosfatase e ribulose-5-fosfatoquinase. A função de cada enzima é fornecida na legenda da Figura 11-3. Nas espécies C-4, três enzimas – PEP carboxilase, $NADP^+$-malato desidrogenase e piruvato, fosfato diquinase das células do mesofilo – também são ativadas na claridade. Nos dois grupos de plantas, o CF_1 da ATP sintetase do tilacoide é ativado da mesma maneira

Os mecanismos de ativação pela luz são indiretos, e a energia luminosa não é absorvida diretamente pelas enzimas incolores. Em vez disso, a luz absorvida pelos fotossistemas II e I (consulte o Capítulo 10) está envolvida.

A maioria dessas enzimas possui grupamentos dissulfeto (S – S) que são reduzidos para dois grupamentos sulfidrila (–SH mais –SH) quando ativados pela luz (Buchanan, 1984; Ford et al., 1987; Scheibe, 1987; Crawford et al., 1989). Cada redução causa uma modificação importante na estrutura da enzima, de forma que ela funciona muito mais rápido. A redução ocorre usando-se os elétrons que são derivados da fotólise da H_2O no fotossistema II, mas não são usados para reduzir $NADP^+$ para NADPH (Figura 11-9). Os elétrons passam do PS II para o PS I e depois para ferredoxina, a fim de reduzi-la de $Fd(Fe^{3+})$ para $Fd(Fe^{2+})$. Em seguida, os elétrons se movem, um de cada vez, para uma ou duas pequenas proteínas chamadas de **tiorredoxinas** (Holmgren, 1985). Essas proteínas também possuem uma ponte dissulfeto que se torna reduzida com dois elétrons. Novamente, dois grupamentos sulfidrila são produzidos. A transferência de elétrons da ferredoxina para a tiorredoxina é catalisada por uma enzima chamada de ferredoxina-tiorredoxina redutase. Por fim, a tiorredoxina reduzida reduz e ativa as enzimas fotossintéticas. A inativação na escuridão ocorre em razão da oxidação das enzimas dependentes do O_2, provavelmente pela reversão do esquema da Figura 11-9 até a ferredoxina.

A ativação da rubisco e da PEP carboxilase geralmente não é tão grande e ocorre de maneira diferente. A redução e as alterações dissulfeto/sulfidrila não estão envolvidas. Para a rubisco, três efeitos (quatro, em algumas espécies) causados pela luz são importantes. O primeiro é o aumento no pH do estroma do cloroplasto de 7 para 8, causado pelo transporte de H^+ orientado pela luz, desde o estroma até os canais do tilacoide (consulte a Figura 10-10). A rubisco é muito mais ativa no pH 8 do que em um pH inferior. O segundo é o transporte do Mg^{2+} dos canais do tilacoide para o estroma que acompanha a alteração no pH, e é importante porque a rubisco requer o Mg^{2+} para a sua atividade máxima. Esses dois efeitos parecem fatores muito menos importantes que os outros dois, e para que esse último seja entendido, devemos explicar mais sobre a natureza química da rubisco.

Em todos os organismos, exceto algumas bactérias fotossintéticas, a rubisco existe como um heteropolímero, com oito subunidades grandes idênticas com 56 kDa cada (codificadas por um gene do cloroplasto) e oito pequenas com 14 kDa cada (codificadas por um gene nuclear), atingindo o total de aproximadamente 560 kDa para a enzima toda. Um sítio ativo que liga os substratos RuBP e CO_2 e o ativador Mg^{2+} existe em cada subunidade grande, embora, de alguma maneira, as subunidades menores também sejam essenciais para a atividade catalítica (Andrews e Lorimer, 1987). (Existe uma exceção nas bactérias roxas sem enxofre fotossintetizantes, porque a sua rubisco contém apenas oito subunidades grandes e nenhuma pequena.) Os outros dois efeitos de ativação na claridade se referem à qualidade da ligação do sítio ativo de cada subunidade ao RuBP.

A rubisco pode existir em três estados diferentes, dois com o sítio ativo inativado e um com o sítio totalmente ativado. No primeiro estado, a enzima é livre, sem ativadores ligados. No segundo, que ainda é inativo, uma molécula de CO_2 foi ligada, mas esse é um CO_2 diferente daquele usado na fotossíntese. O ativador CO_2 se liga ao grupamento amino de um certo aminoácido lisina nas subunidades grandes para formar um carbamato (lis-NH-CO_2). Em seguida, o Mg^{2+} é rapidamente ligado ao carbamato negativamente carregado; a enzima muda sua conformação e primeiro liga o RuBP e depois o CO_2 e a H_2O (ou o O_2, quando a fotorrespiração ocorre). A catálise ocorre em seguida para formar dois 3-PGA (se o CO_2 estiver fixado).

Uma descoberta importante para entender a ativação da rubisco na claridade foi feita por Somerville et al. (1982). Eles estudavam vários mutantes da *Arabidopsis thaliana* para aprender mais sobre o controle genético e metabólico da fotorrespiração e da fotossíntese. Um mutante possuía um gene defeituoso que causava incapacidade de a planta ativar a rubisco na claridade. Depois, foi descoberto que a proteína codificada pelo gene sem mutação ativa a rubisco sob condições *in vitro* adequadas (Salvucci et al., 1985). Essa proteína, chamada de *rubisco ativase*, requer ATP e RuBP para a atividade máxima e funciona catalisando a carbamilação da rubisco pelas moléculas de CO_2 ativadoras. A rubisco activase funciona na claridade, provavelmente porque o ATP proveniente da fotofosforilação está disponível, mas, na escuridão ou luz fraca, a rubisco torna-se espontaneamente descarbamilada e perde a atividade (revisado por Salvucci, 1989; Sharkey, 1989; e Portis, 1990). O papel do RuBP na ativação ainda não está claro.

Em seguida, houve outra descoberta importante sobre a ativação da rubisco pela luz (Seemann et al.,1985; Gutteridge et al., 1986). Observou-se que um inibidor potente da rubisco existia nas folhas de certas espécies. O inibidor, identificado como o composto de seis carbonos *2-carboxiarabinitol-1-fosfato*, ou *CA1P* (Gutteridge et al., 1986; Berry et al., 1987), atinge concentrações relativamente altas

FIGURA 11-10 Estruturas de um inibidor noturno da rubisco (esquerda) e da enzima intermediária normal da fixação do CO_2 antes que a H_2O seja adicionada (direita).

à noite, mas é degradado na luz diurna por uma enzima fosfatase que remove o fosfato do carbono 1. A estrutura do CA1P é semelhante à da enzima intermediária *2-carboxi-3-cetoarabinitol-1,5-bifosfato*, formada quando a rubisco liga o CO_2 ao RuBP para formar o 3-PGA (Figura 11-10). À noite, o CA1P se liga fortemente à rubisco, mas, durante o dia, a rubisco ativase ajuda a remover o CA1P, a fosfatase hidrolisa o fosfato para formar o *2-carboxiarabinitol* livre e a carbamilação pela rubisco ativase começa (revisado por Salvucci, 1989, e Servaites, 1990). Não está claro como a luz faz a fosfatase se tornar funcional, mas existem evidências de que ela é ativada pelo sistema de ferredoxina-tiorredoxina redutase. Todavia, o CA1P parece ausente em muitas espécies (talvez a maioria) e mostra poucas mudanças em sua concentração durante a claridade e a escuridão em outras espécies. É provável que outros inibidores noturnos estejam presentes nas plantas que não utilizam o CA1P.

A PEP carboxilase das plantas C-4 ativa-se nas células do mesofilo durante o dia e é desativada à noite. Esse mecanismo ajuda a impedir a fixação do CO_2 nas plantas C-4 à noite. Ainda existe uma polêmica em relação a como ocorrem a ativação e a desativação. A enzima é ativada pela glicina e a glicose-6-fosfato, mas é fortemente inibida pelo malato e, em menor extensão, pelo oxaloacetato e o aspartato. Esses inibidores atuam como efetores de feedback (consulte a Seção 9.6) que controlam quão rápido os ácidos C-4 são produzidos (Stiborova, 1988), embora não seja provável que eles controlem as alterações dia/noite na atividade enzimática. A explicação mais provável é que, nas plantas C-4, a PEP carboxilase se torne fosforilada durante a luz diurna pelas **quinases de proteína**, enzimas que podem transferir o fosfato do ATP para um ou mais grupamentos hidroxila dos aminoácidos hidroxilados (serina ou treonina; consulte a Figura 9-2). Essa fosforilação aumenta a atividade da enzima, mas, à noite, os grupamentos fosfato são removidos e a atividade diminui. Não se sabe como a luz causa a fosforilação no citosol no qual a enzima existe.

FIGURA 11-11 Suculentas diversas. Da esquerda para a direita, *Opuntia, Aloe obscura, Echeveria corderoyi, Crassula argentea, Agave horrida*. (New York Botanical Garden, foto cortesia de Arthur Cronquist.)

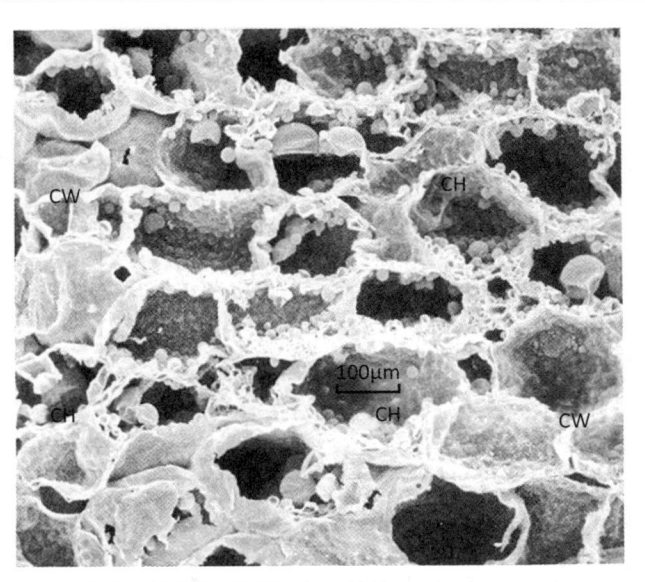

FIGURA 11-12 Eletromicrografia de varredura das células do mesofilo em uma folha madura da planta CAM *Kalanchoe daigremontiana*. Observe os vacúolos centrais anormalmente grandes e as organelas (principalmente cloroplastos) em uma fina camada de citoplasma. (CW, parede celular; CH, cloroplastos.) (De Balsamo e Uribe, 1988.)

Por fim, nas plantas C-4, tanto a $NADP^+$-malato desidrogenase quanto o piruvato fosfato diquinase são ativados pela luz nas células do mesofilo. A desidrogenase é ativada pelo sistema de ferredoxina-tiorredoxina mencionado acima. O mecanismo de ativação do piruvato fosfato diquinase é muito complexo para descrevermos aqui, mas depende principalmente de mudanças induzidas pela luz no P*i* (um ativador) e no ADP (desativador). Surpreendentemente, a enzima se torna fosforilada pelo ADP (para formar AMP) e desfosforilada pelo P*i* (para formar PP*i*) (Burnell e Hatch, 1985; Edwards et al., 1985).

11.6 Fixação do CO_2 em espécies suculentas (metabolismo do ácido crassuláceo)

Numerosas espécies que vivem em climas áridos possuem folhas grossas com razões relativamente baixas de superfície/volume, uma cutícula grossa e taxas de transpiração baixas associadas. Essas espécies são chamadas de suculentas (Figura 11-11). Normalmente, elas não possuem uma camada paliçádica de células bem desenvolvida e a maior parte de suas células fotossintéticas da folha ou do caule é o mesofilo esponjoso. Essas células possuem vacúolos anormalmente grandes em relação à camada fina de citoplasma (Figura 11-12). As células da bainha de feixe estão presentes, mas são indistintas (Gibson, 1982).

O metabolismo do CO_2 nas suculentas é incomum e, uma vez que foi investigado pela primeira vez nos membros da família Crassulaceae, ele é chamado de **metabolismo do ácido crassuláceo (CAM)**. O CAM foi encontrado em centenas de espécies em 26 famílias de angiospermas (incluindo as conhecidas Cactaceae, Orchidaceae, Bromeliaceae, Liliaceae e Euphorbiaceae), em algumas pteridófitas e provavelmente nas gimnospermas *Welwitschia mirabilis* (revisado por Kluge e Ting, 1978; Luttge, 1987; Ting, 1985; e Ting e Gibbs, 1982). As plantas CAM normalmente crescem onde a água é escassa ou difícil de obter, incluindo desertos e regiões semiáridas, pântanos salgados e locais epifíticos (como quando certas orquídeas crescem apoiadas sobre outras plantas). Nesses habitats, as plantas CAM (como todas as outras) devem obter água e CO_2, mas, se abrirem seus estômatos totalmente durante a luz diurna, obtendo assim o CO_2, elas transpiram muito. Conforme descrito no Capítulo 4, portanto, elas abrem seus estômatos e fixam o CO_2 em ácido málico principalmente à noite, quando as temperaturas são mais baixas e a umidade relativa é mais alta. A Figura 11-13 ilustra o processo diário da transpiração e fixação de CO_2 em uma dessas espécies, a *Agave americana*, uma planta secular.

A característica metabólica mais notável das plantas CAM é a formação do ácido málico à noite e seu desaparecimento durante a luz diurna. Essa formação de ácido à noite é detectada como um sabor ácido e acompanhada por uma perda geral de açúcares e amido. O ácido mais abundante nas plantas CAM é o málico, mas os ácidos cítrico e isocítrico (derivados do ácido málico) se acumulam em menor extensão em algumas espécies. No entanto, os ácido cítrico e isocítrico normalmente mostram pouca mudança nas concentrações durante a luz diurna e a escuridão. A PEP carboxilase no citosol das plantas CAM é a enzima responsável pela fixação do CO_2 no malato à noite (em contraste com a sua baixa atividade nas plantas C-4

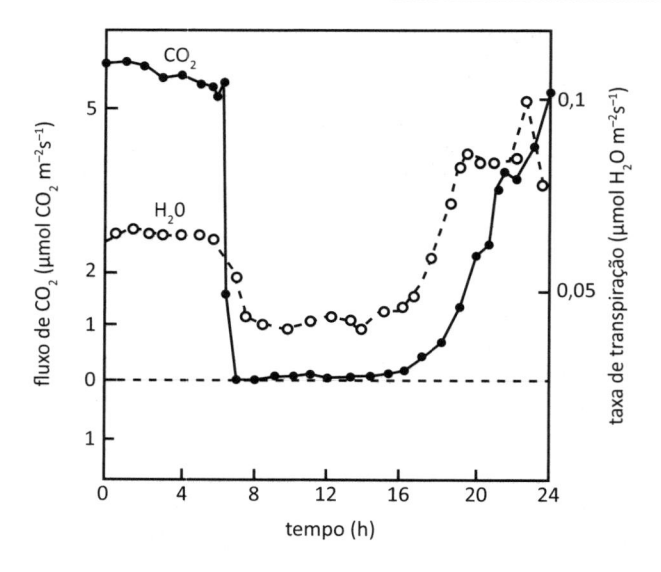

FIGURA 11-13 Taxas de fixação e transpiração do CO_2 da planta CAM *Agave americana* durante períodos alternados de claridade e escuridão. (De Neales et al., 1968.)

málico são transportados para o vacúolo central grande pela ATPase e pela bomba de pirofosfato (consulte a Seção 7.8), e os íons de malato acompanham o H^+ para dentro do vacúolo. O ácido málico se acumula aqui, às vezes em concentrações de 0,3 M ou mais, até o nascer do sol. Esse acúmulo torna o potencial osmótico das células bastante negativo, portanto, elas podem absorver água e armazená-la quando a planta existe em solos secos ou salgados.

Durante a luz diurna, o ácido málico se difunde passivamente para fora do vacúolo e é descarboxilado por um ou mais dos três mecanismos que também estão presentes nas células de bainha de feixe da planta C-4 (consulte a Figura 11-6). O mecanismo usado depende principalmente da espécie. O CO_2 liberado torna-se muito concentrado nas células e é novamente fixado (sem fotorrespiração) pela rubisco no 3-PGA do ciclo de Calvin, que então leva à formação de sacarose, amido e outros produtos fotossintéticos. O piruvato formado pela descarboxilação é convertido em PEP por piruvato fosfato diquinase, como nas plantas C-4; o PEP é então parcialmente respirado, parcialmente convertido em açúcares e amido pela glicólise reversa e parcialmente convertido em aminoácidos, proteínas, ácidos nucleicos, lipídios e compostos aromáticos pelas reações que serão descritas nos Capítulos 12 a 15.

Portanto, assim como as plantas C-4, as plantas CAM usam primeiro a PEP carboxilase e a NADPH-malato desidrogenase para formar o ácido málico, depois descarboxilam esse ácido para liberar CO_2 por um de três mecanismos e, então, fixam o CO_2 novamente nos produtos do ciclo de Calvin, usando a rubisco. Nas plantas C-4, uma separação espacial entre as células do mesofilo e da bainha de feixe auxiliam a formação de malato

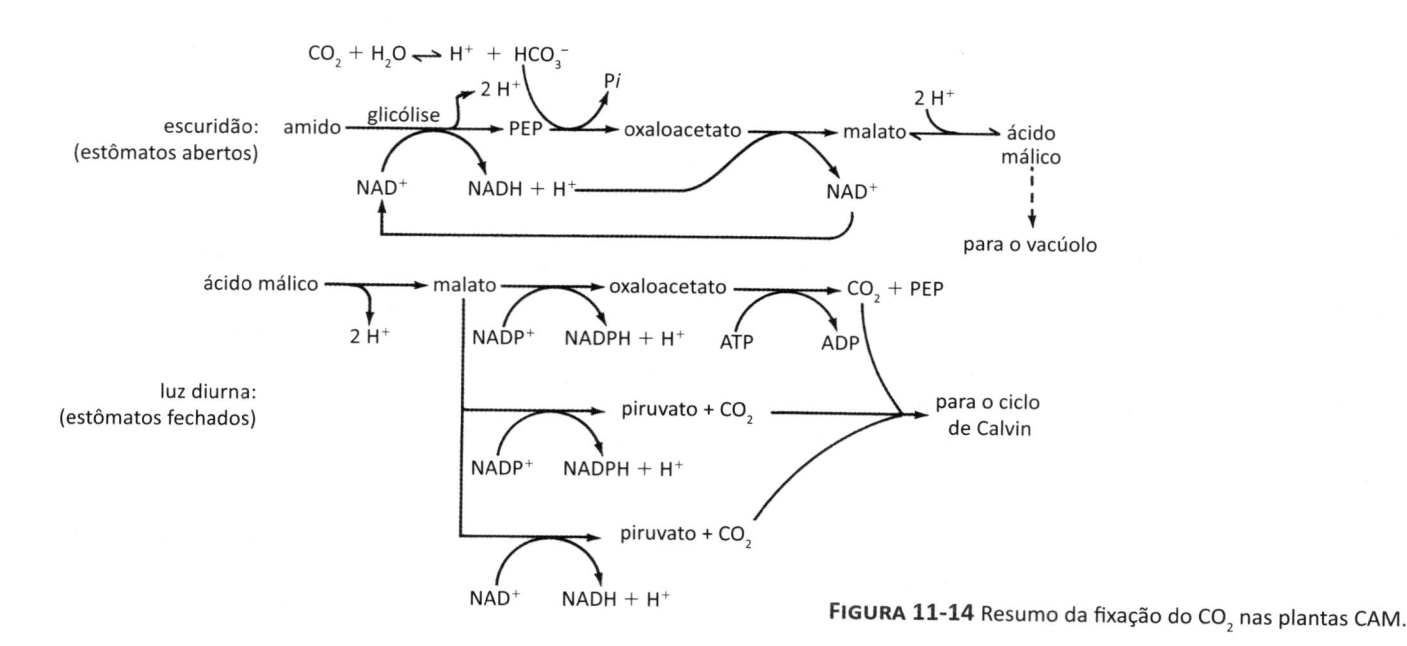

na escuridão), mas a rubisco se torna ativa durante a luz diurna, como nas plantas C-3 e C-4. O papel da rubisco é idêntico à sua função nas células da bainha de feixe das plantas C-4, isto é, a nova fixação do CO_2 perdido pelos ácidos orgânicos, como o málico.

Um modelo coerente com o que sabemos sobre a fixação do CO_2 nas plantas CAM é mostrado na Figura 11-14. Durante a escuridão, o amido é degradado pela glicólise (consulte o Capítulo 13) até o PEP. O CO_2 (na verdade, HCO_3^-) reage com o PEP para formar o oxaloacetato, que é então reduzido para ácido málico pela malato desidrogenase dependente do NADH. Os íons de H^+ do ácido

FIGURA 11-14 Resumo da fixação do CO_2 nas plantas CAM.

e a descarboxilação, e os dois processos ocorrem na luz diurna. Nas plantas CAM, eles ocorrem nas mesmas células: um à noite e o outro sob a luz diurna, e o vacúolo central grande armazena o ácido málico que, de outra forma, causaria um pH citosólico muito baixo à noite. A baixa permeabilidade do tonoplasto ao H^+ resultante da ionização do ácido málico no vacúolo deve ser particularmente importante nas plantas CAM, porque o pH do vacúolo chega a se tornar tão baixo quanto 4 à noite.

Uma questão interessante é o que faz a rubisco, não a PEP carboxilase, fixar o CO_2 nas plantas CAM durante a luz diurna. As duas enzimas estão presentes, ambas possuem afinidades quase iguais com as formas dissolvidas de CO_2 e a localização da PEP carboxilase no citosol deve permitir que ela encontre o CO_2 que entra antes que ele chegue à rubisco no cloroplasto. Parte da resposta é que, durante a luz diurna, as plantas CAM convertem sua PEP carboxilase de uma forma ativa a uma forma inativa. A forma inativa presente durante a luz diurna tem menos afinidade com a PEP e é fortemente inibida pelo ácido málico liberado do vacúolo, mas a forma ativa possui uma afinidade maior com a PEP e é muito menos inibida pelo ácido málico formado à noite. Ocorrem mudanças nas atividades de outras enzimas que favorecem a fixação do CO_2 pela PEP carboxilase apenas à noite.

Embora a capacidade de uma planta para realizar o CAM seja geneticamente determinada, ela também é controlada pelo meio ambiente. Em geral, o CAM é favorecido pelos dias quentes com altos níveis de irradiação, noites frias e solo seco – fatores predominantes no deserto. As altas concentrações de sal no solo, que levam à seca osmótica, também favorecem o CAM. Algumas espécies (principalmente os cactos; consulte Martin e Kirchner, 1987) podem permanecer na seca por várias semanas com os estômatos fechados, sem ganhar ou perder muito CO_2 e ainda usando parte da energia luminosa para a fotofosforilação na luz diurna (Luttge, 1987). Mais comumente, as plantas CAM são plantas C-3 facultativas e trocam uma taxa maior de fixação do CO_2 por um modo fotossintético C-3 depois de uma tempestade diurna ou quando a temperatura noturna é alta. Então, os estômatos permanecem abertos por mais tempo durante o horário da luz diurna.

Esse processo de troca sugere que a evolução para CAM é direcionada apenas pela tensão hídrica. Todavia, o CAM também ocorre em alguns grupos de plantas subaquáticas primitivas relacionadas a licófitas e equisetos, principalmente no gênero *Isoetes*. Frequentemente, elas vivem em lagoas rasas em que os níveis de CO_2 são mais baixos durante a luz diurna do que à noite, por causa da fotossíntese (Keeley, 1988; Keeley e Morton, 1982; e Raven et al., 1988). A ocorrência do CAM nessas espécies sugere que a seleção genética do CAM também é orientada pelas alterações diurnas na disponibilidade do CO_2. Por fim, o CAM pode ser induzido por alterações acentuadas nas temperaturas, durante a luz diurna, em espécies alpinas de *Sempervivum* nos Alpes austríacos centrais. Mesmo com a umidade adequada, temperaturas noturnas perto do ponto de congelamento, seguidas por altos níveis de irradiação perto do meio-dia, fazem a temperatura da folha mudar tanto (até 45 °C) que o CAM ocorre (Wagner e Larcher, 1981).

11.7 Formação de sacarose, amido e frutanos

Em cada um dos três principais trajetos de fixação do CO_2, os principais produtos de armazenamento na folha que se acumulam na luz diurna geralmente são a sacarose e o amido. Os açúcares de hexose livre, como a glicose e a frutose, normalmente são muito menos abundantes do que a sacarose nas células fotossintéticas, embora o oposto seja verdadeiro em muitas não fotossintéticas. Em muitas espécies de gramíneas (principalmente as que se originaram nas zonas temperadas incluindo as classes Hordeae, Aveneae e Festuceae) e também em algumas dicotiledôneas, o amido não é um produto importante da fotossíntese; nessas plantas, os polímeros de sacarose e frutose, chamados coletivamente de **frutanos** (antigamente, **frutosanos**), predominam nas folhas e caules, mas o amido predomina nas raízes e sementes. Nesta seção, resumimos a formação da sacarose, do amido e dos frutanos a partir dos produtos fotossintéticos; sua utilização como fonte de energia durante a respiração é explicada no Capítulo 13.

Síntese da sacarose

A sacarose (Figura 11-15) é particularmente importante, porque é comum e abundante nas plantas e porque a consumimos rotineiramente na forma de açúcar de mesa. Ela age como uma fonte de energia nas células fotossintéticas e é prontamente translocada por todo o floema para os tecidos em crescimento. Também é comercialmente importante nas raízes de beterraba e caules de cana-de-açúcar, por causa da sua abundância anormal nessas estruturas.

A síntese da sacarose ocorre no citosol, não nos cloroplastos em que o ciclo de Calvin ocorre. A glicose e a frutose livres não são precursoras importantes da sacarose; na verdade, as formas fosforiladas desses açúcares são. Como mencionado na Seção 11.1, os fosfatos de triose (3-fosfogliceraldeído e fosfato de diidroxiacetona) exportados dos cloroplastos nas células fotossintéticas servem como precursores dos fosfatos de hexose e da sacarose. Esses fosfatos de triose (com três carbonos) são convertidos em um

P*i* e em um frutose-6-fosfato (com seis carbonos), parte do qual é alterado em glicose-6-fosfato e depois em glicose-1-fosfato. (Para detalhes dessas reações, que também ocorrem na respiração, consulte a Figura 13-5.) A glicose-1-fosfato e a frutose-6-fosfato possuem duas unidades de hexose necessárias para produzir o dissacarídeo sacarose, mas a combinação dessas unidades é indireta, pois a energia deve ser fornecida para ativar a unidade de glicose. Essa energia é fornecida pela *uridina trifosfato* (*UTP*), que é um trifosfato de nucleosídeo semelhante ao ATP, com a exceção de que contém a base de pirimidina uracila em vez da base de purina adenosina. O UTP age por meio da reação com a glicose-1-fosfato; os dois fosfatos terminais do UTP são removidos juntos como PP*i*, e o fosfato da glicose-1-fosfato se torna esterificado para o fosfato remanescente no UTP, a fim de formar uma molécula chamada de *uridina difosfato glicose* (*UDPG*). A glicose no UDPG pode ser considerada ativada, porque pode ser imediatamente transferida para uma molécula aceitadora como a frutose-6-fosfato.

Essa reação e outras envolvidas no trajeto principal da formação da sacarose são resumidas pelas Reações 11.11 a 11.15 abaixo (Avigad, 1982; Hawker, 1985; ap Rees, 1987). As enzimas que catalisam cada reação exigem o Mg^{2+} como cofator, outro dos principais motivos pelos quais o magnésio é essencial para as plantas.

$$UTP + \text{glicose-1-fosfato} \rightleftharpoons UDPG + PPi \quad (11.11)$$

$$PPi + H_2O \longrightarrow 2\,Pi \quad (11.12)$$

$$UDPG + \text{frutose-6-fosfato} \rightleftharpoons \text{sacarose-6-fosfato} + UDP \quad (11.13)$$

$$\text{sacarose-6-fosfato} + H_2O \longrightarrow \text{sacarose} + Pi \quad (11.14)$$

$$UDP + ATP \rightleftharpoons UTP + ADP \quad (11.15)$$

Podemos calcular o custo de energia total para a planta ao se formar uma molécula de sacarose adicionando as reações acima para produzir a seguinte reação, que mostra que apenas um ATP é necessário para formar a ligação glicosídica que liga a glicose à frutose na sacarose:

$$\text{glicose-1-fosfato} + \text{frutose-6-fosfato} + 2H_2O + ATP \longrightarrow \text{sacarose} + 3\,Pi + ADP \quad (11.16)$$

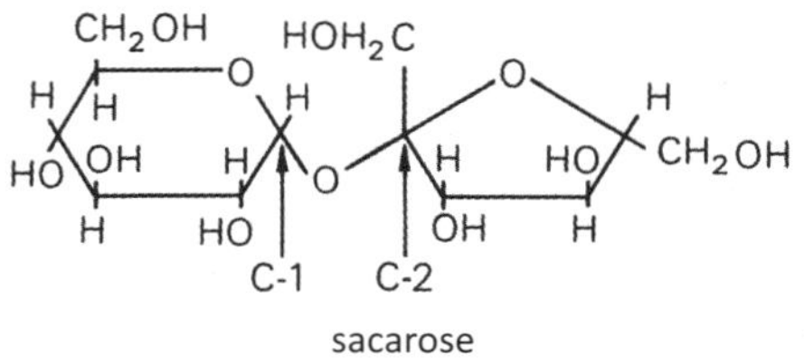

FIGURA 11-15 A estrutura da sacarose, um dissacarídeo feito de uma unidade de glicose (esquerda) e uma de frutose (direita) conectadas entre os carbonos 1 e 2, conforme mostrado.

Uma vez que três moléculas de ATP são exigidas no ciclo de Calvin para cada carbono em cada hexose de sacarose (36 ATP no total), o ATP adicional necessário para formar a ligação glicosídica na sacarose é uma exigência adicional pequena.

Formação do amido

O principal carboidrato de armazenamento na maioria das plantas é o amido (Jenner, 1982). Nas folhas, o amido se acumula nos cloroplastos, nos quais é formado diretamente a partir da fotossíntese. Nos órgãos de armazenamento, ele se acumula nos amiloplastos, nos quais é formado após a translocação da sacarose ou outro carboidrato a partir das folhas (consulte o Capítulo 1). Nas plantas, o amido sempre existe como um ou mais grãos em um plastídeo. A quantidade de amido nos vários tecidos depende de muitos fatores genéticos e ambientais, mas, nas folhas, o nível e a duração da luz são particularmente importantes. O amido se acumula na luz diurna quando a fotossíntese excede as taxas combinadas de respiração e translocação; parte dele desaparece à noite por esses últimos dois processos.

Você já comeu muitos órgãos ricos em amido não fotossintético, como tubérculos de batata, bananas, sementes de grãos de cereais e legumes, tão comuns na nossa dieta. Além das safras alimentícias, a maioria das plantas perenes nativas armazena o amido antes e durante o período dormente, e esse amido é usado como energia para o novo crescimento na próxima estação. Nas árvores e arbustos decíduos, o amido é armazenado principalmente nos amiloplastos dos galhos jovens, na casca (células do parênquima do floema), nas células do parênquima do xilema vivo e também em algumas células de armazenamento do parênquima radicular. Muitas gramíneas perenes herbáceas e dicotiledôneas armazenam o amido nas raízes, bases do caule (coroas) e nos bulbos ou tubérculos subterrâneos. Nos caules, as células do córtex e da medula são locais frequentes de armazenamento do amido, tanto nas anuais quanto nas perenes. As árvores do bordo do açúcar armazenam o amido no parênquima do xilema dos galhos e troncos durante o final do verão e começo do outono, e depois convertem esse amido em sacarose no início da primavera, quando pode ser coletada como açúcar de bordo. A coleta ocorre pela drenagem do fluxo da seiva do tronco, um fluxo osmótico que resulta da pressão de turgor no xilema causada pela conversão de um número relativamente baixo de grãos de amido em muitas moléculas a mais de sacarose.

Dois tipos de amido estão presentes na maioria dos grãos de amido: *amilose* e *amilopectina*, ambos compostos por D-glicoses conectadas por ligações α-1,4 (Figura 11-16a). As ligações α-1,4 fazem as cadeias de amido formarem espirais helicoidais (Figura 11-17). A amilopectina consiste em moléculas altamente ramificadas, e essas ramificações ocorrem entre o C-6 de uma glicose na cadeia principal e o C-1 da primeira glicose na cadeia ramificada (ligações α-1,6). O número de unidades de glicose presentes nas várias amilopectinas varia de 2.000 a 500.000. As amiloses são menores e contêm de algumas centenas a alguns milhares de unidades de açúcar, número que depende da espécie e das condições ambientais (Manners, 1985). Embora antigamente se acreditasse que a amilose não era ramificada, pesquisas mais recentes mostraram que ela também possui ramificações, embora sejam menos numerosas que as da amilopectina (Kainuma, 1988). A amilose torna-se roxa ou azul quando tingida com uma solução de iodeto de iodo e potássio, uma mistura que produz o íon reativo I^{5-} (Banks e Muir, 1980). A amilopectina reage menos intensamente com esse reagente e exibe uma cor roxa a vermelha. O teste do iodo é comumente usado pelos alunos e pesquisadores para determinar se o amido está presente nas células. A porcentagem de amilopectina nos grãos de amido da maioria das espécies varia de aproximadamente 70 a 80% (Manners, 1985). Os amidos do tubérculo de batata possuem 78% de amilopectina e 22% de amilose. Essas razões são semelhantes às do amido na banana e nas sementes de ervilha, trigo, arroz e milho.

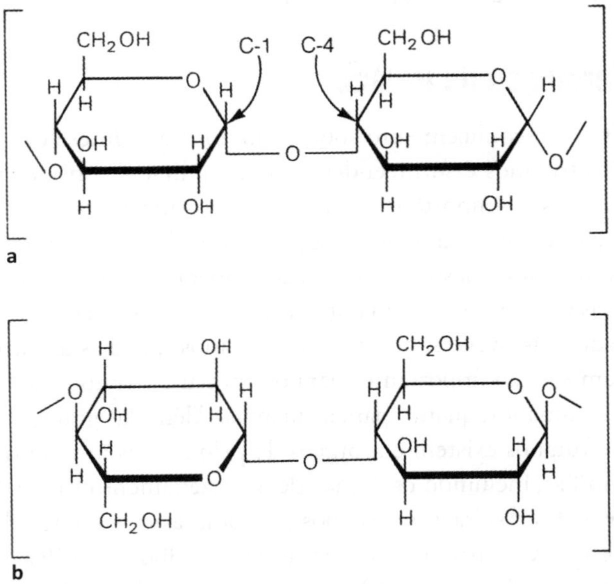

A formação de amido ocorre principalmente por um processo que envolve a doação repetida de unidades de glicose por parte de um açúcar de nucleotídeo semelhante ao UDPG chamado de *adenosina difosfoglicose, ADPG* (revisado por Beck e Ziegler, 1989; e Preiss, 1982a, 1982b). A formação de ADPG ocorre por meio do uso do ATP e da glicose-1-fosfato nos cloroplastos e outros plastídeos. A reação a seguir resume a formação do amido a partir do ADPG. Uma molécula de amilose de crescimento com uma unidade de glicose que possui um grupo C-4 reativo em sua extremidade se combina com o C-1 da glicose que está sendo adicionada do ADPG:

ADPG + amilose pequena (unidades n-glicose) ⟶ amilose maior (com unidades de glicose $n + 1$) + ADP   (11.17)

A *sintetase do amido*, que catalisa essa reação, é ativada pelo K^+, um dos motivos pelos quais ele é essencial e provavelmente porque os açúcares, e não o amido, se acumulam nas plantas deficientes em K^+. Várias isoenzimas da sintetase do amido ocorrem em diferentes plantas e em suas partes.

As ramificações nas amilopectinas entre o C-6 da cadeia principal e o C-1 da cadeia ramificada são formadas por várias isoenzimas das enzimas resumidamente chamadas de *enzimas Q* ou *ramificadas*. Surpreendentemente, pouco se sabe sobre como elas catalisam a ramificação, mas as ligações ramificadas não resultam da glicose transferida do ADPG. Em vez disso, as enzimas ramificadas transferem unidades curtas de uma molécula do amido de crescimento para a mesma molécula de amido ou outra, para formar a ligação α-1,6.

Resta muito a aprender sobre a formação do amido e seu controle, principalmente no que se refere à ramificação. Todavia, alguns fatos sobre o controle são importantes. Os altos níveis de luz e os dias longos favorecem a fotossíntese e a translocação do carboidrato, portanto, os dias longos de verão podem causar o acúmulo de um ou mais grãos de amido nos cloroplastos e o armazenamento de amido nos amiloplastos das células não fotossintéticas. Além disso, a formação de amido nos cloroplastos é favorecida pela luz clara, porque a enzima que forma o ADPG

FIGURA 11-16 (a) A ligação alfa (α) entre resíduos de glicose, como no amido. (b) A vinculação beta (β) entre resíduos de glicose, como na celulose.

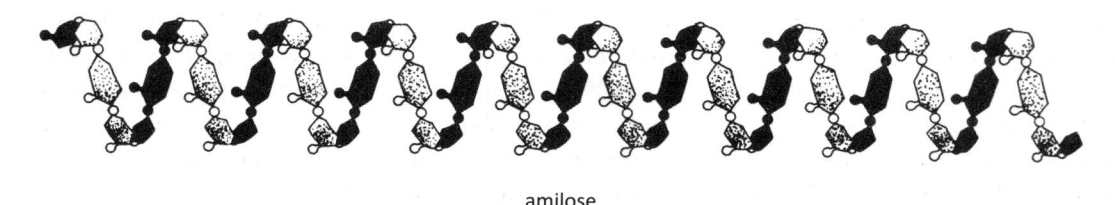

FIGURA 11-17
Representação esquemática de uma pequena parte de moléculas de amido. A amilose e a amilopectina são semelhantes, com a exceção de que a amilopectina é muito mais ramificada.

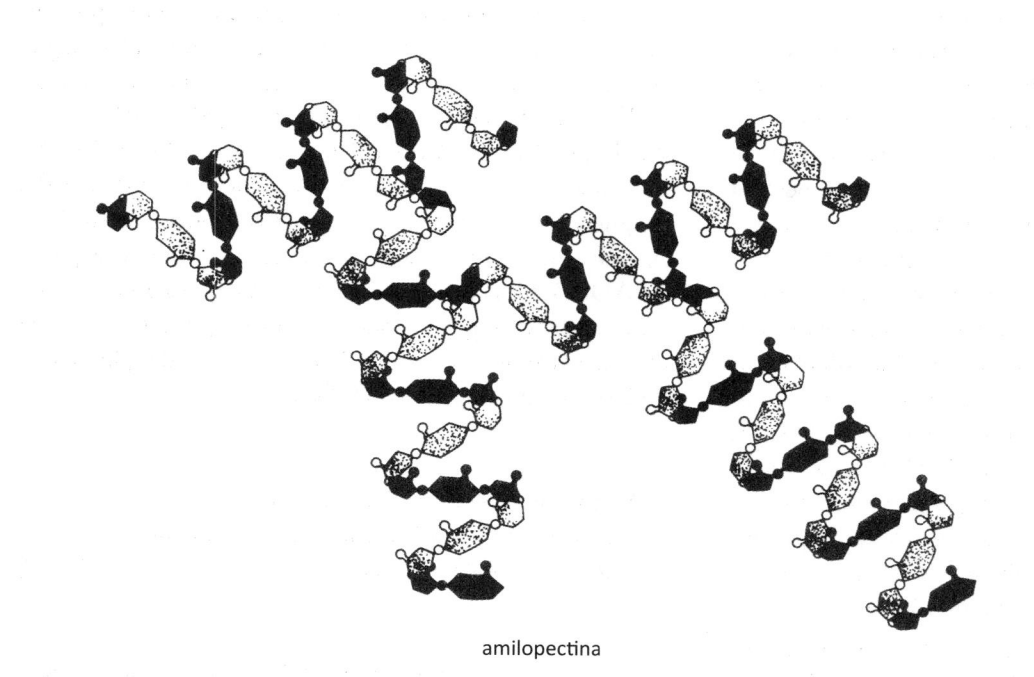

é ativada de maneira alostérica pelo 3-PGA e inibida pelo Pi (Preiss, 1982a, 1982b, 1984). Os níveis de 3-PGA aumentam relativamente na luz diurna à medida que o CO_2 é fixado, mas os níveis de Pi diminuem à medida que ele é adicionado ao ADP para formar ATP durante a fosforilação fotossintética. Por muitos anos, acreditamos que o armazenamento do amido representava um produto fotossintético em excesso, enquanto a sacarose representava um produto mais prontamente disponível que podia ser translocado facilmente. Embora isso seja verdadeiro em parte, o armazenamento da sacarose também é comum (no vacúolo).

Os controles bioquímicos da formação do amido versus sacarose estão sendo investigados agora (revisado por Stitt et al., 1987; Woodrow e Berry, 1988; Stitt e Quick, 1989; Stitt, 1990; Huber et al., 1990; e Hanson, 1990). Outro fator importante é que as espécies que produzem principalmente a sacarose apresentam a enzima sacarose fosfato sintetase ativada pela luz, enquanto os formadores de amido investigados até o momento não a apresentam. Além disso, os formadores de amido hidrolisam a sacarose menos prontamente no vacúolo pelas enzimas invertase (consulte a Seção 13.2) do que os formadores de sacarose. Por fim, observamos que a formação da sacarose, comparada com o seu uso na respiração, é controlada por um potente efetor alostérico de duas enzimas envolvidas na fase de glicólise da respiração e na síntese da sacarose (Stitt, 1990). As funções desse efetor, a *frutose-2,6-bifosfato*, são descritas na Seção 13.12 e retratadas na Figura 13-13.

Formação de frutano

O nosso conhecimento sobre a química e a síntese de vários frutanos é surpreendentemente limitado, considerando-se sua importância nas plantas, principalmente nos caules e folhas das chamadas gramíneas da estação fria que dominam os pastos e os climas temperados. Essas gramíneas C-3 fornecem a maior parte do alimento destinado ao gado e às ovelhas, portanto, os frutanos que elas armazenam são tão importantes para os animais, incluindo os seres humanos, quanto para as plantas. Além das gramíneas, os frutanos existem em órgãos de pelo menos nove outras famílias, incluindo os órgãos de armazenamento subterrâneos das Asteraceae (compositos como áster e dentes-de-leão) e Campanulaceae e nas folhas e bulbos das Liliaceae (lírios), Iridaceae (íris), Agavaraceae e Amyrillidaceae (revisado por Meier e Reid, 1982; Pontis e del Campillo, 1985; Hendry, 1987; Pollock e Chatterton, 1988).

Os frutanos são polímeros de frutose muito menores do que os polímeros de glicose do amido. Geralmente, os frutanos possuem apenas de três a algumas centenas de unidades de frutose. Eles são bastante solúveis em água e sintetizados e armazenados principal ou inteiramente nos vacúolos. A maioria contém uma unidade de glicose terminal, indicando que são criados a partir da adição de unidades de frutose à frutose de uma molécula de sacarose. Parece haver quatro tipos principais de frutanos:

1. **Inulinas**, são anormalmente abundantes nos tubérculos da dália e da alcachofra de Jerusalém e estão presentes em várias outras espécies (mas não nas gramíneas). A maioria das inulinas contém até 35 unidades de frutose conectadas umas às outras em cadeias retas por ligações glicosídicas α-2,1 (carbono 2 de uma frutose conectado ao carbono 1 da anterior). Cada inulina possui glicose na extremidade inicial da cadeia. Recentemente, Carpita et al. demonstraram que havia erros na antiga teoria de que as inulinas não são ramificadas e contêm exclusivamente ligações glicosídicas α-2,1. (1991). Eles usaram técnicas analíticas modernas e altamente sensíveis e demonstraram que as inulinas das raízes da chicória (*Chicorium intybus*) possuem pequenas quantidades de ligações α-2,6 na cadeia principal e ramificações ocasionais curtas. Métodos semelhantes precisam investigar se as inulinas de outras espécies são similares às da chicória.

2. Os **levanos** (antigamente chamados também de fleanos) são abundantes nas folhas e caules de muitas gramíneas de estação fria. O número de unidades de frutose nos levanos varia muito: de 260 no capim rabo-de-gato (*Phleum pratense*) a até 314 no capim dos pomares (*Dactylis glomerata*). Diferente das inulinas, os levanos possuem unidades de frutose conectadas principalmente pelas ligações glicosídicas α-2,6 (carbono 2 de uma frutose conectado ao carbono 6 da anterior). Cada levano possui glicose na extremidade inicial da cadeia. Alguns levanos possuem ramificações com apenas uma unidade de frutose constituindo o ramo.

3. Um frutano não nomeado, altamente ramificado e com ligações mistas comum nas folhas, caules e inflorescências do trigo, cevada e outras gramíneas de estação fria. Os frutanos mais abundantes nos caules de trigo contêm apenas três ou quatro unidades de frutose, enquanto nas inflorescências do trigo um grupo muito maior também está presente (Hendrix et al., 1986). Apenas o grupo menor e de ligação mista foi analisado com cuidado. Ele contém em suas cadeias principais as ligações α-2,1 e α-2,6; as ligações em que as ramificações ocorrem são do mesmo tipo (Bancal et al., 1991).

4. Um grupo não nomeado e não ramificado de frutanos foi identificado, até agora, em apenas duas espécies da família Liliaceae: cebola (raízes) e aspargo (folhas). Esse grupo de nove frutanos principais consiste em moléculas relativamente pequenas, com no máximo cinco unidades de frutose e uma de glicose. No entanto, diferente da maioria dos outros frutanos em outras espécies, quase metade dos frutanos desse grupo contém a glicose da unidade inicial da sacarose não na extremidade terminal, mas sim ligada à outra extremidade a uma, duas ou três unidades de frutose. Todas as ligações glicosídicas que conectam uma frutose à outra nesses frutanos são α-2,1 (Shiomi, 1989).

Até o momento, apenas duas classes principais de enzimas que formam frutanos foram identificadas, ambas produzindo cadeias retas sem ramificações. Uma enzima inicial chamada de **sacarose:sacarose frutosiltransferase (SST)** combina duas sacaroses para formar uma unidade glicose-frutose-frutose (cetose de três **hexoses**), liberando uma glicose de uma das sacaroses. A segunda enzima (**frutano:frutano frutosiltransferase** ou **FFT**) adiciona unidades de frutose extra, uma de cada vez, de uma cetose ou de uma unidade de frutose ou de um frutano ainda maior à frutose terminal formada pela SST. Portanto, as FFTs são *enzimas alongadoras de cadeia*, responsáveis pela formação dos frutanos que são maiores que as cetoses. Foram descritos três tipos diferentes de FFTs, mas nenhuma delas forma ligações α-2,6 na cadeia principal de levanos. Além disso, nenhuma enzima responsável por produzir as ramificações foi encontrada.

Uma função importante dos frutanos nas plantas é o armazenamento do carboidrato. Em geral, as folhas das gramíneas de estação fria acumulam os frutanos nas temperaturas baixas em que a fotossíntese excede a translocação. A partir de um estudo amplo com quase 200 espécies de gramíneas, Chatterton et al. (1989) concluíram que a formação dos frutanos nos vacúolos da folha fornece um escoadouro efetivo, que permite que a fotossíntese continue a ocorrer em condições frias.

12

Fotossíntese: aspectos ambientais e agrícolas

A quantidade de fotossíntese que ocorre na Terra é surpreendente. A estimativa da quantidade de carbono fixado a cada ano varia de cerca de 70 a 120 bilhões de toneladas métricas (equivalente a 170 a 290 gigatons de matéria seca com uma fórmula empírica próxima do CH_2O). A Tabela 12-1 (página 252) lista estimativas da produtividade fotossintética (chamada de **produtividade primária**) para tipos específicos de ecossistemas. Por várias décadas, pensamos que cerca de dois terços dessa produtividade ocorreriam na terra e apenas um terço nos mares e oceanos; agora, é provável que os métodos de mensuração tenham inibido o crescimento do fitoplâncton e, desta forma, a fotossíntese que ocorre em mar aberto tenha sido subestimada por um fator de dois ou mais (Post et al., 1990). Nesse caso, essa vasta produtividade ocorre apesar da baixa concentração de CO_2 atmosférico:[1] apenas cerca de 0,0352% por volume ou 352 μmol mol^{-1}. Dentro dos dosséis de vegetais, em um campo de milho, por exemplo, o conteúdo de CO_2 pode cair para 260 μmol mol^{-1} ou menos nas horas de luz diurna, enquanto o conteúdo ali pode chegar a 400 μmol mol^{-1} durante a escuridão por causa da respiração das plantas e micróbios do solo. A maior parte do CO_2 usado pelas plantas é finalmente convertida em celulose, o principal componente da madeira.

A Tabela 12-2 mostra que 80% do carbono da Terra estão na forma de pedras calcárias e dolomitas sedimentares, depositadas com o tempo geológico no fundo dos oceanos e mares por organismos marinhos (Berner e Lasaga, 1989). A maior parte do restante está na forma da matéria orgânica sedimentar chamada de **querogênio**, derivada das partes moles dos corpos de organismos. Óleo de xisto, carvão e petróleo são apenas uma pequena fração do total, mas também são reservatórios importantes de carbono. Com o tempo geológico, todo esse carbono existia na atmosfera – mas não todo de uma vez! Agora, a atmosfera possui cerca de 1 milésimo de 1% do total. Todavia, ela contém cerca de 746 bilhões de toneladas métricas, em comparação aos cerca de 560 bilhões nos organismos vivos. Mais de 13% do carbono na atmosfera é usado por ano na fotossíntese e uma quantidade aproximadamente igual realiza trocas com o CO_2 dissolvido nos oceanos.

12.1 O ciclo do carbono

A quantidade de CO_2 no ar permaneceu estável em aproximadamente 280 μmol mol^{-1} na maior parte dos últimos 1.000 anos e relativamente estável entre 200 e 300 μmol mol^{-1} por 150.000 anos antes disso (conforme indicado pela análise de bolhas de ar presas no gelo polar; consulte a Figura 12-1a e 12-1b). Perto de 1850, o CO_2 atmosférico começou a aumentar exponencialmente (consulte a Figura 12-1b), para cerca de 352 μmol mol^{-1} em 1990 (consulte a Figura 12-1c; Clark, 1982; Post et al., 1990; Rycroft, 1982; Tans et al., 1990; Waterman et al., 1989). O CO_2 aumentou em cerca de 1,4 μmol mol^{-1} y^{-1} durante os últimos 15 anos,[2] mas, em 1988, o nível aumentou em mais de 2 μmol mol^{-1}, um salto recorde de mais de metade de 1% do total atual (Pieter Tans, comunicação pessoal). O principal motivo desse aumento desde 1850 é a queima de combustíveis fósseis, mas o desmatamento, principalmente a queima de florestas tropicais, também contribuiu (Stuiver, 1978). Os ecossistemas estáveis, como as florestas tropicais úmidas, adicionam quase tanto CO_2 à atmosfera (pela respiração e a deterioração) quanto removem, mas quando elas são desmatadas e queimadas, o carbono armazenado em sua biomassa e grande parte

---

[1] Era comum se referir às concentrações de CO_2 em unidades de partes por milhão (ppm), mas ppm não é uma unidade SI. A **lei de Avogadro** afirma que volumes iguais de gases diferentes na mesma temperatura e pressão possuem o mesmo número de moléculas ou moles (número de moléculas de Avogadro). O **mole** (símbolo **mol**) é uma unidade SI básica (consulte o apêndice A), portanto, uma unidade SI apropriada para a concentração de CO_2 é μmol mol^{-1}, que, felizmente, é igual a ppm.

[2] O y se refere ao ano.

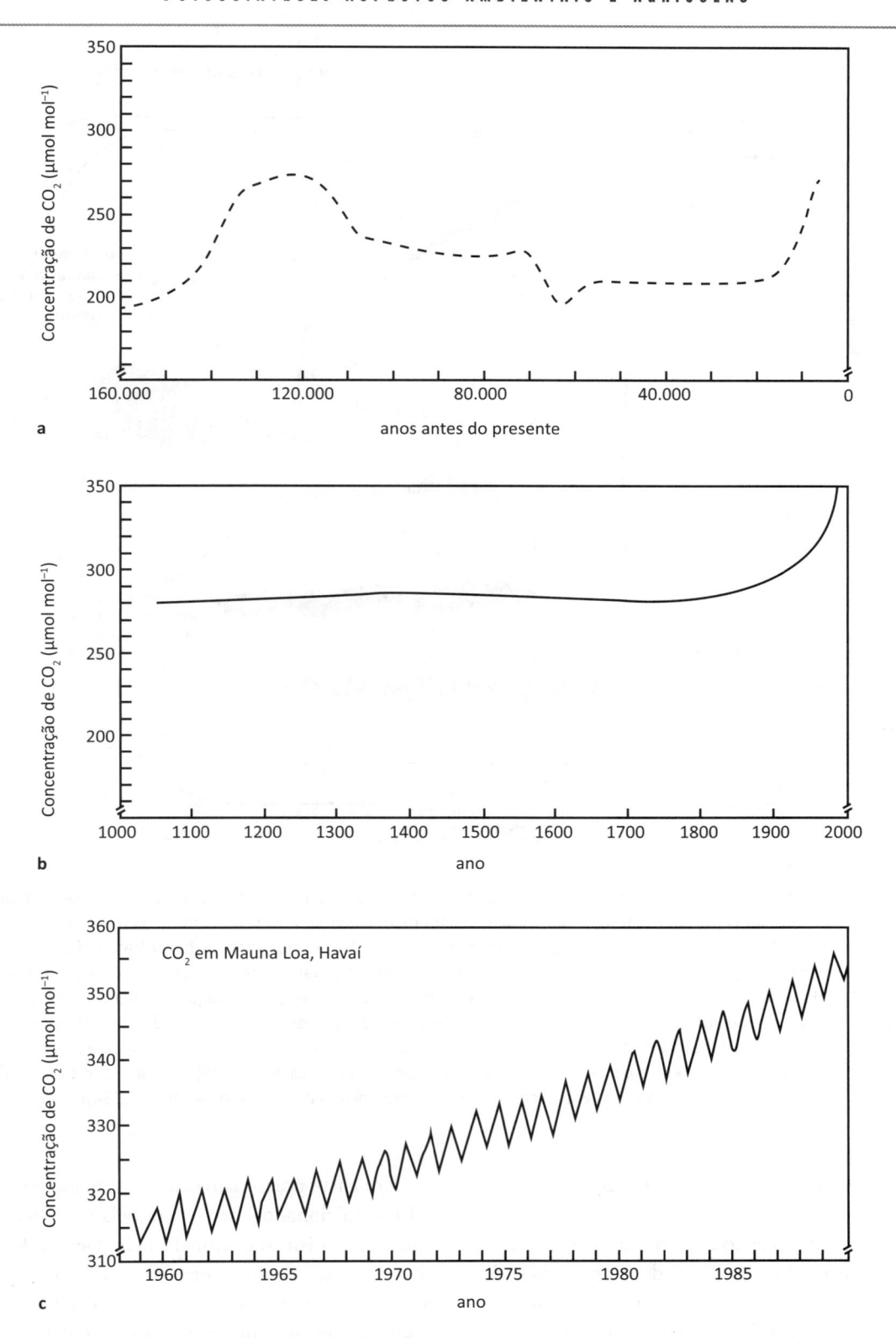

FIGURA 12-1 Concentrações de CO_2 atmosférico durante épocas pré-históricas e históricas. **(a)** Níveis aproximados de CO_2 durante os últimos 160 mil anos, determinados pela medição de bolhas de ar aprisionadas no gelo antártico nas estações de Vostok e Bird. A curva aproxima muitos pontos de dados individuais que mostram uma dispersão considerável. **(b)** Concentrações de CO_2 nos últimos 1.000 anos (até 1958), também das bolhas de ar aprisionadas no gelo, e depois médias anuais das medições obtidas no observatório Mauna Loa, no Havaí, desde 1958. **(c)** Médias mensais dos registros de CO_2 obtidos no observatório Mauna Loa. Observe que os aumentos ocorrem no inverno, quando a entrada na atmosfera (por respiração, queima e assim por diante) excede a remoção; a diminuição no verão é causada principalmente pela fotossíntese. (Dados de **a** e **b** publicados em várias fontes; figuras modificadas dos gráficos de Post et al., 1990. Dados para **c** foram fornecidos por Pieter Tans, U.S. Department of Commerce, National Oceanic and Atmospheric Administration – NOAA, Environmental Research Laboratories, Boulder, Colorado.)

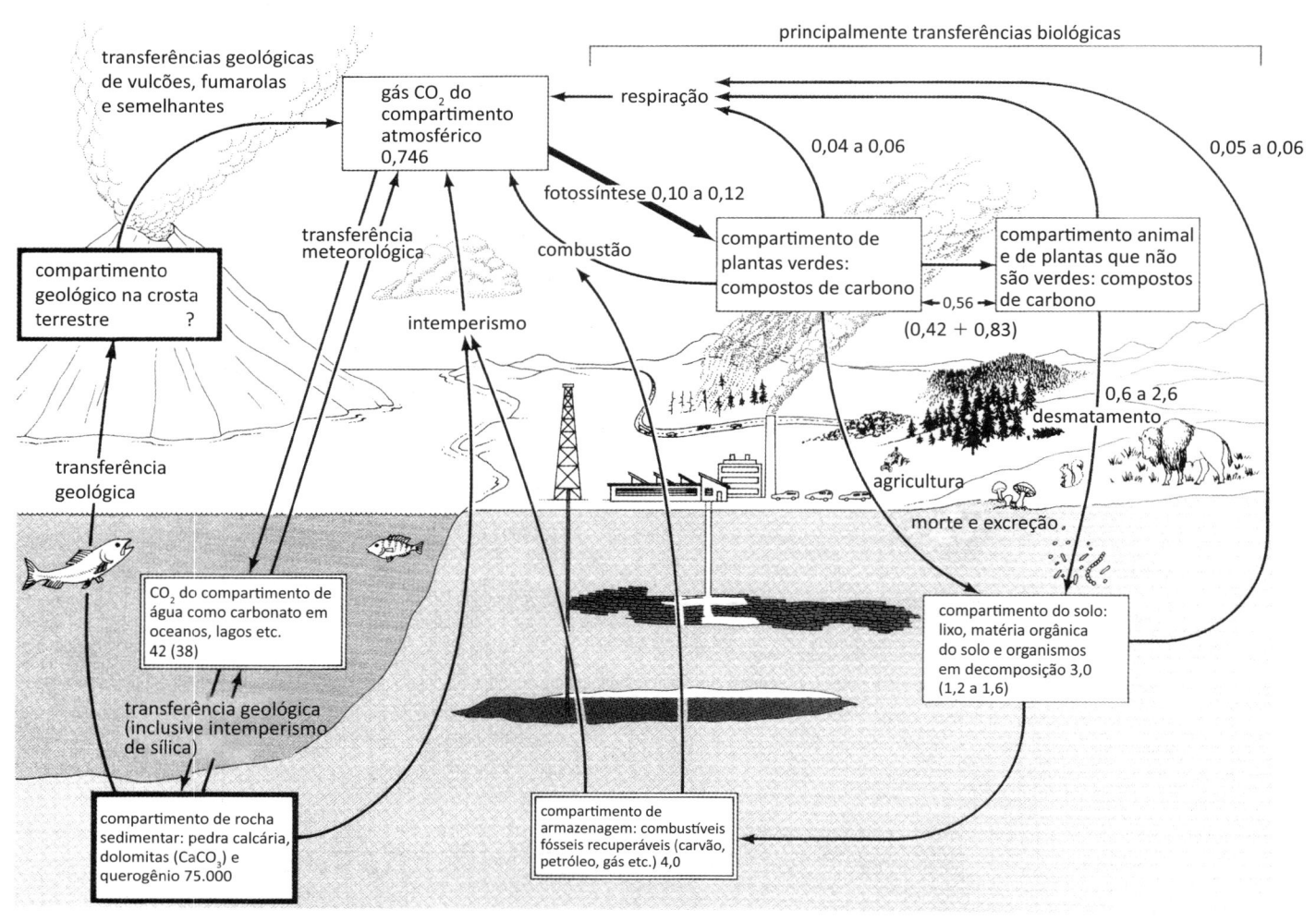

FIGURA 12-2 O ciclo de carbono na natureza. Os números nas caixas (compartimentos) multiplicados por 10^{15} representam quilos de carbono; os números perto das setas (também multiplicados por 10^{15} para resultar em quilos) representam as transferências anuais. A agricultura e o desmatamento (principalmente a queima das florestas tropicais) estão adicionando carbono à atmosfera, carbono que estava armazenado na biomassa vegetal e como matéria orgânica do solo. Porém, as quantidades dessas transferências são apenas imperfeitamente conhecidas; elas ocorrem por meio da combustão e da deterioração (oxidação biológica), e não são mostradas separadamente. Uma vez que a concentração do CO_2 atmosférico pode ser medida com precisão, a quantidade na atmosfera é o número mais exato. (A concentração em µmol mol^{-1} é multiplicada por 2,12 para resultar em gigatons – bilhões de toneladas métricas – de carbono na atmosfera.) Os números que não estão entre parênteses são fornecidos por Berner e Lasaga (1989), os que estão são de Post et al. (1990) e as diferenças ilustram as incertezas nas nossas estimativas. (Figura modificada de Jensen e Salisbury, 1984.)

do que está armazenado no solo é transferido da biosfera para a atmosfera.

A Figura 12-2 mostra o ciclo de carbono com as várias maneiras pelas quais o CO_2 é adicionado ou removido da atmosfera e transferido entre outros **compartimentos** ou **pools** nos quais ele existe. Observe que, na Figura 12-2 e na Tabela 12-2, o tamanho do pool varia em diversas ordens de magnitude (e seus tamanhos são conhecidos apenas imperfeitamente, com uma variação considerável entre as estimativas). Os compartimentos atmosférico e biosférico são os menores; as rochas sedimentares, com seus carbonatos e o **querogênio** (matéria orgânica sedimentar), são de longe as maiores.

Em curto prazo (isto é, durante nosso tempo de vida), o CO_2 é adicionado à atmosfera pela respiração das plantas, micro-organismos e animais, pela queima de combustíveis fósseis e pelo desmatamento. Ao longo do tempo geológico (e continuando no presente), o CO_2 é adicionado à atmosfera pelas emissões vulcânicas e pelas fontes de água carbonatada/bicarbonato de sódio. Em curto prazo, a fotossíntese é um dos dois mecanismos importantes de remoção do CO_2 da atmosfera; o outro é a solução de CO_2 nos oceanos e mares, onde os carbonatos sólidos e dissolvidos se equilibram com o CO_2 e uma mudança em um afeta o outro, de forma que a concentração do CO_2 em escala mundial é amortecida pelos carbonatos na água. Houve um

TABELA 12-1 Estimativas da produtividade primária geral e da biomassa vegetal para vários ecossistemas.[a]

Tipo de ecossistema	Área (10^6 km^2)	Produção primária geral por área de unidade (g/m^2/ano)		Produção primária geral mundial (10^9 t/ano)	Biomassa por área de unidade (kg/m^2)		Biomassa mundial (10^9 t)
		Intervalo normal	Média		Intervalo normal	Média	
Floresta tropical úmida	17,0	1.000 – 3.500	2.200	37,4	6-80	45	765
Floresta tropical sazonal	7,5	1.000 – 2.500	1.600	12,0	6-60	35	260
Floresta perenifólia temperada	5,0	600 – 2.500	1.300	6,5	6-200	35	175
Floresta decídua temperada	7,0	600 – 2.500	1.200	8,4	6-60	30	210
Floresta boreal	12,0	400 – 2.000	800	9,6	6-40	20	240
Bosques e campos arbustivos	8,5	250 – 1.200	700	6,0	2-20	6	50
Savana	15,0	200 – 2.000	900	13,5	0,2-15	4	60
Prados temperados	9,0	200 – 1.500	600	5,4	0,2-5	1,6	14
Tundra e alpino	8,0	10 – 400	140	1,1	0,1-3	0,6	5
Arbustos desérticos e semidesérticos	18,0	10 – 250	90	1,6	0,1-4	0,7	13
Deserto extremo, rocha, areia e gelo	24,0	0 – 10	3	0,07	0-0,2	0,02	0,5
Terra cultivada	14,0	100 – 3.500	650	9,1	0,4-12	1	14
Pântano e mangue	2,0	800 – 3.500	2.000	4,0	3-50	15	30
Lago e correnteza	2,0	100 - 1500	250	0,5	0-0,1	0,02	0,05
Total continental	149		773	115[b]		12,3	1.840[b]
Oceano aberto	332,0	2 - 400	125	41,5	0-0,005	0,003	1,0
Zonas de ressurgência oceânica	0,4	400 - 1.000	500	0,2	0,005-0,1	0,02	0,008
Plataforma continental	26,6	200 – 600	360	9,6	0,001-0,04	0,01	0,27
Leitos de algas e recifes	0,6	500 – 4.000	2.500	1,6	0,04-4	2	1,2
Estuários	1,4	200 – 3.500	1.500	2,1	0,01-6	1	1,4
Total marinho	361		152	55,0		0,01	3,9
Total completo	510		333	170[b]		3,6	1.840[b]

[a] Unidades são quilômetros quadrados, gramas secos ou quilos por metro quadrado e toneladas métricas secas (t) de matéria orgânica. Uma tonelada métrica equivale a 1,1023 tonelada inglesa.
[b] Totais arredondados quase para o mesmo número de algarismos significativos dos dados, que são estimativas defeituosas.
Fonte: Whittaker, 1975.

grande esforço para determinar os índices desses processos, incluindo a fotossíntese (Post et al., 1990), mas, até agora, foi impossível preparar um balancete que explique todo o CO_2 adicionado à atmosfera pela queima de combustíveis fósseis; a atmosfera contém menos CO_2 do que os cálculos sugerem que deveria conter. Tans et al. (1990) observaram que seus modelos de oceanos não acomodariam as quantidades de CO_2 que outros pesquisadores presumiram ser removidas pelos oceanos. Eles sugeriram que "uma grande quantidade de CO_2 é aparentemente absorvida nos continentes pelos ecossistemas terrestres". Uma pequena parte do carbono removida dessa maneira pela fotossíntese deve ser fossilizada em carvão, petróleo e gás natural.

O CO_2 atmosférico dissolvido na água torna-se ácido carbônico, H_2CO_3, que dissolve parte dos carbonatos de cálcio e de magnésio nas rochas e no solo para formar os

TABELA 12-2 Quantidade de carbono encontrado na Terra em várias formas.

Forma	Massa de carbono (10^{15} kg)	Percentual do total[a]
Carbonato de cálcio (calcário) e carbonato de Ca-Mg (dolomitas); principalmente nas rochas sedimentares.	60.000	80
Matéria orgânica sedimentar (querogênio)	15.000	20
Bicarbonato e carbonato oceânico dissolvido	42	0,05
Combustíveis fósseis recuperáveis (carvão e petróleo)	4,0	0,005
Carbono superficial morto (húmus, nitrato de sódio e assim por diante)	3,0	0,004
Dióxido de carbono atmosférico	0,75	0,001
Toda a vida (vegetais e animais)	0,56	0,00075

[a] Uma vez que as quantidades são conhecidas apenas imperfeitamente, as porcentagens são arredondadas para o mesmo número de algarismos significativos.
Fonte: Modificado de Berner e Lasaga, 1989.

íons de bicarbonato (HCO_3^-). Mais cedo ou mais tarde, esses íons acabam nos oceanos e mares, onde são convertidos de volta para pedra calcária e dolomita pelos organismos marinhos, mas, uma vez que uma molécula de CO_2 é liberada no processo, esse processo não altera o nível de CO_2 atmosférico. O ácido carbônico também desagrega minerais de silicato, como o feldspato encontrado nos granitos e basaltos (representado pela fórmula generalizada $CaSiO_3$), para produzir íons de bicarbonato. Uma vez que o silicato não contém carbono, quando esses íons de HCO_3^- são convertidos pelos organismos marinhos em calcário e dolomita, o carbono é removido da atmosfera e armazenado nas rochas sedimentares. Mais tarde, até mesmo esse carbono retorna para a atmosfera, mas primeiro as rochas sedimentares são enterradas em profundezas de vários quilômetros, principalmente nas **zonas de subducção**, onde duas das grandes placas em que a superfície terrestre é dividida colidem. Uma placa desliza sob a outra, carregando a rocha sedimentar consigo. Em grandes profundidades, ela é aquecida e os carbonatos são convertidos em CO_2, que por fim retorna à atmosfera por meio de vulcões e fontes de água carbonatada. Com o passar do tempo geológico, esses mecanismos mantiveram o conteúdo de CO_2 atmosférico relativamente estável (Berner e Lasaga, 1989).

Os aumentos mundiais do nível de CO_2 atmosférico são preocupantes, porque o CO_2 e alguns dos outros chamados **gases de estufa**, como o metano, absorvem os comprimentos de onda longos de energia radiante mais eficientemente do que os curtos. Os comprimentos de onda mais curtos predominam na luz solar e penetram na atmosfera, aquecendo a Terra e tudo o que há nela. Então, a Terra irradia comprimentos de onda mais longos (porque ela é muito mais fria do que o sol; consulte a Lei de Wien no Apêndice B), que são absorvidos pelos gases de estufa – que, por sua vez, irradiam parte da energia (nos comprimentos de onda longos) de volta para a Terra, aquecendo-a mais ainda. (As plantas de uma estufa são aquecidas da mesma maneira: o vidro da estufa transmite os comprimentos de onda curtos e absorve e depois irradia os longos.) Esse aquecimento da superfície da Terra, em centenas de anos, poderia causar o derretimento de tanto gelo polar que o nível dos oceanos subiria e várias cidades litorâneas seriam inundadas (Revelle, 1982). Outras mudanças climáticas associadas, principalmente nos padrões de chuva, poderiam alterar a agricultura e a vegetação natural. A situação ainda está incerta, no entanto, porque as nuvens e os poluentes atmosféricos particulados (a fumaça onipresente) refletem os raios solares e o aumento desses poluentes poderia, portanto, levar ao resfriamento global.

12.2 Taxas fotossintéticas das várias espécies

As taxas fotossintéticas das espécies que vivem em condições tão diversificadas quanto desertos áridos, montanhas altas e florestas tropicais úmidas variam muito (Tabela 12-1). A **capacidade fotossintética da folha** – definida como a taxa fotossintética por área de unidade da folha quando a irradiação está saturando, as concentrações de CO_2 e O_2 são normais, a temperatura é ideal e a umidade relativa é alta – varia em quase duas ordens de magnitude (revisado por Pearcy et al., 1987). As diferenças resultam parcialmente das variações na luz, na temperatura e na disponibilidade da água, mas espécies individuais mostram diferenças acentuadas sob condições específicas, ideais para cada uma. As espécies que crescem em ambientes repletos de recursos têm capacidades fotossintéticas muito mais altas que aquelas que crescem onde existe déficit de água, nutrientes ou luz. As capacidades mais altas são encontradas entre as plantas anuais do deserto e gramíneas quando a água está disponível. As espécies que possuem o trajeto C-4 de fixação do CO_2 geralmente apresentam as taxas fotossintéticas mais altas, enquanto as suculentas do deserto (de crescimento lento), com metabolismo do ácido crassuláceo (CAM), apresentam as taxas mais baixas. A Tabela 12-3 resume o intervalo aproximado de taxas fotossintéticas máximas para alguns grupos importantes de plantas que representam muitas espécies diferentes. Uma quantidade relativamente pequena de dados está disponível para as plantas CAM.

As espécies alpinas e árticas perenes formam um grupo interessante. Normalmente, essas plantas apresentam temporadas curtas de crescimento; as espécies alpinas têm dias de comprimentos moderados e altos níveis de radiação, e as árticas possuem dias longos e taxas baixas de radiação. Sua fotossíntese excede de tal maneira a respiração que elas podem dobrar seu peso seco dentro de um mês ou menos, portanto, o acúmulo de carboidrato não é aparentemente um problema de sobrevivência. Foi mostrado que as plantas alpinas, pelo menos, podem utilizar o CO_2 mais eficientemente do que suas equivalentes de planícies (Korner e Diemer, 1987).

TABELA 12-3 Taxas fotossintéticas máximas dos principais tipos de plantas sob condições naturais.

Tipo de planta	Exemplo	Fotossíntese máxima (CO_2 fixado, $\mu mol\ m^{-2}s^{-1}$)[a]
CAM	*Agave americana* (agave)	0,6 – 2,4
Árvores e arbustos perenifólios tropicais, subtropicais e mediterrâneos; coníferas perenifólias da zona temperada	*Pinus sylvestris* (pinheiro escocês)	3 – 9
Árvores e arbustos decíduos da zona temperada	*Fagus sylvatica* (faia europeia)	3 – 12
Ervas da zona temperada e plantas de safra do trajeto C-3	*Glycine max* (soja)	10 – 20
Doze plantas alpinas herbáceas (Alpes austríacos, 2600 m alt.)	*Ligusticum mutellina*, *Taraxacum alpinum*, outras	10 – 24
Gramas tropicais, dicotiledôneas e ciperáceas com o trajeto C-4	*Zea mays* (milho)	20 - 40

[a] Valores calculados com base em uma superfície da folha; para as coníferas, os dados se originam na projeção óptica das agulhas. Uma ampla lista de taxas fotossintéticas das árvores foi compilada por Larcher (1969). Os dados para várias culturas C-3 e C-4 foram listados por Radmer e Kok (1977). Os valores para muitas plantas nativas C-3 são dados por Bjorkman (1981). Korner e Diemer (1987) fizeram os relatos sobre as plantas alpinas.

12.3 Fatores que afetam a fotossíntese

Muitos fatores influenciam a fotossíntese: H_2O, CO_2, luz, nutrientes e temperatura, bem como a idade da planta e a genética. Qual é o fator que mais limita a fotossíntese nos ecossistemas naturais ou agrícolas? A partir da Tabela 12-1, podemos concluir que as plantas superiores são aparentemente mais limitadas pela disponibilidade da água. Os desertos são extremamente improdutivos, enquanto os pântanos, estuários e florestas úmidas tropicais são os ecossistemas mais produtivos, junto com algumas áreas cultivadas irrigadas. Quando os potenciais de água se tornam muito negativos (isto é, quando a água se torna um limitador), a expansão celular é retardada e, portanto, o crescimento é reduzido. Apenas um pouco mais de tensão hídrica e os estômatos começam a se fechar, e a captura do CO_2 é restrita. Assim, a fotossíntese é limitada pela água por causa da expansão retardada da folha e a absorção restrita do CO_2. A relação entre a disponibilidade de água e a fotossíntese é examinada nos Capítulos 16 e 26 e a importância do teor de nitrogênio na folha para as concentrações de rubisco e a fotossíntese são mencionadas na Seção 13.4.

A Tabela 12-1 também sugere que dois outros fatores são importantes nos ecossistemas vegetais: primeiro, as tundras alpinas e árticas têm baixa produtividade, principalmente por causa das baixas temperaturas e das estações curtas de crescimento. Em segundo lugar, os oceanos também são baixos em produtividade com base na área de unidade (mesmo levando-se em consideração as novas medições mencionadas acima), embora existam regiões altamente produtivas. O que limita a produtividade nos oceanos abertos? Obviamente, a água está disponível e as temperaturas são raramente limitadoras (ou nunca); a fotossíntese ativa das algas foi observada sob o gelo na Antártica. A luz solar e o CO_2 estão disponíveis, principalmente nas águas superficiais. Os *nutrientes minerais* são o fator limitador. Muitos organismos decantam no fundo quando morrem, levando seus minerais consigo. Assim, as águas da superfície em que a luz e o CO_2 são mais abundantes tornam-se pobres em fosfatos, nitratos e outros nutrientes essenciais. Quando condições especiais trazem correntes ascendentes oceânicas com nutrientes para a superfície, frequentemente o resultado é um crescimento profuso de fitoplâncton. Algumas espécies de plâncton podem sintetizar substâncias químicas tóxicas, levando à morte dos peixes, mas nas regiões em que as correntes ascendentes oceânicas são a regra, como no litoral do Peru, o plâncton fornece alimento para os peixes. Essas áreas contêm algumas das áreas de pesca mais importantes do mundo. Porém, a maioria dos oceanos são "desertos de nutrientes".

Com este curto resumo da produtividade planetária, vamos examinar em mais detalhes certos fatores que influenciam a fotossíntese.

Efeitos da luz

A Figura 12-3 ilustra um curso bastante típico (exceto para as plantas CAM) de fixação do CO_2 pela fotossíntese durante a luz diurna e de liberação do CO_2 pela respiração à noite, em uma parcela de alfafa. Certos fatos interessantes podem ser derivados desse gráfico. Em primeiro lugar, a fixação máxima do CO_2 ocorre perto do meio-dia, quando a irradiação é mais alta. O fato de a luz frequentemente limitar a fotossíntese também é mostrado pelas taxas reduzidas de fixação do CO_2 quando as plantas são expostas brevemente às sombras de nuvens. A figura também mostra as magnitudes relativas da fotossíntese e a respiração no escuro; nesse exemplo, a taxa fotossintética atingiu um máximo de aproximadamente oito vezes a taxa respiratória noturna quase constante. As razões médias do carbono geral fixado durante a luz diurna em comparação com as perdas noturnas pela respiração são de quase 6:1, mas variam conforme a planta e o ambiente.

Para entender quantitativamente como a luz afeta a taxa da fotossíntese, precisamos primeiro examinar quanta energia luminosa é fornecida pela luz solar. No limiar superior da atmosfera e na distância média entre a Terra e o sol, a irradiação total é de 1.360 W m^{-2} (a **constante solar**), que inclui comprimentos de onda ultravioleta e infravermelho.[3] Isso varia em cerca de ±2% por causa da órbita ligeiramente elíptica da Terra. À medida que essa radiação atravessa a atmosfera até a superfície da Terra, muita energia é perdida pela absorção e pela difusão causadas pelo vapor de água, poeira, CO_2 e ozônio, portanto, apenas aproximadamente 900 W m^{-2} atingem as plantas, dependendo do horário do dia, época do ano, altitude, latitude, condições atmosféricas e outros fatores. Desse total, cerca da metade está no espectro infravermelho, quase 5% no ultravioleta e o restante possui comprimentos de onda entre 400 e 700 nm, sendo capaz de causar a fotossíntese. Quando expressado em unidades de energia (watts ou joules por segundo), isso é chamado de **radiação fotossinteticamente ativa**, ou **RAP** (consulte McCree, 1981, e o Apêndice B). Em um céu sem nuvens, a RAP é comumente cerca de 400 a 500 W m^{-2}, dependendo dos fatores que acabamos de mencionar.[4]

Como discutimos no Capítulo 10, a fotossíntese e outras reações fotoquímicas não dependem da energia total da luz, mas do número de fótons ou quanta que são absorvidos. Um fóton altamente energético na faixa azul do espectro tem quase o dobro da energia de um fóton na faixa vermelha, mas ambos possuem exatamente o mesmo efeito na fotossíntese. Consequentemente, quando os fisiologistas das plantas falam sobre reações fotoquímicas como a fotossíntese (e outras, consulte o Capítulo 20), eles frequentemente expressam a quantidade de luz como o número de fótons nas regiões do comprimento de onda sob consideração: para a fotossíntese, de 400 a 700 nm, como mencionado acima. Expressa dessa maneira, a quantidade da luz efetiva na fotossíntese é chamada de **fluxo de fótons fotossintéticos (FFF)**. Suas unidades são moles de quanta (fótons) por metro quadrado por segundo. A luz solar está na faixa micromolar; em um dia claro de verão, ela equivale a cerca de 2000 a 2300 µmol m^{-2} s^{-1}. (Isso pode ser rapidamente calculado a partir dos valores da RAP, supondo-se que a luz solar na faixa da RAP tenha um comprimento de onda médio de 550 nm e sabendo-se que um mole de prótons nesse comprimento de onda possui 217 kJ de energia[5].) Para muitos estudos sobre a produtividade fotossintética, é apropriado somar os fótons diariamente, o que traz as unidades para a faixa molar: de 30 a 60 mol m^{-2} d^{-1} para uma média mensal no verão em latitudes médias. Com base na energia (RAP), isso equivale a cerca de 6,5 a 13 MJ $m^{-2} d^{-1}$ (megajoules por metro quadrado por dia).

Sensores especiais da luz foram desenvolvidos para medir o FFF. Eles incluem filtros que reduzem os comprimentos de onda azuis antes de entrarem no sensor, de forma que os sensores podem ser calibrados diretamente em µmol $m^{-2} s^{-1}$. Eles são precisos até dentro de cerca de 10%. Uma vez que nem todos os comprimentos de onda de 400 a 700 nm são absorvidos igualmente na fotossíntese (consulte a Figura 10-4), outro refinamento seria filtrar parte dos comprimentos de onda verdes, que são menos eficientes na fotossíntese, antes que cheguem ao sensor. Esses medidores estão disponíveis, mas até o momento não têm sido amplamente usados; alguns pesquisadores acham que suas vantagens são mínimas, na melhor das hipóteses.

Em qualquer ambiente, a irradiação varia dentro de um dossel vegetal. Cerca de 80 a 90% do FFF são absorvidos por uma folha representativa, embora esse valor varie

---

[3] Lembre-se: 1 watt (W) = 1 joule por segundo, portanto, a constante solar também pode ser expressa como 1.360 J $m^{-2} s^{-1}$; o joule é a unidade SI da energia.

[4] A luz solar direta ao meio-dia no hemisfério norte equivale a cerca de 10.000 pés-vela ou 108.000 lux; porém, essas não são unidades de energia, e sim medições da **iluminância**, uma descrição subjetiva da capacidade do olho humano para perceber a luz (consulte o Apêndice B).

[5] Duas convenções previamente usadas nas discussões da FFF foram agora abandonadas: falávamos anteriormente de *densidade* do fluxo de fótons fotossintéticos (DFFF), mas *fluxo* carrega consigo o conceito de *densidade*, portanto, *densidade* não é mais usado. Um mole de quanta era chamado de *einstein*, mas um mole de qualquer coisa ainda é um mole, e assim *einstein* não é uma unidade SI aceitável. Nem todos os investigadores adotaram o uso do FFF; alguns ainda utilizam a RAP com referência ao fluxo de fótons.

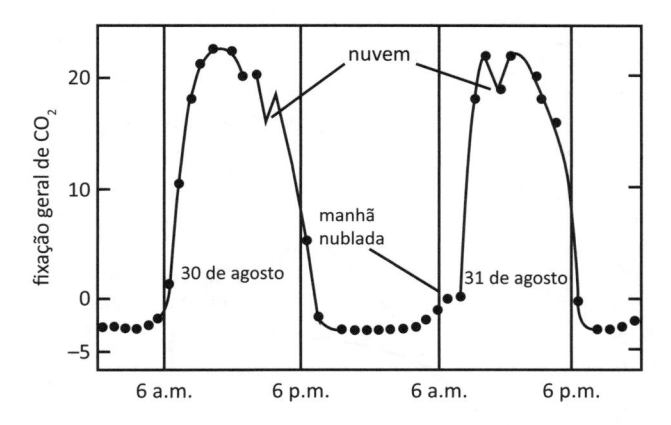

FIGURA 12-3 Fotossíntese em uma parcela de alfafa por um período de dois dias no final do verão no Hemisfério Norte. O efeito dos períodos da cobertura pelas nuvens pode ser observado. Os valores negativos de fixação do CO_2 durante a escuridão indicam as taxas de respiração. (A partir de dados de Thomas e Hill, 1949.)

consideravelmente conforme a estrutura e a idade da folha. O restante (principalmente os comprimentos de onda verdes e vermelho-distante; consulte a Figura 4-14) é transmitido para as folhas inferiores ou para o solo abaixo ou é refletido para as adjacências. Da radiação absorvida e potencialmente capaz de causar a fotossíntese, mais de 95% são normalmente convertidos em calor; portanto, menos de 5% são capturados durante a fotossíntese.

Vamos investigar agora como a variação na irradiação afeta as taxas fotossintéticas, primeiro quando folhas únicas são expostas ao ar normal com aproximadamente 350 μmol mol^{-1} de CO_2. Obviamente, não existe CO_2 geral fixado na escuridão (exceto nas plantas CAM), e na luz fraca a perda respiratória do CO_2 excede aquele usado na fotossíntese (Figura 12-4). Acima de uma certa irradiação, chamada de **saturação da luz**, o aumento da luz não aumenta mais a fotossíntese. Entre a escuridão e a saturação, existe uma irradiação em que a fotossíntese apenas equilibra a respiração (a troca do CO_2 geral é zero); isso é chamado de **ponto de compensação da luz**. Esse ponto varia conforme a espécie, a irradiação durante o crescimento, a temperatura em que as medições são obtidas e a concentração do CO_2, mas, nas folhas que crescem ao sol, ela normalmente é de cerca de 2% da luz solar total (aproximadamente a irradiação em uma sala de aula bem iluminada: 40 μmol $m^{-2}s^{-1}$). Apenas quando a irradiação está acima do ponto de compensação da luz é que os aumentos no peso seco podem ocorrer. As diferenças nesses pontos são causadas principalmente pelas diferenças nas taxas de respiração no escuro. Quando a respiração é baixa, a folha exige menos luz para fotossintetizar com rapidez suficiente para equilibrar o CO_2 que está sendo perdido, portanto, o ponto de compensação da luz também é baixo.

A Figura 12-4 mostra respostas às mudanças na irradiação exibidas por folhas únicas de três espécies de dicotiledôneas depois do crescimento sob condições semelhantes aos seus habitats nativos. A curva superior refere-se a uma espécie de arbusto perene C-4, *Tidestromia oblongifolia*, que cresce sob condições de verão anormalmente quentes e áridas em altos níveis de luminosidade no Vale da Morte, Califórnia; a curva do meio é a da *Atriplex patula*, subespécie *hastata*, uma planta C-3 que cresce ao longo do litoral do Pacífico dos Estados Unidos; e a curva inferior é da *Alocasia macrorrhiza*, que cresce no solo de uma floresta tropical em Queensland, Austrália. A energia da RAP recebida diariamente pela primeira e pela última espécies durante o crescimento difere por um fator de 300.

As respostas da *Alocasia* são típicas de muitas espécies nativas de habitats sombreados (**plantas de sombra**), incluindo a maioria das plantas domésticas. Em primeiro lugar, essas espécies mostram taxas fotossintéticas muito mais baixas sob luz solar forte do que as plantas de lavoura ou outras espécies cultivadas em áreas abertas. Segundo, suas respostas fotossintéticas são saturadas em irradiações muito mais baixas que as de outras espécies. Em terceiro lugar, sob níveis muito baixos de irradiação, elas normalmente fotossintetizam em taxas mais altas que outras espécies. Em quarto, os seus pontos de compensação da luz são anormalmente baixos. Essas características fazem com que cresçam lentamente em seus habitats sombreados naturais, embora sobrevivam onde espécies com pontos superiores de compensação de luz não conseguiriam luz suficiente e morreriam. Uma complicação importante do solo da floresta são os raios de sol que penetram no dossel das árvores e podem irradiar a folha sombreada de uma fração de segundo (quando o vento bate nas folhas) a vários minutos. Como discutiremos na Seção 25.5, a luz desses raios solares pode ser responsável por metade ou mais da fotossíntese das espécies do solo das florestas.

As respostas fotossintéticas à luz de folhas únicas da *Tidestromia oblongifolia* mostradas na Figura 12-4 são típicas de espécies C-4 nativas de habitats ensolarados e de culturas C-4 como milho, sorgo, cana-de-açúcar e painço (as quatro safras C-4 principais; algumas gramíneas importantes de forração também são C-4). Essas folhas não mostram saturação da taxa até a luz solar total, e mesmo além dela, podendo ter taxas máximas maiores que o dobro da maioria das espécies C-3 (em temperaturas ideais para cada). Para essas culturas C-4, taxas tão altas como 40 a 50 μmol $m^{-2}s^{-1}$ de CO_2 fixado não são incomuns. As respostas da *Atriplex hastata* na Figura 12-4 são representativas de muitas espécies de culturas C-3 como batata, beterraba, soja, alface, tomate e capim dos pomares. As folhas individuais dessas espécies mostram a saturação da luz fotossintética em irradiações que correspondem a 1/4 ou 1/2 da luz solar. No entanto, o amendoim e o girassol são duas espécies C-3 que não se tornam saturadas pela luz até perto da luz solar total; eles também mostram taxas máximas quase tão altas quanto as das culturas C-4. A maioria das árvores nativas de climas temperados mostra taxas máximas intermediárias entre as de culturas C-3 típicas e plantas de sombra, sendo frequentemente saturadas por irradiações tão baixas quanto 1/4 da luz solar total.

A fotossíntese mais rápida das espécies C-4 sob altas irradiações resulta em um requisito de água mais baixo por grama de matéria seca produzida (uma **eficiência do uso de água** mais alta), porém as plantas CAM têm exigências muito mais baixas que as espécies C-3 ou C-4. Frequentemente, as espécies C-4 também podem sobreviver com menos nitrogênio que as C-3 (Brown, 1978). A Tabela 12-4 compara algumas dessas e outras características fotossintéticas das plantas C-3, C-4 e CAM, a maioria das quais descritas no Capítulo 11 ou nas próximas seções. Uma boa revisão da ecofisiologia vegetal C-3 e C-4 está em um artigo de Pearcy e Ehleringer (1984).

Adaptações ao sol e à sombra

Nas árvores, arbustos e até certo ponto nas plantas herbáceas, muitas folhas se desenvolvem à sombra de outras e, durante o desenvolvimento, conquistam características muito semelhantes às das verdadeiras plantas de sombra (Corré, 1983; McClendon e McMillen, 1982). Elas são chamadas de **folhas de sombra**, em oposição às **folhas ensolaradas** que se desenvolvem sob luz forte. Nas dicotiledôneas, as folhas de sombra são normalmente maiores em área, porém mais finas que as de sol. As folhas de sol se tornam mais grossas que as de sombra porque formam células paliçádicas mais longas ou uma camada adicional delas (Figura 12-5). Com base no peso, as folhas de sombra geralmente possuem também mais clorofila, principalmente a clorofila b, porque cada cloroplasto tem mais grana que os das folhas ensolaradas. Além disso, os grana da *Alocasia* e outras plantas de sombra desenvolvem muito mais tilacoides nos grana, até 100 por granum (Bjorkman, 1981). Por outro lado, os cloroplastos das folhas de sombra possuem menos proteína de estroma total, incluindo a rubisco, e provavelmente menos proteína de transporte do elétron do tilacoide do que as folhas de sol (Boardman, 1977; Bjorkman, 1981). Assim, as folhas de sombra investem mais energia em produzir os pigmentos de coleta da luz que permitem o uso de essencialmente toda a quantidade limitada de luz que as atinge. Além disso, os cloroplastos nas folhas expostas à sombra profunda tornam-se organizados pela fototaxia dentro das células em padrões que maximizam

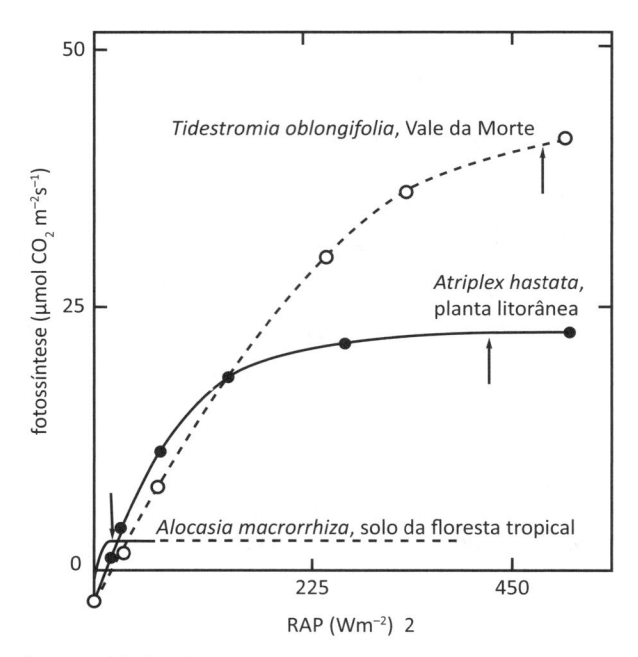

FIGURA 12-4 Influência da luz sobre as taxas fotossintéticas em folhas únicas e ligadas de três espécies nativas de habitats diferentes. As irradiações máximas às quais as plantas são normalmente expostas (com exceção dos raios solares que irradiam a *Alocasia*) são indicadas pelas setas. Os pontos de compensação da luz são indicados no gráfico onde as linhas cruzam a abscissa. (Redesenhado a partir de Berry, 1975.)

a absorção da luz (Seção 20.10). Os pecíolos das dicotiledôneas também respondem à direção e intensidade da luz pela flexão (Seção 19.2), fazendo as lâminas das folhas se moverem para regiões menos sombreadas. Todos esses fatores permitem a fixação do CO_2 geral sob baixos níveis de irradiação com custo mínimo de energia para produzir e manter o aparelho fotossintético. Todavia, as folhas de sol e de sombra das mesmas espécies frequentemente exibem uma diferença de até cinco vezes na capacidade fotossintética (Bjorkman, 1981).

Até que ponto as plantas (ou folhas) de sol se adaptam à sombra e vice-versa? As folhas maduras mostram pouca adaptação à sombra ou ao sol, mas as plantas inteiras de algumas espécies se adaptam muito bem a essas duas condições durante o desenvolvimento, principalmente à sombra. Obviamente, existem limites genéticos que regulam a extensão da adaptação. Algumas parecem ser plantas de sombra obrigatórias (por exemplo, *Alocasia*); outras, ensolaradas obrigatórias (por exemplo o girassol, *Helianthus annuus*). Porém, a maioria são plantas de sol ou de sombra facultativas. As plantas de sol facultativas C-3 e certas C-4 se adaptam relativamente bem à sombra produzindo características morfológicas e fotossintéticas semelhantes às das plantas de sombra (Björkman, 1981). Portanto, os seus pontos de compensação da luz diminuem (principalmente de luz foram então medidas (Figura 12-6). Observe que o clone de sombra previamente cultivado sob níveis altos de irradiação fotossintetizou mais lentamente do que o clone de sombra cultivado sob baixa luz. Os clones de sol das mesmas espécies, no entanto, fizeram uma fotossíntese muito mais rápida depois de crescerem em irradiações altas do que nas irradiações baixas, conforme esperado.

Algumas coníferas também são sensíveis ao excesso de luz. Um exemplo dramático é o abeto de Englemann (*Picea engelmannii*), no centro e sul das Montanhas Rochosas, Estados Unidos. Quando os brotos dessas espécies são transplantados em aberto durante o trabalho de reflorestamento, geralmente se tornam cloróticos e morrem. Esses sintomas resultam de um fenômeno conhecido como **solarização**, uma inibição da fotossíntese dependente da luz e seguida pelo branqueamento dos pigmentos do cloroplasto, dependente do oxigênio. Uma função importante de certos pigmentos carotenoides é a proteção contra a solarização, absorvendo o excesso de energia luminosa que é liberado como calor em vez de ser transferido para as clorofilas. No abeto de Englemann e outras espécies, essa proteção é insuficiente. Se os brotos forem sombreados com um tronco, talos ou folha, a taxa de sobrevivência é muito mais alta do que quando eles não estão nas sombras (Figura 12-7). Depois de amadurecer por um ou dois anos, eles não são mais danificados pelos níveis de luz alta. A sensibilidade à luz é um fator importante na sucessão vegetal, porque espécies anormalmente sensíveis nunca se estabelecem, exceto à sombra de outras; frequentemente, são espécies clímax que podem se reproduzir em sua própria sombra. Outros fatores contribuem para a tolerância à sombra: nas dicotiledôneas, um deles é a capacidade de formar folhas largas e finas à custa de sistemas radiculares reduzidos.

Efeitos da luz no dossel vegetal

As curvas da Figura 12-4 mostram como a fotossíntese em folhas únicas muda conforme o nível de irradiação, mas podemos perguntar se a planta toda, uma lavoura inteira ou uma floresta exibiriam curvas de respostas semelhantes. A Figura 12-8 mostra que uma bancada (ou mesa ou prateleira) de milho, uma planta de safra C-4, respondeu de forma quase linear aos aumentos no nível de luz até a luz solar total, medida no topo do dossel. Essa curva é muito semelhante à de uma única folha de milho ou cana-de-açúcar (Figura 12-4), com exceção de que mostra ainda menos indicação de saturação da luz. A Figura 12-8 também retrata resultados típicos para duas culturas C-3, algodão e trigo. Aqui, vemos uma tendência distinta à saturação da luz, mas apenas em níveis muito mais altos do que no exemplo da folha única de C-3 da Figura 12-4 (*Atriplex hastata*). (O

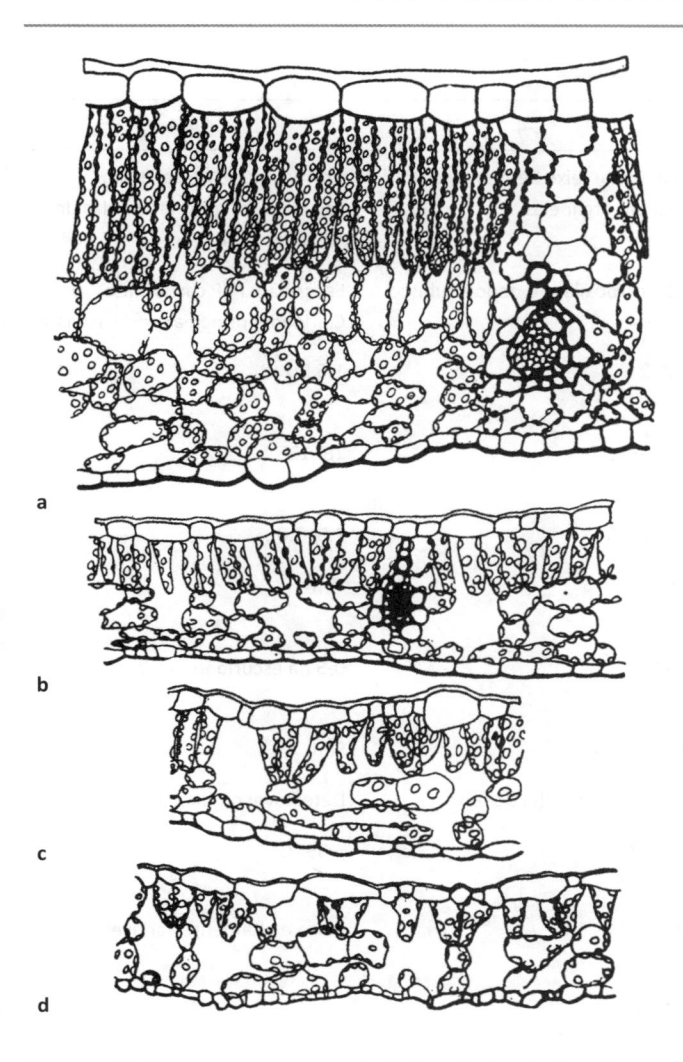

FIGURA 12-5 Cortes transversais das folhas do bordo de açúcar (*Acer saccharum*), uma árvore anormalmente tolerante à sombra, exposta a diferentes intensidades de luz durante o crescimento. **(a)** Folha ensolarada do lado sul da árvore isolada. Observe a cutícula grossa sobre a epiderme superior e as longas células do parênquima paliçádico. **(b)** Folha de sombra do centro da coroa de uma árvore isolada. **(c, d)** Folhas de sombra da base de duas árvores de floresta. Todas as árvores estavam crescendo perto de Minneapolis, Minnesota (Estados Unidos). (De Hanson, 1917.)

porque elas respiram muito mais lentamente) e sua fotossíntese é mais lenta e saturada em níveis de radiação inferiores. Elas desenvolvem gradualmente a capacidade de crescer à sombra, mas esse crescimento é lento.

A adaptação inversa das condições, da sombra para o sol, é menos comum. As plantas de sombra geralmente não podem ser movidas para a luz solar direta sem a fotossíntese inibida e a morte das folhas mais antigas dentro de alguns dias. Alguns dados interessantes foram obtidos com duas variedades de *Solidago virgaurea*, uma nativa de habitats abertos e outra de solos de florestas sombreadas. Clones de cada tipo foram feitos e cultivados em níveis de irradiação alta e baixa. Suas respostas fotossintéticas aos vários níveis

TABELA 12-4 Algumas características fotossintéticas dos três principais grupos vegetais.

Características	C-3	C-4	CAM
Anatomia da folha	Nenhuma bainha de feixe distinta de células fotossintéticas	Bainha de feixe bem organizada, rica em organelas	Normalmente de paliçada, vacúolos grandes nas células do mesófilo
Enzima carboxilante	Rubisco	PEP carboxilase e depois rubisco	Escuridão: PEP carboxilase Claridade: principalmente rubisco
Exigência teórica de energia (CO_2:ATP; NADPH)	1:3:2	1:5:2	1:6,5:2
Taxa de transpiração (H_2O/aumento no peso seco)	450–950	250–350	18–125
Razão das clorofilas *a/b* da folha	2,8 ± 0,4	3,9 ± 0,6	2,5–3,0
Exigência de Na^+ como micronutriente	Não	Sim	Sim
Ponto de compensação do CO_2 ($\mu mol\ mol^{-1}\ CO_2$)	30–70	0–10	0-5 na escuridão
Fotossíntese inibida por 21% O_2?	Sim	Não	Sim
Fotorrespiração detectável?	Sim	Apenas na bainha de feixe	Detectável no final da tarde
Temperatura ideal para fotossíntese	15–25 °C	30–47 °C	≈35 °C
Produção de matéria seca (toneladas/hectare/ano)	22 ± 0,3	39 ± 17	Baixa e altamente variável
Máximo registrado[a]	34–39	50–54	

[a] Monteith, 1978.
Fonte: Modificado da tabela de Black, 1973.

ensaio sobre os fatores limitadores e as produções máximas no Capítulo 25 descreve experimentos em que a produção de safras do trigo aumentaram em cinco vezes o recorde mundial no campo, definindo praticamente todos os fatores ambientais em seus níveis ideais; não houve saturação, nem mesmo no FFF mais alto. Consulte a figura do ensaio de Salisbury deste capítulo.)

O principal motivo para as diferenças nas respostas de folhas únicas ou de plantas inteiras ou grupos de plantas à luz é que as folhas superiores absorvem grande parte da luz incidente, deixando menos para as inferiores. Nessa situação, a exposição a uma irradiação mais alta pode saturar as folhas superiores, porém mais luz é então transmitida e refletida na direção das folhas sombreadas abaixo, que não estão saturadas. Como resultado, provavelmente plantas únicas, lavouras ou florestas como um todo raramente recebem luz suficiente para maximizar sua taxa fotossintética. Isso é coerente com os dados sobre a alfafa na Figura 12-3, segundo os quais o céu temporariamente nublado diminui a fotossíntese.

Muitas pesquisas estudaram as plantas e, consequentemente, as **arquiteturas** do dossel em relação à produtividade. Para começar, é importante determinar o **índice de área foliar (IAF)**, que é a razão da área da folha (uma superfície somente) de uma safra pela área do solo sobre o qual ela está. Valores de IAF de até 8 são comuns para muitas safras maduras, dependendo da espécie e da densidade de plantio. Árvores de florestas possuem valores de IAF próximos de 12, e muitas folhas de sombra recebem menos de 1% da luz solar total.

Além do IAF, é útil considerar as organizações da folha no dossel. Se todas as folhas estiverem quase horizontais e a luz vier principalmente de cima, as folhas superiores serão expostas à luz solar total; isto é, a fotossíntese nessas folhas será supersaturada e muita luz absorvida será perdida. Algumas folhas logo abaixo do topo do dossel podem ser expostas a níveis ideais de luz para a fotossíntese, mas muitas outras abaixo delas receberão luz insuficiente. Se as folhas forem quase verticais, no entanto (como na maioria das gramíneas), e a luz ainda vier principalmente de cima,

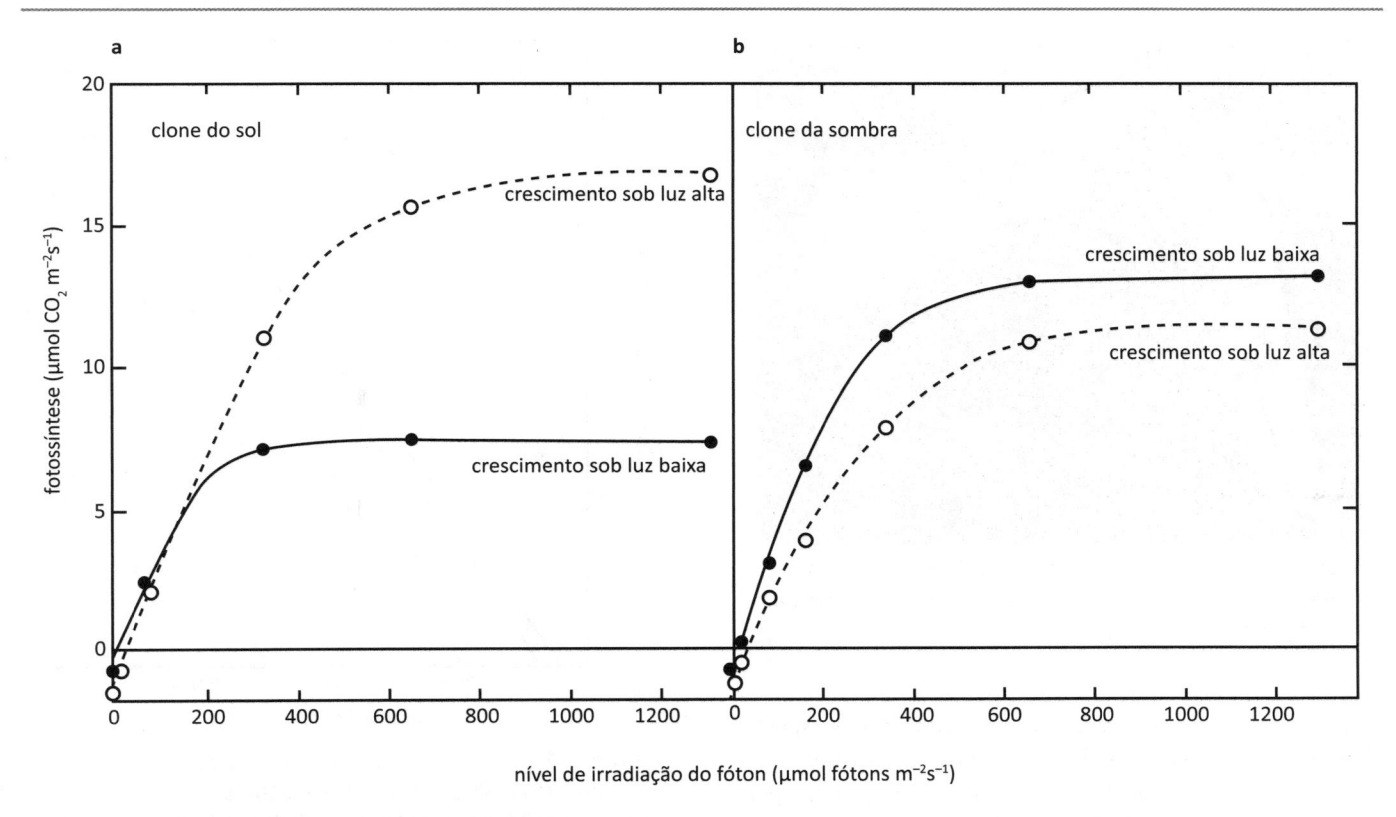

Fotossíntese: aspectos ambientais e agrícolas

FIGURA 12-6 Diferenças na capacidade de os clones ao sol e à sombra de *Solidago virgaurea* de se adaptarem fotossinteticamente aos níveis altos de irradiação. As linhas pontilhadas representam as taxas fotossintéticas de cada tipo, depois de crescerem em níveis de luz alta; as linhas sólidas representam as taxas depois do crescimento em níveis baixos. **(a)** O clone sob o sol se adaptou aos níveis de luz alta durante o crescimento; ele precisou de mais luz para saturar a fotossíntese e fotossintetizou mais rápido que as plantas do mesmo clone cultivadas previamente sob níveis de luz baixa. **(b)** O clone da sombra se comportou de maneira diferente; ele fotossintetizou menos rapidamente depois do crescimento em níveis de luz alta do que em níveis de luz baixa. (De Bjorkman e Holmgren, 1963. Usado com permissão.)

os raios de luz serão mais ou menos paralelos às superfícies da folha, de forma que, com base na área de unidade, praticamente nenhuma folha ficará acima do nível de saturação. Além disso, a luz penetrará profundamente no dossel, de forma que poucas folhas serão sombreadas abaixo do ponto de compensação da luz.

Disponibilidade do CO_2

As taxas fotossintéticas são intensificadas não apenas por níveis elevados de irradiação, mas também por concentrações mais altas de CO_2, principalmente quando os estômatos estão parcialmente fechados pela seca. A Figura 12-9 ilustra como o aumento nos níveis de CO_2 no ar aumenta a fotossíntese em uma planta C-3 em três níveis diferentes de irradiação. Aqui, o CO_2 adicional diminuiu a fotorrespiração aumentando a razão de CO_2/O_2 que reage com a rubisco. A fotorrespiração diminui conforme as razões de CO_2/O_2 aumentam, o que leva a uma fotossíntese geral mais rápida. Observe que, em concentrações altas de CO_2, os níveis altos de irradiação aumentam a fotossíntese mais

do que as concentrações baixas e que, para saturar a fotossíntese, uma concentração mais alta de CO_2 é necessária em níveis de radiação altos do que nos baixos. Por outro lado, a fotossíntese nas espécies C-4 é geralmente saturada por níveis de CO_2 perto de 400 $\mu mol\ mol^{-1}$, um pouco acima das concentrações atmosféricas, mesmo em níveis de irradiação alta nos quais as demandas por CO_2 são as maiores. Algumas espécies C-4 são saturadas até pelos níveis presentes de CO_2 atmosférico (Edwards et al., 1983).

A diferença na exigência de CO_2 entre as espécies C-3 e C-4 pode ser observada facilmente se os níveis de CO_2 diminuírem abaixo dos níveis atmosféricos. Se os níveis de irradiação estiverem acima dos pontos de compensação da luz para cada um, a fotossíntese geral das espécies C-3 normalmente atinge zero em concentrações de CO_2 entre 35 e 45 $\mu mol\ mol^{-1}$ (Bauer e Martha, 1981), enquanto as plantas C-4 continuam a fixação do CO_2 geral em níveis entre 0 e 5 $\mu mol\ mol^{-1}$. A concentração do CO_2 em que a fixação fotossintética se equilibra com a perda respiratória é chamada de **ponto de compensação do CO_2**, que tem alguns exemplos ilustrados na Figura 12-10. Observe que

FIGURA 12-7 Método para sombrear os brotos do abeto, impedindo a solarização durante o plantio de reflorestamento. (Cortesia de Frank Ronco.)

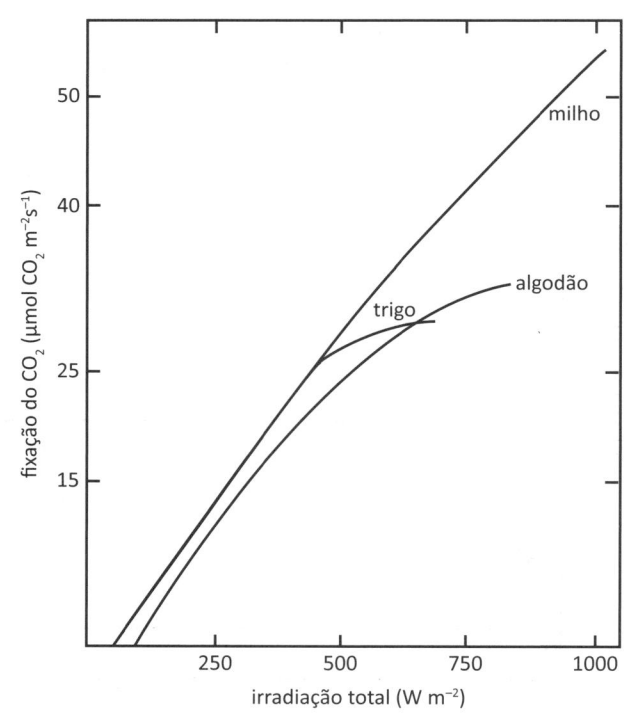

FIGURA 12-8 Efeito da intensidade da radiação solar total no topo do dossel sobre as taxas fotossintéticas gerais no milho, no trigo e no algodão. [Retirado de dados de Baker e Musgrave, 1964 (milho); Puckridge, 1968 (trigo); e Baker, 1965 (algodão).]

o valor para o milho parece zero, enquanto o das espécies C-3 girassol e cravo vermelho é de cerca de 40 μmol mol^{-1}.

A diferença nos pontos de compensação do CO_2 para as espécies C-4 e C-3 é mostrada drasticamente pela comparação das respostas quando uma planta de cada tipo é colocada em uma câmara comum e vedada, na qual a fotossíntese pode ocorrer (Moss e Smith, 1972); as plantas devem ser cultivadas de maneira hidropônica em um meio sem solo como a areia, a perlita ou a vermiculita para minimizar a liberação do CO_2 pelos micro-organismos do solo. As duas plantas fixam o CO_2 até que seu ponto de compensação na planta C-3 seja atingido, mas a planta C-4 fará a fotossíntese em concentrações ainda mais baixas de CO_2 usando o CO_2 perdido pela respiração, incluindo a fotorrespiração, na planta C-3. Como resultado, normalmente a planta C-3 morrerá dentro de mais ou menos uma semana, mas a C-4 continuará crescendo. Ocorre uma transferência geral de CO_2 de uma planta para a outra (Figura 12-11).

Os pontos de compensação do CO_2 inferiores nas espécies C-4, em comparação com as C-3, surgem da liberação fotorrespiratória inferior de CO_2 pelas C-4. A diferença nesses pontos de compensação desaparece essencialmente se a concentração de O_2 à qual as plantas são expostas for diminuída de 21% normal para cerca de 2%. Nesse caso, os pontos de compensação do CO_2 para as espécies C-4 permanecem os mesmos, mas os das C-3 também se aproximam de zero porque O_2 insuficiente está presente para competir com o CO_2 pela rubisco; a fotorrespiração torna-se insignificante.

Durante a estação de crescimento, no verão, o CO_2 insuficiente é uma causa comum da fotossíntese deficitária das plantas C-3, principalmente para as folhas expostas à luz forte. Mesmo as brisas mais leves podem aumentar a fotossíntese, substituindo o ar com CO_2 esgotado na camada limiar ao redor da folha. Às vezes, os alunos perguntam se o fator limitador usual na fotossíntese é o CO_2 ou a luz. A resposta é que ambos podem ser limitadores nas plantas C-3, e normalmente são, mas não necessariamente nas mesmas folhas. As folhas superiores e mais iluminadas normalmente respondem aos aumentos no CO_2, enquanto as inferiores podem ser saturadas com CO_2, mas responderão à luz adicional. Portanto, um aumento em qualquer um desses fatores aumenta a fixação do CO_2 da planta inteira ou da safra. Para as plantas C-4, a luz normalmente limita o crescimento das folhas sombreadas, a menos que a água ou a temperatura sejam fatores limitadores.

Às vezes, as safras de estufa não têm CO_2 suficiente para o crescimento máximo e isso é particularmente grave no inverno, quando as estufas estão fechadas (Enoch e Kimball, 1986). Alguns cultivadores utilizam ar com o CO_2 liberado de tanques de alta pressão ou outras fontes como uma chama aberta, obtendo assim produções elevadas de muitas safras ornamentais e alimentícias durante os meses de inverno. Normalmente, não é permitido que os níveis de CO_2 excedam 1.000 a 1.200 μmol mol^{-1} porque essas concentrações são frequentemente tóxicas ou causam o fechamento estomatal, chegando às vezes a reduzir a fotossíntese (Hicklenton e Jolliffe, 1980). No verão,

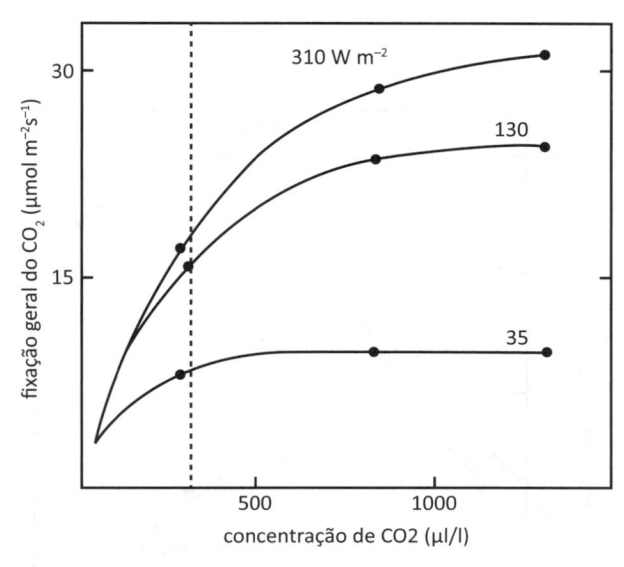

FIGURA 12-9 Efeitos da intensificação do CO_2 atmosférico sobre a fixação do CO_2 nas folhas da beterraba. Foram usadas folhas intactas e totalmente desenvolvidas de plantas jovens. As taxas de fixação para os três níveis diferentes de irradiação de RAP são mostradas. A linha pontilhada representa a concentração do CO_2 atmosférico quando o experimento foi realizado. Níveis mais altos de CO_2 aumentaram sua fixação ainda mais, em níveis de irradiação crescentes. No nível mais alto, que fica um pouco abaixo daquele obtido da luz solar direta, a concentração mais alta de CO_2 quase saturou a taxa de fixação, mas, em irradiações mais baixas, essa taxa foi saturada pelas concentrações inferiores de CO_2. As temperaturas da folha estavam entre 21 e 24 °C. (Redesenhado a partir dos dados de Gaastra, 1959.)

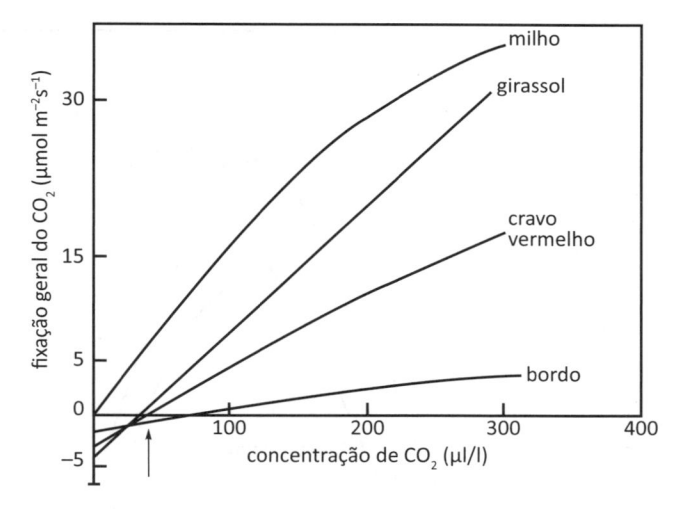

FIGURA 12-10 Influência das concentrações reduzidas de CO_2 na taxa fotossintética em plantas C-4 (milho) e C-3. Luzes artificiais que fornecem aproximadamente a mesma energia da luz solar na região de 400-700 nm foram usadas. A seta indica os pontos de compensação. (De Hesketh, 1963.)

FIGURA 12-11 Esquerda, uma planta C-3 (trigo) e, direita, uma C-4 (milho) cultivadas em um meio sem solo de perlita dentro de uma câmara hermética na qual o suprimento de CO_2 esgotou-se. O milho continuou verde exceto nas pontas da folha, enquanto as folhas de trigo ficaram marrons e aparentemente mortas. (Cortesia de Dale N. Moss.)

frequentemente as estufas são esfriadas com sistemas de refrigeração evaporativa pelos quais o ar de fora é atraído por placas úmidas nas paredes da estufa. O crescimento elevado nessas estufas deve resultar em parte dos níveis elevados de CO_2 causados pela entrada do ar fresco.

Temperatura

A faixa de temperatura em que as plantas podem fazer a fotossíntese é surpreendentemente ampla (Bjorkman, 1980; Long, 1983; consulte a Seção 26.6). Certas bactérias e algas azuis fotossintetizam em temperaturas tão altas quanto 70 °C, enquanto as coníferas fazem uma fotossíntese extremamente lenta em −6 °C ou menos. Em alguns liquens antárticos, a fotossíntese ocorre sob −18 °C, com um ideal perto de 0 °C. Em muitas plantas expostas à luz forte em um dia quente de verão, as temperaturas da folha geralmente atingem 35 °C ou mais e a fotossíntese continua.

O efeito da temperatura sobre a fotossíntese depende da espécie, das condições ambientais em que cada planta cresce e das condições ambientais durante a medição. As espécies do deserto possuem temperaturas ideais mais altas do que as árticas ou alpinas e as anuais do deserto que crescem durante os meses quentes do verão (principalmente espécies C-4) possuem ideais mais altos do que as que crescem ali apenas durante o inverno ou a primavera (principalmente as espécies C-3). Safras como milho, sorgo, algodão e soja, que crescem bem em climas quentes, geralmente apresentam ideais mais altas do que safras como batata, ervilha, trigo, aveia e cevada, que são cultivadas em regiões mais frias. Em geral, as temperaturas ideais para a fotossíntese são semelhantes às temperaturas diurnas em que as plantas normalmente crescem, com exceção de que, nos ambientes frios, as ideais geralmente são mais altas que as temperaturas do ar – e as temperaturas da folha no sol são geralmente mais altas que as do ar. A Figura 12-12 ilustra a relação geral de duas gramíneas nativas das Grandes Planícies em Wyoming, nos Estados Unidos, *Spartina pectinata* (grama

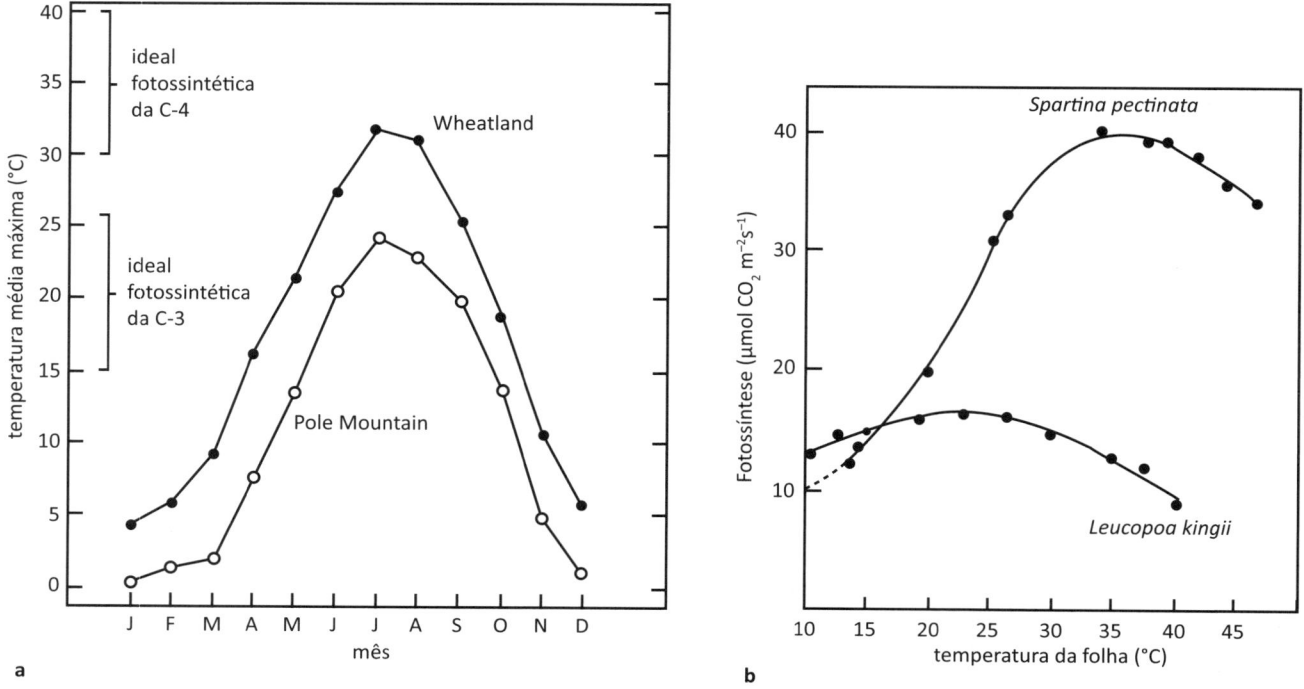

FIGURA 12-12 Efeito da temperatura na fotossíntese em gramíneas nativas do norte das Grandes Planícies. **(a)** Temperaturas médias máximas durante vários meses em dois locais no Wyoming. Wheatland, em Laramie River, tem uma altitude de 1.470 m; Pole Mountain, perto de Laramie, fica a 2.600 m. As gramíneas nativas de Wheatland são principalmente espécies C-4; as de Pole Mountain são C-3. As temperaturas ideais para as espécies C-4 são aproximadamente 15 °C mais altas do que as para as C-3. **(b)** Curva de resposta da temperatura/fotossíntese para duas espécies nativas dos locais citados na Figura 12-12a. *Spartina*, uma planta C-4, tem uma temperatura ideal mais alta e taxas fotossintéticas maiores na maioria das temperaturas do que a *Leucopoa*, uma C-3. Todas as medições foram obtidas em plantas inteiras no campo, em dias sem nuvens perto do meio-dia. Os estômatos das duas espécies permaneceram abertos em temperaturas de até 40 °C, mas parcialmente fechados em temperaturas mais altas. (Dados de A. T. Harrison.)

de pradaria, uma planta C-4) e *Leucopoa kingii* (festuca real, uma C-3). A *Spartina* cresce em uma altitude mais baixa (local: Wheatland, Figura 12-12a) que a *Leucopoa* (local: Pole Mountain), e as temperaturas diurnas médias são mais altas em Wheatland. A Figura 12-12b mostra que a temperatura fotossintética ideal para a *Spartina* é de quase 35 °C, em comparação aos cerca de 25 °C para a *Leucopoa*.

Embora existam exceções, as plantas C-4 geralmente têm temperaturas ideais mais altas que as C-3, e essa diferença é controlada principalmente pelas taxas mais baixas de fotorrespiração nas plantas C-4. O aumento normal na temperatura tem pouca influência sobre a divisão da H_2O orientada pela luz ou sobre a difusão de CO_2 para a folha, mas ele influencia mais nitidamente as reações bioquímicas de fixação e redução do CO_2. Assim, os aumentos na temperatura normalmente aumentam as taxas fotossintéticas até que a desnaturação enzimática e a destruição do fotossistema comecem. No entanto, a perda respiratória de CO_2 aumenta com a temperatura, e isso é particularmente pronunciado para a fotorrespiração, principalmente porque um aumento na temperatura eleva a razão de O_2 dissolvido para CO_2 (Hall e Keys, 1983). Como resultado da competição do O_2, a fixação global de CO_2 nas plantas C-3 não é tão promovida pela temperatura elevada quanto poderíamos esperar. O efeito promotor de um aumento na temperatura é quase equilibrado pelo aumento na respiração e na fotorrespiração por grande parte da faixa de temperaturas em que as plantas C-3 normalmente crescem, portanto, uma curva de resposta relativamente plana e ampla da temperatura, entre 15 e 30 °C, frequentemente ocorre (por exemplo, a da *Leucopoa* na Figura 12-12b). Uma vez que a fotorrespiração tem pouca importância nas plantas C-4, elas frequentemente exibem ideais na faixa de 30 a 40 °C (Tabela 12-4). Também existem evidências de que, em temperaturas altas, o ATP e o NADPH não são produzidos com rapidez suficiente nas plantas C-3 para permitir aumentos na fixação do CO_2, portanto, a formação de ribulose bifosfato torna-se limitadora.

O exemplo mais dramático da fotossíntese em altas temperaturas em uma angiosperma foi encontrado por Olle Bjorkman e seus colaboradores da Carnegie Institution, em Stanford, Califórnia. Trata-se do arbusto C-4 *Tidestromia oblongifolia*. Como já mencionamos, essa planta cresce no Vale da Morte, Califórnia, e está no ambiente natural mais quente do Hemisfério Ocidental. Em comparação com as espécies que crescem nessa área apenas no inverno ou na primavera, a *Tidestromia* cresce nos meses quentes do verão. Ela possui um ideal fotossintético notável sob uma temperatura do ar de 47 °C e, como esperado, provou ser uma planta C-4. Essas temperaturas tão altas são bem toleradas pela *Tidestromia* e outras espécies comparáveis, mas os fotossistemas da maioria das espécies são destruídos por esse calor excessivo.

As folhas de muitas espécies (mesmo quando maduras) podem se adaptar às mudanças na temperatura se forem expostas, por alguns dias, a temperaturas diferentes; isso ajuda a planta a se ajustar às mudanças sazonais (Berry e Bjorkman, 1980; Osmond et al., 1980; Oquist, 1983). Um exemplo disso, envolvendo mudanças substanciais na temperatura, é encontrado nas coníferas que fotossintetizam tanto no verão quanto no inverno. Suas temperaturas ideais são mais altas no verão. Obviamente, existem limites genéticos e uma considerável variabilidade definida pela própria genética quanto à extensão da adaptação à temperatura, bem como aos níveis de irradiação.

Idade da folha

À medida que as folhas crescem, sua capacidade de fotossintetizar aumenta até que elas estejam totalmente expandidas; então, ela começa a diminuir lentamente. Folhas antigas e senescentes logo se tornam amarelas e são incapazes de fotossintetizar, por causa da decomposição da clorofila e da perda dos cloroplastos funcionais. No entanto, mesmo as folhas aparentemente saudáveis das coníferas que persistem por vários anos normalmente mostram taxas fotossintéticas gradualmente decrescentes ao longo de sucessivos verões. Muitos fatores controlam a fotossíntese geral durante o desenvolvimento da folha (Sestak, 1981).

Translocação do carboidrato

Um controle interno da fotossíntese é a taxa em que os produtos fotossintéticos como a sacarose podem ser translocados das folhas para vários órgãos de escoadouro. Frequentemente, observa-se que a remoção de tubérculos, sementes ou frutos em desenvolvimento (fortes escoadouros) inibe a fotossíntese depois de alguns dias, principalmente nas folhas adjacentes que normalmente translocam as substâncias para esses órgãos. Além disso, as espécies que apresentam altas taxas fotossintéticas também têm taxas de translocação relativamente altas, o que é coerente com a ideia de que o transporte efetivo dos produtos fotossintéticos mantém uma fixação rápida do CO_2. A infecção grave das folhas por patógenos frequentemente inibe de tal maneira a fotossíntese que essas folhas se tornam importadoras de açúcar e não exportadoras; então, as folhas saudáveis adjacentes fazem uma fotossíntese gradualmente mais rápida, sugerindo que sua translocação intensificada removeu parte da limitação à fixação do CO_2. Não compreendemos totalmente o mecanismo dessas relações (consulte a discussão na Seção 8.4), mas um fator em algumas espécies é o acúmulo de grãos de amido nos cloroplastos, quando a translocação é lenta e a fotossíntese é rápida. Esses grãos de amido pressionam os tilacoides e os deixam anormalmente juntos nos cloroplastos, impedindo fisicamente que a luz atinja os tilacoides e cause a fotossíntese. Outro fator provável é a inibição de feedback da fotossíntese pelos açúcares ou talvez por outros produtos fotossintéticos quando a translocação é lenta (Herold, 1980; Wardlaw, 1980; Gifford e Evans, 1981; Azcon-Bieto, 1983).

12.4 Taxas fotossintéticas, eficiências e produção da safra

Muitos fisiologistas de safra, ecologistas e cultivadores de plantas estão preocupados em saber como os fatores ambientais e o genótipo das plantas podem ser alterados para aumentar a produção de safras agrícolas e florestas (Evans, 1980; Gifford e Evans, 1981; Johnson, 1981). Porém, produção de safra é uma coisa e eficiência fotossintética é outra. A **eficiência fotossintética** da produção da safra é calculada dividindo-se a energia RAP total absorvida por uma safra (desde o plantio até a colheita) pela energia de ligação química total da sacarose produzida na fotossíntese. A energia radiante total poderia ser usada em vez da RAP, mas sabemos bem que cerca de 55% da energia solar não são usados na fotossíntese, então, isso é ignorado. As eficiências máximas para todas as espécies são obtidas apenas em níveis baixos de irradiação, não na luz solar forte (durante dias longos), quando as produções são mais altas. Considerando-se os suprimentos de RAP na área do terreno das safras em crescimento, as **eficiências de produção de biomassa** totais (incluindo fotossíntese e respiração) estão sempre muito abaixo de 18%,[6] que é o máximo po-

---

[6] O máximo potencialmente atingível de 18% é calculado conforme segue: suponha que 12 moles de fótons representem o número mínimo de fótons necessários para fixar um mole de CO_2 (Reação 10.8) e que um fóton médio na região da RAP (400 a 700 nm) tenha um comprimento de onda de 550 nm. A partir da equação de Planck relacionando a energia de fótons e o comprimento de onda no Apêndice B, podemos calcular que 1 mol desses fótons tem uma energia de 217 kj (51,9 kcal). Doze moles de fótons, portanto, teriam uma energia de 2,6 MJ. Essa é a energia de entrada. A energia de saída – 1 mol de carbono fixado na sacarose – é de aproximadamente 0,47 MJ. A eficiência é igual à energia de saída dividida pela energia da entrada, ou 18%.

tencialmente atingível. Muitas safras, incluindo árvores de floresta e espécies herbáceas, convertem em carboidratos armazenados apenas 1 a 2% da RAP que atinge o campo durante a estação de crescimento (Wittwer, 1980; Good e Bell, 1980). Muito da RAP é perdida ao atingir o solo entre as plantas jovens, antes que o dossel se forme; isso é verdadeiro para as plantas C-3 e C-4. Como observamos, apenas 40 a 45% da energia solar está na região da RAP, portanto, a eficiência máxima teórica de toda a energia solar é de apenas cerca de 8% (45% de 18%).

Em temperaturas de 10 a 25 °C em níveis atmosféricos normais de O_2 e CO_2, as eficiências são quase as mesmas para as plantas C-3 e C-4 (Ehleringer e Pearcy, 1983; Osborne e Garrett, 1983). Ambas requerem cerca de 15 fótons de FFF para fixar uma molécula de CO_2. Em temperaturas mais baixas, ou com 2% de O_2 ou menos, a fotorrespiração nas plantas C-3 é essencialmente eliminada, e elas se tornam mais eficientes do que as plantas C-4, exigindo apenas 12 fótons por CO_2 fixado. Sob as mesmas condições, as plantas C-4 ainda exigem pelo menos 14 fótons, em parte porque requerem três moléculas de ATP para cada CO_2 para operar o ciclo de Calvin e mais duas para operar o trajeto C-4 (Seção 11-3). O número de fótons exigidos pelas plantas C-4 depende dos mecanismos pelos quais elas descarboxilam os ácidos de quatro carbonos na bainha de feixe e da eficiência com que o CO_2 pode vazar das células da bainha de feixe (Pearcy e Ehleringer, 1984). A exigência de fótons varia de 14 a 20.

As eficiências fotossintéticas das plantas de safra nunca excedem os 18% teóricos da RAP absorvida, e não existe uma maneira conhecida pela qual isso possa ser aumentado. Foi alegado que culturas densas de algas, irradiadas com luz vermelha fraca (660 nm) e corrigidas para as perdas respiratórias, atingiram um requisito de fótons de apenas 6 a 8 (Emerson e Lewis, 1941; Seção 10.7), que, para uma exigência de 8 fótons, corresponde a uma eficiência de quase 33%. Demmig e Bjorkman (1987) estudaram a exigência de quantum das folhas da planta analisando a evolução do oxigênio em vez da absorção de CO_2. Isso oferece uma medição da exigência de quantum das reações à luz, e não de todo o processo fotossintético. Esses valores variam em torno de 9. A diferença entre esses valores baixos e aqueles calculados com base na absorção do CO_2, que nunca são mais baixos que 12, é aparentemente explicada pelo fato de que grande parte da energia redutora produzida nas reações à luz é usada para processos de exigência de energia diferentes da fixação do CO_2. A redução do nitrato é um bom exemplo. Além disso, uma vez que as plantas de safras não são irradiadas com luz vermelha fraca, e como a energia respiratória é necessária para manter a vida e orientar o crescimento e o desenvolvimento, mesmo os 18% calculados

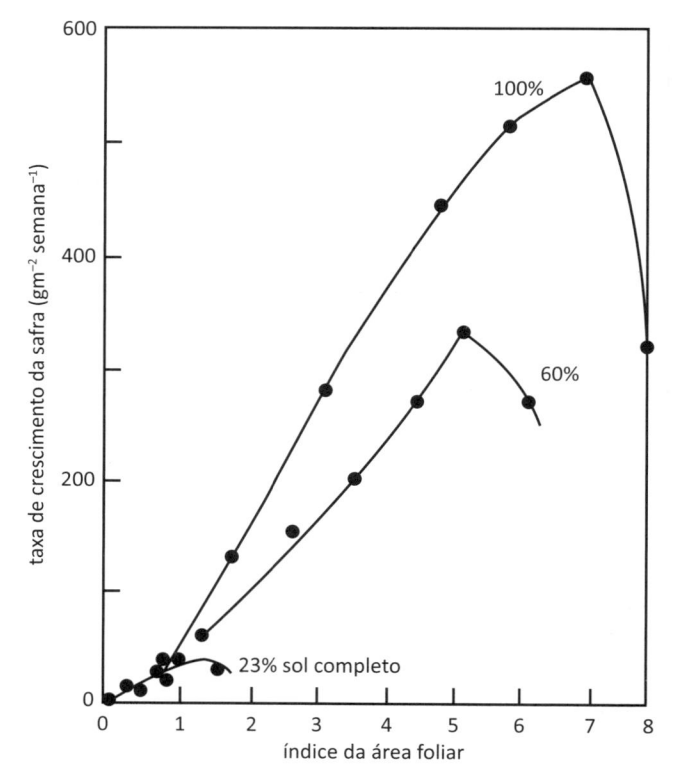

FIGURA 12-13 Crescimento de comunidades de girassol (100 plantas m^{-2}) em vários índices de área foliar (IAF) e níveis de luz fornecidos como percentual da luz solar total. Na luz solar total, o IAF ideal é 7; a 60% de luz, é de apenas 5; e a 23% de luz, apenas 1,5. (De Leopold e Kriedemann, 1975.)

com base no requisito de 12 fótons não é realista para elas. A correção para as perdas respiratórias essenciais reduz a eficiência potencialmente atingível para cerca de 13%, na melhor das hipóteses.

Um estudo com o trigo em ambientes controlados (Bugbee e Salisbury, 1988; consulte o ensaio no Capítulo 25) atingiu uma eficiência de ciclo de vida ligeiramente acima de 10% na irradiação mais baixa (400 $\mu mol\ m^{-2}s^{-1}$). Considerando-se que parte da luz foi perdida durante a formação do dossel e também depois que as folhas começaram a envelhecer (senescência), as eficiências devem ter atingido os 13% potencialmente atingíveis durante a fase de crescimento máximo, depois que o dossel foi fechado. (As medições mostraram que apenas um baixo percentual da luz recebida não era absorvido – isto é, era refletido ou transmitido.)

No ar normal, as temperaturas crescentes diminuem gradualmente as eficiências das plantas C-3, enquanto as eficiências das C-4 permanecem constantes. Quando a temperatura sobe acima de 30 °C, a eficiência da maioria das plantas C-3 se torna menor que das C-4. Esse cruzamento da eficiência com a temperatura elevada resulta de uma fotossíntese geral menor nas plantas C-3 por causa da perda mais rápida de CO_2 pela fotorrespiração. A ausência de uma fotorrespiração detectável nas plantas C-4, mesmo acima de 30 °C, fornece uma vantagem de eficiência substancial em temperaturas altas (mas não nas baixas), principalmente em condições sem sombra (Bjorkman, 1981).

Os agricultores, incluindo os silvicultores, estão preocupados com a produtividade de partes econômicas da planta, não com a eficiência ou com o seu peso total, portanto, o seu objetivo é aumentar a porcentagem e a quantidade de energia RAP que entra nos produtos que serão colhidos. A porcentagem do peso no produto que será colhido, comparado com a biomassa da planta acima do solo, é chamado de **índice de colheita**. Para as safras importantes, incluindo trigo, arroz, cevada, aveia e amendoim, índices de colheita variando em torno de 50% foram atingidos (Austin et al., 1980; Hargrove e Cabanilla, 1979; Johnson, 1981). Para os grãos de cereais, que alimentam a maioria dos seres humanos, índices de colheita tão altos vieram de programas de melhoramento que resultaram em cultivares que convertem menos RAP para as folhas e caules e mais para as sementes. Uma análise abrangente de aumentos de três vezes nas produções do milho em Minnesota desde a década de 1930 indicou que a introdução de cultivares híbridos explica a maior parte desse aumento (Cardwell, 1982). As eficiências fotossintéticas de poucas safras foram aprimoradas pelo enxerto (Gifford e Evans, 1981; Zelitch, 1982; Gifford et al., 1984).

Embora um crescimento vegetativo reduzido final em relação às sementes seja vantajoso, cultivares que produzem uma cobertura extensiva das folhas no começo da estação são desejáveis porque interceptam mais FFF do que os cultivares que produzem relativamente mais crescimento precoce de caule ou raiz (Allen e Scott, 1980). É ideal que a safra forme o dossel rapidamente e depois divida seus assimilados principalmente para a parte da planta que será colhida. Discutimos a arquitetura do dossel acima e observamos o uso dos valores IAF. As taxas de produtividade aumentam relativamente conforme o IAF por causa da interceptação total elevada da luz, porém, valores maiores de IAF frequentemente não causam nenhum aumento adicional e até mesmo motivam reduções com base na área do solo (Figura 12-13), provavelmente por causa da perda do CO_2 respiratório pelas folhas e caules muitos sombreados. Mas isso depende das organizações das folhas. No estudo do trigo no ambiente controlado, os valores de IAF chegaram até 30, mas isso foi "superideal". Esses valores altos foram possíveis porque a luz estava penetrando no dossel mais ou menos paralelamente às folhas.

O alongamento elevado do caule é frequentemente uma vantagem para as plantas que competem pela luz, mas, em uma safra de cereais de crescimento uniforme, essa vantagem não ocorre, e produções elevadas de grãos são obtidas com cultivares anões ou semianões que alocam relativamente mais fotossintatos para o grão do que para os caules. Outra vantagem é que esses cultivares não são **derrubados** (caem) com a mesma facilidade que cultivares mais altos, principalmente quando são altamente fertilizados com nitrogênio. Os cultivadores também fornecem cultivares com outras alterações na estrutura do dossel para aumentar as produções. Observamos acima as vantagens das folhas eretas em relação às horizontais e, na verdade, as produções de tipos de folhas eretas foram significativamente maiores, principalmente no arroz. As capacidades fotossintéticas também foram elevadas com o aumento no número de folhas do milho e da área da folha individual no trigo (Ho, 1988). É esperado que uma cooperação mais estreita entre os fisiologistas e geneticistas leve a produções elevadas de várias outras espécies. A eliminação da fotorrespiração nas futuras plantas agrícolas e de floresta parece ser um objetivo válido (Somerville e Ogren, 1982; Zelitch, 1982), embora nenhum sucesso com as safras tenha sido obtido até o momento.

TREZE
Respiração

Todas as células ativas respiram continuamente, absorvendo o O_2 e liberando o CO_2 em volumes iguais. Ainda assim, como sabemos, a respiração é muito mais do que uma simples troca de gases. O processo geral é uma oxidação-redução, na qual os compostos são oxidados para CO_2 e o O_2 absorvido é reduzido para formar H_2O. Amido, frutanos, sacarose e outros açúcares, gorduras, ácidos orgânicos e, em algumas condições, até mesmo as proteínas podem servir como substratos respiratórios. A respiração comum da glicose, por exemplo, pode ser escrita da seguinte forma:

$$C_6H_{12}O_6 + 6O_2 \longrightarrow 6CO_2 + 6H_2O + \text{energia} \quad (13.1)$$

Grande parte da energia liberada durante a respiração – aproximadamente 2870 kJ ou 686 kcal por mol de glicose – é calor. Quando a temperatura é baixa, esse calor pode estimular o metabolismo e beneficiar certas espécies, mas normalmente ele é transferido para a atmosfera ou para o solo com poucas consequências para a planta. Muito mais importante que o calor é a energia aprisionada no ATP, porque esse composto é usado para muitos processos essenciais da vida, como o crescimento e o acúmulo de íons.

A Reação 13-1, que é resumida para a respiração, é um tanto enganosa, porque a respiração, como a fotossíntese, não é uma reação única. Ela é uma série de 50 ou mais reações componentes, cada uma catalisada por uma enzima diferente. Ela é uma oxidação (como os mesmos produtos da queima) ocorrendo em um meio aquoso perto do pH neutro em temperaturas moderadas e sem fumaça! Essa decomposição gradual de moléculas grandes é uma maneira de converter energia em ATP. Além disso, à medida que a decomposição continua, os intermediários do esqueleto de carbono são fornecidos para um grande número de outros produtos vegetais essenciais. Esses produtos incluem aminoácidos para as proteínas, nucleotídeos para os ácidos nucleicos e precursores de carbono para os pigmentos de porfirina (como clorofila e citocromo) e para gorduras, esteroides, carotenoides, pigmentos de flavonoides, como antocianinas, e certos outros compostos aromáticos, como a lignina.

Obviamente, quando esses produtos são formados, a conversão dos substratos respiratórios originais em CO_2 e H_2O não é completa. Normalmente, apenas alguns dos substratos respiratórios são totalmente oxidados para CO_2 e H_2O (um processo catabólico), enquanto o restante é usado em processos sintéticos (catabólicos), principalmente nas células em crescimento. A energia aprisionada durante a oxidação completa de algumas moléculas pode ser usada para sintetizar as outras moléculas necessárias para o crescimento. Quando as plantas estão crescendo, as taxas de respiração aumentam como resultado das demandas do crescimento, mas alguns dos compostos que estão desaparecendo são desviados para reações sintéticas e nunca aparecem como CO_2. O fato de os átomos de carbono nos compostos respirados serem convertidos em CO_2, ou qualquer outra das moléculas grandes mencionadas acima, depende do tipo de célula envolvida, sua localização na planta e se a planta está ou não crescendo rapidamente.

13.1 O quociente respiratório

Se os carboidratos como sacarose, frutanos ou amido são substratos respiratórios e se são completamente oxidados, o volume de O_2 capturado se equilibra exatamente com o volume de CO_2 liberado. A razão do CO_2/O_2, chamada de **quociente respiratório** ou **QR**, frequentemente apresenta valores muito próximos da unidade. Por exemplo, o QR obtido das folhas de muitas espécies diferentes tem uma média de aproximadamente 1,05. As sementes germinadas de certos grãos de cereais de muitos legumes, como ervilha e feijão, que contêm amido como o principal

Respiração

alimento de reserva, também mostram valores de QR de aproximadamente 1,0. As sementes de muitas outras espécies, no entanto, contêm muita gordura ou óleo rico em hidrogênio e pobre em oxigênio. Quando as gorduras e óleos são oxidados durante a germinação, o QR apresenta um valor de apenas 0,7 porque quantidades relativamente grandes de oxigênio são necessárias para converter o hidrogênio em H_2O e o carbono em CO_2. Considere a oxidação de um ácido graxo comum, o ácido oleico:

$$C_{18}H_{34}O_2 + 25{,}5\ O_2 \longrightarrow 18\ CO_2 + 17\ H_2O \quad (13.2)$$

O QR dessa reação é 18/25,5 = 0,71.

Medindo-se o QR de qualquer parte da planta, é possível obter informações sobre o tipo de composto que está sendo oxidado. O problema é complicado porque, a qualquer momento, vários tipos diferentes de compostos podem ser respirados e, assim, o QR medido é uma média que depende da contribuição de cada substrato e do teor relativo de carbono, hidrogênio e oxigênio. Neste capítulo enfatizamos a respiração dos carboidratos; a utilização das gorduras é descrita no Capítulo 15. Primeiro, descrevemos alguns dos principais aspectos bioquímicos da respiração; em seguida, eles serão usados para ajudar a explicar os aspectos mais fisiológicos e ambientais da respiração de várias plantas e suas partes.

13.2 Formação dos açúcares de hexose a partir dos carboidratos de reserva

Armazenamento e degradação do amido

Conforme descrito na Seção 11.7, o amido é armazenado como grânulos (grãos) insolúveis em água que consistem em moléculas de amilopectina, altamente ramificadas, e em amilose não ramificada. O amido acumulado nos cloroplastos durante a fotossíntese é a reserva de carboidrato mais abundante nas folhas da maioria das espécies. O amido formado nos amiloplastos dos órgãos de armazenamento da sacarose translocada ou outros açúcares não redutores também é um substrato respiratório principal para os órgãos de armazenamento (Figura 13-1). As células do parênquima nas raízes e caules comumente armazenam o amido; nas espécies perenes, o amido é armazenado durante os meses de inverno e usado no novo crescimento na primavera seguinte. Os tubérculos de batata são ricos em amiloplastos que contêm amido, e grande parte desse amido desaparece como resultado da respiração e translocação de açúcares das partes do tubérculo que são planejadas para se obter uma nova safra. O endosperma ou o tecido de armazenamento dos cotilédones de muitas sementes contêm amido abundante e a maioria dele também desaparece durante o desenvolvimento do broto. O armazenamento do amido em várias partes da planta foi revisado por Jenner (1982).

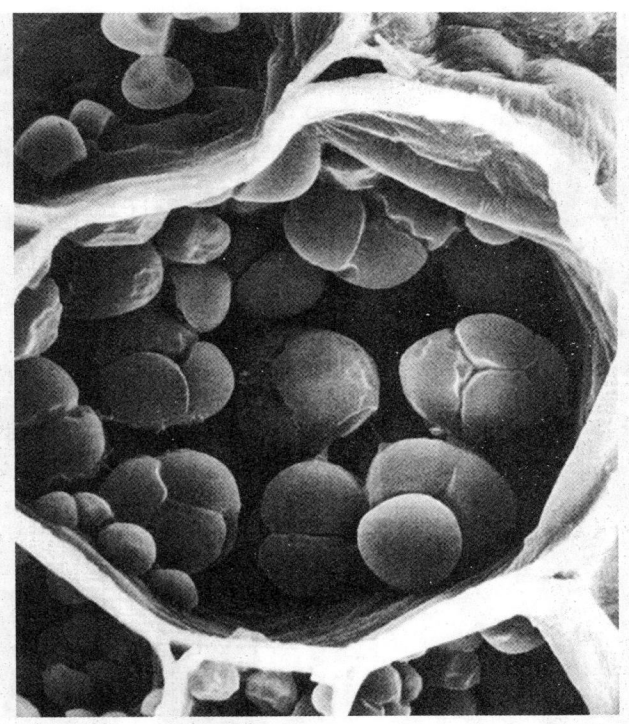

FIGURA 13-1 Eletromicrografia de varredura dos grãos de amido nos amiloplastos de uma célula de parênquima do caule de arroz. Muitos amiloplastos nessas células possuem quatro grãos de amido. (Cortesia P. Dayanandan.)

A Figura 13-2a mostra a relação do endosperma de armazenamento de amido com o restante da semente no milho, e um broto de milho germinando é mostrado na Figura 13-2b. Nesses exemplos, apenas algumas das moléculas de glicose derivadas do amido são totalmente oxidadas para CO_2 e H_2O. Outras são convertidas em moléculas de sacarose no escutelo e, depois, movidas para a raiz e para o broto em crescimento, no qual algumas são totalmente respiradas, e outras são desviadas para materiais da parede celular, proteínas e outras substâncias necessárias para o crescimento do broto.

A maioria das etapas da degradação do amido para a glicose pode ser catalisada por três enzimas diferentes, embora outras sejam necessárias para concluir o processo. As primeiras três enzimas incluem as *amilases alfa* (α-amilase) e *beta* (β-amilase) e também a *amido fosforilase*. Entre elas, aparentemente apenas a alfa amilase pode atacar os grânulos intactos de amido, portanto, quando a β-amilase

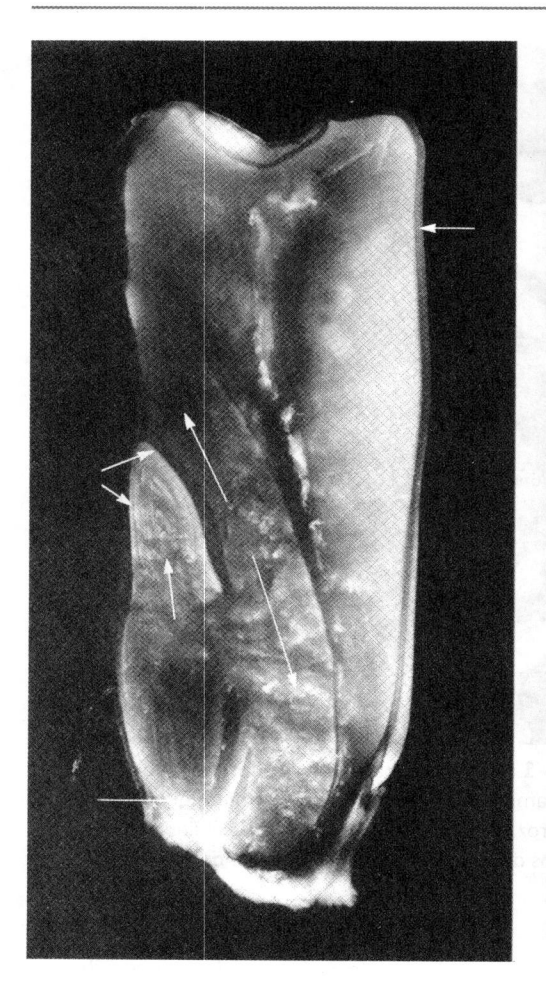

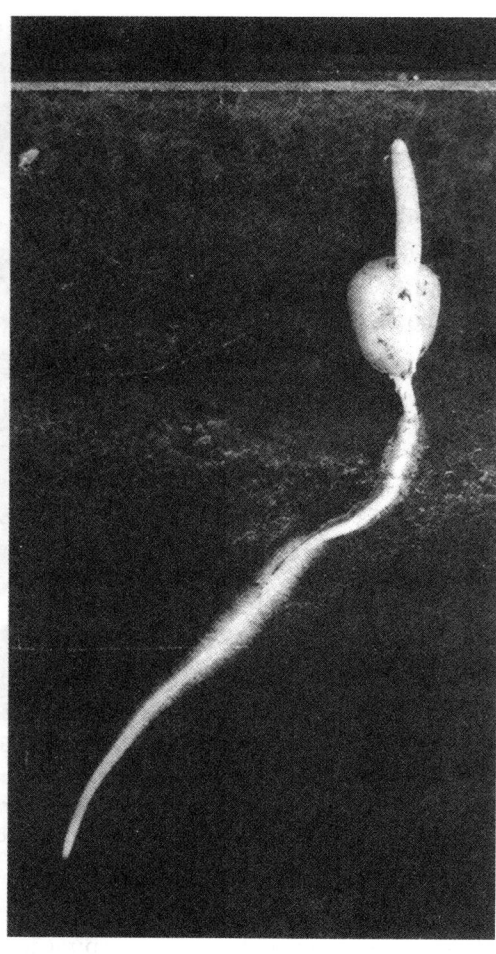

FIGURA 13-2 (a) Corte longitudinal de uma semente de milho, mostrando a relação do endosperma (End) de armazenamento de milho com outras partes da semente: Col, coleóptilo; Scu, escutelo ou cotilédone; SA, ápice do broto; RA, radícula. (De O'Brien e McCully, 1969.) **(b)** Broto de milho sendo nutrido pelo endosperma. (De Jensen e Salisbury, 1972.)

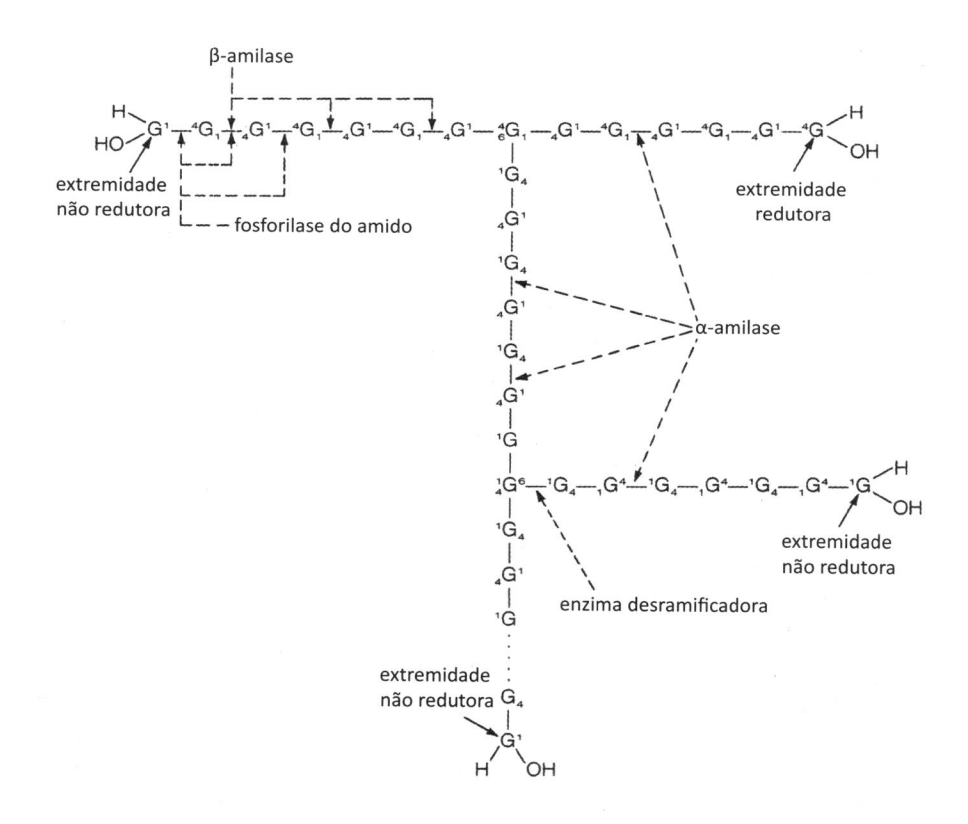

FIGURA 13-3 Pontos de ataque degradante da amilopectina pela alfa amilase, beta amilase, amido fosforilase e uma enzima desramificadora. É mostrada uma parte de uma molécula de amilopectina com uma extremidade redutora e duas não redutoras (G representa a glicose). Também são mostradas as ligações α-1,4 entre as glicoses e (em um único ponto de ramificação mostrado aqui) uma ligação α-1,6.

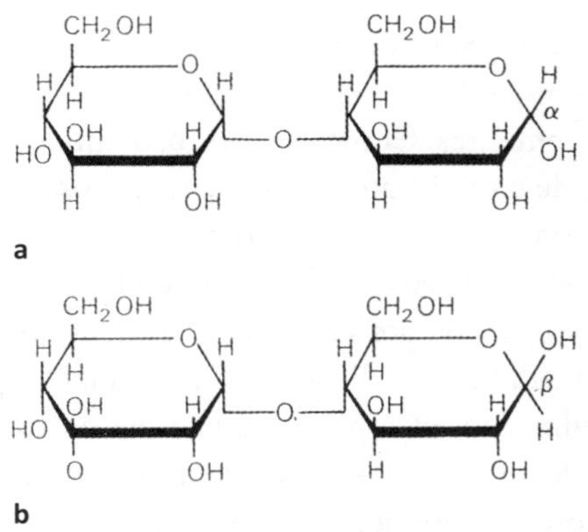

FIGURA 13-4 Alfa (α) e beta(β)-maltose liberadas no amido durante a ação das amilases α e β.

e a amido fosforilase estão envolvidas, elas supostamente devem agir sobre os primeiros produtos liberados pela α-amilase (Stitt e Steup, 1985; Manners, 1985). Alguns pontos de ataque dessas enzimas sobre a amilopectina são mostrados na Figura 13-3. A alfa amilase ataca aleatoriamente as ligações 1,4 por meio da amilose e da amilopectina, no começo causando cavidades aleatórias nos grãos de amido e liberando os produtos que ainda são grandes. Nas cadeias de amilose não ramificadas, o ataque repetido pela α-amilase leva à *maltose*, um dissacarídeo que contém duas unidades de glicose (Figura 13-4a). A alfa amilase não pode, no entanto, atacar as ligações 1,6 nos pontos de ramificação na amilopectina, portanto, a digestão da amilopectina é interrompida quando *dextrinas* ramificadas de comprimentos de cadeia curtos ainda permanecem. Muitas α-amilases são ativadas pelo Ca^{2+}, um dos motivos pelos quais o cálcio é um elemento essencial.

A beta amilase hidrolisa o amido em β-*maltose* (Figura 13-4b); primeiro, a enzima age apenas nas extremidades não redutoras. A β-maltose é rapidamente alterada pela mutarrotação em misturas naturais de α- e β-isômeros. A hidrólise da amilose pela β-amilase é quase completa, porém, a deterioração da amilopectina é incompleta porque as ligações da ramificação não são atacadas. As dextrinas ramificadas novamente permanecem.

A atividade das duas amilases envolve a captura de uma molécula de H_2O para cada ligação clivada, portanto, são enzimas hidrolase (para mais informações, consulte a Seção 9.2). As reações hidrolíticas não são reversíveis, portanto, a síntese do amido pelas amilases não pode ser detectada. *Um princípio geral é que as moléculas grandes normalmente são sintetizadas por uma série de reações (trajeto) e decompostas por outra*. Por exemplo, explicamos na Seção 11.7 como a síntese dos polissacarídeos exige uma forma ativada de um açúcar como a ADP-glicose, a UDP-glicose ou, às vezes, até mesmo a glicose-1-fosfato.

As amilases são disseminadas em vários tecidos, porém são mais ativas nas sementes em germinação, que são ricas em amido. Nas folhas, a α-amilase é provavelmente mais importante que a β-amilase para a hidrólise do amido. Grande parte da α-amilase está localizada dentro dos cloroplastos, frequentemente ligada aos grãos de amido que atacarão. Ela funciona durante o dia e à noite, embora, obviamente, na luz diurna exista uma produção geral de amido devido à fotossíntese.

A fosforilase degrada o amido começando em uma extremidade não redutora (Figura 13-3). Essa degradação não ocorre incorporando-se a água aos produtos como as amilases fazem, mas sim incorporando-se o fosfato. Portanto, ela é chamada de *enzima fosforolítica* e não hidrolítica, e a reação que ela catalisa é reversível *in vitro*:

$$\text{amido} + H_2PO_4^- \rightleftharpoons \text{glicose-1-fosfato} \quad (13.3)$$

Apesar da reversibilidade *in vitro* dessa reação, sua única função importante parece ser a degradação do amido. O motivo é que a concentração do P*i* dentro dos plastídeos frequentemente é 100 vezes a da glicose-1-fosfato; nessas condições, a síntese do amido é insignificante. Como se tornará mais aparente adiante, a formação de glicose-1--fosfato evita a necessidade de o ATP converter a glicose em um fosfato de glicose durante a respiração.

A amilopectina é apenas parcialmente degradada pela amido fosforilase. A reação prossegue consecutivamente a partir da extremidade não redutora de cada cadeia principal ou ramificada (Figura 13-3) para dentro de alguns resíduos de glicose das ligações de ramificações α-1,6, portanto, as dextrinas novamente permanecem. A amilose, que possui poucas dessas ramificações, é quase completamente degradada pela remoção repetida das unidades de glicose, começando na extremidade não redutora da cadeia. A amido fosforilase é disseminada nas plantas (assim como as amilases) e é frequentemente difícil determinar qual enzima digere mais do amido nas células envolvidas. A teoria afirma que a α-amilase (ou uma endoamilase semelhante) é essencial para o ataque inicial, conforme mencionado acima, e para as sementes dos grãos de cereais as duas amilases parecem funcionais, mas não a amido fosforilase. Para sementes de outras espécies, folhas e outros tecidos, a amido fosforilase aparentemente também contribui, principalmente depois que os grãos de amido são parcialmente hidrolisados por uma das amilases (Steup et al., 1983; Steup, 1988; Manners, 1985; ap Rees, 1988).

As ligações da ramificação 1,6 na amilopectina ou nas dextrinas ramificadas que não são atacadas por qualquer uma das enzimas acima são hidrolisadas por várias enzimas desramificadoras. Os vegetais contêm três tipos principais, relativamente diferentes quanto aos tipos de polissacarídeos que elas irão atacar: *pululanase, isoamilase* e *dextrinase de limite* (Manners, 1985). A ação dessas enzimas sobre as cadeias de amido ramificadas (Figura 13-3) fornece grupos de extremidades adicionais para o ataque pelas amilases ou a amido fosforilase, e a ação subsequente das dextrinases de limite ou dextrinas permite a digestão completa da amilopectina em maltose, glicose ou glicose-1-fosfato.

A maltose raramente se acumula durante a digestão do amido, porque é hidrolisada em glicose por uma enzima de maltase, conforme segue:

$$\text{maltose} + H_2O \longrightarrow 2\ \alpha\text{-D-glicose} \qquad (13.4)$$

As unidades resultantes de glicose tornam-se então disponíveis para a conversão em outros polissacarídeos, conforme descrito na Seção 11.7 ou, como enfatizado aqui, para a degradação pela respiração.

Em resumo, as amilases hidrolisam as cadeias de amilose não ramificadas principalmente em maltose, enquanto a amido fosforilase converte esses grãos em glicose-1-fosfato. A ação das três enzimas sobre a amilopectina deixa uma dextrina, cujas ligações de ramificação devem ser hidrolisadas pelas enzimas desramificadoras. A maltose é hidrolisada em glicose principalmente pela maltase.

Toda a degradação do amido em hexoses supostamente ocorre dentro dos cloroplastos ou amiloplastos, embora a respiração verdadeira dessas hexoses comece no citosol. Como explicamos na Seção 11.1, as hexoses raramente se movem para fora dos cloroplastos e o mesmo provavelmente se aplica aos amiloplastos. Nesse caso, as hexoses derivadas do amido sempre devem ser convertidas em triose fosfato (3-PGaldeído e dihidroxiacetona-P) nos plastídeos, e essas moléculas devem ser movidas pelo transportador de fosfato para o citosol. Aqui, elas podem ser novamente montadas em fosfato de hexose, conforme descrito na Seção 11.7, ou podem entrar na respiração (glicólise) diretamente.

Hidrólise de frutanos

Como mencionado na Seção 11,7, o principal material de reserva alimentar de carboidrato em algumas espécies – principalmente nos caules, folhas e flores de gramíneas de regiões temperadas e em parte dos membros das famílias Asteraceae e outras – não é o amido. Em vez disso, os frutanos predominam (Meier e Reid, 1982; Pontis edel Campillo, 1985; Hendry, 1987; Pollock e Chatterton, 1988; *J.*

Plant Physiology, Special Issue, v. 134, 1989). Mas mesmo nessas espécies, os frutanos são raramente (ou nunca) abundantes nas sementes. Como de hábito, o amido é a principal reserva de carboidrato das sementes. Considerando-se a importância dos frutanos, é surpreendente que saibamos tão pouco sobre o seu metabolismo, embora se saiba que eles são hidrolisados por enzimas β-*fructofuranosidase* que têm especificidade pelas ligações β-2,1 ou β-2,6 particulares envolvidas. Por exemplo, uma enzima do tubérculo da alcachofra de Jerusalém faz a clivagem sucessiva das unidades de frutose de inulina até que uma mistura entre frutose e a unidade de sacarose terminal permaneça:

$$\begin{aligned}\text{glicose-frutose-(frutose)}_n + nH_2O\ (\text{frutano})\\ \longrightarrow n\ \text{frutose} + \text{glicose-frutose (sacarose)}\end{aligned} \qquad (13.5)$$

A frutose pode se submeter à respiração diretamente, mas a sacarose deve ser primeiro dividida em glicose e frutose, conforme descrito abaixo.

Hidrólise da sacarose

Uma reação importante da degradação da sacarose é a hidrólise irreversível por invertases para glicose e frutose:

$$\text{sacarose} + H_2O \longrightarrow \text{glicose} + \text{frutose} \qquad (13.6)$$

As invertases existem no citosol, no vacúolo e até mesmo nas paredes celulares (Avigad, 1982; ap Rees, 1988; Stommel e Simon, 1990). A invertase do citosol é um tipo alcalino com um pH ideal perto de 7,5, enquanto as duas outras invertases ácidas possuem um pH ideal de 5 ou menos. A invertase da parede celular, quando presente, hidrolisa a sacarose translocada que está sendo recebida em moléculas de glicose e frutose, sendo absorvidas depois pelas células de escoadouro.

Outra enzima comum que pode degradar a sacarose é a sacarose sintase, que apresenta este nome devido ao fato de a reação catalisada ser reversível e também pela antiga crença da sua importância durante a síntese da sacarose. A sacarose sintase catalisa a seguinte reação:

$$\text{sacarose} + UDP \rightleftharpoons \text{frutose} + UDP\text{-glicose} \qquad (13.7)$$

Então, a frutose está disponível para a respiração e a glicose na UDP-glicose pode ser liberada de uma ou duas maneiras que não são mostradas aqui.

As evidências indicam que a sacarose sintase é a principal enzima que degrada a sacarose nos órgãos de armazenamento do amido (por exemplo, sementes e tubérculos de batata em desenvolvimento) ou em tecidos de crescimento rápido que estejam convertendo a sacarose translocada em polissacarídeos da parede celular. Para as células maduras e de crescimento lento, a invertase pode ser a enzima mais importante, pois degrada a sacarose e fornece glicose e frutose para a respiração.

13.3 Glicólise

Um grupo de reações coletivamente chamadas de glicólise degrada a glicose, a glicose-1-fosfato ou a frutose (liberada pelas reações preparatórias descritas acima) em ácido pirúvico no citosol. (Várias reações de glicólise também ocorrem nos cloroplastos e outro plastídeos, mas o trajeto completo não.) A glicólise é a primeira de três fases estreitamente relacionadas da respiração; ela é seguida pelo ciclo de Krebs e pelos processos de transporte de elétrons que ocorrem nas mitocôndrias.

As reações individuais da glicólise, que agora acreditamos ocorrerem em todos os organismos vivos, foram descobertas entre 1912 e 1935 por cientistas alemães interessados na produção de álcool pela levedura e por outros preocupados com a decomposição do amido animal (glicogênio) em ácido pirúvico nas células musculares (Lipmann, 1975; Cori, 1983). O termo *glicólise*, que significa quebra do açúcar, foi introduzido em 1909 para descrever a decomposição do açúcar em álcool etil (etanol). No entanto, a maioria das células produz ácido pirúvico em vez de etanol quando são normalmente aeradas. Além disso, os açúcares comuns que elas degradam são as hexoses, portanto, **glicólise** agora significa a degradação das hexoses *em ácido pirúvico*, embora muitos bioquímicos animais usem esse termo para descrever a degradação de glicogênio (amido animal) em piruvato. Os vegetais não formam amido animal, portanto, o termo glicólise pode ser confuso para os biólogos, que o associam ao glicogênio e não ao amido ou à sacarose. Na verdade, foi sugerido que os botânicos deveriam usar o termo **sacarólise**, porque a sacarose é o açúcar mais abundante formado e translocado nos vegetais e, portanto, é o fornecedor comum da glicose e da frutose usadas na respiração. No entanto, como enfatizamos na Seção 13.2, o amido também fornece glicose para a glicólise, e nos amiloplastos essa glicólise atinge o citoplasma (onde ocorre o glicólise) principalmente na forma de trioses fosfatos, e não de sacarose.

As reações individuais da glicólise, as enzimas que a catalisam e os requisitos particulares das enzimas para os ativadores de metais são diagramados na Figura 13-5.

O processo geral, no entanto (começando com a glicose), pode ser resumido da seguinte maneira:

$$\text{glicose} + 2NAD^+ + 2ADP^{2-} + 2H_2PO_4^- \longrightarrow 2 \text{ piruvato} + 2NADH + 2H^+ + 2ATP^{3-} + 2H_2O \quad (13.8)$$

A glicólise cumpre várias funções. *Em primeiro lugar, a glicólise converte uma molécula de hexose em duas moléculas de ácido pirúvico, e então ocorre a oxidação parcial da hexose.* Nenhum O_2 é usado e nenhum CO_2 é liberado. Para cada hexose convertida, duas moléculas de NAD^+ são reduzidas para NADH ($+2H^+$). Esses NADH são importantes porque cada um deles pode subsequentemente ser oxidado pelo O_2 em uma mitocôndria, de forma que o NAD^- é regenerado e duas moléculas de ATP são formadas. Além disso, alguns desses NADH não entram nas mitocôndrias e são usados no citosol para orientar vários processos anabólicos e redutores. Um exame da Figura 13-5 mostra que o NADH é formado em apenas uma etapa na glicólise: durante a oxidação do 3-fosfogliceraldeído em ácido 1,3-bifosfoglicérico (veja o asterisco grande na parte inferior esquerda da Figura 13-5).

A segunda função da glicólise é a produção do ATP. A glicólise, de modo geral, produz um pouco de ATP, mas nas primeiras etapas ele deve ser utilizado. Quando a glicose ou a frutose entram na glicólise, ambas são fosforiladas pelo ATP nas reações catalisadas pela hexoquinase ou pela frutoquinase (Figura 13-5, direita superior). A glicose-6-fosfato e a frutose-6-fosfato são os produtos. Subsequentemente, a frutose-6-fosfato é fosforilada no carbono 1 por outro ATP (ou UTP) para formar a frutose-1,6-bifosfato. A enzima responsável por essa fosforilação é chamada de *ATP-fosfofrutoquinase (ATP-PFK)*.

Note que essa reação representa uma das duas rotas pela qual a frutose-6-fosfato pode ser convertida em frutose-1,6-bifosfato. A outra rota, descoberta apenas no final da década de 1970 e início da de 1980 (consulte Carnal e Black, 1983), envolve a fosforilação do carbono 1 da frutose-6-fosfato com o pirofosfato como doador de fosfato. A enzima envolvida é chamada de *pirofosfato fosfofrutoquinase (PPi-PFK)*. As evidências atuais sugerem que a rota ATP-PFK está envolvida na chamada "respiração de manutenção" pelas células que não estão crescendo rapidamente, não estão se diferenciando ou não estão se adaptando a mudanças no ambiente (Black et al., 1987). Então, essa reação ocorre principalmente nas células já maduras, ou quase, e que existem por certo tempo em um ambiente moderadamente constante. A rota PPi-PFK é muito mais adaptativa e pode aumentar ou diminuir de importância

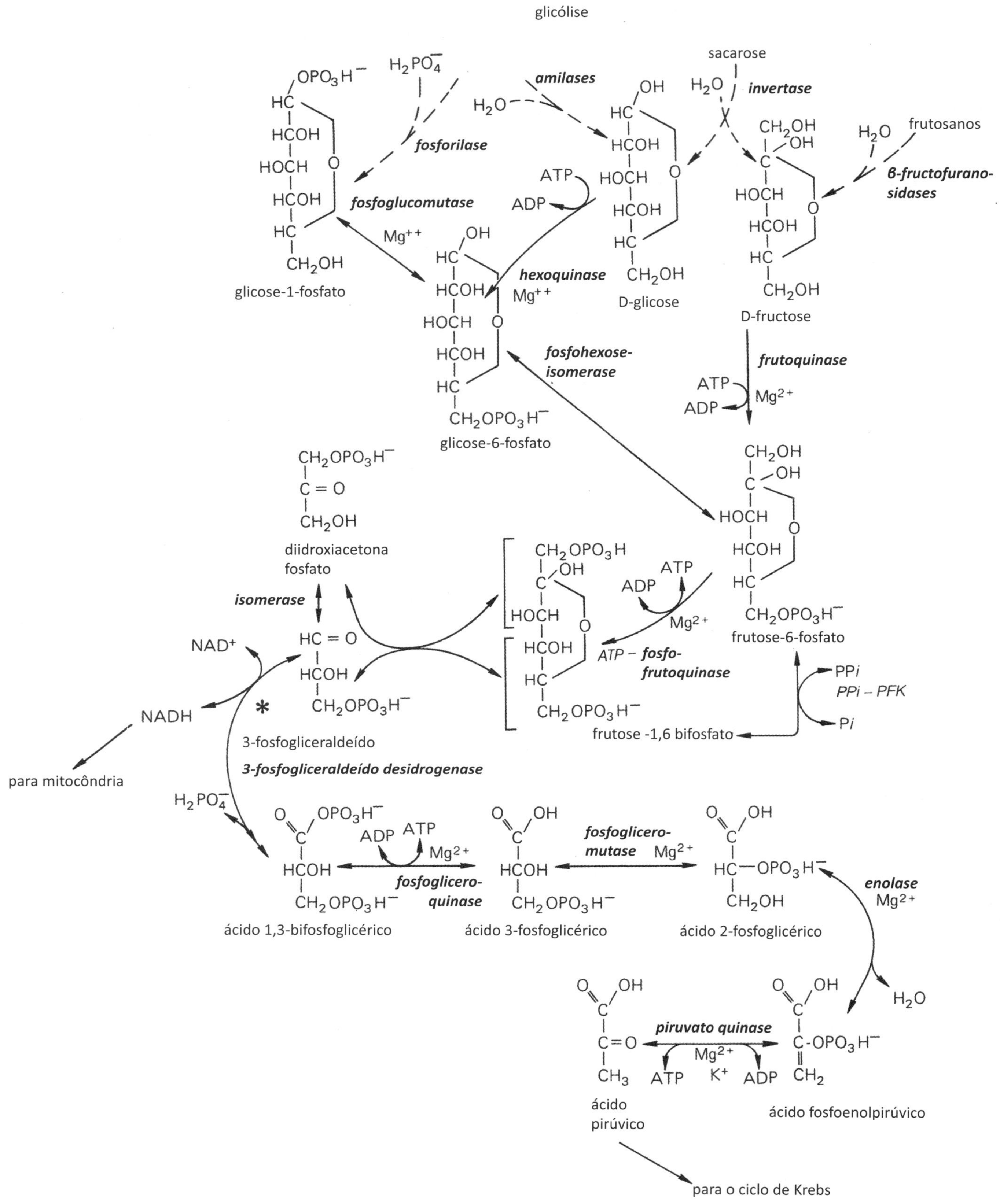

FIGURA 13-5 Reações da glicólise. Os nomes das enzimas e seus íons de metal que promovem a atividade de cada enzima também são mostrados. As reações indicadas pelas setas pontilhadas no topo são degradativas e preparatórias, não sendo normalmente consideradas parte da glicólise. Os asteriscos indicam a formação de NADH, uma fonte de energia em potencial.

dependendo dos processos de desenvolvimento e das condições ambientais. Retornaremos ao controle das reações bioquímicas da respiração na Seção 13.12, mas, por enquanto, observe que a conversão da glicose ou frutose em frutose-1,6-bifosfato exige dois ATPs se a rota ATP-PFK for usada e apenas um ATP na rota PPi-PFK.

Nas outras reações da glicólise, a frutose é dividida para formar dois açúcares fosforilados de três carbonos, e essas trioses fosfatos são então oxidadas em ácido pirúvico. Essas etapas produzem dois ATPs para cada triose fosfato, compondo um total de quatro ATPs para cada glicose ou frutose respirada. Uma produção de quatro ATPs menos os dois (ou um) que são necessários para formar a frutose-1,6-bifosfato deixa uma produção geral de dois ou três ATPs para cada hexose usada na glicólise. A Reação 13.8 acima lista os dois ATPs como produtos gerais, mas a rota PPi-PFK os aumentaria para três.

Uma terceira função da glicólise é a formação de moléculas que podem ser removidas do trajeto para sintetizar vários outros componentes dos quais a planta é feita. Essa função não está aparente na Figura 13-5 ou na Reação 13.8, mas recebe uma atenção especial na Seção 13.11 e na Figura 13-12.

Por fim, a glicólise é importante porque o piruvato que ela produz pode ser oxidado nas mitocôndrias para produzir quantidades relativamente grandes de ATP, muito mais do que é produzido na glicólise.

13.4 Fermentação

Embora a glicólise possa funcionar bem sem O_2, a oxidação adicional do piruvato e do NADH pelas mitocôndrias requer oxigênio. Portanto, quando o oxigênio é limitador, o NADH e o piruvato começam a se acumular. Sob essa condição, os vegetais executam a **fermentação** (respiração anaeróbia), formando etanol ou ácido lático (geralmente etanol), como mostra a Figura 13-6. As duas reações superiores da Figura 13-6 consistem na descarboxilação do ácido pirúvico para formar acetaldeído, e depois na redução rápida do acetaldeído pelo NADH para formar etanol. Essas reações são catalisadas pela *ácido pirúvico descarboxilase* e pela *álcool desidrogenase*. Algumas células possuem *ácido lático desidrogenase*, que usa o NADH para reduzir o ácido pirúvico para ácido lático. O etanol ou ácido lático, ou ambos, são produtos da fermentação, dependendo das atividades de cada uma das enzimas presentes. Em cada caso, o NADH é o redutor, mas apenas sob condições anaeróbias ele é abundante o suficiente para causar a redução. Além disso, em algumas plantas, o NADH é usado para permitir o acúmulo de outros compostos quando o O_2 é limitador, principalmente o ácido málico e glicerol (Crawford, 1982; Davies, 1980a). A ocorrência da fermentação em várias plantas sob a tensão do oxigênio é descrita na Seção 13.13. (Observe que o ácido lático pode se acumular nos músculos exercitados se o seu suprimento de oxigênio for insuficiente; é esse ácido que causa a "rigidez" depois do exercício quando os músculos não estão suficientemente condicionados.)

13.5 Estruturas das mitocôndrias e respiração

Para entender como o piruvato e o NADH produzidos na glicólise são oxidados pelas mitocôndrias, primeiro é útil entender algumas das propriedades dessas organelas. Em alguns aspectos, as mitocôndrias são semelhantes aos cloroplastos, embora funcionalmente sejam bem diferentes. Cada mitocôndria contém um DNA circular que possui informações genéticas usadas para produzir uma pequena porcentagem de suas enzimas; cada uma é formada principal ou inteiramente pela divisão de uma organela preexistente e cercada por uma membrana dupla ou envelope com um amplo sistema de membranas internas. A maioria das células vegetais vivas possui algumas centenas de mitocôndrias (Douce, 1985).

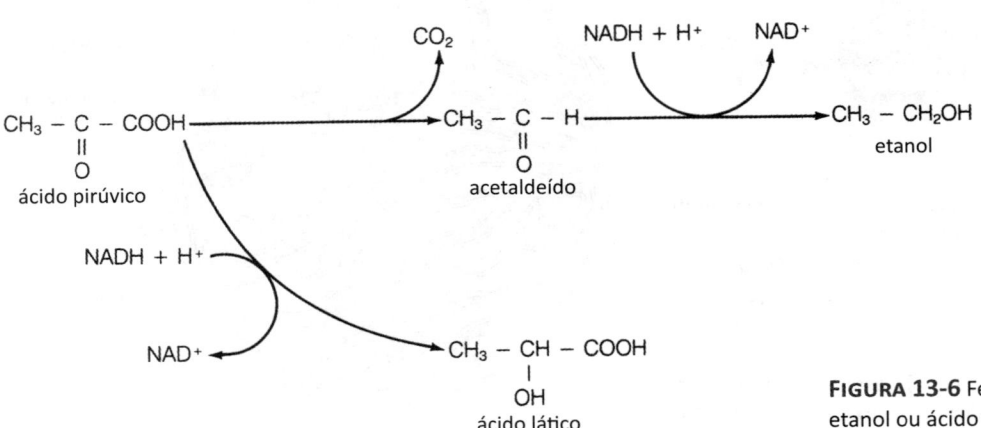

FIGURA 13-6 Fermentação do piruvato para formar etanol ou ácido lático.

As mitocôndrias têm apenas alguns micrômetros de comprimento, não muito mais que as bactérias, e embora possam ser vistas no microscópio óptico, sua estrutura fina é realçada apenas pelo microscópio eletrônico. Sua morfologia geral pode ser vista nas finas eletromicrografias de transmissão dos primeiros capítulos (por exemplo, consulte a Figura 11-8). A Figura 13-7a mostra uma micrografia eletrônica de alta tensão das mitocôndrias dentro das células; nesse tipo de micrografia, podemos visualizar seu formato tridimensional e semelhante a bastões. Quando isoladas, as mitocôndrias normalmente tornam-se bastante esféricas (figuras 13-7b e 13-7c). No entanto, as mitocôndrias *in vitro* alteram rapidamente e de forma reversível seus formatos de longas e estreitas e até mesmo ramificadas (Figura 13-7a) para quase esféricas.

A membrana interna do envelope da mitocôndria é altamente convoluta, estendendo-se para dentro da matriz interna em tubos estreitos ou altamente dilatados, ou até mesmo em padrões semelhantes a lâminas em muitos locais. Cada uma dessas convoluções é chamada de **crista**. Na maioria das mitocôndrias vegetais, as cristas tubulares dilatadas são bem desenvolvidas, mas isso varia conforme o tipo de célula, sua idade e sua extensão de desenvolvimento. Em muitas células, uma crista é fundida em outra no interior da mitocôndria, formando um compartimento de membrana interna contínuo e semelhante a um saco entre elas (figuras 13-7b e 13-7c); nas outras células, ocorrem modificações diferentes. Independente de sua forma, as cristas possuem a maior parte das enzimas responsáveis pela catalisação das etapas do sistema de transporte de elétrons que segue o ciclo de Krebs, portanto, a área de superfície aumentada que elas fornecem é de grande importância. As reações do ciclo de Krebs ocorrem na matriz rica em proteína entre as cristas.

13.6 O ciclo de Krebs

O **ciclo de Krebs** tem esse nome em homenagem ao bioquímico inglês Hans A. Krebs, que, em 1937, propôs um ciclo de reações para explicar como a deterioração do piruvato ocorre nos músculos do peito de pombos. Ele chamou esse trajeto de **ciclo do ácido cítrico**, porque esse ácido é um intermediário importante. Outro nome comum do

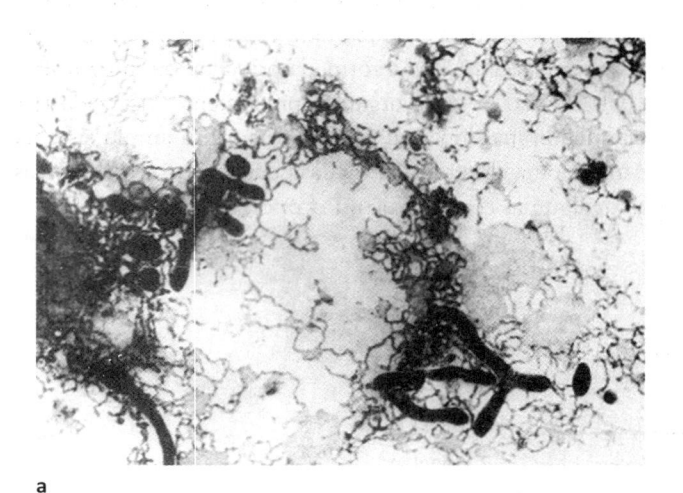

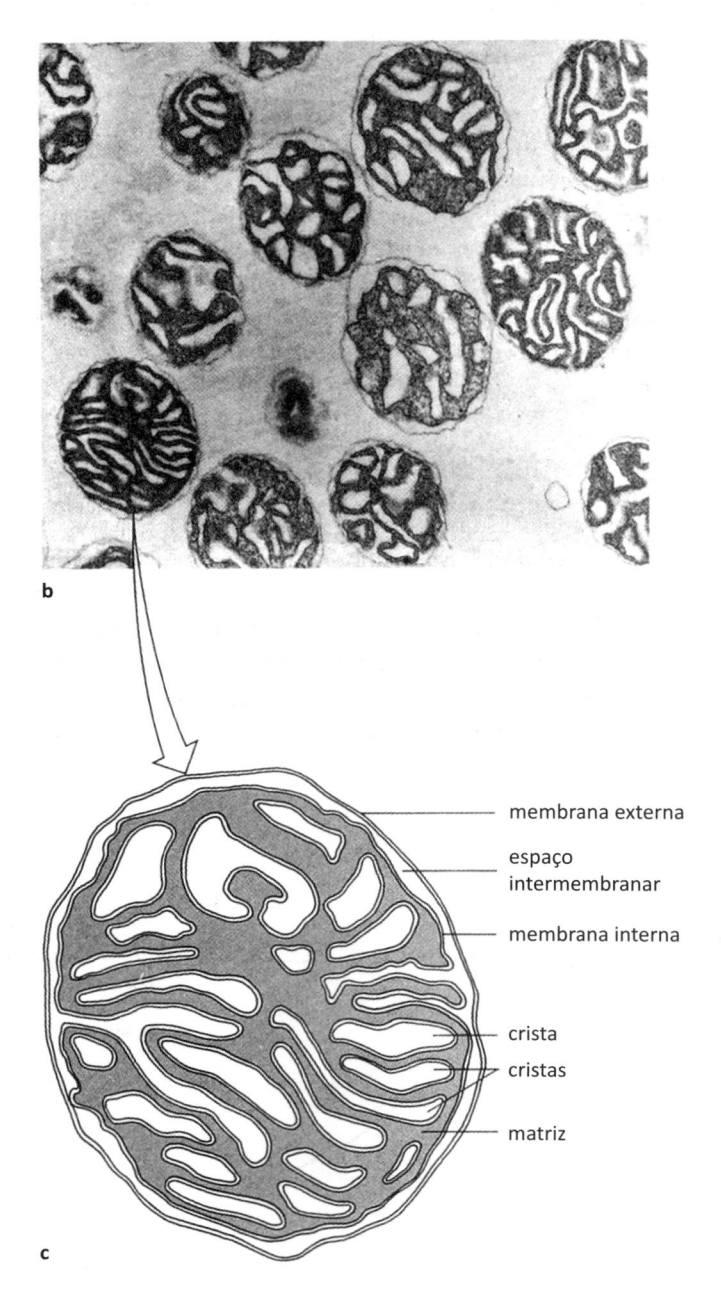

FIGURA 13-7 Várias exibições da mitocôndria. **(a)** Eletromicrografia de transmissão de alta tensão de mitocôndrias com múltiplos formatos nas células de cotilédones do feijão mungo (*Vigna radiata*). Barra = 1 μM. (De Harris and Chrispeels, 1980.) **(b)** Eletromicrografia de transmissão de mitocôndrias vegetais isoladas. Cristas exibidas como áreas claras, e a matriz é escura. (De Smith, 1977; foto cortesia de W. D. Bonner, Jr.) **(c)** Desenho interpretativo de uma mitocôndria isolada. (Modificado de Malone et al., 1974.)

mesmo grupo de reações é **ciclo do ácido tricarboxílico (TCA)**, um termo adotado porque os ácidos cítricos e isocítrico possuem três grupamentos carboxilas.

A etapa inicial que leva ao ciclo de Krebs envolve a oxidação e perda do CO_2 do piruvato e a combinação do acetato de dois carbonos remanescente com um composto que contém enxofre, a *coenzima A* (*CoA*), para formar o *acetil CoA*:

$$CH_3-\underset{\underset{O}{\|}}{C}-SCoA$$

Essa e outra função comparável da CoA no ciclo de Krebs são motivos importantes pelos quais o enxofre é um elemento essencial.

Essa reação de descarboxilação do piruvato também envolve uma forma fosforilada da tiamina (vitamina B_1) como um grupamento prostético. A participação da tiamina nessa reação explica parcialmente a função essencial da vitamina B_1 nas plantas e animais. Além da perda do CO_2, dois átomos de hidrogênio são removidos do ácido pirúvico durante a formação de acetil CoA. A enzima que catalisa a reação completa é chamada de *ácido pirúvico desidrogenase*, mas, na verdade, é um complexo organizado que contém numerosas cópias de cinco enzimas diferentes, três das quais catalisam a descarboxilação oxidativa do piruvato e duas que regulam a atividade das outras três (Miernyk et al., 1987). (Retornaremos ao controle do piruvato desidrogenase na Seção 13.12.) Os átomos de hidrogênio removidos do piruvato são finalmente aceitos pelo NAD^+, produzindo NADH. Essas e outras reações do ciclo de Krebs são diagramadas na Figura 13-8.

O ciclo de Krebs realiza a remoção de alguns elétrons dos intermediários do ácido inorgânico e sua transferência para o NAD^+ (a fim de formar NADH) ou para a *ubiquinona* (para formar *ubiquinol*[1]). Observe que nenhuma das enzimas desidrogenase do ciclo utiliza o $NADP^+$ como aceitador do elétron. Na verdade, o $NADP^+$ é quase indetectável nas mitocôndrias vegetais, uma situação diferente do cloroplasto, em que o $NADP^+$ é abundante e no qual frequentemente existe menos NAD^+. Além de o NADH e o ubiquinol serem produtos importantes do ciclo de Krebs, uma molécula de ATP é formada a partir do ADP e do P*i* durante a conversão da *succinil coenzima A* em *ácido succínico*. (Nos mamíferos, mas não nos poucos vegetais investigados até o momento, a formação de ATP nessa etapa requer GDP e GTP, nucleotídeos da guanosina.) Duas moléculas adicionais de CO_2 (mostradas em quadros na Figura 13-8) são liberadas nessas reações do ciclo de Krebs, portanto, existe uma perda geral de dois átomos de carbono com a entrada do acetato da acetil CoA. A liberação do CO_2 no ciclo de Krebs explica o produto CO_2 na equação resumida da respiração (Reação 13.1), mas nenhum O_2 é absorvido durante qualquer reação do ciclo de Krebs.

As funções primárias do ciclo de Krebs são as seguintes:
1. redução do NAD^+ e ubiquinona para os doadores de elétrons NADH e ubiquinol, que são subsequentemente oxidados para produzir ATP;
2. síntese direta de uma quantidade limitada de ATP (um ATP para cada piruvato oxidado);
3. formação dos esqueletos de carbono que podem ser usados para sintetizar certos aminoácidos que, por sua vez, são convertidos em moléculas maiores (consulte a Seção 13.11 e a Figura 13-12 para uma explicação dos tipos de compostos formados a partir dos intermediários do ciclo de Krebs e o que impede a parada do ciclo quando os intermediários são removidos).

Considerando que dois piruvatos são produzidos na glicólise de cada glicose, a reação geral do ciclo de Krebs pode ser escrita da seguinte maneira:

2 piruvato + 8 NAD^+ + 2 ubiquinona + 2 ADP^{2-} + 2 $H_2PO_4^-$ + 4 $H_2O \longrightarrow$ 6 CO_2 + 2 ATP^{3-} + 8 NADH + 8 H^+ + 2 ubiquinol

13.7 O sistema de transporte de elétrons e a fosforilação oxidativa

O NADH presente nas mitocôndrias vem de três processos principais: o ciclo de Krebs, a glicólise e (nas folhas) a oxidação da glicina produzida durante a fotorrespiração. Quando o NADH é oxidado, o ATP é produzido. Da mesma forma, o ubiquinol produzido pela ácido succínico desidrogenase no ciclo de Krebs também é oxidado para produzir ATP. Embora essa oxidação envolva a captura de O_2 e a produção de H_2O, o NADH e o ubiquinol não podem se combinar diretamente com o O_2 para formar H_2O. Em vez disso, seus elétrons são transferidos por vários compostos intermediários antes que a H_2O seja produzida. Esses transportadores de elétrons constituem o **sistema de transporte de elétrons** das mitocôndrias. O transporte de elétrons prossegue dos transportadores que são termodinamicamente difíceis de reduzir (com potenciais de redução negativos) para aqueles

---
[1] A maioria dos textos indica a flavina FAD como aceitador dos elétrons e o H^+ do ácido succínico, com o $FADH_2$ como produto. FAD e $FADH_2$ são ligados ao ácido succínico desidrogenase, mas representam compostos intermediários transitórios durante a redução geral da quinona solúvel em membrana (ubiquinona) em ubiquinol (Cammack, 1987).

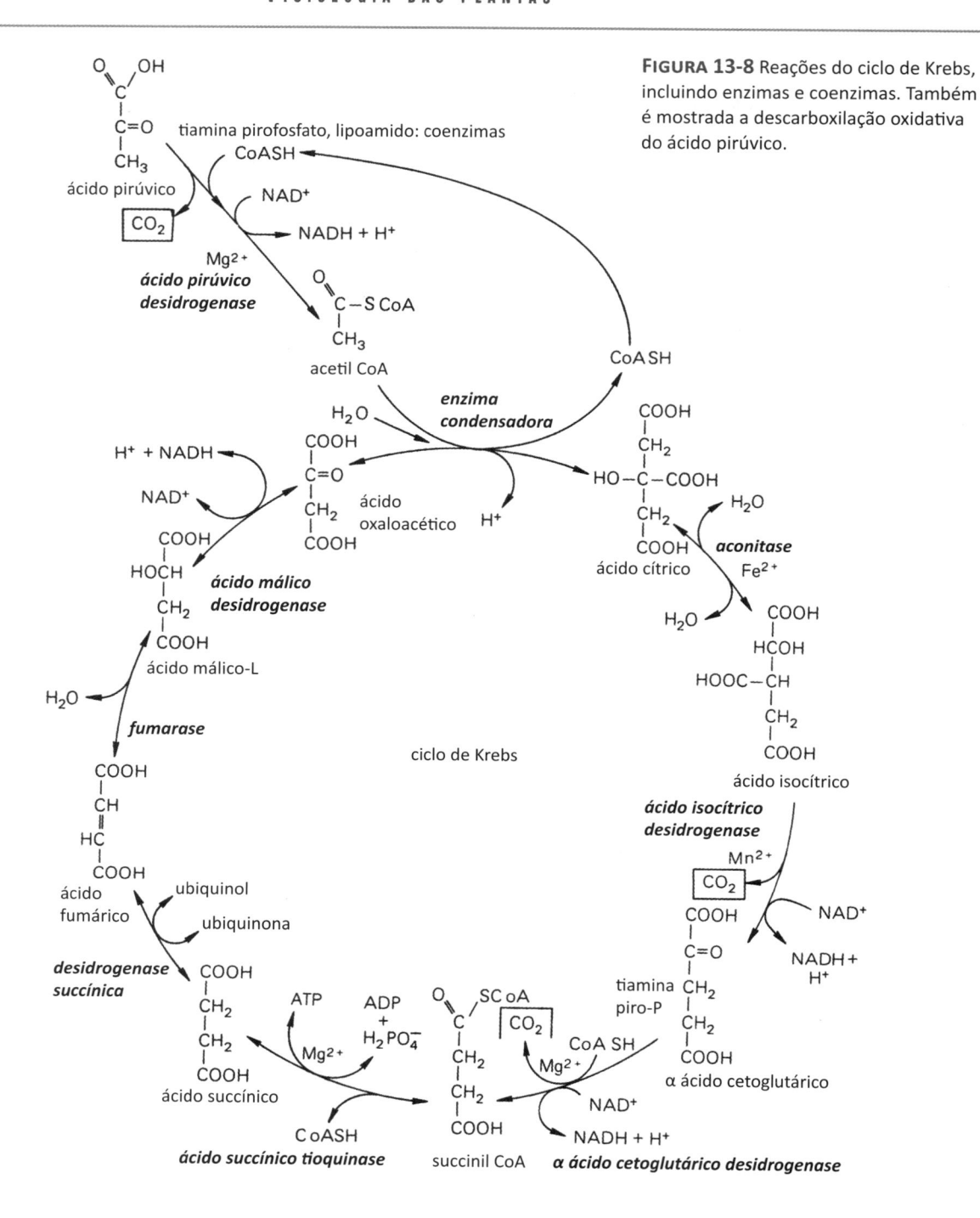

FIGURA 13-8 Reações do ciclo de Krebs, incluindo enzimas e coenzimas. Também é mostrada a descarboxilação oxidativa do ácido pirúvico.

que têm uma tendência maior a aceitar elétrons (e que possuem potenciais de redução mais altos, até mesmo positivos). O oxigênio tem a maior tendência de aceitar os elétrons e, quando o faz, forma H_2O. Cada transportador do sistema normalmente aceita elétrons apenas do transportador prévio, que está próximo dele. Os transportadores são organizados em quatro complexos principais de proteína na membrana interna da mitocôndria. Existem vários milhares de sistemas de transporte de elétrons em cada mitocôndria.

Como no sistema de transporte de elétrons do cloroplasto, que está envolvido na transferência de elétrons a partir das moléculas de água, o sistema das mitocôndrias envolve citocromos (até quatro do tipo *b* e dois do tipo *c*) e algumas quinonas, principalmente a ubiquinona. Também estão presentes várias *flavoproteínas* (proteínas que contêm riboflavina), algumas proteínas de ferro-enxofre (Fe-S) semelhantes à ferredoxina, uma enzima chamada de *citocromo oxidase* e outros transportadores de elétrons que ainda não foram identificados (Douce, 1985; Moore e Rich, 1985; Douce e Neuberger, 1989). Os citocromos e a citocromo oxidase contêm ferro como parte do grupo heme. As flavoproteínas contêm *flavina adenina dinucleotídeo* (FAD) ou a similar *flavina mononucleotídeo* (FMN) como grupos prostéticos ligados. Muitos desses transportadores de elétrons possuem equivalentes nos cloroplastos, cada qual com uma estrutura exclusiva.

Os citocromos e as proteínas Fe-S podem receber ou transferir apenas um elétron de cada vez. A ubiquinona, como a plastoquinona dos cloroplastos, recebe e transfere dois elétrons e dois H^+; o mesmo se aplica às flavoproteínas. Essa propriedade da ubiquinona e das flavoproteínas é importante para estabelecer um gradiente de pH a partir da matriz (cerca de 8,5), passando pela membrana interna até o espaço intermembrana (pH perto de 7), porque esse gradiente orienta a formação de ATP a partir do ADP e do *Pi* de acordo com a teoria quimiosmótica de Mitchell na Seção 10.8 (Mitchell, 1985; Senior, 1988).

Nas mitocôndrias, a formação de ATP a partir do ADP e do *Pi* é indiretamente orientada pela forte tendência termodinâmica do O_2 de se tornar reduzido, e esse processo é chamado de **fosforilação oxidativa**. Como nos cloroplastos, a fosforilação é catalisada por um fator de acoplamento ou ATP sintetase. Essa ATP sintetase das mitocôndrias possui uma haste e uma cabeça conectadas parecidas com as da ATP sintetase do tilacoide, e a cabeça se estende completamente através da membrana interna. A cabeça fica voltada para a matriz e se estende dentro dela, enquanto a haste se estende para fora na direção do espaço intermembrana entre as membranas interna e externa. O ATP é formado na cabeça dentro da matriz e, depois, transportado na direção do citosol pelo contratransporte (Seção 7.8) com a entrada do ADP. Então, o ATP se move imediatamente e penetra na membrana externa, muito mais permeável, para entrar no citosol, onde executa numerosas funções. A membrana externa possui **porinas**, canais que permitem a passagem das moléculas com pesos moleculares abaixo de aproximadamente 5 kDa, de forma que os nucleotídeos e muitos outros metabólitos passem facilmente por essa membrana (Mannella, 1985; Heldt e Flügge, 1987).

O fosfato também é necessário para a formação de ATP e é transportado para a matriz pela membrana interna, muito menos permeável, por dois sistemas de contratransporte que movem simultaneamente o OH^-, ou um ácido dicarboxílico como o malato, para fora da matriz e para o espaço intermembrana. Um sistema semelhante de contratransporte catalisa a troca de OH^- e piruvato, e isso provavelmente explica como o piruvato da glicólise entra na matriz, onde é oxidado pelo piruvato desidrogenase.

A Figura 13-9 indica o principal trajeto do transporte de elétrons, começando com o $NADH + H^+$ formado na matriz pelas enzimas do ciclo de Krebs (superior direito). Os dois elétrons e os dois H^+ são passados para uma flavoproteína que contém FMN, que, por sua vez, passa os elétrons para uma proteína de Fe-S. O ferro nesse último pode aceitar apenas um elétron de cada vez e não aceita o H^+; os dois H^+ são transferidos de alguma forma para o espaço intermembrana. Essa é a primeira das quatro etapas em que um par de H^+ é movido totalmente a partir da matriz, atravessando a membrana mitocondrial interna simultaneamente à transferência de dois elétrons. A Fe-S reduzida transfere elétrons para a ubiquinona (UQ), que, com os dois H^+ obtidos da matriz, torna-se reduzida para o ubiquinol (UQH_2). Do UQH_2, os elétrons se movem um de cada vez para vários citocromos *b*, e os dois H^+ do UQH_2 são transferidos para fora até o espaço intermembrana. Outra proteína Fe-S recebe e transfere os elétrons para o Fe^{3+} no citocromo c_1, com um terceiro transporte de um par de H^+ para fora. Do citocromo c_1, os elétrons são

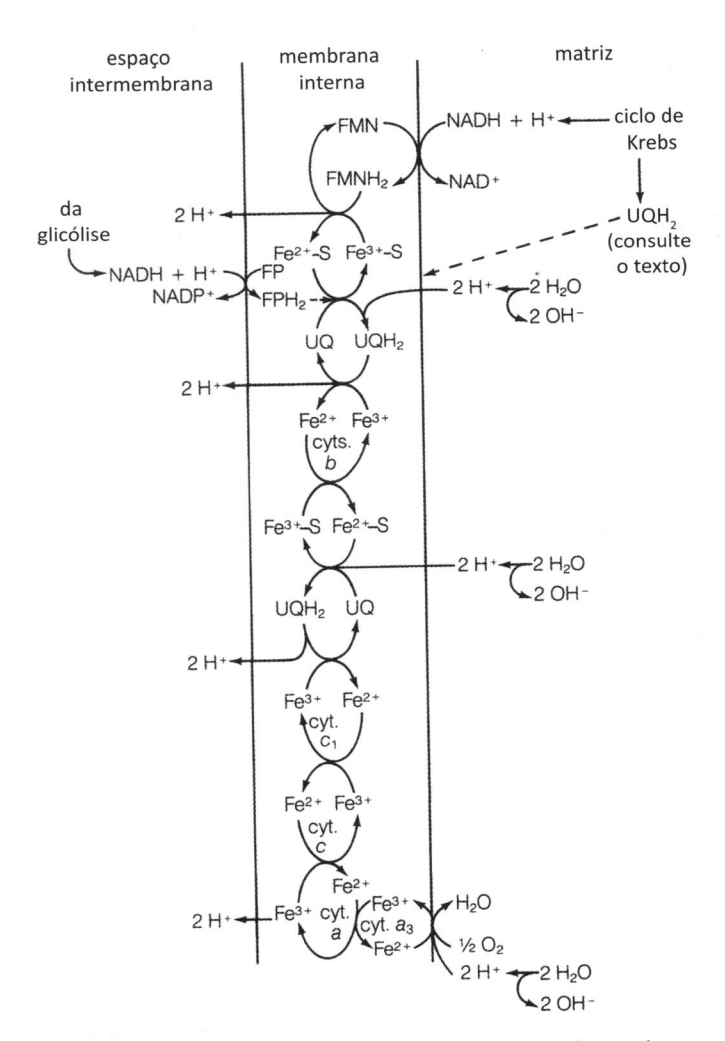

FIGURA 13-9 Reações do sistema de transporte de elétrons da mitocôndria. Abreviações no texto, exceto para FP, que é uma flavoproteína oxidada, e FPH_2, que é uma flavoproteína reduzida. O mecanismo pelo qual os dois H^+ são transportados para o espaço intermembrana na última reação não foi esclarecido.

recebidos pelo citocromo *c* e, depois, sua transferência para o O_2 para formar H_2O é catalisada pela *citocromo oxidase*. Essa oxidase contém componentes *a* e a_3 inseparáveis (Figura 13-9, abaixo) e outros polipeptídeos que possuem, no total, quatro íons de cobre que passam pela oxidação/redução entre as formas Cu^+ e Cu^{2+}. Os dois cobres estão envolvidos no transporte de elétrons entre os componentes de ferro dos citocromos *a* e a_3. Acompanhando a oxidação do citocromo *c* pela citocromo oxidase, outro par de H^+ é movido da matriz para o espaço intermembrana (Figura 13-9, esquerda inferior), mas não está claro como isso ocorre (Wikstrom, 1984; Prince, 1988).

Embora os potenciais de redução não sejam mostrados na Figura 13-9, o $\Delta\Psi''_0$ geral é do NADH em um Ψ''_0 de $-0,32$ V para o O_2 em um Ψ''_0 de $+0,82$ V, mostrando uma alteração total de $+1,14$ V. Essa é a mesma alteração que ocorre durante o transporte de elétrons fotossintéticos da H_2O para o $NADP^+$, mas, nas mitocôndrias, o sinal que precede o $\Delta\Psi''_0$ é positivo e 220 kJ de energia são liberados para cada mol de NADH oxidado pelo ciclo de Krebs. O transporte de quatro pares de H^+ através da membrana causa um gradiente de pH suficiente para permitir a formação de três ATPs pela ATP sintetase (não demonstrado na Figura 13-9, mas para esclarecimento, compare com a Figura 10-10). Numerosos estudos com mitocôndrias vegetais isoladas mostram que, para cada NADH oxidado pelo ciclo de Krebs, três ATPs são formados.

Para cada NADH formado na glicólise (Figura 13-9, superior esquerdo) e para cada ubiquinol formado no ciclo de Krebs pela oxidação do succinato, apenas dois ATPs são formados. O motivo é que essas moléculas de NADH e UQH_2 doam elétrons para a cadeia de transporte apenas depois que o primeiro par de H^+ no trajeto principal foi passado para o espaço intermembrana, de forma que uma diferença menor do pH na membrana é criada quando eles são oxidados. Para o NADH que surge da glicólise no citosol, duas flavoproteínas (FP) contendo *NADH desidrogenase* existem na superfície externa da membrana interna, uma delas demonstrada na Figura 13-9 (Müller, 1986; Douce e Neuberger, 1989). Além disso, o NADPH (resultando do trajeto da pentose fosfato; para mais informações consulte a Seção 13.10) pode ser oxidado por uma desidrogenase semelhante (não demonstrada). Essa capacidade das mitocôndrias vegetais para oxidar diretamente o NADH e o NADPH do citosol não são compartilhadas pelas mitocôndrias dos animais. (Os animais possuem uma enzima transidrogenase que transfere elétrons do NADPH para o NAD^+, formando $NADP^+$ e NADH, e usam transportadores especiais para mover pares de elétrons do NADH para a matriz.) O ubiquinol produzido no ciclo de Krebs é oxidado de maneira semelhante nas mitocôndrias de animais e vegetais; seus elétrons são capturados do citocromo *b* e, portanto, seu H^+ é movido através da membrana para o espaço intermembrana. Dois ATPs são formados a partir de cada ubiquinol que surge do succinato no ciclo de Krebs.

A fosforilação oxidativa de todos os substratos de mitocôndrias é desacoplada do transporte de elétrons por numerosos compostos desacopladores, assim como nos cloroplastos (Seção 10.8). A maioria dos desacopladores neutraliza o gradiente do pH transportando o H^+ para a matriz, impedindo a fosforilação oxidativa, mas ainda permitindo que o transporte de elétrons ocorra. Às vezes, o transporte de elétrons ocorre ainda mais rápido, supostamente porque existe menos "pressão de retrocesso" do gradiente de pH (isto é, o transporte de H^+ que acompanha o fluxo de elétrons é mais fácil quando a concentração de H^+ para a qual o H^+ é transportado é menor). O dinitrofenol desacopla nas mitocôndrias muito mais eficientemente que nos cloroplastos, assim como numerosos outros compostos. Nas concentrações adequadas, o dinitrofenol acelera o transporte de elétrons e a respiração por causa do seu efeito desacoplador; isto é, ele minimiza o gradiente do pH na membrana interna e permite que o H^+ seja transportado para fora mais facilmente pelo fator de acoplamento de ATPase. Os íons de amônio, que desacoplam fortemente a fosforilação fotossintética nos cloroplastos por uma ação de "balsa" de prótons semelhante à do dinitrofenol, são inibidores menos potentes da fosforilação oxidativa nas mitocôndrias. Na verdade, as mitocôndrias podem tolerar o NH_4^- até pelo menos 20 mM (Yamaya e Matsumoto, 1985). Parte dessa tolerância deve se relacionar à abundância de NH_4^+ dentro das mitocôndrias, que surge (nas folhas) da descarboxilação oxidativa da glicina durante a fotorrespiração.

Outros compostos inibem a fosforilação oxidativa ou o transporte de elétrons sem desacoplar os dois processos. Por exemplo, dois inibidores potentes da fosforilação são a *oligomicina*, um antibiótico produzido por uma espécie de *Streptomyces*, e o *ácido bongkréquico*, um antibiótico produzido por uma espécie de *Pseudomonas* que cresce em cocos infectados por fungos chamados de *bongkreks* pelos indonésios nativos (Goodwin e Mercer, 1983). A oligomicina inibe a formação de ATP pela ATPase, enquanto o ácido bongkréquico impede a formação de ATP porque bloqueia um sistema de contratransporte que carrega o ADP desde o espaço intermembrana até a matriz em troca do ATP. Sem esse ADP, a fosforilação oxidativa não pode ocorrer. A antimicina A, também dos *Streptomyces*, bloqueia o transporte dos elétrons perto do citocromo *b* para a etapa da proteína Fe-S (Figura 13-9). Isso impede a fosforilação, mas não desacopla os dois processos.

13.8 Energética da glicólise, o ciclo de Krebs e o sistema de transporte de elétrons

Quando uma hexose é completamente oxidada para CO_2 e H_2O usando esses três processos, a Reação 13.1 descreve a reação geral. No entanto, essa reação lista a energia como produto, e agora sabemos que grande parte dessa energia é aprisionada no ATP. Mas qual é a quantidade presente no ATP e quanto dela é perdido como calor? Para responder, observe que a glicólise produz dois ATPs e dois NADHs por hexose usada (Reação 13.8). Cada NADH oxidada pelo sistema de transporte de elétrons produz dois ATPs conforme descrito acima, portanto, a glicólise contribui com o total de 6 ATPs por hexose. O ciclo de Krebs contribui com dois ATPs por hexose ou por dois piruvatos (Reação 13.9), quando o succinil CoA é clivado para succinato e CoASH (Figura 13-8). Esse ciclo também produz oito NADHs por hexose dentro da matriz da mitocôndria; por meio da fosforilação oxidativa, cada um desses NADHs produz três ATPs ou 24 por hexose. Cada ubiquinol do ciclo de Krebs produz dois ATP pela fosforilação oxidativa ou quatro por hexose (dois piruvatos; consulte a Reação 13.9). A contribuição total do ciclo de Krebs é de 30 ATPs. Somando esses 30 ATPs aos 6 da glicólise, teremos um total de 36 ATPs por hexose completamente respirados por esses processos.

Podemos estimar também a eficiência da respiração em termos de quanta energia na glicose pode ser aprisionada na ligação do fosfato terminal do ATP. A alteração padrão de energia livre de Gibbs ($\Delta G'_0$) para a oxidação completa de um mole de glicose ou frutose com pH 7 é de -2870 kJ (-686 kcal), portanto, daremos essa energia para os reagentes da respiração. Entre os produtos, apenas a energia do fosfato terminal do ATP é a energia útil adicional. O $\Delta G'_0$ da hidrólise do fosfato terminal em cada mol de ATP é de aproximadamente $-31,8$ kJ ($-7,6$ kcal) ou -1.140 kJ em 36 mols de ATP. Portanto, a eficiência é de aproximadamente $-1.140/-2.870$ ou 40%.[2] Os outros 60% são perdidos como calor.

13.9 Respiração resistente ao cianeto

A respiração aeróbica da maioria dos organismos, incluindo algumas plantas, é fortemente inibida por certos íons negativos que se combinam com o ferro na citocromo oxidase. Dois desses íons, cianeto (CN^-) e azida (N_3^-), são particularmente eficientes. O monóxido de carbono (CO) também forma um forte complexo com o ferro, impedindo o transporte de elétrons e intoxicando a respiração. Em muitos tecidos vegetais, no entanto, a intoxicação da citocromo oxidase por esses inibidores tem apenas um pequeno efeito na respiração. A respiração que continua nessa situação é chamada de **resistente ao cianeto** (Lance et al, 1985; Lambers, 1985; Siedow e Berthold, 1986). Vários fungos, briófitas e algas, algumas bactérias e uma pequena parte dos animais também são resistentes ao cianeto, azida e CO, mas a maioria dos animais não apresenta esta resistência (Henry e Nyns, 1975).

O motivo pelo qual a respiração pode continuar quando a citocromo oxidase está bloqueada é que as mitocôndrias resistentes ao cianeto possuem uma ramificação curta alternativa no trajeto do transporte de elétrons, na primeira etapa que envolve o ubiquinol (UQH_2, Figura 13-9). Essa rota ramificada ou alternativa também permite o transporte dos elétrons para o oxigênio, provavelmente do ubiquinol para uma flavoproteína e para a oxidase. A oxidase terminal tem uma afinidade muito menor com o O_2 do que a citocromo oxidase, e pouca ou nenhuma fosforilação oxidativa é acoplada ao trajeto alternativo; isto é, ele leva principalmente à produção de calor e não de ATP. Essa produção de calor é benéfica para certas plantas, caso da ecologia de polinização de lírios como o *Sauromatum guttatum* e o *Symplocarpus foetidus* (flor d'água). (Consulte a Figura 13-10 e a revisão de Meeuse e Raskin, 1988.)

Recentemente, a oxidase alternativa foi isolada da flor d'água e parte de suas propriedades foi estudada. Sua atividade aumentou cerca de 7 vezes e o trajeto normal de transporte de elétrons diminuiu cerca de 10 vezes quando o apêndice do espádice se tornou termogênico (Elthon et al., 1989). Essas mudanças na atividade forçam o transporte de elétrons ao longo do trajeto alternativo e aumentam muito a produção de calor. Todavia, para a maioria das plantas, a taxa de operação do trajeto alternativo não está clara, porque a evidência de sua existência normalmente ocorre durante condições artificiais em que a citocromo oxidase do trajeto normal é intoxicada por cianeto, azida ou CO. No entanto, o trajeto alternativo comumente opera nas plantas (Siedow e Musgrave, 1987). Sua atividade é mais alta nas células ricas em açúcar (como depois da fotossíntese rápida), quando a glicólise e o ciclo de Krebs ocorrem de maneira anormalmente rápida, porque então o trajeto normal de transporte de elétrons não pode lidar com todos os elétrons que ele recebe (Lambers, 1985). Vários especialistas concluíram que o trajeto alternativo funciona principalmente como um mecanismo de sobrecarga

---

[2] Essa eficiência de 40% baseada nos valores de $\Delta G'_0$ provavelmente não é realista para as condições que ocorrem naturalmente nas células em que as razões de NAD^+/NADH podem ser tão altas como 30 na matriz da mitocôndria e nas quais as razões ATP/ADP do citosol podem estar comumente entre 4 e 10. Uma revisão teórica de Ericinska e Wilson (1982) indica que as verdadeiras eficiências para o transporte de elétrons e a fosforilação oxidativa são tão altos quanto 75% nas mitocôndrias do fígado e do coração. O uso de valores $\Delta G'_0$ e $\Delta \Psi'_0$ para calcular a eficiência desses processos proporciona um valor de apenas 43%. Portanto, as eficiências verdadeiras para todo o processo da respiração podem ser consideravelmente mais altas que 40%.

para remover os elétrons quando o trajeto do citocromo torna-se saturado pela glicólise rápida e as atividades do ciclo de Krebs. O funcionamento do trajeto alternativo significa que a eficiência da respiração nos vegetais (Seção 13.8) é reduzida em proporção à atividade do trajeto.

13.10 O trajeto da pentose fosfato

Depois de 1950, os fisiologistas vegetais se tornaram gradualmente cientes de que a glicólise e o ciclo de Krebs não eram as únicas reações pelas quais as plantas recebem energia da oxidação dos açúcares em dióxido de carbono e água. Uma vez que os fosfatos de açúcar de cinco carbonos são intermediários, essa série de reações alternativas é agora chamada de **trajeto da pentose fosfato (TPF)**. Ele também foi chamado de trajeto da pentose oxidativa, desvio da hexose monofosfato e trajeto do fosfoglicolato.

Vários compostos do TPF também são membros do ciclo de Calvin, no qual os fosfatos de açúcar são sintetizados nos cloroplastos. A principal diferença entre o ciclo de Calvin e o TPF é que, neste último, os fosfatos de açúcar são degradados e não sintetizados. A esse respeito, as reações do TPF são semelhantes às da glicólise. Além disso, a glicólise e o TPF possuem certos reagentes em comum e ambos ocorrem principalmente no citosol, portanto, os dois trajetos são bastante entrelaçados. Uma diferença importante é que, no TPF, o $NADP^+$ sempre é o aceitador do elétron, enquanto na glicólise o NAD^+ é o aceitador comum.

As reações do TPF são destacadas na Figura 13-11. A primeira envolve a glicose-6-fosfato, que pode surgir da degradação do amido pela amido fosforilase, seguido pela ação da fosfoglucomutase na glicólise; da adição do fosfato terminal do ATP à glicose; ou diretamente de reações fotossintéticas. Ela é imediatamente oxidada (desidrogenada) irreversivelmente pela *glicose-6-fosfato desidrogenase* em *6-fosfogluconolactona* (reação 1). Essa lactona é rapidamente hidrolisada por uma *lactonase* em *6-fosfogluconato* (reação 2); em seguida, esse último é irreversível e oxidantemente descarboxilado para ribulose-5-fosfato pela *6-fosfogluconato desidrogenase* (reação 3). Observe que as reações 1 e 3 são catalisadas por desidrogenases que são altamente específicas para o $NADP^+$ (não o NAD^+). Além disso, a glicose-6-fosfato desidrogenase é fortemente inibida de maneira não competitiva (alostérica; consulte a Seção 9.6) pelo NADPH. Nos cloroplastos, nas quais existe uma isoenzima dessa enzima e o TPF também opera durante a escuridão, a luz desativa a enzima, impedindo assim a degradação da glicose-6-fosfato e permitindo que o ciclo de Calvin funcione mais rapidamente. Um mecanismo de desativação pela luz é a formação do NADPH inibidor a partir do $NADP^+$ pelo sistema de transporte de elétrons

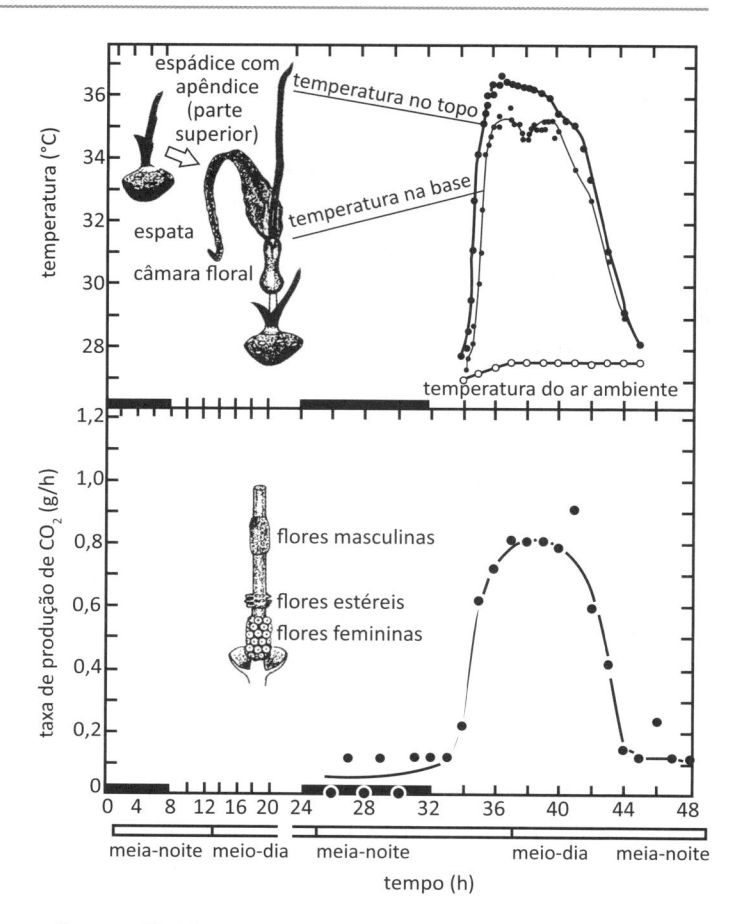

FIGURA 13-10 Respiração e temperatura de uma espádice do *Sauromatum guttatum* em função do tempo. O *Sauromatum* é um gênero da família Araceae encontrado no Paquistão e na Índia. O crescimento do cormo até uma estrutura com cerca de 50 cm de altura pode ocorrer em aproximadamente 9 dias (desenhos na parte superior esquerda), com uma taxa máxima de crescimento de 7 a 10 cm/dia. Se isso ocorrer sob luz constante, a espata mantém-se envolta ao redor da espádice; porém, depois que o tempo "normal" da floração tenha se passado, um único período de escuridão, se for longo o suficiente (barra na abscissa – dois períodos de escuridão de 8 horas foram fornecidos nesse experimento), inicia a abertura da espata e uma explosão na produção do CO_2 (observe as quantidades extremamente grandes) com um aumento simultâneo na temperatura. Aparentemente, o calor serve para a volatilizar diversos compostos (principalmente as aminas e a amônia), proporcionando um odor de carne podre. As moscas e besouros são atraídos e ajudam na polinização. Eles entram na câmara floral (desenho na parte inferior, relativamente esquemático). (Dados originais. Experimento realizado para uso neste texto por B. J. D. Meeuse, R. C. Buggein e J. R. Klima da University of Washington, Seattle, EUA.)

do tilacoide, e outro é o sistema de ferredoxina/tiorredoxina descrito na Seção 11.5.

As próximas reações do TPF levam a pentose fosfatos e são catalisadas por uma *isomerase* (reação 4) e uma *epimerase* (reação 5), que é um tipo de isomerase. Essas reações e as subsequentes são semelhantes ou idênticas a algumas

Figura 13-11 Reações do trajeto respiratório da pentose fosfato.

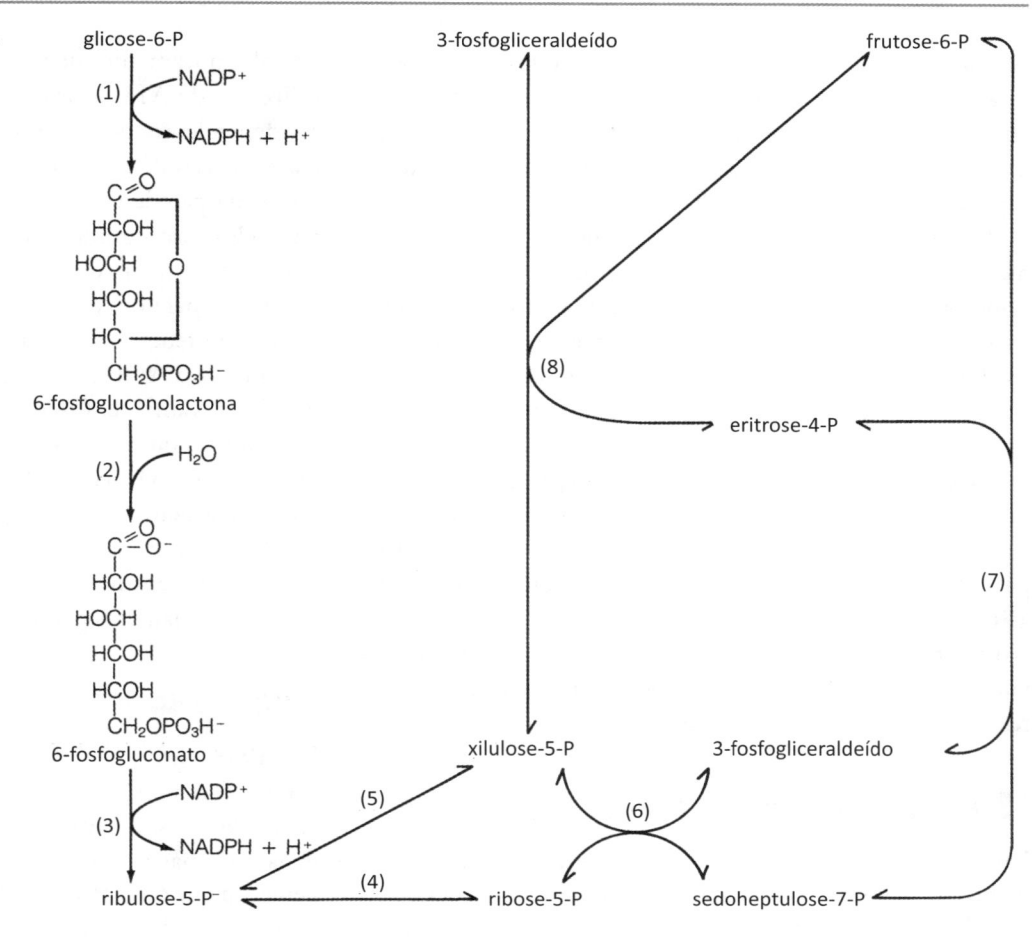

do ciclo de Calvin (Figura 11-3). Enzimas importantes são a *transcetolase* (reações 6 e 8) e *transaldolase* (reação 7). Observe que estas últimas três reações levam ao 3-fosfogliceraldeído e à frutose-6-fosfato, que são intermediários da glicólise. Como resultado, o TPF pode ser considerado um trajeto alternativo aos compostos subsequentemente degradados pela glicólise (ap Rees, 1985, 1988).

Três outras funções do TPF são importantes. *Em primeiro lugar, o NADPH é produzido*; isso é importante porque esse nucleotídeo pode ser oxidado pelas mitocôndrias da planta para formar ATP. Além disso, o NADPH é usado especificamente em numerosas reações biossintéticas que exigem um doador de elétrons. Para essas reações (por exemplo, a formação de ácidos graxos e de vários isoprenoides descritos no Capítulo 15), o NADH não é funcional, apesar de funcionar bem para outros processos de redução. *Em segundo lugar, a eritrose-4-fosfato é produzida* na reação 7 ou 8 e esse composto de quatro carbonos é um reagente inicial essencial para a produção de numerosos compostos fenólicos, como as antocianinas e a lignina (Seções 15.6 e 15.7). *Em terceiro, a ribose-5-fosfato é produzida*; ela é um precursor exigido das unidades de ribose e desoxirribose nos nucleotídeos, incluindo as do RNA e DNA. Obviamente, o TPF é tão essencial para as plantas quanto a glicólise e o ciclo de Krebs.

13-11 Produção respiratória das moléculas usadas em processos sintéticos

No início deste capítulo, mencionamos que a respiração é importante para as células porque são formados muitos compostos que podem ser desviados para outras substâncias necessárias para o crescimento. Muitos deles são moléculas grandes, incluindo lipídios, proteínas, clorofila e ácidos nucleicos. O ATP é necessário para formá-los, e frequentemente os elétrons presentes no NADH ou no NADPH também são exigidos. Outro processo que exige quantidades significativas de NADH é a redução de nitrato para nitrito (Seção 14.3). Na seção precedente, enfatizamos a importância do TPF para a produção de NADPH, ribose-5-fosfato e eritrose-4 fosfato para as reações anabólicas. A função da glicólise e do ciclo de Krebs na produção de esqueletos de carbono para a síntese de moléculas maiores é resumida na Figura 13-12. Ao estudar essa figura, lembre-se de que, se os esqueletos de carbono forem desviados do trajeto respiratório conforme mostrado, nem todos os carbonos do substrato respiratório original (por exemplo, o amido) serão liberados como CO_2 nem todos os elétrons normalmente transferidos pelo NADH ou NADPH irão se combinar com o O_2 para formar H_2O.

Ainda assim, algumas moléculas do substrato devem ser totalmente oxidadas porque o uso de esqueletos de carbono desviados para formar moléculas maiores é eficiente apenas quando a fosforilação oxidativa está produzindo um suprimento adequado de ATP.

Outro ponto importante é que quando os ácidos orgânicos do ciclo de Krebs são removidos pela conversão para ácido aspártico, ácido glutâmico, clorofila e citocromos, por exemplo, a regeneração do ácido oxaloacético será impedida. Portanto, o desvio dos ácidos orgânicos do ciclo logo causará sua interrupção, se não houver outro mecanismo de reposição do oxaloacetato. (Esses mecanismos de reposição ou preenchimento são chamados de **anapleróticos** pelos bioquímicos.) Em todas as plantas, dia e noite, ocorre uma certa fixação de CO_2 (HCO_3^-) em oxaloacetato e malato pela PEP carboxilase e a malato desidrogenase (consulte a Reação 11.3 e a Figura 13-12, esquerda). Essas reações são essenciais para os processos de crescimento, porque repõem os ácidos orgânicos convertidos em moléculas maiores e permitem que o ciclo de Krebs continue.

13.12 Controle bioquímico da respiração

Para entender os efeitos ambientais na respiração de várias plantas e suas partes descritas nesta seção, é bom aprender alguns dos principais pontos de controle bioquímico e como esses controles ocorrem. Para ajudar a entender o controle, considere que uma planta fotossintetizadora deve regular quanto carboidrato está armazenado na sacarose, amido e frutanos, por exemplo, em comparação com a quantidade totalmente respirada e aquela usada nos processos de crescimento que exigem a formação de membranas e paredes celulares. Um ponto de controle lógico deve estar próximo do início da glicólise, porque as hexose fosfatos usadas na glicólise podem ser também empregadas nos carboidratos de armazenamento ou nas paredes celulares. Na verdade, existe um ponto de controle importante aqui.

Outro controle importante do metabolismo pode depender das concentrações de ATP, ADP e Pi. Uma vez que o ATP é o único produto importante da respiração completa, os níveis de ADP e Pi devem ajudar a controlar a velocidade de formação do ATP. Essa formação é surpreendentemente rápida, mesmo que as concentrações celulares de ATP estejam na faixa milimolar ou abaixo. Pradet e Raymond (1983) calcularam que 1 g de pontas de raiz de milho em metabolismo ativo poderiam converter cerca de 5 g de ADP em ATP por dia! Essas taxas tão altas de produção significam que as taxas de utilização são equivalentemente altas; do contrário, logo as células estariam cheias de ATP. De Visser (1987) calculou que, em cada célula vegetal, todo o ADP é convertido em ADP e Pi (e de volta novamente) de uma a várias vezes por minuto! A utilização de ATP ocorre de muitas maneiras e os processos dependentes do crescimento, como absorção de solutos e a formação de proteínas, amido, sacarose, frutanos, polímeros da parede celular, ácidos nucleicos e lipídios, estão entre eles. Isso significa que existe uma ligação importante entre o suprimento de ATP e o crescimento. A respiração é necessária para o crescimento porque fornece o ATP, mas, ao mesmo tempo, o crescimento usa todo o ATP e forma novamente o ADP e o Pi que a respiração exige para fazer o ATP novamente. O crescimento e a respiração dependem um do outro, embora mesmo as células que não são de crescimento exijam o ATP para se manter e minimizar a entropia dentro delas.[3] Qual a importância da ação do ATP, ADP e Pi como agentes de controle? As discussões seguintes tratam dessa questão e de outros problemas referentes às maneiras pelas quais a respiração é controlada.

Carga de energia

Em 1968, David E. Atkinson publicou um artigo no qual explicava muitos motivos pelos quais o ATP, o ADP e o AMP devem ser controladores mestres da respiração (para mais informações, consulte também Atkinson, 1977). Ele percebeu que o ATP possui duas ligações de fosfato de "alta energia", o ADP possui uma, o AMP não possui nenhuma e que uma enzima altamente ativa das mitocôndrias e cloroplastos chamada de adenilato quinase catalisa uma reação livremente reversível (ATP + AMP ⇌ 2 ADP) que mantém esses nucleotídeos em equilíbrio. Ele propôs a hipótese de que um valor que ele definiu como **carga de energia (CE)** e que depende das concentrações de nucleotídeos deve ser importante no controle metabólico:

$$CE = \frac{(ATP) + 1/2(ADP)}{(ATP) + (ADP) + (AMP)}$$

Para quase todas as células ativas investigadas, os valores de CE estão entre 0,8 e 0,95, mas valores substancialmente

---

[3] Desde a década de 1960 os fisiologistas das plantas reconheceram cada vez mais que as taxas respiratórias das plantas ou de suas partes consistem em dois componentes principais, um proporcional à taxa de crescimento e o outro ao tamanho atual (sua massa seca). O primeiro componente (às vezes chamado de *respiração do crescimento*) é considerado um resultado da respiração necessária para formar ATP, NADPH, NADH e esqueletos de carbono exigidos para formar a nova biomassa da planta. O segundo componente (às vezes chamado de *respiração de manutenção*) é considerado para representar a respiração necessária para manter e reparar o sistema estrutural existente (consulte revisões em Farrar, 1985; Amthor, 1989; Williams e Farrar, 1990; e Johnson, 1990). Vários modelos relacionando esses componentes e os fatores ambientais foram criados e são resumidos por Amthor (1989).

RESPIRAÇÃO

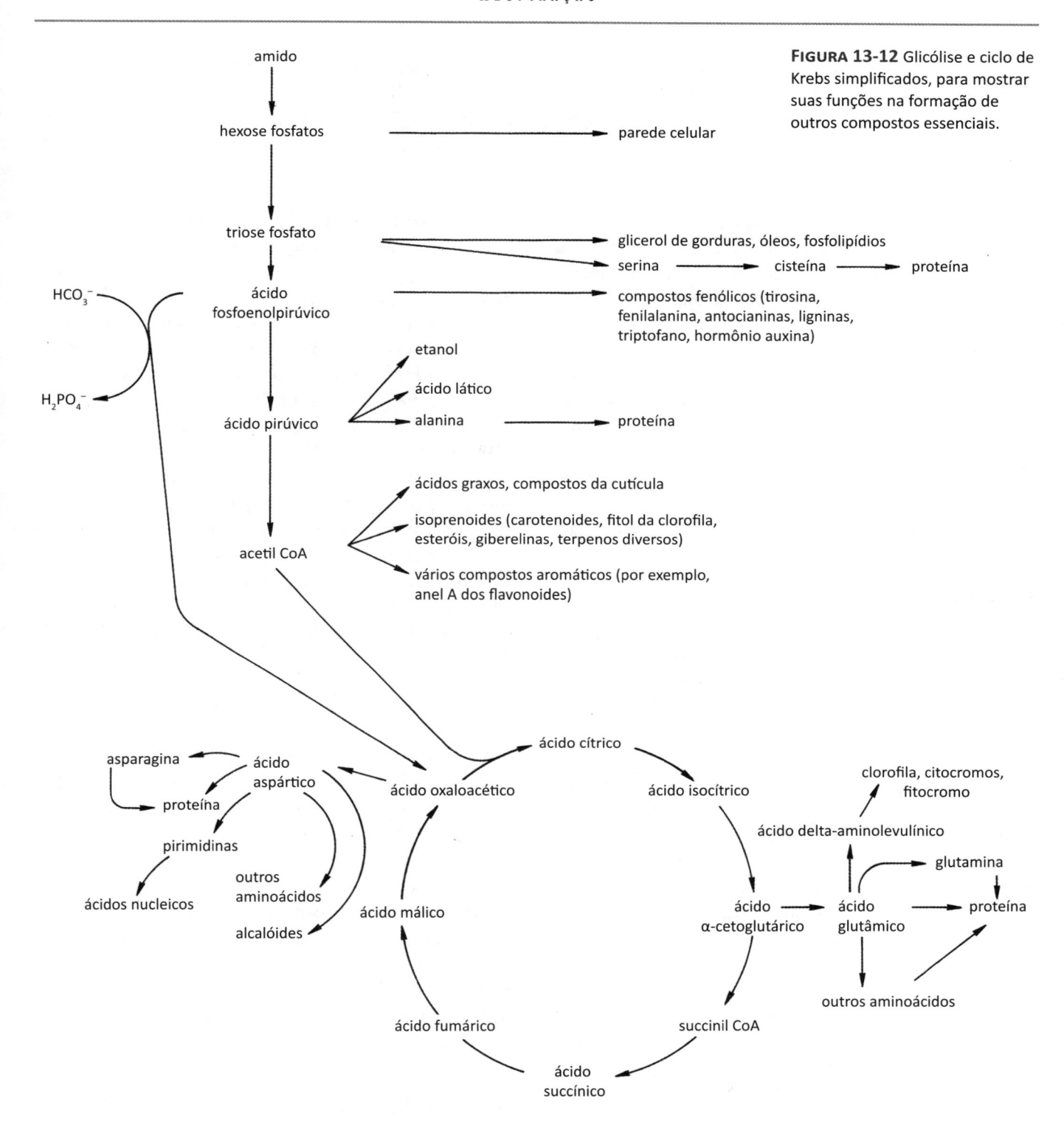

FIGURA 13-12 Glicólise e ciclo de Krebs simplificados, para mostrar suas funções na formação de outros compostos essenciais.

mais baixos são encontrados nas células anaeróbias ou intoxicadas. Atkinson argumentou que enzimas importantes dos trajetos metabólicos que *usam* o ATP (por exemplo, a síntese de polissacarídeos) devem ser *ativadas* de maneira alostérica por valores de CE altos. Enzimas importantes nos trajetos que *regeneram* o ATP devem ser *inibidas* alostericamente por valores de CE altos. Ele presumiu que essas enzimas ligam dois ou mais desses nucleotídeos nos sítios alostéricos com alta afinidade, portanto, a resposta das enzimas deve depender das razões de concentração dos nucleotídeos e não da concentração absoluta de apenas um nucleotídeo.

Numerosos resultados com as enzimas de células animais e algumas microbianas são coerentes com os valores medidos de CE, mas outros não. Muitas investigações sobre a importância dos CE nas plantas foram feitas (Pradet e Raymond, 1983; Raymond et al., 1987), mas apenas algumas enzimas vegetais responderam ao CE da maneira prevista por Atkinson. Além disso, os valores de CE nas folhas permanecem constantes quando as plantas são levadas da claridade para a escuridão ou vice-versa, embora saibamos que a biossíntese do amido pelas folhas (utilização do ATP) ocorre apenas na claridade e que a respiração (formação de ATP) é relativamente mais importante que a biossíntese na escuridão. Também sabemos que a luz ativa várias enzimas fotossintéticas rapidamente, independentemente do CE (Seção 11.5). A luz também inativa a glicose-6-fosfato desidrogenase do cloroplasto, a enzima que limita a taxa do TPF, como mencionado acima. A nossa conclusão é de que as plantas parecem ter mecanismos de controle importantes que são diferentes da carga de energia, mas que os valores de CE provavelmente são importantes em alguns casos.

A seguir, mencionamos alguns mecanismos de controle adicionais, enfatizando primeiro a glicólise, na qual se descobriram os mecanismos mais claros de controle da respiração.

Regulação da glicólise

A sacarose, o amido e os frutanos são as principais fontes de substratos para a glicólise e nenhuma das enzimas que catalisa a hidrólise desses polissacarídeos parece ser regulada alostericamente pelos substratos ou produtos da respiração. No entanto, certos hormônios (principalmente as giberelinas) induzem a hidrólise dessas reservas de alimento nas hexoses usadas na glicólise. (Esse assunto será coberto no Capítulo 17.) Em geral, se as hexoses forem abundantes, a glicólise e outras fases da respiração serão mais rápidas.

A ATP-fosfofrutoquinase (ATP-PFK) pode agir como a primeira enzima da glicólise, e há muito tempo parece ser a enzima mais suscetível ao importante controle metabólico (Turner e Turner, 1980). A ATP-PFK catalisa a formação da frutose-1,6-bifosfato (Figura 13-5). Essa reação é a primeira etapa glicolítica que envolve uma hexose fosfato que não pode ser usada para formar sacarose ou amido, portanto, poderia representar um controle de todo o trajeto glicolítico. A atividade da ATP-PFK é inibida por muitos metabólitos, incluindo ATP, PEP e ácido cítrico, mas é enfatizada pelo Pi (revisado por Copeland e Turner, 1987; Dennis e Greyson, 1987; Raymond et al., 1987). ADP e AMP normalmente são ligeiramente inibidores. A inibição pelo ATP, PEP e ácido cítrico, que são formados a partir da glicólise ou durante o processo, parece uma maneira razoável de impedir a produção excessiva desses compostos. A ativação pelo Pi também pode ser esperada, porque o Pi é usado na glicólise junto com a frutose-1,6-bifosfato, porém a inibição pelo ADP e pelo AMP é inesperada e não consistente com o controle pela carga de energia.

Outro regulador importante da glicólise é a razão NAD^+/$NADH$, porque o NAD^+ é um substrato essencial para a glicólise, enquanto o NADH é um produto. Essas relações de substrato/produto do NAD^+ e do NADH também são verdadeiras para o ciclo de Krebs e o sistema de transporte de elétrons. Uma vez que o O_2 é importante para oxidar o NADH e regenerar o NAD^+, a boa aeração favorece a glicólise, o ciclo de Krebs e o sistema de transporte de elétrons. Discutimos os efeitos da aeração na Seção 13.13.

Muito mais foi aprendido recentemente sobre o controle da glicólise; duas descobertas foram importantes (revisado por Huber, 1986; Copeland e Turner, 1987; ap Rees e Dancer, 1987; ap Rees, 1987; Black et al., 1987; Sung et al., 1988; Stitt, 1990). A primeira foi o achado de que as plantas possuem PPi-PFK e que ele (junto com o PFK dependente do ATP) catalisa a formação da frutose-1,6-bifosfato a partir da frutose-6-fosfato (Figura 13-5). (Quase nenhum animal possui PPi-PFK, mas alguns micróbios sim.) A segunda foi a descoberta de que as plantas, como a maioria dos outros organismos, possuem frutose-2,6--bifosfato (Sabularse e Anderson, 1981). A frutose-2,6--bifosfato provou ser um potente ativador do PPi-PFK, favorecendo assim a formação de frutose-1,6-bifosfato. Ela também inibe a enzima frutose-1,6-bifosfatase do citosol que hidrolisa a frutose-1,6-bifosfato de volta para frutose-6-fosfato, portanto, essa inibição novamente favorece as altas quantidades de frutose-1,6-bifosfato e, deste modo, o início da glicólise. Essas relações são resumidas na Figura 13-13. Observe também que, se a glicólise for favorecida, a formação de sacarose será deprimida porque os dois processos competem pela mesma frutose-6-fosfato no citosol. Essa competição é provavelmente um mecanismo de controle importante que determina se a sacarose é respirada ou translocada para outras partes da planta. E ela depende dos níveis de frutose-2,6-bifosfato que mudam rapidamente no citosol e comumente são de apenas 1 a 10 μM. As futuras pesquisas devem explicar como as mudanças no ambiente afetam os níveis de frutose-2,6-bifosfato.

Controle da respiração nas mitocôndrias

Como citado acima, a respiração mitocondrial consiste essencialmente no ciclo de Krebs, no sistema de transporte de elétrons e na fosforilação oxidativa. Obviamente, existem numerosos pontos de controle possíveis nesses três processos interdependentes. Em uma revisão desse assunto, Dry et al. (1987) concluíram que o principal fator de controle era a concentração do ADP nas mitocôndrias. Se essa concentração for relativamente alta, a fosforilação oxidativa (formação de ATP a partir do ADP e do Pi) é rápida, o

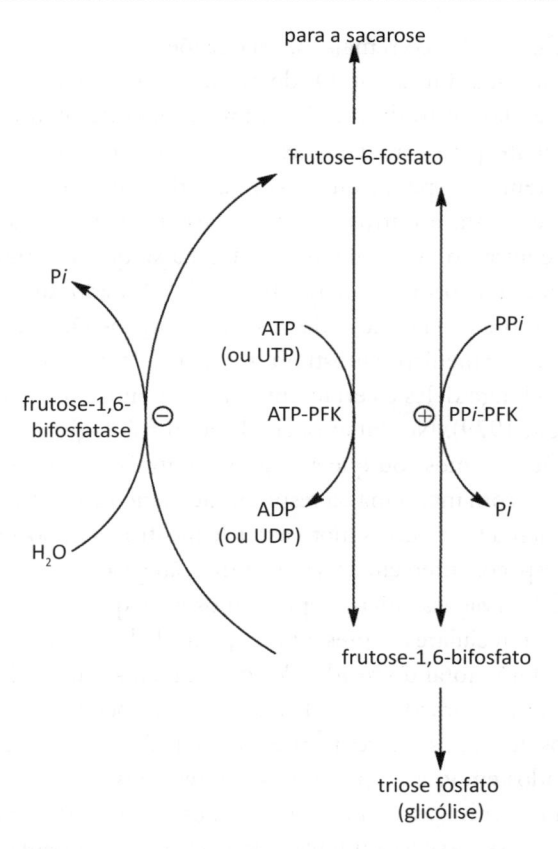

FIGURA 13-13 Regulação da glicólise versus síntese de sacarose pela frutose-2,6-bifosfato. A conversão da frutose-6-fosfato em frutose-1,6-bifosfato pelo PP*i*-PFK é ativada (note o sinal de mais circulado perto da seta reversível) pela frutose-2,6-bifosfato, mas a reação inversa catalisada pela frutose-1,6-bifosfato fosfatase (esquerda extrema) é inibida pela frutose-2,6-bifosfato (observe o sinal de menos circulado perto da seta). O ATP-PFK (centro, seta para baixo) pode usar o ATP ou a uridina trifosfato (UTP) como substrato para fosforilar a frutose-6-fosfato.

transporte de elétrons para o oxigênio também, e todo o ciclo de Krebs ocorre ainda mais rapidamente; dentro de limites amplos, o valor de CE não é um controlador. Isso significa que a taxa de respiração mitocondrial depende da capacidade da mitocôndria de transportar o ATP para o citosol, converter ATP novamente em ADP nos processos biossintéticos e de crescimento e depois transportar o ADP de volta para as mitocôndrias, nas quais ele é usado novamente para fazer mais ATP. Frequentemente, observamos que as células, órgãos ou tecidos que crescem rapidamente também respiram rapidamente e um motivo importante é o crescimento, que exige muita hidrólise do ATP de volta em ADP nas reações dependentes de energia.

As evidências que favorecem outro tipo de controle apareceram recentemente. Esse controle é a regulação da primeira etapa do ciclo de Krebs: oxidação do piruvato pelo complexo piruvato desidrogenase. Como mencionado na Seção 13.6, esse complexo possui cinco enzimas diferentes, duas delas regulando a atividade das outras três. Uma enzima reguladora é uma quinase, que usa o ATP para a fosforilação do grupamento hidroxila de vários resíduos do aminoácido treonina em uma certa parte da enzima piruvato desidrogenase. Essa fosforilação desativa rapidamente a enzima, e assim o ciclo de Krebs é interrompido. A segunda enzima reguladora, uma fosfatase, hidrolisa o fosfato longe das treoninas e reativa a enzima para que o ciclo de Krebs possa oxidar novamente o piruvato. Portanto, se o nível de ATP nas mitocôndrias for alto e a quinase estiver ativa, o ciclo de Krebs se desliga para produzir menos ATP até que parte dos fosfatos seja removida. Novamente, a razão do CE é relativamente irrelevante.

Um dos fatores importantes que controla se a piruvato desidrogenase é fosforilada (inativa) ou desfosforilada (ativa) é a concentração do piruvato nas mitocôndrias. Em abundância, ela torna a fosforilação mais lenta, mantém a desidrogenase mais ativa e permite a continuidade do ciclo de Krebs (Budde et al., 1988). Em resumo, parece que, se as mitocôndrias tiverem acumulado muito ATP, ele torna o ciclo de Krebs mais lento, assim como todos os processos respiratórios subsequentes nas mitocôndrias. No entanto, a abundância de piruvato formado na glicólise pode superar parcialmente o efeito dos altos níveis de ATP e ajudar a manter a continuidade da respiração das mitocôndrias.

Controle do trajeto da pentose fosfato

Mencionamos acima que a enzima limitadora da taxa do TPF é a primeira, a glicose-6-fosfato desidrogenase, e que, nos cloroplastos, a isoenzima presente é inibida pelo NADPH formado na claridade e desativada na claridade pelo sistema de ferredoxina/tiorredoxina. Supostamente, a isoenzima presente no citosol também é inibida pelo NADPH; seja como for, essa isoenzima do citosol requer o $NADP^+$ como substrato. Qualquer processo que favoreça a conversão de NADPH em $NADP^+$ deve, portanto, acelerar o TPF. Dois desses processos são a oxidação do NADPH pelo sistema de transporte de elétrons e a oxidação durante a biossíntese de ácidos graxos e compostos isoprenoides como os carotenoides e esteróis.

13.13 Fatores que afetam a respiração

Muitos fatores ambientais influenciam a respiração. As descrições prévias das reações individuais envolvidas devem nos ajudar a entender como esses fatores afetam a taxa geral de respiração e sua importância para a manutenção e o crescimento da planta. Vamos investigar como alguns fatores ambientais afetam os processos bioquímicos da respiração.

Disponibilidade do substrato

A respiração depende da presença de um substrato disponível; as plantas em inanição, com baixas reservas de amido, frutanos ou açúcar respiram em taxas mais baixas. As plantas deficientes em açúcares respiram de maneira nitidamente mais rápida quando os açúcares são fornecidos. Na verdade, as taxas de respiração das folhas frequentemente são muito mais altas após o pôr do sol, quando os níveis de açúcar são altos, do que antes do nascer do sol, quando os níveis são mais baixos. Mencionamos no capítulo anterior que as folhas inferiores e que ficam à sombra normalmente respiram mais lentamente que as superiores, expostas a níveis mais altos de luz. Se isso não fosse verdade, as folhas inferiores provavelmente morreriam mais cedo. A diferença no teor de açúcar e de amido, resultante das taxas fotossintéticas desiguais, provavelmente é responsável pelas taxas respiratórias inferiores das folhas à sombra.

Se a inanição se tornar extensiva, até mesmo proteínas podem ser respiradas. Primeiro, essas proteínas são hidrolisadas em suas subunidades de aminoácidos, que então são degradadas pelas reações de glicólise e pelo ciclo de Krebs. Para os ácidos glutâmico e aspártico produzidos pela hidrólise das proteínas, a relação com o ciclo de Krebs é particularmente clara, porque esses aminoácidos são convertidos em ácidos α-cetoglutárico e oxaloacético, respectivamente (consulte a Figura 13-12). Da mesma forma, o aminoácido alanina é oxidado pelo ácido pirúvico. Quando as folhas tornam-se senescentes e amarelas, a maior parte da proteína e outros componentes do nitrogênio nos cloroplastos é degradada. Durante esse processo, os íons de amônio liberados de vários aminoácidos são combinados em glutamina e asparagina (como grupamentos de amida) e isso impede a toxicidade do amônio. Esses processos serão discutidos no Capítulo 14.

Disponibilidade do oxigênio

O suprimento de O_2 também influencia a respiração, mas a magnitude de sua influência é muito diferente entre as espécies e mesmo dentro de órgãos da mesma planta. As variações normais no teor de O_2 do ar são muito pequenas para influenciar a respiração da maioria das folhas e caules. Além disso, a taxa de penetração do O_2 nas folhas, caules e raízes é normalmente suficiente para manter níveis normais de O_2 pelas mitocôndrias, principalmente porque a citocromo oxidase tem uma afinidade tão alta com o oxigênio que pode funcionar mesmo quando a concentração de oxigênio ao redor dela é cerca de 0,05% daquela presente no ar (Drew, 1979).

Em tecidos com mais massa e razões superfície/volume inferiores, a difusão do O_2 do ar para a citocromo oxidase nas células perto do interior é provavelmente retardada o suficiente para tornar as taxas de respiração mais baixas. Poderemos suspeitar que, nas raízes de cenoura, tubérculos de batata e outros órgãos de armazenamento, a taxa de penetração do oxigênio seria tão baixa que a respiração interna seria principalmente anaeróbia. Os dados quantitativos sobre a penetração do gás nesses órgãos são deficientes, mas as medições mostram que a taxa do movimento de O_2 ao longo deles é certamente muito menor do que no ar (Drew, 1979). No entanto, em 1890, o fisiologista francês H. Devaux mostrou que as regiões centrais dos tecidos de plantas com muita massa respiram de maneira aeróbia, embora lenta (por outros motivos). Ele mostrou a importância dos espaços intercelulares para a difusão gasosa.

Observações microscópicas mostram que esses espaços intercelulares representam quantidades significativas do volume total do tecido. Por exemplo, nos tubérculos de batata, aproximadamente 1% do volume é ocupado por espaços de ar, e os valores para as raízes de 2 a 45% foram observados em várias espécies; os valores mais altos são mais comuns entre as plantas de terrenos úmidos (Crawford, 1982). Esses espaços intercelulares de ar se estendem desde os estômatos das folhas até a maioria das células da planta, ajudando na respiração aeróbia. Apenas as células do parênquima do xilema, que são estritamente condicionadas, e as células das regiões do meristema parecem não ter acesso a esses espaços de ar.

Mencionamos no Capítulo 7 que a difusão do oxigênio ao longo do sistema do espaço intercelular, das folhas até as raízes, provavelmente era importante para movimentar o O_2 e outros gases pelos tecidos vegetais mais rapidamente do que seria esperado nos organismos sem pulmões ou sem hemoglobina para ajudar no transporte dos gases. Em geral, o sistema intercelular de ar, das folhas para as raízes, é particularmente importante para as gramíneas e ciperáceas porque elas possuem caules ocos; na verdade, essas espécies são geralmente mais tolerantes a enchentes que a maioria das outras (Crawford, 1982). (O ensaio de John Dacey no Capítulo 4 explica como o fluxo de massa força o ar através dos pecíolos de lírios aquáticos e também como pode forçar o ar a descer pelas raízes mergulhadas na água.) Todavia, a enchente por longos períodos é tóxica para quase todas as plantas, principalmente quando o O_2 detectável não está presente ao redor das raízes (**anoxia**, ou condições totalmente anaeróbias).

Entre as plantas de safra, sabemos que apenas o arroz tolera a anoxia por muito tempo, embora a *Echinochloa crusgalii* (crista de galo), uma erva daninha comum em campos de arroz, também seja anormalmente tolerante,

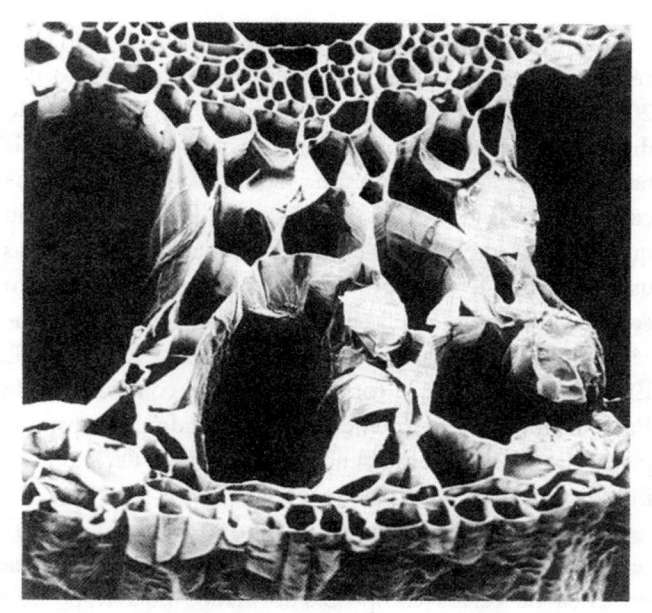

FIGURA 13-14 Eletromicrografia de varredura mostrando a formação do arênquima em uma raiz de milho sujeita à hipoxia. (De Campbell e Drew, 1983. Usado com permissão.)

assim como outras espécies nativas de terrenos úmidos (Barclay e Crawford, 1982). Nas plantas nativas, a tolerância à anoxia geralmente é maior quando as temperaturas são baixas e a respiração lenta (como no inverno) e quando os carboidratos adequados são armazenados nos rizomas ou raízes carnudos.

Também existem diferenças substanciais na tolerância entre as árvores (Gill, 1970; Joly e Crawford, 1982). Em certos mangues tropicais (*Rhizophora mangle* e *Avicennia nitida*), as raízes que crescem de baixo para cima e saem da água (pneumatóforas) transferem o oxigênio para as raízes inundadas. Assim, na verdade, as raízes inundadas não são anóxicas, mas sim **hipóxicas** (sob níveis reduzidos de oxigênio). Entre as coníferas, o pinheiro bravo (*Pinus contorta*) é mais tolerante à hipoxia sob inundação do que o espruce de Sitka (*Picea sitchensis*), e parte dessa diferença está na capacidade maior do pinheiro de transportar o oxigênio para suas raízes (Philipson e Coutts, 1980). Algumas espécies formam sistemas radiculares adventícios extensos quando seus caules estão inundados, e essas raízes ajudam na absorção de sais minerais e água. Outras espécies formam novas raízes no sistema radicular original.

Outra adaptação morfológica interessante das raízes à hipoxia é a formação do **tecido de arênquima**. O arênquima é produzido após o colapso e a quebra de algumas células do córtex maduro, portanto, é um tecido com grandes espaços de ar (Figura 13-14). O arênquima permite a difusão mais rápida do oxigênio dos brotos para as raízes, auxiliando assim na respiração de raízes hipóxicas (Kawase, 1981; Jackson, 1985). A causa da formação do arênquima parece ser o etileno. Esse gás é produzido em quantidades residuais por muitas partes das plantas, principalmente quando elas estão estressadas (Capítulo 18), mas, nos solos inundados, o etileno se acumula porque não pode se difundir tão rapidamente quanto nos solos aerados.

Os fisiologistas estão interessados não apenas em como algumas espécies toleram a hipoxia melhor do que outras (além das adaptações morfológicas), mas também em como a hipoxia prejudica as plantas. Um fator importante na sobrevivência das plantas em situações hipóxicas, anóxicas ou outras com estresse é a sua capacidade de expressar diferentes genes, principalmente aqueles que produzem enzimas que ajudam a superar o estresse metabolicamente.

As raízes comumente respondem à hipoxia acelerando a glicólise e a fermentação. Os efeitos nocivos da hipoxia são causados por vários desequilíbrios metabólicos, que por fim resultam do oxigênio insuficiente (Kozlowski, 1984). Um efeito é o transporte retardado dos hormônios citoquinina das raízes jovens para os brotos e, como explicado no Capítulo 18, uma fonte importante desses hormônios para as folhas e caules é a ponta da raiz. Outros desequilíbrios incluem a absorção insuficiente de sais minerais (principalmente nitrato); o murchamento da folha, acompanhado pela fotossíntese mais lenta e a translocação do carboidrato; a permeabilidade reduzida das raízes à água; e o acúmulo de toxinas causado por micróbios ao redor das raízes (Drew, 1979; Bradford e Yang, 1981).

Como podemos prever com as seções bioquímicas precedentes, o suprimento de ATP é limitado porque o sistema de transporte de elétrons e o ciclo de Krebs não podem funcionar sem oxigênio. Além disso, os produtos da fermentação, principalmente o etanol (na maioria das espécies), os ácidos lático e málico e raramente o glicerol, se acumulam até certo ponto. O etanol e o ácido lático podem se tornar tóxicos, embora Kozlowski (1984) tenha sugerido que os produtos da fermentação geralmente não se tornam tóxicos porque vazam e se difundem a partir das raízes.

Alguns resultados com o arroz e a crista de galo são interessantes. As sementes dessas plantas germinam sob hipoxia ou anoxia, mas elas o fazem de maneira anormal: por meio da protrusão do coleóptilo de baixo para cima e não da radícula de cima para baixo (Figura 13-15). As raízes dificilmente se desenvolvem, mas o coleóptilo continua crescendo se houver hipoxia. Todavia, porque o arroz e a crista de galo toleram a hipoxia tão bem? Algumas respostas estão disponíveis. As sementes dessas espécies têm uma capacidade incomum de produzir ATP a partir de uma fermentação rápida durante a anoxia (Cobb e Kennedy, 1987). Elas usam esse ATP para sintetizar as proteínas com muito mais eficiência do que sementes sensíveis ao estresse, que não podem fermentar e produzir o ATP tão

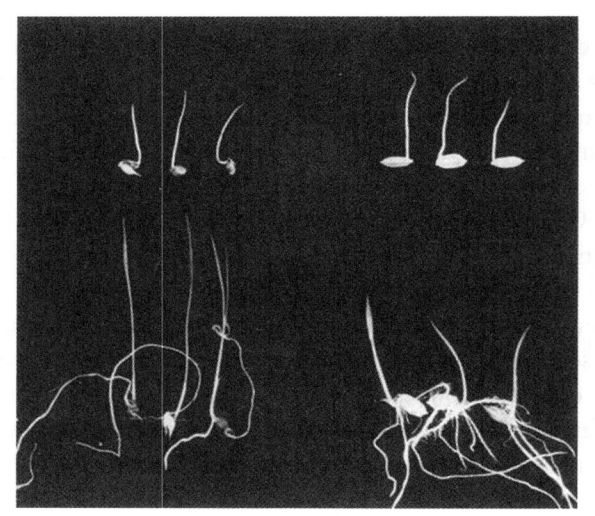

FIGURA 13-15 Desenvolvimento de plântulas da crista de galo com uma semana de idade (esquerda) e de aveia (direita) em uma atmosfera de nitrogênio (linha superior) ou ar (linha inferior). Observe a falha no desenvolvimento das raízes, mas o alongamento do coleóptilo na atmosfera de nitrogênio. (De Kennedy et al.,1980.)

rapidamente. Duas das proteínas que elas sintetizam sob anoxia são a ácido pirúvico descarboxilase e a álcool desidrogenase, ambas enzimas importantes da fermentação (Morrell et al., 1990). O alongamento subsequente do sistema de brotos sob a água logo permite que o broto emirja para o ar, torne-se verde e fotossintético e transfira o oxigênio para as raízes, que então se tornam menos hipóxicas e crescem (Raskin e Kende, 1985).

Muitas sementes, principalmente as grandes, mostram fermentação quando são normalmente embebidas em água, o que leva à germinação. Alain Pradet e seus colaboradores na França estudaram a sensibilidade de várias sementes cultivadas à hipoxia. Eles classificaram 12 espécies em dois grupos com sensibilidades bem diferentes (Al-Ani et al., 1985). O grupo 1 (alface, nabo, girassol, rabanete, repolho, linhaça e soja) era sensível e a germinação não ocorria em pressões parciais de O_2 abaixo de 2 kilopascais (2% oxigênio). O grupo 2 era muito mais resistente e a germinação não parava até que a pressão parcial de O_2 diminuísse abaixo de aproximadamente 0,1 kPa. O grupo 2 incluía arroz, trigo, milho, sorgo e ervilha. Não houve uma boa correlação entre a capacidade de germinar e quanto a hipoxia podia reduzir da carga de energia, portanto, não está claro por que as sementes diferem em sua sensibilidade à hipoxia, a menos que a carga de energia seja um fator controlador secundário. O arênquima não é formado nas sementes.

Louis Pasteur descobriu um efeito surpreendente de condições hipóxicas e anóxicas em seus estudos da produção do vinho por leveduras, há mais de um século. Quando a concentração de O_2 ao redor da levedura e na maioria das células vegetais é reduzida gradualmente para abaixo dos 20,9% atmosféricos, a produção de CO_2 pela respiração diminui até atingir o mínimo, mas as concentrações mais baixas de oxigênio causam uma rápida elevação na produção de CO_2 (Figura 13-16). Mais tarde, Pasteur descobriu que as células da levedura cresciam rapidamente no ar, mas usavam pouco açúcar e produziam pouco etanol e CO_2; em condições anaeróbias, elas cresceram mais lentamente, porém usavam mais açúcar e produziram mais CO_2 e etanol. Esse fenômeno, que se tornou conhecido como **efeito de Pasteur**, foi subsequentemente determinado pelos fisiologistas das plantas como sendo causado pela deterioração inibida do carboidrato pelo oxigênio.

Uma explicação bioquímica comum do efeito de Pasteur envolve a inibição alostérica da fosfofrutoquinase na presença de certos compostos formados pela respiração aeróbia. Nas plantas, sabemos que a produção elevada de ATP e citrato com o aumento de O_2 inibe alostericamente o ATP-PFK e, portanto, deveria diminuir a glicólise e a fermentação (região à esquerda da seta na Figura 13-16). Porém, como a glicólise pode ignorar o ATP-PFK quando o PPi-PFK é usado (pelo menos em várias plantas), nossa explicação da causa do efeito de Pasteur deve ser reavaliada.

Sem dúvida, esse efeito causa reservas reduzidas de carboidrato em solos inundados, por causa da glicólise mais rápida sob condições hipóxicas. Provavelmente isso ajuda

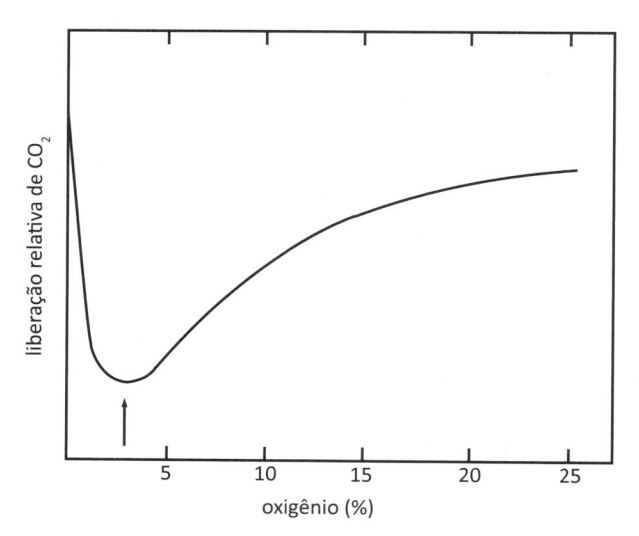

FIGURA 13-16 A influência da concentração do oxigênio atmosférico na produção de CO_2 em maçãs. No lado direito da seta, o aumento no suprimento de O_2 aumenta a respiração por causa da atividade estimulada do ciclo de Krebs, embora a liberação de CO_2 anaeróbio do piruvato torne-se mínima nessa região da curva devido aos efeitos da inibição direta do O_2 na glicólise. À esquerda da seta, a concentração de O_2 é baixa o suficiente para permitir uma deterioração muito rápida dos açúcares em etanol e CO_2. (Redesenhado a partir de James, 1963.)

a explicar por que as plantas com rizomas inchados ou raízes grossas que armazenam carboidratos podem sobreviver mais tempo à anoxia, principalmente em temperaturas baixas, quando a respiração é lenta.

O efeito de Pasteur também tem importância prática no armazenamento de frutas e vegetais, principalmente as maçãs (Weichmann, 1986). Aqui, alguns objetivos do armazenamento são impedir uma perda ampla de açúcar ou o amadurecimento excessivo. Isso é feito pela redução cuidadosa de O_2 até a concentração em que a respiração aeróbia é minimizada, mas a deterioração do açúcar pelos processos anaeróbios não é estimulada. O CO_2 adicional é acrescentado ao ar, e em alguns casos a temperatura é reduzida até se aproximar do ponto de congelamento, o que também impede o amadurecimento excessivo. Como discutiremos no Capítulo 18, o CO_2 inibe a ação do hormônio que amadurece as frutas, o etileno, e essa é uma explicação provável de sua eficácia para inibir o amadurecimento excessivo. As concentrações baixas de O_2 também tornam mais lenta a produção do etileno.

Temperatura

Para a maioria das espécies e partes da planta, o Q_{10} para a respiração entre 5 e 25 °C geralmente está entre 2,0 e 2,5. Com aumentos adicionais na temperatura para até 30 ou 35 °C, a taxa de respiração ainda aumenta, porém menos rapidamente, de forma que o Q_{10} começa a diminuir. Uma possível explicação para a diminuição no Q_{10} é que a taxa de penetração do oxigênio nas células começa a limitar a respiração em temperaturas mais altas, nas quais as reações químicas prosseguiriam rapidamente. As taxas de difusão do O_2 e do CO_2 também são elevadas pela temperatura aumentada, porém o Q_{10} para esses processos físicos é de apenas 1,1; isto é, a temperatura não acelera muito a difusão dos solutos na água.

Com aumentos adicionais na temperatura para 40 °C aproximadamente, a taxa de respiração começa a diminuir, principalmente se as plantas forem mantidas nessas condições por períodos longos. Aparentemente, as enzimas exigidas começam a desnaturar rapidamente nas temperaturas altas, impedindo os aumentos metabólicos que poderiam ocorrer. Em brotos de ervilha, o aumento de 25 para 45 °C aumentou inicialmente a respiração, mas, dentro de 2 horas aproximadamente, a taxa se tornou menor que antes. Uma explicação provável é que o período de 2 horas era longo o suficiente para desnaturar parcialmente as enzimas respiratórias.

Tipos e idade da planta

Uma vez que existem grandes diferenças morfológicas entre os membros do reino vegetal, é esperado que também existam diferenças em seus metabolismos. Em geral, as bactérias, fungos e muitas algas respiram consideravelmente mais rápido do que as plantas de sementes. Vários órgãos ou tecidos das plantas superiores exibem uma ampla variação nas taxas. Um motivo pelo qual as bactérias e fungos têm valores mais altos que as plantas, com base no peso seco, é que eles possuem pequenas quantidades de reserva de alimentos armazenados e não possuem células de madeira não metabólicas. Essas células mortas de madeira contribuem com o peso seco e a força das plantas vasculares, mas não com a respiração. Da mesma forma, as pontas das raízes e outras regiões que contêm células de meristemas com alta porcentagem de protoplasma e proteína possuem taxas respiratórias altas, expressas com base no peso seco. Se compararmos com base na proteína, as diferenças são menores. Em geral, existe uma correlação relativamente boa entre a taxa de crescimento de um determinado tipo celular e sua taxa de respiração. Isso resulta de vários fatores, como o uso de ATP, NADH e NADPH para a síntese das proteínas, os materiais da parede celular, os componentes da membrana e os ácidos nucleicos e para o acúmulo de íons e o transporte de carboidratos. Consequentemente, ADP, $NADP^+$ e NAD^+ tornam-se disponíveis para o uso na respiração. Sementes e esporos inativos têm taxas de respiração menores (geralmente indetectáveis), mas, aqui, o efeito não se deve totalmente à falta de crescimento. Em vez disso, certas mudanças no protoplasma, principalmente a dissecação, encerram o metabolismo. Essas sementes e esporos geralmente possuem reservas abundantes de alimento.

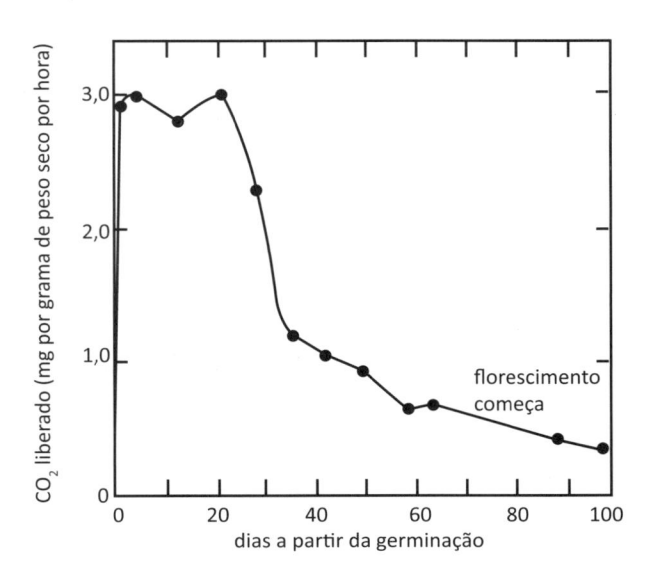

FIGURA 13-17 Respiração de girassóis inteiros desde a germinação até a maturidade. A taxa diminui gradualmente depois do 22º dia, embora a taxa em partes individuais, como as flores, aumente por um período depois disso. (Desenhado a partir dos dados de Kidd et al., 1921.)

A idade das plantas intactas influencia sua respiração em maior grau. A Figura 13-17 mostra como a taxa mudou em girassóis inteiros desde a germinação até depois do florescimento. A taxa é expressa como a quantidade de CO_2 liberado por quantidade de peso seco preexistente. A curva é extrapolada para o tempo zero, para mostrar a grande explosão comum na atividade respiratória à medida que as sementes secas absorvem água e germinam. A respiração continuou alta durante o período do crescimento vegetativo mais rápido, mas depois diminui antes de ocorrer a floração. Neste e em outros exemplos, grande parte da respiração nas plantas maduras ocorre nas folhas jovens, raízes e flores em crescimento.

As mudanças na respiração também ocorrem durante o desenvolvimento de frutos maduros. Em todas as frutas, a taxa de respiração é alta quando elas são jovens, enquanto as células estão se dividindo rapidamente e crescendo (Figura 13-18). Depois, a taxa declina gradualmente, mesmo após a colheita. No entanto, em muitas espécies (a maçã é um bom exemplo), uma diminuição gradual na respiração é revertida por um aumento nítido, conhecido como o **climatério**. O climatério normalmente coincide com a maturidade e o sabor total dos frutos e seu surgimento é acelerado pela produção nas células de resíduos de etileno que estimulam o amadurecimento (Biale e Young, 1981; Brady, 1987; Tucker e Grierson, 1987). O armazenamento adicional leva ao envelhecimento e a diminuições na respiração.

Algumas frutas, incluindo as cítricas, cerejas, uvas, abacaxis e morangos, não mostram o climatério (curva inferior, Figura 13-18). Toranja, laranja e limão amadurecem

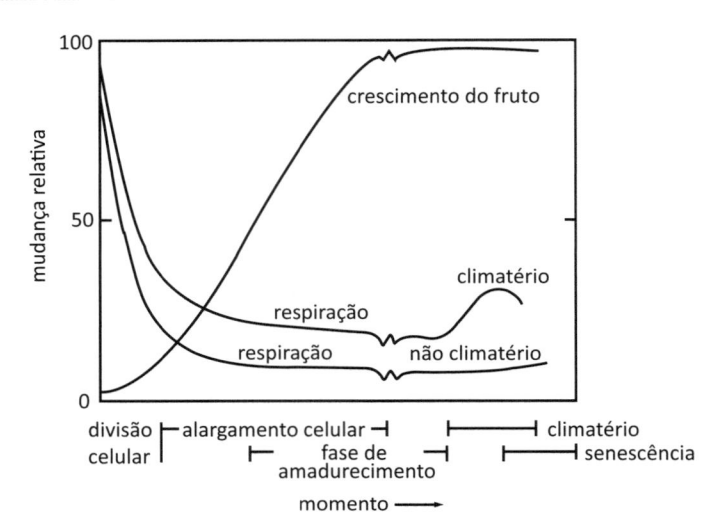

FIGURA 13-18 Fases do desenvolvimento e amadurecimento de frutos que passam pelo aumento da respiração do climatério e as que não o fazem. A descontinuidade da linha indica que a escala de tempo foi alterada para mostrar as diferenças nas taxas de desenvolvimento das diferentes frutas. O padrão de crescimento pode ser um sigmoide único ou duplo (consulte Capítulo 16). (De J. Biale, 1964, *Science* 146:880. Copyright 1964 da American Association for the Advancement of Science.)

nas árvores; se forem removidas antes, sua respiração simplesmente continua em uma taxa gradualmente decrescente. As vantagens e desvantagens de um climatério são desconhecidas. A base bioquímica do aumento da taxa respiratória do climatério também não é clara, porém as técnicas biológicas moleculares e bioquímicas devem ajudar a resolver esse problema (Tucker e Grierson, 1987).

14
Assimilação de nitrogênio e enxofre

A importância do nitrogênio para as plantas é enfatizada pelo fato de que apenas carbono, oxigênio e hidrogênio são mais abundantes nelas do que este elemento. Embora o nitrogênio ocorra em um grande número de componentes da planta, a maior parte está nas proteínas. O enxofre é apenas aproximadamente 1/15 tão abundante em plantas quanto o nitrogênio, mas ocorre em várias moléculas, principalmente nas proteínas. Ambos os elementos são normalmente absorvidos do solo em formas altamente oxidadas e devem ser reduzidos por meio de processos dependentes de energia antes de serem incorporados às proteínas e outros componentes celulares. Os sistemas metabólicos humanos não podem reproduzir essa reação de redução, assim como não podemos reduzir as emissões de CO_2. Descrever as formas pelas quais o nitrato e o sulfato são reduzidos e, posteriormente, combiná-los com esqueletos de carboidratos para formar aminoácidos é uma tarefa importante deste capítulo. Discutiremos também a fixação do N_2 atmosférico e as interconversões de compostos de nitrogênio durante os vários estágios de desenvolvimento de plantas. Um excelente resumo dos muitos aspectos do metabolismo do nitrogênio foi feito por Blevins (1989).

14.1 O ciclo do nitrogênio

O nitrogênio existe em diversas formas em nosso meio ambiente. A interconversão contínua dessas formas por processos físicos e biológicos constitui o ciclo do nitrogênio, resumido na Figura 14-1.

Grandes quantidades de nitrogênio ocorrem na atmosfera (78% por volume), ainda que seja energeticamente difícil para os organismos vivos obterem os átomos de nitrogênio do N_2 em uma forma útil. Embora o N_2 entre nas células das folhas junto com o CO_2 pelos estômatos, as enzimas estão disponíveis apenas para reduzir o CO_2, então o N_2 sai na mesma velocidade que entrou. A maior parte do nitrogênio em organismos vivos chega até lá somente após a fixação (redução) por microorganismos procariontes, alguns presentes nas raízes de certas plantas ou por fixação industrial para formar fertilizantes. Pequenas quantidades de nitrogênio também passam da atmosfera para o solo na forma de íons de amônio (NH_4^+) e nitrato (NO_3^-) na chuva, e então são absorvidos pelas raízes. Este NH_4^+ surge da queima industrial, de atividade vulcânica e de incêndios florestais, enquanto o NO_3^- é oriundo da oxidação do N_2 pelo O_2 ou pelo ozônio na presença de raios ou radiação ultravioleta. Outra fonte de NO_3^- é o oceano. Os picos brancos das ondas atingidos pelo vento produzem gotas minúsculas de água chamadas de aerossóis, que fazem com que a água evapore, deixando os sais oceânicos suspensos na atmosfera. Próximo da orla costeira, estes sais podem ser trazidos para a terra pela água da chuva. São chamados de **sais cíclicos**, pois eventualmente circulam pelos córregos de volta aos oceanos.

A absorção de NO_3^- e NH_4^+ pelas plantas permite que elas formem inúmeros compostos nitrogenados, principalmente de proteínas. Estrume, plantas mortas, micro-organismos e animais são importantes fontes de nitrogênio devolvido ao solo, mas a maior parte dele é insolúvel e não está imediatamente disponível para uso pela planta. Quase todos os solos contêm pequenas quantidades de vários aminoácidos, produzidos principalmente pela decomposição de matéria orgânica e também pela excreção de raízes vivas. Mesmo que esses aminoácidos possam ser absorvidos e metabolizados pelas plantas, estes e outros compostos mais complexos contribuem pouco para a nutrição de nitrogênio da planta de uma forma direta. Eles são, porém, de grande importância como reservatórios de nitrogênio dos quais NH_4^+ e NO_3^- surgem. Na verdade, até 90% do nitrogênio total em solos podem ser de matéria orgânica, embora, em alguns casos, existam quantidades significativas de NH_4^+ ligadas a coloides de argila.

A conversão de nitrogênio orgânico em NH_4^+ por bactérias e fungos do solo é chamada de **amonificação**. Este

FIGURA 14-1 O ciclo de nitrogênio.

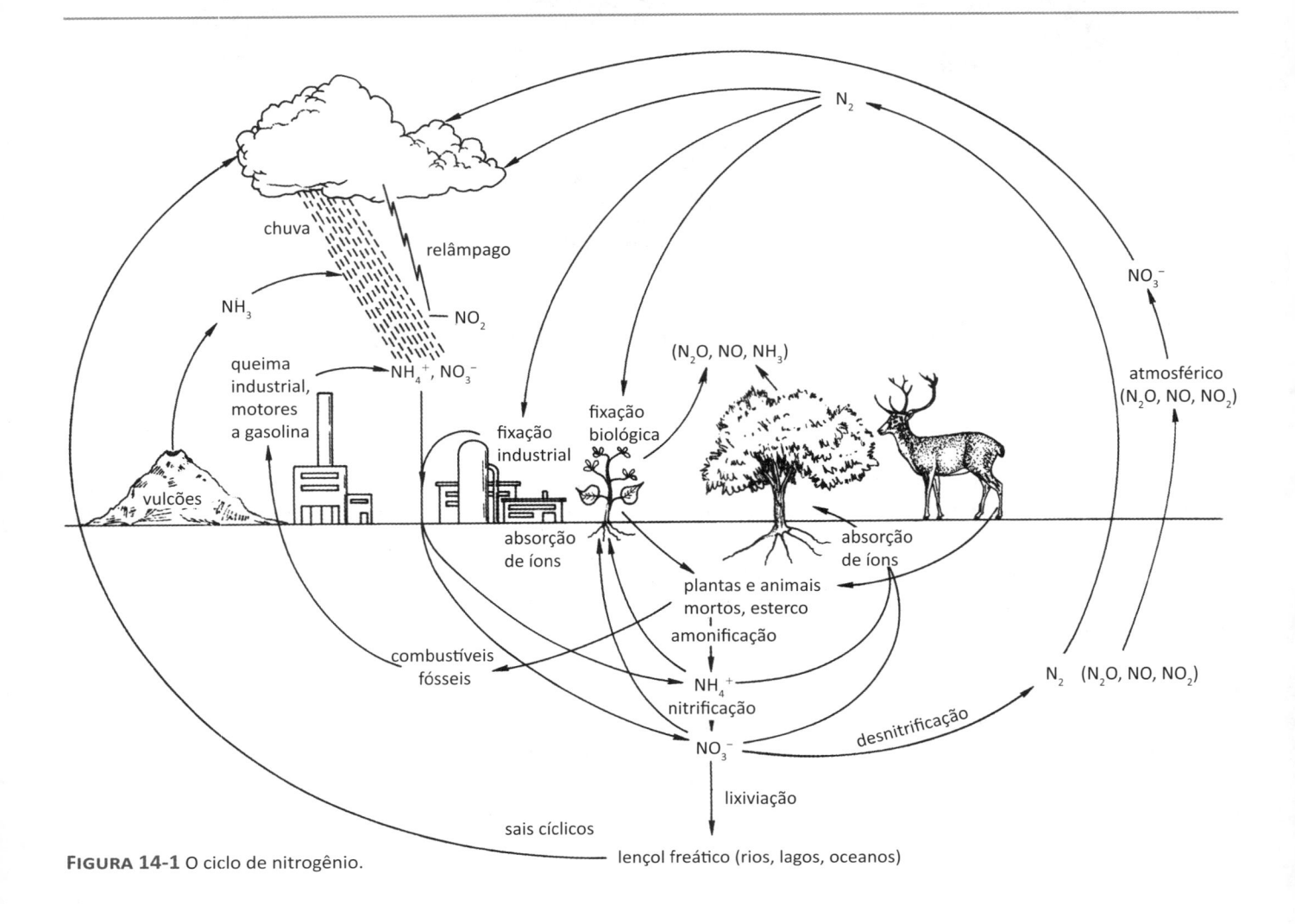

processo pode ocorrer com vários tipos de micro-organismos, em temperaturas frescas e em valores de pH diferentes. Posteriormente, em solos quentes e úmidos com pH próximo a neutro, o NH_4^+ é oxidado por bactérias em nitrito (NO_2^-) e NO_3^- dentro de poucos dias após sua formação ou adição como fertilizante. Esta oxidação, chamada de **nitrificação**, fornece energia para a sobrevivência e crescimento desses micróbios, assim como acontece com a oxidação de alimentos mais complexos para outros organismos. As bactérias do gênero *Nitrosomonas* são mais importantes na oxidação da amônia em nitrito, enquanto as bactérias do gênero *Nitrobacter* reduzem mais nitrito em nitrato. Em muitos solos frios, ácidos ou hipóxicos, no entanto, bactérias nitrificantes são menos eficazes e abundantes, então NH_4^+ torna-se uma fonte de nitrogênio mais importante do que o NO_3^-. Isso é verdade, por exemplo, em solos do ártico e pântanos anaeróbicos. Muitas árvores de florestas absorvem a maior parte de seu nitrogênio como NH_4^+ em razão do baixo pH típico dos solo das florestas e, provavelmente, porque outros fatores contribuem para desacelerar as taxas de nitrificação. Em razão de sua carga positiva, o NH_4^+ é adsorvido nos coloides do solo, enquanto o NO_3^- não é adsorvido e é muito mais facilmente lixiviado.

O nitrato é também perdido dos solos por **desnitricação**, o processo pelo qual N_2, NO, N_2O e NO_2 são formados a partir de NO_3^- por bactérias anaeróbias. Estas bactérias utilizam NO_3^- em vez de O_2 como aceptor de elétrons durante a respiração, obtendo assim energia para a sua sobrevivência. A desnitrificação ocorre em regiões relativamente profundas no solo, onde a penetração de O_2 é limitada, em solos encharcados ou compactados e em certas regiões perto da superfície do solo onde a concentração de O_2 é baixa, em razão de sua utilização especialmente rápida na oxidação da matéria orgânica. Além disso, as plantas perdem pequenas quantidades de nitrogênio para a atmosfera na forma de NH_3, N_2O, NO_2 e NO voláteis, especialmente quando bem adubadas com nitrogênio (Wetselaar e Farquhar, 1980;. Duxbury et al, 1982). Formas oxidadas de nitrogênio na atmosfera são ecologicamente importantes, pois, quando convertidas em NO_3^-, fornecem HNO_3 para a chuva ácida.

14.2 Fixação de nitrogênio

O processo pelo qual o N_2 é reduzido a NH_4^+ é chamado de **fixação de nitrogênio** (revisado por Dixon e Wheeler, 1986). Ele é, pelo que sabemos, realizado apenas por micro-organismos procariontes. Os principais fixadores de N_2 incluem algumas bactérias de vida livre no solo, cianobactérias de vida livre (algas azuis) nas superfícies do solo ou na água, cianobactérias em associações simbióticas com fungos em líquenes ou com samambaias, musgos e hepáticas (Peters, 1978; Peters e Meeks, 1989), e as bactérias ou outros micróbios associados simbioticamente com raízes, especialmente as de legumes. O seu papel na fixação de nitrogênio é de grande importância para a cadeia alimentar das florestas, ambientes de água doce e marinhos, e mesmo nas regiões árticas. Além disso, as atividades das raízes de plantas fixadoras de nitrogênio beneficiam as raízes de plantas vizinhas, quer pela excreção de nitrogênio dos nódulos, pela decomposição microbiana de nódulos ou mesmo de plantas inteiras (Ta e Faris, 1987). Esta contribuição é importante na agricultura, pois leguminosas e gramíneas mistas muitas vezes são utilizadas como pastagens.

Aproximadamente 15% das 20.000 espécies da família Fabaceae (Leguminosae) foram examinadas para a fixação de N_2 e 90% delas têm nódulos de raiz onde ocorre a fixação (Allen e Allen, 1981). Não leguminosas importantes que fixam N_2 são árvores e arbustos taxonomicamente diversos, que ocorrem em oito famílias e 23 gêneros, incluindo os membros dos gêneros *Alnus* (amieiro), *Myrica* (tal como *M. gale*, a murta), *Shepherdia*, *Coriaria*, *Hippophae*, *Eleagnus* (mirtilo japonês), *Ceaonothus* (raiz vermelha) e *Casaurina* (Tjepkema et al, 1986;. Dawson, 1986). Estas plantas não leguminosas são tipicamente plantas pioneiras em solos deficientes em nitrogênio – por exemplo, *M. gale* no solo pantanoso do oeste da Escócia e *Casaurina equisetifolia* nas dunas de areia de ilhas tropicais. A Figura 14-2 demonstra o importante papel dos nódulos de raiz no fornecimento de nitrogênio à *M. gale*. Todas as plantas nesta figura tinham cinco meses de idade, mas somente o grupo nodulado na esquerda pode crescer satisfatoriamente na solução nutritiva sem sais de nitrogênio.

Há um grande interesse entre os silvicultores pela seleção e melhoramento genético de árvores não leguminosas fixadoras de nitrogênio que podem ser plantadas com ou antes de árvores de maior importância econômica. Um dos objetivos é reduzir a necessidade de fertilizantes nitrogenados na indústria madeireira. Algum sucesso tem sido obtido pelo uso de populações de amieiro vermelho misturado a abetos de Douglas no noroeste dos Estados Unidos. Diferentes espécies de amieiro são promissoras para outras regiões temperadas e espécies de outros gêneros devem ser eficazes nas regiões tropicais (Dawson, 1986).

Os micro-organismos responsáveis pela fixação de nitrogênio nas raízes de muitas espécies já foram identificados. Em algumas árvores tropicais, são as várias cianobactérias, mas na maioria das árvores ou arbustos, os actinomicetos (procariontes filamentosos) do gênero *Frankia* realizam este processo. Em leguminosas, as espécies de bactérias dos gêneros semelhantes *Rhizobium*, *Bradyrhizobium* e *Azorhizobium* são as responsáveis (Downie e Johnston, 1988; Djordjevie et al, 1987;. Quispel, 1988). Uma espécie particular de *Rhizobium* ou *parecida com Rhizobium* é eficaz apenas com uma espécie leguminosa. Todos os rizóbios são bactérias aeróbias que persistem saproficamente no solo até que infectam o pelo radicular (Figura 14-3) ou uma célula epidérmica danificada. O pelo radicular responde à invasão primeiramente enrolando-se e cercando a bactéria; o enrolamento é causado por moléculas não identificadas liberadas das bactérias. Mesmo assim, outro dado interessante é que os genes dos rizóbios que controlam a produção das moléculas que causam o enrolamento são ativados primeiramente pelos compostos liberados pelas raízes e pelos radiculares. Na alfafa, trevo branco e fava, os compostos mais abundantes são certos flavonoides (descritos na Seção 15.7; Bothe, 1987;. Maxwell et al, 1989). Estes resultados enfatizam que vários sinais químicos específicos são, provavelmente, enviados a partir do pelo radicular e de alguma forma reconhecidos pela bactéria invasora (Kondorosi e Kondorosi, 1986).

FIGURA 14-2 Plantas de murta (*Myrica gale*) cultivadas com (à esquerda) e sem (à direita) nódulos em uma solução hidropônica com falta de nitrogênio. As plantas foram cultivadas a partir de sementes por cinco meses nas soluções. (De Bond, 1963.)

a célula do córtex — partículas do solo — pelo radicular — bactéria rizóbia

b

c células do córtex interno sofrendo mitose — filamento de infecção contendo bactérias

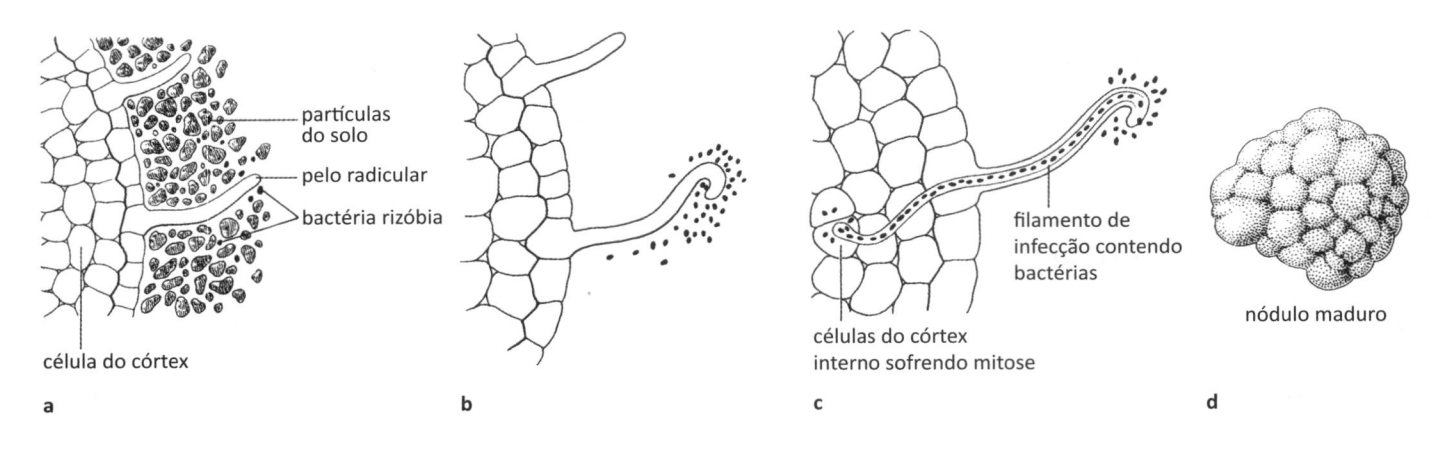

d nódulo maduro

FIGURA 14-3 Desenvolvimento de nódulos de raiz na soja. **(a)** e **(b)** As bactérias *Rhizobium* entram em contato com um pelo radicular sensível, se dividem perto dele e, ao obter sucesso na infecção, fazem o pelo radicular enrolar. **(c)** Filamento de infecção carregando bactérias se dividindo, agora modificadas e aparentando ser bacteroides. Os bacteroides fazem com que as células corticais interiores e do periciclo se dividam. A divisão e o crescimento das células corticais e do periciclo levam a **d**, um nódulo maduro completo com tecidos vasculares contínuos aos da raiz. Os três maiores nódulos mostrados à direita tinham entre 3 e 4 mm de diâmetro. (Micrografia em **d** de Bergersen e Goodchild, 1973.)

Em seguida, as enzimas das bactérias degradam parte da parede celular e permitem a entrada de bactérias para o interior da célula do pelo radicular em si. Depois disso, o pelo radicular produz uma estrutura filiforme chamada de **segmento de infecção**, que consiste em uma membrana plasmática dobrada e estendida da célula sendo invadida, juntamente com a celulose nova formada no *interior* desta membrana. As bactérias se multiplicam extensivamente dentro do segmento, estendendo-se para dentro e penetrando através e entre as células do córtex.

Nas células do córtex interno, as bactérias são liberadas no citoplasma e estimulam algumas células (especialmente células tetraploides) a se dividir. Estas divisões levam a uma proliferação de tecidos, formando finalmente um **nódulo de raiz** maduro (Figura 14-3) constituído, principalmente, de células tetraploides contendo bactérias, além de algumas células diploides sem bactérias. Cada bactéria, alargada, imóvel, é chamada de **bacteroide**. Uma célula de nódulo de raiz típica contém vários milhares de bacteroides (Figura 14-4). Os bacteroides ocorrem no citoplasma em grupos, cada grupo envolvido por uma membrana denominada **membrana peribacteroidal**. Entre a membrana peribacteroidal e o grupo de bacteroides está uma região chamada de **espaço peribacteroidal**. Fora do espaço peribacteroidal no citosol da planta, há uma proteína chamada **leg-hemoglobina** (Appleby, 1984; Appleby et al, 1988; Haaker, 1988; Powell e Gannon, 1988). Esta molécula é vermelha em razão da presença de um grupo heme (como na hemoglobina do sangue), que figura como um grupamento prostético da proteína globina incolor. A leg-hemoglobina dá aos nódulos de leguminosas uma cor rosada, embora esteja muito mais diluída nos nódulos das não leguminosas. Acredita-se que a leg-hemoglobina ajude a transportar O_2 para os bacteroides em taxas cuidadosamente controladas. Muito O_2 inativa a enzima que catalisa a fixação do nitrogênio, mas um pouco de O_2 é essencial para a respiração bacteroide.

A fixação de nitrogênio em nódulos de raiz ocorre diretamente nos bacteroides. A planta hospedeira fornece carboidratos aos bacteroides, que eles oxidam e usam para obter energia. Esses carboidratos são primeiro formados nas folhas durante a fotossíntese e, em seguida, translocados através do floema para os nódulos de raiz. A sacarose é o carboidrato mais abundante translocado, pelo menos em leguminosas. Alguns dos elétrons e o ATP obtidos durante a oxidação pelas bacteroides são usados para reduzir N_2 para NH_4^+.

A bioquímica e a fisiologia da fixação de nitrogênio

A reação química geral para a fixação de nitrogênio (redução) está resumida na Reação 14.1:

$$N_2 + 8 \text{ elétrons} + 16 \text{ MgATP} + 16 \text{ H}_2\text{O} \longrightarrow 2 \text{ NH}_3 + \text{H}_2 + 16 \text{ MgADP} + 16 \text{ P}i + 8 \text{ H}^+ \quad (14.1)$$

Como se pode observar, o processo exige uma fonte de elétrons, de prótons e inúmeras moléculas de ATP. Além disso, a produção de um H_2 formado por N_2 reduzido parece obrigatória (Haaker, 1988; Haaker e Klugkist, 1987). Também é necessário um complexo enzimático chamado **nitrogenase**, que catalisa a redução de vários outros substratos, incluindo acetileno, cianeto, azida, óxido nitroso e hidrazina. A redução de acetileno para etileno é medida como uma estimativa das taxas de fixação de nitrogênio em solos, lagos e córregos, em parte porque é muito simples medir o etileno em um cromatógrafo a gás.

A fonte original de elétrons e prótons é o carboidrato translocado das folhas (e, em seguida, respirado pelas bactérias). A respiração de carboidratos nos bacteroides leva à redução do NAD^+ para $NADH^+$ ou do $NADP^+$ para NADPH, conforme descrito no Capítulo 13. Alternativamente, em alguns organismos fixadores de nitrogênio, a oxidação de piruvato durante a respiração causa a redução de uma proteína chamada *flavodoxina;* então, a flavodoxina, o NADH ou o NADPH reduzem a ferredoxina ou proteínas similares que são altamente eficazes na redução de N_2 para NH_4^+.

A nitrogenase aceita elétrons de flavodoxina e ferredoxina reduzidas, ou de outros agentes eficazes de redução, enquanto catalisa a fixação do nitrogênio. A nitrogenase consiste em duas proteínas distintas, muitas vezes chamadas de proteína Fe e proteína Fe-Mo. A proteína Fe-Mo tem dois átomos de molibdênio e 28 átomos de ferro; a proteína Fe contém quatro átomos de ferro em um cluster de Fe_4S_4. Tanto o molibdênio quanto o ferro tornam-se reduzidos e, em seguida, oxidam conforme a nitrogenase aceita elétrons de ferredoxina e os transfere para o N_2 para formar o NH_4^+. O ATP é essencial para a fixação, porque se liga à proteína Fe e faz com que aquela proteína aja como um forte agente redutor. A proteína Fe transfere elétrons para a proteína Fe-Mo, acompanhada pela hidrólise do ATP em ADP. A proteína Fe-Mo, em seguida, conclui a transferência de elétrons para N_2 e prótons para formar duas NH_3 e um H_2. O processo de transporte de elétrons (com a flavodoxina atuando como doadora de elétrons) e o uso de ATP estão resumidos na Figura 14-5.

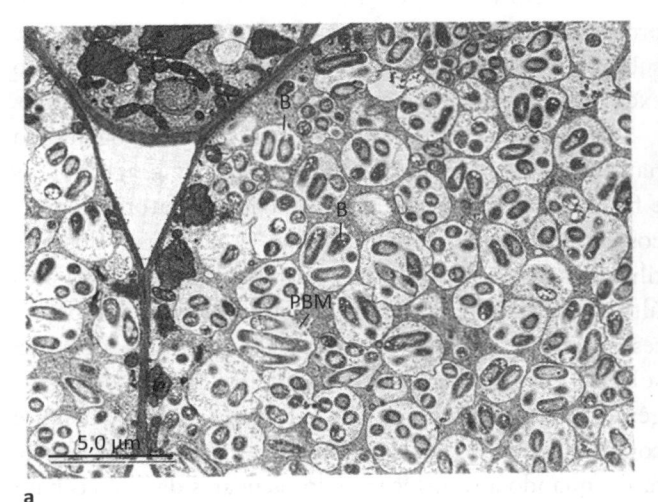

FIGURA 14-4 (a) Eletromicrografia de transmissão de bacteroides dentro de partes de três células de nódulos radiculares de soja (*Glycine max*). Inúmeros bacteroides (B) estão muitas vezes em grupos de 4-6, cada grupo cercado por um espaço peribacteroidal (região clara), e o espaço peribacteroidal é rodeado por uma membrana peribacteroidal (MPB). As paredes celulares da planta podem ser vistas, bem como um espaço intercelular cheio de ar na parte superior esquerda. (De D. A. Day, G. D. Price, e M. K. Udvardi, 1989.) **(b)** Eletromicrografia de varredura mostrando centenas de bacteroides em uma célula do nódulo de raiz do feijão (*Phaseolus vulgaris*). Os grânulos maiores em formato de ovo são provavelmente grãos de amido. (Cortesia P. Dayanandan.)

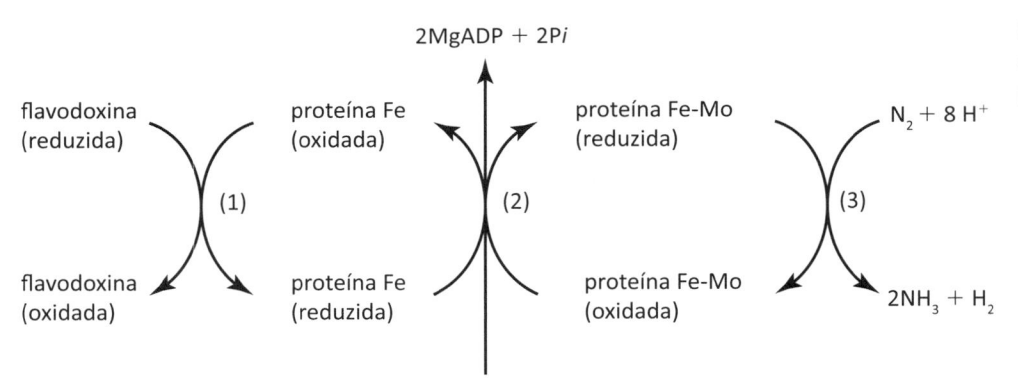

```
flavodoxina          proteína Fe         2MgADP + 2Pi        proteína Fe-Mo                    N₂ + 8 H⁺
(reduzida)           (oxidada)           ↑                   (reduzida)
         ╲    ╱              ╲     ╱                              ╲      ╱
          (1)                 (2)                                  (3)
         ╱    ╲              ╱     ╲                              ╱      ╲
flavodoxina          proteína Fe                         proteína Fe-Mo              2NH₃ + H₂
(oxidada)            (reduzida)                          (oxidada)
                                         ↑
                                       2MgATP
```

FIGURA 14-5 Resumo do transporte de elétrons da flavodoxina reduzida para N_2 e H^- em três etapas principais.

A fixação de nitrogênio é, como mencionado acima, sensível ao excesso de O_2, porque a proteína Fe e a proteína Fe-Mo da nitrogenase são oxidativamente desnaturadas por O_2. A leg-hemoglobina controla parcialmente a disponibilidade de O_2 no bacteroide, mas características anatômicas complexas do bacteroide em si (como o córtex e a endoderme que circundam todos os feixes vasculares e células contendo bacteroides) parecem muito mais importantes para manter um baixo nível de O_2 em torno da nitrogenase, agindo como uma barreira de difusão para o ar no solo (Dakora e Atkins, 1989). Aparentemente, a evolução da relação simbiótica de bactérias fixadoras de nitrogênio e raízes de plantas levou ao desenvolvimento de um excelente sistema de proteção de oxigênio – o nódulo inteiro da raiz. Nos chamados organismos de vida livre que fixam nitrogênio (bactérias e cianobactérias), as modificações bioquímicas parecem mais importantes (Becana e Rodriguez-Barrueco, 1989).

O NH_3 (provavelmente como NH_4^+) é translocado para fora dos bacteroides antes que possa continuar a ser metabolizado e utilizado pela planta hospedeira. No citosol das células que contêm bacteroides (externo à membrana peribacteroidal), o NH_4^+ é convertido em glutamina, ácido glutâmico, asparagina e, em muitas espécies, compostos ricos em nitrogênio chamados **ureídeos**. Os dois principais ureídeos em leguminosas são a *alantoína* ($C_4N_4H_6O_3$) e o *ácido alantoico* ($C_4N_4H_8O_4$; para estruturas, observe a Figura 8-21); como a asparagina ($C_4N_2H_7O_4$), eles têm taxas relativamente altas de C:N. Cada um destes três compostos representa uma das principais formas de nitrogênio translocado dos nódulos para outras partes da planta. A asparagina predomina em leguminosas de origem de clima temperado, incluindo a ervilha, a alfafa, o trevo e o tremoço. Ureídos predominam em leguminosas de origem tropical, incluindo a soja, o feijão-caupi (ou feijão-de-corda) e vários tipos de feijão (Schubert, 1986). No amieiro, uma não leguminosa, outro ureído chamado citrulina (observe a Figura 8-21) é o principal composto de nitrogênio transportado dos nódulos de raiz.

A asparagina e os ureídeos passam das células contendo bacteroides para as células do periciclo adjacente aos feixes vasculares que envolvem o próprio nódulo. Em muitas espécies, as células do periciclo são modificadas como células de transferência (Seção 8.3), e parecem secretar ativamente os compostos nitrogenados para as células de condução do xilema (Walsh et al., 1989). A partir daí, os compostos se movem para os xilemas da raiz e do broto aos quais os feixes vasculares do nódulo estão conectados. São degradados (principalmente nas folhas) de volta ao NH_4^+ e o nitrogênio é convertido rapidamente em aminoácidos, amidas e proteínas (Winkler et al., 1988). Raízes de plantas noduladas que não se transformaram em noduladas parecem receber nitrogênio somente após ele ter se movido para as folhas e, em seguida, de volta pelo floema, com a sacarose. Há, portanto, um processo cíclico: o movimento de nitrogênio dos nódulos subindo ao broto pelo xilema e, em seguida o retorno do excesso de nitrogênio para baixo até as raízes pelo floema.

Em razão da importância da fixação de nitrogênio na natureza e na agricultura, muitos ecologistas, agrônomos e fisiologistas de plantas têm estudado os fatores genéticos e ambientais que o controlam. O alto custo dos fertilizantes nitrogenados têm estimulado a pesquisa nos últimos anos. Em geral, fatores que aumentam a fotossíntese, como a umidade adequada, temperaturas altas, luz solar e altos níveis de CO_2 melhoram a fixação do nitrogênio (Neves e Hungria, 1987; Sheehy, 1987). Coerente com isso, a taxa de fixação atinge seu máximo no início da tarde, quando a translocação dos açúcares das folhas para os nódulos ocorre rapidamente. O início da tarde também é o momento em que a transpiração é especialmente rápida, e o fluxo de transpiração ajuda a remover compostos nitrogenados de raízes e nódulos de raiz (Pate, 1980).

Vários fatores genéticos controlam as taxas de fixação de nitrogênio e o rendimento de leguminosas. Um fator está relacionado à eficiência da nodulação, e isso depende do processo de reconhecimento geneticamente controlado entre as espécies bacterianas e as espécies ou variedades

Muitas gramíneas também sustentam a fixação do nitrogênio

Embora há muito tempo se acreditasse que não ocorre nenhuma fixação de nitrogênio nos grãos de cereais ou outras gramíneas, um método de ensaio desenvolvido na década de 1960 ajudou a provar que isso não é inteiramente verdade. O método depende da capacidade de todos os organismos fixadores de nitrogênio reduzirem o acetileno em etileno, que então pode ser rapidamente medido por cromatografia gasosa. Amostras de solo seladas ou amostras de água de lagos, lagoas e córregos podem ser coletadas em campo e analisadas posteriormente. Os resultados positivos com o método de redução de acetileno se correlacionavam bem com a habilidade de fixação de $^{15}N_2$ medida por métodos mais trabalhosos e menos sensíveis (uso de espectrômetros de massa ou de emissão). Alguns relatos de fixação limitada pela cana-de-açúcar e outras gramíneas tropicais na década de 1960 foram verificados e amplamente expandidos na década de 1970 com o novo ensaio. As bactérias que vivem em ou perto de células de raízes de várias espécies apresentam atividade (Figura 14-6). Estas bactérias residem em uma zona de transição entre solo e raízes, muitas vezes chamada de **rizosfera** (Curl e Truelove, 1986). Ocasionalmente, essas bactérias até mesmo entram nas raízes, como evidenciado em parte pela capacidade das raízes de superfícies esterilizadas de fixar nitrogênio. As bactérias mais prevalentes normalmente identificadas com as raízes de gramíneas ativas são membros do gênero *Azospirillum,* embora as associações razoavelmente bem definidas de cana-de-açúcar com *Beijerinckia,* de *Paspalum notatum* (outra gramínea tropical) com *Azotobacter paspali,* de certos cultivares de trigo com *Bacillus,* e de arroz com organismos semelhantes a *Achromobacter* também existam (Stewart, 1982). Mesmo quando essas bactérias ocorrem apenas na rizosfera, há um mutualismo vago envolvido, pois parte do nitrogênio fixado é absorvido pelas raízes, e os carboidratos liberados pelas raízes alimentam as bactérias.
Ainda há divergências a respeito de quanta fixação de nitrogênio é mantida por gramíneas, porque é impossível medir as taxas para culturas inteiras no campo durante uma temporada completa de crescimento. Além disso, recentemente se tornou claro que a técnica de redução de acetileno usada com tanta frequência deve ser substituída pelas medições da fixação de 15N2, pelo menos para estudos de campo, porque o método de redução de acetileno superestima a fixação real de nitrogênio (Boddey, 1987). As taxas de fixação, mesmo com as gramíneas tropicais mais eficientes, são certamente muito menores do que com leguminosas e outras espécies que têm nódulos de raiz abrigando fixadoras de nitrogênio em ambientes muito mais ideais (Van Berkum e Bohlool, 1980). Além disso, as taxas de fixação com culturas de cereais de grãos nos Estados Unidos são muito menores do que aquelas com gramíneas tropicais. A menos que os solos permaneçam anaeróbicos (como quando estão úmidos ou molhados) por muitas horas, as taxas com estes cereais são praticamente indetectáveis, talvez porque o O2 inativa a nitrogenase. No entanto, inoculações em campo com espécies de Azospirillum têm relatado um aumento na produção de matéria seca de várias culturas em Israel, Índia, Bahamas, Austrália

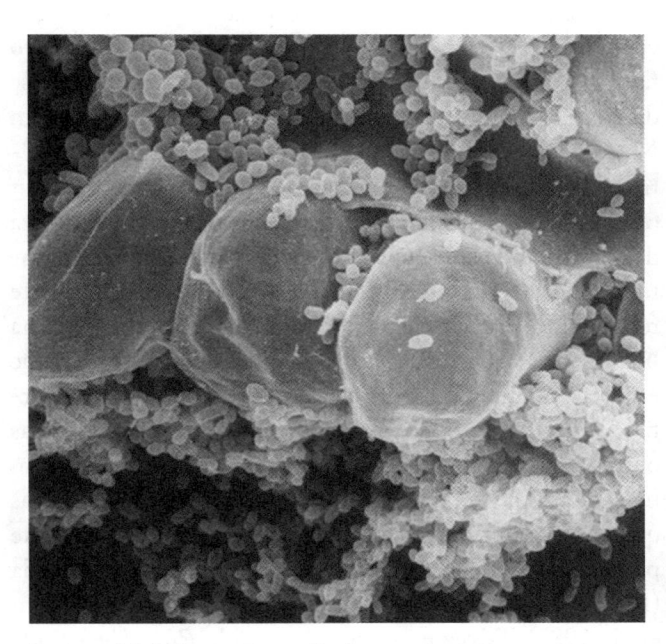

FIGURA 14-6 Eletromicrografia de varredura de uma parte da raiz de sorgo (*Sorghum bicolor*) coberta com células bacterianas fixadoras de nitrogênio (*Azospirillum brasilense*). Três grandes células epidérmicas estavam sendo descartadas na rizosfera. (De Schank et al., 1983; foto por Howard Berg, usado com permissão.)

e na Flórida (Schank et al., 1983), embora a revisão por Boddey e Dobereiner (1988) indique que, em muitos casos, a bactéria Azospirillum contribui com substâncias desconhecidas de crescimento de plantas que causam a maior parte do aumento de matéria seca. Atualmente, pesquisas para aumentar as taxas de fixação com várias gramíneas estão sendo realizadas. Talvez seja possível modificar as propriedades de aeração e alterar geneticamente as bactérias e gramíneas, para que certas gramíneas nativas e grãos de cereais possam fixar frações maiores de nitrogênio do que necessitam. Além disso, a variabilidade genética atual das gramíneas apresenta um método possível de reprodução de cultivares ou variedades mais úteis. Por exemplo, uma entre quatro variedades comerciais de cana-de-açúcar no Brasil suporta significativamente mais fixação de nitrogênio do que as outras três (Lima et al., 1987). Essas cultivares são importantes para o Brasil, o maior produtor mundial de cana-de-açúcar, não só para a produção de açúcar, mas também para produzir etanol para abastecer os mais de dois milhões de carros que queimam 95% deste combustível. (Note que, recentemente, pesquisadores na Inglaterra, Austrália e China têm até mesmo induzido arroz, trigo e colza a formar pequenos e esparsos nódulos nas raízes por meio de bactérias Rhizobium. Os resultados são resumidos na revista *Science*, Research News, 16 de novembro de 1990.)

de leguminosas. Pesquisadores estão tentando aumentar a eficiência da nodulação, alterando os genes em diferentes rizóbios, buscando variedades hospedeiras mais compatíveis (Rolfe e Gresshoff, 1988;. Martinez et al, 1990). Outro fator genético está relacionado à capacidade da nitrogenase de todos os organismos de reduzir H^+ em concorrência com N_2. Como mostrado na Reação 14.1, um quarto dos elétrons disponíveis para a redução de N_2 é usado para reduzir o H^+ para H_2, e o H_2 simplesmente escapa para a atmosfera do solo, levando consigo a energia desperdiçada. No entanto, a maioria das espécies *Rhizobium* e outras estreitamente relacionadas e bactérias de vida livre contêm uma enzima **hidrogenase** que oxida muito do H_2 em H_2O antes que escape. Durante esta oxidação, o ATP é produzido a partir de ADP e P*i*. Há evidências de que a soja e algumas outras leguminosas que contêm cepas de *Rhizobium* com hidrogenase ativa rendem um pouco mais que leguminosas que contêm um mutante sem hidrogenase, provavelmente por causa da menor quantidade de energia desperdiçada (Eisbrenner e Evans, 1983; Neves e Hungria, 1987; Stam et al., 1987). Talvez espécies ou cepas de *Rhizobium* ainda mais eficazes com hidrogenases ativas possam ser encontradas ou desenvolvidas para aumentar a produtividade das leguminosas por meio de técnicas de engenharia genética. A meta da incorporação de genes de fixação de nitrogênio em raízes de não leguminosas por meio de técnicas de engenharia genética parece estar agora a muitos anos no futuro, em parte porque os genes envolvidos na fixação de nitrogênio e seu controle são tão numerosos. No entanto, progressos consideráveis nesta área estão sendo feitos.

A fase de crescimento também influencia a fixação de nitrogênio. Três importantes leguminosas – soja, ervilha e amendoim – apresentam taxas de fixação máxima após o florescimento, quando a demanda por nitrogênio nas sementes e frutos em desenvolvimento aumenta. Essas espécies, como é comum às leguminosas, contêm sementes especialmente ricas em proteínas. Na verdade, as sementes de soja contêm 40% de proteína, a maior porcentagem conhecida entre todas as plantas. Cerca de 90% da fixação do nitrogênio nestas espécies ocorre durante o período de desenvolvimento reprodutivo, e 10% ocorre durante os primeiros dois meses de crescimento vegetativo.

Surpreendentemente, a fixação de nitrogênio proporciona apenas de um quarto à metade do nitrogênio total no grão maduro de vários legumes cultivados em solos de fertilidade normal, enquanto o restante é absorvido como NO_3^- ou NH_4^+ do solo, principalmente durante o período de crescimento vegetativo. No entanto, os rendimentos de leguminosas de grãos não podem ser aumentados com fertilizantes nitrogenados, pois a fixação do nitrogênio diminui com o aumento da quantidade de nitrogênio absorvido. Para o fertilizante nitrato, este decréscimo resulta da inibição da fixação de rizóbios aos pelos radiculares, do aborto de segmentos de infecção, que retarda o crescimento de nódulos, da inibição da fixação em nódulos estabelecidos e da senescência mais rápida dos nódulos quando NO_3^- ou NH_4^+ é adicionado (Robertson e Farnden, 1980; Streeter, 1988).

A quantidade de N_2 fixada por espécies nativas perenes e leguminosas de cultivo durante várias horas na fase de crescimento é maior, provavelmente, durante o desenvolvimento reprodutivo. A porcentagem de nitrogênio derivada do N_2 fixado em tais espécies é provavelmente maior do que em leguminosas anuais, como a ervilha, o feijão e a soja, porque os nódulos são perenes e a fixação deve começar mais cedo do que em espécies anuais, nas quais a formação de nódulos deve recomeçar a cada ano. Além disso, plantas nativas de fixação de nitrogênio crescem em solos relativamente inférteis, nos quais o principal insumo de nitrogênio é o de fixação. Nos campos de alfafa perene, em que cada cultura é removida logo que floresce, a principal fonte de nitrogênio vem da fixação de nitrogênio (Vance e Heichel, 1981).

14.3 Assimilação dos íons de nitrato e amônio

Para as plantas que não podem fixar N_2, as únicas fontes de nitrogênio importantes são NO_3^- e NH_4^+. Em geral, isso é verdade para todas as plantas cultivadas, com exceção das leguminosas (leia o quadro na página 296). Plantas de cultivo e muitas espécies nativas absorvem a maior parte do nitrogênio como NO_3^- porque o NH_4^+ é muito facilmente oxidado em NO_3^- por bactérias nitrificantes. No entanto, as comunidades clímax de coníferas e de gramíneas absorvem a maior parte do nitrogênio como NH_4^+ porque a nitrificação é inibida, quer pelo baixo pH do solo ou por taninos e compostos fenólicos (Rice, 1974; Haynes e Goh, 1978). Para revisões da importância do NO_3^- e NH_4^+ para várias espécies sob diferentes condições ambientais, consulte Runge (1983) e Bloom (1988). Primeiro, analisaremos a assimilação de nitrato, em decorrência da sua abundância na maioria dos solos e porque ele deve ser convertido em NH_4^+ na planta antes de o nitrogênio entrar nos aminoácidos e outros compostos nitrogenados.

Locais de assimilação de nitrato

Tanto as raízes quanto os brotos requerem compostos de nitrogênio orgânicos, mas em qual destes órgãos o NO_3^- é reduzido e incorporado em compostos orgânicos? As raízes de

Assimilação de nitrogênio e enxofre

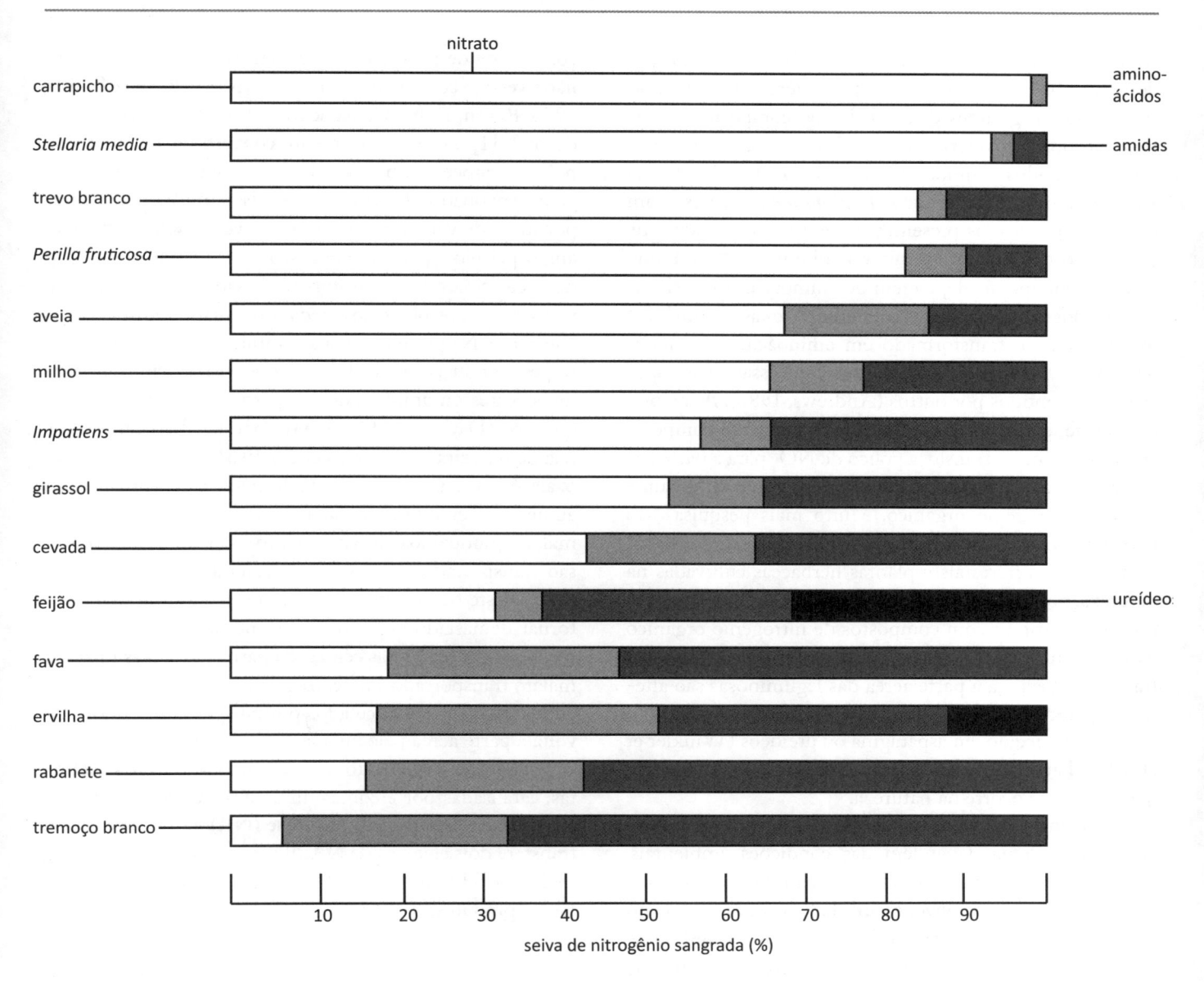

FIGURA 14-7 Quantidades relativas de compostos nitrogenados na seiva do xilema de várias espécies. As plantas foram cultivadas com as raízes em areia estéril, regadas com uma solução estéril de nutrientes contendo 140 mg/L de nitrogênio na forma de nitrato (10 mM de NO_3^-); em seguida, os caules foram cortados para coletar a seiva dos troncos cortados. As espécies no topo da figura transportam principalmente o nitrato; as que estão embaixo, principalmente amidas e aminoácidos. Duas leguminosas também transportam ureídeos, sobretudo a citrulina. (De Pate, 1973.)

algumas espécies podem sintetizar todo o nitrogênio orgânico de que precisam a partir de NO_3^-, enquanto as raízes de outras contam com os brotos para o nitrogênio orgânico. A prova disso vem de dois tipos de estudo. Em um deles, as plantas podem absorver NO_3^-, depois seus caules são cortados e a seiva é coletada e analisada para determinar se contém NO_3^- ou compostos de nitrogênio reduzido. No segundo, a atividade da nitrato redutase nas raízes e parte aérea (principalmente folhas) é comparada. O pressuposto razoável aqui é que a redução de NO_3^- ocorre no local (nas raízes ou brotos) em que a maior parte da atividade da nitrato redutase acontece. Cada tipo de estudo tem problemas, mas quando ambos concordam, somos inclinados a acreditar que os resultados refletem a situação que ocorre na natureza. Andrews (1986) resumiu os resultados de mais de 30 espécies e descreveu alguns dos fatores que afetam o local da redução de nitrato (consulte também Van Beusichem et al., 1987).

A Figura 14-7 mostra os resultados de um estudo em que as substâncias nitrogenadas foram analisadas no fluxo de transporte do xilema de várias espécies herbáceas durante o crescimento vegetativo; as plantas tiveram suas raízes na areia regadas com uma solução de nutrientes contendo nitrato. (As leguminosas não continham nódulos nas raízes.) Nenhuma destas plantas translocaram quantidades detectáveis de NH_4^+ para a parte aérea, mas algumas transportaram grandes quantidades de compostos de nitrogênio orgânicos derivados do NH_4^+, principalmente os ácidos aminados e amidas. O carrapicho (*Xanthium strumarium*) e o tremoço branco (*Lupinus albus*) representam os extremos entre os presentes neste estudo. As raízes de carrapicho não reduziram quase nenhum NO_3^-, de modo que, aparentemente, dependem de aminoácidos translocados no floema das folhas. No tremoço, quase todo NO_3^- foi absorvido e transformado em aminoácidos e amidas nas raízes. Resultados semelhantes com essas duas espécies foram obtidos por outros (Andrews, 1986). A maioria das coníferas e árvores decíduas investigadas se comporta como o tremoço e transloca pouco de NO_3^- para a parte aérea; a parte aérea destas espécies normalmente recebe uma dieta de nitrogênio orgânico. Muito mais pesquisas são necessárias, com plantas de diferentes idades e coníferas, outras árvores florestais e plantas herbáceas cultivadas na natureza, nos casos em que as hifas fúngicas em micorrizas possam contribuir com compostos de nitrogênio orgânico para as células da raiz. Além disso, os tipos de compostos transportados para a parte aérea das leguminosas são alterados quando nódulos de raiz estão presentes e quando o nitrogênio é fixado em asparagina ou ureídeos (Winkler et al, 1988; Pate, 1989). Temos muito o que aprender sobre o que realmente ocorre na natureza.

As quantidades relativas de NO_3^- e de nitrogênio orgânico no xilema dependem das condições ambientais. Mesmo as plantas que normalmente não translocam muito NO_3^- farão isso se houver quantidades excessivas dele no solo ou se as raízes estiverem frias (Andrews, 1986). Nestas condições, a redução de NO_3^- nas raízes não consegue acompanhar o transporte para a parte aérea. A redução então ocorre nas folhas e caules, especialmente em dias ensolarados.

Os processos de redução de nitrato

O processo geral de redução de NO_3^- para NH_4^+ é dependente de energia e está resumido na Reação 14.2:

$$NO_3^- + 8 \text{ elétrons} + 10 \text{ H}^+ \longrightarrow NH_4^+ + 3 H_2O \quad (14.2)$$

O número de oxidação de nitrogênio muda de +5 para –3.

Fontes dos oito elétrons (e 10 H$^+$) necessários para o processo de redução serão descritas em breve, mas observe que dois H$^+$ a mais que elétrons são utilizados na reação. Este uso de H$^+$ causa aumento do pH da célula. A elevação continuada de pH poderia ser letal para as plantas se elas não tivessem como substituir esses íons H$^+$ (Raven e Smith, 1976; Raven, 1988). Cerca de metade é neutralizada quando os NH_4^+ são posteriormente convertidos em proteína, pois esse processo libera um H$^+$ para cada átomo de nitrogênio envolvido. A neutralização da outra metade ocorre por meio de vários mecanismos (Raven, 1988). Em algas, angiospermas aquáticas e raízes, os íons H$^+$ são absorvidos do meio circundante ou íons OH$^-$ são excretados para o meio, ambos os processos ajudando a manter o pH celular constante. Na parte aérea, a substituição de íons H$^+$ ocorre pela produção de ácido málico e outros ácidos a partir de açúcares ou amido. Isso faz parte de um pH *stat* bioquímico (Davies, 1986), e ocorre porque PEP carboxilase fixa de maneira muito mais eficaz PEP e HCO_3^- em ácido oxalacético, o precursor do ácido málico, conforme o pH aumenta. Acredita-se também que alguns dos ânions de malato produzidos durante o processo de neutralização são transportados no floema de volta às raízes como sais de K$^+$. Este transporte impede o potencial osmótico de se tornar demasiado negativo conforme sais de ácidos orgânicos se acumulam nas células da parte aérea. Nas raízes, o malato transportado é descarboxilado para piruvato e CO_2, enquanto o K$^+$ é recirculado com NO_3^- e outros ânions de volta à parte aérea pelo xilema.

A redução de nitrato ocorre em duas reações distintas, catalisadas por enzimas diferentes. A primeira reação é catalisada pela **nitrato redutase (NR)**, uma enzima que transfere dois elétrons de NADH ou, em algumas espécies, de NADPH. Nitrito (NO_2^-), NAD$^+$ (ou NADP$^+$) e H_2O são os produtos:

$$NO_3^- + NADH + H^+ \xrightarrow{NR} NO_2^- + NAD^+ + H_2O \quad (14.3)$$

Esta reação ocorre no citosol fora de qualquer organela. A NR é composta de duas subunidades idênticas de cadeias polipeptídicas (Campbell, 1988; Solomonson e Barber, 1990), cada uma codificada por um gene nuclear. Contém FAD, ferro em um grupamento prostético heme e molibdênio, que se tornam consecutivamente reduzidos e oxidados conforme os elétrons são transportados do NADH para o átomo de nitrogênio em NO_3^-.

A NR tem sido intensivamente estudada porque sua atividade muitas vezes controla a taxa de síntese proteica em plantas que absorvem NO_3^- como a principal fonte de nitrogênio. A atividade do NR é afetada por vários fatores. Um é a sua taxa de síntese e outro é a sua taxa de degradação por enzimas que digerem proteínas (proteinases, descritas na Seção 14.5). Aparentemente, a NR é continuamente sintetizada e degradada, de forma que estes processos controlam as atividades, regulando quanto NR há em uma célula. A atividade também é afetada tanto por inibidores quanto ativadores dentro da célula. Embora seja difícil separar os efeitos destes fatores, os níveis de abundância de NO_3^- no citosol claramente aumentam a atividade da NR, em grande parte pela rápida síntese da enzima (Rajasekhar e Oelmuller, 1987; Campbell, 1988). Este é um caso de **indução enzimática** – a formação aumentada de uma enzima por uma determinada substância química. A indução enzimática é generalizada em micro-organismos, mas poucos exemplos em plantas ou mamíferos são conhecidos. A indução de NR por NO_3^- é um excelente exemplo da indução de substrato, pois o indutor é também o substrato para a enzima. A indução de NR é difundida em várias partes de várias plantas. As células envolvidas aparentemente conservam energia por não sintetizar NR ou o RNA mensageiro que o codifica até que NO_3^- esteja disponível; em seguida, a enzima começa a aparecer dentro de algumas horas. A maneira como o NO_3^- ativa o gene necessário para a formação de NR ainda está sendo investigada.

Em folhas e caules, a luz também aumenta a atividade da NR quando o NO_3^- está disponível. Portanto, há um ritmo diurno (dia-noite) na atividade da NR. Como a luz faz para que esse ritmo aconteça é ainda pouco claro e parece variar conforme a planta e seu estágio de desenvolvimento. Primeiro, em tecidos verdes, a luz ativa um ou ambos os fotossistemas da fotossíntese. Isto aumenta (talvez fornecendo ATP) o transporte de NO_3^- armazenado do vacúolo para o citosol, no qual a indução da NR ocorre em seguida (Granstedt e Huffaker, 1982). Em segundo lugar, a luz ativa o sistema fitocromo (Capítulo 20), que de alguma forma ativa o gene que codifica o mRNA, que codifica a enzima NR (Rajasekhar et al., 1988). Finalmente, a luz agindo na fotossíntese promove a atividade de NR porque aumenta a oferta de carboidratos, e o NADH necessário para a redução de nitrato é produzido a partir destes carboidratos quando são respirados (Aslam e Huffaker, 1984). A resposta geral da planta a estes efeitos de luz é um aumento na atividade de NR e um maior aumento na taxa de redução de NO_3^- para amônio após o nascer do sol, principalmente na parte aérea.

Redução do nitrito a íons de amônio

A segunda reação do processo geral de redução de nitrato envolve a conversão de nitrito em NH_4^+. O nitrito presente no citosol decorrente da ação de nitrato-redutase é transportado para os cloroplastos nas folhas ou para proplastídeos nas raízes, nas quais a redução posterior em NH_4^+ ocorre, catalisada pela **nitrito redutase**. Nas folhas, a redução de NO_2^- para NH_4^+ requer seis elétrons derivados de H_2O pelo sistema de transporte de elétrons não cíclicos do cloroplasto (Reação 14.4). Durante esta transferência eletrônica, a luz orienta o transporte de elétrons de H_2O para ferredoxina (denotada por Fd), e então a ferredoxina reduzida fornece os seis elétrons usados para reduzir o NO_2^- para NH_4^+. É nesta etapa (Reação 14.5) que o uso global de dois H^+ ocorre durante o processo geral de redução de nitrato para NH_4^+ (observe a Reação 14.6).

$$3\ H_2O + 6\ Fd\ (Fe^{3+}) + luz \longrightarrow$$
$$1{,}5\ O_2 + 6\ H^+ + 6\ Fd\ (Fe^{2+}) \quad (14.4)$$

$$NO_2^- + 6\ Fd\ (Fe^{2+}) + 8\ H^+ \longrightarrow$$
$$NH_4^+ + 6\ Fd\ (Fe^{3+}) + 2\ H_2O \quad (14.5)$$

$$NO_2^- + 3H_2O + 2H^+ + luz \longrightarrow$$
$$NH_4^+ + 1{,}5\ O_2 + 2H_2O \quad (14.6)$$

As reações 14.4 e 14.6 mostram que três moléculas de H_2O são necessárias para fornecer os seis elétrons necessários na ferredoxina reduzida (dois elétrons por H_2O divididos pela energia da luz), mesmo que dois H_2O também apareçam como produtos da reação geral.

Embora a ferredoxina reduzida seja a doadora normal de elétrons para a nitrito redutase nas folhas, a substância de redução nas raízes ainda é incerta. Quando a nitrito redutase é estudada *in vitro*, ela aceita apenas fracamente elétrons de NADH e NADPH ou compostos de flavina que ocorrem naturalmente, tais como o $FADH_2$. A ferredoxina reduzida irá fornecer elétrons para nitrito redutases isoladas nas raízes, mas nem os proplastídeos nem outras partes das células da raiz têm uma quantidade detectável de ferredoxina. Apesar de ainda não sabermos ao certo como as raízes reduzem o NO_2^- para NH_4^+, é claro que uma fonte de carboidratos das folhas é necessária e que a maioria das reduções ocorre nos proplastídeos (Bowsher et al, 1989). Além disso, há evidências indiretas de que o NADPH derivado da via respiratória de pentoses-fosfato seja a substância ativa de redução. Surpreendentemente, a nitrito redutase também é induzida, assim como a nitrato redutase, por nitrato. Na cevada, a adição de nitrato ou nitrito em uma solução de nutrientes disponíveis para as

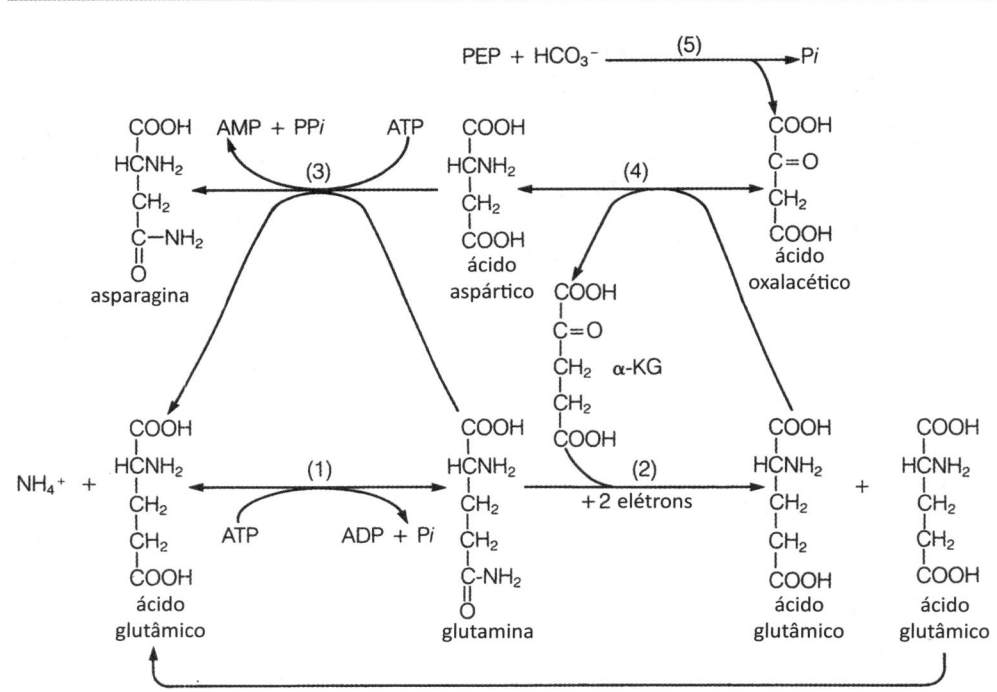

FIGURA 14-8 Conversão de amônio (inferior esquerdo) em compostos orgânicos importantes.

raízes leva à indução de ambas as enzimas nitrato redutase e nitrito redutase nas folhas (Aslam e Huffaker, 1989). No entanto, os experimentos indicaram que o nitrato é o íon ativo e que, para ser eficaz, o nitrito precisava antes ser oxidado a nitrato.

Conversão de amônio em compostos orgânicos

Se o NH_4^+ é absorvido diretamente do solo ou produzido pela fixação de nitrogênio dependente de energia ou da redução de NO_3^-, ele não se acumula em qualquer parte da planta. O amônio é, de fato, bastante tóxico (Givan, 1979), talvez porque inibe a formação de ATP em ambos os cloroplastos e as mitocôndrias, agindo como um agente desacoplador. Exceto por traços de NH_4^+ perdidos para a atmosfera como NH_3 voláteis (observe a Figura 14-1 e Farquhar et al., 1980), todo o NH_4^+ parece ser convertido primeiro para o grupamento amida da glutamina. Esta conversão e outras reações levando ao ácido glutâmico, ao ácido aspártico e à asparagina estão resumidas na Figura 14-8 e brevemente descritos abaixo.

A glutamina é formada pela adição de um grupamento NH_2 do NH_4^+ para o grupamento carboxila mais distante do carbono alfa do ácido glutâmico. Uma ligação amida é então formada (Figura 14-8, reação 1), e a glutamina é um dos dois amidos vegetais especialmente importantes (para estruturas, observe a Figura 9-2). A enzima necessária é a *glutamina sintetase*. A hidrólise de ATP em ADP e Pi é essencial para levar a reação adiante. Como esta reação requer ácido glutâmico como reagente, deve haver algum mecanismo para fornecê-lo; isso é feito pela reação 2, catalisada pela *glutamato sintase*. A glutamato sintase transfere o grupamento amida da glutamina ao carbono da carbonila de um ácido α-cetoglutárico, formando duas moléculas de ácido glutâmico. Este processo requer um agente redutor capaz de doar dois elétrons, que é a ferredoxina (duas moléculas) nos cloroplastos e o NADH ou NADPH nos proplastídios de células não fotossintéticas. Um dos dois glutamatos formados na reação 2 é essencial para se manter a reação 1, mas o outro pode ser convertido diretamente em proteínas, clorofila, ácidos nucleicos e assim por diante. Além disso, uma parte do glutamato é transportado para outros tecidos, nos quais é usado de forma semelhante em processos sintéticos.[1]

---

[1] A possibilidade de uma quantidade pequena de NH_4^+ poder ser adicionada a um ácido α-cetoglutárico para formar ácido glutâmico está sendo investigada há quase 40 anos (leia as revisões de Oaks e Hirel, 1985; Joy, 1988; e Rhodes et al., 1989). Uma enzima chamada *glutamato desidrogenase* pode usar NADH (ou, para algumas isoenzimas da enzima, NADPH) para reduzir o α-cetoglutarato a glutamato e liberar H_2O e NAD^+ (ou $NADP^+$). As glutamato desidrogenases existem nos cloroplastos e mitocôndrias, nos quais seu papel principal é (como o nome indica) desidrogenar o glutamato. Isso produz α-cetoglutarato, que é utilizado no ciclo de Krebs da mitocôndria ou está envolvido no ciclo de nitrogênio fotorrespiratório descrito na Seção 14.4. A glutamato desidrogenase provavelmente funciona rápido quando as proteínas são hidrolisadas e o glutamato é liberado, como, por exemplo, durante a germinação da semente e o desenvolvimento inicial da plântula e durante a senescência das folhas. No entanto, Yamaya e Oaks (1987) propuseram que, nas folhas, esta enzima também contribuiu para a retomada de alguns dos NH_4^+ perdidos na fotorrespiração ao adicioná-la ao α-cetoglutarato.

Além de formar glutamato, a glutamina pode doar seu grupamento amida para o ácido aspártico para formar asparagina, a segunda amida mais importante nas plantas (Figura 14-8, reação 3). Esta reação requer a*sparagina sintetase*, e a hidrólise irreversível de ATP em AMP e PP*i* fornece a energia para levá-la adiante. Curiosamente, a asparagina sintetase é altamente ativada pelo Cl⁻, o que provavelmente contribui para explicar o papel incerto do cloro em plantas (Huber e Streeter, 1985). Um suprimento contínuo de ácido aspártico deve estar presente para manter a síntese de asparagina. O nitrogênio no aspartato pode vir do glutamato, mas seus quatro carbonos provavelmente resultam do oxaloacetato (Figura 14-8, reação 4). O oxaloacetato, por sua vez, é formado a partir de PEP e HCO_3^- pela ação da PEP carboxilase (reação 5).

Talvez em razão de sua proporção relativamente elevada de nitrogênio para carbono em comparação com a maioria dos outros compostos, a glutamina tem evoluído como uma importante forma de armazenamento de nitrogênio na maioria das espécies. Os órgãos de armazenamento, tais como tubérculos de batata e raízes de beterraba, cenoura, rabanete e nabo são especialmente ricos nesse amido. Em folhas maduras, a glutamina é formada a partir do ácido glutâmico e do NH_4^+ e produzida quando a degradação da proteína começa a aumentar. Em seguida, é transportada pelo floema para as folhas mais jovens ou às suas raízes, flores, sementes ou frutos, nos quais seu nitrogênio é reutilizado. Finalmente, a glutamina é incorporada diretamente nas proteínas de todas as células como um dos 20 aminoácidos, embora tecnicamente seja uma amida, bem como um aminoácido (Capítulo 9). A outra amida, a asparagina, realiza basicamente as mesmas funções da glutamina, mas com menor frequência, especialmente em leguminosas de origem temperada, nas quais ela é excepcionalmente abundante (Ta e Joy, 1985; Sieciechowicz et al, 1988).

Transaminação

Quando NH_4^+ contendo isótopos pesados de ^{15}N é fornecido às plantas ou para partes excisadas de plantas, primeiro a glutamina, depois o acido glutâmico e então o ácido aspártico tornam-se mais rapidamente marcados com ^{15}N, conforme detectado por um espectrógrafo de massa, que mede a quantidade de ^{15}N em cada composto. Posteriormente, o ^{15}N aparece em outros aminoácidos. O motivo para essa sequência de marcação é que, após a formação do glutamato (Figura 14-8, reação 2), ele transfere seu grupamento amino diretamente a uma variedade de ácidos α-ceto em várias reações de **transaminação** reversíveis. Um exemplo importante de transaminação ocorre entre o glutamato e o oxaloacetato, produzindo α-cetoglutarato e aspartato (observe a Figura 14-8, reação 4). O ponto fisiológico importante sobre todas as reações de transaminação é que elas sempre realizam a transferência de nitrogênio de

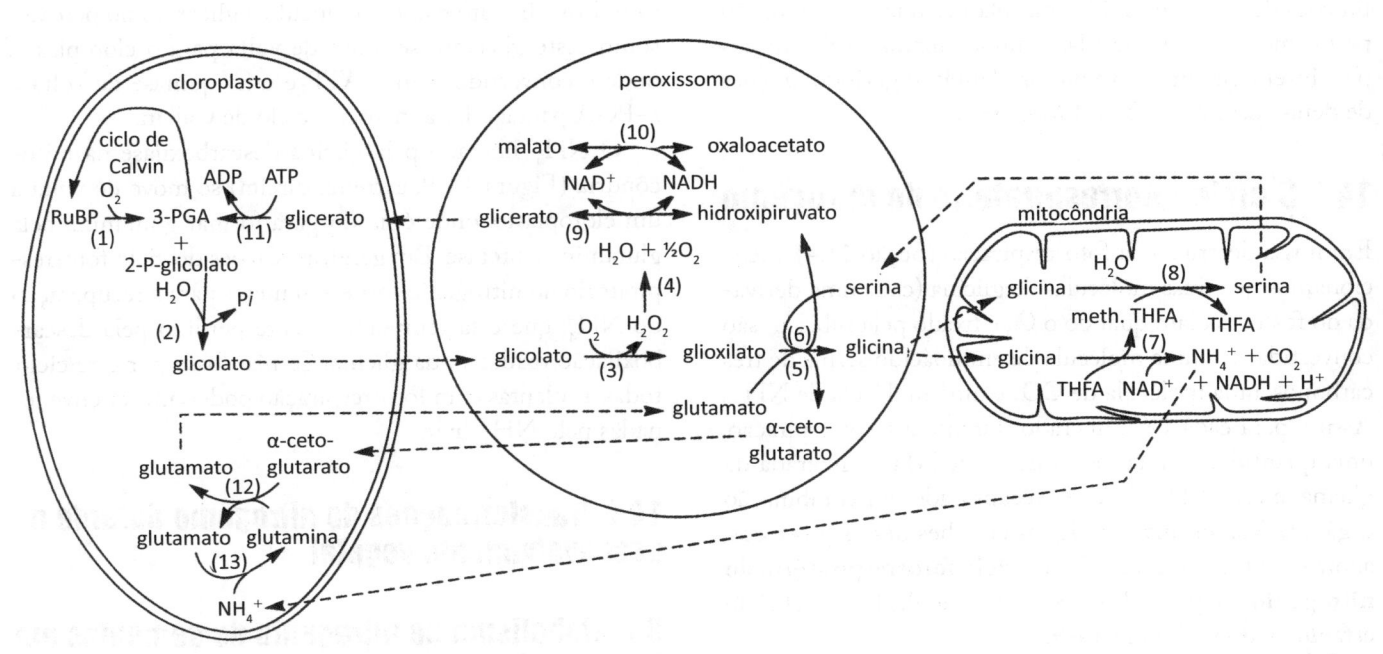

FIGURA 14-9 O ciclo fotorrespiratório do nitrogênio. Cloroplastos, peroxissomos e mitocôndrias cooperam para aprisionar íons de amônio perdidos na mitocôndria durante a fotorrespiração. As linhas contínuas representam as reações catalisadas por enzimas; linhas tracejadas representam o movimento de uma organela para outra através do citosol. As enzimas que catalisam as reações numeradas são (1) rubisco, (2) fosfatase 2-fosfoglicolato, (3) glicolato oxidase, (4) catalase, (5) glutamato (alanina)-glioxilato aminotransferase, (6) serina (asparagina)-glioxilato aminotransferase, (7) complexo glicina descarboxilase, (8) serina hidroximetiltransferase, (9) hidroxipiruvato redutase, (10) NAD malato desidrogenase, (11) glicerato quinase, (12) glutamato sintase, e (13) glutamina sintetase.

um composto para outro, na maioria dos órgãos e células da maioria das espécies (Giovanelli, 1980). *Bioquimicamente, todas as transaminações envolvem doações livremente reversíveis de um grupamento alfa-amino de um aminoácido ao grupamento alfa-ceto de um ácido alfa-ceto, acompanhado pela formação de um novo aminoácido e um novo ácido alfa-ceto.* Todas as enzimas transaminases (ou aminotransferases) exigem *piridoxal fosfato* (vitamina B_1) como um grupamento prostético, uma razão importante para que essa vitamina seja essencial à vida.

O aspartato formado por transaminação pode transferir o seu grupamento amino para outros ácidos α-ceto para formar diferentes aminoácidos por reações de transaminação. Transferência para o piruvato, por exemplo, produz alanina. A alanina e outros aminoácidos podem, então, transferir seus grupamentos amino, e então numerosos aminoácidos são formados por transaminação. As reações nas quais os aminoácidos que não são aspartato são formados estão descritas em revisões bioquímicas (Miflin, 1980; Lea e Joy, 1983; Bray, 1983). Ressaltamos, no entanto, que os grupamentos amino de quase todos os aminoácidos em plantas e animais provavelmente passaram por glutamina e glutamato na rota de NO_3^-, NH_4^+ ou N_2 atmosférico. Além disso, as plantas sintetizam aminoácidos que os animais não conseguem. Além dos 20 aminoácidos (incluindo as duas amidas) comuns em proteínas, centenas de aminoácidos não proteicos foram identificados no reino vegetal. As funções destes aminoácidos nas plantas que as contém são praticamente desconhecidas, embora alguns sejam tóxicos para insetos, mamíferos e outras plantas, sugerindo funções de defesa ecológica (Bell, 1980,1981).

14.4 O ciclo fotorrespiratório do nitrogênio

Em nossa descrição da fotorrespiração (Seção 11.4), mencionamos que duas moléculas de glicina (cada uma derivada do fosfoglicolato quando o O_2 é fixado pela rubisco) são convertidas em uma molécula de aminoácido serina de três carbonos, uma molécula de CO_2 e uma molécula de NH_4^+. Assim, para cada CO_2 liberado durante a fotorrespiração, uma quantidade molar equivalente de NH_4^+ é liberada da glicina, e este NH_4^+ deve ser recapturado em combinação orgânica. Vamos analisar alguns detalhes destes processos, agora comumente chamados de **ciclo fotorrespiratório do nitrogênio** (Keys et al, 1978;. Givan et al., 1988). O ciclo está ilustrado na Figura 14-9.

Três organelas estão envolvidas (cloroplastos, peroxissomos e mitocôndrias) e há tráfego molecular de e para elas através do citosol. Conforme descrito na Seção 11.4 e representado no canto superior esquerdo da Figura 14-9, a fixação de O_2 pela rubisco em cloroplastos provoca a formação de 2-fosfoglicolato, que é então desfosforilado, e o produto glicolato é transportado a um peroxissomo, onde é oxidado por O_2 para glioxilato. Duas enzimas transaminases peroxisomais são então capazes de converter glioxilato em glicina, uma enzima que utiliza glutamato (ou alanina) e a outra, a serina. Na Figura 14-9 (centro), reações com ambas as enzimas são mostradas.

A glicina agora deixa o peroxissomo e entra em uma mitocôndria. Algumas glicinas são oxidadas aqui, cada uma liberando quatro compostos: o CO_2 da fotorrespiração, NH_4^+, $NADH + H^+$ formado ao se enviarem elétrons da glicina para NAD^+ e ácido N^5,N^{10}-*metileno tetraidrofólico* (abreviado como met. THFA na Figura 14-9). O ácido tetraidrofólico aceita o grupamento metileno do carbono α-amino da glicina nesta reação, sendo todas as etapas catalisadas por um complexo multienzimático chamado de *glicina descarboxilase* (Walker e Oliver, 1986). As glicinas que não são atacadas na mitocôndria pela glicina descarboxilase podem aceitar H_2O e o grupamento metileno do metileno-THFA para formar serina, liberando o THFA livre. Esta reação é catalisada pela *serina hidroximetiltransferase*. No total, portanto, as mitocôndrias convertem duas glicinas em um CO_2, um NH_4^+, um NADH e uma serina.

A serina produzida a partir da glicina se move de volta ao peroxissomo, onde pode doar seu grupamento amino em uma transaminação com o glioxilato, formando glicina e *hidroxipiruvato* ($CH_2OH—CO—COO^-$). O hidroxipiruvato é então reduzido a glicerato no peroxissomo. Este glicerato se move de volta para o cloroplasto, onde é convertido com o ATP e uma quinase de volta a 3-PGA para ajudar a manter o ciclo de Calvin.

O NH_4^+ liberado pela glicina descarboxilase na mitocôndria (Figura 14-9, extrema direita) se move de volta a um cloroplasto, onde é usado para formar glutamina pela glutamina sintetase. Em geral, as reações do ciclo fotorrespiratório do nitrogênio fornecem meios para a recuperação do NH_4^+ que está temporariamente perdido pela descarboxilação oxidativa da glicina. Se não fosse por este ciclo, todas as plantas com fotorrespiração poderiam ser envenenadas pelo NH_4^+ livre.

14.5 Transformações do nitrogênio durante o desenvolvimento vegetal

O metabolismo de nitrogênio de sementes em germinação

Em células de armazenamento de todos os tipos de sementes, as proteínas de reserva são depositadas em estruturas ligadas à membrana chamadas **corpos proteicos** (Lott, 1980; Pernollet, 1978; Weber e Neumann, 1980). A Figura 14-10 é uma eletromicrografia de varredura dos corpos proteicos em sementes de tremoço, ilustrando sua aparência tridimensional. A Figura 14-10b é uma eletromicrografia de transmissão desses corpos (manchas escuras) nas células de uma semente de alface. No alface, os corpos de proteína e os oleossomos (corpos de óleo) são praticamente as únicas estruturas visíveis. Os corpos proteicos não são proteína pura, mas também contêm grande parte das reservas de fosfato, magnésio e cálcio da semente. O fosfato é esterificado a cada um dos seis grupamentos hidroxila de um álcool de açúcar de seis carbonos chamado mioinositol (Figura 14-11). O produto desta esterificação é chamado de ácido fítico, e a ionização de H^+ dos grupamentos fosfato permitem que Mg^{2+}, Ca^{2+}, Zn^{2+} e possivelmente K^+ formem sais coletivamente chamados de **fitina**, ou algumas vezes **fitatos** (Maga, 1982; Oberleas, 1983; Raboy, 1990). A fitina está ligada às proteínas em corpos de proteína.

O embebimento de água por uma semente seca desencadeia uma série de reações químicas que levam à **germinação** (protrusão da radícula através do tegumento) e posterior desenvolvimento de mudas. As proteínas em corpos proteicos são hidrolisadas por *proteinases* (*proteases*) e *peptidases* em aminoácidos e amidas (Dalling, 1986; Nielsen, 1988). Observe o desaparecimento da maioria das proteínas presentes nos corpos proteicos da Figura 14-10c, causado pela ação das proteinases e das peptidases. As membranas que envolvem corpos proteicos se desintegrando não são destruídas, mas se fundem para formar o tonoplasto em torno do crescente vacúolo central. Alguns dos aminoácidos e amidas liberados durante a hidrólise de proteínas nas sementes são usados para formar novas proteínas especiais, ácidos nucleicos e assim por diante nas células em que ocorre a hidrólise, mas a maioria é translocado pelo floema para as células em crescimento de raízes e caule. A liberação de fosfato e cátions de fitina em corpos proteicos também ocorre durante ou logo após

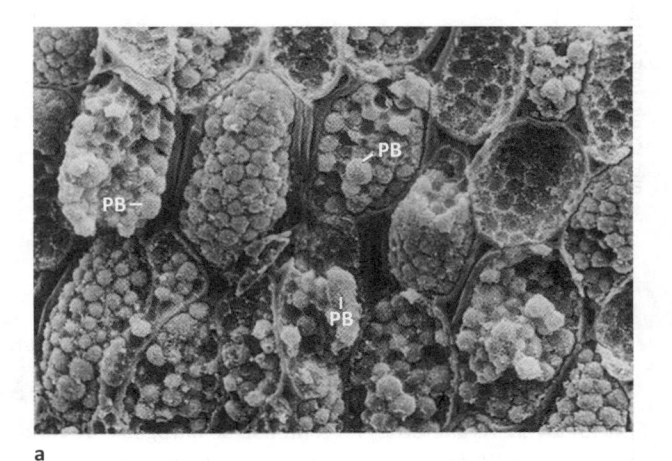

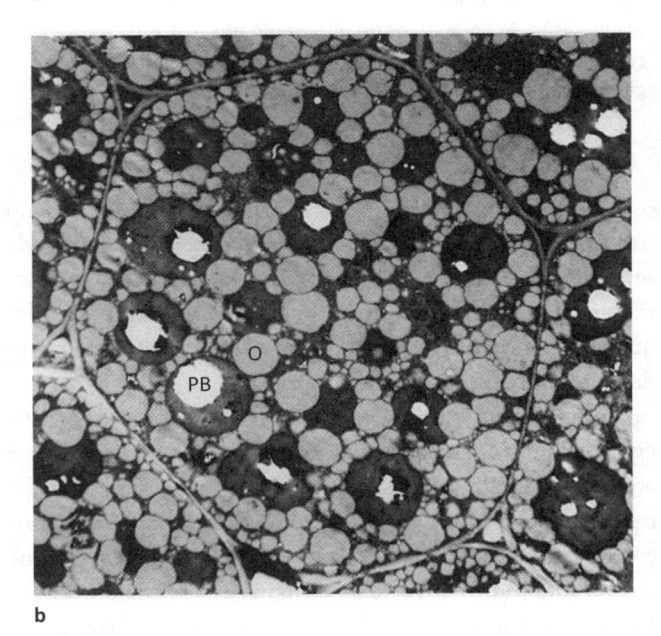

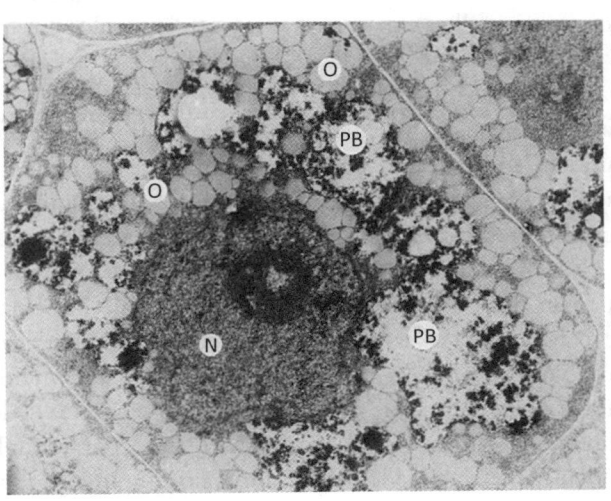

FIGURA 14-10 (a) Eletromicrografia de varredura dos corpos de proteína (PB) nas células de uma semente de *Lupinus albus*. Observe que, aqui, os PBs quase enchem toda a célula. (Cortesia de Jean Noel Hallet; leia Le Gal e Rey, 1986.) **(b)** Eletromicrografia de uma célula do córtex na radícula de uma semente de alface Grand Rapids (*Lactuca sativa*) não germinada. As numerosas estruturas não coradas (cinza claro) são oleossomos (O) nos quais os óleos e gorduras são armazenados, enquanto as estruturas maiores com uma coloração escura são corpos de proteína (PB). As áreas brancas em alguns dos corpos proteicos indicam os locais em que a maior parte da reserva de fósforo é armazenada como fitina. As fitinas são sais de cálcio, magnésio e potássio de ácido fítico e de ácido hexafosfórico mioinositol. (Cortesia Nicholas Carpita.) **(c)** A digestão da reserva de proteínas nas células do córtex radicular de sementes de alface recém-germinadas. Os corpos proteicos (PB) em torno do núcleo estavam começando a se fundir para formar o vacúolo grande, e a maioria das proteínas neles desapareceu. Vários oleossomos (O) ainda são visíveis. (Cortesia Nicholas Carpita.)

FIGURA 14-11 Estruturas do mioinositol (à esquerda) e seu ácido fítico hexafosfosfato.

a germinação, e alguns desses íons também são transportados para regiões em crescimento, pelo floema. Logo, o sistema radicular jovem começa a absorver NO_3^- e NH_4^+, e a assimilação do nitrogênio para outra planta em crescimento começa novamente.

Tráfego de compostos de nitrogênio nas fases vegetativa e reprodutiva

Diariamente, as medições de gramíneas e leguminosas indicam que, nas plantas herbáceas, há uma extensa recirculação de nitrogênio das raízes para as folhas e vice-versa. Isso é especialmente importante no direcionamento do nitrogênio para os maiores drenos, para evitar que qualquer parte da planta se torne deficiente em nitrogênio (Millard, 1988). De maneira sazonal, os aspectos gerais da transformação da proteína em vários órgãos de plantas herbáceas durante a maturação foram demonstrados há mais de cem anos. Alguns desses aspectos são ilustrados na Figura 14-12, na qual as mudanças nas quantidades de nitrogênio total nas raízes, caules, folhas e sementes de uma fava (*Vicia faba*) do estágio de muda até a maturidade são mostradas.

Essas mudanças refletem em grande parte a degradação e a síntese de proteínas, porque a maioria do nitrogênio em qualquer parte da planta está nas proteínas. Nas folhas, metade desta proteína está nos cloroplastos. Observe que as folhas da fava realmente perderam nitrogênio durante agosto e setembro, enquanto as sementes foram acumulando-o. Esta transferência de compostos de nitrogênio das folhas, especialmente aquelas já maduras, para o desenvolvimento de corpos de proteína nas sementes ou frutos pelo floema é típico de plantas herbáceas e lenhosas. Os principais compostos orgânicos translocados são a glutamina, a asparagina, o glutamato e o aspartato, e nem NO_3^- ou NH_4^+ são translocados em quantidades significativas no floema (Seção 8.3). A quantidade de nitrogênio transferida de órgãos vegetativos para os frutos da fava foi muito menor do que a dos frutos durante o mesmo período (Figura 14-12). A demanda adicional de nitrogênio nas

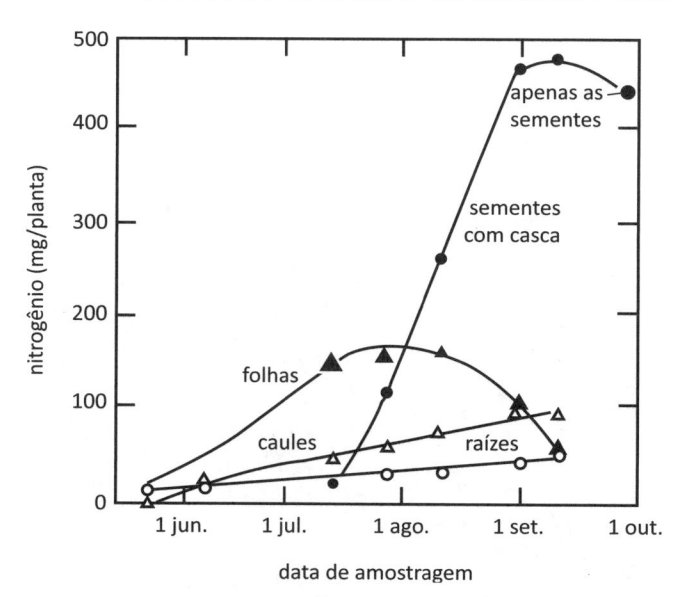

FIGURA 14-12 As alterações no conteúdo de nitrogênio de vários órgãos da fava (*Vicia faba*) durante o crescimento. A extensa acumulação de compostos de nitrogênio nos frutos (sementes com casca) foi acompanhada por uma perda das folhas e uma grande captação do solo. (Dados de Emmerling, 1880.)

sementes de tais leguminosas é suprida pelo nitrogênio fixado em nódulos de raiz durante o desenvolvimento da semente. No entanto, as exigências de nitrogênio das sementes de leguminosas ricas em proteínas são tão grandes que a perda de nitrogênio das folhas, especialmente perto das sementes, é substancial.

Infelizmente para a produção agrícola, uma das principais proteínas das folhas que contêm este nitrogênio é a abundante enzima rubisco fotossintética. A atividade fotossintética diminui consideravelmente durante a produção de frutos e sementes em quase todas as culturas, porque a rubisco é hidrolisada pelas proteinases (Huffaker, 1982). Isso é chamado de fenômeno de "autodestruição" (pelo menos para as folhas), mas, para as plantas em solos em que o nitrogênio não é abundante, a hidrólise de proteínas e o transporte de nitrogênio para as sementes são essenciais para a produção de sementes. As moléculas de clorofila também desaparecem das folhas conforme as proteínas são degradadas, e o nitrogênio nestas moléculas também é, aparentemente, transportado para os órgãos reprodutivos.

Em grãos de cereais e em muitas outras plantas anuais que não fixam N_2, transferências de nitrogênio das partes vegetativas para as sementes são às vezes mais extensas do que em leguminosas, apesar de suas sementes conterem menor porcentagem de proteína do que as sementes de leguminosas (Millard, 1988). As folhas de trigo, por exemplo, podem perder até 85% de seu nitrogênio (e uma porcentagem igual de fosfato) antes de morrer. A Figura 14-13 ilustra as mudanças de nitrogênio em grandes partes de plantas de trigo após o início da floração. Esta transferência extensa do nitrogênio dos órgãos vegetativos para as flores e sementes é acompanhada por uma diminuição na taxa de absorção de nitrogênio do solo conforme o crescimento reprodutivo se inicia. Assim, o trigo e a aveia podem absorver 90% do nitrogênio (e fosfato) necessários para a maturidade antes que estejam crescidos. Novamente, o transporte de nitrogênio a partir de órgãos vegetativos ocorre, em parte, à custa da degradação da rubisco. Esta degradação é mais uma limitação de crescimento em plantas C-3 do que em plantas C-4, pois as plantas C-4 contêm apenas 10% desta enzima em comparação às plantas C-3 (Millard, 1988). Lembre-se de que não há essencialmente nenhuma rubisco nas células de mesofilo de plantas C-4 (Seção 11.4).

Em plantas herbáceas perenes, muito do nitrogênio e de outros elementos que são móveis no floema movem-se para a coroa e as raízes após as demandas das sementes serem satisfeitas. Como resultado, esses elementos estão disponíveis para a próxima temporada de crescimento e a decomposição de partes de plantas mortas retornam menos ao solo do que teria ocorrido de outra maneira. Sabemos menos sobre as relações de nitrogênio em plantas perenes lenhosas, mas os frutos e sementes são novamente grandes escoadouros para o nitrogênio. Quanto desse nitrogênio vem diretamente do solo pelo xilema e quanto vem de folhas maduras pelo floema é desconhecido. No entanto, frutos e sementes sempre têm baixas taxas de transpiração em comparação com folhas maduras, portanto, o xilema deve ser apenas um fornecedor limitado de sais minerais para estes órgãos. A composição total de frutos e sementes é muito mais parecida com a de tubos de peneira, sugerindo que estes órgãos crescem em grande parte com uma dieta de seiva de floema. Grande parte do nitrogênio nesta seiva vem das folhas, especialmente de folhas próximas aos frutos. No outono, antes da queda das folhas, as plantas lenhosas decíduas translocam parte do nitrogênio em suas folhas para as células dos raios dos parênquimas do xilema e do floema nos caules e raízes; este transporte também ocorre no floema. Em duas espécies cada de *Acer*, *Salix* e *Populus*, corpos de proteína nas células do parênquima da casca interna se acumularam no outono e inverno, desaparecendo na primavera (Wetzel et al.,

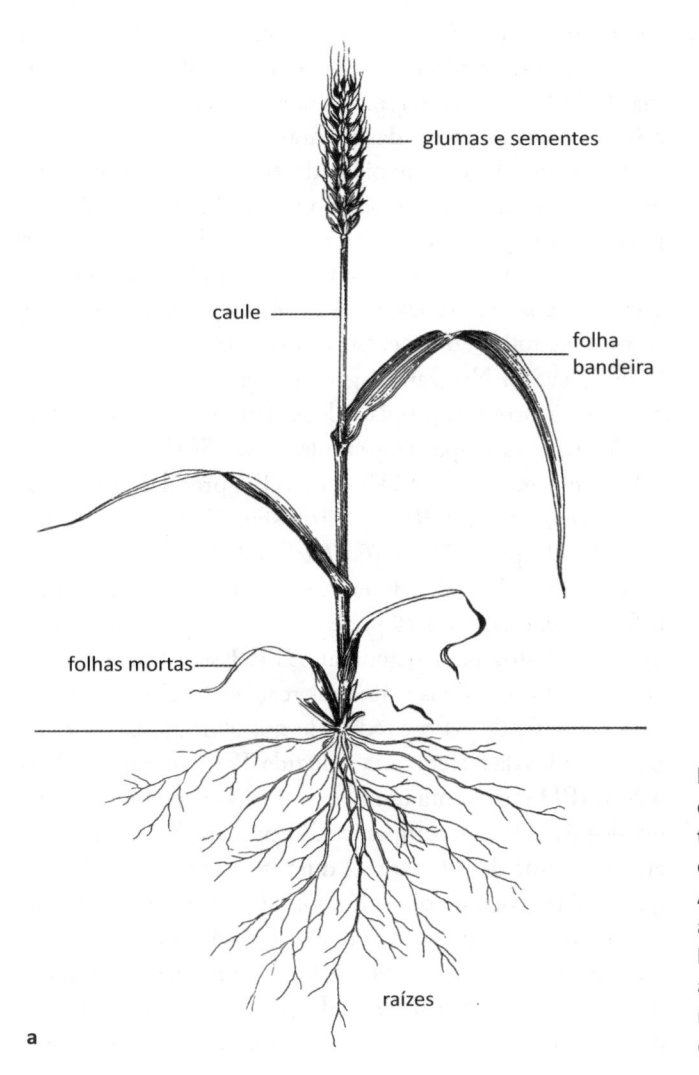

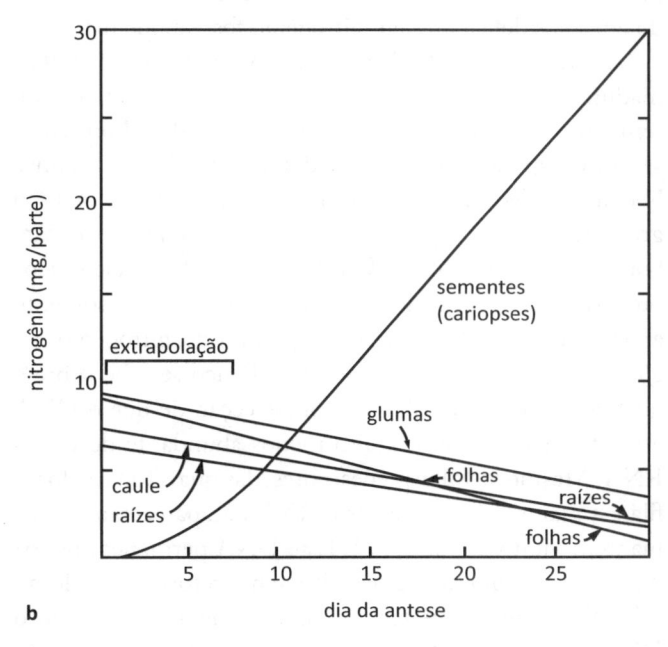

FIGURA 14-13 As alterações no conteúdo de nitrogênio de vários órgãos durante o desenvolvimento de sementes em uma planta de trigo. As medições foram feitas com início seis dias após a antese e continuaram até o dia 30, quando as sementes estavam maduras. A retirada da planta foi feita 15 dias após a antese e mostra partes analisadas para o nitrogênio total. No dia 15, as glumas e a folha bandeira estavam verdes; a folha logo abaixo da folha bandeira estava amarela na ponta, a segunda folha abaixo da folha bandeira estava meio amarelo-marrom e outras folhas estavam mortas. (De Simpson et al., 1982. Usado com permissão.)

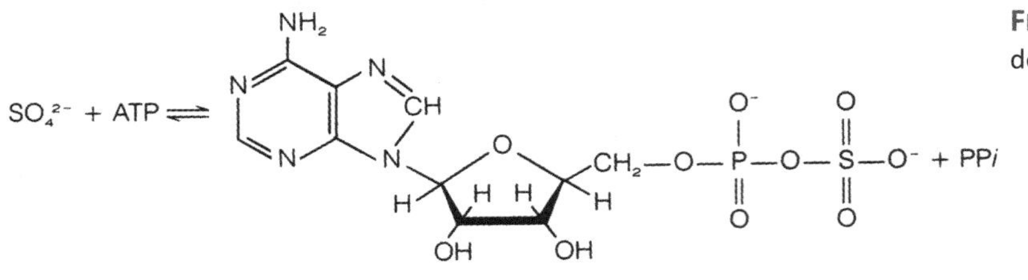

FIGURA 14-14 Quatro reações importantes na redução do sulfato para sulfeto.

$SO_4^{2-} + ATP \rightleftharpoons$ adenosina-5'-fosfosulfato (APS) $+ PPi$

$PPi + H_2O \longrightarrow 2 Pi$

$APS + XSH \longrightarrow AMP + X\text{—}S\text{—}SO_3^-$

$XSSO_3^- + 8\, Fd(Fe^{+2}) + 7H^+ \longrightarrow S^{2-} + XSH + 8\, Fd(Fe^{+3}) + 3H_2O$

1989). Foi proposto que esses corpos proteicos representam o armazenamento de proteínas na casca. Para macieiras, as estimativas indicam que até metade do nitrogênio é perdido de folhas em senescência pelo transporte para outros tecidos (Titus e Kang, 1982; consulte também Millard e Thomson, 1989, e Cote et al., 1989). O nitrogênio é armazenado principalmente nas reservas de proteínas até que o crescimento novo comece na primavera; depois, os aminoácidos, amidas e ureídeos aparecem no xilema em seu caminho para as folhas jovens ou botões florais. Se não fosse por esse processo de conservação, as perdas de nitrogênio durante a queda das folhas fariam com que a produtividade das árvores crescendo em solos deficientes em nitrogênio fosse ainda menor.

As moléculas de RNA também são degradadas em folhas maduras e senescentes e em tecidos de armazenamento de sementes. Enzimas hidrolíticas chamadas de **ribonucleases** são responsáveis por esta degradação. Essas enzimas liberam nucleotídeos de purina e pirimidina nas quais o grupo fosfato está ligado tanto ao carbono 3 quanto ao carbono 5 da unidade ribose. O nitrogênio nestes nucleotídeos provavelmente é translocado para outros órgãos somente após haver mais degradação e rearranjo do nitrogênio em glutamato, aspartato e suas amidas. Pouco se sabe sobre a quebra de DNA em plantas, com exceção de que o DNA é muito mais estável e muito menos abundante do que o RNA. Mesmo as folhas senescentes, das quais toda a clorofila e a maioria das proteínas e RNA desapareceram, ainda mantêm muito do seu DNA. Este DNA permanece na folha como foi colocado, e seu nitrogênio retorna ao ciclo no solo. Ninguém parece ter estudado o que acontece com o DNA que é quebrado quando elementos tubulares de peneira e células de condução do xilema perdem seus núcleos.

14.6 Assimilação de sulfato

Com exceção de pequenas quantidades de SO_2 absorvidos pela parte aérea das plantas que crescem próximas de chaminés, o SO_4^{2-} absorvido pelas raízes fornece o enxofre necessário para o crescimento da planta. Como a redução de NO_3^- e CO_2 são processos de redução dependentes de energia, assim ocorre a redução do sulfato para sulfeto:

$$SO_4^{2-} + ATP + 8\text{ elétrons} + 8H^+ \longrightarrow$$
$$S^{2-} + 4\,H_2O + AMP + PPi \quad (14.7)$$

A redução do sulfato ocorre tanto nas raízes quanto nas partes aéreas de algumas espécies, mas a maioria do enxofre transportado no xilema para as folhas está na forma de SO_4^{2-} não reduzido. Alguns transportes de volta às raízes e a outras partes das plantas ocorrem pelo floema, e tanto os compostos orgânicos de enxofre quanto os livres de SO_4^{2-} são transportados (Bonas et al., 1982). Sabemos pouco sobre a redução de SO_4^{2-} em tecidos sem clorofila, mas a maioria das reações aparentemente são as mesmas que ocorrem nas folhas. O ATP é essencial em todos os casos. Nas folhas, o processo todo ocorre nos cloroplastos (Schiff, 1983). Nas raízes, grande parte ou talvez todo o processo ocorre nos proplastídeos (Brunold e Suter, 1989).

A primeira etapa da assimilação de SO_4^{2-} em todas as células é a reação do SO_4^{2-} com ATP, produzindo *adenosina-5'-fosfosulfato* (*APS*) e pirofosfato (PP*i*). Esta etapa é catalisada pela *ATP sulfurilase*. O PP*i* é rápida e irreversivelmente hidrolisado em dois P*i* por uma enzima pirofosfatase, e então o P*i* pode ser usado nas mitocôndrias ou cloroplastos para regenerar ATP. Esses processos são apresentados nas duas primeiras reações da Figura 14-14.

O enxofre de APS é reduzido nos cloroplastos por elétrons doados da ferredoxina reduzida. Para os proplastídeos, o NADPH representa um razoável (mas não comprovado) doador de elétrons comparável. O número de oxidação do enxofre muda de +6 para –2 durante a redução de APS, o que explica por que oito elétrons são necessários (Reação 14.7). Acredita-se que a redução nos cloroplastos ocorra da seguinte forma (Figura 14-14): primeiro, o grupamento sulfato de APS é transferido para o átomo de enxofre de uma molécula aceptora por uma enzima chamada *APS*

FIGURA 14-15 Reações nas quais o sulfeto é convertido em cisteína e metionina. A reação 1, catalisada pela cisteína sintetase, envolve a substituição do grupamento acetato na O-acetil serina por sulfeto. A reação 2, catalisada pela cistationina sintetase, divide o fosfato da O-fosforil--homoserina e junta o átomo de enxofre na cisteína ao grupamento CH_2 terminal do resíduo homoserina. A reação 3 é catalisada pela cistationase, uma enzima que hidrolisa a cistationina entre o S e o carbono mostrado pela linha ondulada. Piruvato e NH_4^+ são liberados; esses produtos faziam parte da molécula de cisteína. A homocisteína é convertida pela metionina sintetase em metionina pela recepção de um grupamento metil na reação 4. Ácido N^5-metiltetraidrofólico é o doador de metil para esta reação.

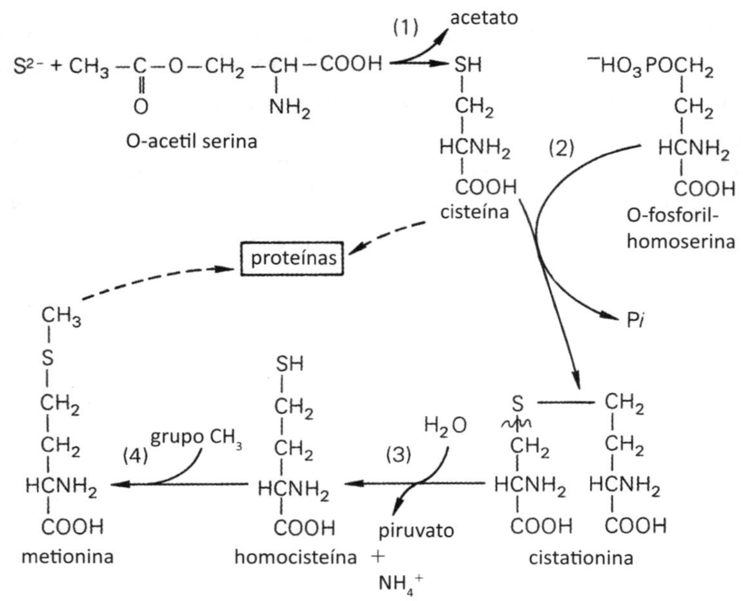

sulfotransferase. A molécula aceptora não foi identificada; os candidatos prováveis são a glutationa (um tripeptídeo contendo glutamato-cisteína-glicina) e a tiorredoxina (descrita na Seção 11.5). Este receptor é indicado por XSH na Figura 14-14, e depois que aceita o sulfato de APS é denotado por X—S—SO_3^-. A redução do enxofre no grupo O_3^- de X—S—SO_3^- pela ferredoxina reduzida ocorre em seguida, produzindo XSH e sulfeto livre.[2]

---

[2] Como o enxofre ligado ao APS é reduzido é controverso. A partir de meados da década de 1970, acreditava-se que esta redução nos cloroplastos era bastante direta, utilizando elétrons doados ao APS da ferredoxina reduzida. Embora a ferredoxina reduzida seja quase certamente um doador de elétrons, não está claro se o enxofre no APS é o verdadeiro aceptor de elétrons. Em certas bactérias e leveduras bem estudadas, o APS não é reduzido diretamente, mas é primeiro convertido em **3',5'-fosfoadenosina-fosfosulfato (PAPS)** com ATP. Então, estes organismos usam dois elétrons de uma tiorredoxina reduzida para reduzir o enxofre no PAPS, liberando *sulfito livre* (SO_3^{2-}) e *adenosina-3',5r-bifosfato*. O enxofre no sulfito livre nunca se acumula, mas é reduzido rapidamente para o nível de sulfeto de oxidação (valência de –2) como S^{2-}, HS^- ou H_2S mediante a aceitação de seis elétrons doados diretamente da tiorredoxina por meio da enzima tiorredoxina-ferredoxina redutase (observe a Figura 11-9).
Um relatório de Schwenn (1989) indica que, nos cloroplastos de espinafre, PAPS (não APS) é também a forma de enxofre primeiro reduzida (por *PAPS redutase*) e que o sulfito livre é então liberado. Uma vez que os cloroplastos de várias espécies vegetais contêm um *sulfito redutase dependente de ferredoxina*, que pode reduzir o sulfito usando elétrons de ferredoxina reduzida, Schwenn (1989) propôs que os cloroplastos reduzem o sulfato pelos mesmos processos gerais que ocorrem em bactérias e leveduras, e que nenhum XSH (tal como indicado na Figura 14-14) está envolvido. Segundo a hipótese de Schwenn, o sulfato é convertido em APS, APS é convertido em PAPS e, em seguida, o PAPS é reduzido por meio de uma PAPS redutase que requer ferredoxina e tiorredoxina reduzida. Finalmente, o sulfito livre é liberado e reduzido para o nível de oxidação de sulfeto com o ganho de seis elétrons da ferredoxina reduzida. Esta atraente hipótese para a redução de sulfito livre nos cloroplastos pode ser comparada com a redução de nitrito nas mesmas organelas, um processo que também envolve a doação de seis elétrons da ferredoxina reduzida. No entanto, não temos conhecimento de outros trabalhos que confirmem a hipótese de Schwenn.

O sulfeto (livre ou ligado) resultante da redução da APS não se acumula, pois é rapidamente convertido em compostos orgânicos de enxofre, especialmente cisteína e metionina. As reações pelas quais estes dois aminoácidos são formados são mostradas na Figura 14-15 (Giovanelli et al., 1980). A maioria do enxofre da planta (90%) está na cisteína ou na metionina das proteínas, mas pequenas quantidades de cisteína são incorporadas à coenzima A (observe a Figura 13-8) e traços de metionina são usados para formar *S-adenosilmetionina*. Uma importância da S-adenosilmetionina é que seu grupamento metil pode ser transferido para ajudar a formar ligninas e pectinas de paredes celulares, flavonoides como as coloridas antocianinas e clorofilas; outra importância é o seu papel como um precursor do hormônio vegetal etileno (Seção 18.2). Em algumas espécies, principalmente alho, cebola, repolho e seus parentes próximos, **mercaptanos** odoríferos (R—SH), tais como metilmercaptano e n-propil mercaptano, **sulfetos** (R—S—R) ou **sulfóxidos** (estrutura geral abaixo) se acumulam (Block, 1985).

$$\begin{array}{c} R{-}S{-}R \\ \parallel \\ O \end{array}$$

Outro composto odorífero liberado em pequenas quantidades tanto pelas folhas de angiospermas quanto de coníferas é o H_2S (Grundon e Asher, 1988). A produção de H_2S parece um desperdício de energia porque sua formação requer tanto ATP (na formação de APS) quanto a ferredoxina reduzida. No entanto, sua liberação só começa quando a oferta reduzida de enxofre (cisteína) da folha já está adequada – isto é, à luz do dia e quando o fornecimento de SO_4^{2-} é abundante –, então a liberação poderia representar um mecanismo para se manter um nível celular constante de cisteína (Rennenberg, 1984). Outros mecanismos de controle da assimilação de sulfato por várias plantas envolve a inibição da formação de APS sulfotransferase pelo H_2S ou cisteína e inibição da absorção de SO_4^{2-} pela cisteína.

Embora as plantas, bactérias e fungos em geral reduzam e convertam o enxofre em cisteína, metionina e outros compostos essenciais de enxofre, os mamíferos não são capazes de fazer isso. Por essa razão, nós e os animais que comemos dependemos das plantas para a obtenção de enxofre reduzido, e particularmente para os aminoácidos essenciais cisteína e metionina. Como não podemos reduzir NO_3^-, as plantas são igualmente essenciais como fornecedores de nitrogênio orgânico.

QU15IZE
Lipídios e outros produtos naturais

Nos últimos seis capítulos enfatizamos que as plantas contêm uma imponente variedade de carboidratos e de compostos de nitrogênio e enxofre. Muitas das reações pelas quais essas substâncias são formadas foram explicadas, principalmente com relação à importância da luz no fornecimento de energia para conduzir as reações no sistema da parte aérea. Vimos que a energia da luz é utilizada para levar à redução de CO_2, NO_3^- e SO_4^{2-}, processos que os humanos e outros animais não são capazes de realizar metabolicamente.

Neste capítulo discutiremos as propriedades e funções de muitos outros compostos de que as plantas necessitam para o crescimento ou sobrevivência. Alguns deles, como as gorduras e óleos, são importantes reservas de alimento depositadas nos tecidos e células especializadas apenas em determinados momentos do ciclo de vida. Outros, tais como ceras e componentes de cutina e suberina, são camadas de proteção mais externas da planta ou agem como barreiras à água nas células endodermais e exodermais (Seção 8.3). Outros ainda ajudam a perpetuar a espécie, facilitando a polinização ou a defesa contra organismos competitivos. Durante os últimos anos, descobriu-se que centenas de compostos que as plantas produzem têm um papel ecológico, abrindo um novo campo de investigação científica, muitas vezes chamado de **bioquímica ecológica** (Harborne, 1988, 1989; Scriber e Ayres, 1988). Tais descobertas têm explicado as funções de muitos compostos que antes pareciam ser apenas resíduos de produtos de plantas.

Além desses compostos, algumas plantas produzem muitos outros, como a borracha, para a qual nenhuma função é conhecida. O tetrahidrocanabinol, o composto ativo da maconha, é outro exemplo. Os compostos não necessários para o crescimento e desenvolvimento normal pelas vias metabólicas comuns a todas as plantas são muitas vezes referidos como **compostos secundários** ou **produtos secundários**. Essa nomenclatura os separa dos compostos primários, tais como fosfatos de açúcar, aminoácidos e amidas, proteínas, nucleotídeos, ácidos nucleicos, clorofila e ácidos orgânicos, necessários para a vida em todas as plantas. A separação não é completa porque, por exemplo, um composto como a lignina é considerado primário e essencial para as plantas vasculares (em razão da sua presença no xilema), mas não para as algas. Em uma revisão, Metcalf (1987) afirma que entre 50.000 e 100.000 compostos secundários de plantas podem existir no reino vegetal, milhares dos quais já foram identificados.

De certa forma, as plantas podem ser comparadas a sofisticados laboratórios químicos orgânicos pelas suas habilidades sintéticas. Modernos instrumentos de análise, como cromatógrafos a gás, cromatógrafos líquidos de alta performance e espectrômetros de massa, agora fornecem ferramentas valiosas para separar e identificar os compostos que as plantas produzem. As estruturas e biossíntese de centenas de compostos secundários estão resumidas nos livros de Robinson (1980), Vickery e Vickery (1981) e Conn (1981), e nas frequentes revisões nas revistas *Phytochemistry* e *Natural Product Reports*.

Começamos por descrever os **lipídios**, um grupo de gorduras e substâncias semelhantes à gordura, ricas em carbono e hidrogênio, que se dissolvem em solventes orgânicos como clorofórmio, acetona, éter, certos álcoois e benzeno, mas que não se dissolvem na água. Entre os lipídios estão as gorduras e óleos, fosfolipídios e glicolipídios, ceras e muitos dos componentes da cutina e suberina.

15.1 Óleos e gorduras

Quimicamente, óleos e gorduras são compostos muito semelhantes, mas as gorduras são sólidas a temperatura ambiente, enquanto os óleos são líquidos. Ambos são compostos de *ácidos graxos* de cadeia longa esterificados pelo seu único grupamento carboxila a uma hidroxila do *álcool glicerol de três carbonos*. Todos os três grupamentos hidroxilas do glicerol são esterificados, então os óleos e gorduras

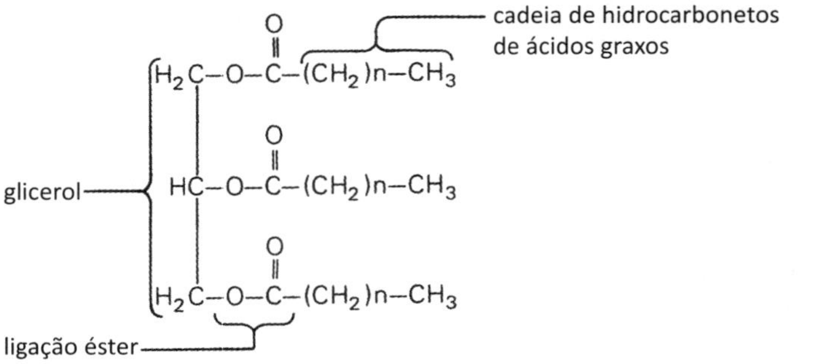

FIGURA 15-1 A estrutura geral de um óleo ou gordura, sendo que ambos são triglicerídeos.

são chamados de **triglicerídeos**. Exceto para os casos em que uma importante distinção deve ser feita entre os triglicerídeos de gordura e óleo, nos referimos a eles como gorduras. A fórmula geral para uma gordura é fornecida na Figura 15-1.

Os pontos de fusão e outras propriedades das gorduras são determinados pelos tipos de ácidos graxos que elas contêm. Uma gordura contém três ácidos graxos diferentes, embora ocasionalmente dois sejam idênticos. Esses ácidos têm quase sempre um número par de átomos de carbono, em geral 16 ou 18, e alguns são insaturados (contêm ligações duplas). O ponto de fusão aumenta com o comprimento do ácido graxo e com o grau de saturação com hidrogênio, então as gorduras sólidas têm ácidos graxos saturados. Nos óleos, entre uma e três ligações duplas estão presentes em cada ácido graxo; estes causam pontos de fusão menores e fazem com que os óleos estejam líquidos à temperatura ambiente. Exemplos de óleos de plantas comercialmente importantes são aqueles feitos a partir das sementes de algodão, milho, amendoim e soja. Todos esses óleos contêm principalmente ácidos graxos com 18 átomos de carbono, incluindo o *ácido oleico*, com uma ligação dupla, e o *ácido linoleico*, com duas duplas ligações. Na verdade, esses dois ácidos, na ordem mencionada, são os ácidos graxos mais abundantes na natureza.

A Tabela 15-1 enumera vários ácidos graxos importantes, incluindo o número de átomos de carbono, estrutura, grau de insaturação, a posição das ligações duplas e o ponto de fusão de cada um. Os ácidos graxos saturados mais abundantes são o *ácido palmítico*, com 16 carbonos, e o *ácido esteárico*, com 18 carbonos. A gordura de coco é uma rica fonte de *ácido láurico*, um ácido saturado com apenas 12 carbonos. Os sete ácidos graxos listados na Tabela 15-1 representam 90% dos que ocorrem nos lipídios das membranas das plantas (Seção 7.4), a mesma porcentagem dos que estão em óleos comerciais de sementes (Harwood, 1980,1989). As sementes de muitas plantas contêm uma elevada porcentagem de ácidos graxos que não são importantes nos lipídios de membrana da mesma espécie. A mamona (*Ricinus communis*), por exemplo, contém *ácido ricinoleico* (ácido 12-hidroxioleico), que representa entre 80 e 90% dos ácidos graxos no óleo de rícino, mas este está ausente das membranas da mamona e é raro em outras espécies.

TABELA 15-1 Ácidos graxos comuns ou abundantes em várias plantas.

Nome	Número de carbonos:número de ligações duplas	Estrutura	Ponto de fusão (°C)[a]
Láurico	12:0	$CH_3(CH_2)_{10}COOH$	44
Mirístico	14:0	$CH_3(CH_2)_{12}COOH$	58
Palmítico	16:0	$CH_3(CH_2)_{14}COOH$	63
Esteárico	18:0	$CH_3(CH_2)_{16}COOH$	71,2
Oleico	18:1 em C-9, 10	$CH_3(CH_2)_7 \overset{H}{C}=\overset{H}{C}-(CH_2)_7COOH$	16,3
Linoleico	18:2 em C-9, 10, 12, 13	$CH_3(CH_2)_4 \overset{H}{C}=\overset{H}{C}-CH_2-\overset{H}{C}=\overset{H}{C}-(CH_2)_7-COOH$	−5
Linolênico	18:3 em C-9, 10, 12, 13, 15, 16	$CH_3CH_2 \overset{H}{C}=\overset{H}{C}-CH_2-\overset{H}{C}=\overset{H}{C}-CH_2-\overset{H}{C}=\overset{H}{C}-(CH_2)_7-COOH$	−11,3

[a] Os ponto de fusão foram obtidos de Weast, 1988.

TABELA 15-2 A composição química de algumas sementes de importância econômica.

Espécie	Família	Principal Tecido de Reserva	Teor Porcentual[a]		
			Carboidrato	Proteína	Lipídio
Milho (*Zea mays*)	Poácea (Gramíneas)	Endosperma	51-74	10	5
Trigo (*Triticum aestivum*)	Poácea	Endosperma	60-75	13	2
Ervilha (*Pisum sativum*)	Fabaceae (Leguminosae)	Cotilédones	34-46	20	2
Amendoim (*Arachis hypogaea*)	Fabaceae	Cotilédones	12-33	20-30	40-50
Soja (*Glycine* sp.)	Fabaceae	Cotilédones	14	37	17
Castanha do Pará (*Bertholletia excelsa*)	Lecythidaceae	Hipocótilo	4	14	62
Mamona (*Ricinus communis*)	Euphorbiaceae	Endosperma	0	18	64
Girassol (*Helianthus annuus*)	Asteraceae (Compositae)	Cotilédones	2	25	45-50
Carvalho (*Quercus robur*)	Fagaceae	Cotilédones	47	3	3
Pseudotsuga (*Pseudotsuga menziesii*)	Pinaceae	Gametófito	2	30	36

[a] As porcentagens são baseadas nos pesos frescos (secos ao ar) das sementes.
Fonte: De Street and Opik, 1970. Uma lista mais longa de análise de sementes inteiras é fornecida por Sinclair e Wit, 1975.

Distribuição e importância das gorduras

O armazenamento de gordura é raro em folhas, caules e raízes, mas ocorre em muitas sementes e algumas frutas (por exemplo, abacate e azeitonas). Em angiospermas, as gorduras são concentradas no endosperma ou nos tecidos de armazenamento do cotilédone de sementes, mas também no eixo embrionário. Em sementes de gimnospermas, as gorduras são armazenadas no gametófito feminino.

Comparado com os carboidratos, as gorduras contêm grandes quantidades de carbono e hidrogênio e menos oxigênio, por isso, quando as gorduras são respiradas, mais O_2 é usado por unidade de peso. Como resultado, mais ATP é formado, demonstrando que uma maior quantidade de energia pode ser armazenada por unidade de volume de gordura do que carboidratos. Talvez por isso, a maioria das sementes menores contém gorduras como material de armazenamento primário. Quando essas gorduras são respiradas, energia suficiente é liberada para permitir o estabelecimento das mudas, mas o pequeno peso das sementes permite que elas sejam efetivamente dispersas pelo vento. Sementes maiores, especialmente aquelas como o feijão, a ervilha e o milho que foram selecionadas pelos humanos para a agricultura, muitas vezes contêm muito amido e apenas pequenas quantidades de gorduras, mas as sementes de coníferas e as de nozes são normalmente ricas em gordura (Tabela 15-2). Uma lista enciclopédica de composições de sementes de 113 famílias é dada por Earle e Jones (1962).

As gorduras são sempre armazenadas em corpos especializados no citosol (observe a Figura 14-10), e muitas vezes há centenas de milhares de corpos em cada célula de armazenamento. Estes corpos foram chamados de corpos lipídicos, esferossomos e **oleossomos** (do latim, *oleo*, "óleo") – para uma revisão de terminologia, consulte Gurr (1980). Preferimos o termo *oleossomo*, sugerido por Yatsu et al. (1971), pois corretamente indica que esses organismos contêm óleo e os distingue dos peroxissomos (Figura 11-8) e glioxissomos, que também são corpos esféricos. Além disso, o termo *esferossomo* tem sido usado há anos para descrever as organelas que contêm pouca ou nenhuma gordura (Sorokin, 1967).

Os oleossomos podem ser isolados de sementes em forma pura, permitindo a análise de sua composição e estrutura. A falha dos oleossomos de se fundirem em uma grande gota lipídica em células ou quando isolados sugere que uma membrana envolve cada um, ainda que tal membrana não possa ser vista em eletromicrografias. Quando é visível, ela parece ter apenas metade da espessura (3 nm) de uma membrana unitária típica (8 nm). Aparentemente, a membrana do oleossomo é realmente uma meia-membrana, cuja superfície polar e hidrofílica é exposta ao citosol aquoso, e cuja superfície não polar e hidrofóbica enfrenta as gorduras armazenadas no interior.

Um extenso estudo citológico da formação de oleossomos durante o desenvolvimento da semente parece explicar como uma meia-membrana surge (Wanner et al., 1981). Os oleossomos aparentemente provêm de duas fontes: o retículo endoplasmático e os plastídeos. Gorduras aparentemente se acumulam entre as duas camadas de fosfolipídios e glicolipídios presentes na membrana externa do envelope do plastídeo ou da membrana do RE. Esse acúmulo provoca a separação da bicamada lipídica em duas metades, com gorduras forçando-os a se separar até que um oleossomo distinto incha e salta para fora (Figura 15-2).

Formação de Gorduras

Gorduras armazenadas em sementes e frutos não são transportadas a partir de folhas, mas sintetizadas *in situ* a partir de sacarose ou outros açúcares translocados. Embora as folhas produzam vários ácidos graxos presentes nos lipídios de suas membranas, elas raramente sintetizam gorduras. Além disso, tanto os ácidos graxos quanto as gorduras são muito insolúveis em H_2O para serem translocados no floema ou xilema.

A conversão de carboidratos em gorduras exige a produção de ácidos graxos e glicerol para que os ácidos graxos tornem-se esterificados. A unidade de glicerol (α-glicerofosfato) surge pela redução do dihidroxiacetona fosfato produzido na glicólise (Seção 13.3). Os ácidos graxos são formados por condensações de múltiplas unidades de acetato em acetil CoA. A maioria das reações de síntese de ácidos graxos ocorre somente nos cloroplastos de folhas e proplastídios de sementes e raízes (Stumpf 1987; Harwood, 1988; Heemskerk e Wintermans, 1987). Os ácidos graxos sintetizados naquelas organelas são principalmente o ácido palmítico e o ácido oleico. O acetil CoA usado para formar gorduras nos cloroplastos é produzido por um piruvato desidrogenase (semelhante à das mitocôndrias), que utiliza piruvato feito a partir da glicólise no citosol. Outra fonte de acetil CoA para cloroplastos de espinafre e outras plantas é o acetato livre de mitocôndrias. Este acetato é prontamente absorvido pelos plastídios, convertido em acetil CoA e, então, usado para formar ácidos graxos e outros lipídios descritos neste capítulo (Givan, 1983; Harwood, 1988, 1989). Um resumo das muitas reações envolvidas na síntese dos ácidos graxos é exemplificado para o ácido palmítico (como o éster CoA) na reação 15.1:

$$8 \text{ acetil CoA} + 7ATP^{3-} + 14NADPH + 14H^+$$
$$\longrightarrow CoA + 7CoA + 7ADP^{2-} + 7H_2PO_4^-$$
$$+ 14NADP^+ + 7H_2O \quad (15.1)$$

Posteriormente, CoA é hidrolisada quando o ácido palmítico ou algum outro ácido graxo é combinado com o glicerol durante a formação de gorduras ou lipídios de membrana.

FIGURA 15-2 Formação de um oleossomo (O) a partir do retículo endoplasmático (RE) em um cotilédone que armazena gordura de uma semente de melancia em desenvolvimento. (Cortesia G. Wanner.)

Este resumo destaca que a conversão de unidades de acetato em ácidos graxos despende energia, porque quase dois pares de elétrons (2 NADPH) e um ATP são necessários para cada grupamento acetil presente. Nas folhas iluminadas, a fotossíntese fornece a maior parte do NADPH e de ATP, e a formação de ácidos graxos ocorre muito mais rápido na luz do que na escuridão. Na escuridão e nos proplastídios de sementes e raízes, a via respiratória das pentose-fosfato (Seção 13.10) provavelmente fornecerá a NADPH, e a glicólise fornece o ATP e o piruvato dos quais o acetil CoA é formado.

Embora o ácido palmítico e o ácido oleico sejam formados nos plastídios, a maioria dos outros ácidos graxos é formada pela modificação desses ácidos no RE. Nas sementes, os ácidos graxos que produzem podem ser esterificados com glicerol para produzir gorduras que se desenvolvem em oleossomos diretamente no RE (Figura 15-2). Alternativamente, os ácidos graxos podem ser transportados de volta para os proplastídios para a formação do oleossomo. Além disso, o RE de todas as células pode converter ácidos graxos em fosfolipídios necessários para o crescimento do próprio RE ou de outras membranas celulares (Moore, 1984; Mudd, 1980). Nas folhas, os ácidos linoleico e linolênico são sintetizados a partir do ácido oleico e (pelo alongamento) do ácido palmítico no RE. Em seguida, os ácidos linoleico e linolênico são transportados do RE de volta para os cloroplastos, nos quais se acumulam como lipídios nas membranas tilacoides.

Os tipos de ácidos graxos encontrados em membranas e gorduras de armazenamento das plantas variam um pouco com o ambiente em que a planta cresce. A temperatura é um fator importante de controle (Harwood, 1989). Em temperaturas mais baixas, os ácidos graxos são mais insaturados (isto é, há mais ácidos linolênico e linoleico) do que em altas temperaturas. Esta insaturação diminui a média de pontos de fusão dos ácidos graxos (Tabela 15-1), faz com que as membranas sejam mais fluidas e produz óleo em vez de gorduras sólidas nos oleossomos. Uma hipótese popular para explicar o efeito da temperatura é que o aumento da solubilidade do oxigênio na água quando a temperatura cai fornece o O_2 que age como receptor essencial de átomos de hidrogênio para os processos de dessaturação no RE, causando mais insaturação nos ácidos graxos presentes.

Conversão de gorduras em açúcares: β-oxidação e o ciclo do glioxilato

A quebra das gorduras armazenadas nos oleossomos de sementes e frutos libera quantidades relativamente grandes de energia. Para as sementes, essa energia é necessária para impulsionar o desenvolvimento inicial da plântula antes do início da fotossíntese. Uma vez que as gorduras não podem ser translocadas para as raízes e partes aéreas em crescimento, devem ser convertidas em moléculas mais móveis, a sacarose. A conversão de gorduras em açúcares é um processo especialmente interessante porque ocorre principalmente em sementes ricas em gordura, esporos de fungos e algumas bactérias, mas não em humanos ou outros animais.

A maioria das reações necessárias para converter gorduras em açúcares acontece em microcorpos chamados de **glioxissomos** (Figura 15-3). Estruturalmente, os glioxissomos são quase idênticos aos peroxissomos de células fotossintéticas (Capítulo 11), mas muitas das suas enzimas são diferentes (Tolbert, 1981; Huang et al., 1983). Em algumas espécies, talvez todas, eles são formados como **proglioxissomos** (pequenos precursores do glioxissoma) em cotilédones de sementes em desenvolvimento; em seguida, durante a germinação e desenvolvimento inicial, eles amadurecem para glioxissomos totalmente funcionais (Trelease, 1984). Os glioxissomos persistem apenas até que as gorduras sejam digeridas, depois desaparecem. Nos cotilédones que surgem acima do solo e se tornam fotossintetizantes, são substituídos pelos peroxissomos (Beevers, 1979).

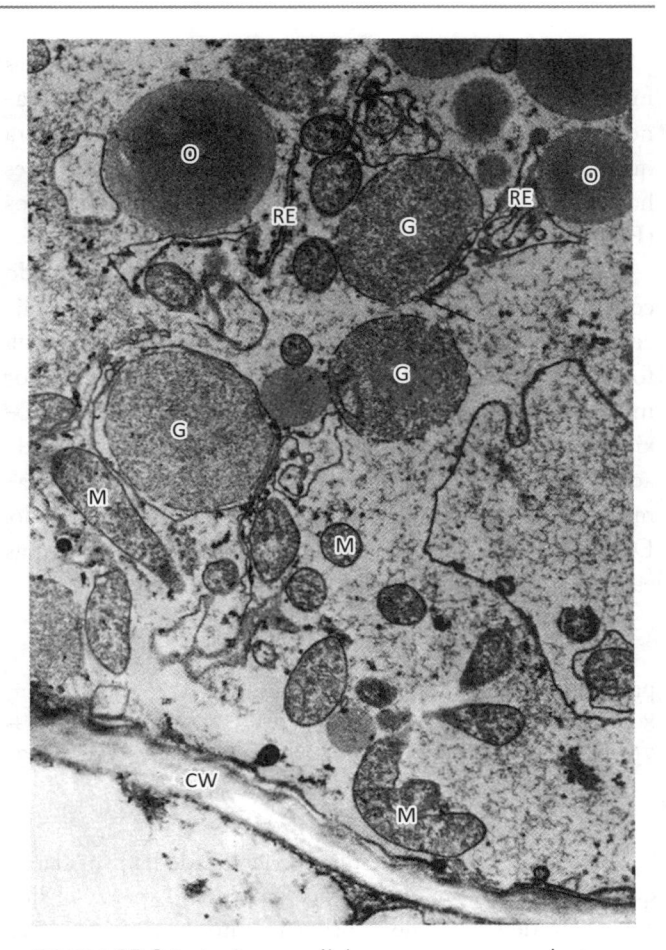

FIGURA 15-3 Parte de uma célula que armazena gordura no megagametófito de uma semente de pinheiro ponderosa germinada há sete dias, mostrando glioxissomos (G), oleossomos que armazenam gordura (O), retículo endoplasmático (RE) e mitocôndrias (M). A maior parte da gordura foi convertida em açúcares. Alguns dos glioxissomos parecem estar ligados ao RE, de onde se originam; observe a seta. (De Ching, 1970.)

A quebra das gorduras começa com a ação das lipases, que hidrolizam as ligações ester e liberam os três ácidos graxos e glicerol:

$$\text{glicerol} \quad\quad \text{molécula de gordura} \quad\quad \text{ácidos graxos livres}$$

(15.2)

Quase toda a atividade da lipase está presente nas meias-membranas dos oleossomos (Huang, 1987). A maneira como os ácidos graxos entram nos glioxissomos para quebrá-los ainda mais não é conhecida, mas muitas vezes há contato direto entre os oleossomos e os glioxissomos (Figura 15-3).

O glicerol resultante da ação da lipase é convertido com o ATP para um α-glicerolfosfato no citosol; o glicerolfosfato é oxidado pelo NAD^+ para diidroxiacetona fosfato, a maior parte sendo convertida em sacarose por inversão da glicólise. Os ácidos graxos tomados nos glioxissomos são primeiramente oxidados para unidades de acetil CoA e NADH por um caminho metabólico chamado de **β-oxidação**, porque o beta-carbono é oxidado. Detalhes da β-oxidação não serão apresentados aqui, mas estão resumidos a seguir para o ácido palmítico:

$$\text{palmitato} + ATP^{3-} + 7NAD^+ + 7\ FAD + 7H_2O + 8\ CoASH \longrightarrow 8\ \text{acetil CoA} + AMP^{2-} + \text{pirofosfato}^{2-} + 7NADH + 7H^+ + 7FADH_2 \quad (15.3)$$

A Reação 15.3 é um resumo generalizado da β-oxidação que se aplica sempre que o processo ocorre. Em células que não sejam de tecidos de armazenamento de sementes ricas em gordura, os ácidos graxos liberados a partir dos lipídios de membrana também sofrem β-oxidação nos peroxissomos. No fígado dos animais, a β-oxidação pode ocorrer nas mitocôndrias e nos peroxissomos, mas as mitocôndrias vegetais parecem incapazes de realizar este processo (Gerhardt, 1986; Harwood, 1988). Quando a β-oxidação ocorre nos glioxissomos ou peroxissomos, essas organelas não têm enzimas de ciclo de Krebs completas e nenhum sistema de transporte de elétrons para oxidar o $FADH_2$ e os produtos da β-oxidação do NADH.

A oxidação de $FADH_2$ nos glioxissomos e peroxissomos é um processo energeticamente ineficiente. Esse desperdício ocorre porque estas organelas contêm uma enzima oxidase que transfere átomos de hidrogênio de $FADH_2$ diretamente à O_2, formando H_2O_2 (peróxido de hidrogênio) com a liberação de calor. Cada H_2O_2 é então degradado para $1/2\ O_2$ e H_2O por catalase, assim como ocorre nos peroxissomos durante o percurso de glicolato da fotorrespiração (Seção 11.4) e com perda adicional de energia na forma de calor. Glioxissomos podem processar NADH e acetil CoA liberados na β-oxidação, mas precisam da ajuda da mitocôndria e do citosol para formar açúcares. Reações pertinentes que ocorrem no glioxissomos, ou seja, na conversão de unidades de acetato de acetil CoA em ácido málico, são chamadas de ciclo do glioxilato. Detalhes do ciclo de glioxilato e das reações citoplasmáticas e mitocondriais adicionais, necessárias para converter as unidades de acetato em açúcares, são mostrados na Figura 15-4 e estão brevemente descritos abaixo.

O acetil CoA reage com o ácido oxalacético para formar o ácido cítrico, assim como no ciclo de Krebs (Figura 15-4, reação 1). Após o ácido isocítrico (seis carbonos) ser formado (reação 2), sofre clivagem por uma enzima específica do ciclo do glioxilato, chamada de *isocitrato liase*. Succinato (quatro carbonos) e glioxilato (dois carbonos) são produzidos (reação 3). O glioxilato reage com outro acetil CoA para formar malato e liberar coenzima A (CoASH, reação 4). Essa reação é catalisada por uma segunda enzima restrita ao ciclo do glioxilato, chamada de *malato sintetase*.

Esse malato é um produto do ciclo e é transportado para o citosol, onde é convertido em açúcares, como explicaremos. O succinato produzido na reação 3 se move para a mitocôndria para processamento posterior. Aqui, ele é oxidado pelas reações 5, 6 e 7 do ciclo de Krebs para oxaloacetato (OAA), liberando NADH e ubiquinona reduzida ($UBQH_2$). Tanto o NADH quanto o $UBQH_2$ são oxidados com O_2 pelo sistema de transporte de elétron mitocondrial para formar H_2O e ATP. As reações 8 e 9 são transaminações entre ácidos alfa-ceto e aminoácidos que necessitam de transporte de troca de tais moléculas entre as mitocôndrias e os glioxissomos. Sua função principal parece ser a regeneração do OAA necessário para manter a reação 1 do percurso do glioxilato (Mettler e Beevers, 1980).

O malato produzido pela malato sintetase (reação 4) é mais que suficiente para explicar todos os carbonos dos ácidos graxos convertidos em carbonos de sacarose. Esse malato é primeiramente oxidado em OAA por um NAD^+-malato desidrogenase citoplasmático (reação 11); em seguida, o OAA é descarboxilado e fosforilado com o ATP para produzir CO_2 e fosfoenolpiruvato, PEP (reação 12). Essa reação é catalisada por uma enzima que ainda não mencionamos, chamada de *PEP carboxicinase*. É provável que o ATP produzido na mitocôndria durante a oxidação de NADH e $UBQH_2$ seja transportado para fora e conduza a reação 12 no citosol. Uma vez que o PEP é formado, pode facilmente sofrer glicólise reversa para formar fosfatos hexose. A sacarose derivada destes fosfatos hexose é então transportada pelo floema para raízes e brotos em crescimento, nos quais fornece a maior parte do carbono necessário para o crescimento desses órgãos nas mudas em crescimento.

Um resumo geral da conversão de um ácido graxo (ácido palmítico) em açúcar (sacarose) é dado pela Reação 15.4:

$$C_{16}H_{32}O_2 + 11\ O_2 \longrightarrow C_{12}H_{22}O_{11} + 4CO_2 + 5H_2O \quad (15.4)$$

FIGURA 15-4 Cooperação de glioxissomos, citosóis e mitocôndrias na conversão de ácidos graxos de gorduras de reserva em sacarose pelo percurso do glioxilato.

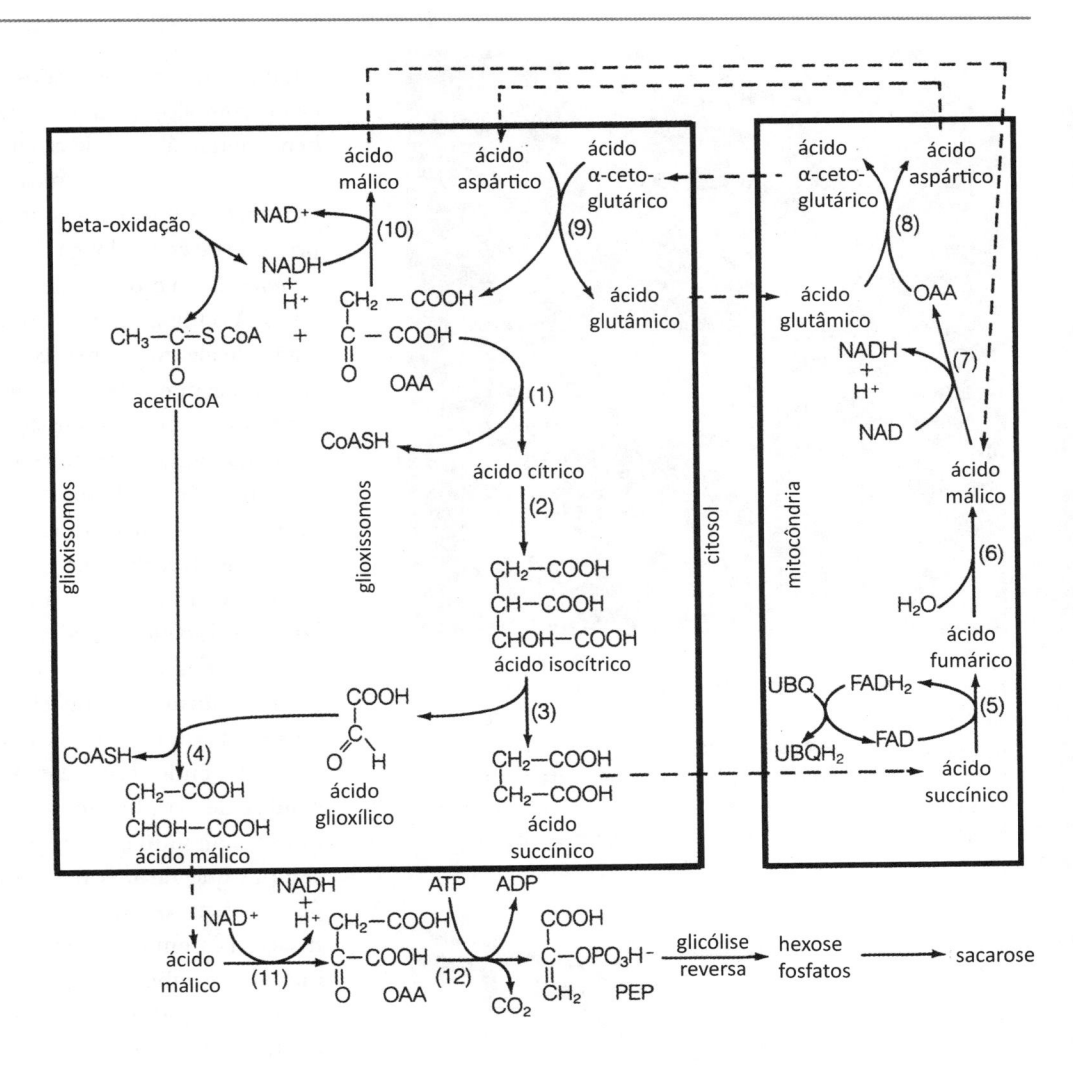

Este é um processo de respiração, porque o O_2 é absorvido (durante a oxidação do $FADH_2$ produzido pela β-oxidação) e CO_2 é liberado (durante a conversão do oxaloacetato em PEP). O quociente respiratório (QR; mols de CO_2/mols de O_2) é de 0,36, totalmente compatível com as medições dos valores de QR em inúmeras sementes ou mudas ricas em gordura. Embora um quarto dos átomos de carbono seja perdido dos ácidos graxos como CO_2, a economia de três quartos é suficiente para as exigências ecológicas das espécies com sementes ricas em gordura.

15.2 Ceras, cutina e suberina: camadas protetoras das plantas

Todo o sistema aéreo de uma planta herbácea é coberto por uma **cutícula** que retarda a perda de água de todas as suas partes, incluindo folhas, caules, flores, frutos e sementes (Cutler et al, 1980;. Juniper e Jeffree, 1982). Uma eletromicrografia de varredura da cutícula em uma folha de cravo ilustra a estrutura da superfície cerosa da cutícula (Figura 15-5). Sem essa capa protetora, a transpiração da maioria das plantas terrestres seria tão rápida que elas morreriam. A cutícula também oferece proteção contra alguns patógenos de plantas e também contra pequenos danos mecânicos (Kolattukudy, 1987). Ela também é importante na agricultura, pois repele a água utilizada em vários sprays contendo fungicidas, herbicidas, inseticidas ou reguladores de crescimento. Pela natureza hidrofóbica da cutícula, a maioria das formulações em spray contém um detergente para reduzir a tensão superficial da água e permitir que se espalhem sobre a folhagem.

Grande parte da cutícula é composta de uma mistura heterogênea de componentes chamados coletivamente de **cutina**, enquanto o restante é composto por camadas sobrepostas de ceras e polissacarídeos pectina ligados à parede celular (Figura 15-6). A cutina é um polímero heterogêneo composto em grande parte de várias combinações de membros de dois grupos de ácidos graxos, um grupo com 16 carbonos e outro com 18 carbonos (Kolattukudy, 1980a, 1980b; Holloway, 1980). A maioria desses ácidos graxos tem dois ou mais grupamentos hidroxila, semelhantes ao

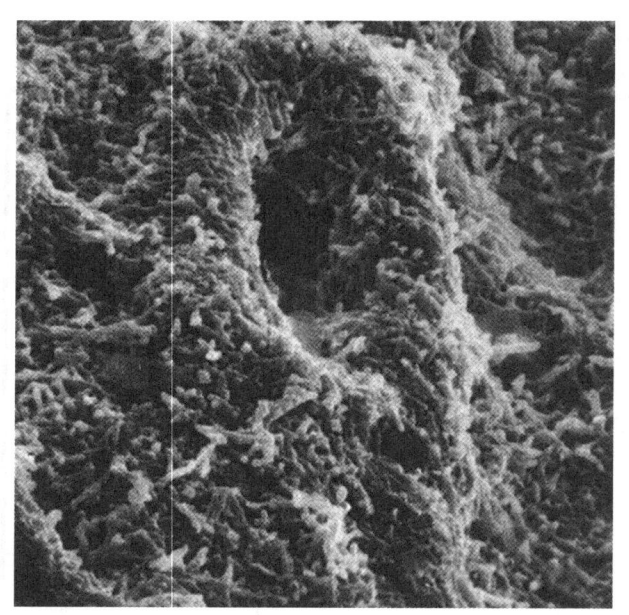

FIGURA 15-5 Cera na superfície foliar de um cravo. O cravo (*Dianthus* sp.) é uma planta comum, com uma camada abundante de cera na cutícula. A estrutura de cera nas superfícies vegetais pode ser de flocos finos, placas, pequenas hastes ou varetas. Quando a cera está sob a forma de pequenas hastes ou varetas, é visível a olho nu como uma "flor" azulada que pode ser facilmente removida da folha. (De Troughton e Donaldson, 1972.)

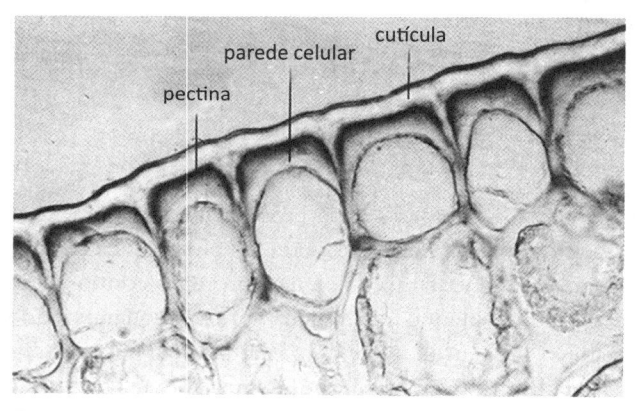

FIGURA 15-6 A estrutura fina da cutícula na superfície superior de uma folha de *Clivia miniata* (clívia). A cutícula (regiões externas claras e escuras) cobre a porção de pectina fundida à parte externa da parede celular. (Cortesia de P. J. Holloway.)

Muitas ceras contêm ácidos graxos de cadeia longa esterificados com álcoois monohídricos de cadeia longa, mas também contêm álcoois de cadeia longa livres, aldeídos e cetonas variando de 22 a 32 átomos de carbono, e até mesmo hidrocarbonetos verdadeiros contendo até 37 carbonos. Um álcool primário de cadeia longa da cutícula com 30 carbonos, o *triacontanol*, é um estimulante do crescimento das plantas (Seção 18.3). As cutinas e ceras são sintetizadas pela epiderme e são, então, de alguma forma secretadas para a superfície. As ceras se acumulam em diversos padrões, um dos quais é o padrão em forma de pequenas hastes mostrado na Figura 15-5.

Uma camada protetora menos distinta sobre as partes subterrâneas da planta é chamada de **suberina**. A suberina cobre também as células de cortiça formadas nas cascas de árvores pela ação de esmagamento de crescimento secundário, e é formada por vários tipos de células de tecido cicatricial após a lesão (por exemplo, depois do corte das folhas e em tubérculos de batata cortadas para o plantio). A suberina também ocorre nas paredes de células da raiz não lesionadas como as estrias casparianas na endoderme e exoderme (leia a Seção 8.3) e em células de bainha do feixe de gramíneas. Kolattukudy (1987) concluiu que "as plantas recorrem à suberificação sempre que fatores fisiológicos, de desenvolvimento ou de estresse exigem a montagem de uma barreira de difusão". No entanto, em nível molecular, os eventos que induzem a suberificação são desconhecidos. Uma porção cerosa de lipídios (até metade da suberina total) é uma mistura complexa de ácidos graxos de cadeia longa, ácidos graxos hidroxilados, ácidos dicarboxílicos e álcoois de cadeia longa. A maioria dos membros desses grupos tem mais de 16 átomos de carbono (Holloway, 1983). O restante da suberina contém compostos fenólicos, dos quais o ácido ferúlico (observe a Figura 15-11) é um componente importante. Como na cutina, acredita-se que os compostos fenólicos ligam a fração lipídica de suberina à parede celular. Assim, a suberina é semelhante à cutina por ter uma importante fração lipídica de poliéster, mas difere dela por ter uma fração muito mais abundante de compostos fenólicos quanto nos tipos de ácidos graxos presentes.

ácido ricinoleico mencionado na Seção 15.1. A natureza polimérica da cutina se origina das ligações éster que unem grupamentos hidroxila e grupamentos carboxílicos nos vários ácidos graxos. Pequenas quantidades de compostos fenólicos também estão presentes na cutina, e acredita-se que estas conectam, por ligações éster, os ácidos graxos às pectinas das paredes das células epidérmicas.

As ceras cuticulares incluem uma variedade de hidrocarbonetos de cadeia longa, que também têm pouco oxigênio.

15.3 Os compostos isoprenoides

Inúmeros produtos vegetais com algumas das propriedades gerais dos lipídios formam um grupo diverso de compostos com (ou formados de) uma unidade estrutural comum de cinco carbonos. Eles são chamados de **isoprenoides**, **terpenoides** ou **terpenos** (Grayson, 1988; Fraga, 1988; Croteau, 1988). A nomenclatura varia de acordo com o autor, como descrito por Loomis e Croteau (1980), mas muitos deles usam o termo *terpeno* para isoprenoides que têm falta de oxigênio e são hidrocarbonetos puros (Robinson, 1980). Incluídos como isoprenoides estão os hormônios, tais como o ácido abscísico e as giberelinas (leia os Capítulos 17 e 18), o farnesol (um provável regulador estomático no sorgo), a xantoxina (um precursor do hormônio ácido abscísico, Seção 18.4), esteróis, carotenoides, terebintina, borracha e a cauda fitol da clorofila.

Milhares de isoprenoides foram encontrados no reino vegetal, e o número total real ainda precisa ser estimado com precisão. Muitos deles são interessantes em razão do seu uso comercial e porque ilustram a habilidade das plantas de sintetizar um vasto complexo de compostos não formados pelos animais. Para a maioria dos isoprenoides, especialmente os menores, não conhecemos nenhuma função na planta atualmente. No entanto, muitos influenciam outras plantas ou animais, com os consequentes benefícios para as espécies que os contêm; estes compostos (exclusivos dos alimentos) que influenciam uma outra espécie às vezes são chamados de **aleloquímicos** (Barbour et al, 1987;. Whittaker e Feeny, 1971; Putnam e Tang, 1986). A **alelopatia** (do grego *allelon*, "de um outro"; *pathos*, "doença") é considerada um caso especial de aleloquímica envolvendo uma interação química negativa entre diferentes espécies de plantas. Para isoprenoides e outros compostos produzidos por elas, a aleloquímica contra insetos e outros animais herbívoros é muito mais evidente do que a alelopatia, mas vários casos de alelopatia causada por isoprenoides são conhecidos (Putnam e Heisey, 1983; Putnam e Tang, 1986; Bernays, 1989; Elakovich, 1987).

Com exceção do próprio isopreno (C_5H_8), os isoprenoides são dímeros, trímeros ou polímeros de unidades de isopreno, nos quais essas unidades são normalmente ligadas de uma forma cabeça-à-cauda:

$$\text{(cabeça)}-CH_2-\underset{\underset{CH_3}{|}}{C}=C-CH_2-\text{(cauda)}$$

unidade de isopreno

A unidade de isopreno é sintetizada exclusivamente a partir do acetato de acetil CoA e é chamada de **rota do ácido mevalônico** porque o mevalonato é um intermediário importante. Três moléculas de acetil CoA fornecem os cinco carbonos de uma unidade de isopreno, enquanto o sexto carbono é perdido do pirofosfato mevalonato na forma de CO_2. Essas reações são descritas na maioria dos livros de bioquímica e, portanto, não serão explicadas aqui. A descrição de alguns dos isoprenoides é dada a seguir.

Esteróis

Todos os esteróis (álcoois esteroides) são *triterpenoides* construídos a partir de seis unidades de isopreno. Os mais abundantes nas algas verdes e plantas superiores (dados em ordem de abundância) são o *sitosterol* (29 C), o *estigmasterol* (29 C) e o *campesterol* (28 C). A Figura 15-7 ilustra as estruturas destes e de alguns outros esteróis, incluindo o *colesterol* (difundido em pequenas quantidades nas plantas), o *ergosterol* (raro em plantas, mas comum em alguns fungos, convertido pela radiação UV do sol em vitamina D_2) e o *anteridiol*, um atrativo sexual feminino secretado por cepas do fungo aquático *Achlya bisexualis*. Ao todo, mais de 150 esteróis são conhecidos na natureza. As reações pelas quais eles são sintetizados nas plantas foram revisadas por Heftmann (1983), Benveniste (1986), Gray (1987) e Harrison (1988).

Esteróis existem não só nas formas mostradas, mas também como **glicosídeos**, em que um açúcar (glicose ou manose) é ligado ao grupamento hidroxila do esterol, e como ésteres, nos quais o grupamento hidroxila está ligado a um ácido graxo (Goad et al, 1987). Esteróis livres provavelmente existem em todas as membranas de todos os organismos, exceto nas bactérias, e há pouca dúvida de que a sua contribuição para a estabilidade da membrana é uma de suas funções mais importantes. Nenhum dos glicosídeos esteróis e esteres parecem existir nas membranas, e suas funções são ainda desconhecidas. Além de uma função na membrana, certos esteróis possuem atividade aleloquímica

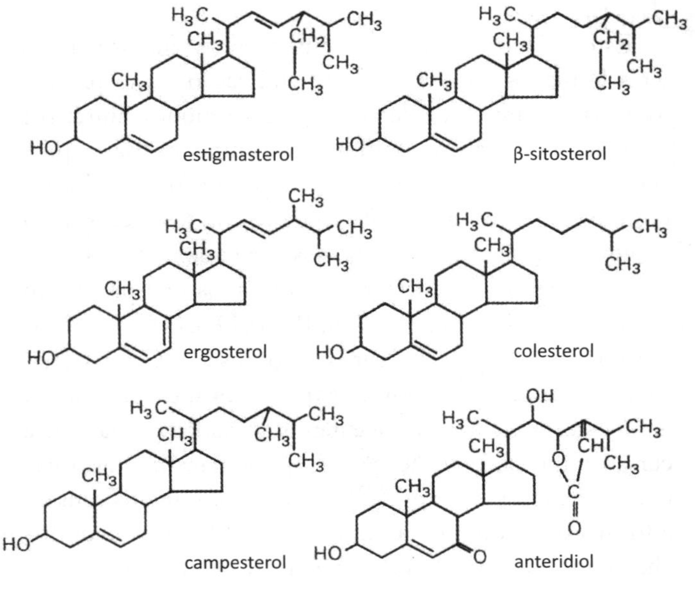

FIGURA 15-7 Alguns esteróis de plantas e fungos. O ergosterol provavelmente ocorre em pequenas quantidades em algumas plantas, mas o anteridiol foi encontrado apenas em alguns fungos.

(Harborne, 1988). Relativamente poucos exemplos têm sido bem documentados, apesar de centenas provavelmente existirem na natureza.

Um exemplo diz respeito aos **glicosídeos cardíacos**, os derivados de esterol que causam ataques cardíacos em vertebrados, mas que são utilizados medicinalmente para fortalecer e diminuir o batimento do coração na insuficiência cardíaca. Este exemplo está relacionado à coevolução de certas asclépias (*Aesclepias* spp.), borboletas monarca e as gralhas azuis. As asclépias produzem vários glicosídeos cardíacos de sabor amargo que as protegem contra a herbivoria da maioria dos insetos e até mesmo do gado. No entanto, as borboletas monarca se adaptaram a esses glicosídeos, e os glicosídeos que suas larvas (lagartas) ingerem mais tarde causam vômito nas gralhas azuis que comem as borboletas adultas. As aves reagem ao vômito rejeitando outras monarcas vistas sozinhas, gerando-se então uma imunidade considerável na predação entre essas borboletas a partir de apenas uma experiência emética.

Glicosídeos cardíacos semelhantes presentes em espécies do gênero *Digitalis* e outras não relacionadas incluem vários **digilanideos** que têm sido usados desde tempos pré-históricos como fontes de veneno para lanças (son, 1980). Estes são tóxicos porque inibem as Na-K ATPases das membranas do músculo cardíaco. No entanto, se a parada cardíaca ocorrer como consequência de hipertensão ou aterosclerose, a terapia com digitalis fornece uma batida do coração mais lenta e mais forte. Nos Estados Unidos, milhões de pessoas com doenças cardíacas rotineiramente utilizam a *digitoxina*, a *digoxina* ou algum outro digilanideo das espécies de *Digitalis* (dedaleira) (Lewis e Elvin-Lewis, 1977).

Esteróis são de uma importância ainda maior para os seres humanos em razão da sua utilização como precursores para a síntese de determinados hormônios sintéticos animais, incluindo o hormônio feminino ovariano progesterona. (Leia também o ensaio deste capítulo.) Vários hormônios responsáveis pela muda de insetos (**ecdisonas**) existem nas plantas, e os insetos dependem destes e de outros esteróis para formar os hormônios que produzem (Heftmann, 1975; Slama, 1979, 1980). Os esteróis vegetais são, portanto, "vitaminas" para muitos insetos. Outros derivados de esteróis, as **saponinas triterpenoides** (esteróis ou compostos semelhantes aos esteróis anexados a uma cadeia curta de um ou mais açúcares), apresentam muitas atividades biológicas em animais. Por exemplo, alguns causam a formação de espuma no trato intestinal, provocando inchaço nos bovinos que comem plantas de alfafa novas. Os bovinos não são repelidos por essas saponinas. Na verdade, as plantas jovens são consumidas de forma mais vigorosa do que as plantas mais velhas com teor muito menor de saponina. O número de saponinas triterpenoides encontrado nas plantas cresce quase que diariamente. Uma revisão por Mahato et al. (1988) listou 420 destes compostos descobertos entre 1979 e 1986.

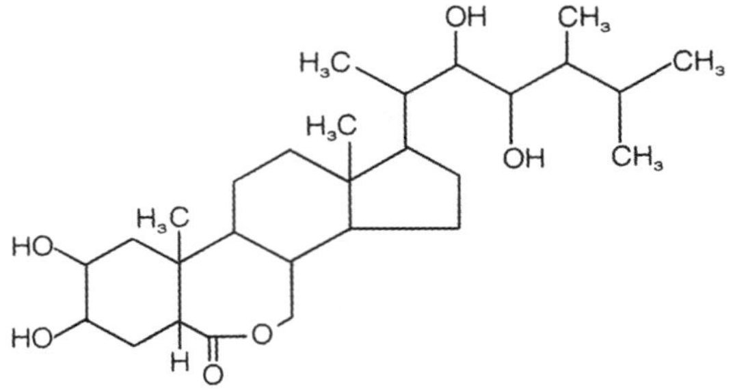

FIGURA 15-8 Estrutura do brassinolido

Recentemente, boas evidências foram obtidas sobre a existência de certos **estrogênios** esteroides mamíferos, incluindo *estrona*, *estriol* e *estradiol* (Hewitt et al., 1980). Há muito tempo suspeita-se que estes e outros esteroides relacionados normalmente funcionam na planta como hormônios sexuais ou de crescimento, e isso tem sido frequentemente afirmado, mas ainda com pouca evidência. Esse assunto já está sendo investigado de forma mais ativa; alguns resultados positivos e muitos negativos têm sido obtidos (Hewitt et al, 1980;. Guens, 1978, 1982). Um grupo recentemente descoberto de derivados de esteroides chamados de **brassinas** ou **brassinosteroides** possui atividade de promoção de crescimento distinto em algumas plantas, especialmente nos caules. Esses compostos foram isolados nos grãos do pólen coletados por abelhas de canola (*Brassica napus*), uma mostarda (Grove et al., 1979). A estrutura de uma brassina, o **brassinolido**, é mostrada na Figura 15-8. O brassinolido é quimicamente semelhante ao hormônio ecdisona (de muda dos insetos). A importância das brassinas na fisiologia vegetal e seu mecanismo de ação ainda precisam ser demonstrados, mas progresso está sendo feito (Meudt, 1987; Mandava, 1988; leia também a Seção 18.3).

Os carotenoides

Os carotenoides são um grupo de isoprenoides discutido no Capítulo 11 em relação às suas funções na fotossíntese. São pigmentos laranja, amarelos ou vermelhos que existem em diversos tipos de plastídios coloridos (**cromoplastos**) nas raízes, caules, folhas, flores e frutos de várias plantas (leia Seção 1.6). Existem dois tipos de carotenoides: carotenos são hidrocarbonetos puros, enquanto as xantofilas também contêm oxigênio, muitas vezes dois ou quatro átomos por molécula. Os dois tipos contêm 40 átomos de carbono feitos de oito unidades de isopreno. Nenhum tipo é solúvel em água, mas ambos se dissolvem facilmente em álcoois, éter de petróleo, acetona e muitos outros solventes orgânicos.

Mais de 400 carotenoides diferentes já foram encontrados na natureza, embora só alguns sejam encontrados em qualquer espécie (Spurgeon e Porter, 1980). O β-caroteno, o carotenoide mais abundante nas plantas superiores, fornece a cor laranja à cenoura. O licopeno, outro caroteno, dá aos tomates sua cor vermelha. A luteína, uma xantofila, está aparentemente presente em todas as plantas e é a xantofila predominante na maioria das folhas. As estruturas de β-caroteno, luteína e licopeno mostradas na Figura 10-4 são típicas de vários carotenoides.

Duas funções dos carotenoides nas folhas parecem bem estabelecidas. Como mencionado nos Capítulos 10 e 12, alguns dos carotenoides em cloroplastos participam no processo de fotossíntese e outros impedem a foto-oxidação de clorofilas. A maioria das flores amarelas contém carotenoides, especialmente do tipo xantofila, e acredita-se que eles beneficiam certas plantas, atraindo insetos polinizadores. Conforme descrito na Figura 18-17, a xantofila violaxantina também atua como precursora metabólica do ácido abscísico. A abundância de β-caroteno laranja nas raízes de cenoura provavelmente resultam do cultivo e seleção por seres humanos, e o caroteno que as cenouras contêm é atraente e útil para nós porque o nosso fígado o converte em vitamina A. Evidências recentes sugerem que o β-caroteno também protege contra certos tipos de câncer, provavelmente atuando como um antioxidante. Nenhuma função do β-caroteno nas raízes de cenoura foi encontrada.

Diversos isoprenoides e óleos essenciais

Numerosos compostos isoprenoides diversos estão presentes em quantidades diferentes em certos membros do reino vegetal. Nestes, as unidades de isopreno são condensadas em compostos anelares contendo os seguintes números de átomos de carbono: 10 (os *monoterpenoides*), 15 (os *sesquiterpenoides*), 20 (os *diterpenoides*) ou 30 (os *triterpenos*). Terpenoides de 25 carbonos são raramente encontrados. Muitos dos terpenoides contendo 10 ou 15 carbonos são chamados de **óleos essenciais**, porque são voláteis e contribuem para a *essência* (odor) de certas espécies. Como um exemplo, MacLeod et al. (1988) encontraram 71 compostos voláteis em cascas de laranja, a maioria dos quais eram monoterpenoides, principalmente limoneno. Os óleos essenciais são amplamente utilizados na fabricação de perfumes. Alguns dos hidrocarbonetos voláteis liberados a partir de plantas, incluindo o próprio isopreno, também contribuem para a neblina e outras formas de poluição do ar. Frits Went (1974) estimou que até 1,4 bilhão de toneladas de produtos vegetais voláteis, principalmente terpenos hidrocarbonetos, sejam liberados pelas plantas a cada ano, especialmente sobre as florestas tropicais. As Montanhas Azuis da Austrália e as Smoky Mountains do Tennessee e Carolina do Norte, nos Estados Unidos, provavelmente foram assim nomeadas por causa da dispersão atmosférica de luz azul por minúsculas partículas derivadas de terpenos. Ainda outros óleos essenciais atraem insetos para as flores (ajudando na polinização) ou para outras partes das plantas nas quais os insetos se alimentam ou põem ovos (Metcalf, 1987).

Um dos óleos essenciais mais bem conhecidos é a terebintina, presente em algumas células especializadas dos membros do gênero *Pinus*. A terebintina de algumas espécies é constituída basicamente de n-heptano, embora monoterpenoides como *α-pineno*, *β-pineno* e *canfeno* (Figura 15-9) também estejam presentes. Estes compostos e os relacionados *mirceno* e *limoneno* (Figura 15-9) representam importantes terpenoides que afetam os besouros das cascas que matam as árvores. Tais insetos são altamente

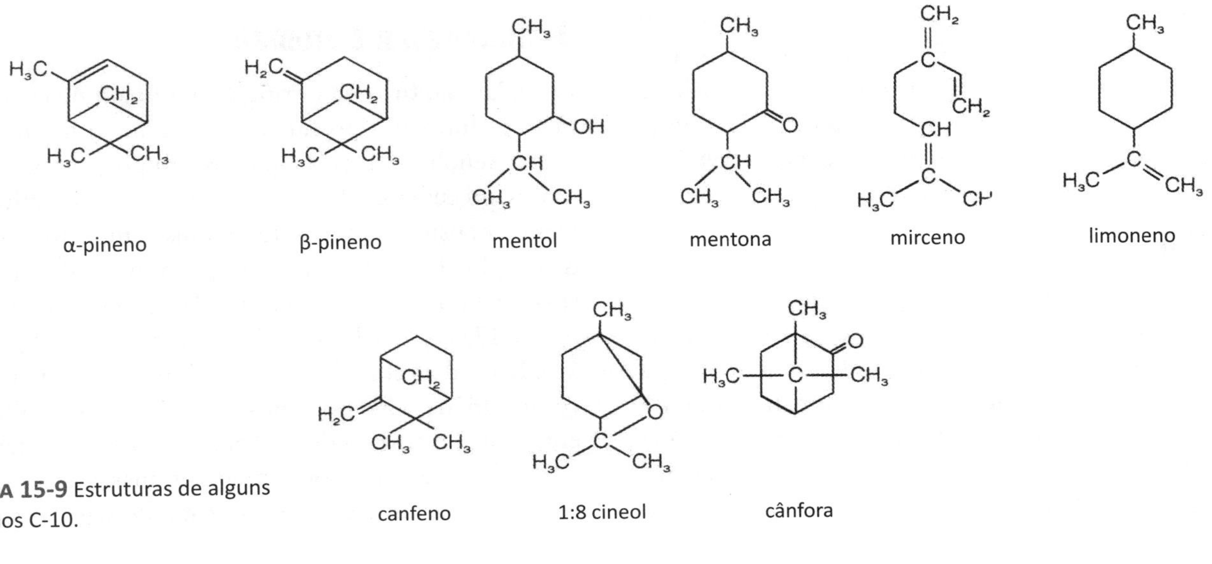

FIGURA 15-9 Estruturas de alguns terpenos C-10.

destrutivos para as florestas de coníferas da América do Norte, causando milhões de dólares em prejuízos por ano. Resumos úteis sobre as complexas relações entre o ataque do besouro de casca e a resistência das coníferas foram fornecidos por Johnson e Croteau (1987) e Harborne (1988). Em pinheiros ponderosa, o limoneno é um dos repelentes de insetos, enquanto o α-pineno age como um atrativo ou feromônio de agregação. As árvores que têm alto conteúdo de limoneno e baixo conteúdo de α-pineno raramente são atacadas por esses besouros do pinho.

Os óleos essenciais às vezes contêm grupamentos hidroxila ou são quimicamente modificados de outras maneiras. As estruturas de dois monoterpenoides modificados, *mentol* e *mentona*, ambos componentes do óleo de hortelã, e do *1:8 cineol*, o principal constituinte do óleo de eucalipto, também são mostradas na Figura 15-9. O cineol aparentemente desempenha uma função importante na polinização de orquídeas por abelhas Euglossini macho. Essas abelhas são atraídas pelas flores das orquídeas, que têm no 1:8 cineol um importante componente (Dressier, 1982).

Um derivado terpenoide mais complexo chamado **glaucolídeo A**, produzido a partir de três unidades de isopreno, é o representante dos chamados princípios amargos amplamente restritos à família Asteraceae (Compositae). Os princípios amargos aparentemente repelem, em grande parte pelo sabor, inúmeros insetos mastigadores e mamíferos. O glaucolídeo A de espécies do gênero *Veronia* repele vários insetos lepidópteros, veados-da-Virgínia e lebres, por exemplo (Mabry e Gill, 1979).

Misturas complexas de terpenos contendo entre 10 a 30 átomos de carbono formam as **resinas**, que são comuns em árvores coníferas e em várias árvores de angiospermas dos trópicos. As resinas e outros materiais correlatos são formados nas folhas de células epiteliais especializadas, que cobrem os dutos de resina, e depois são secretados nos dutos, onde se acumulam. As resinas protegem as árvores contra muitos tipos de insetos. A habilidade das coníferas de formar dutos de resina adicionais do parênquima do xilema quando atacadas por besouros ajuda a protegê-las contra danos causados pelos insetos (Johnson e Croteau, 1987).

Borracha

A borracha é também um composto isoprenoide – o maior de todos. Ela contém entre 3.000 e 6.000 unidades de isopreno ligadas entre si em cadeias muito longas e não ramificadas. A maior parte da borracha natural é obtida comercialmente a partir do látex (protoplasma leitoso) da planta tropical *Hevea brasiliensis*, um membro da família Euphorbiaceae. Cerca de um terço desse látex é borracha pura. Há relatos, porém, de que mais de 2.000 espécies de plantas formam borracha em quantidades variadas, e várias outras espécies têm sido utilizadas para a obtenção de borracha comercial (notavelmente a *Castilla elastica*). Várias espécies de *Taraxacum* (dente-de-leão) estão entre as mais conhecidas espécies norte-americanas que possuem essa habilidade. Guaiúle (*Parthenium argentatum*), comum no México e sudoeste dos Estados Unidos, também produz borracha; ela foi estudada durante a Segunda Guerra Mundial e finalmente selecionada em 1978 pelo Congresso dos Estados Unidos para o desenvolvimento de uma cultura de borracha natural.

15.4 Compostos fenólicos e relacionados

Plantas com flores, samambaias, musgos, hepáticas e diversos micro-organismos contêm vários tipos e quantidades de **compostos fenólicos**. Com importantes exceções, as funções da maioria dos compostos fenólicos ainda não são conhecidas. Muitos atualmente parecem simplesmente ser subprodutos do metabolismo, mas essa visão provavelmente reflete o nosso conhecimento ainda insuficiente da bioquímica ecológica.

Todos os compostos fenólicos têm um anel aromático que contém vários grupamentos substituintes ligados, tais como os grupamentos hidroxila, carboxila, metoxil ($—O—CH_3$) e muitas vezes outras estruturas de anel não aromático. Os fenólicos diferem dos lipídios por serem mais solúveis em água e menos solúveis em solventes orgânicos apolares. Alguns compostos fenólicos, no entanto, são bastante solúveis em éter, especialmente quando o pH é baixo o suficiente para evitar a ionização dos grupamentos carboxila e hidroxila presentes. Essas propriedades são de grande ajuda na separação de fenólicos entre si e de outros compostos.

Os aminoácidos aromáticos

Fenilalanina, tirosina e triptofano são aminoácidos aromáticos formados por uma rota comum a muitos compostos fenólicos. Dois pequenos compostos fosforilados são os precursores desses aminoácidos e de muitos outros compostos fenólicos. Esses dois compostos são PEP, da via glicolítica de respiração (Capítulo 13), e a eritrose-4-fosfato, da via respiratória da pentose-fosfato (Capítulo 13) e do ciclo fotossintético de Calvin (Capítulo 11). Estes dois compostos se combinam, produzindo um composto de sete carbonos fosforilados que formam, então, uma estrutura de anel chamada de ácido dehidroquínico, que é então convertido por duas reações em um composto bastante estável, chamado de *ácido chiquímico*.

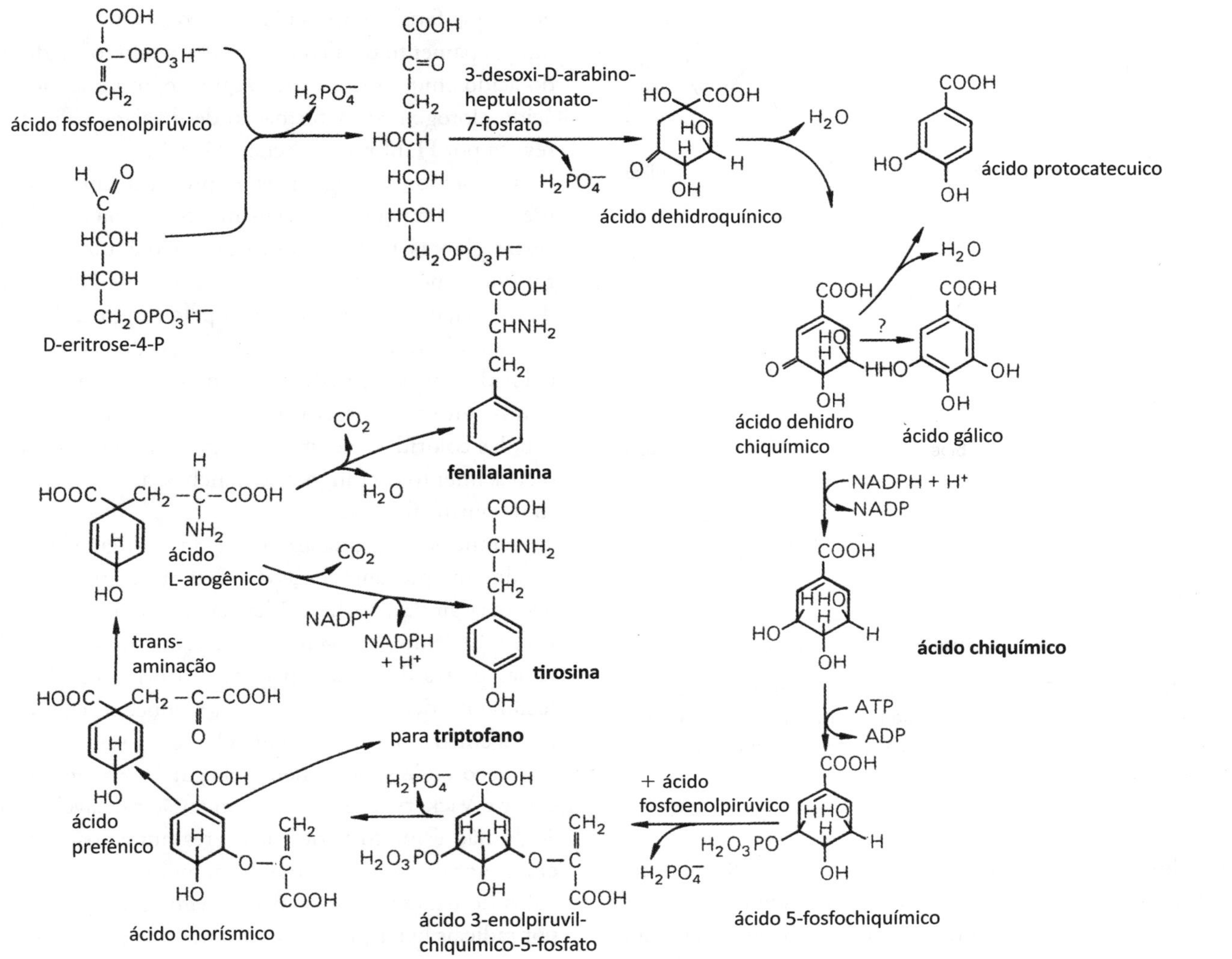

Lipídios e outros produtos naturais

FIGURA 15-10 Biossíntese de fenilalanina e tirosina a partir de intermediários respiratórios na rota do ácido chiquímico. Todos os átomos de carbono parecem surgir a partir do fosfoenolpiruvato (duas moléculas) e da eritrose-4-fosfato (uma molécula). ATP também é necessário.

Essas etapas, apresentadas na Figura 15-10, compõem o que é chamado de **rota do ácido chiquímico**. A rota do ácido chiquímico também existe em bactérias e fungos, mas não em animais; precisamos de tirosina, fenilalanina e triptofano em nossas dietas porque não possuímos essa rota. Detalhes da rota são dados em artigos de Floss (1986), Jensen (1985, 1986) e Siehl e Conn (1988).

Um aspecto interessante da rota do ácido chiquímico é sua inibição por um herbicida popular chamado *glifosato* (vendido comercialmente como Roundup). Quimicamente, o glifosato é uma glicina N-(fosfonometila), com a estrutura HOOC—CH_2—NH—CH_2—PO_3H_2. Ela bloqueia a rota do chiquimato, principalmente pela inibição da reação que leva do 5-fosfochiquimato e PEP para ácido 3-enolpiruvil-chiquímico-5-fosfato (lado inferior direito da Figura 15-10), embora a primeira reação da rota seja um pouco sensível ao glifosato (Jensen, 1986). Todas as plantas que absorvem o herbicida ficam debilitadas ou morrem (após 1-2 semanas), especialmente porque não podem sintetizar a fenilalanina, a tirosina e o triptofano, enquanto os animais sem a rota do chiquimato são muito menos sensíveis.

Diversos compostos fenólicos simples e compostos relacionados

Muitos outros fenólicos também resultam da rota do ácido chiquímico e de reações subsequentes. Entre eles estão os ácidos *cinâmico, p-cumárico, cafeico, ferúlico, clorogênico* (Figura 15-11), *protocatecuico* e *gálico* (Figura 15-10, superior direito). Os quatro primeiros são derivados inteiramente da fenilalanina e da tirosina. São importantes não somente por serem abundantes na forma descombinada (livre), mas também porque são convertidos em vários derivados, além de proteínas. Esses derivados incluem

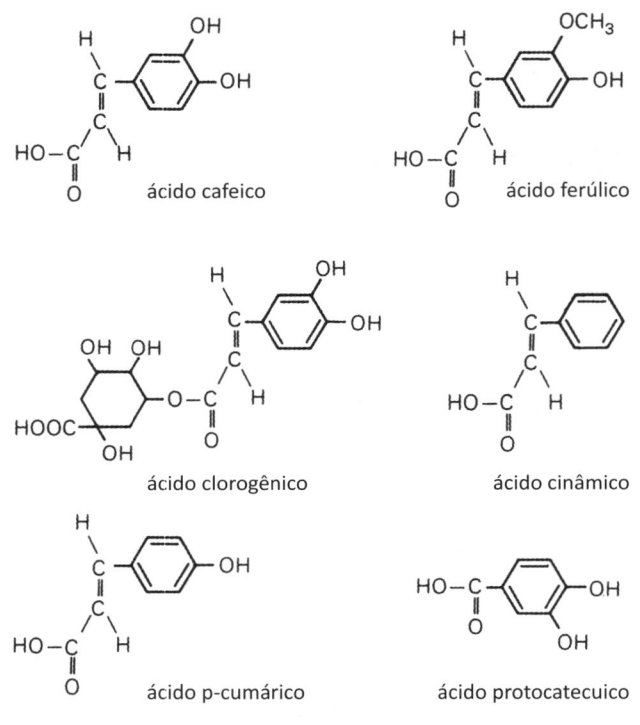

FIGURA 15-11 Estruturas de ácidos fenólicos encontrados em plantas. Todas estão mostradas na forma *trans*. O ácido clorogênico é um éster formado a partir dos ácidos cafeico e quínico.

fitoalexinas, cumarinas, lignina e diversos flavonoides, como as antocianinas, que serão descritos em breve.

Uma reação importante na formação destes derivados é a conversão da fenilalanina em ácido cinâmico (Reação 15.5). Esta é uma desaminação na qual a amônia é separada da fenilalanina para formar o ácido cinâmico; a reação é catalisada pela *fenilalanina amônia liase*:

$$\text{C}_6\text{H}_5\text{-CH}_2\text{-CH(NH}_2\text{)-COOH} \rightarrow \text{C}_6\text{H}_5\text{-CH=CH-COOH} + \text{NH}_3 \quad (15.5)$$

Posteriormente, o ácido cinâmico é convertido em ácido p-cumárico pela adição de um átomo de oxigênio do O_2 e um átomo de hidrogênio do NADPH diretamente para o ácido cinâmico. Uma segunda adição de um outro grupamento hidroxila adjacente ao grupamento OH de p-cumarato por uma reação semelhante forma ácido cafeico. A adição de um grupamento metil da S-adenosil metionina a um grupamento OH de ácido cafeico resulta em ácido ferúlico. O ácido cafeico forma um éster com um grupamento de álcool em outro ácido formado na rota do ácido chiquímico, o ácido quínico, produzindo assim o ácido clorogênico. A formação de diversos compostos foi revista por Hahlbrock e Scheel (1989).

Os ácidos clorogênicos e protocatecuico provavelmente têm funções especiais na resistência às doenças de certas plantas. O ácido protocatecuico é um dos compostos que impedem manchas em certas variedades coloridas da cebola, uma doença causada pelo fungo *Colletotrichum circinans*. Este ácido ocorre nas escalas do caule de cebolas coloridas que são resistentes ao patógeno, mas está ausente nos cultivares suscetíveis brancos. Quando extraído das cebolas coloridas, ele impede a germinação dos esporos e o crescimento do fungo das manchas, além do crescimento de outros fungos.

Grandes quantidades de ácido clorogênico poderão igualmente prevenir certas doenças em cultivares resistentes, mas ainda não há evidência suficiente para comprovação. O ácido clorogênico é amplamente distribuído em várias partes de muitas plantas e ocorre em quantidades facilmente detectáveis. No café, a concentração de ácido clorogênico é particularmente elevada, e o teor solúvel em café seco pode supostamente chegar a 13% em peso (Vickery e Vickery, 1981). Uma conclusão razoável é que esse ácido não é muito tóxico aos seres humanos. É formado em quantidades relativamente grandes em muitos tubérculos de batata; a sua oxidação seguida de polimerização por radicais livres provoca a formação de grandes quinonas descaracterizadas, responsáveis pelo escurecimento dos tubérculos recém-cortados, fenômeno bem conhecido para os cozinheiros. As enzimas *polifenol oxidase* dependentes de cobre catalisam esta e reações semelhantes utilizando O_2 como aceptor de elétrons (Butt e Lamb, 1981; Mayer, 1987). Alguns acreditam que o ácido clorogênico e outros compostos relacionados podem ser prontamente formados e oxidados em potentes quinonas fungistáticas por certos cultivares resistentes a doenças, mas menos prontamente por cultivares a elas suscetíveis. Dessa forma, a infecção pode ser localizada nas plantas resistentes. O ácido ferúlico e seus derivados certamente desempenham um papel importante na proteção de plantas porque fazem parte da fração fenólica da suberina.

O ácido gálico é importante devido à sua conversão em **galotaninos**, que são polímeros heterogêneos contendo inúmeras moléculas de ácido gálico conectadas de várias maneiras entre si e à glicose e outros açúcares. Muitos galotaninos inibem consideravelmente o crescimento das plantas, e a tolerância das plantas que os contêm provavelmente envolve a sua transferência para os vacúolos, nos quais não podem desnaturar as enzimas citoplasmáticas.

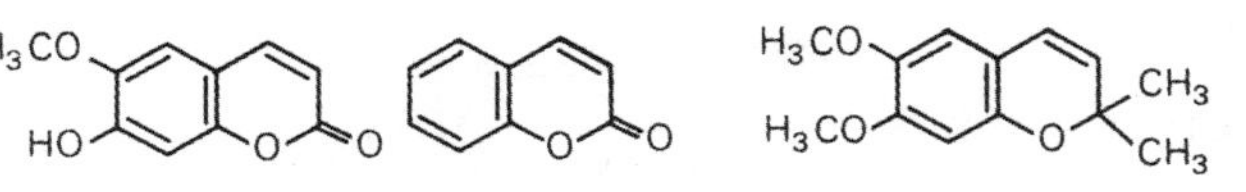

FIGURA 15-12 Estruturas de duas cumarinas e do precoceno 2, um composto vegetal que reduz os níveis de hormônio juvenil em insetos. O precoceno 1, que tem um efeito semelhante, também ocorre nas plantas; falta o grupamento superior metoxila no anel de benzeno (consulte Bowers et al, 1976).

Os galotaninos e especialmente outros taninos são usados comercialmente para curtir couro, porque fazem a ligação cruzada de proteínas, desnaturando-as e impedindo sua digestão por bactérias. Os galotaninos atuam como agentes alelopáticos, inibindo o crescimento de outras espécies em torno das plantas que os formam e liberam (Rice, 1984). Outros taninos são ainda mais abundantes e distribuídos em plantas que são galotaninos, e sua principal função parece ser a proteção contra o ataque de bactérias e fungos (Swain, 1979; consulte também Hemingway e Karchesy, 1989). No entanto, é muito provável que os taninos ajam no sentido de impedir que várias espécies de herbívoros se alimentem da planta, em parte em decorrência da sua **adstringência** (capacidade de se fazer franzir a boca) e em parte porque inibem tanto a digestão quanto a utilização dos alimentos.

Um grupo de compostos relacionados com os ácidos fenólicos e também derivado da rota do ácido chiquímico são as **cumarinas**. Pelo menos 1.000 cumarinas existem na natureza, embora só algumas sejam encontradas normalmente em qualquer família de planta (Murray et al., 1982). As estruturas de duas cumarinas, a *escopoletina* e a própria *cumarina*, são apresentadas na Figura 15-12. São formadas por meio da rota do ácido chiquímico da fenilalanina e do ácido cinâmico (Brown, 1981).

A cumarina é um composto volátil formado principalmente de um derivado de glicose não volátil quando da senescência ou lesão das plantas. Isso é especialmente importante na alfafa e no trevo doce, em que a cumarina é responsável pelo odor característico de feno recentemente cortado. Os cientistas desenvolveram certas estirpes de trevo doce, contendo pequenas quantidades de cumarina, e outros que a contém de forma vinculada. Essas linhagens são de importância econômica, porque a cumarina livre pode ser convertida em um produto tóxico, o *dicumarol*, se o trevo se estragar durante o armazenamento. O dicumarol é um anticoagulante responsável pela doença do trevo doce (uma doença hemorrágica ou de sangramento) em animais ruminantes que são alimentados com plantas que a contém.

A escopoletina é uma cumarina tóxica muito comum em plantas e encontrada no tegumento. É um dos vários compostos suspeitos de impedir a germinação de algumas sementes, causando a dormência que existe até que o produto químico seja lixiviado (por exemplo, com uma chuva pesada que forneça umidade suficiente para a germinação). Assim, ela poderia funcionar como um inibidor natural da germinação. Inúmeros outros efeitos fisiológicos da cumarinas são conhecidos, mas as funções para estes compostos em geral ainda precisam ser encontradas.

Também indicada na Figura 15-12 está a estrutura de um dos dois compostos parecidos com a cumarina, chamados de **precocenos**, isolados em 1976 a partir da planta *Ageratum houstonianum*. Eles causam metamorfose prematura em diversas espécies de insetos, diminuindo seu nível de hormônio juvenil e provocando a formação de adultos estéreis. Níveis diminuídos de hormônio também levam à redução da produção de feromônio nas moscas-das-frutas masculinas, e seu atrativo sexual para as fêmeas diminui (Chang e Hsu, 1981; Staal, 1986). Tais compostos parecem promissores como inseticidas que tenham influência apenas em espécies-alvo.

15.5 Fitoalexinas, elicitores e proteção fitopatológica

Desde 1960, vários outros compostos antimicrobianos sintetizados pelas plantas quando infectadas por certos micróbios, especialmente fungos, foram descobertos (Bailey e Mansfield, 1982; Darvill e Albersheim, 1984). Acreditava-se que esses compostos agiam de maneira comparável à dos anticorpos dos animais, mas provou-se terem pouca especificidade contra qualquer micróbio. São coletivamente conhecidos como **fitoalexinas** (do grego *phyton*, "planta", e *alexin*, "para afastar"). Em geral, as fitoalexinas são muito mais tóxicas para os fungos do que para bactérias, embora possa haver exceções. Compostos que atuam como fitoalexinas incluem várias *gliceolinas* nas raízes da soja, *pisatina* nas vagens de ervilha, *faseolina* nas vagens de feijão, *ipomeamarone* nas raízes de batata doce, *orquinol* nos tubérculos de orquídeas e *trifolirhizina* nas raízes de trevo vermelho.

Mais de 150 fitoalexinas foram identificadas em plantas, principalmente dicotiledôneas. Poucas foram encontradas em monocotiledôneas ou gimnospermas, e até agora não se conhece nenhuma em plantas não vasculares. A maioria das fitoalexinas é de fenilpropanoide fenólico, produtos da rota do ácido chiquímico, embora algumas sejam compostos isoprenoides e outras sejam poliacetilenos. Parece que fungos não patogênicos induzem níveis tão elevados e tóxicos

álcool coniferílico   álcool sinapil   álcool p-cumarílico

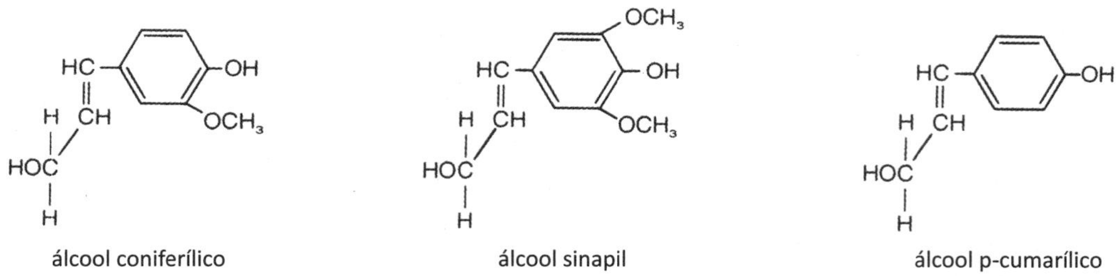

FIGURA 15-13 (a) Subunidades fenólicas comuns encontradas em ligninas. **(b)** Modelo de estrutura parcial da lignina, rica em álcool coniferílico. Durante a formação da lignina, uma variedade de ligações interligadas são formadas por diferentes mecanismos de radicais livres, e a formação da ligação depende, em parte, de onde, nas moléculas de adesão, os radicais livres se encontram quando a colisão ocorre. Além disso, a oxidação da ligação dupla da cadeia lateral de álcool de três carbonos nos blocos de construção (**a**, acima) causa a formação de várias ligações covalentes possíveis. Claramente, nenhuma lignina pode ser idêntica a outra, embora todas sejam semelhantes.

de fitoalexinas nos hospedeiros que seu estabelecimento é impedido, enquanto os fungos patogênicos são parasitas bem-sucedidos porque induzem apenas níveis de fitoalexinas atóxicos ou degradam rapidamente as fitoalexinas.

Surpreendentemente, vários tipos de compostos, e até mesmo vírus, podem induzir a produção de fitoalexinas. Compostos que causam a produção de fitoalexinas são chamados de **elicitores**, apesar de elicitores conhecidos também estimularem as plantas a ativar outras reações de defesa (Ebel, 1986; Boller, 1989). Alguns elicitores são polissacarídeos produzidos quando bactérias ou fungos patogênicos atacam as paredes celulares da planta (Darvill e Albersheim, 1984; Templeton e Lamb, 1988; Boller, 1989; Stone, 1989), enquanto outros são polissacarídeos produzidos a partir da degradação da parede celular de fungos por enzimas de plantas que o fungo faz com que a planta secrete. As interações planta-patógeno são complexas.

Mesmo alguns tipos de danos físicos podem induzir a produção de fitoalexinas pelas plantas, que também pode ser induzida pela radiação ultravioleta. Uma confusão sobre a indução de diferentes elicitores é que as fitoalexinas produzidas a partir da rota do ácido chiquímico e os isoprenoides da rota do ácido mevalônico podem ser formados após a adição de um único elicitor. É difícil entender como essas diferentes rotas metabólicas podem ser ativadas por um único elicitor e como elicitores bastante diferentes são capazes de ativar o mesmo tipo de rota metabólica. Aparentemente, esses elicitores exógenos são reconhecidos por algumas proteínas nas membranas, que então sinalizam para a planta produzir uma fitoalexina. A natureza deste sinal não é conhecida, mas, em alguns casos, é evidente que ele aumenta a transcrição de moléculas de mRNA que codificam para as enzimas que sintetizam as fitoalexinas. No caso da produção de gliceolina pelas raízes de soja infectadas, o sinal pode ser íons Ca^{2+} (Ebel e Grisebach, 1988). Em outros casos, determinados polissacarídeos produzidos pela degradação das paredes celulares das plantas podem agir como sinais (Darvill e Albersheim, 1984; Ryan, 1987). Mesmo que a importância geral das fitoalexinas na resistência a doenças ainda seja controversa, a maioria dos cientistas concorda que este é um dos vários mecanismos bioquímicos que as plantas utilizam para preveni-las.

15.6 Lignina

A **lignina** é um material de reforço que ocorre com a celulose e outros polissacarídeos em algumas paredes celulares (especialmente no xilema) de todas as plantas superiores. Ela ocorre em maior quantidade na madeira, acumulando-se na lamela média, nas paredes primárias e nas paredes secundárias dos elementos do xilema. Ocorre geralmente entre as microfibrilas de celulose, onde serve para resistir às forças de compressão. A resistência à tração (alongamento) é uma função primária da celulose. A formação de lignina é considerada pelos evolucionistas como sendo crucial na adaptação das plantas ao ambiente terrestre, porque assume-se que somente com a lignina as paredes celulares rígidas do xilema poderiam ser construídas para conduzir a seiva (água e sais minerais) sob tensão por longas distâncias. A lignina é considerada o segundo composto orgânico mais abundante na Terra; somente a celulose é mais abundante. A lignina constitui entre 15 e 25% do peso seco de muitas espécies lenhosas (Gould, 1983). Além da função de reforço da lignina, ela também oferece proteção contra o ataque de patógenos e contra o consumo da planta por herbívoros, insetos e mamíferos (Swain, 1979).

A lignina é difícil de estudar porque não é facilmente solúvel na maioria dos solventes. Essa insolubilidade ocorre principalmente porque a lignina tem um peso molecular excepcionalmente alto; além disso, ela é

b

quimicamente unida à celulose e aos outros polissacarídeos da parede celular pelo éter em seu estado nativo, e provavelmente tem outros tipos de ligações com os grupamentos hidroxilas dos polissacarídeos.

Muito do que sabemos sobre a estrutura da lignina foi determinado pela análise de vários intermediários em sua síntese. Isso contrasta com o nosso conhecimento dos polissacarídeos, proteínas e ácidos nucleicos, as estruturas que foram amplamente determinadas pela análise dos produtos de degradação. Em geral, as ligninas contêm três álcoois aromáticos: *álcool coniferil*, que predomina nas resinosas de coníferas, *álcool sinapil* e *álcool p-cumarílico* (Figura 15-13a). As ligninas das árvores de madeira dura, das dicotiledôneas herbáceas e das gramíneas contêm menos álcool coniferílico e mais dos outros dois. Diversas formas desses álcoois estão provavelmente ligadas na lignina e são mostradas na Figura 15-13b.

Todos os álcoois aromáticos na lignina surgem da rota do ácido chiquímico. A fenilalanina é convertida em ácidos aromáticos, tais como os ácidos cumárico e ferúlico, que são então convertidos em ésteres de coA. Os ésteres são reduzidos a álcoois aromáticos pelo NADPH, e estes álcoois são, então, polimerizados em lignina por mecanismos de radicais livres. Uma enzima contendo ferro chamada de **peroxidase** catalisa duas reações distintas que levam à polimerização (Mader e Amberg-Fisher, 1982). A peroxidase existe em várias formas de isoenzimas, algumas das quais existem nas paredes celulares. Essas isoenzimas funcionam primeiro na formação de H_2O_2 a partir de NADH e O_2. Em seguida, removem um átomo de hidrogênio de cada um dos dois álcoois aromáticos e combinam os dois átomos de hidrogênio com um de H_2O_2 para liberar duas moléculas de H_2O como subprodutos. A parte restante de cada álcool aromático é agora um radical livre, e diversos tipos de deslocamentos eletrônicos permitem a migração do elétron desemparelhado para outras partes da molécula. Muitos desses radicais livres se combinam espontaneamente de várias maneiras para formar ligações entre álcoois, tais como as ligações propostas na Figura 15-13, então, presumivelmente, as ligninas sempre têm estruturas variáveis.

15.7 Flavonoides

Os flavonoides são compostos de 15 carbonos distribuídos em todo o reino vegetal (Harborne, 1988; Hahlbrock, 1981; Stafford, 1990). Mais de 2.000 flavonoides de plantas já foram identificados. O esqueleto básico dos flavonoides, mostrado abaixo, é modificado de tal maneira que mais ligações duplas estejam presentes, fazendo com que os compostos absorvam a luz visível e, por conseguinte, forneçam sua cor. Os dois anéis de carbono nos extremos esquerdo e direito da molécula são chamados de anéis A e B, respectivamente:

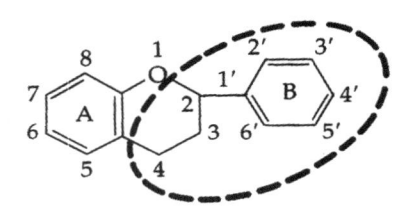

A linha tracejada ao redor do anel B e os três carbonos do anel central indicam a parte dos flavonoides que é derivada da rota do ácido chiquímico. Essa parte pode ser comparada com o ácido cinâmico (Figura 15-11), um precursor seu. O anel A e o oxigênio do anel central são derivados inteiramente de unidades acetato fornecidas pelo acetil CoA. Os grupamentos hidroxila estão quase sempre presentes nos flavonoides, especialmente ligados ao anel B nas posições 3' e 4' (compare os ácidos p-cumárico e cafeico da Figura 15-11), nas posições 5 e 7 do anel A ou na posição 3 do anel central. Esses grupamentos hidroxila servem como pontos de ligação para vários açúcares que aumentam a solubilidade dos flavonoides em água. A maioria dos flavonoides se acumula no vacúolo central, apesar de serem sintetizados fora do vacúolo.

Três grupos de flavonoides são de grande interesse na fisiologia das plantas. São as **antocianinas**, os **flavonóis** e as **flavonas**. As antocianinas (do grego *anthos*, "flor", e *kyanos*, "azul-escuro") são pigmentos coloridos que comumente ocorrem em flores vermelhas, roxas e azuis. Também estão presentes em várias outras partes das plantas, tais como alguns frutos, caules, folhas e até raízes. Frequentemente, os flavonoides estão confinados às células epidérmicas. A maioria das frutas e muitas flores devem suas cores às antocianinas, embora algumas, como os frutos do tomate e várias flores amarelas, sejam coloridas por carotenoides. As cores claras das folhas de outono são causadas principalmente pelo acúmulo de antocianinas durante os dias claros e frios, embora os carotenoides amarelos ou laranja sejam os pigmentos predominantes nas folhas de outono de algumas espécies.

As antocianinas parecem estar ausentes nas hepáticas, algas e outras plantas inferiores, embora algumas antocianinas e outros flavonoides ocorram em certos musgos. Eles raramente são encontrados em gimnospermas, embora as gimnospermas contenham outros tipos de flavonoides. Várias antocianinas diferentes existem nas plantas superiores, e muitas vezes mais de uma está presente em uma flor ou outro órgão em particular. Estão presentes como glicosídeos, contendo uma ou duas unidades de glicose ou galactose ligadas ao grupamento hidroxila no anel central ou a esse grupamento hidroxila na posição 5 do anel A, conforme descrito na Figura 15-14. Quando os açúcares são removidos, as partes restantes das moléculas, que ainda são coloridas, são chamadas de **antocianidinas**.

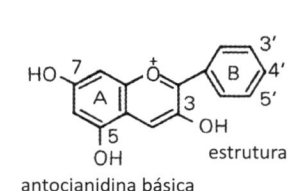

FIGURA 15-14 O anel de antocianidina básica, mostrando as variações do anel B por hidroxilação e metilação para a produção de várias antocianinas. As antocianinas são produzidas pela anexação de açúcares (glicosilação) à posição 3-hidroxila da antocianidina, e às vezes também às posições 5 ou 7.

As antocianidinas têm esse nome por causa da planta da qual elas foram primeiramente obtidas. A antocianidina mais comum é a *cianidina*, isolada pela primeira vez na centáurea azul, *Centaurea cyanus*. Outra, a *pelagonidina*, foi nomeada por causa de um gerânio vermelho brilhante do gênero *Pelargonium*. Uma terceira, a *delfinidina*, obteve seu nome a partir do gênero *Delphinium* (delfino azul). Essas antocianidinas diferem apenas no número de grupamentos hidroxila ligados ao anel B da estrutura básica dos flavonoides. Outras antocianidinas importantes incluem a *peonidina* avermelhada (presente em peônias), a *petunidina* roxa (em petúnias) e o pigmento violeta (roxo) *malvidina*, encontrado pela primeira vez um membro da Malvaceae, da família das malvas.

A cor das antocianinas depende em primeiro lugar dos grupamentos substituintes presentes no anel B. Quando grupamentos metila estão presentes, como na peonidina, causam um efeito de vermelhidão. Em segundo lugar, as antocianinas são associadas às flavonas ou flavonóis, que fazem com que se tornem mais azuis. Terceiro, elas se associam entre si, especialmente em altas concentrações, e isso pode causar um efeito vermelho ou azul, dependendo da antocianina e do pH dos vacúolos em que se acumulam (Hoshino et al., 1981). A maioria das antocianinas é avermelhada em solução ácida, mas se torna roxa e azulada quando o pH é aumentado. Nas flores de delfino, o pH das células epidérmicas contendo delfinidina aumenta de 5,5 a 6,6 durante o envelhecimento, e a cor muda de púrpura avermelhada para púrpura azulada (Asen et al, 1975). Em razão dessas propriedades e da presença comum de mais de uma antocianina, há grande variação no tom das flores.

Possíveis funções das antocianinas têm sido consideradas desde a sua descoberta. Uma de suas funções úteis nas flores é a atração de pássaros e abelhas que transportam o pólen de uma planta a outra, ajudando assim na polinização (Harborne, 1988). Charles Darwin sugeriu há muito tempo que a beleza de uma fruta serve como atrativo para as aves e animais, de modo que o fruto possa ser comido e suas sementes, amplamente disseminadas pelo estrume. Presumivelmente, as antocianinas contribuem para esta beleza. As antocianinas também podem ter um papel na resistência a doenças, embora ainda haja pouca evidência a esse respeito. Sua abundância certamente sugere algumas funções que têm favorecido a seleção evolutiva.

As antocianinas e outros flavonoides são de especial interesse para muitos geneticistas de plantas, pois é possível correlacionar muitas diferenças morfológicas entre espécies estreitamente relacionadas de um gênero específico, por exemplo, com os tipos de flavonoides que elas contêm. Os flavonoides presentes em espécies afins de um gênero fornecem aos taxonomistas informações que eles podem utilizar para classificar e determinar as linhas de evolução das plantas (Seigler, 1981).

Os flavonóis e flavonas estão estreitamente relacionados às antocianinas, embora haja diferenças na estrutura do anel central contendo oxigênio, como segue:

flavonóis   flavonas

A maioria das flavonas e dos flavonóis é pigmento amarelo ou cor de marfim e, como as antocianinas, muitas vezes contribuem para a cor da flor. Mesmo as flavonas e flavonóis incolores absorvem comprimentos de onda ultravioleta e, portanto, afetam o espectro de radiação visível para as abelhas ou outros insetos atraídos para as flores que as contenham. Essas moléculas estão também amplamente distribuídas nas folhas. Elas aparentemente funcionam como impedimentos de alimentação e, em razão da absorção da radiação UV, como uma proteção contra os raios UV de ondas longas.

Luzes, especialmente as de comprimentos de onda azul, promovem a formação de flavonoides (Capítulo 20), e estes parecem aumentar a resistência da planta à radiação UV de onda longa. As antocianinas foram estudados mais do que outros flavonoides com relação aos efeitos da luz sobre a sua biossíntese. É provavelmente sabido há séculos que as maçãs mais vermelhas são encontradas no lado ensolarado da árvore; isso se deve ao acúmulo das antocianinas nesses frutos e a acumulação é aumentada pela luz. (Pigmentos fotorreceptores que absorvem a luz, causando a formação de antocianinas e outros flavonoides, são descritos no Capítulo 20.) O estado nutricional de uma planta também afeta a produção de antocianinas. A deficiência de nitrogênio, fósforo ou enxofre leva à acumulação de antocianinas em certas plantas, como mencionado no Capítulo 6. Baixas temperaturas também aumentam a formação de antocianinas em algumas espécies, como na coloração de certas folhas no outono, com seus dias claros e ensolarados seguidos de noites frias.

Algumas espécies, especialmente os membros da subfamília Papilionoideae de leguminosas, também acumulam uma ou mais **isoflavonas**, que diferem dos flavonoides, pois o anel B é ligado ao átomo de carbono do anel central adjacente ao ponto de fixação nos flavonoides. As funções dos isoflavonoides são em sua maioria desconhecidas, mas alguns agem como aleloquímicos. Por exemplo, a *rotenona*, um isoflavonoide da raiz de derris (*Derris elliptica*), é um inseticida muito utilizado. Além disso, as estruturas isoflavonoides se assemelham às dos estrogênios animais, tais como o estradiol, e os isoflavonoides de determinadas plantas causam infertilidade em fêmeas de animais de rebanho, especialmente em ovelhas (Shutt, 1976). O trevo subterrâneo, em especial, acumula níveis particularmente altos de isoflavonas. Esses compostos causam a séria "doença do trevo" em ovinos, observada pela primeira vez no oeste da Austrália na década de 1960 como um declínio na fertilidade. Também suspeita-se que eles sejam um fator de controle nas populações de roedores em determinadas regiões. Seus efeitos sobre a infertilidade não parecem afetar animais de pastagem.

15.8 Betalaínas

O pigmento vermelho da beterraba é uma *betacianina* de um grupo de pigmentos **betalaínas** vermelhos e amarelos. Acreditava-se que eles eram relacionados às antocianinas, mesmo contendo nitrogênio. Nem às betacianinas vermelhas nem a outro tipo de pigmento de betalaínas, as *betaxantinas* amarelas são estruturalmente relacionadas às antocianinas, e as betalaínas e antocianinas não ocorrem juntas em uma mesma planta. As betalaínas parecem ser limitadas a 10 famílias de plantas, todas elas membros da ordem Caryophyllales, que carecem de antocianinas. Elas causam o aparecimento de cores, tanto em flores quanto em frutos, que variam de amarelo e laranja a vermelho e violeta, e também fornecem cor aos órgãos vegetativos em alguns casos. Assim como nas antocianinas, a sua síntese é promovida pela luz. As betalaínas também contêm um açúcar e uma parte restante colorida. O membro mais estudado deste grupo é a *betanina* das raízes de beterraba vermelha, que pode ser hidrolisada em glicose e *betanidina*, um pigmento avermelhado com a seguinte estrutura:

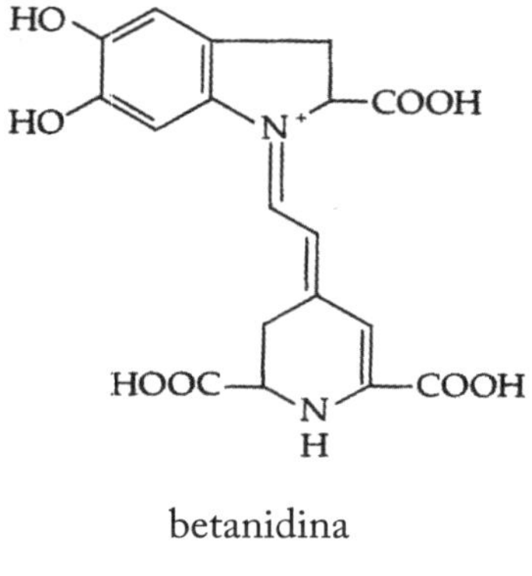

betanidina

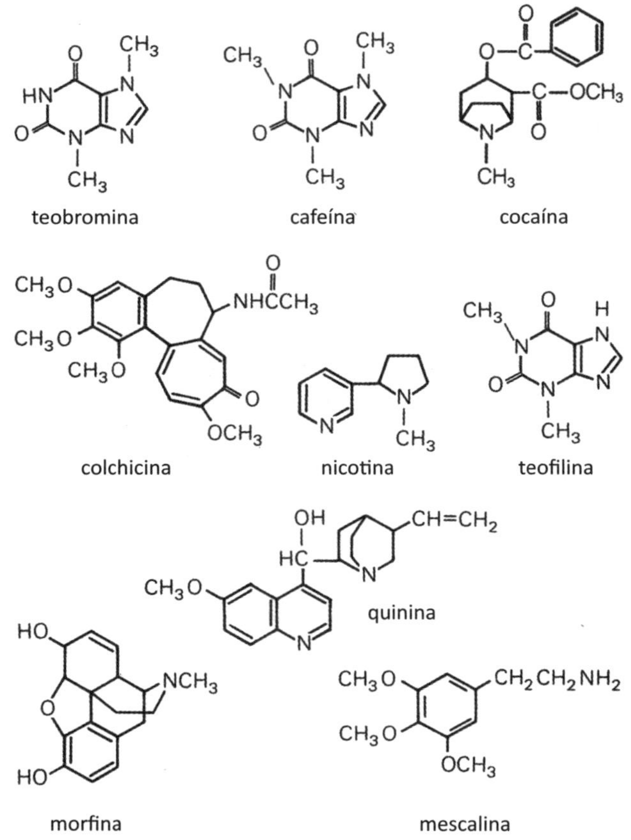

FIGURA 15-15 Estruturas de alguns alcaloides característicos.

Pouco se sabe ainda sobre o metabolismo ou sobre as funções das betalaínas, mas é provável que exerçam um papel na polinização comparável ao das antocianinas em outras espécies (Piattelli, 1981). A proteção contra patógenos é também uma função possível (Mabry, 1980).

15.9 Alcaloides

Muitas plantas contêm compostos nitrogenados aromáticos chamados de **alcaloides**. Quimicamente, os alcaloides contêm nitrogênio em um anel heterocíclico de estrutura variável. Esse nitrogênio muitas vezes funciona como uma base (aceita íons de hidrogênio), assim, muitos alcaloides são levemente básicos, como o próprio nome sugere. A maioria são compostos cristalinos brancos apenas ligeiramente solúveis em água. Eles são de interesse especial em função de sua dramática atividade fisiológica ou psicológica em seres humanos e outros animais, e também em razão da crença de que será provado que muitos exercem importantes funções nas plantas.

Mais de 3.000 alcaloides foram encontrados em 4.000 espécies de plantas, mais frequentemente dicotiledôneas herbáceas, apesar de qualquer espécie conter apenas alguns destes compostos. Relativamente poucas monocotiledôneas e gimnospermas possuem alcaloides. O primeiro alcaloide a ser isolado e cristalizado foi a droga *morfina*, em 1805, da papoula *Papaver somniferum*. Outros alcaloides bastante conhecidos incluem a *nicotina*, presente nas variedades cultivadas do tabaco; a *cocaína*, das folhas de *Erythroxylon coca*; *quinino*, da casca da cinchona; *cafeína*, dos grãos de café e folhas de chá; *estricnina*, das sementes de *Strychnos nuxvomica*; *teobromina*, a partir do cacau; *atropina*, a partir da venenosa beladona (*Atropa belladonna*); *colchicina*, de *Colchicum byzantinum*; *mescalina*, uma droga eufórica e alucinógena das flores do cacto *Lophophora williamsii*; e *licoctonina*, um alcaloide tóxico do *Delphinium barbeyi* (delfino). As estruturas de vários alcaloides são mostradas na Figura 15-15.

A maioria dos alcaloides é sintetizada apenas na parte aérea da plantas, mas a nicotina é produzida somente nas raízes do tabaco. Muitas reações químicas que envolvem a formação de alguns alcaloides são conhecidas, embora ainda haja muito a ser aprendido (consulte, por exemplo, Herbert, 1988; Hegnauer, 1988). A síntese da nicotina tem recebido muita atenção, inicialmente por sua importância comercial, e agora por causa da preocupação com os efeitos nocivos do tabagismo. O *ácido nicotínico* (*niacina* ou vitamina B), presente nas moléculas de NAD e NADP, é um precursor da nicotina. Os átomos de nitrogênio e carbono do ácido nicotínico, por sua vez, surgem a partir de um produto obtido quando o ácido aspártico e o 3-fosfogliceraldeído são combinados. Outros aminoácidos são precursores de outros alcaloides. Apenas poucas das milhares de enzimas que devem ser necessárias para a produção dos vários alcaloides foram demonstradas no reino vegetal. Além disso, alguns especialistas têm especulado que há muitos milhares de alcaloides ainda a serem descobertos nas plantas.

O papel fisiológico dos alcaloides nas plantas que os formam é desconhecido, e tem-se sugerido que eles não realizam nenhuma função metabólica importante, sendo apenas subprodutos de outras rotas mais importantes. No entanto, vários exemplos são conhecidos em que eles fornecem alguma proteção para a planta (Robinson, 1979; Harborne, 1988). As plantas que contêm alcaloides são evitadas por animais de pastagem e insetos que se alimentam de folhas, por exemplo. Outras são utilizadas por borboletas Danaid como substratos para a síntese de seus feromônios de acasalamento. Curiosamente, o delfino não é evitado pelo gado, mesmo quando outras forrageiras estão disponíveis, e as licoctoninas presentes nele são responsáveis por mais mortes de gado nos Estados Unidos do que qualquer outra toxina em qualquer outra planta venenosa (Keeler, 1975).

TRÊS 3

Desenvolvimento vegetal

16
Crescimento e desenvolvimento

Pense em sua planta favorita. Visualize as moléculas de água subindo pelas raízes e pelo xilema até as células vivas das folhas, nas quais as pontes de hidrogênio são quebradas e várias moléculas de água evaporam. Imagine as moléculas de CO_2 se difundindo pelos estômatos e para os cloroplastos, sendo fixadas em carboidratos e combinadas com partes de outras moléculas de água, o processo todo sendo energizado pelo ATP e com NADPH surgindo das reações orientadas pela luz. Pense também nos assimilados sendo carregados nos tubos de peneira do floema e movidos para escoadouros específicos, nos íons sendo seletiva e ativamente absorvidos ou eliminados, alguns sendo assimilados para compostos orgânicos e outros agindo como coenzimas. É verdade que não sabemos tudo o que está acontecendo nas células, mas sua planta favorita certamente não é um objeto estático. Ela é um ser vivo e bem organizado, uma máquina[1] que processa matéria e energia em seu ambiente e mantém uma entropia relativamente baixa.

Agora, estamos prontos para perguntar como esse maquinário tomou vida. Sabemos que ele começou como uma única célula, o zigoto, que *cresceu* e se *desenvolveu* para um organismo multicelular. Houve uma síntese contínua de moléculas grandes e complexas, a partir de íons e moléculas menores que são as matérias-primas do crescimento. A divisão produziu novas células, muitas delas se tornando não apenas maiores, mas mais complexas. As células mudaram de maneiras diferentes, produzindo uma planta madura e composta de numerosos tipos de células. Esse processo de especialização celular é chamado de **diferenciação**, e o crescimento e a diferenciação das células em tecidos, órgãos e organismos é chamado de **desenvolvimento**. Outro termo útil para o processo é **morfogênese** (do grego *morpho*, "forma", e *genesis*, "origem"). Por meio do desenvolvimento (morfogênese), a planta se transforma de um ovo fertilizado em um magnífico carvalho – ou um pé de ervilha.

Sabemos que os genes governam a síntese das enzimas, que, por sua vez, controlam a química das células e que tudo isso é responsável, de alguma maneira, pelo crescimento e desenvolvimento. No entanto, não sabemos exatamente o que determina quais genes devem ser transcritos em quais células em um determinado momento. Essa compreensão é uma das mais difíceis para os biólogos modernos. Sabemos muito sobre o que acontece durante o crescimento e o desenvolvimento de uma planta. Sabemos que agentes químicos chamados de *substâncias* ou *hormônios do crescimento* cumprem funções críticas em vários processos do desenvolvimento. O estudo dessas substâncias foi um impulso importante na fisiologia vegetal desde o início do século passado. Os dois capítulos que seguem esta introdução são dedicados a um resumo do que foi aprendido, porém, grande parte da discussão dos demais capítulos também se refere às substâncias do crescimento.

Tornou-se claro que o desenvolvimento pode ser fortemente modificado pelo ambiente. A luz, que cumpre uma função importante além da fotossíntese, é considerada nos Capítulos 20 e 23. Seus efeitos são exibidos dentro das restrições impostas pelo mecanismo de cronômetro interno que existe nas plantas e animais: o relógio biológico, discutido no Capítulo 21. As plantas também respondem fortemente às mudanças na temperatura; respostas interessantes, principalmente à temperatura baixa, são o assunto do Capítulo 22.

Um dos exemplos mais notáveis da morfogênese das plantas é a conversão do estado vegetativo para o reprodutivo. As células devem se dividir e diferenciar-se de maneiras radicalmente novas, e os hormônios parecem estar envolvidos. No Capítulo 23, comentaremos como as mudanças na temperatura e os comprimentos relativos do dia e da noite modificam ou controlam o início da floração. Mas antes, neste capítulo, resumiremos alguns princípios gerais do crescimento e do desenvolvimento.

---

[1] Podemos definir **máquina** como um conjunto de peças capazes de processar ou direcionar a energia e/ou matéria para produzir um resultado ou produto predeterminado. Os organismos vivos são máquinas singulares que, entre outras coisas, produzem eles mesmos.

16.1 O que significa crescimento?

Em geral, crescimento significa um aumento no tamanho. À medida que os organismos multicelulares crescem a partir do zigoto, eles aumentam não apenas em volume, mas também em peso, número de células, quantidade de protoplasma e complexidade. Em muitos estudos, é importante medir o crescimento. Em teoria, podemos medir qualquer uma das características de crescimento mencionadas, mas duas medições comuns quantificam os aumentos no volume ou na massa.[2] Os aumentos no volume (tamanho) são aproximados pela medição da expansão em apenas uma ou duas direções, como o comprimento (por exemplo, altura do caule), o diâmetro (por exemplo, de um caule) ou a área (por exemplo, de uma folha). As medições do volume, como pelo deslocamento da água, podem ser não destrutivas e, assim, a mesma planta pode ser medida em diferentes momentos. Os aumentos na massa são determinados pela colheita da planta inteira ou da parte de interesse, e sua pesagem deve ser rápida antes que muita água evapore. Isso nos dá a **massa fresca**, que é uma quantidade relativamente variável, pois depende do status hídrico da planta. Por exemplo, uma folha tem mais massa fresca pela manhã do que no meio da tarde, simplesmente por causa da transpiração.

Em razão dos problemas que surgem da variabilidade no teor da água, muitas pessoas, particularmente as interessadas na produtividade da safra, preferem usar o aumento na **massa seca** da planta ou de parte dela como medição do crescimento. A mesma massa seca é comumente obtida pela secagem do material vegetal recém-colhido em 24 a 48 horas sob 70 a 80 °C. A folha que possui a massa fresca inferior no meio da tarde provavelmente terá uma massa seca maior, porque fez a fotossíntese e absorveu sais minerais do solo durante a manhã. Consequentemente, a massa seca pode ser uma estimativa válida melhor do nosso conceito de crescimento do que a massa fresca. Obviamente, as medições das massas fresca e seca são normalmente destrutivas e requerem muitas amostras para obter uma significância estatística; ainda assim, uma planta de cultivo hidropônico pode ser pesada em intervalos para a massa fresca, com pouco efeito no crescimento.

Às vezes, a massa seca não fornece uma indicação adequada do crescimento. Por exemplo, quando uma semente alimentada apenas com água germina e se desenvolve em um broto na escuridão total, o tamanho e a massa fresca aumentam muito, mas a massa seca diminui por causa da perda respiratória de CO_2 (Figura 16-1). Embora a massa seca total desses brotos cultivados na escuridão seja menor do que a da semente original, as partes em crescimento do caule e da raiz aumentam em massa seca à medida que os assimilados são translocados do armazenamento para as regiões de crescimento.

Normalmente, as primeiras fases no desenvolvimento do broto envolvem a produção de novas células pela **mitose** (divisão nuclear) e pela subsequente **citocinese** (divisão celular), mas brotos de aparência normal podem ser produzidos de sementes em algumas espécies na ausência da mitose ou da divisão. Quando as sementes da alface e do trigo são irradiadas com raios gama de uma fonte de cobalto-60 em níveis suficientemente altos para interromper a síntese de DNA, a mitose e a divisão celular, a germinação ainda ocorre. O crescimento continua até que os

FIGURA 16-1 Mudanças nas massas fresca e seca de uma semente de ervilha à medida que se desenvolve em um broto na escuridão. A massa fresca aumenta muito por causa da captura de água, mas a massa seca diminui ligeiramente por causa da respiração. (Foto de C. W. Ross.)

massa fresca da semente (ar seco) = 230 mg. massa seca (depois de 48 horas a 70 °C) = 227 mg.

broto crescido por seis dias a 20 °C: massa fresca = 750 mg. massa seca = 205 mg. ganho aproximado de massa fresca = 520 mg. perda aproximada de massa seca = 22 mg.

---

[2] O **peso** de um objeto não é apenas uma função de sua massa, mas também da força de aceleração exercida sobre ele pela gravidade. Tecnicamente, o peso deve ser expresso em newtons, a unidade de força. (Na Terra, o peso de uma massa de 10 quilos é de aproximadamente 98 newtons.) A **massa** é uma quantidade fundamental que não muda conforme a força da gravidade (por exemplo, localização na Terra ou na Lua). Ela é medida pelo seu equilíbrio contra uma massa definida. O equilíbrio depende da força de aceleração para sua função, mas a quantidade de força não afeta a leitura. No uso cotidiano, o termo *peso* é um sinônimo aceitável de *massa*, mas a distinção deve ser clara – e é apropriado que os fisiologistas vegetais falem em termos de *massa* fresca e seca, como fazemos aqui. (Consulte o Apêndice A.)

brotos com células gigantes são produzidos. Esses brotos, chamados de **plântulas gama**, podem sobreviver por até três semanas, mas depois morrem – supostamente porque novas células são necessárias em um dado momento. As plântulas gama ilustram que, mesmo se pudéssemos medir convenientemente o aumento no número de células, esse número não seria uma boa medição do crescimento. Muitos outros exemplos do crescimento sem a divisão celular são conhecidos, como o crescimento de certas folhas, caules e frutos depois de uma certa fase do desenvolvimento. Também existem alguns exemplos da divisão celular sem aumento no tamanho geral, como no amadurecimento do saco embrionário. Todavia, um aumento no tamanho é um critério fundamental do crescimento, embora nem sempre seja fácil de medir.

16.2 Padrões de crescimento e desenvolvimento

Algumas características do crescimento vegetal

O crescimento vegetal é restrito a algumas zonas que contêm células recentemente produzidas pela divisão celular em um **meristema**. É fácil confundir o crescimento (definido acima como o aumento no tamanho) com a divisão celular nos meristemas. A divisão celular sozinha não causa o aumento no tamanho, porém os produtos celulares da divisão crescem e causam o aumento de tamanho como um todo. As pontas das raízes e dos brotos (**ápices**) possuem meristemas. Outras zonas do meristema são encontradas no câmbio vascular e logo acima dos nódulos das monocotiledôneas ou nas bases das folhas de gramíneas. Os meristemas apicais de raízes e brotos são formados durante o desenvolvimento do embrião, enquanto as sementes se formam, e são chamados de **meristemas primários**. O câmbio vascular e as zonas meristemáticas dos nódulos nas monocotiledôneas e folhas de grama são impossíveis de distinguir até depois da germinação; eles são os **meristemas secundários**.

Algumas estruturas vegetais são determinadas, outras não o são. Uma estrutura **determinada** cresce até um certo tamanho e então para, passando depois pelo envelhecimento e a morte. Folhas, flores e frutas são bons exemplos de estruturas determinadas, e a grande maioria dos animais também cresce de maneira determinada. Por outro lado, o caule e a raiz dos vegetais são estruturas **indeterminadas**. Elas crescem pelos meristemas que se reconstituem continuamente, permanecendo sempre jovens. Um pinheiro *Pinus longaeva* que cresce há 4 mil anos provavelmente poderia produzir um corte que formaria raízes em sua base, produzindo outra árvore que poderia viver por outros 4 mil anos. No final desse período, outro corte poderia ser retirado e assim por diante, possivelmente para sempre; ou seja, as plantas podem ser **clonadas** de partes individuais. Algumas árvores frutíferas se propagaram a partir de secções do caule por séculos.

Embora um meristema indeterminado possa morrer, ele é potencialmente imortal. Porém, a morte é o destino final das estruturas determinadas. Quando um meristema indeterminado e vegetativo se torna reprodutivo (isto é, começa a formar uma flor), ele se torna determinado.

Embora existam casos limítrofes, as plantas inteiras, em um certo sentido, são determinadas ou indeterminadas. No entanto, usamos termos diferentes. As **espécies monocárpicas** (do grego *mono*, "um", e *carp*, "fruto") florescem apenas uma vez e depois morrem; as **policárpicas** (*poly*, "muitos") florescem, retornam ao modo vegetativo de crescimento e florescem ao menos mais uma vez antes de morrer. A maioria das espécies monocárpicas é **anual** (vive apenas um ano), mas existem variações do tema. Muitas anuais germinam a partir de sementes na primavera, crescem durante o verão e o outono e morrem antes do inverno, se perpetuando apenas como sementes. Os trigos e centeios de primavera são anuais comerciais plantados na primavera, mas as sementes do trigo e do centeio de inverno germinam no outono, permanecem vivas durante o inverno como brotos sob a neve e florescem na próxima primavera.

As **bianuais** típicas, como a beterraba (*Beta vulgaris*), a cenoura (*Daucus carota*) e o meimendro (*Hyoscyamus niger*) germinam na primavera e passam a primeira temporada como uma roseta de folhas que morre no final do outono. Essa planta vive durante o inverno como uma raiz, com seu broto reduzido a um meristema apical comprimido cercado por algumas folhas mortas protetoras restantes (o meristema somado às folhas é chamado de botão perenente). Durante o segundo verão, o meristema apical forma células de caule que se alongam (disparam) para um talo florescente.

A agave (*Agave americana*) pode existir por uma década ou mais antes de florir uma vez e morrer. Embora seja uma espécie monocárpica, ela seria chamada de **perene** porque vive por mais de duas estações de crescimento. Ela e muitos bambus (*Bambusa* e outros gêneros), que podem viver por mais de meio século antes de florir uma vez e morrer, são excelentes exemplos do hábito extremo de crescimento monocárpico.

As plantas policárpicas, perenes por definição, não convertem todos os seus meristemas vegetativos em meristemas reprodutivos determinados. As perenes lenhosas

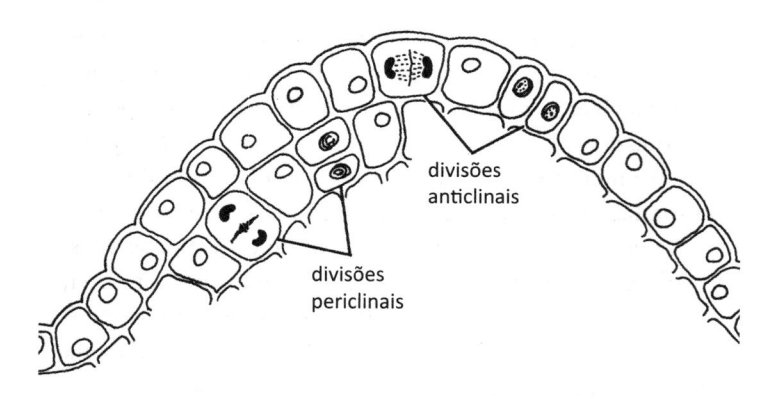

FIGURA 16-2 A relação das divisões anticlinais e periclinais no ápice do broto.

Etapas do crescimento e desenvolvimento celular

Embora uma surpreendente variedade de formas seja produzida pelo crescimento e desenvolvimento (existem aproximadamente 285.000 espécies diferentes de plantas que florescem), todas são explicadas por três eventos simples (pelo menos aparentemente) no nível celular. O primeiro é a **divisão celular**, na qual uma célula madura se divide em duas celas separadas, sempre iguais uma à outra. O segundo evento é o **aumento celular**, no qual uma ou as duas células filhas aumentam de tamanho. O terceiro é a **diferenciação celular**, na qual uma célula, talvez tendo atingido seu volume final, torna-se especializada em uma de muitas maneiras possíveis. A variedade de maneiras pelas quais as células se dividem, aumentam e se especializam explica os diferentes tecidos e órgãos em cada planta individual e os diferentes tipos de plantas.

Para começar, as células podem se dividir em planos diferentes. Quando a nova parede entre as células filhas está em um plano aproximadamente paralelo à superfície mais próxima da planta, dizemos que a divisão é **periclinal** (paralela ao perímetro; do grego *peri*, "ao redor", e *kline*, "leito"; indica uma inclinação ou viés, um ângulo de inclinação). Como alternativa, se a nova parede for formada de maneira perpendicular à superfície mais próxima, a divisão é **anticlinal** (Figura 16-2). A divisão de uma célula (citocinese) começa com a produção da **placa celular**, que surge com a fusão de centenas de vesículas minúsculas, a maioria delas projetada pelas extremidades das vesículas de Golgi que contêm polissacarídeos sem celulose, como as pectinas (consulte a Seção 1.4 e o ensaio no quadro sobre a química do carboidrato no Capítulo 8). Essas vesículas se fundem para formar a **lamela média**, que é rica em pectina, ligada pelas membranas que antes faziam parte das vesículas, mas agora se tornam as membranas plasmáticas das novas células filhas (Figura 16-3). A formação subsequente de uma nova parede primária de cada célula filha também ocorre, em parte, pela fusão das vesículas de Golgi que possuem outros polissacarídeos sem celulose.

O que orienta o movimento das vesículas de Golgi para o equador da célula, onde a nova parede de divisão primária é formada durante a citocinese? Aparentemente, as vesículas migram ao longo de **microtúbulos** semelhantes a hastes, que se estendem na direção dos polos opostos da célula em divisão (Seção 1.6). A Figura 16-3 mostra numerosos microtúbulos (quase invisíveis) orientados com seus eixos longos perpendiculares ao equador da célula. Quando a formação desses microtúbulos é impedida por fármacos antimitóticos como a colchinina, as vesículas de Golgi não se movem até o equador da célula na anáfase. Quando os fármacos são

(arbustos e árvores) podem usar apenas alguns de seus botões axilares para a formação de flores, mantendo os botões terminais vegetativos; ou então, os botões terminais podem florescer enquanto os botões axilares permanecem vegetativos. Às vezes, um único meristema forma apenas uma flor, como na tulipa, enquanto meristemas únicos de gramíneas ou *Asteraceae* formam uma inflorescência ou um buquê (por exemplo, no girassol). A escova de garrafa (espécie *Callistemon*) parece formar um espigão terminal de flores, mas o meristema apical permanece vegetativo e continua crescendo na próxima estação, produzindo folhas e um caule de madeira. As perenes lenhosas se tornam reprodutivas apenas depois de vários anos de vida. Até então, dissemos que ela está na fase **juvenil**. As dicotiledôneas herbáceas perenes, como a corriola-do-campo (*Convolvulus arvenis*) ou o cardo-das-vinhas (*Cirsium arvense*), e as gramíneas perenes morrem a cada ano nos climas temperados, exceto por um ou mais botões perenes perto do solo. Algumas dicotiledôneas herbáceas perenes formam bulbos, cormos, tubérculos, rizomas ou outras estruturas sob o solo.

A semente contém uma planta em miniatura envolvida em uma embalagem minúscula, o **embrião**, que consiste na raiz embriônica, no broto e em algumas folhas primordiais (Dure, 1975). As plântulas gama discutidas na Seção 16.1 podem se desenvolver de maneira tão extensa por causa da diferenciação do embrião durante a formação da semente. Normalmente, as células meristemáticas dos ápices da raiz e do broto dão origem a outras células, que se dividem para formar raízes ramificadas, mais folhas, botões axilares e os tecidos do caule e da raiz, incluindo o câmbio vascular. Muitos meristemas apicais e axilares acabam formando flores. Nas perenes lenhosas, os **meristemas laterais (câmbio)** produzem o **xilema** e o **floema secundário** a cada ano, resultando no crescimento do diâmetro dos caules e raízes.

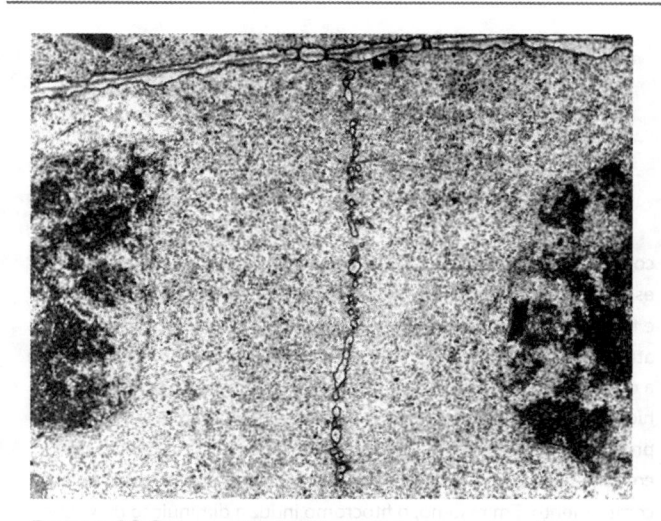

FIGURA 16-3 Formação da placa celular durante a citocinese na ponta de uma raiz do algodão. As vesículas ricas em pectina que se projetam dos corpos de Golgi se fundem no equador para formar a nova lamela média e as duas membranas plasmáticas em contato com ela. A formação subsequente de uma parede primária envolve polissacarídeos sem celulose que são secretados de cada célula em vesículas de Golgi adicionais e depositados na lamela média, enquanto a celulose parece ser formada em cada membrana plasmática sem o envolvimento da vesícula de Golgi. Microtúbulos estreitos semelhantes a hastes, orientados perpendicularmente à placa celular, podem cumprir uma função na orientação das vesículas de Golgi para essa placa. A formação do envelope nuclear (provavelmente a partir do retículo endoplasmático) ao redor de cada núcleo filho está quase completa. Numerosos ribossomos (pontos minúsculos) também estão visíveis. (Micrografia cortesia de Dan Hess.)

adicionados depois que a anáfase esteja quase concluída, a placa celular não pode se formar e a citocinese não ocorre, portanto, uma célula com dois núcleos é produzida.

Não apenas a direção da divisão celular tem muito a ver com a formação de várias estruturas, mas a direção (ou as direções) do aumento celular também é fundamental. O aumento celular é principalmente uma questão de absorção da água pelo vacúolo que está aumentando, como veremos em breve. Em órgãos vegetais alongados, como caules e raízes, o aumento ocorre principalmente em uma dimensão; isto é, na verdade, ele é um **alongamento**. Obviamente, as células meristemáticas recém-formadas aumentam em todas as três dimensões, mas, nos caules e raízes, o aumento logo se torna um alongamento.

Alterações na parede primária durante o crescimento

Por que as células se alongam principalmente em uma dimensão, em vez de se expandirem igualmente em todas as direções? Na Seção 1.4, explicamos que as paredes primárias das células em crescimento consistem em microfibrilas de celulose incorporadas em uma matriz amorfa de polissacarídeos sem celulose e algumas proteínas. Cada microfibrila de celulose se comporta como um cabo de múltiplos filamentos que minimiza a extensão na direção de seu eixo longo; porém, o crescimento da parede pode ocorrer em uma direção que permita que as microfibrilas se separem como em uma mola em expansão, e assim o crescimento é favorecido para uma direção em ângulos retos com a orientação dos eixos das microfibrilas. À medida que o crescimento continua, novas microfibrilas são depositadas na parede adjacente à membrana plasmática, portanto, a parede tem uma espessura quase uniforme durante o crescimento. É esta camada mais interna de microfibrilas mais recentemente depositadas que tem mais controle. Aparentemente, quando novas moléculas de celulose são formadas durante o crescimento, as microfibrilas existentes podem ser alongadas, permitindo-se uma certa extensão paralela aos seus eixos. (Consulte as revisões de Bacic et al, 1988; Delmer, 1987; Delmer e Stone, 1988; leia também o ensaio sobre a parede celular, de Nicholas C. Carpita, neste capítulo.)

Se a orientação das novas microfibrilas for aleatória, o crescimento tende a ser igual em todas as direções (como nas frutas carnudas ou nas células do mesofilo esponjoso da folha). Em muitas células jovens, no entanto, a orientação da microfibrila não é completamente aleatória, mas ocorre predominantemente ao longo de um eixo (Figura 16-4). O crescimento é então favorecido em uma direção perpendicular a esse eixo, como no alongamento de raízes, caules e pecíolos. A evidência dos pelos radiculares da cebola sugere que a orientação dos microtúbulos e, portanto, possivelmente das microfibrilas, é como uma mola (uma hélice ou espiral) enrolada ao redor da célula alongada (Lloyd, 1983).

Se o padrão da deposição das microfibrilas de celulose é tão importante para controlar o formato final da célula, o que controla essa orientação? Na nossa discussão sobre a *dinâmica do citoesqueleto na formação da parede celular*, na Seção 1.6, observamos que a formação da celulose pode ser controlada por enzimas localizadas no plasmalema: glóbulos na face externa e rosetas na face interna da membrana. O movimento das estruturas parece orientado pelos microtúbulos que aparecem em estreita associação a elas (consulte a Figura 1-15). A evidência de que os microtúbulos estão envolvidos vem do uso de certos fármacos que impedem sua formação. A adição desses fármacos faz com que as novas microfibrilas de celulose sejam aleatoriamente orientadas e sua remoção permite a produção renovada de microtúbulos e microfibrilas orientados transversalmente. Se os microtúbulos controlam a disposição das microfibrilas, precisamos saber o que controla os padrões dos microtúbulos.

Uma importância especial da parede celular primária no desenvolvimento vegetal

Nicholas C. Carpita

Nick Carpita nasceu em Indiana e foi criado perto do Golfo do México em Clearwater, Flórida. Depois de cursar a faculdade na Purdue University (Indiana) e fazer o doutorado na Colorado State University (Ph.D. em 1977), ele fez pós-doutorado na Michigan State University, no Department of Energy Plant Research Laboratory, onde ficou fascinado pela síntese in vivo *e* in vitro *da celulose nas fibras de algodão. Em 1979 ele voltou à Purdue University, onde agora atua como professor de fisiologia vegetal. Em seu ensaio, ele fornece algumas ideias sobre seus interesses nas estruturas moleculares e a biossíntese dos polissacarídeos da parede celular em gramíneas de cereais; se o espaço permitisse, ele também poderia nos contar sobre seu trabalho acerca do controle molecular do aumento celular, a adaptação da parede celular à tensão osmótica e a estrutura e biossíntese dos frutanos.*

Uma das distinções mais óbvias entre as células animais e vegetais é a parede celular vegetal, uma matriz rígida, porém dinâmica, que cerca cada célula. Obviamente, as células animais possuem matrizes extracelulares que funcionam na adesão e podem direcionar o formato da célula até certo ponto, mas a evolução de uma parede grossa de celulose alterou totalmente o padrão de desenvolvimento nas plantas. As células vegetais raramente são isentas de paredes e são fixadas de maneira espacial dentro da planta, autônomas em alguns aspectos, mas também dependentes da comunicação com as células vizinhas para coordenar a expansão e a diferenciação celular. Para a integridade estrutural, as células vegetais desenvolvem o turgor acumulando solutos em excesso do meio que as cerca e usando a parede celular para controlar o volume e resistir ao influxo iminente de água. A parede se torna uma interface pela qual uma célula vegetal percebe seu ambiente. A porosidade da parede é bem pequena (4 ± 2 nm; Carpita et al., 1979), mas a força de tração é enorme, com pressões de quebra da parede primária de quase 1.000 MPa (Carpita, 1985). O turgor normal da célula nunca se aproxima da pressão de quebra, ainda que, durante a diferenciação, as paredes primárias sejam incomumente flexíveis e se estiquem, lenta e discretamente, para dar origem aos numerosos formatos e tamanhos que as células vegetais possuem. Como a célula vegetal faz isso? Como o formato é alterado? Como os fatores ambientais e os sinais hormonais atuam pela modulação da expressão dos genes para alterar as propriedades bioquímicas e físicas da parede celular e tornar a diferenciação possível? Eu acredito que essas são as questões mais fundamentais que ainda estão para ser explicadas no desenvolvimento vegetal.

Comecei a apreciar a importância da parede celular no controle do formato da célula quando era estudante de graduação. Estudei como o fitocromo induzia a germinação da semente de alface, mais especificamente, como ele levava à alteração das relações hídricas e físicas do crescimento para fazer a radícula abrir seu caminho através da dura camada de endosperma que controla mecanicamente a dormência. Para melhor quantificar as alterações no potencial hídrico, os embriões isolados de sementes receberam a luz vermelha promotora ou a luz vermelha-distante inibidora, e seus índices de crescimento foram medidos como aumentos na massa fresca ou no comprimento. Em resumo, o fitocromo induz a diminuição do Ψ que permite que as radículas cresçam em soluções mais concentradas de PEG (polietilenoglicol; consulte a Figura 3.6) ou na semente e, portanto, desenvolvam pressão suficiente para estourar através do endosperma. Ao comparar os dados do comprimento e da massa fresca, no entanto, eu observei que as radículas das sementes tratadas com a luz vermelha sempre eram mais longas e mais finas que as tratadas com a luz vermelha-distante. A importância desse efeito não está clara, mas a observação estimulou minha curiosidade sobre a parede celular. O motivo dessa alteração na forma da célula deveria ser uma alteração na química da parede celular que modulava a direção da expansão. Embora eu não tenha examinado esse problema mais profundamente, queria mergulhar na bioquímica da estrutura e na síntese da parede celular, e tive a boa sorte de poder trabalhar com a professora Debbie Delmer da Michigan State University, no Department of Energy (MSU — DOE) Plant Research Laboratory. Ali, trabalhei especificamente na biossíntese da celulose em um belo sistema-modelo em que os óvulos de algodão não fertilizados e cultivados *in vivo* produziram células de fibra muito parecidas com as da planta real. Também estava interessado na modulação hormonal da síntese da parede celular durante a expansão celular de coleóptilos de milho excisados, e Debbie me deu a liberdade de trabalhar em problemas relacionados como esses. Nos experimentos preliminares, fiquei surpreso ao observar que mais de 80% da L-arabinose marcada capturada pelos coleóptilos terminava nas paredes celulares, enquanto grande parte da D-xilose permanecia nos *pools* citoplasmáticos ou vacuolares. Devo admitir que sempre tive um forte impulso de primeiro fazer o experimento e só depois pesquisar na literatura. A cronologia reversa sempre economiza tempo, mas perde-se a oportunidade de ficar surpreso várias vezes! O caminho do salvamento da arabinose em UDP-arabinose e UDP-xilose havia sido trabalhado duas décadas antes, e desde meados da década de 1920 já se sabia que as gramíneas eram notavelmente ricas em arabinoxilanos. Eu ainda achava intrigante que o caminho de salvamento fosse tão eficiente para a arabinose e não para a xilose, e pensava em como a parede celular devia ser um compartimento dinâmico! Minha fascinação pela parede celular das gramíneas ocupou a maior parte do meu tempo desde que cheguei à Purdue University há mais de dez anos.

A maioria dos modelos publicados da parede celular primária das plantas é sobre dicotiledôneas. As paredes das gramíneas (família Poaceae) são muito diferentes das das dicotiledôneas e até mesmo das de outras monocotiledôneas que foram examinadas. É irônico que estudos comparativos dos efeitos da luz e dos hormônios na física do crescimento e nas relações hídricas dos tecidos de gramíneas e dicotiledôneas tenham revelado tantas semelhanças, pois só recentemente começamos a entender que as gramíneas e dicotiledôneas utilizam materiais completamente diferentes para promover propriedades de elasticidade, limiar de rendimento e extensibilidade, que são tão importantes no crescimento. Fundamentalmente, a parede celular primária da dicotiledônea (Bacic et al., 1988) é uma rede de microfibrilas de celulose, cada qual consistindo em várias dúzias de cadeias lineares de D-glicose com ligação do tipo (1-4) β, condensadas para formar longos cristais enrolados ao redor de cada célula. Embora cada cadeia possa ter apenas vários milhares de unidades de glicose de comprimento (ca. 100 µm), elas começam e terminam em locais diferentes, portanto, as próprias microfibrilas são enormes e raramente a microscopia eletrônica revela o início ou final de uma microfibrila. Nas células que estão se alongando, as microfibrilas são enroladas no sentido transverso ao redor do eixo longitudinal como molas apertadas. Uma vez que a força gerada pela pressão de turgor de uma célula relativamente grande (100 µm de diâmetro) seja originada por uma parede primária muito fina (0,1 µm), uma pressão de turgor de 1,0 MPa gera pelo menos 250 MPa de força tangencial e longitudinal à qual a parede deve resistir (Carpita, 1985). A orientação das microfibrilas impede que os cilindros em crescimento se tornem esféricos, assim como uma mola de brinquedo ou uma mola muito apertada são difíceis de empurrar para fora. No entanto, a mola de brinquedo é facilmente esticada. Como a parede celular resiste à enorme força longitudinal gerada pelo turgor? Aqui está a importância da matriz de parede primária sem celulose. Esses polissacarídeos são a "cola" que mantém as microfibrilas juntas (lado a lado) para resistir a essa força. *A orientação da síntese das microfibrilas de celulose estabelece o formato final da célula, enquanto a interação dinâmica entre a celulose e a matriz de polissacarídeos sem celulose determina o índice de expansão celular.* Grande parte do trabalho nos laboratórios de hoje é direcionada a entender essa interação dinâmica, particularmente as estruturas químicas de seus componentes.

Nas dicotiledôneas, a principal "cola" são os xiloglicanos, que também são cadeias lineares de (1-4)β-D-glicanos; mas, diferentemente da celulose, eles possuem numerosas unidades de xilose adicionadas em sítios regulares na posição 0-6 das unidades de glicose da cadeia, se abrindo como asas para formar uma fita achatada. Uma superfície é capaz de se ligar estreitamente à superfície das microfibrilas de celulose e muitos modelos consideram o xiloglicano um revestimento de monocamada das microfibrilas. Considerando-se que existem quantidades aproximadamente iguais de xiloglicano e celulose na parede primária, no entanto, uma grande quantidade do xiloglicano deve cobrir o meio entre as microfibrilas de celulose. Vários modelos sugerem a existência de interações covalentes do xiloglicano com outros polímeros. No entanto, é igualmente provável que as cadeias possam autointeragir de maneira não covalente, como uma cerca de elos de cadeia, para manter as microfibrilas juntas. Uma vez que essa interação é o principal fator que determina a resistência à força longitudinal, muitos pesquisadores investigaram o índice de hidrólise do xiloglicano como um possível fator importante para se determinar o índice de crescimento.

Essa armação de celulose/xiloglicano também é incorporada a uma matriz de polissacarídeos pécticos. Esses polímeros, semelhantes a um gel, são alguns dos mais complexos conhecidos, e acredita-se que realizem numerosas funções, como determinar a porosidade da parede, fornecer superfícies carregadas que modulam o pH da parede e o equilíbrio dos íons e até mesmo funções mais sutis, como moléculas de reconhecimento que sinalizam respostas de desenvolvimento apropriadas para organismos simbióticos, patógenos e predadores. Uma integração estreita entre as substâncias pécticas e o xiloglicano também pode constituir um controle da hidrólise durante a expansão celular. Dois componentes fundamentais das pectinas são os **ácidos poligalacturônicos (PGAs)**, que são homopolímeros helicoidais do ácido (1-4)β-D-galacturônico, e os **ramnogalacturonanos (RGs)**, ou seja, heteropolímeros contorcidos e semelhantes a hastes das unidades repetitivas do ácido (1-2)β-D-ramnose-(1-4)α-D-galacturônico. Esse último polímero é o motivo da complexidade da estrutura péctica. Outros polissacarídeos, como **arabinanos**, **galactanos** e **arabino galactanos,** de várias configurações e tamanhos, estão ligados a muitos dos resíduos de ramnose.

As pectinas interagem na parede de várias maneiras. Primeiro, as cadeias helicoidais de PGAs podem ser condensadas pela ligação cruzada com o Ca^{2+} para formar "zonas de junção", unindo várias cadeias e formando um gel. Existem extensões de PGA nas extremidades ou dentro do RG para ligar esses dois tipos de polímeros. Na verdade, o PGA e o RG são secretados como polímeros esterificados de metil, e a enzima pectina metilesterase localizada na parede celular faz a clivagem de parte dos grupamentos de metil para iniciar a ligação com o Ca^{2+}. Alguns pesquisadores acreditam que a atividade dessa enzima pode exercer algum controle sobre a atividade das enzimas responsáveis pelo metabolismo do xiloglicano. As pectinas podem sofrer uma ligação cruzada adicional por meio de ligações de ésteres com os **ácidos diidroxicinâmicos**, para formar ligações covalentes com outros polímeros. O tamanho das zonas de junção que consistem no PGA e o tamanho e frequência da substituição do polímero no RG podem exercer um fino controle da porosidade da parede e da carga da matriz, que, por sua vez, pode influenciar o fenômeno do desenvolvimento de maneiras que provavelmente ainda não conhecemos.

Concluído o alongamento, a parede primária é travada nesse formato. A principal molécula de travamento é a glicoproteína **extensina**, rica em hidroxiprolina. A extensina é uma proteína semelhante a uma haste e rica em cátions; acreditamos que ela faça ligações cruzadas consigo mesma ou com as substâncias pécticas para impedir a expansão adicional das microfibrilas de celulose. A extensina pode ter sítios de iniciação da lignificação. Este é um campo rico em potencial de pesquisa, por causa da recente descoberta de várias outras proteínas que aparecem durante a diferenciação ou em resposta à invasão por patógenos ou ferimentos pela predação de insetos. A parede celular primária da gramínea (Carpita, 1987) também é composta de microfibrilas de celulose semelhantes em estrutura às dicotiledôneas, mas é aí que as semelhanças terminam. Em vez do xiloglicano, os principais polímeros que entrelaçam as microfibrilas são os **glicuronoarabinoxilanos (GAXs),** cadeias lineares de (1-4)β-D-xilose com asas de unidades simples de arabinose e, com menos frequência, unidades simples de ácido glicurônico. O grau de substituição de arabinose e ácido glicurônico varia nitidamente dos GAXs, cujas unidades de xilose são quase todas substituídas por cadeias em que apenas 10% ou menos das unidades de xilose possuem grupos laterais. O grau de substituição afeta profundamente sua química. Como a celulose, as moléculas não substituídas de xilano com ligação (1-4) podem formar pontes de hidrogênio estreitas com a celulose ou umas com as outras, mas os grupos laterais interferem profundamente nesta ligação.

Nas células em divisão e alongamento, os GAXs altamente substituídos são abundantes, enquanto, no decorrer do alongamento e da diferenciação, cada vez mais GAX não substituído se acumula. Acredito que aí esteja a explicação do caminho do salvamento da arabinose. Os GAXs arabinosilados podem ser a forma sintetizada solúvel convertida em outros GAXs por meio da hidrólise seletiva das unidades de arabinose. Então, a arabinose é absorvida e mantida em açúcares de nucleotídeos para a síntese do novo GAX. As unidades de arabinose podem cumprir uma função adicional na parede celular. As gramíneas são notavelmente pobres em pectina. Elas contêm PGA e RG, mas o GAX altamente substituído é estreitamente associado a essas pectinas. O modelo de parede celular que eu sugeri com base nessas observações foi o de microfibrilas de celulose entrelaçadas com GAXs não substituídos. GAXs adicionais com graus variados de substituição exercem a função das substâncias pécticas que predominam na parede celular das dicotiledôneas e o grau de substituição pela arabinose e o ácido glicurônico controla a porosidade e a carga da superfície.

O aspecto notável nas gramíneas é a síntese dos polissacarídeos específicos da fase de desenvolvimento. Embora o modelo que acabamos de retratar possa ser verdadeiro para as células recém-divididas, os componentes da parede mudam nitidamente quando as células começam a se expandir. Alguns arabinanos que não são mais produzidos durante a expansão celular são encontrados nas paredes das células em divisão. Em vez disso, os novos polímeros, chamados de **β-D-glicanos de ligação mista (β-D-glicanos)**, são sintetizados juntos com o GAX. Os β-D-glicanos são homopolímeros não ramificados de glicose que possuem uma mistura de oligômeros (1-4) lineares e "dobras" de 1,3-β-D-glicose. A estrutura fina é mais complicada, no entanto. Na maior parte do polímero, as dobras (1-3) ocorrem em intervalos específicos para vincular aproximadamente 10 unidades de celotriose a cada 5 de celotetraose. Isso produz um polímero achatado semelhante a um saca-rolhas, que tem 50 resíduos de comprimento. Essas unidades de saca-rolhas são vinculadas por regiões especiais que contêm extensões mais longas de unidades vinculadas lineares (1-4). Algumas unidades (1-3) vinculadas contíguas podem ser unidas nessas regiões especiais para fornecer uma flexibilidade adicional à macromolécula, tornando-a um "segmento molecular". Acredita-se que as macromoléculas de β-D-glicano sejam a "cola" de microfibrilas das gramíneas, da mesma forma que o xiloglicano nas dicotiledôneas, e que as longas extensões das unidades vinculadas (1-4) sejam significativas em seu metabolismo. Uma endo-β-D-glicanase que pode hidrolisar o β-D-glicano das microfibrilas para permitir a expansão foi descoberta nas paredes celulares de brotos de milho em desenvolvimento. As investigações em vários laboratórios estão agora centradas precisamente em como os β-D-glicanos e suas hidrolases específicas funcionam no alongamento da célula.

Assim como as dicotiledôneas, as gramíneas são travadas em sua forma durante a diferenciação. Diferentemente das dicotiledôneas, entretanto, elas não utilizam a extensina rica em hidroxiprolina. As gramíneas possuem tipos similares de proteínas estruturais, mas uma grande proporção da função de ligação cruzada reside nos ácidos hidroxicinâmicos para formar a lignina da gramínea, até mesmo na parede celular primária.

Para poder ter uma ideia da complexa estrutura da parede celular, da interação de seus componentes e das suas sutis alterações durante o crescimento, imagine como essa estrutura complicada é sintetizada. Com exceção da celulose, todos os polímeros da parede celular são sintetizados no retículo endoplasmático e no aparelho de Golgi, secretados em alguma forma solúvel para a parede e depois organizados na matriz insolúvel. Pouco sabemos sobre a síntese, e nenhum complexo de sintase foi purificado até agora. Embora essas sintases possam ser bastante interessantes e possam ser polipeptídeos relevantes de genes expressados na fase de desenvolvimento, ainda não entendemos como chegar a esses genes. Sabemos um pouco sobre como o xiloglican é feito: os mecanismos de importação dos açúcares de nucleotídeos no lúmen de Golgi, o uso coordenado da UDP-glicose e UDP-xilose e até o possível envolvimento do potencial da membrana e os gradientes do pH para orientar a sintese e a secreção das vesículas cheias de polímeros na superfície da célula. Enquanto redijo este ensaio, o Dr. David Gibeaut, associado de pesquisa do meu laboratório, desenvolveu uma engenhosa técnica para isolar o aparelho de Golgi dos compostos contaminantes do vacúolo e do citosol, para fornecer a primeira demonstração inequívoca da síntese *in vitro* do β-D-glicano de ligação mista da gramínea.

Embora tenhamos montado um catálogo razoável dos componentes de proteína e polissacarídeos da parede celular da planta, ainda temos visões apenas rudimentares sobre como a parede é organizada no espaço tridimensional, sobre como ela mudou especificamente durante o crescimento e sobre como o controle fisiológico fino do metabolismo da parede é adquirido e, particularmente, sintetizado. Cada componente enzimático do maquinário – sintases, proteínas estruturais, hidrolases e até mesmo as enzimas dos trajetos de salvamento – deve ter sua própria regulação especial. Quanto mais aprendemos sobre esses mecanismos, maior se tornará nosso conhecimento sobre como os genes reguladores que os controlam tornam o desenvolvimento possível. As perguntas sobre como o maquinário do desenvolvimento funciona aguardam ideias e abordagens novas.

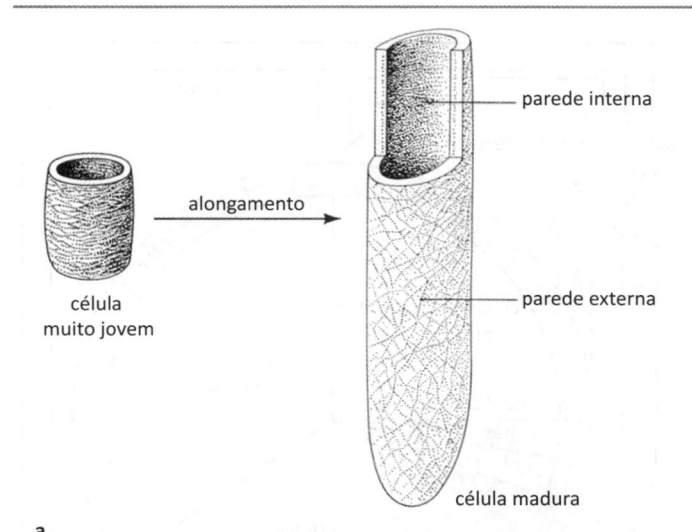

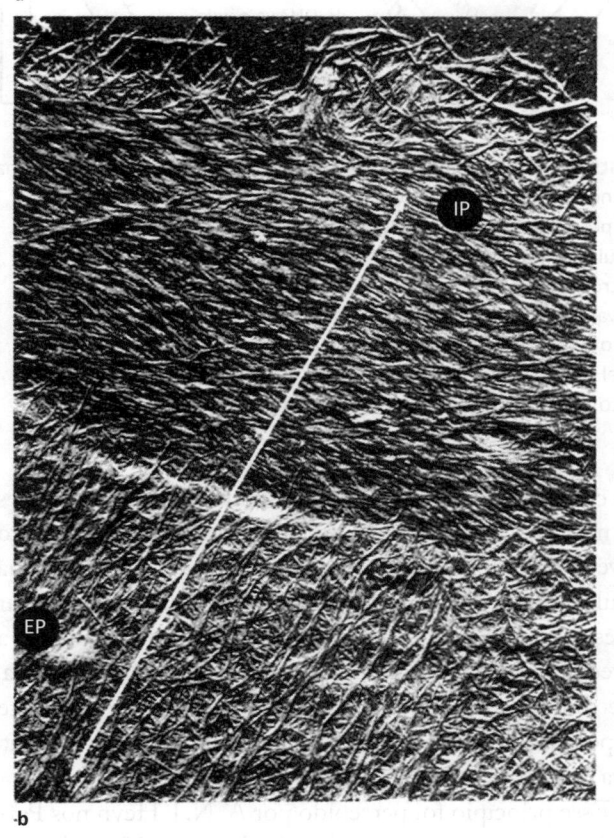

FIGURA 16-4 (a) Alterações na orientação das microfibrilas de celulose durante o alongamento celular. Nas células jovens, as microfibrilas são orientadas quase aleatoriamente, mas a expansão ocorre longitudinalmente porque as microfibrilas recém-depositadas na superfície interna da parede são orientadas perpendicularmente ao eixo longo da célula. As microfibrilas mais velhas fora da parede são empurradas na direção do alongamento durante o crescimento. **(b)** Orientação das microfibrilas de celulose nas parte internas (jovem) e externa (velha) da parede primária. É mostrada uma célula capilar da folha do *Juncus effusus,* uma ciperácea. Observe que as microfibrilas no interior da parede (IP) são perpendiculares ao eixo longo da célula, enquanto as que estão no exterior da parede (EP) são paralelas a ele e as que ficam entre ambas possuem orientação intermediária. A direção do alongamento da célula é fornecida pela seta longa. (De Jensen e Park 1967.)

O ciclo da célula

Os biólogos celulares, incluindo os fisiologistas das plantas, estão interessados nas séries de eventos repetitivos chamados de **ciclo da célula**, revisados na Figura 16-5. Esse ciclo está envolvido principalmente no momento da replicação do DNA em relação à divisão nuclear (John, 1982). Depois da mitose, existe um período de crescimento celular antes da replicação do DNA (G_1), logo após há a replicação do DNA (**S**), o crescimento após a replicação (G_2) e, por fim, a mitose para concluir o ciclo. Em termos dos eventos que discutimos, uma das células-filhas produzidas pela mitose pode não continuar no ciclo da célula, mas pode crescer e diferenciar-se. Se isso ocorrer antes da replicação do DNA, a célula diferenciada terá o número diploide de cromossomos e a quantidade de **cromatina** (material genético) normais, mas, nas plantas, não é incomum que a diferenciação ocorra depois da replicação do DNA, de forma que a célula diferenciada possua mais do que a quantidade diploide de cromatina. Às vezes, os cromossomos são adicionalmente duplicados sem divisão celular e a célula diferenciada se torna poliploide. Com frequência, essas células poliploides são maiores que seus equivalentes diploides. Como o diagrama ilustra, as células vegetais diferenciadas às vezes podem entrar novamente no ciclo celular por um processo chamado de **desdiferenciação**, depois do qual elas têm novamente a capacidade de se dividir; isto é, elas são novamente meristemáticas (consulte a Seção 16.6).

A física do crescimento: potenciais hídricos e limites de deformação

Como as plantas crescem em volume? Esse crescimento é causado principalmente pela captura de água, que estende as paredes celulares, mas novos materiais da membrana e da parede celular são sintetizados, de forma que as paredes normalmente não se tornam mais finas. Em alguns casos (por exemplo, pelos radiculares e tubos de pólen), a parede aumenta de área apenas na ponta, mas, na maioria das células de plantas superiores, o crescimento ocorre em todas as superfícies laterais.

A biofísica do crescimento celular tem sido uma área ativa de pesquisa nos últimos anos, e existem excelentes revisões (por exemplo, Boyer, 1988; Cleland, 1981; Cosgrove, 1986, 1987; Dale, 1988; e Taiz, 1984). Grande parte do pensamento atual remonta a um estudo de 1965 de James A. Lockhart, na época na University of Hawaii em Honolulu (Lockhart, 1965).

O que faz a célula absorver água e crescer? Uma antiga hipótese sugeria que a parede e o plasmalema eram estendidos em pequenos incrementos graduais pelas atividades metabólicas da célula, e que a água entrava em cada etapa para preencher a lacuna. A interpretação moderna e oposta é que a pressão da água (turgor) motiva o crescimento forçando a parede e as membranas a se expandirem. A taxa do movimento da água para dentro de uma célula é governada por dois fatores: o gradiente do potencial hídrico e a permeabilidade da membrana à água. Consequentemente, a taxa de alargamento da célula também é proporcional a esses fatores, para uma primeira aproximação.

A Equação 3.1 na Seção 3.2 apresentou as relações osmóticas básicas:

$$\Psi = \Psi_s + \Psi_p = \Psi_s + P$$

onde Ψ = potencial hídrico, Ψ_s = potencial osmótico ou do soluto e Ψ_p = potencial da pressão, que é uma pressão real, P, chamada de pressão de turgor. A diferença no potencial hídrico ($\Delta\Psi$) dentro e fora da célula é:

$$\Delta\Psi = (\Psi_{se} + P_e) - (\Psi_{si} + P_i) \quad (16.1)$$

onde e indica externo e i, interno.

Supondo que a pressão externa seja insignificante e incluindo um fator para a condutividade hidráulica relativa da membrana à água (L), podemos escrever a equação para a taxa de alargamento celular conforme segue:

$$1/V \times dV/dt = L(\Delta\Psi) = L(\Psi_{se} - \Psi_{si} - P_i) \quad (16.2)$$

onde V é o volume celular, dV é uma alteração incremental no volume da célula e dt é um incremento infinitesimal de tempo. Portanto, dV/dt é a taxa de aumento da célula em volume ou a taxa de crescimento. Porém, o crescimento é uma função geométrica ou logarítmica do tempo (consulte a Seção 16.3 a seguir). Para expressar isso, muitos estudiosos dividem o dV/dt pelo volume celular para chegar à **taxa de crescimento relativo** da célula, que podemos definir como r. Uma forma semelhante de taxa de crescimento relativo utiliza o logaritmo natural do volume celular: $d\ln V/dt$.

As Equações 16.1 e 16.2 mostram que existem duas maneiras para que o potencial hídrico dentro das células seja mais negativo do que fora, tornando a captura da água e o crescimento possíveis: os *solutos* dentro da célula podem *aumentar*, tornando o potencial osmótico interno mais negativo, ou a *pressão* dentro da célula pode *diminuir*. Na verdade, as concentrações do soluto dentro de muitas células

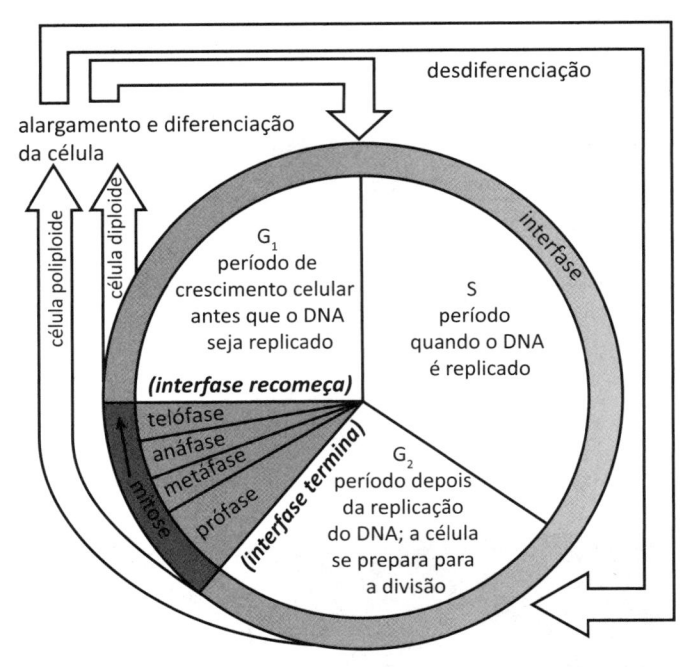

FIGURA 16-5 Um diagrama generalizado do ciclo celular. Existe uma grande variação entre as diferentes células em relação à duração do período em que a célula permanece em qualquer fase. Nas células vegetais (com menor frequência nas animais), a lesão ou outro tratamento faz com que as células diferenciadas se tornem novamente meristemáticas, ou seja, desdiferenciem. O ponto do ciclo celular em que elas voltam a entrar dependerá do ponto do qual saíram. Se a célula sair do ciclo depois do S, mas antes da mitose, ela será poliploide. (Adaptado de Starr e Taggart, 1981.)

em crescimento permanecem constantes dentro dos limites da medição. Nesses casos, a força motriz do crescimento deve ser uma pressão de turgor decrescente. A pressão na célula é causada pela resistência mecânica da parede celular ao estiramento. Se essa resistência diminuir de forma que a parede relaxe, seu estiramento leva a uma pressão reduzida, que diminui o potencial hídrico, levando a um gradiente de potencial hídrico maior ($\Delta\Psi$) e ao movimento da água para dentro da célula.

Esse princípio foi percebido por A. N. J. Heyn nos Países Baixos, no começo da década de 1930. Heyn (1931) orientou um segmento de caule horizontalmente, fixou-o em uma ponta e colocou um peso na outra ponta. O peso fez o caule flexionar-se para baixo. Quando o peso foi removido, o caule retornou até *metade do caminho* de sua posição original. Heyn raciocinou que o peso fazia as paredes celulares se estenderem **elasticamente**, como um elástico de borracha (explicando a flexão de volta), e **plasticamente**, como uma bola de chiclete, sem retornar às suas dimensões originais (explicando a flexão irreversível). Nesse experimento, o alongamento plástico foi aumentado pela auxina, um regulador do crescimento vegetal (consulte a Seção 17.2). Portanto, Heyn introduziu o conceito da

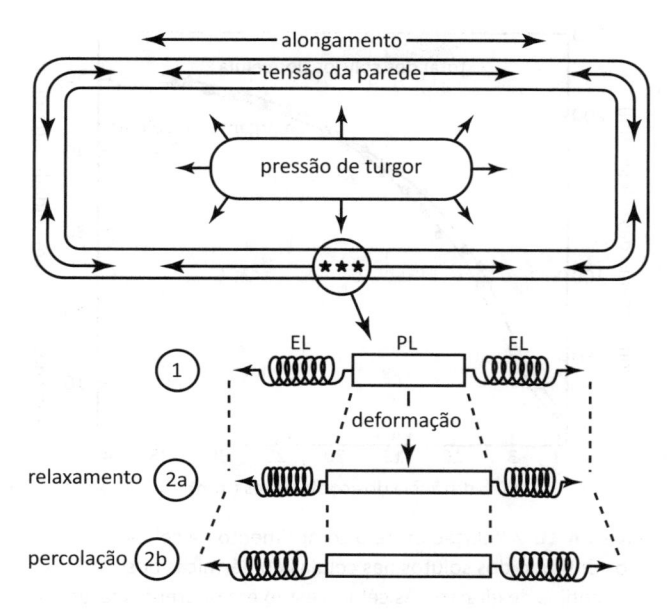

FIGURA 16-6 Um modelo mecânico da parede celular em crescimento. A pressão de turgor exerce uma força contra a parede e provoca uma tensão de tração no plano da parede. O ponto 1 mostra que os elementos elástico (EL) e plástico (PL) suportam a tensão na parede. Os elementos elásticos são mostrados como molas, cuja extensão é proporcional à tensão. Indo do ponto 1 para o ponto 2a, os elementos plásticos deformam (relaxam), mas os elásticos contraem (mostrando que a tensão da parede diminuiu), por isso, não há uma alteração geral no comprimento da parede. No ponto 2b, a tensão da parede é mantida constante (elementos elásticos não contraem) à medida que a parede deforma e, portanto, permite a expansão. (De Cosgrove, 1987.)

extensibilidade da parede, que possui componentes elásticos e plásticos.

O alongamento plástico da parede é obtido enquanto a parede se **solta**, portanto, as microfibrilas de celulose podem deslizar umas pelas outras mais facilmente. Isso é chamado de **cisalhamento**; o processo envolve uma quebra das ligações entre microfibrilas adjacentes, mas o mecanismo exato de soltura da parede (**deformação da parede**) ainda não foi completamente entendido.

Podemos pensar nos elementos plásticos e elásticos na parede como sendo uma série contínua, como na Figura 16-6. À medida que os elementos plásticos relaxam, eles se estendem, permitindo que os elementos elásticos encurtem; isso pode acontecer se a tensão na parede e a pressão de turgor forem reduzidas. Se a água entrar quase instantaneamente, à medida que a pressão diminui em resposta ao relaxamento dos elementos plásticos, os elementos elásticos podem se encurtar apenas infinitesimalmente, portanto, a pressão também diminui apenas infinitesimalmente. Nesse estado estável, o processo de crescimento, chamado de **percolação**, e a tensão da parede e o turgor permanecem constantes.

A taxa de crescimento celular relativo (r) se prova proporcional a quanto a pressão de turgor (P) excede um valor chamado de **limite** ou **ponto de deformação** (Y). Essa relação empírica é mostrada na Equação 16.3 (Lockhart, 1965):

$$r = \phi(P - Y) \quad \text{para } P > Y \quad (16.3)$$

O fator de proporcionalidade ϕ é a **extensibilidade da parede**. Uma vez que as propriedades reais da parede que levam à deformação (**propriedades reológicas**) são complexas e difíceis de medir, o ponto de deformação (Y) é expressado como a *pressão* mínima necessária para causar o crescimento celular. A pressão de turgor é a causa da tensão da parede existente e, portanto, serve como sua medição indireta, porém equivalente. Juntas, as Equações 16.2 e 16.3 mostram que a taxa de crescimento celular relativo depende de cinco fatores interligados: a condutividade das paredes e das membranas à água que banha as células, a diferença no potencial osmótico (soluto) dentro e fora da célula, a pressão de turgor da célula e as duas propriedades de deformação da parede: extensibilidade e limite de deformação.

Tecnicamente, o **relaxamento da parede** é a redução na tensão na parede em dimensões constantes da parede celular. Nos últimos anos, o relaxamento da parede foi medido nos tecidos vivos para obtenção de dados sobre o limite de deformação e a extensibilidade da parede. Duas abordagens foram usadas: na primeira, o tecido em crescimento é isolado de um suprimento de água para impedir a captura da água; na segunda, a captura da água é impedida em uma câmara de pressão aumentando-se a pressão externa no tecido apenas o suficiente para reduzir o crescimento até zero. Em ambas as abordagens, a tensão da parede é monitorada pela medição da pressão de turgor, e uma maneira conveniente de se fazer isso é com a sonda de pressão (Seção 3.6). A técnica também permite que se faça uma estimativa da condutância hidráulica (L). Esses estudos validaram as Equações 16.2 e 16.3 por medições diretas (Cosgrove, 1985).

À medida que o relaxamento da parede ocorre, a pressão de turgor diminui exponencialmente, até que o ponto de deformação (Y) seja atingido em algum valor acima de zero. A taxa de diminuição da pressão de turgor pode ser usada para avaliar a extensibilidade da parede (ϕ).

Antes que as técnicas de relaxamento da parede *in vivo* fossem desenvolvidas, a extensibilidade podia ser medida apenas em tecidos mortos (revisado por Cleland, 1981). A técnica mais usada para medir as propriedades mecânicas das paredes celulares mortas é chamada de **técnica de Instron** (Cleland, 1984), por causa do instrumento usado para alongar os tecidos.³ Secções do caule ou outras amostras são preparadas com a fervura em álcool para remover as proteínas das paredes celulares e romper os protoplastos. A amostra é então submetida a duas extensões sucessivas em uma taxa constante de **esforço** (deformação), e a **tensão** (força) ao longo das paredes é medida como função da extensão. A primeira extensão envolve um componente elástico (reversível) e um plástico (irreversível), mas a segunda é totalmente reversível. A partir das inclinações das duas curvas, podemos determinar as extensibilidades plástica e elástica.

O relaxamento de tensão *in vivo* utiliza a tensão natural da parede (turgor da célula) em vez de uma tensão externamente aplicada. O turgor aplica a tensão hidráulica em todas as direções desde o interior da célula, em vez de uma tensão de expansão aplicada externamente em apenas uma direção. Além disso, os aspectos atuais e metabolicamente controlados da soltura da parede são medidos, em vez de se medir apenas a extensibilidade potencial presente no momento em que o tecido foi preparado.

É interessante notar que todas as técnicas – incluindo os experimentos indiretos iniciais de Heyn e algumas técnicas que não são discutidas aqui – mostram claramente que as auxinas causam uma extensibilidade plástica nitidamente elevada das paredes celulares. Também fica claro que o crescimento celular é motivado pela soltura da parede, como acabamos de descrever.

Em uma célula que está aumentando, a água que entra logo dilui os solutos e, portanto, o Ψ_{si} diminui se os solutos não foram absorvidos das cercanias ou sintetizados no tecido. Esse acúmulo de solutos acompanha o crescimento, como é ilustrado na Figura 16-7. As células do hipocótilo do girassol representadas na figura expandiram-se 15 vezes em comprimento, embora suas concentrações de soluto tivessem continuado essencialmente constantes, uma vez que os solutos aumentados correspondiam estreitamente aos aumentos no tamanho da célula. Em um estudo mais recente, também com brotos de girassol, foi provado que os solutos acumulados eram principalmente de glicose, frutose e K^+ translocados das células cotiledôneas (McNeil, 1976).

O que aconteceria em um tecido crescendo em água pura, sem acesso a um suprimento de solutos, como os sais minerais de uma solução de solo ou dos açúcares derivados do armazenamento ou da fotossíntese? A captura da água diluiria os solutos existentes e o Ψ_{si} aumentaria na direção do zero como no diagrama de Höfler da Figura 3-3. Uma vez que o $\Delta\Psi$ da membrana plasmática é muito pequeno

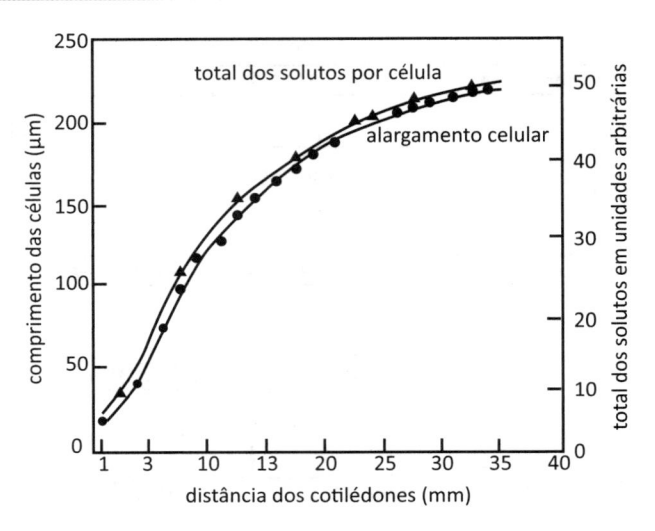

FIGURA 16-7 Relação entre o comprimento da célula e o conteúdo dos solutos nas células epidérmicas dos hipocótilos de girassol. As células estão em diferentes fases do desenvolvimento, portanto, logicamente, a abscissa poderia ser rotulada como *tempo* ou *idade* em vez de *distância dos cotilédones*. Brotos etiolados tinham 90 horas de idade e de 45 a 50 mm de altura. Os comprimentos e larguras das células epidérmicas em crescimento foram medidos microscopicamente. As concentrações de soluto foram medidas desde valores da plasmólise incipiente e depois convertidas em unidades arbitrárias pela multiplicação pelo comprimento celular. (Os diâmetros da célula permaneceram quase constantes durante o crescimento.) As plantas foram cultivadas em uma mistura de turfa e areia e regadas apenas com água de torneira. (Dados de Beck, 1941.)

(apenas 0,0003 MPa; Cosgrove, 1986), o P_i deve diminuir e o crescimento irá parar em um dado momento, quando atingir o limite de deformação – a menos que esse limite diminua. Normalmente, o crescimento para na ausência de um suprimento de solutos, aparentemente porque a parede retém sua rigidez ou torna-se ainda menos plástica. Obviamente, a planta precisa de água como força motriz do crescimento, mas a captura continuada de água requer a absorção de sais minerais ou açúcares e de outros solutos orgânicos fornecidos pela translocação ou pela fotossíntese. Esse fato (assim como as funções essenciais dos elementos minerais, açúcares e outros solutos orgânicos nos processos metabólicos) é essencial para entendermos como o ambiente mineral influencia o crescimento.

A extrema sensibilidade do crescimento à tensão hídrica (Hsiao, 1973) ocorre porque o limite de deformação (Υ) é muito próximo do turgor da célula (P_i, Matyssek et al., 1988). Quando o solo seca, ou os solutos aumentam na solução que banha as raízes (diminuindo o Ψ_{se}), o crescimento para quando o P_i é igual a Υ, o que ocorre muito antes de o P_i chegar a zero e os tecidos murcharem. Além

---

³ O instrumento é usado pelos físicos e engenheiros para medir as propriedades mecânicas (relações de tensão/esforço) de vários materiais.

disso, a Equação 16.3 mostra que a taxa de crescimento é sensível a quanto o P_i é aumentado acima do limite de turgor (porém, consulte a discussão sobre a mecânica da flexão gravitrópica na Seção 19.4).

As Equações 16.2 e 16.3 sugerem que o crescimento pode ser modificado pelas mudanças na condutância hidráulica, na extensibilidade ou no limite de deformação. Na alga *Nitella*, a célula aparentemente modifica o seu limite de deformação para manter uma taxa de crescimento constante em um intervalo de valores de Ψ_{se} (Green et al., 1971). Observamos que, nas plantas superiores, as auxinas podem aumentar a extensibilidade da parede. As citocininas e giberelinas também aumentam a extensibilidade e talvez diminuam os limites de deformação em certos tecidos sensíveis (Cleland, 1981).

16.3 Cinética do crescimento: crescimento ao longo do tempo

Órgãos inteiros: a curva do crescimento em formato de S

Muitos pesquisadores plotaram o tamanho ou peso de um organismo contra o tempo, produzindo uma curva de crescimento. Frequentemente, a curva pode ser ajustada em uma função matemática simples como uma linha reta ou uma curva simples em formato de S. Embora os processos metabólicos e físicos que produzem as curvas de crescimento sejam muito complexos para serem explicados por modelos simples, as curvas simples são úteis para a interpolação a partir de dados medidos. Além disso, os coeficientes que devem ser fornecidos para que as equações se ajustem às curvas podem ser usados para classificar os efeitos de um tratamento experimental (como um regime de irrigação ou a aplicação de um regulador do crescimento) no crescimento das plantas ou de órgãos vegetais observados.

A **curva de crescimento em formato de S (sigmoide)** idealizada, exibida por numerosas plantas anuais e partes individuais de plantas anuais e perenes, é ilustrada para o milho na Figura 16-8a. A curva mostra o tamanho cumulativo como função do tempo. Três fases primárias normalmente podem ser detectadas: uma fase logarítmica, uma linear e uma de senescência (Sinnott, 1960; Richards, 1969).

Na **fase logarítmica**, o tamanho (V) aumenta exponencialmente conforme o tempo (t). Isso significa que, no início, a **taxa de crescimento** (dV/dt) é lenta (Figura 16-8b), mas aumenta continuamente. A taxa é proporcional ao tamanho do organismo; quanto maior o organismo, mais rápido ele cresce. Uma fase de crescimento logarítmico também é exibida por células simples, como as células

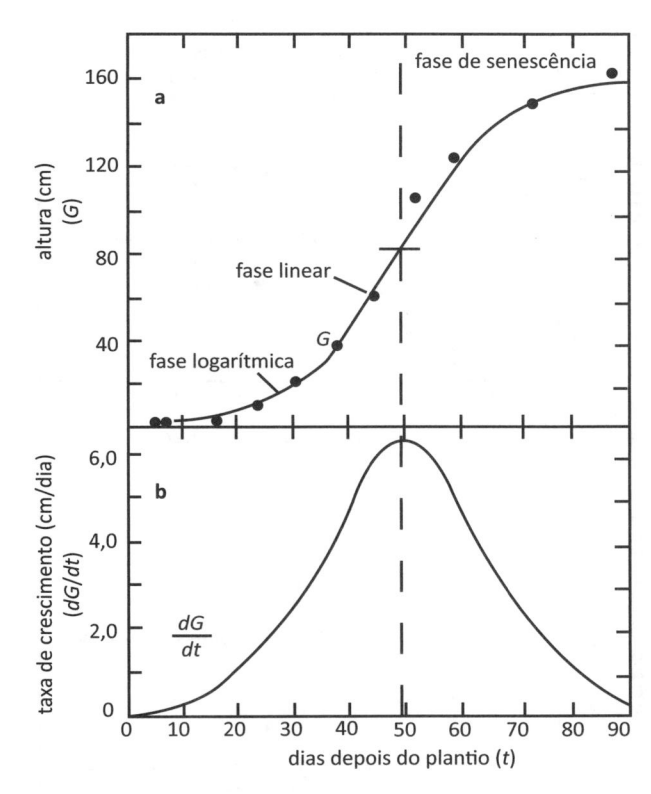

FIGURA 16-8 Uma curva de crescimento sigmoide quase ideal e uma curva de taxa de crescimento em formato de sino para o milho. A curva da taxa em **b** é a primeira derivação (inclinação) da curva do crescimento total em **a**. (Retirado dos dados de Whaley, 1961.)

gigantes da alga *Nitella*, e por populações de organismos monocelulares, como as bactérias ou leveduras, em que cada produto da divisão é capaz de crescer e dividir-se. Os matemáticos traçaram uma analogia entre essa fase logarítmica e o crescimento do dinheiro com os juros compostos. Os juros acumulados também geram mais juros, portanto, o capital principal cresce exponencialmente.

Na **fase linear**, o aumento de tamanho continua constante, normalmente em uma taxa máxima por um certo período (Figura 16-8b). (A taxa de crescimento constante é indicada por uma *inclinação* constante nas curvas superiores da altura e pela parte horizontal das curvas inferiores da taxa: parte da curva da taxa para a ervilha do Alasca, toda a curva para a ervilha Swartbekkie na Figura 16-9.) Nem sempre está claro por que exatamente a taxa de crescimento nesta fase deve ser constante, e não proporcional ao tamanho crescente do organismo, mas se estivermos medindo o crescimento de um único caule não ramificado, a fase linear pode simplesmente expressar a atividade constante de seu meristema apical.

A **fase da senescência** é caracterizada pela taxa de crescimento decrescente (observe a queda na curva da taxa na Figura 16-8b) quando a planta atinge a maturidade e começa a envelhecer. Discutiremos a senescência mais adiante.

Embora as curvas da Figura 16-8 sejam representativas de muitas espécies, as curvas de crescimento das outras espécies e órgãos são diferentes. Na Figura 16-8, a fase linear é difícil de detectar, portanto, as fases logarítmica e de senescência são quase contínuas. Comumente, a fase linear é estendida. A ervilha Swartbekkie (Figura 16-9) é um exemplo um tanto extremo. Sua taxa de crescimento foi constante em aproximadamente 21 mm de altura por dia, por quase dois meses. (A fase da senescência não é mostrada, embora tenha ocorrido mais tarde.) A ervilha do Alasca, outro cultivo alto, mostrou uma curva de crescimento mais sigmoide e uma curva de taxa em formato de sino achatada no topo, por causa da fase linear estendida.

As curvas de crescimento de maçã, pera, tomate, banana, morango, tâmara, pepino, laranja, abacate, melão e abacaxi são sigmoides, enquanto as de framboesa, uva, amora, figo, groselha, azeitona e de todas as frutas de caroço duro (pêssego, damasco, cereja e ameixa) mostram uma interessante curva de crescimento sigmoide duplo na qual a primeira fase de "senescência" (parte plana da curva) é sucedida por outra fase logarítmica que leva a uma segunda parte sigmoide da curva (Coombe, 1976; Figura 16-9c).

Existem menos dados disponíveis para o crescimento em altura das espécies perenes, principalmente as árvores, mas as curvas sigmoides provavelmente seriam produzidas, normalmente em partes importantes planas causadas por períodos de seca ou inverno (Zimmermann e Brown, 1971). Para épocas específicas, os dados dos brotos das árvores estão disponíveis e as curvas sigmoides modificadas são realmente observadas. A Figura 16-10 mostra essas curvas para os pinheiros e as árvores decíduas de madeira de lei. Observe que houve diferenças importantes no crescimento real em altura e nas durações do período de crescimento entre as várias espécies. Entre as árvores de madeira de lei, todas – com exceção do álamo amarelo – essencialmente pararam de alongar antes do meio do verão. Entre os pinheiros, as espécies exóticas (importadas ou não nativas) vermelhas e brancas pararam de alongar no final da primavera, enquanto as espécies nativas tornaram-se mais altas por um período mais longo. Em geral, o alongamento é muito mais rápido durante os dias longos do final da primavera e início do verão (Seção 23.2), mas existem exceções.

É comum que as árvores parem de crescer temporariamente no final do verão, quando as temperaturas ainda estão altas e os dias são relativamente longos (Kramer e Kozlowski, 1960). Às vezes, o crescimento é retomado antes da dormência do inverno, uma dormência profunda que

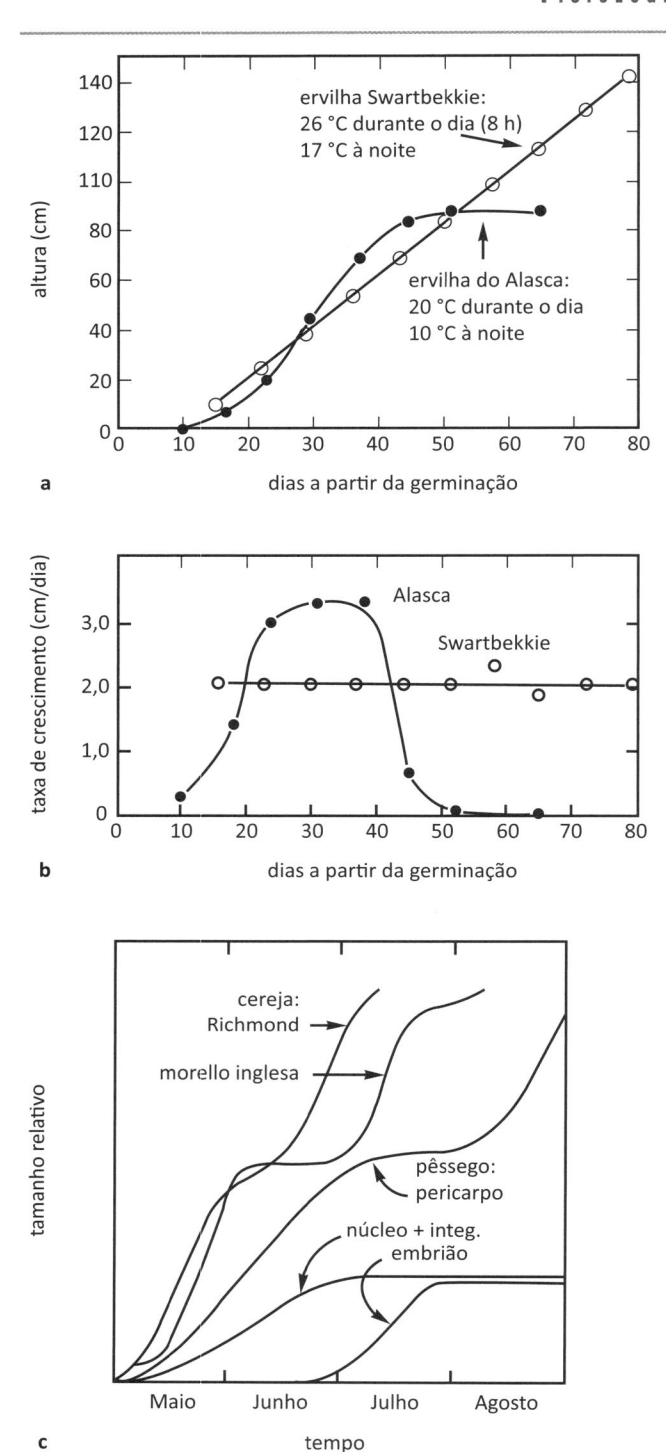

FIGURA 16-9 Várias curvas de crescimento que não mostram um formato sigmoide clássico. **(a)** Curvas de crescimento para duas variedades de ervilha alta. Observe a fase linear estendida para a ervilha Swartbekkie. **(b)** Curvas de crescimento derivadas dos dados em **a** da Figura 16-8b. A curva em formato de sino para a ervilha do Alasca difere apenas em alguns detalhes da Figura 16-8b, mas esse formato nem aparece para a Swartbekkie, com a sua taxa de crescimento constante estendida. (Dados de Went, 1957). **(c)** Curvas de crescimento para dois cultivos de cereja e um de pêssego. (Dados de Tukey, 1933 e 1934.)*

* Os dados se referem aos meses de primavera e verão no hemisfério norte (N.E.)

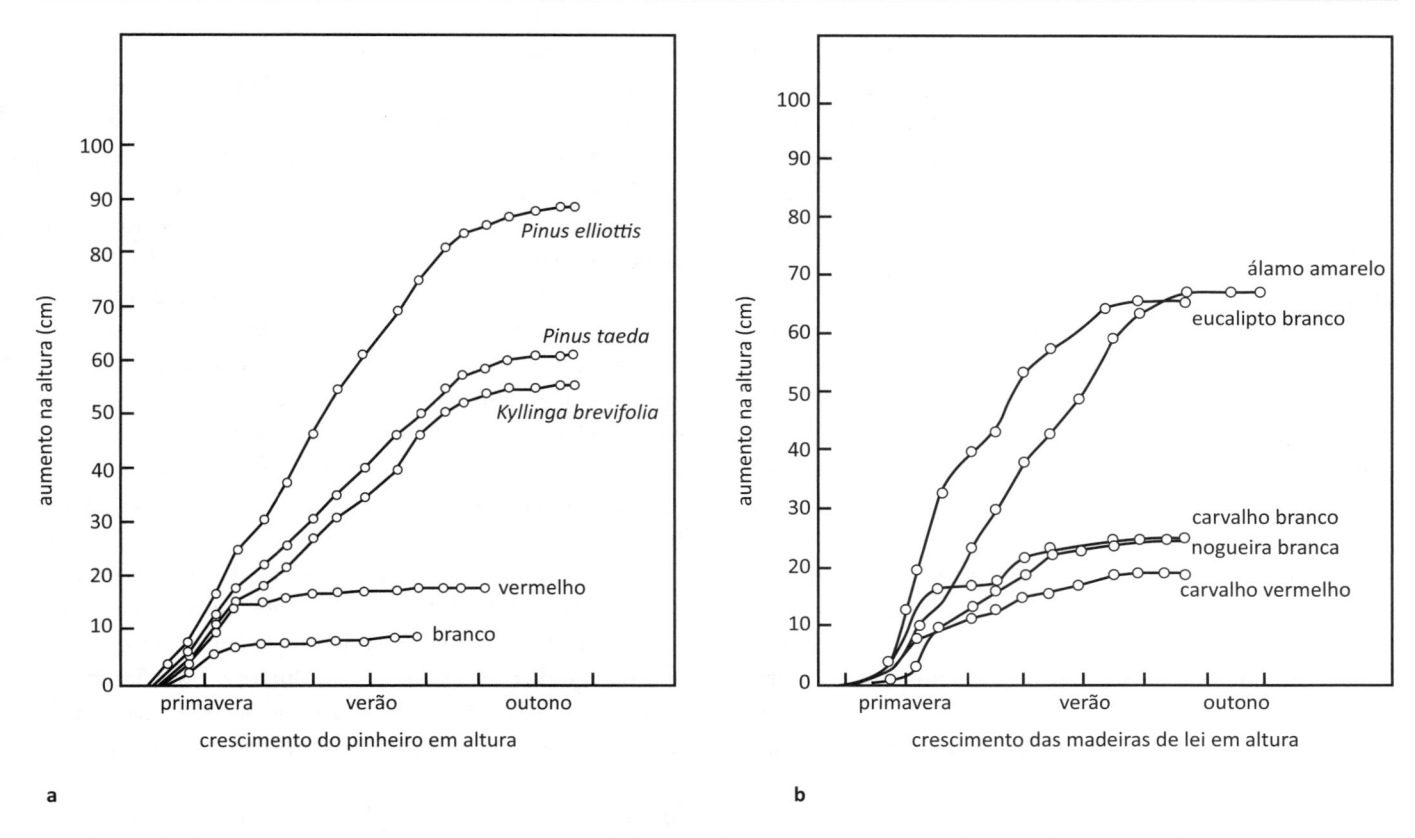

FIGURA 16-10 Alongamento do broto dos pinheiros (a) e de árvores decíduas (b) na Carolina do Norte durante uma época de crescimento (1983). Todas as árvores haviam sido plantadas alguns anos antes no mesmo local, mas nem todas são nativas do sudeste dos Estados Unidos. Observe as diferenças nas taxas de crescimento e nas durações dos períodos do crescimento ativo. (Dados de Kramer, 1943.)

resulta em parte das noites mais longas e dias mais curtos e em parte das temperaturas baixas do outono (capítulos 22 e 23). O crescimento no diâmetro do caule (causado pelo crescimento das células produzidas pelo câmbio vascular) continua, em uma taxa decrescente, até muito depois da interrupção do crescimento em altura. Uma vez que as células do xilema produzidas no verão possuem diâmetros menores que as da primavera, são formados anéis anuais consistindo na madeira da primavera e do verão, a partir dos quais é possível traçar estimativas de idade para as espécies de árvores das zonas mais temperadas. Nas árvores decíduas, a fotossíntese continua até que as folhas tornem-se senescentes e amarelas; nas sempre verdes, até que as temperaturas fiquem muito baixas. Por causa disso, os aumentos no peso seco e no crescimento radial continuam por várias semanas depois que o alongamento do caule cessa. O crescimento da raiz pode continuar enquanto a água e os nutrientes estiverem disponíveis e a temperatura do solo permanecer alta o suficiente; isto é, a hibernação como a encontrada nos brotos não ocorre nas raízes examinadas até o momento. Por esse motivo, as árvores de pomares se beneficiam do crescimento continuado da raiz, da fertilização e da irrigação no final do verão.

Analogia de fluxo do crescimento da planta

Uma vez que as plantas crescem como meristemas que produzem novas células que depois aumentam e se diferenciam, elas deixam um registro de seu histórico de crescimento – e profetizam o potencial de crescimento futuro. Sabemos que grande parte da história de um tronco pode ser interpretada examinando-se os anéis anuais de seu corte transversal. Um anel estreito significa condições de crescimento difíceis, um anel largo com células grandes significa condições mais ideais durante esse ano. O mesmo princípio se aplica no nível celular à ponta do caule ou à ponta da raiz. Alguma fase do desenvolvimento da célula por divisão, alargamento e diferenciação está ocorrendo a cada momento entre as células de um caule ou raiz em crescimento. As células em divisão são encontradas nos meristemas apicais, as células em alongamento estão um pouco mais longe da ponta e as em diferenciação, ainda mais longe. A história de uma célula diferenciada pode ser interpretada pelas células mais jovens e mais próximas da ponta; por outro lado, o futuro de uma célula jovem pode ser interpretado examinando-se as células mais maduras distantes da ponta. O mesmo se aplica em maior escala às folhas ao longo do caule: a história da produção da folha pode ser interpretada examinando-se o padrão formado pelas folhas ou suas escalas ao longo do caule, e as futuras fases do desenvolvimento de um primórdio de folha jovem perto da ponta do caule tornam-se bem claras com o exame das folhas mais antigas e mais abaixo no caule.

Essas características do caule revelam que o crescimento indeterminado em uma planta é um *processo de fluxo*. Podemos traçar uma analogia com uma cachoeira. Desde que a taxa de fluxo seja constante, o formato da cachoeira também permanece constante. Ainda assim, a qualquer momento, as moléculas de água que se combinam para produzir essa forma não são as mesmas que produzem a forma em qualquer outro momento. De maneira semelhante, o caule superior de um pé de ervilha, por exemplo, parece constante todos os dias, mas as células individuais que constituem a ponta e as folhas mais jovens estão mudando continuamente – ou fluindo – da região meristemática da divisão celular até as partes mais maduras do caule. (Outros exemplos de estrutura em fluxo com forma constante incluem o rastro de um navio na água e a chama de uma vela.) Entender que o crescimento vegetal é comparável à dinâmica dos fluidos forneceu algumas ferramentas matemáticas importantes para a análise do desenvolvimento das plantas (Silk e Erickson, 1979; Silk, 1984).

Uma abordagem tradicional ao estudo do crescimento tem suas origens nos amplos estudos de Julius von Sachs (que conhecemos em nossa discussão sobre a nutrição mineral e outros tópicos), que fez marcações com nanquim em intervalos iguais ao longo da ponta de uma raiz em crescimento e, depois (mais de 24 horas), examinou as distâncias entre as marcas (revisado em Erickson, 1976; Erickson e Silk, 1980). Obviamente, as marcas na zona de alongamento estavam mais distantes quando medidas novamente, e aquelas na parte da raiz em que a diferenciação havia ocorrido estavam separadas pela mesma distância de quando foram marcadas. Essa abordagem (que, na verdade, remonta a Henri Louis du Hamel du Monceau, que inseriu cabos finos de prata nas raízes de mudas de nogueira em 1758) é limitada, porque as taxas de alongamento das células entre as marcas não permanecem constantes durante todo o intervalo entre a marcação e a medição algumas horas mais tarde; elas mudam constantemente, como vimos.

É necessária uma técnica para medir a mudança no comprimento das células em intervalos muito curtos – tão curtos que as taxas de crescimento permanecem constantes, para todos os fins práticos, durante esses intervalos (que devem ser da ordem de segundos). Essa técnica foi desenvolvida com as **fotos de estrias**, nas quais a imagem da ponta de uma raiz em crescimento ou outro órgão é focada em uma fenda no plano do filme de uma câmera e, depois, o filme se move lentamente pela fenda enquanto a lente permanece aberta (Figura 16-11). Para identificar pontos do órgão em crescimento, podemos aplicar-lhe uma suspensão de partículas de negro de fumo. Os resultados dessa técnica são mostrados na Figura 16-12. A inclinação das estrias (cada qual representando uma partícula de

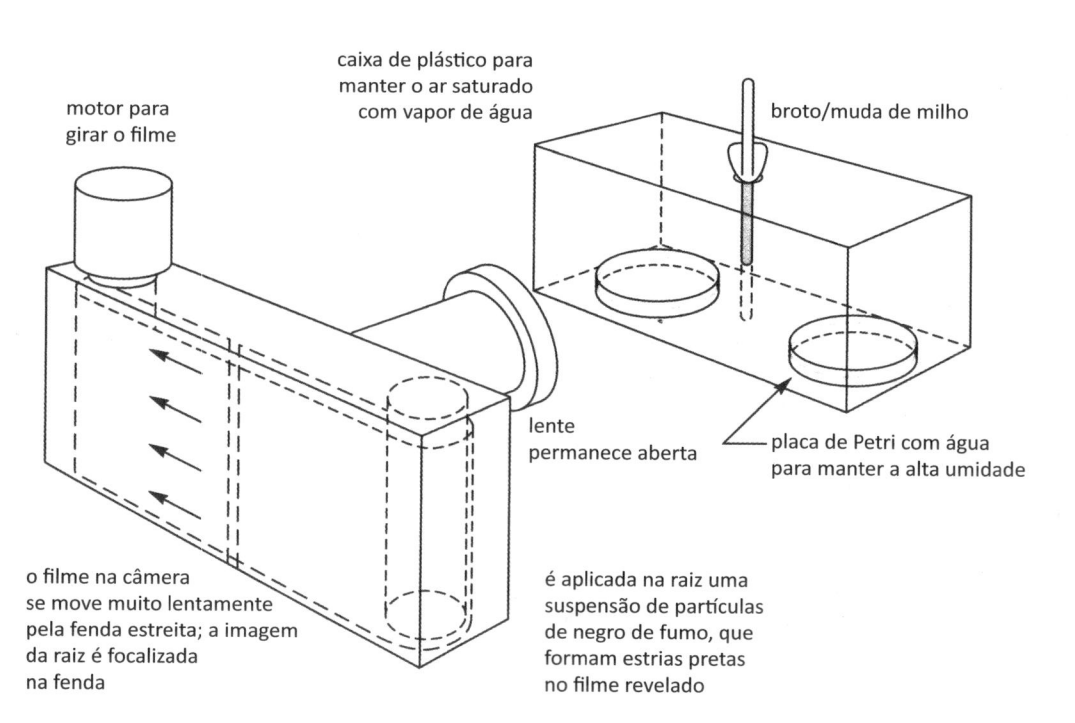

FIGURA 16-11 A montagem da câmera usada para tirar fotos de estrias de uma raiz em crescimento. A raiz é escovada com uma suspensão de negro de fumo e colocada em uma câmara úmida montada na frente da câmera. A lente da câmera é deixada aberta e o filme é movimentado em um ritmo lento e constante, passando por uma fenda vertical estreita montada diretamente na frente do filme. Os pontos pretos da raiz em crescimento aparecerão como estrias na foto resultante, como na Figura 16-12.

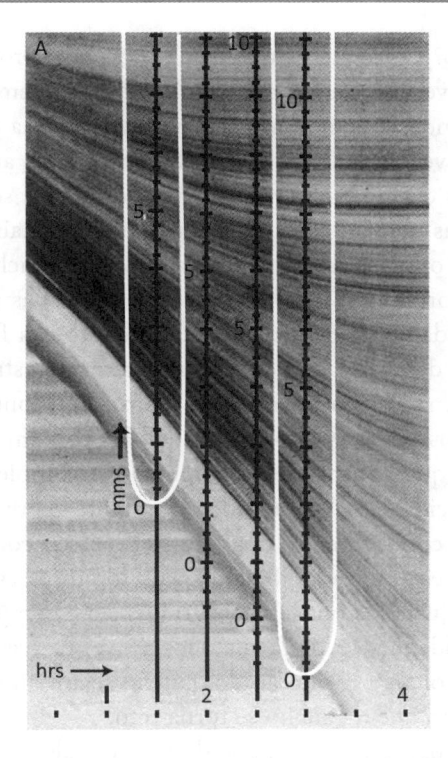

FIGURA 16-12 Crescimento de uma raiz de milho registrado na foto de estria. (Consulte a Figura 16-11.) Os contornos em branco sugerem as posições da raiz em 1,5 e 3,0 horas. Perto do topo da foto, a raiz parou de crescer e, portanto, as estrias são horizontais. Uma vez que a raiz está ligada no topo da foto, a ponta está se movendo mais rapidamente; as estrias feitas pela ponta são as mais inclinadas. Observe as estrias curvadas da raiz, que estavam crescendo rapidamente quando a foto foi iniciada (canto superior esquerdo) e depois se tornaram mais lentas em seu crescimento quando as células começaram a diferenciar-se (canto superior direito). As escalas sobrepostas possibilitam medir a distância entre qualquer estria e a ponta da raiz em intervalos diferentes. Esses dados foram usados para produzir as curvas da Figura 16-13. (Foto da estria cortesia de Ralph O. Erickson; de Erickson e Goddard, 1951. Veja também Erickson e Sax, 1956, e Erickson e Silk, 1980.)

FIGURA 16-13 Distribuição do crescimento em uma raiz de milho. Se a velocidade do deslocamento desde a ponta de qualquer ponto ao longo da raiz for representada como função de sua distância da ponta **(a)**, uma curva sigmoide é obtida. Se a taxa de crescimento (inclinação da curva de crescimento) de qualquer ponto ao longo da raiz for representada como função da distância da ponta **(b)**, uma curva em formato de sino é obtida. Compare com a Figura 16-8. (Dados de Erickson e Sax, 1956.)

negro de fumo) representa a taxa de movimento desse ponto da raiz. Uma vez que o topo da planta é amarrado no lugar em relação à câmera, a ponta da raiz se move mais rapidamente e produz as estrias mais inclinadas. Os pontos na zona diferenciada não estão se movendo, portanto, as estrias parecem horizontais.

Essas figuras podem ser analisadas de várias maneiras. Se imaginarmos que a ponta da raiz está parada, podemos plotar a velocidade de deslocamento de qualquer ponto (qualquer estria) como função da distância da ponta. Essa velocidade pode ser determinada medindo-se a distância entre a ponta e a estria em um momento e, depois, medindo-se a distância mais tarde (ao longo de um eixo vertical à direita da primeira medição). As velocidades de deslocamento também podem ser determinadas medindo-se as inclinações das estrias em um determinado momento e realizando-se os ajustes matemáticos apropriados. Os resultados dessas medições produzem dados como aqueles que foram plotados na curva de deslocamento da Figura 16-13a. Uma curva em formato de S é novamente evidente, mas, nesse caso, ela representa a distribuição do crescimento ao longo da raiz.

A medição da inclinação dessa curva fornece a taxa de crescimento de qualquer célula individual em qualquer distância da ponta (curva da taxa na Figura 16-13b). Isso é semelhante, mas não é idêntico, à curva em formato de sino da Figura 16-8b. As duas curvas da Figura 16-13 mostram que células a 10 mm da ponta da raiz ainda estão crescendo, e a curva da taxa mostra que a taxa máxima de crescimento ocorre a 4 mm da ponta. Observe que, se o crescimento da raiz de milho for um processo de fluxo

FIGURA 16-14 Foto dos ganchos da semente de várias espécies de dicotiledôneas.

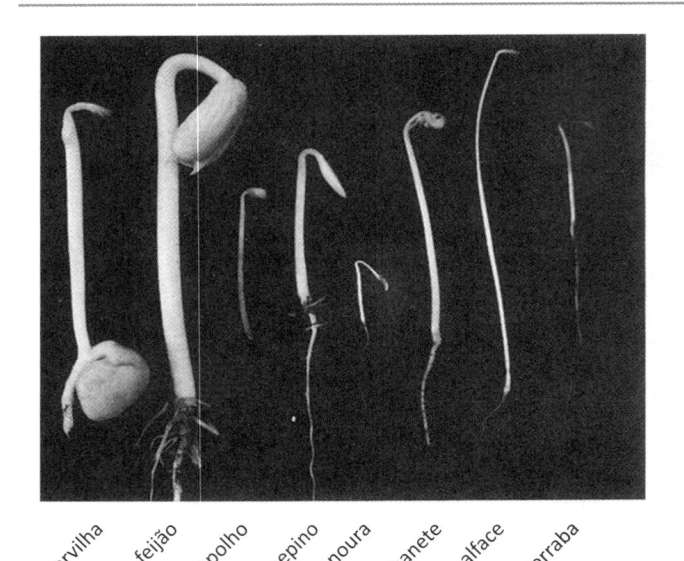

(sementes com 5 dias de idade: ervilha, feijão, repolho, pepino, cenoura, rabanete, alface, beterraba)

estável, as taxas de crescimento medidas para células individuais ao longo da raiz fornecem informações sobre a taxa de crescimento de uma única célula em função do tempo; isto é, as escalas das abscissas da Figura 16-13 poderiam ser modificadas da distância para o tempo.

Um dos resultados mais fascinantes do estudo do crescimento do caule como um processo de fluxo vem de um exame do crescimento do **gancho do hipocótilo** ou **epicótilo**[4] observado em muitas mudas de dicotiledôneas cultivadas no escuro (Figura 16-14; consulte a discussão da síndrome de etiolação na introdução ao Capítulo 20). Aparentemente, o gancho protege o broto enquanto faz força para cima, atravessando o solo. A luz torna o gancho reto, mas seu crescimento pode ser observado em intervalos de muitas horas sob luzes de segurança escuras com comprimentos de onda adequados. Fotos como as da Figura 16-15 permitem uma análise do crescimento, e o negro de fumo não é necessário porque os pelos das superfícies individuais podem ser reconhecidos e usados como marcadores.

O gancho é simplesmente elevado pelo alongamento das células que ficam abaixo? Ou as células novas estão sendo continuamente produzidas no meristema na ponta do gancho, alargando e alongando enquanto passam pelo gancho e se diferenciam abaixo dele em um dado momento? O exame dos pelos da superfície prova que a hipótese verdadeira é a última. As células fluem ao longo do gancho assim como a água flui em uma cachoeira. Uma vez que as divisões celulares param antes que as células cheguem ao gancho, o gancho deve se formar quando as células externas se alongam-se mais que as internas; o caule se torna reto abaixo do gancho (ou o gancho torna-se reto) à medida que as células alongam mais rapidamente dentro do que fora. Isto é, a forma do gancho é determinada por fatores internos e estritamente coordenados, que controlam a taxa do alongamento celular nos lados opostos do caule! O programa morfogenético que controla esse fenômeno é completamente desconhecido e, nesse sentido, é bastante representativo do nosso conhecimento dos fatores finais de controle da morfogênese em geral. Sejam quais forem esses fatores, eles são ajustados por luz com irradiação e comprimento de onda adequados, de forma que as taxas de crescimento que controlam a formação do gancho sejam alteradas de tal maneira que o gancho se torna reto.

A analogia da cachoeira perde sua validade quando discutimos os mecanismos de controle. Obviamente, o formato da cachoeira é determinado pela gravidade e pelo canal do fluxo (as rochas ou rochedos que direcionam para onde a água fluirá). O fluxo das células ao longo de um gancho no epicótilo, por outro lado, é internamente determinado (de alguma maneira) pelo programa morfogenético encarregado do crescimento do organismo.

16.4 Órgãos vegetais: como eles crescem

Tendo examinado vários dos princípios gerais do crescimento vegetal, agora é o momento de considerarmos algumas características especiais dos vários órgãos vegetais.

Raízes

Organização da raiz jovem Na grande maioria das espécies, a germinação da semente começa com a protrusão da **radícula** (embrião da raiz), e não do **epicótilo** (broto), através do revestimento da raiz (Bewley e Black, 1978; Feldman, 1984). Em algumas espécies (por exemplo, o pinheiro *Pinus lambertiana*), a citocinese ocorre na radícula antes que a germinação termine. Em outras (milho, cevada, fava, feijão lima e alface), pouca mitose (ou nenhuma) ocorre antes da protrusão da radícula; o alongamento é causado pelo crescimento das células enquanto o embrião estava se desenvolvendo na planta mãe. O crescimento continuado da raiz primária do broto e das raízes ramificadas derivadas exige a atividade dos meristemas apicais. Uma ponta típica de raiz é ilustrada na Figura 16-16.

---

[4] O **hipocótilo** é a porção do caule abaixo dos cotilédones e acima da raiz; o **epicótilo** é a porção do caule acima dos cotilédones. Em algumas espécies (por exemplo, alface, soja e feijão), o gancho se forma no hipocótilo um pouco abaixo dos cotilédones; em outras (por exemplo, ervilha) ele se forma no epicótilo abaixo das primeiras folhas verdadeiras e os cotilédones permanecem no chão.

FIGURA 16-15 Crescimento de um gancho de hipocótilo de um broto de alface, fotografado em 6, 8 e 10 horas depois de uma observação inicial. Abaixo está um desenho esquemático do broto de alface durante o crescimento. A seta (acima) ou o triângulo preto (abaixo) mostram como um ponto do gancho cresce ao longo do gancho com o passar do tempo, conforme discutido no texto. (Figura cortesia de Wendy Kuhn Silk; ela é um composto baseado em Silk e Erickson, 1978; e Silk, 1980, 1984.)

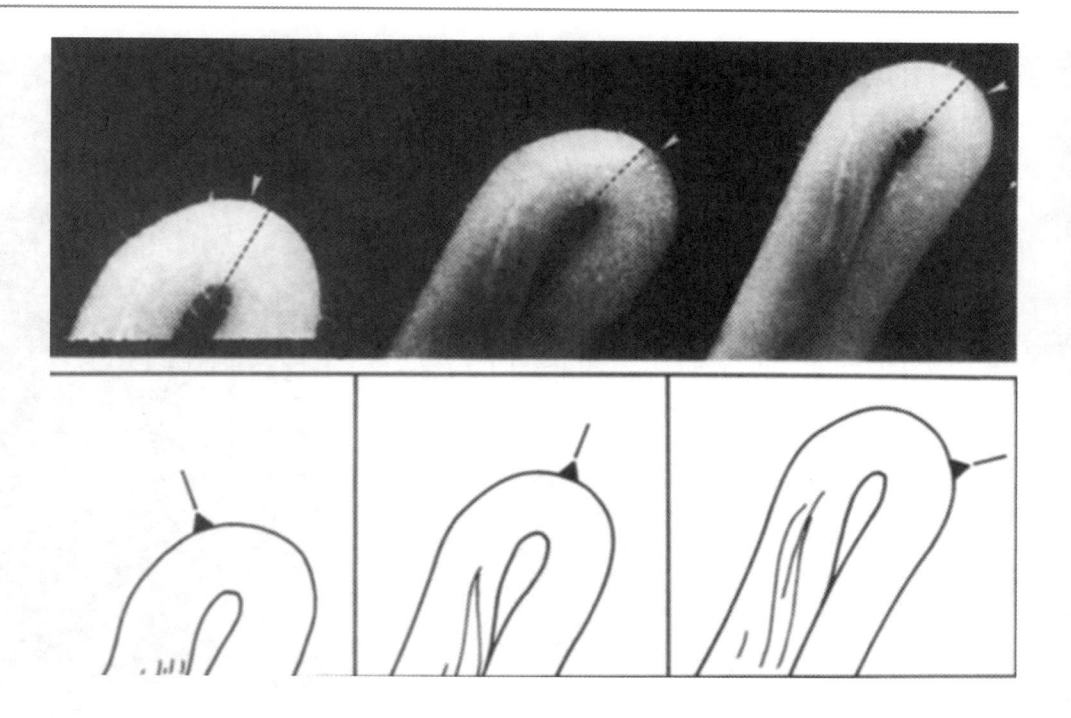

As células mais antigas da coifa radicular estão na parte **distal** (a parte mais distante do ponto de inserção do restante da planta, isto é, a ponta). Em uma posição mais **proximal** (mais próxima do meristema) estão as células jovens que são formadas no meristema apical. A coifa radicular protege o meristema à medida que ele é empurrado através do solo e age como local de percepção de gravidade para as raízes (consulte o gravitropismo na Seção 19.4). Além disso, ele produz um lodo ou mucigel rico em polissacarídeos sobre sua superfície externa, que lubrifica a raiz enquanto ela desliza pelo solo. Isso exige a atividade das vesículas de Golgi, como mostra a Figura 1-13. À medida que a raiz cresce, o mucigel continua cobrindo sua superfície enquanto amadurece. Esse mucigel hospeda micro-organismos e provavelmente influencia a formação de micorrizas, de nódulos radiculares e a captura de íons de maneiras desconhecidas (Barlow, 1975; Foster, 1982).

As células produzidas pelas divisões no meristema apical se desenvolvem na epiderme, córtex, endoderme, periciclo, floema e xilema. Os microscopistas podem detectar onde a divisão celular está ocorrendo (isto é, onde está o meristema) observando as células em qualquer fase da mitose. Uma vez que a duplicação do conteúdo de DNA significa que a mitose e a citocinese ocorrerão em seguida (consulte a Figura 16-5), outro método inteligente para localizar a síntese de DNA é fornecer às células a timidina radioativa que é incorporada ao DNA. A autorradiografia é então usada para detectar a síntese de DNA. Proximal à coifa radicular, geralmente existe uma pequena zona chamada de **centro quiescente**, em que a divisão raramente

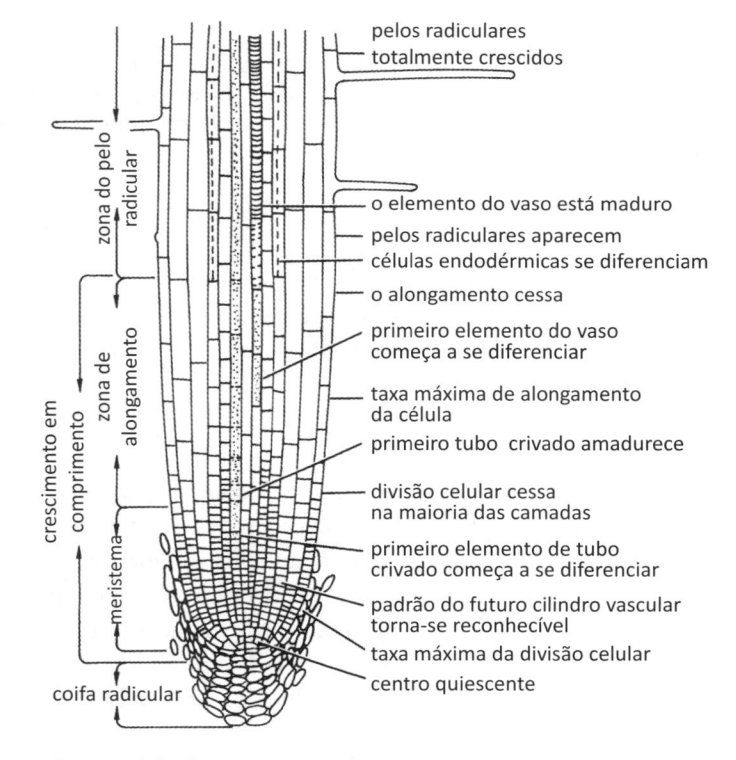

FIGURA 16-16 Diagrama simplificado da zona de crescimento de uma raiz em corte longitudinal. O número de células em uma raiz viva é normalmente muito maior do que o mostrado neste diagrama (compare com a Figura 5-9). Em uma raiz como a da Figura 16-13, o ponto de alongamento máximo fica a aproximadamente 4 mm da ponta. (De *The Living Plant*. 2. ed., de Peter Martin Ray. Copyright © 1972, by Saunders College Publishing, uma divisão da Holt, Rinehart & Winston, Inc. Reimpresso com permissão da editora.)

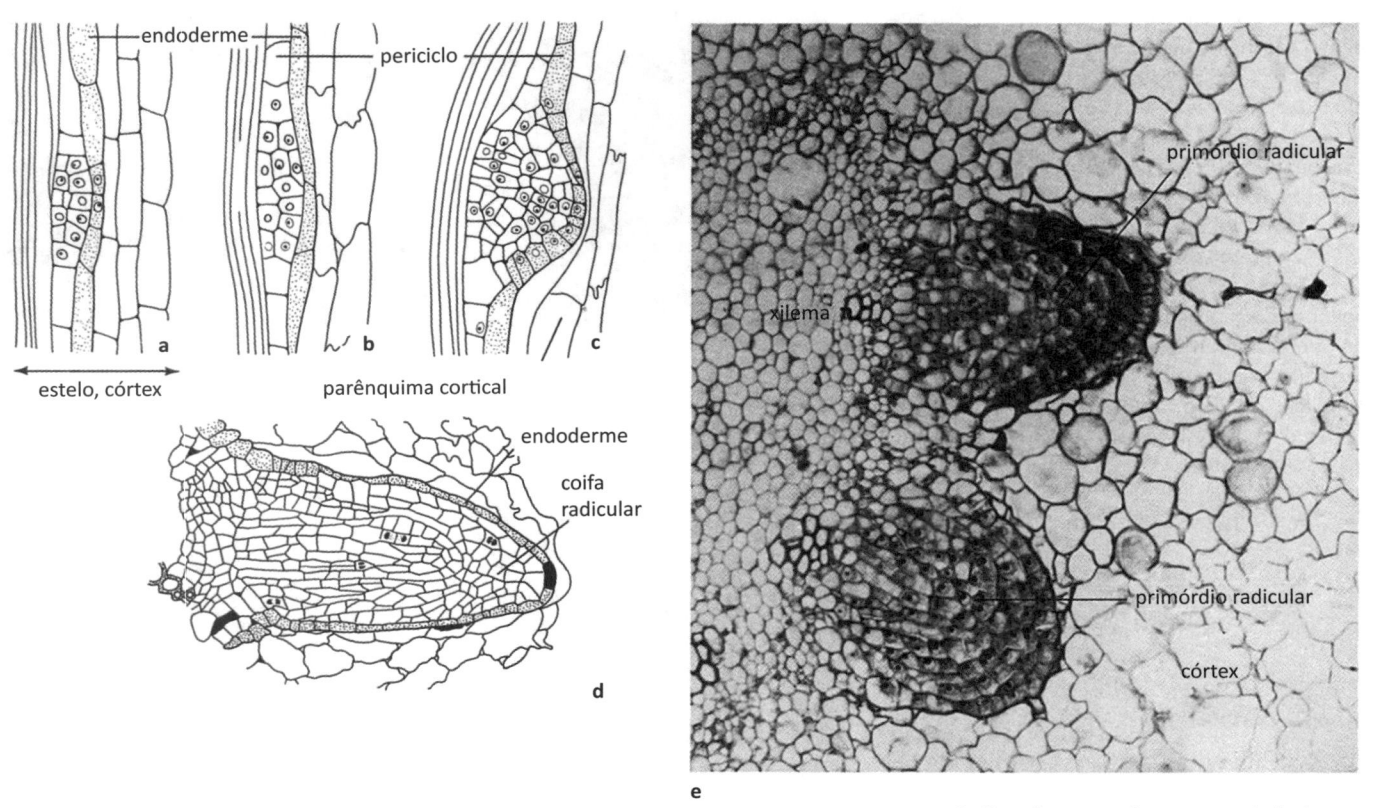

FIGURA 16-17 A origem das raízes secundárias. O crescimento começa com as divisões no periciclo (**b** e **c**) que resultam no estabelecimento de uma pequena massa de células. Essa massa se torna o primórdio radicular, que cresce externamente atravessando o córtex. Frequentemente, a endoderme se divide no mesmo ritmo do crescimento da raiz ramificada, cobrindo-a como em **d**, até que se separe da raiz principal. (De Jensen e Salisbury, 1972.)

ocorre (Clowes, 1975). Se o meristema ou a coifa radicular estiverem danificados, o centro quiescente se torna ativo e pode regenerar qualquer uma dessas partes.

Formação das raízes laterais A frequência e distribuição da formação da raiz lateral controla parcialmente o formato geral do sistema radicular e, consequentemente, as zonas do solo que são exploradas. As raízes laterais ou ramificadas começam seu desenvolvimento a vários milímetros ou alguns centímetros distais à ponta da raiz. Elas se originam no periciclo oposto aos pontos do protoxilema, crescendo externamente ao longo do córtex e da epiderme, como mostra a Figura 16-17. Esse crescimento provavelmente envolve a secreção pela raiz ramificada de enzimas hidrolíticas não identificadas, que digerem as paredes do córtex e da epiderme.

Crescimento radial das raízes As raízes de gimnospermas e da maioria das dicotiledôneas desenvolvem um câmbio vascular a partir das células pró-cambiais localizadas entre o floema primário e o xilema primário, na zona do pelo radicular ou proximidades (Esau, 1977; Fahn, 1982; Mauseth, 1988). Uma vez que esse câmbio produz novas células do xilema em expansão (na direção do interior) e células do floema (direção do exterior), ele é indiretamente responsável pela maior parte da largura aumentada dessas raízes. A maioria das monocotiledôneas não forma um câmbio vascular, e o pequeno alargamento radial pelo qual elas passam é causado principalmente por aumentos no diâmetro das células não meristemáticas.

Depois que o câmbio vascular inicia o crescimento secundário, o câmbio de cortiça (**felogênio**) surge no periciclo. Isso se torna um cilindro completo que forma cortiça (**felema**) na direção do exterior e, mais tarde, algum córtex secundário (**feloderma**) no interior. A epiderme, a exoderme (se houver), o córtex original e a endoderme são recortados, deixando o xilema (no centro), o câmbio vascular, o floema, o córtex secundário, o câmbio de cortiça e finalmente as células de cortiça na raiz madura. A suberina repelente da água (Seção 15.2) é depositada nas paredes das células de cortiça. À medida que o sistema radicular cresce, uma parte maior dele se torna suberizada. Por exemplo, no pinheiro maduro *Pinus taeda* e no álamo amarelo ou tulipa (*Liriodendron tulipifera*), a área de superfície das raízes não suberizadas durante a época de crescimento quase sempre equivale a menos de 5% do total. Aparentemente, as raízes suberizadas absorvem água e sais minerais por meio das lenticelas, das pequenas fendas formadas pela penetração das raízes ramificadas e dos orifícios deixados quando as raízes ramificadas morrem (Seção 5.3).

Caules

O meristema apical do broto se forma no embrião e é o local em que novas folhas, ramificações e partes florais se originam. A estrutura básica da ponta do broto é semelhante na maioria das plantas superiores, tanto angiospermas quanto gimnospermas. A Figura 16-18 mostra fotomicrografias dos brotos terminais de uma dicotiledônea e de uma monocotiledônea representativas.

Nos caules em crescimento, a região da divisão celular é muito mais distante da ponta do que nas raízes (Sachs, 1965). Em muitas gimnospermas e dicotiledôneas, algumas células se dividem e alongam-se vários centímetros abaixo da ponta. Nas gramíneas, o crescimento também ocorre mais abaixo no caule, mas é restrito a regiões específicas e repetitivas. Perto da ponta do broto de monocotiledôneas jovens, os primórdios da folha são muito compactados e

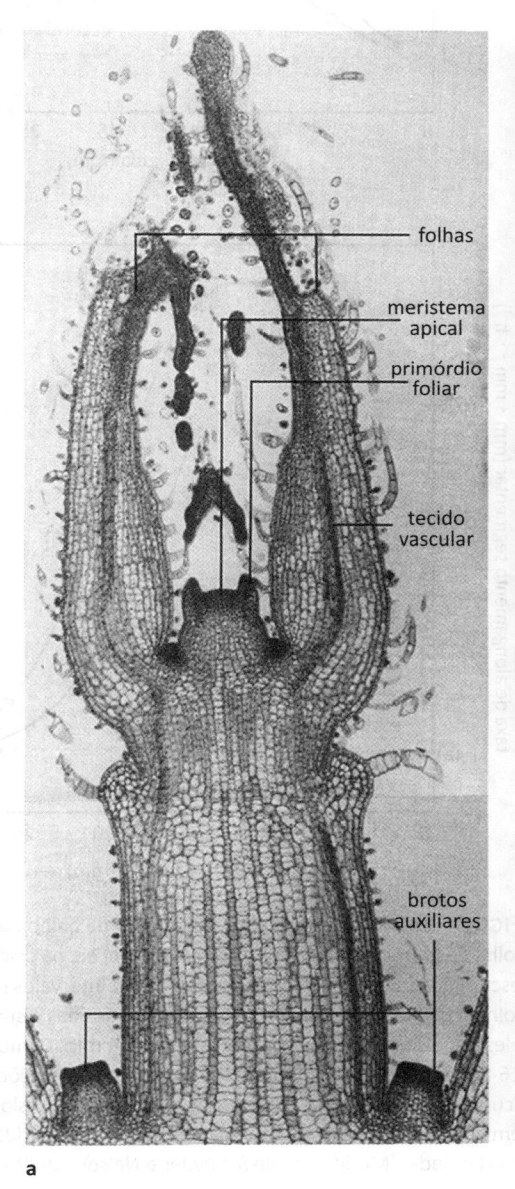

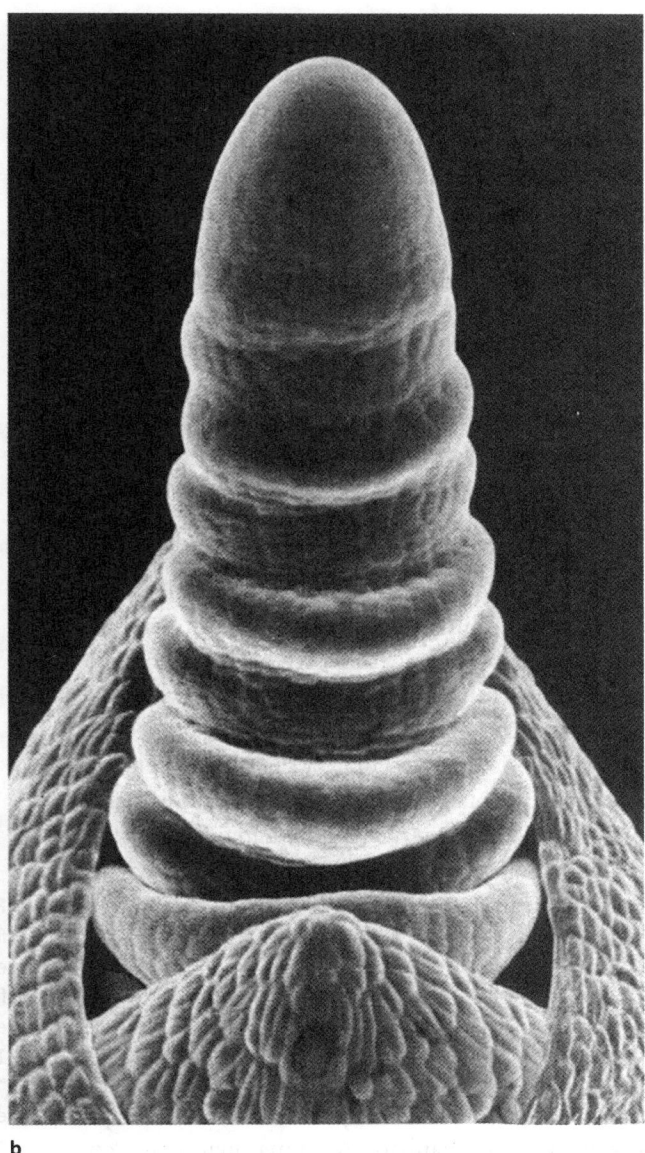

FIGURA 16-18 (a) Corte longitudinal através da parte apical do broto de uma dicotiledônea. (De Jensen e Salisbury, 1972.) **(b)** Uma eletromicrografia de varredura do meristema apical do trigo em uma fase vegetativa tardia. Os primórdios da folha nas gramíneas são formados como cristas ao redor do eixo do broto (Micrografia cortesia de John Troughton; consulte Troughton e Donaldson, 1972.)

os internodos são formados mais tarde pela divisão e pelo crescimento das células entre esses primórdios. No começo, essas divisões ocorrem ao longo de todo o comprimento do internodo jovem, porém, mais tarde, a atividade meristemática torna-se restrita à região na base de cada internodo e acima do nodo propriamente dito. Essas regiões meristemáticas repetitivas são chamadas de **meristemas intercalares** porque são intercalados (inseridos) entre regiões de células mais velhas que não se dividem. Cada internodo consiste em células mais velhas no topo e em células mais jovens perto da base, derivadas do meristema intercalar.

Folhas

O primeiro sinal do desenvolvimento da folha nas gimnospermas e angiospermas normalmente consiste em divisões em uma das três camadas mais externas das células, perto da superfície do ápice do broto (consulte as Figuras 16-2 e 16-18). As divisões periclinais, seguidas pelo crescimento das células-filhas, causam uma protuberância que é o **primórdio foliar**, enquanto as divisões anticlinais aumentam a área de superfície do primórdio. Os dois tipos de divisão são importantes para o desenvolvimento adicional das folhas e para o crescimento em outras partes da planta.

Os primórdios foliares não se desenvolvem aleatoriamente ao redor do ápice do broto. Em vez disso, cada espécie normalmente possui uma distribuição característica, ou **filotaxia**, que causa folhas opostas ou alternadas (Richards e Schwabe, 1969). As folhas alternadas são distribuídas de várias maneiras específicas da espécie, sendo muito estudadas pelos matemáticos e também pelos fisiologistas das plantas. Ninguém sabe por que um determinado primórdio de folha se desenvolve no local onde ele está, mas um modelo recente (Chapman e Perry, 1987) sugere que uma substância se difunde desde o ápice e outra das pontas do sistema vascular; a segunda substância é consumida pela formação de uma folha. O modelo com base nessas suposições poderia explicar a maioria das distribuições de folhas. As teorias tradicionais envolvem a competição pelo espaço e vários inibidores.

O formato do primórdio foliar é produzido pela magnitude e pela direção de suas divisões e expansões celulares. A direção da expansão é controlada pelas propriedades de deformidade da parede celular, portanto, os planos de divisão celular, que são os planos em que as novas paredes são depositadas, afetam o formato do primórdio. Uma vez que a divisão celular é acompanhada por uma quantidade coordenada de expansão celular, o primórdio parece longo e estreito quando a maioria das divisões iniciais é periclinal. Quando um número maior de divisões é anticlinal, o órgão jovem é mais curto e largo.

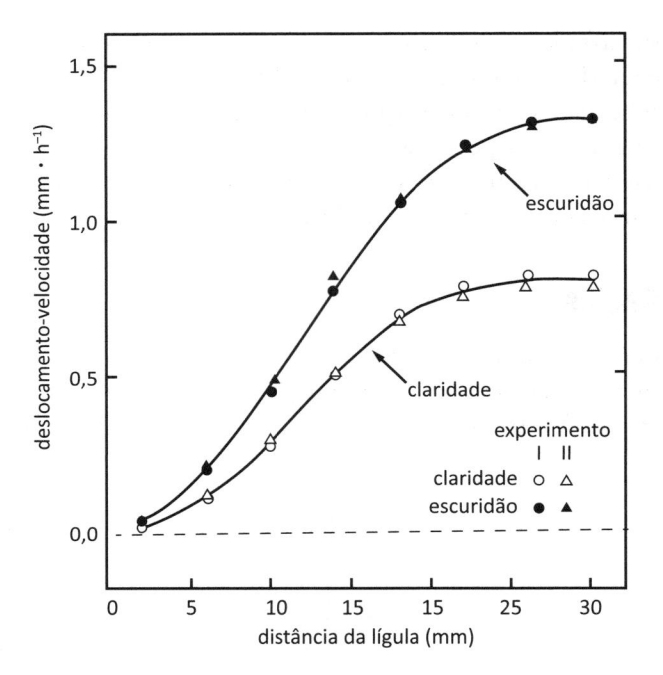

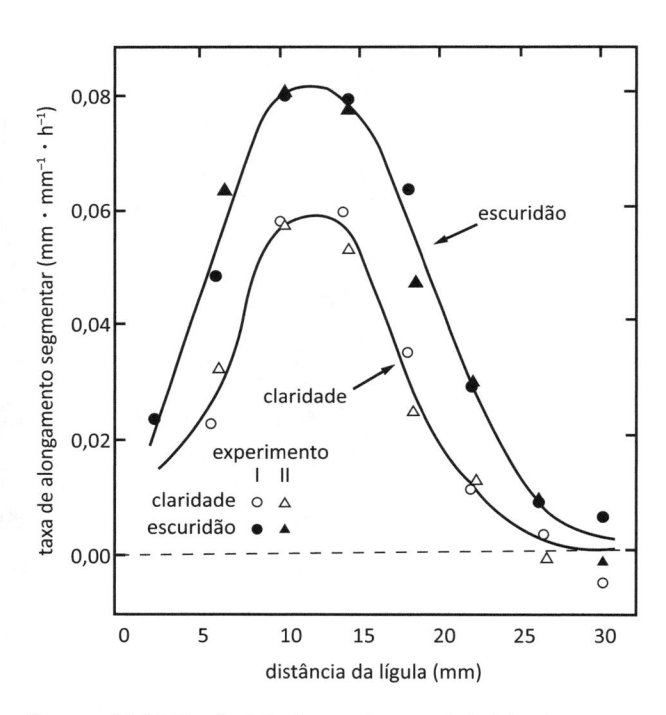

FIGURA 16-19 Distribuição do crescimento da bainha de uma folha de gramínea festuca, *Festuca arundinacea*, na claridade e na escuridão. Os orifícios foram perfurados em intervalos na base da folha com uma agulha e foram feitas medições das distâncias entre eles depois que as folhas haviam alongado 4 mm. Como na Figura 16-8b, as curvas da taxa **(b)** são derivadas das inclinações das "curvas do crescimento" (curvas de velocidade do deslocamento) em **a**. A taxa de alongamento foi mais rápida na escuridão do que na claridade. (Modificado de Schnyder e Nelson, 1988.)

O desenvolvimento subsequente das folhas é altamente variável, como mostra a variedade quase infinita de formatos que elas apresentam. A extensão continuada para fora ocorre por divisões periclinais e anticlinais na ponta do primórdio (ponta distal ou ápice). Mais tarde, quando a folha tem apenas 1 mm de comprimento, a atividade meristemática começa ao longo de todo o seu comprimento. Nas folhas de gramíneas e de coníferas, essa atividade cessa primeiro na ponta distal e, finalmente, reside na base da folha. Um aumento na largura da lâmina da folha nas angiospermas resulta dos meristemas que produzem novas células ao longo de cada margem do eixo da folha, mas isso interrompe a atividade muito antes do seu amadurecimento. Nas gramíneas, o meristema basal é intercalar e permanece potencialmente ativo por longos períodos, mesmo depois da maturidade da folha. Ele pode ser estimulado pela desfolhação, causada, por exemplo, por um animal pastando ou um cortador de grama. A distribuição do crescimento na base da folha da gramínea é mostrada na Figura 16-19.

A Figura 16-20 mostra uma folha de capim colchão (*Digitaria sanguinalis*) com a sua base envolvendo o caule,

um envolvimento que resulta de divisões periclinais no primórdio por todo o caminho até o ápice do broto (consulte também a Figura 16-18b). O meristema basal na bainha de uma folha de gramínea fica imediatamente externo ao meristema intercalar do caule.

Nas folhas de dicotiledôneass, a maioria das divisões celulares é interrompida muito antes que a folha esteja totalmente crescida, quando atinge metade ou menos de seu tamanho final (Dale, 1988). Em uma folha primária de feijão, a divisão celular termina quando atinge um pouco menos que 1/5 de sua área final, portanto, os últimos 80% da expansão da folha são causados apenas pelo crescimento de células pré-formadas. Esse crescimento ocorre por toda a área da folha, mas não uniformemente. O mesmo se aplica a muitas outras dicotiledôneas. As células da folha jovem são relativamente compactas. À medida que a expansão da folha ocorre, as células do mesofilo param de crescer antes das células epidérmicas, portanto, a epiderme em expansão empurra as células do mesofilo e as distancia, causando o desenvolvimento de um extenso sistema de espaço intercelular no mesofilo (consulte a Figura 4-5).

Alguns primórdios foliares e, às vezes, até alguns primórdios florais normalmente são detectados perto do ápice do broto do embrião na semente, mas a maioria dos primórdios (principalmente nas espécies perenes) é formada depois da germinação. Nas coníferas e árvores decíduas, o crescimento rápido inicial na primavera normalmente envolve a expansão de primórdios foliares formados durante a estação prévia e a extensão dos internodos entre esses primórdios; somente no final do verão é que novos primórdios são formados. Alguns desses novos primórdios farão parte do botão, que está dormente durante o inverno ou em longos períodos de seca.

Flores

Após o estabelecimento de raízes, caules e folhas, as flores e depois as frutas e as sementes se formam, perpetuando a espécie e completando-se o ciclo de vida. A maioria das espécies de angiospermas possui flores bissexuais (**perfeitas**) que contêm partes femininas e masculinas funcionais, enquanto outras, como espinafre, algodão, salgueiro, bordo e palmeira são **dioicas**, contendo flores **imperfeitas** com estames (machos) e pistilos (fêmeas) nas diferentes plantas individuais. As espécies **monoicas**, como milho, cardo, abóbora, moranga, pepino e muitas árvores de madeira de lei formam flores com estames e pistilos em diferentes posições ao longo de um único caule. O equilíbrio entre flores masculinas e femininas pode determinar a produção de safras como o pepino. As estruturas reprodutivas das coníferas se desenvolvem em **cones** (**estróbilos**) unissexuais.

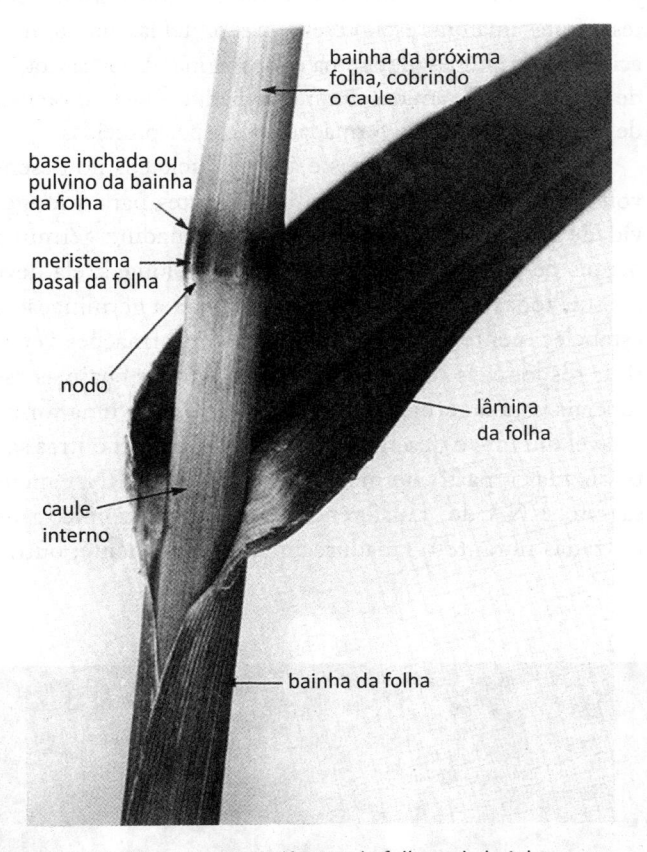

FIGURA 16-20 A relação da lâmina da folha e da bainha com o caule em uma gramínea (capim colchão). A bainha da forma cilíndrica substitui parcialmente o caule para fornecer suporte. (De W. W. Robbins, T. E. Weier, C. R. Stocking, *Botany: an introduction to plant biology*. Nova York: John Wiley e Sons, Inc., 1974. Copyright 1974 de John Wiley and Sons, Inc. Reimpresso com a permissão de John Wiley & Sons, Inc.)

A maioria das coníferas é monoica, embora os juníperos e outros sejam dioicas.

A **antese**, a abertura das flores que torna suas partes disponíveis para a polinização, é às vezes um fenômeno espetacular, normalmente associado a um desenvolvimento total de cor e perfume. Enquanto muitas flores permanecem abertas desde a antese até a abscissão (queda), outras, como as tulipas, abrem e fecham em certos horários por vários dias. A abertura é normalmente causada pelo crescimento mais rápido das partes internas das pétalas do que das externas, mas a abertura e o fechamento continuados provavelmente são respostas a mudanças temporárias na pressão de turgor nos dois lados. A abertura e o fechamento são influenciados pela temperatura (consulte a Figura 22-2) e pela pressão do vapor atmosférico, mas o principal fator é um relógio interno definido pelos sinais diários de anoitecer/amanhecer (consulte o Capítulo 21). Por exemplo, as flores da prímula (espécie *Oenothera*) normalmente se abrem à noite, 12 horas antes do amanhecer, mas podem ser reformuladas para se abrirem pela manhã, com a reversão artificial dos ciclos de claridade e escuridão. A luz que influencia essa resposta é absorvida pelas próprias flores.

Depois da antese e da polinização, as pétalas murcham, morrem e sofrem a abscissão. Em algumas espécies, o murchamento segue a antese rapidamente. Por exemplo, na *Portulaca grandifolia* e em muitas ipomeias, incluindo a *Ipomea tricolor* e a *Pharbitis nil*, a abertura da flor ocorre pela manhã e a corola murcha no final da tarde (Figura 16-21). Esse murchamento é normalmente associado ao transporte extensivo de solutos das flores para outras partes da planta, frequentemente o ovário, com perda rápida de água. Existe uma deterioração acelerada de proteína e RNA das pétalas e sépalas durante o murchamento, e enzimas hidrolíticas como proteases e ribonucleases são aparentemente ativadas por mudanças hormonais para causar essa deterioração. Os produtos de nitrogênio, como aminoácidos e amidas, são então transportados para as sementes e outros tecidos nos quais o crescimento está ocorrendo, portanto, os nutrientes são conservados. Embora o murchamento e o desbotamento da cor sejam comuns, certas espécies de rosas e dálias perdem as pétalas que ainda estão túrgidas e contêm a maior parte de sua proteína original.

Sementes e frutas

Alterações químicas nas sementes e frutas em crescimento O zigoto, o saco embrionário e o óvulo se desenvolvem na **semente**, enquanto o ovário adjacente se transforma na **fruta (pericarpo)**. Ocorrem numerosas modificações anatômicas e químicas. Com frequência, a sacarose, a glicose e a frutose se acumulam nos óvulos até que os núcleos do endosperma fiquem cercados pelas paredes celulares; então, as concentrações desses açúcares diminuem enquanto são usados na formação da parede celular e na síntese do amido ou gordura. Esses açúcares surgem principalmente da sacarose e de outros açúcares transportados pelo floema para as sementes e frutas jovens (Capítulo 8). A maior parte do nitrogênio nas sementes e frutas imaturas está presente nas proteínas, nos aminoácidos e nos amidas glutamina e asparagina. A concentração de aminoácidos e amidas diminui à medida que as proteínas de armazenamento são formadas nos corpos proteicos.

As funções das enzimas e ácidos nucleicos no desenvolvimento das sementes são importantes para a longevidade da semente. Para uma semente madura germinar depois de permanecer viva por períodos longos, ela deve possuir todas as enzimas necessárias para a germinação e estabelecimento do broto ou todas as informações genéticas disponíveis para sintetizá-las. Algumas enzimas essenciais para a germinação são produzidas de uma forma estável durante o desenvolvimento da semente; outras são traduzidas a partir de moléculas estáveis de RNA mensageiro, RNA de transferência e RNA ribossômico sintetizadas durante o amadurecimento da semente; outras

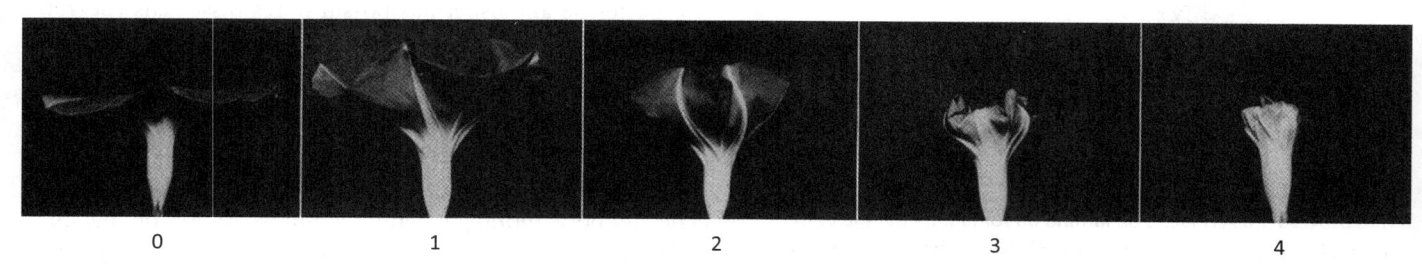

FIGURA 16-21 Fases do murchamento da flor na *Ipomea tricolor*. A fase 0 representa a corola totalmente aberta; as fases 1 a 4 são os estágios progressivos de murchamento. A abertura da flor (fase 0) começa a partir das 6h, enquanto o murchamento e o enrolamento da fase 1 começam perto das 13h do mesmo dia. O enrolamento é causado pelas mudanças no turgor das células da nervura. As células no lado interno da nervura perdem solutos e água, enquanto as células da nervura externa se expandem, causando o enrolamento. (Fotos cortesia de Hans Kende; de Kende e Baumgartner, 1974.)

ainda são formadas pelas moléculas recém-transcritas de RNA apenas depois que a semente é plantada (Spencer e Higgins, 1982). Portanto, as diferentes sementes controlam a produção da enzima de várias maneiras, até na mesma semente, para o controle de enzimas específicas. A perda de água durante o amadurecimento da semente é crítica, levando a mudanças importantes, mas mal compreendidas, nas propriedades físicas e químicas do citoplasma. Como resultado, as sementes secas respiram em um ritmo extremamente lento e permanecem vivas por períodos estendidos de seca ou frio (Capítulo 22).

A composição química das frutas comestíveis e a transformação dos carboidratos durante o amadurecimento foram amplamente estudadas (Hulme, 1970; Coombe, 1976; Rhodes, 1980). Na maçã, a concentração do amido aumenta até um máximo e depois diminui relativamente até a colheita, à medida que é convertido em açúcares. Na maçã e na pera, a frutose é o açúcar mais abundante, porém, quantidades menores de sacarose, glicose e álcoois de açúcar também estão presentes. A uva e a cereja possuem quantidades quase iguais de glicose e frutose, mas a sacarose é frequentemente indetectável. A concentração de hexose na uva pode atingir valores extraordinariamente altos. As concentrações de glicose e frutose em alguns cultivos chega a 0,6 M para cada açúcar, dando às plantas maduras um potencial osmótico extraordinariamente negativo e um sabor doce. Durante o amadurecimento da laranja, da uva, da toranja, do abacaxi e de várias frutas silvestres, os ácidos orgânicos (principalmente málico, cítrico e isocítrico) diminuem e os açúcares aumentam; portanto, as frutas se tornam mais doces. No limão, no entanto, os ácidos continuam aumentando durante o amadurecimento, portanto, o pH diminui e a fruta continua ácida. O limão praticamente não contém amido em qualquer época do seu desenvolvimento, embora outras frutas (por exemplo, banana, maçã e pêssego) contenham muito amido quando não estão maduras. Outras, como o abacate e a azeitona, armazenam lipídios.

Foram estudadas numerosas outras mudanças na composição da fruta, incluindo a transformação de cloroplastos em cromoplastos ricos em carotenoides, o acúmulo de pigmentos antocianinas e o acúmulo de componentes flavorizantes. O uso da cromatografia gasosa permitiu a identificação de centenas de substâncias voláteis, como os ésteres alifáticos ou aromáticos, os aldeídos, as cetonas e os álcoois que contribuem com o sabor e o aroma do morango e de outras frutas (Nurnsten, 1970). Isso serve como base de aprimoramento dos sabores das frutas por meio de enxertos e para o desenvolvimento de substâncias flavorizantes artificiais.

Importância das sementes para o crescimento da fruta Normalmente, o desenvolvimento das frutas depende da germinação dos grãos de pólen no estigma (polinização) ou da polinização somada à fertilização subsequente. Além disso, os extratos de grãos de pólen adicionados a certas flores simulam a polinização e a fertilização naturais, causando o crescimento do ovário e o murchamento e a abscissão das pétalas. As sementes em desenvolvimento normalmente são também essenciais para o crescimento normal da fruta. Se as sementes estiverem presentes em apenas um lado de uma maçã jovem, apenas esse lado se desenvolverá bem. As sementes também são essenciais para os morangos normais.

A produção normal de frutas sem sementes é chamada de **desenvolvimento partenocárpico da fruta**. Ela é especialmente comum entre as plantas que produzem muitos óvulos imaturos, como a banana, o melão, o figo e o abacaxi. A partenocarpia pode resultar do desenvolvimento do ovário sem polinização (frutas cítricas, banana e abacaxi), do crescimento da fruta estimulado pela polinização sem fertilização (certas orquídeas) ou da fertilização seguida pelo aborto dos embriões (uva, pêssego e cereja).

Relações entre crescimento vegetativo e reprodutivo Há muito tempo os jardineiros praticam a técnica de remover os botões das flores de certas plantas para manter o crescimento vegetativo. Um exemplo comercial é a *poda* (remoção de flores e frutas) do tabaco, que incentiva a produção de folhas. Esse efeito na soja é mostrado na Figura 16-22.

Existe uma competição pelos nutrientes entre os órgãos vegetativos e reprodutivos. As flores e frutas em desenvolvimento, principalmente as frutas jovens, possuem um grande poder de atração de sais minerais, açúcares e

FIGURA 16-22 Atraso da senescência dos pés de soja, causado pela remoção diária dos botões de flores. (Fotos cortesia de A. Carl Leopold; de Leopold e Kriedemann, 1975.)

aminoácidos. Durante o acúmulo dessas substâncias pelos órgãos reprodutivos, ocorre uma diminuição correspondente nas quantidades presentes nas folhas. Estudos com marcadores radioativos mostram que o acúmulo dos nutrientes nas flores, frutas ou tubérculos em desenvolvimento ocorre principalmente à custa dos materiais nas folhas que estão nas proximidades. Normalmente, existe uma competição entre as frutas individuais da mesma planta pelos nutrientes. Por exemplo, o tamanho da fruta diminui quando é permitida a formação de um número crescente de frutas em pés de tomate ou de maçã.

O mecanismo pelo qual as frutas podem desviar os nutrientes das folhas para seus próprios tecidos, às vezes contra gradientes de concentração aparentes, não é entendido; porém, ele é provavelmente controlado pelo descarregamento do floema, discutido na Seção 8.4. Vários hormônios, principalmente as citocininas (consulte o Capítulo 18), também podem estar envolvidos.

Na verdade, a situação é mais complexa que uma simples competição por nutrientes. No cardo (*Xanthium strumarium*), a indução do florescimento pelas noites longas causa a senescência da folha – com a mesma velocidade quando os botões são removidos ou quando o seu desenvolvimento normal é permitido. Em outros casos, talvez algum inibidor que cause a morte prematura é transportado para os órgãos vegetativos.

Os fatores que estimulam o crescimento do broto podem retardar o desenvolvimento de flores, tubérculos e frutas. A alta fertilização com nitrogênio causa um crescimento exuberante do caule e da folha nos pés de tomate, mas pode reduzir o desenvolvimento das frutas. Da mesma forma, o excesso de nitrogênio estimula o crescimento da folha, mas, às vezes, inibe o crescimento da batata ou da maçã e reduz o teor de açúcar, mas não o tamanho, na beterraba. Embora os agricultores apostem na ideia de que o excesso de nitrogênio reduz a produtividade de frutas, a situação raramente é tão simples. Não existem evidências reais de que o alto teor de nitrogênio iniba a produção de frutas (biomassa total) por planta se outros nutrientes (principalmente o fósforo e o potássio) forem adequados.

Os processos que interferem no crescimento vegetativo também estimulam o desenvolvimento da flor? Às vezes, sim. Poda excessiva, seca, amarração dos galhos no chão e vários outros procedimentos de mutilação podem estimular o florescimento. Além disso, retardantes de crescimento, como o Phosphon D, o CCC, o Amo-1618 (consulte o Capítulo 17) e B995 (ácido N-dimetilamino succinâmico) inibem o crescimento dos caules, e essa baixa estatura é às vezes acompanhada pelo aparecimento precoce de botões ou de um número maior de flores por planta. Essas substâncias químicas são usadas na produção do crisântemo comercial, por exemplo, mas inibem a floração de outras espécies. (Esses assuntos serão discutidos em detalhes no Capítulo 23.)

16.5 Morfogênese: juvenilidade

Os ciclos de vida de muitas espécies perenes incluem duas fases nas quais certas características morfológicas e fisiológicas são bastante distintas. Depois da germinação, a maioria das mudas anuais e perenes entra em uma fase de crescimento rápido, na qual a floração normalmente não pode ser induzida. Uma morfologia característica, particularmente evidente nos formatos da folha, ocasionalmente é produzida durante essa época. Dizemos que as plantas que possuem essas características estão na fase **juvenil**, em oposição à **fase madura** ou **adulta**.

A fase juvenil, no que se refere à floração, varia, nas perenes, de apenas 1 ano em certos arbustos até 40 anos na faia (*Fagus sylvatica*), com valores de 5 a 20 anos sendo comuns nas árvores. No Capítulo 23, o momento em que é atingida a maturidade, depois da qual o florescimento pode ocorrer, é descrito como a obtenção da *maturidade para responder*. Essas fases juvenis longas nas coníferas e em outras árvores impõem sérios obstáculos aos programas genéticos desenvolvidos para melhorar sua qualidade. Outra diferença fisiológica comum entre as perenes nas fases juvenil e adulta é a capacidade de se cortar o caule para formar raízes adventícias. Na fase adulta, a capacidade de formação da raiz é normalmente diminuída e, às vezes, perdida.

As morfologias juvenil e adulta das folhas são exemplos de **heterofilia**, que é bem ilustrada nas dicotiledôneas anuais pelo feijão, que sempre forma folhas primárias simples no começo e folhas trifoliadas compostas mais tarde (consulte a Figura 19-6), e pela ervilha, que possui folhas juvenis reduzidas e semelhantes a escamas. Entre as perenes, muitos juníperos formam folhas juvenis parecidas com agulhas e folhas adultas semelhantes a escamas. As diversas espécies de acácias e eucaliptos possuem formas de folhas juvenis que são nitidamente diferentes das adultas. A hera inglesa (*Hedera helix*), outra perene, foi amplamente estudada. Seu hábito de crescimento juvenil é o de uma videira trepadeira, porém, mais tarde, ela se torna um arbusto e dá flores. Suas folhas juvenis são palmadas com três ou cinco lobos, enquanto as adultas são inteiras e ovaladas. Embora a chegada à fase adulta seja regularmente permanente, a juvenilidade da hera pode ser induzida nos brotos que se desenvolvem a partir dos botões laterais de caules maduros tratando-se a folha lateral com ácido giberélico (GA_3; Capítulo 17). O ABA impede essa reversão causada pelo GA_3, sugerindo que um equilíbrio entre giberelinas e ABA normalmente possa estar envolvido na transição de um estado para outro. Por outro lado, certas giberelinas induzem a floração e, portanto, terminam a juvenilidade em muitas espécies de gimnospermas (Seção 23.10). Ou isso é uma questão de semântica? Existem evidências, coletadas em estudos de cultura do tecido (consulte a próxima seção), de que o tecido floral propriamente dito é muito juvenil; o que pode ser mais juvenil do que um embrião em desenvolvimento? Portanto, embora a juvenilidade seja definida como a incapacidade de formar flores, as flores propriamente ditas podem ser consideradas juvenis!

16.6 Morfogênese: totipotência

Observamos previamente que, no crescimento diferencial, as células de uma planta se tornam diferentes, embora seus genes sejam idênticos. Como sabemos que as células de um organismo possuem genes idênticos? Primeiro, os eventos ocorridos na duplicação e separação dos cromossomos durante a mitose sugerem esse fato fortemente. Em segundo lugar, muitas células vegetais são **totipotentes**. Com isso, queremos dizer que uma célula não embrionária tem o potencial de se desdiferenciar para uma célula embrionária e, depois, se desenvolver em uma planta completamente nova, se o ambiente for adequado. Uma célula do parênquima radicular, por exemplo, pode começar a se dividir e produzir um botão adventício e, finalmente, um broto de flor maduro. Todos os genes para a produção de toda a planta devem existir nessas células radiculares diferenciadas. Isso não poderia acontecer se os genes tivessem sido irreversivelmente alterados durante a diferenciação radicular. A totipotência também é ilustrada pelo desenvolvimento dos tecidos de calos cultivados em novas plantas, e a totipotência parcial ocorre quando as raízes adventícias se desenvolvem a partir das células do caule e quando o xilema e o floema são regenerados a partir das células do córtex ferido. Na verdade, a totipotência

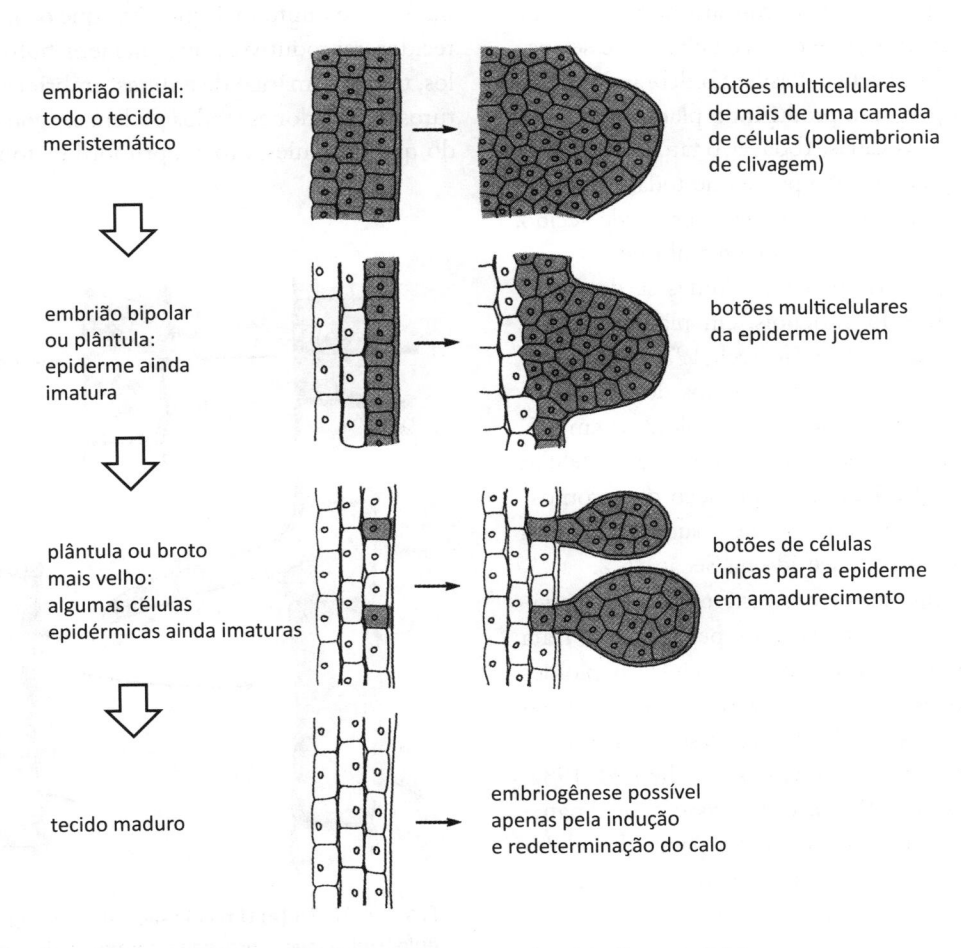

FIGURA 16-23 As prováveis relações dos padrões de iniciação superficial ou em multicamadas, de células únicas ou multicelulares na embriogênese somática direta. O sombreamento indica células determinadas de maneira pré-embrionária. (De Williams e Maheswaran, 1986; usado com permissão.)

pode ser vantajosa para as plantas, principalmente porque fornece a elas um mecanismo para cicatrizar feridas e para se reproduzir vegetativamente pela clonagem.[5]

Em cada um desses exemplos de totipotência, várias células cooperam para formar primórdios a partir dos quais toda a planta surge. Frederick C. Steward e seus colaboradores da Cornell University foram pioneiros em experimentos da década de 1950 nos quais as plantas se desenvolviam a partir de células únicas. Tais experimentos estão associados ao trabalho dele sobre as citocininas (Seção 18.1). Steward observou que células únicas se quebravam de pedaços do calo derivado do floema da raiz da cenoura. Quando as condições eram alteradas, as células únicas nas suspensões ocasionalmente se dividiam para formar embrioides multicelulares. A partir deles, novas plantas capazes de produzir sementes foram formadas (Steward, 1958; Steward et al., 1958). A clonagem a partir de células únicas foi alcançada.

Mesmo depois desses experimentos, foi perguntado se as células únicas eram ou não totipotentes, porque os embriões de Steward sempre se desenvolviam na presença de muitas células na suspensão, embora cada planta viesse aparentemente de uma única célula. Vasil e Hildebrandt (1965) responderam a essa pergunta produzindo plantas inteiras a partir de células únicas isoladas. Todavia, o fato de que algumas células são totipotentes não prova que todas as células tenham essa propriedade; em qualquer cultura de tecido, existem muitas células que não se tornam embriões.

Até mesmo os grãos de pólen haploides se desenvolveram em tecidos de calo e, depois, em plantas inteiras (Sunderland, 1970; Sangwan e Norreel, 1975). Às vezes, as células dessas plantas possuem números de cromossomos predominantemente triploides e diploides, embora algumas delas sejam haploides. Aparentemente, as células resultam da **endorreduplicação** (duplicação dos cromossomos na mitose, com falta da citocinese subsequente) ou da fusão nuclear, conforme discutido na Seção 16.2.

As observações originais de Steward foram desenvolvidas em um campo bastante extenso de pesquisa que trata da **embriogênese somática**, na qual as células haploides ou diploides **somáticas** (não reprodutivas) se desenvolvem em plantas diferenciadas ao longo das fases embriológicas características (consulte as revisões de Shepard, 1982; Williams e Maheswaran, 1986). O processo ocorre naturalmente em muitas espécies, às vezes a partir de células associadas ao desenvolvimento da semente, como as de nucelos ou sinérgides. Nesse caso, o embrião na semente não foi formado a partir de uma união de gametas. Esse modo de reprodução é chamado de **apoximia**; ele é muito comum entre as plantas que florescem e se revela apenas por um estudo cuidadoso, porque as sementes parecem normais. Outros exemplos de embriões somáticos naturais são as plântulas em miniatura que se formam ao longo das margens da folha da *Bryophyllum* (consulte a Figura 23-3).

O que é necessário para que uma célula ou tecido forme um embrião somático? Isso parece depender muito do status da célula ou do tecido (Figura 16-23). A embriogênese somática ocorre mais facilmente nos tecidos que ainda são relativamente embrionários (juvenis, poderíamos dizer). Em um embrião inicial, por exemplo, grupos inteiros de células podem cooperar para formar um novo meristema. À medida que o embrião torna-se mais maduro, apenas os grupos de células epidérmicas podem formá-lo; com mais maturidade, apenas células epidérmicas individuais podem se submeter à embriogênese. Quando os tecidos são maduros, a embriogênese só é possível depois que o calo foi induzido, e é muito mais provável que ocorra se o calo vier de tecidos reprodutivos, que incluem botões de flores, óvulos, tecido somático de anteras, embriões maduros ou imaturos e cotilédones (todos podem ser considerados juvenis), do que de caules, brotos, primórdios foliares e radiculares

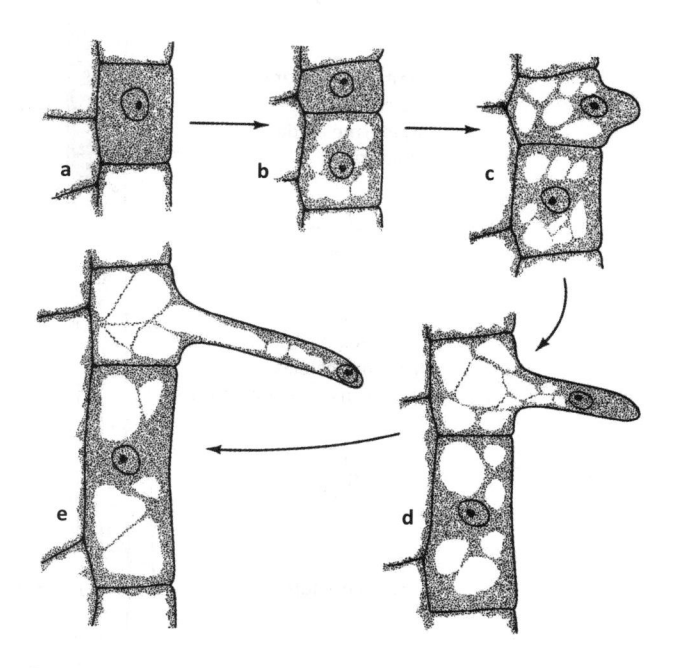

FIGURA 16-24 (a) Uma divisão celular desigual de uma célula epidérmica jovem precede a formação de um pelo radicular e de uma célula epidérmica comum. **(b)** Essa divisão forma um tricoblasto (célula superior menor) e um atricoblasto (célula inferior maior). **(c, d, e)** O tricoblasto se desenvolve em um pelo radicular. (De Jensen e Salisbury, 1972.)

---

[5] Um **clone** consiste em *todos* os organismos que foram produzidos de maneira assexuada a partir de um organismo genitor individual. Portanto, normalmente, um clone é um *grupo* de organismos. A imprensa popular parece presumir que um clone é um indivíduo, o que é possível, mas não a definição original do termo.

TABELA 16-1 Alguns princípios da diferenciação.

Princípio	Exemplo ou discussão
1. Uma vez sintetizadas pelas enzimas, muitas moléculas grandes e outras estruturas são organizadas em estruturas tridimensionais bastante estáveis pela automontagem espontânea.	Depois da síntese, os polipeptídeos se dobram na estrutura mais estável para o seu meio aquoso. Ribossomos, microtúbulos e vírus são montados a partir das partes componentes espontaneamente. Até mesmo certos tipos de células (por exemplo, nas esponjas) podem se montar novamente depois de desassociadas.
2. Os genes controlam os tipos de enzimas que uma célula pode fazer, porém, o ambiente determina se as enzimas funcionam ou não efetivamente.	A nitrato redutase aparece nas raízes em resposta ao nitrato. Com frequência, a temperatura determina a atividade das enzimas.
3. Às vezes, o ambiente determina a transcrição e a tradução das informações genéticas em enzimas funcionais.	A cromatina (material genético) dos ápices dos brotos de ervilha não produz a globulina *in vitro*, mas a cromatina dos cotilédones da ervilha sim, como ocorre na planta intacta. Os genes da globulina foram **reprimidos** nos brotos, mas não nos cotilédones.
4. A posição de uma célula em relação às demais pode determinar como ela reage na diferenciação. Se as novas células forem semelhantes às que orientam sua diferenciação, o processo é chamado de **indução homogenética**.	Novas células cambiais se formam a partir das células corticais adjacentes às células pró-cambiais existentes; o processo é chamado de **rediferenciação**. Isso pode ser causado por algo liberado das células existentes. Em alguns casos, células vegetais que já estão diferenciadas **desdiferenciam-se** antes de se tornarem diferenciadas como um novo tipo celular.
5. Se as novas células forem diferentes das que causam as mudanças, o processo é chamado de **indução heterogenética**.	Em algumas dicotiledôneas, os pelos foliares são localizados apenas sobre os feixes vasculares, sugerindo que a presença dos feixes controla a diferenciação das células capilares.
6. Às vezes, a diferenciação parece ser controlada pelos **efeitos de campo**, já que ela pode ocorrer em "campos" que não se sobrepõem.	Uma distância mínima e constante é mantida entre os estômatos em diferenciação de uma folha, portanto, os padrões estomatais não são aleatórios. As substâncias do crescimento podem estar envolvidas em muitos desses casos.
7. Normalmente, a diferenciação do tecido requer um ato inicial de divisão celular. Depois da desdiferenciação, ocorrem a mitose e a citocinese; depois, a diferenciação ocorre nas células-filhas. Com frequência, as duas células filhas não são semelhantes.	As células cambiais não se diferenciam nas células de xilema ou floema. As células epidérmicas se dividem para produzir uma célula grande e uma célula pequena em uma superfície radicular jovem; a pequena é um **tricoblasto** e se tornará um pelo radicular (Figura 16-24). Processos semelhantes estão envolvidos na formação das células-guarda e subsidiárias, dos elementos do tubo crivado e das células companheiras. Isso é enfatizado pela observação das plântulas gama, nas quais a divisão celular não pode ocorrer por causa do tratamento de radiação; nenhum estômato, pelo radicular ou de folha é formado.

e assim por diante. Conforme Steward sugeriu originalmente, também existem evidências de que, se isolarmos uma célula de suas vizinhas (isto é, a quebra das conexões de plasmodesmas), podemos predispô-la à embriogênese. A função dos reguladores do crescimento nesses cenários ainda não é bem compreendida. Está claro que as auxinas podem induzir a formação do calo em muitos caules e que reguladores específicos do crescimento, particularmente as citocininas, devem ser adicionados ao meio da cultura para induzir a embriogênese. Porém, é evidente que a predisposição do tecido a esses tratamentos também determina seu sucesso. Esta é uma ilustração da função crítica da sensibilidade do tecido-alvo à substância de crescimento, que discutiremos em detalhes nos próximos capítulos.

Embora ainda exista muito a aprender sobre os mecanismos de morfogênese da planta em geral e da embriogênese somática em particular, várias aplicações importantes foram e serão desenvolvidas. As sementes artificiais são um bom exemplo. Um híbrido altamente produtivo (por exemplo, de milho ou trigo) pode ser induzido a formar milhares de embriões somáticos, talvez de um embrião imaturo retirado de uma semente que está amadurecendo, e novos embriões podem então ser induzidos a se tornarem quiescentes. Encapsulados em um invólucro protetor, eles estariam prontos para o plantio quando necessário.

16.7 Alguns princípios da diferenciação

Por fim, é objetivo dos biólogos entender os eventos morfogenéticos como os que discutimos neste capítulo, entendendo o que ocorre no nível celular e quais mecanismos de controle estão envolvidos. Fechamos este capítulo com a Tabela 16-1, que revisa algumas sugestões sobre esses mecanismos. Quando você estuda essa tabela, torna-se evidente que as sugestões têm pouca relação direta com os dados fenomenológicos que discutimos; isto é, temos algumas ideias sobre como a morfogênese é controlada e temos vastos corpos de informação sobre os processos mofogenéticos, mas raramente é possível usar as ideias sobre os mecanismos de controle para entender os fenômenos observados. Todavia, esse continua sendo o objetivo. Atingi-lo seria uma vitória máxima da nossa época – ou de qualquer outra.

Também deve ser evidente agora que não podemos prosseguir muito adiante sem uma discussão completa dos hormônios vegetais e dos reguladores do crescimento. Esse é o objetivo especial dos dois próximos capítulos e, frequentemente, será o tema no restante do livro.

DEZESSETE 17
Hormônios e reguladores de crescimento: auxinas e giberelinas

No capítulo anterior, revisamos algumas das regiões de crescimento vegetal e introduzimos alguns dos numerosos efeitos de certos hormônios vegetais sobre o crescimento e o desenvolvimento. Neste e no próximo capítulo, resumimos o conhecimento sobre esses hormônios e os reguladores de crescimento relacionados. Os capítulos subsequentes apresentam mais detalhes sobre as funções desses compostos em processos de desenvolvimento específicos.

Atualmente, existem apenas cinco grupos reconhecidos de hormônios, embora seja quase certo que outros serão descobertos. Revisaremos alguns destes prováveis candidatos no próximo capítulo. Os cinco grupos incluem quatro auxinas, muitas giberelinas (84 até esta edição), várias citoquininas, o ácido abscísico e o etileno. Neste capítulo, examinamos apenas os dois primeiros desses grupos.

17.1 Conceitos dos hormônios, sua ação e definição

O que é um hormônio vegetal? Muitos fisiologistas das plantas aceitam uma definição semelhante à desenvolvida para os hormônios animais: *o hormônio vegetal é um composto orgânico sintetizado em uma parte de uma planta e translocado para outra na qual, em concentrações muito baixas, causa uma resposta fisiológica.* A resposta no órgão-alvo não precisa ser promotora, porque processos como o crescimento e a diferenciação são às vezes inibidos pelos hormônios, principalmente o ácido abscísico. Uma vez que o hormônio deve ser sintetizado pela planta, íons inorgânicos como K^+ ou Ca^{2+}, que causam respostas importantes, não são hormônios. Os reguladores do crescimento orgânico também não são sintetizados apenas pelos químicos orgânicos (por exemplo, 2-4-D, uma auxina) ou somente em organismos diferentes das plantas. A definição também afirma que um hormônio deve ser translocado na planta, mas nada se diz sobre como ou para que distância; isso não significa que o hormônio não irá causar uma resposta na célula em que é sintetizado. (Um bom exemplo envolve o etileno e o amadurecimento da fruta; é quase certo que o etileno promova o amadurecimento das próprias células que o sintetizam, e também de outras.) A sacarose não é considerada um hormônio, embora seja sintetizada e translocada pelas plantas, porque causa o crescimento apenas em concentrações relativamente altas. Os hormônios são efetivos em concentrações internas perto de 1 µM, enquanto açúcares, aminoácidos, ácidos orgânicos e outros metabólitos necessários para o crescimento e o desenvolvimento (excluindo as enzimas e a maioria das coenzimas) normalmente estão presentes em concentrações de 1 a 50 mM.

A ideia de que o desenvolvimento vegetal é influenciado por agentes químicos específicos da planta não é nova. Há 100 anos, o famoso botânico alemão Julius von Sachs sugeriu que substâncias específicas de formação de órgãos ocorrem nas plantas. Ele propôs que uma substância causava o crescimento do caule e outra causava o da folha, raiz, flor ou fruta. Nenhuma dessas substâncias químicas específicas de órgãos foi identificada até o momento. Em razão da concentração muito baixa dos hormônios nas plantas, o primeiro hormônio descoberto (ácido indolacético) só foi identificado na década de 1930, e mesmo então ele foi purificado da urina. Uma vez que ele podia evocar tantas respostas diferentes quando adicionado de maneira exógena às plantas, foi considerado por muitos o único hormônio vegetal, uma noção desaprovada quando os numerosos efeitos das giberelinas foram descobertos na década de 1950.

À medida que mais hormônios foram identificados e seus efeitos e concentrações endógenas foram estudados, tornou-se aparente que não apenas cada hormônio afeta as respostas de muitas partes da planta, mas também que essas respostas dependem da espécie, da parte da planta, da fase de desenvolvimento, concentração do hormônio, das interações entre hormônios conhecidos e vários fatores ambientais. Portanto, é arriscado generalizar os efeitos dos hormônios nos processos de crescimento e desenvolvimento em um determinado órgão ou tecido da planta. Todavia, o conceito de von Sachs de que os diferentes tecidos podem responder diferentemente a cada substância química é certamente válido.

O conceito da sensibilidade diferencial aos hormônios

No início da década de 1980, Anthony J. Trewavas enfatizou repetidamente o conceito de que a sensibilidade diferencial é muito mais importante para determinar os efeitos de um hormônio do que a concentração desse hormônio nas células vegetais (consulte, por exemplo, Trewavas, 1982, 1987, e a discussão publicada em conjunto por Trewavas e Cleland, 1983). Embora muitos pesquisadores tenham argumentado convincentemente contra a conclusão geral de Trewavas, seu trabalho forçou-os a considerar e, quando possível, medir a sensibilidade do tecido aos hormônios. Atualmente, a sensibilidade e a concentração recebem atenção em muitos estudos sobre a ação dos hormônios (consulte também Firn, 1986 e a Seção 19.5).

Sabemos que, para que os hormônios vegetais presentes em concentrações micromolares ou submicromolares possam ser ativos e específicos, três partes principais de um sistema de resposta devem estar presentes. Primeiro, o hormônio deve estar presente em quantidade suficiente nas células adequadas. Em segundo lugar, o hormônio deve ser reconhecido e estreitamente ligado a cada um dos grupos de células que respondem a ele (as **células-alvo**). As moléculas de proteína possuem estruturas complexas necessárias para reconhecer e selecionar entre moléculas muito menores (como descrito para as enzimas no Capítulo 9), e com base no conhecimento sobre a ação hormonal nos animais, as proteínas de ligação do hormônio na membrana plasmática das células vegetais estão sendo identificadas. Essas proteínas são chamadas de **receptoras**. Em terceiro lugar, a proteína receptora (cuja configuração é supostamente alterada durante a ligação do hormônio) deve causar outra mudança metabólica que leve à **amplificação** do sinal ou do mensageiro hormonal. Na verdade, vários processos de amplificação podem ocorrer em sequência antes que a resposta ao hormônio finalmente ocorra.

À luz desse sistema de resposta, a variação das respostas de diversas partes da planta à aplicação exógena de diferentes hormônios vegetais não é mais tão complicada. As mudanças de desenvolvimento, mesmo em um único tecido de uma determinada espécie, são quase certamente acompanhadas por uma mudança não apenas na concentração do hormônio, mas também na frequência ou disponibilidade das proteínas receptoras e na capacidade de amplificar o sinal hormonal. Outras partes da planta ou as partes de uma espécie diferente podem responder de diferentes maneiras.

Os efeitos dos hormônios na atividade do gene

Agora, existem evidências conclusivas (que serão descritas neste e no Capítulo 18) de que uma função dos hormônios vegetais é controlar a atividade dos genes. Ainda não sabemos em detalhes como os genes são controlados bioquimicamente, mas muito do que sabemos é resumido no

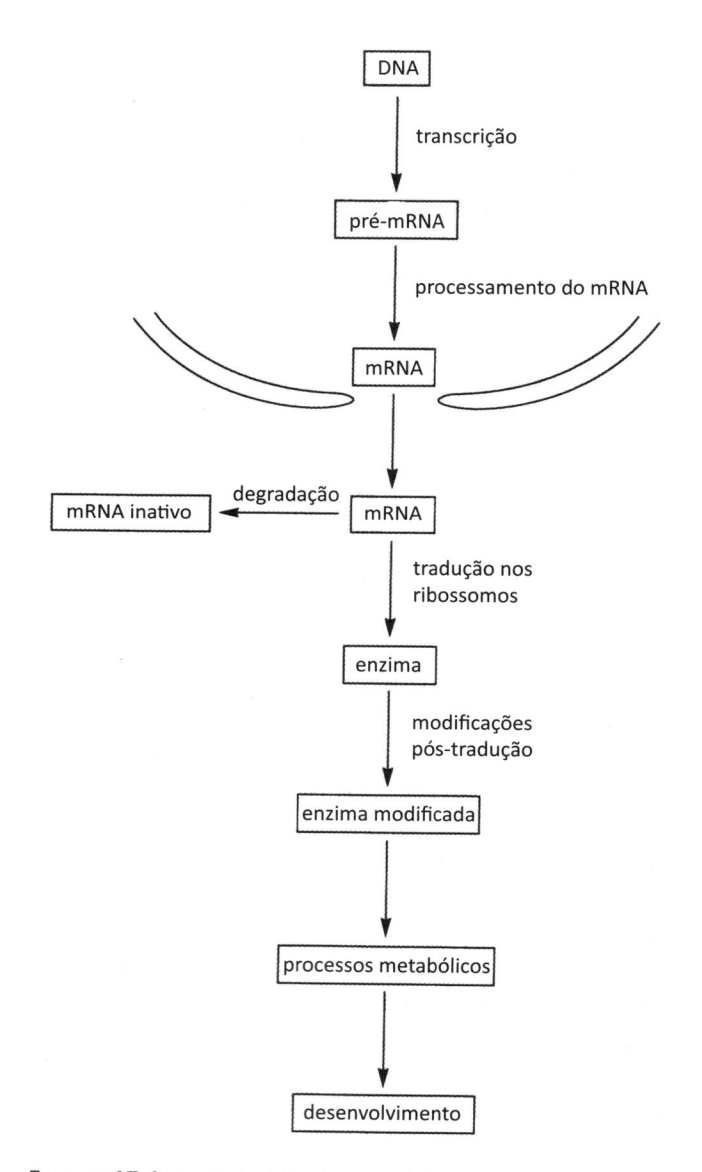

FIGURA 17-1 Possíveis sítios de controle hormonal da atividade do gene

Capítulo 24. Queremos enfatizar aqui que a ativação dos genes representa um extenso processo de amplificação, porque a transcrição repetida de DNA em RNA mensageiro (mRNA), seguida pela tradução do mRNA em enzimas com alta atividade catalítica em concentrações baixas, pode levar a muitas cópias de um importante produto celular. Então, esses produtos determinam do que o organismo é constituído e, portanto, qual é sua aparência (fenótipo).

Existem vários pontos de controle no fluxo das informações genéticas do DNA para um produto molecular. Um deles, talvez o mais importante, ocorre no nível da transcrição. Outro ponto de controle, também no núcleo, envolve o processamento do mRNA, porque a maioria das moléculas de mRNA são parcialmente degradadas e têm algumas partes reorganizadas antes que saiam do núcleo (consulte o Apêndice C). Essas etapas do processamento são controladas por enzimas cujas ações devem ser reguladas, e os hormônios podem afetar essa regulação. A seguir, o mRNA sai do núcleo, provavelmente por um poro nuclear (consulte a Figura 1-11), e no citosol ele pode ser traduzido nos ribossomos ou degradado pelas ribonucleases. Se ele for traduzido em uma enzima, a modificação pós-tradução da enzima pode ocorrer por processos como fosforilação, metilação, acetilação, glicosidação e assim por diante (descrito na Seção 9.2). Esses processos também podem ser afetados pelos hormônios (ou ainda pela luz e outros sinais do ambiente). Os possíveis pontos de controle são resumidos na Figura 17-1.

Sítios de atividade hormonal

As pesquisas de fisiologistas e bioquímicos enfatizaram que muitos hormônios animais, principalmente os peptídeos, não agem primeiro no núcleo, mas sim na membrana plasmática, na qual existem as proteínas receptoras. Além disso, a recepção do hormônio nos animais causa rapidamente a movimentação de um ou dois dos principais sistemas de transdução. Um deles, que é improvável de ocorrer nos vegetais, envolve a ativação de uma enzima chamada *adenil ciclase*, que forma o *AMP cíclico* a partir do ATP. O AMP cíclico ativa numerosas enzimas nos animais, principalmente a proteína quinase, que fosforila as enzimas e modifica sua atividade. No entanto, o AMP cíclico propriamente dito não é importante nos vegetais (Bressan et al., 1976; Spiteri et al., 1989), e as proteínas quinases dependentes do AMP cíclico são há muito tempo procuradas, mas não foram encontradas nas plantas; portanto, este sistema não será discutido aqui.

Um segundo sistema de transdução dos animais recebeu mais sustentação pelos pesquisadores das plantas, embora seu envolvimento como um hormônio vegetal ou um sinal ambiental ainda não tenham sido comprovados. Ele foi revisado por Boss (1989), Marme (1989), Einspahr e Thompson (1990) e em vários artigos no livro editado por Morre et al. (1990). Será descrito aqui em termos gerais, como uma possível explicação sobre como os vários hormônios vegetais podem funcionar.

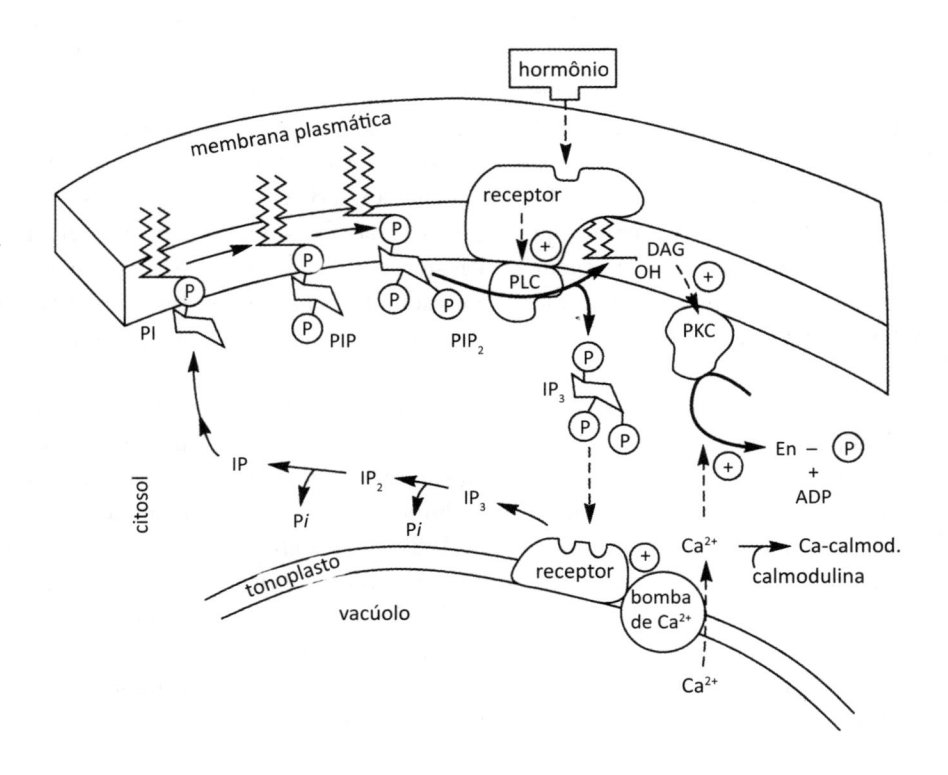

Figura 17-2 Modelo da transdução inicial do hormônio na membrana plasmática. A ligação de um hormônio ao seu receptor causa a ativação (+) da fosfolipase c adjacente (PLC). A PLC hidrolisa um lipídio da membrana, fosfatidilinositol-4,5-bisfosfato (PIP$_2$), para liberar inositol-1,4,5-trisfosfato (IP$_3$) e um diacilglicerol (DAG). O IP$_3$ se move para o tonoplasto nas células vegetais, onde se combina com um receptor que ativa (+) uma bomba de Ca^{2+} ou um transportador que move o Ca^{2+} do vacúolo para o citosol. O DAG, que continua ligado à membrana, ativa a proteína quinase c (PKC). A PKC também é ativada pelo Ca^{2+} liberado do vacúolo, portanto, várias enzimas se tornam fosforiladas pela PKC. O cálcio também ativa outras quinases de proteína e outras enzimas quando está livre ou ligado à calmodulina. O IP$_3$ perde fosfatos pela hidrólise para formar IP$_2$ e IP, que então são convertidos de volta em fosfatidilinositol (PI) e outros lipídios fosfoinositida (PIP e PIP$_2$) na membrana plasmática. (Modificado de várias fontes.)

O processo começa com a ligação do hormônio primário a uma proteína receptora na membrana plasmática (superfície externa) de uma célula-alvo (Figura 17-2). A seguir, o complexo do receptor do hormônio ligado ativa uma enzima da membrana adjacente, chamada de **fosfolipase c (PLC)**. Em seguida, a fosfolipase c hidrolisa um fosfolipídio de um grupo de fosfolipídios de membrana não abundantes chamados de fosfoinositidas. As **fosfoinositidas** são fosfolipídios que contêm inositol (por exemplo, fosfatidil-inositol, abreviado como PI na Figura 17-11) ou lipídios semelhantes nos quais os grupamentos hidroxila do inositol são esterificados para um ou dois grupamentos fosfato (no carbono 4 ou nos carbonos 4 e 5). A fosfolipase c hidrolisa este último, fosfatidilinositol 4,5-bisfosfato (PIP_2), entre o glicerol e o fosfato ligado ao carbono 1 da porção inositol fosfato, de forma que ele libere **inositol-1,4,5-trisfosfato (IP_3) e diacilglicerol (DAG)**; o DAG representa o glicerol agora esterificado apenas para dois ácidos graxos.

IP_3 e DAG executam atividades adicionais e podem causar uma cascata de respostas. O IP_3 é altamente solúvel em água e se move, nas células animais, até o retículo endoplasmático, no qual causa a liberação do Ca^{2+} armazenado no citosol. Nas células do parênquima vegetal com vacúolos centrais grandes, a maioria do Ca^{2+} das células não é armazenada no retículo endoplasmático, e sim no vacúolo, onde a concentração está na faixa de mM (pelo menos 1.000 vezes a do citosol). Hoje, existem boas evidências (resumido por Memon et al., 1989) de que o IP_3 estimula a liberação do Ca^{2+} vacuolar para o citosol; portanto, o local da liberação do Ca^{2+} pode diferir entre as células vegetais e animais com base em suas diferentes estruturas e funções.

O DAG não é solúvel em água (porque os dois ácidos graxos ainda estão unidos), portanto, ele funciona dentro da membrana plasmática, na qual provavelmente seja bastante móvel. O DAG ativa uma enzima na membrana que se chama **proteína quinase c (PKC)**. Essa enzima usa o ATP para fosforilar certas enzimas que regulam várias fases do metabolismo; em algumas enzimas, a fosforilação causa a ativação e, em outras, a desativação (por exemplo, consulte Seção 11.5). Seja como for, os tipos de produtos metabólicos são alterados pela fosforilação da enzima, e o mesmo ocorre com o comportamento e o padrão de crescimento da célula. Ainda não sabemos como.

Os níveis elevados de cálcio no citosol, causados pelo IP_3, também ativam certas enzimas, incluindo várias proteínas quinases (Blowers e Trewavas, 1989; Poovaiah e Reddy, 1990; Budde e Randall, 1990). Algumas dessas quinases exigem a ativação pelo Ca^{2+} livre; outras, pela Ca-calmodulina (Seção 6.7). Quando a concentração de Ca^{2+} começa a aumentar no citosol, quatro dessas moléculas se combinam para formar um quelato ou um complexo com calmodulina inativa, formando um complexo ativo de Ca-calmodulina. Esse próprio complexo ativa certas enzimas. Até o momento, sabemos que as enzimas que são ativadas pelo complexo de Ca-calmodulina nos vegetais incluem várias proteínas (enzimas) quinases, a **NAD^+ quinase** (uma enzima que usa o ATP para fosforilar o NAD^+ em $NADP^+$) e uma ATPase das membranas plasmáticas, que transfere o excesso de Ca^{2+} para fora da célula. Portanto, um estímulo hormonal primário finalmente leva a uma atividade modificada da enzima, a processos metabólicos alterados e, futuramente, a um tipo de célula fisiológica e morfologicamente diferente. Muitas dessas alterações por vários hormônios e estímulos ambientais interagem para ajudar a criar um tecido, órgão ou planta diferente.

Ao tentar relacionar nossos modelos das figuras 17-1 e 17-2, podemos nos perguntar como qualquer alteração no metabolismo causada por uma atividade modificada da enzima no citosol poderia afetar a expressão do gene em qualquer ponto de controle precoce na Figura 17-1 (digamos, por transcrição, processamento do mRNA, tradução ou estabilidade do mRNA). Ainda não existem boas respostas, mas, aparentemente, estamos nos aproximando gradualmente de um problema em expansão, que possui uma complexidade considerável, porém finita. O controle sobre a atividade de certas enzimas depois da recepção inicial do

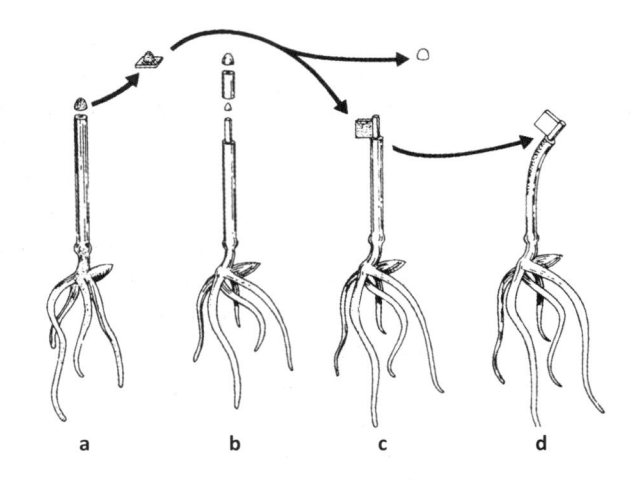

FIGURA 17-3 Demonstração da auxina feita por Went na ponta do coleóptilo da *Avena*. A auxina é indicada pelo pontilhado. **(a)** A ponta foi removida e colocada em um bloco de gelatina. **(b)** Outra muda foi preparada removendo-se a ponta, esperando-se um período e removendo-se a ponta novamente porque uma nova "ponta fisiológica" às vezes se forma. **(c)** A folha dentro do coleóptilo foi puxada para fora e o bloco de gelatina contendo a auxina foi colocado contra ela. **(d)** A auxina se moveu para o coleóptilo em um dos lados, causando sua flexão. (De Salisbury e Parke, 1964.)

hormônio parece ser um segredo importante, e mensageiros secundários ou terciários, como IP_3, DAG e Ca^{2+}, estão envolvidos. Além disso, nos animais, acredita-se que alguns hormônios esteroides (sexuais) são absorvidos pelas células e se movem para o citosol, onde se combinam com proteínas receptoras; em seguida, o complexo esteroide/receptor se move para o núcleo e afeta a atividade do gene. Esses hormônios esteroides não requerem um receptor da membrana plasmática e nenhum sistema de mensageiro secundário. Alguns hormônios vegetais agem da mesma forma? Se sim, quais deles? Os vegetais também possuem hormônios sexuais, no sentido de que esses hormônios promovem a formação de flores masculinas e femininas ou até mesmo o caso, muito mais comum, em que flores bissexuais são formadas? Algumas tentativas de responder a essas perguntas serão descritas neste e nos próximos capítulos.

17.2 As auxinas

O termo **auxina** (do grego *auxein*, "aumentar") foi usado pela primeira vez por Frits Went, que, quando era estudante na Holanda, em 1926, descobriu que um composto não identificado provavelmente causava a curvatura dos coleóptilos de aveia na direção da luz (consulte seu ensaio no final deste capítulo). Esse fenômeno de curvatura, chamado de fototropismo, é descrito na Seção 19.4. O composto que Went descobriu é relativamente abundante nas pontas dos coleóptilos e a Figura 17-3 indica como sua existência foi demonstrada por ele. A demonstração crítica foi que uma substância presente nas pontas poderia se difundir a partir delas e entrar em um minúsculo bloco de ágar. A atividade dessa auxina foi detectada pela curvatura do coleóptilo, causada pelo alongamento intensificado no lado em que o bloco de ágar foi aplicado.

Hoje, sabemos que a auxina de Went é o **ácido indolacético** (**AIA**, Figura 17-4a), e alguns fisiologistas das plantas ainda igualam o AIA e a auxina. Todavia, os vegetais contêm três outros compostos estruturalmente semelhantes ao AIA que causam muitas das mesmas respostas; eles devem ser considerados hormônios da auxina (Figura 17-4a). Um deles é o **ácido 4-cloroindolacético (4-cloroAIA)**, encontrado nas sementes jovens de várias leguminosas (Engvild, 1986). Outro, o **ácido fenilacético (AFA)**, é disseminado entre os vegetais e mais abundante que o

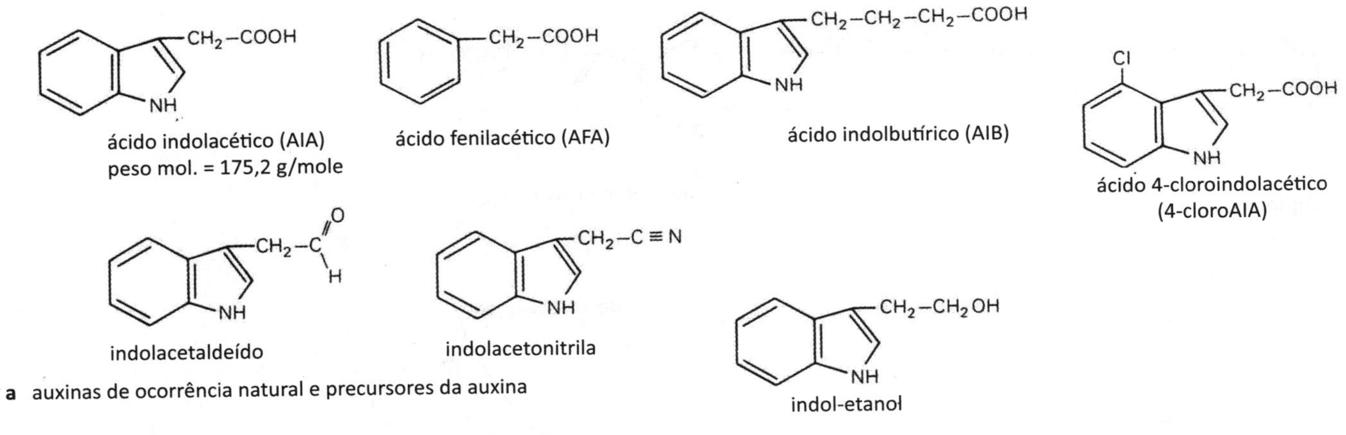

a auxinas de ocorrência natural e precursores da auxina

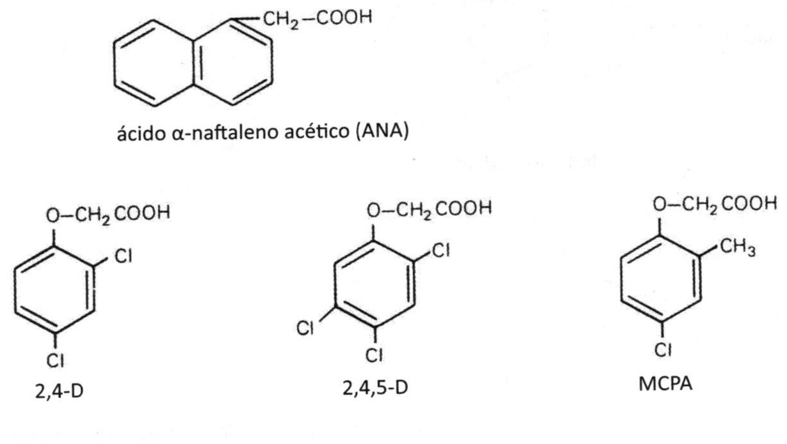

b auxinas sintéticas

FIGURA 17-4 (a) Estruturas de alguns compostos de ocorrência natural que possuem atividade de auxina e **(b)** estruturas de outros compostos que são apenas auxinas sintéticas.

AIA, embora seja menos ativo para causar as respostas típicas do AIA (Wightman e Lighty, 1982; Leuba e LeTorneau, 1990). O terceiro, o **ácido indolebutírico (AIB)**, é uma descoberta mais recente; antigamente, acreditava-se que ele fosse apenas uma auxina sintética ativa, mas ocorre nas folhas do milho e em várias dicotiledôneas (Schneider et al., 1985; Epstein et al., 1989), portanto, provavelmente é disseminado no reino vegetal.

Pouco se sabe sobre as características de transporte do 4-cloroAIA, AFA ou AIB e sobre se na verdade eles funcionam como hormônios vegetais, embora isso pareça provável. Três compostos adicionais encontrados em muitas plantas possuem uma considerável atividade da auxina. Eles são prontamente oxidados em AIA *in vivo* e provavelmente são ativos apenas depois da conversão. Ainda não os consideramos auxinas, mas apenas precursores da auxina. Eles são o *indolacetaldeído*, o *indolacetonitrila* e o *indol-etanol* (Figura 17-4a). Todos possuem estrutura semelhante à do AIA, mas não possuem o grupamento carboxila.

Certos compostos sintetizados apenas pelos químicos também causam muitas respostas fisiológicas comuns ao AIA e são considerados auxinas. Entre eles, os ácidos α-*naftaleno acético* (*ANA*), *2,4-diclorofenoxiacético* (*2,4-D*) e *2-metil-4-clorofenoxiacético* (*AMCP*) (Figura 17-4b) são os mais conhecidos. Uma vez que não são sintetizados pelos vegetais, não são hormônios. Na verdade, são classificados como **reguladores do crescimento vegetal**, e muitos outros tipos de compostos também se encaixam nesta categoria. O termo auxina se tornou muito mais abrangente desde a descoberta do AIA por Went porque muitos compostos são estruturalmente semelhantes ao AIA e causam respostas parecidas. Todavia, sem definir precisamente uma auxina, enfatizamos que cada um dos compostos conhecidos e semelhantes à auxina é similar ao AIA porque possui um grupamento carboxila ligado a outro grupamento que contém carbono (normalmente o —CH_2—), que, por sua vez, é ligado a um anel aromático.

Síntese e degradação do AIA

O AIA é quimicamente semelhante ao aminoácido triptofano (embora seja 1.000 vezes mais diluído) e, provavelmente, é sintetizado a partir dele. São conhecidos dois

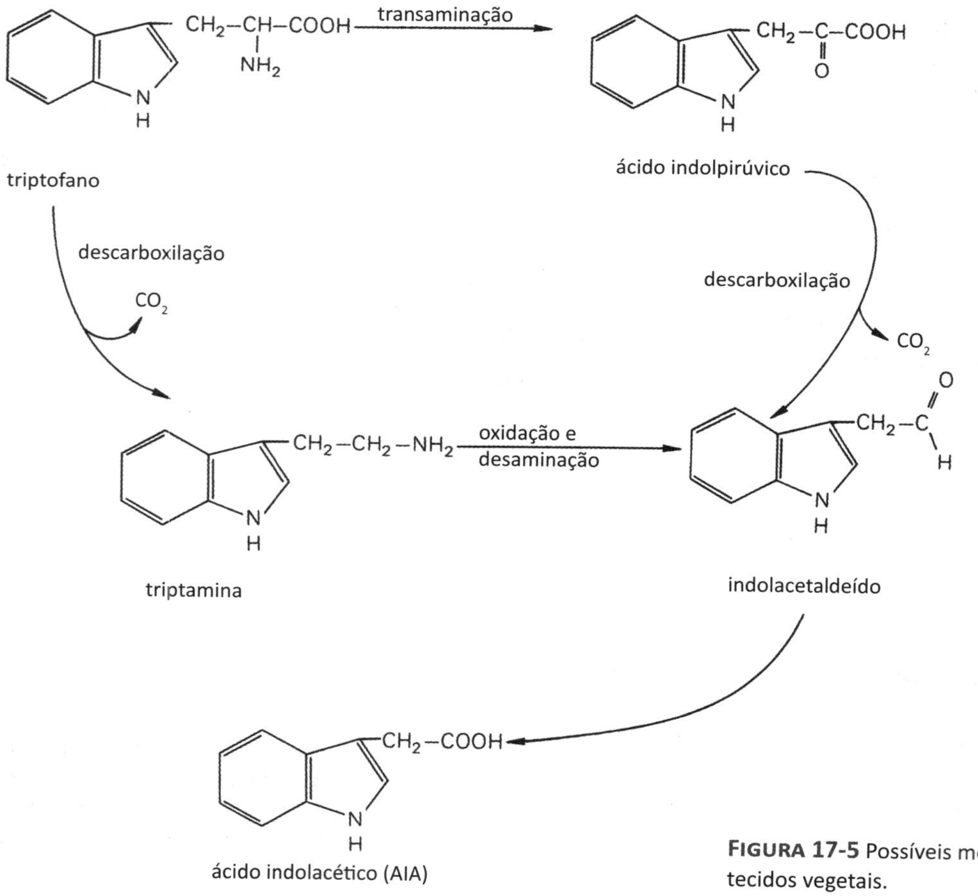

FIGURA 17-5 Possíveis mecanismos de formação do AIA nos tecidos vegetais.

mecanismos de síntese (Figura 17-5), ambos envolvendo a remoção do grupamento aminoácido e do grupamento carboxila terminal do lado da cadeia de triptofano (Sembdner et al., 1980; Cohen e Bialek, 1984; Reinecke e Bandurski, 1987). O caminho preferido pela maioria das espécies envolve a doação do grupamento amino para o ácido α-ceto por uma reação de transaminação para formar o ácido indolpirúvico e, depois, a descarboxilação do indolpiruvato para formar o indolacetaldeído. Por fim, o indolacetaldeído é oxidado em AIA. As enzimas necessárias para a conversão de triptofano em AIA são mais ativas nos tecidos jovens, como os meristemas do broto e as folhas e frutas em crescimento. Nesses tecidos, o teor de auxina também é mais alto, sugerindo que o AIA é sintetizado ali. Todavia, dois relatórios recentes indicam que o AIA não é derivado da forma L do triptofano, mas sim da forma D, que não é considerada natural (McQueen-Mason e Hamilton, 1989; Tsurusaki et al., 1990). Essa possibilidade claramente precisa de uma investigação detalhada para determinar sua importância e como ela ocorre.

Parece lógico que os vegetais devem ter mecanismos para controlar as quantidades de hormônios tão potentes quanto o AIA. A taxa de síntese é um mecanismo, e a desativação temporária pela formação de **conjugados da auxina** é outro. Nos conjugados, também chamados de **auxinas ligadas**, o grupamento carboxila do AIA (mais estudado entre as auxinas) é combinado de maneira covalente com outras moléculas para formar derivados. Numerosos conjugados de AIA são conhecidos, incluindo o peptídeo *ácido aspártico indolacetil* e os ésteres *AIA-inositol* e *AIA-glicose* (Cohen e Bandurski, 1982; Bandurski, 1984; Caruso, 1987). Em geral, as plantas podem liberar o AIA desses conjugados pelas enzimas hidrolase, indicando que os conjugados são formas de armazenamento do AIA. Na muda de grãos de cereais, esses conjugados são formas importantes pelas quais o AIA pode ser transportado, principalmente do endosperma da semente, passando pelo xilema, na direção das pontas dos coleóptilos e folhas jovens. Parece ser esta a maneira pela qual as pontas dos coleóptilos de gramínea obtêm a auxina que foi descoberta por Went.

Os outros processos de remoção do AIA são degradantes e existem de duas formas. A primeira envolve a oxidação pelo O_2 e a perda do grupamento carboxila como CO_2. Os produtos são variáveis, mas o *3-metilenoxindol* é normalmente um dos principais. A enzima que catalisa esta reação é a *AIA oxidase*. Existem várias isoenzimas da AIA oxidase, e todas ou quase todas são idênticas às *peroxidases* envolvidas nas primeiras etapas de formação da lignina (Seção 15.6). Em um estudo com a faia e o rábano silvestre, por exemplo, foram encontradas 20 isoenzimas de peroxidase e todas apresentavam atividade da AIA-oxidase (Gove e Hoyle, 1975). As auxinas sintéticas não são destruídas por essas oxidases, portanto, persistem nos vegetais por muito mais tempo que o AIA. As auxinas conjugadas também são resistentes às AIA oxidases.

Mais recentemente, foi observado que um segundo caminho da degradação do AIA ocorre nas dicotiledôneas e monocotiledôneas (Reinecke e Bandurski, 1987). Nesse caminho, o grupamento carboxila do AIA não é removido, mas o carbono 2 do anel heterocíclico é oxidado para formar o *ácido oxindole-3-acético*. Além disso, o *ácido dioxindole-3-acético* existe em várias espécies e foi oxidado nos carbonos 2 e 3 do anel heterocíclico. Os detalhes desse caminho degradante ainda são desconhecidos, mas pode ser comprovado que eles são muito mais importantes que aqueles que envolvem a AIA oxidase.

Transporte da auxina

Um fato surpreendente sobre a capacidade do AIA de agir com um hormônio é a maneira como é transportado de um órgão ou tecido para outro. Diferentemente do movimento de açúcares, íons e outros solutos, o AIA não é normalmente translocado pelos tubos crivados do floema ou ao longo do xilema, mas principalmente através das células do parênquima em contato com os feixes vasculares (Jacobs, 1979; Aloni, 1987a, 1987b). O AIA se move pelos tubos crivados se for aplicado à superfície de uma folha madura o suficiente para exportar açúcares, mas o transporte normal nos caules e pecíolos ocorre a partir das folhas jovens e depois desce pelos feixes vasculares. Até mesmo as auxinas sintéticas aplicadas às plantas se movem da mesma maneira que o AIA.

Esse transporte tem características diferentes do transporte do floema. Primeiro, o *movimento da auxina é lento*, cerca de 1 cm h^{-1} nos caules e raízes, mas isso ainda é 10 vezes mais rápido do que a difusão poderia prever. Em segundo lugar, o *transporte da auxina é polar*, ocorrendo sempre nos caules, preferencialmente de uma direção basípeta (procurando a base), independentemente de a base estar normalmente mais baixa ou de a planta estar virada de ponta-cabeça. O transporte na raiz também é polar, mas preferencialmente em uma direção acrópeta (procurando o ápice). Em terceiro lugar, o *movimento da auxina requer energia metabólica*, conforme evidenciado pela capacidade dos inibidores da síntese de ATP ou da falta de oxigênio para efetuar o bloqueio. Outros fortes inibidores do transporte polar da auxina são os *ácidos 2,3,5,-triiodobenzoico (TIBA)* e *α-naftiltalâmico (NPA)*, embora interfiram especificamente no transporte da auxina e não no metabolismo da energia. Com frequência, esses dois compostos são chamados de **antiauxinas**.

Como o transporte polar das auxinas pode ocorrer? A hipótese mais popular indica que, em primeiro lugar, as células usam as ATPases da membrana plasmática para bombear o H^+ do citosol para as paredes celulares (consulte a Seção 7.8). O pH inferior das paredes celulares (aproximadamente 5) mantém o grupamento carboxila de uma auxina menos dissociado do que no citosol, no qual o pH é mais alto (7 a 7,5). Então, as auxinas não carregadas se movem da parede para o citosol pelo cotransporte com o H^+. (O cotransporte ou simporte é explicado na Seção 7.10.) Na verdade, os estudos com vesículas isoladas da membrana plasmática indicam que esse cotransporte envolve a absorção de um H^+ por moléculas de AIA (Sabater e Rubery, 1987; Rubery, 1987; Heyn et al., 1987). Dentro do citosol, o pH mais alto faz o grupamento carboxila da auxina se dissociar e obter uma carga negativa. À medida que a concentração da auxina carregada (por exemplo, AIA^-) se acumula no citosol, seu movimento para fora é mais favorecido termodinamicamente. No entanto, o transporte polar ao longo de um órgão requer que a auxina se movimente apenas desde a ponta basal da célula oposta àquela na qual entrou. Essa saída preferencial na extremidade basal presume que algum transportador nessa região da membrana transporte as auxinas carregadas para fora na direção da parede celular, na qual o pH baixo faz novamente com que a maioria delas se torne descarregada. Essa hipótese quimiosmótica do transporte do AIA é resumida na Figura 17-6.

O problema crucial dessa hipótese de transporte foi aprender como as auxinas carregadas são transportadas para fora nas extremidades basais das células, pois esse transporte requer que as células sejam polarizadas para que absorvam em uma extremidade e eliminem na outra. (Encontramos um problema semelhante no transporte do íon para as células do xilema morto das raízes na Seção 7.3; mencionamos que o periciclo vivo das células do parênquima do xilema nas raízes parece eliminar para as células do xilema morto apenas os íons que são absorvidos das células mais próximas da superfície radicular.) A evidência direta da localização polarizada do transportador da auxina na extremidade basal das células do caule de ervilha foi obtida por Jacobs e Gilbert (1983). Esse transportador é bloqueado pelo NPA, o que provavelmente explica como essa antiauxina impede o transporte basípeto da auxina. Aparentemente, o TIBA bloqueia no mesmo local (Goldsmith, 1982).

O mecanismo do transporte polar das auxinas ainda requer mais estudo, porém o transporte descendente pelo caule a partir das folhas jovens ou células meristemáticas da ponta do broto certamente ocorre. O problema interessante de como ele pode ser controlado foi estudado por Jacobs e Rubery (1988). Eles observaram que certos flavonoides abundantes nas células vegetais (consulte a Seção 15.7),

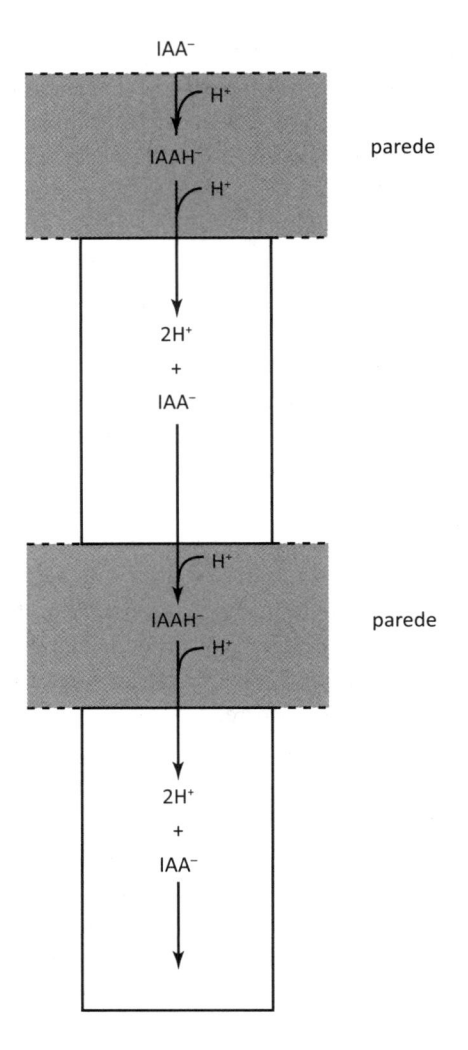

FIGURA 17-6 Modelo quimiosmótico para explicar o transporte do AIA nas células vivas. As bombas de prótons orientadas pelo ATP na membrana plasmática (não mostradas) mantêm o pH da parede mais baixo que o do citosol. Acredita-se que existam duas proteínas receptoras do AIA (nenhuma delas é mostrada). Um receptor transporta o AIAH (AIA não dissociado) para o topo da célula pelo cotransporte, com os prótons descendo pelo gradiente de energia livre; outro receptor na base das células transporta o AIA^- para fora da célula.

principalmente *quercetina*, *apigenina* e *quenferol*, são inibidores potentes do transportador basal que causa o efluxo de auxina a partir das células. Esses compostos podem agir como parte do sistema de controle do transporte da auxina. Provavelmente, esse transporte é importante para a regulação de processos como a atividade renovada do câmbio vascular nas plantas lenhosas durante a primavera, a diferenciação normal do xilema e floema nas bases das folhas, o crescimento das células do caule e talvez a inibição do desenvolvimento do botão lateral. Esse transporte para as células do coleóptilo diretamente abaixo do bloco de ágar na Figura 17-3 é o que causa o alongamento que resulta na curvatura.

Extração e medição das auxinas e outros hormônios

Uma questão importante que nos confronta repetidamente é se um determinado hormônio ajuda ou não a controlar algum processo fisiológico específico *in vivo*. Na maioria dos casos, existe uma suspeita de controle porque o suprimento exógeno de concentrações baixas do hormônio (ou um analógico sintético) promove o processo. Uma exigência mínima para determinar o envolvimento *in vivo* é extrair o hormônio e relacionar sua concentração no tecido com a magnitude da resposta. Observe, no entanto, que a suposição nesses estudos é de que a resposta é, na verdade, limitada pelo nível de hormônio endógeno. Porém, e se os receptores do hormônio ou a capacidade das células para amplificar o sinal do hormônio são, em vez disso, limitadores? Nesse caso, pode existir pouca relação entre a resposta e a concentração do hormônio, mas quase nenhum estudo foi feito para medir as concentrações dos hormônios e dos receptores.

É difícil medir os níveis de hormônios, e os ensaios de receptores conhecidos ainda estão em seus primórdios. Para esta análise, devemos ter um método que seja não apenas muito sensível, mas também altamente específico, para que os outros componentes celulares não interfiram. Esse problema geral representa um dos muitos em que os fisiologistas, com questões importantes dos campos da agricultura, horticultura e silvicultura, tiveram de colaborar com químicos e bioquímicos.

A primeira etapa é extrair o hormônio com um solvente orgânico que não extraia numerosos compostos contaminantes nem destrua o hormônio que procuramos. Em segundo lugar, com a divisão do hormônio em outros solventes imiscíveis ou usando-se vários procedimentos de cromatografia, o hormônio pode ser muito mais purificado (revisado por Yokota et al, 1980; Brenner, 1981; Morgan e Durham, 1983; Horgan, 1987). Nessa fase, a técnica usada com mais frequência historicamente foi medir a quantidade do hormônio parcialmente purificado por um ensaio biológico, ou **bioensaio**. O bioensaio tem como vantagens a grande sensibilidade e a especificidade para algumas partes da planta ou mutantes genéticos que sejam deficientes em determinados hormônios (por exemplo, milho ou arroz anão deficiente em giberelina). As revisões da teoria e as descrições dos métodos usados em vários bioensaios são fornecidos no livro de Yopp et al., 1986.

Em um exemplo do uso de um bioensaio, durante anos os fisiologistas analisaram as auxinas tediosamente, mas

FIGURA 17-7 (a) Muda de ervilha com uma semana de idade, cultivada na escuridão. O terceiro internódio (superior) é usado nos bioensaios da auxina, como mostrado em **b** (Foto de C. W. Ross e Nicholas Carpita.) **(b)** Acima, técnica de bioensaio da auxina usando-se cortes apicais de caules de ervilha etiolados (epicótilos). Os cortes são colocados em placas de Petri contendo sacarose e certos sais minerais. O crescimento é medido 12 a 24 horas mais tarde. Abaixo, influência da concentração do AIA na taxa de crescimento dos cortes do caule de ervilha. Observe que as concentrações de auxinas são plotadas logaritmamente e que uma concentração ideal é atingida – que, quando excedida, resulta em menos crescimento. (Segundo Galston, 1964.)

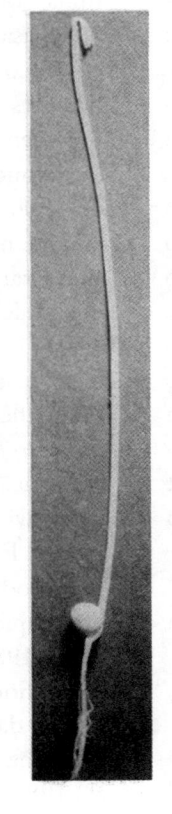

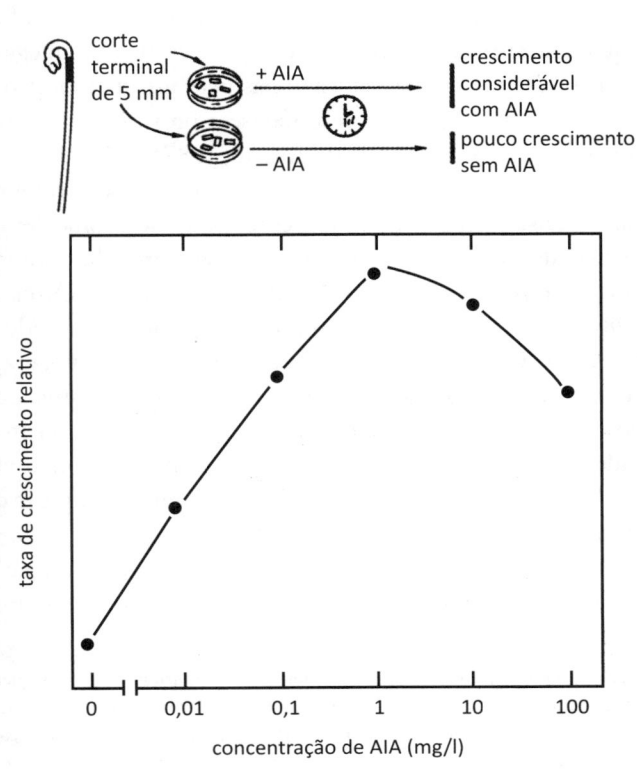

com muita habilidade, usando o teste da curvatura do coleóptilo de Went (Figura 17-3) e medindo a extensão da curvatura causada pela auxina que se difundia a partir do bloco de ágar. Outro bioensaio mais fácil, porém menos sensível e específico para as auxinas, foi então desenvolvido. Ele envolve a retirada de cortes do alongamento dos coleóptilos ou dos caules de dicotiledôneas e, depois, o cultivo dos cortes em uma placa de petri ou outro recipiente com quantidades variadas de uma amostra de auxina parcialmente purificada e outros solutos, se necessário. Em uma certa faixa de concentração da auxina (com três ordens de magnitude), o alongamento dos cortes aumenta conforme a quantidade de auxina adicionada (Figura 17-7). Esse *teste do crescimento reto* é sujeito a interferências de compostos inibidores, como o ácido abscísico e muitos fenóis extraídos junto com a auxina. As citocninas também inibem o alongamento de cortes do caule, embora raramente isso seja um problema no bioensaio, porque elas são quimicamente diferentes das auxinas e não contaminam razoavelmente os extratos bem purificados de auxinas. Sob determinadas condições, as giberelinas têm pouca influência no alongamento dos cortes de coleóptilos e isso torna o ensaio relativamente específico. Todavia, a maioria dos testes do crescimento reto é muito menos específica e sensível que os métodos físico-químicos modernos.

Atualmente, os bioensaios das auxinas foram substituídos sempre que possível pelo uso de instrumentos modernos de separação e quantificação, incluindo a cromatografia líquida de alto desempenho (HPLC) e a cromatografia gasosa (GC), que depois são seguidas pelo uso da espectrometria de massa (MS) para obter-se a prova da estrutura (revisado por Brenner, 1981; Horgan, 1987).[1]

Outro método de detecção extremamente sensível é o **imunoensaio**, em que um anticorpo anti-hormônio feito por células animais é usado para reagir com o hormônio em um ensaio de cuveta (Weiler, 1984; Pence e Caruso, 1987; Yopp et al., 1986). Os imunoensaios são mais rápidos e 10.000 vezes mais sensíveis que qualquer bioensaio, mas comumente estão sujeitos a uma interferência negativa ou positiva a menos que o hormônio tenha sido bem purificado com antecedência (por exemplo, consulte Cohen et al., 1987). Além disso, é necessário preparar ou adquirir o anticorpo, o que não é sempre fácil.

Por que não podemos apenas tratar um caule ou coleóptilo intacto e medir sua resposta ao crescimento com um bioensaio? Essa é uma questão importante, que envolve o fato de o alongamento dos cortes de coleóptilos (classicamente estudados até agora) e dos caules de dicotiledôneas e coníferas ser ou não normalmente limitado por um suprimento acima de uma das quatro auxinas conhecidas. Por muitos anos, a hipótese tem sido a de que uma quantidade de auxina endógena o suficiente é normalmente fornecida para os caules e plantas intactos pelo transporte basípeto das pontas de coleóptilos das gramíneas ou das folhas jovens que ficam acima, de forma que a auxina exógena não promove o crescimento. Todavia, os caules das plantas intactas de algumas espécies alongam-se mais rápido quando as auxinas são adicionadas, pelo menos por várias horas (Hall et al., 1985; Tamini e Firn, 1985; Carrington e Esnard, 1988). Esses experimentos mostram que as partes alongadas dos caules de algumas espécies são realmente deficientes em auxinas, mas não seriamente deficientes em seus receptores ou outros fatores. Os bioensaios da auxina, como o teste da curvatura do coleóptilo e o teste do crescimento reto, provavelmente dependem da remoção da parte respondente do suprimento de auxina normal: principalmente, as folhas jovens. Como observamos no Capítulo 19, girar os cortes de coleóptilos na posição horizontal os graviestimula e, portanto, muda sua sensibilidade à auxina.

Em geral, a deficiência de um hormônio deve ser criada experimentalmente (por exemplo, por meio da remoção de folhas jovens) para se mostrar que a adição de um hormônio causa um efeito. No entanto, para as giberelinas, o ácido abscísico e talvez as citocninas, os mutantes genéticos deficientes nesses hormônios existem. Esses mutantes estão fornecendo muitas informações sobre a importância dos hormônios para o crescimento e desenvolvimento, principalmente para as giberelinas, como será explicado mais adiante neste capítulo. Nenhum mutante útil que deixe de sintetizar as auxinas e também exiba o alongamento lento dos caules foi descoberto até o momento (Reid, 1990). No entanto, existem certos mutantes que possuem níveis normais de auxina, mas se comportam de maneiras que sugerem deficiência de auxina. Um deles é o mutante recessivo *diageotrópica* (*dgt*) do tomate. As plantas homozigotas para a mutação possuem um sistema de broto diageotrópico (diagravitrópico) que cresce mais ou menos horizontalmente. Elas deixam de responder às auxinas adicionadas pela produção mais rápida de etileno ou pelo alongamento mais rápido de cortes excisados do hipocótilo (Kelly e Bradford, 1986). Além disso, possuem tecido vascular anormal, caules finos, morfologia alterada da folha e nenhuma ramificação das raízes laterais, mas aparentemente transportam as auxinas de maneira polar, descendo pelo caule (Daniel et al., 1989). Os caules, mas não as raízes dessas plantas, não têm o que parece ser um receptor importante da auxina

---

[1] O uso do GC-MS para identificar os hormônios vegetais inequivocamente requer um espectro de massa de varredura total, junto com um tempo de retenção cuidadosamente determinado, ambos sendo comparados com o hormônio autêntico. Para identificar e quantificar pequenas quantidades de hormônio, a monitoração do íon selecionado (SIM) depois do GC produz uma sensibilidade de instrumento vastamente elevada, que está na faixa do pico-grama.

(provavelmente uma proteína) no retículo endoplasmático (Hicks et al., 1989). Talvez essa falta impeça que o sistema do broto responda às auxinas. Se fosse o caso, poderíamos aprender a estrutura da proteína receptora, como ela funciona, o gene que a codifica e, depois, o que controla a atividade desse gene. Além disso, poderíamos aprender muito mais sobre as funções verdadeiramente controladas pelas auxinas nas plantas. Adiante, falaremos mais sobre essa provável proteína receptora.

Também se presume que o AIA contribui com o crescimento de folhas, flores, frutos e caules das gramíneas e coníferas, mas, também nesses casos, a única evidência normalmente se origina dos experimentos sobre os efeitos de auxinas exógenas em órgãos ou partes de órgãos destacados. As raízes foram estudadas mais intensamente e requerem uma atenção especial.

Efeitos das auxinas nas raízes e na formação da raiz

O AIA existe nas raízes em concentrações semelhantes às de muitas outras partes da planta. Como mostrado pela primeira vez na década de 1930, as auxinas aplicadas promovem o alongamento de cortes excisados das raízes ou até mesmo de raízes intactas de muitas espécies, mas apenas em concentrações extremamente baixas (10^{-7} a 10^{-13} M, dependendo da espécie e da idade das raízes). Em concentrações mais altas (mas ainda tão baixas quanto 1 a 10 μM), o alongamento é quase sempre inibido. A suposição é que as células radiculares normalmente contêm auxinas suficientes ou quase suficientes para o alongamento normal. Na verdade, muitas raízes excisadas crescem por dias ou semanas *in vitro* sem a auxina adicionada, indicando que qualquer exigência que elas tenham desse hormônio é satisfeita por sua capacidade de sintetizá-lo. Os melhores experimentos até agora sobre os níveis de auxina nas raízes investigaram apenas se elas possuem ou não o AIA e se o nível de AIA normalmente promove o crescimento radicular. Com base no que sabemos sobre a presença das quatro auxinas no reino vegetal, cada uma das auxinas radiculares deve ser investigada com métodos e análises modernos.

Uma das muitas perguntas sobre como as auxinas agem refere-se a como podem inibir o crescimento radicular em concentrações micromolares. Há muito tempo presumiu-se que parte dessa inibição é causada pelo etileno, porque *auxinas de todos os tipos estimulam muitos tipos de células vegetais a produzirem o etileno*, principalmente quando quantidades relativamente grandes de auxinas são adicionadas. Na maioria das espécies, o etileno retarda o alongamento das raízes e caules (consulte a Seção 18.2). Todavia, os resultados relatados por Eliasson et al. (1989) indicam

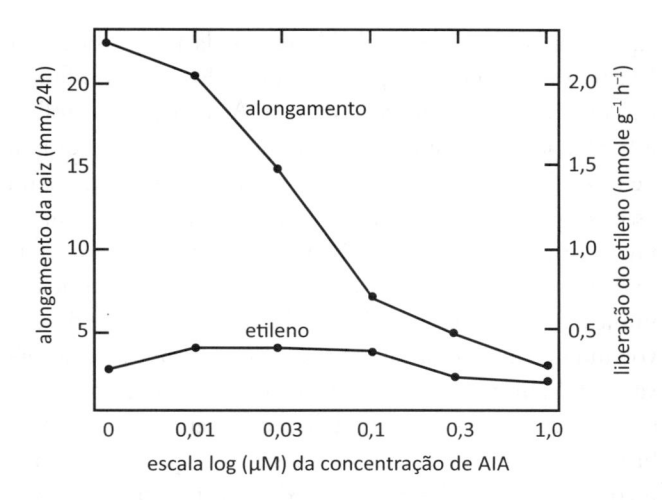

FIGURA 17-8 Inibição do alongamento da raiz da ervilha pelo AIA, sem a intensificação da produção de etileno. As mudas com raízes de 3 cm de comprimento foram cultivadas por 24 horas com as raízes imersas em concentrações de auxina de apenas 0,01 μM. Então, cortes de 1 cm de raízes foram removidos e colocados em tubos vedados em contato com o papel umedecido com AIA e, depois, o etileno foi coletado por 2 horas. (De Eliasson et al., 1989.)

fortemente que o AIA pode inibir o alongamento das raízes ligadas de mudas de ervilha, mas não afeta a produção de etileno pelas mesmas raízes logo depois que são excisadas (Figura 17-8). Esse e outros resultados indicam pelo menos que as auxinas inibem o crescimento das raízes da ervilha por um mecanismo desconhecido independente do etileno. Precisamos esperar muitas outras respostas sobre como as auxinas podem inibir ou, em concentrações muito mais baixas, até mesmo promover o alongamento radicular. Todavia, a capacidade das raízes excisadas de crescerem na cultura de tecido por semanas ou meses significa que elas não precisam depender de qualquer auxina produzida pelos brotos para o crescimento. Isso pode significar que, quando excisadas, as raízes logo se adaptam para formar apenas as auxinas de que precisam. Também poderia significar que as raízes sempre possuem a capacidade de sintetizar auxinas suficientes para o seu crescimento.[2]

Os fisiologistas também investigaram se as auxinas afetam o processo usual de formação radicular, que ajuda a

---

[2] Incidentalmente, essas culturas do tecido radicular exigem a adição de uma ou mais das vitaminas B (principalmente a tiamina, vitamina B_1) para o sucesso do crescimento. Isso significa que essas vitaminas, que sabemos agirem como coenzimas em muitas reações metabólicas, também são hormônios do crescimento da raiz? Ou se trata apenas de as raízes excisadas perderem sua capacidade (normal em outras situações) de sintetizá-las? Não sabemos ainda, mas várias empresas vendem as vitaminas B como parte de pós ou soluções que alegam promover o crescimento ou a formação de raízes em cortes de caules. Existe pouca ou nenhuma evidência para sustentar essas alegações.

equilibrar o crescimento dos sistemas da raiz e do broto. Existem evidências de que as auxinas dos caules influenciam fortemente a iniciação da raiz. A remoção das folhas e botões jovens, ambos ricos em auxinas, inibe o número de raízes laterais formadas. A substituição das auxinas para esses órgãos restaura a capacidade da planta de formar a raiz. Portanto, existe uma diferença importante nos efeitos da auxina exógena no alongamento da raiz, no qual a inibição é normalmente observada, e na iniciação e desenvolvimento inicial da raiz, nos quais a promoção é observada (Wightman et al., 1980). Todavia, as raízes de várias espécies cultivadas na cultura do tecido sem um sistema de brotos formam raízes laterais, mostrando que, nessas condições, elas não exigem uma auxina ou produzem auxina suficiente sozinhas.

As auxinas também promovem o desenvolvimento da raiz adventícia nos caules. Muitas espécies lenhosas (por exemplo, macieiras, a maioria dos salgueiros e o álamo de Lombardi) formam primórdios da raiz adventícia em seus caules, que permanecem detidos por algum tempo a menos que sejam estimulados por uma auxina (Haissig, 1974). Esses primórdios são encontrados nos nodos ou em partes inferiores dos ramos entre os nodos. Os nodos de broca da macieira possuem até 100 primórdios de raiz cada. Até mesmo os caules sem primórdios radiculares pré-formados formam raízes adventícias, resultantes da divisão de uma camada externa do floema.

A formação da raiz adventícia nos cortes do caule é a base da prática comum de reprodução assexuada de muitas espécies, principalmente as ornamentais, nas quais é essencial manter a pureza genética. Julius von Sachs, em 1880, obteve evidências de que as folhas jovens e botões ativos promovem o início da raiz e sugeriu que uma substância transmissível (um hormônio) estava envolvida. Em 1935, Went e Kenneth V. Thimann mostraram que o AIA estimula o início da raiz a partir de cortes do caule, e o primeiro uso prático das auxinas se desenvolveu dessa demonstração. A auxina sintética ANA (Figura 17-4) normalmente é mais eficiente que o AIA, aparentemente porque não é destruída pela AIA oxidase ou outras enzimas e, portanto, persiste por mais tempo. O ácido indolbutírico (AIB) é usado para causar a produção de raiz mais comumente que o ANA ou qualquer outra auxina. O AIB é ativo, embora seja rapidamente metabolizado em AIB-aspartato e em um outro conjugado com um peptídeo (Wiesman et al., 1989). Foi sugerido que a formação do conjugado armazena o AIB e que a liberação gradual mantém a concentração de AIB em um nível adequado, principalmente durante as fases finais da formação da raiz.

Os pós comerciais em que as extremidades cortadas dos caules são mergulhadas para facilitar a produção da raiz

FIGURA 17-9 Promovendo o crescimento radicular a partir dos cortes pelo tratamento com uma auxina. (De Kormondy et al., 1977.)

normalmente contêm AIB ou ANA misturados com pó de talco inerte e uma ou mais vitaminas B inúteis (Figura 17-9). A propagação a partir das folhas cortadas também pode ser promovida pelas auxinas. Em algumas espécies (maçã, pera e a maioria das gimnospermas), a produção de raiz a partir dos caules é mínima, com ou sem auxina. No entanto, sabemos agora que muitos dos insucessos com as auxinas são associados ao uso dos cortes de plantas maduras. Quando as árvores e arbustos ainda estão na fase juvenil (normalmente pré-florescimento; consulte a Seção 16.5), produzem raízes mais facilmente com as auxinas, principalmente o AIB.

O local de formação da raiz adventícia nos caules da maioria das espécies é a posição basal fisiológica distante (distal) ao ápice do caule. Mesmo que os brotos cortados forem invertidos em uma atmosfera úmida, as raízes normalmente se formam perto do topo, longe das pontas do caule original e onde a auxina supostamente está acumulada pelo movimento polar. Em muitas espécies, as raízes adventícias se formam perto da base dos caules de plantas intactas, às vezes apenas como primórdios, mas outras vezes emergem como raízes súbitas dos nodos ou talos de milho.

Com frequência, a auxina adicionada causa o surgimento de muitas raízes adventícias na região do caule inferior internodal, como nos pés de tomate. As raízes adventícias não são restritas à base dos caules, mas podem se formar na superfície inferior de caules colocados na posição horizontal e mantidos úmidos. Os níveis mais altos de auxinas se desenvolvem na zona de surgimento da raiz, antes que o desenvolvimento radicular ocorra. Na natureza, isso permitiria que os caules fracos desenvolvessem raízes de apoio adicionais para suplementar o sistema radicular existente.

Efeitos da auxina no desenvolvimento do botão lateral

Nos caules da maioria das espécies, o botão apical exerce uma influência inibidora (**dominância apical**) sobre os botões laterais (axilares), impedindo ou retardando o seu desenvolvimento. Essa produção extra de botões subdesenvolvidos possui um valor de sobrevivência definido porque, se o botão apical for danificado ou removido por um animal pastando ou uma tempestade com vento, o lateral crescerá e se tornará o broto principal. A dominância apical é bem disseminada e foi revisada por Hillman (1984), Tamas (1987) e Martin (1987). Ela também ocorre em briófitas e pteridófitas e em algumas raízes. Outro efeito dominante do ápice do broto é causar ramificações na parte baixa para que cresçam de uma forma relativamente horizontal; esse crescimento horizontal impede o sombreamento dos ramos inferiores e aumenta a produtividade fotossintética da planta toda.

Há muito tempo os jardineiros removem botões apicais e folhas jovens para aumentar a formação de ramos. Essa técnica (chamada de **compressão**) também permite que os ramos cresçam mais verticalmente, principalmente o ramo mais alto. Em muitas espécies, a remoção continuada das folhas visíveis mais jovens é tão eficiente quanto a remoção de todo o ápice do broto, sugerindo que um fator de dominância, um inibidor, surge nessas folhas jovens. Se a auxina for adicionada ao coto do corte depois que o ápice do broto for descartado, o desenvolvimento do botão lateral e a orientação vertical dos ramos existentes são novamente retardados em muitas espécies. Essa substituição do botão ou das folhas jovens por uma auxina sugere que o composto inibidor que eles produzem é o AIA ou outra auxina. Embora a revisão de Tamas (1987) favoreça fortemente a hipótese de que uma auxina endógena é o inibidor que normalmente impede o crescimento do botão lateral, outros autores são céticos quanto a isso. A quantidade de AIA que deve ser adicionada ao coto do corte (do qual o ápice foi removido) para impedir o desenvolvimento dos botões laterais é 1000 vezes maior que o teor de AIA no próprio botão apical. Essas doses altas causam a divisão celular e o alongamento do coto do corte, o que o torna um escoadouro de nutrientes que pode desviá-los dos botões laterais e impedir seu crescimento indiretamente. Os estudos com o AIA marcado com ^{14}C mostram que esse hormônio se move descendo pelo caule desde a superfície do corte, mas não entra nos botões laterais em níveis detectados. Além disso, a aplicação direta do AIA nos botões laterais não inibe o seu crescimento, e às vezes até o promove.

Uma revisão de Hillman (1984) enfatizou a dificuldade de serem analisados os níveis de hormônios nos botões para se saber se são correlacionados ao grau de inibição do crescimento; o problema é que, tecnicamente, é muito difícil analisar muitos botões pequenos nos quais os hormônios são tão diluídos. Essa revisão também explicou que as medições dos níveis de hormônio em tecidos ou órgãos inteiros são pouco importantes sem o conhecimento dos níveis de hormônio dentro de células ou organelas celulares cruciais. Todavia, ele e seus colegas (Hillman et al., 1977) haviam analisado as concentrações de AIA em 1.500 a 5.000 botões laterais inteiros de pé de feijão *Phaseolus* em cada um dos dois tratamentos, envolvendo plantas decapitadas (com botões em crescimento) e não decapitadas (com botões sem crescimento). Eles observaram uma concentração mais alta de AIA nos botões em crescimento 24 horas depois da decapitação, o que sustenta a ideia de que o AIA não é o inibidor que impede o crescimento dos botões laterais para fora.

Recentemente, Gocal et al. (1990) também usaram as técnicas GC-MS para medir as concentrações de AIA nos botões laterais dos pés de feijão (como Hillman et al., 1977), mas com a monitoração do íon selecionado como indicador analítico. Esse método permitiu a quantificação do AIA em apenas 60 botões laterais. Os estudos do tempo (2 a 24 horas) mostraram que, depois da remoção do botão apical e do seu botão subtendido, a promoção do crescimento do botão lateral maior no eixo de uma das duas folhas primárias foi acompanhada por aumento na quantidade e concentração do AIA dentro do botão. Oito horas depois da decapitação, a concentração do AIA no botão era quase 10 vezes maior que no botão de crescimento comparável, porém lento, das plantas-controle. Esses resultados são coerentes com os de Hillman et al. (1977), obtidos em apenas um ponto do tempo (24 h) depois da decapitação A quantidade de AIA nos botões laterais aumenta depois da decapitação, ao contrário das previsões de que ela deveria diminuir quando o botão apical fosse removido. Os resultados de Gocal et al. (1990) também mostram a grande vantagem na sensibilidade fornecida para as técnicas de GC-MS pela monitoração do íon selecionado.

No Capítulo 18, fornecemos motivos que sugerem que os botões laterais reprimidos são deficientes em citocininas, mas até mesmo essa hipótese ainda não foi sustentada por análises cuidadosas dos níveis desses elementos. O ácido abscísico, o etileno e as giberelinas também foram investigados em relação à dominância apical, mas foram obtidas poucas evidências de que eles agem como inibidores ou promotores transmissíveis. Existem outros reguladores do crescimento nas plantas (consulte a Seção 18.6); algum deles pode ser importante, mas ainda existem poucas evidências de apoio. Outras hipóteses insatisfatórias para explicar a dominância apical foram revisadas por Phillips (1975), Rubenstein e Nagao (1976) e Hillman (1984).

Possíveis mecanismos de ação da auxina

Numerosos pesquisadores enfatizaram repetidamente que ainda não entendemos como qualquer hormônio vegetal age bioquimicamente. Embora essa declaração seja verdadeira, ela é relativa. Entendemos muitos processos bioquímicos e fisiológicos controlados pelos hormônios, embora os efeitos hormonais que os iniciam ainda não tenham sido esclarecidos. Um dos efeitos mais profundamente investigados da auxina é o alongamento intensificado dos cortes de coleóptilos de aveia e milho e dos caules de várias dicotiledôneas. Neste e em outros sistemas de teste, os pesquisadores estavam interessados na rapidez com que a auxina (ou outro hormônio, em outros sistemas) poderia causar alguma resposta detectável, porque *quanto mais precoce a resposta, mais provável que ela tenha algo a ver com o efeito primário do hormônio.*

Em uma revisão cuidadosa de como as auxinas funcionam, Cleland (1987a) enfatizou que a promoção do crescimento dos cortes de coleóptilos ou caules pelas auxinas é rápida e dramática. Ela pode começar dentro de 10 minutos e continuar por muitas horas; durante esse período, a taxa de crescimento pode aumentar de 5 a 10 vezes (Figura 17-10). Esse crescimento, com ou sem auxina, requer absorção de água – o que significa que as células devem manter um potencial hídrico (consulte Capítulo 3) mais negativo que o da solução que as cerca (como explicado na Seção 16.2). Para o crescimento induzido pela auxina, o potencial hídrico é mantido não apenas mais negativo que o da solução que as cerca, mas também mais negativo que o dos cortes de controle. Isso ocorre porque as paredes de células tratadas com auxina se deformam mais facilmente, portanto, o potencial de pressão exigido para forçar a expansão dessas células nunca precisa se tornar tão alto quanto nas células não tratadas. A conclusão de muitas pesquisas é que as auxinas causam a **soltura da parede**, um termo que descreve a natureza mais rapidamente extensível ou mais plástica das paredes tratadas com as auxinas.

Em uma revisão desse assunto, Ray (1987) descreveu três mecanismos considerados nos 30 últimos anos para explicar a soltura da parede (todos mais ou menos rejeitados). O último mecanismo, que é o mais popular, merece ser mencionado aqui, em parte porque muitas evidências o sustentam e também porque os resultados de apenas alguns experimentos (embora importantes) provavelmente causarão sua rejeição em geral. Esse mecanismo, que se tornou conhecido como a **hipótese do crescimento ácido**, afirma que as auxinas fazem com que as células receptivas nos cortes do coleóptilo ou do caule secretem H^+ nas paredes primárias que as cercam e que esses íons de H^+, em seguida, diminuem de tal forma o pH que a soltura da parede e o crescimento rápido ocorrem. Supostamente, o pH baixo age permitindo a função de certas enzimas degradantes da parede celular, que estão inativas em um pH mais alto. Supostamente, essas enzimas quebram as ligações nos polissacarídeos da parede, permitindo que a parede se estenda mais facilmente. As revisões que sustentam a hipótese do crescimento ácido são as de Rayle e Cleland (1979), Taiz (1984), Evans (1985) e Cleland (1987a, 1987b).

Essa hipótese foi seriamente questionada com respeito ao alongamento dos caules de dicotiledôneas, quando L. N. Vanderhoef e seus colegas (consulte a revisão de

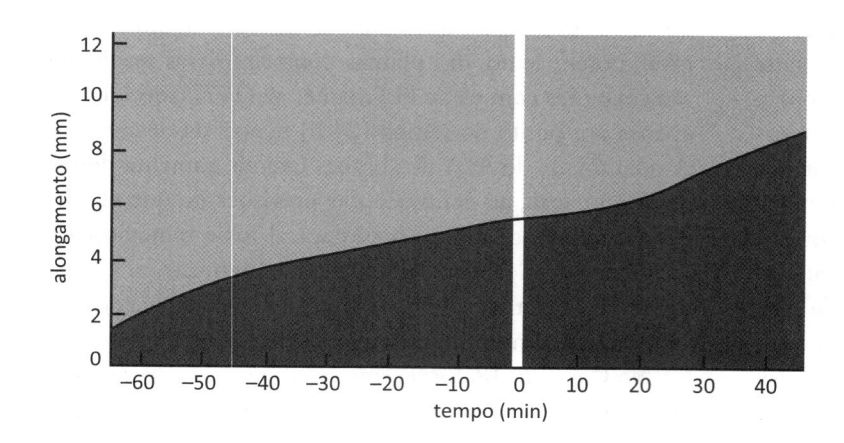

FIGURA 17-10 Representação da gravação do gráfico da sombra do crescimento na aveia em cortes de coleóptilos excisados (*Avena sativa* cv. Victory). O meio de incubação foi alterado da água para 3 mg/litro de AIA no momento correspondente à linha branca vertical. O alongamento rápido (inclinação mais íngreme) no início do registro é o resultado da estimulação tátil dos coleóptilos durante manipulações experimentais. (Reproduzido do *The Journal of General Physiology*, 53, p. 1-20, 1969, copyright de Rockefeller University Press, cortesia de M. L. Evans e P. M. Ray.)

Vanderhoef, 1980) observaram que o pH baixo das paredes celulares de cortes de hipocótilos da soja causam um alongamento mais rápido apenas por 1 ou 2 horas, enquanto os cortes crescem mais rápido na auxina por um dia ou dois. Além disso, os cortes do caule da ervilha se alongam mais rápido com uma auxina adicionada, independente de sais externos como o KCl serem fornecidos ou não, mas apenas quando esses sais estão presentes a auxina promove a acidificação das paredes celulares. Mais recentemente, Kutschera e Schopfer (1985) e Kutschera et al. (1987) concluíram que as auxinas não promovem o alongamento dos cortes do coleóptilo de milho por meio da acidificação da parede. Seus resultados mostraram que, embora as auxinas diminuam o pH da parede para aproximadamente 5, um pH ainda mais baixo (3,5 a 4) é necessário para aumentar substancialmente a soltura da parede na ausência da auxina. Essa é outra maneira de separar parcialmente os efeitos da auxina e do pH baixo da parede sobre o crescimento. Todavia, a capacidade das auxinas de diminuir o pH da parede pode contribuir com a promoção do crescimento por períodos curtos.

A separação da promoção do crescimento (acompanhada pela soltura da parede) e da acidificação da parede já foi mostrada para os efeitos da citocinina no crescimento dos cotilédones do pepino (Rayle et al., 1982; Ross e Rayle, 1982), indicando que as paredes podem ser soltas hormonalmente sem a acidificação. Além disso, a pesquisa com cotilédones do pepino e coleóptilos de milho verificou que um promotor potente do crescimento de fungos, a **fusicoccina**, pode acidificar as paredes celulares o suficiente para promover seu crescimento. A fusicoccina é um glicosídeo diterperno que foi identificado pelos fisiologistas das plantas, na década de 1960, como a principal toxina responsável por sintomas de doenças causadas pelo fungo *Fusicoccum amygdali* nos pés de pêssego, amêndoa e ameixa (revisado por Marre, 1979). Ela possui capacidades notáveis de ativar a ATPase da membrana plasmática que transporta o H^+ do citosol para a parede, a fim de diminuir o pH da parede, intensificar a soltura da parede e promover o crescimento celular. Embora a fusicoccina possa aumentar o crescimento de coleóptilos e cotilédones à medida que promove o efluxo do H^+, as auxinas não podem promovê-lo suficientemente para ajudar no crescimento do coleóptilo do milho nem as citocininas podem promovê-lo o suficiente para ajudar no crescimento dos cotilédones. Na verdade, o que esses resultados indicam é que as auxinas e outros hormônios podem causar a soltura da parede e a expansão celular em algumas espécies (talvez a maioria), por algum mecanismo desconhecido.

Como mencionado na primeira seção deste capítulo, nem todas as células respondem a qualquer hormônio específico. Portanto, devemos perguntar quais células respondem às auxinas. Nos cortes de caules e coleóptilos de dicotiledôneas, é principalmente a epiderme que se alonga em resposta às auxinas. Normalmente, as camadas subepidérmicas, como a hipoderme (se presente), o córtex e a medula, possuem células que estão sob pressão e prontas para se alongar. Seu alongamento é restrito porque elas são ligadas por meio de polissacarídeos contínuos da parede celular a células epidérmicas que não podem se estender tão rapidamente. O resultado geral é que as camadas subepidérmicas se alongam apenas o suficiente para manter as paredes das células epidérmicas, de crescimento mais lento, sob uma leve tensão. Aparentemente, embora as células epidérmicas tenham potenciais de pressão positivos (quando estão sob a pressão de turgor), suas paredes estão sendo estendidas. Parece que uma pressão interna e um estiramento ou tensão externa deveriam forçar essas células epidérmicas a crescerem de maneira anormalmente rápida, mas suas paredes simplesmente não se estendem rapidamente, a menos que mais auxina seja adicionada para torná-las mais soltas (revisado por Cosgrove, 1986, Kutschera, 1987, 1989; consulte também Cosgrove e Knievel, 1987). Os cortes de caules ou coleóptilos colocados em uma solução de auxina respondem com o desenvolvimento de paredes epidérmicas mais soltas. Então, essas células epidérmicas se alongam mais rápido e seu alongamento também permite o estiramento das células subepidérmicas conectadas, de forma que todo o coleóptilo ou caule se alonga mais rápido.

Agora que sabemos que a epiderme responde primeiro às auxinas, os experimentos com esta parte das plantas parecem particularmente importantes em termos do que as auxinas fazem e com que velocidade. Esse trabalho começou com as tentativas de saber se as auxinas ativam os genes na epiderme (Dietz et al., 1990). Porém, antes que os fisiologistas tenham se concentrado nas camadas de células especiais dos caules, muitas pesquisas pioneiras de Joe L. Key e Thomas J. Guilfoyle, da University of Georgia, mostraram que as auxinas causaram mudanças rápidas na atividade dos genes nos cortes do hipocótilo de soja (Figura 17-11). O seu trabalho logo foi seguido por resultados comparáveis com cortes do caule de ervilha, conferindo mais generalidade ao princípio de que as auxinas podem alterar alguns produtos do gene (proteínas) tão rápido quanto promovem o alongamento. Essa pesquisa foi importante porque mostrou que as auxinas não apenas afetam os tipos de proteínas formadas, mas também o fazem rapidamente (isto é, antes ou assim que a promoção do crescimento começa). (Consulte as revisões de Key, 1987; Guilfoyle, 1986; Theologis, 1986; Guilfoyle e Hagen, 1987; Hagen, 1987; e Key, 1989.) Esse efeito bem documentado das auxinas na promoção do crescimento e na atividade do gene precisa ser relacionado ao modelo retratado na Figura 17-1. Onde está o controle? Muitas evidências indicam que o principal controle é a transcrição, mas o controle da estabilidade do mRNA ainda não foi avaliado (Key, 1989). Além disso, ainda não foi provado que as proteínas induzidas pelas auxinas estão diretamente envolvidas no crescimento. Todavia, as pesquisas recentes se concentram em todos os efeitos precoces detectáveis de qualquer auxina, seja de ocorrência natural ou sintética, principalmente em relação à Figura 17-2, que enfatiza os receptores do hormônio e suas ações.

Uma questão importante é se os receptores do hormônio podem ou não ser realmente encontrados nas plantas. O termo receptor implica que a ação bioquímica deve seguir a ligação do hormônio *in vivo*; do contrário, esta ligação pode ter pouca importância fisiológica. Muitas proteínas se ligam de maneira inespecífica, seja ionicamente ou pelas forças de van der Waals, a pequenas moléculas; portanto, é essencial mostrar que, para um verdadeiro receptor da auxina, a ligação ocorre em concentrações baixas e fisiologicamente razoáveis de uma auxina, e que a proteína não se ligará às moléculas com estruturas semelhantes que não possuem a atividade de auxina. Algumas proteínas de ligação para as auxinas foram purificadas e anticorpos contra elas foram produzidos. Em alguns casos, a adição do anticorpo em concentrações baixas a uma parte da planta isolada impede a ação fisiológica de uma auxina, indicando fortemente que a proteína de ligação que causou a formação do anticorpo específico é, na verdade, um receptor do hormônio.

Até o momento, a principal suposta proteína receptora da auxina foi sequenciada (indiretamente, pelo sequenciamento do DNA que a codifica) e, aparentemente, é um dímero feito de dois polipeptídeos com aproximadamente 20 kDa cada um. Esse suposto receptor existe principalmente no retículo endoplasmático (provavelmente, o mesmo receptor *diageotrópico* descrito anteriormente para um mutante do tomate), mas também existe perto da superfície externa da membrana plasmática (revisado por Napier e Venis, 1990). Agora, em termos do modelo retratado na Figura 17-2, precisamos saber o que acontece a seguir, isto é, como a amplificação ocorre. As evidências acumuladas sugerem que as auxinas agem na membrana plasmática para causar mudanças no metabolismo dos fosfolipídios e fosfatos do inositol, um achado altamente coerente com esse modelo.

Auxinas como herbicidas

Trabalhos no Boyce Thompson Institute em Nova York, na década de 1940, estabeleceram que o 2,4-D possui atividade de auxina. Trabalhos subsequentes realizados lá e na Inglaterra mostraram que o 2,4-D, o ANA e outros compostos relacionados são eficientes **herbicidas** (matam as plantas). Quatro dos herbicidas de auxina mais usados foram o 2,4-D, o 2,4,5-T, o AMCP (Figura 17-4) e derivados do ácido picolínico, como o *picloram* (vendido com nome de

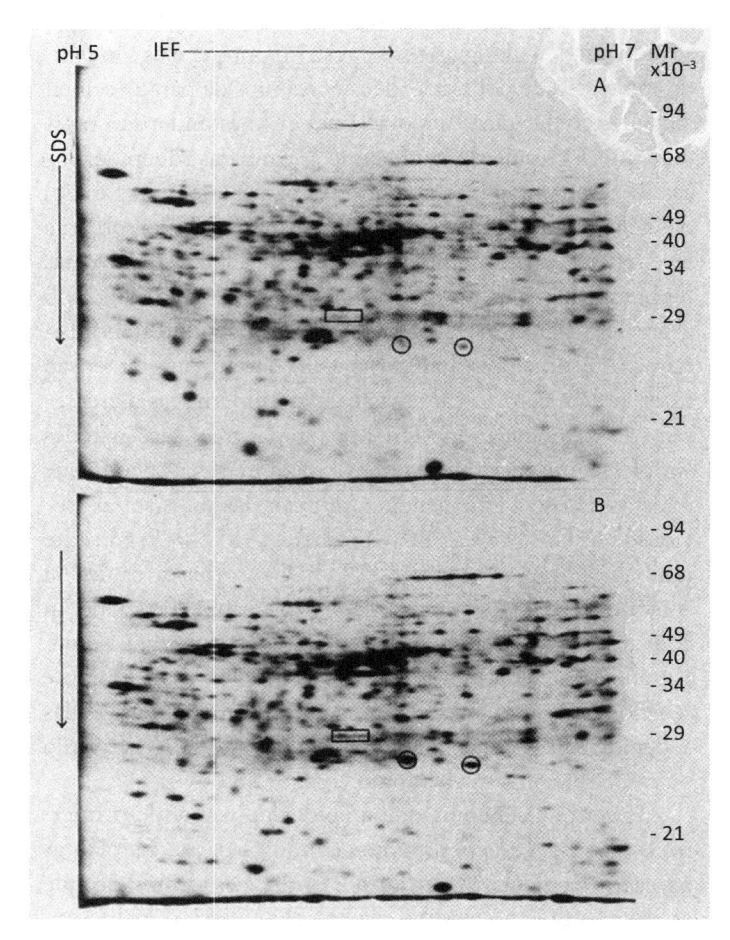

FIGURA 17-11 Aumentos induzidos por AIA em certos polipeptídeos sintetizados pelos RNAs mensageiros nos coleóptilos de milho (A, controles). Cortes do coleóptilo em B foram expostos a 50 μM de AIA por 20 minutos para promover o alongamento; então, os RNAs mensageiros dos cortes com ou sem auxina foram isolados. Esses mRNAs foram traduzidos em proteínas por um extrato de gérmen de trigo sem células, contendo ^{35}S-metionina para marcar todas as proteínas formadas. As proteínas foram fervidas com detergente (dodecil sulfato de sódio, SDS) que converte os hétero ou homopolímeros (consulte Capítulo 9) em cadeias de polipeptídeos individuais. Esses polipeptídeos foram então separados pela eletroforese em gel de poliacrilamida bidimensional, primeiro da esquerda para a direita pelo enfoque isoelétrico (IEF), que se separa com base na carga, e depois de cima para baixo, que se separa com base no peso molecular. Os pesos moleculares, em milhares de gramas por mole, são listados à direita de cada foto. Os polipeptídeos radioativos foram visualizados como manchas ou estrias colocando-se o gel ao lado de um filme sensível à radioatividade (consulte autorradiografia, Capítulo 8). (Dados não publicados de L. L. Zurfluh e T. J. Guilfoyle.) Os polipeptídeos marcados com caixas ou círculos se tornaram mais abundantes logo depois do tratamento com auxina.

marca Tordon). A popularidade desses herbicidas decorre de sua alta fitotoxicidade, seu custo relativamente baixo e sua propriedade de afetar as dicotiledôneas muito mais do que as monocotiledôneas (Klingman et al., 1982; Moreland, 1980). Por causa da seletividade, eles são usados para matar ervas daninhas dicotiledôneas de folhas largas em safras de grãos de cereais e gramados. Para os pastos e pastagens de gramínea, em que as perenes lenhosas como a sálvia e a mesquita são problemas frequentes, o 2,4,5-T era particularmente efetivo, mas a Environmental Protection Agency dos Estados Unidos forçou sua remoção do mercado, principalmente porque continha traços de uma poderosa toxina (uma *dioxina*). Diversos derivados do ácido benzoico, como a dicamba, também possuem atividade de auxinas e são mais eficientes que outros contra ervas perenes com raízes profundas, incluindo a corriola-do-campo ou ipomeia-selvagem (*Convolvulus arvensis*), o cardo-canadense (*Cirsium arvense*) e o dente-de-leão (*Taraxacum officinale*).

Apesar das muitas pesquisas para determinar como os herbicidas de auxina matam certas ervas daninhas, seu mecanismo de ação é desconhecido. Parte de sua seletividade contra as ervas de folhas largas resulta da absorção e translocação maiores que nas gramíneas, porém fatores mais importantes estão envolvidos. Às vezes, afirma-se que eles fazem com que a planta "cresça até a morte", mas essa frase é enganosa. Certas partes de alguns órgãos realmente crescem mais rápido que outras, portanto, vemos folhas, pecíolos e caules retorcidos e deformados por causa do crescimento desigual. Grande parte disso resulta dos efeitos epinásticos (consulte a Figura 18-12) que surgem da propriedade comum de todas as auxinas de intensificar a produção de etileno, famoso por causar epinastia. Porém, o crescimento desigual que causa a torção resulta da inibição de uma parte e da promoção de outra. O crescimento geral das plantas é definitivamente retardado e, em um dado momento, é interrompido se uma quantidade suficiente de herbicida for absorvida e translocada. As hipóteses modernas sugerem que esses compostos alteram a transcrição do DNA e a tradução do RNA tão amplamente que as enzimas necessárias para o crescimento coordenado não são produzidas adequadamente.

Em outras partes deste texto, consideramos outras funções possíveis da auxina em relação ao fototropismo e ao gravitropismo (Capítulo 19) e para retardar a abscissão das folhas, flores e frutos (Capítulo 18).

17.3 As giberelinas

As giberelinas foram descobertas no Japão, na década de 1930, a partir dos estudos com pés de arroz doentes que se tornavam excessivamente altos (consulte revisões históricas em Phinney, 1983, e Thimann, 1980). Com frequência, essas plantas não conseguiam se apoiar e acabavam morrendo por causa da fraqueza, combinada com os danos causados por parasitas. Já em 1890, os japoneses chamavam esse problema de **doença bakanae** ("broto estúpido"). Ela é causada pelo fungo *Gibberella fujikuroi* (a fase assexuada ou imperfeita é o *Fusarium moniliforme*). Em 1926, os fisiologistas das plantas descobriram que o extrato do fungo, se aplicado nas plantas, causava os mesmos sintomas que o fungo propriamente dito, demonstrando que uma substância química definida é responsável pela doença.

Na década de 1930, T. Yabuta e T. Hayashi isolaram um composto ativo do fungo, que batizaram de **giberelina**. Portanto, a primeira giberelina foi descoberta na mesma época que o AIA; ainda assim, por causa da preocupação com o AIA e as auxinas sintéticas, da falta de contato inicial com os japoneses e, por fim, da Segunda Guerra Mundial, os cientistas ocidentais não se interessaram pelos efeitos da giberelina até o começo da década de 1950.

Em 1990, 84 giberelinas haviam sido descobertas em vários fungos e plantas (revisado por Sponsel, 1987; Graebe, 1987; e Takahashi et al., 1990). Entre elas, 73 ocorrem nas plantas superiores, 25 no fungo *Gibberella* e 14 em ambos. As sementes da cucúrbita *Sechium edule* possuem pelo menos 20 giberelinas e as sementes de feijão comum (*Phaseolus vulgaris*) contêm pelo menos 16, porém a maioria das espécies pode conter menos.

Todas as giberelinas são derivadas do *esqueleto ent-giberelano*. A estrutura dessa molécula, com o seu sistema de numeração de anel, junto com as estruturas de seis giberelinas ativas, é mostrada na Figura 17-12. Todas as giberelinas são ácidas e levam o nome de **GA** (de ácido giberélico) com um subscrito diferente para distingui-las. Todas as giberelinas possuem 19 ou 20 átomos de carbono agrupados em 4 ou 5 sistemas de anel. O quinto sistema do anel (que não está presente no *ent*-giberelano) é um anel de lactona ligado ao anel A nas giberelinas da Figura 17-12. Todas as giberelinas possuem um grupamento carboxila ligado ao carbono 7 e algumas possuem uma carboxila adicional ligada ao carbono 4, de forma que todas podem ser chamadas de ácido giberélico. Entretanto, a GA_3, primeira giberelina altamente ativa e disponível no mercado há muito tempo (purificada do meio de cultura do fungo *G. fujikuroi*), é historicamente chamada de **ácido giberélico**. O número de grupamentos hidroxila nos anéis A, C e D varia de nenhum (como na GA_9) a 4 (na GA_{32}), com o carbono 3, o carbono 13 ou ambos sendo hidroxilados na maioria das vezes.

As giberelinas existem nas angiospermas, gimnospermas, samambaias e provavelmente nos musgos, algas e em pelo menos dois fungos. Recentemente, descobrimos que

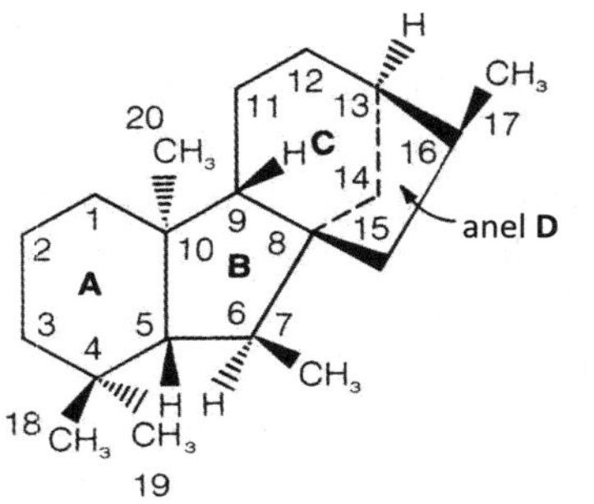

FIGURA 17-12 Estrutura do esqueleto *ent*-giberelano e de seis giberelinas ativas. As giberelinas são numeradas em relação ao *ent*-giberelano, exceto que o grupamento metila do carbono 20 do *ent*-giberelano foi oxidado e depois liberado como CO_2 para formar as giberelinas de 19 carbonos mostradas aqui. Além disso, nessas giberelinas (e em outras), o grupamento metila do carbono 19 do *ent*-giberelano foi oxidado para uma carboxila e, depois, usado para formar um anel de lactona.

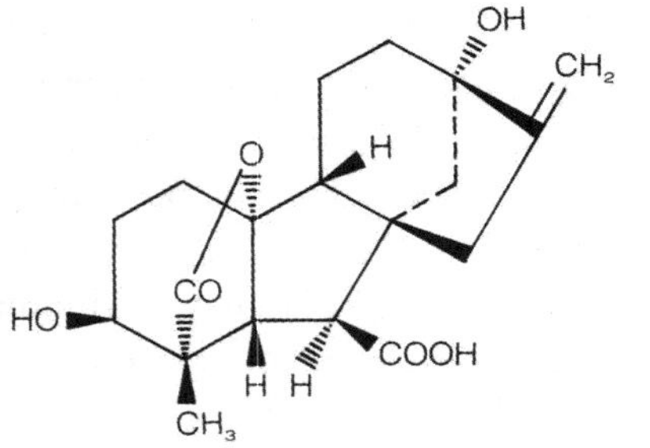

GA_1, 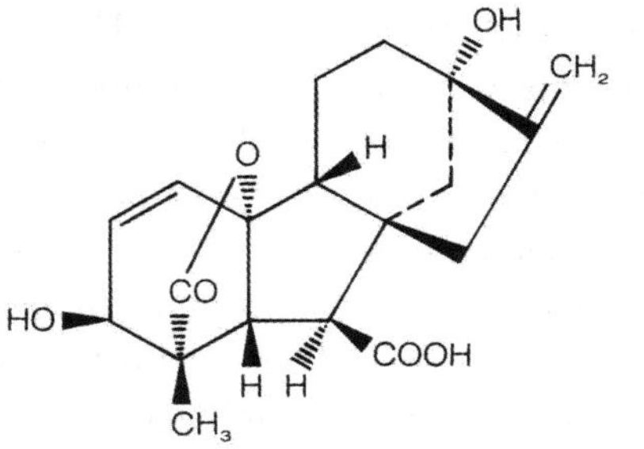 GA_3, 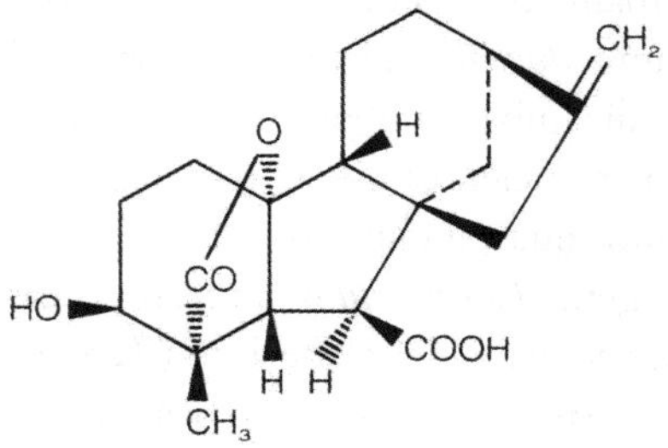 GA_4, 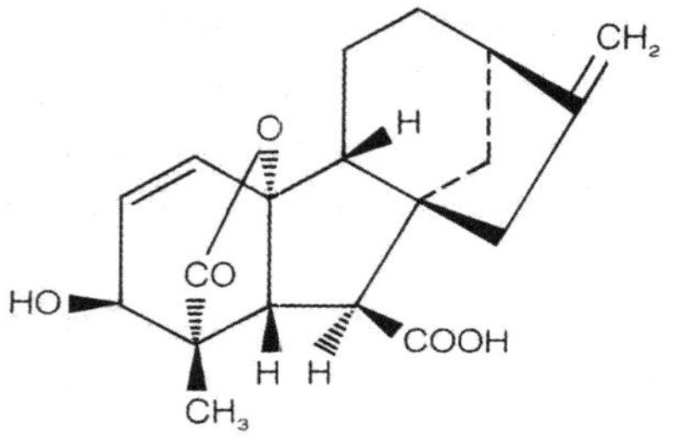 GA_7, 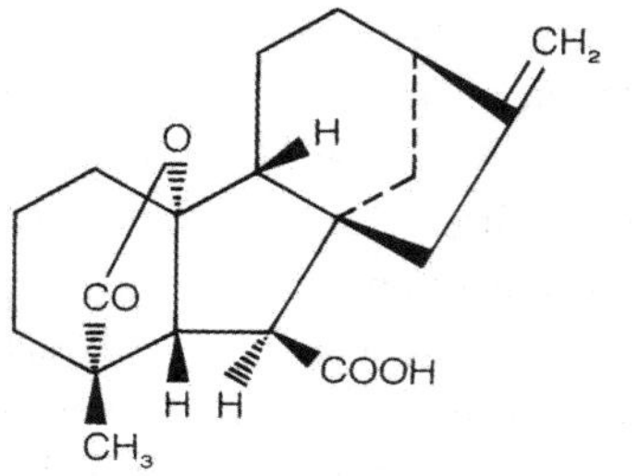 GA_9, 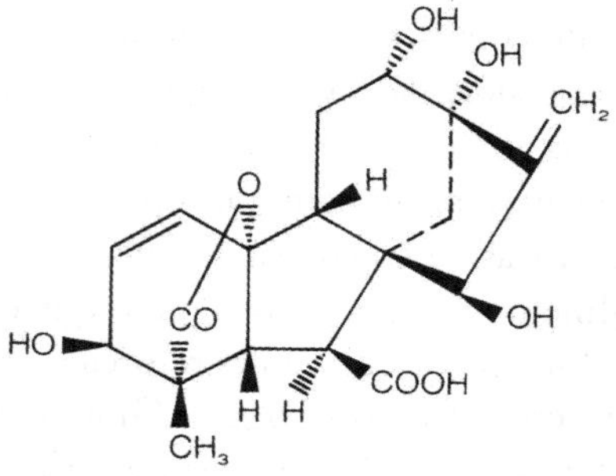 GA_{32}

elas também existem em duas espécies de bactérias (Bottini et al., 1989; Atzorn et al., 1988). É necessário observar, no entanto, que algumas das 84 giberelinas conhecidas provavelmente são apenas precursoras fisiologicamente inativas de outras ativas, e que outras são produtos hidroxilados inativos. Não parece provável que qualquer planta dependa de todas as giberelinas que ela contém, mas isso não foi estudado o suficiente para se ter certeza. Além disso, as 25 giberelinas no *G. fujikuroi* não possuem função conhecida (embora possamos especular que elas podem intensificar a hidrólise do amido em açúcares nas plantas hospedeiras, induzindo a formação das enzimas amilases e obtendo assim uma fonte alimentar de açúcar).

Metabolismo das giberelinas

Como foi mencionado na Seção 15.3, as giberelinas são compostos isoprenoides. Especificamente, elas são diterpenos sintetizados a partir das unidades de acetato da acetil coenzima A por meio do trajeto do ácido mevalônico. O *geranil-geranil pirofosfato* (Figura 17-13), um composto de 20 carbonos, serve como doador para todos os átomos de carbono da giberelina. Ele é convertido em *copalil pirofosfato*, que possui dois sistemas de anel, e este último é então convertido em *caureno*, que possui quatro sistemas de anel. A conversão de caureno ao longo do trajeto envolve oxidações que ocorrem no retículo endoplasmático, produzindo os compostos intermediários caurenol (um álcool), caurenal (um aldeído) e o ácido caurenoico, com cada composto sendo oxidado sucessivamente cada vez mais.

O primeiro composto de um verdadeiro sistema de anel de giberelano é o aldeído da GA_{12}, uma molécula de 20 carbonos. Dele, surgem as giberelinas de 20 e 19 carbonos, provavelmente também no RE. O aldeído GA_{12} é formado pela extrusão de um dos carbonos do anel B no ácido caurenoico (Figura 17-13) e pela contração desse anel. Provavelmente, todas as plantas usam as mesmas reações para formar o aldeído GA_{12}, mas, a partir desse ponto do trajeto, diferentes espécies usam pelo menos três caminhos diferentes para formar cada giberelina. Em todos os casos, no entanto, o grupamento aldeído que se estende para baixo a partir do anel B no aldeído GA_{12} é oxidado para um grupamento carboxila necessário para a atividade biológica de todas as giberelinas.

Em geral, as giberelinas de 19 carbonos são mais ativas que as de 20, e o carbono perdido das moléculas de 20 carbonos é o do grupamento metila ligado entre os anéis A e B do aldeído GA_{12}. Ele se torna oxidado para um grupamento carboxila, que é então liberado como CO_2. Na maioria das giberelinas, o sistema do quinto anel (lactona) é formado a partir do grupamento carboxila de 19 carbonos do aldeído GA_{12} para produzir GA_9. Podem ocorrer outras modificações importantes dos sistemas de anel: por exemplo, o GA_1 (Figura 17-12) possui um grupamento hidroxila ligado ao anel A e outro entre os anéis C e D. Como iremos descrever, o GA_1 parece particularmente importante para causar o alongamento do caule.

Certos retardadores comerciais do crescimento, que inibem o alongamento do caule e causam o comprometimento geral, o fazem em parte porque inibem a síntese de giberelinas. Esses produtos incluem o *Phosphon D*, o *Amo-1618*, o *CCC* ou *Cycocel*, o *ancimidol* e o *paclobutrazol*. Os dois primeiros bloqueiam a conversão do geranil-geranil pirofosfato em pirofosfato de copalil (consulte a Figura 17-13). O Phosphon D também inibe a formação subsequente de caureno, enquanto o ancimidol e o paclobutrazol bloqueiam as reações de oxidação entre o caureno e o ácido caurenoico. Em muitas plantas, a inibição do crescimento de cada um deles pode ser completamente superada pelo GA_3, o que sugere que seus principais efeitos sejam inibir a síntese da giberelina. No entanto, o Phosphon D, o Amo-1618 e o CCC inibem a síntese de esterol no tabaco, indicando que não são inibidores específicos da formação de giberelina. O uso dos retardadores de crescimento vegetal, incluindo os que agem pelo bloqueio da síntese de giberelina, foi revisado por Grossmann (1990).

O GA_3, comumente usado, parece ser apenas lentamente degradado, mas, durante o crescimento ativo, a maioria das giberelinas é rapidamente metabolizada pela hidroxilação para produtos inativos. Além disso, elas podem ser rapidamente convertidas em conjugados que são basicamente inativos. Esses conjugados podem ser armazenados ou translocados antes de sua liberação no local e momento corretos. Os conjugados conhecidos incluem os **glicosídeos**, nos quais a glicose é conectada por uma ligação de éter a um dos grupamentos de —OH, ou

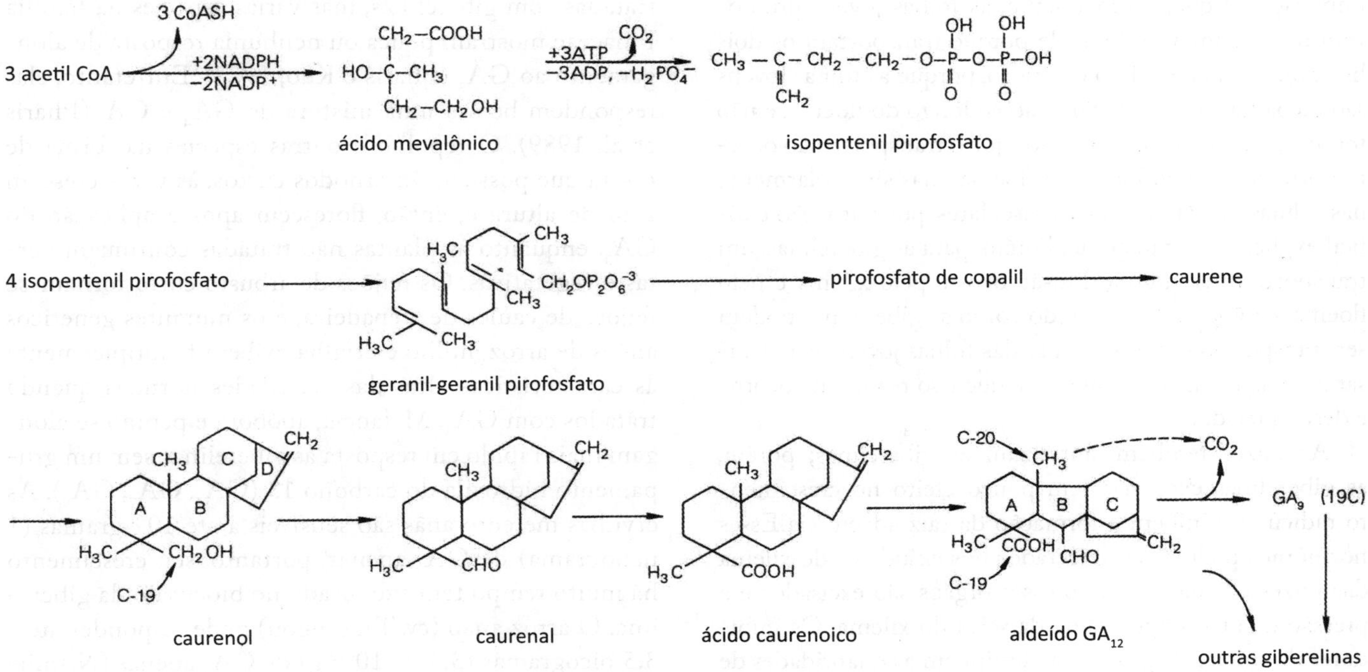

FIGURA 17-13 Algumas reações da biossíntese de giberelina. Muitas etapas indicadas como setas individuais na verdade envolvem mais de uma reação catalisada pela enzima, principalmente antes do caureno.

uma ligação de éster a um grupamento carboxila da giberelina. Outro processo metabólico importante é a conversão de giberelinas altamente ativas em outras menos ativas. Por exemplo, os brotos da árvore pseudotsuga, que mostram pouco crescimento vegetativo em resposta à maioria das giberelinas aplicadas, podem efetivamente hidroxilar o GA_4 em GA_{34}, que é muito menos ativo.

Quais partes das plantas sintetizam as giberelinas? Obviamente, se encontrarmos esses hormônios em um órgão vegetal, eles podem ter sido sintetizados no local ou transportados para este órgão. As sementes imaturas possuem quantidades relativamente altas de giberelinas em comparação a qualquer outra parte da planta, e os extratos sem células das sementes de algumas espécies podem sintetizar giberelinas. Esses e outros resultados indicam que grande parte do alto teor de giberelina das sementes resulta da biossíntese, não do transporte. A capacidade das outras partes da planta para sintetizar as giberelinas é menos estabelecida, porque menos dados bioquímicos diretos estão disponíveis. Todavia, é provável que a maioria das células vegetais tenha alguma capacidade de sintetizar as giberelinas.

Acredita-se que as folhas jovens sejam os principais locais de síntese da giberelina, como ocorre para as auxinas. Essa hipótese é coerente com o fato de que, quando a ponta do broto e as folhas jovens são excisadas e o coto do corte é então tratado com uma giberelina ou auxina, o alongamento do caule é promovido em comparação aos caules cortados que não receberam nenhum hormônio. A implicação é que, normalmente, as folhas jovens promovem o alongamento do caule porque transportam os dois hormônios para ele. Isso é curioso, porque as folhas jovens são escoadouros de translocação ao longo do floema, e não fontes. Para as auxinas, sabemos que o transporte não ocorre normalmente ao longo do floema, mas sim polarmente nas células ligadas aos feixes vasculares, portanto, não é difícil explicar seu transporte. Porém, para as giberelinas, um transporte diferente da difusão ocorre pelo xilema e pelo floema, e não é polar. O modo como as giberelinas podem ser transportadas efetivamente das folhas jovens para causar o alongamento do caule, se é que isso realmente ocorre, é desconhecido.

As raízes também sintetizam as giberelinas; porém, as giberelinas exógenas têm pouco efeito no crescimento radicular e inibem a formação da raiz adventícia. Esses hormônios podem ser detectados nos exsudatos do xilema das raízes e caules, quando esses órgãos são excisados e a pressão da raiz força a saída da seiva do xilema. Os inibidores da síntese de giberelina diminuem as quantidades de giberelina nesses exsudatos. A excisão repetida de parte do sistema radicular causa reduções acentuadas nas concentrações de giberelinas no broto, sugerindo que grande parte do suprimento de giberelina no broto surge das raízes por meio do xilema, ou que as raízes repetidamente excisadas não fornecem água e nutrientes minerais em quantidade suficiente para manter a capacidade do broto de sintetizar suas próprias giberelinas.

Crescimento de plantas intactas promovido pela giberelina

As giberelinas possuem a capacidade única, entre os hormônios vegetais conhecidos, de promover o crescimento extensivo de plantas intactas de muitas espécies, principalmente anãs ou bienais na fase da roseta. Com algumas exceções (que serão indicadas adiante), elas promovem o alongamento dos caules intactos de forma mais efetiva do que em cortes de caule excisados, portanto, seus efeitos são opostos aos das auxinas neste aspecto. Uma antiga demonstração do alongamento causado por uma substância solúvel em éter extraída das sementes de feijão foi feita por John W. Mitchell e seus colegas (1951) (Figura 17-14). Eles não sabiam o que causava essa promoção incomum do crescimento, mas demonstraram que o AIA não era responsável. Agora sabemos que as sementes de feijão e de muitas outras dicotiledôneas são fontes ricas em giberelinas e que os sintomas que Mitchell e colaboradores observaram são idênticos aos causados por diversas giberelinas.

A maioria das dicotiledôneas e algumas monocotiledôneas respondem crescendo mais rápido quando tratadas com giberelinas, mas várias espécies na família Pinaceae mostram pouca ou nenhuma resposta de alongamento ao GA_3 (Pharis e Kuo, 1977). Entretanto, elas respondem bem a uma mistura de GA_4 e GA_7 (Pharis et al. 1989). O repolho e outras espécies na forma de roseta que possuem internodos curtos, às vezes crescem 2 m de altura e, então, florescem após a aplicação do GA_3, enquanto as plantas não tratadas continuam curtas e vegetativas. Os feijões de arbusto curto tornam-se feijões de caules de trepadeira, e os mutantes genéticos anões de arroz, milho e ervilha exibem fenotipicamente as características altas das variedades normais quando tratados com GA_3. Melancia, abóbora e pepino se alongam mais rápido em resposta às giberelinas sem um grupamento hidroxila do carbono 13 (GA_4, GA_7, GA_9). As ervilhas meteoro anãs são sensíveis a até 10^{-9} gramas (1 nanograma) de GA_3 apenas, portanto, seu crescimento há muito tempo tem sido usado no bioensaio da giberelina. O arroz anão (cv. Tanginbou) pode responder até a 3,5 picogramas ($3,5 \times 10^{-12}$ g) de GA_3 apenas (Nishijima e Katsura, 1989). As revisões de mutantes anões em relação às giberelinas foram escritas por Reid (1987), Hedden e Lenton (1988) e Reid (1990).

FIGURA 17-14 Estimulação do crescimento do *Phaseolus vulgaris* por um extrato contendo giberelina, preparado com as sementes do mesmo cultivar. Um extrato de éter das sementes foi evaporado e 125 μg do resíduo foram misturados com lanolina e aplicados como uma faixa ao redor do primeiro internodo da planta à direita. As plantas foram fotografadas três semanas depois do tratamento. A planta à esquerda não foi tratada. (De Mitchell et al., 1951.)

1987) indicaram que apenas a GA_1 controla o alongamento do caule do milho e que nenhum dos mutantes anões tem enzimas para converter outras giberelinas em GA_1. O crescimento de cultivares híbridos de milho nos quais a heterose existe não é apreciavelmente estimulado pelas giberelinas, porque esses híbridos supostamente possuem GA_1 suficiente para permitir o crescimento (Rood et al., 1988). No entanto, seus equivalentes endogâmicos responderam à GA_3 pelo alongamento rápido. Muitas evidências indicam agora que a GA_1 é a principal giberelina necessária para o alongamento de ervilhas anãs e doces, arroz, tomate, nabo e alguns cultivares de trigo. Quando a GA_3 e outras giberelinas promovem o alongamento de anões, elas provavelmente o fazem porque são primeiro convertidas em GA_1. Os mutantes que superproduzem as giberelinas e possuem internodos anormalmente longos também foram encontrados. Na *Brassica rapa* (sin. *campestris*), o gene mutante causou a superprodução de GA_1 (Rood et al, 1990).

É possível que a maioria das espécies precise da GA_1 para o alongamento do caule, embora a mera presença desse hormônio não seja suficiente em muitos casos. Portanto, muitos **mutantes de sensibilidade à giberelina** também são conhecidos no milho, na ervilha e no trigo (revisado por Reid, 1990 e Scott, 1990). Esses mutantes parecem

FIGURA 17-15 Cinco mutantes recessivos do milho anão deficientes em produção de giberelina. An-1 é o mutante ear-1 da antera. As notas embaixo das plantas indicam o ponto do caminho da síntese de giberelina que está bloqueado por causa da mutação nessa planta. (De Phinney e Spray, 1987.)

Cinco diferentes mutantes anões do milho (Figura 17-15) crescem com a mesma altura que seus equivalentes normais após a aplicação da giberelina. Cada um dos mutantes contém uma mutação em um gene diferente e cada mutação controla uma enzima diferente necessária no caminho da síntese de giberelina. Essas plantas são **mutantes da síntese de giberelina** e a maioria delas tem como subprodutos os anões. Os estudos de Bernard O. Phinney, J. MacMillan e colegas (por exemplo, MacMillan e Phinney, ter níveis adequados de GA_1, mas não podem responder a ela. Entre os vários motivos possíveis, a falta de proteínas receptoras é uma possibilidade óbvia que está sendo investigada. Alguns dos cultivares de trigo anões e semianões respondem bem aos fertilizantes, exibindo elevada produção de grãos e esses cultivares estão sendo usados em experimentos de enxerto.

Germinação de sementes dormentes e crescimento de botões dormentes promovidos pela giberelina

Os botões das perenes, das árvores decíduas e dos arbustos que crescem em zonas temperadas normalmente se tornam dormentes no final do verão ou início do outono (consulte o Capítulo 22). Os botões dormentes são relativamente duros durante os invernos frios e períodos de seca. As sementes de muitas espécies não cultivadas também são dormentes quando plantadas pela primeira vez e não brotam mesmo se expostas a umidade, temperatura e oxigênio adequados. A dormência dos botões e sementes é superada (quebrada) por períodos frios estendidos no inverno, permitindo o crescimento na primavera quando as condições são favoráveis. Para algumas espécies, a dormência do botão também pode ser superada pelo aumento na duração dos dias no final do inverno, e para as sementes de muitas espécies a dormência é quebrada por períodos breves de luz vermelha quando elas estão úmidas (consulte a Seção 20.6).

As giberelinas superam esses dois tipos de dormência da semente e do botão em muitas espécies, agindo como substitutas de temperaturas baixas, dos dias longos ou da luz vermelha. Nas sementes, um efeito da giberelina é intensificar o alongamento da célula para que a radícula possa passar pelo endosperma ou pelo revestimento da semente ou da fruta que restringe seu crescimento. Os botões foram investigados com menos cuidado e não se sabe se a estimulação da divisão celular além do alongamento é necessária, mas isso é provável.

Florescimento

Como descrevemos no Capítulo 23, o momento em que a planta forma flores depende de vários fatores, incluindo sua idade e certas propriedades do ambiente. Por exemplo, a duração relativa da luz do dia e da escuridão exerce influência importante em várias espécies. Algumas espécies florescem apenas se o período de luz diurna exceder uma duração crítica, e outras apenas se esse período for mais curto que uma duração crítica. As giberelinas podem substituir a exigência do dia longo em algumas espécies, mostrando mais uma vez uma interação com a luz. Elas também superam a necessidade que algumas espécies possuem de um período de frio indutor para florescer ou florescer mais cedo (vernalização). Estamos acumulando evidências que indicam que algumas giberelinas são muito mais eficientes para intensificar o florescimento que outras.

Mobilização de alimentos e elementos minerais estimulada pela giberelina nas células de armazenamento da semente

Logo depois que a semente germina, os jovens sistemas de raízes e brotos começam a usar os nutrientes minerais, gorduras, amido e proteínas presentes nas células de armazenamento da semente. A jovem muda depende dessas reservas de alimento antes que possa absorver sais minerais do solo e estender seu sistema de brotos para a luz. Os sais minerais são imediatamente translocados pelo floema para as raízes e brotos jovens e ao longo deles, se esses sais forem móveis. As mudas têm um problema com gorduras, polissacarídeos e proteínas porque essas moléculas não são translocadas. Como esse problema é resolvido? Tocamos no assunto resumidamente nos Capítulos 8, 13, 14 e 15, quando discutimos como os polímeros de armazenamento são convertidos em sacarose e aminoácidos ou em amidas móveis. As giberelinas estimulam essas conversões, principalmente nos grãos de cereais.

O embrião (gérmen) das sementes de grãos de cereais e outras gramíneas é cercado por reservas de alimento presentes nas células metabolicamente inativas do **endosperma**; por sua vez, o endosperma é cercado por uma fina camada viva, mais comumente de 2 a 4 células de espessura, chamada de **camada de aleurona** (Figura 17-16). Depois que a germinação ocorre, principalmente em resposta à umidade elevada, as células de aleurona fornecem enzimas hidrolíticas que digerem amido, proteínas, fitina, RNA e certos materiais da parede celular presentes nas células do endosperma.

Uma das enzimas necessárias para esse processo digestivo é a α-amilase, que hidrolisa o amido (consulte a Seção 13.2). Se um embrião for removido de uma semente de cevada, as células de aleurona não produzem e eliminam a maioria das enzimas hidrolíticas, incluindo a α-amilase. Isso sugere que o embrião da cevada normalmente fornece algum hormônio para a camada de aleurona e que esse hormônio estimula essas células a fabricar enzimas hidrolíticas. Esse hormônio, que parece ser uma giberelina, também estimula a secreção de enzimas hidrolíticas para o endosperma, no qual digerem reservas de alimentos e paredes celulares. Os elementos minerais de reserva também se tornam mais prontamente disponíveis como resultado da ação da giberelina. A Figura 17-17 ilustra a degradação do

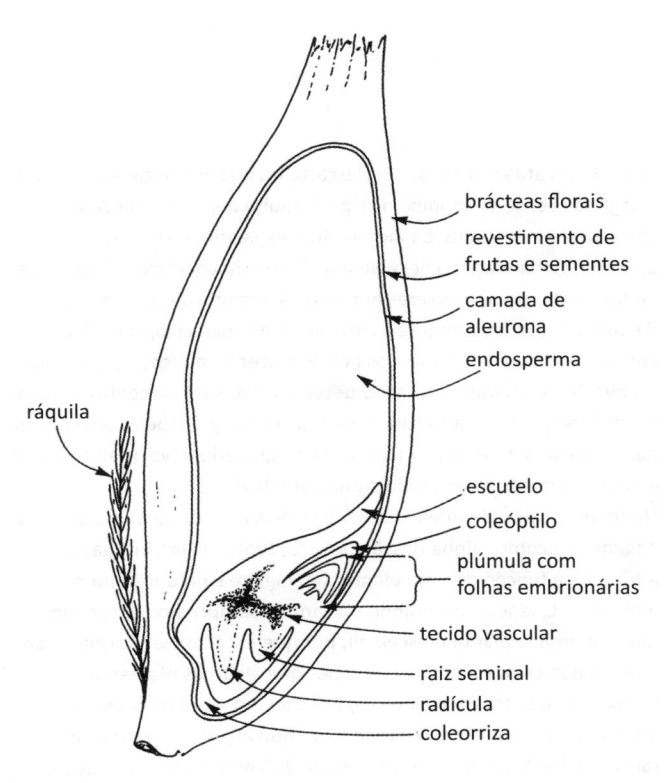

FIGURA 17-16 Semente de cevada seccionada para ilustrar os principais tecidos. (Desenho original de Arnold Larsen, Colorado State University Seed Laboratory.)

FIGURA 17-17 Digestão do endosperma estimulada pela giberelina em meias sementes de cevada. A metade do embrião de cada semente foi removida antes do tratamento com (de cima para baixo) 5 μL de 0,1 μM de GA_3, 0,001 μM de GA_3 e H_2O. (Cortesia de J. E. Varner.)

endosperma nas meias sementes cevada (das quais o embrião foi removido) em resposta a até 9×10^{-12} grama (9 pg) de GA_3 apenas. O aumento da α-amilase nas camadas de aleurona dessas meias sementes usadas como um bioensaio da giberelina resulta principalmente da transcrição intensificada do gene que codifica a α-amilase (revisado por Akazawa et al., 1988, e Fincher, 1989).

Nas sementes de gramíneas (incluindo a cevada), as giberelinas são provavelmente sintetizadas no **escutelo** (cotilédone) e talvez em outras partes do embrião. Provavelmente, o tipo de giberelina sintetizado depende da espécie, mas, nas sementes de cevada, a GA_1 e a GA_3 parecem mais importantes. Todavia, embora as camadas de aleurona da cevada, do trigo e da aveia selvagem (*Avena fatua*) tenham respondido à adição de GA_3 ou certas outras giberelinas sintetizando a α-amilase e outras enzimas hidrolíticas, alguns cultivos de aveia e a maioria dos de milho não o fazem. Existe uma variabilidade genética considerável entre as sementes de grãos de cereais, no que tange às respostas à giberelina.

Embora a camada de aleurona seja responsável pelas enzimas que digerem parte dos alimentos de reserva no endosperma, existem evidências há mais de 100 anos de que o escutelo também secreta as enzimas que causam a digestão (revisado por Akazawa e Hara-Nishimura, 1985, e Akazawa et al., 1988). A parte do escutelo que fica voltada para o endosperma é constituída de uma única camada de células colunares, cuja estrutura interna é rica em retículo endoplasmático e dictiossomos típicos das células secretoras. As evidências indicam que o escutelo provavelmente é mais importante do que a camada de aleurona para fornecer as enzimas que digerem as reservas de endosperma em várias espécies. Isso parece particularmente verdadeiro durante os primeiros dois dias, quando pouca atividade da camada de aleurona pode ser detectada, embora ela contribua substancialmente após a germinação da semente. É interessante notar que as giberelinas não causam um efeito significativo na digestão induzida pelo escutelo, embora se acredite que este órgão produza giberelinas que ativam a camada de aleurona.

A giberelinas causam efeitos muito menos drásticos na mobilização de reservas de alimentos nas dicotiledôneas e gimnospermas do que nos grãos de cereais, embora, em algumas espécies, a presença do eixo embrionário ainda seja essencial para a degradação normal dessas reservas nas células de armazenamento de alimentos. Na mamona (*Ricinus communis*), uma dicotiledônea na qual o endosperma permanece bem desenvolvido na semente madura, a

Por que ser um biólogo? Algumas reflexões

Frits W. Went

Com a descoberta da auxina, a fama de Frits W. Went foi garantida. Em seu ensaio, ele nos conta o que aconteceu quando ele era um jovem estudante trabalhando no laboratório de seu pai na University of Utrecht, nos Países Baixos. Depois de terminar o doutorado, ele passou cinco anos em Java, dominada pelos holandeses, e quase vinte anos no California Institute of Technology, onde continuou o trabalho sobre os hormônios e desenvolveu interesse pela ecologia do deserto. Em 1958 ele se mudou para St. Louis, Missouri, e em 1964 foi para o Desert Biology Laboratory, na University of Nevada, onde continuou seus estudos sobre o deserto. O Professor Went faleceu em 1 de maio de 1990.

Anos atrás, tentei descobrir o que faz um biólogo se tornar um biólogo. Logo descobri que existem tantos motivos diferentes quanto biólogos, mas alguns prevalecem. Cada ser humano nasce com uma enorme quantidade de curiosidade intelectual. Se ela não for reprimida por experiências infelizes na juventude, um professor inspirador pode orientar essa fome de conhecimento na direção de problemas biológicos ou outros. O contato precoce com as plantas ou animais pode direcionar uma mente inquisitiva, mesmo sem a supervisão de um professor, para os mistérios da vida: os problemas do crescimento, forma, função, ambiente e hereditariedade. A mente organizada pode ser atraída pela taxonomia ou biofísica, enquanto a mente intrigada pela complexidade pode selecionar a ecologia e a mente que tenta entender as inter-relações pode se tornar fisiologista. A pessoa que gosta de mecânica pode atacar problemas biológicos com instrumentos delicados, enquanto o artista pode tentar resolver os problemas da forma e da cor na natureza.

Existe uma variabilidade semelhante de abordagens metodológicas para a solução dos problemas biológicos. Desde que Francis Bacon, no século XVII, apontou a inevitabilidade da causa e efeito, a abordagem experimental ou indutora tomou precedência sobre a antiga abordagem dedutiva de Aristóteles, que, por meio do raciocínio puro, forçou a vida a se fechar em uma camisa de força de axiomas e ideias preconcebidas.

Não foram poucas as mentes brilhantes enganadas pelas próprias hipóteses sofisticadas (ou pelas de outros). Interpretações complicadas, mas artificiais, como a teoria do flogisto no século XVIII e a do éter no século XIX, atrasaram o conhecimento real. É difícil dizer quais ideias atuais poderão ser descartadas nos próximos séculos, mas a Segunda Lei da Termodinâmica pode muito bem ser uma delas.

Um aspecto importante da motivação para se tornar um biólogo pode ser humanitário: a necessidade de ter uma participação positiva no bem-estar de outros seres humanos. A maioria das disciplinas da biologia, particularmente a agricultura e a medicina, contribui com a sociedade – e não vamos nos esquecer da educação, uma das motivações mais importantes. O desejo de transmitir o conhecimento acumulado pela nossa cultura para as próximas gerações é o contrário da atitude de um professor há cem anos, que orientava o seu sucessor a nunca dizer aos alunos tudo o que ele sabia!

No meu caso, desde que escolhi a botânica em vez da química ou da engenharia como minha missão de vida, tenho ficado intrigado com a forma e a função de uma planta, seu lugar e sua função no meio ambiente. Quando eu caminho no campo, sempre fico pensando por que aquela planta cresceu ali; por que ela tem esse formato; por que ela não cresceu dali a 100 m; por que algumas plantas crescem no deserto e outras nos trópicos; por que um número limitado de plantas se tornam ervas daninhas; por que algumas plantas são tão semelhantes a outras que viveram 200 milhões de anos atrás, enquanto a maioria evoluiu recentemente; por que podemos retirar açúcar de algumas árvores, mas não da maioria. Então, quero olhar dentro da planta e descobrir como ela cresce e funciona, por que ela se ramifica daquela maneira e como responde ao ambiente de uma forma tão exata.

Algumas dessas perguntas já foram respondidas, pelo menos parcialmente. Ainda assim, em muitos casos, as respostas não me satisfazem; elas não são gerais o suficiente, são muito simples ou explicitamente antropocêntricas. Isso significa que, para mim, a natureza ainda é cheia de problemas interessantes.

Um dos primeiros problemas que me atraiu como aluno foi o fototropismo. Muitos dos meus colegas estudantes achavam que nossos predecessores no laboratório do meu pai – Blaauw, Arisz, Bremekamp e Koningsberger, com suas teses de doutorado sobre o fototropismo – haviam esgotado o assunto. Mas outros, como Dolk, Dillewijn e Gorter, estavam fascinados pelos problemas não resolvidos das respostas vegetais ao ambiente e fazíamos sessões de estudos quase todas as noites. Eu precisei cumprir minhas obrigações militares, o que deixava apenas os finais de tarde e as noites livres para os projetos mais produtivos. Discutíamos as publicações recentes de Paal, Seubert, Nielsen e Stark – elas eram dissecadas, interpretadas ou repetidas.

Estávamos no começo de 1926, uma época emocionante, com o conceito da substância do crescimento muito próximo.

---

degradação das gorduras não exige a presença do embrião, embora a decomposição da gordura seja aumentada quando adicionamos giberelina (Mariott e Northcote, 1975). Ainda não se sabe se isso significa que as giberelinas já estão presentes em quantidade suficiente no endosperma propriamente dito. Em outras dicotiledôneas e nas gimnospermas, a degradação do amido e da gordura não é afetada pela adição de giberelina, mas, às vezes, as citocininas suplantam a função normal do embrião para acelerar a decomposição da gordura.

Normalmente, nossas discussões tinham base na teoria de Paal: a ponta no caule normalmente produz um fator que promove o crescimento. O ponto mais animado de debate era se, no fototropismo, esse fator era ou não destruído pela luz. Para terminar a briga, eu disse que "provaria que o regulador do crescimento a partir da ponta era estável sob a luz". Consequentemente, teria que extraí-lo das mudas e expô-lo à luz. Para isso, preparei um minúsculo cubo de gelatina, prendi-o com uma agulha e coloquei pontas de caule cortadas ao redor dele. Quando removi as pontas depois de 1 hora e coloquei o bloco de gelatina em um dos lados do coto da muda, nada aconteceu no início. Porém, durante a noite, o corpo começou a se curvar no sentido oposto ao do bloco de gelatina. Ele havia adquirido a capacidade das pontas do caule de crescer! Às 3 horas da manhã de 17 de abril de 1926, fui correndo até a casa dos meus pais, que ficava ali perto, entrei no quarto e gritei animado: "Pai, venha ver. Achei a substância do crescimento".

Meu pai (que também era meu professor de mestrado) virou para o outro lado, sonolento, e disse: "Que bom. Repita o experimento amanhã (que era o meu dia de folga do serviço militar); se for bom de verdade, vai funcionar novamente, então eu irei vê-lo".

Em seguida, veio uma época muito emocionante. Eu vivia para as minhas noites no laboratório. Todo experimento parecia funcionar e eu aprendi muito sobre o comportamento da substância do crescimento dentro e fora da ponta do caule. Obviamente, escolhi esse assunto para a minha tese. Mas, então, com a conclusão do meu serviço militar, algo inesperado aconteceu. Embora eu tivesse melhorado o procedimento experimental, recriado os controles de temperatura e umidade da sala do laboratório, cultivado mudas muito melhores e trabalhado de uma maneira muito mais limpa, a substância do crescimento parecia ter desaparecido, porque nenhuma das minhas plantas de teste respondia – até que descobri que as bactérias que viviam na gelatina comiam toda a substância de crescimento durante a noite! O procedimento havia mudado porque eu preparava os blocos durante o dia e os deixava passar a noite. Quando coloquei uma caixa de gelo em serviço (na época não havia geladeiras disponíveis), as bactérias cessaram sua atividade e todos os experimentos voltaram a ter sucesso.

Para começar, a minha abordagem aos problemas científicos era bem ingênua. Eu mencionei no começo que queria provar que a substância do crescimento era estável sob a luz. Logo aprendi que os experimentos não podem provar nada; eles só podem *testar* uma hipótese. Portanto, meu experimento para testar se a auxina se move ou não ao longo de um gradiente por diminuição mostrou, inesperadamente, que o seu transporte era polar. E os meus testes sobre o comportamento da auxina dentro das mudas sob a luz unilateral mostraram que ela defletia lateralmente o fluxo da auxina, que era estritamente para baixo – estabelecendo assim uma base sólida para a teoria de Cholodny-Went do fototropismo. O trabalho adicional sugeriu que outros fatores do crescimento estavam envolvidos na ação da auxina. Inexplicavelmente, mais tarde fui acusado de promulgar teorias, enquanto estava apenas apresentando fatos experimentais (embora, muitos anos mais tarde, eles tenham sido aceitos como verdadeiros).

Depois de terminar meu Ph.D., tive que enfrentar um desafio completamente novo. As condições de trabalho para um botânico tropical em Java, antes das bênçãos do ar-condicionado, eram muito mais difíceis. Havia menos equipamentos (que não funcionavam tão bem no calor úmido e opressivo) e, portanto, meus principais esforços foram para a ecologia, ou melhor, para a fisiologia aplicada. Encontrei plantas tropicais admiravelmente adaptadas ao trabalho da iniciação radicular, porém, somente depois de me mudar para a Califórnia, onde pude novamente dedicar todo o meu tempo aos problemas fisiológicos, pude desenvolver um teste adequado para estudar a formação radicular.

Embora todos os meus experimentos com a auxina fossem embasados em sequências mais ou menos lógicas de deduções que levavam aos experimentos cruciais, meu trabalho ecológico era principalmente um conjunto de perguntas sobre a natureza, depois de observações que haviam levantado os problemas. Construímos um fitotron, no qual fatores ambientais como temperatura, luz, umidade, vento e chuva poderiam ser controlados. Com essa nova ferramenta eu pude estabelecer, por exemplo, que o florescimento profuso do deserto em certos anos dependia de respostas precisas de germinação das sementes das anuais do deserto à temperatura e à chuva, e não a uma teoria mística como "sobrevivência do mais adaptado" ou a "luta pela existência". Entre as últimas 3 e 4 décadas, os fitotrons nos ajudaram a tornar a ecologia uma ciência experimental, e não descritiva; agora, a extrema complexidade do organismo em seu ambiente total pode ser reduzida a subunidades experimentalmente controláveis. É satisfatório quando os experimentos em laboratório nos fornecem um *insight* melhor do que é o mecanismo da vida, mas para mim, a grande emoção ocorre quando esses novos *insights* me ajudam a entender o que acontece na natureza, quando o conhecimento do laboratório é aplicável no campo. Portanto, a natureza não apenas fornece a inspiração; ela também é o árbitro final. O laboratório é apenas um interlúdio entre perceber e entender.

[Consulte também WENT, F. W. "Reflections and speculations", *Annual Review of Plant Physiology,* 25, p. 1-26, 1974.]

Outros efeitos da giberelina

As giberelinas (principalmente GA_4 e GA_7) causam o desenvolvimento da **fruta partenocárpica** (sem semente) em algumas espécies, o que sugere uma função normal no crescimento da fruta, e as giberelinas formadas nas folhas jovens também podem renovar a atividade do câmbio vascular nas plantas lenhosas. Outros efeitos importantes das giberelinas são o retardo do envelhecimento (senescência) nas folhas e frutas cítricas, além dos seus efeitos no formato das folhas; este último é uma resposta particularmente aparente nas folhas que mostram heterofilia ou mudanças de fase (consulte o Capítulo 16). Pouco se sabia sobre o controle hormonal do crescimento da flor até os últimos anos, mas, agora, as giberelinas são fortemente relacionadas ao crescimento das pétalas em algumas espécies (revisado por Raab e Koning, 1988). Até o momento, pouca ou nenhuma promoção da expansão da pétala foi atribuída a outros hormônios vegetais.

Possíveis mecanismos de ação da giberelina

Os diversos efeitos das giberelinas sugerem que elas possuem mais de um local primário de ação. Até o momento, a pesquisa com os receptores de hormônios não verificou nem desaprovou essa ideia. Até mesmo um efeito individual, como o alongamento intensificado do caule em plantas inteiras, resulta de pelo menos três eventos colaboradores. *Primeiro, a divisão celular é estimulada no ápice do broto*, principalmente nas células meristemáticas mais basais que desenvolvem os longos filamentos de córtex e nas células de medula (Sachs, 1965). O trabalho meticuloso de Liu e Loy (1976) mostrou que as giberelinas promovem a divisão celular porque estimulam as células na fase GA_1 a entrar na fase S e também porque encurtam a fase S. O número elevado de células leva a um crescimento mais rápido do caule, porque cada uma das células pode crescer.

Em segundo lugar, às vezes as giberelinas promovem o crescimento celular porque aumentam a hidrólise de amido, frutanos e sacarose em moléculas de glicose e frutose. Essas hexoses fornecem energia pela respiração, contribuem com a formação da parede celular e tornam o potencial hídrico da célula momentaneamente mais negativo. Como resultado da diminuição no potencial hídrico, a água entra mais rapidamente, causando a expansão celular e diluindo os açúcares. No caule da cana-de-açúcar, o crescimento promovido pela giberelina resulta em parte da síntese elevada de enzimas invertase que hidrolisam a sacarose que está entrando em glicose e frutose (Glasziou, 1969). Nas ervilhas anãs, as atividades das enzimas invertase e amilase aumentam conforme a elevação no crescimento (Broughton e McComb, 1971). O mesmo se aplica para a α-amilase no milho anão. Um trabalho menos quantitativo com outras espécies indica que o crescimento do caule induzido pela giberelina é associado a aumentos na atividade da amilase em pequenas plantas aquáticas e certas árvores, sugerindo que o resultado pode ser generalizado; até o momento, no entanto, não temos dados para as coníferas. Os resultados com os caules de trigo do inverno indicam que as giberelinas promovem a hidrólise do frutano por meio das enzimas frutano hidrolase (Zhang, 1989), sugerindo que elas representam outro tipo de hidrolase induzida pela giberelinas.

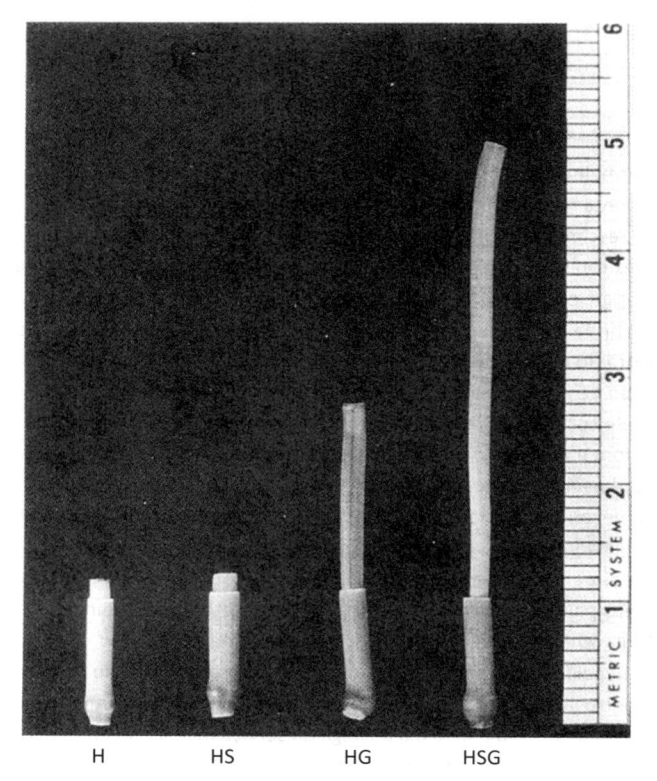

FIGURA 17-18 Efeito da GA_3 e da sacarose no crescimento de segmentos de caule de aveia de 1 cm. Os segmentos são mostrados depois de 60 horas de tratamento com a solução de nutrientes de Hoagland (H), Hoagland + 0,1 M de sacarose (HS), Hoagland + 30 μM de GA_3 (HG) e Hoagland + sacarose + GA_3 (HSG). A regua centimétrica indica o tamanho real. O alongamento das bainhas da folha não ocorreu, mas o crescimento das células derivado do meristema intercalar (consulte a Figura 16-20) explica o alongamento do caule ilustrado. (De Adams et al., 1973.)

Em terceiro lugar, as giberelinas aumentam a plasticidade da parede celular. Um exemplo excelente ocorre nos internodos da aveia, nos quais a promoção do crescimento das células jovens derivadas do meristema intercalar é anormalmente dramática. Aqui, não ocorre intensificação da divisão celular. O alongamento causado pela GA_3 é 15 vezes maior nos cortes não tratados (Figura 17-18), desde que a sacarose e os sais minerais estejam presentes para fornecer energia e impedir a diluição excessiva do conteúdo da célula (isto é, impedir um aumento no potencial osmótico). Ocorre um aumento significativo na plasticidade da parede, e um fenômeno semelhante explica o crescimento promovido pela giberelina nos cortes de hipocótilo da alface e nos hipocótilos inteiros de mudas de pepino (Taylor and Cosgrove, 1989).

Além de o alongamento do caule ser promovido pelas giberelinas, o mesmo ocorre com o crescimento de toda a planta, incluindo as folhas e raízes. Dissemos que a aplicação das giberelinas diretamente nas folhas promove seu crescimento levemente e influencia seu formato, embora, normalmente, a aplicação direta nas raízes quase não tenha efeito nas raízes propriamente ditas. Porém, se as giberelinas forem aplicadas de uma maneira que possam se mover até o ápice do broto, o crescimento e a divisão celulares elevados aparentemente levam ao alongamento elevado do caule (em algumas espécies) e ao desenvolvimento elevado das folhas jovens. Nas espécies em que o desenvolvimento mais rápido da folha ocorre, taxas fotossintéticas intensificadas aumentam o crescimento da planta inteira, incluindo as raízes.

Como as giberelinas podem afrouxar as paredes celulares e também aumentar a formação de enzimas hidrolíticas, levando ao alongamento do caule? Não temos evidências sobre os mecanismos de afrouxamento da parede, exceto que, diferente da explosão de crescimento inicial causada pelas auxinas, os íons de H^+ não estão envolvidos (Stuart e Jones, 1978; Jones e MacMillan, 1984; revisado por Metraux, 1987). Nos internodos da aveia existe um atraso de quase 1 hora antes que a promoção do alongamento possa ser detectada. Esse atraso pode garantir tempo para que as giberelinas aumentem a ativação dos genes e promovam a formação de enzimas específicas que causam os processos fisiológicos. Para os cortes do hipocótilo da alface, ocorrem atrasos de menos de 20 minutos. E foi relatado que as ervilhas anãs intactas se alongam mais rápido dentro de 10 minutos depois do tratamento com GA_3 (McComb e Broughton, 1972). Nesse caso, as hidrolases que atacam os polissacarídeos da parede celular podem ser sintetizadas mais rápido, ou simplesmente tornam-se mais ativas nas células tratadas com a giberelina. Para as mudas de milho anão (brotos inteiros) e dos caules de mudas da ervilha, foi mostrado que a GA_3 induz a mudanças específicas nos tipos de proteínas sintetizadas (Chory et al., 1987). Essas mudanças ocorreram antes da intensificação do crescimento pelo hormônio, portanto, algumas das proteínas induzidas podem ser enzimas que promovem o crescimento. Essa situação é semelhante à das auxinas descritas na Seção 17.2.

Usos comerciais das giberelinas

Considerando-se os numerosos efeitos das giberelinas, parece lógico que elas sejam usadas em aplicações comerciais. Os principais fatores limitadores são o custo e a promoção frequente de pesos frescos, mas não pesos secos, principalmente no que se refere à possível aplicação no crescimento de pastos e safras de feno. Ainda dependemos do fungo *Gibberella* para sintetizar a GA_3 por um custo razoável, mesmo que para experimentos fisiológicos. Todavia, a GA_3 é usada amplamente nos vales Central e Imperial da Califórnia para aumentar o tamanho das uvas Thompson sem semente e a distância entre os cachos (Figura 17-19).

FIGURA 17-19 Efeitos da giberelina e do corte do cinturão no crescimento de uvas Thompson sem semente. (Cortesia de J. LaMar Anderson, Utah State University, Logan.)

Quando aplicadas no momento certo e na concentração adequada, as giberelinas causam o alongamento dos cachos de uva, de forma que eles se tornam menos acondicionados e menos suscetíveis às infecções por fungos. Normalmente, as plantas recebem dois sprays, uma vez na flor e novamente na fase do nascimento da fruta (Nickell, 1979). Agora, uma mistura de GA_4 e GA_7 é usada para intensificar a produção de sementes nos pomares de Pinaceae (Carlson e Crovetti, 1990), assim como a GA_3 nos pomares de certos membros das famílias Taxodiaceae e Cupressaceae (Nagao et al., 1989). As giberelinas também são usadas por algumas cervejarias para aumentar a taxa de maltagem por causa dos efeitos intensificadores da GA na digestão do amido. O aipo, valorizado pelo comprimento e crocância de seus talos, responde favoravelmente às giberelinas; porém, as más qualidades de armazenamento limitam o amplo uso desses hormônios na produção do aipo. As giberelinas também foram aplicadas nas plantas e folhas das árvores de laranja Bahia (quando as frutas já perderam a maior parte de sua cor verde) para impedir vários distúrbios da casca que ocorrem durante o armazenamento. Aqui, os hormônios retardam a senescência e mantêm as cascas mais firmes. No Havaí, as giberelinas são usadas comercialmente para aumentar o crescimento da cana-de-açúcar e a produção de açúcar. Esses e outros efeitos em potencial das giberelinas foram revisados por Martin (1983) e Carlson e Crovetti (1990).

18

Hormônios e reguladores de crescimento: citocininas, etileno, ácido abscísico e outros compostos

Quanto mais aprendemos sobre crescimento e desenvolvimento, mais complexos esses processos parecem tornar-se. No capítulo anterior, explicamos que ambos os processos dependem de AIA e giberelinas, mas que esses hormônios influenciam as diferentes partes da planta de maneiras diferentes. Apesar da complexidade, agora percebemos que os dois tipos de hormônio devem ser considerados se quisermos compreender o crescimento. Nesse capítulo discutiremos os outros três tipos de hormônios conhecidos atualmente (citocininas, etileno e ácido abscísico), enfatizando que, embora cada um tenha diferentes efeitos, o crescimento e o desenvolvimento normalmente envolvem uma interação entre todos os hormônios conhecidos e provavelmente outros que ainda não foram descobertos. Também mencionamos alguns compostos adicionais que são ocasionalmente ativados como substâncias de crescimento.

18.1 As citocininas

No ano de 1913, Gottlieb Haberlandt descobriu, na Áustria, que a presença de um composto desconhecido em tecidos vasculares de diversas plantas estimulou a divisão celular que causava a formação do câmbio cortical e a cicatrização de feridas em tubérculos de batatas cortadas. Essa descoberta foi, aparentemente, a primeira demonstração de que as plantas contêm compostos, agora chamados de **citocininas**, que estimulam a citocinese. Na década de 1940, Johannes van Overbeek descobriu que o endosperma leitoso de cocos imaturos também é rico em compostos que promovem a citocinese. No início da década de 1950, Folke Skoog e seus colegas, então interessados em estimulação pela auxina de plantas cultivadas em culturas de tecidos, descobriram que as células em cortes da medula do caule de tabaco se dividem muito mais rapidamente quando um pedaço de tecido vascular é colocado no topo da medula, verificando os resultados de Haberlandt.

Skoog e seus colegas tentaram identificar os fatores químicos dos tecidos vasculares usando o crescimento de células de medula de tabaco como um sistema de bioensaio. Essas células foram cultivadas em ágar contendo açúcares, sais minerais, vitaminas, aminoácidos e AIA conhecidos. O próprio AIA provocou o aumento de crescimento por algum tempo, fazendo com que células relativamente enormes fossem formadas, mas essas células não se dividiram; muitas eram poliploides com vários núcleos. Na busca por substâncias que promovessem a divisão celular, eles encontraram um composto altamente ativo e semelhante à adenina nos extratos de levedura. Isso levou a investigações sobre a capacidade do DNA de promover a citocinese (porque o DNA contém adenina) e, em 1954, à descoberta de Carlos Miller (então um estudante de Skoog) de um composto muito ativo formado pela decomposição parcial de DNA de esperma de arenque envelhecido ou autoclavado. Esse composto foi chamado de **cinetina** (revisado por Miller, 1961).

Apesar de a cinetina não ter sido encontrada em plantas e não ser a substância ativa encontrada por Haberlandt no floema, citocininas relacionadas estão presentes nas plantas. F. C. Steward, também utilizando técnicas de cultura de tecidos na década de 1950, encontrou no leite de coco várias citocininas que aumentam a divisão celular nos tecidos de raízes de cenoura. Os mais ativos foram posteriormente demonstrados por D. S. Letham (1974) como sendo compostos previamente chamados de **zeatina** e **zeatina ribosídeo**. Em 1964, a zeatina havia sido primeiro identificada quase simultaneamente por Letham e Carlos Miller, ambos utilizando o endosperma leitoso do milho (*Zea mays*) como fonte. Desde então, outras citocininas com estruturas como as de adenina semelhantes à cinetina e à zeatina foram identificadas em várias partes de plantas de sementes. Nenhuma dessas citocininas está presente no DNA, nem são produtos da sua degradação, mas

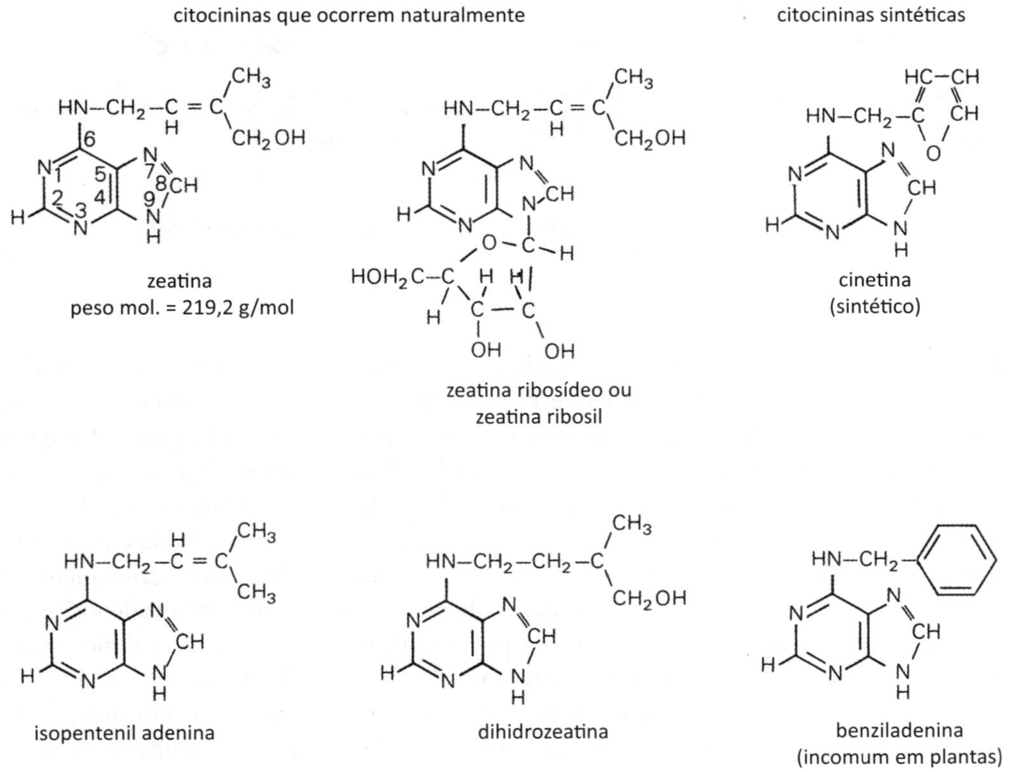

FIGURA 18-1 Estruturas de citocininas comuns naturais e sintéticas (cinetina). Todas elas são derivadas de adenina, na qual o anel purina é numerado, como mostrado para a zeatina (superior esquerdo). Zeatina e zeatina ribosídeo podem existir com grupamentos organizados sobre a cadeia lateral de ligação dupla na configuração *trans* (como mostrado) ou *cis* (com grupos intercambiáveis CH_3 e CH_2OH). A forma *cis* predomina nas citocininas ligadas por tRNA, mas a forma *trans* existe na zeatina e na zeatina ribosídeo livres.

algumas ocorrem em moléculas de RNA de transferência (e, às vezes, em RNA ribossômico) de plantas com sementes, leveduras, bactérias e até mesmo em primatas, e mais de 30 existem como citocininas livres e desvinculadas. Uma ou mais das citocininas desvinculadas causam as respostas fisiológicas descritas nesse capítulo, mas as citocininas de RNA de transferência (tRNA) provavelmente têm funções desconhecidas.

A Figura 18-1 mostra as estruturas de forma de base livre das três citocininas mais comumente detectadas e mais fisiologicamente ativas em várias plantas: zeatina, **dihidrozeatina** e **isopentenil adenina (IPA)**. Também são mostradas a cinetina e outra citocinina sintética, a **benziladenina**, ambas altamente ativas. A cinetina provavelmente não é formada pelas plantas, mas há dois relatórios segundo os quais a benziladenina ou seus ribosídeos existem em plantas (Ernst et al, 1983; Nandi et al., 1989). Observe que todas as citocininas têm uma cadeia lateral rica em carbono e hidrogênio ligada ao nitrogênio saindo da parte superior do anel da purina. Cada citocinina pode existir na forma de **base livre** mostrada ou como um **nucleosídeo**, no qual um grupamento ribose está ligado ao átomo de nitrogênio da posição 9 (observe o sistema de numeração de anéis para zeatina na Figura 18-1). Um exemplo é a zeatina ribosídeo, uma citocinina relativamente abundante em muitas plantas. Além disso, os nucleosídeos podem ser convertidos em **nucleotídeos**, nos quais o fosfato é esterificado no 5'-carbono de ribose, como na adenosina-5'-fosfato (AMP). Em alguns casos, a evidência de formação de nucleosídeos difosfatos e trifosfatos semelhantes ao ADP e ATP também foi obtida, mas todos esses nucleotídeos parecem ser menos abundantes do que as formas de base livre ou de nucleosídeos.

Agora temos duas questões: como definir uma citocinina? As bases livres, nucleosídeos e nucleotídeos devem ser considerados como tal? Nem todos os especialistas concordariam com a mesma definição, mas uma definição razoável deve depender, em parte, das primeiras descobertas de que as citocininas promovem a citocinese (divisão celular) em tecidos cultivados *in vitro*, tais como culturas da medula do tabaco, do floema da cenoura ou de caules de soja. Na verdade, R. Horgan (1984) as definiu como substâncias que, na presença de concentrações ideais de auxinas, induzem a divisão celular no sistema de análise de medula de tabaco ou similar cultivada em um meio ideal. Outros autores preferem incluir na definição os fatos de tais compostos serem derivados de adenina e de terem efeitos comuns e importantes, além de promover a citocinese. Descreveremos esses efeitos adicionais mais tarde, mas como todas elas promovem a citocinese, parece razoável definir as **citocininas** como *compostos de adenina substituídos que promovem a divisão celular nos sistemas de tecido mencionados acima*. A questão de saber se a forma de base livre, a de nucleosídeo ou a de nucleotídeos é a forma ativa ainda não foi respondida

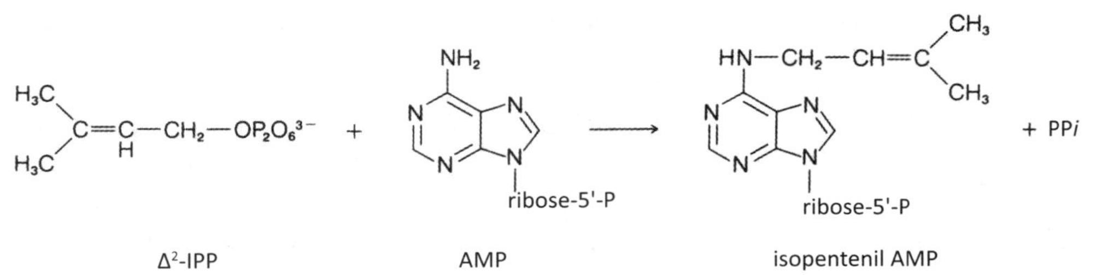

FIGURA 18-2 A formação de isopentenil AMP, um precursor da isopentenil adenina.

de forma convincente. A maioria das evidências favorece a base livre como forma ativa (Letham e Palni, 1983; Der Van Krieken et al., 1990). A atividade química e biológica de mais de 200 citocininas naturais e sintéticas foi revista por Matsubara (1990); essa revisão nos dá ideias bastante interessantes sobre a estrutura química necessária para a atividade de citocinina, e em geral as bases livres na Figura 18-1 aparentemente possuem estruturas quase ideais.

As citocininas também existem nos musgos, nas algas marrons, nas vermelhas e, aparentemente, também nas diatomáceas; ocasionalmente, elas promovem o crescimento de algas. É provável que elas sejam bem difundidas, se não forem universais no reino vegetal, mas muito pouco se sabe das suas funções, exceto em angiospermas, em algumas coníferas e nos musgos. Certas bactérias e fungos patogênicos contêm citocininas que provavelmente influenciam os processos de doenças causadas por estes micróbios, e acredita-se que a produção de citocinina por fungos e bactérias não patogênicas influencie as relações simbióticas com plantas, tais como a formação de micorrizas e nódulos de raízes (Greene, 1980; Ng et al., 1982; Sturtevant e Taller, 1989).

Metabolismo da citocinina

Duas perguntas importantes sobre o metabolismo das citocininas devem ser feitas: como as plantas sintetizam as citocininas? Como as plantas regulam a quantidade de citocinina que elas contêm? Um avanço em nosso conhecimento da biossíntese veio a partir da demonstração por Chong-Maw Chen e Melitz D. K. (1979) de que os tecidos do tabaco contêm uma enzima chamada **isopentenil AMP sintase** (anteriormente descoberta em um mixomiceto) que forma o **isopentenil adenosina-5'-fosfato (isopentenil AMP)** da AMP e um isômero de isopentenil pirofosfato. (Essa última substância é um produto da via do mevalonato e é um importante precursor de esteróis, giberelinas, carotenoides e outros compostos isoprenoides; leia a Seção 15.3.) O isômero envolvido é o Δ-2-isopentenil pirofosfato, no qual o prefixo Δ significa que a molécula tem uma ligação dupla entre os carbonos 2 e 3. A reação que ocorre nos tecidos de tabaco é mostrada na Figura 18-2. Observe que o pirofosfato (PPi) é liberado do grupamento isopentenil e que este é adicionado ao nitrogênio amino ligado ao carbono 6 do anel de purina.

A isopentenil AMP formada nessa reação pode então ser convertida em isopentenil adenosina pela remoção hidrolítica do grupamento fosfato por uma enzima fosfatase; a isopentenil adenosina pode ser convertida em isopentenil adenina pela remoção hidrolítica do grupamento ribose. Além disso, a isopentenil adenina pode ser oxidada em zeatina pela substituição de um hidrogênio por um —OH em um grupamento metila da cadeia lateral isopentenil (compare as estruturas na Figura 18-1). A dihidrozeatina é formada a partir da zeatina pela redução (com NADPH) da ligação dupla na cadeia lateral isopentenil (Martin et al., 1989). Essas reações são provavelmente responsáveis pela formação das três grandes bases de citocinina, mas existem outras possibilidades para a biossíntese.

Os níveis celulares de citocininas também são afetados pela sua degradação e pela sua conversão aos derivados presumivelmente inativos que não são nucleosídeos e nucleotídeos. A degradação ocorre em grande parte pela **citocinina oxidase**, um sistema enzimático que remove a cadeia lateral de cinco carbonos e libera adenina livre (ou, quando a zeatina ribosídeo é oxidada, libera a adenosina). A formação de derivados de citocinina é mais complexa porque muitos conjugados podem ser formados (Letham e Palni, 1983). Os conjugados mais comuns contêm glicose ou alanina; aqueles que contêm glicose são chamados de **citocinina glicosídeos**.

Em uma espécie de glucosídeo, o carbono 1 da glicose é ligado ao grupamento hidroxila da cadeia lateral de uma zeatina, uma zeatina ribosídeo, uma dihidrozeatina ou uma dihidrozeatina ribosídeo. No segundo tipo de glicosídeo, o carbono 1 da glicose está ligado a um átomo de nitrogênio (por meio de uma ligação C—N) na posição 7 ou 9 do sistema de anéis de adenina em qualquer uma das três bases principais de citocininas. Em conjugados alanina, a alanina é conectada por uma ligação peptídica ao nitrogênio na posição 9 do anel da purina. Nenhuma função de qualquer desses conjugados é conhecida, mas os glucosídeos podem representar formas de armazenamento ou, em alguns casos, formas especiais de transporte de citocininas. De acordo com McGaw (1987), os conjugados alanina provavelmente não representariam formas de armazenamento, mas são produtos formados de maneira irreversível na remoção de citocinina. É improvável que quaisquer desses conjugados representem citocininas fisiologicamente ativas.

Locais da síntese e transporte de citocininas

Se soubéssemos quão ativas são as reações que formam isopentenil AMP, isopentenil adenina, zeatina e dihidrozeatina, que ocorrem em vários órgãos e tecidos, teríamos boas informações bioquímicas sobre os locais de biossíntese das citocininas. Infelizmente, essas informações ainda não estão disponíveis, por isso, métodos menos diretos têm sido usados para determinar onde as citocininas são formadas. Um método foi descobrir onde elas são mais abundantes. Em geral, os níveis de citocinina são maiores em órgãos jovens (sementes, frutos e folhas) e nas extremidades das raízes. Parece lógico que elas sejam sintetizadas por esses órgãos, mas, na maioria dos casos, não se pode descartar a possibilidade de transporte de algum outro local. Para as extremidades das raízes, a síntese está quase certamente envolvida, porque, se as raízes forem cortadas na horizontal, as citocininas são exudadas (por pressão de raiz) do xilema das parcelas mais baixas restantes por períodos de até quatro dias (Skene, 1975; Torrey, 1976). É improvável que essas porções mais baixas possam armazenar quantidades suficientes de citocininas derivadas de alguma outra fonte para agir como fornecedoras de longo prazo para o xilema.

Evidências como essa levaram à ideia generalizada de que a extremidade da raiz sintetiza citocininas e as transporta pelo xilema para todas as partes da planta. Isso pode explicar seu acúmulo nas folhas jovens, frutos e sementes nas quais ocorre o transporte do xilema, mas o floema é um sistema de abastecimento geralmente mais eficaz para esses órgãos, que têm transpiração limitada. Embora as extremidades de raízes provavelmente representem uma fonte importante de citocinina para várias partes da planta, pequenas plantas de tabaco sem raízes convertem adenina radioativa eficientemente em diferentes citocininas (Chen e Petschow, 1978). Além disso, a adenina radioativa foi convertida em várias citocininas não só pelas raízes de ervilha, mas também pelos caules e folhas de ervilha (Chen et al., 1985). As raízes de cenoura também foram investigadas, e os resultados indicaram que principalmente as regiões do câmbio da raiz sintetizavam as citocininas (Chen et al, 1985). Essa observação e outros estudos indicam que os brotos podem sintetizar algumas das citocininas de que necessitam.

FIGURA 18-3 (a) Crescimento de calos a partir do escutelo de uma semente de arroz. **(b)** Calos embriogênicos que formaram uma pequena muda (S) e um pequeno sistema radicular (R). (Cortesia M. Nabors e T. Dykes.)

O transporte de vários tipos de citocininas certamente ocorre no xilema (Jameson et al, 1987), mas tubos crivados também contêm citocininas, como evidenciado pela presença dessa última no melado de pulgões. Outras evidências para o transporte no floema são fornecidas pelos experimentos com folhas de dicotiledôneas individuais. Quando uma folha madura é cortada de algumas espécies de plantas e mantida úmida, as citocininas se movem para a base do pecíolo e se acumulam ali. Esse movimento ocorre provavelmente ao longo do floema, e não do xilema, pois a transpiração favorece fortemente o fluxo do xilema do pecíolo às lâminas da folha. O acúmulo de citocinina no pecíolo sugere que as lâminas de folhas maduras podem fornecer citocininas às folhas jovens e outros tecidos jovens por meio do floema, desde que tais folhas possam sintetizar as citocininas ou recebê-las a partir das raízes. No entanto, se uma citocinina radioativa é adicionada à superfície de uma folha, muito pouco do que é absorvido é transportado para fora. Estes e muitos outros resultados indicam que as citocininas não são prontamente distribuídas no floema. Quase certamente, as folhas jovens, frutos e sementes que são escoadouros de transporte não transportam facilmente suas citocininas em outros lugares, quer pelo xilema quer pelo floema. Nossa conclusão preliminar é de que, com exceção da distribuição a partir das raízes pelo xilema, o transporte de citocininas na parte aérea é bastante limitado.

Divisão celular promovida pela citocinina e formação de órgãos

Explicamos que a principal função das citocininas é promover a divisão celular. Skoog e seus colegas descobriram que, se a medula das hastes do tabaco, soja e outras dicotiledôneas forem cortadas e cultivadas assepticamente em meio de ágar com auxinas e nutrientes adequados, uma massa de células não especializadas, frouxamente arranjadas e poliploides, chamadas de **calo**, se formam (consulte a Seção 16.6). A Figura 18-3 ilustra o aspecto geral de um calo. Se uma citocinina também é fornecida, a citocinese é muito promovida, como já mencionado. A quantidade de crescimento de novas células serve como um bioensaio sensível e altamente específico para as citocininas e é importante em nossa definição destes compostos (revisado por Skoog e Leonard, 1968, e por Skoog e Armstrong, 1970).

Skoog e seus colegas também descobriram que, se uma proporção elevada de citocinina-a-auxina é mantida, as células meristemáticas são produzidas no calo; essas células se dividem e dão origem a outras que se desenvolvem em botões, caules e folhas. No entanto, se a relação citocinina-a-auxina é diminuída, a formação de raízes é favorecida. Ao escolher a proporção adequada, os calos de muitas espécies (principalmente dicotiledôneas) podem ser desenvolvidos para tornar-se uma nova planta inteira. A capacidade dos calos de regenerar a planta inteira representa uma ferramenta para selecionar plantas com resistência à seca, ao estresse salino, a patógenos e determinados herbicidas ou com outras características úteis.

A maneira como um calo forma uma nova planta é variável. Muitas vezes, com relações relativamente altas de citocininas-a-auxina, somente um sistema de brotos se desenvolve primeiramente; em seguida, as raízes adventícias são formadas espontaneamente a partir do caule, ainda no calo. (As raízes podem também ser induzidas por técnicas comuns de horticultura para brotar a partir de hastes de brotos jovens retirados do calo ; leia as Seções 16.6 e 17.1.) Essa formação de brotos ou de brotos e raízes adventícias pelo calo é chamada de **organogênese**. Às vezes, porém, os calos se tornam embriogênicos (Figura 18-3b) e formam um embrião que se desenvolve em raiz e parte aérea, processo denominado **embriogênese**. A formação de mudas a partir de calos é mostrada na Figura 18-4. Tanto as citocininas quanto as auxinas normalmente devem ser adicionadas ao meio se a embriogênese estiver acontecendo, mas poucas informações indicam como elas agem como agentes de controle.

FIGURA 18-4 Desenvolvimento de plantas **(a)** de tomate e **(b)** de petúnia a partir de um calo, ilustrando a totipotência. (Fotografias cortesia de Murray Nabors e R. S. Sangwan.)

As citocininas e AIA são importantes no controle da formação e desenvolvimento das protuberâncias tumorais (galhas) em caules de muitas dicotiledôneas e gimnospermas, uma condição chamada **galha de coroa**. Essa doença é causada pela bactéria *Agrobacterium tumefaciens* (intimamente relacionada com os membros fixadores de nitrogênio do *rizóbio*). As galhas podem ser cultivadas em meio estéril, sem adição de citocinina ou auxina; ou seja, as células são autônomas para esses hormônios. *A. tumefaciens* contém vários plasmídeos (pequenos círculos de DNA que podem ocorrer independentemente da própria molécula de DNA da bactéria; leia o Capítulo 24); um desses plasmídeos, chamado de *plasmídeo Ti*, contém uma seção de DNA que é transferida para as células tronco da planta hospedeira durante a infecção e é responsável pelo crescimento rápido e desorganizado das galhas. Essa seção de DNA é chamada de *T-DNA* (o T significa transferido).

O T-DNA contém, entre outros genes, um que codifica a enzima isopentenil AMP sintase (que atua na reação mostrada na Figura 18-2) e dois que codificam enzimas que convertem o triptofano em AIA.

A mutação desses genes diferentes causa alterações nos níveis de citocininas e AIA e na morfologia dos brotos. Se todos os três genes são mutados de forma que se tornem inativados, os tumores não se desenvolvem e os níveis hormonais são baixos. Se apenas o gene da isopentenil AMP sintase é inativado, os níveis de citocinina diminuem e as galhas crescem lentamente, formando numerosas raízes por organogênese. Se um dos genes de biossíntese de auxina é inativado, as galhas crescem lentamente, formam muito menos AIA e produzem brotos folhosos com poucas ou nenhuma raiz. Esses resultados são tudo o que seria esperado com base nos efeitos das taxas de citocinina-a--auxina descobertos por Skoog. Boas revisões de genes da doença da galha de coroa e efeitos hormonais foram feitas por Morris (1986, 1987) e por Weiler e Schroder (1987), enquanto trabalhos mais recentes sustentando de maneira geral as conclusões acima foram feitos por Spanier et al. (1989) e por Smigocki e Owens (1989).

Senescência atrasada pela citocinina e o aumento das atividades de fuga de nutrientes

Quando uma folha madura, mas ainda ativa, é cortada, ela começa a perder clorofila, RNA, proteínas e lipídios das membranas dos cloroplastos mais rapidamente do que se ainda estivesse ligada à planta, mesmo que seja suprida com sais minerais e água por meio do corte. Esse envelhecimento prematuro ou senescência, evidenciado pelo amarelamento das folhas, ocorre especialmente rápido se as folhas são mantidas no escuro. Em folhas de dicotiledôneas, as raízes adventícias muitas vezes se formam na base do pecíolo e a senescência da lâmina é muito atrasada. As raízes aparentemente fornecem algo à folha que a mantém fisiologicamente jovem. Esse "algo" quase certamente contém uma citocinina transportada ao longo do xilema.

Duas evidências principais sugerem que uma citocinina está envolvida: muitas citocininas substituem parcialmente a necessidade das raízes de retardar a senescência; o teor de citocinina da lâmina das folhas aumenta substancialmente quando as raízes adventícias se formam (leia a revisão por Van Staden et al., 1988). No girassol, o teor de citocinina na seiva do xilema aumenta durante o período de crescimento rápido e diminui consideravelmente quando o crescimento para e a floração começa, sugerindo que uma redução no transporte de citocininas das raízes para a parte aérea pode permitir que a senescência ocorra mais rapidamente (Skene, 1975).

A maneira como citocininas retardam a senescência em folhas individuais de aveia tem sido investigada extensivamente por Kenneth V. Thimann, um pioneiro na pesquisa de auxina, e seus colegas dos Laboratórios Thimann em Santa Cruz, Califórnia (consulte Thimann, 1987). Quando as folhas de aveia e de muitas outras espécies são cortadas e colocadas na superfície de uma solução de sais minerais diluídos, elas começam a envelhecer, processo caracterizado inicialmente pela degradação das proteínas em aminoácidos e, posteriormente, pela perda de clorofila. Essa senescência ocorre muito mais rapidamente na escuridão do que na luz, e as citocininas adicionadas à solução na qual as folhas estão flutuando essencialmente substituem o efeito de luz, retardando a senescência. Thimann (1987) sugeriu que as citocininas fazem isso mantendo a integridade da membrana do tonoplasto. Caso contrário, as proteases do vacúolo vazariam para o citoplasma e hidrolisariam as proteínas solúveis e as proteínas de membrana dos cloroplastos e mitocondriais. Coerente com essa ideia, Y. Y. Leshem e seus colegas em Israel obtiveram evidências sugerindo que as citocininas protegem as membranas contra a degradação (Leshem, 1988). Tais resultados indicam que as citocininas atuam na prevenção da oxidação dos ácidos graxos insaturados nas membranas. Tal prevenção provavelmente ocorre porque as citocininas inibem a formação e aceleram a quebra de radicais livres, tais como o **superóxido** (O_2^{-}) e o **radical hidróxi** ($OH^{\cdot}$), que, de outra forma, oxidam os lipídios da membrana (Thompson et al., 1987; Leshem, 1988).

O atraso da senescência pelas citocininas parece ser um fenômeno natural parcialmente controlado pela raiz, e está associado a outros fenômenos interessantes. As citocininas causam o transporte de muitos solutos de partes mais antigas da folha e até mesmo de folhas mais velhas para a zona tratada. Um exemplo dramático dessa situação é mostrado na Figura 18-5. Nele, as folhas mais velhas (primárias) de uma planta de feijão foram pintadas em intervalos de quatro dias com benziladenina citocinina sintética. Normalmente, essas folhas tornam-se senescentes mais cedo do que as folhas trifoliadas acima, mas, nesse exemplo, o padrão de senescência foi revertido. As folhas primárias tratadas retiraram os nutrientes das trifoliadas adjacentes, fazendo com que elas envelhecessem primeiro. (Observe também que a benziladenina aparentemente não se moveu de forma eficaz a partir das folhas tratadas para as folhas trifoliadas mais jovens logo acima.)

Novos estudos com plantas de feijão mostraram que dois tipos de tratamentos podem retardar muito a senescência das folhas primárias e até reverter a sua senescência assim que se tornam verde-amareladas pálidas. Um tratamento envolve cortar as folhas e caule acima, e o outro envolve mergulhar as folhas primárias uma vez em uma solução de benziladenina (Venkatarayappa et al., 1984). Outros estudos com muitas monocotiledôneas e dicotiledôneas mostram que, se apenas uma parte de uma folha

FIGURA 18-5 A senescência de uma folha trifoliada de feijoeiro causada pelo tratamento das folhas primárias de corte com benziladenina citocinina sintética (30 mg/L) em intervalos de 4 dias. (De Leopold e Kawase, 1964.)

A capacidade das citocininas de retardar a senescência também se aplica a certas flores de corte e verduras frescas. Uma excelente revisão da senescência de flores e pétalas é apresentada por Borochov e Woodson (1989). A concentração de citocininas em pétalas de rosas e cravos diminui conforme ocorre o envelhecimento, e citocininas aplicadas retardam o processo de envelhecimento. Os cravos foram mais estudados e, para essa espécie, soluções contendo dihidrozeatina ou benziladenina são mais eficazes (Van Staden et al., 1990). Para a maioria das flores de corte, no entanto, as citocininas exógenas não podem superar os efeitos de promoção da senescência do etileno produzido pelas flores (leia a seção 18.2). A vida útil da couve-de-bruxelas e do aipo pode ser aumentada por citocininas comerciais relativamente baratas, tais como a benziladenina, mas tal tratamento não é permitido nos alimentos vendidos nos Estados Unidos, apesar de estarmos constantemente expostos a citocininas naturais em alimentos provenientes de plantas. A influência das citocininas e outros hormônios no armazenamento de frutas e vegetais foi revisto por Ludford (1987).

Desenvolvimento do botão lateral promovido por citocinina em dicotiledôneas

Se uma citocinina é adicionada a um broto lateral que não está crescendo, dominado pelo ápice do broto acima dele (uma situação denominada dominância apical, leia a Seção 17.2), o broto lateral muitas vezes começa a crescer. Nos primeiros estudos desse fenômeno, a cinetina sintética foi o principal composto utilizado, e o crescimento do broto lateral continuou por apenas alguns dias. O alongamento prolongado do broto poderia ser causado somente pela adição de AIA ou de uma giberelina a ele. Outra citocinina, a benziladenina, às vezes causa um alongamento substancialmente maior do que a cinetina, mas seus efeitos têm sido estudados em apenas algumas espécies. Pillay e Railton (1983) mostraram que a benziladenina e a zeatina aumentam dramaticamente o alongamento de brotos laterais de ervilha por pelo menos duas semanas, enquanto a isopentenil adenina e a cinetina promovem apenas o crescimento em curto prazo. A razão pela qual os hormônios estreitamente relacionados zeatina e isopentenil adenina causam efeitos tão diferentes é desconhecida, mas os autores especularam que a isopentenil adenina é pouco ativa, pois é lentamente hidroxilada em zeatina, muito mais ativa nos brotos. Os resultados apresentados por King e Van Staden (1988) sustentam a importância da hidroxilação. Outras evidências de que brotos laterais quiescentes não podem sintetizar citocininas ativas também existem, mas ainda não há certeza sobre a importância relativa das

é tratada, os metabólitos radioativos adicionados à outra parte da mesma folha ou a uma folha adjacente migram pelo floema para a zona tratada e se acumulam no local (consulte, por exemplo, Gersani e Kende, 1982). A implicação é que as folhas jovens podem remover nutrientes das mais velhas, em parte porque são ricas em citocininas e, portanto, as citocininas aumentam a capacidade dos tecidos jovens de atuar como sumidouros para o transporte do floema. Se esses hormônios estão envolvidos ou não no transporte normal de nutrientes móveis para os ramos e galhos maiores de plantas lenhosas, antes da queda das folhas no outono, é uma pergunta interessante. A ideia de que as citocininas nas estruturas reprodutivas podem ter valor de sobrevivência, aumentando o movimento de açúcares, aminoácidos e outros solutos das folhas maduras para sementes, flores e frutas, também é uma hipótese interessante.

Quando os fungos que causam a ferrugem e as doenças de mofo infectam as folhas, áreas de células mortas e moribundas são produzidas. Conforme as folhas envelhecem, essas áreas de necrose são muitas vezes cercadas de muitas células verdes e ricas em amido, mesmo quando o resto da folha tornou-se amarela e senescente. Essas **ilhas verdes** são ricas em citocininas, provavelmente sintetizadas pelo fungo (Greene, 1980). As citocininas supostamente ajudam a manter as reservas de alimentos para o fungo e influenciam o curso subsequente da doença.

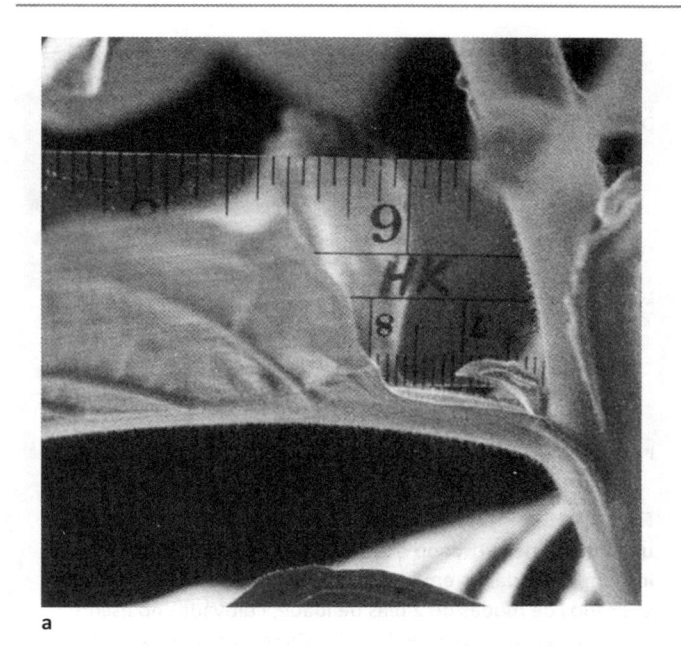

FIGURA 18-6 Promoção de expressão de brotos laterais em um mutante de tabaco produzindo citocinina em níveis elevados. O broto lateral no nó 12 (numeração a partir do ápice caulinar) é mostrado para o tipo selvagem **(a)** e o mutante **(b)**. (De Medford et al., 1989.)

citocininas e de outros hormônios e fatores nutricionais que controlam o desenvolvimento do broto lateral.

Em um experimento de engenharia genética, os níveis de citocinina foram aumentados em todo o tabaco e nas plantas de *Arabidopsis thaliana* aplicando-se uma técnica recente para a época (Medford et al., 1989). Os procedimentos gerais dos experimentos de engenharia genética são explicados no Capítulo 24, mas, essencialmente, um gene bacteriano que codifica a isopentenil AMP sintase (Figura 18-2) foi inserido por uma infecção bacteriana no genoma de células feridas em discos foliares cortados. Essas células feridas se transformaram em um calo carregando o gene novo e, em seguida, o calo formou plantas via organogênese. Juntamente com esse gene estrutural, um gene promotor que o ativa também foi inserido; o gene promotor é ativado somente em temperaturas relativamente elevadas (40-45°C), quando as plantas são submetidas a choque térmico (para saber mais sobre os genes do choque térmico, consulte as Seções 24.5 e 26.6). Depois que as plantas transformadas se desenvolveram a temperaturas normais de crescimento, um choque térmico foi dado por 15 minutos e, em seguida, temperaturas normais foram novamente fornecidas. Após mais quatro horas, as folhas das plantas de tabaco transformadas e chocadas por calor continham, em relação às plantas chocadas por calor, mas não transformadas, seis vezes mais isopentenil AMP, 23 vezes mais zeatina ribosídeo monofosfato, 46 vezes mais zeatina ribosídeo e 80 vezes a quantidade de zeatina. Os níveis de citocinina não foram medidos em *Arabidopsis*, mas tanto ela quanto o tabaco apresentaram diversas alterações morfológicas. O efeito morfológico mais acentuado dos altos níveis de citocinina foi o extenso desenvolvimento de brotos laterais (Figura 18-6). Essas interessantes experiências mostram os efeitos de níveis anormalmente elevados de citocinina e ajudam a sustentar a ideia de que as citocininas podem superar a dominância apical, mas não permitem a comparação entre plantas deficientes de citocinina e plantas com níveis normais; mutantes que sejam deficientes em citocininas são necessários para tais comparações.

Em outro exemplo de tabaco transformado, plantas deficientes em AIA foram produzidas pela inserção de um gene que codifica uma enzima que converte AIA em um conjugado inativo com o aminoácido lisina (Harry Klee, comunicação pessoal). As plantas de tabaco não podem degradar com facilidade esse conjugado, então seu AIA fica indisponível. Como os superprodutores da citocinina, eles também se ramificam excessivamente em comparação às plantas controle não transformadas. Esses resultados indicam que a relação citocinina-a-auxina é importante no controle da dominância apical (repressão de brotos laterais); altas relações favorecem o desenvolvimento de brotos e relações baixas favorecem a dominância.

O aumento da ramificação lateral também acontece em duas doenças bacterianas nas quais o patógeno sintetiza uma citocinina. Uma delas é uma doença de fasciação, causada por *Corynebacterium fascians*, que ocorre em várias dicotiledôneas, tais como crisântemos, ervilhas e favas. Nas **fasciações**, caules normalmente redondos ficam achatados e inúmeros brotos laterais desenvolvem-se nos ramos, muitas vezes formando um feixe (vassoura) nos caules. Nas ervilhas, os sintomas dessa doença podem ser reproduzidos pela adição de uma citocinina em plantas jovens. As cepas de alta patogenicidade da bactéria contêm um plasmídeo; cepas que não são patogênicas não contêm esse plasmídeo (Nester e Kosuge, 1981). As cepas patogênicas sintetizam e liberam em seu meio de crescimento várias citocininas que certamente contribuem para a doença de fasciação.

Corynebacterium fascians também causa certos tipos de vassoura de bruxa em árvores, mais uma vez acompanhados pela produção de vários brotos laterais que crescem em galhos. Dois outros patógenos (*Exobasidium* spp.) que causam vassoura de bruxa também produzem citocininas. Nesses casos, também acredita-se que as citocininas causem o aparecimento dos sintomas da doença.

Expansão celular aumentada por citocinina em cotilédones e folhas de dicotiledôneas

Quando as sementes de muitas dicotiledôneas são germinadas no escuro, os cotilédones emergem acima do solo, mas continuam amarelos e relativamente pequenos. Se os cotilédones são expostos à luz, o crescimento aumenta muito, mesmo que a energia da luz fornecida seja fraca demais para permitir a fotossíntese. Esse é um efeito fotomorfogenético parcialmente controlado pelo fitocromo (conforme descrito no Capítulo 20), mas as citocininas provavelmente estão envolvidas também. Se os cotilédones são retirados e incubados com uma citocinina, a taxa de crescimento dobra ou triplica em relação aos controles que não tiveram a adição hormonal, estejam na luz ou no escuro. O crescimento é causado exclusivamente pela absorção de água, que impulsiona a expansão celular, porque o peso seco dos tecidos não aumenta.

Essa promoção de crescimento ocorre com mais de uma dúzia de espécies conhecidas, incluindo rabanete, beterraba, alface, girassol, joio, mostarda, moranga, pepino, abóbora, melão e feno-grego. A maioria dessas espécies contém gorduras como maior reserva de alimentos nos cotilédones. Além disso, os cotilédones surgem normalmente acima do solo e se tornam fotossintéticos em cada uma dessas espécies. Nenhuma resposta foi encontrada em espécies com cotilédones que permanecem abaixo do solo após a germinação, ou no feijão, na qual os cotilédones emergem, mas não se tornam folhosos. A Figura 18-7 mostra os efeitos promotores de zeatina sobre o alargamento dos cotilédones de rabanete sob a luz e no escuro, mas também demonstra que a luz é eficaz na ausência de zeatina. As auxinas não promovem o crescimento de cotilédones, e giberelinas também têm pouco efeito quando os cotilédones

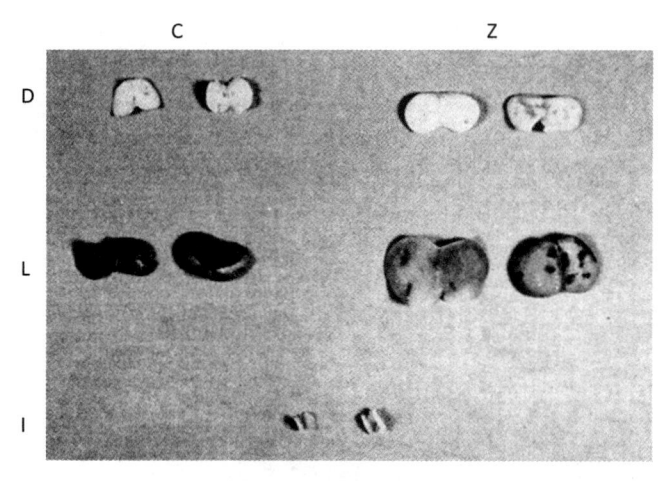

FIGURA 18-7 Promoção de alongamento com zeatina e luz em um cotilédone extirpado de rabanete. Os cotilédones na parte inferior, legendados em I, representam os cotilédones iniciais excisados de mudas de 2 dias de idade, cultivadas no escuro antes dos estudos de crescimento. Os cotilédones excisados foram incubados por quatro dias em papel de filtro, mantidos em placas de petri contendo fosfato de potássio a 2 mM (pH 6,4) sozinho (controles, C) ou também com 2,5 μM de zeatina (Z). Os cotilédones expostos à luz (L) receberam radiação fluorescente contínua em um nível próximo do ponto de compensação fotossintética da luz. Cotilédones incubados por 4 dias no escuro (D). (Resultados não publicados de A. K. Huff e C W Ross.)

são cultivados na água ou no escuro; assim, essa resposta proporciona um bioensaio útil para as citocininas (Letham, 1971; Narain e Laloraya, 1974).

As citocininas promovem o crescimento dos cotilédones somente aumentando a expansão de células já existentes ou esses hormônios promovem a divisão celular e a expansão das células-filhas resultantes? Todos os resultados indicam que elas aumentam a citocinese e, especialmente, a expansão de células. Lembre-se, no entanto, de que a citocinese não aumenta o crescimento de qualquer órgão em si, porque é apenas um processo de divisão. Portanto, o crescimento geral exige a expansão da célula, e a promoção do crescimento pelas citocininas envolve uma expansão mais rápida das células e a produção de células maiores.

Uma vez que os cotilédones nos quais o crescimento é promovido pelas citocininas se tornam órgãos fotossintéticos, podemos perguntar se as folhas verdadeiras também necessitam de citocininas para o crescimento. Os efeitos promotores definitivos em folhas de dicotiledôneas intactas de algumas espécies ocorrem após repetidas aplicações de citocininas, mas os efeitos são geralmente pequenos e podem surgir indiretamente, por meio da atração de metabólitos de outros órgãos. Se discos são cortados das folhas de dicotiledôneas com uma sonda esterilizada e mantidos úmidos, as citocininas aumentam a expansão valendo-se da melhoria do crescimento celular, o que novamente sugere uma função normal das citocininas de algum outro órgão, talvez das raízes, no crescimento das folhas. Outra evidência de que as citocininas das raízes promovem o crescimento da folha vem de experimentos em que algumas ou todas as raízes foram retiradas do feijão e do centeio de inverno (*Secale cereale*). O crescimento das folhas de plantas sem raízes logo diminuiu em ambas as espécies, mas a aplicação de citocinina nas folhas restaurou grande parte desse crescimento. Tanto quanto sabemos, nenhum estudo sobre os efeitos das citocininas no crescimento das agulhas das coníferas foi realizado.

Efeitos de citocininas em caules e raízes

Acredita-se que o crescimento normal de caules e raízes necessite de citocininas, mas as quantidades endógenas raramente são limitantes. Como resultado, as aplicações de citocininas exógenas também não aumentam o crescimento desses órgãos. Essa descoberta também foi observada em plantas de tabaco e *Arabidopsis* no experimento de engenharia genética descrito acima, no qual os níveis endógenos de citocininas foram significativamente aumentados em plantas transformadas (Medford et al., 1989). Suponha, no entanto, que interrompamos a entrega de citocininas (e giberelinas) das raízes para os brotos, eliminando as raízes. Podemos agora adicionar citocininas e giberelinas e restaurar o crescimento dos brotos, especialmente o alongamento do caule? Em girassóis e ervilhas, a restauração do crescimento não obteve sucesso, mas na soja obteve-se êxito. Resultados conflitantes com tão poucas (apenas dicotiledôneas) espécies justificam a falta de uma conclusão geral. Os experimentos desenvolvidos para fornecer respostas mais gerais a essa questão parecem simples.

Outra abordagem para determinar a importância das citocininas no crescimento normal dos caules e raízes é o de excisar cortes e cultivá-los *in vitro*, assim como foi feito nos experimentos com as auxinas e giberelinas (Capítulo 17). Em tais experimentos, a suposição é que os cortes excisados não terão citocininas quando separadas da ponta dos brotos ou raízes que supostamente representam fontes de hormônio. No entanto, ninguém demonstrou, por medições reais, que os cortes extirpados se tornam deficientes em citocininas. Quando cortes de raiz ou caule são cultivados *in vitro* com uma citocinina exógena, o alongamento é quase sempre atrasado em relação aos cortes de controle. Por exemplo, dados mostrando os efeitos fortemente antagônicos de uma auxina e de uma cinetina no alongamento de cortes de hipocótilo de soja são plotados na Figura 18-8. Curiosamente, embora o alongamento seja inibido, os cortes de caule

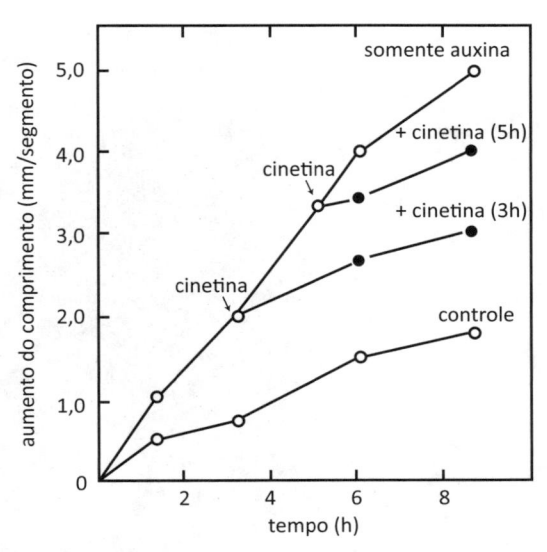

FIGURA 18-8 A inibição do alongamento induzido pela auxina nos cortes de hipocótilo de soja por 4μM de cinetina adicionada em diferentes tempos de incubação (setas). (De Vanderhoef et al., 1973.)

geralmente tornam-se mais espessos pela expansão radial das células, de modo que o peso total fresco dos cortes tratados não é muito diferente daquele nos cortes de controle.

O que podemos concluir a partir de resultados mostrando apenas a inibição do alongamento? Podemos concluir que o alongamento de caules e raízes não necessita de citocininas. Alternativamente, mesmo que tais órgãos precisem dos hormônios para o alongamento, talvez já contenham quantidades suficientes desses hormônios. Em ambos os casos, poderíamos argumentar que as citocininas exógenas inibem o crescimento *in vitro*, causando excesso de concentrações internas. Parece que não há uma maneira fácil de resolver esse problema sem medirmos as concentrações internas de citocininas nos cortes extirpados, especialmente nas células epidérmicas que, provavelmente, limitam a taxa global de alongamento. (Observe a relação desse problema com aquele sobre a importância das auxinas para o alongamento da raiz descrito na Seção 17.2.)

No entanto, existem dois casos conhecidos nos quais as citocininas aplicadas promoveram o alongamento: nos cortes de coleóptilos de trigo jovens (Wright, 1966) e nos hipocótilos de melancia intactos, especialmente naqueles de um cultivo anão (Loy, 1980). Nos coleóptilos de trigo, a promoção do crescimento ocorre somente se os tecidos ainda forem jovens e a divisão celular ainda estiver ocorrendo, mas verificou-se que as citocininas causam o crescimento ao promover o alongamento das células, e não a sua divisão. Na melancia anã, o aumento no alongamento do hipocótilo também ocorre em resposta à citocinina

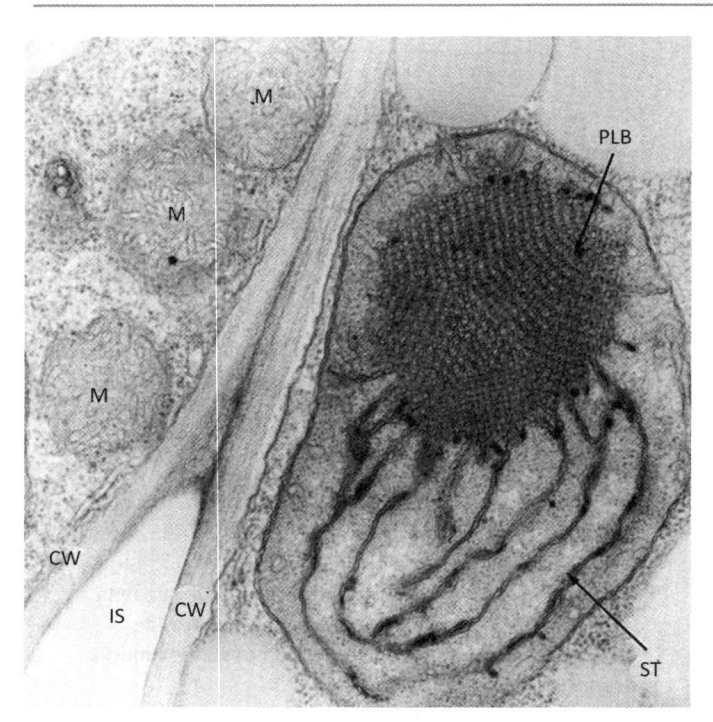

FIGURA 18-9 Etioplastos do cotilédone de uma muda de rabanete crescida no escuro, ilustrando o corpo prolamelar (PLB) e os tilacoides do estroma (ST) que se irradiam dele. Também são mostradas duas paredes celulares adjacentes (CW), um espaço intercelular (IS) entre as paredes e as mitocôndrias (M) na célula à esquerda. (Cortesia Nicholas Carpita.)

são amarelos, pois contêm carotenoides, e têm um interessante sistema de membranas internas estreitamente organizadas em uma rede interna chamada de **corpo prolamelar** (Figura 18-9). Após a exposição à luz, o corpo prolamelar dá origem a grande parte do sistema tilacoide encontrado em cloroplastos verdes normais, e essa evolução é acompanhada da formação de proteínas tilacoides especiais que aderem às clorofilas nos dois fotossistemas e complexos de captura de luz.

A adição da citocinina nas folhas estioladas ou nos cotilédones várias horas antes de serem expostos à luz tem dois efeitos importantes: melhorar o desenvolvimento posterior (à luz) dos etioplastos em cloroplastos, notadamente pela promoção de formação de grana, e aumentar a taxa de formação da clorofila. Muito se sabe sobre os detalhes desses efeitos (Parthier, 1979; Guern e Peaud-Lenoel, 1981; Lew e Tsuji, 1982); a principal razão para ambos é que, provavelmente, as citocininas melhoram a formação de uma ou mais proteínas às quais as clorofilas se ligam para se estabilizarem. Suspeitamos que citocininas endógenas normalmente aumentam o desenvolvimento de cloroplastos nas folhas de forma semelhante. Mais será dito sobre a capacidade das citocininas de ativar a síntese de uma proteína que liga as clorofilas a e b em relação aos mecanismos de ação da citocinina (leia abaixo).

exógena, principalmente porque a taxa de alongamento das células é aumentada; esse aumento resulta das citocininas aplicadas tanto para a ponta do broto quanto para as raízes.

Em resumo, as citocininas exógenas podem promover a expansão celular em folhas jovens, cotilédones, coleóptilos de trigo e hipocótilos de melancia, mas ainda há muito a ser aprendido sobre o papel normal desses hormônios na expansão celular, especialmente nos caules e raízes. Como sempre, ainda menos se sabe sobre árvores em geral e sobre coníferas em particular.

Desenvolvimento de cloroplastos promovido pela citocinina e a síntese da clorofila

Se mudas de angiospermas são cultivadas no escuro, podemos remover delas uma folha jovem ou um dos cotilédones e testar se a adição de uma citocinina terá qualquer efeito sobre o desenvolvimento dos cloroplastos ou a síntese de clorofila. Esse experimento é possível porque, no escuro, não há formação de clorofila e o desenvolvimento do cloroplasto é bloqueado. Os plastídios jovens são presos na fase de proplastídios (leia a seção 10.2) ou, mais comumente, na fase de etioplastos. Os **etioplastos** (a partir de mudas cultivadas no escuro ou estioladas)

Os mecanismos de ação da citocinina

A variabilidade dos efeitos da citocinina sugere que pode haver diferentes mecanismos de ação em diferentes tecidos, mas uma visão simplificada é que um efeito comum primário é seguido por numerosos efeitos secundários que dependem do estado fisiológico das células-alvo. Como ocorre com outros hormônios, a amplificação do efeito inicial deve ocorrer porque as citocininas estão presentes em concentrações muito baixas (0,01 a 1 µM). Suspeitava-se de alguns efeitos promotores das citocininas no RNA e na formação de enzimas por muito tempo, em parte porque os efeitos das citocininas são normalmente bloqueados por inibidores de RNA ou pela síntese de proteína. Nenhum efeito específico sobre a síntese de DNA foi observado, embora as citocininas exógenas muitas vezes aumentem a divisão celular e possam geralmente ser necessárias nesse processo.

Muitos investigadores tentaram determinar se as plantas têm uma proteína receptora especial que ligaria as citocininas e depois levaria a diversos efeitos fisiológicos, dependendo do tipo de célula. Várias proteínas que ligam as citocininas de formas mais ou menos específicas foram encontradas em várias partes da planta, mas quase todas não se ligam com especificidade suficientemente alta ou com afinidade suficiente para citocininas ativas (Napier e Venis, 1990). Uma exceção interessante é a proteína de ligação de folhas da cevada, que liga a zeatina com uma afinidade elevada incomum e outras citocininas em relações aproximadas com suas atividades biológicas (Romanov et al., 1988). Mais estudos com outras espécies devem ser feitos antes de sabermos se essa é uma proteína receptora hormonal fisiologicamente significativa. Entretanto, outras abordagens podem ser usadas para determinar como as citocininas agem.

A citocinese aumentada é uma das respostas mais importantes da citocinina, porque permite a micropropagação comercial de diversas culturas a partir de culturas de tecidos. Os aspectos bioquímicos dessa resposta conhecida há muito tempo estão sendo estudados. Fosket e seus colegas (Fosket, 1977; Fosket et al., 1981) concluíram que as citocininas promovem a divisão das células em cultura de tecidos, aumentando a transição da G_2 à mitose (leia *O ciclo celular*, Seção 16.2), e que fazem isso por meio do aumento da taxa de síntese proteica. Algumas dessas proteínas poderiam ser enzimas ou proteínas estruturais necessárias para a mitose. Naturalmente, a síntese de proteínas pode ser aumentada ao se estimular a formação de RNAs mensageiros que codificam essas proteínas, mas nenhum aumento na produção de RNAmensageiro tem sido observado. Fosket e seus colegas concluíram que as citocininas atuam especificamente sobre a tradução. Uma das várias evidências para essa conclusão é que os ribossomos nas células tratadas com citocinina são frequentemente agrupados em grandes polissomos da síntese de proteínas, ao invés de em polissomos menores ou como monorribossomos livres (sendo Essa a característica das células de divisão lenta). Ainda não há nenhuma explicação sobre como a formação de polissomos e a tradução são aumentadas pelas citocininas, e nenhuma enzima específica ou outra proteína que possa levar à mitose foi descoberta em células tratadas com citocinina.

A partir de estudos de divisão celular ativados pela citocinina em meristemas apicais, Houssa et al. (1990) obtiveram resultados bastante consistentes com aqueles de Fosket e outros. Descobriram que a benziladenina causou uma grande diminuição no comprimento da fase S do ciclo celular (da G_2 à mitose, durante a qual o DNA e as proteínas da divisão celular são sintetizadas). Sugeriram que algumas proteínas nucleares são um alvo para as citocininas. Presumivelmente, essa proteína melhoraria a divisão celular de maneira direta: controlando a síntese de DNA, por exemplo. Lembre-se, no entanto, que as proteínas nucleares que poderiam atuar como alvos para a ação das citocininas ou outros hormônios dentro do núcleo são sintetizadas no citosol durante a tradução e que o núcleo não produz suas próprias proteínas. Portanto, as citocininas podem ter os chamados efeitos-alvo no núcleo apenas após o primeiro aumento da produção de uma ou mais proteínas nucleares pela tradução no citosol.

Alguns casos de ação de citocinina (por exemplo, a promoção do crescimento) também parecem envolver efeitos sobre a tradução, evidenciados pelo aumento dos níveis de polissomos, incorporações mais rápidas de aminoácidos radioativos nas proteínas e a inibição da resposta fisiológica por inibidores da síntese de proteínas. Essa constatação deu origem ao conceito popular de que, enquanto as auxinas e giberelinas influenciam principalmente a transcrição no núcleo, as citocininas influenciam sobretudo a tradução no citoplasma. Isso pode não ser verdade.

Chen et al. (1987) mostraram que a benziladenina muda os tipos de RNAm formados por cotilédones excisados de abóboras, nos quais as citocininas promovem a expansão celular, a divisão celular e a síntese de clorofila. Quantidades de alguns RNAm foram aumentadas pela benziladenina, enquanto aquelas em outros foram suprimidas. As primeiras mudanças foram detectadas 1 h após a adição da citocinina, e a ação da citocinina nesses órgãos e em outras partes das plantas é comumente observada mesmo mais tarde, bem mais tarde do que os efeitos de auxinas e giberelinas nas partes das plantas que respondem a esses hormônios.

A interpretação mais simples das mudanças nos níveis de RNAm causadas pelas citocininas é de que a transcrição de alguns genes é melhorada e a de outros é reprimida. (Fizemos a mesma interpretação para as auxinas e giberelinas no Capítulo 17, com base em resultados semelhantes.) No entanto, também devemos lembrar que a presença de uma molécula específica de RNAm depende em parte de sua taxa de formação durante a transcrição e, em parte, da sua taxa de degradação (isto é, a sua estabilidade; observe a Figura 17-1). As citocininas podem atuar apenas na transcrição, influenciando apenas a estabilidade do RNAm ou em ambos. Em outros estudos com cotilédones excisados, a melhoria na formação de polissomos pareceu resultar da síntese mais rápida de RNAm em decorrência de uma RNA polimerase mais ativa (Ananiev et al., 1987; Ohya e Suzuki, 1988).

Em pelo menos três casos, as citocininas afetam as quantidades de moléculas de RNAm que codificam proteínas conhecidas. Duas proteínas e seus RNAm são fortemente **suprareguladas** (formadas mais rapidamente ou degradadas mais lentamente). Essas proteínas são uma proteína de ligação das clorofilas *a/b* (que se torna parte do LHCII em tilacoides) e da pequena proteína da subunidade da rubisco. Quando folhas cultivadas no escuro (estioladas) são expostas a citocininas no escuro ou a luz sem citocinina, essas duas proteínas e seus RNAm se tornam muito mais abundantes do que em folhas sem essa citocinina (revisado por Flores e Tobin, 1987 e por Cotton et al. , 1990). Ambos os RNAm são codificadas por genes nucleares, o que sugere a ação da citocinina na transcrição no núcleo. Mesmo assim, Flores e Tobin (1987) obtiveram evidências de que as citocininas agem aumentando a estabilidade dos RNAm, permitindo a rápida tradução de suas mensagens genéticas em proteínas.

O terceiro exemplo de controle da citocinina de uma proteína conhecida e o seu RNAm está relacionado ao fitocromo proteico. (Fitocromo, discutido no Capítulo 20, é um complexo pigmento-proteína que controla muitos processos de desenvolvimento na vida das plantas.) A formação dessa proteína e seu RNAm é **subregulado** (formado lentamente ou acumulado em quantidades menores) pela citocinina zeatina e pela luz vermelha absorvida pelo próprio fitocromo (Cotton et al., 1990). Ainda não se sabe se a zeatina age desativando o gene fitocromo no núcleo ou promovendo a degradação do RNAm do fitocromo. Esses resultados são especialmente interessantes porque mostram efeitos comuns em uma proteína específica e seu RNAm de citocininas e da luz vermelha absorvida pelo fitocromo. (Como descrito no Capítulo 20, a luz vermelha e as citocininas têm outros efeitos fisiológicos em comum.) Além disso, Bracale et al. (1988) descobriram que a luz e a benziladenina causaram mudanças semelhantes em polipeptídeos e na morfologia do plastídeo durante a conversão dos etioplastos em cloroplastos. A partir desses muitos efeitos de citocininas, podemos resumir dizendo que as evidências não nos permitem saber com certeza se as citocininas atuam na transcrição, na estabilidade do RNAm ou na tradução, porque as provas de cada uma dessas possibilidades estão disponíveis. Talvez as citocininas afetem todos os três processos em diferentes espécies ou partes da planta.

Depois de finalmente se descobrir como as citocininas afetam a síntese proteica, haverá ainda o problema de como as enzimas recém-traduzidas ou outras proteínas causam a citocinese, a expansão celular e outros efeitos. Na Universidade Estadual do Colorado, buscou-se determinar como a expansão celular de cotilédones individuais é aumentada, sem nenhum conhecimento de que tipo de enzima está envolvido. Descobrimos para os cotilédones de rabanete e de pepino que o tratamento com citocinina causa uma maior plasticidade (mas não elasticidade) das paredes das células, ou seja, as paredes se tornam mais maleáveis para que possam se expandir mais rapidamente e irreversivelmente sob a pressão de turgor existente (Thomas et al, 1981). Os cotilédones tratados com citocinina crescem com apenas 0,15 MPa pressão de turgor, em comparação com 0,90 MPa para os cotilédones não tratados (Rayle et al., 1982). Descobrimos também que, seja qual for o mecanismo de afrouxamento da parede celular, quase certamente não é causado pela acidificação da parede (Ross e Rayle, 1982), de modo que o mecanismo de crescimento ácido não é aplicável. Tal como acontece com as auxinas e giberelinas, as citocininas fazem com que as células alterem suas paredes de alguma forma que as tornem mais plásticas, mas a natureza dessa alteração e a enzima ou enzimas que as causam ainda precisam ser descobertas. Se as citocininas geralmente atuam sobre a membrana plasmática e, pela transdução, levam a um aumento nos níveis de Ca-calmodulina (observe a Figura 17-2) é um assunto não resolvido que ainda está sendo investigado.

18.2 Etileno, um hormônio volátil

A capacidade de certos gases para estimular a maturação do fruto já é conhecida há vários anos. Mesmo os antigos chineses sabiam que os frutos colhidos amadureceriam mais rapidamente em um quarto com incenso aceso. Em 1910, um relatório anual assinado por H. H. Cousins e endereçado ao Departamento de Agricultura da Jamaica mencionou que as laranjas não deveriam ser armazenadas com as bananas em navios porque alguma emanação das laranjas faria com que as bananas amadurecessem prematuramente. (Laranjas saudáveis produzem quase nenhum etileno, por isso, provavelmente eram fungos em laranjas infectadas que produziam tal emanação.) Esse relatório foi, aparentemente, a primeira sugestão de que os frutos liberam um gás que estimula a maturação, mas apenas em 1934 R. Gane provou que o etileno é sintetizado pelas plantas e é responsável por seu rápido amadurecimento.

Outra prática histórica, implicando um papel diferente para o etileno, foi a construção de fogueiras perto das plantações pelos produtores de abacaxi em Porto Rico e pelos produtores de manga nas Filipinas. Os agricultores aparentemente acreditavam que a fumaça ajudava a iniciar e sincronizar o florescimento. O etileno provoca esses efeitos em ambas as espécies, por isso, é quase certo que o componente esteja mais ativo na fumaça. O estímulo da maturação dos frutos é um fenômeno generalizado, enquanto a promoção do florescimento parece ser restrita à manga e à maioria das espécies de bromélias, incluindo o abacaxi.

Outro efeito dos gases foi relatado ainda em 1864. Antes da utilização de luz elétrica, as ruas eram iluminadas com uma iluminação a gás. Às vezes, os tubos de gás vazavam e, em algumas cidades alemãs, isso fez com que as folhas caíssem das árvores. O etileno provoca a senescência e a abscisão das folhas e, assim, novamente, presumiu-se que ele seria o responsável.

O fisiologista russo Dimitry N. Neljubow (1876- -1926) estabeleceu pela primeira vez que o etileno afeta o crescimento das plantas. Em 1901, ele identificou o etileno na iluminação a gás e mostrou que ele provoca uma **resposta tripla** nas mudas de ervilha: inibição do alongamento do caule, aumento do espessamento do caule e um hábito de crescimento horizontal. Além disso, a expansão foliar é inibida e a abertura normal do gancho de epicótilo é retardada. Neste capítulo, descreveremos esses e outros efeitos do etileno. Livros de Abeles (1973), Roberts e Tucker (1985), Mattoo e Suttle (1990) e revisões de Lieberman (1979), Beyer et al. (1984), M. S. Reid (1987), Mattoo e Aharoni (1988) e Borochov e Woodson (1989) descrevem esses e outros efeitos do etileno em mais detalhes.

Síntese do etileno

A produção de etileno por diversos organismos muitas vezes é facilmente detectada por cromatografia a gás porque a molécula pode ser retirada de tecidos sob vácuo e porque a cromatografia a gás é muito sensível. Apenas algumas bactérias supostamente produzem etileno, não se sabe de nenhuma alga capaz de sintetizá-lo; além disso, geralmente ele tem pouca influência sobre seu crescimento. No entanto, diversas espécies de fungos o produzem, incluindo alguns que normalmente crescem nos solos. Suspeita-se que o etileno liberado por fungos do solo contribui para promover a germinação de sementes, o controle de crescimento de mudas e retardamento de doenças causadas por organismos do solo.

Essencialmente, todas as partes de todas as plantas de sementes produzem etileno. Nas mudas, o ápice caulinar é um local importante de produção. Os nós de caules de mudas dicotiledôneas produzem muito mais etileno do que os entrenós quando pesos de tecido iguais são comparados. Os caules produzem mais etileno quando são colocados na horizontal (veja a Seção 19.5). As raízes liberam quantidades relativamente pequenas, mas, mais uma vez, o tratamento da auxina geralmente faz a taxa de liberação subir. A produção nas folhas geralmente aumenta lentamente até que as folhas tornem-se senescentes e caiam. As flores também sintetizam etileno, especialmente pouco antes de desvanecer e murchar, e na maioria das espécies esse gás provoca a sua senescência e abscisão. A maior taxa conhecida de liberação de etileno foi obtida a partir de flores desvanecendo de orquídeas Vanda: 3,4 mL h^{-1}kg^{-1} de peso fresco (Beyer et al, 1984).

Em muitos frutos, o etileno é pouco produzido até pouco antes do climatério respiratório, sinalizando o início da maturação, quando o teor desse gás nos espaços intercelulares de ar aumenta drasticamente de quantidades quase indetectáveis para cerca de 0,1 a 1 µL por L. Essas concentrações geralmente estimulam o amadurecimento dos frutos carnosos e não carnosos que exibem um aumento

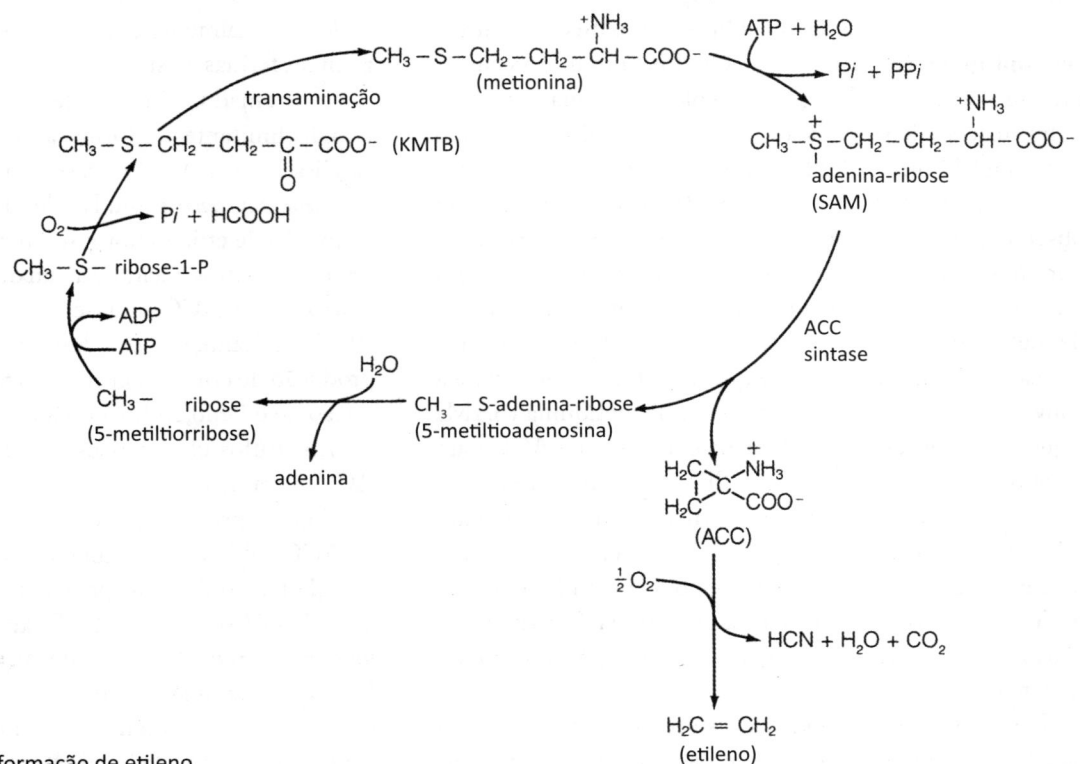

FIGURA 18-10 Percurso da formação de etileno.

climatérico da respiração (veja a Seção 13.13), se os frutos estivessem suficientemente desenvolvidos para serem suscetíveis ao gás (Tucker e Grierson, 1987). Cortes de maçã, de pera madura ou até mesmo cascas de maçã são frequentemente utilizados como fonte de etileno em demonstrações laboratoriais. Frutos não climatéricos sintetizam pouco etileno e não são induzidos a amadurecer por ele. É claro, porém, que a maioria dos frutos climatéricos, incluindo frutos não carnosos, normalmente amadurecem em parte como resposta ao etileno que produzem. Nos frutos não climatéricos, como cerejas, uvas e frutas cítricas, o etileno não parece desempenhar qualquer papel no processo de maturação natural, embora seja usado comercialmente para amadurecer as laranjas e limões (M. S. Reid, 1987).

Curiosamente, muitos efeitos mecânicos e de estresse, tais como a fricção suave de um caule ou folhas, aumento da pressão, micro-organismos patogênicos, vírus, insetos, alagamentos ou seca, aumentam a produção de etileno. As antigas civilizações egípcias inconscientemente se aproveitavam do aumento da produção de etileno em consequência de lesões rasgando figos de sicômoro imaturos para estimular o amadurecimento. Quando os figos de apenas 16 dias de idade são lesionados, eles amadurecem dentro de até quatro dias.

Os primeiros pesquisadores descobriram que o etileno é derivado dos carbonos 3 e 4 do aminoácido metionina. Um segundo avanço importante foi feito no laboratório de Shang-Fa Yang, na Universidade da Califórnia, em Davis, quando se descobriu que um composto incomum semelhante a um aminoácido, o **ácido 1-carboxílico-1-amino-ciclopropano (ACC)**, está envolvido como um precursor próximo do etileno. Yang e seus colegas elucidaram várias outras reações do percurso de formação do etileno (revisado por Yang e Hoffman, 1984; Yang et al., 1985; Imaseki et al., 1988; Kende, 1989). A Figura 18-10 mostra esse percurso; observe que o átomo de enxofre da metionina é preservado por um processo de recuperação cíclica. Sem esse resgate, a quantidade reduzida de enxofre pode limitar a quantidade de metionina e a taxa de síntese de etileno. Outras características notáveis do percurso é que o ATP é essencial para a conversão de metionina em S-adenosil-metionina (SAM) e que o O_2 é necessário no final da conversão de ACC para etileno. (Os requisitos para a ATP e O_2 quase certamente explicam por que a produção de etileno praticamente para sob condições de hipóxia severa.) Evidências também indicam que quatro átomos de carbono da unidade ribose do SAM são salvos e reaparecem na metionina. Um intermediário, o *ácido α-ceto-γ-metiltiobutírico*, é importante para o resgate desses carbonos.

Dois potentes inibidores da síntese de etileno foram descobertos; ambos são ferramentas úteis para investigar o percurso da formação de etileno e estudar os efeitos da produção reduzida de etileno em tecidos. Esses compostos, *aminoetoxivinilglicina (AVG)* e *ácido aminooxiacético (AOA)*, são inibidores conhecidos das enzimas que requerem fosfato piridoxal como coenzima. AVG e AOA bloqueiam a conversão de SAM para ACC, mas não têm outro efeito importante sobre o percurso. Esse e outros estudos com a enzima purificada mostram que a *ACC sintase* é uma enzima dependente de fosfato piridoxal.

A reação final do percurso, a conversão de ACC em etileno, é catalisada por uma enzima oxidativa chamada de *enzima de formação de etileno (EFE)*. Essa enzima não foi bem purificada, provavelmente porque está fortemente ligada à superfície ou ao interior da membrana. Estudos com vacúolos isolados de *Vicia faba* mostraram que essas organelas contêm a maioria do ACC nas células e constituem a maior parte do etileno (Mayne e Kende, 1986; Kende, 1989). Presumivelmente, portanto, a EFE está sobre ou no tonoplasto. Entretanto, uma pesquisa com três outras espécies mostraram que tanto a membrana plasmática quanto o tonoplasto provavelmente sintetizam etileno (Bouzayen et al., 1990). Curiosamente, a formação de etileno é acompanhada em uma base 1:1 pela formação de *ácido cianídrico* (HCN). As plantas têm maneiras de metabolizar o HCN (no processo, salvando o nitrogênio e o carbono); caso contrário, o cianeto poderia envenenar a citocromo oxidase na mitocôndria e inibir a respiração (leia a Seção 13.7).

O controle da síntese de etileno tem sido muito estudado, especialmente em relação aos efeitos promotores de auxinas, feridas e estresse hídrico, além dos aspectos do estágio de amadurecimento de frutas. Aceita-se agora que o estágio limitante na formação de etileno normalmente é catalisado pela ACC sintase. Em caules de feijão-mungo (*Phaseolus aureus*) e mudas de ervilha, o AIA aumenta a formação de etileno por um fator de várias centenas. Nesses e em outros tecidos, as auxinas induzem a formação adicional de ACC sintase, e a formação aumentada do ACC resultante da ação dessa enzima leva ao aumento da produção de etileno. Ferimentos também aumentam a produção de etileno, induzindo a formação de ACC sintase.

Em frutos climatéricos amadurecendo, a formação de ACC novamente limita a formação de etileno. Em frutos de abacate pré-climatéricos, por exemplo, a concentração de ACC subiu de praticamente zero para mais de 40 μmol kg^{-1} de tecido de fruto pouco antes de um pico de síntese de etileno (Figura 18-11). O amadurecimento aconteceu logo em seguida. Os níveis de ACC e etileno apresentaram forte queda aproximadamente dois dias após a ocorrência dos picos, mas o nível de ACC então subiu novamente sem síntese de etileno adicional. A aplicação da ACC em frutos

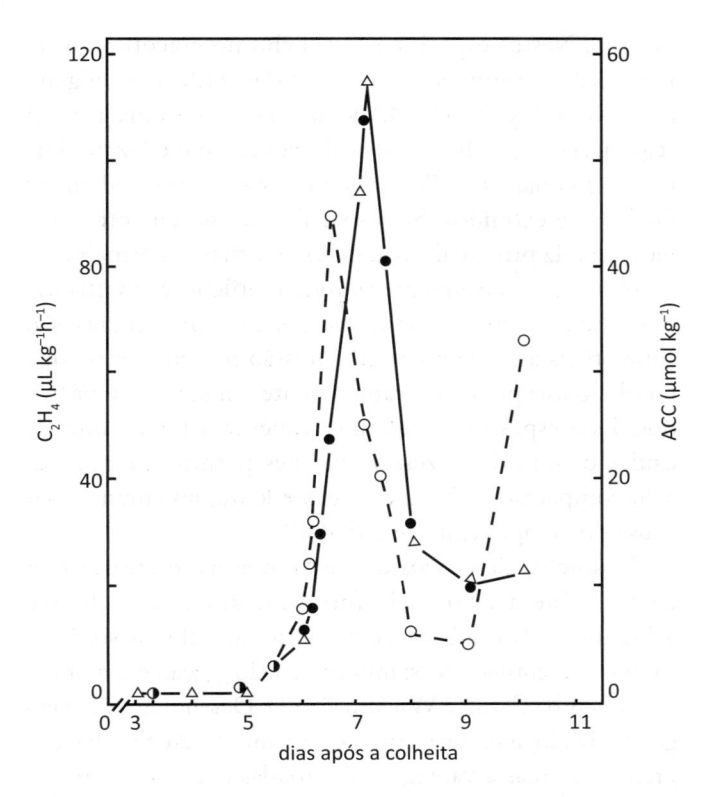

FIGURA 18-11 Mudanças no conteúdo e taxa de produção de etileno em frutas de abacate amadurecendo (De Hoffman e Yang, 1980.)

pré-climatéricos não causa o aumento na liberação de etileno, indicando que o climatério é acompanhado não só pelo aumento da produção de ACC de SAM, mas também por uma maior capacidade de converter ACC em etileno.

McKeon e Yang (1987) indicaram que o aumento da produção de etileno pelas frutas amadurecendo exige o desenvolvimento de grandes aumentos na atividade tanto das ACC quanto das EFE sintases e que, em algumas frutas, o EFE se torna a enzima limitante. Uma curiosa habilidade autocatalítica (feedback positivo) do etileno de estimular a sua própria formação ocorre em muitos órgãos senescentes, incluindo folhas, pétalas de flores e frutas amadurecidas demais. Esse efeito resulta, em primeiro lugar, da atividade do EFE promovida pelo etileno, mas, depois, é seguida de aumentos muito maiores da atividade da ACC sintase, e o aumento do ACC formado por aquela enzima provavelmente explica a capacidade de uma maçã podre dentro de um barril estragar todas as outras. Mais importante, a difusão do etileno através de espaços intercelulares dentro de um fruto provavelmente coordena o amadurecimento de tecidos completamente diferentes no interior do fruto.

Além do oxigênio, outros fatores ambientais – luz e dióxido de carbono – afetam a síntese de etileno nas folhas. A luz inibe a síntese nas células fotossintetizantes, principalmente ao interferir com a conversão de ACC em etileno. O dióxido de carbono promove a síntese aumentando a conversão de ACC em etileno. Parecia lógico que os efeitos opostos da luz e do CO_2 fossem explicados pela remoção fotossintética de CO_2 durante o dia, e isso foi tido como verdadeiro. O dióxido de carbono não apenas ativa o EFE nas folhas, mas também induz a sua síntese. Interações mais complexas (ou tecido-dependente) de CO_2 e etileno foram revisadas por Sisler e Wood (1988); consulte também o artigo de Zhi-Yi e Thimann (1989).

Efeitos do etileno em plantas em solos encharcados e plantas submersas

Em razão da exigência de O_2 para converter ACC em etileno, poderíamos esperar que raízes alagadas produzissem menos etileno. Isso é verdade, mas as plantas de tomate encharcadas, no entanto, apresentam sintomas de toxicidade por etileno (Kawase, 1981; Jackson, 1985a, 1985b). Esses sintomas, alguns dos quais também característicos de outras espécies de plantas, incluem a clorose das folhas, diminuição do alongamento de caules, mas aumento da sua espessura, murchamento, epinastia e eventual abscisão de folhas, diminuição do alongamento da raiz, muitas vezes acompanhada de formação de raiz adventícia, e aumento da suscetibilidade a patógenos. Em muitas espécies, incluindo o tomate, o aerênquima formado no córtex da raiz (observe a Figura 13-14) aumenta a circulação de oxigênio para as raízes a partir dos brotos. Além disso, o transporte de citocininas e giberelinas das raízes para os brotos pelo xilema é reduzido. Esses sintomas em resposta ao etileno em excesso resultam dos seguintes acontecimentos.

Solos encharcados rapidamente tornam-se hipóxicos (veja a seção 13.13), porque a água enche os espaços aéreos e a reposição de O_2 em torno das raízes é reduzida pelo movimento muito lento do gás através da água. A síntese de etileno é inibida, porque O_2 é necessário para converter ACC em etileno, mas o etileno que é sintetizado é preso na raiz porque a sua fuga através da água é reduzida por um fator de 10.000 em relação ao ar (Jackson, 1985b). Esse etileno, então, faz com que algumas das células corticais sintetizem celulase, uma enzima que hidrolisa a celulose e é parcialmente responsável por degradar as paredes celulares. Essas células do córtex também perdem seus protoplastos e desaparecem, formando o tecido aerênquima cheio de ar.

Mesmo antes de o aerênquima se desenvolver, o ACC se acumula e é transportado no xilema para os brotos. Os brotos bem arejados, então, rapidamente convertem esse ACC em etileno, que, por sua vez, provoca a epinastia da folha (leia a Seção 19.2). Um caso extremo de epinastia é mostrado na

FIGURA 18-12 Epinastia severa no carrapicho. A planta da esquerda é de controle, sem tratamento; a planta da direita foi mergulhada em uma solução de 1 mM de ácido naftaleno acético (uma auxina) 2 dias antes de a fotografia ser tirada. Epinastia em resposta ao etileno sem auxina adicional é muito semelhante. (Foto de F. B. Salisbury.)

Figura 18-12. A epinastia dos pecíolos ocorre porque as células maduras do parênquima na parte superior do pecíolo se alongam na presença de etileno, enquanto as no lado mais baixo, não. Essa diferença fisiológica em células morfologicamente semelhantes não é compreendida, mas novamente enfatiza que apenas algumas células são alvos de um determinado hormônio. O etileno também retarda o alongamento do caule, aumenta a sua expansão radial, causa senescência foliar e promove a formação de raízes adventícias nos caules (especialmente no tomate).

Efeitos do etileno no alongamento dos caules e raízes

Apesar de o etileno causar a epinastia de folhas promovendo o alongamento das células na parte superior, ele normalmente inibe a elongação de caules e raízes, particularmente em dicotiledôneas. (Alongamento inibido do caule em ervilhas é parte da tripla resposta já mencionada.) Quando o alongamento é inibido, os caules e raízes se tornam mais espessos pelo aumento da expansão radial das células (Figura 18-13). Em caules de dicotiledôneas, as formas alteradas das células são aparentemente causadas por uma orientação mais longitudinal das microfibrilas de celulose que são depositadas nas paredes, impedindo a expansão paralela a essas microfibrilas, mas permitindo a expansão perpendicular a elas (para uma revisão, consulte Eisinger, 1983). Nenhum estudo comparativo parece ter sido realizado sobre as mudanças nas formas das células ou na orientação das microfibrilas de celulose com as raízes, mas certamente as alterações são semelhantes.

O espessamento das raízes e do caule causado pelo etileno é valioso para as mudas de dicotiledôneas emergindo do solo. Nessas espécies, um gancho no epicótilo ou no hipocótilo é formado em resposta ao etileno endógeno (observe a Figura 16-14.) logo após a germinação; em seguida, esse gancho se eleva através do solo e faz um buraco pelo qual os cotilédones ou folhas jovens podem ser facilmente extraídos. Se o solo for excessivamente compacto, a raiz principal e o gancho se tornam anormalmente grossos, provavelmente porque o etileno é sintetizado mais rapidamente quando as células compactadas são submetidas a um aumento da pressão mecânica e porque o etileno escapa menos rapidamente em solos compactados. Essa espessura resultante aumenta a força tanto de caules quanto de raízes, o que lhes permite avançar no solo compactado. O crescimento é lento, no entanto, por causa do alongamento retardado.

Nos grãos de cereais de milho e aveia, o etileno tem efeitos sobre a mesocótilo (primeiro internódio, observe a Figura 20-10) que são semelhantes aos efeitos sobre os caules de dicotiledôneas: inibição da elongação e maior espessamento (Camp e Wickliff, 1981). Desconhece-se quão generalizado isso seja entre os membros da família das gramíneas, mas a vantagem das mudas em solos compactos deve ser a mesma que a vantagem das dicotiledôneas. Também podemos especular que a perda de sensibilidade gravitrópica pelos caules das mudas de dicotiledôneas é vantajosa em solos compactos, pois um caule crescendo mais horizontalmente pode mais provavelmente encontrar uma rachadura no solo do que aquele que cresce na vertical.

Embora o alongamento retardado dos caules seja comum entre as plantas terrestres, algumas dicotiledôneas e samambaias que crescem pelo menos parte do tempo com suas raízes e caules subaquáticos respondem ao etileno com melhora no alongamento. Entre essas espécies estão *Callitriche platycarpa* (uma estrela mosto), *Ranunculus sceleratus*, *Nymphoides peltata* e a samambaia da água *Regnellidium diphyllum* (Jackson, 1985a, 1985b; Ridge, 1985). Quando submersos, os caules das plantas se alongam rapidamente para que as folhas e outras partes do caule superior sejam mantidas na superfície da água. A submersão provoca acúmulo de etileno nos caules, que é responsável pelo alongamento rápido. Em algumas espécies, é o caule que se alonga em resposta ao etileno; em outras, os pecíolos são alongados. Em ambos os casos, as flores ou folhas são mantidas acima da água, permitindo-se a polinização e a fotossíntese no ar. Um fenômeno semelhante ocorre nos caules de arroz de águas profundas (Raskin e Kende, 1985). Nessa espécie, comprimentos de entrenós de até 60 cm foram registrados, e as plantas crescem e até mesmo se reproduzem com caules a vários metros debaixo da água (Jackson, 1985b). Os caules são ocos, com muitos espaços de ar no córtex; ambas as características provavelmente ajudam as partes

Efeitos do etileno na floração

A indução da floração em mangas e bromélias por etileno (mencionado anteriormente) é incomum, pois, na maioria das espécies, esse gás inibe a floração. No entanto, o uso indireto de etileno para promover a floração tem sido amplamente utilizado na indústria de abacaxi no Havaí. Na década de 1950, os campos eram frequentemente pulverizados com a auxina ANA, agora conhecida por estimular a síntese de etileno em plantas. Como resultado, os campos de abacaxi floresciam mais rapidamente e, mais importante, frutos maduros apareciam na mesma época, o que permitia uma única colheita mecânica.

Uma substância de liberação de etileno chamada **Ethrel** (nome comercial) ou **etefon** (nome comum) está comercialmente disponível. É o *ácido 2-cloroetilfosfônico* ($Cl-CH_2-CH_2-PO_3H_2$), que rapidamente se quebra na água em pH neutro ou alcalino para formar etileno, um íon Cl^-, e $H_2PO_4^-$. Como o etefon pode ser translocado por toda a planta, ele substituiu o ANA como um promotor da floração no abacaxi (Nickell, 1979), e é usado em vários outros aspectos da horticultura, como na produção de frutas. Por exemplo, é pulverizado em alguns campos de tomate no final da temporada para fazer com que os frutos amadureçam de maneira uniforme e permitir uma eficiência maior na colheita mecanizada (M. S. Reid, 1987). É muitas vezes utilizado em pesquisas como uma fonte de etileno.

Outros efeitos do etileno

O etileno causa vários outros efeitos sobre as plantas, muitos dos quais ainda não foram estudados. Um exemplo bem estudado é a indução da senescência das flores. Tal como acontece com frutos climatéricos, inúmeras flores passam por um aumento climatérico na respiração e na produção de etileno e, nessas flores, o etileno eventualmente causa senescência. De fato, assim como nas frutas, há evidências de que, quando as células das pétalas se tornam suficientemente sensíveis ao etileno, elas respondem com uma explosão de produção de etileno autocatalítico conforme a ACC sintase é induzida (Borochov e Woodson, 1989). Logo as pétalas começam a murchar em resposta a um aumento da permeabilidade da membrana plasmática e do tonoplasto, murchamento que é seguido pela perda de solutos e água para as paredes das células e, provavelmente, para os espaços intercelulares. Em algumas espécies, a polinização aumenta a taxa de produção de etileno e o ACC é uma das substâncias translocadas do estigma que causam a liberação de etileno e a senescência (Woltering, 1990).

Outro efeito do etileno em algumas espécies é a promoção da formação de raízes adventícias, um efeito também

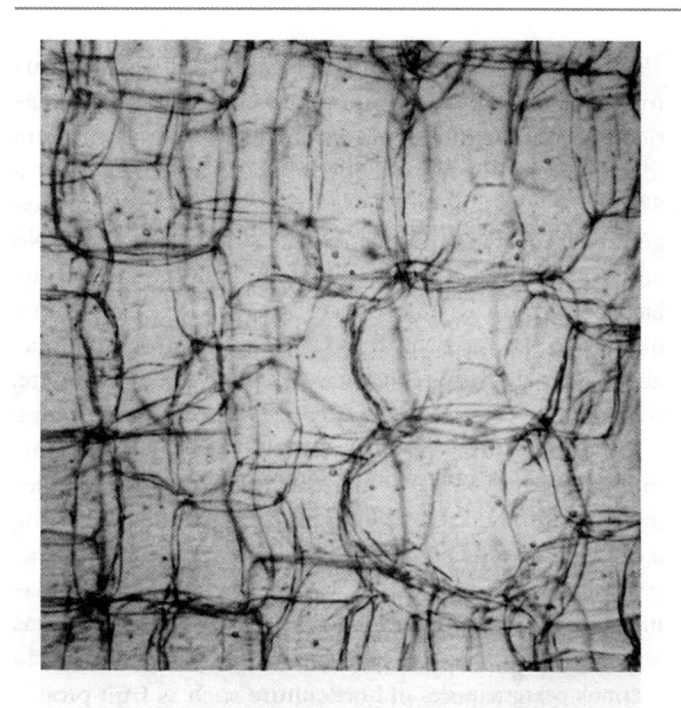

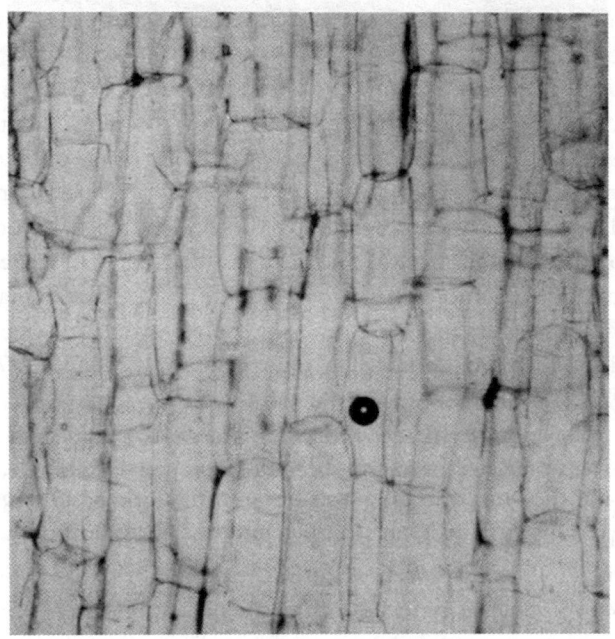

FIGURA 18-13 Efeitos do etileno no alongamento das células e expansão radial no entrenó superior de mudas de ervilha. As plantas foram cultivadas por 4 dias no escuro, e então tratadas com 0,5 μL/L de etileno (fotografia superior) ou mantidas como controle (fotografia inferior). Cortes celulares foram realizados 24 horas após o início do tratamento com etileno. (De Stewart et al., 1974.)

acima da água a agir como um sistema de snorkel e arejar as raízes. Esses exemplos contrastam com aqueles da maioria das espécies, nas quais o etileno inibe o alongamento do caule, e enfatizam as diferentes respostas de células semelhantes ao mesmo hormônio (Osborne et al., 1985).

causado (em separado) pelas auxinas (M. S. Reid, 1987; Mudge, 1988). Os efeitos do etileno sobre a expressão do sexo em espécies de flores monoicas também ocorrem; bons exemplos são as cucurbitáceas, como a abóbora, a moranga e o melão. O etileno promove fortemente a formação de flores femininas nessas plantas e em outras de diferentes famílias (Abeles, 1973; Durand e Durand, 1984). Em algumas espécies, o etileno quebra a dormência das sementes (Taylorson, 1979) e, na natureza, os fungos do solo podem contribuir com parte desse etileno.

Relação do etileno para os efeitos da auxina

A capacidade do AIA e de todas as auxinas sintéticas de aumentar a produção de etileno levanta a dúvida sobre se os efeitos de muitas auxinas não seriam realmente causados pelo etileno. Na verdade, o etileno parece ser responsável em alguns casos (consulte comentários de Abeles, 1973, e de Burg, 1973), incluindo a epinastia da folha, a inibição do alongamento do caule e folhas, a indução floral em bromélias e manga, a inibição da abertura do gancho do epicótilo ou hipocótilo em brotos de dicotiledôneas e o aumento da porcentagem de flores femininas em plantas dioicas. Além disso, a liberação das auxinas pela germinação de grãos de pólen promove a produção de etileno no estigma, contribuindo para a senescência das flores de algumas espécies (Stead, 1985). Conforme descrito na Seção 18.7, a abscisão de folhas, flores e frutos envolve interações entre as auxinas, etileno, citocininas e ácido abscísico. No entanto, a promoção do crescimento, as fases iniciais de produção das raízes adventícias e muitos outros efeitos das auxinas parecem ser independentes da produção de etileno. Somente em certas partes da planta e apenas quando a concentração de auxina torna-se relativamente elevada a produção de etileno é grande o suficiente para explicar certos efeitos das auxinas.

Antagonistas da ação do etileno

Em altas concentrações (5 a 10%), o CO_2 inibe muitos dos efeitos do etileno, talvez agindo como um inibidor competitivo da ação do etileno. Na fase de amadurecimento de frutos, interfere com a capacidade do etileno de catalisar a sua própria formação (a explosão de etileno climatérico). Essa interferência provavelmente resulta da conversão retardada de ACC em etileno (Cheverry et al., 1988). Portanto, nesse caso, a capacidade do CO_2 de inibir a ação do etileno leva à diminuição na produção deste último. Em razão dessa inibição, o CO_2 é frequentemente usado para evitar a sobrematuração de frutos colhidos e de alguns legumes (revisado por Knee, 1985; Weichmann, 1986; Kader et al., 1989). Esses frutos são armazenados em uma sala ou recipiente hermético e a composição do gás é controlada. Uma atmosfera ideal para muitos frutos contém de 5 a 10% de CO_2, 1 a 3% de O_2 e nenhum etileno. A remoção de parte do oxigênio é importante porque reduz a síntese de etileno. No entanto, se muito O_2 for removido, a glicólise é estimulada pelo efeito Pasteur (leia a Seção 13.13), causando a quebra do excesso de açúcar. Outra técnica útil no armazenamento de frutos é evacuar parcialmente o recipiente, removendo o O_2 e o etileno dos tecidos para a atmosfera.

A inibição da ação do etileno pelo CO_2, embora comum, não é universal. Uma razão para isso é que a propriedade inibitória do dióxido de carbono é perdida conforme a concentração de etileno do tecido se aproxima ou ultrapassa 1 μL/L, uma concentração que fornece aproximadamente meia-máxima atividade em quase todas as respostas ao etileno estudadas (Beyer et al., 1984). Por essa razão e em decorrência da alta concentração de CO_2 necessária, parece improvável que o CO_2 muitas vezes aja *in vivo* como um antagonista da ação do etileno.

Um inibidor muito mais eficaz da ação do etileno é o Ag^+, o íon da prata (Beyer, 1976). Entre os efeitos do etileno encontrados por Beyer que são anulados ou inibidos pelo Ag^+ (adicionado como $AgNO_3$) estão as respostas triplas do estiolamento das mudas de ervilha, a abscisão de folhas, flores e frutos do algodão e a indução de senescência em flores de orquídeas. O tiossulfato de prata foi ainda mais eficaz em retardar a senescência de flores cortadas do que o nitrato de prata (Halevy e Mayak, 1981; M. S. Reid, 1987). Um exemplo desse efeito é mostrado na Figura 18-14.

Mais recentemente, vários compostos de olefinas voláteis e sintéticos foram considerados potentes inibidores da ação do etileno (Sisler e Yang, 1984; Bleecker et al., 1987; Sisler, 1990a, 1990b). Entre esses compostos, o *trans-ciclocteno* e o *2,5-norbornadieno* são particularmente eficazes. Por exemplo, a senescência induzida das pétalas do cravo pode ser bastante retardada por norbornadieno atmosférico, e pétalas parcialmente senescentes em razão do tratamento de etileno podem se recuperar se o etileno for removido e o norbornadieno, acrescentado (Wang e Woodson, 1989). Esses compostos se ligam aos receptores normais de etileno, prevenindo assim a ação deste.

Como o etileno age

Muitos efeitos do etileno são acompanhados do aumento na síntese de enzimas, cujo tipo depende do tecido alvo. Quando o etileno estimula a abscisão foliar, a celulase e outras enzimas de degradação da parede das células aparecem na abscisão (leia a seção 18.7). Quando a maturação do fruto

FIGURA 18-14 Atraso na senescência da flor de cravo pelo tiossulfato de prata (STS), um inibidor da ação do etileno. As flores foram pré-tratadas por apenas 10 minutos com 4 mM de STS e mantidas em água deionizada por 10 dias, a 20 °C. (Cortesia M. S. Reid.)

ou a senescência da flor ocorrem, vários tipos de enzimas necessárias são produzidos. Quando as células são lesadas, a fenilalanina amônia liase (leia a seção 15.4) aparece. Ela é uma enzima importante na formação de compostos fenólicos que estariam envolvidos na cicatrização de feridas. Quando certos fungos infectam as células, o etileno induz a planta a formar duas enzimas que degradam as paredes celulares do fungo: a *β-1,3-glucanase* e a *quitinase* (Boiler, 1988). Muitos cientistas concluíram que o etileno é um sinal para que as plantas ativem os mecanismos de contra-ataque dos fungos. Em vários casos, os aumentos nas quantidades de RNAm que codificam essas enzimas são causados pelo tratamento com etileno. É quase certo que o etileno aumenta a transcrição de vários genes nucleares, e o tipo depende da espécie, do órgão, dos tecidos e de outros fatores.

O local em que o etileno age no interior das células é uma dúvida importante, mas que ainda não foi respondida. Sabemos que ele se liga com uma ou mais proteínas receptoras e que esses receptores estão localizados em membranas. No entanto, ainda não sabemos se os receptores estão na membrana plasmática. Revisões do progresso na identificação de receptores de etileno em várias plantas foram feitas por Napier e Venis (1990) e por Sisler (1990a, 1990b). Muitas evidências sugerem que esses receptores contêm cobre em seus sítios ativos. Se um receptor primário existe na membrana plasmática, podemos esperar a existência de um sistema de transdução semelhante àquele ilustrado na Figura 17-2.

Vários mutantes de etileno já foram encontrados após o tratamento de sementes com agentes mutagênicos químicos, tais como o *etil metanossulfonato* (Reid, 1990; Scott, 1990; Guzman e Ecker, 1990). Alguns são mutantes da síntese e outros são mutantes da resposta. Todos, exceto um dos mutantes de síntese, são superprodutores de etileno (como na ervilha, *Arabidopsis thaliana*, e no tomate). Em geral, esses mutantes (não expostos ao etileno) exibem a resposta tripla mencionada anteriormente quando se trata de mudas; quando são mais velhos, apresentam respostas similares àquelas das plantas tratadas com etileno. Três mutantes de *Arabidopsis* insensíveis ao etileno são conhecidos. A identificação dos genes e moléculas de RNAm afetados deve ajudar a determinar as proteínas receptoras alteradas, assumindo-se que os genes não controlam alguns passos em um percurso de transdução após o etileno se ligar a um receptor.

Um dos mais estudados mutantes insensíveis de *Arabidopsis*, chamado *etr*, carece de várias respostas ao etileno que existem em plantas do tipo selvagem (Bleecker et al., 1988). Essas respostas ausentes incluem a inibição da raiz, o alongamento do hipocótilo, a redução do teor de clorofila nas folhas, o aumento da atividade de isoenzimas peroxidase, a aceleração da senescência foliar e a melhoria da germinação de sementes parcialmente dormentes. O *etr* mutante é comparado com não mutantes na Figura 18-15.

18.3 Triacontanol, brassinas, ácido salicílico e turgorinas

O **triacontanol** é um álcool primário saturado de 30 carbonos, isolado pela primeira vez a partir de brotos de alfafa. O elemento é muito insolúvel em água (menos de 2×10^{-16} M ou 9×10^{-14} g L^{-1}), mas as suspensões coloidais desse composto melhoram significativamente o crescimento de plantas de milho, tomate e arroz quando pulverizadas nas folhagens das mudas em concentrações baixas, como 0,1 nanograma por litro (revisado por Ries, 1985). O milho e o arroz supostamente respondem com um maior crescimento dentro de 10 minutos. Pouco se sabe sobre o mecanismo de ação do triacontanol, mas ele é de grande importância para aumentar a produtividade das culturas.

As **brassinas** ou **brassinosteroides** são esteroides promotores de crescimento recentemente descobertos, primeiramente isolados de grãos de pólen de plantas de colza, mas agora se sabe que estão presentes em várias outras espécies. A natureza desses compostos é descrita na Seção 15.3. Eles têm vários efeitos sobre o crescimento e são parcialmente responsáveis pelo aumento da sensibilidade às auxinas.

O **ácido salicílico** (ácido 2-hidroxibenzoico), ingrediente ativo da aspirina (ácido acetilsalicílico), é um

FIGURA 18-15 A *etr Arabidopsis* mutante crescendo acima das mudas do tipo selvagem em uma atmosfera contendo etileno. Observe as diferenças no comprimento e na espessura do caule, na abertura de gancho e na resposta gravitrópica. (De A. B. Bleecker, M. A. Estelle, C. Somerville e H. Kende. "Insensivity to ethylene conferred by a dominant mutation in *Arabidopsis thaliana*", *Science*, 241, p. 1086-1089, 1988. Copyright 1988 pela American Association for Advancement of Science. Fotografia de Kurt Stepnitz.)

hormônio vegetal importante para algumas respostas fisiológicas conhecidas. No Capítulo 13, mencionamos a produção de calor e aromas no apêndice da inflorescência nos lírios *Arum*. Uma causa dessa produção é o ácido salicílico produzido nos primórdios de flores estaminadas e translocado para o apêndice (observe a Figura 13-10). Lá, ele promove a atividade de respiração resistente ao cianeto (leia a seção 13.9), que leva à produção de calor e à volatilização dos compostos para atrair insetos polinizadores (revisado por Meeuse e Raskin, 1988).

Outro efeito do ácido salicílico é a promoção de resistência a patógenos de determinadas plantas, incluindo o vírus do mosaico do tabaco (Malamy et al; 1990), o vírus da necrose do tabaco e os fungos patógenos *Colletotrichum lagenarium* (Metraux et al., 1990). Nos relatórios mencionados, a inoculação de folhas com o vírus ou patógeno do fungo causou aumentos substanciais nas concentrações de ácido salicílico do tecido (ou no tubo crivado do floema).

Esse composto ainda causa a produção de uma ou mais proteínas relacionadas à patogênese (PR) que aumentam a resistência a doenças nas folhas infectadas e nas folhas adjacentes. Claramente, o ácido salicílico cumpre os critérios para ser um hormônio vegetal e quase certamente tem muitas funções fisiológicas desconhecidas.

Outro grupo de reguladores de crescimento, as **turgorinas**, está descrito na Seção 19.2.

18.4 As poliaminas

Esses compostos são cátions polivalentes que contêm dois ou mais grupos amino, incluindo os aminoácidos lisina e arginina (observe a Figura 9-2). Entre as poliaminas mais abundantes e mais fisiologicamente ativas estão a **putrescina** ($NH_2(CH_2)_4NH_2$), a **cadaverina** ($NH_2(CH_2)_5NH_2$), a **espermidina** ($NH_2(CH_2)_3NH(CH_2)_4NH_2$) e a **espermina** ($NH_2(CH_2)_3NH(CH_2)_4NH(CH_2)_3NH_2$). Esses compostos existem na forma livre ou vinculados a diversos compostos fenólicos, tais como os grupos cumaril e cafeoil.

Em contraste com os hormônios, que estão frequentemente presentes em concentrações micromolares, as poliaminas normalmente existem em concentrações milimolares. Entre os diversos efeitos fisiológicos, elas promovem a divisão celular, estabilizam as membranas e, por consequência, estabilizam os protoplastos isolados, promovem o desenvolvimento de alguns frutos, minimizam o estresse hídrico de vários tipos de células e atrasam a senescência de folhas destacadas. (Para uma revisão recente, consulte Evans e Malmberg, 1989.)

Pouco se sabe sobre o mecanismo primário de ação das poliaminas, mas seus grupos de amino de carga positiva levam-nas a combinar-se com grupos fosfatos de carga negativa no DNA e RNA no núcleo e nos ribossomos. Como resultado dessa combinação, elas muitas vezes aumentam a transcrição do DNA e a tradução do RNA em células animais e vegetais. Evans e Malmberg (1989) concluíram que as poliaminas não são hormônios vegetais (tampouco translocadas e abundantes demais), mas podem ser consideradas reguladores de crescimento ou apenas um entre os diversos tipos de metabólitos necessários para a ocorrência de certos processos de desenvolvimento. Esperamos aprender muito mais sobre suas funções tanto nas plantas quanto nos animais.

18.5 Ácido abscísico (ABA)

A discussão acima sobre o etileno indica que, de várias maneiras, ele pode ser considerado um hormônio do estresse, pois é produzido em quantidades muito maiores quando as plantas estão sujeitas a várias situações estressantes. No entanto, um outro hormônio, chamado **ácido abscísico** (**ABA**; introduzido na Seção 4.6), frequentemente dá aos órgãos da planta um sinal de que elas estão sendo submetidas a um estresse fisiológico. Entre esses estresses estão a falta de água, solos salinos, temperaturas baixas e geadas. O ABA muitas vezes provoca respostas que ajudam a proteger os vegetais contra tais estresses. Como explicaremos, ele também ajuda a provocar a embriogênese normal, a formação de proteínas de armazenamento de sementes, a prevenir a germinação prematura e o crescimento prematuro de muitas sementes e brotos.

Em 1963, o ácido abscísico foi identificado e caracterizado quimicamente pela primeira vez na Califórnia, por Frederick T. Addicott e seus colegas, os quais estudavam compostos responsáveis pela queda de frutos do algodão. Eles chamaram um composto ativo de *abscisina I* e o segundo composto (ainda mais ativo) de *abscisina II*. A abscisina II provou ser o ABA. No mesmo ano, dois outros grupos de pesquisa tinham muito provavelmente descoberto o ABA. Um desses grupos era liderado por Philip F. Wareing no País de Gales; eles estavam estudando compostos que causavam dormência de plantas lenhosas, especialmente o *Acer pseudoplatanus*, eles chamaram o composto mais ativo de *dormina*. O outro grupo era liderado por R. F. M. Van Steveninck, primeiro na Nova Zelândia e depois na Inglaterra; eles estudavam um composto ou compostos que acelerassem a abscisão de flores e frutos do tremoço amarelo (*Lupinus luteus*). Como tornou-se evidente (em 1964) que a dormina e o composto do tremoço eram idênticos à abscisina II, os fisiologistas entraram em acordo no ano de 1967 e decidiram chamar o composto de ácido abscísico. O ABA parece ser universal entre as plantas vasculares; ele também está presente em alguns musgos, algas verdes e fungos, mas não nas bactérias.

Química, metabolismo e transporte do ácido abscísico

O ABA (Figura 18-16) é um sesquiterpeno de 15 carbonos sintetizado, em parte, nos cloroplastos e em outros plastídios pelo percurso do ácido mevalônico (leia a seção 15.3). Assim, as primeiras reações da síntese de ABA são idênticas às dos isoprenoides, como as giberelinas, os esteroides e os carotenoides. A biossíntese de ABA, na maioria das plantas (e talvez em todas), ocorre de forma indireta pela degradação de certos carotenoides (40 carbonos) presentes nos plastídios (revisado por Zeevaart e Creelman, 1988, e por Creelman, 1989). Evidências mais recentes para esse processo vêm do trabalho de dois grupos de pesquisa ativa, um liderado por Jan A. D. Zeevaart, na Michigan State University (consulte Zeevaart et al., 1989, e Rock e Zeevaart, 1990) e outro por Daniel C. Walton, da State University of New York, em Siracusa (consulte Sindhu et al., 1990). Os cloroplastos nas folhas contêm os carotenoides a partir dos quais o ABA surge, enquanto nas raízes, frutos, embriões, sementes e certas outras partes das plantas, os carotenoides necessários estão em outros cromoplastos, leucoplastos ou proplastídios. Apenas algumas das reações que levam dos carotenoides ao ABA têm sido bem identificadas, mas um percurso experimental é mostrado na Figura 18-17. Todas as reações que formam a xantoxina provavelmente ocorrem nos plastídios, mas as etapas subsequentes acontecem, provavelmente, em algum lugar no citosol.

Essencialmente, o carotenoide *violaxantina*, com configuração *trans* em todas as ligações duplas, é provavelmente convertido por uma enzima desconhecida em *9-cis-violaxantina*, que tem a mesma configuração *cis* do ABA nos carbonos 2 e 3 (Figura 18-17). A seguir, a *9-cis*-violaxantina é de alguma forma oxidada com o O_2 e dividida para liberar um ou mais compostos desconhecidos (com um total de 25 carbonos) e *xantoxina*, um epóxido de 15 carbonos com uma estrutura semelhante à do ABA. A xantoxina é convertida em *ABA aldeído* pela abertura do anel epóxido e pela oxidação (por $NADP^+$ ou NAD^+) do grupo hidroxila do anel a um grupo cetônico. Finalmente, o grupo aldeído da cadeia lateral do ABA aldeído é oxidado para o grupo carboxila de ABA. Curiosamente, a oxidação desse último quase certamente exige uma coenzima contendo molibdênio (Walker-Simmons et al., 1989), fornecendo-se outra função essencial para o molibdênio em plantas.

A inativação do ABA pode ocorrer de duas maneiras. Uma delas é pela ligação de glicose ao grupo carboxila, formando um éster ABA-glicose (Figura 18-16). Esse éster parece estar restrito ao vacúolo. Observe que uma inativação comparável pela ligação de glicose também ocorre com AIA, giberelinas e citocininas. Outro processo de inativação é a oxidação com O_2 para formar o *ácido faseico* e o *ácido diidrofaseico* (observe Figura 18-16).

O transporte de ABA ocorre facilmente tanto no xilema quanto no floema e também em células do parênquima que estejam fora dos feixes vasculares. Nas células do parênquima, normalmente não há polaridade (em contraste com o caso de auxinas), portanto, o movimento de ABA nas plantas é semelhante ao das giberelinas.

Fechamento dos estômatos induzidos por ABA

A importância do ABA como um hormônio do estresse foi sugerida pela primeira vez em 1969 por S. T. C. Wright e R. W. P. Hiron, da Wye College, na Universidade de Londres. Descobriram que o conteúdo de ABA das

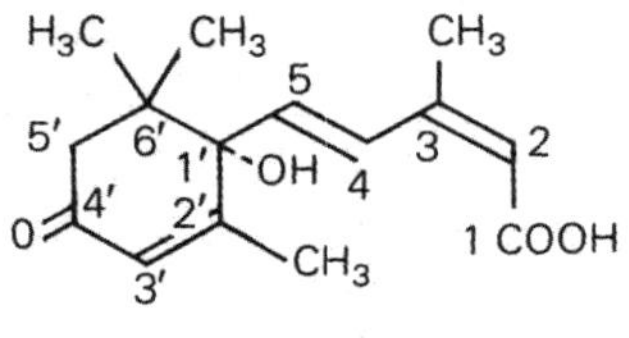

(+) ácido abscísico
peso mol. = 264,3 g/mol

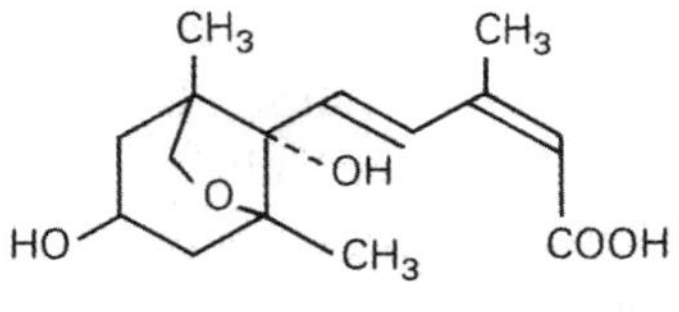

ácido 4'—diidrofaseico

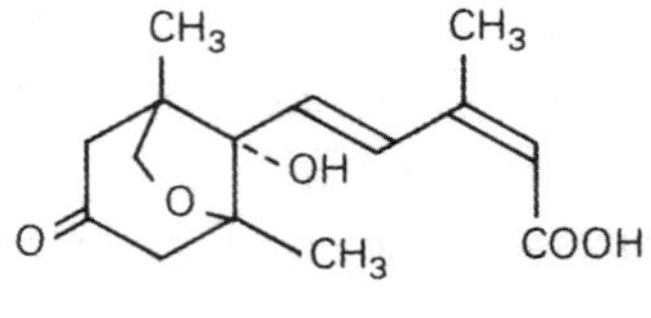

ácido faseico

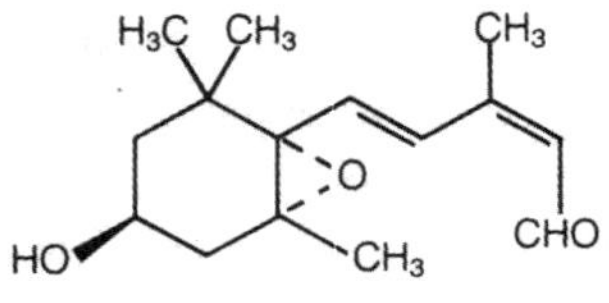

xantoxina (forma 2-*cis*)

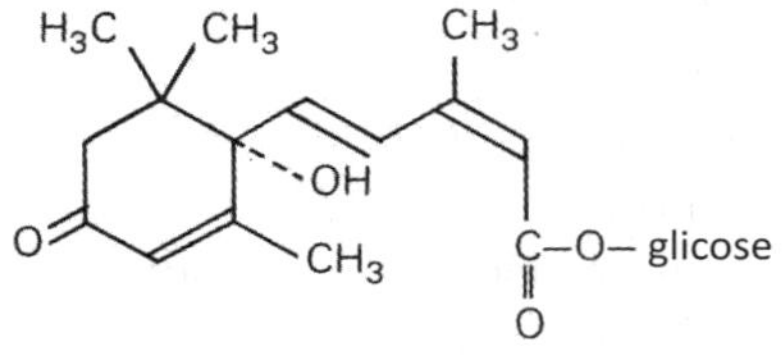

éster de glicose de ABA

FIGURA 18-16 Estrutura do ácido abscísico (ABA) e de alguns compostos relacionados. O ABA (superior esquerdo) tem um átomo de carbono assimétrico (1′ no anel). A forma sintetizada pelas plantas é o produto dextrógiro (+) mostrado com a configuração S (sinistro) sobre o átomo de carbono assimétrico (quiral). No entanto, o ABA comercial é uma mistura (±) racêmica. Ambas as formas são biologicamente ativas.

folhas de trigo aumentou em um fator de 40 durante a primeira meia hora de murchamento. Muitos pesquisadores, em seguida, mostraram que a aplicação de ABA nas folhas poderia causar o fechamento dos estômatos em muitas espécies e que eles ficariam fechados na luz ou na escuridão por vários dias, provavelmente dependendo do tempo para que a planta metabolizasse o ABA (revisado por Raschke, 1987).

O conteúdo de ABA das folhas de monocotiledôneas e dicotiledôneas aumenta substancialmente quando as folhas são submetidas a estresse hídrico, tanto quando são separadas das raízes quanto quando são deixadas intactas. Recentemente, foi possível medir a concentração de ABA nas células-guarda individualmente usando-se células separadas e procedimentos de ensaio imunoenzimático (Harris e Outlaw, 1990). A deficiência hídrica causou um aumento de pelo menos 20 vezes nos teores de ABA, de até 8 femtogramas por célula (1 fg equivale a 10^{-15} g). Verificou-se que as raízes com falta de água também formam mais ABA e que esse ABA é transportado pelo xilema para as folhas, nas quais ele faz com que os estômatos se fechem (leia a seção 4.6).

Atualmente, há evidências de que esse ABA fornecido das raízes vem principalmente da ponta de raízes superficiais que sofrem falta de água e serve como um sinal para as folhas de que a água no solo está se esgotando (Davies e Mansfield, 1988; Zhang e Davies, 1989). Os estômatos se fecham em resposta ao ABA das folhas ou das raízes e, então, protegem-se da seca. É claro que, uma vez que a fotossíntese quase para, o crescimento da parte aérea é restrito (reduzindo-se ainda mais a perda de água), mas o crescimento de raízes mais profundas pode continuar até que elas também fiquem secas. O ABA faz com que os estômatos se fechem pela inibição de uma bomba de prótons dependente de ATP na membrana plasmática das células-guarda. Essa bomba normalmente transfere prótons para fora das células-guarda, levando ao rápido influxo e acúmulo de K^+, e então à absorção osmótica de água e à abertura estomatal. No entanto, o ABA agindo no espaço livre sobre a superfície externa da membrana plasmática celular desliga o influxo de K^+, portanto, K^+ e a água vazam, o turgor é reduzido e os estômatos se fecham.

A maneira como o estresse hídrico causa a produção de ABA nas folhas foi cuidadosamente investigada. Parece que a perda de turgor e não um potencial osmótico mais negativo é o sinal primário (revisado por Zeevaart e Creelman, 1988). Essa perda de turgor provavelmente causa um sinal desconhecido na membrana plasmática para que se ativem certos genes nucleares que levam ao aumento da síntese de ABA. Vários resultados sugerem que é a membrana plasmática que responde ao turgor diminuído e o faz por meio do transporte de Ca^{2+} para a célula em uma taxa aumentada (Lynch et al., 1989). Revisões por Owen (1988) e por Skriver e Mundy (1990) logicamente sugerem que Ca^{2+} e fosfoinositois agem na cadeia de transdução de sinal (observe Figura 17-2) para ativar os genes necessários para a síntese de ABA. Além disso, o Ca^{2+} e os fosfoinositois também parecem estar envolvidos na *ação* do ABA quando este rapidamente causa o fechamento dos estômatos, mas, nesse caso, não há ativação do gene.

Pesquisas com diversos mutantes incapazes de formar muito ABA (mutantes da síntese de ABA) mostram que vários genes e enzimas são necessários para sintetizar ABA (revisado por Zeevaart e Creelman, 1988, e Skriver e Mundy, 1990; consulte também Walker-Simmons et al., 1989). O bloqueio à síntese em um mutante de cevada é a incapacidade de converter o ABA aldeído em ABA (observe Figura 18-17). Em um mutante de tomate (*notabilis*, ou *not*), a conversão de um carotenoide em um intermediário de 15 carbonos (talvez xantoxina) é bloqueada, enquanto dois outros (*flacca*, ou *flc* e *sitiens*, ou *sit*) e o mutante *droopy* da batata não podem converter o ABA aldeído em ABA (Duckham et al., 1989). Três mutantes de milho deficientes em ABA têm bloqueios na biossíntese de carotenoides; eles são albinos que carecem da proteção contra a foto-oxidação da clorofila. Um mutante *wilty* (*wil*) de ervilhas e um mutante *Arabidopsis* (*aba*) têm baixos níveis de ABA, mas afetam estágios na síntese de ABA que ainda não foram identificados. Os três mutantes do tomate e da batata droopy murcham quando submetidos ao estresse hídrico, mesmo que seja leve, pois não há ABA suficiente para causar o fechamento dos estômatos. Na verdade, *droopy* fica parcialmente murcho dia e noite; pulverizar as folhas desses mutantes com ABA impede que ocorra grande parte do seu murchamento.

ABA como uma possível defesa contra o estresse do sal e do frio

Atualmente, há evidências que sugerem que os níveis de ABA aumentam não só quando as plantas estão estressadas em razão de um abastecimento de água inadequado, mas também por causa de solos salinos, temperaturas frias, de congelamento e, em algumas espécies, até em virtude de altas temperaturas. Na maioria (provavelmente todos) desses exemplos, o estresse real é a deficiência de água no protoplasto. Mencionamos que o estresse hídrico atua pela perda de turgor para ativar os genes que controlam a síntese de ABA, e é provável que outros estresses igualmente aumentem a síntese de ABA por efeitos na transcrição. Em muitos casos, o ABA aplicado pode reduzir parcialmente a reação da planta para o fator de estresse. Por exemplo, o ABA "endurece" as plantas contra danos provocados por geadas (revisado por Guy, 1990, e por Tanino et al., 1990) e contra o excesso de sal (revisado por Skriver e Mundy, 1990). A Figura 18-18 ilustra o endurecimento pelo frio em decorrência da aplicação de ABA nas raízes.

Em um dos estudos mais cuidadosos do estresse salino, Ray A. Bressan, Paul M. Hasegawa e seus colegas da Purdue University examinaram o papel do sal (NaCl) e do

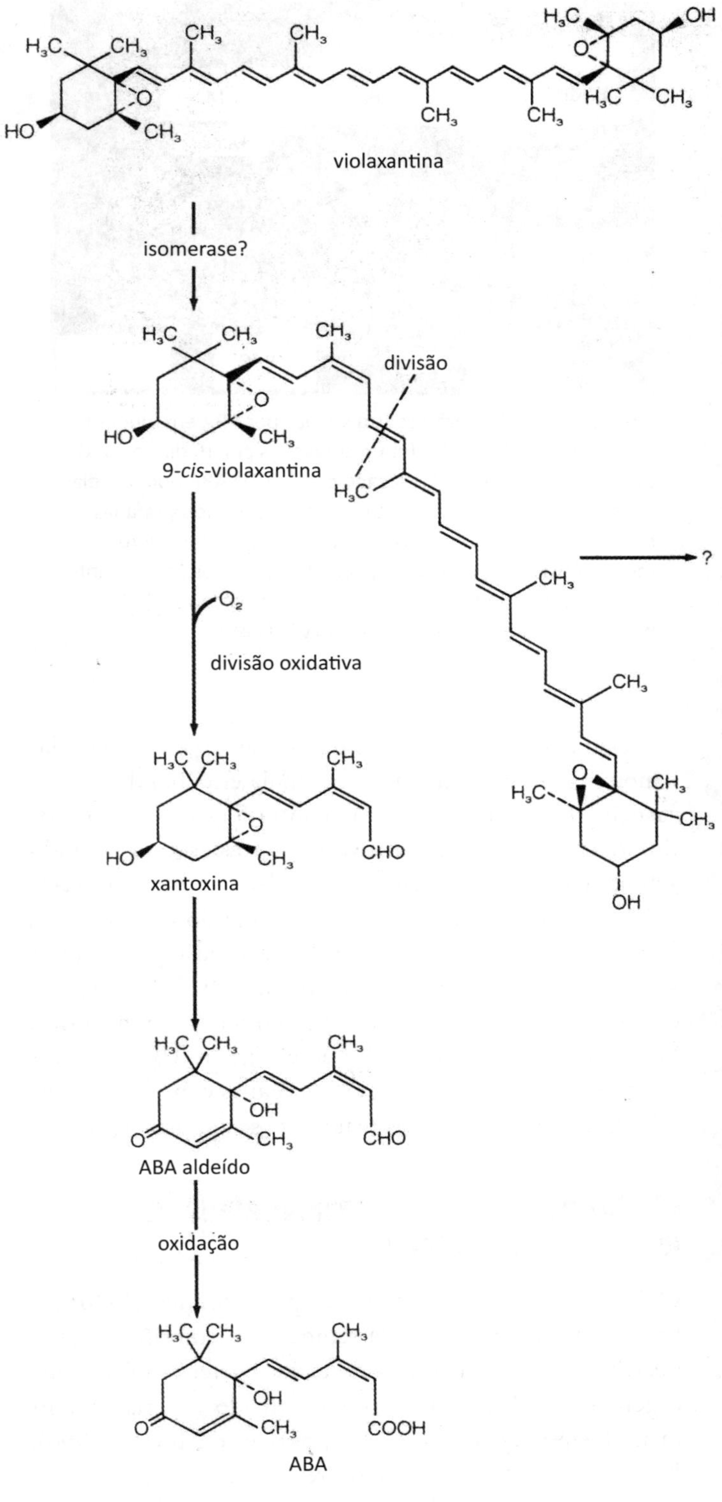

Figura 18-17 Reações propostas para a síntese de ABA a partir do carotenoide violaxantina.

ABA em células de tabaco cultivadas e em plantas inteiras (consulte, por exemplo, Singh et al., 1987; Hasegawa et al., 1987; Iraki et al., 1989; Schnapp et al., 1990). O estresse salino provoca a formação de várias novas proteínas,

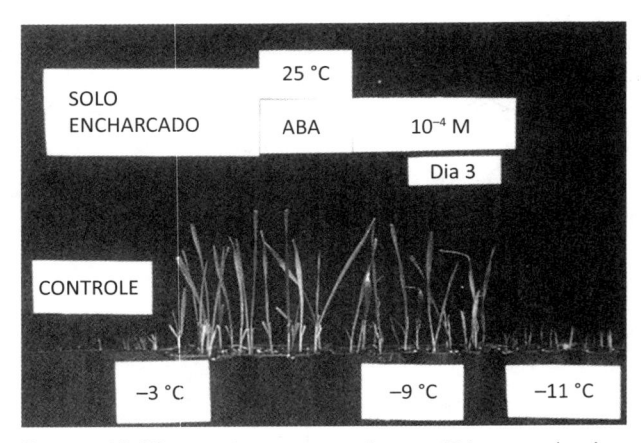

FIGURA 18-18 Proteção contra geadas por ABA em mudas de centeio Puma. As mudas foram cultivadas por 10 dias a 25 °C, tratadas por um solo encharcado com 10^{-4}M ABA por dois dias consecutivos e, então, expostas ao frio. Foram fotografadas três dias depois. As mudas controle (na extrema esquerda) morreram a –3 °C, enquanto as plantas nos solos previamente tratados com ABA sobreviveram a –9 °C, mas não a –11 °C. (Cortesia de Grant C. Churchill e Larry V. Gusta.)

especialmente de uma proteína de baixo peso molecular denominada *osmotina*, que se acumula em abundância e é suspeita de ajudar na proteção contra o estresse. A osmotina também é formada em várias outras espécies quando submetidas a estresse salino. No tabaco, tanto o estresse salino quanto o ABA induzem a formação de osmotina, pelos efeitos na transcrição. O sal é necessário para manter a síntese da osmotina, mas, na presença de ABA exógeno e ausência de sal, níveis altos de osmotina são transitórios. Seria interessante saber exatamente como o ABA e proteínas como a osmotina protegem as células contra o estresse salino, caso essas proteínas realmente sejam protetoras.

Efeitos do ABA no desenvolvimento do embrião nas sementes

O desenvolvimento de embriões após a polinização foi estudado extensivamente pela remoção de embriões imaturos e seu cultivo em cultura de tecidos. Efeitos hormonais e genéticos sobre o desenvolvimento do embrião foram revisados por Quatrano (1987), Skriver e Mundy (1990), Kermode (1990) e Bewley e Marcus (1990). O desenvolvimento embrionário foi convenientemente dividido em três grandes etapas: a mitose e a diferenciação celular; a expansão celular e o acúmulo de reservas de alimentos (proteínas, gorduras, amido e assim por diante); e a maturação, durante a qual as sementes secam e passam para um estado de descanso ou dormência.

Se os embriões de muitas espécies são retirados da planta-mãe na metade do desenvolvimento e cultivados *in vitro*, são capazes de germinar e se desenvolver em mudas. Uma dúvida interessante é o que faz com que tais embriões deixem de germinar em frutos úmidos na planta-mãe (para exibir **viviparidade**) antes de começar a ressecar e amadurecer. O ABA tem sido mais investigado quanto a esse problema, principalmente porque pode inibir a germinação de muitas sementes. Três abordagens têm sido utilizadas para testar o envolvimento do ABA: (1) a medição dos efeitos de ABA exógeno no desenvolvimento e crescimento de embriões cultivados, (2) a determinação de níveis endógenos de ABA em vários momentos durante o desenvolvimento e (3) o estudo dos níveis de ABA em sementes vivíparas de milho e na síntese de ABA em mutantes (milho, *Arabidopsis*) que têm níveis muito baixos de ABA em todas as partes da planta.

De acordo com Quatrano (1987), o ABA endógeno está fortemente ligado ao início do percurso normal de maturação e à inibição da germinação precoce (viviparidade). Além disso, em muitas espécies, o ABA exógeno pode causar ou acelerar a formação de grupos especiais proteicos de armazenamento de sementes em embriões cultivados que deixam de sintetizar essas proteínas ou as formam muito mais lentamente. Evidências como essa indicam que aumentos normais nos níveis de ABA durante os estágios inicial e médio do desenvolvimento de sementes controlam a deposição de proteínas de reserva. A ativação da transcrição é a causa mais comum desse efeito do ABA. Se o ABA controla a deposição de amido e de gorduras em embriões em desenvolvimento, é uma questão interessante, que parece não ter sido estudada.

Efeitos do ABA na dormência

A resposta mais comum (mas não universal) das células ao ABA é a inibição do crescimento. Os primeiros resultados de Wareing e seus colegas, que levaram à descoberta da dormina (ABA), mostraram que os níveis desse composto aumentaram consideravelmente nas folhas e brotos quando a dormência nesses últimos ocorreu durante os dias relativamente curtos de fim do verão. Também descobriram que aplicações diretas de ABA em brotos não dormentes causaram dormência. Esses resultados sugeriram que o ABA seja um hormônio de dormência de brotamento sintetizado nas folhas que detectam a duração do dia (consulte o Capítulo 23) e translocados para os brotos para induzir a dormência. No entanto, muitos outros trabalhos com outras plantas lenhosas argumentam fortemente contra esse papel hormonal.

Talvez o resultado mais convincente seja que a aplicação direta do ABA em brotos retarde ou interrompa o crescimento, mas não causa o desenvolvimento de

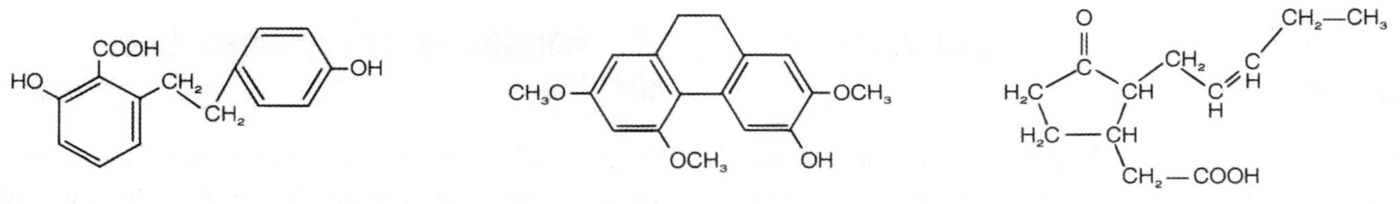

FIGURA 18-19 Estruturas do ácido lunulárico, da batasina I e do ácido jasmônico

escamas de brotos e outras características dos brotos dormentes. Outros resultados com ABA marcado com ^{14}C mostram que muito pouco se move das folhas para os brotos quando a dormência começa. Além disso, tratamentos de dias curtos que induzem a dormência em várias espécies não causam aumento dos níveis de ABA em brotos de várias espécies.

Ao longo das últimas décadas, inúmeros estudos sobre a possível importância do ABA na dormência das sementes foram realizados (revisado por Bewley e Black, 1982, e por Berrie, 1984). O ABA exógeno é um potente inibidor da germinação de sementes de muitas espécies. Além disso, alguns estudos mostram que os níveis de ABA diminuem em sementes inteiras quando a dormência é quebrada por algum tipo de tratamento ambiental (por exemplo, exposição à luz ou ao frio); outros estudos com outras espécies não mostram tais reduções. Uma conclusão a partir desses resultados pode ser de que o ABA cause a dormência de sementes em algumas espécies, mas não em outras. Isso parece razoável, porque (como descrito nos Capítulos 20 e 22) muitos outros compostos estão associados à dormência das sementes, principalmente (no papel de quebra de dormência) as giberelinas. No entanto, é de se duvidar que as análises de sementes inteiras, incluindo tecidos de armazenamento, poderiam fornecer informações importantes e necessárias sobre as mudanças nos níveis de ABA nas células de radícula, que crescem e provocam a germinação quando a dormência é superada (leia também Seção 20.4).

ABA e abscisão

O papel do ABA em causar abscisão de folhas, flores e frutos é controverso. Vários estudiosos avaliam os dados publicados de diferentes maneiras. Addicott (1983) argumentou de maneira convincente sobre o importante papel do ABA endógeno na abscisão, especialmente em relação à importância do etileno. Milborrow (1984) concluiu que o ABA exógeno causa abscisão, mas o faz de maneira muito menos eficiente do que o etileno exógeno. Mais recentemente, Osborne (1989) revisou os efeitos do etileno e do ABA na abscisão e concluiu que o ABA provavelmente não tem nenhum papel direto na abscisão, mas atua indiretamente, causando a senescência prematura das células no órgão envolvido, o que por sua vez provoca um aumento na produção de etileno. Segundo Osborne, o etileno, e não o ABA, é claramente o iniciador do processo de abscisão.

Como o ABA age

O ABA parece ter três efeitos principais, dependendo do tecido envolvido: (1) efeitos sobre a membrana plasmática das raízes, (2) inibição da síntese de proteína e (3) ativação e desativação específica de determinados genes (efeitos de transcrição).

O efeito sobre as membranas de raiz é torná-las mais carregadas positivamente, aumentando assim a tendência de as pontas das raízes extirpadas aderirem às superfícies de vidro carregadas negativamente. Esse efeito está provavelmente envolvido na perda rápida de íons K^+ a partir de células-guarda (que envolve a inibição de uma ATPase de membrana plasmática) e talvez na capacidade do ABA de rapidamente inibir o crescimento induzido por auxina. A interferência na síntese de proteínas e em outras enzimas poderia ajudar a explicar os efeitos de longo prazo sobre o crescimento e o desenvolvimento, incluindo o papel proposto na dormência das sementes e a inibição da atividade de hidrolase promovida pela giberelina nas sementes de cereais.

No entanto, a capacidade do ABA de controlar seletivamente a transcrição de determinados genes, dependendo do tipo de célula, representa um poderoso controle sobre os processos de desenvolvimento. Os próximos anos de pesquisa devem trazer muitos esclarecimentos sobre como o ABA, outros hormônios e fatores ambientais controlam a transcrição. Os progressos nesse campo até a presente data estão resumidos no Capítulo 24.

18.6 Outros reguladores e inibidores de crescimento

O ABA é um regulador de crescimento generalizado e muitas vezes é um inibidor, mas muitos outros compostos que normalmente inibem o crescimento têm sido descobertos. As estruturas desses compostos têm algumas semelhanças (Figura 18-19). Em hepáticas, o *ácido lunulárico* está presente em **brotos** (propágulos vegetativos com 1 mm de diâmetro formados em copos de brotos na superfície superior do talo da planta-mãe). Há evidências, revisadas por Milborrow (1984), de que o ácido lunulárico impede a germinação dos brotos até que caiam do talo da planta-mãe e o ácido seja lixiviado para fora. Além disso, o crescimento do talo inteiro parece ser parcialmente controlado pelo ácido lunulárico em resposta à duração do dia. Durante os dias curtos, a concentração do inibidor é baixa e os talos crescem rapidamente; em dias longos, o inverso é verdadeiro. Um extenso levantamento de plantas não vasculares feito por Gorham (1977) mostrou que o ácido lunulárico está presente em muitas espécies de plantas inferiores, mas não em algas (nem em plantas vasculares, até onde sabemos).

As **batasinas** são compostos em plantas de inhame (*Discorea batatus*) que parecem causar a dormência nos **bulbilhos** (estruturas reprodutivas vegetativas) que surgem do inchamento dos brotos aéreos laterais. A estrutura da batasina I é mostrada na Figura 18-19. As batasinas estão concentradas na pele dos bulbilhos e ausentes do núcleo. A longa exposição a temperaturas frias (estratificação ou pré-resfriamento; leia a seção 22.1), que provoca a quebra da dormência, faz com que as batasinas desapareçam, enquanto suas quantidades aumentam durante o desenvolvimento inicial dos bulbilhos dormentes (Hasegawa e Hashimoto, 1975). No entanto, não se sabe se as batasinas são transportadas para dentro ou se elas se acumulam no interior das células de brotos, cuja incapacidade de crescer é a verdadeira causa da dormência.

O **ácido jasmônico** (Figura 18-19) e seu éster metílico (*metil jasmonato*) ocorrem em várias espécies vegetais e no óleo de jasmim (revisado por Parthier, 1990). Os jasmonatos foram encontrados em 150 famílias e 206 espécies (incluindo fungos, musgos e samambaias), então, talvez sejam onipresentes nas plantas. São formados biossinteticamente a partir do ácido linolênico livre (observe a Tabela 15-1), provavelmente como resultado da ação da enzima *lipoxigenase*. Mostrou-se que esses compostos inibem o crescimento de certas partes da planta e promovem a senescência foliar. Suas funções ainda precisam ser demonstradas, mas um papel de promoção na senescência parece ser bem provável.

18.7 Hormônios na senescência e abscisão

Os processos de deterioração que acompanham o envelhecimento e levam à morte de um órgão ou organismo são chamados de **senescência**. Embora os meristemas não envelheçam e possam, potencialmente, ser imortais, todas as células diferenciadas produzidas a partir deles têm vida útil limitada. A senescência, portanto, ocorre em todas as células não meristemáticas, mas em momentos diferentes. Muitas espécies perenes mantêm suas folhas durante apenas dois ou três anos antes que elas morram e caiam, mas os pinheiros da Califórnia (*Pinus aristata*) conservam agulhas funcionais por até 30 anos. Em árvores e arbustos decíduos, as folhas é morrem anualmente, mas os sistemas de caule e raízes permanecem vivos por vários anos. Em gramíneas e ervas perenes, como a alfafa, o sistema acima do solo morre todo ano, mas a coroa e as raízes permanecem muito viáveis. Nas herbáceas anuais, a senescência foliar progride das folhas mais velhas para as mais novas, é seguida da morte do caule e das raízes depois da floração e apenas as sementes sobrevivem. Para revisões sobre senescência, consulte os livros de Thimann (1980), Thomson et al. (1987) e Nooden e Leopold (1988) e as revisões gerais de Goldthwaite (1987), Kelly e Davies (1988), Nooden e Guiamet (1989), Stoddart e Thomas (1982) e Sexton e Woolhouse (1984).

O que provoca a senescência? Uma coisa importante a se perceber é que a senescência é geneticamente programada para cada espécie e em órgãos e tecidos de plantas individuais. A senescência das folhas é acompanhada de perdas precoces de clorofila, RNA e proteínas, incluindo muitas enzimas. Como esses e outros componentes celulares são constantemente sintetizados e degradados, a perda pode resultar de uma síntese mais lenta, uma degradação mais rápida ou ambas. A síntese lenta é esperada quando os nutrientes que normalmente chegam a um órgão são desviados para outros lugares, como, por exemplo, quando a floração e formação do fruto ocorrem. Uma teoria para a senescência foliar, portanto, é que o desenvolvimento de flores e frutos causa uma competição por nutrientes. Na Seção 16.4, mencionamos a competição entre órgãos vegetativos e reprodutivos por nutrientes essenciais para o crescimento e mostramos, na Figura 16-22, como a remoção de todas as flores adia a senescência foliar na soja (uma planta anual). Como salientado por Nooden e Guiamet (1989), uma característica marcante das plantas monocárpicas (aquelas que florescem uma vez e depois morrem; leia a seção 16.2) é a mudança brusca no investimento de recursos de nutrientes (sais minerais e carboidratos) da parte vegetativa para a parte reprodutiva.

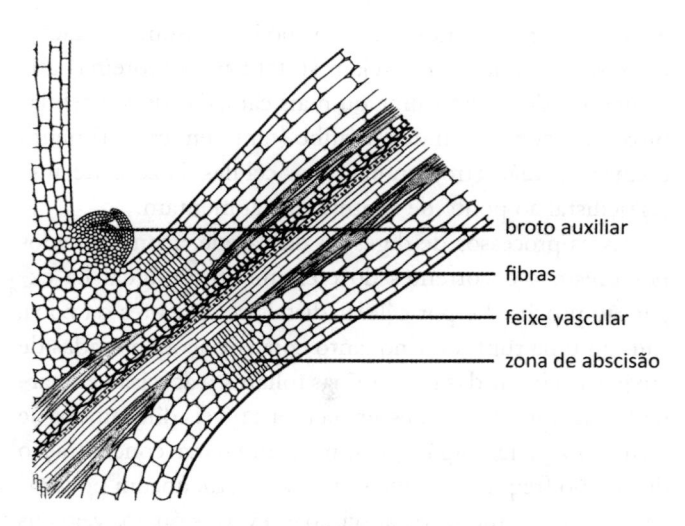

FIGURA 18-20 A camada de abscisão. (De Addicott, 1965.)

O crescimento de raízes e caules e a produção de folhas novas diminuem e, muitas vezes, são interrompidos no início da fase reprodutiva, em parte porque a atividade meristemática é retardada ou deixa de acontecer nos órgãos vegetativos.

A remoção de nutrientes por flores ou frutos não é a explicação total para a senescência, mesmo no caso da soja, porque as flores jovens não poderiam desviar nutrientes suficientes para causar a morte das folhas. Em plantas de cardo, condições de dias de curta duração e noites longas induzem a floração e a senescência foliar, mas mesmo se todos os botões florais forem removidos, a senescência foliar ainda ocorre. Além disso, o desenvolvimento de flores masculinas em plantas de espinafre estaminadas induz a senescência de forma tão eficaz quanto o desenvolvimento de ambas as flores e frutos em plantas femininas, apesar de as flores estaminadas desviarem muito menos nutrientes do que frutos e sementes. Kelly e Davies (1988) concluíram, a partir de uma extensa revisão da literatura, que o desvio de assimilados para o desenvolvimento dos frutos não é mais aceito pela maioria dos pesquisadores como o maior regulador da senescência. Propuseram, em vez disso, que o desenvolvimento da própria fase reprodutiva de alguma forma cause o desvio de nutrientes para as flores e frutos, retardando o crescimento vegetativo e, então, as fases posteriores de senescência. Eles enfatizaram que as estruturas reprodutivas se transformam em drenos fortes, e os órgãos vegetativos de alguma forma também se tornam mais fracos. Nas raízes, a perda de força de drenagem é acompanhada pela diminuição do transporte de nutrientes minerais e citocininas para cima por meio do xilema. É bastante provável que uma fonte de citocinina diminuída para as folhas seja parcialmente responsável pelo início da senescência foliar.

Ao contrário dos efeitos das citocininas, o etileno e o ABA promovem a senescência. Nos frutos, o efeito do etileno é manifestado pelo amadurecimento rápido seguido de abscisão; nas flores, o resultado comum é de murchamento, descoloração, exportação de nutrientes e, em seguida, a abscisão; nas folhas, observam-se a perda de clorofila, RNA e proteínas, o transporte de nutrientes e, em seguida, a abscisão. O efeito do etileno na senescência e na abscisão parece ser muito mais dramático do que o do ABA. Em que medida os aumentos naturais nos níveis de ABA contribuem para a senescência e abscisão ainda é incerto. Como a mudança de um estado vegetativo para o reprodutivo poderia sinalizar a formação gradual do ABA (se de fato o faz) também é desconhecido.

Que vantagem há na abscisão das folhas, flores e frutos senescentes? Para os frutos, a importância na perpetuação da espécie é evidente, porque eles contêm as sementes; para as flores, suspeitamos que as razões envolvam a remoção de um órgão inútil que possa atuar como um potencial portal de infecção e que, em algumas espécies, poderiam servir para formar sombras para as folhas novas na estação de crescimento seguinte. Quando ocorre a senescência, uma degradação de proteínas em aminoácidos móveis e amidas normalmente também ocorre. Muitas outras moléculas grandes (exceto aquelas na parede celular) também são degradadas em formas menores e mais prontamente translocáveis, nas quais os nutrientes são conservados pelo armazenamento em outras partes da planta. Essa economia de nutrientes ajuda as árvores da floresta a sobreviverem em solos inférteis. As folhas que caem, aparentemente, não poderiam suportar invernos frios e dariam sombra às novas folhas na primavera seguinte, assim a sua perda, precedida do resgate de nutrientes, aumenta a sobrevivência e a produtividade de plantas perenes individuais.

Na maioria das espécies, a abscisão de folhas, flores ou frutos é precedida pela formação de uma zona de abscisão ou camada de abscisão na base do órgão envolvido (Kozlowski, 1973; Addicott, 1982; Sexton et al., 1985). Nas folhas, essa zona é formada por todo o pecíolo perto de sua junção com o caule (Figura 18-20). Em muitas folhas compostas, cada folheto também constitui uma zona de abscisão.

A zona de abscisão consiste em uma ou mais camadas de células parenquimáticas de paredes finas resultantes de divisões anticlinais em todo o pecíolo (exceto no feixe vascular). Em algumas espécies, essas células são construídas antes mesmo que a folha esteja madura. Pouco antes da abscisão, a lamela média entre certas células na região distal (a região mais distante do tronco) da zona de abscisão é muitas vezes digerida. Essa digestão envolve a síntese de enzimas de hidrólise de polissacarídeos, sendo as celulases e pectinases as mais importantes, seguidas por sua secreção

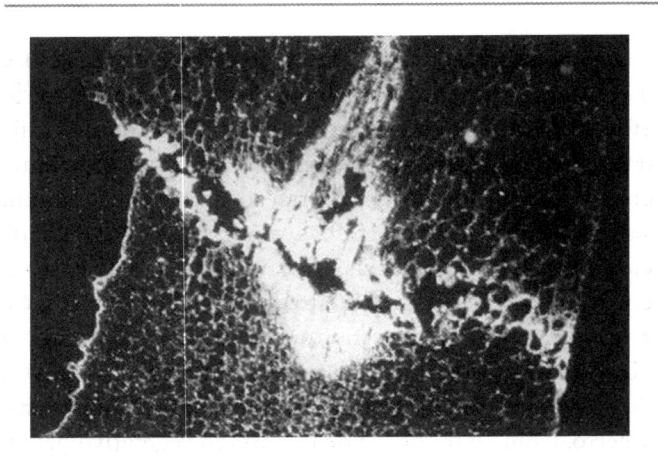

FIGURA 18-21 Localização imunoquímica da RNAm celulase por RNA antisenso em uma zona de abscisão em folhas de feijão. Para a explicação sobre o RNA antisenso, leia a Seção 24.4. (Cortesia Mark Tucker.)

do citoplasma para a parede. A formação dessas enzimas é acompanhada por uma ascensão rápida na respiração das células da região proximal da zona de abscisão. Esse aumento é semelhante ao que ocorre nos frutos climatéricos, e envolve também aumentos nos poli-ribossomos característicos de células que estejam sintetizando proteínas ativamente. Além disso, uma ou mais camadas dessas células proximais aumentam de tamanho (tanto em comprimento quanto em diâmetro), enquanto as células da zona de abscisão distal ao ponto de ruptura não aumentam.

Esses processos de digestão da parede, acompanhados por pressões decorrentes do crescimento desigual na expansão proximal e por células distais senescentes da zona, causam uma ruptura. Enquanto concentrações elevadas de auxina são mantidas nas lâminas foliares, a abscisão é retardada. No entanto, a senescência leva a níveis diminuídos de auxina naqueles órgãos, e um acúmulo na concentração de etileno frequentemente se inicia. O etileno, um poderoso e amplo promotor de abscisão em vários órgãos vegetais em diversas espécies de plantas, age causando a expansão celular e induzindo a síntese e a secreção de hidrolases que degradam a parede celular. Essa ação resulta de efeitos na transcrição, pois moléculas de RNAm que codificam para as hidrolases (pelo menos a celulase) aumentam em abundância após o tratamento com etileno (Figura 18-21).

19

O poder do movimento nas plantas

Acreditamos que não exista uma estrutura nas plantas mais maravilhosa do que a ponta da radícula, no que diz respeito às suas funções. Se a ponta for ligeiramente pressionada, queimada ou cortada, transmite uma influência para a parte superior adjacente, fazendo com que ela se dobre para longe do lado afetado;... Se a ponta percebe que o ar está mais úmido em um lado do que no outro, também transmite uma influência para a parte superior adjacente, que se inclina em direção à fonte de umidade... [Q]uando [a ponta] é animada pela gravitação, a parte [adjacente] se inclina na direção do centro de gravidade. Em quase todos os casos, podemos perceber claramente o objetivo final ou a vantagem dos vários movimentos.

Charles e Francis Darwin,
O poder do movimento nas plantas, *1880*

Há mais de um século, os irmãos Darwin reconheceram que as plantas, mesmo enraizadas no solo, apresentam uma série de movimentos fascinantes que, muitas vezes – mas nem sempre –, podem ser interpretados como adaptações aos seus ambientes. Naturalmente, o estudo dessas manifestações precederam aos Darwin; os movimentos vegetais sempre suscitaram muito interesse das pessoas que gostavam de estudar as plantas. Julius von Sachs (1832-1897), por exemplo, além de seu trabalho sobre a nutrição das plantas e outros assuntos, foi pioneiro nos estudos científicos modernos dos movimentos e foi citado pelos Darwin. Entre outras coisas, ele inventou o clinóstato (Seção 19.5), que usou para estudar o fototropismo e o gravitropismo. Como existem muitos tipos vegetais e eles se movem de muitas maneiras, o tema é complexo. Neste capítulo apresentamos uma visão geral e uma introdução a esse assunto fascinante. (Leia Hart, 1990, para uma revisão geral.)

19.1 Alguns princípios básicos

A maioria dos movimentos que discutiremos se divide em duas categorias naturais: os **tropismos** (do grego *trope*, "giro"), ou seja, a direção do estímulo ambiental determina a direção do movimento, e os **movimentos násticos** (do grego *nastos*, "apertados juntos"), que são desencadeados por um estímulo externo (algumas vezes, interagindo com um mecanismo temporizador interno), mas no qual a direção do estímulo *não* determina a direção do movimento. Os movimentos násticos e tropísticos muitas vezes são resultado do crescimento diferencial (irreversível) (Capítulo 16), mas também podem ser causados pela absorção diferencial *reversível* de água em células especiais, chamadas de **células motoras**, que, em conjunto, formam um **pulvino**. Os caules que crescem para longe da gravidade ou em direção a uma fonte de luz são exemplos de tropismos; movimentos diários da folha ou a abertura e fechamento dos estômatos (Capítulo 4) exemplificam os movimentos násticos.

Em um capítulo sobre os movimentos, também poderíamos discutir temas tão diversos quanto a migração de bolores, o deslizamento de algas azuis, o fluxo do citoplasma, a orientação dos cloroplastos, a migração nuclear e a ação dos cílios e flagelos. Alguns desses movimentos são exemplos de **táxis**, nos quais um organismo (geralmente de célula única ou pouco celulado; raramente um órgão, como o tubo polínico) se move em direção ou para longe de alguns estímulos, tais como luz, calor, frio ou um gradiente químico. Esses fenômenos são dignos de uma ampla discussão, mas a maioria ocorre nas plantas inferiores, as quais não são o foco deste livro. Portanto, não serão discutidos aqui. (Consulte Haupt e Feinleib, 1979.)

Como as plantas que discutimos não existem em um vácuo escuro, elas são sempre influenciadas pelos parâmetros de massa e energia de seus ambientes. Muitas vezes, mudanças em um ou mais desses parâmetros induzem respostas tropísticas, násticas ou ambas. Uma mudança de ambiente que induz um movimento da planta (ou outra resposta) é um **estímulo**. Muitas vezes, um estímulo **induz** na planta um processo que continua após o estímulo já não mais existir em sua forma inicial. É o caso dos movimentos diários de folhas que mudam de curso em resposta ao nascer ou pôr do sol; do mesmo modo, um caule continuará a curvar-se em direção à luz ou para longe da gravidade durante algum tempo após o estímulo luminoso ou gravitacional ter sido removido.

Os estímulos sempre agem em algum mecanismo que é parte da planta, e a parte que recebe (**percebe**, dizemos) o estímulo é o receptor. Uma vez que o estímulo foi percebido, é mudado (**transduzido**) em outra forma, muitas vezes chamada de **sinal**, que então leva a alguma **resposta motora** (crescimento ou ação pulvinar), a causa real do movimento da planta. Wolfgang Haupt, na Alemanha, e Mary Ella Feinleib, em Massachusetts, editaram um volume (1979) sobre os movimentos das plantas. Em sua introdução, discutiram os três passos dos movimentos da planta que acabamos de apresentar e que formam um quadro para a pesquisa sobre o tema:

1. **Percepção** Como uma planta ou parte dela detecta o estímulo ambiental que causa a resposta? Por exemplo, que pigmento absorve a luz que causa o fototropismo ou o que, nas células ou tecidos, responde à gravidade? Onde o mecanismo de percepção está localizado na planta? E qual é o mecanismo? Essas questões têm sido difíceis de responder porque, ao contrário dos olhos e ouvidos, os órgãos das plantas, tais como as folhas, caules e raízes, não são especializados para responder apenas a um determinado estímulo.
2. **Transdução** Como o mecanismo de percepção transduz os estímulos percebidos para as células do órgão no qual ocorre o movimento? Que **sinal** ele envia – ou seja, quais alterações bioquímicas ou biofísicas ocorrem em resposta ao estímulo ambiental? Este foi um campo particularmente ativo de pesquisa durante grande parte do século XX, especialmente no que diz respeito aos tropismos. Os pesquisadores têm procurado sinais elétricos (por exemplo, potenciais de ação; Seção 19.2) e mensageiros químicos (hormônios).
3. **Resposta** O que realmente acontece durante o movimento? Qualquer hipótese apresentada para explicar os mecanismos de percepção e transdução deve levar em conta as respostas motoras observadas. Isso parece bastante óbvio, mas os detalhes de cada resposta têm sido negligenciados por várias décadas. Os pesquisadores no final do século XIX e início do século XX estudaram cuidadosamente o crescimento de células em lados opostos de um órgão de flexão, por exemplo, e pesquisadores mais tarde devem ter presumido que tudo já havia sido aprendido. Contudo, muitos resultados iniciais foram ignorados ou esquecidos e, por isso, voltamos para tais estudos, especialmente em nível celular.

Duas generalizações vieram de pesquisas sobre os movimentos násticos e tropismos realizadas durante as últimas duas ou três décadas. Como devemos necessariamente limitar o âmbito de nossas discussões nas próximas páginas, essas generalizações nem sempre serão aparentes. Elas são: *primeiro, mecanismos semelhantes dentro de uma planta muitas vezes provocam respostas diferentes.* Por exemplo, alterações no volume da célula causadas por K^+ e o movimento da água entrando e saindo das células são responsáveis por respostas diversas, como a abertura e fechamento dos estômatos e a dobra tigmonástica da folha em plantas sensíveis; o K^+ também pode ser importante em alguns tropismos. *Em segundo lugar, mecanismos diferentes podem produzir respostas semelhantes em organismos diferentes ou até nos mesmos organismos.* Por exemplo, sistemas de pigmentos diferentes são aparentemente responsáveis pela dobra fototrópica em diferentes organismos, embora os excepcionais, que respondem à luz *vermelha* (em vez de à azul), sejam raros e não serão discutidos.

19.2 Movimentos násticos

Folhas ou folíolos de folhas compostas muitas vezes exibem movimentos násticos. Uma flexão para cima de um órgão é chamada de **hiponastia**; a flexão descendente é a **epinastia**. Muitas vezes, esses movimentos foliares são causados por pulvinos na base do pecíolo, nas lâminas ou nos folíolos, mas também ocorrem em muitas plantas sem pulvinos. A epinastia ocorre, por exemplo, quando as células na parte superior do pecíolo ou da lâmina, especialmente nas veias principais, crescem (se alongam irreversivelmente) mais do que aquelas na parte inferior. De um modo geral, os movimentos násticos são reversíveis, quer sejam controlados por pulvinos quer pela alteração nas taxas de crescimento relativos nas partes superior e inferior de um órgão. Se uma flexão epinástica da folha for causada por um crescimento mais rápido de células na parte superior do pecíolo e na lâmina do que na parte inferior, por exemplo, a flexão se altera para hiponástica quando as células no lado inferior começam a crescer mais rapidamente.

Nictinastia

Em muitas espécies, movimentos foliares que vão do sentido quase horizontal durante o dia para quase vertical à noite têm sido reconhecidos por mais de 2.000 anos. Como discutido no Capítulo 21, movimentos **nictinásticos** (do grego *nux*, "noite") são processos rítmicos controlados por interações entre o ambiente e o relógio biológico. Aqui, destacaremos as respostas motoras envolvidas nesses movimentos.

Algumas vezes, é conveniente estudar espécies com folhas compostas bipinadas, nas quais cada folha tem várias pinas e cada pina tem vários pares de pínulas opostas (folíolos) anexados a uma única ráquila. Exemplos incluem a árvore de seda (*Albizzia julibrissin*; Satter e Galston, 1981), a planta dormideira (*Mimosa pudica*) e a árvore-de-chuva (*Samanea saman*). Tais folhas compostas bipinadas frequentemente apresentam **movimentos de sono** impressionantes, como ilustrado na Figura 19-1. À noite, as pontas dos folíolos opostos da *Albizzia* se dobram juntos (*se fecham*), erguem-se e apontam em direção à extremidade distal da rachila. Os folíolos da *Samanea* se dobram para baixo ao invés de para cima (Figura 19-1). Em ambos os casos, as células no pulvino que incham durante a abertura são chamadas de **extensores**, enquanto aquelas que encolhem são chamadas de **flexores**. O pulvino da *Samanea* é um cilindro reto durante o dia, quando os folíolos estão abertos, e um cilindro curvado ou em forma de gancho à noite, quando os folíolos estão fechados (Figura 19-1).

O que faz a água fluir de um lado do pulvino para outro? Em 1955, Hideo Toriyama (consulte também Toriyama, 1962) observou em pulvinos da dormideira (*Mimosa pudica*) que o K^+ move-se para fora das células que perdem água. Posteriormente, Ruth L. Satter e colegas (Satter e Galston, 1981; Satter et al., 1970, 1988) constataram que a concentração de K^+ em pulvinos de *Albizzia* é estranhamente elevada (quase 0,5 M) e que o fechamento do folíolo é acompanhado da perda de K^+ das células ventrais e da absorção de K^+ pelas células dorsais (embora as células dorsais não recebam o K^+ que as células ventrais perdem, que devem ser armazenados em outras células ou no apoplasto do pulvino). Além disso, as mudanças no Cl^- são semelhantes às do K^+ (Schrempf et al., 1976). As mesmas mudanças foram observadas na *Samanea* (revisão em Satter et al., 1988). Assim, em *Mimosa*, *Albizzia* e *Samanea*, o movimento da água ocorre em resposta à força motriz osmótica de transporte de íons, assim como na abertura e fechamento do estômato (Seção 4.6).

O trabalho recente do grupo de Satter (leia Satter et al., 1988; Moran et al., 1988) tem se concentrado nos mecanismos de transporte de íons para dentro e para fora das células extensoras e flexoras. Diversas linhas de evidência sugerem a presença de canais seletivos de K^+ nas membranas, ativados pela despolarização que proporcionam percursos externos para a difusão do K^+ das células que estão encolhendo. O Cl^- parece ser cotransportado para células motoras por meio do simporte de ânion H^+ (veja o Capítulo 7). O transporte de H^+ parece ser o mecanismo primário. De alguma maneira, as mudanças de luz para o escuro ou do escuro para a luz, além de ações do fitocromo e de um pigmento de absorção azul (veja o Capítulo 20),

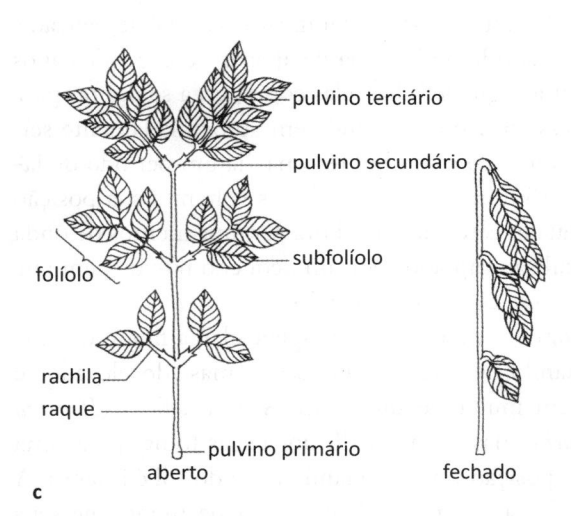

FIGURA 19-1 Folhas de *Albizzia julibrissin* na posição normal diurna **(a)** e na posição típica noturna (dormindo) **(b)**. (Fotos cortesia de Beatrice M. Sweeney.) **(c)** Folha de *Samanea saman* nas posições diurna e noturna. (Desenhos cortesia de Ruth Satter.)

ativam esses mecanismos, possivelmente por meio de efeitos sobre o ciclo fosfatidilinositol descrito na Seção 17.1 (consulte Satter et al., 1988).

É interessante notar que a luz age de maneiras opostas nas células extensoras e flexoras. Por exemplo, a transição de luz branca para a escuridão *ativa* a bomba de H^+ nas células flexoras e *desativa* a bomba de H^+ nas células extensoras. Como as folhas se abrem e fecham em um cronograma de aproximadamente 24 horas sob condições constantes, o relógio biológico também deve ativar esses mecanismos. Além disso, a luz age não somente diretamente sobre os mecanismos de absorção de íons, mas também indiretamente, redefinindo o relógio, como discutiremos no Capítulo 21.

Em um trabalho relacionado, S. Watanabe e T. Sibaoka (1983; consulte também Sibaoka, 1969) analisaram as respostas de pares de folíolos de pinas destacados de *Mimosa*. Durante o dia (das 6h às 16h), os pares de folíolos fechados se abrem em resposta à luz azul ou vermelha-distante, mas não à luz laranja ou vermelha (leia sobre a reação de alta irradiação no Capítulo 20). À noite, eles não responderam à luz, mas se abriram em resposta a auxinas aplicadas (AIA, ácido α-naftalenoacético, ou 2,4-D).

Olle Bjorkman e Stephen B. Powles (1981) descreveram uma resposta interessante do trevo ornamental (*Oxalis oregana*). Essa planta de sombra (Seção 12.3) fotossintetiza em florestas de sequoias com níveis de luz de apenas 1/200 de luz solar total. Pequenas manchas solares penetram o dossel da floresta e podem danificar essa espécie delicada. Com um período de latência de apenas 10 segundos após a luz solar atingir as folhas, elas começam a se dobrar para baixo, e essa flexão é concluída em aproximadamente seis minutos. Quando a sombra retorna, há um período de latência de 10 minutos, mas as folhas voltam à sua posição horizontal em cerca de meia hora. Comprimentos de onda de luz azul são captados por um pequeno pulvino, em que cada folíolo se conecta ao pecíolo.

Embora um pouco menos espetacular, a flexão dos folíolos quando os níveis de luz são demasiado elevados é comum em muitas leguminosas. A acácia-falsa (*Robinia pseudoacacia*), nas Fabaceae, flexiona suas folhas para cima para uma posição vertical quando a luz do sol é intensa. À noite, as folhas se movem para baixo, de modo que seus lados mais baixos ficam frente a frente. O ar frio também provoca um movimento descendente.

Hidronastia (ou higronastia)

Como na nictonastia, a **hidronastia** envolve uma flexão ou enrolamento das folhas, mas este último ocorre em resposta ao estresse hídrico, e não à luz. Esses processos reduzem a exposição da superfície foliar ao ar seco, completando o fechamento dos estômatos para reduzir a transpiração. O perigo de ocorrer fotoinibição também é minimizado. Os movimentos de flexão e enrolamento são causados por perda de turgor nas células motoras de paredes finas, chamadas de **células buliformes**, como ilustrado para a grama azul (*Poa pratensis*) na Figura 19-2. As células buliformes têm pouca ou nenhuma cutícula, então perdem água por transpiração mais rápido do que outras células epidérmicas. Conforme diminui sua pressão de turgor, o turgor constante nas células na parte inferior da folha causa a flexão. Esse é apenas um dos vários mecanismos com os quais as plantas resistem à seca (Capítulo 26).

Tigmonastia

Movimentos násticos resultantes de toques – **tigmonastia** (do grego *thigma*, "tocar") – são comuns. Eles são

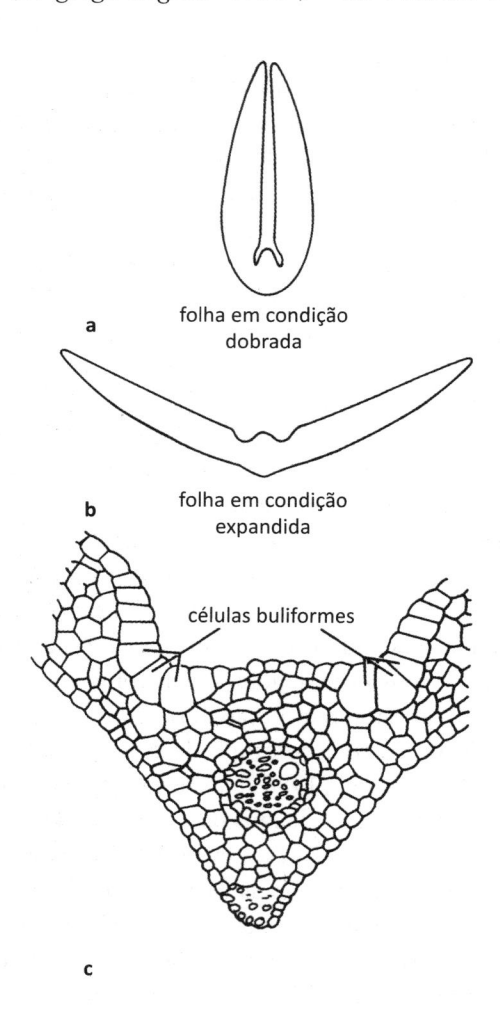

FIGURA 19-2 Esboços de desenhos de uma folha de grama azul (*Poa pratensis*) **(a)** na condição dobrada e **(b)** na condição expandida. **(c)** Um desenho detalhado da porção média da folha mostrando as células buliformes. As mudanças no turgor dessas células controlam o fechamento e a abertura da folha. (De Meyer e Anderson, 1952.)

FIGURA 19-3 Resposta das plantas dormideiras. A ponta de uma folha é estimulada (neste caso, usando-se uma chama), sem estimular o resto da planta. Após 14 s, o pecíolo da folha entrou em colapso, e muitos dos folíolos se dobraram conforme a água deixava as células pulvinais nas bases dos pecíolos e folíolos. Conforme o estímulo viaja de volta ao longo do tronco, outras folhas entram em colapso e seus folíolos se dobram. Esse processo continua na última fotografia (tirada após aproximadamente 1,5 min). (Fotos de F. B. Salisbury.)

especialmente notáveis em certos membros da subfamília Mimosoideae, na família Fabaceae (Leguminosae) (Ball, 1969). O exemplo mais notável é a *Mimosa*, a planta dormideira. Ao ser tocada, abalada, aquecida, rapidamente resfriada ou tratada com um estímulo elétrico, os folíolos e folhas se juntam rapidamente (Figura 19-3). Quando apenas um folíolo é estimulado, um estímulo se move por toda a planta, recolhendo os outros folíolos. A vantagem desta resposta para a planta é incerta, mas uma ideia é que a flexão dos folíolos afugente os insetos antes que eles comecem a comer a folhagem. A flexão é causada pelo transporte de água para fora das células motoras nos pulvinos, um acontecimento associado a um efluxo de K^+, como observado.

A transmissão de sinais na *Mimosa* tem sido investigada por muitos anos (Roblin, 1982; Samejima e Sibaoka, 1980; Simons, 1981; Umrath e Kastberger, 1983). Há evidências de dois mecanismos distintos, um *elétrico* e outro *químico*. A resposta elétrica foi primeiro estudada extensivamente por Jagadis Chunder Bose, na Índia, entre 1907 e 1914 (consulte Sinha e Bose, 1988), e depois em experiências melhores por A. L. Houwink (1935), na Holanda. Um **potencial de ação** (Pickard, 1973) é uma mudança na tensão que forma um pico característico quando plotado em função do tempo (Figura 19-4). Os potenciais de ação na *Mimosa* são semelhantes

TABELA 19-1 Estrutura molecular de várias turgorinas juntamente com a concentração mínima necessária para produzir um efeito.

Turgorina	Estrutura				Conc. mínima.
	R^1	R^2	R^3	R^4	[mol/L]
PLMF 1	CH_2OSO_3H	OH	OH	OH	$2,33 \times 10^{-7}$
PLMF 2	CH_2OSO_3H	OSO_3H	OH	OH	$1,96 \times 10^{-7}$
S-PLMF 2	CH_2OSO_3H	OH	OH	H	$2,42 \times 10^{-6}$
M-LMF 5	COOH	OH	OH	OH	$2,75 \times 10^{-6}$
PLMF-sint	CH_2OSO_3H	OH	H	H	$2,51 \times 10^{-5}$
LMF-sint	COOH	OH	H	H	$1,57 \times 10^{-3}$

Fonte: Schildknecht (1986).

aos que ocorrem nas células nervosas dos animais, mas muito mais lentos. Tanto nas células vegetais quanto nas animais, eles são causados por fluxos de íons específicos ao longo das membranas celulares. Na *Mimosa*, eles viajam pelas células do parênquima (conectadas por plasmodesmos) do xilema e do floema a velocidades de até cerca de 2 cm s^{-1}, enquanto os potenciais de ação viajam ao longo das células nervosas dos animais a velocidades de dezenas de metros por segundo.

O potencial de ação não passa pelo pulvino de um folíolo para o outro a menos que a reação química também seja elicitada e, neste caso, vários folíolos podem se dobrar. A resposta química, relatada pela primeira vez pelo cientista italiano Ubaldo Ricca (1916a, 1916b), é causada por uma substância que se move pelos vasos do xilema, juntamente com o fluxo de transpiração. Ricca cortou um caule e, em seguida, conectou cada extremidade cortada a um tubo estreito, cheio de água. Quando uma folha de um lado do tubo era ferida, uma folha do outro lado era dobrada. A substância ativa, anteriormente chamada de fator de Ricca e agora identificada como turgorina (veja a seguir), pode ser extraída de células feridas e aplicada a um ramo cortado, e seus efeitos de flexão podem então ser medidos. Seu movimento provoca respostas elétricas que viajam a sua frente, de um folíolo a outro nas células do parênquima. Sinais de ferimento rapidamente transportados também foram observados em tecidos de ervilha (Davies e Schuster, 1981; Van Sambeek e Pickard, 1976).

Turgorinas: hormônios que controlam os movimentos násticos

Hermann Schildknecht (1983, 1984), um químico orgânico da Universidade de Heidelberg, na Alemanha, e seu grupo fizeram um extenso trabalho de isolamento e identificação de compostos (como o fator de Ricca) que ativam pulvinos nas folhas das plantas, tais como *Mimosa* e *Acacia karroo* – que não é sensível ao toque, mas exibe nictinastia. Para um bioensaio, uma folha de *Mimosa* é colocada em uma solução com a substância ativa suspeita, que é então transportada no fluxo de transpiração ao pulvino, no qual suas membranas respondem, fazendo as pínulas das folhas dobrarem se a substância for ativa. Dois dos chamados **fatores de movimento periódico da folha (PLMFs)** de *Acacia* provaram ser

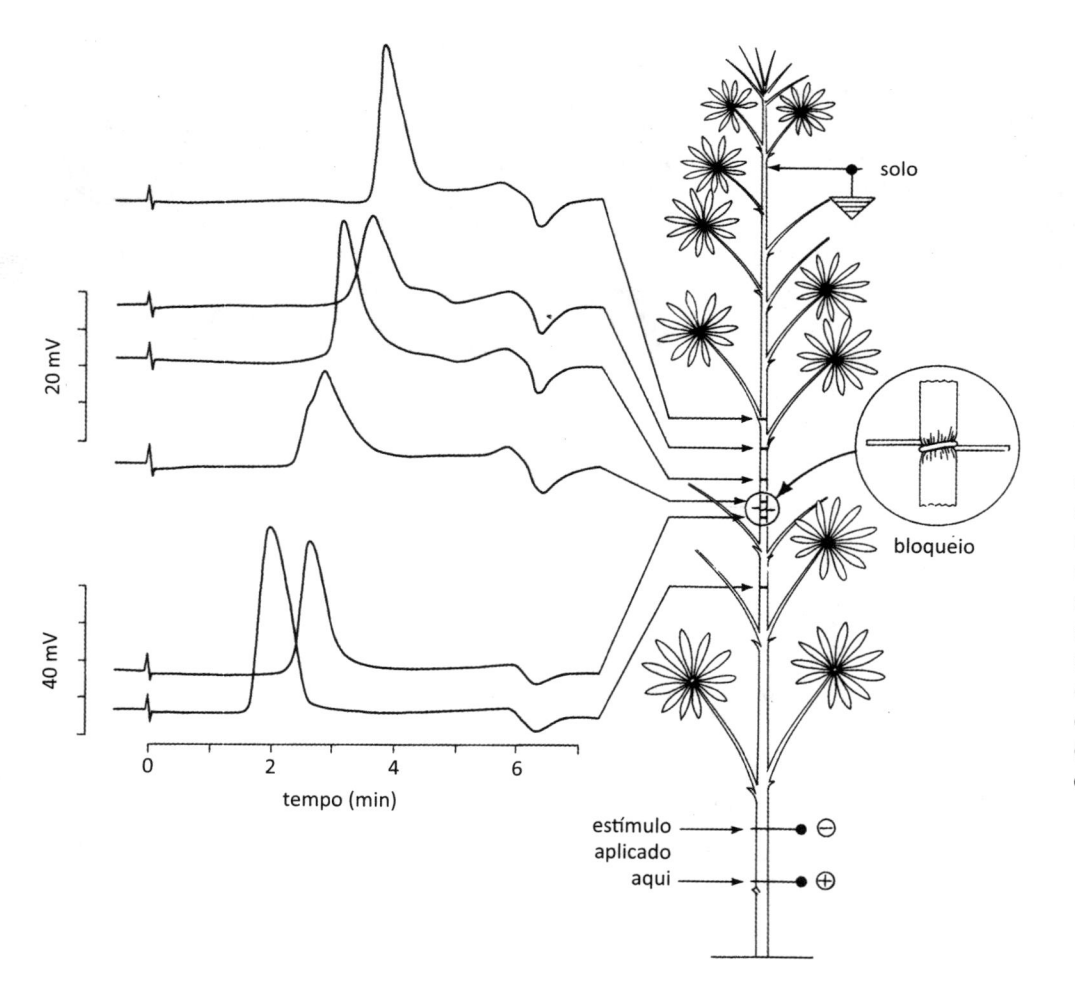

FIGURA 19-4 Um exemplo de potenciais de ação medidos em *Lupinus angustifolius*. O objetivo deste estudo foi analisar o movimento dos potenciais de ação em um bloqueio no caule, produzido apertando-se um barbante em torno dele (desenho detalhado no círculo). O desenho do caule mostra a localização do ânodo (+) e do cátodo (−), o bloqueio e o solo, que é necessário para medir os potenciais de ação. As setas indicam a localização dos eletrodos ao longo do caule. As curvas de potenciais de ação mostram as tensões em função do tempo, e o pequeno ponto à esquerda de cada curva é um artefato causado pela aplicação do estímulo (a corrente elétrica direta entre o ânodo e o cátodo). (De Zawadski e Trebacz, 1982, com permissão.)

os β-glicosídeos do ácido gálico, com a ligação glicosídica em seu grupamento parahidroxil. Vários outros compostos com estruturas intimamente relacionadas também foram identificados a partir de extratos de outras plantas (Tabela 19-1), e os mais ativos foram o β-D-glucosídeo-6-sulfato e o β-D-glicosídeo-3,6-bissulfato de ácido gálico; eles foram chamados de PLMF 1 e PLMF 2. Extratos de *Mimosa* continham PLMF 1 mais um outro composto, o PLMF 7. Extratos de *Robinia* continham PLMF 1.

Algumas espécies de *Oxalis* reagem ao toque ou à agitação, de modo muito parecido ao da *Mimosa*. Schildknecht e colegas (consulte Schildknecht, 1983, 1984) isolaram do *Oxalis stricta* tanto PLMF 1 quanto outro composto, o PLMF 3, derivado do ácido protocatecúico (observe a Figura 15-10), em vez do ácido gálico. A glicose-6-sulfato (Tabela 19-1) era novamente parte da molécula.

Schildknecht sugeriu que esses compostos formam uma nova classe de hormônios vegetais, que ele chamou de **turgorinas**, porque elas atuam sobre o turgor das células do pulvino. Como é o caso com outros fitormônios, elas são ativas em concentrações baixas (10^{-5} a 10^{-7} M) e, pelo menos em alguns casos, atendem ao critério da translocação. Será interessante ver se a sensibilidade para os compostos também desempenha um papel em sua ação. Recentemente, Peter Kallas, Wolfram Meier-Augenstein e Schildknecht (1990) demonstraram a presença de um receptor PLMF-1-específico (presumivelmente uma proteína) no lado externo da membrana plasmática da *Mimosa*.

A dioneia

Um dos poucos exemplos bem estudados de potencial de ação que é obviamente útil para uma planta é a excitação por um inseto de um ou mais pelos sensoriais da epiderme[1] da dioneia, *Dionaea muscipula*. Os potenciais de ação se movem dos pelos para o tecido foliar bilobado e fazem com que os lobos se fechem rapidamente, dentro de aproximadamente meio segundo (Figura 19-5). Isso geralmente aprisiona o inseto, que é digerido pelas enzimas segregadas da folha, proporcionando uma fonte de nitrogênio e fosfato para a planta. Cerca de 500 outras plantas de flores são **carnívoras** (comedoras de carne), com mecanismos de captura variados e, muitas vezes, independentes dos potenciais de ação (Heslop-Harrison, 1978). No caso da dioneia, Stephen E. Williams e Alan B. Bennett (1982) mostraram que o fechamento rápido é outro exemplo de crescimento ácido (Seção 17.2). Os íons de hidrogênio são rapidamente bombeados para as paredes das células na parte exterior (parte inferior) de cada armadilha nas folhas em resposta ao potencial de ação dos pelos estimulados no interior (lado superior). Os prótons aparentemente afrouxam as paredes celulares tão rapidamente que o tecido realmente se torna flácido, permitindo que as células absorvam rapidamente a água apoplástica, fazendo com que o exterior de cada folha se expanda e, assim, a armadilha se feche rapidamente. A armadilha abre gradualmente conforme o crescimento das superfícies internas supera o crescimento rápido da superfície externa durante o fechamento. Os testes da hipótese de Williams e Bennett são um modelo do método científico em ação. Primeiro, eles marcaram as superfícies interiores e exteriores das folhas (armadilha) com pontos, medindo as distâncias entre eles antes e após o fechamento. O exterior se expandiu cerca de 28%, mas o interior não mudou, confirmando que o crescimento do lado de fora fecha a armadilha. O interior cresceu lentamente durante as 10 horas de reabertura, mas não houve nenhuma mudança adicional no exterior, portanto, essa é uma resposta verdadeira, irreversível, de crescimento rápido, e não a ação de um pulvino. Em segundo lugar, a hipótese sugere que infiltrar as folhas com tampões neutros deve neutralizar os prótons bombeados para fora das células e, assim, impedir o fechamento. Isso ocorreu, e as folhas infiltradas com uma solução de sorbitol com o mesmo potencial osmótico do tampão neutro não impediria o fechamento. Terceiro, eles previram que infiltrar as folhas do lado de fora com tampões ácidos (pH 3,0 a 4,5) deveria causar o fechamento sem estímulo dos pelos. Isso também ocorreu. Em quarto lugar, uma vez que o bombeamento de hidrogênio requer muita ATP, eles previram que os níveis de ATP cairiam rapidamente nos tecidos durante o fechamento. Eles encontraram uma queda de 29% durante o fechamento. Todos os testes foram positivos, sugerindo enfaticamente o crescimento ácido no fechamento da Dioneia.

No entanto, um trabalho mais recente de Dieter Hodick e Andreas Sievers (1989), na Alemanha, sugere que a hipótese do crescimento ácido é duvidosa. Em seus experimentos, o tamponamento do apoplasto em pH 6 não impediu o movimento das armadilhas que haviam sido cortadas várias vezes da margem até a nervura central para facilitar a difusão do tampão no mesofilo. Eles também obtiveram outros dados que não discutiremos aqui, mas que não conseguiram apoiar o mecanismo de crescimento ácido.

Tigmo- e sismomorfogênese

No início dos anos 1970, Mordecai J. Jaffe (1973, 1980; Giridhar e Jaffe, 1988) começou a investigar os efeitos sobre o desenvolvimento dos estímulos mecânicos, especialmente a fricção, nas plantas. A maioria das plantas vasculares

---

[1] Aqui está um exemplo em que a planta tem um órgão especial que reage a um estímulo ambiental.

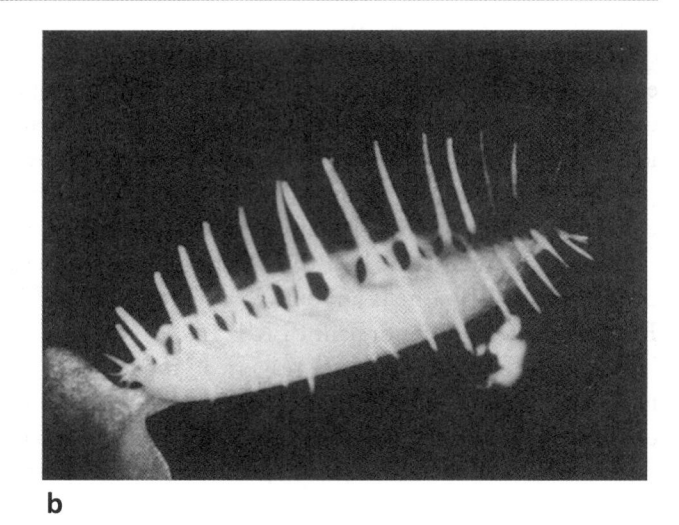

FIGURA 19-5 Dioneia (*Dionaea muscipula*). **(a)** Armadilha aberta, "pronta" para capturar um inseto. **(b)** Armadilha fechada. (Fotos fornecidas por Steven Williams.)

estudadas respondeu com um lento alongamento do caule e um aumento no seu diâmetro, que produziu plantas curtas e encorpadas (Figura 19-6), às vezes com apenas 40 a 60% da altura das plantas-controle. Jaffe chamou essas e outras respostas semelhantes de desenvolvimento ao estresse mecânico de **tigmomorfogênese**. Claramente, elas estão relacionadas com a tigmonastia, mas os movimentos rápidos das plantas não estão envolvidos. A flexão dos caules também causa essas respostas e, na natureza, os efeitos de flexão do vento influenciam o desenvolvimento da planta dessa forma. Cary A. Mitchell, na Purdue University (1977, Mitchell et al., 1975; Hammer et al., 1974), também estudou extensivamente esses efeitos. Ele colocou as plantas sobre uma mesa de agitação (em geral, apenas por alguns segundos ou minutos, de uma vez, várias vezes ao dia) de modo que elas fossem mecanicamente agitadas, mas não tivessem nenhum contato físico. As mesmas respostas básicas apareceram, e Mitchell chamou o fenômeno de **sismomorfogênese** (do grego *seismos*, de *seiein*, "sacudir"). Em ambos os casos, plantas mais curtas e mais fortes são produzidas, e estas não são tão afetadas por tensões mecânicas naturais (especialmente eólica) quanto seus equivalentes mais altos e mais delgados, produzidos em estufa. As plantas mais altas são realmente "não naturais", pois ocorrem somente em estufas – e somente quando as condições são exatamente corretas (normalmente, em níveis relativamente baixos de luz). As plantas cultivadas no exterior, endurecidas pelo vento e pelo sol brilhante, apresentam pouca resposta ao estresse mecânico.

O contato físico por máquinas agrícolas e animais certamente contribui para o endurecimento. A pulverização em plantas de tomate com água por 10 segundos, uma vez ao dia, reduziu seu crescimento em estufa em cerca de 60% em relação aos exemplares de controle (Wheeler e Salisbury, 1979). As plantas mais baixas e fortes eram desejáveis na cultura de estufa, mas infelizmente a geração de frutos foi significativamente reduzida.

Salisbury (1963) descobriu que a simples medição do comprimento das folhas de carrapicho (*Xanthium strumarium*) com uma régua em intervalos diários retardou seu crescimento e causou senescência prematura. Neel e Harris (1971) constataram que as árvores liquidambar jovens (*Liquidambar styraciflua*) se alongaram mais lentamente e definiram brotos terminais de inverno (uma resposta de *desenvolvimento*!) quando seus troncos foram vibrados ou abalados por apenas 30 segundos por dia. Efeitos inibitórios do estresse mecânico sobre a *floração* de algumas espécies também têm sido observados. Tais respostas podem ser muito comuns e, portanto, tão importantes para as plantas quanto a resposta à luz, à temperatura ou à gravidade. Certamente, elas confundirão o resultado de qualquer experimento se as plantas controle e as plantas tratadas não receberem estresse mecânico comparável.

O que causa essas reações? Como as plantas, de início, não apresentam nenhum sintoma da lesão, apenas o crescimento alterado, suspeita-se de uma mudança nos padrões do regulador de crescimento. A diminuição do alongamento e o aumento do espessamento do caule sugerem que a produção de etileno tenha um papel e, de fato, o aumento do etileno tem sido observado após a estimulação mecânica (leia a Seção 18.2). O transporte de auxina também é aparentemente inibido (Mitchell, 1977), a atividade extraível semelhante à da GA desaparece (Beyl e Mitchell, 1983) e o cálcio pode estar envolvido.

Não se sabe como uma mudança no equilíbrio do regulador de crescimento pode acontecer, mas Jaffe (1980)

FIGURA 19-6 O efeito do número de fricções diárias do caule (uma vez para cima e uma vez para baixo, entre o polegar e o indicador, com pressão moderada) no crescimento de plantas jovens de feijão. Da esquerda para a direita, o número de estímulos foi de 0, 2, 5, 10, 20 ou 30. (Cortesia de Mordecai J. Jaffe; consulte Jaffe, 1976.)

encontrou uma menor resistência elétrica do caule de feijão dentro de poucos segundos após a fricção, seguida por uma lenta retomada de volta ao nível normal. Esse resultado provavelmente sugere uma mudança na permeabilidade da membrana, que permite que íons como K^+ passem rapidamente do simplasto para o apoplasto após a estímulação mecânica. (O aumento da concentração iônica seria o responsável pelo maior fluxo de corrente e, portanto, pela baixa resistência.) Uma alteração na permeabilidade da membrana pode afetar as quantidades de hormônios nos locais subcelulares em que atuam e também a posterior produção de reguladores de crescimento, alterando a disponibilidade de moléculas precursoras.

Janet Braam e Ronald W. Davis (1990) descobriram que o RNAm em plantas de *Arabidopsis* aumentou de 10 para 100% 30 minutos após as plantas terem sido estressadas mecanicamente por pulverização com água ou por outros meios. Normalmente, tais plantas estressadas cresceram menos de 50% de altura das plantas controle que não foram estressadas. O RNAm foi produzido por pelo menos quatro e, provavelmente, cinco genes que foram ativados pelo estresse mecânico. Um desses genes codifica para a calmodulina e outros dois codificam para duas proteínas relacionadas. Os níveis de cálcio aumentaram nas células estressadas, por isso, é possível que a cálcio-calmodulina seja um mensageiro secundário na ativação do gene; se isso for verdade, a calmodulina pode ativar o gene para a sua própria produção. Esses estudos poderiam ser avanços importantes para a compreensão dos mecanismos moleculares de resposta das plantas ao estresse mecânico.

19.3 Tropismos: crescimento diferencial direcional

Você provavelmente está familiarizado com a resposta das plantas à *direção* de um estímulo ambiental em que o crescimento (geralmente o alongamento das células) desigual (diferencial) ocorre em lados diferentes de um órgão. As raízes crescem para baixo e os ramos, para cima em resposta à gravidade (**gravitropismo**[2]). Caules e folhas frequentemente se orientam com relação aos raios de luz (**fototropismo**), mas as raízes raramente apresentam fototropismo. O **tigmotropismo** é a resposta ao contato

---

[2] Antigamente, **geotropismo**, que significa "resposta tropística à Terra". Como a resposta é, na verdade, a uma força gravitacional (ou outra força de aceleração), *gravitropismo* é um termo preferível, assim como há várias décadas *fototropismo* (a resposta geral para a direção da luz) substituiu *heliotropismo* (a resposta ao sol – um fenômeno de importância considerável, como veremos).

com um objeto sólido que é exibido por plantas trepadeiras que crescem em torno de um poste ou do caule de outra planta (Jaffe e Galston, 1968). Também existem outros tropismos.

Um interesse considerável pelos tropismos existe há mais de dois séculos, e eles têm sido estudados com técnicas científicas modernas pelo menos desde o tempo de von Sachs, mais de um século atrás. É humilhante perceber que, mesmo com os milhares de documentos técnicos relatando estudos sobre tropismos, ainda ficamos perplexos com os mecanismos básicos. Embora tenhamos uma grande quantidade de dados, a maior parte é descritiva ou fenomenológica.

No entanto, progressos foram feitos na aprendizagem sobre os tropismos durante as últimas décadas, e as agências espaciais dos Estados Unidos, Europa, Japão, China e Rússia (inclusive em seu período como União Soviética) atualmente apoiam as pesquisas sobre gravitropismo. Essas pesquisas incluem tanto os estudos com base em terra firme quanto as experiências na microgravidade da nave espacial em órbita. A maioria dos estudos é atualmente conduzida no contexto das três etapas postuladas que foram discutidas na Seção 19.1.

19.4 Fototropismo

Coleóptilos e caules

Os Darwin (1880) descreveram vários experimentos sobre os tropismos das plantas. Eles observaram que os coleóptilos de alpiste (*Phalaris canariensis*) não se dobravam em direção à luz fraca se as pontas fossem cortadas ou estivessem na sombra. Também estudaram as dicotiledôneas e algumas monocotiledôneas. Foram suas experiências (mais as de alguns outros) para localizar a sensibilidade fototrópica nas pontas dos coleóptilos que acabaram levando às experiências de Frits Went e, assim, à descoberta da primeira auxina conhecida (Capítulo 18).[3]

Os Darwin descobriram que os coleóptilos em aveia (*Avena*) também se dobravam em direção à luz quando as suas pontas eram cobertas; ou seja, alguma sensibilidade fototrópica ocorria abaixo das pontas, mas a **resposta das pontas** é aproximadamente mil vezes mais sensível que a **resposta da base**. Assim, se luz fraca é utilizada, a maioria das respostas está localizada na ponta, e isso é evidente, porque a curvatura na direção da luz começa na ponta e se move gradualmente para baixo no coleóptilo, conforme o estímulo é transmitido da ponta para os tecidos abaixo.

Se níveis de luz mais elevados forem usados, porém, a inclinação começa simultaneamente em todo o comprimento do coleóptilo. Os **hipocótilos** (caule das mudas abaixo dos cotilédones) de tais plântulas dicotiledôneas, como, por exemplo, o girassol, não apresentam nenhuma resposta apical de brotamento (consulte Dennison, 1979, 1984).

Percepção: relações dose-resposta Várias questões quantitativas importantes podem ser feitas sobre a resposta fototrópica. É de importância primordial a questão da **reciprocidade**: a resposta é proporcional à duração da exposição para sua **energia** ou **fluxo de fóton** (energia ou fótons por unidade de área por unidade de tempo = **taxa de radiância** ou **fluência**; muitas vezes, vagamente chamada de *intensidade*), ou para a dose total; isto é, o produto da duração da exposição pelo tempo (chamado de **fluência**; veja o Apêndice B)? Se a resposta for a dose total, então o fluxo e a duração têm relacionamento *recíproco*[4] e a **lei da reciprocidade** é mantida.

A Figura 19-7 mostra os resultados de experimentos realizados por Zimmermann e Briggs (1963), que irradiaram coleóptilos de aveia (*Avena*) com três diferentes fluxos de fótons de luz azul para tempos de exposição diferentes.[5] Resultados estreitamente semelhantes obtidos por Brigitte Steyer (1967), que examinou 12 espécies de dicotiledôneas e quatro de monocotiledôneas, também são mostrados na mesma figura. Seus resultados foram estendidos por Baskin e Iino (1987), com mais quatro dicotiledôneas. Os resultados são plotados como graus de curvatura fototrópica como uma função da fluência; são **curvas de dose-resposta** (ou **curvas de resposta-fluência**). Na figura de Zimmermann e Briggs, a primeira parte ascendente da curva é a mesma para todos os três fluxos de fótons (radiâncias), de modo que a reciprocidade se mantém nesse intervalo de fluência baixa. Essa parte da curva é chamada de **primeira curvatura positiva**. Em radiâncias maiores (parte da curva rotulada C), significando menor tempo de exposição, a primeira curvatura positiva é seguida pela diminuição da curvatura com crescente fluência, produzindo-se uma curva em forma de sino. Em algumas monocotiledôneas, como os coleóptilos de aveia (*Avena*) (nenhuma das dicotiledôneas testadas por Steyer ou por Baskin e Iino), essa tendência continua até que os órgãos se dobrem *para longe* da luz, uma

---

[3] A descoberta das auxinas também dependia de experimentos com raízes feitos pelo fisiologista polonês Ciesielski (1872), que foi citado pelos irmãos Darwin.
[4] Fluxo × tempo = fluência (J s^{-1} m^{-2} · s = J m^{-2}), portanto: fluxo = fluência/tempo.
[5] No início do século XX, A. H. Blaauw, na Holanda, realizou uma série de experimentos semelhantes na área do fototropismo, como observaremos adiante. Em um deles, ele relatou que os coleóptilos de *Avena* se curvariam em resposta a apenas um milésimo da luz da lua cheia – mas foram necessárias 43 horas de exposição para obter essa resposta! Com os maiores níveis de luz disponíveis para ele, obteve a mesma resposta com um tempo de exposição de apenas 0,08 segundo.

resposta que é chamada de **primeira curvatura negativa**. Com o aumento na fluência, uma **segunda curvatura positiva** e até mesmo uma **terceira curvatura positiva** tornam-se evidentes (Du Buy e Nuernbergk, 1934). Em radiâncias intermediárias utilizadas por Zimmermann e Briggs (rotuladas como B), a parte descendente da curva é bastante reduzida, mas a segunda curvatura positiva ainda é aparente. Nos níveis mais baixos de luz (maiores tempos de exposição, rotulados de A), apenas um desvio na curva sugere a segunda curvatura positiva. Claramente, a reciprocidade se mantém apenas para a primeira parte positiva da curva dose-resposta. Por que isso?

Blaauw e Blaauw-Jansen (1970a e 1970b) obtiveram curvas de dose-resposta para pelo menos 24 diferentes níveis de radiância. Seus resultados confirmam os de Zimmermann e Briggs. A segunda curvatura positiva ocorre ao mesmo *tempo* em todos os níveis de radiância (cerca de 40 minutos após o início da radiância). Assim, conforme os níveis de irradiância diminuem, a primeira curvatura positiva é adiada (a reciprocidade se mantém), mas a segunda curvatura positiva vem ao mesmo tempo, independente do nível de radiação, por isso, no fim das contas, os dois se juntam, eliminando a primeira curvatura negativa.

A lógica e alguns experimentos sugerem que a luz na verdade tem dois efeitos no fototropismo. Primeiro, ela age como um gatilho para a resposta de flexão, que é o que temos enfatizado. Em segundo lugar, ela diminui a sensibilidade do órgão à luz subsequente. Esse efeito é não direcional e conhecido como um **efeito tônico**. Por exemplo, se um coleóptilo é exposto a um segundo de 0,03 W m^{-2} de luz azul unilateral, a curvatura positiva ocorre – mas somente se o coleóptilo tiver permanecido antes no escuro. Uma curvatura muito menos positiva ocorre quando o coleóptilo já foi exposto a 10 segundos da mesma irradiância unilateral. Nesse caso, a área negativa da curva é aproximada. Na verdade, o efeito tônico é fácil de observar, mesmo quando a luz vem de cima do coleóptilo e não de um dos lados (Meyer, 1969). Quando duas exposições são apresentadas, o efeito tônico causado pela primeira exposição gradualmente decai e, então, cerca de 20 a 25 minutos depois da exposição à segunda radiação, é o mesmo que se a primeira exposição não tivesse ocorrido. A recuperação aconteceu. Assim, Blaauw e Blaauw-Jansen concluíram que as curvaturas além da primeira resposta positiva não são realmente fenômenos independentes, mas resultam da dessensibilização do sistema de primeira curvatura positiva.

Com coleóptilos de *Avena*, a luz *vermelha* dada pouco antes da luz azul muda a região das primeiras curvaturas positivas e negativas para radiâncias dez vezes maiores. A segunda curvatura positiva foi deslocada para irradiâncias três vezes menores pelo pré-tratamento com luz vermelha (Zimmermann e Briggs, 1963; Curry, 1969). Assim, a luz vermelha muda a sensibilidade do tecido à luz azul que realmente causa a flexão. Usando exposições breves, Zimmermann e Briggs foram capazes de reverter o efeito vermelho (máximo a 660 nm) com exposições subsequentes à luz vermelha-distante (cerca de 730 nm). Este é um teste para o sistema de pigmento fitocromo discutido no Capítulo 20, portanto, o fitocromo (ativado pela luz vermelha) desempenha um papel na determinação da sensibilidade dos coleóptilos à luz azul que causa a flexão (o tópico da próxima seção).

Caules e outros tecidos cultivados no escuro (*estiolados*; leia o Capítulo 20) conduzem luz de forma semelhante aos tubos de fibra ótica usados nos sistemas de comunicação modernos (Mandoli e Briggs, 1982, 1983, 1984). A ponta de um coleóptilo que acaba de penetrar na superfície do solo conduzirá ("encanará") a luz até a folha primária, o mesocótilo, e as raízes. A distribuição relativa dentro do tecido pode mudar para que haja mais luz sobre o lado "na sombra" do que no lado "iluminado". Conforme a luz é transmitida no tecido, alguns comprimentos de onda são absorvidos mais do que outros, então sua composição espectral muda. Outras mudanças espectrais ocorrem quando o tecido estiolado se torna verde em resposta à luz. Essas respostas podem complicar o fototropismo e outras respostas à luz.

Percepção: espectros de ação e pigmento fotorreceptor Para identificar o pigmento responsável por qualquer processo fotoquímico, um passo essencial é comparar o espectro de ação para o processo com o espectro de absorção dos pigmentos suspeitos de estar envolvidos (Seção 10.3). Há mais de 80 anos, A. H. Blaauw (1909), na Holanda, descobriu que a luz azul era mais eficiente para causar a curvatura fototrópica. Desde então, espectros de ação cada vez mais detalhados têm sido medidos, e fisiologistas de plantas têm sugerido que um ou os dois pigmentos amarelos comuns, os carotenoides e as flavinas, podem absorver a luz que causa o fototropismo. (Alguns pigmentos amarelos absorvem comprimentos de onda azul e algumas vezes ultravioleta; os comprimentos de onda remanescentes se combinam para produzir a sensação de amarelo no olho humano.) A Figura 19-8 mostra os espectros de absorção para β-caroteno e riboflavina e um representante de espectro de ação de fototropismo para coleóptilos de *Avena*. A figura também inclui uma comparação entre o espectro de ação da *Avena* (monocotiledôneas) com aquele obtido por Baskin e Iino (1987), tanto para os braços ascendentes quanto para os descendentes em forma de sino na curva de dose-resposta (como mostrado na Figura 19-7) de alfafa

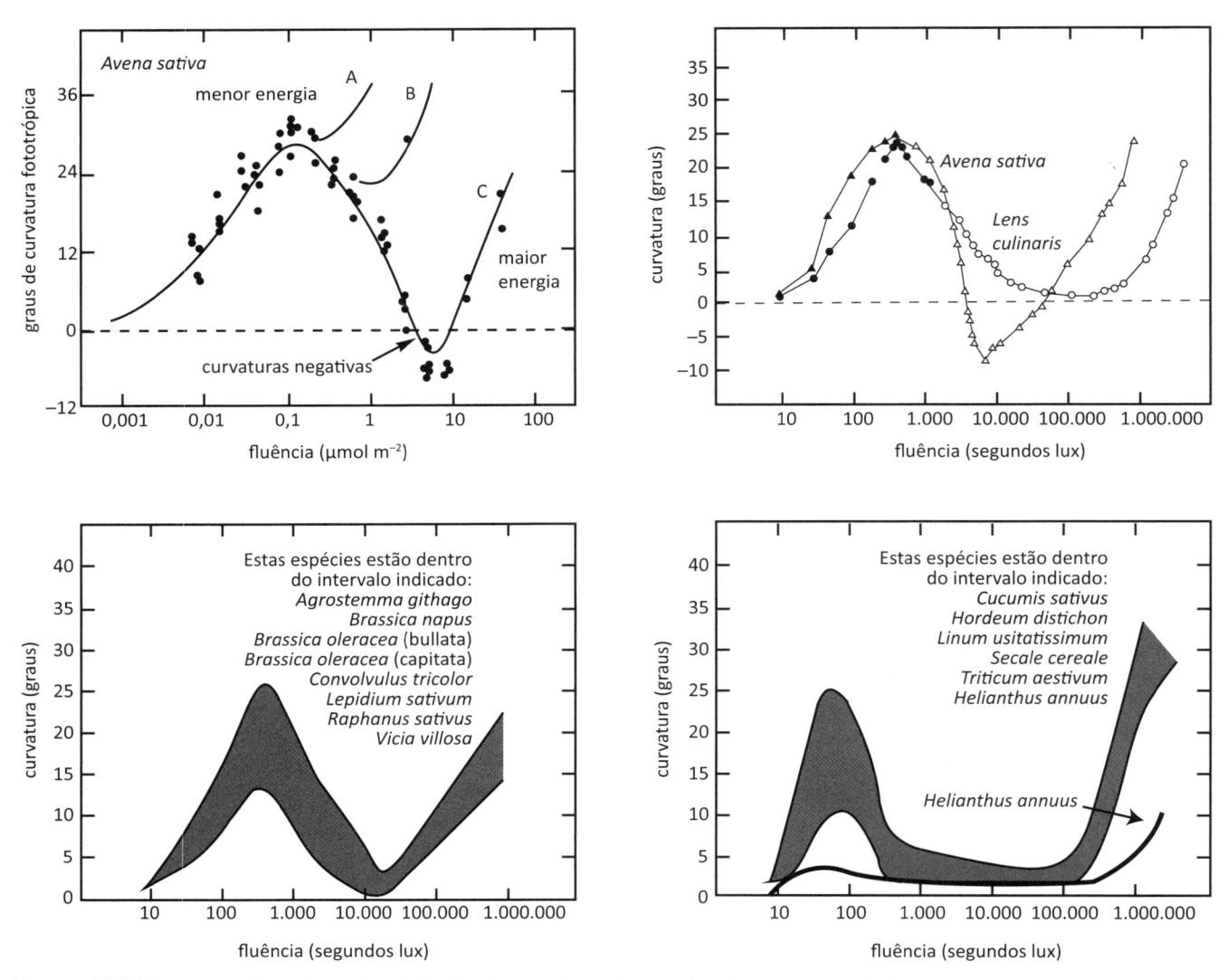

FIGURA 19-7 (a) Resposta fototrópica de coleóptilos da aveia (*Avena*) causada pelo aumento da fluência de luz azul unilateral a 436,8 nm após luz vermelha. Observe a primeira curvatura positiva, diminuindo, e a segunda curvatura positiva. A energia da luz foi mantida constante, e os tempos de exposição foram variados para obter-se o total de doses mostrado ao longo da abscissa. As radiâncias foram de 0,014, 0,14 e 1,4 µmol m^{-2} s^{-1} para as linhas identificadas como A, B e C. Os pontos são dados reais (para mostrar a dispersão), mas só se aplicam à curva C. (De Zimmermann e Briggs, 1963.) **(b)** Curvas de dose-resposta similares obtidas por Brigitte Steyer (1967) com aveia (*Avena sativa*) e lentilha (*Lens culinaris*), uma dicotiledônea. A primeira curvatura negativa é apenas aparente para *Avena*. **(c)** e **(d)** As figuras que resumem os resultados com as outras 12 dicotiledôneas e as três monocotiledôneas testadas por Steyer. Nenhuma apresentou uma curvatura negativa, e *Helianthus* não exibiu praticamente nenhuma primeira curvatura positiva, embora a segunda curvatura positiva esteja evidente. (Steyer usou luz branca medida em lux; um segundo lux de luz branca equivale aproximadamente a 0,2 µmol m^{-1}. Nomes comuns de espécies são: *Agrostemma* = nigela-do-trigo; *Brassica napus* = canola de inverno; *Brassica oleracea* = repolho; *Convolvulus* = trepadeira; *Lepidium* = mastruço bravo; *Raphanus* = rabanete; *Vicia* = ervilhaca; *Cucumis* = pepino; *Hordeum* = cevada; *Linum* = linho/linhaça; *Secale* = centeio; *Triticum* = trigo; e *Helianthus* = girassol. Cevada, centeio e trigo são monocotiledôneas.)

(*Medicago sativa*, uma dicotiledônea). É claro que o espectro de ação para as monocotiledôneas e dicotiledôneas é idêntico, sugerindo que mesmo o pigmento de absorção azul funciona no fototropismo em dois grupos de plantas. O pigmento (pigmentos?) foi chamado de **criptocromo** (Schopfer, 1984). Discutiremos isso no Capítulo 20.

Como você pode ver ao examinar a Figura 19-8a, não é fácil distinguir entre os dois sistemas de pigmentos possíveis comparando a absorção e os espectros de ação disponíveis. O forte pico do ultravioleta (360-380 nm) favorece a riboflavina como o pigmento de absorção, mas os dois picos na parte azul-violeta do espectro (cerca de 450 nm e 480) favorecem o caroteno. No entanto, muitas evidências têm sugerido que um pigmento de flavina é o fotorreceptor primário no fototropismo. Por exemplo, alguns fungos ativos fototropicamente (por exemplo,

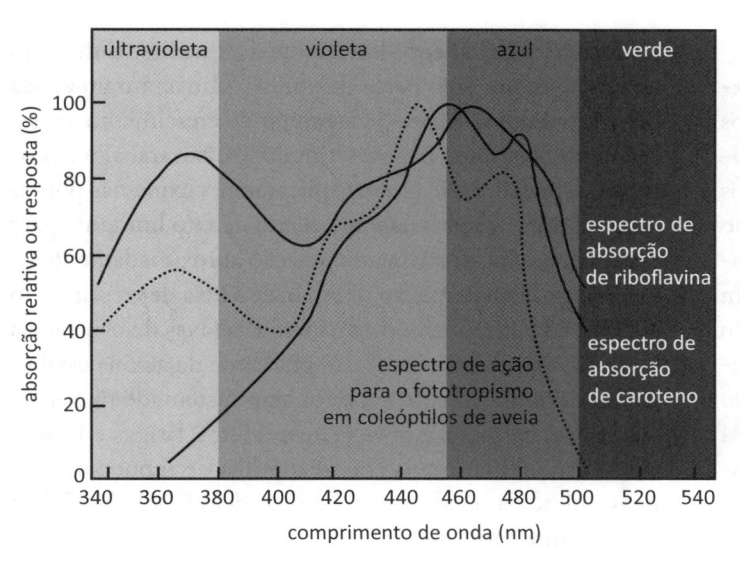

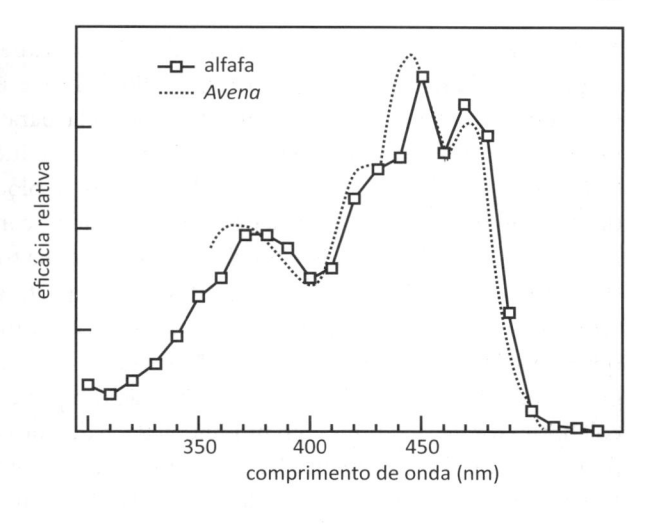

FIGURA 19-8 (a) O espectro de ação para o fototropismo comparado com o espectro de absorção de riboflavina e caroteno. (Dados obtidos a partir de várias fontes. Consulte especialmente Thimann e Curry, 1960; Dennison, 1979.) **(b)** Espectros de ação de fototropismo em hipocótilos de alfafa (*Medicago sativa*) comparados a um espectro de ação para coleóptilos de aveia (*Avena sativa*). Os dois espectros de ação são praticamente idênticos. (De Baskin e Iino, 1987; usado com permissão.)

Phycomyces) têm espectros de ação para as várias respostas que são quase idênticos aos do fototropismo em plantas superiores, e uma flavina ligada a uma proteína (flavoproteína) parece ser o único pigmento envolvido (Munoz e Butler, 1975). Após a absorção da luz, a flavoproteína se torna oxidada pela redução de um citocromo tipo-b no plasmalema (Brain et al., 1977). Além disso, certos mutantes de plantas superiores que são extremamente baixos em caroteno respondem fototropicamente, e alguns herbicidas que bloqueiam a formação de pigmentos carotenoides não eliminam a resposta fototrópica.

Existem algumas complicações interessantes em nossas tentativas de determinar o pigmento fotorreceptor. Por um lado, um pigmento de triagem inativo pode causar picos no espectro de ação (consulte um exemplo e uma revisão em Vierstra e Poff, 1981); ou seja, embora a luz absorvida pelo pigmento não possa ser transformada em uma resposta fototrópica, a presença do pigmento acentua a inclinação do gradiente de luz através do coleóptilo. Claro, é a resposta da planta ao *gradiente* de luz que conduz à flexão fototrópica. Os comprimentos de onda que são absorvidos pelo pigmento de triagem poderão causar uma acentuada inclinação e, portanto, aparecerão como picos no espectro de ação, mesmo se a energia absorvida pelo pigmento não tiver nenhum efeito sobre a flexão fototrópica.

Transdução no fototropismo Já em 1909, Blaauw (consulte também Blaauw, 1918) propôs que a luz agia no fototropismo diretamente ao inibir o crescimento do lado irradiado de um caule ou coleóptilo. Mas, em 1926, N. Cholodny teorizou e Frits Went demonstrou que a auxina aparentemente migra do lado irradiado para o lado sombreado de uma ponta de coleóptilo irradiada unilateralmente (Seção

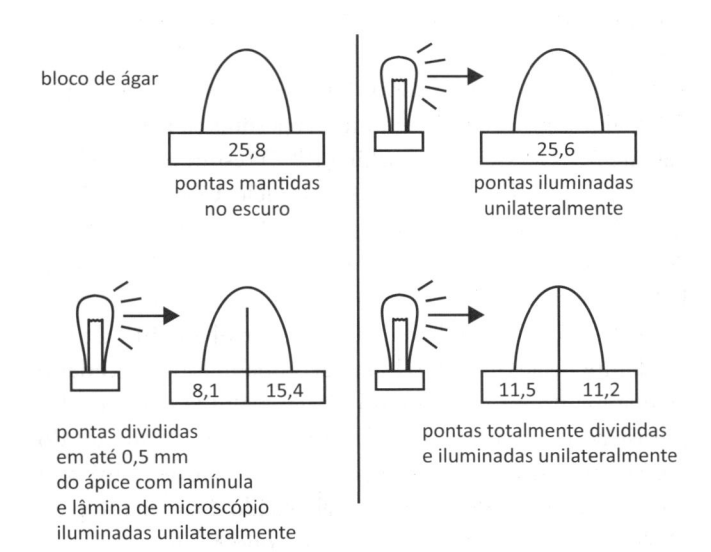

FIGURA 19-9 Experiências mostrando que a iluminação unilateral de pontas de coleóptilos de milho levam ao transporte de auxina do lado iluminado para o lado sombreado das pontas e, aparentemente, não causam a destruição da auxina. Os números sobre os blocos de ágar representam os graus da curvatura causada pela aplicação dos blocos unilateralmente a tocos decapitados de coleóptilo de aveia. Nas pontas divididas, uma parte da auxina foi transportada na lateral acima da barreira de separação, mas nas pontas completamente divididas isso não foi possível. (De Briggs, 1963.)

17.2). A Figura 19-9 mostra os resultados de um experimento semelhante relatado por Briggs (1963). Nesse experimento, a quantidade de auxina transportada para os blocos de ágar na base de uma ponta de coleóptilo é indicada pelo grau de curvatura provocado quando os blocos de ágar foram colocados em coleóptilos decapitados, como no teste de curvatura padrão com *Avena* para a auxina (observe a Figura 17-3). As pontas expostas à luz exportaram tanta auxina quanto aquelas mantidas no escuro, indicando que a destruição da auxina pela luz não ocorreu, como sugerido pelo modelo de Blaauw. Quando o ágar e parte do coleóptilo foram divididos com um fino pedaço de mica e a ponta foi exposta à luz de um lado, a quantidade de curvatura foi duas vezes maior para o bloco sob o lado da sombra quanto para aqueles no lado irradiado. A divisão da ponta inteira com mica impediu o transporte lateral da auxina na ponta, portanto, as quantidades de auxina coletadas de ambos os lados eram as mesmas.

O modelo Cholodny-Went sugere, então, que a luz de um lado de alguma forma causa o transporte de auxina para o lado da sombra, representando o mecanismo de transdução básico no fototropismo. O modelo sugere muitos testes, e tem guiado a experimentação por quase sete décadas. Muitos experimentos o têm apoiado, mas, no final de 1970, foi novamente posto em dúvida. Richard D. Firn e John Digby (1980), por exemplo, apresentaram critérios pelos quais a hipótese de Cholodny-Went pode ser testada, e concluíram que os critérios não haviam sido cumpridos. Suas sugestões estimularam muitas pesquisas. Em uma excelente revisão, Briggs e Baskin (1988) resumiram os testes propostos por Firn e Digby do modelo Cholodny-Went listando os quatro critérios a seguir: (1) em um órgão curvando fototropicamente, a aceleração do crescimento no lado sombreado deveria acompanhar o retardo do crescimento no lado irradiado; (2) o desenvolvimento de um gradiente de auxina lateral deve acompanhar ou preceder o aparecimento de crescimento diferencial; (3) deve ser demonstrado que a auxina é de fato um fator limitante do crescimento no órgão sensível; e (4) deve ser demonstrado que o diferencial de auxinas estabelecido é suficiente para explicar o diferencial de crescimento observado.

Discutiremos o primeiro critério na próxima seção. Vários estudos sobre o transporte de ^{14}C–AIA mostraram que a direção e a taxa de transporte em coleóptilos poderia, de fato, ser influenciadas pela luz (por exemplo, Pickard e Thimann, 1964; Shen-Miller et al., 1969), embora os resultados fossem muitas vezes controversos. Iino e Briggs (1984) mostraram que, quando a curvatura iniciou na região apical do coleóptilo de milho e se moveu para baixo, a taxa de circulação foi consistente com as taxas conhecidas de transporte de auxina. Baskin et al. (1985) fizeram medições semelhantes de coleóptilos nos quais a auxina tinha sido aplicada em um lado perto da ponta e obtiveram uma taxa de movimento basípeta de estímulo de crescimento semelhante à encontrada na fotoestimulação. Em trabalhos posteriores, Baskin et al. (1986) aplicaram a auxina nas pontas de coleóptilos e relataram que ela foi de fato limitante para o crescimento, que havia uma relação aproximadamente linear entre a concentração de auxina e a taxa de crescimento ao longo de um intervalo que mediu as taxas de ocorrência na flexão fototrópica e que um gradiente de auxina estabelecido na ponta do coleóptilo foi bem sustentado durante o transporte basípeto. Em vista desses fatos, Briggs e Baskin (1988) concluíram que, em coleóptilos de monocotiledôneas (milho), as evidências para o modelo Cholodny-Went são bastante fortes.

No entanto, há evidências de que um mecanismo diferente atua em pelo menos algumas dicotiledôneas. Franssen e Bruinsma (1981) não encontraram nenhum gradiente de auxina em um hipocótilo de girassol fototropicamente estimulado, mas demonstrom o gradiente de um inibidor, a xantoxina, neste hipocótilo, com 60 a 70% do inibidor do lado iluminado. Hasegawa et al. (1989) isolaram e caracterizaram três inibidores que formaram um gradiente semelhante em hipocótilos de rabanete fototropicamente estimulados. Koji Hasegawa, Masako Sakoda e Johan Bruinsma (1989) testaram criticamente o modelo de Cholodny-Went como aplicado ao coleóptilo da *Avena*, órgão que levou à formulação do modelo, em primeiro lugar. Eles repetiram a experiência de Went (como mostrado no caso do milho na Figura 19-9) e obtiveram os mesmos resultados quando os blocos de ágar foram colocados em coleóptilos corretamente preparados: o bloco do lado escuro causou mais flexão. Entretanto, quando eles analisaram os blocos com um ensaio físico-químico, encontraram quantidades iguais de AIA em ambos os blocos, e havia cerca de 2,5 a 7 vezes mais do que havia sido indicado pelo teste de curvatura. Esse resultado sugere que os blocos continham outros inibidores juntamente com a auxina, e encontraram-se dois inibidores que ainda não foram identificados nos blocos, com mais de cada um deles no bloco do lado iluminado. Apesar das evidências em favor do Cholodny-Went, resumidas acima, esses resultados sustentam fortemente um modelo inibidor tal como sugerido por Blaauw, mesmo para os coleóptilos de gramínea.

A resposta de crescimento Um teste importante das hipóteses de Cholodny-Went e Blaauw pergunta o que realmente acontece durante a flexão fototrópica de um coleóptilo ou hipocótilo. Como foi observado no primeiro critério acima, a hipótese de Cholodny-Went sugere que o crescimento nos lados de luz e sombra do órgão flexionado deve ser compensatório; tanto a redução do crescimento no lado da luz quanto a promoção no lado sombreado. A hipótese de Blaauw sugere a inibição no lado iluminado com poucas mudanças (ou alguma inibição) no lado sombreado. As medidas manuais de crescimento foram feitas há um século; medições mais recentes utilizam técnicas fotográficas. Marcas (por exemplo, minúsculas contas de vidro) são colocadas em ambas as margens do coleóptilo ou do hipocótilo iluminados de um lado, e as fotografias são tiradas em intervalos regulares durante a flexão fototrópica. As distâncias entre os marcadores são então cuidadosamente medidas nas imagens projetadas dos negativos fotográficos, traçando-se as taxas de crescimento nos dois lados como uma função do tempo durante o fotoestímulo. O experimento parece bastante simples, mas há campos minados que podem confundir os incautos.

Franssen et al. (1982) relataram que, quando altos níveis de luz são utilizados para se obter a resposta basal, o crescimento no lado irradiado parou quase que instantaneamente após o início da irradiação, enquanto o crescimento do lado da sombra continuou, normalmente em torno da mesma taxa que havia antes do início da irradiação unilateral. Isso claramente sustenta a teoria de Blaauw, mas, como se vê, a hipótese de Cholodny-Went também poderia estar correta.

Há muito se sabe que a luz vermelha (atuando ao longo do fitocromo; leia o Capítulo 20) e a luz azul podem inibir o crescimento de caules e coleóptilos, como observamos em nossa discussão sobre o efeito tônico. Mas, e se esse tratamento for aplicado ao caule ou coleóptilo como um todo (por exemplo, de cima para baixo) para saturar a resposta inibitória geral e, *em seguida*, o órgão for irradiado unilateralmente com luz fototropicamente ativa? Vários pesquisadores trataram dessa abordagem (por exemplo, Baskin, 1986; Baskin et al., 1985; Rich et al., 1987). Os resultados dos trabalhos de Iino e Briggs (1984) são mostrados na Figura 19-10. Sob essas condições, o crescimento no lado iluminado e o crescimento no lado da sombra são totalmente compensatórios, como previsto pelo modelo de Cholodny-Went. A conclusão parece ser de que, sob determinadas condições e em algumas espécies, ocorre uma inibição do crescimento geral pela luz, como Blaauw sugeriu, mas, sobrepondo-se a isso, ou sob algumas condições que não essas, há crescimento compensatório, possivelmente causado pelo transporte de auxina (ou um inibidor?), como sugerido pelo modelo Cholodny-Went.

Mosaicos de folhas

As folhas também respondem fototropicamente à luz. Se, por exemplo, metade de uma lâmina da folha de carrapicho na luz for coberta com papel alumínio (simulando sombreamento natural), duas respostas ocorrem. Uma delas é o alongamento do pecíolo no lado coberto, por isso, ele se dobra e desloca a folha para o lado irradiado da lâmina. A outra é uma dobra para cima (hiponastia) do lado sombreado das folhas. Tais respostas em uma série de folhas presumivelmente moveriam-nas da sombra para a luz sempre que fosse fisicamente possível. O resultado é que as folhas muitas vezes pouco se sobrepõem; em vez disso, formam padrões chamados de **mosaicos de folha**. Tais mosaicos aparecem nos dosséis das folhas de muitas árvores (que podem ser observados se ficarmos em pé sob elas, olhando para cima), bem como em heras subindo as paredes de um edifício (Figura 19-11) ou crescendo em uma casa na qual a luz entra predominantemente por uma única janela durante todo o dia. Os mosaicos de folhas são exemplos de tropismo verdadeiro? Às vezes, é difícil decidir em casos limites como os mencionados.

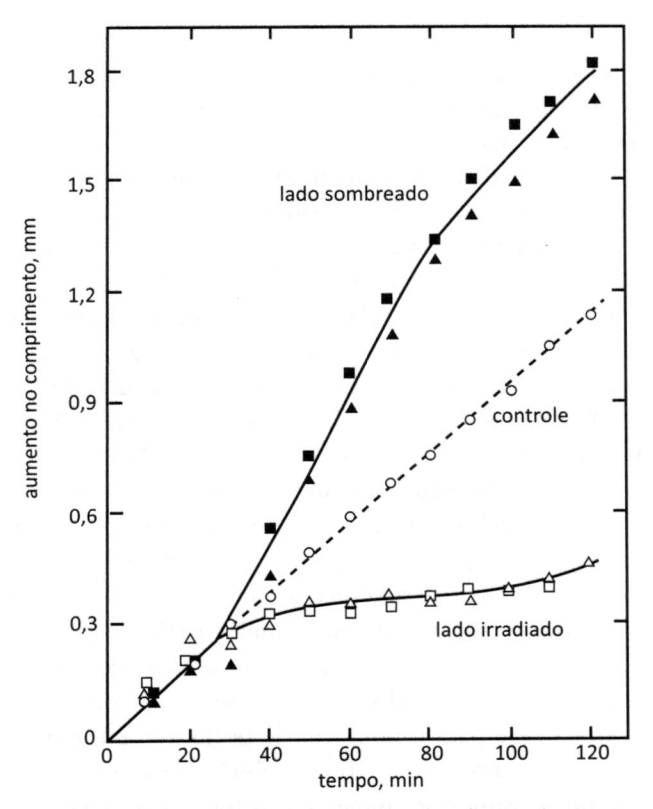

FIGURA 19-10 Curso de tempo de aumento do crescimento nos lados sombreados e irradiados do milho (*Zea mays*). Após os coleóptilos terem sido marcados a 15 mm da ponta, brotos inteiros (quadrados) ou apenas pontas (triângulos) foram unilateralmente irradiados por 30 s com luz azul (fluência = 5,0 µmol m^{-2}). As plantas-controle (círculos) foram tratadas da mesma forma que as plantas irradiadas, mas sem indução fototrópica. As plantas foram cultivada sob luz vermelha (0,15 µmol m^{-2} s^{-1}). Cada ponto representa a média de 10 plantas. (De Iino e Briggs, 1984; usado com permissão.)

FIGURA 19-11 Um mosaico de folhas típico exibido pela hera japonesa (*Parthenocissus tricuspidata*) crescendo no lado de um edifício. Observe como quase todas as folhas são expostas à luz. Os mosaicos de folhas geralmente se desenvolvem em plantas domésticas que dependem da luz oriunda de uma única direção (como a partir de uma janela).

Talvez, quando uma parte de uma lâmina de folhas é sombreada por outra, a porção sombreada transporta mais auxina para o seu lado do pecíolo do que o lado iluminado transporta para a sua parte do pecíolo correspondente. Ou talvez o lado irradiado transmita um inibidor. Essas possibilidades ainda precisam ser testadas. Há oportunidade de se estudar como as plantas maximizam a quantidade de radiação fotossinteticamente ativa a que estão expostas (ou minimizá-la quando as irradiâncias são altas o suficiente para serem prejudiciais), como no exemplo a seguir.

Rastreamento solar

Muitas plantas são capazes de **rastrear o sol**: a lâmina plana da folha permanece quase perpendicular ao sol durante todo o dia, maximizando a luz colhida pela folha. O fenômeno foi estudado pelos irmãos Darwin (1880) e negligenciado até que H. C. Yin conduziu alguns estudos básicos importantes (1938). James Ehleringer e I. Forseth (1980) documentaram a importância do rastreamento solar no deserto e em outros ecossistemas naturais; C. M. Wainwright (1977) estudou um tremoço do deserto (*Lupinus arizonicus*). Respostas semelhantes foram observadas em folhas de espécies como algodão, soja, feijão, alfafa e vários membros selvagens da Malvaceae, tais como a *Malva neglecta* e a *Lavatera cretica*. A maior parte de nossa compreensão dos mecanismos fisiológicos envolvidos no rastreamento solar, no entanto, origina-se de estudos feitos por Amnon Schwartz e Dov Koller (1978, 1980) na Universidade Hebraica de Jerusalém (outros são indicados por Schwartz et al., 1987).

O rastreamento solar é um tropismo verdadeiro porque a orientação das folhas é determinada pela direção dos raios do sol, mas não é nem *positivo* nem *negativo*, como é o fototropismo do caule, mas um **diafototropismo (diaeliotropismo)**, em que o órgão se orienta em ângulos retos em relação aos raios de luz. A orientação da folha é controlada por células motoras em um pulvino, no qual a lâmina se junta ao pecíolo. A circulação da água dentro e fora das células motoras é completamente reversível e quase certamente controlada por solutos osmóticos, incluindo K^+.

O padrão de controle solar é ilustrado na Figura 19-12. A **lâmina** foliar (lâmina) segue o sol em todo o seu percurso diário pelo céu, como um radiotelescópio rastreando um satélite em movimento. Ao anoitecer, as lâminas estão quase na vertical, de frente para o ponto no oeste do horizonte, onde o sol está se pondo. Dentro de uma ou duas horas, as lâminas assumem uma posição de "descanso" em ângulos retos com o pecíolo, e uma ou duas horas antes do nascer do sol começam a se mover novamente, virando-se para o ponto no leste do horizonte onde o sol apareceu no dia anterior e subirá novamente no dia seguinte. Assim, esses movimentos foliares respondem à direção dos raios do sol, não só durante o dia, mas também durante a noite seguinte. Além disso, se as plantas são deixadas na escuridão total durante vários dias, elas continuam a reorientar as suas folhas a cada 24 horas até o ponto onde o sol (ou a luz artificial de laboratório) apareceu pela primeira vez na última vez em que as plantas foram irradiadas. Em dias muito nublados, as folhas assumem a posição horizontal "em repouso", mas podem

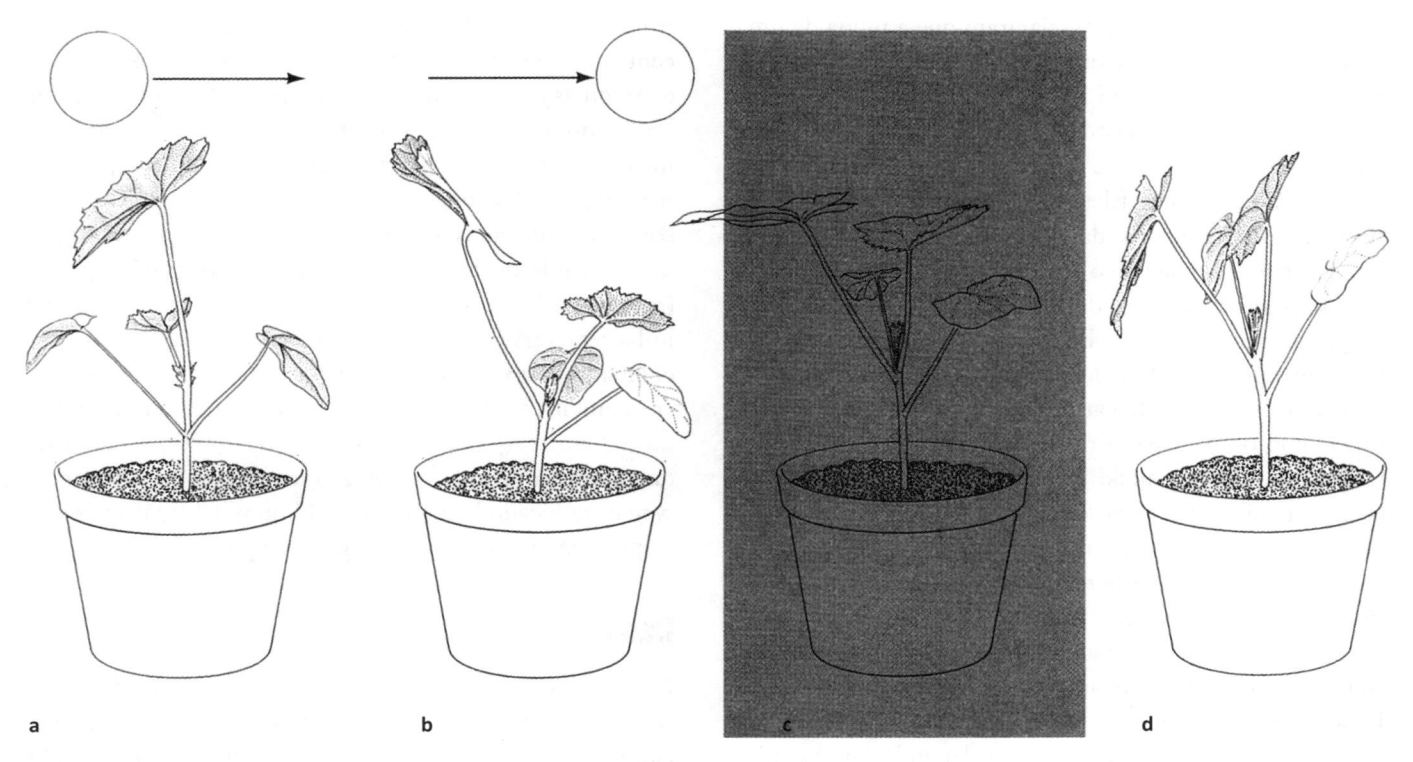

FIGURA 19-12 O rastreamento solar em uma planta com folhas em forma de taça, tais como alguns membros da família Malvaceae (por exemplo, *Malva* ou *Lavatera*). A lâmina (folha) recebe os sinais direcionais do sol e se inclina para ele conforme as células do pulvino na sua junção com o pecíolo ganham ou perdem água. (**a** e **b**) As folhas seguem o sol durante o dia, como um radiotelescópio segue um satélite. (**c**) Uma ou duas horas após o pôr do sol, as lâminas estão na posição "relaxada", na qual se mantêm durante a maior parte da noite. (**d**) Cerca de uma hora antes do amanhecer, as lâminas viram-se para o ponto no horizonte onde o sol nascerá no dia seguinte. (Redesenhado a partir de desenhos e fotografias fornecidas por Dov Koller.)

mudar sua orientação muito mais rapidamente (até 60° por hora) do que o movimento aparente do sol no céu (15° por hora); então, elas logo acompanham o sol quando ele aparece por trás das nuvens.

Schwartz e Koller (1978,1980) mostraram que o rastreamento solar, como outros exemplos de fototropismo, é mais sensível à luz azul, mas os espectros detalhados de ação ainda não foram obtidos. As veias principais na lâmina se espalham em diferentes direções a partir de uma junção comum logo acima do pulvino. As células ao longo das veias principais da lâmina achatada detectam a direção dos raios do sol e enviam uma mensagem às células motoras do pulvino, levando a uma reorientação das folhas. Há algumas evidências de que as auxinas podem participar na transmissão da mensagem. A situação é complexa, no entanto, porque a mensagem pode ser positiva ou negativa, dependendo da direção da luz em relação à polaridade da veia. Se os raios de luz atingem uma veia principal em ângulos retos, a mensagem é neutra. Se os raios estão direcionados para a ponta da folha, a mensagem exportada é *positiva*, então as células no setor do pulvino associadas com a veia absorvem a água, fazendo com que a lâmina suba em direção ao feixe. Inversamente, se os raios são direcionados para a base da veia, um sinal *negativo* é enviado a partir da veia principal para o mesmo setor de células motoras em sua base, fazendo com que percam água e a lâmina decline em direção ao feixe.

Ehleringer e Forseth (1980) e Shackel e Hall (1979) observaram o "rastreamento solar negativo", em que as folhas de algumas plantas do deserto foram mantidas paralelamente aos raios do sol quando as condições estavam especialmente secas. Por esse mecanismo, elas presumivelmente minimizaram sua exposição à radiação solar, ganhando menos calor e transpirando menos. Aliás, as cabeças de girassol seguem o sol quando jovens e, depois de maduras, encaram o sol nascendo no leste e permanecem nessa posição durante todo o dia.

Escototropismo

Quando a semente de uma videira na floresta tropical germina no chão da mata escura, como pode essa muda em desenvolvimento encontrar uma árvore para ajudar a sua escalada em direção à luz? Donald R. Strong, Jr. e Thomas

S. Ray, Jr. (1975; Ray, 1979) relataram que a muda de uma *Monstera gigantea*, na Costa Rica, cresce em direção à *escuridão* do tronco de árvore mais próximo. Eles observaram milhares de mudas crescendo em direção a um único tronco, aparecendo como raios de uma roda de curto crescimento em direção ao centro. Eles argumentaram que a resposta tinha que ser na direção da escuridão e não para longe da luz (fototropismo negativo[6]), porque o setor mais escuro do horizonte raramente era de exatamente 180° de distância do ponto mais brilhante. Eles foram capazes de demonstrar isso por meio da colocação de mudas no centro de uma parede circular de cartolina branca interrompida em vários pontos com pano preto ou (em experiências posteriores de Teresa Gurski para um projeto de ciências do ensino médio) com uma lâmpada para simular o sol. As mudas, invariavelmente, cresceram em direção à mancha escura (e não exatamente na direção contrária à lâmpada), desde que ela ocupasse cerca de 22° do horizonte e estivesse escura o suficiente para representar, pelo menos, uma sombra de 40% em comparação com o resto do horizonte. Essas restrições implicam que a distância que a muda pode estar da árvore e ainda encontrá-la depende do tamanho do tronco; se a muda estiver a mais de 1 m de distância do tronco, normalmente não será capaz de encontrá-lo. Em qualquer caso, o nome cunhado por Strong e Ray, **escotropismo** (do grego *skotos*, "trevas, escuridão"), é muito apropriado para uma resposta direcional voltada para a escuridão. Os autores sugerem que, quando a videira atinge a árvore, torna-se positivamente fototrópica, crescendo em direção à luz, mas o gravitropismo ou o tigmotropismo poderiam também desempenhar um papel importante na escalada que ocorre posteriormente.

19.5 Gravitropismo

Os movimentos de crescimento em direção ou para longe da atração gravitacional da Terra são exemplos de gravitropismos positivo e negativo. As raízes são positivamente gravitrópicas e as raízes primárias são orientadas mais verticalmente do que as raízes secundárias, que às vezes crescem em um ângulo mais ou menos constante, quase horizontal. As raízes terciárias e de ordens superiores dificilmente são gravitrópicas, e podem crescer em direções aleatórias. Assim, o sistema radicular explora o solo mais profundamente do que se todas as raízes crescessem para baixo, lado a lado. As hastes de flores e caules são, na maioria das vezes, negativamente gravitrópicas, mas a resposta é altamente variável. O caule principal ou o tronco da árvore cresce normalmente a 180° para longe do centro de gravidade da Terra, mas os ramos, os pecíolos, os rizomas e os estolões geralmente tendem à horizontal. Tal como acontece com o fototropismo (por exemplo, os mosaicos de folhas), essas diferenças permitem que uma planta preencha o espaço e, assim, absorva CO_2 e luz com mais eficiência. O crescimento vertical (por exemplo, de um caule ou raiz) é chamado de **ortogravitropismo** (*orth-* e *orto-* são formas combinantes que significam "em linha reta, vertical, para cima"); o crescimento horizontal é chamado **diagravitropismo** (*dia-*, "por" ou "através"). O crescimento de um órgão em qualquer ângulo determinado (α) em relação à vertical (0° < α < 180°) é chamado de **plagiotropismo** (ou **plagiogravitropismo**; do grego *plagio*, "colocado lateralmente, oblíquos"). Órgãos que não respondem à gravidade são **agravitrópicos**.

Raízes

Percepção: a história do estatólito Muitos estudos do gravitropismo têm se dedicado às raízes. Para começar, parece claro que o local da percepção da gravidade é a coifa radicular. Theophil Ciesielski, na Polônia (citado pelos Darwin, 1880), relatou em 1871 que as raízes de ervilha (*Pisum*), lentilha (*Lens*) e fava (*Vicia*) não responderam à gravidade quando as pontas foram cortadas, até que uma nova raiz nascesse e o meristema apical fosse regenerado. Agora sabemos que, quando a coifa radicular de milho ou de outras espécies é removida por técnicas microcirúrgicas cuidadosas, que não inibem o crescimento da raiz, não há resposta gravitrópica até que o mesmo ou outro tampão seja substituído ou uma nova tampa seja regenerada (Juniper et al., 1966; Volkmann e Sievers, 1979).

Na virada do século XIX para o XX, Gottlieb Haberlandt (1902), na Áustria, e Bohumil Němec (1901), na ex-Tchecoslováquia, sugeriram que são os **amiloplastos**, cada um contendo dois ou mais grãos de amido, que se instalam nas células grandes da capa da raiz em resposta à gravidade e, portanto, fornecem o mecanismo de percepção básico. Essa hipótese tem sido apoiada e rejeitada alternadamente desde então. Evidências resumidas durante a década de 1970 sustentaram que os amiloplastos são os **estatólitos** (do grego *lithos*, "pedra") nos **estatócitos** (células com estatólitos) de vários tecidos (Audus, 1979; Juniper, 1976; Volkmann e Sievers, 1979, Wilkins, 1984). Existem várias linhas de evidência correlativas: primeiro, há uma estreita correlação entre a presença de amiloplastos sedimentáveis em órgãos e a capacidade desses órgãos de responder gravitropicamente (leia o próximo parágrafo). Em segundo lugar, há muito se sabe que o chamado **tempo de apresentação** (tempo mínimo necessário para se obter

---

[6] Poucas raízes apresentam fototropismo negativo fraco; a maioria não é fototrópica.

uma resposta gravitrópica) está intimamente relacionado com a taxa de estabilização dos amiloplastos. Em algumas espécies (por exemplo, *Lepidium*), virar a raiz para o lado por um tempo tão curto quanto 12 a 20 segundos leva a uma dobra gravitrópica observável após a raiz ser retornada para a vertical, e os amiloplastos são conhecidos por estabelecerem uma distância perceptível neste breve período de tempo (Iversen e Larsen, 1973; Volkmann e Sievers, 1979). Terceiro, se as raízes (ou coleóptilos) são tratadas com giberelina e cinetina em temperaturas elevadas, todo o amido nos amiloplastos desaparece, assim como a resposta à gravidade (Iversen, 1969, 1974). Quarto, a sensibilidade gravitrópica reaparece ao mesmo tempo em que os grãos de amido reaparecem tanto nos amiloplastos após a des-rigidez (por exemplo, cerca de 10 horas depois) quanto na coifa radicular recém-regenerada após a remoção da tampa. Hillman e Wilkins (1982) acrescentaram que a sensibilidade reaparece assim que os grãos de amido novos forem capazes de se *estabelecer*; eles geralmente permanecem suspensos no citoplasma por algumas horas após sua primeira aparição. (Note também que os coleóptilos de mutantes de milho com amiloplastos menores que o tipo selvagem são menos sensíveis à gravidade.)

Quando todos pensavam que a questão tinha sido resolvida, Timothy Caspar, Chris Somerville e Barbara G. Pickard (1985) apresentaram um pôster na reunião anual da American Society of Plant Physiologists, da Universidade Brown, no qual relataram estudos com um mutante de *Arabidopsis* que não podia sintetizar amido, mas que ainda assim respondia à gravidade. Essa era uma evidência séria contra uma teoria de estatólito de gravipercepção, mas Fred Sack e John Kiss (1988) tinham um pôster na reunião de Reno, Nevada, na qual relataram que a resposta gravitrópica foi significativamente menor no mutante sem amido. Eles sugeriram que os plastídios sem amido do mutante se instalaram nos estatócitos, mas mais lentamente do que os amiloplastos do tipo selvagem. Assim, o *amido* não deve ser necessário para a percepção de gravidade, mas pode *auxiliar* a percepção quando presente, e o estabelecimento dos plastídios pode muito bem ser necessário. (Estudos complementares dos dois grupos de pesquisa já foram publicados em uma edição única de *Planta*: consulte Caspar e Pickard, 1989; Kiss et al., 1989.)

Poderiam outras organelas celulares instalar e provocar a resposta gravitrópica? Acabamos de ver que os plastídios sem amido de *Arabidopsis* podem instalar e, provavelmente, levar à dobra gravitrópica. Para se instalar, um estatólito deve ter uma densidade muito maior do que o meio em que está suspenso. O amido tem uma densidade de aproximadamente 1,3, que é maior do que a do citosol (que fica próxima a 1,0). As densidades de outras organelas celulares são muitas vezes muito próximas às do citosol e, portanto, não poderia ser esperado que se instalassem. Isso é verdade para o núcleo, por exemplo. Há evidências de que algumas organelas, além dos amiloplastos ou plastídios sem amido, se instalam, mas as taxas não estão correlacionadas com os tempos de apresentação (Shen-Miller e Hinchman, 1974). Mesmo se uma organela for densa o suficiente, não se instalará se for pequena demais; ela permanecerá em suspensão por causa de seu movimento Browniano. Isso é verdade para os ribossomos, por exemplo. Assim, os amiloplastos ou plastídios sem amido continuam a ser os candidatos mais prováveis para o papel de estatólitos.

Transdução: o papel de um inibidor É claro que a coifa radicular envia um inibidor para o lado inferior da raiz, reduzindo ali o crescimento para que a raiz se curve para baixo. A Figura 19-13 ilustra várias experiências que demonstram isso. Vários tratamentos projetados para bloquear o movimento inibidor da cobertura radicular em um dos lados da raiz causam a flexão para o lado que não recebe o inibidor. (Consulte Wilkins, 1975; Wilkins e Wain, 1974.)

Perto do final da década de 1970, parecia claro que o inibidor das coifas de raiz era o ABA (Wilkins, 1979), mas

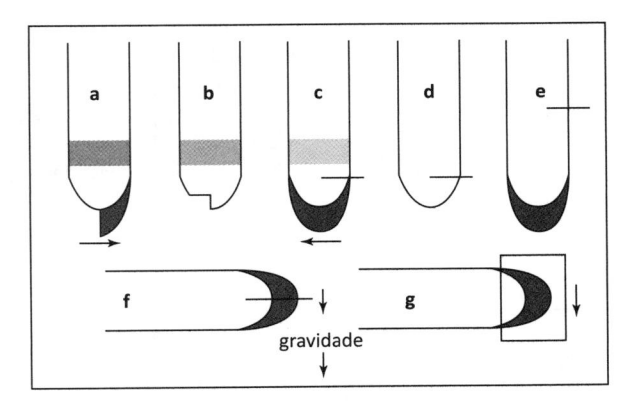

FIGURA 19.13 Representação diagramática de vários tratamentos aplicados às raízes de milho (*Zea mays*) e ervilha (*Pisum sativum*). Os experimentos sugerem que o lado inferior da cobertura radicular produz um inibidor de crescimento radicular, transmitido para as células de crescimento (sombreadas). As setas indicam a direção da curvatura da raiz após o tratamento. **(a)** A ponta vertical se curva para a parte restante de uma tampa de raiz, mas **(b)** a remoção da tampa e de uma parte do meristema não causa flexão. **(c)** Inserção de uma barreira horizontal entre a tampa e a zona de crescimento faz com que ocorra uma dobra para fora do lado em que a barreira foi inserida, mas **(d)** tal barreira não causa dobra na ausência da capa ou **(e)** quando a barreira está acima da zona de crescimento. Inserção de uma barreira horizontal em uma raiz horizontal **(f)** quase evita a flexão (sugerida pela seta curta), mas uma barreira vertical **(g)** tem pouco efeito sobre a flexão. (De Shaw e Wilkins, 1973. Usado com permissão.)

agora isso está sendo contestado (Wilkins, 1984). Michael L. Evans, Randy Moore e Karl-Heinz Hasenstein (1986) contaram essa história em uma excelente revisão. Embora o ABA iniba o crescimento radicular, ele o faz apenas em concentrações significativamente maiores do que se acreditava que ocorresse naturalmente, e raízes cultivadas na presença de um composto que inibe a síntese de ABA continuam a responder à gravidade. Além disso, as raízes de um milho mutante conhecido por ser incapaz de sintetizar ABA também respondem à gravidade. As raízes até se curvam para baixo quando estão imersas em uma alta concentração de ABA que certamente sobrecarregaria qualquer gradiente natural deste composto dentro da raiz.

Agora parece que o AIA seja o inibidor. O AIA, presente nas raízes, inibe o crescimento radicular em concentrações de 100 a 1.000 vezes menores do que as de ABA. Se a coifa radicular é removida e um pequeno bloco de ágar contendo AIA é adicionado a um lado, a raiz se curva para esse lado. O AIA radioativo aplicado uniformemente a uma raiz horizontal se move para o lado inferior, e os inibidores do transporte de auxina superam a capacidade da raiz de responder à gravidade (mas também, muitas vezes, inibem o crescimento das raízes, enfraquecendo essa evidência). Assim, o AIA poderia ser o inibidor eficaz no gravitropismo de raízes, embora outras substâncias não possam ser completamente descartadas (Feldman, 1981; Jackson e Barlow, 1981; Suzuki et al., 1979).

O crescimento ácido (Seção 17.2) tem sido implicado no gravitropismo de raiz, o que sugere uma ação *promotora* da auxina (Mulkey et al., 1981). As raízes incorporadas em ágar contendo um indicador de pH (púrpura de bromocresol) e autorizadas a responder à gravidade tornam-se mais ácidas na parte *superior*, na qual a maior parte do crescimento está ocorrendo (Mulkey e Evans, 1981), e menos ácidas na parte inferior, na qual o crescimento é reduzido. A auxina no lado *inferior* pode ocorrer em uma concentração menor do que o ideal que inibe em vez de promover o crescimento ácido, e níveis altos de auxina foram mostrados como inibidores do efluxo ácido das raízes (Evans et al., 1980).

Cálcio e correntes elétricas: um modelo O cálcio parece participar do gravitropismo. Ca^{2+} radioativos ou não radioativos se movem para o fundo das raízes estimuladas por gravidade e, quando um ligante forte de Ca^2 (tal como EDTA: *ácido etileno-diaminotetracético*) é aplicado às raízes e outros tecidos, a flexão gravitrópica pode ser totalmente evitada (Lee et al., 1983). Embora o ligante possa estar fazendo outra coisa além de quelando Ca^{2+}, é significativo que o excesso de Ca^{2+} adicionado reverta o efeito ligante e que as raízes tratadas com o ligante continuem crescendo em sua taxa normal, pelo menos por algumas horas. Tal como acontece com a auxina, se o Ca^{2+} for impedido de se mover na raiz, o gravitropismo é inibido. Além disso, se o Ca^{2+} é adicionado em um bloco de ágar a um lado da cobertura radicular, a raiz se curvará para esse lado, em alguns casos fazendo um *loop* de 360°! Mais uma evidência indireta da participação de Ca^{2+} no gravitropismo da raiz está relacionada às correntes elétricas medidas em raízes respondendo à gravidade (Behrens et al., 1982, 1985; Bjorkman e Leopold, 1987a, 1987b). Essas correntes podem ser causadas por um fluxo de íons H^+, que poderiam ser uma contracorrente ao movimento de Ca^{2+}.

A Figura 19-14 resume algumas observações de raízes feitas na Universidade de Bonn, na Alemanha, com

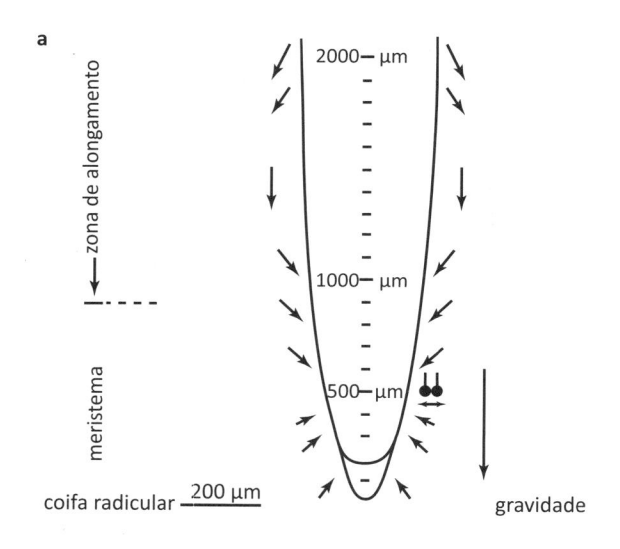

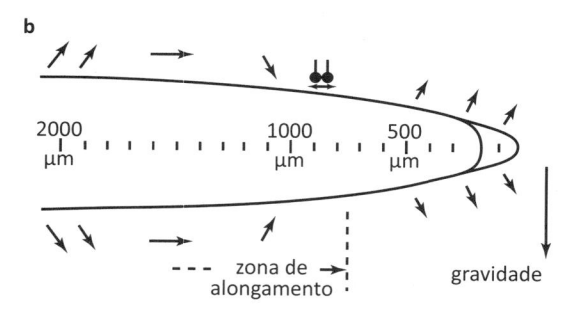

FIGURA 19-14 (a) Padrão qualitativo atual medido com um eletrodo de vibração (simbolizado por dois pontos fortes e linhas verticais) em torno de uma raiz vertical. As setas indicam a direção do fluxo da corrente – isto é, a direção do movimento de íons positivos. A seta grande indica a direção do vetor gravidade. **(b)** Um padrão hipotético de fluxo de corrente de uma raiz de *Lepidium* com 24 h de idade que foi inclinada para a horizontal por 20 min. O padrão atual tem base em uma interpretação possível das medições de correntes acropétalas e basípetas. Note a inversão na direção do fluxo na parte superior perto da ponta. (De Behrens et al., 1982.)

minúsculos eletrodos de vibração. Essas técnicas permitem a medição do fluxo de corrente ao redor das raízes de teste e indicam claramente que tais fluxos mudam durante o estímulo gravitrópico. Bjorkman e Leopold (1987a, 1987b) mediram as mudanças de corrente nas raízes de milho com um período de latência de 3 a 4 minutos, correspondendo ao tempo de apresentação nos órgãos. Tanada e Vinten-Johansen (1980) mediram as mudanças no potencial elétrico na superfície de hipocótilos de soja em 1 minuto de posicionamento horizontal.

Como os estatólitos de sedimentação podem atuar dentro dos estatócitos para conduzir aos próximos passos na cadeia de resposta? Rosemary G. White e Fred D. Sack (1990) observaram que amiloplastos de milho e cevada (*Hordeum vulgare*) estão intimamente associados aos feixes de microfilamentos. Eles sugeriram que tais feixes poderiam vincular os estatólitos de sedimentação às membranas plasmáticas e outras organelas celulares, como o retículo endoplasmático, puxando-os conforme se estabelecem e, assim, desencadeando a resposta gravitrópica. Vários outros estudiosos relataram que estatólitos às vezes entram no RE. Evans et al. (1986) observaram que o RE é conhecido por ser rico em Ca^{2+}, e que alguns Ca^{2+} podem ser liberados do RE quando ele é contatado ou puxado pelos amiloplastos (Sievers et al., 1984). Esse Ca^{2+} liberado pode então ativar a **calmodulina**, uma pequena proteína conhecida por ser um poderoso ativador de muitas enzimas importantes para a função celular, não apenas nas plantas, mas também em animais e em alguns micro-organismos. A calmodulina, por sua vez, pode ativar tanto a bomba de cálcio quanto a de auxina nas membranas celulares, sendo responsável pelo movimento de Ca^{2+} e auxina para a parte inferior de uma raiz graviestimulada. A auxina normalmente flui ao longo do centro da raiz (o estelo) em direção à cobertura radicular. Se a raiz for vertical, a auxina é lentamente redistribuída simetricamente ao córtex da raiz; se a raiz for graviestimulada, o mecanismo acima pode explicar o movimento da maior quantidade de auxina nos tecidos do córtex inferior. Tudo isso é muito teórico, mas várias evidências sustentam a hipótese. A Figura 19-15 ilustra o modelo proposto.

Um outro detalhe importante complica nossa compreensão sobre a resposta gravitrópica das raízes. Em algumas lavouras de milho (e também em espécies de rabanete e outras menos estudadas), a natureza da resposta gravitrópica depende da luz. As raízes de mudas crescendo no escuro são diagravitrópicas, ou seja, elas tendem a crescer horizontalmente. Quando expostas à luz (como quando a raiz cresce para poucos milímetros da superfície), essas raízes se tornam positivamente ortogravitrópicas e

FIGURA 19-15 Padrões de fluxo de auxina na raiz afetada pelo graviestímulo, de acordo com o modelo de Evans, Moore e Hasenstein. Em uma raiz vertical **(a)**, a auxina viaja da zona de alongamento para a cobertura radicular por meio do estelo. Após a auxina entrar na cobertura, parte dela se move lateralmente e, em seguida, simetricamente volta para a zona de alongamento. Quando a raiz é girada para a posição horizontal **(b)**, o padrão do fluxo de auxina se torna assimétrico, com mais auxina fluindo para os tecidos inferiores do que para os superiores. O acúmulo de Ca^{2+} de alguma forma aumenta a taxa de fluxo de auxina de volta para o tecido de alongamento, no qual a auxina inibe o crescimento e, portanto, leva a flexão para baixo **(c)**.

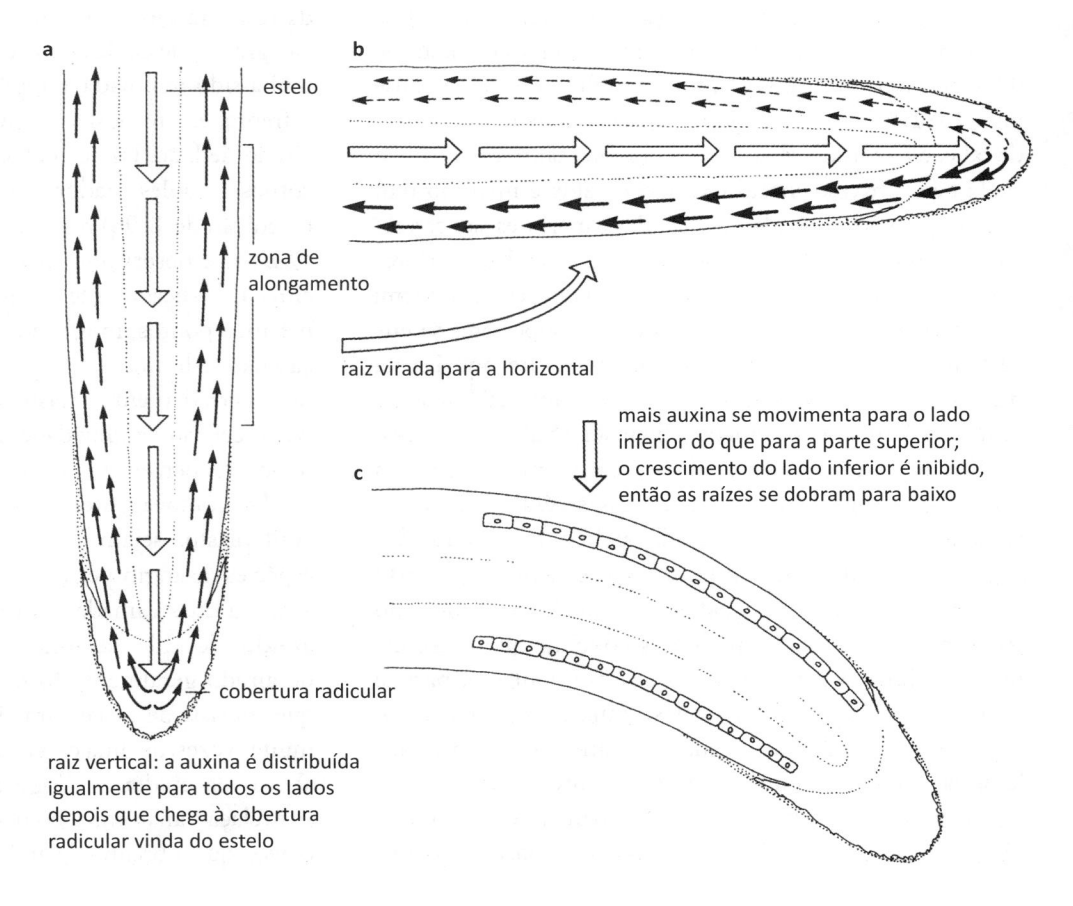

dobram-se para baixo. Os comprimentos de onda vermelhos são mais eficazes, e o sistema de fitocromo (Capítulo 20) tem sido implicado.

Caules e coleóptilos

Medidas de crescimento das superfícies superior e inferior do coleóptilo horizontal, do hipocótilo e dos caules fornecem resultados bastante semelhantes aos observados com altas irradiâncias em flexões fototrópicas: a superfície superior cessa o crescimento quase que imediatamente, enquanto o crescimento da superfície inferior aumenta ou, às vezes, continua na mesma taxa ou até mais lentamente (consulte, por exemplo, MacDonald et al., 1983). A maioria dos fisiologistas de plantas tem assumido que a flexão do caule ocorre porque a auxina se move para os tecidos inferiores, promovendo o seu crescimento (mais uma vez, o modelo Cholodny-Went, apoiado pelo trabalho de Dolk de 1930, que realizou experiências comparáveis às da Figura 19-9). Mas há complicações. Qualquer mecanismo proposto deve levar em conta a resposta observada, por isso, examinaremos mais de perto antes de considerar os modelos.

A resposta: a mecânica da flexão do caule Como observado por Ann Bateson e Francis Darwin, em 1888, se um caule crescendo é virado para o lado e contido para que não possa se dobrar para cima, quando a restrição é liberada algumas horas ou dias mais tarde ele se dobra, muitas vezes em mais de 90° e dentro de 1 a 10 segundos (consulte Wheeler e Salisbury, 1981; Mueller et al., 1984). As células na parte inferior de tal caule contido se alongam, mas não tanto quanto se o caule não estivesse contido. Como o caule é mantido reto e as células não se dividem, as células superiores são esticadas. Durante a restrição, os diâmetros das células inferiores aumentam, enquanto os das células superiores diminuem; após a liberação das restrições, as células superiores se encurtam e tornam-se mais espessas, enquanto aquelas na parte inferior se alongam um pouco e ficam mais finas. O resultado é uma flexão rápida (Sliwinski e Salisbury, 1984).

Em um caule horizontal, o crescimento celular do topo não apenas é interrompido; essas células não crescerão mesmo que sejam esticadas pelo alongamento dos tecidos inferiores. Essa situação parece oposta à descrita na Seção 16.2, na qual podemos considerar a física do crescimento celular. Lá podemos concluir que o crescimento celular ocorre porque o afrouxamento da parede diminui a pressão no interior das células, que, por sua vez, torna o potencial hídrico mais negativo, e assim aquela água entra nas células osmoticamente, conduzindo a expansão celular. Em um caule horizontal contido, porém, a pressão nos tecidos inferiores aumenta enquanto o crescimento continua, e o crescimento para nas células superiores apesar da diminuição da pressão. As células superiores retornam quase às suas dimensões originais quando o caule é liberado da restrição e ocorre a flexão (Mueller et al., 1984; Sliwinski e Salisbury, 1984). Pressão e tensão, no entanto, referem-se ao tecido como um todo, assim, uma diferença de pressão entre os protoplastos de células individuais e seus apoplastos circundantes poderia ainda ser responsável pelo crescimento ou sua falta. Talvez o limiar de deformação das paredes celulares nos tecidos superiores seja excepcionalmente elevado em comparação com o dos tecidos inferiores.

Há muito se sabe que a epiderme do caule e as células corticais desempenham um papel fundamental no crescimento do caule (Diehl et al., 1939; Von Sachs, 1882; Thimann e Schneider, 1938). Isso é ilustrado ao se partir um caule típico longitudinalmente (como as crianças dividem os pedúnculos de dente-de-leão), as duas metades curvando-se para fora entre cerca de 30 e 50°. A flexão ocorre porque os tecidos exteriores estão sob tensão em relação aos tecidos interiores. Um caule cresce à medida que as células da medula absorvem água e se expandem contra a resistência produzida pelas outras células no caule, que crescem com menos força.

Percepção Em caules, os locais de percepção da gravidade e da resposta são os mesmos. Mesmo depois que uma porção grande de caule acima da região de rápido crescimento tenha sido removida, a região continuará a curvar-se para a frente, em resposta à gravidade, quando o caule estiver virado de lado. Isso é verdadeiro para os coleóptilos, hipocótilos e caules maduros. Os Darwin (1880, p. 511-512, na edição de 1896) removeram as pontas de coleóptilos de *Phalaris* e observaram que os órgãos "inclinaram-se para cima tão eficazmente como os espécimes mutilados nos mesmos pontos, mostrando que a sensibilidade à gravitação não se limita às suas pontas." (Alguns autores consideraram erradamente a haste ou a ponta de coleóptilo o local de percepção da gravidade do caule, como a coifa da raiz é o local de percepção nas raízes.)

Tal como acontece com as raízes, acredita-se que os amiloplastos sejam os estatólitos dos caules. Em muitas espécies de angiospermas, os amiloplastos são confinados a uma ou duas camadas de células, chamadas de **bainha de amido**, do lado de fora dos feixes vasculares. A bainha de amido geralmente forma a camada interna do córtex, que consiste de várias camadas de células do parênquima e, muitas vezes, de uma camada de células de colênquima logo abaixo da epiderme (Figura 19-16). Em decorrência da sua relação anatômica com os tecidos vasculares, podemos pensar que a bainha de amido seja como uma endoderme, embora normalmente não haja estrias casparianas em torno de células da bainha de amido (Esau, 1977; Mauseth, 1988). Assim como acontece com as raízes, as evidências de que os amiloplastos nos caules desempenham o papel de estatólitos são fortemente sugestivas, mas não conclusivas. Os amiloplastos podem ser vistos se estabelecendo nas células da bainha de amido dos caules, e todos os caules que respondem gravitropicamente estudados até agora têm amiloplastos. (A distribuição é um pouco diferente em coleóptilos, com amiloplastos ocorrendo internamente nos tecidos vasculares, e não fora deles.)

Transdução A hipótese de Cholodny-Went aplicada ao gravitropismo no caule e nos coleóptilos tem sido questionada por vários pesquisadores (consulte, por exemplo, Digby e Firn, 1976; Firn e Digby, 1980). Considerando-se a rápida parada do crescimento no topo de um caule deitado de lado em comparação com as taxas muitas vezes normais de crescimento no lado inferior, é difícil imaginar que as mudanças na concentração de auxina possam ocorrer rápido o suficiente ou atingir magnitudes capazes de explicar essas diferenças. As taxas de crescimento na parte superior e inferior de um caule horizontal podem diferir por um fator de 10 ou mais, especialmente quando as partes da superfície superior não crescem ou até mesmo se encolhem significativamente. Se a concentração de auxina está em completo controle, as células superiores teriam de estar quase completamente esgotadas de auxina dentro de um curto período após o caule ter sido virado de lado. Muitos pesquisadores encontraram apenas gradientes mínimos de concentração de auxina em todos os caules estimulados gravitropicamente. Às vezes, com boas técnicas modernas (consulte Weiler, 1984), nenhum gradiente (Mertens e Weiler, 1983) ou o transporte de auxina (Phillips e Hartung, 1976) podem ser detectados, principalmente em dicotiledôneas. Novamente, podemos legitimamente perguntar: se os gradientes ocorrem, eles são resultado da flexão gravitrópica, e não a sua causa?

Mesmo que a hipótese de Cholodny-Went esteja sendo questionada por alguns pesquisadores, outros vêm em sua defesa, tanto com a revisão de muitas experiências que sustentam a hipótese ao longo dos anos quanto fornecendo novos dados experimentais, que também parecem apoiá-la (por exemplo, Pickard, 1985). MacDonald e Hart (1987) sugeriram um modelo elegante e modificado de Cholodny-Went. Eles propuseram que os tecidos dos caules de dicotiledôneas diferem em sua sensibilidade à auxina; acreditam que a epiderme seja um tecido com mais resposta à auxina e que os tecidos subepidérmicos sejam menos responsivos. O transporte da auxina durante o gravitropismo pode ser limitado em termos de distância, com a auxina saindo das células epidérmicas de resposta em cima do caule para o córtex abaixo e do córtex sem resposta na parte inferior para a epiderme. Nesse caso, pode ser

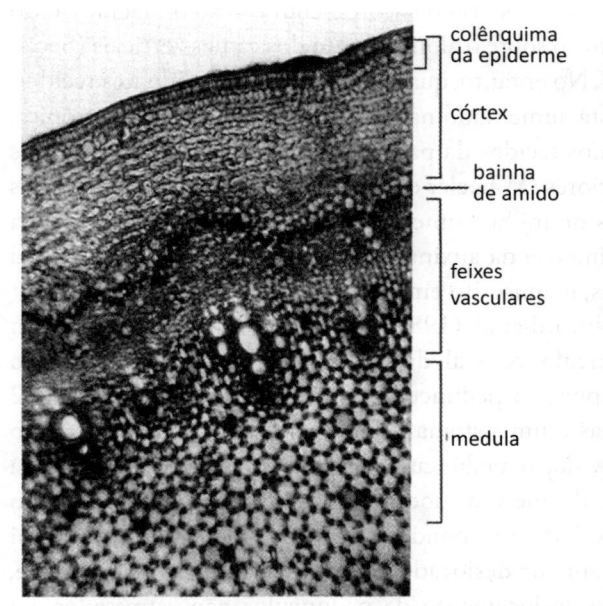

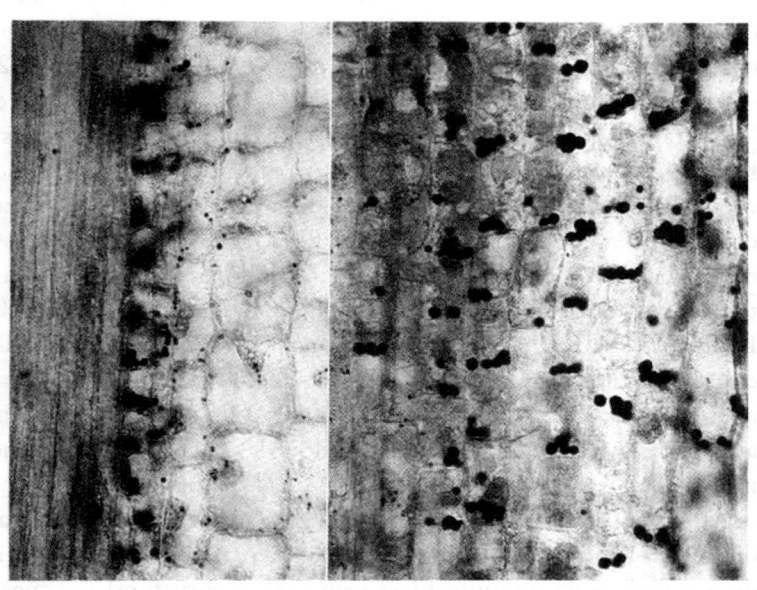

FIGURA 19-16 (a) Corte transversal à mão livre de um caule de mamona (*Ricinus*), que tem uma bainha de amido bem definida fora dos tecidos vasculares. O amido foi corado com solução de iodo ($I_2 \cdot KI$). (De Salisbury et al., 1982.) **(b)** Cortes da região de um caule de ervilha que contém amiloplastos sedimentados (corados com $I_2 \cdot KI$) na bainha de amido. Ambas as micrografias são cortes longitudinais, mas a da direita foi feita no plano da bainha e mostra apenas células da bainha. No corte à esquerda, a bainha de amido é mostrada entre as células corticais vacuoladas maiores e as células vasculares mais estreitas e alongadas. 275 x. (Fotografias cortesia de Fred Sack.)

tecnicamente muito difícil medir os gradientes de auxina; elas podem nem aparecer quando um caule horizontal é dividido em duas metades superior e inferior e a auxina é medida em cada metade do caule.

Transdução: auxina e a memória gravitrópica Mesmo que os gradientes da auxina nem sempre representem a flexão gravitrópica, fica claro que a flexão não ocorre quando não há auxina suficiente. Isso foi mostrado por Leo Brauner e Achim Hager (1958) da Universidade de Munique, na Alemanha. Eles removeram as pontas dos hipocótilos de girassol (presumivelmente uma fonte de auxina) e, então, depois de quatro dias, graviestimularam os hipocótilos, girando-os para a posição horizontal. A flexão não ocorreu, mas quando os hipocótilos foram devolvidos à posição vertical e ao caule cortado era fornecida uma solução de auxina (AIA), o hipocótilo se flexionava na direção prevista. Brauner e Hager chamaram esse fenômeno de **memória gravitrópica** (ou *Mneme*).

Em outros experimentos de memória, Brauner e Hager graviestimularam hipocótilos intactos no frio (4 °C) por entre 30 minutos e 5 horas. Não ocorreu flexão. Quando os hipocótilos foram voltados para a vertical e aquecidos a 20 °C, eles se curvaram na direção prevista. O grau de flexão era uma função do logaritmo do tempo em que foram graviestimulados no frio.

A flexão gravitrópica de caules maduros decapitados de mamona, carrapicho e tomate também foi acentuada pelo tratamento com 1% de AIA em lanolina, apesar da alta concentração de auxina, aplicada de forma indiscriminada no coto cortado do caule, provavelmente retirando-se os gradientes de auxina exigidos pelo modelo Cholodny--Went (Sliwinski e Salisbury, 1984).

Notamos que Mulkey e Evans (1982) eliminaram a flexão gravitrópica de raízes de milho pelo tratamento com vários inibidores de transporte de auxina. Wright e Rayle (1983) também inibiram a flexão gravitrópica em hipocótilos de girassol com inibidores do transporte de auxina, mas, novamente, o crescimento foi inibido. Bandurski et al. (1984) mediram uma assimetria de AIA em mesocótilos horizontais de milho em até 15 minutos após as mudas terem sido colocadas de lado. No entanto, a assimetria foi pequena: 56 a 57% do AIA estava nas metades inferiores do mesocótilo e 43 a 44%, nas metades superiores. Harrison e Pickard (1989) observaram diferenças maiores (de até 3,5 vezes mais na parte inferior do que na superior durante a fase principal de curvatura) em hipocótilos de tomateiros (*Lycopersicon esculentum*), e assimetrias significativas foram observadas entre 5 e 10 minutos. Eles concluíram que esses dados fornecem uma forte sustentação a um mecanismo de Cholodny-Went, mas alguns de seus dados também apoiam a hipótese de mudança de sensibilidade, como discutido a seguir.

Transdução: substâncias além da auxina Há estudos com reguladores de crescimento além das auxinas. As giberelinas (GAs), por exemplo, ocorrem em concentrações mais elevadas na parte inferior do caule gravitropicamente estimulado (revisado por Wilkins, 1979). Às vezes, gradientes significativos não são observados até a flexão ter ocorrido, mas tais gradientes foram estabelecidos em pulvinos de folha de bainha de gramíneas de cereais (leia abaixo) durante a flexão (Pharis et al., 1981).

Em alguns experimentos, o etileno pareceu desempenhar um papel positivo na flexão gravitrópica do caule (Wheeler et al., 1986, além de referências citadas nele; Balatti e Willemoes, 1989). Quatro inibidores da ação ou da síntese do etileno (Ag^+, CO_2, Co^{2+} e aminoetoxivinil-glicina, abreviada como AVG) reduziram a taxa de flexão gravitrópica em carrapicho, tomates e mamona. Algumas das taxas de flexão podem ser restauradas cercando-se os caules com baixas concentrações de etileno. No entanto, o etileno não parece desempenhar nenhum papel na gravirresposta de pedúnculos de dente-de-leão (Clifford et al., 1983), de pulvinos de bainha foliar de cereais (Kaufman et al., 1985) ou de hipocótilos de tomateiro (Harrison e Pickard, 1986). O que o etileno está fazendo quando promove a flexão gravitrópica? Seria lógico pensar que o etileno pode, de alguma forma, contribuir para a inibição do crescimento no topo de um caule colocado horizontalmente. Isso estaria de acordo com o seu conhecido efeito inibitório sobre o alongamento dos caules verticais (Seção 18.2). No entanto, quando o etileno é medido nos tecidos, ele está aumentado na mesma taxa da flexão gravitrópica, mas nos tecidos da parte inferior ao invés de nos tecidos superiores (Wheeler et al., 1986). A adição de etileno nas raízes de milho aumenta a curvatura ($> 90°$) e prolonga a assimetria da auxina (comunicação pessoal de Michael Evans, manuscrito em preparação).

Clifford et al. (1982) anexaram um fio no topo de um pedúnculo vertical de dente-de-leão e usaram este fio para puxar o pedúnculo de um lado com um peso de 2 gramas e um sistema de polias. Após o estresse ter sido removido, o pedúnculo dobrou-se na direção oposta à força, do mesmo modo como se flexiona quando virado para o lado e respondendo à gravidade. O pedúnculo foi ligeiramente deslocado em relação à vertical pelo estresse, mas o deslocamento de pedúnculos não estressados, na mesma proporção, não levou à flexão. A resposta ao estresse pode sugerir que o estabelecimento de amiloplastos causa seus graviefeitos mediante a aplicação de estresse mecânico nos estatócitos.

Os íons de cálcio (Ca^{2+}) aparentemente desempenham um papel importante no gravitropismo da parte aérea e da raiz. Por um lado, as concentrações de Ca^{2+} foram observadas como sendo maiores nos topos dos caules horizontais (Slocum e Roux, 1983) e o Ca^{2+} é conhecido por inibir o alongamento das células (talvez por superar o efeito das auxinas).

Transdução: o possível papel de mudar a sensibilidade para a auxina É evidente que há muito a se aprender sobre a transdução na flexão gravitrópica do caule. Muito mais parece estar envolvido do que um simples transporte de auxina, mas quais são as alternativas? Um mecanismo alternativo foi observado no Capítulo 17. A graviestimulação poderia levar a uma mudança na sensibilidade dos tecidos à auxina. Se os tecidos na parte inferior de um caule horizontal se tornam mais sensíveis à auxina do que aqueles na superior, a parte inferior responderia mais à auxina presente no caule, levando a um maior crescimento e à flexão para cima, quer as concentrações de auxina no caule mudem ou não. A maioria dos fisiologistas de plantas que trabalharam no gravitropismo de caule falhou em considerar essa possibilidade, mas Brauner e seus colegas testaram a hipótese por mais de uma década. Isso começou, talvez, com o trabalho sobre a memória gravitrópica (Brauner e Hager, 1958). Uma explicação sugerida foi que a sensibilidade à auxina mudou durante o graviestímulo dos hipocótilos de girassol decapitados ou frios, por isso, seus tecidos responderam diferentemente à auxina, que foi apresentada depois de terem voltado para a vertical.

Brauner e seus colegas encontraram várias evidências sugerindo que a sensibilidade à auxina se alterou em resposta ao graviestímulo[7] (consulte revisões em seu trabalho final, Brauner e Diemer, 1971, e em Salisbury et al., 1988). Por exemplo, eles aplicaram auxina em ágar para induzir gradientes de auxina diferentes em hipocótilos de girassol e, então, mediram a flexão e a concentração de auxina no tecido. Um dado gradiente de auxina medido em hipocótilos verticais produziu uma dada flexão, mas o mesmo gradiente de auxina medida produziu muito mais flexão nos hipocótilos horizontais (desde que as maiores concentrações fossem em tecidos inferiores). Uma mudança na sensibilidade dos tecidos à auxina parece a explicação mais provável para esses resultados.

O que é sensibilidade? O dicionário define a **sensibilidade** como a capacidade de um organismo ou sistema físico (por exemplo, um microfone ou uma célula fotoelétrica)

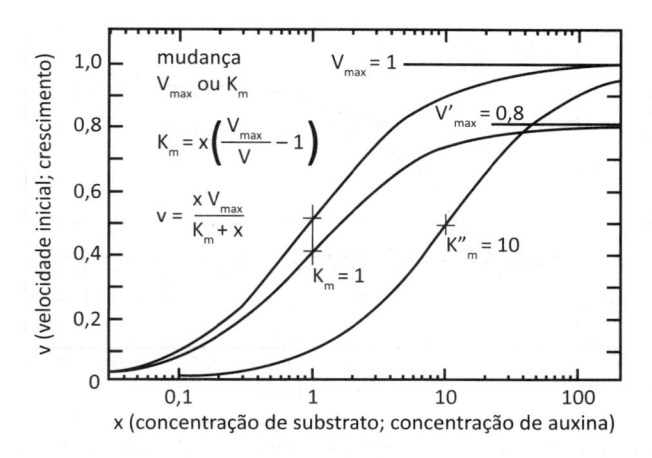

FIGURA 19-17 Equações de Michaelis-Menten nas quais a velocidade inicial (ou, grosso modo, a taxa de crescimento ou taxa de crescimento inicial) é plotada como uma função logarítmica da concentração do substrato (auxina), mostrando uma mudança na V_{max} sem mudar K_m ou uma mudança no K_m sem mudar a V_{max}. (De Salisbury et al., 1988.)

de responder a um estímulo. Nesse sentido, sensibilidade é sinônimo de receptividade. É medida e expressa quantitativamente variando-se o estímulo e observando a resposta; isto é, mediante a obtenção de uma curva dose-resposta. Quando os cortes do caule são imersos em soluções com uma grande variedade de concentrações de auxina, o aumento do alongamento segue o aumento na concentração de auxina, geralmente plotados em uma escala logarítmica, até que uma resposta máxima seja obtida, após a qual novos aumentos da auxina levam a respostas decrescentes (observe a Figura 17.7).

Exceto pela parte de supersaturação dessa curva de resposta, ela é análoga ao clássico modelo de curvas de Michaelis-Menten, obtido quando a taxa de reação de uma reação controlada enzimaticamente é plotada como função da concentração do substrato (Figura 19-17, observe também a Figura 9-10b). A taxa máxima de reação é chamada de V_{max}, e a concentração que produz a taxa que é metade da V_{max} é chamada de constante de Michaelis, K_m. Em uma reação enzimática *in vitro*, a V_{max} é determinada pela concentração de enzimas. Como a auxina deve se ligar a alguma coisa (por exemplo, uma proteína) para realizar a promoção do crescimento, podemos pensar que a quase equivalente à V_{max} em uma curva dose-resposta de auxina pode ser determinada pela quantidade de locais de ligação de auxina no tecido. Níveis diferentes de crescimento produzidos por concentrações ideais de auxinas sugerem diferentes níveis de sensibilidade $V_{máx}$; altos níveis de $V_{máx}$ indicam altos níveis de sensibilidade. K_m indica a força de ligação da enzima por seu substrato – ou auxina para os locais de ligação. Um valor menor para K_m significa que uma

---

[7] Eles também descobriram que a sensibilidade à auxina diminuiu em hipocótilos decapitados e que esta diminuição de sensibilidade foi mais importante em seus experimentos de memória gravitrópica do que foi o esgotamento de auxina (Brauner e Bock, 1963).

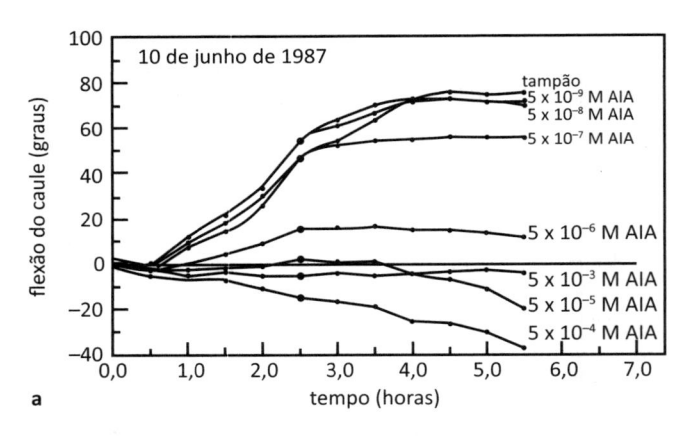

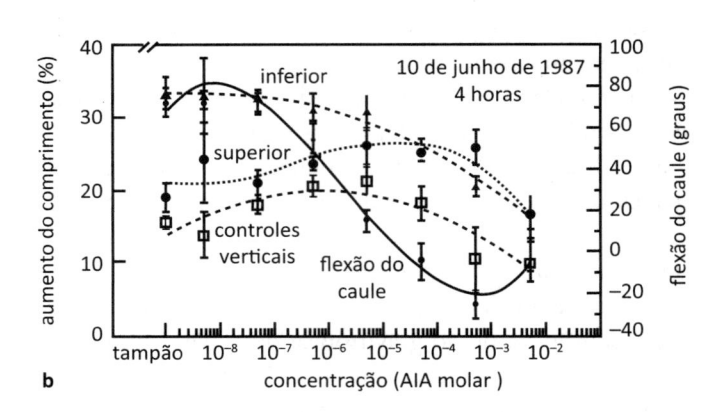

FIGURA 19-18 (a) Flexão gravitrópica como uma função de tempo para os cortes de hipocótilos de girassol imersos em tampão sem auxina ou em soluções de auxina com uma gama de concentrações de 10^{-8} a 10^{-2} M AIA. Note que o aumento da concentração de auxina reduz a taxa de flexão para cima e, por fim, causa a flexão para baixo. **(b)** Gráfico de resumo mostrando a flexão do caule e o crescimento das superfícies superiores, inferiores e verticais dos cortes de hipocótilos de girassol em função das concentrações das soluções-tampão ou de auxina em que foram imersos. A curva de flexão são os pontos de 4 horas de **a**, e todas as medições de superfície foram em 4 h. Em todos os experimentos desse tipo, em soluções tampão ou soluções de auxina baixa, superfícies inferiores crescem muito mais do que as superfícies superiores, mas isso é revertido nas maiores concentrações de auxina; essa observação é responsável pela curva de flexão e sugere que a sensibilidade do K_m da superfície inferior é muito maior do que a da superfície superior. O crescimento máximo da superfície inferior (V_{max}) é sempre maior do que aquela da superfície superior e o crescimento máximo dos controles verticais é sempre menor do que o de qualquer superfície superior ou inferior. (De Salisbury et al., 1988.)

concentração menor irá produzir um determinado efeito; portanto, um K_m menor significa uma sensibilidade *maior* de K_m do sistema. Outros fatores, incluindo a penetração de auxina no tecido, podem influenciar a forma da curva dose-resposta, no entanto, é útil considerar a sensibilidade de V_{max} e K_m.

Em uma série de experimentos, cortes de hipocótilo de girassol ou de soja foram voltados para a horizontal e imersos em uma ampla gama de concentrações de auxina tamponada (0,10^{-8} a 10^{-2} M AIA). Cortes de controle vertical também foram utilizados. Os cortes foram fotografados em intervalos de 30 minutos, e as imagens projetadas (negativos) foram analisadas com um sistema de computador digitalizador (Salisbury et al., 1988; Rorabaugh e Salisbury, 1989). A Figura 19-18a mostra a flexão como uma função do tempo após o início do graviestímulo, a Figura 19-18b mostra a flexão e o crescimento das superfícies superior, inferior e verticais em função da concentração de auxina 4 h após a imersão (início do graviestímulo). Conforme a concentração de auxina aumenta acima de 10^{-7} M AIA, a flexão do caule começa a diminuir; a 10^{-4} M AIA, os cortes estavam se curvando para baixo ao invés de para cima. As curvas de dose-resposta para as superfícies superiores e inferiores explicam isso e são muito diferentes umas das outras. O crescimento da superfície inferior foi maior nas concentrações baixas de auxina e no tampão e, então, diminuiu com o aumento dos níveis de auxina. O crescimento da superfície superior, por outro lado, foi baixo nas baixas concentrações de auxina, mas aumentou para um máximo e depois diminuiu nos níveis mais altos de auxina, produzindo a curva em forma de sino.

Esses resultados, pela definição dada acima, mostram que as sensibilidades das superfícies superiores e inferiores à auxina *aplicada* foram fortemente influenciadas pelo graviestímulo. A sensibilidade da V_{max} foi maior para as superfícies inferiores e as sensibilidades V_{max}, de *ambas* as superfícies horizontais foram maiores do que aquelas para as superfícies verticais. A sensibilidade de K_m da superfície inferior está um pouco fora da escala à esquerda do gráfico, o que implica uma sensibilidade muito elevada para K_m. A sensibilidade de K_m da superfície superior está em algum lugar ao longo do braço esquerdo da curva em forma de sino, sendo muito inferior (isto é, o K_m tem um valor muito maior para as superfícies superiores). A sensibilidade de K_m de superfícies verticais pode ser intermediária entre aquela das superfícies superiores e inferiores, mas varia de experimento para experimento. Se a explicação do local de ligação para essas sensibilidades estiver correta, então o graviestímulo aumenta o *número* de locais de ligação de auxina nos tecidos inferiores, em comparação com tecidos superiores, e tanto nos tecidos superiores quanto nos inferiores em comparação com os tecidos verticais. E os locais de ligação nos tecidos inferiores também têm uma afinidade muito maior para auxina.

Esses resultados com a auxina aplicada dizem com precisão o que acontece nos tecidos durante o curso normal do graviestímulo e da resposta? Isso ainda precisa ser confirmado, mas a evidência é convincente o suficiente para sugerir fortemente que a sensibilidade alterada para auxina tem um papel crucial no gravitropismo de algumas plantas, principalmente as dicotiledôneas, como o girassol e a soja. Isso poderia acontecer além ou em vez de um mecanismo de transporte de auxina. Como os estatólitos estabelecidos podem ser responsáveis pela mudança na sensibilidade à auxina? Os estatócitos poderiam ser polarizados para que os movimentos dos estatólitos *para longe* da superfície do caule (isto é, no topo) causassem *redução* da sensibilidade e o movimento *na direção* da superfície causasse *aumento* na sensibilidade à auxina? Pesquisas serão necessárias para descobrir.

Os experimentos com clinóstato Em 1873, Julius von Sachs (consulte von Sachs, 1882) sugeriu que a ausência de peso pode ser simulada em uma planta rotacionando-a lentamente em torno de um eixo horizontal. Se o tempo de percepção ultrapassasse o tempo de rotação, os vetores de estímulo gravitacional poderiam equivaler algebricamente a zero, como se a planta sendo rodada assim estivesse verdadeiramente sem peso. Sachs sugeriu o nome de **clinóstato** para o aparelho que é usado para girar as plantas, conforme descrito (normalmente sobre seu caule longitudinal/eixo da raiz, mas o tombamento de uma extremidade sobre a outra teoricamente deveria ser o mesmo e, de fato, normalmente produz os mesmos efeitos). Por volta da virada do século XX, centenas de experiências com clinóstatos foram feitas na tentativa de se avaliar a importância da gravidade (e luz unilateral) para as plantas. Agora que a exploração espacial fornece laboratórios em órbita, é possível comparar os resultados iniciais com os resultados obtidos permitindo que as plantas cresçam em ambientes com condições verdadeiras de microgravidade.[8]

A resposta mais visível de plantas em um clinóstato é a epinastia foliar (flexão para baixo, Seção 19.2). Foi sugerido que essa e outras respostas de clinóstatos podem não ser causadas pela ausência de gravidade simulada pelo clinóstato, mas sim pelas tensões mecânicas impostas pela dobra da folha e outras tensões (Tibbitts e Hertzberg, 1978). Naturalmente, uma planta em um clinóstato não está realmente

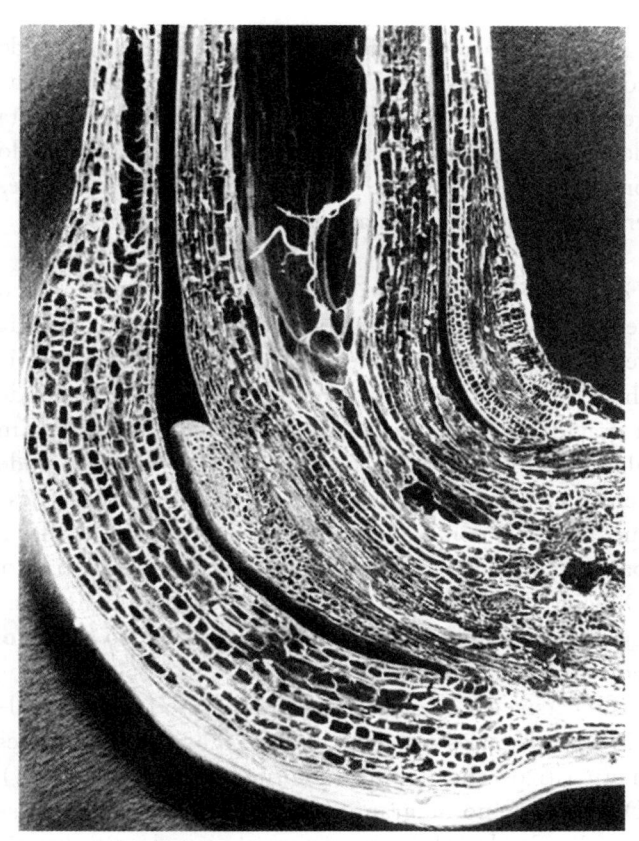

FIGURA 19-19 A resposta gravitrópica no pulvino de uma gramínea (*Muhlenbergia*), conforme mostrado com o microscópio eletrônico de varredura. Observe as grandes células na parte inferior (lado convexo) em comparação com as células muito menores (lado côncavo) superiores. Um broto axilar é visto dentro da bainha da folha do lado do alongamento. 30 x. (Micrografia cortesia de Peter B. Kaufman, consulte Dayanandan et al., 1976.)

sem peso. Quando são giradas, as suas folhas e outros órgãos se movem em resposta à gravidade. Talvez essas tensões mecânicas levem à produção de etileno e à epinastia foliar (o etileno é conhecido por causar epinastia foliar). Dois tipos de experimentos sugerem que essa simples explicação para a epinastia causada por clinóstato não seja correta, afinal (Salisbury e Wheeler, 1981). Por um lado, quando as plantas verticais experimentam estresse mecânico de diversas maneiras comparáveis às tensões produzidas no clinóstato, a epinastia foliar não aparece. Além disso, quando a gravidade é compensada pelo simples procedimento de inversão das plantas a cada 5 a 30 minutos para que elas fiquem de cabeça para baixo a metade do tempo, a epinastia aparece, assim como em um clinóstato. As inversões podem ser feitas com muito cuidado, na tentativa de reduzir os estresses mecânicos, e as plantas-controle podem ser invertidas ao mesmo tempo, mas imediatamente voltam para a vertical, de modo que recebam, essencialmente, o mesmo distúrbio mecânico, mas não permaneçam de

---

[8] Um objeto em órbita é nominalmente *sem peso*, pois está em *queda livre*, caindo em direção à Terra a uma taxa que compensa exatamente sua tendência (por causa de sua inércia) de se mover em linha reta. Assim, não haveria nenhum peso em uma balança de mola que também estivesse em órbita. Mas os objetos dentro de uma nave espacial em órbita estão sujeitos a pequenas forças de aceleração causadas por ajustes na órbita ou pelas atividades dos astronautas. Essas forças são da ordem de um milésimo da força de aceleração causada pela gravidade na superfície da Terra (ou seja, aproximadamente $0{,}001 \times g$). Os pesquisadores de campo falam de **microgravidade**, mas *miligravidade* seria um termo mais correto.

cabeça para baixo a metade do tempo; tais exemplares de controle não apresentam epinastia. Esses experimentos sugerem que as plantas cultivadas em um satélite em órbita devem exibir epinastia, e as experiências no laboratório do ônibus espacial, além de algumas experiências anteriores em laboratórios em órbita, confirmam essa previsão.

Falsos pulvinos das gramíneas No caule de gramíneas, o tecido de detecção de gravidade está localizado perto da região nodal. Em gramíneas Panicoides, tais como o milho e o sorgo, a base do entrenó está inchada e responde à gravidade se ele não estiver totalmente maduro. Em alguns casos, a base da bainha da folha também pode sentir a gravidade (Gould, 1968). Nas gramíneas Festucoides, tais como a aveia, o trigo e a cevada, apenas a base de folha da bainha possui esse tecido especializado. O tecido de deteção de gravidade é frequentemente chamado de pulvino, mas, na verdade, é um **falso pulvino**, pois atua pelo *crescimento* diferencial e não pelas mudanças reversíveis no volume da célula, como fazem os pulvinos verdadeiros que controlam os movimentos foliares nictinásticos em algumas dicotiledôneas (Seção 19.1). O falso pulvino de gramínea é um órgão altamente especializado de células meristemáticas e de amadurecimento que tanto detecta quanto responde à gravidade (Dayanandan et al., 1976, 1977). Conforme as células amadurecem, elas se transformam em colênquima e parênquima com pequenas quantidades de tecido vascular. A resposta à gravidade consiste no alongamento celular diferencial: as células mais baixas alongam-se, enquanto as superiores não crescem nada (Figura 19-19). O crescimento diferencial continuado do pulvino pode levar a muda a uma posição quase vertical, geralmente após 48 a 72 horas (Figura 19-20).

Os estatólitos de amido sedimentam-se 2 minutos após o posicionamento horizontal, e uma resposta à curvatura é iniciada dentro de 15 a 30 minutos depois do estímulo da gravidade. Se os nós de cevada são tratados com α-amilase ou colocados no escuro por cinco dias, o amido desaparece e não ocorre a gravirresposta; a reconstituição do amido por um tratamento com 0,1 M de sacarose restaura a resposta de flexão para cima nesses pulvinos falsos (Kaufman et al., 1986; Song et al., 1988).

Tal como acontece com caules e raízes, há muitas complicações e poucas respostas positivas. Por exemplo, AIA, GA e etileno são conhecidos por se acumularem mais na metade inferior do pulvino após a graviestímulação, mas o etileno aparece pela primeira vez 5,5 horas após o começo da flexão (leia o artigo de Peter Kaufman neste capítulo).

Brock e Kaufman (1988) relataram evidências de alterações da sensibilidade tecidual à auxina em pulvinos falsos de aveia (*Avena sativa*). Os experimentos eram basicamente semelhantes aos descritos para o girassol e a soja.

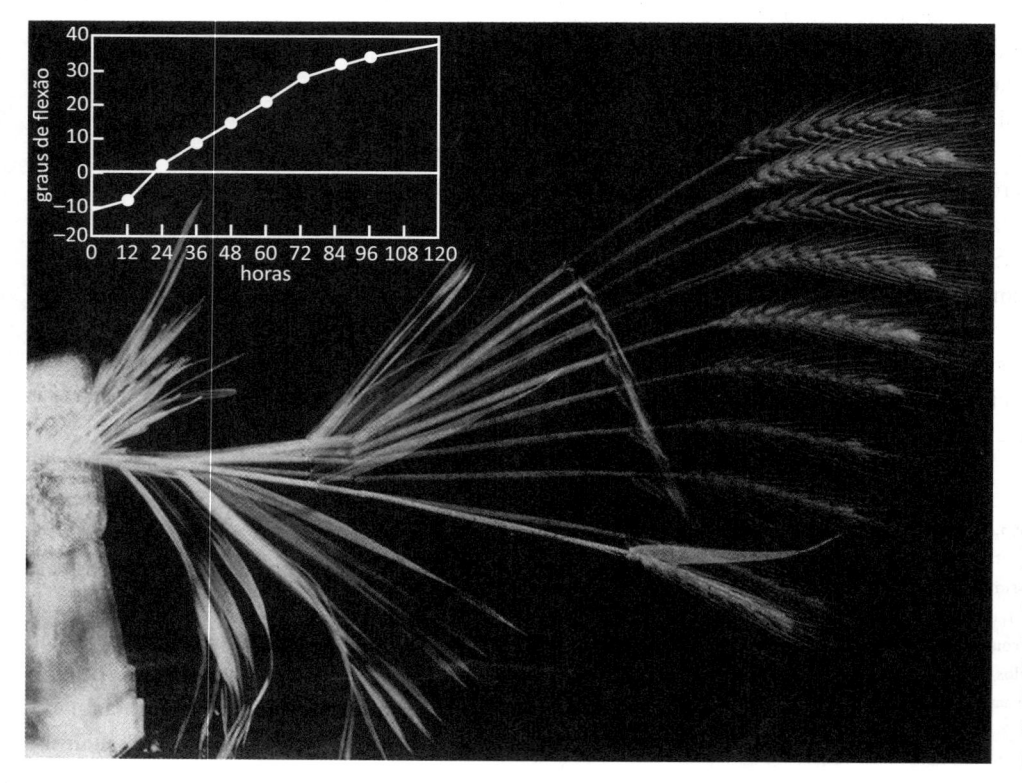

FIGURA 19-20 Uma múltipla exposição mostrando o gravitropismo em um caule de trigo. A planta foi virada de lado para a primeira exposição (depois de se remover uma série de outros ramos do pote), e as outras posições foram feitas em intervalos de cerca de 12 horas. O curso de flexão é mostrado no gráfico no canto superior esquerdo; ele foi extraordinariamente lento, talvez porque os nós estivessem muito maduros. Observe que apenas dois nós responderam; o nó logo no interior da borda do vaso estava maduro e não respondeu. (Fotografia de Linda Gillespie e F. B. Salisbury. Três vezes durante o fim de semana, os dois fotógrafos não entenderam suas tarefas; cada um entrou e fez uma exposição, mas em tempos ligeiramente diferentes, portanto, eles não se encontraram – como pode ser visto pelas imagens duplas.)

Outros órgãos Sabe-se que estames, pedúnculos florais, várias frutas, folhas e outros órgãos também são gravitropicamente sensíveis, embora poucos estudos tenham se dedicado a esses órgãos. Em experimentos nos quais os caules são contidos na horizontal, conforme descrito acima, as lâminas foliares que não estão contidas assumiram uma posição mais ou menos horizontal. Parece que muito de uma planta é sensível à gravidade, incluindo as folhas, raízes laterais, rizomas, estolões e ramos que crescem em alguma outra orientação que não a vertical (crescimento plagiotrópico). O ângulo vai depender da espécie e idade da planta, dos órgãos envolvidos e, às vezes, de vários fatores ambientais.

19.6 Outros tropismos e fenômenos relacionados

Vários outros tropismos têm sido descritos ao longo dos anos, mas a maioria não foi estudada em detalhes. Diversos pesquisadores (incluindo os Darwin, 1880) relataram que as plantas crescem em direção à água (**hidrotropismo**), às substâncias químicas (**quimiotropismo**), às correntes elétricas (**eletrotropismo**) e assim por diante. Vários órgãos da planta, especialmente as gavinhas, respondem ao toque (**tigmotropismo**). As gavinhas se curvam em direção ao ponto de contato, se envolvendo em torno de um apoio. O tigmotropismo foi revisto por Jaffe e Galston (1968).

Mordecai J. Jaffe, H. Takahashi e Ronald L. Biro (1985) estudaram um mutante de ervilha (*Ageotropum*), cujas raízes não responderam à gravidade nem à luz, mas responderam a um gradiente de umidade (**higrotropismo**). As raízes geralmente cresciam para cima, fora do solo, mas se elas encontrassem umidade relativa na atmosfera abaixo de 80 a 85%, viravam-se e cresciam no interior do solo. A remoção da coifa radicular eliminou a maioria das respostas higrotrópicas, embora a taxa de crescimento das raízes não tenha sido afetada, sugerindo que a resposta higrotrópica esteja localizada na coifa radicular, como a resposta gravitrópica.

Circunutação: nástica ou tropística?

Novamente, foram os Darwin (1880) que chamaram a nossa atenção para o fato de que uma ponta do caule parece traçar uma elipse, mais ou menos regular, conforme o caule cresce, completando um ciclo único em vários momentos que dependem da espécie (por exemplo, menos de 2 horas para os brotos de girassol). Os Darwin chamaram esse fenômeno de **circunutação**. Sua utilidade para as plantas trepadeiras é óbvia, para que o caule provavelmente encontre algum tipo de apoio enquanto faz a circunutação.

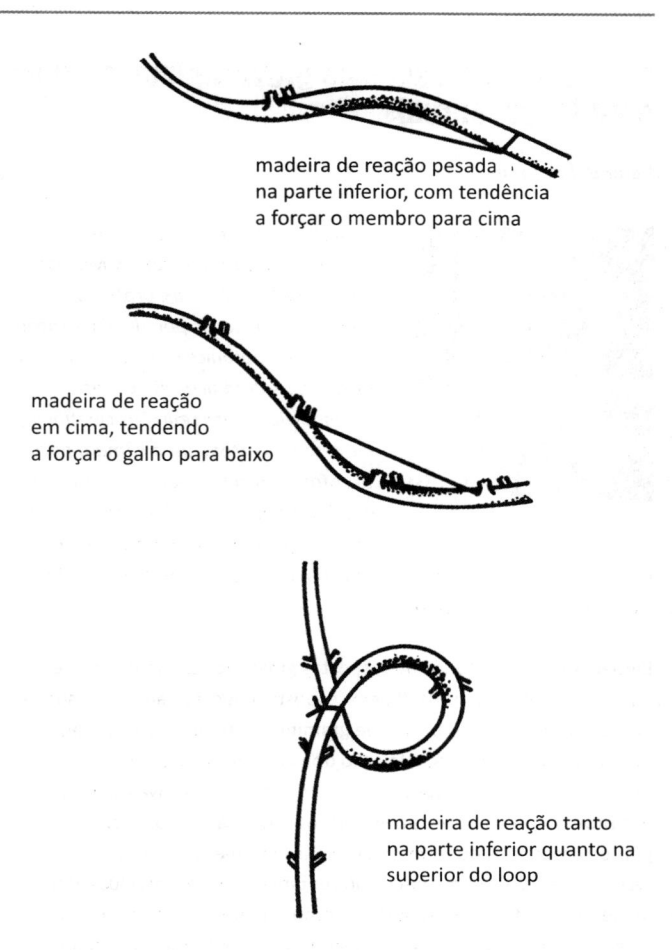

FIGURA 19-21 Resumo de algumas experiências que causam a formação de madeira de reação nas coníferas (indicadas pelo sombreamento).

Qualquer função que a circunutação possa ter em caules que não escalam não é evidente, mas os Darwin sugeriram que praticamente todos os movimentos de plantas que temos discutido eram modificações da circunutação.

Também sugeriram que a circunutação ocorre em resposta a algum controle interno e rítmico, ou seja, que a circunutação é controlada de forma endógena, sendo um movimento nástico. Mais recentemente, Johnsson (1971, 1979) forneceu um modelo matemático baseado na suposição de que a circunutação é realmente uma questão de superação gravitrópica e, nesse caso, seria uma resposta tropística. Conforme o caule atinge a posição vertical em resposta à gravidade, pode continuar a crescer mais no que era o lado inferior, passando à vertical antes que uma resposta gravitrópica oposta assuma. Essa ultrapassagem levaria a uma oscilação. O modelo matemático mostra que não é difícil converter um movimento de vaivém para um movimento elíptico ou até mesmo circular.

Se o modelo de superação estiver correto, a circunutação não deve ocorrer em um clinóstato, nem em um laboratório

FISIOLOGIA DAS PLANTAS

Estudando as respostas gravitrópicas de gramíneas cereais

Peter B. Kaufman

Peter B. Kaufman é professor de botânica da Universidade de Michigan, em Ann Arbor. Ele é um professor dinâmico que participou da elaboração de livros de botânica geral para alunos de Ciências Botânicas Aplicadas. Quando viaja para reuniões científicas, ele sempre carrega uma câmera para tirar fotos para usar em seus trabalhos e aulas. Como especialista na área de gravitropismo vegetal nas gramíneas cereais, ele muitas vezes colabora com cientistas de todo o mundo. Aqui ele fala de seus interesses.

Embarcamos em estudos de respostas gravitrópicas em brotos de gramíneas por volta de 1978, em resposta à necessidade de pesquisas básicas sobre como os brotos de gramíneas cereais se recuperam do tombamento (queda pela ação do vento e/ou chuva) ou, em termos mais técnicos, da resposta da curvatura negativa gravitrópica nos brotos. Tais estudos são importantes para a agricultura, pois os problemas do tombamento nas gramíneas cereais são responsáveis por sérias perdas no rendimento de grãos. Qualquer maneira de entendermos como o tombamento pode ser impedido é de enorme benefício para a agricultura. Há outra razão pela qual estamos explorando essa interessante resposta em grãos de cereais. Pretendeu-se cultivar grãos como o arroz e o trigo em veículos espaciais da NASA, como o ônibus espacial, o Space Lab e a Estação Espacial, onde as influências da gravidade são quase ausentes. A ideia de cultivar tais plantas no espaço seria para a alimentação (produção de grãos) dos ocupantes dos veículos espaciais. Além disso, queremos usar a cultura destes grãos para enriquecer a atmosfera da cabine com oxigênio e umidade, e para a reciclagem de resíduos orgânicos. [Veja o artigo de Salisbury, no Capítulo 25.] Finalmente, cultivar cereais no espaço ajuda a entender como eles crescem e como podemos controlar o seu crescimento em um ambiente de microgravidade. Uma das principais perguntas é: como os brotos de gramíneas cereais crescem quando os seus mecanismos de percepção de gravidade não são estimulados? E, se eles tendem a crescer em todas as direções, como podemos direcionar seu crescimento para obter uma brotação normal e rendimentos aceitáveis?

Aqui na Terra, temos perseguido com determinação três questões básicas sobre os mecanismos pelos quais os brotos de gramíneas cereais crescem para cima quando são tombados (graviestimulados). São elas: (1) Como a gravidade é percebida nos brotos?, (2) Como os hormônios estão envolvidos no processo de transdução? e (3) Quais são as bases fisiológicas e metabólicas da resposta diferencial de crescimento que ocorre nos pulvinos da gramínea?

Foi muito emocionante para nós, com a ajuda de Casey Lu, P. Dayanandan, Il Song, Tom Brock e C. I. Franklin, quando descobrimos que os grãos de amido em amiloplastos são as organelas gravipercептivas nas células perto de feixes vasculares na bainha da folha de pulvinos falsos. Eles se cascateiam para o fundo das células (estatócitos) em 2 minutos, começando em até 15 segundos. Se os segmentos de caule com pulvinos são colocados no escuro por cinco dias, os grãos de amido desaparecem e os pulvinos não se flexionam para cima quando graviestimulados. No entanto, se após o tratamento no escuro forem alimentados com sacarose, os pulvinos reformam o amido e são mais uma vez competentes para responder à gravidade. Uma vez que estes estatólitos de amido caem, como o estímulo da gravidade é transduzido? Podemos pensar em várias possibilidades: (1) eles agem como sondas pressurizadas sobre a membrana plasmática para abrir mais canais de íons e/ou hormônios, (2) servem como portadores de informações, tais como Ca^{2+} ou enzimas desconjugadoras de hormônios e (3) podem fornecer substratos para a produção de energia, síntese da parede celular ou a manutenção da pressão osmótica durante o crescimento.

---

espacial em órbita. Embora o efeito possa ser secundário, muitas espécies deixam de fazer circunutação em um clinóstato (Brown e Chapman, 1988), e outras não. Em um experimento no espaço, brotos de girassol continuaram a nutar por muitas horas em microgravidade (menos de 10^{-3} g; Brown e Chapman, 1984). Outras maneiras foram encontradas para separar o gravitropismo da nutação. Por exemplo, quando colocados de lado, alguns caules continuam a circunutação durante a flexão para cima (Britz e Galston, 1982, 1983), uma observação que é incompatível com uma teoria de superação (Heathcote e Aston, 1970). O peso da evidência parece ir contra um mecanismo de superação, mas esse mecanismo poderia funcionar em algumas espécies, mas não em outras.

Madeira de reação

Conforme um galho plagiotrópico de árvore cresce, pode-se esperar que ele se flexione para baixo em razão do aumento de peso e da distância do tronco. Tal fenômeno é às vezes observado, mas rejeitado pela formação de *madeira de reação* (Scurfield, 1973, Wilson e Archer, 1977). **Madeira de reação** é o xilema aumentado produzido em ambos os lados superiores ou inferiores de um galho por meio de uma divisão mais rápida do câmbio vascular naquele lado. Em membros de coníferas (resinosas), a madeira de reação se forma na parte inferior e, por expansão, *empurra* os membros de forma mais ereta, mantendo um ângulo mais constante. As paredes da

Durante o processo de transdução, descobrimos que tanto as GAs quanto os AIA se tornam assimetricamente distribuídos no pulvino. Taxas típicas de hormônios superiores/inferiores vão de 1:1,5 a 1:2,0. Tom Brock, em nosso laboratório, constatou que os pulvinos graviestimulados se tornam mais sensíveis ao AIA adicionado exogenamente do que aqueles com orientação vertical. Além disso, eles só se flexionam em resposta ao tratamento com GA_3 na posição horizontal (graviestimulada).

Como podemos explicar as assimetrias na parte superior/inferior no AIA endógeno livre e na GA_3 livre que se desenvolvem durante a gravirresposta? Como nem AIA nem GA_3 são transportados para baixo de forma significativa em pulvinos graviestimulados, eles devem ser liberados da forma ligada ou cada vez mais sintetizados de cima para baixo no pulvino. Estamos atualmente investigando tanto as possibilidades de auxina quanto de GAs nativas em gramíneas cereais, principalmente na cinética das alterações nas quantidades de AIA livre, seus conjugados, e de GAs livres e seus conjugados de glicosil-éster, durante a flexão para cima. Estamos estudando as GAs em colaboração com Dick Pharis [Veja seu artigo no Capítulo 23] da Universidade de Calgary e temos conduzido estudos iniciais sobre o AIA livre e seus conjugados juntamente com Bob Bandurski e Jerry Cohen, na Michigan State University e no USDA em Beltsville, respectivamente. Ambos estão nos ajudando ativamente com os procedimentos de extração e purificação de auxina para a identificação do AIA livre e seus conjugados por CG/EM (cromatografia gasosa/espectrometria de massa).

E sobre a última parte da resposta gravitrópica nos brotos de gramíneas cereais, a saber, a resposta do crescimento diferencial? Sabemos que estamos lidando com o crescimento que ocorre como resultado do alongamento diferencial das células. Nenhuma divisão celular está envolvida nos pulvinos de gramíneas cereais de gravirresposta. Qual é o mecanismo pelo qual ocorre o alongamento das células diferenciais? Sabemos pelos estudos de P. Dayanandan que a síntese de celulose é necessária; "Daya" também descobriu que tanto a síntese de RNA quanto a de proteínas são necessárias. Indo um pouco mais além, começamos a olhar para os tipos de proteínas sintetizadas nos pulvinos de gravirresposta comparados com aqueles nos pulvinos verticais. Il Song desenvolveu ótimos métodos em nosso laboratório para a extração de proteínas solúveis em sal e em álcalis e como separá-las por SDS/PAGE (dodecil sulfato de sódio/eletroforese em gel de poliacrilamida) e focalização isoelétrica. O que encontramos até agora é que logo (até 2 horas) após os brotos de cevada terem sido graviestimulados, pelo menos cinco novas proteínas são produzidas nas metades inferiores dos pulvinos de gravirresposta nos quais o alongamento das células é maior. Acreditamos que uma delas seja a glucano sintase e a outra seja a invertase. Os principais candidatos para as primeiras proteínas sintetizadas são enzimas de afrouxamento da parede, tais como a endo-β-glucanase. Em colaboração com David Rayle, da San Diego State University, e Nick Carpita e David Gibeaut da Universidade de Purdue, descobrimos que o diferencial superior/inferior de afrouxamento da parede e o teor β-D-glucano (mistura de glucano β-1,3- e β-1,4-ligado) mudam acentuadamente (aumentam mais nas metades inferiores) em resposta à graviestimulação. Assim, passos importantes no mecanismo de resposta de crescimento envolvem tanto o afrouxamento da parede celular quanto a síntese da parede celular. Com a ajuda de Casey Lu, Donhern Kim e "Raja" Karuppiah, agora estamos focando nas hidrolases da parede celular/crescimento ácido como parte do processo de afrouxamento da parede celular, na hidrólise da sacarose pela invertase, na síntese de celulose mediada pela glucano sintase e na síntese de β-D-glucano como parte da etapa de síntese da parede celular. Estamos atualmente produzindo anticorpos monoclonais para invertase e glucano sintase para conduzir a localização da enzima de tecidos específicos, a clonagem e o sequenciamento dos genes de ambas as enzimas e para determinar como AIA e GAs causam a suprarregulação de sua expressão.

---

traqueíde tornam-se anormalmente espessas, e contêm mais lignina e menos celulose do que o habitual. Essa madeira é chamada de **madeira de compressão**. Em angiospermas (de madeira dura), a madeira de reação se forma em cima e *se contrai* para puxar o galho em direção ao tronco pela tensão. Chamada de **madeira de tensão**, ela contém mais fibras e menos elementos de vasos do que a madeira normal. As fibras e traqueídeos de fibra atingem as paredes secundárias, que são mais espessas do que na madeira normal, porque formam uma camada adicional rica em celulose na parede secundária. Em contraste com a madeira de compressão em coníferas, a madeira de tensão em madeiras duras não se torna incomumente rica em lignina. A madeira de reação é revisada em um tratado enciclopédico de três volumes por Tore E. Timell (1986), que cita aproximadamente 8.100 referências!

A madeira de reação é uma reação a quê? Poderia ser uma resposta gravitrópica (um mecanismo para manter o crescimento plagiotrópico), uma resposta às tensões e pressões resultantes da flexão ou ambas. Se um cabo for ligado a um galho de pinheiro, fazendo a ponta dobrar para baixo (Figura 19-21), a madeira de reação se forma na parte inferior. Quaisquer das hipóteses poderia explicar esse efeito. Se o cabo causa uma flexão ascendente, a madeira de reação se forma na parte superior. Pode-se imaginar que tanto as pressões (compressão) nas células do lado côncavo quanto as tensões no lado convexo sejam mais prováveis para explicar as posições da madeira de reação do que a direção da força gravitacional. Mas se um broto jovem de pinheiro for envolvido em um *loop* completo, a madeira de reação se forma na parte inferior de ambas as partes horizontais do *loop*. Como o lado inferior da parte superior está sob pressão e o lado inferior da parte inferior está sob tensão, a segunda hipótese não é adequada. Em geral, a gravidade parece ser mais importante que outros fatores na formação da madeira de reação, mas esses outros fatores parecem estar envolvidos (Timell, 1986).

A redistribuição de AIA ou de outros hormônios, principalmente o etileno, pode explicar esses resultados, mas a causa do movimento hormonal pode ser complexa. Quando plantas jovens do cipreste do Arizona (*Cupressus arizonica*) foram tratadas com etileno, seus ramos se flexionaram para cima (hiponastia). Outros tratamentos que causam um aumento no etileno endógeno (por exemplo, a decapitação, GA_3 e certos níveis de AIA) também induziram a hiponastia no galho. Além disso, quando perclorato de mercúrio foi usado para remover o etileno do ar ao redor da planta, os ramos cresceram para baixo. Assim, o etileno pode estar envolvido no crescimento de ramos plagiotrópicos ou refletir as mudanças na auxina e em outros compostos (Blake et al., 1980).

É claro que muito foi aprendido desde que os Darwin investigaram o poder de movimento nas plantas mais de um século atrás. Mas é igualmente claro que ainda há muito a ser aprendido. Poucos mecanismos são realmente compreendidos.

20
Fotomorfogênese

A luz é um importante fator ambiental que controla o crescimento e o desenvolvimento vegetal. A razão principal para isso, é claro, decorre de a luz possibilitar a fotossíntese. Além disso, a luz influencia o desenvolvimento ao causar fototropismo (veja a Seção 19.4). Vários outros efeitos da luz, completamente independentes da fotossíntese, também ocorrem; a maioria desses efeitos controla a aparência da planta, ou seja, o seu desenvolvimento estrutural ou morfogênese (origem da forma). O controle da morfogênese pela luz é chamado de **fotomorfogênese**.

Para que a luz controle o desenvolvimento da planta, ela deve primeiro absorver essa luz. Existem quatro tipos de fotorreceptores conhecidos que afetam a fotomorfogênese em plantas:

1. **fitocromo**, que absorve mais fortemente as luzes vermelha e vermelha-distante, e sobre o qual sabemos mais. O fitocromo também absorve a luz azul. Pelo menos dois tipos principais de fitocromo são conhecidos.
2. **criptocromo**, um grupo de pigmentos semelhantes, não identificados, que absorvem a luz azul e comprimentos de onda ultravioleta longos (região UV-A, 320 a 400 nm). O criptocromo foi chamado assim devido à sua importância especial nas criptógamas (plantas que não florescem).
3. **fotorreceptor UV-B**, um ou mais compostos não identificados (tecnicamente, não são pigmentos) que absorvem a radiação ultravioleta entre 280 e 320 nm.
4. **protoclorofilida** a, um pigmento que absorve as luzes vermelha e azul e se torna reduzido para clorofila a.

Neste capítulo, descrevemos alguns efeitos de cada um desses fotorreceptores, enfatizando o fitocromo porque se sabe mais sobre ele e porque ele parece ser o fotorreceptor mais importante nas plantas vasculares. O fitocromo e outros fotorreceptores controlam os processos morfogênicos, iniciando com a germinação da semente e o desenvolvimento das mudas e culminando na formação de novas flores e sementes.

Como está implícito na declaração acima, a fotomorfogênese é controlada em vários estágios do ciclo de vida de uma planta, e os processos individuais são altamente específicos para uma determinada parte da planta em um determinado estágio de desenvolvimento. (Nos Capítulos 17 e 18, enfatizamos o mesmo fenômeno para a regulação dos processos de desenvolvimento por hormônios.) A própria luz não carrega nenhuma informação morfogênica, e também é improvável que o tipo de fotorreceptor seja um portador de informações específicas. Em vez disso, *competência de resposta ou a sensibilidade das células é o fator crucial.* Hans Mohr, um dos principais pesquisadores em fotomorfogênese de plantas por muitos anos, tem repetidamente enfatizado que a fotomorfogênese tem duas fases importantes: a *especificação padrão*, na qual as células e tecidos se desenvolvem e se tornam aptos a reagir à luz, e a *realização padrão*, durante a qual ocorre o processo dependente de luz (Mohr, 1983). Outro aspecto importante da fotomorfogênese é a *necessidade de um sistema de amplificação*, como enfatizado para a ação dos hormônios na Figura 17-2. O número de moléculas que se tornam alteradas com a luz em uma planta pode variar de alguns milhares a milhões de vezes o número de fótons que causam a resposta. Em muitos casos (não em todos), a ativação do gene representa parte do processo de amplificação.

Alguns efeitos fotomorfogênicos da luz podem ser facilmente observados pela comparação de brotos cultivados na luz com outros cultivados no escuro (Figura 20-1). Sementes grandes com reservas abundantes de alimentos eliminam a necessidade da fotossíntese por vários dias. Mudas crescendo no escuro são **estioladas** (do francês *etioler*, "ficar pálido ou fraco"). As diferenças causadas pela luz são aparentes:

1. A produção de clorofila é promovida pela luz.
2. A expansão da folha é promovida pela luz, mas não tanto nas monocotiledôneas (milho) como nas dicotiledôneas (feijão).

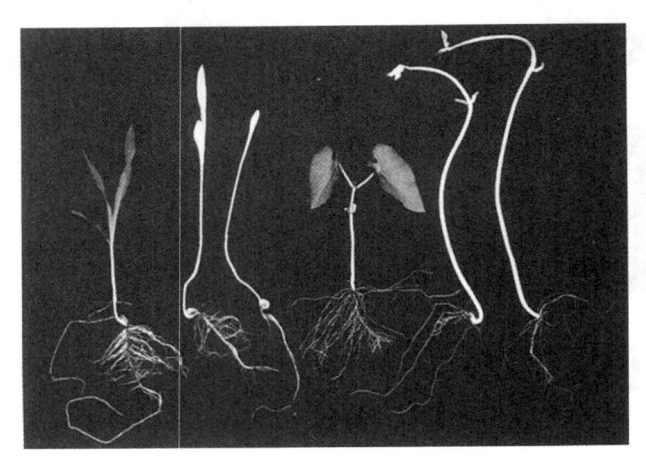

FIGURA 20-1 Efeitos da luz no desenvolvimento de brotos em uma monocotiledônea (milho) e em uma dicotiledônea (feijão). A planta da esquerda de cada grupo foi germinada e cresceu dentro de uma estufa, enquanto os outros representantes de cada grupo foram cultivados em escuridão total por 8 dias. (Fotografia de Frank B. Salisbury.)

3. O alongamento do caule é inibido pela luz em ambas as espécies. (O caule do milho é curto e não é visível na Figura 20-1 porque está rodeado por bainhas de folhas que se estendem até quase o nível do solo nessas plantas jovens.)
4. O desenvolvimento da raiz é promovido pela luz em ambas as espécies.

Todas essas diferenças parecem ser vantajosas para o broto se ele tiver que estender seu caule através do solo e se suas folhas tiverem que alcançar a luz. Mais das reservas alimentares no endosperma (milho) ou em cotilédones (feijão) são usadas para estender o caule para cima na escuridão do que na luz, e menos alimento é usado para desenvolver as folhas e raízes e para formar clorofila – tudo isso é menos importante para uma planta cultivada no escuro. Além desses efeitos da luz, muitos outros são essenciais às monocotiledôneas, dicotiledôneas, gimnospermas e muitas plantas inferiores.

20.1 A descoberta do fitocromo

A descoberta e isolamento do fitocromo e a demonstração de sua importância como um pigmento que controla as respostas fotomorfogênicas são das conquistas mais brilhantes e importantes na área fisiológica. A maioria das pesquisas levando à detecção e isolamento do fitocromo foi realizada na Estação de Pesquisa do Departamento de Agricultura dos Estados Unidos em Beltsville, Maryland, entre 1945 e 1960. A história da descoberta do fitocromo foi resumida por um de seus pioneiros, Harry A. Borthwick (1972), por Briggs (1976) e, mais brevemente, por Furuya (1987a). Sterling B. Hendricks, outro pioneiro, descreveu alguns aspectos da descoberta do fitocromo em seu ensaio neste capítulo.

Uma observação importante já havia sido feita em Beltsville por W. W. Garner e H. A. Allard, aproximadamente em 1920. Eles descobriram que as durações relativas de períodos de luz e escuridão controlam a floração de certas plantas (veja Capítulos 21 e 23). Então, em 1938, foi descoberto por outros que o carrapicho, que exige que as noites sejam mais longas do que um certo período crítico mínimo para florescer (ou seja, é uma planta de dias curtos), não floresce se seu período de escuridão for brevemente interrompido pela luz. A luz vermelha se mostrou muito mais eficaz do que outros comprimentos de onda, não apenas para interromper as longas noites que, de outra forma, induziriam os carrapichos e a soja Biloxi a florescer, mas também para promover a expansão das folhas de ervilha. A luz vermelha interrompendo um período escuro também foi a cor mais eficiente de luz na promoção da floração da cevada de inverno e de outras plantas de dias longos que exigem que as noites sejam mais curtas e os dias sejam mais longos do que uma duração crítica.

Borthwick e Hendricks, em seguida, colaboraram com peritos familiarizados com a dormência das sementes em muitas espécies. Eles construíram um espectrógrafo de grande porte que, com uma fonte de luz brilhante, poderia separar as várias cores da luz sobre áreas tão grandes que até mesmo vasos de plantas poderiam ser alinhados e expostos a diferentes comprimentos de onda. Eles obtiveram um espectro de ação com um pico na luz vermelha para a promoção da germinação de sementes de alface Grand Rapids, das quais apenas 5 a 20% brotam na escuridão. Já havia sido demonstrado, em 1930, que a luz vermelha promoveu a germinação dessas sementes, mas que a luz azul ou vermelho-distante inibiam a germinação em taxas até menores que aquelas obtidas na escuridão. A **luz vermelha-distante** *inclui os comprimentos de onda pouco mais longos do que os da luz vermelha, cobrindo aproximadamente o intervalo entre 700 e 800 nm.* (Os comprimentos de onda mais longos do que cerca de 760 nm são invisíveis para os humanos e, tecnicamente, estão próximas ao infravermelho, como mostrado no Apêndice B, Figura B-2. Os comprimentos de onda visíveis do vermelho-distante aparecem como vermelho escuro para nós.) O grupo de Beltsville, em seguida, fez uma descoberta notável.

Quando as sementes eram expostas à luz vermelha-distante, logo após um tratamento promotor com luz vermelha, a promoção era anulada, mas se a luz vermelha fosse aplicada após a luz vermelha-distante, a germinação era reforçada. Ao repetidamente se alternarem breves tratamentos de luz vermelha e vermelha-distante, eles descobriram que

A descoberta do fitocromo

Sterling B. Hendricks

A descoberta de um novo processo no mundo biológico é sempre excitante, e quando ele acaba sendo um dos mais importantes, é épico. Isso foi verdade para a descoberta do fitocromo. Em 1970, pedimos a Sterling B. Hendricks que nos contasse sobre a descoberta. Sterling Hendricks morreu no dia 4 de janeiro de 1981.

Em 1945, Harry A. Borthwick, Marion W. Parker e eu nos propusemos a descobrir como as plantas reconheciam a duração do dia. Nosso método era o de observar as mudanças na floração induzidas pela quebra de noites longas com períodos de luz de vários comprimentos de onda e intensidades, ou, mais exatamente, medir o espectro de ação. Uma baixa energia de 660 nm de luz (vermelha) provou ser mais eficaz na prevenção de florescimento de soja e carrapicho de dias curtos e na indução de florescimento da cevada e meimendro de dias longos. Essas plantas de respostas opostas tiveram o mesmo espectro de ação, em todos os detalhes, para a mudança de floração. O infravermelho próximo, de 700 nm a 900 nm, pareceu ser ineficaz.

Em vez de elaborar o resultado sobre a floração, nós (com Frits W. Went) decidimos medir a seguir o espectro de ação para a inibição do estiolamento (o alongamento dos caules e a restrição da expansão das folhas que ocorrem no escuro). A supressão do alongamento do caule da cevada e a melhoria do tamanho da folha de ervilha pela luz forneceram o espectro de ação de floração. Foi emocionante saber que amostras tão diversas estavam relacionadas na causa inicial.

A necessidade de luz na germinação de algumas sementes já era conhecida há cerca de um século. Nossas primeiras medições (em 1952, com Eben H. Toole e Vivian K. Toole) foram em sementes de alface, que Lewis H. Flint e E. D. McAllister estudaram 17 anos antes. Novamente, a luz de 660 nm foi mais eficaz para promover a germinação. As sementes colocadas na região de 700 – 800 nm do espectro, porém, germinaram 20% menos do que aquelas na escuridão (controles). Flint e McAllister tinham descoberto que a germinação era suprimida na região a 50% de germinação quando as sementes eram inicialmente potencializadas pela luz. As diferenças nos experimentos não tiveram importância imediata para nós.

Mas um dia, em 1952, durante uma medição do espectro de ação, veio a ideia de que a região de 700 – 800 nm não tinha sido corretamente testada nos controles de floração. Se as plantas fossem expostas pela primeira vez à luz de 660 nm para potencializar a mudança de floração, em vez de serem retiradas diretamente da escuridão, a região de 700 – 800 nm poderia mudá-las de volta à sua condição de escuridão. A região de 700 – 800 nm, na verdade, pode provocar uma resposta semelhante à escuridão em vez de ficar sem efeito, como já havíamos suposto. Essa região, quando testada com sementes de alface, realmente suprimiu a germinação potencializada de um valor alto para um baixo, com a máxima eficácia próxima a 730 nm. A reversão da resposta potenciada com plantas de dias curtos para floração também foi muito bem corroborada para sustentar uma generalização.

A fotorreversibilidade foi a pedra fundamental para uma compreensão mais profunda da equivalência da ação inicial em diversos fenômenos. Também levou, por fim, ao isolamento do pigmento *fitocromo*. O dia em 1952, no entanto, teve uma nuança adicional que não é tão amplamente estimada, nem foi rapidamente compreendida por nós. Realizamos uma experiência bastante diferente da que Flint e McAllister fizeram. As sementes de alface em nossos experimentos foram expostas por períodos curtos a energia total baixa de intensidade moderada, enquanto eles usaram a energia total alta, dada pela exposição contínua à baixa intensidade. A fotorreversibilidade foi evidente para nós rapidamente e de modo convincente, mas o mesmo não ocorreu para eles – como foi para sua implicação da determinação no nível molecular pela mudança rápida na forma de um pigmento que absorve luz.

Em um parágrafo anterior, a reversibilidade da floração foi expressa como "... muito bem corroborada..." A reversão, na verdade, foi bastante pobre. Quanto mais tentávamos melhorá-la pelo aumento da energia com a longa exposição, mais pobre ela se tornava. Na verdade, a radiação de 730 nm em baixa intensidade durante 1 hora inibiu o florescimento do carrapicho de forma tão eficaz como a exposição de baixa energia fez em 660 nm. Esse foi o reconhecimento do que é agora chamado de "reação de irradiância alta". Flint e McAllister provavelmente lidavam com essa reação em sementes de alface e não com a simples reversibilidade do fitocromo. A reação de alta energia, que tem muitas facetas na natureza, é também propensa a vir, em partes, do fitocromo, mas de uma forma mais complexa do que pela fotorreversibilidade sozinha.

Finalmente, nosso objetivo inicial – determinar como as plantas reconhecem a duração do dia (ou a duração da noite) – é um pouco obscuro. A ação do fitocromo está envolvida, mas o que a ação pode ser e como ela se liga com os ritmos biológicos endógenos ainda está sendo muito debatido.

a cor da última luz aplicada determinaria se as sementes germinariam ou não, com a luz vermelha promovendo a germinação e a luz vermelha-distante anulando aquela promoção (Figura 20-2). Além disso, a inibição do florescimento em plantas de dias curtos pela interrupção de uma noite longa com a luz vermelha foi amplamente superada ao se aplicar a luz vermelha-distante imediatamente após a luz vermelha.

Neste ponto, os investigadores perceberam que um pigmento azul estava presente e absorvia a luz vermelha (chamado de P_r), mas sua concentração era muito baixa para dar cor aos brotos de milho estiolados, nos quais foi detectado este pigmento pela primeira vez pelas alterações de absorção com um espectrofotômetro. Os pesquisadores também decidiram que o pigmento podia ser convertido pela luz vermelha para uma forma diferente (chamada de P_{fr}), que absorvia a luz vermelha-distante (uma forma que acabou tendo a cor verde-oliva comprovada) e que o pigmento azul poderia ser regenerado com luz vermelha-distante. Deduziu-se que a forma oliva produzida pela luz vermelha era a forma ativa, enquanto a forma azul parecia ser inativa. Essas ideias eram baseadas em estudos fisiológicos e espectrofotométricos com sementes ou plantas estioladas, e precisavam ser verificadas por meio da extração do pigmento e de estudo *in vitro*. (Essa tem sido a abordagem científica para todos os pigmentos biológicos, incluindo a rodopsina para a visão, as clorofilas e os carotenoides na fotossíntese e os citocromos na respiração.)

No início da década de 1960, H. W. Siegelman e outros químicos de proteínas purificaram o fitocromo de homogenados de mudas de grãos de cereais usando a cromatografia em coluna e outras técnicas rotineiramente utilizadas para purificar proteínas. Eles demonstraram que o fitocromo isolado muda de cor reversivelmente após a exposição a qualquer luz vermelha ou vermelha-distante. Essencialmente, todas as deduções iniciais baseadas apenas em experimentos fisiológicos com a planta inteira tinham sido verificadas. Até mesmo o espectro de absorção de cada forma de fitocromo tinha sido medido. As conclusões desses pesquisadores são mostradas pelo esquema fotorreversível abaixo:

$$P_r \underset{\text{luz vermelha-distante}}{\overset{\text{luz vermelha}}{\rightleftarrows}} P_{fr}$$

20.2 Propriedades físicas e químicas do fitocromo

Quase todos os estudos sobre o fitocromo têm sido feitos com pigmentos purificados a partir de brotos estiolados. Há duas razões para isso. Primeiro, os brotos cultivados em total escuridão contêm de 10 a 100 vezes mais fitocromo total do que as mudas cultivadas na luz. Segundo, eles não têm clorofila que absorve as luzes azul e vermelha e interferem com os estudos espectrofotométricos do fitocromo. Somente recentemente o fitocromo das plantas verdes foi mais estudado, e voltaremos às suas propriedades mais tarde.

Os espectros de absorção de moléculas altamente purificadas de fitocromo de angiospermas estioladas têm picos em comprimentos de onda vermelha em 666 nm para a

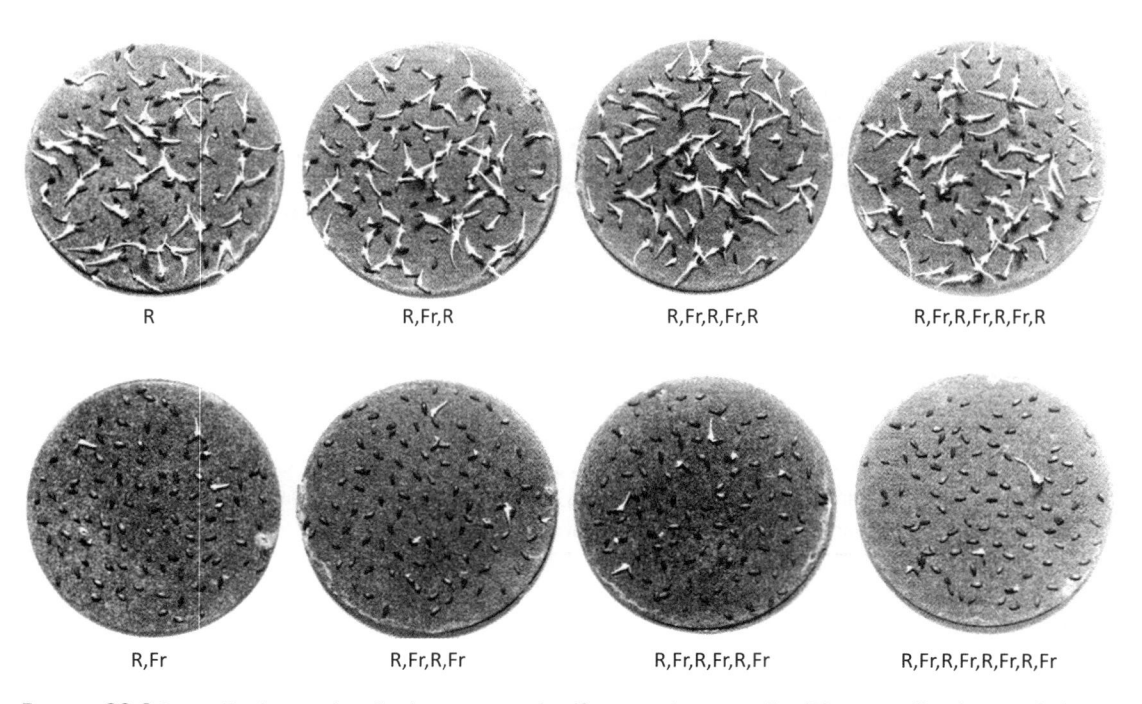

FIGURA 20-2 Reversão de germinação de sementes de alface com luz vermelha (R) e vermelha-distante (Fr). Exposições de cor vermelha foram de 1 min e vermelha-distante de 4 min. Se a última exposição for de luz vermelha, as sementes germinam; se for de luz vermelha-distante, elas permanecem em estado dormente. A temperatura durante a meia hora necessária para completar os tratamentos era de 7 °C; em todas as outras vezes, era de 19 °C. (Cortesia de Harry Borthwick.)

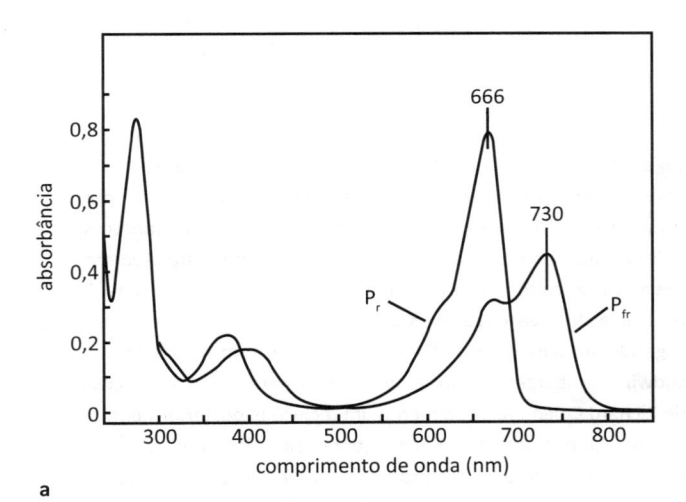

FIGURA 20-3 Comparação dos espectros de absorção de ambas as formas do fitocromo com espectros de ação para vários processos fisiológicos. (Espectros de absorção são de Vierstra e Quail, 1983. Os espectros de ação em **b** foram redesenhados a partir de dados de Parker et al., 1949. Os espectros de ação para a promoção da abertura do anzol no hipocótilo de feijão em **c** foram redesenhados a partir de Withrow et al., 1957, e os espectros de promoção e subsequente inibição de alface Grand Rapids foram redesenhadas de Borthwick et al., 1954.)

forma de azul brilhante de absorção de vermelho (P_r) e a 730 nm para a forma oliva de absorção de vermelho-distante (P_{fr}; Vierstra e Quail, 1983, 1986). A Figura 20-3a mostra um exemplo desses espectros de absorção. O espectro de absorção para P_{fr} tem uma aba na região vermelha (perto de 666 nm) que é causada por P_r, e não P_{fr}; P_r está presente porque é impossível converter mais que cerca de 85% do P_r em P_{fr} em uma amostra de fitocromo. Uma conversão mais eficiente não pode ocorrer porque parte do P_{fr} é convertida de volta a P_r quando o próprio P_{fr} absorve a luz vermelha. As Figuras 20-3b e 20-3c ilustram o espectro de ação nas regiões vermelha e vermelha-distante para várias respostas fisiológicas. *As semelhanças dos espectros de absorção do fitocromo e os espectros de ação de respostas das plantas são uma importante evidência sugerindo que o fitocromo é o pigmento causador dessas respostas. Uma segunda evidência é que as respostas causadas pela luz vermelha quase sempre são anuladas por uma exposição subsequente imediata à luz vermelha-distante. Uma terceira evidência é que somente níveis de irradiância baixos, tanto da luz vermelha quanto da luz vermelha-distante, são capazes de converter o fitocromo de uma forma para outra, causando essas respostas.*

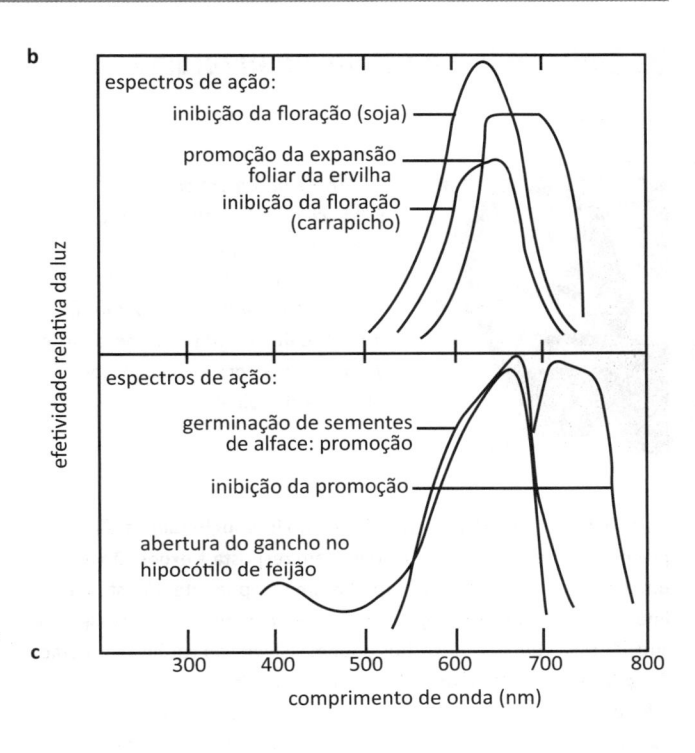

Em folhas e caules, a luz absorvida pela clorofila altera tanto o espectro de ação para as respostas do fitocromo causadas por P_{fr} quanto a quantidade de luz (absorvida pelo P_r) necessária para a resposta. Os picos de ação-espectros foram deslocados para comprimentos de onda mais curtos, perto de 630 nm (comprimento de onda em que a clorofila absorve menos), e muito mais energia é necessária para a resposta (Jose e Schafer, 1978; veja também os picos de ação-espectros de inibição do florescimento da soja e carrapicho na Figura 20-3). Tanto P_r quanto P_{fr} absorvem luzes violeta e azul, mas níveis de irradiância baixos desses comprimentos de onda são muito menos eficientes do que a luz vermelha ou vermelha-distante para os processos fisiológicos que descrevemos até agora. Como nem P_r nem P_{fr} absorvem a luz verde de maneira eficiente e nossos olhos são especialmente sensíveis ao verde, luzes de segurança com filtros que transmitem somente luz verde de baixa intensidade são utilizados em experimentos fisiológicos de que fitocromos participam. Em geral, as luzes de segurança verdes e os filtros verdes são de grande utilidade em estudos de fitocromo, mas eles devem fornecer irradiâncias baixas e ser testados para se ter certeza de que não causam nenhuma resposta. Em algumas respostas especialmente sensíveis, que serão mencionadas mais tarde, nem mesmo a luz de segurança verde é segura.

Quimicamente, o fitocromo é um homodímero de dois polipeptídeos idênticos, cada um com um peso molecular de aproximadamente 120 kDa (revisado por Vierstra e Quail, 1986). Cada polipeptídeo tem um grupo prostético chamado de **cromóforo** que é ligado por um átomo de enxofre a um resíduo de cisteína do polipeptídeo. Esse cromóforo é um tetrapirrol de cadeia aberta semelhante ao pigmento ficobilina fotossintética de algas vermelhas e cianobactérias. É o cromóforo, e não a proteína, que

Os anticorpos e o estudo do fitocromo

Lee H. Pratt

Dr. Pratt é agora um professor de Botânica na University of Georgia. Em 1982, recebeu o prestigiado Prêmio Charles A. Shull, da American Society of Plant Physiologists, por alguns dos trabalhos que ele descreve neste artigo, que atualizou para esta edição de Fisiologia das plantas.

Os **anticorpos**, também conhecidos como **imunoglobulinas**, são proteínas sintetizadas por um animal em resposta à exposição a um agente estranho. Eles são apenas um componente do sistema imunológico de um animal, cujo estudo é chamado de **imunologia**. As substâncias a que os anticorpos podem se ligar são conhecidas como **antígenos**. A função natural dos anticorpos é destruir os antígenos, tais como bactérias e vírus. O objetivo deste ensaio é demonstrar, com relação ao fitocromo, que, embora os anticorpos não sejam produzidos pelas plantas, eles representam um instrumento de pesquisa inestimável para o fisiologista vegetal.

Após experiência como estudante de pós-graduação nos laboratórios de Winslow Briggs e Norman Bishop, aceitei, em 1967, um cargo de pós-doutorado com Warren Butler, que fora parte do grupo responsável pelo isolamento do fitocromo. Em seu laboratório eu, pela primeira vez, fui exposto à noção de que os anticorpos poderiam ser um potente instrumento de pesquisa. Warren Butler já tinha preparado anticorpos para fitocromos injetando o pigmento purificado em coelhos e, posteriormente, colhendo os anticorpos do sangue retirado do coelho. Como os antígenos podem ser praticamente qualquer coisa, incluindo proteínas, carboidratos, hormônios vegetais ou até mesmo ácidos nucleicos, como os anticorpos podem ser facilmente marcados com corantes fluorescentes, enzimas ou metais eletrodensos e como os anticorpos são altamente específicos em relação ao antígeno ao qual eles se ligam, os anticorpos podem ser usados como marcadores específicos de antígenos. Quando usado dessa forma, com amostras de tecido adequadamente preparadas, os anticorpos permitem a detecção de praticamente qualquer substância com a conveniência da microscopia óptica ou da resolução de microscopia eletrônica. Essa aplicação imunoquímica específica é chamada de **imunocitoquímica**. Butler estava especialmente interessado na aplicação dessa técnica para aprender como o fitocromo é distribuído ao longo de uma planta e onde está localizado dentro de uma célula.

Quando montei meu próprio laboratório na Vanderbilt University, em 1969, comecei de forma independente a explorar as possíveis aplicações dos métodos imunoquímicos. Tendo sido treinado como botânico, no entanto, minha falta de experiência em imunologia me impediu de enxergar o vasto potencial dos anticorpos como uma ferramenta de pesquisa. O melhor uso de anticorpos que eu pude imaginar como a minha primeira proposta de subvenção foi sugerir que eu deveria preparar anticorpos para o fitocromo porque a "reatividade cruzada entre os fitocromos isolados de diferentes fontes vegetais e seus anticorpos devem fornecer uma medida relativa do grau de homogeneidade entre os fitocromos de diferentes grupos taxonômicos..." Embora, no final, tenhamos acabado buscando este objetivo, quando começamos a produzir anticorpos para fitocromo descobrimos coisas ainda mais interessantes para se fazer com eles. Uma delas foi a visualização imunocitoquímica do fitocromo, como sugerido inicialmente por Warren Butler. Com contribuições de Ludwig Sternberger, um dos pioneiros nesta área, com a participação de Richard Coleman, inicialmente um técnico e, posteriormente, um estudante graduado em meu laboratório, e com nossos recém-produzidos anticorpos para fitocromo, nosso sucesso fora quase imediato. Pela primeira vez, a distribuição de fitocromo ao longo de brotos inteiros pôde ser observada em uma base de célula a célula. Embora a terminologia não estivesse muito na moda na época, estávamos, na verdade, avaliando a expressão dos genes do fitocromo no nível de proteína. Uma observação importante foi a de que, para duas células adjacentes e de outra forma comparáveis, pode ser que apenas uma esteja acumulando níveis detectáveis de fitocromo, indicando que a regulação espacial da expressão gênica é perfeitamente precisa.

Com a subsequente adaptação de sondas eletrodensas, também foi possível determinar o local dentro da célula no qual o fitocromo foi encontrado e, assim, testar, por exemplo, a hipótese de que o fitocromo pode estar no núcleo interagindo diretamente com o genoma da célula ou com as membranas. Salvo raras exceções, não encontramos nenhum fitocromo no núcleo. Com a participação de John Mackenzie, Jr., entretanto, demonstramos, em 1975, que P_{fr} tinha uma distribuição diferente nas células quando comparado ao P_r, que é um indicativo de uma possível associação do P_{fr} com as membranas. Contudo, as informações mais recentes obtidas com anticorpos marcados com ouro por David McCurdy, em meu laboratório, e também por Volker Speth, Veit Otto e Eberhard Schafer, em Freiburg, indicam que essa distribuição diferenciada de P_{fr} não envolve uma associação com membranas. Assim, os dados até o momento não sustentam nenhuma das hipóteses. Um trabalho imunocitoquímico relacionado, conduzido em meu laboratório por Mary Jane Saunders, uma pesquisadora pós-doutoranda, e Michele Cope, uma estudante de graduação, é consistente com essa conclusão.

Depois que começamos a compreender o enorme potencial da imunocitoquímica como ferramenta de pesquisa, eu decidi, em 1974, participar de um curso de imunologia na Vanderbilt's School of Medicine. Essa experiência levou a diversos outros usos para os anticorpos. Robert Hunt não só aprendeu a usá-los para a purificação de afinidade do fitocromo, um procedimento que é muitas vezes mais rápido e mais poderoso do que outras abordagens para a purificação de proteínas, como também começou a usar anticorpos para a detecção do fitocromo em tecidos de plantas cultivadas na luz, fotossinteticamente competentes. Embora a clorofila e a presença excessivamente baixa do fitocromo em tais tecidos impeçam a detecção espectrofotométrica direta do fitocromo, ensaios imunoquímicos não são perturbados pela clorofila e, como Robert Hunt também aprendeu, são até milhares de vezes mais sensíveis. Posteriormente, com a ajuda de Susan Cundiff, Harry Stone, Maury

Boeshore, todos eles alunos de graduação trabalhando em meu laboratório, e de Marie-Michele Cordonnier, uma pesquisadora pós-doutoranda, também utilizamos anticorpos para seguir a aparência do fitocromo em mudas em desenvolvimento, caracterizar seu destino durante o curso da chamada reação de destruição do fitocromo, pesquisar possíveis mudanças em suas propriedades moleculares *in vivo*, como função da sua forma, e para iniciar os estudos comparativos do fitocromo de diferentes fontes, como havia sido proposto originalmente na justificativa para produzirmos anticorpos. Como era verdade para a obra mencionada acima, as informações resultantes não poderiam ter sido obtidas, na maioria dos casos, sem o uso dos anticorpos.

O trabalho imunoquímico mencionado até agora se baseou apenas na utilização de anticorpos recuperados a partir do soro de coelhos injetados com fitocromo. Como o fitocromo é uma proteína grande, é um antígeno correspondentemente complexo, possuindo talvez 10 ou mais **epítopos**, cada um dos quais agindo como aquela pequena porção de um antígeno contra o qual um anticorpo é produzido. E porque um animal normalmente produz cerca de 5 ou 10 anticorpos diferentes para cada epítopo, seria esperado que o conjunto de anticorpos heterogêneos direcionados ao fitocromo no soro de um coelho tivesse um número entre 50 e 100. Este conjunto, chamado de **anticorpos policlonais**, não só é uma mistura complexa de imunoglobulinas, mas também há a possibilidade inerente de que ele esteja contaminado por imunoglobulinas indesejadas, algumas das quais passíveis de produzir dados falsos. Evidentemente, a capacidade de selecionar um único anticorpo a partir de tal grupo de imunoglobulinas não só eliminaria a possibilidade de haver resultados falsos decorrentes da presença de anticorpos indesejáveis; permitiria também que houvesse uma imunoglobulina que identificaria apenas um único epítopo.

Felizmente, há 15 anos, um procedimento para obter tais anticorpos quimicamente puros, conhecido como **anticorpos monoclonais**, foi desenvolvido. Em colaboração com Marie-Michele Cordonnier, que tinha então aceitado um cargo na Universidade de Genebra, e com a assistência técnica de Cecile Smith, aproveitamos esse procedimento para começar a criar anticorpos monoclonais direcionados ao fitocromo. Apesar de sua produção ser complexa, ela é simples em princípio. A partir do baço de um camundongo injetado com um antígeno como o fitocromo, podem-se isolar células que sintetizam e secretam anticorpos. Essas células são fundidas com células **mielomas** derivadas de tumores, produzindo o que é chamado de **hibridomas**. Os hibridomas não só mantêm a capacidade de sintetizar e secretar anticorpos, como também possuem a imortalidade do mieloma. Um passo fundamental é, então, isolar uma única célula de hibridoma que produza um anticorpo de interesse e cultivá-la em grandes quantidades como uma linha de células monoclonais, que, por sua vez, secretam um único anticorpo monoclonal. Como um hibridoma pode ser preservado em nitrogênio líquido, o anticorpo que ele produz pode estar disponível em qualquer quantidade necessária durante um período de tempo ilimitado.

De todas as aplicações que fizemos de anticorpos monoclonais, duas se destacam. Em um caso, confiamos na especificidade do epítopo para sondar regiões distintas da molécula de fitocromo e, assim, permitir nosso aprendizado sobre sua relação entre estrutura/função. Isso é possível, pois um dado anticorpo monoclonal interage predominantemente com apenas 6 dos 1.130 aminoácidos contidos no polipeptídeo fitocromo. No outro caso, temos usado os anticorpos para diferenciar entre fitocromos diferentes dentro da mesma planta. Embora esses fitocromos estejam claramente relacionados, é possível fazer a distinção entre eles, pois anticorpos monoclonais adequados podem ser sensíveis a apenas algumas mudanças de aminoácidos dentro da molécula.

Juntamente com Marie-Michele Cordonnier (primeiro na Universidade de Genebra e, posteriormente, na Ciba-Geigy Biotechnology, na Carolina do Norte), Sandy Stewart, na Ciba-Geigy, e Yukio Shimazaki, um pesquisador pós-doutorando em meu laboratório, utilizamos anticorpos monoclonais para ajudar a elucidar a relação entre os fitocromos diferentes que são mais abundantes em plantas criadas no escuro e na luz. Esse trabalho se expandiu com a descoberta feita por James Tokuhisha, em 1983, no laboratório de Peter Quail, de que esses dois fitocromos são diferentes. Posteriormente, desenvolvemos anticorpos monoclonais dirigidos especificamente para o fitocromo de plantas de aveia cultivadas na luz. Com a participação de Yu-Chie Wang, um estudante de pós-graduação em meu laboratório, e Marie-Michele Cordonnier e Sandy Stewart, descobrimos que o fitocromo de aveia verde é em si heterogêneo, ou seja, o uso de anticorpos monoclonais levou à descoberta de que não existem, em uma única planta, somente dois, mas ao menos três diferentes cromoproteínas fotorreversíveis, cada uma com as características necessárias para ser chamada de fitocromo.

Assim, a aplicação de anticorpos para o estudo do fitocromo levou a uma série de avanços importantes, muitos dos quais não poderiam ter sido feitos de outra maneira. Talvez o mais emocionante desses avanços seja a descoberta de que uma única planta contém pelo menos três fitocromos, o que leva, por sua vez, a várias perguntas ainda sem resposta. Em particular, qual é o número total de fitocromos em um único organismo? Esse número é maior do que três? Além disso, cada um desses fitocromos tem uma função biológica diferente, ou qualquer um deles pode substituir os outros? Para aqueles de nós que trabalham com fitocromo há muitos anos, é inerentemente difícil usar o termo *fitocromo* no sentido plural (isto é, *fitocromos*), mas é o que precisamos fazer agora.

É claro que nem todo o nosso trabalho tem exigido o uso de anticorpos, nem anticorpos têm sido responsáveis por tudo ou, mais ainda, por todos os avanços no conhecimento da fotomorfogênese. No entanto, porque todos os métodos imunoquímicos podem, pelo menos em princípio, ser aplicados ao estudo de qualquer antígeno, e porque praticamente qualquer substância encontrada em uma planta pode ser um antígeno, deve ser evidente que os anticorpos são uma ferramenta de pesquisa insubstituível e inestimável para qualquer fisiologista de plantas. Que este é o caso, talvez seja melhor indicado pelo crescimento exponencial do número de artigos que descrevem a aplicação de métodos imunoquímicos, por exemplo, na revista *Plant Physiology*. Quando começamos, em 1969, artigos como esse eram raros, enquanto hoje eles são comuns.

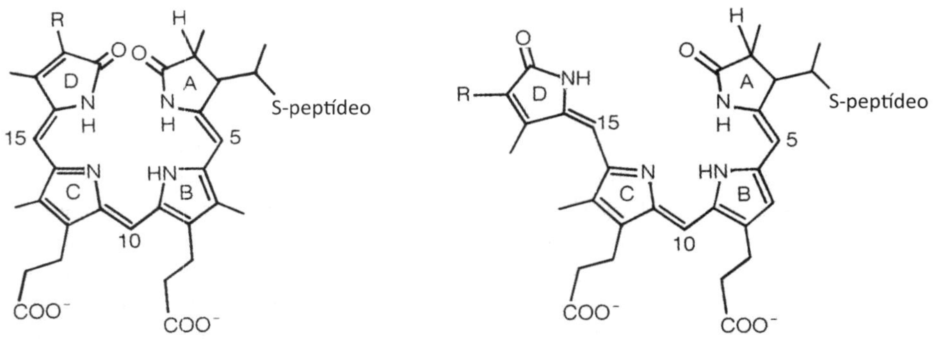

FIGURA 20-4 Estrutura postulada do cromóforo de P_r (à esquerda) e de P_{fr} (à direita). (De Rudiger, 1987. Veja também Rudiger, 1986.)

absorve a luz que causa as respostas do fitocromo. Quando P_r é convertido em P_{fr} pela luz vermelha, aparentemente há uma isomerização *cis-trans* no cromóforo (Figura 20-4). A alteração do cromóforo do fitocromo então causa várias mudanças sutis e não identificadas na estrutura da proteína do fitocromo (Song e Yamazaki, 1987; Hansjorg et al., 1989). As mudanças na estrutura da proteína são de algum modo responsáveis pela atividade fisiológica de P_{fr} e pela inatividade de P_r.

Em meados dos anos 1980, relatórios sobre as propriedades químicas, espectrais e imunológicas do fitocromo das plantas verdes começaram a aparecer (revisado por Furuya, 1989). Agora, está claro que dois tipos principais de fitocromos existem: **tipo 1** e **tipo 2** (Furuya, 1989; Tokuhisha e Quail, 1989; Cordonnier, 1989). O tipo 1 predomina em plântulas estioladas, e o tipo 2 predomina em plantas verdes e sementes (pelo menos em sementes de aveia). O tipo 2 de brotos verdes de aveia é um pouco menor (118 kDa) que aquele de aveias estioladas (124 kDa), mas também existe como um dímero *in vivo* e tem propriedades espectrais semelhantes, mas não idênticas, àquelas encontradas no tipo 1 etiolado. Uma diferença espectral importante nos tipos 1 e 2 de aveia é que a forma P_r do tipo 2 tem uma máxima de absorção próxima a 654 nm, ao contrário do pico de 666 nm do P_r do tipo 1 (Tokuhisha e Quail, 1989). Se o P_r tipo 2 absorveu maximamente a 654 nm em todas as espécies, isso ajudaria a explicar as diferenças de espectro de ação das plantas cultivadas no escuro e das plantas verdes plotadas na Figura 20-3; no entanto, o P_r tipo 2 de sementes de ervilha verde tem uma absorção pico em 667 nm, a mesma do tipo 1 em mudas cultivadas no escuro. O P_{fr} tipo 2 formado tanto a partir de ervilhas verdes quanto de brotos de aveia tem um máximo de absorção *in vitro* em 724 nm, em oposição a 730 nm para o fitocromo tipo 1 de várias plantas.

Com base em reações imunológicas, as proteínas dos fitocromos tipos 1 e 2 são completamente diferentes, apesar de algumas semelhanças importantes existirem (Cordonnier, 1989). No entanto, mesmo dentro de uma única planta verde, mais de uma forma tipo 2 ocorre. Por exemplo,

Sharrock e Quail (1989) obtiveram evidências para quatro ou cinco genes diferentes em *Arabidopsis thaliana*, três deles (um tipo 1 e dois do tipo 2) estavam ativos *in vivo*, então puderam ser clonados (veja o Capítulo 24), permitindo isolamento de DNA suficiente para a análise química. Descobriu-se que esses três genes têm sequências de nucleotídeos que diferem significativamente, indicando que cada gene controla a formação de uma proteína de fitocromo diferente. A diferença entre os fitocromos tipo 2 é tão grande quanto aquela entre cada um deles e o tipo 1 (50% de homologia nas sequências de aminoácidos previstas pelo código genético em todas as comparações). As estruturas desses genes e os fitocromos que eles codificam estão agora sendo bastante estudadas. Entretanto, é evidente que, sempre que falamos de fitocromo, estamos falando de um grupo de proteínas relacionadas ligadas a um cromóforo semelhante, se não idêntico. As funções de membros em separado nesse grupo são provavelmente diferentes, caso contrário as plantas provavelmente não produziriam mais de um tipo.

20.3 Distribuição do fitocromo entre espécies, tecidos e células

O que comentamos até agora se aplica aos fitocromos de angiospermas. Mas o fitocromo existe em outros tipos de plantas? Existe em gimnospermas, hepáticas, musgos, samambaias e algumas algas verdes. Recentemente, descobriu-se que ele existe também em certas algas vermelhas e marrons (Lopez-Figueroa et al., 1989). É provavelmente ausente em bactérias e fungos.

Pouco se sabe sobre as propriedades químicas do fitocromo em outras espécies que não angiospermas. Em uma alga verde, em várias espécies de pinheiro e na antiga gimnosperma *Ginko biloba*, picos de absorção *in vivo* para P_r e P_{fr} ocorrem em comprimentos de onda ligeiramente menores que nas angiospermas. No entanto, mesmo as angiospermas apresentam alguma variação nesses picos, em parte porque a clorofila e outras moléculas vizinhas influenciam o espectro de absorção *in vivo* do fitocromo. É possível que o cromóforo de todos os fitocromos seja idêntico, mas isso ainda não foi determinado. A associação do fitocromo com outras moléculas em uma célula pode influenciar o espectro de absorção *in vivo*, mas fitocromos purificados tipo 1 e 2 são diferentes, como já mencionado. Essas diferenças ocorrem porque os cromóforos são quimicamente distintos ou porque as diferentes proteínas associadas a um cromóforo comum causam alterações em suas propriedades de absorção. Neste momento, não é possível explicar a absorção diferente por fitocromos em gimnospermas e plantas inferiores em comparação com as angiospermas.

O fitocromo está presente na maioria dos órgãos de todas as plantas investigadas, incluindo as raízes. *Em todas as plantas, o fitocromo está presente e sintetizado inteiramente como P_r; aparentemente, nenhum P_{fr} pode ser sintetizado na escuridão.* Os teores de fitocromo de partes da planta têm sido há muito tempo medidos *in vivo* pela diminuição da absorbância dos tecidos quando P_{fr} é produzido de P_r pela exposição dos tecidos à luz vermelha. No início dos anos 1970, Lee H. Pratt e Richard A. Coleman desenvolveram uma técnica imunológica para a determinação do fitocromo que permite sua identificação em células e organelas subcelulares específicas. A técnica original de Pratt e Coleman é quase 1.000 vezes mais sensível que os métodos de espectrofotometria e é também aplicável aos tecidos verdes. Esse método básico já foi melhorado, tornando-se mais sensível e específico (Pratt, 1986; Pratt et al., 1986; McCurdy e Pratt, 1986). (Veja o ensaio do Dr. Pratt neste capítulo sobre a importância das técnicas imunológicas para a pesquisa sobre fitocromo e outros aspectos da fisiologia das plantas.) Tanto a microscopia óptica quanto a microscopia eletrônica podem ser usadas em testes imunológicos.

Os resultados de Pratt e Coleman com plantas cultivadas no escuro mostram que as células da cobertura radicular de brotos de gramínea contêm quantidades elevadas de fitocromo tipo 1, de acordo com a absorbância de luz pela cobertura que aumenta a sensibilidade gravitrópica em certas gramíneas e outras plantas (veja a Seção 19.5). A distribuição do fitocromo nos brotos de capim é variável, mas brotos de aveia, arroz, centeio e cevada têm altas concentrações nas regiões apicais do coleóptilo, perto do ápice caulinar, e (com exceção da aveia) nas bases das folhas em crescimento. Subcelularmente, o fitocromo existe no núcleo e no citosol, mas não parece estar presente em qualquer organela, membrana ou no vacúolo (Warmbrodt et al., 1989). Infelizmente, saber a localização do fitocromo no interior das células não nos diz muita coisa sobre como ele age. Além disso, principalmente porque os fitocromos tipo 2 em plantas verdes estão provando ser imunologicamente distintos daqueles do tipo 1, os métodos imunocitoquímicos descobertos por Pratt só agora estão sendo aplicados com sucesso para localizar o fitocromo em plantas verdes.

Recentemente, a formação de fitocromos tipo 1 e 2 na germinação das sementes de aveia e ervilha foi estudada. Tanto o método espectrofotométrico quanto o imunológico foram utilizados quando possível. Algumas observações interessantes surgiram (revisado por Colbert, 1988, 1990; Thomas et al., 1989; Furuya, 1989). As sementes de ambas as espécies são constituídas principalmente de fitocromos tipo 2. Quando a germinação e o desenvolvimento ocorrem na luz ou na escuridão, a quantidade de fitocromos tipo 2 gradualmente aumenta nos estágios finais de embebição, quando a síntese de outras proteínas também começa. Em mudas de aveia de 3 dias de idade, o montante total apenas aproximadamente triplica em relação ao montante na semente. Na ervilha (estudada somente por 12 h de embebição), fitocromos tipo 2 aumentam na mesma quantidade na luz ou na escuridão. Posteriormente, o montante total dos fitocromos tipo 2 aumenta ainda mais em ambas as espécies enquanto a planta cresce na luz.

A quantidade de fitocromo tipo 1 em cada espécie mostra as mudanças de desenvolvimento semelhantes aos fitocromos do tipo 2 na luz, então mudas mais velhas desenvolvidas na luz contêm cerca de metade dos fitocromos do tipo 1 e metade do tipo 2 (Nagatani et al., 1989, 1990). No entanto, quando germinam e as mudas se desenvolvem no escuro, a quantidade de fitocromo tipo 1 aumenta em cerca de 100 vezes. Assim, mudas cultivadas no escuro contêm muito mais fitocromo *total* do que as mudas cultivadas na luz, como mencionado anteriormente. Isso é verdadeiro para todas as espécies investigadas. Essa abundância de fitocromo tipo 1 provavelmente permite que essas mudas interceptem até mesmo a luz muito fraca e se transformem em plantas verdes normais. Quando as mudas recebem luz, uma de suas respostas é perder a maioria de seus fitocromos tipo 1. Isso ocorre por três motivos principais: eles deixam de fazer mais RNAm necessário para sintetizar aquele fitocromo, o RNAm de fitocromo tipo 1 parece ser um RNAm instável (é rapidamente hidrolisado) e a maioria das proteínas de fitocromo tipo 1 é rapidamente degradada.

Vemos, a partir do exposto acima, que, na escuridão, um gene que codifica para fitocromo tipo 1 se torna fortemente ativado, mas está desativado na luz. Um fato interessante é que a luz que causa esta desativação é vermelha, e é absorvida pelo próprio fitocromo. O P_{fr} então regula a formação de P_r. Não se sabe se um P_{fr} tipo 1 ou tipo 2 regula o tipo 1, mas, em mudas de aveia, a evidência indica que um tipo 2 é responsável (Thomas et al., 1989). O ensaio do Dr. James Colbert neste capítulo descreve algumas de suas pesquisas relativas à regulamentação, por parte do fitocromo, de sua própria síntese.

A proporção de P_{fr} para a quantidade total de fitocromo de ambas as formas é expressa por ϕ:

$$\phi = P_{fr}/(P_r + P_{fr}) = P_{fr}/P_{total}$$

A luz vermelha de 667 nm converte cerca de 86% do fitocromo em P_{fr}, então ϕ é igual a 0,86. A luz vermelha-distante acima de 720 nm remove quase todo o P_{fr}, por isso, ϕ se aproxima de zero. Mesmo irradiâncias muito baixas com luz vermelha e vermelha-distante são suficientes para estabelecer o fotoequilíbrio entre P_r e P_{fr}, pois ambas as formas absorvem esses comprimentos de onda eficazmente. Na luz do sol ou sob luz incandescente usada em câmaras de crescimento, a irradiância de fótons vermelho-distante é apenas ligeiramente menor do que a de fótons vermelhos (veja o Apêndice Figura B-3 ou Figura 20-8). Para a luz solar, a proporção de fótons vermelhos para fótons vermelho-distante é de aproximadamente 1,1 a 1,2. No entanto, P_r absorve a luz vermelha mais eficientemente do que P_{fr} absorve a luz vermelha-distante; além disso, P_r é convertido mais eficientemente em P_{fr} do que P_{fr} é convertido de volta em P_r. Portanto, a luz solar atua principalmente como uma fonte vermelha que forma mais P_{fr} que P_r. O valor de ϕ sob a luz solar é de cerca de 0,6.

Em plantas estioladas submetidas a um breve tratamento de luz vermelha, alguns dos P_{fr} que são formados desaparecem gradualmente, mesmo na escuridão. Dois processos são responsáveis por isso. O primeiro processo é a **destruição**, porque, depois de um intervalo de tempo na escuridão, não é mais possível regenerar tanto P_r nos tecidos por uma exposição à luz vermelha-distante, portanto, a quantidade total de fitocromo detectável é menor do que antes. (O mecanismo da destruição será descrito mais tarde.) O segundo processo é a **reversão escura** para P_r, que normalmente exige algumas horas. (Deve-se ressaltar que a destruição e a reversão também ocorrem na luz, mas não são diretamente causadas pela luz.) A reversão ocorre na maioria das dicotiledôneas e gimnospermas, mas não foi detectada nas monocotiledôneas ou em qualquer uma das 10 famílias de dicotiledôneas classificadas como parte da ordem Caryophyllales. Por causa da destruição e da reversão, devemos modificar nossa ideia de que a luz simplesmente configura um estado reversível fotoestacionário entre P_r e P_{fr}. Para o fitocromo tipo 1 e mudas cultivadas no escuro, a reversão e a destruição (quando aplicáveis) devem ser adicionadas, como mostrado na Figura 20-5. No entanto, os fitocromos tipo 2 de plantas verdes parecem ser muito mais estáveis e não desaparecem na escuridão por esses processos de reversão ou destruição. Além disso,

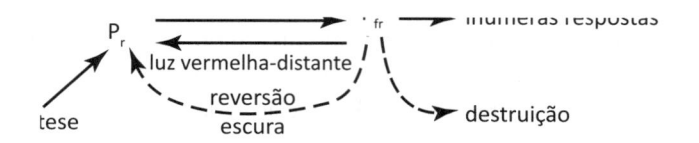

FIGURA 20-5 Um resumo de algumas transformações de fitocromo. Linhas tracejadas indicam reversão escura e a destruição não parece ocorrer com moléculas P_{fr} tipo 2.

talvez porque grande parte das sementes têm fitocromo tipo 2, não há nenhuma evidência para a sua destruição no escuro, mesmo quando estão úmidas e o fitocromo pode sofrer fototransformações.

Sabe-se agora que a degradação do P_{fr} tipo 1 acontece por um processo altamente seletivo, no qual P_{fr} é primeiro ligado a uma pequena proteína chamada ubiquitina (Jabben et al., 1989; Pollmann e Wettern, 1989). A **ubiquitina** foi encontrada em todos os eucariontes analisados, mas não nos procariontes; ela é uma pequena proteína de apenas 76 aminoácidos e sua sequência é altamente conservada em vários organismos. A ligação da ubiquitina ao P_{fr} ou a outras proteínas as torna alvo de degradação, e para a degradação acontecer, a ATP e três enzimas são necessárias. As proteases, em seguida, reconhecem e hidrolisam as proteínas específicas e liberam a ubiquitina livre.

20.4 Criptocromo, o fotorreceptor UV-A/azul

Os efeitos da luz azul sobre as plantas foram descobertos em 1864 por Julius von Sachs, que observou que o fototropismo (veja Seção 19.4) é causado apenas pelos comprimentos de onda azul (e violeta). Desde então, muitos efeitos da luz azul em vários tipos de plantas e fungos têm sido descobertos. Uma revisão por Senger e Schmidt (1986) mostrou espectros de ação para 16 efeitos de radiação violeta, azul e próxima de UV (veja também Senger e Lipson, 1987). A faixa próxima ao UV consiste de comprimentos de onda um pouco mais curtos do que os nossos olhos podem detectar; é comumente chamada de **radiação UV-A** e se estende de 400 nm até 320 nm. (Revisões dos efeitos dos raios UV em plantas foram feitos por Caldwell, 1981; Wellmann, 1983; e Coohill, 1989.) Portanto, as respostas que estamos discutindo aqui situam-se essencialmente na região de 320 a 500 nm.

Um espectro de ação típico para uma resposta de criptocromo (fototropismo) é mostrado na Figura 19-8. No entanto, os espectros de ação e a fluência (total de fótons absorvidos) necessários para causar uma resposta variam de acordo com o organismo e a resposta. Senger e Schmidt (1986) concluíram que vários fotorreceptores azuis/UV-A um pouco diferentes estão envolvidos. Chamaremos todos eles de **criptocromos**; nenhum foi identificado ainda, o que atualmente faz a parte *cripto* da palavra especialmente apropriada. Conforme descrito na Seção 19.4, o criptocromo é provavelmente uma flavoproteína (uma proteína com riboflavina em anexo). Provavelmente, existe associada a uma proteína citocromo na membrana plasmática ou fortemente ligada a ela (revisado por Galland e Senger, 1988, e em dois volumes sobre os efeitos da luz azul editado por Senger, 1987).

Descreveremos vários efeitos da luz absorvida pelo criptocromo em partes posteriores deste capítulo; às vezes, o pigmento ativado age de forma independente; às vezes ele reforça os efeitos do P_{fr} ou do receptor de UV-B. Deve-se notar que, embora o criptocromo absorva a radiação UV-A, o maior pico no espectro de ação ocorre na região do azul-violeta, próxima a 450 nm. Além disso, como muito mais fótons de luz azul e violeta normalmente atingem as plantas em comparação com os fótons UV, a maioria das fotorrespostas causadas por criptocromos provavelmente resulta da absorbância de comprimentos de onda azul e violeta, doravante denominados simplesmente azul.

20.5 Relações dose-resposta em fotomorfogênese

No final dos anos 1950, quando as propriedades do fitocromo foram gradualmente sendo descobertas, tornou-se evidente que os espectros de ação para determinados processos em mudas cultivadas no escuro eram bastante diferentes, dependendo de se a luz fosse aplicada por um curto período de tempo (geralmente menos de 5 min) ou durante várias horas.

Em exposições curtas, por exemplo, a formação do pigmento roxo antocianina promovida pela luz em mudas de mostarda branca (*Sinapis alba*) exibe um pico próximo de 660 nm, em que P_r absorve mais eficazmente. No entanto, quando exposições por várias horas são aplicadas, há um grande pico próximo de 725 nm na região do vermelho-distante e um pico menor na região do azul. Além disso, quando mudas de alface estioladas são expostas a longos períodos de luz, o alongamento do hipocótilo é inibido (como no caso do feijão na Figura 20-1), e novamente o espectro de ação tem um pico distinto na região do vermelho-distante próximo de 720 nm. Outros picos ocorrem na região azul e de UV-A, mas aqui (e frequentemente em outros exemplos) não há nenhuma ação na região do vermelho na qual P_r absorve (Figura 20-6). As respostas das plantas que exigem níveis de radiação relativamente altos e têm o espectro de ação atípico das respostas de fitocromo comumente observadas vieram a ser conhecidas como **reações de irradiância alta** (ou **respostas; HIR**). *Considerando-se que a maioria das respostas de fitocromo está saturada por energias de luz vermelha iguais a tão pouco quanto 200 J m^{-2} (que é inferior a 1% da energia em todos os comprimentos de onda visíveis fornecidos por 1 min de sol pleno), as HIR requerem pelo menos 100 vezes mais energia.* (Observação: para a luz vermelha, 200 J m^{-2} correspondem a uma fluência de cerca de 10^{-3} mols de fótons por metro quadrado.) No entanto, como enfatizado por Smith e Whitelam (1990), o termo HIR pode ser considerado um equívoco, porque a taxa de fluência (nível de irradiação) necessária para causar essas reações é muito menor do que a fornecida pela luz solar.

Em uma revisão sobre as HIR, Mancinelli (1980) concluiu que, dependendo da espécie e da resposta estudada, as HIR normalmente têm três tipos gerais de espectros de ação. Em um deles, há um pico em uma única região espectral (azul/UV-A). Exemplos incluem a promoção da síntese de antocianina em mudas de sorgo cultivadas no escuro, o desenrolamento das folhas de mudas de arroz, o enrolamento em gavinhas de mudas de ervilha e fototropismos. Em um segundo tipo de espectro de ação, há picos em duas regiões espectrais (azul/UV-A e vermelho). Esse tipo de resposta é observada em mudas que foram cultivadas continuamente na luz ou por um tempo na escuridão e, depois, com ecologização e desestiolamento na luz. No terceiro tipo geral de espectro de ação, três regiões espectrais apresentam atividade (azul/UV-A, vermelho e vermelho-distante); essa resposta é característica em mudas estioladas. O espectro de ação HIR para alface na Figura 20-6

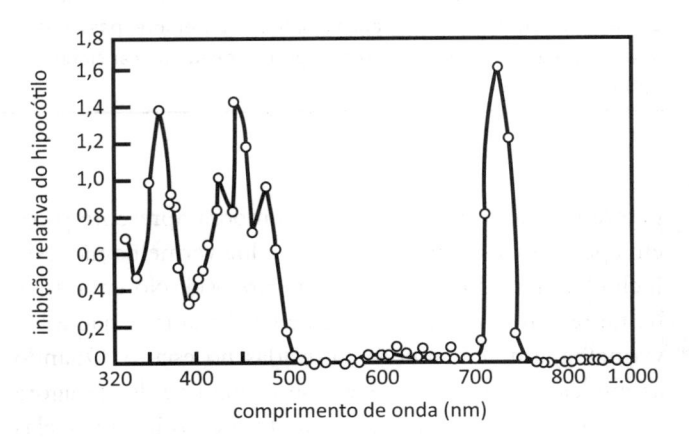

FIGURA 20-6 O espectro de ação para a inibição do alongamento do hipocótilo em mudas de alface estioladas. Os dados são expressos em relação à inibição pela luz azul em 447 nm, designada em 1,0. A luz foi aplicada continuamente na muda inteira durante 18 horas, começando 54 horas após o plantio das sementes. O hipocótilo foi medido no final do tratamento de luz. (De Hartmann, 1967.)

FISIOLOGIA DAS PLANTAS

Genes de fitocromo e sua expressão: trabalhando no escuro

James T. Colbert

O Dr. Jim Colbert formou-se na University of Wisconsin, com a intenção de estudar anatomia vegetal. Depois de concluir um mestrado pesquisando a anatomia vascular de cana-de-açúcar, a excitação do campo emergente da biologia molecular de plantas convenceu-o a mudar de direção de pesquisa e estudar a biologia molecular do fitocromo. Nesse ensaio, ele comenta o seu envolvimento no isolamento dos primeiros clones de fitocromo e em estudos posteriores sobre a regulação da expressão gênica do fitocromo. Ele agora é um professor assistente de Botânica na Iowa State University, onde, além de continuar suas pesquisas sobre os fitocromos, ministra cursos de botânica geral, fisiologia vegetal e biologia molecular de plantas.

A importância do fitocromo na regulação do desenvolvimento das plantas já é conhecida há muitos anos. No entanto, até recentemente, relativamente pouco se sabia sobre os genes que codificam a molécula de proteína de fitocromo. No verão de 1981, tive a sorte de me tornar um estudante de pós-graduação no laboratório do Dr. Peter Quail, na University of Wisconsin. Peter queria caracterizar o fitocromo isolando seus genes e determinar sua sequência de nucleotídeos como uma ajuda na compreensão do mecanismo de ação do fitocromo. Como parte do meu programa de pós-graduação, trabalhei com o isolamento de **clones de cDNA** do fitocromo. Esperávamos que tais clones fornecessem tanto um ponto de partida para a caracterização molecular do fitocromo quanto dicas sobre como o fitocromo regula o desenvolvimento das plantas. Juntamente com um cientista de pós-doutorado, Howard Hershey, e um outro estudante de pós-graduação, James Lissemore, passei os dois anos seguintes trabalhando para produzir e identificar clones cDNA de fitocromos.

Optamos por trabalhar com mudas de aveia cultivadas no escuro (estioladas), pois sabia-se que essas mudas possuem grandes quantidades de proteína de fitocromo. Aprendemos que o RNAm do fitocromo também era abundante em mudas de aveia estioladas. Essa observação resultou no uso de grande parte do meu tempo trabalhando no escuro, o que levou à preparação da nossa **biblioteca de cDNA** (veja o Capítulo 24) de mudas de aveia estioladas. Para a triagem de nossa biblioteca de cDNA para clones de fitocromo, primeiro selecionamos clones de cDNA que codificam as espécies de RNAm que foram mais prevalentes nas mudas estioladas do que em mudas tratadas pela luz. Posteriormente, utilizamos a **tradução in vitro** com aminoácidos radioativos para saber quais cDNAs correspondem aos RNAms que codificavam o fitocromo. Minhas principais responsabilidades incluíram a realização das traduções *in vitro,* fazer a imunoprecipitação de polipeptídeos sintetizados *in vitro,* conduzir a eletroforese em polipeptídeos imunoprecipitados em **gels de poliacrilamida** e analisar os géis por **fluorografia**. Desenvolver a película de raio X que mostrou os resultados da análise fluorográfica foi emocionante, pois toda vez se sabia que havia uma chance de detectarmos um clone de fitocromo. No dia em que desenvolvi a primeira fluorografia mostrando que um dos nossos clones de cDNA codificou o fitocromo, eu realmente corri para fora da câmara escura até o final do corredor para encontrar Peter e Howard. Foi um momento emocionante, que está claramente marcado na minha memória; tínhamos descoberto o primeiro clone de fitocromo. Como depois foi confirmado, aquele primeiro clone de cDNA era muito pequeno e não foi muito útil para a caracterização molecular do fitocromo, mas permitiu o isolamento muito mais fácil de clones de fitocromo adicionais.

Após a obtenção de clones de fitocromo, começamos a investigar a regulação da expressão gênica do fitocromo. Estávamos interessados na regulação da expressão gênica do fitocromo porque parecia provável que um gene que regula vários aspectos do desenvolvimento da planta seria ele mesmo cuidadosamente regulado. Conseguimos

---

parece um tanto incomum, pois, embora apresente picos em apenas duas regiões, em geral, a luz vermelha não está incluída, mas a luz vermelha-distante está. No entanto, é bastante comum que a luz vermelha-distante, e não a luz vermelha, atue em mudas cultivadas no escuro. Quando as mudas são expostas à luz e se tornam verdes (e agora contêm o fitocromo do tipo 1 muito menos instável), elas costumam perder a maior parte ou toda a sua sensibilidade à luz vermelha-distante para as HIR (embora não para os outros processos fotomorfogênicos). Além dessas exigências de níveis de irradiância alta, as HIR ainda são caracterizadas por não ter reversibilidade vermelho/vermelho-distante e nenhuma reciprocidade entre o tempo e o nível de irradiância. (A reciprocidade é explicada na Seção 19.4.)

Hans Mohr (1986) concluiu que, para várias respostas em mudas de angiospermas estioladas, a ativação do criptocromo (para causar uma HIR) é necessária para a formação de mudas se elas se tornarão competentes para responder à luz vermelha agindo por meio do fitocromo; isto é, o criptocromo permite que P_{fr} seja expresso plenamente. Em uma revisão cuidadosa de vários pigmentos envolvidos na fotomorfogênese, Mancinelli (1989) chegou a uma conclusão semelhante. O que isso parece significar para as plantas na natureza é: tanto o criptocromo quanto o fitocromo cooperam para causar a fotomorfogênese.

demonstrar que a quantidade de RNAm do fitocromo em plantas de aveia estioladas foi drasticamente diminuída pela luz vermelha. A baixa regulação induzida pela luz vermelha da abundância do RNAm do fitocromo foi reversível pela exposição das mudas à luz vermelha-distante, então concluimos que, pelo menos em mudas de aveia, o fitocromo regula a abundância de seu próprio RNAm. Posteriormente, James Lissemore, Alan Christensen (um cientista em pós-doutorado) e eu demonstramos que a produção de P_{fr} pela luz vermelha resulta em uma diminuição na transcrição dos genes do fitocromo. A diminuição na transcrição é notavelmente rápida, sendo detectável em 5 minutos após a exposição das mudas estioladas de aveia à luz vermelha. Achei muito interessante (e ainda acho) que o fitocromo – um fotorreceptor que regula vários eventos durante o desenvolvimento das plantas, incluindo a expressão de outros genes – também regule a expressão de seus próprios genes.

Genes que codificam o fitocromo já foram clonados a partir de várias espécies vegetais, incluindo abobrinha, ervilhas, arroz, milho e *Arabidopsis*. Infelizmente, a determinação das sequências de nucleotídeos desses genes de fitocromo não tem permitido a elucidação da função do fitocromo. No entanto, conhecer tanto as sequências de nucleotídeos quanto as de aminoácidos derivados permitiu a determinação das regiões da molécula de fitocromo que são altamente conservadas ao longo da evolução e que, portanto, poderão ser importantes para a função do fitocromo. Para uma proteína que desempenha um papel fundamental na regulação do desenvolvimento vegetal, a similaridade da sequência geral entre fitocromos de dicotiledôneas e fitocromos de monocotiledôneas provou ser surpreendentemente pequena. É claro que algumas regiões (por exemplo, a região de ligação do cromóforo) apresentam sequências muito semelhantes. Outra contribuição para as tentativas de se caracterizar o fitocromo em nível molecular foi a descoberta, sobretudo no trabalho realizado por Robert Sharrock e Peter Quail com *Arabidopsis*, de que vários genes distintos do fitocromo estão presentes em pelo menos algumas espécies de plantas. Se as moléculas de fitocromo produzidas por esses genes distintos executam funções especiais dentro da planta, ainda não foi determinado.

A baixa regulação da abundância de RNAm do fitocromo pela luz vermelha ocorre na maioria das espécies de plantas investigadas. Nosso interesse de pesquisa atual é compreender como a abundância de RNAm de fitocromo diminui rapidamente nas mudas de aveia estioladas tratadas com luz vermelha. Embora a transcrição dos genes do fitocromo de aveia seja conhecida por diminuir na luz vermelha, não seria esperado que a abundância de RNAm de fitocromo diminuísse rapidamente, a menos que o RNAm do fitocromo seja inerentemente instável ou esteja desestabilizado, como resultado da produção de P_{fr}. As evidências de uma grande gama de organismos têm demonstrado que algumas espécies de RNAm são muito mais ou muito menos estáveis do que o RNAm médio. Claramente, a estabilidade relativa de uma determinada espécie de RNAm tem um papel importante na determinação do montante daquele RNAm na célula.

Nossas evidências atuais sustentam a ideia de que o RNAm de fitocromo de aveia seja inerentemente instável. Parece provável que a maquinaria celular responsável pela degradação seletiva de moléculas de RNAm reconhece o RNAm de fitocromo como uma espécie de RNAm que deve ser rapidamente degradada. Pouco se sabe sobre o porquê de algumas espécies de RNAm serem muito menos estáveis que outras, mas parece provável que as informações especificando a estabilidade relativa de determinadas espécies de RNAm seriam conduzidas na sequência de nucleotídeos das moléculas de RNAm. Gostaríamos de saber que partes da molécula de RNAm do fitocromo resultam na degradação relativamente rápida deste RNAm. Esperamos que nossa pesquisa possa levar não só ao aumento da compreensão sobre como a expressão do gene do fitocromo é regulado, mas também "lance luz" sobre a questão mais geral de como as células vegetais regulam a estabilidade do RNAm. [Nota do autor: muitos esforços da pesquisa aqui descritos pelo Dr. Colbert estão publicados em suas duas revisões listadas nas Referências deste livro.]

Mohr (1986) sugeriu que o reconhecimento, por parte da planta, de uma grande parte do espectro solar usando tanto o criptocromo quanto o fitocromo é vantajoso. Embora isso possa ser verdadeiro, ainda não compreendemos, em diversos casos, até que ponto o próprio fitocromo absorve os comprimentos de onda azuis e UV-A que causam as HIR. Além disso, para mudas estioladas, a frequente falta de ação da luz vermelha nas HIR, mas a ação na região do vermelho-distante próxima a 720 nm à primeira vista parece difícil de explicar como uma resposta do fitocromo.

Para a produção de antocianina em mostarda branca, Hartmann (1967) demonstrou que o pico próximo de 720 nm, de fato, resulta da ação de P_{fr}. Para que ocorram HIR, o P_{fr} deve estar presente por períodos relativamente longos, geralmente por muitas horas, mas precisa estar presente em apenas quantidades relativamente baixas (uma porcentagem do fitocromo total). Essa quantidade de P_{fr} não pode persistir em mudas estioladas tratadas continuamente com luz vermelha, pois o P_{fr} formado pela luz vermelha é destruído e se reverte lentamente para P_r. Além disso, como descrito anteriormente, a luz vermelha efetivamente interrompe a alimentação do P_r tipo 1, a forma predominante das mudas estioladas, assim, em luz vermelha contínua o P_{fr} reverte, é destruído e também é formado de forma mais lenta. No entanto, com luz vermelha-distante contínua há sempre uma

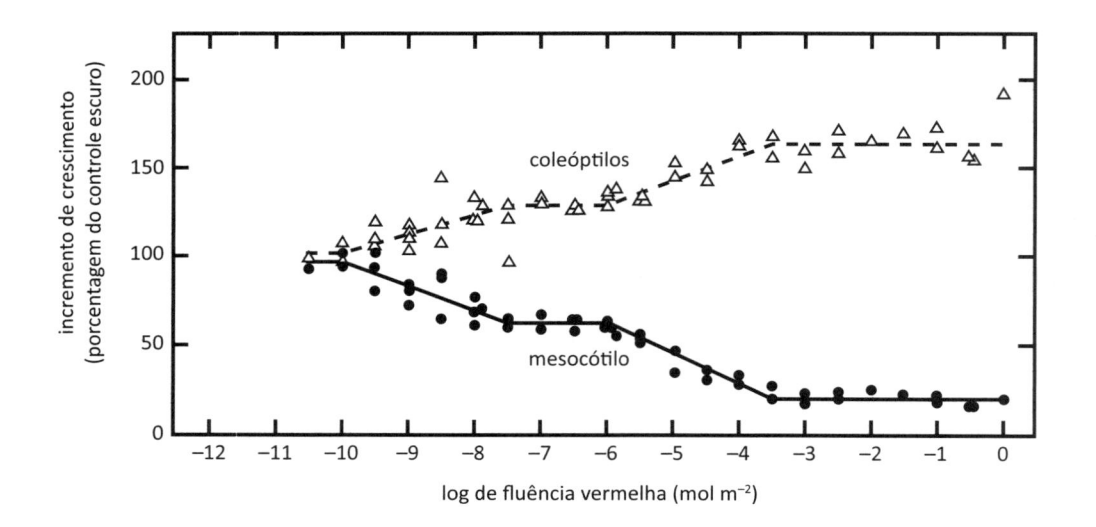

FIGURA 20-7 Efeito de várias fluências de luz vermelha no alongamento do coleóptilo e mesocótilo de mudas de aveia cultivadas no escuro. (De Mandoli e Briggs, 1981.)

pequena quantidade de P_{fr} presente, porque P_r absorve uma quantidade de luz vermelha-distante e é convertido em P_{fr}. Este P_{fr} persiste e funciona, e assim vemos respostas à luz vermelha-distante por HIR em mudas estioladas. Em mudas cultivadas na luz, no entanto, a luz vermelha é mais eficaz do que a luz vermelha-distante nas HIR, provavelmente porque o P_{fr} do tipo 2 seja mais estável e porque a luz vermelha forme muito mais dele do que a luz vermelha-distante (Kronenberg e Kendrick, 1986, Smith e Whitelam, 1990). A importância das HIR em sementes e plantas cultivadas na luz, que é menos compreendida, será descrita em seções subsequentes.

Plantas cultivadas na escuridão respondem não só às taxas de fluência baixas e altas, mas também ao que se tornou conhecido como **respostas de fluência muito baixa (VLFR)**. Uma delas (a inibição do alongamento do mesocótilo ou primeiro entrenó em mudas de aveia; morfologia descrita na Seção 20.7) foi descoberta por Blaauw et al. (1968), mas foi a pesquisa feita por Dina Mandoli no laboratório de Winslow R. Briggs, da Carnegie Institution of Washington, em Stanford, Califórnia, que enfatizou os aspectos quantitativos de duas VLFR e quão disseminados esses efeitos provavelmente são (veja Mandoli e Briggs, 1981). Eles observaram que muitos cientistas que estavam estudando as respostas do fitocromo utilizavam luzes de segurança verde quando regavam e tratavam as plantas. Para muitas respostas, isso não apresenta nenhum problema, mas tanto o mesocótilo quanto o coleóptilo de aveia são sensíveis até às luzes de segurança verdes. Mandoli cultivou aveia na escuridão por 4,3 dias e, então, iluminou-a por automação várias vezes com luz vermelha, verde ou vermelha-distante. O crescimento foi medido 1 dia após o início do tratamento de luz. Todos os comprimentos de onda inibiram a elongação dos mesocótilos e promoveram o do coleóptilo, mas a luz vermelha foi de longe a mais eficaz para ambas as respostas. Curvas de resposta de fluência amplas para a luz vermelha estão plotadas na Figura 20-7.

As curvas para as duas respostas são quase imagens espelhadas uma da outra, e apresentam duas fases distintas ou regiões de efeito (separadas por um planalto) conforme a fluência é aumentada logaritmamente por mais de 11 ordens de magnitude. A região mais sensível mostrada para ambas as respostas tem um limiar de exigência de fluência total de cerca de 10^{-10} mols de fótons por metro quadrado de área de superfície exposta (o equivalente aos fótons visíveis em cerca de um segundo de lua cheia); essa região está saturada por cerca de 3 mil vezes aquela fluência. Estas poderiam ser as mais sensíveis fotorrespostas de plantas conhecidas. Tais VLFR não podem ser anuladas pela luz vermelha-distante porque ela não tem nenhum efeito em fluências muito baixas, mas, em fluências muito maiores, ela provoca a mesma resposta; essa similaridade de resposta provavelmente ocorre porque a luz vermelha-distante forma alguns P_{fr}, como mencionado anteriormente. A segunda fase para a resposta de cada órgão exige uma fluência cerca de 10 mil vezes maior. Essas **respostas de fluência baixa (LRF)** representam respostas bastante típicas de fitocromo em termos de requisitos de fótons, e são anuladas pela luz vermelha-distante.

Quando Mandoli e Briggs (1981) aumentaram a fluência mais do que o necessário para saturar as LFR, outro patamar foi atingido, no qual mais nenhuma inibição aconteceu; ou seja, nenhuma HIR foi evidente. No entanto, uma HIR foi observada por Schafer et al. (1982) em experimentos em que a luz vermelha ou vermelha-distante foi fornecida continuamente durante um período de 24 horas, embora a fluência total não fosse maior do que na última região do planalto na Figura 20-7. (Notamos que muitas HIR requerem longos períodos de exposição.)

Todos esses resultados são importantes porque mostram três regiões de sensibilidade quantitativamente distintas e porque explicam por que algumas outras VLFR não podem ser anuladas com luz vermelha-distante. Além disso, esses resultados forçam os pesquisadores a buscar mais VLFR, tomando cuidado para evitar luzes de segurança verdes que podem saturar essas respostas antes da experiência sequer começar. Como Mandoli supostamente brincou, "escuridão de grau reagente" é necessária! Com o conhecimento dessas propriedades do fitocromo e do criptocromo, vamos considerar alguns outros processos fisiológicos que eles controlam, começando com a germinação das sementes.

20.6 O papel da luz na germinação de sementes

Alguns exemplos de germinação dependente de luz

A importância da luz para a germinação de algumas sementes provavelmente tenha sido reconhecida há centenas de anos, mas o primeiro estudo detalhado foi descrito por Kinzel, em 1907 (Rollin, 1972). Kinzel relatou que, entre 964 espécies, 672 apresentaram melhor germinação na luz. Em um recente estudo de herbáceas anuais e perenes de clima temperado (todas de espécies não cultivadas), Baskin e Baskin (1988) observaram que, entre 142 espécies, a germinação de 107 foi promovida pela luz, 32 espécies não apresentaram qualquer resposta e apenas três apresentaram inibição à luz.

As sementes da maioria das espécies que respondem à luz são não domesticadas e ricas em gordura, mas tão pequenas que suas mudas podem não alcançar a luz na superfície do solo antes de suas reservas de alimentos terem sido utilizadas. A maioria das nossas sementes cultivadas não necessita de luz, sem dúvida por causa da seleção humana contra a exigência de luz. As sementes de algumas espécies selvagens ainda mostram inibição à germinação na luz, como foi observado tanto por Kinzel quanto pelos Baskins, às vezes por causa da luz azul, mas especialmente por causa da presença de luz vermelha-distante (Frankland e Taylorson, 1983). Kinzel descobriu que 258 das 964 espécies que ele estudou são inibidas pela luz do sol em relação à escuridão. Os comprimentos de onda do vermelho-distante do sol são quase sempre os mais inibitórios, provavelmente porque diminuem a quantidade de P_{fr} na semente para um nível abaixo do que já está presente e é necessário para a germinação. Embora a luz azul também seja inibitória às vezes, não sabemos ao certo se ela é absorvida pelo fitocromo ou pelo criptocromo. Poucas pesquisas foram realizadas sobre esse assunto, por isso, vamos nos concentrar no que parecem ser efeitos envolvendo o fitocromo.

As sementes que necessitam de luz para a germinação são chamadas de **fotodormentes**. Conforme discutido na Seção 22.3, usamos o termo **dormência** como uma descrição geral das sementes ou brotos que não crescem quando expostos a umidade e ar adequados e a uma temperatura favorável ao crescimento. As sementes que normalmente germinam na escuridão, mas são inibidas pela luz, são consideradas dormentes após a exposição à luz; essencialmente, essa classificação é utilizada nos excelentes livros sobre a fisiologia de sementes por Bewley e Black (1982, 1985). Entretanto, outros autores definem como dormentes uma semente viva, mas seca, de ervilha, que necessita apenas de água e ar para germinar em temperatura ambiente; claramente, há uma grande confusão e discordância na terminologia relativa à dormência em sementes, flores, tubérculos e rizomas.

Lang et al. (1987) listaram 54 termos que foram usados para descrever a dormência, sendo os mais comuns *descanso* e *quiescência*. Muitos outros termos envolvem a palavra *dormência* precedida por um adjetivo, como primária e secundária, inata, e assim por diante. Lang et al. argumentaram de maneira razoável pela unidade no uso de terminologia e sugeriram o uso de somente três termos novos (*endodormência, ecodormência* e *paradormência*). Embora essa terminologia possa ser útil para alguns casos de dormência, os exemplos de dormência das sementes (Tabela 4 de Lang et al., 1987) são muitas vezes insatisfatórios. Para usar a sua terminologia, precisamos entender muito mais sobre as causas da dormência e como ela é quebrada. Essa necessidade de maiores informações certamente se aplica à fotodormência, um tema que consideramos a seguir.

Interações da luz e da temperatura em sementes fotodormentes

Outro aspecto dos efeitos da luz sobre a germinação é sua interação com a temperatura. A temperatura não tem quase nenhum efeito sobre as interconversões fotoquímicas de P_r e P_{fr}, mas as reações químicas controladas por P_{fr} e aquelas influenciando sua destruição são muito sensíveis à temperatura. Um exemplo de controle de temperatura crucial ocorre em sementes de alface Grand Rapids (*Lactuca sativa*) e de mastruço (*Lepidium virginianum*). Normalmente, a luz promove a germinação (Figura 20-2), mas a exposição prolongada a 35 °C após um único tratamento de luz, ou a exposição a essa temperatura em luz contínua, as mantém adormecidas. Da mesma forma, as sementes do cultivar Grandes Lagos da alface não requerem luz para germinar, mas, se forem embebidas a 35 °C, elas se tornam fotodormentes e germinam apenas na luz nesta ou em temperaturas mais baixas. Por outro lado, temperaturas frias de 10 a 15 °C permitem que a alface Grand Rapids (pelo menos alguns lotes de sementes) germine bem, mesmo sem um tratamento de luz. Um outro exemplo é fornecido pela grama azul (*Poa pratensis*), em que temperaturas alternadas entre 15 °C e 25 °C substituem a luz para causar a germinação.

As evidências mostram que respostas de temperatura tais como essas são às vezes causadas pelos efeitos da temperatura sobre a quantidade de P_{fr} nas sementes. As altas temperaturas diminuem o nível de P_{fr} em algumas espécies, aumentando a sua taxa de reversão para P_r, embora, em geral, outros fatores não tenham sido avaliados. A destruição de P_{fr} nas sementes tem sido ignorada, pois tal destruição é incomum ou tipicamente ausente (talvez por causa do fitocromo estável tipo 2, como mencionado na Seção 20.3). É provável que muitos efeitos da temperatura não tenham nenhuma ligação com as mudanças nas quantidades de P_{fr} nas sementes (por exemplo, quando a alface Grand Rapids germina no escuro a 10 ou 15 °C). Existem duas outras possibilidades: uma é que certas temperaturas aumentam a sensibilidade e permitem que mesmo pequenas quantidades de P_{fr} (formados e presos pela dessecação durante a maturação das sementes) possam agir; outra é que certas temperaturas simplesmente causam as mesmas reações bioquímicas que aquelas causadas por P_{fr}. Ainda não entendemos essas reações bioquímicas, mas a evidência do envolvimento com giberelinas é descrita em uma seção posterior deste capítulo.

Tanto as sementes fotodormentes quanto as não dormentes normalmente absorvem água e incham, a menos que as camadas de revestimento da semente impeçam a absorção de água. Mesmo sementes mortas podem inchar! Mas só as sementes não dormentes continuam a absorver água e crescer após a embebição completa (após seus coloides estarem totalmente hidratados). A dormência é quebrada pela luz somente quando as sementes estão parcial ou totalmente absorvidas. O tempo necessário para a embebição varia de menos de uma hora a quase duas semanas, dependendo da permeabilidade do tegumento da semente ou dos frutos e do tamanho da semente. Somente, então, o P_r está suficientemente hidratado para ser transformado em P_{fr}. Nas sementes que sobrevivem muitos anos no solo, o P_r é estável e só aguarda a combinação adequada de umidade, luz e temperatura para se transformar em P_{fr} e causar a germinação. Quando as sementes de alface Grand Rapids são embebidas, expostas à luz para formar P_{fr} e, logo em seguida, desidratadas, elas germinarão na escuridão ao se forem reumidificadas em até um ano. Isso mostra que P_{fr} mantém-se estável em sementes secas por longos períodos.

Que o P_{fr} é estável em sementes secas também é mostrado pela exigência de sementes de alface de um tratamento de luz vermelha após serem secas sob luz vermelha-distante. Uma implicação do P_r e do P_{fr} estáveis é que o quanto uma semente necessita de luz para germinar depende de quanto P_{fr} foi produzido nela durante o amadurecimento na planta-mãe.

A quantidade de clorofila que reveste o embrião conforme as sementes amadurecem é especialmente importante para determinar se as sementes de uma determinada espécie serão fotodormentes ou não (Cresswell e Grime, 1981). Em geral, os embriões cobertos durante o amadurecimento por tecidos maternos que contêm altas quantidades de clorofila necessitam de luz para germinar, enquanto aqueles cobertos por tecidos maternos com pouca ou nenhuma clorofila, não. A razão aparente para isso é que a clorofila absorve os comprimentos de luz vermelha e evita a formação de P_{fr} nos embriões em amadurecimento, de modo que as sementes maduras (nas quais a maioria da clorofila desapareceu), então, exigem comprimentos de onda vermelha para promover a germinação.

O comprimento relativo da noite e do dia durante a maturação também afeta a fotodormência em algumas espécies (por exemplo, alface, *Chenopodium album*, *Portulaca oleracea* e *Carrichtera annua*); dias longos favorecem a fotodormência, enquanto dias curtos favorecem sementes não dormentes (Bewley e Black, 1982). Em *Chenopodium*, dias longos imediatamente antes ou durante o desenvolvimento de sementes aumentam a exigência da luz vermelha das sementes ao aumentar a espessura do tegumento, mas, em outras espécies, a razão para efeitos de duração do dia é desconhecida.

Aspectos ecológicos da fotodormência em sementes

Que possível benefício ecológico tem a sensibilidade à luz em sementes misturadas aos resíduos perto da superfície do solo? As respostas a tais perguntas frequentemente envolvem especulação, como as feitas aqui. Para sementes enterradas cuja germinação é promovida pela luz, a germinação quando estão parcialmente descobertas mais certamente garante que as mudas serão capazes de fotossintetizar, crescer e perpetuar a espécie. A necessidade de luz para sementes enterradas poderia distribuir a germinação durante vários anos e, assim, ajudar a perpetuar a espécie, pois apenas uma fração das sementes no solo pode ser perturbada e exposta à luz em uma determinada época. Um ano de crescimento desfavorável poderia destruir a maior parte das plantas. Para sementes cuja germinação é inibida pela luz, a germinação é impedida até que estejam bem cobertas por serapilheira, quando seria mais provável que tivessem água suficiente para crescer. Koller (1969) descreveu duas espécies inibidas pela luz que habitam solos grosseiros e arenosos do deserto de Negev, em Israel, onde a germinação das espécies é impedida, a menos que as sementes estejam bem enterradas, porque a umidade é mais abundante no subsolo do que na superfície do solo.

Outra ideia é que o fitocromo fornece às sementes uma pista sobre se elas estão cobertas por um dossel de outras plantas ou se existem em uma área aberta. Essa possibilidade foi estudada extensivamente por ecologistas fisiológicos. A ideia foi desenvolvida a partir de dois fatos. Em primeiro lugar, a luz vermelha-distante normalmente inibe a germinação das sementes que necessitam de luz (e até mesmo de sementes que germinam relativamente bem na escuridão). Na natureza, esta é uma HIR. Em segundo lugar, as folhas no dossel transmitem consideravelmente mais luz vermelha-distante do que luz vermelha. A maior parte dos comprimentos de onda azul, vermelho e alguns dos verdes são removidos pelas folhas por meio da fotossíntese e da reflexão, mas a maior parte da luz vermelha-distante passa para as sementes abaixo e converte seus P_{fr} ativos em P_r inativos. A Figura 20-8 ilustra a distribuição espectral da radiação acima e abaixo do dossel, em um campo de cultivo de beterraba. A menor curva de radiação filtrada pelas folhas (nível do solo, dentro das fileiras) mostra um pequeno pico de transmissão na região verde (540 nm) e um muito maior na região do vermelho-distante. Sob tal dossel, não mais que 10% do total de fitocromo existiria como P_{fr} (isto é, ϕ = 0,10). Se as sementes amadurecem em uma planta sob um dossel transmitindo uma relação elevada de luz vermelha-distante a luz vermelha, é provável que necessitem de luz solar direta para formar P_{fr} adicionais antes que possam germinar. Em uma floresta, muitas sementes que necessitam de quantidades relativamente altas de P_{fr} poderiam nunca brotar até que um incêndio, a morte de árvores antigas ou a remoção de madeira elimine o dossel. Sementes em solos de florestas perenes parecem especialmente afetadas por esta contingência, mas as sementes em florestas decíduas provavelmente também são afetadas em alguns climas, dependendo de quando novas folhas se desenvolvem com relação aos requisitos de temperatura e luz das sementes abaixo. O efeito de filtragem de luz do dossel das plantas também é importante para a agricultura, pois a germinação de muitas sementes de ervas daninhas é promovida pela luz solar direta, mas inibida pela luz filtrada pelas espécies vegetais que se desenvolvem acima delas. Centenas de espécies têm sido investigadas a esse respeito (revisado por Bewley e Black, 1982; Frankland e Taylorson, 1983).

Ecologicamente, a sensibilidade à luz de sementes de espécies que vivem em condições sombreadas é diferente daquela de espécies pioneiras que vivem em áreas mais abertas (Grime, 1979, 1981; Bewley e Black, 1982). Como poderíamos prever, as sementes de espécies que vivem em condições sombreadas são menos inibidas pela luz vermelha-distante transmitida pelos dosséis das plantas do que aquelas que invadem áreas mais abertas.

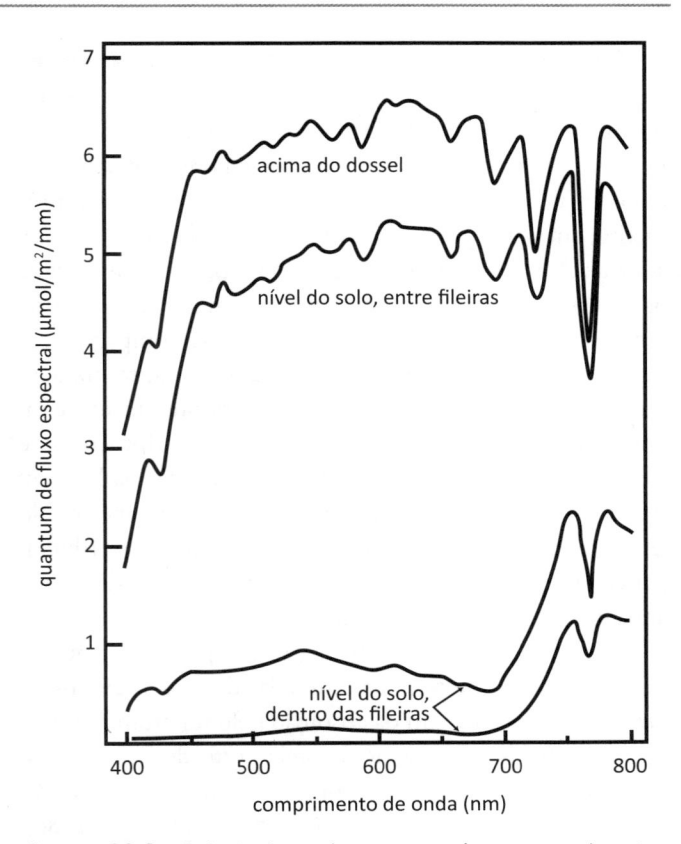

FIGURA 20-8 Influência do sombreamento sobre os comprimentos de onda da luz solar presente em várias partes de um campo de cultivo de beterraba. Dentro das linhas (duas últimas curvas), há uma atenuação muito menor de luz vermelha-distante do que de outros comprimentos de onda, assim as plantas sombreadas contêm uma proporção maior de fitocromo na forma P_r do que as plantas em sol pleno. (De Holmes e Smith, 1975.)

O fitocromo é o único pigmento ativo na germinação?

Embora tanto os efeitos de promoção quanto de inibição das radiações vermelha-distante e azul tenham sido atribuídos ao fitocromo, vários resultados são difíceis de interpretar dessa maneira. Na facélia (*Phacelia tanacetifolia*), a germinação é suprimida não só por longos períodos de exposição às luzes vermelha-distante e azul, mas também pela extensão da luz vermelha, todas agindo por meio do sistema HIR. Se somente P_{fr} é importante na permissão da germinação, por que os comprimentos de onda que causam valores de ϕ tão diferentes são todos inibitórios? As respostas são desconhecidas.

Ainda não entendemos como HIR causadas por luz vermelha-distante ou azul inibem a germinação. A maioria dos pesquisadores de sementes tem ignorado os efeitos da luz azul, em parte porque ela é absorvida preferencialmente pelos criptocromos e muito pouco se conhece sobre o pigmento, em parte porque cada forma de fitocromo absorve a luz azul até certo ponto (Figura 20-3a), em parte porque os revestimentos de sementes e frutas absorvem comprimentos de onda azuis muito mais do que comprimentos de onda vermelho ou vermelho-distante e tanta luz azul nunca atinge o embrião. Todos esses fatores fazem com que seja difícil avaliar a extensão em que o criptocromo e o fitocromo participam na mediação de efeitos da luz azul sobre a germinação de sementes de qualquer espécie. No entanto, há evidências de que os criptocromos contribuem para a promoção da germinação em níveis baixos de irradiância de luz azul (Small et al., 1979).

As reações de alta irradiância causada por luz vermelha-distante foram muito mais estudadas do que os efeitos da luz azul. Todas resultam da absorção pelo fitocromo, embora o pico do espectro de ação esteja perto de 720 nm, em vez de 730 nm, no qual P_{fr} absorve ao máximo (Frankland e Taylorson, 1983; Frankland, 1986; Cone e Kendrick, 1986). Há três razões importantes para que esses efeitos não possam ser explicados apenas pela remoção do P_{fr} necessário para a germinação. Primeiro, o pico do espectro de ação é 10 nm menor que o pico de 730 nm de absorção pelo P_{fr}. Em segundo lugar, altas irradiâncias que fornecem taxas de ϕ muito diferentes (e níveis P_{fr}) são inibidoras; para a facélia, mesmo a luz vermelha é inibitória, como mencionado. E terceiro, altas irradiâncias são inibidoras mesmo após um tratamento anterior com baixa irradiação de luz vermelha que promove a germinação (causando a formação de P_{fr}) completando a sua ação, ou seja, a formação de P_{fr} pela luz vermelha ocorre no início do processo de germinação e efeitos de radiação alta são observados mais tarde, até mesmo pouco antes da protusão da radícula através do tegumento. Não entendemos esses efeitos. Claramente, há muito mais a aprender sobre o fitocromo antes de conseguirmos entender o papel de outros pigmentos na germinação.

A natureza da fotodormência

Agora ignoraremos os efeitos inibitórios das HIR e retornaremos à promoção da germinação pelos efeitos de baixa irradiação (LFR). Dado que P_{fr} faz com que sementes fotodormentes como o alface germinem, por que não brotam na sua ausência? Para responder a pergunta, é essencial identificar em que parte das sementes P_{fr} deve ser formado.

Esse problema foi abordado em sementes de alface nas quais os cotilédones e os tecidos do hipocótilo-radícula foram separadamente cobertos com folha de alumínio antes da exposição à luz vermelha ou vermelha-distante (Ikuma e Thimann, 1959). Tanto a luz vermelha quanto a vermelha-distante são muito mais eficazes quando absorvidas pela região do hipocótilo-radícula do que pelos cotilédones, indicando que a formação de P_{fr} é essencial para as células que realmente crescem e provocam a germinação. Além disso, P_{fr}, que por si só não pode passar de uma célula para outra, aparentemente não causa nenhum movimento de promoção de germinação dos cotilédones para a radícula. (A absorção de luz pelos cotilédones aumenta um pouco a germinação, mas essa absorção provavelmente resultou na dispersão de luz para a região do hipocótilo-radícula.) A luz é facilmente dispersada sobre muitas distâncias celulares em partes das plantas, incluindo as sementes de alface, como mostrado por Widell e Vogelmann (1988) com sondas de fibra ótica e como revisto por Vogelmann (1989). A partir de experiências semelhantes com *Citrullus colocynthus* e de experimentos com laser milirraios com *Cucurbita pepo* (abóbora), também concluiu-se que a região do hipocótilo-radícula é a região das sementes sensível à luz (revisado por Bewley e Black, 1982).

Se pudermos destacar o embrião de alface do endosperma circundante, tegumento e revestimento de frutas, a própria radícula agora se alonga na escuridão ou depois de uma breve exposição a qualquer luz vermelha ou vermelha-distante. No entanto, as radículas de embriões expostos à luz vermelha começam a se alongar mais cedo e em um ritmo mais rápido do que aquelas mantidas na escuridão (Figura 20-9). Aquelas tratadas com luz vermelha-distante se alongam a um ritmo essencialmente igual ao daquelas mantidas na escuridão. Esse efeito de promoção do crescimento da luz vermelha é anulado por um tratamento curto com luz vermelha-distante após a exposição à luz vermelha, como esperado a partir dos resultados de germinação de sementes inteiras. Além disso, se os embriões nus de alface de sementes embebidas são removidos sob luz de segurança verde e colocados em soluções com potenciais hídricos negativos (tais como o polietileno glicol), aqueles embriões posteriormente submetidos à luz vermelha absorverão água e crescerão em uma solução com um potencial hídrico mais negativo do que aqueles mantidos na escuridão ou sob luz vermelha-distante (Nabors e Lang, 1971). Nossa conclusão é de que P_{fr} aumenta o potencial de crescimento das células da radícula, presumivelmente aquelas da região de alongamento, diminuindo seu potencial hídrico para que possam mais facilmente absorver água do solo e germinar.

Esses fatos sugerem que a germinação de sementes de alface que exigem luz não acontece na escuridão porque a radícula não pode crescer com força suficiente para romper

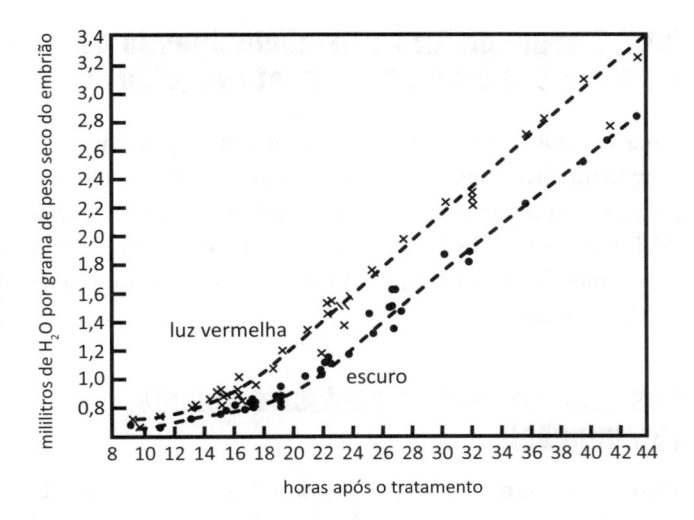

FIGURA 20-9 A estimulação do crescimento por luz vermelha em embriões nus de sementes de alface. As sementes foram embebidas em água destilada por 3,5 horas e, em seguida, algumas receberam um tratamento de 10 minutos com luz vermelha. Endosperma, tegumento e revestimento de frutos foram removidos sob luz de segurança verde, e o crescimento (monitorado pela medição da absorção de água) foi medido nos períodos indicados. Cada ponto representa a resposta de um embrião. (De Nabors e Lang, 1971.)

as camadas que a cercam. Dessas camadas, a radícula de alface é restrita quase que inteiramente pelo endosperma duro, mesmo que sejam apenas duas ou três camadas de células de espessura. O endosperma é também a camada restritiva em *Phacelia tanacetifolia*, *Datura ferox*, tomate e diversas espécies de *Syringa* (lilás). Para alface e *Datura ferox*, tanto o impulso aumentado da radícula quanto o enfraquecimento da barreira do endosperma perto da ponta da radícula são importantes (Carpita et al., 1979; Tao e Khan, 1979; Psaras, 1984; Sanchez et al., 1986, 1990). Para outras sementes, podemos esperar que P_{fr} aumente a germinação, tanto pelo aumento do impulso da radícula quanto pelo enfraquecimento das barreiras circundantes ao seu crescimento, ou ambos. A fotodormência e a dormência de sementes em geral são menos misteriosas quando consideramos a germinação uma batalha entre o potencial de crescimento da radícula e os efeitos mecânicos restritivos do crescimento das camadas adjacentes. Em alguns casos, a restrição externa é grande; em outros, é de pouca importância, e só um pequeno aumento no potencial de crescimento radicular causado por P_{fr} ou algum outro fator é suficiente para provocar a germinação. No entanto, mesmo quando a restrição é pequena, a remoção de P_{fr} por luz vermelha-distante normalmente reduz a germinação. Isso tem sido demonstrado não só para as sementes nativas sob um dossel de floresta, mas também para as culturas cultivadas, tais como a abóbora e o milho.

Efeitos dos hormônios sobre a fotodormência

Em muitas sementes que são fotodormentes ou dormentes por outras razões, giberelinas aplicadas substituem a luz ou outros requisitos ambientais; para algumas espécies, como o alface, as citocininas também substituem a luz ou parcialmente a substituem. Em cultivos de aipo altamente dormentes, a exigência de luz não é efetivamente substituída por um ácido giberélico ou uma citocinina, mas a aplicação de ambos os hormônios quebra a dormência na escuridão (Thomas, 1989). As auxinas não promovem a germinação de sementes normais ou fotodormentes e são, em vez disso, inócuas em baixas concentrações ou inibitórias em altas concentrações. O papel do etileno é menos claro: ele não pode quebrar a fotodormência, mas pode superar parcialmente outros tipos de dormência de sementes de carrapicho, *Amaranthus retroflexus*, e em certos cultivares de amendoim e trevo. O etileno também pode superar parcialmente a dormência causada por altas temperaturas em alface e superar certos problemas de fotodormência no carrapicho (Esashi et al., 1983). Como mencionado no Capítulo 18, a aplicação de ácido abscísico quase sempre retarda a germinação, a menos que as camadas de cobertura impeçam o embrião de absorvê-lo. Parece haver pouca dúvida de que, em muitas espécies, o ABA contribua para o desenvolvimento de sementes dormentes e impeça a viviparidade, conforme descrito na Seção 18.5.

Esses resultados sugerem que P_{fr} pode quebrar a fotodormência ao causar a síntese de uma giberelina ou de uma citocinina ou pela destruição de um inibidor tal como o ABA. As evidências relativas a essa suposição são controversas (Bewley e Black, 1982; De Greef e Fredericq, 1983; Carpita e Nabors, 1981), mas ninguém ainda mediu as mudanças hormonais que ocorrem especificamente nas células da radícula ou do hipocótilo, responsáveis pela germinação. Isso parece ser essencial para a compreensão das relações entre a luz, promotores de crescimento e inibidores de crescimento na fotodormência e em outros tipos de dormência das sementes discutidos no Capítulo 22. As análises de sementes inteiras para os níveis de hormônio podem não ser úteis para compreendermos os aspectos hormonais da dormência, pois a semente toda é muito grande em relação aos tecidos que controlam a germinação. No entanto, a literatura continua a conter relatos das análises hormonais de sementes inteiras.

Durante os anos 1980, evidências diretas da importância de giberelinas na superação da fotodormência se tornaram disponíveis a partir de estudos de mutantes. Como mencionado no Capítulo 17, mutantes anões de milho, ervilha, ervilha-doce, arroz, trigo, tomate e feijão são os mais conhecidos; alguns dos quais têm bloqueios na síntese de giberelina e, outros, bloqueios nas respostas à giberelinas (revisado por Reid, 1987, 1990; Hedden e Lenton, 1988, e Scott, 1990). Nenhuma germinação reduzida foi relatada para qualquer um deles, mas foram selecionados para o nanismo, e não para germinação pobre, e são espécies cultivadas nas quais a dormência é incomum. Pesquisadores na Holanda encontraram mutantes anões de tomateiro e de *Arabidopsis thaliana* que também não germinam sem giberelina aplicada; eles são mutantes deficientes em giberelina (Groot et al,. 1987,1988; revisado por Karssen et al., 1989). No tomate, sementes do tipo selvagem com teor normal de giberelina germinam bem na escuridão sem giberelina agregada, e nenhuma fotodormência existe no cultivar que esses pesquisadores estudaram. Com *Arabidopsis*, as sementes do tipo selvagem não germinam no escuro, mas a luz vermelha atuando por meio de P_{fr} supera sua dormência. A dormência também pode ser superada no tipo selvagem com uma giberelina, especialmente uma mistura de GA_4 e GA_7 que é, às vezes, tão eficiente quanto GA_3 para quebrar a dormência da semente em concentrações até 1.000 vezes menores. Em um dos bem estudados mutantes de *Arabidopsis* deficientes em giberelina, nenhuma germinação ocorria na água mesmo com luz, mas alta germinação na luz ocorreu com 1 µM GA_{4+7} ou, na escuridão, com 100 µM GA_{4+7}. Portanto, a giberelina aplicada supera o bloqueio genético e a exigência de luz. As conclusões deste e de outros trabalhos com mutantes são que o tomate selvagem normal e sementes de *Arabidopsis* devem ter giberelinas para germinar e que a exigência de luz em *Arabidopsis* existe em grande parte porque a luz induz a formação de uma ou mais giberelinas.

Outra pesquisa do grupo da Holanda indica que, no tomate, as giberelinas provavelmente provocam o enfraquecimento do endosperma duro perto da ponta da radícula. Como em outras sementes com endosperma duro, o endosperma do tomate é rico em **galactomananos** (polissacarídeos da parede celular), e GA_{4+7} induz um aumento na atividade de três enzimas capazes de hidrolisar os galactomananos. Essa hidrólise presumivelmente torna o endosperma fraco o suficiente para que a radícula possa crescer por ele e causar a germinação. Se é assim que as giberelinas funcionam no tomate, a sua ação no endosperma é semelhante à sua ação combinada com a da luz vermelha na quebra de dormência de sementes de *Datura ferox* (Sanchez et al. 1986,1990). Como destacamos no Capítulo 17, uma ação comum das giberelinas em várias partes da planta é induzir a atividade de certos tipos de enzimas hidrolíticas.

20.7 O papel da luz no estabelecimento de mudas e posterior crescimento vegetativo

Uma vez que a germinação é completada, o posterior desenvolvimento da planta ainda continua sujeito ao controle pela luz. Apresentamos alguns desses controles na Seção 20.1 e na Figura 20-1. Avaliaremos os papéis e as ações do fitocromo, do criptocromo e do receptor UV-A no desenvolvimento da planta.

Desenvolvimento de mudas de poaceae (gramíneas)

Depois que uma semente de gramínea ou sementes de grãos de cereais germinam, os seus coleóptilos se alongam até que a ponta rompa através do solo. Entre o escutelo (veja Figura 17-17) e a base do coleóptilo está um internódulo chamado de **mesocótilo** (primeiro internódulo; veja Figura 20-10) que, na maioria das espécies de gramíneas, se alonga muito após a germinação das sementes profundamente plantadas. (Em trigo, centeio, cevada e bambus, o mesocótilo é detectável em embriões, mas não se alonga na escuridão ou na luz; revisto por Hoshikawa, 1969.) O alongamento do mesocótilo, do coleóptilo e de folhas inseridas pelo coleóptilo é necessário para levar as folhas para a luz e estabelecer as raízes adventícias produzidas no nódulo acima do mesocótilo perto da superfície do solo (Figura 20-10). O alongamento do mesocótilo vem recebendo atenção por mais de 50 anos. Como mencionado anteriormente, todos os resultados mostram que o alongamento do mesocótilo é extremamente sensível à luz.

O alongamento do coleóptilo deve ser igual ou superior ao das folhas que encerra conforme crescem juntos para cima, caso contrário, as folhas cresceriam para fora do coleóptilo e, provavelmente, se quebrariam no solo. As taxas de crescimento desses dois órgãos são coordenadas até chegarem à superfície do solo e serem expostos à luz. Após a exposição à luz, as folhas tornam-se verdes e fotossintéticas, e se rompem através da ponta do coleóptilo. A emergência das folhas ocorre porque a luz promove o alongamento foliar e diminui a extensão à qual os coleóptilos podem se alongar (embora aumente seu alongamento quando são alguns dias mais jovens; veja Thomson, 1954; Schopfer et al., 1982; Smith e Jackson, 1987). A promoção pela luz do crescimento da folha, a aceleração do alongamento dos coleóptilos jovens e a inibição do comprimento do coleóptilo final são respostas do fitocromo à luz solar.

Nas mudas de milho cultivadas na luz, a partir de uma semente plantada perto da superfície do solo (mostrada na Figura 20-10), o mesocótilo tinha se alongado muito pouco e as duas primeiras folhas tinham emergido do coleóptilo.

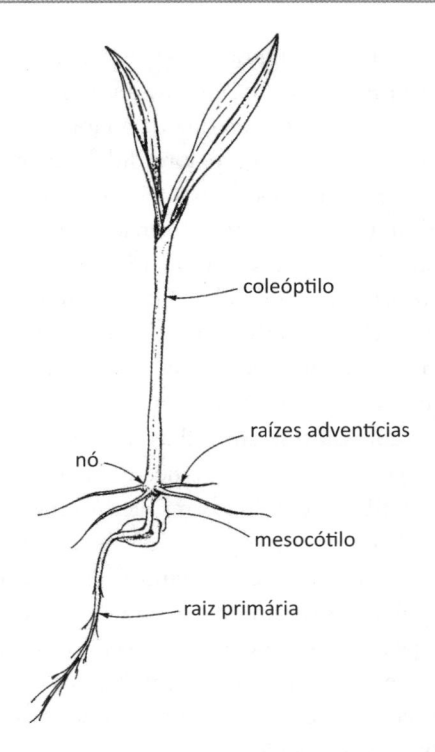

FIGURA 20-10 Algumas características morfológicas de mudas de milho com uma semana de idade cultivadas na luz. O coleóptilo parou de alongar, duas folhas surgiram através dele e já se desenrolaram quase que completamente. O ápice da parte aérea está no nó do qual as raízes adventícias se originam. O mesocótilo é o primeiro internódulo formado acima dos tecidos de armazenamento de sementes e o escutelo (cotilédone) na semente.

Cada uma dessas folhas estava enrolada no interior do coleóptilo, mas, quando expostas à luz, elas começaram a se desenrolar (abrir). O desenrolamento ainda era evidente apenas no ponto de partida do coleóptilo quebrado.

O desenrolar substancial de folhas de capim é controlado por uma resposta típica de fitocromo na qual as fluências baixas de luz vermelha são promotoras e a luz vermelha-distante subsequente anula o efeito da luz vermelha (Figura 20-11). Baixas fluências de luz vermelha-distante não têm efeito, e fluências baixas de luz azul são apenas um pouco promotoras, com exceção para o arroz. No entanto, as folhas de trigo e cevada se desenrolam ainda mais se forem expostas por até 9 horas a luz vermelha opaca, de modo que tanto LFR e HIR em resposta à luz vermelha ocorram (Virgin, 1989). O desenrolamento é causado por um crescimento mais rápido (provavelmente como resultado do afrouxamento da parede) de células no lado côncavo (que viria a ser o mais alto), em oposição ao lado convexo. As giberelinas aplicadas e, em algumas espécies, as citocininas, substituem a necessidade de luz (De Greef e Fredericq, 1983).

Esses resultados sugerem que P_{fr} motive as folhas enroladas a formar giberelinas ou citocininas que, então, causam o desenrolamento. Essa hipótese pode ser correta para giberelinas porque P_{fr} promove a produção e a liberação de giberelina de plastídios jovens nas folhas enroladas de trigo e cevada antes de as folhas se desenrolarem. Não há estudos mostrando efeitos da luz sobre o conteúdo de citocinina das folhas desenrolando, assim, por enquanto, parece ser mais seguro concluir que a luz pode induzir o desenrolamento das folhas, causando a produção de giberelinas nas células côncavas. Alternativamente, as células côncavas podem se tornar mais sensíveis aos níveis de hormônio que já contêm quando expostas à luz.

Desenvolvimento de mudas dicotiledôneas

Em dicotiledôneas, os cotilédones subterrâneos e ricos em alimentos permanecem no subsolo pelo **desenvolvimento hipogeal**, como na ervilha, ou surgem acima do solo **epigealmente**, como no feijão, rabanete e alface. Em ambos os casos, um gancho formado perto da ponta do caule irrompe para cima na direção da superfície e puxa com ele as frágeis folhas jovens ou os cotilédones (veja Figuras 16-14 e 18-15). (Na Figura 20-1, esse gancho no feijão havia se movido, como acontece em mudas que se desenvolvem epigealmente, para o epicótilo [seção do caule acima dos cotilédones] e abriu-se um pouco, talvez pela breve exposição à luz durante a irrigação.) Conforme mencionado na Seção 18.2, esse gancho se forma como resultado do crescimento desigual dos dois lados do hipocótilo e do epicótilo em resposta ao etileno logo após a germinação. Conforme o gancho emerge do solo, a luz vermelha agindo ao longo do P_{fr} promove a abertura do gancho. A abertura do gancho aparentemente resulta da inibição pela luz da síntese de etileno no gancho. O crescimento diferencial que resulta do alongamento mais rápido das células na parte inferior (côncava) do que na parte superior (convexa) causa a abertura do gancho (veja a Seção 18.3). Acompanhando essa abertura, a luz aumenta a expansão da lâmina da folha, o alongamento do pecíolo, a formação da clorofila e o desenvolvimento do cloroplasto, como também ocorre nas folhas de gramínea (Figura 20-1).

A maior parte do crescimento foliar promovido pela luz, pelo menos nas dicotiledôneas, é causada por uma HIR (Dale, 1988). Um bom exemplo é fornecido pelas folhas primárias do feijão. Plantas cultivadas 10 dias sob luz vermelha fraca têm as folhas um pouco maiores e substancialmente mais células do que aquelas mantidas no escuro. Quando são transferidas para a luz branca, a expansão das células e o crescimento das folhas aumentam muito. Neste caso, a luz azul agindo por meio de um sistema HIR difere da clorofila *a* (Figura 10-4) somente pela ausência da cauda fitol e de dois átomos de hidrogênio. A protoclorofilida *a* é rapidamente reduzida à clorofilida *a* em luz vermelha ou azul, pois a protoclorofilida *a*, como as clorofilas, absorve esses fótons de maneira eficiente. A adição da cauda fitol, um isoprenoide formado pelo percurso do ácido mevalônico (veja o Capítulo 15), completa a formação da clorofila *a;* parte da clorofila *a* é, então, convertida em clorofila *b*. O desenvolvimento dos cloroplastos depende muito da formação da clorofila e, portanto, desses dois efeitos de luz. Todas essas respostas levam, dentro de algumas horas, à fotossíntese em folhas de gramíneas, conforme elas rompem o coleóptilo, e nos cotilédones ou folhas jovens de dicotiledôneas, conforme eles rompem o solo. Os cotilédones de mudas de coníferas de alguma maneira formam clorofila e tornam-se fotossintéticos ainda no escuro, mas suas agulhas precisam de luz para esses processos.

Conforme a fotossíntese começa nas folhas e cotilédones, caules curtos e mais espessos são produzidos. Naturalmente, uma muda cultivada no escuro não pode se alongar após seu alimento ter esgotado, mas enquanto os carboidratos ou gorduras ainda forem abundantes, a luz inibirá o alongamento do caule. Essa inibição do alongamento do caule foi aparentemente primeiro registrada por Julius von Sachs, em 1852. Ele observou que os caules de muitas espécies não crescem tão rapidamente durante o dia como o fazem durante a noite. Percebemos agora que as luzes azul, vermelha e vermelha-distante contribuem para esse fenômeno e que tanto o fitocromo quanto o criptocromo participam.

A Figura 20-12 mostra os efeitos da luz contínua vermelha e branca no desenvolvimento de mudas de ervilha (Laskowski e Briggs, 1989). Estudos do alongamento de hipocótilo em mudas de pepino, rabanete e algumas outras cultivadas no escuro mostram que a inibição pela luz vermelha age por meio da formação de P_{fr} e que a luz azul atua no criptocromo. Várias diferenças interessantes nas respostas à luz vermelha e azul foram observadas (Cosgrove, 1986, 1988). Primeiro, a inibição pela luz vermelha ocorre devido à formação de P_{fr} nos cotilédones, e não no próprio hipocótilo, enquanto a luz azul age diretamente sobre o hipocótilo. Em segundo lugar, o alongamento diminui em até 30 segundos após a exposição à luz azul, enquanto o efeito da luz vermelha exige pelo menos 15 minutos. Em terceiro lugar, o hipocótilo das plantas expostas à luz azul começa a se alongar novamente na escuridão muito mais rápido do que o daquelas expostas à luz vermelha. Em quarto lugar, as respostas à luz azul são frequentemente HIR, enquanto aquelas para a luz vermelha são tipicamente LRF.

Finalmente, no alface e em *Sinapis alba*, as respostas à luz azul, mas não à luz vermelha, são gradualmente perdidas conforme as mudas se desestiolam.

FIGURA 20-11 Efeito de pré-tratamento com luz vermelha e vermelha-distante no desenrolamento de cortes de folhas de mudas de milho estioladas. A luz vermelha promove a abertura, enquanto o tratamento vermelho-distante posterior anula o efeito da luz vermelha. (De Klein et al. 1963.)

causa a expansão celular, aumentando a acidificação das paredes das células epidérmicas e, assim, afrouxando-as, de modo que toda a folha se expande mais rapidamente sob a pressão do turgor existente (Van Volkenburgh, 1987). Os efeitos da luz sobre a formação de clorofila e o desenvolvimento do cloroplasto resultam primeiro de uma ação de disparo de P_{fr} que causa a produção de ácido **delta-aminolevulínico (ALA)** a partir do ácido glutâmico (revisado por Kasemir, 1983; Hoober, 1987; Beale, 1990).

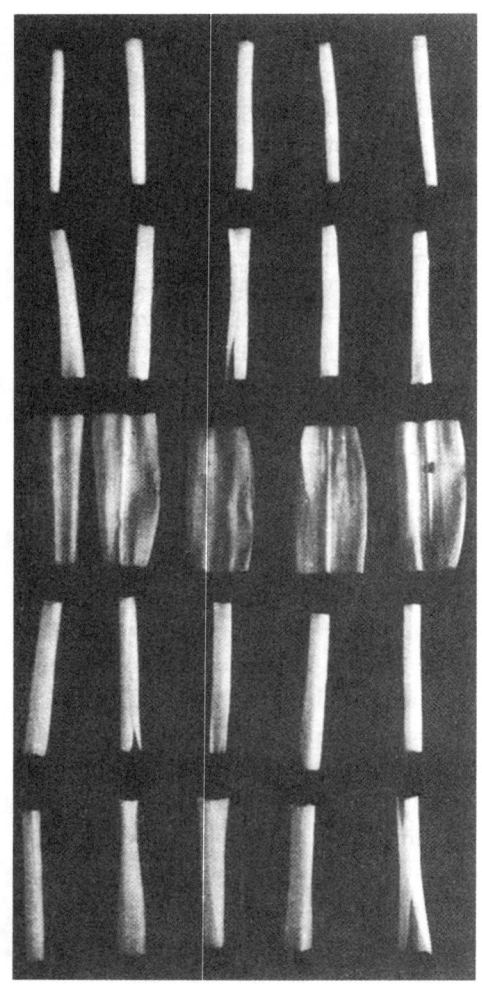

O ALA é o precursor metabólico que é convertido em cada um dos quatro anéis pirrol de clorofila. No entanto, o ALA não é convertido em clorofila completamente sem irradiâncias mais elevadas de luz vermelha ou azul. Em vez disso, o percurso metabólico é interrompido quando um composto chamado de **protoclorofila** é formado. Mais precisamente, a protoclorofila é **protoclorofilida** *a*, que

FIGURA 20-12 Efeitos de luz branca contínua (que contém luz azul) e de luz vermelha contínua sobre o crescimento e o desenvolvimento de mudas de ervilha. A planta da esquerda foi cultivada em uma câmara de crescimento com luz branca; a do centro, sob luz vermelha fraca (aproximadamente 1 μmol m^{-2} s^{-1}); aquela à direita, em total escuridão. (Fotografia cortesia de Marta J. Laskowski, Timothy W. Short e W. R. Briggs.)

Efeitos fotomorfogenéticos no crescimento vegetativo

Em muitas plantas bem estabelecidas e em crescimento, outros processos fotomorfogenéticos ocorrem. Se dicotiledôneas verdes e fotossintetizantes são expostas à luz vermelha (atuando por meio do fitocromo) ou à luz azul (atuando por intermédio do criptocromo), o alongamento do caule é inibido. Se as plantas crescem sob um dossel de folhas, onde a luz recebida é principalmente a luz vermelha-distante, P$_{fr}$ é removido de suas folhas e seus caules se tornam consideravelmente alongados (Figura 20-13). O mesmo é verdadeiro para as coníferas estudadas até agora. A ramificação dos caules é simultaneamente retardada em muitas espécies sob um dossel, então as plantas utilizam mais energia para elevar a ponta do caule em direção ao topo do dossel do que quando estão diretamente sob o sol.

Em culturas agrícolas plantadas em fileiras, as plantas nas linhas externas expostas são mais curtas e mais altamente ramificadas que aqueles dentro do campo por causa desse efeito. Um fenômeno semelhante é frequentemente visto nas plantas em bancadas de estufa. Além disso, em densas plantações de pinheiros de mastro, como aqueles abundantes no Parque Nacional de Yellowstone, no Wyoming e em muitas outras áreas montanhosas do oeste dos Estados Unidos, os resultados da ramificação retardada e da morte de ramos em luz reduzida são florestas de árvores com troncos longos e retos que fornecem madeira relativamente sem nós. Esse princípio é hoje utilizado por silvicultores para selecionar as distâncias entre as mudas transplantadas no trabalho de reflorestamento. As plantas que não se alongam em resposta ao aumento da radiação vermelha-distante (em relação ao vermelho) são aquelas que normalmente crescem à sombra de outras (por exemplo, no chão da floresta). Essas plantas de sombra parecem adaptadas a um ambiente no qual é impossível elevar suas folhas acima do dossel por meio do alongamento dos caules (Morgan, 1981). Smith (1986) e Smith e Whitelam (1987, 1990) concluíram a partir de tais estudos que uma

FIGURA 20-13 Crescimento de *Chenopodium album*, após 21 dias sob duas taxas diferentes de vermelho/vermelho-distante. Ambas as plantas foram cultivadas até a fase de três folhas em condições idênticas; à da direita foi então fornecida luz enriquecida em vermelho-distante. Os valores estimados de φ nas duas plantas eram de 0,71 (à esquerda) e 0,38 (à direita). Cada planta recebeu a mesma quantidade de radiação fotossinteticamente ativa (400-700 nm). (De Morgan e Smith, 1976.)

função importante do fitocromo em plantas cultivadas na luz é agir como um mecanismo para evitar a sombra.

Estudos mais recentes mostram que as plantas respondem às plantas adjacentes por meio de sinais de reflexão de vermelho-distante mesmo antes de uma fazer sombra sobre a outra (Ballare et al., 1987, 1990; Casal e Smith, 1989; Smith et al., 1990). Foi constatado que vários ramos de dicotiledôneas apresentam aumento da taxa de alongamento mesmo quando crescem perto de outra planta. A grande reflexão da luz vermelha-distante através das folhas e caules é detectada pelas plantas vizinhas e provoca nelas um maior alongamento do caule. Aparentemente, esta luz vermelha-distante remove P_{fr} das plantas em absorção e permite que elas alterem seus padrões de crescimento na expectativa de serem sombreadas.

A ramificação nas bases do caule de gramíneas (chamada de **perfilhamento**) também é controlada em parte pelo sistema do fitocromo. A formação de perfilha (ramo) é retardada nas culturas estreitamente espaçadas de grãos de cereais ou em pastagens densas, porque a luz transmitida às bases dos caules é rica em comprimentos de onda vermelho-distante, provocando baixos valores de φ lá. Aumentar o valor de φ com luz rica em comprimentos de onda vermelhos promove o perfilhamento, assim como promove a ramificação nas dicotiledôneas (Deregibus et al., 1983; Casal et al., 1985; Kasperbauer e Karlen, 1986). Efeitos de apinhamento no perfilhamento do trigo são mostrados na Figura 20-14.

20.8 Efeitos fotoperiódicos da luz

Em muitas espécies, as respostas à luz, especialmente à luz absorvida pelo fitocromo, são influenciadas pela hora do dia em que a luz é recebida. Os efeitos de luz na interrupção do período escuro normal ou no prolongamento do período normal de luz diurna são chamados de **efeitos fotoperiódicos** (Vince-Prue, 1975, 1989). Essas respostas dizem respeito sobretudo à dormência de brotos de plantas perenes e à produção de flores e sementes por plantas perenes e (especialmente) não perenes (veja o Capítulo 23). A Figura 20-15 ilustra a importância da duração do dia no controle da dormência dos brotos (e, portanto, o crescimento global) de abetos de Douglas, uma conífera. Em geral, os dias longos promovem o alongamento dos caules da maioria das espécies; dias curtos levam às mudanças associadas com o outono (por exemplo, a dormência e a resistência dos brotos às geadas).

20.9 Síntese melhorada pela luz das antocianinas e outros flavonoides

A maioria das plantas forma pigmentos antocianinas e outros flavonoides em células especializadas em um ou mais de seus órgãos, e esse processo é frequentemente promovido pela luz. Um exemplo simples é o desenvolvimento mais rápido da cor vermelha resultante de antocianinas nos frutos de maçã no lado ensolarado (em oposição ao lado na sombra) de uma árvore. A produção de flavonoides requer açúcares como fonte do fosfoenolpiruvato e eritrose-4-fosfato (veja as Seções 11.2 e 13.10), que fornecem átomos de carbono necessários para o anel B dos flavonoides e que servem como fonte de unidades de acetato necessárias para o anel A dos flavonoides (veja a Seção 15.7). Açúcares, principalmente a sacarose, podem surgir a partir da degradação do amido ou de gordura em órgãos de armazenamento durante o desenvolvimento de mudas ou da fotossíntese nas células que contêm clorofila. Não é surpresa, portanto, que a síntese da antocianina seja aumentada pela luz agindo fotossinteticamente em folhas ou cascas de frutas de maçã verde, mas a luz promove a síntese desses pigmentos em órgãos que fotossintetizam pouco ou nada, incluindo as folhas de outono, as pétalas de flores e mudas estioladas, mostrando que pelo menos um outro pigmento participa.

FIGURA 20-14 Promoção de perfilhamento em plantas de trigo cultivadas em baixas densidades. As plantas foram cultivadas em densidades de 1.000 (à esquerda) ou 300 (à direita) plantas por metro quadrado. Essa última densidade aproxima-se de plantações típicas de campo. (Cortesia de Bruce Bugbee.)

FIGURA 20-15 O crescimento de abetos de Douglas (*Pseudotsuga menziesii*) após 12 meses de fotoperíodos de 12 h (à esquerda), 12 h mais uma interrupção de 1 h perto do meio do período escuro (no centro) e 20 h (à direita). (De Downs, 1962.)

conduzem para os anéis A e B dos flavonoides. O acúmulo de flavonoides em muitas folhas durante a senescência no outono sugere uma relação entre a hidrólise de proteínas, o aparecimento da fenilalanina e o uso de fenilalanina na formação do anel B. Como a fenilalanina pode ser usada em várias vias metabólicas, suspeita-se do controle pela luz do primeiro passo na sua conversão para o anel B. Essa etapa requer a enzima fenilalanina amônia liase (Capítulo 15, Reação 15.5), e a luz promove a sua atividade em vários órgãos de várias plantas. No entanto, várias outras enzimas que sintetizam flavonoides não mencionadas em nosso livro também exibem atividade aumentada após tratamento com luz, indicando que a produção de ambos os anéis ocorre mais rapidamente na luz.

Outro receptor que absorve a luz e promove a síntese de flavonoides é chamado de **receptor UV-B**. Acredita-se que vários desses receptores existam, e que possam ser DNA (revisto por Beggs et al., 1986). Nas células epidérmicas das folhas de salsa e em culturas de suspensão de células de salsa, o UV-B é altamente eficaz; o mesmo é verdadeiro para os coleóptilos de milho. O pico de ação ocorre em cerca de 300 nm, e diversas outras espécies mostram essa resposta ao UV-B. Na maioria dessas espécies parece haver coação entre o fitocromo e o criptocromo ou o receptor de UV-B.

Os espectros de ação para a produção de antocianinas em várias espécies são mostrados na Figura 20-16. Em geral, as respostas máximas ocorrem nas regiões do vermelho, vermelho-distante e azul, enquanto a luz verde (cerca de 550 nm) praticamente não apresenta nenhum efeito. Picos nas regiões laranja, amarelo, vermelho e vermelho-distante em várias espécies variam consideravelmente, tanto em comprimentos de onda quanto em alturas. A luz azul é eficaz em quase todas as espécies e, no sorgo, as luzes vermelha e vermelha-distante são ineficazes. Um espectro de ação detalhado na região do azul para a síntese dos precursores de ácidos aromáticos do anel B em hipocótilos de *Cucumus sativus* (Smith, 1972) é semelhante ao do fototropismo mostrado na Figura 19-8 e à inibição do alongamento do hipocótilo de mudas de alface pela luz azul mostrada na Figura 20-6, sugerindo que os comprimentos de onda azuis eficazes são absorvidos principalmente pelo criptocromo. Os comprimentos de onda vermelhos e vermelho-distante agem por meio do fitocromo e independentemente da fotossíntese em mudas estioladas, mas, na casca da maçã verde, a fotossíntese também contribui. Níveis de irradiância alta características do sistema HIR são necessários para esses efeitos da luz vermelha e vermelha-distante, e tanto o fitocromo quanto o criptocromo são prováveis fotorreceptores na maioria das espécies. Mancinelli (1985, 1989) descreveu inúmeras espécies e os prováveis fotorreceptores envolvidos na formação de antocianinas.

Inúmeras tentativas foram feitas para determinar o local ou locais de ação da luz nos percursos bioquímicos que

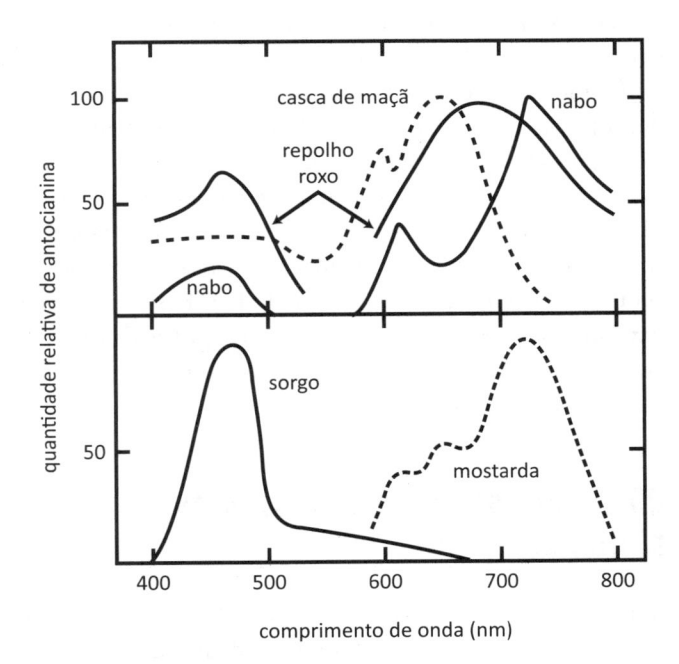

FIGURA 20-16 Espectros de ação para a formação de antocianina em várias espécies após irradiação prolongada. Os frutos de maçã continham clorofila, mas as mudas do nabo, do repolho, do sorgo e de mostarda eram provavelmente livres de clorofila quando a irradiação começou. (Dados redesenhados a partir de várias fontes. Dados da casca de maçã são de Siegelman e Hendricks, 1958; repolho roxo e nabo, Siegelman e Hendricks, 1957; sorgo, Downs e Siegelman, 1963; mostarda, Mohr, 1957.)

Em uma série de excelentes estudos, Klaus Hahlbrock e seus colegas na Alemanha descobriram o efeito de uma fonte de luz branca rica em comprimentos de onda azuis e UV na formação de flavonoides em culturas de células de salsa. Primeiro, a irradiação causou um aumento na atividade coordenada de enzimas que convertem a fenilalanina em uma *p-cumaril coenzima A*, um precursor do anel B dos flavonoides. Em seguida, houve um aumento na atividade da **calcona-sintase**, a principal enzima que forma a estrutura básica semelhante ao flavonoide condensando o p-cumaril CoA (para o anel B), com três grupamentos acetato de moléculas de *malonil CoA* (para o anel A). Estudos indicaram que a luz faz com que essas enzimas sejam sintetizadas mais rapidamente, aumentando a quantidade de moléculas de RNAm que o codificam. Os estudos de curso de tempo primeiro apresentaram maior síntese de enzimas que convertem a fenilalanina em p-cumaril CoA e, em seguida, um pico na atividade de transcrição da calcona-sintase, um próximo pico na atividade da calcona-sintase e, finalmente, um aumento nas quantidades de flavonoides (Beggs et al., 1986; Hahlbrock e Scheel, 1989). Os mecanismos pelos quais a luz ativa os genes que controlam a formação desses flavonoides e antocianinas estão agora sendo estudados com mais intensidade. A capacidade da radiação UV de causar a formação de flavonoides de absorção de UV parece ser uma maneira de as plantas se protegerem contra a radiação UV.

Como os flavonoides, as ligninas também são formadas a partir do percurso do ácido chiquímico com a participação da fenilalanina amônia liase. Em mudas ou em partes imaturas de plantas mais velhas em processo de diferenciação do xilema ou de formação de xilema a partir do câmbio vascular, a formação de lignina na parede celular do xilema é promovida pela luz. Esse processo é parcialmente responsável pela maior rigidez das mudas cultivadas na luz quando comparadas com aquelas cultivadas na escuridão.

20.10 Efeitos de luz em arranjos de cloroplastos

Quando os níveis de radiação são elevados, os cloroplastos são alinhados ao longo das paredes radiais das células, um sombreando o outro contra danos provocados pela luz. À luz fraca e muitas vezes na escuridão, os cloroplastos são separados em dois grupos distribuídos ao longo das paredes mais próximas e mais distantes da fonte de luz, maximizando a absorção da luz. Esse movimento de plastídios, que depende da direção da luz bem como do seu nível de radiação, é um exemplo de **fototaxia** (movimento de um organismo inteiro ou organela em resposta à luz; veja Haupt, 1986 e Seção 19.1).

Em musgos e angiospermas, as respostas fototáxicas tanto para irradiâncias baixas quanto altas são máximas em comprimentos de onda azuis, e o fitocromo não participa (Inoue e Shibata, 1973; Seitz, 1987). Os espectros de ação sugerem que o criptocromo esteja novamente envolvido. Em algumas algas verdes, incluindo *Mougeotia* e *Mesotaenium*, e na samambaia *Adiantum*, no entanto, tanto o fitocromo quanto o criptocromo absorvem a luz de baixa irradiação responsável pelo movimento do cloroplasto ou cloroplastos para as regiões de células nas quais a absorção da luz é maior. Além disso, em *Mougeotia*, as moléculas eficientes de fitocromo estão localizadas perto da membrana plasmática. Nessa espécie, cada célula contém um cloroplasto longo em forma de fita que na verdade não migra, mas simplesmente gira para que ele se volte para a luz de irradiância baixa ou moderada, enquanto apenas suas bordas estreitas encaram a luz de alta irradiância.

Em todas as espécies, o próprio cloroplasto não absorve a luz que causa a fototaxia; em vez disso, a luz absorvida em outras partes da célula causa os movimentos dos cloroplastos por meio dos efeitos sobre o fluxo citoplasmático, cujos efeitos resultam de interações entre microfilamentos e microtúbulos. Ecologicamente, os movimentos dos cloroplastos parecem importantes, principalmente para aumentar a absorção da luz em irradiâncias baixas e diminuir a absorção quando as irradiâncias são tão altas que podem causar solarização (veja a Seção 12.3) ou outros efeitos fotodestrutivos.

20.11 Como os fotorreceptores causam a fotomorfogênese

Ainda não entendemos como os fotorreceptores causam a fotomorfogênese. No entanto, dois tipos principais de efeitos que diferem em sua rapidez parecem existir. Um deles pode ser considerado um efeito de permeabilidade rápida da membrana; o outro pode ser considerado um efeito mais lento na expressão do gene. Pesquisas sobre o controle da expressão gênica estão atualmente acontecendo rapidamente, mas esse controle pode depender de efeitos anteriores induzidos pela luz nas mudanças na permeabilidade da membrana que influenciam os fluxos dos íons (especialmente Ca^{2+}) ao longo da membrana plasmática, tonoplasto, RE ou envelope nuclear. Nesta seção, resumimos alguns exemplos de cada tipo principal de efeito com citações (especialmente de revisões) que mencionam progressos passados e questões futuras a serem pesquisadas. Tenha em mente que os efeitos primários do fitocromo e do criptocromo podem agir em alguma parte do sistema de transdução do receptor para possíveis ações hormonais ilustrada na Figura 17-2.

As primeiras pesquisas feitas pelos descobridores do fitocromo e outros sugeriram que P_{fr} atua principalmente alterando a permeabilidade das membranas e que as respostas fotomorfogenéticas de alguma forma resultam dessas alterações (revisado por Roux, 1986 e por Kendrick e Bossen, 1987). Pesquisas posteriores constataram que em algumas células de algumas espécies há respostas rápidas (de segundos a minutos), não só para P_{fr} mas também para o criptocromo ativado por luz azul. Um dos efeitos mais rápidos de P_{fr} foi descoberto por ocorrer nas extremidades das raízes excisadas de cevada e também nas pontas de raízes de feijão mungo; este fenômeno é chamado de **efeito Tanada** (Tanada, 1968).

Quando as pontas da raiz de cevada excisadas são suavemente giradas em uma proveta de vidro com AIA, ácido ascórbico, ATP e certos sais minerais, um breve tratamento com luz vermelha faz com que elas comecem, dentro de segundos, a aderir às paredes da proveta. Nesse caso, as paredes da proveta tinham uma carga ligeiramente negativa, porque tinham sido lavadas em fosfato diluído. Isso significa que as pontas da raiz tratadas com luz vermelha obtiveram uma carga de superfície ligeiramente positiva, talvez devido ao transporte de H^+ do citosol para as paredes celulares por uma ATPase na membrana plasmática (veja a Seção 7.8). Um breve tratamento com luz vermelha-distante diminui rapidamente a carga positiva das pontas de raiz e provoca sua libertação das paredes da proveta. O fitocromo para essa resposta está na coifa radicular.

Outro efeito rápido de P_{fr} descrito na Seção 19.2 envolve a promoção do movimento nictinástico ou de sono de certas leguminosas. Nesse caso, o P_{fr} também atua nas membranas; considera-se essa atuação como verdadeira porque o eletropotencial ao longo da membrana plasmática torna-se perturbado e os íons de potássio são, então, rapidamente transportados de células extensoras às células flexoras dos pulvinos das folhas (veja Figura 19-1). Pesquisas feitas por Moysset e Simon (1989) sobre os movimentos nictinásticos da *Albizzia* indicam que Ca^{2+} está envolvido no processo de transdução resultante da formação de P_{fr}. O efeito sobre a rotação dos cloroplastos de *Mougeotia* causada por P_{fr} é rápido e completo dentro de 15 min. Mudanças na permeabilidade da membrana novamente parecem estar envolvidas, especialmente o aumento induzido por P_{fr} no Ca^{2+} citosólico (Haupt, 1986,1987; Lew et al., 1990). A rápida (menos de 30 segundos de tempo de latência) supressão induzida por luz azul do alongamento do hipocótilo em mudas de pepino cultivadas no escuro envolve também um efeito sobre a permeabilidade da membrana (Spalding e Cosgrove, 1988).

Mencionamos que o criptocromo é provavelmente uma flavoproteína presente na membrana plasmática e, por isso, não é de se surpreender que mudanças excepcionalmente rápidas na permeabilidade da membrana podem ser causadas por sua ativação pela luz. No entanto, não há evidências bioquímicas de que o fitocromo seja parte de qualquer membrana como uma proteína integrante ou periférica. De fato, a comparação de sua sequência de aminoácidos com a de proteínas integrais conhecidas indica que ele não é uma proteína integral (Vierstra e Quail, 1986). No entanto, teríamos mais facilidade em explicar os seus efeitos sobre a permeabilidade da membrana se ele rapidamente se ligasse à membrana plasmática.

Em contraste com o conceito proposto pelos pesquisadores em Beltsville, Maryland, de que o principal efeito do fitocromo ocorre sobre a permeabilidade da membrana, a pesquisa de Hans Mohr com mudas de *Sinapis alba* levou à sua sugestão (já em 1966) de que o fitocromo controla a ativação e desativação de genes específicos, dependendo do estado de desenvolvimento e dos tipos de células envolvidas. Muitas pesquisas desde então demonstram que o fitocromo, o criptocromo e os receptores de UV-B podem realmente controlar a atividade dos genes no sentido de que cada um pode regular a quantidade de enzima produzida, em contraste com os efeitos pós-traducionais na atividade enzimática. Mencionamos alguns desses exemplos neste capítulo. Outros estão descritos em revisões recentes (veja Link, 1988; Nagy et al., 1988; Thompson, 1988; Thompson et al., 1988; Moses and Chua, 1988; Marrs e Kaufman, 1989; Okamuro e Goldberg, 1989; Watson, 1989; Simpson e Herrera-Estrella, 1990). Essas revisões também ressaltam que existem vários casos nos quais a luz parece agir principalmente por meio do controle de estabilidade de certas moléculas de RNAm em vez de sua síntese.

Claramente, a luz pode controlar a fotomorfogênese por diversos mecanismos. É possível que o fitocromo presente perto da membrana plasmática provoque alterações que aumentem o influxo de Ca^{2+} (ou, às vezes, o efluxo) e que este sinal seja usado em um processo de transdução para alterar a atividade genética. Há agora muitas evidências de que os fluxos de Ca^{2+} são alterados por P_{fr} e que Ca-calmodulina é muitas vezes parte do processo de transdução (revisado por Marme, 1989, e por Morse et al., 1990; veja também Moysset e Simon, 1989). Evidências mais recentes sugerem que P_{fr} provoca a ativação da enzima dependente de Ca-calmodulina NAD^+ quinase em brotos apicais de mudas estioladas de ervilha e sementes de alface sensíveis à luz (Kansara et al., 1989; Zhang et al., 1990). Além disso, o acúmulo de evidências sugere que tanto P_{fr} quanto o criptocromo ativado levam ao rápido aumento da fosforilação de certas proteínas (Park e Chae, 1989, Short e

Briggs, 1990). Sabe-se que o Ca^{2+} livre ou a Ca-calmodulina podem ativar diferentes proteínas quinases em plantas (Blowers e Trewavas, 1989), então a absorção estimulada pela luz de Ca^{2+} através da membrana plasmática ou a sua liberação a partir de um compartimento interno, como o RE ou o vacúolo, é provavelmente essencial. Como mencionado em capítulos anteriores, as mudanças na atividade de enzimas por sua fosforilação e desfosforilação é outro mecanismo que controla as atividades celulares. Está se tornando evidente que a luz pode causar fotomorfogênese por meio de diversos processos bioquímicos, mas a clarificação do papel das mudanças induzidas pela luz em concentrações citosólicas de Ca^{2+} provavelmente levará a um tema comum para alguns desses processos.

21
O relógio biológico: ritmos da vida

A mudança é a única coisa do ambiente com a qual um organismo pode contar. Quase nada é realmente constante. Em um estudo da tundra alpina na parte norte do Parque Nacional das Montanhas Rochosas do Colorado (Salisbury et al., 1968), apareceram vários tipos de mudanças ambientais: as velocidades do vento mudaram significativamente em menos de 1 segundo. Temperaturas, níveis de iluminação e umidade às vezes mudavam radicalmente em intervalos de tempo que variavam de minutos a até talvez 5 ou 6 horas. Todas essas e outras mudanças eram sobrepostas em um círculo diário (**diurno**[1]). Os ciclos climáticos geralmente duravam vários dias. Em um verão, por exemplo, as tempestades pesadas eram separadas por intervalos de 10 a 20 dias, com uma média de 13. Dias excepcionalmente claros eram separados por intervalos de 5 a 14 dias, com média aproximada de 10. Esses ciclos climáticos erráticos eram sempre sobrepostos ao ciclo **anual** das estações.

Além disso, os ciclos da **maré (lunares)** influenciam o ambiente da zona de maré e podem ser importantes também em outros habitats. As tendências climáticas podem ser relacionadas ao ciclo da mancha solar de 11 anos e às mudanças climáticas de longo prazo, como aquelas produzidas na era do gelo, que ocorrem por períodos de séculos e milênios.

Seria vantajoso para um organismo prever e se ajustar a essas mudanças ambientais. Três delas – relacionadas à mecânica do sistema solar – são regulares o suficiente para que isso seja possível: os ciclos diário, da maré e anual. Para que um organismo preveja e se prepare para essas alterações regulares no seu ambiente, ele precisa de um relógio e de vários mecanismos associados. O sistema do tempo deve ter pelo menos dois conjuntos amplos de características.

Primeiro, ele deve ser exato e não indevidamente influenciado por fatores inconstantes do ambiente do organismo que não possam ser previstos com exatidão: temperatura, níveis de luz durante o dia (que variam por causa das nuvens e sombras), velocidade do vento, umidade e assim por diante. Mesmo que um relógio biológico não fosse sensível a esses fatores, o que seria surpreendente e impressionante, seria ainda mais impressionante se ele pudesse funcionar com a precisão atingida pelos nossos sistemas de relógios mecânicos e eletrônicos. Ainda assim, sem essa precisão, ele logo pode perder a sincronia com o ambiente e, portanto, perder seu benefício para o organismo.

Porém, existe uma alternativa à exatidão inerente: o relógio biológico pode ser regularmente zerado ou sincronizado por alguma característica confiável do ambiente do organismo. Não importa se o relógio perde uma ou duas horas por dia se ele for zerado todos os dias ao nascer do sol, pôr do sol ou ambos. Supostamente, o relógio pode ter um estado apropriado para o dia e outro para a noite; ao zerar-se no amanhecer e anoitecer, seu status é mantido em sincronização com o ambiente. Incidentalmente, é concebível que o "relógio" possa simplesmente ser acionado pelas mudanças nas características do ambiente. Nesse caso, o organismo rastrearia as mudanças ambientais sem medir o tempo ou prever futuros eventos ambientais.

Em *segundo* lugar, deve haver mecanismos de combinação que permitam que o organismo tenha vantagens com a medição pontual do tempo pelo relógio. Por exemplo, é coerente que uma planta conserve a energia se ela puder direcionar e concentrar seus recursos disponíveis para o mecanismo fotossintético durante o dia e para outros mecanismos metabólicos durante a noite. Como as noites praticamente sempre são mais frias que os dias, o organismo pode ajustar corretamente seu ideal de temperatura para os processos metabólicos críticos.

Na verdade, encontramos muitas dessas manifestações da medição biológica do tempo. Parece que praticamente todos os organismos eucariontes e pelo menos alguns procariontes possuem relógios biológicos. Às vezes, é fácil reconhecer o controle do metabolismo e da atividade pelo

---

[1] O termo *diurno* tem sido usado com frequência na literatura como sinônimo de *diário*, mas ele também implica as horas do dia em que há luz, como *noturno* implica a noite.

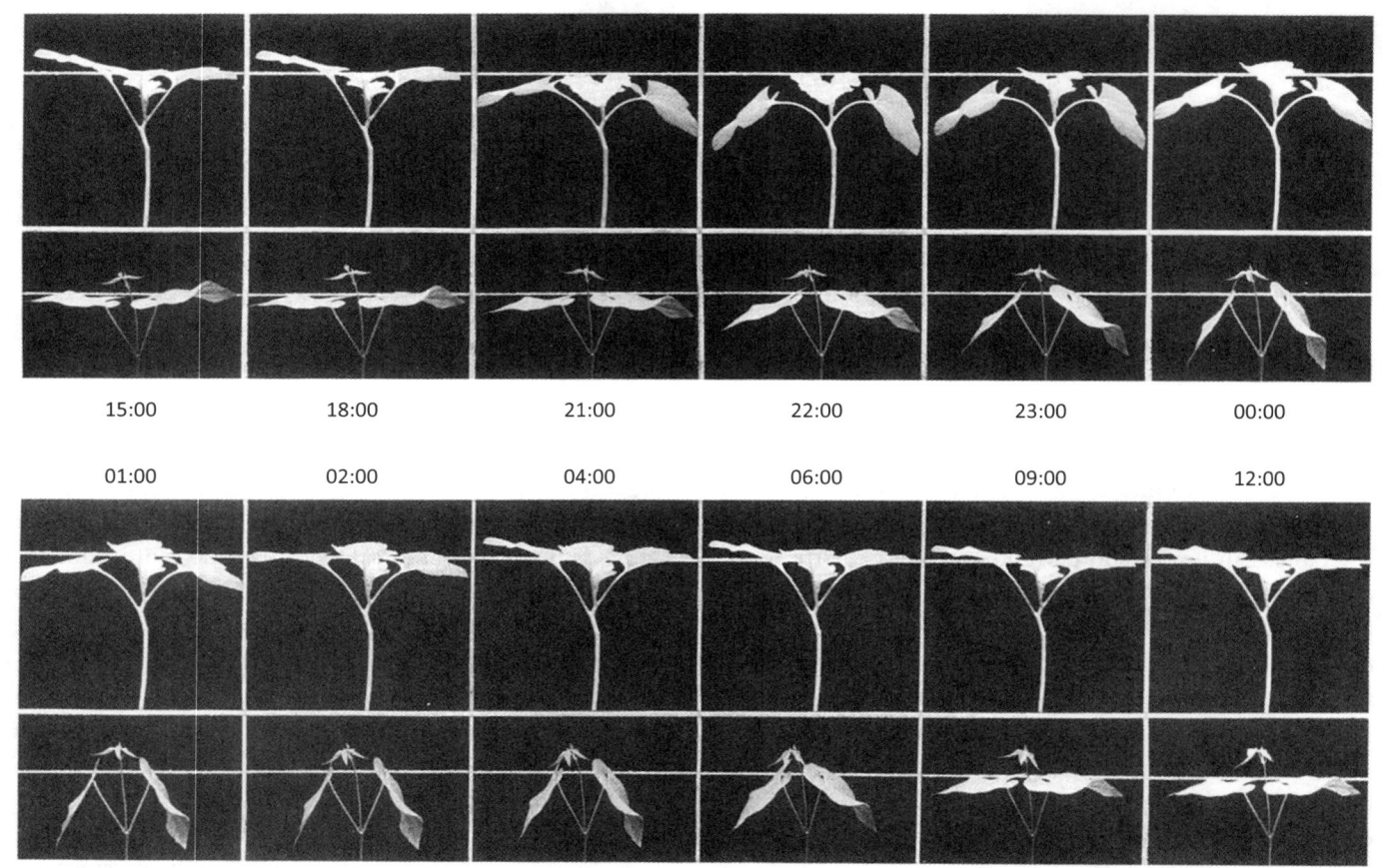

FIGURA 21-1 Movimento da folha do cardo (linha superior) e do feijão (segunda linha). As plantas foram fotografadas em intervalos de 1 hora, do meio-dia até o meio-dia do dia seguinte. Para a figura, foram selecionadas 12 fotos. As folhas do feijão caem mais acentuadamente e um pouco mais tarde que as do cardo. Observe que as folhas jovens do cardo se curvam para cima e não para baixo durante parte da noite. (Fotos de F. B. Salisbury.)

relógio. Também existem exemplos de respostas altamente sofisticadas do relógio que podem ser inesperadas para nós.

Confrontados com essas observações, perguntamos imediatamente: qual é o mecanismo desses relógios? Como eles funcionam? Os fenômenos observados implicam alguns fatos da natureza, mas, no momento, pouco sabemos sobre os mecanismos do relógio. As plantas são ótimos indivíduos para o estudo dos mecanismos, porque é fácil fazer observações nos níveis celular e bioquímico, nos quais a medição do tempo aparentemente está localizada. (Várias revisões foram apresentadas, incluindo as de Bunning, 1973, 1977; Hillman, 1976; Koukkari et al, 1987a e 1987b; Koukkari e Warde, 1985; Luce, 1971; Moore-Ede et al., 1982; Satter e Galston, 1981; e Sweeney, 1983, 1987.)

21.1 Endógeno ou exógeno?

Como ilustrado para as duas plantas na Figura 21-1, as folhas de muitas espécies mostram uma posição durante o dia (tipicamente, quase horizontal) e outra no meio da noite (tipicamente, quase vertical). Essa observação foi feita pelo menos já em 400 a.C. por Andróstenes, o historiador de Alexandre, o Grande. Estes são os movimentos násticos (Capítulo 19).

Há 250 anos, o astrônomo francês Jean Jacques d'Ortour de Mairan (1729) foi perceptivo o bastante para reconhecer um problema fundamental em relação a esse ciclo dos "movimentos do sono" nas plantas. Ele se perguntou se os movimentos eram orientados por mudanças no ambiente (os ciclos diários de claridade/escuridão) ou se eram controlados por algum sistema de medição do tempo dentro da planta. Se as folhas se moviam apenas em resposta a mudanças *externas*, a medição do tempo era **exógena**; se fosse em resposta a um relógio *interno*, era **endógena**. Usando uma planta "sensível" (provavelmente a *Mimosa pudica*), de Mairan observou os movimentos mesmo depois que as plantas eram colocadas em uma sombra escura. Uma vez que esses movimentos não exigiam luz solar intensa durante parte do ciclo de 24 horas, ele sugeriu que eles eram submetidos a um controle endógeno. Ele estendeu um convite a botânicos e físicos para que realizassem essa pesquisa, pois observou que o processo científico pode ser lento.

E, na verdade, é mesmo. Foram necessários 30 anos para que o seu experimento fosse confirmado e 250 anos se passaram até que um relógio endógeno fosse geralmente reconhecido, embora outros pesquisadores antigos, incluindo Augustin de Candolle, Charles Darwin e Julius von Sachs, também estivessem interessados nesses movimentos e tivessem publicado estudos preliminares sobre eles. O pesquisador antigo que provavelmente dedicou mais tempo e esforço a esse assunto foi Wilhelm Pfeffer (consulte Pfeffer, 1915) que, de 1875 a 1915, escreveu vários relatórios sobre os movimentos das folhas do pé de feijão comum (*Phaseolus vulgaris*). (Mencionamos o trabalho de Pfeffer sobre a osmose no Capítulo 2.) Grande parte de seu vasto trabalho ainda é interessante (Bünning, 1977). Apesar do seu ceticismo inicial, logo ele se convenceu de que um relógio endógeno deveria existir. Ironicamente, ele não conseguiu fornecer dados experimentais que fossem suficientemente convincentes para conquistar seus contemporâneos. Na época de Pfeffer, os zoólogos também estavam observando e relatando o comportamento rítmico dos animais.

O verdadeiro *insight* veio na década de 1920. Em Hamburgo, na Alemanha, Rose Stoppel continuava as pesquisas de Pfeffer sobre os movimentos das folhas nos pés de feijão. Usando o método de Pfeffer, ela amarrava o caule e o pecíolo em varetas de bambu e estendia um fio entre a folha e uma alavanca ligada a um cilindro em movimento revestido com uma lâmpada preta. A alavanca traçava um registro dos movimentos da folha. Stoppel observou que quando os movimentos da folha eram medidos na sala escura em temperaturas constantes, a posição vertical máxima era observada no mesmo horário todos os dias. O **ritmo** é uma ocorrência repetida da mesma função e o **período** do ritmo é o tempo entre as recorrências de um ponto identificável do ciclo (por exemplo, a posição vertical máxima). Uma vez que o período do ritmo era de quase 24 horas exatamente, Stoppel raciocinou (como nós na introdução) que um relógio biológico provavelmente não seria tão preciso; talvez algum fator do ambiente zerasse o relógio diariamente. Como as plantas estavam no escuro e em temperatura constante, esse fator não poderia ser a luz diurna nem a temperatura, portanto, Stoppel o chamou de fator X.

Dois jovens botânicos em Frankfurt, Erwin Bünning e Kurt Stern, pesquisavam um problema que envolvia fatores físicos sutis como o teor iônico da atmosfera. Esse fator poderia cronometrar os movimentos da folha nos experimentos de Stopper? Eles descobriram que os íons atmosféricos não tinham efeito nos movimentos rítmicos, mas identificaram o fator X de Stopper como a luz vermelha que ela usava ao regar suas plantas. Quando a luz foi eliminada, a previsão de Stopper se provou verdadeira:

a posição vertical máxima das folhas apareceu cerca de 90 minutos mais tarde a cada dia, portanto, logo o ciclo do movimento estava dessincronizado com o dia e a noite fora da sala escura (Bünning e Stern, 1930; Bünning et al., 1930). Bünning conta essa história em seu ensaio pessoal neste capítulo.

O **período em livre curso** é o período de um ritmo que continua sob condições ambientais constantes. Uma vez que esse período era maior que 24 horas, parecia não haver alternativa a um relógio endógeno. Os ritmos não estavam apenas acompanhando o ciclo normal do dia e da noite; eles perdiam a sincronia com o dia e a noite lá fora. Normalmente, eles eram zerados ou **arrastados** pelo ciclo natural, provavelmente pelo amanhecer, pelo anoitecer ou por ambos, mas o relógio em livre curso traía a sua imprecisão e, portanto, mostrava sua natureza endógena.

Na década de 1950, Franz Halberg (consulte Halberg et al., 1959), da University of Minnesota, sugeriu que os ritmos com um período em livre curso de aproximadamente (mas não exatamente) 24 horas devem ser chamados de circadianos. Ele criou o termo a partir do latim *circa*, que significa "aproximadamente", e *dies*, ou "dia".

Pfeffer, e até mesmo A. P. de Candolle em 1825 (consulte Moore-Ede et al., 1982; Sweeney, 1987), haviam observado períodos circadianos em livre curso, mas não deram a devida importância às suas observações. Ainda assim, Antonia Kleinhoonte, trabalhando independentemente em Delft, Holanda, chegou exatamente às mesmas conclusões de Bünning, Stern e Stoppel. Os resultados de seus experimentos e de outros foram publicados entre 1928 e 1932 (consulte, por exemplo, Kleinhoonte, 1932). Mais tarde, Stern migrou para a América; ele e Kleinhoonte abandonaram o trabalho sobre o relógio biológico, mas Bünning continuou seus estudos até sua aposentadoria formal.

21.2 Ritmos circadianos

Vários campos do conhecimento moderno se classificam claramente como *biologia*, não como *botânica* ou *zoologia*. Alguns exemplos são a genética, os caminhos da respiração celular e a teoria das células. Os relógios biológicos e vários ritmos ocorrem praticamente em todos os eucariontes que foram estudados minuciosamente, incluindo protistas, fungos, plantas e animais. Embora muitas tentativas de descobrir o ritmo nos procariontes (moneras) tenham obtido resultados negativos, ou apenas ritmos com períodos muito curtos tenham sido detectados, ritmos claros na fotossíntese e na fixação do nitrogênio foram relatados na alga azul *Synechococcus* (Grobbelaar et al., 1986; Mitsui et al., 1986, 1987). A fixação de nitrogênio é inibida pelo

Depósitos de batata, trens e sonhos para descobrir o relógio biológico

Erwin Bünning

Como acompanhamos neste capítulo, foi Erwin Bünning que, em seu pós-doutorado e aliado a colaboradores, descobriu a natureza circadiana livre do relógio biológico nas plantas, uma descoberta que tornou a medição endógena do tempo a única explicação possível. Em 1963-1964, um de nós [F. B. S.] passou um ano sabático com Bünning, em Tübingen, onde ele era Diretor do Instituto de Botânica, e teve a oportunidade de ouvi-lo contar sobre o seu trabalho inicial. Esta carta de Bünning foi traduzida por Salisbury e enviada em resposta a uma solicitação de que ele registrasse algumas de suas experiências. A carta é de 2 de junho de 1970. O professor Bünning faleceu em 4 de outubro de 1990.

A história era mais ou menos assim. No Institute for the Physical Basis of Medicine, em Frankfurt, o biofísico Professor Dessauer (especialista em raios X) tornou-se interessado nos efeitos do conteúdo iônico do ar sobre os seres humanos. Naquela época, as pessoas começaram a se interessar pela eletricidade atmosférica, raios cósmicos e assim por diante. Naturalmente, as pessoas não poderiam ser usadas como objetos experimentais, portanto, em 1928, Dessauer procurou botânicos para trabalhar com as plantas. Uma das pessoas que encontrou foi Kurt Stern, que vivia em Frankfurt; a outra fui eu, na época recém-doutorado em Berlim. Portanto, em agosto de 1928, começamos a contemplar o problema. Durante o processo, nos deparamos com o trabalho de Rose Stoppel, que estava estudando os movimentos periódicos diurnos das folhas do feijão comum *Phaseolus*. No processo, ela descobriu – assim como vários outros autores – que, sob condições "constantes" na sala escura, a maioria das folhas atingia a extensão máxima de sua baixada (a posição noturna máxima) no mesmo horário, digamos entre 3h e 4h da manhã. Sua conclusão: algum fator desconhecido sincronizava o movimento. Poderiam ser os íons atmosféricos? Pedimos a Rose Stoppel para nos visitar em Hamburgo por duas ou três semanas, para que pudéssemos nos familiarizar com suas técnicas. No nosso grupo, sempre a chamávamos de *die Stoppelrose* ("a rosa teimosa"), e esse nome era totalmente adequado. Ela era enérgica e persistente, tão persistente que faleceu em janeiro de 1970, aos 96 anos. Seus resultados ainda apareciam nos nossos experimentos: a posição noturna normalmente ocorria na hora indicada. Então, investigamos os efeitos do ar que havia sido enriquecido com íons, ou do ar do qual todos os íons haviam sido removidos. O resultado: nada mudou – os íons atmosféricos não eram o "fator X".

Então, decidimos que nossas instalações de pesquisa no instituto eram insuficientes. Assim, depois que *die Stoppelrose* foi embora, eu e Stern nos mudamos para o seu depósito de batatas onde, com a ajuda de um termostato, tínhamos uma temperatura constante. Contrário à prática de Stoppel, que ligava uma luz "de segurança" vermelha para regar as plantas, íamos ao depósito apenas uma vez por dia com uma lanterna bem fraca e tateávamos os vasos e aparelhos de registro, para que pudéssemos regar as plantas e ver se estava tudo em ordem

oxigênio, que é produzido na fotossíntese, de maneira que o ritmo garante que os dois processos ocorrerão em diferentes horários do dia, mesmo sob luz contínua.

Vários ritmos foram estudados em organismos monocelulares. A fototaxia na alga verde *Euglena* e a reação de cópula no *Paramecium* são ótimos exemplos. Também houve muitos estudos do relógio biológico no *Gonyaulax polyedra*, um dinoflagelado marinho. Beatrice Sweeney (consulte o seu ensaio pessoal neste capítulo) e J. Woodland Hastings, na época sediados na Scripps Institution of Oceanography em La Jolla, Califórnia, foram os primeiros a trabalhar intensamente com esse organismo, que tem ritmos para três variáveis importantes. O mais espetacular é o ritmo da **bioluminescência**, observado quando uma suspensão das células de *Gonyaulax* é vedada ou colocada em um frasco, fazendo com que elas emitam luz. A quantidade de luz que elas emitem segue um ritmo circadiano, com um pico que normalmente ocorre perto da meia-noite. Johnson et al. (1984) mostraram que o ritmo da bioluminescência corresponde a um ritmo na atividade da luciferase, uma enzima que causa a emissão de luz. Também existe um ritmo na divisão celular, com um máximo ocorrendo perto do anoitecer. O terceiro ritmo está na fotossíntese. A quantidade máxima de CO_2 é fixada (condições do teste padrão) perto do meio-dia; isto é, o mecanismo fotossintético é ajustado pelo relógio para prever o ambiente, assim como especulamos na nossa introdução. Os ritmos, incluindo a bioluminescência, também foram observados nos organismos relacionados, mas apenas um dinoflagelado altamente bioluminescente não possui ritmo!

Observe que, aqui, estamos lidando com uma população de organismos, e não com indivíduos, como nos estudos originais de Bünning. Esses estudos com populações são bastante comuns. Mas, mesmo nessa população, os organismos individuais mantêm o seu próprio tempo, como vemos nos experimentos com a *Gonyaulax*, nos quais culturas em diferentes horários são misturadas umas com as outras: seus ritmos individuais continuaram depois da mistura.

com os medidores. A lanterna tinha um filtro vermelho escuro para que pudéssemos ver apenas a alguns centímetros de distância. Naquela época, havia o dogma em todos os livros de botânica de que a luz vermelha não tinha absolutamente nenhuma influência sobre os movimentos das plantas ou a fotomorfogênese. Fizemos outra coisa diferente de Stoppel. Como a casa de Kurt Stern era longe do laboratório, nós não fazíamos a nossa visita diária de controle pela manhã, mas sim apenas à tarde. O resultado: a maioria das posições máximas noturnas não aparecia mais entre 3h e 4h, mas sim entre 10h e 12h da manhã. Portanto, concluímos: o dogma é falso. A luz vermelha deve sincronizar os movimentos para que uma posição noturna sempre apareça perto de 16 horas depois da ação da luz. Aquele era o "fator X". Quando eliminamos essa luz vermelha quase invisível, observamos que o período de movimento das folhas não tinha mais 24 horas, mas sim 25,4 horas [essa característica circadiana do relógio era o segredo para entender sua natureza endógena – nota do editor].

Então, a história foi mais ou menos essa. Naturalmente, eu também poderia contar como descobri a importância dos ritmos endógenos para o fotoperiodismo. Isso aconteceu perto de 1934. Obviamente, eu já havia me perguntado como esse ritmo endógeno poderia ter qualquer valor de seleção (para a evolução), e já expressara a opinião em 1932 em uma publicação (*Jahrbuch der Wissenschaftlichen Botanik*, 77, p. 283-320) de que alguma interação entre os ritmos vegetais internos e os ambientais externos deve ter importância para o desenvolvimento vegetal. Porém, havia coincidências na história. Para um jovem cientista, naturalmente é necessário se apresentar para os detentores do poder na área, para que ele possa receber convites para a sua promoção. Assim, em 1934, eu viajei de Jena para Königsberg em Berlim para me apresentar ao grande Professor Kurt Noack. Discutimos vários assuntos. Ele mencionou que as descobertas que estavam sendo feitas eram tão notáveis que simplesmente parecia impossível acreditar nelas. Uma delas, por exemplo, era o fotoperiodismo. Ele, especialista no campo da fotossíntese, certamente deveria saber que não há nenhuma diferença em qual cronograma é seguido para se dar à planta as quantidades necessárias de luz. Então, enquanto eu voltava de trem, tive a ideia – para a planta existe uma diferença no horário em que a luz é aplicada, se não exatamente para a fotossíntese, pelo menos para seu desenvolvimento!

Eu poderia também apresentar uma terceira história, que é mais recente. Há muito tempo eu sentia que o ritmo do movimento diário propriamente dito da folha não tem um valor de seleção. Como você sabe, eu recentemente mudei de ideia. Os movimentos podem ser realmente importantes para evitar um distúrbio na medição fotoperiódica do tempo pela luz da Lua. Antes de começar a testar a ideia experimentalmente ou até mesmo pensar nela, tudo começou com simplicidade em uma noite, com um sonho. O sonho (aparentemente, uma lembrança de uma das minhas visitas aos trópicos): meia-noite tropical, a Lua cheia acima do zênite, à minha frente um campo de soja; no entanto, as folhas não estavam na posição noturna abaixada e sim na horizontal, na posição diurna. Meus pensamentos (no sonho): como essas plantas sabem que isso não é um dia longo? Será melhor elas se esconderem da Lua se quiserem florir.

Existem vários ritmos circadianos conhecidos nos fungos: um deles é um ritmo na formação de conídios (esporos assexuados) na *Neurospora crassa*. Uma série de faixas escuras, uma por dia, aparece nos micélios que crescem no ágar de uma ponta até a outra de um tubo longo de cultura. Esse ritmo é interessante porque vários mutantes do relógio são conhecidos (consulte abaixo). Outro exemplo nos fungos é o ritmo de uma descarga do esporo no *Pilobolus*. Ainda assim, os ritmos circadianos verdadeiros nos fungos são raros, embora existam muitos que não são circadianos, frequentemente orientados pelos ciclos ambientais (Lysek, 1978; Piskorz-Binczycka et al., 1989).

Muitos fenômenos rítmicos além dos movimentos das folhas foram observados nas plantas superiores (Koukkari e Warde, 1985). Eles incluem os movimentos da pétala, taxa de crescimento de vários órgãos, concentrações de pigmentos e hormônios, abertura e fechamento dos estômatos, descarga de fragrância das flores, tempos de divisão celular, atividades metabólicas (por exemplo, fotossíntese e respiração) e até mesmo o volume do núcleo. Muitas plantas mostram um ritmo na sensibilidade a fatores ambientais, como a luz e a temperatura. Algumas espécies florescem ou crescem bem apenas quando as temperaturas durante parte do ciclo que normalmente ocorre à noite (**noite subjetiva**) são mais baixas que as temperaturas durante o **dia subjetivo**. Ou então, a luz fornecida durante a noite subjetiva pode inibir algumas respostas. Portanto, o relógio ajusta o metabolismo da planta para coincidir com esse ambiente cíclico.

Vários insetos mostram ritmos que são convenientes para estudo (Saunders, 1976). O horário do dia em que a *Drosophila* adulta emerge da pupa (**eclosão**) segue um ritmo circadiano e é um exemplo amplamente estudado, assim como a atividade da barata. Os **ciclos de atividade** ou **corridos** também foram estudados nos pássaros e roedores. Esses ritmos são úteis porque frequentemente continuam sob condições ambientais constantes por meses ou até mesmo anos, e são relativamente fáceis de estudar equipando-se gaiolas com dispositivos automáticos que registram continuamente a atividade do organismo.

Os ritmos com manifestações externas óbvias (movimentos das folhas de pétalas, atividades dos animais e outros) podem ser menos importantes que as mudanças metabólicas internas controladas pelo relógio. Mencionamos vários ritmos metabólicos das plantas, e ciclos comparáveis (por exemplo, níveis de potássio no sangue, eliminação da urina e temperatura corporal) também foram documentados nos animais (Moore-Ede et al., 1982). Com frequência, isso ajuda o organismo a se ajustar ao seu ambiente. Os ajustes podem ser sutis; o organismo pode ser muito mais sensível às substâncias químicas tóxicas, herbicidas (Koukkari and Warde, 1985) ou radiação ionizante (por exemplo, raios X) durante uma parte de seu ciclo circadiano. Talvez os animais conservem a energia durante a parte inativa do seu ciclo diminuindo a resistência aos fatores que não são provavelmente encontrados. *Em qualquer caso, uma pessoa que faz experimentos biológicos deve estar ciente dos profundos efeitos do relógio fisiológico sobre praticamente todas as funções da vida.* O momento em que um tratamento é aplicado frequentemente é decisivo.

Os ritmos circadianos também são comuns nos seres humanos, como veremos na seção final deste capítulo. Em geral, os mesmos princípios se aplicam aos seres humanos, plantas e outros organismos.

21.3 O espectro dos ritmos biológicos

Embora ainda tenhamos muito a estudar, muitos biólogos estão intrigados com o espectro de frequência dos ritmos (Tabela 21-1). Existem muitos ritmos e várias maneiras de classificá-los; cada classificação fornece alguns *insights*. Talvez a classificação mais lógica tenha base na duração do período (ou **frequência**, que é o número de ciclos por intervalo de tempo da unidade e, portanto, a recíproca do período). A Tabela 21-1 cita exemplos dos ritmos **ultradiano** (período com menos de 20 horas), **circadiano** (20 a 28 horas) e **infradiano** (mais de 28 horas). Os ritmos também podem ser classificados de acordo com o fato de corresponderem a algum ciclo natural do ambiente (em negrito na Tabela 21-1) ou não (não estão em negrito). Como discutiremos a seguir, os ritmos que correspondem aos ciclos ambientais (diário, maré e assim por diante) geralmente compartilham uma característica: insensibilidade do período às mudanças na temperatura. Os períodos dos ritmos que não correspondem à periodicidade ambiental geralmente são bastante diferentes em temperaturas distintas.

Com exceção dos ritmos da maré, com uma periodicidade de 12,4 horas, difícil de colocar na Tabela 21-1, a maioria dos ritmos ultradianos não corresponde aos ciclos ambientais. Os movimentos de circunutação do broto (Seção 19.6) são bons exemplos de um ritmo ultradiano nas plantas. Galston et al. (1964) observaram a circunutação nos caules de *Pisum sativum* (ervilha, cultivar Alasca) com um período de 77 minutos a 26 °C, e o período era altamente sensível à temperatura, com Q_{10} = 2 (Figura 21-2). Os movimentos rápidos da folha e da raiz com períodos de 4 a 5 minutos, 15 minutos e assim por diante, existem em muitos vegetais. Um dos ciclos ultradianos mais curtos envolve o batimento de flagelos e cílios, com frequência de aproximadamente 200 batimentos por segundo. Foi sugerido que os ritmos ultradianos (por exemplo, a glicólise na Tabela 21-1) eram as matérias-primas sobre as quais a evolução agia para produzir os períodos que correspondem aos ciclos ambientais. Pode ser. Também foi sugerido que os ritmos circadianos e outros compensados pela temperatura sejam uma soma de ciclos ultradianos (como o relógio de quartzo soma as vibrações de frequências ultra-altas de seus cristais de quartzo para produzir segundos, minutos e assim por diante); essa ideia parece muito menos provável, porque a maioria dos ciclos ultradianos é altamente sensível à temperatura.

Alguns ritmos infradianos conhecidos não correspondem aos ciclos ambientais e, novamente, muitos deles são sensíveis à temperatura. O crescimento de fungos, a formação do gametângio e a esporulação são bons exemplos (Tabela 21-1), mas a formação dos conídios na *Neurospora crassa* é um ritmo circadiano típico. Em razão do seu período de 28 dias, foi sugerido que o ciclo menstrual humano pode ser circalunar, mas ele não é sincronizado por qualquer uma das fases da Lua ou pelas marés. Por outro lado, o ciclo encurta à medida que a menopausa se aproxima e pode ser sincronizado em uma ou mais mulheres (por exemplo, em um dormitório) pelos odores emitidos pelas outras mulheres.

Alguns ciclos de vários anos são conhecidos; podemos chamá-los de **infra-anuais**. O florescimento de várias espécies de bambus, com um período de 30 a 40 anos ou mais, é um excelente exemplo. Uma espécie de bambu da China continental, *Phyllostachys bambusoides*, mostrou um ciclo de semeadura de 120 anos, com o florescimento sincronizado entre membros amplamente separados das espécies (Janzen, 1976). Por motivos óbvios, ninguém fez os testes adequados para ver se esses ciclos longos são submetidos a um controle endógeno, mas as espécies de uma única cultura foram levadas para partes amplamente separadas do mundo, como os jardins em Kew e as florestas tropicais na Jamaica, onde continuaram florescendo em sincronia, sugerindo que o controle é endógeno (Janzen, 1976; Young e Haun,

FIGURA 21-2 Ciclo de circunutação na plúmula da *Pisum sativum* cv. Alasca germinada na escuridão e transferida para uma luz vermelha constante de baixa irradiação (330 mW m^{-2}) antes da hora 28. O período foi de 77 minutos a 26 °C. (De acordo com Sweeney, 1987; de Galston et al., 1964).

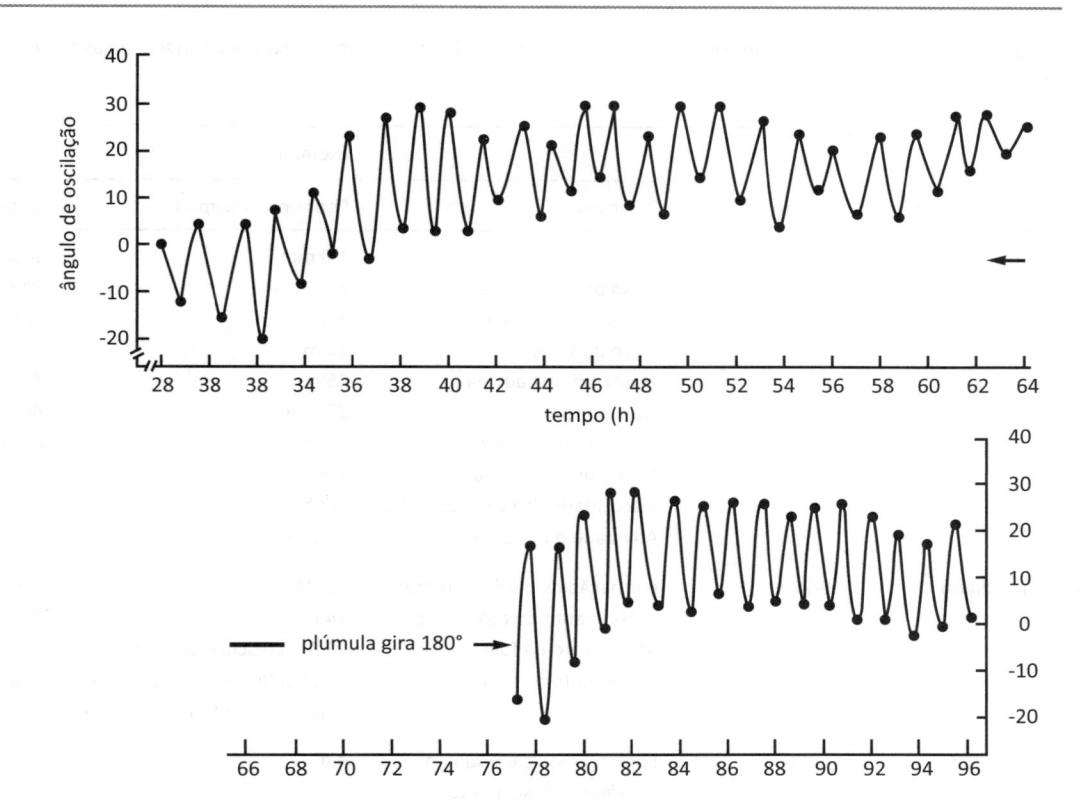

1961). Essas observações foram relatadas para muitas espécies, incluindo o *P. bambusoides* mencionado acima.

As marés são causadas pela ação das forças gravitacionais do sol e da Lua sobre a Terra e, portanto, são altamente regulares. O período de uma Lua cheia até a outra foi medido e tem pelo menos oito dígitos significativos; sua duração é de 29,530589 dias! É fácil entender as marés se começarmos considerando apenas a Lua e imaginando uma "Terra modelo" uniformemente coberta por água (Figura 21-3). A Terra e a Lua giram ao redor do seu centro mútuo de gravidade, que está dentro da superfície da Terra no lado mais próximo da Lua, isso cria uma força centrífuga em todos os pontos da Terra; essa força age em sentido oposto ao da Lua. No lado mais próximo da Lua, a gravidade da Lua puxa a água da Terra na direção da Lua e contra a força centrífuga. A gravidade é mais forte que a força centrífuga oposta, portanto, a água sobe na direção da Lua para produzir a maré alta. No lado distante da Lua, as forças centrífugas da revolução da Terra ao redor do centro de gravidade Terra/Lua excede a tração gravitacional da Lua, portanto, a água se eleva novamente. Entre esses lados opostos, a gravidade e a força centrífuga da Lua são quase iguais e a água fica abaixo do nível médio do mar.

Como a Terra gira em relação ao sol uma vez a cada 24 horas, a Lua passa sobre qualquer ponto da superfície terrestre cerca de uma vez a cada 24 horas, mas a Lua está girando ao redor do centro de gravidade Terra/Lua na mesma direção que a Terra, portanto, a Lua parece surgir a cada dia cerca de 50 minutos mais tarde do que no dia anterior. Isto é, a Lua passa no zênite uma vez a cada 24,8 horas, portanto, na nossa Terra modelo, existe uma **maré alta** duas vezes por dia, uma vez quando a Lua está no zênite e outra quando ela está no lado oposto da Terra. Nos períodos entre as marés altas, existe uma **maré baixa**. As marés altas são separadas umas das outras por cerca de 12,4 horas, assim como as baixas.

Agora, considere o efeito do Sol. Sua atração gravitacional sobre a Terra é muito menor que a da Lua, mas os mesmos princípios se aplicam, com o centro de gravidade Terra-Sol estando mais próximo do centro do Sol. Quando o sol está no mesmo lado da Terra que a Lua (época da **Lua nova**), sua tração gravitacional se combina com a da Lua para produzir marés especialmente altas e baixas, coletivamente chamadas de marés de sizígia. Quando o Sol está no lado oposto da Terra em relação à Lua (época da **Lua cheia**), sua gravidade se combina com a força centrífuga do sistema Terra-Lua para também produzir marés altas e baixas, igualmente chamadas marés de sizígia. Quando o sistema Lua/Terra/Sol forma um ângulo reto (a Lua no primeiro ou terceiro quarto), o efeito do Sol sobre as marés se opõe ao da Lua, porém, o efeito da Lua é maior que o do Sol, então ainda existem marés altas e baixas, mas elas são respectivamente mais baixas e mais altas que as marés de sizígia; estas são as **marés de quadratura**. As marés de

TABELA 21-1 Tipos de ritmos, intervalos de períodos e exemplos de plantas vasculares, fungos, algas e outros organismos que exibem esses ritmos.

Domínio ou tipo	Período	Exemplos		
		Processo	Período aproximado	Organismo
Ultradiano[b]	< 20h	Glicólise	1,8 min	*Saccharomyces carlsbergensis*
		Fluxo protoplasmático	2-2,5 min	*Physarum polycephalum*
		Movimentos da folha	3 min	*Desmodium gyrans*
		Fluxo da seiva	20 min	*Gossypium areysianum*
		Transporte da auxina	25 min	*Zea mays*
		Transpiração	30 min	*Avena sativa*
		Movimentos da folha	36 min	*Gossypium hirsutum*
		Atividade da enzima	1-5 h	*Pisum sativum*
		Viscosidade da célula da folha	2-3 h	*Helodea densa*
		Atividade da enzima	12-15 h	*Chenopodium rubrum*
Circadiano[c]	20-28 h	Formação de conídios (fungo)	ca. 24 h	*Neurospora crassa*
		Crescimento do coleóptilo	24 h	*Avena sativa*
		Movimento da folha	22,67 h (escuridão contínua)	*Coleus blumei* × *C. frederici*
		Movimento da folha	23,06 h (luz suave contínua)	*Coleus blumei* × *C. frederici*
		Movimento da folha	24,79 h (luz intensa contínua)	*Coleus blumei* × *C. frederici*
Infradiano	> 28h	Formação de gametângio	4 d	*Derbesia tenuissima*
		Padrão de crescimento (fungos)	4 d	*Aspergillus ochraceus, Colletotrichum lindemuthianum*[1]
Maré	12,4 ou 24,8 h	Sai da areia apenas quando está coberto de água	12,4 h	*Synchelidium* (um anfípode)[2]
		Migração para fora da areia na maré baixa	24,8 h	*Hantzschia virgata* (uma diatomácea)[3]
Semilunar	14,8d (ca. 15d)	Liberação do ovo	16 d	*Dictyota dichotoma*
		Desova	14,8 d	*Leuresthes tenuis* (grunion)[4]
		Cópula, Lua minguante	14,8 d	*Eunice* (um verme poliqueta)[5]
Menstrual	ca. 28 d	Menstruação	ca. 28 d	Mulheres
Lunar (circalunar) (raro)	29,6 d (ca. 30 d)	Tamanho da população	29,6 d	Vários zooplânctons[6]
Circanual (circaniano)	12 ± 2 meses	Germinação da semente	1 ano	*Solanum acaule*
		Acúmulo de gordura e hibernação	1 ano	Esquilo de pelo dourado[7]
Infra-anual	Vários anos	Florescimento	30-40 anos	Vários bambus[8,9]

[a] Modificado de Koukkari e Warde (1985), cujas referências são dadas para seus exemplos, com adições de Sweeney (1987); os números sobrescritos se referem às seguintes referências: 1: Jerebzoff, 1965; 2: Enright, 1963; 3: Palmer and Round, 1967; 4: Walker, 1952; 5: Hauenschild et al., 1968; 6: Fryer, 1986; 7: Pengelley e Asmundson, 1969; 8: Janzen, 1976; 9: Sweeney, 1987.
[b] De acordo com outro esquema (Reinberg, 1971), a variação no período de ritmos ultradianos vai de 0,5 a 20 h, e o que tiver um período menor que 0,5 h é considerado *ritmo de alta frequência*. Koukkari et al. (1987a) também isolaram oscilações ultradianas no intervalo do período de 30 a 240 minutos como um grupo especial que parece onipresente em vegetais, animais e micro-organismos. A maioria dos ritmos ultradianos exibe uma variabilidade considerável e uma mudança de padrões com o passar do tempo.
[c] Os ritmos semelhantes aos ciclos naturais são mostrados em **negrito**. A maioria deles parece ter um controle endógeno e são compensados pela temperatura. Os que não são mostrados em negrito não correspondem aos ciclos naturais e normalmente são sensíveis à temperatura.

As mulheres na ciência

Beatrice M. Sweeney

Existe muita preocupação sobre o papel da mulher na nossa sociedade. Frequentemente me pareceu [F. B. S.], seja fato ou apenas uma ilusão, que uma porcentagem extraordinariamente alta das pessoas que contribuíram para o nosso conhecimento dos relógios biológicos são mulheres. Eu estava discutindo essa ideia com Beatrice M. Sweeney durante um simpósio sobre relógios biológicos muitos anos atrás. Ela concordou em escrever alguns de seus pensamentos sobre o assunto, para usarmos no nosso livro. Beatrice trabalhava no Department of Biological Sciences, University of California, em Santa Barbara. Ela faleceu em 1989.

Caro Frank:

Até você ter mencionado o fato na nossa reunião de Natal, em Sacramento, eu não havia percebido o número incomum de mulheres no campo dos relógios biológicos. Não estou acostumada a pensar no sexo dos meus colegas cientistas. Nesse aspecto, suponho que eu seja uma mulher verdadeiramente liberada. Acho que o fato de eu não me preocupar se um cientista é ou não uma mulher ocorre em razão da minha sorte de ter feito meu treinamento no laboratório do Dr. Kenneth Thimann, em Harvard, onde, desde há muito tempo, todos os estudantes de graduação são considerados iguais. Todos nos considerávamos superiores, portanto, a nossa chance de nos tornarmos de fato superiores aumentou muito. Isso me leva ao assunto das mulheres na ciência, porque eu sempre acho que elas tiveram dificuldade em acreditar que realmente podem fazer pesquisas de primeira classe em um campo usurpado exclusivamente pelos homens por tanto tempo, pelo menos na camada superior de prestígio. Acredito que, no trabalho sobre o ritmo, as mulheres encontraram um alívio para seu sentimento de inferioridade, porque nesse campo elas reconhecem uma familiaridade confortável. Acordar no meio da noite, talvez várias vezes, não é algo estranho para elas. O que importa se é uma série de tubos cheios de *Gonyaulax* e não um bebê que pede sua atenção? Percebo que a predileção das mulheres pela cronobiologia não parece estar declinando. As tradições estabelecidas por mulheres como Rose Stoppel, Antonia Kleinhoonte, Marguerite Webb e Janet Harker estão começando a ser habilmente perpetuadas por Audrey Barnett, Ruth Halaban, Marlene Karakashian, Laura Murray, Ruth Satter e Therese van den Driessche, e tenho certeza de que você pode citar o nome de outras. Obviamente, eu também me considero ativa e espero um dia desses resolver o problema do oscilador circadiano básico.

Eu gostaria de dizer algo para as jovens que estão pensando em se tornar futuras cientistas, agora que simplesmente produzir crianças não é mais o interesse do bem-estar mundial. Meu trabalho na ciência tem sido minha essência de vida, algo infinitamente frustrante e compensador. Eu gostaria de relatar para elas como é divertido trabalhar, em vez de ser uma turista, em partes exóticas do mundo. Imagine o delírio de viajar para o norte, dentro da Grande Barreira de Recifes, em um barco de 60 pés que geralmente serve para caçar jacarés, e ter disponível um microscópio para ver os detalhes de animais e plantas estranhos, do fitoplâncton conhecido (porém desconhecido) e das algas crescendo dentro de moluscos gigantescos e corais. Eu também poderia falar das florestas de Nova Guiné à noite, cheias dos ruídos dos louva-a-deus em múltiplas frequências altas, piscando com os vagalumes. Ou as praias da Jamaica, brancas, brilhantes e margeadas pelas folhas de coqueiros que se parecem com cílios longos. O conhecimento da flora e da fauna, adquirido no meu estudo científico, aumenta incomensuravelmente o prazer de visitar uma parte do mundo desconhecida.

Porém, mais do que tudo, eu gostaria de dizer que a pesquisa cotidiana e o ensino de uma profissão acadêmica é um estilo de vida infinitamente variado e interessante, na minha opinião muito mais satisfatório que cozinhar, limpar a casa e fazer compras, até mesmo criar um filho. Talvez meus quatro filhos tenham se beneficiado mais do que sofrido com o fato de eu ter outros interesses e satisfações além deles. Pelo menos é interessante ver que três deles também se engajaram na carreira científica.

---

sizígia são separadas por aproximadamente 14,8 dias (metade do ciclo lunar), assim como as marés de quadratura.

Existem muitas complicações. Uma delas é que a maré tem várias horas de atraso em relação à passagem da Lua. Também existem efeitos quanto ao formato do litoral, a configuração do fundo do mar, vento, pressão atmosférica (causando marés atmosféricas e terrestres muito menores que as oceânicas), as órbitas elípticas da Lua e da Terra e alguns outros fatores. Portanto, as marés propriamente ditas variam muito de acordo com o local. Alguns lugares (por exemplo, o Golfo do México) possuem apenas uma maré alta e uma baixa por dia. As duas marés diárias que descrevemos são mais comuns no Oceano Atlântico. No Pacífico, existem duas marés por dia, mas uma maré alta pode ser tão baixa que raramente é diferenciada da maré baixa seguinte; ou uma das marés baixas pode ser quase tão alta quanto a maré alta. Em qualquer caso, dependendo do local, os organismos que vivem na zona das marés são expostos às mudanças diárias no nível da água, e essas mudanças são sobrepostas ao ciclo lunar das marés de sizígia e quadratura. Se os organismos têm ciclos adaptados a essas marés, é esperado que eles tenham períodos de 12,4 ou 24,8 horas, ou 14,8 dias – e, possivelmente, de 29,5 dias.

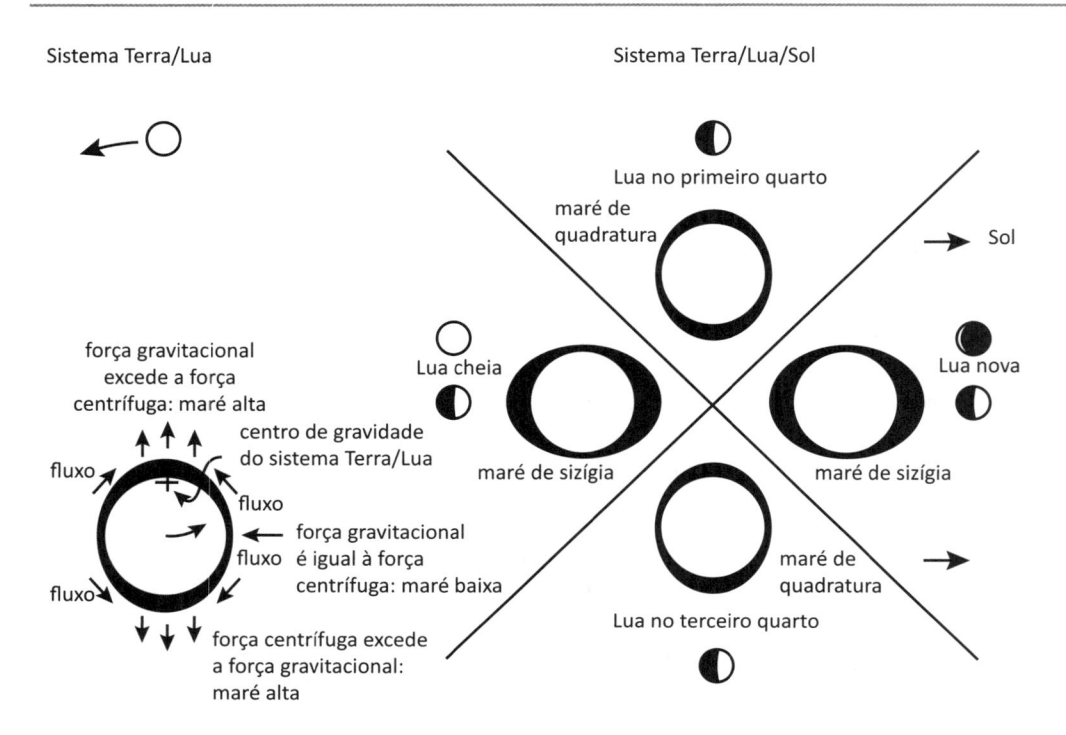

FIGURA 21-3 A origem das marés. No sistema Terra/Lua, a Terra e a Lua giram ao redor do seu centro de gravidade comum e isso produz uma força centrífuga na Terra em qualquer direção oposta à da Lua. Ao mesmo tempo, a gravidade da Lua puxa a Terra. Como mostra a figura, as **marés altas** ocorreram no lado da Terra voltado para a Lua, onde a gravidade da Lua predomina, e no lado oposto ao da Lua, onde a força centrífuga predomina. Entre elas estão as **marés baixas**, que ocorrem quando a gravidade da Lua e as forças centrífugas são aproximadamente iguais; no sistema Terra/Lua/Sol, o Sol e a Terra possuem a mesma relação que a Lua e a Terra, mas a influência da Lua é maior que a do Sol. Quando as forças do Sol e da Lua se combinam na Lua nova e na Lua cheia, as marés altas são especialmente altas e as baixas especialmente baixas; trata-se da **maré de sizígia**. Quando as forças da Lua de do Sol são opostas nas Luas do primeiro e terceiro quarto, as marés altas são mais baixas e vice-versa; isso é a **maré de quadratura**.

Muitos exemplos desses ciclos de **marés** e **semilunares** são conhecidos, mas os verdadeiros ciclos **lunares (circa-lunares)** são raros. Alguns insetos emergem e copulam em grandes números logo depois da Lua cheia e alguns organismos marinhos copulam e desovam ao mesmo tempo, mas um impacto rítmico na população do zooplâncton na Lua cheia no Reservatório Cahora Bassaz, em Moçambique, foi causado por peixes que se alimentavam durante uma luz intensa da Lua (revisado por Fryer, 1986). Estudos desses ritmos em condições constantes de laboratório ainda não foram realizados.

Os ritmos da maré em alguns fitoplânctons que migram para fora da areia na maré baixa se provaram circadianos e regulados pelas marés pela luz que penetra na água escura (revisado por Sweeney, 1987), mas conhecemos exemplos de organismos (principalmente entre animais invertebrados) que seguiram os ciclos de marés do litoral de onde foram coletados depois de serem levados ao laboratório e mantidos em condições constantes. A diatomácea na Tabela 21-1 é um ótimo exemplo, assim como a atividade, as cores e o metabolismo dos caranguejos e outros animais da zona da maré. Os ritmos verdadeiros de maré não são raros (Palmer, 1975, 1990).

Os **ritmos semilunares** são conhecidos, mas não são comuns. Por exemplo, o grunion (*Leuresthes tenuis*), um pequeno peixe que vive no litoral do sul da Califórnia, desova desde o final de fevereiro até o início de setembro durante três ou quatro noites nas Luas nova e cheia (marés de sizígia) e quando as marés estão baixando. As fêmeas põem os ovos na areia, onde são fertilizados pelos machos e permanecem ali até a próxima maré de sizígia. Se o cronograma não fosse exato, os ovos seriam levados pela água e poderiam não sobreviver (Walker, 1952).

Os **ritmos circa-anuais** também são conhecidos. A germinação de muitas sementes parece ser melhor em certas épocas do ano, embora elas tenham sido armazenadas sob condições de temperatura, luz e umidade constantes. Spruyt et al. (1983) documentaram um ritmo anual na sensibilidade à irradiação com luz vermelha de mudas de feijão cultivadas no escuro. A abertura do gancho do epicótilo (consulte os Capítulos 16 e 20 e a Figura 16-14) foi máxima entre fevereiro e junho (duas vezes mais sensível à luz que em dezembro), embora as sementes tenham sido germinadas sob condições idênticas. A síntese do pigmento tem uma sensibilidade alternada com a abertura do gancho. O começo e o término da hibernação do esquilo seguem um ritmo de cerca de um ano e sua quantidade de atividade diária de corrida na rodinha da gaiola também segue esse ciclo.

21.4 Conceitos básicos e terminologia

Na discussão dos ritmos biológicos (e agora nos concentraremos nos ritmos circadianos), é útil usar a tecnologia aplicada aos sistemas oscilante físicos, embora ela seja relativamente modificada às vezes (Halberg et al., 1977; Koukkari et al., 1987a, 1987b). Vamos considerar três características do ritmo (Figura 21-4): primeiro, **período** é o tempo entre pontos comparáveis de ciclos repetitivos, como já vimos. O termo **fase** é usado em um sentido especializado como qualquer ponto de um ciclo que seja identificável pela sua relação com o restante do ciclo. Ele pode ser especificado como um tempo depois do tempo inicial de referência, como a meia-noite do primeiro ciclo, ou pode ser fornecido em graus com a suposição de que um ciclo (um período) equivale a 360°. Se o ciclo for descrito por uma função sinusoidal (se encaixa aproximadamente na curva do seno ou do cosseno), então a fase máxima do ciclo é chamada de **acrófase**. Consequentemente, período é o tempo entre as acrófases. Particularmente, os botânicos usaram o termo fase para indicar uma porção identificável de um ciclo – por exemplo, a parte que normalmente ocorre durante a luz, que é chamada de fase fotófila.

Em segundo lugar, o **intervalo** é a diferença entre os valores mínimos e máximos e **amplitude** é igual à metade do intervalo, ou quanto a resposta observada varia em relação à **média** (Figura 21-4). O terceiro é o **padrão** do ciclo. Muitos ritmos seguem uma curva sinusoidal (como nos ritmos da bioluminescência na Figura 21-4), mas existem muitas variações. O máximo acentuado pode ser acompanhado por um mínimo largo, por exemplo, ou o pico da curva que se aproxima do máximo pode ser íngreme, enquanto aquele que se aproxima do mínimo pode ser menos íngreme.

Quando as plantas ou animais são expostos a um ambiente que flutua de acordo com algum período e os ritmos exibem o mesmo período, dizemos que eles são **arrastados** pelo ambiente, em oposição ao curso livre. Como discutiremos adiante, o arrastamento do ambiente pode ser ocasionado por vários fatores, particularmente por um ambiente claro e escuro oscilante, separado pelo **amanhecer** (luzes ativadas) e o **anoitecer** (luzes desativadas). Esse ciclo de arrastamento é chamado de **sincronizador** ou **Zeitgeber**, um termo em alemão que significa "doador do tempo". O termo **arrasto** é usado quando o Zeitgeber é um ambiente flutuante com vários ciclos regulares. Se um estímulo

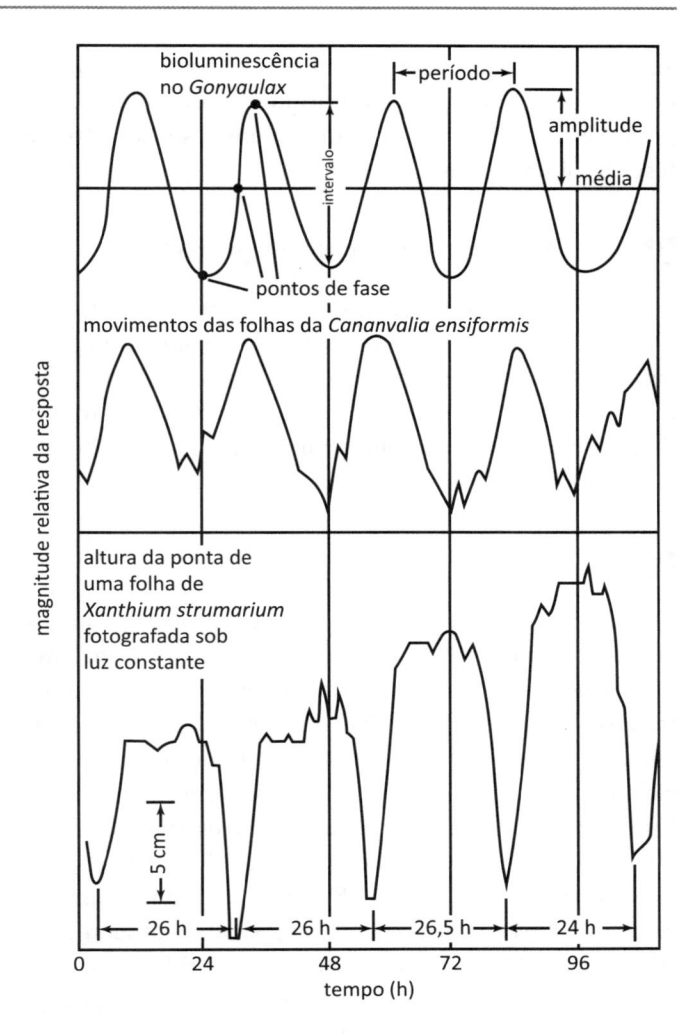

FIGURA 21-4 Alguns dados representativos para diversos ritmos circadianos. Acima: a intensidade da bioluminescência em *Gonyaulax* medida para as plantas mantidas sob condições constantes de luz fraca. Algumas características dos ciclos circadianos são indicadas. Meio: movimentos das folhas de *Cananvalia ensiformis* gravados em um quimógrafo; os pontos altos no gráfico indicam as posições baixas da folha. As condições de luz e escuridão são indicadas pela barra. Observe o deslocamento gradual do pico durante a escuridão à medida que o ciclo progride. Abaixo: movimento da folha do cardo (*Xanthium strumarium*) gravado pela fotografia com atraso de tempo. Os pontos altos indicam as posições altas da folha. Os comprimentos do período entre os canais é indicado. Observe o aumento na altura absoluta das folhas, particularmente nos picos, mas também nos canais. Isso é causado principalmente pelo crescimento do caule no decorrer do experimento, mas o aumento no intervalo do movimento da folha também é aparente. Toda a luz veio de lâmpadas fluorescentes.

ambiental é fornecido apenas uma vez (por exemplo, um único flash de luz) e a fase do ritmo é modificada em resposta a ele, dizemos que o ritmo teve um **deslocamento de fase** ou foi **refaseado**.

21.5 Respostas do ritmo ao ambiente

Muitos pesquisadores dedicaram um grande esforço na obtenção de dados relacionados ao relógio biológico, principalmente conforme exibido pelos ritmos circadianos. Um corpo muito grande de detalhes foi acumulado para ser descrito aqui. Podemos considerar apenas alguns efeitos da luz, temperatura e substâncias químicas aplicadas.

Luz

O trabalho de Bünning, Stern e Stoppel mostrou que os fatores de arrastamento podem ser tão sutis quanto uma luz vermelha fraca; consequentemente, a luz era de interesse óbvio como um possível Zeitgeber. Logo se tornou aparente que os ritmos poderiam ser atraídos para algum ciclo de claridade/escuridão e não por ciclos de 24 horas. Os ritmos poderiam ser atraídos por ciclos mais curtos de 20 a 21 horas (em casos raros, até de 10 a 16 horas) ou ciclos mais longos de 28 a 38 horas. O ritmo de divisão celular de *Gonyaulax,* por exemplo, pode ser atraído para um ciclo de 14 horas (7:7, claridade/escuridão), mas ele retorna imediatamente a um período de 24 horas quando retornado a condições constantes.

Outra abordagem foi permitir que um ritmo se tornasse fortemente estabelecido por um ambiente cíclico e depois deixá-lo continuar livremente na escuridão contínua. Uma breve interrupção da luz foi aplicada em vários momentos durante o ritmo em livre curso. Geralmente, quando o flash de luz era aplicado durante o dia subjetivo, praticamente não havia efeito no ritmo; isto é, se a luz vier durante fases típicas do dia em um ambiente cíclico natural, as próximas fases do ciclo não são muito influenciadas. Quando a interrupção da luz ocorre durante o início da noite subjetiva, no entanto, o ritmo é tipicamente *atrasado* (isto é, o próximo pico vem mais tarde do que seria esperado). Era como se o flash de luz agisse como o *anoitecer*, mas, vindo mais tarde, ele causava um atraso. À medida que o flash de luz é aplicado cada vez mais tarde durante a noite subjetiva, a extensão do atraso aumenta até atingirmos um ponto em que o flash de luz resulta repentinamente em um *avanço* do ritmo e não em um atraso (isto é, o próximo pico vem mais cedo que o esperado). O flash de luz está agindo como o *amanhecer* e não como o anoitecer (Figura 21-5).

Estudando com cuidado as curvas como as da Figura 21-5, podemos explicar o fenômeno do arrastamento, isto

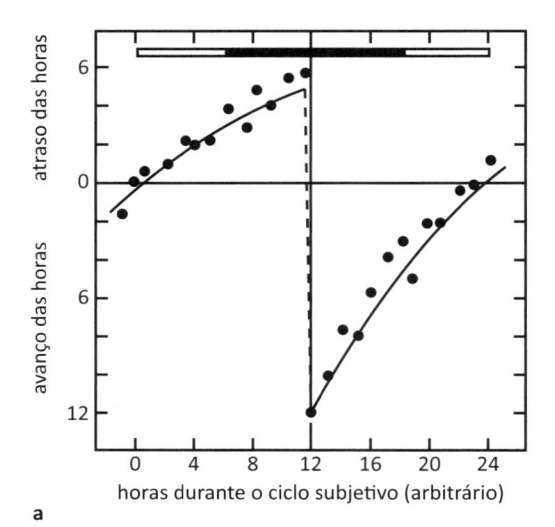

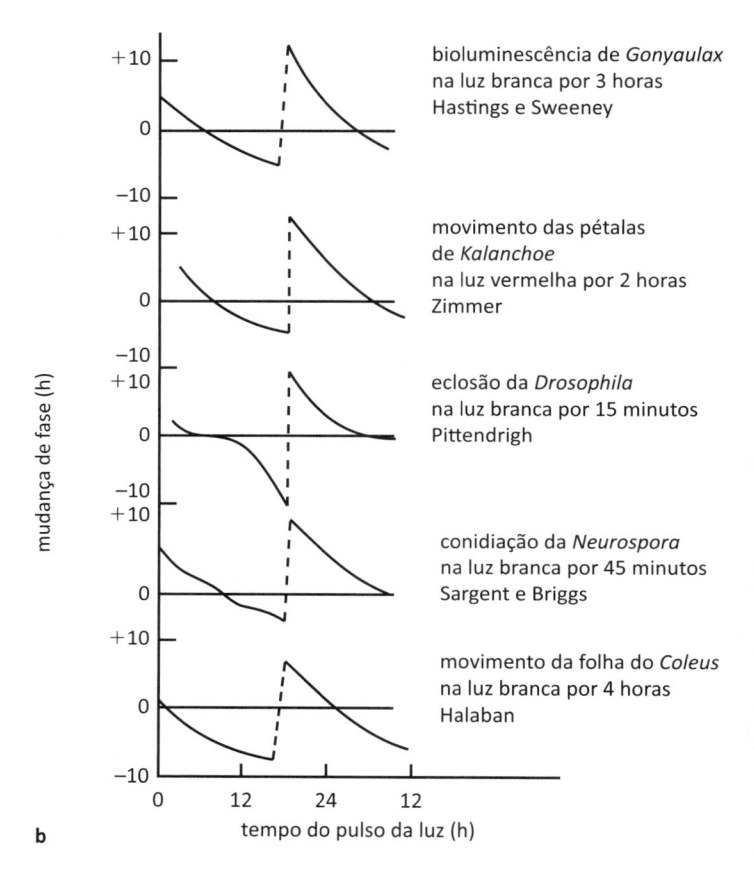

FIGURA 21-5 (a) Mudança de fase nos movimentos das pétalas de *Kalanchoe blossfeldiana* após exposições de 2 horas à luz laranja aplicada em vários momentos durante um período prolongado de escuridão contínua. A barra no topo indica o status subjetivo do ritmo; isto é, a parte escura da barra indica o fechamento da pétala ou a noite subjetiva. À medida que a interrupção da luz se aproxima do meio da noite subjetiva, ocorre um retardo crescente. Depois do meio da noite subjetiva ocorre um avanço, com diminuições à medida que o dia subjetivo se aproxima. (Dados de Zimmer, 1962.) **(b)** Curvas da resposta da fase para cinco ritmos circadianos em cinco organismos diferentes, incluindo o experimento de Zimmer mostrado em **a**. Observe como são semelhantes. Os pontos do tempo são plotados no meio da exposição à luz. (De Sweeney, 1987.)

é, levando em consideração os efeitos de avanço do amanhecer (luzes ativadas) e retardo do anoitecer (luzes desativadas), podemos prever as fases de um ritmo em relação ao ciclo normal de 24 horas e aos ciclos que tenham menos ou mais de 24 horas de duração. O zoólogo Colin S. Pittendrigh (por exemplo, consulte Pittendrigh, 1967) e seus colaboradores foram pioneiros nessa abordagem.

No arrastamento pela luz, algum pigmento fotorreceptor a está absorvendo e, portanto, é alterado de maneira que leva a um avanço ou atraso do relógio. Seria interessante entender o mecanismo fotobioquímico dessa resposta. O primeiro passo para a compreensão é identificar o pigmento fotorreceptor, que é alcançado determinando-se o espectro de ação da resposta, conforme discutimos nos Capítulos 10, 19 e 20. A luz de uma qualidade espectral cuidadosamente controlada é aplicada em vários momentos para testar sua eficácia no deslocamento da fase ou no arrastamento.

Espectros de ação foram determinados para vários ritmos de *Gonyaulax*, um ritmo de cópula do *Paramecium* e o de conidiação de *Neurospora*, a evolução do CO_2 em *Bryophyllum* (Figura 21-6) e a eclosão da *Drosophila* (drosófila) e a diapausa na *Pectinophora* (lagarta rosada). Os espectros de ação são diferentes nos vários organismos, como se diversos fotorreceptores disponíveis tivessem sido pressionados para o serviço pelo relógio circadiano (Sweeney, 1987), mas a maioria tem respostas fortes na parte azul do espectro. A resposta de *Gonyaulax* ao vermelho pode ser resultante da clorofila, mas o motivo da resposta ainda mais forte do *Paramecium* ao vermelho não está claro. Victor Munoz e Warren L. Butler (1975), em La Jolla, Califórnia, isolaram uma complexo de flavoproteínas-citocromo *b* de *Neurospora* com um espectro de absorção que corresponde estreitamente ao espectro da absorção da Figura 21-6 (consulte a discussão na Seção 19.4). Eles sugeriram que este pigmento, ou outro semelhante, pode combinar a luz e o relógio em muitos organismos, tanto vegetais quanto animais, que respondem à luz azul.

Lars Lorcher (1957), trabalhando no laboratório de Bünning em Tübingen, na Alemanha, observou que os ritmos dos pés de feijão cultivados no escuro eram efetivamente estabelecidos pela luz vermelha e que este estabelecimento era revertido por uma exposição imediata à luz vermelha-distante. Além disso, os ritmos do movimento das folhas frequentemente continuavam por vários dias quando as plantas eram mantidas em uma temperatura constante e sob luz contínua, desde que a luz fosse rica em comprimentos de onda vermelhos, mas não contivesse a parte vermelha-distante do espectro. Quando a luz vermelha-distante estava presente, os ritmos diminuíam mais rapidamente. Essas observações implicaram o

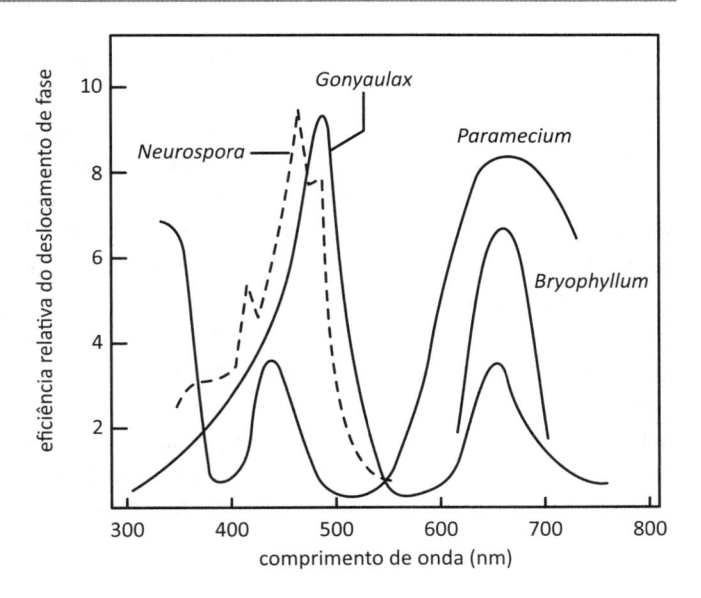

FIGURA 21-6 Espectros de ação aproximados para o deslocamento de fase nos ritmos de *Neurospora*, *Gonyaulax*, *Paramecium* e *Bryophytlum*. (De Ehret, 1960; Munoz e Butler, 1975; Sweeney, 1987; e Wilkins e Harris, 1975.)

sistema do fitocromo, mas Lorcher observou que outros comprimentos de onda também eram efetivos no arrastamento, desde que as plantas tivessem sido cultivadas na claridade e não na escuridão.

Existem outros exemplos em que o sistema do fitocromo foi implicado. Philip J. C. Harris e Malcolm B. Wilkins (1978a, 1978b), em Glasgow, na Escócia, zeraram o ritmo da evolução do CO_2 nas folhas de *Bryophyllum* (uma suculenta CAM) mantidas no escuro apenas com a luz vermelha (600 a 700 nm; Figura 21-6). Eles não puderam reverter esse refaseamento vermelho com a luz vermelha-distante, mas essa luz aplicada simultaneamente à luz vermelha ou imediatamente depois dela aboliu o ritmo completamente. Esther Simon, Ruth L. Satter e Arthur Galston (1976), por outro lado, conseguiram zerar o ritmo do movimento de folíolos de pulvinos excisados da *Samanea* (uma árvore leguminosa semitropical; consulte a Figura 19-1) apenas com 5 minutos de luz vermelha, e o efeito vermelho foi completamente cancelado pela exposição subsequente à luz vermelha-distante. Porém, houve outras complicações. Quando os tempos de irradiação mais longos foram usados, a luz azul e a vermelha-distante também puderam zerar os ritmos da *Samanea*, mas as curvas das zeragens foram qualitativamente diferentes (revisado por Satter e Galston, 1981, e Gorton e Satter, 1983). Claramente, o fitocromo pode interagir com o relógio biológico em pelo menos algumas plantas (mas não nos fungos, animais ou talvez protistas), mas também está claro que existem complicações que ainda não foram entendidas.

Por muito tempo, os zoólogos simplesmente presumiram que o fotorreceptor era o olho do animal com o qual estavam trabalhando. Mas Michael Menaker (1965), da University of Texas, em Austin, mostrou que o ritmo da atividade de pardais cegos (os dois olhos removidos) podia ser arrastado pelos sinais luminosos. É a glândula pineal do cérebro que responde à luz. Uma quantidade suficiente de luz, particularmente a vermelha, penetra no crânio para ser eficiente. Essa glândula, particularmente proeminente nas aves, é conhecida desde a antiguidade como o "terceiro olho"! Menaker e seus colaboradores (consulte Zimmerman e Menaker, 1979) estudaram as respostas da pineal à luz e seus efeitos no relógio. Os relógios da atividade pelo menos parecem estar localizados na glândula pineal; os efeitos são transmitidos pelos hormônios e não por impulsos nervosos.

Temperatura

Bünning investigou a questão dos efeitos da temperatura sobre o relógio em 1931. Ele relatou que o efeito da temperatura na resposta era inesperadamente pequeno, mas o período de movimento das folhas em seus pés de feijão era mais sensível à temperatura do que em alguns animais estudados subsequentemente. Foi Pittendrigh (1954) que percebeu que o relógio teria pouco valor para o organismo se o seu índice de funcionamento fosse fortemente dependente da temperatura, como a maioria das funções metabólicas. Ele ouviu falar do ritmo de eclosão de pupas de *Drosophila*, descoberto por H. Kalmus na Alemanha, portanto, estudou esse ritmo em várias temperaturas e descobriu que seu período é quase constante em um largo intervalo de temperaturas (ligeiramente encurtado em temperaturas mais altas). Portanto, a insensibilidade do relógio biológico à temperatura foi descoberta, ou pelo menos percebida.

A maior parte dos ritmos ultradianos é sensível à temperatura, mas alguns não são. A respiração e a proteína celular total em uma ameba do solo (*Acanthamoeba castellanii*) oscilaram em um período médio de 76 minutos, por exemplo, e o período continuou o mesmo em várias temperaturas de 20 a 30 °C (Lloyd et al., 1982).

Frank Brown e H. Marguerite Webb, da Northwestern University, em Chicago, relataram em 1948 que a mudança de cores observada no caranguejo violinista tinha um período de *exatamente* 24 horas praticamente independente da temperatura. Porém, eles não deduziram um relógio insensível à temperatura; em vez disso, consideraram que os resultados eram evidências *contra* um relógio endógeno. Na verdade, eles retornaram ao conceito de Stopper, de um fator X no ambiente que era responsável pela medição real do tempo. Brown (consulte Brown, 1983) defendeu essa ideia por três décadas antes de falecer. Ele e seus colaboradores observaram numerosas respostas biológicas a fatores ambientais sutis, como os campos geomagnéticos (por exemplo, consulte Brown e Chow, 1973a, 1973b; Blakemore e Frankel, 1981). Essas respostas e fatores são de considerável interesse, mas poucos pesquisadores acham que podem explicar a medição biológica do tempo. Assim como Pfeffer, que há quase um século foi incapaz de convencer seus colegas de que o relógio era endógeno (foram necessários os experimentos de Bünning, Stern, Stoppel e Kleinhoonte para isso), Brown também não conseguiu convencer a maioria de nós de que o relógio é exógeno. Atualmente, a maioria dos pesquisadores acredita que os experimentos de Brown e Webb com os caranguejos violinistas eram apenas uma demonstração particularmente interessante da independência do relógio à temperatura. Porém, a "maioria dos pesquisadores" ainda pode estar errada. Poucos pesquisadores (incluindo os presentes autores) fizeram uma avaliação honesta e profunda das ideias de Brown.

Enfrentamos certo paradoxo na nossa discussão sobre os efeitos da temperatura no relógio biológico. Alterações de apenas 2,5 °C ou menos podem sincronizar os ritmos (agindo como um Zeitgeber) em *Neurospora*

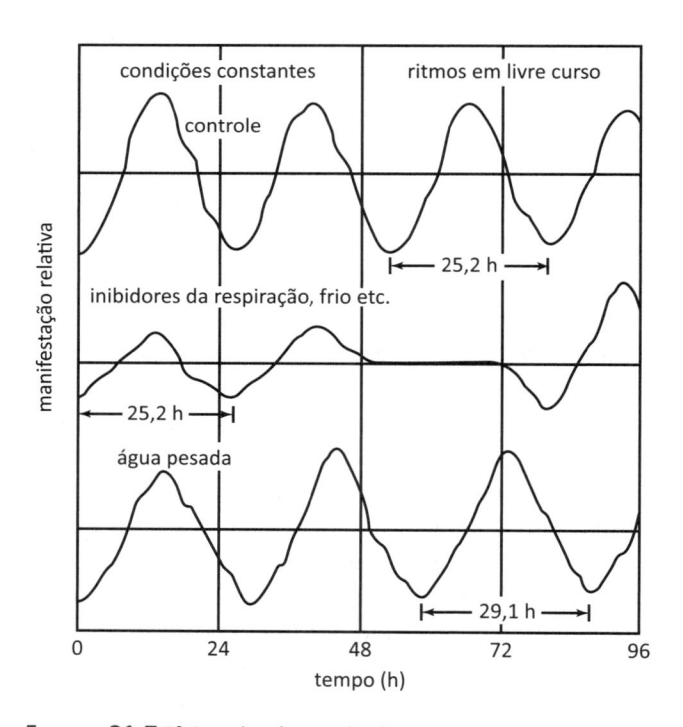

FIGURA 21-7 Efeitos de várias substâncias químicas e outros fatores nos ritmos em livre curso. A maioria dos compostos que inibem o metabolismo reduz a amplitude, mas não afeta o período (compare o registro do centro com o controle acima). A água pesada aumenta o comprimento do período (29,1 horas em comparação com 25,2 horas para a eclosão na *Drosophila*). As curvas são esquemáticas e não representam dados reais.

e outros organismos, e a temperatura também pode influenciar a amplitude da resposta. Esses efeitos certamente são importantes na natureza. Ainda assim, o período do ritmo em livre curso é relativamente insensível à temperatura. Portanto, alguns aspectos dos relógios são sensíveis e outros insensíveis à temperatura.

Os efeitos da temperatura sobre o período variam nos diferentes organismos. Em *Gonyaulax*, o Q_{10} para esse efeito é ligeiramente menor que 1 (à medida que a temperatura aumenta, o período em livre curso se torna ligeiramente mais longo), e é equivalente a aproximadamente 1,3 para os movimentos da folha de feijão. Foram relatados valores de Q_{10} que se aproximam de 1,00. Por exemplo, o valor é de aproximadamente 1,02 para a medição biológica do tempo que controla o florescimento do cardo (Salisbury, 1963).

Substâncias químicas aplicadas

Se pudéssemos encontrar uma substância química que inibisse ou promovesse claramente a medição biológica do tempo, poderíamos testar seu modo de ação e talvez entender a operação do relógio biológico. Muitas substâncias químicas foram estudadas, mas devemos ter cuidado ao interpretar os resultados. Uma determinada substância pode influenciar a amplitude do ritmo, ou os "ponteiros do relógio", sem influenciar seu mecanismo, como indicado pelo período (Figura 21-7). Existem casos em que essa amplitude pode ser completamente reduzida; ainda assim, quando o inibidor é removido, o ciclo prova estar em fase com o de organismos controle que possuem o mesmo período e que não receberam a aplicação de qualquer inibidor. Esse é um aspecto do problema geral da **máscara**. Como disse Sweeney (1987): "Apenas o não inibido usa inibidores".

No começo da década de 1960, Bünning (consulte seu livro de 1973) e seus colaboradores relataram que várias substâncias químicas (colchinina, éter, álcool de éter, uretano) aplicadas nos pés de feijão pareciam agir diretamente no relógio e não nas suas manifestações. Nesses casos, o período era prolongado e a amplitude não era afetada – ou era apenas ligeiramente reduzida. Foi sugerido que a característica comum dos componentes era a capacidade de influenciar as membranas, e que portanto o relógio pode estar associado às membranas celulares.

A água pesada (óxido de deutério) causou um aumento considerável no período de fototaxia de *Euglena* e também nos movimentos da folha de feijão, e desacelerou a medição do tempo no florescimento controlado pelo fotoperíodo (consulte a Seção 21.7 e o Capítulo 23). Embora a água pesada pudesse influenciar muitos processos dentro da planta, as membranas estão entre as estruturas afetadas. Os íons de lítio (Li^+) prolongam o período e afetam os ritmos de várias plantas e animais (revisado por Engelmann e Schrempf, 1980), sugerindo novamente o envolvimento das membranas. A valinomicina, um ionóforo do K^+, também causou deslocamentos de fase nos movimentos da folha de feijão (Bünning and Moser, 1972) e *Gonyaulax* (Sweeney, 1987), mas outros ionóforos de Ca^{2+} e K^+ foram ineficientes em *Gonyaulax*. Nem mesmo a actinomicina, que inibe a tradução de DNA, ou o cloranfenicol, que inibe a tradução dos ribossomos 70S, causaram deslocamentos de fase no ritmo de bioluminescência de *Gonyaulax*, mas a anisomicina e a ciclohexemida, que inibem a tradução nos ribossomos 80S, zeraram o ritmo. Também foi mostrado que RNAs extraídos em diferentes horários são diferentes. Tudo isso sugere que o relógio pode envolver o transporte de K^+ e a síntese de proteínas (tradução) nos ribossomos 80S, ambos ocorridos no citoplasma.

21.6 Mecanismos de relógio

O que é o relógio, onde ele se localiza e como funciona? Pode haver mais de um relógio ou mecanismo de relógio no mesmo organismo ou em organismos diferentes?

Sabemos mais sobre a localização e o número de relógios do que sobre como eles funcionam. Até o momento, não existe evidência de que o relógio tenha diferentes mecanismos nos diferentes organismos, mas ainda há muito a estudar. Os vários ritmos em *Gonyaulax* mantêm o mesmo período por muitos dias sob condições constantes e respondem com o mesmo deslocamento de fase a um estímulo como um pulso de luz, sugerindo fortemente que existe apenas um relógio em cada célula de *Gonyaulax* (revisado por Sweeney, 1987), mas esse não é o caso dos múltiplos ritmos em organismos multicelulares. Os ciclos do sono podem não ter uma sincronia com os ciclos de eliminação do potássio nos seres humanos, por exemplo. Múltiplos relógios devem existir.

A maior parte das evidências da localização do relógio nas membranas foi revisada na Seção 21.5, em "Substâncias químicas aplicadas". Por um certo tempo, acreditava-se que o núcleo poderia estar envolvido; um ritmo circadiano no volume do núcleo foi relatado em vários organismos (revisado por Bünning, 1973). A grande alga monocelular *Acetabularia* tem seu núcleo localizado em seu gancho, de onde pode ser facilmente removido. Essas células enucleadas exibem um ritmo fotosssintético que persiste por pelo menos um mês, como mostrado em cinco laboratórios diferentes (Bünning, 1973; Sweeney, 1987). Mesmo os pequenos fragmentos da célula *Acetabularia* mostram esses ritmos. Ainda assim, a *Acetabularia* não é exatamente a mais típica das células.

Na procura pelos mecanismos de relógio, os pesquisadores usaram não apenas os inibidores, mas também os mutantes do relógio em vários organismos, principalmente *Neurospora crassa*, *Drosophila* e *Chlamydomonas* (uma alga verde móvel monocelular). Algumas conclusões merecem a nossa atenção.

Aproximadamente 12 mutantes do relógio de *Neurospora* para a formação de uma faixa conidial foram encontrados (consulte as revisões de Feldman, 1982, 1983). Seus períodos variam de 16,5 a 29 horas. Sete dos mutantes foram mapeados para um único locus gênico denominado *frq* (frequência), que aparentemente cumpre uma função-chave na organização do relógio. A 25 °C, os períodos dos mutantes *frq* são todos diferentes do tipo selvagem em algum múltiplo de 2,5 horas. Além disso, os ciclos de *frq* são restritos a uma parte do ciclo do tipo selvagem de 7 horas, que é encurtada no *frq*-1 para 2 horas e prolongada no *frq*-7 para 14,5 horas. Os mutantes *frq* de período curto mantêm a compensação da temperatura, mas não os de período longo.

A situação na *Drosophila melanogaster* é particularmente interessante. São conhecidos três mutantes: um encurta os ritmos de atividade *e* eclosão, outro prolonga esses ritmos e o terceiro produz ritmos curtos e cheios de ruído com várias periodicidades (Dowse et al., 1987; Konopka e Benzer, 1971). Todas as três mutações ocorrem no mesmo locus do cromossomo. Esses mesmos genes mutados também influenciam o ritmo ultradiano da música que o macho emite durante o acasalamento e na mesma direção; por exemplo, os ritmos circadianos encurtados ocorrem nas mesmas moscas em que ocorrem os ultradianos encurtados (Kyriacou e Hall, 1980). Jackson et al. (1986) identificaram e sequenciaram um segmento biologicamente ativo de DNA que restaura a ritmicidade quando ele é transduzido nas moscas que carregam as mutações. A proteína que o DNA codifica parece ser um proteoglicano (uma proteína-polissacarídeo). No futuro, esses esforços devem esclarecer os mecanismos bioquímicos do relógio de controle.

Nesse meio tempo, vários pesquisadores tentaram criar hipóteses ou modelos para explicar o mecanismo de relógio. Esse modelo deve explicar os períodos longos (comparados com os períodos de sistemas químicos oscilantes conhecidos), os efeitos de zeragem da temperatura e particularmente da luz, a compensação da temperatura, os vários efeitos químicos e a aparente função-chave das membranas.

A compensação de temperatura do relógio é um problema interessante, porque o Q_{10} para a maioria das reações bioquímicas é apreciavelmente maior que 1,0. As reações que envolvem a hidrólise do ATP, por exemplo, frequentemente possuem um Q_{10} de aproximadamente 2,0. Poderíamos perguntar: se o organismo vivo é fundamentalmente um sistema bioquímico, como podemos explicar a insensibilidade à temperatura?

Podemos visualizar alguns mecanismos de feedback. Os produtos de uma reação ou função podem inibir a velocidade de outra reação ou função prévia. Essa inibição de feedback dos outros processos é bem conhecida nos organismos vivos. À medida que a temperatura aumenta, a velocidade da primeira reação (a de medição do tempo) poderia aumentar, mas a quantidade do produto inibidor aumentaria em um índice proporcional e, portanto, a reação deveria manter um índice quase constante em uma larga variedade de temperaturas. O valor Q_{10} inferior a 1 observado em *Gonyaulax* poderia ser explicado por esse esquema, presumido-se que, com o aumento na temperatura, o produto inibidor seria produzido um pouco mais rápido que a aceleração da reação de medição do tempo. É difícil imaginar outra maneira de explicar essa observação. Esse feedback (possivelmente uma supercompensação, como em *Gonyaulax*) poderia ser evocado em um **sistema compensado pela temperatura** para medir o tempo, com base em reações bioquímicas. Além disso, algumas reações químicas catalisadas pelas enzimas que possuem coeficientes de temperatura próximos de 1 são agora conhecidas.

Assim, existem várias evidências da possível participação das membranas no mecanismo básico de relógio (revisado por Engelmann e Schrempf, 1980). Uma difusão lenta especial através de uma membrana (normalmente, um processo rápido) com um acúmulo gradual de uma certa substância-chave em um dos lados poderia explicar o período longo. Na verdade, foi descoberto que as concentrações de alguns íons e, principalmente, de K^+ em certas partes das plantas oscilam de maneira circadiana, e esses íons deslocam a fase de alguns ritmos das plantas quando aplicados externamente. Os ritmos circadianos nas propriedades de permeabilidade e transporte das membranas foram relatados. Podemos imaginar como a luz e talvez a temperatura influenciem as membranas e, portanto, o relógio. Vimos que, aparentemente, o fitocromo cumpre uma função no refaseamento dos relógios das plantas e que acreditamos que ele interage com as membranas.

Com essas e outras ideias em mente, foram propostos vários mecanismos de relógio envolvendo membranas (revisado por Engelmann e Schrempf, 1980). Beatrice Sweeney publicou um modelo em 1972, seguido por modificações em 1974 e 1976 (consulte Sweeney, 1976). Alguma *substância X*, possivelmente o K^+, é transportada para uma organela (tilacoides dentro de cloroplastos no modelo de Sweeney). Quando a concentração interna atinge um valor crítico, o transporte ativo é interrompido e a substância X vaza para fora até que uma concentração baixa crítica seja atingida, reiniciando o transporte ativo e, portanto, outro ciclo. A fase

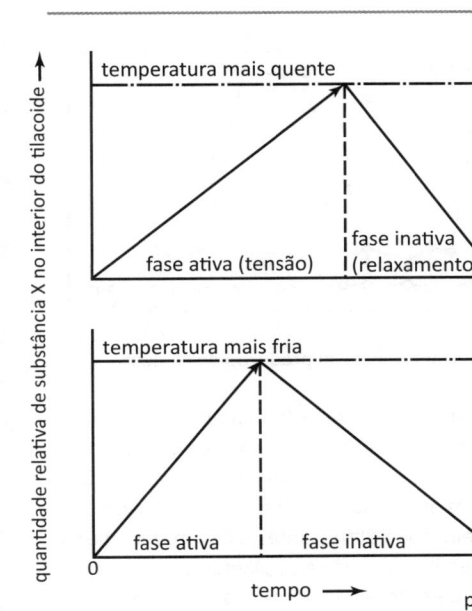

FIGURA 21-8 Compensação da temperatura para o período circadiano, de acordo com o modelo de Sweeney. O modelo postula que a medição do tempo depende da concentração de alguma substância X (K^+?) no interior das membranas duplas do tilacoide nos cloroplastos de *Gonyaulax* e talvez de outros organismos. Na fase ativa, existe uma captura e uma liberação da substância X para/de o interior dos tilacoides. Nas temperaturas mais altas (parte superior), a substância X é liberada mais rápido em comparação com as temperaturas inferiores (parte inferior), levando assim a uma taxa geral reduzida de captura durante a fase ativa. Portanto, a fase ativa deve ser mais longa para que a concentração de X atinja o limiar que se desloca para a parte passiva, mas a parte passiva é mais rápida nas temperaturas mais altas, explicando o período constante (compensação da temperatura). (Consulte em Engelmann e Schrempf, 1980, uma revisão deste e de outros modelos de membrana.)

de transporte requer energia, mas não a do vazamento, correspondendo a evidências do sistema de tensão/relaxamento relatado por vários autores (por exemplo, Bünning, 1960). Em temperaturas mais altas, o vazamento é mais acelerado que o transporte, atrasando a fase de tensão e acelerando a de relaxamento, explicando assim a compensação da temperatura (Figura 21-8). A luz desloca a fase porque acelera a taxa de vazamento através das membranas. Isso causa um atraso durante a tensão, mas um avanço durante o relaxamento.

Outros modelos de membranas são semelhantes ao de Sweeney nos seus conceitos básicos, mas alguns incluem a síntese de proteína e outras características para explicar as várias observações. Um exemplo baseado nos flagelados *Euglena* envolve o NAD^+, o sistema de transporte do Ca^{2+} mitocondrial, Ca^{2+}, calmodulina, NAD^+ quinase e $NADP^+$ fosfatase (Goto et al., 1985). Ninguém acredita que apenas um modelo se provará inteiramente correto, mas pelo menos isso foi um início.

21.7 Fotoperiodismo

Mesmo antes do trabalho de Bünning, Stern, Stoppel e Kleinhoonte, o relógio biológico havia sido claramente demonstrado como componente das plantas vivas, embora a descoberta não tenha sido amplamente reconhecida por aqueles que trabalhavam com os ritmos até a década de 1950. Wightman W. Garner e Henry A. Allard eram dois cientistas que trabalhavam nos laboratórios de pesquisa do Ministério da Agricultura dos Estados Unidos em Beltsville, Maryland, na década de 1910. Eles fizeram duas observações que não conseguiram explicar. O tabaco Maryland Mammoth (um novo híbrido) cresceu naquela latitude a uma altura de 3 a 5 metros durante os meses do verão, mas nunca floresceu, embora tenha florescido profusamente quando tinha apenas 1 metro de altura, depois de ser transplantado para a estufa de inverno. Eles também perceberam que todos os indivíduos de um determinado cultivo de soja floresceram ao mesmo tempo no verão, independente de onde haviam sido plantados na primavera; isto é, plantas grandes semeadas no início da primavera floresciam ao mesmo tempo que plantas muito menores semeadas no verão. Garner e Allard suspeitaram que algum fator do ambiente era responsável pelo florescimento das duas espécies.

Eles testaram vários fatores ambientais que poderiam diferir entre os campos de verão e as estufas de inverno: níveis de luz, temperatura, umidade do solo e condições de nutrientes do solo. Porém, nenhuma combinação desses fatores resultou no florescimento dos pés de tabaco. Garner e Allard perceberam que a duração do dia variava durante toda a estação e que era uma função da latitude, portanto, testaram a possibilidade[2] aparentemente remota de que isso poderia controlar o florescimento. E controlava. Quando os dias eram mais curtos que uma duração máxima, os pés de tabaco começavam a florescer. Quando os dias eram mais curtos que outra duração máxima, os pés de soja também começavam a florescer.

Garner e Allard descobriram que algumas plantas (por exemplo, a cevada da primavera e o espinafre) florescem em resposta aos dias *mais longos* que uma certa duraçã crítica. Elas foram chamadas de **plantas de dia longo**, e aquelas como o tabaco e a soja, que florescem quando o dia é mais curto que alguma duração máxima, são as **plantas de dia curto**. Algumas espécies que eles estudaram não mostraram resposta à duração do dia; elas foram chamadas de **plantas de dia neutro** (também conhecidas como **plantas**

---
[2] Veremos no Capítulo 23 que outros haviam descoberto o fenômeno, mas seu pensamento não estava cristalizado, e que provavelmente Garner e Allard não estavam cientes desses outros trabalhos quando iniciaram seus próprios experimentos.

indiferentes à duração do dia). Os resultados foram publicados em 1920 e eles batizaram a descoberta do florescimento em resposta às durações relativas do dia e da noite de **fotoperiodismo** seguindo a sugestão de A. O. Cook, um colega de Beltsville.

O trabalho subsequente indicou uma função crítica para o período de escuridão (Capítulo 23), mas agora está claro que as plantas são capazes de medir a duração do período da claridade, da escuridão ou de ambos. Aqui está uma demonstração óbvia da medição biológica do tempo. Respostas totalmente comparáveis foram descobertas em seguida nos animais, incluindo efeitos sobre o ciclo de vida dos insetos, cor dos pelos (por exemplo, na lebre do ártico), tempos de procriação (tamanho das gônadas) e migração de muitas aves e de outros animais. Portanto, a descoberta de Garner e Allard provou ser um princípio fundamental da biologia.

21.8 Interações fotoperíodo/ritmo

Garner e Allard (1931) também fizeram alguns experimentos, agora esquecidos em sua maioria, nos quais submeteram as plantas a ciclos de claridade e escuridão que não somavam 24 horas. Os resultados foram complexos e nem sempre são fáceis de explicar, mas parece claro que, quando o total da luz e da escuridão se afasta muito de 24 horas, o crescimento e outras respostas são inibidos. Aparentemente, o ciclo de claridade/escuridão deve concordar pelo menos aproximadamente com os ciclos circadianos da planta. Quando o ciclo se afasta muito de 24 horas, a mudança rítmica na claridade e na escuridão não pode mais arrastar os ritmos, como já observamos.

Os pés de tomate exibem algumas interações interessantes do ritmo. Embora os dias curtos promovam levemente o florescimento, as plantas geralmente florescem em um largo intervalo de duração dos dias, desde os muito curtos até os com 18 horas; isto é, elas são quase de dias neutros. Porém, a altura do caule é fortemente influenciada pela duração do dia; plantas mantidas sob dias de 16 horas têm caules quase duas vezes mais longos que aquelas mantidas em dias de 8 horas (consulte a Figura 23-2). Além disso, muitos cultivares de tomate chegam a morrer quando os dias envolvem mais de 18 horas de um ciclo de 24 horas. Isso ocorre mesmo quando os dias são prolongados em níveis baixos de luz, portanto, as plantas mantidas sob dias longos não fotossintetizam muito mais que as plantas mantidas sob dias curtos.

Com os sensíveis pés de tomate, é até possível observar uma inibição leve, porém significativa, do crescimento quando a luz é aplicada no meio do período da escuridão. Para comprovar isso, Highkin e Hanson

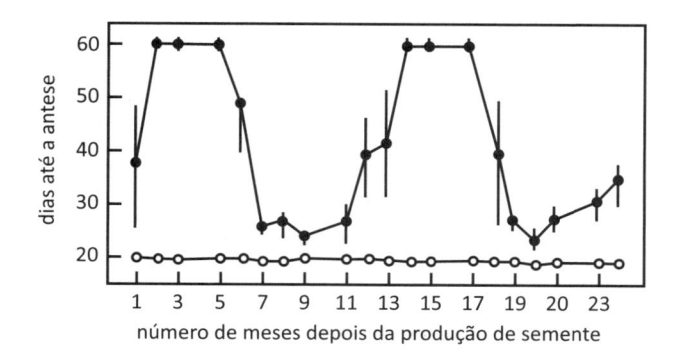

FIGURA 21-9 Florescimento do rabanete (*Raphanus sativus* cv. Waseshijunichi), medido em dias até antese, conforme afetado pelo período do armazenamento da semente. A promoção da flor é indicada por menos dias até a antese. As linhas verticais indicam o período desde a primeira até a última antese. O armazenamento começou em julho no hemisfério norte e as plantas que foram germinadas dois meses mais tarde não floresceram, mesmo depois de 60 dias na claridade contínua. De 7 a 10 meses depois, as plantas floresceram em cerca de 25 dias, mas de 14 a 17 meses depois, novamente elas não floresceram depois de dois meses de claridade contínua, demonstrando claramente um ritmo anual de resposta. O tratamento com o frio (10 dias a 5 °C) aboliu o ritmo anual, de forma que todas as plantas floresceram depois de 20 dias. (De Yoo e Uemoto, 1976.)

(1954) aplicaram aos pés de tomate 16 horas de claridade contínua mais 8 horas de escuridão, ou 14 horas de claridade com outras 2 horas no meio do período de escuridão. Os pés de tomate também estão adaptados a uma alternação normal na temperatura entre o dia e a noite; eles produzem mais flores quando as temperaturas noturnas são mais baixas que as diurnas. Esse fenômeno foi chamado de **termoperiodismo** por Frits Went (discutido no Capítulo 22).

Keun Chang Yoo e Shunpei Uemoto (1976), na Kyushu University, Japão, descobriram uma relação interessante entre o ritmo circa-anual e a resposta de florescimento ao fotoperíodo. Sementes de rabanete (*Raphanus sativus*) foram armazenadas a 25 °C e a cada mês algumas eram germinadas e cultivadas sob claridade contínua. Um ritmo anual no florescimento apareceu, como mostra a Figura 21-9. As plantas não floresceram durante o outono e o inverno, mesmo com 60 dias de claridade contínua, mas por dois anos, durante a primavera e o verão, elas floresceram com cerca de 25 dias de claridade contínua. Se as plantas fossem tratadas com temperaturas baixas (Capítulo 22), o ritmo anual do florescimento era abolido e as plantas floresciam em cerca de 20 dias.

Uma questão importante: o relógio que mede o comprimento do dia e da noite no fotoperiodismo é o mesmo que controla os ritmos circadianos? Guardaremos essa discussão para o Capítulo 23 (Fotoperiodismo), mas aqui podemos dizer que os relógios circadiano e do fotoperiodismo têm muitas características em comum, mas também podem ser separados por várias outras e, portanto, parecem diferentes.

21.9 Como os relógios são usados

Na introdução, deduzimos a provável existência de um relógio biológico com base nas maneiras como ele (ou eles) pode(m) ser usado(s) em um ambiente cíclico. Os ritmos da atividade nos animais, por exemplo, permitem que uma espécie ocupe um nicho não apenas no espaço, mas também no tempo; um animal noturno e outro diurno podem usar o mesmo espaço, mas em horários diferentes. Os ritmos da planta no metabolismo ajustam-na às condições prevalecentes de luz e temperatura. Os ritmos na abertura da flor devem ser estreitamente combinados com a memória do tempo das abelhas (observador a seguir). O fenômeno do fotoperiodismo confere ao organismo que o possui a capacidade de ocupar um nicho particular em um horário sazonal, e não diário. Diversas espécies que florescem em resposta ao fotoperiodismo podem fazê-lo em diferentes horários e em sequência durante toda a estação, fornecendo uma fonte bastante constante de néctar para insetos polinizadores. Dado um período durante a estação com flores mínimas, mas com uma alta disponibilidade de polinizadores, haveria uma vantagem seletiva para qualquer espécie que fosse capaz de florescer durante esse período.

Movimentos da folha

Porém, os movimentos das folhas executam alguma função importante na natureza? Pfeffer resolveu essa questão amarrando as folhas a uma estrutura de bambu para que os movimentos não pudessem ocorrer. Como as plantas não exibiram efeitos nocivos aparentes, ele concluiu que os movimentos eram algum subproduto do processo evolucionário que não tinha valor seletivo para a planta.

Charles Darwin sugeriu que as posições das folhas podem cumprir uma função na transferência de calor entre a planta e seu ambiente (Seção 4.9). Uma folha horizontal está em boa posição para receber a luz do sol durante o dia, mas, à noite, mais calor pode se irradiar dessa folha para o espaço, tornando-a mais propensa ao congelamento nas noites frias. As folhas verticais de uma comunidade de plantas, no entanto, podem irradiar mais de umas para as outras, mantendo-se aquecidas! Darwin e seu filho Francis (1880) testaram a ideia experimentalmente e obtiveram resultados positivos (embora não muito surpreendentes). Experimentos semelhantes e mais recentes (Enright, 1982;

Schwintzer, 1971) confirmaram a observação básica, mas as diferenças de temperatura entre as folhas verticais e horizontais eram pequenas, menos de 1 °C. Por outro lado, Alan P. Smith (1974) estudou *Espeletia schultzii* no alto dos Andes na Venezuela a uma elevação de 3.600 m. *Espeletia* é uma grande espécie de roseta (0,5 m de diâmetro e 0,25 m de altura) com folhas pubescentes que se fecham ao redor de um único botão apical à noite e se abrem durante o dia; a planta é típica de várias outras elevações alpinas nos trópicos. As folhas de algumas plantas de foram mantidas abertas com arames, outras mantidas fechadas; as de algumas plantas foram removidas e as plantas-controle foram deixadas intactas. A temperatura do centro do botão nas plantas com folhas abertas ou sem folhas caiu abaixo do congelamento em uma noite fria e clara; por sua vez, as folhas jovens murcharam e morreram, mostrando que a nictinastia nessas espécies é realmente adaptativa. O formato de roseta das folhas também forma um refletor parabólico e um radiador que aquece o botão durante o dia, supostamente para promover seu metabolismo e desenvolvimento.

A transpiração pode ser extremamente reduzida nas folhas que se dobram à noite (por exemplo, *Albizia, Mimosa, Samanea*). Quando algumas espécies estão totalmente dobradas, nenhum estômato fica exoposto; todos estão totalmente protegidos (Mauseth, 1988; Wilkinson, 1971).

Bünning sugeriu (consulte seu ensaio neste capítulo) que uma folha horizontal estaria em uma posição melhor para absorver a luz da Lua cheia (em seu zênite à meia-noite). Uma vez que essa absorção pode comprometer a resposta de fotoperiodismo, a posição vertical da folha à noite poderia ser um mecanismo de proteção para garantir o sucesso da medição do tempo no fotoperiodismo. Porém, essa conclusão exige mais estudo, como discutiremos no Capítulo 23.

Memória do tempo

Enquanto Bünning, Stern e Stoppel descobriam a natureza endógena do relógio biológico nas plantas, Ingeborg Behling (1929), na Alemanha, fazia uma descoberta importante sobre o relógio nas abelhas. Ela descobriu que as abelhas eram facilmente treinadas para se alimentar em um certo horário do dia. Conforme notado, isso deve ser uma adaptação ao ritmo de abertura das flores e produção de néctar pela planta. É como se o relógio da abelha tivesse um "despertador", indicando o horário e informando a ela, 24 horas mais tarde, que chegou a hora de se alimentar. Ainda precisamos determinar se este é o mesmo relógio que controla os ritmos circadianos.

Os seres humanos possuem um sistema comparável de medição do tempo. Nossa memória temporal frequentemente se manifesta quando acordamos em um horário predeterminado. Isso é particularmente impressionante, porque a pessoa deve converter um conceito aprendido (hora do relógio) em uma forma de "ajuste do despertador" do seu relógio biológico. A memória temporal humana é demonstrada da maneira mais impressionante sob hipnose, principalmente com a sugestão pós-hipnótica.

Navegação celeste

Apesar das descobertas extremamente intrigantes das décadas de 1920 e 1930, apenas uma pequena minoria de biólogos mostrou um grande interesse pelo relógio biológico até o começo da década de 1950. Na época, os botânicos americanos se interessaram pelo trabalho de Bünning porque ele parecia ter uma relação direta com o fotoperiodismo, um tópico no qual havia um interesse considerável. Na verdade, Bünning propôs uma teoria para correlacionar o fotoperiodismo com os ritmos circadianos (consulte seu ensaio neste capítulo). Os zoólogos, principalmente Pittendrigh, na Princeton University, também começaram a dar atenção à descoberta de Bünning e outros trabalhos realizados na Europa. A descoberta da compensação da temperatura era particularmente estimulante.

Assim, Gustav Kramer, K. von Frisch e outros que trabalhavam principalmente na Alemanha observaram que certos pássaros e outros animais podem identificar a direção da superfície terrestre pela posição do sol no céu. Uma vez que essa posição muda, o organismo deve ser capaz de se corrigir conforme o horário do dia, aparentemente com o uso de algum tipo de relógio. O trabalho subsequente no planetário chegou a implicar as estrelas. Até então, algumas das manifestações do relógio (por exemplo, os movimentos das folhas) não pareciam ter grande valor para o organismo. No caso da **navegação celeste**, no entanto, o relógio deve ser usado, portanto, essa descoberta espetacular (junto com a compensação da temperatura) chamou a atenção de biólogos do mundo inteiro e levou a um surto de interesse pelos relógios biológicos.

21.10 Algumas implicações importantes do relógio biológico

Os ritmos envolvem implicações importantes para a nossa vida moderna. Mencionaremos algumas delas; você pode pensar em outras.

Agricultura

As respostas rítmicas das plantas às substâncias químicas, como herbicidas (consulte exemplos em Koukkari e Warde, 1985) são bons exemplos de uma implicação agrícola. Pouco trabalho foi feito, mas os mecanismos de resposta podem variar e frequentemente podem ser indiretos. A posição da folha, por exemplo, pode determinar a quantidade de herbicida que cai sobre ela. Uma vez que a produção de muitas safras depende da quantidade de flores (safras de sementes e frutas) ou de sua ausência (safras vegetativas, como cana-de-açúcar e espinafre) e como, frequentemente, o fotoperiodismo influencia o florescimento, o relógio do fotoperiodismo é de considerável importância na agricultura. Em uma safra de sementes como a soja de dia curto, a produção de certos cultivos pode ser máxima em uma variedade de latitudes (isto é, durações do dia) tão estreita como 80 quilômetros. Se, no hemisfério norte, as plantas estiverem muito ao sul, os dias do final do verão são muito curtos e o florescimento ocorre antes que as plantas tenham a chance de desenvolver um número suficiente de folhas; muito ao norte, as plantas florescem muito tarde na estação e podem ser danificadas pela geada. Algumas plantas (por exemplo, a soja) são mais sensíveis ao estresse pelo frio em certos horários do dia (Couderchet e Koukkari, 1987; King et al., 1982). Berthold Schwemmle (1960) reuniu seus próprios experimentos (e também os de vários outros pesquisadores) segundo os quais a alternação da temperatura durante o ciclo diário poderia ser substituída pela alternação da luz, com a temperatura alta (por exemplo, 35 °C) agindo como a luz. Retornaremos a essas questões nos dois próximos capítulos.

O relógio fisiológico em seres humanos

Observamos a existência de alguns ciclos circadianos nos seres humanos (revisões: Luce, 1971; Moore-Ede et al., 1982; Thompson e Harsha, 1984). Existem ritmos no sono (por exemplo, acordar antes do despertador), no estado de alerta e velocidade no cálculo, nos níveis de hormônio, na frequência cardíaca, na temperatura corporal, na eliminação de urina, na sensibilidade a fármacos, em nascimentos e mortes (ambos principalmente à noite) e muitos outros fenômenos. (Também existe muita pseudociência associada aos ciclos humanos; consulte o ensaio a seguir.)

Nem todos os ritmos humanos foram estudados sob condições constantes, mas houve alguns estudos impressionantes. Jürgen Aschoff e Rütger Wever (1981) e Wever (1979) usaram bunkers subterrâneos em Andechs, perto de Munique, como dormitórios especiais nos quais voluntários (frequentemente alunos que estudavam para exames finais) poderiam permanecer várias semanas em condições constantes. Temperatura corporal, sono e atividade, volume da urina e química dos 147 voluntários eram registrados automaticamente. A maioria dos participantes

Biorritmos e outras pseudociências

Existe uma conversa sobre os biorritmos. A noção é de que o comportamento humano é controlado por três ciclos, cada um deles iniciado no momento do nascimento: um ciclo físico de 23 dias, um ciclo de sensibilidade (emocional) de 28 dias e um ciclo intelectual de 33 dias (Mackenzie, 1973; Thommen, 1973). A primeira metade de cada ciclo deveria ser a época em que a pessoa está mais positiva no respectivo atributo do ciclo; durante a segunda metade, a pessoa é negativa. Os dias em que existe um cruzamento entre o negativo e o positivo são os dias críticos, e se os pontos críticos de dois ou três ciclos incidirem no mesmo dia (o que acontece cerca de seis vezes por ano para dois ciclos e uma vez para os três), é melhor ter cuidado!
O conceito foi desenvolvido de 1897 a 1932 por alguns médicos e outros indivíduos em Viena, Berlim, Innsbruck, Filadélfia e outros lugares. Normalmente, ele era apresentado como uma doutrina "científica". Algumas empresas, como a Ohmi Railway Company, do Japão, calculavam os ciclos para seus funcionários, avisando-os sobre os dias críticos. Foi indicado que o índice de acidentes caía em mais de 50%! Ainda assim, existe pouca evidência objetiva para sustentar essa hipótese (Rodgers et al., 1974). A maioria das evidências é anedótica: foi relatado que essa ou aquela celebridade sofreu um acidente grave em um dia crítico triplo. Muitos defensores da doutrina juram que ela é verdadeira. Porém, obviamente, esses resultados podem ser exemplos das profecias que se autocumprem. Depois de plotar seus gráficos com muitos meses de antecedência, você pode esperar dias bons e ruins, e subconscientemente (ou não) ajustar sua vida conforme essas expectativas. Se você fizer um diário cuidadoso, pode testar a teoria plotando seus gráficos a partir de um intervalo prévio coberto pelo diário e pesquisar se algo especial aconteceu nos dias bons ou ruins – mas, para ser objetivo, você também deve anotar coisas especiais que aconteceram nos outros dias.
Deve ser claro, a partir das discussões deste capítulo, que a premissa básica do conceito do biorritmo não tem base na observação científica. É óbvio que os ritmos existem nos organismos, incluindo os seres humanos, mas eles possuem três características em total variação com as da hipótese do biorritmo: normalmente, eles são *circa*, aproximando-se, mas quase sempre variando a partir de um período de medidas exatas, a menos que sejam continuamente arrastados por um ambiente cíclico; eles frequentemente variam entre os indivíduos da mesma espécie; e são relativamente fáceis de mudar por vários fatores ambientais.
Seus períodos são plásticos, não rígidos. Os ritmos discutidos neste capítulo nunca poderiam manter períodos exatos de 23, 28 ou 33 dias desde o momento do nascimento – o mesmo para todas as pessoas – ao longo dos proverbiais setenta anos da vida individual.
Falando em questões pseudocientíficas, observamos que a ciência botânica também contribuiu com sua parte. Existem aqueles que sugerem que conversar com as plantas, rezar sobre elas ou cantar para elas as faz crescer melhor (e talvez isso seja verdade, se você aumentar a concentração de CO_2 ao seu redor ou cuidar melhor delas). Também existem vários estudos que defendem que a música faz as plantas crescerem mais. Existem vários CDs especiais no mercado; seus fabricantes dizem que eles fornecem as melhores músicas para as plantas. (Isso precisa de muito trabalho, mas é possível que as ondas sonoras possam vibrar as organelas celulares e influenciar o crescimento da planta – mas música clássica e não o rock??!?)
Há muitos anos, a mídia relatou "experimentos" em que um polígrafo (detector de mentiras) foi ligado a uma planta e registrou respostas extremas quando coisas ruins aconteciam, como quando outra planta era "assassinada" na mesma sala ou uma lagosta viva era mergulhada em água fervente. As plantas realmente têm sentimentos e emoções, respondendo às "ondas de pensamento" do experimentador? Nesse caso, isso ainda precisa ser demonstrado. Os "experimentos" aparentemente funcionaram uma vez, mas ninguém pôde repeti-los de maneira coerente. E a ciência sempre exige uma verificação coerente e objetiva (Galston, 1974). É verdade que o progresso sempre depende de descobertas surpreendentes e inesperadas, mas é tão comum que essas supostas descobertas sejam interpretações incorretas ou decorrentes de experimentos mal projetados quanto sejam avanços do conhecimento. Temos o direito e a obrigação de testar todas as alegações, insistindo na verificação por observadores objetivos que entendam profundamente a função dos controles em um experimento e conheçam todos os fatores que possam influenciar o resultado. Por exemplo, as respostas do polígrafo observadas quando o "assassinato" era perpetrado ao lado da planta ligada à máquina teriam o mesmo nível que o "ruído" esperado se o polígrafo fosse ligado a um objeto inanimado. Será que os resultados poderiam ser uma coincidência? Obviamente, e é provável que sim.

---

mostrou períodos circadianos de cerca de 25 horas para esses parâmetros (alguns tão longos quanto 27 horas) e a maioria dos princípios aprendidos com outros organismos se aplicou aos seres humanos, embora eles fossem mais facilmente influenciados por dicas sociais e intelectuais, como a presença de outras pessoas ou de um relógio de pulso (Aschoff et al., 1975; Sulzman, 1983).

Foi descoberto em seres humanos e confirmado em macacos-saguis que os ritmos com diferentes períodos poderiam existir em um único indivíduo e que diferentes ciclos eram controlados pelo menos por dois relógios separados (Sulzman, 1983). Por exemplo, a atividade e a eliminação do cálcio na urina tinham um período de 33 horas, enquanto a temperatura corporal, o volume da urina e a eliminação de potássio por ela tinham um período em livre curso de 25 horas na pessoa estudada.

Esses estudos têm várias implicações na vida moderna. Por exemplo, alguns distúrbios humanos, como a depressão do inverno, podem ser curados ou mitigados por luzes fortes (relatadas como 2.500 lux ou mais, o que ainda é cerca de 3% da luz solar total) aplicadas no horário adequado (Moore-Ede et al., 1982; Czeisler et al., 1986). A luz forte é necessária todos os dias para zerar o relógio da atividade humana e outros relógios em alguns indivíduos.

As viagens aéreas por diferentes fusos horários causam um forte efeito no sistema do relógio interno dos passageiros. Às vezes, o turista – ou o diplomata – demora vários dias para se ajustar ao novo fuso horário. A viagem em uma distância comparável de norte a sul, mas dentro do mesmo fuso, é muito menos cansativa – mostrando que é o nosso relógio que é afetado. Para a maioria das pessoas, viajar do leste para o oeste é mais fácil do que na direção oposta. Uma vez que nossos períodos em livre curso são normalmente mais longos que 24 horas, é mais fácil atrasar o ciclo do que encurtá-lo. Também ajuda a exposição à luz forte: dê uma caminhada sob o sol, se possível. Um fármaco de benzodiazepina (triazolam ou Halcion), que é usado para tratar a insônia, foi eficiente para zerar o relógio do hamster dourado (Turek e Losee-Olson, 1986).

O conhecimento do relógio biológico é aplicado em muitos hospitais em que os fármacos podem ser administrados em doses menores nos horários em que os pacientes estão mais sensíveis. Esse conhecimento deveria ser aplicado, mas raramente o é, em trabalhadores de turnos, residentes médicos (que frequentemente trabalham por turnos de 36 horas), pilotos e outras pessoas. É necessário reconhecer as dificuldades de se permanecer alerta quando o seu relógio biológico está dizendo que é hora de dormir. Também pode ser importante que os acidentes de Three-Mile Island e de Chernobyl aconteceram entre as 2 e as 4 horas da manhã!

VINTE E DOIS
22
Respostas do crescimento à temperatura

O crescimento vegetal é nitidamente sensível à temperatura. Com frequência, uma alteração de alguns graus leva a uma mudança significativa na taxa de crescimento. Cada espécie ou variedade tem, em qualquer fase determinada de seu ciclo de vida e em qualquer série de condições de estudo, uma **temperatura mínima** abaixo da qual ela não crescerá, uma **temperatura ideal** (ou faixa de temperaturas) na qual ela cresce em índice máximo, e uma **temperatura máxima** acima da qual ela não cresce e pode até morrer. A Figura 22-1 mostra curvas para a taxa de crescimento como função da temperatura. O crescimento de várias espécies é geralmente adaptado às temperaturas de seus ambientes naturais. As espécies alpinas e árticas possuem baixas temperaturas mínimas, ideais e máximas; as espécies tropicais possuem **temperaturas cardinais** muito mais altas. As plantas mais próximas das temperaturas mínimas ou máximas frequentemente estão sob estresse, que é o tópico do Capítulo 26.

Com frequência, os tecidos da mesma planta possuem diferentes temperaturas cardinais. Um exemplo clássico e facilmente demonstrado desse fato é a diferença nas temperaturas ideais de crescimento para as superfícies das **tépalas** inferior e superior (termo coletivo para pétalas e sépalas que têm aparência semelhante, principalmente nos membros da família dos lírios) da tulipa ou da flor crocus. Estudos realizados na Alemanha, que datam desde o de Julius von Sachs, em 1863, mostraram que as temperaturas baixas (3 a 7 °C) são ideais para o crescimento da superfície inferior dos tecidos de tépalas, causando o fechamento das flores das tulipas ou crocus, enquanto as temperaturas mais altas (10 a 17 °C) são ideais para o crescimento dos tecidos superiores, fazendo as flores abrirem (Figura 22-2). Uma mudança abrupta na temperatura, de apenas 0,2 a 1 °C, resulta em um crescimento rápido e na abertura ou fechamento das tulipas e crocus, embora as temperaturas ideais para o crescimento dos dois lados das tépalas tenham um intervalo de aproximadamente 10 °C. Esse movimento induzido pela temperatura (ou nástico, Capítulo 19) das tépalas e causado pelo crescimento é denominado **termonastia**.

As temperaturas influenciam mais que o crescimento do tecido, no entanto. Com frequência, regimes de temperatura específicos iniciam etapas críticas no ciclo de vida: germinação das sementes, início das flores e indução ou quebra da dormência nas plantas perenes. E as respostas de desenvolvimento são influenciadas por fatores ambientais além da temperatura, incluindo irradiação, fotoperíodo e umidade. Essas interações são diversificadas e complexas, portanto, os tópicos deste capítulo às vezes se desviam de seu tema central, que é a resposta da planta à temperatura, particularmente a baixa.

22.1 O dilema temperatura/enzima

Nas nossas especulações sobre a resposta do crescimento vegetal à temperatura, frequentemente postulamos a

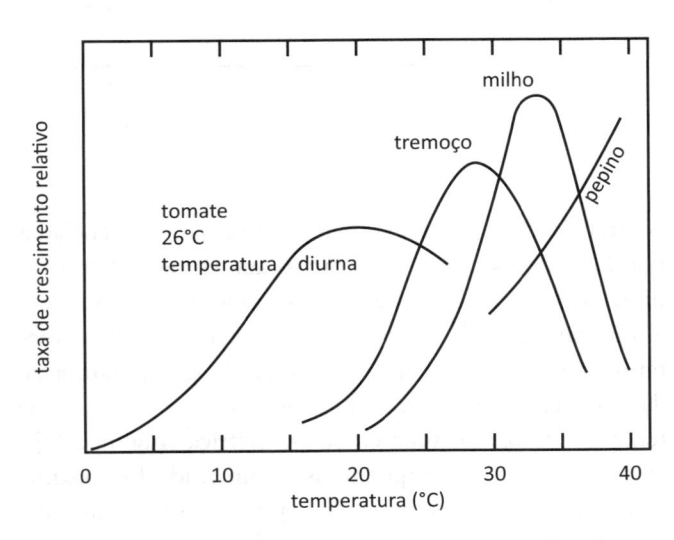

FIGURA 22-1 Crescimento da planta como função da temperatura em quatro espécies. No tomate, a temperatura diurna era constante e a noturna, variava.

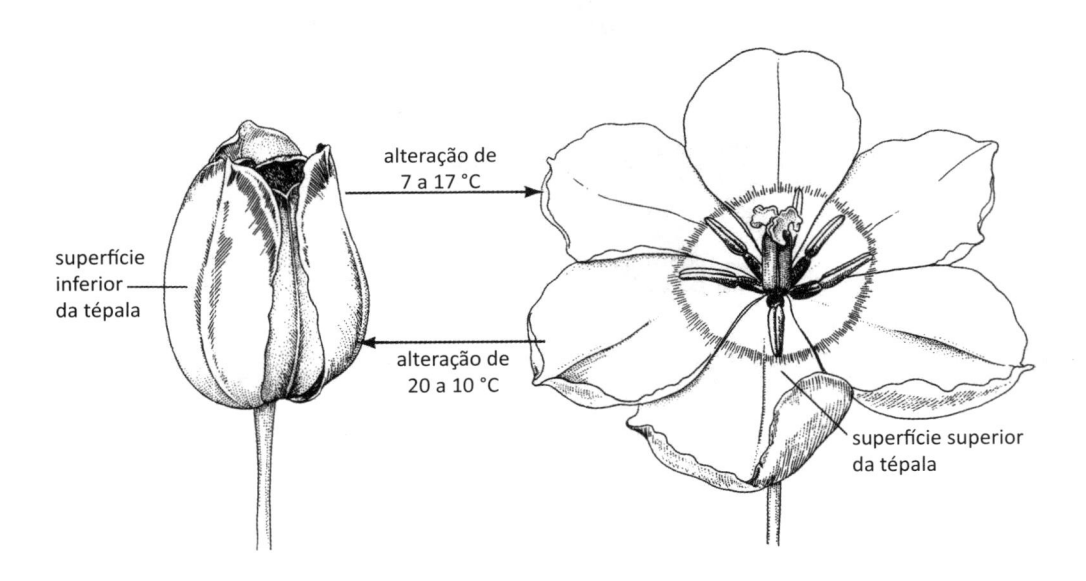

FIGURA 22-2 Os efeitos da mudança de temperatura na abertura e fechamento das tulipas. **(a)** À medida que a temperatura aumenta, o crescimento do tecido superior da tépala acelera por um tempo, enquanto o do inferior permanece constante, fazendo a flor abrir. **(b)** Quando a temperatura diminui, o crescimento do tecido inferior da tépala acelera e o do superior permanece o mesmo, causando o fechamento da flor. (Figura preparada por Stanley H. Duke com base nos dados de Wood, 1953.)

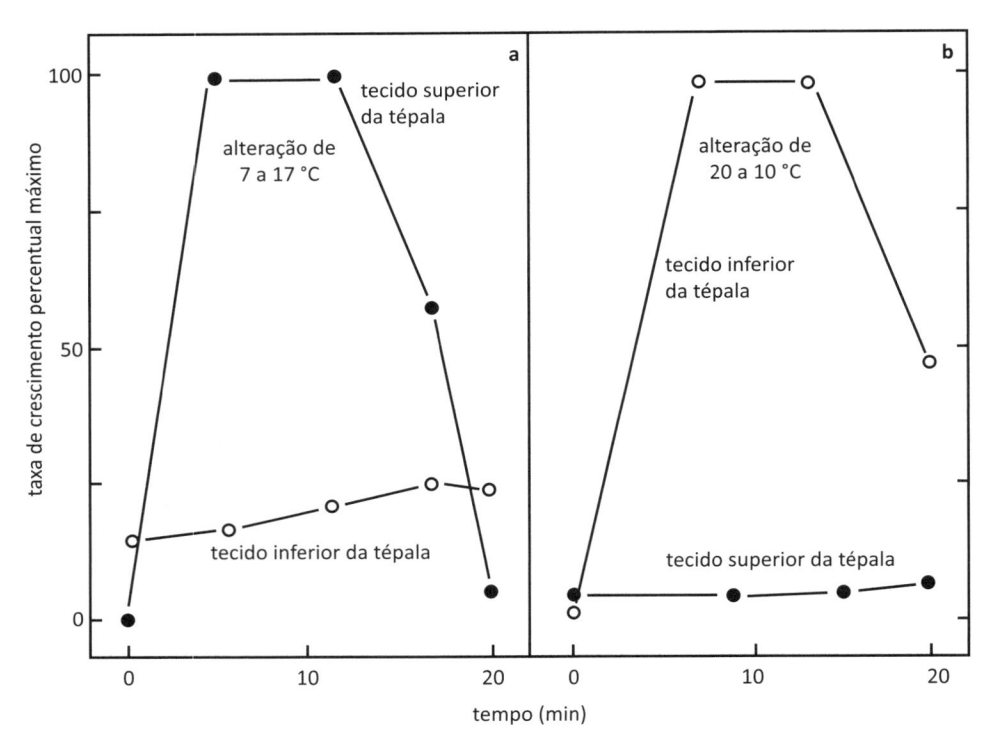

ocorrência de reações enzimáticas que são influenciadas por dois fatores oponentes: com os aumentos na temperatura, a energia cinética elevada das moléculas reativas leva a uma taxa elevada de reação, mas o aumento na temperatura também causa uma taxa elevada de desnaturação das enzimas. Subtraindo a curva de destruição da curva de reação, produzimos uma curva assimétrica (Figura 22-3), com suas próprias temperaturas mínima, ideal e máxima (cardinal). A curva se aplica à respiração, à fotossíntese e a muitas outras respostas da planta além do crescimento.

Na nossa discussão sobre os valores de Q_{10} na Seção 2.3, vimos que incrementos pequenos e iguais na temperatura causam o aumento de muitas reações químicas por alguma multiplicação igual da taxa em um valor inferior. Portanto, se Q_{10} = 2, a taxa de reação quase dobra para qualquer intervalo de 10 °C. A partir de dados para várias reações químicas que seguem essa regra, Svante Arrhenius (químico sueco, 1859-1927, vencedor do Prêmio Nobel de Química em 1903), derivou em 1889 a seguinte relação, chamada de **equação de Arrhenius**:

$$\frac{d \ln k}{dT} = \frac{A}{T^2}; \text{ ou } \ln \frac{k_2}{k_1} = A \frac{T_2 - T_1}{T_1 T_2} \quad (22.1)$$

em que k_1 e k_2 são taxas de reação nas temperaturas T_1 e T_2, respectivamente, e A é uma constante. A partir dessas equações, Arrhenius derivou uma outra bem mais complexa, que tem a seguinte forma (consulte textos sobre físico-química para obter uma equação mais detalhada):

$$\log k = a - b\frac{1}{T} \quad (22.2)$$

em que $\log k$ é o logaritmo da taxa de reação, T é a temperatura absoluta em kelvins e a e b são constantes. A equação forma uma linha reta quando o $\log k$ é plotado como função da recíproca da temperatura kelvin ($1/T$) na **equação de Arrhenius**. Isso foi feito para incontáveis processos fisiológicos ou reações enzimáticas, como nos exemplos da Figura 22-4. A inclinação da linha é dada pela constante b e é possível derivar a **energia de ativação** (E_a) dessa inclinação.[1] Esta é a energia mínima exigida para o processo medido ocorrer.

Para um determinado processo ocorrendo em um organismo, a equação de Arrhenius é normalmente linear dentro da faixa de temperaturas em que o organismo é capaz de viver por um período prolongado. Qualquer flexão, quebra ou inflexão na equação de Arrhenius denota uma alteração na sensibilidade à temperatura do processo que está sendo medido. Uma queda abrupta indica que a desnaturação da proteína existe no limite da temperatura superior na equação, e uma descontinuidade (quebra) ou inflexão (alteração na inclinação) pode existir no seu limite inferior. Essa inflexão ou descontinuidade em uma equação de Arrhenius indica que o processo que está sendo estudado é sensível à temperatura baixa. Um aumento na inclinação da equação abaixo da temperatura da inflexão indica que a energia de ativação (E_a) aumentou e se tornou mais limitadora da velocidade máxima (V_{max}, a taxa máxima do processo sob determinadas condições) do que em temperaturas acima da de inflexão. A situação é comumente observada nos processos fisiológicos e reações enzimáticas das plantas sensíveis ao resfriamento (consulte a Seção 26.5). As teorias de Arrhenius de diferentes cultivares da mesma espécie podem ser bem diferentes para o mesmo processo, como o crescimento após a germinação plotada na Figura 22-4b.

Depois que nos tornamos familiarizados com as respostas positivas, à medida que a temperatura aumenta do mínimo para o ideal, pode ser uma surpresa

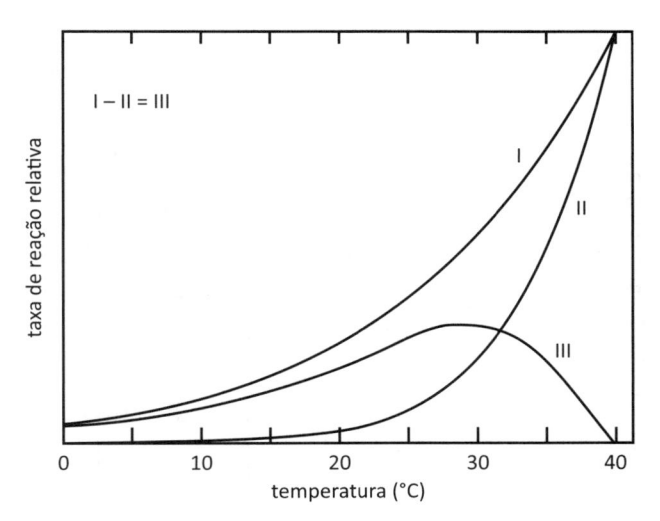

FIGURA 22-3 Atividade enzimática e temperatura. I. Taxa de reação com Q_{10} de 2, que é típico de muitas reações químicas, incluindo aquelas (em temperaturas inferiores) controladas pelas enzimas. II. Uma reação com um Q_{10} de 6, que é típico da desnaturação da proteína. III. A curva esperada da desnaturação da enzima (II) subtraída da curva da taxa de reação enzimaticamente controlada (I). Essa curva é típica das respostas à temperatura das reações enzimaticamente controladas por toda a faixa de temperatura dessas reações.

aprender que certos processos são promovidos à medida que a temperatura *diminui* na direção do ponto de congelamento. Na **vernalização**, expor certas plantas às temperaturas baixas por algumas semanas resulta na capacidade de formar flores depois que as plantas retornam às temperaturas normais. As temperaturas baixas no outono causam ou contribuem para o desenvolvimento da dormência em muitas sementes, botões ou órgãos subterrâneos, e as temperaturas baixas do inverno podem contribuir para a quebra da dormência nesses mesmos órgãos. O interessante paradoxo da resposta à temperatura baixa é que, primeiro, ela causa a dormência para se desenvolver nas plantas, mas em seguida uma temperatura ainda mais baixa causa a quebra da dormência. Se simplificarmos demais a indução à dormência, pensando nela como uma mera desaceleração *negativa* dos processos vegetais em temperaturas reduzidas, devemos certamente considerar a quebra da dormência em um sentido oposto e *positivo*. Esse é o fascinante dilema da resposta à temperatura baixa.

Consideraremos cinco respostas positivas diferentes às temperaturas baixas. A primeira, a vernalização, foi amplamente estudada e serve como um bom ponto de partida. A segunda, também amplamente estudada, é a quebra da dormência pela exposição das sementes úmidas à baixa temperatura. Esse tratamento tem sido chamado de **estratificação**, mas o termo **pré-resfriamento**

---

[1] Na equação 22.2, a inclinação $b = E_a/2{,}303R$, em que R é a constante do gás. Portanto, $E_a = 2{,}303R\,b$. A constante a é igual a $\log A$, onde A é chamado de fator de frequência e é igual à frequência de colisão das moléculas em uma reação.

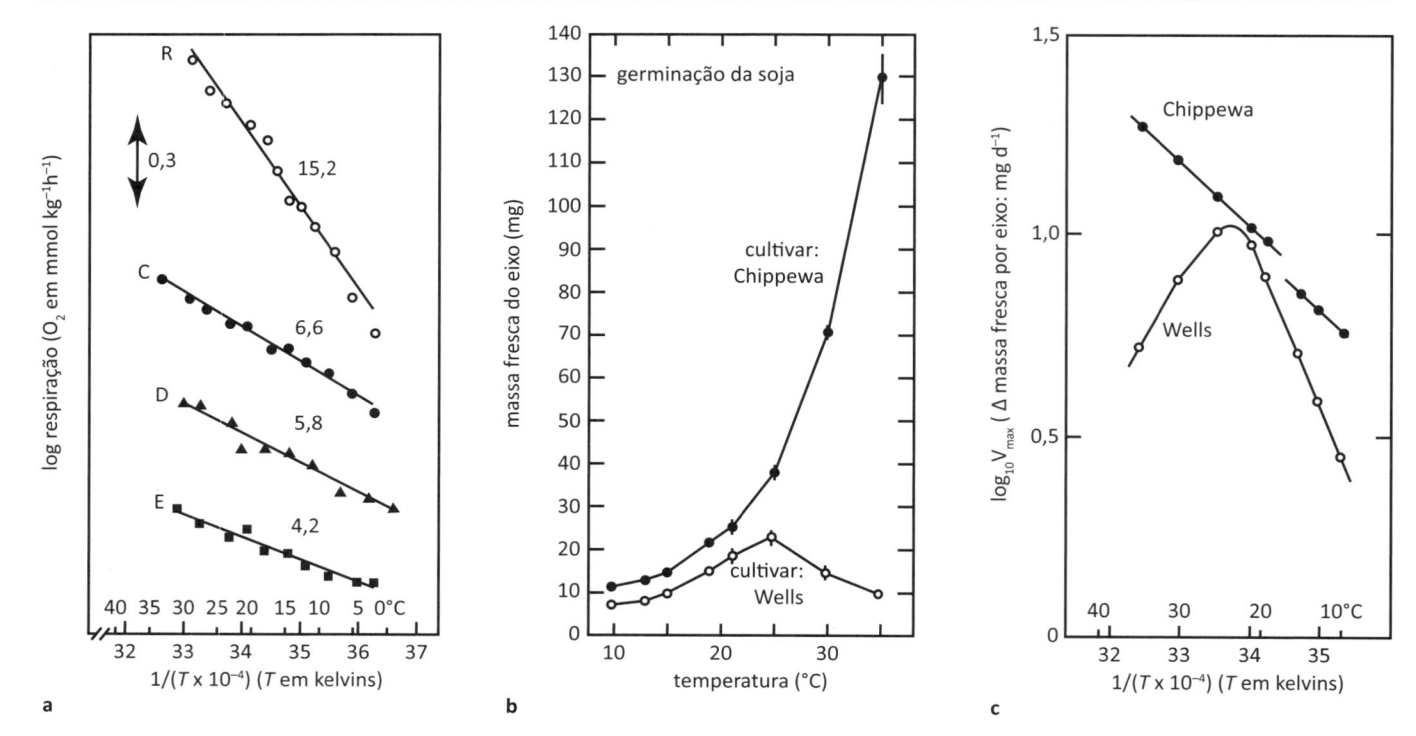

FIGURA 22-4 A teoria de Arrhenius como maneira de analisar os efeitos da temperatura em vários processos, incluindo as reações metabólicas, outras reações, germinação e diversas respostas de vegetais ou animais. **(a)** Plotagens simples de Arrhenius para a respiração radicular de *Ranunculus* (R), *Carex* (C), *Dupontia* (D) e *Eriophorum* (E). Os números nas curvas se referem a energias de ativação aparentes em kJ mol^{-1}. Nessa plotagem, a ordenada é o logaritmo da resposta (nesse caso, a respiração) e a abscissa é a recíproca da temperatura absoluta. (As temperaturas em graus Celsius também são mostradas; observe que nessa plotagem recíproca, as temperaturas baixas aparecem à direita e não à esquerda.) (De Earnshaw, 1981; usado com permissão.) **(b)** Efeito da temperatura de germinação na massa fresca do eixo da muda de dois cultivares de soja. (As linhas verticais representam os desvios-padrão.) **(c)** Plotagens de Arrhenius dos dados mostrados em **b**. Alterações, Δ, na massa fresca por dia (*taxas* de crescimento), são mostradas em **c**. (De Henson et al., 1980; usado com permissão.)

é agora mais popular por ser mais descritivo.[2] Teremos mais a dizer sobre a dormência e a germinação do que suas respostas à temperatura. O terceiro processo é estreitamente relacionado: a quebra da dormência no inverno nos botões de plantas lenhosas perenes. O quarto processo foi menos estudado: a indução, pela baixa temperatura, do desenvolvimento de órgãos de armazenamento subterrâneos, como tubérculos, rizomas e bulbos. O quinto foi ainda menos estudado: os efeitos das baixas temperaturas na forma vegetativa e no crescimento de certas plantas. Em cada um desses cinco processos, estamos principalmente preocupados com os **efeitos atrasados** (às vezes, chamados de **efeitos indutores**) sobre algum processo de desenvolvimento das plantas. Esses efeitos, nos quais a resposta aparece algum tempo depois da conclusão do estímulo, também são observados em resposta a outros fatores ambientais, como a duração do dia (fotoperiodismo). Na verdade, os efeitos da temperatura baixa e da duração do dia são frequentemente interligados nas cinco respostas da planta.

Por fim, a resposta à temperatura baixa poderia envolver a ativação de genes específicos, uma troca do programa morfogenético em resposta às temperaturas baixas. Os genes poderiam responder diretamente às temperaturas baixas? Se não, qual elemento da célula responde, convertendo o sinal de baixa temperatura em uma mudança fisiológica? Os conversores estão localizados no citoplasma ou nos núcleos das células em que o programa é reajustado? Ou em outras células? Existem poucas respostas para essas perguntas, mas elas podem orientar as futuras pesquisas.

22.2 Vernalização

O processo de vernalização (não com esse termo) foi descrito em pelo menos 11 publicações nos Estados Unidos em meados do século XIX e início do XX (por exemplo, no *New American Farm Book*, em 1849), mas foi completamente negligenciado pela ciência até 1910 e 1918, quando

---

[2] É fácil confundir a vernalização (um efeito do florescimento) com a estratificação ou o pré-resfriamento (um efeito da germinação) porque os dois processos podem ocorrer quando as sementes úmidas são expostas à baixa temperatura.

J. Gustav Gassner (consulte seu artigo de 1918), na Alemanha, descreveu a vernalização dos cereais. Grande parte dos estudos iniciais sobre o desenvolvimento vegetal ocorreu na Europa; os Estados Unidos e o Canadá estavam aparentemente preocupados em ampliar fronteiras.

Na década de 1920, o termo *vernalização* foi cunhado por Trofim Desinovich Lysenko, que recebeu a permissão de Stálin para exercer o controle político absoluto sobre a ciência genética soviética, decretando que os geneticistas soviéticos deveriam aceitar o dogma das características herdadas (consulte Caspari e Marshak, 1965). Vernalização é uma palavra do latim que significaria algo como "primaverização", implicando que os cultivares de inverno seriam convertidos em cultivares de primavera ou verão pelo tratamento com o frio. Agora percebemos, embora, aparentemente, Lysenko não tenha percebido, que a constituição genética não é alterada pelo tratamento com a temperatura baixa. O frio fornecido artificialmente pelo experimento simplesmente substitui o frio natural do inverno, como para os cereais de inverno plantados no outono, a exemplo do trigo ou do centeio.

O termo *vernalização* tem sido mal utilizado. Qualquer resposta da planta ao frio pode ser chamada de vernalização, assim como a promoção do florescimento por qualquer tratamento (até mesmo a duração do dia). Restringiremos o termo **vernalização** à *promoção do florescimento pela baixa temperatura*.

Os tipos de resposta

Existem numerosas respostas de vernalização, dependendo não apenas da espécie, mas de variedades e cultivares da mesma espécie. Ao classificar os tipos de respostas, existem vários fatores a se considerar. Para começar, podemos diferenciar as respostas *atrasadas* das *não atrasadas*. A maioria das plantas estudadas responde depois de um atraso, embora algumas (por exemplo, as couves de Bruxelas) formem flores durante o tratamento com o frio propriamente dito.

Uma maneira adequada de classificar o tipo de resposta é fazê-lo de acordo com a *idade* em que a planta é sensível ao frio. As **anuais do inverno**, principalmente as gramíneas cereais, foram estudadas durante as décadas de 1930 e 1940, principalmente na União Soviética, e por Frederick G. Gregory e O. Nora Purvis (consulte Purvis, 1961) na Imperial College, em Londres. Essas plantas respondem às temperaturas baixas como brotos ou mesmo como sementes, desde que oxigênio e umidade suficientes estejam presentes. As sementes do centeio Petkus (*Secale cereale*) são normalmente plantadas no outono, quando geralmente germinam, passando pelo inverno sob a forma de pequenos brotos. Ou então, as sementes úmidas podem ser expostas a temperaturas baixas em uma câmara fria por algumas semanas. As

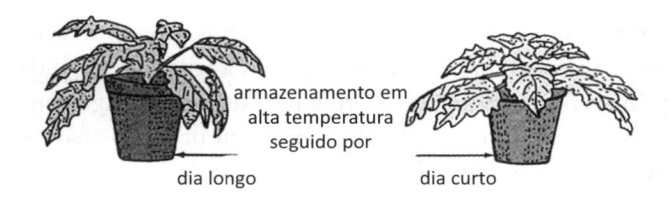

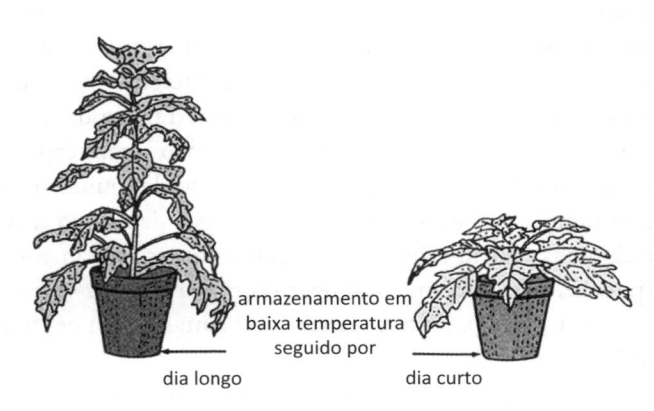

FIGURA 22-5 Resposta do elongamento (florescimento) do meimendro negro (*Hyoscyamus niger*), uma espécie típica de roseta, ao armazenamento em temperatura alta ou baixa seguida pelo tratamento com dia longo ou curto. Apenas o frio seguido pelos dias longos induz o florescimento (elongamento).

plantas formam flores subsequentemente nas temperaturas normais, em aproximadamente sete semanas depois que o crescimento se inicia na primavera. Sem o tratamento com o frio, são necessárias de 14 a 18 semanas para a formação de flores, mas, no final, elas realmente aparecem. Uma vez que a exigência do frio é **quantitativa** ou **facultativa** (baixas temperaturas resultam no florescimento mais rápido), mas não **qualitativa** ou **absoluta** (em que o florescimento *depende totalmente* do frio), temos outra base para a classificação. A maioria das anuais do inverno é atrasada e quantitativa em suas respostas, embora algumas (por exemplo, o trigo Lancer) possuam uma exigência absoluta do frio.

Com o centeio Petkus, existem duas complicações interessantes. Os tratamentos com dias curtos substituem, até certo ponto, a temperatura baixa; o florescimento de plantas previamente vernalizadas em crescimento é fortemente promovido pelos dias longos. Todas as anuais de inverno estudadas até o momento são estimuladas não apenas pelo frio, mas também pelos dias longos subsequentes do final da primavera e início do verão.

As bienais vivem por duas estações de crescimento, florescem e morrem (Seção 16.2). Os exemplos incluem vários cultivares de beterraba, repolho, couve galega, couves de Bruxelas, cenoura, aipo e dedaleira. Elas germinam no inverno, formando plantas vegetativas que são tipicamente uma roseta (Figura 22-5, canto inferior direito). As folhas geralmente morrem no outono, mas suas bases mortas protegem a coroa com o seu meristema apical. Com a vinda da segunda primavera, novas folhas se formam e existe um alongamento rápido do broto de florescimento, um processo chamado de **elongamento**. A exposição ao frio do inverno entre as duas estações de crescimento induz ao florescimento. A maioria das bienais deve experimentar de vários dias a semanas de temperaturas ligeiramente acima do ponto de congelamento para florirem subsequentemente; elas possuem uma exigência absoluta de frio, diferente das anuais de inverno facultativas. Os pés de beterraba podem ser mantidos vegetativos por vários anos se não forem expostos ao frio (Figura 22-6). O florescimento de muitas bienais também é promovido por dias longos depois do frio, e algumas podem exigir obrigatoriamente esse tratamento (por exemplo, o meimendro negro europeu *Hyoscyamus niger*, Figura 22-5). Outras bienais são plantas de dia neutro, após a vernalização.

Muitas espécies de plantas que exigem o frio não se encaixam prontamente nas categorias de anuais ou bienais de inverno. O florescimento de várias gramíneas perenes, por exemplo, é promovido pelo frio. Algumas delas possuem uma exigência subsequente de dia curto para o florescimento. O crisântemo é uma perene de dia curto que foi amplamente estudada, por causa da sua resposta de fotoperiodismo. Sua exigência de frio, que deve ser cumprida uma vez antes que ela possa responder aos dias curtos, foi negligenciada porque as plantas são propagadas vegetativamente e os cortes carregam consigo os efeitos da vernalização. Certas perenes lenhosas possuem um requisito de baixa temperatura para florescer (Chouard, 1960), e vários legumes anuais de jardim florescerão um pouco mais cedo na estação se forem expostos a um tratamento curto de vernalização (Thompson, 1953).

Para resumir: muitas espécies diferentes são induzidas a florir por períodos de frio, em algumas plantas existe uma resposta quantitativa e, em outras, qualitativa, e o florescimento em muitas espécies também exige ou é promovido por um dia de duração adequada. Essas respostas ao ambiente preparam uma planta para o ciclo climático anual. Não estamos lidando com um cronômetro endógeno como no capítulo anterior, mas com um sistema complexo pelo qual a planta responde a uma estação para se tornar preparada para a próxima.

Localização da resposta à baixa temperatura

É o botão, supostamente o meristema, que normalmente responde ao frio, tornando-se vernalizado. Apenas se os botões forem resfriados é que as plantas florescerão subsequentemente. Os embriões ou até mesmo os meristemas

FIGURA 22-6 Um pé de beterraba de 41 meses, mantido vegetativo por nunca ter sido exposto à temperatura baixa. (Foto cortesia de Albert Ulrich; consulte Ulrich, 1955. A técnica do Earhart Plant Research Laboratory, do California Institute of Technology, é Helene Fox.)

isolados de sementes de centeio também se tornam vernalizados. Em outra abordagem, várias partes de uma planta vernalizada foram enxertadas em uma planta não vernalizada. Se um meristema vernalizado for transplantado dessa maneira, ele florescerá no final, mas, se um meristema de uma planta não vernalizada for enxertado em uma planta vernalizada depois da remoção do meristema vernalizado, o meristema vernalizado transplantado permanecerá vegetativo (consulte a ampla revisão de Lang, 1965b).

S. J. Wellensiek (1964), da Holanda, sugeriu que a vernalização requer a divisão das células. Vários estudos sustentam sua conclusão, embora algumas sementes respondam até mesmo em temperaturas alguns graus abaixo do ponto de congelamento, nas quais a divisão celular, que a investigação microscópica não conseguiu detectar, parece improvável. Seria significativo descobrir que a divisão celular ou a replicação do DNA nas células que não se dividem é realmente necessária. Observamos na Tabela 16-1 que o DNA deve se replicar antes da diferenciação celular; talvez apenas quando o DNA é temporariamente separado das proteínas cromossômicas a ativação ou inativação do gene possam ocorrer.

Experimentos fisiológicos

Às vezes, na fisiologia vegetal, somos incapazes de estudar os eventos bioquímicos ou biofísicos diretamente,

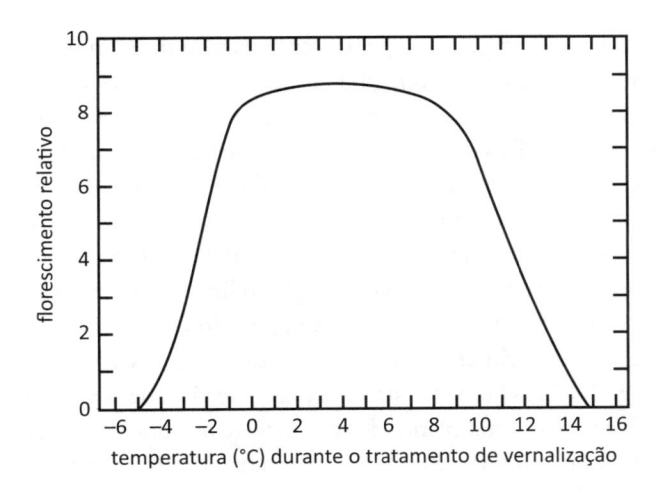

FIGURA 22-7 Resposta final do florescimento relativo como função da temperatura durante a vernalização. Os dados representam a resposta das sementes de centeio de Petkus úmidas a um período de tratamento de 6 semanas. (De Salisbury, 1963; consulte também Purvis, 1961.)

mas devemos usar uma abordagem mais indireta. Quando plantas inteiras são manipuladas de diversas maneiras, os resultados são observados e as deduções são feitas com base no nosso entendimento da função vegetal no nível molecular, realizamos **experimentos fisiológicos**; geralmente, eles produzem descrições da **fenomenologia**. Este capítulo inclui muitos exemplos.

Uma investigação fisiológica sobre a vernalização determinou temperaturas ideais para o processo (Figura 22-7). A vernalização ocorre em uma taxa máxima sobre uma faixa relativamente ampla de temperaturas baixas (dependendo da espécie) e também em alguns graus abaixo do congelamento. Normalmente, o limite inferior é definido pela formação de cristais de gelo dentro dos tecidos. Tipicamente, existe um ideal bastante amplo (0 a 10 °C na Figura 22-7), e alguns efeitos foram observados em temperaturas tão altas quanto 18 a 22 °C em certas espécies. Outro tipo de estudo fisiológico determinou os tempos de vernalização mais eficientes. A duração mínima de qualquer efeito observável varia de 4 dias a 8 semanas, dependendo da espécie. Os tempos de saturação variam de 3 semanas para o trigo do inverno a 3 meses para o meimendro negro.

Se imediatamente após o tratamento de vernalização uma planta for exposta a temperaturas altas, ela geralmente não floresce. Essa reversão é chamada de **desvernalização**. Para que sejam nitidamente efetivas, as temperaturas de desvernalização devem ser de 30 °C ou mais para o centeio do inverno e aplicadas por alguns dias e dentro de 4 a 5 dias (às vezes, um pouco mais em outras espécies) depois da temperatura baixa. Na verdade, certa desvernalização pode ser observada quando as plantas são expostas a qualquer temperatura mais alta que as que irão causar a vernalização. No centeio do inverno, 15 °C é a temperatura neutra; qualquer temperatura abaixo disso acelera o florescimento e, acima, o atrasa. As condições anaeróbias experimentadas logo após a vernalização também causam a desvernalização, mesmo em temperaturas neutras. Depois da desvernalização, a maioria das espécies pode ser revernalizada com outro tratamento a frio.

Vernalina e giberelinas

Se o próprio meristema apical responde às temperaturas baixas, um estímulo de florescimento ou hormônio não parece provável. E, na maioria dos casos, o efeito de vernalização não é translocado de um meristema para outro, seja dentro da mesma planta ou quando um botão ou planta vernalizado é enxertado em uma planta não vernalizada.

Existem exceções, no entanto, conforme relatado desde 1937 por Georg Melchers, na Alemanha (revisado por Lang, 1965b). Desde então, o trabalho foi estendido na União Soviética. Quando Melchers enxertou um meimendro negro vernalizado a uma planta receptora vegetativa que nunca havia experimentado a temperatura baixa, ele floresceu. Tipos de respostas distintos também transmitirão o estímulo de florescimento pela união do enxerto; as plantas que exigem o frio podem ser induzidas a florescer sem o período de inverno, sendo enxertadas em uma variedade que não o exige, por exemplo. O inverso, embora seja menos claro, também ocorre. Devemos enfatizar, no entanto, que a transmissão é limitada a algumas espécies. Na maioria dos casos, a transmissão pela união de um enxerto falha.

Para que o experimento tenha sucesso, uma união de enxerto viva deve ser formada entre as duas plantas; as condições que favorecem o transporte dos carboidratos também favorecem o transporte do estímulo. Se o receptor for desfolhado ou escurecido, por exemplo, enquanto as folhas fotossintetizadores forem deixadas no doador, o receptor deve obter seus nutrientes do doador, o que favorece o movimento do estímulo de vernalização que atravessa a união do enxerto.

Melchers postulou a existência de um estímulo de vernalização hipotético, que ele chamou de **vernalina**. A coisa mais lógica a fazer seria isolá-lo e identificá-lo. Houve muitas tentativas inúteis, mas os resultados com as giberelinas mostram que suas propriedades são semelhantes às esperadas para a vernalina. Anton Lang (1957) observou que as giberelinas aplicadas a certas bienais as induziram a florescer sem tratamento com temperatura baixa (Figura 22-8). Outros (por exemplo, Purvis, 1961) induziram as anuais do inverno tratando as sementes com giberelinas.

FIGURA 22-8 Indução do florescimento de Lang na cenoura pela aplicação de GA_3 (centro) ou pela vernalização (direita). A planta-controle (esquerda) e a do centro foram mantidas em temperaturas acima de 17 °C, enquanto a da direita recebeu 8 semanas de tratamento com o frio. A planta do centro foi tratada com 10 µg de GA_3 a cada dia durante 8 semanas. (Foto cortesia de Anton Lang; consulte Lang, 1957.)

Então, foi mostrado que as giberelinas se acumulam dentro de várias espécies que exigem o frio, durante a exposição à temperatura baixa. As giberelinas parecem claramente envolvidas na vernalização.

A giberelina é equivalente à vernalina? Por vários motivos, os fisiologistas vegetais relutaram em dar uma resposta afirmativa. Quando as giberelinas (principalmente a GA_3) são aplicadas a uma planta de roseta que exige o frio, por exemplo, a primeira resposta observável é o alongamento de um broto vegetativo seguido pelo desenvolvimento de botões florais neste broto. Quando as plantas são induzidas a florescer pela exposição ao frio, no entanto, os botões tornam-se aparentes assim que o broto começa a surgir. Se a resposta de florescimento às giberelinas aplicadas não puder ser igualada à indução natural do florescimento, várias questões são levantadas: as giberelinas poderiam induzir alterações dentro da planta que, por sua vez, levariam ao florescimento ou até mesmo à produção de vernalina? As várias moléculas diferentes influenciam o programa morfogenético essencialmente da mesma maneira?

Mikhail Chailakhyan (1968), na União Soviética, sugeriu que duas substâncias estão envolvidas na formação da flor: uma é a giberelina, ou um material semelhante, e a outra é uma substância que ele chamou de **antesina**. As plantas que exigem temperaturas baixas ou dias longos (ou ambos) podem não ter giberelinas suficientes até que tenham sido expostas a um ambiente indutor, enquanto as plantas de dia curto podem conter giberelinas suficientes, mas não possuem antesina. Chailakhyan concordou que as plantas que exigem o frio produzem a vernalina de Melchers em resposta ao frio, mas a vernalina era então convertida durante os dias longos em giberelina, pelo menos nas plantas que exigem dias longos depois do frio.

Um experimento elegante realizado muitos anos atrás por Melchers (1937) sustenta o ponto de vista de haver duas substâncias. Uma planta de dia curto não induzido (tabaco Mammoth de Maryland) foi enxertada em uma planta não induzida que exigia o frio (meimendro negro) e a fez florescer. Aparentemente, cada qual continha uma das substâncias essenciais para o processo de florescimento, mas teve que obter a outra da planta em que foi enxertada, um fenômeno que obteve sucesso no meimendro negro, mas não no tabaco.

Vernalização e o estado induzido

O desenvolvimento da flor tipicamente segue o tratamento com o frio por dias ou semanas. Quão permanente é este **estado induzido**, a condição vernalizada da planta antes do florescimento? Uma variedade de meimendro negro requer temperaturas baixas seguidas por dias longos para florescer. Depois da vernalização, o florescimento pode ser adiado fornecendo-se apenas dias curtos (consulte a Figura 22-5). Nenhuma perda do estímulo de vernalização apareceu nessas plantas depois de 190 dias, embora todas as folhas originais expostas ao frio tenham morrido. Apenas depois de 300 dias houve uma perda da condição da vernalização. Em muitas outras espécies, o estado induzido parece altamente estável. Certas sementes de cereais, por exemplo, podem ser umedecidas (até 40% de água, o que é pouco para a germinação), vernalizadas e, depois, desidratadas e mantidas por meses a anos sem a perda da condição vernalizada. Observamos que o crisântemo propagado pelos cortes retém sua condição vernalizada inicial. Ainda assim, o estado induzido é muito menos permanente em várias outras espécies.

22.3 Dormência

O fenômeno

Apenas algumas plantas funcionam ativamente perto do ponto de congelamento. Como, então, as plantas vivem onde as temperaturas ficam perto do ponto de congelamento (ou abaixo) por várias semanas ou meses a cada ano? Mais comumente, essas plantas se tornam dormentes ou quiescentes, e, nessas condições, elas continuam vivas, mas exibem pouca atividade metabólica. As folhas e botões de muitas perenes mostram essa atividade reduzida durante o inverno, e as perenes decíduas perdem suas folhas e formam botões inativos especiais. As sementes da maioria das espécies nas regiões frias são dormentes ou quiescentes durante o inverno. Certas alterações ocorrem nas células dessas sementes, permitindo que resistam a temperaturas abaixo das de congelamento (consulte o Capítulo 26).

Parece apropriado que a temperatura propriamente dita possa cumprir uma função reguladora na sobrevivência das plantas em regiões frias. A condição dormente ou quiescente das folhas e botões das perenes se desenvolve em resposta a temperaturas baixas, cujos efeitos são tipicamente acentuados pelos dias curtos. Portanto, o crescimento subsequente na primavera costuma depender da exposição prolongada dos botões e sementes dormentes ao frio do inverno. Os botões ou sementes se acumulam ou somam os períodos de exposição ao frio. Portanto, eles medem a duração do inverno e antecipam a primavera, quando é seguro retomar o crescimento e perder a rigidez.

E como vimos com tanta frequência em nossas discussões, a situação torna-se complexa. As plantas comumente respondem a várias dicas ambientais. A germinação das sementes, por exemplo, é influenciada não apenas pelas temperaturas, mas também (sempre dependendo da espécie) pela luz, quebrando o revestimento da semente para permitir a penetração da radícula e talvez a entrada de oxigênio e/ou água, pela remoção dos inibidores químicos e pela maturidade do embrião.

Conceitos e terminologia da dormência

Os fisiologistas da semente geralmente definem a **germinação** como os eventos que começam com a embebição e terminam quando a **radícula** (raiz embrionária; ou em algumas sementes, os cotilédones/hipocótilo) se alonga ou emerge através do revestimento da semente (Bewley e Black, 1982, 1984; Mayer, 1974). Uma semente pode permanecer **viável** (viva), mas incapaz de crescer ou germinar, por vários motivos. Isso pode ser rudimentarmente classificado em condições externas ou internas. Uma situação interna fácil de entender é a de um embrião que não atingiu uma maturidade morfológica capaz de germinação (por exemplo, em certos membros das Orchidaceae, das Orobanchaceae ou no gênero *Ranunculus*). Apenas o tempo irá permitir que essa maturidade se desenvolva. A germinação de sementes de plantas selvagens é frequentemente limitada dessa maneira ou de alguma outra interna, mas as sementes de muitas plantas domésticas podem ser limitadas apenas pela falta de umidade e/ou pela temperatura alta.

Para diferenciar entre essas duas situações diferentes, os fisiologistas da semente usaram dois termos: **quiescência** é a condição de uma semente quando ela é incapaz de germinar apenas porque as condições externas adequadas não estão disponíveis (por exemplo, ela é simplesmente muito seca ou fria) e **dormência** é essa incapacidade decorrente de condições internas, mesmo que as externas (por exemplo, temperatura, umidade e atmosfera) sejam adequadas.

Existem problemas nessa terminologia. As sementes dormentes são frequentemente induzidas a germinar por alguma alteração específica no ambiente, como a luz ou o período de temperatura baixa. Onde traçamos o limite para definir as condições que são consideradas "externas e adequadas"? Além disso, em um aspecto, são *sempre* as condições internas que impõem os limites. (Se a água for limitadora, é a falta da água nas células do embrião dentro da semente.) Em outro aspecto, as condições externas só permitem a germinação influenciando as internas. Podemos pelo menos ser mais precisos, delimitando as condições em vez de depender da palavra *adequado*. Assim, poderíamos definir a dormência como a condição de uma semente que não consegue germinar mesmo que (1) uma ampla umidade externa esteja disponível, (2) ela seja exposta a condições atmosféricas típicas daquelas encontradas no solo bem aerado ou na superfície da terra e (3) a temperatura esteja dentro da faixa geralmente associada à atividade fisiológica (digamos, 10 a 30 °C). (Um fisiologista da semente irá definir as condições com ainda mais precisão.) Portanto, quiescência é a condição de uma semente que falha ao germinar, a menos que as condições prévias estejam disponíveis (Jann e Amen, 1977). Além disso, o conceito da dormência carrega a ideia de indução; praticamente em todos os casos, a germinação não ocorre durante o tratamento que quebra a dormência, mas apenas depois.

Como mencionado resumidamente na seção Seção 20.6, Lang et al. (1987; consulte também Salisbury, 1986) sugeriram usarmos o termo **ecodormência** no sentido em que a dormência é predefinida aqui e **endodormência** no sentido da *quiescência*. Eles também sugeriram **paradormência** como uma forma de dormência controlada por partes da planta diferentes da que está sendo considerada (por exemplo, dormência de um botão controlada pelas folhas próximas). Se essa sugestão for adotada, ela pode esclarecer parte da confusão inerente à terminologia da dormência.[3]

---

[3] Os pesquisadores que estudam árvores frutíferas (**pomologistas**) utilizam uma terminologia diferente (Samish, 1954). O conceito da dormência, definida neste texto, é chamado de *repouso* por eles, enquanto o termo *dormência* é usado exatamente no mesmo sentido de *quiescência*. Você deve ficar atento ao estudar a literatura, principalmente com o termo *dormência*, que pode ser usado em qualquer sentido. Para evitar confusão, neste texto, *dormência* nunca é usada no sentido de *quiescência*.

Outro termo foi amplamente usado nos estudos neste campo. **Pós-amadurecimento** é utilizado por alguns autores em referência a qualquer alteração ocorrida dentro da semente (ou do botão) durante a quebra da dormência. Outros autores (por exemplo, Leopold e Kriedemann, 1975) usaram o termo em um sentido mais restrito, limitando-o às mudanças na maturação que ocorrem no embrião durante o armazenamento. Podemos pensar no pós-amadurecimento como as mudanças de quebra de dormência que ocorrem na semente com o tempo, mas na ausência de qualquer outro tratamento especial (Bewley e Black, 1984).

22.4 Longevidade da semente e germinação

É uma ideia impressionante que um organismo vivo possa passar por uma animação suspensa – permanecendo vivo, mas não crescendo por um longo período, para começar um crescimento ativo apenas quando as condições finalmente forem adequadas. Houve relatos da germinação bem-sucedida de trigo Emmer de silos antigos de Fayum (armazenado 6.400 anos antes do presente, ou adp) ou da tumba de Tutancâmon, em Tebas (4.000 a 5.000 adp), por exemplo, mas o exame dessas sementes mostrou que elas não apenas estavam mortas como não tinham peso molecular alto e componentes de ácido nucleico (consulte Osborne, 1980). Bewley e Black (1982, 1984) sugeriram que pelo menos um desses relatos (de 1843; reproduzido em sua discussão) deve ter sido falso. Todavia, a longevidade de muitas sementes é realmente grande e, em alguns casos, excede a humana (Mayer e Poljakoff-Mayber, 1989).

A Tabela 22-1 lista a longevidade de várias sementes. A *Mimosa glomerata* tem uma provável longevidade de 221 anos, mas a longevidade típica para as sementes é de 10 a 50 anos. Sementes viáveis de tremoço (*Lupinus arcticus*) foram encontradas na cova de um lemingue (junto com os restos do animal) profundamente enterradas no limo permanentemente congelado da era do Pleistoceno em Yukon central (Porsild et al., 1967). Os materiais ao redor dessas sementes foram datados por técnicas de rádio carbono em 14.000 adp, mas não há prova de que as sementes fossem tão velhas (Bewley e Black, 1982). Sementes viáveis de lótus (*Nelumbo nucifera*), encontradas na turfa de lagos drenados na bacia de Pulantien, na Manchúria Meridional, foram estimadas entre muitos jovens (alguns resultados da datação de rádio carbono) até 1.000 a 2.000 anos de idade (datação arqueológica da turfa). Sementes de lótus semelhantes foram encontradas em um barco em um lago perto de Tóquio, e o barco foi datado com rádio carbono em 3.000 adp, o que novamente não diz nada sobre as sementes. Porém, Priestly e Posthumus (1982) possuem partes datadas com rádio carbono de uma semente de lótus viável de Pulantien com 466 adp no momento da germinação. Entre as sementes viáveis datadas apenas por evidência circunstancial, as idades da *Canna compacta* provavelmente são as mais confiáveis (Lerman e Cigliano, 1971). Aparentemente, as sementes foram inseridas nos frutos jovens e em crescimento de uma espécie de nogueira, de forma que, na maturidade, as frutas cicatrizaram e produziram pediculares. As sementes estavam totalmente encerradas dentro de conchas duras. O material da concha foi tratado pelo carbono e datado em 620 ± 60 anos adp.

As condições de armazenamento sempre influenciam a viabilidade da semente. O aumento da umidade normalmente resulta em uma perda de viabilidade mais rápida, porém algumas sementes podem viver por longos intervalos submersas na água (por exemplo, *Juncus* sp. vivem por 7 anos ou mais). Muitas sementes domésticas, como ervilha, soja e feijão, permanecem viáveis por mais tempo quando o teor de umidade é reduzido e elas são armazenadas em uma temperatura baixa. O armazenamento em vidros ou ao ar em temperaturas de moderadas a altas normalmente resulta em desidratação e uma grave ruptura celular quando as sementes são reidratadas. A ruptura celular prejudica o embrião e libera nutrientes que são bons substratos para patógenos. Os níveis normais de oxigênio são geralmente prejudiciais para a longevidade da semente. A viabilidade normalmente é perdida mais rapidamente quando as sementes são armazenadas ao ar úmido em temperaturas de 35 °C ou mais. Uma parte da perda pode ser decorrente de patógenos internos. Algumas sementes permanecem vivas por mais tempo se enterradas no solo do que armazenadas em vidros ou na prateleira do laboratório, talvez por causa de diferenças na luz, O_2, CO_2, umidade e etileno.

Algumas sementes possuem uma longevidade anormalmente curta. Sementes de *Acer saccharinum, Zizana aquatica, Salix japonica* e *S. pierotti* perdem sua viabilidade dentro de uma semana quando mantidas ao ar livre. As sementes de várias outras espécies permanecem viáveis apenas de alguns meses a menos de um ano. Dizemos que essas sementes são **recalcitrantes**. Com frequência, elas morrem apenas quando um pouco da umidade é perdida, ou não podem suportar as temperaturas baixas (por exemplo, as sementes de safras de árvores tropicais). Esse é um problema grave para o armazenamento de sementes por longo prazo em nitrogênio líquido, com o objetivo de conservação genética (como no National Seed Laboratory em Fort Collins, Colorado). Como as sementes longevas permanecem viáveis por tanto tempo?

Enquanto uma semente está viva, ela retém alimentos armazenados dentro de suas células; assim que ela morre,

TABELA 22-1 Algumas longevidades representativas das sementes.

	Viabilidade (%)[a]			
	Inicial	Final	Idade no teste	Condições de armazenamento
Bordo de açúcar (*Acer saccharinum*)		–	< 1 semana	
Elmo inglês (*Ulmus campestris*)		–	ca. 6 meses	
Elmo americano (*Ulmus americana*)	70	28	10 meses	armazenamento a seco
Heavea, Boehea, Thea, cana-de-açúcar etc.	85	–	< 1 ano	
Aveia selvagem (*Avena fatua*)	56	9	1 ano	enterradas 20 cm no solo
Alfalfa (*Medicago sativa*)	50	1	6 anos	enterradas 20 cm no solo
Capim de cabra amarelo (*Setaria lutescens*)	57	4	10 anos	enterradas 20 cm no solo
Arzola (*Xanthium strumarium*)	91	15	16 anos	enterradas 20 cm no solo
Cardo canadense (*Cirsium arvense*)	90	1	21 anos	enterradas 20 cm no solo
Grama azul de Kentucky (*Poa pratensis*)	89	1	30 anos	enterradas 20 cm no solo
Trevo vermelho (*Trifolium pratense*)		1	30 anos	enterradas 20 cm no solo
Tabaco (*Nicotiana tabacum*)		13	30 anos	enterradas 20 cm no solo
Trevo de botão (*Medicago orbicularis*)		–	78 anos	herbário
Trevo (*Trifolium striatum*)		–	90 anos	herbário
Trifólio grande (*Lotus uliginosus*)		1	100 anos	armazenamento a seco
Trevo vermelho (*Trifolium pratense*)		1	100 anos	armazenamento a seco
Alquitira do Algarve (*Astragalus massiliensis*)		–	100-150 anos	herbário
Dorme Maria (*Mimosa glomerata*)		–	221 anos	herbário
Lótus indiano (*Nelumbo nuctfera*)		–	1.040 anos	turfa
Tremoço ártico (*Lupinus arcticus*)		–	10.000 anos?	limo congelado, cova de lemingue; as sementes talvez fossem modernas

[a] Um traço na coluna "Final" significa que algumas sementes eram viáveis no momento do teste, mas a viabilidade percentual não foi relatada.
Fonte: Várias fontes. Consulte resumos em Altman e Dittmer, 1962, e em Mayer e Poljakoff-Mayber, 1989.

alguns deles começam a vazar. As sementes dormentes, porém viáveis, podem permanecer intactas em papel filtro úmido por meses; assim que elas morrem, são dominadas por bactérias e hifas de fungos que vivem dos alimentos que vazam. Existem evidências de que as sementes viáveis produzem antibióticos que impedem o ataque por patógenos. Porém, o que mantém a integridade das membranas? Ninguém sabe.

O que acontece durante a germinação? Embora seja uma simplificação exagerada, os fisiologistas das sementes falam de quatro fases: (1) hidratação ou embebimento, durante a qual a água penetra no embrião e hidrata as proteínas e outros coloides, (2) formação ou ativação de enzimas, levando ao aumento na atividade metabólica, (3) alongamento das células da radícula, seguido pelo surgimento da radícula do revestimento da semente (germinação propriamente dita) e (4) crescimento subsequente do broto. As camadas que cercam o embrião – endosperma, revestimento da semente e revestimento da fruta – podem interferir na penetração da água, do oxigênio ou de ambos. Pode impedir também o surgimento da radícula, agindo como barreira mecânica (Seção 20.6). Em outras sementes, elas aparentemente impedem a liberação dos inibidores para fora dos embriões ou elas mesmas podem conter inibidores. Quais são as causas da dormência, quais vantagens ecológicas são conferidas pelo mecanismo da dormência e como as várias formas de dormência são quebradas para permitir a germinação?

22.5 Dormência da semente

Impactação e escarificação

Um dos exemplos de dormência mais fáceis de se entender é a presença de um revestimento duro na semente, que impede a absorção de oxigênio ou água. Esse revestimento é comum nos membros da família Fabaceae (Leguminosae), embora não ocorra nos feijões ou ervilhas, o que indica que a dormência é incomum nas espécies domesticadas. Em algumas espécies, a água e o oxigênio são incapazes de penetrar em certas sementes porque seu ingresso é bloqueado por um preenchimento semelhante a uma cortiça (o **tampão estrofiolar**) em uma abertura pequena (**fenda estrofiolar**) no revestimento da semente. A agitação vigorosa das sementes às vezes desloca esse tampão, permitindo a germinação. O tratamento é chamado de **impactação** e foi aplicado em sementes de *Melilotus alba* (trevo doce), *Trigonella arabica* e *Crotallaria egyptica*.

Albizzia lophantha é uma árvore leguminosa pequena de sub-bosque que nasce no sudoeste da Austrália (Dell, 1980). A maioria das suas sementes germina apenas nos leitos de cinzas causados por incêndios; menos de 5% germinam sem calor. Na verdade, a entrada da água na semente é impedida por um pequeno tampão estrofiolar, até que ele pule para fora quando a semente é aquecida. Portanto, a distribuição dessa planta é controlada pelo fogo por intermédio da presença de um tampão estrofiolar.

A quebra da barreira do revestimento da semente é chamada de **escarificação**. Foram usadas facas, limas e lixas. Na natureza, a abrasão pode ser uma ação microbiana, a passagem da semente pelo trato digestivo de um pássaro ou outro animal, a exposição a temperaturas alternadas ou o movimento da água na areia ou nas rochas. No laboratório e na agricultura (quando necessário), o álcool e outros solventes de gordura (que dissolvem o material ceroso que às vezes bloqueia a entrada da água) podem ser usados, bem como ácidos concentrados. As sementes de algodão e de muitos árvores leguminosas tropicais, por exemplo, podem ser imersas por alguns minutos a 1 hora em ácido sulfúrico concentrado e, então, lavadas para remover o ácido; depois disso, a germinação é enormemente aprimorada.

A escarificação é de considerável importância ecológica. O tempo exigido para que a escarificação seja concluída por algum meio natural pode proteger contra a germinação prematura no outono ou durante períodos quentes fora de estação no inverno. A escarificação no trato digestivo de aves ou outros animais leva à germinação depois que as sementes são mais amplamente dispersas. As sementes lavadas por um rego no deserto não são apenas escarificadas, mas acabam em um local onde existe mais água. Dean Vest (1972) mostrou uma interessante relação simbiótica e mutualista entre os fungos e sementes da erva-sal (*Atriplex confertifolia*), que cresce nos desertos da Grande Bacia. O fungo cresceu nos revestimento das sementes, escarificando-os para que a germinação pudesse ocorrer. O crescimento dos fungos ocorreu apenas quando as temperaturas e as condições de umidade eram adequadas durante o início da primavera, época mais provável para a sobrevivência dos brotos.

Conforme observado em relação a *Albizzia*, o fogo é um importante meio natural de escarificação. Várias sementes, particularmente em condições como as da vegetação do chaparral dos climas mediterrâneos (por exemplo, sul da Califórnia), são efetivamente escarificadas pelos incêndios tão comuns no local. O resultado é uma recuperação relativamente rápida da área depois das queimadas. Além disso, os incêndios removem o dossel de folhas que normalmente absorve a luz vermelha e deixam o espectro enriquecido com luz vermelha-distante, inibindo assim a germinação da semente (consulte a Seção 20.7).

Inibidores químicos e osmóticos

O que impede que as sementes de um tomate maduro germinem dentro dele? A temperatura é geralmente ideal e existe bastante umidade e oxigênio. Se as sementes forem removidas do fruto, secas e plantadas, elas germinam rapidamente, indicando que estão maduras o suficiente para a germinação. Na verdade, elas germinam até se forem tiradas diretamente da fruta e imersas em água. Na fruta, o potencial osmótico do suco é muito negativo para permitir a germinação (Bewley e Black, 1984). Inibidores específicos também podem estar presentes, como o ABA no endosperma em desenvolvimento da alfafa inibe a germinação do embrião. Outras frutas podem filtrar comprimentos de onda de luz que são necessários para a germinação. (A maioria de nós já percebeu uma semente germinando dentro da laranja, portanto, a **viviparia**, discutida na Seção 18.5, ocorre.)

Os inibidores químicos estão geralmente presentes nas sementes e, com frequência, eles devem ser liberados antes que a germinação possa ocorrer. Na natureza, quando uma quantidade suficiente de chuva libera os inibidores da semente, o solo fica adequadamente úmido para a sobrevivência do novo broto (Went, 1957). Isso é particularmente importante no deserto, onde a umidade é mais limitadora que outros fatores, como a temperatura. Vest (1972) observou que as sementes da erva-sal continham cloreto de sódio suficiente para provocar uma inibição osmótica (consulte também Koller, 1957). Normalmente, o inibidor é mais complexo que o sal de cozinha (Evenari, 1957; Ketring, 1973) e, além disso, os inibidores incluem representantes de uma ampla variedade de classes orgânicas. Alguns são complexos que liberam o cianeto (principalmente nas sementes de rosáceas), enquanto outros são substâncias que liberam amônia. Os óleos de mostarda são comuns nas Brassicaceae (Cruciferae). Outros compostos orgânicos importantes incluem ácidos orgânicos, lactonas insaturadas (principalmente cumarina, ácido parassórbico e protoanemonina), aldeídos, óleos essenciais, alcaloides e compostos fenólicos. O ABA está presente com frequência nas sementes dormentes, mas, em muitos (se não em todos) casos, ele desaparece muito antes que a dormência seja quebrada (Bewley e Black, 1984; Walton, 1977). Portanto, o ABA pode ser um inibidor potente da germinação quando está presente, mas deve haver mais fatores para a dormência da semente.

Os inibidores da germinação não ocorrem apenas nas sementes, mas também nas folhas, raízes e outras partes da planta. Quando liberados durante a decomposição do lixo, eles podem inibir a germinação das sementes ou o desenvolvimento da raiz nas adjacências da planta mãe. As substâncias produzidas por uma planta que prejudicam outras são chamadas de **alelopáticas** (Capítulo 15). (Obviamente as alelopáticas não produzem a dormência no sentido usual.) Na verdade, alguns compostos produzidos por outros organismos agem como promotores da germinação. Por exemplo, o nitrato é um promotor de germinação comumente usado nos laboratórios de fisiologia da semente e é produzido pela deterioração de praticamente qualquer resíduo vegetal ou animal.

Antes de saímos do assunto, devemos observar que muitos compostos conhecidos que não são produtos naturais podem influenciar fortemente a germinação de uma maneira ou de outra. Eles incluem muitos dos reguladores do crescimento que atualmente são de importância comercial (por exemplo, Dalapon e outros). A tioureia tem sido usada no laboratório como promotor da germinação, enquanto o nitrato e o nitrito são usados para estimular a germinação de muitas sementes de ervas, principalmente de espécies de gramináceas.

Pré-resfriamento

Muitas sementes, principalmente as de espécies de rosáceas, como as de frutos de caroço duro (pêssego, ameixa, cereja), muitas árvores decíduas, várias coníferas e várias espécies herbáceas de *Polygonum* não germinam até que tenham sido expostas, por semanas ou meses, a temperaturas baixas e oxigênio sob condições úmidas (Figura 22-9). Crocker e Barton (1953) listaram 62 dessas espécies e várias outras

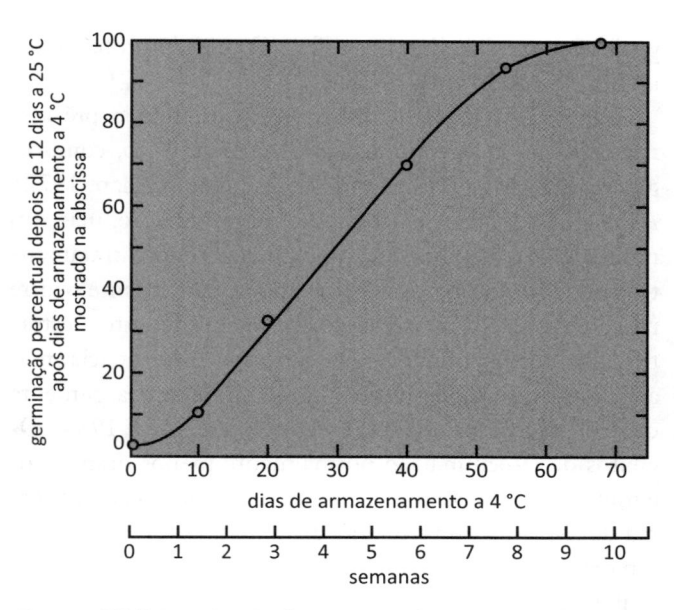

FIGURA 22-9 Germinação de sementes de maçã como função do tempo de armazenamento a 4 °C. (Dados de Villiers, 1972.)

foram descobertas desde então. Raramente, as sementes úmidas respondem às temperaturas *altas* e um grande número de sementes responde melhor quando as temperaturas diárias *alternam-se* entre altas e baixas. A prática de depositar as sementes em camadas durante o inverno, em valas contendo areia úmida e turfa, é chamada de **estratificação**. Uma vez que as sementes nas valas devem ser resfriadas antes que germinem, um termo moderno mais popular e descritivo que estratificação é **pré-resfriamento**. Nos laboratórios de sementes e experimentos fisiológicos, o pré-resfriamento é rotineiramente executado nas incubadoras e câmaras de crescimento. Na natureza, a exigência da baixa temperatura protege as sementes da germinação precoce no outono ou durante um período de calor fora de estação no inverno.

Quais mudanças químicas ocorrem dentro da semente durante o pré-resfriamento, permitindo que elas germinem subsequentemente quando as condições estiverem certas? A maioria das sementes, incluindo as que exigem o frio, é rica em gorduras e proteínas, mas possui pouco amido (Nikolaeva, 1969; Lang, 1965a), e, durante o tratamento com o frio, o embrião de algumas espécies cresce amplamente pela transferência dos componentes de carbono e nitrogênio das células que armazenam alimentos. Os açúcares se acumulam e eles podem ser exigidos como fonte de energia e para atrair a água de maneira osmótica, causando mais tarde a germinação. Mesmo nas sementes que exigem o frio, como o freixo europeu (*Fraxinus excelsior*), no qual o embrião já está totalmente desenvolvido antes da estratificação, a degradação massiva de gordura ocorre no embrião propriamente dito durante o frio. O teor de proteína aumenta e o amido aparece.

Talvez os inibidores desapareçam durante o pré-resfriamento e/ou os promotores do crescimento, como as giberelinas ou as citocininas, se acumulem (Khan, 1977). As auxinas causam pouco efeito na germinação, mas, em muitos casos, as giberelinas substituem todo o tratamento com o frio ou parte dele, como frequentemente ocorre na vernalização. Talvez elas se acumulem durante a estratificação em quantidades que superam a dormência, mas a maioria dos dados obtidos até o momento argumenta contra essa interpretação (Bewley a Black, 1982, 1984). Os efeitos da citocinina são normalmente menos dramáticos e muito menos disseminados. Em um certo aspecto, a forma de absorção do vermelho-distante do fitocromo (P_{fr}) é um regulador do crescimento exigido para a germinação de muitas sementes, como discutido no Capítulo 20.

O desaparecimento do inibidor e o acúmulo do hormônio nas sementes inteiras foram observados, mas existem numerosas contradições. Na Seção 20.6, discutimos estudos semelhantes com as sementes que exigem luz. Concluímos que as radículas deveriam ser analisadas, porque as alterações no restante da semente poderiam mascarar mudanças importantes em radículas relativamente pequenas. Arias e colaboradores (1976) mediram as giberelinas no eixo embrionário e nas células de cotilédones de armazenamento de alimentos da árvore de avelã (*Corylus avellana*), uma espécie em que as giberelinas superam totalmente o requisito do pré-resfriamento. Embora, durante o resfriamento, tenha havido pouco acúmulo da giberelinas em qualquer parte, ele permitiu que o eixo embrionário, mas não os cotilédones, que são muito maiores, sintetizassem muita giberelina quando retornado a uma temperatura de germinação de 20 °C. A concentração de GA se tornou 300 vezes maior no eixo do que nos cotilédones. Estudos semelhantes são necessários com outras sementes, principalmente agora que métodos de análise modernos como o GC-MS e o monitoramento de íons selecionados permitem uma análise sensível dos hormônios e outros compostos em partes pequenas das plantas (consulte a Seção 17.2).

A base molecular para a quebra de qualquer tipo de dormência nas sementes ainda precisa ser descoberta, em parte porque alguns relatos parecem contraditórios. Por exemplo, os compostos que inibem a respiração, como o nitrito, o cianeto, a azida, malonato, tiourea e ditiotreitol, frequentemente quebram a dormência da semente. Por outro lado, Roberts e Smith (1977) e outros mostraram que níveis elevados de oxigênio, que deveriam promover a respiração, podem induzir a germinação de certas sementes dormentes.

Onde está o mecanismo da dormência? Considere três possibilidades: que o revestimento das sementes contenha uma substância química que inibe o alongamento da radícula, que o revestimento da semente ou o endosperma aja como barreira mecânica ao alongamento e/ou que a radícula não tenha a capacidade de crescer até que seja resfriada. Embriões isolados e pré-resfriados de muitas sementes crescem subsequentemente, quando colocados em temperaturas mais altas, mas os que não foram pré-resfriados não o fazem. Nesse caso, a temperatura fria deve agir diretamente no embrião. Coerentemente com esse fato, os embriões que crescem em sementes de nozes pré-resfriadas podem exercer uma pressão mecânica pelo menos 1,0 MPa maior que os embriões não resfriados, que são incapazes de quebrar as conchas. Em várias espécies de lilás, incluindo a *Syringa vulgaris*, o pré-resfriamento não tem efeito na resistência mecânica do endosperma ou no seu conteúdo de inibidor, mas as radículas dos embriões resfriados alongam-se em uma solução com potencial hídrico de aproximadamente 0,5 MPa mais negativo que aquele nos quais as radículas não resfriadas irão crescer (Junttila, 1973). Portanto, existe uma boa evidência de que o embrião responde ao frio, mas pouca evidência direta de que os inibidores nos revestimento das sementes sejam afetados – embora estejam frequentemente presentes.

Às vezes, o pré-resfriamento das sementes possui um forte efeito retardado no crescimento, além de sua ação de quebra da dormência. Se os embriões de brotos de pêssegos forem excisados de seus cotilédones, eles germinam sem o pré-resfriamento, mas os brotos são anormais e impedidos de crescer. Quando os embriões excisados são tratados com temperatura baixa, eles se transformam em brotos normais. Portanto, é o pré-resfriamento, e não a presença de cotilédones, que garante sua normalidade. Uma vez que as plantas impedidas de crescer perdem seu hábito de anãs quando pulverizadas com giberelinas, o acúmulo de giberelinas e outros hormônios durante o pré-resfriamento poderia explicar esses resultados, ou o pré-resfriamento pode aumentar o potencial para sintetizar as giberelinas.

Luz

Nas Seções 20.1 e 20.6, mencionamos que a luz controla a germinação de muitas sementes, e discutimos algumas das complicações em sua resposta. Obviamente, existem várias dicas ambientais, que frequentemente interagem de maneiras intrincadas, controlando o processo da germinação.

22.6 Dormência do broto

Nas regiões temperadas, a dormência da semente e a do botão têm muitos aspectos em comum, sendo que, nos botões, a indução da dormência é tão crítica quanto sua quebra. Quase sempre a dormência do botão se desenvolve antes da coloração do outono e da senescência das folhas. Os botões de muitas árvores param de crescer em meados do verão, mostrando às vezes um pouco de crescimento no final do verão antes de entrar em profunda dormência no outono. Os botões das flores que crescerão na próxima estação normalmente se formam nas árvores frutíferas em meados do verão. As folhas continuam verdes e fotossinteticamente ativas até o início do outono, quando a senescência ocorre em resposta aos dias curtos, frios e claros. À medida que a clorofila é perdida, os pigmentos carotenoides laranja e amarelo tornam-se aparentes e as antocianinas (principalmente o cianidina glicosídeo) são sintetizadas. As frutas, como a maçã, frequentemente amadurecem durante essa época. A rigidez pelo congelamento também se desenvolve em resposta às temperaturas baixas e aos dias curtos do outono.

A dormência do botão é induzida em muitas espécies pela temperatura baixa, mas também existe uma resposta à duração do dia, principalmente se as temperaturas continuarem altas. Com as várias árvores decíduas estudadas em Beltsville, Maryland (Downs e Borthwick, 1956), o tratamento do dia curto resultou na formação de um botão terminal dormente e na interrupção do alongamento do internodo e da expansão da folha, mas as folhas foram retidas. As noites longas, interrompidas por um intervalo de luz, causaram o mesmo efeito dos dias longos. Os botões da bétula (*Betula pubescens*) detectam diretamente a duração do dia, mas, em outras espécies, as folhas normalmente detectam o fotoperíodo, embora a dormência ocorra nos botões (Wareing, 1956). Talvez esse fenômeno de correlação, como outros, seja causado por um regulador do crescimento, que pode ser o ácido abscísico (Seção 18.5).

Sempre existem interações. No estudo de Beltsville com as árvores decíduas, a indução da dormência pelo dia curto foi observada em temperaturas entre 21 e 27 °C, mas entre 15 e 21 °C houve pouco crescimento do caule durante os dias longos ou curtos; a temperatura baixa prevaleceu em relação à duração do dia.

Diferentes raças genéticas dentro de uma espécie, chamadas de **ecótipos** (consulte a Seção 25.4), possuem respostas de dormência bastante diferentes. Por exemplo, Thomas O. Perry e Henry Hellmers (1973) observaram que uma raça de bordo vermelho (*Acer rubrum*) que cresce no norte (Massachusetts) desenvolveu a dormência de inverno em resposta aos dias curtos e temperaturas baixas nas câmaras de crescimento, mas uma raça do sul que vivia na Flórida não o fez. Ole M. Heide (1974) estudou o abeto da Noruega (*Picea abies*). As árvores da Áustria (latitude 47°) pararam de alongar nos dias com duração de 15 horas ou menos, mas as do norte da Noruega (latitude 64°) pararam quando os dias tinham 21 horas ou menos. Ambas pararam de crescer muito antes das geadas que as matariam. A temperatura teve pouca influência, mas as árvores das elevações altas pararam de alongar em dias cuja duração era maior do que aquela exigida para interromper o crescimento das árvores da mesma latitude, mas em elevações baixas. Heide também observou que as raízes não responderam aos fotoperíodos aplicados nos topos. Com poucas exceções, as raízes continuaram crescendo, desde que os nutrientes e a água estivessem disponíveis, até a temperatura do solo se tornar muito fria (Kramer e Kozlowski, 1979). Obviamente, essas árvores estão bem adaptadas aos ambientes em que ocorrem naturalmente. Os bordos da Flórida, por exemplo, são restritos aos climas quentes do sul porque não podem entrar na dormência logo no início do outono.

A retenção da água acelera o desenvolvimento da dormência, assim como a restrição dos nutrientes minerais, particularmente o nitrogênio. Isso é provavelmente importante para as espécies que entram na dormência antes das temperaturas altas e da seca que ocorre nos trópicos ou nos climas secos. Também são conhecidas situações em que a dormência se desenvolve em resposta à mudança na duração do dia (e até mesmo às mudanças na temperatura do solo).

A dormência parcial do botão precede a dormência verdadeira e pode ser facilmente revertida por temperaturas moderadas e dias longos (ou iluminação contínua). Gradualmente, no entanto, as tentativas de induzir o crescimento ativo falham e, então, a planta atinge a dormência verdadeira, que exige tratamentos especiais para ser superada (Vegis, 1964).

A morfologia é importante no fenômeno da dormência. Um botão dormente normalmente possui internodos bastante encurtados e folhas especialmente modificadas chamadas de **escamas do botão**. Essas escamas impedem a dissecação, isolam brevemente contra a perda do calor e restringem o movimento do oxigênio aos meristemas abaixo. Elas também podem responder à iluminação ambiente e/ou executar outras funções. Em um certo sentido, as escamas do botão são semelhantes ao revestimento da semente.

Os fatores hormonais envolvidos na dormência não são conhecidos, mas, nas árvores, o ácido abscísico foi envolvido na resposta (Walton, 1980). Em meados da década de 1960, um grupo de pesquisadores relatou que foi possível induzir a formação de botões em repouso em várias espécies de árvores alimentando-as com ABA pelas folhas, mas ninguém conseguiu reproduzir seus resultados. Phillips et al. (1980) citaram numerosos exemplos de dados conflitantes sobre o acúmulo de ABA nos tecidos dormentes. Em razão desses conflitos, agora é impossível concluir que o ABA causa a dormência.

A dormência também é superada por temperaturas específicas, duração do dia ou ambos. O efeito da temperatura foi estudado desde 1880 (consulte Leopold e Kriedemann, 1975), mas o efeito da duração do dia foi reconhecido apenas no final da década de 1950. Uma vez que as folhas respondem à duração do dia na indução da dormência e no florescimento, parece razoável supor que elas são os únicos órgãos que respondem a ela. Porém, agora sabemos que a dormência é quebrada pelos dias longos em várias árvores sem folhas: faia, bétula, lariço, álamo amarelo, liquidambar e carvalho vermelho, por exemplo. Com exceção da faia, essas espécies também respondem aos períodos de frio. Em outras espécies, o frio deve ser seguido por dias longos. Mesmo em meados do inverno, certas espécies decíduas irão responder ao tratamento com dias longos (particularmente a luz contínua).

A dormência de meados do inverno ocorre em certas espécies (principalmente as perenes), durante a qual o caule para de se alongar por um certo período. Isso é tipicamente quebrado pela exposição a dias mais longos.

Qual órgão responde aos dias longos que superam a dormência? Aparentemente, as escamas do botão respondem, ou luz suficiente penetra para provocar a resposta dentro de tecidos das folhas primordiais no botão. Provavelmente, a indução do dia curto e a quebra do dia longo da dormência são respostas do fitocromo, mas o caso não está claro. Em alguns estudos sobre a indução do dia curto, a luz vermelha é mais eficiente na interrupção da noite e o efeito é revertido por uma exposição subsequente à luz vermelha-distante, mas essa reversão falhou em vários outros estudos.

Em muitos botões, a dormência pode ser quebrada pela exposição às temperaturas baixas. Dias a meses podem ser necessários em temperaturas abaixo de 10 °C. Nas árvores frutíferas, 5 a 7 °C são mais eficientes que 0 °C. Um trabalho considerável foi feito nas árvores frutíferas para determinar o período de frio mínimo exigido para quebrar a dormência, porque esse período determina quão ao sul elas podem crescer no hemisfério norte. Por exemplo, as maçãs podem precisar de 1.000 a 1.400 horas a 7 °C. Foi feito grande avanço na seleção de cultivares de pêssego com requisitos de resfriamento mais curtos que o normal, por exemplo, o que permite o cultivo onde os invernos são mais quentes. Incidentalmente, as temperaturas altas depois do frio induzem novamente a dormência na macieiras, uma situação semelhante à desvernalização.

Os efeitos do resfriamento na quebra da dormência não são translocados para dentro da planta, mas localizados dentro de botões individuais. Um lilás dormente, por exemplo, pode ser colocado com um ramo se estendendo para fora através de um pequeno buraco na parede da estufa. O ramo exposto às temperaturas baixas do inverno forma folhas no início da primavera, mas o restante do arbusto dentro da estufa permanece dormente.

Vários tratamentos químicos do botão quebram a dormência. Por exemplo, o 2-cloroetanol ($ClCH_2CH_2OH$), chamado de etileno cloroidrina, foi usado com sucesso por muitos anos. Aplicado na forma de vapor, ele quebra a dormência das árvores frutíferas. Outro tratamento simples, porém eficiente, é a imersão de parte da planta em um banho de água quente (40 a 55 °C). Com frequência, uma exposição curta (15 s) é eficiente. A aplicação de giberelinas quebra a dormência do botão em muitas plantas decíduas, assim como a de sementes que exigem o frio, e induz o florescimento de muitas plantas que exigem o frio.

22.7 Órgãos de armazenamento subterrâneos

Em muitos casos, as condições da temperatura induzem a formação de órgãos de armazenamento subterrâneos, como tubérculos, cormos e bulbos. Em algumas espécies, a dormência também é quebrada ou o crescimento subsequente é influenciado pelas temperaturas de armazenamento. Em outras espécies, a duração do dia também influencia a formação dos órgãos.

A batata

Os tubérculos de batatas se desenvolvem em uma ampla variedade de temperaturas e durações do dia, a partir de protuberâncias nas pontas dos caules subterrâneos chamadas de **estolões**,[4] que são derivados dos nodos na base do caule no solo. Os fisiologistas (Vreugdenhil e Struik, 1989) destacaram as quatro etapas a seguir na formação do tubérculo: (1) indução e iniciação do estolão, (2) crescimento do estolão (alongamento e ramificação), (3) interrupção do crescimento longitudinal do estolão e (4) indução e início do tubérculo, que resulta no crescimento radial da ponta do estolão para formar um tubérculo. Essas etapas podem ser separadas experimentalmente, porque são relativamente afetadas por diferentes condições ambientais e tratamentos hormonais.

---

[4] Os **estolões** são normalmente definidos como os caules horizontais acima do solo, como no morango. Os caules horizontais abaixo do solo são os **rizomas**. Os "estolões" de batatas (termo usado pelos fisiologistas que trabalham com batatas) normalmente são subterrâneos, mas podem ser aéreos; na escuridão, os botões de batata acima do solo se desenvolvem em estolões.

O início do estolão pode ocorrer antes que o broto da folha tenha surgido, portanto, ele não depende de sinais do broto. Ele ocorre em um amplo intervalo de temperaturas e durações do dia, mas o desenvolvimento de estolões em tubérculos normalmente exige (dependendo do cultivar) condições mais específicas. Aparentemente, para o início do estolão, é importante que os níveis de giberelinas sejam altos e os de citocininas, não muito altos. Os dias longos favorecem o alongamento do estolão, mas os curtos resultam na interrupção do seu crescimento (Chapman, 1958). Os dias curtos também resultam na diminuição das giberelinas na planta e pode ser isso que cause a parada no alongamento dos estolões. É possível restringir o alongamento do estolão (que forma os tubérculos) sem o seu crescimento radial, mas normalmente esses processos são simultâneos. O etileno interrompe o alongamento do estolão (por exemplo, em resposta à resistência mecânica no solo), mas também interrompe a formação do tubérculo (Mingo-Castel et al., 1976). Quando as condições são favoráveis, o crescimento dos tubérculos é iniciado. Isso é mais que uma resposta à diminuição de giberelinas e etileno, que são influências negativas, mas também uma excelente evidência da positiva **substância indutora de tubérculo**, que se forma nas folhas de alguns cultivares em resposta aos dias curtos. Todas as características esperadas do fotoperiodismo estão presentes, incluindo a noite crítica e um efeito inibidor da interrupção da luz aplicada durante o período de escuridão (consulte o Capítulo 23 e Chapman, 1958). Existem diferenças significativas entre os cultivares, mas, em um estudo, a formação do tubérculo não exigiu dias curtos, mas prosseguiu em qualquer duração do dia (resposta neutra para o dia) quando a temperatura noturna estava abaixo de 20 °C. A tuberização foi ideal nas temperaturas noturnas de aproximadamente 12 °C. Essa interação entre o fotoperiodismo e a temperatura é comum, assim como na vernalização e na dormência.

Nos cultivares sensíveis em dias longos, nenhum tubérculo se forma em qualquer temperatura do solo, a menos que os brotos sejam expostos a temperaturas baixas. Consequentemente, as folhas devem detectar o fotoperíodo e a temperatura e transmitir a substância indutora do tubérculo para os estolões. Houve muitas tentativas de isolar essa substância e, recentemente, Yasunori Koda e colaboradores (1988) isolaram um material altamente ativo nas folhas de batata. Ele induz os tubérculos *in vitro* (segmentos de caule de nodo único) em concentrações de 3×10^{-8} M na faixa de concentrações ativas da auxina e outros reguladores do crescimento. Foi provado que esta é uma molécula complexa semelhante ao ácido jasmônico.[5]

Por ser um caule subterrâneo, o tubérculo de batata exibe características de caule. Seus olhos são os botões axilares e eles permanecem inativos em resposta à presença do botão apical. Quando a batata é cortada para produzir pedaços de semente, essa dominância apical é perdida e os botões axilares crescem se a dormência for quebrada. Existem motivos práticos para prolongar e quebrar a dormência do tubérculo. Quanto mais os tubérculos puderem ser armazenados durante o inverno e primavera na condução dormente, mais alto será seu preço de venda. Na certificação de "semente" da batata, no entanto, é desejável quebrar a dormência prematuramente para testar patógenos nos tubérculos de amostra. O tempo normalmente exigido para se quebrar a dormência é um pouco mais curto quando os tubérculos são armazenados sob 20 °C do que em temperaturas mais baixas, mas não existe um efeito claro da temperatura. Certamente, não existe exigência de frio.

É possível quebrar a dormência nos tubérculos de batata com tratamentos químicos eficazes para quebrar a dormência do botão de caules acima do solo (2-cloroetanol, giberelinas, água quente e assim por diante). A tiourea também causa a formação de brotos, mas pode resultar em até 8 brotos de um único olho, e não o único broto usual. A dormência também pode ser induzida ou prolongada pela aplicação de reguladores do crescimento, como a hidrazida maleica ou o cloroprofame, na folhagem, antes da colheita, ou nos tubérculos, depois da colheita. A temperatura de armazenamento também é importante. Os tubérculos formam brotos prematuramente sob temperaturas altas, e em temperaturas baixas (≈ 0 a 4 °C) o amido se transforma em açúcar. Se uma temperatura única de armazenamento precisar ser usada, o ideal parece ser 10 °C. As instalações modernas de processamento de batatas, no entanto, armazenam os tubérculos em uma temperatura muito mais baixa (aproximadamente 2 °C) e, quando os operários estão prontos para fatiar e fritar os tubérculos para fazer batatas *chips*, eles os colocam em uma área de armazenamento sob temperatura muito mais alta por vários dias para que o açúcar seja convertido de volta em amido. Se isso não for feito, o açúcar carameliza durante a fritura e produz uma cor marrom escura ou até mesmo preta, que é indesejável no produto final.

Bulbos e cormos

Houve poucas investigações sobre como ocorre a indução da formação de bulbos, cormos e rizomas, mas muitos trabalhos foram feitos na Holanda, principalmente apoiados pela indústria de bulbos, para determinar as condições ideais de armazenamento (principalmente a temperatura de armazenamento em função do tempo) que resultariam na

---

[5] A substância indutora do tubérculo foi identificada como o ácido 3-oxo-2(5-?-d-glu-copiranosoloxi-2-cis-pentenil)-ciclopentano-1-acético (Vreugdenhil e Struik, 1989).

Aqui estão algumas generalizações: os bulbos devem atingir um tamanho crítico, o que requer dois ou três anos, antes que comecem a responder às temperaturas de armazenamento formando os primórdios das flores. Em alguns casos (por exemplo, na tulipa), os primórdios das folhas são formados antes das flores, mas, às vezes, a formação das folhas e flores é quase simultânea. Temperaturas específicas são frequentemente exigidas para o início da flor e o subsequente alongamento do caule. O padrão de mudanças e as temperaturas ideais geralmente correspondem ao clima de que os bulbos são nativos.

Existem vários padrões: em algumas espécies, os primórdios das flores se formam antes que os bulbos possam ser colhidos. Isso permite pouco controle da formação da flor durante o armazenamento, portanto, seu estudo foi limitado. Em outras, os primórdios das flores se formam durante o período de armazenamento depois da colheita no verão, mas antes do replantio no outono, tornando o controle mais fácil. A Figura 22-10 mostra o regime de temperatura de armazenamento projetado para causar o florescimento rápido das tulipas em tempo para o Natal. Observe que as temperaturas que induzem o florescimento são relativamente altas comparadas com as que são efetivas na vernalização de sementes e plantas inteiras. Todavia, a resposta é semelhante.

Na maioria das íris de bulbo (Figura 22-10), os primórdios das flores aparecem durante temperaturas baixas no inverno (ideal de 9 a 13 °C), mas o pré-tratamento em temperatura alta (20 a 30 °C) é essencial para que a formação das flores ocorra. Esse é um exemplo verdadeiro de indução semelhante à vernalização, mas a resposta é a temperatura alta, não à baixa. Em cada exemplo, as plantas são adaptadas para que o florescimento, o crescimento vegetativo e a dormência sejam bem sincronizados com as alterações sazonais na temperatura.

Jerry M. e Carol C. Baskin (1990) estudaram uma pequena planta, a *Pediomelum subacaule*, que cresce em clareiras de cedro no Tennessee, na Georgia e no Alabama. A planta é uma perene que surge no início da primavera, floresce e se torna dormente no final de junho e início de julho, quando o broto e as raízes absorventes morrem, deixando um pequeno botão de broto no topo de uma raiz de armazenamento tuberosa, cerca de 50 mm abaixo da superfície do solo. As plantas não crescem durante o verão seco. O alongamento do botão ocorre no outono e no final do inverno, mas não durante a parte mais fria de meados do inverno (Figura 22-11a). As raízes dormentes submetidas aos Baskins foram enterradas 50 mm abaixo da superfície da vermiculita úmida, com várias combinações entre temperaturas diurnas e noturnas, como mostrados na Figura 22-11b. Um conjunto de temperaturas ("andamento", Figura 22-11b) se aproxima das temperaturas de campo. O alonga-

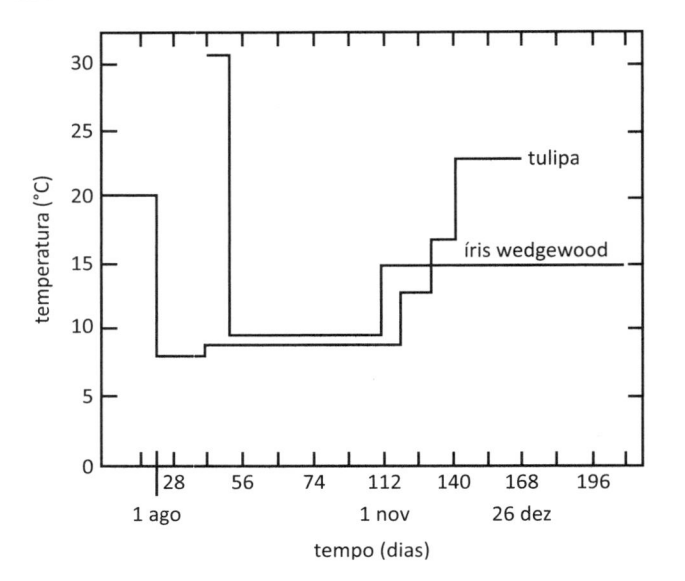

FIGURA 22-10 Tratamento de temperatura para o florescimento inicial da *Tulipa gesneriana* W. Copeland e da *Iris xiphium* Imperator. Na tulipa, a iniciação do florescimento começa e está em andamento durante o tratamento de 20 °C. A colocação em salas de armazenamento a 8 e 9 °C promove a aceleração da formação das flores, portanto, as flores são produzidas no Natal. A temperatura contínua de 9 °C também promove um início precoce, mas a qualidade é baixa, a menos que o tratamento de 20 °C seja aplicado primeiro. Os bulbos são plantados em uma estufa de temperatura controlada perto da metade do tratamento de temperatura baixa. A temperatura é elevada quando as pontas da folha são visíveis, novamente quando possuem 3 cm de comprimento e, finalmente, 6 cm. Na íris, o período curto de temperatura alta é essencial para o florescimento, embora o início real dos primórdios das flores não ocorra até que os bulbos tenham sido movidos da temperatura baixa para 15 °C, momento em que os brotos têm 6 cm. Novamente, o tratamento de 9 °C garante a precocidade. Em temperaturas muito acima de 15 °C durante a última parte do tratamento, às vezes são produzidas flores anormais. Os níveis baixos de luz também resultam em flores "estragadas" neste momento, principalmente se as temperaturas não forem as certas. Se temperaturas extremamente altas (38 °C) forem usadas durante o primeiro período de indução das flores, partes delas são aumentadas ou diminuídas, e flores tetrâmeras, pentâmeras ou dímeras resultam. (Dados de Annie M. Hartsema, 1961; figura de Salisbury, 1963.)

formação de folhas, flores e caules em momentos desejáveis e com as propriedades requeridas. A abordagem foi observar com cuidado a morfologia do bulbo no campo durante uma estação normal e, depois, repetir essas observações nos bulbos armazenados sob temperaturas precisamente controladas. O objetivo era encurtar o tempo até o florescimento, um processo chamado de florescimento **forçado**. Esse trabalho está em andamento desde a década de 20 (consulte Hartsema, 1961; Rees, 1972).

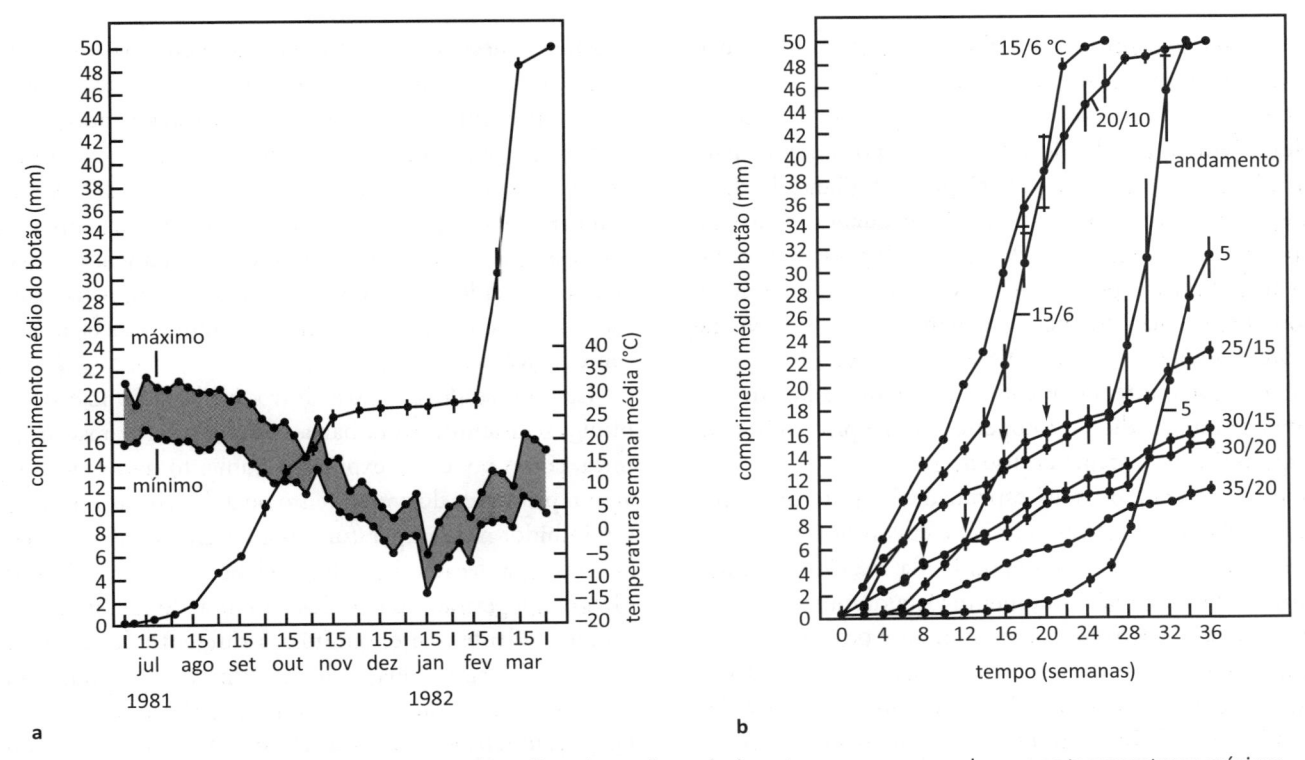

FIGURA 22-11 (a) O comprimento dos botões de *Pediomelum subacaule* durante o ano, comparado com as temperaturas máxima e mínima. As plantas foram mantidas em vermiculita úmida em uma estufa aberta e sem temperatura controlada. **(b)** Comprimento dos botões de *Pediomelum* também na vermiculita úmida, mantidos em temperaturas diurnas/noturnas controladas conforme identificado na figura. A curva identificada como "andamento" foi submetida a temperaturas sazonais simuladas no campo. Observe que as plantas mantidas em temperaturas intermediárias (principalmente 15/6 °C e 20/10 °C) cresceram durante todo o experimento, enquanto as que permaneceram em temperaturas mais altas nunca cresceram tão rápido; as plantas mantidas em 5 °C não cresceram no início, mas cresceram rapidamente depois de 24 semanas. (De Baskin e Baskin, 1990; com permissão.)

mento do broto, medido em intervalos pela remoção temporária das plantas da vermiculita, foi muito lento nas temperaturas mais altas, mas continuou durante todo o ano em temperaturas intermediárias (frias). As plantas mantidas na temperatura mais baixa (5 °C) não cresceram muito por 20 semanas, mas finalmente cresceram rapidamente. As plantas sujeitas às temperaturas simuladas de campo cresceram tanto quanto as plantas no campo. Esses resultados mostraram que as plantas nunca estavam verdadeiramente dormentes, mas apenas quiescentes, porque cresciam a qualquer momento se a temperatura fosse correta e a umidade estivesse disponível. Porém, o ideal de temperatura para o crescimento diminuiu com o tempo, portanto, o crescimento rápido ocorreu no outono e no final do inverno. As mudanças fisiológicas que controlam a resposta da planta à temperatura garantiram que elas surgissem no início da primavera quando uma ampla umidade do solo estivesse disponível, se tornassem dormentes durante a estação seca e repetissem a sequência no próximo ano. Aparentemente, a quiescência era causada pela seca (veio muito mais tarde nos anos úmidos) e não pelos dias longos, como aconteceu na *Anemone coronaria* (Kadman-Zahavi et al., 1984).

22.8 Termoperiodismo

Até agora, a discussão sobre temperatura envolveu principalmente o ciclo de temperatura anual, mas Frits Went (1957) descreveu o **termoperiodismo**, um fenômeno no qual o crescimento e/ou o desenvolvimento são promovidos pela alternação entre as temperaturas diurna e noturna. Observamos que os tubérculos de batatas se formam em resposta às temperaturas noturnas baixas; a definição dos frutos nos pés de tomate também é promovida por elas. O alongamento do caule e o início da flor também são respostas termoperiódicas em algumas espécies. Uma implicação original do conceito do termoperiodismo foi que a produtividade da planta era mais alta em um ambiente termoperiódico. Em algumas espécies, incluindo certos cultivares de tomates, isso é verdadeiro; porém, as temperaturas diurnas e noturnas flutuantes não são essenciais para o crescimento ideal de numerosas outras espécies. Arzola, beterraba, trigo, aveia, feijão e ervilha crescem tão bem na temperatura constante *ideal* como quando as temperaturas diurnas e noturnas variam. Um experimentador deve ser cuidadoso e comparar os diversos regimes termoperiódicos com a temperatura constante ideal, não com qualquer outra (Friend e Helson, 1976).

Algumas plantas crescem melhor quando o ambiente flutua em um ciclo de 24 horas, supostamente para coincidir com as fases de seu relógio circadiano. Portanto, algumas espécies não crescem bem quando a luz e a temperatura são constantes. A variação da temperatura no ciclo de 24 horas impede ou reduz os danos causados ao pé de tomate pela luz e temperatura contínuas, se os níveis de luz forem altos o suficiente. Na verdade, muitas respostas termoperiódicas interagem com o ambiente da luz, tipicamente por intermédio do fotoperiodismo e provavelmente via equilíbrios no sistema do fitocromo.

Um dos exemplos mais espetaculares de termoperiodismo é relatado por Went (1957) e envolveu a *Laothenia charysostoma* (antigamente denominada *Baeria*), uma pequena composta anual comumente vista durante a primavera nos vales e encostas das montanhas e ocasionalmente na parte oeste do deserto de Mojave, na Califórnia. Ela é extremamente sensível à temperatura noturna. Cultivadas sob condições de dia curto nos experimentos de Went, as plantas sobreviveram apenas dois meses quando a temperatura noturna era de 20 °C. Em temperaturas mais baixas, elas cresceram por pelo menos 100 dias. Elas morreram rapidamente em temperaturas noturnas de 26 °C. Muitas espécies não crescem particularmente bem com temperaturas noturnas tão altas, mas como podemos explicar a morte nessa temperatura? As plantas *Laothenia* florescem quando a temperatura diurna está bem acima de 26 °C, desde que a temperatura noturna seja baixa o suficiente. Went relatou que outras plantas nativas da Califórnia agiram de maneira semelhante em seus experimentos.

Talvez, como apontamos previamente, os tecidos diferentes da mesma planta possuam diferentes temperaturas cardinais. Para o crescimento e desenvolvimento adequado da planta inteira, a faixa de temperatura durante o dia deve incluir temperaturas quase ideais para o crescimento de todos os tecidos necessários. Normalmente, a temperatura do solo é diferente da do ar, portanto, a planta precisa ter temperaturas cardinais diferentes para as raízes e os brotos. Mantendo as raízes e brotos na mesma temperatura, não é possível obter o crescimento e desenvolvimento ideais.

22.9 Mecanismos da resposta à baixa temperatura

Como podemos entender as respostas positivas da planta à baixa temperatura? Talvez estejamos lidando com algum tipo de bloqueio hormonal ou metabólico. Esse bloqueio poderia ser um inibidor químico, a falta de alguma substância necessária dentro da planta ou ambos. Um inibidor pode desaparecer ou um regulador do crescimento pode surgir em temperaturas baixas, influenciando o florescimento, a germinação, o crescimento subsequente do broto e assim por diante. As giberelinas e o ABA parecem cumprir seus papéis. Os mecanismos são os mesmos nas diversas respostas que descrevemos? Certamente a diversidade é grande o suficiente para que possamos não esperar um mecanismo comum, mas em muitos casos existem semelhanças surpreendentes.

Lembre-se do paradoxo introduzido no início do capítulo: se a temperatura baixa reduz a taxa de reação química, como podemos explicar o aumento na produção de algum promotor do crescimento ou a destruição elevada de um inibidor nas temperaturas baixas, em comparação com as altas? Na década de 1940, Melchers e Lang, e Purvis e Gregory, sugeriram um modelo (Figura 22-12), simultânea e independentemente, que não é diferente do da Figura 22-3. Pode haver duas reações hipotéticas interagindo; uma delas (I) contém um coeficiente de temperatura ou Q_{10} bastante baixo e a outra (II) um Q_{10} mais alto. Os produtos da reação I são afetados pela reação II. Se a taxa da reação I excede a da reação II, então o produto (*B*) da reação I se acumulará; se o inverso for verdadeiro, o produto

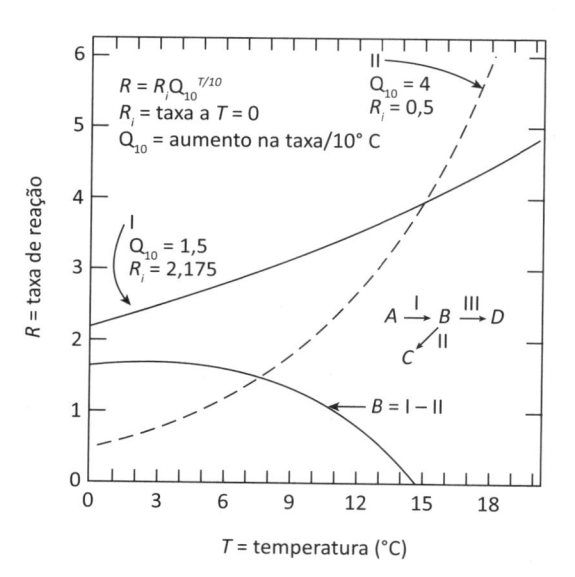

FIGURA 22-12 Curvas de amostra que demonstram as taxas de reação hipotéticas como função da temperatura para as reações com valores de Q_{10} de 1,5 ou 4,0. Se a reação com Q_{10} = 1,5 for considerada a reação I nas reações mostradas no círculo (e discutidas no texto) e se a reação com Q_{10} = 4,0 for considerada a reação II, o produto B hipotético será proporcional à curva II menos a curva I, como mostrado (curva B). Compare o formato da curva B com os das curvas nas Figuras 22-1, 22-3 e 22-7. (De Salisbury, 1963.)

(C) da reação II se acumulará. Mesmo que o Q_{10} da reação I seja relativamente baixo, mas ela progrida em temperaturas baixas mais rapidamente que a reação II, podemos explicar o acúmulo de B em temperaturas baixas. Com o aumento da temperatura, a taxa da reação II aumenta muito mais rapidamente que a da reação I, portanto, em alguma temperatura crítica, B será usado tão rápido quanto é produzido e, consequentemente, não se acumulará. A reação II seria a desvernalização, e o fato de que ela falha depois de dois ou três dias com uma temperatura neutra pode indicar uma terceira reação (III) que converte B em D – um produto final estável. Obviamente, o modelo é uma especulação ingênua porque muitos outros fatores podem cumprir suas funções: síntese e ativação da enzima, mudanças na permeabilidade da membrana, mudanças de fase, transporte de nutrientes e assim por diante. Em meio século, ninguém descobriu esse mecanismo nos organismos, embora o princípio tenha uma certa lógica e ainda possa ser válido.

Os sistemas de feedback compensado discutidos em relação à independência da temperatura no relógio biológico (Seção 21.6) poderiam fornecer uma reação geral dentro de um coeficiente de temperatura negativo. O produto de uma reação poderia inibir a taxa da outra. Ou então, em temperaturas baixas, uma substância poderia se acumular porque outro composto, que inibe sua produção, não se acumula. Novamente, seriam necessários diferentes coeficientes de temperatura. Uma vez que as giberelinas aumentam em algumas sementes e botões quando a dormência é quebrada, elas podem ser equivalentes a B ou D na Figura 22-12. Ou então, as giberelinas podem vazar do compartimento de armazenamento quando as membranas se tornam muito mais permeáveis em temperaturas baixas (Arias et al., 1976). Em algumas espécies, as citocininas ou o etileno poderiam cumprir esse papel.

E se estivermos lidando com a destruição de um inibidor em temperaturas baixas, e não com a síntese de um promotor? Temos apenas que inverter as funções das duas reações hipotéticas do modelo. A reação de destruição (ou conversão) deve ter uma taxa regularmente rápida em temperaturas baixas e um Q_{10} baixo. A síntese do inibidor, por outro lado, deve ser baixa em temperaturas baixas, mas deve ter um Q_{10} alto.

23
Fotoperiodismo

A sincronização dos organismos com o tempo sazonal é uma manifestação verdadeiramente espetacular. Frequentemente, essa sincronização tem a ver com a reprodução, pois é apropriada e adaptativa para que animais jovens nasçam em épocas específicas do ano, para que todos os membros de uma espécie de angiospermas floresçam ao mesmo tempo (garantindo a oportunidade de polinização cruzada) e que musgos, samambaias, coníferas e algumas algas formem estruturas reprodutoras em uma determinada estação. A maioria das outras respostas dos vegetais, como alongamento do caule, crescimento da folha, dormência, formação de órgãos de armazenamento, queda das folhas e desenvolvimento da resistência ao congelamento, também é sazonal. Com frequência, essas respostas sazonais são sincronizadas pelo **fotoperiodismo** (apresentado no Capítulo 21). Grande parte do que vemos acontecer no mundo natural ocorre porque as plantas e animais são capazes de detectar a duração do dia, da noite ou de ambos.

23.1 Detecção do tempo sazonal pela medição da duração do dia

Em uma região não montanhosa no equador, o nascer e o pôr do sol ocorrem no mesmo horário durante todo o ano, portanto, a duração do dia e da noite permanece constante. Exatamente nos polos, o Sol permanece acima do horizonte durante seis meses por ano e abaixo dele nos outros seis. Novamente, o dia e a noite são aproximadamente iguais; cada um tem seis meses de duração! Quando viajamos do equador na direção dos polos, os dias se tornam mais longos no verão e mais curtos no inverno (Figura 23-1a). Isso ocorre porque o equador está inclinado 23,5° em relação ao plano da eclíptica (a órbita da Terra ao redor do Sol), portanto, durante o inverno, o polo fica inclinado 23,5° em oposição ao sol e, durante o verão, 23,5° em sua direção.

A taxa de variação da duração do dia muda durante o ano (Figura 23-1b). Perto das épocas do solstício do inverno e do verão, quando os dias são respectivamente mais curtos e mais longos, existe pouca mudança de um dia para outro; durante a primavera e o outono, a taxa de mudança é muito mais rápida porque os dias se tornam mais longos durante a primavera e mais curtos durante o outono. Portanto, o organismo pode detectar a estação medindo mudanças na duração do dia e da noite e o quanto eles mudam, mas uma vez que a duração absoluta do dia em qualquer época do ano depende tanto da latitude, os organismos devem ser "calibrados" conforme a sua localização.

O estudo das respostas fotoperiódicas dos organismos poderia contribuir com informações importantes para o nosso conhecimento dos ecossistemas naturais, mas, entre aproximadamente 300 mil espécies de plantas, apenas algumas centenas cresceram com fotoperíodos artificiais diferentes. Com esse trabalho, não apareceram muitos fatos surpreendentes. Como era de se esperar, as plantas que crescem em latitudes distantes do equador respondem de várias maneiras (principalmente o florescimento foi estudado) aos dias mais longos em relação às plantas que crescem perto do equador. Foi surpreendente, no entanto, observar que plantas tropicais como a *Kalanchoe blossfeldiana* respondem à duração do dia detectando as pequenas mudanças que ocorrem em 5 a 20° do equador (cerca de 1 min^{-1} por dia na latitude 20° em março ou setembro).

Também foi interessante observar que os diferentes ecótipos (consulte a Seção 25.4) dentro de uma única espécie mostram respostas diferentes à duração do dia. Em três estudos representativos, espécimes de duas plantas de dias curtos, pé de ganso (*Chenopodium rubrum;* Cumming, 1969) e cardo (*Xanthium strumarium;* McMillan, 1974), e uma de dia longo, o alazão alpino (*Oxyria digyna;* Mooney e Billings, 1961), foram coletados em várias latitudes por toda a América do Norte. Os pés de alazão alpino foram também coletados no Ártico e o cardo, em todo o mundo.

FOTOPERIODISMO

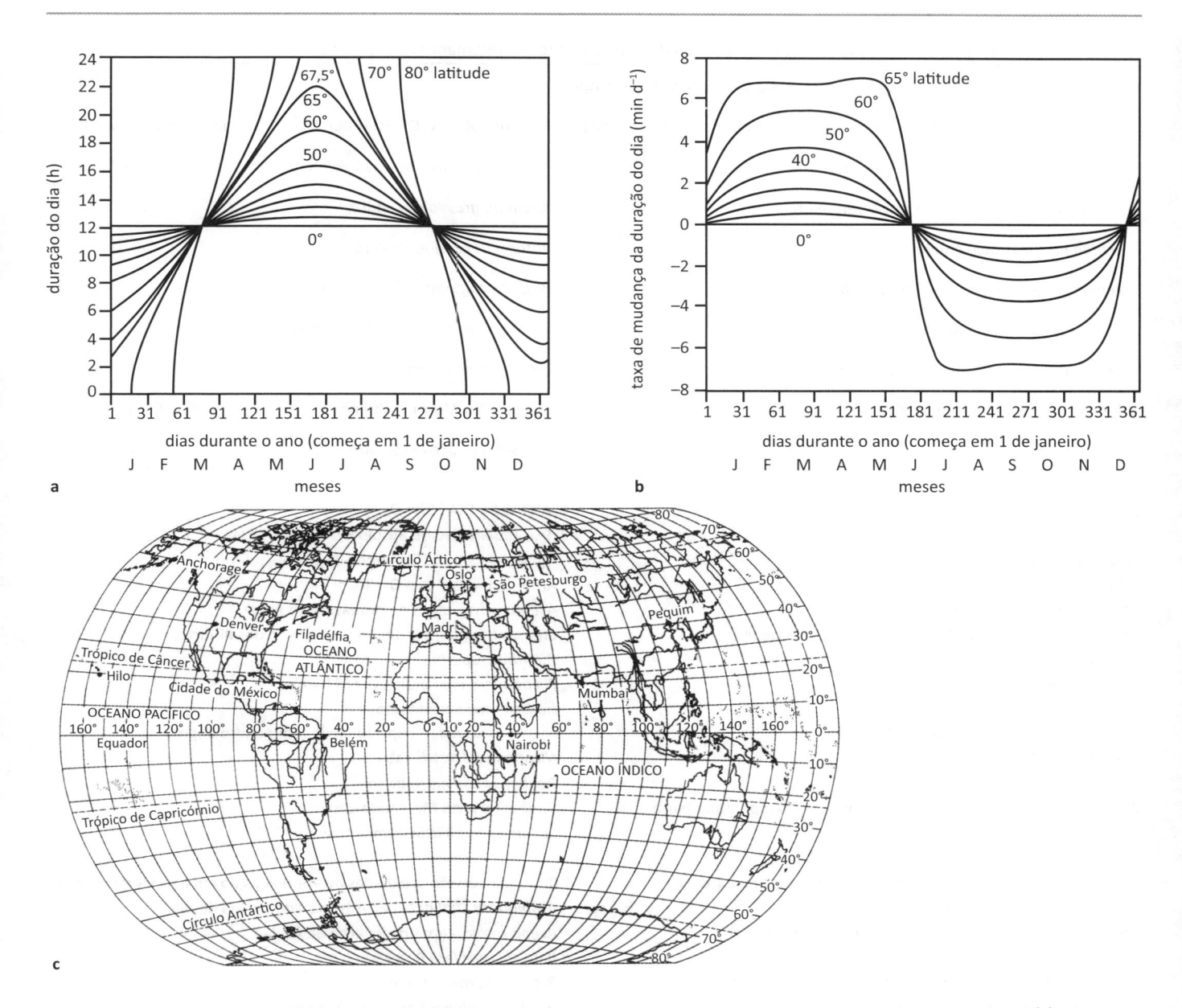

FIGURA 23-1 (a) Duração do dia em função do tempo ao longo do ano para várias latitudes setentrionais mostradas no mapa **(c)**. As durações dos dias são calculadas como o tempo desde o momento em que a parte superior do Sol (e não o seu centro) toca no horizonte astronômico oriental (isto é, o horizonte como aparece no oceano aberto) pela manhã, até que a parte superior do Sol toque o horizonte astronômico ocidental à noite. Portanto, a duração do dia no equador, definido desta maneira, é ligeiramente mais longa que 12 horas. O Círculo Ártico, latitude 66,5°, é onde o centro do Sol apenas toca o horizonte astronômico à meia-noite no solstício de verão, mas parte do Sol fica visível acima do horizonte à meia-noite por alguns dias antes e depois do solstício, como você pode ver na curva da duração do dia para a latitude 66,5°. **(b)** A taxa de mudança das durações dos dias como função da época do ano para várias latitudes. Observe que a taxa de mudança é bastante estável durante grande parte do ano (isto é, as curvas são relativamente planas), principalmente nas latitudes mais setentrionais. (As curvas foram geradas e desenhadas por computador; os programas foram criados por Michael J. Salisbury, com base nas equações e explicações de Roger L. Mansfield, do Astronomical Data Service, 3922 Leisure Lane, Colorado Springs, CO 80917, USA.)

Em cada caso, a duração do dia que induzia o florescimento foi maior para os indivíduos coletados mais ao norte. Frequentemente, nenhuma diferença morfológica pôde ser detectada entre os indivíduos que possuem uma resposta de florescimento muito diferente. Charles Olmsted (1944) também descobriu que a gramínea *Bouteloua curtipendula* tinha cepas de dia curto (ecótipos) se nascia mais ao sul e cepas de dia longo na parte norte. Os cultivares e variedades de muitas outras espécies (por exemplo, algodão, soja, arroz, trigo, crisântemos e certas gramíneas

TABELA 23-1 Espécies representativas com várias respostas de florescimento ao tratamento fotoperiódico[a]

I. Espécies conhecidas que florescem em resposta a um único ciclo indutor

PLANTAS DE DIA CURTO (PDC)	Noite crítica aproximada[b]	PLANTAS DE DIA LONGO (PDL)	Dia crítico aproximado[b]
Chenopodium polyspermum Pé de ganso		*Anagallis arvensis* Morrião escarlate	12 – 12,5
Chenopodium rubrum Pé de ganso vermelho		*Anethum graveolens* Endro	11
Lemna paucicostata Lentilha d'água		*Anthriscus cerefolium* Cerefólio	
Lemna perpusilla cepa 6746 Lentilha d'água	12	*Brassica campestris* Colza ou canola	
Oryza sativa cv zuiho Arroz	12	*Lemna gibba* Lentilha d'água inchada	
Pharbitis nil cv Violeta japonesa ipomeia	9 – 10	*Lolium temulentum* Joio	14 – 16
Wolffia microscopia Lentilha d'água		*Sinapis alba* Mostarda branca	Ca. 14
Xanthium strumarium Cardo	8,3	*Spinacia oleracea* Espinafre	13

II. Algumas espécies que exigem vários ciclos para a indução[c]

PLANTAS DE DIA CURTO
1. PDC (qualitativo ou absoluto)
    Cattleya trianae Orquídea
    Chrysanthemum morifolium Cultivar de crisântemos
    Cosmos sulphureus Cosmos cv amarelo
    Glycine max Soja
    Kalanchoe blossfeldiana Kalanchoe
    Perilla crispa Perilla púrpura comum
    Zea mays Milho

PDC em temperatura alta; PDC quantitativo em temperatura baixa
    Fragaria × *ananassa* Morango

PDC em temperatura alta; dia neutro em temperatura baixa
    Pharbitis nil Ipomeia japonesa
    Nicotiana tabacum Tabaco Mammoth de Maryland

PDC em temperatura baixa; dia neutro em temperatura alta
    Cosmos sulphureus Cosmos cv laranja

PDC em temperatura alta; PDL em temperatura baixa
    Euphorbia pulcherrima Poinsétia
    Ipomea purpurea Ipomeia cv azul celestial

2. PDC quantitativo
    Cannabis sativa Maconha cv Kentucky
    Chrysanthemum morifolium Cultivar de crisântemos
    Datura stramonium (plantas mais antigas são de dia neutro) Estramônio
    Gossypium hirsutum Algodão de planalto
    Helianthus annuus Girassol
    Saccharum spontaneum Cana-de-açúcar

PDC quantitativo; exigem ou são aceleradas pela vernalização em baixa temperatura
    Allium cepa Cebola
    Chrysanthemum morifolium Cultivar de crisântemos

PLANTAS DE DIA LONGO
3. PDL (qualitativo ou absoluto)
    Agropyron smithii Gramínea de trigo
    Arabidopsis thaliana Orelha de rato
    Avena sativa, cepas de primavera da Aveia
    Chrysanthemum maximum Crisântemo dos Pirineus
    Dianthus superbus Cravo rosa
    Fuchsia hybrida Fúcsia cv Lord Byron
    Hibiscus syriacus Hibisco
    Hyoscyamus niger, cepa anual de Meimendro negro
    Nicotiana sylvestris Tabaco
    Raphanus sativus Rábano
    Rudbeckia hirta Margarida amarela
    Sedum spectabile Sedum vistoso

PDL; exigem ou são aceleradas pela vernalização em baixa temperatura
    Arabidopsis thaliana, cepas bienais de Orelha de rato
    Avena sativa, cepas de inverno da Aveia
    Beta saccharifera Beterraba
    Bromus inermis Gramínea
    Hordeum vulgare Cevada de inverno
    Hyoscyamus niger, cepa bienal de Meimendro negro
    Lolium temulentum Joio
    Triticum aestivum Trigo de inverno

PDL em temperatura baixa; PDL quantitativo em temperatura alta
    Beta vulgaris Beterraba comum

PDL em temperatura alta; dia neutro em temperatura baixa
    Cichorium intybus Chicória

PDL em temperatura baixa; dia neutro em temperatura alta
    Delphinium cultorum Esporas perenes
    Rudbeckia bicolor Margarida bicolor

PDL; a vernalização em temperatura baixa substituirá (pelo menos parcialmente) a exigência de DL
    Spinacia oleracea Espinafre cv nobre
    Silene armeria Silene

4. PDL quantitativo
  Hordeum vulgare Cevada de primavera
  Lolium temulentum Joio cv Ba 3081
  Nicotiana tabacum Tabaco cv Havana A
  Secale cereale Centeio de inverno
  Triticum aestivum Trigo de primavera

PDL quantitativo; exigem ou são aceleradas pela vernalização em baixa temperatura
  Digitalis purpurea Dedaleira
  Pisum sativum Ervilha de jardim com florescimento tardio
  Secale cereale Centeio de inverno

PDL quantitativo em temperatura alta; dia neutro em temperatura baixa
  Lactuca sativa Alface
  Petunia hybrida Petúnia

PLANTAS DE DURAÇÃO DO DIA DUPLA
5. Plantas de dia longo/curto
  Aloe bulbilifera Aloe
  Kalanchoe laxiflora Kalanchoe
  Cestrum nocturnum (a 23 °C, dia neutro em >24 °C) Jasmim noturno

6. Plantas de dia curto/longo
  Trifolium repens Trevo branco

Plantas de dia curto/longo; exigem ou são aceleradas pela vernalização em baixa temperatura
  Dactylis glomerata grama dos pomares
  Poa pratensis Grama azul de Kentucky (nessas plantas, o DC é exigido para a indução e o DL para o desenvolvimento da inflorescência)

Plantas de dia curto/longo; substitutas em baixa temperatura do efeito DC e, depois de temperatura baixa, as plantas respondem como PDL
  Campanula medium Campânula

PLANTAS DE DIA INTERMEDIÁRIO
7. As plantas florescem quando os dias não são curtos nem longos
  Chenopodium album Pé de ganso
  Coleus hybrida Begônia cv Outono
  Saccharum spontaneum Cana de açúcar

PLANTAS ANBIFOTOPERIÓDICAS
8. Plantas quantitativamente inibidas por durações de dia intermediárias
  Chenopodium rubrum ecótipo 62° 46' N a 25 °C (responde como uma planta de dia intermediário quantitativo entre 15 e 20 °C e como PDL quantitativa sob 30 °C) Pé de ganso
  Madia elegans Mádia
  Setaria verticillata Capim de gancho

PLANTAS DE DIA NEUTRO
9. Plantas de dia neutro: são plantas com uma resposta mínima à duração do dia para o florescimento. Elas florescem mais ou menos na mesma época, indiferentes à duração do dia, mas podem ser promovidas por temperatura alta ou baixa ou por uma alternação na temperatura.
  Cucumis sativus Pepino
  Fragaria-vesca semperflorens Morango alpino europeu
  Gomphrina globosa Perpétua
  Gossypium hirsutum Algodão de planalto
  Helianthus annuus Girassol
  Helianthus tuberosus Alcachofra de Jerusalém
  Lunaria annua Violeta da lua
  Nicotiana tabacum Tabaco
  Oryza sativa Arroz
  Phaseolus vulgaris Feijão comum
  Pisum sativum Ervilha de jardim
  Zea mays Milho

Plantas de dia neutro; exigem ou são aceleradas pela vernalização em baixa temperatura
  Allium cepa Cebola
  Daucus carota Cenoura selvagem
  Geum sp. Aveias
  Lunaria annua Violeta da lua

[a] Principalmente de Vince-Prue, 1975, e Salisbury, 1963b.
[b] A noite ou dia crítico frequentemente dependem das condições (por exemplo, temperatura), idade da planta, número de ciclos indutores e cultivar. Consequentemente, algumas não são mostradas e as mostradas são apenas representativas.
[c] Note que as espécies individuais frequentemente aparecem em várias categorias, indicando a variabilidade das variedades e cultivares dentro das espécies. Para conservar espaço, as listas foram abreviadas.

nativas) também foram comparados, embora nem sempre de uma larga faixa latitudinal, e a mesma diversidade se tornou aparente.

Grande parte desse trabalho foi feito na Escandinávia (por exemplo, Bjornseth, 1981; Hay e Heide, 1983; Junttila e Heide, 1981). Em todos esses casos, as plantas florescem na mesma época apropriada. Por exemplo, várias espécies de cardo nas zonas temperadas florescem de seis a oito semanas antes da geada que costuma matá-las no outono, permitindo que haja tempo para o amadurecimento da semente. Como você poderia imaginar, o fotoperiodismo gera muitas implicações na agricultura (Vince-Prue e Cockshull, 1981), incluindo o controle do florescimento em muitas safras ornamentais e de campo (por exemplo, a cana-de-açúcar, na qual o florescimento reduz a produção de açúcar).

FIGURA 23-2 Algumas plantas representativas de dia neutro (tomate), de dia curto (pé de ganso, ipomeia japonesa e cardo) e dia longo (meimendro, rábano, melão almiscarado, petúnia, cevada e espinafre). Observe os fortes efeitos da duração do dia (acentuados por sua ampliação com a luz incandescente, que é rica em comprimentos de onda vermelho-distante) na forma vegetativa de todas as plantas, principalmente o tomate, nas quais as espécimes de dia longo e curto estão florescendo. Em quase todos os casos, as plantas expostas aos dias longos possuem caules mais longos. (Fotos de F. B. Salisbury.)

Por que a função do fotoperiodismo na ecologia não foi estudada mais intensamente? Em parte, isso ocorreu porque talvez a importância da duração do dia na vida de uma planta não atrai atenção até que ela seja movida para outra latitude ou para condições artificiais de iluminação e temperatura. As plantas devem ser bem adaptadas à duração do dia e à latitude em que existem, ou não poderiam existir ali; portanto, não é provável que os ecologistas percebam a resposta à duração do dia. Os fisiologistas vegetais estão preocupados com essas coisas, mas até agora eles enfrentaram os desafios de entender o mecanismo do fotoperiodismo, e não sua importância ecológica.

23.2 Alguns princípios gerais do fotoperiodismo

Desde a época de Tournois, Klebs, Garner e Allard (leia o quadro "Um pouco de história" a seguir, neste capítulo), mais de mil documentos descrevendo estudos sobre o fotoperiodismo foram publicados. A impressão inicial mais surpreendente desse imenso corpo de fatos é que não existe uma generalização ampla, uma lei abrangente que nos ajude a entender a resposta do fotoperiodismo. Cada espécie, cada cultivar ou variedade dentro de uma espécie parece ter o seu próprio conjunto de respostas; provavelmente, não existem duas que respondam exatamente da mesma maneira.

Essa situação certamente apresenta um desafio para o estudante de fisiologia vegetal e para os autores de um livro na área! Porém, as coisas não são tão desanimadoras como parecem. Embora toda regra pareça ter sua exceção, algumas generalizações podem ser feitas: os princípios do fotoperiodismo se aplicam quando o processo que está sendo controlado é o início de uma flor de soja, de um cone de pinheiro fêmea ou o desenvolvimento de um tubérculo de batata. Nas próximas dez seções, apresentaremos dez generalizações. Apresentaremos os dados experimentais com base em várias espécies e observaremos algumas exceções. Na sua leitura, não se preocupe em lembrar de todos os detalhes – mesmo os especialistas no campo têm dificuldade

SD   SD→LD
Meimendro, ca 110 dias

SD   LD
Tomate, ca 110 dias

SD   LD

SD   LD
Melão almiscarado, ca 46 dias

SD   SD→LD   LD→SD   LD

nisso – mas deixe os detalhes ajudarem-no a entender a generalização apresentada no final de cada seção.

Também documentaremos apenas alguns pontos com referências específicas à literatura. Diversas revisões incluem referências detalhadas (por exemplo, consulte Atherton, 1987; Bernier, 1988; Bernier et al., 1981; Evans, 1969a, 1975; Halevy, 1985; Hillman, 1979; Salisbury, 1981b, 1982, 1989; Schwabe, 1971; Vince-Prue, 1975, 1989; Vince-Prue et al., 1984; e Zeevaart, 1976a, 1976b).

23.3 Fotoperíodo durante o ciclo de vida de uma planta

O fotoperiodismo é um fenômeno bem disseminado na natureza. Em seu primeiro estudo, Garner e Allard (1920) sugeriram que as migrações de aves podem ser controladas pelo fotoperíodo, e logo o fotoperiodismo dos pássaros foi demonstrado (Rowan, 1925). Desde então, muitas respostas dos animais ao fotoperíodo foram documentadas, incluindo várias alterações no desenvolvimento em insetos, pelagem de mamíferos e promoção da reprodução em insetos, répteis, pássaros e animais. Praticamente todo aspecto do crescimento e desenvolvimento vegetal é influenciado pelo fotoperíodo (Tabela 23-1; Vince-Prue, 1975).

Germinação da semente

Para começar, a germinação de certas sementes depende do fotoperíodo aplicado na planta mãe. As sementes maduras de certas espécies também são influenciadas em sua germinação pelo fotoperíodo. Existem sementes de germinação de dia longo e curto, e isso foi mostrado como sendo um verdadeiro efeito fotoperiódico pela obtenção da resposta do dia longo com a interrupção do período de escuridão longa (isto é, a interrupção da noite para as plantas em ciclos de dias curtos). As sementes de bétula, por exemplo, germinaram apenas nos dias longos ou quando um período longo de escuridão foi interrompido pela luz (Black e Wareing, 1955).

Algumas características do broto vegetativo

Garner e Allard (1923) sugeriram que o alongamento do caule em resposta aos dias longos é provavelmente o fenômeno fotoperiódico mais disseminado. Centenas de documentos publicados desde então sustentam essa observação. O alongamento do caule em resposta aos dias longos foi observado nas coníferas, nas quais a resposta é frequentemente muito forte (consulte a Figura 20-15), e também nas monocotiledôneas e dicotiledôneas entre as plantas que florescem (angiospermas). Em algumas exceções possíveis, os dias longos levam ao florescimento, e o florescimento pode concluir o alongamento do caule. Porém, muito mais comumente, as plantas que florescem em resposta aos dias longos o fazem pelo alongamento rápido do caule, que chamamos de elongação. Uma maneira de evitar a complicação do florescimento é observar os efeitos da duração do dia sobre o alongamento do caule nas plantas de dia neutro para o florescimento. Novamente, o alongamento em resposta aos dias longos é muito aparente (por exemplo, observe os dois pés de tomate na Figura 23-2). Os efeitos relacionados são uma supressão da ramificação pelos dias longos (promoção pelos dias curtos) em várias espécies e os efeitos de **perfilhamento** (formação de caules de florescimento separados na coroa) nas gramíneas. Muitas gramíneas da zona temperada, como a cevada, perfilham mais nos dias curtos, porém o arroz (trópicos e subtrópicos) perfilha mais nos dias longos.

Apesar desses muitos exemplos, o alongamento do caule induzido pelo dia longo pode nem sempre ser um verdadeiro fenômeno fotoperiódico. Como vimos na Seção 20.6, os caules de muitas plantas se alongam em resposta à luz vermelha-distante enriquecida, em comparação com os comprimentos de onda vermelhos (isto é, baixo P_{fr}/P_{total}), às vezes quando o tratamento com a luz é aplicado apenas por alguns minutos antes do período de escuridão. Essas respostas podem ser independentes do fotoperiodismo, no sentido de que uma interrupção do período de escuridão nos dias curtos fornece a mesma resposta que os dias longos, mas o fotoperiodismo frequentemente cumpre uma função (como na Figura 20-15).

Muitas características das folhas são fortemente influenciadas pela duração do dia. Os dias longos, por exemplo, promovem a expansão da folha e a densidade dos estômatos e diminuem a suculência da folha, os ácidos orgânicos e a clorofila. A antocianina pode ser elevada ou reduzida pelos dias longos, dependendo da espécie.

Raízes e órgãos de armazenamento

A formação de raiz nos cortes foi promovida pelos dias longos, tanto quando aplicados ao corte propriamente dito como quando aplicados à planta mãe da qual o corte foi tirado. Um estudo considerável foi dedicado à formação de órgãos de armazenamento subterrâneos. Os tubérculos de batatas são induzidos pelos dias curtos conforme discutido no Capítulo 22, no qual a forte interação entre a duração do dia e a temperatura foi enfatizada. Os chamados tubérculos de raiz (raízes verdadeiras) da mandioca (*Manihot esculenta*, uma safra tropical) são também promovidos pelos dias curtos, assim como os tubérculos e os órgãos de armazenamento da raiz como os da dália, rábano e muitas outras espécies, mas a formação do bulbo na cebola é uma resposta ao dia longo.

Reprodução vegetativa

Vários tipos de reprodução vegetativa são também influenciados pelo fotoperíodo. Por exemplo, normalmente, os dias longos fazem os pés de morango formarem estolhos e a *Bryophyllum* formar mudas foliares nas margens de suas folhas (Figura 23-3). A grama Timothy (*Phleum pratense*) formou mudas vivíparas em fotoperíodos de 12 a 14 horas, mas não nos de 16 horas (Junttila, 1985).

Reprodução sexual

Em alguns relatos, não muito bem documentados, os órgãos reprodutores das briófitas se formaram em resposta aos dias longos; outras espécies responderam aos dias curtos. A reprodução nas coníferas também é influenciada pela duração do dia, às vezes promovida pelos dias curtos e outras vezes pelos dias longos. Os efeitos do fotoperíodo na indução das flores nas angiospermas são os mais estudados. Como veremos, a situação é muito complexa, com centenas de exemplos conhecidos de plantas nas quais o florescimento é promovido pelos dias curtos ou pelos longos e por combinações complexas entre a duração do dia e a temperatura.

Depois que a flor se forma em resposta à duração do dia, seu desenvolvimento adicional é frequentemente influenciado pelo fotoperíodo (Vince-Prue, 1975). Tipicamente, as mesmas durações de dia que levam à produção de flores também levam a uma taxa elevada de desenvolvimento floral. Porém, algumas plantas possuem uma exigência fotoperiódica para iniciar o processo, mas seu desenvolvimento floral é de dia neutro (*Kalanchoe blossfeldiana, Fuchsia hybrida*) ou o oposto (*Bougainvillea, Phaseolus vulgaris*). O morango híbrido (*Fragaria × ananassa*)

Um pouco de história

| Julien Tournois | Georg Klebs | Wightman W. Garner | Henry A. Allard |

Se a duração do dia exerce uma função tão decisiva, por que o fotoperiodismo não foi descoberto antes? Na verdade, A. Henfrey sugeriu em 1852 que a duração do dia pode influenciar a distribuição das plantas, mas a medição do tempo por elas deve ter parecido improvável para os botânicos do século XIX. Até mesmo os descobridores pareciam resistir às ideias geradas por seus próprios dados. Provavelmente, o primeiro a perceber a função da duração do dia foi Julien Tournois, que estudou o florescimento e a sexualidade do ópio (*Houblon japonais*) e da maconha (*Cannabis sativa*) em Paris, em 1910. Ele percebeu um florescimento extremamente precoce das plantas de sua estufa no inverno, mas, no começo, estava convencido de que elas floresciam em resposta à *quantidade* reduzida da luz, e não à sua duração. No seu terceiro documento (Tournois, 1914), ele finalmente entendeu: "O florescimento precoce nos pés jovens de maconha e ópio ocorre quando, desde a germinação, as plantas são expostas a períodos muito curtos de iluminação diurna". E: "O florescimento precoce não é causado pelo encurtamento dos dias, mas sim pelo alongamento das noites". Ele havia planejado experimentos adicionais, mas morreu na Primeira Guerra Mundial.

Cruzando as fronteiras – em Heidelberg, Alemanha –, Georg Klebs (1918) provavelmente também havia descoberto a função da duração do dia. Ele fez pés de alho-poró caseiros (*Sempervivum funkii*) florescerem quando expostos em muitos dias de iluminação contínua. Klebs estava convencido de que a nutrição controlava a reprodução das plantas, mas, nesse caso, ele observou que a luz adicional, que fazia as plantas crescerem, na verdade agia de forma catalítica e não como fator nutricional. Porém, isso é discutível porque o *Sempervivum* precisa de dias longos para florescer; o fator-chave era a fotossíntese adicional promovida pelo acréscimo de luz. A maconha e o ópio de Tournois, no entanto, floresceram com menos luz; ele tentou intensidades mais baixas por um período mais longo para ver se promoveriam a mesma resposta que as durações curtas. Isso não aconteceu, portanto, o fator do tempo parecia ser controlador. Garner e Allard (1920; consulte a Seção 21.7) seguiram a mesma linha de raciocínio, separando nos seus experimentos os efeitos da quantidade e da duração da luz.

Incidentalmente, os fatores nutricionais frequentemente cumprem pelo menos uma função quantitativa na reprodução vegetal. Os efeitos da razão **carboidrato/nitrogênio** no florescimento foram estudados durante e antes da Primeira Guerra Mundial, particularmente por Klebs (1904, 1910, 1918), que propôs que essa relação controlava o florescimento (consulte também Fischer, 1916). Em algumas espécies agrícolas, principalmente as perenes (por exemplo, a maçã e também o tomate, que cresce como perene nos trópicos), o excesso de nitrogênio acelera o crescimento vegetativo à custa do florescimento e da frutificação. (A produção de açúcar na beterraba também é reduzida pelo excesso de nitrogênio perto do final da estação de crescimento). Por outro lado, a maioria das safras de produção anual (por exemplo, trigo e outros cereais, milho) aumentou muito a produção de frutas (sementes) em resposta à fertilização pesada com nitrogênio.

E. J. Kraus e H. R. Kraybill (1918) publicaram um artigo intitulado "Vegetação e reprodução com referência especial aos tomates", frequentemente citado por autores americanos como a origem da hipótese do carboidrato/nitrogênio. J. Scott Cameron e Frank G. Dennis, Jr. (1986) chamaram nossa atenção para o fato de que Kraus e Kraybill não forneceram evidências da hipótese no documento nem a sustentaram em sua discussão, embora exista uma declaração de apoio em seu resumo. Seja como for, a aplicação do conhecimento de que o excesso de nitrogênio pode reduzir a produção de algumas safras causou tanto efeito na agricultura quanto em nosso conhecimento do fotoperiodismo.

FIGURA 23-3 As mudas foliares que são produzidas nas margens das folhas da *Bryophytlum* em dias longos. (Fotos de F. B. Salisbury.)

é até mesmo DC¹ para o início e DL para o desenvolvimento, e o *Callistephus chinensis* é DL para o início e DC para o desenvolvimento floral. A maioria das gramíneas perenes de regiões temperadas possui um requisito de indução dupla para florescer: a indução primária dos primórdios florais causada pelos dias curtos e/ou temperatura baixa e a secundária, necessária para completar o desenvolvimento floral e a formação de sementes causados pelos dias longos e as temperaturas mais altas. Heide (1989) descobriu que duas gramíneas do Alto Ártico (*Poa alpina* e *Poa alpigena*) retinham essas respostas mesmo que nunca tivessem vivenciado dias curtos, exceto quando estavam congeladas. Se a indução fosse marginal, as flores assumiam características vegetativas que poderiam levar à reprodução vegetativa (chamada de *viviparia* por Heide).

A expressão sexual em muitas espécies é fortemente influenciada pelo fotoperíodo, mas não existe uma relação simples: os aspectos femininos ou masculinos podem ser promovidos pelos dias curtos ou longos, dependendo da espécie e dos cultivares. Diferentes cultivares de pepino (*Cucumis sativus*) fornecem bons exemplos. Agora, parece claro que as giberelinas produzidas nas folhas promovem as características masculinas e as citocininas produzidas nas raízes promovem as características femininas, principalmente na maconha e no espinafre (Chailakhyan e Khrianin, 1987), e esse fenômeno pode ser influenciado pelo fotoperíodo.

Muitos estudos investigaram os efeitos do fotoperíodo e outros fatores no enchimento da semente e, portanto, na produção das plantas agrícolas. Em alguns casos, o fotoperíodo pareceu influenciar claramente o desenvolvimento da semente (por exemplo, na soja), mas, normalmente, a situação é complicada por uma série de outros fatores. Por um lado, a quantidade de planta disponível para produzir as sementes é fortemente influenciada pelo fotoperíodo, que, por sua vez, influencia a produção. Frequentemente, existe um equilíbrio delicado entre os vários fatores. Os cultivares setentrionais da soja podem ser tão sensíveis ao fotoperíodo que fornecem suas produções máximas apenas dentro de uma faixa de latitude com cerca de 80 quilômetros de largura (Hamner, 1969; consulte também Board e Settimi, 1988). Os cultivares de latitudes mais meridionais são bem-sucedidos em uma faixa mais larga.

A síndrome de outono

Como seria de se esperar, as plantas da zona temperada são bastante influenciadas pelos dias curtos do outono. Geralmente, a resposta é fortemente modificada pela temperatura (Capítulo 22). Os dias curtos frequentemente promovem a abscissão da folha, o alongamento reduzido do caule, a produção reduzida de clorofila, a formação elevada de outros pigmentos, dormência e desenvolvimento da rigidez do congelamento. Normalmente, as plantas anuais envelhecem e morrem no final da estação de crescimento, frequentemente muito antes de o outono chegar. Às vezes, essa senescência é promovida pelo mesmo fotoperíodo que estimula o florescimento, o desenvolvimento da flor e o enchimento da semente.

Rejuvenescimento da primavera nas perenes lenhosas

Vimos, no Capítulo 22, que os botões das plantas lenhosas interrompem a dormência na primavera em resposta às temperaturas baixas do inverno, e com frequência esse fenômeno também é promovido pelos dias longos. Em alguns casos (por exemplo, na bétula), os dias longos podem promover a quebra do botão mesmo na ausência de um tratamento prévio com a temperatura baixa.

A conclusão desta seção: *muitos aspectos do ciclo de vida vegetal são influenciados pelo fotoperíodo; os dias longos quase sempre promovem o alongamento do caule e os curtos, aplicados em espécies de regiões temperadas, induzem a síndrome do outono; praticamente todas as outras respostas das plantas podem ser promovidas pelos dias curtos ou longos, ou então elas são neutras, sempre dependendo da espécie, do cultivar e da variedade.*

23.4 Os tipos de resposta

A maioria dos estudos sobre o fotoperiodismo enfatizou o processo de florescimento, como faremos no restante deste capítulo. A Figura 23-4 resume os possíveis efeitos da duração do dia em cada ciclo de 24 horas sobre o florescimento relativo. Em uma planta verdadeiramente neutra para o dia, que provavelmente é rara, o florescimento não depende da duração do dia e, portanto, uma linha horizontal

---

[1] Usaremos as seguintes abreviaturas: DLs = dias longos, DCs = dias curtos, PDLs = plantas de dias longos e PDCs = plantas de dias curtos.

FOTOPERIODISMO

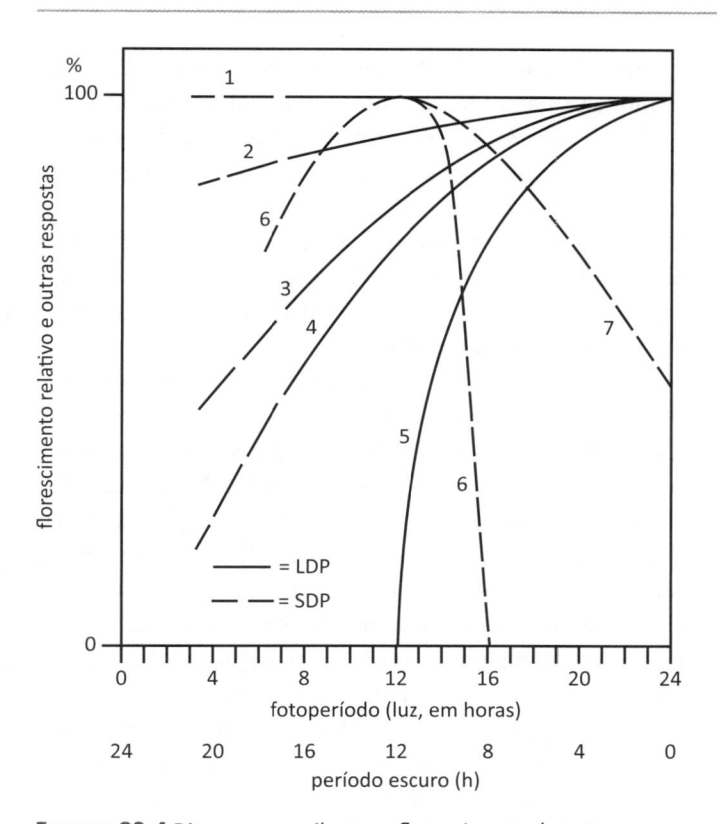

FIGURA 23-4 Diagrama que ilustra o florescimento (e outras respostas) a diversas durações do dia. O florescimento pode ser medido de várias maneiras, como a contagem do número de flores em cada planta, a classificação do tamanho dos botões de acordo com uma série de fases arbitrárias (consulte a Figura 23-6) ou com o inverso do número dos dias até que a primeira flor apareça. Curva 1: uma planta verdadeiramente neutra para o dia, florescendo mais ou menos da mesma maneira em todos as durações; essa resposta provavelmente é muito rara. Curvas 2, 3 e 4: as plantas quantitativamente promovidas em seu florescimento (ou outras respostas) aumentando as durações dos dias. As três curvas representam três espécies que são promovidas em diferentes graus. Curva 5: planta de dia longo qualitativo ou absoluto como o meimendro; esse exemplo floresce apenas quando os dias são mais longos que 12 horas. Curva 6: planta de dia curto qualitativo como o cardo; este exemplo floresce apenas quando os dias são mais curtos que 15,7 horas e as noites, mais longas que 8,3 horas. Observe que o cardo também não floresce se os dias forem mais curtos que 5 horas, mas sim quando eles são mais longos (uma resposta típica de dia longo). (Em muitas espécies, existe pouco ou nenhum florescimento quando os dias são anormalmente curtos). Curva 7: planta de dia curto quantitativo, que floresce em qualquer duração de dia, mas melhor nos dias curtos. Observe que outras espécies, que não são mostradas aqui, possuem diferentes durações do dia e da noite críticos, não apenas os dias de 12 horas e 15,7 horas mostrados para o meimendro e o cardo.

aparece na figura. O florescimento das plantas de dia longo é promovido pelos DLs, portanto, suas curvas (linhas sólidas) se inclinam para cima e à direita. As PDCs demoram mais para florescer nos DLs e, assim, suas curvas (linhas pontilhadas) inclinam-se para baixo e à direita. Como na vernalização (Seção 22.2), existe uma resposta **facultativa** e uma resposta **absoluta** ao fotoperíodo. As curvas representando plantas com uma exigência absoluta da duração do dia cruzam a abscissa no comprimento chamado **dia crítico**. Também é possível falar da **noite crítica**: o período noturno que deve ser excedido para o florescimento das PDCs ou sua inibição nas PDLs. Na verdade, a resposta facultativa ou absoluta da maioria das espécies, se não de todas, depende da idade da planta, história, condições de crescimento e talvez outros fatores (Bernier, 1988).

Outra complicação é aparente. As PDCs frequentemente não florescem se os dias forem muito curtos. Observe que esse requisito mínimo de luz nas PDCs é representado por uma curva que se inclina para cima e à direita na Figura 23-4. Essa curva expressa a resposta do DL, portanto, as PDCs agem como PDLs quando os dias são extremamente curtos!

Esse requisito da duração breve do dia tem como fim muito mais que a fotossíntese, embora ela seja obviamente necessária para produzir a planta ou a semente da qual ela veio. O florescimento da suculenta de dia curto *Kalanchoe blossfeldiana* pode ser induzido apenas com 1 segundo de luz vermelha por dia, e algumas PDCs podem ser mantidas indefinidamente no escuro se forem alimentadas com sacarose, embora mostrem um requisito mínimo de luz vermelha para a resposta do fotoperiodismo. *Portanto, a resposta do fotoperiodismo parece exigir uma quantidade mínima de P_{fr} a cada dia* (Vince-Prue, 1983, 1989). Isso é ilustrado pelo seguinte experimento: quando o dia era mais curto que 5 horas, a luz vermelha-distante aplicada no final do dia (reduzindo o P_{fr} para um nível baixo) inibia a indução da PDC *Pharbitis nil* (ipomeia japonesa). Nesse caso, o P_{fr} tinha que estar presente no período de escuridão para o florescimento ocorrer, mas se o dia fosse mais longo que 5 horas, a luz vermelha-distante no final do dia não inibia o florescimento, mostrando que o P_{fr} havia aparentemente realizado o que podia durante o período de claridade. Portanto, essa exigência de uma quantidade mínima de P_{fr} não parece relacionada com a medição do tempo ou a eventos específicos que ocorrem durante a claridade ou a escuridão.

Ireland e Schwabe (1982a, 1982b) estabeleceram que as PDCs *Xanthium* e *Kalanchoe* exigem o CO_2 durante o período de claridade para a indução fotoperiódica, mas apenas certos inibidores da fotossíntese duplicaram a inibição causada pela falta de CO_2. Eles concluíram que a indução fotoperiódica do *Xanthium* exigia algum produto da fixação do CO_2 e que uma etapa do caminho do transporte de elétrons no fotossistema II inibido pelo DCMU (diuron) pode ser crucial.

As respostas do DC e do DL são completamente opostas. A curva 6 na Figura 23-4 poderia representar o cardo (*Xanthium strumarium*), uma PDC clássica; a curva 5, o meimendro (*Hyoscyamus niger*), uma PDL clássica. Os dois florescem quando os dias têm cerca de 12,5 a 15,7 horas de duração (noites de 11,5 a 8,3 horas).

Às vezes, a noite ou o dia crítico podem ser determinados para uma população de plantas dentro de limites muito curtos (por exemplo, 5 a 10 minutos). Em outros casos, os limites são muito menos exatos e podem cobrir uma ou mais horas. No cardo, quanto maior o número de ciclos indutores, mais exato é o dia ou a noite crítica.

Outras maneiras pelas quais as espécies se diferem estão em sua maturidade para responder (leia abaixo) e no número de ciclos de DC ou DL exigidos para induzir o florescimento. As espécies que requerem apenas um ciclo indutor para o florescimento (Tabela 23-1) foram amplamente usadas, pois é possível realizar tratamentos experimentais (por exemplo, a aplicação de uma substância química) em vários momentos em relação a um único ciclo, sem as complicações dos efeitos sobre os ciclos prévios ou subsequentes.

Plantas DL, DC e neutras para o dia representativas, com algumas durações críticas do dia, são mostradas na Figura 23-2 e listadas na Tabela 23-1. Os três tipos de resposta observados por Garner e Allard formam a base de qualquer classificação dos tipos de resposta do fotoperíodo. Desde sua época, outras categorias foram descobertas. Para produzir flores, algumas espécies (item 5, Tabela 23-1) exigem DLs seguidos por DCs, como ocorre no final do verão e no outono. Quando mantidas sob DLs ou DCs contínuos, elas permanecem vegetativas. As equivalentes dessas **plantas de dia longo/curto**, as **plantas de dia curto/longo** (item 6), exigem DCs seguidos por DLs, como na primavera. Existem pelo menos algumas espécies (item 7) que florescem apenas nas **durações de dias intermediárias** e permanecem vegetativas quando os dias são muito curtos ou longos. Elas possuem equivalentes que permanecem vegetativas na duração de dia intermediária, florescendo apenas em dias mais curtos ou mais longos (item 8).

Existem várias interações interessantes entre o fotoperíodo e a temperatura. Vimos que a exigência de vernalização é frequentemente seguida por uma exigência de DLs (Seção 22.2), como ocorre durante os DLs do final da primavera depois do inverno. Em outros casos, a planta pode exibir um determinado tipo de resposta em uma temperatura, mas não em outra. Por exemplo, ela pode ter uma resposta de DC qualitativo ou quantitativo em temperaturas acima de, digamos, 20 °C, mas ser essencialmente neutra para o dia em temperaturas mais baixas.

Foram relatados dois exemplos de plantas que são PDCs absolutas na alta temperatura e PDLs absolutas na baixa: poinsétia (*Euphorbia pulcherrima*) e ipomeia (*Ipomea purpurea*). Elas são neutras para o dia apenas na temperatura intermediária. *Silene armeria*, uma PDL, é induzida nos DCs em temperatura alta (32 °C) ou baixa (5 °C), mas em apenas baixos níveis de florescimento. Os requisitos específicos da duração do dia em certas temperaturas se provaram bastante comuns.

A vernalização e um determinado tratamento fotoperiódico são às vezes intercambiáveis. Por exemplo, em uma variedade de campânulas (*Campunula medium*), a vernalização é totalmente substituída pelos DCs, mas DLs são exigidos depois de ambos os tratamentos. Na verdade, muitas plantas de dia curto/longo florescem depois de um tratamento frio seguido por dias longos (Evans, 1987). Observamos acima que a maioria das gramíneas perenes de regiões temperadas possui um requisito de indução dupla para o florescimento, como os dias curtos e/ou a temperatura baixa seguidos pelos dias longos e temperaturas mais altas, necessário para concluir a indução (Heide, 1989). Outras complicações e interações são conhecidas. Por exemplo, a *Pharbitis nil* (que provavelmente deveria ser chamada de *Ipomea nil*) se tornou um protótipo de PDC, embora possa ser induzida a níveis baixos de florescimento nos DLs pelas temperaturas baixas, altos níveis de luz, tratamento com retardantes do crescimento, remoção das raízes e baixos níveis de nutrientes. Bernier (1988) sugeriu que existem caminhos alternativos ao florescimento em todas as espécies. Certamente, essa diversidade de tipos de respostas tem sua importância ecológica.

A sensibilidade à duração do dia pode ser governada por um único gene, como no tabaco Mammoth de Maryland e em um mutante da *Arabidopsis*, ou vários genes podem estar envolvidos, como no sorgo e no trigo (revisado por Bernier, 1988). A resposta à duração do dia pode ser dominante ou recessiva, novamente dependendo da espécie. Os genes individuais/múltiplos e dominantes/recessivos podem governar a vernalização e também o fotoperíodo. No caso do trigo, os genes que controlam a sensibilidade ao frio e à duração do dia se provaram independentes, provavelmente controlando diferentes processos que constituem o florescimento. Os genes que controlam a resposta de florescimento frequentemente influenciam outros aspectos do crescimento da planta. Os exemplos são os genes do florescimento no trigo, que também influenciam a altura do caule e o perfilhamento.

A genética molecular (Capítulo 24) é promissora como meio de revelar as etapas do processo de florescimento (Law e Scarth, 1984). O primeiro objetivo é identificar os genes que controlam o florescimento (e vários foram identificados). Então, os genes podem ser clonados e as proteínas que eles codificam, sintetizadas e estudadas. No futuro, deve ser possível entender as reações químicas controladas por essas proteínas/enzimas.

Indubitavelmente, existem numerosos tipos de resposta ao fotoperíodo, no que se refere àquelas fora o florescimento. A maioria ainda precisa ser estudada, mas alguns exemplos são conhecidos, como o da juta (*Corchorus olitorius*), na qual o alongamento do caule em resposta aos DLs ocorreu apenas acima de 24 °C; abaixo dessa temperatura, a planta era neutra para o dia em relação ao alongamento do caule (Bose, 1974).

A nossa generalização de conclusão é declarada de uma maneira simples: *embora os tipos de resposta básica sejam de plantas de dia curto, de dia longo e de dia neutro, existe uma ampla diversidade de tipos de resposta fotoperiódica e uma enorme flexibilidade na resposta.*

23.5 Maturidade para responder (competência)

Apenas algumas plantas respondem ao fotoperíodo quando são brotos pequenos. A *Pharbitis* (ipomeia japonesa) responde aos DCs na fase dos cotilédones e algumas espécies de pé de ganso (*Chenopodium* spp.; Cumming, 1959) respondem e florescem como brotos minúsculos. Nos estudos de laboratório, eles podem crescer em um papel filtro em uma placa de Petri. A maioria das espécies, como o cardo, deve atingir um tamanho relativamente maior; os cotilédones não respondem. O meimendro deve ter 10 a 30 dias de idade antes que possa responder aos DLs. Certas espécies monocárpicas de bambu e várias árvores policárpicas não florescem até que tenham 5 a 40 anos ou mais de idade, mas não se sabe se elas respondem ou não ao fotoperíodo (consulte a Seção 16.2). Klebs chamou a condição que uma planta deve atingir antes que floresça em resposta ao ambiente de *Blühreife*, traduzido como **maturidade para florescer**; porém, um termo mais descritivo é **maturidade para responder**. Em muitas espécies, o número de ciclos fotoperiódicos exigidos diminui à medida que a planta envelhece; isto é, a maturidade para responder aumenta com a idade. Frequentemente, a planta floresce independentemente do fotoperíodo; ela se torna neutra para o dia. Por outro lado, as folhas do morrião escarlate (*Anagallis arvensis*) são mais sensíveis aos DLs quando a planta é um broto; na verdade, a sensibilidade declina nas folhas mais recentemente produzidas, de forma que a planta se torna mais difícil de se induzir à medida que envelhece.

As folhas individuais também devem atingir uma maturidade para responder. Em algumas espécies, a folha é maximamente sensível quando amadurece (totalmente expandida), mas é a folha de cardo expandida pela metade, que está crescendo mais rapidamente, a mais sensível; folhas com menos de 10 mm de comprimento não respondem.

A única maneira de saber se a indução ocorreu é observar a alteração no meristema do crescimento vegetativo para o reprodutivo – isto é, observar a formação de flores. Essa mudança meristemática é chamada de **evocação** (Evans, 1969b). A maturidade para responder pode depender do status das folhas (isto é, sua capacidade de responder ao fotoperíodo, como acabamos de discutir) ou da capacidade do meristema de se submeter à evocação. Se a evocação puder ocorrer, dizemos que o meristema é **competente** (atingiu uma condição chamada de **competência**). Um teste de competência é enxertar um meristema em uma planta da mesma espécie que esteja florindo. Se ela florescer, era competente; se não, pode não ter atingido a competência. Em geral, meristemas lenhosos jovens não são competentes, mas os meristemas herbáceos de qualquer idade são. Como usual, no entanto, existem muitas exceções (Bernier, 1988).

O conceito da maturidade para responder é idêntico ao da juventude, definido como a condição de uma planta antes que ela esteja madura o suficiente para florescer (Seção 16.5). Outro conceito relacionado é o **número mínimo de folhas**, que a planta produz desde o broto até a primeira flor sob as condições mais ideais para florescer.

A conclusão desta seção: *antes que uma planta floresça em resposta ao ambiente (particularmente a duração do dia e a temperatura), as folhas que detectam a mudança ambiental (meristemas na vernalização) devem alcançar uma condição chamada de maturidade para responder, e os meristemas devem ser competentes para responder ao estímulo das folhas. Existe uma grande diversidade entre as espécies e órgãos vegetais no que tange à idade em que atingem essas condições.*

23.6 Fitocromo e o papel do período de escuridão

Na década de 1930, Karl C. Hamner e James Bonner (1938), da University of Chicago, estudaram a indução fotoperiódica do cardo. Eles se perguntaram o que era mais importante, o dia ou a noite? Em uma abordagem experimental, os dias e noites foram variados para produzir ciclos que não fossem iguais a 24 horas. A noite crítica, mas não o dia crítico, permaneceu constante, indicando a importância do período da escuridão. Em outra abordagem, os dias foram interrompidos com escuridão ou as noites com claridade. A interrupção do dia com escuridão tem pouco ou nenhum efeito, mas a interrupção da noite com claridade inibiu o

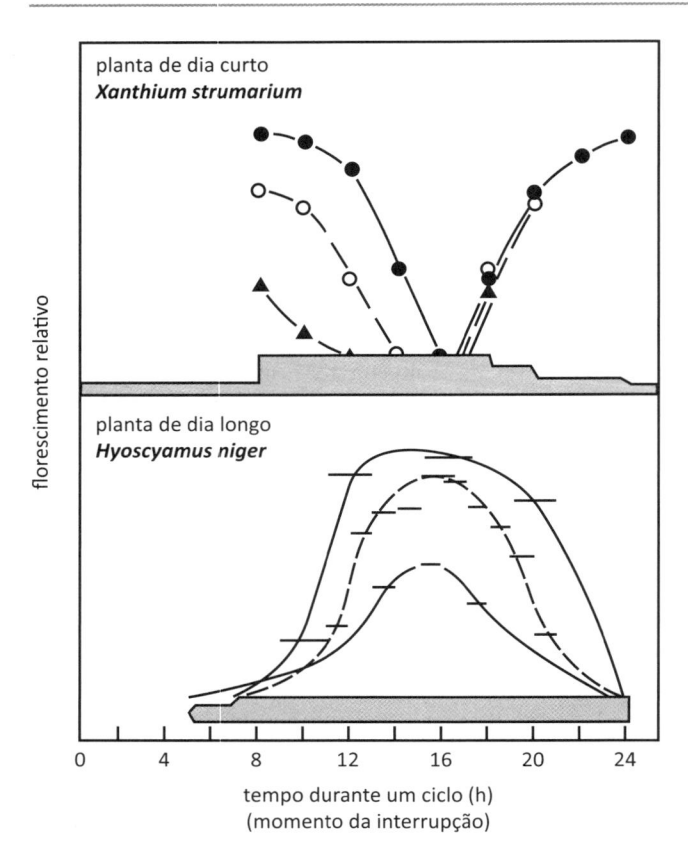

FIGURA 23-5 Efeitos da interrupção da luz aplicada em vários momentos durante períodos de escuridão de várias durações (barras sombreadas) sobre o florescimento subsequente de uma PDC e uma PDL. As interrupções para o *Xanthium* (cardo) foram de 60 segundos; para o *Hyoscyamus* (meimendro), a duração das interrupções é indicada pelos comprimentos das linhas de dados. Nas PDCs, a quebra da noite inibe o florescimento; nas PDLs, ela o promove. No cardo, uma quebra de 8 horas da noite depois do início da escuridão inibiu completamente o florescimento, independente da duração do período de escuridão. (Dados para o *Xanthium* de Salisbury e Bonner, 1956; os do *Hyoscyamus* são de Claes e Lang, 1947.)

florescimento das PDCs e (nos últimos experimentos) promoveu o florescimento das PDLs (Figura 23-5). Essa foi a descoberta do **fenômeno da quebra da noite**.

Assim que se descobriu que o período de claridade durante a escuridão anula o efeito da escuridão, várias possibilidades de experimentação logo se tornaram aparentes. Os pesquisadores poderiam perguntar: o que é mais importante na quebra da noite, o nível de claridade usado (sua irradiação) ou a quantidade total de energia luminosa (fluência, calculada multiplicando-se a irradiação pelo intervalo em que ela é aplicada)? Dentro de limites rudimentares, a quantidade total de energia provou ser um fator determinante (isto é, a reciprocidade se aplica; consulte a seção 19.4). Os pesquisadores poderiam então perguntar: quão escura é a escuridão? A luz, mesmo aplicada em irradiações muito baixas durante todo o período de escuridão, é eficiente (principalmente para inibir o florescimento das PDCs). No cardo, por exemplo, ela é tão efetiva quanto 3 a 10 vezes a irradiação da lua cheia, ou aproximadamente 0,00001 a 0,0003 da luz solar.

Quando, durante o período de escuridão, a luz é mais eficiente? Normalmente, em algum momento constante depois do início do período de escuridão indutora para as PDCs ou inibidora para as PDLs (Figura 23-5). Esse momento mais efetivo frequentemente equivale à noite crítica.

Quais comprimentos de onda de luz são os mais efetivos? No começo da década de 1940, tornou-se aparente que a luz vermelha era consideravelmente mais eficiente que outros comprimentos de onda. Os espectros de ação da inibição das PDCs e da promoção nas PDLs são típicos daqueles de outras respostas do fitocromo (consulte a Figura 20-3). Assim, no início da década de 1950, imediatamente depois que a reversibilidade vermelha-distante foi descoberta na germinação da semente de alface, pés de cardo foram irradiados no meio de um longo período de escuridão indutora com a luz vermelha e, depois, com luz vermelha-distante. Se a luz vermelha-distante seguisse imediatamente a irradiação vermelha, as plantas floresciam; se aproximadamente 30 minutos se passassem entre as exposições à luz vermelha e à vermelha-distante, a vermelha-distante não anularia mais os efeitos da vermelha. Aparentemente, o P_{fr} conclui sua ação inibidora dentro de 30 minutos nas folhas do cardo.

Vamos estabelecer uma conclusão preliminar: *o período de escuridão cumpre uma função importante na resposta fotoperiódica, porque uma quebra da noite inibe o florescimento das plantas de dia curto e o promove nas de dia longo. Aparentemente, o fitocromo detecta a luz, e sua eficácia depende do tempo de irradiação.*

Agora, examinaremos algumas complicações. Frequentemente, as PDLs são menos sensíveis e relativamente mais quantitativas em sua resposta a uma quebra da noite do que as PDCs. Usando quatro lâmpadas fotográficas, por exemplo, o florescimento é completamente inibido nos pés de cardo por alguns segundos de luz aplicada 8 horas depois do início de um período de escuridão indutora. Em muitas PDLs, no entanto, o fornecimento continua a ser promovido à medida que a duração de uma quebra da noite (usando-se níveis altos comparáveis de luz) aumenta de segundos para horas. Além disso, enquanto a luz vermelha é mais eficiente em uma quebra da noite com PDCs ou uma breve quebra da noite com as PDLs, uma mistura dos comprimentos de onda vermelho e vermelho-distante pode ser mais eficiente nas PDLs quando é aplicada como uma quebra longa da noite, uma extensão do comprimento do dia ou durante a claridade contínua que induz melhor o florescimento na maioria das PDLs.

Observamos anteriormente que a luz vermelha-distante aplicada no início do período da escuridão poderia inibir a indução na *Pharbitis* se o dia fosse mais curto que 5 horas e, a partir disso (e de muitos outros experimentos não discutidos), concluiu-se que as PDCs precisam de um nível de P_{fr} em algum horário do dia ou da noite. Ainda assim, a luz vermelha (que produz o P_{fr}) é claramente mais efetiva para *inibir* a indução das PDCs quando aplicada durante o período de escuridão. Cerca de 80% do fitocromo total está na forma de P_{fr} no final de um dia que consiste em luz fluorescente ou vermelha (60% após a luz solar), mas, depois de algumas horas de escuridão, a luz vermelha (que produz P_{fr}) é altamente eficiente para inibir a indução das PDCs. Consequentemente, devemos concluir que o P_{fr} inicialmente presente no começo da escuridão logo desaparece. O P_{fr} produzido pela luz vermelha no momento certo durante a escuridão é altamente eficiente para inibir a indução (consulte a Figura 23-5), enquanto a função positiva do P_{fr} não parece relacionada aos eventos específicos no ciclo de indução.

Com base nessas observações, foi determinado que o fitocromo deve existir em duas formas nas PDCs. Uma delas é necessária para a indução das PDCs e altamente estável na escuridão (apesar de que não revisaremos a evidência da estabilidade aqui; consulte Vince-Prue, 1989). A outra é altamente instável na escuridão, mas inibe a indução das PDCs quando produzida no momento adequado. É interessante observar, como notamos no Capítulo 20, que o uso dos anticorpos feitos contra a apoproteína do fitocromo revelou que existem pelo menos dois tipos diferentes de fitocromo presentes nas plantas (Furuya, 1989; Jordan et al., 1986). Resta saber se essas duas formas de fitocromo acabarão sendo as duas formas postuladas conforme descrito acima, mas alguns pesquisadores (por exemplo, Rombach, 1986) sugerem que isso pode ser provável.

Seria consideravelmente útil se pudéssemos medir as várias formas do fitocromo nas folhas em diferentes momentos durante a indução fotoperiódica. Até o momento, tem sido difícil fazer essas medições nos tecidos verdes. Uma abordagem é tratar as plantas com um herbicida (chamado Norflurazon ou Zorial) que inibe a formação de clorofila e carotenoides na luz branca (Jabben e Deitzer, 1979). Os brotos quase incolores receberam sacarose por meio das raízes para que fossem mantidos vivos. O florescimento foi induzido na cevada Wintex pelos DLs, e mostrou-se que várias respostas do fitocromo foram as mesmas nessas plantas incolores e nas plantas-controle normais que cresceram na escuridão e na claridade. O fitocromo foi medido *in vivo* (nas pontas dos brotos intactos) com um espectrofotômetro antes e durante a destruição causada pela luz. Os níveis foram idênticos nas mudas estioladas com ou sem o tratamento com herbicida.

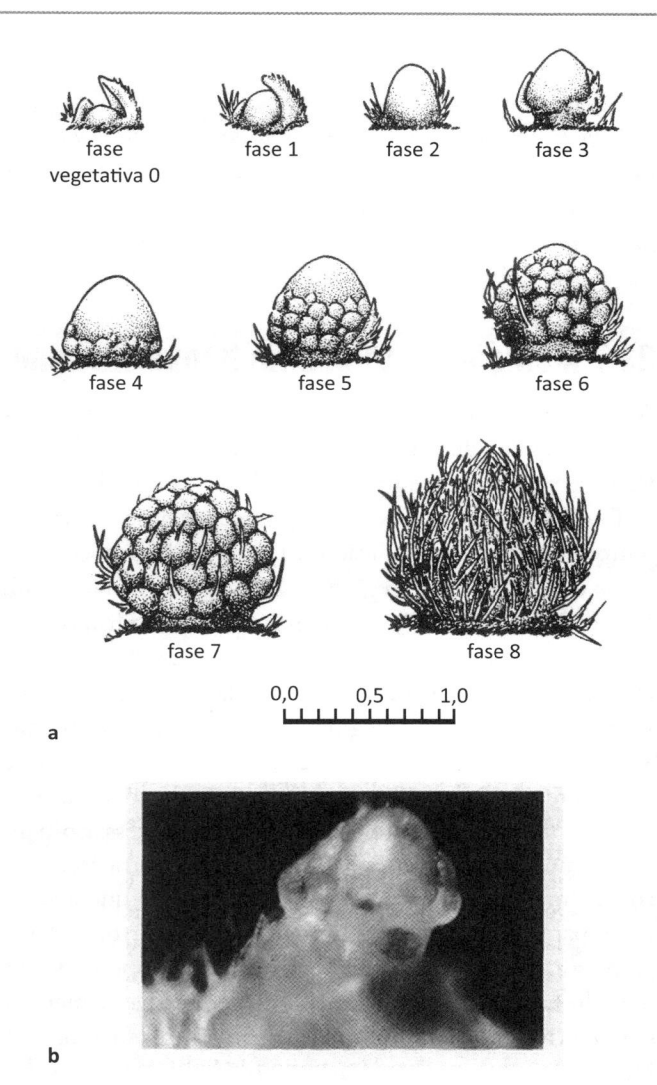

FIGURA 23-6 (a) Desenhos do primórdio da inflorescência terminal (estaminadas) em desenvolvimento do cardo, ilustrando o sistema de fases florais criado por Salisbury (1955). **(b)** Foto obtida com um microscópio da dissecação de um primórdio da inflorescência do cardo na fase 3. (Foto de F. B. Salisbury.)

No Capítulo 20, observamos que a concentração de P_{fr} pode cair (e, aparentemente, é a concentração que é importante no fotoperiodismo) pela destruição ou pela reversão para P_r. No caso da reversão, não ocorre uma perda no fitocromo total. A reversão pode ser muito rápida: 19 minutos em 22 °C para a conversão de metade do P_{fr} na *Pharbitis* (Rombach, 1986), por exemplo. Isso explicaria a sensibilidade de várias espécies de PDCs à luz vermelha já na primeira hora depois do início da escuridão. No entanto, ainda não foi mostrado que a reversão ocorre nas gramíneas ou membros da ordem Caryophyllales (também chamadas de Centrospermae).

Existem muitos outros detalhes, mas podemos chegar a uma conclusão operacional mesmo assim: *uma interrupção* *na noite inibe o florescimento das plantas de dia curto e o promove nas de dia longo. A luz vermelha (formando P_{fr}) é mais eficiente, principalmente nas plantas de dia curto; em algumas circunstâncias, uma mistura de luz vermelha e vermelha-distante é eficiente nas plantas de dia longo. Duas formas de P_{fr} podem cumprir funções na indução fotoperiódica: uma é essencial para o processo e a outra é a inibidora das reações do período de escuridão.*

23.7 Medição do tempo no fotoperiodismo

A característica central do fotoperiodismo é a medição do tempo sazonal, detectando-se a duração do dia e da noite. Porém, como o tempo é medido no fotoperiodismo? O fotoperiodismo se encaixa logicamente no contexto de outros exemplos da medição do tempo biológico, como o ritmo circadiano e a navegação celeste. Na década de 1930, Erwin Bünning (1937) relacionou o fotoperiodismo com o relógio biológico (Capítulo 21), mas poucos outros fisiologistas vegetais o fizeram até a década de 1960. Por quê? Porque parece lógico imaginar que a medição do tempo era simplesmente o tempo necessário para a conclusão de alguma reação metabólica que ainda seria descoberta.

Se o tempo for medido pelo intervalo necessário para que algum metabólito seja convertido em outra forma, é como uma ampulheta que mede o tempo até que a areia passe para o compartimento inferior pela abertura estreita. Nesse sistema, apenas um intervalo de tempo pode ser medido e, então, alguma influência externa deve reiniciar o sistema (inverter a ampulheta). Os ritmos circadianos que funcionam em intervalos longos sob condições constantes de luz, temperatura e outros fatores são menos parecidos com uma ampulheta e mais semelhantes ao pêndulo, que é um oscilador. A medição do tempo no fotoperiodismo é mais semelhante a uma ampulheta ou ao pêndulo?

Algumas características certamente funcionam como uma ampulheta. Vamos considerar um experimento básico, em que expomos as PDCs a períodos de escuridão de várias durações e observamos o nível de florescimento vários dias depois. Esse experimento foi feito com muitas PDCs, mas o cardo é conveniente porque responde a uma única noite indutora e o grau de florescimento pode ser observado examinando-se os botões apicais em um microscópio de dissecação e classificando-os de acordo com uma série de **fases florais** (Figura 23-6). Existe uma variabilidade considerável entre as respostas dos indivíduos em uma população de pés de cardo, portanto, 10 a 20 plantas são incluídas em qualquer tratamento, e suas fases florais têm a média calculada em algum momento (geralmente, 9 dias) depois do período da escuridão indutora. Dois ou três dias depois de um período de escuridão único e longo, os botões começam a se desenvolver ao longo

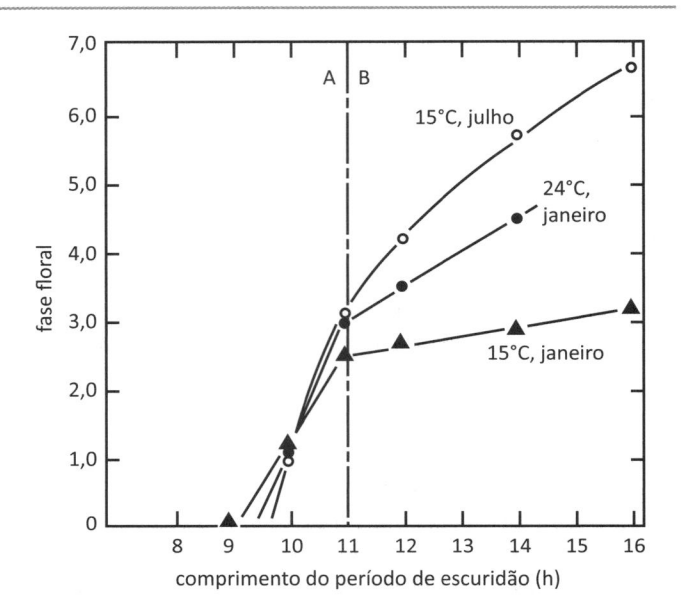

FIGURA 23-7 Alguns exemplos da resposta de florescimento do cardo a um único período de escuridão com durações diferentes. As plantas cresceram em um dia prolongado em uma estufa, mas foram expostas a um período de escuridão nas temperaturas indicadas. Observe a diferença na resposta dependendo da época do ano e a nítida alteração na inclinação entre as duas partes, marcadas como **A** e **B**, das três curvas, mas principalmente as duas curvas de janeiro. (De Salisbury, 1963a.)

das fases mostradas na figura, mas as taxas em que eles se desenvolvem dependem do grau em que foram induzidos por esse período; 9 dias depois do período de escuridão, as plantas que receberam 10 horas de escuridão podem ter atingido apenas as fases florais 1 ou 2, enquanto as que receberam 16 horas atingem as fases 6 ou 7 (Figura 23-7). Está claro que o estímulo de florescimento aumenta da 9ª hora (a noite crítica) até a 11ª ou a 16ª hora, dependendo das condições. Se estivermos lidando com a síntese do hormônio indutor da flor durante essa época, isso poderia ser um tipo de reação semelhante à da ampulheta.

Observamos acima que, durante o dia, as plantas são normalmente expostas a uma luz que converta 60% do fitocromo em P_{fr}, mas, quando a quebra da noite ocorre, a luz vermelha é principalmente inibidora, indicando que a produção de P_{fr} inibe o florescimento. Assim, o P_{fr} presente no início deve ter caído para um nível inferior (exceto na parte ou forma que *promove* o florescimento) e deve haver quantidades significativas da forma absorvente do vermelho (P_r) para reagir à luz vermelha. Isso significa que as plantas detectam a escuridão à medida que o P_{fr} diminui e o P_r aumenta? Quando isso foi sugerido, no início da década de 1950, observou-se que a troca do P_{fr} predominante para P_r poderia explicar uma medição do tempo semelhante a uma ampulheta. Talvez a noite crítica seja o tempo que o P_{fr} leva para cair abaixo de algum nível crítico.

FOTOPERIODISMO

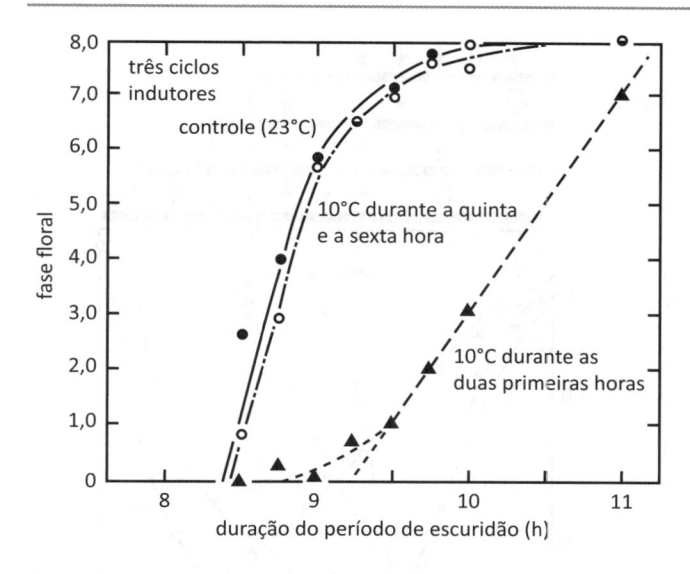

FIGURA 23-8 Resposta de florescimento do cardo a várias durações da noite, influenciada pelos tratamentos de 10 °C aplicados durante as duas primeiras horas do período de escuridão, ou entre o início da quinta hora e o final da sexta, em comparação com os exemplares de controle que não receberam o tratamento de 10 °C. Observe que a temperatura baixa no início do período de escuridão indutora inibiu o florescimento (atrasa a medição do tempo), mas a temperatura baixa aplicada mais tarde não o fez. As plantas foram tratadas com três períodos de escuridão, começando em 18 de julho de 1962. A temperatura durante esse período, fora dos tempos de tratamento, era de 23 °C (De Salisbury, 1963b).

À medida que os dados continuaram se acumulando durante as décadas de 1950 e 1960, tornou-se aparente que a explicação era simples demais. O fitocromo se transforma de P_{fr} para P_r quando as plantas são colocadas na escuridão, e pode ser assim que a planta "sabe" que está na escuridão, mas muitas evidências indicam agora que essa troca é completa em algum período curto, provavelmente menos de 1 hora. Seja como for, parece improvável que reações químicas simples possam explicar a medição do tempo no fotoperiodismo, porque essas reações são nitidamente sensíveis à temperatura, o que não ocorre com a medição do tempo fotoperiódico. A Figura 23-8 apresenta dados que indicam que a troca inicial do pigmento é sensível à temperatura, enquanto o mecanismo subsequente de medição do tempo não é.

Bünning (1937) sugeriu que as plantas podem usar o seu relógio circadiano oscilante na medição do tempo fotoperiódico. Existem duas maneiras bastante simples de se examinar o fenômeno rítmico no fotoperiodismo. Primeiro, no experimento da soja retratado na Figura 23-9a, as plantas receberam sete ciclos e cada qual incluiu um período de escuridão prolongada de 64 horas, que foi interrompido em vários momentos com uma quebra de 4 horas

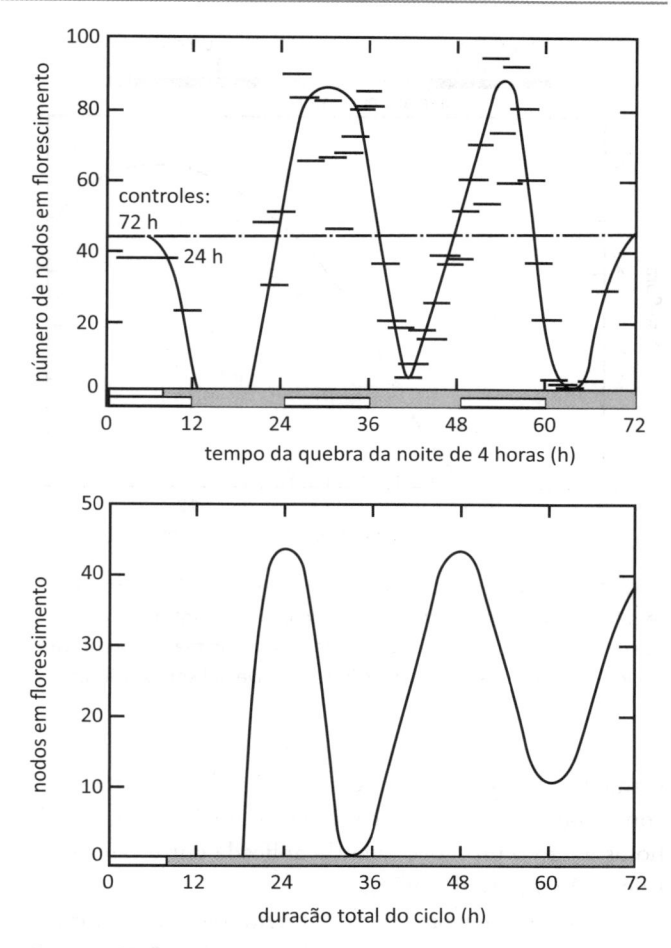

FIGURA 23-9 Respostas rítmicas no florescimento da soja Biloxi (*Glycine max*). **(a)** Resposta de florescimento a interrupções de 4 horas (indicadas pelas linhas horizontais disseminadas) aplicadas em vários momentos durante o período de escuridão de 64 horas. As plantas receberam sete ciclos, consistindo em 8 horas de luz seguidas por 64 horas de escuridão (barra superior no final da figura). A barra inferior mostra os dias subjetivos postulados e as noites subjetivas. **(b)** Resposta de florescimento da soja aos sete ciclos, incluindo 8 horas de luz mais períodos de escuridão diferentes para fornecer a duração total do ciclo. Quando o ciclo atingiu o total de 24 horas, o florescimento estava em um nível alto; um ciclo de 34 horas *não* produziu florescimento. (Dados de Hamner, 1963, e outras publicações; figuras de Salisbury, 1963a.)

na noite. Com a soja e muitas outras PDCs e PDLs, existe uma resposta rítmica às quebras da noite: em um momento, a interrupção da luz inibe o florescimento e isso é repetido cerca de 24 e 48 horas depois; entre os momentos de inibição, existem períodos de promoção. Certamente, os resultados desse experimento sugerem um cronômetro oscilante. Algumas espécies não respondem dessa maneira, particularmente aquelas como o cardo, que florescem em resposta a um único ciclo indutor. Os pés de cevada DL, no entanto, respondem de maneira semelhante: a irradiação

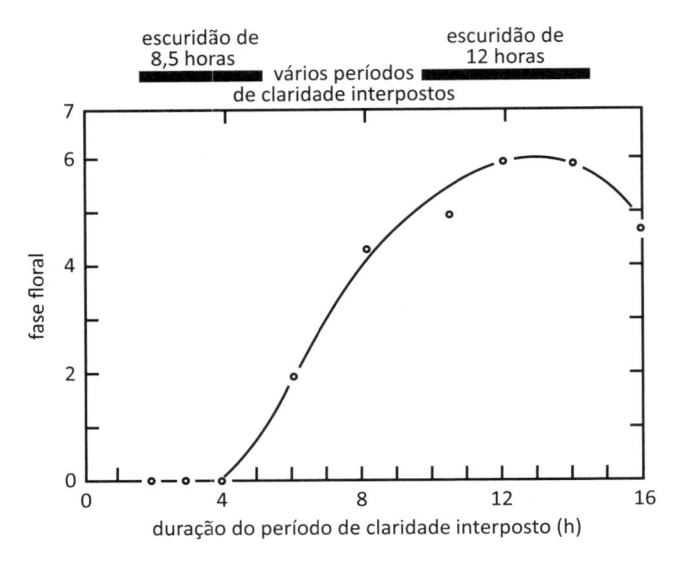

FIGURA 23-10 Resposta de florescimento (fase floral) do cardo em função da duração do período de claridade interposto, em um experimento representado pelas barras acima da figura. Um ciclo indutor foi usado no experimento. (De Salisbury, 1965.)

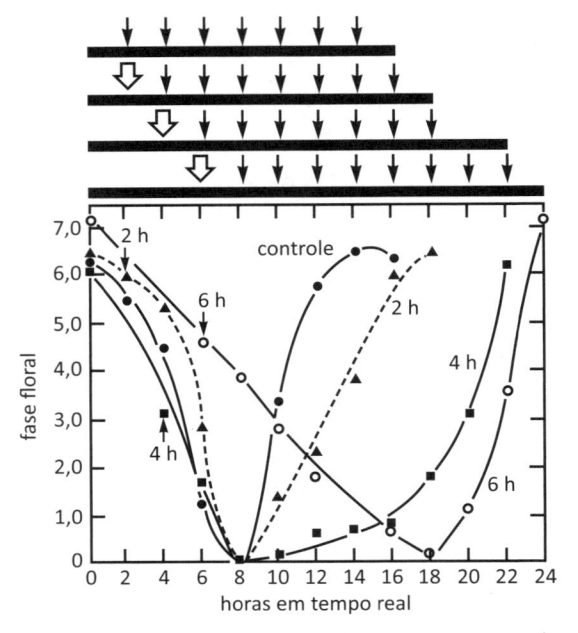

FIGURA 23-11 Zeragem do relógio no florescimento do *Xanthium*. A curva rotulada como controle recebeu apenas uma interrupção (mas, em vários momentos, para diferentes grupos de plantas) e o florescimento nove dias depois é mostrado como função do momento em que a interrupção foi aplicada. As plantas representadas pelas outras três curvas receberam uma primeira interrupção em 2, 4 ou 6 horas, conforme indicado; depois, receberam uma segunda interrupção em vários momentos e o florescimento depois de nove dias é mostrado como função do momento da segunda interrupção. As setas e barras acima da figura indicam como o experimento foi realizado. As setas grandes indicam o momento da primeira interrupção, quando duas outras foram aplicadas. Observe a troca de 10 horas no tempo da sensibilidade máxima quando a primeira interrupção foi fornecida em 6 horas. (De Papenfuss e Salisbury, 1967.)

vermelha-distante suplementar aplicada durante a luz constante promove o florescimento em intervalos de 24 horas e não o promove quando aplicada entre esses intervalos (Deitzer et al., 1979).

Em segundo lugar, no experimento retratado na Figura 23-9b, as plantas receberam várias combinações de períodos de claridade e escuridão e o seu florescimento subsequente foi plotado como função da duração total do ciclo. Na soja (e em algumas outras espécies) é evidente que o florescimento máximo ocorre quando os períodos de claridade e escuridão totalizam 24, 48 ou 72 horas. Consequentemente, o período de escuridão não controla tudo; na verdade, a combinação entre os períodos é que cumpre uma função decisiva. Novamente, algumas espécies não mostram essa resposta. Os pés de cardo podem ser mantidos sob claridade constante por várias semanas, expostos a um único período de escuridão mais longo que a noite crítica e retornados à claridade contínua até que as flores tenham se desenvolvido.

Mesmo com o cardo foi possível observar características semelhantes às encontradas nos ritmos circadianos. Em um conjunto de experimentos, os pés de cardo receberam um **período de escuridão de faseamento** de 7 ou 8,5 horas, que é muito curto para induzir o florescimento. Em seguida, receberam um **período de claridade interposto** com duração variável, e depois receberam um **período de escuridão de teste** de 12 a 16 horas (dependendo do experimento) que normalmente induzia o florescimento. Na Figura 23-10, a fase floral depois de nove dias é mostrada como função da duração do período de claridade interposto. Com breves períodos de claridade interpostos, não houve florescimento, embora o período de escuridão de teste subsequente tivesse várias horas a mais que a noite crítica. Quando o período de claridade interposto tinha cerca de 5 horas (o dia crítico), as plantas começaram a florescer; o florescimento aumentou até que o período de claridade tivesse 12 horas de duração – um comportamento típico de dia longo (como observamos na nossa discussão da Figura 23-4). O período de escuridão ideal para o florescimento do cardo é de aproximadamente 12 horas (consulte a Figura 23-7); sua combinação com um período de claridade ideal de 12 horas fornece o importante valor de 24 horas.

Um espectro de ação foi determinado para o período de claridade interposto. A luz vermelha, mesmo em níveis baixos, foi muito mais eficiente para *promover* o florescimento;

a luz vermelha-distante o inibiu. Portanto, algo estritamente semelhante ao experimento da quebra da noite com a soja da Figura 23-9a tornou-se aparente no cardo: a luz vermelha (P_{fr}) promove o florescimento em um momento e o inibe cerca de 12 horas mais tarde. Isso pode indicar mais de uma demonstração da exigência de que alguma quantidade mínima de P_{fr} seja produzida durante o dia (Vince-Prue, 1989) como discutido previamente, mas também pode mostrar que existe um ritmo na sensibilidade à qualidade da luz, com a luz vermelha (P_{fr}) promovendo em um momento (dia) e inibindo em outro (noite) do ciclo. A luz vermelha-distante (que forma P_r e diminui o P_{fr}) tem um efeito quase oposto, embora praticamente não cause efeitos durante a noite.

Em outro conjunto de experimentos envolvido, pés de cardo receberam um longo período de escuridão, interrompido duas vezes. A primeira interrupção foi aplicada 2, 4 ou 6 horas depois do início do período de escuridão, e a segunda, em vários momentos depois da primeira. As fases florais, depois de nove dias, foram plotadas como função do momento da segunda interrupção (Figura 23-11). As plantas-controle, que receberam apenas uma interrupção em vários momentos, eram mais sensíveis cerca de 8 horas depois do início do período de escuridão, assim como as plantas que receberam sua primeira interrupção em 2 ou 4 horas. As plantas que receberam a primeira interrupção 6 horas depois do início do período de escuridão, no entanto, foram mais sensíveis à segunda interrupção 18 horas depois do início do período de escuridão; isto é, o momento da sensibilidade máxima foi atrasado em 10 horas quando a primeira interrupção foi aplicada em 6 horas, e não em 4. Essa troca de fase é altamente reminiscente dos ritmos circadianos (compare com a Figura 21-5). Resultados semelhantes foram obtidos com a *Pharbitis* (Lumsden et al., 1982).

Uma série de experimentos com o cardo (Papenfuss e Salisbury, 1967) e a *Pharbitis* (Lumsden et al., 1982;

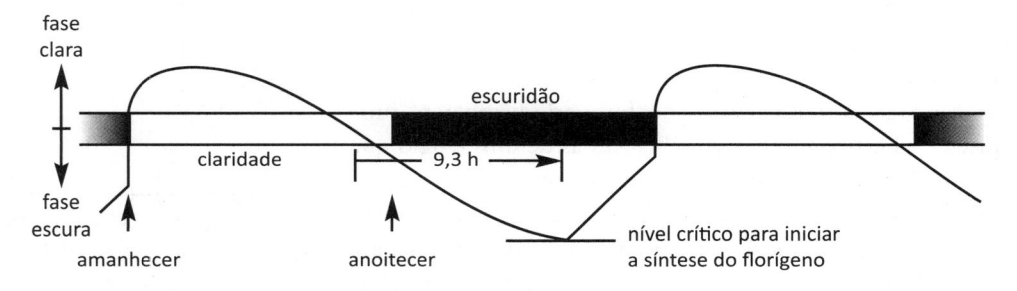

a condições normais (12 horas de claridade, 12 horas de escuridão)

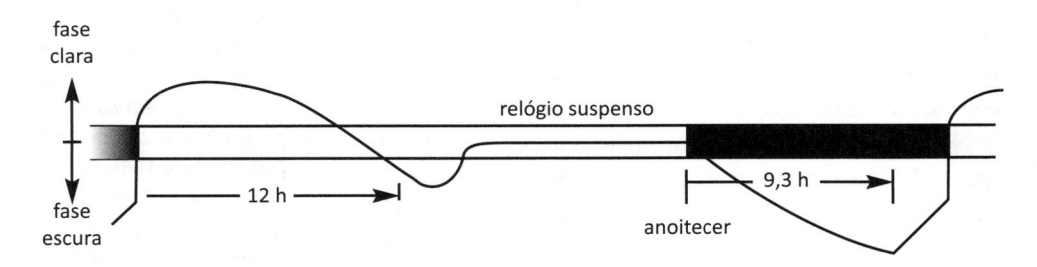

b suspensão e reinício (período de claridade longa)

FIGURA 23-12 Um modelo que ilustra algumas características do relógio do fotoperiodismo no *Xanthium* (cardo) e na *Pharbitis* (ipomeia japonesa). Os momentos mostrados se aplicam ao cardo, e não à ipomeia. **(a)** Condições "típicas" do ciclo indutor de 12 horas de claridade/12 horas de escuridão. O relógio é reiniciado pela fase de claridade no amanhecer e, à medida que o dia passa, ele completa sua fase e começa a entrar na fase da escuridão. Se a escuridão chegar na hora certa, o relógio continua para a fase de escuridão, finalmente atingindo um nível na noite crítica que inicia a síntese do estímulo de florescimento (florígeno). (O modelo mostra que, nessas condições ideais, a noite crítica é mais curta que as 9,3 horas típicas de muitas figuras neste capítulo. As evidências não são discutidas aqui; consulte Papenfuss e Salisbury, 1967.) **(b)** Função do relógio quando um período de escuridão indutora segue um período de claridade estendido. Depois de 12 a 14 horas, o relógio entra no estado de suspensão e, nessa condição, a fase de escuridão pode ser iniciada por um sinal do anoitecer. Nesse caso, cerca de 9,3 horas são necessárias para que o relógio atinja um nível que permita a síntese do florígeno (isto é, a conclusão da noite crítica).

Vince-Prue e Lumsden, 1987) examinaram os efeitos da quebra da noite em vários momentos durante os períodos de escuridão de teste que se seguiram a vários períodos de claridade interpostos. Quando o período de claridade tinha menos de 5 (*Xanthium*) ou 6 horas (*Pharbitis*), o momento de sensibilidade máxima a uma quebra da noite durante o período de escuridão de teste veio 15 horas depois do início do período de claridade. Quando o período de claridade interposto era mais longo que 5 ou 6 horas, o momento da sensibilidade máxima à claridade veio 8 (*Xanthium*) ou 9 horas (*Pharbitis*) depois do início do período de escuridão. Nessas duas plantas, pelo menos, está claro que o amanhecer (troca da escuridão pela claridade) estabelece a parte do "dia" do ritmo oscilante que mede o tempo no fotoperiodismo. Essa fase diurna requer pelo menos 5 ou 6 horas (mesmo na escuridão), mas, depois disso, o relógio parece entrar em uma fase suspensa ou de retenção. Depois, o anoitecer (troca da claridade para a escuridão) inicia a parte "noite" do ciclo, que é caracterizada por uma sensibilidade crescente ao P_{fr} que atinge um máximo 8 ou 9 horas depois do anoitecer. A Figura 23-12 ilustra esse modelo do tempo fotoperiódico.

Se o cronômetro básico do fotoperiodismo tem propriedades estreitamente semelhantes às de um relógio que controla manifestações circadianas como os movimentos das folhas, como agora parece claro, os relógios são os mesmos? Poderíamos observar o movimento das folhas para determinar o status do relógio do fotoperiodismo? Infelizmente, a resposta a essa segunda pergunta é negativa. Tem sido possível separar os ritmos do movimento das folhas do tempo do fotoperíodo no *Xanthium* (Salisbury e Denney, 1974), no *Chenopodium* (King, 1975, 1979) e na *Pharbitis* (Bollig, 1977). Aparentemente, os relógios, embora semelhantes, não são os mesmos.

Nossa conclusão para esta seção: *embora existam elementos de um tempo de ampulheta no fotoperiodismo (troca do pigmento depois do anoitecer, síntese de estímulo), eles cumprem uma função relativamente pequena no tempo fotoperiódico, que é principalmente o produto de um cronômetro oscilante. Pelo menos em algumas PDCs, esse cronômetro é fortemente refaseado no amanhecer, pode se tornar suspenso depois de algumas horas na claridade e, então, é refaseado no anoitecer para uma fase noturna.*

23.8 Detecção do anoitecer e do amanhecer

Em que momento do crepúsculo a planta começa a medir o período de escuridão? E as plantas respondem à luz da lua? No fotoperiodismo, as plantas devem interpretar algum fluxo de fótons como *luz* e um fluxo inferior como *escuridão*, diferenciando assim o dia da noite. Então, a planta deve medir a duração do dia, da noite ou de ambos, e quando a duração atinge os valores geneticamente pré-programados nas plantas, um determinado processo, como o florescimento ou a formação do tubérculo, deve ser iniciado ou controlado.

A Figura 23-13 mostra os níveis de irradiação medidos em 660 nm durante o crepúsculo em Logan, Utah,

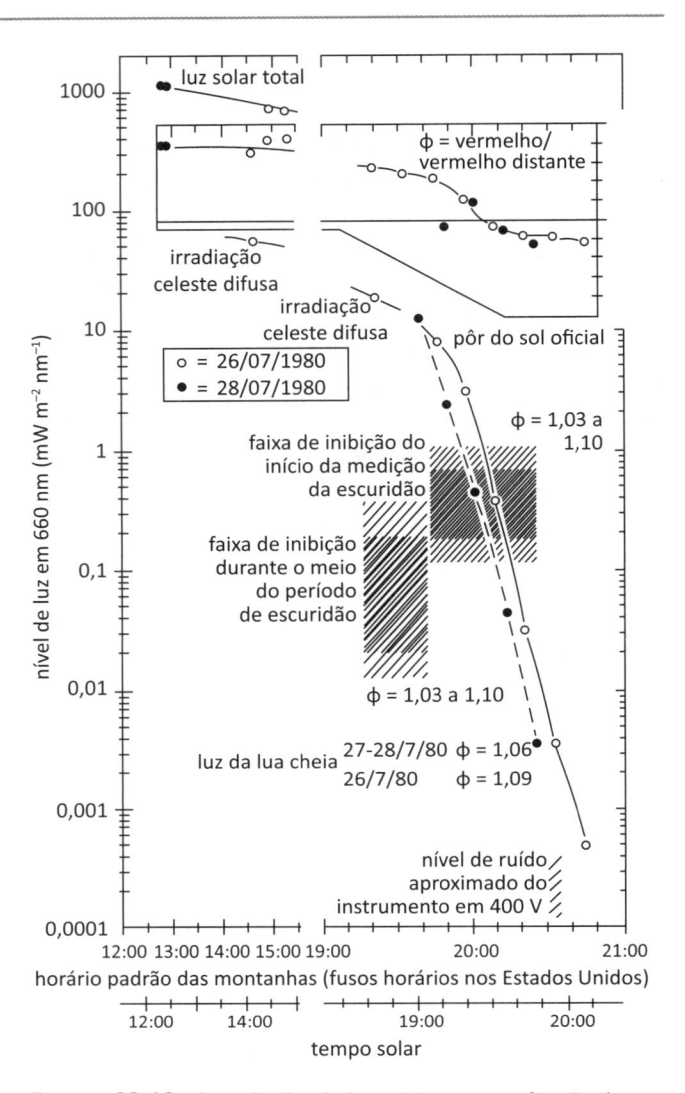

FIGURA 23-13 Níveis de claridade a 660 nm como função do tempo em 26 e 28 de julho de 1980 em Logan, Utah. A luz da lua cheia também é mostrada. As áreas cruzadas representam faixas de níveis de claridade que inibem o início da medição da escuridão em *Xanthium*, ou inibem o florescimento quando aplicadas por 2 horas durante o meio de um período de escuridão de 16 horas. O gráfico inserido mostra relações dos níveis de claridade em 660 nm até níveis em 730 nm para todos os pontos da luz solar e do crepúsculo; outras relações vermelho/vermelho-distante são fornecidas como numerais. Observe a rápida queda nos níveis de claridade durante a faixa de atraso na medição da escuridão. (De Salisbury, 1981a.)

no final de julho de 1980 (Salisbury, 1981a). A figura também mostra as relações vermelho/vermelho-distante (660/730 nm). Observe a rápida queda no nível de claridade durante o anoitecer (aproximadamente, uma ordem de magnitude a cada 10 minutos) e a mudança na qualidade espectral. A luz vermelha-distante aumenta em relação à luz vermelha durante o crepúsculo (consulte a Figura 25-10), mas isso ocorre mais cedo quando o céu está nublado (em 28 de julho o dia estava ligeiramente nublado). O processo também seria nitidamente influenciado pela poluição atmosférica. A duração e a taxa de mudança durante o crepúsculo também são funções da latitude e da época do ano (Figura 23-14).

Com a ajuda dos alunos de uma sala de iniciantes em fisiologia vegetal, uma série de experimentos foi realizada para comparar a sensibilidade do cardo à luz no início do período de escuridão (isto é, durante o anoitecer) com a sensibilidade depois que as plantas estavam no escuro por 7 horas (Salisbury, 1981a). Elas foram expostas à luz incandescente filtrada pelo Plexiglas vermelho, que fornece relações vermelho/vermelho-distante semelhantes às apresentadas na Figura 23-3. A luz foi aplicada durante as primeiras 2 horas do período de escuridão, cuja duração variou para os diferentes grupos de plantas de teste, ou durante 2 horas, começando 7 horas depois que as plantas foram colocadas no escuro. As plantas foram induzidas por um único período de escuridão. Para atrasar a detecção e o início da medição do período de escuridão, níveis de irradiação de 660 nm de aproximadamente 0,2 a 1,0 mW m^{-2} nm^{-1} foram exigidos, enquanto a inibição durante as 2 horas do meio do período de escuridão de 16 horas exigiu apenas 0,01 a 0,3 mW m^{-2} nm^{-1}. Essas faixas são mostradas na Figura 23-13 pelas áreas sombreadas.

Os resultados sugerem que, no que se refere ao fotoperiodismo, os pés de cardo mudam do modo diurno do metabolismo ou equilíbrio do pigmento para o modo escuro à medida que os níveis de claridade em 660 nm caem de 1,0 para 0,2 mW m^{-2} nm^{-1}. Como mostra a Figura 23-13, os níveis de claridade durante o crepúsculo passaram por essa faixa apenas em 5,5 a 11 minutos. O olho humano vê objetos "após escurecer", percebe a duração do crepúsculo como 30 a 45 minutos ou mais, e detecta facilmente as mudanças no nível de claridade causadas pelas nuvens durante o dia. Porém, aparentemente, os pés de cardo mudam do dia para a noite quase como se fossem controlados por um interruptor liga/desliga. O "crepúsculo do cardo" (Figura 23-14) aparentemente terminou 20 minutos depois do pôr do sol, momento em que o sol estava 4° abaixo do horizonte; o crepúsculo oficial termina quando o sol está 6° abaixo do horizonte. A Figura 23-14 mostra o crepúsculo do cardo adicionado à duração do dia astronômica para se produzir a "duração do dia do cardo".

É possível que as mudanças na qualidade espectral durante o crepúsculo forneçam o sinal que liga/desliga o relógio do fotoperiodismo? Hughes et al. (1984) mediram essas mudanças espectrais em três ambientes (local não sombreado, bosque de carvalhos e campo de beterraba) e encontraram condições espectrais muito diferentes durante o crepúsculo nas três situações. Eles não puderam relacionar essas mudanças com o tempo fotoperiódico, no entanto, concluíram que as plantas provavelmente respondem a mudanças na irradiação absoluta e não à qualidade espectral, enquanto mudam do modo diurno para o noturno no fotoperiodismo.

Takimoto e Ikeda (1961) usaram uma abordagem mais direta no estudo da sensibilidade da planta durante o crepúsculo. Eles cobriram as plantas em vários momentos durante o anoitecer e o amanhecer, compararam o seu florescimento com o das plantas que não foram cobertas e observaram o nível de crepúsculo percebido por elas como escuridão. Foi relatada uma variação considerável entre cinco espécies de DC: a *Oryza sativa* (arroz) foi relativamente insensível à claridade pela manhã e à noite; a *Glycine max* (soja), a *Perilla frutescens* (perila) e a ipomeia japonesa foram relativamente insensíveis ao anoitecer, porém sensíveis ao amanhecer; e o cardo foi altamente sensível à noite, mas menos pela manhã.

A partir da discussão da seção anterior, está claro que a claridade afeta as plantas diferentemente no anoitecer e no amanhecer. O anoitecer dispara o cronômetro, e as evidências sugerem que isso ocorre quando ainda existe um pouco de luz (Salisbury, 1981a) e, nesse caso, o P_{fr} ainda é relativamente alto. Todavia, a maioria dos pesquisadores acredita que é a queda no P_{fr} (uma vez que ele não é mais gerado pela claridade forte) que inicia as reações do período escuro. O amanhecer deve ser equivalente à quebra da noite; ele exige menos claridade. Nesse momento, a produção do P_{fr} aparentemente interage com o cronômetro para iniciar novamente a fase diurna – isto é, para refasear o "ritmo" do fotoperiodismo.

As plantas podem responder à luz da lua? Observamos que a Figura 23-13 também mostra a provável faixa de sensibilidade dos pés de cardo à claridade entre a 7ª e a 9ª hora de um único período de escuridão indutora de 16 horas (0,01 a 0,3 mW m^{-2} nm^{-1}). Os níveis máximos de claridade a 660 nm para a luz da lua cheia também são mostrados. A figura sugere que os níveis máximos da luz da lua não são altos o suficiente para influenciar o florescimento no meio do período de escuridão, embora a sensibilidade à claridade nesse momento aumente cerca de uma ordem de magnitude em comparação com o anoitecer. Além disso, a lua cheia está baixa no céu nas

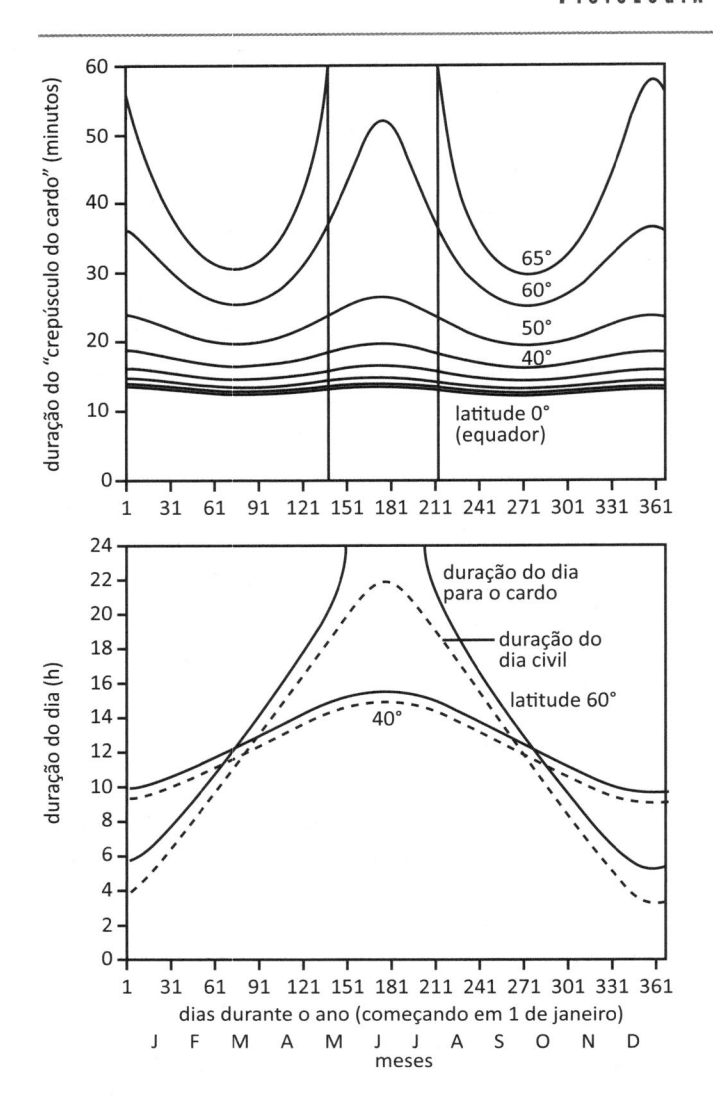

FIGURA 23-14 (a) O final do "crepúsculo do cardo" como função do tempo durante o ano e em diferentes latitudes. Os cálculos baseados nos dados da Figura 23-13 sugerem que o cardo (*Xanthium*) começa a responder durante o crepúsculo noturno, como se fosse a noite, quando o sol está 4° abaixo do horizonte. Portanto, as curvas mostram o tempo que o sol demora para ficar 4° abaixo do horizonte depois do pôr do sol oficial. (O crepúsculo civil termina quando o sol está 6° abaixo do horizonte; o náutico, 12°, e o astronômico, 18°.) **(b)** Duração do dia do cardo como função do tempo durante o ano para duas latitudes. As linhas pontilhadas são as mesmas mostradas na Figura 23-1 para as duas latitudes. As linhas sólidas são derivadas obtendo-se os tempos do crepúsculo do cardo de **a** nesta figura, multiplicando-se por 2 (para explicar o amanhecer e também o anoitecer) e adicionando-se as curvas da duração do dia (algo que não é realmente justificado pelos dados porque a duração do crepúsculo matinal não foi determinada nos experimentos discutidos no texto e sugeridos na Figura 23-13). Observe em **a** que, na latitude 65°, nunca fica escuro o suficiente em meados do verão (isto é, o sol nunca fica 4° abaixo do horizonte) para que os cardos respondam como se estivesse escuro. Depois do pôr do sol, a luz recebida é a irradiação celeste difusa, portanto, as montanhas têm pouco efeito no final do "crepúsculo do cardo". (As curvas foram geradas e desenhadas por computador; os programas foram criados por Michael J. Salisbury, com base nas equações de Roger L. Mansfield, do Astronomical Data Service, 3922 Leisure Lane, Colorado Springs, CO 80917, USA.)

latitudes[2] temperadas (por exemplo, baixa no céu meridional do hemisfério norte), portanto, os seus raios não atingem a planta diretamente de cima, e sim em um ângulo baixo. Todavia, alguns experimentos mostraram uma leve resposta do fotoperíodo à luz da lua (von Gaertner e Braunroth, 1935; Kadman-Zahavi e Peiper, 1987).

Nossa conclusão: *as plantas respondem nitidamente às mudanças na claridade no anoitecer e no amanhecer, "ignorando" as mudanças na irradiação durante o dia e à noite, embora possa haver leves respostas à luz da lua.*

23.9 O conceito do florígeno: hormônios do florescimento e inibidores

Pouco tempo depois que o fotoperiodismo foi descoberto, pesquisadores do mundo todo se perguntaram qual parte da planta detectava a duração do dia. Logo se tornou aparente que a folha respondia. Usando uma PDC, por exemplo, o experimentador poderia encerrar a folha por 16 horas em um envelope de papel preto, deixando o restante da planta sob DLs ou claridade contínua. Esse tratamento logo induzia o florescimento. Um experimento semelhante com uma PDL impediu o florescimento. A cobertura do botão, mas não das folhas nos DLs, não levou ao florescimento nas PDCs, mas sim nas PDLs.[3]

Se a folha detecta o fotoperíodo, mas o botão se torna a flor, algum estímulo deve ser transmitido da folha para o botão. Na década de 1930, Mikhail Chailakhyan, na União Soviética (consulte sua revisão de 1968), enxertou plantas induzidas em plantas não induzidas mantidas sob durações de dia não indutoras e observou que o estímulo de florescimento atravessava a união do enxerto, fazendo a planta não induzida florescer. Ele sugeriu que o estímulo era uma

---

[2] O sol é mais alto no verão, o que causa as temperaturas mais altas, mas a lua cheia está no lado oposto da Terra em relação ao sol; consequentemente, ela é baixa.

[3] Na verdade, os caules verdes de algumas espécies respondem ao fotoperíodo se receberem um número suficiente de ciclos indutores.

substância química, um hormônio – e não um estímulo elétrico ou nervoso. Chailakhyan deu a esse estímulo hipotético o nome de **florígeno** (do latim *flora*, "flor", e do grego *genno*, "gerar").

Os estudos com o enxerto forneceram duas informações importantes: o florígeno se move apenas através de uma união de tecido vivo entre dois parceiros de enxerto e, provavelmente, apenas ao longo do tecido do floema. Além disso, frequentemente ele parece se mover com o fluxo do assimilado. Se o parceiro receptor for desfolhado ou mantido sob níveis baixos de irradiação, o movimento dos assimilados para o receptor é promovido, assim como o movimento do florígeno. Por outro lado, em algumas espécies, o florígeno é exportado das folhas extremamente jovens, que deveriam estar importando assimilados, de forma que o florígeno pudesse se mover por outros mecanismos além do fluxo do assimilado.

Muitas variedades ou espécies diferentes, representando tipos de respostas diferentes, foram enxertadas (consulte Lang, 1965; Vince-Prue, 1975; Zeevaart, 1982). O florígeno produzido por um tipo de resposta frequentemente induz o florescimento em outro tipo; uma PDC induzida e enxertada em uma PDL nos DCs irá induzir a PDL a florescer, por exemplo. Aparentemente, embora o florígeno seja produzido em resposta a condições ambientais extremamente diferentes, ele é o mesmo composto, ou pelo menos é fisiologicamente equivalente em muitas angiospermas, se não em todas.

Um terceiro experimento, difícil de interpretar, a não ser pelo conceito do florígeno, foi realizado no começo da década de 1950. Plantas de várias espécies que exigem apenas um único ciclo indutor foram desfolhadas em vários momentos depois desse ciclo, e o nível de florescimento algum tempo mais tarde foi plotado como função do momento da desfolhação. Os resultados do cardo são mostrados na Figura 23-15; a ipomeia japonesa DC e o joio perene DL também foram estudados. Aparentemente, quando as folhas são cortadas imediatamente após o período longo de escuridão indutora (PDCs) ou o período longo de claridade (PDLs), as plantas permanecem vegetativas porque o hormônio ainda não foi exportado das folhas. A exportação termina algumas horas mais tarde, no entanto, porque as plantas desfolhadas posteriormente florescem tão bem quanto aquelas cujas folhas não foram removidas.

Também existe uma forte evidência da existência de substâncias ou processos inibidores. Na verdade, os promotores e inibidores devem influenciar o florescimento. Se uma planta for induzida pela exposição de apenas uma folha a condições fotoperiódicas adequadas, o florescimento é inibido pelas folhas não induzidas. A presença das folhas em uma planta receptora no experimento de enxerto também reduz o florescimento do receptor. Esses efeitos inibidores são causados pelas influências sobre a translocação dos assimilados. Por exemplo, uma folha de dia longo que cresce entre uma folha de dia curto induzida e o botão pode exportar os assimilados diretamente para o botão, bloqueando assim o movimento dos assimilados – e do florígeno – da folha induzida para o botão. Muitos experimentos com inibidores podem ser entendidos dessa maneira, e frequentemente as explicações são comprovadas por experimentos com marcadores.

Alguns efeitos não podem ser explicados com base na translocação, no entanto. Se a explicação dependesse apenas da fotossíntese e do transporte de assimilados, então os níveis de claridade seriam importantes. Ainda assim, uma breve interrupção noturna em baixa irradiação pode produzir um efeito inibidor típico de dia longo em uma única folha de uma planta de dia curto (Gibby e Salisbury, 1971; King e Zeevaart, 1973). Em algumas espécies, o

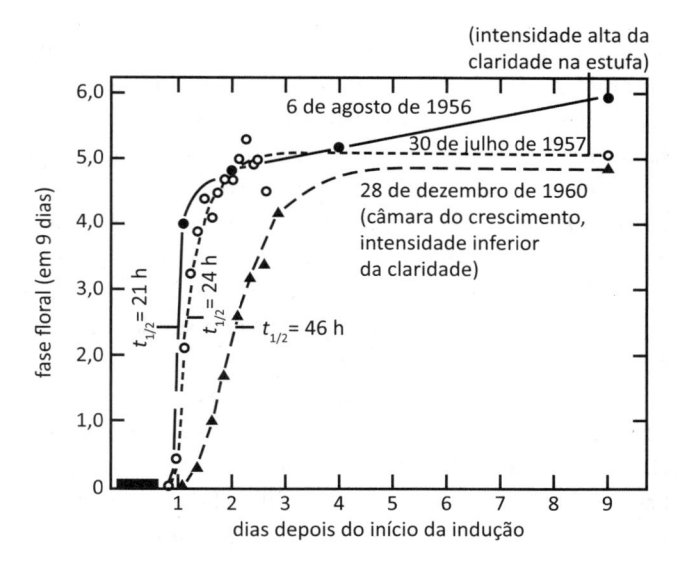

FIGURA 23-15 Três curvas de translocação obtidas pela desfolhação das plantas de *Xanthium* em vários momentos depois de um período de escuridão indutora de 16 horas. As fases florais (determinadas no 9º dia) são mostradas em função dos momentos em que as folhas foram cortadas. (Na verdade, as plantas foram desfolhadas para uma única folha, altamente sensível, antes do período de escuridão longa; essa folha foi então removida após o período de escuridão indutora nos momentos mostrados.) Os números na abscissa representam o meio-dia do dia indicado; a barra sugere o período de escuridão indutora. Os tempos aproximados depois do início do período da escuridão, quando metade do estímulo estava fora da folha, são indicados por $t_{1/2}$. As datas se referem ao dia em que as plantas foram submetidas ao tratamento com a escuridão. As plantas representadas pela curva $t_{1/2}$ = 46 h foram mantidas em cerca de 400 µmol m^{-2} s^{-1} de luz fluorescente nas câmaras de crescimento (23 °C); as outras plantas estavam na estufa. (De Salisbury, 1963a.)

florescimento parece ser reprimido sob condições não indutoras estritamente pelos inibidores que vêm das folhas. Essas plantas florescem quando desfolhadas. Os exemplos são o meimendro DL e vários cultivares DC do morango (*Fragaria* sp.). Em algumas espécies (por exemplo, *Xanthium* e *Pharbitis*), os promotores podem ser dominantes, embora modificados pelos inibidores; em outras, parece haver um verdadeiro equilíbrio (joio) e, em outras (meimendro e morango), os inibidores podem ser dominantes, porém modificados pelos promotores.

Chailakhyan e I. A. Frolova, em Moscou, cooperando com Anton Lang, da Michigan State University (Lang et al., 1977), enxertaram plantas de cultivos DC e DL de tabaco em cultivares neutros para o dia (ND) e, depois, os deixaram crescer sob várias condições de claridade. Quando expostos aos DCs, os parceiros do enxerto DC fizeram as PNDs florescerem mais cedo e, sob os DLs, os parceiros de DL também promoveram o florescimento precoce dos parceiros ND. Mais uma vez, esses resultados confirmam a presença de um hormônio de florescimento com ação positiva. Quando os parceiros do enxerto DC foram mantidos sob DLs, o florescimento nas espécies ND sofreu um retardo leve ou nulo, mas, nos DCs, o tabaco DL impediu completamente o florescimento do parceiro ND. Aqui, em um experimento, existem evidências claras dos promotores de florescimento produzidos sob durações de dias favoráveis em uma PDC e uma PDL e de um inibidor produzido em durações desfavoráveis em uma PDL (e possivelmente em uma PDC).

Precisamos isolar e identificar os florígenos e os inibidores das flores. Até agora, não tivemos sucesso, em parte por causa da falta de um bioensaio confiável. Numerosos solventes e técnicas de aplicação foram experimentados para se obter o extrato das plantas induzidas e aplicá-lo nas plantas não induzidas. Sucessos esporádicos foram relatados, mas nunca foi possível produzir resultados completamente reproduzíveis. Cleland (1978) e Salisbury (1982) recontaram as histórias desses esforços. (Alguns documentos relevantes incluem Cleland e Ajami, 1974; Carr, 1967; Hodson e Hamner, 1970; e Lincoln et al., 1966.)

Chailakhyan e Lozhnikova (1985; revisão em Bernier, 1988) relataram que os extratos etanólicos das folhas de tabaco DC e DL, ambas crescendo nos DCs, causou coerentemente a formação das flores nos brotos da PDC *Chenopodium* mantidos em DLs, e os extratos de dois tabacos que cresceram em DLs elucidaram o florescimento na PDL *Rudbeckia* mantida nos DCs. Até o momento, o significado desses experimentos não está claro.

O fracasso das tentativas de se isolar o florígeno levou a um ceticismo sobre sua existência. Por exemplo, Sachs (1978) e Sachs e Hackett (1983; consulte também Bernier, 1988; Bernier et al., 1981, Vol. II) questionaram o conceito do florígeno e sugeriram que a indução fotoperiódica causa um desvio dos nutrientes (sacarose e assim por diante) dentro da planta, levando à iniciação floral. Os nutrientes direcionados para o botão podem causar a evocação. Os efeitos inibidores podem ser causados por um desvio para escoadouros diferentes dos meristemas, que podem se tornar flores. Sachs e Hackett observaram, por exemplo, que as irradiações altas (que, supostamente, levam a altos índices de fotossíntese) às vezes podem anular e substituir os sinais fotoperiódicos. O florescimento foi correlacionado com as porcentagens de solúveis e sólidos na *Bougainvillea* (Ramina et al., 1979) e foi promovido pela sacarose acrescentada na PDL quantitativa *Brassica campestris* que cresceu em uma cultura estéril (Friend et al., 1984). Uma mistura de $GA_{4/7}$ promoveu fortemente o "florescimento" no *Pinus radiata* e causou uma realocação significativa da matéria seca dentro dos botões terminais para os primórdios de brotos longos em desenvolvimento (possíveis botões de semente/cone; Ross et al., 1984). Portanto, parece claro que os padrões de transporte podem mudar durante a indução fotoperiódica, conforme enfatizado por Sachs e Hackett, mas não está claro se isso provoca o florescimento ou resulta dele. Os experimentos de desfolhação e enxerto destacados previamente são particularmente difíceis de explicar lançando-se mão da hipótese do desvio de nutrientes.

A falta de um bioensaio de florígeno é um sério problema. Quando os extratos são aplicados nas plantas para determinarmos se possuem atividade florigênica, perguntamo-nos se o material ativo será capaz de penetrar nas plantas e se mover até o botão. Talvez seus efeitos sejam anulados pela presença de inibidores produzidos nas plantas de teste, em condições não indutoras. Alguns pesquisadores tentaram superar esses problemas aplicando os extratos diretamente no botão. Novamente, no entanto, o sucesso tem sido mínimo.

Até agora, houve poucas tentativas de extrair e isolar os inibidores florais. Além disso, o efeito inibidor pode ser um processo, e não uma substância. Por exemplo, as folhas DL em uma PDC podem, de alguma maneira, absorver e destruir as substâncias promotoras produzidas nas folhas de DC.

Uma vez que as tentativas de extrair os promotores e inibidores têm sido tão decepcionantes, outras abordagens mais indiretas foram usadas. Os experimentadores adicionaram vários antimetabólitos às PDCs e PDLs, procurando aquelas que aparentemente inibissem o processo de florescimento de uma maneira específica. Por exemplo, um composto pode ser eficiente apenas quando aplicado durante a síntese do florígeno. Novamente, os resultados não foram promissores. Parece que a respiração e a síntese de proteína e ácido nucleico são essenciais para uma folha sintetizar o florígeno, mas esses processos estão envolvidos em praticamente todos os aspectos da vida de uma planta. Antes de nos estendermos mais, vamos estabelecer a conclusão desta seção: *existem muitas evidências circunstanciais de que o início da flor é controlado ou fortemente influenciado pelos hormônios: um ou mais florígenos de ação positiva e um ou mais inibidores de ação negativa. Essas substâncias ainda precisam ser identificadas.*

23.10 Respostas a hormônios vegetais e reguladores do crescimento aplicados

Uma vez que os hormônios vegetais e os reguladores do crescimento podem influenciar praticamente todo aspecto do crescimento e desenvolvimento da planta, faz parte da lógica investigar seus efeitos no florescimento. Conhecemos muitos compostos que induzem ou inibem o florescimento em uma espécie ou outra quando aplicados em concentrações apropriadas. (Às vezes, um composto inibe em uma concentração e promove em outra.) Existe um potencial importante na aplicação prática desse conhecimento, porque a indução das flores cumpre uma função importante na agricultura. O trabalho com os hormônios e reguladores de crescimento também pode levar a um conhecimento melhor do processo de florescimento. Novamente, no entanto, existem quase tantas exceções quanto regras e a possibilidade de que a indução pode mudar a sensibilidade ou resposta da planta aos reguladores do crescimento (Capítulos 17 e 18) quase não foi examinada. Vamos resumir algumas observações experimentais.

Auxinas e etileno

Em muitas espécies, as auxinas inibem o florescimento. Nas PDCs, a inibição ocorre antes que a translocação do florígeno da folha esteja concluída, e depois pode haver efeitos promotores marginais. A promoção também foi observada nas PDLs mantidas em dias muito curtos para a indução. As concentrações de auxina necessárias para inibir o florescimento normalmente produzem epinastias graves e outras respostas, e os níveis medidos de auxina nas plantas raramente se correlacionam com o florescimento de qualquer maneira significativa. Consequentemente, embora as auxinas endógenas possam influenciar o florescimento, elas provavelmente não o controlam, pelo menos não em todas as espécies.

As auxinas claramente causam o florescimento em algumas bromélias, incluindo o abacaxi. No abacaxi e no cardo, as auxinas aplicadas causam a produção de etileno, que influencia o florescimento da mesma maneira que as auxinas (inibição nas PDCs, promoção nas bromélias). Nas bromélias, o AIA é relativamente ineficaz porque é aparentemente decomposto pelas enzimas da planta. Portanto, auxinas sintéticas como o ANA ou 2,4-D (consulte a Figura 17-4) devem ser usadas. Na *Guzmania*, que é outra bromélia, o tratamento com etileno ou com ACC (precursor do etileno, Capítulo 18) ou o ato de agitar as plantas por 15 s, que supostamente produz o etileno (Capítulo 19), causa o florescimento (De Proft et al., 1985). O tratamento com AVG (que inibe a síntese do etileno; Figura 18-10) impede a liberação do etileno e o florescimento, mas não nas plantas tratadas com ACC (que libera o etileno em vez do AVG). Esses resultados sugerem que o etileno é o único fator de controle do florescimento na *Guzmania* e talvez em outras bromélias. As plantas jovens não respondem a esses tratamentos com etileno, talvez sugerindo que elas ainda não são sensíveis ao etileno no que se refere ao florescimento.

Giberelinas

Logo depois que as giberelinas (GAs) se tornaram disponíveis, foi descoberto que a GA_3 (na época, a GA mais disponível) poderia substituir a exigência do frio em várias espécies que requerem a vernalização e também a exigência de DL de várias PDLs (consulte a Figura 22-8). Houve algumas exceções importantes entre as PDLs (por exemplo, *Scrofularia hyecium* e *Melandrium* sp.), e as giberelinas normalmente não substituíram os DCs nas PDCs, embora houvesse novamente algumas exceções (por exemplo, cosmos e arroz). A GA_3 promoveu o florescimento na PDC *Pharbitis nil* quando foi aplicada no início do período de escuridão indutora, mas não quando aplicada mais tarde (Ogawa, 1981), um resultado oposto ao obtido no cardo (Greulach e Haesloop, 1958; Salisbury, 1959). Em muitas espécies, as giberelinas aumentaram nos caules e folhas nos DLs, portanto, parecia coerente presumir que elas podem explicar pelo menos uma parte da exigência do florescimento (um complexo de florígeno?) nas PDLs e também o alongamento comum do caule nos DLs.

No entanto, a situação não é simples. Nas PDLs, por exemplo, os DLs aumentam a taxa da síntese e da destruição das GAs, e muitos estudos não encontraram correlação entre as GAs extraídas e o florescimento. Zeevaart (1976a) compilou "evidências conclusivas" de que a formação da flor e o alongamento do caule são processos separados, com a GA promovendo o alongamento do caule, mas não a formação da flor (por exemplo, na *Silene*). Embora as GAs fossem reduzidas a níveis abaixo daqueles que podiam ser

Giberelinas, uma classe fascinante e altamente diversificada de hormônios vegetais

Richard P. Pharis

Dick Pharis é um fisiologista vegetal canadense que começou seu treinamento nos Estados Unidos, mas, em 1975, foi para as Montanhas Rochosas canadenses. Seu interesse nas giberelinas o levou a pesquisar a fisiologia do florescimento nas coníferas e nas angiospermas herbáceas e lenhosas, além da base fisiológica do vigor híbrido e o crescimento inerentemente superior das árvores. Agora, ele é professor de Botânica na University of Calgary.

Eu abordei a fisiologia dos hormônios vegetais de uma maneira bastante indireta. Quando adolescente, passava quase todos os finais de semana e a maior parte do verão caminhando e pescando nas montanhas Cascade ou Olympic, em Washington. Essas viagens pela natureza estimularam o meu interesse pela silvicultura, e fiz bacharelado em ciências de silvicultura na University of Washington. Ali, fui estimulado pelo contato com David Scott, Dick Walker e Daniel Stuntz. Depois veio o mestrado com Frank Woods em fisiologia ecológica (silvicultura), na Duke University, e o trabalho dos próximos dois anos no meu doutorado com dois excepcionais fisiologistas das plantas, Paul Kramer e Aubrey Naylor, mostrou-me que a fisiologia vegetal se tornaria meu primeiro amor.

A primeira posição como fisiologista das plantas no Departamento de Agricultura dos Estados Unidos (Serviço Florestal) em Roseburg, Oregon, ensinou-me que os ecofisiologistas de campo não resolviam os problemas, eles apenas os apontavam e descreviam [mas consulte o Capítulo 25!]. Os cortes no orçamento atrasaram a construção do laboratório, então eu aceitei uma oferta de Henry Hellmers e James Bonner, do California Institute of Technology, para trabalhar na eficiência fotossintética das coníferas. Foi então que eu "me apaixonei" pelas giberelinas!

Meus dois anos (1963-64) na Caltech ainda fazem parte de uma época que me emociona. (A equipe se separaria alguns anos depois.) Seminários, conversas tomando café e as festas de queijo e vinho às sextas-feiras com o grupo de biologia molecular de James me deram um *insight* único sobre o campo da biologia molecular vegetal, que estava em sua infância. Isso tudo era tão fascinante quanto as interações com outros professores e colegas no laboratório de ambiente controlado, o fitotron. Anton Lang, Bernard O. Phinney, Jan Zeevaart, Erich Heftmann, Harry Highkin, Fred Ruddat e muitos outros me forneceram uma experiência incomparável de aprendizado sobre a fisiologia da giberelina. As giberelinas e o florescimento eram as ordens do dia.

Em 1965, tive uma oportunidade com a qual a maioria dos jovens cientistas só pode sonhar: uma entrevista como professor assistente em uma nova universidade, que ficava a apenas 90 minutos do Parque Nacional de Banff. Aqueles primeiros tempos na University of Calgary foram inacreditáveis, complementados por pequenos números de alunos brilhantes e interessados, ótimas verbas para equipamentos e pesquisas e chefes de departamento e diretores que me deram, e também a outros colegas fisiologistas que chegaram depois de mim, apoio moral e fiscal.

Mas estou divagando.

As giberelinas – agora existem 84 ou mais delas, com estruturas bastante diversificadas (consulte a Figura 17-12). As GAs biologicamente ativas, que supomos serem aquelas que possuem 19 átomos de carbono, têm um anel de lactona e um grupamento carboxila no carbono 7, porém, os ésteres de metil da GA_9 e GA_{73} são potentes anteridiógenos na *Lygodium*. São conhecidas giberelinas com 0, 1, 2, 3 e 4 hidroxilas, e as GAs com 5 ou mais hidroxilas também podem muito bem existir. Muitas hidroxilas ocorrem nas formas α e β, e as formas epóxido e ceto também ocorrem.

Essa é uma série extremamente complexa de estruturas para uma classe de fito-hormônios. Desde o trabalho pioneiro de Bernie Phinney, Jake MacMillan, James Reid e seus colegas, podemos agora atribuir uma função fisiológica específica (alongamento do caule) para a GA_1 e a GA_3, que são desidroxiladas no carbono-3β e no carbono-13. Porém, poderíamos perguntar, são apenas essas duas GAs que cumprem uma função causal no crescimento e desenvolvimento das plantas? Nas últimas décadas, trabalhamos com vários sistemas de florescimento em que a eficácia diferencial das diferentes GAs é a regra. Aqui estão alguns de nossos resultados:

Nos primeiros anos em Calgary, continuei com o trabalho no "florescimento" induzido pela GA (na verdade, a formação de cones) em Cupressaceae e Taxodiaceae (em que a GA_3 e muitas outras GAs biologicamente ativas induzem o florescimento) e tentei estender esses sucessos à Pinaceae. Infelizmente, como em uma típica situação da lei de Murphy, os pinheiros, abetos e lariços mais importantes para o comércio geralmente não florescem em resposta à GA_3. A questão de por que não, e maneiras de promover seu florescimento precoce e abundante, foram estudadas intensamente no meu laboratório desde 1968, principalmente com o colega Stephen Ross, da British Columbia Forest Service Research Division. Tratamentos de tensão cuidadosamente cronometrados que promovessem o florescimento nos jovens brotos de coníferas Pinaceae foram usados e as GAs endógenas examinadas, inicialmente pelo bioensaio, com identificações e quantificações precisas pela GC-MS-SIM surgindo muito mais tarde. As tendências do bioensaio nos informaram que os tratamentos com tensão (principalmente tensão hídrica e temperatura alta) que promoviam o florescimento na natureza produziam um grande aumento em substâncias semelhantes à GA endógena e menos polar (por exemplo, com apenas um ou nenhum grupamento hidroxila), enquanto reduziam as substâncias semelhantes à GA mais polar. Essa tendência nos levou a testar, em 1972, a aplicação de GA_4, GA_7 e GA_9, que produziu nosso primeiro sucesso: uma mistura $GA_{4/7}$ e, particularmente, $GA_{4/7} + GA_9$, estimularam o florescimento nos brotos do abeto de Douglas. Agora, 17 anos mais tarde, os criadores de árvores e gerentes de pomares de todo o mundo usam a $GA_{4/7}$ para produzir sementes econômicas de genótipos de famílias de coníferas Pinaceae geneticamente superiores.

O que faz as coníferas (de todas as três famílias) na natureza florescerem mais precoce e abundantemente? A tensão ambiental, principalmente a seca, provavelmente bloqueia a conversão biossintética de GAs menos polares das coníferas nativas (GA_4, GA_7 e GA_9) para uma GA_1 mais polar e/ou GA_3. O acúmulo dessas GAs menos polares nos primórdios laterais ou meristemas apicais poderia causar a diferenciação ou início do botão do cone no próximo ano. Em um verão úmido e frio, a conversão da GA provavelmente não é comprometida, e a diferenciação sexual não ocorreria, mas o crescimento seria estimulado.

Também mantive um programa de pesquisa paralelo que examinou a possível base hormonal do crescimento inerentemente superior. Nele, usamos os genótipos híbridos do milho e os cruzamentos conhecidos (F1) dos genótipos de coníferas superiores. Stewart Rood (University of Lethbridge) e eu começamos a trabalhar com o milho em 1980, o que também foi um empreendimento cooperativo entre fisiologistas, criadores e químicos. O trabalho mostrou, usando-se métodos precisos e acurados (GC-MS-SIM com o uso de GAs marcadas com [$^2H_2$] como padrões internos quantitativos), que a heterose no milho tem uma relação causal com a concentração das GAs, principalmente a GA_1 e seu precursor do C_{20}, a GA_{19}, no cilindro do broto que contém o meristema apical (Rood et al., 1988, e referências citadas por eles). Em essência, os genótipos ancestrais do milho mostrando a depressão na criação são deficientes em GA, e seus híbridos F1, que mostram a heterose, têm quantidades quase ideais de GAs endógenas.

O trabalho com as famílias de coníferas F1 começou em 1982 e ainda está em andamento. No entanto, agora parece que podemos testar com sucesso o potencial de crescimento inerente nas idades de 2 a 6 meses nos cruzamentos F1 de coníferas comercialmente importantes, fazendo a progênie do broto crescer sob condições quase ideais (fitotron). O fato intrigante, como no milho, é que os níveis de GAs endógenas (nesse caso, a GA_9 nas folhas) são significativamente correlacionados com a rapidez inerente do crescimento. Portanto, agora é possível fazer uma triagem das famílias de crescimento inerentemente rápido aos 6 meses e depois promover seu florescimento (com a $GA_{4/7}$ e um tratamento de tensão) aproximadamente dos 2 aos 4 anos, obtendo-se assim a semente F1 em uma idade de cerca de 4 a 6 anos. Essa rotatividade rápida das gerações na criação de árvores de floresta era desconhecida há alguns anos.

Para a maioria dos fisiologistas, trabalhar com as GAs nas coníferas seria classificado como uma aventura esotérica. A questão mais importante seria: as GAs são fatores causais no florescimento de plantas fotoperiodicamente sensíveis? No final da década de 1970, muitos fisiologistas haviam concluído que, embora as GAs fossem provavelmente causadoras da elongação do caule nas PDLs, elas não eram fatores causais na iniciação floral.

Em 1982, comecei um trabalho com o objetivo de reexaminar a possível função das GAs como substâncias florigênicas nas plantas fotoperiodicamente sensíveis. Esse trabalho tem sido um esforço cooperativo contínuo com os fisiologistas Lloyd Evans e Rod King, da CSIRO Division of Plant Industry, em Canberra, Austrália, e o químico orgânico Lewis Mander, da Research School of Chemistry, Australian National University. Usamos a PDL *Lolium temulentum*, cepa Ceres, que floresce em resposta a um DL com duração de 16 a 24 horas. Se o ápice sofrer uma dissecção perto do dia 21 (antes da elongação rápida) depois do tratamento indutor floral (DL ou aplicação de GA), uma comparação da fase floral com a elongação do caule pode ser obtida. No DC não indutor, não existe florescimento e praticamente não há elongação do caule. Para um DL indutor de 24 horas, existe o florescimento de 100%, apenas com um alongamento mínimo do caule no dia 21. A GA_3 aplicada no DC pode imitar a resposta do DL até a iniciação da inflorescência, mas a GA_3 pode causar um grande alongamento do caule, mesmo até o dia 21.

Observamos que o DL indutor aumenta o nível de GAs endógenas e de substâncias semelhantes às GAs várias vezes nos ápices e folhas, dentro de algumas horas até dias. Os aumentos mais coerentes nas substâncias semelhantes às GAs ocorreram em uma região cromatográfica na qual as GAs poli-hidroxiladas como a GA_{32} fazem a eluição. Esses primeiros resultados levaram a um amplo programa de síntese orgânica das GAs pelo grupo de Lew Mander. O teste dessas GAs de estruturas amplamente diferentes foi realizado sistematicamente no *Lolium* (Evans et al., 1990). Embora o número de GAs nativas no *Lolium temulentum* tenha sido identificado pelo GC-MS, nenhuma das substâncias semelhantes às GAs poli-hidroxiladas foi caracterizada até o momento.

Com esse teste sistemático das GAs no *Lolium*, podemos tirar algumas conclusões gerais sobre a estrutura/atividade de função da GA. Em primeiro lugar, a GA deve ter um grupamento carboxila no carbono 7 e uma ligação dupla no anel A. Uma GA florigênica também deve ser hidroxilada, e o ponto de hidroxilação é crítico para determinar se a GA será ou não altamente florigênica e/ou se irá promover o alongamento do caule. As GAs hidroxiladas nos carbonos 13, 15β e 12β são altamente florigênicas e fornecem apenas aumentos mínimos no alongamento do caule, mas a hidroxilação no carbono 3β tende a reduzir a atividade florigênica enquanto promove significativamente o alongamento do caule. Portanto, a GA_1 (anel A dihidro, C-3β, C-13 desidroxilado) é um florígeno muito ruim no *Lolium*, mas um excelente alongador do caule. Por outro lado, a GA_{32} ($\Delta^{1,2}$, C-3β, C-12α, C-13, C-15β-hidroxilada) é quase mil vezes mais eficiente na indução da flor do que a GA_1.

A história do *Lolium* ainda está incompleta e o nosso trabalho sobre os PDCs e angiospermas lenhosas (nas quais as GAs geralmente inibem o florescimento) está apenas começando. Para mim, as últimas duas décadas na fisiologia do hormônio vegetal têm sido um período muito emocionante. Os avanços na metodologia (separação por HPLC; identificação GC-MC; quantificação originalmente pelo bioensaio, mas agora pelo uso do GC-MS-SIM com padrões internos marcados com o isótopo estável) permitiram que sondas fisiológicas imaginárias fossem exploradas de uma maneira definitiva.

Seja qual for o sucesso que atingirmos, ele foi possibilitado somente pela colaboração entusiasmada e prolongada de muitos colegas. As pesquisas sobre as giberelinas estão se movendo muito rapidamente na direção dos aspectos moleculares. Mesmo assim, o químico, o bioquímico e o fisiologista são participantes essenciais da nova equipe, assim como serão (na fase das aplicações) os cientistas de agronomia, horticultura e silvicultura.

detectados, o florescimento ocorreu. Provou-se que a formação da flor e o alongamento do caule estavam sob o controle de dois genes separados, porém estreitamente ligados (Wellensiek, 1973).

Recentemente, essa confusão foi reduzida enquanto os investigadores examinaram os efeitos de várias GAs diferentes sobre o florescimento (até agora, mais de 84 foram identificadas). Na PDL *Lolium temulentum*, por exemplo, algumas GAs eram até mil vezes mais eficientes para induzir o florescimento que as outras, e estruturas moleculares específicas foram claramente relacionadas à sua eficácia (Evans et al., 1990; Pharis et al., 1987a). King et al. (1987) descreveram uma situação semelhante no *Pharbitis nil*: algumas GAs eram mais efetivas para promover o florescimento que outras e (como implicado acima) a promoção ocorreu quando as GAs eram aplicadas de 11 a 17 horas antes de um único período de escuridão; 24 horas mais tarde, as mesmas dosagens eram inibidoras.

As GAs parecem particularmente importantes na formação dos cones nas coníferas (revisado por Pharis et al., 1987b). Y. Kato (por exemplo, Kato et al., 1958), no Japão, Richard Pharis (por exemplo, Pharis e Kuo, 1977), em Calgary, Canadá, e outros foram os pioneiros nesse trabalho. A maioria das coníferas precisa de vários anos para atingir a maturidade para responder, mas, com a aplicação da GA_3, Pharis induziu a formação de estróbilos machos no cipreste do Arizona (*Cupressus arizonica*) quando as plantas tinham apenas 55 dias. Ele e seus colaboradores não conseguiram induzir a formação do cone com a GA_3 em outros membros das Pinaceae, mas, agora, o fizeram aplicando GAs menos polares (GA_4, GA_5, GA_7 e GA_9; principalmente a mistura $GA_{4/7}$). Uma vez que a criação de coníferas é importante para a indústria da marcenaria, essas observações são significativas. O tempo de criação é reduzido de anos para meses. Richard P. Pharis explica a função das GAs no florescimento e na formação de cones em seu ensaio pessoal na página 564.

Citocininas

Foi observado que as citocininas promovem a formação de flores em algumas espécies. Uma combinação de uma citocinina (benziladenina) com a GA_5 induziu o florescimento em um cultivar DC de crisântemos. Em outro cultivar, a benziladenina substituiu a última parte da fotoindução. A zeatina aplicada nos cortes de formação de raiz da PDL *Anagallis arvensis* inibiu ou promoveu ligeiramente o florescimento, dependendo de sua concentração e da fase da formação da raiz (Bismuth e Miginiac, 1984). Na maioria das PDLs e PDCs, as citocininas não afetam o florescimento.

Ácido abscísico

Quando certas PDCs (por exemplo, ipomeia japonesa e *Chenopodium rubrum*) já estão ligeiramente induzidas e depois são tratadas com o ácido abscísico (ABA), o florescimento é promovido; o ABA inibe o florescimento em algumas PDLs (por exemplo *Spinacia*). Porém, nenhuma conclusão pode ser tirada sobre por que o ABA inibe o florescimento em algumas espécies de DC e DL e é completamente inócuo em outras. Geralmente, mas nem sempre, as concentrações de ABA são mais altas nos brotos nos DLs que nos DCs.

Esteróis

Uma substância chamada TDEAP (tris-[2-dietilaminoetil]-fosfato trihidrocloreto), que inibe a síntese do colesterol nos animais, inibe o florescimento do cardo e da ipomeia japonesa. A inibição pelo TDEAP implica que o florígeno é relacionado ao colesterol; isso significa que ele é algum tipo de esterol? Não de acordo com os resultados obtidos até agora. A aplicação de vários esteróis não supera o efeito do TDEAP e as mudanças significativas nas frações de esteróis não puderam ser detectadas durante a indução. A biossíntese do esterol pode ser inibida por compostos diferentes do TDEAP, sem influenciar o florescimento de qualquer maneira. Além disso, foi mostrado que o TDEAP bloqueia a fotossíntese e a exportação de assimilados (e do florígeno?) da folha (Zeevaart, 1979). Portanto, as evidências de que o florígeno é um esterol são, na melhor das hipóteses, frágeis.

γ-Tocoferol

Battle et al. (1976,1977) mediram o γ-tocoferol (uma forma de vitamina E) nas folhas do cardo em vários momentos durante o período da escuridão indutora e após interrupções de 20 minutos na claridade, aplicadas em vários momentos desse período. Depois de 10 a 12 horas de escuridão contínua, o γ-tocoferol havia aumentado nas folhas para níveis cinco vezes maiores do que no início do período da escuridão. As interrupções na luz vermelha de até 8 horas depois do início da escuridão mantiveram o nível de γ-tocoferol quase o mesmo daquele medido no início, e o efeito foi completamente revertido pela luz vermelha-distante. Quando a interrupção na claridade foi aplicada 9 horas depois do início da escuridão, no entanto, o nível de γ-tocoferol foi quase tão alto quanto nos controles da escuridão. O ponto em que a indução floral e o nível do γ-tocoferol não puderam mais ser revertidos pela luz foi atingido ao mesmo tempo. Entre as muitas medições correlativas de substâncias específicas, essa é uma das mais interessantes, mas, até onde sabemos, o trabalho foi descontinuado.

Outras substâncias

Foi relatado que várias outras substâncias influenciam o florescimento. Por exemplo, houve um trabalho considerável sobre as poliaminas (consulte referências em Bernier, 1988). As prostaglandinas são outro exemplo. Elas são ácidos carboxílicos de 20carbonos, semelhantes a hormônios e encontradas nos animais. Elas têm vários efeitos, supostamente mediados em sua localização nas membranas. Existem relatórios limitados de que elas também ocorrem nos vegetais. E. G. Groenewald e J. H. Visser (1974, 1978) observaram que vários inibidores da síntese de prostaglandina, principalmente a aspirina, inibiram o florescimento da *Pharbitis* (PDC) em vários graus e que certas prostaglandinas aplicadas nos ápices de brotos excisados da *Pharbitis* mantidos sob dias curtos promoveram o desenvolvimento das flores. Groenewald et al. (1983) descobriram que a concentração da prostaglandina $F_{2\alpha}$ na *Pharbitis* era cerca de 20 vezes mais alta nos dias curtos do que nos longos; Janistyn (1982) observou a prostaglandina $F_{2\alpha}$ no florescimento, mas não nas plantas vegetativas da *Kalanchoe blossfeldiana*. Embora essa evidência da participação das prostaglandinas no florescimento seja circunstancial, ela é interessante.

Para finalizar com a nossa conclusão sobre o regulador do crescimento: *a resposta de florescimento é frequentemente influenciada pelos reguladores do crescimento aplicados na planta e outros compostos, mas alguns padrões que podem ser experimentalmente discernidos possuem várias exceções. Vários compostos causam a formação das flores, mas não existem evidências convincentes de que o florígeno seja ou não um ou mais dos hormônios vegetais mais conhecidos – embora a função das giberelinas pareça cada vez mais provável.*

23.11 O estado induzido

O estímulo de florescimento age de maneira diferente em cada espécie (consulte a revisão de Zeevaart, 1976b). No cardo, as folhas jovens que crescem nos DLs depois que a planta foi induzida pelos DCs podem ser enxertadas em receptores vegetativos, causando o seu florescimento. Aparentemente, as folhas jovens são induzidas pelas mais velhas. Na verdade, até cinco pés de cardo vegetativos foram enxertados em série em uma planta induzida no final da cadeia, com as flores se formando em todas as plantas. A PDL *Silene armeria* e a PDLC *Bryophyllum daigremontianum* também são capazes dessa indução indireta.

A perila, por outro lado, age de maneira muito diferente. Uma folha excisada pode ser induzida pelos DCs e depois ser enxertada a uma série de receptores vegetativos por vários meses, induzindo cada um deles a florescer. Porém, nenhuma das folhas das plantas receptoras se torna induzida. Assim, a condição de florescimento na perila não é tão "contagiosa" como no cardo. Concluímos que *as plantas exibem pelo menos duas formas de estado induzido, uma na qual as folhas induzidas podem induzir outras folhas, e outra na qual as folhas induzidas não induzem as demais, mas podem ser induzidas quando isoladas da planta.*

23.12 Desenvolvimento floral

Podemos dizer muito sobre a anatomia e a fisiologia do desenvolvimento floral. Não discutimos o tópico em detalhes porque este capítulo é dedicado ao fotoperiodismo, com ênfase na medição do tempo e na detecção da claridade e da escuridão. Todavia, observamos que a evocação dos meristemas apicais muda o curso do desenvolvimento meristemático do modo vegetativo para o reprodutivo e resulta em várias mudanças fisiológicas interessantes. Em muitas espécies, a chegada do estímulo do florescimento leva a um incremento imediato na atividade mitótica e o tamanho nuclear frequentemente aumenta, assim como o tamanho do nucléolo. Frequentemente, existe um acúmulo do número de ribossomos e mitocôndrias e na quantidade de RNA nas células apicais. O acúmulo do RNA pode ocorrer antes da chegada do estímulo. Isso significa que outro estímulo precede o principal? Ou que o florígeno em uma concentração muito baixa para causar o florescimento chega antes, causando as mudanças observadas no RNA e outros fatores? (Para revisões das mudanças celulares que acompanham a conversão do botão em estado floral, consulte Bernier, 1988; Jacqmard et al., 1976; Havelange, 1980; e Kinet et al., 1985.)

Poderíamos perguntar se a evocação ocorre como uma cascata de eventos que originalmente é iniciada por algum estímulo individual. Essa visão tem sido inerente ao conceito do florígeno. Porém, existem evidências de uma evocação parcial na qual, por exemplo, as mudanças na irradiância poderiam levar a certas mudanças no meristema, enquanto as mudanças nas citocininas causam eventos meristemáticos que são bastante diferentes. Bernier (1988) concluiu que a evocação é um processo que "consiste em um número limitado de sequências de mudanças, cada uma delas controlada independentemente das outras". Novamente, o quadro é muito mais complicado do que teríamos imaginado alguns anos atrás.

Nossa conclusão final: *as diferentes mudanças no meristema podem ser causadas por diferentes estímulos e em diferentes momentos. Embora os estímulos ainda não tenham sido identificados, está claro que alguns ou todos eles são formados nas folhas em resposta ao fotoperíodo e outros fatores ambientais.*

23.13 Para onde vamos a partir de agora?

Desde que a primeira edição deste livro foi publicada nos Estados Unidos, em 1969, muito se escreveu sobre o fotoperiodismo e o processo de florescimento. Na década de 1970, a atividade nesse campo diminuiu perceptivelmente, ou pelo menos mudou para a direção de estudos empíricos do florescimento em diferentes espécies. Examinamos alguns estudos importantes realizados durante a década de 1980, no entanto, principalmente os que se relacionam ao fitocromo e à medição do tempo. As abordagens da genética molecular estão sendo desenvolvidas. Os problemas mais importantes foram destacados em 1983 durante simpósio em Littlehampton, na Inglaterra (Vince-Prue et al., 1984), e depois no 12º Simpósio Anual de Riverside sobre Fisiologia Vegetal em 1989 (Lord e Bernier, 1989). Talvez a principal vitória da década de 1980 tenha sido a percepção, cada vez mais forte, de que os problemas são muito complexos. As diferenças entre as espécies são amplas e significativas, muito mais do que havíamos imaginado há algumas décadas. Os estudos sobre a bioquímica da reprodução não nos disseram praticamente nada. Exceto dentro de limites amplos, não existe uma maneira de prever como um determinado regulador do crescimento irá influenciar o florescimento de uma espécie que ainda não foi testada.

Todavia, a solução de perguntas não respondidas sobre o processo de florescimento, como ele pode ser controlado pelo fotoperiodismo ou outros estímulos ambientais, pode nos ajudar a entender o processo do desenvolvimento vegetal; o quebra-cabeças do desenvolvimento (vegetal ou animal) é um dos problemas não resolvidos mais importantes da biologia moderna. O que é exatamente a medição do tempo no fotoperiodismo? O que é indução? O que é o estímulo floral? Como ele atua na evocação? Talvez algum dia saibamos.

24
Genética molecular e o fisiologista vegetal

Autores convidados: Ray A. Bressan e Avtar K. Handa

Ray A. Bressan

Avtar K. Handa

Em 1972, Ray Bressan deixou sua casa no Illinois para trabalhar como Ph.D. com Cleon Ross na Colorado State University. Depois da formatura, ele aceitou o cargo de pós-doutorado no laboratório de Philip Filner, no Department of Energy/Plant Research Laboratory, na Michigan State University. Avtar Handa, que havia acabado de se formar pela Tata Institute of Fundamental Research em Mumbai, na Índia, também era um novo aluno de pós-doutorado no laboratório de Filner. Ray e Avtar – com Nick Amrhein, que trabalhava com Phil Filner – haviam terminado uma pesquisa infrutífera sobre o AMP cíclico nos tecidos vegetais, portanto, eles tinham muito em comum. Ray e Avtar deixaram o Plant Research Laboratory no mesmo dia para irem à Purdue University, em Indiana, Ray como membro do departamento de horticultura e Avtar como aluno de pós-doutorado do departamento de botânica. Logo Avtar entrou no departamento de horticultura, no qual hoje Ray é professor de fisiologia vegetal e Avtar é professor de biologia molecular vegetal. Quando os dois amigos chegaram a Purdue, a ciência da genética molecular estava apenas começando a se expandir com uma força explosiva. No pós-doutorado, Avtar aplicou as técnicas de clonagem de genes para estudar as proteínas de armazenamento da semente com Brian Larkins, e Ray também foi ativo na aplicação das novas técnicas em problemas tradicionais da fisiologia vegetal. Neste capítulo, que poderia facilmente ser transformado em um livro, os dois resumem as técnicas da genética molecular e apontam como elas podem ser aplicadas na fisiologia vegetal. Esperamos que este capítulo seja uma revisão bem organizada para aqueles que já estudaram o assunto e uma introdução sedutora para quem ainda não o estudou.

Todos os processos bioquímicos que determinam a forma e função (fenótipo) das plantas resultam de informações codificadas dentro da sequência de DNA do genoma e da interação dessas informações com o ambiente. Essas informações resultam na atividade bioquímica e na estrutura macromolecular da planta por meio da biossíntese de enzimas ou proteínas específicas via transcrição e tradução (consulte uma revisão no Apêndice C). Em outras palavras, toda a morfologia e a fisiologia das plantas têm base nos processos metabólicos e, por outro lado, todos os processos metabólicos são resultantes da conversão das informações genéticas nas enzimas e proteínas que controlam o metabolismo. Em um aspecto, então, o entendimento da fisiologia vegetal poderia resultar do conhecimento das informações genéticas nas quais ela é fundamentada e também do conhecimento de como a conversão ou expressão dessas informações genéticas em enzimas e proteínas é controlada.

Do ponto de vista de um fisiologista tradicional, essa abordagem é como trabalhar de trás para frente. Primeiro, o fisiologista tenta caracterizar o processo fisiológico como algum tipo de resposta ou característica da planta. Depois, ele tenta basear essa resposta ou característica em um processo metabólico controlado por enzimas ou proteínas específicas. Recentemente, no entanto, muitos fisiologistas estão aprendendo a caracterizar as bases genéticas dos processos metabólicos que controlam os fenômenos fisiológicos.

Há muito tempo reconhece-se que, uma vez que descobrirmos a base do controle genético dos processos fisiológicos, nosso conhecimento desses processos poderá aumentar dramaticamente. Nos últimos anos, nossa capacidade de estudar a regulação da expressão de genes específicos tem aumentado em grandes proporções.

A capacidade de isolar e produzir réplicas ilimitadas (clonagem) de sequências de nucleotídeos (genes) específicos está permitindo rapidamente que os fisiologistas vegetais estudem os fenômenos fisiológicos identificando os mecanismos reguladores genéticos que controlam a fisiologia. Aqui, descrevemos esses e outros procedimentos, sua utilidade geral para a fisiologia vegetal e alguns avanços importantes que já foram feitos com o seu uso – tudo isso com o rápido avanço das técnicas de genética molecular que se tornaram ferramentas para os fisiologistas vegetais (Murphy e Thompson, 1988).

Historicamente, a clonagem molecular do gene tornou-se possível como resultado de muitos trabalhos sobre a bioquímica e a biologia do ácido nucleico, principalmente no campo da microbiologia, porque os micro-organismos servem como ferramentas básicas da clonagem do gene. O conhecimento detalhado dos ciclos de infecção e replicação dos vírus e outros DNAs extracromossômicos (**plasmídeos**) hospedados pelas células bacterianas cumpriu uma função indispensável na clonagem do gene. Em 1970, a descoberta da **classe II da endonuclease** (**enzimas de restrição**; consulte Smith e Wilcox, 1970; Kelly e Smith, 1970), que pode cortar as moléculas de DNA em locais específicos na sequência de nucleotídeos, e na década de 1960 das **ligases**, que podem reunir os fragmentos de DNA, formaram a base para o "corte" e a "junção" do DNA que são necessários para clonar os genes ou partes de genes específicas. Os primeiros trabalhos de Marmur e Doty (1962) e Britten e Kohne (1968), que estabeleceram os procedimentos de **desnaturação** (quebra de ligações de pares de bases) e da **renaturação** (nova formação de uniões de pares de bases) de DNA e RNA, formaram a base de métodos rápidos e simples de **hibridização** (ligações de hidrogênio das bases complementares em duas fitas separadas de DNA) do ácido nucleico, que agora são tão amplamente usados. Assim, no começo da década de 1970, H. W. Boyer, S. N. Cohen e P. Berg (consulte Cohen et al., 1973; Jackson et al., 1972) foram os primeiros a trabalhar procedimentos detalhados para produzir, em hospedeiros bacterianos, cópias ilimitadas de genes específicos (Grunstein e Hogness, 1975). Com a disponibilidade de quantidades ilimitadas de moléculas de DNA de sequência específica, esses DNAs puderam ser usados junto com os procedimentos de hibridização como **sondas de DNA** específicas (segmentos de DNA que podem ser usados para detectar filamentos complementares pela hibridização) a fim de se estudarem os fatores que controlam a expressão do gene.

Os fisiologistas vegetais começaram a usar genes clonados para estudar como a expressão genética controla muitos fenômenos fisiológicos, incluindo uso da água, assimilação do carbono e outros nutrientes básicos, expressão da tolerância a tensões bióticas e abióticas, florescimento, germinação da semente e muitos outros processos. Por exemplo, por que as folhas possuem cloroplastos funcionais e totalmente desenvolvidos, mas não as raízes? Os genes necessários para formar cloroplastos funcionais estão presentes nas células radiculares, mas obviamente não são expressos. O que controla essa expressão? Descreveremos brevemente as estratégias e procedimentos para obter e usar genes clonados a fim de se estudar a expressão genética nas plantas. Como em outros campos da ciência, grande parte do domínio de uma disciplina é o aprendizado de uma "linguagem" especial; consequentemente, definiremos cada termo ao longo do processo.

24.1 Clonagem do gene

Construção de uma biblioteca de DNAc

A **clonagem do gene** geralmente significa fazer com que uma bactéria replique quantidades relativamente grandes do gene, de forma que este possa ser facilmente recuperado em quantidade suficiente para executar experimentos (Figura 24-1). A clonagem do gene começa com a construção de uma biblioteca de DNAc (**DNAc** significa o DNA-cópia ou complementar, pois o DNA no gene é copiado do RNA mensageiro complementar, nos pares de bases, ao gene que está sendo copiado ou clonado). A clonagem é iniciada pelo isolamento de todo o RNA mensageiro formado dos genes atualmente ativos nas células ou tecidos. O isolamento do RNAm é facilitado porque o RNAm que codifica as proteínas estruturais e enzimáticas contém uma sequência de poliadenina na extremidade 3' que muitos cientistas acreditam ter uma função na estabilidade do RNAm. Esses **RNAs poli(A)$^+$** podem ser separados dos RNAs ribossômicos e de transferência mais abundantes que não possuem essa **cauda de poli A**. Esses RNAms poliadenilados são então convertidos em **DNAs complementares (DNAc)** usando-se as enzimas *transcriptase reversa* e *DNA polimerase*. Em seguida, os DNAcs são transformados em uma biblioteca pela sua **inserção**

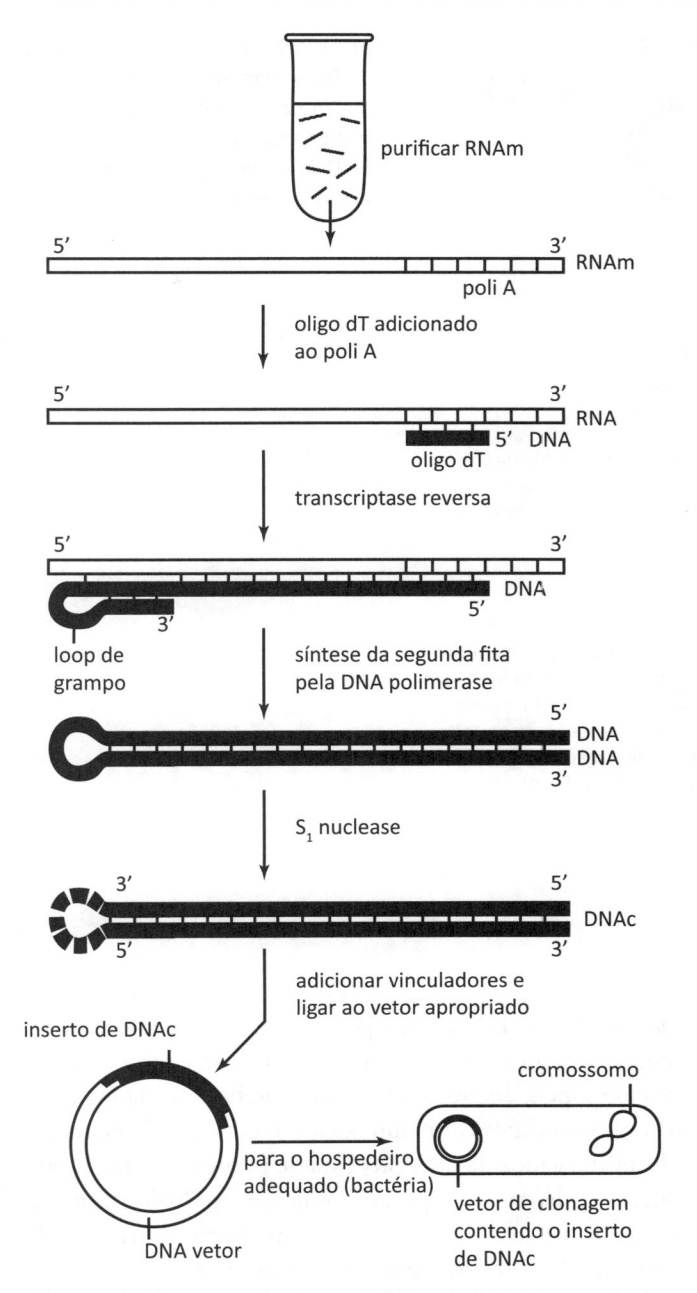

FIGURA 24-1 Construção de uma biblioteca de DNAc a partir do RNAm poli (A)$^+$. É mostrada a síntese das duas fitas de DNAc, a inserção em um vetor e a transferência do vetor que contém o inserto do DNA em um hospedeiro bacteriano adequado, no qual ele será multiplicado (clonado).

(união ou **ligação**) a um **vetor de clonagem** apropriado (um segmento de DNA que pode ser transferido e replicado nas células bacterianas vivas). Esse vetor normalmente é um plasmídeo bacteriano ou vírus (**fago**) presente na bactéria. Então, a **biblioteca** consiste nesse grande número de moléculas de DNA vetor que possuem diferentes insertos com as sequências de nucleotídeos dos RNAms vegetais que foram isolados originalmente. Os plasmídeos ou fagos que contêm insertos de DNAc podem ser absorvidos por uma bactéria hospedeira, na qual se replicam à medida que as células da bactéria se multiplicam, aumentando imensamente a biblioteca. Via de regra, apenas um plasmídeo com um inserto de DNAc infecta uma única célula da bactéria, portanto, cada célula bacteriana na cultura de células infectadas provavelmente contém um DNAc específico, que é diferente dos de outras células.

A clonagem de um gene requer o isolamento de um clone individual da bactéria que contém, em um vetor de clonagem, um inserto de DNAc único que representa o RNAm correspondente do qual se originou durante a construção da biblioteca de DNAc. Esse isolamento envolve algum tipo de processo de triagem para diferenciar um inserto de DNAc específico de todos os outros; isto é, para se escolher um DNAc na biblioteca. O tipo de procedimento de triagem usado depende do tipo de gene que será isolado. Na maioria dos procedimentos de triagem que descreveremos, a primeira etapa é colocar a cultura bacteriana na placa, diluindo-a e disseminando a suspensão em uma placa de ágar de maneira que cada bactéria fique a uma certa distância de todas as outras. Cada bactéria crescerá em uma colônia e o desafio é encontrar a colônia com o DNAc desejado.

Isolamento de genes específicos das bibliotecas

Triagem do anticorpo Um dos procedimentos mais simples para a triagem dos clones de DNAc envolve o uso de anticorpos (Figura 24-2). Essa técnica, obviamente, exige primeiro a purificação da proteína codificada pelo gene de interesse, para que os anticorpos que agem contra a proteína possam ser feitos em um animal adequado.

A triagem da biblioteca de DNAc com o anticorpo requer que essa biblioteca seja construída usando-se um **vetor de expressão** apropriado. Esses vetores permitem a expressão (transcrição) do inserto de DNAc, porque o local de inserção do vetor fica próximo a um segmento do DNA chamado de promotor. **Promotores** são partes de DNA que permitem a ligação da RNA polimerase com a cadeia de DNA que será transcrita. Devido à atividade do promotor, a RNA polimerase transcreve o inserto de DNAc em quantidades relativamente grandes de RNAm. Esse RNAm é então traduzido na proteína codificada pelo inserto de DNAc pela tradução nos ribossomos hospedeiros bacterianos. Portanto, qualquer colônia bacteriana com células que hospedem o DNAc que codifica essa proteína irá produzir grandes quantidades de proteína.

A detecção específica dessa proteína com o anticorpo é possível então por causa da especificidade do reconhecimento do anticorpo-antígeno (Capra e Edmonson, 1977).

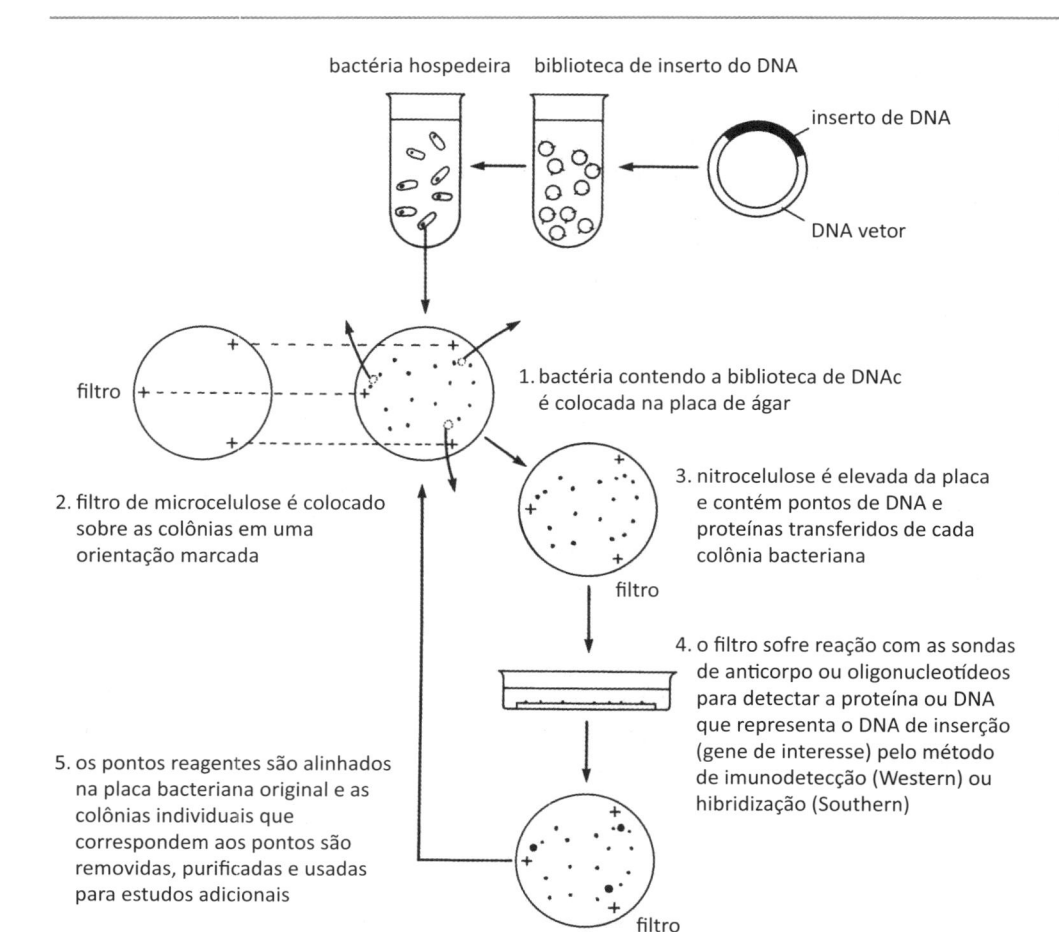

FIGURA 24-2 Triagem da biblioteca de DNAc com uma sonda de anticorpo ou DNA. Células bacterianas que contêm o inserto de DNA específico são isoladas dessa maneira.

1. bactéria contendo a biblioteca de DNAc é colocada na placa de ágar
2. filtro de microcelulose é colocado sobre as colônias em uma orientação marcada
3. nitrocelulose é elevada da placa e contém pontos de DNA e proteínas transferidos de cada colônia bacteriana
4. o filtro sofre reação com as sondas de anticorpo ou oligonucleotídeos para detectar a proteína ou DNA que representa o DNA de inserção (gene de interesse) pelo método de imunodetecção (Western) ou hibridização (Southern)
5. os pontos reagentes são alinhados na placa bacteriana original e as colônias individuais que correspondem aos pontos são removidas, purificadas e usadas para estudos adicionais

A triagem é realizada pela colocação, na placa de ágar, de um grande número de células bacterianas que contenham o vetor com diferentes insertos de DNAc. A transferência das proteínas codificadas pelo inserto de DNA em um filtro de nitrocelulose é obtida quando a nitrocelulose é colocada sobre colônias bacterianas que crescem na superfície do ágar. Mais tarde, a nitrocelulose é elevada da superfície do ágar, mas apenas depois de marcar sua orientação para que os pontos visíveis no filtro correspondam à localização de colônias bacterianas específicas ou bacteriófagos que contenham o DNA de inserção, o qual pode, depois, ser coletado da placa. A proteína antigênica ao anticorpo usado para a triagem é então visualizada na nitrocelulose, usando-se o procedimento "Western blot" (consulte a Seção 24.2). O resultado é que podemos isolar uma cepa bacteriana que tenha o DNAc de interesse e seja capaz de expressá-lo como uma proteína.

Triagem de oligonucleotídeo Outra técnica amplamente usada para isolar os clones de DNAc envolve o uso de uma sonda de oligonucleotídeos. Uma **sonda de oligonucleotídeos** é um pequeno pedaço de DNA (geralmente, 10 a 50 nucleotídeos) que possui uma sequência semelhante à do inserto de DNAc desejado. Os oligonucleotídeos são quimicamente sintetizados e sua sequência é normalmente decidida pela dedução dos códons de base tripla necessários para codificar um aminoácido específico. A sequência de aminoácidos de uma proteína de interesse é obtida primeiro e, depois, o oligonucleotídeo é produzido a partir dessa informação da sequência de proteína. A triagem da biblioteca é realizada essencialmente como nos anticorpos (consulte a Figura 24-2) mas com algumas diferenças importantes. Os vetores de expressão não são necessários porque o DNA, e não a proteína, é detectado. A detecção é realizada pela hibridização do oligonucleotídeo marcado com o ^{32}P para o inserto de DNA complementar.

Triagem diferencial As tentativas de isolar os genes envolvidos em um processo fisiológico de interesse podem nem sempre exigir a identificação prévia e a purificação de uma proteína; os **procedimentos de triagem diferencial** (ou +, –) podem ser utilizados. Esses procedimentos fazem uso da expressão diferencial dos genes, normalmente antes e depois de algum sinal indutor. Os genes induzidos pela auxina são ótimos exemplos (Walker e Key, 1982; Hagen et al., 1984). Muitos genes potencialmente envolvidos nas respostas fisiológicas à auxina são provavelmente induzidos para produzir o RNAm depois do tratamento com a auxina. Mesmo que as proteínas codificadas pelos genes induzidos não sejam conhecidas, os próprios genes podem ser isolados quando preparamos a biblioteca de DNAc a partir do RNAm produzido depois do tratamento com auxina (ou algum outro indutor). Essa biblioteca irá conter os DNAcs que representam RNAms induzidos e não induzidos (presentes antes da indução) pela auxina. Então, duas séries de DNAcs radiomarcados são feitas: uma do RNAm dos tecidos não induzidos e outra dos tecidos induzidos. Cada uma dessas populações de DNAc é usada como sonda para se fazer uma triagem separada da mesma biblioteca de DNAc pelos procedimentos descritos para o uso de oligonucleotídeos (consulte acima). As colônias de bactérias com insertos que representam RNAms com sequências semelhantes às duas sondas de DNAc reagirão positivamente a ambas. Qualquer colônia com um inserto que represente um gene induzido reagirá positivamente apenas às sondas de DNAc feitas com o RNAm induzido. A confirmação de que o DNAc clonado representa o gene induzido é realizada usando-se o DNAc clonado como sonda nos "Northern blots" (consulte a Seção 24.2) para quantificar a expressão do gene no nível do RNA.

Triagem com a sonda heteróloga DNAcs específicos podem ser isolados quando usamos o que se conhece como **sondas heterólogas**, que normalmente são clones de DNAc previamente obtidos de outras espécies. Se houver uma identidade de sequência suficiente de genes entre as espécies, esses clones permitirão uma triagem bem-sucedida de uma biblioteca de DNAc (como nas sondas de oligonucleotídeos) feita usando-se o RNAm de outras espécies.

Marcação do transposon **Transposons** são sequências de DNA discretas e móveis (McClintock, 1948; Fedoroff, 1989); ou seja, elas possuem a capacidade, com a ajuda de uma enzima (*transposase*), de ser cortadas de uma posição no genoma e recolocadas em outra. Se os transposons forem recolocados na sequência do DNA genômico dentro da sequência de um gene funcional, a disfunção desse gene ocorrerá, porque sua sequência correta será interrompida. Essa mutação genética será então "marcada", pois o gene mutado conterá a sequência do DNA de transposon inserida dentro de suas sequências. Uma vez que muitas sequências de transposon sejam clonadas, as sondas radiomarcadas podem ser feitas a partir delas e, usando-se uma biblioteca feita do DNA genômico que contém a mutação induzida pelo transposon, essas sondas podem ser usadas para identificar bactérias com vetores que possuem o gene mutado com a sua sequência de transposon inserida. Esse clone bacteriano identificado conterá, obviamente, um inserto da versão mutada do gene de interesse. No entanto, o gene de tipo selvagem pode ser obtido construindo-se uma sonda a partir de sequências de DNA que são próximas (adjacentes) ao DNA de transposon e que representam a sequência do gene original antes da inserção do transposon. Essa sonda detectará especificamente, a partir de uma biblioteca feita do DNA genômico do tipo selvagem, as colônias que possuem o gene do tipo selvagem sem a inserção de um transposon.

Clonagem do gene pelo deslocamento no cromossomo Mapas genéticos construídos com base em marcadores fenotípicos (características) definem a distância relativa entre dois genes em um cromossomo. Foi demonstrado recentemente que os **padrões de comprimento do fragmento de restrição** ou os **polimorfismos (RFLP)** de DNA podem ser usados como marcadores genéticos (Tanksley et al., 1989).

Se uma leve mudança na sequência de DNA em plantas diferentes (cultivares, espécies e assim por diante) resultar em uma mudança na posição de um sítio da enzima de restrição, um padrão diferente do comprimento do fragmento de restrição surgirá. Uma vez que é possível clonar e identificar milhares de fragmentos de restrição únicos a partir de um genoma de um organismo específico, o uso de RFLPs possibilitou a obtenção de marcadores genéticos que cobrem um genoma inteiro. O DNA em um cromossomo é como um filamento longo e contínuo, ao longo do qual todos os genes estão conectados uns aos outros de maneira linear; portanto, os mapas genéticos com base no marcador RFLP podem ser usados para clonar genes que podem ser vinculados a um RFLP particular. Isso é realizado pelo **deslocamento** do sítio de um RFLP conhecido, herdado com a característica genética (gene) de interesse na direção do locus (posição ao longo do DNA) exato deste gene de interesse.

O deslocamento do genoma é realizado pela criação de uma biblioteca genômica da planta de interesse. (As **bibliotecas genômicas** são feitas do DNA total do organismo e não dos RNAms.) O DNA do organismo é cortado em pedaços, geralmente com 10 a 30 kb (kilobases) de comprimento, com uma enzima de restrição apropriada. Os pedaços são então ligados a um vetor adequado, que pode ser hospedado em uma bactéria. A biblioteca é sondada com um fragmento de restrição clonado, ao qual o gene de interesse é ligado (determinado pela co-herança) e os **clones recombinantes** (vetor mais DNA de inserção), contendo pelo menos parte do DNA da sonda e algumas sequências de DNA adjacentes, são selecionados (Figura 24-3). Os insertos de DNA desses clones são digeridos com as enzimas

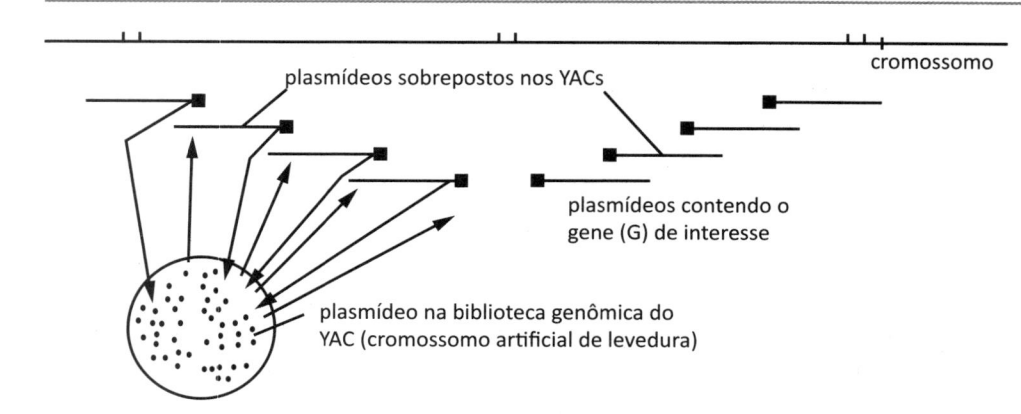

FIGURA 24-3 Deslocamento do cromossomo do gene A ou B para o gene G. Cosmídeos contendo o inserto de DNA que hibridizou para a extremidade da inserção precedente são progressivamente isolados até que o gene G seja atingido.

de restrição e o mapa da ordem de segmentos de DNA é construído. Os fragmentos de DNA que representam as extremidades dos insertos são isolados e usados como sondas de hibridização para selecionar clones adicionais da biblioteca. Cada novo clone conterá insertos de DNA que são sequências continuadas a partir do inserto prévio. Esse ciclo de deslocamento é repetido várias vezes até que a posição desejada (com base no mapa) seja atingida.

Se o fragmento que representa a extremidade final de um inserto de DNA a partir do clone contém uma sequência de **DNA repetitivo**, o fragmento próximo da extremidade final é usado como sonda para selecionar a próxima sequência de DNA genômico (Britten e Kohne, 1968). Isso ocorre porque sequências de DNA repetitivo idênticas existem em muitos locais do genoma, e uma sonda de DNA repetitivo não identificaria necessariamente uma sequência adjacente no final do fragmento prévio. As bibliotecas genômicas para o deslocamento do cromossomo são geralmente construídas em vetores de substituição lambda-fago que permitem cerca de 20 kb de deslocamento em cada etapa. Essa técnica é mais adequada para os genomas pequenos, como os da *Arabidopsis thaliana*, pois relativamente poucos fagos recombinantes (contendo insertos) podem conter toda a sequência de DNA genômico. Para as plantas que possuem genomas maiores, incluindo a maioria das safras importantes como tomate, cebola ou cereais, o deslocamento do cromossomo torna-se tedioso e demorado, mas pode ser usado para isolar os genes cujas únicas informações conhecidas são os fenótipos que eles controlam. Essa técnica tem sido usada com sucesso para isolar vários genes vinculados às doenças humanas (Watkins, 1988).

Clonagem de complementação ou shotgun Os genes que causam fenótipos para os quais formas mutantes ou variantes estão disponíveis podem ser isolados com um procedimento em que a mutação é complementada pela transferência (transformação) de um gene clonado. Uma biblioteca genômica, que consiste em insertos dentro de vetores de transformação representantes do genoma do tipo selvagem ativo, é usada para transformar os tecidos de plantas mutantes. Muitas plantas transformadas são então produzidas e submetidas a uma triagem (ou selecionadas, se o fenótipo permitir) para as plantas que revertem para o fenótipo do tipo selvagem. Um fenótipo revertido deveria ser esperado em uma planta que se origina de uma célula que recebeu uma versão do tipo selvagem do gene mutado da biblioteca. Então, esse gene poderia ser isolado de uma biblioteca feita do DNA da planta revertente transformada usando-se o DNA vetor como sonda para fazer a triagem da biblioteca.

A principal desvantagem desse procedimento é a necessidade de se produzir um número suficiente de plantas transformadas para representar todos os clones da biblioteca. Os insertos do DNA genômico geralmente possuem de 10 a 20 kb de comprimento. A maioria dos genomas vegetais contém de 1 a 6 milhões de kb de DNA. Assim, seriam necessárias de 50 mil a 600 mil plantas transformadas para representar uma biblioteca genômica completa. A triagem de tantas plantas seria proibitivamente tediosa. No entanto, algumas espécies, como a *Arabidopsis thaliana*, possuem genomas muito menores (com apenas 70.000 kb), que exigem a triagem de apenas 3.500 a 7 mil plantas transformadas. Se o gene de interesse for adequado, as bibliotecas de genes vegetais podem ser usadas para complementar os mutantes bacterianos e muitos outros transformantes podem ser submetidos a uma triagem para a reversão.

Caracterização dos genes clonados

Vários métodos foram desenvolvidos para estabelecer ou comprovar a identidade de um gene clonado. A complementação de um fenótipo mutante com uma sequência de DNA clonado é considerada uma prova da identidade do gene envolvido para determinar esse fenótipo específico. No entanto, como foi observado, a identificação de um gene usando-se esse método requer a análise de um grande número de plantas transformadas, o que, na maioria dos casos, ainda não é praticável. Outro método usado por vários pesquisadores tem base na imunoprecipitação do produto radiomarcado traduzido *in vitro* de uma espécie de RNAm selecionada pela hibridização do RNAm complementar para as sequências de DNA clonado. Geralmente, a sequência do DNA clonado é imobilizada em um filtro de membrana e hibridizada para RNA total ou poli(A)+ RNA a partir do tecido de interesse. Depois da hibridização, o filtro é lavado para remover as espécies de RNA adsorvidas não especificamente, e a espécie de RNA hibridizada para o DNA clonado é então liberada pela desnaturação do híbrido RNA/DNA. O RNAm é então traduzido *in vitro* usando-se um aminoácido radiomarcado e ribossomos, enzimas, RNA de transferência e outros fatores do gérmen de trigo ou de reticulócitos de coelho. Os produtos de polipeptídeos radiomarcados são imunoprecipitados por anticorpos específicos, criados contra a proteína específica que o DNA clonado é suspeito de codificar, são separados usando-se a eletroforese em um gel de poliacrilamida desnaturante. Se o tamanho do polipeptídeo imunoprecipitado do RNAm liberado híbrido for idêntico ao do polipeptídeo imunoprecipitado do poli(A)+ RNA total de um tecido que sabemos fazer essa proteína particular, isso é considerado uma evidência positiva da clonagem do gene dessa proteína particular. Esse método, no entanto, não estabelece inequivocamente a identidade do gene clonado; isso pode ser feito apenas pela comparação das sequências de DNA e de aminoácidos.

Dois métodos para sequenciamento das moléculas de DNA foram publicados em 1977. Maxam e Gilbert (1977) desenvolveram um método químico nos Estados Unidos; Sanger et al. (1977) desenvolveram um método enzimático no Reino Unido. Esses dois procedimentos usam a eletroforese do gel de poliacrilamida desnaturante de alta resolução capaz de resolver oligodesoxinucleotídeos radiomarcados de fita simples, que diferem em comprimento apenas um nucleotídeo e variam de algumas bases até 500 bases de comprimento.

O método enzimático (também conhecido como **sequenciamento dideoxi**), desenvolvido por Sanger et al. (1977), tem base na capacidade da DNA polimerase do *Escherichia coli* e outros organismos de alongar as cadeias de DNA adicionando novos desoxinucleotídeos na extremidade 3' da cadeia, resultando na síntese de uma cópia complementar de uma molécula de DNA de fita simples a partir do modelo de DNA. A DNA polimerase alonga (mas não pode iniciar) as cadeias de DNA, portanto, uma cadeia de DNA "primer" é primeiramente anelada a uma molécula de DNA de fita simples (modelo) que será sequenciada. Sanger et al. (1977) usaram a incorporação de um nucleotídeo dideoxi derivado de G (guanina), A (adenina), T (timina) ou C (citosina) para terminar especificamente o alongamento da cadeia de DNA na extremidade do alongamento na base G, A, T ou C. Essa terminação ocorre porque os derivados de didesoxinucleotídeo não possuem um grupo 3'-hidroxila para continuar a estrutura de fosfato do polímero de DNA. Portanto, sempre que a incorporação do didesoxinucleotídeo ocorre na extremidade 3' da cadeia, o alongamento é terminado.

Na prática, uma série de quatro reações independentes do alongamento da cadeia de DNA é realizada na presença de uma pequena quantidade de derivados de didesoxinucleotídeo de G, A, T ou C, mais um desoxinucleotídeo radiomarcado (geralmente, o desoxiATP). Nas concentrações adequadas de desoxinucleotídeos e didesoxi timidina trifosfato, existe a terminação do alongamento de algumas das cadeias durante a síntese da fita de DNA complementar em cada posição ao longo do modelo em que existe A, a base complementar de T. Quando a mistura da reação contém didesoxi C, existe a terminação de algumas das cadeias em cada posição contendo G na fita complementar, e assim por diante para os outros dois casos. Os oligonucleotídeos dessas quatro misturas de reação são separados independentemente e usando-se a eletroforese do gel de poliacrilamida desnaturante de alta resolução, que resulta na identificação de complementos relativos de oligonucleotídeos que terminam em G, A, T ou C. Após a visualização usando-se a autorradiografia, a "**escada**" resultante é lida diretamente para a sequência de DNA da molécula de DNA (Figura 24-4). Moléculas muito grandes de DNA podem ser sequenciadas com esse método usando-se as enzimas de restrição para construir derivados semelhantes das moléculas maiores ou usando-se "primers" de oligonucleotídeos quimicamente sintetizados para iniciar o alongamento da cadeia em posições diferentes ao longo das moléculas do modelo de DNA.

O **método de sequenciamento químico de DNA**, desenvolvido por Maxam e Gilbert (1977), é fundamentado na clivagem aleatória do DNA a cada uma ou duas bases, usando-se reagentes químicos específicos da base. Primeiro, a molécula de oligodesoxinucleotídeo a ser sequenciada é radiomarcada com ^{32}P na extremidade 3' ou 5' usando-se a enzima *polinucleotídeo quinase*; depois, é submetida à modificação da base para clivar a fita de DNA especificamente em G, A, T ou C. Isso resulta em fitas que diferem em comprimento por 1 nucleotídeo. Na primeira reação, o sulfato de dimetil é usado para metilar o nitrogênio 7 da guanina; essa metilação abre o anel entre o carbono 8 e o nitrogênio 9. Em seguida, o produto metilado é deslocado da cadeia de DNA pela piperidina; isso

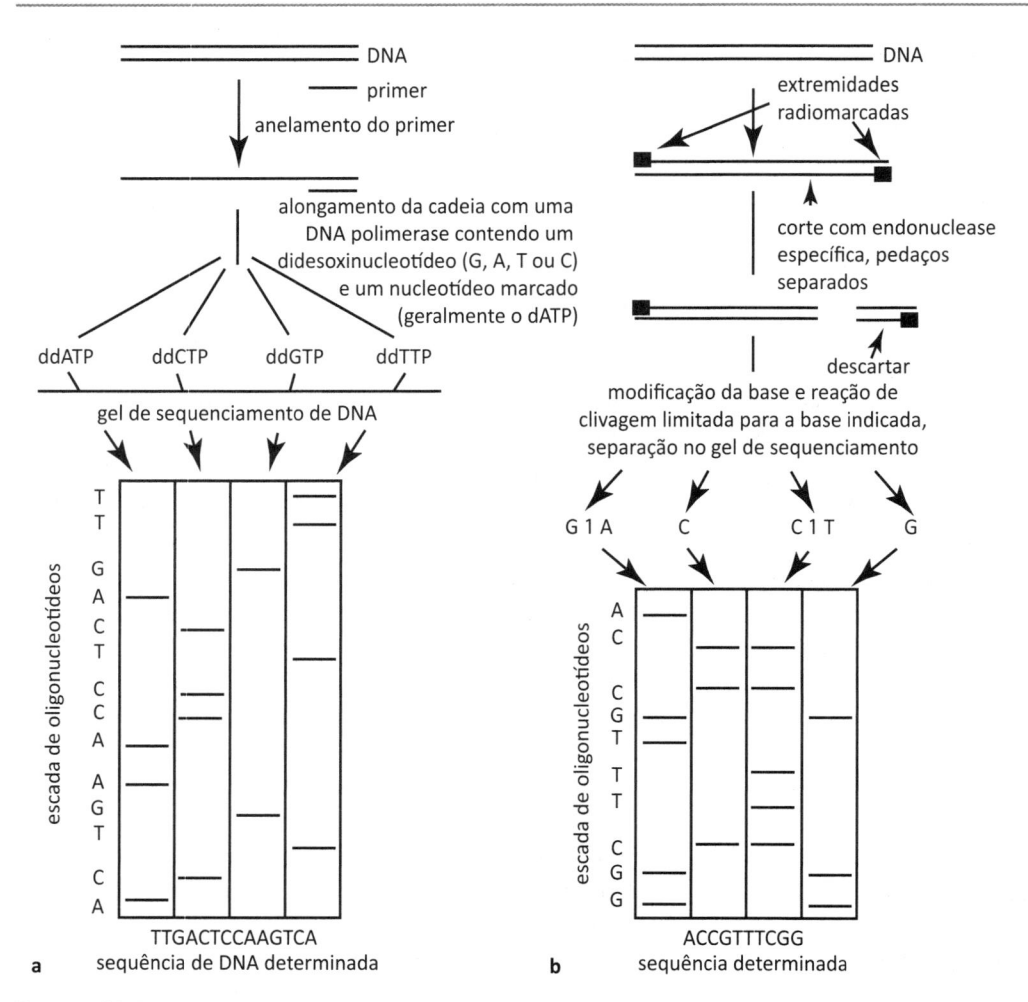

FIGURA 24-4 Estratégias de sequenciamento de DNA didesoxi **(a)** e químico **(b)**. Para a estratégia de sequenciamento didesoxi, o DNA de fita simples (obtido pela desnaturação do DNA de fita dupla) é anelado a um oligonucleotídeo que serve como "primer" para a DNA polimerase. Os alongamentos da cadeia são permitidos nas quatro misturas de reação separadas na presença de quatro desoxinucleotídeo trifosfatos, incluindo um radiomarcado (geralmente, o dCTP) e um dos quatro didesoxinucleotídeos trifosfato. As quatro reações são terminadas e os produtos são separados no gel de sequenciamento. Na estratégia de sequenciamento químico, o DNA de fita dupla é marcado na extremidade usando-se a 5'-polinucleotídeo quinase, cortada com uma endonuclease específica e separada em dois fragmentos em gel de agarose. Um dos fragmentos rotulados (marcado com um quadrado na figura) é sujeito à modificação da base de uma reação de clivagem limitada (consulte o texto) e separado em um gel de sequenciamento. O gel de poliacrilamida de sequenciamento do DNA é fixado, seco e autorradiografado no filme de raios X. A sequência de DNA é determinada pela leitura da escada de oligonucleotídeos nas quatro pistas.

representa a clivagem específica de G. Na segunda reação, a clivagem de A e G é obtida tratando-se o oligodesoxinucleotídeo com o ácido fórmico, que enfraquece as ligações glicosídicas de adenina e guanina (entre a desoxirribose e uma das bases) pela protonação do anel de purina; esse tratamento é seguido pela clivagem com piperidina. Na terceira reação, os anéis de timina e citosina são abertos pelo tratamento com hidrazina, e as moléculas modificadas de timina e citosina são clivadas com piperidina. Na presença do NaCl, a hidrazina divide apenas o anel de citosina, resultando na clivagem nos sítios que contêm citosina, e isso constitui a quarta reação. Depois que as reações químicas estão terminadas, os produtos de cada uma das quatro reações são separados independentemente usando-se um gel de sequenciamento, conforme descrito para o método de Sanger, e a sequência de DNA é lida diretamente do autorradiograma resultante. A principal vantagem desse método é que ele supera os problemas associados à síntese da DNA polimerase de uma fita modelo (por exemplo, a estrutura secundária dentro da molécula do DNA modelo pode terminar prematuramente o alongamento da cadeia de oligodesoxinucleotídeo).

24.2 Análise da expressão gênica nas plantas

Vários métodos foram desenvolvidos para estudar a expressão de um gene no nível da transcrição e da tradução, detectando-se os produtos de ambas (RNAm e proteína, respectivamente). Esses métodos também são muito úteis para determinar a expressão de um gene que foi transferido para as células vegetais (transformação). No entanto, a maioria dos genes transferidos para as células vegetais de outras plantas ou organismos é expressa apenas em certos tipos de células em fases específicas do desenvolvimento. Assim, torna-se importante regenerar as plantas a partir das células transformadas antes de estudar a expressão de um gene introduzido. Um progresso rápido é feito no uso da cultura do tecido vegetal para regenerar plantas a partir de células vegetais ou protoplastos cultivados. Nos próximos parágrafos, descreveremos algumas das técnicas que se provaram úteis para analisar a expressão genética nas plantas durante seu crescimento e desenvolvimento, ou em resposta aos estímulos ambientais.

Métodos imunobiológicos para quantificar a expressão de um gene no nível da proteína (Western blot)

A especificidade inerente de um anticorpo para um antígeno permitiu o desenvolvimento de ensaios específicos para muitas proteínas (Capra e Edmonson, 1977). O desenvolvimento de técnicas avançadas de purificação da proteína nos ajudou a obter o preparo de proteínas altamente purificadas, que podem ser usadas para determinar sequências de aminoácidos ou produzir anticorpos específicos diretamente. Se uma parte da sequência de um gene (ou da proteína que ele codifica) for conhecida, os peptídeos sintéticos podem ser produzidos usando-se essas informações da sequência; os aminoácidos podem ser quimicamente conectados em uma sequência específica. A sequência adequada de aminoácidos pode ser deduzida a partir da sequência de nucleotídeos do gene, usando-se o código genético. Esses peptídeos preparados foram usados para produzir anticorpos que podem ser úteis para detectar as proteínas codificadas pelo gene.

Uma vez que os anticorpos são produzidos, uma quantificação sensível da proteína específica pode ser obtida pelo **Western blot** (Burnette, 1981). Primeiro, os tecidos vegetais (folhas, caule, raízes, células cultivadas e assim por diante) são homogeneizados em um tampão de extração para extrair as proteínas totais. As proteínas extraídas são separadas usando-se a eletroforese uni ou bidimensional em gel de poliacrilamida. Em seguida, as proteínas separadas são transferidas para uma "membrana" adequada (comumente, uma lâmina de nitrocelulose) usando-se a transferência eletroforética. Em seguida, essas "membranas" são tratadas com anticorpos radiomarcados ou vinculados a enzimas que produzem a radioatividade que pode ser detectada no filme fotográfico ou que convertem um substrato não colorido em um produto colorido para que os polipeptídeos de interesse possam ser visualizados na membrana. A varredura densitométrica pode ser usada para medir a quantidade da proteína de interesse.

Hibridização RNA/DNA para quantificar a expressão de um gene no nível do RNA (Northern blot)

No procedimento **Northern blot** (Thomas, 1980), RNAs totais ou poli(A)$^+$ RNAs são isolados do tecido vegetal e separados (com base em seus tamanhos) pela eletroforese em um gel de agarose na presença de um forte agente desnaturante, como o formaldeído ou o metil mercúrio. Uma lâmina de nitrocelulose – ou outra membrana adequada que retenha as moléculas de RNA – é colocada no gel e um tampão apropriado é deixado para fluir através do gel. Isso deposita (blot, "manchar" em português) os RNAs na membrana (Figura 24-5). Como alternativa, os RNAs separados são transferidos para a membrana usando-se a eletroforese. Os RNAs são fixados (ligados) aqui, "assando" por 1 ou 2 horas a 80 °C ou pela exposição à luz ultravioleta. Uma sonda de DNA radiomarcado específica (complementar) para o gene estudado é então hibridizada ao RNA no filtro para identificar a espécie de RNAm complementar. Usando-se os padrões apropriados, as quantidades das espécies de RNAm de interesse podem ser determinadas facilmente. Além da quantificação de moléculas particulares de RNAm, esse método também permite determinar seus tamanhos.

Uma modificação dessa técnica, chamada de **análise slot-blot**, é útil para determinar rapidamente os níveis de espécies selecionadas de RNAm. Nesse método, RNAs totais ou poli(A)$^+$ RNAs não são separados em um gel de agarose, mas sim manchados diretamente em um filtro de nitrocelulose usando-se um dispositivo comercial de slot-blot. Depois da fixação ou união com o filtro de membrana descrita acima, as membranas manchadas são processadas (também conforme explicado acima).

Localização *in situ* da proteína ou RNAm codificado por um gene de interesse

A localização espacial de RNAms ou proteínas particulares no nível celular e do tecido nos permite determinar que tipo de célula expressa um gene específico. Essa informação é extremamente importante para produzir plantas transgênicas.

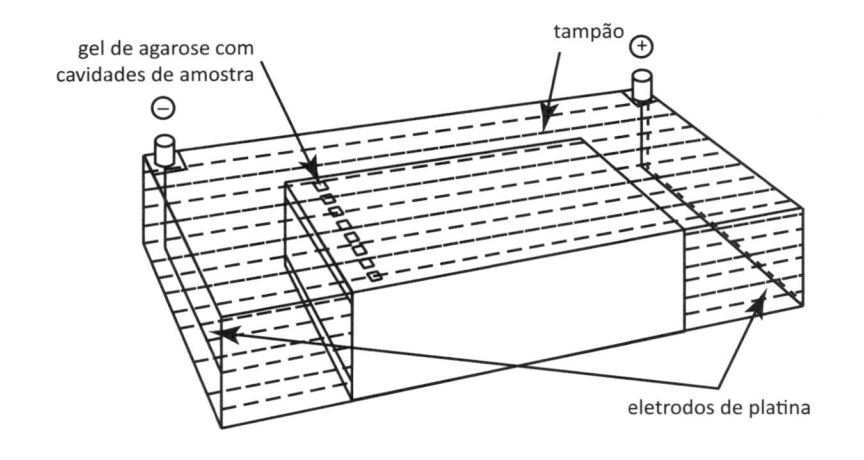

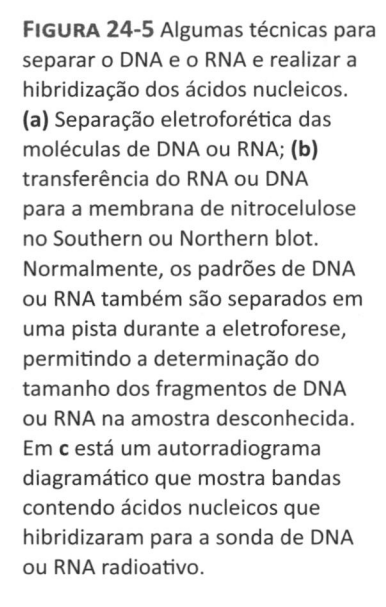

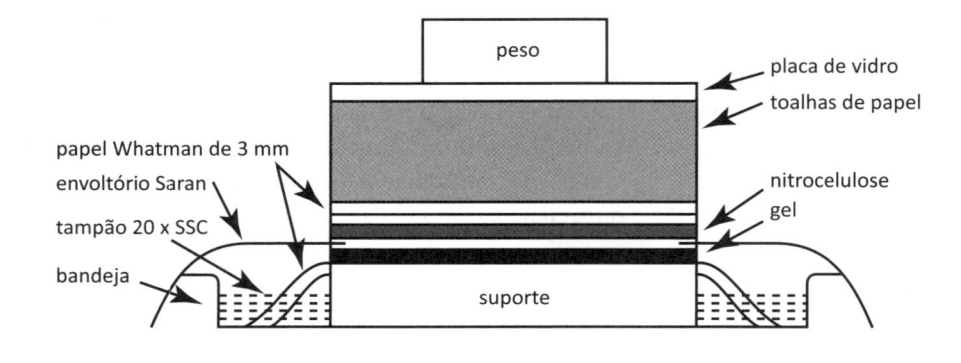

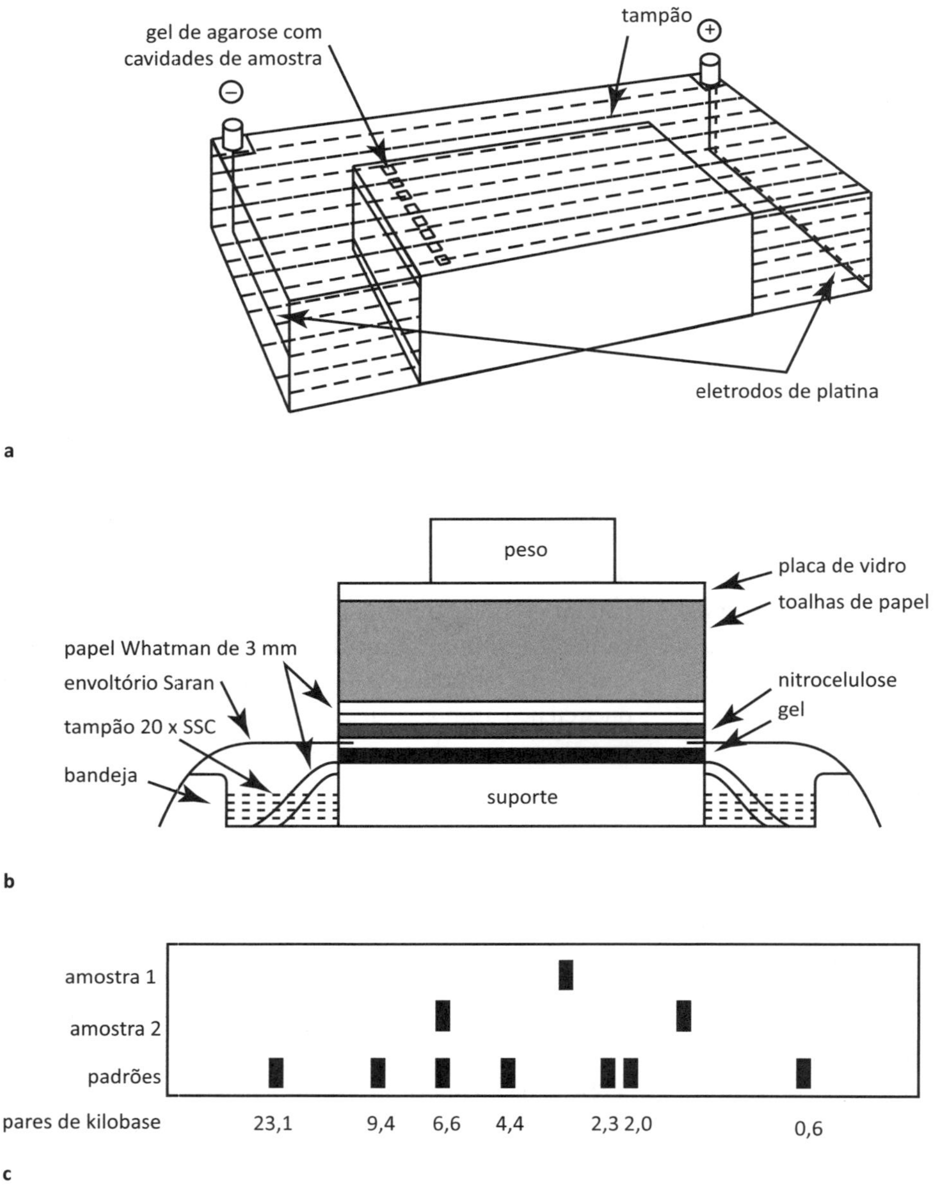

FIGURA 24-5 Algumas técnicas para separar o DNA e o RNA e realizar a hibridização dos ácidos nucleicos. **(a)** Separação eletroforética das moléculas de DNA ou RNA; **(b)** transferência do RNA ou DNA para a membrana de nitrocelulose no Southern ou Northern blot. Normalmente, os padrões de DNA ou RNA também são separados em uma pista durante a eletroforese, permitindo a determinação do tamanho dos fragmentos de DNA ou RNA na amostra desconhecida. Em **c** está um autorradiograma diagramático que mostra bandas contendo ácidos nucleicos que hibridizaram para a sonda de DNA ou RNA radioativo.

A localização de uma espécie de RNAm é feita pela hibridização RNA-DNA, enquanto a proteína de interesse é localizada usando-se anticorpos específicos. Para localizar uma espécie de RNAm, uma fita de DNA complementar é radiomarcada, geralmente com ^{32}P ou ^{35}S, e hibridizada para uma preparação de corte do tecido (Cox et al, 1984). Depois da hibridização, a espécie de RNAm de interesse é localizada com a autorradiografia colocando-se o tecido seccionado em uma lâmina do filme de raio X. As proteínas são geralmente localizadas usando-se anticorpos específicos que são radiomarcados, combinados com uma enzima ou vinculados a um metal pesado eletrondenso como o ouro. A microscopia óptica ou eletrônica é então usada para localizar as proteínas dentro da célula.

O uso de genes repórteres para estudar a expressão genica

Geralmente, não é possível determinar a regulação da expressão de um gene específico durante o crescimento e desenvolvimento da planta, pois os produtos específicos da maioria dos genes ainda não foram identificados ou são difíceis de medir sem um anticorpo. Para superar essa dificuldade, os genes que codificam proteínas ou enzimas que podem ser prontamente ensaiadas foram usados como **genes repórteres**, para estudar mecanismos que regulam a expressão de vários genes. Nessa técnica, as sequências de DNA que codificam a proteína de um gene de interesse são substituídas por sequências de DNA que codificam um gene repórter prontamente ensaiado, deixando as sequências de DNA *cis* (que flanqueiam) originais intactas. Essas **construções quiméricas** (pedaços unidos de DNA de diferentes origens) são então introduzidas nas plantas por um dos vários procedimentos de transformação descritos a seguir. Os fatores e as circunstâncias (por exemplo, a claridade ou um hormônio) que afetam a expressão do produto do gene original pelas sequências de DNA reguladores de ação *cis* podem então ser determinados ensaiando-se o produto do gene repórter nas plantas transgênicas resultantes (consulte a Seção 24.4). A **ação cis** se refere a uma sequência de DNA que funciona em uma posição específica adjacente à sequência de codificação do aminoácido de um gene. Essa **técnica de fusão do gene** (unindo partes de genes diferentes) teve sucesso no estudo da expressão do gene específico do tecido e da célula durante o crescimento e o desenvolvimento. Além disso, os genes repórteres foram usados para examinar a expressão dos genes da planta alterados pela mutação.

Para evitar a interferência da atividade da enzima endógena, são selecionados os genes repórteres que codificam enzimas normalmente não formadas pelas plantas. Vários genes repórteres, principalmente os que codificam as enzimas bacterianas, foram usados para estudar a expressão dos genes das plantas. *Cloranfenicol acetil transferase* (CAT), *neomicina fosfotransferase* (NPT) e *betaglucuronidase* (GUS) foram amplamente usadas nas plantas. A beta-glucuronidase parece promissora, principalmente considerando-se a facilidade com a qual essa enzima pode ser quantificada (Jefferson et al, 1987). Também é útil para a análise histoquímica, que ajuda a determinar a localização da expressão do gene no nível celular. É esperado que vários outros sistemas do gene repórter sejam desenvolvidos no futuro próximo, melhorando nossa capacidade de estudar a expressão gênica nas plantas.

Função da organização do genoma e da amplificação do gene na expressão do gene (Southern blot)

Genomas de plantas superiores possuem quantidades de DNA que variam entre 10^7 e 10^{12} pares de nucleotídeos. Com base na cinética da hibridização DNA-DNA para se determinar o grau em que essas sequências de DNA são repetidas em vários locais dentro do genoma, o DNA genômico da planta, como o DNA de outros organismos eucariontes, é dividido em três categorias: DNA altamente repetitivo, DNA repetitivo médio e DNA de número de cópia único ou baixo (Britten e Kohne, 1968). No entanto, diferente das células dos mamíferos, nas quais essencialmente todo o DNA está presente no núcleo e nas mitocôndrias, o DNA das plantas está presente em três compartimentos celulares: núcleo, mitocôndrias e plastídeos (incluindo os cloroplastos).

A posição relativa da maior parte do DNA é fixada em uma ordem linear nos cromossomos, portanto, o DNA é transmitido inalterado dos pais para os descendentes. Os exemplos começaram a se acumular, no entanto, mostrando que o número de cópias de algumas sequências de DNA e suas posições relativas nos cromossomos podem mudar rapidamente em certas condições ambientais e de crescimento, principalmente sob exposição à cultura do tecido e vários tipos de tensão. Os mecanismos subjacentes a essas mudanças no genoma das plantas não são bem compreendidos, mas parece que elementos transpostos e a amplificação do gene exercem uma função significativa. Os **elementos transpostos**, às vezes chamados de **elementos controladores**, são entidades genéticas que consistem em pequenas sequências de DNA capazes de pular de uma posição para outra no genoma da planta durante o desenvolvimento.

Amplificação gênica, um processo que permite a duplicação seletiva de uma sequência de DNA, cumpre uma função importante na adaptabilidade dos organismos eucariontes a vários tipos de tensão. Também foi sugerido que uma classe abundante de DNA repetitivo, chamada de "**DNA egoísta**", é capaz de realizar amplificação, transposição ou ambas, e então pode causar alterações na organização do genoma. O DNA egoísta tem esse nome porque os cientistas acreditam que ele tenha evoluído sem nenhum objetivo, a não ser promover sua própria replicação e persistência. A amplificação e a transposição seletivas do gene estão sendo rapidamente reconhecidas como mecanismos que podem causar um novo fenótipo alterando-se a função de um gene particular. Portanto, esses mecanismos são de grande interesse para os biólogos vegetais.

As propriedades estruturais dos genes nos organismos eucariontes, incluindo as plantas, são bastante complexas. Em vez de uma sequência de DNA contínuo que codifica diretamente o RNAm para uma proteína, a maioria dos genes é interrompida por sequências de DNA adicionais que não codificam qualquer parte da sequência de aminoácido. As sequências de DNA que codificam os aminoácidos são chamadas de **éxons**, enquanto aquelas que interrompem as regiões de codificação são os **íntrons**. A maioria dos genes das plantas é interrompida por vários íntrons. Depois da transcrição de um gene, as sequências de íntrons são precisamente excisadas do RNAm recém-transcrito, resultando no RNAm maduro. As ocorrências das enzimas capazes de excisar os íntrons foram demonstradas em várias células eucariontes.

A organização das sequências genômicas dentro do genoma, incluindo a de genes particulares, foi amplamente estudada usando-se uma técnica conhecida como **Southern blot**.[1] Nessa técnica, as sequências de DNA (do DNA genômico ou das sequências de DNA clonado) restringidas com uma endonuclease de restrição apropriada são fracionadas em tamanho pela eletroforese em agarose ou gel de acrilamida. Os fragmentos de DNA nesse gel são visualizados pela luz UV após sua coloração com brometo de etídio e então fotografados. Depois da desnaturação, os fragmentos de DNA são transferidos do gel para uma membrana de nitrocelulose (ou outra adequada). Para transferir as sequências de DNA, o pedaço de nitrocelulose é colocado em um gel, de forma que o fluxo do tampão apropriado pelo gel faça a eluição dos fragmentos de DNA e os deposite (manche) sobre a membrana. (Como alternativa, os fragmentos separados de DNA são transferidos para a membrana por eletroforese.) Depois da transferência das moléculas de DNA, a membrana é mantida por 1 ou 2 horas a 80 °C ou exposta à luz UV para ser ligada às moléculas de DNA. As sondas de DNA marcadas que representem sequências específicas de um gene sob investigação são então hibridizadas ao DNA, que é ligado ao filtro e visualizado pela autorradiografia. A falta de correspondência entre as sequências de DNA ligadas à membrana e aquelas usadas como sondas pode ser investigada com a remoção das sequências não correspondentes com uma endonuclease específica de fita única, como a S1 nuclease. As informações obtidas com o uso dessa técnica podem definir o tamanho e o número de cópias de um gene particular no genoma e determinar se existem formas variantes. Essa técnica é usada rotineiramente para examinar o polimorfismo do comprimento do fragmento de restrição e para o deslocamento no cromossomo.

24.3 Modificação genética das plantas usando a tecnologia do DNA recombinante

A capacidade de transformar células de plantas com o DNA exógeno se provou uma ferramenta valiosa na genética molecular. A **totipotência** (capacidade de regenerar uma planta a partir de uma única célula somática; consulte o Capítulo 16) permitiu estudos da regulação da expressão de genes exógenos durante o crescimento e o desenvolvimento da planta. Essas **plantas transgênicas** (que possuem um ou mais genes transferidos de um tipo diferente de organismo) foram usadas para analisar e definir sequências de DNA como elementos **promotores** e **intensificadores**, que controlam expressões do desenvolvimento e específicas do tecido e a taxa de transcrição dos genes. Além disso, as plantas transgênicas cumpriram uma função importante no nosso entendimento de como os ambientes (por exemplo, claridade, temperatura, umidade, nutrição e assim por diante) e os reguladores do crescimento da planta afetam a expressão de genes específicos. As técnicas de transformação também possibilitaram a transferência de genes através de barreiras sexuais e a introdução de genes de uma espécie em outra. Essa é a essência da engenharia genética, e não seria um exagero dizer que as plantas de safra submetidas a ela ajudariam a aliviar a poluição química e os problemas de escassez de alimentos no século XXI. Dois exemplos de plantas transformadas são fornecidos na Figura 24-6.

Desenvolvimento de marcadores selecionáveis

Embora as **técnicas de DNA recombinante (clonagem do gene)** tenham possibilitado o isolamento de genes úteis das plantas, várias exigências importantes precisaram ser cumpridas para transformar as células vegetais e obter plantas transgênicas. Uma vez que o processo de transformação é inerentemente ineficaz, nem todas as células incorporam o gene exógeno em seu genoma. Portanto, um procedimento de marcador selecionável para diferenciar as células transformadas das não transformadas era necessário. Os marcadores selecionáveis que atualmente são usados normalmente codificam a resistência a um antibiótico ou substância química que é tóxico para as células vegetais. Uma vez que esses marcadores selecionáveis são introduzidos (pela transformação) nas células vegetais, as células transformadas podem ser selecionadas facilmente, pois apenas as que possuem o gene marcador selecionável podem sobreviver no meio de seleção que contém o agente tóxico. Os genes para a resistência à *canamicina, neomicina, higromicina, cloranfenicol, aminoetil cisteína* e *metotrexato* foram usados como marcadores selecionáveis para selecionar as plantas transformadas. Além disso, *opina sintase, beta-galactosidase* e *beta-glucuronidase* foram usadas nos procedimentos de triagem para identificar as células transformadas.

Vetores de transformação

Vetores com base em Ti do Agrobacterium A descoberta de que parte do DNA de plasmídeo da galha de coroa (**DNA T** ou **de transferência**; consulte a Seção 18.1) do *Agrobacterium tumefaciens* é naturalmente transferido

---

[1] Southern blot leva o nome de E. M. Southern, o cientista que desenvolveu essa técnica (consulte Southern, 1975). As outras duas técnicas de mancha, Northern ("setentrional") e Western ("ocidental"), receberam nomes de direções em reconhecimento à importante contribuição de Southern (que significa "meridional" em português) - e talvez para mostrar que os cientistas têm senso de humor.

Genética molecular e o fisiologista vegetal

FIGURA 24-6 Exemplos de plantas transformadas. **(a)** Pés de tabaco infectados com o vírus de mosaico da alfafa. A planta doente à esquerda não era transformada, enquanto a transgênica da direita contém o gene para a proteína de revestimento do vírus de mosaico da alfafa. A resistência ao vírus na planta transformada é conferida pela expressão da proteína de revestimento do vírus. (De Tumer et al., 1987.) **(b)** Pés de soja pulverizados com o glifosato, um herbicida que bloqueia uma enzima do caminho do ácido chiquímico chamada de EPSP sintase (consulte a Figura 15-10 e a Seção 15.4). A planta da direita foi transformada antes do tratamento de herbicida com o gene que codifica a EPSP sintase, de forma que a planta continha altas quantidades da enzima e era capaz de catalisar a síntese de EPSP (5'-enolpiruvil chiquimato-3'-fosfato) para manter a formação de ácidos aromáticos e outros produtos essenciais do caminho do ácido chiquímico. (Cortesia da Monsanto Agricultural Co.)

e **integrado** (ligado quimicamente a outro filamento de DNA) em cromossomos da célula vegetal forneceu o primeiro método confiável e previsível para transmitir DNA exógeno (que não está normalmente presente no genoma receptor) para as plantas. Um amplo conhecimento do **plasmídeo indutor de tumor (Ti)** no nível molecular resultou na remoção dos genes responsáveis pela formação de tumores (Fraley et al., 1986). Esses plasmídeos Ti "desarmados" foram usados para desenvolver vetores que podem transportar o DNA e incorporá-lo no genoma das células da planta. Mais recentemente, o vetor binário contendo cepas de *Agrobacterium* foi desenvolvido, no qual os genes necessários para a infecção pelo *A. tumefaciens* e a mobilização do T-DNA estão contidos em um plasmídeo que não pode integrar seu DNA ao genoma da planta (Bevan, 1984). Nessas cepas bacterianas, as sequências de T-DNA exigidas para a integração dos DNAs exógenos aos cromossomos da planta estão presentes em um segundo plasmídeo (por isso, binário) usado para transportar as sequência do DNA exógeno, mas que não contém os genes indutores de tumor (Figura 24-7). A disponibilidade de vetores primários que possuem genes marcadores selecionáveis facilitou a clonagem e a introdução do DNA exógeno nas células da planta. Várias técnicas de transformação foram desenvolvidas para induzir DNA clonado no vetor baseado no *Agrobacterium* nas células das plantas, incluindo (1) inoculação das plantas intactas ou decapitadas depois do ferimento, (2) inoculação *in vitro* de explantes meristemáticos ou embrionários, (3) cocultivo de bactérias com células derivadas do protoplasto em crescimento e (4) transformação usando discos foliares ou outros tecidos a partir dos quais as plantas poderiam ser regeneradas.

Vetores com base no vírus Vários vírus de DNA de mamíferos foram usados para desenvolver vetores para a transformação estável das células de mamíferos. Portanto, o potencial dos vírus de DNA da planta para transmitir o DNA exógeno para as células da planta está sendo investigado. O vírus de mosaico da couve-flor (CaMV) e os geminivírus receberam a maior atenção nesse aspecto. Toda a sequência de nucleotídeos do DNA de CaMV e parte da sequência de geminivírus foram determinadas. No entanto, os mecanismos pelos quais esses vírus infectam e se multiplicam nas plantas são bastante complexos e ainda resta muito trabalho antes que qualquer um deles possa ser usado para desenvolver vetores úteis para a transformação da planta.

Transformação pelo DNA nu (naked DNA, em inglês) Em comparação com a transformação das bactérias e fungos

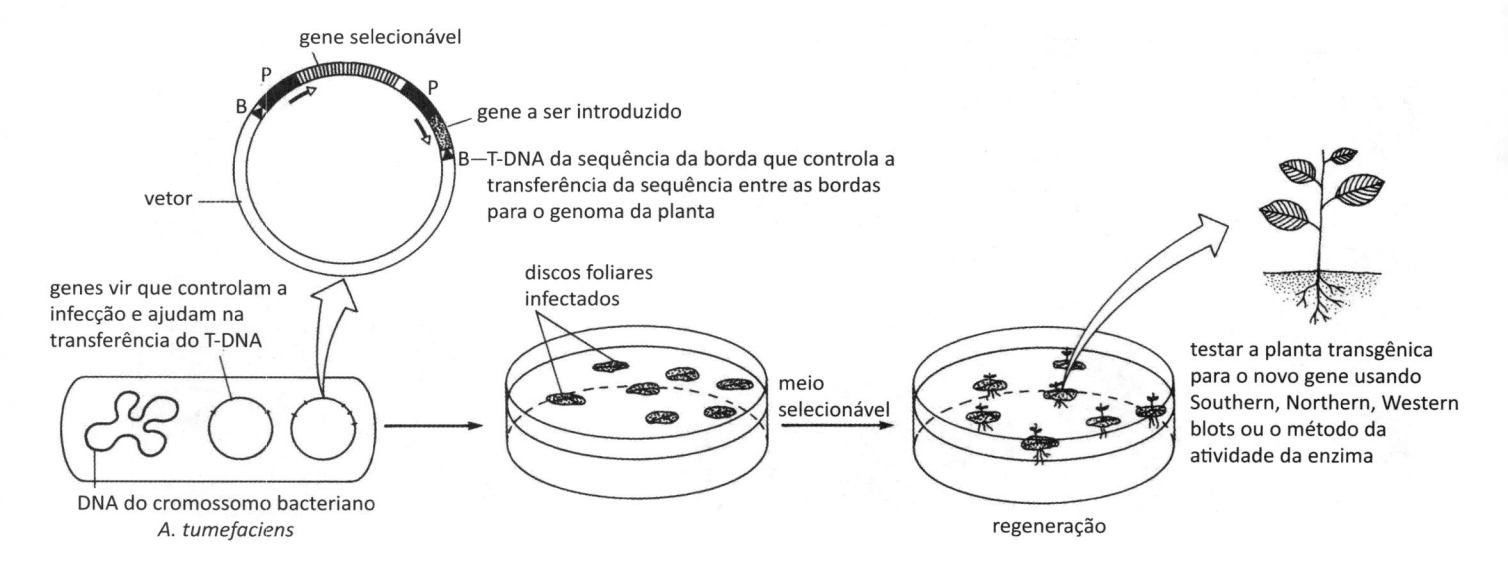

FIGURA 24-7 Transformação de discos foliares de plantas para produzir plantas regeneradas que contenham um gene exógeno transferido, presente dentro das bordas de T-DNA do vetor.

com o DNA nu (DNA sem proteína ligada), a introdução do DNA nu nas células de plantas é um desenvolvimento mais recente. Os estudos iniciais mostraram que o tratamento dos protoplastos da planta com poli-1-ornitina ou polietileno glicol contendo Ca^{2+} facilita a absorção do DNA pelos protoplastos isolados da planta. Também foi demonstrado que parte do DNA absorvido pelos protoplastos da planta resulta na integração e expressão estáveis de genes marcadores no genoma das plantas transformadas. Os métodos baseados na **eletroporação** do DNA nu aumentam a frequência das células transformadas. Nessa técnica, os protoplastos da planta e o DNA são colocados em uma câmara e pulsos elétricos curtos são fornecidos com um gerador. Os pulsos elétricos causam aberturas temporárias nas membranas dos protoplastos e a subsequente captura do DNA. O DNA exógeno transferido para os protoplastos pela eletroporação torna-se integrado ao genoma e é expresso, dependendo de sequências reguladoras presentes na molécula do DNA recombinante.

Transformação das células da planta usando um microprojétil de alta velocidade O *Agrobacterium* possui uma série de hospedeiros relativamente limitada e não infecta efetivamente as monocotiledôneas. Esse problema, combinado com a necessidade de usar os protoplastos e a subsequente regeneração da planta para a eletroporação ou absorção direta do DNA, resultou no desenvolvimento de uma nova tecnologia com base no bombardeio das células com partículas revestidas com DNA nu. Para transformar as células de plantas por esse método, o tecido meristemático intacto ou explantado é bombardeado com **microprojéteis** de alta velocidade, geralmente feitos de ouro ou tungstênio, que são revestidos com moléculas de DNA para ser introduzidos nas células (Klein et al., 1988). Esses microprojéteis são propulsionados para o interior da célula por uma descarga elétrica ou um estouro de cartucho. Uma vez dentro da célula, eles liberam parte do DNA, que então passa por uma integração estável para o genoma do hospedeiro. As células transformadas dentro dos meristemas tratados são então selecionadas com base na expressão do marcador selecionável, ou crescem diretamente como plantas. As plantas transgênicas podem ser submetidas a uma triagem fora da população. Parece possível transformar praticamente qualquer espécie dessa maneira e atingir também a integração do DNA exógeno nos genomas de mitocôndrias e cloroplastos.

24.4 Mecanismos controladores da expressão dos genes

Uma vez que o acúmulo de RNAm, proteína e, finalmente, atividade enzimática em uma célula é o resultado da síntese global, degradação e atividade funcional de cada espécie de proteína, os mecanismos reguladores que modulam a expressão final de um gene envolvem diversos controles, após a transcrição e a tradução. Torna-se mais claro que um grande número de fatores auxiliares de transcrição é exigido para regular a expressão do gene nas células eucariontes, no nível da transcrição. A biologia molecular nos ajudou a criar técnicas que podem ser usadas para entender a base dos vários mecanismos reguladores que controlam a expressão do gene durante o desenvolvimento da planta. Nos próximos parágrafos, explicamos algumas dessas técnicas e os mecanismos reguladores que foram identificados com o seu uso.

Identificação dos elementos de ação *cis*

Foi mostrado que as informações necessárias para dirigir a expressão de um gene específico da célula ou do tecido estão presentes em sequências de DNA adjacentes às sequências que codificam uma proteína específica. A identificação e a caracterização desses segmentos de DNA controladores, que também são conhecidos como **elementos de ação *cis***, forneceram muitos dados sobre a expressão do gene nas células eucariontes (Mitchell e Tjian, 1989). Geralmente, os elementos de ação *cis* estão localizados dentro de algumas centenas de pares de base das extremidades 5' ou 3' das sequências de codificação da proteína (Figura 24-8). Para determinar a localização exata das sequências de DNA que regulam a expressão de um gene em um determinado tipo de célula durante o desenvolvimento, as regiões de flanco de 5' e 3' dos genes são progressivamente excluídas com a ajuda de enzimas de restrição específicas. A capacidade de continuar fornecendo a expressão específica do tecido ou da célula de um gene repórter que essas sequências com regiões de flanco excluídas possuem é, então, determinada, usando-se as plantas transgênicas. Com base nos níveis de expressão do gene repórter dessas **construções de exclusão** (*construção* refere-se a uma sequência de DNA modificada pelo cientista) na planta transgênica, as sequências exatas exigidas para a expressão de desenvolvimento específica de um gene podem ser determinadas (Figura 24-9). Essa técnica foi usada pela primeira vez pelo grupo de Nam Hai Chua na Rockefeller University, em Nova York, para determinar as sequências de DNA exigidas para a expressão dos genes das plantas que são reguladas pela luz (consulte Moses e Chua, 1988; Kuhlemeier et al., 1987). Desde então, a técnica tem sido usada por vários pesquisadores.

FIGURA 24-8 Modelo da interação entre os elementos promotores *cis* e um fator de ação *trans*. As interações que afetam a transcriptase negativa e positivamente são ilustradas. A natureza específica dessas interações, no presente, é uma conjectura.

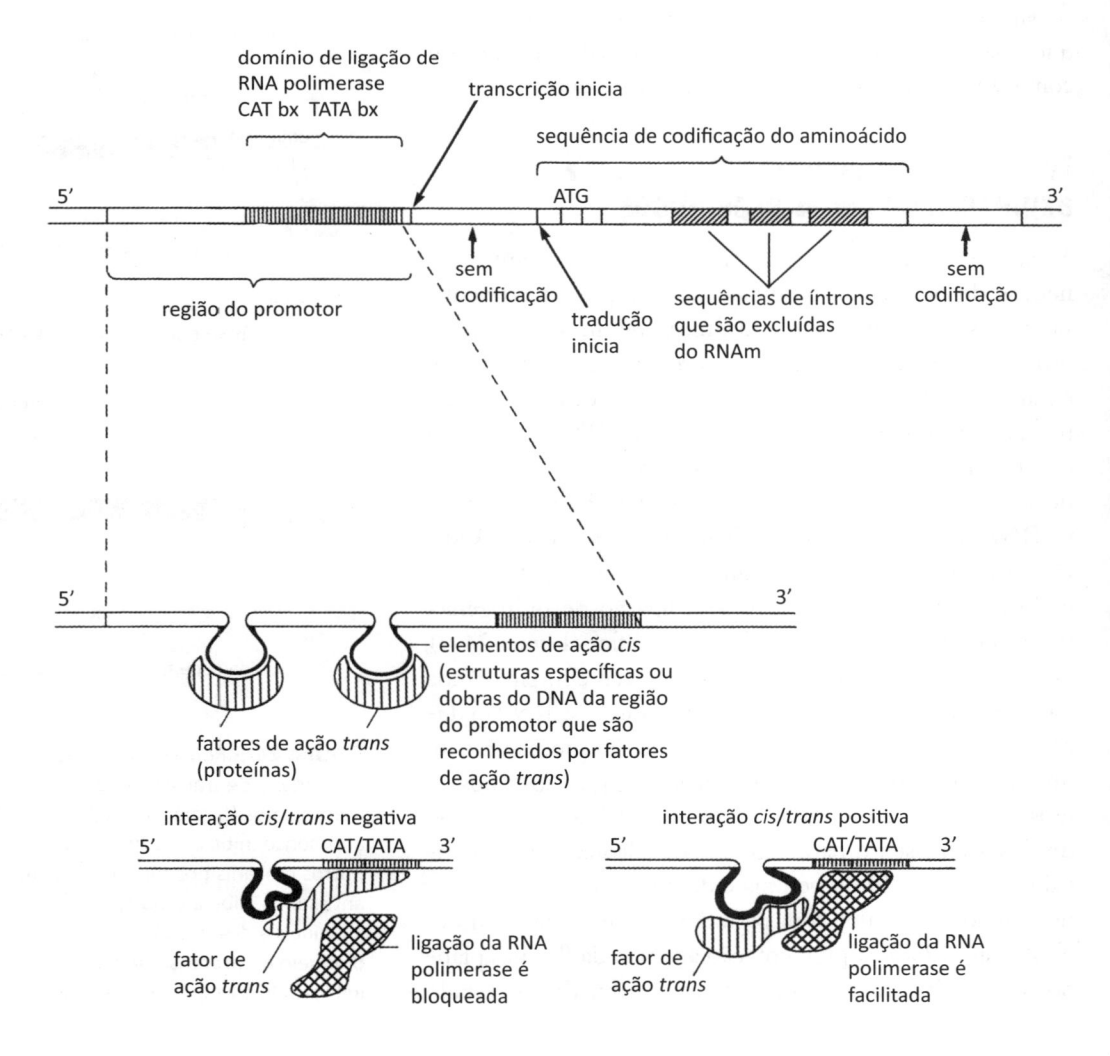

Caracterização dos elementos de ação *trans* responsáveis pela expressão de um gene

As análises bioquímicas e genéticas levaram à descoberta de que vários **fatores de ação *trans*** (comumente, as proteínas) reconhecem e se ligam aos elementos de **ação *cis*** localizados dentro da região promotora dos genes eucariontes; nesse local, os fatores controlam a síntese do RNAm pela RNA polimerase II (Figura 24-8). A presença de elementos de ação *trans* é normalmente demonstrada pelo retardo da mobilidade eletroforética das sequências de DNA de ação *cis* de um gene pelo extrato nuclear das células que expressam esse gene ativamente (VarShavsky, 1987). Essa técnica é baseada no conceito de que domínios funcionalmente importantes das sequências de DNA de ação *cis* são reconhecidos especificamente pelas proteínas de ação *trans*. Essa ligação da proteína de ação *trans* irá aumentar o tamanho de qualquer fragmento de DNA que contenha seu elemento de ação *cis* correspondente, diminuindo assim sua mobilidade eletroforética. Recentemente, várias proteínas de ação *trans* foram identificadas e purificadas a partir das células eucariontes (Mitchell e Tjian, 1989). Muitas proteínas de ação *trans* possuem domínios de sequência comuns ou semelhantes, que aparentemente explicam sua capacidade de interagir com o DNA na conformação de filamentos duplos.

Técnicas moleculares para alterar a expressão de genes específicos

Sequências de RNA complementar (antissenso) Variantes genéticas de ocorrência natural e de indução experimental são valiosas para determinar a função de um determinado produto de gene no controle dos processos fisiológicos. No entanto, é difícil obter esses mutantes. Recentemente, foi provado que o RNA complementar de um RNAm específico é bastante útil como ferramenta para impedir a tradução desse RNAm (Van der Krol et al., 1988; Smith et al., 1988). O **RNA complementar** (também chamado de **RNA antissenso**) hibridiza ou forma um duplex com o RNAm por meio do pareamento de base pela ligação de hidrogênio; isso inibe a tradução desse RNAm específico (Figura 24-9). Embora o mecanismo pelo qual a tradução é inibida ainda não tenha sido esclarecido, foi sugerido que esse RNAm duplex não é rapidamente degradado, que seu processamento no núcleo é comprometido ou que sua ligação aos ribossomos e a subsequente tradução são bloqueadas. A produção do RNA antissenso para o gene na chalcona sintase (consulte a Seção 20.9) da petúnia e do tabaco resultou em um novo fenótipo de flor com pigmentação alterada (Van der Krol et al., 1988). A pigmentação alterada da flor nas plantas transgênicas foi causada por níveis reduzidos no estado estável de RNAm (cerca de 1% do nível de expressão do tipo selvagem) para a chalcona sintase. Em outro estudo, a introdução de um gene de tomate que expressa o RNA antissenso para a poligalacturonase (uma enzima que hidrolisa as paredes celulares) resultou na inibição de mais de 95% da atividade total da poligalacturonase nas frutas das plantas transgênicas (Smith et al, 1988). Na maioria dos estudos sobre as plantas, o promotor CaMV 35-S, que, quando presente na extremidade 5' do gene, permite um alto nível de síntese de RNAm, foi usado para orientar a expressão dos genes do RNA antissenso. O uso de sequências reguladoras de ação *cis*, junto com as sequências antissenso, permitirá no futuro a construção de mutantes condicionados pelo desenvolvimento ou pelo ambiente.

A metodologia do RNA antissenso poderá ter uma ampla aplicação na biologia vegetal básica e na aplicada. Poderemos usar a metodologia do antissenso para reduzir a expressão de genes deletérios, melhorando assim a produtividade da safra ou removendo das plantas as substâncias químicas perigosas para a saúde humana, como a nicotina

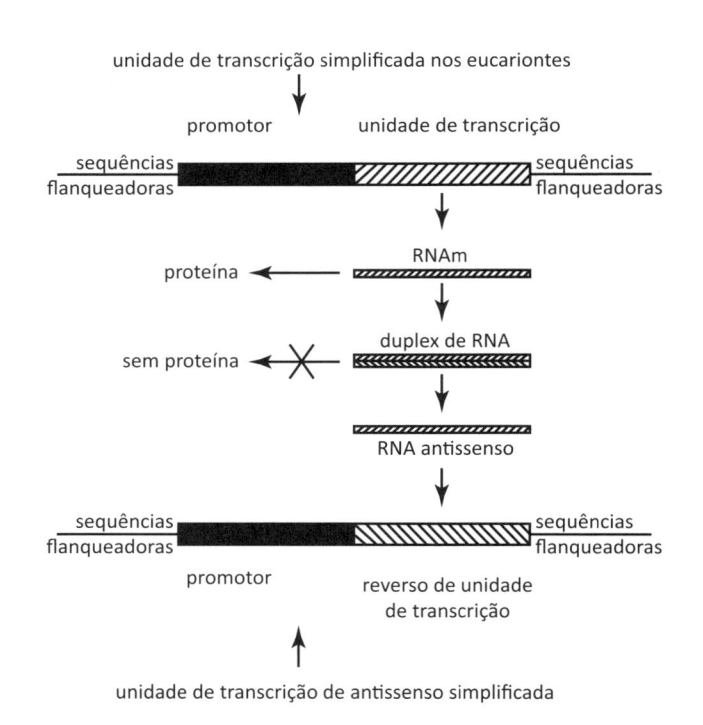

Figura 24-9 Representação esquemática da estrutura genética da unidade de transcrição do RNA antissenso e um dos possíveis mecanismos (formação do duplex de RNA) pelos quais o RNA antissenso inibe a produção da proteína a partir do RNAm. Vários outros mecanismos foram propostos, por meio dos quais o RNA antissenso inibe a produção de uma proteína a partir do RNAm, incluindo a degradação do duplex de RNA pela ribonuclease H, bloqueio do processamento do RNAm para a forma madura e inibição do transporte de RNAm para o citoplasma.

do tabaco, a cafeína do café e do chá e numerosas substâncias carcinogênicas de várias plantas.

Troca ou alteração dos elementos de ação cis *(promotores)* Geralmente, as sequências de DNA que codificam o polipeptídeo de interesse podem ser unidas às sequências de DNA reguladoras de ação *cis* de outros genes, e a construção quimérica é introduzida nas células vegetais por um dos vários métodos de transformação descritos anteriormente. Além dos promotores das plantas, vários outros foram caracterizados a partir do *Agrobacterium* e de vírus vegetais. Em geral, esses promotores são expressados de maneira constitutiva nas plantas. A lista de promotores está crescendo rapidamente e logo será possível modular a expressão de um determinado gene para um nível desejado em células ou tecidos específicos, em momentos específicos do desenvolvimento, usando-se as sequências de ação cis apropriadas. Essa tecnologia terá implicações de longo alcance para a produtividade da safra. Por exemplo, usando os promotores CaMV 35-S, o grupo de pesquisa de Roger Beachy, na Washington University, em St. Louis, obteve plantas transgênicas que expressam altos níveis de diversas proteínas de revestimento do vírus (Powell et al., 1986). A expressão dessas proteínas de revestimento forneceu às plantas a imunidade contra os vírus (como na Figura 24-6a). Abordagens semelhantes podem ajudar as plantas a crescerem em condições de tensão, uma vez que os produtos gênicos necessários para a resistência à tensão forem caracterizados. Além disso, a capacidade de controlar a expressão de um determinado gene, de uma maneira específica do tecido ou da célula, ajudará a determinar a função de vários genes no controle do crescimento e do desenvolvimento da planta.

24.5 Exemplos de genes isolados que afetam processos fisiológicos

Uma vez que enfatizamos que existe uma base genética subjacente a todos os fenômenos fisiológicos, apresentamos vários exemplos de como o controle desses processos foi melhor compreendido com o uso das abordagens da genética molecular.

Genes da proteína de armazenamento de sementes

Os primeiros genes vegetais isolados e estudados foram aqueles que codificam as proteínas de armazenamento da semente. A alta abundância dessas proteínas e de seu RNAm facilitou enormemente o isolamento de DNAcs complementares, a partir das bibliotecas de DNAc.

O acúmulo específico dessas proteínas apenas nos tecidos do óvulo em desenvolvimento forneceu uma oportunidade de examinarmos como a estrutura do gene pode controlar a parte específica da planta em que o gene seria expressado. Por exemplo, o gene que codifica a faseolina, a proteína de armazenamento das sementes de feijão, foi introduzido em pés de tabaco usando-se um sistema de transferência de gene. A proteína faseolina, que normalmente não é fabricada pelos pés de tabaco, foi sintetizada em altos níveis nas sementes de tabaco, mas não nas folhas. A informação necessária para causar a síntese específica da proteína faseolina nas sementes, mas não em outras partes da planta, foi transportada no gene da faseolina transferida. O mais interessante é que, embora as proteínas de armazenamento da semente de tabaco sejam feitas no embrião e no endosperma, a faseolina foi sintetizada apenas no embrião, assim como no pé de feijão. Além da especificidade do tecido desse gene se manifestar no hospedeiro exógeno, o mesmo ocorre com a especificidade temporal da sua expressão. A faseolina começa a se acumular nas sementes de feijão quinze dias depois da antese. A transferência do gene de faseolina para o tabaco resultou no acúmulo da faseolina 15 dias depois da antese, embora as proteínas da semente de tabaco começassem a se acumular muito antes (9 dias após a antese; consulte Kuhlemeier et al., 1987).

O isolamento e o estudo dos genes da proteína de armazenamento da semente revelaram outras características interessantes de alguns genes vegetais (Higgins, 1984). Muitos genes da proteína de armazenamento da semente, incluindo os que codificam as proteínas de armazenamento do milho, as *zeínas*, existem como **famílias multigênicas** representadas no genoma por muitas cópias, de 5 a 25 no caso das zeínas. As cópias (a família do gene) que codificam as proteínas dentro do genoma são levemente diferentes em suas sequências. Os membros de uma família gênica geralmente são agrupados dentro do genoma, e foi especulado que as famílias surgem como resultado da duplicação do gene seguida pela divergência da sequência por meio do acúmulo de mutações. Em vários casos, alguns membros das famílias gênicas não são expressados; isto é, nenhum RNAm funcional é produzido a partir desse gene, que é chamado de **pseudogene**. A função das famílias gênicas ainda é incerta, mas foi sugerido que cópias adicionais de um determinado gene podem facilitar sua evolução, fornecendo maior tolerância às mutações deletérias.

Fotomorfogênese e a busca dos genes regulados pela luz

A necessidade da luz para as plantas é óbvia, pois elas retiram seus nutrientes orgânicos da fotossíntese. Além da função central da luz na nutrição das plantas, no entanto, está seu efeito em vários outros processos fisiológicos. Vimos nos capítulos anteriores como a luz afeta processos como a germinação da semente, o florescimento e a senescência.

Como, exatamente, a luz controla essas atividades? Na introdução deste capítulo, descrevemos uma estrutura central em que vários processos fisiológicos das plantas podem ser controlados pelas atividades diferenciais dos genes. Até recentemente, os mecanismos precisos pelos quais a atividade do gene é controlada não eram conhecidos. Depois de termos conquistado a capacidade de clonar e sequenciar genes específicos, os pesquisadores isolaram vários genes cujas atividades eram suspeitas de ser controladas pela luz. Muitos cientistas concluíram que dicas importantes para a questão de como a luz controla um processo fisiológico pelo efeito na expressão de um gene podem estar nas sequências ou na estrutura específica dos próprios genes.

Devemos lembrar que algumas respostas das plantas à luz provavelmente não envolvem a indução da expressão alterada dos genes (consulte a Seção 20.11). Algumas respostas, como a abertura dos estômatos (consulte a Seção 4.4) e o movimento das folhas (Seção 19.2), são muito rápidas e provavelmente resultam do efeito da luz em um processo molecular controlado pelos genes que já estão expressados. No entanto, como descrevemos na Seção 20.11, a luz afeta outros processos controlando a atividade de genes específicos.

O efeito da luz nas atividades de várias enzimas vegetais é conhecido há muitos anos (revisado por Kuhlemeier et al., 1987). Além disso, usando os ensaios de tradução *in vitro*, os investigadores observaram que RNAms exclusivos apareceram nos tecidos vegetais tratados com a luz. Portanto, a luz deve afetar de alguma maneira a expressão direta de genes específicos que codificam essas proteínas. Nos últimos anos, descobriu-se que a expressão de vários genes que codificam muitas proteínas é regulada em certas espécies pela luz, incluindo as subunidades grande e pequena da rubisco, a proteína de ligação da clorofila *a/b*, a proteína aceitadora de elétrons 32 kDa do fotossistema II, a PEP carboxilase, a 3-fosfogliceraldeído desidrogenase, o fitocromo, o piruvato e a fosfato diquinase. Existem revisões úteis de Kuhlemeier et al. (1987), Link (1988), Nagy et al. (1988), Thompson (1988), Okamuro e Goldberg (1989), Watson (1989), Gilmartin et al. (1990) e Simpson e Herrera-Estrella (1990). Os genes estudados em mais detalhes, que têm atividades controladas pela luz, são aqueles que codificam a subunidade pequena da rubisco e a proteína de ligação da clorofila *a/b*. Esses genes são controlados pelo fitocromo (consulte o Capítulo 20). Pouco se sabe sobre como a forma P_{fr} do fitocromo traduz o sinal de luz para ativar esses genes, mas algumas informações sobre a estrutura única desses genes regulados pela luz nos permitiram especular sobre o possível mecanismo molecular entre o P_{fr} e a expressão do gene.

A estrutura do gene RbcS, que codifica a subunidade pequena da rubisco, foi estudada em detalhes. Sequências específicas de DNA que fazem o gene ser induzido pela luz foram identificadas pelo uso de um sistema de ensaio que permite determinar o efeito da remoção de partes específicas do gene RbcS em sua capacidade de ser induzido pela luz. Esses estudos revelaram que uma sequência do DNA **upstream** (direção oposta à da transcrição), a partir das sequências de codificação do aminoácido, foi necessária para a transcrição do gene regulada pela luz. Essa sequência de DNA foi chamada de **elemento regulado pela luz (LRE)** e é um exemplo do elemento regulador genético de ação *cis* (Moses e Chua, 1988). A adição da sequência LRE a outros genes que não são regulados pela luz faz com que eles se tornem regulados pela luz. É surpreendente notar que também se observou que o LRE controla a expressão do gene RbcS específica do tecido. O gene RbcS é especificamente expressado nas folhas, mas não nas raízes; essa especificidade de expressão pode ser transmitida para outro gene que não seja específico do tecido quando o LRE foi adicionado a ele (Kuhlemeier et al., 1987).

Genes regulados pelos hormônios

Por serem potentes reguladores de processos fisiológicos, os hormônios vegetais são sinais químicos que podem controlar o fenótipo da planta. Como já dissemos, a informação dentro do genoma é a base do fenótipo, e as interações entre o genoma e o ambiente produzem todas as suas alterações. A atividade dos hormônios vegetais representa um mecanismo importante pelo qual o ambiente interage com o genoma para controlar o fenótipo.

Níveis de hormônios ambientalmente alterados O ambiente (luz, temperatura, nutrição e assim por diante) frequentemente afeta a quantidade e os tipos de hormônios feitos por vários tecidos vegetais (consulte os Capítulos 17, 18 e 20). Portanto, a regulação ambiental dos genes que controlam a biossíntese do hormônio pode representar um mecanismo potente para controlar o desenvolvimento da planta. Há muito tempo se suspeita que a combinação específica de hormônios e até mesmo as quantidades relativas particulares de combinações de hormônios são importantes para controlar a morfogênese da planta. Um clássico exemplo é a demonstração de Skoog e Miller (1957) de que a relação de auxina com citocinina controla a formação de raízes ou brotos por tecidos vegetais indiferenciados (consulte a Seção 18.1). A introdução em plantas doadoras de genes obtidos de *Agrobacterium tumefaciens*, que podem alterar os níveis de auxina e citocinina, demonstrou conclusivamente que a relação desses hormônios realmente controla a formação do broto e da raiz (Klee et al., 1987; Medford et al., 1989). A transferência de um elemento genético que contenha um gene funcional para a síntese da auxina (mas não da citocinina) resultou em relações mais altas de auxina/citocinina e na formação da raiz. A transferência de um elemento contendo um gene funcional para a síntese de citocinina (mas não para a auxina) produziu tecidos com relações baixas de auxina/citocinina e os brotos se desenvolveram a partir desses tecidos.

Controle da receptividade do hormônio por genes regulados pelo desenvolvimento Devemos lembrar que o controle da expressão do gene por vários hormônios vegetais é possivelmente um processo de várias etapas. Provavelmente, os hormônios vegetais agem como sinais de liga/desliga ativados pela união a um receptor de hormônio presente apenas em certas células ou tecidos (consulte a Seção 17.1). O complexo do receptor do hormônio ou um segundo mensageiro pode então agir como um complexo de união do DNA de ação *trans* ativando conjuntos específicos de genes, que, por sua vez, podem produzir sinais específicos de ação *trans*. Portanto, o efeito de um determinado hormônio na expressão do gene será diferente, conforme a presença de receptores no tecido que está sendo tratado. Essa resposta específica de diferentes tecidos aumenta muito a especificidade da ação do hormônio.

Além disso, muitas respostas fisiológicas são efeitos diretos de sinais ambientais ou hormonais que não envolvem qualquer alteração induzida na expressão do gene, mas que resultam da interação entre o ambiente ou o hormônio com um receptor específico que é bioquimicamente ativo e não interage com o DNA. No entanto, a codificação do gene desse receptor é controlada pelo desenvolvimento e está ativa apenas em certos tecidos em um dado momento, assim como os receptores que interagem com o DNA e controlam a expressão do gene. Um provável exemplo de uma resposta hormonal que envolve um receptor bioquimicamente ativo é o surgimento específico de receptores de ABA nas células guarda, o que permite que o ABA controle a abertura estomatal.

Foram encontrados em tecidos de várias espécies vegetais exemplos de genes cuja expressão é controlada pela giberelina, AIA, ABA e etileno. As ações de muitas dessas substâncias foram descritas nos Capítulos 17 e 18.

Genes regulados pela temperatura

A temperatura causa efeitos óbvios e profundos no crescimento e no desenvolvimento da planta. As respostas moleculares dos tecidos vegetais às temperaturas elevadas foram objeto de intensos estudos na última década (consulte o Capítulo 26). As plantas e outros organismos, desde as bactérias até os seres humanos, respondem à temperatura elevada sintetizando um grupo de proteínas específicas denominadas **proteínas de choque térmico (hsps)**. Os tecidos vegetais produzem duas classes importantes de hsps: hsps de peso molecular alto, de 70 a 95 kDa, e de peso baixo, de 15 a 30 kDa. Se a mudança na temperatura foi alta o suficiente, a síntese de hsps é drasticamente elevada, enquanto a síntese da maioria das outras proteínas diminui consideravelmente. A mudança de temperatura exigida para induzir a síntese de hsp varia de acordo com a espécie da planta.

A regulação da síntese de muitas hsps envolve o controle da transcrição do gene de hsp em RNAm, embora o controle também possa estar na tradução. Um promotor induzido pelo choque térmico foi usado para transmitir a indução da temperatura a um gene repórter.

Houve muita especulação e alguma controvérsia sobre a função dos genes da hsp na tolerância a temperaturas altas. A onipresença desses genes em organismos diversificados e a sequência altamente conservada de alguns dos genes de hsp sugerem que eles cumprem alguma função fundamental importante. Surgiram evidências de que os genes de hsp são importantes para a **termoproteção**. Os resultados de alguns experimentos realizados por Lin et al. (1984) e Key et al. (1985) mostraram que os tecidos que sofreram um choque de calor previamente e sintetizaram as hsps podem sobreviver a um tratamento de calor subsequente que, de outra forma, seria letal. Mais experimentos recentes forneceram evidências de que a síntese continuada da maioria das hsps por alguns tecidos vegetais não é necessária para tolerar as temperaturas elevadas. No entanto, as hsps podem cumprir um papel protetor importante no período de transição ou de ajuste depois da exposição à temperatura alta, ou possivelmente podem impedir danos durante breves ciclos de temperatura alta.

Algumas hsps foram identificadas como proteases. A ubiquitina é uma proteína induzida pelo calor muito estudada, que tem como alvo outras proteínas, como o fitocromo para a proteólise (consulte a Seção 20.3).

Genes regulados pelo desenvolvimento

O desenvolvimento de um organismo ocorre ao longo do espaço e do tempo. Portanto, podemos pensar nos genes regulados pelo desenvolvimento como aqueles que são regulados com o passar do tempo ou entre tecidos espacialmente separados. Muitos genes expressados apenas durante o desenvolvimento de tecidos específicos foram identificados (revisado por Goldberg et al., 1989). Eles incluem os genes da proteína da semente, genes de expressão precoce e tardia durante a embriogênese e genes específicos de embrião, germinação, cotilédones, raízes, folhas, pétalas e antera. Muitos genes são expressados nas plantas jovens, mas não nas velhas, e vice-versa.

A técnica da **hibridização *in situ***, na qual uma sequência de RNA ou DNA marcado é usada como sonda para detectar a presença de sequências complementares em cortes finos de tecido, permite a identificação de locais muito específicos de RNAms que são codificados por genes específicos. Mostrou-se que a expressão de alguns genes ocorre apenas em certas células dos tecidos vegetais, como a epiderme ou as células que cercam o tecido vascular de uma folha ou cotilédone.

Um intenso interesse e muita atividade estão sendo concentrados nos mecanismos reguladores exatos que controlam as características de desenvolvimento dos genes vegetais. Temos certeza de que o rápido progresso que está ocorrendo permitirá uma expansão drástica do nosso nível de conhecimento sobre a função da expressão gênica na fisiologia vegetal. Centenas de genes vegetais já foram clonados e toda a codificação da sequência de DNA de pelo menos 30 enzimas vegetais conhecidas foi determinada. Incentivamos os estudantes de fisiologia vegetal a se familiarizarem com essa tecnologia, que inevitavelmente afeta todos os aspectos dos estudos sobre fisiologia vegetal no futuro.

QUATRO
4

Fisiologia ambiental

VINTE 25 CINCO
Tópicos em fisiologia ambiental

É alto verão nas montanhas. Você está nos Estados Unidos, indo para o litoral, quando seus companheiros de viagem decidem que farão um desvio para visitar o Parque Nacional das Montanhas Rochosas. Você tem medo de que o carro comece a superaquecer, mas, para seu alívio, todos chegam sem maiores problemas à estradinha que leva ao parque; a placa diz que você está a 4.000 m acima do nível do mar! Você entra no estacionamento, desliga o carro e vai fazer uma caminhada na tundra.

Aquelas pequeninas plantas alpinas são realmente maravilhosas, você pensa. Como podem parecer tão saudáveis mesmo ficando cobertas de neve por 9 ou 10 meses durante o ano? Elas precisam fotossintetizar em ritmos rápidos mesmo em baixas temperaturas para conseguir sobreviver em um lugar como esse. Como seus genes diferem das plantas da planície que você viu ontem?

Suponha que no ano passado você tenha se formado em fisiologia vegetal. Lembrando-se do quanto leu e estudou recentemente, você começa a formular questões e observações em sua mente: o que existe nas relações hídricas dessas plantas que permite que elas suportem o congelamento? As células das folhas devem ser túrgidas por causa da osmose. O solo parece ter bastante umidade; a transpiração esfriaria essas plantas, mesmo abaixo da temperatura gelada do ar? Como elas respondem à temperatura baixa aqui em cima? Existe algo especial na maneira como absorvem os minerais do solo gelado? Existe algo incomum na translocação dos assimilados nessas plantas? Provavelmente, não.

Existe algo de especial em suas enzimas que permitem um funcionamento ideal em temperaturas baixas? A fotossíntese deve ser altamente eficiente nessas plantas e as temperaturas baixas à noite provavelmente reduziriam a respiração no escuro. Será que elas utilizam a fotossíntese C-4? Aquelas que crescem na rocha quase nua possuem algum meio de fixação de nitrogênio – micorrizas, bactérias associadas ou algo assim? As flores têm cores brilhantes. Seus pigmentos são produzidos por alguma bioquímica especial? As cores poderiam ser intensificadas de alguma maneira pela luz forte e pela intensa radiação ultravioleta? As plantas estão sofrendo "queimadura solar"?

O fato de ficarem dormentes durante uma parte tão grande do ano pode significar que essas plantas tenham mecanismos de tempo incomuns. Elas crescem ligeiramente enquanto estão sob a neve para ficarem prontas para sair quando finalmente o verão chegar? O que causa o florescimento? Elas entram em dormência no outono em resposta aos dias mais curtos? Quais mecanismos hormonais, se houver, medem essas respostas ao ambiente? As folhas se dobram à noite para resistir à perda radiante de calor para o céu gelado acima? É óbvio que as auxinas, giberelinas, citocininas, etileno e inibidores cumprem funções importantes na transformação dessas plantas no que elas são, onde elas estão. Como isso ocorre?

Fazendo perguntas como essas, você está começando a pensar como um fisiologista ambiental. E, obviamente, você não precisa estar no topo da montanha para pensar nessas coisas. Talvez você tenha ido passear em um deserto ou em uma planície verdejante com suas gramas altas. Ou então, foi verificar a safra de um campo de trigo. Você já teve a sorte de visitar as maravilhosas florestas tropicais do Brasil? Já esteve em um mangue alagado? Talvez essas perguntas tenham surgido em sua mente quando você caminhava em uma trilha ou região montanhosa em algum outro lugar do mundo. Perguntas semelhantes podem surgir em uma fazenda, no parque no meio da sua cidade ou até mesmo quando você cuida do seu jardim.

Em todas essas situações e milhares de outras, você pode fazer perguntas parecidas sobre as plantas em seus ambientes. Na verdade, você pode transformar essas perguntas em uma ciência. Embora as perguntas sejam semelhantes, as ciências que se desenvolvem a partir delas podem ter nomes diferentes. Se você for um fisiologista tradicional, ficará feliz com o termo **fisiologia ambiental**. Se o seu campo for a agricultura, pode chamar sua

O desafio de um novo campo: ecologia fisiológica vegetal

Park S. Nobel

Existem muitos ecofisiologistas que começam suas carreiras como ecólogos tradicionais, mas existem poucos que começaram como fisiologistas/físicos/engenheiros. Park Nobel é uma das raras pessoas que veio da física para a ecologia. Na verdade, ele se tornou um líder reconhecido no campo e autor de textos abrangentes sobre ecologia e fisiologia vegetal biofísica. Aqui, ele conta a história das mudanças e do desenvolvimento de seus interesses em pesquisa.

O ano sabático que eu passei em Canberra, Austrália (1973-1974), mudou minha carreira completamente. Fui para a Austrália como um cientista de laboratório, que estudava as relações hídricas e iônicas dos cloroplastos, principalmente o uso da termodinâmica irreversível para interpretar as respostas osmóticas. Com base no meu desejo de aprender mais sobre as questões ambientais, a Guggenheim Foundation patrocinou um projeto para estudar os cloroplastos das células-guarda. No entanto, as técnicas disponíveis exigiam muito mais cloroplastos do que os que podiam ser isolados imediatamente das células-guarda. Portanto, aproveitando um túnel de vento relativamente não utilizado, passei o ano desenvolvendo equações que descrevessem as camadas limítrofes adjacentes aos objetos cilíndricos e esféricos, o que desafiou tanto o meu treinamento de graduação em Engenharia (bacharel em Engenharia Física na Cornell University) quanto em Física (mestrado no California Institute of Technology). Depois de receber o meu Ph.D. em Biofísica da University of California, Berkeley, em 1965, eu havia passado estavelmente das ciências físicas (que eu tanto gostava de estudar) para as ciências biológicas, nas quais eu acreditava que as descobertas eram abundantes e cada pessoa poderia fazer contribuições significativas.

Ao retornar para Los Angeles, eu queria continuar pesquisando as camadas limítrofes dos cilindros e esferas, e pensei imediatamente nas magníficas plantas suculentas que haviam chamado minha atenção durante viagens pelo deserto. Duas outras mudanças profissionais ocorreram. Primeiro, o equipamento do meu laboratório de cloroplastos correspondia à requisição de um professor recém-contratado, portanto, eu concordei em trocar o conteúdo do meu laboratório por dinheiro, queimando as pontes celulares, mas conseguindo verba para começar em um novo campo. Depois, eu entrei no Laboratory of Biomedical and Environmental Sciences para estudar a "biofísica das plantas do deserto", como as agaves e os cactos, começando com as relações hídricas e, mais tarde, voltando às considerações da camada limítrofe.

Em 1974, um aluno não graduado (Larry Zaragoza) e outro graduado (Bill Smith, posteriormente na University of Wyoming) começaram a trabalhar no meu laboratório em um problema anatômico intrigante, com base no meu curso de ecologia fisiológica vegetal. Especificamente, assim como a área do solo é apropriada para discutir a produtividade da safra e a área da folha é apropriada para discutir a captura de CO_2 pelas folhas, a área da parede celular do mesofilo parecia adequada para discutir aspectos celulares da fotossíntese. O reconhecimento da importância da área de superfície das células do mesofilo por área da folha de unidade, ou A^{mes}/A, permitiu uma separação dos efeitos bioquímicos sobre a fotossíntese, que ocorriam dentro das células em razão dos efeitos da anatomia. Por exemplo, as folhas ao Sol diferiam das folhas à sombra porque as primeiras tinham um A^{mes}/A muito mais alto, o que leva a uma área muito maior dentro delas para a entrada do CO_2 nas células do mesofilo. Isso levou a um entendimento mais quantitativo da capacidade fotossintética mais alta por área da folha de unidade das folhas ao sol, em comparação com as folhas à sombra (que frequentemente são quatro vezes mais finas) na mesma planta. Um colega de pós-doutorado do meu laboratório, David Longstreth (posteriormente na Louisiana State University), e o técnico Terry Hartsock ajudaram a esclarecer a influência

---

ciência de **ecologia da safra** ou até mesmo **fisiologia da safra**. Tradicionalmente, se você trabalha com legumes (os jardins de cozinha) ou plantas ornamentais, chamará a sua ciência de **horticultura**, mas fará perguntas que envolvem a fisiologia ambiental. Se o seu interesse for as safras de campo (cereais, forrageiras, raízes e outros), você pode chamar a sua ciência de **agronomia**. Se você estiver interessado em como as plantas crescem em seus ambientes naturais, o seu campo é a **ecologia fisiológica**, que também tem aspectos aplicados como **silvicultura** e **gerenciamento de plantio**. Na verdade, a maioria dos estudantes de agricultura, silvicultura e gerenciamento de plantio deve fazer um curso de fisiologia vegetal, principalmente pelos aspectos ambientais do assunto.

25.1 Os problemas da fisiologia ambiental

As perguntas específicas que orientam as pesquisas dependem do campo específico do empenho. Na agricultura, por exemplo, a maior parte da pesquisa é orientada pela economia, na busca pela obtenção de uma produção máxima de uma colheita específica e da mais alta qualidade possível em troca de custo e uso de energia baixos. A fisiologia ambiental sempre cumpre uma função nessa pesquisa.

da salinidade e dos nutrientes no A^{mes}/A. Mostramos que a luz influenciava principalmente o A^{mes}/A; a salinidade, a tensão hídrica e a temperatura influenciavam a anatomia e as propriedades fotossintéticas celulares; e os nutrientes afetavam principalmente as propriedades celulares.

No que se refere às suculentas do deserto, o lugar óbvio para começar eram as relações hídricas. Isso variou desde a análise da extensão de uma estação de crescimento causada pelo armazenamento de água dentro do caule do cacto *Ferocactus acanthodes* até o deslocamento crucial da água das folhas da suculenta para a inflorescência da planta secular monocárpica comum *Agave deserti*. Essa última espécie, em seu habitat nativo no Deserto de Sonora, tem a mais alta eficiência de uso anual da água já relatada para uma planta: 40 g de CO_2 fixo por quilo de vapor de água transpirado.

Uma vez que a importância do status da água estava começando a ser entendida, as respostas complicadas dos agaves e cactos à temperatura foram investigadas com o uso de modelos computadorizados. Isso variou da observação de quais temperaturas do ar diurno/noturno levavam à captura máxima noturna de CO_2 por essas plantas CAM, até o estudo da influência da morfologia nos limites de distribuição. Para este último, foi desenvolvido um modelo de simulação com Don Lewis, que incluiu os termos de orçamento de energia convencional popularizados por David Gates, Klaus Raschke e outros, além dos termos de armazenamento e condução de calor exigidos para descrever os órgãos enormes das plantas suculentas. [Consulte a Seção 4.8]. Isso permitiu que estudássemos a influência dos espinhos e da pubescência apical para proteger o meristema dos cactos do congelamento, que pode estender seus limites de distribuição no norte e nas elevações altas. As tolerâncias ao congelamento de cactos da América do Norte e do Sul foram comparadas. A análise da tolerância à alta temperatura foi igualmente empolgante, porque muitas espécies de agaves e cactos podiam sobreviver à exposição a 65 °C, uma temperatura extremamente alta para a sobrevivência das plantas vasculares. [Consulte a Seção 26.6].

Em outra aplicação da modelagem, investigamos as relações entre a morfologia das suculentas do deserto e a interceptação da luz. Começando com uma determinação em campo de que a captura do CO_2 pela *F. acanthodes* era limitada pelo fluxo de fótons fotossintéticos – mesmo durante dias claros no ambiente de alta radiação de um deserto – e incorporando a observação casual de que os cladódios terminais (caules achatados) das platyopuntias normalmente tendem a se voltar para o leste/oeste, mostramos que outras características morfológicas dos cactos são adaptações para maximizar a interceptação da luz nas épocas do ano que são mais favoráveis para o crescimento. Assim, novamente a modelagem foi combinada com a morfologia para fornecer *insights* sobre a fisiologia vegetal.

Mais recentemente, a influência do status hídrico, da temperatura e do fluxo de fótons fotossintéticos sobre a captura global do CO_2 em períodos de 24 horas foi determinada para diversas espécies de agaves e cactos. Foi criado um índice para cada um desses fatores ambientais, variando do zero, quando os valores de campo do fator faziam com que a captura global do CO_2 fosse zero (como durante uma seca prolongada ou temperaturas extremas), até um máximo de unidade quando nenhuma limitação ocorre. O produto dos três índices é o Índice de Produtividade Ambiental, que estima a influência geral do ambiente sobre a captura global do CO_2 e, portanto, o crescimento e a produtividade da planta. O índice do nutriente componente foi proposto para incorporar os fatores edáficos. Além disso, o Índice de Produtividade Ambiental foi previsto com base mundial, incluindo a simulação dos efeitos de níveis dobrados de CO_2 atmosférico, esperados para este século.

Para fechar, ofereço uma citação de Pasteur, que resume minha filosofia dos estudos sobre as plantas: "O acaso favorece apenas a mente preparada". Estudar os diversos campos que afetam a fisiologia vegetal e a ecologia, como cálculo, química, física e até mesmo áreas da engenharia, pode parecer muito remoto para um estudo direto das plantas, mas esses campos podem fornecer as ferramentas que intensificam o conhecimento geral das respostas dos vegetais ao ambiente.

Os estudos sobre a ecofisiologia aplicam os métodos da fisiologia aos problemas da ecologia. Tradicionalmente, esses problemas se concentraram nas questões de distribuição das plantas e animais. A suposição onipresente é de que os organismos vivem em certos locais da natureza porque estão adaptados a eles. As plantas ou sementes que ocorrem nos desertos podem suportar a seca e as temperaturas altas, por exemplo, enquanto as árvores decíduas de uma floresta temperada crescem apenas quando existe muita umidade e temperaturas moderadas. Portanto, os estudos de ecofisiologia tentam primeiro medir os microambientes das plantas e animais no campo e depois simular esses ambientes para estudar os mesmos organismos em laboratório. Porém, a ecologia trata de muitos problemas interessantes além da distribuição.

Perto do final da década de 1970, quatro ecofisiologistas eminentes receberam a tarefa de editar quatro volumes de ecofisiologia para a *Encyclopedia of plant physiology* (New Series). (Consulte o ensaio de Park S. Nobel, um desses quatro eminentes ecofisiologistas.) Depois de considerar os trabalhos em andamento no mundo todo, eles reuniram vários autores para escrever artigos de revisão sobre esses tópicos. Embora a ênfase fosse os ecossistemas naturais, eles não hesitaram em reunir diversos

TABELA 25-1 Alguns tópicos da ecologia vegetal fisiológica.[a]

Tópico	Algumas referências neste texto	Tópico	Algumas referências neste texto
1. Respostas ao ambiente físico		**4. Respostas ao ambiente químico e biológico (organismos individuais)**	
Radiação: Medições dos parâmetros	Apêndice B	Características da química do solo (pedra calcária versus rochas de silicato, pH do solo, íons essenciais ou tóxicos)	
Respostas à irradiação (fluxo de quantum)			
Fotossíntese (PAR e PPF)	Capítulos 10-12	A fisiologia das plantas tolerantes ao sal (halófitas), osmorregulação (Osmond et al., 1987)	Capítulos 6, 7, 26
Outras respostas	Capítulo 20		
Distribuição espectral (qualidade da radiação)	Apêndice B	Ecologia da nutrição do nitrogênio (incluindo a fixação de N_2)	Capítulo 14
Respostas do fitocromo	Capítulo 20	Interações plantas/plantas	
Outras respostas não fotossintéticas (luz azul etc.)	Capítulos 19, 20	Mutualismo (micorrizas, líquines)	Capítulo 7
Fotoperíodo e mecanismos do relógio biológico	Capítulos 21, 23	Parasitismo (viral, bacteriano, fúngico)	Capítulo 7
		Competição	
Respostas ao ultravioleta e à radiação ionizante		Alelopatia (Bazzaz et al., 1987)	Capítulo 15
Temperatura: normal e extrema	Capítulo 22 e muitos outros	Interações plantas/animais	
		Polinização, frutos e ecologia da semente	
Vento como um fator ecológico		Herbivorismo (Bazzaz et al., 1987)	Capítulo 15
Troca de energia entre uma planta e seu ambiente	Capítulo 4	Plantas carnívoras	Capítulo 19
		Mutualismo	Capítulo 15
Fogo como fator ecológico		Parasitismo	
O ambiente do solo		Competição	
Ambientes aquáticos		**5. Processos de ecossistemas (populações que formam uma grande variedade de comunidades)**	
2. Água no continuum solo/planta/atmosfera (Schulze et al., 1987; fisiologia da tensão: Osmond et al.,1987)	Capítulos 2-5, 26	Ciclo ou transferência mineral	
Água nos tecidos e células	Capítulos 3-5	Fluxo de energia ao longo dos ecossistemas	
Captura, armazenamento e transporte da água	Capítulos 3-5, 7, 8	Produtividade (fotossíntese novamente)	Capítulo 12
Perda de água pelos estômatos e cutículas	Capítulo 4	Influências humanas	
		Biocidas e reguladores de crescimento	
Respostas da planta à inundação	Capítulos 13, 26	Poluição: atmosfera, água, solo	
Germinação de sementes e esporos	Capítulos 20, 22	Agricultura: ecossistemas controlados ou artificiais	
3. Fotossíntese	Capítulos 10-12		
Importância ecológica de diferentes caminhos de fixação do CO_2 (Pearcy et al., 1987)	Capítulo 12	Respostas a diversos fatores ambientais (Chapin et al., 1987)	Capítulo 25
Modelagem da resposta fotossintética ao ambiente	Capítulo 12		
O uso da água e a fotossíntese			
Formas vegetais de vida e suas relações de carbono, água e nutrientes.			

[a] Essa tabela tem base nos sumários dos quatro volumes editados por Lange et al. (1981-1983) e em uma edição especial da BioScience dedicada à ecologia fisiológica vegetal (consulte Mooney et al., 1987, e as referências citadas na tabela). Com frequência, vários títulos dos capítulos envolveram o mesmo tópico (o que sugere um intenso interesse no campo); na tabela, esses títulos são combinados em um único tópico. Na verdade, muitos títulos foram modificados para se ajustarem ao formato da tabela.

autores interessados em agricultura e outros problemas aplicados. Em 1987, outro resumo do campo apareceu em uma edição especial da BioScience (consulte Mooney et al., 1987). A Tabela 25-1 resume os tópicos da fisiologia ambiental com base nas tabelas dos quatro volumes e na edição especial da BioScience.

Para começar, os fisiologistas ambientais estudam as respostas da planta ao ambiente físico, conforme refletido pela primeira grande categoria na tabela. Além disso, grande parte da ênfase nos estudos da fisiologia ambiental tem sido a água no continuum solo/planta/atmosfera e os efeitos ambientais da fotossíntese. Diversas outras relações interessantes entre plantas individuais e seus ambientes químicos e biológicos estão sendo investigadas. Nas últimas décadas, os ecologistas se tornaram cada vez mais interessados em como as plantas e animais individuais interagem com os outros. Parasitismo, herbivoria e tópicos relacionados são ótimos exemplos. O próximo nível do estudo se concentra nas interações entre populações vegetais e animais, entre si, e com o ambiente físico. Talvez esses tópicos estejam sendo mais enfatizados pelos ecologistas do que pelos fisiologistas. O ciclo mineral e o fluxo de energia ao longo dos ecossistemas, além da produtividade do ecossistema, têm sido áreas particularmente ativas de pesquisa, mas as influências humanas também receberam grande atenção – principalmente na mídia! (Consulte uma excelente discussão geral da ecologia vegetal em Barbour et al., 1987.)

No restante deste capítulo, consideramos alguns dos princípios das respostas das plantas, esclarecendo a questão da natureza do ambiente, e depois examinamos dois exemplos de fisiologia ambiental: o papel da genética e as respostas à radiação.

25.2 O que é o ambiente?

Os dicionários definem **ambiente** como as circunstâncias, objetos ou condições que *cercam* um organismo.[1] O ambiente deveria incluir *tudo* o que cerca um organismo? O canto do grilo ou as ondas de rádio de baixa energia que vêm de um planeta distante fazem parte do ambiente de uma planta? Em um sentido amplo, sim. Mas, se eles não têm absolutamente nenhum efeito sobre a planta, não parece razoável pensar neles como parte do **ambiente operacional** da planta, que é o complexo de fatores climáticos, **edáficos** (solo) e bióticos que agem sobre um organismo ou uma comunidade ecológica e, no final, determinam sua forma e sobrevivência.

Essa definição ajuda um pouco, mas nem sempre é fácil saber com certeza se um fator ambiental faz parte do ambiente operacional ou não. O canto do grilo claramente faz parte do ambiente operacional de outro grilo, mas ainda não temos motivo para crer que ele faça parte do ambiente operacional de uma planta. E as ondas de rádio? Não conhecemos nenhuma maneira pela qual essas ondas possam atuar sobre os grilos ou as plantas, mas é possível que essa ação ainda seja descoberta.

George G. Spomer (1973), da University of Idaho, definiu o ambiente operacional de uma maneira que fornece mais *insight*. Aplicando os conceitos da termodinâmica (Capítulo 2), ele aponta que um fator ambiental interage com um organismo apenas quando esse fator aquece ou trabalha no organismo, ou quando o organismo aquece ou trabalha no fator. Se as ondas de rádio passam pela planta inalteradas, por exemplo, e a planta também permanece inalterada, pode não haver uma interação; as ondas de rádio não fariam parte do ambiente operacional da planta. O canto de um grilo trabalha sobre o aparelho auditivo do outro grilo, portanto, ele faz parte de seu ambiente operacional. De acordo com Spomer, essa interação envolve uma transferência direta de massa (matéria) ou energia atravessando a fronteira entre um organismo e seu ambiente.

No diário da sua primeira viagem para a Sierra, escrito há mais de um século (consulte Muir, 1976), John Muir disse: "Quando tentamos isolar algo, descobrimos que ele está ligado a tudo mais que existe no universo". Essa é uma declaração do **conceito holístico**, que sugere que tudo no universo interage com todo o resto. Em um nível altamente teórico, isso pode ser verdade (embora ninguém possa testar a ideia), mas a análise de Spomer sobre as interações pela transferência de energia ou massa ajuda a colocar o conceito holístico em uma perspectiva adequada. A transferência/interações (se ocorrerem) podem ser tão infinitesimais que não têm consequências práticas. As ondas sonoras do canto do grilo agem sobre a planta e também sobre os ouvidos de outros grilos, mas a transferência de energia provavelmente é muito pequena para causar algum efeito significativo no metabolismo ou em outras atividades da planta – particularmente quando comparada com a energia recebida de outras fontes. A planta não tem como extrair *informações* do canto do grilo, embora outro grilo o faça.

Os fatores ambientais que se encaixam na definição dos fatores operacionais de Spomer incluem luz, calor, água, potenciais elétricos, vários gases, elementos minerais e substâncias orgânicas. Esses fatores podem ser diretamente transferidos através da fronteira entre o organismo e o seu ambiente. Temperatura, pH, potenciais elétricos, forças

---

[1] Se este for o caso, existe algo como o *ambiente interno* de uma célula? Não, principalmente se tivermos cuidado ao usar a linguagem. É correto falar das condições internas, e qualquer organela celular como o cloroplasto tem o seu próprio ambiente, mas não falaremos de "ambiente interno".

TABELA 25-2 Fatores ambientais que são operacionais para muitas plantas.

Fator	Unidades	Potencial Medição	Potencial Unidades
Fatores da energia			
Radiação (incluindo a luz)	$J\ m^{-2}$ $cal^a\ m^{-2}$	Nível de radiação (irradiação) comparado com a absorção do pigmento	$W\ m^{-2}$ fótons: $mol\ m^{-2}\ s^{-1}$ $cal^a\ m^{-2}\ min^{a-1}$
Calor	$J\ kg^{-1}$ $cal^a\ kg^{-1}$	Temperatura	Kelvin $°C^a$
Gravidade[b]			
Fatores de massa			
Gases	kg ou mol	Pressão ou Pressão parcial	$Pa(N\ m^{-2})$ $bars^a$ (0,1 MPa = 1,0 bar)
Líquidos e soluções		Densidade (concentração)	$kg\ m^{-3}$
Água	kg ou mol	Potencial hídrico	pascais $(N\ m^{-2})$
Solução (soluto na água)	kg ou mol	Potencial químico, concentração	$mol\ m^{-3}$ $kg\ m^{-3}$ $mol\ L^{a-1}$ ($\%^a$ ou ppm^a)
Íons de hidrogênio na água	kg ou mol	pH (potencial de H^+) (concentração)	Unidades de pH (conforme acima)
Sólidos	kg ou mol	Concentração (raramente usada)	kg ou $mol\ m^{-3}$

[a] Não são unidades SI; normalmente, devem ser evitadas, mas fisiologistas das plantas ainda usam litros (L), minutos (min) e graus Celsius (°C); consulte o Apêndice A.
[b] Gravidade é um fator de energia no ambiente, mas não se presta a esse tipo de análise.

gravitacionais, pressão parcial dos gases, concentrações e potencial hídrico não são fatores operacionais, porque não podem ser transferidos atravessando fronteiras. Em vez disso, eles indicam o *potencial* de transferência. Se a *temperatura* dentro do organismo for mais baixa que a temperatura externa, a diferença indica o potencial de transferência de *calor* através da fronteira. Diferentes valores de pH indicam o potencial de transferência de íons de hidrogênio, as pressões parciais dos gases indicam o potencial da transferência de gases, as concentrações indicam potenciais de transferência de substâncias dissolvidas, os potenciais hídricos indicam os potenciais de transferência de água e assim por diante.

O ambiente – isto é, o universo – pode ser muito complexo para descrever, mas se nos limitarmos aos fatores que provavelmente fazem parte do ambiente operacional das plantas, a tarefa é bem mais simples. A Tabela 25-2 lista os principais fatores de massa e energia e os potenciais geralmente usados para descrever seus níveis.

25.3 Alguns princípios da resposta da planta ao ambiente

Embora a fisiologia ambiental tenha evoluído apenas durante as últimas três ou quatro décadas, alguns bons estudos datam de mais de 100 anos. Justus Liebig propôs uma premissa básica da ciência em 1840, por exemplo, como veremos em breve. Esta seção também resume outras generalizações que orientam a pesquisa dos fisiologistas ambientais.

Saturação e fatores limitadores

Talvez o princípio mais fundamental das respostas das plantas ao ambiente – e o mais encontrado neste livro – seja o da **saturação**. Os organismos respondem a praticamente todos os parâmetros ambientais de acordo com um padrão comum: à medida que o parâmetro aumenta, ele atinge um **limiar** acima do qual começa a ter um efeito; a partir disso, a resposta aumenta até que o sistema se torne

saturado pelo parâmetro. Então, se o nível ou concentração do parâmetro continuar aumentando, a resposta permanece constante ou começa a diminuir, como se o nível alto do parâmetro se tornasse tóxico ou inibidor. A Figura 25-1 mostra o padrão esperado. Examinando este livro, podemos encontrar figuras que ilustram o fenômeno da temperatura (Figura 22-1), fotossíntese (Figuras 12-4, 12-8, e 12-9), nutrição mineral (Figuras 6-5 e 6-6), ação das enzimas (Figura 9-10) e transporte de íons através das membranas (Figura 7-15). Discutimos as curvas em termos da cinética da enzima de Michaelis-Menten (Seção 9.5) e aplicamos esse conceito à nossa discussão sobre a mudança da sensibilidade à auxina na resposta gravitrópica dos caules de dicotiledôneas (Seção 19.5, Figura 19-17). O nível de saturação aproximado, à medida que o fator aumenta, é chamado de V_{max} na discussão de Michaelis-Menten, e sugere a disponibilidade máxima dos locais de reação (por exemplo, locais de ligação da auxina). O nível do fator (concentração, por exemplo) que produz metade do V_{max} é chamado de constante de Michaelis, K_m, e indica a afinidade dos locais de reação com o fator (por exemplo, auxina).

Portanto, as curvas de resposta da dose do tipo de saturação nos fornecem um insight do que está acontecendo entre o fator e sua provável *interação* com o organismo; e podemos falar de mudanças na sensibilidade de V_{max} e K_m.

A Figura 25-1 mostra a curva básica de resposta da dose com três fases ou zonas: deficiência, tolerância e toxicidade. Isso foi enfatizado por Victor E. Shelford (1913) no que chamamos de **lei da tolerância**. Desde que a adição de um fator resulte em uma resposta elevada, podemos dizer que o fator é **deficiente**. Se o aumento no fator não altera a resposta, ele está presente na zona da **tolerância**. O nível mais baixo do fator para dar a resposta máxima é o **ideal**. Quando a adição do fator causa uma resposta reduzida, ele está presente na zona de **toxicidade** ou **inibição**. Entre o ideal e a toxicidade, falamos do **consumo de luxo**. Obviamente, um elemento que não é essencial não terá efeito até que se torne tóxico, e essa toxicidade às vezes pode ser letal, independente de o elemento ou do outro fator ser ou não essencial. (Consulte a discussão em Berry e Wallace, 1989.)

É fácil entender essas curvas entre o mínimo e o ideal e compreender o conceito da saturação: o organismo simplesmente utiliza o fator que está sendo considerado até que sua capacidade para essa utilização seja esgotada ou saturada. Mas e a toxicidade ou inibição presente em tantos desses exemplos? As explicações da toxicidade variam, dependendo do fenômeno que está sendo considerado. Quando o crescimento é inibido pela temperatura alta, sugerimos a desnaturação da enzima como explicação (consulte Figura 22-3), mas nem sempre isso

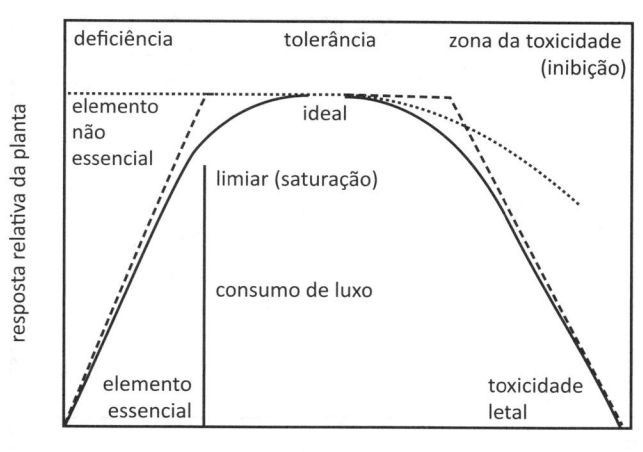

FIGURA 25-1 Curva de resposta da dose generalizada, mostrando a resposta de um organismo a um parâmetro ambiental. A curva tem três fases, com zonas de deficiência, tolerância e toxicidade ou inibição. Observe que um fator não essencial pode ser tóxico em níveis altos. Mínimo, ideal e máximo (apenas o ideal é mostrado) são chamados de pontos cardeais. Normalmente, existe uma ampla zona de tolerância; uma vez que as quantidades adicionais do parâmetro nessa zona não induzem uma resposta adicional da planta (tipicamente, a produção), falamos do consumo de luxo.

é satisfatório. Lembre-se da *Laothenia chrysostoma* (Seção 22.8), que morre dentro de trinta dias quando as temperaturas noturnas são de 26 °C; certamente, as enzimas não estão sendo desnaturadas nessas temperaturas, porque temperaturas diurnas de 26 °C ou acima não são prejudiciais. Não há dúvida de que as causas são complexas, envolvendo talvez a produção de um inibidor durante as noites quentes (sugerindo uma interação com o fitocromo?). As concentrações supraideais de nutrientes minerais podem se tornar tóxicas, porque começam a interagir com os sistemas do organismo diferentes daqueles que estavam respondendo na parte ascendente das curvas.

O livro de Justus Liebig (1841), publicado na Alemanha em 1840 e traduzido para o inglês como *Organic chemistry in its applications to agriculture and physiology*, causou um imenso impacto no pensamento sobre as plantas. Ele quase se tornou um best-seller. No livro, Liebig formulou sua **lei do mínimo**, que, em retrospecto, pode ser derivada e entendida com base nas curvas da saturação. A lei afirma: "O crescimento de uma planta depende da quantidade de alimentos apresentados para ela em quantidades mínimas". Essa é a zona de deficiência da curva da resposta da dose (consulte a Figura 25-1). F. F. Blackman (1905) discutiu o princípio na Inglaterra (sem referência a Liebig) e propôs o termo **fator limitador** para esse "alimento apresentado... em quantidades mínimas".

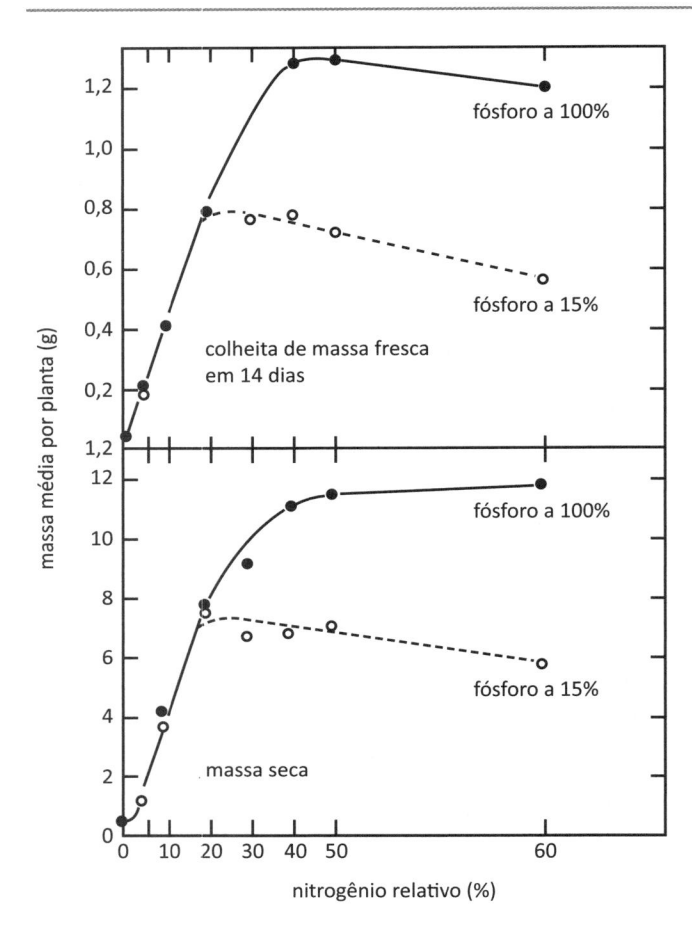

FIGURA 25-2 Resultados de um experimento em nutrição mineral. Pés de tomate foram cultivados em vermiculita e regados com soluções nutrientes contendo várias concentrações de nitrato (NO_3^-) e uma das duas concentrações de fosfato de diidrogênio ($H_2PO_4^-$), conforme mostrado. A massa fresca e seca, plotada como função da concentração de nitrato, produz "curvas de Blackman" típicas, ilustrando muito bem a lei de Liebig. O nitrato na solução de nitrogênio a 100% foi 15 mM, e o fósforo na solução a 100% foi 1,0 mM (0,15 mM na solução a 15%). As plantas foram regadas com soluções nutrientes às segundas, quartas e sextas-feiras e com água destilada nos outros dias. As curvas representam os pesos frescos e secos de plantas com 14 dias de idade; observe as leves diferenças nos formatos das curvas. Os dados são as médias de seis plantas. (Consulte mais detalhes em Salisbury, 1975.)

A Figura 25-2 ilustra o conceito de Liebig e Blackman com um experimento simples de nutrição mineral, que envolve dois níveis de fósforo nas soluções nutrientes com uma ampla variedade de concentrações de nitrogênio. O limiar do nitrogênio é extremamente baixo, mas abaixo desse nível as plantas não crescem (isto é, elas ficam do mesmo tamanho de quando foram transplantadas). *À medida que o nitrogênio aumenta, as plantas respondem da mesma forma aos dois níveis de fósforo, até que o fósforo se torna limitador do nível de saturação do nitrogênio.* Uma concentração mais alta do fósforo leva a um nível de saturação mais alto para o nitrogênio. Essas curvas ideais são chamadas de curvas de Blackman.

As implicações práticas da lei de Liebig foram e continuam sendo óbvias e importantes. Na agricultura (Liebig foi provavelmente o primeiro químico agrícola), o desafio é descobrir o fator limitador e fornecer quantidades suficientes dele. Se a produção da planta for limitada por quantidades insuficientes de nitrogênio, mais nitrogênio é aplicado. Quando nitrogênio suficiente tiver sido aplicado, talvez o fósforo se torne limitador e precise ser aplicado. Essa abordagem tem tido sucesso espetacular desde 1840; hoje, produzimos muito mais alimentos em um hectare de terra do que antes. Obviamente, o fator limitador pode ser uma ou mais das diversas particularidades que estão por trás dos nutrientes minerais: água, dano causado por pestes (doenças, insetos), competição com as ervas, concentração de CO_2 (principalmente nas estufas) ou os genes da planta (e o resultante sucesso dos programas de cultivo), para citar exemplos importantes.

Houve poucas tentativas de descobrir e solucionar todos os fatores ambientais que podem ser limitadores, mas a exploração do espaço forneceu um ímpeto para isso. Por exemplo, se fôssemos estabelecer uma colônia permanente na Lua ou em Marte, precisaríamos cultivar alimentos para os habitantes, porque todos os fatores ambientais teriam de ser controlados com equipamentos incrivelmente encarecidos pelo custo do seu transporte para a Lua ou Marte; torna-se essencial aprender a cultivar e preparar alimentos com o máximo possível de eficiência, e reciclar os nutrientes vegetais sem o acúmulo de materiais potencialmente tóxicos. A United States National Aeronautics and Space Administration patrocina pesquisas sobre o sistema biorregenerador chamado de CELSS (Sistema Ecológico Controlado de Suporte à Vida), descrito no ensaio do quadro.

A lei de Liebig pode ser aplicada aos estudos de ecologia fisiológica, porque a distribuição geográfica de uma planta pode ser limitada em uma de suas fronteiras pelo fator apresentado na quantidade "mínima". Essa questão sempre é relativa, porque quantidades variáveis de diferentes elementos e parâmetros ambientais são exigidas pelas plantas (veja exemplos nas Tabelas 6-1 e 6-3) e a toxicidade também pode ser limitadora.

Interação dos fatores

Infelizmente, as coisas não são tão simples quanto a lei de Liebig pode sugerir. Em condições cuidadosamente controladas, como as representadas na Figura 25-2, tudo pode funcionar como a lei prevê. No mundo real, raramente as coisas funcionam tão bem; as curvas não são idênticas nas

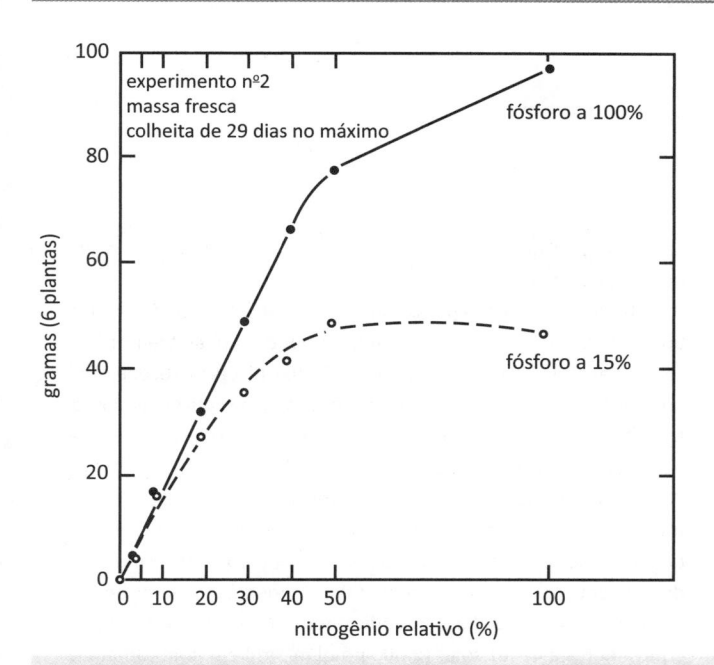

FIGURA 25-3 Massa fresca e foto de pés de tomate de 29 dias de idade tratados como na Figura 25-2. As curvas de concentrações baixas ("limitadoras") de nitrogênio não são mais exatamente sobrepostas; isto é, a lei de Liebig deixou de se aplicar. (De Salisbury, 1975.)

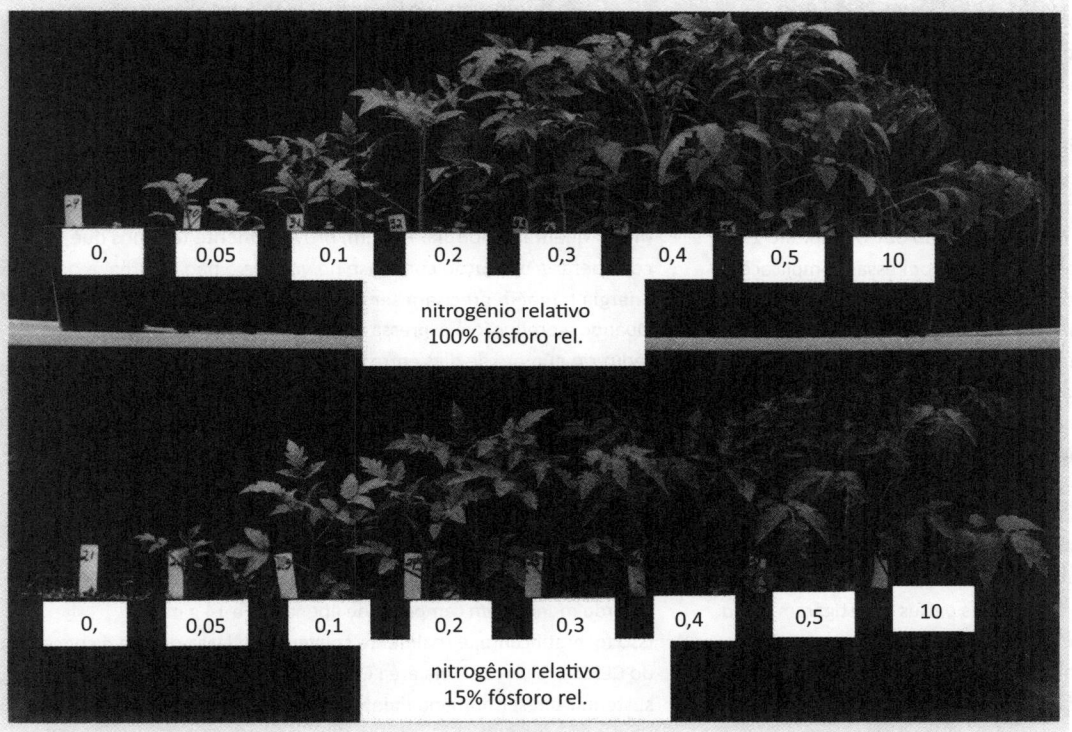

partes ascendentes, nas quais apenas um fator deve ser limitador. A Figura 25-3 mostra uma resposta mais típica; o experimento foi o mesmo que o ilustrado na Figura 25-2, mas as plantas eram relativamente mais velhas.

Existem várias maneiras de explicar a falha da lei de Liebig. Provavelmente, tudo se resume a uma única ideia: o ponto até o qual a lei de Liebig pode funcionar (isto é, até o qual as curvas de Blackman podem ser obtidas nos estudos de múltiplos fatores) depende de até que ponto os fatores considerados entram em reações dentro do organismo. Digamos, por exemplo, que vamos plotar a fotossíntese como função da irradiação em dois níveis de CO_2. Se pudéssemos estudar um único cloroplasto, a irradiação saturante poderia ser bastante diferente. Mas, no mundo real, as células inferiores de uma folha ou as folhas inferiores da planta não conseguem tanta luz quanto as células ou folhas superiores; a fotossíntese não terá a mesma intensidade. A difusão do CO_2 na folha também não será uniforme.

Fatores limitadores e produções máximas no Sistema Ecológico Controlado de Suporte à Vida (CELSS)

Frank B. Salisbury

A lei da tolerância, que inclui os conceitos de fatores limitadores e níveis de fator ideal (consulte a Figura 25-1), sugere que o potencial genético de uma planta para a produtividade pode ser atingido se todos os fatores ambientais puderem ser otimizados. Esse conceito é verdadeiro com a definição da palavra ideal. Podemos aplicar a ideia na produção agrícola ou na de qualquer planta? As dificuldades estão em otimizar o ambiente e saber quando esse objetivo foi atingido. Não podemos simplesmente reter todos os fatores, exceto uma constante, variando esse fator e medindo a produção para obter a curva de resposta que mostre a "dose" (nível do fator ambiental) ideal que gerou a produção ideal, como na Figura 25-1? E não podemos fazer isso para cada fator ambiental, combinando os níveis ideais de todos os fatores ambientais para gerar a produção máxima?

Existem pelo menos dois problemas práticos nessa abordagem. Primeiro, o nível ideal de um fator pode mudar de acordo com a alteração dos outros fatores; isto é, diferentes curvas de resposta da dose podem ser obtidas para um determinado fator quando permitimos que os outros fatores variem, como é ilustrado na Figura 25-2 para o nitrato e o fosfato. Em segundo lugar, sabemos que os níveis ideais de um determinado fator ambiental mudam com o tempo. As temperaturas ideais durante o ciclo de vida da planta são um exemplo, e as temperaturas ideais diárias são outro (Capítulo 21; consulte também Salisbury e Marinos, 1985). Com essas complicações, como podemos ter certeza de que a produção máxima foi atingida? Até recentemente, houve algumas tentativas de aplicar esse conceito. Foi necessária a exploração do espaço para fornecer uma oportunidade. Se quisermos estabelecer um posto na Lua e uma base em Marte (objetivos atuais dos Estados Unidos), teremos sérios problemas para fornecer alimentos e purificar a atmosfera para os exploradores de outros mundos. Os métodos físico-químicos foram desenvolvidos para remover o CO_2 da atmosfera e reciclar a água em um ambiente vedado, mas as plantas podem cumprir essas funções e produzir o alimento e o oxigênio ao mesmo tempo. Portanto, a Nasa e programas espaciais da Rússia e de outros países investigaram o uso de sistemas biorregenerativos de suporte à vida, mais comumente chamados de CELSS (Sistema Ecológico Controlado de Suporte à Vida). No posto lunar ou na base marciana, uma variedade de safras pode ser cultivada em um ambiente completamente controlado, removendo-se no processo o dióxido de carbono respirado pelos seres humanos, liberando-se o oxigênio e vapor de água (que será condensado na forma purificada) e produzindo-se alimentos. O equipamento para controlar todos os fatores ambientais seria altamente complexo, bastante grande e precisaria de quantidades relativamente elevadas de energia, principalmente se a luz artificial fosse usada para gerar a fotossíntese. Sendo esse o caso, é essencial tentarmos atingir a produção máxima da safra. A alternativa a essa abordagem é a reciclagem físico-química dos componentes atmosféricos e da água, mais o reabastecimento contínuo de alimentos da Terra. A ponderação está entre o custo de um CELSS funcional e o custo dos sistemas físico-químicos somados ao reabastecimento. Se o tempo longe da Terra for pelo menos de três a cinco anos (como parece provável), pode ser feito um CELSS que funcione com eficiência suficiente para vencer nessa ponderação?

A partir de 1980, a Nasa patrocinou alguns estudos para determinar quais produções de safras poderiam ser obtidas em ambientes completamente controlados. Na Utah State University, recebemos uma verba para que tentássemos obter produções máximas com o trigo.* Eu estabeleci o projeto e Bruce Bugbee foi o responsável pela sua operação cotidiana; ele se tornou seu diretor.

Para começar, sabíamos que níveis altos de luz (fluxos de fótons) seriam críticos para a obtenção de produções altas e que a temperatura, CO_2, umidade, velocidade do vento e meio de nutriente seriam importantes. Adquirimos três câmaras de crescimento comercial e as modificamos para produzirem irradiações equivalentes à da luz solar (2.000 $\mu mol\ m^{-2}\ s^{-1}$) em uma câmara e metade da luz solar nas outras duas.

A aplicação do CELSS nos forçou a perceber a importância do tempo no cálculo da produção. Não existem estações na Lua, principalmente em um ambiente controlado situado alguns metros abaixo do solo (para evitar uma radiação potencialmente letal), e assim que uma safra é colhida, a próxima é plantada. Portanto, expressamos a produção como gramas de comida comestível por metro quadrado por dia. Por fim, provavelmente teremos que considerar a produção com base no volume e não na área, e o uso da energia também precisará ser considerado.

Quando a produção é expressa dessa maneira, é evidente que reduzir o número de dias entre o plantio e a colheita aumentará a produção diariamente. Portanto, depois de desenvolvermos uma solução nutriente hidropônica aceitável e cultivarmos as plantas em diferentes níveis de CO_2, reunimos os fatores ambientais que, em nossa concepção, maximizariam as produções, usando uma temperatura relativamente quente (27 °C) para encurtar o ciclo de vida e assim aumentar a produção diariamente. Ficamos surpresos com os resultados! Conseguimos produzir cerca de 23 $g\ m^{-2}\ d^{-1}$, enquanto o recorde mundial em campo foi de apenas 12 a 14 $g\ m^{-2}\ d^{-1}$.

Isso foi gratificante, e realmente convenceu a Nasa de que o conceito do CELSS era viável. Uma área CELSS de apenas 30 m^2 poderia sustentar um ser humano indefinidamente, se essa produtividade pudesse ser confiavelmente mantida.

Depois que a empolgação inicial passou, no entanto, olhamos a situação com uma abordagem mais realista. Cerca de 24% da biomassa total produzida nas câmaras consistia em grãos comestíveis; o restante eram folhas, caules e raízes (apenas 3 a 4% de raízes no nosso sistema hidropônico). No campo, o **índice de colheita** (porção da produção comestível) é de tipicamente 45% para o trigo. O exame de nossos pés de trigo mostrou que muitas cabeças não estavam

---

* Outros pesquisadores que receberam verbas foram Theodore W. Tibbitts, University of Wisconsin (batata); Cary Mitchell, Purdue University, Indiana (alface, outras safras); David Raper, North Carolina State University (soja); e a equipe do Tuskegee Institute, Alabama (batata doce).

cheias de grãos de trigo. A polinização e o desenvolvimento dos grãos não estavam ocorrendo normalmente. Nossas altas produções foram obtidas por causa das condições ideais e da alta densidade do plantio possibilitado por essas condições.

No final, escolhemos uma temperatura muito alta para a polinização normal e o desenvolvimento do grão. Quando reduzimos a temperatura para 21 °C (e 17 °C para o período de escuridão de 4 horas), o nosso ciclo de vida aumentou dos 59 dias prévios para 89 dias, mas o índice de colheita chegou a 45% e a produção do trigo comestível quase triplicou para 60 g m^{-2} d^{-1} – cinco vezes o recorde mundial em campo! Essas produções permitem uma área CELSS de apenas 13 m^2 para sustentar uma única pessoa! Obviamente, uma área real do CELSS seria consideravelmente maior que isso para fornecer um fator de segurança, permitir outras safras menos eficientes ("o homem não vive apenas de pão") e talvez permitir o uso de uma irradiação mais baixa, que se prove fotossinteticamente mais eficiente (consulte a Figura do quadro).

Será que finalmente atingimos o potencial máximo de produção genética para o trigo? E como podemos saber? É possível dar respostas experimentais, considerando que a fotossíntese sempre estabelece o limite superior da produção. Nenhuma planta verde que dependa da luz para o crescimento pode produzir mais energia de ligação química do que recebe como energia radiante. Além disso, estudos bioquímicos e a segunda lei da termodinâmica nos dizem que a fotossíntese nunca pode ser 100% eficiente (Capítulo 11). As considerações bioquímicas sugerem uma eficiência teórica máxima de aproximadamente 30%. Além disso, existem outras limitações. Parte da energia fixa será exigida para o crescimento da planta e para manter vivas as células que já estão em existência. Além disso, nem toda a energia luminosa que incide sobre a safra será absorvida e usada na fotossíntese (apesar de que, nos nossos plantios densos de trigo, a absorção é de 95 a 98%). Levando tudo isso em consideração (Bugbee e Salisbury, 1988, 1989), parece que nunca poderíamos esperar uma conversão de energia luminosa em uma energia de ligação química maior de 15 a 20%, e 13% pode ser um valor ainda mais realista. Como a Figura do quadro mostra, quase 11% da energia luminosa aplicada em nível inferior (400 μmol m^{-2} s^{-1}) nos pés de trigo em todo o seu ciclo de vida foram convertidos em energia de ligação química na biomassa colhida, e medimos (pela troca gasosa) eficiências de conversão ainda mais altas durante o período máximo de crescimento da safra (menores durante o estabelecimento do dossel e do amadurecimento das folhas e cabeças). Em resumo, estimamos que nos aproximamos da produção máxima comparando nossas produtividades com os limites teóricos estabelecidos pela fotossíntese. Se elas se aproximarem desses limites, apenas a luz deve ser limitadora; se não, existe algum outro fator.

Esses experimentos mostraram que as produções máximas para um ecossistema, como uma safra de trigo em uma câmera de crescimento, podem exceder os obtidos na melhor das condições de campo. Isso significa que os pés de trigo no campo estão funcionando em apenas um quinto ou menos de seu potencial genético? Provavelmente não.

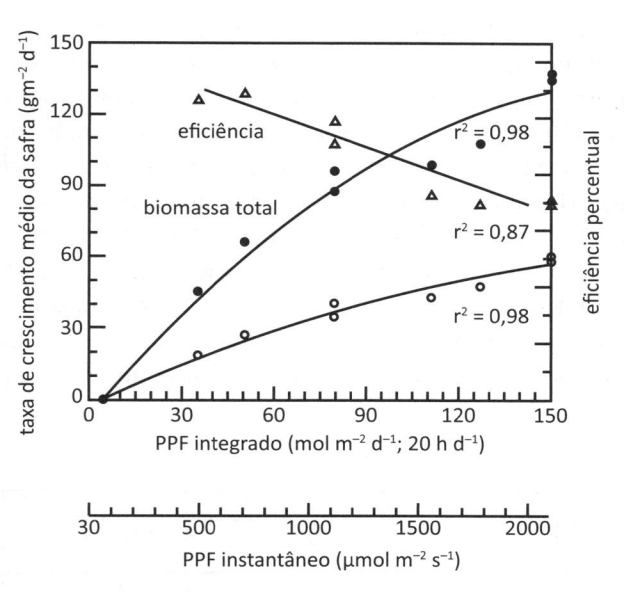

A taxa de crescimento médio da safra (biomassa total e da semente, que é o grão comestível) e a eficiência percentual (energia de ligação química da biomassa total como porcentagem da energia luminosa recebida) como função da irradiação aplicada aos pés de trigo em um ambiente controlado. A irradiação é mostrada como um fluxo de fótons fotossintéticos instantâneo (PPF: o fluxo de fótons que são eficientes na fotossíntese; 2.000 μmol m^{-2} s^{-1} = luz solar total) e PPF integrado por um dia de 20 horas. (Consulte Bugbee e Salisbury, 1988.)

Na verdade, os pés de trigo individuais no campo poderiam produzir melhor que nossas plantas nas câmaras de crescimento. A densidade do plantio no campo é da ordem de 200 a 500 plantas m^{-2}, enquanto o experimento mostrado na Figura do quadro usou 2000 plantas m^{-2} e temos densidades tão altas como 6000 m^{-2} em alguns experimentos. As incríveis produções alcançadas nas nossas câmaras não são causadas apenas pelas condições ideais de água e nutrientes, o CO_2 elevado (aproximadamente 1200 μmol mol^{-1}) e a temperatura, umidade e velocidade do vento quase perfeitas, mas principalmente porque essas condições combinadas com os altos níveis de luz (luz solar equivalente a 20 horas por dia; 2,5 vezes o que seria recebido em qualquer parte da Terra) permitem que as plantas sejam acondicionadas em plantios densos, essenciais para essas produções. Uma folha sob iluminação total em nossas câmaras pode produzir mais do que uma equivalente no campo por causa dessas condições ideais e porque o ciclo de vida foi encurtado (em relação a cerca de 120 dias no campo), mas cada planta não está produzindo cinco vezes mais que sua a equivalente no campo. As plantas no campo poderiam ter um desempenho melhor com condições mais ideais de luz, CO_2, nutrientes e água, mas elas têm um desempenho surpreendentemente bom da maneira como estão. (Mais detalhes em Salisbury, 1991.)

Como resultado, não haverá uma quebra nítida na curva (nem uma irradiação de saturação distinta), e a luz e o CO_2 podem limitar a fotossíntese ao mesmo tempo.

Talvez essa ideia seja mais fácil de entender com as constantes de equilíbrio. Pense em uma reação com dois precursores e um produto. Se a reação tiver uma grande constante de equilíbrio, de forma que os precursores sejam quase completamente esgotados (eles entram em reação até o máximo possível), a representação do produto como função da concentração do precursor produz curvas de Blackman (Figura 25-4, acima). Se, por algum motivo, a reação não for concluída (a constante do equilíbrio é pequena), a lei de Liebig não funciona tão bem (Figura 25-4, abaixo).

A lei de Liebig, com sua expansão de Shelford mostrada na Figura 25-1, pode orientar nossas especulações sobre a fisiologia ambiental? Não é um ponto de partida

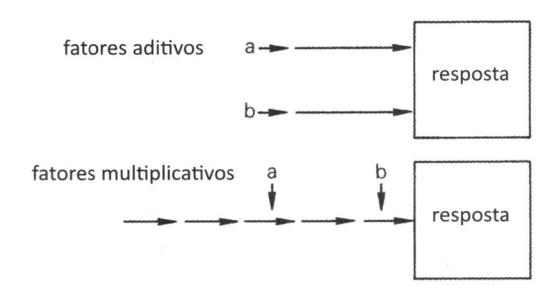

FIGURA 25-5 Uma ilustração dos fatores aditivos e multiplicativos de acordo com a análise de Mohr (1972).

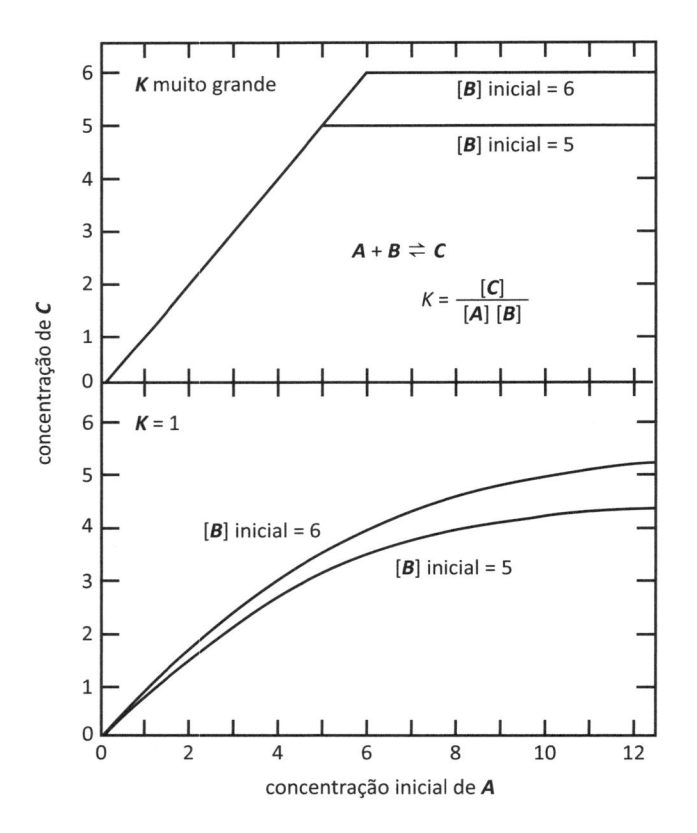

FIGURA 25-4 Uma ilustração do princípio dos fatores limitadores, como podem ser observados em uma reação de equilíbrio químico. Concentração de um produto hipotético (C) plotada como função da concentração inicial de um reagente (A) na presença de duas concentrações iniciais de outro reagente (B). (Acima) Com uma constante de equilíbrio muito grande, praticamente todo o A disponível entra na formação de C até que B se torne limitador em suas duas concentrações. Essa é a resposta ideal do fator limitador (curvas de Blackman). (Abaixo) Se K for apenas 1, mesmo em concentrações baixas, A e B limitam a quantidade de produto formado.

ruim. Podemos começar nossos estudos de produções agrícolas ou distribuição das plantas examinando os fatores limitadores deficientes ou tóxicos. Porém, provavelmente teremos que ir além dessas etapas iniciais para entender o mundo real, e descobriremos que mais de um fator (raramente, mais de 3 ou 4) limita a produção ou a distribuição.

Existem muitas complicações. Em uma forma de interação, o nível mínimo ou tóxico de um fator (para um determinado organismo) pode depender dos níveis de um ou mais outros fatores. Os íons de sódio ou potássio, por exemplo, podem ser bastante tóxicos para as plantas em concentrações baixas quando são fornecidos para as raízes na solução (junto com um ânion adequado, como o cloro). A adição de pequenas quantidades de íons de cálcio aumenta a concentração tóxica mínima dos íons de sódio ou potássio para níveis muito mais altos.[2] Outro exemplo é o efeito intensificador de um fármaco na resposta de um animal a outro fármaco. Se os dois fatores interagirem de uma maneira que as respostas conjuntas a eles sejam maiores que a soma das respostas isoladas para cada um, estamos falando da **sinergia**.

Algumas ferramentas matemáticas potentes foram desenvolvidas para nos ajudar a entender as interações dos fatores na natureza ou em experimentos controlados. Uma delas é a **análise de regressão**, que é uma ferramenta muito importante em situações como as de observações no campo, nas quais os dados devem ser obtidos como se encontram. Quando um experimento pode ser cuidadosamente projetado com antecedência (por exemplo, quando um tratamento pode ser definido de acordo com critérios estatísticos, isto é, aleatoriamente), a **análise de variância de Fisher** é usada ampla e adequadamente. (Consulte os livros de estatística para as descrições desses métodos.)

Esses estudos indicam se dois fatores ambientais interagem ou não. Se, em condições especiais, ambos

---

[2] Estamos lidando com a deficiência de cálcio e não com a toxicidade do sódio ou potássio? Não, porque outros íons fornecidos não são tóxicos sozinhos.

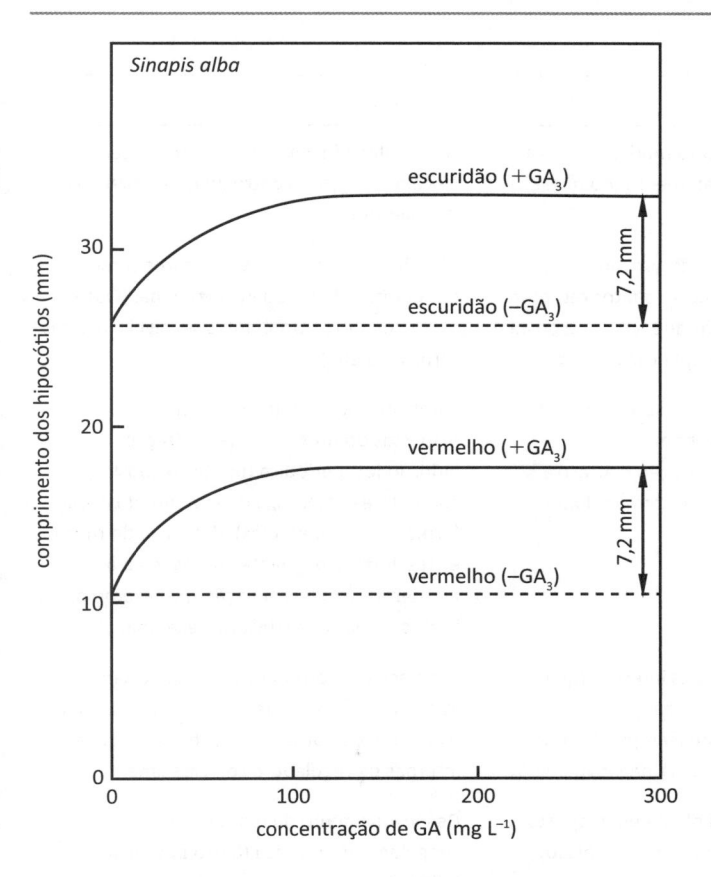

FIGURA 25-6 Um exemplo empírico de um "comportamento numericamente aditivo" em resposta a dois fatores. O alongamento dos hipocótilos do broto de mostarda foi investigado sob controle da luz (luz vermelha padrão contínua) e o ácido giberélico de aplicação exógena (GA_3). É aparente que a curva da resposta da dose para a GA_3 de aplicação exógena é a mesma com e sem luz. Observe que a GA_3 promove o alongamento do hipocótilo, enquanto a luz vermelha o inibe. O comprimento do hipocótilo foi medido 72 horas depois da semeadura. (Segundo Mohr, 1972.)

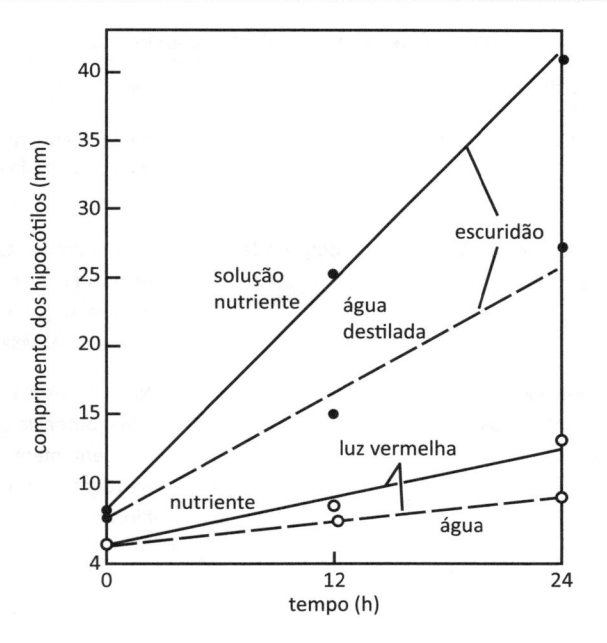

FIGURA 25-7 Uma ilustração dos efeitos multiplicativos. O crescimento do hipocótilo da mostarda branca (*Sinapis alba*) é representado como função do tempo. A luz vermelha inibe em comparação com a escuridão, e a água destilada inibe em comparação com uma solução nutriente completa (solução de Knop). A porcentagem da inibição é constante o tempo todo. (Segundo Schopfer, 1969).

influenciarem uma determinada resposta, mas não interagirem, eles podem ser aditivos ou multiplicativos em seus efeitos (Figura 25-5). Quando eles são **aditivos**, agem em sequências causais diferentes que levam à resposta. Digamos que um composto é feito em dois compartimentos diferentes na célula; um fator influencia cada um desses compartimentos. O crescimento do caule do pé de mostarda branca, por exemplo, pode ser influenciado opostamente pelo ácido giberélico e pela luz vermelha (fitocromo: P_{fr}). As duas respostas são puramente aditivas, como mostra a Figura 25-6. As **respostas multiplicativas** são mais comuns. Os dois fatores agem em etapas diferentes da mesma sequência causal (Figura 25-5), de forma que o efeito de um é sempre uma fração do efeito do outro. A taxa de crescimento do caule do pé de mostarda branca influenciada pela luz vermelha é determinada pela concentração dos íons ou da sacarose no meio de crescimento (Figura 25-7), por exemplo. A análise de variância mostra quando os fatores se adicionam ou multiplicam para controlar uma resposta; isto é, quando eles não interagem. Qualquer outro resultado da análise de variância indica uma interação entre os fatores, e existem muitos tipos de interação (consulte Lockhart, 1965; Mohr, 1972).

Os tipos de respostas das plantas ao ambiente

Além da maneira quantitativa pela qual um organismo responde ao ambiente, existem outras formas de classificar as respostas. Esses tipos de respostas são resumidos na Tabela 25-3, cujas ideias foram modificadas várias vezes desde sua apresentação original, por Anton Lang, na reunião anual do American Institute of Biological Sciences, na Purdue University, em 1961.

A tabela ilustra três conjuntos contrastantes de tipos de respostas – e também outras ideias. Primeiro, podemos comparar respostas imediatas (fotossíntese em resposta à irradiação) com as que são atrasadas por algum tempo (de muitos segundos a muitos dias) depois do estímulo ambiental que as inicia. Essa distinção é claramente relacionada ao segundo conjunto de tipos de resposta, que é o contraste entre as respostas fornecidas pelo recebimento de energia

TABELA 25-3 Tipos de respostas da planta ao ambiente

Tipo de resposta	Características	Exemplos
1. Direta (não atrasada)	À medida que o ambiente muda, a resposta da planta muda imediatamente (ou quase).	Fotossíntese (nível de luz), transpiração (carga de calor), reações controladas por enzimas (temperatura)
2. Desencadeada ou ativada/desativada	O fator ambiental atravessa um limiar, a resposta começa mesmo se o fator retornar ao nível original; com frequência, a resposta é atrasada. Às vezes, a amplificação ocorre.	Germinação em resposta a fatores como temperatura baixa ou luz vermelha. (Outros exemplos são raros: plantas sensíveis, plantas carnívoras etc.)
3. Respostas atrasadas moduladas (quantitativas)	Nível de resposta determinado pelo nível (potencial) do fator ambiental; frequentemente, amplificação e atraso; frequentemente, interage com o relógio biológico.	Fototropismo, gravitropismo, muitas respostas do fitocromo, vernalização, indução fotoperiódica (muitas respostas, como florescimento, alongamento do caule, formação de tubérculos), definição do ritmo e crescimento da planta em resposta à temperatura de germinação (por exemplo, brotos de pêssego). (Muitos exemplos.)
4. Homeostase	Conservação de condições internas (quase) constantes apesar das mudanças no ambiente; normalmente (sempre?), obtida por intermédio do feedback negativo.	Temperatura corporal e química do sangue de aves e mamíferos; interações entre a abertura estomatal e a fotossíntese, concentrações internas de reguladores do crescimento.
5. Efeitos condicionadores	Mudanças graduais na planta em resposta à exposição contínua a alguma condição ambiental.	Desenvolvimento da resistência ao congelamento ou seca (baixo potencial hídrico).
6. Efeitos de transferência	Efeitos das condições do crescimento transportadas por duas ou mais gerações.	Experimentos com pés de ervilha congênitos (consulte o texto); outros exemplos menos documentados.

do ambiente (por exemplo, fotossíntese ou reações controladas por enzimas) e as respostas que são desencadeadas por alguma mudança ambiental, mas usam a energia fornecida pelo metabolismo da planta para produzir a resposta, e não a energia derivada da alteração no ambiente que causa a resposta. Nessa última situação, falamos da **amplificação** do parâmetro ambiental. Por exemplo, a energia necessária para que um caule se curve na direção de uma fonte de luz unilateral deve ser muito maior que a energia fornecida pela quantidade relativamente pequena de fótons que iniciam a flexão fototrópica (que pode ser aplicada apenas por um breve instante; a flexão demora muito mais). No terceiro conjunto de respostas, algumas respostas da planta (talvez a germinação) são desencadeadas por alguma mudança ambiental (isto é, elas são ativadas ou desativadas pela mudança). Um bom exemplo é o fechamento explosivo da cata-moscas de Vênus, uma planta carnívora com pelos desencadeadores nas superfícies internas de duas folhas opostas especiais. Quando alguma coisa encosta nesses pelos (normalmente, um inseto), o ácido pode ser secretado para dentro das paredes de células externas das folhas, fazendo com que elas cresçam rapidamente e a armadilha se feche explosivamente (Seção 19.2).

Mais comumente, as respostas da planta não são apenas iniciadas por uma mudança ambiental, mas a extensão da mudança determina a extensão da resposta; isto é, a resposta é **modulada** pela mudança ambiental – mesmo que ela possa ser consideravelmente atrasada.

Homeostase é uma resposta particularmente interessante do organismo ao ambiente, na qual alguma característica da condição interna do organismo é mantida relativamente constante ou se permite que varie apenas dentro de limites restritos, apesar das mudanças muito mais amplas no mesmo fator ambiental, fora do organismo. De longe, os melhores e mais estudados exemplos estão entre os animais (por exemplo, a temperatura corporal dos mamíferos e aves), mas o fenômeno também é reconhecido nas plantas. Por exemplo, os níveis de Ca^{2+} e fosfato são mantidos dentro de limites relativamente estreitos dentro do citoplasma, principalmente pelo movimento através do tonoplasto para dentro e fora do vacúolo (consulte Boiler e Wiemken, 1986). Se esses íons se tornarem muito concentrados no citosol, eles podem danificar enzimas importantes ali (consulte a Seção 6.7), mas também contribuem de maneira positiva com o metabolismo celular. (Os níveis de Ca^{2+} no citosol estão tipicamente na faixa micromolar; no vacúolo, as concentrações frequentemente são de cerca de 10 mM.)

Os **efeitos de transferência** podem ter uma importância ecológica considerável, embora tenham sido estudados cuidadosamente por poucos pesquisadores. No começo da década de 1950, Harry Highkin, que trabalhava no California Institute of Technology, descobriu que pés de ervilha geneticamente puros e congênitos não cresciam bem quando as temperaturas diurnas e noturnas eram iguais ou mantidas constantes (10, 17 ou 20 °C; consulte Highkin e Lang, 1966). Quando os pés de ervilha eram cultivados por várias gerações sob condições adversas, cada geração (até a quinta) tinha um crescimento pior que o da prévia. Quando Highkin reverteu a situação (sementes germinadas de plantas impedidas de crescer sob condições ideais), pelo menos três gerações foram necessárias para atingir o nível máximo de crescimento. Essa transferência dos efeitos ambientais de uma geração para a próxima parece contrária à maioria dos nossos conceitos de genética. (O ambiente não altera as sequências de nucleotídeos nos genes.) Todavia, o fenômeno é real e, desde então, foi confirmado por outros pesquisadores. Os fornecedores de sementes e outros dizem que estão conscientes desse fenômeno há anos. Highkin e os demais tiveram o cuidado de demonstrar que os efeitos não eram causados pela seleção genética. Aparentemente, o embrião em desenvolvimento (ou talvez o material alimentar armazenado nos cotilédones) é, de alguma maneira, condicionado pelo ambiente e pela planta mãe, de forma que o efeito é transportado para algumas gerações sucessivas.

25.4 Ecótipos: a função da genética

Supomos que a distribuição de uma determinada espécie é determinada pela sua genética, mas e se houver diversidade genética dentro de uma espécie? É possível que as plantas anãs *Potentilla glandulosa* do alto da Sierra Nevada, por exemplo, tenham uma composição genética que lhes permita sobreviver em temperaturas relativamente baixas, enquanto as *Potentilla glandulosa* maiores, encontradas em elevações mais baixas, tenham uma genética que lhes permita sobreviver apenas em temperaturas mais altas? Quando pensamos nos princípios da alteração da combinação de genes evolucionários, podemos certamente esperar essas situações. Os processos reprodutivos são relativamente lentos, o que torna a taxa de fluxo de genes relativamente lenta também, mas as pressões climáticas sobre a população diferem conforme o local. Assim, poderíamos esperar que a composição genética de uma população varie ao longo de toda a variedade dessa população.

Podemos imaginar duas explicações possíveis para as *Potentillas* anãs e as grandes: em primeiro lugar, sua composição genética pode ser semelhante, mas suas aparências diferentes podem ser causadas pelos climas diferentes aos quais são expostas; em segundo lugar, as diferenças podem ser causadas pela diversidade genética em si. Como podemos distinguir entre essas duas possíveis explicações? Obviamente, o que temos que fazer é reunir as plantas diferentes e cultivá-las em um **jardim uniforme** ou em um ambiente controlado. Na década de 1920, Gote Turesson (1922) desenvolveu, na Suécia, a abordagem do jardim uniforme com um alto nível de precisão. Jens Clausen, William Hiesey e David Keck (década de 1940), do Carnegie Laboratory da Stanford University, na Califórnia, fizeram o mesmo. No final, o ambiente e a genética são importantes.

Os efeitos ambientais sobre a morfologia (isto é, a aparência) e a fisiologia da planta são comuns. Turesson chamou de **ecofenos** as plantas com composições genéticas semelhantes, que exibem diferenças causadas pelos ambientes naturais variados. Normalmente, isso não é enfatizado em discussões como esta, porque as diferenças genéticas que discutiremos são obviamente importantes. Todavia, devemos perceber que o ambiente pode produzir e produz muitos ecofenos diferentes a partir de qualquer estoque genético uniforme. Numerosos efeitos da temperatura, luz, nutrientes e outros fatores sobre o crescimento e o desenvolvimento da planta foram enfatizados neste e em vários outros capítulos.

Turesson e outros também encontraram diferenças genéticas nos representantes retirados de diferentes áreas da distribuição de uma espécie. Turesson chamou esses diferentes representantes genéticos da população de **ecótipos**. Quando as *Potentillas* da Sierra Nevada, do litoral e de outros lugares foram reunidas em um jardim uniforme, elas continuaram mostrando diferenças morfológicas surpreendentes e significativas (Figura 25-8). Muitas espécies foram estudadas e parece óbvio que os diferentes ambientes exercem diferentes pressões de seleção, resultando em diferentes composições genéticas diretamente correlacionadas com a geografia.

Como era de se esperar, a seleção também atua nas respostas fisiológicas ao ambiente (Billings, 1970; consulte também Tieszen et al., 1981). Por exemplo, os ecótipos fotoperiódicos foram demonstrados em várias espécies (Seção 23.4). Os pés de alazão alpino (*Oxyria digyna*) coletados de vários locais no Ártico floresceram apenas em

FIGURA 25-8 Foto de três espécimes de *Potentilla glandulosa* criadas em um jardim uniforme em Mather, Califórnia, e coletadas de 5 a 18 de junho de 1935. As plantas foram originalmente coletadas de três locais: litoral, meio da Sierra (Mather) e estações alpinas – na Califórnia, cinco a treze anos antes. (De Clausen et al., 1940.)

resposta a dias com mais de 20 horas, enquanto os que foram coletados nas montanhas do sul floresceram em dias com mais de 15 horas, por exemplo. As plantas árticas também atingiram taxas de pico de fotossíntese em temperaturas inferiores às de suas equivalentes do sul, mas as alpinas que cresciam em elevações altas e pressões relativamente menores de CO_2 eram mais eficientes na utilização do CO_2. Qualquer taxonomista competente classificaria as espécies de alazão alpino como a mesma espécie, mas uma observação detalhada revelou diversas diferenças morfológicas entre as representantes do norte e do sul, além das diferenças fisiológicas observadas.

Poderíamos citar muitos outros exemplos. Em um estudo, Olle Bjorkman (1968), no Carnegie Laboratories, em Stanford, Califórnia, estudou a enzima que fixa o CO_2 na fotossíntese do ciclo de Calvin (ribulose-1,5-bifosfato carboxilase: rubisco; consulte o Capítulo 11). Primeiro, ele examinou dois ecótipos da vara dourada (*Solidago virga-urea*): um que cresce normalmente no Sol e outro na sombra. Ele descobriu que o ecótipo do Sol tinha muitas vezes mais enzimas que o da sombra, mesmo quando o da sombra era cultivado no Sol. Esse achado é estreitamente correlacionado com as taxas de fotossíntese dos dois ecótipos. Bjorkman também estudou diferentes espécies, algumas coletadas da sombra profunda de uma floresta de sequoias no litoral da Califórnia e outras em vários locais ensolarados, todos próximos de Stanford. Novamente, a enzima tinha uma atividade mais alta por área unitária de folha nas plantas do sol do que nas da sombra.

Os efeitos de transferência discutidos na subseção prévia poderiam ser complicações no jardim uniforme e em outros estudos. As diferenças aparentes nas primeiras gerações poderiam ser causadas pela transferência, e não pela genética. Não foi estudado se isso ocorre quando as plantas são transplantadas e não criadas a partir de uma semente, mas a maioria dos pesquisadores de campo acredita que as complicações sejam secundárias (porém, consulte Clements et al, 1950).

25.5 Adaptações da planta ao ambiente de radiação

Existem várias maneiras pelas quais a radiação (cuja parte visível é a luz) varia na natureza. Quase todas as variações têm uma importância potencial para as plantas. Como exemplo da atividade de pesquisa na fisiologia ambiental – ou ecofisiologia – revisaremos o ambiente de radiação e as respostas da planta (Smith, 1983).

O ambiente de radiação

Os parâmetros básicos do ambiente de energia radiante natural são controlados pelas características astronômicas da Terra – um planeta quase esférico e giratório dotado de atmosfera, seu equador inclinado 23,5° em relação ao plano de sua órbita ao redor do Sol. As latitudes ao norte e sul do equador, a rotação diária e as estações resultantes do equador inclinado determinam a elevação do Sol acima do horizonte em qualquer ponto da superfície da Terra, em qualquer horário do dia e em qualquer dia do ano. Esses fatores também determinam a duração do dia (consulte a Figura 23-1). A elevação do Sol acima do horizonte determina, em primeiro lugar, o tamanho do caminho atmosférico que os raios do sol devem percorrer para atingir um ponto da Terra e, em segundo, a área da superfície horizontal que será irradiada por uma determinada área transversa dos raios do Sol. Quanto maior a superfície irradiada por uma determinada área transversa (isto é, quanto mais longe se está do equador), mais frio o clima provavelmente será. A duração do dia é uma função da elevação do Sol quando ele está em seu zênite e do ângulo do trajeto diário do Sol em relação ao horizonte; quanto mais agudo o ângulo, mais curto é o dia no inverno (até um dia de 0 hora) e mais longo no verão (até um dia de 24 horas).

Essas características astronômicas do ambiente de energia radiante podem ser modificadas em qualquer hora e lugar na superfície da Terra por outros fatores, incluindo o clima (nuvens), a composição atmosférica (por exemplo, poluição natural ou causada por seres humanos), sombreamento pela topografia e pela vegetação, reflexão e fatores controlados pelos seres humanos, como as sombras dos edifícios e os vidros pelos quais a radiação deve passar. Podemos esperar que as plantas se adaptem a praticamente todas as variações naturais. Pense nos quatro seguintes aspectos do ambiente de radiação e em como podem variar.

Irradiação ou fluxo de fótons[3] Nas latitudes do norte (ou sul), por causa da elevação solar inferior e do trajeto atmosférico mais longo, as irradiações ao meio dia e por área de unidade são imensamente reduzidas em comparação com as de regiões equatoriais. Ainda assim, o fluxo diário total de fótons no norte é frequentemente maior no verão que nas latitudes equatoriais, por causa dos longos dias de verão no norte (Figura 25-9). Obviamente, o clima e outros fatores frequentemente modificam os fluxos de fótons instantâneos e integrados.

Composição espectral: qualidade No pôr do sol ou na alvorada em todas as latitudes (quando a elevação do Sol é inferior a 10°), o ambiente total da luz (a parte do espectro à qual o olho humano é sensível) torna-se enriquecida nos comprimentos de onda azul (380 a 500 nm) e vermelho-distante (700 a 795 nm; Figura 25-10). A luz vermelha-distante também aumenta em relação ao laranja-vermelho (595 a 700 nm; consulte a Figura 23-12). Os comprimentos de onda azuis são enriquecidos porque grande parte da irradiação vem do céu azul (dispersão atmosférica); a luz vermelha-distante é enriquecida porque, quanto mais longo o trajeto atmosférico direto que os raios do Sol atravessam, mais comprimentos de ondas curtas (azuis) são preferencialmente removidos pela dispersão.

A radiação ultravioleta é bastante reduzida pelo ozônio estratosférico. Na sombra, a luz azul é enriquecida em relação aos comprimentos de onda mais longos porque a maior parte da luz vem do céu azul, mas talvez a alteração mais profunda na qualidade seja causada pelas sombras da folha (Seção 20.7). Esse fenômeno ocorre porque a clorofila absorve grande parte da luz vermelha, mas as folhas transmitem a luz vermelha-distante, de forma que a sombra da folha é bastante enriquecida na luz vermelha-distante. As nuvens não mudam profundamente a composição espectral, embora a luz azul seja relativamente enriquecida e a dispersão de todos os comprimentos de onda seja elevada. A poluição natural (por exemplo, vulcânica) e a causada pelo homem podem influenciar a qualidade de várias maneiras, principalmente pela redução dos comprimentos de onda azuis. A luz que passa pela neve pode ser influenciada de várias maneiras, dependendo das condições da neve (Marchand, 1987; Richardsen e Salisbury, 1977).

A luz da lua (luz solar refletida) tem menos luz azul que a luz solar, mas, em outros aspectos, é semelhante. Sua irradiação é cerca de seis ordens de magnitude menor que a da luz solar (consulte a Figura 23-12). A luz das estrelas tem uma irradiação cerca de 2,5 ordens abaixo da da luz da Lua, porém com um espectro semelhante ao dela.

Duração ou ciclo diurno da luz Já observamos os efeitos cruciais da latitude sobre a duração do dia, mas é importante notar que os fatores modificadores das nuvens, topografia e sombra da folha, reflexão e outros aspectos influenciam a duração do dia proporcionalmente menos que outros aspectos do ambiente de radiação. Essa influência depende da sensibilidade com que uma determinada planta pode detectar as mudanças no nível de luz (Seção 23.8), mas as plantas são aparentemente muito sensíveis às leves mudanças na irradiação que ocorrem rapidamente, logo antes do nascer do sol ou depois do pôr do sol. Portanto, a duração do dia detectada por uma planta pode ser alterada apenas ligeiramente pelas nuvens e sombras (digamos, 7 a 10 minutos em 12 horas, o que é um pouco mais de 1%). Os efeitos na irradiação e no espectro podem ser muito maiores que isso.

Direção A direção dos raios do Sol é uma função da sua elevação e da sua posição. Obscurecendo o Sol como uma fonte "pontual" de irradiação, as nuvens e outras sombras destroem a direção da radiação recebida com mais ou menos intensidade.

Respostas da planta à energia radiante

Nos próximos parágrafos, revisaremos brevemente as categorias de respostas das plantas à energia radiante (consulte a Tabela 25-4), a maioria das quais já foi

---

[3] Como discutido no Apêndice B, **irradiação** se refere à energia radiante que incide sobre uma área de superfície de unidade em um tempo de unidade. **Fluência** é a energia por área de unidade (não corrigida pelo cosseno) sem o fator do tempo. Os fisiologistas das plantas e outros usaram o termo *intensidade* para expressar a ideia de irradiação, mas os físicos reservam **intensidade** para a energia emitida por uma *fonte* de luz. A irradiação pode ser expressa em unidades de energia, como watts por metro quadrado (W m^{-2}), que é o mesmo que joules por segundo por metro quadrado (J s^{-1} m^{-2}), ou número de moles por fótons por metro quadrado por segundo (normalmente *micromoles*: μmol m^{-2} s^{-1}), com o intervalo do comprimento de onda sendo especificado em cada caso. Quando usamos os termos da energia, devemos falar em **radiação fotossinteticamente ativa (PAR)**; com base nos fótons, falamos de **fluxo de fótons fotossintéticos (PPF)**. (Não é necessário adicionar o termo *densidade*, porque é redundante com *fluxo*.)

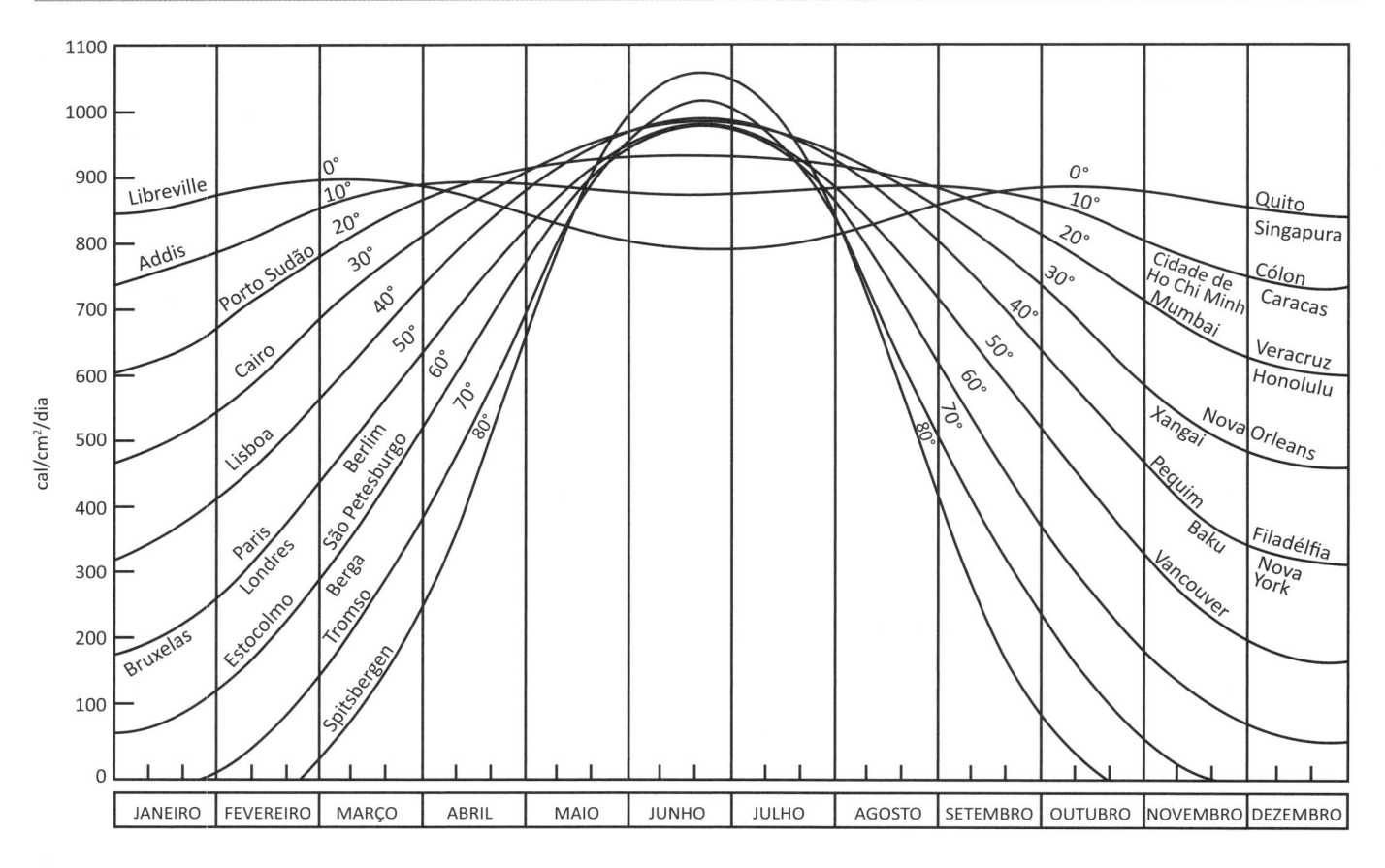

FIGURA 25-9 Totais diários da radiação solar não esgotada recebida em uma superfície horizontal para diferentes latitudes geográficas como função da época do ano, com base no valor da constante solar de 1,353 kJ m^{-2}s^{-1}. (Note que 1.000 cal cm^{-2} d^{-1} = 41,84 MJ m^{-2} d^{-1}; de Gates, 1962.)

discutida em vários capítulos deste livro. A fotossíntese é um bom exemplo de um tópico particularmente importante para a ecofisiologia vegetal moderna; portanto, será enfatizada na discussão a seguir.

Fotossíntese: ganho e alocação do carbono "Toda a carne é erva", disse Isaías (40:6), o profeta hebraico, 25 séculos atrás. Hoje, podemos dizer que toda erva e, consequentemente, toda carne, é luz solar, ar e água. A fotossíntese é a base de praticamente toda a vida e o principal processo metabólico de qualquer ecossistema. Parece claro que entender a fotossíntese de várias espécies em uma comunidade de plantas nos deixa mais próximos de entender a comunidade (Pearcy et al., 1987).

A **capacidade fotossintética da folha** (taxas fotossintéticas quando todos os fatores ambientais são ideais) foi estudada para muitas espécies e descobriu-se que varia quase 100 vezes, sendo mais alta para as plantas encontradas nos ambientes ricos em recursos (Mooney e Gulmon, 1979). A capacidade fotossintética mais alta é encontrada entre as anuais e gramíneas que crescem no deserto, onde a luz não é limitadora e outros recursos são intermitentemente abundantes, mas os arbustos de deserto perenes que devem passar por períodos de seca têm capacidades fotossintéticas muito baixas (Ehleringer e Mooney, 1984). A capacidade fotossintética de muitas folhas é altamente plástica, dependendo principalmente dos recursos disponíveis. Lembre-se das propriedades fotossintéticas das plantas do Sol e da sombra (consulte as Figuras 12-4 e 12-6, revisado por Bjorkman, 1981). As plantas da sombra têm um nível extremamente baixo de respiração na escuridão, portanto o nível de luz compensador também é extremamente baixo, e a assimilação geral positiva é atingida em níveis de luz muito abaixo daqueles exigidos pelas plantas do Sol para atingir a compensação. Porém, as plantas da sombra são saturadas em níveis baixos, nos quais as plantas do sol estão apenas começando a fotossintetizar em taxas moderadamente altas. As plantas da sombra nunca atingem taxas tão altas como as plantas do Sol e podem ser danificadas (**fotoinibidas**) por níveis de luz que nem chegam a saturar as plantas do Sol.

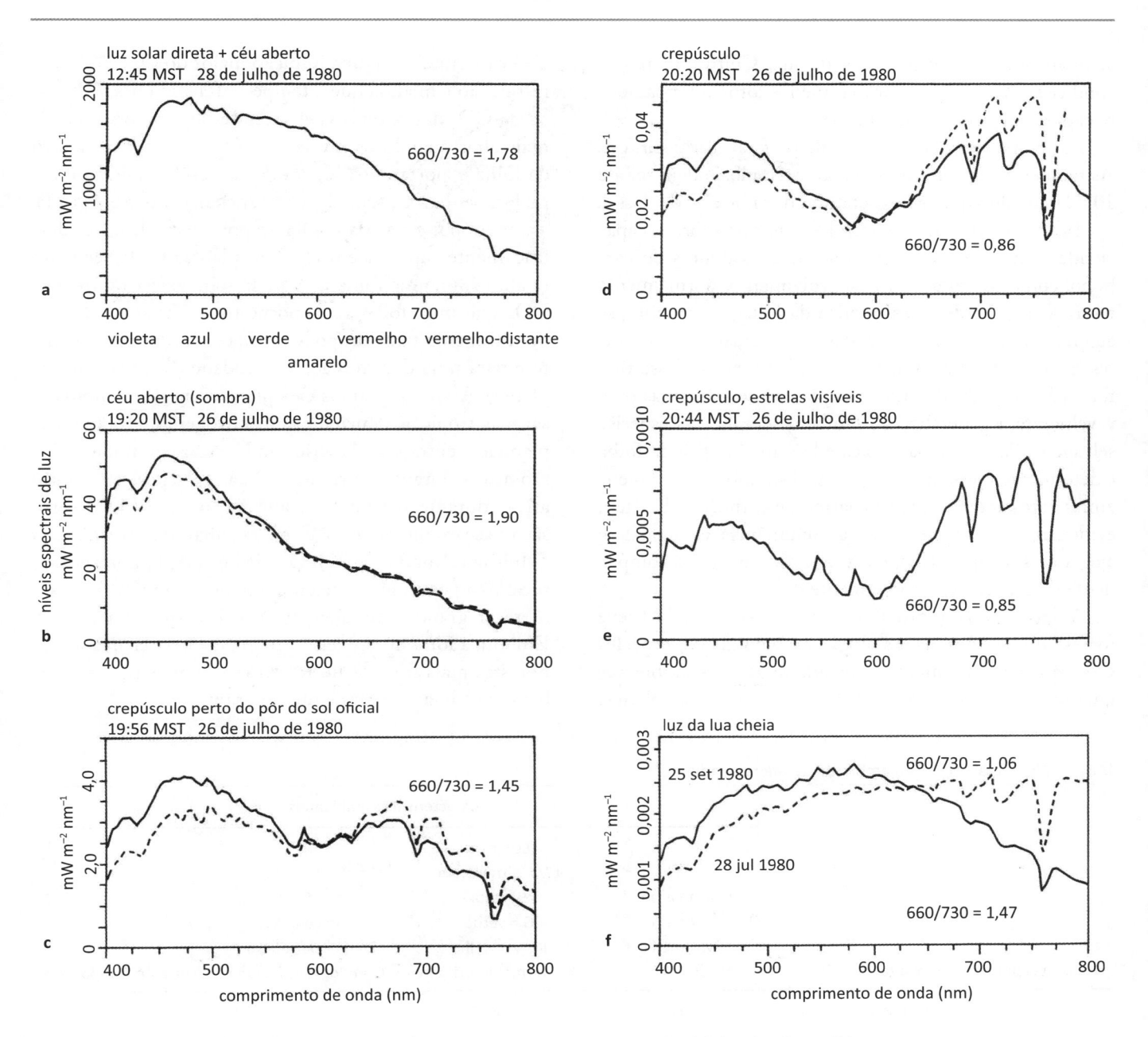

FIGURA 25-10 Distribuições espectrais de energias da luz natural, incluindo luz solar (**a**), luz do céu medida em quatro momentos antes e durante o crepúsculo (**b** a **e**) e luz da lua cheia (**f**). Observe as escalas de coordenadas imensamente diferentes para as várias curvas. Os níveis de energia no final da medição do crepúsculo (**e**) estão uma ordem de magnitude abaixo da luz da lua cheia. As curvas em **b**, **c** e **d** foram feitas enquanto os níveis de luz estavam mudando rapidamente, cada varredura exigindo 10 minutos; assim, foram "corrigidas" pela diminuição da extremidade do comprimento de onda longo (vermelho) em que as varreduras começaram, por uma quantidade proporcional às varreduras obtidas 12 minutos depois e aumentando a extremidade do comprimento de onda curto (azul) da mesma maneira. Ou seja, as curvas foram "giradas" (pelo computador) ao redor de seus pontos centrais, descendo pela extremidade vermelha e subindo pela azul. As linhas pontilhadas são dados originais; as sólidas são as obtidas após a rotação computadorizada. A linha pontilhada para a luz da lua (**f**) foi obtida com a sonda de fibra óptica mirando diretamente a lua cheia; a linha sólida inclui a luz do céu. (De Salisbury, 1982.)

Quando uma planta do Sol é cultivada em uma irradiação baixa (digamos, 1/20 da luz solar total; consulte a Figura 12-6), ela se aclimatiza, de forma que a curva da fotossíntese se aproxima, mas não alcança, a das plantas da sombra. As folhas individuais de uma planta também podem se desenvolver como folhas do sol ou da sombra. A capacidade de se aclimatizar a irradiações baixas foi estudada principalmente nas espécies C-3, mas muitas plantas C-4 também se ajustam às irradiações baixas. Por outro lado, as plantas da sombra aparentemente não se tornam aclimatizadas aos níveis altos de luz. Cultivadas nessas condições, elas podem se tornar menos fotossinteticamente capazes em todas as irradiações.

As temperaturas também podem afetar a fotossíntese. As temperaturas perto do solo, por exemplo, podem ser até 10 °C mais altas que as temperaturas do ar no alto do dossel.

Também existem os controles internos sobre a capacidade fotossintética. A remoção de escoadouros do carbono, como as frutas em desenvolvimento, normalmente reduz a capacidade fotossintética da folha; no entanto, se algumas folhas forem removidas, a capacidade das restantes frequentemente aumenta. Os experimentos desse tipo foram feitos normalmente com plantas de safra, mas provavelmente a generalização também se aplica às espécies selvagens. Parece que a capacidade fotossintética da folha é determinada principalmente pela disponibilidade das enzimas fotossintéticas, particularmente a rubisco. Existem evidências que sugerem que a condutância estomatal se ajusta a essa capacidade, em vez de ser um forte componente da capacidade propriamente dita.

A descoberta da fotossíntese das C-4 e das CAM teve fortes implicações na fisiologia ambiental. As espécies C-4 são particularmente bem adaptadas aos ambientes quentes e secos com altas irradiações porque as plantas C-3 experimentam uma inibição maior do O_2 e da fotorrespiração à medida que a temperatura aumenta. A bomba de CO_2 das plantas C-4 permite taxas fotossintéticas mais altas quando os níveis de CO_2 estão baixos dentro da folha e, portanto, as condutâncias estomatais também podem ser baixas, levando à alta eficiência no uso da água. Também por causa da bomba (e porque a rubisco é cataliticamente superior em algumas plantas C-4; Seemann et al., 1984), uma folha C-4 pode sobreviver com menos CO_2 que uma folha C-3, portanto, a eficiência do uso do nitrogênio também pode ser mais alta (mais fotossíntese para uma determinada quantidade de nitrogênio na planta). Assim, as plantas C-4 prevalecem nas campinas e savanas tropicais deficientes em nitrogênio. Nas grandes planícies centrais da América do Norte, as gramíneas C-3 são ativas durante a primavera, mas as espécies C-4 são ativas durante o verão. As anuais do verão do deserto são quase exclusivamente C-4 e as anuais do inverno, C-3 (Mulroy e Rundel, 1977). O sub-bosque da floresta tropical não possui luz suficiente e pode ser muito frio para oferecer grande vantagem para a fotossíntese nas C-4. Embora a fotossíntese das C-3 seja favorecida apenas nas florestas mais frias do norte, existem muitas plantas C-3 bem-sucedidas em ambientes quentes.

TABELA 25-4 Adaptações ao ambiente de energia radiante.

Respostas primárias da planta	Características ambientais			
	Irradiação L = baixo M = médio H = alto	Espectro UV = ultravioleta B = azul G = verde R = vermelho FR = vermelho-distante	Duração/ciclo P = fotoperiodismo C = relógio circadiano	A direção é importante?
1. Fotossíntese, desenvolvimento da folha	H	B – R, G	C	Não
2. Germinação da semente, quebra do botão	L, H	R/FR, B	P	Não
3. Síndrome de estiolação	L	R/FR		Não
4. Alongamento do caule, dominância apical	H	R/FR	P	Não
5. Orientação do caule	L	B – UV		Sim
6. Orientação da folha:				
circadiana	M	R/FR	C	Não
rastreamento solar	H	B	C	Sim
7. Órgãos de reprodução e armazenamento	L, H	R/FR	P	Não
8. Dormência	L, H	R/FR	P	Não
9. Danos por:				
radiação ultravioleta	H	UV		Não
fotorreversão	H	B		Não

As espécies CAM possuem a mais alta eficiência no uso da água do que qualquer planta, portanto, não é surpresa que as suculentas do deserto utilizem o modo de fotossíntese no qual os estômatos se fecham durante o dia e abrem à noite, permitindo a absorção do CO_2 e sua fixação em ácidos orgânicos. Todavia, as espécies CAM são encontradas em muitos micro-habitats secos, como as rochas em ambientes úmidos temperados ou nos galhos das árvores em florestas tropicais ou temperadas. (Elas são chamadas de **epífitas**: plantas que crescem a partir de outras plantas – por exemplo, orquídeas e bromélias.) A CAM também é usada de maneiras incomuns. *Isoetes howellii* é uma planta aquática (ordem: Lycopsida) e que não floresce na Califórnia, onde o CO_2 pode ser esgotado durante o dia pela fotossíntese, mas se acumula à noite enquanto os organismos respiram. A CAM permite que as *Isoetes* capturem o CO_2 à noite. No começo da manhã, as plantas mudam para fotossíntese C-3, mas, à medida que o CO_2 é esgotado, elas se tornam dependentes da liberação interna de CO_2 dos ácidos orgânicos formados à noite pela CAM (Keeley e Busch, 1984). Uma espécie de *Isoetes* que cresce nos bosques do Peru acima da elevação de 4.000 m não tem estômatos, mas captura o CO_2 através de suas raízes; o CO_2 é fixo nos caules pelo menos parcialmente pela CAM (Keeley et al., 1984; Raven et al., 1988). Uma grande vantagem das plantas CAM pode ser que elas conseguem reciclar internamente o CO_2 sob condições de seca, quando os estômatos permanecem fechados durante o dia e à noite. Quando chove, elas podem responder com uma captura elevada de CO_2 quase imediatamente após a captura da água. Como descrito no Capítulo 11, algumas plantas CAM mudam para o modo fotossintético C-3. Isso pode ser mais importante do que a alta eficiência no uso da água.

A respiração cumpre uma função importante no acúmulo do carbono durante o crescimento da planta (revisado por Amthor, 1989). É uma função difícil de determinar, no entanto, porque não é fácil saber quanta respiração ocorre quando as plantas estão na luz. Geralmente, presumimos que a respiração na escuridão permanece a mesma durante a luz, mas vimos (Capítulo 11) que existem boas evidências de que não é o caso. Seja como for, está claro que uma parte da energia capturada na fotossíntese é usada para o crescimento (isto é, para sintetizar novas moléculas) e para a conservação das células vivas. Essa parte pode estar na ordem de 30 a 40% da energia capturada na fotossíntese. Existe uma importância ecológica na maneira pela qual as plantas diferem nessa porcentagem. Algumas plantas usam muito mais energia que outras, por exemplo, para sintetizar compostos secundários protetores, como tanino ou alcaloides, ou compostos estruturais, como lignina (Capítulo 15).

Para que a folha traga benefícios para a planta, seu ganho de carbono deve exceder todos os custos de carbono de sua construção, conservação e proteção. Quando a folha é jovem, ela é um ônus para a planta, usando mais carbono fixo do que produz. Quando está totalmente expandida, ela normalmente é vantajosa para a planta, fixando mais carbono do que usa. Com a senescência, ocorre um declínio na fixação do carbono e novamente a folha se torna um ônus, à medida que o nitrogênio e outros minerais são mobilizados e exportados antes que a folha caia. As folhas das perenes normalmente têm um custo mais alto de formação por unidade de peso seco que as folhas das decíduas, e se tornam produtivas muito mais lentamente quando as condições são difíceis (por exemplo, seca, sombra). Todavia, a formação da folha é a essência do crescimento da planta. O processo é semelhante ao do dinheiro no banco crescendo com os juros compostos, como já vimos (Capítulo 16). À medida que a folha se torna lucrativa, ela pode contribuir com a produção de outras folhas, que em um dado momento também se tornarão lucrativas.

Fotossíntese: morfologia da folha e arquitetura do dossel A área e a morfologia da folha são fortemente influenciadas pelos níveis de luz durante o desenvolvimento. Comparadas com as folhas da sombra, as folhas do sol possuem menos área por folha, são mais grossas (frequentemente, possuem mais camadas de mesofilo paliçádico consistindo em células mais longas – consulte a Figura 12-5), pesam mais por área unitária de folha, são mais densamente distribuídas no caule com pecíolos mais curtos (causam mais sombras sobre as outras) e possuem mais clorofila por peso seco unitário. A epiderme, o mesofilo esponjoso e os sistemas vasculares também são mais desenvolvidos nas folhas do sol. Uma vez que as telas de densidade neutra que produzem a sombra, mas não alteram o espectro apreciavelmente, influenciaram a morfologia da folha, a luz vermelha-distante enriquecida de uma folha de sombra não deve ser essencial; porém, estudos cuidadosos podem mostrar que ela contribui com a produção das folhas da sombra.

A estrutura do dossel de folhas determina quanta luz será absorvida pelas folhas individuais de uma comunidade de plantas, como há muito tempo foi reconhecido nos sistemas agrícolas. A característica mais importante para a alta produtividade é o fechamento rápido do dossel no início da estação de crescimento. Até o fechamento do dossel, nem toda a luz disponível pode ser absorvida. Depois do fechamento, folhas quase verticais, como nas gramíneas, permitem que mais luz penetre no dossel; quando os raios de luz são mais ou menos paralelos às folhas, a irradiação por área unitária de folha não é alta o suficiente para saturar a fotossíntese. Esse é outro motivo pelo qual as gramíneas como o trigo e o arroz podem gerar produções tão altas (consulte o ensaio sobre o CELSS). As folhas superiores nas plantas com folhas mais ou menos horizontais podem ser saturadas pela luz e causar sombra nas folhas inferiores, de forma que elas não obtêm luz suficiente. Por outro lado, elas também podem causar sombra sobre concorrentes mais curtas.

É ideal que a planta tenha um **índice de área foliar** (relação da área de superfície da folha com a área de superfície do solo; consulte o Capítulo 12) que permita a fotossíntese ótima como um todo. Se o índice for muito baixo, luz suficiente não será absorvida; se for muito alto, as folhas inferiores não obterão luz suficiente e, portanto, serão um ônus. As folhas do abeto (*Picea excelsa*) possuem baixa capacidade fotossintética, mas o índice de área por folha é tão alto que a árvore como um todo é mais produtiva que uma faia (*Fagus sylvatica*) decídua com folhas que possuem o dobro da capacidade fotossintética. A estação de crescimento mais longa do abeto também contribui para a sua alta produtividade, mas não tanto quanto o alto índice de área da folha (Schulze et al., 1977).

Utilização fotossintética dos feixes de Sol pelas plantas do sub-bosque A maioria dos estudos sobre a fotossíntese em laboratório utiliza uma fonte de luz estável aplicada a uma folha (ou uma suspensão de algas) mantida em uma posição rígida em uma câmara transparente: isso é necessário para obter dados quantitativos como os que discutimos nos Capítulos 10 a 12. Porém, essas condições estáveis não são típicas das folhas nos ambientes naturais ou agrícolas. Quando as folhas batem com a brisa e as nuvens passam rapidamente sobre elas, a irradiação que atinge os cloroplastos muda rapidamente. Até mesmo as algas estão frequentemente sujeitas à mudança na irradiação, à medida que as ondas fazem a reflexão e refração da luz recebida. Uma situação interessante em que esses níveis variados de luz podem ser extremos é o solo da floresta, onde os feixes de luz do Sol penetram o dossel superior, irradiando uma folha (ou uma parte dela) entre uma fração de segundo e décimos de minutos. Qual é a importância, para a fotossíntese das plantas do sub-bosque, desses breves momentos de alto fluxo de fótons?

Robert W. Pearcy (1988, 1990) e seus colegas estudaram a função dos feixes de luz solar, principalmente nas florestas tropicais. Suas investigações levaram a alguns *insights* interessantes sobre a ecofisiologia dessas florestas e a um conhecimento elevado da fotossíntese propriamente dita. Eles também fornecem um exemplo excelente de uma pesquisa inovadora em ecologia fisiológica na década de 1980.

A luz recebida dos feixes de luz solar varia muito, mas, em um estudo, a irradiação difusa no solo da floresta foi igual a 10 a 20 $\mu mol\ m^{-2}\ s^{-1}$, enquanto a luz de cerca de 120 feixes de Sol estavam quase sempre acima de 50 $\mu mol\ m^{-2}\ s^{-1}$ e, às vezes, chegava a 1.200 $\mu mol\ m^{-2}\ s^{-1}$, representando 12 a 65% da energia luminosa que atinge o solo da floresta. Muitos desses raios de Sol nunca atingiam níveis máximos de irradiação, porque parte dessa luz era obscurecida pelas folhas no dossel (um efeito de **penumbra**). Geralmente, os feixes de Sol ocorrem em grupos, frequentemente dentro de intervalos de 1 minuto, seguidos por períodos sem raios.

A medição da fotossíntese não é fácil, porque um equipamento extremamente sensível é necessário. Entre outros instrumentos, Pearcy usou uma câmara de fotossíntese grampeada em uma folha, cobrindo 22 cm^2 de sua área, mas tendo um volume de apenas 4,5 cm^3. Aplicando as correções adequadas para o tempo que o gás demora para passar pelo sistema, alterações praticamente instantâneas na captura de CO_2 podem ser monitoradas com um analisador de gás infravermelho sensível. Essas medições mostraram que cerca de 30 a 60% da fotossíntese das plantas do sub-bosque em um ambiente natural é tipicamente causada pelos feixes de luz solar. Porém, para estudar o fenômeno em detalhes, o pesquisador não pode depender dos feixes de Sol naturais. Em vez disso, uma lâmpada é usada para produzir raios de luz, permitindo um controle exato da duração e da irradiação recebidas pela folha na câmara de fotossíntese, que pode ser ligada a uma folha na floresta e não no laboratório.

A fotossíntese na folha não aumenta instantaneamente de acordo com a irradiação, e também não diminui para níveis baixos quando a irradiação é reduzida. Isso é bem ilustrado na Figura 25-11, que mostra a fotossíntese (captura de CO_2; a assimilação = A), a condutância estomatal (g) e a pressão parcial (Pi) do CO_2 interno calculada como função do tempo, durante a qual a irradiação aumenta de 6 para 520 $\mu mol\ m^{-2}\ s^{-1}$. O que explica esses atrasos no início da fotossíntese e na sua desativação?

Esse atraso no início da fotossíntese após o aumento da irradiação é chamado de **efeito de indução**. Aparentemente, dois fatores o explicam. Um deles é uma alteração na condutância estomatal (Figura 25-11). Os estômatos se abrem em resposta ao aumento na irradiação, como vimos no Capítulo 4. Porém, esse efeito não é suficiente para explicar o atraso, conforme indicado pela observação de que a pressão parcial do CO_2 interno pode permanecer relativamente alta durante as primeiras fases do efeito de indução. Agora, existem boas evidências (resumido por Pearcy, 1988) de que a rubisco deve ser ativada pela luz antes que a fotossíntese possa prosseguir em taxas máximas e que isso, junto com as alterações estomatais, explica a indução. Seja como for, depois que a indução ocorreu, a fotossíntese começa muito mais rapidamente para os

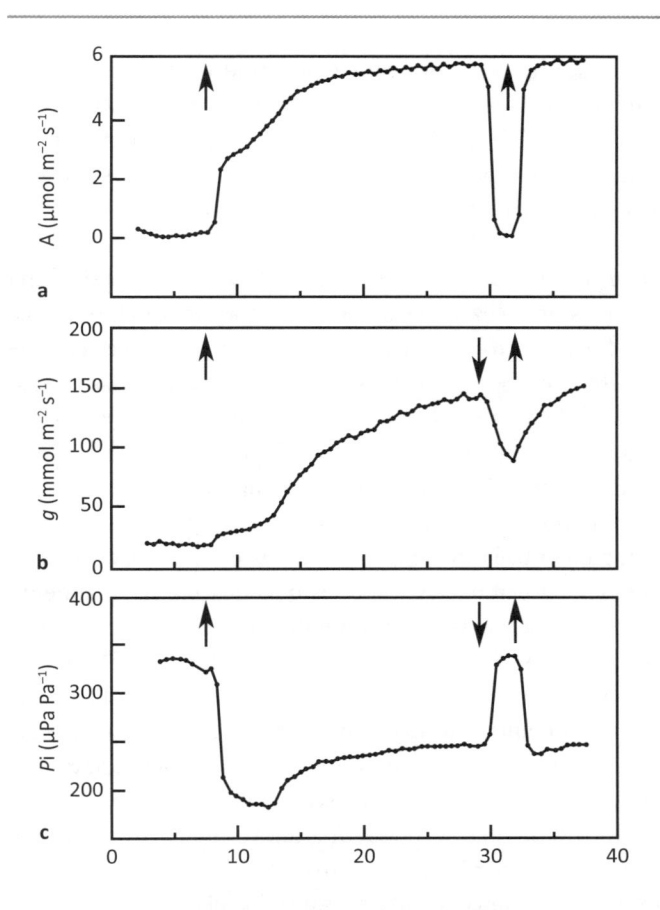

FIGURA 25-11 O curso do tempo de (a) assimilação do CO_2 (A), (b) condutância estomatal para o vapor da água (g) e (c) pressão parcial (Pi) do CO_2 dentro de uma folha, tudo isso como função do tempo e em resposta às alterações na irradiação do fóton, conforme indicado pelas setas. O PPF baixo era de 6 µmol $m^{-2}s^{-1}$ e o PPF alto (o raio de luz) era de 520 µmol $m^{-2}s^{-1}$. A folha estava em um broto de *Argyrodendron peralatum* no sub-bosque da Curtain Fig Forest, Austrália. (De Pearcy, 1988; usado com permissão.)

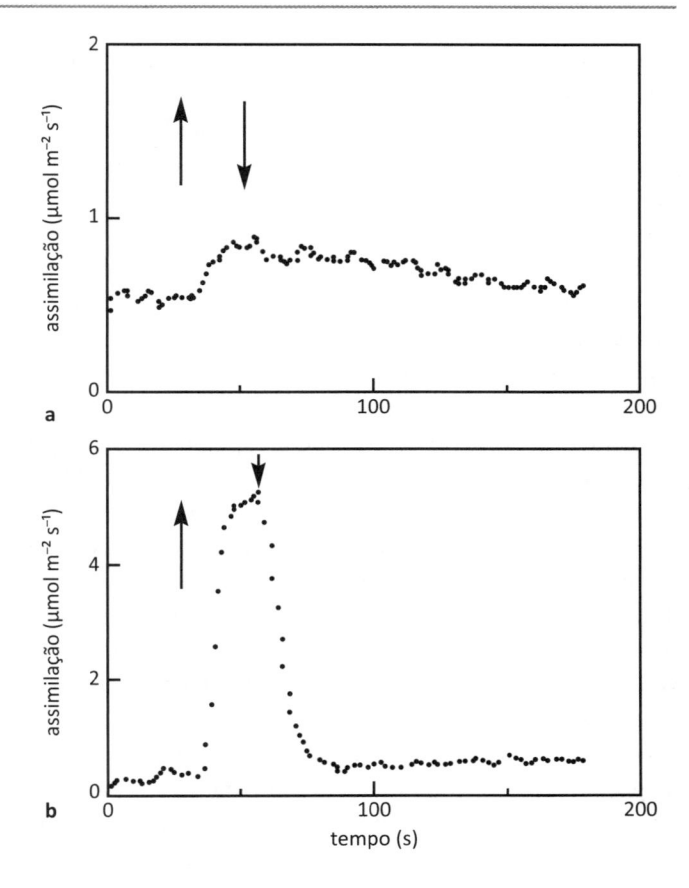

FIGURA 25-12 Resposta de assimilação (fotossíntese) de uma folha de *Alocasia macrorrhiza* aos feixes de luz de 20 segundos (indicados pelas setas) (a) antes da indução da luz na folha ou (b) depois da indução total. Os raios de sol tinham uma irradiação de 500 µmol $m^{-2}s^{-1}$ (De Pearcy, 1988; usado com permissão. Consulte também Chazdon e Pearcy, 1986.)

feixes de luz solar subsequentes. A Figura 25-12 mostra a resposta das folhas a um raio de luz antes e depois da indução. A folha que já foi induzida mostrou muito mais fotossíntese que a outra, mas a outra folha continuou fixando o CO_2 em um nível relativamente alto depois do raio de luz. A fixação do CO_2 pós-irradiação pode ser altamente significativa, resultando em ainda mais carbono fixo do que o previsto com base nas taxas de fotossíntese do estado estável nos níveis baixos e altos de irradiação. A fixação do CO_2 pós-irradiação depende dos *pools* de metabólitos (talvez ribulose-1,5-bifosfato) que se acumulam durante o raio de luz e são utilizados depois que a luz diminuiu para níveis baixos. Nas folhas induzidas, o efeito é evidente como um afinamento na curva (Figura 25-12), mas, proporcionalmente, é muito menor para as folhas não induzidas.

Outras adaptações fotossintéticas Outras adaptações fotossintéticas ao ambiente da luz foram estudadas. Embora as plantas terrestres e as algas verdes utilizem melhor os comprimentos de onda vermelhos e azuis, por exemplo, várias algas marrons, vermelhas e azuis (cianobactérias) também usam os comprimentos de onda verdes que penetram profundamente as águas do oceano. Sabemos que a eficiência fotossintética de certas algas e plantas superiores está sob controle de relógios circadianos (Capítulo 21), portanto, as taxas mais altas são medidas (sob condições padrão) durante o dia subjetivo e as mais baixas, durante a noite subjetiva.

Germinação da semente e quebra do botão da primavera nas plantas decíduas Como discutido no Capítulo 20, a germinação da semente pode ser promovida ou inibida pela luz, dependendo da espécie e de outros fatores, como temperatura, e a germinação com frequência é fortemente inibida pela sombra da folha ou pela luz artificial enriquecida nos comprimentos de onda vermelhos-distante (Morgan e Smith, 1981). Isso também é verdadeiro para muitas espécies que são insensíveis à luz, quando testadas com a luz branca. Na verdade, centenas de espécies foram estudadas e uma ordem de 80% ou mais respondem a um equilíbrio na luz vermelha/vermelha-distante, supostamente por meio do sistema do fitocromo. Embora seja verdade que muitas espécies normalmente germinam na primavera antes que as folhas do dossel tenham aparecido, parece claro que muitas outras germinam apenas depois que o dossel é removido, conforme descrito na Seção 20.6.

Conhecemos algumas sementes que respondem ao fotoperíodo (Vince-Prue, 1975; consulte a Seção 23.3). Algumas espécies produzem sementes cuja germinação é promovida pelos dias curtos, mas a promoção nos dias longos é mais comum (por exemplo, o arroz; Bhargava, 1975). Também sabemos que o fotoperíodo ao qual as plantas mães estão expostas enquanto suas sementes se desenvolvem pode influenciar fortemente a subsequente germinação. Frequentemente, como discutido na Seção 20.6, os dias curtos aplicados à planta mãe aumentam a capacidade de germinação das sementes em comparação com aquelas que se desenvolvem nos dias longos (por exemplo, *Amaranthus retroflexus*, Kigel et al., 1977; *Chenopodium polyspermum*, Pourrat e Jacques, 1975), embora algumas exceções tenham sido relatadas (a germinação é melhor quando as plantas mães são expostas aos dias longos, por exemplo, para a alface, Koller, 1962; muitos exemplos estão em Mayer e Poljakoff-Mayber, 1989). Atualmente, não entendemos como a duração do dia influencia a capacidade das sementes para germinar.

Os efeitos espectrais não foram relatados, mas conhecemos algumas espécies nas quais os botões detectam os dias cada vez mais longos da primavera e respondem se tornando ativos (por exemplo, *Betula pubescens* e *Liquidambar styraciflua*; Downs e Borthwick, 1956); a resposta é frequentemente modificada pela temperatura (por exemplo, grau de resfriamento no inverno).

A síndrome de estiolação Os brotos que crescem na escuridão exibem uma constelação de características que aparentemente são adaptações à germinação nas profundezas do solo (Seção 20.7; Mohr, 1972). Os internodos se alongam, as folhas não se expandem, a clorofila não se desenvolve e as raízes não crescem rapidamente. Muitas dicotiledôneas possuem um gancho na ponta do caule que se move para cima pelo solo (consulte a Figura 16-14), e as gramíneas possuem um coleóptilo que protege a folha emergente. Quando o broto chega à luz, o alongamento do internodo torna-se mais lento, as folhas se expandem, a clorofila se desenvolve, as raízes crescem mais rapidamente e o gancho torna-se reto ou o coleóptilo é penetrado pela folha. Toda a característica do broto em desenvolvimento muda (consulte a Figura 20-5). O fitocromo está no controle de muitas características porque a luz vermelha é eficiente e seus efeitos são revertidos pela luz vermelha-distante.

Alongamento do caule e dominância apical A sombra da folha – e mesmo a luz refletida pelas plantas próximas – exerce um forte controle sobre a extensão do caule e o crescimento lateral do botão em muitas plantas desestioladas (Seção 20.7; Ballare et al., 1990; Morgan e Smith, 1981); existem estreitas semelhanças com a estiolação. A melhor maneira de demonstrar isso é fornecer uma quantidade constante de luz fotossinteticamente ativa para os exemplares de controle e suplementá-la nas plantas tratadas com a luz vermelha-distante adicional. As espécies que crescem normalmente nas áreas abertas às vezes aumentam sua taxa de crescimento em até 400% em resposta a essa irradiação. Os botões axilares permanecem dormentes. Às vezes, isso pode permitir que as plantas ultrapassem o dossel e cheguem à luz solar total, enquanto conservam a energia não produzindo ramos. As espécies que em geral crescem sob o dossel da floresta normalmente não respondem à luz vermelha-distante elevada, o que também parece uma adaptação, pois raramente existe uma chance de ultrapassar o dossel.

O alongamento do caule também é promovido em muitas espécies pelos dias longos (Seção 23.3). Para distinguir esta ocorrência do efeito da luz vermelha-distante, a duração do dia deve ser preenchida com uma luz pobre em comprimentos de onda vermelhos-distante (por exemplo, a luz fluorescente) ou uma quebra da noite deve ser aplicada para determinar se ela promove o alongamento. O número de folhas e a área também são promovidos pelos DLs em muitas espécies. Essas respostas à duração do dia provavelmente são adaptativas porque produzem plantas mais altas e com mais folhas durante a época do ano em que as condições de crescimento provavelmente são mais adequadas – desde que uma ampla umidade esteja disponível.

Orientação do caule e da folha: fototropismo A flexão fototrópica dos caules na direção da fonte de luz é uma resposta à baixa irradiação da radiação azul ou ultravioleta, provavelmente mediada pelo pigmento flavina (Seção 19.4). Essa resposta pode permitir que uma planta cresça lateralmente, ao redor de uma obstrução que esteja acima dela. Isso pode ser particularmente importante para os brotos que crescem em meio a obstruções no solo da floresta, por exemplo, ou para plantas que crescem dentro de cavernas – próximas da entrada – ou nas margens de rios. A maior parte do tempo na maioria dos ecossistemas, no entanto, os caules das plantas aparentemente não respondem de maneira fototrópica. Os caules e galhos, em vez disso, mantêm uma constante relação com a direção da força gravitacional.

As folhas e flores de muitas espécies possuem rastreamento solar, um forte fototropismo (Seção 19.4). As lâminas das folhas de muitas plantas (por exemplo, algodão, soja, feijão e alfafa) acompanham o sol durante o dia, mantendo suas lâminas em ângulos retos com os raios do sol, assim como um telescópio de rádio acompanha um satélite em movimento. Isso maximiza a irradiação na folha durante o dia.

Movimentos circadianos da folha O estudo dos movimentos circadianos do sono exibidos por muitas plantas forneceu outro vasto corpo de literatura (Capítulo 21). Há muito tempo se discute se esses movimentos são ou não adaptativos, e as respostas propostas não são completamente convincentes. Por exemplo, embora uma posição diurna horizontal seja bem adequada para a fotossíntese, a posição noturna quase vertical também pode diminuir efetivamente a irradiação da luz da lua – se a lua cheia estivesse diretamente sobre nossas cabeças, o que só acontece à meia-noite nos tópicos e subtrópicos e no inverno nas zonas temperadas (Salisbury, 1981a, 1981b, 1982). Seja como for, a luz é eficiente para sincronizar os ritmos internos da planta com o ambiente do ciclo externo. O anoitecer e o amanhecer são críticos, e o fitocromo está envolvido.

Órgãos de reprodução e armazenamento Existem muitas respostas das plantas ao fotoperíodo, mas a mais estudada é a indução da flor nas angiospermas. Centenas de espécies foram estudadas, embora apenas algumas em detalhes (Capítulo 23). Do ponto de vista ecológico, a descoberta mais surpreendente é certamente a diversidade dos tipos de resposta. Existem espécies, variedades e cultivares que respondem aos DCs, DLs, dias intermediários, DLs seguidos por DCs, DCs seguidos por DLs e tudo isso combinado com várias interações com a temperatura. Algumas plantas têm uma exigência absoluta de uma determinada duração do dia; outras podem ser promovidas no seu florescimento apenas por uma certa duração. Diferentes ecótipos ou cultivares latitudinais dentro das espécies frequentemente possuem diferentes exigências de duração do dia.

Uma exigência de fotoperíodo para o florescimento garante que a planta irá florescer em uma estação apropriada (por exemplo, depois que um crescimento vegetativo suficiente foi atingido); essa estação será quase igual todo ano, dentro dos limites de modificação da temperatura de resposta ao fotoperiodismo. Além disso, todas as plantas de uma população florescerão essencialmente na mesma época, facilitando a polinização cruzada (e, frequentemente, fornecendo a bela **dominância do aspecto** no ecossistema).

As respostas ao crepúsculo, discutidas no Capítulo 23, possuem fortes implicações ecológicas. Além disso, os níveis de luz, e não o fotoperíodo, influenciam o florescimento de algumas espécies, mas seu estudo foi mínimo.

O desenvolvimento dos órgãos de armazenamento é frequentemente influenciado pelo fotoperíodo e isso também poderia ter uma importância ecológica. As respostas são semelhantes às descritas para a indução da flor (Capítulo 23).

Dormência: a síndrome do outono Em muitas plantas, principalmente nas decíduas perenes lenhosas, os dias curtos levam à senescência e à abscissão das folhas, à inibição do alongamento do caule, à formação do botão terminal (repouso), ao enriquecimento pelo congelamento e outras mudanças de desenvolvimento características da dormência do inverno (Capítulos 22 e 23). Em um certo aspecto, trata-se do oposto ecológico ao aumento no alongamento do caule e no crescimento da folha em resposta aos dias longos, embora essa resposta seja observada com a mesma frequência nas anuais herbáceas e nas perenes lenhosas. Geralmente, o desenvolvimento da dormência também é promovido pelas temperaturas baixas.

Danos causados pela irradiação ultravioleta

Os danos causados pela radiação ultravioleta nas plantas podem ser ecologicamente significativos e se tornar ainda piores se a camada estratosférica de ozônio for reduzida (Caldwell, 1981). No entanto, existe uma ampla diversidade na resistência das plantas à radiação UV, e o dano UV envolvendo o DNA pode ser revertido pela alta irradiação com luz azul (chamada de **fotorreativação**). Barnes et al. (1988) estudaram os possíveis efeitos do aumento da radiação ultravioleta (UV-B) na competição entre o trigo (*Triticum aestivum*) e a aveia (*Avena fatua*), e descobriram que o trigo tinha a vantagem principalmente quando a precipitação era alta. Eles não puderam explicar esses resultados pelos efeitos sobre a fotossíntese (Beyschlag et al., 1988), mas concluíram que a morfologia da planta era alterada, permitindo que o trigo ultrapassasse as aveias com mais intensidade sob o tratamento com UV-B do que sob condições naturais.

Obviamente, a radiação, principalmente da luz, influencia a planta de inúmeras maneiras. Quanto mais aprendemos sobre esses assuntos, principalmente no que se refere às espécies individuais, mais saberemos sobre a fisiologia ambiental.

26
Fisiologia do estresse

Um ramo importante da fisiologia ambiental estuda como as plantas e animais respondem às condições ambientais que destoam significativamente daquelas ideais para o organismo em questão – ou, em um sentido mais amplo, para os organismos em geral. Como uma divisão da ecofisiologia, esse campo, chamado de **fisiologia do estresse**, pode contribuir com o nosso entendimento sobre o que limita a distribuição das plantas. A maior parte das pesquisas de campo, no entanto, está envolvida em como as condições ambientais adversas limitam as produções agrícolas. Um dos primeiros desafios encontrados é como definir a palavra estresse.

26.1 O que é estresse?

Em 1972, Jacob Levitt (consulte Levitt, 1972, 1980) propôs uma definição do estresse biológico derivada da ciência física. *Estresse físico* é qualquer força aplicada a um objeto (por exemplo, uma barra de aço) e *esforço* é a mudança nas dimensões do objeto (por exemplo, flexão) causada pela estresse. Levitt Sugeriu que o **estresse biológico** é uma mudança nas condições ambientais que pode reduzir ou alterar adversamente o crescimento ou desenvolvimento da planta (suas funções normais); o **esforço biológico** é a função reduzida ou alterada.

Lembre-se de nossa discussão sobre os fatores limitadores e a lei da tolerância (Seção 25.3). Quando as condições ambientais são tais que a planta responde maximamente a algum fator (está na parte ideal da curva, ou próximo disso, na Figura 25-1), esse fator não lhe provoca estresse. Qualquer alteração nas condições ambientais que resulte em uma resposta da planta inferior à ideal poderia ser considerada estressante. Obviamente, às vezes é mais fácil discutir esse conceito de maneira teórica do que aplicá-lo. Considere uma planta repentinamente sujeita a níveis de luz reduzidos. Uma vez que a fotossíntese é imediatamente reduzida, os níveis inferiores de luz seriam o estresse e a fotossíntese diminuída, o esforço. O alongamento do caule provavelmente seria promovido também; portanto, os níveis altos de luz seriam um estresse para o alongamento do caule? Provavelmente concluiríamos que as taxas promovidas de alongamento do caule constituem um esforço, pois levam a caules mais altos e com menos estresse mecânico – mas isso poderia ser uma vantagem se as folhas fossem carregadas acima de suas concorrentes que as sombreiam e alcançassem níveis mais altos de luz. Tudo é uma questão do que é "melhor" ou "normal" para uma determinada planta, e a resposta pode ser bastante subjetiva, dependendo das circunstâncias e julgamentos. A maioria dos estudos em fisiologia do estresse envolve condições mais obviamente tensivas; por exemplo, as condições que limitam a produção.

Levitt definiu o **esforço biológico elástico** como as alterações na função do organismo que retornam ao nível ideal quando as condições são novamente ideais (isto é, quando o estresse biológico é removido). Se as funções não voltarem ao normal, dizemos que organismo mostra o **esforço biológico plástico**. A analogia com os objetos físicos é clara: uma deformação elástica em uma barra de aço, por exemplo, desaparece quando o esforço é removido; a deformação plástica, não (isto é, a barra permanece flexionada).

Os fisiologistas das plantas enfatizaram esses esforços plásticos como resultado dos estresses do congelamento, temperatura alta, água limitada ou altas concentrações de sal. Os esforços elásticos das plantas, como a fotossíntese reduzida em resposta à pouca luz (ela volta ao normal com o retorno dos altos níveis de luz), foram menos estudados pelos fisiologistas do estresse, embora devam ser extremamente comuns, e não tão enfatizados nos estudos do estresse em animais.

Levitt (1972, 1980) distinguiu entre a prevenção e a tolerância (resistência) a qualquer fator de estresse em particular. Na **prevenção**, o organismo responde reduzindo o impacto do fator de estresse. Por exemplo, uma planta no deserto pode evitar o solo seco estendendo suas raízes até o lençol freático.

Fisiologia do estresse

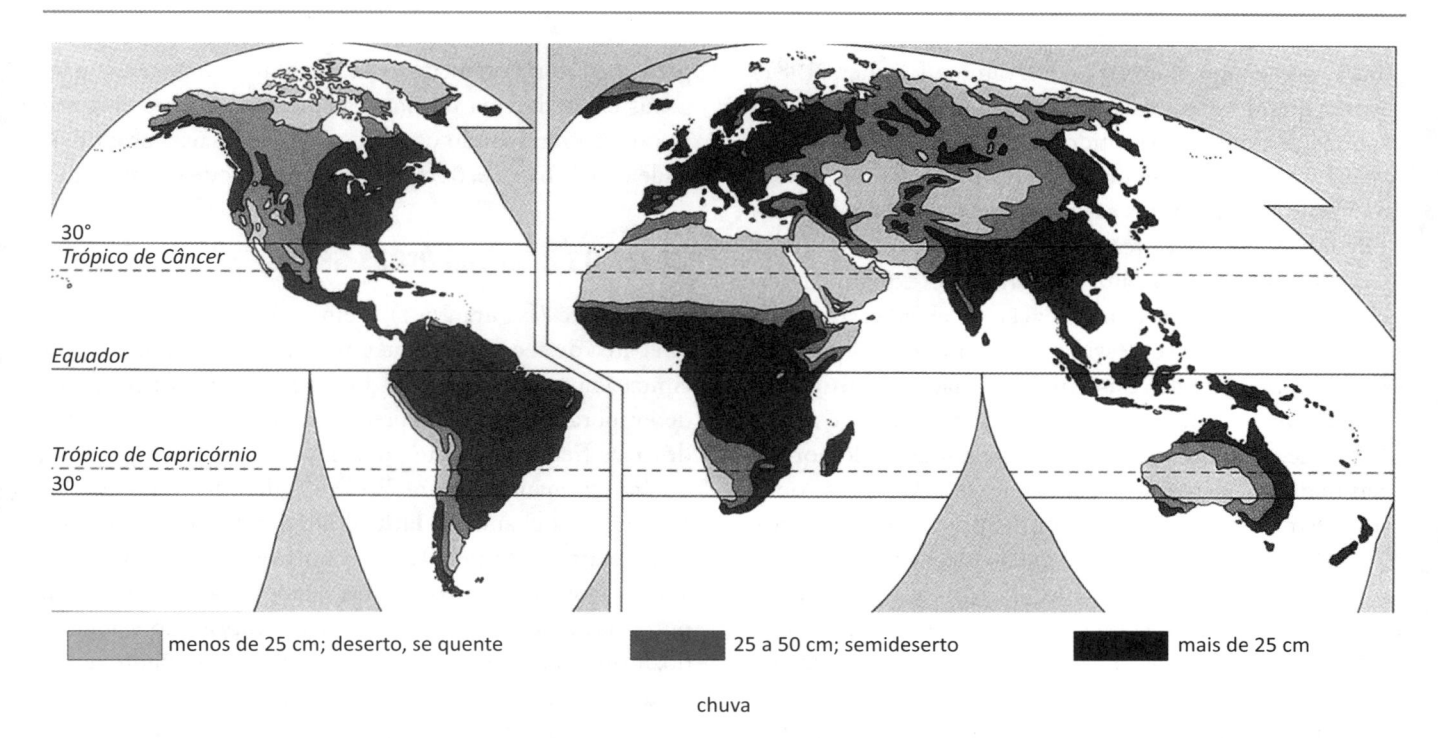

[mapa mundial com legenda:]
- menos de 25 cm; deserto, se quente
- 25 a 50 cm; semideserto
- mais de 25 cm

chuva

FIGURA 26-1 Mapa mundial mostrando áreas de precipitação extremamente baixa (menos de 250 mm) e baixa (entre 250 e 500 mm) (geralmente na forma de chuva). Os desertos das latitudes dos cavalos normalmente ocorrem entre as latitudes norte ou sul de aproximadamente 20 a 30°. De longe, o exemplo mais notável é o deserto do Saara, no norte da África, que se estende até o deserto da península árabe e o Oriente Próximo, mas os desertos das latitudes dos cavalos do México, América do Sul, África do Sul e particularmente Austrália também estão evidentes. Os desertos com sombra de chuva são importantes na América do Norte (a Grande Bacia por todo o Canadá até o Ártico), onde são causados pela Sierra Nevada, as Cascades, as Montanhas Rochosas e outras cordilheiras. Eles também são importantes na Ásia Central (deserto de Gobi e outros), onde são causados pelos Himalaias e outras cadeias de montanhas. Observe a baixa precipitação no Ártico – em algumas áreas, tão baixas quanto no Saara e outros desertos extremos. Devido às baixas temperaturas nas regiões polares, a evaporação é muito reduzida em comparação com as áreas quentes, como os subtrópicos; consequentemente, mais água está disponível para o crescimento das plantas. Ainda assim, a umidade e as temperaturas baixas podem limitar o crescimento das plantas nas regiões polares de pouca chuva. (De Jensen e Salisbury, 1984.)

Se a planta desenvolver a **tolerância**, por outro lado, ela simplesmente tolera ou suporta o ambiente adverso. O creosoto é um bom exemplo de uma planta do deserto tolerante à seca. Ele simplesmente seca, mas mesmo assim sobrevive; ele tolera ou suporta a desidratação de seu protoplasma.

Em sua maior parte, as definições de Levitt são fundamentadas em conceitos que foram se desenvolvendo por mais de um século. Os termos prevenção e tolerância eram usados com frequência no começo do século XX (por exemplo, Shantz, 1927), mas a derivação dos conceitos de *estresse* e *esforço* de seus equivalentes físicos não foi amplamente aceita pelos fisiologistas do estresse, e os termos são ocasionalmente criticados (por exemplo, Kramer, 1980). O problema é que o termo estresse tem sido usado com frequência no sentido do esforço biológico, conforme definido por Levitt. Apresentamos os termos porque eles enfatizam a diferença entre a causa (estresse) e o efeito (esforço).

Walter Larcher (1987), da University of Innsbruck, na Áustria, observou que podemos manter essa distinção clara se usarmos certos modificadores para o termo *estresse*: **fator de estresse** = estresse de Levitt e **resposta de estresse** = esforço biológico. Larcher apontou que o conceito de Levitt funciona melhor quando lidamos com fatores de estresse individuais, embora as respostas ao estresse sejam geralmente causadas por mais de um fator de estresse (Larcher et al., 1990). O clima quente do verão, por exemplo, pode produzir fatores de estresse de altos níveis de luz (fotodestruição da clorofila), baixa umidade, solo seco e temperaturas altas. Além disso, as respostas de estresse são tipicamente complexas, exibidas por várias partes da planta e podendo envolver hormônios do estresse, como o ácido abscísico (ABA) e o etileno, distribuídos por toda a planta.

Na década de 1930, Hans Selye (consulte Selye, 1936, 1950) desenvolveu o conceito de estresse na medicina humana. Na sua terminologia, estresse é uma síndrome de reações do organismo em resposta a um ou mais fatores estressantes – e qualquer fator ambiental poderia agir como um agente de estresse quando desviado de seu nível ideal para o organismo, como já observamos. Larcher (1987) sugeriu que devemos falar de **estado de estresse** quando usarmos esse termo no sentido de Selye. O trabalho de Selye enfatizou a natureza dinâmica das respostas de estresse nos animais e, em muitos casos, as fases de desenvolvimento de um estado de estresse também podem ser aplicadas às plantas. Quando o fator de estresse é experimentado pela primeira vez, existe uma **reação de alarme**, na qual a função de interesse se desvia nitidamente da norma. Em seguida, vem a **fase de resistência** (ou **fase de restituição**), na qual o organismo se adapta ao fator de estresse e a função frequentemente volta na direção de seu estado normal (mas pode não atingi-lo completamente). Por fim, se o fator de estresse aumentar ou continuar por um longo período, a **fase de exaustão** pode ser atingida, na qual a função novamente se desvia fortemente da norma; isso pode até levar à morte. Mais uma dificuldade no conceito de estresse precisa ser mencionada. Muitas plantas encontradas no que parecem ser as condições mais estressantes da Terra – desertos quentes, solos salgados ou topos de montanhas altas – frequentemente parecem saudáveis e suas espécies não são encontradas em outros locais. Se elas estão florescendo e aparentemente não podem sobreviver sob outras condições com "menos estresse", é válido pensar que elas estão sob estresse? Na verdade, muitas dessas plantas crescem melhor sob condições de menos estresse, se tiverem a chance. Foi sugerido que elas normalmente não ocorrem em situações mais moderadas porque não podem competir com as plantas que já crescem ali (Barbour et al., 1987). Elas sofrem estresse em seu habitat nativo no sentido de que a energia deve ser gasta para superar os efeitos nocivos dos fatores de estresse (Larcher, 1987) – por exemplo, para bombear os sais nos vacúolos desde o citoplasma, onde eles podem desnaturar as enzimas. Nesse sentido, como vimos no ensaio de Salisbury no capítulo anterior, os estudos com o dossel de trigo em ambientes controlados sugere que as safras, mesmo nos campos mais produtivos, sofrem estresse; é possível criar ambientes em que elas produzam mais (mas não muito mais, individualmente).

26.2 Ambientes estressantes

Lembrando da nossa discussão sobre o ambiente operacional (Seção 25.2; Spomer, 1973), percebemos que uma estresse ambiental significa que algum potencial do ambiente difere do potencial dentro do organismo, de forma que existe uma força motriz para a transferência de energia ou matéria para dentro/fora do organismo, que poderia levar a uma resposta de estresse. Os baixos potenciais hídricos externos, por exemplo, promovem uma força motriz para a perda de água; as temperaturas baixas podem levar à perda de calor. Porém, quais são os limites ambientais para a existência da vida no nosso planeta? Podemos procurar respostas examinando os ambientes nos quais a produtividade é mais baixa e, portanto, o estresse pode ser mais alto.

Desertos e outras áreas secas

Um deserto (Figura 26-1) é uma área de pouca chuva – uma área de **seca** –, com menos de 200 a 400 mm de precipitação por ano, dependendo das temperaturas, potencial de evaporação, época de precipitação e outros fatores. Os desertos frequentemente possuem uma vegetação esparsa, porém fascinante (Figura 26-2). Os desertos mais amplos ocorrem nas chamadas **latitudes dos cavalos**, que variam de aproximadamente 20 a 30° a norte e sul do equador (30 a 35° sobre os oceanos). Nessas regiões, o ar que subiu em outras latitudes desce e, portanto, é comprimido e aquecido, formando uma zona de alta pressão. O ar quente retém mais umidade que o frio e, então, a precipitação não ocorre, e o ar descendente não produz muitos ventos de superfície.[1]

Ao norte das latitudes dos cavalos (e na parte sul da América do Sul, ao sul das latitudes dos cavalos), os desertos também ocorrem. O movimento global do ar nas zonas temperadas setentrionais e meridionais ocorre predominantemente do oeste para leste (os **ventos do oeste**). Os sistemas de tempestade que se movem dessa maneira no hemisfério norte giram em direção anti-horária (horária no hemisfério sul), portanto, o centro de uma tempestade é precedido pelos ventos do sul e seguido pelos ventos do norte ou oeste. À medida que as tempestades se aproximam da cordilheira, o ar ascendente se expande e esfria, então pode reter menos umidade, resultando na precipitação nas encostas do oeste, tipicamente cobertas por florestas extensas. Nas encostas do leste, o ar desce, é comprimido, aquece e pode reter mais umidade. As áreas a leste das montanhas têm precipitação baixa e são chamadas de **desertos de sombra de chuva**, pois ocorrem nas "sombras de chuva" das montanhas. Os ventos quentes e secos descendentes nas encostas leste das Montanhas Rochosas são chamados de **chinooks** (comedores de neve). A norte e leste dos Alpes, esses ventos são chamados de **Föhn**. Os desertos da Grande Bacia ocorrem na sombra de chuva a leste da Sierra, mas as planícies a leste das Montanhas Rochosas não são desertos de sombra de chuva, pois recebem a umidade que se move para o norte vinda do Golfo do México.

Os desertos nas latitudes dos cavalos são tipicamente quentes e secos o ano todo, enquanto a maioria dos

---
[1] Conta a história que as latitudes dos cavalos receberam esse nome porque os cavalos morreram em navios paralisados pela falta de vento e precisaram ser jogados no oceano.

FIGURA 26-2 O deserto a leste de Phoenix, Arizona, na margem norte das latitudes dos cavalos. Um gigantesco cacto saguaro domina a paisagem, com chollas muito menores em sua base à esquerda. Numerosos arbustos do deserto dominam a vegetação; as Montanhas da Superstição estão ao fundo. Essa foto foi tirada em meados de julho. (Saguaro é o *Cereus giganteus;* cholla é uma espécie de *Opuntia*, um gênero comum no deserto, com diversas espécies. Foto de F. B. Salisbury.)

desertos de sombra de chuva é fria durante o inverno. Uma vez que o ar acima dos desertos é geralmente seco, ele absorve relativamente pouco da luz solar que entra ou a radiação térmica das ondas longas que sai. Portanto, os desertos são quentes durante o dia e relativamente frios à noite. O ar aquecido nos vales do deserto sobe, enquanto o ar que esfria em elevações mais altas flui para baixo nos cânions e erosões, principalmente durante a noite. Assim, o vento é comum e pode formar dunas, embora as grandes dunas de areia associadas aos desertos, retratadas por cineastas e outros, não sejam tão comuns quanto somos levados a crer (exceto no Deserto do Saara). Talvez o chamado pavimento do deserto seja mais comum. Ele consiste em uma camada superficial de pequenas pedras, material mais fino que foi removido pela erosão, principalmente pelo vento.

O solo do deserto geralmente é salgado porque a pouca chuva não dissolve os sais à medida que eles se formam pelo desgaste das partículas de solo e rochas. O status real do solo do deserto depende consideravelmente da época do ano em que a chuva cai. As zonas de clima mediterrâneo, por exemplo, geralmente ocorrem ao norte das latitudes dos cavalos ou ao sul das latitudes dos cavalos. As latitudes dos cavalos seguem o sol e desviam do equador durante o verão, de forma que os climas mediterrâneos experimentam uma seca de verão que pode durar de seis a nove meses. Ainda assim, elas podem ter uma chuva considerável durante os meses de inverno, quando as latitudes dos cavalos migram na direção do equador. Tecnicamente, a abundante umidade do inverno impede que essas áreas se qualifiquem como desertos verdadeiros. Devido à alta precipitação durante parte do ano, geralmente esses solos são menos salgados que outros solos do deserto – mas, ao mesmo tempo, eles possuem algumas das características dos solos do deserto (por exemplo, o pH relativamente alto). As tempestades de verão no deserto do Arizona (principalmente a umidade do Golfo do México) acarretam em uma vegetação de deserto única e relativamente exuberante, mas a temperatura e a evaporação são altas e a precipitação total é baixa suficiente para que essas áreas se qualifiquem como desertos verdadeiros.

Na verdade, a incerteza acerca dos padrões climáticos mundiais significa que algumas regiões da zona temperada, que normalmente são privilegiadas com muita chuva para uma agricultura produtiva, podem passar por secas que se estendem de várias semanas a meses e/ou por precipitação reduzida que pode durar vários anos; os exemplos são as tempestades de poeira das planícies do sul dos Estados Unidos na época de 1930, a grande seca do verão de 1988 em grande parte do país e as graves secas na Europa durante o verão de 1983. Assim, o estresse hídrico (potencial hídrico negativo o suficiente para danificar as plantas) ocorre em muitas partes do mundo além dos desertos.

Tundras e outras áreas frias

As **tundras** são áreas da superfície terrestre nas quais as temperaturas são muito baixas para permitir o crescimento de árvores (Figura 26-3). Essas áreas ocorrem nos topos das montanhas (**tundra alpina**) e no extremo norte (**tundra ártica**). (As tundras antárticas têm extensão muito limitada.) As tundras polares ocorrem porque o sol está relativamente baixo no céu, mesmo no verão (na verdade, abaixo do horizonte por dias e até meses no inverno dos Círculos Ártico e Antártico); portanto, os raios solares inclinados devem seguir um longo trajeto, atravessando a atmosfera e incidindo em superfícies horizontais e em ângulos tão agudos que a energia de uma determinada secção transversa da radiação solar é disseminada por uma área horizontal relativamente grande. Esses efeitos combinados (longo trajeto atmosférico e angulação solar baixa) tornam-se cada vez mais importantes quando vamos do equador à direção dos pólos, e resultam nas temperaturas mais frias ocorridas em qualquer elevação. Dito

FIGURA 26-3 Tundra alpina acima da linha das árvores (observe as árvores à distância, na parte central direita) na borda norte do Parque Nacional das Montanhas Rochosas no Colorado, Estados Unidos, na Cordilheira da Múmia. A elevação é de aproximadamente 3.420 m acima do nível do mar, e a área era um dos vários locais de estudo da ecofisiologia das plantas da tundra. Devido às inclinações diferentes, áreas de acúmulo de neve, substratos e outras características, vários tipos distintos de vegetação podem ser reconhecidos na tundra, mas todos são caracterizados por plantas pequenas, frequentemente com flores coloridas. (Foto de R. B. Salisbury.)

de outra maneira, uma determinada temperatura baixa ocorre em elevações menores à medida que nos aproximamos dos polos. O **limite superior das árvores (linha das árvores)**, por exemplo, ocorre em elevações cada vez mais baixas quando vamos do equador (onde tipicamente ela tem de 3.500 a 4.500 m) até chegar ao nível do mar, a alguma distância acima do círculo ártico. Alexander von Humboldt descreve esse fenômeno em 1817; o princípio é chamado de **lei de Humboldt**.

Por que as temperaturas são baixas na tundra alpina? Se o volume de gás se expande ou contrai sem trocar calor com as adjacências, dizemos que a expansão ou contração é **adiabática**. À medida que o ar sobe, ele se expande porque a pressão é mais baixa em elevações mais altas. Se a expansão for adiabática, a temperatura do ar diminuirá porque haverá menos calor por volume de unidade do ar. O ar seco na atmosfera da Terra esfria cerca de 1 °C para cada 100 m de subida vertical. Portanto, se o ar seco a 30 °C em um vale for elevado por ventos globais para o topo de uma montanha a 1.500 m de altitude, ele esfria para cerca de 15 °C até que seja aquecido ou resfriado pela encosta da montanha ou pela luz solar em seu caminho ascendente. Essa taxa de resfriamento é uma expressão do **gradiente adiabático** ou **taxa de lapso adiabático** para o ar seco na atmosfera terrestre (Figura 26-4). O resfriamento adiabático durante a expansão é o motivo básico pelo qual o ar mais alto quase sempre é mais frio que o ar mais baixo.

Existe outro motivo importante pelo qual as tundras alpinas são frias. À noite, qualquer superfície normalmente irradia mais calor para o céu do que a partir dele para a atmosfera acima, portanto, a superfície esfria. Isso é particularmente verdadeiro para as superfícies alpinas, pois a atmosfera acima é mais fria e rarefeita do que em superfícies mais baixas. Portanto, a tundra esfria mais rápido à noite do que áreas mais baixas. A superfície fria esfria o ar adjacente que se contrai, torna-se mais denso e frequentemente flui para os cânions ou encostas, substituindo o ar mais quente que está subindo nos vales.

Durante o dia, os ventos altos em rajadas são característicos da tundra alpina, parcialmente por causa das rápidas flutuações da temperatura, mas também porque os picos das montanhas defletem os movimentos do ar global que sempre ocorrem no alto da atmosfera. Esses ventos aumentam a evaporação das plantas e do solo, mas a umidade geralmente é alta, o que reduz a evaporação. Praticamente tudo varia rapidamente no ambiente alpino: velocidade do vento, temperatura, nível de luz (sob um céu parcialmente nebuloso, o que é comum) e umidade (consulte a introdução do Capítulo 21). Os ventos de inverno significam que grande parte da tundra alpina sofre influência do vento sem neve enquanto montes de neve intensos se formam nas áreas mais protegidas. Algumas plantas devem resistir às temperaturas frias das áreas expostas, enquanto outras evitam os extremos do inverno sob um grosso manto isolante de neve.

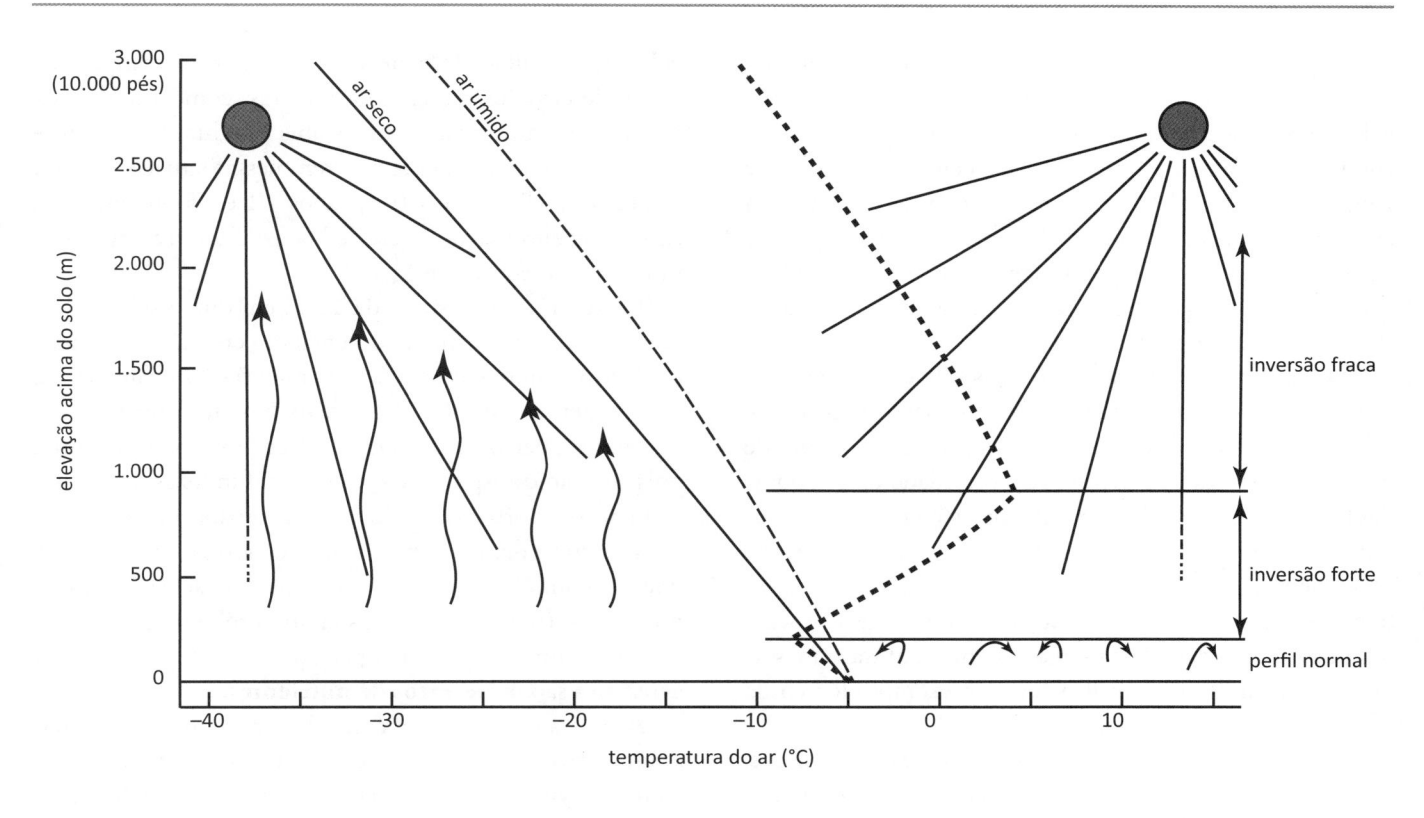

FIGURA 26-4 A taxa do lapso adiabático e a inversão atmosférica. As duas linhas divisórias que angulam para a esquerda entre as duas partes da figura mostram os perfis de temperatura (temperatura como função da elevação), que são exemplos das taxas de lapso adiabático do ar seco e úmido. Elas mostram a temperatura do volume de ar que pode se expandir de maneira adiabática (sem trocar o calor com as adjacências) e, portanto, ao frio, à medida que sobe nas elevações mostradas. Se o gradiente de temperatura for mais inclinado que a taxa de lapso adiabático, como geralmente ocorre, o ar aquecido pelo contato com o solo quente sobe por convecção (lado esquerdo da figura). Se o gradiente for menos inclinado que a taxa de lapso, o ar não sobe por convecção (lado direito). A linha pontilhada mostra um perfil de temperatura real, medida com um balão-sonda em um frio 31 de dezembro de 1963 acima de Salt Lake City, Utah. Abaixo de cerca de 200 m, o gradiente de temperatura era mais inclinado que a taxa de lapso e o ar subia – mas apenas até a parte inferior da camada de ar em que o perfil estava, na verdade, revertido a partir de sua condição normal. O ar era mais quente e não mais frio com a elevação crescente de até 900 m. Isso era uma inversão anormalmente forte – e um coletor de poluentes atmosféricos. A inversão continuava mesmo acima de 900 m, porque o gradiente de temperatura ainda não era tão inclinado como a taxa de lapso, mesmo para o ar úmido. (De Jensen e Salisbury, 1984.)

As montanhas altas perto do equador possuem tundras alpinas que não têm inverno (cobertura de neve), mas podem ter temperaturas noturnas de apenas –6 a –11 °C em qualquer época do ano (Korner e Larcher, 1988; Sakai e Larcher, 1987). As plantas de crescimento ativo que vivem nesses locais devem evitar ou resistir ao congelamento da mesma forma que as plantas em tundras alpinas mais temperadas. Essas tundras tropicais são caracterizadas por menos plantas suculentas de roseta, frequentemente com caules de vários metros de altura (por exemplo, espécies de *Dendrosenecio* e *Lobelia*).

As tundras alpinas e árticas compartilham temperaturas baixas e médias semelhantes, mas diferem consideravelmente em fatores como o fluxo de radiação, que é muito mais baixo no Ártico, porém estendido nos dias mais longos do verão. Os níveis de luz aumentam nas tundras alpinas por causa da camada mais rarefeita da atmosfera de difusão. Mesmo que o céu esteja nublado, a luz difundida mensurável dentro das nuvens sobre a tundra é muito mais brilhante que a luz acima das nuvens nos vales. As irradiações mais altas são observadas quando o céu está parcialmente nublado, de forma que os raios diretos do sol e os raios refletidos pelas nuvens incidam na mesma área. As irradiações podem ser tão altas quanto $1.500\ W\ m^{-2}$ (constante solar = $1.350\ W\ m^{-2}$). A radiação ultravioleta pode ser alta e talvez seja importante para os organismos nas tundras alpinas, mas é muito baixa no Ártico. O fato de a vegetação da tundra ser tão semelhante nas zonas alpinas e no Ártico (frequentemente as mesmas espécies, ou estreitamente relacionadas, mas com ecótipos separados; Seção 25.4) atesta a importância da temperatura baixa.

O que há de especial nas plantas da tundra alpina ou ártica? Obviamente, elas são capazes de sobreviver ao congelamento, mas por que são invariavelmente pequenas, em comparação com suas equivalentes em climas temperados? Korner e Larcher (1988) observaram que, ao contrário da crença disseminada, a capacidade fotossintética das plantas de regiões frias não é essencialmente diferente da de plantas de regiões temperadas, quando formas de vida comparáveis são consideradas.

As temperaturas prevalecentes das folhas raramente limitam o ganho de carbono fotossintético sazonal. Korner e Larcher sugeriram que o frio afeta as plantas da tundra de duas maneiras: indiretamente, pela brevidade da temporada de crescimento, e diretamente, pelos efeitos da temperatura reduzida sobre os processos de desenvolvimento do crescimento, particularmente a divisão celular. Há muito tempo os ecologistas negligenciam a função dos processos de desenvolvimento nos ecossistemas naturais, mas as plantas da tundra podem fornecer um exemplo lógico da importância desses efeitos.

Tendo enfatizado as temperaturas baixas das tundras, devemos observar que as folhas da planta nem sempre são frias. Aquecidas pelo sol, elas podem chegar a temperaturas 20 °C acima da temperatura do ar (por exemplo, consulte Salisbury e Spomer, 1964; revisado por Korner e Larcher, 1988). Porém, as temperaturas são quase sempre baixas à noite e a temporada de crescimento é muito curta. As flutuações diárias na temperatura frequentemente são de 25 °C e podem chegar aos 50 °C (Korner e Larcher, 1988).

Usamos as tundras como exemplo de regiões da Terra em que a baixa temperatura é particularmente importante, mas temperaturas de congelamento também são relevantes a cada ano nas zonas temperadas, e o congelamento pode danificar as plantas nativas e especialmente as de safra, inclusive nos climas mediterrâneos e subtropicais. Mesmo nos trópicos, temperaturas anormalmente baixas (embora possam ser de até 10 °C acima do ponto de congelamento) podem causar lesões por resfriamento em plantas sensíveis, como as bananas.

Outros ambientes estressantes

Existe uma grande variedade de ambientes estressantes na superfície da Terra, além dos que descrevemos (Crawford, 1989). Alguns têm escala limitada; outros podem ter uma distribuição quase mundial. Por exemplo, a inundação pode produzir uma condição tensiva oposta aos potenciais hídricos extremamente negativos do deserto, mas os danos resultam da exclusão do oxigênio e não do alto potencial hídrico. As temperaturas altas perto ou até mesmo acima do ponto de fervura ocorrem nas fontes quentes, perto dos vulcões, em pilhas de matéria orgânica em decomposição e nos desertos extremamente quentes, como no Vale da Morte, na Califórnia, ou na Arábia Saudita. Os organismos vivos frequentemente ocorrem nessas situações, como veremos. Já discutimos (Capítulos 12 e 25) os estresses causados pelos baixos níveis de luz nas florestas e nas profundezas dos corpos de água.

Existem muitas partes da Terra em que o solo é altamente ácido ou alcalino, ou deficiente em vários nutrientes (assim como a areia e alguns materiais vulcânicos) ou em nutrientes específicos (principalmente o nitrogênio). Os mares abertos são deficientes em muitos nutrientes, pois eles são transportados para as profundezas do oceano nos corpos mortos de vários organismos, principalmente o **plâncton** (plantas unicelulares e outros organismos), que se acomoda no fundo. Essas concentrações baixas de nutrientes (potenciais) apresentam problemas especiais em quase dois terços da superfície terrestre coberta por água; eles são os **desertos de nutrientes**.

A pressão extrema e a escuridão total que existem nas grandes profundezas do oceano, onde mesmo assim os organismos vivem, parecem bastante tensivas. Ainda assim, os organismos estão vivos e parecem sobreviver bem (frequentemente subsistindo com a "chuva" de matéria orgânica que se origina da superfície). O conceito de estresse que imediatamente vem à mente é uma função dos ambientes aos quais nós nos adaptamos.

26.3 Estresse hídrico: seca, frio e sal

Embora existam muitas complicações, o creosoto que cresce no deserto, o mangue branco crescendo em uma floresta litorânea, com suas raízes na água salgada, e um abeto branco vivendo nas florestas do norte sofrem estresse, pelo menos em certas épocas do ano, como resultado de um fator comum: potenciais hídricos negativos (estresse hídrico). Começaremos nossa pesquisa desse assunto com as plantas do deserto.

As xerófitas

Classificamos as plantas de acordo com a sua resposta à água disponível: as **hidrófitas**[2] crescem onde a água está sempre disponível, como em uma lagoa ou pântano, as **mesófitas** crescem onde a disponibilidade de água é intermediária e as **xerófitas** crescem onde a água é escassa a maior parte do tempo. Os solutos influenciam fortemente o potencial hídrico e podem ter toxicidades específicas,

---
[2] Os nomes vêm do grego: *-fita*, "planta"; *hidro*, "água"; *meso*, "meio"; *xero*, "seco"; *glico*, "doce"; *halo*, "sal".

portanto, os ecologistas também classificam as plantas que são sensíveis a concentrações relativamente altas de sal como **glicófitas** e as que são capazes de crescer na presença de um alto teor de sal, como **halófitas**. (Quando não são plantas, esses organismos são chamados de **halófilos**.)

Todas as plantas do deserto são chamadas de xerófitas, mas espécies diferentes sobrevivem à seca de várias maneiras. A Figura 26-5 expande os conceitos de prevenção e tolerância introduzidos acima. Existem várias formas de prevenção, mas a tolerância é sempre uma questão de "suportar". Homer LeRoy Shantz (1927) usou quatro termos para classificar as xerófitas. Eles são descritivos e estão na Figura 26-5: *escapar, resistir, evitar* e *suportar*. As xerófitas do deserto são realmente expostas a uma ampla variedade de potenciais hídricos. Plantas como as palmeiras, que crescem no oásis, onde suas raízes chegam ao lençol freático, ou outras plantas como a mesquita (*Prosopis glandulosa*) e a alfafa (*Medicago sativa*), que têm raízes que se estendem até 7 a 10 m abaixo até o lençol, nunca experimentam potenciais hídricos extremamente negativos. Elas são as *gastadoras de água*. Certamente, elas evitam a seca. Obviamente, essas plantas devem ser capazes de usar a água disponível no solo enquanto estendem suas raízes até o lençol freático. (Nas Montanhas Judaicas de Israel, certas árvores estenderam suas raízes por estreitas fissuras na rocha calcária sólida em profundidades de 30 m ou mais, dissolvendo a rocha em seu caminho.)

As chamadas **efêmeras do deserto** são plantas anuais que *escapam da seca*, existindo apenas como sementes dormentes durante a época sem umidade. Quando a chuva é suficiente para umedecer o solo até uma profundidade considerável, essas sementes germinam, talvez em resposta à liberação pela lixiviação de inibidores da germinação (Capítulo 22). Muitas dessas plantas crescem até a maturidade e soltam pelo menos uma semente por planta antes que toda a umidade do solo se esgote. Elas são eminentemente bem adaptadas às regiões secas e, portanto, são xerófitas no verdadeiro sentido da palavra, embora seu protoplasma ativo e metabolizante nunca seja exposto a potenciais hídricos extremamente negativos e não sejam resistentes à seca. Como em cada grupo de xerófitas destacado aqui, as efêmeras formam uma classe que consiste em muitas espécies, cada uma com suas próprias características especiais e maneiras de responder a diferentes quantidades de água ou nutrientes (Ludwig et al., 1989).

Espécies de suculentas como os cactos, a planta secular (*Agave americana*) e várias outras plantas com metabolismo do ácido crassuláceo (CAM) (Seção 11.6) são *coletoras de água*; elas resistem à seca armazenando água em seus tecidos suculentos. Água suficiente é armazenada e a taxa de perda é tão baixa (por causa de uma cutícula especialmente grossa e do fechamento estomatal durante o dia) que elas podem existir por longos períodos sem a adição de umidade. MacDougal e Spaulding (1910) relataram que um caule de *Ibervillea sonorae* (uma suculenta do deserto do México, da família dos pepinos Cucurbitaceae), armazenada "seca" em um museu, armazenou água para formar um novo crescimento todo verão por oito anos consecutivos, diminuindo seu peso de apenas 7,5 para 3,5 kg! Uma vez que o protoplasma não está sujeito a potenciais hídricos extremamente negativos, as suculentas evitam a seca e não são verdadeiramente tolerantes a ela. O potencial hídrico em seus tecidos é frequentemente −1,0 MPa. Algumas das suculentas, principalmente os cactos, possuem sistemas radiculares rasos e extensos que absorvem (coletam) a umidade da superfície depois da tempestade, armazenando-a em seus tecidos suculentos.

Algumas espécies submetidas a seca periódica podem trocar de uma CAM, que conserva água porque os estômatos estão fechados durante o dia, para a fotossíntese C-3 quando a água se torna disponível (consulte a Seção 11.6). *Clusia rosea* é uma árvore que começa a vida como uma *epífita* (a semente germina nos galhos de outras árvores) na floresta tropical. Durante o período entre as tempestades, as plantas jovens podem sofrer um grave estresse hídrico, porque suas raízes não estão no solo. Schmitt et al. (1988) observaram que as plantas mudam da fotossíntese CAM para a C-3 rapidamente, em resposta à mudança nos níveis de umidade e irradiação.

Muitas plantas do deserto que não são suculentas apresentam outras adaptações que reduzem a perda de água; elas são *economizadoras de água*. Por exemplo, é comum que os arbustos do deserto e outras plantas tenham folhas pequenas. Essa condição aumenta a transferência do calor pela convecção, diminuindo a temperatura da folha e reduzindo assim a transpiração (Seções 4.8 e 4.9). Essas folhas ainda estarão tão quentes quanto a temperatura do ar, mas raramente a temperatura do ar é fatal. Outras adaptações que reduzem a transpiração incluem estômatos afundados, soltura das folhas durante os períodos de seca e pubescência pesada nas superfícies das folhas (Ehleringer et al., 1976). Também é importante que essas plantas aumentem a resistência radicular para impedir a perda de água para o solo seco (Schulte e Nobel, 1989). Embora essas modificações possam realmente reduzir a perda de água, elas nunca a impedem completamente, e são insuficientes como proteção contra a seca extrema.

À medida que a água evapora das plantas, os sais no protoplasma podem chegar a níveis que danificariam as enzimas cruciais. Uma adaptação importante encontrada em muitos organismos sujeitos à estresse hídrica e outras é o acúmulo de certos compostos orgânicos, como sacarose, aminoácidos (principalmente a prolina) e vários outros que diminuem o potencial osmótico e, portanto, o potencial hídrico nas células, sem limitar a função da enzima. À medida que a estresse hídrica aumenta, esses compostos aparecem nas células de muitas xerófitas (consulte a Seção 26.4); a queda resultante no potencial osmótico é chamada de **ajuste osmótico** ou **osmorregulação** (Morgan, 1984).

Talvez as mais impressionantes entre as xerófitas sejam as plantas que simplesmente suportam a seca. Elas perdem grandes quantidades de água, portanto, o protoplasma fica exposto a potenciais hídricos extremamente negativos, embora não morra. Essas **euxerófitas** (xerófitas verdadeiras) exibem *tolerância à desidratação* ou **resistência**, e não uma mera prevenção. As plantas que apenas evitam a seca são de grande interesse para os ecologistas, mas não desafiam o nosso entendimento fisiológico no mesmo grau que as euxerófitas. Incidentalmente, muitas características das evitadoras da seca, como as folhas pequenas e os estômatos afundados, também ocorrem nas resistentes à seca. Ainda assim, nas euxerófitas, a arma máxima contra a seca é a capacidade de resistir a ela – de ser tolerante à seca.

A capacidade de algumas euxerófitas para resistir à seca é fenomenal. O teor de água do creosoto (*Larrea divaricata*), um arbusto do deserto das Américas do Norte e do Sul, cai para até 30% do peso fresco final antes que todas as folhas morram. Na maioria das plantas, níveis abaixo de 50 a 70% são letais. Algumas das euxerófitas mais espetaculares (chamadas de **poiquilohídricas** por alguns ecologistas) são os musgos e samambaias – plantas que normalmente associamos aos ambientes úmidos. Sua capacidade de secar e depois tornar-se metabolicamente ativas imediatamente na reidratação talvez dependa de características especiais que não são comuns em outras plantas. Os exemplos são a *Selaginella lepidophylla* (planta da ressurreição), certas gramíneas e *Polypodium* (uma samambaia).

Muitos trabalhos sobre as xerófitas do deserto foram feitos no Deserto de Negev, em Israel. Os pesquisadores (Evenari et al., 1975) estudaram algas, líquens e musgos que podem tolerar uma desidratação extrema e prolongada, além do frio e do calor extremos quando estão secos. Eles podem capturar a água direta e instantaneamente do orvalho, chuva ou até mesmo da atmosfera úmida (alguns deles, quando a umidade relativa é tão baixa quanto 80%) e essa absorção da água leva a uma ativação instantânea da atividade metabólica. (O ar com UR de 80% e 20 °C tem um potencial hídrico de –30 MPa.)

Os pesquisadores israelitas identificaram, entre as plantas superiores, a maioria das características que acabamos de discutir, e algumas outras. Uma adaptação importante, por exemplo, é a **heteroblastia**, a capacidade de uma única planta de produzir sementes morfológica e fisiologicamente diferentes. Essas sementes possuem diferentes requisitos de germinação, portanto, apenas algumas sementes de uma determinada safra germinam em uma determinada época. O risco inerente à sobrevivência do broto é, portanto, distribuído em uma variedade de condições ambientais, e às vezes em vários anos. Esses pesquisadores também estudaram os mecanismos reguladores do estômato na plantas do deserto. Nos exemplos mais interessantes, quando o estresse hídrico era baixo na folha, os estômatos se abriam se a temperatura aumentava; quando o estresse hídrico era mais alto e a temperatura subia novamente, eles fechavam. No Deserto de Negev, as plantas frequentemente utilizam-se do orvalho. Outras plantas também podem utilizar-se do orvalho, mas existe uma polêmica sobre até que ponto isso contribui para o crescimento da planta (Rundel, 1982). Mais adiante, iremos considerar um exemplo interessante da secreção de sal nas folhas: o sal absorve a umidade do ar e essa água é, então, absorvida pelas folhas.

Incidentalmente, os fisiologistas dos insetos (Edney, 1975) relataram que certos insetos absorvem água da atmosfera com uma umidade relativa de apenas 50% – e, portanto, um potencial hídrico de quase –100 MPa! O líquido dentro do corpo do inseto pode ter um potencial hídrico de apenas –1 a –2 MPa e estaria em equilíbrio com uma atmosfera de umidade relativa aproximada de 99%. Como a absorção ocorre, continua sendo um mistério.

Existem várias outras adaptações das plantas do deserto que não podem ser discutidas aqui por falta de espaço. Por exemplo, a **eficiência do uso da água** (a relação de produção de matéria seca com o consumo de água) aumenta à medida que a disponibilidade de água no solo diminui (Ehleringer e Cooper, 1988), e as alelopáticas (Seção 15.3) são frequentemente produzidas pelas plantas do deserto, restringindo a germinação ou crescimento de plantas concorrentes, o que reduz a competição pela água.

Estresse hídrico nas mesófitas

Embora as xerófitas do deserto sejam estudadas pelos ecofisiologistas, muitos estudos sobre a estresse hídrica foram feitos por silvicultores e agricultores (por exemplo, Mussell e Staples, 1979). A água pode limitar o crescimento e a produtividade da safra praticamente em todos os lugares, seja por causa de períodos de seca inesperados ou pela chuva normalmente baixa, que torna a irrigação regular necessária. Quando é necessário irrigar para se obter uma safra, qual é a quantidade de água correta e com que frequência ela deve ser aplicada no campo? A resposta, que poderia influenciar o gasto de grandes somas de dinheiro, pode ser fortemente influenciada pelas pesquisas sobre a fisiologia da estresse. Raramente estamos preocupados com a forte

FISIOLOGIA DO ESTRESSE

CONDIÇÕES DOS TECIDOS VEGETAIS: estresse hídrico relativamente baixo ou inexistente		estresse hídrico moderado		estresse hídrico extremo
MECANISMOS: seca escapistas	gastadoras de água (raiz afunilada e profunda)	coletoras de água (suculentas; fotossíntese CAM; sistema radicular raso; secreção de sal, absorção de orvalho)	economizadoras de água (muitas adaptações para reter água: folhas pequenas, estômatos afundados, pubescência, folhas decíduas etc.; aumentam os solutos: *osmorregulação*)	tolerância à desidratação (propriedades protoplasmáticas não são totalmente compreendidas)
EXEMPLOS: anuais de deserto	mesquita, alfalfa, palmeiras	cactos, muitas outras	muita xerófitas, incluindo aquelas mencionadas em outros grupos, possuem essas características	euxerófitas: sementes, certos musgos, líquens, creosoto
OUTRAS TERMINOLOGIAS E CLASSIFICAÇÕES:				
Levitt (1972, 1980):	←――――――――――― resistência ――――――――――→			←― tolerância ―→
Shantz (1927): escapar	evitar	resistir	evitar	suportar
Daubenmire (1947): ←― anuais ―→	←― perenes não suculentas ―→	←― suculentas ―→	←――― perenes não suculentas ―――→	

FIGURA 26-5 Abordagem para a classificação das respostas das plantas à estresse hídrica. Outras abordagens também são mostradas.

estresse suportada pelas plantas do deserto; na verdade, estamos interessados em até que ponto a retenção de quantidades relativamente pequenas de água pode influenciar a produção de uma safra.

Uma pesquisa ampla continuou por mais de um século. Milhares de estudos sobre as respostas das plantas à seca foram publicados. Muitas revisões e volumes que relatam simpósios foram publicados desde 1980 (por exemplo, consulte Bewley e Krochko, 1982; Bradford e Hsiao, 1982; Greenway e Munns, 1980; Hanson and Hitz, 1982; Kramer, 1983; Levitt, 1980; Marchand, 1987; Morgan, 1984; Schulze, 1986; Staples e Toenniessen, 1984; Tranquillini, 1982; e Turner e Kramer, 1980).

Theodore Hsiao (1973; Bradford e Hsiao, 1982) foi particularmente ativo nesse campo. A Tabela 26-1 (sua tabela resumida de 1973, que permanece válida) destaca a sequência de eventos que ocorrem quando o estresse hídrico se desenvolve gradualmente, à medida que a água é retirada de uma planta que cresce em um volume substancial de solo. É importante observar que esses últimos eventos são quase indubitavelmente respostas indiretas a um ou mais dos primeiros eventos, e não ao estresse hídrico propriamente dito.

O crescimento celular parece ser a resposta mais sensível ao estresse hídrico (Figura 26-6). A redução do potencial hídrico (Ψ) externo em apenas −0,1 MPa (às vezes menos) resulta em uma diminuição perceptível no crescimento celular (alargamento celular irreversível) e, portanto, do crescimento da raiz e do broto (Neumann et al, 1988; Sakurai e Kuraishi, 1988). Hsiao sugeriu que essa sensibilidade é responsável pela observação comum de que muitas plantas crescem principalmente à noite, quando o estresse hídrico é mais baixo. (Porém, a temperatura, a fotoinibição e os ritmos endógenos também podem estar envolvidos.) A inibição da expansão celular é normalmente seguida de perto por uma redução na síntese da parede celular. A síntese da proteína pode ser quase igualmente sensível ao estresse hídrico. Essas respostas são observadas apenas nos tecidos que normalmente crescem rapidamente (síntese dos polissacarídeos da parede celular e da proteína e também a expansão). Há muito tempo foi observado que a síntese da parede celular depende do crescimento celular (Seção 16.2). Os efeitos na síntese de proteína são aparentemente controlados no nível da tradução, o nível da atividade do ribossomo.

Em potenciais hídricos ligeiramente mais negativos, a formação de fotoclorofila é inibida, embora essa observação tenha base em apenas alguns estudos. Muitos estudos indicam que as atividades de certas enzimas, principalmente a nitrato redutase, a fenilalanina amônia liase (PAL) e algumas outras, diminuem nitidamente à medida que o estresse hídrico aumenta. Algumas enzimas, como α-amilase e a ribonuclease, mostram atividades elevadas. Antes acreditávamos que as enzimas hidrolíticas poderiam decompor os amidos e outros materiais para tornar os potenciais osmóticos mais negativos, resistindo assim à seca (ajuste osmótico), mas os estudos detalhados nem sempre sustentam essa

TABELA 26-1 Sensibilidade generalizada ao estresse hídrico dos processos ou parâmetros vegetais.[a]

	Sensibilidade ao estresse			
	Muito sensível		Relativamente insensível	
	Ψ do tecido exigido para afetar o processo[b]			
Processo ou parâmetro afetado	0 MPa	−1,0 MPa	−2,0 MPa	Notas
Crescimento celular	————————---			Tecido de crescimento rápido
Síntese da parede	———————			Tecido de crescimento rápido
Síntese de proteína	———————			Folhas estioladas
Formação da protoclorofila	———————			
Nível de nitrato reductase	———————			
Acúmulo de ABA	---———————			
Nível de citocininas	———————			
Abertura estomatal	---————————————---			Depende da espécie
Assimilação de CO$_2$	---————————————---			Depende da espécie
Respiração	---———————			
Acúmulo de prolina	---———————			
Acúmulo de açúcar	———————			

[a] O comprimento das linhas horizontais representa a faixa de níveis de estresse dentro da qual cada processo começa a ser afetado. As linhas pontilhadas significam deduções baseadas em dados mais diluídos.
[b] Com o Ψ de plantas bem regadas sob uma leve demanda evaporativa como ponto de referência.
Fonte: De Hsiao, 1973.

ideia. A fixação e a redução de nitrogênio também diminuem conforme o estresse hídrico, um achado coerente com a queda observada na atividade da nitrato redutase. Nos níveis de estresse que causam mudanças observáveis nas atividades das enzimas, a divisão celular também é inibida. Além disso, os estômatos começam a se fechar, levando a uma redução na transpiração e na fotossíntese.

Houve grande controvérsia sobre o fato de a queda comumente observada na fotossíntese em relação a um estresse moderado ser causado pelo fechamento estomatal ou mais diretamente pelo estresse hídrico propriamente dito (por exemplo, consulte Kaiser, 1987). Os cálculos da concentração interna de CO$_2$ parecem mostrar que ela permaneceu alta sob um estresse hídrico moderado, sugerindo que a própria fotossíntese era inibida. Mas, uma vez que os cálculos estavam sujeitos a vários erros, essa conclusão foi questionada. Todavia, quando os erros são levados em consideração, permanecem evidências que sugerem que as altas taxas de transpiração podem levar a uma redução na fotossíntese (Bunce, 1988). As medições de respostas de várias enzimas fotossintéticas à estresse hídrica também sugerem um efeito direto (Vu e Yelenosky, 1988). As conclusões finais depende de pesquisas futuras e as diferenças entre as espécies provavelmente serão importantes.

Aproximadamente no nível do estresse que provoca efeitos nas enzimas, o ácido abscísico (ABA) começa a aumentar nitidamente (pelo menos 40 vezes; consulte as Seções 4.6 e 18.5) nos tecidos da folha e, em menor escala, em outros tecidos, incluindo as raízes (revisado por Bradford e Hsiao, 1982; Salisbury e Marinos, 1985; Walton, 1980). Isso leva ao fechamento estomatal e a uma transpiração reduzida, como discutimos na Seção 4.6. Além disso, o ABA inibe o crescimento do broto, conservando mais ainda a água, e o crescimento da raiz parece ser promovido (em alguns estudos), o que poderia aumentar o suprimento de água. Também existem evidências de que concentrações adequadamente baixas de ABA aumentam a taxa de condutância da água ao longo das raízes, o que poderia reduzir a estresse hídrica nos brotos. A maioria das adaptações que envolvem o ABA são observadas nas mesófitas; as xerófitas possuem outras adaptações (Kriedemann e Loveys, 1974).

Existem evidências de que o ABA normalmente cumpre uma função na resistência das mesófitas ao estresse hídrico. A maioria dos estudos foi realizada com cultivares sensíveis à seca e resistentes à seca de plantas de safra (por exemplo, consulte Quarrie, 1980). Com frequência, os cultivares resistentes possuem níveis mais altos de ABA quando são expostos ao estresse, e os cultivares sensíveis podem ser fenotipicamente convertidos em tipos resistentes pela aplicação do ABA. Porém, sempre parece haver exceções. O tremoço amarelo (*Lupinus luteus*), por exemplo, é nitidamente insensível à aplicação de ABA.

À medida que a planta responde ao estresse hídrico, o que causa a elevada produção de ABA em seus tecidos? Evidências sugerem que o turgor reduzido da célula é o fator desencadeador (revisado por Bradford e Hsiao, 1982), mas ainda não sabemos como o turgor pode controlar a síntese do ABA.

É interessante notar que o ABA aumenta nas folhas em resposta a vários tipos de estresse, incluindo deficiência ou toxicidade do nutriente, salinidade, frio e alagamento. O turgor reduzido da célula e o potencial hídrico não estão envolvidos em nenhum desses fatores. Também pode ser que o ABA seja um tipo de hormônio universal do estresse, tendo sua produção controlada ou desencadeada por vários mecanismos. Em todos os casos, ele parece reduzir o crescimento e o metabolismo, conservando assim os recursos que, então, estarão disponíveis durante a recuperação se e quando o estresse for eliminado.

O etileno também parece cumprir uma função nas reações de estresse. Ele aparece na resposta a vários fatores de estresse, incluindo o excesso de água (Jackson, 1985), patógenos vegetais, poluição do ar, corte da raiz, transplante, manuseio (Seção 19.2) e talvez a seca (Tietz e Tietz, 1982).

Embora o estresse seja relativamente brando em Ψ de –0,3 a –0,8 MPa, as interações e respostas indiretas começam a ser a regra. As citocininas diminuem nas folhas de algumas espécies aproximadamente nesses níveis. Em potenciais hídricos ligeiramente mais negativos, o aminoácido prolina começa a aumentar nitidamente, às vezes se acumulando em níveis de até 1% do peso seco do tecido. Aumentos de 10 a 100 vezes são comuns. Dependendo da espécie, outros aminoácidos e amidas, principalmente a betaína, também se acumulam quando o estresse é prolongado. A prolina aumenta de novo a partir do ácido glutâmico e, por fim, provavelmente a partir dos carboidratos. Esses compostos contribuem com o ajuste osmótico (discutido a seguir).

Em níveis mais altos de estresse (Ψ = –1,0 a –2,0 MPa), a respiração, a translocação de assimilados e a assimilação de CO_2 caem para níveis próximos de zero. A atividade da enzima hidrolítica aumenta consideravelmente e o transporte de íons pode se tornar mais lento. Na verdade, em muitas espécies, a respiração aumenta, não diminuindo até que a estresse hídrica de –5,0 MPa seja atingida.

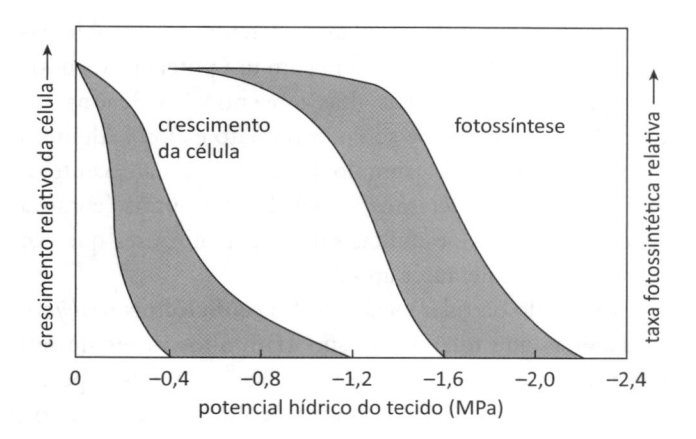

FIGURA 26-6 Crescimento da célula e fotossíntese como função dos potenciais hídricos reduzidos no tecido. As áreas sombreadas incluem as faixas de resposta observadas nas várias espécies em diferentes experimentos. O crescimento da célula (por exemplo, o aumento da folha) é muito mais sensível ao potencial hídrico decrescente do que a fotossíntese. (Consulte Boyer, 1970; Acevedo et al., 1971.)

As plantas normalmente se recuperam se forem regadas quando o estresse for de –1,0 a –2,0 MPa, o que significa que, apesar da severidade do estresse hídrico, a resposta era elástica – ou, pelo menos, relativamente elástica, porque o crescimento e a fotossíntese nas folhas jovens frequentemente não atingem as taxas originais por vários dias, e as folhas velhas são descartadas. Obviamente, como o crescimento é particularmente sensível ao estresse hídrico, as produções podem ser nitidamente reduzidas até com uma seca moderada. As células são menores e as folhas se desenvolvem menos durante o estresse hídrico, resultando em uma área reduzida para a fotossíntese. Além disso, as plantas podem ser particularmente sensíveis a uma seca moderada durante certas fases, como na formação das espigas no milho. Então, no sentido da produção final, as respostas ao estresse são realmente plásticas, mesmo com um estresse hídrico moderado.

Estresse do sal

Um fator de estresse comum e importante no deserto é a presença da alta concentração de sal no solo (revisado por Flowers et al., 1977). A salinidade do solo também restringe o crescimento em muitas regiões temperadas, além dos desertos (Greenway e Munns, 1980). Milhões de acres deixaram de produzir à medida que o sal da água da irrigação se acumulava no solo. A planta enfrenta dois problemas nessas áreas: obter água do solo com um potencial osmótico negativo e lidar com as altas concentrações de íons potencialmente tóxicos de sódio, carbonato e cloro. Algumas plantas de safra (por exemplo, beterraba, tomate, centeio) são muito mais tolerantes ao sal do que outras (como a cebola e a ervilha), e muitas safras têm cultivares que são relativamente tolerantes ao sal.

No estudo da tolerância ao sal, as **euhalófitas** (*halófitas verdadeiras que toleram ou suportam altos níveis de sal*) são particularmente interessantes. Várias dessas espécies crescem melhor quando os níveis de sal no solo são altos, como nos desertos ou em solos saturados com água salobra, nos litorais ou perto de praias com águas extremamente salgadas, como as do Great Salt Lake, onde o teor de sal pode ser saturado em níveis de até 26% por peso.[3] Elas também ocorrem em solos que não são salgados. *Allenrolfea* (arbusto do iodo), *Salicornia* (salicórnia) e *Limonium* (lavanda do mar) são gêneros representativos. Espécies de *Atriplex* (erva-sal) e *Sarcobatus* (pé de ganso) crescem em solos relativamente menos salgados e certas bactérias (arqueobactérias?) e algas azuis (cianobactérias) vivem nas águas do Great Salt Lake. Em geral, os procariontes e as arqueobactérias são mais resistentes ao estresse ambiental do que os eucariontes.

Barbour (1970; consulte também Barbour et al., 1987) revisou a literatura que sugere que *nenhuma* angiosperma é uma **halófita obrigatória**, ou seja, plantas que não podem crescer a menos que o solo seja salgado. Todas as halófitas estudadas até agora foram às vezes encontradas crescendo naturalmente em solos não salgados, e crescem bem quando plantadas neles. Normalmente, elas não são abundantes em solos não salgados porque não podem competir com as glicófitas que normalmente crescem nesses locais. Como discutiremos a seguir, no entanto, membros do gênero *Halobacterium* (novamente procariontes) acumulam grandes quantidades de sal em suas células e não podem sobreviver exceto em ambientes salgados.

Nas halófitas terrestres, o potencial osmótico da seiva da célula da folha é invariavelmente muito negativo. A seiva dos tecidos de espécies *Atriplex* de crescimento ativo, que não possuem resistência especial ao frio, por exemplo, congelam apenas quando as temperaturas ficam abaixo de −14 °C, sugerindo que seus potenciais osmóticos são tão baixos quanto −17 MPa. Isso contrasta com o −1,0 a −3,0 MPa normal na maioria das plantas. Em alguns casos, a seiva do xilema não possui um potencial osmótico altamente negativo, mas pode ser quase água pura. Para obter água do

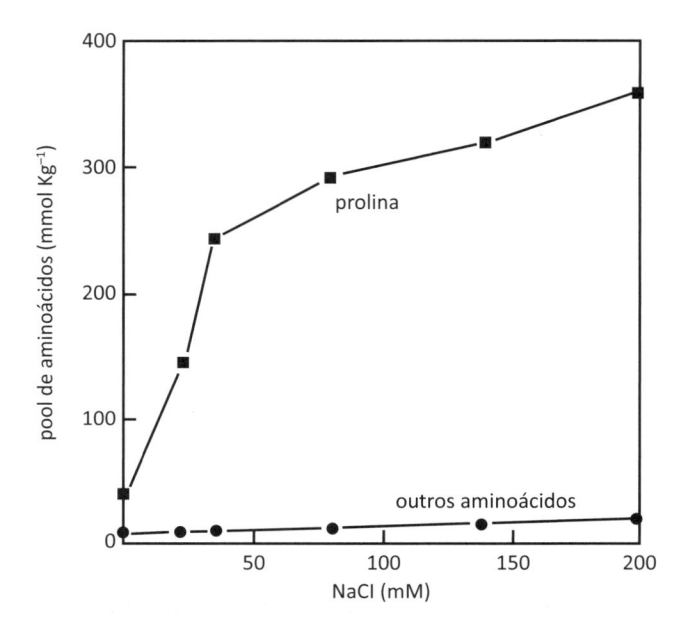

FIGURA 26-7 Acúmulo de aminoácidos e prolina na *Triglochin maritima* cultivada em diferentes salinidades. Cortes da *T. maritima* foram cultivados em um meio não salino por 2 semanas antes de serem transferidos para meios salinos. Os tecidos do broto foram coletados para a análise depois de dez dias com tratamento salino. A extensão do acúmulo de prolina nessa halófita especializada é extrema em comparação com a maioria das plantas, mas o acúmulo de prolina e outros solutos compatíveis conforme o aumento na seca ou no estresse do sal é comum. Os valores nos tecidos das folhas de mesófitas submetidas ao estresse raramente excedem 200 mmol kg^{-1} de massa seca (Observe que os valores nesta figura são os de massa fresca; de Stewart e Lee, 1974.)

solo, o potencial hídrico dentro da seiva do xilema deve ser bastante reduzido pelo estresse. Isso foi demonstrado por Scholander e seus colegas para as árvores do mangue (consulte a Figura 5-17).

Algumas halófitas são chamadas de **acumuladoras de sal**. Nessas espécies (por exemplo, *Atriplex triangularis*; Ungar, 1977), o potencial osmótico vai se tornando mais negativo durante toda a temporada de crescimento, à medida que o sal é absorvido. Mesmo nessas plantas, no entanto, a solução do solo não é levada diretamente para a planta. Com base nas quantidades de água transpiradas por ela, é fácil calcular que, se a solução completa do solo fosse absorvida, a planta conteria de 10 a 100 vezes mais sal do que o observado na realidade. Em vez disso, a água se move para a planta de maneira osmótica, e não simplesmente no fluxo de massa. A camada endodérmica nas raízes provavelmente constitui a barreira osmótica.

As halófitas em que a concentração de sal dentro da planta não aumenta durante a temporada de crescimento são conhecidas como **reguladoras do sal**. Os derivados do

---

[3] No começo da década de 1980, vários anos úmidos fizeram o volume do Great Salt Lake quadruplicar; seu teor de sal caiu para cerca de 7%.

FISIOLOGIA DO ESTRESSE

FIGURA 26-8 Folhas de tamarisco (*Tamarix pentandra*) colhidas em Barstow, no Deserto de Mojave, Califórnia, mostrando pesadas incrustações de sal. A correspondência do fósforo de papel indica a escala. (Foto de F. B. Salisbury.)

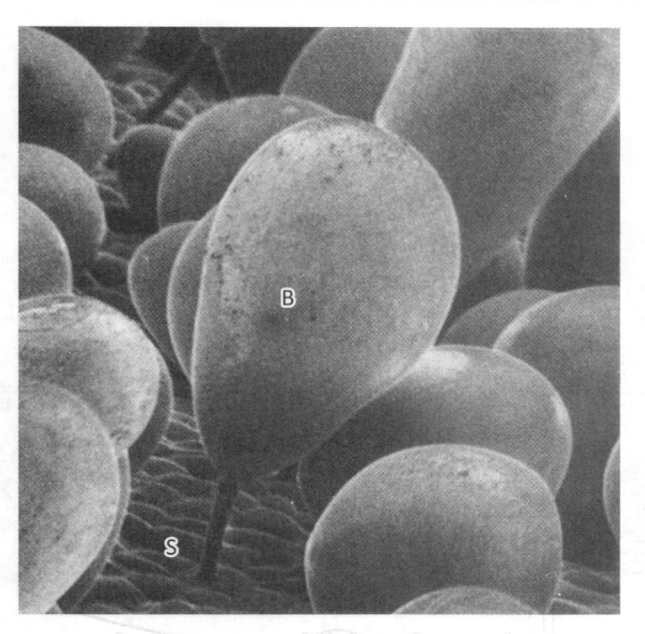

FIGURA 26-9 Eletromicrografia de varredura das bexigas de sal na folha da erva-sal (*Atriplex spongiosa*). Essa espécie da erva-sal é nativa da Austrália e tolerante ao sal porque desenvolveu um mecanismo para controlar as concentrações de Na^+ e Cl^- em seus tecidos, acumulando sal nas bexigas epidérmicas na superfície de partes aéreas da planta. O sal dos tecidos da folha é transferido pela pequena célula do caule (S) e para a célula da bexiga semelhante a um balão (B). À medida que a folha envelhece, a concentração de sal na célula aumenta e, em um dado momento, a célula explode ou cai da folha, liberando o sal fora dela. 450x. (De Troughton e Donaldson, 1972.)

trigo tolerantes ao sal, por exemplo, limitam o acúmulo de íons de Na^+ e Cl^- sob o estresse de sal em comparação com cultivares sensíveis (Schachtman et al, 1989). O mangue é outro exemplo espetacular, excluindo quase 100% do sal (Ball, 1988).

Com frequência, o sal entra na planta, mas como as folhas incham ao absorver água, as concentrações aumentam pouco ou nada. Isso leva ao desenvolvimento da **suculência** (uma alta relação de volume/superfície), uma característica morfológica comum das halófitas. A planta do gelo (*Mesembryanthemum crystallinum*) é um bom exemplo (consulte Flowers et al., 1977). O crescimento rápido é outro mecanismo que dilui o sal. Nesses casos, e quando o sal é excluído pelas raízes, como no mangue, os compostos orgânicos sem os efeitos tóxicos do sal se acumulam nos tecidos, mantendo o equilíbrio osmótico com a solução do solo. A prolina é um exemplo comum (Figura 26-7), mas outros aminoácidos e compostos como o galactosil glicerol e os ácidos orgânicos também ocorrem (Hellebust, 1976). Como veremos em uma seção subsequente, esses compostos funcionam no ajuste osmótico.

Às vezes, o excesso de sal é eliminado na superfície das folhas, ajudando a manter uma concentração de sal constante dentro do tecido (Figura 26-8). Em certas halófitas, existem glândulas de sal imediatamente observáveis nas folhas, consistindo às vezes em apenas duas células (Figura 26-9). Embora os íons de Na^+ sejam essenciais para algumas espécies tolerantes ao sal, é provável que o sódio seja transportado para fora do citosol pelo contratransporte com o H^+ recebido (consulte a Seção 7.10). Isso movimenta grande parte do íon para fora do citoplasma nas células da raiz e da folha, ou para dentro até os vacúolos centrais e para fora até os espaços extracelulares.

Nolana mollis, uma suculenta dominante no Deserto do Atacama, no norte do Chile, cresce onde chove menos de 25 mm ano^{-1}, apesar de a forte neblina e a umidade relativa de aproximadamente 80% serem comuns. A planta é quase sempre úmida ao toque; Mooney et al. (1980) observaram que as glândulas de sal nas folhas secretam o sal (principalmente NaCl), que absorve a água de maneira higroscópica da atmosfera. Se as folhas forem lavadas com água destilada e secas, elas permanecem secas até que tenham a chance de eliminar mais sal. Se um papel filtro for embebido em uma solução coletada das folhas (ou uma solução concentrada de NaCl) e depois seco no forno, ele também absorve água da atmosfera úmida e torna-se úmido ao toque. A planta pode absorver água em suas folhas? Mooney e seus colaboradores sugerem dois trajetos de absorção: diretamente para as folhas ou através das raízes depois que a solução salgada pingou no chão. Qualquer um desses trajetos

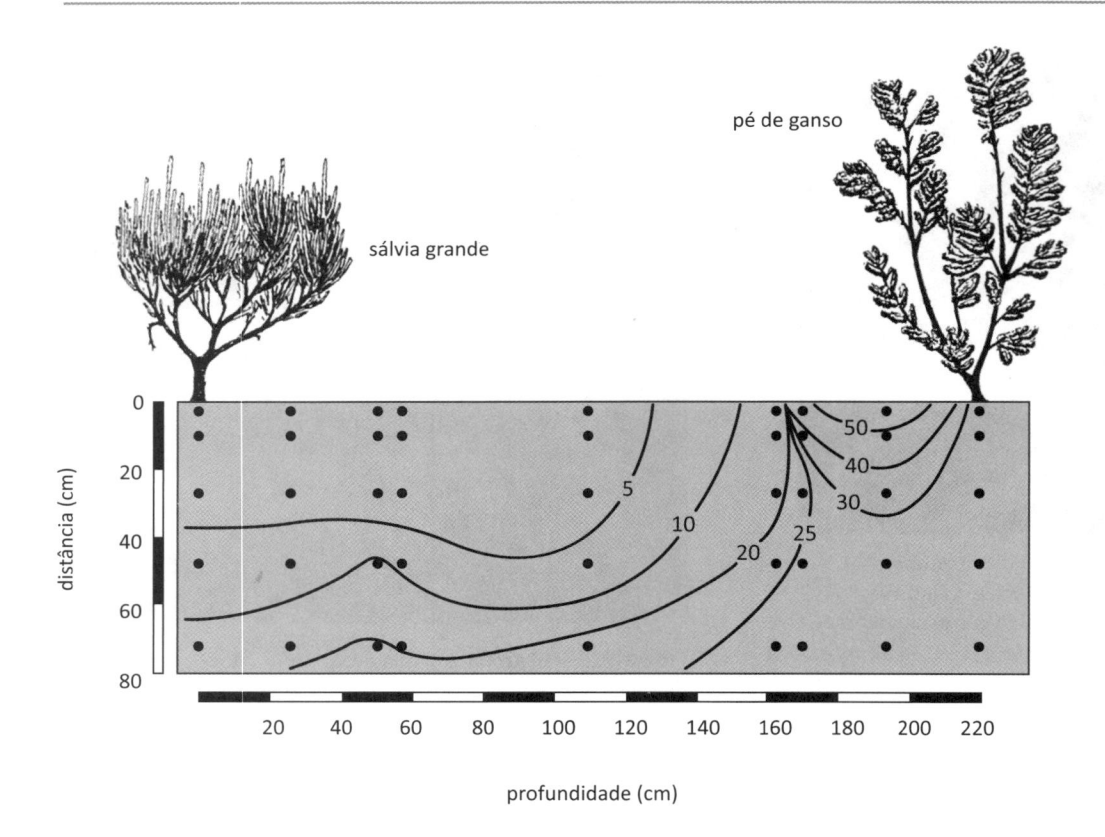

FIGURA 26-10 Concentrações de sal no solo (os números nas linhas representam o percentual permutável de sódio) como função da posição em uma sálvia (*Artemisia tridentata*) e um pé de ganso (*Sarcobatus vermiculatus*) no Deserto Escalante, no sul de Utah, nos Estados Unidos. Observe o alto teor de sódio sob o do pé de ganso. Os pontilhados são os pontos de amostragem. (Dados de Fireman e Hayward, 1952).

exigiria o gasto de energia metabólica por mecanismos que não sabemos existir nas plantas, embora eles existam (mas não sejam compreendidos) nos insetos e aracnídeos. Os pesquisadores calculam que uma ampla energia respiratória está disponível, mesmo que um mecanismo exista para o seu uso.

Na verdade, grandes quantidades de matéria orgânica e inorgânica é liberada das folhas de muitas plantas, tanto halófitas quanto glicófitas. Parte da liberação resultante da lavagem das folhas é causada pela remoção de matérias dentro dos tecidos e também de matérias que exudaram até a superfície. Nesse caso, as matérias lavadas das folhas para o solo, ou que caem junto com as folhas, são recicladas novamente para a planta e para outras plantas. As espécies que absorvem grande quantidade de sal e depois o perdem podem aumentar consideravelmente a salinidade do solo da superfície. Portanto, como em outros ambientes, às vezes as plantas do deserto influenciam profundamente o solo em que crescem. Fireman e Hayward (1952) observaram, por exemplo, que o pé de ganso (*Sarcobatus vermiculatus*) no Deserto Escalante de Utah (Estados Unidos), traz o sal das profundidades, depositando-o na superfície (Figura 26-10), provavelmente quando as folhas caem e se decompõem. O resultado foi uma alta concentração de sal abaixo dos pés de ganso, principalmente em comparação com o solo embaixo da sálvia grande (*Artemesia tridentata*), que não redistribui o sal dessa maneira. Obviamente, as diferenças fisiológicas entre essas duas espécies têm uma importância ecológica considerável.

Outro possível problema para as plantas que crescem em solo salgados é a obtenção de potássio suficiente. Esse problema existe porque os íons de sal competem com a captura de K^+ por um mecanismo de baixa afinidade (Capítulo 7) e o K^+ está comumente presente nesses solos em concentrações muito mais baixas que o Na^+. A presença de Ca^{2+} parece crucial. Se uma quantidade de cálcio suficiente estiver presente, o sistema de captura de alta afinidade que tem preferência pelo transporte de K^+ pode funcionar bem, e essas plantas podem obter potássio suficiente e restringir o sódio (LaHaye e Epstein, 1969). É possível que a fertilização com cálcio de alguns solos salgados com baixo Ca^{2+} possa aumentar sua produtividade agrícola. Um efeito favorável do Ca^{2+} na estrutura do solo também poderia ser importante. O gesso ($CaSO_4$) é às vezes usado, fornecendo Ca^{2+} e uma certa acidez, o que ajuda a liberar o Na^+. O enxofre elementar também é aplicado às vezes; ele se torna oxidado para produzir o ácido sulfúrico, que ajuda na liberação do Na^+. O ácido sulfúrico propriamente dito já foi aplicado com sucesso.

Houve um interesse considerável, durante os últimos anos, nos mecanismos pelos quais o Ca^{2+} supera os efeitos nocivos do Na^+ (Cramer et al., 1985, 1986, 1988). Por exemplo, o crescimento das raízes de milho era altamente sensível ao NaCl (75 mM) na solução nutriente, mas isso pôde ser completamente superado pela adição de Ca^{2+} (10 mM), desde que o Ca^{2+} fosse fornecido antes do sódio. Este e outros estudos sustentam a proposta de que o Ca^{2+} protege as membranas contra os efeitos adversos do Na^+, mantendo assim a integridade da membrana e minimizando o vazamento do K^+ do citosol.

Uma linha de pesquisas relacionadas examina novos polipeptídeos (proteínas) que aparecem em resposta à estresse do sal (Hurkman et al., 1988; Ramagopal, 1987a, 1987b; Rouxel et al., 1989; consulte a discussão das proteínas do estresse do calor da Seção 26.6 e a discussão das proteínas da estresse do sal na Seção 18.5). Essas proteínas podem ser responsáveis pelas respostas da membrana. Uma proteína de peso molecular baixo chamada de *osmotina* parece particularmente importante. Com base na observação de que as altas concentrações de Na^+ produziam células corticais longas e estreitas nas raízes de algodão, Kurth et al. (1986) sugeriram que a relação Na^+/Ca^{2+} pode influenciar a deposição de microtúbulos no citoesqueleto e, portanto, a deposição de microfibrilas na parede. Iraki et al. (1989) estudaram as paredes de células isoladas do tabaco (*Nicotiana tabacum*) adaptadas ao crescimento em soluções fortemente salgadas (por exemplo, 0,428 M NaCl). Nessas soluções, as células tinham apenas de 1/5 a 1/8 do volume das células não adaptadas. As paredes das células adaptadas eram muito mais fracas que as normais, porque o carbono era desviado da síntese da parede para a formação de moléculas importantes no ajuste osmótico (consulte a Seção 26.4 abaixo).

No contexto dos estudos sobre a função das membranas nas respostas da planta ao estresse, observamos que muitos pesquisadores estão tentando entender os mecanismos do transporte de íons através das membranas, e que estes tipicamente envolvem as bombas de prótons (H^+ –ATPases) que estabelecem um gradiente de H^+ ao longo da membrana, que pode ser usado para orientar a captura do soluto para as células da planta por meio de vários mecanismos de transporte secundários. Frequentemente, o cálcio cumpre uma função crucial nos modelos desenvolvidos (consulte o Capítulo 7 e referências como Butcher e Evans, 1987 e Giannini e Briskin, 1989). Blumwald e Poole (1987) mostraram que o Na^+ elevado no meio de crescimento das células tolerantes ao sal de uma beterraba induziram uma dobra na atividade de antiporte de Na^+/H^+ no tonoplasto.

Os limites da temperatura baixa para a sobrevivência e o crescimento

Aparentemente, não existe um limite de temperatura baixa para a sobrevivência de esporos, sementes e até mesmo líquens e musgos na condição seca. Esses objetos de teste foram mantidos dentro de uma fração de um grau de zero absoluto por várias horas, sem danos aparentes. Até mesmo o tecido ativo pode sobreviver a essas temperaturas baixas se for experimentalmente resfriado de maneira tão rápida que a água intracelular congele, formando cristais extremamente pequenos que não danificam o citoplasma. Porém, os limites de temperatura baixa para a sobrevivência sob circunstâncias mais normais dependem fortemente da espécie e de até que ponto os tecidos foram enrijecidos pelo congelamento – como veremos na Seção 26.4. As plantas de crescimento ativo frequentemente podem sobreviver a apenas alguns graus abaixo de 0 °C, enquanto muitas plantas enrijecidas podem sobreviver a cerca de –40 °C e certas aclimatadas (por exemplo, salgueiros e coníferas) não parecem ter limite de temperatura baixa para sua sobrevivência (Sakai e Larcher, 1987).

Quais são os limites da temperatura baixa para o crescimento ativo, em comparação com a sobrevivência? Várias plantas superiores podem crescer e até mesmo florescer sob a neve, quando a temperatura está próxima de 0 °C, às vezes menos (Richardson e Salisbury, 1977). Essas plantas incluem espécies nativas como o ranúnculo (*Ranunculus adoneus*), que forma flores sob a neve nas montanhas altas, e também os cereais de inverno (por exemplo, o trigo e o centeio de inverno) e as ornamentais (açafrão, pingo de neve, tulipa, jacinto e narciso – essas últimas não crescem necessariamente embaixo da neve). Elas são chamadas de **geófitas** ou **efêmeras da primavera**. Elas crescem lentamente durante o inverno e, portanto, possuem um início de cabeça significativo quando a neve derrete. As espécies nativas, particularmente, crescem rapidamente e florescem antes que as outras espécies as ultrapassem em altura, ou que as árvores que estão acima delas comecem a produzir folhas.

Foi relatado que os líquens podem fotossintetizar entre –20 e –40 °C. Kappen (1989) revisou esses relatórios e questionou os dados, pois os líquens podem ter sido aquecidos acima da temperatura do ar pela radiação e não ter congelado totalmente. Kappen fez suas próprias medições em Wilkes Land, Antártica, e detectou uma fotossíntese vigorosa em –10 °C, quando os talos foram pulverizados com água antes do congelamento. Os líquens congelados cobertos de neve também mostraram uma fotossíntese ativa. Certas bactérias podem crescer em temperaturas na ordem de –22 °C. As algas da neve crescem no ponto de congelamento da água pura e abaixo (Aragno, 1981). Plantas de roseta gigantescas (*Dendrosenecio* sp. e *Lobelia telekii*) e de crescimento ativo acima da linha das árvores nas montanhas equatoriais podem passar por temperaturas noturnas de até –13 °C em uma determinada época. Bodner e Beck (1987) observaram que essas plantas poderiam fazer a fotossíntese quando a água de suas células era resfriada para –8 °C. Quando as células eram desidratadas pelo congelamento, a fotossíntese parava, mas era imediatamente retomada depois do descongelamento, uma característica que não é observada na maioria das plantas que florescem. Resultados semelhantes foram encontrados no *Rhododendron ferrugineum* dos Alpes austríacos no outono (Larcher e Nagele, 1985). Os limites inferiores do crescimento ativo dos organismos não foram determinados.[4]

Congelamento e lesão pelo congelamento

Embora a produtividade dos ecossistemas mundiais seja provavelmente mais limitada pela água do que por qualquer outro fator ambiental, a temperatura baixa talvez seja mais limitadora para a distribuição das plantas (Parker, 1963). Para crescerem nas regiões subtropicais ocasionalmente sujeitas ao congelamento ou a temperaturas próximas do congelamento, as plantas devem ser capazes de certa aclimatação às temperaturas mais baixas. As plantas que crescem nas regiões polares devem tolerar temperaturas extremamente baixas; apenas algumas espécies conseguem fazer isso. O congelamento e o dano pelo congelamento nas plantas de safra é um risco importante em quase todos os lugares.

Seria de se esperar que a morte de uma planta resultasse da expansão da água no congelamento e no subsequente rompimento das paredes das células e de outras características anatômicas. Um exame cuidadoso durante as primeiras décadas do século XIX mostrou, no entanto, que as plantas na verdade se contraem, e não se expandem, durante o congelamento. Isso ocorre porque os cristais de gelo crescem nos espaços do ar extracelular. Além disso, embora deva ocorrer, o gelo quase nunca é observado dentro das células vivas de tecidos que congelaram naturalmente. (No entanto, o gelo é observado nas células mortas do xilema das árvores no inverno; consulte a Seção 5.5.) O dano às células e outros colapsos também não é observado. Não existe um rompimento das paredes celulares, nem mesmo das membranas, embora existam muitas evidências de que as membranas sejam danificadas durante o descongelamento (Steponkus, 1984; para um estudo recente com um microscópio eletrônico de varredura, consulte Pearce, 1988). Com o resfriamento rápido do tecido no laboratório (por exemplo, 0,3 a 5 °C min^{-1}), no entanto, o gelo se forma dentro das células e os componentes celulares são danificados.

Esse resfriamento rápido realmente ocorre na natureza. Os tecidos aclimatados da tuia americana (*Thuja occidentalis*) foram capazes de suportar temperaturas de –85 °C quando resfriados lentamente, mas a folhagem voltada para o sudoeste sofreu lesões quando a temperatura caiu 10 °C por minuto, de 2 para –8 °C no pôr do sol. Tais mudanças duplicadas em laboratório também causaram lesões nas plantas. Os sintomas das lesões não puderam ser duplicados por qualquer tipo de dissecação, e concluiu-se que a queimadura de inverno foi causada pela queda rápida na temperatura (White e Weiser, 1964). Todavia, Sakai e Larcher (1987) questionaram a conclusão de que o congelamento intracelular foi a causa da escaldadura solar nos troncos das árvores voltados para o sul e o sudoeste. Eles sugeriram que o dano ocorre tipicamente no começo ou final do inverno, antes que a resistência tenha a chance de se desenvolver ou tenha começado a desaparecer.

Normalmente, os cristais de gelo começam a se formar nos espaços extracelulares, e a água de dentro das células se difunde para fora e condensa nas massas de gelo crescentes, que podem se tornar várias milhares de vezes maiores que uma célula individual. A célula atua como um sistema osmótico, com a concentração osmótica no interior aumentando à medida que a água se difunde para fora através do plasmalema, desidratando a célula. Quando esses cristais de gelo derretem nas plantas resistentes ao congelamento, a água volta para as células e elas retomam seu metabolismo. Nas plantas não aclimatadas, o dano às membranas e outros componentes celulares pode ter ocorrido, portanto, o metabolismo não pode ser retomado e a água não volta a entrar nas células completamente. Na próxima seção, resumiremos o que se sabe sobre a natureza do dano causado pelo congelamento e sobre como as plantas podem se tornar resistentes a ele.

Resistência (aclimatação)

Observamos que as plantas podem se tornar aclimatadas a vários fatores, desenvolvendo a tolerância (tornando-se resistentes) ao fator de estresse que induziu a mudança e, frequentemente, a outros fatores também. Por exemplo, as plantas expostas a baixos potenciais hídricos, altos níveis de luz e outros fatores, como a fertilização rica em fósforo e pobre em nitrogênio, tornam-se tolerantes (resistentes) à seca, em comparação com plantas da mesma espécie que não são tratadas dessa maneira. Essa aclimatação à seca é de considerável importância para a agricultura. É um bom exemplo de um efeito condicionador.

---

[4] Um de nós (Salisbury) participou da Conferência dos Extremos Ambientais patrocinada pela Nasa, que ocorreu em San Diego, Califórnia, em 10-11 de fevereiro de 1966. Os especialistas do campo afirmaram que certas bactérias crescem a –22 °C (como observamos), que o mofo exibiu um crescimento ativo em depósitos de armazenamento frio a –38 °C e que os esporos foram formados por esses organismos a –47 °C! Atualmente, não somos capazes de documentar essas alegações e elas devem ser consideradas com suspeita (mas consulte Allen, 1965).

Figura 26-11 Intervalos de tempo de temperatura da resistência ao congelamento para **formas de vida**, de acordo com Raunkiaer (1910). As partes de inverno excessivo são mostradas em preto. (De Larcher, 1983; usado com permissão).

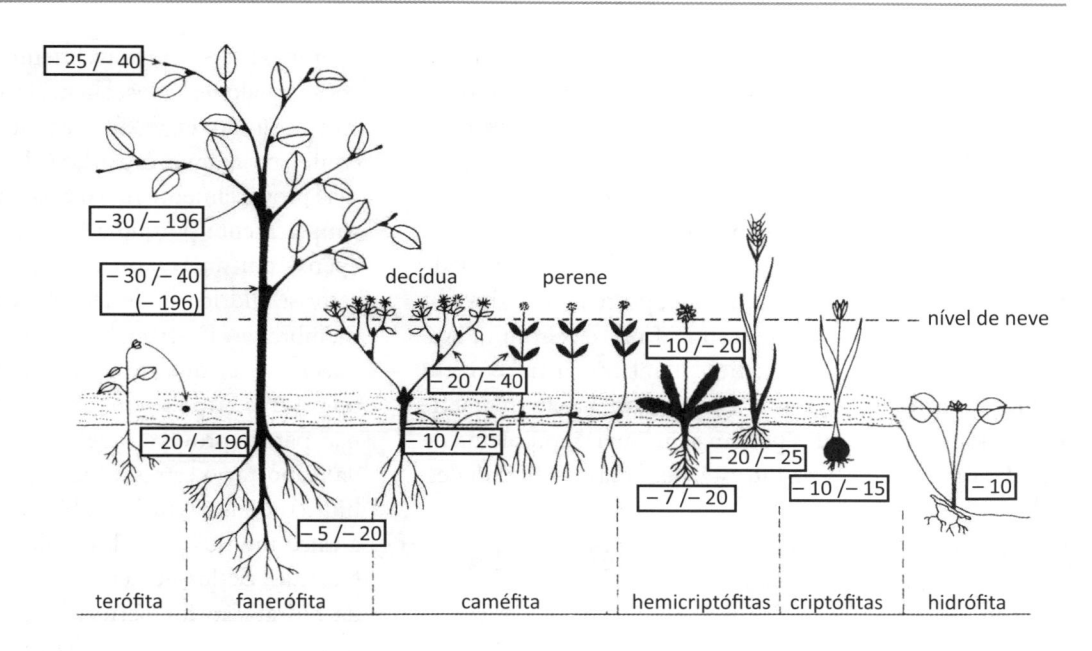

As plantas de crescimento ativo, principalmente as espécies herbáceas, são danificadas ou mortas por temperatura de apenas –1 a –5 °C, mas muitas delas podem ser aclimatadas a sobreviverem a temperaturas de inverno de –25 °C ou menos. Nas regiões em que a temperatura do ar fica abaixo disso, muitas plantas apresentam meristemas subterrâneos protegidos das temperaturas extremas do ar pelo solo ou pela neve (Figura 26-11). Elas evitam ou escapam do frio, em vez de serem extremamente resistentes a ele. A maioria das espécies que sobrevive à temperatura de congelamento tolera uma certa formação de gelo em seus tecidos. Geralmente, as plantas mais resistentes sobrevivem quando uma parte maior de sua água é congelada, em comparação com as menos resistentes. Porém, aparentemente, existem vários mecanismos de resistência (consulte as excelentes discussões em Burke et al., 1976; Levitt, 1980; Sakai e Larcher, 1987; e Steponkus, 1981, 1984).

Em termos práticos, aumentos secundários na resistência podem causar um forte impacto na produção mundial de alimentos. Os trigos e centeios do inverno produzem 25 a 40% mais que cultivares comparáveis de primavera, por exemplo, porque eles utilizam melhor as chuvas da primavera. Se os trigos e centeios do inverno resistissem a 2 °C a mais, eles poderiam substituir grande parte das áreas de cultivo de trigo e centeio de primavera na América do Norte e na Rússia.

Tipicamente, a resistência ao congelamento se desenvolve durante a exposição a temperaturas relativamente baixas (por exemplo, 5 °C) por vários dias. Temperaturas de até –3 a 10 °C são às vezes necessárias para a aclimatação máxima (Larcher e Bauer, 1981; Weiser, 1970). Os dias curtos também promovem a aclimatação em várias espécies e existem indicações de que um estímulo pode se mover do tecido da folha para os caules. O desenvolvimento da resistência ao congelamento é um processo metabólico que exige uma fonte de energia. Aparentemente, isso pode ser fornecido pela luz e pela fotossíntese. Os fatores que promovem o crescimento mais rápido inibem a aclimatação: alto nitrogênio no solo, poda, irrigação e assim por diante. Em geral, as plantas que não crescem ou que crescem lentamente são mais resistentes a vários extremos ambientais, incluindo a poluição do ar. As plantas submetidas ao estresse hídrico também são mais resistentes à poluição do ar, em parte porque seus estômatos estão fechados.

A resistência ao sal pode ser relativamente elevada pela exposição a condições salgadas. A resistência ao sal é mínima, no entanto, em comparação com a aclimatação à seca ou ao frio. Obviamente, a resistência contra a seca, congelamento e altas concentrações de sal é frequentemente uma questão de resistência contra o estresse hídrico, mas, como veremos na próxima seção, existem muitas complicações.

26.4 Mecanismos de resposta da planta ao estresse hídrico e outros relacionados

Em que aspectos uma euxerófita difere de uma mesófita comum? Ou, quais são as diferenças entre halófitas e glicófitas? O que há de especial nas plantas que podem sobreviver a temperaturas extremamente baixas? Muitas propostas diferentes foram apresentadas para explicar a tolerância e a aclimatação, e algumas delas podem ser comuns em três tipos de estresse (todos relacionados ao estresse hídrico) que estamos discutindo aqui. Por exemplo, a viscosidade protoplasmática geralmente aumenta com um estresse hídrico alto, frequentemente até o ponto em que o protoplasma se torne quebradiço. As euxerófitas mantêm a plasticidade do protoplasma muito melhor em um determinado estresse hídrico do que as mesófitas, e a atividade hidrolítica (decomposição de amido, proteína e assim por diante) também é menos perceptível nas euxerófitas. Até certo ponto, essas características também aparecem em plantas capazes de sobreviver a temperaturas extremamente baixas, mas as halófitas podem solucionar o problema de maneiras diferentes. A seguir, estão algumas possibilidades.

Propostas de respostas das mesófitas a um estresse hídrico brando

Como as mesófitas são danificadas pelo estresse hídrico brando? Pelo menos cinco possibilidades foram propostas. Primeiro, sabemos que a atividade hídrica (indicando sua capacidade de entrar nas reações químicas) é uma função do potencial hídrico e, portanto, é diminuída pelo estresse hídrico. Todavia, a atividade da água é estreitamente relacionada à sua concentração, e como vimos (Seção 2.7), a concentração da água muda apenas ligeiramente, enquanto o potencial hídrico muda consideravelmente. Nos níveis máximos de estresse de interesse para os agricultores (Ψ = –1,0 a –2,0 MPa), a atividade da água diminui apenas ligeiramente – e, provavelmente, não é suficiente para provocar qualquer consequência real nas reações químicas. Em segundo lugar, a concentração de solutos aumenta conforme a água é perdida. Isso poderia ser importante, mas provavelmente não o é sob um estresse hídrico brando, simplesmente porque a concentração muda a quantidade apenas em uma baixa porcentagem. Em terceiro lugar, o estresse hídrico pode resultar em mudanças especiais nas membranas. Esses efeitos foram realmente demonstrados, mas uma vez que efeitos comparáveis podem ser causados por outros fatores sem uma resposta perceptível na planta, não parece provável que este seja um aspecto importante da resposta ao estresse hídrico. Em quarto lugar, o estresse hídrico pode perturbar a hidratação das macromoléculas – a estrutura de "gelo" das moléculas de água que cercam as enzimas, ácidos nucleicos e assim por diante. Se essa água da hidratação for perturbada, a função também pode ser influenciada. Levitt (1962) sugeriu que a desidratação de enzimas-chave poderia fazer com que as pontes dissulfeto dentro das proteínas se quebrassem e reformassem, às vezes voltando a se formar entre moléculas adjacentes e levando a uma desnaturação das enzimas quando as moléculas fossem reidratadas. Mas, novamente, foi calculado que um estresse hídrico brando pode não ter muita influência sobre a estrutura da água da hidratação, que, de qualquer forma, envolve apenas uma pequena porcentagem da água em uma célula. É interessante notar que os estudos mostraram que uma quantidade de água considerável pode ser

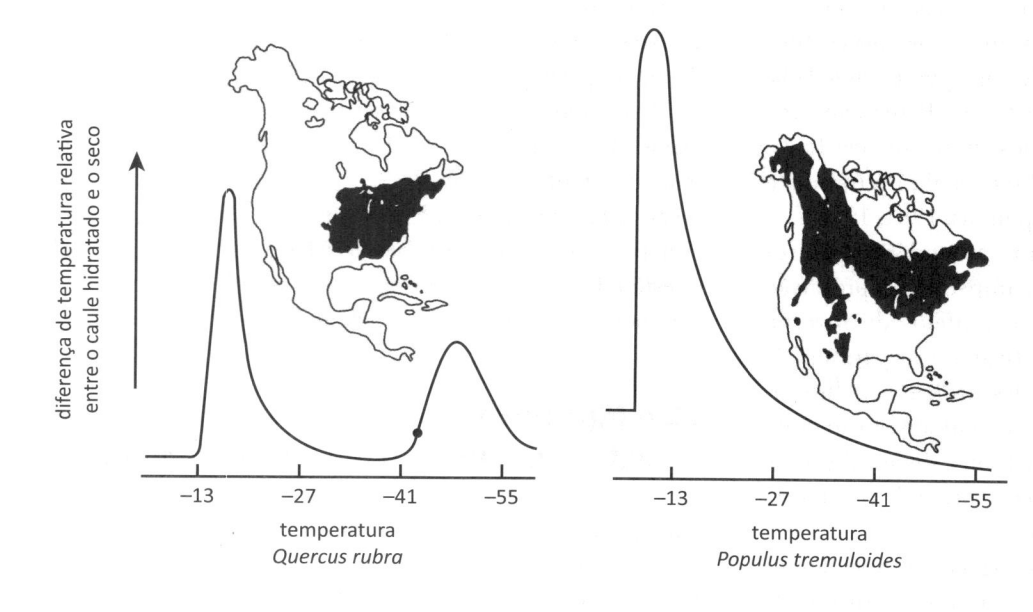

FIGURA 26-12 Análises térmicas diferenciais (consulte também a Figura 26-13) do xilema resistente ao inverno e das faixas naturais do carvalho vermelho do norte (*Quercus rubra*; super-resfriamento profundo) e do aspen delgado (*Populus tremuloides*; sem super-resfriamento profundo). Nas curvas da análise térmica (consulte uma explicação dessas curvas na Figura 26-14), os picos à esquerda mostram o calor da fusão liberado quando a água extracelular congela; o pico à direita no carvalho vermelho mostra o calor de fusão liberado quando a seiva super-resfriada dentro das células do parênquima do xilema congela. O aspen não tem esse pico e pode suportar temperaturas de –60 °C. (De George e Burke, 1984; usado com permissão.)

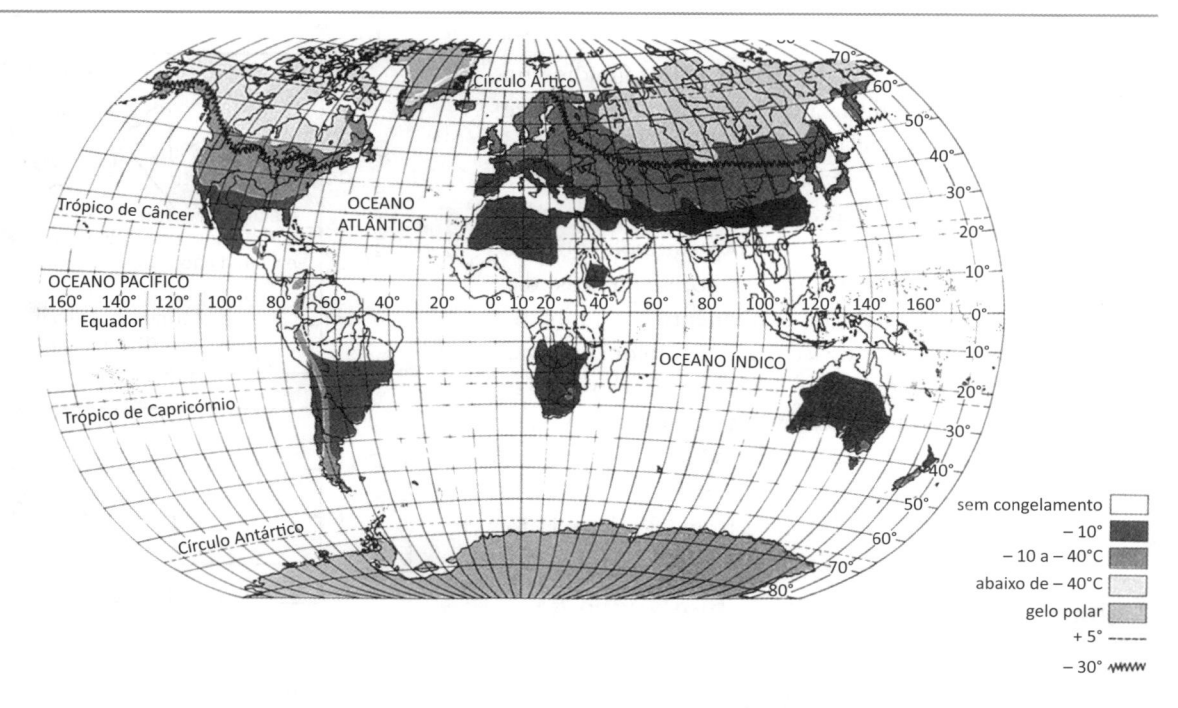

FIGURA 26-13 Mapa experimental dos limiares de baixa temperatura que limitam a distribuição das plantas no mundo. As linhas representam as temperaturas mínimas médias anuais e não as temperaturas mínimas mais baixas já apresentadas (ou observadas uma ou duas vezes a cada século). Quando esses períodos de frio incomuns ocorrem, pelo menos algumas plantas da população normalmente sobrevivem, mas elas não podem continuar sobrevivendo se não puderem tolerar as temperaturas mínimas médias. (De Larcherand Bauer, 1981; usado com permissão.)

perdida pela célula antes que a função da enzima seja perceptivelmente influenciada. Porém, podem existir enzimas excepcionais que não foram estudadas.

Em quinto lugar, até mesmo o mais brando estresse hídrico pode alterar profundamente a pressão de turgor dentro das células da planta. As mudanças de pressão dessa magnitude (P = 0,1 a 1,0 MPa) provavelmente causam pouco efeito sobre a maioria das atividades da enzima (julgando-se pelas respostas observadas e também pelos princípios termodinâmicos), mas essas alterações poderiam ser o estímulo ao qual algum mecanismo especial de resposta na célula reage, na transdução do estresse hídrico nas respostas celulares observadas. Na *Valonia*, uma alga verde marinha de células grandes, a captura dos íons diminui com ligeiros aumentos na pressão de turgor celular. Essas respostas não foram observadas na maioria das células de plantas superiores, embora o tecido da beterraba vermelha responda dessa maneira ao turgor reduzido. A observação pode servir como modelo para o que está ocorrendo (consulte a discussão em Hellebust, 1976). Já observamos que o ABA é aparentemente produzido em resposta à diminuição do turgor da célula da folha (Seções 4.6 e 26.3) e enfatizamos que a expansão celular, que significa o crescimento da planta em geral, é altamente sensível à estresse hídrica, provavelmente decorrente de uma diminuição no turgor celular (consulte a Figura 26-6).

Dano pelo congelamento e aclimatação

Vários resumos excelentes revisam o status do nosso conhecimento sobre os efeitos do congelamento (por exemplo, Krause et al., 1988; Li, 1984; Marchand, 1987; Sakai e Larcher, 1987). A resistência ao congelamento tem base na tolerância à formação do gelo extracelular e, portanto, na desidratação grave da célula (como na tolerância à seca) ou na prevenção do congelamento, principalmente o super-resfriamento. Discutiremos primeiro o efeito da desidratação.

Embora várias diferenças significativas no protoplasma tenham sido observadas entre as plantas resistentes e as sensíveis, estudos mais recentes enfatizaram os solutos compatíveis (**crioprotetores**, neste contexto) que discutiremos a seguir, ou as alterações nos vários sistemas de membrana na célula, junto com os padrões de proteínas que são associados a essas membranas (Gilmour et al., 1988; Guy e Haskell, 1987). Os padrões alterados de proteína também ocorrem em resposta a outros tipos de estresse, como observamos na seção "Outras proteínas do estresse". Também existem mudanças nos reguladores do crescimento (principalmente o ABA; Lalk e Dorffling, 1985) e Quader et al. (1989) observaram mudanças reversíveis nos elementos do citoesqueleto em resposta à estresse do frio.

Muitas sugestões foram feitas sobre as mudanças da membrana em resposta ao frio (Steponkus, 1984). Por exemplo, uma baixa relação de esterol e fosfolipídios no plasmalema pode estabilizar a bicamada lamelar durante a desidratação pelo congelamento, mas as evidências são contraditórias (consulte a revisão em Krause et al., 1988). Está claro que, na maioria das espécies, o estresse do congelamento leva a uma inibição da fotossíntese depois do descongelamento, e que as reações fotossintéticas das membranas tilacoides são temporariamente comprometidas. Particularmente, o fotossistema II é inibido. Todavia, parece que a assimilação de CO_2 é mais sensível ao estresse de congelamento do que a atividade dos tilacoides. Krause et al. (1988) relataram que as enzimas reguladas pela luz no ciclo de redução do carbono parecem ser as primeiras afetadas. Essas enzimas residem no estroma do cloroplasto.

Super-resfriamento térmico e nucleação do gelo

A água nos tecidos do xilema da maioria das árvores frutíferas decíduas, das espécies de floresta e em muitos botões dormentes (por exemplo, consulte Ashworth, 1984) não congela até que as temperaturas caiam para cerca de –40 °C (a mais baixa registrada é –47 °C). Esse fenômeno é chamado de super-resfriamento térmico (Burke et al., 1976). A nucleação do gelo é relativamente improvável em pequenos volumes de água, do tamanho de uma célula vegetal. A água pode ser super-resfriada em até –38 °C e a água que contém solutos nas células aclimatadas do xilema aparentemente atua como gotículas de água, no sentido de que as células do xilema são isoladas umas das outras pelos espaços de ar, paredes secas da célula e o plasmalema. Em plantas herbáceas aclimatadas da mesma maneira, o gelo se forma na casca e nos botões, quando as temperaturas estão apenas alguns graus abaixo do ponto de congelamento da água pura, mas os cristais se formam nos espaços entre as células e os tecidos não são danificados por isso. O tecido do xilema, na maioria das madeiras de lei, é muito rígido e impermeável para permitir a formação desses cristais, no entanto. Quando o congelamento ocorre, as células do parênquima do raio do xilema morrem, a madeira torna-se escura, descolorida, e os vasos ficam cheios de oclusões viscosas (Seção 5.6). Os organismos que apodrecem a madeira frequentemente invadem essas árvores prejudicadas, que acabam morrendo. Essas espécies não crescem em regiões em que as temperaturas do inverno ficam abaixo de –40 °C (Figs. 26-12 e 26-13). O limite é definido pelo processo de super-resfriamento; foi provado que ele é o elo fraco na sobrevivência das plantas.

Plantas lenhosas muito resistentes (por exemplo, bétula, amieiro, aspen delgado, salgueiro), nativas das florestas boreais do Hemisfério Norte, não passam por esse

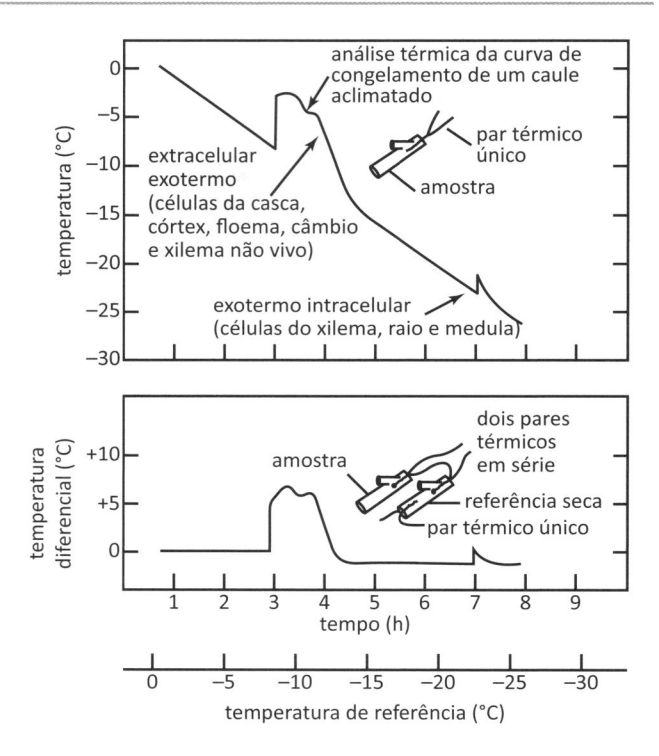

FIGURA 26-14 Análise térmica e análise térmica diferencial como métodos para se observar o super-resfriamento térmico nas amostras de caule. Nos dois experimentos, a amostra é resfriada por um certo período e sua temperatura (acima) ou a temperatura diferencial entre a amostra e uma referência seca (abaixo; consulte também a Figura 26-12) é monitorada. Os picos ou exotermos mostram a liberação do calor da fusão e, portanto, indicam os pontos de congelamento. O primeiro pico (esquerda, a temperatura mais alta) indica o congelamento da água extracelular; o segundo (direita, a temperatura mais baixa) supostamente indica o congelamento da água nas células. Tipicamente, o congelamento das células provoca a sua morte. (De Burke et al., 1976.)

super-resfriamento térmico. O congelamento extracelular ocorre e as células são extremamente tolerantes à desidratação do seu protoplasma. À medida que as massas de gelo se formam, elas atraem a água das células até que toda a água, menos a da hidratação (a ligada), seja removida. Essas plantas dormentes, resistentes ao inverno e lenhosas (normal em madeiras macias) podem sobreviver prontamente aos –196 °C do nitrogênio líquido. Essas mesmas plantas, quando estão crescendo ativamente, podem ser mortas por –3 °C! Essa aclimatação ao frio é muito mais espetacular do que a resistência à seca ou ao sal.

O super-resfriamento térmico é observado pela medição das temperaturas do caule com um pequeno dispositivo de par térmico enquanto a temperatura é reduzida (Figura 26-14). Quando as células do raio do xilema finalmente congelam, o calor da fusão liberado causa um aumento acentuado na temperatura, como quando os potenciais osmóticos são determinados de maneira crioscópica (consulte a Figura 3-10).

A rigidez do tecido e as características anatômicas submicroscópicas parecem importantes no super-resfriamento do xilema (George e Burke, 1984). As membranas podem cumprir uma função no super-resfriamento térmico dos tecidos vivos, impedindo que núcleos de gelo atinjam a água super-resfriada. Porém, a água na madeira sem células vivas também pode super-resfriar, embora não tanto quanto na madeira viva. Isso sugere que a microestrutura das paredes celulares também pode separar a água super-resfriada dos cristais de gelo que estejam próximos. Aparentemente, à medida que a água sai das células para se condensar nos cristais, a estresse se acumula dentro das células, diminuindo o potencial hídrico para que sua pressão de vapor permaneça em equilíbrio com o gelo. Esse modelo precisa de mais testes, mas é sustentado pelas evidências atuais.

As plantas sem um nível apreciável de resistência podem escapar do dano leve pelo congelamento com o super-resfriamento até −2 a −10 °C. Quando elas congelam, é por causa de vários fatores que promovem núcleos para cristais de gelo. Às vezes, isso ocorre dentro do tecido, como foi mostrado na madeira da *Prunus* spp. (Gross et al., 1988); outras vezes, ocorre na superfície das folhas. Certas espécies de bactérias (por exemplo, *Pseudomonas syringae* e *Erwinia herbicola*) foram encontradas, por exemplo, iniciando a formação do gelo em temperaturas relativamente altas. Quando suspensões dessas bactérias foram pulverizadas em plantas sensíveis ao congelamento no campo, essas plantas foram mortas por um congelamento leve, enquanto a pulverização com outras espécies de bactérias protegeu as plantas porque facilitou o super-resfriamento (Anderson et al., 1982; Lindow, 1983).

Solutos compatíveis: ajuste osmótico (osmorregulação)

Observamos em várias partes deste livro que certas substâncias, como a prolina, a betaína e vários carboidratos, se acumulam na célula sujeita à seca ou a concentrações altas de sal. Isso é chamado de **ajuste osmótico** ou **osmorregulação** (Flowers et al., 1977; Jefferies, 1981; Morgan, 1984; Turner e Jones, 1980).

Considere a situação da alta concentração de sal. Uma vez que existem muitos sais dissolvidos na solução do solo (ou da água do mar, no caso dos mangues e outras plantas que crescem em situações semelhantes), o potencial osmótico é negativo o suficiente para fazer a água se difundir para fora dos tecidos e entrar nas soluções adjacentes — a menos que o potencial hídrico nesses tecidos seja pelo menos igualmente negativo. Na verdade, para que os tecidos absorvam a água e sobrevivam, o seu potencial hídrico deve ser mais negativo que o da solução adjacente. O problema seria superado se as células simplesmente acumulassem sal em uma concentração igual ou mais alta da que ocorre no exterior da planta. Por que isso não acontece? (Observamos que as plantas que acumulam sal normalmente o diluem quando se tornam suculentas ou acumulam o sal em seus vacúolos, onde ele pode desidratar o citoplasma de maneira osmótica.)

Em todos os eucariontes estudados até o momento, sais como o NaCl desnaturam as enzimas, portanto, não podem ser tolerados no próprio citoplasma (embora esse efeito possa ser relativamente menos drástico do que se supõe; consulte Cheeseman, 1988). Quando eles ocorrem nas halófitas, estão 10 vezes mais concentrados nos vacúolos que no citosol. Aparentemente, muitas plantas que toleram os vários tipos de estresse hídrico o fazem sintetizando, em seu citoplasma, compostos que podem existir em altas concentrações sem a desnaturação das enzimas essenciais para os processos metabólicos da vida. Os compostos orgânicos que podem ser tolerados foram chamados de **solutos compatíveis** (ou **osmóticos compatíveis**). Paul H. Yancey e colaboradores (1982) apontaram que o número de solutos compatíveis descobertos entre os cinco reinos de organismos vivos é relativamente limitado. Aparentemente, apenas alguns compostos podem existir em concentrações relativamente altas no citoplasma sem danificar as enzimas presentes. A Tabela 26-2 lista algumas espécies que mostram diferentes graus de resistência ao estresse hídrico (produzido pela seca, frio ou sal), junto com os solutos compatíveis encontrados em suas células. A Figura 26-15 mostra as estruturas químicas de alguns desses compostos.[5]

O grau de ajuste osmótico é uma função do grau do estresse hídrico externo, causado pelo sal no meio adjacente (consulte Figura 26-10), pelo solo seco e pelo enrijecimento decorrente do congelamento. A regulação ou ajuste ocorre nas halófitas, xerófitas e mesófitas.

Como a regulação ocorre? Pesquisas modernas estudaram essa questão, mas respostas completas ainda precisam ser determinadas (LeRudulier et al., 1984). Já enfatizamos a função do turgor da célula na síntese de ABA e no controle da taxa de crescimento celular influenciado pela estresse hídrica. A maioria dos pesquisadores no campo suspeita que as mudanças no turgor celular também ativam e controlam o grau de síntese de solutos compatíveis. Nas algas marinhas, por exemplo, a pressão de turgor permanece constante em uma ampla variedade de salinidades externas,

---

[5] Funções além do soluto compatível foram sugeridas para alguns dos compostos da Tabela 26-2. Por exemplo, a prolina também poderia atuar no armazenamento e transporte do nitrogênio.

TABELA 26-2 Exemplos de alguns organismos e os solutos compatíveis que aumentam em suas células durante o ajuste osmótico.

Organismo	Soluto compatível
BACTÉRIA	
Várias halófitas e não halófitas (por exemplo, *Klebsiella*, *Salmonella*, *Streptococcus*)	Aminoácidos (glutamato, prolina etc.)
Halobacterium salinarium (halófila; um Archaebacterium; sem ajuste osmótico)	NaCl
FUNGOS	
Chaetomium globosum (forma terrestre)	Alcoois poli-hídricos (manitol, arabitol, glicerol)
Saccharomyces rouxii (forma osmofílica)	Arabitol
MICROALGAS	
Chlorella pyrenoidosa (água doce)	Sacarose
Dunaliella spp. (marinha e halofílica)	Aminoácidos, glicerol
Scenedesmus obliquus (água doce)	Carboidrato (sacarose + rafinose, glicose, frutose)
ANGIOSPERMAS	
Glicófitas: *Chloris gayana*, *Hordeum vulgare* (cevada)	Betaína e prolina
Halófitas: *Aster tripolium*, *Mesembryanthemum nodiflorum*, *Salicornia fruticosa*, *Triglochin maritima*	Prolina
Halófitas: *Atriplex spongiosa*, *Spartina townsendii*, *Suaeda monoica*	Betaína

Fonte: Principalmente Flowers et al., 1977 e Yancey et al., 1982.

indicando que ela deve permanecer regulada e sugerindo que as células são sensíveis às mudanças no turgor. Talvez as propriedades físicas do plasmalema mudem de acordo com a mudança na força com a qual ele é pressionado contra a parede. Felix D. Guerrero e John E. Mullet (1988) observaram mudanças rápidas no RNA em tradução na folha, em resposta a uma redução no turgor das folhas de ervilha. Também existe uma interessante observação de que os níveis de putrescina, uma poliamina, aumentaram até 60 vezes o normal nas células da folha da aveia em 6 horas, como resposta ao estresse osmótico (sorbitol e outros osmóticos dissolvidos no meio em que os segmentos da folha eram flutuados; Flores e Galston, 1982). Ainda assim, as concentrações máximas observadas de putrescina ainda são muito baixas para que o composto esteja atuando como um soluto compatível. A mudança pode fazer parte da transdução entre o turgor da célula e a síntese desses solutos? Pesquisas futuras são necessárias para descobrir.

As membranas dos organismos que produzem solutos compatíveis não apenas devem impedir que o sal externo entre na célula, mas também que o osmótico compatível saia. Gimmler et al. (1989) estudaram membranas plasmáticas isoladas de algas verdes *Dunaliella parva* unicelulares extremamente tolerantes ao sal, que sintetizam grandes quantidades de glicerol como soluto compatível. A membrana não é apenas altamente impermeável ao glicerol, mas também possui uma capacidade efetiva de bombeamento dos íons que exportam ativamente o sal que vaza para dentro. As ATPases da membrana plasmática responsáveis por esse bombeamento exigem concentrações anormalmente altas de cátions divalentes (até 100 mM de Mg^{2+} ou Ca^{2+}). Além disso, concentrações regularmente altas (até 800 mM) de NaCl ou $NaNO_3$ (mas não Na_2SO_4) foram exigidas para a atividade máxima dessas enzimas, e as ATPases eram extremamente resistentes ao sal. Cerca de 2,5 M de NaCl (solução de 15%) foram necessárias para a inibição quase máxima da atividade. Portanto, o soluto compatível (glicerol) no citosol dessas células permite que as enzimas sejam mais ou menos semelhantes às suas equivalentes nas glicófitas, mas as enzimas na membrana plasmática, que são expostas a altas concentrações de sal, possuem as adaptações necessárias.

Existem alguns organismos que parecem ser uma exceção à regra sobre os solutos compatíveis; na verdade, eles ilustram a importância da regra. Certas espécies de *Halobacterium* (Tabela 26-2) acumulam grandes quantidades de cloreto de sódio em suas células. Esses interessantes organismos são considerados por muitos bacteriologistas

FIGURA 26-15 Estruturas moleculares de alguns dos solutos compatíveis encontrados em plantas e outros organismos submetidos à estresse. (Consulte também a Tabela 26-2).

polióis: glicerol, sorbitol, manitol, arabitol

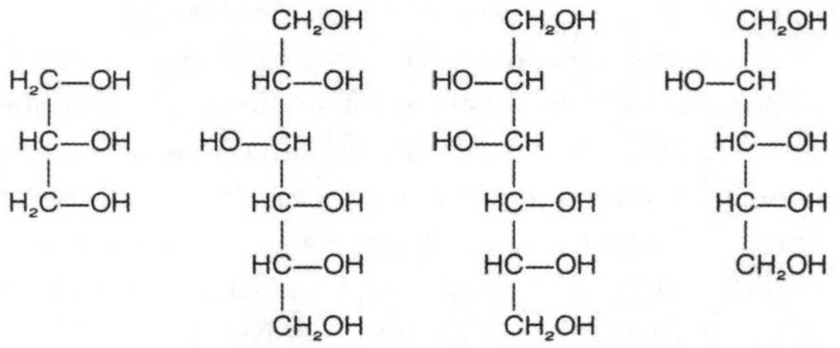

aminoácidos: prolina, ácido aspártico, ácido glutâmico

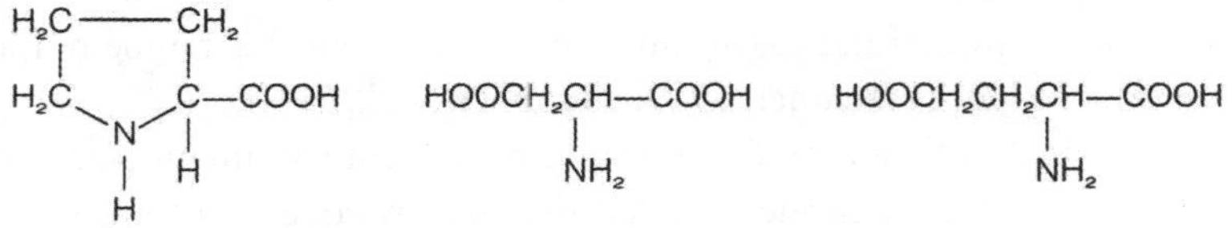

compostos do amônio quaternário metilado: betaína (glicinobetaína), alaninabetaína

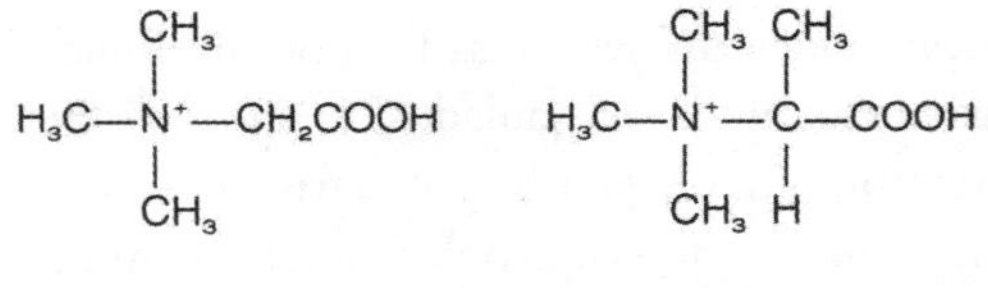

como pertinentes a um sexto reino, o Archaebacteria (ou um terceiro reino, se os organismos forem divididos em procariontes, eucariontes e Archaebacteria). Alguns deles não podem crescer e se reproduzir a menos que estejam em soluções altamente concentradas de sal, como aquelas encontradas no Mar Morto ou no Great Salt Lake. Enquanto a maioria das enzimas dos eucariontes halófitos é idêntica (ou quase) às suas equivalentes nos eucariontes glicófitos, as enzimas nas halobactérias foram extensivamente modificadas. Elas conservam sua atividade metabólica apenas quando existem em fortes soluções de sal, sendo desnaturadas por soluções mais diluídas. Portanto, em um sentido evolucionário, parece que as halobactérias seguiram o caminho extremamente difícil de modificar centenas ou milhares de enzimas para que possam tolerar as altas concentrações de sal, enquanto as outras halófitas e eucariontes tolerantes ao sal usaram a abordagem geneticamente mais simples de produzir os solutos compatíveis que não prejudicam as enzimas citoplasmáticas, mas promovem o equilíbrio do potencial hídrico entre o citoplasma e o ambiente adjacente de alto estresse hídrico (Yancey et al., 1982).

Embora tenhamos enfatizado a tolerância ao sal na nossa discussão sobre solutos compatíveis, é importante observar que esses compostos também aparecem em muitas plantas durante a aclimatação ao congelamento, quando são chamados de **crioprotetores**. Na verdade, o aumento nos açúcares e nos álcoois poli-hídricos durante o enrijecimento foi observado muitos anos atrás, embora a correlação com o enrijecimento nem sempre fosse perfeita (consulte as revisões de Krause et al., 1988; Sakai e Larcher, 1987). Os aminoácidos livres e outras substâncias, como glicinobetaína e poliaminas, também foram observados. (Observe que o termo osmorregulação não é normalmente usado com referência aos crioprotetores.)

26.5 Lesão por resfriamento

As plantas tropicais ou subtropicais cultivadas nas regiões do sul da América do Norte temperada às vezes são danificadas pelo congelamento, ou até mesmo por temperaturas ligeiramente acima do congelamento. Essas safras incluem os cítricos, algodão, milho, arroz, sorgo, soja, cana de açúcar e batata-doce. Certas frutas tropicais, como as bananas, são danificadas até mesmo quando passam algumas horas sob menos de 13 °C. (Nunca coloque as bananas na geladeira!) O tempo é crucial; pés de arroz expostos a temperaturas abaixo de 16 °C na época da divisão da célula-mãe do pólen não produzem safra. Foi estimado que, no mundo todo, a produção de arroz diminuiria 40% se a temperatura média caísse apenas 0,5 a 1 °C.

Como na nossa discussão sobre os efeitos da estresse hídrica, enfrentamos a questão dos efeitos brandos do resfriamento (como aqueles que danificam a banana), em contraste com a morte causada pelo congelamento grave. Muitos mecanismos foram propostos para explicar a lesão por resfriamento. Uma vez que o resfriamento interrompe todos os processos metabólicos e fisiológicos nas plantas, parece quase inútil procurar uma única reação-chave que possa ser responsável. Todavia, é possível que essa resposta-chave tenha sido identificada (Graham e Patterson, 1982; Lyons, 1973). À medida que a temperatura diminui nas plantas sensíveis ao frio, os lipídios das membranas celulares se solidificam (cristalizam) em uma temperatura crítica determinada pela proporção entre ácidos graxos saturados e insaturados. Essa temperatura crítica para uma transição de fase do líquido para cristalino frequentemente se prova equivalente à temperatura que causa a lesão por resfriamento. O desenvolvimento da tolerância às temperaturas de resfriamento nas plantas sensíveis aparentemente envolve mudanças nessa relação. O aumento na produção de ácidos graxos insaturados ou na quantidade de esteróis faz a membrana permanecer funcional em temperaturas mais baixas.

O modelo do lipídio sugere que a membrana normalmente existe em uma condição líquida/cristalina. Nesse estado, suas enzimas possuem atividade ideal, portanto, a permeabilidade está controlada. Abaixo da temperatura crítica, a membrana existe em um estado de sólido/gel. Essa mudança no estado deve provocar uma contração resultante em rachaduras ou canais que levem ao aumento da permeabilidade (Yoshida et al, 1979). Isso conduziria ao distúrbio observado do equilíbrio dos solutos (vazamento das células danificadas pelo frio ou das organelas de íons e outros solutos, e também ao comprometimento do transporte de prótons; consulte DuPont e Mudd, 1985). As atividades das enzimas também seriam perturbadas, provocando desequilíbrios com sistemas enzimáticos que não são ligados a membranas. Portanto, seria esperado um acúmulo de metabólitos, como aqueles produzidos na glicólise, porque os sistemas de enzimas da mitocôndria não podem atuar sobre eles. Esse acúmulo de intermediários da glicólise foi realmente observado.

Sugeriu-se que pouco ATP seria formado, por causa da importância das membranas em sua formação e também dos desequilíbrios entre as mitocôndrias e os sistemas glicolíticos. Eventos semelhantes provavelmente ocorreriam entre o cloroplasto e o citoplasma que o cerca. Kasamo (1988) estudou as ATPases no plasmalema e no tonoplasto de células cultivadas de arroz sensíveis e insensíveis ao resfriamento (*Oryza sativa*). Obviamente, as atividades da ATPase dependiam do status das membranas, conforme eram influenciadas pela temperatura. Neuner e Larcher (1990) mostraram técnicas de fluorescência da clorofila *in vivo* para detectar as diferenças na suscetibilidade de dois cultivos de soja ao resfriamento; novamente, as membranas fotossintéticas foram envolvidas (consulte também Larcher e Neuner, 1989, e Larcher et al., 1990).

Se a temperatura subir o suficiente, as membranas voltam ao estado líquido/cristalino (porque essa transição de fase é completamente reversível) e as células se recuperam. Se permitirmos que o acúmulo de metabólitos e o vazamento de solutos ocorram em grande extensão, no entanto, as células são prejudicadas ou morrem.

Alguns cultivares são mais sensíveis ao resfriamento que outros, embora sua relação de ácido graxo pareça a mesma. Essas diferenças poderiam ser causadas por sensibilidades diferentes aos metabólitos acumulados, e não aos efeitos iniciais nas membranas. Os efeitos do resfriamento podem ser evitados se os tecidos forem expostos a temperaturas altas por breves intervalos entre os períodos de resfriamento, desde que o resfriamento inicial não tenha sido muito prolongado. Em termos da hipótese fornecida, isso permitiria o metabolismo dos metabólitos que estão se acumulando, e assim o desenvolvimento de níveis tóxicos não é alcançado.

Em resumo, existe grande apoio para a hipótese da membrana de lipídios (com proteínas associadas) para a lesão por resfriamento, e a ideia básica pode ser ampliada para se obter pelo menos uma compreensão parcial do enrijecimento por congelamento (Harvey et al, 1982; Steponkus, 1984). Porém, ainda existem problemas para resolver, principalmente a falta de correlação entre as composições dos lipídios e a sensibilidade ao resfriamento em alguns estudos (resumido por Graham e Patterson, 1982).

26.6 Estresse de alta temperatura

As temperaturas elevadas geralmente acompanham as condições de seca e são um fator de estresse ambiental importante. Isso se aplica especialmente às euxerófitas, que dificilmente são resfriadas pela transpiração.

Os limites da temperatura alta para a sobrevivência

Há muito tempo os biólogos são fascinados pelo crescimento dos organismos em temperaturas altas (por exemplo, consulte Aragno, 1981; Brock, 1978; Kappen, 1981; e Steponkus, 1981). Normalmente, as plantas morrem quando expostas a temperaturas de 44° a 50 °C, mas, às vezes, podem tolerar temperaturas mais altas. Os tecidos do caule perto da linha do solo das plantas do deserto, por exemplo, podem atingir níveis consideravelmente acima disso e a *Tidestromia oblongifolia* produz uma fotossíntese ideal no Vale da Morte, Califórnia, nessas temperaturas (consulte a Figura 12-4). *Stipa* spp., *Carex humulis* e *Bothriochloa ischaemum* também podem sobreviver a temperaturas de 65 a 70 °C (Larcher et al., 1989).

Algumas bactérias (*Thermotoga* sp.) podem crescer nas fontes termais, como as do Parque Nacional de Yellowstone, em temperaturas de até 90 °C (Pool, 1990). Porém, as Archaebacteria vivem em temperaturas mais altas (Pool, 1990). Foram encontrados membros do gênero *Pyrodictium* vivendo em temperaturas de até 110 °C nos campos da lama quente, fervente e sulfurosa (**campos solfatara**) do sistema hidrotérmico do vulcão Isola, na Itália, e, mais recentemente, Archaebacterias do gênero *Methanopyrus* foram encontradas nessa temperatura nas amostras de sedimentos obtidas com o submarino de pesquisas *Alvin* na Bacia Guaymas, no Golfo da Califórnia, em profundidades de 2.000 a 2.010 m (Huber et al., 1989). No laboratório, os organismos cresceram melhor a 98 °C, mas não cresceram a 80 ou 115 °C; também cresceram melhor em 0,2 a 5% de $NaCl$[6] (ideal de cerca de 1,5%). O crescimento foi fortemente inibido por resíduos de oxigênio. No presente, 110 °C é o limite aceito de temperatura alta para o crescimento de organismos.[7]

Essas condições extremas provocam a desnaturação das enzimas e o desenrolamento dos ácidos nucleicos na maioria dos organismos. Então, como as Archaebacteria sobrevivem? Ninguém sabe, mas foi sugerido que lipídios especiais ocorrem em suas membranas, que suas proteínas possuem alguma estrutura especial (embora seus aminoácidos sejam iguais aos de outros organismos) e que seu DNA seja protegido por proteínas especiais semelhantes a histonas. Quando as proteínas são adicionadas ao DNA *in vitro*, podem suportar temperaturas 30 °C mais altas que o usual (Pool, 1990).

Organismos eucariontes não foram encontrados crescendo em temperaturas acima de 56 a 60 °C (temperaturas de fontes quentes que as algas verdes suportam) e o limite superior para os animais parece ser de aproximadamente 45 a 51 °C. Aparentemente, a fotossíntese não ocorre nem mesmo nas algas azuis (procariontes) em temperaturas acima de 70 a 72 °C. Vários esporos e sementes secos das plantas superiores sobrevivem a temperaturas muito acima de 100 °C, mas eles não crescem ativamente nessas temperaturas. Em geral, estruturas secas e dormentes também suportam várias tensões.

Os efeitos prejudiciais das temperaturas altas nas plantas superiores ocorrem principalmente nas funções fotossintéticas, e as membranas do tilacoide, particularmente os complexos do fotossistema II localizados nessas membranas, são aparentemente a parte mais sensível do mecanismo fotossintético (Santarius e Weis, 1988; Weis e Berry, 1988). A aclimatação de longo prazo pode ser sobreposta a um ajuste adaptativo mais rápido às altas temperaturas que ocorrem dentro de algumas horas. Além dos efeitos do calor sobre as reações fotoquímicas primárias, existem evidências de que a rubisco e outras enzimas do metabolismo do carbono sejam adversamente afetadas. A energia dissipada pela fotorrespiração pode exceder a consumida pela assimilação de CO_2. A luz e outros fatores podem causar um aumento na tolerância ao calor, mas a aclimatação das plantas às temperaturas altas é mínima (alguns graus) se comparada com a aclimatação à seca ou temperaturas de congelamento. Por exemplo, brotos de soja expostos por 2 horas a 40 °C são subsequentemente capazes de sobreviver a uma exposição de 2 horas a 45 °C que, de outra forma, seria fatal. Essa pequena aclimatação poderia ser significativa, porque os extremos da temperatura alta podem ultrapassar as temperaturas altas normais apenas em alguns graus. Muitas dessas mudanças que aparecem durante a aclimatação ao estresse do calor são reversíveis, mas se o estresse for muito intenso, mudanças irreversíveis podem ocorrer e levar à morte.

As plantas que são resistentes a temperaturas altas mostram altos níveis de água de hidratação e alta viscosidade protoplasmática, características que também são exibidas pelas euxerófitas. As plantas adaptadas à alta temperatura também são capazes de sintetizar em taxas altas quando as temperaturas se tornam elevadas, permitindo que as taxas

---

[6] Sabemos que algumas Archaebacteria vivem em soluções saturadas de sal (aproximadamente 36%) em águas altamente alcalinas (pH 11,5) ou ácidas (pH de 1 ou menos) e nas pressões extremas das profundezas do oceano (1.300 a 1.400 atm; Pool, 1990).

[7] Como observamos na terceira edição deste livro, J. A. Baross e J. W. Deming (1983) encontraram Archaebacteria na água quente que subia de aberturas cheias de enxofre localizadas ao longo de cristas e cordilheiras tectônicas no solo do oceano. Algumas comunidades ocorreram em temperaturas que excediam 360 °C! Eles alegaram que cultivaram essas bactérias a 250 °C em uma seringa de titânio pressurizada a 265 atmosferas (26,85 MPa) e contendo água do mar enriquecida. Infelizmente, o trabalho não foi duplicado por outros pesquisadores, Baross e Deming perderam suas culturas e agora não podem prolongar seu trabalho. No entanto, eles não retiraram sua alegação.

sintéticas sejam iguais às taxas de decomposição, evitando-se assim a intoxicação por amônia. Essas características foram observadas há muito tempo, e algumas delas podem ser funções das proteínas de choque térmico discutidas nos próximos parágrafos.

Proteínas do choque térmico

Durante as últimas décadas houve um interesse considerável na chamada resposta ao choque térmico (por exemplo, consulte Key et al., 1985; Kimpel e Key, 1985; Lindquist e Craig, 1988; Ougham e Howarth, 1988; Sachs e Ho, 1986; e a Seção 24.5). Organismos que variam de bactérias a seres humanos respondem às altas temperaturas sintetizando um novo conjunto de proteínas, as **proteínas do choque térmico (HSPs** ou **hsps)**; tipicamente, a síntese da maioria das proteínas normais é reprimida. As HSPs são estudadas pela eletroforese no gel de SDS e por outros métodos. Algumas delas têm peso molecular relativamente alto (por exemplo, uma HSP de 70-kilodalton é comum em muitos organismos, incluindo as plantas), mas um grupo de 20 a 30 HSPs de peso molecular baixo (15 a 27 kDa) pode ser exclusivo das plantas. As HSPs aparecem rapidamente e frequentemente se tornam parte substancial das proteínas totais dentro de 30 minutos, depois de uma mudança abrupta de, digamos, 28 para 41 °C. Sua síntese continua durante as próximas 3 a 4 horas, mas, depois de 8 horas, o padrão da síntese é essencialmente o mesmo que era na temperatura baixa inicial. Elas também aparecem quando o aumento na temperatura é mais gradual, como ocorre em condições naturais. Cerca de 3 a 4 horas depois do retorno à temperatura normal, as HSPs não são mais produzidas, mas muitas ainda estão presentes, indicando que são bastante estáveis. O RNAm do choque térmico também foi estudado. A cinética de seu aparecimento e desaparecimento corresponde à das HSPs da maneira esperada.

Está se tornando aparente que as HSPs cumprem uma função na tolerância, talvez protegendo as enzimas essenciais e os ácidos nucleicos contra a desnaturação pelo calor. Sem essa proteção, os ácidos nucleicos poderiam ser clivados por íons de metal específicos que vazam para o citoplasma do exterior (ou dos vacúolos) enquanto as membranas se tornam mais permeáveis nas temperaturas altas (Burke e Orzech, 1988).

Outras proteínas do estresse

Proteínas especiais surgem em resposta a outros tipos de estresse além da temperatura alta (Sachs e Ho, 1986). Brotos de soja tratados com 50 a 75 µM de arsenito por algumas horas desenvolveram tolerância ao subsequente tratamento com calor e produziram um padrão de proteínas muito semelhante ao das HSPs dessa espécie (Key et al., 1985). O estresse hídrico induz alterações nos padrões de proteína e RNAm, mas isso não corresponde necessariamente aos padrões das HSPs (Bray, 1988; Bensen et al., 1988; Ramagopal, 1987a, 1987b; e Ranieri et al., 1989). Bhagwat e Apte (1989) estudaram proteínas induzidas em uma cianobactéria de fixação de nitrogênio (*Anabaena* sp.) por choque térmico, salinidade e estresse osmótico. Eles encontraram 15 novos polipeptídeos, quatro deles exclusivos para o choque térmico. Quatro outros foram induzidos por todos os três estresses. Michalowski et al. (1989) estudaram os fatores temporais da indução do RNAm em resposta ao estresse do sal na planta do gelo, à medida que ela mudava para o metabolismo CAM. Proteínas especiais formadas em resposta aos metais pesados e à luz ultravioleta também foram observadas (Sachs e Ho, 1986).

Foram feitos vários relatórios de **proteínas da aclimatação ao frio (CAPs)**; por exemplo, Gilmour et al. (1988) observaram um padrão de novos polipeptídeos (quatro 47-kDa, um 160-kDa e outros) que apareciam nos pés de *Arabidopsis thaliana* enrijecidos pelo frio. A importância das CAPs ainda precisa ser descoberta, mas Hincha et al. (1989) mostraram, de acordo com trabalhos anteriores, que, em uma base molecular, essas proteínas são várias ordens de magnitude mais eficientes que a sacarose para proteger as membranas do tilacoide contra os danos causados pelo congelamento.

26.7 Solos ácidos

As plantas são encontradas crescendo em solos dentro de uma faixa de pH de pelo menos 3 a 9, e os extremos fornecem outro estresse ao qual algumas espécies são adaptadas. Por exemplo, o oxicoco cresce em pântanos ácidos, enquanto certas espécies do deserto normalmente crescem apenas em solos com o pH alto. Em geral, pouco sabemos sobre por que algumas plantas são nativas de solos de pH baixo e outras, de solos com valores de pH mais altos. Certamente, um dos motivos é a competição. Se usarmos técnicas hidropônicas para estudar o crescimento de várias espécies que aparentemente preferem níveis diferentes de pH, geralmente descobrimos que elas sobrevivem bem em uma larga faixa de pH. Mas, na natureza, até mesmo uma leve vantagem de uma espécie sobre a outra pode acabar levando à eliminação da menos adaptada.

Os fatores do solo estritamente relacionados com o pH provavelmente são mais importantes que a concentração dos íons de H^+ propriamente ditos. Por exemplo, a chuva pesada leva ao vazamento de cálcio e formação de solos ácidos, portanto, o cálcio geralmente é baixo nos solos ácidos e abundante nos solos com pH alto (solos calcários). Concentrações moderadas desse elemento favorecem o desenvolvimento de nódulos radiculares em muitos legumes (Capítulo 14), portanto, os legumes de fixação de nitrogênio crescem melhor em solos ricos em cálcio do que na maioria dos solos ácidos. O cálcio menos abundante nos solos ácidos também pode limitar o crescimento da planta simplesmente porque o H^+ é muito mais tóxico para as raízes na ausência de cálcio. Sem dúvidas, um dos efeitos benéficos da aplicação de cal no solo ácido deriva deste fato. (A **calagem** envolve a adição do cálcio em várias formas, frequentemente em misturas: CaO, que é o cal comum ou queimado; $Ca(OH)_2$, o cal hidratado ou adicionado à água; ou $CaCO_3$, que é a pedra calcária, dolomita ou cal adicionado ao ar.)

O pH também influencia fortemente a solubilidade de certos elementos no solo e o índice em que são absorvidos pelas plantas. Ferro, zinco, cobre e manganês são menos solúveis em solos alcalinos do que nos ácidos, porque se precipitam como hidróxidos no pH alto. A clorose deficiente em ferro é comum nos solos do oeste dos Estados Unidos, que frequentemente são alcalinos. O fosfato, absorvido principalmente como um íon monovalente $H_2PO_4^-$, é mais rapidamente absorvido das soluções nutrientes que possuem valores de pH de 5,5 a 6,5 do que em pHs mais altos ou baixos. Nos solos com pH alto, a maior parte do fosfato está presente como o íon HPO_4^{2-} divalente prontamente absorvido. Além disso, grande parte dele está presente como fosfatos de cálcio insolúveis. No solo de pH baixo, no qual o $H_2PO_4^-$ deve predominar, as concentrações altas frequentes dos íons de alumínio causam a sua precipitação como fosfato de alumínio.

As concentrações relativamente altas do alumínio disponível em muitos solos ácidos (abaixo do pH 4,7) podem inibir o crescimento de algumas espécies, não apenas por causa dos efeitos prejudiciais sobre a disponibilidade do fosfato, mas também pela inibição da absorção do ferro e pelos efeitos tóxicos diretos sobre o metabolismo da planta. Algumas espécies (por exemplo, azaleias) não apenas toleram essas concentrações altas de alumínio, mas também sobrevivem nesses solos. Outras espécies ainda toleram quantidades de vários metais pesados que são tóxicos para a maioria das plantas. Um exemplo é o gavieiro (*Agrostis tenuis*), que cresce no País de Gales e na Escócia nas bordas de minas que possuem quantidades anormalmente altas de chumbo, zinco, cobre e níquel. Essa gramínea não exclui os metais tóxicos, mas os acumula de alguma maneira sem sofrer um dano apreciável. Não entendemos o mecanismo de tolerância, embora tenha sido sugerido que agentes quelantes específicos (por exemplo, nas paredes de células radiculares) formem complexos fortes com os íons de metal e impeçam sua reação com componentes sensíveis do protoplasma, como as enzimas. A secreção desses metais para os vacúolos também diminuiria seus efeitos tóxicos. (Consulte o ensaio do Capítulo 6, sobre a tolerância aos metais pesados.)

26.8 Outros tipos de estresse

Embora tenhamos examinado os fatores mais importantes do estresse ambiental, ainda existem outros que podem ser discutidos. Por exemplo, certas espécies de plantas não apenas sobrevivem, mas também florescem em solos derivados da rocha serpentina (Kruckeberg, 1954; Whittaker, 1954) ou outra matéria altamente ácida derivada da rocha, que foi muito modificada pela percolação da água quente em fontes térmicas antigas (Salisbury, 1964, 1985). Os solos serpentinos são muito deficientes em cálcio e aparentemente possuem quantidades tóxicas de outros elementos. De alguma forma, as espécies de serpentina se ajustaram a essa estresse. A matéria derivada da rocha hidrotermicamente alterada tem a maior parte de seu fosfato ligado em formas que não estão disponíveis para a maioria das plantas. Existe pouco nitrogênio disponível, enquanto o ferro, o alumínio e o cálcio ocorrem em quantidades superabundantes. Essas condições não são apenas tensivas, mas também fatais para muitas espécies; novamente, algumas delas se ajustaram a esses fatores de estresse. Com frequência, plantas do solo serpentino e da matéria serpentina hidrotermicamente alterada também podem crescer bem em solos mais normais. Ainda temos muito a aprender sobre essas situações.

Se o espaço permitisse, poderíamos discutir um pouco sobre a luz ultravioleta como fator de estresse. Mencionamos o tópico em outros capítulos, incluindo os parágrafos finais do capítulo anterior.

Estamos nos tornando cada vez mais cientes da importância dos poluentes atmosféricos como fatores de estresse. Em razão das implicações para a agricultura e para a saúde e produtividade das florestas mundiais e outros ecossistemas, esses fatores de estresse têm sido objeto de muita pesquisa. Frequentemente, eles formam tópicos válidos e importantes da fisiologia vegetal, que propositalmente não discutiremos, arbitrariamente por causa de limitações de espaço.

Apesar do amplo espectro dos fatores de estresse ambiental, é adequado terminar este capítulo e o nosso livro retornando à importância da água para a vida da maioria das plantas. O estresse hídrico é de suma importância, ou é um fator que contribui para reduzir o crescimento e a produtividade de plantas que vivem em grande parte da superfície terrestre.

APÊNDICE A

O Système Internationale: o uso das unidades do Sistema Internacional (S.I.) na fisiologia vegetal

Na 11ª Conferência Geral de Pesos e Medidas, organizada em outubro de 1960, em Paris, o sistema métrico de unidades recebeu o nome de Sistema Internacional de Unidades, com a abreviatura SI em todos os idiomas. O sistema foi projetado para simplificar o sistema métrico em uso na época e unificar a aplicação de unidades em todas as ciências e outros empreendimentos humanos. Nas reuniões subsequentes, organizadas a cada 3 ou 4 anos, houve novos ajustes. Por exemplo, a 14ª Conferência Geral (1971) adotou o mol como unidade SI básica para uma quantidade de uma substância e o pascal (Pa) como unidade de pressão derivada igual a um newton por metro quadrado.

Os fisiologistas das plantas e outros cientistas tentaram aplicar o sistema. Em alguns casos, isso significou desistir de unidades aceitas e conhecidas há muito tempo; em outros casos, as novas unidades pareciam irracionais e até mesmo ilógicas, mas, com o passar do tempo, várias unidades SI que antes pareciam inaceitáveis agora não parecem tão inconvenientes. As unidades SI estão sendo aplicadas por um número crescente de fisiologistas das plantas. Na verdade, estudos mostraram que maior familiaridade com o sistema leva ao seu uso mais frequente.

O objetivo deste apêndice é refletir sobre o uso atual das unidades na ciência da fisiologia vegetal, e não forçar o uso estrito de unidades SI para além de sua aplicação atual no campo. Nosso critério para o uso das unidades SI neste livro é o seu uso na bibliografia mais atual da fisiologia vegetal. Na verdade, isso significa que quase todas as unidades SI são usadas.

Nas ciências físicas, uma medição fundamental de uma quantidade ou um membro de um conjunto dessas medições é chamada de **dimensão**. Por exemplo, o espaço tem a dimensão do comprimento (l), que, quando multiplicado por si mesmo, fornece a área (l^2) e quando multiplicado novamente resulta no volume (l^3). Outras dimensões usadas para medir as quantidades físicas são massa (m), tempo (t) e temperatura (T). Elas, e suas combinações, podem expressar as dimensões de qualquer quantidade física.

Se as dimensões das quantidades físicas forem comunicadas em termos numéricos, é essencial que os comunicantes aceitem as mesmas unidades. Por exemplo, a unidade básica de comprimento no sistema métrico, desenvolvida durante a Revolução Francesa (1791 a 1795), foi o **metro**, definido como equivalente ao comprimento de uma barra preservada em Sevres, França; em 1960, foi definido que ele é igual a 1.650.763,75 comprimentos de onda no vácuo de radiação correspondente à transição entre os níveis $2p_{10}$ e $5d_5$ do átomo krypton-86. Em 1983, novamente em resposta aos avanços da tecnologia, o metro foi definido como a distância que a luz percorre no vácuo durante o intervalo de tempo de 1/299.792.458 de um segundo.

O Sistema Internacional de Unidades reconhece sete unidades básicas, cada qual com seu nome e símbolo, que são os mesmos (com ligeiras diferenças de ortografia) em todos os idiomas. As sete unidades são o metro (comprimento), quilograma (massa), segundo (tempo), ampère (corrente elétrica), kelvin (temperatura), candela (intensidade luminosa) e mol (quantidade da substância). Essas unidades são mostradas com os seus símbolos na Tabela A-1 da página 646.

Observe que certa quantidade da substância pode ser expressa em termos de sua massa ou do número de partículas das quais é constituída: "O **mol** é a quantidade da substância de um sistema que contém tantas entidades elementares quanto existem átomos em 0,012 kg do carbono 12". Quando o mol é usado, as entidades elementares devem ser especificadas e podem ser átomos, moléculas, íons, elétrons ou outras partículas, além de grupos especificados dessas partículas (consulte Goldman e Bell, 1986). Os fisiologistas das plantas e outros incluem fótons entre as partículas que podem ser expressas em moles. Observe que 1 mol de uma substância contém o **número de Avogadro** de partículas (agora definido como o número de átomos em 0,012 kg de carbono 12 ≈ 6,022045 × 10^{23} de partículas).

O **ampère** é definido como a corrente necessária para produzir, no vácuo, uma força de 2 × 10^{-7} newtons por metro de comprimento entre dois condutores paralelos de comprimento infinito e a 1 m de distância. Uma vez que a força (o newton) é definida em termos de comprimento, massa e tempo (consulte a Tabela A-2), a corrente também pode ser definida nesses termos. A intensidade luminosa (a candela) é definida em termos da intensidade de luz percebida pelo olho humano em comparação com a intensidade da platina em congelamento. Ela tem seu valor para os engenheiros que trabalham com a iluminação artificial para seres humanos, mas outras medições da radiação podem ser derivadas da potência (watts) por unidade de área ou o número (moles) de fótons por unidade de área por unidade de tempo. A unidade da potência também combina comprimento, massa e tempo. Portanto, embora o Sistema Internacional de Unidades reconheça sete unidades básicas, apenas as quatro mencionadas no primeiro parágrafo são verdadeiramente básicas, no sentido de que não são derivadas de outras unidades – e a temperatura pode ser derivada das outras três. O radiano (ângulo do plano) e o esterradiano (ângulo sólido) são *unidades suplementares* no Sistema Internacional de Unidades, mas, na Física, são considerados unidades derivadas das unidades básicas.

A Tabela A-2 mostra unidades SI comuns que são derivadas das básicas e importantes para os fisiologistas das plantas. A Tabela A-3 lista os prefixos preferidos no Sistema Internacional de Unidades, junto com quatro outros prefixos que fazem parte do sistema que eram comumente usados no sistema métrico, mas não são preferenciais; eles devem ser evitados quando os outros puderem ser usados convenientemente. A Tabela A-4 resume a maioria das convenções de estilo que governam o uso das unidades SI. A Tabela A-5 lista as unidades métricas descartadas com seus equivalentes SI aceitáveis, embora várias delas ainda sejam usadas pelos fisiologistas das plantas e outros. A Tabela A-6 discute brevemente algumas dessas exceções e outras.

TABELA A-1 As sete unidades básicas.

Quantidade	Unidade	Símbolo
Comprimento (*l*)	Metro	m
Massa (não peso) (*m*)	quilograma[a]	Kg
Tempo (*t*)	Segundo	S
Corrente elétrica (*I*)	Ampère	A
Temperatura termodinâmica (*T*)	Kelvin	K (não °K)
Intensidade luminosa (*I*)	candela[b]	cd
Quantidade de substância (*n, Q*)	mole[c]	mol

[a] Observe que, por motivos históricos, o grama não é a unidade SI básica para a massa. O quilograma é a única unidade básica com um prefixo. Observe também que o **peso** é tecnicamente uma medida da força produzida pela gravidade, enquanto o quilograma (unidade básica) é uma unidade da **massa**. Portanto, é tecnicamente incorreto usar a palavra peso em conjunção com a unidade quilograma; a quantidade correta de peso é o newton. (Na Terra, o peso de uma massa de 10 quilos é de aproximadamente 98 newtons.) *Embora em muitos campos técnicos e no uso cotidiano o termo "peso" seja considerado um sinônimo aceitável de "massa"*, os fisiologistas das plantas devem usar o termo "massa" sempre que apropriado.
A massa é uma quantidade fundamental que não muda conforme a força da gravidade (por exemplo, com a localização). O peso dos objetos, por outro lado, é aproximadamente 1% menor no equador que nos pólos e 82% menor na lua. Uma balança *equilibra* a massa de um objeto desconhecido contra uma massa definida; consequentemente, ela mede a massa verdadeira. Todas as balanças dependem de uma força de aceleração para funcionar, mas a magnitude dessa força não afeta a leitura. Infelizmente, sua magnitude afeta a medição da massa nas balanças eletrônicas, porque, na verdade, elas são escalas que medem o peso. Normalmente, isso não é um problema grave, porque a força da gravidade é constante para um determinado local e as balanças eletrônicas e de molas são calibradas com um conjunto padrão de objetos de massa conhecida.
Todos os objetos com uma massa também possuem um volume e, portanto, deslocam o ar, que tem uma densidade de 1,205 kg m^{-3} (1 atm, ar seco, 20 °C). Uma correção desse deslocamento de volume seria necessária em certas situações (por exemplo, na medição da massa de um balão de hélio!), porém a maioria dos tecidos vegetais possui uma densidade semelhante à da água (1.000 kg m^{-3}), de forma que a correção é apenas cerca de 0,1%.
[b] Como unidade da intensidade luminosa, a candela tem base na sensibilidade do olho humano; não conhecemos essa aplicação na fisiologia vegetal. O lux (lx) é uma medição da iluminação com base na candela (1 lx = 1 cd • sr m^{-2}); ele tem sido amplamente usado na fisiologia vegetal, mas deve ser evitado.
[c] O mol sempre deve ser usado para relatar a quantidade de uma substância pura e, nesses casos, o tipo da substância deve ser especificado. Para relatar a quantidade de uma mistura ou de uma substância desconhecida, a massa deve ser usada.

Apêndice A

Tabela A-2 Unidades derivadas de interesse para os fisiologistas das plantas.

Quantidade	Nome da unidade	Símbolo	Definição
Área (A)	metro quadrado	m^2	$m \cdot m$
Volume (V)	metro cúbico	m^3	$m \cdot m \cdot m$
Velocidade (v)[a]	metros por segundo	$m\ s^{-1}$	$m\ s^{-1}$
Força (F)	newton	N	$Kg \cdot m\ s^{-2}$
Energia (E), trabalho (W), calor	joule	J	$N \cdot m\ (m^2\ Kg\ s^{-2})$
Energia	watt	W	$J \cdot s^{-1}\ (m^2\ Kg\ s^{-3})$
Pressão (P)	pascal	Pa	$N \cdot m^{-2}\ (Kg\ s^{-2} m^{-1})$
Frequência (ν)	hertz	Hz	Ciclo s^{-1}
Carga elétrica (Q)	coulomb	C	A s
Potencial elétrico (ψ)[b]	volt	V	$W\ A^{-1}\ (J\ A^{-1}\ s^{-1};\ J\ C^{-1})$
Resistência elétrica (R)	ohm	Ω	$V\ A^{-1}$
Condutância elétrica (G)	siemens	S	$A\ V^{-1}\ (\Omega^{-1})$
Capacitância elétrica (C)	farad	F	$C\ V^{-1}$
Concentração	mols por metro cúbico	$mol\ m^{-3}$	$mol\ m^{-3}$
Irradiação (energia)	watts por metro quadrado	$W\ m^{-2}$	$J\ s^{-1}\ m^{-2}$
Irradiação (mols de fótons)	mols por metro quadrado segundo	$mol\ m^{-2}\ m^{-1}$	$mol\ m^{-2}\ s^{-1}$
Irradiação espectral (mols de fótons)	mols por metro quadrado segundo nanômetro	$mol\ m^{-2}\ s^{-1}\ nm^{-1}$	$mol\ m^{-2}\ s^{-1}\ nm^{-1}$
Força de campo magnético	ampères por metro	$A\ m^{-1}$	$A\ m^{-1}$
Atividade (de origem radioativa)	becquerel	Bq	s^{-1}

[a] Tecnicamente, a velocidade é uma quantidade vetorial que exige a especificação de uma magnitude e de uma direção, mas a magnitude é mais importante na fisiologia vegetal.
[b] Note que o símbolo do potencial elétrico (psi em minúsculas: ψ) é fácil de confundir com o símbolo do potencial hídrico (psi em maiúsculas: Ψ).

Tabela A-3 Prefixos[a] preferenciais e não preferenciais (múltiplos e submúltiplos).

Preferenciais						Não preferenciais		
quilo	k	(10^3)	mili	m	(10^{-3})	hecto	h	(10^2)
mega	M	(10^6)	micro	μ	(10^{-6})	deca	da	(10)
giga	G	(10^9)	nano	n	(10^{-9})	centi	c	(10^{-2})
tera	T	(10^{12})	pico	p	(10^{-12})	deci	d	(10^{-1})
peta	P	(10^{15})	femto	f	(10^{-15})			
exa	E	(10^{18})	atto	a	(10^{-18})			

[a] A pronúncia da primeira sílaba é sempre tônica, para garantir que o prefixo mantenha sua identidade.

TABELA A-4 Resumo abreviado das convenções de estilo do SI (regras)

NOMES DE UNIDADES E PREFIXOS

1. Os nomes das unidades começam com minúscula, exceto no início de uma frase ou em títulos ou cabeçalhos nos quais a maioria das palavras estejam em maiúsculas. (Porém, observe que o uso de "graus Celsius" é uma exceção; o uso de "graus centígrados" é obsoleto.)
2. Aplique somente um prefixo a um nome de unidade (por exemplo, nm, não mμm). O prefixo e o nome da unidade são unidos sem hífen ou espaço. Em três casos, a vogal final do prefixo é removida: megohm, kilohm e hectare.
3. Se uma unidade composta envolvendo uma divisão for escrita, a palavra *por* é usada (não uma barra, exceto nas tabelas em que o espaço pode ser limitado). Apenas um *por* é permitido no nome de uma unidade escrita.
4. Se uma unidade composta envolvendo uma multiplicação for escrita, o uso do hífen geralmente é desnecessário, mas ele pode ser usado para esclarecer (por exemplo, newton metro ou newton-metro).
5. Os plurais dos nomes de unidade são formados com a adição de um "s", exceto para hertz, lux e siemens, que permanecem inalterados, e henry, que se torna henries.
6. Nomes de unidades são plurais para valores numéricos maiores que 1, iguais a 0 ou menores que −1. Todos os outros valores assumem a forma singular do nome de unidade. Exemplos: 100 metros, 1,1 metros, 0 graus Celsius, −4 graus Celsius, 0,5 metro, −0,2 grau Celsius, −1 grau Celsius, 0,5 litro.

SÍMBOLOS DAS UNIDADES

7. Os símbolos são usados quando as unidades são usadas junto com números.
8. Os símbolos nunca são transformados em plural (isto é, com a adição de um "s").
9. Um símbolo não é seguido por um ponto, exceto no término de uma frase.
10. Os símbolos das unidades que receberam o nome de pessoas[a] têm a primeira letra maiúscula, mas (com exceção do Celsius) o nome da unidade é escrito em minúsculas (veja a regra 1), enquanto a maioria dos outros símbolos não fica em maiúscula. Uma recente exceção é o litro, que é melhor simbolizado com um L maiúsculo para evitar confusão com o numeral (1); um l cursivo (ℓ) também tem sido usado.
11. Os símbolos para prefixos maiores que quilo são em maiúscula; quilo e todos os outros ficam em minúscula. É importante seguir essa regra, porque algumas letras dos prefixos são iguais a alguns símbolos (ou outro prefixo): G para giga e g para grama; K para kelvin e k para quilo; M para mega e m para mili e para metro; N para newton e n para nano; e T para tera e t para tonelada métrica.

12. Use números sobrescritos (^{2} e ^{3}) para indicar quadrados e cubos; não use quadrado ou c.
13. Expoentes também se aplicam ao prefixo ligado a um nome de unidade; a unidade de múltiplo ou submúltiplo é tratada como uma unidade única. Portanto, μm^3 é o mesmo que $10^{-18}\ m^3$.
14. Nunca comece uma frase com um símbolo (e, preferivelmente, tampouco com um número).
15. Símbolos compostos formados pela multiplicação podem conter um ponto de produto (·) para indicar a multiplicação; as regras internacionais dizem que ele pode ser substituído por um ponto ou um espaço. Nos EUA, o ponto de produto é recomendado. Neste livro, ele foi utilizado apenas quando o símbolo está no numerador; usamos um espaço entre os símbolos no denominador (isto é, símbolos com um expoente negativo). (Embora não seja uma regra oficial do SI, evite inserir palavras que não sejam do símbolo entre os símbolos, exceto, talvez, na primeira vez para clareza: micromols de CO_2 por mol de ar; portanto, simplesmente $\mu mol\ mol^{-1}$.)
16. Não misture símbolos com nomes de unidade (por exemplo, W por metro quadrado) e nunca misture unidades do SI ou seus relativos aceitos (por exemplo, litro, minuto, hora, dia, ângulo de plano em graus) com unidades de outro sistema, como o inglês (por exemplo, milhas por litro, kg pés^{-3}, ou a quantidade de gordura em um alimento dado como gramas por onça).
17. Os símbolos de unidades são impressos em tipo romano (letras verticais); letras itálicas são reservadas para símbolos de quantidade (normalmente variáveis), como *A* para área, *m* para massa, *t* para tempo e *Ψ* para potencial hídrico. Para digitar ou escrever à mão, o sublinhado pode ser usado como substituto para o itálico. O mi grego, μ, o símbolo do prefixo para micro, deve ser escrito em tipo romano (não em itálico, como é feito frequentemente).

NÚMEROS

18. Um espaço (ou hífen, veja o próximo item) permanece entre o último dígito de um número e seu símbolo de unidade e entre os símbolos de unidade quando mais de um é usado. Exceções incluem o símbolo de grau para ângulos ou latitudes (por exemplo, 30° norte) e o grau Celsius (°C), que é um símbolo inseparável. As temperaturas podem ser escritas como 20°C ou 20 °C, dependendo da preferência editorial, mas não 20° C. Também é incorreto usar 12° a 25 °C (isto é, usar ° sem C); 12 a 25 °C está correto.
19. A vírgula é usada como marcador decimal, embora alguns países (por exemplo, os Estados Unidos) usem o ponto.
20. Para evitar confusão (porque alguns países usam a vírgula como marcador decimal), um espaço é usado em vez da vírgula para agrupar os números em grupos de três dígitos; essa regra pode ser seguida à direita ou esquerda do marcador decimal. A omissão do espaço é preferida quando há somente quatro dígitos, a menos que o número esteja em uma coluna com outros que tenham mais de quatro dígitos.
21. As frações decimais são preferíveis às frações ordinárias.
22. Valores decimais menores que 1 têm um zero à esquerda do decimal.
23. Múltiplos e submúltiplos são geralmente selecionados de forma que o coeficiente tenha um valor entre 0,1 e 1.000.

---

[a] As pessoas que deram nomes às unidades incluem: Antoine Henri Becquerel (França, 1852-1908), Anders Celsius (Suécia, 1701-1744), Charles Augustin de Coulomb (França, 1736-1806), Michael Faraday (Inglaterra, 1791-1867), Heinrich Rudolf Hertz (Alemanha, 1857-1894), James Prescott Joule (Inglaterra, 1818-1889), Lord William Thomson Kelvin (Escócia, 1824-1907), Sir Isaac Newton (Inglaterra, 1643-1727), Georg Simon Ohm (Alemanha, 1787-1854), Blaise Pascal (França, 1623-1662), Sir William Siemens (Alemanha, Grã-Bretanha, 1823-1883), Conde Alessandro Giuseppe Antônio Anastasio Volta (Itália, 1745-1827) e James Watt (Escócia, Inglaterra, 1736-1819).

TABELA A-4 (Continuação)

Para comparação, no entanto, principalmente nas tabelas, quantidades semelhantes devem usar a mesma unidade, mesmo que os valores estejam fora dessa faixa. As exceções ocorrem quando as diferenças são extremas (por exemplo, 1500 m de um arame de 2 mm).

24. Com números, não substitua o ponto de produto ($\cdot$) por um sinal de multiplicação ($\times$). (Por exemplo, use 2×2, não $2 \cdot 2$.)

O DENOMINADOR

25. Para uma unidade composta que é um quociente, use "por" para formar o nome (por exemplo, metros por segundo) e uma barra para formar o símbolo, sem espaço antes ou depois da barra (por exemplo, m/s). As unidades compostas também podem ser escritas com expoentes negativos (por exemplo, ms^{-1}), como fizemos neste livro.

26. O denominador não pode ser um múltiplo ou submúltiplo de uma unidade SI (por exemplo, $\mu N\ m^{-2}$ é aceitável, mas $N\ \mu m^{-2}$ não é). (Mas veja o item 5 da Tabela A-6.) Como o quilograma é uma unidade SI básica, ele pode (deve) ser usado em denominadores. (Essa regra é frequentemente quebrada por fisiologistas das plantas e outros, mas deve ser seguida sempre que possível; por exemplo, é tão fácil usar $mmol\ kg^{-1}$ quanto $nmol\ mg^{-1}$.)

27. O uso de mais de dois "por" ou barras na mesma expressão não é recomendado, porque eles são ambíguos (veja acima). Os sobrescritos negativos evitam este problema; $J\ K^{-1}\ mol^{-1}$ (não J/K/mol); J/K mol é aceitável porque todos os símbolos à direita da barra pertencem ao denominador.

TABELA A-5 Algumas unidades métricas descartadas

Unidade métrica descartada	Unidade SI aceitável
Mícron (μ)	micrômetro (μm)
Milimícron ($m\mu$)	nanômetro (nm)
angstrom (Å)	0,1 nanômetro (nm)
bar (bar)	0,1 megapascal (MPa); 100 kilopascal (kPa)
caloria (cal)	4,1842 joule (J)
grau centígrado (°C)	grau Celsius (°C)
litro (L ou l ou litro)[a]	0,001 $metro^3$
hectare (ha)	10 000 m^2 ou 0,01 km^2
einstein (E)	mol de fótons ou quanta (mol)
partes por milhão (ppm)	$mg\ kg^{-1}$ $\mu mol\ mol^{-1}$ (p. ex., CO_2 no ar) (use kg para substâncias misturadas e mol para substâncias e gases puros). 1000 $mm^3\ m^{-3}$ (volume; por exemplo, líquidos)
partes por bilhão (bpm)	$\mu g\ kg^{-1}$ $nmol\ mol^{-1}$ $mm^3\ m^{-3}$ (volume; por exemplo, líquidos)

[a] O litro é particularmente difícil de descartar porque não existe uma unidade SI preferencial para o volume entre o milímetro cúbico (mm^3) e o metro cúbico (m^3); porque o centímetro e o decímetro não são preferenciais – Tabela A-3). (Note que 1 000 000 000 mm^3 = 1 m^3, mas 1000 000 mm^3 = 1 L = 0,001 m^3).

TABELA A-6 Exceções ou casos especiais para as ciências vegetais.

1. Dias (d) pode ser usado quando a integração por um período mais longo é importante (por exemplo, medições de crescimento: kg d^{-1}); algumas aplicações especiais podem justificar o uso de minutos (min) e horas (h), mas o segundo (s) é a unidade básica do SI.
2. O litro ainda é usado amplamente (a abreviação era l, mas agora o L é recomendado oficialmente; algumas revistas permitem ℓ ou litro por extenso para evitar confusão com o número 1, mas L é preferido).
3. Concentrações molares são usadas (mols litro^{-1} = M); use milimolar (mM) em vez de $\times$ 10^{-3} M a menos que as concentrações estejam sendo comparadas em um intervalo que excede três ordens de magnitude. Alguns fisiologistas das plantas usam agora mols metro^{-3} (1 mol m^{-3} = 1 mM), que é a unidade SI de concentração.
4. O hectare (hectômetro quadrado; igual a 10 000 m^2) é extensamente usado na agricultura, mas os m^2 são preferíveis.
5. Às vezes, é impossível evitar usar unidades com prefixos nos denominadores (como W m^{-2} m^{-1} quando falamos de energia luminosa por nanômetro de comprimento de onda). Em alguns casos, pode ser preferível escrever informações por extenso para aumentar a clareza. Por exemplo, um editor rigoroso insiste que um gradiente de temperatura 1 K mm^{-1} seja escrito como 1000 Km^{-1}. Seria melhor afirmar que "um gradiente de temperatura de 1 K em uma distância de 1 mm foi medido".
6. A candela (uma das sete unidades básicas: intensidade luminosa) não é usada na ciência vegetal por ter base na sensibilidade do olho humano. O lux (lx) tem sido amplamente usado na fisiologia vegetal; por ter base na candela (1 lx = 1 cd • sr m^{-2}), ele não deve ser usado. As medições da energia radiante devem ser acompanhadas por uma descrição da fonte e, quando possível, suas características espectrais. (Incidentemente, 1 lux = 0.0929 pé-velas e 1 ft-c = 10.76391 lx. O pé-vela é a unidade inglesa de iluminação; ele tem sido amplamente usado pelos fisiologistas das plantas.)
7. O centímetro é extensamente usado, mas o milímetro e o metro são preferíveis (consulte a Tabela A-3).
8. O angstrom (Å) continua sendo usado em medições das dimensões atômicas, mas o nanômetro (1 nm = 10 Å) é preferido.
9. O bar (bar ou mbar) também é amplamente usado como unidade de pressão, especialmente na meteorologia, mas múltiplos do pascal (MPa ou kPa) são preferidos na fisiologia vegetal (como neste texto e na maioria das publicações atuais).
10. A caloria (cal) e a quilocaloria (kcal ou Cal) são extensamente usadas, mas devem ser substituídas por joule (J) e quilojoule (kJ). A caloria é definida como sendo precisamente igual a 4,18400 joules. (Diversos valores para a caloria foram usados; o valor dado neste livro é chamado de "caloria termoquímica", que é aceito pelo U.S. Bureau of Standards, que agora é o National Institute of Standards and Technology.)
11. Muitos fisiologistas das plantas e outros usam o dalton (Da) como a unidade de massa atômica (1 Da = 1 g mol^{-1}; por exemplo, "o peso molecular da sacarose é 342,30 Da, enquanto o da rubisco é mais de 500 kDa"). Embora o dalton não seja uma unidade SI, ele é conveniente e nós o usamos ao longo deste texto.
12. É comum entre os fisiologistas das plantas, bioquímicos e outros descrever as forças de aceleração produzidas durante a centrifugação, ou experimentadas em um satélite em órbita ou na superfície de algum planeta ou satélite, como múltiplos da força gravitacional média da superfície terrestre. Não existe uma unidade SI para expressar esse múltiplo da gravidade terrestre e um g minúsculo é o símbolo do grama. Um símbolo apropriado é **xg** (vezes gravidade): "A mistura foi centrifugada por 30 min a 20 000 xg. A força de aceleração no satélite é 10^{-3} xg".

Apêndice A

Referências importantes para a aplicação das unidades SI

Anonymous. 1979. Metric Units of Measure and Style Guide. U,S. Metric Association, 10245 Andasol Avenue, Northridge, CA 91103.

Anonymous. 1985. Radiation quantities and units, ASAE Engineering Practice: ASAE EP402. American Society of Agricultural Engineers, 2950 Niles Road, St. Joseph, MI 49085-9659-

Anonymous. 1988. Use of SI (metric) units. ASAE Engineering Practice: ASAE EP285.7, American Society of Agricultural Engineers, 2950 Niles Road, St. Joseph, MI 49085-9659.

Anonymous. 1989. Guidelines for measuring and reporting environmental parameters for plant experiments in growth chambers. ASAE Engineering Practice: ASAE EP411.1. American Society of Agricultural Engineers, 2950 Niles Road, St. Joseph, MI 49085-9659.

Anonymous. Standard Practice for Use of the International System of Units- ASTM E380-89. American Society for Testing and Materials, 1916 Race Street, Philadelphia, PA 19103.

Boching, P. M. 1983. Author's Guide to Publication in Plant Physiology Journals. Desert Research Institute Pub. No. 5020. Reno, NV.

Buxton, D. R.; D. A. Fuccillo. 1985. Letter to the editor Agronomy Journal 77:512-514.

Campbell, G. S.; Jan van Schilfgaarde. 1981, Use of SI units in soil physics. J, Agron. Educ. 10:73-74.

Council of Biology Editors. 1983. CBE Style Manual Fifth Edition. Council of Biology Editors, Bethesda, MD.

Downs, R. J. 1988. Rules for using the international system of units, HortScience 23:811-812.

Goldman, D. T.; R. J. Bell. (Eds.) 1986. The International System of Units (SI)- National Bureau of Standards Special Publication 330, U. S, Department of Commerce/National Bureau of Standards.

Incoll, L. D.; S. R. Long, M. R. Ashmore. 1977, SI units in publications in plant science. Current Advances in Plant Sciences 28:331-343.

Metric Practice Advisory Group. 1985. Metric Editorial Guide, Fourth Edition, American National Metric Council, 1010 Vermont Ave, N. W, Suite 320, Washington, DC 20005.

Monteith, J. L. 1984. Consistency and convenience in the choice of units for agricultural science. Expl Agric. 20:105-117.

Savage, M. J, 1979. Use of the international system of units in the plant sciences, HortScience 14:493-495.

Thien, S. J.; J. D. Oster. 1981. The international system of units and its particular application in soil chemistry. J, Agron. Educ. 10:62-70.

Vorst, J. J.; L. W. Schweitzer; V. L. Lechtenberg. 1981. International system of units (SI): Application to crop science. J. Agron. Educ. 10:70-72.

Weast, Robert C. (Ed.) 1990 (e novas edições anuais). CRC Handbook of Chemistry and Physics, CRC Press, Boca Raton, FL.

APÊNDICE B

Energia radiante: algumas definições

As plantas são fortemente influenciadas pela energia radiante em seu ambiente. Consequentemente, um fisiologista vegetal deve entender a natureza da energia radiante e como ela interage com as plantas. Os princípios da radiação e como ela interage com a matéria são ensinados nas aulas de física e físico-química. Portanto, as seguintes informações são apresentadas com dois objetivos: fornecer uma breve revisão do tópico e promover uma fonte de referência acessível para ideias ou termos depois de entendidos, mas que não são mais lembrados com clareza. O formato é de uma série de definições que poderiam ter sido listadas em ordem alfabética. Porém, presumindo que você queira revisar o tópico inteiro de maneira lógica, organizamos as definições de uma maneira sequencial. Termos individuais podem ser encontrados procurando-se na lista ou no índice.

B.1 Conceitos básicos e termos

ENERGIA RADIANTE (RADIAÇÃO) Uma forma de energia que é emitida ou propagada pelo espaço ou algum meio material. Dizemos que ela é eletromagnética e se propaga na forma de pulsações ou ondas. Certos conceitos e equações descrevem adequadamente a natureza da onda da energia radiante, mas essa energia também se comporta como um fluxo de partículas. Essas partículas sem massa em repouso também podem ser descritas por certas equações e com referência a certas manifestações. As equações até relacionam a ideia da sonda ao conceito da partícula, mas ainda não entendemos totalmente a energia radiante. O termo é às vezes ampliado (talvez incorretamente) para incluir fluxos de partículas atômicas ou subatômicas que possuem massa, como elétrons, pósitrons ou núcleos atômicos que constituem os raios cósmicos primários. A energia radiante que podemos ver é a luz.

A NATUREZA DE ONDA DA ENERGIA RADIANTE Vários fenômenos, incluindo difração, interferência e polarização (mencionadas seguir), sugerem que a energia radiante se propaga na forma de ondas. Uma vez que as ondas conhecidas (por exemplo, de água ou sonoras) se propagam ao longo de um meio, foi postulado que a energia radiante também se propaga ao longo de um, chamado de éter. Experimentos detalhados do começo do século passado não conseguiram provar a existência do éter e o conceito foi rejeitado. Todavia, a natureza ondulada da energia radiante continua sendo aparente, embora talvez não precise de um meio para a sua propagação.

FREQUÊNCIA (ν = grego nu, às vezes F). O número de cristas de onda (picos de energia) que passam por um determinado ponto em um determinado intervalo. A frequência é geralmente expressa em termos de cristas de energia (vibrações ou ondas) por segundo (s^{-1}).[1] A luz verde tem uma frequência de aproximadamente 6×10^{14} pulsações s^{-1}; as ondas de rádio possuem frequências entre 10^4 e 10^{11} s^{-1}

VELOCIDADE (c). A distância percorrida por um pico de energia radiante em um intervalo de tempo especificado. A velocidade de todas as formas de energia radiante é a mesma no vácuo e é igual a $3,00 \times 10^8$ m s^{-1} (300 000 km s^{-1} ou 186 000 milhas s^{-1}). A velocidade é praticamente idêntica a esse valor no ar, mas é mais lenta em meios como a água ($2,25 \times 10^8$ m s^{-1}) ou o vidro de coroa ($1,98 \times 10^8$ m s^{-1}).

---

[1] Existem três maneiras de escrever as unidades quando algumas ocupam a posição de um denominador; todas as três são equivalentes; m por s, m/s e m s^{-1}. Essa última é amplamente usada, particularmente porque facilita o cancelamento das unidades nas equações como as que seguem (por exemplo, consulte *Mols de quanta*, adiante).

Apêndice B

Comprimento de onda (λ = lambda grego). A distância entre as ondas ou cristas de energia na radiação eletromagnética. O comprimento de onda é igual à velocidade dividida pela frequência: $\lambda = c/v$. Da mesma forma, a frequência é igual à velocidade dividida pelo comprimento de onda: $v = c/\lambda$. Os comprimentos de onda da energia radiante variam desde muito mais curtos que o diâmetro de um átomo até vários quilômetros de comprimento (consulte *O espectro magnético*, abaixo). A luz verde tem um comprimento de onda de aproximadamente 500 nm ou 5×10^{-7} m; as ondas de rádio, entre 10^{-3} e 10^4 m.

B.2 Fenômenos de onda

Refração A alteração na direção (flexão) que ocorre quando um raio da energia radiante passa de um meio para outro, no qual sua velocidade é diferente. A refração da superfície entre o vidro e o ar torna possível a transformação de vidro em lentes. A luz é refratada dentro das folhas à medida que passa do ar para uma parede celular ou o citoplasma; ela pode ser refratada várias vezes dentro de uma folha. Uma vez que os comprimentos de onda diferentes são refratados em diferentes graus, eles são separados em um **espectro** quando passam por um prisma (Fig. B-1).

Difração e interferência A difração inclui os fenômenos produzidos pela disseminação das sondas ao redor e através de obstáculos que têm um tamanho semelhante ao comprimento de onda. Os fenômenos de interferência são causados pelo reforço quando as cristas de energia (ondas) são sobrepostas (estão em fase) ou pelo efeito oposto, que ocorre quando as ondas estão fora de fase, cancelando ou afundando as outras. Portanto, à medida que as ondas são difratadas, elas podem reforçar ou cancelar umas às outras pela interferência, produzindo um efeito de arco-íris (separando os vários comprimentos de onda). Os fisiologistas das plantas frequentemente usam dois dispositivos que operam de acordo com esses princípios. As **redes de difração**, que consistem em linhas finas bem próximas sobre uma superfície transparente, separam uma mistura de comprimentos de onda em um aspecto semelhante ao produzido por um prisma. Os **filtros de interferência** possuem uma camada fina de um meio reflexivo sobre uma superfície de vidro; a camada tem uma espessura tal que o comprimento de onda (ou múltiplos do mesmo) é fortemente reforçado quando passa pelo filtro, enquanto outros comprimentos de onda são cancelados.

Polarização As ondas de luz normalmente vibram em muitas direções em ângulos retos à direção da propagação. Quando a luz é polarizada, a onda vibra em mais ou menos uma direção; ela vibra em um plano, portanto, dizemos que ela é *polarizada no plano*. A luz se torna polarizada quando passa por certas substâncias ou quando é refletida. Muitas moléculas importantes nas plantas e em outros seres vivos, quando em solução, giram o plano da polarização de um feixe de luz polarizada. Essas **moléculas opticamente ativas** tipicamente possuem pelo menos um átomo de carbono assimétrico (um átomo com quatro grupos diferentes ligados).

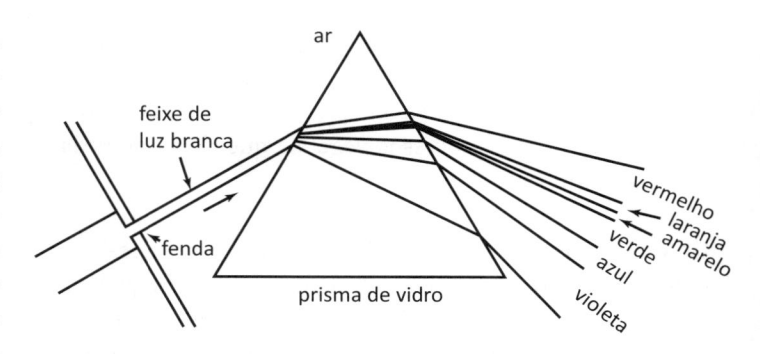

Figura B-1 A luz branca se dispersa em suas cores componentes pela refração quando passa por um prisma de vidro.

B.3 Fenômenos de partículas

A natureza particulada da energia radiante A energia radiante existe em unidades que não podem ser mais subdivididas. No efeito fotoelétrico, por exemplo, um elétron pode ser ejetado de uma superfície após a absorção de uma *partícula* ou *pacote* de energia radiante. A natureza particulada de energia radiante é descrita por certas equações, muitas das quais incluem termos para a frequência ou comprimento de onda – termos derivados dos conceitos de onda da energia radiante.

Quantum ou fóton Termos frequentemente usados como sinônimos para as partículas de energia na radiação eletromagnética. (O *quantum* é a unidade de energia na teoria do quantum, enquanto o *fóton* é um quantum no campo eletromagnético em um comprimento de onda ou frequência específicos.)

Energia de fótons (E). A energia (E) de um quantum ou fóton é equivalente à frequência (v) vezes a constante de Planck (h): $E = hv$. Portanto, a energia de um fóton é diretamente proporcional à frequência da radiação; as frequências mais altas possuem fótons mais energéticos. Uma vez que a frequência é igual à velocidade dividida pelo comprimento de onda, a energia de um fóton será inversamente proporcional ao comprimento de onda: $E = hc/\lambda$.

Fisiologia das plantas

Comprimentos de ondas mais longos (frequências mais baixas) possuem fótons menos energéticos. Essas equações são úteis para calcular as relações de energia da fotossíntese e outros processos vegetais que dependem da energia luminosa.

Constante de Planck (h). Uma constante universal da natureza relacionando a energia de um fóton à frequência do oscilador que o emitiu (isto é, a frequência da energia radiante). Suas dimensões são energia vezes tempo por quantum ou fóton. Ela é igual a $6,6255 \times 10^{-34}$ J·s fóton^{-1}, $1,58 \times 10^{-34}$ cal·s fóton^{-1} ou $6,6255 \times 10^{-27}$ erg·s fóton^{-1}.

Produção quântica (ϕ = phi grego). Uma expressão da eficiência quando a absorção de um fóton por uma molécula resulta em alguma reação fotoquímica. A produção quântica (ϕ) é igual à relação do número de moléculas reagidas (M) com o número de fótons absorvidos (q): $\phi = M/q$. As produções quânticas da fotossíntese e para a interconversão das duas formas do fitocromo (consulte os Capítulos 10 e 20) são valores amplamente estudados.

Mol de quanta (anteriormente, **einstein**). Um número de quanta ou fótons igual ao número de Avogadro: $6,02 \times 10^{23}$ mol^{-1}. Uma vez que o einstein não é uma unidade SI, o *mol de quanta* está se tornando cada vez mais comum; consulte *Fluxo de fótons fotossintéticos (FFF)*, abaixo. A energia (E) em um mol de luz vermelha ($\lambda = 660$ nm ou $6,6 \times 10^{-7}$ m, $\nu = 4,545 \times 10^{14}$ s^{-1}) pode ser calculada da seguinte maneira:

$$E = hc/\nu = \frac{(6,6255 \times 10^{-34} \text{ J·s fóton}^{-1})(3,0 \times 10^8 \text{ m s}^{-1})}{(6,6 \times 10^{-7} \text{ m})}$$

ou

$$E = h\nu = (6,6255 \times 10^{-34} \text{ J·s fóton}^{-1}) \times (4,545 \times 10^{14} \text{ s}^{-1})$$

$$E = 3,01 \times 10^{-19} \text{ J fóton}^{-1}$$

A luz azul ($\lambda = 4,50 \times 10^{-7}$ m, $\nu = 6,67 \times 10^{14}$ s^{-1}) tem uma frequência de 6,67/4,545 vezes a da luz vermelha, portanto, sua energia por fóton é 1,467 vezes a da luz vermelha $= 4,42 \times 10^{-19}$ J fóton^{-1} ou 266 kJ mol^{-1} (63 100 cal mol^{-1}).

	ultra-violeta	violeta	azul	verde	amarelo	laranja	vermelho	vermelho-distante	infravermelho
comprimento de onda aproximado (λ) entre as cores reconhecíveis	380	455	500	580	595		620	775	nm
frequência (ν)	7,89	6,59	6,00	5,17	5,04		4,84	3,87	$\times 10^{14}$ s^{-1}
energia (E)	316	262	239	206	201		192	154	kJ mol^{-1}
	755	627	571	492	480		460	368	$\times 10^{-2}$ cal mol^{-1}

parte visível do espectro

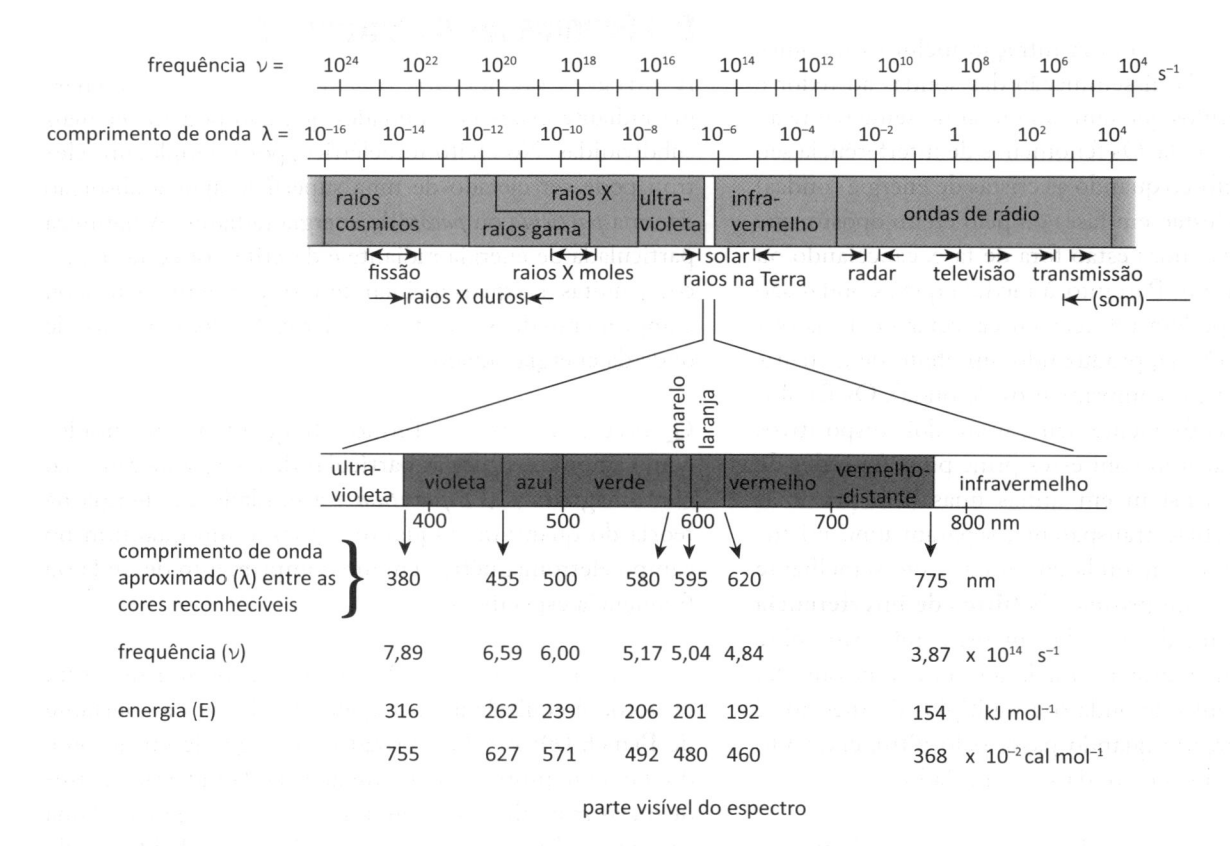

FIGURA B-2 O espectro eletromagnético, usando-se a frequência (ν) e o comprimento de onda (λ) em m. A maior parte do espectro é mostrada e a porção visível é expandida para retratar a região que aparece ao olho humano como tendo várias cores.

B.4 O espectro e as fontes de luz

O ESPECTRO ELETROMAGNÉTICO A distribuição conhecida das energias eletromagnéticas de acordo com comprimentos de onda, frequências ou energias de fótons (Fig. B-2). Em uma extremidade do espectro está a energia radiante de comprimentos de onda extremamente curtos e, consequentemente, de frequências extremamente altas e fótons energéticos. No final do espectro estão os raios cósmicos. (Os raios cósmicos primários são núcleos atômicos – aproximadamente 87% são prótons – e, portanto, não são fótons. No entanto, possuem energia quântica e podem ser colocados no espectro. Os raios cósmicos secundários incluem fótons altamente energéticos.) Comprimentos de onda ligeiramente mais longos (frequência inferior, fótons menos energéticos) são os raios gama, amplamente sobrepostos com a parte de raios X do espectro. A radiação ultravioleta possui comprimentos de onda ligeiramente mais curtos que a parte visível ou luminosa do espectro, e o infravermelho possui comprimentos de onda mais longos que os da luz visível; as ondas de rádio são ainda mais longas. O espectro todo se estende por pelo menos mais 20 ordens de magnitude, com a parte visível sendo parte de apenas uma ordem de magnitude.

LUZ A parte visível do espectro O termo é às vezes usado incorretamente para incluir as partes ultravioleta e infravermelha do espectro.

COR A aparência dos objetos determinada pela resposta do olho aos comprimentos de onda da luz que vem desses objetos. Os comprimentos curtos produzem a sensação que chamamos de violeta ou azul; os mais longos produzem a sensação do vermelho. As cores das coisas são decorrentes dos pigmentos, que absorvem parte desses comprimentos de onda ou todos; por exemplo, um pigmento é azul se absorver todos os comprimentos de onda, menos o azul. Um pigmento preto absorve todos os comprimentos de onda visíveis. (O preto é uma cor?)

FONTES DE LUZ Uma vez que os fisiologistas das plantas lidam continuamente com as respostas das plantas à luz, é importante saber algo sobre as características espectrais das possíveis fontes de luz às quais as plantas estão expostas (por exemplo, como em câmeras de crescimento especiais). As distribuições espectrais de várias fontes de luz são mostradas na Figura B-3.

LEI DE WIEN A equação que relaciona a saída espectral (qualidade espectral) com a temperatura do objeto radiante. O pico de energia radiante emitida (λ_{max}) desloca-se na direção de comprimentos de onda mais curtos com a temperatura crescente. Esse pico multiplicado pela temperatura (T) absoluta da fonte é igual à constante de deslocamento de Wien (w = 2897 µm·K): $\lambda_{max} T = w$. A lei de Wien é ilustrada para uma ampla variedade de temperaturas na Figura B-4. Por exemplo, podemos aplicar essa lei a um objeto em temperatura ambiente (25 °C = 298 K): $w/T = \lambda_{max}$, 2897 µm·K/298 K = 9,7 µm. Assim, objetos em temperatura ambiente emitem maximamente na parte do infravermelho distante do espectro (λ_{max} = aproximadamente 10 µm ou 10 000 nm); em temperaturas que se aproximam das de um filamento incandescente, o pico da emissão está no infravermelho próximo (λ_{max} = aproximadamente 1 µm); e na temperatura do sol ou outras estrelas, o pico está na parte visível do espectro (λ_{max} = aproximadamente 0,50 µm).

TEMPERATURA DA COR Conforme expressado pela lei de Wien, o pico de emissão dos objetos é uma função da temperatura absoluta. Portanto, a distribuição espectral da luz emitida pelas fontes incandescentes (como um filamento incandescente ou a superfície de uma estrela) pode ser indicada em termos da temperatura absoluta. Epsilon Orionis e Sirius, com temperaturas superficiais de 28 000 K e 13 600 K, respectivamente, são estrelas azuis/brancas; o sol (5 800 K) tem um pico de emissão na parte verde/amarela do espectro e Betelgeuse (3 600 K) é uma estrela vermelha. As temperaturas das cores são usadas na fotografia; a sensibilidade do filme deve ser equilibrada com a temperatura da cor da fonte de luz, por exemplo.

EMISSIVIDADE As curvas mostradas na Figura B-4 correspondem aos radiadores do corpo negro perfeito. Na verdade, esse ideal é raramente atingido. Na prática, assim como os objetos deixam de absorver alguns comprimentos de onda, eles também não conseguem emitir outros; a curva da emissão é a mesma que a curva da absorção. Portanto, uma vez que uma folha tem um coeficiente de absorvência de aproximadamente 0,98 na parte infravermelha distante do espectro, ela também tem uma emissividade de cerca de 0,98, com a maior parte de energia radiante sendo emitida nessa parte do espectro em temperaturas normais.

Incidentalmente, a atmosfera está longe de um corpo negro prefeito, mesmo no infravermelho distante, conforme indicado pelo espectro solar na Figura B-3. As "cavidades" no espectro solar representam faixas ou linhas de absorção – portanto, também de emissão – causadas por vários componentes atmosféricos, principalmente a água e o dióxido de carbono. Esse fenômeno deve ser levado em consideração ao se calcular a radiação térmica que vem da atmosfera e também a que é absorvida pela atmosfera depois de ser emitida pelos objetos no solo.

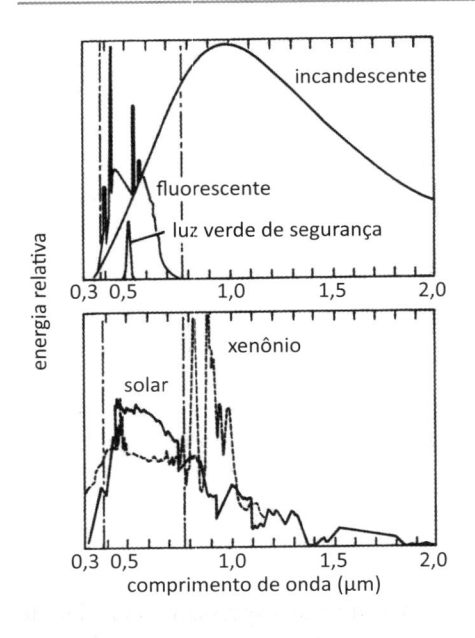

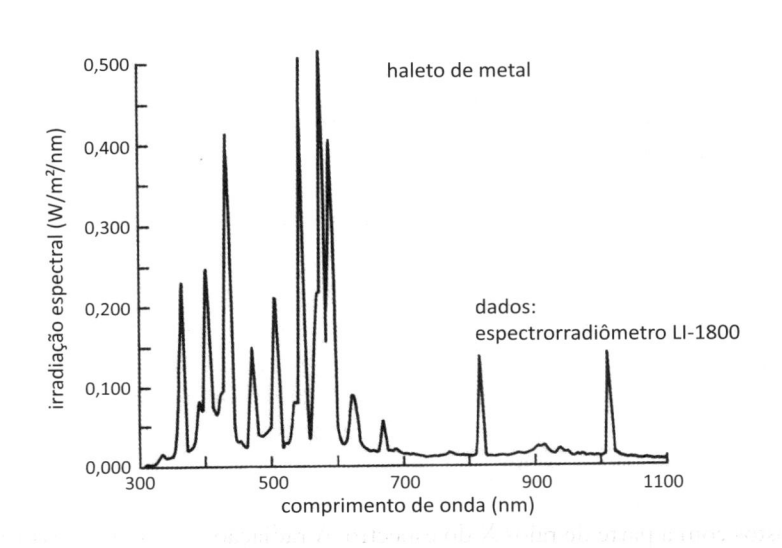

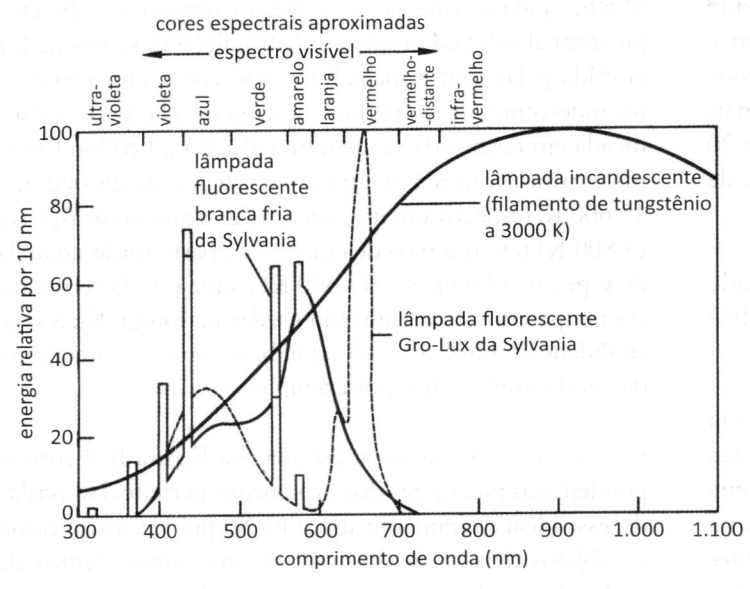

FIGURA B-3 O espectro de emissão para várias fontes de luz. Observe o pico da lâmpada incandescente em cerca de 1,0 μm, as linhas de emissão de mercúrio no espectro da lâmpada fluorescente, os picos infravermelhos (0,85 a 1,05 μm) da lâmpada de xenônio e o pico solar na porção intermediária do espectro visível (entre as linhas verticais pontilhadas).

FONTES DE LUZ INCANDESCENTE As fontes de luz como o sol, o filamento quente de uma lâmpada incandescente ou o plasma (um "gás" que consiste em partículas carregadas) de uma lâmpada de arco que emite a energia radiante no espectro visível, por causa de suas temperaturas altas. Grandes partes da energia dessas fontes se encontram na parte infravermelha do espectro. Quanto mais quente a fonte incandescente, mais o pico do espectro da emissão desvia na direção do comprimento de onda azul (consulte a lei de Wien, acima). Os espectros de fontes incandescentes são contínuos, em vez de consistirem em linhas.

LÂMPADAS FLUORESCENTES Lâmpadas, frequentemente usadas nas câmaras de crescimento da planta, que produzem a luz pela fluorescência (consulte Fluorescência e fosforescência, abaixo). O espectro dessas lâmpadas consiste em linhas individuais da emissão de mercúrio sobreposta em um espectro contínuo do fósforo. Essa luz é particularmente rica em comprimentos de onda azuis, mas pode ser enriquecida com comprimentos de onda vermelhos. Lâmpadas fluorescentes especiais foram desenvolvidas para o crescimento das plantas. Elas são ricas em comprimentos de onda azuis e vermelhos (absorvidos pela clorofila), mas os experimentos com essas lâmpadas forneceram resultados mistos; com frequência, elas crescem tão bem quanto sob lâmpadas fluorescentes comuns.

LÂMPADAS DE VAPOR DE SÓDIO E MERCÚRIO Lâmpadas em que uma corrente elétrica que passa pelo vapor quente causa a emissão da luz em comprimentos de onda

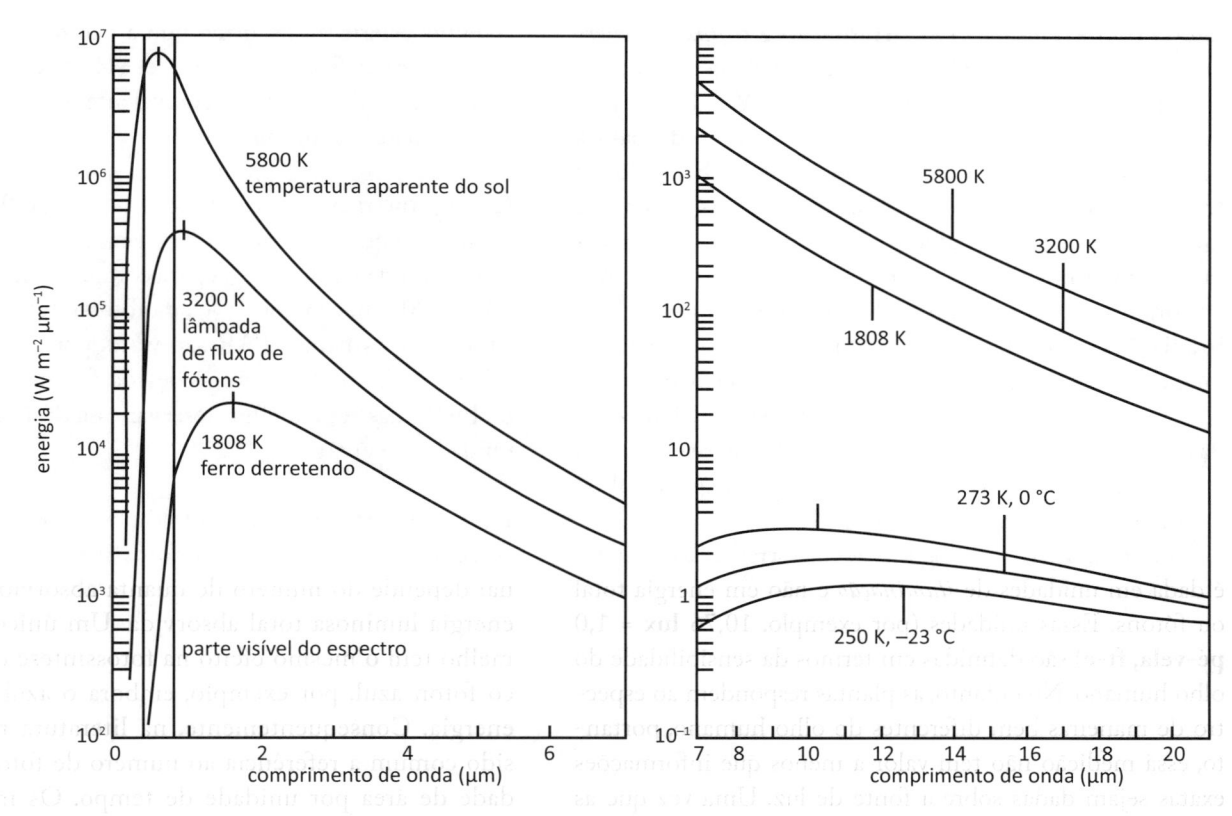

FIGURA B-4 Espectro de emissão do corpo negro comparado em uma ampla variedade de emissões de energia e comprimentos de onda. Os espectros se aplicariam a qualquer radiador perfeito de corpo negro. Observe os desvios nos picos na direção dos comprimentos de onda mais longos (lei de Wien), o achatamento das curvas e a diminuição da energia total (lei de Stefan-Boltzmann) à medida que as temperaturas diminuem.

específicos: laranja para as lâmpadas de vapor de sódio e verde e azul para as de mercúrio. Elas são chamadas de **lâmpadas de descarga de alta intensidade (HID)**. Em uma versão muito eficiente, elas possuem sais de metal de elementos de haleto como flúor, cloro, bromo ou iodo; essas **lâmpadas de haleto de metal** produzem um espectro muito mais amplo do que as lâmpadas de vapor de mercúrio e sódio, embora o espectro consista principalmente em linhas (não seja contínuo). Com combinações adequadas de haletos, uma luz intensamente branca pode ser produzida.

Até o início da década de 1990, houve muitos estudos nos quais as plantas foram cultivadas com várias lâmpadas. Existe uma diferença considerável na resposta, dependendo da espécie; porém, surpreendentemente, algumas espécies (por exemplo, o trigo) crescem muito bem com as lâmpadas HID – mesmo as lâmpadas de vapor de sódio de baixa pressão. A luz dessas lâmpadas consiste em uma emissão de linha dupla do átomo de sódio excitado que está centralizado proximamente em 589 nm, que de nenhuma forma se assemelha ao espectro de absorção da folha. Todavia, diversas espécies crescem até a maturidade e produzem sementes e frutas quando iluminadas apenas com a luz das lâmpadas de vapor de sódio de baixa pressão (Cathy e Campbell, 1980).[2]

As lâmpadas de vapor de sódio de alta pressão, como as de baixa, emitem predominantemente a luz laranja, mas produzem um espectro consideravelmente mais amplo do que as lâmpadas de baixa pressão com um único comprimento de onda. Nos últimos anos, diversos laboratórios de cultivo experimentaram diferentes combinações dessas lâmpadas e observaram que muitas espécies crescem bem sob uma mistura de lâmpadas de sódio de alta pressão e de haleto de metal, ou sob cada uma dessas lâmpadas isoladamente. Essas lâmpadas são muito mais eficientes que as incandescentes e, portanto, requerem menos energia para funcionar em um determinado nível de radiação, embora sejam caras para instalar e substituir.

B.5 Quantidades de radiação

IRRADIAÇÃO **Fluxo de energia radiante** é a energia radiante que incide em uma superfície em um intervalo de

---

[2] Cathy, Henry M.; Lowell E. Campbell. "Light and lighting systems for horticultural plants", *Horticultural Reviews*, 2, p. 491-537, 1980.

tempo (por exemplo, J s^{-1}). **Irradiação** é o *fluxo de energia radiante* recebido em uma superfície plana de unidade (por exemplo, J s^{-1} m^{-2}). Uma vez que 1W = 1 J s^{-1}, J s^{-2} m^{-2} = W m^{-2}. No passado, ergs m^{-2} s^{-1} era usado para a irradiação baixa, mas ergs não são unidades SI. Calorias (cal = 4,18400 J)[3] também foram usadas, mas isso não é mais encorajado. A irradiação também pode ser expressa com base nos fótons como mol m^{-2} s^{-1} (einsteins m^{-2} s^{-1} foram usados; µmol m^{-2} s^{-1} é comumente usado para irradiações encontradas nos estudos vegetais). Com frequência, a irradiação, o termo radiométrico correto, é incorretamente chamado de *intensidade* pelos fisiologistas das plantas. O uso do termo **intensidade** deve ser restrito à emissão luminosa da *fonte* (isto é, dizemos que o sol ou uma lâmpada tem tal *intensidade*).

Na literatura da fisiologia vegetal, a irradiação também é dada em unidades de *iluminação* e não em energia total ou fótons. Essas unidades (por exemplo, 10,76 **lux** = 1,0 **pé-vela, ft-c**) são definidas em termos da sensibilidade do olho humano. No entanto, as plantas respondem ao espectro de maneiras bem diferentes do olho humano, portanto, essa medição não tem valor a menos que informações exatas sejam dadas sobre a fonte de luz. Uma vez que as plantas respondem a alguns comprimentos de onda da luz mais do que a outros (Capítulos 10 e 20), até mesmo uma medição dada em unidades de energia ou fótons tem pouco valor, ou nenhum, quando a distribuição espectral também não é fornecida ou implicada pela descrição da fonte.

F‌LUÊNCIA E TAXA DE FLUÊNCIA Esses termos, da ciência da fotoquímica, estão entrando em amplo uso na fisiologia vegetal. **Fluência** é a energia ou fótons totais que incidem sobre uma área de superfície da unidade somada em um intervalo de tempo arbitrário (por exemplo, J m^{-2} ou mol m^{-2} durante um certo número de horas). Esse valor pode ser importante para descrever algumas respostas da planta à dose total de radiação, como nas curvas que mostram a flexão fototrópica como função da energia luminosa total à qual as plantas foram expostas (isto é, na plotagem da *curva da resposta da dose*, como na Figura 19-7). **Taxa de fluência** é a fluência por tempo de unidade, e o *segundo* é usado por ser uma unidade SI (µmol m^{-2} s^{-1} ou W m^{-2}).

Houve certa polêmica quanto ao fato de a fluência e a taxa de influência serem medidas como uma energia que incide sobre a superfície de uma única direção (unidirecional) ou como a integração tridimensional da energia que incide em um ponto de todas as direções (por exemplo, um receptor esférico), de forma que a geometria do receptor deve ser especificada (isto é, se é esférica ou planar). Portanto, a taxa de fluência é equivalente à *irradiação* apenas para as medições unidirecionais.

R‌ADIAÇÃO FOTOSSINTETICAMENTE ATIVA (PAR) Ecologistas e outros frequentemente relatam suas medições da irradiação em unidades de energia para comprimentos de onda de 400 a 700 nm, os mais ativos da fotossíntese. As unidades SI adequadas para o PAR são watts por metro quadrado (W m^{-2}). Às vezes, as medições de fótons são chamadas de PAR, mas seria melhor reservar essa designação para as unidades de energia.

F‌LUXO DE FÓTONS FOTOSSINTÉTICOS (PPF) Em um processo fotoquímico como a fotossíntese, o produto final depende do número de quanta absorvidos e não da energia luminosa total absorvida. Um único fóton vermelho tem o mesmo efeito na fotossíntese que um único fóton azul, por exemplo, embora o azul tenha mais energia. Consequentemente, na literatura recente, tem sido comum a referência ao número de fótons por unidade de área por unidade de tempo. Os instrumentos que respondem apenas à luz entre os comprimentos de onda de 400 a 700 nm são usados com frequência; eles podem ser adequadamente filtrados e calibrados para ler diretamente em µmol m^{-2} s^{-1}. Nos últimos anos e continuando até o presente, nem todos os fisiologistas das plantas estão cientes dessas convenções, portanto, W m^{-2} e µmol m^{-2} s^{-1} têm sido mencionados como PAR. Observe que a fonte é exigida para igualar PAR a PPF e que o PPF sempre se refere ao µmol m^{-2} s^{-1} na região do comprimento de onda de 400 a 700 nm. (PPF era anteriormente chamado de "densidade do fluxo de fótons fotossintéticos" ou PPFD, mas como o termo fluxo inclui o conceito de densidade, densidade foi eliminada).

B.6 Mecanismos de absorção e emissão

P‌IGMENTO Qualquer substância que absorve a luz (consulte Cor, acima). Se todo o espectro visível for absorvido, a substância parece preta para o olho humano; se todos os comprimentos de onda, exceto aqueles na parte verde do espectro, forem absorvidos (isto é, os comprimentos de onda verdes são transmitidos ou refletidos), a substância parece verde.

E‌STADO FUNDAMENTAL E ESTADO EXCITADO (NÍVEL DE ENERGIA) Quando átomos, íons ou moléculas absorvem a energia radiante, eles são levados para um **nível de energia** mais alto (consulte a Figura 10-5 e a Seção 10.3). Antes

---

[3] A caloria definida pelo U. S. National Bureau of Standards equivale a exatamente 4,18400 joules. A caloria definida de maneiras ligeiramente diferentes possui valores ligeiramente diferentes.

de absorver qualquer energia, dizemos que eles estão no **estado fundamental**; depois, estão no **estado excitado**. A verdadeira mudança no conteúdo da energia pode resultar de alterações na vibração ou rotação do átomo, íon ou molécula, ou de alterações na configuração eletrônica dos átomos envolvidos. Tipicamente, um elétron se move a uma grande distância do núcleo à medida que a energia é absorvida; dizemos que ele se moveu para um nível de energia mais alto. Devido aos movimentos de onda dos elétrons em órbita ao redor dos núcleos dos átomos, não existe uma série contínua de níveis de energia; em vez disso, os elétrons podem existir apenas em certas distâncias discretas (níveis de energia) em relação ao núcleo. Para mover um elétron até o próximo nível mais alto, uma quantidade discreta de energia é então exigida. Um pigmento absorve apenas os fótons que possuem exatamente a quantidade de energia exigida para provocar uma mudança na configuração eletrônica. Na verdade, existe uma variedade de energias de fótons que podem ser absorvidas em qualquer caso, porque algumas mudanças na energia de translação, na vibração ou na rotação podem ocorrer além das mudanças eletrônicas.

FLUORESCÊNCIA E FOSFORESCÊNCIA Um átomo, íon ou molécula em um estado excitado pode perder sua energia de excitação de três maneiras. Primeiro, ele pode ser imediatamente perdido na forma de calor; isto é, totalmente convertido em energia de translação, vibração ou rotação. Em segundo lugar, ele pode ser parcialmente perdido como calor, com o restante emitido como luz visível de qualquer comprimento de onda mais longo (um fóton de energia inferior) que o absorvido. Se isso ocorrer dentro de 10^{-9} a 10^{-5} s depois da absorção do fóton original, é chamado de **fluorescência**. Se o atraso for mais longo que isso (10^{-4} a 10 s ou mais), é chamado de fosforescência. Em terceiro lugar, a energia pode ser usada para causar uma reação química, como na fotossíntese.

CORPO NEGRO Uma superfície que absorve toda a radiação que incide sobre ela. Normalmente, o termo é usado em referência a alguma parte do espectro sob consideração. Podemos falar de um corpo negro com referência à luz visível e/ou radiação infravermelha, por exemplo. O negro de carbono ou o veludo negro proporcionam superfícies que se aproximam de um corpo negro. Uma abordagem ainda mais perfeita às condições verdadeiras de um corpo negro seria uma pequena abertura na superfície de uma grande esfera oca revestida com negro de carbono. Obviamente, apenas uma minúscula parte da radiação que entra nessa abertura sairia por ela.

B.7 Quantificação de absorção, transmissão e reflexão

COEFICIENTE DE EMISSIVIDADE (ABSORÇÃO) Uma fração decimal que expressa a parte da radiação incidente que é absorvida. Uma folha, por exemplo, possui um coeficiente de absorção de aproximadamente 0,98 na parte infravermelha distante do espectro. (Consulte *Emissividade* acima).

TRANSMISSÃO Passagem da energia radiante através de uma substância, sem ser absorvida.

REFLEXÃO Quando a energia radiante muda de direção (pode "reverberar") depois de encontrar uma substância – mas não é absorvida. Se a radiação segue em todas as direções, o fenômeno é chamado de **dispersão**.

TRANSMISSÃO (T) OU TRANSMISSÃO PERCENTUAL A fração da luz transmitida por uma substância. É expressa como uma fração decimal $T = I/I_o$ ou uma porcentagem ($100 \times I/I_o$), onde I_o = irradiação da energia radiante incidente (radiação que incide sobre a substância) e I = irradiação da energia radiante transmitida. A reflexão também pode ser expressa como uma fração decimal ou porcentagem.

ABSORÇÃO (A) Previamente chamada de *densidade óptica*. É o logaritmo da recíproca da transmissão (T):

$$A = \log 1/T = -\log T = \log I_o/I$$

A absorção é frequentemente proporcional à concentração de um pigmento em uma solução transparente (sem reflexão ou dispersão), de acordo com as seguintes leis:

LEI DE BEER Cada molécula de um pigmento dissolvido absorve a mesma fração da luz que incide sobre ela. Portanto, em um meio não absorvente, a luz absorvida deve ser proporcional à concentração do pigmento dissolvido. A lei frequentemente serve para as soluções diluídas, mas falha à medida que as propriedades de absorção da luz das moléculas do pigmento mudam nas concentrações mais altas.

LEI DE LAMBERT Cada camada de espessura igual absorve uma fração igual da luz que a atravessa. Essa ideia pode ser combinada com a lei de Beer, na **lei de Beer-Lambert**: *A fração da radiação incidente absorvida é proporcional ao número de moléculas absorventes em seu caminho.*

TABELA B-1 Radiação emitida das superfícies do corpo negro em várias temperaturas.

°C	K	T^4	$Q = J\ m^{-2}\ s^{-1}\ (W\ m^{-2})$	% de Q a 0 °C
0	273	$5{,}55 \times 10^9$	315	100
20	293	$7{,}37 \times 10^9$	418	133
30	303	$8{,}43 \times 10^9$	478	152
5 477[a]	5 750[a]	$1{,}09 \times 10^{15}$	$6{,}20 \times 10^7$	19 700 000

[a] Temperatura média da superfície do sol

COEFICIENTE DE EXTINÇÃO (ϵ = epsilon grego). A lei de Beer-Lambert pode ser representada matematicamente conforme segue:

$$A = \log I_o/I = \epsilon\ cl$$

onde
ϵ = **coeficiente de extinção**
c = concentração do soluto do pigmento
l = comprimento do trajeto da luz (por exemplo, através de uma célula de quartzo especial) em centímetros (A, I_o, e I foram definidos em *Transmissão* e *Absorção*, acima)

O coeficiente de extinção é uma constante para um determinado pigmento na solução diluída e pode ser determinado resolvendo-se a equação:

$$\epsilon = A/cl$$

Se a concentração do soluto estiver em mols litro^{-1} (M), ϵ é chamado de **coeficiente da extinção molar** (com unidades de L mol^{-1} cm^{-1}). Se a concentração foi conhecida apenas em gramas litro^{-1}, ϵ é o **coeficiente de extinção específico** (geralmente com o símbolo a_s). O coeficiente de extinção é uma característica de uma determinada molécula absorvente em um determinado solvente, com a luz de um comprimento de onda específico. Ele é independente da concentração apenas quando a lei de Beer-Lambert se aplica. Quanto mais intensamente colorido for um pigmento em uma determinada concentração, maior o seu coeficiente de extinção.

B.8 Radiação térmica

LEI DE STEFAN-BOLTZMANN Todos os objetos com temperaturas acima do zero absoluto emitem a energia radiante (**radiação térmica**). A quantidade (Q) emitida é uma função da quarta potência da temperatura absoluta (T) da superfície emissora, de acordo com a lei de Stefan-Boltzmann:

$$Q = e\delta T^4$$

onde
Q = quantidade de energia irradiada (em joules ou calorias, usando δ conforme abaixo)
e = emissividade (cerca de 0,98 para as folhas nas temperaturas de crescimento); consulte *Emissividade*, acima
δ = a **constante de Stefan-Boltzmann** ($5{,}670 \times 10^{-8}$ W m^{-2} K^{-4} ou $8{,}132 \times 10^{-11}$ cal cm^{-2} min^{-1} K^{-4})
T = a temperatura absoluta em K (°C + 273)

A quarta potência da temperatura absoluta na expressão significa que a emissão da energia radiante irá aumentar extremamente conforme a temperatura. Embora a faixa normal de temperaturas encontrada pelas plantas seja estreita na escala da temperatura absoluta, a função da quarta potência significa que a energia irradiada pelos corpos nessa faixa estreita varia consideravelmente (Tabela B-1).

RADIAÇÃO LÍQUIDA A diferença entre a radiação absorvida por um objeto e a emitida por ele. Por exemplo, uma folha emite a radiação de acordo com a lei de Stefan-Boltzmann. Em temperaturas normais, a maior parte dessa radiação está na parte infravermelha distante do espectro. Essa emissão leva ao resfriamento. Se a folha estiver sendo iluminada pelo sol, no entanto, ela absorve uma parte da luz solar (de acordo com o seu coeficiente de absorção) e, assim, é aquecida. O fato de a temperatura da folha aumentar ou diminuir dependerá de mais ou menos radiação ser absorvida ou emitida – e também de outros mecanismos (convecção, transpiração e assim por diante) que adicionam ou removem o calor da folha.

APÊNDICE C

Replicação dos genes e síntese de proteína: termos e conceitos

Muitas vezes neste texto falamos de "transcrição", "tradução" e processos relacionados, sempre presumindo que nossos leitores tenham um conhecimento básico da biologia molecular contemporânea. O campo é discutido nos livros de botânica e biologia básica, assuntos que certamente você já estudou. Todavia, este apêndice é apresentado como uma breve revisão e fonte de referência para refrescar sua memória. Leia do início ao final se você achar que precisa de uma revisão, ou procure os termos em negrito se quiser usar o apêndice como glossário.

C.1 O dogma central da biologia molecular

O chamado **dogma central** da biologia molecular envolve a síntese de proteína e a transferência das **informações** (as sequências de nucleotídeos nos ácidos nucleicos e aminoácidos em proteínas), primeiro de uma geração de células para a próxima e depois dos **genes** (os transportadores da hereditariedade; na verdade, os transportadores da informação da sequência) para as proteínas, incluindo as **enzimas** (que controlam a atividade metabólica e, portanto, a vida). As proteínas consistem em **aminoácidos** organizados em sequências específicas, e essas sequências determinam a atividade biológica das proteínas. Os **ácidos nucleicos**, incluindo o **DNA (ácido desoxirribonucleico)** e o **RNA (ácido ribonucleico)**, são cadeias de nucleotídeos, cada qual consistindo em uma base de nitrogênio (relacionada aos alcaloides, página 346, e às citocininas, páginas 408 a 420) ligada a um açúcar de cinco carbonos no formato de anel (**ribose** ou **desoxirribose**), que por sua vez é ligado ao grupamento fosfato. (O nucleotídeo adenosina monofosfato, abreviado como AMP, é mostrado como parte da molécula $NADP^+$ na página 234.) O DNA ocorre no núcleo (e nas mitocôndrias e plastídeos) e é um material genético. O RNA mensageiro (mRNA) é formado no núcleo, copiando-se a sequência de nucleotídeos do DNA. Esse mRNA se move para fora do núcleo e entra no citoplasma, onde outras proteínas e moléculas de RNA, parcialmente nos ribossomos, traduzem a sequência de nucleotídeos em uma sequência de aminoácidos. Essa **tradução** é a síntese da proteína.

C.2 A dupla hélice

No DNA, sempre existem tantas moléculas de **adenina** (um nucleotídeo de **purina**) quanto de **timina** (uma **pirimidina**), e tantas moléculas de guanina (uma purina) quanto de **citosina** mais **5-metilcitosina** (pirimidinas). Os nucleotídeos são conectados (por meio de suas moléculas de fosfato e desoxirribose) para formar cadeias longas, e cada molécula de DNA consiste em duas dessas cadeias que são enroladas como dois corrimãos paralelos de uma escadaria espiral para formar uma **dupla hélice**. A estrutura dos nucleotídeos é tal que uma adenina em uma cadeia sempre é pareada com uma timina na cadeia oposta, e a guanina sempre é pareada com uma citosina ou 5-metilcitosina; isto é, uma purina é sempre pareada com uma pirimidina específica na cadeia oposta. Essa organização de nucleotídeos emparelhados é chamada de ligação complementar.

Essa estrutura de purinas e pirimidinas pareadas em cadeias helicoidais (espirais) opostas de DNA sugere imediatamente como as informações (a sequência de nucleotídeos nas cadeias) podem ser transmitidas de uma geração de células para a próxima. Na presença de enzimas adequadas (principalmente as **DNA polimerases**), as pontes de hidrogênio que mantêm as duas cadeias da hélice juntas são quebradas, portanto, as cadeias podem se separar (provavelmente apenas uma pequena parte de cada vez) e os nucleotídeos livres (cada qual com três fosfatos, como no ATP) podem se parear com as suas bases complementares (nucleotídeos) em cada uma das duas cadeias. Os nucleotídeos livres são então ligados para formar cadeias complementares com a sequência de nucleotídeos exata que existia nas cadeias que eles estão substituindo. Assim, duas duplas hélices idênticas à original são formadas. À medida que os nucleotídeos se ligam para formar novas cadeias, dois grupamentos fosfatos liberados como pirofosfato são imediatamente hidrolisados para formar o fosfato, tornando o processo irreversível.

C.3 Transcrição: cópia do DNA para fazer o RNA

Transcrição é o processo de cópia pelo qual a sequência de nucleotídeos no DNA especifica a sequência complementar de nucleotídeos em uma molécula de RNA. Esse processo também exige enzimas específicas. Apenas uma das duas fitas de DNA em um gene transporta as direções codificadas para sintetizar uma proteína; às vezes, ela é chamada de **fita senso**. Na transcrição, as duas cadeias de DNA se desenrolam e separam, e a fita senso serve como **modelo** para a síntese de RNA. A cadeia de RNA é montada no modelo de DNA quando as bases de nucleotídeos livres se ligam a ela de acordo com as regras do pareamento complementar. Os nucleotídeos no RNA são ligeiramente diferentes no DNA: o uracil (uma pirimidina) ocorre no RNA em vez da timina. Quando os nucleosídeos trifosfatos são pareados com suas bases complementares na cadeia senso do DNA, a **RNA polimerase** os liga, novamente liberando o pirofosfato, que é hidrolisado para formar fosfato. O RNA sintetizado nesse processo de transcrição é chamado de **RNA mensageiro (mRNA)** porque transporta a mensagem da sequência de nucleotídeos do núcleo, onde a transcrição ocorre, para o citoplasma, onde a síntese de proteína ocorre.

O segmento do DNA que é transcrito é um **gene**. O DNA de um **cromossomo** é contínuo (cada cromossomo contém milhares de genes conectados), de forma que existem sequências específicas de nucleotídeos iniciadores e terminadores para marcar o início e o final de um gene. Essas sequências agem como marcas de pontuação, para que apenas um único segmento do gene se desenrole e torne-se disponível para a transcrição em um dado momento.

Agora, sabemos que o DNA frequentemente possui segmentos de um único par ou sequência de nucleotídeos repetido várias vezes, mas o mRNA citoplasmático não contém sequências comparáveis. Isso ocorre, em parte, porque grandes quantidades de DNA nunca são transcritas e porque muitos mRNAs precursores possuem sequências que são removidas para formar o mRNA maduro em um processo conhecido como **divisão (edição) do RNA**.

Cerca de 5% do RNA feito no núcleo é o mRNA, mas aproximadamente 10 a 15% é o RNA de transferência (consulte abaixo) e 70 a 80% é o **RNA ribossômico (rRNA)**. Cada **ribossomo** é feito de duas subunidades, cada uma com seus RNAs e proteínas característicos. (Nas bactérias, uma subunidade possui um RNA grande de aproximadamente 1.500 nucleotídeos mais 20 proteínas diferentes; a outra possui um RNA com cerca de 100 nucleotídeos mais 35 proteínas. Os ribossomos eucariontes são semelhantes, porém maiores.) Os precursores do RNA ribossômico são sintetizados no nucléolo e montados ali com a proteína importada do citoplasma para formar as subunidades de ribossomos. Essas subunidades são transportadas para o citoplasma para a montagem em ribossomos funcionais. O rRNA é transcrito da **cromatina** (nucleoproteína que forma os cromossomos) em uma região chamada de **organizador nucleolar**.

C.4 Tradução: síntese de proteína no citoplasma

Na síntese de proteína, a sequência de nucleotídeos consistindo em quatro tipos de nucleotídeos do mRNA passa por uma **tradução** para a sequência de aminoácidos de proteína (20 tipos de aminoácidos). Para começar, aminoácidos livres (**AA**) entram em um processo de duas etapas chamado de **ativação do aminoácido**. Na primeira, um aminoácido interage com o ATP em uma reação catalisada pela enzima que remove o pirofosfato (imediatamente hidrolisado para fosfato) do ATP e liga o aminoácido ao AMP. O complexo AA-AMP permanece ligado à enzima que catalisou a reação. Na segunda etapa, o aminoácido é transferido do AMP para a molécula apropriada do **RNA de transferência (tRNA)**, formando um **complexo de aminoacil-tRNA** que é liberado da enzima que o formou. Grande parte da energia original do ATP é transferida para esse complexo, portanto, trata-se de uma "ativação" do aminoácido. Existe uma enzima específica para ativar cada aminoácido e também existe um tRNA ou um conjunto de tRNAs que se torna ligado a cada aminoácido.

C.5 O código genético

Parte de cada molécula de tRNA consiste em três nucleotídeos que formam um **anticódon**. Essa sequência é posicionada na molécula de tRNA para que possa formar ligações complementares com uma sequência de 3 nucleotídeos, chamada de **códon**, no filamento do mRNA. Esse posicionamento possibilita que as moléculas de tRNA, cada qual carregando seu aminoácido específico, se alinhem ao longo do filamento de mRNA, de maneira que os aminoácidos fiquem na sequência correta, especificada pela sequência de nucleotídeos.

Embora apenas 20 aminoácidos sejam codificados e participem da síntese de proteína, pelo menos 60 tRNAs ocorrem no citoplasma dos eucariontes. Portanto, um determinado aminoácido pode ser transportado para o mRNA nos ribossomos (onde ocorre a síntese de proteína) por mais de um tipo de tRNA. Observe que o ato de tradução propriamente dito envolve a ligação de aminoácidos específicos, primeiro com moléculas específicas de tRNA e depois uns com os outros para formar proteínas. A sequência de aminoácidos é determinada pela sequência de nucleotídeos no mRNA. A tradução é realizada por cada enzima específica que reconhece um determinado aminoácido e seu tRNA apropriado, que possui a sequência de anticódons de nucleotídeos que é apropriada para esse aminoácido, e depois pelas enzimas que ligam os aminoácidos para formar proteínas.

As sequências de nucleotídeos nos códons e anticódons formam o **código genético**. Existem 64 (4 × 4 × 4) sequências possíveis de três nucleotídeos com base nos quatro tipos de nucleotídeos nos ácidos nucleicos, mas existem apenas 20 aminoácidos que formam proteína nos ribossomos. Consequentemente, o código genético é **redundante** ou **degenerado**, significando que mais de um códon codifica um determinado aminoácido. O código genético foi quebrado, o que significa que sabemos quais aminoácidos são especificados por quais códons (consulte nos livros básicos as tabelas do código genético).

C.6 As etapas da síntese de proteína

Tendo estabelecido o trabalho básico, vamos considerar as etapas reais da síntese de proteína. O mRNA é transcrito no núcleo, copiando-se a sequência de nucleotídeos do DNA. Podemos pensar nas sequências de nucleotídeos do DNA e do mRNA como consistindo em sequências de três nucleotídeos chamados de códons, mas nada de especial separa um códon do outro.

Depois da transcrição no núcleo, o mRNA entra no citoplasma e se torna ligado a um ribossomo. No meio adjacente existem moléculas de tRNA, cada tipo com um aminoácido específico ligado. Entre essas moléculas de tRNA, pelo menos uma terá um anticódon que **reconhece** (tem nucleotídeos complementares) o primeiro códon na cadeia de nucleotídeos do mRNA. Também haverá tRNAs com anticódons para reconhecer o próximo códon na cadeia de RNA, e assim por diante. Os dois aminoácidos ligados às duas primeiras moléculas de tRNA para a ligação com a cadeia de mRNA são trazidos em estreita proximidade, e uma ligação peptídica se forma entre eles, catalisada por uma enzima que faz parte do ribossomo propriamente dito. A formação da ligação envolve a separação do aminoácido do primeiro tRNA e sua transferência para o aminoácido transportado pela segunda molécula de tRNA para se tornar ligado ao filamento de mRNA no ribossomo. O dipeptídeo formado dessa maneira é então ligado (transferido) por uma ligação peptídica ao aminoácido ligado à terceira molécula de RNA e assim por diante, até que a cadeia de aminoácidos que constitui a proteína tenha se formado.

Portanto, as proteínas se formam à medida que o ribossomo se move ao longo da cadeia de mRNA, expondo códons ao longo da cadeia que podem ser reconhecidos pelos anticódons das moléculas de tRNA com seus aminoácidos. As ligações peptídica se formam entre os aminoácidos que são reunidos dessa maneira. A energia para formar ligações peptídicas vem da energia liberada quando cada aminoácido é separado de seu tRNA. Observe que um único filamento de mRNA pode interagir com vários ribossomos de cada vez, formando um **polirribossomo (polissomo)**. Além dos componentes da síntese de proteína que discutimos, o processo também exige a presença de enzimas que permitem que a síntese comece, continue e termine com a liberação do polipeptídeo finalizado do ribossomo.

Códons especiais estão envolvidos no início e término da síntese de proteína. Em uma bactéria, um dos dois códons AUG (adenina-uracil-guanina) ou GUG sempre ocorre como a primeira palavra na mensagem codificada para a síntese da proteína. Esses foram chamados de **códons iniciadores**. A menos que um deles esteja presente como a primeira palavra da mensagem, a síntese de proteína não pode prosseguir. Uma vez que eles codificam a metionina e a valina, esses aminoácidos frequentemente iniciam as cadeias de polipeptídeos nas bactérias – mas, às vezes, são removidos (editados) depois que a cadeia se forma. Da mesma forma, um dos três **códons terminadores** (UAA, UAG ou UGA) deve ser a última palavra da mensagem, ou a síntese de proteína não pode ser concluída com sucesso. Esses códons de terminação não especificam nenhum aminoácido e, evidentemente, não possuem moléculas de tRNA correspondentes com sítios de anticódons complementares. À medida que o ribossomo atinge um desses códons terminadores, o aminoacil-tRNA não se liga com o mRNA. De alguma maneira, o terminador induz a liberação de um polipeptídeo concluído do ribossomo.

As etapas da síntese da proteína também foram trabalhadas quase inteiramente com sistemas sem células isolados das bactérias, principalmente de *Escherichia coli*. Embora não se saiba até que ponto alguns dos detalhes do mecanismo se aplicam às células eucariontes, existem boas evidências de que o processo básico esboçado aqui ocorre quase da mesma maneira nos organismos superiores. O código genético, por exemplo, é o mesmo em todos os organismos eucariontes estudados até o momento; isto é, ele parece universalmente conservado.

A questão final e crítica se refere à regulação da síntese da proteína. Por que alguns genes são "ativados", sendo transcritos para formar o mRNA, enquanto a maioria deles permanece inativa? Realmente, esta é a questão central do desenvolvimento e a maioria das respostas ainda está no futuro. No entanto, sabemos muito sobre o que regula a síntese de proteína em determinadas células. Nas bactérias, a **hipótese do operon** foi desenvolvida para ajudar a explicar a regulação da atividade dos genes. Embora muitas evidências sustentem esse modelo, não o discutiremos aqui. Esquemas similares estão em desenvolvimento para nos ajudar a entender a regulação dos genes nos organismos eucariontes e eles foram revisados no Capítulo 24.

A conclusão desta discussão, que na verdade é a conclusão deste texto, é que as plantas e todos os outros organismos são construções maravilhosamente complexas e intrincadas, com um conjunto de funções que interagem umas com as outras coletivamente e com o seu ambiente para produzir o fenômeno que chamamos de vida. Talvez as maiores maravilhas sejam as nossas células cerebrais, com seu DNA, mRNA, proteínas e enzimas e uma série de outras moléculas, que de alguma maneira incrível nos permitem contemplar tudo isso!

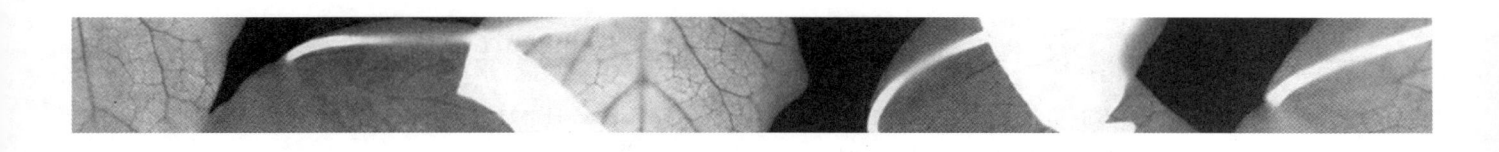

REFERÊNCIAS

Capítulo 1

Albersheim, Peter. 1975. The walls of growing plant cells. Scientific American 232(4):81-95.

Allen, Nina Stromgren; Douglas T. Brown. 1988. Dynamics of the endoplasmic reticulum in living onion epidermal cells in relation to microtubules, microfilaments, and intracellular particle movement. Cell Motility and the Cytoskeleton 10: 153-163.

Avers, Charlotte J. 1981. Cell Biology. 2. ed. Van Nostrand Reinhold, Nova York.

Avers, Charlotte J. 1982. Basic Cell Biology. 2. ed. PWS Pubs. (Willard Grant Press), Boston.

Bacic, Antony; Philip J. Harris; Bruce A. Stone. 1988. Structure and function of plant cell walls. p. 297-371 em Jack Preiss (ed.), The Biochemistry of Plants, v. 14. Academic Press, São Diego.

Berns, M. W. 1984. Cells. 2. ed. Modern Biology. Saunders, Nova York

Boiler, Thomas; Andres Wiemken. 1986. Dynamics of vacuolar compartmentation. Ann, Rev Plant Physiol. 37:137-164.

Braeegirdie, Brian; Patricia H. Miles. 1973. An Atlas of Plant Structure, v. 1 & 2. Heinemann Educational Books, Londres.

Burgess, Jeremy. 1985. An Introduction to Plant Cell Development. Cambridge University Press, Cambridge, Nova York, Londres.

Capaldi, Roderick A. 1974. A dynamic model of cell membranes. Scientific American 230(3):26-33.

Carpita, Nicholas C. 1982. Limiting diameters of pores and the surface structure of plant cell walls. Science 218:813-814.

Carpita, Nicholas; Dario Sabularse; David Monte-zinos; Deborah P. Delmer. 1979. Determination of pore size of cell walls of living plant cells. Science 205:1144-1147.

Clarkson, David X. (Ed.) 1973. Ion Transport and Cell Structure in Plants. Wiley, Nova York.

Clegg, James S. 1983. What is the cytosol? Trends in Biochemical Sciences 8:436-437.

de Duve, Christian. 1983. Microbodies in the living cell. Scientific American 248(5):74-84.

Delmer, Deborah P. 1987. Cellulose biosynthesis, Ann. Rev. Plant Physiol 38:259-290.

Delmer, D. P.; Bruce A. Stone. 1988. Biosynthesis of plant cell walls. p. 373-420 em Jack Preiss (ed.) The Biochemistry of Plants. v. 14. Academic Press, San Diego.

Dustin, Pierre. 1980. Microtubules. Scientific American 243(2):66-76.

Fawcett, Don W. 1982. The Cell. 2. ed. Saunders, Filadélfia.

Frei, Eva; R. D. Preston. 1961. Cell wall organization and wall growth in the filamentous green algae *Cladophora* and *Chaetomorpha*. I. The basic structure and its formation. Proceedings of the Royal Society, Series B, 154:70-94.

Fry, Stephen C. 1986. Cross-linking of matrix polymers in the growing cell walls of angiosperms. Ann. Rev. Plant Physiol, 37:165-186.

Fry, S. C. 1988. The Growing Plant Cell Wall: Chemical and Metabolic Analysis. Longman, Harlow, Essex, Reino Unido.

Grivell, Leslie A. 1983. Mitochondrial DNA. Scientific American 248(3):78-89.

Gunning, B. E. S.; R. L. Overall. 1983. Plasmo-desmata and cell-to-cell transport in plants. Bio-Science 33(4);260-265.

Hall, J. L.; T. J. Flowers. 1982. Plant Cell Structure and Metabolism. 2. ed. Longman Group Limited, Londres.

Harris, N. 1986. Organization of the endomembrane system. Ann. Rev. Plant Physiol 37:73-92.

Herth, Werner. 1985. Plasma-membrane rosettes involved in localized wall thickening during xylem vessel formation of *Lepidiunt sativum* L. Planta 164:12-21.

Herth, W.; G. Weber. 1984. Occurrence of the putative cellulose-synthesizing "rosettes" in the plasma membrane of *Glycine max* suspension culture cells. Naturwissenschaften 71:153-154.

Holtzman, E.; A. B. Novikoff. 1984. Cells and Organelles. 3. ed. Saunders, Filadélfia.

Jensen, W. A.; E.B. Salisbury. 1984. Botany. 2. ed. Wadsworth, Belmont, Calif.

Lazarides, E.; Jean Paul Revel. 1979. The molecular basis of cell movement. Scientific American 240(5):100-113.

Ledbetter, Myron C. 1965. Fine structure of the cytoplasm in relation to the plant cell wall. Journal of Agriculture & Food Chemistry 13:405-407.

Ledbetter, Myron C.; Keith R. Porter. 1970. Introduction to the Fine Structure of Plant Cells. Springer-Verlag, Nova York.

Lloyd, Clive W. 1982. The Cytoskeleton in Plant Growth and Development. Academic Press, Londres e Nova York.

Lloyd, Clive W. 1987. The plant cytoskeleton: The impact of fluorescence microscopy. Ann. Rev. Plant Physiol 38:119-139.

Mazia, Daniel. 1974. The cell cycle. Scientific American 230(1) :54-64.

Morre, D. James; Daniel D. Jones; H. H. Mollenhauer. 1967. Golgi apparatus mediated polysaccharide secretion by outer root cap cells oiZea mays. 1. Kinetics and secretory pathway. Planta (Berl.) 74:286-301.

Morris, D. James; H. H. Mollenhauer. 1974. The endomembrane concept: A functional integration of the endoplasmic reticulum and golgi apparatus. Página 84-137 em A. W. Robards (ed.) Dynamic Aspects of Plant Ultrastructure. McGraw-Hill, Londres, Nova York, Toronto.

Palevitz, B. A. 1982. The stomatal complex as a model of cytoskeletal participation in cell differentiation, Pages 345-376 em Clive W. Lloyd (ed,)/ The Cytoskeleton in Plant Growth and Development. Academic Press, Nova York.

Porter, Keith R.; Jonathan B. Tucker. 1981. The ground substance of the living cell. Scientific American. 244(3). 56-67.

Powell, Andrew W.; Geoffrey W. Peace; Antoni R. Slabas; Clive W. Lloyd. 1982. The detergent-resistant cytoskeleton of higher plant protoplasts contains nucleus-associated fibrillar bundles in addition to microtubules. Journal of Cell Science 56:319-335.

Robards, A. W. (ed.) 1974. Dynamic Aspects of Plant Ultrastructure. McGraw-Hill, Londres, Nova York, Toronto.

Roberts, Lorin W. 1976. Cytodifferentiation in Plants. Cambridge University Press, Cambridge, Nova York, Londres.

Rudolph, U.; E. Schnepf. 1988. Investigations of the turnover of the putative cellulose-synthesizing particle "rosettes" within the plasma membrane oiFunariahygrometrica protonema cells. L Effects of Monensin e Cytochalasin B. Protoplasma 143:63-73.

Satir, B. H. (ed.) 1983. Modern Cell Biology, v. 1. Alan R. Liss, Nova York.

Schnepf, E. 1986. Cellular polarity. Ann. Rev. Plant Physiol. 37:23-47.

Schopf, J. William. 1978. The evolution of the earliest cells. Scientific American 239(3):111-138.

Schwartz, Lazar M.; Miguel M. Azar. (eds.) 1981. Advanced Cell Biology. Van No strand Reinhold, Nova York.

Seagull, R. W. 1989. The plant cytoskeleton. Critical Reviews in Plant Science 8:131-167.

Seagull, R. W.; M. M. Falconer; C. A. Weerdenburg. 1987. Microfilaments: Dynamic arrays in higher plant cells. Journal of Cell Biology 104: 995-1004.

Shulman, R. G. 1983. NMR spectroscopy of living cells. Scientific American 248(1):89-93.

Smith, H. 1977. The Molecular Biology of Plant Cells. Botanical Monographs, v. 14. University of California Press, Berkeley, Los Angeles.

Troughton, John; Lesley A. Donaldson. 1972. Probing Plant Structure. A. H. & A. W. Reed Ltd., Auckland, Nova Zelândia.

Troughton, J. H.; E.B. Sampson. 1973. Plants. A Scanning Electron Microscope Survey. John Wiley & Sons Australasia Pty Ltd., Nova York.

Valentine, James W. 1978. The evolution of multi-cellular plants and animals. Scientific American 239(3):141-160.

Wiebe, Herman H. 1978a. The significance of plant vacuoles. BioScience 28:327-331.

Wiebe, Herman H. 1978b. What is a plant? The significance of vacuoles and cell walls. P. 389-392 em Frank B. Salisbury; Cleon W. Ross, Plant Physiology, 2. ed. Wadsworth, Belmont, Calif.

Woese, Carl R. 1981. Archaebacteria. Scientific American 224(6): 98-122.

Wolfe, S. L. 1983. Introduction to Cell Biology. Wadsworth, Belmont, Calif.

Capítulo 2

Campbell, Gaylon S. 1977. An Introduction to Environmental Biophysics, Springer-Verlag, Nova York, Berlim, Heidelberg.

Chang, Raymond. 1981. Physical Chemistry with Application to Biological Systems. 2. ed. Macmillan, Nova York.

Eisenberg, David; Donald M. Crothers. 1979. Physical Chemistry with Application to the Life Sciences. Benjamin/Cummings, Menlo Park, Califórnia.

Fast, J. D. 1962. Entropy McGraw-Hill, Nova York, Toronto, Londres.

Fay, James A. 1965. Molecular Thermodynamics. Addison-Wesley, Reading, Mass.

Hatsopoulos, George N.; Joseph H. Keenon. 1965. Principles of General Thermodynamics. Wiley, Nova York.

Klein, J. J. 1970. Maxwell, his demon and the second law of thermodynamics. American Scientist 58(1):89.

Kramer, Paul J. 1983. Water Relations of Plants. Academic Press, Santa Clara, Califórnia.

Kramer, Paul J. 1988. Changing concepts regarding plant water relations. Plant, Cell and Environment 11:565-568.

Ling, G. N. 1967. Effects of temperature on the state of water in the living cell. p. 5-14 em A. H. Rose. (ed.) Thermobiology Academic Press, Nova York.

Meyer, B. S. 1938. The water relations of plant cells. Bot. Rev. 4:531-547.

Milburn, John A. 1979. Water Flow in Plants. Longman Group Limited, Londres. (Publicado nos Estados Unidos por Longman, Inc., Nova York.)

Moore, Walter J. 1972. Physical Chemistry. 4. ed. Prentice-Hall, Englewood Cliffs, N. J.

Morowitz, H. J. 1970. Entropy for Biologists. Academic Press, Nova York, Nobel, Park S. 1983. Biophysical Plant Physiology and Ecology. Freeman, São Francisco.

Noy-Meir, I.; B. Z. Ginzburg. 1967. An analysis of the water potential isotherm in plant tissue. I. The theory. Aust. J. Biol. Sci. 20:695-721.

Passioura, J. B. 1982. Water in the soil-plant-atmosphere continuum. p. 5-33 em O. L. Lange, P. S. Nobel, C. B. Osmond; H. Ziegler. (eds.) Encyclopedia of Plant Physiology, New Series, v. 12B, Physiological Plant Ecology. II. Springer-Verlag, Nova York, Berlim, Heidelberg.

Passioura, J. B. 1988. Resposta ao artigo do Dr. P. J. Kramer, "Changing concepts regarding plant water relations," v. 11, n. 7, p. 565-568. Plant, Cell and Environment 11:569-571.

Renner, O. 1915. Theoretisches und Experimentelles zur Kohasions Theorie der Wasserbewegung. (Theoretical and experimental contributions to the cohesion theory of water movement.) Jb wiss. Bot. 56:617-667.

Schulze, E. D.; E. Steudle; T. Gollan; U. Schurr. 1988. Resposta ao artigo do Dr. P. J. Kramer, "Changing concepts regarding plant water relations", v. 11, n. 7, p. 565-568. Plant, Cell and Environment 11:573-576.

Sinclair, T. R.; M. M. Ludlow. 1985. Who taught plants thermodynamics? The unfulfilled potential of plant water potential. Australian Journal of Plant Physiology 12:213-217.

Slatyer, Ralph O. 1967. Plant-Water Relationships. Academic Press, Londres, Nova York.

Slatyer, R. O.; S. A. Taylor. 1960. Terminology in plant-soil-water relations. Nature 187:922-924.

Spanner, D. C. 1964. Introduction to Thermodynamics. Academic Press, Londres, Nova York. (Escrito por um fisiologista das plantas).

Taylor, S. A.; R. O. Slatyer. 1962. Proposals for a unified terminology in studies of plant-soil-water relations. Arid Zone Res. 16:339-349.

Tyree, M. T.; P. G. Jarvis. 1982. Water in tissues and cells. p. 35-77 em O. L. Lange, P. S. Nobel, C. B. Osmond, and H. Ziegler (eds.) Encyclopedia of Plant Physiology, New Series, v. 12B, Physiological Plant Ecology. Springer-Verlag, Nova York, Berlim, Heidelberg.

Van Wylen, Gordon J.; Richard E. Sonntag. 1976. Fundamentals of Classical Thermodynamics. 2. ed. Wiley Nova York.

Capítulo 3

Campbell, Gaylon S.; G. S. Harris. 1975. Effect of soil water potential on soil moisture absorption/ transpiration rate, plant water potential and growth for *Artemisia tridentata*. US/IBP Desert Biome Res, Mem. 75-44. Utah State University, Logan.

Chardakov, V. S. 1948. New field method for the determination of the suction pressure of plants, Dokl. Akad. Nauk SSSR 60:169-172.

Cline, Richard G.; Gaylon S. Campbell. 1976. Seasonal and diurnal water relations of selected forest species. Ecology 57:367-373,

Grant R. F; M. J. Savage; J. D. Lea. 1981. Comparison of hydraulic press, thermocouple psychrometer, and pressure chamber for the measurement of total and osmotic leaf water potential in soybeans. South African Journal of Science 77:398-400.

Green, P. B.; R. W. Stanton. 1967. Turgor pressure: Direct manometric measurement in single cells oiNitella. Science 155:1675-1676.

Harris, J. A. 1934. The physico-chemical properties of plant saps in relation to phytogeography Data on native vegetation in its natural environment. University of Minnesota Press, Minneapolis.

Hellkvist, J.; G. R. Richards; P. G. Jarvis. 1974. Vertical gradients of water potential and tissue water relations in sitka spruce trees measured with the pressure chamber, Journal of Applied Ecology 11:637-667.

Hofler, K. 1920. Ein Schema fur die osmotische Leistung der Pflanzenzelle. (A diagram for the osmotic performance of plant cells.) Berichte der Deutschen Botanischen Gesellschaft 38:288-298. Hüsken, Dieter; Ernst Steudle; Ulrich Zimmermann. 1978. Pressure probe technique for measuring water relations of cells in higher plants. Plant Physiology 61:158-163,

Jensen, William A.; Frank B. Salisbury. 1984. Botany. 2. ed. Wadsworth, Belmont, Califórnia

Knipling, E. B.; P. J. Kramer. 1967. Comparison of the dye method with the thermocouple psychrometer for measuring leaf water potentials. Plant Physiology 42:1315-1320.

Kramer, Paul J. 1983. Water Relations of Plants. Academic Press, Santa Clara, Califórnia

Kramer, Paul J.; Edward B. Knipling; Lee N. Miller. 1966. Terminology of cell-water relations. Science. 153:889-890,

Lavenda, Bernard H. 1985. Brownian motion. Scientific American 252(2):70-84.

Lockhart, James A. 1959. A new method for the determination of osmotic pressure. American Journal of Botany 46:704-708.

Markhart, Albert H. III.; Nasser Sionit; James N. Siedow. 1980. Cell wall dilution: An explanation of apparent negative turgor potentials. Canadian Journal of Botany 59:1722-1725.

McClendon, John H. 1982. Water relations curves for plant cells: Toward a realistic Hofler diagram for textbooks. What's New in Plant Physiology 13(5):17-20.

Meyer, B. S.; D. B. Anderson. 1952. Plant Physiology. 2. ed. Van Nostrand, Princeton, N.J.

Millar, B. D. 1982. Accuracy and usefulness of psychrometer and pressure chamber for evaluating water potentials of *Pinus radiata* needles. Aust. Jour. Plant Physiol. 9:499-507.

Nonami, Hiroshi; John S. Boyer; Ernst Steudle. 1987. Pressure probe and isopiestic psychrometer measure similar turgor. Plant Physiology 83: 592-595.

O'Leary, J. W. 1970. Can there be a positive water potential in plants? BioScience 20:858-859.

Ortega, Joseph K. E. 1990. Governing equations for plant cell growth. Physiologia Plantarum 79: 116-121.

Passioura, J. B. 1980. The meaning of matric potential. Journal of Experimental Botany 31(123): 1161-1169.

Passioura, J. B. 1982. Water in the soil-plant-atmosphere continuum. Pages 5-33 in O. L. Lange; P. S. Nobel; C. B. Osmond; H. Ziegler. (eds.) Encyclopedia of Plant Physiology, New Series, v. 12B, Physiological Plant Ecology II. Springer-Verlag, Nova York, Berlim, Heidelberg.

Pfeffer, Wilhelm Friedrich Phillip. 1877. Osmotische Untersuchungen, Studien zur Zeli Mechanik. W. Engelmann Pub., Leipzig.

Pierce, Margaret; Klaus Raschke. 1980. Correlation between loss of turgor and accumulation of abscisic acid in detached leaves. Planta 148: 174-182.

Pisek, Arthur. 1956. Der Wasserhaushalt der Meso und Hygrophyten. (The water relations of meso and hydrophytes.) Encyclopedia of Plant Physiology 3:825-853.

Ray, Peter M. 1960. On the theory of osmotic water movement. Plant Physiology 35:783-795.

Rayle, David L.; Cleon Ross; Nina Robinson. 1982. Estimation of osmotic parameters accompanying zeatin-induced growth of detached cucumber cotyledons. Plant Physiology 70: 1634-1636.

Scholander, P. E.; H. T. Hammel; E. D. Bradstreet; E. A. Hemmingsen. 1965. Sap pressure in vascular plants. Science 148:339-346.

Shackel, Kenneth A. 1987. Direct measurement of turgor and osmotic potential in individual epidermal cells. Plant Physiology 83:719-722.

Slatyer, Ralph O.1967. Plant-Water Relationships. Academic Press, Londres, Nova York.

Slatyer, R. O.; S. A. Taylor. 1960. Terminology in plant-soil-water relations. Nature 187:922-924.

Spanner, D. C. 195L The Peltier effect and its use in the measurement of suction pressure. Journal of Experimental Botany 11:145-168.

Taylor, S. A.; Slatyer, R. O. 1962. Proposals for a unified terminology in studies of plant-soil-water relations. Arid Zone Res. 16:339-349.

Tyree, M. T.; J. Dainty. 1973. The water relations of hemlock (*Tsuga canadensis*). II. The kinetics of water exchange between the symplast and apo-plast. Canadian Journal of Botany 51:1481-1489.

Tyree, M. T.; H. T. Hammel. 1972. The measurement of the turgor pressure and the water relations of plants by the pressure-bomb technique. Journal of Experimental Botany 23(74): 267-282.

Tyree, M. T.; P. G. Jarvis. 1982. Water in tissues and cells. p. 35-78 *em* Lange, O. L., P.S. Nobel, C. B. Osmond and H. Ziegler (eds.) Encyclopedia of Plant Physiology, New Series, v. 12B, Physiological Plant Ecology II, Springer-Verlag, Berlin, Heidelberg, Nova York.

Waring, R. H.; B. D. Cleary. 1967, Plant moisture stress: Evaluation by pressure bomb. Science 155:1248-1254.

Wenkert, William. 1980. Measurement of tissue osmotic pressure. Plant Physiology 65:614-617.

West, D. W.; D. E. Gaff. 1971. An error in the calibration of xylem-water potential against leaf-water potential. Journal of Experimental Botany 22(71):342-346.

Wiebe, Herman H. 1966. Matric potential of several plant tissues and biocolloids. Plant Physiology 41:1439-1442.

Capítulo 4

Aylor, Donald E. Jean-Yves Parlange; A. D. Krikorian. 1973. Stomatal mechanics- American Journal of Botany 60:163-171.

Baker, J. M.; C. H. M. van Bavel. 1987. Measurement of mass flow of water in the stems of herbaceous plants. Plant, Cell and Environment 10: 777-782.

Biggins, J. (Ed.) 1987. Progress in Photosynthesis Research. v. IV Martinus Nijhoff Publishers, Dordrecht, Holanda.

Brown, H. T.; F. Escombe. 1900. Static diffusion of gases and liquids in relation to the assimilation of carbon and translocation in plants. Phil. Trans. Roy. Soc. (Londres) B. 193:223-291.

Cermak, J.; J. Kucera; M. Penka. 1976. Improvement of the method of sap flow rate determination in full-grown trees based on heat balance with direct electric heating of xylem. Biologia Plan-tarum 18:105-110.

Cowan, I. R.; J. A. Raven; W. Hartung; G. D. Farquhar. 1982. A possible role for abscisic acid in coupling stomatal conductance and photosynthe tic carbon metabolism in leaves. Aust. J. Plant Physiol. 9:489-498.

Dacey, John W. H. 1980. Internal wind in water lilies: An adaptation for life in anaerobic sediments. Science 210:1017-1019,

Dacey, John W. H. 1981. Pressurized ventilation in the yellow water lily. Ecology 62:1137-1147.

Dacey, J. W. H. 1987. Knudsen-transitional flow and gas pressurization in *Nelumbo*. Plant Physiology 85:199-203.

Dacey, John W. H.; Michael J. Klug. 1982a. Tracer studies of gas circulation in *Nuphar*: ISO e I4CO2 transport. Physiologia Plantarum 56:361-366.

Dacey, John W. H.; Michael J. Klug. 1982b. Ventilation by floating leaves in *Nuphar*. American Journal of Botany 69:999-1003.

Davidoff, B.; R. J. Hanks. 1988. Sugar beet production as influenced by limited irrigation. Irrigation Science 10:1-17.

Davies, W. J.; J. Metcalfe; T. A. Lodge; A. R. da Costa. 1986. Plant growth substances and the regulation of growth under drought. Australian Journal of Plant Physiology 13:105-125.

Drake, B. G.; K. Raschke; Frank B. Salisbury. 1970. Temperatures and transpiration resistances of *Xanthiurn* leaves as affected by air temperatures, humidity, and wind speed. Plant Physiology 46:324-330.

Edwards, Mary; Hans Meidner. 1979. Direct measurements of turgor pressure potentials, IV Naturally occurring pressures in guard cells and their relation to solute and matric potentials in the epidermis. Journal of Experimental Botany 30(17) :829-837.

Esau, Katherine. 1965. Plant Anatomy Wiley, Nova York,

Gates, David M. 1968. Transpiration and leaf temperature. Annual Review of Plant Physiology 19: 211-238,

Gates, David M. 1971. The flow of energy in the biosphere. Scientific American 225(3):88-100.

Gates, David M.; Harry J. Keegan; John C. Schleter; Victor R. Weidner. 1965. Spectral properties of plants. Applied Optics 4:11-20.

Gotow, Kiyoshi; Scott Taylor; Eduardo Zeiger. 1988. Photosynthetic carbon fixation in guard cell protoplasts of *Viciafaba* L. Plant Physiology 86:700-705.

Hanks, R. J. (ed.) 1982. Predicting crop production as related to drought stress under irrigation. Utah Agriculture Experiment Station Research Report 65:367.

Hanks, R. J. 1983. Yield and water-use relationships: An overview. p. 393-411 *em* Limitations to Efficient Water Use in Crop Production (Chapt. 9A). ASA-CSSA-SSSA, 677 South Segoe Road, Madison, Wisconsin.

Harris, Michael J.; William H. Outlaw, Jr.; Riidiger Mertens; Elmar W. Weiler. 1988. Water-stress-induced changes in the abscisic acid content of guard cells and other cells of *Viciafaba* L. leaves as determined by enzyme-amplified immunoassay. Proceedings of the National Academy of Science USA 85:2584-2588.

REFERÊNCIAS

Howard, R. A. 1969. The ecology of an elfin forest in Puerto Rico. I. Studies of stem growth and form and of leaf structure. J. Arnold Arbor. 50:225-267.

Huber, B. 1932. Beobachtung und Messung pflanz-licher Saftstrome, Berichte Deutsche Botanische Gesellschaft 50:89-109.

Humble, G. D.; K. Raschke. 1971. Stomatal opening quantitatively related to potassium transport: Evidence from electron probe analysis. Plant Physiology 48:447-453.

Janac, J.; J. Catsky; P. G. Jarvis. 1971. Infra-red gas analyzers and other physical analyzers. p. 111-193 em Z. Sestak, J. Catsky; R. G. Jarvis (eds.) Photosynthetic Plant Production: Manual of Methods. Dr. W. Junk (publ.), The Hague.

Jensen, William A.; Frank B. Salisbury. 1984. Botany. 2. ed. Wadsworth, Belmont, Califórnia

Kramer, Paul J. 1988. Changing concepts regarding plant water relations. Plant, Cell and Environment 11:565-568.

Long, S. P. 1982. Measurement of photosynthetic gas exchange. p. 25-34 em J. Coombs e D. O. Hall (eds.) Techniques in Bioproductivity e Photosynthesis. Pergamon Press, Oxford.

Mauseth, James D. 1988. Plant Anatomy. Benjamin/ Cummings, Menlo Park, Califórnia.

Mellor, Robert S.; Frank B. Salisbury; Klaus Raschke. 1964. Leaf temperatures in controlled environments. Planta 61:56-72.

Meyer, Bernard S.; Donald B. Anderson. 1939. Plant Physiology Van Nostrand, Toronto, Nova York, Londres.

Monteith, John Lennox. 1973. Principles of Environmental Physics. American Elsevier, Nova York.

Mott, Keith A. 1988. Do stomata respond to CO2 concentrations other than intercellular? Plant Physiol. 86:200-203.

Nobel, Park S. 1980. Leaf anatomy and water use efficiency- p. 43-55 em Neil C. Turner and Paul. Kramer. (eds.) Adaptation of Plants to Water and High Temperature Stress. Wiley, Nova York, Chichester, Brisbane, Toronto.

Nobel, Park S. 1983. Biophysical Plant Physiology and Ecology. Freeman, São Francisco.

Outlaw, William H., Jr. 1983. Current concepts on the role of potassium in stomatal movements. Physiologia Plantarum 59:302-311,

Outlaw, W. H., Jr. 1989. Critical examination of the quantitative evidence for and against photosynthetic CO2 fixation by guard cells. Physiologia Plantarum 77:275-281.

Passioura, J. B. 1988. Resposta ao artigo do Dr. P.J. Kramer, "Changing concepts regarding plant water relations, v. 11, n. 7, p. 565-568. Plant, Cell and Environment 11:569-571.

Penny, M. G.; D. J. F. Bowling. 1974. A study of potassium gradients in the epidermis of intact leaves of *Commelina cornmunis* L. in relation to stomatal opening. Planta 119:17-25.

Penny, M. G.; D. J. E. Bowling. 1975. Direct determination of *pH* in the stomatal complex of *Commelina*. Planta 122:209-212.

Permadasa, M. A. 1981. Photocontrol of stomatal movements. Biology Review 56:551-588.

Pierce, Margaret; Klaus Raschke. 1980. Correlation between loss of turgor and accumulation of abscisic acid in detached leaves. Planta 148: 174-182.

Raschke, K. 1975. Stomatal action. Ann. Rev. of Plant Physiol. 26:309-340.

Raschke, K. 1976. How stomata resolve the dilemma of opposing priorities, PhiL Trans. R. Soc. Londres B. 273:551-560.

Raschke, K.; G. D. Humble. 1973. No uptake of anions required by opening stomata of *Vicia faba:* Guard cells release hydrogen ions. Planta (Berlim) 115:47-57.

Reckmann, Udo; Renate Scheibe; Klaus Raschke. 1990. Rubisco activity in guard cells compared with the solute requirement for stomatal opening. Plant Physiology 92:246-253.

Sakuratani, T. 1984. Improvement of the probe for measuring water flow rate in intact plants with the stem heat balance method. Journal of Agricultural Meteorology 37:9-17.

Salisbury, Frank B. 1979. Temperature, Página 75-116 em T. W. Tibbitts; T. T. Kozlowski (eds.) Controlled Environment Guidelines for Plant Research, Academic Press, Nova York.

Salisbury, Frank B.; George G. Spomer. 1964. Leaf temperatures of alpine plants in the field, Planta 60:497-505.

Sayre, J. D. 1926. Physiology of stomata of *Rumex patienta*, Ohio Jour Sci. 26:233-266.

Schulze, E. D. 1986. Carbon dioxide and water vapor exchange in response to drought in the atmosphere and in the soil. Annual Review of Plant Physiology 37:247-274.

Schulze, E. D.; E. Steudle, T.; Gollan; U. Schurr. 1988. Resposta ao artigo do Dr. P. J. Kramer, "Changing concepts regarding plant water relations", v. 11, n. 7, p. 565-568. Plant, Cell and Environment 11:573-576.

Sharkey, Thomas D.; Klaus Raschke. 1981a. Separation and measurement of direct and indirect effects of light on stomata. Plant Physiology 68:33-40.

Sharkey, Thomas D.; Klaus Raschke. 1981b. Effect of light quality on stomatal opening in leaves of *Xanthium strumarium* L. Plant Physiology 68:1170-1174.

Sheriff, D. W.; E. McGruddy. 1976. Changes in leaf viscous flow resistance following excision, measured with a new porometer. Journal of Experimental Botany 27:1371-1375.

Sinclair, T. R.; C. B. Tanner; J. M. Bennett. 1984. Water-use efficiency in crop production. Bio-Science 34(1) :36-40.

Tarczynski, Mitchell C.; William H. Outlaw, Jr.; Norbert Arold; Volker Neuhoff; Riidiger Hampp. 1989. Electrophoretic assay for ribulose-1,5-bisphosphate carboxylase/oxygenase in guard cells and other leaf cells of *Viciafaba* L. Plant Physiology 89:1088-1093.

Thimann, Kenneth V.; Z-Y. Tan. 1988. The dependence of stomatal closure on protein synthesis. Plant Physiology 86:341-343.

Tibbitts, Theodore W. 1979. Humidity and plants. BioScience 29:358-363.

Troughton, John; Lesley A. Donaldson. 1972. Probing Plant Structure, McGraw-Hill, Nova York, St Louis, São Francisco.

Vaughn, Kevin C. 1987. Two immunological approaches to the detection of ribulose-1,5-bisphosphate carboxylase in guard cell chloroplasts. Plant Physiology 84:188-196.

von Caemmerer, Suzanne; Graham Farquhar. 1981. Some relationships between the biochemistry of photosynthesis and the gas exchange of leaves. Planta 153:376-387.

Wilkinson, H. R. 1979. The plant surface (mainly leaf). Pages 97-117 *em* C. R. Metcalfe; L. Chalk. (eds.) Anatomy of the Dicotyledons. v. 1. Clarendon Press, Oxford.

Willmer, C. M.; J. C. Rutter; H. Meidner. 1983. Potassium involvement in stomatal movements of *Paphiopedilum*. Journal of Experimental Botany 34(142):507-513.

Woodward, F. L. 1987. Stomatal numbers are sensitive to increases in CO. from pre-industrial levels. Nature 327:617-618.

Zeiger, Eduardo. 1983. The biology of stomatal guard cells, Ann, Rev, Plant Physiol 34:441-475.

Zeiger, E.; G. O. Farquhar; I. R. Cowan. (eds.) 1987. Stomatal Function. Stanford University Press, Stanford, Calif.

Zeiger, E.; Peter K. Hepler. 1977. Light and stomatal function: Blue light stimulates swelling of guard cell protoplasts. Science 196:887-889.

Zemel, Esther; Shimon Gepstein. 1985. Immunological evidence for the presence of ribuiose bisphosphate carboxylase in guard cell chloroplasts. Plant Physiology 78:586-590.

Zhang, J.; W. J. Davies. 1990. Changes in the concentration of ABA in xylem sap as a function of changing soil water status can account for changes in leaf conductance and growth. Plant, Cell and Environment 13:277-285.

Ziegenspeck, H. 1955. Die Farbenmikrophoto-graphie, ein Hilfsmittel zum objectiven Nach-weis submikroskopischer Strukturelemente, Die Radiomicellierung und Filierung der Schliess-zellen von *Ophioderma pendulum*, (Color photomicrography, an aid to the objective study of submicroscopic structural elements. Radial-micellation and filiation of guard cells of *Ophioderma pendulum*,) Photographie und Wissen-schaft 4:19-22.

Capítulo 5

Apfel, R. E. 1972. The tensile strength of liquids. Scientific American 227(6):58-71.

Askenasy, E. 1897. Beitrage zur Erklarung des Saftsteigens. (Contributions to a clarification of the ascent of sap,) Naturhisto.-Med. Ver. Heidelberg 5:429-448.

Begg, J. E.; N. C. Turner. 1970. Water potential gradients in field tobacco. Plant Physiology 46:343-346.

Briggs, Lyman J. 1950. Limiting negative pressure of water. Journal of Applied Physics 21:721-722.

Carpita, Nicholas C. 1982. Limiting diameters of pores and the surface structure of plant cell walls. Science 218; 813-814.

Comstock, G. G.; W. A. Cote, Jr. 1968. Factors affecting permeability and pit aspiration in coniferous sap wood. Wood Science and Technology 2:279-291.

Cooke, R.; L. D. Kuntz. 1974. The properties of water in biological systems. Annual Review of Biophysics and Bioengineering 3:95-126.

Crafts, A, S.; T. C. Broyer. 1938. Migration of salts and water into xylem of the roots of higher plants. American Journal of Botany 25:529-535.

Daum, C. R. 1967, A method for determining water transport in trees. Ecology 48:425-431.

Dixon, Henry H. 1914. Transpiration and the Ascent of Sap in Plants, Macmillan, Londres.

Dixon, Henry H.; J. Joly. 1894. Notes. Annals of Botany Lond. 8:468-470.

Dixon, Henry H.; J. Joly. 1895. On the ascent of sap. Roy. Soc. London Phil, Trans., B 186:563-576.

Esau, Katherine. 1967. Anatomy of Seed Plants, 2. ed. Wiley, Nova York.

Greenridge, K. N. H. 1958. Rates and patterns of moisture movement in trees. p. 43-69 *em* K. V. Thimann (ed.) The Physiology of Forest Trees. Ronald, Nova York.

Hammel, H. T. 1967. Freezing of xylem sap without cavitation. Plant Physiology, 42:55-66.

Hartig, Th. 1878. Anatomie und Physiologie der Holzpflanzen, (Anatomy and Physiology of Woody Plants.) Springer, Berlim.

Hay ward, A. T. J. 1971. Negative pressure in liquids: Can it be harnessed to serve man? American Scientist 49:434-443.

Heine, R. W.; D. J. Farr. 1973. Comparison of heat-pulse and radioisotope tracer method for determining sap-flow in stem segments of poplar. Journal of Experimental Botany 24:649-654.

Huber, B.; E. Schmidt. 1936. Weitere thermo-eiektrische Untersuchungen iiber den Transpira-tionsstrom der Baume. (Further thermoelectric investigations on the transpiration stream in trees.) Tharandt Forst Jb 87:369-412.

Jensen, William A.; Frank B. Salisbury. 1984. Botany. 2. ed. Wadsworth, Belmont, Calif.

Legge, N. J. 1980. Aspects of transpiration in mountain ash *Eucalyptus regnans* F. Muell. Ph.D, Thesis, LaTrobe University, Melbourne, Australia.

Lybeck, B. R. 1959. Winter freezing in relation to the rise of sap in tall trees. Plant Physiology 34: 482-486.

MacKay, J. R. G.; P. E. Weatherby. 1973. The effects of transverse cuts through the stems of transpiring woody plants on water transport and stress in the leaves. Journal of Experimental Botany 24:15-28.

Mauseth, James D. 1988. Plant Anatomy, Benjamin/ Cummings, Menlo Park, Califórnia.

McFarlan, Donald; Norris D. McWhirter; David A. Boehm; Cyd Smith; Jim Benagh; Gene Jones; Robert Obojski. (eds.) 1990. Guinness Book of World Records. Bantam Books, Nova York, Toronto, Londres, Sydney, Auckland. Vejas as p. 108-111.Milburn, J. A.; R. P. C. Johnson. 1966. The conduction of sap. II. Detection of vibrations produced by sap cavitation in *Ricinus* xylem. Planta 69:43-52.

Münch, E. 1930. Die Stoffbewegungen in der Pflanze. Fischer, Jena.

Nobel, Park S. 1983. Biophysical Plant Physiology and Ecology Freeman, São Francisco.

Oertli, J. J. 1971. The stability of water under tension in the xylem. Zeitschrift fur Pflanzenphysiol. 65:195-209.

Peterson, Carol A. 1988. Exodermal Casparian bands; Their significance for ion uptake by roots. Physiologia Plantarum 72:204-208.

Peterson, Carol A.; Mary E. Emanuel; G. B. Humphreys. 1981. Pathway of movement of apoplastic fluorescent dye tracers through the endodermis at the site of secondary root formation in corn (*Zea mays*) and broad bean (*Vicia faba*). Canadian Journal of Botany 59:618-625.

Pickard, William E. 1981. The ascent of sap in plants. Progress in Biophysics and Molecular Biology 37:181-229.

Plumb, R. C.; W. B. Bridgman. 1972. Ascent of sap in trees. Science 176:1129-1131.

Preston, R. D. 1952. Movement of water in higher plants. p. 257-321 *em* A. Frey-Wyssling (ed.) Deformation and Flow in Biological Systems. Elsevier North-Holland, Amsterdã.

Rein, H. 1928. Die Thermo-Stromuhr. Ein Verfahren welches mit etwa ± 10 Prozent Genauigkeit die unblutige langdauerde Messung der mittleren Durchflußmengen an gleichzeitigen Gefäßen Gestattet. Z. Biol. 87:394-418,

Renner, O. 1911. Experimented Beitrage zur Zenntnis der Wasserbewegung. Flora 103:171.

Renner, O. 1915. Theoretisches und Experimentelles zur Kohasions Theorie der Wasserbewegung. Jahrbuch fur Wissenschaftliche Botanik 56: 617-667.

Scholander, Per F. 1968. How mangroves desalinate sea water Physiology Plantarum 21:251-268.

Scholander, Per F.; E. H. T. Hammel; E. D. Bradstreet; E. A. Hemmingsen. 1965. Sap pressure in vascular plants. Science 148:339-346.

Scholander, P. F. E. Hemmingsen; W. Garey. 1961. Cohesive lift of sap in the rattan vine. Science 134:1835-1838.

Schulze, E-D., J. Cermak, R. Matyssek, M. Penka, R. Zimmermann, E. Vasicek, W. Gries; J. Jucera. 1985. Canopy transpiration and water fluxes in the xylem of the trunk of *Larix* and *Picea* trees — a comparison of xylem flow, porometer and cuvette measurements. Oecologia (Berlim) 66:475-483,

Sperry, John S.; Melvin T. Tyree. 1988. Mechanism of water stress-induced xylem embolism. Plant Physiology 88:581-587,

Spomer, G. G. 1968. Sensors monitor tension in transpiration streams of trees. Science 161: 484-485,

Stone, J. E.; G. A. Shirazi. 1975. On the heat-pulse method for the measurement of apparent sap velocity in stems. Planta 122:166-177.

Strasburger, E. 1893. Uber das Saftsteigen. Fischer, Jena,

Sucoff, E. 1969. Freezing of conifer xylem and the cohesion-tension theory; Physiologia Plantarum 22:424-431.

Troughton, John; Lesley A. Donaldson. 1972. Probing Plant Structure. McGraw-Hill, New York.

Tyree, Melvin T.; Michael A. Dixon. 1986. Water stress induced cavitation and embolism in some woody plants. Physiologia Plantarum 66:397-405.

Tyree, Melvin T.; John S. Sperry. 1988. Do woody plants operate near the point of catastrophic xylem dysfunction caused by dynamic water stress? Plant Physiology 88:574-580.

Tyree, M. T.; J. S. Sperry 1989. Vulnerability of xylem to cavitation and embolism. Annual Review of Plant Physiology 40:19-38.

Weiser, Russell L.; Stephen J. Wallner 1988. Freezing woody plant stems produces acoustic emissions. Journal of American Society for Horticultural Science 113:636-639.

Wiebe, Herman H. 1981. Measuring water potential (activity) from free water to oven dryness. Plant Physiology 68:1218-1221.

Wiebe, H. H.; R. W. Brown; T. W. Daniel; E. Campbell. 1970. Water potential measurements in trees. BioScience 20:225-226.

Zimmermann, M. H. 1983. Xylem Structure and the Ascent of Sap. Springer-Verlag, Berlim, Heidelberg, Nova York.

Capítulo 6

Agren, G. I.; T. Ingestad. 1987. Root:shoot ratio as a balance between nitrogen productivity and photosynthesis. Plant, Cell and Environment 10:579-586.

Ahmed, S.; H. J. Evans. 1960. Cobalt: A micro-nutrient element for the growth of soybean plants under symbiotic conditions. Soil Science 90: 205-210.

Alexander, G. V.; L. T. McAnulty. 1983. Multielement analysis of plant-related tissues and fluids by optical emission spectrometry. Journal of Plant Nutrition 3:51-59.

Allan, E. E.; A. J. Trewavas. 1987. The role of calcium in metabolic control. p. 117-149 *em* D. D. Davies (ed.) The Biochemistry of Plants, v. 12, Physiology of Metabolism. Academic Press, Nova York.

Anderson, J. W.; A. R. Scarf. 1983. Selenium and plant metabolism. p. 241-275 *em* D. A. Robb e W. S. Pierpont (eds.) Metals and Micronutrients: Uptake and Utilization by Plants. Academic Press, Nova York.

Arnon, D. L.; R. R. Stout. 1939. The essentiality of certain elements in minute quantity for plants with special reference to copper. Plant Physiology 14:371-375,

Asher, C. J.; D. G. Edwards. 1983. Modern solution culture techniques. Pages 94-119 *in* A, Lauchli e R. L. Bieleski (eds.) Encyclopedia of Plant Physiology, New Series, v. 15B, Inorganic Plant Nutrition, Springer-Verlag, Berlim.

Baker, A. J. M. 1981. Accumulators and excluders — strategies in the response of plants to heavy metals. Journal of Plant Nutrition 3:643-654.

Bhandal, I. S.; C. R. Malik. 1988. Potassium estimation, uptake, and its role in the physiology and metabolism of flowering plants. International Review of Cytology 110:205-254.

Bienfait, H. R. 1988. Mechanisms in Fe-efficiency reactions of higher plants. Journal of Plant Nutrition 11:605-632.

Bollard, E. G. 1983. Involvement of unusual elements in plant growth and nutrition. p. 695-744 *em A.* Lauchli and R. L. Bieleski (eds.) Encyclopedia of Plant Physiology, New Series, v. 15A, Inorganic Plant Nutrition. Springer-Verlag, Berlim.

Bould, C.; E. J. Hewitt; P. Needharn. 1984. Diagnosis of Mineral Disorders in Plants, v. 1. Principles, Chemical Publishing Co., Nova York.

Bouma, D. 1983. Diagnosis of mineral deficiencies using plant tests. Página 120-146 *em* A, Lauchli; R. L. Bieleski (eds,), Encyclopedia of Plant Physiology, New Series, v. 15A, Inorganic Plant Nutrition, Springer-Verlag, Berlin.

Bowen, G. D.; E. K. S. Nambiar. (Eds.) 1984. Nutrition of Plantation Forests. Academic Press, Nova York.

Brown, J. C.; V. D. Jolley. 1988. Strategy I and strategy II mechanisms affecting iron availability to plants may be established too narrow or limited. Journal of Plant Nutrition 11:1077-1098.

Brown, P. H.; R. M. Welch; E. E. Gary. 1987, Nickel: A micronutrient essential for higher plants. Plant Physiology 85:801-803.

Brown, T. A.; A. Shrift. 1982. Selenium: Toxicity and tolerance in higher plants. Biological Reviews 57:59-84.

Brownell, R. E. 1979. Sodium as an essential micro-nutrient element for plants and its possible role in metabolism. Advances in Botanical Research 7:117-224.

Brownell, P. E.; C. J. Crossland. 1972. The requirement for sodium as a micronutrient by species having the C4 dicarboxylic photosynthetic pathway. Plant Physiology 49:794-797.

Buchala, A. J.; F. Pythoud, 1988. Vitamin D and related compounds as plant growth substances. Physiologia Plantarum 74:391-396.

Chaney, R. L. 1988. Recent progress and needed research in plant Fe nutrition. Journal of Plant Nutrition 11:1589-1603.

Chapin, F. S., III. 1987. Adaptations and physiological responses of wild plants to nutrient stress. p. 15-25 *em* H. W. Gabelman; B. C. Loughman. (eds.) Genetic Aspects of Plant Mineral Nutrition. Martinus Nijhoff, Boston.

Chapin, E.S., III. 1988. Ecological aspects of plant mineral nutrition. Advances in Plant Nutrition 3:161-191.

Cheeseman, J. M. 1988. Mechanisms of salinity tolerance in plants. Plant Physiology 76:490-497.

Cheung, W. Y. 1982. Calmodulin, Scientific American 246(6):62-70.

Clark, R. B. 1982. Nutrient solution growth of sorghum and corn in mineral nutrition studies. Journal of Plant Nutrition 5:1039-1057.

Clarkson, D. T. 1985. Factors affecting mineral nutrient acquisition by plants. Annual Review of Plant Physiology 36:77-116.

Clarkson, D. T.; J. B. Hanson. 1980. The mineral nutrition of higher plants. Annual Review of Plant Physiology 31:239-298.

Cooper, A. 1979. The ABC of NFT (nutrient film technique). Grower Books, Londres.

Dalton, D. A.; S. A. Russell; H. J. Evans. 1988. Nickel as a micronutrient element for plants. BioFactors 1(1):11-16.

Donald, C. M.; J. A. Prescott. 1975. Trace elements in Australian crop and pasture production, 1924-1974. p. 7-37 *em* D. J. D. Nichols; A. R. Egan. (eds.) Trace Elements in Soil-Plant-Animal Systems. Academic Press, Nova York.

Dugger, W. M. 1983. Boron in plant metabolism-Pages 626-650 *em* A. Lauchli; R. L. Bieleski. (eds.) Encyclopedia of Plant Physiology, New Series, v. 15B, Inorganic Plant Nutrition. Springer-Verlag, Berlim.

Duke, S. H.; H. M. Reisenauer. 1986. Roles and requirements of sulfur in plant nutrition. Sulfur in Agriculture, Agronomy Monographn. 27, Madison, Wise.

Engvild, K. C. 1986. Chlorine-containing natural compounds in higher plants, Phytochemistry 25:781-791.

Epstein, E. 1972. Mineral Nutrition of Plants: Principles and Perspectives, Wiley, Nova York.

Eskew, D. L.; R. M. Welch; W. A. Norvell. 1984. Nickel in higher plants. Plant Physiology 76; 691-693.

Evans, H. J.; A. Nason. 1953. Pyridine nucleotide-nitrate reductase from extracts of higher plants. Plant Physiology 28:233-254.

Ferguson, I. B.; B. K. Drobak. 1988. Calcium and the regulation of plant growth and senescence. HortScience 23:262-266.

Flowers, T. J. 1988. Chloride as a nutrient and as an osmoticum. Advances in Plant Nutrition 3:55-57.

Gabelman, H. W.; B. C. Loughman. (Eds.) 1987. Genetic Aspects of Plant Mineral Nutrition. Martinus Nijhoff, Boston.

Gauch, H. G. 1972. Inorganic Plant Nutrition. Dowden, Hutchinson e Ross, Nova York.

Gekeler, W.; E. Grill; E. Winnacker; M. H. Zenk. 1989. Survey of the plant kingdom for the ability to bind heavy metals through phytochelatins. Zeitschrift fur Naturforschung 44c: 361-369.

Gilroy, S.; D. P. Blowers; A. J. Trewavas. 1987, Calcium: A regulation system emerges in plant cells. Development 100:181-184.

Glass, A. D. M. 1989. Plant Nutrition. An Introduction to Current Concepts. Jones e Bartlett, Boston.

Graves, C. J. 1983. The nutrient film technique. Horticultural Reviews 5:1-44.

Grundon, N. J. 1987. Hungry Crops: A Guide to Nutrient Deficiencies in Field Crops. Queensland Department of Primary Industries, Brisbane, Austrália.

Hanson, J. B. 1984. The function of calcium in plant nutrition. Advances in Plant Nutrition 1:149-208.

Hasegawa, P. M.; R. A. Brassen; A. K. Handa. 1987. Cellular mechanisms of salinity tolerance. HortScience 21:1317-1324.

Hepler P. K.; R. O. Wayne. 1985. Calcium and plant development. Annual Review of Plant Physiology 36:397-439.

Hewitt, E. J. 1966. Sand and Water Culture Methods Used in the Study of Plant Nutrition 2. ed., Technical Communication No. 22 (Revised). Commonwealth Agricultural Bureau, Farnham Royal/Bucks, England.

Hewitt, E. J.; T. A. Smith. 1975. Plant Mineral Nutrition. Wiley, Nova York.

Referências

Hoagland, D. R.; D. I. Arnon. 1950. The water culture method of growing plants without soil-California Agriculture Experiment Station Circular 347.

Jensen, M. H.; W. L. Collins. 1985. Hydroponic vegetable production. Horticultural Reviews 7:483-558.

Johnston, M., C. P. L. Grof; P. F. Brownell. 1984. Responses to ambient CO3 concentrations by sodium-deficient C4 plants. Australian Journal of Plant Physiology 11:137-141.

Joiner, J. N.; R. T. Poole; C. A, Conover. 1983. Nutrition and fertilization of ornamental greenhouse crops. Horticultural Reviews 5: 317-403.

Jones, J. B., Jr, 1982. Hydroponics: Its history and use in plant nutrition studies, Journal of Plant Nutrition 5:1003-1030.

Jones, J. B., Jr. 1983. A Guide for the Hydroponic and Soilless Culture Grower. Timber Press, Portland, Ore.

Kaufman, P. B.; P. Dayanandan,; C. L. Franklin. 1985. Structure and function of silica bodies in the epidermal system of grass shoots. Annals of Botany 55:487-507.

Kinzel, H. 1989. Calcium in the vacuoles and cell walls of plant tissue. Flora 182:99-125.

Kirkby, E. A.; D. J. Pilbeam. 1984. Calcium as a plant nutrient. Plant, Cell and Environment 7:397-405.

Korcak, R. R. 1987. Iron deficiency chlorosis. Horticultural Reviews 9:135-186.

Latshaw, W. L.; E. C. Miller, 1924. Elemental composition of the corn plant. Journal of Agricultural Research 27:845-861.

Lauchli, A.; R. L. Bieleski. (Eds.) 1983a. Encyclopedia of Plant Physiology, New Series, V61 15A, Inorganic Plant Nutrition. Springer-Verlag, Berlim.

Lauchli, A.; R. L. Bieleski. (Eds.) 1983b. Encyclopedia of Plant Physiology, New Series, v. 15B, Inorganic Plant Nutrition. Springer-Verlag, Berlim.

Leonard, R. T.; P. K. Hepler. (Eds.) 1990. Calcium in Plant Growth and Development. American Society of Plant Physiologists, Rockville, Md.

Lewis, J.; B. E. E. Reimann. 1969. Silicon and plant growth. Annual Review of Plant Physiology 20:289-304.

Lindsay, W. L. 1974. Role of chelation in micronutrient availability, p. 507-524 in E. W. Carson. (ed.) The Plant Root and Its Environment. University of Virginia Press, Charlottesville.

Lindsay, W. L. 1979. Chemical Equilibria in Soils. Wiley, Nova York.

Loneragan, J. F. 1968. Nutrient requirements of plants. Nature 220:1307-1308.

Loneragan, J. F.; K. Snowball. 1969. Calcium requirements of plants. Australian Journal of Agricultural Research 20:465-478.

Longnecker, N. 1988. Iron nutrition of plants, ISI Atlas of Science 1:143-150.

Lovatt, C. J. 1985. Evolution of the xylem resulted in a requirement for boron in the apical meristems of vascular plants. New Phytologist 99:509-522.

Lovatt, C. J.; W. M. Dugger. 1984. Biochemistry of boron. p. 389-421 em E. Frieden. (ed.) Biochemistry of the Essential Ultra-Trace Elements, Plenum, Nova York.

Marine, D. 1989. The role of calcium and calmodulin in signal transduction. p. 57-80 em W. F. Boss e D. J. Morre (eds.) Second Messengers in Plant Growth and Development. Alan R. Liss, Nova York.

Marschner, H. 1986. Mineral Nutrition of Higher Plants. Academic Press, Londres.

Marschner, H.; V. Romheld; M. Kissel. 1986. Different strategies in higher plants in mobilization and uptake of iron. Journal of Plant Nutrition 9:695-713.

McMurtrey, J. E., Jr. 1938. Distinctive plant symptoms caused by deficiency of any one of the chemical elements essential for normal development. Botanical Review 4:183-203.

Mendel, R. R.; A, J. Muller. 1976. A common genetic determinant of xanthine dehydrogenase and nitrate reductase in *Nicotiana tabacum*. Biochemie und Physiologie der Pflanzen 170: 538-541.

Mengel, K.; G. Geurtzen. 1988. Relationship between iron chlorosis and alkalinity in *Zea mays*. Physiologia Plantarum 72:460-465.

Mengel, K.; E. A. Kirkby. 1987. Principles of Plant Nutrition, 4. ed. International Potash Institute, Worblaufen-Bern, Suíça.

Merry, R. H. 1987. Tolerance of plants to heavy metals. p. 165-171 em H. W. Gabelman; B. C. Loughman. (eds.) Genetic Aspects of Plant Mineral Nutrition. Martinus Nijhoff, Boston.

Mertz, W. 1981. The essential trace elements, Science 213:1332-1338,

Miller, W. J.; M. N. Neathery. 1977. Newly recognized trace mineral elements and their role in animal nutrition. BioScience 27:674-679.

Miyake, Y.; E. Takahashi. 1985. Effects of silicon on the growth of soybean plants in a solution culture. Soil Science and Plant Nutrition 31: 625-636.

Moraghan, J. T. 1985. Plant tissue testing for micro-nutrient deficiencies and toxicities. Fertilizer Research 7:201-219.

Mullins, G. L.; L. E. Sommers.; T. L. Housley. 1986. Metal speciation in xylem and phloem exudates. Plant and Soil 96:377-391.

Nabors, M. W. 1983. Increasing the salt and drought tolerance of crop plants. p. 165-184 em D. D. Randall. (ed.) Current Topics in Plant Biochemistry and Physiology, v. 2, University of Missouri Press, Columbia.

Neilands, J. B.; S. A. Leong, 1986. Siderophores in relation to plant growth and disease. Annual Review of Plant Physiology 37:187^208.

Oertli, J. J. 1987, Exogenous application of vitamins as regulators for growth and development of plants —a review. Z. Pflanzenernahr. Bodenk 150:375-391.

Perez-Vicente, R.; M. Pineda; J. Cardenas. 1988. Isolation and characterization of xanthine dehydrogenase from *Chlamydomonas reinhardtii*. Physiologia Plantarum 72:101-107.

Pilbeam, D. J.; E. A. Kirkby. 1983. The physiological role of boron in plants. Journal of Plant Nutrition 6:563-582.

Plant and Soil, v. 72, 1983.

Poovaiah, B. W.; A. S. N. Reddy 1987. Calcium messenger system in plants. Critical Reviews in Plant Science 6:47-103.

Quispel, A. 1983. Dinitrogen-fixing symbioses with legumes, non-legume angiosperms and associative symbioses. p. 286-329 *em* A. Lauchli; R. L. Bieleski. (eds.) Encyclopedia of Plant Physiology, New Series, v. 15A, Inorganic Plant Nutrition, Springer-Verlag, Berlim.

Rauser, W. E. 1990. Phytochelatins, Annual Review of Biochemistry 59:61-86.

Raven, J. A. 1980. Short- and long-distance transport of boric acid in plants. New Phytologist 84: 231-249.

Raven, J. A. 1988. Requisition of nitrogen by the shoots of land plants: Its occurrence and implications for acid-base regulation. New Phytologist 109:1-20.

Rees, T. A. V.; L.A. Bekheet. 1982. The role of nickel in urea assimilation by algae. Planta 156:385-387.

Reisenauer, H. M. 1966. Mineral nutrients in soil solution. p. 507-508 *em* P. L. Altman; D. S. Dittmer. (eds.) Environmental Biology. Federation of American Societies for Experimental Biology, Bethesda, Md.Resh, H. M. 1989. Hydroponic Food Production. Woodridge Press, Santa Barbara, Calif.

Robb, D. A.; W. S. Pierpont. (eds.) 1983. Metals and Micronutrients, Uptake and Utilization by Plants. Academic Press, Nova York.

Roberts, D. M.; T. J. Lukas; D. M. Watterson. 1986. Structure, function, and mechanism of action of calmodulin. Critical Reviews in Plant Sciences 4:311-339.

Robinson, J. B. D. 1987. Diagnosis of Mineral Disorders in Plants, v. 3, Glasshouse Crops. Chemical Publishing Co., Nova York.

Romheld, V. 1987. Different strategies for iron acquisition in higher plants. Physiologia Plantarum 70:231-234.

Rovira, A, D.; G. D. Bowen; R. G. Foster. 1983. The significance of rhizosphere microflora and mycorrhizas in plant nutrition. p. 61-93 *em* A, Lauchli; R. L. Bieleski. (eds.) Encyclopedia of Plant Physiology, New Series, v. 15A, Inorganic Plant Nutrition, Springer-Verlag, Berlim.

Ryan, D. F.; E.H. Bormann. 1982. Nutrient resorption in northern hardwood forests, BioScience 32:29-32.

Samiullah, S.; A. Ansari; M. M. R. K. Afridi. 1988. B-vitamins in relation to crop productivity. Indian Review of Life Science 8:51-74,

Sanchez-Alonso, F.; M. Lachica. 1987, Seasonal trends in the elemental content of sweet cherry leaves. Communications in Soil Science and Plant Analysis 18:17-29.

Sandman, G.; P. Boger. 1983. The enzymological function of heavy metals and their role in electron transfer processes of plants. P. 563-596 *em* A, Lauchli; R. L. Bieleski. (eds.) Encyclopedia of Plant Physiology, New Series, v. 15B, Inorganic Plant Nutrition. Springer-Verlag, Berlim.

Sangster, A. G.; M. J. Hodson. 1986. Silica in higher plants. Pages 90-111 *in* D. Evered; M. O'Connor. (eds.) Silicon Biochemistry, Ciba Foundation Symposium 121. Wiley, Chichester, Inglaterra.

Scaife, A.; M. Turner. 1984. Diagnosis of Mineral Disorders in Plants. v. 2. Vegetables, Chemical Publishing Co., Nova York.

Seckback, J. 1982. Ferreting out the secrets of plant ferretin: A review. Journal of Plant Nutrition 5:369-394.

Shear, C. B.; M. Faust. 1980. Nutritional ranges in deciduous tree fruits and nuts. Horticultural Reviews 2:142-163.

Shelp, B. J. 1988. Boron mobility and nutrition in broccoli (*Brassica oleracea* van *italica*). Annals of Botany 61:83-91.

Soltanpour, R. N.; J. B. Jones, Jr.; S. M. Workman. 1982. Optical emission spectrometry. p. 29-65 *em* A. Page. (ed.) Methods of Soil Analysis, Part 2, Chemical and Microbiological Properties (Agronomy Monograph No. 9). Madison, Wise.

Stadtman, X. C. 1990. Selenium biochemistry. Annual Review of Biochemistry 59:111-127.

Steffens, J. C. 1990. The heavy metal-binding pep-tides of plants. Annual Review of Plant Physiology and Plant Molecular Biology 41:553-575.Stout, R. R. 1961. Proceedings of the Ninth Annual California Fertilizer Conference, pp. 21-23.Sugiura, Y.; K. Nomoto. 1984. Phytosidero-phores. Structural Bonding 58:107-135.

Swietlik, D.; M. Faust, 1984. Foliar nutrition of fruit crops. Horticultural Reviews 6:287-355.

Taylor, G. J. 1987. Exclusion of metals from the symplasm: A possible mechanism of metal tolerance in higher plants. Journal of Plant Nutrition 10:1213-1222.Terry, N. 1977. Photosynthesis, growth, and the role of chloride. Plant Physiology 60:69-75.

Tinker, B.; A. Lauchli. (eds.) 1988. Advances in Plant Nutrition, v. 3. Praeger, Nova York.

Titus, J. S.; S. M. Kang. 1982. Nitrogen metabolism, translocation, and recycling in apple trees. Horticultural Reviews 4:204-246.

Tomsett, A. B.; D. A. Thurman. 1988. Molecular biology of metal tolerances of plants. Plant, Cell and Environment 11:383-394.

Trewavas, A. J. (Ed.) 1986. Molecular and Cellular Aspects of Calcium in Plant Development, Plenum, Nova York.

Uren, N. C. 1981. Chemical reduction of an insoluble higher oxide of manganese by plant roots. Journal of Plant Nutrition 4:65-71.

Vallee, B. L. 1976. Zinc biochemistry: A perspective. Trends in Biochemical Sciences 1:88-91.

Walker, C. D.; R. D. Graham; J. T. Madison; E. E. Cary; R. M. Welch. 1985. Effects of Ni deficiency on some nitrogen metabolites in cowpeas (*Vigna unguiculataL*. Walp). Plant Physiology 79:474-479.

Walker-Simmons, M.; D. A. Kudrna; R. L. Warner. 1989. Reduced accumulation of ABA during water stress in a molybdenum cofactor mutant of barley. Plant Physiology 90:728-733.Wai worth, J. L.; M. E. Sumner. 1988. Foliar diagnosis: A review. Advances in Plant Nutrition 3:193-241.

Welch, R. M. 1981. The biological significance of nickel. Journal of Plant Nutrition 3:345-356.

Welch, R. M. 1986. Effects of nutrient deficiencies on seeds7 production and quality. Advances in Plant Nutrition 1:205-247.Werner, D.; R. Roth. 1983. Silica metabolism. p. 682-694 *em* A. Lauchli; R. L. Bieleski (eds.) Encyclopedia of Plant Physiology, New Series, v. 15B, Inorganic Plant Nutrition. Springer-Verlag, Berlim.

Referências

White, M.. C. A. M. Decker; R. L. Chaney. 1981. Metal complexation in xylem fluid. I. Chemical composition of tomato and soybean stem exu-date. Plant Physiology 67:292-309.

Wilcox, G. E. 1982. The future of hydroponics as a research and plant production method. Journal of Plant Nutrition 5:1031-1038.

Wild, A.; L. P. Jones; J. H. Macduff. 1987. Uptake of mineral nutrients and crop growth: The use of flowing nutrient solutions. Advances in Agronomy 41:171-219.

Williams, K.; F. Percival; J. Merino; H. A. Mooney 1987. Estimation of tissue construction cost from heat of combustion and organic nitrogen content. Plant, Cell and Environment 10:725-734.

Williamson, R. E. 1984. Calcium and the plant cytoskeleton. Plant, Cell and Environment 7: 431-440.

Wilson, S. B.; D. T. D. Nicholas. 1967. A cobalt requirement for nonnodulated legumes and for wheat. Phytochemistry 6:1057-1066.

Wolf, B. 1982. A comprehensive system of leaf analyses and its use for diagnosing crop nutrient status. Communications in Soil Science and Plant Analysis 13:1035-1059.

Woolhouse, H. W. 1983. Toxidty and tolerance in the responses of plants to metals. p. 245-300 em O. L. Lange; P. S. Nobel; C. B. Osmond; H. Ziegler. (eds.) Encyclopedia of Plant Physiology, New Series, v. 12C, Physiological Plant Ecology III, Responses to the Chemical and Biological Environment. Springer-Verlag, Berlim.

Capítulo 7

Asher, C. J.; R. G. Ozanne. 1967. Growth and potassium content of plants in solution cultures maintained at constant potassium concentrations. Soil Science 103:155-161.

Ashford, A. E; A., W. G. Allaway; C. A. Peterson; J. W. G. Cairney. 1989. Nutrient transfer and the fungus-root interface. Australian Journal of Plant Physiology 16:85-97.

Baker, D. A.; J. L. Hall. (eds.) 1987. Solute Transport in Plant Cells and Tissues, Longmans, Harlow, Inglaterra.

Bhandal, I. S.; C. P. Malik. 1988. Potassium estimation, uptake, and its role in the physiology and metabolism of flowering plants. International Review of Cytology 110:205-254.

Bienfait, E. ; U. Luttge. 1988. On the function of two systems that can transfer electrons across the plasma membrane. Plant Physiology and Biochemistry 26:665-671.

Blount, R. W.; B. H. Levedahl. 1960. Active sodium and chloride transport in the single-celled marine alga *Halicystis ovalis*. Acta Physiologia Scandinavia 49:1-9.

Blumwald, E. 1987, Tonoplast vesicles as a tool in the study of ion transport at the plant vacuole, Physiologia Plantarum 69:731-734.

Blumwald, E.; R. J. Poole. 1986. Kinetics of Ca2 /H antiport in isolated tonoplast vesicles from storage tissue of *Beta vntgaris* L, Plant Physiology 80:727-731.

Boiler, T. 1989. Primary signals and second messengers in the reaction of plants to pathogens. p. 227-255 em D. J. Morre; W. Boss. (eds.) Second Messengers in Plant Growth and Development, Alan R. Liss, Nova York.

Briskin, U. R. e W. R. Thornley. 1985. Plasma membrane ATPase of sugarbeet. Phytochemistry 24:2797-2802.

Bugbee, B.; F. B. Salisbury. 1988. Exploring the limits of crop productivity: Photosynthetic efficiency of wheat in high irradiance environments. Plant Physiology 88:869-878.

Bush, D.; H. Sze. 1986. Calcium transport in tonoplast and endoplasmic reticulum vesicles isolated from cultured carrot cells. Plant Physiology 80:549-555.

Caldwell, M. M. 1987. Competition between root systems in natural communities. Pages 167-185 in R. J. Gregory; J. V. Lake; K. A. Rose. (eds.) Root Development and Function — Effects of the Physical Environment, Cambridge University Press, Cambridge.

Chabre, M. 1987. The G protein connection: Is it in the membrane or the cytoplasm? Trends in Biochemical Sciences 12:213-215.

Clarkson, D. T. 1974. Ion Transport and Cell Structure in Plants. McGraw-Hill, Nova York.

Clarkson, D. T. 1984. Calcium transport between tissues and its distribution in the plant. Plant, Cell and Environment 7:449-456.

Clarkson, D. T. 1985. Factors affecting mineral nutrient acquisition by plants. Annual Review of Plant Physiology 36:77-115.

Clarkson, D. T.; J. B- Hanson. 1980. The mineral nutrition of higher plants. Annual Review of Plant Physiology 31:239-298.

Cooper, H, D.; D. T. Clarkson. 1989. Cycling of arnino-nitrogen and other nutrients between shoots and roots in cereals — a possible mechanism integrating shoot and root in the regulation of nutrient uptake. Journal of Experimental Botany 40:753-762.

Cram, W. J. 1988. Transport of nutrient ions across cell membranes *in vivo*. p. 1-53 em B. Tinker; A. Lauchli. (eds.), Advances in Plant Nutrition. v. 3. Praeger, Nova York.

Crane, K. L.; R. Barr. 1989. Plasma membrane oxidoreductases. CRC Critical Reviews in Plant Sciences 8:273-307.

Dainty, J. 1962. Ion transport and electrical potentials in plant cells. Annual Review of Plant Physiology 13:379-402.

Della-Cioppa, G.; G. M. Kishore; R. I. S. L. Beachy; R. T. Fraley. 1987. Protein trafficking in plant cells. Plant Physiology 84:965-968.

Dingwall, C.; R. A. Laskey. 1986. Protein import into the cell nucleus. Annual Review of Cell Biology 2:367-390.

Dittmer, H. J. 1949. Root hair variation in plant species. American Journal of Botany 36:152-155.

Dixon, R. A.; C. J. Lamb. 1990. Molecular communication in interactions between plants and microbial pathogens. Annual Review of Plant Physiology and Plant Molecular Biology 41: 339-367.

Drew, M. C. 1975. Comparison of the effects of a localized supply of phosphate, nitrate, ammonium and potassium on the growth of the seminal root system, and the shoot, in barley. New Phytologist 75:479-490.

Drew, M. C. 1987. Function of root tissues in nutrient and water transport. p. 71-101 em J. Gregory; J. V. Lake; D. A, Rose. (eds.) Root Development and Function — Effects of the Physical Environment. Cambridge University Press, Cambridge.

Drew, M.C. 1988. Effects of flooding and oxygen deficiency on plant mineral nutrition. Pages 115-159 em B. Tinker; A. Lauchli (eds.) Advances in Plant Nutrition, v. 3, Praeger, Nova York.

Dunlop, J. 1989. Phosphate and membrane electro-potentials in *Trifolium repens* L. Journal of Experimental Botany 40:803-807.

Engelbrecht, S.; W. Junge. 1990. Subunit 8 of H+-ATPases: At the interface between proton flow and ATP synthesis. Biochimica et Biophysica Acta 1015:379-390.

Epstein, E. 1972. Mineral Nutrition of Plants; Principles and Perspectives. Wiley, Nova York,

Esau, K. 1977. Plant Anatomy, Third Edition. Wiley, Nova York.

Feldman, L. J. 1988. The habits of roots. What's up down under? BioScience 38:612-618,

Gastal, E.; B. Saugier. 1989. Relationships between nitrogen uptake and carbon assimilation in whole plants of tall fescue. Plant, Cell and Environment 12:407-418.

Giannini, J. L.; J. Ruiz-Cristin; D. R. Briskin. 1987. Calcium transport in sealed vesicles from red beet (*Beta vulgaris* L.) storage tissue. Plant Physiology 85:1137-1142.

Giaquinta, R. X. 1983. Phloem loading of sucrose. Annual Review of Plant Physiology 34:347-387.

Glass, A. D. M. 1989. Plant Nutrition: An Introduction to Current Concepts. Jones e Bartlett, Boston.Graf, R.; E. W. Weiler. 1989. ATP-driven Ca2 + transport in sealed plasma membrane vesicles prepared by aqueous two-phase partitioning from leaves of *Commelina communis*. Physiologia Plantarum 75:469-478,

Granato, T. C.; C. D. Raper, Jr. 1989. Proliferation of maize (*Zea mays* L.) roots in response to localized supply of nitrate. Journal of Experimental Botany 40:263-275.

Gregory, R. J.; J. V. Lake; D. A. Rose. (Eds.) 1987, Root Development and Function — Effects of the Physical Environment Society for Experimental Biology Seminar Series 30, Cambridge University Press, Cambridge.

Grimes, H. D.; R. W. Breidenbach. 1987. Plant plasma membrane proteins, Plant Physiology 85:1048-1054.

Gunning, B. E. S.; R. L. Overall. 1983. Plasmo-desmata and cell-to-cell transport in plants, BioScience 33:260-265.Hadley, G. 1988. Mycorrhizas and Plant Growth and Development, Kluwer Academic Publications, Boston.

Hatch, D. J.; M. J. Hopper; M. S. Dhanoa. 1986. Measurement of ammonium ions in flowing solution culture and diurnal variation in uptake by *Lolium perenne* L. Journal of Experimental Botany 37:589-596.

Hedrich, R.; J. I. Schroeder. 1989. The physiology of ion channels and electrogenic pumps in higher plants. Annual Review of Plant Physiology and Plant Molecular Biology 40:539-569.

Hedrich, R.; J. I. Schroeder; J. M. Fernandez. 1987. Patch-clamp studies on higher plant cells: A perspective. Trends in Biochemical Sciences 12: 49-52.

Heldt, H. W.; U. I. Flügge. 1987. Subcellular transport of metabolites in plant cells. p. 49-85 em D. D. Davies. (ed.) The Biochemistry of Plants. v. 12. Academic Press, Nova York.

Hepler, P. K.; R. O. Wayne. 1985. Calcium and plant development. Annual Review of Plant Physiology 36:397-439.

Higinbotham, N.; B. Etherton; R. J. Foster. 1967. Mineral ion contents and cell transmembrane electropotentials of pea and oat seedling tissue. Plant Physiology 42:37-46.

Hodgkin, T.; G. D. Lyon; H. G. Dickinson. 1988. Recognition in flowering plants: A comparison of the *Brassica* self-incompatibility system and plant pathogen interactions. New Phytologist 110: 557-569.

Hurt, E. C. 1987. Unravelling the role of ATP in post-translational protein translocation. Trends in Biochemical Sciences 12:369-370.

Ingestad, T.; G. I. Agren. 1988. Nutrient uptake and allocation at steady-state nutrition. Physiologia Plantarum 72:450-459.

Itoh, S.; S. A. Barber. 1983. Phosphorus uptake by six plant species as related to root hairs. Agronomy Journal 75:457-461.

Jones, R. L.; D. G. Robinson. 1989. Protein secretion in plants. New Phytologist 11:567-597.

Kasai, M.; S. Muto. 1990. Ca^{2+} pump and Ca^{2+}/H^+ antiporter in plasma membrane vesicles isolated by aqueous two-phase partitioning from corn leaves. Journal of Membrane Biology 114: 133-142.

Keegstra, K.; L. J. Olsen; S. M. Theg. 1989. Chloroplastic precursors and their transport across the envelope membranes. Annual Review of Plant Physiology and Plant Molecular Biology 40:471-501.

Klepper, B. 1987. Origin, branching and distribution of root systems. p. 103-124 em P. J. Gregory; J. V. Lake; D. A. Rose. (eds.) Root Development and Function — Effects of the Physical Environment. Cambridge University Press, Cambridge.

Kochian, L. V.; W. J. Lucas-1982. Potassium transport in corn roots-1. Resolution of kinetics into a saturable and linear component. Plant Physiology 70:1723-1731.

Kochian, L. V.; W. J. Lucas. 1988. Potassium transport in roots. Advances in Botanical Research 15:93-177.

Kramer, P. J.; T. T. Kozlowski. 1979. Physiology of Woody Plants, Academic Press, Nova York.

Kristen, U. 1989. Structural botany, I General and molecular cytology: The plasma membrane and the tonoplast. Progress in Botany 50:1-13.

LaFayette, R. R.; R. W. Breidenbach; R. L. Travis. 1987, Glycosylated polypeptides of soybean root endomembranes. Protoplasma 136:125-135.

Lemoine, R.; S. Delrot; Q. Gallet; C. Larsson. 1989. The sucrose carrier of the plant plasma membrane. Biochimica et Biophysica Acta 978: 65-71.

Levin, S. A,, H. A. Mooney; C. Field. 1989. The dependence of plant root:shoot ratios on internal nitrogen concentration. Annals of Botany 64; 71-75.

Loughman, B. O.; O. Gasparikova; J. Kolek. (eds.) 1989. Structural and Functional Aspects of Transport in Roots. Kluwer Academic Publishers, Hingham, Mass.

Lüttge, U.; D. T. Clarkson. 1989. Mineral nutrition: Potassium. Progress in Botany 50:51-73.

REFERÊNCIAS

Marx, D. H.; N. C. Schenck. 1983. Potential of mycorrhizal symbiosis in agricultural and forest productivity. p. 334-347 *em* T. Kommedahl e P. H. Williams (eds.)/ Challenging Problems in Plant Health. American Phytopathological Society, St. Paul.

Mitchell, R. 1985. The correlation of chemical and osmotic forces in biochemistry. Journal of Biochemistry 97:1-18,

Nandi, S. K.; R. C. Pant; P. Nissen. 1987. Multiphasic uptake of phosphate by corn roots. Plant, Cell and Environment 10:463-474.

Nelson, N. 1988. Structure, function, and evolution of proton-ATPases, Plant Physiology 86:1-3.

Nelson, N.; L. Taiz. 1989. The evolution of H -ATPases, Trends in Biochemical Sciences 14: 113-116.

Nissen, P. 1986. Nutrient uptake by plants: Effect of external ion concentration. Acta Horticulturae 178:21-28.

Nissen, P. 1991. Multiphasic uptake mechanisms in plants. International Review of Cytology 126: 89-134.

Nissen, P.; O. Nissen. 1983. Validity of the multiphasic concept of ion absorption in roots. Physiologia Plantarum 57:47-56.

Nye, R. H.; P. B. Tinker. 1977. Solute Movements in the Root-Soil System. Blackwellr Oxford, England.

Pantoja, O.; J. Dainty; E. Blumwald. 1989. Ion channels in vacuoles from halophytes and glyco-phytes. Federation of European Biochemical Societies 255:92-96.

Pedersen, R. L.; E. Carafoli, 1987. Ion motive ATPases, Trends in Biochemical Sciences 12: 186-189.

Peterson, C. A. 1988. Exodermal Casparian bands: Their significance for ion uptake by roots. Physiologia Plantarum 72:204-208.

Poole, R. J. 1988. Plasma membrane and tonoplast. p. 83-105 *em* D. A. Balzerand J. L. Hall (eds.) Solute Transport in Plant Cells and Tissues. Pittrnan, Londres.

Rea, R. A.; D. Sanders. 1987. Tonoplast energization: Two H~ pumps, one membrane. Physiologia Plantarum 71:131-141.

Reinhold, L.; A. Kaplan. 1984. Membrane transport of sugars and amino acids. Annual Review of Plant Physiology 35:45-83.

Reisenauer, H. M. 1966. Mineral nutrients in soil solution. p. 507-508 *em* R. L. Altman; D. S. Dittmer. (eds.) Environmental Biology. Federation of American Society for Experimental Biology, Bethesda, Md.

Reynolds, E. R. C. 1987. Development of the root crown in some conifers. Plant and Soil 98: 397-405.

Robards, A. W. 1975. Plasmodesmata, Annual Review of Plant Physiology 26:13-29.

Robards, A. W.; W. J. Lucas. 1990. Plasmodesmata. Annual Review of Plant Physiology and Plant Molecular Biology 41:369-419.

Robinson, D. G.; S. Hillmer. 1990. Endocytosis in plants. Physiologia Plantarum 79:96-104.

Rochester, C. R.; P. Kjellbom; C. Larsson. 1987. Lipid composition of plasma membranes from barley leaves and roots, spinach leaves, and cauliflower inflorescences. Physiologia Plantarum 71:257-263.

Safir, E. (ed.) 1987. Ecophysiology of VA Mycorrhizal Plants, CRC Press, Boca Raton, Fla.

Satter, R. L.; N. Moran. 1988. Ionic channels in plant cell membranes. Physiologia Plantarum 72:816-820.

Schroeder, J. I.; R. Hedrich. 1989. Involvement of ion channels and active transport in osmoregulation and signaling of higher plants' cells. Trends in Biochemical Sciences 14:187-192,

Serrano, R. 1987. Structure and function of proton translocating ATPase in plasma membranes of plants and fungi, Biochimica et Biophysica Acta 947:1-28.

Serrano, R. 1989. Structure and function of plasma membrane ATPase. Annual Review of Plant Physiology and Plant Molecular Biology 40:61-94.

Shishkoff, N. 1987. Distribution of the dimorphic hypodermis of roots in angiosperm families. Annals of Botany 60:1-15.

Smith, S. E.; V. Gianinazzi-Pearson. 1988. Physiological interactions between symbionts in vesicular-arbuscular mycorrhizal plants. Annual Review of Plant Physiology and Plant Molecular Biology 39:221-244.

Starr, C.; R. Taggart. 1989. Biology: The Unity and Diversity of Life. 5. ed. Wadsworth, Belmont, Calif.

Stein, W. D. 1986. Transport and Diffusion Across Cell Membranes. Academic Press, Nova York.

Stone, B. A. 1989. Cell walls in plant-microorganism associates. Australian Journal of Plant Physiology 16:5-17.

Sussman, M. R.; J. F. Harper. 1989. Molecular biology of the plasma membrane of higher plants. The Plant Cell 1:953-960.

Sutton, R. E. 1980. Root system morphogenesis. New Zealand Journal of Forestry Science 10:264-292.

Sze, H. 1985. H+-translocating ATPases: Advances using membrane vesicles. Annual Review of Plant Physiology 36:175-208.

Tamasi, J. 1986. Root Location of Fruit Trees and Its Agrotechnical Consequences. H. Stillman, Boca Raton, Fla.

Tester, M. 1989. Plant ion channels: Whole-cell and single-channel studies, New Phytologist 114: 305-340.

Tinker, B.; A. Lauchli. (Eds.) 1988. Advances in Plant Nutrition. v. 3. Praeger, Nova York.

Wiebe, H. 1978. The significance of plant vacuoles. BioScience 28:327-331.

Wild, A.; L. H. P. Jones; J. H. Macduff. 1987. Uptake of mineral nutrients and crop growth: The use of flowing nutrient solutions. Advances in Agronomy 41:171-219.

Capítulo 8

Aloni, Beny; Jaleh Daie; Roger Wyse. 1986. Enhancement of 14C-sucrose export from source leaves of *Viciafaba* by Ga3, Pages 491-493 *in* James Cronshaw, William J. Lucas; Robert T. Giaquinta (eds.). Phloem Transport, Alan R. Liss, Nova York.

Arnold, W. N. 1968. The selection of sucrose as the translocate of higher plants, Journal of Theoretical Biology 21:13-20. Baker, D. A.; J. A. Milburn. (Eds.) 1990. Transport of Photoassimilates. Longman Scientific and Technical, Harlow & John Wiley & Sons, Nova York.

Barnabas, A. U. V. Butler; T. D. Steinke. 1986. Phloem structure and transport pathways in the leaves of a seagrass. P. 177-180 *em* James Cronshaw, William J. Lucas, and Robert T. Giaquinta (eds.). Phloem Transport. Alan R. Liss, Nova York,

Biddulph, O.; R. Cory. 1957. An analysis of translocation in the phloem of the bean plant using THO, 32P, and 14C(X Plant Fhysiol. 32: 608-619.

Blechschmidt-Schneider, S. 1986. The effect of cold-inhibited phloem translocation on photosynthesis and carbohydrate status of source leaves. p. 487-489 *em* James Cronshaw, William J. Lucas; Robert T. Giaquinta. (eds.) Phloem Transport Alan R. Liss, New York.

Bodson, M.; G. Bernier. 1985. Is flowering controlled by the assimilate level? Physiol. Veg. 23(4): 491-501.

Botha, C. E. J.; R. R. Evert; R. D. Walmsley. 1975. Observations of the penetration of the phloem in leaves of *Nerium oleander* (Linn.) by stylets of the aphid, *Aphis meril* (B. de E). Protoplasma 86: 309-319.

Chatterton, N. Jerry; Philip A. Harrison; Jesse H. Bennett. 1986. Environmental effects on sucrose and fructan concentrations in leaves of *Agropyron* spp. p. 471-476 *em* James Cronshaw; William J. Lucas; Robert T. Giaquinta. (eds.) Phloem Transport. Alan R. Liss, Nova York.

Christy, A. Lawrence; Donald B. Fisher. 1978. Kinetics of 14C-photosynthate translocation in morning glory vines. Plant Physiol 61:283-290.

Courdeau, Pascale; Jean-Louis Bonnemain; Serge Delrot. 1986. The effect of auxin and of abscisic acid on the distribution of nutrients in the stem of the broadbean. p. 597-598 *em* James Cronshaw; William J. Lucas; Robert T. Giaquinta. (eds.) Phloem Transport. Alan R. Liss, Nova York.

Crafts, A. S. 1961. Translocation in Plants. Holt, Rinehart & Winston, Nova York.

Crafts, A. S.; O. Lorenz. 1944. Fruit growth and food transport in cucurbits. Plant Physiol 19: 131-138.

Cronshaw, J. 1981. Phloem structure and function. Ann. Rev. Plant Physiol 32:465-484.

Cronshaw, James; William J. Lucas; Robert T. Giaquinta, (eds.) 1986. Phloem Transport. Alan R. Liss, Nova York,

De Vries, H. 1885. Uber die Bedeutung der Circulation und der Rotation des Protoplasma fur das Stofftransport in der Pflanze. Botanische Zeitung 43:1-26.

Delrot, Serge. 1987. Phloem loading: Apoplastic or symplastic? Plant Physiol Biochem. 25(5): 667-676.

Dewey, Steven A.; Arnold R. Appleby. 1983. A comparison between glyphosate and assimilate translocation patterns in tall morning-glory (*Ipomoea purpurea*). Weed Science 31:308-314.

Esau, K. 1977. Anatomy of Seed Plants, Second Edition. Wiley, Nova York.

Eschrich, W. 1967. Beidirektionelle Translokation in Siebrohren. (Bidirectional translocation in sieve tubes.) Planta 73:37-49.

Eschrich, Walter. 1986. Mechanisms of phloem unloading. p. 225-230 *em* James Cronshaw; William J. Lucas; Robert T. Giaquinta (eds.) Phloem Transport, Alan R. Liss, Nova York.Fahn, A. 1982. Plant Anatomy, 3. ed. Pergamon Press, Oxford, Nova York.

Fensom, D. S. 1972. A theory of translocation in phloem of *Heracleum* by contractile protein microfibrillar material. Canadian Journal of Botany 50:479-497.

Field, R. J.; A. J. Peel. 1971. The movement of growth regulators and herbicides into the sieve elements of willow. New Phytologist 70:997-1003.

Fisher, D. B. 1975. Structure of functional soybean sieve elements, Plant Physiol. 56:555-569.

Fondy, Bernadette R.; Donald R. Geiger. 1981. Regulation of export by integration of sink and source activity What's New in Plant Physiology 12(9):33-36.

Foyer, Christine H. 1987. The basis for source-sink interaction in leaves. Plant Physiol Biochem. 25(5):649-657.

Fritz, E.; R. F. Evert; W. Heyser. 1983. Micro-autoradiographic studies of phloem loading and transport in the leaf of *Zea mays* L. Planta 159: 193-206.

Geiger, Donald R. 1986. Processes affecting carbon allocation and partitioning among sinks, Pages 375-388 *in* James Cronshaw; William J. Lucas; Robert T. Giaquinta (eds.) Phloem Transport Alan R. Liss, Nova York.

Geiger, Donald R.; Bernadette R. Fondy. 1980. Phloem loading and unloading: Pathways and mechanisms. What's New in Plant Physiology 11(7):25-28.

Geiger, D.; Rv R. T. Giaquinta; S. A. Sovonick; R. J. Fellows. 1973. Solute distribution in sugar beet leaves in relation to phloem loading and translocation. Plant Physiol 52:585-589.

Geiger, D. R.; Wen-Jang Shieh. 1988. Analysing partitioning of recently fixed and of reserve carbon in reproductive *Phaseolus vulgaris* L. plants. Plant, Cell and Environment 11:777-783.

Geiger, D. R.; S. A. Sovonick, 1975. Effects of temperature, anoxia and other metabolic inhibitors on translocation. v.1, p. 480-504 *em* M. J. H. L. Zimmermann; J. A. Milburn. Transport in Plants. I. Phloem Transport, *em* A. Pirson; M. H. Zimmermann. Encyclopedia of Plant Physiology, New Series. Springer-Verlag, Berlim.

Geiger, D. R.; S. A. Sovonick; T. L. Shock; R. J. Fellows. 1974. Role of free space in translocation in sugar beet. Plant Physiol. 54:892-898.

Giaquinta, R. 1976. Evidence for phloem loading from the apoplast: Chemical modification of membrane sulfhydryl groups. Plant Physiol 57:872-875.

Giaquinta, R. T. 1983. Phloem loading of sucrose. Ann. Rev. of Plant Physiol 34:347-387.

Giaquinta, R. T.; D. R. Geiger. 1972. Mechanisms of inhibition of translocation by localized chilling. Plant Physiol. 51:372-377.

Gifford, Roger M. 1986. Partitioning of photoas-similate in the development of crop yield, Pages 535-549 *in* James Cronshaw, William J. Lucas; Robert T. Giaquinta (eds.) Phloem Transport. Alan R. Liss, Nova York.

Gifford, R. M.; L. T. Evans. 1981. Photosynthesis, carbon partitioning, and yield. Ann. Rev. Plant Physiol 32:485-509.

Gifford, Roger M.; John H. Thorne. 1986. Phloem unloading in soybean seed coats: Dynamics and stability of efflux into attached "empty ovules" Plant Physiol. 80:464-469.

REFERÊNCIAS

Gunning, Brian E. S. 1977. Transfer cells and their roles in transport of solutes in plants. Scientific Progress Oxf. 64:539-568.

Gunning, B. E. S., J. S. Pate, F. R. Minchin, and I. Marks. 1974. Quantitative aspects of transfer cell structure in relation to vein loading in leaves and solute transport in legume nodules. p. 87-126 em M.A. Sleigh; D. H. Jennings (eds.) Transport at the Cellular Level. Cambridge University Press, Londres.

Hammel, H. T. 1968. Measurement of turgor pressure and its gradient in the phloem of oak. Plant Physiol. 43:1042-1048.

Hendrix, John E.; J. C. Linden; D. H. Smith; C. W. Ross; L. K. Park. 1986. Relationship of pre-anthesis fructan metabolism to grain numbers in winter wheat (Triticum aestivum L,). Aust J. Plant Physiol. 13:391-398.Heyser, W. 1980. Phloem loading in the maize leaf. Ber. Dtsch. Bot. Ges. 93:221-228.

Ho, Lim C. 1988. Metabolism and compartmentation of imported sugars in sink organs in relation to sink strength. Annual Review of Plant Physiology and Plant Molecular Biology 39:355-378.

Ho, L. C.; A, J. Peel. 1969. Investigation of bidirectional movement of tracers in sieve tubes of *Salix viminalis* L. Annals of Botany 33:833-844.

Housley, X. L.; D. B. Fisher. 1977. Estimation of osmotic gradients in soybean sieve tubes by quantitative microautoradiography. Qualified support for the Munch hypothesis. Plant Physiol. 59:701-706.

Hull, Roger. 1989. The movement of viruses in plants. Annual Review of Phytopathology 27; 213-240.

Jensen, William A.; Frank B. Salisbury. 1971. Botany: An Ecological Approach. Wadsworth, Belmont, Calif.

Kennedy, J. S.; Z. E. Mittler. 1953. A method for obtaining phloem sap via the mouth-parts of aphids. Nature 171:528.

Kleier, Daniel A. 1988. Phloem mobility of xeno-biotics. 1 Mathematical model unifying the weak acid and intermediate permeability theories. Plant Physiol, 86:803-810.

Lang, Alexander; M. R. Thorpe; W. R. N. Edwards. 1986. Plant water potential and trans-location. p. 193-194 em James Cronshaw; William J. Lucas; Robert T. Giaquinta (eds.) Phloem Transport, Alan R. Liss, Nova York.Lauchli, Andre. 1972. Translocation of inorganic solutes. Annual Review of Plant Physiol. 23: 197-218.

Lemoine, Remi; Jaleh Daie; Roger Wyse. 1988. Evidence for the presence of a sucrose carrier in immature sugar beet tap roots. Plant Physiol, 86:575-580.

Lucas, W. J.; M. A. Madore. 1988. Recent advances in sugar transport. p. 35-84 em Jack Preiss (ed-.), The Biochemistry of Plants, v. 14. Academic Press, Nova York.

Madore, Monica A.; William J. Lucas. 1987, Control of photoassimilate movement in source-leaf tissues of *Ipomoea tricolor* Cav. Planta 171: 197-204.

Madore, Monica A.; John W. Oross; William J. Lucas. 1986. Symplastic transport in *Ipomoea tricolor* source leaves. Plant Physiol, 82:432-442.

Mauseth, James D. 1988. Plant Anatomy. Benjamin Cummings, Menlo Park, Calif.

McReady, C. C. 1966. Translocation of growth regulators. Annual Review of Plant Physiol. 17: 283-294.

Minchin, R. E. H.; J. H. Troughton. 1980. Quantitative interpretation of phloem translocation data. Plant Physiol. 31:191-215.

Munch, E. 1927. Versuche liber den Saftkreislauf (Experiments on the circulation of sap.) Ben Deutsch. Bot. Ges. 45:340-356.

Munch, E. 1930. Die Stoffbewegungen in der Pflanze. (Translocation in Plants.) Fischer, Jena.

Oliveira, Cristina M.; C. Austen Priestley. 1988. Carbohydrate reserves in deciduous fruit trees. Horticultural Reviews 10:403-430.

Oparka, K. J. 1986. Phloem unloading in the potato tuber Pathways and sites of ATPase, Protoplasma 131:201-210.

Passioura, J. B.; A. E. Ashford. 1974. Rapid translocation in the phloem of wheat roots, Aust. J. Plant Physiol 1:521-527.

Pate, John S. 1975. Exchange of solutes between phloem and xylem and circulation in the whole plant. v. 1, p. 451-473 em M. H. Zimmermann; J. A. Milburn. Transport in Plants. I. Phloem Transport. em A. Pirson; M. H. Zimmermann. Encyclopedia of Plant Physiology, New Series, Springer-Verlag, Berlim.

Pate, J. S. 1980. Transport and partitioning of nitrogenous solutes. Annual Review of Plant Physiol 31:313-340.

Pate, J. S. 1986. Xylenvto-phloem transfer — vital component of the nitrogen-partitioning system of a nodulated legume. p. 445-462 em James Cronshaw; William J. Lucas; Robert T. Giaquinta. (eds.) Phloem Transport. Alan R. Liss, Nova York.

Pate, J. S.; D. B. Layzell; D. L. McNeil. 1979. Modeling the transport and utilization of C and N in a nodulated legume. Plant Physiol 63:730-738.

Pate, J. S.; P. J. Sharkey; C. A, Atkins. 1977. Nutrition of a developing legume fruit. Functional economy in terms of carbon, nitrogen, and water. Plant Physiol 59:506-510.

Patrick, John W. 1979. An assessment of auxin-promoted transport in decapitated stems and whole shoots of *Phaseolus vulgaris* L. Planta 146:107-112.

Patrick, J. W. 1983. Photosynthate unloading from seed coats of *Phaseolus vulgaris* L. General characteristics and facilitated transfer Z. Pflanzen-physiol. 111:9-18.

Patrick, J. W. 1990. Sieve element unloading: Cellular pathway, mechanism and control, Physiologia Plantarum 78:298-308.

Peel, A. J. 1974. Transport of Nutrients in Plants. Wiley, Nova York.

Pereto, Juli G.; Jose R. Beltran. 1987. Hormone directed sucrose transport during fruit set induced by gibberellins in *Pisum sativum*. Physiol Plantarum 69:356-360.

Peterson, C. A.; H. B. Currier. 1969. An investigation of bidirectional translocation in the phloem. Physiologia Plantarum 22:1238-1250.

Porter, Gregory A.; Daniel P.Knievel; Jack C. Shannon. 1985. Sugar efflux from maize (*Zea mays* L.) pedicel tissue. Plant Physiol 77:524-531.

Reid, M. S.; R. L. Bieleski. 1974. Sugar changes during fruit ripening — whither sorbitol? Mechanisms of regulation of plant growth. p. 823-830 em R. L. Bieleski; A. R. Ferguson; M. M. Cresswell. (eds.) Bulletin 12, The Royal Society of New Zealand, Wellington.

Roeckl, B. 1949. Nachweise eines Konzentrations-hubs zwischen Palisadenzellen und Siebrohren, (Proof for a concentration buildup between palisade cells and sieve tubes.) Planta 36:530-550.

Rogers, S.; A. J. Peel. 1975. Some evidence for the existence of turgor pressure gradients in the sieve tubes of willow. Planta 126:259-267.

Sauter, J. J.; W. Iten; M. H. Zimmermann. 1973. Studies of the release of sugar into the vessels of sugar maple (*Acer saccharum*), Canadian Journal of Botany 51:1-8.

Schmalstig, J. Gougler; Donald R. Geiger. 1985. Phloem unloading in developing leaves of sugar beet. L Evidence for pathway through the sym-plast. Plant Physiol. 79:237-241.

Schmalstig, J. Gougler; Donald R. Geiger. 1987. Phloem unloading in developing leaves of sugar beet. II. Termination of phloem unloading, Plant Physiol 83:49-52.

Shannon, Jack C.; Gregory A. Porter; Daniel P. Knievel. 1986. Phloem unloading and transfer of sugars into developing corn endosperm. p. 265-277 em James Cronshaw, William J. Lucas, and Robert T. Giaquinta (eds.) Phloem Transport. Alan R. Liss, Nova York.

Sij, J. W.; C. A. Swanson. 1973. Effects of petiole anoxia on phloem transport in squash. Plant Physiol 51:368-371.

Stitt, Mark. 1986. Regulation of photosynthetic sucrose synthesis: Integration, adaptation, and limits. p. 331-347 em James Cronshaw; William J. Lucas; Robert T. Giaquinta. (eds.) Phloem Transport. Alan R. Liss, Nova York.Thorne, John H. 1985. Phloem unloading of C and N assimilates in developing seeds. Annual Review of Plant Physiology 36:317-343.

Thorne, John H. 1986. Sieve tube unloading. p. 211-224 em James Cronshaw, William J. Lucas, and Robert T. Giaquinta (eds.) Phloem Transport. Alan R. Liss, Nova York,

Thorne, John H.; Ross M.Rainbird. 1983. An *in vivo* technique for the study of phloem unloading in seed coats of developing soybean seeds. Plant PhysiolPhysiol 72:268-271.

Troughton, J. H.; J. Moorby; B. G. Currie. 1974. Investigations of carbon transport in plants. I. The use of carbon-11 to estimate various parameters of the translocation process. J. Expt Botany 25:684-694.

Turgeon, Robert. 1989. The sink-source transition in leaves. Ann. Rev Plant Physiol Plant MoL Biol. 40:119-138.

Turgeon, Robert; Larry E. Wimmers. 1988. Different patterns of vein loading of exogenous [i4C] sucrose in leaves of *Pisum sativum* and *Coleus blumei*. Plant Physiol. 87:179-182.

Van Bel, Aart J. E. 1987. The apoplast concept of phloem loading has no universal validity. Plant Physiol. Biochem. 25(5):677-686.

Wardlaw, Ian E; Lydia Eckhardl. 1987. Assimilate movement in *Lolium* and *Sorghum* leaves. IV Photosynthetic responses to reduced translocation and leaf storage. Australian Journal of Plant Physiology 14:573-591.

Warmbrodt, Robert D. 1986. Solute concentrations in the phloem and associated vascular and ground tissues of the root of *Hordeum vulgare* L. p. 435-444 em James Cronshaw, William J. Lucas; Robert T. Giaquinta. (eds.) Phloem Transport. Alan R. Liss, Nova York.

Watson, B. T. 1975. The influence of low temperature on the rate of translocation in the phloem of *Salix viminalis* L. Ann, Bot. 39:889-900.Wiebe, H. H. 1962. Physiological response of plants to drought. Utah Science 23:70-71.

Wolswinkel, Pieter. 1985a. Phloem unloading and turgor-sensitive transport: Factors involved in sink control of assimilate partitioning. Physiol Plant. 65:331-339.

Wolswinkel, P. 1985b. Effect of inhibitors on solute efflux from seed-coat halves and cotyledons of *Pisum sativum* L., after uptake from a bathing medium. The difference between sucrose and amino acids. J. Plant Physiol 120:419-429.

Wolswinkel, P.; A. Ammerlaan. 1983. Phloem unloading in developing seeds of *Viciafaba* L. Planta 158:205-215.

Wright, J. P.; D. B. Fisher. 1980. Direct measurement of sieve tube turgor pressure using severed aphid stylets. Plant Physiol 65:1133-1135.

Wyse, Roger E. 1986. Sinks as determinants of assimilate partitioning: Possible sites for regulation. p. 197-209 em James Cronshaw, William J. Lucas; Robert T. Giaquinta. (eds.) Phloem Transport. Alan R. Liss, Nova York.

Ziegler, H. 1975. Nature of transported substances. v.1, p. 59-100 em M. H. Zimmermann; J. A, Milburn. Transport in Plants. I. Phloem Transport. Em A. Pirson; M. H. Zimmermann. Encyclopedia of Plant Physiology, New Series. Springer-Verlag, Berlim.

Zimmermann, M. H. 1961. Movement of organic substances in trees. Science 133:73-79.

Zimmermann, M. H.; H. Ziegler 1975. Appendix III: List of sugars and sugar alcohols in sieve-tube exudates. Volume 1, p. 480-504 em M. H. Zimmermann; J. A, Milburn (eds.) Transport in Plants. I, Phloem Transport. Em A. Pirson; M. H. Zimmermann (series eds.), Encyclopedia of Plant Physiology, New Series. Springer-Verlag, Berlim.

Capítulo 9

Anfinsen, C. B. 1959. The Molecular Basis of Evolution, Wiley, Nova York.

Anfinsen, C. B. 1972. The formation and stabilization of protein structure. Biochemistry Journal 128:737-749.

Barondes, S. H. 1988. Bifunctional properties of lectins: Lectins redefined. Trends in Biochemical Sciences 13:480-482.

Bennett, W. S., Jr.; T. A. Steitz. 1980. Structure of a complex between yeast hexokinase A and glucose. II. Detailed comparisons of conformation and active site configuration with native hexokinase B monomer and dimer. Journal of Molecular Biology 140:211-230.

Budde, R. J. A.; R. Chollet. 1988. Regulation of enzyme activity in plants by reversible phosphorylation. Physiologia Plantarum 72: 435-439.

Burke, J. J.; J. R. Mahan; J. A. Hatfield. 1988. Crop-specific kinetic windows in relation to wheat and cotton biomass production. Agronomy Journal 80:553-556.

Burke, J. J.; J. N. Siedow; D. E. Moreiand. 1982. Succinate dehydrogenase. A partial purification from mung bean hypocotyls and soybean cotyledons. Plant Physiology 70:1577-1581.

Cech, T. R.; B. L. Bass. 1986. Biological catalysis by RNA. Annual Review of Biochemistry 55: 599-629.

Dickerson, R. E.; I. Geis. 1969. The Structure and Action of Proteins. Benjamin, Menlo Park, Califórnia.

Doll, H. 1984. Nutritional aspects of cereal proteins and approaches to overcome their deficiencies. Philosophical Transactions of the Royal Society of London, Series B 304:373-380.

Duke, S. H.; L. E. Schrader; M. G. Miller. 1977. Low temperature effects on soybean (*Glycine max* L. Merr. ev. Wells) mitochondrial respiration and several dehydrogenases during imbibition and germination. Plant Physiology 60:716-722.

Ellis, R. J. 1990. The molecular chaperone concept. Seminars in Cell Biology 1:1-9.

Ellis, R. J.; S. M. Hemmingsen. 1989. Molecular chaperones: Proteins essential for the biogenesis of some macromolecular structures. Trends in Biochemical Sciences 14:339-342.

Engel, R. C. 1977. Enzyme Kinetics. Wiley, Nova York.

Gannon, M. N. 1986. Where are the asymptotes of Michaelis-Menten? A simple method to visualize and determine the maximum response. Trends in Biochemical Sciences 11:509-510.

Gontero, B.; M. L. Cardenas; J. Ricard. 1988. A functional five-enzyme complex of chloroplasts involved in the Calvin cycle. European Journal of Biochemistry 173:437-443.

Harpstead, D. D. 1971. High lysine corn. Scientific American 225(2):34-42.

Huber, S. C. T. Sugiyama; T. Akazawa. 1986. Light modulation of maize leaf phosphoenol-pyruvate carboxylase. Plant Physiology 82: 550-554.

Johnson, V. A.; C. L. Lay. 1974. Genetic improvement of plant protein. Journal of Agricultural and Food Chemistry 22:558-566.

Koshland, D. E., Jr. 1973. Protein shape and biological control. Scientific American 229:52-64.

Larkins, B. A. 1981. Seed storage proteins: Characterization and biosynthesis. p. 449-489 *em* A. Marcus. (ed.) The Biochemistry of Plants, v. 6, Proteins and Nucleic Acids. Academic Press, Nova York.

Minami, Y. S. Wakabayashi, S. Imoto, Y. Ohta; H. Matsubara. 1985. Ferrodoxin from a liverwort, *Marchantia polymorpha*. Purification and amino acid sequence. Journal of Biochemistry 98: 649-655.

Naqui, A. 1986. Where are the asymptotes of Michaelis-Menten? Trends in Biochemical Sciences 11:64-65.

Orr, M. L.; B. K. Watt. 1957. Amino acid content of foods. United States Department of Agriculture Home Economics Research Report 41:1-82.

Patterson, B. D.; D. Graham. 1987. Temperature and metabolism. p. 153-199 *em* D. D. Davies (ed.) The Biochemistry of Plants, v. 12, Physiology of Metabolism. Academic Press, Nova York.

Paulson, J. C. 1989. Glycoproteins: What are the sugar chains for? Trends in Biochemical Sciences 14:272-276.

Payne, R. L.; A. P. Rhodes. 1982. Cereal storage proteins: Structure and role in agriculture and food technology. p. 346-369 *em* D. B. Boulter; B. Parthier. (eds.) Structure, Physiology, and Biochemistry of Proteins. Encyclopedia of Plant Physiology, New Series, v. 14A, Springer-Verlag, Berlim.

Payne, K. L.; L. M. Holt; E. A. Jackson; C. N. Law. 1984. Wheat storage proteins: Their genetics and their potential for manipulation by plant breeding. Philosophical Transactions of the Royal Society of Londres, Series B 304:359-371.

Ranjeva, A.; A. Boudet. 1987. Phosphorylation of proteins in plants: Regulatory effects and potential involvement in stimulus/response coupling. Annual Review of Plant Physiology 38:73-93.

Ricard, J. 1980. Enzyme flexibility as a molecular basis for metabolic control. p. 31-80 *em* D. D. Davies (ed.) The Biochemistry of Plants. v. 2. Metabolism and Respiration. Academic Press, Nova York.

Ricard, J. 1987. Enzyme regulation. p. 69-105 *em* D. D. Davies (ed.) The Biochemistry of Plants. v. 11. Biochemistry of Metabolism. Academic Press, Nova York.

Ross, C. W. 1981. Biosynthesis of nucleotides. p. 169-205 *em* A. Marcus (ed.) The Biochemistry of Plants. v. 6. Proteins and Nucleic Acids. Academic Press, Nova York.

Schmitter, J. M.; J. R. Jacquot; F. de Lamotte-Guery; C. Beauvallet; S. Dutka; P.Gadal; P. Decot-tignies. 1988. Purification, properties and complete amino acid sequence of the ferredoxin from a green alga, *Chlamydomonas reinhardtii*. European Journal of Biochemistry 172:405-412.

Sharon, N.; H. Lis. 1987. A century of lectin research (1888-1988). Trends in Biochemical Sciences 12:488-491.

Srere, P. A. 1987. Complexes of sequential metabolic enzymes. Annual Review of Biochemistry 56; 89-124.

Ting, I. P.; I. Fuhr; R. Curry; W. C. Zschoche. 1975. Malate dehydrogenase isozymes in plants: Preparation, properties, and biological significance. P. 369-383 *em* C. L. Markert (ed.) Isozymes. II. Physiological Function. Academic Press, Nova York.

Wolfe, S. L. 1981. Biology of the Cell. 2. ed. Wadsworth, Belmont, Califórnia.

Capítulo 10

Anderson, J. M. 1986. Photoregulation of the composition, function, and structure of thylakoid membranes. Annual Review of Plant Physiology 37:93-136.

Anderson, J. M.; B. Andersson. 1988. The dynamic photosynthetic membrane and regulation of solar energy conversion. Trends in Biochemical Sciences 13:351-355.

Andreasson, L. E.; T. Vanngard. 1988. Electron transport in photosystems I and II. Annual Review of Plant Physiology and Plant Molecular Biology 39:379-411.

Arnon, D. I. 1984. The discovery of photosynthetic phosphorylation- Trends in Biochemical Sciences 9:258-262.

Arnon, D. I. 1988. The discovery of ferredoxin: The photosynthetic path. Trends in Biochemical Sciences 13:30-33.

Barber, J. 1987a. Photosynthetic reaction centres: A common link. Trends in Biochemical Sciences 12:321-326.

Barber, J. 1987b. Composition, organization, and dynamics of the thylakoid membrane in relation to its function. p. 75-130 *em* M. D. Hatch; N. K. Boardman. (eds.) The Biochemistry of Plants, v. 10, Photosynthesis. Academic Press, Nova York.

Chitnis, P. R.; J. P. Thornber. 1988. The major light-harvesting complex of photosystem II: Aspects of its molecular and cell biology. Photosynthesis Research 16:41-63.

Clark, J. B.; G. R. Lister. 1975. Photosynthetic action spectra of trees. I: Comparative photosynthetic action spectra of one deciduous and four coniferous tree species as related to photores-piration and pigment complements. Plant Physiology 55:401-406.

Ehleringer, J. R.; O. Bjorkman. 1977. Quantum yields for CO_2 uptake among C3 and C4 plants: Dependence on temperature, CO_2, and O_2 concentrations. Plant Physiology 59:86-90.

Ehleringer, J. R.; R. W. Pearcy. 1983. Variation in quantum yield for CO_2 uptake among C3 and C4 plants. Plant Physiology 73:555-559.

Evans, J. R. 1987. The dependence of quantum yield on wavelength and growth irradiance. Australian Journal of Plant Physiology 14:69-79.

Evans, M. C. W.; G. Bredenkamp. 1990. The structure and function of the photosystem I reaction centre. Physiologia Plantarum 79: 415-420.

Gest, H. 1988. Sun-beams, cucumbers, and purple bacteria. Photosynthesis Research 19:287-308.

Ghanotakis, D. E.; C. F. Yocum. 1990. Photosystem II and the oxygen-evolving complex. Annual Review of Plant Physiology and Plant Molecular Biology 41:255-276.

Glazer, A. N.; A. Melis. 1987. Photochemical reaction centers: Structure, organization, and function. Annual Review of Plant Physiology 38:11-45.

Govindjee; W. J. Coleman. 1990. How plants make oxygen. Scientific American 262(2):50-58.

Hatch, M. D.; N. K. Boardman. (eds.) 1981. The Biochemistry of Plants, v. 8, Photosynthesis. Academic Press, Nova York.

Hill R.; E. Bendall. 1960. Function of the two cytochrome components in chloroplasts: A working hypothesis. Nature 186:136-137.

Hope, A. B.; D. B. Matthews. 1988. Electron and proton transfers around the *b/f* complex in chloroplasts: Modelling the constraints on Q-cycle activity. Australian Journal of Plant Physiology 15:567-583.

Inada, K. 1976. Action spectra for photosynthesis in higher plants. Plant and Cell Physiology 17: 355-365.

Irrgang, K. D., E. J. Boekema, J. Vater; G. Renger. 1988. Structural determination of the photosystem II core complex from spinach. European Journal of Biochemistry 178:209-217.

Jagendorf, A. T. 1967. The chemiosmotic hypothesis of photophosphorylation. p. 69-78 *em* A. San Pietro; E.A. Greer; T. J. Army. (eds.) Harvesting the Sun, Photosynthesis in Plant Life. Academic Press, Nova York.

Kamen, M. D. 1989. Onward into a fabulous half-century. Photosynthesis Research 21:139-144.

Kirk, J. T. O.; R. A. E. Tilney-Bassett 1978. The Plastids. 2. ed. Elsevier, Amsterdã.

Knaff, D. B. 1990. The cytochrome bc: complex of photosynthetic bacteria. Trends in Biochemical Sciences 15:289-291.

Lagoutte, B.; Mathis, R. 1989. The photosystem I reaction center: Structure and photochemistry. Photochemistry and Photobiology 49:833-844.

Malkin, R. 1988. Structure-function studies of photosynthetic cytochrome *b-c1* and *bc-f* complexes. ISI Atlas of Science: Biochemistry 10: 57-64.

Marder, J. B.; J. Barber. 1989. The molecular anatomy and function of thylakoid proteins. Plant, Cell and Environment 12:595-614.

Mattoo, A. K.; J. B. Marder; M. Edelman. 1989. Dynamics of the photosystem II reaction center. Cell 56:241-246.

Mazur, B. J.; S. C. Falco, 1989. The development of herbicide resistant crops, Annual Review of Plant Physiology and Plant Molecular Biology 40:441-470.

McCree, K. J. 1972. The action spectrum, absorp-tance and quantum yield of photosynthesis in crop plants. Agricultural Meteorology 9:191-216.

Melis, A.; J. S. Brown. 1980. Stoichiometry of system I and system II reaction centers and of plastoquinone in different photosynthetic membranes. Proceedings of the National Academy of Sciences USA 77:4712-4716.

Mitchell P. 1966. Chemical coupling in oxidative and photosynthetic phosphorylation. Biological Reviews 41:445-502.

Mitchell, P. 1985. The correlation of chemical and osmotic forces in biochemistry. Journal of Biochemistry 97:1-18.

Murphy, T. M.; W. E. Thompson. 1988. Molecular Plant Development. Prentice-Hall, Englewood Cliffs, N. J.

O'Keefe, D. R. 1988. Structure and function of the chloroplast *bf* complex. Photosynthesis Research 17:189-216.

Ort, D. R. 1986. Energy transduction in oxygenic photosynthesis: An overview of structure and mechanism. p. 143-196 *em* L. A. Staehlin; C. J. Arntzen. (eds.) Photosynthesis III, Photosynthetic Membranes and Light Harvesting Systems. Encyclopedia of Plant Physiology, New Series, v. 19. Springer-Verlag, Berlim.

Osborne, B. A.; M. K. Garrett. 1983. Quantum yields for CO_2 uptake in some diploid and tetra-ploid plant species. Plant, Cell and Environment 6:135-144.

Osborne, B. A.; R. J. Geider. 1987. The minimum photon requirements for photosynthesis. New Phytologist 106:631-644.

Pirt, S. J. 1986. The thermodynamic efficiency (quantum demand) and dynamics of photosynthetic growth, Tansley Review No, 4, New Phytologist 102:3-37.

Possingham, J. V. 1980. Plastid replication and development in the life cycle of higher plants. Annual Review of Plant Physiology 31:113-129.

Pschorn, R.; W. Rukie; A. Wild. 1988. Structure and function of NADP+ oxidoreductase. Photosynthesis Research 17:217-229.

Reilly, P.; N. Nelson. 1988. Photosystem I complex. Photosynthesis Research 19:73-84.

Referências

Renger, G. 1988. The photosynthetic oxygen evolving complex: Functional mechanism and structural organization. ISI Atlas of Science: Biochemistry 10:41-47.

Rutherford, A. W. 1989. Photosystem II, the water-splitting enzyme. Trends in Biochemical Sciences 14:227-242.

Scheller, H. V.; B. L. Mailer. 1990. Photosystem I polypeptides. Physiologia Plantarum 78:484-494.Scheller, Ht V. L.Svendsen; B. L. Mailer. 1989. Subunit composition of photosystem I and identification of center X as a (4Fe-4S) cluster Journal of Biological Chemistry 264:6929-6934.

Schulz, A.; F. Wengenmayer; H. M. Goodman. 1990. Genetic engineering of herbicide resistance in higher plants. CRC Critical Reviews in Plant Sciences 9:1-15.

Siefermann-Harms, D. 1985. Carotenoids in photosynthesis. L Location in photosynthetic membranes and light-harvesting function. Biochimica et Biophysica Acta 811:325-355.

Siefermann-Harms, D. 1987, The light-harvesting and protective functions of carotenoids in photosynthetic membranes. Physiologia Plantarum 69:561-568.

Smeekens, S.; P. Weisbeek; C. Robinson. 1990. Protein transport into and within chloroplasts. Trends in Biochemical Sciences 15:73-76.

Staehlin, L. A.; C. J. Arntzen. (Eds.) 1986. Photosynthesis III, Photosynthetic Membranes and Light Harvesting Systems. Encyclopedia of Plant Physiology. New Series, v. 19, Springer-Verlag, Berlim.

Steinback, K. E.; S. Bonitz; C. J. Arntzen; L. Bogorad. (Eds.) 1985. Molecular Biology of the Photosynthetic Apparatus. Cold Spring Harbor Laboratory, Cold Spring, Nova York.

Stemler, A.; R. Radmer. 1975. Source of photosynthetic oxygen in bicarbonate-stimulated Hill reaction. Science 190:457-458.

Trebst, A.; M. Avron. (Eds.) 1977. Plasto-quinones in photosynthesis. Philosophical Transactions of the Royal Society of London, Series B 284:591-599.Wellburn, A. R. 1987. Plastids, International Review of Cytology, Supplement 17:149-210.

Zscheile, E.R.; C. L. Comar. 1941. Influence of preparative procedure on the purity of chlorophyll components as shown by absorption spectra. Botanical Gazette 102:463-481.

Zscheile, E. E.; J. W. White, Jr.; B. W. Beadle; J. R. Roach. 1942. The preparation and absorption spectra of five pure carotenoid pigments. Plant Physiology 17:331-346.

Capítulo 11

Andreo, C. S.; D. H. Gonzalez; A. A. Iglesias. 1987. Higher plant phosphoeno/pyruvate carbox-ylase. Federation of European Biochemical Societies 213:1-8.

Andrews, X. J.; G. H. Lorimer. 1987. Rubisco: Structure, mechanisms, and prospects for improvement. p. 131-218 em M. D. Hatch e N. K. Boardman (eds,), Photosynthesis, The Biochemistry of Plants, V61 10, Academic Press, Nova York.ap Rees, T. 1987, Compartmentation of plant metabolism. p. 87-115 em D. D. Davies (ed.) Physiology of Metabolism, The Biochemistry of Plants, v. 12. Academic Press, Nova York.

Avigad, G. 1982. Sucrose and other disaccharides. p. 217-347 em F. A. Loewus e W. Tanner (eds.) Encyclopedia of Plant Physiology, New Series, v. 13A, Plant Carbohydrates I. Intra-cellular Carbohydrates. Springer-Verlag, Berlim.

Balsamo, R. A.; E. G. Uribe. 1988. Leaf anatomy and ultrastructure of the Crassulacean-acid-metabolism plant *Kalanchoe daigremontiana*, Planta 173:183-189.

Bancal, P.; C.A. Henson; J. P. Gaudillere; N. C. Carpita. 1991. Fructan chemical structure and sensitivity to exohydrolase. Carbohydrate Research.

Banks, U.; D. D. Muir. 1980. Structure and chemistry of the starch granule. p. 321-369 em J. Preiss (ed.) Carbohydrates: Structure and Function. The Biochemistry of Plants. v. 3. Academic Press, Nova York,

Bassham, J. A. 1965. Photosynthesis: The path of carbon. p. 875-902 em J. Bonner; J. E. Varner (eds.) Plant Biochemistry. 2. ed. Academic Press, Nova York.

Bassham, J. A. 1979. The reductive pentose phosphate cycle and its regulation. p. 9-30 em M. Gibbs e E. Latzko (eds.). Encyclopedia of Plant Physiology; New Series. v. 6. Photosynthesis II. Springer-Verlag, Berlim,

Beck, E.; P. Ziegler. 1989. Biosynthesis and degradation of starch in higher plants. Annual Review of Plant Physiology and Plant Molecular Biology 40:95-117.

Berry, J. A.; G. H. Lorimer; J. Pierce; J. R. Seemann; J. Meek; S. Freas. 1987. Isolation, identification, and synthesis of 2-carboxyarabinitol-l-phosphate, a diurnal regulator of ribulose-bisphosphate carboxylase activity. Proceedings of the National Academy of Sciences USA 84; 734-738.

Black, O. C.; W. H. Campbell; T. M. Chen; R. Dettrich. 1973. The monocotyledons: Their evolution and comparative biology. Pathways of carbon metabolism related to net carbon dioxide assimilation by monocotyledons. Quarterly Review of Biology 48:299-313.

Brown, R. H.; P. W. Hattersley. 1989. Leaf anatomy of Q-C4 species as related to evolution of C4 photosynthesis. Plant Physiology 91: 1543-1550.

Buchanan, B. B. 1984. The ferredoxin/thioredoxin system: A key element in the regulatory function of light in photosynthesis. BioScience 34:378-383.

Burnell, J. N.; M. D. Hatch. 1985. Light-dark modulation of leaf pyruvate, Pi dikinase. Trends in Biochemical Sciences 10:288-290.

Calvin, M. 1989. Forty years of photosynthesis and related activities. Photosynthesis Research 21:3016.

Campbell, W. H.; C. C. Black. 1982. Cellular aspects of C4 photosynthesis: Mechanism of activation and inactivation of extracted pyruvate, inorganic phosphate dikinase in relation to dark/ light regulation. Archives of Biochemistry and Biophysics 210:82-89.

Carpita, N.; T. L. Housley; J. E. Hendrix. 1991. New features of plant-fructan structure revealed by methylation analysis and carbon-13 N.M.R. spectroscopy. Carbohydrate Research.

Carpita, N. C; J. Kanabus; T. L. Housley. 1989. Linkage structure of fructans and fructan oligomers from *Triticum aestivum* and *Festuca arundinacea* leaves. Journal of Plant Physiology 134:162-168.

Chatterton, N. J.; P. A. Harrison; J. H. Bennett; K. H. Asay. 1989. Carbohydrate partitioning in 185 accessions of gramineae grown under warm And cool temperatures. Journal of Plant Physiology 134:169-179.

Crawford, N. A,; M. Droux; N. S. Kosower; B. B. Buchanan. 1989. Evidence for function of the ferredoxin/thioredoxin system in the reductive activation of target enzymes of isolated intact chloroplasts. Archives of Biochemistry and Biophysics 271:223-239.

Davies, D. D. (ed.) 1987, Physiology of Metabolism, The Biochemistry of Plants, v. 12. Academic Press, Nova York.

Dey, R. M.; R. A. Dixon (eds.) 1985. Biochemistry of Storage Carbohydrates in Green Plants. Academic Press, Nova York.

Downton, W. J. S. 1975. The occurrence of C4 photosynthesis among plants, Photosynthetica 9: 96-105.

Edwards, G. E.; M. S. B. Ku. 1987. Biochemistry of C3-C4 intermediates. p. 275-325 *em* M. D. Hatch e N. K. Boardman (eds.) Photosynthesis. The Biochemistry of Plants, v. 10. Academic Press, Nova York.

Edwards, G. E.; M. S. B. Ku. 1990. Regulation of the C4 pathway of photosynthesis. p. 175-190 *em* L.Zelitch (ed.)/ Perspectives in Biochemical and Genetic Regulation of Photosynthesis. Alan R. Liss, Nova York.

Edwards, G. E.; H. Nakamoto; J. N. Burnell; M. D. Hatch. 1985. Pyruvate, Pi dikinase and NADP-malate dehydrogenase in C4 photosynthesis: Properties and mechanism of light/ dark regulation. Annual Review of Plant Physiology 36:255-286.

Ellis, T. J. 1979. The most abundant protein in the world. Trends in Biochemical Sciences 4:241-244.

Ford, D. M.; P. P. Jablonski; A. H. Mohamed; L. E. Anderson. 1987. Protein modulase appears to be a complex of ferredoxin, ferredoxin/thioredoxin reductase, and thioredoxin. Plant Physiology 83:628-632.

Forrester, M. L.y G. Krotkov; C. D. Nelson. 1966. Effect of oxygen on photosynthesis, photores-piration, and respiration in detached leaves. L.Soybean. Plant Physiology 41:422-427.

Frederick, S. E.; E. H. Newcomb. 1971. Ultrastructure and distribution of microbodies in leaves of grasses with and without CO-photorespiration, Planta 96:152-174.

Gerbaud, A.; M. Andre. 1987. An evaluation of the recycling in measurements of photorespiration. Plant Physiology 83:933-937.

Gibson, A. C. 1982. The anatomy of succulence. p. 1-17 *em* I. P. Ting e M. Gibbs (eds.) Crassulacean Acid Metabolism. Waverly Press, Baltimore.

Gutteridge, S. 1990. Limitations of the primary events of CO2 fixation in photo synthetic organisms: The structure and mechanism of rubisco. Biochimica et Biophysica Acta 1015:1-14.

Gutteridge, S.; M. A. J. Parry; S. Burton; A. J. Keys; A. Mudd; J. Feeney; J. C. Servaites; J. Pierce. 1986. A nocturnal inhibitor of carboxylation in leaves. Nature 324:274-276.

Hanson, K. R. 1990. Regulation of starch and sucrose synthesis in tobacco species. p. 69-84 *em* I. Zelitch (*ed.*) Perspectives in Biochemical and Genetic Regulation of Photosynthesis. Alan R. Liss, Nova York.

Hatch, M. D. 1977. C4 pathway photosynthesis: Mechanism and physiological function. Trends in Biochemical Sciences 2:199-201.

Hatch, M. D.; N. K. Boardman (eds.) 1987. Photosynthesis. The Biochemistry of Plants. v. 10. Academic Press, Nova York.

Hawker, J. S. 1985. Sucrose. p. 48-51 *em* P. M. Dey e R. A. Dixon (eds.) Biochemistry of Storage Carbohydrates in Green Plants. Academic Press, Nova York.

Heldt, H. W.; U. L.Flugge. 1987. Subcellular transport of metabolites in plant cells. p. 49-85 *em* D. D. Davies (ed.) Physiology of Metabolism. The Biochemistry of Plants, v. 12. Academic Press, Nova York.

Heldt, H. W., U. I. Flugge, S. Borchert, G. Bruckner; J. Ohnishi. 1990. Phosphate translocators in plastids. p. 39-54 *em* I. Zelitch (ed.) Perspectives in Biochemical and Genetic Regulation of Photosynthesis. Alan R. Liss, Nova York.

Hendrix, J. E., J. C. Linden, D. H. Smith, C. W. Ross; I. K. Park. 1986. Relationship of pre-anthesis fructan metabolism to grain number in winter wheat (*Triticum aestivum* L.). Australian Journal of Plant Physiology 13:391-398.

Hendry, G. 1987. The ecological significance of fructan in a contemporary flora. New Phytologist 106:201-216.

Hesla, B. I., L. L. Tiezen; S. K. Imbamba. 1982. A systematic survey of C3 and C4 photosynthesis in the *Cyperaceae* of Kenya, East Africa. Photosynthetica 16:196-205.

Holmgren, A. 1985. Thioredoxin. Annual Review of Biochemistry 54:237-271.

Huang, A. H. C.; R. N. Trelease; T. S. Moore, Jr. 1983. Plant Peroxisomes. Academic Press, Nova York.

Huber, S. C.; J. A. Huber; K. R. Hanson. 1990. Regulation of the partitioning of products of photosynthesis. p. 85-101 *em* I. Zelitch (*ed.*) Perspectives in Biochemical and Genetic Regulation of Photosynthesis. Alan R. Liss, Nova York.

Husic, D. W., H. D. Husic; N. E. Tolbert. 1987. The oxidative photosynthetic carbon cycle or C2 cycle. CRC Critical Reviews in Plant Sciences 5:45-100.

Jenner, C. F. 1982. Storage of starch. p. 700-747 *em* F. A. Loewus and W. Tanner (eds.) Encyclopedia of Plant Physiology, New Series, v. 13A, Plant Carbohydrates I. Intracellular Carbohydrates. Springer-Verlag, Berlim.

Kainuma, K. 1988. Structure and chemistry of the starch granule. p. 141-180 *em* J. Preiss. (ed.) Carbohydrates. The Biochemistry of Plants, v. 14. Academic Press, Nova York.

Keeley, J. E. 1988. Photosynthesis in quillworts, or why are some aquatic plants similar to cacti? Plants Today, July-Aug. 127-132.

Keeley, J. E.; B. A. Morton. 1982. Distribution of diurnal acid metabolism in submerged aquatic plants outside the genus *Isoetes*. Photosynthetica 16:546-553.

Kelly, G. J.; J. A. M. Holtum; E. Latzko. 1989. Photosynthesis. Carbon metabolism: New regulators of CO2 fixation, the new importance

Referências

of pyrophosphate, and the old problem of oxygen involvement revisited. Progress in Botany 50: 74-101.

Keys, A. J. 1990. Biochemistry of ribulose bis-phosphate carboxylase. p. 207-224 *em* I. Zelitch. (ed.) Perspectives in Biochemical and Genetic Regulation of Photosynthesis. Alan R. Liss, Nova York.

Kluge, M.; I. P. Ting. 1978. Crassulacean Acid Metabolism: Analysis of an Ecological Adaptation. Springer-Verlag, Berlim.

Kortschak, H. P.; C. E. Hartt; G. O. Burr. 1965. Carbon dioxide fixation in sugarcane leaves. Plant Physiology 40:209-213.

Krenzer, E. G., Jr.; D. N. Moss; R. K. Crookston. 1975. Carbon dioxide compensation points of flowering plants. Plant Physiology 56:194-206.

Laetsch, W. M. 1974. The C-4 syndrome: A structural analysis. Annual Review of Plant Physiology 25:27-52.

Lea, P. J.; R. D. Blackwell. 1990. Genetic regulation of the photorespiratory pathway. p. 301-318 *em* I. Zelitch (ed.) Perspectives in Biochemical and Genetic Regulation of Photosynthesis. Alan R. Liss, Nova York.

Loewus, F. A.; W. Tanner. (eds.) 1982. Encyclopedia of Plant Physiology, New Series, v. 13A, Plant Carbohydrates I. Intracellular Carbohydrates. Springer-Verlag, Berlim.

Liittge, U. 1987. Carbon dioxide and water demand: Crassulacean acid metabolism (CAM), a versatile ecological adaptation exemplifying the need for integration in ecophysiological work. New Phytologist 106:593-629.

Manners, D. J. 1985. Starch. p. 149-203 *em* P. M. Dey e R. A. Dixon (eds.) Biochemistry of Storage Carbohydrates in Green Plants. Academic Press, Nova York.

Martin, C. E.; L. Kirchner. 1987. Lack of photo-synthetic pathway flexibility in the CAM plant *Agave virginica* L. (Agavaceae). Photosynthetica 21:273-280.

Meier, H.; J. S. G. Reid. 1982. Reserve polysac-charides other than starch in higher plants. p. 418-471 *em* F. A. Loewus; W. Tanner. (eds.) Encyclopedia of Plant Physiology, New Series, v. 13A, Plant Carbohydrates I. Intracellular Carbohydrates. Springer-Verlag, Berlim.

Monson, R. K.; B. D. Moore. 1989. On the significance of C3-C4 intermediate photosynthesis to the evolution of C4 photosynthesis. Plant, Cell and Environment 12:689-699.

Neales, T. E. A. A. Patterson; V. J. Hartney. 1968. Physiological adaptation to drought in the carbon assimilation and water loss of xerophytes. Nature 219:469-472.

Ogren, W. L. 1984. Photorespiration: Pathways, regulation, and modification. Annual Review of Plant Physiology 35:415-442.

Oliver, D. J.; Y. Kim. 1990. Biochemistry and developmental biology of the C-2 cycle. p. 253-269 *em* I. Zelitch (ed.) Perspectives in Biochemical and Genetic Regulation of Photosynthesis. Alan R. Liss, Nova York.

Pearcy, R. W. 1983. The light environment and growth of C3 and C4 tree species in the understory of a Hawaiian forest. Oecologia 58:19-25.

Pierce, J. 1988. Prospects for manipulating the substrate specificity of ribulose bisphosphate carboxylase/oxygenase. Physiologia Plantarum 72:690-698.

Pollock, C. J.; N. J. Chatterton. 1988. Fructans. p. 109-140 *em* J. Preiss (ed.) Carbohydrates. The Biochemistry of Plants. v. 14. Academic Press, Nova York.

Pontis, H. G.; E. del Campillo. 1985. Fructans. p. 205-228 *em* P. M. Dey; R. A. Dixon (eds.) Biochemistry of Storage Carbohydrates in Green Plants. Academic Press, Nova York.

Portis, A. R., Jr. 1990. Rubisco activase. Biochimica et Biophysica Acta 1015:15-28.

Preiss, J. (ed.) 1980. Carbohydrates: Structure and Function. The Biochemistry of Plants, v. 3. Academic Press, Nova York.

Preiss, J. 1982a. Regulation of the biosynthesis and degradation of starch. Annual Review of Plant Physiology 33:431-454.

Preiss, J. 1982b. Biosynthesis of starch and its regulations. p. 397-417 *em* F. A, Loewus e W. Tanner (eds.) Encyclopedia of Plant Physiology, New Series, v. 13A, Plant Carbohydrates I. Intracellular Carbohydrates. Springer-Verlag, Berlim.

Preiss, J. 1984. Starch, sucrose biosynthesis and partition of carbon in plants are regulated by ortho-phosphate and triose-phosphates. Trends in Biochemical Sciences 9:24-27.

Preiss, J. (ed.) 1988. Carbohydrates. The Biochemistry of Plants, v. 14. Academic Press, Nova York.

Raven, J. A.; L. L. Handley; J. J. MacFarlane; S. McInroy; L. McKenzie; J. H. Richard; G. Samuelsson. 1988. Tansley Review No. 13: The role of CO2 uptake by roots and CAM in acquisition of inorganic C by plants of the isoetid life-form: A review, with new data on *Eriocaulon decangulare* L. New Phytologist 108:125-248.

Salvucci, M. E. 1989. Regulation of rubisco activity in vivo. Physiologia Plantarum 77:164-171.

Salvucci, M. E.; A. R. Portis, Jr.; W. L. Ogren. 1985. A soluble chloroplast protein catalyzes ribulosebisphosphate carboxylase/oxygenaseactivation in vivo. Photosynthesis Research 7:193-201.

Scheibe, R. 1987. NADP-malate dehydrogenase in C3-plants: Regulation and role of a light-activated enzyme. Physiologia Plantarum 71:393-400.

Seemann, J. R.; J. A. Berry; S. M. Freas; M. A. Krump. 1985. Regulation of ribulose bisphosphate carboxylase activity in vivo by a light-modulated inhibitor of catalysis. Proceedings of the National Academy of Sciences USA 82:8024-8028.

Servaites, J. C. 1990. Inhibition of ribulose 1,5-bisphosphate carboxylase/oxygenase by 2-carboxyarabinitol-1-phosphate. Plant Physiology 92:867-870.

Sharkey, T. D. 1988. Estimating the rate of photo-respiration in leaves. Physiologia Plantarum 73: 147-152.

Sharkey, T. D. 1989. Evaluating the role of rubisco regulation in photosynthesis of C3 plants. Philosophical Transactions of the Royal Society of London, Series B 323:435-448.

Shiomi, N. 1989. Properties of fructosyltransferases involved in the synthesis of fructan in liliaceous plants. Journal of Plant Physiology 134:151-155.

Somerville, C. R.; A. R. Portis, Jr.; W. L. Ogren. 1982. A mutant of *Arabidopsis thaliana* which lacks activation of RuBP carboxylase *in vivo*. Plant Physiology 70:381-387.

Stiborova, M. 1988. Phosphoenolpyruvate carboxylase: The key enzyme of C4-photosynthesis. Photosynthetica 22:240-263.

Stitt, M. 1990. Fructose-2,6-bisphosphate as a regulatory molecule in plants. Annual Review of Plant Physiology and Plant Molecular Biology 41:153-185.

Stitt, M.; W. P. Quick. 1989. Photosynthetic carbon partitioning: Its regulation and possibilities for manipulation. Physiologia Plantarum 77:633-641.

Stitt, M.; S. C. Huber; P. Kerr. 1987. Control of photosynthetic sucrose synthesis. p. 327-409 *em* M. D. Hatch and N. R. Boardman (eds.) The Biochemistry of Plants. v. 10. Photosynthesis. Academic Press, Nova York.

Ting, I. P. 1985. Crassulacean acid metabolism. Annual Review of Plant Physiology 36:595-622.

Ting, I. P.; M. Gibbs. (eds.) 1982. Crassulacean Acid Metabolism. Waverly Press, Baltimore.

Wagner, J.; W. Larcher. 1981. Dependence of CO2 gas exchange and acid metabolism of alpine CAM plant *Sempervivum montanumon* on temperature and light. Oecologia 50:88-93.

Walker, J. L.; D. J. Oliver. 1986. Glycine decar-boxylase multienzyme complex. Purification and partial characterization from pea leaf mitochondria. Journal of Biological Chemistry 261: 2214-2221.

Waller, S. S.; J. K. Lewis. 1979. Occurrence of C3 and C4 photosynthetic pathways in North American grasses. Journal of Range Management 32:12-28.

Winter, K.; J. H. Troughton. 1978. Photosyn-thetic pathways in plants of coastal and inland habitats of Israel and the Sinai. Flora 167: 1-34.

Woodrow, I. E.; J. A. Berry. 1988. Enzymatic regulation of photosynthetic CO_2 fixation in C3 plants. Annual Review of Plant Physiology and Plant Molecular Biology 39:533-594.

Capítulo 12

Allen, E. J.; R. K. Scott. 1980. An analysis of growth of the potato crop. Journal of Agricultural Science, Cambridge 94:583-606.

Austin, R. B.; J. Bingham; R. D. Blackwell; L. T. Evans; M. A. Ford; C. L. Morgan; M. Taylor 1980. Genetic improvements in winter wheat yields since 1900 and associated physiological changes. Journal of Agricultural Science, Cambridge 94:675-689.

Azcon-Bieto, J. 1983. Inhibition of photosynthesis by carbohydrates in wheat leaves. Plant Physiology 73:681-686.

Baker, D. N. 1965. Effects of certain environmental factors on net assimilation in cotton. Crop Science.

Baker, D. N.; R. B. Musgrave. 1964. Photosynthesis under field conditions. V Further plant chamber studies on the effects of light on corn (*Zea mays* L.), Crop Science 4:127-131.

Bauer, A.; P. Martha. 1981. The CO2 compensation point of C-3 plants — a re-examination. L Interspecific variability. Zeitschrift fur Pflanzen-physiologie 103:445-450.

Berner, Robert A.; Antonio C. Lasaga. 1989. Modeling the geochemical carbon cycle. Scientific American 260(3):74-81.

Berry, J. A. 1975. Adaptation of photosynthetic processes to stress. Science 188:644-650.

Berry, J. A.; O. Bjorkman. 1980. Photosynthetic response and adaptation to temperature in higher plants. Annual Review of Plant Physiology 31:491-543.

Bjorkman, O. 1980. The response of photosynthesis to temperature. p. 273-301 *em* J. Grace, E. D. Ford; R. G. Jarvis (eds.) Plants and Their Atmospheric Environment. Blackwell Scientific Publications, Oxford.

Bjorkman, O. 1981. Responses to different quantum flux densities. p. 57-107 *em* O. L. Lange, P. S. Nobel, OB. Osmond; H. Ziegler (eds.) Encyclopedia of Plant Physiology, New Series, v. 12A, Physiological Plant Ecology I. Springer-Verlag, Berlim.

Bjorkman, O.; R. Holmgren. 1963. Adaptability of the photosynthetic apparatus to light intensity in ecotypes from exposed and shaded habitats. Physiologia Plantarum 16:889-914.

Black, C. C. 1973. Photosynthetic carbon fixation in relation to net CO2 uptake. Annual Review of Plant Physiology 24:253-286.

Boardman, N. K. 1977, Comparative photosynthesis of sun and shade plants. Annual Review of Plant Physiology 28:355-377.

Brown, R. H. 1978. A difference in N use efficiency in C3 and C4 plants and its implications in adaptation and evolution. Crop Science 18: 92-98.

Bugbee, B. G.; F. B. Salisbury. 1988. Exploring the limits of crop productivity. 1 Photosynthetic efficiency of wheat in high irradiance environments. Plant Physiology 88:869-878.

Card well, V. B. 1982. Fifty years of Minnesota corn production: Sources of yield increase. Agronomy Journal 74:984-990.

Chang, J. H. 1981. Corn yield in relation to photope-riod, night temperature, and solar radiation. Agricultural Meteorology 24:253-262.

Clark, William C. (ed.) 1982. Carbon Dioxide Review, 1982. Oxford University Press, Nova York.

Corre, N. C. 1983. Growth and morphogenesis of sun and shade plants. L The influence of light intensity. Acta Botanica Neerlandica 32:49-62.

Demmig, Barbara; Olle Bjorkman. 1987. Comparison of the effect of excessive light on chlorophyll fluorescence (77 K) and photon yield of O_2 evolution in leaves of higher plants. Planta 171:171-184.

Edwards, G. E.; S. B. Ku; J. G. Foster. 1983. Physiological constraints to maximum yield potential. p. 105-109 *em* T. Kommedahl e R. H. Williams (eds.) Challenging Problems in Plant Health. The American Phytopathological Society, St. Paul, Minn.

Ehleringer, J.; R. W. Pearcy. 1983. Variation in quantum yield for CO2 uptake among C3 and C4 plants. Plant Physiology 73:555-559.

Emerson, R.; C. M. Lewis. 1941. Carbon dioxide exchange and the measurement of the quantum yield of photosynthesis, American Journal of Botany 28:789-804.

Referências

Enoch, H. Z.; Bruce A. Kimball. (eds.) 1986. Carbon dioxide enrichment of greenhouse crops, v. 1: Status and CO. Sources. v. II: Physiology, Yield, and Economics. CRC Press, Boca Raton, Fla.

Evans, J. R. 1983. Nitrogen and photosynthesis in the flag leaf of wheat (*Triticum aestivum* L.). Plant Physiology 72:297-302.

Evans, L. T. 1980. The natural history of crop yield, American Scientist 68:388-397.

Gaastra, P. 1959. Photosynthesis of crop plants as influenced by light, carbon dioxide, temperature and stomatal diffusion resistance, Mededelinger van de Landbouwhogeschool Te Wagenigen 59: 1-68.

Gifford, R. M.; L. T. Evans. 1981. Photosynthesis, carbon partitioning, and yield. Annual Review of Plant Physiology 32:485-509.

Gifford, R. M., J. H. Thorne, W. D. Hitz; R. T. Giaquinta. 1984. Crop productivity and photo-assimilate partitioning. Science 225:801-808.

Good, N. E.; D. H. Bell. 1980. Photosynthesis, plant productivity, and crop yield. p. 3-51 *em* P. S. Carlson (ed.) The Biology of Crop Productivity. Academic Press, Nova York.

Govindjee. (ed.) 1983. Photosynthesis, v. II: Development, Carbon Metabolism and Plant Productivity. Academic Press, Nova York.

Hadley, N. F.; S. R. Szarek. 1981. Productivity of desert ecosystems. BioScience 331:747-753.

Hall, N. P.; A. J. Keys. 1983. Temperature dependence of the enzymic carboxylation and oxygenation of ribulose-1,5-bisphosphate in relation to effects of temperature on photosynthesis. Plant Physiology 72:945-948.

Hanover, J. W. 1980. Control of tree growth, BioScience 30:756-762.

Hanson, H. C. 1917. Leaf structure as related to environment, American Journal of Botany 4: 533-560.

Hargrove, T. R.; V. L. Cabanilla. 1979. The impact of semidwarf varieties on Asian rice-breeding programs. BioScience 29:731-735.

Herold, A. 1980. Regulation of photosynthesis by sink activity — the missing link. New Phytologist 86:131-144.

Hesketh, J. D. 1963. Limitations to photosynthesis responsible for differences among species. Crop Science 3:493-496.

Hicklenton, P. R.; P. A. Jolliffe. 1980. Alterations in the physiology of CO_2 exchange in tomato plants grown in CO_2-enriched atmosphere. Canadian Journal of Botany 58:2181-2189.

Ho, Lim C. 1988. Metabolism and compartmentation of imported sugars in sink organs in relation to sink strength. Annual Review of Plant Physiology and Plant Molecular Biology 39:355-378.

Jensen, William A.; Frank B. Salisbury. 1984. Botany. 2. ed. Wadsworth, Belmont, Califórnia.

Johnson, C. B. (ed.) 1981. Physiological Processes Limiting Plant Productivity, Butterworths, Londres.

Korner, Christian; M. Diemer. 1987. *In situ* photosynthetic responses to light, temperature and carbon dioxide in herbaceous plants from low and high altitude. Functional Ecology 1:179-194.

Larcher, W. 1969. The effect of environmental and physiological variables on the carbon dioxide gas exchange of trees. Phytosynthetica 3:167-198.

Leopold, A, C.; P. E. Kriedemann. 1975. Plant Growth and Development. McGraw-Hill, Nova York.

Long, S. P. 1983. C4 photosynthesis at low temperatures, (Commissioned view.) Plant, Cell and Environment 6:345-363.

Marzola, D. L.; D. P.Bartholomew. 1979. Photosynthetic pathway and biomass energy production. Science 205:555-559.

McClendon, J. H.; G. G. McMillen. 1982. The control of leaf morphology and the tolerance of shade by woody plants. Botanical Gazette 143: 79-83.

McCree, K. J. 1981. Photosynthetically active radiation. p. 41-55 *em* O. L. Lange, P. S. Nobel, C. B. Osmond; H. Ziegler (eds.) Encyclopedia of Plant Physiology, New Series, v. 12A, Physiological Plant Ecology I. Springer-Verlag, Berlim.

Monteith, John L. 1978. Reassessment of maximum growth rates for C3 and C4 crops. Experimental Agriculture 14:1-5.

Moss, D. N.; L. H. Smith. 1972. A simple classroom demonstration of differences in photosynthetic capacity among species. Journal of Agronomic Education 1:16-17.

Oquist, G. 1983. Effects of low temperature on photosynthesis. Plant, Cell e Environment 6:281-300.

Osborne, B. A.; M. K. Garrett. 1983. Quantum yields for CO2 uptake in some diploid and tetraploid plant species, Plant, Cell and Environment 6:135-144.

Osmond, C. B.; O. Bjorkman; D. J. Anderson. (eds.) 1980. Physiological Processes in Plant Ecology Springer-Verlag, Berlim.

Pearcy, R. W.; J. Ehleringer. 1984. Comparative ecophysiology of C3 and C4 plants. (A review.) Plant, Cell and Environment 7:1-13.

Pearcy, Robert W.; Olle Bjorkman; Martyn M. Caldwell; John E. Keeley; Russel K. Monson; Boyd R. Strain. 1987. Carbon gain by plants in natural environments. BioScience 37:21-29.

Post Wilfred M.; Tsung-Hung Peng; William R. Emanuel; Anthony W. King; Virginia H. Dale; Donald L. DeAngelis. 1990. The global carbon cycle. American Scientist 78:310-326.

Puckridge, D. W. 1968. Photosynthesis of wheat under field conditions. I. The interaction of photosynthetic organs, Australian Journal of Agricultural Research 19:711-719.

Radmer, R.; B. Kok. 1977. Photosynthesis: Limited yields, unlimited dreams, BioScience 27:599-605.

Revelle, R. 1982, Carbon dioxide and world climate. Scientific American 247(2):35-43.

Rycroft, M. J. 1982. Analysing atmospheric carbon dioxide levels. Nature 295:190-191.

Sestak, Z. 1981. Leaf ontogeny and photosynthesis. p. 147-158 *em* C. B. Johnson (ed.) Physiological Processes Limiting Plant Productivity. Butterworths, Londres.

Somerville, C. R.; W. L. Ogren, 1982. Genetic modification of photorespiration. Trends in Biochemical Sciences 7:171-174.

Stuiver, M. 1978. Atmospheric carbon dioxide and carbon reservoir changes. Science 199:253-258.

Tans, Pieter P. Inez Y. Fung; Taro Takahashi, 1990. Observational constraints on the global atmospheric CCX budget. Science 247:1431-1438.

Thomas, M. D.; G. R. Hill. 1949. Photosynthesis under field conditions. p. 19-52 *em* J. Franck e W. E. Loomis (eds,), Photosynthesis in Plants. Iowa State University Press, Ames.

Wardiaw, I. F. 1980. Translocation and source-sink relationships. p. 297-399 *em* P. S. Carlson (ed.) The Biology of Crop Productivity, Academic Press, Nova York.

Waterman, Lee S.; Donald W. Nelson; Walter D. Komhyr; Tom B. Harris; Kurk W. Thoning; Pieter P. Tans. 1989. Atmospheric CO_2 measurements at Cape Matatula, American Samoa, 1976-1987. Journal of Geophysical Research 94: 14817-14829.

Whittaker, R. H. 1975. Communities and Ecosystems. 2. ed. Macmillan, Nova York.

Wittwer, S. H. 1980. The shape of things to come. Página 413-459 *em* P. S. Carlson (ed.) The Biology of Crop Productivity. Academic Press, Nova York.

Zelitch, I. 1982. The close relationship between net photosynthesis and crop yield. BioScience 32:796-802.

CAPÍTULO 13

Al-Ani, A.; F. Bruzau; P. Raymond; V. Saint-Ges; J. M. Leblanc; A. Pradet. 1985. Germination, respiration, and adenylate energy charge of seeds at various oxygen partial pressures. Plant Physiology 79:885-890.

Amthor, J. S. 1989. Respiration and Crop Productivity. Springer-Verlag, Nova York.

ap Rees, T. 1985. The organization of glycolysis and the oxidative pentose phosphate pathway in plants. p. 390-417 *em* R. Douce e D. A. Day (eds.) Encyclopedia of Plant Physiology, New Series, v. 18, Higher Plant Cell Respiration. Springer-Verlag, Berlim.

ap Rees, T. 1987. Compartmentation of plant metabolism. p. 87-115 *em* D. D. Davies (ed.) The Biochemistry of Plants, v. 12, Physiology of Metabolism. Academic Press, Nova York.

ap Rees, T. 1988. Hexose phosphate metabolism by nonphotosynthetic tissues of higher plants. p. 1-33 *em* J. Preiss (ed.) The Biochemistry of Plants, v. 14. Academic Press, Nova York.

ap Rees, T.; J. E. Dancer. 1987. Fructose-2,6-bisphosphate and plant respiration. Planta 175:204-208.

Atkinson, D. E. 1968. The energy charge of the adenylate pool as a regulatory parameter. Interaction with feedback modifiers. Biochemistry 7: 4030-4034.

Atkinson, D. E. 1977, Cellular Energy Metabolism and Its Regulation. Academic Press, Nova York.

Avigad, G. 1982. Sucrose and other disaccharides. p. 217-347 *em* E.A. Loewus; W. Tanner. (eds.) Encyclopedia of Plant Physiology, New Series, v. 13A, Plant Carbohydrates I. Intra-cellular Carbohydrates. Springer-Verlag, Berlim.

Barclay, A. M.; R. M. M. Crawford. 1982. Plant growth and survival under strict anaerobiosis. Journal of Experimental Botany 33:541-549.

Beck, E.; P. Ziegler. 1989. Biosynthesis and degradation of starch in higher plants. Annual Review of Plant Physiology and Plant Molecular Biology 40:95-117.

Beevers, H. 1960. Respiratory Metabolism in Plants. Harper & Row, Nova York.

Biale, J. B. 1964. Growth, maturation, and senescence in fruits. Science 146:880-888.

Biale, J. B.; R. E. Young. 1981. Respiration and ripening of fruits — retrospect and prospect. p. 1-39 *em* J. Friend e M. J. C. Rhodes (eds.) Advances in the Biochemistry of Fruits and Vegetables. Academic Press, Londres.

Black, C. C.; L. Mustardy; S. S. Sung; P. P. Kor-manik; D-P. Xu; N. Paz. 1987. Regulation and roles for alternative pathways of hexose metabolism in plants. Physiologia Plantarum 69:387-394.

Bradford, K. J.; S. F. Yang. 1981. Physiological responses of plants to waterlogging. HortScience 16:25-30.

Brady, C. J. 1987. Fruit ripening. Annual Review of Plant Physiology 38:155-178.

Bryce, J. H.; J. Azcon-Bieto; J. T. Wiskich; D. A. Day. 1990. Adenylate control of respiration in plants: The contribution of rotenone-insensitive electron transport to ADP-limited oxygen con- . sumption by soybean mitochondria. Physiologia Plantarum 78:105-111.

Budde, R. J. A.; R. Chollet. 1988. Regulation of enzyme activity in plants by reversible phosphorylation. Physiologia Plantarum 72: 435-439.

Budde, R. J. A.; D. D. Randall. 1990. Protein kinases in higher plants. p. 351-367 *em* D. J. Moore; W. F. Boss; F. A. Loewus (eds.) Inositol Metabolism in Plants, Wiley-Liss, Nova York.

Budde, R. J. A.; T. K. Fang; D. D. Randall. 1988. Regulation of the phosphorylation of mitochon-drial pyruvate dehydrogenase complex *in situ*. Effects of respiratory substrates and calcium. Plant Physiology 88:1031-1036.

Cammack, R. 1987. FADH2 as a "product" of the citric acid cycle. Trends in Biochemical Sciences 12:377.

Campbell, R.; M. C. Drew. 1983. Electron microscopy of gas space (aerenchyma) formation in adventitious roots of *Zea mays* L. subjected to oxygen shortage. Planta 157:350-357.

Carnal, N. W.; C. C. Black. 1983. Phospho-fructokinase activities in photo synthetic organisms. The occurrence of pyrophosphate-dependent 6-phosphofructokinase in plants. Plant Physiology 71:150-155.

Chatterton, N. J.; W. R. Thornley; P. A. Harrison; J. H. Bennett. 1989. Fructosyltransferase and invertase activities in leaf extracts of six temperate grasses grown in warm and cool temperatures. Journal of Plant Physiology 135:301-305.

Cobb, B. G.; R. A. Kennedy. 1987. Distribution of alcohol dehydrogenase in roots and shoots of rice {*Oryza sativa*) and *Echinochloa* seedlings. Plant, Cell and Environment 10:633-638.

Copeland, L.; J. F. Turner. 1987. The regulation of glycolysis and the pentose phosphate pathway. p. 107-128 *em* D. D. Davies (ed.) The Biochemistry of Plants. v. 11. Biochemistry of Metabolism. Academic Press, Nova York.

Cori, C. F. 1983. Embden and the glycolytic pathway. Trends in Biochemical Sciences 8:257-259.

REFERÊNCIAS

Crawford, R. M. M. 1982. Physiological responses to flooding. p. 453-477 *em* O. L. Lange; P. S. Nobel; C. B. Osmond; H. Ziegler (eds.) Encyclopedia of Plant Physiology, New Series, v. 12B. Physiological Plant Ecology II. Water Relations and Carbon Assimilation. Springer-Verlag, Berlim.

Davies, D. D. (ed.) 1980a. Metabolism and Respiration. The Biochemistry of Plants, v. 2, Metabolism and Respiration. Academic Press, Nova York.

Davies, D. D. 1980b. Anaerobic metabolism and the production of organic acids. p. 581-611 *em* D. D. Davies (ed.) The Biochemistry of Plants. v. 2. Metabolism and Respiration. Academic Press, Nova York.

Davies, D. D. 1987a. Introduction: A history of the biochemistry of plant respiration. p. 1-38 *em* D. D. Davies (ed.) The Biochemistry of Plants, v. 11. Academic Press, Nova York.

Davies, D. D. (Ed.) 1987b. Biochemistry of Metabolism. The Biochemistry of Plants, v. 11. Academic Press, Nova York.

Davies, D. D. (ed.) (Ed.) 1987c. Physiology of Metabolism. The Biochemistry of Plants, v. 12. Academic Press, Nova York.

Day, D. A.; H. Lambers. 1983. The regulation of glycolysis and electron transport in roots. Physiologia Plantarum 58:155-160.

Dennis, D. T.; M. F. Greyson. 1987. Fructoses-phosphate metabolism in plants. Physiologia Plantarum 69:395-404.

de Visser, R. 1987. On the integration of plant growth and respiration. p. 331-340 *em* A. L. Moore e R. B. Beechey (eds.) Plant Mitochondria. Plenum Press, Nova York.

Douce, R. 1985. Mitochondria in Higher Plants. Academic Press, Orlando, Flórida.

Douce, R.; D. A. Day. (eds.) 1985. Higher Plant Cell Respiration. Encyclopedia of Plant Physiology. v. 18. New Series. Springer-Verlag, Berlim.

Douce, R.; M. Neuburger. 1989. The uniqueness of plant mitochondria. Annual Review of Plant Physiology and Plant Molecular Biology 40: 371-414.

Douce, R.; R. Brouquisse; E. P. Journet. 1987. Electron transfer and oxidative phosphorylation in plant mitochondria. p. 177-211 *em* D. D. Davies (ed.) The Biochemistry of Plants. v. 11. Academic Press, Nova York.

Drew, M. C. 1979. Plant responses to anaerobic conditions in soil and solution culture. Current Advances in Plant Science 36:1-14.

Drew, M. C. 1988. Effects of flooding and oxygen deficiency on plant mineral nutrition. Advances in Plant Nutrition 3:115-159.

Dry, I. B.; J. T. Wiskich. 1985. Characteristics of glycine and malate oxidation by pea leaf mitochondria: Evidence of differential access to NAD and respiratory chains. Australian Journal of Plant Physiology 12:329-339.

Dry, I. B.; J. H. Bruce; J. T. Wiskich. 1987. Regulation of mitochondria 1 respiration. p. 213-252 *em* D. D. Davies (ed.) The Biochemistry of Plants, v. 11. Academic Press, Nova York.

Elthon, T. E.; L. McIntosh. 1987. Identification of the alternative terminal oxidase of higher plant mitochondria. Proceedings of the National Academy of Science USA 84:8399-8403.

Elthon, T. E.; R. L. Nickels; L. McIntosh. 1989. Mitochondrial events during development of thermogenesis in *Sauromatum giittatum* (Schott). Planta 180:82-89.

Ericinska, M.; D. V. Wilson. 1982. Topical review. Regulation of cellular energy metabolism. Journal of Membrane Biology 70:1-14.

Farrar, J. F. 1985. The respiratory source of CO_2. Plant, Cell and Environment 8:427-438.

Geider, R. J.; B. A. Osborne. 1989. Respiration and microalgal growth: A review of the quantitative relationship between dark respiration and growth. New Phytologist 112:327-341.

Gill, C. J. 1970. The flooding tolerance of woody plants — a review. Forest Abstracts 31:671-678.

Goodwin, T. W.; E. I. Mercer. 1983. Introduction to Plant Biochemistry. 2. ed. Pergamon Press, Oxford.

Harris, N.; M. J. Chrispeels. 1980. The endo-plasmic reticulum of mungbean cotyledons: Quantitative morphology of cisternal and tubular ER during seedling growth. Planta 148:293-303.

Heldt, H. W.; U. I. Flugge. 1987. Subcellular transport of metabolites in plant cells. p. 49-85 *em* D. D. Davies. (ed.) The Biochemistry of Plants. v. 12. Academic Press, Nova York.

Hendry, G. 1987. The ecological significance of fructan in a contemporary flora. New Phytologist 106:201-216.

Henry, M. F.; E. J. Nyns. 1975. Cyanide-insensitive respiration. An alternative mitochondrial pathway. Sub-Cellular Biochemistry 4:1-65.

Huber, S. C. 1986. Fructose-2,6-bisphosphate as a regulatory metabolite in plants. Annual Review of Plant Physiology 37:165-186.

Jackson, M. B. 1985. Ethylene and responses of plants to soil waterlogging and submergence. Annual Review of Plant Physiology 36:145-174.

James, W. O. 1963. Plant Physiology, Sixth Edition. Oxford University Press, Londres.

Jenner, C. E. 1982. Storage of starch. p. 700-747 *em* F. A. Loewus; W. Tanner (eds.) Encyclopedia of Plant Physiology, New Series. v. 13A. Plant Carbohydrates I: Intracellular Carbohydrates. Springer-Verlag, Berlim.

Jensen, W. A.; E. B. Salisbury. 1974. Botany: An Ecological Approach. Wadsworth, Belmont, Califórnia.

Johnson, I. R. 1990. Plant respiration in relation to growth, maintenance, ion uptake and nitrogen assimilation. Plant, Cell and Environment 13: 319-328.

Joly, C. A.; R. M. M. Crawford. 1982. Variation in tolerance and metabolic responses to flooding in some tropical trees. Journal of Experimental Botany 135:799-809.

Kawase, M. 1981. Anatomical and morphological adaptation of plants to waterlogging. HortScience 16:30-34.

Kennedy, R. A.; S. C. H. Barrett; D. Vander Zee; M. E. Rumpho. 1980. Germination and seedling growth under anaerobic conditions in *Echinochloa crus-galli* (barnyard grass). Plant, Cell and Environment 3:243-248.

Kidd, E. C. West; G. E. Briggs. 1921. A quantitative analysis of the growth of *Helianthus annuus*. Part I. The respiration of the plant and of its parts throughout the life cycle. Proceedings of the Royal Society of London, Series B 92:368-384.

Kozlowski, T. T. 1984. Flooding and Plant Growth. Academic Press, Nova York.

Lambers, H. 1985. Respiration in intact plants and tissues: Its regulation and dependence on environmental factors, metabolism and invaded organisms. p. 418-473 em R. Douce; D. A. Day. (Eds.) Encyclopedia of Plant Physiology, v. 18, New Series. Springer-Verlag, Berlim.

Lambers, H., R. K. Szaniawski; R. de Visser. 1983. Respiration for growth, maintenance and ion uptake. An evaluation of concepts, methods, values and their significance. Physiologia Plan-tarum 58:556-563.

Lance, C. M. Chauveau; P. Dizengremel. 1985. The cyanide-resistant pathway of plant mitochondria. p. 202-247 em R. Douce e D. A. Day (eds.) Encyclopedia of Plant Physiology, v. 18, New Series. Springer-Verlag, Berlim.

Lipmann, F. 1975. Reminiscences of Embden's formulation of the Embden-Meyerhof cycle. Molecular and Cellular Biochemistry 6:171-175.

Malone, C. D. E. Koeppe; R. J. Miller. 1974. Corn mitochondria swelling and contraction — an alternate interpretation. Plant Physiology 53: 918-927.

Mannella, C. A. 1985. The outer membrane of plant mitochondria. p. 106-133 em R. Douce e D. A. Day (eds-), Encyclopedia of Plant Physiology, v. 18, New Series. Springer-Verlag, Berlim.

Manners, D. J. 1985. Starch. p. 149-203 em P. M. Dey; R. A. Dixon (eds.) Biochemistry of Storage Carbohydrates in Green Plants, Academic Press, Londres.

Meeuse, B. J. D.; I. Raskin. 1988. Sexual reproduction in the arum lily family, with emphasis on thermogenicity. Sexual Plant Reproduction 1:3-15.

Meier, H.; J. S. G. Reid. 1982, Reserve polysac-charides other than starch in higher plants. p. 418-471 in E. A, Loewus e W. Tanner (eds.) Encyclopedia of Plant Physiology, New Series. v. 13A. Plant Carbohydrates I: Intra-cellular Carbohydrates. Springer-Verlag, Berlim,

Miernyk, J. A.; B. J. Rapp; N. R. David; D. D. Randall. 1987, Higher plant mitochondrial pyruvate dehydrogenase complexes. p. 189-197 em A. L. Moore e R. B. Beechey (eds.) Plant Mitochondria. Plenum Press, Nova York.

Mitchell, P.1985. The correlation of chemical and osmotic forces in biochemistry. Journal of Biochemistry 97:1-18.

Møller, I. M. 1986. NADH dehydrogenases in plant mitochondria. Physiologia Plantarum 67:517-520.

Møller, L.M.; A. Berczi; L. H. W. van der Plas; H. Lambers. 1988. Measurement of the activity and capacity of alternative pathway in intact plant tissues: Identification of problems and possible solutions. Physiologia Plantarum 72:642-649.

Moore, A. L.; R. B. Beechey. (Eds.) 1987. Plant Mitochondria. Plenum Press, Nova York.

Moore, A. L.; P. R. Rich. 1985. Organization of the respiratory chain and oxidative phos-phorylation. p. 134-172 em R. Douce; D. A. Day (eds.) Encyclopedia of Plant Physiology. v. 18. New Series. Springer-Verlag, Berlim.

Morre, D. J.; W. E. Boss; E. A. Loewus. (Eds.) 1990. Inositol Metabolism in Plants. Wiley-Liss, Nova York.

Morrell, S.; H. Greenway; D. D. Davies. 1990. Regulation of pyruvate decarboxylase in vitro and in vivo. Journal of Experimental Botany 41: 131-139.

Nakamoto, H.; R. S. Young. 1990. Light activation of pyruvate, ortho-phosphate dikinase in maize mesophyll chloroplasts: A role for adenylate energy charge. Plant Cell Physiology 31:106.

Newton, K. J. 1988. Plant mitochondrial genomes: Organization, expression, and variation. Annual Review of Plant Physiology and Plant Molecular Biology 39:503-532.

O'Brien, T. P.; M. E. McCully. 1969. Plant Structure and Development. A Pictorial and Physiological Approach. Macmillan, Londres.

Pfanner, N.; W. Neupert. 1990. The mitochondrial protein import apparatus. Annual Review of Biochemistry 59:331-353.

Philipson, J. J.; M. P. Coutts. 1980. The tolerance of tree roots to waterlogging, IV. Oxygen transport in woody roots of sitka spruce and lodgepole pine, New Phytologist 85:489-494.

Pollock, C. J.; N. J. Chatterton. 1988. Fructans, p.109-140 in J. Preiss (ed.) The Biochemistry of Plants. v. 14. Academic Press, Nova York.

Pontis, H. G.; E. del Campillo. 1985. Fructans. p. 205-228 em P.M. Dey and R. A. Dixon (eds.) Biochemistry of Storage Carbohydrates in Green Plants, Academic Press, Nova York.

Pradet, A.; P. Raymond, 1983. Adenine nucleotide ratios and adenylate energy charge in energy metabolism. Annual Review of Plant Physiology 34:199-244.

Preiss, J. (Ed.) 1988. Carbohydrates. The Biochemistry of Plants, v. 14. Academic Press, Nova York.

Prince, R. C. 1988. The proton pump of cytochrome oxidase. Trends in Biochemical Sciences 13: 159-160.

Raskin, L.; H. Kende. 1985. Mechanism of aeration in rice. Science 228:327-329.

Raymond, P.; X. Gidrol; C. Salon; A. Pradet. 1987. Control involving adenine and pyridine nucleotides. p. 129-176 em D. D. Davies (ed.) The Biochemistry of Plants. v. 11. Academic Press, Nova York.

Romani, R. J.; B. M. Hess; C. A. Leslie. 1989. Salicylic acid inhibition of ethylene production by apple discs and other plant tissues. Journal of Plant Growth Regulation 8:63-69.

Sabularse, D. C.; R. L. Anderson, 1981. D-fructose-2,6-bisphosphate: A naturally occurring activator for inorganic pyrophosphate: D-fructose-6-phosphate phosphotransferase in plants. Biochemical and Biophysical Research Communications 103:848-854.

Senior, A. E. 1988. ATP synthesis by oxidative phosphorylation. Physiological Reviews 68: 177-231.

Siedow, J. N. 1990. Regulation of the cyanide-resistant respiratory pathway Pages 355-366 in I. Zelitch. (ed.) Perspectives in Biochemical and Genetic Regulation of Photosynthesis. Alan R. Liss, Nova York.

Siedow, J. NL; D. A. Berthold. 1986. The alternative oxidase: A cyanide-resistant respiratory pathway in higher plants. Physiologia Plantarum 66:569-573.

Siedow, J. N.; M. E. Musgrave. 1987. The significance of cyanide-resistant respiration to carbohydrate metabolism in higher plants. p.

Referências

351-359 em A. L. Moore; R. B. Beechey (eds.) Plant Mitochondria. Plenum Press, Nova York.

Smith, H. (ed.) 1977. The Molecular Biology of Plant Cells. University of California Press, Berkeley.

Steup, M. 1988. Starch degradation. p. 255-296 em J. Preiss (ed.) The Biochemistry of Plants, v. 14, Academic Press, Nova York.

Steup, M.; H. Robenek; M. Melkonian. 1983. *In-vitro* degradation of starch granules isolated from spinach chloroplasts. Planta 158:428-436.

Stitt, M. 1990. Fructose-2,6-bisphosphate as a regulatory molecule in plants. Annual Review of Plant Physiology and Plant Molecular Biology 41:153-185.

Stitt, M.; M. Steup. 1985. Starch and sucrose degradation. p. 347-390 em R. Douce e D. A. Day (eds.) Encyclopedia of Plant Physiology, v. 18, New Series. Springer-Verlag, Berlim,

Stommel, J. R.; P. W. Simon, 1990. Multiple forms of invertase from *Daucus carota* cell cultures. Phytochemistry 29:2087-2089.

Sung, S. J. S.; D. P. Xu; C. M. Galloway; C. C. Black, Jr. 1988. A reassessment of glycolysis and gluconeogenesis in higher plants, Physiologia Plantarum 72:650-654.

Tucker, G. A.; D. Grierson. 1987. Fruit ripening. p. 265-318 em D. D. Davies (ed.) The Biochemistry of Plants, v. 11. Academic Press, Nova York.

Turner, T. F.; D. H. Turner. 1980. The regulation of glycolysis and the pentose phosphate pathway. p. 279-316 em D. D. Davies (ed.) The Biochemistry of Plants. v. 2. Metabolism and Respiration. Academic Press, Nova York.

Weichmann, J. 1986. The effect of controlled -atmosphere storage on the sensory and nutritional quality of fruits and vegetables. Horticultural Reviews 8:101-127.

Wikstrom, M. 1984. Pumping of protons from the mitochondrial matrix by cytochrome oxidase. Nature 308:558-560.

Williams, J. H. H.; J. E.Farrar. 1990. Control of barley root respiration. Physiologia Plantarum 79:259-266.

Yamaya, T.; H. Matsumoto. 1985. Influence of NHf on the oxygen uptake of mitochondria isolated from corn and pea shoots. Soil Science and Plant Nutrition 31:513-520.

Capítulo 14

Allen, O. N.; E. K. Allen. 1981. The Legumino-sae, A Source Book of Characteristics, Uses and Nodulation, University of Wisconsin Press, Madison.

Andrews, M. 1986. The partitioning of nitrate assimilation between root and shoot of higher plants. Plant, Cell and Environment 9:511-519.

Appleby, C. A. 1984. Leghemoglobin and *Rhizobiurn* respiration. Annual Review of Plant Physiology 35:443-478.

Appleby, C. A.; D. Bogusz; E. S. Dennis; W. J. Peacock, 1988. A role for haemoglobin in all plant roots? Plant, Cell and Environment 11:359-367.

Aslam, M.; R. C. Huffaker. 1984. Dependency of nitrate reduction on soluble carbohydrates in. primary leaves of barley under aerobic conditions. Plant Physiology 75:623-628.

Aslam, M.; R. C. Huffaker. 1989. Role of nitrate and nitrite in the induction of nitrite reductase in leaves of barley seedlings. Plant Physiology 91:1152-1156.

Becana, M.; C. Rodriguez-Barrueco. 1989. Protective mechanisms of nitrogenase against oxygen excess and partially-reduced oxygen intermediates, Physiologia Plantarum 75: 429-438.

Beevers, L. 1976. Nitrogen Metabolism in Plants. American Elsevier, Nova York.

Bell, E. A. 1980. Non-protein amino acids in plants. p. 403-423 em E. A. Bell; B. V. Charlwood (eds.) Encyclopedia of Plant Physiology, New Series, v. 8, Secondary Plant Products. Springer-Verlag, Berlim.

Bell, E. A. 1981. The non-protein amino acids occurring in plants. Progress in Phytochemistry 7: 171-196.

Bergersen, R. J.; D. J. Goodchild. 1973. Aeration pathways in soybean root nodules. Australian Journal of Biological Science 26:729-740.

Blevins, D. G. 1989. An overview of nitrogen metabolism in higher plants. p. 1-41 em J. E. Poulton; J. T. Romero; E. E. Conn (eds.) Plant Nitrogen Metabolism. Plenum, Nova York.

Block, E. 1985. The chemistry of garlic and onions. Scientific American 252(3):114-119.

Bloom, A. J. 1988. Ammonium and nitrate as nitrogen sources for plant growth. ISI Atlas of Science: Animal and Plant Sciences 55-59.

Boddey, R. M. 1987, Methods for quantification of nitrogen fixation associated with Gramineae. CRC Critical Reviews in Plant Sciences 6:209-266.

Boddey, R. M.; J. Dobereiner. 1988. Nitrogen fixation associated with grasses and cereals: Recent results and perspectives for future research. Plant and Soil 108:53-62.

Bonas, U.; K. Schmitz; H. Bergmann. 1982. Phloem transport of sulfur in *Ricinus*. Planta 155:82-88.

Bond, G. 1963. *In* E.S. Nutman; B. Mosse (eds.) Symbiotic Associations, Thirteenth Symposium of the Society for General Microbiology, Cambridge University Press, Cambridge,

Bothe, H. 1987. Metabolism of inorganic nitrogen compounds. Progress in Botany 49:103-116-

Bowsher, C. G.; D. R. Huckiesby; M. J. Ernes. 1989. Nitrite reduction and carbohydrate metabolism in plastids purified from roots of *Pisum sativum* L. Planta 177:359-366.

Bray, C. M. 1983. Nitrogen Metabolism in Plants. Longman, Londres.

Brunold, C.; M. Suter. 1989. Localizations of enzymes of assimilatory sulfate reduction in pea roots. Planta 179:228-234.

Campbell, W. H. 1988. Higher plant nitrate reduc-tase; Arriving at a molecular view. p. 1-15 em D. H. Randall; D. G. Blevins; W. H. Campbell (eds.) Current Topics in Plant Biochemistry and Physiology, v. 7. University of Missouri, Columbia.

Cote, B., C. S. Vogel; J. O. Dawson, 1989.

Autumnal changes in tissue nitrogen of autumn olive, black alder and eastern cottonwood. Plant and Soil 118:23-32.Curl, E. A.; B. Truelove. 1986. The Rhizosphere. Springer-Verlag, Berlim.

Dakora, E.D.; C. A. Atkins. 1989. Diffusion of oxygen in relation to structure and function in legume root nodules, Australian Journal of Plant Physiology 16:131-140.

Dalling, M. J. (Ed.) 1986. Plant Proteolytic Enzymes.v. I and IL CRC Press, Boca Raton, Flórida.

Davies, D. D. 1986. The fine control of cytosolic pH, Physiologia Plantarum 67:702-706.

Dawson, J. O.1986. Actinorhizal plants: Their use in forestry and agriculture. Outlook on Agriculture 15:202-207.

Day, D. A.; G. D. Price; M. K. Udvardl. 1989. Membrane interface of the *Bradyrhizobium japonicum-Glycine max* symbiosis: Peribacteroid units from soybean nodules, Australian Journal of Plant Physiology 16:69-84.

Dixon, R. O. D.; C. T. Wheeler. 1986. Nitrogen Fixation in Plants. Chapman and Hail, Nova York.

Djordjevie, M. A., D. W. Gabriel; B. G. Rolfe. 1987. Rhizobium — the refined parasite of legumes. Annual Review of Phytopathology 25:145-168.

Downie, J. A.; A. W. B. Johnston. 1988. Nodulation of legumes by *Rhizobium*. Plant, Cell and Environment 11:403-412.

Duxbury, J. M.; D. R. Bouldin; R. E. Terry; R. L. Tate III. 1982. Emissions of nitrous oxide from soils. Nature 298:462-464.

Eisbrenner, G.; H. J. Evans. 1983. Aspects of hydrogen metabolism in nitrogen-fixing legumes and other plant-microbe associations. Annual Review of Plant Physiology 34:105-136.

Emmerling, A. 1880. Ladw, Versuchsshtat 24:113.

Farquhar, G. D.; P. M. Firth; R. Wetselaar; B. Weir. 1980. On the gaseous exchange of ammonia between leaves and the environment: Determination of the ammonia compensation point. Plant Physiology 66:710-714.

Giovanelli, J. 1980. Aminotransferases in higher plants. p. 329-358 *em* B. J. Miflin (ed.), The Biochemistry of Plants. v. 5. Academic Press, Nova York.

Giovanelli, J.; S. H. Mudd; A. H. Datko. 1980. Sulfur amino acids in plants. p. 454-506 *em* B. J. Miflin (ed.) The Biochemistry of Plants. v. 5. Academic Press, Nova York,

Givan, C. V. 1979. Metabolic detoxification of ammonia in tissues of higher plants. Phytochemistry 18:375-382,

Givan, C. V.; K. W. Joy; L. A. Kleczkowski. 1988. A decade of photorespiratory nitrogen cycling. Trends in Biochemical Sciences 13:433-437.

Granstedt, R. C.; R. C.Huffaker. 1982. Identification of the leaf vacuole as a major nitrate storage pool. Plant Physiology 70:410-413.Grundon, N. J.; C. J. Ashen 1988. Volatile losses of sulfur from intact plants, Journal of Plant Nutrition 11:563-576.

Haaker, H. 1988. Biochemistry and physiology of nitrogen fixation. BioEssays 9:112-117.

Haaker, H.; J. Klugkist. 1987, The bioenergetics of electron transport to nitrogenase. FEMS Microbiology Reviews 46:57-71,

Haynes, R. J.; K. M.Goh. 1978. Ammonium and nitrate nutrition of plants. Biological Reviews 53:465-510.

Huber, T. A.; J. G. Streeter. 1985- Purification and properties of asparagine synthetase from soybean root nodules. Plant Science 42:9-17.

Huffaker, R. C.1982. Biochemistry and physiology of leaf proteins. p. 370-400 *em* D. C. Boulter e B. Parthier (eds.) Encyclopedia of Plant Physiology, New Series. v. 14A. Nucleic Acids and Proteins, Parti, Springer-Verlag, Berlim.

Joy, K. W. 1988. Ammonia, glutamine, and asparagine: A carbon-nitrogen interface. Canadian Journal of Botany 66:2103-2109.

Kato, T. 1986. Nitrogen metabolism and utilization in citrus. Horticultural Reviews 8:181-216.

Keys, A. J.; Bird, I. E.; M. J. Cornelius. 1978. Photorespiratory nitrogen cycle. Nature 275: 741-743.

Kondorosi, E.; A. Kondorosi, 1986. Nodule induction on plant roots by *Rhizobium*. Trends in Biochemical Sciences 11:296-298.

Lea, P. J.; K. W. Joy. 1983. Amino acid intercom version in germinating seeds. Recent Advances in Phytochemistry 17:12-35.

Le Gal, M. F.; L. Rey. 1986. The reserve proteins in the cells of mature cotyledons of *Lupinus albus* var. Lucky. L Quantitative ultrastructural study of protein bodies, Protoplasma 130:120-127.

Lima, E., R. M. Boddey; J. Dobereiner. 1987, Quantification of biological nitrogen fixation associated with sugar cane using a 15N aided nitrogen balance. Soil Biol. Biochem. 19:165-170.

Lott, J. N. A. 1980. Protein bodies. p. 589-623 *em* N. E. Tolbert (ed.) The Biochemistry of Plants, v, 1, The Plant Cell. Academic Press, Nova York.

Maga, J. A. 1982. Phytate: Its chemistry, occurrence, food interactions, nutritional significance, and methods of analysis. Journal of Agricultural and Food Chemistry 30:1-9.

Martinez, E.; D. Romero; R. Palacios. 1990. The *Rhizobium* genome. CRC Critical Reviews in Plant Sciences 9:59-93.

Maxwell, C. A.; U. A. Hartwig, C. M. Joseph; D. A. Phillips, 1989. A chalcone and two related flavonoids released from alfalfa roots induce nod genes of *Rhizobium melitoti*. Plant Physiology 91:842-847.

Miflin, B. J. (Ed.) 1980. The Biochemistry of Plants: Amino Acids and Derivatives, v. 5, Academic Press, Nova York.

Millard, P. 1988. The accumulation and storage of nitrogen by herbaceous plants. Plant, Cell and Environment 11:1-8.

Millard, P.; C. M. Thomson. 1989. The effect of the autumn senescence of leaves on the internal cycling of nitrogen for the spring growth of apple trees. Journal of Experimental Botany. 40: 1285-1289.

Neves, M. C. P.; M. Hungria. 1987, The physiology of nitrogen fixation in tropical grain legumes. CRC Critical Reviews in Plant Sciences 6:267-321.

Nielsen, S. S. 1988. Degradation of bean proteins by endogenous and exogenous proteases — a review. Cereal Chemistry 65:435-442.

Oaks, A.; B. Hirel. 1985. Nitrogen metabolism in roots. Annual Review of Plant Physiology 36: 345-366.

Oberleas, D. 1983. Phytate content in cereals and legumes and methods of determination. Cereal Foods World 28:352-357.

Pate, J. S. 1973. Uptake, assimilation and transport of nitrogen compounds by plants. Soil Biology and Biochemistry 5:109-119.

Pate, J. S. 1980. Transport and partitioning of nitrogenous solutes. Annual Review of Plant Physiology 31:313-340.

Referências

Pate, J. S. 1989. Synthesis, transport, and utilization of products of symbiotic nitrogen fixation. p. 65-115 *em* J. E. Poulton, J. T. Romero; E. E. Conn (eds.). Plant Nitrogen Metabolism. Plenum, Nova York.

Pernollet, J. 1978. Protein bodies of seeds: Ultra-structure, biochemistry, biosynthesis and degradation, Phytochemistry 17:1473-1480.

Peters, G. A. 1978. Blue-green algae and algal associations. BioScience 28:580-585.

Peters, G. A.; J. C. Meeks. 1989. The azolla-anabaena symbiosis: Basic biology. Annual Review of Plant Physiology and Plant Molecular Biology 40:193-210.

Powell, R.; E. Gannon. 1988. The leghaemo-globins, BioEssays 9:117-118.

Quispel, A. 1988. Bacteria-plant interactions in symbiotic nitrogen fixation, Physiologia Plantarum 74:783-790.

Raboy, V. 1990. Biochemistry and genetics of phytic acid synthesis. p. 55-76 *em* D. J. Morre; W. K. Boss; E.A. Loewus (eds.) Inositol Metabolism in Plants, Wiley-Liss, Nova York.

Rajasekhar, V. K.; R. Oelmiiller 1987. Regulation of induction of nitrate reductase and nitrite reductase in higher plants. Physiologia Plantarum 71:517-521.

Rajasekhar, V. K.; G. Gowri; W. H. Campbell. 1988. Phytochrome-mediated light regulation of nitrate reductase expression in squash cotyledons. Plant Physiology 88:242-244.

Raven, J. A. 1988. Acquisition of nitrogen by the shoots of land plants: Its occurrence and implications for acid-base regulation. New Phytologist 109:1-20.

Raven, J. A.; F. A. Smith. 1976. Nitrogen assimilation and transport in vascular land plants in relation to intracellular pH regulation. New Phytologist 72:415-431.

Rennenberg, H. 1984. The fate of excess sulfur in higher plants. Annual Review of Plant Physiology 35:121-153.

Rhodes, D.; D. G. Brunk; J. R. Magalhaes. 1989. Assimilation of ammonia by glutamate dehy-drogenase? p. 191-226 *em* J. E. Poulton, J. X. Romeo; E. E. Conn (eds,), Recent Advances in Phytochemistry. v. 23. Plant Nitrogen Metabolism. Plenum, Nova York.

Rice, E. L. 1974. Allelopathy Academic Press, Nova York.

Robertson, J. G.; K. J. E.Farnden. 1980. Ultra-structure and metabolism of the developing legume root nodule. p. 65-115 *em* B. J. Miflin (ed.) The Biochemistry of Plants. v. 5. Academic Press, Nova York.

Rolfe, B. G.; P. M. Gresshoff. 1988. Genetic analysis of legume nodule initiation. Annual Review of Plant Physiology and Plant Molecular Biology 39:297-319.

Runge, M. 1983. Physiology and ecology of nitrogen nutrition. p. 163-200 *em* O. L. Lange; P. S. Nobel; C. B. Osmond; H. Ziegler (eds.) Physiological Plant Ecology III, Responses to the Chemical and Biological Environment, Encyclopedia of Plant Physiology, New Series. v. 12C. Springer-Verlag, Berlim.

Schank, S. C. R. L. Smith; R. C. Littell, 1983. Establishment of associative N2-fixing systems. Soil and Crop Science Society of Florida Proceedings 43:113-117.

Schiff, J. A. 1983. Reduction and other metabolic reactions of sulfate. p. 401-421 *em* A. Lauchli; R. L. Bieleski (eds.) Encyclopedia of Plant Physiology, New Series. v. 15A. Springer-Verlag, Nova York.

Schmidt, A. 1979. Photosynthetic assimilation of sulfur compounds. p. 481-496 *em* M. Gibbs; E. Latzko (eds.) Encyclopedia of Plant Physiology, New Series. v. 6. Springer-Verlag, Nova York.

Schubert, K. R. 1986. Products of biological nitrogen fixation in higher plants: Synthesis, transport, and metabolism. Annual Review of Plant Physiology 37:539-574.

Schwenn, J. D. 1989. Sulphate assimilation in higher plants: A thioredoxin-dependent PAPS-reduc-tase from spinach leaves. Zeitschrift fur Natur-forschung 44c:504-508.

Sheehy, J. E. 1987. Photosynthesis and nitrogen fixation in legume plants. CRC Critical Reviews in Plant Sciences 5:121-158.

Sieciechowicz, K. A.; K. W. Joy; R. J. Ireland. 1988. The metabolism of asparagine in plants. Phytochemistry 27:663-671.

Simpson, R. J.; H. Hamberg; M. J. Dalling. 1982. Translocation of nitrogen in a vegetative wheat plant (*Triticum aestivum*). Physiologia Plantarum 56:11-17.

Solomonson, L. P.; M. J. Barber. 1990. Assimila-tory nitrate reductase: Functional properties and regulation. Annual Review of Plant Physiology and Plant Molecular Biology 41:225-253.

Stam, H., H. Stouthamer; H. W. van Verseveld. 1987. Hydrogen metabolism and energy costs of nitrogen fixation. FEMS Microbiology Reviews 46:73-92.

Stewart, W. D. 1982. Nitrogen fixation — its current relevance and future potential. Israel J. Botany 31:5-34.

Streeter, J. 1988. Inhibition of legume nodule formation and N, fixation by nitrate. CRC Critical Reviews in Plant Sciences 7:1-23.

Ta, T. C.; M. A. Faris. 1987. Species variation in the fixation and transfer of nitrogen from legumes to associated grasses. Plant and Soil 98:265-274.

Ta, T. C.; K. W. Joy. 1985. Transamination, deamidation and the utilisation of asparagine amino nitrogen in pea leaves. Canadian Journal of Botany 63:881-884.

Titus, J. S.; S. Kang. 1982. Nitrogen metabolism, translocation, and recycling in apple trees. Horticultural Reviews 4:204-246.

Tjepkema, J. D.; C. R. Schwintzer; D. R. Benson. 1986. Physiology of actinorhizal nodules. Annual Review of Plant Physiology 37:209-275.

VanBerkum, P.; B. B. Bohlool. 1980. Evaluation of nitrogen fixation by bacteria in association with roots of tropical grasses. Microbiological Reviews 44:491-517.

Van Beusichem, M. L.; J. A. Nelernans; M. G. J. Hinnen. 1987. Nitrogen cycling in plant species differing in shoot/root reduction of nitrate. Journal of Plant Nutrition 10:1723-1731.

Vance, C. P.; G. H. Heichel. 1981. Nitrate assimilation during vegetative regrowth of alfalfa. Plant Physiology 68:1052-1056.

Walker, J. L.; D. J. Oliver. 1986. Glycine decar-boxylase multienzyme complex. Purification and partial characterization from pea leaf mitochondria. Journal of Biological Chemistry 261: 2214-2221.

Walsh, K. B.; M. E. McCully; M. J. Canny. 1989. Vascular transport and soybean nodule function: Nodule xylem is a blind alley, not a throughway. Plant, Cell and Environment 12:395-405.

Weber, E.; D. Neumann. 1980. Protein bodies, storage organelles in plant seeds. Biochemie und Physiologie der Pflanzen 175:279-306.

Wetselaar, R.; G. D. Farquhar. 1980. Nitrogen losses from tops of plants. Advances in Agronomy 33:263-302.

Wetzel, S., C. Demmers; J. S. Greenwood. 1989. Seasonally fluctuating bark proteins are a potential form of nitrogen storage in three temperate hardwoods. Planta 178:275-281.

Winkler, R. G.; D. G. Blevins; J. C. Polacco; D. D. Randall. 1988. Ureide catabolism in nitrogen fixing legumes. Trends in Biochemical Sciences 13:97-100.

Yamaya, T.; A. Oaks. 1987. Synthesis of gluta-mate by mitochondria — an anaplerotic function for glutamate dehydrogenase. Physiologia Plantarum 70:749-756.

Capítulo 15

Asen, S.; R. N. Stewart; K. E. Norris. 1975. Anthocyanin, flavonol copigments, and pH responsible for larkspur flower color. Phytochemistry 14:2677-2682.

Bailey, J. A.; J. W. Mansfield. (eds.) 1982. Phytoalexins. Wiley, Nova York.

Barbour, M. G., J. H. Burk; W. D. Pitts. 1987. Terrestrial Plant Ecology. 2. ed. Benjamin/Cummings, Menlo Park, Califórnia.

Beale, M. H.; J. Macmillan. 1988. The biosynthesis of C5-C20 terpenoid compounds. Natural Product Reports 5:247-264.

Beevers, H. 1979. Microbodies in higher plants. Annual Review of Plant Physiology 30:159-193.

Benveniste, P. 1986. Sterol biosynthesis. Annual Review of Plant Physiology 37:279-305.

Bernays, E. A. (ed.) 1989. Insect-Plant Interactions. CRC Press, Boca Raton, Flórida.

Boiler, T. 1989. Primary signals and second messengers in the reaction of plants to pathogens. p. 227-255 em W. F. Boss; D. J. Morre (eds.) Second Messengers in Plant Growth arid Development. Alan R. Liss, Nova York.

Bowers, W. S., T. Ohta, J. S. Cleere; P. A. Marsella. 1976. Discovery of insect anti-juvenile hormones in plants. Science 193:542-547.

Brown, S. A. 1981. Coumarins. p. 269-300 em E. E. Conn (ed.) The Biochemistry of Plants, v. 7. Secondary Plant Products. Academic Press, Nova York.

Butt, V. S.; C. J. Lamb. 1981. Oxygenases and the metabolism of plant products. p. 627-665 em P. K. Stumpf e E. E. Conn (eds.) The Biochemistry of Plants. v. 7. Secondary Plant Products. Academic Press, Nova York.

Chang, F.; C. L. Hsu. 1981. Preocene II affects sex attractancy in medfly. BioScience 31:676-677.

Ching, T. M. 1970. Glyoxysomes in megagameteo-phyte of germinating ponderosa pine seeds. Plant Physiology 70:475-482.

Conn, E. E. (ed.) 1981. The Biochemistry of Plants, v. 7. Secondary Plant Products. Academic Press, Nova York.

Croteau, R. B. 1988. Metabolism of plant monoter-penes. ISI Atlas of Science: Biochemistry 1: 182-187.

Cutler, D. F.; K. L. Alvin; C. E. Price. 1980. The Plant Cuticle. Academic Press, Nova York.

Darvill, A. G.; P. Albersheim. 1984. Phytoalexins and their elicitors — a defense against microbial infection in plants. Annual Review of Plant Physiology 35:243-275.

Dressier, R. L. 1982. Biology of the orchid bees (euglossini). Annual Review of Ecology and Systematics 13:373-394.

Earle, F. R.; Q. Jones. 1962. Analyses of seed samples from 113 plant families. Economic Botany 16:221-250.

Ebel, J. 1986. Phytoalexin synthesis: The biochemical analysis of the induction process. Annual Review of Phytopathology 24:235-264.

Elakovich, S. D. 1987. Sesquiterpenes as phytoalexins and allelopathic agents. p. 93-108 em G. Fuller e W. D. Nes (eds.) Ecology and Metabolism of Plant Lipids. American Chemical Society, Washington, D.C.

Floss, H. G. 1986. The shikimate pathway: An overview. p. 13-55 em E. E. Conn (ed.) Recent Advances in Phytochemistry. v. 20. The Shikimic Pathway. Plenum Press, Nova York e Londres.

Fraga, B. M. 1988. Natural sesquiterpenoids. Natural Product Reports 5:497-521.

Fuller, G.; W. D. Nes. (eds.) 1987. Ecology and Metabolism of Plant Lipids. American Chemical Society, Washington, D.C.

Gerhardt, B. 1986. Basic metabolic function of the higher plant peroxisome. Physiologie Vegetale 24:397-410.

Givan, C. V. 1983. The source of acetyl coenzyme A in chloroplasts of higher plants. Physiologia Plantarum 57:311-316.

Goad, L. J.; J. Zimowski; R. P. Evershed; V. L. Male. 1987. The sterol esters of higher plants. p. 95-102 em P. K. Stumpf, J. B. Mudd; W. D. Nes (eds.) The Metabolism, Structure and Function of Plant Lipids. Plenum Press, Nova York, Londres.

Gould, J. M. 1983. Probing the structure and dynamics of lignin *in situ*. What's New in Plant Physiology 14:5-8.

Gray, J. C. 1987. Control of isoprenoid biosynthesis in higher plants. Advances in Botanical Research 14:25-91.

Grayson, D. H. 1988. Monoterpenoids. Natural Product Reports 5:419-464.

Grove, M. D.; G. F. Spencer; W. K. Rohwedder; M. Nagabhushanam; J. F. Worley; J. D. Warthen; G. L. Steffens; J. L. Flippen-Anderson; J. C. Cook. 1979. Brassinolide, a plant growth-promoting steroid isolated from *Brassica napus* pollen. Nature 281:216-217.

Guens, J. M. C. 1978. Steroid hormones and plant growth development. Phytochemistry 17:1-14.

Gurr, M. I. 1980. The biosynthesis of tri-acylglycerols. p. 205-248 em P. K. Stumpf. (ed.) The Biochemistry of Plants. v. 4. Lipids, Structures and Functions. Academic Press, Nova York.

Hahlbrock, K. 1981. Flavonoids. p. 425-456 em E. E. Conn (ed.) The Biochemistry of Plants. v. 7. Secondary Plant Products. Academic Press, Nova York.

Hahlbrock, K.; D. Scheel. 1989. Physiology and molecular biology of phenylpropanoid metabolism. Annual Review of Plant Physiology and Plant Molecular Biology 40:347-369.

Referências

Harborne, J. B. 1988. Introduction to Ecological Biochemistry. 3. ed. Academic Press, Nova York.

Harborne, J. B. 1989. Recent advances in chemical ecology. Natural Product Reports 6:85-109.

Harrison, D. M. 1988. The biosynthesis of triter-penoids, steroids, and carotenoids. Natural Product Reports 5:387-415.

Harwood, J. 1980. Fatty acid metabolism. Annual Review of Plant Physiology and Plant Molecular Biology 39:101-148.

Harwood, J. 1989. Lipid metabolism in plants. CRC Critical Reviews in Plant Sciences 8:1-43.

Heemskerk, J. W. M.; J. F. G. M. Wintermans. 1987. Role of the chloroplast in the leaf acyl-lipid synthesis. Physiologia Plantarum 70:558-568.

Heftmann, E. 1975. Functions of steroids in plants. Phytochemistry 14:891-901.

Heftmann, E. 1983. Biogenesis of steroids in the Solanaceae. Phytochemistry 22:1843-1860.

Hegnauer, R. 1988. Biochemistry, distribution and taxonomic relevance of higher plant alkaloids. Phytochemistry 27:2423-2427.

Hemingway, R. W.; J. J. Karchesy. (eds.) 1989. Chemistry and Significance of Condensed Tannin s. Pie num, Nova York.

Herbert, R. B. 1988. The biosynthesis of plant alkaloids and nitrogenous microbial metabolites. Natural Product Reports 5:523-540.

Hewitt, S., J. R. Hillman; B. A. Knights. 1980. Steroidal oestrogens and plant growth and development. New Phytologist 85:329-350.

Holloway, P. J. 1980. Structure and histochemistry of plant cuticular membranes: An overview. p. 1-32 *em* D. F. Cutler, K. L. Alvin; C. E. Price (eds.) The Plant Cuticle. Academic Press, Nova York.

Holloway, P. J. 1983. Some variations in the composition of suberin from the cork layers of higher plants. Phytochemistry 22:495-502.

Hoshino, X. U. Matsumoto; T. Goto. 1981. Self-association of some anthocyanins in neutral aqueous solution. Phytochemistry 20:1971-1976.

Huang, A. H. C. 1987. Lipases. p. 91-119 em P. K. Stumpf. (ed.) Lipids, Structures and Functions. The Biochemistry of Plants. v. 9. Academic Press, Nova York.

Huang, A, H., R. N. Trelease; T. S. Moore, Jr. (Eds.). 1983. Microbodies in Plants, Academic Press, Nova York.

Huber, S. C. 1986. Fructose-2,6-bisphosphate as a regulatory metabolite in plants. Annual Review of Plant Physiology 37:233-246.

Jensen, R. A. 1985. The shikimate/arogenate pathway: Link between carbohydrate metabolism and secondary metabolism. Physiologia Plantarum 66:164-168.

Jensen, R. A. 1986. Tyrosine and phenylalanine biosynthesis: Relationship between alternate pathways, regulation and subcellular location. p. 57-81 *em* E. E. Conn (ed.) Recent Advances in Plant Phytochemistry, Vol 20. The Shikimic Acid Pathway Plenum Press, Nova York e Londres.

Johnson, M. A.; R. Croteau. 1987. Biochemistry of conifer resistance to bark beetles and their fungal symbionts. p. 76-92 *em* G. Fuller e W. D. Nes (eds.) Ecology and Metabolism of Plant Lipids. American Chemical Society, Washington, D.C.

Juniper, B. E.; C. E. Jeffree. 1982. Plant Surfaces. Edward Arnold, Londres.

Keeier, R. E.1975. Toxins and teratogens of higher plants. Lloydia 38:56-86.

Kolattukudy, P. E. 1980a. Cutin, suberin, and waxes. p. 571-645 *em* P. K. Stumpf (ed.) Lipids, Structures and Functions. The Biochemistry of Plants. v. 4. Academic Press, Nova York.

Kolattukudy, P. E. 1980b. Biopolyester membranes of plants: Cutin and suberin. Annual Review of Plant Physiology 32:539-567.Kolattukudy, P. E. 1987. Lipid-derived defensive polymers and waxes and their role in plant-microbe interaction. p. 291-314 *em* R. K. Stumpf. (ed.) The Metabolism, Structure and Function of Plant Lipids. Plenum Press, Nova York e Londres.

Lewis, W. H.; M. P. F. Elvin-Lewis. 1977, Medical Botany; Plants Affecting Man's Health. Wiley, Nova York.

Loomis, W. D.; R. Croteau. 1980. Biochemistry of terpenoids. p. 363-418 *em* P. K. Stumpf (ed.) Lipids, Structures and Functions. The Biochemistry of Plants, v. 4. Academic Press, Nova York.

Mabry, T. J. 1980. Betalins. p. 513-533 *em* E. A. Bell; B. V. Charlwood. (eds.) Secondary Plant Products. v. 8. Encyclopedia of Plant Physiology, New Series, Springer-Verlag, Berlim.

Mabry, T. J.; J. E. GilL 1979. Sesquiterpene lactones and other terpenoids. p. 502-538 *em* G. A. Rosenthal; D. H. Janzen (eds.) Herbivores: Their Interaction with Secondary Plant Metabolites. Academic Press, Nova York.

MacLeod, A, J.; G. MacLeod; G. Subramanian. 1988. Volatile aroma constituents of orange. Phytochemistry 27:2185-2188.

Mader, M.; V. Amberg-Fisher, 1982. Role of peroxidase in lignification of tobacco cells. I. Oxidation of nicotinimide adenine dinucleotide and formation of hydrogen peroxide by ceil wall peroxidases. Plant Physiology 70:1128-1131.

Mahato, S. B.; S. K. Sarkar; G. Poddar, 1988. Triterpenoid saponins. Phytochemistry 27: 3037-3067.

Mandava, N. B. 1988. Plant growth-promoting brassinosteroids. Annual Review of Plant Physiology and Plant Molecular Biology 39:23-52.

Mayer, A, M. 1987. Polyphenol oxidases in plants — recent progress. Phytochemistry 26:11-20.

Metcalf, R. L. 1987. Plant volatiles as insect attrac-tants. CRC Critical Reviews in Plant Sciences 5:251-301.

Mettler, L.J.; H. Beevers. 1980. Oxidation of NADH in glyoxysomes by a malate-aspartate shuttle. Plant Physiology 66:555-560.

Meudt, W. J. 1987. Chemical and biological aspects of brassinolide. p. 53-75 *em* G. Fuller; W. D. Nes (eds.) Ecology and Metabolism of Plant Lipids. American Chemical Society, Washington, DC.

Moore, X. S., Jr. 1984. Biochemistry and biosynthesis of plant acyl lipids. p. 83-91 *em* P. A, Siegenthale; W. Eichenberger. (eds.). Structure, Function and Metabolism of Plant Lipids. Elsevier, Amsterdã.

Mudd, J. B. 1980. Phospholipid biosynthesis. p. 249-282 *em* P. K. Stumpf (ed.) Lipids, Structures and Functions. The Biochemistry of Plants, v. 4. Academic Press, Nova York.

Murray, R. D. H., J. Mendez; S. A. Brown. 1982. The Natural Coumarins. Wiley, Nova York.

Nes, W. D. 1987, Multiple roles for plant sterols. p. 3-9 em P. K. Stumpf; J. B. Mudd; W. D. Nes (eds.) The Metabolism, Structure and Function of Plant Lipids, Plenum, Nova York, Londres.

Piattelli, M. 1981. The betalains: Structure, biosynthesis and chemical taxonomy. p. 557-626 em E. E. Conn (ed.) The Biochemistry of Plants, v. 7. Secondary Plant Products. Plenum, Nova York e Londres.

Putnam, A, R.; R. M. Heisey. 1983. Allelopathy; Chemical interactions between plants. What's New in Plant Physiology 14:21-24.

Putnam, A. R.; C. S. Tang. (eds.) 1986. The Science of Allelopathy Wiley, Nova York.

Rice, E. L. 1984. Allelopathy. 2. ed. Academic Press, Nova York.

Robinson, T. 1979. The evolutionary ecology of alkaloids. p. 413-448 em G. A. Rosenthal and D. H. Janzen (eds,), Herbivores: Their Interaction with Secondary Plant Metabolites. Academic Press, Nova York.

Robinson, T. 1980. The Organic Constituents of Higher Plants, 4.ed. Cordus Press, North Amherst, Mass.

Ryan, C. A. 1987. Oligosaccharide signalling in plants. Annual Review of Cell Biology 3:295-317.

Schutte, H. R. 1987. Secondary plant substances. - Aspects of steroid biosynthesis. Progress in Botany 49:117-136.

Scriber, J. M.; M. R. Ayres. 1988. Leaf chemistry as a defense against insects. ISI Atlas of Science: Animal and Plant Science.

Seigler, D. S. 1981. Secondary metabolites and plant systematics. p. 139-176 em E. E. Conn (ed.) The Biochemistry of Plants. Vol. 7. Secondary Plant Products. Plenum, Nova York e Londres,

Shutt, D. A. 1976. The effects of plant oestrogens on animal reproduction. Endeavour 35:110-113.

Siehl, D. L.; E. E. Conn. 1988. Kinetic and regulatory properties of arogenate dehydratase in seedlings of *Sorghum bicolor* (L.) Moench, Archives of Biochemistry and Biophysics 260: 822-829.

Sinclair, X. R.; C.T. de Wit. 1975. Photosynthesis and nitrogen requirements for seed production by various crops, Science 189:565-567.

Slama, K. 1979. Insect hormones and antihormones in plants. p. 683-700 em G. A. Rosenthal; D. H. Janzen (eds.) Herbivores: Their Interaction with Secondary Plant Metabolites. Academic Press, Nova York.

Slama, K. 1980. Animal hormones and antihormones in plants. Biochemie Physiologie Pflanzen 175:177-193.

Smith, C. M. 1989. Plant Resistance to Insects. A Fundamental Approach. Wiley, Somerset, N. J.

Sorokin, H. 1967, The spherosomes and the reserve fat in plant cells, American Journal of Botany 54:1008-1016.

Spurgeon, S. L.; J. W. Porter. 1980. Biochemistry of terpenoids, p. 419-483 em P. K. Stumpf (ed.) The Biochemistry of Plants. v. 4. Lipids, Structures and Functions. Academic Press, Nova York.

Staal, G. B. 1986. Anti-juvenile hormone agents. Annual Review of Entomology 31:391-429.

Stafford, H. A. 1990. Flavonoid Metabolism. CRC Press, Boca Raton, Flórida.Stich, K.; R. Ebermann, 1984. Investigation of hydrogen peroxide formation in plants. Phytochemistry 23:2719-2722.

Stone, B. A. 1989. Cell walls in plant-microorganism associations. Australian Journal of Plant Physiology 16:5-17.

Street, H. E.; H. Opik. 1970. The Physiology of Flowering Plants: Their Growth and Development. American Elsevier, Nova York.

Stumpf, P. K. (ed.) 1980. Lipids, Structures and Functions. The Biochemistry of Plants, v. 4. Academic Press, Nova York.

Stumpf, P. K. 1987. The biosynthesis of saturated fatty acids. p. 121-135 em P. K. Stumpf (ed.) Lipids, Structures and Functions. The Biochemistry of Plants. v. 9. Academic Press, Nova York.

Stumpf, P. K.; J. B. Mudd; W. D. Nes. (eds.) 1987. The Metabolism, Structure, and Function of Plant Lipids. Plenum, Nova York e Londres.

Swain, T. 1979. Tannins and lignins. p. 657-682 em G. A. Rosenthal; D. H. Janzen (eds.) Herbivores: Their Interaction with Secondary Metabolites, Academic Press, Nova York.

Templeton, M. D.; C. J. Lamb. 1988. Elicitors and defence gene activation. Plant, Cell and Environment 11:395-401.Tolbert, N. E. 1981. Metabolic pathways in peroxi-somes and glyoxysomes. Annual Review of Biochemistry 50:133-157.

Trelease, R. N. 1984. Biogenesis of glyoxysomes. Annual Review of Plant Physiology 35:321-347.Troughton, J.; L. A. Donaldson. 1972. Probing Plant Structure, McGraw-Hill, Nova York.

Vickery, B.; M. L. Vickery 1981. Secondary Plant Metabolism. University Park Press, Baltimore.

Waller, G. R. (ed.) 1987. Allelochemicals: Role in Agriculture and Forestry. American Chemical Society, Washington, D. C.

Wanner, G.; H. Formanek; R. R. Theimer. 1981. The ontogeny of lipid bodies (spherosomes) in plant cells, Planta 151:109-123.

Weast, R. C. (Ed.) 1988. Handbook of Chemistry and Physics, First Student Edition, CRC Press, Boca Raton, Flórida.

Went, F. 1974. Reflections and speculations. Annual Review of Plant Physiology 25:1-26.

Whittaker, R. H.; P. P. Feeny. 1971. Allelochemicals: Chemical interactions between species. Science 171:757-770.

Yatsu, L. Y.; X. J. Jacks; T. P. Hensarling. 1971. Isolation of spherosomes (oleosomes) from onion, cabbage, and cottonseed tissue. Plant Physiology 48:675-682.

Capítulo 16

Bacic, Antony; Philip J. Harris; Bruce A. Stone. 1988. Structure and function of plant cell walls. p. 297-371 em Jack Preiss (ed.) The Biochemistry of Plants, v. 14. Academic Press, São Diego.

Barlow, P. W. 1975. The root cap. p. 21-54 em J. G. Torrey; D. T. Clarkson (eds.) The Development and Function of Roots. Academic Press, Nova York.

Beck, William A. 1941. Production of solutes in growing epidermal cells. Plant Physiology 16: 637-641.

Berlyn, G. P. 1972. Seed germination and morphogenesis. p. 223-312 em T. T. Kozlowski (ed.) Seed Biology. v. 1. Academic Press, Nova York.

Bewley, J. Derek; M. Black. 1978. Physiology and Biochemistry of Seeds in Relation to Germination. v. 1. Development, Germination, and Growth, Springer-Verlag, Berlim, Nova York.

Referências

Boyer, John S. 1988. Cell enlargement and growth-induced water potentials. Physiologia Plantarum 73:311-316.

Carpita, N. C. 1985. Tensile strength of cell walls of living cells. Plant Physiology 79:485-488.

Carpita, N. C. 1987. The biochemistry of the "growing" plant cell wall. p. 28-45 em D. J. Cosgrove; D. P. Knievel (eds.) Physiology of Cell Expansion During Plant Growth. American Society of Plant Physiology, Rockville, Md.

Carpita, Nicholas C.; D. Sabularse; D. Montezinos; Deborah P. Delmer. 1979. Determination of the pore size of cell walls of living plant cells. Science 205:1144-1147.

Chapman, J. M.; R. Perry. 1987. A diffusion model of phyllotaxis. Annals of Botany 60: 377-389.

Cleland, R. 1971. Cell wall extension. Annual Review of Plant Physiology 22:197-222.

Cleland, R. E. 1981. II. Wall extensibility: Hormones and wall extension. p. 255-273 em W. Tanner; F. A. Loewus (eds.)Encyclopedia of Plant Physiology, New Series. v. 13B. Springer-Verlag, Nova York.

Cleland, Robert E. 1984. The Instron technique as a measure of immediate-past wall extensibility. Planta 160:514-520.

Clowes, F. A. L. 1975. The quiescent center. p. 3-19 em J. G. Torrey; D. T. Clarkston (eds.) The Development and Function of Roots. Academic Press, Nova York.

Coombe, B. G. 1976. The development of fleshy fruits. Annual Review of Plant Physiology 26: 207-228.

Cosgrove, D. J. 1985. Cell wall yield properties of growing tissue. Evaluation by in vivo stress relaxation. Plant Physiol. 78:347-356.

Cosgrove, Daniel. 1986. Biophysical control of plant cell growth. Ann. Rev. Plant Physiol. 37:377-405.

Cosgrove, Daniel J. 1987. Wall relaxation and the driving forces for cell expansive growth. Plant Physiol. 84:561-564.

Dale, J. E. 1988. The control of leaf expansion. Ann. Rev. Plant Phvsiol. 39:267-295.

Delmer, Deborah P. 1987. Cellulose biosynthesis. Ann. Rev. Plant Physiol. 38:259-290.

Delmer, Deborah P.; Bruce A. Stone. 1988. p. 373-420 em Jack Preiss (ed.) The Biochemistry of Plants, v. 14. Academic Press, São Diego.

Dure, L. S. III. 1975. Seed formation. Ann. Rev. Plant Physiol. 26:259-278.

Erickson, Ralph O.1976. Modeling of plant growth. Ann. Rev. Plant Physiol. 27:407-434.

Erickson, Ralph O.; David R. Goddard. 1951. An analysis of root growth in cellular and biochemical terms. Tenth Growth Symposium. Growth 17 (Supp.):89-116.

Erickson, Ralph O.; Katherine B. Sax. 1956. Elemental growth rate of the primary root of Zea mays. Proc. Amer. Phil. Soc. 100:487-498.

Erickson, Ralph O.; Wendy K. Silk. 1980. The kinematics of plant growth. Scientific American 242(5):134-151.

Esau, K. 1977. Anatomy of Seed Plants. 2. ed. Wiley, Nova York.

Fahn, A. 1982. Plant Anatomy. 3. ed. Pergamon Press, Oxford, Nova York.

Feldman, Lewis J. 1984. Regulation of root development Ann. Rev. Plant Physiol. 35:223-242.

Foster, R. C. 1982. The fine structure of epidermal cell mucilages of roots. New Phytologist 91: 727-740.

Green, P. B.; R. O. Erickson; J. Buggy. 1971. Metabolic and physical control of cell elongation rate. In vivo studies in Nitella. Plant Physiology 47:423-430.

Heyn, A. N. J. 1931. Der Mechanismus der Zell-streckung. Rec. Trav. Bot. Need. 28:113-244.

Hsiao, T. C. 1973. Plant responses to water stress. Ann. Rev. Plant Physiol. 24:519-570.

Huber, D. J.; D. J. Nevins. 1981. Partial purification of endo- and exo-B-D-glucanase enzymes from Zea mays seedlings and their involvement in cell wall autohydrolysis. Planta 151:206-214.

Hulme, A. C. 1970. The Biochemistry of Fruits and Their Products. v. 1. Academic Press, Nova York.

Jensen, William A.; Roderic B. Park. 1967. Cell Ultrastructure. Wadsworth, Belmont, Califórnia.

Jensen, William A.; Frank B. Salisbury. 1972. Botany: An Ecological Approach. Wadsworth, Belmont, Califórnia. (Ver também Botany, 2. ed., 1984.)

John, P. C. L. (ed.) 1982. The Cell Cycle. Society for Experimental Biology Seminar Series, 10. Cambridge University Press, Nova York.

Kende, Hans; Bruno Baumgartner. 1974. Regulation of aging in flowers of Ipomoea tricolor by ethylene. Planta 116:279-289.

Kramer, Paul J. 1943. Amount and duration of growth of various species of tree seedlings. Plant Physiology 18:239-251.

Kramer, Paul J.; Theodore T. Kozlowski. 1960. Physiology of Trees. McGraw-Hill, Nova York.

Leopold, A. C.; P. E. Kriedemann. 1975. Plant Growth and Development. McGraw-Hill, Nova York.

Lloyd, Clive W. 1983. Helical microtubular arrays in onion root hairs. Nature 305:311-313.

Lockhart, James. 1965. An analysis of irreversible plant cell elongation. J. Theoret. Biol. 8:264-275.

Matyssek, Rainer, Sachio Maruyama; John S. Boyer. 1988. Rapid wall relaxation in elongating tissues. Plant Physiol. 86:1163-1167.

Mauseth, James D. 1988. Plant Anatomy. Benjamin/ Cummings, Menlo Park, Califórnia.

McNeil, D. L. 1976. The basis of osmotic pressure maintenance during expansion growth in Helianthus anmtus hypocotyls. Australian Journal of Plant Physiology 3:311-324.

Nurnsten, H. E. 1970. Volatile compounds: The aroma of fruits. p. 239-268 em A. C. Hulme. (ed.) The Biochemistry of Fruits and Their Products. v. I. Academic Press, Nova York.

Ray, Peter Martin. 1972. The living Plant. 2. ed. Holt, Rinehart & Winston, Nova York.

Rhodes, M. J. C. 1980. The maturation and ripening of fruits. p. 157-206 em Kenneth V. Thimann. (ed.) Senescence in Plants. CRC Press, Boca Raton, Flórida.

Richards, F. C. 1969. The quantitative analysis of growth. p. 2-76 *em* F. C. Stewart (ed.) Plant Physiology, v. 5A, Analysis of Growth: Behavior of Plants and Their Organs. Academic Press, Nova York.

Richards, F. C.; W. W. Schwabe. 1969. p. 79-116 *em* F. C. Stewart. (ed.) Plant Physiology. v. 5A. Analysis of Growth: Behavior of Plants and Their Organs. Academic Press, Nova York.

Robbins, W. W.; T. E. Weier; C. R. Stocking. 1974. Botany, An Introduction to Plant Biology. Wiley, Nova York.

Sachs, R. M. 1965. Stem elongation. Ann. Rev. Plant Physiol. 16:73-96.

Sangwan, R. S.; B. Norreel. 1975. Induction of plants from pollen grains of *Petunia* cultured *in vitro*. Nature 257:222-224.

Schnyder, Hans; Curtis J. Nelson. 1988. Diurnal growth of tall fescue leaf blades. Plant Physiol. 86:1070-1076.

Shepard, James F. 1982. The regeneration of potato plants from leaf-cell protoplasts. Scientific American 246(5): 154-166.

Silk, Wendy Kuhn. 1980. Growth rate patterns which produce curvature and implications for the physiology of the blue light response. p. 643-655 *em* H. Senger. (ed.) The Blue Light Syndrome. Springer-Verlag, Berlim, Heidelberg.

Silk, Wendy Kuhn. 1984. Quantitative descriptions of development. Ann. Rev. Plant Physiol. 35: 479-518.

Silk, Wendy Kuhn; Ralph O. Erickson. 1978. Kinematics of hypocotyl curvature. American Journal of Botany 65:310-319.

Silk, Wendy Kuhn; Ralph O. Erickson. 1979. Kinematics of plant growth. J. Theor. Biol. 76: 481-501.

Sinnott, E. W. 1960. Plant Morphogenesis. McGraw-Hill, Nova York.

Spencer, D.; T. J. V. Higgins. 1982. Seed maturation and deposition of storage proteins. p. 306-336 *em* H. Smith e D. Grierson (eds.) The Molecular Biology of Plant Development. University of California Press, Berkeley e Los Angeles.

Starr, Cecie; Ralph Taggart. 1981. Biology: The Unity and Diversity of Life. 2. ed. Wadsworth, Belmont, Califórnia.

Steward, F. C. 1958. Growth and organized development of cultured cells. III. Interpretations of the growth from free cell to carrot plant. American Journal of Botany 45:709-713.

Steward, F. C; Marion O. Mapes; Kathryn Mears. 1958. Growth and organized development of cultured cells. II. Organization in cultures grown from freely suspended cells. American Journal of Botany 45:705-708.

Sunderland, N. 1970. Pollen plants and their significance. New Scientist 47:142-144.

Taiz, Lincoln. 1984. Plant cell expansion: Regulation of cell wall mechanical properties. Ann. Rev. Plant Physiol. 35:585-622.

Troughton, John; Lesley A. Donaldson. 1972. Probing Plant Structure. McGraw-Hill, Nova York.

Tukey, H. B. 1933. Embryo abortion in early-ripening varieties of *Prunus avium*. Botan. Gaz. 94:433-468.

Tukey, H. B. 1934. Growth of the embryo, seed, and pericarp of the sour cherry (*Prunus cerasus*) in relation to season of fruit ripening. Proceedings of the American Society for Horticultural Science 31:125-144.

Vasil, V.; A. C. Hildebrandt. 1965. Differentiation of tobacco plants from single, isolated cells in microculture. Science 150:889-892.

Went, Frits W. 1957. The Experimental Control of Plant Growth. Ronald, Nova York.

Whaley, W. Gordon. 1961. Growth as a general process. p. 71-112 *em* W. Ruhland (ed.) Encyclopedia of Plant Physiology. v. 14: Growth and Growth Substances. Springer-Verlag, Berlim, Nova York.

Williams, E. G.; G. Maheswaran. 1986. Somatic embryogenesis: Factors influencing coordinated behaviour of cells as an embryogenic group. Annals of Botany 57:443-462.

Woodward, J. R.; G. B. Fincher; B. A. Stone. 1983. Water soluble (l-3),(l-4)-B-D-gIucans from barley (*Hordeitm vulgare*) endosperm. II. Fine structure. Carbohydrate Polymers 3:207-225.

Zimmermann, M. H.; C. L. Brown. 1971. Trees — Structure and Function. Springer-Verlag, Berlim.

Capítulo 17

Adams, P. A.; P. B. Kaufman; H. Ikuma. 1973. Effects of gibberellic acid and sucrose on the growth of oat (*Avena*) stem segments. Plant Physiology 51:1102-1108.

Akazawa, T.; I. Hara-Nishimura. 1985. Topographic aspects of biosynthesis, extracellular secretion, and intracellular storage of proteins in plant cells. Annual Review of Plant Physiology 36:441-472.

Akazawa, T.; T. Mitsui; M. Hawashi. 1988. Recent progress in alpha-amylase biosynthesis. p. 465-492 *em* J. Preiss. (ed.) The Biochemistry of Plants, Vol 14, Carbohydrates. Academic Press, São Diego.

Aloni, R. 1987a, The induction of vascular tissues by auxin. p. 363-374 *em* P. J. Davies. (ed.) Plant Hormones and Their Role in Plant Growth and Development. Martinus Nijhoff Publishers, Boston.

Aloni, R. 1987b. Differentiation of vascular tissues. Annual Review of Plant Physiology 38:179-204.

Atzorn, R.; A. Crozier; C. T. Wheeler; G. Sandberg. 1988. Production of gibberellins and indole-3-acetic acid by *Rhizohium phaseoli* in relation to nodulation of *Phaseolus vulgaris* roots. Planta 175:532-538.

Bandurski, R. S. 1984. Metabolism of indole-3-acetic acid. p. 183-200 *em* A. Crozier; J. R. Hillman (eds.) The Biosynthesis and Metabolism of Plant Hormones. Cambridge University Press, Cambridge.

Blowers, D. P.; A. J. Trewavas. 1989. Second messengers: Their existence and relationship to protein kinases, Pages 1-28 *em* W. E.Boss; D. J. Morre (eds.) Second Messengers in Plant Growth and Development Alan R. Liss, Nova York.

Boss, W. E. 1989. Phosphoinositide metabolism: Its relation to signal transduction in plants. p. 29-56 *em* W. E.Boss e D. J. Morre (eds.) Second Messengers in Plant Growth and Development Alan R. Liss, Nova York.

Bottini, R.; M. Fulchieri; D. Pearce; R. R. Pharis. 1989. Identification of gibberellins *Au* A3 and iso-A3 in cultures of *Azospirillum Lipoferum*. Plant Physiology 90:45-47.

Brenner, M. L. 1981. Modern methods for plant growth substance analysis. Annual Review of Plant Physiology 32:511-538,

Referências

Bressan, R. A.; C. W. Ross; J. Vandepeute, 1976. Attempts to detect cyclic adenosine-3'5'-monophosphate in higher plants by three assay methods. Plant Physiology 57:29-37.

Broughton, W. J.; A. J. McComb. 1971. Changes in the pattern of enzyme development in gibberellin-treated pea internodes. Annals of Botany 35:213-228.

Budde, R. J. A.; D. D. Randall 1990. Protein kinases in higher plants, p. 351-367 *em* D. J. Morre; W. E.Boss; E.A. Loewus (eds.) Inositol Metabolism in Plants. Wiley-Liss, Nova York.

Carlson, R. D.; A. J. Crovetti. 1990. Commercial uses of gibberellins and cytokinins and new areas of applied research. p. 604-610 *em* R. P. Pharis; S. W- Rood. (eds.) Plant Growth Substances 1988, Springer-Verlag, Heidelberg.

Carrington, C. M. S.; J. Esnard. 1988. The elongation response of watermelon hypocotyls to indole-3-acetic acid: A comparative study of excised segments and intact plants. Journal of Experimental Botany 39:441-450.

Caruso, J. L. 1987, The auxin conjugates. Hort-Science 22:1201-1207.

Chadwick, A. V.; S. P. Burg, 1967. An explanation of the inhibition of root growth caused by indole-3-acetic acid. Plant Physiology 42:415-420.

Chadwick, C.M.; U. R. Garrod. (Eds.) 1986. Hormones, Receptors and Cellular Interactions in Plants, Cambridge University Press, Cambridge.

Chory, J.; D. E. Voytas; N. L. E. Olszewski; E. M. Ausubel. 1987. Gibberellin-induced changes in the populations of translatable mRNAs and accumulated polypeptides in dwarfs of maize and pea. Plant Physiology 83:15-23.

Cleland, R. E. 1987a. Auxin and cell elongation. p. 132-148 *em* P.J. Davies (ed.) Plant Hormones and Their Role in Plant Growth and Development, Martinus Nijhoff Publishers, Boston.

Cleland, R. E. 1987b. The mechanism of wall loosening and wall extension. p. 18-27 *em* D. J. Cosgrove e D. P.Knievel (eds.) Physiology of Cell Expansion During Plant Growth. American Society of Plant Physiologists, Rockville, Md.

Cohen, J. D.; R. S. Bandurski. 1982, Chemistry and physiology of the bound auxins. Annual Review of Plant Physiology 33:403-454.

Cohen, J. D.; K. Bialek. 1984. The biosynthesis of indole-3-acetic acid in higher plants. p. 165-181 *em* A. Crozier; J. R. Hillman. (eds.) The Biosynthesis and Metabolism of Plant Hormones, Cambridge University Press, Cambridge.

Cohen, J. U.; M. G. Bausher; I. C. Bialek; J. G. Buta; G. R. W. Gocal; L. M. Janzen; R. P. Pharis; A. N. L. Reed; J. P. Slovin. 1987. Comparison of a commercial ELISA assay for indole-3-acetic acid at several stages of purification and analysis by gas chromatography-selected ion monitoring-mass spectrometry using a 13C6-labeled internal standard. Plant Physiology 84:982-986.

Cosgrove, D. 1986. Biophysical control of plant cell growth. Annual Review of Plant Physiology 37:377-405.

Cosgrove, D. J.; D. P. Knievel. (Eds.). 1987. Physiology of Cell Expansion During Plant Growth, American Society of Plant Physiologists, Rockville, Md.

Daniel, S. G.; D. L. Rayle; R. E. Cleland. 1989. Auxin physiology of the tomato mutant *diageo-tropica*. Plant Physiology 91:804-807.

Davies, P. J. (Ed.) 1987. Plant Hormones and Their Role in Plant Growth and Development. Martinus Nijhoff Publishers, Boston.

Dietz, A.; U. Kutschera; P. M. Ray. 1990. Auxin enhancement of mRNAs in epidermis and internal tissues in the pea stem and its significance for control of elongation. Plant Physiology 93:432-438.

Einspahr, K. J.; G. A. Thompson, Jr. 1990. Transmembrane signaling via phosphatidylin-ositol 4,5-bisphosphate hydrolysis in plants. Plant Physiology 93:361-366.

Eliasson, L.; G. Bertell; E. Bolander. 1989. Inhibitory action of auxin on root elongation not mediated by ethylene. Plant Physiology 91: 310-314.

Engvild, I. C. C. 1986. Chlorine-containing natural compounds in higher plants. Phytochemistry 25:781-791.

Epstein, E.; K-H. Chen; J. D. Cohen. 1989. Identification of indole-3-butyric acid as an endogenous constituent of maize kernels and leaves. Plant Growth Regulation 8:215-223.

Evans, M. L. 1985. The action of auxin on plant cell elongation. CRC Critical Reviews in Plant Sciences 2:317-365.

Fincher, G. B. 1989. Molecular and cellular biology associated with endosperm mobilization in germinating cereal grains. Annual Review of Plant Physiology and Plant Molecular Biology 40:305-346.

Firn, R. D. 1986. Growth substance sensitivity: The need for clearer ideas, precise terms, and purposeful experiments, Physiologia Plantarum 67:267-272.

Galston, A. W. 1964. The Life of the Green Plant. Prentice-Hall, Englewood Cliffs, N. J.

Glasziou, K. T. 1969. Control of enzyme formation and inactivation in plants. Annual Review of Plant Physiology 20:63-88.

Gocal, G. E.W., R. P. Pharis, E. C.Yeung; D. Pearce. 1990. Changes after decapitation in concentrations of indole-3-acetic acid and abscisic acid in the larger axillary bud of *Phaseolus vulgaris* L, cv. Tender Green. Plant Physiology 94.

Goldsmith, M. H. M. 1977. The polar transport of auxin. Annual Review of Plant Physiology 28:439-478.

Goldsmith, M. H. M. 1982. A saturable site responsible for polar transport of indole-3-acetic acid in sections of maize coleoptiles. Planta 155:68-75.

Gove, J. P.; M. C. Hoyle. 1975- The isozymic similarity of indoleacetic acid oxidase to peroxidase in birch and horseradish. Plant Physiology 56:684-687.

Graebe, J. E. 1987. Gibberellin biosynthesis and control. Annual Review of Plant Physiology 38:419-466.

Grossrnann, IC 1990. Plant growth retardants as tools in physiological research. Physiologia Plantarum 78:640-648.

Guilfoyle, T. 1986. Auxin regulated gene expression in higher plants. CRC Critical Reviews in Plant Sciences 4:247-277.

Guilfoyle, T.; G. Hagen. 1987. Trans crip tional regulation of auxin responsive genes. p. 85-95 *em* J. E. Fox; M. Jacobs (eds.) Molecular Biology of Plant Growth Control. Alan R. Liss, Nova York.

Hagen, G. 1987. The control of gene expression by auxin. p. 149-163 *em* P. J. Davies (ed.) Plant Hormones and Their Role in Plant Growth and Development, Martinus Nijhoff Publishers, Boston.

Haissig, B. E. 1974. Origins of adventitious roots. New Zealand Journal of Forestry Science 4: 229-310.

Hall, J. L.; D. A. Brummell; J. Gillespie. 1985. Does auxin stimulate the elongation of intact plant stems? New Phytologist 100:341-345.

Hedden, P.; J. R. Lenton. 1988. Genetic and chemical approaches to the metabolic regulation and mode of action of gibberellins in plants. p. 175-204 *em* Beltsville Symposia in Agricultural Resources 12, Biomechanisrns Regulating Growth and Development. Kluwer Academic Publishers, Boston.

Heyn, A.; S. Hoffmann; R. Hertel. 1987. *In-vitro* auxin transport in membrane vesicles from maize coleoptiles. Planta 172:285-287.

Hicks, G. R.; D. L. Rayle; T. L. Lomax. 1989. The *diageotropica* mutant of tomato lacks high specific activity auxin binding sites. Science 245:52-53.

Hillman, J. R. 1984. Apical dominance. p. 127-148 *em* M.B. Wilkins. (ed.) Advanced Plant Physiology. Pitman, Londres.Hillman, J. R.; V. B. Math; G. C.Medlow. 1977. Apical dominance and the levels of indole acetic acid in *Phaseolus* lateral buds. Planta 134:191-193.

Horgan, R. 1987. Hormone analysis: Instrumental methods of plant hormone analysis. p. 222-239 *em* P. J. Davies. (ed.) Plant Hormones e Their Role in Plant Growth and Development, Martinus Nijhoff Publishers, Boston.

Jacobs, M.; S. F. Gilbert. 1983. Basal localization of the presumptive auxin transport carrier in pea stem cells. Science 220:1297-1300.

Jacobs, M.; P. H. Rubery. 1988. Naturally occurring auxin transport regulators. Science 241:346-349.

Jacobs, W. P. 1979. Plant Hormones and Plant Development. Cambridge University Press, Cambridge.

Jones, R. L.; J. MacMillan. 1984. Gibberellins. p. 21-52 *em* M. B. Wilkins. (ed.) Advanced Plant Physiology. Pitman, Londres.

Kelly, M. O.; K. J. Bradford. 1986. Insensitivity of the *diageotropica* tomato mutant to auxin. Plant Physiology 82:713-717.

Key, J. L. 1987. Auxin-regulated gene expression: A historical perspective and current status. p. 1-21 *in* J. E. Fox; M. Jacobs. (eds.) Molecular Biology of Plant Growth Control. Alan R. Liss, Nova York.

Key, J. L. 1989. Modulation of gene expression by auxin. BioEssays 11:52-58.

Klingman, G.; F. M. Ashton; L. J. Noordhoff. 1982. Weed Science, Principles and Practices. 2. ed. Wiley, Somerset, N. J.

Kormondy, E. J.; T. F. Sherman; E. B. Salisbury; N. T. Spratt, Jr.; G. McCain. 1977, Biology The Integrity of Organisms, Wadsworth, Belmont, Calif.

Kutschera, U. 1987. Cooperation between outer and inner tissues in auxin-mediated plant organ growth. p. 215-226 *em* D. J. Cosgrove; D. P. Knievel (eds.) Physiology of Cell Expansion During Plant Growth. American Society of Plant Physiologists, Rockville, Md.

Kutschera, U. 1989. Tissue stresses in growing plant organs- Physiologia Plantarum 77:157-163.

Kutschera, U.; P. Schopfer. 1985. Evidence against the acid-growth theory of auxin action. Planta 163:483-493.

Kutschera, U.; R. Bergfeld; P. Schopfer. 1987. Cooperation of epidermis and inner tissues in auxin-mediated growth of maize coleoptiles, Planta 170:168-180.

Leuba, V. ; D. LeTourneau. 1990. Auxin activity of phenylacetic acid in tissue culture. Journal of Plant Growth Regulation 9:71-76.

Liu, RB.W.; J. B. Loy. 1976. Action of gibberellic acid on cell proliferation in the subapical shoot meristem of watermelon seedlings, American Journal of Botany 63:700-704.

MacMillan, J.; B. O. Phinney, 1987. Biochemical genetics and the regulation of stem elongation by gibberellins. p. 156-171 *em* D. J. Cosgrove; D. R. Knievel (eds.) Physiology of Cell Expansion During Plant Growth. American Society of Plant Physiologists, Rockville, Md.

Mariott, K. M.; D. H. Northcote. 1975. The induction of enzyme activity in the endosperm of germinating castor-bean seeds. The Biochemical Journal 152:65-70.

Marmé, D. 1989. The role of calcium and cairnodulin in signal transduction. p. 57-80 *em* W. F. Boss; D. Jt Morre. (eds.) Second Messengers in Plant Growth and Development. Alan R. Liss, Nova York.

Marré, E. 1979. Fusicoccin: A tool in plant physiology. Annual Review of Plant Physiology 30: 273-312.

Martin, G. C. 1983. Commercial uses of gibberellins. p. 395-444 *em* A. Crozier (ed.) The Biochemistry and Physiology of Gibberellins. v. 2. Praeger, Nova York.

Martin, G. G. 1987. Apical dominance. HortScience 22:824-833.

McComb, A, J.; W. J. Broughton. 1972. Metabolic changes in internodes of dwarf pea plants treated with gibberellic acid. p. 407-413 *em* D. J. Carr (ed.) Plant Growth Substances 1970. Springer-Verlag, Berlim.

McQueen-Mason, S. J.; R. H. Hamilton. 1989. The biosynthesis of indole-3-acetic acid from D-tryptophan in Alaska pea plastids. Plant and Cell Physiology 30:999-1005.

Memon, A. R.; M. Rincon; W. E.Boss. 1989. Inositol trisphosphate metabolism in carrot (*Daucus carolta* L.) cells. Plant Physiology 91: 477-480.

Metraux, J-R. 1987. Gibberellins and plant cell elongation. p. 296-317 *em* P. J. Davies (ed.) Plant Hormones and Their Role in Plant Growth and Development Martinus Nijhoff Publishers, Boston.

Mitchell J. W.; D. R. Skags; W. P. Anderson. 1951. Plant growth-stimulating hormones in immature bean seeds. Science 114:159-161.

Moore, T. C. 1989. Biochemistry and Physiology of Plant Hormones. Springer-Verlag, Berlim,

Moreland, D. E. 1980. Mechanisms of action of herbicides. Annual Review of Plant Physiology 31:597-638.

Morgan, P. W.; J. L. Durham. 1983. Strategies for extracting, purifying, and assaying auxins from plant tissues- Botanical Gazette 144:20-31.

Morre, D. J.; W. F. Boss; R. A. Loewus. (eds.) 1990. Inositol Metabolism in Plants, Wiley-Liss, Nova York,

Referências

Nagao, A.; S. Sasaki; R. P. Pharis. 1989. *Chnmaecy parts.* p. 170-188 *em* A. H. Halevy (ed.) CRC Handbook of Flowering, v. VI. CRC Press, Boca Raton, Flórida.

Napier, R. M.; M. A. Venis. 1990. Receptors for plant growth regulators: Recent advances. Journal of Plant Growth Regulation 9:113-126.

Nickell, L. G. 1979. Controlling biological behavior of plants with synthetic plant growth regulating chemicals. p. 263-279 *em* N. B. Mandava (ed.) Plant Growth Substances. American Chemical Society, Washington, D.C.

Nishijima, T.; N. Katsura. 1989. A modified micro-drop bioassay using dwarf rice for detection of fentornol quantities of gibberellins. Plant and Cell Physiology 30:623-627.

Pence, V. C.; J. L. Caruso. 1987. Immunoassay methods of plant hormone analysis. p. 240-256 *em* P. Davies (ed.) Plant Hormones and Their Role in Plant Growth and Development. Martinus Nijhoff Publishers, Boston.

Pharis, R. P.; C. G. Kuo. 1977. Physiology of gibberellins in conifers. Canadian Journal of Forest Research 7:299-325.

Pharis, R. P.; S. B. Rood. (Eds.) 1990. Plant Growth Substances 1988. Springer-Verlag, Heidelberg.

Pharis, R. P.; L. T. Evans; R. W. King; L. N. Mander. 1989. Gibberellins and flowering in higher plants: Differing structures yield highly specific effects. p. 29-41 *em* E. Lord; G. Bernier (eds.) Plant Reproduction: From Floral Induction to Pollination. The American Society of Plant Physiologists Symposium Series, v. 1.

Pharis, R. P.; J. E. Webber; S. D. Ross. 1987. The promotion of flowering in forest trees by gibberellin A4/7 and cultural treatments: A review of the possible mechanisms. Forest Ecology and Management 19:65-84.

Phillips, I. D. J. 1975. Apical dominance. Annual Review of Plant Physiology 26:341-367.

Phinney, B. O. 1983. The history of the gibberellins. p. 19-52 *em* A. Crozier (ed.) The Biochemistry and Physiology of the Gibberellins. v. 1. Praeger, Nova York.

Phinney, B. O.; C. R. Spray. 1987. Diterpenes — the gibberellin biosynthetic pathway in *Zea mays.* p. 19-27 *em* R. K. Stumpf; J. B. Mudd; W. D. Nes (eds.) The Metabolism, Structure and Function of Plant Lipids. Plenum, Nova York.

Poovaiah, B. W.; A. S. N. Reddy, 1990. Turnover of inositol phospholipids and calcium-dependent protein phosphorylation in signal transduction. p. 335-349 *em* D. J. Morré; W. E. Boss; F. A. Loewus (eds.) Inositol Metabolism in Plants. Wiley-Liss, Nova York.

Raab, M. M.; R. E. Koning. 1988. How is floral expansion regulated? BioScience 38:670-674.

Ray, P. M. 1987. Principles of plant cell growth. p. 1-17 *em* D. J. Cosgrove; D. R. Knievel (eds.) Physiology of Cell Expansion During Plant Growth. American Society of Plant Physiologists, Rockville, Md. Rayle, D. L.; R. Cleland. 1979. Control of plant cell enlargement by hydrogen ions. Current Topics in Developmental Biology 11:187-214.

Rayle, D. L.; C. W. Ross; N. Robinson. 1982. Estimation of osmotic parameters accompanying zeatin-induced growth of detached cucumber cotyledons. Plant Physiology 70:1634-1636.

Reid, J. B. 1987. The genetic control of growth via hormones. p. 318-340 *em* R. J. Davies (ed.) Plant Hormones and Their Role in Plant Growth and Development. Martinus Nijhoff Publishers, Boston.

Reid, J. B. 1990. Phytohormone mutants in plant research. Journal of Plant Growth Regulation 9:97-111.

Reinecke, D. M.; R. S. Bandurski 1987. Auxin biosynthesis and metabolism. p. 24-42 *em* P. J. Davies (ed.) Plant Hormones and Their Role in Plant Growth and Development, Martinus Nijhoff Publishers, Boston.

Rood, S. B., R. I. Buzzell, L. N. Mander, D. Pearce; R. P. Pharis. 1988. Gibberellins: A phyto-hormal basis for heterosis in maize. Science 241:1216-1218.

Rood, S. B.; R. H. Williams; D. Pearce; N. Murofushi; L. N. Mander; R. P. Pharis. 1990. A mutant gene that increases gibberellin production in *Brassica.* Plant Physiology 93:1168-1174.

Ross, C. W.; D. L. Rayle. 1982, Evaluation of H$^+$ secretion relative to zeatin-induced growth of detached cucumber cotyledons. Plant Physiology 70:1470-1474.

Rubenstein, B.; M. A. Nagao. 1976. Lateral bud outgrowth and its control by the apex. The Botanical Review 42:83-113.

Rubery, P. H. 1987. Auxin transport. Página 341-362 *em* R. J. Davies (ed.) Plant Hormones and Their Role in Plant Growth and Development. Martinus Nijhoff Publishers, Boston.

Sabater, M. *em* R. H. Rubery. 1987. Auxin carriers in *Cucurbita* vesicles. Planta 171:507-513.

Sachs, R. M. 1965. Stem elongation. Annual Review of Plant Physiology 16:73-96.

Salisbury, F. B.; R. V. Parke. 1964. Vascular Plants: Form and Function. Wadsworth, Belmont, Califórnia.

Schneider, E. A.; C. W. Kazakoff; F. Wightman. 1985. Gas chromatography-rnass spectrometry evidence for several endogenous auxins in pea seedling organs. Planta 165:232-241.

Scott, I. M. 1990. Plant hormone response mutants. Physiologia Plantarum 78:147-152.

Sembdner, G.; D. Gross; H. W. Liebisch; G. Schneider. 1980. Biosynthesis and metabolism of plant hormones. p. 281-444 *em* J. MacMillan (ed.) Hormonal Regulation of Development. L Molecular Aspects of Plant Hormones. Encyclopedia of Plant Physiology, v. 9. Springer-Verlag, Berlim.

Spiteri, A.; O. M. Viratelle; R. Raymond; M. Rancillac; J- Labouesse; A. Pradet. 1989. Artefactual origins of cyclic AMP in higher plant tissues. Plant Physiology 91:624-628.

Sponsel, V. M. 1987. Gibberellin biosynthesis and metabolism. p. 43-75 *em* P. J. Davies (ed.) Plant Hormones and Their Role in Plant Growth and Development. Martinus Nijhoff Publishers, Boston.

Stuart, D. A.; R. L. Jones. 1978. The role of acidification in gibberellic acid- and fusiococcin-induced elongation growth of lettuce hypocotyl sections. Planta 142:135-145.

Taiz, L. 1984. Plant cell expansion: Regulation of cell wall mechanical properties. Annual Review of Plant Physiology 35:585-657.

Takahashi, N.; B. O. Phinney; J. MacMillan. (eds.) 1990. Gibberellins. Springer-Verlag, Berlim.

Tarnas, I. A. 1987. Hormonal regulation of apical dominance. p. 393-410 *em* R. J. Davies (ed.) Plant Hormones and Their Role in Plant Growth and Development. Martinus Nijhoff Publishers, Boston.

Tamini, S.; R. D. Firn. 1985. Thebasipetal auxin transport system and the control of cell elongation in hypocotyls. Journal of Experimental Botany 36:955-962.

Taylor, A.; D. J. Cosgrove, 1989. Gibberellic acid stimulation of cucumber hypocotyl elongation. Effects on growth, turgor, osmotic pressure, and cell wall properties. Plant Physiology 90: 1335-1340.

Theologis, A. 1986. Rapid gene regulation by auxin. Annual Review of Plant Physiology 37:407-438.

Thimann, K. V. 1980. The development of plant hormone research in the last 60 years. p. 15-33 *em* F. Skoog (ed.) Plant Growth Substances 1979. Springer-Verlag, Berlim.

Trewavas, A. J. 1982, Growth substance sensitivity: The limiting factor in plant development. Physiologia Plantarum 55:60-72.

Trewavas, A. J. 1987. Sensitivity and sensory adaptation in growth substance responses. p. 19-38 *em* G. V. Hoad, M. B. Jackson, J. R. Lenton; R. PC Atkin (eds.) Hormone Action in Plant Development. Butterworths, Londres.

Trewavas, A, J.; R. E. Cleland. 1983. Is plant development regulated by changes in the concentration of growth substances or by changes in the sensitivity to growth substances? Trends in Biochemical Sciences 8:354-357.

Tsurusaki, K-L.; S. Watanabe; N. Sakurai; S. Kuraishi. 1990. Conversion of D-tryptophan to indole-3-acetic acid in coleoptiles of a normal and a semi-dwarf barley (*Hordewn vulgare*) strain. Physiologia Plantarum 79:221-225.

Vanderhoef, L. N. 1980. Auxin-regulated elongation: A summary hypothesis. p. 90-96 *em* F. Skoog (ed.) Plant Growth Substances 1979. Springer-Verlag, Berlim.

Weiler, E. W. 1984. Immunoassay of plant growth regulators. Annual Review of Plant Physiology 35:85-95.

Wiesman, Z.; J. Riov; E. Epstein. 1989. Characterization and rooting ability of indole-3-butyric acid conjugates formed during rooting of mung bean cuttings. Plant Physiology 91:1080-1084.

Wightman, E.; D. L. Lighty, 1982. Identification of phenylacetic acid as a natural auxin in the shoots of higher plants. Physiologia Plantarum 55:17-24.

Wightman, F.; E. A. Schneider; K. V. Thimann. 1980. Hormonal factors controlling the initiation and development of lateral roots, II. Effects of exogenous growth factors on lateral root formation in pea roots. Physiologia Plantarum 49:304-314.

Wilkins, M. B. (ed.) 1984. Advanced Plant Physiology. Pitman, Londres.

Yokota, T.; N. Murofushi; N. Takahashi. 1980. Extraction, purification, and identification. p. 113-201 *em* J. MacMillan (ed.) Hormonal Regulation of Development. I. Molecular Aspects. Encyclopedia of Plant Physiology, New Series, v. 9. Springer-Verlag, Berlim.

Yopp, J. H.; L. H. Aung; G. L. Steffens. (Eds.) 1986. Bioassays and Other Special Techniques for Plant Hormones and Plant Growth Regulators, Plant Growth Regulator Society of America. Beltsville, Md.

Zhang, Y. 1989. The Influence of GA3 on Fructosyl Carbohydrates in Wheat Plants, M. S. Thesis, Colorado State University.

Capítulo 18

Abeles, F. B. 1973. Ethylene in Plant Biology. Academic Press, Nova York.

Addicott, K. T. 1965. Physiology of abscission. p. 1094-1126 *em* W. Ruhland (ed.) Encyclopedia of Plant Physiology. v. 15. Part 1. Springer-Verlag, Berlim.

Addicott, F. T. (ed.) 1982. Abscission. University of California Press, Berkeley.

Addicott, F. T. (Ed.) 1983. Abscisic Acid. Praeger, Nova York.

Ananiev, E. D.; L. K. Karagyozov; E. N. Karanov. 1987. Effect of cytokinins on ribosomal RNA gene expression in excised cotyledons of *Cucurbits pepo* L. Planta 170:370-378.

Berrie, A. M. M. 1984. Germination and dormancy. p. 440-468 *em* M. B. Wilkins (ed.) Advanced Plant Physiology, Pitman, Londres.

Bewley, J. D.; M. Black. 1982. Physiology and Biochemistry of Seeds, v. 2. Springer-Verlag, Berlim.

Bewley, J. D.; A, Marcus. 1990. Gene expression in seed development and germination. Progress in Nucleic Acid Research and Molecular Biology 38:165-193.

Beyer, E. M., Jr. 1976. A potent inhibitor of ethylene action in plants. Plant Physiology 58:268-271.

Beyer, E. M., Jr.; P. W. Morgan; S. E. Yang. 1984. Ethylene. p. 111-126 *em* M. B. Wilkins. (ed.) Advanced Plant Physiology. Pitman, Londres.

Blankenship, S. M.; E. C. Sisler. 1989. 2,5-norbornadiene retards apple softening. Hort-Sdence 24(2): 313-314.

Blazich, E. A. 1988. Chemicals and formulations used to promote adventitious rooting. p. 132-149 *em* T. D. Davis; B. E. Haissig; N. Sankhla. (eds.) Adventitious Root Formation in Cuttings. Dioscordes Press, Port-land, Oregon.

Bleecker, A. B.; S. Rose-John; H. Kende. 1987. An evaluation of 2,5-norbornadiene as a reversible inhibitor of ethylene action in deepwater rice. Plant Physiology 84:395-398.

Bleecker, A, B; M. A. Estelle; C. Somervilie; H. Kende. 1988. Insensitivity to ethylene conferred by a dominant mutation in *Arabidopsis thaliana*. Science 241:1086-1089.

Boller, T. 1988. Ethylene and the regulation of antifungal hydrolases in plants. Oxford Survey of Plant Molecular and Cell Biology 5:145-174.

Borochov, A.; W. R. Wood son. 1989. Physiology and biochemistry of flower petal senescence-Horticultural Reviews 11:15-43.

REFERÊNCIAS

Bouzayen, M.; A. Latche; J-C. Pech. 1990. Subcellular localization of the sites of conversion of 1-aminocyclopropane-l-carboxylic acid into ethylene in plant cells. Planta 180:175-180.

Bracale, M.; G. P. Longo; G. Rossi; C. R. Longo. 1988. Early changes in morphology and poly-peptide pattern of piastids from watermelon cotyledons induced by benzyladenine or light are very similar. Physiologia Plantarum 72:94-100.

Burg, S. R. 1973. Ethylene in plant growth. Proceedings of the National Academy of Sciences USA 70:591-597.

Camp, P. J.; J. L. Wickliff. 1981. Light or ethylene treatments induce transverse cell enlargement in etiolated maize mesocotyls. Plant Physiology 67:125-128.

Chen, C-M. 1987. Characterization of cytokinins and related compounds by HPLC. p. 23-38 em H. E. Linskens; J. E.Jackson. (eds.) Modern Methods of Plant Analysis, New Series. v. 5. High Performance Liquid Chromatography in Plant Sciences. Springer-Verlag, Berlim.

Chen, C-M.; D. K. Melitz. 1979. Cytokinin biosynthesis in a cell-free system from cytokinin-autotrophic tobacco tissue cultures. FEBS Letters 107:15-20.

Chen, C-M.; B. Petschow. 1978. Cytokinin biosynthesis in cultured rootless tobacco plants. Plant Physiology 62:861-865.

Chen, C-M.; J. R. Ertl; S. M. Leisner; C-C. Chang. 1985. Localization of cytokinin biosyn-thetic sites in pea plants and carrot roots. Plant Physiology 78:510-513.

Chen, C-M.; J. Ertl; M-S. Yang; C-C. Chang. 1987. Cytokinin-induced changes in the population of translatable mRNA excised pumpkin cotyledons. Plant Science 52:169-174.

Cheverry, J. L.; M. O. Sy; J. Pouliqueen; P. Marcellin. 1988. Regulation by CO_2 of 1-aminocyclopropane-1-carboxylic acid conversion to ethylene in climacteric fruits. Physiologia Plantarum 72:535-540.

Cotton, J. L. S.; C. W. Ross; D. H. Byrne; J. T. Colbert. 1990. Down-regulation of phytochrome mRNA abundance by red light and benzyladenine in etiolated cucumber cotyledons. Plant Molecular Biology 14:707-714.

Creelman, R. A. 1989. Abscisic acid physiology and biosynthesis in higher plants. Physiologia Plantarum 75:131-136.

Davies, P. J. (ed.) 1987. Plant Hormones e Their Role in Plant Growth and Development. Martinus Nijhoff, Boston.

Davies, W. J; T. A. Mansfield. 1988. Abscisicacid and drought resistance in plants. ISI Atlas of Science: Animal and Plant Sciences 263-269.

Duckham, S. C.; I. B. Taylor; R. S. T. Linforth; R. J. Al-Naieb; B. A. Marples; W. R. Bowman. 1989. The metabolism of cis ABA-aldehyde by the wilty mutants of potato, pea and *Arabidopsis ihaliana*. Journal of Experimental Botany 40: 901-905.

Durand, R.; B. Durand. 1984. Sexual differentiation in higher plants. Physiologia Plantarum 60:267-274.

Eisinger, W. 1983. Regulation of pea internode expansion by ethylene. Annual Review of Plant Physiology 34:225-240.

Ernst, D.; W. Schafer; D. Oesterhelt. 1983. Isolation and identification of a new, naturally occurring cytokinin (6-benzylaminopurine-riboside) from an anise cell culture (*Pimpinella anisum* L.). Planta 159:222-225.

Evans, M. L.; P. M. Ray. 1969. Timing of the auxin response in coleoptiles and its implications regarding auxin action. Journal of General Physiology 53:1-20.

Evans, P. T.; R. L. Malmberg. 1989. Do poly-amines have roles in plant development? Annual Review of Plant Physiology and Plant Molecular Biology 40:235-269.

Flores, H. E.; C. M. Protacio; M. W. Signs. 1989. Primary and secondary metabolism of poly-amines in plants. p. 329-393 em J. E. Poulton; J. T. Romero; E. E. Conn. (eds.) Plant Nitrogen Metabolism, Plenum, Nova York.

Flores, S.; E. M. Tobin. 1987. Benzyladenine regulation of the expression of two nuclear genes for chloroplast proteins. p. 123-132 em J. E. Fox; M. Jacobs. (eds.) Molecular Biology of Plant Growth Control. Alan R. Liss, Nova York.

Fosket, D. E. 1977. The regulation of the plant cell cycle by cytokinin. p. 62-91 em T. L. Rost; E. M. Gifford, Jr. (eds.) Mechanisms and Control of Cell Division, Dowden, Hutchinson, e Ross, Stroudsburg, Pa.

Fosket, D. E.; L. C. Morejohn; K. E. Westerling. 1981. Control of growth by cytokinin: An examination of tubulin synthesis during cytokinin-induced growth in cultured cells of Paul's scarlet rose. p. 193-211 em J. Guern; C. Peaud-Lenoel (eds.) Metabolism and Molecular Activities of Cytokinins, Springer-Verlag, Berlim.

Fujino, D. W.; D. W. Burger; K. J. Bradford. 1989. Ineffectiveness of ethylene biosynthetic and action inhibitors in phenotypically reverting the *Epinastic* mutant of tomato (*Lycopersicon escu-lentum* Mill.). Journal of Plant Growth Regulation 8:53-61.

Galston, A. W.; R. Kaur-Sawhney. 1987. Poly-amines as endogenous growth regulators. p. 280-295 em P. J. Davies (ed.) Plant Hormones and Their Role in Plant Growth and Development. Martinus Nijhoff, Boston.

Gersani, M.; H. Kende. 1982, Studies on cytokinin-stimulated translocation in isolated bean leaves. Journal of Plant Growth Regulation 1:161-171.

Goldthwaite, J. J. 1987. Hormones in plant senescence. p. 553-573 em P.J. Davies (ed.) Plant Hormones and the Role in Plant Growth and Development. Martinus Nijhoff, Boston.

Gorham, J. 1977. Lunularic acid and related compounds in liverworts, algae, and *Hydrangea*. Phytochemistry 16:249-253.

Greene, E. M. 1980. Cytokinin production by microorganisms. The Botanical Review 46:25-74.

Guern, J.; C. Péaud-Lenoël. (Eds.) 1981. Metabolism and Molecular Activities of Cytokinins. Springer-Verlag, Berlim.

Guy, C. L. 1990. Cold acclimation and freezing stress tolerance: Role of protein metabolisftt Annual Review of Plant Physiology and Plant Molecular Biology 41:187-233.

Guzman, P.; J. R. Ecker. 1990. Exploiting the triple response of *Arabidopsis* to identify ethylene-related mutants. The Plant Cell 2:513-523.

Halevy, A. H.; S. Mayak. 1981. Senescence and postharvest physiology of cut flowers — Part 2. Horticultural Reviews 3:59-143.

Harris, M. J.; W. H. Outlaw, Jr. 1990. Histo-chemical technique: A low-volume, enzyme-amplified immunoassay with sub-fmol sensitivity- Application to measurement of abscisic acid in stomatal guard cells. Physiologia Plantarum 78:495-500.

Hasegawa, K.; T. Hashimoto. 1975. Variation in abscisic acid and batasin content of yam bulbils — effects of stratification and light exposure. Journal of Experimental Botany 26:757-764.

Hasegawa, P. M.; R. A. Bressan; A. K. Handa. 1987. Cellular mechanism of salinity tolerance. HortScience 21:1317-1324.

Hoffman, N. L. E.; S. E. Yang. 1980. Changes of 1-aminocyclopropane-1-carboxylic acid content in ripening fruits in relation to their ethylene production rates. Journal of the American Society for Horticultural Science 105:492-495.

Horgan, R. 1984. Cytokinins. p. 53-75 em M. B. Wilkins (ed.) Advanced Plant Physiology. Pitman, Londres.

Houssa, C. A. Jacqmard; G. Bernier. 1990. Activation of repiicon origins as a possible target for cytokinins in shoot meristems of *Sinapis*. Planta 181:324-326.

Huff, A. K.; C. W. Ross. 1975. Promotion of radish cotyledon enlargement and reducing sugar content by zeatin and red light. Plant Physiology 56:429-433.

Irnaseki, H., N. Nakajima; I. Todaka. 1988. Biosynthesis of ethylene and its regulation in plants. p. 205-227 em Beltsville Symposium in Agriculture Research 12. Biomechanisms Regulating Growth and Development. Kluwer Academic Publishers, Boston.

Iraki, N. M.; R. A. Bressan; R. M. Hasegawa. em N. C. Carpita. 1989. Alteration of the physical and chemical structure of the primary cell wall of growth-limited plant cells adapted to osmotic stress. Plant Physiology 91:39-47.

Jackson, M. B. 1985a. Ethylene and responses of plants to soil waterlogging and submergence. Annual Review of Plant Physiology 36:145-174.

Jackson, M. B. 1985b. Ethylene and the response of plants to excess water in their environment — a review. p. 241-265 em J. A. Roberts; G. A. Tucker. (eds.) Ethylene and Plant Development. Butterworths, Londres.

Jameson, P. E.; D. S. Letham; R. Zhang; C. W. Parker; J. Badenoch-Jones. 1987. Cytokinin translocation and metabolism in lupin species. L Zeatin riboside introduced into the xylem at the base *oilupinusangustifolius* stems. Australian Journal of Plant Physiology 14:695-718.

Kader, A. A.; D. Zagory; E. L. Kerbel. 1989. Modified atmosphere packaging of fruits and vegetables. CRC Critical Reviews in Food Science and Nutrition 28:1-30. Kawase, M. 1981. Anatomical and morphological adaptation of plants to waterlogging. HortScience 16:30-34.

Kelly, M. O.; P. J. Davies. 1988. The control of whole plant senescence. CRC Critical Reviews in Plant Sciences 7:139-173.

Kende, H. 1989. Enzymes of ethylene biosynthesis. Plant Physiology 91:1-4.

Kermode, A. R. 1990. Regulatory mechanisms involved in the transition from seed development to germination, CRC Critical Reviews in Plant Sciences 9:155-195.

King, R. A.; J. Van Staden. 1988. Differential responses of buds along the shoot oi*Pisum sativum* to isopentenyladenine and zeatin application. Plant Physiology and Biochemistry 26:253-259.

Knee, M. 1985. Evaluating the practical significance of ethylene in fruit storage. p. 297-315 em J. A. Roberts; G. A. Tucker (eds.) Ethylene and Plant Development. Butterworths, Londres.

Kozlowski, T. T. (Ed.) 1973. The Shedding of Plant Parts, Academic Press, Nova York.

Leopold, A. C.; M. Kawase. 1964. Benzyladenine effects on bean leaf growth and senescence. American Journal of Botany 51:294-298.

Leshem, Y. Y. 1988. Plant senescence processes and free radicals. Free Radical Biology and Medicine 5:39-49.

Letham, D. S. 1971. Regulators of cell division in plant tissues, XII. A cytokinin bioassay using excised radish cotyledons. Physiologia Plantarum 25:391-396.

Letham, D. S. 1974. Regulators of cell division in plant tissues. XX. The cytokinins of coconut milk. Physiologia Plantarum 32:66-70.

Letham, D. S.; L. M. S. Palni. 1983. The biosynthesis and metabolism of cytokinins- Annual Review of Plant Physiology 34:163-197.

Lew, R.; H. Tsuji. 1982. Effect of benzyladenine treatment duration on delta-aminolevulinic acid accumulation in the dark, chlorophyll lag phase abolition and long-term chlorophyll production in excised cotyledons of dark-grown cucumber seedlings. Plant Physiology 69:663-667.

Lieberman, M. 1979. Biosynthesis and action of ethylene. Annual Review of Plant Physiology 30:533-589.

Loy, J. B. 1980. Promotion of hypocotyl elongation in watermelon seedlings by 6-benzyladenine. Journal of Experimental Botany 31:743-750.

Ludford, P. M. 1987. Postharvest hormone changes in vegetables and fruit. p. 574-592 em R. J. Davies (ed.) Plant Hormones and Their Role in Plant Growth and Development. Martinus Nijhoff, Boston.

Lynch, J.; V. S. Polito; A. Lauchli. 1989. Salinity stress increases cytoplasmic Ca activity in maize root protoplasts. Plant Physiology 90:1271-1274.

Malamy, J.; Jt R. Carr, D. F. Klessig; I. Raskin. 1990. Salicylic acid: A likely endogenous signal in the resistance response of tobacco to viral infection. Science 250:1002-1004.

Martin, R. C.; M. C. Mok; G. Shaw; D. W. S. Mok. 1989. An enzyme mediating the conversion of zeatin to dihydrozeatin in *Phaseolus* embryos. Plant Physiology 90:1630-1635.

Matsubara, S. 1990. Structure-activity relationships of cytokinins. Plant Sciences 9:17-57,

Mattoo, A. K.; NL Aharoni. 1988. Ethylene and plant senescence. p. 241-280 em L. D. Nooden; A. C. Leopold. (eds.) Senescence and Aging in Plants. Academic Press, Nova York. Mattoo, A. K.; J. C. Suttle. (eds.) 1990. The Plant Hormone Ethylene. CRC Press, Boca Raton, Flórida.

Mayne, R. G; H. Kende. 1986. Ethylene biosynthesis in isolated vacuoles of *Viciafaba* L. — requirement for membrane integrity. Planta 167:159-165.

Referências

McGaw, B. A. 1987. Cytokinin biosynthesis and metabolism. p. 76-93 *em* R. J. Davies (ed.) Plant Hormones and Their Role in Plant Growth and Development, Martinus Nijhoff, Boston.

McKeon, T. A.; S. E. Yang. 1987. Biosynthesis and metabolism of ethylene- p. 94-112 *em* P. J. Davies (ed.) Plant Hormones and Their Role in Plant Growth and Development Martinus Nijhoff, Boston.

Medford, J. I.; R. Horgan, Z. El-Sawi; H. J. Klee. 1989. Alterations of endogenous cytokinins in transgenic plants using a chimeric isopentenyl transferase gene. The Plant Cell 1:403-413.

Meeuse, B. A. D.; L. Raskin. 1988. Sexual reproduction in the arum lily family, with emphasis on thermogenicity. Sexual Plant Reproduction 1:3-5.

Metraux, J. P.; H. Signer; J. Ryals; E. Ward; M. Wyss-Benz; J. Gaudin; K. Raschdorf; E. Schmid; W. Blum; B. Inverardi. 1990. Increase in salicylic acid at the onset of systemic acquired resistance in cucumber. Science 250:1004-1006.

Milborrow, B. V. 1984. Inhibitors, Pages 76-110 *in* M. B. Wilkins (ed.) Advanced Plant Physiology. Pitman, Londres.

Miller, C. O.1961. Kinetin and related compounds in plant growth. Annual Review of Plant Physiology 12:395-408.

Moore, T. C. 1989. Biochemistry and Physiology of Plant Hormones. Springer-Verlag, Berlim.

Morris, R. O. 1986. Genes specifying auxin and cytokinin biosynthesis in phytopathogens. Annual Review of Plant Physiology 37:509-538.

Morris, R. O. 1987. Genes specifying auxin and cytokinin biosynthesis in prokaryotes. p. 636-655 *em* P. J. Davies (ed.) Plant Hormones and Their Role in Plant Growth and Development. Martinus Nijhoff, Boston.

Mudge, K. W. 1988. Effect of ethylene on rooting. p. 150-161 *em* T. D. Davis, B. E. Haissig; N. Sankhla (eds.) Adventitious Root Formation in Cuttings. Dioscorides Press, Portland, Oregon.

Nandi, S. K.; L. M. S. Palni; D. S. Letham; O. C. Wong. 1989. Identification of cytokinins in primary crown gall tumors of tomato, Plant, Cell and Environment 12:273-283.

Napier, R. M.; M. A. Venis. 1990. Receptors for plant growth regulators: Recent advances. Journal of Plant Growth Regulation 9:113-126.

Narain, A.; M. M. Laloraya. 1974. Cucumber cotyledon expansion as a bioassay for cytokinins. Zeitschrift fur Pflanzenphysiologie 71:313-322.Nester, E. W.; T. Kosuge, 1981. Plasmids specifying plant hyperplasias. Annual Review of Microbiology 35:531-565.

Ng, R. P.; A. L. Cole; R. E. Jameson; J. A. Mcwha. 1982. Cytokinin production by ectomy-corrhizal fungi. New Phytologist 91:57-62.

Nickell, L. G. 1979. Controlling biological behavior of plants with synthetic plant growth regulating chemicals. p. 263-279 *em* N. B. Mandava (ed.) Plant Growth Substances. American Chemical Society, Washington, D. C.

Nooden, L. D.; J. J. Guiamet. 1989. Regulation of assimilation and senescence by the fruit in monocarpic plants. Physiologia Plantarum 77:267-274.

Nooden, L. D.; A. C. Leopold. (eds.) 1988. Senescence and Aging in Plants, Academic Press, Nova York.

Ohya, T.; H. Suzuki. 1988. Cytokinin-promoted polyribosome formation in excised cucumber cotyledons. Journal of Plant Physiology 133: 295-298.

Osborne, D. J. 1989. Abscission. CRC Critical Reviews in Plant Sciences 8:103-129.

Osborne, D. J.; M. X. McManus; J. Webb. 1985. Target cells for ethylene action. p. 197-212 *em* J. A. Roberts; G. A. Tucker (eds.) Ethylene and Plant Development, Butterworths, Londres.

Owen, J. H. 1988. Role of abscisic acid in a Ca2 second messenger system. Physiologia Plantarum 72:637-641.

Parthier, B. 1979. The role of phytohormones (cytokinins) in chloroplast development (a review). Biochemie und Physiologie der Pflanzen 174; 173-214.

Parthier, B. 1989. Hormone-induced alterations in plant gene expression.Biochemie und Physiologie der Pflanzen 185:289-314,

Parthier, B. 1990. Jasmonates: Hormonal regulators or stress factors in leaf senescence? Journal of Plant Growth Regulation 9:57-63.

Pillay, L.; L. D. Railton. 1983. Complete release of axillary buds from apical dominance in intact, light-grown seedlings of *Pisum sativum* L. following a single application of cytokinin. Plant Physiology 71:972-974.

Powell, L. E. 1987. The hormonal control of bud and seed dormancy in woody plants. p. 539-552 *em* P. J. Davies (ed.) Plant Hormones and Their Role in Plant Growth and Development. Martinus Nijhoff, Boston.

Quatrano, R. S. 1987. The role of hormones during seed development. p. 494-514 *em* R. J. Davies (ed.) Plant Hormones and Their Role in Plant Growth and Development. Martinus Nijhoff, Boston.

Raschke, K. 1987. Action of abscisic acid on guard cells. p. 253-270 *em* E. Zeiger; G. D. Farquhar; L.R. Cowan (eds.) Stornatal Function. Stanford University Press, Stanford, Califórnia

Raskin, L.e R. Kende. 1985. Mechanism of aeration in rice. Science 228:327-329.

Rayle, U. L.; C. W. Ross; N. Robinson. 1982. Estimation of osmotic parameters accompanying zeatin-induced growth of detached cucumber cotyledons. Plant Physiology 70:1634-1636.

Reid, J. B. 1987. The genetic control of growth via hormones. p. 318-340 *em* R. J. Davies (ed.) Plant Hormones and Their Role in Plant Growth and Development. Martinus Nijhoff, Boston.

Reid, J. B. 1990. Phytohormone mutants in plant research. Journal of Plant Growth Regulation 9:97-111.

Reid, M. S. 1987. Ethylene in plant growth, development, and senescence. p. 257-279 *em* P.J. Davies (ed.) Plant Hormones and Their Role in Plant Growth and Development. Martinus Nijhoff, Boston.

Rennenberg, H. 1984. The fate of excess sulfur in higher plants. Annual Review of Plant Physiology 35:121-154.

Ridge, L.1985. Ethylene and petiole development in amphibious plants. Página 229-239 *em* J. A. Roberts; G. A. Tucker (eds.) Ethylene and Plant Development. Butterworths, Londres.

Ries, S. K. 1985. Regulation of plant growth with triacontanoL CRC Critical Reviews in Plant Sciences 2:239-285.

Roberts, J. A.; G. A. Tucker. (Eds.) 1985. Ethylene and Plant Development. Butterworths, Londres.

Rock, C. D.; J. A. D. Zeevaart. 1990. Abscisic (ABA)-aldehyde is a precursor to, and 1',4'-trans-ABA-diol a catabolite of, ABA in apple. Plant Physiology 93:915-923.

Romanov, G. A.; V. Y. Taran, L. Chvojka; O. N. Kulaeva. 1988. Receptor-like cytokinin binding protein(s) from barley leaves. Journal of Plant Growth Regulation 7:1-17.

Ross, C.W.; D. L. Rayle. 1982. Evaluation of H+ secretion relative to zeatin-induced growth of detached cucumber cotyledons. Plant Physiology 70:1470-1474.

Schnapp, S. R., R. A. Bressan; P. M. Hasegawa. 1990. Carbon use efficiency and cell expansion of NaCl-adapted tobacco cells. Plant Physiology 93:384-388.

Scott, L.M. 1990. Plant hormone response mutants. Physiologia Plantarum 78:147-152.

Sexton, R.; H. W. Woolhouse. 1984. Senescence and abscission. p. 469-497 *em* M. B. Wilkins (ed.) Advanced Plant Physiology, Pitman, Londres.

Sexton, R.; M. L. Durbin; L. N. Lewis; W. W. Thomson. 1981. The immunocytochemical localization of 9.5 cellulase in abscission zones of bean (*Phaseolus vulgaris* cv. red kidney). Protoplasma 109:335-347.

Sexton, R.; L. N. Lewis; R. Kelly. 1985. Ethylene and abscission. p. 173-196 *em* J. A. Roberts; G. A. Tucker (eds.) Ethylene and Plant Development. Butterworths, Londres.

Sindhu, R. K.; D. H. Griffin; D. C. Walton. 1990. Abscisic aldehyde is an intermediate in the enzymatic conversion of xanthoxin to abscisic acid in *Phaseolus vulgaris* L. leaves. Plant Physiology. 93:689-694.

Singh, N. K.; C. A. Bracket; P. M. Hasegawa; A. K. Handa; S. Buckel; M. A. Hermodson; E. Pfan-koch, E.Regnier; R. A. Bressan. 1987. Characterization of osmotin. A thaumatin-like protein associated with osmotic adaptation in plant cells. Plant Physiology 85:529-536.

Sisler, E. C. 1990a. Ethylene-binding components in plants. *Em* A. K. Mattoo; J. C. Suttle (eds.) The Plant Hormone Ethylene. CRC Press/ Boca Raton, Flórida.

Sisler, E. C. 1990b. Ethylene-binding receptors — Is there more than one? p. 193-200 *em* S. Rood; R. P. Pharis (eds.) Plant Growth Regulators 1988. Springer-Verlag, Berlim.

Sisler, E. C.; C. Wood. 1988. Interaction of ethylene and CO2. Physiologia Plantarum 73: 440-444.

Sisler, E. C.; S. E. Yang. 1984. Ethylene, the gaseous plant hormone. BioScience 34:234-238.

Skene, K. G. M. 1975. Cytokinin production by roots as a factor in the control of plant growth. p. 365-396 *em* J. G. Torrey; D. T. Clarkson (eds.) The Development and Function of Roots. Academic Press, Nova York.

Skoog, F.; D. J. Armstrong. 1970. Cytokinins. Annual Review of Plant Physiology 21:359-384.

Skoog, F.; N. J. Leonard. 1968. Sources and structure: Activity relationships of cytokinins. p. 1-18 *em* F. Wightman; G. Setterfield (eds.) Biochemistry and Physiology of Plant Growth Substances. Runge Press, Ottawa, Canadá.

Skriver, K.; J. Mundy. 1990. Gene expression in response to abscisic acid and osmotic stress. The Plant Cell 2:503-512.

Smart C. J. Longland; A. Trewavas. 1987. The turion: A biological probe for the molecular action of abscisic acid. p. 345-359 *em* J. E. Fox; M. Jacobs (eds.) Molecular Biology of Plant Growth Control. Alan R. Liss, Nova York.

Smigocki, A. C.; L. D. Owens. 1989. Cytokinin-to-auxin ratios and morphology of shoots and tissues transformed by a chimeric isopentenyl transferase gene. Plant Physiology 91:808-811.

Smith, T. A. 1985. Polyamines. Annual Review of Plant Physiology 36:117-144.

Spanier, K., J. Schell; P. H. Schreier. 1989. A functional analysis of T-DNA gene *6b*: The fine tuning of cytokinin effects on shoot development. Molecular and General Genetics 219:209-216.

Stead, A. D. 1985. The relationship between pollination, ethylene production and flower senescence. p. 71-81 *em* J. A. Roberts; G. A. Tucker (eds.) Ethylene and Plant Development. Butterworths, Londres.

Stewart, R. N.; M. Lieberman; A. T. Kunishi. 1974. Effects of ethylene and gibberellic acid on cellular growth and development in apical and subapical regions of etiolated pea seedlings. Plant Physiology 54:1-3.

Stoddart, J. L.; H. Thomas. 1982. Leaf senescence. p. 592-636 *em* D. Boulter; B. Parthier (eds.) Encyclopedia of Plant Physiology, New Series, v. 14A, Nucleic Acids and Proteins in Plants I. Springer-Verlag, Berlin.

Sturtevant, D. B.; B. J. Taller. 1989. Cytokinin production by *Bradyrhizobium japonicum*. Plant Physiology 89:1247-1252.

Tan, Z-Y.; K. V. Thimann. 1989. The roles of carbon dioxide and abscisic acid in the production of ethylene. Physiologia Plantarum 75:13-19.

Tanino, K.; C. J. Weiser; L. H. Fuchigami; T. T. H. Chen. 1990. Water content during abscisic acid induced freezing tolerance in bromegrass cells. Plant Physiology 93:460-464.

Taylorson, R. B. 1979. Response of weed seeds to ethylene and related hydrocarbons. Weed Science 27:7-10.

Thimann, K. V. (ed.) 1980. Senescence in Plants. CRC Press, Boca Raton, Flórida.

Thimann, K. V. 1987. Plant senescence: A proposed integration of the constituent processes. p. 1-19 *em* W. W. Thomson; E. A. Nothnagel; R. C. Huffaker (eds.) Plant Senescence: Its Biochemistry and Physiology. American Society of Plant Physiologists, Rockville, Md.

Thomas, J.; C. W. Ross; C. J. Chastain; N. Koomanoff; J. E. Hendrix; E. van Volkenburgh. 1981. Cytokinin-induced wall extensibility in excised cotyledons of radish and cucumber. Plant Physiology 68:107-110.

Thompson, J. E.; R. L. Legge; T. F. Barber. 1987. The role of free radicals in senescence and wounding. New Phytologist 105:317-344.

Thomson, W. W.; E. A. Nothnagel; R. C. Huffaker. (eds.) 1987. Plant Senescence: Its Biochemistry and Physiology. American Society of Plant Physiologists, Rockville, Md.

Torrey, J. G. 1976. Root hormones and plant growth. Annual Review of Plant Physiology 27:435-459.

Tseng, M. J.; P. H. Li. 1990. Alterations of gene expression in potato (*Solarium commersonii*) during cold acclimation. Physiologia Plantarum 78: 538-547.

Tucker, G. A.; D. Grierson. 1987. Fruit ripening. p. 265-318 em D. D. Davies (ed.) The Biochemistry of Plants, V. 12. Physiology of Metabolism. Academic Press, Nova York.

Vanderhoef, L. N.; C. Stahl; N. Siegel; R. Zeigler. 1973. The inhibition by cytokinin of auxin-promoted elongation in excised soybean hypocotyl. Physiologia Plantarum 29:22-27.

Van der Krieken; W. M., A. F. Croes; M. J. M. Smulders; G. J. Wullems. 1990. Cytokinins and flower bud formation in vitro in tobacco. Plant Physiology 92:565-569.

Van Staden, J.; A. D. Bay ley; S. J. Upfold; F. E. Drewes. 1990. Cytokinins in cut carnation flowers. VIII. Uptake, transport and metabolism of benzyladenine and the effect of benzyladenine derivatives on flower longevity. Journal of Plant Physiology 135:703-707.

Van Staden, J.; E. L. Cook; L. D. Nooden. 1988. p. 281-328 em L. D. Nooden; A. C. Leopold (eds.) Senescence and Aging in Plants. Academic Press, Nova York.

Venkatarayappa, T.; R. A. Fletcher; J. E. Thompson. 1984. Retardation and reversal of senescence in bean leaves by benzyladenine and decapitation. Plant and Cell Physiology 25: 407-418.

Walker-Simmons, M.; D. A. Kudrna; R. L. Warner. 1989. Reduced accumulation of ABA during water stress in a molybdenum cofactor mutant of barley. Plant Physiology 90:728-733.

Walton, D. C. 1987. Abscisic acid biosynthesis and metabolism. p. 113-131 em P. J. Davies (ed.) Plant Hormones and Their Role in Plant Growth and Development. Martinus Nijhoff, Boston.

Wang, H.; W. R. Woodson. 1989. Reversible inhibition of ethylene action and interruption of petal senescence in carnation flowers by norbornadiene. Plant Physiology 89:434-438.

Weichmann, J. 1986. The effect of controiled-atmosphere storage on the sensory and nutritional quality of fruits and vegetables. Horticultural Reviews 8:101-127.

Weiler, E. W.; J. Schroder. 1987. Hormone genes and crown gall disease. Trends in Biochemical Sciences 12:271-275.

Woltering, E. J. 1990. Interorgan translocation of 1-aminocyclopropane-l-carboxylic acid and ethylene coordinates senescence in emasculated *Cymbium* flowers. Plant Physiology 92:837-845.

Wright, S. T. C.1966. Growth and cellular differentiation in the wheat coleoptile (*Triiicum vulgare*). II. Factors influencing the growth response to gibberellic acid, kinetin, and indole-3-acetic acid. Journal of Experimental Botany 17:165-176,

Yang, S. R.; N. E. Hoffman. 1984. Ethylene biosynthesis and its regulation in higher plants. Annual Review of Plant Physiology 35:155-189.

Yang, S. E.; Y. Liu; L. Su; G. D. Peiser; N. E. Hoffman; T. McKeon. 1985. Metabolism of 1-aminocyclopropane-l-carboxylic acid. p. 9-21 em J. A. Roberts; G. A. Tucker (eds.) Ethylene and Plant Development. Butterworths, Londres.

Yopp, J. H.; L. H. Aung; G. L. Steffens. (eds.) 1986. Bioassays and Other Special Techniques for Plant Hormones and Plant Growth Regulators, Plant Growth Regulator Society of America, Beltsville, Md.

Zeevaart, J. A. D.; R. A. Creelman. 1988. Metabolism and physiology of abscisic acid. Annual Review of Plant Physiology and Plant Molecular Biology 39:439-473.

Zeevaart, J. A. D.; T. G. Heath; D. A. Gage. 1989. Evidence for a universal pathway of abscisic acid biosynthesis in higher plants from ISO incorporation patterns. Plant Physiology 91: 1594-1601.

Zhang, J.; W. J. Davies. 1989. Abscisic acid produced in dehydrating roots may enable the plant to measure the water status of the soil. Plant, Cell and Environment 12:73-81.

Zhang, J.; W. J. Davies. 1990. Changes in the concentration of ABA in xylem sap as a function of changing soil water status can account for changes in leaf conductance and growth. Plant, Cell and Environment 13:277-285.

Zhi-Yi, T; K. V. Thimann, 1989. The roles of carbon dioxide and abscisic acid in the production of ethylene. Physiologia Plantarum 75:13-19,

Capítulo 19

Audus, L. J. 1979. Plant geosensors. Journal of Experimental Botany 30:1051-1073.

Balatti, Pedro A.; Jorge G. Willemoes. 1989. Role of ethylene in the geotropic response of Ber-mudagrass (*Cynodon dactylon* L. Pers.) stolons. Plant Physiology 91:1251-1254.

Ball, N. G. 1969. Nastic responses. p. 277-300 em M. B. Wilkins. (ed.) Physiology of Plant Growth and Development. McGraw-Hill, Nova York.

Bandurski, Robert S.; A. Schulze; P. Dayanandan; P. B. Kaufman. 1984. Response to gravity by *Zea mays* seedlings. I. Time course of the response. Plant Physiology 74:284-288.

Baskin, Tobias Isaac. 1986. Redistribution of growth during phototropism and nutation in the pea epicotyl. Planta 169:406-414.

Baskin, T. I.; Winslow R. Briggs; Moritoshi Iino. 1986. Can lateral redistribution of auxin account for phototropism in maize coleoptiles? Plant Physiol. 81:306-309.

Baskin, T. I.; Moritoshi Iino. 1987. An action spectrum in the blue and ultraviolet for phototropism in alfalfa. Photochemistry and Photobiology 46:127-136.

Baskin, T. I., M. lino, P. B. Green; W. R. Briggs. 1985. High-resolution measurement of growth during first positive phototropism in maize. Plant, Cell and Environment 8:595-603.

Bateson, A.; Francis Darwin. 1888. On a method of studying geotropism. Annals of Botany 2: 65-68.

Behrens, H. M.; D. Gradmann; A. Sievers. 1985. Membrane-potential responses following gravistimulation in roots of *Lepidium sativum* L. Planta 163:463-472.

Behrens, H. M.; M. H. Weisenseel; A. Sievers. 1982. Rapid changes in the pattern of electric current around the root tip of *Lepidium sativum* L. following gravistimulation. Plant Physiology 70:1079-1083.

Beyl, Caula A.; Cary A. Mitchell. 1983. Alteration of growth/ exudation rate, and endogenous hormone profiles in mechanically dwarfed sunflower. J. Amer Soc. Hort, Sci. 108:257-262.

Bjorkman, Olle; S. B. Powles. 1981. Leaf movement in the shade species *Oxalis oregana*. I. Response to light level and light quality. Annual Report of the Director Dept of Plant Biology, Stanford, Califórnia. Carnegie Institution of Washington Year Book, 80:59-62. (Veja também o artigo; Powles; Bjorkman, p. 63-66, e o relatório do Science News (1981) 120:392.)

Bjorkman, X.; A. C.Leopold. 1987a. An electric current associated with gravity sensing in maize roots. Plant Physiol 84:841-846.

Bjorkman, T.; A. C. Leopold. 1987b. Effect of inhibitors of auxin transport and of calmodulin on a gravisensing-dependent current in maize roots, Plant Physiol 84:847-850.

Blaauw, A. H. 1909. Die Perzeption des Lichtes. (The perception of light.) Rec, Trav Botica Neerlandica 5:209-272.

Blaauw, A. H. 1918. Licht und Wachstum III. Mededelingen Landbouw-hogeschool Wageningen 15:89-204.

Blaauw, O. H.; G. Blaauw-Jansen. 1970a. The phototropic responses of *Avena* coleoptiles, Acta Botica Neerlandica 19:755-763.

Blaauw, O. H.; G. Blaauw-Jansen, 1970b, Third positive (c-type) phototropism in the *Avena* coleoptile. Acta Botica Neerlandica 19:764-776.

Blake, T. J.; R. P. Pharis; D. M. Reid. 1980. Ethylene, gibberellins, auxin and the apical control of branch angle in a conifer, *Cupressus arizonica*. Planta 148:64-68.

Braam, Janet; Ronald W. Davis. 1990. Rain, wind, and touched-induced expression of calmodulin and calmodulin-related genes in *Arabidopsis*. Cell 60:357-364.

Brain, Robert D.; J. A. Freeberg, C. V. Weiss; Winslow R. Briggs, 1977. Blue light-induced absorbance changes in membrane fractions from corn and *Neurospora*. Plant Physiology 59:948-952.

Brauner, L.; E.Bock. 1963. Versuche zur Analyse der geotropischen Perzeption. II Die Veränderung der osmotischen Saugkraft im Schwerefelt. (Experiments for the analysis of geotropic perception. II Changes in osmotic suction force in the gravitational field.) Planta 56:416-437.

Brauner, L.; R. Diemer. 1971. Ueber den Einfluss der geotropischen Induktion auf den Wuchsstoffgehalt, die Wuchsstoffverteilung und die Wuchsstoffempfindlichkeit von *Helianthus*-Hypokotylen. Planta 97:337-353.

Brauner, L.; A. Hager. 1958. Versuche zur Analyse der geotropischen Perzeption. Planta 51:115-147.

Briggs, Winslow R. 1963. Mediation of phototropic responses of corn coleoptiles by lateral transport of auxin. Plant Physiology 38:237-247.

Briggs, W. R.; T. I. Baskin. 1988. Phototropism in higher plants — controversies and caveats. Botanica Acta 101:133-139.

Briggs, W. R; M. lino. 1983. Blue-light-absorbing photoreceptors in plants. Philosophical Transactions of the Royal Society of London B303: 347-359.

Britz, Steven J.; Arthur W. Galston. 1982. Physiology of movements in stems of seedling *Pisum sativum* L, cv, Alaska, I. Experimental separation of nutation from gravitropism. Plant Physiol 70:264-271.

Britz, Steven J.; Arthur W. Galston. 1983. Physiology of movements in the stems of seedling *Pisum sativum* L, cv Alaska. III. Phototropism in relation to gravitropism, nutation, and growth. Plant Physiol 71:313-318.

Brock, Thomas G.; Peter B. Kaufman. 1988. Altered growth response to exogenous auxin and gibberellic acid by gravistimulation in pulvini of *Avena sativa*. Plant Physiol 87:130-133.

Brown, Allan H.; David K. Chapman. 1984. Circumnutation observed without a significant gravitational force in spaceflight Science 225: 230-232.

Brown, Allan H.; David K. Chapman. 1988. Kinetics of suppression of circumnutation by clinostatting favors modified internal oscillator model. Amer. J. Bot. 75(8): 1247-1251.

Caspar, Timothy; Barbara G. Packard. 1989. Gravitropism in a starchless mutant of *Arabi-dopsis*. Implications for the starch-statolith theory of gravity sensing. Planta 177:185-197.

Caspar, T.; C. Somerville; B. G. Pickard. 1985. Geotropic roots and shoots of a starch-free mutant of *Arahidopsis*. Supplement to Plant Physiol 77(4) ;105.

Cholodny, N. 1926. Beitrage zur Analyse der geotropischen Reaktion. (Contributions to the analysis of the geotropic reaction.) Jahrb. Wiss. Bot. 65:447-459.

Ciesielski, Theophil. 1872. Untersuchungen über die Abwartskrummung der Wurzel. Beitrage zur Biologie der Pflanzen 1:1-30.

Clifford, Paul E.; D. S. Fensom; B. I. Munt; W. D. McDowell. 1982. Lateral stress initiates bending responses in dandelion peduncles: A clue to geotropism? Canadian Journal of Botany 60:2671-2673.

Clifford, Paul E.; D. M. Reid; R. R. Pharis. 1983. Endogenous ethylene does not initiate but may modify geobending — a role for ethylene in autotropism. Plant, Cell and Environment 6: 433-436.

Curry, G. M. 1969. Phototropism. Páginass 241-273 *em* M. B. Wilkins (ed.) The Physiology of Plant Growth and Development. McGraw-Hill, Nova York.

Darwin, Charles, auxiliado por Francis Darwin. 1880. The Power of Movement in Plants. Murray, Londres. (Veja também a "Edição Autorizada" 1896. Appleton, Nova York; repimpresso por De Capo Press, Nova York, 1966.)

Davies, Eric; Anne Schuster. 1981. Intercellular communication in plants: Evidence for a rapidly generated, bidirectionally transmitted wound signal. Proceedings of the National Academy of Sciences 78:2422-2426.

Dayanandan, P.; V. H. Frederick, V. D. Baldwin; R. B. Kaufman. 1977. Structure of gravity-sensitive sheath and internodal pulvini in grass shoots, American Journal of Botany 64(10) :1189-1199.

Referências

Dayanandan, P.; E. V. Hebard; P. B. Kaufman. 1976. Cell elongation in the grass pulvinus in response to geotropic stimulation and auxin application, Planta (Berlin) 131:245-252.

Dennison, David S. 1979. Phototropism, P. 506-508 em W. Haupt; M. E. Feinleib (eds.) Physiology of Movements. v. 7 de A. Pirson e M. H. Zimmermann (eds.) Encyclopedia of Plant Physiology (New Series). Springer-Verlag, Berlim, Heidelberg, Nova York.

Dennison, David S. 1984. Phototropism. p. 149-162 em M. B. Wilkins (ed.) Advanced Plant Physiology. Pitman, Londres e Marshfield, Mass.

Diehl, J. M.; C. J. Gorter, G. Van Iterson, Jr.; A. Kleinhoonte, 1939. The influence of growth hormone on hypocotyls of *Helianthus* and the structure of their cell walls, Recueil travauxx botaniques Neerlandais 36:709-798.

Digby, John; Richard D. Firn, 1976. A critical assessment of the Cholodny-Went theory of shoot geotropism. Current Advances in Plant Science 8:953-960. Dolk, H. E. 1930. Geotropie en groestof. Dissertation, Utrecht 1930. Tradução para o inglês por K. V. Thimann, Geotropism and the growth substance, in Rec. trav. bot. Neerl. 33:509-585. 1936.

du Buy, H. G.; E. Nuernbergk. 1934. Photo-tropismus und Wachstum der Pflanzen, (Phototropism and growth of plants.) II Ergeb. Biol 10:207-322.

Ehleringer, J.; L. Forseth, 1980. Solar tracking by plants. Science 210:1094-1098.

El-Antably, K.M M. 1975. Redistribution of endogenous indole-acetic acid, abscisic acid and gibberellins in geotropically stimulated *Rihes nigrum* roots, Zeitschrift fur Pflanzenphysiologie 76:400-410.

Esau, Katherine. 1977. Anatomy of Seed Plants. Wiley, Nova York.

Evans, Michael L.; Randy Moore; Karl-Heinz Hasenstein, 1986. How roots respond to gravity, Scientific American 255(6):112-119.

Evans, Michael L.; Timothy J. Mulkey; Mary Jo Vesper. 1980. Auxin action on proton influx in corn roots and its correlation with growth. Planta 148:510-512.

Feldman, L. J. 1981. Light-induced inhibitors from intact and cultured caps of *Zea* roots. Planta 153:471-475.

Firn, Richard D.; John Digby. 1980. The establishment of tropic curvatures in plants. Annual Review of Plant Physiology 31:131-148.

Franssen, J. M.; J. Bruinsma. 1981. Relationships between xanthoxin, phototropism, and elongation growth in the sunflower seedling *Helianthus annuus* L. Planta 151:365-370.

Franssen, J. M.; Richard D. Firn; John Digby. 1982. The role of the apex in the phototropic curvature of *Avena* coleoptiles: Positive curvature under conditions of continuous illumination. Planta 155:281-286.

Giridhar, G.; M. J. Jaffe. 1988. Thigmomor-phogenesis: XXIIL Promotion of foliar senescence by mechanical perturbation of *Avena saliva* and four other species. Physiologia Plantarum 74:473-480.

Gould, K.W. 1968. Grass Systematics, McGraw-Hill, Nova York.

Haberlandt, G. 1902. Uber die Statolithefunktion der Starkekdrner. (About the statolith function of starch grains.) Berichte der Deutschen Bo-tanisches Gesellschaft 20:189-195.

Hammer, P. A.; C. A. Mitchell; T. C. Weiler. 1974. Height control in greenhouse chrysanthemum by mechanical stress, HortScience 9:474-475.

Harrison, Marcia A.; Barbara G. Pickard, 1986. Evaluation of ethylene as a mediator of gravitropism by tomato hypocotyls. Plant Physiology 80:592-595.

Harrison, M. A.; B. G. Pickard. 1989. Auxin asymmetry during gravitropism by tomato hypocotyls. Plant Physiology 89:652-657.

Hart, J. W. 1990. Plant Tropisms and Other Growth Movements. Unwin Hyman, Londres.

Hasegawa, Koji; Masako Sakoda; Johan Bruinsma. 1989. Revision of the theory of phototropism in plants: A new interpretation of a classical experiment. Planta 178:540-544.

Haupt, Wolfgang; M. E. Feinleib. 1979. Introduction. p. 1-8 em W. Haupt; M. E. Feinleib (eds.) Physiology of Movements. v. 7. de A. Pirson; M. H. Zimmermann. (eds.) Encyclopedia of Plant Physiology (New Series), Springer-Verlag, Berlim, Heidelberg, Nova York.

Heathcote, David G.; T. J. Aston. 1970. The physiology of plant nutation. Journal of Experimental Botany 21(69):997-1002.

Heslop-Harrison, Yokande. 1978. Carnivorous plants. Scientific American 238(2):104-115.

Hillman, S. K.; M. B. Wilkins. 1982. Gravity perception in decapped roots of *Zea mays*. Planta 155:267-271.

Hodick, Dieter; Andreas Sievers. 1989. On the mechanism of trap closure of Venus flytrap (*Dionaea muscipula* Ellis), Planta 179:32-42.

Houwink, A. L. 1935. The conduction of excitation in *Mimosa pudica*. Travaux botaniques neerlandais 32:51-91.

lino, Moritoshi; Winslow R. Briggs. 1984. Growth distribution during first positive phototropic curvature of maize coleoptiles. Plant, Cell and Environment 7:97-104.

Iversen, T. H. 1969. Elimination of geotropic responsiveness in roots of cress (*Lepidium sativum*) by removal of statolith starch. Physiologia Plantarum 22:1251-1262.

Iversen, T. H. 1974. The roles of statoliths, auxin transport, and auxin metabolism in root geotropism. K. norske Vidensk, Selsk, Mus, Miscellanea 15:1-216.

Iversen, T. H.; P. Larsen. 1973. Movement of amyloplasts in the statocytes of geotropically stimulated roots. The pre-inversion effect. Physiologia Plantarum 28:172-181.

Jackson, M. B.; R. W. Barlow. 1981. Root geotropism and the role of growth regulators from the cap: A re-examination. Plant, Cell and Environment 4:107-123.

Jaffe, Mordecai J. 1973. Thigmomorphogenesis; The response of plant growth and development to mechanical stimulation. Planta 114:143-157.

Jaffe, M. J. 1976. Thigmomorphogenesis: A detailed characterization of the response of beans (*Phaseolus vulgaris* L.) to mechanical stimulation. Zeitschrift fur Pflanzenphysiologie 77:437-453.

Jaffe, M. J. 1980. Morphogenetic responses of plants to mechanical stimuli or stress. BioScience 30(4):239-243.

Jaffe, M. J.; A. W. Galston. 1968. The physiology of tendrils. Annual Review of Plant Physiology 19:417-434.

Jaffe, M. J.; H. Takahashi; R. L. Biro. 1985. A pea mutant for the study of hydrotropism in roots. Science 230:445-447.

Jensen, William A.; Frank B. Salisbury. 1972. Botany: An Ecological Approach. Wadsworth, Belmont, Califórnia.

Jensen, W. A.; K.B. Salisbury. 1984. Botany. 2. ed. Wadsworth, Belmont, Califórnia

Johnsson, Anders. 1971. Aspects on gravity-induced movements in plants. Quarterly Reviews of Biophysics 2(4):277-320.

Johnsson, A. 1979. Circumnutation. p. 627-646 em W. Haupt; M.E. Feinleib (eds.) Physiology of Movements, v. 7, de A. Pirson; M. H. Zimmermann. (eds.) Encyclopedia of Plant Physiology (New Series). Springer-Verlag, Berlim, Heidelberg, Nova York.

Juniper, Barrie E. 1976. Geotropism. Annual Review of Plant Physiology 27:385-406.

Juniper, Barrie E.; S. Groves, B. Landua-Schachar; L. J, Audus, 1966. Root cap and the perception of gravity. Nature (Londres) 209:93-94.

Kallas, Peter; Wolfram Meier-Augenstein; Hermann Schildknecht. 1990. The structure-activity relationship of the turgorin PLMF 1 in the sensitive plant *Mimosa pudica* L.: *In vitro* binding of [14C-carboxyl]-PLMF 1 to plasma membrane fractions from mimosa leaves and bioassays with PLMF 1-isomeric compounds. Journal of Plant Physiology 136:225-230.

Kaufman, R. B.; R. P. Pharis; D. M. Reid; E.D. Beall. 1985. Investigations into the possible regulation of negative gravitropic curvatures in intact *Avena saliva* plant and in isolated stem segments by ethylene and gibberellin. Physiologia Plantarum 65:237-244.

Kaufman, R. B.; I. Song; N. Ghosheh. 1986. Role of starch statoliths in the upward bending response in gravistimulated barley leaf-sheath pulvini. Plant Physiol. (Supp.) 80(4):8.

Kiss, John Z.; Rainer Hertel; Fred D. Sack. 1989. Amyloplasts are necessary for full gravitropic sensitivity in roots of *Arabidopsis thaliana*. Plants 177:198-206.

Lee, J. S.; T. J. Mulkey; M. L. Evans. 1983. Reversible loss of gravitropic sensitivity in maize roots after tip application of calcium chelators. Science 220:1375-1376.

MacDonald, Ian R.; James W. Hart. 1987, New light on the Cholodny-Went theory. Plant Physiology 84:568-570.

MacDonald, I. R.; J. W. Hart; Dennis C. Gordon. 1983. Analysis of growth during geotropic curvature in seedlings hypocotyls. Plant, Cell and Environment 6:401-406.

Mandoli, Dina E.; Winslow R. Briggs. 1982. Optical properties of etiolated plant tissues. Proceedings of the National Academy of Sciences USA 79:1902-1906.

Mandoli, D. F.; W. R. Briggs. 1983. Physiology and optics of plant tissues. What's New in Plant Physiology 14:13-16.

Mandoli, D. E.e W. R. Briggs. 1984. Fiber-optic plant tissues: Spectral dependence in dark-grown green tissues. Photochemistry and Photobiology 39(3):419-424.

Mauseth, James. 1988. Plant Anatomy. Benjamin/ Cummings, Menlo Park, Califórnia.

Mertens, Riidiger; Elmar W. Weiler. 1983. Kinetic studies on the redistribution of endogenous growth regulators in gravireacting plant organs, Planta 148:339-348.

Meyer, A. M. 1969. Versuche zur Trennung von 1. positiver and negativer Krummung der *Avena* Koleoptile, (Experiments to separate first positive and negative curvature of the *Avena* coleoptile.) Zeitschrift fiir Pflanzenphysiologie 60:135-146.

Meyer, B. S.; D. B. Anderson. 1952. Plant Physiology, Second Edition, Van Nostrand, Nova York.

Mitchell, Cary A. 1977. Influence of mechanical stress on auxin-stimulated growth of excised pea stem sections. Physiologia Plantarum 41:129-134.

Mitchell, Cary A.; Candace J. Severson; John A. Wott; R. Allen Hammer. 1975. Seismo-morphogenic regulation of plant growth. Journal of American Society of Horticultural Science 100(2) :161-165.

Moran, Nava; Gerald Ehrenstein; Kunihiko Iwasa; Charles Mischke, Charles Bare; Ruth L. Satter. 1988. Potassium channels in motor cells of *Samanea samanf* a patch-clamp study. Plant Physiology 88:643-648.

Mueller, Wesley J.; Frank B. Salisbury; P. Thomas Blotter 1984. Gravitropism in higher plant shoots, II. Dimensional and pressure changes during stem bending. Plant Physiology 76:993-999.

Mulkey, Timothy J; Michael L. Evans. 1981. Geotropism in corn roots: Evidence for its mediation by differential acid efflux. Science 212:70-71.

Mulkey, Timothy J; Michael L. Evans. 1982, Suppression of asymmetric acid efflux and gravitropism in maize roots treated with auxin transport inhibitors or sodium orthovanadata. J. Plant Growth Regul. 1:259-265.

Mulkey, Timothy J; KonradM. Kuzmanoff; Michael L. Evans, 1981. The agar-dye method for visualizing acid efflux patterns during tropistic curvatures. What's New in Plant Physiology 12:9-12.

Munoz, V.; W. L. Butler. 1975. Photoreceptor pigments for blue light in *Neurospora crassa*. Plant Physiology 55:421-426.

Neel, R. L.; R. W. Harris. 1971. Motion-induced inhibition of elongation and induction of dormancy in *Liquidambar*. Science 173:58-59.

Nêmec, B. 1901. Ober die Wahrnehmung des Schwerkraftreizes bei den Pflanzen. (About the perception of gravity by plants.) Jahrb. Wiss, Bot 36:80-178.

Pharis, R. P.; R. L. Legge; M. Noma; R. B. Kaufman; N. S. Ghosheh; J. D. LaCroix; K. Heller 1981. Changes in endogenous gibberellins and the metabolism of 3H-G A4 after geostimulation in shoots of the oat plant (*Avena saliva*). Plant Physiology 67:892-897.

Phillips, L.D. J.; W. Hartung. 1976. Longitudinal and lateral transport of [3,4-3H] gibberellin Al and 3-indolyl (acetic acid-2-14C) in upright and geotropically responding green internode segments from *Helianthus anmtits*. New Phytol. 76:1-9.

Pickard, B. G. 1973. Action potentials in higher plants* Botanical Review 39:172-201.

Referências

Pickard, B. G. 1985. Roles of hormones, protons and calcium in geotropism. p. 193-281 *em* R. R. Pharis; D. M. Reid (eds.) Hormonal Regulation of Development III. Encyclopedia of Plant Physiology (New Series). Springer-Verlag, Berlim.

Pickard, B. G.; K. V. Thimann. 1964. Transport and distribution of auxin during tropistic response. II The lateral migration of auxin in phototropism of coleop tiles. Plant Physiol. 39:341-350.

Ray, Thomas S., Jr. 1979. Slow-motion world of plant "behavior" visible in rain forest. Smithsonian 9(12):121-130.

Ricca, U. 1916a. Solutione di un probleme di fisiologia. La propagatione di stimulo vella *Mimosa*. Nuovo Giorn. bot. ital. N. S. 23:51-170.

Ricca, U. 1916b. Solution d'un probleme de physiologie. La propagation de stimules dans la Sensitive. Arch. ital. BioL (Pisa) 65:219-232.

Rich, T. C. G.; G. C. Whitelam; H. Smith. 1987. Analysis of growth rates during phototropism: Modifications by separate light-growth responses. Plant, Cell and Environment 10: 303-311.

Roblin, G. 1982. Movements and bioelectrical events induced by photostimulation in the primary pulvinus of *Mimosa pudica*. Zeitschrift fiir Pflanzenphysiologie 106:299-303.

Rorabaugh, Patricia e R. B. Salisbury. 1989. Gravitropism in higher plant shoots. VI. Changing sensitivity to auxin in gravistimulated soybean hypocotyls. Plant Physiology 91:1329-1338.

Sack, F.; J. Kiss, 1988. Structural asymmetry in rootcap cells of wild type (WT) and starchless mutant (TC7) *Arabidopsis*, Plant Physiol. (Supp.) 86(4):29.

Salisbury, Frank B. 1963. The Flowering Process, Pergamon Press, Oxford, Londres, Nova York, Paris.

Salisbury, Frank B.; Ray M. Wheeler 1981. Interpreting plant responses to clinostating. Plant Physiology 67:677-685.

Salisbury, Frank B.; Linda Gillespie; Patricia Rorabaugh. 1988. Gravitropism in higher plant shoots. V, Changing sensitivity to auxin. Plant Physiol. 88:1186-1194.

Samejima, Michikazu; Takao Sibaoka. 1980. Changes in the extracellular ion concentration in the main pulvinus of *Mimosa pudica* during rapid movement and recovery. Plant and Cell Physiology 21:467-479.

Satter, Ruth L.; Arthur W. Galston. 1981. Mechanisms of control of leaf movements. Annual Reviews of Plant Physiology 32:83-110.

Satter, R. L.; M. J. Morse, Youngsook Lee, Richard C.Grain, Gary G. Cote; Nava Moran. 1988. Light- and clock-controlled leaflet movements in *Samanea saffian*: A physiological, biophysical and biochemical analysis. Botanica Acta 101:205-213.

Satter, R. L.; D. D. Sabnis; A. W. Galston. 1970. Phytochrome controlled nyctinasty in *Albizzi julibrissin*. I. Anatomy and fine structure of the pulvinule. American Journal of Botany 57: 374-381.

Schildknecht, Hermann. 1983. Turgorins, hormones of the endogenous daily rhythms of higher organized plants — detection, isolation, structure, synthesis, and activity. Angewandte Chemie Int. Edition English 22:695-710.

Schildknecht, Hermann. 1984. Turgorins — new chemical messengers for plant behaviour. Endeavour, New Series, 8(4):113-117.

Schopfer, P. 1984. Photomorphogenesis. p. 380-407 *em* M.B. Wilkins (ed), Advanced Plant Physiology. Pitman, Londres.

Schrempf, M.; Ruth L. Satter; Arthur W. Galston. 1976. Potassium-linked chloride fluxes during rhythmic leaf movement of *Albizzia julibrissin*. Plant Physiology 58:190-192.

Schwartz, Amnon; Dov Koller. 1978. Phototropic response to vectorial light in leaves of *Lavatera cretica* L. Plant Physiology 61:924-928.

Schwartz, A.; D. Roller. 1980. Role of the cotyledons in the phototropic response of *Lavatera cretica* seedlings. Plant Physiology 66:82-87.

Schwartz, A.; Sarah Gilboa; D. Koller. 1987, Photonastic control of leaf orientation in *Melilotus indicus* (Fabaceae), Plant Physiology 84:318-323.

Scurfield, G. 1973. Reaction wood: Its structure and function. Science 179:647-655.

Shackel, K. A.; A. E. Hall. 1979. Reversible leaflet movements in relation to drought adaptation of cowpeas, *Vigna ungiiiculata* L, Walp, Aust. J. Plant Physiol 6:265-276.

Shaw, S.; M. B. Wilkins. 1973. The source and lateral transport of growth inhibitors in geo-tropically stimulated roots of *Zea mays* and *Pisum sativum*. Planta 109:11-26.

Shen-Miller, J.; R. R. Hinchman, 1974. Gravity sensing in plants: A critique of the statolith theory. BioScience 24:643-651.

Shen-Miller, J.; P. Cooper; S. A. Gordon. 1969. Phototropisrn and photoinhibition of basipolar transport of auxin in oat coleoptiles. Plant Physiol 44; 491-496.

Sibaoka, Takao, 1969. Physiology of rapid movements in higher plants. Annual Review of Plant Physiology 20:165-184.

Sievers, Andreas; H. M. Behrens; T. J- Buckhout; D. Gradmann. 1984. Can a Ca^{2+} pump in the endoplasmic reticulum of the *Lepidium* root be the trigger for rapid changes in membrane potential after gravistimulation? Z. Pflanzenphysiol. 114:195-200.

Simons, P. J. 1981. The role of electricity in plant movements. New Phytologist 87:11-37.

Sinha, S. K.; S. Bose, 1988. Classical Research Papers in Plant Physiology from India. Society for Plant Physiology and Biochemistry, Nova Délhi. [Quatro artigos do Prof. Bose publicados nesta coleção, originalmente são: J. Linnean Soc. 35:275-305 (1902); Phil. Trans. 6204:63-97 (1914); Proc. Roy, Soc. 88B:483-507 (1915); Proc, Roy. Soc. 89B:213-231(1916).]

Sliwinski, Julianne E.; Frank B. Salisbury. 1984. Gravitropism in higher plant shoots. Ill, Cell dimensions during gravitropic bending; perception of gravity. Plant Physiology 76:1000-1008.

Slocum, Robert D.; Stanley J. Roux, 1983. Cellular and subcellular localization of calcium in gravistimulated oat coleoptiles and its possible significance in the establishment of tropic curvature. Planta 157:481-492.

Song, I.; C. R. Lee, X. G. Brock; P. B. Kaufman. 1988. Do starch statoliths act as the gravisensors in cereal grass pulvini? Plant Physiology 86: 1155-1162.

Steyer, Brigitte. 1967. Die Dosis-Wirkungsrelationen bei geotroper und phototroper Reizung: Vergleich von Mono- mit Dicotyledonen. Planta (Berl.) 77:277-286.

Strong, Donald R.; Jr.; Thomas S. Ray, Jr. 1975. Host tree location behavior of a tropical vine (*Monstera gigantea*) by skototropism. Science 190:804-806.

Suzuki, T.; N. Kondo; T. Fujii. 1979. Distribution of growth regulators in relation to the light-induced geotropic responsiveness in *Zea* roots. Planta 145:323-329.

Tanada, Takuma; Christian Vinten-Johansen. 1980. Gravity induces fast electrical field change in soybean hypocotyls. Plant, Cell and Environment 3:127-130.

Thimann, K. V. e G. M. Curry. 1960. Phototro-pism and phototaxis. p. 243-309 *em* M. Florkin e H. S. Mason (eds.) Comparative Biochemistry: A Comparative Treatise. v. I, Sources of Free Energy. Academic Press, Nova York.

Thimann, K. V.; C.L. Schneider. 1938. Differential growth in plant tissues. American Journal of Botany 25(8) :627-641.

Tibbitts, T. W.; W. M. Hertzberg, 1978. Growth and epinasty of marigold plants maintained from emergence on horizontal clinostats. Plant Physiology 61:199-203.

Timell, T. E. 1986. Compression Wood in Gymno-sperms. In Three Volumes, Springer-Verlag, Berlim, Heidelberg, Nova York, Tóquio.

Toriyama, H. 1955. Observational and experimental studies of sensitive plants. V. The development of the tannin vacuole of the motor cell of the pulvinus. Bot. Mag. 68:203-208.

Toriyama, H. 1962. Observational and experimental studies of sensitive plants. XV. The migration of potassium in the petiole of *Mimosa pudica*. Cytologia 27:431-442.

Umrath, Karl; G. Kastberger. 1983- Action potentials of the high-speed conduction in *Mimosa pudica* and *Neptunia plena*. Phyton 23:65-78.

Van Sambeek; Jerome W.; Barbara G. Pickard. 1976. Mediation of rapid electrical, metabolic, transpirational, and photosynthetic changes by factors released from wounds. III. Measurements of CO_2 and H_2O flux, Canadian Journal of Botany 54:2662-2671.Vierstra, R. D.; K. L. Poff. 1981. Role of carot-enoids in the phototropic response of corn seedlings. Plant Physiology 68:798-801.

Volkmann, D.; A. Sievers. 1979. Gravipercep-tion in multicellular organs. p. 573-600 *em* W. Haupt; M. E. Feinleib (eds.) Physiology of Movements, v. 7 de A. Pirson; M. H. Zimmermann (eds.) Encyclopedia of Plant Physiology (New Series), Springer-Verlag, Berlim, Heidelberg, Nova York.

von Sachs, Julius. 1873. Uber das Wachstum der Haupt- und Nebenwurzel. (About the growth of primary and secondary roots.) Arb. Bot. Inst. Wurzburg 1:385-474.

von Sachs, J. 1882. Textbook of Botany. 2. ed. Clarendon, Oxford, Inglaterra. (Veja as p. 796-808.)

Wainwright, C. M. 1977. Sun-tracking and related leaf movements in a desert lupine (*Lupinus arizonicus*). American Journal of Botany 64: 1032-1041.

Watanabe, S.; T. Sibaoka. 1983. Light- and auxin-induced leaflet opening in detached pinnae of *Mimosa pudica*. Plant and Cell Physiology 24: 641-647.

Weiler, E. W. 1984. Immunoassay of plant growth regulators. Ann. Rev. Plant Physiol 35:85-95.

Went, F. W. 1926. On growth accelerating substances in the coleoptile of *Avena sativa*. Proc. K. Akad. Wet. Amsterdã 30:10-19.

Wheeler, Raymond M.; Frank B. Salisbury. 1979. Water spray as a convenient means of imparting mechanical stimulation of plants. Hort. Science 14(3):270-271.

Wheeler, Raymond M.; Frank B. Salisbury. 1981. Gravitropism in higher plant shoots. I, A role for ethylene. Plant Physiology 67:686-690.

Wheeler, R.; M. R. G. White; E.B. Salisbury. 1986. Gravitropism in higher plant shoots, IV Further studies on participation of ethylene. Plant Physiol 82:534-542.

White, Rosemary G.; Fred D. Sack. 1990. Actin microfilaments in presumptive statocytes of root caps and coleoptiles, American Journal of Botany 77:17-26.

Wilkins, Malcolm B. 1975. The role of the root cap in root geotropism. Current Advances in Plant Science 8:317-328.

Wilkins, M. B. 1979. Growth-control mechanisms in gravitropism. p. 601-626 *em* W. Haupt; M. E. Feinleib. (eds,.) Physiology of Movements, v. 7 de A. Pirson; M. H. Zimmermann. (eds.) Encyclopedia of Plant Physiology (New Series), Springer-Verlag, Berlim, Heidelberg, Nova York.

Wilkins, M.B. 1984. Gravitropism. p. 163-185 *em* M. B. Wilkins. (ed.) Advanced Plant Physiology. Pitman, Londres and Marshfield, Mass.

Wilkins, H.; R. L. Wain. 1974. The root cap and control of root elongation in *Zea mays* L. seedlings exposed to white light. Planta 121:1-8.

Williams, Stephen E.; Alan B. Bennett, 1982. Leaf closure in the Venus flytrap: An acid growth response. Science 218:1120-1122.

Wilson, Brayton F.; Robert R. Archer. 1977, Reaction wood: Induction and mechanical action. Annual Review of Plant Physiology 28:23-43.

Wright, Luann Z.; David L. Rayle, 1983. Evidence for a relationship between H^+ excretion and auxin in shoot gravitropism. Plant Physiology 72:99-104.

Yin, H. C. 1938. Diaphototropic movements of the leaves of *Malva neglecta*. American Journal of Botany 25:1-6.

Zawadski, Tadeusz and Kazimierz Trebacz. 1982. Action potentials in *Lupinus angustifolius* L. shoots, IV Propagation of action potential in the stem after the application of mechanical block. Journal of Experimental Botany 33(132): 100-110.

Zimmermann, B. D.; W. R. Briggs. 1963. Phototropic dosage-response curves for oat coleoptiles. Plant Physiology 38:248-253.

Capítulo 20

Ballare, C. L.; R. A. Sanchez, A.; L. Scopel; J. J. Casal; C. M. Ghersa. 1987. Early detection of neighbour plants by phytochrome perception of spectral changes in reflected sunlight, Plant, Cell and Environment 10:551-557.

REFERÊNCIAS

Ballare, C. L.; A. L. Scopel; R. A. Sanchez. 1990. Far-red radiation reflected from adjacent leaves: An early signal of competition in plant canopies-Science 247:329-332.

Baskin, C. O.; J. M. Baskin. 1988. Germination ecophysiology of herbaceous plant species in a temperate region. American Journal of Botany 75:286-305.

Beale, S. L.1990. Biosynthesis of the tetrapyrrole pigment precursor A-aminolevulinic acid, from glutamate. Plant Physiology 93:1273-1279.

Beggs, C.J.; E. Wellmann; H. Grisebach. 1986. Photocontrol of flavonoid biosynthesis. p. 467-499 em R. E. Kendrick; G. H. M. Kronenberg. (eds.) Photomorphogenesis in Plants, Martinus Nijhoff, Boston.

Bewley, J. D.; M. Black, 1982, Physiology and Biochemistry of Seeds. v. 2. Viability, Dormancy, and Environmental Control, Springer-Verlag, Berlim.

Bewley, J. D.; M. Black. 1985. Physiology of Seeds- Development and Germination. Plenum, Londres.

Bjorn, L. O. 1986. Introduction. p. 3-16 em R. E. Kendrick; G. H. M. Kronenberg. (eds.) Photomorphogenesis in Plants. Martinus Nijhoff, Boston.

Blaauw, O. H.; G. Blaauw-Jansen; W. J. van Leeuwen, 1968. An irreversible red-light-induced growth response in *Avena*. Planta 82:87-104.

Blowers, D. R.; A. J. Trewavas. 1989. Rapid cycling of autophosphorylation of a Ca2 calmodulin regulated plasma membrane located protein kinase from pea. Plant Physiology 90:1279-1285.

Borthwick, H. 1972. History of phy tochrome. p. 3-23 em K. Mitrakos e W. Shropshire, Jr. (eds.) Phytochrome. Academic Press, Nova York.

Borthwick, H. A.; S. B. Hendricks, E. H. Toole; V. K. Toole. 1954. Action of light on lettuce seed germination. Botanical Gazette 115:205-225.

Briggs, W. R. 1976. H. A. Borthwick e S. B. Hendricks — pioneers of photomorphogenesis. p. 1-6 em H. Smith (ed.) Light and Plant Development. Butterworths, Londres.

Caldwell, M. M. 1981. Plant responses to solar ultraviolet radiation. p. 170-197 em O. L. Lange, R. S. Nobel, C. B. Osmond; H. Ziegler (eds.) Encyclopedia of Plant Physiology, New Series. v. 12A. Physiological Plant Ecology L Springer-Verlag, Berlim.

Carpita, N. C.; M. W. Nabors, C.W. Ross; N. Petretic. 1979. Growth physics and water relations of red-light-induced germination in lettuce seeds. III. Changes in the osmotic and pressure potential in the embryonic axis of red- and far-red-treated seeds. Planta 144:217-224.

Carpita, N. C.; M. W. Nabors. 1981. Growth physics and water relations of red-light-induced germination in lettuce seeds, V Promotion of elongation in the embryonic axes by gibberellin and phytochrome. Planta 152:131-136.

Casal, J. J.; H. Smith. 1989. The function, action and adaptive significance of phytochrome in light-grown plants. Plant. Cell and Environment 12:855-862.

Casal, J. J.; V. A. Deregibus; R. A. Sanchez. 1985. Variations in tiller dynamics and morphology in *Loliurn multiflorum* Lam. vegetative and reproductive plants as affected by differences in red-far-red irradiation. Annals of Botany 56:553-559.

Colbert J. T. 1988. Molecular biology of phytochrome. Plant Cell and Environment 11:3Q5-318.

Colbert, J. T. 1990. Regulation of type I phytochrome mRNA abundance. Physiologia Plantarum,

Cone, J. W.; R. E. Kendrick, 1986. Photocontrol of seed germination. p. 443-466 em R. E. Kendrick; G. H. M.Kronenberg. (eds.) Photomorphogenesis in Plants. Martinus Nijhoff, Boston.

Coohill, T. P. 1989. Ultraviolet action spectra (280 to 380 nm) and solar effectiveness spectra for higher plants. Photochemistry and Photobiology 50: 451-457.

Cordonnier, M. M. 1989. Yearly review: Monoclonal antibodies: Molecular probes for the study of phytochrome. Photochemistry and Photobiology 49:821-831.

Cosgrove, D. J. 1986. Selected responses. p. 341-366 em R. E. Kendrick e G. H. M. Kronenberg (eds.) Photomorphogenesis in Plants. Martinus Nijhoff, Boston,

Cosgrove, D. J. 1988. Mechanism of rapid suppression of cell expansion in cucumber hypocotyls after blue-light irradiation. Planta 176:109-116.

Cress well, E. G.; J. P. Grime, 1981. Induction of a light requirement during seed development and its ecological consequences. Nature 291:583-585.

Dale, J. E. 1988. The control of leaf expansion. Annual Review of Plant Physiology and Plant Molecular Biology 39:267-295.

De Greef, J. A.; H. Fredericq. 1983. Photomorphogenesis and hormones. p. 401-427 em W. Shropshire, Jr.; H. Mohr. (eds.) Encyclopedia of Plant Physiology, New Series. v. 16A. Photomorphogenesis. Springer-Verlag, Berlim.

Deregibus, V. A.; R. A. Sanchez; J. Casal. 1983. Effects of light quality on tiller production in *Lolium* spp. Plant Physiology 72:900-902.

Downs, R. J. 1962. Photocontrol of growth and dormancy in woody plants. p. 133-148 em T. T. Kozlowski. (ed.) Tree Growth. Ronald Press.

Downs, R.J.; H. W. Siegelman. 1963. Photocontrol of anthocyanin synthesis in milo seedlings. Plant Physiology 38:25-30.

Dring, M. G. 1988. Photocontrol of development in algae. Annual Review of Plant Physiology and Molecular Biology 39:157-174.

Esashi, Y.; R. Kuraishi; N. Tanaka; S. Satoh. 1983. Transition from primary to secondary dormancy in cocklebur seeds. Plant, Cell and Environment 6:493-499.

Frankland, B. 1986. Perception of light quantity. p. 219-235*em* R. E. Kendrick and G. H. M. Kronenberg (eds.) Photomorphogenesis in Plants. Martinus Nijhoff, Boston.

Frankland, B.; R. Taylorson. 1983. Light control of seed germination. p. 428-456 em W. Shropshire, Jr.; H. Mohr (eds.) Encyclopedia of Plant Physiology, New Series, v. 16A, Photomorphogenesis. Springer-Verlag, Berlim.

Furuya, M. 1987a. The history of phytochrome. L Genesis (The Beltsville era: 1920-1963), p. 3-8 *em* M.

Furuya (ed.) Phytochrome and Photoregulation in Plants. Academic Press, Nova York.

Furuya, M. (ed.) 1987b. Phytochrome and Photoregulation in Plants. Academic Press, Nova York.

Furuya, M. 1989. Molecular properties and biogenesis of phytochrome I and II. Advanced Biophysics 25:133-167.

Galland, R.; H. Senger. 1988. New trends in photobiology (invited review): The role of flavins as photoreceptors. Journal of Photochemistry and Photobiology, B; Biology 1:277-294.

Grime, J. P. 1979. Plant Strategies and Vegetation Processes. Wiley, London Grime, J. p.1981. Plant strategies in shade. P. 159-186 *em* H. Smith (ed.) Plants and the Daylight Spectrum. Academic Press, Nova York.

Groot, S. R. C.; C. M. Karssen. 1987. Gibberellins regulate seed germination in tomato by endosperm weakening: A study with gibberellin-deficient mutants. Planta 171:525-531.

Groot, S. P.C.; B. Kieliszewska-Rokicka; E. Vermeer; CM. Karssen. 1988. Gibberellin-induced hydrolysis of endosperm cell walls in gibberellin-deficient tomato seeds prior to radicle protrusion. Planta 174:500-504.

Hahlbrock, K.; D. Scheel. 1989. Physiology and molecular biology of phenylpropanoid metabolism. Annual Review of Physiology and Plant Molecular Biology 40:347-369.

Hansjorg, A. W.; H. A. W. Schneider-Poetsch, B. Braun; W. Rtidiger. 1989. Phytochrome — all regions marked by a set of monoclonal antibodies reflect conformational changes. Planta 177: 511-514.

Hartmann, K. M. 1967. Ein Wirkungsspektrum der Photomorphogenese unter Hochenergiebeding-ungen und seine Interpretation auf der Basis des Phytochroms (Hypokotylwachsturnshem-mung bei *Lactuca sativa* L.). Zeitschrift fur Na-turforschung 22b:1172-1175.

Haupt, W. 1986. Photornovement. p. 415-441 *em* R. E. Kendrick; G. H. M. Kronenberg. (eds.) Photomorphogenesis in Plants. Martinus Nijhoff, Boston.

Haupt, W. 1987. Phytochrome control of intracellular movement. p. 225-237 *em* M. Furuya (ed.) Phytochrome and Photoregulation in Plants. Academic Press, Nova York.

Hedden, P.; J. R. Lenton. 1988. Genetic and chemical approaches to the metabolic regulation and mode of action of gibberellins in plants. p. 175-204 *em* Beltsville Symposia in Agricultural Resources 12, Biomechanisms Regulating Growth and Development. Kluwer Academic Publishers, Boston.

Holmes, M. G.; H. Smith. 1975. The function of phytochrome in plants growing in the natural environment. Nature 254:512-514.

Hoober, J. K. 1987. The molecular basis of chloroplast development. p. 1-74 *em* M. D. Hatch; N. K. Boardman (eds.) The Biochemistry of Plants, v. 10, Photosynthesis. Academic Press, Nova York.

Hoshikawa, K. 1969. Underground organs of the seedlings and the systematics of gramineae. Botanical Gazette 130:192-203.

Ikuma, H.; K. V. Thimann. 1959. Photosensitive site in lettuce seeds. Science 13:568-569. Inoue, Y.; K. Shibata. 1973. Light-induced chloroplast rearrangements and their action spectra as measured by absorption spectro-photometry, Planta 114:341-358.

Jabben, M.; J. Shanklin; R. D. Vierstra. 1989. Ubiquitin phytochrome conjugates. Journal of Biological Chemistry 264:4998-5005.

Jose, A. M.e E. Schafer, 1978. Distorted phytochrome action spectra in green plants. Planta 138:25-28.

Kansara, M. S.; J. Ramdas; S. IC Srivastava. 1989. Phytochrome mediated photoregulation of NAD kinase in terminal buds of pea seedlings-Journal of Plant Physiology 134:603-607.

Karssen, C. M.; S. Zagorski, J. Kepczynski; S. P.C. Groot. 1989. Key role for endogenous gibberellins in the control of seed germination. Annals of Botany 63:71-80.

Kasemir, H. 1983. Light control of chlorophyll accumulation in higher plants. p. 662-686 *em* W. Shropshire, Jr.; H. Mohr (eds.) Encyclopedia of Plant Physiology, New Series, v. 16B, Photomorphogenesis. Springer-Verlag, Berlim.

Kasperbauer, M. J.; D. L. Karlen. 1986. Light-mediated bioregulation of tillering and photo-synthate partitioning in wheat, Physiologia Plantarum 66:159-163.

Kendrick, R. E.; M. E. Bossen. 1987. Photocontrol of ion fluxes and membrane properties in plants. p. 215-224 *em* M. Furuya. (ed.) Phytochrome and Photoregulation in Plants. Academic Press, Nova York.

Kendrick, R. E.; G. H. M. Kronenberg. (eds.)1986. Photomorphogenesis in Plants, Martinus Nijhoff, Boston.

Klein, W. H.; L. Price; K. Mitrakos. 1963. Light stimulated starch degradation in plastids and leaf morphogenesis. Photochemistry and Photobiology 2:233-240.

Koller, D. 1969. The physiology of dormancy and survival of plants in desert environments, p. 449-469 *em* H. W. Woolhouse (ed.) Dormancy and Survival. Symposia for the Society of Experimental Biology, No. 23. Academic Press, Nova York.

Koornneef, M.; R. E. Kendrick. 1986. A genetic approach to photomorphogenesis. p. 521-546 *em* R. E. Kendrick; G. H. M. Kronenberg (eds.) Photomorphogenesis in Plants. Martinus Nijhoff, Boston.

Kronenberg, G. PL M.; R. E. Kendrick. 1986. The physiology of action. p. 99-114 *em* R. E. Kendrick e G. H. M. Kronenberg (eds.) Photomorphogenesis in Plants. Martinus Nijhoff, Boston.

Lang, G. A.; J. D. Early; G. C. Martin; R. L. Darnell. 1987. Endo-, para-, and ecodormancy: Physiological terminology and classification for dormancy research. HortScience 22:371-377.

Laskowski, M. J.; W. R. Briggs. 1989. Regulation of pea epicotyl elongation by blue light. Fluence-response relationship and growth distribution. Plant Physiology 89:293-298.

Lew, R. R.; B. S. Serlin, C. L. Schauf; M. E. Stockton. 1990- Red light regulates calcium-activated potassium channels in *Mougeotia* plasma membrane. Plant Physiology 92:822-830.

Link, G. 1988. Photocontrol of plastid gene expression. Plant, Cell and Environment 11: 329-338.

REFERÊNCIAS

Lopez-Figueroa, F.; P. Lindemann; S. E. Braslavsky; K. Schaffner; H. A. W. Schneider-Poetsch; W. Rüdiger. 1989. Detection of a phytochrome-like protein in macroalgae. Botanica Acta 102:178-180.

Mancinelli, A. L. 1980. Yearly review: The photo-receptors of the high irradiance responses of plant photomorphogenesis. Photochemistry and Photobiology 32:853-857.

Mancinelli, A. L. 1985. Light-dependent antho-cyanin synthesis: A model system for the study of plant photomorphogenesis. The Botanical Review 51:107-157.

Mancinelli, A. L. 1989. Interaction between cryptochrome and phytochrome in higher plant photomorphogenesis, American Journal of Botany 76:143-154.

Mandoli, D. F.; W. R. Briggs. 1981. Phytochrome control of two low irradiance responses in etiolated oat seedlings. Plant Physiology 67: 733-739.

Marmé, D. 1989. The role of calcium and calmodulin in signal transduction. p. 57-80 em W. R. Boss; D. J. Morre (eds.) Second Messengers in Plant Growth and Development, Alan R. Liss, Nova York.

Marrs, K. A.; L. S. Kaufman, 1989. Blue-light regulation of transcription for nuclear genes in pea. Proceedings of the National Academy of Sciences USA 86:4492-4495.

McCurdy, D. W.; L. H. Pratt. 1986. Immunogold electron microscopy of phytochrome in *Arena*: Identification of intracellular sites responsible for phytochrome sequestering and enhanced pelletability Journal of Cell Biology 103: 2541-2550.

Mohr, H. 1957. Der Einfluss monochromatischer Strahlung auf das Langenwachstum des Hy-pocotyls und auf die Anthocyaninbildung bei Keimlingen von *Sinapis alba* (*Brassica alba* Boiss). Planta 49:389-405,

Mohr, H. 1983. Pattern specification and realization in photomorphogenesis. p. 338-357 em W. Shropshire, Jr.; J-L Mohr (eds.) Encyclopedia of Plant Physiology, New Series. v. 16A. Photomorphogenesis. Springer-Verlag, Berlim.

Mohr, H. 1986. Coaction between pigment systems, p. 547-564 em R. E. Kendrick; G. H. M. Kronenberg (eds.) Photomorphogenesis in Plants- Martinus Nijhoff, Boston.

Morgan, D. C. 1981. Shadelight quality effects on plant growth. p. 205-222 em H. Smith (ed.) Plants and the Daylight Spectrum. Academic Press, Nova York.

Morgan, D. C.; H. Smith, 1976. Linear relationship between phytochrome photoequilibrium and growth in plants under simulated natural radiation. Nature 262:210-212.

Morse, M. J.; R. C. Crain, G. G. Cote, R. L. Satter. 1990. Light-signal transduction via accelerated inositol phospholipid turnover in *Samanea* pulvin. p. 201-215 em D. J. Morre; W. R. Boss; E. A. Loewus (eds.) Inositol Metabolism in Plants. Wiley-Liss, Nova York.

Moses, P. B.; N. H. Chua, 1988. Light switches for plant genes. Scientific American 258(4):88-93.

Moysset, L.; E. Simon. 1989. Role of calcium in phytochrome-controlled nyctinastic movements of *Albizzia lophantha* leaflets. Plant Physiology 90:1108-1114.

Nabors, M. W.; A. Lang. 1971. The growth physics and water relations of red-light induced germination in lettuce seeds. L Embryos germinating in osmoticum. Planta 101:1-25,

Nagatani, A.; R. E. Kendrick; M. Koornneef; M. Furuya. 1989. Partial characterization of phytochrome I and II in etiolated and de-etiolated tissues of a photomorphogenetic mutant (*Ih*) of cucumber (*Cucumis saiivus* L.) and its isogenic wild type. Plant and Cell Physiology 30:685-690.

Nagatani, A.; J. B. Reid; J. J. Ross, A. Dunnewijk; M. Furuya. 1990. Internode length in *Pisum*. The response to light quality, and phytochrome Type I and II levels in *Iv* plants. Journal of Plant Physiology 135:667-674.

Nagy E.; S. A. Kay; N-H. Chua. 1988. Gene regulation by phytochrome. Trends in Genetics 4:37-42.

Okamuro, J. K.; R. B. Goldberg. 1989. Regulation of plant gene expression: General principles. p. 1-81 em A. Marcus (ed.) The Biochemistry of Plants, v. 15, Molecular Biology. Academic Press, Nova York.

Park, M. H.; Q. Chae. 1989. Intracellular protein phosphorylation in oat (*Avena sativa* L.) protoplasts by phytochrome action. Biochemical and Biophysical Research Communications 162:9-14.

Parker, M. W.; S. B. Hendricks; H. A. Borthwick; E. W. Went. 1949. Spectral sensitivity for leaf and stem growth of etiolated pea seedlings and their similarity to action spectra for photoperiod-ism. American Journal of Botany 36:194-204.

Pollmann, L.; M. Wettern. 1989. Theubiquitin system in higher and lower plants — pathways in protein metabolism. Botanica Acta 102:21-30.

Pratt, L. H. 1986. Localization within the plant. p. 61-81 em R. E. Kendrick; G. H. M. Kronenberg (eds.) Photomorphogenesis in Plants. Martinus Nijhoff, Boston.

Pratt, L. H.; D. W. McCurdy; Y. Shimazaki; M. M. Cordonnier. 1986. Immunodetection of phytochrome: Immunocytochemistry, immunoblotting and immunoquantitation. Modern Methods of Plant Analysis, New Series.

Psaras, G. 1984. On the structure of lettuce (*Lactuca sativa* L.) endosperm during germination. Annals of Botany 54:187-194.

Quail, P. H.; C. Gatz, H. R. Hershey, A. M. Jones, J. L. Lissemore, B. M. Parks, R. A. Sharrock, R. E. Barker, K. Idler, M. G. Murray, M. Koornneef; R. E. Kendrick. 1987. Molecular biology of phytochrome. p. 23-37 em M. Furuya (ed.) Phytochrome and Photoregulation in Plants. Academic Press, Nova York.

Reid, J. B. 1987. The genetic control of growth via hormones. p. 318-340 em P. J. Davies (ed.) Plant Hormones and Their Role in Plant Growth and Development. Martinus Nijhoff, Boston.

Reid, J. B. 1990. Phytohormone mutants in plant research. Journal of Plant Growth Regulation 9:97-111.

Rollin, P. 1972. Phytochrome control of seed germination. p. 229-254 em K. Mitrakos; W. Shropshire, Jr. (eds.) Phytochrome. Academic Press, Nova York.

Roux, S. J. 1986. Phytochrome and membranes. p. 115-136 *em* R. E. Kendrick; G. H. M. Kronenberg (eds,)/ Photomorphogenesis in Plants, Martinus Nijhoff, Boston.

Riidiger, W. 1986. The chromophore. p. 17-34 *em* R. E. Kendrick; G. H. M. Kronenberg (eds.) Photomorphogenesis in Plants. Martinus Nijhoff, Boston.

Riidiger, W. 1987. Biochemistry of the phytochrome chromophore. p. 127-137 *em* M. Furuya (ed.) Phytochrome and Photoregulation in Plants. Academic Press, Nova York.

Sanchez, R. A.; L. De Miguel; O. Mercuri, 1986. Phytochrome control of cellulase activity in *Datura ferox* L. seeds and its relationship with germination. Journal of Experimental Botany 37:1574-1580.

Sanchez, R. A.; L. Sunell, J. M. Labavitch; B. A. Bonner 1990. Changes in the endosperm cell walls of two *Datura* species before radicle protrusion. Plant Physiology 93:89-97.

Schafer, E. 1986. Primary action of phytochrome. p. 279-288 *em* M. Furuya (ed.) Phytochrome and Photoregulation in Plants. Academic Press, Nova York.

Schafer, E.; W. Haupt 1983. Blue-light effects in phytochrome-mediated responses. p. 722-744 *em* W. Shropshire, Jr; H. Mohr (eds.) Encyclopedia of Plant Physiology, New Series, v. 16B, Photomorphogenesis. Springer-Verlag, Berlim.

Schafer, E.; T-U. Lassig; E. Schopfer. 1982. Phytochrome-controlled extension growth of *Avena sativa* L. seedlings. II. Fluence rate response relationships and action spectra of mesocotyl and coleoptile responses. Planta 154:231-240.

Schopfer, P.; K. H. Fidelak; E. Schafer. 1982. Phytochrome-controlled extension growth of *Avena sativa* L. seedlings. L Kinetic characterization of mesocotyl, coleoptile, and leaf responses. Planta 154:224-230.Scott, L.M. 1990. Plant hormone response mutants. Physiologia Plantarum 78:147-152.

Seitz, IC 1987, Light-dependent movement of chloroplasts in higher plant cells. Acta Physio-logiae Plantarum 9:137-148.

Senger, H. (ed.) 1987. Blue Light Responses. v. I-II. CRC Press, Boca Raton, Flórida.

Senger, H.; E. D. Lipson. 1987. Problems and prospects of blue and ultraviolet light effects. p. 315-331 *em* M. Furuya (ed.) Phytochrome and Photoregulation in Plants. Academic Press, Nova York.

Senger, H.; W. Schmidt. 1986. Cryptochrome and UV receptors. p. 137-158 *em* R. E. Kendrick; G. H. M. Kronenberg (eds.) Photomorphogenesis in Plants. Martinus Nijhoff, Boston.

Sharrock, R. A.; P. H. Quail. 1989. Novel phytochrome sequences in *Arabidopsis thaliana:* Structure, evolution, and differential expression of a plant regulatory photoreceptor family. Genes and Development 3:1745-1757.

Short, T. W.; W. R. Briggs. 1990. Characterization of a rapid, blue light-mediated change in detectable phosphorylation of a plasma membrane protein from etiolated pea (*Pisum sativum* L.) seedlings. Plant Physiology 92:179-185.

Siegelman, H. W.; S. B. Hendricks. 1957. Photocontrol of anthocyanin formation in turnip and red cabbage seedlings. Plant Physiology 32:393-398.

Siegelmanr H. W.; S. B. Hendricks. 1958. Photocontrol of anthocyanin synthesis in apple skin. Plant Physiology 33:185-190.

Simpson, J.; L. Herrera-Estrella. 1990. Light-regulated gene expression. CRC Critical Reviews in Plant Sciences 9:95-109.

Small, J. G. O. C. J. R. Spruit, G. Blaauw-Jansen; O. H. Blaauw. 1979. Action spectra for light-induced germination in dormant lettuce seeds. II, Blue region, Planta 144:133-136.

Smith, H. 1972. The photocontrol of flavonoid synthesis. p. 433-481 *em* K. Mitrakos and W. Shropshire, Jr (eds.) Phytochrome. Academic Press, Nova York.

Smith, H. 1986- The light environment. p. 187-217 *em* R. E. Kendrick e G. H. M. Kronenberg (eds.) Photomorphogenesis in Plants. Martinus Nijhoff, Boston.

Smith, H.; G. M. Jackson. 1987, Rapid phytochrome regulation of wheat seedling extension. Plant Physiology 84:1059-1062.

Smith, H.; G. Whitelam. 1987. Phytochrome action in the light-grown plant. p. 289-303 *em* M. Furuya (ed.) Phytochrome and Photoregulation in Plants, Academic Press, Nova York.

Smith, H.; J. J. Casal; G. M. Jackson. 1990. Reflection signals and the perception by phytochrome of the proximity of neighbouring vegetation- Plant, Cell and Environment 13:73-78.

Smith, H.; G. C. Whitelam. 1990. Phytochrome, a family of photoreceptors with multiple physiological roles. Plant, Cell and Environment 13: 695-707.

Song, P-S; I. Yamazaki. 1987. Structure-function relationship of the phytochrome chromophore. p. 139-156 *em* M. Furuya (ed.) Phytochrome and Photoregulation in Plants, Academic Press, Nova York.

Spalding, E. P.; D. J. Cosgrove. 1988. Large plasma-membrane depolarization precedes rapid blue-light-induced growth inhibition in cucumber. Planta 178:407-410.

Tanada, T. 1968. A rapid photoreversible response of barley root tips in the presence of 3-indoleacetic acid. Proceedings of the National Academy of Sciences USA 59:376-380.

Tao, K.; A. W. Khan. 1979. Changes in the strength of lettuce endosperm during germination. Plant Physiology 63:126-128.

Thomas, B.; S. E. Penn; B. R. Jordan. 1989. Factors affecting phytochrome transcripts and apoprotein synthesis in germinating embryos of *Avena sativa* L. Journal of Experimental Botany 40:1299-1304.

Thomas, T. H. 1989. Gibberellin involvement in dormancy-break and germination of seeds of celery (*Apium graveolens* L.), Journal of Plant Growth Regulation 8:255-261.

Thompson, W. E.1988. Photoregulation; Diverse gene responses in greening seedlings. Plant, Cell and Environment 11:319-328.

Thompson, W. E.; L. S. Kaufman; B. A. Horwitz; A. D. Sagar; J. C. Watson; W. R. Briggs. 1988. Patterns of phytochrome-induced gene expression in etiolated pea buds. Beltsville Symposia in Agricultural Research 12. Bio-mechanisms Regulating Growth and Development. Kluwer Academic Publishers, Boston.

Thomson, B. E.1954. The effect of light on cell division and cell elongation in seedlings of oats and peas. American Journal of Botany 41:326-332.

Tokuhisha, J. G.; P. H. Quail. 1989. Phytochrome in green-tissue: Partial purification and characterization of the 118-kilodalton phytochrome species from light-grown *Avena sativa* L. Photochemistry and Photobiology 50:143-152.

Van Volkenburgh, E. 1987, Regulation of dicotyledonous leaf growth. p. 193-201 *em* D. J. Cosgrove; D. R. Knievel (eds.) Physiology of Cell Expansion During Plant Growth. American Society of Plant Physiologists, Rockville, Md.

Vierstra, R. D.; P.H. Quail 1983. Photochemistry of 124 kilodalton *Avena* phytochrome *in vitro*. Plant Physiology 72:264-267,

Vierstra, R. D.; P. H. QuaiL 1986. The protein. p. 35-60 *em* R. E. Kendrick e G. H. M. Kronenberg (eds.) Photomorphogenesis in Plants. MartinusNijhoff, Boston.

Vince-Prue, D. 1975. Photoperiodism in Plants. McGraw-Hill, Nova York.

Vince-Prue, D. 1989. Review: The role of phytochrome in the control of flowering. Flowering Newsletter 8:3-14.

Virgin, H. I. 1989. An analysis of the light-induced unrolling of the grass leaf. Physiologia Plantarum 75:295-298.

Vogelmann, T. C-1986- Light within the plant. p. 307-337 *em* R. E. Kendrick e G. H. M. Kronenberg (eds.) Photomorphogenesis in Plants, Martinus Nijhoff, Boston.

Vogelmann, X. C. 1989. Yearly review: Penetration of light into plants. Photochemistry and Photo-biology 50:895-902.

Warmbrodt, R. D.; W. J. Van Der Woude; W. CX Smith. 1989. Localization of phytochrome in *Secale cereale* L. by immunogold electron microscopy. Botanical Gazette 150:219-229.

Watson, J. C. 1989. Photoregulation of gene expression in plants. p. 161-205 *em* S-D. Kung; C. J. Arntzen (eds.) Plant Biotechnology, Butterworths, Boston.

Wellrnann, E. 1983. UV radiation in photomorphogenesis. p. 745-756 *em* W. Shropshire, Jr.; H. Mohr (eds.) Encyclopedia of Plant Physiology, New Series. v. 16B. Photomorphogenesis. Springer-Verlag, Berlim.

Widell, K. O.; T. C. Vogelmann. 1988. Fiber optics studies of light gradients and spectral regime within *Lactuca sativa* achenes. Physiologia Plantarum 72:702-712.

Withrow, R. B.; W. H. Klein; V. Elstad. 1957. Action spectra of photomorphogenic induction and its photoinactivation. Plant Physiology 32:453-462.

Zhang, Y. C.W. Ross; G. L. Orr. 1990. Effects of Pfr on NAD kinase and nicotinamide coenzymes in lettuce seeds. Plant Physiology (supplement) 93:30.

Capítulo 21

Aschoff, Jtirgen; Rutger Wever. 1981. The circadian system of man. p. 311-331 *em* J. Aschoff (ed.) Handbook of Behavioral Neurobiology. v. 4. Biological Rhythms. Plenum, Nova York.

Aschoff, J.; K. Hoffman, H. Pohl; R. Wever. 1975. Retrainment of circadian rhythms after phase-shifts of the Zeitgeber. Chronobiologia 2:23-78.

Behling, Ingeborg. 1929. Uber das Zeitgedachtnis der Bienen. Zeitschrift fiir Vergleichene Physiologie 9:259-338.

Blakemore, Richard P.; Richard B. Frankel. 1981. Magnetic navigation in bacteria. Scientific American 245(6): 58-65.Brown, F. A.; Jr. 1983. The biological clock phenomenon; Exogenous timing hypothesis. J. Interdiscipl. Cycle Res, 14(2):137-162.

Brown, Frank A., Jr.; Carol S. Chow. 1973a. Interorganismic and environmental influences through extremely weak electromagnetic fields. Biology Bulletin 144:437-461.

Brown, Frank A., Jr.; Carol S. Chow. 1973b. Lunar-correlated variations in water uptake by bean seeds. Biology Bulletin 145:265-278.

Brown, F.A., Jr.; H. M. Webb. 1948. Temperature relations of an endogenous daily rhythmicity in the fiddler crab, *Uca*, Physiologie Zoologie 21: 371-381.

Bünning, Erwin. 1960. Opening address: Biological clocks. Cold Spring Harbor Symposia on Quantitative Biology 15:1-9.

Bünning, Erwin, 1973. The Physiological Clock. 3. ed. Academic Press, Londres.

Bünning, Erwin. 1977, Fifty years of research in the wake of Wilhelm Pfeffer Annual Review of Plant Physiology 28:1-22.

Bünning, E.; L.Moser. 1972. Influence of valinomycin on circadian leaf movements of *Phaseolus*. Proceedings of the National Academy of Sciences USA 69:2732-2733.

Bünning, E.; K. Stern, 1930. Uber die tages-periodischen Bewegungen der Primarblatter von *Phaseolus multiflorus* II, Die Bewegungen bei Termokonstanz. Berichte der Deutschen Botanischen Gesellschaft 48:227-252.

Bünning, E.; K. Stern; R. Stoppel. 1930. Versuche uber den Einfluss von Luftionen auf die Schlafbewegungen von *Phaseolus*. Planta/Archiv fiir Wissenschaftliche Botanik ll(l):67-74.

Couderchet, Michel; Willard L. Koukkari. 1987. Daily variations in the sensitivity of soybean seedlings to low temperature. Chronobiology International 4(4):537-541.

Czeisler, Charles A.; James S. Allan; Steven H. Strogatz; Joseph M. Ronda; Ramiro Sanchez; C. David Rios; Walter O. Freitag; Gary S. Richardson; Richard E. Kronauer. 1986. Bright light resets the human circadian pacemaker independent of the timing of the sleep-wake cycle. Science 233:667-671.

Darwin, Charles, auxliado por Francis Darwin. 1880. The Power of Movement in Plants. Murray, Londres; Appleton, Nova York. (Veja também "Authorized Edition", 1896. Reimpresso por De Capo Press, Nova York, 1966.)

deMairan, J. 1729. Observation botanique. Histoire de l'Academie Royale des Sciences, Paris.

Dowse, Harold B.; Jeffrey C. Hall; John M. Ringo. 1987. Circadian and ultradian rhythms in *period* mutants of *Drosophila melanogaster*. Behavior Genetics 17:19-35.

Ehret, Charles E. 1960. Action spectra and nucleic acid metabolism in circadian rhythms at the cellular level. p. 149-158 *em* Cold Spring Harbor Symposia on Quantitative Biology, v. XXV, Biological Clocks. The Long Island Biological Association, Cold Spring Harbor, Nova York.

Englemann, Wolfgang and Martin Schrempf. 1980. Membrane models for circadian rhythms. Photochemical and Photobiological Reviews 5:49-86.

Enright, J. T. 1963. The tidal rhythm of activity of a sand-beach amphipod, Z. Vergl, Physiol 46: 276-313,

Enright, J. X. 1982. Sleep movements of leaves: In defense of Darwin's interpretation. Oecologia 54:253-259.

Feldman, Jerry E. 1982. Genetic approaches to circadian clocks. Annual Review of Plant Physiology 33:583-608.

Feldman, Jerry E. 1983. Genetics of circadian clocks. BioScience 33:426-431.

Fryer, G. 1986. Lunar cycles in lake plankton. Nature (Londres) 322:306.

Galston, Arthur W. 1974. The unscientific method. Natural History, março, p. 18-24.

Galston, A. W.; A. A. Tuttle; P. J. Penny. 1964. A kinetic study of growth movements and photomorphogenesis in etiolated pea seedlings. Am. J. Bot. 51:853-858.

Garner, W. W.; H. A. Allard. 1920. Effect of the relative length of day and night and other factors of the environment on growth and reproduction in plants. Journal of Agricultural Research 18: 553-606.

Garner, W. W.; H. A. Allard, 1931. Effect of abnormally long and short alterations of light and darkness on growth and development of plants. Journal of Agricultural Research 42:629-651.

Gorton, Holly L.; Ruth L. Satter. 1983. Circadian rhythmicity in leaf pulvini, BioScience 33: 451-456.

Goto, Ken, Danielle L. Laval-Martin; Leland N. Edmunds, Jr. 1985. Biochemical modeling of an autonomously oscillatory circadian clock in *Euglena*. Science 228:1284-1288.

Grobbelaar, N.; X. C. Huang, H. Y. Lin; T. J. Chow. 1986. Dinitrogen-fixing endogenous rhythm in *Synechococcus* RF-1. FEMS Microbiology Letters 37:173-177.

Halberg, Franz, Franca Carandente, Germaine Cornelissen; George S. Katinas, 1977. Glossary of chronobiology Chronobiologia 4 (Supplement): 1-189.

Halberg, Franz, Erna Halberg, Cyrus P. Barnum; John J. Bittner, 1959. Physiologic 24-hour periodicity in human beings and mice, the lighting regimen and daily routine. P. 803-878 *em* R. Bt Withrow (ed.) Photoperiodism and Related Phenomena in Plants and Animals. American Association for the Advancement of Science, Washington, D. C.

Harris, Philip J. C.; M. B. Wilkins. 1978a. Evidence of phytochrome involvement in the entrainment of the circadian rhythm of carbon dioxide metabolism in *Bryophyllum*. Planta 138:271-278.

Harris, Philip J. C.; M.B. Wilkins. 1978b. The circadian rhythm in *Bryophyllum* leaves: Phase control by radiant energy, Planta 143:323-328.

Hauenschild, C. A- Fischer; D. K. Hoffman, 1968. Untersuchungen am pazifischen Palolo-wurm *Eunice viridis* (Polychaeta) im Samoa. Helg. Wiss. Meeresunters. 18:254-295. (Citado por Sweeney, 1987.)

Highkin, Harry R.; John B. Hanson, 1954. Possible interaction between light-dark cycles and endogenous daily rhythms on the growth of tomato plants. Plant Physiology 29:301-304.

Hillman, William S. 1976. Biological rhythms and physiological timing. Annual Review of Plant Physiology 27:159-179.

Jackson, F. Rob, Thaddeus A. Bargiello, Suk-Hyeon Yun; Michael W. Young. 1986. Product of *per* locus of *Drosophila* shares homology with proteoglycans. Nature 320:185-188.

Janzen, Daniel H. 1976. Why bamboos wait so long to flower. Annual Review of Ecology and Systematics 7:347-391.

Jerebzoff, S. 1965. Manipulation of some oscillating systems in fungi by chemicals. p. 183-189 *em* J. Aschoff (ed.) Orcadian Clocks, North-Holland Pub., Amsterdã.

Johnson, C. H.; James F. Roeber; J. W. Hastings. 1984. Circadian changes in enzyme concentration account for rhythm of enzyme activity in *Gonyaulax*. Science 223:1428-1430.

King, Ann I.; Michael S. Reid; Brian D. Patterson. 1982. Diurnal changes in the chilling sensitivity of seedlings. Plant Physiology 70: 211-214.

Kleinhoonte, Anthonia. 1932. Untersuchungen iiber die autonomen Bewegungen der Primarblatter von *Canavalia ensiformis*. Jahrbuch für Wissenschaftliche Botanik 75:679-725.

Konopka, Ronald J.; Seymour Benzer. 1971. Clock mutants of *Drosophila melanogaster*. Proc-Natl. Acad. Sci. USA 68(9):2112-2116.

Koukkari, W. L. and S. B. Warde. 1985. Rhythms and their relations to hormones. p. 37-77 *em* R. P. Pharis and D. M. Reid (eds,), Encyclopedia of Plant Physiology, New Series. v. 11. Hormonal Regulation of Development IIL Role of Environmental Factors. Springer-Verlag, Berlim, Heidelberg.

Koukkari, W. L. C. Bingham; S. H. Duke. 1987a. A special group of ultradian oscillations, p. 29-33 *em* J. E. Pauly em L. E. Scheving (eds.) Advances in Chronobiology, Part A. Alan R. Liss, Nova York.

Koukkari, Willard L.; Jeffrey L. Tate; Susan B. Warde, 1987b. Chronobiology projects and laboratory exercises. Chronobiologia 14:405-442.

Kyriacou, C. R. e Jeffrey C.HalL 1980. Circadian rhythm mutations in *Drosophila melanogaster* affect short-term fluctuations in the male's courtship song. Proc. NatL Acad. Sci. USA 77(11)6729-6733.

Lloyd, David, Steven W. Edwards; John C. Fry, 1982. Temperature-compensated oscillations in respiration and cellular protein content in synchronous cultures of *Acantharnoeba castellanii*, Proc. Natl. Acad. Sci. USA 79:3785:3788.

Ldrcher, L. 1957. Die wirkung vershiedener Lichtqualitaten auf die endogene Tagesrhythrnik von *Phaseolus*. Zeitschrift fur Botanik 46:209-241.

REFERÊNCIAS

Luce, Gay Gaer. 1971. Biological Rhythms in Human and Animal Physiology. Dover, Nova York.

Lysek, G. 1978. Circadian rhythms. p. 376-388 *em* John E. Smith e David R. Berry (eds.) The Filamentous Fungi. v. 3. Developmental Mycology. Wiley, Nova York.Mackenzie, Jean. 1973. How biorhythms affect your life. Science Digest 74(2):18-22.

Mauseth, James D. 1988. Plant Anatomy. Benjamin/Cummings, Menlo Park, Califórnia.

Menaker, Michael. 1965. Circadian rhythms and photoperiodism in *Passer domesticus. In* Jiirgen Aschoff (ed.) Circadian Clocks (Proceedings of the Feldafing Summer School, 7-18 September, 1964). North-Holland Publishing Co., Amsterdã.

Mitsui, A.; S. Cao. A. Takahashi; T. Arai. 1987. Growth synchrony and cellular parameters of the unicellular nitrogen-fixing marine cyanobacterium, *Synechococcus* sp, strain Miami BG 043511 under continuous illumination, Physiol. Plantarum 69:1-8.

Mitsui, A.; S. Kumazawa, A. Takahashi, H. Ikemoto, S. Cao, T. Arai. 1986. Strategy by which nitrogen-fixing unicellular cyanobacteria grow photoautotrophically. Nature 323:720-722.

Moore-Ede, Martin C. F. M. Sulzrnan; C. A. Fuller. 1982. The Clocks That Time Us. Harvard University Press, Cambridge, Mass- and Londres.

Munoz, Victor e Warren L. Butler. 1975. Photoreceptor pigment for blue light in *Neurospora crassa.* Plant Physiology 55:421-426.

Palmer, John D. 1975. Biological clocks of the tidal zone. Scientific American 232(2):70-79.

Palmer, J. D. 1990. The rhythmic lives of crabs. Bio-Science 40:352-358.

Palmer, J. D.; E.E. Round. 1967. Persistent vertical migration rhythms in the benthic micro-flora. VL The tidal and diurnal nature of the rhythm in the diatom *Hantzschia virgata.* Biol. Bull. (Woods Hole, Mass.) 132:44-55.

Pengelley, E. T.; S. M. Asmundson. 1969. Free-running periods of endogenous circadian rhythms in the golden-mantled ground squirrel, *Citellus lateralis.* Comp. Biochem. Physiol. 30: 177-183.

Pfeffer, W. 1915. Beitrage zur Kenntnis der Entste-hung der Schlafbewegungen. Adhandl. Math. Phys. KL Kon. Sachs. Ges. d. Wiss, 34:1-154.

Piskorz-Binczycka, B. S. Jerebzoff; *S.* Jerebzoff-Quintin. 1989. Asparagine and regulation of photoinduced rhythms in *Penicillium claviforme.* Physiologia Plantarum 76:315-318.

Pittendrigh, Colin S. 1954. On temperature independence in the clock system controlling emergence time in *Drosophila.* Proceedings of the National Academy of Sciences 40:1018-1029.

Pittendrigh, Colin S. 1967. On the mechanism of entrainment of a circadian rhythm by light cycles. p. 277-297 *em* J. Aschoff (ed.) Circadian Clocks- North-Holland Publishing Co., Amsterdã.

Reinberg, A. 1971. La chronobiologie. Recherche 2:242-250.

Rodgers, C. W.; R. L. Sprinkle; F. H. Lindbert. 1974. Biorhythms; Three tests of the "critical days" hypothesis. International Journal of Chronobiology 2:215-310.

Salisbury, Frank B. 1963. Biological tinning and hormone synthesis in flowering of *Xanthium.* Planta 59:518-534.

Salisbury, Frank B.; George G. Spomer; Martha Sobral; Richard T. Ward. 1968. Analysis of an alpine environment. Botanical Gazette 129(1): 16-32.

Satter, Ruth L.; Arthur W. Galston. 1981. Mechanisms of control of leaf movement. Annual Review of Plant Physiology 32:82-110.

Saunders, D. S. 1976. The biological clock of insects. Scientific American 234(2): 114-121.

Schwemmle, Berthold. 1960. Thermoperiodic effects and circadian rhythms in flowering of plants. p. 239-243 *em* Cold Spring Harbor Symposia on Quantitative Biology, v. XXV, Biological Clocks. Long Island Biological Association, Inc., Cold Spring Harbor, Nova York.

Schwintzer, C. R. 1971. Energy budgets and temperatures of nyctinastic leaves on freezing nights. PL Physiol., Lancaster 48:203-207.

Simon, Esther, Ruth L. Satter; Arthur W. Gals ton. 1976. Circadian rhythmicity in excised *Samanea* pulvinL Plant Physiology 58:421-425.

Smith, Alan P. 1974. Bud temperature in relation to nyctinastic leaf movement in an Andean giant rosette plant. Biotropica 6(4):263-266.

Spruyt, E.; L. Maes, J. P. Verbelen, E. Moereels; J. A. De Greef. 1983. Circannuai course of photomorphogenetic reactivity in etiolated bean seedlings. Photochemistry and Photobiology 37(4):471-473.

Sulzman, Frank M. 1983. Primate circadian rhythms. BioScience 33:445-450.

Sweeney, B. M. 1976. Pros and cons of the membrane model for circadian rhythms in the marine algae, *Gonyaulax* and *Acetabularia.* p. 63-76 *em R.* J. De Coursey (ed.) Biological Rhythms in the Marine Environment, University of South Carolina Press, Columbia.

Sweeney, Beatrice M. 1983. Biological clocks — an introduction. BioScience 33:424-425. Sweeney, Beatrice M. 1987. Rhythmic Phenomena in Plants. 2. ed. Academic Press, São Diego.

Thommen, G. 1973. Biorhythms: Is This Your Day? Avon Books, Nova York.

Thompson, Marcia J.; David W. Harsha. 1984. Our rhythms still follow the African sun. Psychology Today 18(1):50-54.

Turek, Fred W.; Susan Losee-Olson. 1986. A benzodiazepine used in the treatment of insomnia phase-shifts the mammalian circadian clock. Nature 321:167-168.

Walker, B. W. 1952. A guide to the grunion. Califórnia Fish and Game 38:409-420.Wever, Riitger A. 1979. The Circadian System of Man. Results of Experiments Under Temporal Isolation. Springer-Verlag, Nova York.

Wilkins, Malcolm B.; Philip J. C.Harris, 1975. Phytochrome and phase setting of endogenous rhythms. p. 399-417 *em* H. Smith (ed.) Light and Plant Development. Butterworths, Londres e Boston.

Wilkinson, H. R. 1971. Leaf anatomy of various Anacardiaceae with special reference to the epidermis and some contributions to the taxonomy of the genus *Dracontomelon* Blume, Thesis- University of London.

Yoo, Keun Chang; Shunpei Uemoto. 1976. Studies on the physiology of bolting and flowering in *Raphanus sativus* L. II. Annual rhythm in readiness to flower in Japanese radish, cultivar "Wase-shijunichi" Plant & Cell Physiol. 17:863-865.

Young, Robert A.; Joseph R. Haun. 1961. Bamboo in the United States; Description, Culture, and Utilization. U. S. Department of Agriculture, Agriculture Handbook No, 193.

Zimmer, Rose. 1962. Phasenverschiebung und andere Storolichtwirkungen auf die endogen tagesperiodischen Blütenblattbewegungen. Planta 48:283-300.

Zimmerman, Natille H.; Michael Menaker. 1979. The pineal gland: The pacemaker within the circadian system of the house sparrow. Proc. Natl Acad, Sci. USA 76:999-1003.

Capítulo 22

Altman, P. L; e Dorothy S. Dittmer (eds.) 1962. Growth, Including Reproduction and Development. Federation of the American Society for Experimental Biology, Washington, D. C.

Arias, L. P. M. Williams; J. W. Bradbeer. 1976. Studies in seed dormancy. IX. The role of gibberellin biosynthesis and the release of bound gibberellin in the post-chilling accumulation of gibberellin in seeds of *Corylus avellana* L. Planta 131:135-139.

Baskin, Jerry M.; Carol C. Baskin. 1990. Temperature relations for bud growth in the root geophyte *pediomelum subacaule*, and ecological implications. Botanical Gazette. 151 (4):506-509.

Bewley, J. Derek; Michael Black, 1982, Physiology and Biochemistry of Seeds in Relation to Germination. 2 vols. Springer-Verlag, Berlim, Heidelberg, Nova York.

Bewley, J. D.; M. Black. 1984. Seeds: Physiology of Development and Germination. Plenum, Nova York.Caspari, E. W.; R. W. Marshak. 1965. The rise and fall of Lysenko. Science 149:275-278.

Chailakhyan, M. K. 1968. Internal factors of plant flowering. Annual Review of Plant Physiology 19:1-36.Chapman, H. W. 1958. Tuberization in the potato plant. Physiol. Plant. 11:215-224.

Chouard, P. 1960. Vernalization and its relations to dormancy. Annual Review of Plant Physiology 11:191-238.

Crocker, W.; L. V. Barton. 1953. Physiology of Seeds, Chronica Botanica Co., Waltham, Mass.

Dell, B. 1980. Structure and function of the strophiolar plug in seeds of *Albizia lophantha*. American Journal of Botany 67(4):556-563.

Downs, R. J; H. A. Borthwick. 1956. Effects of photoperiod on growth of trees. Botanical Gazette 117:310-326.

Earnshaw, M. J. 1981. Arrhenius plots of root respiration in some arctic plants. Arctic and Alpine Research 13:425-430.

Evenari, M.1957. The physiological action and biological importance of germination inhibitors. Society of Experimental Biology Symposium 11:21-43.

Friend, D. J. C.; V. A. Helson. 1976. Thermoperiodic effects on the growth and photosyrf-thesis of wheat and other crop plants. Botanical Gazette 137(l):75-84.

Gassner, G. 1918. Beitrage zur physiologischen Charakteristik Sommer und Winter annueller Gewachse insbesondere der Getreidepflanzen. Zeitschrift fiir Botanik 10; 417-430.

Hartsema, Annie M. 1961. Influence of temperatures on flower formation and flowering of bulbous and tuberous plants. Encyclopedia of Plant Physiol 16:123-167.

Heide, Ole M. 1974. Growth and dormancy in Norway spruce ecotypes (*Picea abies*). I. Interaction of photoperiod and temperature. Physiologia Plantarum 30:1-12.

Henson, Cynthia A.; Larry E. Schrader; Stanley H. Duke, 1980. Effects of temperature on germination and mitochondrial dehydrogenases in two soybean (*Clycine max*) cultivars. Physiologia Plantarum 48:168-174.

Jann, R. C.; R. D. Amen. 1977- What is germination? p. 7-28 *em* A. A. Khan (ed.) The Physiology and Biochemistry of Seed Dormancy and Germination. North-Holland Pub. Gov Amsterdã e Nova York.

Junttila, O. 1973. The mechanism of low temperature dormancy in mature seeds of *Syringa* species. Physiologia Plantarum 29:256-263.

Kadman-Zahavi, A.; A. Horovitz; Y. Ozer, 1984. Long-day induced dormancy in *Anemone coronaria* L. Annals of Botany 53:213-217.

Ketring, D. L. 1973. Germination inhibitors. Seed Science Technology l(2):305-324.

Khan, A. A. 1977. Seed dormancy: Changing concepts and theories. p. 29-50 *em* A. A. Khan (ed.) The Physiology and Biochemistry of Seed Dormancy and Germination. North-Holland Pub, Co., Amsterdã e Nova York.

Koda, Yasunori, El-Sayed A. Omer, Teruhiko Yoshihara, Haruki Shibata, Sadao Sakamura; Yozo Okazawa. 1988. Isolation of a specific potato tuber-inducing substance from potato leaves. Plant Cell Physiology 29:1047-1051.

Koller, D. 1957. Germination-regulating mechanisms in some desert seeds. IV: *Atriplex dimorphostegia*. Ecology 38:1-13.

Kramer, Paul J.; X. T. Kozlowski. 1979. Physiology of Woody Plants, Academic Press, Nova York.

Lang, Anton. 1957. The effect of gibberellin upon flower formation. Proceedings of the National Academy of Sciences 43:709-711.

Lang, A. 1965a. Effects of some internal and external conditions on seed germination. p. 849-893 *em* W. Ruhland (ed.) Encyclopedia of Plant Physiology, v. 15, Part 2. Springer-Verlag, Berlim.

Lang, A. 1965b. Physiology of flower initiation. p. 1380-1536 *em* W. Ruhland (ed.) Encyclopedia of Plant Physiology, v. 15, Part 1. Springer-Verlag, Berlim.

Lang, G. A.; J. D. Early; G. C. Martin; R. L. Darnell. 1987. Endo-, para-, and ecodormancy; Physiological terminology and classification for dormancy research. HortScience 22:371-377.

Leopold, A. C.; Paul E. Kriedemann. 1975. Plant Growth and Development, 2. ed. McGraw-Hill, Nova York.

Referências

Lerman, J. C.; E. M. Cigliano. 1971. Newcarbon-14 evidence for six-hundred years old *Canna pacta* seed. Nature 232:568-570.

Mayer, A. M.1974. Control of seed germination. Annual Review of Plant Physiology 25:167-193.

Mayer, A. M.; A. Poljakoff-Mayber. 1989. The Germination of Seeds. 4. ed. Pergarnon Press, Nova York, Londres.

Melchers, G. 1937. Die Wirkung von Genen, tiefen Temperaturen und bltihanden Pfropfpartnern auf die Bliihreife von *Hyoscymas niger* L. Biologisches Zentralblatt 57:568-614.

Mingo-Castel, Angel M.; Orrin E. Smith; Junju Kumamoto. 1976. Studies on the carbon dioxide promotion and ethylene inhibition of tuberization in potato explants cultured *in vitro*. Plant Physiol 57:480-485.

Nikolaeva, M. G. 1969. Physiology of Deep Dormancy in Seeds. Translated from Russian and published for the National Science Foundation by the Israel Program for Scientific Translations.

Osborne, Daphne. 1980. Senescence in seeds. p. 13-37 *em* K. V. Thimann (ed.) Senescence in Plants. CRC Press, Boca Raton, Flórida.

Perry, X. O.; H. Hellmers. 1973. Effects of abscisic acid on growth and dormancy of two races of red maple. Botanical Gazette 134:283-289.

Phillips, I. D. J.; J. Miners; J. R. Roddick. 1980. Effects of light and photoperiodic conditions on abscisic acid in leaves and roots of *Acer pseudo-platanus* L. Planta 149:118-122.

Porsiid, A. E.; C. R. Harington; G. A. Mulligan. 1967. *Lupinus articus* Wats, grown from seeds of Pleistocene age. Science 148:113-114.

Priestly, David A.; Maarten A. Posthumus, 1982. Extreme longevity of lotus seeds from Plantien, Nature 299:148-149.

Purvis, O. N. 1961. The physiological analysis of vernalization. Encyclopedia of Plant Physiology 16:76-122.

Rees, A. R. 1972. The Growth of Bulbs. Academic Press, Nova York.

Roberts, E.; R. D. Smith, 1977, Dormancy and the pentose phosphate pathway. p. 385-411 *em* A. A. Khan (ed.) The Physiology and Biochemistry of Seed Dormancy and Germination. North-Holland Pub, Co., Amsterdã e Nova York.

Salisbury, Frank B. 1963. The Flowering Process. Pergamon Press, Oxford, Londres, Nova York, Paris.

Salisbury, E. B. 1986. Dormancy terminology (letter). HortScience 21:185-186.

Samish, R. M. 1954. Dormancy in woody plants. Annual Review of Plant Physiology 5:183-204.

Thompson, H. C. 1953. Vernalization of growing plants. p. 179-196 *em* W. E. Loomios (ed.) Growth and Differentiation in Plants. The Iowa State College Press, Ames.

Ulrich, Albert. 1955. Influence of night temperature and nitrogen nutrition on the growth, sucrose accumulation and leaf minerals of sugar beet plants. Plant Physiology 30:250-257.

Vegis, A. 1964. Dormancy in higher plants. Annual Review of Plant Physiology 15:185-224.

Vest, E. Dean, 1972. Shadscale and fungus: Desert partners. p. 725-726 *em* W. A. Jensen e F. B. Salisbury, Botany An Ecological Approach, Wadsworth, Belmont, Califórnia.

Villiers, T. A. 1972, Seed dormancy p. 219-281 *em* T. T. Kozlowski (ed.)/ Seed Biology v. II. Academic Press, Nova York.

Vreugdenhil, Dick and Paul C. Struik. 1989. An integrated view of the hormonal regulation of tuber formation in potato (*Solarium tuberosum*). Physiol Plant. 75:525-531.

Walton, D. C. 1977. Abscisic acid and seed germination. p. 145-156 *em* A. A. Khan (ed.) The Physiology and Biochemistry of Seed Dormancy and Germination. North-Holland Pub. Co., Amsterdã e Nova York.

Walton, D. C.1980. Biochemistry and physiology of abscisic acid. Annual Review of Plant Physiology 31:453-489.

Wareing, P.F. 1956. Photoperiodism in woody plants. Annual Review of Plant Physiology 7: 191-214.

Wellensiek, S. J. 1964. Dividing cells as the prerequisite for vernalization. Plant Physiology 39: 832-835.

Went, Frits W. 1957. The Experimental Control of Plant Growth. Chronica Botanica Co,, Waltham, Mass.

Wood, W. M. L. 1953. Thermonasty in tulip and crocus flowers. Journal of Experimental Botany 4:65-77.

Capítulo 23

Atherton, J. G. 1987. Manipulation of Flowering. Butterworths, Londres.

Battle, R. W.; J. K. Gaunt; D. L. Laidman. 1976. The effect of photoperiod on endogenous 7-tocopherol and plastochromanol in leaves of *Xanthium strumarium L*. Biochemical Society of London Transactions 4:484-486.

Battle, R. W.; D. L. Laidman; J. K. Gaunt. 1977, The relationship between floral induction and 7-tocopherol concentrations in leaves of *Xanthium strumarium L*. Biochemical Society of London Transactions 5:322-324.

Bernier, Georges. 1988. The control of floral evocation and morphogenesis. Ann, Rev. Plant Physiol Plant Mol. Biol. 39:175-219.

Berniir, G.; J. Kinet; R. M. Sachs. 1981- The physiology of flowering. v. I: The Initiation of Flowers. v. II: Transition to Reproductive Growth. CRC Press, Boca Raton, Flórida.

Bismuth, Florence; Emile Miginiac. 1984. Influence of zeatin on flowering in root forming cuttings of *Ana gal Us arvensis* L. Plant & Cell Physiology 25:1073-1076.

Bjornseth, Ian Petter. 1981. Effects of natural day-length and nutrition on the cessation of cambial activity in young plants of *Picea ahies*. Mitteil-ungen der Forstiichen Bundesversuchsanstalt. Wien. 142, Heft: 167-176.

Black, M.; P. E. Wareing. 1955. Photoperiodism in the light inhibited seed of *Nemophila ins ignis*. J. Exp. Bot. 11:28-39.

Board, J. E.; J. R. Settimi. 1988. Photoperiod requirements for flowering and flower production in soybean, Agronomy Journal 80:518-525.

Bollig, L. 1977. Different circadian rhythms regulate photoperiodic flowering response and leaf movement in *Pharbitis nil L,* Choisy Planta 135:137-142.

Bose, T. K. 1974. Effect of temperature and photoperiod on growth, flowering and seed formation in tossa jute. Indian Journal of Agricultural Science 44:32-35.

Bünning, Erwin. 1937, Die endonome Tages-rhythmik als Grundlage der photoperiodischen Reaktion. Berichte der Deutschen Botanischen Gesellschaft 54: 590-607.

Cameron, J. Scott; Frank G. Dennis, Jr. 1986. The carbohydrate-nitrogen relationship and flowering/fruiting: Kraus e Draybill revisited. HortScience 21:1099-1102.

Carr, D. J. 1967, The relationship between florigen and the flower hormones. p. 304-312 *em* J. R. Fredrick e E. M. Weyer (eds.) Plant Growth Regulators. Annals of the New York Academy of Sciences, v. 144.

Chailakhyan, Mikhail K. 1968. Internal factors of plant flowering. Annual Review of Plant Physiology 19:1-36.

Chailakhyan, M. K.; V. N. Khrianin. 1987. Sexuality in Plants and Its Hormonal Regulation. (Editado por K. V. Thimann, translated by Vanya Loroch) Springer-Verlag, Nova York.

Chailakhyan, M. K.; V. N. Lozhnikova. 1985. The florigen hypothesis and its substantiation by extraction of substances which induce flowering in plants. FizioL Rast. 32:1172-1181.

Claes, H.; A. Lang. 1947. Die Blütenbildung von *Hyoscyamus niger* in 48-stundigen Licht-Dunkel Zyklen mit aufgeteilten Lichtphasen. Zeitschrift fur Naturforschung 2b:56-63.

Cleland, Charles E.1978. The flowering enigma. BioScience 28:265-269.

Cleland, C. F.; A. Ajami, 1974. Identification of flower-inducing factor isolated from aphid honeydew as being salicylic acid. Plant Physiology 54:899-906.

Cumming, Bruce G. 1959. Extreme sensitivity of germination and photoperiodic reaction in the genus *Chenopodium* (Tourn.) L. Nature 184: 1044-1045.

Cumming, Bruce G. 1969. *Chenopodium rubrum* L. and related species, p. 156-185 *em* L. T. Evans (ed.) The Induction of Flowering, Some Case Histories. Macmillan of Australia, South Melbourne, Austrália.

Deitzer, G. E. R. Hayes; M.Jabben. 1979. Kinetics and time dependence of the effect of far-red light on the photoperiodic induction of flowering in winter barley. Plant Physiology 64:1015-1021.

De Proft, M.; R. Van Dijck, L. Philippe; J. A. De Greef. 1985. Hormonal regulation of flowering and apical dominance in bromeliad plants. 12th International Conference on Plant Growth Substances, Heidelberg. p. 93 (resumo).

Evans, L. T. (ed.) 1969a. The Induction of Flowering, Some Case Histories, Macmillan of Australia, Victoria, Austrália.

Evans, L. T. 1969b. The nature of flower induction. p. 457-480 *em* L. T. Evans (ed.) The Induction of Flowering, Some Case Histories. Macmillan of Australia, Victoria, Austrália.

Evans, L. T. 1975. Day length and the Flowering of Plants. Benjamin/Cummings, Menlo Park, Calif.

Evans, L. T. 1987. Short day induction of inflorescence initiation in some winter wheat varieties. Australian Journal of Plant Physiology 14: 277-286.

Evans, L. T.; A. Chu, Roderick W. King, Lewis N. Mander; Richard P. Pharis. 1990. Gibberel-lin structure and florigenic activity in *Lolium temulentum*, a long-day plant. Planta 182:97-106.

Fischer, J. 1916. Zur Frage der Kohlensaureer-nahrung der Pflanze. Gartenflora 65:232.

Friend, Douglas J.; Monique Bodson; Georges Bernier. 1984. Promotion of flowering in *Brassica campcstris* L. cv Ceres by sucrose. Plant Physiol. 75:1085-1089.

Furuya, M. 1989. Molecular properties and biogenesis of phytochrome I and IL Advances in Biophysics 25:133-167.

Garner, W. W.; H. A. Allard. 1920. Effect of the relative length of day and night and other factors of the environment of growth and reproduction in plants. Journal of Agricultural Research 18:553-606.

Garner, W. W.; H. A. Allard. 1923. Further studies in photoperiodism, the response of plants to relative length of day and night. Journal of Agricultural Research 23:871-920.

Gibby, David D.; Frank B. Salisbury, 1971. Participation of long-day inhibition in flowering of *Xanthium strumarium* L. Plant Physiol. 47: 784-789.

Greulach, V. A.; Haesloop, J. G. 1958. Influence of gibberellin on *Xanthium* flowering as related to number of photoinductive cycles. Science 127:646.

Groenewald, E. G.; J. H. Visser. 1974. The effect of certain inhibitors of prostaglandin biosynthesis on flowering of *Pharbitis nil*. Zeitschrift fur Pflanzenphysiologie 71:67-70.

Groenewald, E. G.; J. H. Visser. 1978. The effect of arachidonic acid, prostaglandins and inhibitors of prostaglandin synthetase, on the flowering of excised *Pharbitis nil* shoot apices under different photoperiods. Zeitschrift fur Pflanzenphysiologie 88:423-429.

Groenewald, E. G.; J. H. Visser; N. Grobbelaan 1983. The occurrence of prostaglandin (PG) F2o in *Pharbitis nil* seedlings grown under short days or long days. South African Journal of Botany 2:82.

Halevy, Abraham H. (ed.) 1985. Handbook of Flowering, v. I-V. CRC Press, Boca Raton, Flórida.

Hamner, Karl C. 1963. Endogenous rhythms in controlled environments. p. 215-232 *em* L. T. Evans (ed.) Environmental Control of Plant Growth, Academic Press, Nova York.

Hamner, K. C. 1969. *Glycine maxL*. Merrill. p. 62-89 *em* L. T. Evans (ed.) The Induction of Flowering, Some Case Histories. Macmillan of Australia, South Melbourne, Austrália.

Hamner, K. C.; J. Bonner. 1938. Photoperiodism in relation to hormones as factors in floral initiation and development. Botanical Gazette 100:388.

Haveiange, A. 1980. The quantitative ultrastructure of the meristematic cells of *Xanthium strumarium* during the transition to flowering. American Journal of Botany 67:1171-1178.

Hay, R. K. M.; O. M. Heide. 1983. Specific photoperiodic stimulation of dry matter production in a high-latitude cultivar of *Poa pratensis*. Physiologia Plantarum 47:135-142.

Heide, O. M. 1989. Environmental control of flowering and viviparous proliferation in seminiferous and viviparous arctic populations of two *Poa* species. Arctic e Alpine Research 21:305-315.

REFERÊNCIAS

Hillman, W. S. 1979. Photoperiodism in plants and animals. J. J. Head (ed.) Carolina Biology Readers. Carolina Biology Supply Company, Burling, N. C.

Hodson, H. K.; K. C. Hamner 1970. Floral inducing extract from *Xanthium*. Science 167: 384-385.

Hughes, J. E.; D. C.Morgan, R. A. Lambton, C. R. Black; H. Smith. 1984. Photoperiodic time signals during twilight, Plant Cell Environ. 7(4):269-278.

Ireland, C.R; W. W. Schwabe. 1982a. Studies on the role of photosynthesis in the photoperiodic induction of flowering in the short-day plants *Kalanchoe blossfeldiana* Poellniz and *Xanthium pensylvanicum* Wallr. L The requirement for CO_2 during photoperiodic induction. J. Exp. Bot. 33(135):738-747.

Irlanda, C.R.;W. W. Schwabe, 1982b. Studies on the role of photosynthesis in the photoperiodic induction of flowering in the short-day plants *Kalanchoe blossfeldiana* Poellniz and *Xanthium pensylvanicum* Wallr. IL The effect of chemical inhibitors of photosynthesis, J. Exp. Bot. 33(135):748-760,

Jabben, Merten; Gerald E. Deitzer. 1979. Effects of the herbicide San 9789 on photomorphogenic responses. Plant Physiology 63:481-485.

Jacqmard, A.; J. V. L V. S. Raju, J. M. Kinet; G. Bernier. 1976. The early action of the floral stimulus on mitotic activity and DNA synthesis in the apical meristem of *Xanthium strumarium*. American Journal of Botany 63:166-174.

Janistyn, Boris. 1982. Gas chromatographic-mass spectroscopic identification of prostaglandin $F_{2\alpha}$ in flowering *Kalanchoe blossfeldiana* v. Poelln. Planta 154:485-487.

Jordan, B. R.; M. D. Partis; B. Thomas, 1986. The biology and molecular biology of phytochrome. p. 315-362 *em* B. J. Miflin (ed.) Oxford Survey of Plant Molecular and Cell Biology. v. 3. Oxford University Press, Oxford, Inglaterra.

Junttila, Olavi. 1985. Experimental control of flowering and vivipary in timothy (*Phleum pratense*). Physiol- Plant, 63:35-42.

Junttila, Olavi; O. M. Heide. 1981. Shoot and needle growth in *Pinus sylvestris* as related to temperature in northern Fennoscandia. Forest Science 27(3):423-430.

Kadman-Zahavi, Avishag e Dovrat Peiper. 1987. Effects of moonlight on flower induction in *Pharbitis nil,* using a single dark period. Annals of Botany 6:621-623.

Kato, Y.; N. Fukunharu; R. Kobayashi, 1958. Stimulation of flower bud differentiation of conifers by gibberellin. p. 67-68 *em* Abstracts of the Second Meeting of the Japan Gibberellin Research Association.

Kinet, Jean-Marie, Roy M. Sachs; Georges Bernier. 1985. The Physiology of Flowering. IIL The Development of Flowers* CRC Press, Boca Raton, Flórida.

King, R. W. 1975. Multiple circadian rhythms regulate photoperiodic flowering responses in *Chenopodium rubrum*. Canadian Journal of Botany 53:2631-2638.

King, R. W. 1979. Photoperiodic time measurement and effects of temperature on flowering in *Chenopodium nibrum* L. Australian Journal of Plant Physiology 6:417-422.

King, R.W.; J. A. D. Zeevaart. 1973. Floral stimulus movement in *Perilla* and flower inhibition caused by noninduced leaves. Plant Physiology 51:727-738.

King, R.; Lloyd Evans, Richard P.Pharis; L. N. Mander. 1987. Gibberellins in relation to growth and flowering in *Pharbitis nil* Chois. Plant Physiology 84:1126-1131.

Klebs, G. 1904. Uber Probleme der Entwicklung. Biologisches Centralblatt. 24(18):601-614. (ver Cameron e Dennis, 1986.)

Klebs, G. 1910. Alterations in the development and forms of plants as a result of environment. Proceedings of the Royal Society of London 82:547-558.

Klebs, G. 1918. Uber die Blutenbildung bei *Sem-pervivum*. Flora (Jena) 128:111-112.

Kraus, E. J.; H. R. KraybilL 1918. Vegetation and reproduction with special reference to the tomato. Oregon Agricultural Experiment Station Bulletin 149:5.

Lang, Anton. 1965. Physiology of flower initiation. p. 1380-1535 *em* W. Ruhland (ed.) Encyclopedia of Plant Physiology, v. 15. Springer-Verlag, Berlim.

Lang, A.; M. Chailakhyan; L.A. Frolova. 1977. Promotion and inhibition of flower formation in a day-neutral plant in grafts with a short-day plant and a long-day plant. Proceedings of the National Academy of Science USA 74:2412-2416.

Law, C.N.; Rachel Scarth. 1984. Genetics and its potential for understanding the action of light in flowering. p. 193-209 *em* D. Vince-Prue, B. Thomas; K. E. Cockshull (eds.) Light and the Flowering Process. Academic Press, Londres.

Lincoln, R. G.; A. Cunningham, B. H. Carpenter, J. Alexander; D. L. May field, 1966. Florigenic acid from fungal cultures. Plant Physiology 41:1079-1080.

Lord, Elizabeth e Georges Bernier. 1989. Plant Reproduction: From Floral Induction to Pollination. American Society of Plant Physiologists, Rockville, Md.

Lumsden, Peter, Brian Thomas; Daphne Vince-Prue. 1982. Photoperiodic control of flowering in dark-grown seedlings of *Pharbitis nil* Choisy. Plant Physiology 70:277-282.

McMillan, C. 1974. Photoperiodic adaptation of *Xanthium strumarium* in Europe, Asia Minor; northern Africa. Canadian Journal of Botany 52:1779-1791.

Mooney, H. A.; W. D. Billings. 1961. Comparative physiological ecology of arctic and alpine populations of *Oxyria digyna*. Ecological Monographs 31:1-29.

Ogawa, Yukiyoshi, 1981. Stimulation of the flowering of *Pharbitis nil* Chois. by gibberellin A3: Time dependent action at the apex. Plant & Cell Physiol. 22(4):675-681.

Olmsted, C. E. 1944. Growth and development in range grasses. IV. Photoperiodic responses in twelve geographic strains of side-oats grama. Botanical Gazette 106:46-74.

Papenfuss, H. D.; Frank B. Salisbury. 1967. Aspects of clock resetting in flowering of *Xanthium*. Plant Physiology 42:1562-1568.

Pharis, Richard P.; C.G. Kuo, 1977, Physiology of gibberellins in conifers. Canadian Journal of Forest Research 7(2):299-325.

Pharis, Richard P.; Lloyd T. Evans, Roderick W. King; Lewis N. Mander, 1989. Gibberellins and flowering in higher plants — differing structures yield highly specific effects, Pages 29-41 *in* Elizabeth Lord; Georges Bernier (eds.) Plant Reproduction: From Floral Induction to Pollination. American Society of Plant Physiologists Symposium Series v. 1, Amer. Soc. of Plant Physiol., 15501-A Monona Drive, Rockville, Md. 20855.

Pharis, R. P.; R. W. King, L. T. Evans; L. N. Mander. 1987a. Investigations on endogenous and applied gibberellins in relation to flower induction in the long-day plant, *Lolium temulentum*. Plant Physiology 84:1132-1138.

Pharis, R. P.; Joe E. Webber; Stephen D. Ross-1987b. The promotion of flowering in forest trees by gibberellin A4/7 and cultural treatments: A review of the possible mechanisms. Forest Ecology and Management 19:65-84.

Ramina, Angelo, Wesley P. Hackett; Roy M. Sachs. 1979. Flowering in *Bougainvillea*. Plant Physio!. 64:810-813.

Rombach, J. 1986. Phytochrome in Norflurazon-treated seedlings of *Pharbitis nil*. Physiologia Plantarum 68:231-237.

Rood, Stewart B.; Richard I. Buzzell, Lewis N. Mander, David Pearce; Richard P. Pharis. 1988. Gibberellins: A phytohormonal basis for heterosis in maize. Science 241:1216-1218.

Ross, Stephen D.; Mark P. Bollmann, Richard P. Pharis; Geoffrey B. Sweet. 1984. Gibberellin A4/7 and the promotion of flowering in *Pinus radiata*. Plant Physiol. 76:326-330.

Rowan, W. 1925. Relation of light to bird migration and developmental changes. Nature 115:494-495.

Sachs, R. M. 1978. Nutrient diversion: An hypothesis to explain the chemical control of flowering. HortScience 12:220-222.

Sachs, R. M.; W. P. Hackett. 1983. Source-sink relationships and flowering. p. 263-272 *em* Werner J. Meudt (ed.) Beltsville Symposia in Agricultural Research, v. 6, Strategies of Plant Reproduction. Allanheld, Osmun, Totowa, Nova Jersey.

Salisbury, Frank B. 1955. The dual role of auxin in flowering. Plant Physiology 30:327-334.

Salisbury, Frank B. 1959. Influence of certain growth regulators on flowering of cocklebur. Página 381 *em* R. B. Withrow (ed.) Photoperiodism and Related Phenomena in Plants and Animals. American Association for the Advancement of Science, Washington, D. C.

Salisbury, Frank B. 1963a. The Flowering Process, Pergamon Press, Cambridge, Nova York.

Salisbury, Frank B. 1963b. Biological timing and hormone synthesis in flowering in *Xanthium*. Planta 49:518-534.

Salisbury, Frank B. 1965. Time measurement and the light period in flowering. Planta (Berl.) 66:1-26.

Salisbury, Frank B. 1981a. The twilight effect: Initiating dark measurement in photoperiodism of *Xanthium*. Plant Physiology 67:1230-1238.

Salisbury, Frank B. 1981b. Response to photoperiod. p. 135-167 *em* O. L. Lange, P. S. Nobel, C. B. Osmond; H. Ziegler (eds.) Physiological Plant Ecology I. v. 12A. *Em* A. Pirson, M. H. Zimmermann (eds.) Encyclopedia of Plant Physiology, New Series. Springer-Verlag, Berlin, Heidelberg,

Salisbury, Frank B. 1982. Photoperiodism. Horticultural Reviews 4:66-105.

Salisbury, Frank B. 1989. The use of *Xanthium* in flowering research. p. 153-214 *em* Roman Maksyrnowych (ed.) Analysis of Growth and Development of *Xanthium*. Cambridge University Press, Cambridge.

Salisbury, Frank B.; James Bonner. 1956. The reactions of the photoinductive dark period, Plant Physiology 31:141-147.

Salisbury, Frank B.; Alice Denney. 1974. Non-correlation of leaf movements and photoperiodic clocks in *Xanthium strumarium* L. Chronobiology, Proceedings of the International Society of Chronobiology, Little Rock, Ark, nov. 8-10, 1971. IgakuShoin, Ltd.

Schwabe, W. W. 1971. Physiology of vegetative reproduction and flowering. p. 233-411 *em* E. C.Steward (ed.) Plant Physiology — A Treatise, v. 7A. Academic Press, Nova York.

Takimoto, A.; K. Ikeda. 1961. Effect of twilight on photoperiodic induction in some short day plants. Plant Cell Physiology 2:213-229.

Tournois, J. 1914. Etudes sur la sexualite du houblon. (Studies on the sexuality of hops.) Annals des Sciences Naturelles (Botanique) 19:49-191.

Vince-Prue, Daphne. 1975. Photoperiodism in Plants. McGraw-Hill, Londres.

Vince-Prue, D. 1983. Photomorphogenesis and flowering. p. 457-490 *em* W. Shropshire, Jr.; H. Mohr (eds.) Photomorphogenesis. Encyclopedia of Plant Physiology, New Series. v. 16. Springer-Verlag, Berlin, Heidelberg, Nova York.

Vince-Prue, D. 1989. The role of phytochrome in the control of flowering. Flowering Newsletter (Georges Bernier, editor), Issue n. 8, p. 3-14.

Vince-Prue, Daphne and K. E. Cockshull. 1981. Photoperiodism and crop production. p. 175-197 *em* C. B. Johnson (ed.) Physiological Process Limiting Plant Productivity. Butterworths, Londres

Vince-Prue, D.; R. J. Lumsden. 1987. Inductive events in the leaves: Time measurement and photoperception in the short-day plant, *Pharbitis nil* Pages 255-368 *em* J. G. Atherton (ed.) Manipulation of Flowering. Butterworths, Londres.

Vince-Prue, Daphne, Bryan Thomas; K. E. Cockshull. (eds.) 1984. Light and the Flowering Process. Academic Press, Orlando, Flórida.

von Gaertner, Thekla; Ernst Braunroth. 1935. Uber den Einfluß des Mondlichtes auf den Bltihtermin der Lang- und Kurztagspflanzen. Botanisches Centralblatt Abt. A53:554-563.

Wellensiek, S. J. 1973. Genetics and flower formation of annual *Lunaria*. Netherland Journal of Agricultural Science 21:163-166.

Zeevaart, Jan A. D. 1976a. Physiology of flower formation. Annual Review of Plant Physiology 27:321-348.

Zeevaart, Jan A. D. 1976b. Phytohormones and flower formation. *Em* D. S. Letham et al, (eds.) Plant Hormones and Related Compounds. ASP Biological and Medical, Amsterdã.

Zeevaart, Jan A. D. 1979. Perception, nature and complexity of transmitted signals. p. 59-90 *em* La Physiologie de la Floraison. Editions du Centre National de la Recherche Scientifique, Paris.

Zeevaart, Jan A. D. 1982. Transmission of the floral stimulus from a long-short-day plant, *Bryophylhtm daigremontianum*, to the short-long-day plant *Echeveria harmsii*. Ann. Bot. 49:549-552.

Capítulo 24

Bevan, M. 1984. Binary *Agrobacterium* vectors for plant transformation. Nucleic Acids Research 12:8711-8721.

Britten, R. J.; D. E. Kohne. 1968. Repeated sequences in DNA, Science 161:529-540.

Burnette, W. N. 1981. "Western blotting": Electro-phoretic transfer of proteins from sodium dodecyl sulfate-polyacrylamide gels to unmodified nitrocellulose and detection with antibody and radioiodinated protein A. Analytical Biochemistry 112:195-203.

Capra, J- D.; A. B. Edmonson. 1977. The antibody combining site. Scientific American 236(l):50-59.

Cohen, S. N.; A. C.Y. Chang, H. W. Boyer; R. B. Helling. 1973. Construction of biologically functional bacterial piasmids in vitro. Proceedings of the National Academy of Science USA 70: 3240-3244.

Cox, K. H.; D. V. DeLeon, L. M. Angerer; R. C. Angerer. 1984. Detection of mRNAs in sea urchin embryos by in situ hybridization using asymmetric RNA probes. Developmental Biology 101:485-502.

Fedoroff, N. V. 1989. About maize transposable elements and development. Cell 56:181-191.

Fraley, R. T.; S. G. Rogers; R. B. Horsch. 1986. Genetic transformation in higher plants. CRC Critical Reviews in Plant Sciences 4:1-46.

Gilmartin, P. M.; L. Sorokin, J. Memelink; N. H. Chua. 1990. Molecular light switches for plant genes. The Plant Cell 2:369-378.

Goldberg, R. B.; S. J. Barker; L. Perez-Grau. 1989. Regulation of gene expression during plant embryogenesis. Cell 56:149-160.

Grunstein, M.; D. S. Hogness. 1975. Colony hybridization; A method for the isolation of cloned DNA that contains a specific gene. Proceedings of the National Academy of Sciences USA 72:3961-3965.

Hagen, G.; A. Kleinschmidt; T. J. Guilfoyle. 1984. Auxin-regulated gene expression in intact soybean hypocotyl and excised hypocotyl sections. Planta 162:147-153.

Higgins, X. J. V. 1984. Synthesis and regulation of major protein in seeds. Annual Review of Plant Physiology 35:191-221.

Jackson, D.; R. Symons; P. Berg. 1972. Biochemical method for inserting new genetic information into DNA of simian virus 40: Circular SV40 DNA molecules containing lambda phage genes and the galactose operon of *Escherichia colt*. Proceedings of the National Academy of Sciences USA 69:2904-2909.

Jefferson, R. A.; T. A. Kavanagh; M. W. Bevan. 1987. Gus fusions: Beta-glucuronidase as a sensitive and versatile gene fusion marker in higher plants. EMBO Journal 6:3901-3907.

Kelly, T. J.; H. O. Smith. 1970. A restriction enzyme from *Hemophilus influenzae*. II. Base sequence of the recognition site. Journal of Molecular Biology 51:393-409.

Key, J. L.; J. Kimbel, E. Vierling, OY Lin, R. T. Nagao, E. Czarneckaa; F. Schoffl.1985. Physiological and molecular analysis of the heat shock response in plants. p. 327-348 *em* B. G. Atkinson; D. B. Walden (eds.) Changes in Eukaryotic Gene Expression in Response to Environmental Stress. Academic Press, Orlando, Flórida.

Klee, H.; R. Horsch; S. Rogers. 1987. *Agro-bacterium-medicited* plant transformation and its further applications to plant biology. Annual Review of Plant Physiology 38:467-486.

Klein, X. M.; M. Fromrn, A Weissinger, D. Tomes, S. Schaaf, M. Stetten; J. C.Sanford. 1988. Transfer of foreign genes into intact maize cells with high-velocity microprojectiles. Proceedings of the National Academy of Sciences USA 85:4305-4309.

Kuhlemeier, C. R. J. Green; N-H. Chua, 1987. Regulation of gene expression in higher plants. Annual Review of Plant Physiology 38:221-257.

Lin, C-Y. J. K. Roberts; J. L. Key 1984. Acquisition of thermotolerance in soybean seedlings: Synthesis and accumulation of heat shock proteins and their cellular localization. Plant Physiology 74:152-160.

Link, G. 1988. Photocontrol of plastid gene expression. Plant, Cell and Environment 11: 329-338.

Marmur, J.; R. Doty. 1962. Determination of the base composition of deoxyribonucleic acid from its thermal denaturation temperature. Journal of Molecular Biology 5:109-118.

Maxam, A.; W. Gilbert. 1977. A new method for sequencing DNA. Proceedings of the National Academy of Sciences USA 74:560-564.

McClintock, B. 1948. Mutable loci in maize, Carnegie Institution of Washington Year Book 47:155-169.

Medford, J. I.; R. Horgan, Z. E. Sawi; H. J. Klee. 1989. Alterations of endogenous cytokinins in transgenic plants using a chimeric isopentenyl transferase gene. 1:403-413.

Mitchell, R. J. e R. Tjian. 1989. Transcriptional regulation in mammalian cells by sequence-specific DNA binding proteins. Science 245: 371-378.

Moses, P. B.; N-H. Chua. 1988. Light switches for plant genes. Scientific American 258(4):88-93.

Murphy, T. M.; W. F. Thompson. 1988. Molecular Plant Development. Prentice-Hall, Englewood Cliffs, Nova Jersey.

Nagy, E. S. A. Kay, e N-H. Chua. 1988. Gene regulation by phytochrome. Trends in Genetics 4:37-42.

Okamuro, J. K.; R. B. Goldberg. 1989. Regulation of plant gene expression: General principles. p. 1-81 *em* A. Marcus (ed.) The Biochemistry of Plants, v. 15, Molecular Biology. Academic Press, Nova York.

Powell A. R. R. S. Nelson, B. H. N. De, S. G. Rogers, *R.* T. Fraley; R. N. Beachy. 1986. Delay of disease development in transgenic plants that express the tobacco mosaic coat protein gene-Science 232:738-743.

Sanger, E. S. Nicklen; A. R. Caulson. 1977. DNA sequencing with chain terminating inhibitors. Proceedings of the National Academy of Sciences USA 74:5463-5467.

Simpson, J.; L. Herrera-Estrella. 1990. Light-regulated gene expression, CRC Critical Reviews in Plant Sciences 9:95-109.

Skoog, E. e C. O. Miller, 1957. Chemical regulation of growth and organ formation in plant tissues cultured *in vitro*. Symposium of the Society for Experimental Biology 11:118-130.

Smith, C. J. S., C. E. Watson, J. Roy, C. R. Bird, P. C. Morris, W. Schuch; D. Grierson. 1988. Antisense RNA inhibition of polygalacturonase gene expression in transgenic tomatoes, Nature 334:724-726.

Smith, H. O.; K. W. Wilcox. 1970. A restriction enzyme from *Hemophilus influenzae*. L Purification and general properties. Journal of Molecular Biology 51:379-391.

Southern, E. M. 1975. Detection of specific sequences among DNA fragments separated by gel electrophoresis. Journal of Molecular Biology 98:503-517.

Tanksley, S. D.; N. D. Young, A. H. Paterson; M. W. Bonierbale. 1989. RFLP mapping in plant breeding: New tools for an old science. Bio-Technology 7:257-264.

Thomas, P. S. 1980. Hybridization of denatured RNA and small DNA fragments transferred to nitrocellulose. Proceedings of the National Academy of Sciences USA 77:5201-5205.

Thompson, W. E.1988. Photoregulation: Diverse gene responses in greening seedlings. Plant, Cell and Environment 11:319-328.

Van der Krol, A. R.; P. E. Lenting, J. Veenstra, L.M. Van der Meer, R. E, Kees, A.G- M. Gerats, J- N. M. Mol; A. R. Stuitje. 1988. An antisense chalcone synthase gene in transgenic plants inhibits flower pigmentation. Nature 333: 866-869.

VarShavsky, A. 1987. Electrophoretic assay for DNA binding proteins. Methods Enzymol. 151:551-565.

Walker, J. C.; J. L. Key. 1982. Isolation of cloned cDNAs to auxin-responsive poly (A) RNAs of elongating soybean hypocotyl. Proceedings of the National Academy of Sciences USA 79:185-189.

Watkins, P. C. 1988. Restriction fragment length polymorphism (RFLP): Applications in human chromosome mapping and genetic disease research. BioTechnology 6:310-320.

Watson, J. C. 1989. Photoregulation of gene expression in plants. p. 161-205 *em* S-D. Kung e C. J. Arntzen (eds.) Plant Biotechnology. Butterworths, Boston.

Capítulo 25

Amthor, J. S. 1989. Respiration and Crop Productivity. Springer- Verlag, Nova York.

Ballare, Carlos, Ana L. Scopel; Rodolfo A. Sanchez. 1990. Far-red radiation reflected from adjacent leaves: An early signal of competition in plant canopies. Science 247:329-331.

Barbour, M. G.; J. H. Burk; W. D. Pitts. 1987. Terrestrial Plant Ecology, Second Edition, Benjamin/Cummings, Menlo Park, Califórnia.

Barnes, R. W.; R. W. Jordon, W. G. Gold, S. D. Flint; M. M. Caldwell. 1988. Competition, morphology and canopy structure in wheat (*Triti-citm aestivum* L.) and wild oat (*Avenafatua* L.) exposed to enhanced ultraviolet-B radiation. Functional Ecology 2:319-330.

Bazzaz, Fakhri A.; Nona R. Chiariello, Phyllis D. Coley; Louis E.Pitelka, 1987. Allocating resources to reproduction and defense, Bio-Science 37:58-67.

Berry, Wade L.; Arthur Wallace. 1989. Zinc phytotoxicity: Physiological responses and diagnostic criteria for tissues and solutions. Soil Science 147:390-397.

Beyschlag, W.; R. W. Barnes, S. D. Flint; M. M. Caldwell. 1988. Enhanced UV-B irradiation has no effect on photosynthetic characteristics of wheat (*Triticum aestivum* L.) and wild oat (*Avenafatua* L.) under greenhouse and field conditions. Photo-synthetica 22(4):516-525.

Bhargava, Suresh C. 1975. Photoperiodicity and seed germination in rice, Indian Journal of Agricultural Sciences 45:447-451.

Billings, W. D. 1970. Plants, Man and the Ecosystem, 2. ed. Wads worth, Belmont, Califórnia.

Bjdrkman, O.1968. Further studies on differentiation of photosynthetic properties in sun and shade ecotypes of *Solidago virgaurea*. Physiologia Plantarum 21:84-99.

Bjorkman, O. 1981. Responses to different quantum flux densities. p. 57-107 *em* O. L. Lange, P. S. Nobel, C. B. Osmond; H. Ziegler (eds.) Encyclopedia of Plant Physiology, v. 12A, Physiological Plant Ecology I. Springer-Verlag, Berlim, Heidelberg, Nova York.

Blackman, E. E. 1905. Optima and limiting factors. Annals of Botany 14(74):281-295.

Boiler, Thomas; Andres Wiemken. 1986. Dynamics of vacuolar compartmentation. Annual Review of Plant Physiology 37:137-164.

Bugbee, Bruce G.; R. B. Salisbury. 1988. Exploring the limits of crop productivity. I. Photosynthetic efficiency of wheat in high irradiance environments. Plant Physiology 88:869-878.

Bugbee, B. G.; K.B. Salisbury. 1989. Current and potential productivity of wheat for a controlled environment life support system. Advances in Space Research 9:5-15.

Caldwell, M. M. 1981. Plant response to solar ultraviolet radiation. p. 170-194 *em* O. L. Lange, P. S. Nobel, C. B. Osmond; H. Ziegler (eds.) Encyclopedia of Plant Physiology; v. 12A, Physiological Plant Ecology I, Springer-Verlag, Berlim, Heidelberg/ Nova York.

Chapin III; F. Stuart, Arnold J. Bloom, Christopher B. Field; Richard H. Waring. 1987. Plant responses to multiple environmental factors. BioScience 37:49-57.

Chazdon, R. L.; R. W. Pearcy. 1986. Photosynthetic responses to light variation in rain forest species. II. Carbon gain and light utilization during lightflecks. Oecologia 69:524-531.

Clausen, Jens, David D. Keck; William M. Hiesey. 1940. Experimental Studies on the Nature of Species. I. Effect of Varied Environments on Western North American Plants. Carnegie Institution of Washington, Publication n. 520, Washington D. C.

Clements, Frederic E.; Emmett V. Martin; Frances L. Long. 1950. Adaptation and Origin in the Plant World. Chronica Botanica, Waltham, Mass-Downs, R. J.; Borthwick, H. A. 1956. Effects of photoperiod on growth of trees. Botanical Gazette 117:310-326.

Referências

Ehleringer, James e Harold A. Mooney. 1984. Photosynthesis and productivity of desert and Mediterranean climate plants. p. 205-231 *em* O. L. Lange, R. S. Nobel, C. B. Osmond; H. Ziegler (eds.) Encyclopedia of Plant Physiology, New Series, v. 12D. Springer-Verlag, Berlim.

Gates, D. M. 1962. Energy Exchange in the Biosphere, Harper & Row, Nova York.

Highkin, H. R.; A. Lang. 1966. Residual effect of germination temperature on the growth of peas. Planta 68:94-98.

Keeley, J. E.; L. G. Busch. 1984. Carbon assimilation characteristics of the aquatic CAM plant *Isoetes hozvellii*. Plant Physiology 76:525-530.

Keeley, J. E.; C. B. Osmond; J. A. Raven. 1984. *Stylites*, a vascular land plant without stomata absorbs CO_2 via its roots. Nature 310:694-695.

Kigel, J.; M. Ofir; D. Koller. 1977. Control of the germination responses of *Amaranthus retroflexus* L. seeds by their parental photothermal environment, Journal of Experimental Botany 28: 1125-1136.

Roller, Dov. 1962. Preconditioning of germination in lettuce at time of fruit ripening. American Journal of Botany 49:841-844.

Lange, CX Lv P.S. Nobel, C. B. Osmond; H. Ziegler 1981. Introduction: Perspectives in Ecological Plant Physiology. p. 1-9 *em* O. L. Lange, P. S. Nobel, C.B. Osmond, H. Ziegler (eds.) Encyclopedia of Plant Physiology, v. 12A, Physiological Plant Ecology L Springer-Verlag, Berlim, Heidelberg, Nova York.

Liebig, Justus. 1841. Organic Chemistry in Its Applications to Agriculture and Physiology. John Owen, Cambridge.

Lockhart, James A. 1965. The analysis of interactions of physical and chemical factors on plant growth. Annual Review of Plant Physiology 16:37-52.

Marchand, Peter J. 1987. Life in the Cold, An Introduction to Winter Ecology. University Press of New England, Hanover, Londres.

Mayer, A. M.; A. Poljakoff-Mayber. 1989. The Germination of Seeds, 4. ed., Pergamon Press, Nova York, Londres.

Mohr, I-L 1972. Lectures on Photoinorphogenesis. Springer-Verlag, Berlim, Heidelberg, Nova York.

Mooney, Harold A.; S. L. Gulmon. 1979. Environmental and evolutionary constraints on the photosynthetic characteristics of higher plants. p. 316-337 *em* O. T. Solbrig, S. Jain, G. B. Johnson; R. H. Raven (eds.) Topics in Plant Population Biology. Columbia University Press, Nova York.

Mooney, H. A.; Robert W. Pearcy; James Ehleringer. 1987. Plant physiological ecology today. BioScience 37:18-20.

Morgan, D. C.; H. Smith. 1981. Non-photo synthetic responses to light quality. p. 109-130 *em* O. vaL Lange, R. S. Nobel, C. B. Osmond; H. Ziegler (eds.) Encyclopedia of Plant Physiology, v. 12A, Physiological Plant Ecology L Springer-Verlag, Berlim, Heidelberg, Nova York.

Muir, John. 1976. My First Summer in the Sierra. Houghton Mifflin, Boston. [Esta é a reedição de um livro publicado pela primeira vez em 1886.]

Mulroy, T. W.; P.W. Rundel. 1977. Annual plants: Adaptations to desert environments, BioScience 27:109-114.

Osmond, C. B.; M. R. Austin; J. A- Berry; W. D. Billings; J. S. Boyer; J. W. H. Cacey; P. S. Nobel; S. D. Smith; W. E. Winner. 1987. Stress physiology and the distribution of plants. BioScience 37:38-48.

Pearcy, Robert W. 1988. Photosynthetic utilization of lightflecks by understory plants, Australian Journal of Plant Physiology 15:223-238.

Pearcy, R. W. 1990. Sunflecks and photosynthesis in plant canopies. Annual Review of Plant Physiology and Plant Molecular Biology 41: 421-453.

Pearcy, R. Wv Olle Bjorkman, Martyn M. Caldwell, Jon E. Keeley, Russell IC Monson; Boyd R. Strain. 1987. Carbon gain by plants in natural environments. BioScience 37:21-29.

Pourrat, Yvonne; Roger Jacques. 1975. The influence of photoperiodic conditions received by the mother plant on morphological and physiological characteristics of *Chenopodium polyspermum* L. seeds. Plant Science Letters 4:

Raven, John A.; Linda L. Handley, Jeffrey J. MacFarlane, Shona Mclnroy, Lewis McKenzie, Jennifer PL Richards; Goran Samuelsson. 1988. The role of CO_2 uptake by roots and CAM in acquisition of inorganic C by plants of the isoetid life-form: A review, with new data on *Eriocaulon decangulare* L. New Phytologist 108:125-148.

Richardsen, S.; Frank B. Salisbury. 1977. Plant responses to the light penetrating snow. Ecology 58:1152-1158.

Salisbury, Frank B. 1975- Multiple factor effects on plants. p. 501-520 *em* E.John Vernberg (ed.) Physiological Adaptation to the Environment. Intext Educational Publishers, Nova York.

Salisbury, Frank B. 1981a. Responses to photo-period. p. 135-167 *em* O. L. Lange; P. S. Nobel; C. B. Osmond; H. Ziegler (eds.) Encyclopedia of Plant Physiology. v. 12A. Physiological Plant Ecology I. Springer-Verlag, Berlim, Heidelberg, Nova York.

Salisbury, Frank B. 1981b. The twilight effect: Initiating dark measurement in photoperiodism of *Xanthium*. Plant Physiology 67:1230-1238.

Salisbury, Frank B. 1982. Photoperiodism. Horticultural Reviews 4:66-105.

Salisbury, R. B. and Nicos G. Marinos. 1985- The ecological role of plant growth substances. p. 707-766 *em* Richard R. Pharis and David M. Reid (eds.) Encyclopedia of Plant Physiology. v. 11. Hormonal Regulation of Development, III: Role of Environmental Factors. Springer-Verlag, Berlim, Heidelberg, Nova York.

Schopfer, Peter. 1969. Die Hemrnung der Streck-ungswachstums durch Phytochrom — ein Stoffaufnahme erforderner Prozess? Planta (Berlin) 85:383-388.

Schulze, E-D.; M. I. Fuchs; M. Fuchs, 1977. Spatial distribution of photosynthetic capacity in a mountain spruce forest of Northern Germany III, The significance of the evergreen habitat. Oecologia 30:239-248.

Schulze, E-D.; *R. H. Robichaux, J. Grace, P.W. Rundel; J. R. Ehleringer. 1987. Plant water balance, BioScience 37:30-37.

Seemann, J. R.; M. R. Badger, and J. A. Berry. 1984. Variations in specific activity of ribulose-1,5-bisphosphate carboxylase between species utilizing differing photosynthetic pathways. Plant Physiology 74:791-794.

Shelford, Victor E. 1913. Animal Communities in Temperate America, University of Chicago Press, Chicago.

Smith, Harry, 1983. Light quality, photoperception, and plant strategy. Annual Review of Plant Physiology 33:481-518.

Sporner, G. G. 1973. The concepts of "interaction" and "operational environment" in environmental analyses. Ecology 54(1):200-204.

Tieszen, LLVRC. Miller, M. C. Lewis, J- C. Mayo, W. C. Oechel; R. S. Chapin, 1981. Processes of primary production in tundra. p. 285-356 *em* L. C. Bliss, CX W. Heal, J. J. Moore (eds.) Tundra Ecosystems: A Comparative Analysis, Cambridge University Press, Cambridge.

Turesson, G. 1922. The genotypic response of the plant species to the habitat. Hereditas 3:211-350.

Vince-Prue, D. 1975. Photoperiodism in Plants. McGraw-Hill, London.

Whittaker, R. H. 1975. Communities and Ecosystems, 2. ed. Macmillan, Nova York; Collier Macmillan, Londres.

Capítulo 26

Acevedo, Edmundo; Theodore C. Hsiao; D. W. Henderson. 1971. Immediate and subsequent growth responses of maize leaves to changes in water status. Plant Physiology 48:631-636.

Allen, T. 1965. The Quest - A Report on Extraterrestrial Life. Chilton Books, Radnor, Pa-

Anderson, J. A.; D. W. Buchanan, R. E. Stall; C. B. HalL 1982. Frost injury of tender plants increased by *Pseudomonas syringae* van Hall. Journal of the American Society of Horticultural Science 107:123-125.

Aragno, M. 1981. Responses of microorganisms to temperature. p. 339-369 *em* O. L. Lange, P. S. Nobel, C. B. Osmond; H. Ziegler (eds.) Encyclopedia of Plant Physiology, New Series. v. 12A. Physiological Plant Ecology, Springer-Verlag, Berlim, Heidelberg, Nova York.

Ash worth, E. N. 1984. Xylem development in *Prunus* flower buds and the relationship to deep supercooling. Plant Physiology 74:862-865.

Ball, Marilyn C. 1988. Salinity tolerance in the mangroves *Aegiceras corniculatum* and *Avicennia marina*. L Water use in relation to growth, carbon partitioning, and salt balance. Australian Journal of Plant Physiology 15:447-464.

Barbour, Michael G. 1970. Is any angiosperm an obligate halophyte? American Midland Naturalist 84:106-119.

Barbour, M. G.; Jack H. Burk; Wanna D. Pitts. 1987. Terrestrial Plant Ecology. 2. ed. Benjamin/Cummings, Menlo Park, Califórnia.

Baross, J. A.; J. W. Deming. 1983. Growth of "black smoker" bacteria at temperatures of at least 250°C Nature 303:423-426.

Bensen, Robert J.; John S. Boyer; John E. Mullet. 1988. Water deficit-induced changes in abscisic acid, growth, polysomes, and translatable RNA in soybean hypocotyls. Plant Physiol. 88:289-294.

Bewley, J. D.; J. E. Krochko. 1982. Desiccation tolerance. p. 325-378 *em* O. L. Lange, P.S. Nobel, C.B. Osmond; H. Ziegler (eds.) Encyclopedia of Plant Physiology, New Series. v. 12B. Physiological Plant Ecology IL Springer-Verlag, Berlim, Heidelberg, Nova York.

Bhagwat, Arvind A.; Shree Kumar Apte. 1989. Comparative analysis of proteins induced by heat shock, salinity, and osmotic stress in the nitrogen-fixing cyanobacterium *Anabaena* sp. strain L-31, Journal of Bacteriology 171(9):5187-5189.

Blumwald, Eduardo e Ronald J. Poole. 1987. Salt tolerance in suspension cultures of sugar beet. Induction of NaVH+ antiport activity at the tonoplast by growth in salt. Plant Physiol 83: 884-887.

Bodner, M.; E. Beck. 1987. Effect of supercooling and freezing on photosynthesis in freezing tolerant leaves of Afroalpine "giant rosette" plants. Oecologia (Berlim) 72:366-371.

Boyer, J. S. 1970. Leaf enlargement and metabolic rates in corn, soybean, and sunflower at various leaf water potentials. Plant Physiology 46: 233-235.

Bradford, K. J.; T. C. Hsiao. 1982. Physiological responses to moderate water stress. p. 263-324 *em* O. L. Lange, R. S. Nobel, C.B. Osmond; H. Ziegler (eds.), Physiological Plant Ecology II, Water Relations and Carbon Assimilation. *Em* A. Pirson e M. H. Zimmer-mann (eds.) Encyclopedia of Plant Physiology, New Series, v. 12B. Springer-Verlag, Berlim, Heidelberg, Nova York.

Bray, Elizabeth A. 1988. Drought- and ABA-induced changes in polypeptide and mRNA accumulation in tomato leaves. Plant Physiol 88:1210-1214.

Brock, T. D. 1978. Thermophilic Microorganisms and Life at High Temperatures, Springer-Verlag, Berlim, Heidelberg, Nova York.

Bunce, James A. 1988. Nonstomatal inhibition of photosynthesis by water stress. Reduction in photosynthesis at high transpiration rate without stomatal closure in field grown tomato. Photosynthesis Research 18:357-362.

Burke, J. J.; K. A. Orzech. 1988. The heat-shock response in higher plants: A biochemical model. Plant, Cell and Environment 11:441-444.

Burke, M. J.; L. V. Gusta; H. A. Quammer; C.J. Weiser; P. H. Li. 1976. Freezing and injury in plants. Annual Review of Plant Physiology 27:507-528.

Butcher, Russell D.; David E. Evans. 1987. Calcium transport by pea root membranes- L Purification of membranes and characteristics of uptake. II. Effects of calmodulin and inhibitors. Planta 172:265-279.

Cheeseman, John M. 1988. Mechanisms of salinity tolerance in plants. Plant Physiol. 87:547-550.

Cramer, G. R.; E. Epstein; A. Lauchli, 1988. Kinetics of root elongation of maize in response to short-term exposure to NaCl and elevated calcium concentration. Jour, of Experimental Botany 39: 1513-1522.

Cramer, G. R.; A. Lauchli; Emanuel Epstein, 1986. Effects of NaCl and CaCU on ion activities in complex nutrient solutions and root growth of cotton. Plant Physiol 81:792-797.

Cramer, Grant R.; André Lauchli; Vito S. Polito. 1985. Displacement of Ca^{2+} by Na" from the plasmalernma of root cells. Plant Physiol 79: 207-211.

Referências

Crawford, R. M.M. 1989. Studies in Plant Survival. Ecological Case Histories of Plant Adaptation to Adversity. Black well, Oxford.

Daubenmire, Rex E.1947. Plants and Environment. Wiley, Nova York.

DuPont, E.M.; J. B. Mudd. 1985. Acclimation to low temperature by microsomal membranes from tomato cell cultures. Plant Physiol 77:74-78.

Edney, E. B. 1975. Absorption of water vapor from unsaturated air. p. 77-97 em E. John Vernberg (ed.) Physiological Adaptation to the Environment. Intext Educational Publishers, Nova York.Ehleringer, James R.; Tamsie A. Cooper. 1988. Correlations between carbon isotope ratio and microhabitat in desert plants. Oecologia 76: 562-566.

Ehleringer, J.; Olle Bjorkman; Harold A+ Mooney. 1976. Leaf pubescence: Effects on absorptance and photosynthesis in a desert shrub. Science 192:376-377.

Evenari, M.; E-D. Schulze, L. Kappen, U. Buschborn; O. L. Lange, 1975. Adaptive mechanisms in desert plants. p. 111-129 em E. John Vernberg (ed.) Physiological Adaptation to the Environment. Intext Educational Publishers, Nova York.

Fireman, M.; H. E. Hayward. 1952. Indicator significance of some shrubs in the Escalante Desert, Utah, Botanical Gazette 114:143-154.

Flores, H. E.; A. W. Galston. 1982. Polyamines and plant stress: Activation of putrescine biosynthesis by osmotic shock. Science 217: 1259-1260.

Flowers, T. J.; R. F. Troke; A. R. Yeo, 1977. The mechanism of salt tolerance in halophytes. Annual Review of Plant Physiology 28:89-121.

George, Milton E.e Michael J. Burke. 1984. Supercooling of tissue water to extreme low temperature in overwintering plants, TIBS 9: 211-214.

Giannini, John L.; Donald P. Briskin. 1989. The effect of assay composition, detergent soiu-bilization and reconstitution on red beet (*Beta vulgaris* L.) plasma membrane H^+-ATPase kinetic properties. Plant Science 60:189-193.

Gilmour, Sarah J.; Ravindra K. Hajela; Michael E.Thomashow. 1988. Cold acclimation in *Arabidopsis thaliana*. Plant Physiol 87:745-750.

Gimmler, Hartmut, Lothar Schneider; Rose-marie Kaaden. 1989. The plasma membrane ATPase of *Dunaliella parva*. Zeitschrift fur Naturforschung 44:128-138.

Graham, Douglas e Brian D. Patterson. 1982. Responses of plants to low, nonfreezing temperatures: Proteins, metabolism, and acclimation, Annual Review of Plant Physiology 33:347-372.

Greenway, H.; Rana Munns, 1980. Mechanisms of salt tolerance in nonhalophytes. Annual Review of Plant Physiology 30:149-190.

Gross, Dennis C. Edward L. Proebsting, Jr.; Heather Maccr indie -Zimmerman. 1988. Development, distribution, and characteristics of intrinsic, nonbacterial ice nuclei in *Prunus* wood. Plant Physiol 88:915-922.

Guerrero, Felix D.; John E. Mullet. 1988. Reduction of turgor induces rapid changes in leaf translatable RNA. Plant Physiol 88:401-408.

Guy, C. L.; D. Haskell. 1987. Induction of freezing tolerance in spinach is associated with the synthesis of cold acclimation induced proteins, Plant Physiol 84:872-878.

Hanson, Andrew D.; William D. Hitz. 1982. Metabolic responses of mesophytes to plant water deficits. Annual Review of Plant Physiology 33:163-203.

Harvey, G. W.; L. V. Gusta, D. C. Fork; J. A. Berry. 1982. The relation between membrane lipid phase separation and frost tolerance of cereals and other cool climate plant species. Plant, Cell and Environment 5:241-244.

Hellebust, Johan A. 1976. Osmoregulation. Annual Review of Plant Physiology 27:485-505.

Hincha, Dirk K.; Ulrich Heber; Jiirgen Schmitt. 1989. Freezing ruptures thylakoid membranes in leaves, and rupture can be prevented *in vitro* by cryoprotective proteins. Plant Physiology and Biochemistry 27(15):795-801.

Hsiao, T. C. 1973. Plant responses to water stress-Annual Review of Plant Physiology 24:519-570.

Huber, R.; M. Kurr, Holger W. Jannasch; K. O. Stetter. 1989. A novel group of abyssal methanogenic archaebacteria (*Methanopyrus*) growing at 110°C Nature 342:833-834.

Hurkman, William L.Charlene K. Tanaka; Frances M. DuPont 1988. The effects of salt stress on polypeptides in membrane fractions from barley roots. Plant Physiol 88:1263-1273.

Iraki, Nairn M.; Ray A. Bressan, P. M. Hasegawa; Nicholas C. Carpita, 1989. Alteration of the physical and chemical structure of the primary cell wall of growth-limited plant cells adapted to osmotic stress. Plant Physiology 91:39-47.

Jackson, Michael B. 1985. Ethylene and responses of plants to soil waterlogging and submergence. Annual Review of Plant Physiology 36:145-174.

Jefferies, R. L. 1981. Osmotic adjustment and the response of halophytic plants to salinity, BioScience31(l):42-46.

Jensen, W. A.; F.B. Salisbury, 1984. Botany. 2. ed. Wadsworth, Belmont, Califórnia.

Kaiser, Werner M. 1987. Effects of water deficit on photosynthetic capacity, Physiol Plantarum 71:142-149.

Kappen, L. 1981. Ecological significance of resistance to high temperature. p. 439-474 em OL. Lange, P. S. Nobel, C. B. Osmond; H. Ziegler (eds.) Encyclopedia of Plant Physiology, New Series. v. 12A. Physiological Plant Ecology. Springer-Verlag/ Berlim, Heidelberg, Nova York.

Kappen, L. 1989. Field measurements of carbon dioxide exchange of the Antarctic lichen *Usnea sphacelata* in the frozen state, Antarctic Science.

Kasamo, Kunihiro. 1988. Response of tonoplast and plasma membrane ATPases in chilling-sensitive and -insensitive rice (*Oryza saliva* L.) culture cells to low temperature. Plant Cell Physiol 29(7):1085-1094.

Key, Joe L.; Janice Kimpel, Elizabeth Vierling, Chuyung Lin, Ronald T. Nagao, Eva Czarnecka; Friedrich Schoffl. 1985. Physiological and molecular analysis of the heat shock response in plants. p. 237-348 em B. G. Atkinson; D. B. Walden (eds.) Changes in Eukaryotic Gene Expression in Response to Environmental Stress. Academic Press, Nova York.

Kimpel, J. A.; J. L. Key. 1985. Heat shock in plants. Trends in Biocherru Science 117:353-357. Korner, Christian e Walter Larcher 1988. Plant life in cold climates. p. 25-57 em S. P. Long e E.I. Woodward (eds.) Plants and Temperature, Symposia of the Society of Experimental Biology; n. 42. The Company of Biologists Limited, Cambridge.

Kramer, Paul J. 1980. Drought, stress, and the origin of adaptations. p. 7-20 em NL C. Turner; R. J. Kramer (eds.) Adaptation of Plants to Water and High Temperature Stress. Wiley, Nova York.

Kramer, Paul J. 1983. Water Relations of Plants. Academic Press, Nova York e Londres.

Krause, G. Heinrich; S. Grafflage; S. Rumich-Bayer; S. Somersalo. 1988. Effects of freezing on plant mesophyll cells. p. 311-327 em S. R. Long; E.I. Woodward (eds.) Plants and Temperature. Symposia of the Society for Experimental Biology/ No. 42. The Company of Biologists Limited, Cambridge.

Kriedemann, R. E.; B. R. Loveys. 1974. Hormonal mediation of plant responses to environmental stress. p. 461-465 em R. L. Bieleski, A. R. Ferguson; M. 1VL Creswell (eds.) Mechanisms of Regulation of Plant Growth, The Royal Society of New Zealand, Wellington.

Kruckeberg, A. R. 1954. The ecology of serpentine soils III, Plant species in relation to serpentine soils. Ecology 35:267-274.

Kurth, Eva, Grant R. Cramer, André Lauchli; Emanuel Epstein. 1986. Effects of NaCl and CaCU on cell enlargement and cell production in cotton roots- Plant Physiol 82:1102-1106.

LaHaye, P.A.; E. Epstein, 1969. Salt toleration by plants: Enhancement with calcium. Science 166:395-396.

Lalk, I.; K. Dorffling. 1985. Hardening, abscisic acid, proline and freezing resistance in two winter wheat varieties. Physiologia PL 63:287-292.

Larcher, Walter, 1983. Physiological Plant Ecology, 2. ed. Springer-Verlag, Berlim, Heidelberg, Nova York.

Larcher, Walter 1987. Strep bei Pflanzen. Naturwissenschaften 74:158-167.

Larcher, W.; Helmut Bauer, 198L Ecological significance of resistance to low temperature. p. 403-437 em O. L. Lange, P. S. Nobel, C. B. Osmond; H. Ziegler (eds.) Encyclopedia of Plant Physiology, New Series. v. 12A. Physiological Plant Ecology. Springer-Verlag, Berlim, Heidelberg, Nova York,

Larcher, W.; Monika Nagele, 1985. Induktions-kinetic der Chlorophyllfluoreszenz unterkuhl-ter und gefrorener Blatter von *Rhododendron ferrugineum* beim Ubergang vom gefrieremp-findlichen zum gefriertoleranten Zustand. Sitzungsberichten der Osterr. Akademie der Wissenschaften, Mathem.naturw. KL 1,194:187-195.

Larcher, W.; Gilbert Neuner. 1989. Cold-induced sudden reversible lowering of *in vivo* chlorophyll fluorescence after saturating light pulses. Plant Physiol 89:740-742.

Larcher, W.; M. Holzner; J. Pichler. 1989. Temperaturresistenz inneralpiner Trockenrasen. Flora 183:115-131.

Larcher, W.; J. Wagner; A. Thammathaworn. 1990. Effects of superimposed temperature stress on *in vivo* chlorophyll fluorescence of *Vigna unguiculata* under saline stress. Journal of Plant Physiology 136:92-102.

LeRudulier, D.; A. R. Strom, A. M. Dandekar, L. T. Smith; R. C. Valentine. 1984. Molecular biology of osmoregulation. Science 224; 1064-1068.

Levitt, J. 1962. A sulfhydryl-disulfide hypothesis of frost injury and resistance in plants. Journal of Theoretical Biology 3:355-391.

Levitt J. 1972. Responses of Plants to Environmental Stresses. Academic Press, Nova York e Londres.

Levitt, Jacob.1980. Response of Plants to Environmental Stresses. 2. ed. v. I e II. Academic Press, Nova York e Londres.

Li, Paul H. 1984. Subzero temperature stress physiology of herbaceous plants. Horticultural Reviews 6:373-416.

Lindow, Steven, 1983. The role of bacterial ice nucleation in frost injury to plants. Annual Review of Phytopathology 21:363-384.

Lindquist, S.; E. A. Craig. 1988. The heat-shock proteins. Annual Review of Genetics 22:631-677.

Ludwig, John A.; Walter G. Whitford; Joe M. Cornelius. 1989. Effects of water, nitrogen and sulfur amendments on cover, density and size of Chihuahuan Desert ephemerals. Journal of Arid Environments 16:35-42.

Lyons, J. M. 1973. Chilling injury in plants. Annual Review of Plant Physiology 24:445-466.

MacDougal, D. T.; E. S. Spaulding. 1910. The water-balance of succulent plants. Carnegie Institute Washington Publications 141:77.

Marchand, Peter J. 1987. Life in the Cold. University Press of New England, Hanover e Londres.

Michalowski, Christine B.; Steven W. Olson, Mechtild Piepenbrock, Jiirgen M. Schmitt; Hans J. Bohnert. 1989. Time course of mRNA induction elicited by salt stress in the common ice plant (*Mesernbryanthemumarystallinum*). Plant Physiol 89:811-816.

Mooney, H. A.; S. L. Gulmon; J. Ehleringer; P. W. Rundel. 1980. Atmospheric water uptake by an Atacama desert shrub. Science 209:693-694.

Morgan, James M. 1984. Osmoregulation and water stress in higher plants. Annual Review of Plant Physiology 35:299-348.

Mussell, H.; R. Staples- 1979. Stress Physiology in Crop Plants. Wiley-Interscience, Nova York.

Neumann, Peter M., Elizabeth Van Volkenburgh; Robert E. Cleland. 1988. Salinity stress inhibits bean leaf expansion by reducing turgor, not wall extensibility. Plant Physiol 88:233-237.

Neuner, G.; W. Larcher, 1990. Determination of differences in chilling susceptibility of two soybean varieties by means of *in vivo* chlorophyll fluorescence measurements. J. of Agronomy e CropSci. 164(2):73-80.

Ougham, Helen J.; Catherine J. Howarth. 1988* Temperature shock proteins in plants. p. 259-280 em S. R. Long e E.I. Woodward (eds.) Plants and Temperature. Symposia of the Society for Experimental Biology, n. 42. The Company of Biologists Limited, Cambridge.

Parker, J. 1963. Cold resistance in woody plants. Botanical Review 29:124-201.

Pearce, R. S. 1988. Extracellular ice and cell shape in frost-stressed cereal leaves; A low-temperature scanning-electron-microscopy study. Planta 175:313-324.

Referências

Pool, Robert. 1990. Pushing the envelope of life. Science 247:158-160.

Quader, H.; A. Hofmann.; E. Schnepf. 1989. Reorganization of the endoplasmic reticulum in epidermal cells of onion bulb scales after cold stress: Involvement of cytoskeletal elements. Planta 177:273-280.

Quarrie, S. A. 1980. Genotypic differences in leaf water potential, abscisic acid and proline concentrations in spring wheat during drought stress. Annals of Botany 46:383-394.

Ramagopal, Subbanaidu. 1987a. Messenger RNA changes during drought stress in maize leaves. J. Plant. Physiol 129:311-317.

RamagopaL Subbanaidu. 1987b. Salinity stress induced tissue-specific proteins in barley seed-lings. Plant Physiol 84:324-331.

Ranieri, Annamaria, Rodolfo Bernards Paola Lanese.; Gian Franco Soldatini. 1989. Changes in free amino acid content and protein pattern of maize seedlings under water stress. Environmental and Experimental Botany 29(3): 351-357.

Raunkiaer, C. 1910- Statistik der Lebensformen als Grundlage fur die biologische Pflanzengeo-graphie. Beiheft Bot. Cen-tralblatt 2711:171-206.

Richardson, S. G.; F. B. Salisbury, 1977. Plant responses to the light penetrating snow. Ecology 58:1152-1158.

Rouxel, Marie-France, Jai R. Singh, Nikos Beopoulos, Jean-Pierre Billard.; Robert Esnault 1989. Effect of salinity stress on ribonucleolytic activities in glycophytic and halophytic plant species. J. Plant Physiol 133:738-742.

Rundel, R. W. 1982. Water uptake by organs other than roots. p. 111-128 em O. L. Lange, R. S. Nobel, C. B. Osmond.; H. Ziegler (eds.) Encyclopedia of Plant Physiology, New Series. v. 12B. Physiological Plant Ecology II. Springer-Verlag, Berlim, Heidelberg, Nova York.

Sachs, Martin M.; Tuan-Hua David Ho, 1986. Alteration of gene expression during environmental stress in plants. Annual Review of Plant Physiology 37:363-376.

Sakai, Akira e Walter Larcher. 1987. Frost Survival of Plants, Springer-Verlag, Berlin, Heidelberg.

Sakurai, Naoki e Susumu Kuraishi, 1988. Water potential and mechanical properties of the cell wall of hypocotyls of dark-grown squash (*Cucurbita maxima* Duch.) under water-stress conditions. Plant Cell Physiol, 29(8):1337-1343.

Salisbury, Frank B. 1964. Soil formation and vegetation on hydrothermally altered rock material in Utah. Ecology 45:1-9.

Salisbury, F. B. 1985. The Big Rock Candy Mountain. Utah Science 46:112-118.

Salisbury, E.B.; N. G. Marinos, 1985. The ecological role of plant growth substances. p. 707-766 em R. R. Pharisand D. M. Reid (eds.) Encyclopedia of Plant Physiology. v. 11. Hormonal Regulation of Development, III: Role of Environmental Factors. Springer-Verlag, Berlim, Heidelberg, Nova York.

Salisbury, E.B.; George G. Spomer. 1964. Leaf temperatures of alpine plants in the field. Planta 60:497-505.

Santarius, Kurt A. and Engelbert Weis, 1988. Heat stress and membranes. p. 97-112 em J. L. Harwood e X. J. Walton (eds.) Plant Membranes — Structure, Assembly and Function. The Biochemical Society, Londres

Schachtman, D. P.; A. J. Bloom; J. Dvorak. 1989. Salt-tolerant *Triticum* x *Lophopyrum* derivatives limit the accumulation of sodium and chloride ions under saline-stress. Plant, Cell and Environment 12:47-55.

Schmitt, Andreas K.; Helen S. J. Lee; Ulrich Liittge. 1988. The response of the C3-CAM tree, *Clusia rosea*, to light and water stress. Journal of Experimental Botany 39:1581-1590.

Schulte, Paul J.; Park S. NobeL 1989. Responses of a CAM plant to drought and rainfall: Capacitance and osmotic pressure influences on water movement Journal of Experimental Botany 40:61-70.

Schulze, E. D. 1986. Carbon dioxide and water vapor exchange in response to drought in the atmosphere and in the soil. Annual Review of Plant Physiology 37:247-274.

Selye, Hans. 1936. A syndrome produced by Diverse Nocuous Agents. Nature 138 (3479):32.

Selye, H. 1950. Stress and the general adaptation syndrome. British Medical Journal (jun): 1383-1397.

Shantz, H. L. 1927. Drought resistance and soil moisture. Ecology 8:145-157.

Spomer, G. G. 1973. The concepts of "interaction" and "operational environment" in environmental analyses. Ecology 54(1):200-204.

Staples, R. C.; G. H. Toenniessen. (Eds.) 1984. Salinity Tolerance in Plants, Wiley, Nova York.

Steponkus, P. L. 1981. Responses to extreme temperatures. Cellular and subcellular bases. p. 371-402 em O. L. Lange, P. S. Nobel, C. B. Osmond; H. Ziegler (eds.) Encyclopedia of Plant Physiology, New Series, v. 12A, Physiological Plant Ecology. Springer-Verlag, Berlim, Heidelberg, Nova York.

Steponkus, Peter L. 1984. Role of the plasma membrane in freezing injury and cold acclimation. Annual Review of Plant Physiology 35:543-693.

Stewart, G. R.; J. A. Lee. 1974. The role of proline accumulation in halophytes. Planta 120:279-289.

Tietz, Dietmar e Arno Tietz, 1982. Strep im Pflanzenreich. (Stress in the plant kingdom.) Biologie in unserer Zeit 12(4):113-119.

Tranquillini, W. 1982. Frost-drought and its ecological significance. p. 379-400 em O. L. Lange, P. S. Nobel, C. B. Osmond; H. Ziegler (eds.) Encyclopedia of Plant Physiology, New Series, v. 12B, Physiological Plant Ecology Springer-Verlag, Berlim, Heidelberg, Nova York.

Troughton, J.; L. A. Donaldson. 1972. Probing Plant Structure. Mc-Graw-Hill, Nova York.

Turner, Neil C.; Madelaine M. Jones. 1980. Turgor maintenance by osmotic adjustment: A review and evaluation. p. 87-103 em N. C. Turner e P. J. Kramer (eds.) Adaptation of Plants to Water and High Temperature Stress. Wiley-Interscience, Nova York.

Turner, N. C.; Kramer, R. J. (eds.) 1980. Adaptation of Plants to Water and High Temperature Stress. Wiley-Interscience, Nova York,

Ungar, L.A. 1977. The relationship between soil water potential and plant water potential in two inland halophytes under field conditions. Botanical Gazette 138:498-501.

Vu, Joseph C. V.; George Yelenosky 1988. Water deficit and associated changes in some photo-synthetic parameters in leaves of "Valencia" orange (*Citrus sinensis* [L.] Osbeck). Plant Physiol. 88:375-378.

Walton, D. C. 1980. Biochemistry and physiology of abscisic acid. Annual Review of Plant Physiology 31:453-489.

Weis, Engelbert; Joseph A. Berry. 1988. Plants and high temperature stress. p. 329-346 *em* S. R. Long; F. L.Woodward (eds.) Plants and Temperature. Symposia of the Society for Experimental Biology, No. 42, The Company of Biologists Limited, Cambridge.

Weiser, C. J. 1970. Cold resistance and injury in woody plants. Science 169:1269-1278.

White, W. C.; C. J. Weiser. 1964. The relation of tissue desiccation, extreme cold, and rapid temperature fluctuations to winter injury of American Arborvitae. American Society for Horticultural Science 85:554-563.

Whittaker, R. H. 1954. The ecology of serpentine soils. IV. The vegetational response to serpentine soils. Ecology 35:278-288.

Yancey, R. H.; M. E. Clark, S. C. Hand, R. D. Bowlus; G. N. Somero. 1982. Living with water stress: Evolution of osmolyte systems, Science 217: 1214-1222.

Yoshida, S.; T. Niki; A. Sakai. 1979. Possible involvement of the tonoplast lesion in chilling injury of cultured plant cells. p. 275-290 *em* J. M. Lyons; D. Graham; J. K. Raison (eds.) Low Temperature Stress in Crop Plants, Academic Press, Nova York.

ÍNDICE REMISSIVO
Índice de espécies e tópicos

Um "d" minúsculo ao lado do número significa que o termo aparece em **negrito** na página determinada, e que o termo tem *definição* formal apresentada ou no contexto do debate em tal página. Um "i" minúsculo ao lado do número significa que o termo aparece em uma *ilustração* ou *tabela* naquela página (ou em uma ilustração em si, ou em sua legenda).

AA (veja *também* aminoácidos), 662d
ABA (veja *também* ácido abscísico), 86, 142, 376, 434, 455, 529-531, 538, 566, 586, 636, 638; abscisão, 433; ação, 433; acúmulo, 626i; aldeído, 429, 431i; conteúdo em folhas de monocotiledôneas e dicotiledôneas, 430; efeitos da germinação em, 432; efeitos no desenvolvimento embrionário, 432; fechamento induzido dos estômatos, 429-431; glucose, éster de, 429; mutantes de milho deficientes, 431; mutantes de síntese, 430, 432; pesquisas, 85; produzido em resposta ao turgor das células da folha, 635; receptores nas células-guarda, 587; síntese de, 431i; stress pelo frio e pelo sal, 431; transporte de, 429
abacate, 329, 364, 375; frutas, 314
abacaxis, 306, 364, 375, 420, 425, 563
abelhas, 515
abelhas Euglossini, 338
abeto, 564
abeto Englemann (*Picea engelmannii*), 273
abóbora, 373, 400, 416, 426
abóboras, 180, 373, 416, 419, 426, 486-487
abobrinha, 481
abrasão de superfícies de folha, 189; cutícula, 171; sementes, 530

abscisão, 373d, 421, 426, 429, 615; camada ou zona, 426, 435di
abscisina I e II, 429
absoluto, 523d; resposta, 548; temperatura, 522i; umidade, 91; zero, 631
absorbância (A), 226i, 659d
absorção, 90i, 157, 162, 658; moléculas grandes, 168-169; taxa, 159i
absorção de brometo, 157
absorção do fertilizante, 158
absorção do selenato, 157
absorvência, 94
absorvido, protoplastos, 103
Acácia, 376, 440
Acacia karroo, 442
Acanthamoeba castellanii, 510
ação cis, 579d, 583d; elemento regulador genético, 586; elementos, 583d; sequências reguladoras, 584
ácaros, 173, 185, 186i, 190-192
ACC (1-amino-cyclopropane-1-carboxylic acid), 563; conteúdo, 423; sintase, 421i, 425
acelerador de Van de Graaff, 171
Acer, 323; *pseudoplatanus*, 429; *saccharinum*, 529i; *saccharum*, 273i
Aceraceae (família do bordo), 187i
Acetabularia, 511

acetaldeído, 289-289i
acetato, 291, 335; unidades, 344
acetilação, 212d
acetil CoA (coenzima A), 291-292i, 299i, 330-333i, 335, 344, 399i
acetileno, 311; método de redução, 313
Achlya bisexualis, 335
Achromobacter, 313
acidez, 33
acidificação, 420; das paredes celulares epidérmicas, 489
ácido abscísico (veja *também* ABA), 84, 197, 334, 337, 381, 390-391, 394, 425, 429d-430i-434, 533, 617, 626; aldeído, 142; floração, 566; germinação, 487; metabolismo de, 429
ácido acetoacético, 250
ácido alantoico, 188i, 312
ácido alfa cetoglutarato, 292i, 299i, 302, 319, 333i; deidrogenase, 292i
ácido alfa-ceto-λ-metiltiobutírico, 422
ácido aminooxiacético (ADA), 422
ácido arogênico, 339i
ácido ascórbico, 495
ácido aspártico, 188i, 206-207i, 211, 219, 243-245i, 299i, 302, 318i-319, 333i, 347, 639i
ácido aspártico indoleacetil, 387

ácido avênico, 135i
ácido benzoico, 396
ácido 1,3-bisfosfoglicerato, 241i, 288i-289
ácido bongkréquico, 294
ácido cafeico, 135, 340i, 344
ácido carbônico, 154, 165, 267
ácido 1-carboxílico-1-aminociclopropano (ACC), 421d
ácido caurenoico, 399i, 399
ácido chorísmico, 339i
ácido cinâmico, 340i-341, 344
ácido cítrico, 26, 135, 258, 292i, 299i, 300, 333i, 374; ciclo, 290d
ácido 2-cloroetilfosfônico, 425
ácido clorogênico, 340i, 341
ácido 4-cloro indolacético (4-chloroAIA), 141, 385di
ácido deidrochiquímico, 339i
ácido deidroquínico, 339i
ácido delta-aminolevulínico (ALA), 299i, 490d
ácido diclorofenóxiacético (2,4d), 154
ácido 2,4-diclorofenoxiacético (veja também 2,4-D), 385i-386
ácido diidrofaseico, 429, 430i
ácido diidroxicinâmico, 357d
ácido dioxindólico-3-acético, 387
ácido 3-enolpiruvil chiquímico-5-fosfato, 339i-339
ácido etilenodiaminotetraacético, 456
ácido faseico, 429-430i
ácido fenilacético (PAA), 385di
ácido ferúlico, 357
ácido ferúlico, 334, 340i-341, 343
ácido fítico, 322
ácido fórmico, 576
ácido 5-fosfochíquimico, 339i-340
ácido 2-fosfoglicérico, 288i
ácido 3-fosfoglicérico (3-PGA), 239-240d, 250-251, 288i
ácido fosfoglicólico, 253i-254
ácido fumárico, 292i, 299i, 333i
ácido galacturônico, 182i, 357
ácido gálico, 339i-340, 441i-443
ácido giberélico, 197, 376, 398, 603-603i
ácido glicólico, 17, 253-254i; oxidase, 254
ácido glicurônico, 358
ácido glioxílico, 254i, 333i
ácido glutâmico, 133, 206-207i, 211, 299i, 302, 312, 318i-319, 333i, 627, 639i

ácido indolacético (veja auxina AIA), 142, 385di, 386i, 381
ácido indolebutírico (IBA), 385d, 392
ácido indolepirúvico, 386i
ácido isocítrico, 292i, 299i, 333i, 374; ácido deidrogenase, 292i
ácido jasmônico, 433di, 535
ácido lático, 289, 289i, 299i, 304; desidrogenase, 289
ácido linoleico, 223, 328i, 330
ácido linolênico, 223, 328i, 330, 434
ácido lunulárico, 433i
ácido málico, 84, 243-245i, 258i-259, 289, 292i, 299i, 304, 317, 333i, 374; desidrogenase, 204, 292i; enzima, 248, 249i, 253
ácido malônico, 250
ácido 2-metil-4-clorofenoxiacético, 385i-386
ácido mevalônico, 399i; vias, 334d, 342, 398, 429, 490
ácido mugineico, 135i
ácido naftalenoacético (ANA), 385i, 424i, 439
ácido α-naftilftalâmico (NPA), 387
ácido nicotínico, 347
Ácido N5-metil tetrahidrofólico, 325i
Ácido N5,N10-metileno tetrahidrofólico, 320
ácido oleico, 328i, 330
ácido oxalacética, 84, 244i-245i, 292i, 299i, 302, 317-318i, 332
ácido oxindólico-3-acético, 387
ácido palmítico, 328i, 330-331, 333
ácido parasórbico, 531
ácido p-cumárico, 340i, 344
ácido picolínico, derivados, 396
ácido pícrico, 101
ácido pirúvico, 245i-249i-252i, 257-258i, 287-288i-289i-292i, 299i, 302, 318, 319, 325i, 586; descarboxilase, 289, 304; desidrogenase, 291-292i
ácido prefênico, 339i
ácido protocatecuico, 339i, 340i
ácido ricinoleico (12-ácido oleico), 328, 333
ácidos alfa-ceto, 319
ácido salicílico, 428d
ácidos beta-ceto, 250
ácidos dicarboxílicos, 250, 293, 334
ácidos graxos, 151-153i, 297-299i, 327-328i, 330-331i-333i, 334-337; cadeia longa, 334
ácidos hidroxicinâmicos, 358
ácido silícico, 132

ácidos imunocarboxílicos, 135
ácidos nucleicos, 4, 15, 181, 203, 205, 234, 258, 299i, 322, 661d; ácidos, desdobramento de, 641
ácidos ou bases fortes, 218
ácidos poligalacturônicos (PGAs), 357d
ácidos quínicos, 340i
ácido succinico, 218, 290, 291, 294, 299i, 333i; desidrogenase, 217, 291, 292i; tioquinase, 292i
ácido sulfúrico, 530, 632
ácido 2,3,4-triiodobenzoico (TIBA), 387
ácido urônico, 182i
aclimação ao frio, 637; proteínas (CAPs), 642d
aclimatação, 632d-633; temperaturas altas, 642; temperaturas baixas, 632
aconitase, 292i
acoplamento, 235d; fator, 230d, 235; mecanismos, 497
acrófase, 507d
acroleína, 179
acropetalmente, 193d
actina, 18di, 21, 205d; filamentos, 14; microfilamentos, 18, 20i
actinomicetos, 309
actinomicina, 511
açúcar de, 116i, 375; bordo, 260
açúcar de mesa, 259
açúcares alfa, 183
açúcares beta, 183
açúcares beta-ceto, 251
açúcares complexos, 184d
açúcares fosforilados, 240
açúcares não redutores, 183d; translocados, 186
açúcares redutores, 182d, 184, 186; no floema, 185
açúcar(es), 26, 169, 171, 176, 204, 640; absorção, 157; achado em seivas de floema, 187i; acúmulo, 626i; álcoois, 182d, 185-186, 190, 375; bordo (*Acer saccharum*), 111, 529i; molécula, tamanho, 11; palmeira, 191; pinha, 368
acúmulo, 156d; íons, 134, 158i, 638; respiração inibida, 158; taxa, 156d, 164-163i
acúmulo de prolina, 626i, 628i
adaptações à energia radiante, 238, 610i
adenilato quinase, 298
adenil cilase, 383
adenina, 142-143, 421d, 661d; composto, 409
adenina-ribose, 421i

adenosina, 260, 410
adenosina difosfoglucose, ADPG, 261
adenosina-5›-fosfato (AMP), 409
adenosina-5›-fosfosulfato (APS), 324i
adenosina monofostato (veja AMP), 234i, 661
adesão, 32d, 101d, 111
adiabático, 619d; taxa de gradiente ou lapso, 620d-621i
Adiantum, 116i, 494
ADP, 298; e níveis de Pi, 298; na mitocôndria, concentração de, 300
adstringência, 341d
aerossois, 307
Aesclepias, 336
afrouxados, 360d
Agavaraceae, 262
Agave: americana, 258i-258, 269i, 353, 623; *deserti*, 593; *horrida*, 257i
agave americana, 258, 269i, 353, 593, 623
agaves, 592
agentes oxidantes, 214
agentes quelantes, 134d-135, 182
agentes redutores, 135, 182
Ageratum houstonianum, 341
agitações, 528
Agrícolas: ciência, 160; culturas, 491; produtividade, 632; rendimentos, 599-600, 616; solos, 113
agricultura, 123, 134, 266i, 563, 592, 594i; e relógio biológico, 516
Agrobacterium, 582, 585; *tumefaciens*, 412, 587; Vetores com base em Ti, 580
agronomia, 592d
Agropyron smithii, 542i
Agrostemma githago, 448i
agrostis, 643
Agrostis tenuis, 643
água destilada, 33
água, 29-33d-34, 49i; amolecedores, 66; atividade, 634; banho para quebrar a dormência, 534; camadas de, 68; coletores, 621, 625i; como condutor elétrico, 33; compartimento, 266i; concentração, 36, 42, 55i, 633; condutância pelas raízes, 626; de hidratação, 155, 636, 636, 641; disponibilidade de, 269; -eficiência de uso, 272d, 593, 610, 624d; equação de equilíbrio, 71; estresse, 81-82, 87d, 120, 269, 363, 440, 533, 616, 619d, 622-628, 642; excesso, 627; fotólise de, 143; gastadores, 622, 625i; intercâmbio, 192; lírios, 302; molécula, tamanho, 11, 30d; movimento sobre areia, 530; na vida da maioria das plantas, 643; penetrando membranas, 154; potencial (veja a *próxima entrada*): pressão, 33; poupadores, 623, 625i; -raízes estressadas, 430; relações de plantas, 29d, 120, 356, 593, 594i; relógio de oxidação, 231i; samambaia, 424; spray, 444, 445; vapor, 42, 70-71; vapor em um tronco de árvore, 121
água livre em tecidos hidratados, 62
água titulada, 172
AIA (veja ácido indolacético), 408, 414, 439, 455, 466-467, 468, 495, 586; assimetria, 460; aumento induzido de polipeptídeos, 396i; concentração, 389i; formação de, 386i; glicose, 387; inositol, 387; no interior dos botões, 394; oxidase, 387, 392; plantas deficientes, 415; proteínas receptoras, 388i; síntese e degradação de, 386-387
aipo, 407, 414, 487, 523; rachadura do caule de, 141
ajugose, 187i
álamo, 636
álamo de Lombardi, 392
alanina, 131, 207i, 245i-248, 249i, 302, 319
alantoína, 188i, 312
alargamento dos cotilédones de rabanete, 416i-416
alazão pau-brasil, 439
Albizzia, 495, 515; *julibrissin*, 439-439i; *lophantha*, 530
alcachofra de Jerusalém, 263, 286, 543i
alcalinidade, 33
alcaloides, 187-188i, 299i, 346di, 531, 611
álcoois, 30; cadeia longa, 334; desidrogenase, 289, 304
álcoois polihídricos, 640
álcool coniferílico, 342-343
álcool etílico (veja etanol), 32d, 287, 510
álcool sinapil, 342-343
aldeído, 181i-182d-183, 241, 531; cadeia longa, 334
aldolase, 242i, 288i
aldoses, 182d
alelopatia, 335d, 594i
alelopáticos, 341, 531d, 624
aleloquímicos, 335d, 346
Alexandre o Grande, 498
alfa amilase, 283-284i, 403, 464
alface dos Grandes Lagos, 484
alface Grand Rapids, 321i, 473i, 484; sementes, 470
alface, 125, 128, 146i, 304, 352, 368-368i--369i-369, 416, 483, 487, 489, 490, 543i, 600, 614; cortes hipocólito, 407; embriões, 486, 487i; germinação de sementes, 356, 472i; mudas, etioladas, 478; mudas, 479i; sementes, 471, 495, 552
alfa glicerolfosfato, 332
alfalfa, 144, 271, 273, 309, 312-315, 336, 341, 428, 434, 452, 529i, 613, 623, 625i; gráfico, fotossíntese em, 271i; sementes, 529; vírus mosaico, revestimento proteico, 581i
algae, 4i, 10i, 22i-23, 26, 134, 143, 156, 189, 226, 243, 295, 306, 317, 327, 344, 398, 433, 505, 540, 623
alga marrom, 4i, 410, 612
algaroba, 116i, 622, 625i
algas azuis (Cyanobacteria), 4-46, 27, 236, 277, 437, 499, 613, 628, 641
algas verdes, 4, 209, 222, 239, 429, 476, 494, 499, 512, 635, 638, 641
algas vermelhas, 4i, 410, 473, 613
algodão americano (*Populus deltoides*), 63i, 116i, 373
algodão de planalto, 542i-543i
algodão, 79, 194, 276i, 276, 328, 355i, 452, 530, 541, 615, 640; frutas, 429; óvulos, 356; raízes, 631
alho, 325
Allenrolfea, 628
allenrolfea, 628
Allium cepa, 542i-543
Alnus, 309
Alocasia, 271-272; *macrorrhiza*, 271-272i, 613
Aloe: bulbilifera, 543i; *obscura*, 257i
alojados, 132d, 137d, 281d, 466
alongamento, 355d-359i; de células da radícula, 529; de células e etileno, 423; zona, 369i
alongamento do caule, 281, 399, 407, 444, 470, 490-491, 537, 544i, 548, 551, 565-566, 614, 616; dominância apical, 610i; e giberelinas, 406; em resposta aos dias mais longos, 546, 546; inibido, 421, 424
alpino, 277; alazão, 540, 605; espécies, 259, 269; plantas, 269i, 591; plantas nos

tropicos, 515; tundra, 93, 619d, 619-620i; tundra, mudanças ambientais, 497
alpiste, 446
alta: árvores, 106, 120; desempenho líquido da cromatografia, 390; energia de partículas, 35; estresse por temperatura, 641-642; festuca, 372i; intensidade da descarga (HID) lâmpadas, 657d; maré, 503; níveis de irradiação, 479; pressão da lâmpada de vapor de sódio, 657; reação à irradiação, 440, 471, 479d; temperaturas, 431
alternação dos fosfolipídios, 153
alternância de temperaturas do dia e da noite, 537
altura barométrica, 99di
alumínio, 123-124i, 132-133, 141; íons, 643
amadurecimento para: amadurecimento, 374; flor, 551d; frutas, 306; responder, 376, 550d, 566
amanhecer, 507d-508, 557di, 615; detecção de, 558-559
Amaranthus: *retroflexus*, 487, 614; *tricolor*, 129i
amaranto de globo, 543i
amarelo, 447; álamo, 364-365i, 370, 534; rabo de gato, 529i; tremoceiro, 429, 626
amarelo de lúcifer, 189
ambientais: efeitos na morfologia da planta, 605; efeitos nos estômatos, 77-81; estímulos na captura de íons, 166i; fatores e florescimento, 514; fisiologia, 592d, 59; fisiologista, 591; índice de produtividade, 593; mudanças, 204; poluição, 133; tensão, 133
ambiente, 3, 28-29, 37, 595d; e desenvolvimento, 351
ambiente físico, 594i
ambiente operacional, 595d, 618
ambientes controlados, 600
ambientes estressantes, 618-622
ambiente úmido, 624
ameaça de infecção, 310d-310i, 314
ameixa, 364, 531
ameixas, 395
amêndoa, 395
amendoim (*Arachis hypogaea*), 194, 272, 281, 314, 328-329i, 487
amidas, 187-188i, 206, 312-315, 315i, 321, 324, 374, 435, 627

amido, 4, Si, 24, 84, 139, 178, 181, 184d-184i, 203, 205, 222, 249i, 254, 258i, 288i, 329, 404, 466; bainha, 458d-459i; controle ambiental de, 261; degradação de, 283; eletroforese por gel, 212i; formação de, 260-261; formadores, 262; fosforilase, 283-284i-285, 296; grãos, 6i, 7i, 221, 222i, 248i, 260, 283i, 311i, 454, 466; grãos nos cloroplastos, 279; moléculas, 262i; sintetase, 261; transforma-se em açúcar, 535
amieiro, 309, 312, 636
amieiro vermelho, 309
amilases, 205, 285, 288i, 406
amilopectina, 261-262i, 283-284i-285
amilose, 261-262, 283, 285
aminoácidos, 4, 26, 162, 167-169, 171-172, 188i-190, 205-208, 239, 258, 282, 312-315, 315i, 322, 324, 419, 435, 640, 661d; absorção, 157; e nutrição, 211; nos solos, 307; radioativo, 419; tipos e sequência, 213
aminoácidos alifáticos, 206
aminoácidos de selênio, 132
aminoácidos heterocíclicos, 207i
aminoetila cisteína, 580
aminoetoxivinilglicina (AVG), 422, 460
aminoplastos, 6i-7i-8i, 24, 260i-261, 283i, 454d-455, 458, 460, 466; degradação do amido em, 285; sedimentado, 459i
Amo-1618, 376, 399
amônia, 30, 235; envenenamento, 642; líquido, 31; substâncias liberadas, 531; vapor, 84
amonificação, 307d-308i
amônio, 126, 137, 158, 319, 320-322; conversão em compostos orgânicos, 318-319; íons, 294
ampere, 646di
AMP, 234i, 410
amplificação, 382d, 603di; sistema, 469
amplitude, 507di
ampulheta, 554
ANA, 392, 425, 563
Anabaena, 61, 131; *cylindrica*, 130-131
anabolismo, 203d-204, 282
Anacardiaceae (família do caju), 187i
anaeróbio, 302; bactéria, 96, 308; condições na vernalização, 525; liberação de CO_2, 304i; respiração, 289
Anagallis arvensis, 542i, 551, 566

análise de elementos, 124i
análise de regressão, 602d
análise de variância de Fisher, 602d
análise slot-blot, 577d
anaplerotico, 298d
anatomia, 5
anatomia de Kranz, 76d, 130, 245d
anatomia do caule, 103-106
anatomia vascular, 176; câmbio vascular, 353, 370, 406; cilindro vascular, 369i; feixe vascular, 76i, 102di, 118, 137, 388, 458-459i, 435i; parênquima vascular, 176i; plantas vasculares, inferiores, 175; plantas vasculares (plantas superiores), 4i, 142, 222, 327, 429, 434, 443, 593; tecidos vasculares, 103-107, 107i, 248i, 403i, 459i
ancimidol, 399
anéis de pirrol, 224i
anéis porosos: árvores, 119; madeira, 105d
anel de antocianidina, 344i
anel de lactona, 398-399
anel isolante, 177
Anemone cormoniaria, 537
Anethum graveolens, 542i
anfípode, 504i
angiospermas (plantas que florescem), 3-4i, 103, 144, 147, 157, 175, 209, 238, 243, 317, 371, 372-373, 398, 410, 465, 472, 476, 494, 546, 546, 564, 615, 638i; aquático, 77; árvores tropicais, 338; lenhoso, 565; mudas, 418, 481; parasítico, 222
angstrom, 649i-650i
animais, 4i, 25, 31, 499, 509, 641; e selinium, 132
animal: células, 21, 27, 189, 356; células nervosas, 440; células sem paredes, 47; compartimento, 266i; hormônios, 383; proteínas, 211
animalia, 4i
ânions, 167; absorvido ativamente, 164; penetração por membranas, 156
anisomicina, 511
annulus, 15d
ânodo, 442i
anoitecer, 507d-508, 557d, 615; detecção de, 558-559; sinal, 557i
anoxia, 302d-304
antena: clorofila a, 237; pigmento, 232; sistema, 228d, 236
anteridiol, 335i
antese, 374d

ÍNDICE DE ESPÉCIES E TÓPICOS

Anthriscus cerefolium, 542i
antibióticos, 529
anticlinal, 354d; divisões, 354i, 372
anticoagulante, 341
anticódon, 663
anticorpos, 19, 281, 294, 396, 474d-475, 553, 572i-572, 577-578; antitubulina, 19; triagem, 571-572
anticorpos antiactina, 21
anticorpos monoclonais, 467, 475d
anticorpos policlonais, 475d
antígenos, 474d
antimetabólitos, 562
antimicina A, 294
antioxidante, 337
antiporte, 168i; atividade, 631; sistema, 243; sistema, cloroplasto, 245; sistema de transporte, 251
antocianidinas, 344i
antocianinas, 137, 297, 325, 344d-346, 375, 479, 533, 546; produção, 481, 481; síntese de antocianina, aumentada pela luz, 492-493
antropocêntrico, 404
anuais, 353d, 497d, 608
anual: anéis, 365; ciclo climático, 524; plantas, 548; ritmo no florescimento, 514-514i
Anyrillidaceae, 262
ápice caulinar, 284i, 393, 489i; e etileno, 421
ápices, 353d
apigenina, 388
apomoxia, 378d
apoplasto e apoplastico, 11d, 107d, 112, 174i, 188, 189, 191, 195, 439, 445; água, 443; armazenamento de íons, 158; espaço, 150; potencial hídrico, 192i; superfícies hidrofílicas, 63; trajeto de absorção de íons, 148i; trajeto, 176i; trajeto para carregamento de floema, 189
APS sulfotransferase, 325-326
aquecedor, 74i
ar: bloqueio, 119; canais, 107; cultivo, 113d; densidade de, 646i; dissolvido, 115; espaços, 302; movimento, 90; temperatura, 93
Arabidopsis (erva-estrelada), 417, 432, 445, 481, 550; célula da coifa da raiz, 16i; mutante ABA, 431; mutante, 428i; mutantes sem amido, 455; *thaliana*, 256, 415, 427, 476, 488, 542i, 574, 642
arabinanos, 357d
arabinogalactanos, 357d

arabinose, 356, 358
arabinoxilanos, 356
arabitol, 638i, 639i
aracnídeos, 630
Arborvitae americana, 632
arbúsculos, 147
arbustos, 272
Archaebacteria, 4i-6d, 628, 638i, 641
ar deflogisticado, 220
área, 647i; de interface, 65
areia, 113i; dunas, 619
areia de quartzo, 125
argila, 43, 66, 112d-113i
arginina, 198, 206-207i, 210, 428
Argyrodendron peralatum, 613i
armadilha, 443
armazenamento: condições para sementes, 528; nos vacúolos, 25; órgãos, 546, 610i, 615; proteínas, 205; reservas de comida, 305
aromático: álcool, 343; aminoácidos, 207i, 338-340; anéis em auxinas, 386; anel, 338; compostos, 258, 299i; tipos de aminoácidos, 206
arquiteturas (dossel), 274d
arrastado, 499d, 507d
arrasto, 507d
arredores, 36d
Arrhenius: equação, 521d; gráfico, 490di-522
arroz, 129, 132, 211i, 243, 261, 281, 281, 283i, 302-304, 313, 397, 481, 487, 489, 541, 546, 559, 563, 542i-543i, 612, 640; anão, 400; de águas profundas, 424; deficiente em giberelina, 390; mudas, 477, 480; plantas, 428; semente, 411i
arsênico, 123
arsenito, 642
Artemisia tridentata, 630i
ártico, 277; círculo, 541i; espécies, 269; lebre, 514; plantas, 605; tremoço, 529i; tundra, 145i, 619d
árvore(s), 98, 273; legumes, 529; linha, 620d--620i; posições mais altas, 98; seiva de floema em, 186
árvore da fumaça, 116i
Árvore-de-chuva, 439
árvore de seda, 439
árvore do iodo, 628
árvore Harry Cole, 10-98
árvore mais alta, 98

árvores decíduas, 226, 260, 315, 364-365, 373, 402, 434, 531, 533, 593; e arbustos, 269i; e arbustos, potenciais osmóticos, 63i
árvores de laranja Bahia, 407
árvores estoraques, 444, 533
arzola (*Xanthium strumarium*), 11i, 63i, 79, 93, 316, 315i, 373, 376, 415, 444, 459, 470, 473i, 487, 507i, 537, 540-542d, 544i, 549i, 550-552i, 554i-555i-556i-557i, 567; crepúsculo, 560i; duração do dia, 560i; florescimento, 471; folha, 451, 498i; plantas, 434, 461; sensibilidade à luz, 558
ascenção da seiva, 98-122
asclépias, 336
asparagina, 188i, 197, 206-207i, 299i, 312, 318i-319, 322, 374; sintetase, 319
aspargo, 263
aspartato, 253, 256, 322, 324; antigos, 248di
aspen delgado, 634i, 636
Aspergillus ochraceus, 504i
aspirina (ácido acetil salicílico), 428, 567
assimilação, 73d, 612, 613i; de nitrato e íons de amônia, 314, 316-319; de nitrogênio, 307-324; de sulfato, 324-326
assimilado(s), 171d-172i; córrego, 560; rotas de entrada, 176i
Asteraceae (família aster), 187i, 262, 286, 329i, 338, 354
ásteres, 176, 262
Aster tripolium, 638i
Astragalus, 132; *massiliensis*, 529i; *missouriensis*, 132; *racemosus*, 132
astronômico: características da terra, 606; crepúsculo, 560i; horizonte, 541i
ativação de aminoácidos, 662d; sequência de isoenzimas, 211; sequências, 208, 476, 572, 662; sequências, métodos de determinação, 209
ativação de enzimas, 529
ativadores, 219i
atividade, 39d-41, 516; ciclos, 499d; relógios, 510; ritmos de, 515
atividade aleloquímica, 336
atividade mitótica, 567
atividade semelhante à de GA, 444
atmosferas, 52
atmosfera (unidade de pressão - atm), 99d
atmosférico: potencial hídrico, 50, 110i; pressão, 65; reservatório de gás CO2, 266i
átomo de carbono assimétrico, 653

átomos, 34
ATP, 139, 156, 164-166, 168, 239, 241, 248, 253, 254, 298-300, 495; concentrações de ADP e PI, 298; contém o ciclo de Krebs, 301; e ciclo de ADP, 298; exigido na fotossíntese, 234; formação, 150, 294; fosfofrutoquinase, fosfo-hidrolase, produção de, 289; inibidores de síntese, 387; na síntese de gordura, 330; no ciclo de Krebs, 290; -PFK, 289, 304; por hexose, 295; sintase, 230d-231i, 234-235, 294; sulforilase, 324
ATPase, 152d, 165d, 168i, 640; bombas, 165-166; (Ca + Mg), 165d; fator acoplado, 294
atração eletrostática, 210i
atrazina, 233, 237
atricoblastos, 378i
Atripiex, 116i, 131, 628; *confertifolia* (erva-sal), 145i; *hastata*, 272i, 273; *patula*, 271; *spongiosa*, 629i, 638i; *triangularis*, 628; *vesicaria*, 128-130
Atropa belladonna, 347
atropina, 347
autorradiografia, 171d-172i, 239, 369
autorradiograma, 171d, 194i, 240i
autótrofo, 128d
auxina(s), 197, 360-363, 379, 381, 385-397, 425, 440, 453, 456; abscisão, 436; ação, mecanismos de, 394; assimetria, 460; bioensaio, 389i-390; botões laterais, 393; concentração, 459, 461i, 462i; conjugados, 387d; crescimento induzido, 394; demonstração de, 384i; destruição pela luz, 450; endógeno, 391; extração de, 389; florescimento, 563; formação das raízes, 391-393; genes induzidos, 572; germinação, efeitos na, 487; giberelinas e transcrição, 419; gradiente, 450; gravitropismo do caule, 458-466; herbicidas, 396-397; inibidores de transporte, 455, 459; interações de etileno, 391, 421; na raiz, afetado pela gravestimulação, 457i; natural, 385i; penetração no tecido, 461; precursores, 385; receptores, 390, 396; sintético, 385i; sítios de ligação, 461; soluções, 462i; taxa, 586; transporte, 387-388, 444, 504i; transporte no fototropismo, 449-449i-451
aveia (*Avena*), 108, 143, 194, 211i, 222i, 243, 277, 281, 304i, 315i, 403, 406, 413, 424, 446-447, 464, 537, 542; célula da folha, 638; coleóptilo, 385, 449-449i; fitocromo mRNA, 481; internodo, 407; ``manchas cinzas'' da, 141; mudas, 476, 476, 477, 481, 482; mudas, cultivadas no escuro, 482i; plantas, cultivadas na luz, 475
Avena, 446-447; coleóptilos, 384i-385, 450; cortes de coleóptilos, 394i; *fatua*, 403, 99i, 615; *sativa*, 448i, 464, 504i, 542i; teste de curvatura, 450
avenicase, 259
aveno, 543i
AVG, 563
Avicennia, 116i; *nitida*, 303
azaleias, 643
azeitonas, 329, 364, 375
azevém, 542i-543i, 561
azida, 196, 295, 311, 532
Azorhizobium, 309
Azospirillum, 313; *brasilense*, 313
Azotobacter paspali, 313
azul de metileno, 56

B995, 376
Bacillus, 313
baço de rato, 475
bactéria, 4-5i, 154, 190, 209, 276, 290, 295-306, 309, 311, 326, 331, 335, 341, 363, 398, 405, 409, 412, 421, 429, 474, 587, 628, 631, 637-638i, 641, 662-663; anaeróbio, 255; fixação de nitrogênio com gramíneas, 313; patogênico, 410; púrpuras não sullfuricas selênio, 132
bacterial, 594i; células, 570; gene, 415
bacteria quimiossintética, 220
bactérias nitrificantes, 314
bacteriófagos, 572
bacteroide, 310d-310i-311i-312
Baeria, 538
bagas, 374
bainha do feixe, 76i, 76d, 103d, 131, 189d, 244d-248i-249i-253, 257, 274i, 334
baixa temperatura limitada à distribuição vegetal, 632, 635i
balões representando pares de células-guarda, 82i
balsa, 235
bambu, 243, 353, 488, 504i, 502, 551
Bambusa, 353
banana, 261, 364, 375, 420, 622, 640; frutas, 260

barata, 501
barco, 183i
barômetro, 99i
barra, 649i
barra, 649i-650i
barras, 52
basalto, 268
base livre, 409d
basipetalmente, 193d
batasina, 433di
batata(s), 67i, 137, 150i, 271, 277, 302, 319, 600; ABA Mutante, 431; instalações de processamento, 535
Batis, 116i
becquerel, 647i
Beijerinckia, 313
benzeno, 32d
benziladenina, 409di, 414i-414, 419-420, 566
benzodiazepina, 518
Beta: saccharifera, 542i; *vulgaris*, 353, 542i
beta amilase, 283-284i, 625
beta caroteno, 224i-226i, 228-337
betacianinas, 346
beta-fructofuranosidase, 286-288i
beta-galactosidase, 580
beta-1,3-glucanase, 427
beta-glucuronidase (GUS), 579-580
betaína alanina, 639i
betaina, 626, 638i-639i
betalaínas, 346d-346
beta-2,1 ligações glicosídicas, 262
betanidina, 346-346i
betanina, 346
beta-sitosterol, 335i
betaxantinas, 346
Betelgeuse, 655
beterraba, 67i, 70, 144, 188, 195, 259, 271, 277i, 319, 346, 353, 368i, 416, 523, 537, 542i, 547, 628, 631; campo, transmissão de luz, 485i; manchas amarelas em, 141; planta, 41 meses, 524i; podridão do miolo da, 141; raízes, 376
bétula, 533, 548, 636; sementes, 546
Betulaceae (bétula, família do amieiro), 147, 187i
Betula pubescens, 533, 614
biblioteca, 571d
bicarbonato, 135, 141, 154, 268-268i
bienais, 353d, 400, 523d, 525
bioensaio, 390d-390, 562, 564
biofísica, 404; do crescimento celular, 359-363; nas plantas desérticas, 592

biofostato, 240
biologia, 343d, 499
biólogo, 404
bioluminescência, 499d; no *Gonyaulax*, 507i
biomassa, 70d, 267i, 281; eficiências da produção, 279d; nos sistemas de raiz, 145i
biorritmos, 514
biotina, 139
1,3-bisPGA, 242i
Blechnum, 116i
Blühreife, 551
Boehea, 529i
bolas de ping pong, 36
bolhas: expansão no xilema, 119; preso no gelo da Antártida, 265i
bolometria, 236
bolor, 413
bolsa de pastor (*Capsella*), 15
bombas, 162
borassus, 190
borboletas danaid, 347
borboletas monarca, 336
borda, 105d
borda dianteira (da folha), 90d, 91i
borda posterior, 90d
bordo vermelho(*Acer rubrum*), 63i, 533
bóro, 123-124i-123, 127i, 131, 137i; deficiências e funções, 141; e transpiração, 87; mobilidade das, 137
borracha, 335, 338
bosques e matagais, 267i
botânica, 404, 499
botão, 524; dormência, 402, 432, 532-534; escala de botões, 533d; formação de botões, 615; quebra, 613; temperaturas centrais, 515
botão lateral, 393; dominado pelo ápice caulinar, 414; expressão, 415i; repressão, 415
botão perenante, 353d
Bothriochloa ischaemum, 641
botões apicais, 535
Bougainvillea, 546, 562
Bouteloua curtipendula, 541
Bradyrhizobium, 309
branca: carvalho (*Quercus alba*), 63i, 365i; cinza, 365i; coberturas, 307; espruce, 622; mangue, 622; mostarda, 416, 479, 481, 542i, 602i-603i; muda de mostarda, 603i; pinheiro (*Pinus monticola*), 63i, 76i; tremoço (*Lupinus albus*), 173i, 197, 315, 315i; trevo, 309, 315i, 543i; -veado da Virgínia, 338
branqueamento dos pigmentos do cloroplasto, 273
Brassica campestris (bird rape, em inglês), 542i
Brassica campestris, 233, 542i, 562; *napus*, 233, 336, 448i; *oleracea* (*capitita* e *buliata*), 448i; *rapa*, 401
Brassicaceae (família da mostarda), 531
brassinas, 336d, 427d
brassinolida, 336di
brassinosteroides, 336d, 427d
briófitas, 147, 222, 244, 295, 393, 546
bromacil, 233
Bromeliacease, 257
bromelíadas, 420, 425, 561, 609
brometo de etídio, 580
bromus, 542i
Bromus inermis, 542i
brotos axilares, 353, 393, 435i, 535, 614
brotos em repouso, 533
Bryophyllum, 78, 378, 545i; *daigremontianum*, 567; *tubiflorum*, 131
Buddleiaceae (família do arbusto-de-borboleta), 187i
bulbilhos, 434d
bulbos, 536i-538i; amido em, 260
bulbo úmido, 58

C-3: espécies, 243d, 275-277; fotossíntese, 610; plantas, 280; plantas de cultivo, 269i, 272, 273; plantas, facultativo, 259; planta (trigo), 277i; trajeto fotossintético, 241d
Ca^{2+}/H^+ ATPase, 165d
cabeça, 293
Ca^{2+} bomba, 383i
cabos semelhantes à actina, 23
Ca-calmodulina, 420, 495
Cactaceae, 257
cactos, 31, 78, 88, 259, 347, 592, 623, 625i
cactos saguaro, 619i
cadaverina, 428d
cadeira, 183i
cádmio, 133
café, 585; grãos, 339, 347
cafeína, 346i, 585
cal, 142
calagem, 643d
Calamus sp., 118i
calcário (carbonato de cálcio), 33, 264, 266i, 267
cálcio, 19, 26, 124-124i, 127i, 133-134, 137i, 171, 208, 233, 444; ABA, 430; acúmulo no gravitropismo de raiz, 457i; amilases, 283; calmodulina (veja calmodulina), 445; captura de íon, 161; carbonato (calcário), 268i; deficiências e funções, 139; em monocotiledôneas e dicotiledôneas, 134i; gravitropismo de raiz, 456-457; íons, 20, 161, 228, 495, 602, 640; liberação para o citosol, 384; mobilidade dos, 137; na ação hormonal, 384; no citosol, 140, 168, 605; solos salinos, 630-633; transpiração, 87
cálculo, 45, 593
cálculos renais, 132
caliche, 268i
Callistemon, 354
Callistephus chinensis, 548
Callitriche platycarpa, 424
calmodulina, 140d, 165, 383i, 445, 457d, 513
caloria, 31d, 649i-650i, 658
calor, 596i, 647i; coeficiente de transferência, 94; condução de, 593; de fusão, 61i, 634i, 636i; desnaturação, 214; genes de choque, 415; intercâmbio, 87-95; intercâmbio por convecção, 91i; mRNAs de choque, 642; produção, 295; promotor de choque induzido, 587; proteínas de choque (hsps), 587d, 642d; pulso de, 74; técnica do pulso, 115; tolerância, 642; transferência entre a planta e o ambiente, 515, 623
calor latente: da condensação, 88d; da fusão, 31d; da vaporização, 31d, 87d
calos, 411di-412i; formação, 379; tecidos, 377-378
calose, 177d, 184-184di
Caltha leptosepala, 87
camada da exoderme, 107i, 117i
camada de aleurona, 18, 403di-403
camada limite, 90d-91i-93, 592; condutância, 95; resistência, 95
camada não agitada, 90d
camadas duplas, 151i-153i
camara substomatal, 76i
cambaleios cegos, 132
câmbio, 102i, 107di, 354d
cameófitos, 633i
CAM, 269i; controle ambiental de, 260; em plantas subaquáticas, 259; fotossíntese, 77, 610; metabolismo, 642; plantas, 26, 131, 257i-258, 270, 272, 623

caminhada, 573d
Campanulaceae, 262
Campanula medium, 543i
campesterol, 335-335i
campo: capacidade, 112d-113i; culturas, 592; efeitos, 379d; trepadeira, 353, 396
campo irrigado, 93
campos de Solfatara (vulcão), 641d
campos geomagnéticos, 510
Campunula medium, 550
cana-de-açúcar, 132, 195, 197, 243, 259, 271, 273, 407, 529i, 542i-543i, 640; caules, 406; fixação de nitrogênio em, 313
canais, 162, 439, 466; proteínas, 166-166i; unidirectional, 158
canais bloqueados, 152
canais de tilacoides, 255; complexos de proteína, 227-230; lúmen, 223i, 228, 232-235; membrana dupla, 513i; membranas, 141, 220-221, 231i-233, 641; proteína, 227; sistema, 418; sistema de transporte de elétron, 296
canamicina, 580
Cananvaia ensiformis, 507i
candela, 646i, 650i
canfeno, 337i
cânfora, 337i
Cannabis sativa, 547
Canna compacta, 528
capacidade de carga, desenvolvimento de, 191
capacidade de resposta às auxinas no gravitropismo, 460-463
capa proteica do vírus, 584
capilaridade, 65, 66, 100d-100i, 106i; equação, 111
capim colchão, 373-373i
capim de cabra (*Setaria italica*), 132
Capim de Rhodes, 244i
capim sal (*Allenrolfea occidentailis*), 63i, 628
Caprifoliaceae (família da madressilva), 187i
cápsula, 5d-6i
captura, 162
caranguejos, 506, 510
carbamato, 256
carboidratos, 123, 181d; fórmula empírica, 221; síntese, 222; translocação e fotossíntese, 279
carbonatos, 266-267
carbonilcianida p-trifluorometoxifenilidrazona, 235
carbono-11 (11C), 171, 180, 250

carbono-14 (14C), 171-172i-173i, 246, 250
carbono, 123-124i, 127i, 136; ciclo, 264-266i-266; preto, 658
2-carboxiarabinitol, 256
2-carboxiarabinitol-1-fosfato (CA1P), 256i
2-carboxi-3-cetoarabinitol-1,5-bifosfato, 256i
carboxilação, 293di
carboxila, 182d; carbono, 295; grupamento, 206d-207, 216; grupo nas auxinas, 386; grupo necessário para a atividade de giberelinas, 399
cardo canadense, 144, 354, 397, 529i
cardo da Rússia, 146i
Carex, 522i; *humulis*, 641
cariopses, 323i
cariotas, 640
carotenoides, 224i-226, 236, 273, 282, 335, 337, 418, 449, 472, 533; formação, 553; precursores do ABA, 429
carotenos, 223d, 337; espectro de absorção, 449i
Carrichtera annua, 484
Carvalho (*Quercus robur*), 329i
carvalho vermelho (*Quercus rubrum*), 145, 191, 365i, 533, 634i
carvão, 264, 268i
Caryophyllales, 346, 478, 553
casa: alho-poró, 547; plantas, 271
Casaurina equisetifolia, 309
casca da chinchona, 347
casca, 102i, 170-171i-172; besouros, 338
cascata de respostas, 384
Castanea, 106
castanha, 532
castanha do Pará (*Bertholletia excelsa*), 329i
Castilla elastica, 338
catabolismo, 203d, 282
catalase, 319i
catalisadores, 203, 213i
catálise, 28, 215
catalogador de dados, 74
cátaoo, 442i
cátions, 68
cátions trivalentes penetrando membranas, 156
Cattleya trianae, 542i
cauda fitol, 224i, 335, 490
cauda poli(A), 571d
caule contido, gravitropismo, 458

caule(s), 172; altura e fotoperíodo, 514; altura, 428i, 550; amido em, 260; crescimento de, 371-372; engrossamento, 420, 428i; gravitropismo de haste, 458-466; orientação, 610i
caurenal, 399i
caurene, 399i, 399
caurenol, 399i
causa e efeito, 3
cavalinhas, 208, 259
cavidade do óvulo, 196i
cavidade(s), 7i, 12d, 104i-103d; campos, 12i; com borda, 105i; ``membrana»», 12i; par, 12
cavitação, 98d, 102, 106, 111, 114, 118-120
cavitar, 98d, 101
CCC, 376, 399
cDNA, 571d-571i; bibliotecas, 480d, 571i--572i-573, 585; clones, 480d; filamentos, 571di
Ceaonothus, 309
cebola, 146i, 184, 325, 340, 355, 542i-543i, 571, 628; célula da ponta da raiz, 15i
cefalina, 152i
celobiose, 183
celotetraose, 358
celotriose, 358
Celsius, 596i
CELSS, 598d, 600
célula binucleada, 354
célula generativa, 19
celular: diferenciação, 354d; respiração, 178; ruptura, 528
célula(s), 4d, 8i, 29; acessório subsidiário, 75d; aumento, 354d, 362i; biologia, 5d; ciclo, 21d, 360di, 419; companheiro, 175i; córtex, 18i, 21; crescimento e estresse hídrico, 627i; crescimento, 10, 87, 626i; desidratação, 635; diferenciação, 432; divisão, 19, 21, 23, 353-354d, 369i, 406, 428, 626; divisão sem aumento no tamanho, 353; elongação, 359i; expansão, 416, 432, 635; expansão de cotilédones individuais, 420; o sistema osmótico, 632; placa (ou fragmoplasto), 9di-10, 21i, 140, 354d-359i; planos de divisão, 372; planta, 6i-7i; posição, 379; ritmo de divisão, 508, 499; teoria, 4d; turgor (pressão), 85, 363, 627, 638
células albuminosas, 175d, 178
células-alvo, 382d, 418

ÍNDICE DE ESPÉCIES E TÓPICOS

células buliformes, 76i, 440di
células cambiais, 27, 177, 379
células colunares, 403
células companheiras, 102i, 175d-176i-177i-178, 188
células corticais, 147, 149; parênquima, 370i; rede, 23
células crivadas, 102i, 175d, 178; colapso, 180
células de bexiga vegetais, 629i
células de bombeamento, 100
células dorsais, 439
celulase, 423d, 426, 436
células epiteliais, 338
células extensoras, 495
células flexoras, 495
célula(s) guarda, 15, 76i-76d, 77-79, 83i, 86i; células, inchaço, 81; células, único, 430; membranas plasmáticas, 430; paredes, 82i; protoplastos, 83
células meristemáticas, 108; eventos no florescimento, 567; zonas, 140
células poliploides, 359
células sinérgides, 378
célula subsidiária, 82i-83i
células ventrais, 439
celulose, 4-6, 10d, 11, 16, 27, 103, 123, 178, 181, 184d-184i, 203, 261i, 264, 342, 467; biossíntese, 356; microfibrilas, 10i, 21-22i, 82, 355-359i, 357-358, 361, 424; moléculas, 9i; síntese, 467
Cenococcum graniforme, 147i
cenoura, 144, 146i, 173, 302, 319, 337, 353, 368i, 523, 526i; floema, 409; floema da raiz, 376; protoplastos celulares, 18i; raiz, 411
centáurea, 345
centeio, 211i, 448i, 488, 523, 628; mudas, 477; primavera, 353
centeio Petkus, 523, 525i
centigrado, 649i
centimetro, 650i
centipoise, 32d
centro de gravidade terra-lua, 503-506i
centro de reação, 225d; P680, 227; pigmentos, 226
centro quiescente, 107i, 369d, 369i
Centrospermae, 553
Centurea cyanus, 345
cera, 333; na superfície da folha, 334i; veios, 82i
cereal(ais), 547, 574, 592; culturas de grão, 313, 397, 404, 491; gramíneas, 466, 467, 523; grãos, 18, 135, 139, 260, 281, 282, 322, 387, 403, 424; mudas de grãos, 472; pulvinos de folha de bainha, 460; sementes, 433, 526
cerefólio, 542i
cerejas, 124i, 306, 364i, 375, 422, 531
Cereus giganteus mandacaru, 619i
cerne, 121
cestoses, 263d
Cestrum nocturnum rainha da noite, 543i
cetona(s), 182d, 183; cadeia longa, 334
cetoses, 182d
céulas protistas, 27
cevada de inverno, 470, 553
cevada (*Hordeum vulgare*), 108, 124, 132, 143, 152, 162, 194, 211i, 263, 277, 281, 315i, 317, 368, 457, 464, 471, 488-489, 542i, 544i-546; caule, 465; célula endodermal, 149i; folhas, 419; mudas, 477; Mutante ABA, 430; nodos, 466; plantas, 555; pontas da raiz, 495; proliferação da raiz de, 145i; raízes, 157, 161; semente, 403i
chá, 585; folhas, 347
Chaetomium globosum, 638i
chalcona sintase, 494d, 584
chama da vela, 366
chão: esquilos, 507; estado, 225i, 658d; meristema, 107i; orbitais do estado, 225; tecido, 102i
Chara ceratophylla, 155
Chenopodium, 551, 558, 562; *album*, 484, 491i, 543i; *polyspermum*, 542i, 614; *rubrum*, 504i, 540, 542i-543i, 566
Chenopodium, 542i-543i, 551
Chernobil, 518
chicória (*Chicorium intybus*), 263, 542i
chinooks, 618d
Chlamydomonas, 512
Chlorella, 23, 221, 234, 239; *pyrenoidosa*, 240i, 638i
Chloris gayana, 638i
cholla, 619i
Chrysanthemum: *maximum*, 375, 415, 524, 542i; *morifolium*, 542i
cianazina, 79
cianeto, 197, 295, 311, 532; liberação de complexos, 531; respiração resistente, 295-296, 428
cianidina, 344i; glicosídeo, 533
cianobactéria (algas azuis), 4i-6, 131-132, 222, 238, 255, 308-309, 311, 473, 613, 628
cicadáceas, 4i
Cichorium intybus, 542i
cíclico: AMP, 383; fotofosforilação, 235d; sais, 307d; trajeto, 241; transporte de elétrons, 233
ciclo C-2, 254i
ciclo da mancha solar, 497
ciclo de Calvin, 241di, 250, 242i-243, 249i-255, 258i, 280, 296, 338; enzimas, 248; enzimas ativadas pela luz, 255; nas plantas CAM, 258
ciclo de Krebs, 218, 290d, 292i, 294-295, 298, 300, 304, 319, 332; ácidos, 245
ciclo do ácido tricarboxílico (TCA), 290d
cicloheximida, 23, 511
ciclo menstrual, 504i-503
ciclo Q, 229
ciclos de atividade, 499d
cicuta, 116i
ciência, 3
científica: abordagem, 174; método, 80-81, 516; pesquisa, 95
cientistas israelenses, 623
cigarras, 173
cigarrinhas, 173
cílios, 7i, 27, 437, 502
cinco reinos, 4i
1:8 cineol, 337i
cinética: energia, 37d; teoria, 34d, 65
cinetina, 409i, 414, 455
ciperáceas, 77, 244, 269i, 302
cipestre do Arizona, 468, 566
circadiano, 501d, 504i-502; ciclos em humanos, 516; movimentos das folhas, 613-615; relógio, 538, 613; ritmos em humanos, 505; ritmos, 499-505, 507i, 554, 557
circanianos, 504i
circanual, 504i; ritmos, 506d, 514
circulação nas plantas, 87
circunutação, 465d, 503i
Cirsium arvense, 354, 397, 529i
cisalhamento, 361d
cistationase, 325i
cistationina sintetase, 325i
cisteína, 133, 139, 207i, 211, 229, 326, 473; sintetase, 325i
cisterna, 7i, 14d, 16i-17i-18

9-cis-violaxantina, 429
citocinese, 9d, 21d, 83, 352d, 354-355i, 368, 409, 412, 416, 419
citocinina(s), 304, 363, 376, 379, 379, 390-390, 395-395, 408, 408d-409di, 426, 435, 489, 532, 535, 539, 567, 626, 661; alongamento induzido por auxina, inibido, 417i; aumenta a expansão celular, 416-417; caules deficientes, 417; efeitos nos caules e raízes, 417-418; florescimento, 566; germinação, 487; glicosídeos, 410d; mecanismos de ação, 418-420; metabolismo, 410; mutante superprodutor, 415i; nível, 626i; oxidase, 410d; promover alongamento, 418; promover desenvolvimento do cloroplasto, 418; promover divisão celular, 412; promover feminilidade, 548; promover o desenvolvimento de botões laterais, 414; proteína receptora, 419; senescência retardada pelo aumento de nutrientes, 412; taxa de auxina, 412, 416
citocromo b6-complexo f de citocromo, 229
citocromo c: 02 oxidorredutase, 204
citocromo c, de várias espécies, 208
citocromo, 205d, 236, 293-294, 299i, 449, 472, 479; oxidase, 142, 204, 208, 294, 295, 302
citocromo f, 229
citoesqueleto, 7i, 13, 18d-18i-23, 631, 635; dinâmica, 21, 358; estrutura, 24; sistemas, 18d
citogenéticos, 5d
citologia, 5
citoplasma, 5d-6i, 12-15i-25, 47i, 177i, 257i; de eucariontes, 13d; denso, 178
citosina, 661d
citosol, 7i, 13d, 23-26, 68, 147, 149-150i, 168, 204, 245, 252, 293, 319i, 333i; forças mátricas em, 68; invertase, 286; mudado negativamente, 163; pH do citosol, 165
citrato, 304
citrulina, 188i, 312, 315i
Citrullus colocynthus, 486
cítrus, 306, 375, 422, 640; doença vírica, 142; frutas, 407; pomares, 142
cladódios, 593
clima(s), 605-606
climatérico, 306d, 421; explosão de etileno, 425; frutas, 422, 436; respiração, 306

clinóstato, 463d, 465; epinastia em, 463-464; experimentos, 463
cliques, 111
Clivia miniata, 334
clivia miniata, 334
clonado, 353d; genes, caracterização de, 574-577; sequências de DNA, 580
clonagem, 569; um gene, 570-577; vetor, 571i-571d
clonagem de complementação, 574
clone, 378d
cloranfenicol, 24, 511, 580; acetil transferase (CAT), 579
cloreto, 228, 232; íons no movimento de nictinastia, 439
2-cloroetanol, 534; giberelinas, 535
clorofila a, 224di, 226i-226, 228, 230, 233, 236-237; fluorescência, 237-238
clorofila a para b, 274i
clorofila b, 223d, 226i, 228, 230; em folhas de sombra, 272
clorofila c, 236
clorofila, 6, 24, 136, 139, 167, 223-226, 299i, 325, 472, 533, 546; análogos, 250; cobertura embrião, 484; fluorescência, 223; formação, 142, 489-490; luz absorvida pelo, 473; produção de, 469, 548
clorofilídeo a, 490
cloro, 124i, 127i-130, 136, 143, 157, 171; deficiências e funções, 141; mobilidade de, 137
cloroplasto(s), 4, 6i, 24d, 27, 76, 77i-77, 101, 141, 176, 178, 204, 222i, 223i, 228, 243-245, 248i, 253, 254, 257i, 317, 319i-322, 324, 330, 579; ABA síntese, 429; amido em, 260-261; arranjo, efeitos ligados a, 494; degradação de amido em, 285; desenvolvimento, 418, 489; DNA, 230; em plantas C4, 76; estroma, pH do, 255; estruturas e pgimentos fotossintéticos, 222-224; genes, 228, 256; genoma, 228; membranas de, 150i-151, 166; pigmentos, 223-225; proteína, 142; quebra, 221; redução de sulfato em, 325; ribossomos, 23
cloroprofame, 535
clorose, 129d, 135d, 136, 137-142; da deficiência de magnésio, 136; das árvores, 160; intervenal, 139
clorose induzida por cal, 135d
Clusia rosea, 623

CMU (3-p-clorofenil,1-dimetilurea), 233
CoASH, 292i, 295
cobalto, 132; exigência, 132i
cobre, 123-124i-127, 127i, 130, 133, 135, 137i, 141, 208, 208, 229, 232, 340; deficiências e sintomas, 142; íons, 294; mobilidade do, 137; nos receptores de etileno, 427; sulfato, 100
cocaína, 346i
cochonilhas, 173
côco: gordura, 328; leite, 408; palmeiras, 505
cocromatografia, 239d
códon, 662d-663
coeficiente de absorvência, 659d
coeficiente de extinção, 659d
coeficiente de transferência convectiva, 95d
coelhos, 474; reticulócitos, 575
coenzima A (CoA), 139, 291
coenzimas, 208d
coesão, 32d, 101d, 114; teoria da ascensão da seiva, 101d, 114i
cola, 65
colchicina, 19, 346i, 354, 510
Colchicum byzantinum, 347
colênquima, 102di, 458-459i
coleóptilo, 284i, 384i, 390, 403i, 446-447, 458, 477, 489i, 614; alongamento do, 482i; crescimento, 504i; da aveia, 482; gravitropismo, 456-464; teste de curvatura, 390
coleorriza, 403i
colesterol, 335-335i, 566
Coleus: *blumei* x *C. frederici*, 504i; *hybrida*, 543i; movimento das folhas, 508i
cóleus, 31d
colina, 152i
Colletotrichum: *circinans*, 340; *lagenarium*, 428; *lindemuthianum*, 504i
coloides, 13, 66d-67
colunas contínuas de água no xilema, 115
colza, 313
colzas, 233, 337, 400
Comarum, 116i
combinação de aldol, 242i
Combreaceae (família do mangue branco), 187i
combustão, 220, 266i
combustíveis fósseis, 264, 266i, 268i
Commelina communis, 83i
compartimentalização das enzimas, 204
compartimento geológico, 266i

compartimentos, 266d, 266i
compensação do nível de luz, 608
competência de resposta, 469, 551d
competente, 551d
competição, 594i, 642; por nutrientes, 375, 434
complexo AA-AMP, 662
complexo aminoacil-tRNA, 662d
complexo de células companheiras do elemento crivado, 176i, 188
complexo de flavoproteína-citocromo b, 509
complexo de Golgi, 6i-7i, 13, 16di, 358; complexo, 17i; corpos, 16di-17, 355i; vesículas, 10, 16d, 17, 22, 354, 369
complexo de Mg/ATP/enzima, 208
complexo de união do DNA de ação trans, 587; fatores, 583di
complexos de boro, 142
componente IV, 229
componentes do potencial hídrico, medida do, 55-69
comportamento aditivo e respostas, 602d-603i
compostos cuticulares, 299i; ceras, 333
compostos oleicos como inibidores da ação do etileno, 426
compressão: força, 103; madeira, 465d
compressão, 393d
comprimento de onda de luz violeta, 478
comprimento de onda(s), 652d, 654i; da luz, 223; efetivo na abertura estomatal, 79; efetivo no período noturno, 552
comprimento, 646i; dos botões de *Pediomelum*, 537i
comunidades clímax, 314; espécies, 273
conceito apoplasto-simplasto, 108
conceito olístico, 595d
concentração, 36d, 41, 647i; diferenças em, 34; elementos essenciais, 127; gases, 95; gradiente, 36; hídrico, 39; interno, 604i; metabólitos, 381; nutrientes no tecido, 133i; O2 e CO2 na atmosfera, 253
concentração molal, 33d, 52
concentrações superótimas, 597
concreto protendido, 11
condensação, 88
condição líquido-cristalina, membrana, 640
condução, 45, 88d
condutância, 72d, 361; estomatal, 72, 79, 85
condutividade, 75; das paredes e membranas para a água, 361

cones, 373d, 566
conexões plasmodesmatal, 379
confidencialidade da investigação, 198
configuração da enzima, 213, 218
congelada, 88, 616; aclimatação, 641; dano, 431; e ferimentos de congelamento, 632, 635-637; endurecimento, 638; evitação, 636; plantas resistentes, 633; resistência, 604i, 635; rigidez, 533, 548, 615
congelamento, 179; e cavitação, 119; método de ponto, 61di; pontos de depressão, 63i; proteção pelo ABA, 432i; temperaturas, 622
congelamento mortal, 544
conídios, 499; formação, 504i, 502
coníferas, 636
coníferas, 84, 103, 269i, 273, 277, 279, 303, 314, 329, 338, 373, 391, 410, 418, 465i, 491, 531, 540, 546, 546, 564, 566, 631; agulhas, 90, 417; árvores, 99; mudas, 490
conjugados, 399; das citocininas, 410; dos AIA e dos GAs, 467
conjuntos, 85d, 264, 264d
constante de Avogadro, 646d, 654
constante de Faraday, 163d
Constante de Planck, 653d
construções de deleção, 583d
consumo de luxo, 133d, 141, 597di
contração muscular, 20
contratransporte, 190, 439
contratransporte, 168di, 293
controle: da composição de frutas e vegetais, 197; mecanismos do transporte de floema, 193; pontos no fluxo de informação genética, 382
controle do relógio, 185
controles em um experimento, 517
convecção, 88d, 90, 93, 621i
conversão: de carboidratos para gorduras, 330; de gorduras para açúcares, 330-333
conversar com suas plantas, 517
conversores catalíticos, 67
converter, 438d, 465, 522
Convolvulus: arvensis, 353, 397; *tricolor*, 448i
coomassie azul brilhante, 228i
copalil pirofosfato, 399i-399
CO2 penetrando nas membranas, 154
cópula, lua minguante, 504i
coração, 34, 170, 175; membranas musculares, 336; taxa, 516
coral, 505

corante clareador, 107
Corchorus olitorius, 551
cor do pelo, 514
cor(es), 655d; no espectro, 654i; temperatura, 655d
Coriaria, 309
corniso, 116i
coroas, amido nas, 260
corpo negro, 659d; espectro de emissão, 657i; radiadores, 655
corpo prolamelar, 418di
corpos basais, 19, 27
corpos de lodo (Proteína-P), 175i, 178di-179
corpos semelhantes aos micoplasmas, 179
córrego acima, 587d
corrente (elétrica), padrão no gravitropismo de raiz, 456i
cortador de grama, 373
corte do cinturão, 171i-172, 407i
córtex, 102i, 107i-108d, 310i-312, 321i, 370i, 395, 423, 459i; da célula, 21d
cortiça, câmbio, 370d; células, 333
corvos azuis, 336
Corylus avellana, 532
Corynebacterium fascians, 415
cosmídeos, 574i
cosmos, 563
Cosmos sulphureus, 542i
cotilédone, 173, 284i, 329i, 331, 362i, 368, 403, 418i, 470, 486, 489-490, 532, 605
Cotoneaster (*piracanto*), 186
cotransporte, 167d, 168i; das auxinas, 388
coulomb, 647i
couve, 523
couve-de-bruxelas, 414, 523
CO_2 (*veja também* dióxido de carbono): absorção, 280; analisador, 73; ar livre, 77, 84; assimilação, 613i, 626i-627; atmosférico, 268; captura, 70-71; concentração, 77-82, 131, 598; concentração, interna, 73; concentrações, atmosféricas, 264-265i; difusão para dentro da folha, 73; efeitos na fotossíntese, 275-277; enriquecimento, 277i; fixação, 240-246; fixação em plantas CAM, 258i; fixação em suculentas, 257-259; fixação e transpiração, 258i; fixação, global, 253; fixação no florescimento, 549; inibição do etileno, 460; níveis, 80-81, 252; níveis, intercelular, 77; níveis, ótimo, 600; ponto de compensação, 274i, 275d-277i

cranberries, 642
Crassula argentea, 257i
Crassulaceae, 257
Crataegus (espinheiro), 186
cravo, 334i; senescência das flores, 427i
cravo rosa e lilás, 542i
creosoto, 116-116i, 617, 622-625i
crepúsculo, 558i-560i, 609i, 615
crepúsculo civil, 560i
crepúsculo náutico, 560i
crescimento, 5, 27-29, 352d; cinética, 363-366; curso do tempo no fototropismo, 451i; curva da taxa, 367i; curvas, 363-364; distribuição de, 367i, 372i; fator de promoção, 405; história, 365; hormônios, 351; padrão, 504i; reguladores, 197, 333, 531, 635; reguladores do florescimento, 563-567; respiração, 298; respostas à temperatura, 519-538; retardadores, 399; substâncias, 351; taxa(s), 363d-364i, 501
crescimento de compensação, 451i
crescimento horizontal, 420
Criador, 3
criatividade na ciência, 251
cricrilar do grilo, 595
crioprotetoras, 636d, 640d
criptocromo, 448d, 469d, 478d, 481-483, 486, 488, 490-495
crisântemo, 526, 541, 566
``crista de galo» (planta), 302-304i
cristais, 7; oxalato de cálcio, 25; ribulose bifosfato carboxilase, 206i
cristas, 24d, 290i, 290d
critério para elementos essenciais, 128
crítico: concentração, 133di; dia, 548, 556; noite, 534, 549d, 551, 557i
cromatídeos, 8
cromatina (heterocromatina), 8i-9i, 24d, 359d, 662d
cromo, 132
cromóforo, 473d; de fitocromo, 476i; região da ligação, 481
cromoplastos, 7i, 24d, 336d, 375, 429
cromossomos, 9i, 19, 24d, 207, 662d; caminhada, 574i
cronobiologia, 505
crosta, externa, 146i
Crotallaria egyptica, 530
Cruciferae, 531
Cucumis sativus, 543i, 548; hipocólito, 493
Cucurbitaceae, 623

cucurbitáceas, 398, 426
Cucurbita pepo, 189, 486
cultivares anões ou semi-anões, 281
cultivares opaco-2 de milho, 211
cultura: deformação, 70, 428; ecologia, 592d; fisiologia, 592d; plantas, 227i, 628; produtividade, 352, 584, 624; taxa de crescimento, 601i
cultura de céulalas de salsa, 492-494
cultura em água marinha, 162
culturas de gramíneas, 408
cultura úmida, 124i
cumárico, 343
cumaríl, 428
cumarina(s), 341di, 531
Cupressaceae, 407, 564
Cupressus, 147; *arizonica*, 468, 566
cúprico: ferro-cianeto, 59; íon, 182
Curcumis sativus, 448i
curiosidade intelectual, 404
curva da taxa, 367i, 372i
curva de crescimento sigmoide duplo, 364i
curva de crescimento sigmoide, 363i-364i, 367i
curva de dose de resposta, 447d, 449, 460, 597i, 600, 603i; fotomorfogênese, 479-483; fototropismo, 446-448
curva do crescimento em formato de S (sigmoide), 363d-365, 367i
curva em forma de sino, 367i
curvas de Blackman, 597d-598i-599i, 602i
curvas de liberação da umidade, 67d-67i
curvaturas negativas, 448i
Cuscuta, 198
cutícula, 76i-76d, 90, 171, 333d-334i, 623
cutina, 333d
Cycocel, 40
cyt b6-f, 229d; complexo, 230-231i-233

Dactylis glomerata, 263, 543i
Dalapon, 531
Dália, 263, 374, 546
dalton (Da), 34d, 206d, 650d
Dama da Noite, 543i
damasco, 364
Darlingtonia, 116i
Datura: ferox, 487, 488; *stramonium*, 542i
datura, 542i
Daucus carota, 353, 543i
DCM U (3-(3,4-diclorofenil)-1,1-dimetilurea), 233, 549

decadência, 266i
decarboxilação, 204d, 244, 386i; do ácido pirúvico, 289, 292i
decíduas perenes, 526
dedaleira, 336, 523, 543i
deficiência, 597i; sintomas, 128, 136d
degenerar, 663d
delfinidina, 344i
delfino azul, 344
Delphinium, 345; *barbeyi*, 347; *cultorum*, 542i
Dendrosenecio, 621, 631
denominador, regras SI para, 649i
densidade, 596i; do ar seco, 95
densidades de plantio, 601
dente-de-leão (*Taraxacum officinale*), 63i, 144, 262, 397; pedúnculos, 458, 460
deoxirribose, 181, 661d
depressão do inverno, 517
Derbesia tenuissima, 504i
derivações, 123, 133
derivativa, 45d
Derris elliptica, 346
desacopladores, 235d, 294
desaminação, 386i
descarboxilação inversa, 251
descarga de esporos, 501
desdiferenciação, 359d, 379d
desdiferenciar, 360i
desenrolar das folhas de gramíneas, 488-490i
desenvolvimento, 4d, 5, 351d
desenvolvimento hipógeo, 489d
desenvolvimento partenocárpico da fruta, 375d, 407d
deserto extremo, rochas, e gelo, 267i
deserto, 92, 257, 259, 269, 619i-619; anuais, 277, 625i; arbustos, 608, 623; arbustos do semideserto, 267i; espécies, 277; pavimento, 619d; salgueiro, 116i; solos, 619, 630; suculentas, 611, 593; tremoço, 452
desertos com sombra de chuva, 617i, 619d
desfolhação, 561i
desfosforilação, 212
desidratação: das enzimas-chave, 634; tolerância, 623-625i
desidrogenases, 205i-208, 217i
desmatamento, 266i
Desmodium gyrans, 504i
desmotubulo, 13, 149di
desnaturação, 214d, 216-217, 570d; de proteína e enzimas, 305, 521, 641
desnitrificação, 308di

desova, 504i
3-desoxi-D-arabino heptulosonato-7-fosfato, 339i
desoxi-D-ribose, 181i
desoxirribonucleases, 205i
despertar em uma hora pré-determinada, 516
desrigidez, 455
dessecação, 51, 306
dessensibilização do sistema de curvatura, 447
destruição: de fitocromo, 477d; do florígeno, 563; of Pfr, 551
destruição do fotossistema, 278
desvernalização, 525d-525, 534, 539
detecção da estação, 540, 544
detector de mentiras, 517
determinar, 353d
dextrinas, 183d, 285, 285
dextrinase de limite, 286
2,4-D, 190, 381, 385i, 396, 440, 563
diacilglicerol (DAG), 383i-384d
diaeliotropismo, 452d
diafototropismo, 452d
diagrama de Hofler, 54d-54i, 61-62, 362
diagravitrópico, 390, 457; sistema de brotos, 391
diagravitropismo, 454d
dia longo: -alongamento de caule induzido, 546, 546; dormência, 537; ecótipos, 540; exigência, 402; folha, 561; plantas (LDP), 514d, 542i-543i-544i, 549i
Dianthus, 334i; *superbus*, 542i
dia(s) curto(s), 534; condições, 538; ecótipos, 540; exigência, 524; indução de dormência, 533; planta, 514d, 526, 549i; promover a aclimatação, 633; tratamentos, 523
dias, 650i
dias longos, 523
diatomáceas, 131, 141, 236, 410, 504i, 506
dicamba, 397
dicotiledôneas, 4i, 83, 133-134, 144, 147, 177, 185, 269i, 272, 341, 356-357, 371i, 373, 386, 397, 404, 404, 411-412, 415, 446-447, 463, 469-470i, 477, 490-491, 546, 614; amido em, 260; caules de muda, 421; caules, 102i, 390, 394, 424; espectro de ação, 449; feixes vasculares, 103; fitocromos, 481; folhas e citocininas, 416; folhas, 82i, 101i, 412; herbáceas, 346; modelo de Cholodny-Went, 450; mudas,

368, 424-426; mudas, desenvolvimento de, 489-491; raiz, 107i
dicotomia, 147i
dictiossomo(s), 7i-8i, 14-16di-17i, 154, 165, 178, 403; membranas de, 150i; vesículas, 16d
Dictyota dichotoma, 504i
dicumarol, 341
dielectric constants, 32d
diferenciação, 4d, 351d; princípios de, 379-380
diferencial, 45d; análise térmica, 634i, 636i; procedimento de verificação, 572d
difosfatos, 240
difração, 652-653d; fendas, 653d
difusão, 33d-37, 45, 49i, 159i; água, 36; através de membranas, 54; através de poros, 75; coeficiente, 45d; déficit de pressão, 51; em direção às raízes, 145; facilitado, 166i-167d; gases, 95-97; gradiente, 96; modelo de, 36, 38; moléculas CO_2, 71; moléculas de vapor de água, 71; taxas, 46; temperatura, 52-53
digalactosildiglicerídeo, 152i
digilanideos, 336d
digitalis, 336
Digitalis purpurea, 543i; *sanguinalis*, 248i, 373
digitoxina, 336
digoxina, 336
di-hidrozeatina, 409di-410, 414
diluição, 53-54
dimensão, 645d
dimetil sulfato, 575
dinitrofenol, 235, 294
dinoflagelado, 500
dioicos, 373d
Dionaea muscipula, 442i-443
dioneia, 443-444i, 603
dióxido de carbono (*veja também* CO_2), 30, 70, 75; atmosférico, 268i; descoberta da função na fotossíntese, 221; dissolvido, 33; e síntese de etileno, 423
dioxina, 397
diquinase, 586
Discorea batatus, 434
dispersão, 659d
dissacarídeos, 183di
dissociação, 33d
dissulfeto: grupos, 255; ligação, 210i; ligações (S-S), 210d, 635
distal, 369d

Distichlis, 116i
Distribuição de Maxwell-Boltzmann, 87, 35d
diterpenoides, 337
diterpenos, 398
ditiotreitol, 532
diurno, 497d; animal, 515; ciclo da luz, 607; ritmo, 317
diuron, 233, 237, 549
diversidade, 27; de tipos de respostas, 615
DNA (ácido desoxirribonucleico), 4, 5, 6i, 24, 28, 208, 223, 297, 382i, 661d; circular, 289; colapso, 324; fragmentos, 570; insertos, 573; polimerase, 571i, 571, 575, 662d; replicação na vernalização, 524; sequência do genoma, 569, 579-580; sequências, móvel, 573; sonda, 570d-572i, 577; tradução, 511; transcrição, 397
DNA de esperma de arenque, 408
DNA de fita simples, 576i
DNA do vetor, 571-573, 574
DNA egoísta, 579d
DNA extracromossômico, 570
DNA genômico, 580; bibliotecas, 573d-574
DNA repetitivo, 573d, 579
doce: batata, 341, 600, 640; cereja, 123; ervilhas, 400, 415, 487; trevo, 341, 530
doença, 598; resistência, 340, 345
doença bakanae, 397d
doença do álcalis, 132
dogma central, 661d
dolomitas, 264, 266i, 268, 268i
dominância apical, 393d-394, 414-415, 614
dominância de aspecto, 615d
dominante, 550
do oeste, 618d
dormência, 483d, 522, 526-528d, 548, 610i, 615; botões e sementes, 402; terminologia, 483, 527
dormência dos meses de verão, 533
dormente, 536; botões, 636; botões e ABA, 432; sementes, 623
dormina, 429, 432
dose de radiação, 658
dossel, 281, 491, 451, 611; arquitetura, 611; transmissão da luz, 485i
dourado: esquilo, 504i; hamster, 518
Drosophila, 501, 510i-512; eclosão, 508i-509i
Dryopteris, 116i
dulcitol, 187i
Dunaliella, 638i; *parva*, 638
dupla hélice, 661d

duplicação cromossômica, 376
Dupontia, 522i
duração do ciclo, total, 555
duração do dia, 514, 606-607; durante o ano, 541i; em plantas diferentes, 514d; exigência, 549; superação da dormência, 533
duração intermediária do dia, 550d
duto de resina, 76i, 338
D-xilose, 356

ecdisonas, 336d-336
Echeveria corderoyi, 257i
Echinochloa crus-galii, 302
eclosão, 501d
ecodormência, 484, 527d
ecofenos, 605d
ecofisiologia, 272
ecologia, 404, 593
ecológica: bioquímica, 327d; exigência, 132d; fisiologia, 564
ecologistas, 592, 595
ecossistemas, 264, 267i
ecótipos, 533d, 605-606di, 615; fotoperíodo, 540
ectomicorriza, 146i-147i, 150
edáficas, 595d
edição, 662d
EDTA, 456
efeito de intensificação Emerson, 226d-227, 233, 236
Efeito de Pasteur, 304-305d
efeito de resfriamento, 237
efeito de transposição, 604i, 606
efeito de Tyndall, 67d
efeito de Warburg, 252di-253
efeito do contato físico sobre as plantas, 443-445i
efeito fotomorfogenético, 416; em crescimento vegetativo, 491
efeitos condicionantes, 604i, 632
efeitos da música sobre as plantas, 517
efeitos de baixa irradiação (LFR), 486
efeito Tanada, 495
efeito termoelétrico, 60i
efeito tônico, 447d
efêmeros, 623
efetores alostéricos, 219d, 262; enzimas, 218-219di
eficiência: da fotossíntese, 279, 601; de respiração, 295

einstein, 224d, 270, 649i, 654d
eixo embrionário, 532; folhas, 403i
elasticamente, 10, 360d
elasticidade, 61, 357, 420; do caule, 61d
elástico, 361; elementos, 361i; esforço biológico, 616d; resposta elástica ao estresse, 628
Eleagnus, 309
elemento não essencial, 597
elementos: em matéria de planta seca, 123-124; essenciais e não essenciais, 123-124, 127-129, 132
elementos de controle, 579
elemento(s) do tubo crivado, 172-173i, 175di, 176i-177i, 178, 188; tamanhos nas angiospermas, 180
elementos promotores cis, 583i
elementos quiméricos, 579d, 585
elementos traço, 128d
elementos translocados, 136
elementos transponíveis, 579d
elétrica: capacitância, 647i; carga, 647i; corrente, 646i; no gravitropismo de raiz, 456; potencial, resistência, condutância, 647i
elétrico: camada dupla, 68i; resistência do caule do feijão, 444; sinais, 438
eletrodo vibratório, 456i
eletroforese, 211d, 580
eletroforese do gel de poliacrilamida de duas dimensões, 396i
eletroforese do gel de poliacrilamida desnaturante, 575
eletroforese do gel de poliacrilamida SDS, 228i
eletrólitos, 33
eletromagnético, 652; espectro, 654di
elétron(s), 30d; configuração, 659; estudos do floema no microscópio, 178; microscópio, 12, 65; receptores, 221; sistema de transporte, 291-293d-293i-295, 300, 304; sondas compactas, 474; transferência, 237; transportadores, 205; transporte, 233; transporte através dos tilacoides, 232-234; transporte na fixação de nitrogênio, 312i
eletroporação, 582
eletrotropismo, 465d
elicitores, 342d
elmo inglês, 529i

elongar (elongamento, florescimento), 353d, 523di, 526, 546
embebimento, 66d, 484, 529
embolismo, 106d, 111, 114
embrião, 198, 353d, 371, 403, 529, 605; desenvolvimento, 432; diferenciação, 354; saco, 353; vernalizado, 524
embriões pré-resfriados, 532
embriogênese, 377i, 379, 412d
embrioide, 376
emissão, 658; espectro para fontes de luz, 656i
emissividade, 94, 655d; coeficiente, 659d
emissões acústicas, 111d
Encelia, 116i
endodermal: camada como uma barreira osmótica, 629; camada, 107i; célula, 369i
endoderme, 76i, 107d-108, 149-150, 196, 312, 334, 370i, 458
endo-β-D-glucanase, 358
endodormência, 484, 527d
endo-β-glucanase, 467
endomicorriza, 147d
endonuclease, 576i; classe II, 570d
endorreduplicação, 378d
endosperma, 9, 18, 173, 177, 283-284i, 329-329i, 374, 403di, 404, 470, 488, 529; barreira do endosperma, 486
endotélio, 196d
endotérmico, 38d
endro (tipo de planta), 542i
endurecimento, 632-634
energética da glicose, 295
energia, 90, 647i; absorvida, 88; armazenamento, 94; ativação (Ea), 213d, 522d; barreira, 213; carga, 304; carga (EC), 298; controle do metabolismo, 203; diagrama para uma reação metabólica, 213i; elétron, 37; fatores radiação, 596i; fluxo, 595; fluxo, 446d; intercâmbio, 87-95; interno, 37; liberado durante a respiração, 282; migração, 225; nível, 37, 658d; potencial, 38d; troca entre plantas em ecossistemas, 92
energia incidente radiante, 659
energia livre, 47, 68, 68; gradiente, 166-167; mudança, 38d-39; por mol, 40, 50
energia livre de Gibbs (G), 38d, 50; mudança, 295
energia radiante, 652d-660; absorvida, 94; ambiente, 606-607; calor para o céu, 620;

ÍNDICE DE ESPÉCIES E TÓPICOS

emitdo através da superfície do corpo negro, 660i; fluxo absorvido, radiação, 88, 594i, 652d; fluxo, 657d; fluxo, nas tundras, 620; fontes, 89; térmica, 94

energias de ativação, 37, 213i, 522i

engenharia, 593

engrossamento causado pelo etileno, 424

engrossamentos espirais, 106

enolase, 288i

enrolamento de uma cadeia polipeptídica, 210

ensaios de tradução *in-vitro*, 480d, 586

ensinar, 404

entalpia (H), 37d-39

enteléquia, 3

entropia (S), 38d-39, 41

enxerto de folhas, 567

enxertos: compatibilidade, 154; união, 525, 560

enxofre, 123-124i, 127i, 136-137i, 139, 291, 345; abundância, 307; contendo aminoácidos, 207i; deficiências e funções, 139-140; dióxido, 139; incorporação em aminoácidos, 325i; mobilidade de, 137

enzima condensadora, 292i

enzima desramificadora, 284i-285

enzima fosforolítica, 285

enzima NAD^+ quinase dependente da Ca-calmodulina, 496

enzima Q, 261

enzima(s), 4d, 24-26, 37, 65, 183, 203d, 569, 661d; ativando elementos, 136; atividade e temperatura, 521i; atividade, 504i; classes, 205i; complexo de substrato, 161, 213d, 213, 217; concentração efeito na reação, 215i; desnaturação, 278, 520, 634; digestiva, 26; distribuição nas células, 204; em halobactérias, 640; especificidade, 204; essencial para a germinação, 374; forma, 216; membrana plasmática da *Dunaliella*, 639; no crescimento e desenvolvimento, 351; nomenclatura, 204; nos cloroplastos, 223; propriedades, 204-206; reações controladas, 604i

enzimas alongadoras de cadeia, 263

enzimas de hidrolase (hidrolases), 205i, 285, 387

enzimático: método de sequenciamento, 574; reações, fatores de influência para as taxas, 214

epicotil, 367d, 368d, 489, 389i; gancho, 368d, 421

epiderme, 76i, 77i, 102i, 107i-108d, 149, 334, 370, 373, 458-459i; alonga-se em respostas às auxinas, 395

epidérmicas: células, 8i, 75, 83i, 146, 344, 379, 418, 459; pelos, 443

epífitas, 257, 611d, 623

epigealmente, 489d

epimerase, 242i, 296

epinastia, 397, 438d; em arzolas, 424i

epítopo, 475d

época de cruzamento, 516

epóxido, 429

Epsilon Orionis, 655

EPSP sintase, 581i

equação de equilíbrio de calor, 94; técnica, 121

equação de Hagen-Poiseuille, 105

equação de Nernst, 163d-163i, 168

equação de van›t Hoff, 52-53

equador, 540-541i

equilíbrio, 38-41, 48-49i-50, 55, 56

equilíbrio, 646i; concentração de vapor, 43; constante, 39d, 205, 597; dinâmica, 36d, 36; osmótico, 60; termodinâmica, 37d

Equisetum arvense, 129

ergosterol, 335i

Eriophorum, 522i

eritrose-4-fosfato, 241, 242i, 297i, 339i, 492

eritrose, 181i

erosão, 145

erva de alcatrão, 543i

erva de Jimson, 542i

erva de santa maria (*Chenopodium rubrum*), 78i, 540, 543i-544i, 551

erva-estrelada, arabeta, 542i

erva-sal (*Atriplex confertifolia*), 63i, 530, 628

erva sal, 629i

ervas daninhas, 404, 598; sementes, 485, 531

ervas daninhas perenes de raízes profundas, 397

ervas dicotiledôneas de folhas largas, 397

ervas, 269i, 434; potenciais osmóticos de, 63i

ervilhas anãs, 400, 406-407

ervilhas de jardim, 415, 487, 541i

ervilhas (*Pisum sativum*), 8i, 163, 211i, 234, 261, 277, 282, 304-305, 312-315, 315i, 329i, 341, 351, 366-368i, 376, 379, 391, 401, 416, 421, 424, 426, 454-455, 465, 477, 481, 489, 495, 502, 528, 530, 537, 604i, 628; Alasca, 364i; alongamento da raiz inibido pelo AIA, 391i; anão, 400; "área pantanosa" da, 141; broto lateral, 414; célula radicular, 150; expansão foliar, 473i, 470; folhas, 471, 638; mudas, 389i, 422, 425i, 476; Mutante ABA, 431; plantas, 605; raiz, 151i, 163i, 411; seções da haste, 395; semente, 352i; swartbekkie (tipo de ervilha), 364i; tecidos, 442; vagem, 197

Erwinia herbicola, 637

Erythroxylon coca, 347

escada, 575d

escapar da seca, 622

escarificação, 530d

Escherichia coli, 5i, 230, 575, 664; /fonte relação, 194

escoadouro(s), 190; crescente, 194; força, 435; órgãos, 279; osmômetro, 174i

escoadouros de carbono, 608

escopoletina, 341i

escotrotropismo, 454d

escova de garrafa, 354

escrita, 80-81

escuridão, 558

escuro: fase, 557i; períodos para o florescimento, 554i-555i; respiração, 24, 611; reversão, 478d-478i

escutelo, 283-284i, 403d-403, 411i, 489i

esferossomos, 75, 17d, 329

esforço biológico, 616d

esforço, 362d, 616-617

espaço entre números e símbolos, 648i

espaço perinuclear, 14d

espaços intercelulares, 76d, 302, 311i, 373, 418i

espádice, 296i

espata, 296i

especialização, mente estreira, 161

espécies acumuladoras, 132

espécies de plantas com flores, número, 354

espécies monocárpicas, 353d, 551, 434

espécies pioneiras, 485

específico: calor, 31d; capacidade de aquecimento do ar, 95; coeficiente de extinção, 659d; volume de água, 52

espectral: composição, 607; distribuição de energia de luz natural, 609i; irradiância, 647i; qualidade durante o crepúsculo, 559

espectro de absorção, 88d-89, 225d, 448, 476; clorofila a e b, 226i; fitocromo, 472-473i; riboflavina e caroteno, 449i espectro de ação, 226d, 448-449i, 470-473i, 478; criptocromo, 478; deslocamento de fase nos ritmos, 509i; formação da antocianina, 492-493i; fotossíntese, 236; fototropismo, 449i; HIR, 480; inibição do alongamento do hipocólito, 479i; inibição em SDPs, 552; período de luz intermitente, 556; ritmos, 508

espectro de uma folha, 90i

espectro, 88, 653di-654

espectrofotômetro, 227, 471

espectrográfico, 469

espectrômetro de absorção atômica, 125d, 130

Espeletia schultzii, 515

esperma, 9d

espermidina, 428d

espermina, 428d

espinafre, 141, 152, 212i, 234, 330, 373, 435, 513, 542i, 544i, 548

espiral, 359

espírito, 3

esponjas, 379

esponjoso: mesófilo, 78i, 355; parênquima, 76i-76d, 176

espontâneo, 37-39; automontagem, 379; energia livre, 41; reações, 40

espora, 346, 542i

esporófito, 176

esporos, 215, 305, 631

esporulação, 502

espruce azul/verde do Colorado, 226

espruce azul (*Picea pungens*), 63i, 226

Espruce Europeu, 531

espruce (*Picea*), 121, 564, 612; mudas, sombreamento, 276i

Espruce Sitka, 303

esqueleto ent-giberelano, 398i-398

esqueletos, carboidrato, 307

essencial: aminoácidos, 211; elementos, função dos, 136-143; elementos, 127i; óleos, 338, 531

estação de crescimento em tundras, 621

estações, 606

estado de germinação, 529

estado de tensão, 618d

estado induzido, 526d, 567

estágio de exaustão, 618d

estames: gravitrópicos, 466

estaminado, 373

estanho, 132-133

estaquiose, 184i-187i

estatócitos, 454d-457, 460, 463, 466

estatólitos, 454d, 457, 463

esteárico, 328i

estelo, 107di, 109, 370i

estepe, 145i

estereoisomerismo, 181d

estereoisômeros, 182d

esteroide: álcoois, 334; -complexo receptor, 384; hormônios, 384; promotores de crescimento, 428

esterois, 14, 152d, 153i-153, 223, 282, 335-335i-336, 640; glicosídeos e ésteres, 336; no florescimento, 566; síntese, 399; taxa de fosfolipídios, 636

esterradiano, 646

estigma, 375

estigmasterol, 335-335i

estilete, 185d, 193; ácaro, 186i; escoadouro de baixa pressão, 192

estímulo, 437d, 442i

estímulos modulatores, 167

estolhos, 546

estolões, 534; indução, 534d

estoma, 75d

estomatal: abertura, 79, 91; abertura, 136, 437, 439, 501, 586, 626i; ação, 86i; anatomia, 75; aparato, 27, 75d; condutância, 72, 79, 610, 612; condutância para vapor de água, 613i; cripta, 76d; densidades, 77, 546; encerramento, 252, 623, 626; estruturas, 82i; mecânica, 81-84; mecanismos de controle, 83; mecanismos regulatórios, 624; poros, 70, 75d, 82i; respostas ao meio ambiente, 79i

estômatos afundados, 76d, 623

estômatos, 75d

estômatos, 15, 31, 70, 76i-76d-78i, 379; e ácido abscísico, 84-86; em dicotiledôneas, 75-78i; e oxigênio, 84

estradiol, 336

estratificação, 434, 522d, 531d

estrela, 516

estrela mosto, 424

estresse, 361d, 617; água, 51; fator, 617d; fisiologia, 616d; hormônio, ABA, 627; hormônios, 429, 617; metais tóxicos, 133; níveis, 626i; resposta, 617d; resposta em gravitropismo, 460

estresse físico, 616

estresse hídrico brando, 634-635

estresse hídrico total do solo, 51

estriol, 336

estriquinina, 346

estróbilos, 373d, 566

estrógenos, 337d, 346

estroma, 6i, 24d, (K:222di,), 223, 228, 231i-235, 272; tilacoides, (K:222di,), 230-232, 418i

estrona, 336

estrôncio, 171; absorção, 157

estrutura, 5; de proteínas, 208-211

estrutura de celulose-xiloglicano, 357

estruturas de anel dos açúcares, 183i

estrutura tetraédrica, 182

estuários, 267i, 269

estudos graduais, 63

estufa: bancos, 491; culturas e CO_2, 276; gases, 268d; plantas crescidas, 444

etano, 30

etanolamina, 152i

etanol, 159, 287, 289-289i, 299i, 304, 313

etefon, 425d

éter, 511, 652; teoria, 404

ethrel, 425d

etileno, 22, 26, 197, 303, 305-306, 311, 313, 325, 381, 391, 394, 414, 420-428i, 433-435, 460, 464, 468, 528, 534, 539, 587, 617, 627; ação, 426; antagonistas, 426; cloroidrina, 534; durante o florescimento, 563; efeitos da auxina, 425; efeitos em solos alagados, 423; efeitos no alongamento da célula, 423-425, 425i; efeitos no florescimento, 425; formando enzimas (EFE), 422; germinação, 487; inibição por CO2, 426; mutantes, 427; produção causada pela auxina, 397; promotor de abscisão, 436; síntese, 391i, 420-421i-424; síntese, inibidores, 422; tensão mecânica, 444

etiolação, 471; spindrome, 610i, 613

etiolado, 447, 469d; caules de ervilha, 389i; folhas, 419; mudas, 472-476; mudas de ervilha, 491i; tissues, 470

etioplastos, 7i, 418di

eucalipto, 116; óleo, 338

Eucalyptus, 376; *pilularis*, 150; *regnans*, 98

eucarionte(s), 5, 13, 478, 499, 637, 640

eucarionte: células, 5d-7, 23, 663; célula vegetal, 6i; organismos, 641; organismos, 497; protoplastos, 13

Euglena, 500, 513

eu-halófitas, 628d
Eunice, 504i
Euphorbia, 244; *pulcherrima*, 542i, 550
Euphorbiaceae, 257, 329i, 338
europeu: cinza, 530; faia, 269i; morangos alpinos, 543i; pinheiros, 147
eutrofização, 134d
euxerófitas, 623d-625i, 641
evaporação, 35, 75; do solo, 71; taxa, 75
evapotranspiração, 71d, 75
evitação, 133, 616d-617, 622
evitar a seca, 622
evitar ou escapar do frio, 632
evocação, 551d, 562, 567
exceções nas unidades SI, 650i
excitados: elétron, 225i; estado, 658d; singleto, 225i
Exobasidium, 416
exoderme, 107d-108, 43d-149, 334, 370
exons, 578d
exotermas, 636i
exotérmico, 38d
experimentos com o corte de serra, 118-119
exploração do espaço, 600
expoentes, 648i
expressão: dos genes, 582; vetor, 572d
extensibilidade, 357, 361d-363
extensinas, 10d, 357d-358
extensoras, 439d-439

Fabaceae (família dos legumes), 134, 187i, 309, 329i, 441, 530
face cis, dictiossomos, 16d
face externa EF, 22d
facélia, 485-486
faces EE e PF, 22i
face trans, dictiossomo, 16d
facultativos, 523d, 549d
FAD, 218, 291
Fagaceae (carvalho, faia, castanheira), 147, 187i, 329i
fago, 571d
Fagus sylvatica, 269i, 376, 612
faia, 376, 387, 534, 612
faixas casparianas, 107i-108d, 148i, 196, 334, 459
faloidina, 21
falotoxinas, 21d-23
falso pulvino das gramíneas, 464d-467
família Araceae, 296i
família das malvas, 345

famílias de árvores, 209
famílias multigênicas, 585d
fanerófita, 633i
farad, 647i
farnesol, 335
fasciações, 415d
fase adulta, 376d
fase, 507d; -curvas de resposta, 508i; deslocada, 507d, 557; pontos, 507i
fase de amadurecimento, 376d
fase de restituição, 618d
fase fotófila, 507
fase linear, 363d, 364
fase logarítmica, 363d-364
faseolina, 341, 585
fases embriológicas, 378
fator de dominância, 393
fator de Ricca, 442d
fatores, aditivos, 602i
fatores ambientais, operacionais, 596i
fatores de arrasto, 508
fatores limitantes, 596-597d-598, 600; na fotossíntese, CO_2 ou luz, 276; princípio de, 602i; resposta, 602i
fatores periódicos de movimento da folha (PLMFs), 442d-443d
fator x, 500-501, 510
fava, 309
fava de feijão (*Vicia faba*), 77i, 83, 189, 309, 322i, 368, 454
fazenda Greenville, 70-71
feedback: controle, 218, 219; inibição, 219d, 279; inibição ou atividade, 217i; loops, 86di, 219; sistemas, 618
Fe-EDDHA (ácido acético Fe-etilenodiamina di (o-hidroxifenil)), 135
Fe-EDTA (ácido Fe-etilenodiaminatetracético), 135
feijão-caupi (*Vigna unguicuiata*), 143, 312
feijão, 543i
feijão lima, 368
feijão-mungo (*Vigna radiata*), 290i; caules, 422; pontas da raiz, 495
feijão (*Phaseolus vulgaris*), 79, 142, 185, 211i, 282, 312-315, 315i, 329, 341, 368, 373, 376, 397, 401i, 416-417, 445i, 469-470i, 479, 487, 489, 498i-500, 528-530, 537, 615; abertura do anzol hipocótilo de feijão, 473i; folha, 414i; movimentos da folha, 510; movimentos da folha, Q_{10}, 509-511; mudas, cultivadas no escuro,

ritmo circanuais, 506; plantas, cultivadas no escuro, 509; proteína armazenada na semente, 585; zona de abscisão foliar, 435i
feijões de caules de trepadeira, 400
feldspatos, 268
felema, 370d
feloderme, 370d
felogênio, 370d
feminino: flores e etileno, 426; gametófito, 329
fenda estofoliar, 530d
fenilalanina, 207i, 211i, 339i-341, 343; amônia liase (PAL), 340, 427, 493-494, 625
fenilpropanoides, 341
feno-grego, 416
fenólico(s), 390; ácidos, 340i; compostos, 297-299i, 333-334, 338d-341, 427, 531
fenômeno de ``autodestruição», 323
fenomenologia, 525d
fenótipo, 383, 586
fentossegundos, 237
feofitina, 228d, 232; a, 237
Ferguson Tree, 98
ferida: cura, 408, 426; sinais, 442
fermentação, 289d-289i, 304
Ferocactus ancanthodes, 593
feromônio, 338, 341, 347
ferredoxina(s), 206, 230d, 231i-233, 254-255, 317, 318; de várias espécies, 208; $NADP^+$, redutase, 230; reduzido, 317, 325-326; -sistema de tiorredoxina, 296; -sistema de tiorredoxina redutase, 256; -tiorredoxina redutase, 255
ferro, 124-124i, 126-127i, 130, 137i, 208, 208, 228, 233, 293; deficiência na maçã, 140i; deficiência por clorose, 643; deficiências, 135, 140-141; mobilidade do, 137; proteínas e enxofre, 229d-230, 293
ferrugem, 414
fertilização, 375; com CO_2, 276
fertilizantes, 134, 139
fertilizar culturas, 136
fervura a vácuo, 98d
Festuca arundinacea, 372i
fibras, 102i, 103d, 435i
fibrilas, 18i
ficocianina, 226
ficoeritrinas, 226
figueira, 364, 375
figueira-brava, 529i

filme pancromático, 89i
filoquinona, 230d
filoquinona da vitamina K11, 233
filotaxia, 372d
filtro de tecido, 60
Física, 3, 593; do crescimento, 359-363
fisiologia, 37, 593
fisiológica: ecologia, 592d, 593; experimentos, 524d; papéis dos alcaloides, 346; respostas ao meio ambiente, 606
fisiologista, 404, 595
fissão, 23-24
fita senso, 662
fitatos, 321d
fitinas, 321i-321d, 402
fitoalexinas, 341d, 342
fitocromo, 299i, 317, 356, 416, 439, 447, 451, 458, 469d, 471, 482-483, 488, 490, 492-495, 509, 512, 538, 551, 555, 568, 586, 587, 597, 604i, 614-615; clones, 480; cultivados na luz, tecidos, 474; descoberta da, 470-471; diferentes tipos, 475; distribuição, 476, 477; duas formas de SDPs, 553; e citocininas, 420; e membranas, 474; em mudas, 475; e o período de escuridão, 551-554; equilíbrios em baixo das copas, 486; fitocromo mRNA, 480-481; fotoequilíbrio, 478; genes, 480-481; nas raízes, 476; propriedades das, 472-476; proteínas, 476; reação de destruição, 475; regulação desenvolvimento da planta, 480; transformações, 478i
fitocromo P_{fr} (consulte também P_{fr}), 532, 603
fitocromos do tipo 1, 477
fitocromos do tipo 2, 477-478i
fitoferritina, 141
fitoplâncton, 161, 264, 505, 506; florescimento da, 269
fitoquelatinas, 133d
fitotrons, 405, 564, 565
fixação, 308i; de nitrogênio, 307; técnicas, 179
flagelina, 6i
flagelos, 6di-7i, 19, 27, 437, 502
flavina(s), 208, 448, 614; adenina dinucleotídeo (FAD), 218, 293; mononucleotídeo (FMN), 293
flavodoxina, 311-312i
flavonas, 344d-345i

flavonoides, 309, 325, 344-345, 388; esqueleto, 344i; pigmentos, 282; síntese de flavonoides, aumentada pela luz, 492-493
flavonoides absorventes de UV, 493
flavonois, 344d-345i
flavoproteína, 293-293i-295, 449d, 479; na membrana plasmática, 495
flechas de veneno, 336
flexão como função da concentração de auxina, 462i
flexores, 439d-439
flocos de neve, 32
floema, 76i, 87, 102i, 137, 141, 143, 322; alimentadores, 173; anatomia, 175-180; carregamento, 177, 188-189d-191; célula do parênquima, 102i, 176d, 177i, 178; células, 140, 180; descarregamento, 191, 195; descarregamento no apoplasto, 196; desenvolvimento, 177-178; fibras, 176d; locais de descarregamento, 198; parênquima, amido em, 260; parênquima, 176i, 260; pressão de turgor, 191, 197; princípio da mobilidade, 136; proteína (Proteína-P), 177-179; seiva, dieta de, 323; seiva, 173i, 197; sistema, 174i; tecido, 172, 175, 561; transporte, 170-199; transporte de citocininas, 411; transporte, taxas de, 180-185; ultraestrutura, 178
flor: abertura, 515; desbotamento, 374i; fechamento, temperatura, 519-520i; formação, 197; hormônio de indução, 554; iniciação, 536; pedúnculos, gravitrópicos, 466; primórdio, 536i; senescência da pétala, 414; senescência e etileno, 425; sexo, 426
florais: brácteas, 403i; desenvolvimento, 546, 567; fases, 553i-554d, 565; inibidores, 561-563
flor de açafrão, 519, 631
flores, 173, 353, 373-374; e etileno, 421
flores anormais, 536i
flores bissexuais, 373
florescimento, 444, 471, 504i, 538, 615; do rabanete, 514i; e duração do dia, 548; estímulo, 554, 557i, 567; hormônios, 560-563; plantas, 338; resposta influenciada por baixa temperatura, 555i; respostas a tratamentos fotoperiódicos, 542i-543i
flores estragadas, 536i
flores imperfeitas, 373d
floresta boreal, 267i

floresta(s), 145i, 485; árvores, 134, 280, 435; chão, 611
florestas tropicais, 269-271
florígeno, 557i, 560d-563
fluência, 447d-448i, 607d, 658d; -curvas de resposta, 447d; irradiação durante o período noturno, 552; taxa, 446d, 479, 658d
fluído: dinâmicas, 366; modelo do mosaico, 14d, 153di-153
fluídos, 33d; no floema sob alta pressão, 170
fluoresceína, 19, 171, 193
fluorescência, 225di-225, 237, 658d; espectros da lâmpada, 656i; lâmpadas, 657d; luz, 89; método de deterioração, 237; microscópio, 18-21; ou luz vermelha, 553
fluoreto, 157
fluori-2 cultivares de milho, 211
fluorografia, 480d
fluxo: analogia ao crescimento da planta, 365-368; parabólico, 106i; taxas na madeira, 105; velocidades de fluxo em ascensão da seiva, 115
fluxo citoplasmático, 13d, 20, 23, 109d, 140, 175d, 178i, 234, 437, 494
fluxo, 45d, 158d, 270; de íons, 495; durante a escuridão, 158
fluxo da seiva, 73-74
fluxo de energia latente do vapor de água, 94-95
fluxo de entrada, 157d
fluxo de massa, 33d, 46, 174
fluxo difusivo, 45d; resistência, 95
foco isoelétrico, 396i, 467
fogo, 530, 594i
fogueiras perto de plantações, 420
Föhn, 618d
folha contiledonária, 194i
folha de sinalização, 323i
folha de veludo (Limnocharis flava), 78i
folha e folhas, 75; abscisão, 334, 548; anatomia, 101i; arranjo em um dossel, 275; aumento, 627i; bainha, 373i, 406i, 464; capacidade fotossintética, 268d, 608d; célula, 49i-50, 254i; células, pressão de turgor das, 51; conteúdo de nitrogênio, 269; cortes transversais de plantas C-3 e C-4, 258i; cortes transversais, 76i, 273i; crescimento de, 372-373; desenrolamento, 490i; detecção da duração do dia, 560; epinastia, 424i, 426, 463; expansão,

469, 546; expansão laminar, 489; formas, 407; funis, 173; idade e fotossíntese, 279; índice de área (LAI), 274d, 280i, 612d; inibição da expansão, 420; jovens, 173; juvenil, 376; lâminas, gravitrópicas, 466; locais de síntese de giberelinas, suculência, 546; morfologia, 611; mosaico, 451d-452i; movimento na arzola, 498i; movimentos e status do relógio de otoperiodismo, 557; movimentos, 504i, 507i, 509, 586; movimentos, possíveis funções dos, 515; na arzola, 550; nodo, células de transferência, 176; orientação, localização circadiana solar, 610i; pelos, 379; primário, 376; primórdios, 371i-372d-373; pulvino, 495; pulvino falso de bainha, 466; queda no outono, 414; resistência, 91, 93; senescência, 434, 532, 615; sombra, 606, 613; temperatura, 70, 88, 91, 93, 278i, 621; viscosidade celular, 504i

folhas de sinalização em gramíneas, 194

fontes de bicarbonato de sódio, 266, 267

fontes termais, 622

força, 646i-647i

força centrífuga, 506i; sistema Terra/Lua, 503

força de tração, 11, 32d; das paredes celulares, 356; hídrico, 101, 114-116

força do campo magnético, 647i

força motriz, 92, 101; ascensão da seiva, 109-114; convecção, 90; difusão, 45; transpiração, 75, 91

forçando, 536d

forças de aceleração, 445, 463, 646i, 650i; gravidade, 352

forças de Van der Waals, 30d, 68, 151, 210i

forma anelar alfa, 185

formação de bulbos nas cebolas, 546

formação de gametângio, 504i-502

formação de raiz: dos cortes, 546; pós, 392

formação de raízes adventícias, 392, 425; inibido por giberelinas, 399; local de, 392

formação do pendão, 626

forma costeira, efeito nas marés, 503

forma do anel beta, 185

forma induzida, 219; hipótese, 213d

forragem: colheitas, 592; gramíneas, 271

fosfatases, 205, 238, 255, 256, 301, 410

fosfatidil: colina, 151, 152i; etanolamina, 151; glicerol, 151; inositol, 151

fosfatidiletanolamina, 152i

fosfatidilglicerol, 152i

fosfatidil linositol 4,5-bifosfato (PIP2), 383i-384

fosfatidil linositol, 152i, 384; ciclo, 440

fosfato(s), 26, 128, 145i, 156, 171, 241, 269, 586, 643, 662; absorção, por micorrizas, 147; diidrogênio, 598i-599i; discinase, 248; discinase, ativada pela claridade, 257; efeitos tóxicos de, 132

fosfato de carbamato, 219

fosfato diidroxiacetona, 242i-243, 259, 286-288i, 330-332

fosfato piridoxal, 320, 422

3',5'-fosfoadenosina-fosfosulfato(PAPS), 325d

fosfoenolpiruvato (PEP), 84, 131, 244d, 288i, 299i, 333, 339i, 492; carboxilase (PEP carboxilase), 210, 245d

fosfofrutoquinase, 288i; inibição alostérica de, 304

3-fosfogliceraldeído (consulte também 3-PGaldeído), 241i, 249i, 259, 288i-288, 297i, 346; desidrogenase, 242i, 255, 288i, 586

fosfogliceratomutase, 288i

fosfogliceroquinase, 242i, 288i

2-fosfoglicolato fosfatase, 319i

fosfoglicomutase, 288i, 296

6-fosfogluconato, 296-297i; desidrogenase, 296; trajeto, 296

fosfogluconolactona [6-]**, 297i

fosfohexose-isomerase, 288i

fosfoinositidas, 383d

fosfoinositois, 430

fosfolipase c (PLC), 383di-384

fosfolipídios, 14, 151d-152i, 153, 223, 299i

fosforescência, 658d

fosforilação, 212d, 287; de proteínas, 496; enzima, 384; oxidativa, 294

fosforilase, 288i

fósforo, 123-124i, 126-127i, 132, 134, 137i, 139, 345, 597; deficiências e funções, 139; mobilidade da, 137

fotodestruição da clorofila, 617

fotodormência: aspectos ecologicos do, 484; e regulação do crescimento, 487-488; natureza da, 486

fotodormência, 483d; sementes, luz e temperatura, 484

fotoelétrico: efeito, 653; separação de cargas, 251

fotofosforilação, 222d, 233, 234-235, 241, 248, 256

fotografias de estrias, 366di, 367i

fotoinibido, 440, 608

fotólise, 221d; hídrica, 228

fotômetro da chama, 130

fotomorfogênese, 469d, 501; e ativação do gene, 585-587

fóton(s), 224d, 270-596i, 645, 653d; energia, 653d; exigência, 234-235, 280; fluxo, 446d-446, 607; irradiância, 613i; moles de, 607; na região PAR, 279

fotooxidação, 337

fotoperiodismo, 470, 501, 513-514d, 516, 522, 524, 538, 540d-568; em ecologia, 540-544; na germinação, 484; para a agricultura, 543; relógio em *Xanthium*, 557i

fotoperíodo: ecótipos, 605; efeitos, 492d

fotoperíodo, 512, 612, 615; indução, 604i; medição do tempo pela luz da lua, 501; efeitos sobre o alongamentoda haste, 493i; interações de temperatura, 550; interações do rítmo, 514-515

fotoquímica, 658

fotorreceptores da luz azul/UV-A, 478

fotorreceptor UV-B, 469d, 493-495

fotorrespiração, 252-253d-256, 274i, 275-276, 280-281, 320, 332, 641; nas plantas C4, 278

fotorrespiratória: ciclo do nitrogênio, 320d; liberação de CO_2, 275

fotorreversibilidade, 471

fotossiderófosos, 135di

fotossíntese com $^{14}CO_2$, 180i

fotossíntese, 6, 24, 77-79, 137-141, 172d, 180, 181, 266i, 604i, 609, 608-610, 613i, 616, 626; aspectos agrícolas, 264-281; aspectos ambientais, 264-283; C-4, 76; cloroplastos e a luz, 220-238; CO_2, efeitos, 275-277; desenvolvimento da folha, 610i; e a lei de Liebig, 598; e a produção agrícola, 279-281; e demanda do escoadouro, 194; e estresse hídrico, 627i; e florescimento, 549; em líquenes, 631; em plantas C-3, 252; equação sumária, 236; e respiração, relações de energia, 220i; espécies C-4, as taxas de, 252; estabelece um limite máximo de rendimento, 601; e troca de energia, 88; fatores que afetam, 269-279; fornecidos pelos dias longos, 547; importância ecológica, 594i;

inibição do produto de, 194; medição durante os raios solares, 612; nas células guarda, 79; resumo histórico, 220-222; ritmo em, 499; sob o gelo da Antártida, 269; taxa, 72-73, 606; taxas, sol e folhas de sombra, 275i

fotossíntese e transpiração, 70-95

fotossíntese potencialmente atingível, 279-280

fotossintética: bactérias, 229; capacidade das plantas de regiões frias, 621; características dos grupos de plantas, 274i; células, 423; ciclo de redução de carbono, 241d; eficiências, 233-234, 238, 279d, 281, 601i; enzimas, controle de luz, 255-257; fluxo de fótons (PPF), 268, 270d, 601i, 607d, 658d; fosforilação, 222d, 232, 262; parênquima, 76i; taxas dos principais tipos de plantas, 269, 269i; temperatura para plantas do tipo C-3 e C-4, 278i; transporte de elétrons, 229-234, 293

fotossistema II (PS II), 131, 237, 549-228d, 586, 636, 641

fotossistema I (PS I), 227-229, 237

fotossistemas, 317, 418

fotossistemas I and II, 255

fototaxia, 272, 494d; período, 512

fototropismo, 385, 404-405, 445d-448i-453, 478-479, 604i, 614

Fragaria-vesca semperflorens, 543i

Fragaria x ananassa, 542i, 546

fragmoplasto, 19, 21

fragrância das flores, 499

framboesa, 364

Frankia, 309

frascos de plexiglas, 157

fratura por congelamento, 22, 151i

Fraxinus, 106, 189; *exelsior*, 531

freixo da montanha, 98

frequência, 502d, 652d, 654i; fator, 521

frio: exigências e GAs, 563; tratamento, 514i

frutano: frutano frutosiltransferase (FFT), 263d

frutano(s), 184d, 259d, 406; formação de, 261-263; hidrólise de, 286

frutas com caroço, 364, 531

fruta(s), 173, 279, 374d; amadurecimento, 381, 420, 422; armazenamento de, 305; árvores, 125, 142, 186, 353, 534, 636; frutificação em culturas de tomate, 537; revestimento, 529

frutofuranose, 183i-184i

frutoquinase, 288i-288

frutosanos, 259d

frutose-2,6-bifosfato, 194d, 262, 300-301i

frutose-1,6-bifosfato, 241, 242i, 288i-289, 300; fosfatase, 242i, 255

frutose-6-fosfato, 241, 242i, 259-260, 288i-289, 297i, 300

frutose, 181i, 183i, 185, 186, 190, 259-260i, 263, 286-288i-289, 362, 374; conteúdo de energia, 295; unidades, 263

frutos preclimatéricos, 422

Fuchsia hybrida, 542i, 546

fucose (6-desoxigalactose), 154

fucoxantol, 236

fuligem, 366

fumarase, 292i

fumarato, 218

fumarolas, 266i

Funaria, 8i, 21i

função, 5

função sinusoidal, 507

fungicidas, 333, 341

fungo, 4i, 9, 26-27, 69, 154, 165, 190, 295, 307, 326, 335i, 339, 395, 397, 410, 414, 420, 429, 434, 448, 499, 509, 529, 638i; patogênico, 342

fungos mucilaginosos, 4i, 20, 434

furanose, 183d

Fusarium moniliforme, 397

fusicoccina, 395d

Fusicoccum amgydali, 395

fuso, 9i, 21d; formação, 19

G_1, 359

G_2, 359

GA_3, 398

GA_4, 400, 488

GA_7, 400, 488; -efeitos da sacarose no crescimento dos caules da aveia, 406i

GA_{12} aldeído, 399i

GA_1, controla a elongação do caule, 401

gado, 132

gado envenenado por selênio, 132

GA florigênica, 565

galactanos, 357d

galactitol, 182i, 185

galactofranose, 184i

galactolipídios, 223, 228

galactomananas, 488d

galactose, 181i

galactosil glicerol, 629

galha da coroa, 412d; plasmídeo do DNA, 580

galhas, 412

galotaninos, 341d

gametófito, 176, 340i

$GA_{4/7}$ mistura, 488, 562, 564-565, 566

gamma: botões, 352d, 379; raios, 650i-655; tocoferol no florescimento, 566

gancho, 614; abertura, 426, 428i; epicótilos, 424; mudas, 368i, 424, 489

ganho de carbono, 610; e alocação, 608, 608

gás(es), 30, 34, 596i; constante, 34, 39, 40, 52, 163; cromatografia (GC), 96, 390; difusão e temperatura, 42; expensões ou contrações, 619; lei, 53; pressão, gradiente em, 95; Q10 para difusão de, 46; valores moleculares para, 34d

gás iluminador, 420

GA(s) (ver giberelinas), 398d, 467; estrutura/função atividade, 565; fatores casuais no florescimento, 565; poli-hidroxilado, 565; requerimento de LD e, 563

gavinhas de mudas de ervilha, 480

GC/MS, 467

gel, 12, 357

gelatina, 67i; cubo, 405

gel de polacrilamida, 211

gel de poliacrilamida, 480d, 576i; eletroforese, 228

gelo, 32; cristais crescem no espaço de ar extracelular, 632; massas, 636; nucleação, 636; planta, 629, 642

gemas, 433d

geminivírus, 581

gene RBcS, 586

gene(s), 5, 413, 445, 570, 662d-662d; alterado por mutação, 579; amplificação, 579d; ativação, 407, 469, 522; atividade, 586; atividade, mudanças na resposta à auxina, 395; clonagem, 570d-575, 580d; codificação do fitocromo, 481; conjunto, 603-604; expressão, efeito na fotomorfogênese, 495; expressão, fitocromo, 474; expressão, mecanismos de controle, 570, 582-584; expressão nas plantas, 577-580; famílias, 585; fluxo, 605; no crescimento e desenvolvimento, 351; que codificam para o fitocromo tipo 1, no escuro, 477; que codificam para proteínas tilacoides, 228; replicação, 661; técnica de fusão, 579d

genes desenvolvidamente regulados, 586-587
genes regulados hormonalmente, 586
genes reporteres, 578, 587
genético: código, 663d; diversidade, 605; engenharia, 314, 415, 580; informação, 289, 569; mapas, 573; material, 5, 661; modificação de plantas, 580; potencial de rendimento para o trigo, 601; potencial para produtividade, 600; seleção, 605; tolerância, 133
genoma, 223; caminhada, 573; organização, 579
geófitos, 631, 633i
geotropismo (veja gravitropismo), 445d
gerânio, 344
germânio, 132
germe, 403
germinação, 306, 320, 322d, 421, 470-471, 473i, 504i, 526d, 538, 604i, 613-614; circanual, 506; como uma função do tempo de armazenamento, 531i; e fotoperíodo, 545-546; fitocromo durante, 477; inibidores, 531, 623; o papel da luz em, 483; precoce, 432; promotores, 531; resposta de anuais do deserto, 405; rompimento do botão, 610i; temperatura, 522i
Geum, 543i
Gibberella: fujikuroi, 397-398; fungo, 397, 407
giberelina(s), 22, 300, 335, 363, 381, 390, 394, 398i-403, 414, 416, 455, 460, 484, 489, 526, 532, 534, 538, 587; aumentar plasticidade da parede celular, 406; biologicamente ativo, 564, 564; biossíntese, 399i; efeitos em uvas, 407i; em sementes imaturas, 400; estimular a digestão do endosperma, 403i; estimular mobilização, 402-406; extrato, 401i; história do, 397; metabolismo de, 398; mutantes, deficiente, 487; mutantes, sensibilidade, 401d; mutantes, síntese, 400d; na vernalização, 525; no florescimento, 402, 526i, 563-566; promover atividade de hidrolase, 433; promover germinação, 402; promover masculinidade, 548; promover o crescimento de plantas intactas, 400-402; usos de, 407
Gigante de Dyersvill (*Sequoia semperviens*), 99i
gigatons, 266i

gimnospermas, 3-4i, 103, 144, 147, 157, 175, 178, 244, 329, 341, 344, 347, 370, 392, 397, 404, 404, 470, 476, 477
Ginko biloba, 476
gipsita, 631
girassol (*Helianthus annuus*), 63i, 120, 272, 272, 276-277i, 304, 304, 315i, 329i, 354, 362i, 413, 416, 446, 448i, 462, 466, 465, 542i-543i; cabeça, 453; comunidades vegetais, 280i; cortes de hipocótilos, 462i; hipocótilo, 450, 460
glândula pineal, 510
glaucolídeo A, 338d
glicanos, 184d
gliceolina, 341-342
gliceraldeído, 181i
glicerato quinase, 319i
glicerina, 32d
glicerol, 151, 289, 299i, 303, 327-328i, 330-331i, 638i-639i
glicina, 133, 207i, 254, 256; complexo descarboxilase, 319i
glicínia, 101
glicinobetaína, 639i, 639
glicófitas, 622d, 638i
glicogênio, 287
glicolato: oxidase, 319i; trajeto, 332
glicolipídios, 151d-152i
glicólise, 286d-289, 297, 304, 330-332, 504, 502; funções, 289; intermediários, 640; NAD⁺ em, 296; reações de, 288i; regulação de, 300-301i
glicoproteína rica em hidroxiprolina, 357
glicoproteínas, 153d, 208d
glicose-1-fosfato, 259, 261, 285-288i
glicose-6-fosfato, 256, 259, 288i-289, 296-297i; desidrogenase, 217i, 247, 296, 300-301
glicose, 162, 181i-183i, 185-186, 190, 214i, 259-260i-261i, 285, 288i-289, 357, 362, 374, 441i; conteúdo de energia, 295; ester de ABA, 430i; moléculas, 9i; respiração de, 282; solução de glicose, potencial osmótico, 52
glicosídeo-3,6-bissulfato, 443
glicosídeos cardíacos, 336d
glicosídeos, 183d, 336d, 399, 443
glicosídeo-6-sulfato, 443
glicosilação, 212d, 344i
glicuronoarabinoxilanos (GAXs), 358
glifosato, 339, 581i

glioxilato: ciclo, 332d; trajeto, 333i
glioxissomos, 17d, 254, 329, 331d-333i; membranas de, 150i
glóbulos, 22di, 359
glucano, 357, 467; macromolécula, 358; sintase, 467
glucopiranose, 183i-184i; resíduos, 184i
glucosamina, 154
glumas, 323i
glutamato (alanina)-gloxilato aminotransferase, 319i
glutamato, 324, 638i; desidrogenase, 319; sintase, 319-319i, 322
glutamina, 188i, 197, 206-207i, 299i, 312, 318-319, 322, 374; grupo amido de, 318; sintetase, 318, 319i-320
glutationa, 325d
Glycine max, 269i, 542i, 555, 559
glykys, 208d
Gnetum, 103
Gomphrina globosa, 543i
Gonyaulax polyedra, 505, 507i, 511-513i; bioluminescência, 490i-509i
gordura(s), 203, 205, 282, 299i, 327-328i-333, 402; acúmulo, 504i; célula de armazenamento, 331i; degradação de, 408; degradação no embrião, 531; e óleos, 7i; e óleos são oxidados, 282; formação de, 329; molécula, 331i; nas sementes, 329; sementes ricas, 331, 333; síntese, 17; sintetizado *in situ*, 330; solventes, 530
Gossypium: areysianum, 504i; *hirsutum*, 504i, 542i-543i
gradiente, 36d, 50; concentração de auxina, 458; luz (fototropismo), 449; potencial hídrico, 41-43, 48; potencial hídrico de apoplastos, 192i; potencial químico, 41-42; pressão, 47
gradiente de concentração H+, 235; transporte de ATPase, 165
gradiente eletroquímico, 163d, 166i
gradientes metabolicamente orientados, 194
grama, 646i
grama azul, 440i
grama azul (*Poa pratensis*), 63i
grama azul de Kentuchy, 484, 529i, 543i
grama de Timóteo (*Phleum pratense*), 263, 546
grama do pomar, 262, 272, 543i
gramados, 397
gramicidina, 235

gramínea de cerdas viciadas, 543i
gramíneas Festucoides, 108, 464
gramínea(s), 129, 133, 135, 144, 277, 302, 314, 322, 334, 353, 356-357, 372i, 391, 403, 434, 541, 546, 550, 553, 608, 614, 624; alcance, 134, 243; amido na, 260; caules, 103, 464; espécies, 259; estação fria, 262, 262, 263; estômatos, 75; extremidades do coleóptilo, 388; fixação tropical de nitrogênio em, 310; folhas, 490; mudas, 477; mudas, desenvolvimento de, 488-489; parede celular primária, 358; pulvino, 463i; tropical, 76, 243, 269i
gramíneas panicoides, 464
Grande Barreira de Recifes, 505
granito, 268
grano (granum), 6i, 24d, 222d, 272; formação e citocininas, 418
grão: desenvolvimento, efeitos da temperatura, 601; legumes, 314
grãos de cacau, 347
grãos de pólen: da colza, 427; germinação, 426; haploide, 378
graus Celcius, 648i
gravidade, 34, 46, 65, 111, 596i, 646i; e transporte de floema, 172; percepção, em caules, 458
gravitacional: água, 112d; força, 650i
gravitrópico: inclinação como uma função do tempo, 462i; memória, 460d, 460; ultrapassagem, 465
gravitropismo, 445d, 454, 456-466, 604i; em um caule de trigo, 464i
Great Salt Lake, 628
gredas, 112d-113i
groselha (planta), 364
grunion, 504i, 506
grupamento amina, 206d, 206, 216, 428
grupos cafeoil, 428
grupos de cadeias laterais não polares, 210i
grupos de sulfidril, 198, 255
grupos protéticos, 206d-208, 206
guaiúle, 338
guanina, 142-143, 661d
gutação, 99d, 117
Guzmania, 563

habilidades de comunicação, 80-81
halcion, 518
Halicystis ovalis, 156i-157
Halobacterium, 628; *salinarium*, 638i

halófilas, 623d, 638i
halófitas, 63d, 109, 118, 622d, 628-631, 638i
halófitos obrigatórios, 628d
Halogeton glomeratus, 129
Hantzschia virgata, 504i
Haplopappus, 132
haustório, 176d
Heavea, 529i
hectare, 649i-650i
Hedera helix, 376
Helianthus annuus, 272, 542i-543i
Helianthus tuberosus, 543i
heliotropismo, 445
Helodea densa, 504i
hemiceluloses, 11d-11, 103, 181, 183
hemicriptófitas, 633i
hemisfério, imaginário, 75
hemo, 228, 250, 293; grupo prostético, 317
hemoglobina, 310; sequências de aminoácidos, 209
hepáticas, 209, 309, 338, 344, 434, 476
heptoses, 181, 241
hera, 451
hera de boston, 452i
hera inglesa, 376
herança de características adquiridas, 523
herbáceas: anuais, 434, 615; dicotiledôneas, fotossíntese de espécies de gramíneas, 226; espécies, 279; plantas, 272
herbicida(s), 2, 4-6, 155d, 171, 190, 232, 237, 333, 339, 396d, 449, 516, 553; inibição da fotossíntese, 233
herbicidas de triazina, 233
herbivorismo, 132, 594i-594
herbívoros, 335, 341
hertz, 647i
heteroblástico, 623d
heterofilia, 376d
heteropolímeros, 210d, 255
heterose, 401, 565
Hevea brasiliensis, 338
hexoquinase, 214i, 288i-288
hexose(s), 181, 300; açúcares, 181i; desvio de monofosfato, 296; fosfatos, 241, 249i
hibernação, 504i
Hibiscus syriacus, 542i
hibridização de ácidos nucleicos, 578i
hibridização *in-situ*, 588d
hibridização RNA-DNA, 578; quantificar a expressão do gene, 577
híbrido: cultivar, 281; vigor, 564

hibridomas, 475d
hidátodos, 99d
hidratação (forças mátricas), 43d, 66d, 68-69, 101, 111-112i, 529; da parede celular, 115; de macromoléculas, 635; propriedades das paredes celulares, 101; sementes, 484
hidráulica: condutância, 363; condutividade, 360
hidráulica, 31
hidrazida maleica, 190, 535
hidrazina, 33, 311; tratamento, 576
hidrocarbonetos, 30, 334-335
hidrófilico, 71, 152d, 206; aminoácidos, 210; moléculas e íons, 155; substância, 69; superfícies, 65, 68-69, 111
hidrófilo, 633i
hidrófitas, 622d
hidrofobico, 151d, 206; aminoácidos, 210; solutos penetrando membranas, 154
hidrogenase, 314d
hidrogênio, 30, 123-124i, 127i-128, 136; átomos, 30d-31; átomos na água, 29; bactéria de enxofre, 221; cianeto (HCN), 422; fazendo ligações, 9i, 29-34, 68, 210i; fazendo ligações na água, 114; [H$^+$] íons, 33; íons e estômatos, 84; íons, 596i; íons (pH), 26; ligação, 30d, 43, 101, 151, 214; ligações, 217; peróxido, 332; sulfeto, 325
hidrólise, 185d, 242i; do amido, etc., por GAs, 406
hidrolítica: atividade, 634; enzimas, 407, 625-627; reações, 205d
hidropônicas, 123-125di-126, 599-600
hidrostático: gradiente, 117i; pressões, 34d, 116
hidrotropismo, 465d
hidróxido cuproso, 182
hidroxila [OH$^-$] íons, 33
hidroxipiruvato, 320
hidroxipiruvato redutase, 319i
hifas, 146-147, 150
hífen em símbolos, 648i
higrômetro, ponto de orvalho, 72
higromicina, 580
higronastia, 440d
higrotropismo, 465d
Hill: reação, 221d, 237; reagente, 221
hipertensão, 50, 336
hipnose, 516

ÍNDICE DE ESPÉCIES E TÓPICOS

hipocótilo, 329i, 368d, 446d, 490; alongamento, 479, 479i, 495, 603; gancho, 368d, 368i, 369i; tecidos de radícula, 486
hipocótilos de rabanete, 450
hipoderme, 76i, 107i-108d, 149, 395
hiponastia, 438d, 451, 468
hipótese, 3, 29
hipótese de Cholodny-Went, 405, 450d, 451, 457-459; critério para, 450
Hipótese de Munch, modelo laboratorial, 192
hipótese do crescimento ácido, 394d, 395, 443, 456
hipóxico, 303d-304; raízes, 303; solos, 308
Hippophae, 309
HIR, 479d-486, 489, 490-493; espectro de ação, 481
histidina, 207i
histonas, 24d, 208d
histonas de gado e ervilhas, 209
história: de fotoperiodismo, 547; de uma célula diferenciada, 365
homeostase, 25d, 604d-604i
homodímero, 473
homogeinizar, 60
homopolímeros, 210d
homoserina, 325i
horas, 650i
Hordeae, 259
Hordeum: *distichon*, 448i; *vulgare*, 161, 457, 542i, 638i
hormonal: atividade, locais de, 383-384; controle sobre a atividade do gene, 382i-383
hormônio(s), 154, 197, 203, 438; análises de sementes inteiras, 487; biossíntese, 586; complexo receptor, 587; conceitos de, 381-382; concentração, 389; no florescimento, 563-567; proteínas de ligação, 382; receptores, 389, 406; transdução, 383i; transporte direto, 197-199
hortas, 592
horticultura, 592d
Houblon japonais, 547
HPLC, 390
HSPs (hsps), 642d
humano(s), 517, 587; doenças, 574; medicina, 617; relógio fisiológico, 516; seleção, 483; seres do sexo feminino, 504i
húmus, 112d-113, 268i
Hyoscyamus, 552i; *niger*, 353, 523i, 542i, 550

Ibervillea sonorae, 623
ideal, 520, 597di, 616; níveis de fator, 600; para a fotossíntese, 274i; temperatura, 519d; turgidez, 87
identificação da ação de elementos cis, 583
iluminação, 307-308i, 658
iluminância, 270d
ilustrações, gráficas, 81
imagens em câmera lenta, 185
imagens espelhadas, 182
impacto, 529d
Impatiens, 315i
imunocitoquímica, 474d
imunoensaios, 390, 430; para ABA, 86
imunoglobulinas, 474d-475
imunologia, 474d
imunológica: maneiras de quantificar expressões gênicas, 576; técnica para determinação de fitocromo, 476
imunoprecipitação, 575; de polipeptídeos sintetizados *in vitro*, 480
imunoquímica: localização do mRNA da celulase, 436i; métodos, 475
inanição, 302
inchaço no gado, 336
indeterminado, 353d
índice de colheita, 194d, 280d, 600d
indole: ácido butírico (IBA), 385i; etanol, 385i
indoleacetaldeído, 385i-386i
indoleacetonitrila, 385i
indução, 527, 536; efeito, 612d-613
indução heterogênea, 379d
indução homeogenética, 379d
indução indireta, 567
indutivo: abordagem, 404; efeitos, 522d; período escuro, 554; ressonância, 225i-225d, 228-230, 237
induz, 437d
informação, 4, 28, 661d; transportadores, 466
infra-anual, 504i, 502d
infradiano, 504d-502
infravermelho, 89, 270, 470, 654i-655; filme sensível, 88, 89i; janela, 90
inibição, 597d; do florescimento, 473i
inibição do produto final, 219d
inibidor, 597; substâncias ou processo de florescimento, 561-563
inibidor(es): da ção enzimática, 218; da coifa da raiz no gravitropismo, 455i, 457; da rubisco, noturno, 256; do RNA ou

síntese de proteínas, 418; do transporte da auxina, 459; no fototropismo, 450
inibidores competitivos, 217
inibidores não competitivos, 217
iniciador: códons, 663d; sequência de nucleotídeos, 662
início da síntese de proteínas, 663
inositol, 384; fosfolipídios, 396
inositol carbocíclico, 182i
inositol-1,4,5-trisfosfato (IP$_3$)**, 383i-384d
insaturados: ácidos graxos, oxidação de, 413; lactonas, 531
inserção, 571d
inseticidas, 333, 341
inseto(s), 422, 506, 545, 598, 630; ciclos de vida, 514; fisiologista, 185, 624; hormônios de muda, 336, 338; nutrição da seiva, 173; polinizadores, 428; ritmos, 499
insetos lepidópteros, 338
insônia, 518
instrumentos analíticos, 327
integral: polipeptídeos, 228; proteínas, 153d, 165-166i
integrar, 45, 581d
intensidade, 607d, 657d
intensidade luminosa, 646i
intensificador, 580d
interação de fatores, 70, 602
interações, 37d
interações do pólen/estigma, 154
interações na fonte/escoadouro, 198
interfase, 24, 360i; células, 21
interferência, 652-653i; filtros, 653d
intermediários do esqueleto de carbono, 282, 290, 297, 298
interno: ambiente, 595; CO2 pressão parcial, 612; energia, 37
internodos, 372, 373i
inter-relações de raízes e caules, 169i
íntrons, 579d
intuição, 251
inulina(s), 184d, 286, 263d
inundação, 622
inundação e pântano, 267i
inverno: anuais, 523d, 525; centeio, 417, 543i, 631-633; cereais, 523, 631; dormência, 366; nabo, 448i; queima, 632; trigo, 406, 631, 633
inversão, atmosférica, 621i
invertase(s), 286-288i, 406, 467

invertido: gradientes de tensão, 116; técnica do retalho, 171di; transcriptase, 571i-571
iodeto, 132, 157
íon flavínio, 344i
iônicas: conteúdo de ar, 500; ligações, 30d
ionização, 33d; de fosfato, 156
ionóforo, potássio, 512
íon(s), 33; bombas, 152d; canal, 166i; captura, 158i; fluxo, 158i; positivo, 456i; tráfego na raiz, 148-150; transporte, 627; transporte de micorriza, 150
íons de cobalto, 461
Ipomea: nit, 549; *purpurea*, 542i, 550; *tricolor*, 374-374i
ipomea japonesa, 542i, 544i, 549-551, 557i, 559-561, 566
ipomeamarona, 341
ipomeias, 173i, 194i, 374, 542, 549
Iridaceae (íris), 262
íris, bulbos, 536
Iris xiphium, 536i
irradiação, 79, 445d-447, 567, 607d, 647i, 657d; equivalente à luz do sol, 600; nível, 275i, 480; no dossel da planta, 270
irrigação, 624
irritabilidade, 28
isoamilase, 286
isóbaros de pressão, 68i
isocil, 233
isocitrato liase, 332
isoenzimas (veja isozimas), 211d
Isoetes howellii, 259, 611
isoflavonoides, 345d
isoformas, 212d
isolamento da célula, 379
isoleucina, 207i, 211i
isomerases, 205i, 242i, 288i, 296
isomerização cis-trans no fitocromo, 473
isomerização, 242i
isopentenil: adenina (IPA), 409di, 414; adenosina, 410; adenosina-5'-fosfato (isopentenil AMP), 410d; formação AMP de, 410i; pirofosfato, 399i, 410; sintase AMP, 410d, 412, 415
isoprenoides, 297-299i, 334d-338, 341-342, 398, 429, 490
isótopos estáveis ou radioativos, 171
isozimas, 211d-211, 261; e ambiente, 212

jacinto, 631
jardim uniforme, 605d
joule, 31d, 52, 647i
Juncus, 528; *effusus*, 359i
junípero (*Juniperus osteosperma*), 116i, 147i, 376
Juniperus, 147; *chinensis*, 20i
juta Tossa, 551
juvenil, 354d, 376; fase, 376d; hormônio, 341i; plantas, 563
juventude, 551

Km, 217; sensibilidade, 462i-463; vantagens do conhecimento, 216
kaempferol, 388
Kalanchoe, 78, 549; *blossfeldiana*, 508i, 540, 542i, 546, 549, 567, *daigremontiana*, 257i; *laxiflora*, 543i
kelvin, 52, 58, 596i, 646i
Klebsiella, 638i

laboratório espacial em órbita, 464, 465
lactamida, 155
Lactuca sativa, 321i, 543i, 581
lacunar, 95d, 96, 97
lago e córrego, 267i
Laguncularia, 116i
Lambert, lei, 659d
lamela média, 6i-8i-10d-12i, 20i, 140, 149, 182, 342, 354d-355i
lamina, 452d
lâmpada de xenônio, 656i
lâmpadas de vapor de sódio de baixa pressão, 657
Laothenia charysostoma, 538, 597
laranjas, 26, 195, 306, 364, 375, 420, 422
lariço (*Larix*), 121, 534, 564
Larrea divaricata, 624
lateral: formação das raízes, 368; meristemas, 354d; raízes, 392
látex, 338
latitude, 513, 540, 559, 560i, 607
latitudes de cavalo, 619di-619; desertos, 617i
láurico, 328i
Lavatera, 453i; *cretica*, 452
lebres, 338
lecitidáceas, 329i
lecitina, 152i
lectinas, 10d
leg-hemoglobina, 310d-312
legume(s), 107, 132, 143, 176, 260, 282, 309, 319, 322, 323, 345, 440, 495, 643; caules, 316; frutas, 198; sementes, 17, 211

Leguminosae, 134, 309, 530
lei, 29; da reciprocidade, 447d; de tolerância, 597d, 600, 616; do mínimo, 597d
lei de Beer, 659d
lei de Beer-Lambert, 659d
lei de Boyle, 65
lei de Fick, 90; primeira lei da difusão, 45d, 72
lei de Humboldt, 620d
lei de Liebig, 598i-599i
Lei de Ohm, 45d, 72, 90
lei de Raoult, 44d, 58; equação de van't Hoff, 53
lei de Stark Einstein, 224d
lei de Wien, 89, 268, 657di
leitos de algas e recifes, 267i; culturas, 280
Lemna gibba, 542i; *paucicostata*, 542i; *perpusilla*, 542i
Lencopoa, 278
lenhosas decíduas perenes, 615
Lens, 454; *cutinaris*, 448i
lentes, 653
lentilha, 454
lentilha d'água inchada, 542i
lentilha d'água (*Lemma*), 179, 542i
Lepidium, 455, 456i; *sativum*, 448i; *virginianum*, 483
lesão, 422
letras itálicas, 648i
leucina, 207i, 211i
leucoplastos, 7i, 23di, 429
Leucopoa kingii (festuca real), 278-278i
Leuresthes tennis, 504i-506
levanos, 184d
levedura(s), 190, 304, 363, 408
LFR, 489
LHCII, 228d-231d-232, 238
licoctoninas, 347
licopeno, 224i, 337
licopódios, 147
ligação alfa, 184i, 261i
ligação alfa-1, 4, 7, 284i
ligação amida, 318
ligação anídrica, 234i
ligação beta, 184i, 261i
ligação covalente, 29, 30d
ligação de glicosídeos, 184d
ligação éster, 328i
ligação mista beta-D-glucanas (Beta-D--glucanas), 358d
Ligações: água, 64i-63d, 637; auxinas, 387d; hormônios no gravitropismo, 467

ligações, 30; alpha-1, 4, 260; entre enzimas e substratos, 213
ligações acetais, 182
ligações complementares, 661d; DNAs, 571d; RNA (antissenso), sequências, 584d; sequência de nucleotídeos, 662
ligações dupla base, 570
ligações entre cadeias de polipeptídeos, 210i
ligações químicas, 37; eficiência, 601i; energia em biomassa colhida, 601
ligados, 573
ligando-se, 571d
ligantes, 134d, 135i, 167, 456; sitetizado por micróbios ou raízes, 135
ligases, 205i, 570d
lignina, 4, 11d, 103, 106d, 123, 282, 297, 325, 327, 342di, 358, 467, 494; estrutura de, 342-343
Ligusticum mutellina, 269i
lilás (*Syringa*), 76i, 487, 532, 534
Liliaceae (família dos lírios), 257, 262, 519; cebola, 263
limite, 36d, 75d
limite de altura para árvores, 619d
limite, 596d, 604i; saturação, 597i
limites de baixa temperatura para sobrevivência, 631-632
limites de temperaura superiores para a sobrevivência, 641-642
limões, 26, 306, 374, 421
limoneno, 337, 337i
Limonium, 628
linguagem, 81
linho, 304, 448i
Linum usilatissimum, 448i
liofilização, 171d
lipases, 331d
lipídios: bicamada de, 14d-15i, 167; corpos, 18d, 329; hipótese da membrana, 641; solubilidade, 155
lipídios, 5, 24, 153i, 228, 258, 327d-333; nas membranas, 150, 640
lipofílico, 14d
líquenes, 309, 594i, 624-625i, 631; antártico, 277
Liquidambar styraciflua, 444, 614
liquidificador, 60
líquidos, 30, 34, 596i
Liriodendron tilipifera (tulipa), 145i, 370
lírios aquáticos (*Nymphaea odorata*), 63i, 75, 93, 95-98

lírios *Arum*, 295, 428
lisímetro, 71d
lisina, 206-207i, 211-211i, 256, 428
lisossomo, 26d
lítio: íons, 512; penetrando membranas, 154
litro, 52, 596i, 649i, 650i
lixiviação, de cálcio, 643; das folhas, 630
lixo, 531
Lobelia, 621; *telekii*, 631
localização da vernalização, 524
localização de proteínas ou mRNA, 578
locomoção, 27
lodo, 17, 369
Logan canyon, 89
logro, 527
Lolium temulentum, 542i-543i, 565-566
Lophophora williamsii, 347
lótus indiano, 529i
Lotus uliginosus, 529-529i
lua cheia, 503d, 560, 609i
lua, 503, 558i, 598, 600; cheia, 446; gravidade sobre, 506i; luz, 501
lua nova, 503d
luciferase, 500
lúmen, 15d, 178d, 223i-223d, 230, 231i
lunar (circalunar), 504i, 502d
Lunaria annua, 543i
Lupinus: *albus*, 173i, 316, 321i; *angustifolius*, 442i; *arcticus*, 528, 529i; *arizonicus*, 452; *luteus*, 429, 627
luteínas, 224i-226i, 337
lux(lx), 270, 646i, 650i, 658d; segundo, 448i
luz artificial, 600; fontes, 89
luz azul, 79, 440, 447-448i, 451i, 483, 485, 489-492, 607; efeitos da germinação em, 486; efeitos nas plantas, 478; mol de, 654; na fotossíntese, 225; rastreamento solar, 453
luz das estrelas, 607
luz, 88d, 652, 655d; absorção, princípios de, 223; duração, 547; e estômetos, 70; efeitos na fotossíntese, 270-275; efeitos na germinação, 532; efeitos no desenvolvimento de mudas, 470i; efeitos no dossel das plantas, 273-275; efeitos nos ritmos, 508; e gravitropismo de raiz, 457; elemento regulado: (LRE), 586d; enzimas reguladas do ciclo de redução do carbono, 636; fase, 557i; flocos, 611, 613i; fontes, 607, 655, 655; genes regulados, 585-586; gradiente, 449; indução, 613i; intercepção, 593; interrupção, 552i; mudas crescidas, 477, 482; necessário para a purificação do ar, 220; níveis durante o crespúsculo, 558i; níveis em tundras alpinas, 620; níveis e tensão, 616; ondas e partículas, 66, 223; ponto de compensação, 271d-272, 275; qualidade e estômatos, 77-79; quantidade, 547; radiação, 655; regulação de enzimas fotossintéticas, 255-257; saturação, 271d; sensores, 270; tubos, 447
luz do luar, 482, 559-561, 607; e fotoperiodismo, 515
luz do sol, 268, 477, 609; energia luminosa, 270
luzes de segurança em estudos de fitocromo, 473
luz incandescente, 90, 477; fontes, 656i-658d
luz intensa, 518
luz laranja avermelhada, 607
luz solar, 558i-560i, 609i
luz vermelha-distante, 89d, 447, 470d-472i, 477, 481, 483, 486, 489, 491-492, 509, 546, 556, 566, 606, 613; inibe a germinação, 485; irradiação emitida durante períodos de luz constante, 555; na sombra da folha, 611; no início do período escuro, 553; reversibilidade, 552; sinais de reflexão, 492
luz vermelha, 79, 420, 447-448i, 451i, 470-471, 477, 481, 485-489, 491-492, 503i, 509, 549, 552, 556, 566, 602-603i, 613; fluências de, 482i; influência sobre os movimentos das plantas, 501; mole de, 654; na fotossíntese, 225; pontas da raiz tratadas, 495; regulação induzida do fitocromo do mRNA, 481
Lycopersicon esculentum, 460
Lygodium, 564

macacos-esquilos, 518
maçã, 304i-306, 324, 345, 364, 375, 533, 534, 547; descamação, 421; frutas, 492-493i; nodos de broca, 392; podre, 423; ponto de seca de, 141
maconha, 327, 542i
maconha, 542i, 547-548
macromoléculas, 4
macronutrientes, 128d-130d, 133
madeira do verão, 106d
madeira, 11, 102i, 103, 170, 342; seca, 69

madeiras duras (de lei), 365i, 373
Madia elegans, 543i
magnésio, 19, 124i, 127i, 134, 136-137i, 139, 164, 228, 255; deficiências e funções, 139; íon como um ativador de metais, 208; mobilidade do, 137
malato, 249i, 253, 258i, 293, 298; deidrogenase, 217i, 244, 249i, 258, 298; e aspartato, 248; formadores, 248d; NAD oxirredutase, 204
malato sintetase, 332
malonato, 218, 532
malonil CoA, 494
maltagem, 407
maltose, 183, 285, 285
maltose beta, 283
Malus (maçã), 186
Malvaceae, 345, 452-453
Malva, 453i; *neglecta*, 452
malvidina, 344i
mamão, 120
mamíferos, 216, 545, 604
mamona (*Ricinus communis*), 110, 328-329i, 406, 459i-460
manchas específicas de antígeno, 474
manchas necróticas, 142
mandioca, 546
manga, 420, 425
manganês, 124i, 127i, 130, 135, 137i, 141, 208, 228; deficiências, 141, 160; estados de oxidação de, 232; mobilidade de, 137
mangues, 117i-130, 303, 628-629, 637
Manihot esculenta, 546
manitol, 182i, 185, 187i, 639i
manometria, 236
manômetro, 64i, 96
manose, 142, 154, 181i
manuscrito, 81
manuseio, 627
manutenção da respiração, 298
mapa mundi, 617i
máquina de movimento perpétuo, 38
máquinas, 5, 351d
marcador decimal, 648i
marcadores, 171; no transporte bidirecional, 192; radioativo, 170, 185, 188
marcadores de transposon, 573
marcadores fenotípicos (traços), 573
marcadores selecionáveis, 580d
marcas de pontuação, 662
maré alta, 503d-506di

maré de quadratura, 503d-506di
marés, 503; origem de, 506i
margarida, 542i; gafanhoto, 440; meimendro, 542i; noz, 365i; Sarcobatus, 628; veludo, 659
mar, 49i; água, 117i, 156i, 162, 637; gramínea(*Zostera capensis*), 177; lavanda, 628
Marte, 598, 600
máscara, 511d
massa, 37, 56, 352d, 646di; de plantas cultivadas hidroponicamente, 352; escoamento hídrico, 75; espectrometria (MS), 390; fatores, 596i; fluxo, 95-97, 174; lei de ação, 33d; potencial osmótico e do tecido, 58i; taxa de transferência, 180d
massa fresca, 352di, 522i
mastruço, 483
mastruço bravo, 448i
matemática, 3
matéria, 37d
matricial: efeitos como solutos e em pressões efetivas, 68; forças, 50, 69; potenciais, 50, 66d-69, 111; potencias como um componente do potencial hídrico, 68; superfícies, 47
matriz de parede primária sem celulose, 357
matriz, 43d, 290i, 293; citosol, 13; mitocôndrias, 23; parede, 11d
maturação, 432
MCPA, 385i, 396
mecânica: barreira para germinação, 487, 529, 532; colheita, 425; efeitos do estresse, 185, 421, 445i-445, 463; estimulação, 444; pressão, 424; resistência da parede celular, 360
mecânica da flexão do caule, 457-458
mecanismos de ação da enzima, 212-213; ação da giberelina, 406-407; resposta ao estresse, 633-640; resposta em baixa temperatura, 537-538
mecanismos do caule, 36
mecanismos regulatórios, 587
Medicago: orbicularis, 529i; *sativa*, 529i, 623
medição de floração, 549i
médio, 507di
medula, 102i, 107i, 395, 459i
megagametófito, 331i
megapascals(MPa), 33, 52
meia-vida de nuclídeos radiativos, 171
Melilotus alba, 530

meimendro, 353, 471, 523i, 526, 544i, 549i-552i, 562
melado, 173, 185d-186i, 193
melância, 330i, 400; hipocótilos, 418
Melandrium, 563
melão, 364, 375, 416, 426, 544i
membrana plasmática (*consulte também* plasmalema), 6d, 10, 13, 14, 170-124, 20i, 148-149i, 151i, 154, 165, 167-168i, 363, 355i, 382-383i, 422, 425-427, 495; ATPases, 388, 640; barreira para absorção, 166; das raízes e ABA, 433
membrana(s), 4-5i, 8i-10, 13, 24, 28-29, 33, 47, 117, 638; dupla, 289; efeito de permeabilidade rápida na fotomorfogenese, 495; e poliaminas, 428; e relógio biológico, 512; filtro, 66; mecanismo de vapor, 54, 55i; mecanismos de relógio, 513; mecanismos, 55i; meia unidade, 17; natureza da, 150-154; no estresse hídrico, 635; permeabilidade, 46; permeável, 59; permeável de forma diferencial, 54; proteínas, 139; respostas da planta ao estresse, 631; semipermeável, 54; síntese, 14; sistemas em congelamento, 636; super-resfriamento, 637; viva, 154
membranas unitárias, 7i, 14d, 17; metade de, 329
membro do tubo crivado, 175di
meniscos, 65, 67d, 100d-100, 111-112i, 121
menopausa, 502
menstruação, 504i
mentol, 337i
mentona, 337i
Menyanthes, 116i
meofitos, 622d
mercaptanos, 325d
mercaptides, 217
mercúrio, 32d, 133; íons, 218; lâmpadas de vapor de mercúrio, 657d; linhas de emissão, 656i, 657
meristema, 5d, 353d, 369i, 455i, 524; basal, 373i
meristema intercalar, 372d-372i, 406i
meristemas apicais, 107di, 142, 353, 365, 368, 371i, 419, 454
mescalina, 346i
Mesembryanthemem crystallinum, 629; *nodiflorum*, 638i
mesocótilo, 424, 447, 482, 489di; alongamento, 482i

mesófilo, 76i-76d-78i-77, 373; área da parede celular, 592; células, 79, 101i, 176i, 177i, 187, 244i-248i-249i, 254, 257i, 274i; cloroplastos, 131; esponjoso, 257
mesófitos, 638; estresse hídrico em, 624
mesossomo, 5di
Mesotaenium, 494
metabólica: de bloqueio, 196; de reação, 28; inibidores, 538; processos, 569; ritmos, 499; vias, 203d
metabolismo, 28, 94, 175, 203d; no transporte do floema, 190
metabolismo do ácido crassuláceo (*veja também* CAM), 257d, 268
metal: ativadores, 208d; bivalentes, 135; haleto, 656i; lâmpadas de haletos, 657d; óxidos, 134; toxicidade e resistência, 133
metamorfose, prematura, 341
metano, 30, 96, 268
metanol, 159
metanossulfonato etílico, 427
Methanopyrus, 641
metil: álcool, 155; jasmonato, 434; mercaptano, 325
metilação, 212d
5-metil adenosina, 421i
5-metilcitosina, 661d
5-metileno oxíndole, 387
5-metiltiorribose, 421i
metionina, 139, 207i, 211i, 326, 396i, 421i-422, 663; sintetase, 325i
método crioscópico, 60d-60, 187
Método de Chardakov, 569
método de cuveta, 72di-73, 121, 391
método de Southern blot, 578i-580d
Método do Northern blots, 573, 578i
método do óvulo vazio de legume, 196di, 199
método do volume constante, 57i
método do Western blot, 572, 577d
métodos de fluxo no caule, 73-76i
metotrexato, 580
metoxila, 341
métrica (unidades SI), 5; sistema, 645; unidades, descartadas, 649i
metro, 645d-646i
mevalonato pirofosfato, 335
MgATP^{2-}, 208i
Mg^{2+}-enzima necessária, 243
micelas, 82
micélios, 505

Michaelis-Menten: cinética enzimática, 160-159, 597; constante, Km, 215d, 461, 597; equações, 461i
micoplamas, 4i, 5
micorrizas arbusculares vesiculares, 146d-147
micorrizas, 128, 146di-147i-148, 316, 369, 410, 594
micorrizas ectendotróficas, 146d
microalga, 638i
microautorradiografias, 173i
microcorpos, 7i, 17d, 21; membranas dos, 150i
microestrutura das paredes celulares, 637
microfibrilas, 9di, 21, 151-151i, 342, 359i, 357, 359, 631
microfilamento(s), 7i, 13, 18-19d, 23, 27, 178, 205, 494; feixes, 457
microfone, 110
micrografias da célula, 8; em um filme, 119
Micrógrafo de Nomarski, 8i
microgravidade, 446, 463
micrômetros, 5
mícron, 649i
micronutrientes, 133, 136, 160
microorganismos, 338, 570
microprocessador, 73
microprojéteis, 582d
micropropagação, 419
microrganismos carioticos, 308
microscópio, 8-8i, 18
microssomos, 23d
microtúbulos, 6i-7i, 96, 12i, 13, 18-190-223-236, 27, 178, 205, 354d, 355i, 494, 631; centros organizadores de microtúbulos (MTOCs), 19d, 21; cortical, 18i
mieloma, 475d
migração: das aves, 514; para fora da areia, 504i
milho (*Zea mays*, "milho"), 8i-9, 17i, 70, 76i, 79, 103, 107i, 123-124i, 129, 137, 139, 142, 159i, 177, 179, 189, 196, 198, 211i, 233, 243-245i, 261, 264, 269i, 271, 276i, 276-277, 281, 283, 315, 304, 328-329i-329, 358, 363i, 367i, 368, 373, 379, 386, 394, 401, 403, 408, 424, 427, 432, 451, 454-455i-457, 464, 469-470i, 481, 487, 519i, 542i-543i, 547, 565, 627, 640; coleóptilos de milho, 356, 394, 493; crescimento de mudas na luz, 489i; deficiente em giberelina, 390; extremidades dos coleóptilos de

milho, 449i; mudas, 472; mudas, etioladas, 490i; mutantes, 455; mutantes anões de, 400; proteínas de armazenamento, 585; raízes, 460, 631; seções de coleóptilos, 395; semente, 284
milho anão, 406; mudas, 407; mutantes, 401i
milho berbigão comum, 448i
mili gravidade, 463
milímetro, 5
milimicro, 649i
Mimosa, 443, 515; *glomerata*, 528-529i; *pudica*, 31, 439, 441i, 498
Mimulus cardinalis, 90i
minerais de silicato, 268
mineral: absorção, 87; cíclico, 594; concentrações dos sais em solos, 148; no floema, 189; nutrição, 123d-143, 597; nutrição, experimento, 598i-599i; nutrientes, 208, 533; nutrientes, limitação no oceano, 269; sais, 191; sais, absorção dos, 144-169
mínimo, 520, 597i; número de folhas, 551d; temperatura, 519d
minutos, 596i, 650i
mioinositol, 182i, 185-187i, 321-322i; ácido hexafosfórico, 321i
mirceno, 337i
mirístico, 328i
mirtilo, 364
mistura da luz vermelha e da luz vermelha--distante, 554
mistura de GA4 e GA7, 407
mitocôndria, 4, 6i-9i, 13, 17i, 23d, 27, 141, 178, 204, 222, 230, 254-254i, 288i, 290i, 293-294, 319i-320, 331i-333i, 418i, 567; *in vivo*, 290; ribossomos, 23
mitocondrial: estruturas, 289-290i-290; membranas, 166
mitose, 9d, 19, 21d, 23-25, 352d, 368, 419, 432
mm HG, 59i
mneme, 460
mobilidade de elementos no floema, 136
modelo chave-fechadura, 214-214i
modelo, 29d, 35
modelo, 662d; da parede da célula em crescimento, 361i; do fluxo de pressão, 174i; estrutura, 174
modelo de superação, 465
modelo de Sweeney, 513i
modificações pós-traducionais, 212, 382i-383, 495

modo de exportação do transporte de floema, 191
molalidade, 52d
molar: concentrações, 33d, 650i; extinção coeficiente, 659d; volume de água, 58
moldes, 632
molecular: biologia, 162, 564, 661-664; genética, 550, 569, 570-587; massa, 30; massa do gás, 34d
moléculas, 34; colisões de, 34d
moléculas anfipáticas, 152d
moléculas opticamente ativas, 653d
mole, 264d, 645d-646i; de fótons, 270; de quanta, 654d; fração, 42d, 44, 60, 70
molibdênio, 125, 127i-128, 132, 132, 311, 317, 429; deficiências e sintomas, 142; mobilidade de, 137
mol (veja também mole), 264d, 645d
momentos de exposição, 447
monera, 4i, 222
moneras, 499
monitoração do íon selecionado (SIM), 390
monocotiledôneas, 4i
monocotiledôneas(s), 84, 107i, 119, 133-134, 147, 177, 243, 341, 346, 370, 397, 446-447, 469-470, 477, 546, 582; caule, 102i; coleóptilo, 450; espectros de ação, 449; estômato, 82i; feixes vasculares, 103; fitocromo, 481
monogalactosildiglicerídeo, 151-152i
monoico, 373d, 426
monossacarídeos, 181di
monoterpenoides, 337
monóxido de carbono, 295
Monstera gigantea, 454
montagem de câmera para fotografias de estrias, 366i
monuron, 233
Moraceae (família das figueiras), 187i
morangos, 306, 364, 375, 546, 562; híbrido, 546
morfina, 346i
morfogênese, 351d, 469
morfologia, 615
morfologia na dormência, 533
morrião vermelho, 542i, 551
morte de peixes, 269
morte por congelamento, 171d
morugem (*Stellaria media*), 63i
moscas-das-frutas, 341
mostarda: mudas, 493i; óleos, 531

motor a vapor biológico, 97
motores: células, 437d; resposta, 438d
Mougeotia, 494-495
movimentos: das folhas, "sono", 136; na plantas, 437-468
movimento Browniano, 67d, 455
movimentos ameboides, 20d
movimentos násticos, 437d-445, 465, 498
mRNA, 24, 382i-383, 396i, 426, 445, 493-495, 571, 584, 662d; estabilidade, 396, 420; localização dos, 587; madura, 579; para sintetizar fitocromo, 477; processamento, 382i; traduzido *in vitro*, 575; transcritos no núcleo, 663
mRNA duplex, 584
mucigel, 369d
muda de aveia cultivadas no escuro, 480; mudas, 490; plantas, 477
mudanças climáticas, 268, 497
mudas: crescimento, 538; cultivadas no escuro, 352; estabelecimento, papel da luz, 488-491; ganchos, 368i
mudas de centeio Puma, 432i
mudas verde-escuras, 478
Muhlenbergia, 463
mulheres na ciência, 505
mulher liberal, 505
multifásicos: absorção, 159i; cinética, 162d
multiplicativos: efeitos, 603i; fatores, 602i; respostas, 602d
múltiplos: relógios, 512; sinais do ambiente, 526
murchamento, 112, 179, 374-375, 435; efeito na translocação, 172i
murcho, 11-11i, 31d, 112, 363
murta do pântano, 309
músculos e ácido láctico, 289
musgos, 83, 259, 309, 338, 344, 397, 410, 429, 434, 476, 494, 540, 624-625i, 631; e hepáticas, 4i
música de acasalamento do macho, 512
mutagênicos, 427
mutante diageotrópico do tomate, 396
mutantes, 584, 584; ABA, 430; caroteno, 449; fotoperíodo, 550
mutarrotação, 285
mutualismo, 313, 594i
mutualísticas, 146d; relações, 410, 530
Myrica, 116i; *gale*, 309

nabo, 304, 319, 493i; água no núcleo do, 141

NADH, 234d, 249d, 288i-289i, 298, 311, 317, 319; desidrogenase, 294; formado na glicólise, 294; malato dependentes desidrogenase, 248; por hexose, 295; presente nas mitocôndrias, 291; /NADH razão, 300
NAD⁺ (nicotinamida adenina dinucleotídeo), 234d, 429; e NADH, 291; malato desidrogenase, isoenzimas, 210i, 319i; quinase, 384d
NADP⁺, 221d, 231i-233, 236, 249i, 296, 429; e NADPH, 290; estrutura do, 234i; malato desidrogenase, 255
NADPH, 135, 221d, 239, 241, 245, 298, 311, 318, 343, 410; em proplastídeos, 318; estrutura do, 234i; exigência, 252; malato desidrogenase, malato desidrogenase, ativação pela claridade, 257; na síntese de gordura, 330
nanismo, 488, 400
nanômetro, 5
nanosegundos, 225
não cíclico: fotofosforilação, 235d; o transporte de elétrons, 233d, 235, 317
não halófilos, 638i
narcisos, 631
nascer e pôr-do-sol, 77, 540, 558i-560i
nascimentos, 516
natural: produtos, 327-351; seleção, 86
natureza de onda da energia radiante, 652d-653
natureza particulada da energia radiante, 653d
navegação celeste, 516d, 554
Navicula minima, 236
neblina, 629
necrose, 129d, 136, 139d-139
nectarios, 176
Nelumbo nucifera, 528-529i
neomicina, 580; fosfotransferase (NPT), 579
neurônios, 664
Neurospora crassa, 501, 504i, 502, 510-512; rítmo da conidiação, 508i-509i
neutro: tampão, 443; temperatura, 539; vermelho, 26
neve: bancos, 631; borrascas, 620; luz que passa pela, 607; raiz vermelha, 309; ranúnculos, 631
névoa, 268
newton, 647i
niacina, 221, 347

nicho no tempo, 515
Nicotiana: *sylvestris*, 542i; *tabacum*, 542i-543i, 631
nicotina, 188i, 346i, 584
nicotinamida, 221, 234i; adenina dinucleotídeo fosfato, 221d; mononucleótido, 234i
nictinástia, 438
nictinásticos, 438d; movimentos durante o sono, 495
níquel, 125, 127i, 132, 135-136; deficiências e sintomas, 142-143
Nitella, 64i, 156, 363; *axillaris*, 63; *obtusa*, 156i
nitrato, 26, 126, 137, 145i, 158, 269, 308, 315i, 531, 598i-599i; assimilação, 314; fertilizantes, 314; redução, 280, 316-317; redução para NH_4^+, 318; reductase, 131, 131, 142, 314, 318, 379, 626i-626; reductase (NR), 317d
nitrificação, 308d-308i
nitrito, 308, 317, 531-532; redução de, 317-318; reductase, 317d
Nitrobactéria, 308
nitrocelulose, 580; filtro, 572i-572, 577; membrana, 578i
nitrogenados: base penetrando a membrana, 154; componentes do floema e xilema, 186-187
nitrogenase, 130, 311d-314
nitrogênio, 30, 123-124i, 126-127i, 134, 137i-139, 143, 159, 345, 598; árvores não leguminosas fixadoras, 309; assimilação de, 307-324; ciclo fotorespiratório, 319i-320; ciclo, 307-308i; componentes do floema, 187; deficiências e funções, 137-139; durante o estado vegetativo e reprodutivo, 322-324; efeitos sobre o crescimento atmosfera, 304i; excesso, 137, 376; fertilizantes, 312; fixação apoiada por gramíneas, 313; fixação, bioquímica da, 311-314; fixação cianobactéria, 642; fixação, 132, 132i, 308d, 499; lenhosas decíduas, translocações em plantas, 324; mobilidade das, 137; na fava, 322; nutrição, 594i; penetrando membranas, 154; plantas fixadoras, 309; recirculação de, 322; transformações durante o desenvolvimento, 321-324; uso eficiente, 610
Nitrosomonas, 308

níveis de hormônio ambientalmente alterados, 586
nível traducional, 625
Nobel de Química, Calvin, 251
nodulação, 312
nódulo, 373i, 489i; das monocotiledôneas, 353
nogueira, 366, 528; sementes, 532
Nolana mollis, 629
nonadecano, 30
norbornadieno [2, 5-]**, 426
norflurazona, 553
noturna, 346
noturno, 497; animal, 515
n-propil mercaptano, 325
nucelo, 378
nuclear: envelope, 7i, 9i, 13-15di-15, 21, 355i, 494; genes, 223, 229, 256, 430; migração, 437; proteínas, 419; ressonância magnética, 239; tamanho, 567
nucleoide, 5d-6i
nucleolar: organizador, 24d, 662d; vacúolos, 25d
nucléolo, 8i, 25d, 662d; tamanho, 567
nucleoplasma, 24d
núcleos, 5d-6i-7i, 9i, 13, 15i-15, 21, 23-25d, 27, 178, 178i, 321i, 455; volume dos, 501
núcleos, 4, 8i, 23, 141, 204; membranas de, 150i
nucleosídeos, 409d
nucleotídeo(s), 4, 139, 171, 234di, 282, 297, 299, 324, 409d, 661d; açúcares, 358; sequência, 480, 569-570, 663; sequência de moléculas mRNA, 481; sequências de fitocromo, 476; sondas, 572i
número de possíveis organizações de aminoácidos, 208
número diploide de cromossomos, 359
nutrição do embrião, 198
nutricional: fatores na reprodução das plantas, 547; integralidade da seiva do tubo crivado, 187; status e antocianinas, 345
nutrientes: deficiência, 136-137i; de resgate, 435; desertos, 269, 622d; hipótese de desvio, 393, 562; índice, 593; soluções(s), 124d, 126, 603i, 598i-599i; técnica da película, 124i-125d
nuvem: cobertura, 271i; sombras, 271
Nymphoides peltata, 424

OAA, 333i

Observatório de Mauna Loa, 265i
oceanos, 267i, 269, 622
ocotillo, 116i
o desenvolvimento dos ovários, 375
odor de carne podre, 296i
OEC, 231, 231
Oenothera, 374
O-fosforil-homoserina, 325i
ohm, 647i
o isolamento do plutônio, 250
Oleaceae (família da oliva), 187i
oleandro (*Nerium*), 76i
óleo de hortelã, 338
óleo de jasmim, 434
óleo de mamona, 328
óleo de máquina, 32d
óleo de xisto, 264
oleoplastos, 7i
óleos, 14, 268i, 299i, 327-331, 328i
oleossomos, 17d, 33, 329d-331i; formação de, 330i
olho, 510; humano, 559
olhos de tubérculo, 535
oligodeoxinucleotídeos diferem por um nucleotídeo, 574
oligomicina, 294
Oligonucleotídeo, 576i; iniciadores, 575; sonda, 572d; triagem, 572
Olmo americano, 529i
ondas de choque, 119
ondas de rádio, 595, 654i-655
O_2 penetrando nas células, 305
operon, 230; hipótese, 664d
óptica: densidade, 226i, 659; espectrômetros de emissão, 125d
Opuntia spp., 257i, 619i
órbita elíptica da terra, 270
Orchidaceae, 257, 527
orchinal, 341
ordem no universo, 38
organelas, 5d, Si, 13-14, 17-19
orgânico: ácidos, 30, 78, 84, 239, 298, 374, 531, 546, 629; compostos nitrogenados, 188i; evolução, 162; matéria, 267i, 307; matéria na fotossíntese, 221; moléculas, 128; solutos, transporte de, 170
organismos, 4i-5
organismo multicelular, 351
organismos cenocíticos, 4d
organismos marinhos, 506
organização da raiz jovem, 368

organogênese, 412d
órgãos, 4-5
órgãos de armazenamento subterrâneos, 522, 534-538
órgãos senescentes, 423
orientação da folha e do caule, 614
orientação dos cloroplastos, 437
ornamentais, 392, 592
Orobanchaceae, 527
orquídea, 257, 375, 426, 542i, 611
orquídeas vanda, 421
orto, 454
ortogravitrópica, 457
ortogravitropismo, 454d
orvalho, 88, 624, 624
Oryza sativa, 542i-543i, 559, 640
oscilador, 554
oscilante: cronômetro, 555, 558; sistemas, 507
osmolalidade, 42, 52d, 60
osmômetro, 47di, 49i-50, 174i; perfeito, 48d, 53
osmorregulação, 63d, 594i, 624d, 637d, 639
osmose compatível, 638d
osmose, 13, 33, 42d, 47-69, 117i, 120, 144; função da ascensão da seiva, 109-110, 118; pelos tubos crivados, 185; reversa, 62
osmótica: absorção de água, 114; ajuste, 624d, 627, 629, 631, 637d-638i; filtração, 60; germinação, 530; gradiente, 192; pressão, 48, 53d; quantidades no floema e no xilema (apoplasto), 192i; relações, 359; sistema, 47i
osmótico (soluto) potencial(ais), 26, 48d, 50-52, 54i, 63, 101, 117i, 136, 139, 360-361, 374, 407, 443, 530, 625, 637; de células guarda, 83-84; de células vegetais, 112; de halófitas, 628-629; do tecido hidratado, 64i; e as forças mátricas, 68; em células crivadas, 195; em células do mesófilo, 187; em PEG, 58i; medição de, 59-63; na célula companheira, 176, 189; na célula da folha, 51; nas plantas CAM, 258; no estelo, 109; várias espécies, 63i
osmotina, 432, 631
ouro, 123
outono: dormência, 532; folhas, 344-345; oliva, 309; síndrome, 548, 615
ovelhas, 132, 346
ovo, 211i; liberação, 504i
óvulos, 374
oxalatos, 140

Oxalis, 116i, 443; *oregana*, 440
oxaloacetato, 244d, 249i-249, 256, 258i, 298, 319; envenenamento da succinato desidrogenase, 218; por transaminação, 248
oxidação/reações, 131, 282
oxidação beta, 331d-333i-333
oxidação, 141-142, 386i; de água por fotossistema II, 230-232; do ácido oleico, 282-283; hídrico, 220
oxidante: ciclo do carbono fotossintético, 254i; fosforilação, 222, 291-293d-295, 300; trajeto da pentose, 296
oxidases, 205i, 332
óxido de deutério, 19, 513
óxido nitroso, 311
oxidorredutase, 205i
oxigenase, 253
oxigênio, 30, 95, 123-124i, 127i, 136; átomo, 30d; atomos na água, 29; disponibilidade para a respiração, 302-305; e síntese de etileno, 423; evolução, 280; fixação, 253; fotossíntese oxigênica (OEC), 230d; gás, 35d; isótopo, pesado, 221; na pressão radicular, 109; necessário para as folhas, 86; níveis, armazenamento das sementes, 528; penetração, 302; penetrando membranas, 154; pesado, 253
Oxyria digyna, 540, 605
ozônio, 89, 270, 607; camada, 615

P680, 227d, 228, 232, 236-238
P700, 227d, 232-233, 236-238
paclobutrazol, 399
padrão, 507d; de crescimento e desenvolvimento, 353-355, 359-363; especificação, 469; realização, 469
painço, 271
paliçada, 176; camada, 257; células, 274i; mesófilo, 610; parênquima, 76i-76d
palmeira, 364, 373
palmeiras, 92, 120, 178, 623-625i; *Washingtonia filifera*, 88i
Panicum miliaceum, 131
pântanos, 26
pântanos ácidos, 642
pântanos alecrim, 628
Papaver somniferum, 347
papel: científico, 80-81; cromatografia, 239, 247
papel filtro, 66
papoula de ópio, 347

parabólico, 106i
paradormência, 484, 527d
Paramécio, 499, 508; ritmo de cópula, 509i
parasita, 177, 594i-595
parcial: derivativo, 45; pressão do CO_2, 613i; volume molar hídrico, 41, 52
PAR, 270, 658d
pardal, cego, 510
parede: acidificação da, 395; afrouxamento, 11, 54, 360, 361, 394d, 395, 458; deformação, 361d; enzimas de afrouxamento, 467; escultura, 120; extensibilidade, 361d-363; pH, 395; plasticidade, 406; polissacarídeos, 395; primário, 12; processos de digestão, 436; relaxamento, 361d; secundário, 12; síntese, 626i; tensão, 361
parede celular primária, 6i, 9d, 12i, 105di, 149, 151i, 354-355i; alterações da parede durante o crescimento, 354-363; campo primário de pontuação, 12d, 149i; compostos, 327; floema, 107i; meristema de espessamento, 178d; meristemas, 353d; produtividade, 264d; xilema, 107di
paredes celulares, 5d-6i-7i-9d-9i-10i-11i-13, 14, 17i-18, 20i-21i, 27, 31, 47di, 69, 82, 150i, 176i, 222i, 311i, 334, 418i; afrouxamento, 420; área das folhas, 77i; bioquímica de, 356; citoesqueleto, 18; como apoplasto, 109-110; em formação do nódulo, 309; enzimas de degradação, 394, 426; formação, 21; hidratação, 110; hidrolases/crescimento ácido, 467; invertase, 286; modelo, 358; no desenvolvimento da planta, 356-358; pH, 165; polissacarídeos, 43, 110, 123, 142, 488; primário, 10-11; rigidez, 47; secundário, 11
parênquima, 8d-8i, 102i; celular, floema, 175i; celular, 20i, 176-177i, 283i; células, 387, 436
par térmico, 60i-61i, 74; psicrômetros, 121
partes hibernantes, 633i
partes por milhão, 264, 649i
Parthenium argentatum, 338
Parthenocissus tricuspidata, 452i
particionamento de solutos no floema, 197
particionamento no transporte de floema, 193
partícula coloidal, carregado, 68i
partículas elementares, 34

pascal (Pa), 52, 645d, 647i
Paspalum notatum, 313
passando pelo período de escuridão, 556d
pássaros, 216, 499, 516, 545, 605; migrações, 545; trato digestivo do, 530
passiva: absorção, 159; absorção do H⁺, 167; fluxo, 174; transporte, 164d, 166
pastagens, 407, 492
patógenos, 180, 346, 423, 528, 529, 627; inibe a fotossíntese, 279
pau-brasil, 116i, 351
PCMBS, 197
p-Cumaril: álcool, 342-343; coenzima A, 494
Pr, 470d, 472-473i-474, 477-478i, 484
P$_{fr}$, 472d-473i-474, 477-478i, 484, 486, 489, 494, 494, 554; estável em sementes secas, 484; exigência de quantidade mínima no florescimento, 549
pecíolo(s), 96; alongamento, 489
pécticas: polissacarídeos, 140, 333, 357; substâncias, 12d-12
pectina metilesterase, 357
pectinas, 12, 182, 183, 325, 334, 354, 358
pectinases, 435
pé de ganso vermelho, 542i
Pediomelum subacaule brotos, 537i
pedúnculo, 180
PEG, 61, 356
pelargonidina, 344i
Pelargonium, 345
pelos desencadeadores, 443
pelos, 78i
Peltier: efeito, 58d; resfriamento, 60i
pêndulo, 554
pentoses, 181, 234i, 241
PEO carboxilase, 274i
peônias, 344
peonidina, 344i
PEP carboxilase, 245, 248-249i, 255-256, 258-259, 298, 316, 319, 333, 586; síntese, 252
PEP, 84, 252i, 258i, 300, 333, 339i
pepino, 132, 364, 368i, 373, 400, 416, 420, 448i, 490, 495, 519i, 543i, 548; cotilédone, 395; família, 623; mudas, 407
peptídases, 322
peptídeo: hormônios, 383; ligações, 206d, 663
peptídeos sintéticos, 577
pêra, 364, 374, 392; frutos, 421
percebido, 438d
percentagem de murchamento permanente, 51, 112d-113i

percepção, 438d; em gravitropismo, 454-456; no fototropismo, 446-449
perclorato de mercúrio, 468
percolação, 361d
perenes, 364, 402, 527, 534; árvores e arbustos, 269i; coníferas, 63i; folhas, 610
perene(s), 353d; azevém, 560, 561; gramíneas, 524; lenhoso, 354
perfeito: flores, 373d; gases, equações para, 53
perfilhamento, 492d, 546d, 550; no trigo, 492i
perfumes, 337
peribacteroidal: espaço, 310d-311i; membrana, 310d-312
pericarpo, 374d
periciclo, 106d, 107, 149, 310i, 312
periclinal, 354d; divisões, 354i, 372
periférico: polipeptídeos, 228i-228; proteínas, 153d
perila, 559, 567
Perilla: *crispa*, 542i; *frutescens*, 79, 559; *fruticosa*, 315i
período, 501d, 507di, 510i
período de luz de intervenção, 556di
período de perseguição, 185d
período em curso livre, 501d, 507
período noturno, 514, 534, 552i, 554-555i; dormência, 533; em variados momentos, 557; experimento, 556; fenômeno, 552d
permanência no estado induzido, 526
permeabilidade, 46d; das membranas, 55, 359
peroxidase, 343d; isoenzimas, 387, 427
peroxissomos, 17d, 253-254di, 319i, 329, 331-332; membranas da, 150i
pesados: água, 510i-511; metais, 215, 643
pés de feijão, 400
peso, 352d, 646d
pesqueiros, 269
pêssego, 364i, 374-375, 395, 531; mudas, 532, 604i; pêssego, verde, 12
pestes, 598
pétala(s), 374, 406; movimentos das pétalas, 499, 508i
petróleo, 264
Petunia hybrida, 543i
petúnias, 344, 412i, 544i, 584
petunidina, 344i
pé-vela (medida), 270, 650i, 657d
PF (interna) face, 22d
PGA, 243

3-PGA, 240i-241i-246, 242i, 248-249i, 253i-254, 256, 262
3-PGaldeído [3-]**, 247, 242i, 248, 286
Phacelia tanacetifolia, 485-487
Phalaris, 458; *canariensis*, 446; *mino*, 132
Pharbitis, 550, 553, 557-558, 562, 567; *nil*, 374, 542i, 549, 563, 566
Phaseolus (feijão), 393, 500; *aureus*, 422; *vulgaris* (feijão comum), 199, 311i, 397, 401i, 543i, 546
pH, 596i; da parede celular, 165; e atividade enzimática, 215; e cor da flor, 345; escala, 33d; gradiente, 167, 293; indicador, 456; mudanças em soluções nutritivas, 126i; status, 317
Phleum pratense, 263
Phosphon D, 376, 399
Phycomyces, 449
Phyllostachys bambusoides, 503
Physarum polycephalum, 504i
Picea: *abies*, 533; *excelsa*, 612; *sitchensis*, 303
picosegundos, 237
pigmento(s), 501, 655, 658d; ativos na germinação, 485-486; de absorção azul, 439; mudança, 555; síntese, 506; sistemas de fototropismo, 438
pigmento azul, 470-471
pigmento de ficobilina, 226, 236, 473
pigmento fotorreceptor, 448-449i, 469; mecanismo de ação, 495-496; no arrasto, 507
pigmento fotorreversível, 472
pigmentos acessórios, 236
pigmentos de porfirina, 282
Pilobolus, 501
pilotos, 518
Pinaceae (família dos pinheiros, abetos, espruces, lariços e cicutas), 147, 329i, 400, 407, 564, 566
pineno, 337i
pingo de neve, 631
pinhas, 542i
pinheiro(s), 76, 144-145i, 364-365i-476, 564; cone, 544; membros, 465; morango, 542i
Pinheiro escocês (*Pinus sylvestris*), 145, 269i
pinheiro *Pinus longaeva*, 353, 434
pinheiro ponderosa, 331i, 338
pinheiros, 303, 491
Pinus, 337; *aristata*, 434; *contorta*, 147i, 303; *lambertiana*, 368; *radiata*, 562; *sylvestris*

(pinheiro escocês), 145i, 269i; *taeda*, 146i, 370
piperidina, 576
piranose, 183d
pirimidina(s), 234i, 299i, 661d
pirofosfatase: bomba, 168, 258; enzima, 324
pirofosfato de geranilgeranil, 399i-399
pirofosfato (PPi), 166, 249i-252i, 289, 324, 662; fosfofrutoquinase, 288
piruvato(s), 295; desidrogenase, 301, 330; fosfato discinase, 132, 255; fosfato, 249i; quinase, 288i
pisatina, 341
pistilado, 373
Pisum (*consulte também* ervilha), 454; *sativum*, 80, 455-455i, 504i-503i, 543i
placas, crivada, 175i
placas crivadas, 102i, 175di, 177i, 179i, 185, 190; maior problema, 193
placas de perfuração, 105d, 120
plagio, 454
plagiogravitropismo, 454d
plagiotrópico: crescimento, 467, 468; galho de árvore, 465
plagiotropismo, 454d
plâncton, 622d
planetário, 516
planta da ressureição, 623
planta de rochas chamativas, 542i
planta dólar, 543i
planta em forma de travesseiro, 93
Plantae (reino), 4i, 222
planta(s), 9, 499; adaptações à radiação, 606; células, 8i, 27; crescimento e temperatura, 519i; distribuição, 598; fisiologia, 3d-5, 29, 250, 251, 564, 592; hormônio(s), 381d, 428-429; interações patógenas, 342; interaçõesplanta e animais, 594i; movimentos, 437, 438-468; potenciais osmóticos, 63i; regulação do crescimento, 386d, 429; relações hídricas, 29d; respostas ao ambiente, tipos, 602-604i; seiva, 60; sucessão, 273; verde, 4i
plantas carnívoras, 443d, 594i, 604i
plantas decapitadas, 393
plantas de dia curto/longo, 549d
plantas de dia curto (PDC), 542i-543i-544i
plantas de inhame, 434
plantas envasadas, vedadas, 71
plantas florescendo (veja angiospermas), 4i

plantas não vasculares, 434
plantas neutras para o dia, 514d, 523, 544i, 549i, 550
plantas resistentes, 631
plantas rosetas gigantes, 631
plantas sensíveis, 31, 438-439, 498, 529i, 604i
plantas transgênicas, 578-580d, 584
planta submersa, 87
plântulas foliares, 545i
plântulas, miniatura, 378
plântulas vivíparas, 546d
plasma, 5i, 47i, 656d
plasmalema, 6-6i-7i, 10i-11i-14, 15-17i-19, 20i-22i, 23-27, 150i, 176i, 178, 190
plasmídeo indutor de tumor (Ti), 580d
plasmídeos, 412d, 416, 570d, 571, 581
plasmídeo Ti, 412
plasmodesma (plasmodesmos), 6i-7i, 8i, 11di, 14, 107-108, 149di-150, 176-176i-177i, 188-189, 248i
plasmolisa, 62di
plasmólise, 127, 188
plasmólise incipiente, 62di-64i, 362i
plasticamente, 10, 360d
plasticidade, 61, 420
plástico: elementos, 361i; esforço biológico, 616d; extensibilidade, 361; resposta ao estresse, 628
plásticos livres de sódio, 130
plastídeos sem amido, 455
plastídio(s), 71-Si, 13, 24d, 27, 178, 222, 260, 329, 494, 579; morfologia, 420
plastocianinas(s), 130, 142, 229-231, 231i-233
plastoquinona(s), 228d-231i, 238
plataforma continental, 267i
plátano, 116i; figueiras, 421
platiopuntias, 593
plugue estrofoliar, 529d
plúmula, 403i
plurais dos nomes das unidades, 648i
pneumatóforos, 303
Poa: *alpigena*, 548; *alpina*, 548; *pratensis*, 440i, 484, 529i, 543i
Poaceae (família das gramíneas), 329i, 356
poço com bordas, 105d
poda, 375
poder redutor, 239; produzido durante as reações luminosas, 280
poinsétia, 542i, 550
poiquilohídrico, 623d

polar, 30d; gelo, 264, 268; solutos, 68; transporte, 388, 405; transporte de auxinas, 387; tundras, 619
polarização, 182, 652-653d
poliacetilenos, 341
poliamina(s), 428, 638, 639; no florescimento, 567
poli(A)+mRNA, 571i-571d
policárpicas, 353d; árvores, 551
poliembrionia, 377i
polietilenoglicol, 56, 58i, 356, 486, 582
polifenol oxidase, 340
poligalacturonase, 584
Polígono, 116i, 531
polígrafo, 517
polimerases, 205i
polimorfismos (RFLP), 573
polinização cruzada, 540, 615
polinização, 154, 337, 345, 346, 375, 425, 594i; das orquídeas, 338; efeitos da temperatura, 601
5'-polinucleotídeo [51-] quinase, 576i
poli-1-onitina, 582
polipeptídeo, 663; cadeias, 205d, 209, 219; D1, 232; de cevada, 228i
Polipódio, 623
polirribossomos, 23, 436, 663d
polissacarídeo(s), 184d, 234, 243, 402; da membrana, 153; de glicoproteínas, 153; elicitores, 342; enzimas hidrolisadas, 436; síntese, 285, 299
polissomos, 23d, 419, 663d
pólos, 540
poluentes, atmosféricos, 268, 643
poluição, 607, 627, 633
pomares, 134
pombos: ervilhas, 312-315; músculo do peito, 290
pomologia, 160
pomologistas, 527d
ponto, 36; de fusão do gelo, 32
pontos de compensação, 271-272
população(s): de organismos, 505; dos organismos unicelulares, 363; tamanho, 504i
Populus, 78i, 323; *tremuloides*, 634i
por fungo, 594i; crescimento, 502; espécies, 420; esporos, 331; hifa, 146; paredes celulares, 427; patógeno, 428; ritmos, 499
por, 648i-649i
porinas, 293d
porômetros, 73d, 120

poros: aberto, 179i; em lírios de água, 97; estomatal, 76i; membranas de cavidade, 111; na parede, 11; nuclear, 15d; paradoxo das, 75
poros crivados, 178, 190
poros dos capilares no solo, 112; água, 112di, 121; tubos, 64i, 191
poroso: copo de barro, 59; placa, 66i
poros ocluídos, 179
portão, 166i
Portulaca grandifolia, 374; *oleraceae*, 484
pós amadurecimento, 528d
pós-irradiação CO_2 fixação, 613
postulações, básicas, 3-6
potássio, 123-124i, 127-127i, 130, 134, 137i, 145i, 160, 161; acúmulo, 156, 163; deficiências e funções, 139; íons em nictinastia, 439; íons, 136, 166i, 361, 495, 602; íons no rastreamento solar, 452; íons no relógio fisiológico, 513; nas células guarda, 83i-86, 430; níveis no sangue, 505; penetrando membranas, 154
potência, 647i
potenciais de ação, 441d, 442i-443
potencial, 48d, 618; para energia ou transferência de massa, 595
potencial elétrico, 163d, 495; diferença, 165; gradiente, 163i
potencial hídrico, 15, 40d-41d-44i, 49i-50, 53, 55i, 69, 117i, 174, 486, 356, 360, 406, 596i, 622, 635; atmosfera, 49i, 109-110i; componentes de, 48d; conceito, 39, 46, 52; de células em crescimento, 394; de seiva de floema, 192i; diferença, 48; do solo, 112; e estômatos, 79, 85; em células crivadas, 195; folha, 51; gradiente, 43, 48, 101, 109, 360, 360; medição de, 57i-59; unidades para, 50
Potentilla glandulosa, 605, 606i
potômetro, 71d
PPFD, 658
PPF, 270d, 273, 658d
PPi-PFK, 289, 300-301i
PPR, 300
P-proteína, 178d, 185, 190; corpos, 178d; fibras, 179i; liga os poros, 180
PQ, 229d
PQH_2, 229; oxidação, 235
prata, 133; ion como inibidor da ação do etileno, 426; íons, 218, 461; tiossulfato, 427i

precipitação, 617i
precisão do relógio biológico, 497
precocenos, 341di
prefixos, 648i
prematuro: envelhecimento, 413; germinação, 429
pré-resfriamento, 434, 522d, 531d-532
pressão de equilíbrio, 63
pressão, 41, 44i, 46, 48d-49i-50, 546, 83, 422, 468, 596i; acúmulo de, 48; bomba, 58, 64di, 115d-116i, 117i; câmara, 120; dentro das células, 458; e densidade de vapor, 43-44; e difusão, 42; fluxo, problemas com, 192; fluxo, resumo, 192-193; gradientes, 42, 96, 175, 192; hidrostática, 47; interna, 11; medição de, 63-66; medidor, 191; membrana, 66i; modelo de fluxo, 173-174di-185, 185-193; negativa, 48d, 50, 110; no floema, 190-191; potencial, 48d, 53, 67, 174, 360, 394; sonda, 361; transdutor, 83, 83; transferência no modelo de Munch, 174; unidades para o potencial hídrico, 52; -volume de produto, 37d, 48
pressão parcial, 95-96
pressurização higrométrica, 96-97
primatas, 409
primavera: centeio, 633; cevada, 513; efêmeros, 631d; madeira, 106d; marés, 503d-506di; rejuvenescimento, 548; trigo, 543i, 633
primaverização, 523
primeira lei da termodinâmica, 37d-37
primeira negativa de curvatura, 447d
primeira positiva de curvatura, 447d
primer para a DNA polimerase, 576i
prímula da noite, 373
prisma de vidro, 653i
prisma, 653i
procâmbio, 102i, 107i
procariontes, 5, 13, 23-25, 27, 478, 499, 628, 641; células, 5di-6i; microorganismos, 307; organismos, 4i, 497
procedimentos de mutilação, 376
processo de recuperação, 422
processo de resfriamento, 36
processos de desenvolvimento nas tundras, 621
processos ecossistêmicos, 594i
processos que ocorrem em série, 40

produção: de plantas de agricultura, 546; limite, 357, 361d-363, 458; ponto, 360d, 361
produção de etileno autocatalítica, 422, 425
produção de vinho, 304
produção em linha de montagem, 204
produto(s), 40, 204, 213i, 213; acúmulo, 217; de fixação do dióxido de carbono, 239-241
prófase, 21
progesterona, 336
proglioxissomos, 331d
prolina, 26, 207i, 624, 626, 629, 638i-639i
promotor de CaMV 35-S, 584
promotor(es), 571d, 580d, 584; genes, 415; região dos genes eucariontes, 584
propano, 30
proplastídeos, 7i, 24d, 222d, 317-318, 325, 418, 429; de sementes e raízes, 330
propriedades coligativas, 60d
propriedades de deformação da parede celular, 372
propriedades reológicas, 361d
Prosopis glandulosa, 623
prostaglandinas no florescimento, 567
proteases, 205, 321, 374, 587; do vacúolo, 413
proteína(s), 4-6, 10, 28, 43, 139, 165, 178, 203, 205, 234, 258, 299i, 307, 312, 402, 569, 661d; absorção dos, 168-169; ambiente celular, 212; composição dos, 211; corpos, 7i, 17d, 321i-322, 324; desnaturação, 521; e a nutrição humana, 211; moléculas, 66, 151i, 204; nas membranas, 14, 150, 153i, 636; no LHCII, 228, 238; nos cloroplastos, 322; pesos moleculares, 206; polissacarídeo, 512; quinase c (PKC), 383i-384; quinases, 256d, 496; reserva, 324, 432; síntese, a taxa de, 317; síntese e ABA, 433; síntese e citocininas, 419; síntese e estômatos, 86; síntese, 6i, 14, 23, 467, 513, 626i, 661-664; síntese no florescimento, 563
proteína 2Fe-2S, 228d
proteína 4Fe-4S, 233
proteicos: canais, 156; transportadores, 153d, 157
proteína de heterodímero, 230
proteína de ligação da clorofila a/b, 419, 586; taxas, 131
proteína Fe, 311-312i
proteína Fe-Mo, 311-312i

proteína sensora, 166i
proteinases, 205i, 316, 322
proteínas extrínsecas, 153d
proteínas intrínsecas, 153d
proteínas metalotíneas, 133
proteínas semelhantes à histona, 641
proteinoplastos, 24d
proteoglicano, 512
protista, 4i, 9, 222
protistas, 8i, 27, 499, 509
proto anemonina, 531
protoclorofila, 490d; formação, 626i
protoclorofilideo a, 469d, 489-490
protoderme, 107i
próton(s), 29, 654; bombas (H⁺ ATPases), 167, 388, 631; pirofosfatase de bombeamento, 166d-168; transporte, 165
protoplasma, 13d, 27, 33, 65, 352
protoplasmático: fluxo, 504i; viscosidade, 634, 641
protoplastos, 7i, 9di-11i, 31, 61, 107d, 577; células-guarda, 79; isolado, 18; potencial hídrico nas células da folha, 118
protozoá, 4i, 27
próximos, 369d
Prunus (damasco, cereja), 186, 637
pseudociências, 517
pseudogene, 585d
Pseudomonas syringae, 294, 637
pseudópode, 20d
Pseudotsuga menziesii, 493i
pseudotugas (*Pseudotsuga menziesii*), 98, 105i, 116i-117i, 309, 329i, 400, 493i, 564
psicométrico: constante, 94; gráfico, 72d
psicrômetro, 60i
PS I, 227d, 231i, 238; núcleo do complexo, 230
PS II, 227d, 231i-233, 235, 238; complexo de captação de luz, 228d-231
pteridófitas, 244, 257, 393
Pteris, 116i
pubescence, 623
publicação, 80
pululanase, 286
pulverizações foliares com nutrientes, 125
pulvino (pulvinos), 373i, 437d-441, 452, 464-466
purificação de afinidade do fitocromo, 474
purina, 234i, 661d; bases, 143
púrpura de bromocresol, 456
putrescina, 428d, 638

Pyrenees chrysanthemum, 542i
Pyrodictium, 641
Pyrus (pera), 186

Q_{10}, 36d, 213, 305, 512, 538; menos de um (*Gonyaulax*), 511, 513; valores, 520; valores para reações enzimáticas, 217
qualitativa, 523d
quanta, 224d, 270
quantidade de substância (mole), 646i
quantitativas, 523d
quantum, 653d; produção, 654d
quebra de açúcar, 287
queda d'água, 365, 368
queda vermelha, 236
queimadura solar, 632d
queima, 282, 308i; de florestas tropicais, 264
quelação, 136, 167
quelador, 134d
quelato, 134d, 141, 166, 197d; de ATP, 208i
quercetina, 388
Quercus, 106; *rubra*, 634i
querogênio, 264d, 266di, 268i
quiescência, 484, 526-527d, 537
quilograma, 646i
química: composição das enzimas, 205; diferença de potencial, 163; efeitos nos ritmos, 510-512; germinação, 530; inibidores, 530-531, 538; mensageiros, 438; método de sequenciamento do DNA, 575d; potencial, 40d, 45, 47, 50, 163d, 596i; potencial hídrico, 41
química, 3, 5, 250, 593; reação de equilíbrio, 602i; reações, 35; reagente, água como um, 33
quimiosmótica: o modelo do transporte da auxina, 388i; teoria, 235d
quimiotropismo, 465d
quinases, 205i, 301
quinina, 346i
quinonas, 228, 232, 237, 291, 340
quitinase, 427

rabanete, 304, 315i, 319, 368i, 416, 418i, 420, 448i, 457, 489-490, 514, 542i, 544i, 546
radiação azul ou ultravioleta, 614
radiação de luz vermelha-distante, 90
radiação fotossinteticamente ativa (PAR), 270d, 607d, 658d
radiação ionizante, 502
radiação UV-A, 478d, 488

radiação visível, 655
radial: expansão, 424; micelação, 82
radiano, 646
radicais hidróxidos, 413d
radicais livres, 413; mecanismos, 342-343
radícula, 368d, 403i, 526d, 532; ponta, 437; protrusão, 368
radioatividade, 180i
radioativo: carbono-14, 239; fonte, 647i; marcadores, 171
radioautografia, 247
radiocarbono, 247
radio telescópio, 452, 615
rafinose, 184i, 186-187i, 190; grupo, 184d-184
raio da curvatura, 67
raio (parênquima do xilema), 102i, 103d, 324
raios cósmicos, 654i
raios solares, 271, 440, 611-613
raio(s)-x, 505, 654i-655; filme, 171-172i
raíz de fungo, 146
raíz(es), 25, 69, 147i, 160, 173, 317, 323i; amido na, 260; anatomia, 106; capa, 107d, 369i-370i, 454-455i, 455-457i, 465, 477; como superfícies absorventes, 144-149; crescimento a partir dos cortes, 392i; crescimento do, 365, 368-370; crescimento radial da, 370; culturas (silvicultura e gerenciamento de plantio), 592; desenvolvimento, 470; efeitos nos estômatos, 85; formação, 392; gravitropismo na, 454-456; hormônio do crescimento, 392; nódulo, 309d, 310i, 311i, 369, 410, 643; organismos em decomposição, 139; pelo, 107i-108d, 114i, 145d-146i--147i-148, 310i, 369i, 378i; poda, 626; pontas, locais da síntese citocinina, 411; pressão, base anatômica da, 109; pressão, 41, 98d, 116, 119, 120, 411; primário, 107i, 489i; primórdio, 370i; resistência, 623; respiração, 169, 522i; sem hibernação no inverno, 533; síntese de giberelinas, 399; sistemas como osmômetros, 120; sistemas, rasos, 623; tempos de vida, 144; tubérculos, 546; zona de crescimento de, 369iraízes adventícias, 376, 393, 412, 489i
raízes alagadas, 421, 423
raízes de armazenamento nos tubérculos, 536; /correlações dos brotos, 169
raízes seminais, 403i

raízes súbitas, 393
raiz-forte, 387
raiz mestra, 144
ramificação, 393, 546; enzima, 261
ramnogalacturonanos (RGs), 357d
ramnose, 357
ranúnculo (*Ranuncuias*), 107i
Ranunculus, 522i, 527; *adoneus*, 631; *sceleratus*, 424
Raphanus sativus, 448i, 514-514i, 542i
rastro de um navio na água, 366
reação: efeito dos produtos nas enzimas, 217; madeira, 465di-468; taxa e temperatura, 519-522; taxas em função das temperaturas, 538i
reação de alarme, 618d
reagente(s), 39, 204, 213i
reagentes químicos de base específica, 575
recalcitrantes, 528d
receptor, 438d; hormônio, 396; para turgorinas, 443; proteínas, 382d-383i, 391, 402, 419; proteínas para o etileno, 427
recessivo, 550
reciclam os nutrientes das plantas, 598
reciprocidade, 446d-447, 480, 552
recombinante: clones, 573d; técnicas de DNA, 580d
reconhece, 663d
reconhecimento: locais, 169; propriedades, 154
recorde de campo para o trigo, 600
recuperação da sacarose, 189-191
rede de Hartig, 146di, 150
rediferenciação, 379d
redução, 141, 142, 241di; de CO2, 220; potenciais, 294
reductases, 205i
redundante, 663d
refaseado, 508d
refletância, 90i
reflexão, 659d; coeficiente, 94
reflorestamento, 273
refluxo (maré baixa), 504i, 503d
refração, 653d
refratometria, 188, 191
regeneração, 241di-241
região pressionada (tilacoide), 222d, 228, 232
regime permanente: condições, 88; porômetros, 73d
regiões áridas, 51
Regnellidium diphyllum, 424

regras SI: convenções de estilo, 648i; prefixos, 647i; unidades, 52, 645-651
regulado, 420d
reidratação, 624
reinos de organismos, 3
relações broto/raiz, 137
relativo, taxa de crescimento, 360d; teor de água (RWC), 46d; umidade, 44d, 50, 58-59, 87, 91-92i, 109-110i
RE liso, 14d
relógio, 374; mecanismos, 512; mutantes, 512; reajuste no florescimento, 556i
relógio biológico, 438-440, 497-518, 554, 604i; implicações, 516
relógio de pulso, 518
relógios separados, 518
renaturação, 570d
rendimentos de cultivos florestais e agrônomos, 279
réplicas, 22
repolho, 304, 325, 368, 400, 448i, 523
repolho chinês, 233
repolho roxo, 493i
repouso, 484, 527
repressores, 219i
reprimidos, 379d
reprodução assexuada, 392
reprodução, 28, 540, 610i, 615
reprodução sexual, 546-548
répteis, 545
RE rugoso, 14d-14, 23
reservas: depósitos, 6i; gorduras, 333i
resfriamento: exigência para árvores frutíferas, 534; lesão, 640d; plantas sensíveis a, 522
resfriamento evaporativo, 87, 92-93
residentes médicos, 518
resíduos, 184d
resíduos minerais, 134
resistência a: convecção, 90; fluxo de água, 105; movimento hídrico, 107; patógenos de plantas, 428; transpiração, 91; um antibiótico, 580
resistência, 45d
resistência, 623d; estágio, 618d
resistente à seca, 623, 625
respiração, 6, 80-81, 137-141, 181, 203, 216, 220, 264, 266i, 271i, 282-306, 499, 626i-627; controle de, 298-301; do girassol, 304; em folhas de plantas da espécie C-3, 253; essencial para a acumulação de

íons, 157; e troca de energia, 88; fatores que afetam, 301; manutenção, 287; nas mitocôndrias, controle de, 300; o florescimento, 563; respiração e acumulação de carbono, 610
respiração aeróbia, 305
respiratório: climatérico, 421; quociente, 282, 333
resposta(s), 438d, 604i; ao estresse hídrico, 625i; de plantas sensíveis, 442; duração dos dias, 549i, 614; para energia radiante, 607, 610-614
resposta de base, 446d
resposta de extremidade, 445d
resposta de fluência baixa (LFR), 482d
resposta (quantitativa) modulada, 604d-604i
respostas ativadas ou liga/desliga, 603-604i
respostas de fluência muito baixa (VLFR), 482d, 483
respostas diretas, 604-604i
resposta tripla, 421d, 424, 426
resposta tropística, 465
restrição: endonuclease, 580; enzimas, 570d, 573, 575; fragmento de padrões de comprimento, 573d
retardado: efeitos, 522d; respostas, 523, 603-604i
retículo endoplasmático (RE), 6i-7i-8i, 14d-15i, 17i, 20i, 149-150, 166, 178, 330-330i-331i, 355i, 358, 384, 403, 456
RE (veja *também* retículo endoplasmático), 16-17, 26, 153, 396, 495; túbulos, 14
revernalizada, 525
reversão para Pf, 553
reversibilidade das reações enzimáticas, 204
revestimento resistente de sementes, 529
Rhizophora, 116i; *mangle*, 303
Rhododendron ferrugineum, 632
riboflavina, 479; espectro de absorção, 449i
ribonuclease A, configuração da, 209i
ribonuclease, 205i, 209, 324d, 373, 625
ribose, 181, 234i, 661d
ribose-5-fosfato, 241, 242i, 297i
ribosomos, 5i-6di-7i, 13, 23-25, 27, 66, 205, 223, 355i, 455, 567, 662d, 663; hospedeiro bacteriano, 572
ribossômico: RNA, 409, 662d; subunidades, 15
ribulose-1, 5-bifosfato (RuBP), 240d, 243, 249i, 253i, 278; carboxilase, 206, 210, 251
ribulose-5-fosfato, 241, 247; 242i, 296-297i

ribulose-5-fosfato quinase, 242i, 255
Ricinus communis, 328
ritmos biológicos, 471; espectro de, 502; terminologia, 507
ritmo(s), 500d; definições, 604i; em livre curso, efeitos das substâncias químicas, 510i; na permeabilidade, 512; respostas ao florescimento, 555i; sensibilidade à qualidade da luz, 556; tipos de, 504i
ritmos não circadianos, 499
Rizóbio, 153, 309-310i, 314, 412
rizomas, 95, 534d
rizosfera, 135d
RNA (ácido ribonucleico), 4, 28, 223, 297, 374, 567, 661d; divisão, 662d; duplex, 584i; moléculas com capacidade catalítica, 205; polimerase, 419, 571, 583i, 662d; síntese, 467; tradução, 397
RNA antissenso, 584d; metodologia, 584; unidade de transcrição, 584i
RNA de transferência, 408, 662d
RNA mensageiro (consulte *também* mRNA), 23d, 571, 662d; produção, 419
RNAs traduzíveis, 638
Robinia psedoacacia (gafanhoto-negro), 188, 440
rochas alteradas hidrotermicamente, 643
rocha serpentina, 643
rochas partidas, 69
Rocky Mountain National Park, 592, 620i
rodopsina, 472
roedores, 501
Rosa, 186
Rosaceae (família das rosas), 139, 186-187i
rosa teimosa, 500
rosetas, 22di, 93, 359; espécies, 523i
Rosoideae, subfamília, 186
rota do ácido chiquímico, 339di, 339, 342-344, 494, 581i
rotenona, 346
roundup, 339
RQ, 282d
rRNA, 662d
rubídio, 161, 171; absorção, 157
rubisco, 80, 242i, 248-249i, 253, 255, 274i, 275-276, 319i, 322, 586, 606, 610, 641; activase, 256; ativação pela claridade, 253, 611-613; concentrações, 269; de bloqueio, 256; degradação, 322-323; e citocininas, 419; nas plantas CAM, 258-259; natureza química das, 256

RuBP, 241, 242i, 253-256; formação na claridade, 253
Rudbeckia, 562; *bicolor*, 542i; *hirta*, 542i
rutabagas, 233

sacarose, 168i, 185-187i, 189-191, 197, 243, 249-249i, 254, 260i, 279, 288i, 333i-333, 374, 638i; formação de frutanos, 262; frutosiltransferase (SST), 263d; hidrólise de, 286, 467; mecanismo de contratransporte de próton, 190-191; molécula, 55i; não é um hormônio, 381; no exsudado de floema, 191; sintase, 286; síntese de, 259-260, 301i; sintetase de fosfato, ativada pela luz, 261; soluções, 180; transportador, 153, 92
Saccharomyces: carlsbergensis, 504i; *rouxii*, 638i
Saccharum spontaneum, 542i-543i
saco de algodão, 11
S-adenosilmetionina, 325, 340, 422
sal, 622; acumuladores, 629d; bexigas, 629i; concentrações, 616; de água de irrigação, 628; estresse, 431, 628i-629i--630i-631, 642; glândulas, 176; incrustações de, 629i; pântanos, 257; plantas tolerantes, 594i; proteínas do estresse, 631; reguladores, 629d; rigidez, 633; secreção nas folhas, 624; tolerância, 160, 159, 628
salgueiro chorão (*Salix babylonica*), 192
salgueiro(s), 373, 392, 631, 636; *Salix babylonica*, 63i; *Salix viminalis*, 192i
Salicaceae (família dos salgueiros, álamo), 147
Salicornia, 116i, 628; *fruticosa*, 638i; *rubra*, 63i
salinidades, 628
salinos: desertos, 162; solos, 429
Salix, 116i, 323; *japonica*, 528; *pierotti*, 528
Salmonella, 638i
Sálvia grande (*Artemisia tridentata*), 649
Salvia, 116i
sálvia, 630i
samambaia(s), 44, 77, 83, 147, 209, 309, 338, 397, 424, 434, 476, 494, 540, 624; annuli, 114
Samanea, 509, 515; *saman*, 439, 439i
sangue: circulação, 170; pressão, 191
sapatinho, 116i
Sarcobatus, 628; *vermiculatus*, 630i
Sarcobatus, 630i
saturação cinética, 159i

saturação, 111d, 596d; densidade do vapor, 43-44, 58d; irradiância, 598; irradiância, 630; na fotossíntese, 273; pressão do vapor, 43-44d, 58d
saturada, 597; ácidos graxos, 328; para ácidos graxos insaturados, 640
Sauromatum guttatum, 295-296i
savana, 267i
Scenedesmus obliquus, 638i
Scrofularia hyecium, 563
SDS/PAGE, 467
seca: massa, 352di; matéria, 123d; sementes, 215
seca, 252, 375, 422, 430, 618d-619, 627; dormência causada por, 537; escapadores, 625i; estresse, 252; evitadores de, 623
Secale cereale, 417, 448i, 523, 543i
Sechium edule, 397
secreção, 14d
secretoras: células, 17; produtos, 17i
secundários: compostos, 327, 611; floema, 354d; mensageiros, 385; meristemas, 353d; metabólitos, 203; parede, 10d, 12i, 21, 105di; produtos, 327d; raízes, 370i; xilema, 106d, 354d
sedimentar: compartimento de rocha, 266i-268i; matéria orgânica, 266
sedoheptulose-1,7-bifosfato, 241, 242i; fosfatase, 255
sedoheptulose-7-fosfato, 241, 242i, 297i
sedoheptulose, 181i
Sedum spectabile, 542i
segunda curvatura positiva, 447d
segunda lei da termodinâmica, 38d-38, 404
segundo, 646i
seiva, 60; escoamento, 120; fluxo, 504i; pressões, negativas, 116i-117i; xilema, 173i
seiva super-resfriada, 634i
Selaginela lepidophylla, 624
selênio, 128, 132
selenometionina, 132
seletivo: carregamento do açúcar, 189; vantagem de transpiração, 86
selvagem: aveia, 403, 529i, 615; cenoura, 543i; ipomeia (flor), 397
semente(s), 279, 283, 374d, 631; armazenamento, 528; armazenamento, período de, 514i; artificial, 379; desenvolvimento, 287; dormência, 470, 529-532; dormência e etileno, 426; e crescimento das

frutas, 375; e frutas, mudanças químicas, 374; enterrado, 485; fisiologista, 527; formação, 354; genes armazenadores de proteínas, 585; genes de proteínas, 588; germinação, inibidor natural, 341; inativo, 305; longevidade, 528; maturação, 374; pedaços, 535; preenchimentos, 546; proteínas, 197, 211; respondem ao fotoperíodo, 612; revestimento do endotélio, 196i; revestimento, duro, 530; revestimento, 198, 403i, 529, 532; seca, 69, 375
sementes em germinação, 282
semi lunares, 504i; ciclos, 503d; ritmos, 506d
semipermeável, 48d
Sempervivum, 259; *funkii*, 547
sem peso, 463
senescência, 407, 412-414, 421, 426, 434d, 548; atraso da, 375i; das folhas, 193, 279, 414i, 434; fase, 364
sensibilidade à: auxina, 391, 429, 467; auxina no gravitropismo, 460-463; drogas, 516; estresse hídrico, 626i; hormônios, 382; hormônios, genes que controlam, 586; reguladores de crescimento, 563
sensibilidade das: células, 469; coleóptilos à luz azul afetados pela luz vermelha, 447; superfícies hipocótilos à auxina aplicada, 462; tecido-alvo, 379
senso de demanda, 169
senso de suprimento, 169
separação eletroforética de DNA ou RNA, 578i
sequência de nucleotídeos, 662
sequência de poliadenina, 571
sequência de trânsito, 169d
sequência didesoxi, 574d-576i
sequência líder, 169
sequenciamento: gel, 576i; moléculas de DNA, 574
sequoia da costa, 98
Sequoia sempervirens, 98-99, 147
séries de concentração graduada, 57i
serina, 206-207i, 233, 254, 256; (asparagina) - glioxilato aminotransferase, 319i; hidroximetil transferase, 319i
serina O-acetil, 325i
seringueiras, 181
sesquiterpenos, 337
Setaria: *lutescens*, 529i; *verticillata*, 543i
sexuais: células, 27; expressão, 548
sexualidade, 547

Shepherdia, 309
sideróforos, 135d
Siemens, 647i
Silene, 567; *armeria*, 542i, 550, 567
silene sweet william, 542i
sílica, 132; células, 132; vasos, 130
silício, 123-124i, 132; como elemento essencial, 128-132; safras de grãos e cereais deficientes, 131
silte, 113i
silvicultura, 564, 592d
simazina, 233
simbiótico, 146d; relacionamento, 529
símbolos de quantidade, 648i
símbolos dos compostos, 648i
simplasto, 12d, 107d-108d, 174i, 176i, 188, 193-195, 445
simples: açúcares, 181, 184d; cavidades, 103d
simporte, 167d, 439; de auxinas, 388
sinal, 438d; sequência, 169d; transmissão, 441
Sinapis alba, 479, 490, 495, 542i, 603i
sincronização com o ambiente, 497
sincronizador, 507d
sinergia, 602d
sinos de Canterbury, 543i, 549
sintase de opina, 580
síntese, 184d
síntese de ácidos nucleicos no florescimento, 563
sintetase, 205i
sintomas, 136
Sirius, 655
sismomorfogêneses, 443-444d-444
sistema à prova de falhas, 118-120
sistema, 37d
sistema de endomembrana, 7i, 13-18, 23-25, 27
sistema de ventilação com fluxo de passagem, 95-98
sistema ecológico controlado de suporte à vida (CELSS), 600
Sistema Internacional, 645-648
sistemas de águas pluviais, 618
sistemas de apoio à vida regenerativos, 600
sistemas de feedback compensado, 539
sistemas fechados, 37
sistemas multidimensionais, 29
sítio ativo, 214di, 218
sítios alostéricos, 219d
sítios de nucleação, 21d
sitosterol, 335

smog (nevoeiro com fumaça), 337
sobrescrito, 648i
sódio, 132, 602; átomo, excitado, 657; bomba sódio-potássio, 167; cloreto, 53, 530, 638i; como elemento essencial, 128-132; dodecil sulfato (SDS), 228; em solos salinos, 630-633; função nas plantas C-4, 129, 131-132; lâmpadas de vapor, 657d; permutável, 630i; plantas C-4 deficientes, 131; restrição, 157, 162; sais, 162
soja Biloxi, 470, 555i
soja (*Glycine max*), 132-132i, 143, 172i, 179i, 194, 211i, 217i, 252i, 269i, 271, 277, 310i-311i-314, 328-329i, 341-342, 368, 375, 412, 417, 434, 452, 461-463, 464, 471, 473i, 501, 513, 516, 522i, 528, 541, 542i, 544, 548, 556, 559, 600, 615, 640; caules, 409; cortes de hipocótilo, 395, 417i, 457; frutas, 199; mudas, 642; plantas, 581i; revestimentos de semente, 199; sementes, 314
sol, 655; clones, 275i; elevação de, 606; folhas, 273i, 272d-273, 592, 610; plantas, 608; plantas, obrigatórias, 273; posição de, 516; superfície de, 89
Solanum acaule, 504i
solar, 654i; constante solar, 270d, 621; espectro solar, 656i; localização solar, 452d-453i, 614; radiação solar, 93-94; radiação solar: intensidade, 276i; radiação solar em latitudes diferentes, 608i; sistema solar, mecânica do, 497
solarização, 276di
Solidaga virgaurea, 275i, 606
solidago, 606
sólido, 30, 35, 649i
solo, 498, 66, 69, 112i; ácido ou alcalino, 622; água, 68, 110, 112; ambientes, 144; ameba, 510; bactéria, 307, 308; calcário, 135; capacidade de retenção de água, 68; cientistas, 51; compactação, 113; compartimento, 266i; estrutura, 112-113d; fluxo de água, 68; fungos, 307, 421, 426; matéria orgânica, 112; -menos cultura, 124d; mistura, 70; potencial hídrico, 112-113i; química, 594i; salinidade, 627, 630i; seca, efeito nos estômatos, 85; sistema planta-ar, 50, 596; solução, 109, 629; textura, 112d-113i
solo calcário, 135, 643
solos ácidos, 642-643

solos seleníferos, 132
solstíceos, 540
solução de Hoagland e Arnon, 126i
solução de Knop, 603i
solução de pottásio de iodo e iodo, 260
Solução de Shive modificada por Evans, 126i
solução de teste, concentração de, 56
solução(s), 47i-49i, 596i; mineração, 144; para culturas hidropônicas, 124d-126i
soluções de detergente, 18
soluto em difusão, 40
soluto(s), 15, 40-41, 44i, 48, 622; absorção, 157i; absorção, primeiras observações, 154-156; absorção, princípios de, 156; acúmulo, 234, 362; aumento na concentração, 635; canais, 152d; concentração do apoplasto no escoadouro, 197; concentração, 68i, 360; e densidade de vapor, 43-44; em apoplastos, 109; em células guarda, 83-86; ionização de, 52; movimento através da membrana, 54; no solo, 69; partículas, 47; partículas e potencial hídrico, 42; por célula, 362i; potencial, 48d, 360; potencial e estômatos, 85; transportado no floema, 185, 185-187; vazamento, 640; verdadeiro, 67
solutos compatíveis, 636-638di-639i-640
solutos osmoticamente ativos, 141
solvente, 33d, 40d, 48; moléculas, 42, 47
somático, 378d; embrião, 378; embriogênese, 377di
sombra, 238; clones, 275i; folhas, 273i, 272d-273, 592, 610; mecanismo de prevenção, 492; plantas, 271-272, 439, 491, 608; plantas, obrigatoriamente, 273
somos alcalinos, 643
sondas heterólogas, 573d
sonho, Bunning's, 501
sono, 516; movimentos, 438d
Sorbaria (falsa espireia), 186
sorbitol, 182i, 185-187i, 638-639i
sorbose, 181i
Sorbus (eucalipto), 186
Sorghum bicolor, 313
sorgo, 141, 142, 211i, 233, 244, 271, 277, 304, 313i, 335, 464, 493i, 550, 640; mudas, 480
Spartina, 278; *pectinata* (grama de pradaria), 277; townsendii, 278i, 638i
Spinacia, 566; *oleracea*, 542i
Spiraea (espireia), 116i, 186

S (replicação do DNA no ciclo celular), 359d
Stanleya, 132
Stefan-Boltzmann: constante, 94, 660d; lei, 94, 657i, 659d
Stellaria media, 315i
Stoppelrose, 500
Streopticiccus, 638i
Streptomyces, 294
Stripa, 641
Strychnos nuxvomica, 347
Suaeda monoica, 638i
suberina, 107d, 333d-334, 340, 370; lamela, 107d
subfamília Papilionoideae, 345
subjetiva: dia, 499d; noite, 499d, 508i
sublime, 171
substância indutora nos tubérculos, 534d
substâncias carcinogênicas, 585
substâncias ergásticas, 75, 13d
substância X, 513
substituído por congelamento, 179i
substrato, 204d, 213i-213, 216; concentração (auxina), 461i; disponibilidade para respiração, 301, 302; efeito da concentração na taxa de reação de resposta, 215i; indução de enzimas, 317
sucção no caule, 117
succinil coenzima A, 291-292i, 295, 299i
sucrólise, 286d
suculência, 629d
suculenta, 79, 84-85, 257di; deserto, 92; planta de roseta, 620; plantas, 592, 625i
sulfato, 171; redução, 324i
sulfetos, 325d
sulfóxidos, 325d
superfície: área, 27; área, planta, 25; de coloides, 66; sítio de ligação, 462; tensão, 32d, 66
superfície de absorção, 66
superfície, hidratada, 68i
superóxido, 413d
super-resfriamento, 61i
super-resfriamento térmico, 636d-636i
supersaturação, 461
suportar a seca, 623
suspensão: do relógio de florescimento, 557i; partículas, 66
Symplocarpus foetidus (repolho de gambá), 295
Synchelidium, 504i
Synechococcus, 499
Syringa, 487; *vulgaris*, 532

tabaco, 116, 176i, 347, 375, 399, 408, 410-411, 415i, 417, 431, 542i-543i, 562, 631; células guarda, 82i; medula, 409; plantas, 581i, 585; transformadas, 415; vírus da necrose, 428; vírus mosaico, 428
tabaco Maryland Mammoth, 513, 526, 542i, 550
tabagismo, 347
taças de gema, 433
talco, 392
tamanho gonadal, 514
tamanhos de células crivadas de gimnospermas, 185
tamarisco, 116i, 629i
Tamarix pentandra, 629i
Tangerina (*Citrus reticulata*), 63i
taninos, 7i, 341, 611
Taraxacum (dandelião), 338; *alpinum*, 269i
tasneirinha (*Senecio vulgaris*), 177i
taxa de carboidratos/nitrogênio, 547d
taxa do alongamento celular nos lados opostos do caule, 367; aumento da célula em volume, 360; crescimento, 360; mudança de comprimento dos dias, 541i
taxas, controlando o metabolismo, 203
taxas vermelho/vermelho-distante, 558i, 613
taxis, 437d
Taxodiaceae, 407, 564
Taxodium, 147
taxonomia, 404
taxonomistas, 345, 606
TDEAP, 566
T-DNA, 412, 580d; bordas, 582i
tecido de arênquima, 303d, 423
tecido de beterraba, 635
tecido de fibra ótica, 447
tecido de transfusão, 76i
tecido(s), 4-5; água, 64i; análise, 132; cultura, 577; método do volume, 55d; potencial hídrico, 627i
tecidos de armazenamento cotilédone, 283, 329
técnica de Instron, 361d
técnica de lineweaver-Burk, 215
técnica de sequência de base, 209
técnicas das raízes excisadas, 161
teleologia, 86d
telófase, 9i, 21, 25
temperada: ambientes úmidos, 610; floresta decídua, 267i; floresta perene, 267i; pradaria, 267i, 286

ÍNDICE DE ESPÉCIES E TÓPICOS

temperatura, 34-36d, 37, 40, 44i, 92i, 93i, 520, 594i, 596i, 597i, 646i; abertura e fechamento de flor, 520i; absoluto (K), 52; alta, 616, 622; alternando, 516; ar, 94; ar saturado, 59i; baixa, 216; coeficiente, 538; CO_2 e O_2 solubilidade, 253; compensação de período circadiano, 502, 512-513i, 516; deformação, 593, 600; densidade de vapor, 43, 44; difusão, 42; dilema das enzimas, 519-521; equações termodinâmicas, 42; estômatos, 81-82; flutuações, 620; folha, absoluta, 94; fotossíntese, 276-278i-280; genes regulados, 586-587; gradientes, 42, 90-91, 621i; ideal para vernalização, 524; insensibilidade do relógio biológico, 510; kelvin (absoluto), 90; máxima, 519d; mínimo médio anual, 635i; ótimo para espécies C-4, 278i; radiação, 655; reações enzimáticas, 212, 217i, 521i; rendimento máximo do trigo, 600-601; respiração, 305; respostas das suculentas ao, 593; ritmos, 509-511; síntese de gordura, 330; sistema compensado, 513d; sol, 660i; tratamento para o florescimento precoce, 536i; vernalização, 525i

temperatura corporal, 504, 516, 604i

temperatura noturna, 537

temperaturas cardinais, 519d-520, 538, 597i

tempo de apresentação, 454d

tempo, 646i; da máxima sensibilidade ao intervalo noturno, 556i-557; do ano, 559; do período noturno, 551; medida, 566; memória das abelhas, 515-516; perfis de radioatividade, 180i

tempo sazonal, 554

tensão biológica, 616d

tensão de tração, 361i; /sistema de relaxamento, 513

tensão(ões), 32, 48d, 50, 110, 117i, 458, 468; como números negativos, 122; dentro das células, 637; em caules, bomba de pressão, 115-116; madeira, 465d; no apoplasto, 110; no xilema, 114

teobromina, 346i

teofilina, 346

teoria, 29, 405

teoria de coesão de Dixon, 114d

teoria do flogisto, 404

teoria evolucionista, 86

tépala, 519d-520i

terceira curvatura positiva, 447d

terceiro olho, 510

termal: abertura, 220; análise, 634i, 636i; fontes, 641; radiação, 659d; transpiração, 97

terminação da síntese de proteínas, 663

terminador: códons, 663d; sequências de nucleotídeo, 662

terminais: brotos, 353, 444, 532; inflorescência primórdio na arzola, 553i

terminologia, problemas com, 527

termodinâmica, 37d, 203, 595

termonastia, 519d

termoosmose, 53d

termoperiodismo, 514d, 537d

termopilha, 74i

termoproteção, 587d

terófita, 633i

terpenoides, 334d, 337-338

terpenos, 334d, 337i

terra cultivada, 267i

terrários, 86

terras de cultura, irrigadas, 269

teste de crescimento direto, 389i, 391

teste de período escuro, 556d

tetraedros, 32

tetraidrocanabinol, 327

tetrapirrol, 473

tetrassacarídeo, 183d

tetrose(s), 181; fosfato, 294

Thea, 529i

Thelephora terrestris, 146i

Three Mile Island, 518

Thuja, 116i, 147; *occidentalis*, 632

2,4,5-T, 385i, 396

tiamina, 661d

tiamina (vitamina B), 139, 392, 290; pirofosfato, lipoamida, 292i

tidal (lunar), 497d, 504i; ciclos, 503d; ritmos, 502, 506

Tidestromia, 279; *oblongifolia*, 271-272i, 278, 641

tigmomorfogênese, 443d

tigmonastia, 440d-444

tigmotropismo, 445d, 465d

tilacoide(s), 24d, 222d, 230, 272, 279

tiloses, 120

tinturas, 171, 185; corante clareador, 107

tiorredoxina, 255, 325

tioureia, 531, 535

tipo romano, 648i

tipos de resposta: enxertados entre si, 561; fotoperiodismo, 548-549; na vernalização, 523-524

tirosina, 207i, 211i, 232, 237, 339i-339

tolerância, 133, 597di, 616d-617, 622; ao calor, 642

tomate(s) (*Lycopersicun esculentum*), 120, 125, 129, 137-137, 143-144, 146i, 162, 224i, 271, 337, 344, 364, 376, 393, 401, 412i, 423, 425-427, 444, 460, 460, 487-488, 514, 519i, 530, 537, 546-547, 574, 584, 628; diageotrópica, 390; hipocótilo, 460; Mutante ABA, 431; plantas, 598i-599i

tonoplasto, 6i, 18, 25-27, 150i, 154, 165-166, 168, 178i, 259, 383i, 422, 425, 494; mantido pelas citocininas, 413

tópicos da ecofisiologia vegetal, 594i

topografia, 607

toranjas, 306, 375

toro, 105di, 111

totipotência, 412i, 580d

totipotente, 376d

toxicidade, 597di-598, 602

tóxico, 597; íons, 628; íons metálicos, 218; níveis de CO_2, 276; químicos, 269; zona, 133di

toxinas causadas por micróbios, 304

trabalhadores de turnos, 518

trabalho, 38d-41, 50, 647i

tradução, 223, 379, 419-420, 480, 569, 577, 661d-662d; do RNA, 428; em ribossomos 70S e 80S, 512; nos ribossomos, 382i

Trail Ridge Road, 591

trajeto: da fixação do carbono, 246; do carregamento de floema, 189; para a ascensão da seiva, 101; para o tráfego de íons para a raiz, 150

trajeto C-4, 131, 252, 269i, 610; espécies, 130, 243d, 248i, 272, 275-277i, 279-280; fotossíntese e o sódio, 129-132; fotossíntese, sumário da, 249i

trajeto da pentose fosfato (PPP), 296d-297i, 317, 330, 338; controle de, 301

trajeto dos simplastos, 148i-150; de absorção de íons, 148i; para o carregamento de floema, 189

trajeto entre dois estados, 40; do carbono na fotossíntese, 247

trajeto livre médio, 34d

Trandescantia (*Zebrina pendula*), 63i

transaldolase, 297
transaminação, 245d, 249i, 254, 332, 386i, 421i
transcarbamilase aspártica, 219
transcetolase, 242i, 297
trans ciclooteno, 426
transcrição, 223, 379, 382i, 396, 420, 431-432, 436, 569, 577, 662d; do DNA, 428; do mRNA, 342; dos genes do fitocromo, 481; dos genes nucleares, 427; efeitos do ABA, 433
transcriptase, 583i
transdução, 438d, 467; no fototropismo, 449; no gravitropismo de raiz, 455-457; no gravitropismo do caule, 458
transferência: células, 176d-177i, 312; da energia ou matéria, 595, 618
transferência da energia sensível, 94-95
transferência do éxciton, 225d
transferência meteorológica, 266i
transformação, 577d; dos discos foliares de planta, 582i; pelo DNA nu, 581; técnicas, 580; vetores, 580
transformadas: células, 582; plantas, 581i
translocação, 170d-199; curvas para florígenos, 561i; de assimilados, 627; de florígenos, 561
transmissão, 659d
transmissão percentual, 659d
transmitância, 90i, 659d
transpiração, 70d, 91d-95, 99, 101, 114, 440, 504i, 604i; como processo de resfriamento, 87-88; córrego, 87, 170, 312; em suculentas, 257; e transferência de energia, 90; índice, 274i; medida, 72-75; reduzidos em folhas que dobram, 515; taxa, 72; termo, 94
transplante, 627
transportador, 153, 160, 162d-162, 166i-168i, 245, 292; complexo iônico, 161; conceito, 160; membrana, 153; proteína, 152, 190
transporte: de auxina para o lado sombreado, 450; de citocininas, 410-411; de citocininas e giberelinas, 423; de compostos de nitrogênio, 315, 316; de H⁺, 165; de nutrientes e citocininas, 413; energéticos, 163-164; membranas, 513; propriedades das membranas, 513; proteínas, 153d, 165, 167
transporte ativo, 164d, 175
transporte basipétalo de AIA, 388i

transporte bidirecional, 192d
transposase, 573
transposons, 573d
traqueíde(s), 13, 102i-104i-103d-105, 119; como apoplasto, 109-110; diâmetros, 105; paredes, 467; pinha, 105i
tremoços, 312, 315, 519i, 528
treonina, 206-207i, 211i, 256
trepadeira, 376; na floresta tropical, 453
trepadeira de rattan, tropical, 118i
trepadeira, 448i
trevo, 529i
trevos, 312, 487, 529i
trevo subterrâneo, 346
trevo vermelho, 276, 341, 529i
triacontanol, 334, 427d
triagem: biblioteca de cDNA, 572i; clones de cDNA, 571-573; pigmento, 449
triazolam, 518
tribo Festuceae, 259
tricoblasto, 379d-378i
tricoma, 76i
tri-2-dietilaminoetil-fosfato trihidrocloreto, 566
trifólio grande, 529i
trifolirhizina, 341
Trifolium pratense, 529i; *repens*, 53, 7i; *striatum*, 529i
triglicérides, 327d-328i
Triglochin maritime, 628i, 638i
trigo, 523, 528
trigo de inverno, 542i
Trigonella arabica, 530
trigo (*Triticum aestivum*), 78i, 103, 108, 143, 146i, 162, 194, 197, 243, 261, 263, 276i, 276, 280-281, 304, 313, 323i, 329i, 352, 371i, 379, 401-403, 448i, 464, 488-489, 492i, 523, 537, 541-542i-543i, 547, 550, 600, 615, 629, 657; cabeças, 601, 611; coleóptilos, 418; cultivares, 401; dossel de, 618; folhas, 429; germes, 574; plantas, 601i; primavera, 353
triose(s), 181; fosfatos, 243, 286, 289, 259; isomerase fosfato, 242i
triptamina, 386i
triptófano, 207i, 211i, 386i-387
trissacarídeo, 183d
triterpenoide(s), 334, 337; saponinas, 336d-336
Triticum aestivum, 448i, 542i-543i, 615
tritium, 171

tRNA, 662d-663
trocas, 547
tropicais: cultura de árvores, 528; florestas sazonais, 267i; floresta tropical, 267i; plantas, 405, 540; pradarias e savanas, 248, 610; sub-bosques de florestas, 610
tropismos, 437d-438, 445-465
tubérculos, 173; amido em, 260
tubérculo(s) de batata, 194, 197, 260-261, 283, 334, 340, 376, 408, 546, 546; acúmulo de íons, 156; formação, dormência, 534-535
tubérculos, 173, 296i, 535-537
tubo de Geiger, 180i
tubos crivados, 137, 172, 175d, 178, 188, 323, 369i; acúmulo de sacarose, 163; isolados, 179; poros, 180
tubos polínicos, 141, 437
tubos-z centrifugados, 115-115i
tubulina, 19d, 205d
túbulos, 13d
tulipa, 354, 374, 536, 631; árvore, 370; flor, 519-520i
Tulipa gesneriana, 536i
tundras antárticas, 619
tundras, 267i, 591, 619d-620i-622
turgidez, 25, 31d
turgor, 25, 356; detecção no transporte de açúcar, 197; leva ao crescimento, 359-363; ponto de perda, 64i-63d, 430-431; pressão, 11i, 65d, 136, 139, 360-361, 374, 635
turgorinas, 428d, 441i-443
turpentina, 334, 337-338
Tutankâmon, 528

ubiquinol, 292i-295
ubiquinona, 291-292i-293, 293, 332
ubiquitina, 478d, 587
UDP-arabinose, 356
UDP-glicose, 358
UDP-xilose, 356, 358
Ulmus, 106; *americana*, 529i; *campestris*, 529i
ultracentrifugação, 13
ultradiano, 504i-502d
ultraestrutura do tubo crivado, 178
ultravioleta: comprimentos de onda absorvidos por flores, 345; radiação como um fator de tensão, 643; radiação, fotoreversão de, 610i; radiação, 89, 270, 307, 342, 447, 607, 615, 621, 645, 654i-655

umidade, 81; absoluta, 72; gradiente, 465; mudança na, 71
unha de gato, 116i
União Internacional da Bioquímica, 204
unidade de isopreno, 334i
unidades, 183, 645d; para o potencial hídrico, energia, 41, 50, 52
unidades de base, 645
unidades suplementares, 646
Uniformidade da Natureza, lei da, 3
uniporte, 166i-167d-168
uracila, 260, 662; herbicidas, 233
urânio, 123; purificação, 250
urease, 143, 143
ureia, 143, 159, 188i, 218
ureídes, 187-188i, 312d-312, 315i, 324
uretano, 511
uridina: glicose difosfato (UDPG), 260; monofosfato, 219; trifosfato (UTP), 260, 301i
urina, 381; excreção, 505, 516; volume, 517
uva, 195, 306, 364, 375, 421; colônias, 407i
uvas sem semente Thompson, 407i

$V_{máx}$, 597; sensibilidade, 462
vacuolar: membrana (tonoplasto), 6i-7i, 15d, 47i; seiva, 60
vacúolo, 4, 6i-7i-9i, 13d, 15, 21-27, 47i, 150i, 168, 178; algas, 156i; centrais, 108, 257i; isoladas, 25; sais em, 638
vagalumes, 505
valeramida, 155, 162
valina, 207i, 211i
valinomicina, 511
Valonia, 635
valores de LAI (índice de área foliar), 275, 281
válvula, 103
vanádio, 128, 132
vapor: caule bloqueado, 111, 118i; densidade, 43d-44, 59i-59, 72, 90, 92i; destilação, 55i; dispositivo de pressão, 57i; fase, 43d-44; gradiente da densidade, 91-92; gradiente de pressão, 91-92; método, 68; método de pressão, 57i, 56d-59; modelo, 55i; presão da água, 98; pressão atmosférica, 94; pressão, 43d-44i, 53, 59i, 72, 96; pressão na folha, 95
variação: fixação de CO_2, 277i; produtividade primária, 267i; radiação, 88d, 93, 660d; radiação na superfície de uma folha, 94

variação, 507i; gerenciamento, 592d
vasos de platina, 130
vaso(s), 13, 76i, 104i, 105d, 119; como apoplasto, 109-110; diâmetros de elemento, 105; elemento, 76i, 102i, 103d, 105d, 369i; elementos com engrossamentos espirais, 106; membros, 104i
vassoura-de-bruxa, 416
vazamento: através de membranas, 158; fase de, 513
vazamento projetado, 111d-112, 120
vegetação chaparral, 530
vegetais, 592; e crescimento reprodutivo, 375; frescos, 414
vegetativa: brotos e fotoperíodo, 546, 546; forma, 522; reprodução, 546
veia, 76i, 78i, 453
veias maiores da folha, 189
veículos espaciais da NASA, 466
veios minúsculos da folha, 176i-177i, 188-191
velocidade, 647i
velocidade (velocidades), 647i; de diferentes marcadores no floema, 192; de movimento, 180d; do fluxo de seiva, 115; do som, 174; do transporte no floema, 185; energia radiante, 652d; partícula média, 34d-35
venenos, 218
ventilação, 95-97
vento, 70, 90, 444, 594i; característica de tundras alpinas, 620; e estômatos, 80-82; efeitos de, 93; em desertos, 619; velocidade, 91i
ventos globais, 620
verbascose, 184i, 186-187i
Verbenaceae (família da verbena), 187i
verde: compartimento de plantas, 266i; comprimento de onda, 270; ilhas, 414d; janela, 90i; luz, 79; plantas, 473
verde oliva, pigmento, 471
vermelho e vermelho-distante, mistura de, 553
verme poliqueta, 504i
vernal, 610
vernalina, 525d
vernalização, 402, 522d-523d-526, 532, 550, 604i; e GAs, 563; exigência, 549; tempo, 525
Veronia, 338
Veronica, 116i

versenato, 135
vesículas, 6di, 9i, 16i-16, 147
vesículas ricas em pectina, 355i
vetores binários, 580-581
vetores com base em vírus, 581
vetores de reposição lambda-fago, 573
viagem de jato aéreo, 518
viável, 526d
Vicia: faba (feijão largo), 176, 198, 422, 452; *villosa*, 448i
vida, 664; ciclo de vida, 373; ciclos das sementes, 529i; definição, 27; efeitos do fotoperíodo, 545-546, 546-548; etapas e temperatura, 519; formas, 633i
videira, 98, 119
Vigna radiata, 22i
violaxantina, 223, 337, 429, 431i
viral, 594i
vírus, 4i, 28, 171, 179-180, 421, 474, 570
vírus mosaico da couve-flor, 581
viscosidade, 32d, 46, 65
vitalismo, 3d
vitaminas, 203, 208; sintetizado por microrganismos, 128
vitamina B, 221, 392, 347
vitamina B1, 320, 392
vitamina B12, 132
vitamina E, 566
vitamina K1, 230
vivíparo, 432d, 487, 531d, 546
voltagem, 440; gradiente, 167
volt, 647i
volume, 27, 37, 647i; aumentos, 352; e diluição, 54; mudanças em, 55, 61; superfície da planta, 25
vulcões, 266i-268, 622

Washingtonia fillifera, 88
watt, 270, 647i
Weiwitschia mirabilis, 257
Wolffia microscopia, 542i

Xanthium strumarium (arzola), 540, 550, 552i, 556i, 558i-560i, 561, 650i
xantina desidrogenase, 142
xantófilas, 224di-226i, 228, 337
xantoxina, 335, 429, 431i, 450
xerófitas, 622d-625i, 638
xg, 650d
xilema, 10-11, 13, 22, 32, 76i, 87, 102i, 103d, 107i, 141, 143, 149, 176i, 312, 342, 370i;

água, 100; alimentadores, 173; células, não funcionais, 120; elementos, 108, 177i; parênquima, amido em, 260; parênquima, 103d, 636; seiva, compostos de nitrogênio na, 315; seiva, 49i, 50, 172, 197, 315; tecidos em madeiras duras (de lei), 636; transporte de citocininas, 411; vasos, 108
xiloglican, 358, 358
xilose, 357, 358
xilose-5-fosfato, 241, 242i, 297i
Xylorhiza, 132

Zea mays (milho), 190, 269i, 504i, 542i-543i
zeatina, 409i-410, 414-416i-416, 419-420, 566; ribosídeo, 409i, 410; ribosídeo monofosfato, 415
zeatina riboxila, 409i
zeínas, 585
Zeitgeber, 507d-508, 510
zigoto, 4d, 351-352
zinco-65, 160
zinco, 123-124i-127, 127i, 130, 133, 135, 137i, 141, 208; deficiências e sintomas, 142; mobilidade do, 137

Zizana aquatica, 528
zona adequada (veja *também zona* ótima), 133di
zona de deficiência, 133di
zona de transição, 133i
zonas, 140
zonas climáticas mediterrâneas, 619
zonas de corrente ascendente, 267i
zonas de subducção, 267d
zoologia, 499
zoo plâncton, 504i, 503
Zorial, 553

CARBON FREE

A Cengage Learning Edições aderiu ao Programa Carbon Free, que, pela utilização de metodologias aprovadas pela ONU e ferramentas de Análise de Ciclo de Vida, calculou as emissões de gases de efeito estufa referentes à produção desta obra (expressas em CO_2 equivalente). Com base no resultado, será realizado um plantio de árvores, que visa compensar essas emissões e minimizar o impacto ambiental da atuação da empresa no meio ambiente.